U0250918

《建筑设计防火规范》

GB 50016—2014

引用标准规范汇编

本社 编

中国计划出版社

北京

图书在版编目(CIP)数据

《建筑设计防火规范》GB 50016—2014 引用标准规范汇
编/中国计划出版社编. —北京:中国计划出版社,2015.4
(2015.4 重印)
ISBN 978-7-5182-0103-7

Ⅰ.①建… Ⅱ.①中… Ⅲ.①建筑设计-防火-建筑规范-汇
编-中国 Ⅳ.①TU892-65

中国版本图书馆 CIP 数据核字(2015)第 044428 号

《建筑设计防火规范》GB 50016—2014
引用标准规范汇编
本社 编

中国计划出版社出版
网址:www.jhpress.com
地址:北京市西城区木樨地北里甲 11 号国宏大厦 C 座 3 层
邮政编码:100038 电话:(010) 63906433 (发行部)
新华书店北京发行所发行
北京中科印刷有限公司印刷

880mm×1230mm 1/16 48 印张 2527 千字
2015 年 4 月第 1 版 2015 年 4 月第 2 次印刷
印数 12001—22000 册

ISBN 978-7-5182-0103-7
定价:168.00 元

前　言

《建筑设计防火规范》GB 50016—2014是根据住房城乡建设部《关于印发〈2007年工程建设标准规范制订、修订计划（第一批）〉的通知》（建标〔2007〕125号文）和《关于调整〈建筑设计防火规范〉、〈高层民用建筑设计防火规范〉修订项目计划的函》（建标〔2009〕94号）的要求，由公安部天津消防研究所、四川消防研究所会同有关单位，在《建筑设计防火规范》GB 50016—2006和《高层民用建筑设计防火规范》GB 50045—95（2005年版）的基础上整合修订而成。《建筑设计防火规范》GB 50016—2014自2015年5月1日起实施。

《建筑设计防火规范》GB 50016—2014在修订过程中，规范编制组深刻吸取了近年来我国重大和特大火灾事故教训，认真总结了国内外建筑防火设计的实践经验和最新的消防科技成果，开展了大量课题研究、技术研讨和必要的试验，还广泛征求了有关设计、生产、建设、科研、教学和消防监督等单位的意见。最终以住房城乡建设部第517号公告批准发布。新版《建筑设计防火规范》GB 50016—2014与《建筑设计防火规范》GB 50016—2006和《高层民用建筑设计防火规范》GB 50045—95（2005年版）相比有了很大变化。

考虑到《建筑设计防火规范》GB 50016—2014中引用了大量相关标准规范，为了便于广大建筑设计、施工、验收和监督等部门的有关人员在使用建筑设计防火规范时能迅速查阅到相关标准规范，我社现将《建筑设计防火规范》GB 50016—2014引用标准名录中涉及的27本标准规范整合汇编成书，方便使用。希望在今后使用中如有意见和建议，请径寄我社（北京市西城区木樨地北里甲11号国宏大厦C座3层），以便今后修订时补充、完善。

编　者
2015.4

目　　录

中华人民共和国国家标准

木 结 构 设 计 规 范

Code for design of timber structures

GB 50005-2003

（2005 年版）

主编部门：中华人民共和国建设部
批准部门：中华人民共和国建设部
施行日期：２００４年１月１日

中华人民共和国建设部
公   告

第 375 号

建设部关于发布国家标准
《木结构设计规范》局部修订的公告

现批准《木结构设计规范》GB 50005-2003 局部修订的条文，自 2006 年 3 月 1 日起实施。其中，第 3.1.11 条为强制性条文，必须严格执行。经此次修改的原条文同时废止。

中华人民共和国建设部
2005 年 11 月 11 日

中华人民共和国建设部
公 告

第 189 号

建设部关于发布国家标准
《木结构设计规范》的公告

现批准《木结构设计规范》为国家标准，编号为 GB 50005 - 2003，自 2004 年 1 月 1 日起实施。其中，第 3.1.2、3.1.8、3.1.11、3.1.13、3.3.1、4.2.1、4.2.9、7.1.5、7.2.4、7.5.1、7.5.10、7.6.3、8.1.2、8.2.2、10.2.1、10.3.1、10.4.1、10.4.2、10.4.3、11.0.1、11.0.3 条为强制性条文，必须严格执行。原《木结构设计规范》GBJ 5-88 同时废止。

本规范由建设部标准定额研究所组织中国建筑工业出版社出版发行。

中华人民共和国建设部
2003 年 10 月 26 日

前 言

本规范是根据建设部建标〔1999〕37 号文的要求，由中国建筑西南设计研究院、四川省建筑科学研究院会同有关单位对《木结构设计规范》GBJ 5-88 进行修订而成。

修订过程中，编制组经过广泛地调查研究，进行了多次专题讨论，总结、吸收了国内外木结构设计、应用的实践经验和先进技术，参考了有关的国际标准和国外标准，并以多种方式广泛征求全国有关单位的意见后，经过反复讨论、修改，最后经审查通过定稿。

本次修订后共有 11 章 16 个附录。主要修订内容是：

1. 按修订后的《建筑结构可靠度设计统一标准》和《建筑结构荷载规范》对木结构可靠指标进行了校准；

2. 增加了对工程中使用进口木材的若干规定、进口规格材强度取值规定和进口木材现场识别要点及主要材性；

3. 对木结构构件计算部分作了局部修订和补充；

4. 木结构连接中增加了齿板连接；

5. 对胶合木结构作了局部修订和补充，并单设一章；

6. 增加轻型木结构，将普通木结构和轻型木结构各设一章；

7. 针对木结构建筑特点，将木结构防火单设一章；

8. 木结构的防护（防腐、防虫）列为一章。

本规范将来可能需要进行局部修订，有关局部修订的信息和条文内容将刊登在《工程建设标准化》杂志上。

本规范以黑体字标志的条文为强制性条文，必须严格执行。

本规范由建设部负责管理和对强制性条文的解释，中国建筑西南设计研究院负责具体技术内容的解释。在执行本规范过程中，请各单位结合工程实践，认真总结经验，并将意见和建议寄交四川省成都市星辉西路 8 号中国建筑西南设计研究院国家标准《木结构设计规范》管理组（邮编：610081，E-mail：xnymj @ mail. sc. cninfo. net）。

本规范主编单位：中国建筑西南设计研究院
四川省建筑科学研究院

参 加 单 位：哈尔滨工业大学
重庆大学
公安部四川消防科学研究所
四川大学
苏州科技学院

本规范主要起草人：林 颖 王永维 蒋寿时 陈正祥
古天纯 黄绍胤 樊承谋 王渭云
梁 坦 张新培 杨学兵 许 方
倪 春 余培明 周淑容 龙卫国

目 次

1 总　则

1.0.1 为在木结构设计中贯彻执行国家的技术经济政策，保证安全和人体健康，保护环境及维护公共利益制订本规范。

1.0.2 本规范适用于建筑工程中承重木结构的设计。

1.0.3 本规范的设计原则系根据国家标准《建筑结构可靠度设计统一标准》GB 50068 制定。

1.0.4 承重木结构宜在正常温度和湿度环境下的房屋结构中使用。未经防火处理的木结构不应用于极易引起火灾的建筑中；未经防潮、防腐处理的木结构不应用于经常受潮且不易通风的场所。

1.0.5 在确保工程质量前提下，可逐步扩大树种（例如速生树种）的利用。

1.0.6 木结构的设计，除应遵守本规范外，尚应符合国家现行有关强制性标准的规定。

2 术语与符号

2.1 术　语

2.1.1 木结构　timber structure
以木材为主制作的结构。

2.1.2 原木　log
伐倒并除去树皮、树枝和树梢的树干。

2.1.3 锯材　sawn lumber
由原木锯制而成的任何尺寸的成品材或半成品材。

2.1.4 方木　square timber
直角锯切且宽厚比小于 3 的、截面为矩形（包括方形）的锯材。

2.1.5 板材　plank
宽度为厚度三倍或三倍以上矩形锯材。

2.1.6 规格材　dimension lumber
按轻型木结构设计的需要，木材截面的宽度和高度按规定尺寸加工的规格化木材。

2.1.7 胶合材　glued lumber
以木材为原料通过胶合压制成的柱形材和各种板材的总称。

2.1.8 木材含水率　moisture content of wood
通常指木材内所含水分的质量占其烘干质量的百分比。

2.1.9 顺纹　parallel to grain
木构件木纹方向与构件长度方向一致。

2.1.10 横纹　perpendicular to grain
木构件木纹方向与构件长度方向相垂直。

2.1.11 斜纹　at an angle to grain
木构件木纹方向与构件长度方向形成某一角度。

2.1.12 层板胶合木　glued laminated timber（Glulam）
以厚度不大于45mm 的木板叠层胶合而成的木制品。

2.1.13 普通木结构　sawn and round timber structures
承重构件采用方木或圆木制作的单层或多层木结构。

2.1.14 轻型木结构　light wood frame construction
用规格材及木基结构板材或石膏板制作的木构架墙体、楼板和屋盖系统构成的单层或多层建筑结构。

2.1.15 墙骨柱　stud
轻型木结构房屋墙体中按一定间隔布置的竖向承重骨架构件。

2.1.16 木材目测分级　visually stress-graded lumber
用肉眼观测方式对木材材质划分等级。

2.1.17 木材机械分级　machine stress-rated lumber
采用机械应力测定设备对木材进行非破坏性试验，按测定的木材弯曲强度和弹性模量确定木材的材质等级。

2.1.18 齿板　turss plate
经表面处理的钢板冲压成带齿板，用于轻型桁架节点连接或受拉杆件的接长。

2.1.19 木基结构板材　wood-based structural-use panels
以木材为原料（旋切材，木片，木屑等）通过胶合压制成的承重板材，包括结构胶合板和定向木片板。

2.1.20 轻型木结构的剪力墙　shear wall of light wood frame construction
面层用木基结构板材或石膏板、墙骨柱用规格材构成的用以承受竖向和水平作用的墙体。

2.2 符　号

2.2.1 作用和作用效应

N——轴向力设计值；

N_b——保险螺栓所承受的拉力设计值；

M——弯矩设计值；

M_x、M_y——构件截面 x 轴和 y 轴的弯矩设计值；

M_0——横向荷载作用下跨中最大初始弯矩设计值；

V——剪力设计值；

σ_{mx}、σ_{my}——对构件截面 x 轴和 y 轴的弯曲应力设计值；

w——构件按荷载效应的标准组合计算的挠度；

w_x、w_y——荷载效应的标准组合计算的沿构件截面 x 轴和 y 轴方向的挠度。

2.2.2 材料性能或结构的设计指标

E——木材顺纹弹性模量；

f_c——木材顺纹抗压及承压强度设计值；

$f_{c\alpha}$——木材斜纹承压强度设计值；

f_m——木材抗弯强度设计值；

f_t——木材顺纹抗拉强度设计值；

f_v——木材顺纹抗剪强度设计值；

$[w]$——受弯构件的挠度限值；

$[N_v]$——螺栓或钉连接每一剪面的承载力设计值。

2.2.3 几何参数

A——构件全截面面积；

A_n——构件净截面面积；

A_0——受压构件截面的计算面积；

A_c——承压面面积；

b——构件的截面宽度；

b_v——剪面宽度；

d——螺栓或钉的直径；

e_0——构件的初始偏心距；

h——构件的截面高度；

h_n——受弯构件在切口处净截面高度；

I——构件的全截面惯性矩；

i——构件截面的回转半径；

l_0——受压构件的计算长度；

S——剪切面以上的截面面积对中性轴的面积矩；

W——构件的全截面抵抗矩；

W_n——构件的净截面抵抗矩；

W_{nx}、W_{ny}——构件截面沿 x 轴和 y 轴的净截面抵抗矩；

α——上弦与下弦的夹角，或作用力方向与构件木纹方向的夹角；

λ——构件的长细比。

2.2.4 计算系数及其他

φ——轴心受压构件的稳定系数；

φ_1——受弯构件的侧向稳定系数；

φ_m——考虑轴向力和初始弯矩共同作用的折减系数；

φ_y——轴心压杆在垂直于弯矩作用平面 y-y 方向按长细比 λ_y 确定的稳定系数；

ψ_v——考虑沿剪面长度剪应力分布不均匀的强度折减系数；

k_v——螺栓或钉连接设计承载力的计算系数。

3 材 料

3.1 木 材

3.1.1 承重结构用材，分为原木、锯材（方木、板材、规格材）和胶合材。用于普通木结构的原木、方木和板材的材质等级分为三级；胶合木构件的材质等级分为三级；<u>轻型木结构用规格材分为目测分级规格材和机械分级规格材，目测分级规格材的材质等级分为七级</u>；<u>机械分级规格材按强度等级分为八级。</u>

3.1.2 普通木结构构件设计时，应根据构件的主要用途按表3.1.2的要求选用相应的材质等级。

表3.1.2 普通木结构构件的材质等级

项 次	主 要 用 途	材质等级
1	受拉或拉弯构件	I$_a$
2	受弯或压弯构件	II$_a$
3	受压构件及次要受弯构件（如吊顶小龙骨等）	III$_a$

3.1.3 用于普通木结构的原木、方木和板材可采用目测法分级。分级时选材应符合本规范附录 A 的规定，不得采用商品材的等级标准替代。

3.1.4 用于普通木结构的木材，应从本规范表 4.2.1-1 和表 4.2.1-2 所列的树种中选用。主要的承重构件应采用针叶材；重要的木制连接件应采用细密、直纹、无节和无其他缺陷的耐腐的硬质阔叶材。

3.1.5 当采用新利用树种木材作承重结构时，可按本规范附录 B 的要求进行设计。对速生林材，应进行防腐、防虫处理。

3.1.6 在木结构工程中使用进口木材时，应遵守下列规定：

　　1 选择天然缺陷和干燥缺陷少、耐腐性较好的树种木材；

　　2 每根木材上应有经过认可的认证标识，认证等级应附有说明，并应符合我国商检规定，进口的热带木材，还应附有无活虫虫孔的证书；

　　3 进口木材应有中文标识，并按类别、等级、规格分批堆放，不得混淆，贮存期间应防止木材霉变、腐朽和虫蛀；

　　4 对首次采用的树种，应严格遵守先试验后使用的原则，严禁未经试验就盲目使用。

3.1.7 当需要对承重结构木材的强度进行测试验证时，应按本规范附录 C 的检验标准进行。

3.1.8 胶合木结构构件设计时，应根据构件的主要用途和部位，按表3.1.8的要求选用相应的材质等级。

表3.1.8 胶合木结构构件的木材材质等级

项次	主 要 用 途	材质等级	木材等级配置图
1	受拉或拉弯构件	I$_b$	
2	受压构件（不包括桁架上弦和拱）	III$_b$	
3	桁架上弦或拱，高度不大于500mm的胶合梁 （1）构件上、下边缘各0.1h区域，且不少于两层板 （2）其余部分	II$_b$ III$_b$	
4	高度大于500mm的胶合梁 （1）梁的受拉边缘0.1h区域，且不少于两层板 （2）距受拉边缘0.1～0.2h区域 （3）受压边缘0.1h区域，且不少于两层板 （4）其余部分	I$_b$ II$_b$ II$_b$ III$_b$	
5	侧立腹板工字梁 （1）受拉翼缘板 （2）受压翼缘板 （3）腹 板	I$_b$ II$_b$ III$_b$	

3.1.9 胶合木构件的木材采用目测法分级时，其选材标准应符合本规范附录 A 的规定。

3.1.10 在轻型木结构中，使用木基结构板、工字形木搁栅和结构复合材时，应遵守下列规定：

　　1 用作屋面板、楼面板和墙面板的木基结构板材（包括结构胶合板和定向木片板）应满足《木结构工程施工质量验收规范》GB 50206 以及相关产品标准的规定。进口木基结构板材上应有经过认可的认证标识、板材厚度以及板材的使用条件等说明。

　　2 用作楼盖和屋盖的工字形木搁栅的强度和制造要求应满足相关产品标准规定。如国内尚无产品标准，也可采用经过认可的国际标准或其他相关标准；进口工字形木搁栅上应有经过认可的认证标识以及其他相关的说明。

　　3 用作梁或柱的结构复合材（包括旋切板胶合木和旋切片胶合木）的强度应满足相关产品标准的规定。如国内尚无产品标准，也可采用经过认可的国际标准或其他相关标准；进口结构复合材上应有经过认可的认证标识以及其他相关的说明。

3.1.11 <u>当采用目测分级规格材设计轻型木结构构件时，应根据构件的用途按表3.1.11要求选用相应的材质等级。</u>

表3.1.11 目测分级规格材的材质等级

项次	主 要 用 途	材质等级
1	用于对强度、刚度和外观有较高要求的构件	I$_c$
2		II$_c$
3	用于对强度、刚度有较高要求而对外观只有一般要求的构件	III$_c$
4	用于对强度、刚度有较高要求而对外观无要求的普通构件	IV$_c$
5	用于墙骨柱	V$_c$
6	除上述用途外的构件	VI$_c$
7		VII$_c$

3.1.12 <u>轻型木结构用规格材当采用目测法进行分级时，分级的</u>

选材标准应符合本规范附录 A 的规定。

3.1.13 制作构件时，木材含水率应符合下列要求：

1 现场制作的原木或方木结构不应大于 25%；

2 板材和规格材不应大于 20%；

3 受拉构件的连接板不应大于 18%；

4 作为连接件不应大于 15%；

5 层板胶合木结构不应大于 15%，且同一构件各层木板间的含水率差别不应大于 5%。

3.1.14 当受条件限制需直接使用超过本规范第 3.1.13 条含水率要求的木材制作原木或方木结构时，应符合下列规定：

1 计算和构造应符合本规范有关湿材的规定；

2 桁架受拉腹杆宜采用圆钢，以便于调整；

3 桁架下弦宜选用型钢或圆钢；当采用木下弦时，宜采用原木或"破心下料"（图 3.1.14）的方木；

4 不应使用湿材制作板材结构及受拉构件的连接板；

5 在房屋或构筑物建成后，应加强结构的检查和维护，结构的检查和维护可按本规范附录 D 的规定进行。

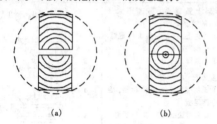

图 3.1.14 "破心下料"的方木

3.2 钢 材

3.2.1 承重木结构中采用的钢材，宜采用符合现行国家标准《碳素结构钢》GB 700 规定的 Q235 钢材。对于承受振动荷载或计算温度低于 −30℃ 的结构宜采用 Q235 等级 D 的碳素结构钢。

3.2.2 螺栓材料应采用符合现行国家标准《六角头螺栓—A 和 B 级》GB 5782 和《六角头螺栓—C 级》GB 5780 的规定；钉的材料性能应符合现行国家标准有关规定。

3.2.3 钢构件焊接用的焊条，应符合现行国家标准《碳钢焊条》GB 5117 及《低合金钢焊条》GB 5118 的规定。焊条的型号应与主体金属强度相适应。

3.2.4 用于承重木结构中的钢材，应具有抗拉强度、伸长率、屈服点和硫、磷含量的合格保证。对焊接的构件尚应具有碳含量的合格保证。钢木桁架的圆钢下弦直径 d 大于 20mm 的拉杆，尚应具有冷弯试验的合格保证。

3.3 结构用胶

3.3.1 承重结构用胶，应保证其胶合强度不低于木材顺纹抗剪和横纹抗拉的强度。胶连接的耐水性和耐久性，应与结构的用途和使用年限相适应，并应符合环境保护的要求。

3.3.2 使用中有可能受潮的结构及重要的建筑物，应采用耐水胶；承重结构用胶，除应具有出厂质量证明文件外，产品使用前尚应按本规范附录 E 的规定检验其胶粘能力。

3.3.3 胶合木构件的胶合工艺要求可按本规范附录 F 的规定执行。

4 基本设计规定

4.1 设计原则

4.1.1 本规范采用以概率理论为基础的极限状态设计法。

4.1.2 木结构在规定的设计使用年限内应具有足够的可靠度。本规范所采用的设计基准期为 50 年。

4.1.3 木结构的设计使用年限应按表 4.1.3 采用。

表 4.1.3 设计使用年限

类别	设计使用年限	示 例
1	5 年	临时性结构
2	25 年	易于替换的结构构件
3	50 年	普通房屋和一般构筑物
4	100 年及以上	纪念性建筑物和特别重要建筑结构

4.1.4 根据建筑结构破坏后果的严重程度，建筑结构划分为三个安全等级。设计时应根据具体情况，按表 4.1.4 规定选用相应的安全等级。

表 4.1.4 建筑结构的安全等级

安全等级	破坏后果	建筑物类型
一级	很严重	重要的建筑物
二级	严重	一般的建筑物
三级	不严重	次要的建筑物

注：对有特殊要求的建筑物，其安全等级应根据具体情况另行确定。

4.1.5 建筑物中各类结构构件的安全等级，宜与整个结构的安全等级相同，对其中部分结构构件的安全等级，可根据其重要程度适当调整，但不得低于三级。

4.1.6 对于承载能力极限状态，结构构件应按荷载效应的基本组合，采用下列极限状态设计表达式：

$$\gamma_0 S \leqslant R \qquad (4.1.6)$$

式中 γ_0——结构重要性系数；

   S——承载能力极限状态的荷载效应的设计值。按国家标准《建筑结构荷载规范》GB 50009 进行计算；

   R——结构构件的承载力设计值。

4.1.7 结构重要性系数 γ_0 可按下列规定采用：

1 安全等级为一级或设计使用年限为 100 年及以上的结构构件，不应小于 1.1；对安全等级为一级且设计使用年限又超过 100 年的结构构件，不应小于 1.2；

2 安全等级为二级或设计使用年限为 50 年的结构构件，不应小于 1.0；

3 安全等级为三级或设计使用年限为 5 年的结构构件，不应小于 0.9，对设计使用年限为 25 年的结构构件，不应小于 0.95。

4.1.8 对正常使用极限状态，结构构件应按荷载效应的标准组合，采用下列极限状态设计表达式：

$$S \leqslant C \qquad (4.1.8)$$

式中 S——正常使用极限状态的荷载效应的设计值；

   C——根据结构构件正常使用要求规定的变形限值。

4.1.9 木结构中的钢构件设计，应遵守国家标准《钢结构设计规范》GB 50017 的规定。

4.2 设计指标和允许值

4.2.1 普通木结构用木材的设计指标应按下列规定采用：

1 普通木结构用木材，其树种的强度等级应按表 4.2.1-1 和表 4.2.1-2 采用；

2 在正常情况下，木材的强度设计值及弹性模量，应按表 4.2.1-3 采用；在不同的使用条件下，木材的强度设计值和弹性模量尚应乘以表 4.2.1-4 规定的调整系数；对于不同的设计使用年限，木材的强度设计值和弹性模量尚应乘以表 4.2.1-5 规定的调整系数。

表 4.2.1-1 针叶树种木材适用的强度等级

强度等级	组别	适 用 树 种
TC17	A	柏木 长叶松 湿地松 粗皮落叶松
	B	东北落叶松 欧洲赤松 欧洲落叶松
TC15	A	铁杉 油杉 太平洋海岸黄柏 花旗松—落叶松 西部铁杉 南方松
	B	鱼鳞云杉 西南云杉 南亚松
TC13	A	油杉 新疆落叶松 云南松 马尾松 扭叶松 北美落叶松 海岸松
	B	红皮云杉 丽江云杉 樟子松 红松 西加云杉 俄罗斯红松 欧洲云杉 北美山地云杉 北美短叶松
TC11	A	西北云杉 新疆云杉 北美黄松 云杉—松—冷杉 铁—冷杉 东部铁杉 杉木
	B	冷杉 速生杉木 速生马尾松 新西兰辐射松

表 4.2.1-2 阔叶树种木材适用的强度等级

强度等级	适 用 树 种
TB20	青冈 椆木 门格里斯木 卡普木 沉水稍克隆 绿心木 紫心木 李叶豆 塔特布木
TB17	栎木 达荷玛木 萨佩莱木 苦油树 毛罗藤黄
TB15	锥栗（栲木） 桦木 黄梅兰蒂 梅萨瓦木 水曲柳 红劳罗木
TB13	深红梅兰蒂 浅红梅兰蒂 白梅兰蒂 巴西红厚壳木
TB11	大叶椴 小叶椴

4.2.2 对尚未列入本规范表 4.2.1-1、表 4.2.1-2 的进口木材，由出口国提供该木材的物理力学指标及主要材性，由本规范管理机构按规定的程序确定其等级。

4.2.3 下列情况，本规范表 4.2.1-3 中的设计指标，尚应按下列规定进行调整：

1 当采用原木时，若验算部位未经切削，其顺纹抗压、抗弯强度设计值和弹性模量可提高 15%；

2 当构件矩形截面的短边尺寸不小于 150mm 时，其强度设计值可提高 10%；

3 当采用湿材时，各种木材的横纹承压强度设计值和弹性模量以及落叶松木材的抗弯强度设计值宜降低 10%。

表 4.2.1-3 木材的强度设计值和弹性模量（N/mm²）

强度等级	组别	抗弯 f_m	顺纹抗压及承压 f_c	顺纹抗拉 f_t	顺纹抗剪 f_v	横纹承压 $f_{c,90}$ 全表面	局部表面和齿面	拉力螺栓垫板下	弹性模量 E
TC17	A	17	16	10	1.7	2.3	3.5	4.6	10000
	B		15	9.5	1.6				
TC15	A	15	13	9.0	1.6	2.1	3.1	4.2	10000
	B		12	9.0	1.5				
TC13	A	13	12	8.5	1.5	1.9	2.9	3.8	10000
	B		10	8.0	1.4				9000
TC11	A	11	10	7.5	1.4	1.8	2.7	3.6	9000
	B		10	7.0	1.2				
TB20	—	20	18	12	2.8	4.2	6.3	8.4	12000
TB17	—	17	16	11	2.4	3.8	5.7	7.6	11000
TB15	—	15	14	10	2.0	3.1	4.7	6.2	10000
TB13	—	13	12	9.0	1.4	2.4	3.6	4.8	8000
TB11	—	11	10	8.0	1.3	2.1	3.2	4.1	7000

注：计算木构件端部（如接头处）的拉力螺栓垫板时，木材横纹承压强度设计值应按"局部表面和齿面"一栏的数值采用。

表 4.2.1-4 不同使用条件下木材强度设计值和弹性模量的调整系数

使 用 条 件	调整系数 强度设计值	弹性模量
露天环境	0.9	0.85
长期生产性高温环境，木材表面温度达 40～50℃	0.8	0.8
按恒荷载验算时	0.8	0.8
用于木构筑物时	0.9	1.0
施工和维修时的短暂情况	1.2	1.0

注：1 当仅有恒荷载或恒荷载产生的内力超过全部荷载所产生的内力的 80% 时，应单独以恒荷载进行验算；

2 当若干条件同时出现时，表列各系数应连乘。

表 4.2.1-5 不同设计使用年限时木材强度设计值和弹性模量的调整系数

设 计 使 用 年 限	调整系数 强度设计值	弹性模量
5 年	1.1	1.1
25 年	1.05	1.05
50 年	1.0	1.0
100 年及以上	0.9	0.9

4.2.4 进口规格材应由本规范管理机构按规定的专门程序确定强度设计值和弹性模量。

4.2.5 本规范采用的木材名称及常用树种木材主要特性见本规范附录 G；主要进口木材现场识别要点及主要材性见本规范附录 H；机械分级规格材的设计值及已经确定的目测分级规格材的树种和设计值见本规范附录 J。

4.2.6 木材斜纹承压的强度设计值，可按下列公式确定：

当 $\alpha<10°$ 时

$$f_{c\alpha}=f_c \qquad (4.2.6-1)$$

当 $10°<\alpha<90°$ 时

$$f_{c\alpha}=\left[\cfrac{f_c}{1+\left(\cfrac{f_c}{f_{c,90}}-1\right)\cfrac{\alpha-10°}{80°}\sin\alpha}\right] \qquad (4.2.6-2)$$

式中 $f_{c\alpha}$——木材斜纹承压的强度设计值（N/mm²）；

α——作用力方向与木纹方向的夹角（°）。

木材斜纹承压强度设计值亦可根据 f_c、$f_{c,90}$ 和 α 数值从图 4.2.6 查得。

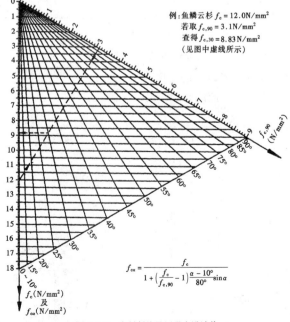

例：鱼鳞云杉 $f_c=12.0$N/mm²
若取 $f_{c,90}=3.1$N/mm²
查得 $f_{c,30}=8.83$N/mm²
（见图中虚线所示）

$$f_{c\alpha}=\cfrac{f_c}{1+\left(\cfrac{f_c}{f_{c,90}}-1\right)\cfrac{\alpha-10°}{80°}\sin\alpha}$$

f_c(N/mm²) 及 $f_{c\alpha}$(N/mm²)

图 4.2.6 木材斜纹承压强度设计值

4.2.7 受弯构件的计算挠度，应满足表 4.2.7 的挠度限值。

表 4.2.7 受弯构件挠度限值

项 次	构件类别		挠度限值 [ω]
1	檩条	$l \leqslant 3.3m$	1/200
		$l > 3.3m$	1/250
2	椽条		1/150
3	吊顶中的受弯构件		1/250
4	楼板梁和搁栅		1/250

注：表中，l——受弯构件的计算跨度。

4.2.8 验算桁架受压构件的稳定时，其计算长度 l_0 应按下列规定采用：

1 平面内：取节点中心间距；

2 平面外：屋架上弦取锚固檩条间的距离，腹杆取节点中心的距离；在杆系拱、框架及类似结构中的受压下弦，取侧向支撑点间的距离。

4.2.9 受压构件的长细比，不应超过表 4.2.9 规定的长细比限值。

表 4.2.9 受压构件长细比限值

项次	构件类别	长细比限值 [λ]
1	结构的主要构件（包括桁架的弦杆、支座处的竖杆或斜杆以及承重柱等）	120
2	一般构件	150
3	支撑	200

4.2.10 原木构件沿其长度的直径变化率，可按每米 9mm（或当地经验值）采用。验算挠度和稳定时，可取构件的中央截面，验算抗弯强度时，可取最大弯矩处的截面。

注：标注原木直径时，应以小头为准。

4.2.11 承重木结构中的钢构件部分，应按国家标准《钢结构设计规范》GB 50017 采用。

4.2.12 当采用两根圆钢共同受拉时，宜将钢材的强度设计值乘以 0.85 的调整系数。

对圆钢拉杆验算螺纹部分的净截面受拉，其强度设计值应按国家标准《钢结构设计规范》GB 50017 采用。

5 木结构构件计算

5.1 轴心受拉和轴心受压构件

5.1.1 轴心受拉构件的承载能力，应按下式验算：

$$\frac{N}{A_n} \leqslant f_t \qquad (5.1.1)$$

式中 f_t——木材顺纹抗拉强度设计值（N/mm²）；

N——轴心受拉构件拉力设计值（N）；

A_n——受拉构件的净截面面积（mm²）。计算 A_n 时应扣除分布在 150mm 长度上的缺孔投影面积。

5.1.2 轴心受压构件的承载能力，应按下列公式验算：

1 按强度验算

$$\frac{N}{A_n} \leqslant f_c \qquad (5.1.2-1)$$

2 按稳定验算

$$\frac{N}{\varphi A_0} \leqslant f_c \qquad (5.1.2-2)$$

式中 f_c——木材顺纹抗压强度设计值（N/mm²）；

N——轴心受压构件压力设计值（N）；

A_n——受压构件的净截面面积（mm²）；

A_0——受压构件截面的计算面积（mm²），按本规范第 5.1.3 条确定；

φ——轴心受压构件稳定系数，按本规范第 5.1.4 条确定。

5.1.3 按稳定验算时受压构件截面的计算面积，应按下列规定采用：

1 无缺口时，取

$$A_0 = A$$

式中 A——受压构件的全截面面积（mm²）；

2 缺口不在边缘时（图 5.1.3a），取 $A_0 = 0.9A$；

3 缺口在边缘且为对称时（图 5.1.3b），取 $A_0 = A_n$；

4 缺口在边缘但不对称时（图 5.1.3c），应按偏心受压构件计算；

5 验算稳定时，螺栓孔可不作为缺口考虑。

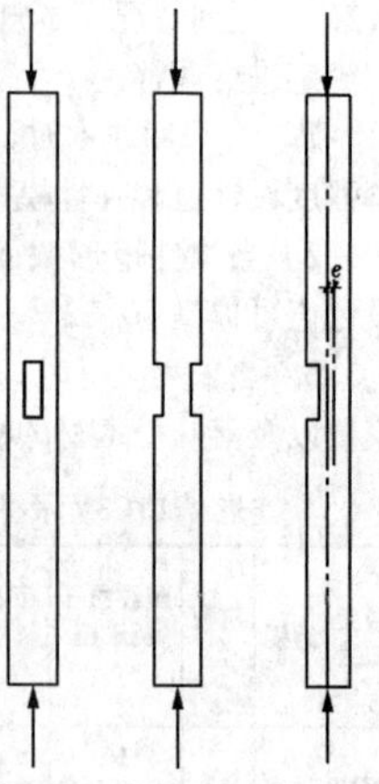

5.1.4 轴心受压构件的稳定系数，应根据不同树种的强度等级按下列公式计算：

1 树种强度等级为 TC17、TC15 及 TB20：

当 $\lambda \leqslant 75$ 时

$$\varphi = \frac{1}{1 + \left(\frac{\lambda}{80}\right)^2} \qquad (5.1.4-1)$$

当 $\lambda > 75$ 时

$$\varphi = \frac{3000}{\lambda^2} \qquad (5.1.4-2)$$

图 5.1.3 受压构件缺口

2 树种强度等级为 TC13、TC11、TB17、TB15、TB13 及 TB11：

当 $\lambda \leqslant 91$ 时

$$\varphi = \frac{1}{1 + \left(\frac{\lambda}{65}\right)^2} \qquad (5.1.4-3)$$

当 $\lambda > 91$ 时

$$\varphi = \frac{2800}{\lambda^2} \qquad (5.1.4-4)$$

式中 φ——轴心受压构件的稳定系数；

λ——构件的长细比，按本规范第 5.1.5 条确定。

轴心受压构件稳定系数亦可根据不同的树种强度等级与木构件的长细比从本规范附录 K 的附表中查得。

5.1.5 构件的长细比，不论构件截面上有无缺口，均应按下列公式计算：

$$\lambda = \frac{l_0}{i} \qquad (5.1.5\text{-}1)$$

$$i = \sqrt{\frac{I}{A}} \qquad (5.1.5\text{-}2)$$

式中　l_0——受压构件的计算长度（mm）；

　　　i——构件截面的回转半径（mm）；

　　　I——构件的全截面惯性矩（mm⁴）；

　　　A——构件的全截面面积（mm²）。

受压构件的计算长度，应按实际长度乘以下列系数：

两端铰接　　　　　　　1.0

一端固定，一端自由　　2.0

一端固定，一端铰接　　0.8

5.2 受 弯 构 件

5.2.1 受弯构件的抗弯承载能力，应按下式验算：

$$\frac{M}{W_n} \leqslant f_m \qquad (5.2.1)$$

式中　f_m——木材抗弯强度设计值（N/mm²）；

　　　M——受弯构件弯矩设计值（N·mm）；

　　　W_n——受弯构件的净截面抵抗矩（mm³）。

当需验算受弯构件的侧向稳定时，应按本规范附录 L 的规定计算。

5.2.2 受弯构件的抗剪承载能力，应按下式验算：

$$\frac{VS}{Ib} \leqslant f_v \qquad (5.2.2)$$

式中　f_v——木材顺纹抗剪强度设计值（N/mm²）；

　　　V——受弯构件剪力设计值（N），按本规范第 5.2.3 条确定；

　　　I——构件的全截面惯性矩（mm⁴）；

　　　b——构件的截面宽度（mm）；

　　　S——剪切面以上的截面面积对中性轴的面积矩（mm³）。

5.2.3 荷载作用在梁的顶面，计算受弯构件的剪力 V 值时，可不考虑在距离支座等于梁截面高度的范围内的所有荷载的作用。

5.2.4 受弯构件应注意减小切口引起的应力集中。宜采用逐渐变化的锥形切口，而不宜采用直角形切口。

简支梁支座处受拉边的切口深度，锯材不应超过梁截面高度的 1/4；层板胶合材不应超过梁截面高度的 1/10。

有可能出现负弯矩的支座处及其附近区域不应设置切口。

5.2.5 矩形截面受弯构件支座处受拉面有切口时，实际的抗剪承载能力，应按下式验算：

$$\frac{3V}{2bh_n}\left(\frac{h}{h_n}\right) \leqslant f_v \qquad (5.2.5)$$

式中　f_v——木材顺纹抗剪强度设计值（N/mm²）；

　　　b——构件的截面宽度（mm）；

　　　h——构件的截面高度（mm）；

　　　h_n——受弯构件在切口处净截面高度（mm）；

　　　V——按建筑力学方法确定的剪力设计值（N），不考虑本规范第 5.2.3 条规定。

5.2.6 受弯构件的挠度，应按下式验算：

$$w \leqslant [w] \qquad (5.2.6)$$

式中　$[w]$——受弯构件的挠度限值（mm），按本规范表 4.2.7 采用；

　　　w——构件按荷载效应的标准组合计算的挠度(mm)。

5.2.7 双向受弯构件，应按下列公式验算：

1 按承载能力验算

$$\sigma_{mx} + \sigma_{my} \leqslant f_m \qquad (5.2.7\text{-}1)$$

2 按挠度验算

$$w = \sqrt{w_x^2 + w_y^2} \leqslant [w] \qquad (5.2.7\text{-}2)$$

式中　σ_{mx}、σ_{my}——对构件截面 x 轴、y 轴的弯曲应力设计值（N/mm²）；

　　　w_x、w_y——荷载效应的标准组合计算的对构件截面 x 轴、y 轴方向的挠度（mm）。

对构件截面 x 轴、y 轴的弯曲应力设计值，按下列公式计算：

$$\sigma_{mx} = \frac{M_x}{W_{nx}} \qquad (5.2.7\text{-}3)$$

$$\sigma_{my} = \frac{M_y}{W_{ny}} \qquad (5.2.7\text{-}4)$$

式中　M_x、M_y——对构件截面 x 轴、y 轴产生的弯矩设计值（N·mm）；

　　　W_{nx}、W_{ny}——构件截面沿 x 轴、y 轴的净截面抵抗矩（mm³）。

5.3 拉弯和压弯构件

5.3.1 拉弯构件的承载能力，应按下式验算：

$$\frac{N}{A_n f_t} + \frac{M}{W_n f_m} \leqslant 1 \qquad (5.3.1)$$

式中　N、M——轴向拉力设计值（N）、弯矩设计值（N·mm）；

　　　A_n、W_n——按本规范第 5.1.1 条计算的构件净截面面积（mm²）、净截面抵抗矩（mm³）；

　　　f_t、f_m——木材顺纹抗拉强度设计值、抗弯强度设计值（N/mm²）。

5.3.2 压弯构件及偏心受压构件的承载能力，应按下列公式验算：

1 按强度验算

$$\frac{N}{A_n f_c} + \frac{M}{W_n f_m} \leqslant 1 \qquad (5.3.2\text{-}1)$$

$$M = Ne_0 + M_0 \qquad (5.3.2\text{-}2)$$

2 按稳定验算

$$\frac{N}{\varphi \varphi_m A_0} \leqslant f_c \qquad (5.3.2\text{-}3)$$

$$\varphi_m = (1-K)^2(1-kK) \qquad (5.3.2\text{-}4)$$

$$K = \frac{Ne_0 + M_0}{W f_m \left(1 + \sqrt{\frac{N}{A f_c}}\right)} \qquad (5.3.2\text{-}5)$$

$$k = \frac{Ne_0}{Ne_0 + M_0} \qquad (5.3.2\text{-}6)$$

式中　φ、A_0——轴心受压构件的稳定系数、计算面积，按本规范第 5.1.4 条和第 5.1.3 条确定；

　　　φ_m——考虑轴向力和初始弯矩共同作用的折减系数；

　　　N——轴向压力设计值（N）；

　　　M_0——横向荷载作用下跨中最大初始弯矩设计值（N·mm）；

　　　e_0——构件的初始偏心距（mm）；

　　　f_c、f_m——考虑本规范表 4.2.1-4 所列调整系数后的木材顺纹抗压强度设计值、抗弯强度设计值（N/mm²）。

5.3.3 当需验算压弯构件或偏心受压构件弯矩作用平面外的侧向稳定性时，应按下式验算：

$$\frac{N}{\varphi_y A_0 f_c} + \left(\frac{M}{\varphi_l W f_m}\right)^2 \leqslant 1 \qquad (5.3.3)$$

式中　φ_y——轴心压杆在垂直于弯矩作用平面 $y\text{-}y$ 方向按长细比 λ_y 确定的轴心压杆稳定系数，按本规范第 5.1.4 条确定；

φ_l——受弯构件的侧向稳定系数，按本规范附录L确定；

N、M——轴向压力设计值（N）、弯曲平面内的弯矩设计值（N·mm）；

W——构件全截面抵抗矩（mm³）。

1 齿连接的承压面，应与所连接的压杆轴线垂直；

2 单齿连接应使压杆轴线通过承压面中心；

3 木桁架支座节点的上弦轴线和支座反力的作用线，当采用方木或板材时，宜与下弦净截面的中心线交汇于一点；当采用原木时，可与下弦毛截面的中心线交汇于一点，此时，刻齿处的截面可按轴心受拉验算；

4 齿连接的齿深，对于方木不应小于 20mm；对于原木不应小于 30mm；

桁架支座节点齿深不应大于 $h/3$，中间节点的齿深不应大于 $h/4$（h 为沿齿深方向的构件截面高度）；

双齿连接中，第二齿的齿深 h_c 应比第一齿的齿深 h_{c1} 至少大 20mm。单齿和双齿第一齿的剪面长度不应小于 4.5 倍齿深；

当采用湿材制作时，木桁架支座节点齿连接的剪面长度应比计算值加长 50mm。

6.1.2 单齿连接应按下列公式验算：

1 按木材承压

$$\frac{N}{A_c} \leqslant f_{c\alpha} \qquad (6.1.2\text{-}1)$$

式中 $f_{c\alpha}$——木材斜纹承压强度设计值（N/mm²），按本规范第 4.2.6 条确定；

N——作用于齿面上的轴向压力设计值（N）；

A_c——齿的承压面面积（mm²）。

2 按木材受剪

$$\frac{V}{l_v b_v} \leqslant \psi_v f_v \qquad (6.1.2\text{-}2)$$

式中 f_v——木材顺纹抗剪强度设计值（N/mm²）；

V——作用于剪面上的剪力设计值（N）；

l_v——剪面计算长度（mm），其取值不得大于齿深 h_c 的 8 倍；

b_v——剪面宽度（mm）；

ψ_v——沿剪面长度剪应力分布不匀的强度降低系数，按表 6.1.2 采用。

6 木结构连接计算

6.1 齿 连 接

6.1.1 齿连接可采用单齿（图 6.1.1-1）或双齿（图 6.1.1-2）的形式，并应符合下列规定：

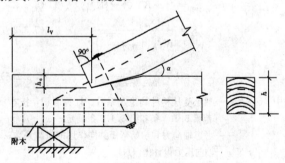

图 6.1.1-1 单齿连接

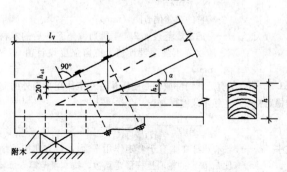

图 6.1.1-2 双齿连接

表 6.1.2 单齿连接抗剪强度降低系数

l_v/h_c	4.5	5	6	7	8
ψ_v	0.95	0.89	0.77	0.70	0.64

6.1.3 双齿连接的承压，按本规范公式（6.1.2-1）验算，但其承压面面积应取两个齿承压面面积之和。

双齿连接的受剪，仅考虑第二齿剪面的工作，按本规范公式（6.1.2-2）计算，并符合下列规定：

1 计算受剪应力时，全部剪力 V 应由第二齿的剪面承受；

2 第二齿剪面的计算长度 l_v 的取值，不得大于齿深 h_c 的 10 倍；

3 双齿连接沿剪面长度剪应力分布不匀的强度降低系数 ψ_v 值应按表 6.1.3 采用。

表 6.1.3 双齿连接抗剪强度降低系数

l_v/h_c	6	7	8	10
ψ_v	1.00	0.93	0.85	0.71

6.1.4 桁架支座节点采用齿连接时，必须设置保险螺栓，但不考虑保险螺栓与齿的共同工作。保险螺栓应与上弦轴线垂直。保险螺栓应按本规范第 4.1.9 条进行净截面抗拉验算，所承受的轴向拉力应由下式确定：

$$N_b = N \operatorname{tg}(60° - \alpha) \qquad (6.1.4)$$

式中 N_b——保险螺栓所承受的轴向拉力（N）；

N——上弦轴向压力的设计值（N）；

α——上弦与下弦的夹角（°）。

保险螺栓的强度设计值应乘以 1.25 的调整系数。

双齿连接宜选用两个直径相同的保险螺栓（图6.1.1-2），但不考虑本规范第4.2.12条的调整系数。

木桁架下弦支座应设置附木，并与下弦用钉钉牢。钉子数量可按构造布置确定。附木截面宽度与下弦相同，其截面高度不小于h/3（h为下弦截面高度）。

6.2 螺栓连接和钉连接

6.2.1 螺栓连接和钉连接中可采用双剪连接（图6.2.1-1）或单剪连接（图6.2.1-2）。连接木构件的最小厚度，应符合表6.2.1的规定。

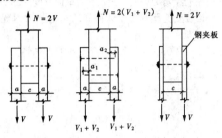

图6.2.1-1 双剪连接

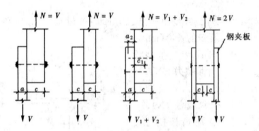

图6.2.1-2 单剪连接

表6.2.1 螺栓连接和钉连接中木构件的最小厚度

连接形式	螺栓连接		钉连接
	$d<18$mm	$d\geqslant18$mm	
双剪连接 （图6.2.1-1）	$c\geqslant5d$ $a\geqslant2.5d$	$c\geqslant5d$ $a\geqslant4d$	$c\geqslant8d$ $a\geqslant4d$
单剪连接 （图6.2.1-2）	$c\geqslant7d$ $a\geqslant2.5d$	$c\geqslant7d$ $a\geqslant4d$	$c\geqslant10d$ $a\geqslant4d$

注：表中 c——中部构件的厚度或单剪连接中较厚构件的厚度；
　　　a——边部构件的厚度或单剪连接中较薄构件的厚度；
　　　d——螺栓或钉的直径。

对于钉连接，表6.2.1中木构件厚度 a 或 c 值，应取钉在该构件中的实际有效长度。在未被钉穿的构件中，计算钉的实际有效长度时，应扣去钉尖长度（按 $1.5d$ 计）。若钉尖穿出最后构件的表面，则该构件计算厚度也应减少 $1.5d$。

6.2.2 木构件最小厚度符合本规范表6.2.1的规定时，螺栓连接或钉连接顺纹受力的每一剪面的设计承载力应按下式确定：

$$N_v = k_v d^2 \sqrt{f_c} \tag{6.2.2}$$

式中 N_v——螺栓或钉连接每一剪面的承载力设计值（N）；
　　　f_c——木材顺纹承压强度设计值（N/mm²）；
　　　d——螺栓或钉的直径（mm）；
　　　k_v——螺栓或钉连接设计承载力计算系数，按表6.2.2采用。

表6.2.2 螺栓或钉连接设计承载力计算系数 k_v

连接形式	螺栓连接				钉连接				
a/d	2.5~3	4	5	$\geqslant6$	4	6	8	10	$\geqslant11$
k_v	5.5	6.1	6.7	7.5	7.6	8.4	9.1	10.2	11.1

采用钢夹板时，计算系数 k_v 取表中螺栓或钉的最大值。当木构件采用湿材制作时，螺栓连接的计算系数 k_v 不应大于6.7。

6.2.3 单剪连接中，若受力条件限制，木构件厚度 c 不能满足本

规范表6.2.1的规定时，则每一剪面的承载力设计值 N_v 除按本规范公式（6.2.2）计算外，且不得大于 $0.3cd\psi_\alpha f_c$。ψ_α 值按本规范表6.2.4确定。

6.2.4 若螺栓的传力方向与构件木纹成 α 角时，按公式（6.2.2）计算的每一剪面的承载力设计值应乘以木材斜纹承压的降低系数 ψ_α，（ψ_α 按表6.2.4确定）。

对于钉连接，可不考虑斜纹承压的影响。

表6.2.4 斜纹承压的降低系数 ψ_α

角度 α（°）	螺栓直径（mm）					
	12	14	16	18	20	22
$\leqslant10$	1	1	1	1	1	1
$10<\alpha<80$	1~0.84	1~0.81	1~0.78	1~0.75	1~0.73	1~0.71
$\geqslant80$	0.84	0.81	0.78	0.75	0.73	0.71

注：α 在10°和80°之间时，按线性插入法确定。

6.2.5 螺栓的排列，可按两纵行齐列（图6.2.5-1）或两纵行错列（图6.2.5-2）布置，并应符合下列规定：

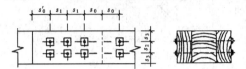

图6.2.5-1 两纵行齐列

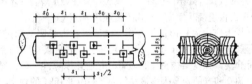

图6.2.5-2 两纵行错列

1 螺栓排列的最小间距，应符合表6.2.5的规定；

2 当采用湿材制作时，木构件顺纹端距 s_0 应加长70mm；

3 当构件成直角相交且力的方向不变时，螺栓排列的横纹最小边距：受力边不小于 $4.5d$；非受力边不小于 $2.5d$（图6.2.5-3）；

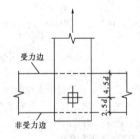

图6.2.5-3 横纹受力时螺栓排列

4 当采用钢夹板时，钢板上的端距 s_0 取螺栓直径的2倍；边距 s_3 取螺栓直径的1.5倍。

表6.2.5 螺栓排列的最小间距

构造特点	顺纹		横纹	
	端距	中距	边距	中距
	s_0	s_0'	s_1	s_3	s_2
两纵行齐列	7d		3d	3.5d
两纵行错列	10d			2.5d

注：d——螺栓直径。

6.2.6 钉的排列，可采用齐列、错列或斜列（图6.2.6）布置，其最小间距应符合表6.2.6的规定。对于软质阔叶材，其顺纹中距和端距应按表中规定增加25%；对于硬质阔叶材和落叶松，采用钉连接应预先钻孔，若无法预先钻孔，则不应采用钉连接。

在一个节点中，不得少于两颗钉。

表 6.2.6　钉排列的最小间距

a	顺纹		横纹		
	中距 s_1	端距 s_0	中距 s_2		边距 s_3
			齐列	错列或斜列	
$a \geqslant 10d$	15d				
$10d > a > 4d$	取插入值	15d	4d	3d	4d
$a = 4d$	25d				

注：d——钉的直径；

　　a——构件被钉穿的厚度（见本规范图6.2.1-1和图6.2.1-2）。

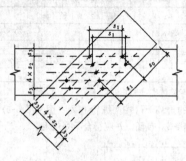

图 6.2.6　钉连接的斜列布置

6.3 齿 板 连 接

6.3.1 齿板连接适用于轻型木结构建筑中规格材桁架的节点及受拉杆件的接长。处于腐蚀环境、潮湿或有冷凝水环境的木桁架不应采用齿板连接。齿板不得用于传递压力。

6.3.2 齿板应由镀锌薄钢板制作。镀锌应在齿板制造前进行，镀锌层重量不低于 $275g/m^2$。钢板可采用 Q235 碳素结构钢和 Q345 低合金高强度结构钢，其质量应符合国家标准《碳素结构钢》GB 700 和《低合金高强度结构钢》GB/T 1591 的规定。当有可靠依据时，也可采用其他型号的钢材。

6.3.3 齿板连接应按下列规定进行验算：

　　1 按承载能力极限状态荷载效应的基本组合验算齿板连接的板齿承载力、齿板受拉承载力、齿板受剪承载力和剪—拉复合承载力；

　　2 按正常使用极限状态标准组合验算板齿的抗滑移承载力。

6.3.4 板齿设计承载力应按下式计算：

$$N_r = n_r k_h A \qquad (6.3.4-1)$$

式中　n_r——齿承载力设计值（N/mm²）。按本规范附录 M 确定；

　　　A——齿板表面净面积（mm²）。是指用齿板覆盖的构件面积减去相应端距 a 及边距 e 内的面积（图6.3.4）。端距 a 应平行于木纹量测，并取 12mm 或 1/2 齿长的较大者。边距 e 应垂直于木纹量测，并取 6mm 或 1/4 齿长的较大者。

　　　k_h——桁架支座节点弯矩系数。

桁架支座节点弯矩影响系数 k_h，可按下列公式计算：

$$k_h = 0.85 - 0.05 (12tg\alpha - 2.0) \qquad (6.3.4-2)$$

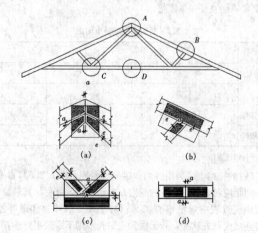

图 6.3.4　齿板的端距和边距

$$0.65 \leqslant k_h \leqslant 0.85$$

式中　α——桁架支座处上下弦间夹角。

6.3.5 齿板受拉设计承载力应按下式计算：

$$T_t = t_r b_t \qquad (6.3.5)$$

式中　b_t——垂直于拉力方向的齿板截面宽度（mm）；

　　　t_r——齿板受拉承载力设计值（N/mm），按本规范附录 M 确定。

6.3.6 齿板受剪设计承载力应按下式计算：

$$V_r = \gamma_r b_v \qquad (6.3.6)$$

式中　b_v——平行于剪力方向的齿板受剪截面宽度（mm）；

　　　γ_r——齿板受剪承载力设计值（N/mm），按本规范附录 M 确定。

6.3.7 齿板剪—拉复合设计承载力应按下列公式计算：

$$C_r = C_{r1} l_1 + C_{r2} l_2 \qquad (6.3.7-1)$$

$$C_{r1} = V_{r1} + \frac{\theta}{90} (T_{r1} - V_{r1}) \qquad (6.3.7-2)$$

$$C_{r2} = V_{r2} + \frac{\theta}{90} (T_{r2} - V_{r2}) \qquad (6.3.7-3)$$

式中　C_{r1}——沿 l_1（图6.3.7）齿板剪—拉复合设计承载力(N)；

　　　C_{r2}——沿 l_2（图6.3.7）齿板剪—拉复合设计承载力(N)；

　　　l_1——所考虑的杆件水平方向的被齿板覆盖的长度（mm）；

　　　l_2——所考虑的杆件垂直方向的被齿板覆盖的长度(mm)；

　　　V_{r1}——沿 l_1 齿板抗剪设计承载力（N）；

　　　V_{r2}——沿 l_2 齿板抗剪设计承载力（N）；

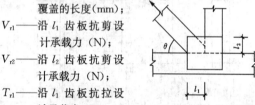

　　　T_{r1}——沿 l_1 齿板抗拉设计承载力（N）；

图 6.3.7　齿板剪—拉复合受力

　　　T_{r2}——沿 l_2 齿板抗拉设计承载力（N）；

　　　θ——杆件轴线夹角（°）。

6.3.8 板齿抗滑移承载力应按下式计算：

$$N_s = n_s A \qquad (6.3.8)$$

式中　n_s——齿抗滑移承载力（N/mm²），按本规范附录 M 确定；

　　　A——齿板表面净面积（mm²）。

6.3.9 齿板连接的构造应符合下列规定：

　　1 齿板应成对对称设置于构件连接节点的两侧；

　　2 采用齿板连接的构件厚度应不小于齿嵌入构件深度的两倍；

　　3 在与桁架弦杆平行及垂直方向，齿板与弦杆的最小连接尺寸，在腹杆轴线方向齿板与腹杆的最小连接尺寸均应符合表6.3.9的规定。

表 6.3.9　齿板与桁架弦杆、腹杆最小连接尺寸（mm）

规格材截面尺寸（mm×mm）	桁架跨度 L（m）		
	$L \leqslant 12$	$12 < L \leqslant 18$	$18 < L \leqslant 24$
40×65	40	45	—
40×90	40	45	50
40×115	40	45	50
40×140	40	50	50
40×185	50	60	65
40×235	65	70	75
40×285	75	75	85

6.3.10 齿板连接的构件制作应在工厂进行，并应符合下列要求：

　　1 板齿应与构件表面垂直；

2 板齿嵌入构件的深度应不小于板齿承载力试验时板齿嵌入试件的深度；

3 齿板连接处构件无缺棱、木节、木节孔等缺陷；

4 拼装完成后齿板无变形。

7 普通木结构

7.1 一般规定

7.1.1 木结构设计应符合下列要求：

1 木材宜用于结构的受压或受弯构件，对于在干燥过程中容易翘裂的树种木材（如落叶松、云南松等），当用作桁架时，宜采用钢下弦；若采用木下弦，对于原木，其跨度不宜大于15m，对于方木不应大于12m，且应采取有效防止裂缝危害的措施；

2 应积极创造条件采用胶合木构件或胶合木结构；

3 木屋盖宜采用外排水，若必须采用内排水时，不应采用木制天沟；

4 必须采取通风和防潮措施，以防木材腐朽和虫蛀；

5 合理地减少构件截面的规格，以符合工业化生产的要求；

6 应保证木结构特别是钢木桁架在运输和安装过程中的强度、刚度和稳定性，必要时应在施工图中提出注意事项；

7 地震区设计木结构，在构造上应加强构件之间、结构与支承物之间的连接，特别是刚度差别较大的两部分或两个构件（如屋架与柱、檩条与屋架、木柱与基础等）之间的连接必须安全可靠。

7.1.2 在可能造成风灾的台风地区和山区风口地段，木结构的设计，应采取有效措施，以加强建筑物的抗风能力。尽量减小天窗的高度和跨度；采用短出檐或封闭出檐；瓦面（特别在檐口处）宜加压砖或座灰；山墙采用硬山；檩条与桁架（或山墙）、桁架与墙（或柱）、门窗框与墙体等的连接均应采取可靠锚固措施。

7.1.3 抗震设防烈度为8度和9度地区设计木结构建筑，根据

需要，可采用隔震、消能设计。

7.1.4 在结构的同一节点或接头中有两种或多种不同的连接方式时，计算时应只考虑一种连接传递内力，不得考虑几种连接的共同工作。

7.1.5 杆系结构中的木构件，当有对称削弱时，其净截面面积不应小于构件毛截面面积的50%；当有不对称削弱时，其净截面面积不应小于构件毛截面面积的60%。

在受弯构件的受拉边，不得打孔或开设缺口。

7.1.6 圆钢拉杆和拉力螺栓的直径，应按计算确定，但不宜小于12mm。

圆钢拉杆和拉力螺栓的方形钢垫板尺寸，可按下列公式计算：

1 垫板面积（mm²）

$$A = \frac{N}{f_{c\alpha}} \tag{7.1.6-1}$$

2 垫板厚度（mm）

$$t = \sqrt{\frac{N}{2f}} \tag{7.1.6-2}$$

式中　N——轴心拉力设计值（N）；

　　　$f_{c\alpha}$——木材斜纹承压强度设计值（N/mm²），根据轴心拉力N与垫板下木构件木纹方向的夹角，按本规范第4.2.6条的规定确定；

　　　f——钢材抗弯强度设计值（N/mm²）。

系紧螺栓的钢垫板尺寸可按构造要求确定，其厚度不宜小于0.3倍螺栓直径，其边长不应小于3.5倍螺栓直径。当为圆形垫板时，其直径不应小于4倍螺栓直径。

7.1.7 桁架的圆钢下弦、三角形桁架跨中竖向钢拉杆、受振动荷载影响的钢拉杆以及直径等于或大于20mm的钢拉杆和拉力螺栓，都必须采用双螺帽。

木结构的钢材部分，应有防锈措施。

7.1.8 在房屋或构筑物建成后，应按本规范附录D对木结构进行检查和维护。对于用湿材或新利用树种木材制作的木结构，必须加强使用前和使用后的第1~2年内的检查和维护工作。

7.2 屋面木基层和木梁

7.2.1 屋面木基层中的主要受弯构件，其承载力应按下列两种荷载组合进行验算，而挠度应按第1种荷载组合验算。

1 恒荷载和活荷载（或恒荷载和雪荷载）；

2 恒荷载和一个1.0kN施工集中荷载。

在第2种荷载作用下，进行施工或维修阶段承载能力验算时，木材强度设计值应乘以本规范表4.2.1-4的调整系数。

注：密铺屋面板，其计算宽度可按300mm考虑。

7.2.2 对设有锻锤或其他较大振动设备的房屋，屋面宜设置屋面板。

7.2.3 方木檩条宜正放，其截面高宽比不宜大于2.5。当方木檩条斜放时，其截面高宽比不宜大于2，并应按双向受弯构件进行计算。若有可靠措施以消除或减少沿屋面方向的弯矩和挠度时，可根据采取措施后的情况进行计算。

当采用钢木檩条时，应采取措施保证受拉钢筋下弦折点处的侧向稳定。

椽条在屋脊处应相互连接牢固。

7.2.4 抗震设防烈度为8度和9度地区屋面木基层抗震设计，应符合下列规定：

1 采用斜放檩条并设置密铺屋面板，檐口瓦应与挂瓦条扎牢；

2 檩条必须与屋架连牢，双脊檩应相互拉结，上弦节点处的檩条应与屋架上弦用螺栓连接；

3 支承在山墙上的檩条，其搁置长度不应小于120mm，节点处檩条应与山墙卧梁用螺栓锚固。

7.2.5 木梁宜采用原木、方木或胶合木制作。若有设计经验，

也可采用其他木基材制作。

木梁在支座处应设置防止其侧倾的侧向支承和防止其侧向位移的可靠锚固。

当采用方木梁时，其截面高宽比一般不宜大于4，高宽比大于4的木梁应采取保证侧向稳定的必要措施。

当采用胶合木梁时，应符合胶合木梁的有关要求。

7.3 桁 架

7.3.1 桁架选型可根据具体条件确定，并宜采用静定的结构体系。当桁架跨度较大或使用湿材时，应采用钢木桁架；对跨度较大的三角形原木桁架，宜采用不等节间的桁架形式。

采用木檩条时，桁架间距不宜大于4m；采用钢木檩条或胶合木檩条时，桁架间距不宜大于6m。

7.3.2 桁架中央高度与跨度之比，不应小于表7.3.2规定的数值。

表7.3.2 桁架最小高跨比

序 号	桁 架 类 型	h/l
1	三角形木桁架	1/5
2	三角形钢木桁架；平行弦木桁架；弧形、多边形和梯形木桁架	1/6
3	弧形、多边形和梯形钢木桁架	1/7

注：h——桁架中央高度；

　　l——桁架跨度。

7.3.3 桁架制作应按其跨度的1/200起拱。

7.3.4 设计木桁架时，其构造应符合下列要求：

1 受拉下弦接头应保证轴心传递拉力，下弦接头不宜多于两个；接头应锯平对正，宜采用螺栓和木夹板连接；

采用螺栓夹板（木夹板或钢夹板）连接时，接头每端的螺栓数由计算确定，但不宜少于6个，且不应排成单行；当采用木夹板时，应选用优质的气干木材制作，其厚度不应小于下弦宽度的1/2；若桁架跨度较大，木夹板的厚度不宜小于100mm；当采用钢夹板时，其厚度不应小于6mm；

2 桁架上弦的受压接头应设在节点附近，并不宜设在支座节间和脊节间内；受压接头应锯平，可用木夹板连接，但接缝每侧至少应有两个螺栓系紧；木夹板的厚度宜取上弦宽度的1/2，长度宜取上弦宽度的5倍；

3 支座节点采用齿连接时，应使下弦的受剪面避开髓心（图7.3.4），并应在施工图中注明此要求。

图7.3.4 受剪面避开髓心示意图

7.3.5 钢木桁架的下弦，可采用圆钢或型钢。当跨度较大或有振动影响时，宜采用型钢。圆钢下弦应设有调整松紧的装置。

当下弦节点间距大于250d（d为圆钢直径）时，应对圆钢下弦拉杆设置吊杆。

杆端有螺纹的圆钢拉杆，当直径大于22mm时，宜将杆端加粗（如焊接一段较粗的短圆钢），其螺纹应由车床加工。

圆钢应调直，需接长时宜采用对接焊或双帮条焊，不得采用搭接焊。焊接接头的质量应符合国家现行有关标准的规定。

7.3.6 当桁架上设有悬挂吊车时，吊点应设在桁架节点处；腹杆与弦杆应采用螺栓或其他连接件扣紧；支撑杆件与桁架弦杆应采用螺栓连接；当为钢木桁架时，应采用型钢下弦。

7.3.7 当有吊顶时，桁架下弦与吊顶构件间应保持不小于100mm的净距。

7.3.8 抗震设防烈度为8度和9度地区的屋架抗震设计，应符合下列规定：

1 钢木屋架宜采用型钢下弦，屋架的弦杆与腹杆宜用螺栓

系紧，屋架中所有的圆钢拉杆和拉力螺栓，均应采用双螺帽；

2 屋架端部必须用不小于Φ20的锚栓与墙、柱锚固。

7.4 天 窗

7.4.1 天窗包括单面天窗和双面天窗。当设置双面天窗时，天窗架的跨度不应大于屋架跨度的1/3。

单面天窗的立柱应设置在屋架的节点部位；双面天窗的荷载宜由屋脊节点及其相邻的上弦节点共同承担，并应设置斜杆与屋架上弦连接，以保证其平面内的稳定。

在房屋两端开间内不宜设置天窗。

天窗的立柱，应与桁架上弦牢固连接。当采用通长木夹板时，夹板不宜与桁架下弦直接连接（图7.4.1）。

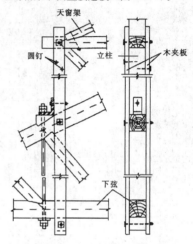

图7.4.1 立柱的木夹板示意图

7.4.2 为防止天窗边柱受潮腐朽，边柱处屋架的檩条宜放在边柱内侧（图7.4.2）。其窗樘和窗扇宜放在边柱外侧，并加设有效的挡雨设施。开敞式天窗应加设有效的挡雨板，并应作好泛水处理。

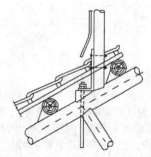

图7.4.2 边柱柱脚构造示意图

7.4.3 抗震设防烈度为8度和9度地区，不宜设置天窗。

7.5 支 撑

7.5.1 应采取有效措施保证结构在施工和使用期间的空间稳定，防止桁架侧倾，保证受压弦杆的侧向稳定，承担和传递纵向水平力。

7.5.2 屋盖应根据结构的型式和跨度、屋面构造及荷载等情况选用上弦横向支撑或垂直支撑。但当房屋跨度较大或有锻锤、吊车等振动影响时，除应设置上弦横向支撑外，尚应设置垂直支撑。

支撑构件的截面尺寸，可按构造要求确定。

注：垂直支撑系指在两榀屋架的上、下弦间设置交叉腹杆（或人字腹杆），并在下弦平面设置纵向水平系杆，用螺栓连接，与上部锚固的檩条构成一个稳定的桁架体系。

7.5.3 当采用上弦横向支撑时，房屋端部为山墙时，应在端部第二开间内设置上弦横向支撑（图7.5.3）；房屋端部为轻型挡风板时，应在端开间内设置上弦横向支撑。当房屋纵向很长时，对于冷摊瓦屋面或跨度大的房屋，上弦横向支撑应沿纵向每20～30m设置一道。

上弦横向支撑的斜杆如采用圆钢，应设有调整松紧的装置。

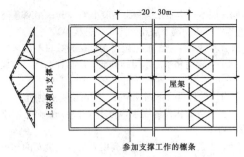

图 7.5.3 上弦横向支撑

7.5.4 当采用垂直支撑时，垂直支撑的设置可根据屋架跨度大小沿跨度方向设置一道或两道，沿房屋纵向应间隔设置，并在垂直支撑的下端设置通长的屋架下弦纵向水平系杆。

对上弦设置横向支撑的屋盖，当加设垂直支撑时，可仅在有上弦横向支撑的开间中设置，但应在其他开间设置通长的下弦纵向水平系杆。

7.5.5 下列部位，均应设置垂直支撑。

1 梯形屋架的支座竖杆处；

2 下弦低于支座的下沉式屋架的折点处；

3 设有悬挂吊车的吊轨处；

4 杆系拱、框架结构的受压部位处；

5 胶合木大梁的支座处。

垂直支撑的设置要求，除第 3 项应按本规范第 7.5.4 条的规定设置外，其余可仅在房屋两端第一开间（无山墙时）或第二开间（有山墙时）设置，但应在其他开间设置通长的水平系杆。

7.5.6 木柱承重房屋中，若柱间无刚性墙或木质剪力墙，除应在柱顶设置通长的水平系杆外，尚应在房屋两端及沿房屋纵向每隔 20～30m 设置柱间支撑。

木柱和桁架之间应设抗风斜撑，斜撑上端应连在桁架上弦节点处，斜撑与木柱的夹角不应小于 30°。

7.5.7 符合下列情况的非开敞式房屋，可不设置支撑。

1 有密铺屋面板和山墙，且跨度不大于 9m 时；

2 房屋为四坡顶，且半屋架与主屋架有可靠连接时；

3 屋盖两端与其他刚度较大的建筑物相连时。

当房屋纵向很长，则应沿纵向每隔 20～30m 设置一道支撑。

7.5.8 当屋架设有双面天窗时，应按本规范第 7.5.3 条和第 7.5.4 条的规定设置天窗支撑。天窗架两边立柱处，应按本规范第 7.5.6 条的规定设置柱间支撑，且在天窗范围内沿主屋架的脊节点和支撑节点，应设通长的纵向水平系杆。

7.5.9 抗震设防烈度为 6 度和 7 度地区的木结构支撑布置可与非抗震设计相同，按本节规定设计。抗震设防烈度为 8 度、屋面采用楞摊瓦或稀铺屋面板房屋，不论是否设置垂直支撑，都应在房屋单元两端第二开间及每隔 20m 设置一道上弦横向支撑；在设防烈度为 9 度时，对密铺屋面板的房屋，不论是否设置垂直支撑，都应在房屋单元两端第二开间设置一道上弦横向支撑；对冷摊瓦或稀铺屋面板房屋，除应在房屋单元两端第二开间及每隔 20m 同时设置一道上弦横向支撑和下弦横向支撑外，尚应隔间设置垂直支撑并加设下弦通长水平系杆。

7.5.10 地震区的木结构房屋的屋架与柱连接处应设置斜撑，当

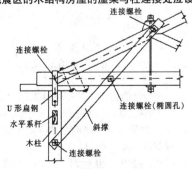

图 7.5.10 木构架端部斜撑连接

斜撑采用木夹板时，与木柱及屋架上、下弦应采用螺栓连接；木柱柱顶应设暗榫插入屋架下弦并用 U 形扁钢连接（图 7.5.10）。

7.6 锚 固

7.6.1 为加强木结构整体性，保证支撑系统的正常工作，设计时应采取必要的锚固措施。

7.6.2 下列部位的檩条应与桁架上弦锚固：

1 支撑的节点处（包括参加工作的檩条，见本规范图 7.5.3）；

2 为保证桁架上弦侧向稳定所需的支承点；

3 屋架的脊节点处。

有山墙时，上述檩条尚应与山墙锚固。

檩条的锚固可根据房屋跨度、支撑方式及使用条件选用螺栓、卡板（图 7.6.2）、暗销或其他可靠方法。

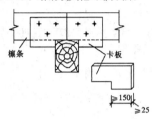

图 7.6.2 卡板锚固示意图

上弦横向支撑的斜杆应用螺栓与桁架上弦锚固。

7.6.3 当桁架跨度不小于 9m 时，桁架支座应采用螺栓与墙、柱锚固。当采用木柱时，木柱柱脚与基础应采用螺栓锚固。

7.6.4 设计轻屋面（如油毡、合成纤维板材、压型钢板屋面等）或开敞式建筑的木屋盖时，不论桁架跨度大小，均应将上弦节点处的檩条与桁架、桁架与柱、木柱与基础等予以锚固。

7.6.5 地震区的木柱承重房屋中，木柱柱脚应采用螺栓及预埋扁钢锚固在基础上，如图 7.6.5 所示。

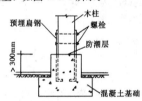

图 7.6.5 木柱与基础锚固和柱脚防潮

8 胶合木结构

8.1 一般规定

8.1.1 本章规定适用于30～45mm厚的锯材胶合而成的层板胶合木构件制作的房屋结构的设计。

8.1.2 层板胶合木构件应采用经应力分级标定的木板制作。各层木板的木纹应与构件长度方向一致。

8.1.3 充分利用胶合木功能特点，做成外形美观、受力合理、经济适用的大、中、小跨度结构和构件。

8.1.4 直线形胶合木构件的截面可做成矩形和工字形；弧形构件和变截面构件宜采用矩形截面，胶合木檩条或搁栅可采用工字形截面。

8.1.5 胶合木构件设计应根据使用环境注明对结构用胶的要求，生产厂家严格遵循要求生产制作。

8.2 构件设计

8.2.1 胶合木构件计算时可视为整体截面构件，不考虑胶缝的松弛性。

8.2.2 设计受弯、拉弯或压弯胶合木构件时，本规范表 4.2.1-3 的抗弯强度设计值应乘以表 8.2.2 的修正系数，工字形和T形截面的胶合木构件，其抗弯强度设计值除按表 8.2.2 乘以修正系数外，尚应乘以截面形状修正系数 0.9。

表 8.2.2 胶合木构件抗弯强度设计值修正系数

宽度 (mm)	截面高度 h (mm)						
	<150	150～500	600	700	800	1000	≥1200
$b<150$	1.0	1.0	0.95	0.90	0.85	0.80	0.75
$b≥150$	1.0	1.15	1.05	1.0	0.90	0.85	0.80

8.2.3 弧形胶合木构件应考虑由于层板弯曲而引起的抗弯强度、顺纹抗拉强度及顺纹抗压强度的降低。对于 $R/t<240$ 的弧形构件，除应遵守本规范第 8.2.2 条规定外，还应乘以由下式计算的修正系数：

$$\psi_m = 0.76 + 0.001\left(\frac{R}{t}\right) \qquad (8.2.3)$$

式中 ψ_m——胶合木弧形构件强度修正系数；

R——胶合木弧形构件内边的曲率半径（mm）；

t——胶合木弧形构件每层木板的厚度（mm）。

8.3 设计构造要求

8.3.1 制作胶合木构件所用的木板，当采用一般针叶材和软质阔叶材时，刨光后的厚度不宜大于45mm；当采用硬木松或硬质阔叶材时，不宜大于35mm。木板的宽度不应大于180mm。

8.3.2 弧形构件曲率半径应大于300t（t 为木板厚度），木板厚度不大于30mm，对弯曲特别严重的构件，木板厚度不应大于25mm。

8.3.3 屋架不应产生可见的挠度，胶合木桁架在制作时应按其跨度的1/200起拱。

8.3.4 制作胶合木构件的木板接长应采用指接。用于承重构件，其指接边坡度 η 不宜大于1/10，指长不应小于20mm，指端宽度 b_f 宜取 0.2～0.5mm（图 8.3.4）。

8.3.5 胶合木构件所用木板的横向拼宽可采用平接；上下相邻两层木板平接线水平距离不应小于40mm（图 8.3.5）

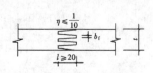

图 8.3.4 木板指接

图 8.3.5 木板拼接

8.3.6 同一层木板指接接头间距不应小于1.5m，相邻上下两层木板层的指接接头距离不应小于10t（t 为板厚）。

8.3.7 胶合木构件同一截面上板材指接接头数目不应多于木板层数的1/4。应避免将各层木板指接接头沿构件高度布置成阶梯形。

8.3.8 胶合木构件符合下列规定时，可不设置加劲肋：

　1 工字形截面构件的腹板厚度不小于80mm，且不小于翼板宽度的一半；

　2 矩形、工字形截面构件的高度h 与其宽度b 的比值，梁一般不宜大于6，直线形受压或压弯构件一般不宜大于5，弧形构件一般不宜大于4；超过上述高宽比的构件，应设置必要的侧向支撑，满足侧向稳定要求。

8.3.9 线性变截面构件设计时应注明坡度开始处和坡度终止处的截面高度。

8.3.10 弧形构件设计时应注明弯曲部分的曲率半径或曲线方程。

9 轻型木结构

9.1 一般规定

9.1.1 轻型木结构系指主要由木构架墙、木楼盖和木屋盖系统构成的结构体系，适用于三层及三层以下的民用建筑。

9.1.2 轻型木结构采用的材料应符合本规范第 3 章、第 4 章和附录 J 的有关规定。结构规格材截面尺寸见本规范附录 N.1。

　注：考虑板材规格因素，构件间距为305mm、406mm、490mm 及610mm 的尺寸可分别与本规范条文中相应的间距 300mm、400mm、500mm 及600mm 等尺寸等同使用。

9.1.3 采用轻型木结构时，应满足当地自然环境和使用环境对建筑物的要求，并应采取可靠措施，防止木构件腐朽或被虫蛀。确保结构达到预期的设计使用年限。

9.1.4 轻型木结构的平面布置宜规则，质量和刚度变化宜均匀。所有构件之间应有可靠的连接和必要的锚固、支撑，保证结构的承载力、刚度和良好的整体性。

9.2 设计要求

9.2.1 轻型木结构建筑的构件及连接应根据树种、材质等级、荷载、连接型式及相关尺寸，按本规范第 5 章、第 6 章的计算方法进行设计。

9.2.2 轻型木结构建筑抗震设计应符合国家标准《建筑抗震设计规范》GB 50011 的有关规定。水平地震作用计算可采用底部剪力法，结构基本自振周期可按经验公式 $T = 0.05H^{0.75}$ 估算。H 为基础顶面到建筑物最高点的高度（m）。

9.2.3 在轻型木结构建筑中，由地震作用或风荷载引起的剪力，由剪力墙和楼、屋盖承受。当进行抗震验算时，取承载力抗震调

整系数 γ_{RE}、阻尼比取 0.05。

9.2.4 楼、屋盖抗侧力设计可按本规范附录 P 进行设计。

9.2.5 由地震作用或风荷载产生的水平力，均应由木基结构板材和规格材组成的剪力墙承担。采用钉连接的剪力墙可按本规范附录 Q 进行设计。

9.2.6 当满足下列规定时，轻型木结构抗侧力设计可按构造要求进行：

    1 建筑物每层面积不超过 600m²，层高不大于 3.6m；

    2 抗震设防烈度为 6 度和 7 度（0.10g）时，建筑物的高宽比不大于 1.2；抗震设防烈度为 7 度（0.15g）和 8 度（0.2g）时，建筑物的高宽比不大于 1.0；建筑物高度指室外地面到建筑物坡屋顶二分之一高度处；

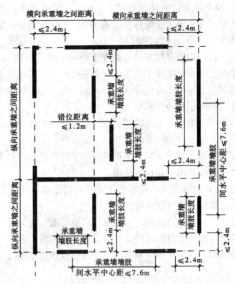

图 9.2.6 剪力墙平面布置要求

表 9.2.6 按构造要求设计时剪力墙的最小长度

抗震设防烈度	基本风压（kN/m²）				剪力墙最大间距（m）	最大允许层数	每道剪力墙的最小长度					
	地面粗糙度						单层 二层或三层的顶层		二层的底层 三层的二层		三层的底层	
	A	B	C	D			面板用木基结构板材	面板用石膏板	面板用木基结构板材	面板用石膏板	面板用木基结构板材	面板用石膏板
6 度	—	—	0.3	0.4	0.5	7.6	3	0.25L	0.50L	0.40L	0.75L	0.55L	—
7 度	0.10g	—	0.35	0.5	0.6	7.6	3	0.30L	0.60L*	0.45L	0.90L*	0.70L	—
	0.15g	0.35	0.45	0.6	0.7	5.3	3	0.30L	0.60L*	0.45L	0.90L*	0.70L	—
8 度	0.20g	0.40	0.55	0.75	—	5.3	2	0.45L	0.90L	0.70L	—	—	—

注：1　表中建筑物长度 L 指平行于该剪力墙方向的建筑物长度；

    2　当墙体用石膏板作面板时，墙体两侧均应采用；当用木基结构板材作面板时，至少墙体一侧采用；

    3　位于基础顶面和底层之间的架空层剪力墙的最小长度应与底层要求相同；

    4　*号表示当楼面有混凝土面层时，面板不允许采用石膏板；

    5　采用木基结构板材的剪力墙之间最大间距：抗震设防烈度为 6 度和 7 度（0.10g）时，不得大于 10.6m；抗震设防烈度为 7 度（0.15g）和 8 度（0.20g）时，不得大于 7.6m；

    6　所有外墙均应采用木基结构板作面板，当建筑物为三层、平面长宽比大于 2.5：1 时，所有横墙的面板应采用两面木基结构板；当建筑物为二层、平面长宽比大于 2.5：1 时，至少横向外墙的面板应采用两面木基结构板。

    3 楼面活荷载标准值不大于 2.5kN/m²；屋面活荷载标准值不大于 0.5kN/m²；雪荷载按国家标准《建筑结构荷载规范》GB 50009 有关规定取值；

    4 不同抗震设防烈度和风荷载时，剪力墙的最小长度符合表 9.2.6 的规定；

    5 剪力墙的设置符合下列规定（见图 9.2.6）：

        1）单个墙段的高宽比不大于 2：1；

        2）同一轴线上墙段的水平中心距不大于 7.6m；

        3）相邻墙之间横向间距与纵向间距的比值不大于 2.5：1；

        4）墙端与离墙端最近的垂直方向的墙段边的垂直距离不大于 2.4m；

        5）一道墙中各墙段轴线错开距离不大于 1.2m；

    6 构件的净跨距不大于 12.0m；

    7 除专门设置的梁和柱外，轻型木结构承重构件的水平中

心距不大于 600mm；

    8 建筑物屋面坡度不小于 1：12，也不大于 1：1，纵墙上檐口悬挑长度不大于 1.2m；山墙上檐口悬挑长度不大于 0.4m。

9.3　构 造 要 求

9.3.1 承重墙的墙骨柱应采用材质等级为 V_c 及其以上的规格材；非承重墙的墙骨柱可采用任何等级的规格材。墙骨柱在层高内应连续，允许采用指接连接，但不得采用连接板连接。

    墙骨柱间距不得大于 600mm。承重墙的墙骨柱截面尺寸应由计算确定。

    墙骨柱在墙体转角和交接处应加强，转角处的墙骨柱数量不得少于二根。

    开孔宽度大于墙骨柱间距的墙体，开孔两侧的墙骨柱应采用双柱；开孔宽度小于或等于墙骨柱间净距并位于墙骨柱之间的墙体，开孔两侧可用单根墙骨柱。

9.3.2 墙体底部应有底梁板或地梁板，底梁板或地梁板在支座上突出的尺寸不得大于墙体宽度的 1/3，宽度不得小于墙骨柱的截面高度。

墙体顶部应有顶梁板，其宽度不得小于墙骨柱截面的高度，承重墙的顶梁板宜不少于二层，但当来自楼盖、屋盖或顶棚的集中荷载与墙骨柱的中心距不大于 50mm 时，可采用单层顶梁板。非承重墙的顶梁板可为单层。

多层顶梁板上、下层的接缝应至少错开一个墙骨柱间距，接缝位置应在墙骨柱上。在墙体转角和交接处，上、下层顶梁板应交错互相搭接。单层顶梁板的接缝应位于墙骨柱上，并在接缝处的顶面采用镀锌薄钢带以钉连接。

9.3.3 当承重墙的开孔宽度大于墙骨柱间距时，应在孔顶加设过梁，过梁设计由计算确定。

非承重墙的开孔周围，可用截面高度与墙骨柱截面高度相等的规格材与相邻墙骨柱连接。非承重墙体的门洞，当墙体有耐火极限要求时，应至少用二根截面高度与底板梁宽度相同的规格材加强门洞。

9.3.4 当墙面板采用木基结构板材作面板、且最大墙骨柱间距为 400mm 时，板材的最小厚度为 9mm；当最大墙骨柱间距为 600mm 时，板材的最小厚度为 11mm。

墙面板采用石膏板作面板时，当最大墙骨柱间距为 400mm 时，板材的最小厚度为 9mm；当最大墙骨柱间距为 600mm 时，板材的最小厚度为 12mm。

9.3.5 轻型木结构的楼盖采用间距不大于 600mm 的楼盖搁栅、木基结构板材的楼面板和木基结构板材或石膏板铺设的顶棚组成。搁栅的截面尺寸由计算确定。

楼盖搁栅可采用矩形、工字形（木基材制品）截面。

9.3.6 楼盖搁栅在支座上的搁置长度不得小于 40mm。

搁栅端部应与支座连接，或在靠近支座部位的搁栅底部采用连续木底撑、搁栅横撑或剪刀撑（见图 9.3.6）

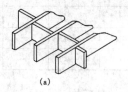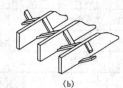

(a)   (b)

图 9.3.6　搁栅间支撑示意图
(a) 搁栅横撑；(b) 剪刀撑

9.3.7 楼盖开孔的构造应符合下列要求：

1　开孔周围与搁栅垂直的封头搁栅，当长度大于 1.2m 时，应用两根搁栅；当长度超过 3.2m 时，封头搁栅的尺寸应由计算确定；

2　开孔周围与搁栅平行的封边搁栅，当封头搁栅长度超过 800mm 时，封边搁栅应为两根；当封头搁栅长度超过 2.0m 时，封边搁栅的截面尺寸应由计算确定；

3　开孔周围的封头搁栅以及被开孔切断的搁栅，当依靠楼盖搁栅支承时，应选用合适的金属搁栅托架或采用正确的钉连接方式。

9.3.8 支承墙体的楼盖搁栅应符合下列规定：

1　平行于搁栅的非承重墙，应位于搁栅或搁栅间的横撑上。横撑可用截面不小于 40mm×90mm 的规格材，横撑间距不得大于 1.2m。

2　平行于搁栅的承重内墙，不得支承于搁栅上，应支承于梁或墙上。

3　垂直于搁栅的内墙，当为非承重墙时，距搁栅支座的距离不得大于 900mm；当为承重墙时，距搁栅支座不得大于 600mm。超过上述规定时，搁栅尺寸应由计算确定。

9.3.9 带悬挑的楼盖搁栅，当其截面尺寸为 40mm×185mm 时，悬挑长度不得大于 400mm；当其截面尺寸等于或大于 40mm×235mm 时，悬挑长度不得大于 600mm。未作计算的搁栅悬挑部分不得承受其他荷载。

当悬挑搁栅与主搁栅垂直时，未悬挑部分长度不应小于其悬挑部分长度的 6 倍，并应根据连接构造要求与双根边框梁用钉连接。

9.3.10 楼面板的厚度及允许楼面活荷载的标准值应符合表 9.3.10 的规定。

铺设木基结构板材时，板材长度方向与搁栅垂直，宽度方向拼缝与搁栅平行并相互错开。楼板拼缝应连接在同一搁栅上，板与板之间应留有不小于 3mm 的空隙。

表 9.3.10　楼面板厚度及允许楼面活荷载标准值

最大搁栅间距 (mm)	木基结构板的最小厚度 (mm)	
	$Q_k \leqslant 2.5kN/m^2$	$2.5kN/m^2 < Q_k \leqslant 5.0kN/m^2$
400	15	15
500	15	18
600	18	22

9.3.11 轻型木结构的屋盖，可采用由结构规格材制作的、间距不大于 600mm 的轻型桁架；跨度较小时，也可直接由屋脊板（或屋脊梁）、椽条和顶棚搁栅等构成。桁架、椽条和顶棚搁栅的截面应由计算确定，并应有可靠的锚固和支撑。

椽条和搁栅沿长度方向应连续，但可用连接板在竖向支座上连接。椽条和搁栅在支座上的搁置长度不得小于 40mm，椽条的顶端在屋脊两侧应用连接板或按钉连接构造要求相互连接。

屋谷和屋脊椽条截面高度应比其他处椽条大 50mm。

9.3.12 椽条或搁栅在屋脊处可由承重墙或支承长度不小于 90mm 的屋脊梁支承。

当椽条连杆跨度大于 2.4mm 时，应在连杆中心附近加设通长纵向水平系杆，系杆截面尺寸不小于 20mm×90mm（图 9.3.12）。

当椽条连杆的截面尺寸不小于 40mm×90mm 时，对于屋面坡度大于 1：3 的屋盖，可作为椽条的中间支座。

屋面坡度不小于 1：3 时，且椽条底部有可靠的防止椽条滑移的连接时，则屋脊板可不设支座。此时，屋脊两侧的椽条应用钉与顶棚搁栅相连，按钉连接的要求设计。

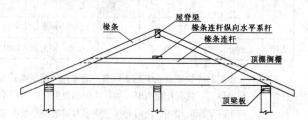

图 9.3.12　椽条连杆加设通长纵向水平系杆作法示意图

9.3.13 当屋面或顶棚开孔大于椽条或搁栅间距离时，开孔周围的构件应进行加强。

9.3.14 上人屋顶的屋面板厚度应按本规范表 9.3.10 对楼面的要求选用，对不上人屋顶的屋面板厚度应符合表 9.3.14 的规定。

表 9.3.14　屋面板厚度

支承板的间距 (mm)	木基结构板的最小厚度 (mm)	
	$G_k \leqslant 0.3kN/m^2$ $s_k \leqslant 2.0kN/m^2$	$0.3kN/m^2 < G_k \leqslant 1.3kN/m^2$ $s_k \leqslant 2.0kN/m^2$
400	9	11
500	9	11
600	12	12

注：当恒荷载标准值 $G_k > 1.3kN/m^2$ 或 $s_k \geqslant 2.0kN/m^2$ 时，轻型木结构的构件及连接不能按构造设计，而应通过计算进行设计。

9.3.15 轻型木结构构件之间应有可靠的连接。各种连接件均应符合国家现行的有关标准，进口产品应符合《木结构设计规范》管理机构审查认可的按相关标准生产的合格产品。必要时应进行抽样检验。

轻型木结构构件之间的连接主要是钉连接。按构造设计的钉连接要求和楼面板、屋面板及墙面板与轻型木结构构架的钉连接要求见本规范附录 N.2 及 N.3。

有抗震设防要求的轻型木结构，连接中关键部位应采用螺栓连接。

9.3.16 剪力墙和楼、屋盖应符合下列构造要求：

1 剪力墙骨架构件和楼、屋盖构件的宽度不得小于 40mm，最大间距为 600mm；

2 剪力墙相邻面板的接缝应位于骨架构件上，面板可水平或竖向铺设，面板之间应留有不小于 3mm 的缝隙；

3 木基结构板材的尺寸不得小于 1.2m×2.4m，在剪力墙边界或开孔处，允许使用宽度不小于 300mm 的窄板，但不得多于两块；当结构板的宽度小于 300mm 时，应加设填块固定；

4 经常处于潮湿环境条件下的钉应有防护涂层；

5 钉距每块面板边缘不得小于 10mm，中间支座上钉的间距不得大于 300mm，钉应牢固的打入骨架构件中，钉面应与板面齐平；

6 当墙体两侧均有面板，且每侧面板边缘钉间距小于 150mm 时，墙体两侧面板的接缝应互相错开，避免在同一根骨架构件上。当骨架构件的宽度大于 65mm 时，墙体两侧面板拼缝可在同一根构件上，但钉应交错布置。

9.3.17 当木屋盖和楼盖用作混凝土或砌体墙体的侧向支承时，楼、屋盖应有足够的承载力和刚度，以保证水平力的可靠传递。木屋盖和楼盖与墙体之间应有可靠的锚固；锚固连接沿墙体方向的抵抗力应不小于 3.0kN/m。

9.3.18 轻型木结构构件的开孔或缺口应符合下列规定：

1 屋盖、楼盖和顶棚等的搁栅的开孔尺寸不得大于搁栅截面高度的 1/4，且距搁栅边缘不得小于 50mm；

2 允许在屋盖、楼盖和顶棚等的搁栅上开缺口，但缺口必须位于搁栅顶面，缺口距支座边缘不得大于搁栅截面高度的 1/2，缺口高度不得大于搁栅截面高度的 1/3；

3 承重墙墙骨柱截面开孔或开凿缺口后的剩余高度不应小于截面高度的 2/3，非承重墙不应小于 40mm；

4 墙体顶梁板的开孔或开凿缺口后的剩余高度不应小于 50mm；

5 除在设计中已作考虑，否则不得随意在屋架构件上开孔或留缺口。

9.4 梁、柱和基础的设计

9.4.1 柱底与基础应保证紧密接触，并应有可靠锚固。

9.4.2 梁在支座上的搁置长度不得小于 90mm，梁与支座应紧密接触。

9.4.3 当梁是由多根规格材用钉连接做成组合截面梁时，应符合下列要求：

1 组合梁中单根规格材的对接应位于梁的支座上；

2 组合截面梁为连续梁时，梁中单根规格材的对接位置应位于距支座 1/4 梁净跨附近的范围内；相邻的单根规格材不得在同一位置上对接，在同一截面上对接的规格材数量不得超过梁规格材总数的一半；任一根规格材在同一跨内不得有二个或二个以上的接头，边跨内不得对接；

3 当组合截面梁采用 40mm 宽的规格材组成时，规格材之间应沿梁高采用等分布置的二排钉连接，钉长不得小于 90mm，钉的中距不得大于 450mm，钉的端距为 100～150mm；

4 当组合截面梁采用 40mm 宽的规格材以螺栓连接时，螺栓直径不得小于 12mm，螺栓中距不得大于 1.2m，螺栓端距不得大于 600mm。

9.4.4 梁和柱的连接应根据计算确定。

9.4.5 组合柱和不符合本规范第 9.4.3 条规定的组合梁，应根据相应的设计方法和规定进行设计。

9.4.6 建筑物室内外地坪高差不得小于 300mm，无地下室的底层木楼板必须架空，并应有通风防潮措施。

9.4.7 在易遭虫害的地方，应采用经防虫处理的木材作结构构件。木构件底部与室外地坪间的高差不得小于 450mm。

9.4.8 直接安装在基础顶面的地梁板应经过防护剂加压处理，用直径不小于 12mm、间距不大于 2.0m 的锚栓与基础锚固。锚栓埋入基础深度不得小于 300mm，每根地梁板两端应各有一根锚栓，端距为 100～300mm。

9.4.9 底层楼板搁栅直接置于混凝土基础上时，构件端部应作防腐防虫处理；当搁栅搁置在混凝或砌体基础的预留槽内时，除构件端部应作防腐防虫处理外，尚应在构件端部两侧留出不小于 20mm 的空隙，且空隙中不得填充保温或防潮材料。

9.4.10 轻型木结构构件底部距架空层下地坪的净距小于 150mm 时，构件应采用经过防腐防虫处理的木材，或在地坪上铺设防潮层。

9.4.11 承受楼面荷载的地梁板截面不得小于 40mm×90mm。当地梁板直接放置在条形基础的顶面时，地梁板和基础顶面的缝隙间应填充密封材料。

10 木结构防火

10.1 一般规定

10.1.1 木结构建筑的防火设计，应按本章规定执行。本章未规定的应遵照《建筑设计防火规范》GB 50016 的规定执行。

10.2 建筑构件的燃烧性能和耐火极限

10.2.1 木结构建筑构件的燃烧性能和耐火极限不应低于表10.2.1 的规定。

表 10.2.1 木结构建筑中构件的燃烧性能和耐火极限

构 件 名 称	耐火极限（h）
防火墙	不燃烧体 3.00
承重墙、分户墙、楼梯和电梯井墙体	难燃烧体 1.00
非承重外墙、疏散走道两侧的隔墙	难燃烧体 1.00
分室隔墙	难燃烧体 0.50
多层承重柱	难燃烧体 1.00
单层承重柱	难燃烧体 1.00
梁	难燃烧体 1.00
楼盖	难燃烧体 1.00
屋顶承重构件	难燃烧体 1.00
疏散楼梯	难燃烧体 0.50
室内吊顶	难燃烧体 0.25

注：1 屋顶表层应采用不可燃材料；

2 当同一座木结构建筑由不同高度组成，较低部分的屋顶承重构件必须是难燃烧体，耐火极限不应小于 1.00h。

10.2.2 各类建筑构件的燃烧性能和耐火极限可按本规范附录 R 确定。

10.3 建筑的层数、长度和面积

10.3.1 木结构建筑不应超过三层。不同层数建筑最大允许长度和防火分区面积不应超过表 10.3.1 的规定。

表 10.3.1 木结构建筑的层数、长度和面积

层数	最大允许长度（m）	每层最大允许面积（m²）
单层	100	1200
两层	80	900
三层	60	600

注：安装有自动喷水灭火系统的木结构建筑，每层楼最大允许长度、面积应允许在表 10.3.1 的基础上扩大一倍，局部设置时，应按局部面积计算。

10.4 防火间距

10.4.1 木结构建筑之间、木结构建筑与其他耐火等级的建筑之间的防火间距不应小于表 10.4.1 的规定。

表 10.4.1 木结构建筑的防火间距（m）

建筑种类	一、二级建筑	三级建筑	木结构建筑	四级建筑
木结构建筑	8.00	9.00	10.00	11.00

注：防火间距应按相邻建筑外墙的最近距离计算，当外墙有突出的可燃构件时，应从突出部分的外缘算起。

10.4.2 两座木结构建筑之间、木结构建筑与其他结构建筑之间的外墙均无任何门窗洞口时，其防火间距不应小于 4.00m。

10.4.3 两座木结构之间、木结构建筑与其他耐火等级的建筑之间，外墙的门窗洞口面积之和不超过该外墙面积的 10% 时，其防火间距不应小于表 10.4.3 的规定。

表 10.4.3 外墙开口率小于 10% 时的防火间距（m）

建筑种类	一、二、三级建筑	木结构建筑	四级建筑
木结构建筑	5.00	6.00	7.00

10.5 材料的燃烧性能

10.5.1 木结构采用的建筑材料，其燃烧性能的技术指标应符合《建筑材料难燃性试验方法》GB 8625 的规定。

10.5.2 室内装修材料：

房间内的墙面、吊顶、采光窗、地板等所采用的材料，其防火性能均应不低于难燃性 B1 级。

10.5.3 管道及包覆材料或内衬：

1 管道内的流体能够造成管道外壁温度达到 120℃ 及其以上时，管道及其包覆材料或内衬以及施工时使用的胶粘剂必须是不燃材料；

2 外壁温度低于 120℃ 的管道及其包覆材料或内衬，其防火性能应不低于难燃性 B1 级。

10.5.4 填充材料：

建筑中的各种构件或空间需填充吸音、隔热、保温材料时，这些材料的防火性能应不低于难燃性 B1 级。

10.6 车 库

10.6.1 附设于木结构居住建筑并仅供该居住单元使用的机动车库，可视作该居住单元的一部分，应符合下列规定：

1 居住单元之间的隔墙不宜直接开设门窗洞口，确有困难时，可开启一樘单门，但应符合下列规定：

1）与机动车库直接相通的房间，不应设计为卧室；

2）隔墙的耐火极限不应低于 1.0h；

3）门的耐火极限不应低于 0.6h；

4）门上应装有无定位自动闭门器；

2 总面积不宜超过 60m²。

10.7 采 暖 通 风

10.7.1 木结构建筑内严禁设计使用明火采暖、明火生产作业等方面的设施。

10.7.2 用于采暖或炊事的烟道、烟囱、火炕等应采用非金属不燃材料制作，并应符合下列规定：

1 与木构件相临部位的壁厚不小于 240mm；

2 与木结构之间的净距不小于 120mm，且其周围具备良好的通风环境。

10.8 烹 饪 炉

10.8.1 烹饪炉的安装设计应符合下列规定：

1 放置烹饪炉的平台应为不燃烧体；

2 烹饪炉上方 0.75m、周围 0.45m 的范围内不应有可燃装饰或可燃装置。

10.8.2 除本规范第 10.8.1 条要求外，燃气烹饪炉应符合《家用燃气燃烧器具安装及验收规程》CJJ 12—99 的规定。

10.9 天 窗

10.9.1 由不同高度部分组成的一座木结构建筑，较低部分屋面上开设的天窗与相接的较高部分外墙上的门、窗、洞口之间最小距离不应小于 5.00m，当符合下列情况之一时，其距离可不受限制；

1 天窗安装了自动喷水灭火系统或为固定式乙级防火窗；

2 外墙面上的门为遇火自动关闭的乙级防火门，窗口、洞口为固定式乙级防火窗。

10.10 密 闭 空 间

10.10.1 木结构建筑中，下列存在密闭空间的部位应采取隔火措施：

1 轻型木结构层高小于或等于 3m 时，位于墙骨柱之间楼、屋盖的梁底部处；当层高大于 3m 时，位于墙骨柱之间沿墙高每隔 3m 处及楼、屋盖的梁底部处；

2 水平构件（包括屋盖，楼盖）和竖向构件（墙体）的连接处；

3 楼梯上下第一步踏板与楼盖交接处。

11 木结构防护

11.0.1 木结构中的下列部位应采取防潮和通风措施：

1 在桁架和大梁的支座下应设置防潮层；

2 在木柱下应设置柱墩，严禁将木柱直接埋入土中；

3 桁架、大梁的支座节点或其他承重木构件不得封闭在墙、保温层或通风不良的环境中（图11.0.1-1和图11.0.1-2）；

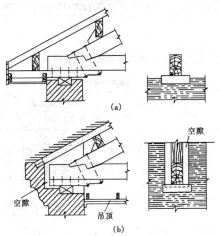

图11.0.1-1 外排水屋盖支座节点通风构造示意图

4 处于房屋隐蔽部分的木结构，应设通风孔洞；

5 露天结构在构造上应避免任何部分有积水的可能，并应在构件之间留有空隙（连接部位除外）；

6 当室内外温差很大时，房屋的围护结构（包括保温吊

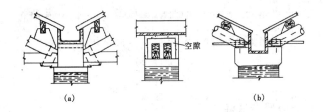

图11.0.1-2 内排水屋盖支座节点通风构造示意图

顶），应采取有效的保温和隔气措施。

11.0.2 木结构构造上的防腐、防虫措施，除应在设计图纸中加以说明外，尚应要求在施工的有关工序交接时，检查其施工质量，如发现有问题应立即纠正。

11.0.3 下列情况，除从结构上采取通风防潮措施外，尚应进行药剂处理。

1 露天结构；

2 内排水桁架的支座节点处；

3 檩条、搁栅、柱等木构件直接与砌体、混凝土接触部位；

4 白蚁容易繁殖的潮湿环境中使用的木构件；

5 承重结构中使用马尾松、云南松、湿地松、桦木以及新利用树种中易腐朽或易遭虫害的木材。

11.0.4 常用的药剂配方及处理方法，可按现行国家标准《木结构工程施工质量验收规范》GB 50206的规定采用。

    注：1 虫害主要指白蚁、长蠹虫、粉蠹虫及天牛等的蛀蚀。

        2 实践证明，沥青只能防潮，防腐效果很差，不宜单独使用。

11.0.5 以防腐、防虫药剂处理木构件时，应按设计指定的药剂成分、配方及处理方法采用。受条件限制而需改变药剂或处理方法时，应征得设计单位同意。

在任何情况下，均不得使用未经鉴定合格的药剂。

11.0.6 木构件（包括胶合木构件）的机械加工应在药剂处理前进行。木构件经防腐防虫处理后，应避免重新切割或钻孔。由于

技术上的原因，确有必要作局部修整时，必须对木材暴露的表面，涂刷足够的同品牌药剂。

11.0.7 木结构的防腐、防虫采用药剂加压处理时，该药剂在木材中的保持量和透入度应达到设计文件规定的要求。设计未作规定时，则应符合现行国家标准《木结构工程施工质量验收规范》GB 50206规定的最低要求。

附录A 承重结构木材材质标准

A.1 一般承重木结构用木材材质标准

A.1.1 方木

表A.1.1 承重结构方木材质标准

项次	缺陷名称	材质等级		
		Ⅰa	Ⅱa	Ⅲa
1	腐朽	不允许	不允许	不允许
2	木节 在构件任一面任何150mm长度上所有木节尺寸的总和，不得大于所在面宽的	1/3（连接部位为1/4）	2/5	1/2
3	斜纹 任何1m材长上平均倾斜高度，不得大于	50mm	80mm	120mm
4	髓心	应避开受剪面	不限	不限
5	裂缝 (1) 在连接部位的受剪面上 (2) 在连接部位的受剪面附近，其裂缝深度（有对面裂缝时用两者之和）不得大于材宽的	不允许 1/4	不允许 1/3	不允许 不限
6	虫蛀	允许有表面虫沟，不得有虫眼		

注：1 对于死节（包括松软节和腐朽节），除按一般木节测量外，必要时尚应按缺孔验算；若死节有腐朽迹象，则应经过局部防腐处理后使用；

    2 木节尺寸按垂直于构件长度方向测量。木节表现为条状时，在条状的一面不量（附图A.1），直径小于10mm的活节不量。

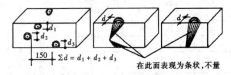

附图A.1 木节量法

A.1.2 板材

表 A.1.2 承重结构板材材质标准

项次	缺 陷 名 称	材质等级		
		Ⅰₐ	Ⅱₐ	Ⅲₐ
1	腐朽	不允许	不允许	不允许
2	木节 在构件任何一面任何150mm长度上所有木节尺寸的总和,不得大于所在面宽的	1/4(连接部位为1/5)	1/3	2/5
3	斜纹 任何1m材长上平均倾斜高度,不得大于	50mm	80mm	120mm
4	髓心	不允许	不允许	不允许
5	裂缝 在连接部位的受剪面及其附近	不允许	不允许	不允许
6	虫蛀	允许有表面虫沟,不得有虫眼		

注:对于死节(包括松软节和腐朽节),除按一般木节测量外,必要时尚应按缺孔验算。若死节有腐朽迹象,则应经局部防腐处理后使用。

A.1.3 原木

表 A.1.3 承重结构原木材质标准

项次	缺 陷 名 称	材质等级		
		Ⅰₐ	Ⅱₐ	Ⅲₐ
1	腐朽	不允许	不允许	不允许
2	木节 (1) 在构件任一面任何150mm长度上沿周长所有木节尺寸的总和,不得大于所测部位原木周长的 (2) 每个木节的最大尺寸,不得大于所测部位原木周长的	1/4 1/10(连接部位为1/12)	1/3 1/6	不限 1/6
3	扭纹 小头1m材长上倾斜高度不得大于	80mm	120mm	150mm
4	髓心	应避开受剪面	不限	不限

续表 A.1.3

项次	缺 陷 名 称	材质等级		
		Ⅰₐ	Ⅱₐ	Ⅲₐ
5	虫蛀	容许有表面虫沟,不得有虫眼		

注:1 对于死节(包括松软节和腐朽节),除按一般木节测量外,必要时尚应按缺孔验算;若死节有腐朽迹象,则应经局部防腐处理后使用;
2 木节尺寸按垂直于构件长度方向测量,直径小于10mm的活节不量;
3 对于原木的裂缝,可通过调整其方位(使裂缝尽量垂直于构件的受剪面)予以使用。

A.2 胶合木结构板材材质标准

表 A.2.1 胶合木结构板材材质标准

项次	缺 陷 名 称	材质等级		
		Ⅰ_b	Ⅱ_b	Ⅲ_b
1	腐朽	不允许	不允许	不允许
2	木节 (1) 在构件任一面任何200mm长度上所有木节尺寸的总和,不得大于所在面宽的 (2) 在木板指接及其两端各100mm范围内	1/3 不允许	2/5 不允许	1/2 不允许
3	斜纹 任何1m材长上平均倾斜高度,不得大于	50mm	80mm	150mm
4	髓心	不允许	不允许	不允许
5	裂缝 (1) 在木板窄面上的裂缝,其深度(有对面裂缝用两者之和)不得大于板宽的 (2) 在木板宽面上的裂缝,其深度(有对面裂缝用两者之和)不得大于板厚的	1/4 不限	1/3 不限	1/2 对侧立腹板工字梁的腹板:1/3,对其他板材不限
6	虫蛀	允许有表面虫沟,不得有虫眼		
7	涡纹 在木板指接及其两端各100mm范围内	不允许	不允许	不允许

注:1 同表 A.1.1 注;
2 按本标准选配料时,尚应注意避免在制成的胶合构件的连接受剪面上有裂缝;
3 对于有过大缺陷的木材,可截去缺陷部份,经重新接长后按所定级别使用。

A.3 轻型木结构用规格材材质标准

表 A.3 轻型木结构用规格材材质标准

项次	缺 陷 名 称	材 质 等 级			
		Ⅰ_c	Ⅱ_c	Ⅲ_c	Ⅳ_c
1	振裂和干裂	允许个别长度不超过600mm,不贯通		贯通:长度不超过600mm 不贯通:长度不超过900mm或L/4	贯通—L/3 不贯通—全长 三面环裂—L/6
2	漏刨	构件的10%轻度漏刨[3]		5%构件含有轻度漏刨[5],或重度漏刨[4],600mm	10%轻度漏刨伴有重度漏刨[4]
3	劈裂	b		1.5b	b/6
4	斜纹:斜率不大于	1:12	1:10	1:8	1:4
5	钝棱[6]	不超过h/4和b/4,全长或等效材面 如果每边钝棱不超过h/2或b/3,L/4		不超过h/3和b/3,全长或等效材面 如果每边钝棱不超过2h/3或b/2,L/4	不超过h/2和b/2,全长或等效材面 如果每边钝棱不超过7h/8或3b/4,L/4
6	针孔虫眼	每25mm的节孔允许48个针孔虫眼,以最差材面为准			
7	大虫眼	每25mm的节孔允许12个6mm的大虫眼,以最差材面为准			
8	腐朽—材心[16]a	不允许		当h>40mm时,不允许,否则h/3或b/3	1/3截面[12]
9	腐朽—白腐[16]b	不允许		1/3体积	
10	腐朽—蜂窝腐[16]c	不允许		1/6材宽[12]—坚实[12]	100%坚实
11	腐朽—局部片状腐[16]d	不允许		1/6材宽[12]、[13]	1/3截面

续表 A.3

项次	缺 陷 名 称	材 质 等 级			
		Ⅰc	Ⅱc	Ⅲc	Ⅳc
12	腐朽—不健全材	不允许		最大尺寸 b/12 和 50mm 长,或等效的多个小尺寸[12]	1/3 截面,深入部分 1/6 长度[14]
13	扭曲,横弯和顺弯[7]	1/2 中度		轻度	中度

项次	节子和节孔[15] 高度(mm)	健全,均匀分布的死节 (mm)		死节和节孔[8] (mm)	健全,均匀分布的死节 (mm)		死节和节孔[9] (mm)	任何节子 (mm)		节孔[10] (mm)	任何节子 (mm)		节孔[11] (mm)
		材边	材心		材边	材心		材边	材心		材边	材心	
14	40	10	10	10	13	13	13	16	16	16	19	19	19
	65	13	13	13	19	19	19	22	22	22	32	32	32
	90	19	22	19	25	38	25	32	51	32	44	64	44
	115	25	38	22	32	48	29	41	60	35	57	76	48
	140	29	48	25	38	57	32	48	73	48	70	95	51
	185	38	57	32	51	70	38	64	89	51	89	114	64
	235	48	67	32	64	93	38	83	108	64	114	140	76
	285	57	76	32	76	95	38	95	121	76	140	165	89

项次	缺 陷 名 称	材 质 等 级		
		Ⅴc	Ⅵc	Ⅶc
1	振裂和干裂	不贯通—全长 贯通和三面环裂 L/3	材面—长度不超过 600mm	贯通—长度不超过 600mm 不贯通—长度不超过 900mm 或不大于 L/4
2	漏刨	任何面中的轻度漏刨中,宽面含 10%的重度漏刨[4]	轻度漏刨—10%构件	轻度漏刨[5]占构件的 5%,或重度漏刨[4],600mm
3	劈裂	2b	b	$\frac{3b}{2}$
4	斜纹:斜率不大于	1:4	1:6	1:4
5	钝棱[6]	不超过 h/3 和 b/4,全长或等效材面,如果每边钝棱不超过 h/3 或 3b/4,L/4	不超过 h/4 和 b/4,全长或等效材面,如果每边钝棱不超过 h/2 或 b/3,L/4	不超过 h/3 和 b/3,全长或等效材面,如果每边钝棱不超过 2h/3 或 b/2,L/4
6	针孔虫眼	每 25mm 的节孔允许 48 个针孔虫眼,以最差材面为准		
7	大虫眼	每 25mm 的节孔允许 12 个或 6mm 大虫眼,以最差材面为准		
8	腐朽—材心[16]a	1/3 截面[14]	不允许	h/3 或 b/3
9	腐朽—白腐[16]b	无限制	不允许	1/3 体积
10	腐朽—蜂窝腐[16]c	100%坚实	不允许	b/6
11	腐朽—局部片状腐[16]d	1/3 截面	不允许	L/6[13]
12	腐朽—不健全材	1/3 截面,深入部分 L/6[14]	不允许	最大尺寸 b/12 和 50mm 长,或等效的小尺寸[12]
13	扭曲,横弯和顺弯[7]	1/2 中度	1/2 中度	轻度

项次	节子和节孔[15] 宽度(mm)	任何节子(mm)		节孔[11] (mm)	健全,均匀分布的死节 (mm)	死节和节孔[9] (mm)	任何节子 (mm)	节孔[10] (mm)
		材边	材心					
14	40	19	19	19				
	65	32	32	32	19	16	25	19
	90	44	64	38	32	19	38	25
	115	57	76	44	38	25	51	32
	140	70	95	51	—	—	—	—
	185	89	114	64	—	—	—	—
	235	114	140	76	—	—	—	—
	285	140	165	89	—	—	—	—

注:

1 目测分等应考虑构件所有材面以及两端。表中,b=构件宽度,h=构件厚度,L=构件长度。

2 除本注解已说明,缺陷定义详见国家标准《锯材缺陷》GB/T 4832。

3 深度不超过 1.6mm 的一组漏刨、漏刨之间的表面刨光。

4 重度漏刨为宽面上深度为 3.2mm、长度为全长的漏刨。

5 部分或全部漏刨,或全部糙面。

6 离材端全部或部分占据材面的钝棱,当表面要求满足允许漏刨规定,窄面上破坏要求满足允许节孔的规定(长度不超过同一等级最大节孔直径的二倍),钝棱的长度可为 300mm,每根构件允许出现一次。含有该缺陷的构件不得超过总数的 5%。

7 顺弯允许值是横弯的 2 倍。

8 每 1.2m 有一个或数个小节孔,小节孔直径之和与单个节孔直径相等。

9 每 0.9m 有一个或数个小节孔,小节孔直径之和与单个节孔直径相等。

10 每 0.6m 有一个或数个小节孔,小节孔直径之和与单个节孔直径相等。

11 每 0.3m 有一个或数个小节孔,小节孔直径之和与单个节孔直径相等。

12 仅允许厚度为 40mm。

13 假如构件窄面均有局部片状腐,长度限制为节孔尺寸的二倍。

14 不得破坏钉入边。

15 节孔可以全部或部分贯通构件。除非特别说明,节孔的测量方法同节子。

16a 材心腐朽是指某些树种沿髓心发展的局部腐朽,用目测鉴定。心材腐朽存在于活树中,在被砍伐的木材中不会发展。

16b 白腐是指木材中白色或棕色的小壁孔或斑点,由白腐菌引起。白腐存在于活树中,在使用时不会发展。

16c 蜂窝腐与白腐相似但囊孔更大。含有蜂窝腐的构件较未含蜂窝腐的构件不易腐朽。

16d 局部片状腐是柏树中槽状或壁孔状的区域。所有引起局部片状腐的木腐菌在树砍伐后不再生长。

附录 B　承重结构中使用新利用树种木材设计要求

B.1　木材的主要特性

B.1.1 槐木　干燥困难,耐腐性强,易受虫蛀。

B.1.2 乌墨(密脉蒲桃)　干燥较慢,耐腐性强。

B.1.3 木麻黄　木材硬而重,干燥易,易受虫蛀,不耐腐。

B.1.4 隆缘桉、柠檬桉和云南蓝桉　干燥困难,易翘裂,云南蓝桉能耐腐,隆缘桉和柠檬桉不耐腐。

B.1.5 檫木　干燥较易,干燥后不易变色,耐腐性较强。

B.1.6 榆木　干燥困难,易翘裂,收缩颇大,耐腐性中等,易受虫蛀。

B.1.7 臭椿　干燥易,不耐腐,易呈蓝变色,木材轻软。

B.1.8 桤木　干燥颇易,不耐腐。

B.1.9 杨木　干燥易,不耐腐,易受虫蛀。

B.1.10 拟赤杨　木材轻、质软、收缩小、强度低、易干燥,不耐腐。

注:木材的干燥难易系指板材而言,耐腐性系指心材部分在室外条件下而言,边材一般均不耐腐。在正常的温湿度条件下,用作室内不接触地面的构件,耐腐性并非是最重要的考虑条件。

B.2　应用范围

B.2.1 宜先在木柱、搁栅、檩条和较小跨度的钢木桁架中使用,在取得成熟经验后,再逐步扩大其应用范围。

B.2.2 不耐腐朽和易受虫蛀的树种木材,若无可靠的防腐防虫处理措施,不得用作露天结构。

B.3　设计指标

B.3.1 当材质和含水率符合本规范第 3.1.2 条和第 3.1.13 条的要求时,木材的强度设计值及弹性模量可按表 B.3.1 采用。

表 B.3.1　新利用树种木材的强度设计值和弹性模量(N/mm²)

强度等级	树种名称	抗弯 f_m	顺纹抗压及承压 f_c	顺纹抗剪 f_v	横纹承压 $f_{c,90}$ 全表面	横纹承压 $f_{c,90}$ 局部表面和齿面	横纹承压 $f_{c,90}$ 拉力螺栓垫板下	弹性模量 E
TB15	槐木　乌墨 木麻黄	15	13	1.8 / 1.6	2.8	4.2	5.6	9000
TB13	柠檬桉　隆缘桉 蓝桉 檫木	13	12	1.5 / 1.2	2.4	3.6	4.8	8000
TB11	榆木　臭椿　桤木	11	10	1.3	2.1	3.2	4.1	7000

注:杨木和拟赤杨顺纹强度设计值和弹性模量可按 TB11 级数值乘以 0.9 采用;横纹强度设计值可按 TB11 级数值乘以 0.6 采用。若当地有使用经验,也可在此基础上作适当调整。

B.3.2 当计算轴心受压和压弯木构件时,其稳定系数值应按本规范第 5.1.4 条和 5.3.2 条确定。

B.4　构造要求

设计新利用树种木材的承重结构时,除应遵守本规范有关章节的设计和构造的规定外,尚应符合下列要求:

B.4.1 当以新用树种木材作屋盖的承重结构时,宜采用外部排水和无天窗的构造方式。若用于桁架,宜采用钢木桁架。

B.4.2 应按本规范第 11 章的规定,注意做好防虫防腐处理。对于木麻黄等易虫蛀不耐腐的木材宜用于外露部位。若需置入墙内时,除做好构件本身的防虫防腐处理外,尚应对入墙部位加涂防腐油二次。

B.4.3 桁架上弦采用方木时，其截面宽度不宜小于120mm；采用原木时，其小头直径不宜小于110mm。木构件的净截面面积不宜小于5000mm²。若有条件，宜直接使用原木。

B.4.4 不宜采用新利用阔叶材制作钉和齿板连接的轻型木结构。

度等级。

按检验结果确定的木材等级，不得高于本规范表4.2.1-1中同种木材的强度等级。对于树名不详的木材，应按检验结果确定的等级，采用该等级B组的设计指标。

C.3.2 为完成本规范第C.1.2条的检验，抽取的试材数量，可根据实际情况确定。一般情况下，宜随机抽取5根，每根试材在其髓心以外部分、切取每个试验项目的试件6个。

根据试验结果，比照性能相近树种的国产木材确定其强度等级和应用范围。

附录C 木材强度检验标准

C.1 方法概要

C.1.1 当取样检验一批木材的强度等级时，可根据其弦向静曲强度的检验结果进行判定。对于承重结构用材，应要求其检验结果的最低强度不得低于表C.1.1规定的数值。

表C.1.1 木材强度检验标准

木材种类	针 叶 材				阔 叶 材				
强度等级	TC11	TC13	TC15	TC17	TB11	TB13	TB15	TB17	TB20
检验结果的最低强度值（N/mm²）	44	51	58	72	58	68	78	88	98

C.1.2 本规范未列出树种名称的进口木材，若无国内试验资料可供借鉴，应在使用前进行下列试验：

1 物理性能方面：木材的密度和干缩率；

2 力学性能方面：木材的抗弯、顺纹抗压和顺纹抗剪强度，以及木材的抗弯弹性模量。

C.2 试验方法

C.2.1 按国家标准《木材物理力学性能试验方法总则》GB 1929有关规定进行，并应将试验结果换算到含水率为12%的数值。

C.3 取样方法及判定规则

C.3.1 为完成本规范第C.1.1条的检验，应从每批木材的总根数中随机抽取三根为试材，在每根试材髓心以外部分切取三个试件作为一组。根据各组平均值中最低的一个值确定该批木材的强

附录D 木结构检查与维护要求

D.0.1 木结构工程在交付使用前应进行一次全面的检查，凡属要害部位（如支座节点和受拉接头等）均应逐个检查。凡是松动的钢拉杆和螺栓均应拧紧。

D.0.2 在工程交付使用后的两年内，使用单位（或房管部门），应根据当地气候特点（如雪季、雨季和风季前后）每年安排一次检查。两年以后的检查，可视具体情况予以安排。

检查内容：屋架支座节点有无受潮、腐蚀或虫蛀；天沟和天窗有无漏水或排水不畅；下弦接头处有无拉开，夹板上的螺孔附近有无裂缝；屋架有无明显的下垂或倾斜；拉杆有无锈蚀，螺帽有无松动，垫板有无变形等等。

建设单位应对木结构（特别是公共建筑和厂房建筑）建立检查和维护的技术档案。

D.0.3 当发现有可能危及木结构安全的情况时，应及时进行加固。

注：采用钢丝捆绑的方法对防止裂缝的发展无明显效果。

附录 E 胶粘能力检验标准

E.1 方法概要

E.1.1 胶的胶粘能力，可根据木材胶缝顺纹抗剪强度试验结果进行判定。对于承重结构用胶，其胶缝抗剪强度不应低于表 E.1.1 规定的数值。

表 E.1.1 对承重结构用胶胶粘能力的最低要求

试件状态	胶缝顺纹抗剪强度值（N/mm²）	
	红松等软木松	栎木或水曲柳
干　态	5.9	7.8
湿　态	3.9	5.4

E.2 材料要求

E.2.1 胶合用的木材，应符合本规范第 3 章的要求。

E.2.2 胶液的工作活性，在 20±2℃室温下测定时，不应少于 2h。

E.2.3 胶合时木材的含水率，不应大于 15%。

E.3 试件制备

E.3.1 试条由两块 25mm×60mm×320mm 的木板组成（图 E.3.1a）。木纹应与木板长度方向平行，年轮与胶合面成 40°～90°角。不得采用有树脂溢出的木材。

试条胶合前应经刨光，胶合面应密合，边角应完整。胶合面应在刨光后 2h 内涂胶。涂胶前，应清除胶合面的木屑和污垢。涂胶后应放置 15min 再叠合加压，压力可取 0.4～0.6N/mm²。在胶合过程中，室温宜为 20～25℃。

试条在加压状态下放置 24h，卸压后再养护 24h，方可加工试件。

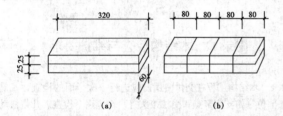

图 E.3.1 试条的尺寸

E.3.2 试件加工

将试件各截成四块（图 E.3.1b），按图 E.3.2 所示的形式和尺寸制成四个剪切试件。

试件刨光后应采用钢角尺检查，两端必须与侧面垂直，端面必须平整。试件受剪面尺寸的允许偏差为±0.5mm。

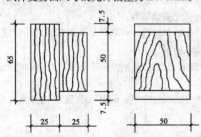

图 E.3.2 胶缝顺纹剪切试件

E.4 试验装置与设备

试件应置于专门的剪切装置（图 E.4）中，在小吨位（一般为 40kN）的木材试验机上进行试验。试验机测力盘的读数精度，应达到估计破坏荷载的 1%或以下。

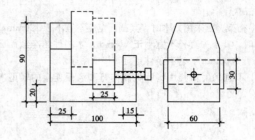

图 E.4 胶缝剪切试验装置

E.5 试验条件

E.5.1 干态试验应在胶合后的 3～5d 内进行。

E.5.2 湿态试验应在浸水 24h 后立即进行。

E.6 试验要求

E.6.1 试验时，应先用游标卡尺测量剪切面尺寸，准确至 0.1mm。试件放在夹具上应保证胶合面与加荷方向一致，加荷应均匀，加荷速度应控制试件 3～5min 内破坏。

试件破坏后，记录荷载量最大值；测量试件受剪面上沿木材剪坏的面积，精确至 3%。

E.7 试验结果的整理与计算

E.7.1 剪切强度极限值按下式计算，精确至 0.1N/mm²：

$$f_{vu} = \frac{Q_u}{A_v}$$

式中 f_{vu}——剪切强度极限值（N/mm²）；

　　　Q_u——荷载最大值（N）；

　　　A_v——剪切面积（mm²）。

E.7.2 试验记录应包括：强度极限及破坏特征，并应算出沿木材破坏面积与胶合总面积之比，以百分率计。

E.8 取样方法及判定规则

E.8.1 检验一批胶应至少用两个试条制成八个试件，每一试条各取两个试件作干态试验，两个作湿态试验。若试验结果符合本规范表 E.1.1 的要求，即认为该试件合格。若有一个试件不合格，须以加倍数量的试件重新试验，若仍有一个试件不合格，则该批胶应被判为不能用于承重结构。

E.8.2 若试件强度低于本规范表 E.1.1 所列数值，但其沿木材部分剪坏的面积不少于试件剪面的 75%，则仍可认为该试件合格。

E.8.3 对常用的耐水胶，可仅作干态试验。

附录 F 胶合工艺要求

F.0.1 胶合构件的胶合应在室内进行，在整个胶合和养护过程中，室温不应低于16℃。

F.0.2 为保证指接接头的质量，制作时，应在专门的铣床上加工；所采用的刀具应经技术鉴定合格；所铣的指头应完整，不得有缺损。

F.0.3 木板接头铣、刨后，应在12h内胶合。胶合时应对胶合面均匀加压，指接的压力为0.6~1.0N/mm²。指接加压时，应在指的两侧用卡具卡紧，然后从板端施压。接头胶合后，应在加压状态下养护24h（若用高频电热加速胶的固化，则可免除养护，但电热温度及时间应经试验确定）。

F.0.4 木板应在完成其指接胶合工序后，方可刨光胶合面，刨光的质量应符合下列规定：

1 上、下胶合面应密合，无局部透光；个别部位因刀口缺损造成的凸痕，不应高出板面0.2mm；

2 在刨光的木板中，靠近木节处的粗糙面长度不应大于100mm；

3 采用对接接头的两木板，其厚度偏差不应超过±0.1mm。

F.0.5 木板刨光后，宜在12h内胶合，至多不超过24h，木材上胶前，还应清除胶合面上的污垢。

F.0.6 木板上胶叠合后应对整个胶合面均匀加压。对于直线形构件压力应为0.3~0.5N/mm²。对于曲线形构件，压力应为0.5~0.6N/mm²。

F.0.7 为保证胶合构件在进入下一工序前胶缝有足够的强度，构件胶合的加压和养护时间应符合表F.0.7的要求。当采用高频电热或微波加热时，胶合加压及养护时间应按试验确定。

表 F.0.7 胶合构件加压及养护的最短时间

构件类别	室 内 温 度（℃）		
	16~20	21~25	26~30
	加压持续时间（h）		
不起拱的构件	8	6	4
起拱的构件	18	8	6
曲线形构件	24	18	12
所有构件	加压及卸压后养护的总时间（h）		
	32	30	24

F.0.8 胶合构件的制造质量应符合下列规定：

1 胶缝局部未粘结段的长度，在构件剪力最大的部位，不应大于75mm，在其他部位，不应大于150mm；所有的未粘结处，均不得有贯穿构件宽度的通缝；相邻两个未粘结段的净距，应不小于600mm；指接胶缝中，不得有未胶合处；

2 胶缝的厚度应控制在0.1~0.3mm之间，如局部有厚度超过0.3mm的胶缝，其长度应小于300mm，且最大的厚度不应超过1mm；

3 以底层木板为准，各层板在宽度方向凸出或凹进不应超过2mm；

4 制成的胶合构件，其实际尺寸对设计尺寸的偏差不应超过±5mm，且不应超过设计尺寸的±3%。

附录 G 本规范采用的木材名称及常用树种木材主要特性

G.1 本规范采用的木材名称

本规范除部分不便归类的木材仍采用原树种名称外，对同属而材性又相近的树种作了归类，并给予相应的木材名称，以利本规范的施行。

G.1.1 经归类的木材名称：

中国木材：

东北落叶松包括兴安落叶松和黄花落叶松（长白落叶松）二种。

铁杉包括铁杉、云南铁杉及丽江铁杉。

西南云杉包括麦吊云杉、油麦吊云杉、巴秦云杉及产于四川西部的紫果云杉和云杉。

红松包括红松、华山松、广东松、台湾及海南五针松。

西北云杉包括产于甘肃、青海的紫果云杉和云杉。

冷杉包括各地区产的冷杉属木材，有苍山冷杉、冷杉、岷江冷杉、杉松冷杉、臭冷杉、长苞冷杉等。

栎木包括麻栎、槲栎、柞木、小叶栎、辽东栎、抱栎、栓皮栎等。

青冈包括青冈、小叶青冈、竹叶青冈、细叶青冈、盘克青冈、滇真冈、福建青冈、黄青冈等。

椆木包括柄果椆、包椆、石栎、茸毛椆（猪栎）等。

锥栗包括红锥、米槠、苦槠、罗浮锥、大叶锥（钩粟）、栲树、南岭锥、高山锥、吊成锥、甜槠等。

桦木包括白桦、硕桦、西南桦、红桦、棘皮桦等。

进口木材：

花旗松——落叶松类包括北美黄杉、粗皮落叶松。

铁—冷杉类包括加州红冷杉、巨冷杉、大冷杉、太平洋银冷杉、西部铁杉、白冷杉等。

铁—冷杉类（北部）包括太平洋冷杉、西部铁杉。

南方松类包括火炬松、长叶松、短叶松、湿地松。

云杉—松—冷杉类包括落基山冷杉、香脂冷杉、黑云杉、北美山地云杉、北美短叶松、扭叶松、红果云杉、白云杉。

俄罗斯落叶松包括西伯利亚落叶松和兴安落叶松。

G.1.2 东北一般称为白松的木材，实际上包括鱼鳞云杉、红皮云杉、沙松冷杉及臭冷杉四种，由于各树种的材性差异颇大，因此本规范不采用白松的统称而分别列出。

G.1.3 为了简化叙述，在部分条文和表格中还采用了"软木松"和"硬木松"两个名称，以概括某些树种。软木松系指五针松类，如红松、华山松、广东松、台湾或海南五针松等。硬木松系指二针或三针松类，如马尾松、云南松、赤松、樟子松、油松等。

G.2 常用木材的主要特性

G.2.1 落叶松 干燥较慢、易开裂，早晚材硬度及干缩差异均大，在干燥过程中容易轮裂，耐腐性强。

G.2.2 铁杉 干燥较易，干缩小至中，耐腐性中等。

G.2.3 云杉 干燥易，干后不易变形，干缩较大，不耐腐。

G.2.4 马尾松、云南松、赤松、樟子松、油松等 干燥时可能翘裂，不耐腐，最易受白蚁危害，边材蓝变最常见。

G.2.5 红松、华山松、广东松、海南五针松、新疆红松等 干燥易，不易开裂或变形，干缩小，耐腐性中等，边材蓝变最常见。

G.2.6 栎木及椆木 干燥困难，易开裂，干缩甚大，强度高、甚重、甚硬，耐腐性强。

G.2.7 青冈 干燥难，较易开裂，可能劈裂，干缩甚大，耐腐性强。

G. 2. 8 水曲柳　干燥难，易翘裂，耐腐性较强。

G. 2. 9 桦木　干燥较易，不翘裂，但不耐腐。

注：干燥难易，耐腐性的解释同本规范附录 B 注。

附录 H　主要进口木材现场识别要点及主要材性

H. 1　针 叶 树 林

H. 1. 1 南方松（southerm pine）。

学名：pinus spp

包括海湾油松（pinus elliottii）、长叶松（pinus palustris）、短叶松（pinus echinata）、火炬松（pinus taeda）、湿地松（pinus elliottii）。

木材特征：边材近白至淡黄、橙白色，心材明显，呈淡红褐或浅褐色。含树脂多，生长轮清晰。海湾油松早材带较宽，短叶松较窄，早晚材过渡急变。薄壁组织及木射线不可见，有纵横向树脂道及明显的树脂气味。木材纹理直但不均匀。

主要材性：海湾油松及长叶松强度较高，其他两种稍低。耐腐性中等，但防腐处理不易。干燥慢，干缩略大，加工较难，握钉力及胶粘性能好。

H. 1. 2 西部落叶松（western larch）。

学名：larix accidentalis

木材特征：边材带白或淡红褐色，带宽很少超过 25mm，心材赤褐或淡红褐色。生长轮清晰而均匀，早材带占轮宽 2/3 以上，晚材带狭窄，早晚材过渡急变。薄壁组织不可见，木射线细，仅在径切面上可见不明显的斑纹。有纵横向树脂道，木材无异味，具有油性表面，手感油滑。木材纹理直。

主要材性：强度高，耐腐性中，但干缩较大，易劈裂和轮裂。

H. 1. 3 欧洲赤松（scotch pine，cocHa обыкновенная）。

学名：pinus sylvestris

木材特征：边材淡黄色，心材浅红褐色，在生材状态下心材边材区别不大，随着木材的干燥，心材颜色逐渐变深，与边材显著不同。生长轮清晰，早晚材界限分明，过渡急变。木射线不可见，有纵横向树脂道，且主要集中在生长轮的晚材部分。木材纹理直。

主要材性：强度中，耐腐性小，易受小蠹虫和天牛的危害。易干燥、干燥性能良好，胶粘性能良好。

H. 1. 4 俄罗斯落叶松（Лиственния）。

学名：larix

包括西伯利亚落叶松（larix sibirica）和兴安落叶松（larix dahurica）。

木材特征：边材白色，稍带黄褐色，心材红褐色，边材带窄，心边材界限分明。生长轮清晰，早材淡褐色，晚材深褐色，早晚材过渡急变。薄壁组织及木射线不可见。有纵横向树脂道，但细小且数目不多。

主要材性：强度高，耐腐性强，但防腐处理难。干缩较大，干燥较慢，在干燥过程中易轮裂。加工难，钉钉易劈。

H. 1. 5 花旗松（douglas fir）。

学名：pseudotsuga menziesii

北美花旗松分为北部（含海岸型）与南部两类，北部产的木材强度较高，南部产的木材强度较低，使用时应加注意。

木材特征：边材灰白至淡黄褐色，心材桔黄至浅桔红色，心边材界限分明。在原木截面上可见边材有一白色树脂圈，生长轮清晰，但不均匀，早晚材过渡急变。薄壁组织及木射线不可见。木材纹理直，有松脂香味。

主要材性：强度较高，但变化幅度较大，使用时除应注意区分其产地外，尚应限制其生长轮的平均宽度不应过大。耐腐性中，干燥性较好，干后不易开裂翘曲。易加工，握钉力良好，胶粘性能好。

H. 1. 6 南亚松（merkus pine）。

学名：pinus tonkinensis

木材特征：边材黄褐至浅红褐色，心材红褐带紫色。生长轮清晰但不均匀，早晚材区别明显，过渡急变。木射线略可见，有纵横向树脂道。木材光泽好，松脂气味浓，手感油滑。木材纹理直或斜。

主要材性：强度中，干缩中，干燥较难，且易裂，边材易蓝变。加工较难，胶粘性能差。

H. 1. 7 北美落叶松（tamarack）。

学名：larix laricina

木材特征：边材带白色，狭窄，心材黄褐色（速生材淡红褐色）。生长轮宽而清晰，早材带占轮宽 3/4 以上，早晚材过渡急变。薄壁组织不可见，木射线仅在径面可见细而密不明显的斑纹。有纵横向树脂道。木材略含油质，手感稍润滑，但无气味。木材纹理呈螺旋纹。

主要材性：强度中，耐腐中，易加工。

H. 1. 8 西部铁杉（western hemlock）。

学名：tsuga heteophylla

木材特征：边材灰白至浅黄褐色，心材色略深，心材边材界限不分明。生长轮清晰，且呈波浪状，早材带占轮宽 2/3 以上，晚材呈玫瑰、淡紫或淡红色，且带黑色条纹（也称鸟喙纹）偶有白色斑点，原木近树皮的几个生长轮为白色，早晚材过渡渐变。薄壁组织不可见，木射线仅在径切面见不显著的细密斑纹，无树脂道。新伐材有酸性气味，木材纹理直而匀。

主要材性：强度中，不耐腐，且防腐处理难，干缩略大，干燥较慢。易加工、钉钉，胶粘性能良好。

H. 1. 9 太平洋银冷杉（pacific silver fir）。

学名：abies amabilis

木材特征：较一般冷杉色深，心边材区别不明显。生长轮清晰，早晚材过渡渐变。薄壁组织不可见，木射线在径切面有细而密的不显著斑纹，无树脂道，木材纹理直而匀。

主要材性：强度中，不耐腐，干缩略大，易干燥、加工、钉钉，胶粘性能良好。

H.1.10 欧洲云杉（european spruce，Елв обыкновенная）。

学名：picea abies

木材特征：木材呈均匀白色，有时呈淡黄或淡红色，稍有光泽，心边材区别不明显。生长轮清晰，晚材较早材色深。有纵横向树脂道。木材纹理直，有松脂气味。

主要材性：强度中，不耐腐，防腐处理难。易干燥、加工、钉钉，胶粘性能好。

H.1.11 海岸松（maritime pine）。

学名：pinus pinastor

木材特征：类似欧洲赤松，但树脂较多。

主要材性：与欧洲赤松略同。

H.1.12 俄罗斯红松（korean pine кедр корейскин）。

学名：pinus koraiensis

木材特征：边材浅红白色，心材淡褐微带红色，心边材区别明显，但无清晰的界限。生长轮清晰，早晚材过渡渐变。木射线不可见，有纵横向树脂道，多均匀分布在晚材带。木材纹理直而匀。

主要材性：强度较欧洲赤松低，不耐腐。干缩小，干燥快，且干后性质好。易加工，切面光滑，易钉钉，胶粘性能好。

H.1.13 新西兰辐射松（new zealand radiata pine）。

学名：pinus radiata D. Don

木材特征：心材介于均匀的淡褐色到粟色之间，边材为奶黄色，生长轮清晰，心材较少。

主要材性：速生树种，强度随生长轮从木髓到边材的位置而不同。作为结构用材生长轮的平均宽度应限制在15mm以内或经机械分级。密度中等，适合窑干，新伐材蓝变极易发生，但可用有效措施控制，易于防腐处理，易于加工、紧固、指接和胶合。

H.1.14 东部云杉（eastern spruce）。

学名：picea spp

包括白云杉（picea glauca）、红云杉（picea rubens）、黑云杉（picea mariana）。

木材特征：心边材无明显区别，色呈白至淡黄褐色，有光泽。生长轮清晰，早材较晚材宽数倍。薄壁组织不可见，有纵横向树脂道。木材纹理直而匀。

主要材性：强度低，不耐腐，且防腐处理难。干缩较小，干燥快且少裂，易加工、钉钉，胶粘性能好。

H.1.15 东部铁杉（eastern hemlock）。

学名：tsuga canadensis

木材特征：心材淡褐略带淡红色，边材色较浅，心边材无明显区别。生长轮清晰，早材占轮宽的2/3以上，早晚材过渡渐变至急变。薄壁组织不可见，木射线仅在径切面呈细而密不显著的斑纹，无树脂道。木材纹理不匀且常具螺旋纹。

主要材性：强度低于西部铁杉，不耐腐。干燥稍难，加工性能同西部铁杉。

H.1.16 白冷杉（white fir）。

学名：abies concolor

木材特征：木材白至黄褐色，其余特征与太平洋银冷杉略同。

主要材性：强度低于太平洋银冷杉，不耐腐，干缩小，易加工。

H.1.17 西加云杉（sitka spruce）。

学名：picea sitchensis

木材特征：边材乳白至淡黄色，心材淡红黄至淡紫褐色，心边材区别不明显。生长轮清晰，早材占生长轮的1/2至2/3，早晚材过渡渐变。薄壁组织及木射线不可见，有纵横向树脂道，木材稍有光泽，纹理直而匀，在弦面上常呈凹纹。

主要材性：强度低，不耐腐，干缩较小；易干燥、加工、钉钉，胶粘性能良好。

H.1.18 北美黄松（ponderosa pine）。

学名：pinus ponderosa

木材特征：边材近白至淡黄色，带宽（常含80个以上的生长轮），心材微黄至淡红或橙褐色。生长轮不清晰至清晰，早晚材过渡急变。薄壁组织及木射线不可见，有纵横向树脂道，木材纹理直，匀至不匀。

主要材性：强度较低，不耐腐，防腐处理略难，干缩略小，易干燥、加工、钉钉，胶粘性能良好。

H.1.19 巨冷杉（grand fir）。

学名：abies grandis

木材特征：与白冷杉近似。

主要材性：强度较白冷杉略低，其余性质略同。

H.1.20 西伯利亚松（кедр сибирский）。

学名：pinus sibirica

木材特征：与俄罗斯红松同。

主要材性：与俄罗斯红松同。

H.1.21 小干松（lodgepole pine）。

学名：pinus contorta

木材特征：边材近白至淡黄色，心材淡黄至淡黄褐色，心边材颜色相近，难清晰区别。生长轮尚清晰，早晚材过渡急变。薄壁组织不可见，木射线细，有纵横向树脂道。生材有明显的树脂气味，木材纹理直而不匀。

主要材性：强度低，不耐腐，防腐处理难，常受小蠹虫和天牛的危害。干缩略大，干燥快且性质良好，易加工、钉钉，胶粘性能良好。

H.2 阔叶树林

H.2.1 门格里斯木（mengris）。

学名：koonpassia spp

木材特征：边材白或浅黄色，心材新切面呈浅红至砖红色，久变深桔红色。生长轮不清晰，管孔散生，分布均匀，有侵填体。轴向薄壁组织呈环管束状、似翼状或连续成段的窄带状，木射线可见，在径面呈斑纹，弦面呈波浪。无胞间道，木材有光泽，且有黄褐色条纹，纹理交错间有波状纹。

主要材性：强度高，耐腐，干缩小，干燥性质良好，加工难，钉钉易劈裂。

H.2.2 卡普木（山樟，kapur）。

学名：dryobalanops spp

木材特征：边材浅黄褐或略带粉红色，新切面心材为粉红至深红色，久变为红褐、深褐或紫灰褐色，心边材区别明显。生长轮不清晰，管孔呈单独体，分布匀，有侵填体。轴向薄壁组织呈傍管状或翼状。木射线少，有径面上的斑纹，弦面上的波痕。有轴向胞间道，呈白色点状、单独或断续的长弦列。木材有光泽，新切面有类似樟木气味，纹理略交错至明显交错。

主要材性：强度高，耐腐，但防腐处理难，干缩大，干燥缓慢，易劈裂。加工难，但钉钉不难，胶粘性能好。

H.2.3 沉水稍（重娑罗双、塞兰甘巴都，selangau batu）。

学名：shorea spp 或 hopeas spp

木材特征：材色浅黄褐至黄褐色，久变深褐色，边材色浅，心边材易区别。生长轮不清晰，管孔散生，分布均匀。轴向薄壁组织呈环管束状、翼状或聚翼状，木射线可见，有轴向胞间道，在横截面呈点状或长弦列。木材纹理交错。

主要材性：强度高，耐腐，但防腐处理难，干缩较大，干燥较慢，易裂，加工较难，但加工后可得光滑的表面。

H.2.4 克隆（克鲁因，keruing）。

学名：dipterocarpus spp

木材特征：边材灰褐至灰黄或紫灰色，心材新切面为紫红色，久变深紫红或浅红褐色，心边材区别明显。生长轮不清晰，管孔散生，分布不均，无侵填体，含褐色树胶。轴向薄壁组织呈傍管型、离管型，周边薄壁组织存在于胞间道周围呈翼状，木射线可见，有轴向胞间道，在横截面呈白点状、单独或短弦列（2～3个），偶见长弦列。木材有光泽，在横截面有树胶渗出，纹理直或略交错。

主要材性：强度高但次于沉水稍，心材略耐腐，而边材不耐腐，防腐处理较易。干缩大且不匀，干燥较慢，易翘裂。加工难，易钉钉，胶粘性能良好。

H.2.5 绿心木（greenheart）。

学名：ocotea rodiaei

木材特征：边材浅黄白色，心材浅黄绿色，有光泽，心边材区别不明显。生长轮不清晰，管孔分布匀，呈单独或2～3个径列，含树胶。轴向薄壁组织呈环管束状、环管状或星散状。木射线细纹色浅，放大镜下见径面斑纹，弦面无波痕，无胞间道。木材纹理直或交错。

主要材性：强度高，耐腐。干燥难，端面易劈裂，但翘曲小，加工难，钉钉易劈，胶粘性能好。

H.2.6 紫心木（purpleheart）。

学名：peltogyne spp

木材特征：边材白色且有紫色条纹，心材为紫色，心边材区别明显，生长轮清晰，管孔分布均匀，呈单独或2～3个径列，偶见树胶。轴向薄壁组织呈翼状、聚翼状，间有断续带状。木射线色浅可见，径面有斑纹，弦面无波痕，无胞间道。木材有光泽，纹理直，间有波纹及交错纹。

主要材性：强度高，耐腐，心材极难浸注。干燥快，加工难，钉钉易劈裂。

H.2.7 李叶豆（贾托巴木，jatoba）。

学名：hymeneae courbaril

木材特征：边材白或浅灰色，略带浅红褐色，心材黄褐至红褐色，有条纹，心边材区别明显。生长轮清晰，管孔分布不匀，呈单独状，含树胶。轴向薄壁组织呈轮界状、翼状或聚翼状，木射线多，径面有显著银光斑纹，弦面无波痕，有胞间道。木材有光泽，纹理直或交错。

主要材性：强度高，耐腐。干燥快，易加工。

H.2.8 塔特布木（tatabu）。

学名：diplotropis purpurea

木材特征：边材灰白略带黄色，心材浅褐至深褐色，心边材区别明显。生长轮清晰，管孔分布均匀，呈单独状，轴向薄壁组织呈环管束状、聚翼状连接成断续窄带。木射线略细，径面有斑纹，弦面无波痕，无胞间道。木材光泽弱，手触有腊质感，纹理直或不规则。

主要材性：强度高，耐腐，加工难。

H.2.9 达荷玛木（dahoma）。

学名：piptadeniastrum africanum

木材特征：边材灰白色，心材浅黄灰褐至黄红色，心边材区别明显。生长轮清晰。管孔呈单独或2～4个径列，有树胶。轴向薄壁组织呈不连续的轮界状、管束状、翼状和聚翼状；木射线细但可见。木材新切面有难闻的气味，纹理较直或交错。

主要材性：强度中，耐腐。干燥缓慢，变形大，易加工、钉钉，胶粘性能良好。

H.2.10 萨佩莱木（sapele）。

学名：entandrophragma cylindricum

木材特征：边材浅黄或灰白色，心材为深红或深紫色，心边材区别明显。生长轮清晰，管孔呈单独、短径列、径列或斜径列。薄壁组织呈轮界状、环管状或宽带状；木射线细不明显，径面有规则的条状花纹或断续短条纹。木材具有香椿似的气味，纹理交错。

主要材性：强度中，耐腐中，易干燥、加工、钉钉，胶粘性能良好。

H.2.11 苦油树（安迪罗巴，andiroba）。

学名：carapa guianensis

木材特征：木材深褐至黑褐色，心材较边材略深，心边材区别不明显。生长轮清晰，管孔分布较匀，呈单独或2～3个径列，含深色侵填体。轴向薄壁组织呈环管状或轮界状，木射线略多，径面有斑纹，弦面无波痕，无胞间道。木材径面有光泽，纹理直或略交错。

主要材性：强度中，耐腐中，干缩中。易加工，钉钉易裂，胶粘性能良好。

H.2.12 毛罗藤黄（曼尼巴利，manniballi）。

学名：moronbea coccinea

木材特征：边材浅黄色，心材深黄或黄褐色，心边材区别略明显。生长轮略清晰，管孔分布不甚均匀，呈单独、间或二至数个径列，含树胶。轴向薄壁组织呈同心带状或环管状，木射线略细，径面有斑纹，弦面无波痕，无胞间道，木材有光泽，加工时有微弱香气，纹理直。

主要材性：强度中，耐腐，易气干、加工。

H.2.13 黄梅兰蒂（黄柳桉，yellow meranti）。

学名：shorea spp

木材特征：心材浅黄褐或浅褐色带黄，边材新伐时亮黄至浅黄褐色，心边材区别明显。生长轮不清晰，管孔散生，分布颇匀，有侵填体。轴向薄壁组织多，木射线细，有胞间道，在横截面呈白点状长弦列。木材纹理交错。

主要材性：强度中，耐腐中。易干燥、加工、钉钉，胶粘性能良好。

H.2.14 梅萨瓦木（marsawa）。

学名：anisopteia spp

木材特征：边材浅黄色，心材浅黄褐或淡红色，生材心边材区别不明显，久之心材色变深。生长轮不清晰。管孔呈单独、间或成对状，有侵填体。轴向薄壁组织呈环管状、环管束状或呈散状，木射线色浅可见，径面有斑纹，有胞间道。木材有光泽，纹理直或略交错，有时略有螺旋纹。

主要材性：强度中，心材略耐腐，防腐处理难。干燥慢，加工难，胶粘性能良好。

H.2.15 红劳罗木（red louro）。

学名：ocotea rubra

木材特征：边材黄灰至略带浅红灰色，心材略带浅红褐色至红褐色，心边材区别不明显。生长轮不清晰、管孔分布颇匀，呈单独或2～3个径列，有侵填体。轴向薄壁组织呈环管状、环管束状或翼状，木射线略少，无胞间道。木材略有光泽，纹理直，间有螺旋状。

主要材性：强度中，耐腐，但防腐处理难。易干燥、加工，胶粘性能良好。

H.2.16 深红梅兰蒂（深红柳桉，dark red meranti）。

学名：shorea spp

木材特征：边材桃红色，心材红至深红色，有时微紫，心边材区别略明显。生长轮不清晰，管孔散生、斜列，分布匀，偶见侵填体。木射线狭窄但可见，有胞间道，在横截面呈白点状长弦列。木材纹理交错。

主要材性：强度中，耐腐，但心材防腐处理难。干燥快，易加工、钉钉，胶粘性能良好。

H.2.17 浅红梅兰蒂（浅红柳桉，light red meranti）。

学名：shorea spp

木材特征：心材浅红至浅红褐色，边材色较浅，心边材区别明显。生长轮不清晰，管孔散生、斜列，分布匀，有侵填体。轴向薄壁组织呈傍管型、环管束状及翼状，少数聚翼状。木射线及跑间道同黄梅兰蒂。木材纹理交错。

主要材性：强度略低于深红梅兰蒂，其余性质同黄梅兰蒂。

H.2.18 白梅兰蒂（白柳桉，white meranti）。

学名：shorea spp

木材特征：心材新伐时白色，久变浅黄褐色，边材色浅，心边材区别明显。生长轮不清晰，管孔散生，少数斜列，分布较匀。轴向薄壁组织多，木射线窄，仅见波痕，有胞间道，在横截面呈白点状、同心圆或长弦列。木材纹理交错。

主要材性：强度中至高、不耐腐，防腐处理难。干缩中至略大，干燥快，加工易至难。

H. 2. 19 巴西红厚壳木（杰卡雷巴，jacareuba）。

学名：calophyllum brasiliensis

木材特征：心材红或深红色，有时夹杂暗红色条纹，边材较浅，心边材区别明显。生长轮不清晰，管孔少。轴向薄壁组织呈带状，木射线细，径面上有斑纹，弦面无波痕，无胞间道。木材有光泽，纹理交错。

主要材性：强度低，耐腐。干缩较大，干燥慢，易翘曲，易加工，但加工时易起毛或撕裂，钉钉难，胶粘性能好。

H. 2. 20 小叶椴（дипа мелколистная）。

学名：tilia cordata

木材特征：木材白色略带浅红色，心边材区别不明显。生长轮略清晰，管孔略小。木射线在径面上有斑纹。木材纹理直。

主要材性：强度低，不耐腐，但易防腐处理。易干燥，且干后性质好，易加工，加工后切面光滑。

H. 2. 21 大叶椴（T. plalyphyllos）。

材质与小叶椴类似。

注：本规范介绍的识别要点，仅供工程建设单位对物资供应部门声明的树种进行核对使用，所提供的木材树种不明时，则应提请当地林业科研单位进行鉴别。

附录 J 进口规格材强度设计指标

J. 1 已经换算的目测分级进口规格材的强度设计指标

J. 1. 1 已经换算的部分目测分级进口规格材的强度设计值和弹性模量见表J. 1. 1-1、J. 1. 1-2，但尚应乘以表J. 1. 1-3 的尺寸调整系数。

表 J. 1. 1-1 北美地区目测分级进口规格材强度设计值和弹性模量

名称	等级	截面最大尺寸(mm)	抗弯 f_m	顺纹抗压 f_c	顺纹抗拉 f_t	顺纹抗剪 f_v	横纹承压 $f_{c,90}$	弹性模量 E
			设计值（N/mm²）					
花旗松—落叶松类（南部）	I$_c$	285	16	18	11	1.9	7.3	13000
	II$_c$		11	16	7.2	1.9	7.3	12000
	III$_c$		9.7	15	6.2	1.9	7.3	11000
	IV$_c$、V$_c$		5.6	8.3	3.5	1.9	7.3	10000
	VI$_c$	90	11	18	7.0	1.9	7.3	10000
	VII$_c$		6.2	15	4.0	1.9	7.3	10000
花旗松—落叶松类（北部）	I$_c$	285	15	20	8.8	1.9	7.3	13000
	II$_c$		9.1	15	5.4	1.9	7.3	11000
	III$_c$		9.1	15	5.4	1.9	7.3	11000
	IV$_c$、V$_c$		5.1	8.8	3.2	1.9	7.3	10000
	VI$_c$	90	10	19	6.2	1.9	7.3	10000
	VII$_c$		5.6	16	3.5	1.9	7.3	10000
铁—冷杉（南部）	I$_c$	285	15	16	9.9	1.6	4.7	11000
	II$_c$		11	15	6.7	1.6	4.7	10000
	III$_c$		9.1	14	5.6	1.6	4.7	9000
	IV$_c$、V$_c$		5.4	7.8	3.2	1.6	4.7	8000
	VI$_c$	90	11	17	6.4	1.6	4.7	9000
	VII$_c$		5.9	14	3.5	1.6	4.7	8000

续表 J. 1. 1-1

名称	等级	截面最大尺寸(mm)	抗弯 f_m	顺纹抗压 f_c	顺纹抗拉 f_t	顺纹抗剪 f_v	横纹承压 $f_{c,90}$	弹性模量 E
			设计值（N/mm²）					
铁—冷杉（北部）	I$_c$	285	14	18	8.3	1.6	4.7	12000
	II$_c$		11	16	6.2	1.6	4.7	11000
	III$_c$		11	16	6.2	1.6	4.7	11000
	IV$_c$、V$_c$		6.2	9.1	3.5	1.6	4.7	10000
	VI$_c$	90	12	19	7.0	1.6	4.7	10000
	VII$_c$		7.0	16	3.8	1.6	4.7	10000
南方松	I$_c$	285	20	19	11	1.9	6.6	12000
	II$_c$		13	17	7.2	1.9	6.6	12000
	III$_c$		11	16	5.9	1.9	6.6	11000
	IV$_c$、V$_c$		6.2	8.8		1.9	6.6	
	VI$_c$	90	12	19	6.7	1.9	6.6	10000
	VII$_c$		6.7	16	3.8	1.9	6.6	9000
云杉—松—冷杉类	I$_c$	285	13	15	7.5	1.4	4.9	10300
	II$_c$		9.4	12	4.8	1.4	4.9	9700
	III$_c$		9.4	12	4.8	1.4	4.9	9700
	IV$_c$、V$_c$		5.4	7.0	2.7	1.4	4.9	8300
	VI$_c$	90	11	15	5.4	1.4	4.9	9000
	VII$_c$		5.9	12	2.9	1.4	4.9	8300
其他北美树种	I$_c$	285	9.7	11	4.3	1.2	3.9	7600
	II$_c$		6.4	9.1	2.9	1.2	3.9	6900
	III$_c$		6.4	9.1	2.9	1.2	3.9	6900
	IV$_c$、V$_c$		3.8	5.4	1.6	1.2	3.9	6200
	VI$_c$	90	7.5	11	3.2	1.2	3.9	6900
	VII$_c$		4.3	9.4	1.9	1.2	3.9	6200

表 J. 1. 1-2 欧洲地区目测分级进口规格材强度设计值和弹性模量

名称	等级	截面最大尺寸(mm)	抗弯 f_m	顺纹抗压 f_c	顺纹抗拉 f_t	顺纹抗剪 f_v	横纹承压 $f_{c,90}$	弹性模量 E
			设计值（N/mm²）					
欧洲赤松欧洲落叶松欧洲云杉	I$_c$	285	17	18	8.2	2.2	6.4	12000
	II$_c$		14	17	6.4	1.8	6.0	11000
	III$_c$		9.3	14	4.6	1.3	5.3	8000
	IV$_c$、V$_c$		8.1	13	3.7	1.2	4.8	7000
	VI$_c$	90	14	16	6.9	1.3	5.3	8000
	VII$_c$		12	15	5.5	1.2	4.8	7000
欧洲道格拉斯松	I$_c$、II$_c$	285	12	16	5.1	1.6	5.5	11000
	III$_c$		7.9	13	3.6	1.2	4.8	8000
	IV$_c$、V$_c$		6.9	12	2.9	1.1	4.4	7000

表 J. 1. 1-3 尺寸调整系数

等级	截面高度(mm)	抗弯 截面宽度（mm） 40和65	抗弯 截面宽度（mm） 90	顺纹抗压	顺纹抗拉	其他
I$_c$、II$_c$、III$_c$、IV$_c$、V$_c$	≤90	1.5	1.5	1.15	1.5	1.0
	115	1.4	1.4	1.1	1.4	1.0
	140	1.3	1.3	1.1	1.3	1.0
	185	1.2	1.2	1.05	1.2	1.0
	235	1.1	1.2	1.0	1.1	1.0
	285	1.0	1.1	1.0	1.0	1.0
VI$_c$、VII$_c$	≤90	1.0	1.0	1.0	1.0	1.0

J. 1. 2 北美地区目测分级规格材代码和本规范目测分级规格材代码对应关系见表J. 1. 2。

表 J.1.2　北美地区规格材与本规范规格材对应关系

本规范规格材等级	北美规格材等级
Ⅰc	Select structural
Ⅱc	No. 1
Ⅲc	No. 2
Ⅳc	No. 3
Ⅴc	Stud
Ⅵc	Construction
Ⅶc	Standard

J.2　机械分级规格材的强度设计指标

J.2.1　机械分级规格材的强度设计值和弹性模量见表 J.2.1。

表 J.2.1　机械分级规格材强度设计值和弹性模量（N/mm²）

强度	强度等级							
	M10	M14	M18	M22	M26	M30	M35	M40
抗弯 f_m	8.20	12	15	18	21	25	29	33
顺纹抗拉 f_t	5.0	7.0	9.0	11	13	15	17	20
顺纹抗压 f_c	14	15	16	18	19	21	22	24
顺纹抗剪 f_v	1.1	1.3	1.6	1.9	2.2	2.4	2.8	3.1
横纹承压 $f_{c,90}$	4.8	5.0	5.1	5.3	5.4	5.6	5.8	6.0
弹性模量 E	8000	8800	9600	10000	11000	12000	13000	14000

J.2.2　部分国家机械分级规格材等级与本规范机械分级规格材等级对应关系见表 J.2.2。

表 J.2.2　机械分级强度等级对应关系表

本规范采用等级	M10	M14	M18	M22	M26	M30	M35	M40
北美采用等级		1200f-1.2E	1450f-1.3E	1650f-1.5E	1800f-1.6E	2100f-1.8E	2400f-2.0E	2850f-2.3E
新西兰采用等级	MSG6	MSG8	MSG10	MSG12		MSG15		
欧洲采用等级		C14	C18	C22	C27	C30	C35	C40

注：1　对于北美机械分级规格材，横纹承压和顺纹抗剪的强度设计值为《木结构设计规范》GB 50005－2003 表 J.1.1-1 中相应目测分级规格材的强度设计值。

2　对于那些经过认证审核并且在生产过程中有常规足尺测试的特征强度值，其强度设计值可按有关程序由测试特征强度值（而不是强度相关关系）确定。

J.3　规格材的共同作用系数

J.3.1　当规格材搁栅数量大于 3 根，且与楼面板、屋面板或其他构件有可靠连接时，设计搁栅的抗弯承载力时，可将抗弯强度设计值 f_m 乘以 1.15 的共同作用系数。

附录 K　轴心受压构件稳定系数

表 K.0.1　TC17、TC15 及 TB20 级木材的 φ 值表

λ	0	1	2	3	4	5	6	7	8	9
0	1.000	1.000	0.999	0.998	0.998	0.996	0.994	0.992	0.990	0.988
10	0.985	0.981	0.978	0.974	0.970	0.966	0.962	0.957	0.952	0.947
20	0.941	0.936	0.930	0.924	0.917	0.911	0.904	0.898	0.891	0.884
30	0.877	0.869	0.862	0.854	0.847	0.839	0.832	0.824	0.816	0.808
40	0.800	0.792	0.784	0.776	0.768	0.760	0.752	0.743	0.735	0.727
50	0.719	0.711	0.703	0.695	0.687	0.679	0.671	0.663	0.655	0.648
60	0.640	0.632	0.625	0.617	0.610	0.602	0.595	0.588	0.580	0.573
70	0.566	0.559	0.552	0.546	0.539	0.532	0.519	0.506	0.493	0.481
80	0.469	0.457	0.446	0.435	0.425	0.415	0.406	0.396	0.387	0.379
90	0.370	0.362	0.354	0.347	0.340	0.332	0.326	0.319	0.312	0.306
100	0.300	0.294	0.288	0.283	0.277	0.272	0.267	0.262	0.257	0.252
110	0.248	0.243	0.239	0.235	0.231	0.227	0.223	0.219	0.215	0.212
120	0.208	0.205	0.202	0.198	0.195	0.192	0.189	0.186	0.183	0.180
130	0.178	0.175	0.172	0.170	0.167	0.165	0.162	0.160	0.158	0.155
140	0.153	0.151	0.149	0.147	0.145	0.143	0.141	0.139	0.137	0.135
150	0.133	0.132	0.130	0.128	0.126	0.125	0.123	0.122	0.120	0.119
160	0.117	0.116	0.114	0.113	0.112	0.110	0.109	0.108	0.106	0.105
170	0.104	0.102	0.101	0.100	0.0991	0.0980	0.0968	0.0958	0.0947	0.0936
180	0.0926	0.0916	0.0906	0.0896	0.0886	0.0876	0.0867	0.0858	0.0849	0.0840
190	0.0831	0.0822	0.0814	0.0805	0.0797	0.0789	0.0781	0.0773	0.0765	0.0758
200	0.0750									

表中的 φ 值系按下列公式算得：

当 λ≤75 时
$$\varphi = \frac{1}{1+\left(\dfrac{\lambda}{80}\right)^2}$$

当 λ>75 时
$$\varphi = \frac{3000}{\lambda^2}$$

表 K.0.2　TC13、TC11、TB17、TB15、TB13 及 TB11 级木材的 φ 值表

λ	0	1	2	3	4	5	6	7	8	9
0	1.000	1.000	0.999	0.998	0.996	0.994	0.992	0.988	0.985	0.981
10	0.977	0.972	0.967	0.962	0.956	0.949	0.943	0.936	0.929	0.921
20	0.914	0.905	0.897	0.889	0.880	0.871	0.862	0.853	0.843	0.834
30	0.824	0.815	0.805	0.795	0.785	0.775	0.765	0.755	0.745	0.735
40	0.725	0.715	0.705	0.696	0.686	0.676	0.666	0.657	0.647	0.638
50	0.628	0.619	0.610	0.601	0.592	0.583	0.574	0.565	0.557	0.548
60	0.540	0.532	0.524	0.516	0.508	0.500	0.492	0.485	0.477	0.470
70	0.463	0.456	0.449	0.442	0.436	0.429	0.422	0.416	0.410	0.404
80	0.398	0.392	0.386	0.380	0.374	0.369	0.364	0.358	0.353	0.348
90	0.343	0.338	0.331	0.324	0.317	0.310	0.304	0.298	0.292	0.286
100	0.280	0.274	0.269	0.264	0.259	0.254	0.249	0.244	0.240	0.236
110	0.231	0.227	0.223	0.219	0.215	0.212	0.208	0.204	0.201	0.198
120	0.194	0.191	0.188	0.185	0.182	0.179	0.176	0.174	0.171	0.168
130	0.166	0.163	0.161	0.158	0.156	0.154	0.151	0.149	0.147	0.145
140	0.143	0.141	0.139	0.137	0.135	0.133	0.131	0.130	0.128	0.126
150	0.124	0.123	0.121	0.120	0.118	0.116	0.115	0.114	0.112	0.111
160	0.109	0.108	0.107	0.105	0.104	0.103	0.102	0.100	0.0992	0.0980
170	0.0969	0.0958	0.0946	0.0936	0.0925	0.0914	0.0904	0.0894	0.0884	0.0874
180	0.0864	0.0855	0.0845	0.0836	0.0827	0.0818	0.0809	0.0801	0.0792	0.0784
190	0.0776	0.0768	0.0760	0.0752	0.0744	0.0736	0.0729	0.0721	0.0714	0.0707
200	0.0700									

表中的 φ 值系按下列公式算得：

当 λ≤91 时
$$\varphi = \frac{1}{1+\left(\dfrac{\lambda}{65}\right)^2}$$

当 λ>91 时
$$\varphi = \frac{2800}{\lambda^2}$$

附录L 受弯构件侧向稳定计算

L.0.1 受弯构件侧向稳定按下式验算：

$$\frac{M}{\varphi_l W} \leqslant f_m \qquad (\text{L}.0.1)$$

式中　f_m——木材抗弯强度设计值（N/mm²）；

　　　M——构件在荷载设计值作用下的弯矩（N·mm）；

　　　W——受弯构件的全截面抵抗矩（mm³）；

　　　φ_l——受弯构件的侧向稳定系数，按本规范第L.0.2条和第L.0.3条分别确定。

L.0.2 当受弯构件的两个支点处设有防止其侧向位移和侧倾的侧向支承，并且截面的最大高度对其截面宽度之比不超过下列数值时，侧向稳定系数φ_l取等于1：

$h/b=4$，未设有中间的侧向支承；

$h/b=5$，在受压弯构件长度上由类似檩条等构件作为侧向支承；

$h/b=6.5$，受压边缘直接固定在密铺板上或间距不大于600mm的搁栅上；

$h/b=7.5$，受压边缘直接固定在密铺板上或间距不大于600mm的搁栅上，并且受弯构件之间安装有横隔板，其间隔不超过受弯构件截面高度的8倍；

$h/b=9$，受弯构件的上下边缘在长度方向上都被固定。

L.0.3 当受弯构件的两个支点处设有防止其侧向位移和侧倾的侧向支承，且有可靠锚固，但不满足本规范第L.0.2条的条件时，侧向稳定系数φ_l应按下式计算：

$$\varphi_l = \frac{(1+1/\lambda_m^2)}{2c_m} - \sqrt{\left[\frac{1+1/\lambda_m^2}{2c_m}\right]^2 - \frac{1}{c_m\lambda_m^2}} \qquad (\text{L}.0.3\text{-}1)$$

式中　φ_l——受弯构件的侧向稳定系数；

　　　c_m——考虑受弯构件木材有关的系数；

　　　$c_m=0.95$用于锯材的系数；

　　　λ_m——考虑受弯构件的侧向刚度因数，按下式计算：

$$\lambda_m = \sqrt{\frac{4l_{ef}h}{\pi b^2 k_m}} \qquad (\text{L}.0.3\text{-}2)$$

　　　k_m——梁的侧向稳定验算时，与构件木材强度等级有关的系数，按表L.0.3采用；

　　　h、b——受弯构件的截面高度、宽度；

　　　l_{ef}——验算侧向稳定时受弯构件的有效长度，按本规范第L.0.4条确定。

表L.0.3 柱和梁的稳定性验算时考虑构件木材强度等级有关系数

木材强度等级	TC17、TC15、TB20	TC13、TC11、TB17、TB15、TB13及TB11
用于柱 k_m	330	300
用于梁 k_m	220	220

L.0.4 验算受弯构件的侧向稳定时，其计算长度l_{ef}等于实际长度乘以表L.0.4中所示的计算长度系数。

表L.0.4 计算长度系数

梁的类型和荷载情况	荷载作用在梁的部位		
	顶部	中部	底部
简支梁，两端相等弯矩		1.0	
简支梁，均匀分布荷载	0.95	0.90	0.85
简支梁，跨中一个集中荷载	0.80	0.75	0.70
悬臂梁，均匀分布荷载		1.2	
悬臂梁，在悬端一个集中荷载		1.7	
悬臂梁，在悬端作用弯矩		2.0	

在梁的支座处应设置用来防止侧向位移和侧倾的侧向支承。在梁的跨度内，若设置有类似檩条能阻止侧向位移和侧倾的侧向支承时，实际长度应取侧向支承点之间的距离；若未设置有侧向支承时，实际长度应取两支座之间的距离或悬臂梁的长度。

附录M 齿板试验要点及承载力设计值的确定

M.1 材料要求

M.1.1 试验所用齿板应与工程中实际使用的齿板相一致。齿板厚度误差应控制在±5%之内。齿板在试验前应用清洗剂清洗以去除油污。

M.1.2 试验所用规格材厚度应与工程中实际使用的规格材厚度相一致，宽度应与试验所用齿板宽度相协调。确定齿极限承载力时，所用规格材含水率应为14%±0.2%，相对质量密度应为0.82ρ±0.03。其中ρ为试验规格材的平均相对质量密度。木材的年轮应与规格材的宽面相正切，齿板区域不应有木节等缺陷。

M.2 试验要求

M.2.1 试验所用加载速度应为1.0mm/min±50%以保证在5~20min内试件达极限承载力。

M.2.2 齿极限承载力为板齿承受的极限荷载除以齿板表面净面积。应各取10个试件以确定下列情况齿的极限承载力：

1　荷载平行于木纹及齿板主轴（图M.2.2a）；

2　荷载平行于木纹但垂直于齿板主轴（图M.2.2b）；

3　荷载垂直于木纹但平行于齿板主轴（图M.2.2c）；

4　荷载垂直于木纹及齿板主轴（图M.2.2d）。

制作试件时，应将齿板上位于规格材端距a及边距e内的齿去除。

安装齿板时，应将板齿全部压入木材，齿板与木材间无空隙。压入木材的齿板厚度不应超过其厚度的二分之一。

在保证齿破坏的情况下，试验所用齿板应尽可能长。对于测

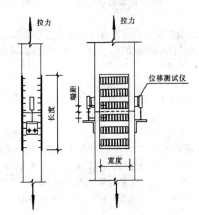

图M.2.2a 荷载平行于木纹及齿板主轴
$\alpha=0°\ \theta=0°$

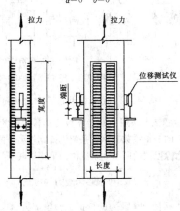

图M.2.2b 荷载平行于木纹但垂直于齿板主轴
$\alpha=0°\ \theta=90°$

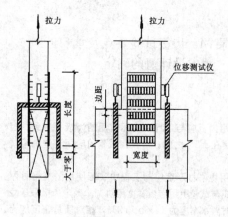

图 M.2.2c 荷载垂直于木纹但平行于齿板主轴
$\alpha=90°$ $\theta=0°$

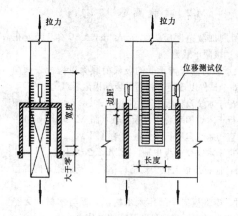

图 M.2.2d 荷载垂直于木纹及齿板主轴
$\alpha=90°$ $\theta=90°$

试项目 2 和 4，在保证齿破坏的情况下，试验所用齿板应尽可能宽。

M.2.3 齿板极限受拉承载力为齿板承受的极限拉力除以垂直于拉力方向的齿板截面宽度。应各取 3 个试件以确定下列情况齿板极限受拉承载力。

1 荷载平行于齿板主轴（图 M.2.2a）；

2 荷载垂直于齿板主轴（图 M.2.2b）。

试验所用齿板应足够大以避免发生齿破坏。

M.2.4 齿板受剪极限承载力为齿板承受的极限剪力除以平行于剪力方向的齿板剪切面长度。应各取 3 个试件以确定图 M.2.4 所列情况齿板极限受剪承载力。其中 30°T、60°T、120°T 和 150°T 为剪-拉复合受力情况；30°C、60°C、120°C 和 150°C 为剪-压复合受力情况；0°或 90°为纯剪情况。

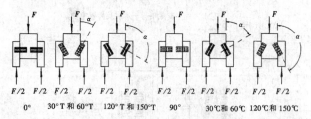

图 M.2.4 受剪试验中齿板主轴的方向

M.2.5 应测试 3 块用于制造齿板的钢板以确定其极限受拉承载力和相应的修正系数。修正系数为该钢板型号的规定最小极限受拉承载力除以试验所得 3 块试件的平均极限受拉承载力。

M.3 极限承载力的校正

M.3.1 齿板受拉承载力的校正试验值应为试验所得齿板极限受拉承载力乘以本规范第 M.2.5 条中的修正系数。

M.3.2 齿板受剪承载力的校正试验值应为试验所得齿板极限

受剪承载力乘以本规范第 M.2.5 条中的修正系数。

M.4 齿板承载力设计值的确定

M.4.1 齿板承载力设计值

1 若荷载平行于齿板主轴（$\theta=0°$）

$$n_r = \frac{P_1 P_2}{P_1 \sin^2\alpha + P_2 \cos^2\alpha} \qquad (M.4.1\text{-}1)$$

2 若荷载垂直于齿板主轴（$\theta=90°$）

$$n'_r = \frac{P'_1 P'_2}{P'_1 \sin^2\alpha + P'_2 \cos^2\alpha} \qquad (M.4.1\text{-}2)$$

式中，P_1、P_2、P'_1 和 P'_2 取值为按本规范第 M.2.2 条确定的 10 个与 α、θ 相关的齿极限承载力试验值中的 3 个最小值的平均值除以系数 k。确定 P_1、P_2、P'_1 和 P'_2 时所用的 θ 与 α（图 M.2.2a-d）取值如下：

P_1：$\alpha=0°$ $\theta=0°$；P_2：$\alpha=90°$ $\theta=0°$；

P'_1：$\alpha=0°$ $\theta=90°$；P'_2：$\alpha=90°$ $\theta=90°$；

3 系数 k 应按下式计算：

对阻燃处理后含水率小于或等于 15% 的规格材：

$$k = 1.88 + 0.27r \qquad (M.4.1\text{-}3)$$

对阻燃处理后含水率大于 15% 且小于 20% 的规格材：

$$k = 2.64 + 0.38r \qquad (M.4.1\text{-}4)$$

对未经阻燃处理含水率小于或等于 15% 的规格材：

$$k = 1.69 + 0.24r \qquad (M.4.1\text{-}5)$$

对未经阻燃处理含水率大于 15% 且小于 20% 的规格材：

$$k = 2.11 + 0.3r \qquad (M.4.1\text{-}6)$$

式中 r——恒载标准值与活载标准值之比，$r=1.0\sim5.0$；若 $r<1.0$ 或 >5.0，则取 $r=1.0$ 或 5.0。

4 当齿板主轴与荷载方向夹角 θ 不等于"0°"或"90°"时，齿承载力设计值应在 n_r 与 n'_r 间用线性插值法确定。

M.4.2 齿板受拉承载力设计值

取按本规范第 M.2.3 条确定的 3 个受拉极限承载力校正试验值中 2 个最小值的平均值除以 1.75。

M.4.3 齿板受剪承载力设计值

取按本规范第 M.2.4 条确定的 3 个受剪极限承载力校正试验值中 2 个最小值的平均值除以 1.75。若齿板主轴与荷载方向夹角与本规范第 M.2.4 条规定不同时，齿板受剪承载力设计值应按线性插值法确定。

M.4.4 齿抗滑移承载力

1 若荷载平行于齿板主轴（$\theta=0°$）

$$n_s = \frac{P_{s1} P_{s2}}{P_{s1} \sin^2\alpha + P_{s2} \cos^2\alpha} \qquad (M.4.4\text{-}1)$$

2 若荷载垂直于齿板主轴（$\theta=90°$）

$$n'_s = \frac{P'_{s1} P'_{s2}}{P'_{s1} \sin^2\alpha + P'_{s2} \cos^2\alpha} \qquad (M.4.4\text{-}2)$$

式中，P_{s1}、P_{s2}、P'_{s1} 和 P'_{s2} 取值为按本规范第 M.2.2 条确定的在木材连接处产生 0.8mm 相对滑移时的 10 个齿极限承载力试验值中的平均值除以系数 k_s。确定 P_{s1}、P_{s2}、P'_{s1} 和 P'_{s2} 时采用的 θ 与 α 取值如下：

P_{s1}：$\alpha=0°$ $\theta=0°$；P_{s2}：$\alpha=90°$ $\theta=0°$；

P'_{s1}：$\alpha=0°$ $\theta=90°$；P'_{s2}：$\alpha=90°$ $\theta=90°$；

3 对含水率小于或等于 15% 的规格材，$k_s=1.40$；对含水率大于 15% 且小于 20% 的规格材，$k_s=1.75$。

4 当齿板主轴与荷载方向夹角 θ 不等于"0°"或"90°"时，齿抗滑移承载力应在 n_s 与 n'_s 间用线性插值法确定。

附录 N 轻型木结构的有关要求

N.1 规格材的截面尺寸

N.1.1 轻型木结构用规格材截面尺寸见表 N.1.1。

表 N.1.1 结构规格材截面尺寸表

截面尺寸 宽(mm)×高(mm)								
40×40	40×65	40×90	40×115	40×140	40×185	40×235	40×285
—	65×65	65×90	65×115	65×140	65×185	65×235	65×285
		90×90	90×115	90×140	90×185	90×235	90×285

注：1 表中截面尺寸均为含水率不大于20%、由工厂加工的干燥木材尺寸；
2 进口规格材截面尺寸与表列规格材尺寸相差不超2mm时，可与其相应规格材等同使用，但在计算时，应按进口规格材实际截面进行计算；
3 不得将不同规格系列的规格材在同一建筑中混合使用。

N.1.2 机械分级的速生树种规格材截面尺寸见表 N.1.2。

表 N.1.2 速生树种结构规格材截面尺寸表

截面尺寸 宽(mm)×高(mm)						
45×75	45×90	45×140	45×190	45×240	45×290

注：同表 N.1.1 注1及注3。

N.2 按构造设计的轻型木结构的钉连接要求

N.2.1 按构造设计的轻型木结构构件之间的钉连接要求见表 N.2.1。

表 N.2.1 按构造设计的轻型木结构的钉连接要求

序号	连接构件名称	最小钉长(mm)	钉的最少数量或最大间距
1	楼盖搁栅与墙体顶梁板或底梁板——斜向钉连接	80	2颗
2	边框梁或封边板与墙体顶梁板或底梁板——斜向钉连接	60	150mm
3	楼盖搁栅木底撑或扁钢底撑与楼盖搁栅	60	2颗
4	搁栅间剪刀撑	60	每端2颗
5	开孔周边双层封边梁或双层加强搁栅	80	300mm
6	木梁两侧附加托木与木梁	80	每根搁栅处2颗
7	搁栅与搁栅连接板	80	每端2颗
8	被切断搁栅与开孔封头搁栅（沿开孔周边垂直钉连接）	80	5颗
		100	3颗
9	开孔处每根封头搁栅与封边搁栅的连接（沿开孔周边垂直钉连接）	80	5颗
		100	3颗
10	墙骨柱与墙体顶梁板或底梁板，采用斜向钉连接或垂直钉连接	60	4颗
		80	2颗
11	开孔两侧双根墙骨柱，或在墙体交接或转角处的墙骨柱	80	750mm
12	双层顶梁板	80	600mm
13	墙体底梁板或地梁板与搁栅或封头块（用于外墙）	80	400mm
14	内隔墙与框架或楼面板	80	600mm
15	非承重墙开孔顶部水平构件每端	80	2颗
16	过梁与墙骨柱	80	每端2颗
17	顶棚搁栅与墙体顶梁板——每侧采用斜向钉连接	80	2颗
18	屋面椽条、桁架或屋面搁栅与墙体顶梁板——斜向钉连接	80	3颗

续表 N.2.1

序号	连接构件名称	最小钉长(mm)	钉的最少数量或最大间距
19	椽条板与顶棚搁栅	100	2颗
20	椽条与搁栅（屋脊板有支座时）	80	3颗
21	两侧椽条在屋脊通过连接板连接，连接板与每根椽条的连接	60	4颗
22	椽条与屋脊板——斜向钉连接或垂直钉连接	80	3颗
23	椽条拉杆每端与椽条	80	3颗
24	椽条拉杆侧向支撑与拉杆	60	2颗
25	屋脊椽条与屋脊或屋谷椽条	80	2颗
26	椽条撑杆与椽条	80	3颗
27	椽条撑杆与承重墙——斜向钉连接	80	2颗

N.3 墙面板、楼（屋）面板与支承构件的钉连接要求

N.3.1 墙面板、楼（屋）面板与支承构件的钉连接要求见表 N.3.1。

表 N.3.1 墙面板、楼（屋）面板与支承构件的钉连接要求

连接面板名称	连接件的最小长度(mm)				钉的最大间距
	普通圆钢钉或麻花钉	螺纹圆钉或麻花钉	屋面钉	U型钉	
厚度小于13mm的石膏墙板	不允许	不允许	45	不允许	沿板边缘支座150mm； 沿板跨中支座300mm
厚度小于10mm的木基结构板材	50	45	不允许	40	
厚度10～20mm的木基结构板材	50	45	不允许	50	
厚度大于20mm的木基结构板材	60	50	不允许	不允许	

附录 P 轻型木结构楼、屋盖抗侧力设计

P.0.1 轻型木结构的楼、屋盖抗侧力应按下列要求进行设计：

1 楼、屋盖每个单元的长宽比不得大于 4:1；

2 楼、屋盖在侧向荷载作用下，可假定沿楼、屋盖宽度方向均匀分布，其抗剪承载力设计值可按下式计算：

$$V = f_d \cdot B \qquad (P.0.1-1)$$

$$f_d = f_{vd} k_1 k_2 \qquad (P.0.1-2)$$

式中 f_{vd}——采用木基结构板材的楼、屋盖抗剪强度设计值(kN/m)，见表 P.0.1 及图 P.0.1；

k_1——木基结构板材含水率调整系数；当木基结构板材的含水率小于16%时，取 $k_1=1.0$；当含水率大于16%，但不大于20%时，取 $k_1=0.75$；

k_2——骨架构件材料树种的调整系数；花旗松——落叶松类及南方松 $k_2=1.0$；铁——冷杉类 $k_2=0.9$；云杉——松——冷杉类 $k_2=0.8$；其他北美树种 $k_2=0.7$；

B——楼、屋盖平行于荷载方向的有效宽度(m)。

3 楼、屋盖边界杆件的计算：

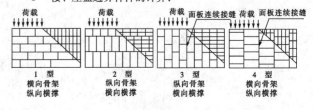

图 P.0.1 楼、屋盖侧向荷载作用

表 P. 0. 1　采用木基结构板材的楼、屋盖抗剪强度设计值 f_{vd} (kN/m)

普通圆钉直径 (mm)	钉在骨架构件中最小打入深度 (mm)	面板最小名义厚度 (mm)	骨架构件最小宽度 (mm)	有填块				无填块	
				平行于荷载的面板边连续的情况下（3型和4型），面板边缘钉的间距 (mm)				面板边缘钉的最大间距为150mm	
				150	100	65	50	荷载与面板连续边垂直的情况下 (2型、3型、4型)	所有其他情况下 (1型)
				在其他情况下（1型和2型），面板边钉的间距 (mm)					
				150	150	100	75		
2.8	31	7	40	3.0	4.0	6.0	6.8	2.7	2.0
			65	3.4	4.5	6.8	7.7	3.0	2.2
		9	40	3.3	4.5	6.7	7.5	3.0	2.2
			65	3.7	5.0	7.5	8.5	3.3	2.5
3.1	35	9	40	4.3	5.7	8.6	9.7	3.9	2.9
			65	4.8	6.4	9.7	10.9	4.3	3.2
		11	40	4.5	6.0	9.0	10.3	4.1	3.0
			65	5.1	6.8	10.2	11.5	4.5	3.3
		12	40	4.8	6.4	9.5	10.7	4.3	3.2
			65	5.4	7.2	10.7	12.1	4.7	3.5
3.7	38	12	40	5.2	6.9	10.3	11.7	4.5	3.4
			65	5.8	7.7	11.6	13.1	5.2	3.9
		15	40	5.7	7.6	11.4	13.0	5.1	3.9
			65	6.4	8.5	12.9	14.7	5.7	4.3
		18	65	不允许	11.5	16.7	不允许	不允许	不允许
			90	不允许	13.4	19.2	不允许	不允许	不允许

注：1　表中数值用于钉连接的木基结构板材的楼、屋盖面板，在干燥使用条件下，标准荷载持续时间；

　　2　当钉的间距小于 50mm 时，位于面板拼缝处的骨架构件的宽度不得小于 65mm（可用两根 40mm 宽的构件组合在一起传递剪力），钉应错开布置；

　　3　当直径为 3.7mm 的钉的间距小于 75mm 时，位于面板拼缝处的骨架构件的宽度不得小于 65mm（可用两根 40mm 宽的构件组合在一起传递剪力），钉应错开布置；

　　4　当钉的直径为 3.7mm，面板最小名义厚度为 18mm 时，需布置两排钉；

　　5　当楼、屋盖所用的钉的直径不是表中规定数值时（采用射钉），抗剪承载力应按以下方法计算：将表中承载力乘以折算系数 $(d_1/d_2)^2$，式中 d_1 为非标准钉的直径，d_2 为表中标准钉的直径。

　　1）与荷载方向垂直的边界杆件用来抵抗楼、屋盖平面内的最大弯矩；

　　2）楼、屋盖边界杆件的轴向力可按下式计算：

$$N_r = \frac{M_1}{B_0} \pm \frac{M_2}{b} \qquad (P. 0. 1\text{-}3)$$

式中　N_r——边界杆件的轴向压力或轴向拉力设计值 (kN)；

　　　M_1——楼、屋盖全长平面内的弯矩设计值 (kN·m)；

　　　B_0——平行于荷载方向的边界杆件中心距 (m)；

　　　M_2——楼、屋盖上开孔长度内的弯矩设计值 (kN·m)；

　　　b——沿平行于荷载方向的开孔尺寸 (m)，不得小于 0.6m。

　　3）对于简支楼、屋盖在均布荷载作用下的弯矩设计值 M_1 和 M_2 可分别按下式计算：

$$M_1 = \frac{WL^2}{8} \qquad (P. 0. 1\text{-}4)$$

$$M_2 = \frac{Wa^2}{8} \qquad (P. 0. 1\text{-}5)$$

式中　W——作用于楼、屋盖的侧向均布荷载设计值 (kN/m)；

　　　L——垂直于侧向荷载方向的楼、屋盖长度 (m)；

　　　a——垂直于侧向荷载方向的开孔长度 (m)。

　　4　楼、屋盖边界杆件在楼、屋盖长度范围内应连续。如中间断开，则应采取可靠的连接，保证其能抵抗所承担的轴向力。楼、屋盖的面板，不得用来作为杆件的连接板。

附录 Q　轻型木结构剪力墙抗侧力设计

Q. 0. 1　轻型木结构的剪力墙应按下列要求进行设计：

　　1　剪力墙墙肢的高宽比不得大于 3.5∶1。剪力墙的高度是指楼层内从剪力墙底梁板的底面到顶梁板的顶面间的垂直距离。

　　2　单面铺设面板有墙骨柱横撑的剪力墙，其抗剪承载力设计值可按下式计算：

$$V = \Sigma f_d l \qquad (Q. 0. 1\text{-}1)$$

$$f_d = f_{vd} k_1 \cdot k_2 \cdot k_3 \qquad (Q. 0. 1\text{-}2)$$

式中　f_{vd}——采用木基结构板材作面板的剪力墙的抗剪强度设计值 (kN/m)，见表 Q. 0. 1-1 和图 Q. 0. 1；

　　　l——平行于荷载方向的剪力墙墙肢长度 (m)；

　　　k_1——木基结构板材含水率调整系数；按本规范附录 P 规定取值；

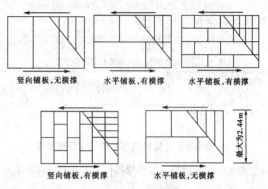

竖向铺板，无横撑　　水平铺板，有横撑　　水平铺板，有横撑

竖向铺板，有横撑　　水平铺板，无横撑

最大为2.44m

图 Q. 0. 1

　　　k_2——骨架构件材料树种的调整系数；按本规范附录 P 的规定取值；

　　　k_3——强度调整系数，仅用于无横撑水平铺板的剪力墙，见表 Q. 0. 1-2。

对于双面铺板的剪力墙，无论两侧是否采用相同材料的木基结构板材，剪力墙的抗剪承载力设计值等于墙体两面抗剪承载力设计值之和。

表 Q. 0. 1-1　采用木基结构板材的剪力墙抗剪强度设计值 f_{vd} (kN/m)

面板最小名义厚度 (mm)	钉在骨架构件中最小打入深度 (mm)	普通钢钉直径 (mm)	面板直接铺于骨架构件			
			面板边缘钉的间距 (mm)			
			150	100	75	50
7	31	2.8	3.2	4.8	6.2	8.0
9	31	2.8	3.5	5.4	7.0	9.1
9	35	3.1	3.9	5.7	7.3	9.5
11	35	3.1	4.3	6.2	8.0	10.5
12	35	3.1	4.7	6.8	8.7	11.4
12	38	3.7	5.5	8.2	10.7	13.7
15	38	3.7	6.0	9.1	11.9	15.6

注：1　表中数值用于钉连接的木基结构板材的面板，干燥使用条件下，标准荷载持续时间；

　　2　当墙骨柱的间距不大于 400mm 时，对于厚度为 9mm 和 11mm 的面板，如果直接铺设在骨架构件上时，表中数值可分别采用板厚为 11mm 和 12mm 的数值；

　　3　当墙面板设在 12mm 或 15mm 厚的石膏墙板上时，只要满足钉在骨架构件上的最小打入深度，抗剪强度与面板直接铺设在骨架构件上的情况下的抗剪强度相同；

　　4　当钉的间距小于 50mm 时，位于面板拼缝处的骨架构件的宽度不得小于 65mm（可用两根 40mm 宽的构件组合在一起传递剪力），钉应错开布置；

　　5　当直径为 3.7mm 的钉的间距小于 75mm 时，位于面板拼缝处的骨架构件的宽度不得小于 65mm（可用两根 40mm 宽的构件组合在一起传递剪力），钉应错开布置；

　　6　当剪力墙中所用的钉直径不是表中规定数值时（采用射钉），抗剪承载力按以下方法计算：将表中承载力乘以折算系数 $(d_1/d_2)^2$，式中，d_1 为非标准钉的直径，d_2 为表中标准钉的直径。

表 Q.0.1-2 无横撑水平铺设面板的剪力墙强度调整系数 k_3

边支座上钉的间距 (mm)	中间支座上钉的间距 (mm)	墙骨柱间距 (mm)			
		300	400	500	600
150	150	1.0	0.8	0.6	0.5
150	300	0.8	0.6	0.5	0.4

注：墙骨柱柱间无横撑剪力墙的抗剪强度可将有横撑剪力墙的抗剪强度乘以抗剪调整系数。有横撑剪力墙的面板边支座上钉的间距为150mm，中间支座上钉的间距为300mm。

3 剪力墙边界杆件的计算：

剪力墙两侧边界杆件所受的轴向力按下式计算：

$$N_r = \frac{M}{B_0} \qquad (Q.0.1-3)$$

式中　N_r——剪力墙边界杆件的拉力或压力设计值（kN）；

　　　M——侧向荷载在剪力墙平面内产生的弯矩（kN·m）；

　　　B_0——剪力墙两侧边界构件的中心距（m）。

4 剪力墙边界杆件在长度上应连续。如果中间断开，则应采取可靠的连接保证其能抵抗轴向力。剪力墙面板不得用来作为杆件的连接板。

5 当恒载不能抵抗剪力墙的倾覆时，墙体与基础应采用抗倾覆锚固。

6 剪力墙上有开孔时，开孔周围的骨架构件和连接应加强，以保证传递开孔周围的剪力。开孔剪力墙的抗剪承载力设计值等于开孔两侧墙肢的抗剪承载力设计值之和，而不计入开孔上下方墙体的抗剪承载力设计值。开孔两侧的每段墙肢都应保证其抗倾覆的能力。

附录 R　各类建筑构件燃烧性能和耐火极限

表 R.0.1　各类建筑构件的燃烧性能和耐火极限

构件名称	构件组合描述（mm）	耐火极限 (h)	燃烧性能
墙体	1 墙骨柱间距：400~600；截面为40×90； 2 墙体构造： (1) 普通石膏板＋空心隔层＋普通石膏板=15＋90＋15 (2) 防火石膏板＋空心隔层＋防火石膏板=12＋90＋12 (3) 防火石膏板＋绝热材料＋防火石膏板=12＋90＋12 (4) 防火石膏板＋空心隔层＋防火石膏板=15＋90＋15 (5) 防火石膏板＋绝热材料＋防火石膏板=15＋90＋15 (6) 普通石膏板＋空心隔层＋普通石膏板=25＋90＋25 (7) 普通石膏板＋绝热材料＋普通石膏板=25＋90＋25	0.50 0.75 0.75 1.00 1.00 1.00 1.00	难燃 难燃 难燃 难燃 难燃 难燃 难燃
楼盖顶棚	楼盖顶棚采用规格材搁栅或工字形搁栅，搁栅中心间距为400~600，楼面板厚度为15的结构胶合板或定向木片板(OSB) 1 搁栅底部有12厚的防火石膏板，搁栅间空腔内填充绝热材料 2 搁栅底部有两层12厚的防火石膏板，搁栅间空腔内无绝热材料	0.75 1.00	难燃 难燃
柱	1 仅支撑屋顶的柱： (1) 由截面不小于140×190实心锯木制成 (2) 由截面不小于130×190胶合木制成 2 支撑屋顶及地板的柱： (1) 由截面不小于190×190实心锯木制成 (2) 由截面不小于180×190胶合木制成	0.75 0.75 0.75 0.75	可燃 可燃 可燃 可燃
梁	1 仅支撑屋顶的横梁： (1) 由截面不小于90×140实心锯木制成 (2) 由截面不小于80×160胶合木制成 2 支撑屋顶及地板的横梁： (1) 由截面不小于140×240实心锯木制成 (2) 由截面不小于190×190实心锯木制成 (3) 由截面不小于130×230胶合木制成 (4) 由截面不小于180×190胶合木制成	0.75 0.75 0.75 0.75 0.75 0.75	可燃 可燃 可燃 可燃 可燃 可燃

中华人民共和国国家标准

木 结 构 设 计 规 范

GB 50005－2003

条 文 说 明

1　总　　则

1.0.1　本条主要阐明制订本规范的目的。

就木结构而言，除应做到保证安全和人体健康、保护环境及维护公共利益外，还应大力发展人工林，合理使用木结构，充分发挥木结构在建筑工程中的作用，改变过去由于对生态保护重视不够，我国森林资源破坏严重，导致被动地限制木结构在建筑工程中的正常使用的状态，做到合理地使用木材（天然林材、速生林材），以促进我国木结构发展。

1.0.2　关于本规范的适用范围：

1　根据建设部就《木结构设计规范》修编任务提出的"积极总结和吸收国内外设计和应用木结构的成熟经验，特别是现代木结构的先进技术，使修订后的规范满足和适应当前经济和社会发展的需要"的要求，本规范在建筑中的适用范围为住宅、单层工业建筑和多种使用功能的大中型公共建筑；

2　由于本规范未考虑木材在临时性工程和工具结构中的应用问题，因此，本规范不适用于临时性建筑设施以及施工用支架、模板和桅杆等工具结构的设计。

1.0.3　由于《建筑结构可靠度设计统一标准》GB 50068（以下简称《统一标准》）对建筑结构设计的基本原则（结构可靠度和极限状态设计原则）作出了统一规定，并明确要求各类材料结构的设计规范必须予以遵守（见该标准第1章）。因此，本规范以《统一标准》为依据，对木结构的设计原则作出相应的具体规定。

1.0.4　本条如下说明：

1　使用条件中所规定的"宜在正常温度和湿度环境下"，一般可理解为温度和湿度仅随天气变化的室内环境中。强调了以"通风良好"为前提；对长期处于某一定温度工作环境中的承重木结构，若温度、湿度较高，将会对木材强度造成累积性损伤，降低其承载能力，故应根据使用对有关强度设计值及弹性模量采用温度、湿度影响系数进行修正；

2 在经常、反复受潮且不易通风的环境中，木构件最容易腐朽，因而，不应采用木结构。至于露天木结构，要求必须经过防潮和防腐处理。

1.0.5 由于我国常用树种的木材资源不能满足需要，须扩大树种利用。一些速生树种如速生杉木、速生冷杉，进口的速生材如辐射松等将会进入建筑市场，这是符合可持续发展方向的，木结构技术应努力适应这种发展形势。

1.0.6 主要明确规范应配套使用。

2 术语与符号

2.1 术　语

本规范这次修订增加了术语一节，在我国惯用的木结构术语基础上，列出了新术语，主要是根据《木材科技词典》及参照国际上木结构技术常用术语进行编写。例如，规格材、轻型木结构等。

2.2 符　号

在原《木结构设计规范》GBJ 5-88 的符号基础上，根据本次修订内容的需要，增加了若干新的符号。例如，受弯构件的侧向稳定系数等有关符号。

3 材　料

3.1 木　材

3.1.1 承重结构用木材，首次增加了"规格材"。

3.1.2 我国对普通承重结构所用木材的分级，历来按其材质分为三级。这次修订规范未对该材质标准进行修改。

3.1.3 为了便于使用，现就板、方材的材质标准中，如何考虑木材缺陷的限值问题作如下简介：

1 木节

由图1可见，外观相同的木节对板材和方材的削弱是不同的。同一大小的木节，在板材中为贯通节，在方木中则为锥形节。显然，木节对方木的削弱要比板材小，方木所保留的未割断的木纹也比板材多，因此，若将板、方材的材质标准分开，则方木木节的限值，便可在不降低构件设计承载力的前提下予以适当放宽。为了确定具体放宽尺度，规范组曾以云南松、杉木、冷杉和马尾松为试件，进行了 158 根构件试验，并根据其结构制订了材质标准中方木木节限值的规定。

2 斜纹

我国材质标准中斜纹的限值，早期一直沿用前苏联的规定。

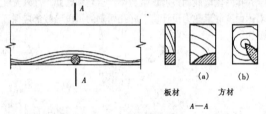

图1　板材、方材中的木节

过去修订规范时曾对其使用效果进行了调查。结果表明：

1）有不少树种木材，其内外纹理的斜度不一致，往往当表层纹理接近限值时，其内层纹理的斜度已略嫌大；

2）如木材纹理较斜、木构件含水率偏高，在干燥过程中就会产生扭翘变形和斜裂缝，而对构件受力不利。

因此，有必要适当加严木材表面斜纹的限值。

为了估计标准中斜纹限值加严后对成批木材合格率的影响，规范修订组曾对斜纹材较多的落叶松和云南松进行抽样调查。其结果表明，按现行标准的斜纹限值选材并不显著影响合格率（见表1）。

表1　仅按斜纹要求选材在成批来料中的合格率

树种名称	材质等级		
	Ⅰa	Ⅱa	Ⅲa
落叶松	78.4%	92.2%	97.2%
云南松	71.8%～82.2%	77.8%～91.2%	91.0%～94.1%

3 髓心

现行材质标准对方木有髓心应避开受剪面的规定。这是根据以前北京市建筑设计院和原西南建筑科学研究所对木材裂缝所作的调查，以及该所对近百根木材所作的观测的结果制定的。因为在有髓心的方木上最大裂缝（以下简称主裂缝）一般在较宽的面上，并位于离髓心最近的位置，逐渐向着髓心发展（见表2）。一般从髓心所在位置，即可判定最大裂缝将发生在哪个面的哪个部位。若避开髓心即意味着在剪面上避开了危险的主裂缝。因此，这也是防止裂缝危害的一项很有效的措施。

另外，在板材截面上，若有髓心，不仅将显著降低木板的承载能力，而且可能产生危险的裂缝和过大的截面变形，对构件及其连接的受力均甚不利。因此，在板材的材质标准中，作了不允许有髓心规定。多年来的实践证明，这对板材的选料不会造成很大的损耗。

表2 木材干缩裂缝位置与髓心的关系

项次	裂缝规律	说明
1		原木的干裂（除轮裂外），一般沿径向，朝着髓心发展，对于原木的构件只要不采用单排螺栓连接，一般不易在受剪面上遇到危险性裂缝
2		这是有髓心方木常见的主裂缝。它发生在方木较宽的面上。并位于最近髓心的位置（一般与髓心处于同一水平面上），故应使连接的受剪面避开髓心
3		这三种干缩裂缝多发生在原木未解锯前。锯成方木后，有时还会稍稍发展，但对螺栓连接无甚影响，值得注意的是这种裂缝，若在近裂缝一侧刻齿槽，可能对齿连接的承载能力稍有影响
4		若将近裂缝的一面朝下，齿槽刻在远离裂缝一侧，就避免了裂缝对齿连接的危害

4 裂缝

裂缝是影响结构安全的一个重要因素，材质标准中应当规定其限值。试验结果表明，裂缝对木结构承载能力的影响程度，随着裂缝所在部位的不同以及木材纹理方向的变化，相差十分悬殊。一般说来，在连接的受剪面上，裂缝将直接降低其承载能力，而位于受剪面附近的裂缝，是否对连接的受力有影响，以及影响的大小，则在很大程度上取决于木材纹理是否正常。至于裂缝对受拉、受弯以及受压构件的影响，在木纹顺直的情况下，是不明显的。但若木纹的斜度很大，则其影响将显得十分突出，几乎随着斜纹的斜度增大，而使构件的承载力呈直线下降；这以受拉构件最为严重，受弯构件次之，受压构件较轻。

综上所述，规范以加严对木材斜纹的限制为前提，作出了对裂缝的规定：一是不容许连接的受剪面上有裂缝；二是对连接受剪面附近的裂缝深度加以限制。至于"受剪面附近"的含义，一般可理解为：在受剪面上各30mm的范围内。

3.1.4 近几年来，我国每年从国外进口相当数量的木材，其中部分用于工程建设。考虑到今后一段时期，木材进口量还可能增加，故在本条中增加了进口木材树种。考虑到这方面的用途，对材料的质量与耐久性的要求较高，而目前木材的进口渠道多，质量相差悬殊，若不加强技术管理，容易使工程遭受不应有的经济损失，甚至发生质量、安全事故。因此，有必要对进口木材的选材及设计指标的确定，作出统一的规定，以确保工程的安全、质量与经济效益。

3.1.5 由于我国常用树种的木材资源已不能满足需要，过去一些不常用的树种木材，特别是阔叶材中的速生树种，在今后木材供应中将占一定的比例。

过去修订规范时，曾组织了对这方面问题的调查研究和专题科研工作，其主要情况如下：

1 从16个省（市、自治区）的调查结果来看，以往阔叶材主要用于传统的民居建筑，并且主要是用作柱子、搁栅、檩条和中国式梁架结构的构件。后来才逐渐在地方工业小厂房和民用建筑中用作构件，但跨度一般都比较小。

2 由于木材主要用于受压和受弯，一般所选用的截面尺寸也较大，所以受木材干缩裂缝等缺陷的影响不其显著。但有些软质阔叶材，例如杨木之类在长期荷载作用下，其挠度远比针叶材大，故使用单位多建议规范应适当降低这类木材的弹性模量。

3 各地对使用阔叶材都有一条共同的经验，即保证工程质量的关键在于能否做好防腐和防虫处理。过去在维修民居建筑中遇到的也几乎都是因腐朽和虫蛀而发生的问题。因此，多年来中国林业科学研究院木材工业研究所、热带林业研究所、铁道部铁道科学研究院、广东省建筑科学研究所、福建省建筑科学研究所

和广东、福建等省的有关单位在这方面都做了大量研究工作，对防腐防虫药剂有一定的创新。

根据调查和有关试验研究的成果，经讨论认为：

1 对于扩大树种利用的问题，应持积极、慎重的态度，坚持一切经过试验的原则。使用前，必须经过荷载试验和试点工程的考验。只有在取得成熟经验后，才能逐步扩大其应用范围。

2 由于过去主要是民间使用，因而在当前工程建设中应作为新利用树种木材对待。在规范中应与常用木材分开，另作专门规定，列入附录中。

3 迄今为止只有在受压和受弯构件中应用的经验较多，作为受拉构件尚嫌依据不足，为确保工程质量，现阶段仅推荐在木柱、搁栅、檩条和较小跨度的钢木桁架中使用。

4 考虑到设计经验不足和过去民间建筑用料较大等情况，在确定新利用树种木材的设计指标时，不宜单纯依据试验值，而应按工程实践经验作适当降低的调整。

5 规范应强调防腐和防虫的重要性，并从通风防潮和药剂处理两方面采取措施，以保证使用的安全。

根据以上讨论，制订了列入本规范附录B的内容。

3.1.6 前一时期，工程建设所需的进口木材，在其订货、商检、保存和使用等方面，均因缺乏专门的技术标准，无法正常管理，而存在不少问题。例如：有的进口木材，由于订货时随意选择木材的树种与等级，致使应用时增加了处理工作量与损耗；有的进口木材，不附质量证书或商检报告，使接收工作增加很多麻烦；有的进口木材，由于管理混乱，木材的名称与产地不详，给使用造成困难。此外，有些单位对不熟悉的树种木材，不经试验便盲目使用，以至造成了一些不应有的工程事故，鉴于以上情况，提出了这些基本规定，要求工程结构的设计、施工与管理人员执行。

3.1.8、3.1.9 关于胶合用材等级及其材质标准

胶合用材材质标准的可靠性，曾经委托原哈尔滨建筑工程学院按随机取样的原则，做了30根受弯构件破坏试验，其结果表明，按现行材质标准选材所制成的胶合构件，能够满足承重结构可靠度的要求。同时较为符合我国木材的材质状况，可以提高低等级木材在承重结构中的利用率。

3.1.10 本条对轻型木结构中使用的木基结构板材、工字形木搁栅和结构复合材的材料作了规定。

1 木基结构板材应满足集中荷载、冲击荷载以及均布荷载试验要求。同时，考虑到在施工过程中，会因天气、工期耽误等因素，板材可能受潮，这就要求木基结构板材应有相应的耐潮湿能力、搁栅的中心间距以及板厚等要求，均应清楚地表明在板材上。

2、3 当国内尚无国家标准，经研究，可采用有关的国际标准。例如，对于工字形木搁栅，可采用ASTMD5055；对于结构复合材，可采用ASTMD5456。

3.1.11、3.1.12 轻型木结构用规格材主要根据用途分类。分类越细越经济，但过细又给生产和施工带来不便。我国规格材定为七等，规定了每等的材质标准与我国传统方法一样采用目测法分等，与之相关的设计值，应通过对不同树种，不同等级规格材的足尺试验确定。

3.1.13 规定木材含水率的理由和依据如下：

1 木结构若采用较干的木材制作，在相当程度上减小了因木材干缩造成的松弛变形和裂缝的危害，对保证工程质量作用很大。因此，原则上应要求木材经过干燥。考虑到结构用材的截面尺寸较大，只有气干法较为切实可行，故只能要求尽量提前备料，使木材在合理堆放和不受曝晒的条件下逐渐风干。根据调查，这一工序即使时间很短，也能收到一定的效果。

2 原木和方木的含水率沿截面内外分布很不均匀。原西南建筑科学研究所对30余根云南松木材的实测表明，在料棚气干的条件下，当木材表层20mm深处的含水率降到16.2%～19.6%时，其截面平均含水率均为24.7%～27.3%。基于现场

对含水率的检验只需一个大致的估计，引用了这一关系作为检验的依据。但应说明的是，上述试验是以 120mm×160mm 中等规格的方木进行测定的。若木材截面很大，按上述关系估计其平均含水率就会偏低很多；这是因为大截面的木材内部水分很难蒸发之故。例如，中国林业科学研究院曾经测得：当大截面原木的表层含水率已降低到 12% 以下，其内部含水率仍高达 40% 以上。但这个问题并不影响使用这条补充规定，因为对大截面木材来说，内部干燥总归很慢，关键是只要表层干到一定程度，便能收到控制含水率的效果。

3.1.14 本规范根据各地历年来使用湿材总结的经验教训，以及有关科研成果，作了湿材只能用于原木和方木构件的规定（其接头的连接板不允许用湿材）。因为这两类构件受木材干裂的危害不如板材构件严重。

湿材对结构的危害主要是：在结构的关键部位，可能引起危险性的裂缝，促使木材腐朽易遭虫蛀，使节点松动，结构变形增大等。针对这几方面问题，规范采取了下列措施：

1 防止裂缝的危害方面：除首先推荐采用钢木结构外，在选材上加严了斜纹的限值，以减少斜裂缝的危害；要求受剪面避开髓心，以免裂缝与受剪面重合；在制材上，要求尽可能采用"破心下料"的方法，以保证方木的重要受力部位不受干缩裂缝的危害；在构造上，对齿连接的受剪面长度和螺栓连接的端距均予以适当加大，以减小木材开裂的影响等。

2 减小构件变形和节点松动方面，将木材的弹性模量和横纹承压的计算指标予以适当降低，以减小湿材干缩变形的影响，并要求桁架受拉腹杆采用圆钢，以便于调整。此外，还根据湿材在使用过程中容易出现的问题，在检查和维护方面作了具体的规定。

3 防腐防虫方面，给出防潮、通风构造示意图。

"破心下料"的制作方法作如下说明：

因为含髓心的方木，其截面上的年层大部分完整，内外含水率梯度又很大，以致干缩时，弦向变形受到径向约束，边材的变形受到心材约束，从而使内应力过大，造成木材严重开裂。为了解除这种约束，可沿髓心剖开原木，然后再锯成方材，就能使木材干缩时变形较为自由，显然减小了开裂程度。原西南建筑科学研究院进行的近百根木材的试验和三个试点工程，完全证明了其防裂效果。但"破心下料"也有其局限性，既要求原木的径级至少在 320mm 以上，才能锯出屋架料规格的方木，同时制材要在髓心位置下锯，对制材速度稍有影响。因此规范建议仅用于受裂缝危害最大的桁架受拉下弦，尽量减小采用"破心下料"构件的数量，以便于推广。

3.2 钢 材

3.2.1、3.2.2 本规范在钢结构设计规范有关规定的基础上，进一步明确承重木结构用钢宜以 Q235 钢材为主。这种钢材有长期生产和使用经验，具有材质稳定、性能可靠、经济指标较好、供应也较有保证等优点。

3.2.3 有的工地乱用焊条的情况时有发生，容易导致工程安全事故的发生，因而有必要加以明确。

3.2.4 主要明确在钢材质量合格保证的问题上，不能因用于木结构而放松了要求。

另外，考虑到钢木桁架的圆钢下弦、直径 $d \geqslant 20$mm 的钢拉杆（包括连接件）为结构中的重要构件，若其材质有问题，易造成重大工程安全事故，因此，有必要对这些钢构件作出"尚应具有冷弯试验合格保证"的补充规定。

3.3 结构用胶

3.3.1～3.3.2 胶合结构的承载能力首先取决于胶的强度及其耐久性。因此，对胶的质量要有严格的要求：

1 应保证胶缝的强度不低于木材顺纹抗剪和横纹抗拉的强度

因为不论在荷载作用下或由于木材胀缩引起的内力，胶缝主要是受剪应力和垂直于胶缝方向的正应力作用。一般说来，胶缝对压应力的作用总是能够胜任的。因此，关键在于保证胶缝的抗剪和抗拉强度。当胶缝的强度不低于木材顺纹抗剪和横纹抗拉强度时，就意味着胶连接的破坏基本上沿着木材部分发生，这也就保证了胶连接的可靠性；

2 应保证胶缝工作的耐久性

胶缝的耐久性取决于它的抗老化能力和抗生物侵蚀能力。因此，主要要求胶的抗老化能力应与结构的用途和使用年限相适应。但为了防止使用变质的胶，故提出对每批胶均应经过胶结能力的检验，合格后方可使用。

所有胶种必须符合有关环境保护的规定。

对于新的胶种，在使用前必须提出经过主管机关鉴定合格的试验研究报告为依据，通过试点工程验证后，方可逐步推广应用。

4 基 本 设 计 规 定

4.1 设 计 原 则

4.1.1 根据《统一标准》GB 50068 规定，本规范仍采用以概率理论为基础的极限状态设计方法。

在本次修订过程中，重新对目标可靠指标 β_0 进行了核准。校准所需要的荷载统计参数（表3）及影响木结构抗力的主要因素的统计参数（表4），分别由建筑结构荷载规范管理组和木结构设计规范管理组提供。这些参数的数据是通过调查，实测和试验取得的（木结构部分参见《木结构抗力统计参数的研究》一文）。在统计分析中，还参考了国内外有关文献所推荐的、经过实践检验的方法。因而，不论从数据来源或处理上均较可靠，可以用于木结构可靠度的计算。

表3 荷载（或荷载效应）的统计参数

荷载种类	平均值/标准值	变异系数
恒荷载	1.06	0.07
办公楼楼面活荷载	0.524	0.288
住宅楼面活荷载	0.644	0.233
雪荷载	1.14	0.22

表4 木构件抗力的统计参数

构件受力类		受 弯	顺纹受压	顺纹受拉	顺纹受剪
天然缺陷	K_{Q1}	0.75	0.80	0.66	—
	δ_{Q1}	0.16	0.14	0.19	—
干燥缺陷	K_{Q2}	0.85	—	0.90	0.82
	δ_{Q2}	0.04	—	0.04	0.10
长期荷载	K_{Q3}	0.72	0.72	0.72	0.72
	δ_{Q3}	0.12	0.12	0.12	0.12

续表4

构件受力类		受弯	顺纹受压	顺纹受拉	顺纹受剪
尺寸影响	K_{Q4}	0.89	—	0.75	0.90
	δ_{Q4}	0.06	—	0.07	0.06
几何特性偏差	K_A	0.94	0.96	0.96	0.96
	δ_A	0.08	0.06	0.06	0.06
方程精确性	P	1.00	1.00	1.00	0.97
	δ_P	0.05	0.05	0.05	0.08

假定主要的随机变量服从下列分布：

恒荷载：正态分布；

楼面活荷载、风荷载、雪荷载：极值Ⅰ型分布；

抗力：对数正态分布。

根据上述计算条件，反演得到按原规范设计的各类构件，其可靠指标 β 如下：

受弯　　　　　　3.8

顺纹受压　　　　3.8

顺纹受拉　　　　4.3

顺纹受剪　　　　3.9

按照《统一标准》的规定，一般工业与民用建筑的木结构，其安全等级应取二级，其可靠指标 β 不应小于下列规定值。

对于延性破坏的构件　　　3.2

对于脆性破坏的构件　　　3.7

由此可见，β 均符合《统一标准》要求。

4.1.2～4.1.5 根据《统一标准》作出的规定。

4.1.6、4.1.8 承载能力极限状态可理解为结构或结构构件发挥允许的最大承载功能的状态。结构构件由于塑性变形而使其几何形状发生显著改变，虽未达到最大承载能力，但已彻底不能使用，也属于达到或超过这种极限状态。因此，当结构或结构构件出现下列状态之一时，即认为达到或超过承载能力极限状态：

1 整个结构或结构的一部分作为刚体失去平衡（如倾覆等）；

2 结构构件或连接因材料强度被超过而破坏（包括疲劳破坏），或因过度的塑性变形而不适于继续承载；

3 结构转变为机动体系；

4 结构或结构构件丧失稳定（如压屈等）。

正常使用极限状态可理解为结构或结构构件达到或超过使用功能上允许的某个限值的状态。例如：某些构件必须控制变形、裂缝才能满足使用要求，因过大的变形会造成房屋内粉刷层剥落，填充墙和隔墙开裂及屋面漏水等后果。过大的裂缝会影响结构的耐久性，过大的变形、裂缝也会造成用户心理上的不安全感。因此，当结构或结构构件出现下列状态之一时，即认为达到或超过了正常使用极限状态：

1 影响正常使用或外观的变形；

2 影响正常使用或耐久性能的局部损坏（包括裂缝）；

3 影响正常使用的振动；

4 影响正常使用的其他特定状态。

根据协调，有关结构荷载的规定，一律由《建筑结构荷载规范》GB 50009（以下简称荷载规范）制订。本条文仅为规范间衔接的需要作些原则规定，其中需要说明的是：

1 荷载按国家现行荷载规范施行，应理解为：除荷载标准值外，还包括荷载分项系数和荷载组合系数在内，均应按该规范所确定的数值采用，不得擅自改变。

2 对于正常使用极限状态的计算，由于资料不足，研究不够充分，仍沿用多年以来使用的方法，按荷载的标准值进行计算，并只考虑荷载的短期效应组合，而不考虑长期效应的组合。

4.1.7 建筑结构的安全等级主要按建筑结构破坏后果的严重性划分。根据《统一标准》的规定分类三级。大量的一般工业与民用建筑定为二级。从过去修订规范所作的调查分析可知，这一规定是符合木结构实际情况的，因此，本规范作了相应的规定。但

应注意的是，对于人员密集的影剧院和体育馆等建筑应按重要建筑物考虑。对于临时性的建筑则可按次要建筑物考虑。至于纪念性建筑和其他有特殊要求的建筑物，其安全等级可按具体情况另行确定，不受《统一标准》约束。结构重要性系数综合《统一标准》第1.0.5条和第1.0.8条因素来确定。

4.2　设计指标和允许值

4.2.1～4.2.3 本规范和原规范一样只保留荷载分项系数，而将抗力分项系数隐含在强度设计值内。因此，本章所给出的木材强度设计值，应等于木材的强度标准值除以抗力分项系数。但因对不同树种的木材，尚需按规范所划分的强度等级，并参照长期工程实践经验，进行合理的归类，故实际给出的木材强度设计值是经过调整后的，与直接按上述方法求得的数值略有不同。现将新规范在木材分级及其设计指标的确定上所作的考虑扼要介绍如下：

1 木材的强度设计值

主要考虑以下几点：

1）原规范的考虑是：应使归入每一强度等级的树种木材，其各项受力性质的可靠指标 β 等于或接近于本规范采用的目标可靠性指标 β_0。所谓"接近"含义，是指该树种木材的可靠性指标 β 应满足下列界限值的要求：

$$\beta_0 - 0.25 \leqslant \beta \leqslant \beta_0 + 0.25$$

《统一标准》取消了不超过±0.25的规定，取 $\beta \geqslant \beta_0$。

2）对自然缺陷较多的树种木材，如落叶松、云南松和马尾松等，不能单纯按其可靠性指标进行分级，需根据主要使用地区的意见进行调整，以使其设计指标的取值，与工程实践经验相符。

3）对同一树种有多个产地试验数据的情况，其设计指标的确定，系采用加权平均值作为该树种的代表值。其"权"数按每个产地的木材蓄积量确定。

根据上述原则确定的强度设计值，可在材料总用量基本不变的前提下，使木构件可靠指标的一致性得到显著的改善。

另外，有关本条的规定还需说明以下几点：

1）由于本规范已考虑了干燥缺陷对木材强度的影响，因而表4.2.1-3所给出的设计指标，除横纹承压强度设计值和弹性模量须按木构件制作时的含水率予以区别对待外，其他各项指标对气干材和湿材同样适用，而不必另乘其他折减系数。但应指出的是，本规范做出这一规定还有一个基本假设，即湿材做的构件能在结构未受到全部设计荷载作用之前就已达到气干状态。对于这一假设，只要设计能满足结构的通风要求，是不难实现的。

2）对于截面短边尺寸 $b \geqslant 150mm$ 方木的受弯，以及直接使用原木的受弯和顺纹受压，曾根据有关地区的实践经验和当时设计指标取值的基准，作出了其容许应力可提高15%的规定。前次修订规范，对强度设计值的取值，改以目标可靠指标为依据，其基准也作了相应的变动。根据重新核算结果，$b \geqslant 150mm$ 的方木以提高10%较恰当。

2 木材的弹性模量

原规范通过调查研究，曾总结了下列情况：

1）178种国产木材的试验数据表明，木材的 E 值不仅与树种有关，而且差异之大不容忽视，以东北落叶松与杨木为例，前者高达 $12800N/mm^2$，而后者仅为 $7500N/mm^2$。

2）英、美、澳、北欧等国的设计规范，对于木材的 E 值一向按不同树种分别给出。

3）我国南方地区从长期使用原木檩条的观察中发现，其实际挠度比方木和半圆木为小。原建筑工程部建筑科学研究院的试验数据和湖南省建筑设计院的实测结果证实了这一观察结果。初步分析认为是由于原木的纤维基本完整，在相同的受力条件下，其变形较小的缘故。

4）原建筑工程部建筑科学研究院对10根木梁在荷载作用下，其木材含水率由饱和变至气干状态所作的挠度实测表明，

湿材构件因其初始含水率高、弹性模量低而增大的变形部分，在木材干燥后不能得到恢复。因此，在确定使用湿材作构件的弹性模量时，应考虑含水率的影响，才能保证木构件在使用中的正常工作，这一结论已为四川、云南、新疆等地的调查数据所证实。

根据以上情况，对弹性模量的取值仍按原规范作了如下规定：

　　1）区别树种确定其设计值；

　　2）原木的弹性模量允许比方木提高 15％；

　　3）考虑到湿材的变形较大，其弹性模量宜比正常取值降低 10％。

这次修订规范，结合木结构可靠度课题的调研工作，重新考核了上述规定，认为是符合实际的，因此，予以保留。但对木材弹性模量的基本取值，则根据受弯木构件在正常使用极限状态设计条件下可靠度的校准结果作了一些调整。表 4.2.1-1 中的弹性模量设计值就是根据调整结果给出的。

3 木材横纹承压设计指标 $f_{c,90}$

根据各地反映，按我国早期规范设计的垫木和垫板的尺寸偏小，往往在使用中出现变形过大的迹象。为此，原规范修订组曾在四川、福建、湖南、广东、新疆、云南等地进行过调查实测。其结果基本上可以归纳为两种情况。一是因设计不合理所造成的；另一是因使用湿材变形增大所导致的。为了验证后一种情况，原西南建筑科学研究院曾以云南松和冷杉做了 6 组试验。其结果表明，湿材的横纹承压变形不仅较大，而且不能随着木材的干燥和强度的提高而得到恢复。

基于以上结论，对前一种情况，采取了给出合理的计算公式予以解决；对后一种情况，根据试验结果和四川、内蒙、云南等地的设计经验，取用一个降低系数（0.9）以考虑湿材对构件变形的影响。

4 增加了进口材的树种和设计指标：主要来源于"进口木材在工程上应用的规定"，并由规范组根据新的资料，按我国分级原则，进行了局部调整。

4.2.4～4.2.5 进口规格材的指标，本规范仅对确定方法作了原则规定。仅对北美规格材设计指标进行了换算，其他国家进口规格材的指标将根据需要按下列要求逐步换算规定。

对标有目测分级和机械分级的进口木材规格材，其设计值的取值不应直接采用规格材上的标注值，而应遵循下列规定确定取值：

1 应由本规范管理机构对规格材所在国的负责分级的机构进行调查认可，经过认可的机构所做的分级才能进入本规范使用；

2 应对该进口木材的分级规格、设计值确定方法及相关标准的关系进行审查，确定该进口材设计值与本规范木材设计值之间的换算关系，并加以换算。

4.2.7 在木屋盖结构中，木檩条挠度偏大一直是使用单位经常反映的问题之一。早期的研究多认为是我国规范对木材弹性模量设计取值不合理所致，为此，在实测和试验基础上，对木材弹性模量设计值作了较全面的修订。同时借助于概率法，对 GBJ 5-88 按正常使用极限状态设计的可靠指标进行校准，校准是在下列工作基础上进行的：

1 用广义的结构构件抗力 R 和综合荷载效应 S 这两个相互独立的综合随机变量，对影响正常使用极限状态的各变量进行归纳。

2 假定 R、S 均服从对数正态分布。

校准采用了下列简化公式

$$\beta = \frac{\ln\left(K \times \dfrac{R_R}{R_S}\right)}{\sqrt{\delta_R^2 + \delta_S^2}}$$

其中：

　　1）K 为正常使用极限状态下构件的安全系数。原规范规定的允许挠度值（如檩条为 $L/200$），实际上是设计时的容许

值，并非正常使用极限状态的极限值，调查表明，当 $L>3.3$m 的檩条、搁栅和吊顶梁其挠度达 $L/150$ 时（对 $L<3.3$m 的檩条为 $L/120$ 时），便不能正常使用，故可将 $L/150$ 视为挠度极限值，而 $L/150$ 和 $L/200$ 之差即为正常使用极限状态的安全裕度。或可认为，挠度极限值与允许挠度值之比，为正常使用极限状态下的安全系数。各种受弯构件的值见表 5。

表 5　β 值的校准结果

构件分类	檩条 L>3.3m			檩条 L≤3.3m			搁栅		吊顶梁
荷载组合	G+S	G+S	G+S	G+S	G+S	G+S	G+L₁	G+L₂	G
Q_N/G_K	0.2	0.3	0.5	0.2	0.3	0.5	1.5	1.5	0
K	1.33	1.33	1.33	1.67	1.67	1.67	1.67	1.67	1.67
R_R	0.83	0.83	0.83	0.83	0.83	0.83	0.83	0.83	1.04
δ_R	0.14	0.14	0.14	0.14	0.14	0.14	0.14	0.14	0.14
R_S	1.074	1.079	1.088	1.074	1.079	1.088	0.844	0.94	1.06
δ_S	0.07	0.076	0.091	0.07	0.076	0.091	0.15	0.13	0.07
β	0.18	0.14	0.087	1.63	1.57	1.45	2.42	2.03	3.15
m_β	0.14			1.55			2.22		3.15

　　2）R_R 为广义构件抗力 R 的平均值 μ_R 与其标准值 R_K 之比，即 $R_R = \mu_R/R_K$，δ_R 为 R 的变异系数。

弹性模量的标准值虽是用小试件弹性模量值为代表，但实际上构件弹性模量与小试件弹性模量有下列不同：小试件弹性模量以短期荷载作用下、高跨比较大的、无疵清材小试件进行试验得来的。而构件则承受长期荷载、高跨比较小且含有木材天然缺陷，以及由于施工制作的误差，其截面惯矩也有较大的变异。这些因素均使构件广义抗力不同于用小试件弹性模量确定的标准抗力。通过试验研究和大量调查计算所确定的各种受弯构件的 R_R 和 δ_R 列于表 5。

　　3）R_S 为综合荷载效应 S 的平均值 μ_S 与其标准值 S_K 之比，即 $R_S = \mu_S/S_K$，δ_S 为 S 的变异系数。根据表 4.2.7 的数据和不同的恒、活荷载比值，算得的 R_S、δ_S 见表 4.2.7。

从表 4.2.7 的校准结果可知：

1 跨度 $L\leq3.3$m 的檩条和搁栅的可靠指标符合《统一标准》的要求。

2 吊顶梁的可靠指标较高，这也是合适的，因为吊顶梁是以恒荷载为主的构件，应有较高的可靠指标。

3 跨度 $L>3.3$m 的檩条的可靠指标显著偏低，究其原因，主要是相应的挠度容许值定得偏大。

显而易见，对于檩条挠度偏大的问题，以采取局部修订受弯构件控制值的办法解决最为合理、有效。因此，将檩条挠度限值的规定分为两档：一档（$L\leq3.3$m）为 $L/200$；另一档（$L>3.3$m）为 $L/250$。

根据挠度限值计算得到跨度 $L>3.3$m 的檩条的可靠指标 $\beta=1.55$，较好地满足了《统一标准》的要求。

4.2.8 当确定屋架上弦平面外的计算长度时，虽可根据稳定验算的需要自行确定应锚固的檩条根数和位置，但下列檩条，在任何情况下均须与上弦锚固：

1 桁架上弦节点处的檩条；

2 用作支撑系统杆件的檩条。

另外，应注意的是锚固方法，必须符合本规范 7.6.2 条的要求，否则不能算作锚固。

4.2.9 受压构件长细比限值的规定，主要是为了从构造上采取措施，以避免单纯依靠计算，取值过大而造成刚度不足。对于这个限值，在这几年发布的国外标准中，除前苏联外，一般规定都比较宽。例如，美国标准为 173（$L_0/h\leq50$）；北欧五国和 ISO 的标准均为 170（次要构件为 200）。由于我国尚缺乏这方面的实践经验，因此，有待今后做工作后再考虑。

4.2.10 我国 20 世纪 50 年代的规范曾参照前苏联的规定，将原木直径变化率取为每米 10mm，但由于没有明确标注原木直径时

以大头还是小头为准，以致在执行中出现过一些争议。以前修订规范，通过调查实测了解到：我国常用树种的原木，其直径变化率大致在每米9～10mm之间，且习惯上多以小头为准来标注原木的直径。因此，在明确以小头为准的同时，规定了原木直径变化率可按每米9mm采用。这样确定的设计截面的直径，一般偏于安全。

4.2.11～4.2.12 有关木结构中的钢材部分，应按国家标准《钢结构设计规范》的规定采用。只有遇到特殊问题时，才由本规范作出补充规定。

两根圆钢共同受拉是钢木桁架常见的构造。为了考虑其受力不均的影响，本规范根据有关单位的实测数据和长期的设计经验，作出了钢材的强度设计值应乘以0.85的调整系数的补充规定。

---

5 木结构构件计算

5.1 轴心受拉和轴心受压构件

5.1.1 考虑到受拉构件在设计时总是验算有螺孔或齿槽的部位，故将考虑孔槽应力集中影响的应力集中系数，直接包含在木材抗拉强度设计值的数值内，这样不但方便，也不至于漏乘。

计算受拉构件的净截面面积 A_n 时，考虑有缺孔木材受拉时有"迂回"破坏的特征（图2），故规定应将分布在150mm长度上的缺孔投影在同一截面上扣除，其所以定为150mm，是考虑到与附录表 A.1.1 中有关木节的规定一致。

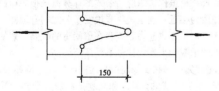

图 2 受拉构件的"迂回"破坏示意图

计算受拉下弦支座节点处的净截面面积 A_n 时，应将槽齿和保险螺栓的削弱一并扣除（图3）。

5.1.2～5.1.3 对轴心受压构件的稳定验算，当缺口不在边缘时，构件截面的计算面积 A_n 的取值规定说明如下：

根据建筑力学的分析，局部缺孔对构件的临界荷载的影响甚小。按照建筑力学的一般

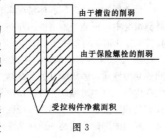

由于槽齿的削弱
由于保险螺栓的削弱
受拉构件净截面面积
图 3

方法，有缺孔构件的临界力为 N_{cr}^h，可按下式计算：

$$N_{cr}^h = \frac{\pi^2 EI}{l^2}\left[1 - \frac{2}{l}\int_0^l \frac{I_h}{I}\sin^2\frac{\pi z}{l}dz\right]$$

式中　I——无缺孔截面惯性矩；
　　　　I_h——缺孔截面惯性矩；
　　　　l——构件长度。

当缺孔宽度等于截面宽度的一半（按本规范第7.1.5条所规定的最大缺孔情形），长度等于构件长度的1/10（图4）时，根据上式并化简可求得临界力为：

对 x-x 轴
$$N_{crx}^h = 0.975N_{crx}$$

对 y-y 轴
$$N_{cry}^h = 0.9N_{cry}$$

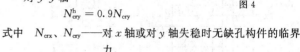

图 4

式中　N_{crx}、N_{cry}——对 x 轴或对 y 轴失稳时无缺孔构件的临界力。

因此，为了计算简便，同时也不影响结构安全，对于缺孔不在边缘时一律采用 $A_0 = 0.9A$。

5.1.4 1973年修订规范，因考虑到新的材质标准及设计参数，基本上均按我国自己的试验实测数据确定，在这种情况下，轴心受压构件的稳定系数 φ 值仍然沿用前苏联的公式计算是否妥当，有必要加以验证。为此，曾先后进行了三个树种共84根有木节与无木节的构件试验。其结果表明，前苏联规范中的 φ 值，由于是按无木节的材料确定的，因而在 $\lambda < 100$ 时，要比实测值显著偏高，应予调低。但在讨论中有两种不同意见：一种意见认为，在过去实际工程中，未见受压构件发生过这类质量事故，若要调低应作慎重考虑；另一种意见认为，过去设计的受压构件一般多属构造要求控制其截面尺寸的情况，以致反映不出 φ 值偏高的影响。但这与过去所采用的结构型式较为单一，今后若采用其他型式的结构，则受压构件的设计就有可能遇到不是由构造控制的情况，因此，还是应当酌情调低为好。经反复磋商，最后一致同意，一方面继续做工作，另一方面可结合偏心受压构件计算公式简化工作对 φ 值调低的要求，在小范围内作些调整。因此，实际上没有解决这个问题（只调低了3%～6%）。

1988年修订规范前，由于开展木结构可靠度课题的研究，需对原规范轴心受压构件的可靠度进行反演分析，因而又从另一角度发现了中等长细比构件的可靠指标 β 值的偏低问题。为了解决这个问题，规范管理组除委托原重庆建筑工程学院和四川省建筑科学研究院再进行一批冷杉木材的构件试验外，还同时组织广东、新疆两省区的建筑科学研究所和华南工学院等单位作了阔叶材树种木材的构件试验。这次试验的试件数共计249根，连同1973年修订规范所做的试验，试件总数达333根。根据这些试验结果整理分析得到的稳定系数 φ 值，除证实存在着上述的偏低问题外，还发现 φ 值与树种有一定关系。这与国外若干结论在本质上是一致的。例如，丹麦 Anker Engelund 在1947年就提出临界应力与 l/i 的关系曲线，应按不同树种和含水率分别给出。又如国际标准化组织 ISO 制订的木结构规范，在稳定验算中，也按不同强度等级的木材给出不同的弹性模量 E_0 与抗压强度设计值 f_c 的比值。因此，1988年修订规范决定按不同强度等级的树种木材给出不同的 φ 值曲线。最初拟给出 A、B、C 三条曲线，后经反复核算结果，认为以给出两条曲线较为合理。一条是保留原规范（GBJ 5-73）的曲线（图5-A），它适用于 TC17、TC15 及 TB20 三个强度等级；另一条是1988年修订规范安全度课题建议调低的曲线（图5-B），它适用于 TC13、TC11、TB17、TB15、TB13 及 TB11 强度等级。经可靠度验算，1988年规范及1973年规范受压构件按稳定设计的可靠指标及其标准差的数值列于表6。

表6 受压木构件按稳定验算的可靠指标比较

项目名称	GBJ 5-88			GBJ 5-73
	采用公式（4.1.4-1）及公式（4.1.4-2）的树种木材（曲线 A）	采用公式（4.1.4-3）及公式（4.1.4-4）的树种木材（曲线 B）	总体情况	
平均可靠指标 m_β	3.16	3.43	3.34	2.75
标准差 S_β	0.075	0.198	0.210	0.376

注：S_β 值越小，表示 β 的一致性越好。

从表列数值可知，1988 年规范不仅解决了原规范按稳定设计的可靠指标偏低问题，而且显著地改善了可靠指标的一致性程

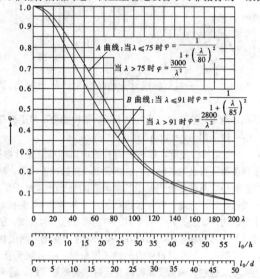

图 5 规范采用的 φ 值曲线

度。这里值得指出的是，在 1988 年规范中采用 B 曲线树种木材的平均可靠指标之所以比采用 A 曲线的高，是因为其中有些树种的缺陷比较多，其设计指标曾根据使用地区的要求作了较大的降低调整，因此，使平均可靠指标有所提高。

另外，需要说明的是 A 曲线的 φ 值公式，虽然仍沿用原规范的公式，但为了统一起见，改写为 B 曲线公式的形式。

5.1.5 本条具体明确"不论构件截面上有无缺口"，其长细比 λ 均按同一公式计算。因此，当有缺口时，构件的回转半径 i 也应按全面积和全惯性矩计算。

5.2 受 弯 构 件

5.2.1 受弯构件的弯曲强度验算，一般应满足下述条件：

$$\sigma_s \leqslant k_{ins} f_m$$

式中 k_{ins}——考虑侧向稳定的强度降低系数（$k_{ins} \leqslant 1$）。

若支座处有可靠锚固，且受弯构件的长细比

$$\lambda_m = \sqrt{f_m/\sigma_{mc}} \leqslant 0.75$$

则可忽略上述强度降低的影响，即取 $k_{ins}=1$。在上式中，σ_{mc} 是按古典稳定理论算得的临界弯曲应力。

在本规范中，由于规定了截面高宽比的限值和锚固要求（参见本规范第 7.2.3、7.2.5 及 8.3.9 条的规定），已从构造上满足了受弯构件侧向稳定的要求。当需验算受弯构件的侧向稳定时，参照美国规范提供了本规范附录 L。

5.2.2 在一般情况下，受弯木构件的剪切工作对构件强度不起控制作用，设计上往往略去了这方面的验算。由于实际工程情况复杂，且曾发生过因忽略验算木材抗剪强度而导致的事故，因此，还是应当注意对某些受弯构件的抗剪验算，例如：

1 当构件的跨度与截面高度之比很小时；

2 在构件支座附近有大的集中荷载时；

3 当采用胶合工字梁或 T 形梁时。

5.2.3、5.2.4、5.2.5 鉴于此次规范增加了有关胶合木结构和

轻型木结构等内容，参考美国、加拿大规范增加了这三条。

5.2.6 受弯构件的挠度验算，属于按正常使用极限状态的设计。在这种情况下，采用弹性分析方法确定构件的挠度通常是合适的。因此，条文中没有特别指出挠度的计算方法。

5.2.7 早期规范对双向受弯构件的挠度验算未作明确的规定，因而在实际设计中，往往只验算沿截面高度方向的挠度，这是不正确的，应按构件的总挠度进行验算，以保证斜放檩条的正常工作。

5.3 拉弯和压弯构件

5.3.1 本条虽给出拉弯构件的承载力验算公式，但应指出的是木构件同时承受拉力和弯矩的作用，对木材的工作十分不利，在设计上应尽量采取措施予以避免。例如，在三角形桁架的木下弦中，就可以采取净截面对中的办法，以防止受拉构件的最薄弱部位——有缺口的截面上产生弯矩。

5.3.2 1973 年版规范采用的雅辛斯基公式，虽然避免了边缘应力公式在相对偏心率 m 较小的情况下出现的矛盾，但它本身也存在着一些难以克服的缺陷。例如：

1 未考虑轴向力与弯矩共同作用所产生的附加挠度的影响，不能全面反映压弯构件的工作特性。

2 该公式的准确性，在很大程度上取决于稳定系数 φ 的取值。然而 φ 值却是根据轴心受压构件的试验结果确定的。因此，很难同时满足轴心受压与偏心受压两方面的要求。

3 属于单一参数的经验公式结构，对数据拟合的适应性差。

1988 年修订规范，由于对 φ 值公式和木材抗弯、抗压强度设计值的取值方法都作了较大的变动，致使本已很难调整的雅辛斯基公式变得更难以适应新的情况。试算结果表明，与过去设计值相比，其最大偏差可达 +12% 和 −26%。为此，决定改用根据设计经验与试验结果确定的双 φ 公式验算压弯构件的承载能力，即：

$$\frac{N}{\varphi \varphi_m A_n} \leqslant f_c$$

式中 φ_m——为考虑轴心压力和横向弯矩共同作用的折减系数（参见本规范第 5.3.2 条）；

φ——为稳定系数。

由于公式有两个参数进行调整与控制，容易适应各种条件的变化。为了具体考察公式的适用性，曾以不同的相对偏心率 m 和长细比 λ，对不同强度等级的木构件进行了试算，并与相同条件下的边缘应力公式计算值、雅辛斯基公式计算值、国内外试验值以及经验设计值等进行了对比，其结果表明：

1 在常用的相对偏心率 m 和长细比 λ 的区段内，所有计算、试验和设计的结果均甚接近。

2 在较小的相对偏心率的区段内，例如当 $m \leqslant 0.1$ 时，公式的部分计算结果虽比边缘应力公式的计算值低很多，但与试验值相比，却较为接近。这也进一步说明了公式的合理性。因为正是在这一区段内，边缘应力公式存在着固有的缺陷，致使所算得的压弯构件的承载能力反而比轴心受压还要高。

3 在相对偏心率和长细比都很大的区段内，例如当 $m=10$，$\lambda=120 \sim 150$ 时，公式的计算结果要比边缘应力公式计算值低约 14%（个别值可低达 17%）；比试验值低约 8%（个别值可低达 12%）。但这样大偏心距与长细比的构件，在工程中实属罕遇。即使遇到，也应在设计上作偏于安全的处理。

综上所述，公式从总体情况来看是合理的、适用的。尽管在局部情况中，可能使木材的用量略有增加，但从木结构可靠度的校准结果来看，是有必要的。

在 2002 年修订规范时，考虑到压弯构件和偏压构件具有不同的受力性质，偏压构件的承载能力要低一些，前苏联新规范的压弯构件计算中对偏压构件的情况补充了附加验算公式，此附加验算公式完全是根据压弯和偏压的对比试验求得的。而此试验值又和我国的理论公式相一致，为全面地反映压弯和偏压以及介于

其间的构件受力性质，将 GBJ 5-88 中的 φ_m 公式修订为本规范公式（5.3.2-4~5.3.2-6）。

5.3.3 GBJ 5-88 关于压弯构件或偏心受压构件在弯矩作用平面外的稳定性验算，是不考虑弯矩的影响，仅在弯矩作用平面外按轴心压杆稳定验算。在 2002 年修订规范时，经验算发现在弯矩较大的情况下偏于不安全，故按一般力学原理提出验算公式（5.3.3）。

6 木结构连接计算

6.1 齿 连 接

6.1.1 齿连接的可靠性在很大程度上取决于其构造是否合理。因此，尽管齿连接的形式很多，本规范仅推荐采用正齿构造的单齿连接和双齿连接。所谓正齿，是指齿槽的承压面正对着所抵承的承压构件，使该构件传来的压力明确地作用在承压面上，以保证其垂直分力对齿连接受剪面的横向压紧作用，以改善木材的受剪工作条件。因此，在本条文中规定：

1 齿槽的承压面应与所连接的压杆轴线垂直；

2 单齿连接压杆轴线应通过承压面中心。

与此同时，考虑到正确的齿连接设计还与所采用的齿深和齿长有关，因此，也相应地作了必要的规定，以防止因这方面构造不当，而导致齿连接承载能力的急剧下降。

另外，应指出的是，当采用湿材制作时，齿连接的受剪工作可能受到木材端裂的危害。为此，若干屋架的下弦未采用"破心下料"的方木制作，或直接使用原木时，其受剪面的长度应比计算值加大 50mm，以保证实际的受剪面有足够的长度。

6.1.2 1988 年规范根据下列关系确定 ψ_v 值：

1 单齿连接

由于木材抗剪强度设计值所引用的尺寸影响系数是以 $l_v/h_c=4$ 的试件试验结果确定的。因此，在考虑沿剪面长度剪应力分布不均匀的影响时，应将 $l_v/h_c=4$ 的 ψ_v 值定为 1.0。据此，将试验曲线进行了平移，并得到当 $l_v/h_c \geqslant 6$ 的 ψ_v 值关系式为：

$$\psi_v=1.155-0.064 l_v/h_c$$

1988 规范即按此式确定 $l_v/h_c \geqslant 6$ 时的 ψ_v 值。至于 $l_v/h_c=4.5$ 及 $l_v/h_c=5$ 的 ψ_v 取值，则按 $l_v/h_c=4$ 和 $l_v/h_c=6$ 的 ψ_v 值的

连线确定。

2 双齿连接

对试验曲线作同上的平移后得到当 $l_v/h_c \geqslant 6$ 时的 ψ_v 值的关系式为：

$$\psi_v=1.435-0.0725 l_v/h_c$$

根据 ψ_v 值和有关的抗力统计参数，计算了齿连接的可靠指标，其结果可以满足目标可靠指标的要求（参见表 7）。

表 7 齿连接可靠指标 β 及其一致性比较

连接形式	GBJ 5-88	
	m_β	S_β
单 齿	3.86	0.39
双 齿	3.86	0.39

注：S_β 越小表示 β 的一致性越好。

6.1.4 在齿连接中，木材抗剪强度属于脆性工作，其破坏一般无预兆。为防止意外，应采取保险的措施。长期的工程实践表明，在被连接的构件间用螺栓予以拉结，可以起到保险的作用。因为它可使齿连接在其受剪面万一遭到破坏时，不致引起整个结构的坍塌，从而也就为抢修提供了必要的时间。因此，本规范规定桁架的支座节点采用齿连接时，必须设置保险螺栓。

为了正确设计保险螺栓，本规范对下列问题作了统一规定：

1 构造符合要求的保险螺栓，其承受的拉力设计值可按本规范推荐的简便公式确定。因为保险螺栓的受力情况尽管复杂，但在这种情况下，其计算结果与试验值较为接近，可以满足实用的要求。

2 考虑到木材的剪切破坏是突然发生的，对螺栓有一定的冲击作用，故规定宜选用延性较好的钢材（例如：Q235 钢材）制作。但它的强度设计值仍可乘以 1.25 的调整系数，以考虑其受力的短暂性。

3 关于螺栓与齿能否共同工作的问题，原建筑工程部建筑科学研究院和原四川省建筑科学研究所的试验结果均证明：在齿未破坏前，保险螺栓几乎是不受力的。故明确规定在设计中不应考虑二者的共同工作。

4 在双齿连接中，保险螺栓一般设置两个。考虑到木材剪切破坏后，节点变形较大，两个螺栓受力较为均匀，故规定不考虑本规范第 4.2.12 条的调整系数。

6.2 螺栓连接和钉连接

6.2.1 螺栓连接和钉连接的承载能力受木材剪切、劈裂、承压以及螺栓和钉的弯曲等条件的控制，其中以充分利用螺栓和钉的抗弯能力最能保证连接的受力安全。另外，许多试验表明，在很薄构件的连接（特别是受拉接头）中，其破坏多从销槽处木材劈裂开始。而施工也发现，拼合很薄构件连接时，木材容易被敲劈。因此，规范规定了螺栓连接和钉连接中木构件的最小厚度，以便从构造上保证连接受力的合理性与可靠性。

1988 年修订规范，仅对螺栓直径 $d \geqslant 18mm$ 的情况，作了补充规定，要求其边部构件或单剪连接中较薄构件的厚度 a 不应小于 $4d$，以避免因木构件劈裂而降低螺栓连接的承载能力。

6.2.2 按照本规范公式（6.2.2）确定螺栓连接或钉连接的设计承载力时，其连接的构造必须符合本规范第 6.2.1 条和第 6.2.5 条的要求。

6.2.3 由于在单剪连接中，有可能遇到木构件厚度 c 不满足本规范表 6.2.1 最小厚度要求的情况，因而需要作这一补充验算。

6.2.4 本规范表 6.2.4 中的 φ_a 值，虽然称为"考虑木材斜纹承压的降低系数"，但实质上给出的是该系数的平方根值，因此，应用时应直接与本规范公式（6.2.2）中的设计承载力 V 相乘，而不与木材顺纹承压强度设计值相乘。

6.2.5~6.2.6 本规范表 6.2.5 和表 6.2.6 的最小间距的规定，主要是为了从构造上采取措施，以保证螺栓连接和钉连接的承载力不受木材剪切工作的控制，以保证连接受力的安全。

在 2002 年修订规范时，补充了横纹受力时螺栓排列的规定。

6.3 齿板连接

6.3.1~6.3.2 齿板为薄钢板制成，受压承载力极低，故不能将齿板用于传递压力。为保证齿板质量，所用钢材应满足条文规定的国家标准要求。由于齿板较薄，生锈会降低其承载力以及耐久性。为防止生锈，齿板应由镀锌钢板制成且对镀锌层质量应有所规定。考虑到条文规定的镀锌要求在腐蚀与潮湿环境仍然是不够的，故不能将齿板用于腐蚀以及潮湿环境。

6.3.3 齿板存在三种基本破坏模式。其一为板齿屈服并从木材中拔出；其二为齿板净截面受拉破坏；其三为齿板剪切破坏。故设计齿板时，应对板齿承载力、齿板受拉承载力与受剪承载力进行验算。另外，在木桁架节点中，齿板常处于剪-拉复合受力状态。故尚应对剪-拉复合承载力进行验算。

板齿滑移过大将导致木桁架产生影响其正常使用的变形，故应对板齿抗滑移承载力进行验算。

6.3.4~6.3.8 鉴于我国缺乏齿板连接的研究与工程积累，故齿板承载力计算公式主要参考加拿大木结构设计规范提出。考虑到中、加两国结构设计规范的不同，作了适当调整。

6.3.9 齿板为成对对称设置，故被连接构件厚度不能小于齿嵌入深度的两倍。齿板与弦杆、腹杆连接尺寸过小易导致木桁架在搬运、安装过程中损坏。

6.3.10 齿板安装不正确则不能保证齿板连接承载力达到设计要求。考虑到《木结构工程施工质量验收规范》GB 50206 未给出齿板的有关施工质量要求，故特列本条。

7 普通木结构

7.1 一般规定

7.1.1 选用合理的结构型式和构造方法，可以保证木结构的正常工作和延长结构的使用年限，能够收到良好的技术经济效果。因此，对木结构选型和构造作了如下考虑：

1 推荐采用以木材为受压或受弯构件的结构型式。虽然工程实践表明，只要选材符合标准，构造处理得当，即使在跨度很大的桁架中，采用木材制作的受拉构件，也能安全可靠地工作，但问题在于木材的天然缺陷对构件受拉性能影响很大，必须选用优质并经过干燥的材料才能胜任。从材料供应情况来看，几乎很难办到。因此，宜推荐采用钢木桁架或撑托式结构。在这类结构中，木材仅作为受压或压弯构件，它们对木材材质和含水率的要求均较受拉构件为低，可收到既充分利用材料，又确保工程质量的效果。

2 为合理利用缺陷较多、干燥中容易翘裂的树种木材（如落叶松、云南松等），由于这类木材的翘裂变形，过去在跨度较大的房屋中使用，问题比较多。其原因虽是多方面的，但关键在于使用湿材，而又未采取防止裂缝的措施。针对这一情况，并根据有关科研成果和工程使用经验，规定了屋架跨度的限值，并强调应采取有效的防止裂缝危害的措施。

3 胶合木结构能更好的满足造型要求，有利于小规格木材和低等级木材的使用，从而促进人工速生林木材的发展，所以建议尽量创造条件使用胶合木结构，以利于推广这种先进技术。

4 多跨木屋盖房屋的内排水，常由于天沟构造处理不当或检修不及时产生积水渗透，致使木屋架支座节点易于受潮腐朽，影响屋盖承重木结构的安全，因此推荐采取外排水的结构型式。

木制天沟经常由于天沟刚度不够，变形过大，或因油毡防水层局部损坏，致使天沟腐朽、漏水，直接危害屋架支座节点。有些工程曾出过这样的质量事故，因此在规范中规定"不应采用木制天沟"。

5 木结构的防腐和防虫是保证结构安全使用的重要问题。必须从设计构造上采用通风防潮措施，使木结构各部分通风干燥，防止腐朽虫蛀，因此，在本条文中强调这一问题的重要性。

6 木结构具有较好的延性、对抗震是有利的，但是在设计中应注意加强构件之间和结构与支承物之间的连接。

7.1.2 为了减少风灾对木结构的破坏影响，在总结沿海地区经验的基础上，本规范提出一些构造要求，以加强木结构房屋的抗风能力。

造成风灾危害除因设计计算考虑不周外，一般均由于构造处理不当所引起，根据浙江、福建、广东等地调查，砖木结构建筑物因台风造成的破坏过程一般是：迎风面的大部分门窗框先被破坏或屋盖的山墙出檐部分先被掀开缺口，接着大风直贯室内，瓦、屋面板、檩条等相继被刮掉，最后造成山墙和屋架呈悬臂孤立状态而倒塌。

构造措施方面应注意以下几点：

1 为防止瞬间风吸力超过屋盖各个部件的自重，避免屋瓦等被掀揭，宜采用增加屋面自重和加强瓦材与屋盖木基层整体性的办法（如压砖、坐灰、瓦材加以固定等）。

2 应防止门窗扇和门窗框被刮掉。因为这将使原来封闭的建筑变为局部开敞式，改变了整个建筑的风载体型系数，这是造成房屋倒塌的重要因素。因此，除使用应注意经常维修外，规范有必要强调门窗应予锚固。

3 应注意局部构造处理以减少风力的作用。例如，檐口处出檐与不出檐，檐口封闭与不封闭，其局部表面的风力体型系数相差甚大。因此，出檐要短或作成封闭出檐；山墙宜做成硬山以及在满足采光和通风要求下尽量减少天窗的高度和跨度等，都是减少风害的有效措施。

4 应加强房屋的整体性和锚固措施，锚固可采用不同的构造方式，但其做法应足以抵抗风力。

7.1.3 隔震和消能是建筑结构减轻地震灾害的一项新技术，是抵御地震对建筑破坏的有效方法，尤其是在高烈度地区使用效果十分明显。现代木结构型式、节点刚性程度和整体刚度多样，相差较大，可根据实际情况选择和采用隔震、消能方法减轻结构的震害。

7.1.4 这是根据工程教训与试验结论而作出的规定。在我国木结构工程中，曾发生过数起因采用齿连接与螺栓连接共同受力而导致齿连接超载破坏的事故，值得引起注意。

7.1.6 调查发现，一些工程中有拉力螺栓钢垫板陷入木材的情况。其主要原因之一是钢垫板未经计算，选用的尺寸偏小所致。因此在规范中提出了钢垫板应经计算的要求。为了设计方便，规范中列入了方形钢垫板的计算公式。

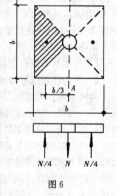

图6

假定 $N/4$ 产生的弯矩，由 $A-A$ 截面承受（参见图6），并忽略螺栓孔的影响，则钢垫板面积 A 为：

$$A=\frac{拉杆轴向拉力设计值}{垫板下木材横纹承压强度设计值}=\frac{N}{f_{c,90}}$$

而由 $\frac{b}{3}\times\frac{N}{4}=\frac{1}{6}bt^2f$，可得垫板厚度 t 为：

$$t=\sqrt{\frac{N}{2f}}$$

式中 f——钢垫板的抗弯强度设计值。

计算垫板尺寸时注意以下两点：

1 若钢垫板不是方形，则不能套用此公式，应根据具体情况另行计算。

2 当计算支座节点或脊节点的钢垫板时，考虑到这些部位的木纹不连续，垫板下木材横纹承压强度设计值应按本规范表4.2.1-3 中局部表面及齿面一栏的数值确定。

7.1.7 根据工程实践经验，对较重要的圆钢构件采用双螺帽，拧紧后能防止意外的螺帽松脱事故，在有振动的场所，其作用尤为显著。

7.1.8 由于木材固有的缺陷，即使设计和施工都很良好的木结构，也会因使用不当、维护不善而导致木材受潮腐朽、连接松弛、结构变形过大等问题发生，直接影响到结构的安全和寿命。因此，为了保证木结构的安全工作并延长使用寿命，必须加强对木结构在使用过程中的检查与维护工作。

本规范附录 D 的检查和维护要点，是根据各地木结构使用经验以及工程结构检查和调查中发生的问题总结出来的。

7.2 屋面木基层和木梁

7.2.1 设计屋面板或挂瓦条时，是否需要计算，可根据屋面具体情况和当地长期使用的实践经验决定。

7.2.2 对有锻锤或其他较大振动设备的房屋需设置屋面板的规定。主要是针对过去某些工程，由于厂房振动较大，造成屋面瓦材滑移或掉落的事故而采取的措施。

7.2.3 对本条的规定，需作如下四点说明：

1 方木檩条截面高宽比的规定，是根据调查实测结果提出的。其目的是为了从构造上防止檩条沿屋面方向的变形过大，以保证其正常工作。这对楞摊瓦的屋面尤为重要，应在设计中予以重视。

2 正放檩条可节约木材，其构造也比较简单，故推荐采用。

3 钢木檩条受拉钢筋下折处的节点容易摆动，应采取措施保证其侧向稳定。有些工程用一根钢筋（或木条）将同开间的钢木檩条下折处连牢，以增加侧向稳定，使用效果较好，也不费事，故在条文中提出这一要求。

7.2.4 对 8 度和 9 度地震区的屋面木基层设计，提出了必要的加强措施，以利于抗震。

7.2.5 考虑到木梁设计虽较简单，但应注意保证其侧向稳定，因此，在本条中增加了这方面的构造要求。

7.3 桁 架

7.3.1 桁架的选型主要决定于屋面材料、木材的材质与规格。本规范作了如下考虑：

1 钢木桁架具有构造合理，能避免斜纹、木节、裂缝等缺陷的不利影响，解决下弦选材困难和易于保证工程质量等优点，故推荐在桁架跨度较大或采用湿材或采用新利用树种时应用。

2 三角形原木桁架采用不等节间的结构形式比较经济。根据设计经验，当跨度在 15～18m 之间，开间在 3～4m 的相同条件下，可比等节间桁架节约木材 10%～18%。故推荐在跨度较大的原木桁架中应用。

7.3.2 桁架的高跨比过小，将使桁架的变形过大。过去在工程中曾发生过这方面引起的质量事故。因此，根据国内外长期使用经验，对各类型木桁架的最小高跨比作出具体规定。经进行系统的验算表明，如将高跨比放宽一档，将使桁架的相对挠度增加 13.2%～27.7%，桁架上弦应力增大 12.8%～32.2%。这不仅使得桁架的刚度大为削弱，而且使得木材的用量增加 7.7%～12.5%。

7.3.3 为了保证屋架不产生影响人的安全感的挠度，不论木屋架和钢木屋架，在制作时均应加以起拱。对于起拱的数值，是根据长期使用经验决定的，并应在起拱的同时调整上下弦，以保证屋架的高跨比不变。

7.3.4 木桁架的下弦受拉接头、上弦受压接头和支座节点均是桁架结构中的关键部位。为了保证其工作的可靠性，设计时应注

意三个要点：一是传力明确；二是能防止木材裂缝的危害；三是接头应有足够的侧向刚度。本条规定的构造措施，就是根据这三点要求，在总结各地实践经验的基础上提出的。其中需要加以说明的有以下几点：

1 在受拉接头中，最忌的是受剪面与木材的主裂缝重合（裂缝尚未出现时，最忌与木材的髓心所在面重合）。为了防止出现这一情况，最佳的办法是采用"破心下料"锯成的方木；或是在配料时，能通过方位的调整，而使螺栓的受剪面避开裂缝或髓心。然而这两项措施并非在所有情况下都能做到的。因此，规范必须在推荐上述措施的同时，进一步采取必要的保险措施，以使接头不至于发生脆性破坏。这些措施包括：

　　1) 规定接头每端的螺栓数目不宜少于 6 个，以使连接中的螺栓直径不致过粗，这就从构造上保证了接头受力具有较好的韧性。

　　2) 规定螺栓不得排成单行，从而保证了半数以上螺栓的剪面不会与主裂缝重合，其余的螺栓，虽仍有可能遇到裂缝，但此时的主裂缝已不位于截面高度的中央，很难有贯通之可能，提高了接头工作的可靠性。

　　3) 规定在跨度较大的桁架中，采用较厚的木夹板，其目的在于保证螺栓处于良好的受力状态，并使接头具有较大的侧向刚度。

2 在上弦接头中，最忌的是接头位置不当和侧向刚度差。为此，本条文对这两个关键问题都作了必要的规定。强调上弦受压接头"应锯平对接"，其目的在于防止采用"斜搭接"。因为斜搭接不仅不易紧密抵承，而且更主要的是它的侧向刚度差，容易使上弦鼓出平面外。

3 在桁架的支座节点中采用齿连接，只要其受剪面能避开髓心（或木材的主裂缝），一般就不会出安全事故。因此，本条文规定：对于这一构造措施应在施工图中注明。

4 对木桁架的最大跨度问题，由于各地使用的树种不同，经验也不同，要规定一个统一的限值较困难。况且，大跨度木桁架的主要问题是下弦接头多，致使桁架的挠度大。为了减小桁架的变形，本条文作出了"下弦接头不宜多于两个"的规定。由于商品材的长度有限，因而这一规定本身已间接地起到了限制木桁架跨度的作用。

7.3.5 钢木桁架具有良好的工作性能，可以解决大跨度木结构以及在木结构工程中使用湿材的许多涉及安全的技术问题。因此，得到了广泛的应用，但由于设计、施工水平不同，在应用中也发生了一些不应发生的工程质量事故。调查表明，这些事故几乎都是由于构造不当所造成的，而不是钢木桁架本身的性能问题。为了从构造上采取统一的技术措施，以确保钢木桁架的质量，曾组织了"钢木桁架合理构造的试验规定"这一重点课题的研究，本规范根据其研究成果，将其与安全有关的结论作出必要的规定。

7.3.6 调查的结果表明，尽管各地允许采用的吊车吨位不同，但只要采取了必要的技术措施，其运行结果均未对结构产生危及安全和正常使用的影响。因此，本条文仅从保证承重结构的工作安全出发，对桁架其支撑的构造提出设计要求，而未具体限制吊车的最大吨位。

7.3.8 对 8 度和 9 度地震区的屋架设计，提出了必要的加强措施，以利于抗震。

7.4 天 窗

7.4.1～7.4.3 天窗是屋盖结构中的一个薄弱部位。若构造处理不当，容易发生质量事故。根据调查，主要有以下几个问题：

1 天窗过于高大，使屋面刚度削弱很多，兼之天窗重心较高，更易导致天窗侧向失稳。

2 如果采用大跨度的天窗，而又未设中柱，仅靠两边柱将荷载集中地传给屋架的两个节点，致使屋架的变形过大。

3 仅由两根天窗柱传力的天窗本身不是稳定的结构，不能

正常工作。

4 天窗边柱的夹板通至下弦，并用螺栓直接与下弦系紧，致使天窗荷载在边柱上与上弦抵承不良的情况下传给下弦，从而导致下弦的木材被撕裂。因此，规定夹板不宜与桁架下弦直接连接。

5 有些工程由于天窗防雨设施不良，引起其边柱和屋架的木材受潮腐朽，从而危及承重结构的安全。

针对以上存在的问题，制定了本节的条文，以便从构造上消除隐患，保证整个屋盖结构的正常工作。

7.5 支 撑

7.5.1～7.5.2 规范对保证木屋盖空间稳定所作的规定，是在总结工程实践、试验实测结果以及综合分析各方面意见的基础上制订的。从试验研究和理论分析结果来看，这些规定比较符合实际情况。

1 关于屋面刚度的作用

实践和试验证明，不同构造方式的屋面有不同的刚度。普通单层密铺屋面板有相当大的刚度，即使是楞摊瓦屋面也有一定的刚度。例如，原规范编制组曾对一楞摊瓦屋面房屋进行了刚度试验。该房屋采用跨度为 15m 的原木屋架，下弦标高 4m，屋架间距 3.9m，240mm 山墙（三根 490mm×490mm 壁柱），稀铺屋面板（空隙约 60%）。当取掉垂直支撑后（无其他支撑），在房屋端部屋架节点的檩条上加纵向水平荷载。当每个节点水平荷载达 2.8kN 时，屋架脊节点的瞬时水平变位为：端起第 1 榀屋架为 6.5mm；第 6 榀为 4.9mm；第 12 榀为 4.4mm。这说明楞摊瓦屋面也有一定的刚度，并且能将屋面的纵向水平力传递相当远的距离。

由于屋面刚度对保证上弦出平面稳定、传递屋面的纵向水平力都起相当大的作用，因此，在考虑木屋盖的空间稳定时，屋面刚度是一个不可忽视的因素。

2 关于支撑的作用

支撑是保证平面结构空间稳定的一项措施，各种支撑的作用和效果因支撑的形式、构造和外力特点而异。根据试验实测和工程实践经验表明：

1） 垂直支撑能有效地防止屋架的侧倾，并有助于保持屋盖的整体性，因而也有助于保证屋盖刚度可靠地发挥作用，而不致遭到不应有的削弱。

2） 上弦横向支撑在参与支撑工作的檩条与屋架可靠锚固的条件下，能起着空间桁架的作用。

3） 下弦横向支撑对承受下弦平面的纵向水平力比较直接有效。

综上所述，说明任何一种支撑系统都不是保证屋盖空间稳定的惟一措施，但在"各得其所"的条件下，又都是重要而有效的措施。因此，在工程实践中，应从房屋的具体构造情况出发，考虑各种支撑的受力特点，合理地加以选用。而在复杂的情况下，还应把不同支撑系统配合起来使用，使之共同发挥各自应有的作用。

例如，在一般房屋中，屋盖的纵向水平力主要是房屋两端的风力和屋架上弦出平面而产生的水平力。根据试验实测，后一种水平力，其数值不大，而且力的方向又不是一致的。因此在风力不大的情况下，需要支撑承担的纵向水平力亦不大，采用上弦横向支撑或垂直支撑均能达到保证屋盖空间稳定的要求，但若为圆钢下弦的钢木屋架，则以选用上弦横向支撑，较容易解决构造问题。

若房屋跨度较大，或有较大的风力和吊车振动影响时，则以选用上弦横向支撑和垂直支撑共同工作为好。对"跨度较大"的理解，有的认为指跨度大于或等于 15m 的房屋，有的认为若屋面荷载很大，跨度为 12m 的房屋就应算"跨度较大"。在执行中各地可根据本地区经验确定。

7.5.3 关于上弦横向支撑的设置方法，规范侧重于房屋的两端，因为风力的作用主要在两端。当房屋跨度较大，或为楞摊瓦屋面时，为保证房屋中间部分的屋盖刚度，应在中间每隔 20～30m 设置一道。在上弦横向支撑开间内设置垂直支撑，主要是为了施工和维修方便，以及加强屋盖的整体作用。

7.5.4 工程实测与试验结果表明，只有当垂直支撑能起到竖向桁架体系的作用时，才能收到应有的传力效果。因此，本规范规定，凡是垂直支撑均加设通长的纵向水平系杆，使之与锚固的檩条、交叉的腹杆（或人字形腹杆）共同构成一个不变的桁架体系。仅有交叉腹杆的"剪刀撑"不算垂直支撑。

7.5.5 本条所述部位均需设置垂直支撑。其目的是为了保证这些部位的稳定或是为了传递纵向水平力。这些垂直支撑沿房屋纵向的布置间距可根据具体情况决定，但应有通长的系杆互相联系。

7.5.6 在执行本条时，应注意以下两点：

1 若房屋中同时有横向支撑与柱间支撑时，两种支撑应布置在同一开间内，使之更好地共同工作。

2 在木柱与桁架之间设有抗风斜撑时，木柱与斜撑连接处的截面强度应按压弯构件验算。

7.5.7 明确规定屋盖中可不设置支撑的范围，其目的虽然是为了考虑屋面刚度和两端房屋刚度对屋盖空间稳定的作用，但也为了防止擅自扩大不设置支撑的范围。条文中有关界限值的规定，主要是根据实践经验和调查资料确定。

7.5.8 有天窗时屋盖的空间稳定问题，主要是天窗架的稳定和天窗范围内主屋架上弦的侧向稳定问题。

在实际调查中发现，有的工程在天窗范围内无保证屋架上弦侧向稳定的措施，致使屋架上弦向平面外鼓出。各地经验认为一般只要在主屋架的脊节点处设置通长的水平系杆，即可保证上弦的侧向稳定。但若天窗跨度较大，房屋两端刚度又较差时，则宜设置天窗范围内的主屋架上弦横向支撑（不论房屋有无上弦横向支撑，在天窗范围内均应设置）。

7.5.9 根据抗震设防烈度不同对木结构支撑的设置要求也不同，对 8 度和 9 度区的木结构房屋支撑系统作了相应的加强。

7.5.10 由于木柱房屋在柱顶与屋架的连接处比较薄弱，因此，规定在地震区的木柱房屋中，应在屋架与木柱连接处加设斜撑并作好连接。

7.6 锚 固

7.6.1 本节所述的锚固，是指檩条与桁架（或墙）、桁架与墙（或柱）、柱与基础的连接。桁架及柱的锚固主要是防止风吸力影响以及起固定桁架和柱的作用。檩条的锚固主要是使屋面与桁架连成整体，以保证桁架上弦的侧向稳定及抵抗风吸力的作用。当采用上弦横向支撑时，檩条的锚固尤为重要，因为在无支撑的区间内，防止桁架的侧倾和保证上弦的侧向稳定，均需依靠参加支撑工作的通长檩条。

7.6.2 檩条与屋架上弦的连接各地做法不同，多数地区采用钉连接。有的地区当屋架跨度较大时，则将节点檩条用螺栓锚固。

檩条锚固方法，除应考虑是否需要承受风吸力外，还应考虑屋盖所采用的支撑形式。当采用垂直支撑时，由于每榀屋架均与支撑有联系，檩条的锚固一般采用钉连接即能满足要求。当有振动影响或在较大跨度房屋中采用上弦横向支撑时，支撑节点处的檩条应用螺栓、暗销或卡板等锚固，以加强屋面的整体性。

7.6.3 就一般情况而言，桁架支座均应用螺栓与墙、柱锚固。但在调查中发现有若干地区，仅在桁架跨度较大的情况下，才加以锚固。故本规范规定为 9m 及其以上的桁架必须锚固。至于 9m 以下的桁架是否需要锚固，则由各地自行处理。

7.6.4 这是根据工程实践经验与教训作出的规定，在执行时只能补充当地原有的有效措施，而不能削减本条文所规定的锚固。

8 胶合木结构

8.1 一般规定

8.1.1 本规范关于胶合木结构的条文，只适用于由木板胶合而成的承重构件以及由木板胶合构件组成的承重结构，而不适用于由胶合板和木板组合而成的胶合板结构。这是考虑到这种结构使用经验还不多，其性能还有待于进一步研究。

制作胶合木构件的木板厚度要求是根据木材类别、构件形状（直接或曲线）的不同而规定的，以适应不同的成型要求，保证胶合质量。

8.1.2 本条对胶合木构件制作要求做了规定。制作胶合木构件所用的木板应有材质等级的正规标注，并应按本规范表3.1.8根据构件不同受力要求和用途选材。为了使各层木板在整体工作时协调，要求各层木板的木纹与构件长度方向一致。

8.1.3 胶合木在建筑工程中的采用，是合理和优化使用木材、发展现代木结构的重要方向。胶合木构件具有构造简单、制作方便、强度较高及耐火极限高且能以短小材料制作成几十米、上百米跨度的形式多样、造型美观大方的各种构件的优点，因而国际上大量用于大体量、大跨度和对防火要求高的各种大型公共建筑、体育建筑、会堂、游泳场馆、工厂车间及桥梁等民用与工业建筑、构筑物。技术和经验成熟，在我国有广泛的应用前景和市场。在中、小跨度建筑中，胶合木构件可取代实木构件，节省大径木材。

8.1.4 胶合木构件截面形状的选取，在满足设计要求的情况下，同时也要考虑制作是否方便。对于直线形胶合木构件，通常采用矩形和工字形截面；而对于曲线形胶合木构件，工字形截面在制作上相对就较为困难，一般均采用矩形截面，方便制作，也有利于胶合。对于大跨度情况，一般都采用直线形或曲线形桁架。

8.1.5 这是为了保证制作胶合木构件按照设计要求生产合格产品。

8.2 构件设计

8.2.1 本条仍沿用GBJ 5-88的规定。一般来说，胶合木的强度高于实木，国外的标准对胶合木的设计强度规定都有别于实木，我国在这方面系统的实验工作和大量数据还缺乏，如果引用国际上的强度设计值，也还需要做大量的转换工作，需要一定的时间。目前，在暂时沿用原规范的同时，将进一步在这方面继续做研究工作。

8.2.2 本规范表8.2.2的修正系数是参照前苏联建筑法规СНиПⅡ-В.4的取值确定的。在纳入我国木结构规范前，曾由原建筑工程部建筑科学研究院组织有关单位进行了验证性试验。

对工字形和T形截面胶合木构件，抗弯强度设计值除乘以本规范表8.2.2的修正系数外，尚应乘以截面形状修正系数0.9的规定，是根据本规范第8.3.8条构造要求确定的，即腹板厚度不应小于80mm，且不应小于翼缘板宽度的一半。若不符合这一规定，将会由于腹板过薄而造成胶合木构件受力不安全。

8.3 设计构造要求

8.3.1 制作胶合木构件所用木板的厚度根据材质不同而有所不同，这是为了确保加压时各层木板压平，胶缝密合，从而保证胶合质量。

8.3.2 弧形胶合木构件制作时需要弯曲成型，板的厚度对弯曲难易有直接影响，因此规定不论硬质木材或软质木材，木板的厚度均不应超过30mm，且不大于构件曲率半径1/300。

8.3.3 荷载作用下，桁架会产生变形。为了保证屋架不产生可见的垂度和影响桁架的正常工作，在制作时，采用预先起拱办法。

8.3.4 制作胶合木构件的木板的接长方式，本规范这次修订时不再保留"当不具备指接条件时，可采用斜搭接。……还可采用对接代替部分斜搭接，……"的规定。这是考虑到，当时，GBJ 5-88做出这一规定，是基于过去由于受技术、制作条件的限制，在指接技术的掌握和加工设备普遍具备方面还存在一定困难这种实际情况。随着我国经济的发展、技术水平的提高和制作手段的进步，采用指接已不再是困难的事了。

8.3.5～8.3.7 该三条对胶合木构件中接头布置的规定，其原则是既保证构件工作的可靠性，又尽可能充分利用短料。

由于接指具有很好的传力性能，当各层木板全部采用指接接头时，国际标准只规定上、下两侧最外层木板上的接头间距不得小于1.5m，其余中间层木板的接头只要求适当错开，而并不规定相邻木板接头间的距离限制。考虑到我国使用指接接头于工程的经验较少，仍规定间距不得小于10t（t为板厚），以保证安全。今后，随着使用经验的积累将逐步向国际标准靠拢。

8.3.8 关于是否设置加劲肋的规定，主要是为了保证构件受力时的平面外稳定。本条沿用原规范规定，因为这些限制有理论分析的依据，同时也为使用经验所证实。

8.3.9 为了确保线性变截面构件制作时截面尺寸的准确，作为控制尺寸，有必要规定变截面构件坡度开始和终止处的截面高度。

8.3.10 为了确保曲线形构件制作时形状的准确，规定设计时应注明曲线形构件相应的曲率半径或曲线方程，制作时有据可依。

9 轻型木结构

9.1 一般规定

9.1.1 轻型木结构是一种将小尺寸木构件按不大于600mm的中心间距密置而成的结构形式。结构的承载力、刚度和整体性是通过主要结构构件（骨架构件）和次要结构构件（墙面板，楼面板和屋面板）共同作用得到的。轻型木结构亦称"平台式骨架结构"，这是因为施工时，每层楼面为一个平台，上一层结构的施工作业可在该平台上完成，其基本构造如图7。

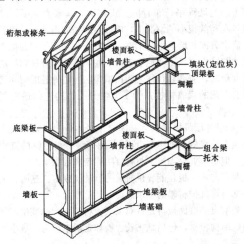

图7 轻型木结构基本构造示意图

本章的规定参考了加拿大建筑规范中住宅和小型建筑一章以

及《美国建筑规范》2000 年版（Internation Building Code）中轻型木结构设计的有关内容。此外，还参考了《加拿大轻型木结构工程手册》1995 年版（Canadian Engineering Guide for Wood Frame Construction）、《美国地震灾害预防委员会规范》1996 年版（NEHRP）和美国林纸协会《木结构设计规范》1997 年版（National Design Specification for Wood Construction）的有关规定。

9.1.2 轻型木结构的结构性能不仅与设计方法正确与否有关，还与材料和连接件是否符合有关的产品标准有直接的关系。所有的结构材料，包括用于规格材和结构面板的材料，都必须附有相应的等级标识或证明。

附录 N 给出的规格材截面尺寸是为了使轻型木结构的设计和施工标准化。但是，目前大部分进口规格材的尺寸是按英制生产的，所以本规范允许在采用进口规格材时，其截面尺寸只要与表列规格材尺寸相差不大于 2mm，在工程中视作等同。为避免对构件的安装和工程维修造成影响，在一幢建筑中不应将不同规格系列的规格材混用。

9.1.4 与其他建筑材料的结构相比，轻型木结构相对质量较轻，因此在地震和风荷载作用下具有很好的延性。尽管如此，对于不规则建筑和有大开口的建筑，仍应注意结构设计的有关要求。所谓不规则建筑，除了指建筑物的形状不规则外，还包括结构本身的刚度和质量的分布的不均匀。轻型木结构是一种具有高次超静定的结构体系，这个优点使得一些非结构构件也能起到抗侧向力的功能。但是这种高次超静定的结构使得结构分析非常复杂。所以，许多情况下，设计上往往采用经过长期工程实践证明的可靠构造。

9.2 设计要求

9.2.1 在抗侧力设计可按构造要求的轻型木结构中，承受竖向荷载的构件（板、梁、柱及桁架等），仍应按本规范有关要求进行计算。

9.2.2 结构基本自振周期估算经验公式取用于《美国地震灾害预防委员会规范》（NEHRP）1996 年版。

9.2.6 本条规定了建筑物本身和使用的限制条件，包括楼面面积、每层墙体高度、跨度、使用荷载、抗震设防烈度和最大基本风压等。这些限制条件并不是对轻型木结构使用的限制，它是指满足这些限制条件的建筑物可以采用本章的构造设计法进行设计和施工。

9.3 构造要求

9.3.1 轻型木结构墙骨柱的竖向荷载承载力与墙骨柱本身截面的高度、墙骨柱之间的间距以及层高有关。竖向荷载作用下的墙骨柱的侧向弯曲和截面宽度与墙骨柱的高度比值有关。如果截面高度方向与墙面垂直，则墙体面板约束了墙骨柱侧向弯曲，同截面高度方向与墙面平行布置的方式相比，承载力大了许多。所以，除了在荷载很小的情况下，例如在阁楼的山墙面，墙骨柱可按截面高度方向与墙面平行的方向放置，否则墙骨柱的截面高度方向必须与墙面垂直。在地下室中，如用墙体代替柱和梁而墙体表面无面板时，应在墙骨柱之间加横撑防止墙骨柱的侧向弯曲。

开孔两侧的双墙骨柱是为了加强开孔边构件传递荷载的能力。

9.3.4 如果外墙维护材料直接固定在墙体骨架材料上（或固定在与面板上连接的木筋上），面板采用何种材料对钉的抗拔力影响不大。但是，如果当维护材料直接固定在面板上时，只有结构胶合板和定向木片板才能提供所需的钉的抗拔力。这时，面板的厚度根据所需维护材料的要求而定。

本条给出的墙面板材是针对根据板材的生产标准生产并适合室外用的结构板材，包括结构胶合板和定向木片板。最小厚度是指板材的名义厚度。

9.3.5 设计搁栅时，搁栅在均布荷载作用下，受荷面积等于跨度乘以搁栅间距。因为大部分的楼盖体系中，互相平行的搁栅数

量大于 3 根。3 根以上互相平行、等间距的构件在荷载作用下，其抗弯强度可以提高。所以在设计楼盖搁栅的抗弯承载力时，可将抗弯强度设计值乘以 1.15 的调整系数（见本规范附录 J 有关规定）。当按使用极限状态设计楼盖时，则不需考虑构件的共同作用。设计根据结构的变形要求进行。

9.3.6 如果搁置长度不够，会导致搁栅或支座的破坏。最小搁置长度的要求也是搁栅与支座钉连接的要求。搁栅底撑、间撑和剪刀撑用来提高楼盖体系抗变形和抗振动能力。如采用其他工程木产品代替规格材搁栅，则构件之间可采用不同的支撑方式。

9.3.7 在楼梯开孔周围，被截断的搁栅的端部应支承在封头搁栅上，封头搁栅应支承在楼盖搁栅或封边搁栅上。封头搁栅所承受的荷载值根据所支承的被截断的搁栅数量计算，被截断搁栅的跨度越大，承受的荷载越大。封头搁栅或封边搁栅是否需要采用双层加强或通过计算单独设计，都取决于封头搁栅的跨度。一般来说，开孔时，为降低封头搁栅的跨度，一般将开孔长边布置在平行于搁栅的方向。

9.3.8 一般来讲，位于搁栅上的非承重隔墙引起的附加荷载较小，不需要另外增加加强搁栅。但是，如果平行于搁栅的隔墙不位于搁栅上时，隔墙的附加荷载可能会引起楼面板变形。在这种情况下，应在隔墙下搁栅间，按 1.2m 中心间距布置截面 40mm×90mm，长度为搁栅净距的填块，填块两端支承在搁栅上，并将隔墙荷载传至搁栅。

对于承重墙，墙下搁栅可能会超出设计承载力。当承重隔墙与搁栅平行时，承重隔墙应由下层承重墙体或梁承载。当承重隔墙与搁栅垂直时，如隔墙仅承担上部阁楼荷载，承重隔墙与支座的距离不应大于 900mm。如隔墙承载上部一层楼盖时，承重墙与支座的距离不应大于 600mm。

9.3.10 本条给出的楼面板材是针对根据板材的生产标准生产的结构板材，包括结构胶合板和定向木片板。最小厚度是指板材的名义厚度。

铺设板材时，应将板的长向与搁栅长度方向垂直。

9.3.16 施工时应采用正确的施工方法保证剪力墙和楼、屋盖能满足设计承载力要求。

当用木基结构板材时，为了适应板材变形，板材之间应留有 3mm 空隙。板材随着含水率的变化，空隙的宽度会有所变化。

面板上的钉不得过度打入。这是因为钉的过度打入会对剪力墙的承载力和延性有极大的破坏。所以建议钉距板和框架材料边缘至少 10mm，以减少框架材料的可能劈裂以及防止钉从板边被拉出。

剪力墙和楼、屋盖的单位抗剪承载力通过板材的足尺试验得到。试验发现，过度使用窄长板材会导致剪力墙和楼、屋盖的抗剪承载力降低。所以为了保证最小抗剪承载力，窄板的数量应有所限制。

足尺试验还表明，如果剪力墙两侧安装同类型的木基结构板材，墙体的抗剪承载力约是墙体只有单面墙板的 2 倍。为了达到这一承载力，板材接缝应互相错开；当墙体两侧的面板拼缝不能互相错开时，墙骨柱的宽度必须至少为 65mm（或用两根截面为 40mm 宽的构件组合在一起）。

9.3.17 木构件和砌体或混凝土构件之间的连接不得采用斜钉连接。试验表明这种连接方式在横向力的作用下不可靠。同样，历次的地震灾害证明，采用与安装在砌体或混凝土墙体上的托木连接的方式也不能起到抗震作用，所以现在也禁止使用。

9.3.18 大部分的骨架构件允许在其上开缺口或开孔。对于搁栅和椽条只要缺口和开孔尺寸不超过限定条件，并且位置靠近支座弯矩较小的地方就能保证安全。如果不满足本条的缺口和开孔规定，则开孔构件必须加强。

屋面桁架构件上的缺口和开孔的要求比其他一般骨架构件的要求要高，这主要是因为桁架构件本身的材料截面有效利用率高。单个桁架构件的强度值较高，截面较经济，所以任何截面的削弱将严重破坏桁架构件的承载力。管道和布线应尽量避开构

件，安排在阁楼空间或在吊顶内。

9.4 梁、柱和基础的设计

9.4.3 承受均布荷载的等跨连续梁，最大弯矩一般出现在支座和跨中，在每跨距支座1/4点附近的弯矩几乎为零，所以接缝位置最好设在每跨的1/4点附近。

同一截面上的接缝数量应有限制以保证梁的连续性。除此之外，单根构件的接缝数量在任何一跨内不能超过一个，这也是为了保证梁的连续性。横向相邻构件的接缝不能出现在同一点。

9.4.9 当木构件置于砌体或混凝土构件上而这些砌体或混凝土构件与地面直接接触时，如果木构件不作防腐处理或其他的防腐办法阻止有害生物的侵袭，木构件就会腐烂。未经防腐处理的木材置于混凝土或基础上时（如地下室木隔墙或木柱），必须采用防潮层（例如聚乙烯薄膜等）将木构件与混凝土分开。当底层木梁或搁栅置于混凝土基础墙的预留槽内时，尤其当梁底比室外地坪低的时候，应在木构件和支座之间加上防潮层，同时在构件端部预留槽内留出空隙，防止木构件和混凝土接触并保持空气的流动。空隙之间不得填充保温材料。

10 木结构防火

10.1 一般规定

10.1.1 本条规定木结构防火设计的适用范围以及与《建筑设计防火规范》之间的关系。对于本章未规定的部分，按《建筑设计防火规范》中四级耐火等级建筑的规定执行。

10.2 建筑构件的燃烧性能和耐火极限

10.2.1 本条参考1999年美国国家防火协会（NFPA）标准220、2000年美国的《国际建筑规范》（IBC）以及1995年《加拿大国家建筑规范》中对于木结构建筑的燃烧性能和耐火极限的有关规定，结合《建筑设计防火规范》以及我国其他有关防火试验标准对于材料燃烧性能和耐火极限的要求而制定的。本规范中所采用的数据多为加拿大国家研究院建筑科学研究所提供的实验数据。

木结构建筑火灾发生之后的明显特点之一是容易产生飞火，古今实例颇多，仅以我国2002年海南木结构别墅群火灾为例，燃烧过程中不断有燃烧着的木块飞向四周，引起草地起火，连续烧毁40多栋。为此，专门提出屋顶表层需采用不燃材料。美、加建筑亦作如此规定。

当一座木结构建筑有不同的高度时，考虑到较低的部分发生火灾时，火焰会向较高部分的外墙蔓延，所以要求此时较低部分的屋盖的耐火极限不得低于一小时。

10.3 建筑的层数、长度和面积

10.3.1 本条的规定是根据下列情况制定的：

1 尽管木结构建筑没有划分耐火等级，但从其构件的耐火性能比较，它的耐火等级介于《建筑设计防火规范》中所规定的

三级和四级之间。《建筑设计防火规范》规定，四级耐火等级的建筑只允许建两层，其针对的主要对象是我国以前的传统木结构，而现在，在重新修订编制的《木结构设计规范》有关防火条文的严格约束下，构件耐火性能优于四级的木结构建筑建三层是安全的。

2 本规范表10.3.1，是在吸收国外有关规范数据的基础上，并对我国《建筑设计防火规范》中的有关条文进行分析比较作出的相应规定。

10.4 防火间距

10.4.1 本条中木结构与木结构之间、木结构与其他耐火等级的建筑之间的防火间距，是在充分分析了国内外相关建筑法规基础之上，根据木结构和其他建筑结构的耐火等级的情况制定的。

10.4.2～10.4.3 参考了2000年美国《国际建筑规范》（IBC）以及1995年《加拿大国家建筑规范》中的有关要求，结合我国具体情况制订。

火灾试验证明，发生火灾的建筑对相邻建筑的影响与该建筑物外墙的耐火极限和外墙上的门窗开孔率有直接关系。

2000年美国的《国际建筑规范》（IBC）中规定了有防火保护的木结构建筑外墙的耐火极限。建筑物类型以及和防火间距之间的关系如表8：

表8　建筑物类型以及和防火间距之间的关系

防火间距（m）	耐火极限（h）		
	火灾危险性高的建筑（H类）	火灾危险性中等的厂房（F-1类），商业类建筑（M类主要包括商店、超市等）和火灾危险性中等的仓库（S-1）	其他类型建筑，包括火灾危险性低的厂房、仓库、居住和其他商业建筑
0～3	3	2	1
3～6	2	1	1
6～12	1	1	1
12以上	0	0	0

另外，根据外墙上门窗开孔率的大小IBC给出了开孔率大小和防火间距之间的关系。如表9：

表9　开孔率大小和防火间距之间的关系

开孔分类	防火间距 a（m）						
	0＜a≤2	2＜a≤3	3＜a≤6	6＜a≤9	9＜a≤12	12＜a≤15	15＜a≤18	a＞18
无防火保护	不允许开孔	不允许开孔	10%	15%	25%	45%	70%	不限制
有防火保护	不允许开孔	15%	25%	45%	75%	不限制	不限制	不限制

如果相邻建筑的外墙无洞口，并且外墙能满足1h的耐火极限，防火间距可减少至4m。

考虑到有些建筑防火间距不足，完全不开门窗比较困难，允许每一面外墙开孔率不超过10%时，其防火间距可减少至6.0m，但要求外墙的耐火极限不小于1h，同时每面外墙的围护材料必须是难燃材料。

10.5 材料的燃烧性能

10.5.1 我国对建筑材料的燃烧性能有比较严格的要求，各项技术指标都必须符合《建筑材料难燃性试验方法》GB 8625的要求，木结构用材亦不例外。

10.5.2～10.5.4 由于木结构建筑构件为可燃或难燃材料，所以对建筑内部装修材料的防火性能必须有较为严格的要求，尽量延缓火势过快地突破装饰层这道防线。《建筑内部装修设计防火规范》GB 50222"总则"中明确规定："本规范不适用于古建筑和木结构建筑的内部装修设计。"故而，本章参照1998《加拿大全国房屋法规》做出了具体规定。

10.6 车库

10.6.1 参照1998《加拿大全国房屋法规》第6.3.3.6条规定，经过分析，认为科学合理，故予采纳。对车库大小，加拿大是以

停放机动车辆数为标准，我们认为定位不够准确。结合我国居住水平，作出以面积为限定标准。

10.7 采暖通风

10.7.1 为控制木结构建筑火灾发生率，作本条规定。

10.7.2 保留原规范内容，并根据具体情况作了合理修订。

10.8 烹饪炉

10.8.1 参照 1998 年《加拿大全国房屋法规》第 6.1.6.1 条，经分析，认为科学合理，予以采用。

10.9 天 窗

10.9.1 本条主要是为了防止火灾时，火焰不致迅速烧穿天窗而蔓延到较高外墙面上。采取自动喷水灭火设施或防火门窗，可以有效地防止火焰的蔓延。

10.10 密闭空间

10.10.1 本条主要是针对轻型木结构中的密闭空间，一旦密闭空间内发生火灾，通过隔火措施，将火限制在一定的密闭空间，阻止火烟、火热蔓延。

11 木 结 构 防 护

11.0.1 木材的腐朽，系受木腐菌侵害所致。在木结构建筑中，木腐菌主要依赖潮湿的环境而得以生存与发展，各地的调查表明，凡是在结构构造上封闭的部位以及易经常受潮的场所，其木构件无不受木腐菌的侵害，严重者甚至会发生木结构坍塌事故。与此相反，若木结构所处的环境通风干燥良好，其木构件的使用年限，即使已逾百年，仍然可保持完好无损的状态。因此，为防止木结构腐朽，首先应采取既经济、又有效的构造措施。只有在采取构造措施后仍有可能遭受菌害的结构或部位，才需用防腐剂进行处理。

建筑木结构构造上的防腐措施，主要是通风与防潮。本条的内容便是根据各地工程实践经验总结而成。

这里应指出的是，通过构造上的通风、防潮，使木结构经常保持干燥，在很多情况下能对虫害起到一定的抑制作用，因此，应与药剂配合使用，以取得更好的防虫效果。

11.0.2 这是根据工程实践的教训而作出的规定。对于隐蔽工程和装配后无法检验的部位，一定要注意做好每道工序的质量检查与评定工作，以免因局部漏检而造成工程返工。

11.0.3 本条所指出的五种情况，均是在构造上采取了通风防潮的措施后，仍需采取药剂处理的木构件和若干结构部位。但在这些情况下，应选用哪种药剂以及如何处理才能达到防护的要求，则由国家标准《木结构工程施工质量验收规范》GB 50206 做出规定。

11.0.5～11.0.7 此三条均是根据木结构防腐防虫工程的实践经验编写的。为了保证工程的安全和质量，应严格执行这些条文中规定的程序与技术要求。

附录 P 轻型木结构楼、屋盖抗侧力设计

楼、屋盖长宽比限制小于或等于 4∶1 是为了保证水平力作用下所有剪力墙同时达到设计承载力。

附录 Q 轻型木结构剪力墙抗侧力设计

剪力墙肢高宽比限制为 3.5∶1 是为了保证所有的墙肢当达到极限承载力时以剪切变形为主。当墙肢的高宽比增加时，墙肢的结构表现接近于悬臂梁。

中华人民共和国国家标准

城 镇 燃 气 设 计 规 范

Code for design of city gas engineering

GB 50028－2006

主编部门：中华人民共和国建设部
批准部门：中华人民共和国建设部
施行日期：2 0 0 6 年 1 1 月 1 日

中华人民共和国建设部
公　　告

第 451 号

建设部关于发布国家标准
《城镇燃气设计规范》的公告

现批准《城镇燃气设计规范》为国家标准，编号为 GB 50028－2006，自 2006 年 11 月 1 日起实施。其中，第 3.2.1（1）、3.2.2、3.2.3、4.2.11（3）、4.2.12、4.2.13、4.3.2、4.3.15、4.3.23、4.3.26、4.3.27（8、10、11、12）、4.4.13、4.4.17、4.4.18（4）、4.5.13、5.1.4、5.3.4、5.3.6（7）、5.4.2（1、3）、5.11.8、5.12.5、5.12.17、5.14.1、5.14.2、5.14.3、5.14.4、6.1.6、6.3.1、6.3.2、6.3.3、6.3.8、6.3.11（2、4）、6.3.13、6.3.15（1、3）、6.4.4（2）、6.4.11、6.4.12、6.4.13、6.5.3、6.5.4、6.5.5（2、3、4）、6.5.7（5）、6.5.12（2、3、6）、6.5.13、6.5.19（1、2）、6.5.20、6.5.22、6.6.2（6）、6.6.3、6.6.10（2、5、7）、6.7.1、7.1.2、7.2.2、7.2.4、7.2.5、7.2.9、7.2.16、7.2.21、7.4.1（1）、7.4.3、7.5.1、7.5.3、7.5.4、7.6.1、7.6.4、7.6.8、8.2.2、8.2.9、8.2.11、8.3.7、8.3.8、8.3.9、8.3.10、8.3.12、8.3.14、8.3.15、8.3.19（1、2、4、6）、8.3.26、8.4.3、8.4.4、8.4.6、8.4.10、8.4.12、8.4.15、8.4.20、8.5.2、8.5.3、8.5.4、8.6.4、8.7.4、8.8.1、8.8.3、8.8.4、8.8.5、8.8.11（1、2、3）、8.8.12、8.9.1、8.10.2、8.10.4、8.10.8、8.11.1、8.11.3、9.2.4、9.2.5、9.2.10、9.3.2、9.4.2、9.4.13、9.4.16、9.5.5、9.6.3、10.2.1、10.2.7（3）、10.2.14（1）、10.2.21（2、3、4）、10.2.23、10.2.24、10.2.26、10.3.2（2）、10.4.2、10.4.4（4）、10.5.3（1、3、5）、10.5.7、10.6.2、10.6.6、10.6.7、10.7.1、10.7.3、10.7.6（1）条（款）为强制性条文，必须严格执行。原《城镇燃气设计规范》GB 50028－93 同时废止。

本规范由建设部标准定额研究所组织中国建筑工业出版社出版发行。

中华人民共和国建设部
2006 年 7 月 12 日

前　言

根据建设部《关于印发"2000 至 2001 年度工程建设国家标准制订、修订计划"的通知》（建标［2001］87 号）要求，由中国市政工程华北设计研究院会同有关单位共同对《城镇燃气设计规范》GB 50028－93 进行了修订。在修订过程中，编制组根据国家有关政策，结合我国城镇燃气的实际情况，进行了广泛的调查研究，认真总结了我国城镇燃气工程建设和规范执行十年来的经验，吸收了国际上发达国家的先进规范成果，开展了必要的专题研究和技术研讨，并广泛征求了全国有关单位的意见，最后由建设部会同有关部门审查定稿。

本规范共分 10 章和 6 个附录，其主要内容包括：总则、术语、用气量和燃气质量、制气、净化、燃气输配系统、压缩天然气供应、液化石油气供应、液化天然气供应和燃气的应用等。

本次修订的主要内容是：

1. 增加第 2 章术语，将原规范中"名词解释"改为"术语"，并作了补充与完善。

2. 第 3 章用气量和燃气质量中，取消了居民生活和商业用户用气量指标；增加了采暖用气量的计算原则。补充了天然气的质量要求、液化石油气与空气的混合气质量安全指标和燃气加臭的标准。

3. 第 4、5 章制气和净化中，增加了两段煤气（水煤气）发生炉制气、轻油制气、流化床水煤气、天然气改制、一氧化碳变换和煤气脱水，并对主要生产场所火灾及爆炸危险分类等级等条文进行了修订。

4. 第 6 章燃气输配系统中，提高了城镇燃气管道压力至 4.0MPa，吸收了美、英等发达国家的先进标准成果，增加了高压燃气管道敷设、管道结构设计和新型管材，补充了地上燃气管道敷设，门站、储配站设计和调压站设置形式、管道水力计算等。

5. 增加第 7 章压缩天然气供应，主要包括压缩天然气加气站、储配站、瓶组供气站及配套设施要求。

6. 第 8 章液化石油气供应，对液化石油气供应基地和混气站、气化站、瓶组气化站及瓶装供应站等补充了有关内容。

7. 增加第 9 章液化天然气供应，主要包括气化站储罐与站外建、构筑物的防火间距，站内总平面布置防火间距及配套设施等要求。

8. 第 10 章燃气的应用中，增加了新型管材，燃气管道和燃气用具在地下室、半地下室和地上密闭房间内的敷设，室内燃气管道的暗设以及燃气的安全监控设施等要求。

本规范由建设部负责管理和对强制性条文的解释，由中国市政工程华北设计研究院负责日常管理工作和具体技术内容的解释。

本规范在执行过程中，希望各单位结合工程实践，注意总结经验，积累资料，如发现对本规范需要修改和补充，请将意见和有关资料函寄：中国市政工程华北设计研究院　城镇燃气设计规范国家标准管理组（地址：天津市气象台路，邮政编码：300074），以便今后修订时参考。

本规范主编单位、参编单位及主要起草人：

主 编 单 位：中国市政工程华北设计研究院

参 编 单 位：上海燃气工程设计研究有限公司
　　　　　　　香港中华煤气有限公司
　　　　　　　北京市煤气热力工程设计院有限公司
　　　　　　　沈阳市城市煤气设计研究院
　　　　　　　成都市煤气公司
　　　　　　　苏州科技学院
　　　　　　　国际铜业协会（中国）

新奥燃气控股有限公司
深圳市燃气工程设计有限公司
天津市煤气工程设计院
北京市燃气工程设计公司
长春市燃气热力设计研究院
珠海市煤气集团有限公司
新兴铸管股份有限公司
亚大塑料制品有限公司
华创天元实业发展有限责任公司
佛山市日丰企业有限公司
北京中油翔科技有限公司
上海飞奥燃气设备有限公司
宁波志清集团有限公司
宁波市华涛不锈钢管材料有限公司
华北石油钢管厂
沈阳光正工业有限公司
天津新科成套仪表有限公司
乐泰（中国）有限公司

主要起草人：金石坚　李颜强　徐　良　冯长海　王昌道
　　　　　　高　勇　陈云玉　顾　军　沈余生　孙欣华
　　　　　　李建勋　邵　山　曹开朗　王　启　李猷嘉
　　　　　　贾秋明　刘松林　应援农　沈仲棠　曹永根
　　　　　　杨永慧　吴　珊　樊金光　周也路　刘　正
　　　　　　郑海燕　田大栓　张　琳　王广柱　韩建平
　　　　　　徐　静　刘　军　吴国奇　李绍海　王　华
　　　　　　牛铭昌　张力平　边树奎　苏国荣　陈志清
　　　　　　缪德伟　王晓香　孟　光　孙建勋　沈伟康

目　次

1 总 则

1.0.1 为使城镇燃气工程设计符合安全生产、保证供应、经济合理和保护环境的要求，制定本规范。

1.0.2 本规范适用于向城市、乡镇或居民点供给居民生活、商业、工业企业生产、采暖通风和空调等各类用户作燃料用的新建、扩建或改建的城镇燃气工程设计。

> 注：1 本规范不适用于城镇燃气门站以前的长距离输气管道工程。
>
> 2 本规范不适用于工业企业自建供生产工艺用且燃气质量不符合本规范质量要求的燃气工程设计，但自建供生产工艺用且燃气质量符合本规范要求的燃气工程设计，可按本规范执行。
>
> 工业企业内部自供燃气给居民使用时，供居民使用的燃气质量和工程设计应按本规范执行。
>
> 3 本规范不适用于海洋和内河轮船、铁路车辆、汽车等运输工具上的燃气装置设计。

1.0.3 城镇燃气工程设计，应在不断总结生产、建设和科学实验的基础上，积极采用行之有效的新工艺、新技术、新材料和新设备，做到技术先进，经济合理。

1.0.4 城镇燃气工程规划设计应遵循我国的能源政策，根据城镇总体规划进行设计，并应与城镇的能源规划、环保规划、消防规划等相结合。

1.0.5 城镇燃气工程设计，除应遵守本规范外，尚应符合国家现行的有关标准的规定。

2 术 语

2.0.1 城镇燃气 city gas

从城市、乡镇或居民点中的地区性气源点，通过输配系统供给居民生活、商业、工业企业生产、采暖通风和空调等各类用户公用性质的，且符合本规范燃气质量要求的可燃气体。城镇燃气一般包括天然气、液化石油气和人工煤气。

2.0.2 人工煤气 manufactured gas

以固体、液体或气体（包括煤、重油、轻油、液体石油气、天然气等）为原料经转化制得的，且符合现行国家标准《人工煤气》GB 13612 质量要求的可燃气体。人工煤气又简称为煤气。

2.0.3 居民生活用气 gas for domestic use

用于居民家庭炊事及制备热水等的燃气。

2.0.4 商业用气 gas for commercial use

用于商业用户（含公共建筑用户）生产和生活的燃气。

2.0.5 基准气 reference gas

代表某种燃气的标准气体。

2.0.6 加臭剂 odorant

一种具有强烈气味的有机化合物或混合物。当以很低的浓度加入燃气中，使燃气有一种特殊的、令人不愉快的警示性臭味，以便泄漏的燃气在达到其爆炸下限 20% 或达到对人体允许的有害浓度时，即被察觉。

2.0.7 直立炉 vertical retort

指武德式连续式直立炭化炉的简称。

2.0.8 自由膨胀序数 crucible swelling number

是表示煤的粘结性的指标。

2.0.9 葛金指数 Gray-King index

是表示煤的结焦性的指标。

2.0.10 罗加指数 Roga index

是表示煤的粘结能力的指标。

2.0.11 煤的化学反应性 chemical reactivity of coal

是表示在一定温度下，煤与二氧化碳相互作用，将二氧化碳还原成一氧化碳的反应能力的指标，是我国评价气化用煤的质量指标之一。

2.0.12 煤的热稳定性 thermal stability of coal

是指煤块在高温作用下（燃烧或气化）保持原来粒度的性质（即对热的稳定程度）的指标，是我国评价块煤质量指标之一。

2.0.13 气焦 gas coke

是焦炭的一种，其质量低于冶金焦或铸造焦，直立炉所生产的焦一般称为气焦，当焦炉大量配入气煤时，所产生的低质的焦炭也是气焦。

2.0.14 电气滤清器（电捕焦油器） electric filter

用高压直流电除去煤气中焦油和灰尘的设备。

2.0.15 调峰气 peak shaving gas

为了平衡用气量高峰，供作调峰手段使用的辅助性气源和储气。

2.0.16 计算月 design month

指一年中逐月平均的日用气量中出现最大值的月份。

2.0.17 月高峰系数 maximum uneven factor of monthly consumption

计算月的平均日用气量和年的日平均用气量之比。

2.0.18 日高峰系数 maximum uneven factor of daily consumption

计算月中的日最大用气量和该月日平均用气量之比。

2.0.19 小时高峰系数 maximum uneven factor of hourly consumption

计算月中最大用气量日的小时最大用气量和该日平均小时用气量之比。

2.0.20 低压储气罐 low pressure gasholder

工作压力（表压）在 10kPa 以下，依靠容积变化储存燃气的储气罐。分为湿式储气罐和干式储气罐两种。

2.0.21 高压储气罐 high pressure gasholder

工作压力（表压）大于 0.4MPa，依靠压力变化储存燃气的储气罐。又称为固定容积储气罐。

2.0.22 调压装置 regulator device

将较高燃气压力降至所需的较低压力调压单元总称。包括调压器及其附属设备。

2.0.23 调压站 regulator station

将调压装置放置于专用的调压建筑物或构筑物中，承担用气压力的调节。包括调压装置及调压室的建筑物或构筑物等。

2.0.24 调压箱（调压柜） regulator box

将调压装置放置于专用箱体，设于用气建筑物附近，承担用气压力的调节。包括调压装置和箱体。悬挂式和地下式箱称为调压箱，落地式箱称为调压柜。

2.0.25 重要的公共建筑 important public building

指性质重要、人员密集，发生火灾后损失大、影响大、伤亡大的公共建筑物。如省市级以上的机关办公楼、电子计算机中心、通信中心以及体育馆、影剧院、百货大楼等。

2.0.26 用气建筑的毗连建筑物 building adjacent to building supplied with gas

指与用气建筑物紧密相连又不属于同一个建筑结构整体的建筑物。

2.0.27 单独用户 individual user

指主要有一个专用用气点的用气单位，如一个锅炉房、一个食堂或一个车间等。

2.0.28 压缩天然气 compressed natural gas (CNG)

指压缩到压力大于或等于 10MPa 且不大于 25MPa 的气态天

然气。

2.0.29 压缩天然气加气站　CNG fuelling station

由高、中压输气管道或气田的集气处理站等引入天然气，经净化、计量、压缩并向气瓶车或气瓶组充装压缩天然气的站场。

2.0.30 压缩天然气气瓶车　CNG cylinders truck transportation

由多个压缩天然气瓶组合并固定在汽车挂车底盘上，具有压缩天然气加（卸）气系统和安全防护及安全放散等的设施。

2.0.31 压缩天然气瓶组　multiple CNG cylinder installations

具有压缩天然气加（卸）气系统和安全防护及安全放散等设施，固定在瓶筐上的多个压缩天然气瓶组合。

2.0.32 压缩天然气储配站　CNG stored and distributed station

具有将槽车、槽船运输的压缩天然气进行卸气、加热、调压、储存、计量、加臭，并送入城镇燃气输配管道功能的站场。

2.0.33 压缩天然气瓶组供应站　station for CNG multiple cylinder installations

采用压缩天然气气瓶组作为储气设施，具有将压缩天然气卸气、调压、计量和加臭，并送入城镇燃气输配管道功能的设施。

2.0.34 液化石油气供应基地　liquefied petroleum gases (LPG) supply base

城镇液化石油气储存站、储配站和灌装站的统称。

2.0.35 液化石油气储存站　LPG stored station

储存液化石油气，并将其输送给灌装站、气化站和混气站的液化石油气储存站场。

2.0.36 液化石油气灌装站　LPG filling station

进行液化石油气灌装作业的站场。

2.0.37 液化石油气储配站　LPG stored and delivered station

兼有液化石油气储存站和灌装站两者全部功能的站场。

2.0.38 液化石油气气化站　LPG vaporizing station

配置储存和气化装置，将液态液化石油气转换为气态液化石油气，并向用户供气的生产设施。

2.0.39 液化石油气混气站　LPG-air (other fuel gas) mixing station

配置储存、气化和混气装置，将液态液化石油气转换为气态液化石油气后，与空气或其他可燃气体按一定比例混合配制成混合气，并向用户供气的生产设施。

2.0.40 液化石油气-空气混合气　LPG-air mixture

将气态液化石油气与空气按一定比例混合配制成符合城镇燃气质量要求的燃气。

2.0.41 全压式储罐　fully pressurized storage tank

在常温和较高压力下盛装液化石油气的储罐。

2.0.42 半冷冻式储罐　semi-refrigerated storage tank

在较低温度和较低压力下盛装液化石油气的储罐。

2.0.43 全冷冻式储罐　fully refrigerated storage tank

在低温和常压下盛装液化石油气的储罐。

2.0.44 瓶组气化站　vaporizing station of multiple cylinder installations

配置2个以上15kg、2个或2个以上50kg气瓶，采用自然或强制气化方式将液态液化石油气转换为气态液化石油气后，向用户供气的生产设施。

2.0.45 液化石油气瓶装供应站　bottled LPG delivered station

经营和储存液化石油气气瓶的场所。

2.0.46 液化天然气　liquefied natural gas (LNG)

液化状况下的无色流体，其主要组分为甲烷。

2.0.47 液化天然气气化站　LNG vaporizing station

具有将槽车或槽船运输的液化天然气进行卸气、储存、气化、调压、计量和加臭，并送入城镇燃气输配管道功能的站场。又称为液化天然气卫星站（LNG satellite plant）。

2.0.48 引入管　service pipe

室外配气支管与用户室内燃气进口管总阀门（当无总阀门时，指距室内地面1m高处）之间的管道。

2.0.49 管道暗埋　piping embedment

管道直接埋设在墙体、地面内。

2.0.50 管道暗封　piping concealment

管道敷设在管道井、吊顶、管沟、装饰层内。

2.0.51 钎焊　capillary joining

钎焊是一个接合金属的过程，在焊接时作为填充金属（钎料）是熔化的有色金属，它通过毛细管作用被吸入要被连接的两个部件表面之间的狭小空间中，钎焊可分为硬钎焊和软钎焊。

3 用气量和燃气质量

3.1 用 气 量

3.1.1 设计用气量应根据当地供气原则和条件确定，包括下列各种用气量：

　1　居民生活用气量；

　2　商业用气量；

　3　工业企业生产用气量；

　4　采暖通风和空调用气量；

　5　燃气汽车用气量；

　6　其他气量。

注：当电站采用城镇燃气发电或供热时，尚应包括电站用气量。

3.1.2 各种用户的燃气设计用气量，应根据燃气发展规划和用气量指标确定。

3.1.3 居民生活和商业的用气量指标，应根据当地居民生活和商业用气量的统计数据分析确定。

3.1.4 工业企业生产的用气量，可根据实际燃料消耗量折算，或按同行业的用气量指标分析确定。

3.1.5 采暖通风和空调用气量指标，可按国家现行标准《城市热力网设计规范》CJJ 34 或当地建筑物耗热量指标确定。

3.1.6 燃气汽车用气量指标，应根据当地燃气汽车种类、车型和使用量的统计数据分析确定。当缺乏用气量的实际统计资料时，可按已有燃气汽车城镇的用气量指标分析确定。

3.2 燃 气 质 量

3.2.1 城镇燃气质量指标应符合下列要求：

　1　城镇燃气（应按基准气分类）的发热量和组分的波动应

符合城镇燃气互换的要求；

2 城镇燃气偏离基准气的波动范围宜按现行的国家标准《城市燃气分类》GB/T 13611 的规定采用，并应适当留有余地。

3.2.2 采用不同种类的燃气做城镇燃气除应符合第 3.2.1 条外，还应分别符合下列第 1～4 款的规定。

1 天然气的质量指标应符合下列规定：

1）天然气发热量、总硫和硫化氢含量、水露点指标应符合现行国家标准《天然气》GB 17820 的一类气或二类气的规定；

2）在天然气交接点的压力和温度条件下：

天然气的烃露点应比最低环境温度低 5℃；

天然气中不应有固态、液态或胶状物质。

2 液化石油气质量指标应符合现行国家标准《油气田液化石油气》GB 9052.1 或《液化石油气》GB 11174 的规定；

3 人工煤气质量指标应符合现行国家标准《人工煤气》GB 13612 的规定；

4 液化石油气与空气的混合气做主气源时，液化石油气的体积分数应高于其爆炸上限的 2 倍，且混合气的露点温度应低于管道外壁温度 5℃。硫化氢含量不应大于 20mg/m³。

3.2.3 城镇燃气应具有可以察觉的臭味，燃气中加臭剂的最小量应符合下列规定：

1 无毒燃气泄漏到空气中，达到爆炸下限的 20% 时，应能察觉；

2 有毒燃气泄漏到空气中，达到对人体允许的有害浓度时，应能察觉；

对于以一氧化碳为有毒成分的燃气，空气中一氧化碳含量达到 0.02%（体积分数）时，应能察觉。

3.2.4 城镇燃气加臭剂应符合下列要求：

1 加臭剂和燃气混合在一起后应具有特殊的臭味；

2 加臭剂不应对人体、管道或与其接触的材料有害；

3 加臭剂的燃烧产物不应对人体呼吸有害，并不应腐蚀或伤害与此燃烧产物经常接触的材料；

4 加臭剂溶解于水的程度不应大于 2.5%（质量分数）；

5 加臭剂应有在空气中应能察觉的加臭剂含量指标。

4 制　气

4.1 一般规定

4.1.1 本章适用于煤的干馏制气、煤的气化制气与重、轻油催化裂解制气及天然气改制等工程设计。

4.1.2 各制气炉型和台数的选择，应根据制气原料的品种，供气规模及各种产品的市场需要，按不同炉型的特点，经技术经济比较后确定。

4.1.3 制气车间主要生产场所爆炸和火灾危险区域等级划分应符合本规范附录 A 的规定。

4.1.4 制气车间的"三废"处理要求除应符合本章有关规定外，还应符合国家现行有关标准的规定。

4.1.5 各类制气炉型及其辅助设施的场地布置除应符合本章有关规定外，还应符合现行国家标准《工业企业总平面设计规范》GB 50187 的规定。

4.2 煤的干馏制气

4.2.1 煤的干馏炉装炉煤的质量指标，应符合下列要求：

1 直立炉：

挥发分（干基）	＞25%；
坩埚膨胀序数	1½～4；
葛金指数	F～G₁；
灰分（干基）	＜25%；
粒度	＜50mm（其中小于 10mm 的含量应小于 75%）。

注：1 生产铁合金焦时，应选用低灰分、弱粘结的块煤。

灰分（干基）	＜10%；
粒度	15～50mm；
热稳定性（TS）	＞60%。

2 生产电石焦时，应采用灰分小于 10% 的煤种，粒度要求与直立炉装炉煤粒度相同。

3 当装炉煤质量不符合上述要求时，应做工业性的单炉试验。

2 焦炉：

挥发分（干基）	24%～32%；
胶质层指数（Y）	13～20mm；
焦块最终收缩度（X）	28～33mm；
粘结指数	58～72；
水分	＜10%；
灰分（干基）	≤11%；
硫分（干基）	＜1%；
粒度（＜3mm 的含量）	75%～80%。

注：1 指标仅给出范围，最终指标应按配煤试验结果确定。

2 采用焦炉炼制气焦时，其灰分（干基）可小于 16%。

3 采用焦炉炼制冶金焦或铸造焦时，应按焦炭的质量要求决定配煤的质量指标。

4.2.2 采用直立炉制气的煤准备流程应设破碎和配煤装置。

采用焦炉制气的煤准备宜采取先配煤后粉碎流程。

4.2.3 原料煤的装卸和倒运应采用机械化运输设备。卸煤设备的能力，应按日用煤量、供煤不均衡程度和供煤协议的卸煤时间确定。

4.2.4 储煤场地的操作容量应根据来煤方式不同，宜按 10～40d 的用煤量确定。其操作容量系数，宜取 65%～70%。

4.2.5 配煤槽和粉碎机室的设计，应符合下列要求：

1 配煤槽总容量，应根据日用煤量和允许的检修时间等因素确定；

2 配煤槽的个数，应根据采用的煤种数和配煤比等因素确定；

3 在粉碎装置前，必须设置电磁分离器；

4 粉碎机室必须设置除尘装置和其他防尘措施,室内含尘量应小于 10mg/m³;

排入室外大气中的粉尘最高允许浓度标准为 150mg/m³;

5 粉碎机应采用隔声、消声、吸声、减振以及综合控制噪声等措施,生产车间及作业场所的噪声 A 声级不得超过 90dB。

4.2.6 煤准备流程的各胶带运输机及其相连的运转设备之间,应设连锁集中控制装置。

4.2.7 每座直立炉顶层的储煤仓总容量,宜按 36h 用煤量计算。辅助煤箱的总容量,应按 2h 用煤量计算。储焦仓的总容量,宜按一次加满四门炭化室的装焦量计算。

焦炉的储煤塔,宜按两座炉共用一个储煤塔设计,其总容量应按 12~16h 用煤量计算。

4.2.8 煤干馏的主要产品的产率指标,可按表 4.2.8 采用。

表 4.2.8 煤干馏的主要产品的产率指标

主要产品名称	直立炉	焦炉
煤气	350~380m³/t	320~340m³/t
全焦	71%~74%	72%~76%
焦油	3.3%~3.7%	3.2%~3.7%
硫铵	0.9%	1.0%
粗苯	0.8%	1.0%

注:1 直立炉煤气其最低热值为 16.3MJ/m³;
　　2 焦炉煤气其最低值为 17.9MJ/m³;
　　3 直立炉水分按 7%的煤计;
　　4 焦炉按干煤计。

4.2.9 焦炉的加热煤气系统,宜采用复热式。

4.2.10 煤干馏炉的加热煤气,宜采用发生炉(含两段发生炉)或高炉煤气。

发生炉煤气热值应符合现行国家标准《发生炉煤气站设计规范》GB 50195 的规定。

煤干馏炉的耗热量指标,宜按表 4.2.10 选用。

表 4.2.10 煤干馏炉的耗热量指标 [kJ/kg(煤)]

加热煤气种类	焦炉	直立炉	适用范围
焦炉煤气	2340	—	作为计算
发生炉煤气	2640	3010	生产消耗用
焦炉煤气	2570	—	作为计算
发生炉煤气	2850	—	加热系统设备用

注:1 直立炉的指标系按炭化室长度为 2.1m 炉型所耗发生炉煤气计算。
　　焦炉的指标系按炭化室有效容积大于 20m³ 炉型所耗冷煤气计算。
　　2 水分按 7%的煤计。

4.2.11 加热煤气管道的设计应符合下列要求:

1 当焦炉采用发生炉煤气加热时,加热煤气管道上宜设置混入回炉煤气装置;当焦炉采用回炉煤气加热时,加热煤气管道上宜设置煤气预热器;

2 应设置压力自动调节装置和流量计;

3 必须设置低压报警信号装置,其取压点应设在压力自动调节装置的蝶阀前的总管上。管道末端应设爆破膜;

4 应设置蒸汽清扫和水封装置;

5 加热煤气的总管的敷设,宜采用架空方式。

4.2.12 直立炉、焦炉桥管上必须设置低压氨水喷洒装置。直立炉的荒煤气管或焦炉集气管上必须设置煤气放散管,放散管出口应设点火燃烧装置。

焦炉上升管盖及桥管与水封阀承插处应采用水封装置。

4.2.13 炉顶荒煤气管,应设压力自动调节装置。调节阀前必须设置氨水喷洒设施。调节蝶阀与煤气鼓风机室应有联系信号和自控装置。

4.2.14 直立炉炉顶捣炉与炉底放焦之间应有联系信号。焦炉的推焦车、拦焦车、熄焦车的电机车之间宜设置可靠的连锁装置以及熄焦车控制推焦杆的事故刹车装置。

4.2.15 焦炉宜设上升管隔热装置和高压氨水消烟加煤装置。

4.2.16 氨水喷洒系统的设计,应符合下列要求:

1 低压氨水的喷洒压力,不应低于 0.15MPa。氨水的总耗用量指标应按直立炉 4m³/t(煤)、焦炉 6~8m³/t(煤)选用;

2 直立炉的氨水总管,应布置成环形;

3 低压氨水应设事故用水管;

4 焦炉消烟装煤用高压氨水的总耗用量为低压氨水总耗用量的 3.4%~3.6%,其喷洒压力应按 1.5~2.7MPa 设计。

注:1 直立炉水分按 7%的煤计;
　　2 焦炉按干煤计。

4.2.17 直立炉废热锅炉的设置应符合下列规定:

1 每座直立炉的废热锅炉,应设置在废气总管附近;

2 废热锅炉的废气进口温度,宜取 800~900℃,废气出口温度宜取 200℃;

3 废热锅炉宜设置 1 台备用;

4 废热锅炉应有清灰与检修的空间;

5 废热锅炉的引风机应采取防振措施。

4.2.18 直立炉排焦和熄焦系统的设计应符合下列要求:

1 直立炉应采用连续的水熄焦,熄焦水的总管,应布置成环形。熄焦水应循环使用,其用水量宜按 3~4m³/t(水分为 7%的煤)计算;

2 排焦传动装置应采用调速电机控制;

3 排焦箱的容量,宜按 4h 的排焦量计算;

采用弱粘结性煤时,排焦箱上应设排焦控制器;

4 排焦门的启闭,宜采用机械化装置;

5 排出的焦炭运出车间以前,应有大于 80s 的沥水时间。

4.2.19 焦炉可采用湿法熄焦和干法熄焦两种方式。当采用湿法熄焦时应设自动控制装置,在熄焦塔内应设置捕尘装置。

熄焦水应循环使用,其用水量宜按 2m³/t(干煤)计算。熄焦时间宜为 90~120s。

粉焦沉淀池的有效容积应保证熄焦水有足够的沉淀时间。清除粉焦沉淀池内的粉焦应采用机械化设施。

大型焦化厂有条件的应采用干法熄焦装置。

4.2.20 当熄焦使用生化尾水时,其水质应符合下列要求:
酚 ≤0.5mg/L;
CN^- ≤0.5mg/L;
COD_{cr} ≈350mg/L。

4.2.21 焦炉的焦台设计宜符合下列要求:

1 每两座焦炉宜设置 1 个焦台;

2 焦台的宽度,宜为炭化室高度的 2 倍;

3 焦台上焦炭的停留时间,不宜小于 30min;

4 焦台的水平倾角,宜为 28°。

4.2.22 焦炭处理系统,宜设置筛焦楼及其储焦场地或储焦设施。

筛焦楼内应设有除尘通风设施。

焦炭筛分设施,宜按筛分后的粒度大于 40mm、40~25mm、25~10mm 和小于 10mm,共 4 级设计。

注:生产冶金、铸造焦时,焦炭筛分设施宜增加大于 60mm 或 80mm 的一级。生产铁合金焦时,焦炭筛分设施宜增加 10~5mm 和小于 5mm 两级。

4.2.23 筛焦楼内储焦仓总容量的确定,应符合下列要求:

1 直立炉的储焦仓,宜按 10~12h 产焦量计算;

2 焦炉的储焦仓,宜按 6~8h 产焦量计算。

4.2.24 储焦场的地面,应做人工地坪并应设排水设施。

4.2.25 独立炼焦制气厂储焦场的操作容量宜按焦炭销售运输方式不同采用 15~20d 产焦量。

4.2.26 自产的中、小块气焦,宜用于生产发生炉煤气。自产的大块气焦,宜用于生产水煤气。

4.3 煤的气化制气

4.3.1 本节适用于下列炉型的煤的气化制气:

1 煤气发生炉；两段煤气发生炉；

2 水煤气发生炉；两段水煤气发生炉；

3 流化床水煤气炉。

注：1 煤气发生炉、两段煤气发生炉为连续气化炉；水煤气发生炉、两段水煤气发生炉、流化床水煤气炉为循环气化炉。

2 鲁奇高压气化炉暂不包括在本规范内。

4.3.2 煤的气化制气宜作为人工煤气气源厂的辅助（加热）和掺混用气源。当作为城市的主气源时，必须采取有效措施，使煤气组分中一氧化碳含量和煤气热值等达到现行国家标准《人工煤气》GB 13612 质量标准。

4.3.3 气化用煤的主要质量指标宜符合表 4.3.3 的规定。

表 4.3.3 气化用煤主要质量指标

指标项目	煤气发生炉	两段煤气发生炉	水煤气发生炉	两段水煤气发生炉	流化床水煤气炉
粒度 (mm)	—				
1 无烟煤	6~13，13~25，25~50	—	25~100	—	0~13 其中 1 以下<10%，大于 13<15%
2 烟煤		20~40，25~50，30~60		20~40，25~50，30~60	
3 焦炭	6~10，10~25，25~40	—	25~100	—	
质量指标					
1 灰分（干基）	<35%（气焦） <24%（无烟煤）	<25%（烟煤）	<33%（气焦） <24%（无烟煤）	25%（烟煤）	<35%（各煤）
2 热稳定性(TS)+6	>60%	>60%	>60%	>60%	>45%
3 抗碎强度（粒度大于25mm）	>60%	>60%	>60%	>60%	—
质量指标					
4 灰熔点(ST)	>1200℃（冷煤气） >1250℃（热煤气）	>1250℃	>1300℃	>1250℃	>1200℃
5 全硫（干基）	<1%	<1%	<1%	<1%	<1%
6 挥发分（干基）	—	>20%	<9%	>20%	—
7 罗加指数(R.I)	—	≤20	—	≤20	<45
8 自由膨胀序数(F.S.I)	—	≤2	—	≤2	—
9 煤的化学反应性(a)	—	—	—	—	>30%（1000℃时）

注：1 发生炉入炉的无烟煤或焦炭，粒度可放宽选用相邻两级。

2 两段煤气发生炉、两段水煤气发生炉用煤粒度限使用其中的一级。

4.3.4 煤场的储煤量，应根据煤源远近、供应的不均衡性和交通运输方式等条件确定，宜采用 10~30d 的用煤量；当作为辅助、调峰气源使用本厂焦炭时，宜小于 1d 的用焦量。

4.3.5 当气化炉按三班制时，储煤斗的有效储量应符合表 4.3.5 的要求。

表 4.3.5 储煤斗的有效储量

备煤系统工作班制	储煤斗的有效储量
一班工作	20~22h 气化炉用煤量
二班工作	14~16h 气化炉用煤量

注：1 备煤系统不宜按三班工作。

2 用煤量应按设计产量计算。

4.3.6 煤气化后的灰渣宜采用机械化处理措施并进行综合利用。

4.3.7 煤气化炉煤气低热值应符合下列规定：

1 煤气发生炉，不应小于 5MJ/m³。

2 两段发生炉，上段煤气不应小于 6.7MJ/m³；
下段煤气不应大于 5.44MJ/m³。

3 水煤气发生炉，不应小于 10MJ/m³。

4 两段水煤气发生炉，上段煤气不应小于 13.5MJ/m³；
下段煤气不应大于 10.8MJ/m³。

5 流化床水煤气炉，宜为 9.4~11.3MJ/m³。

4.3.8 气化吨煤产气率指标，应根据选用的煤气发生炉炉型、煤种、粒度等因素综合考虑后确定。对曾用于气化的煤种，应采用其平均产气率指标；对未曾用于气化的煤种，应根据其气化试验报告的产气率确定。当缺乏条件时，可按表 4.3.8 选用。

表 4.3.8 气化炉煤气产气率指标

原料	产气率（m³/t）（干基）					灰分含量
	煤气发生炉	两段煤气发生炉	水煤气发生炉	两段水煤气发生炉	流化床水煤气炉	
无烟煤	3000~3400	—	1500~1700	—	900~1000	15%~25%
烟煤	—	2600~3000	—	800~1100		18%~25%
焦炭	3100~3400	—	1500~1650	—		13%~21%
气焦	2600~3000	—	1300~1500	—		25%~35%

4.3.9 气化炉组工作台数每 1~4 台宜另设一台备用。

4.3.10 水煤气发生炉、两段水煤气发生炉，每 3 台宜编为 1 组；流化床水煤气炉每 2 台宜编为 1 组；合用一套煤气冷却系统和废气处理及鼓风设备。

4.3.11 循环气化炉的空气鼓风机的选择，应符合本规范第 4.4.9 条的要求。

4.3.12 循环气化炉的煤气缓冲罐宜采用直立式低压储气罐，其容积宜为 0.5~1 倍煤气小时产气量。

4.3.13 循环气化炉的蒸汽系统中应设置蒸汽蓄能器，并宜设有备用的蒸汽系统。

4.3.14 煤气排送机和空气鼓风机的并联工作台数不宜超过 3 台，并应另设一台备用。

4.3.15 作为加热和掺混用的气化炉冷煤气温度宜小于 35℃，其灰尘和液态焦油等杂质含量应小于 20mg/m³；气化炉热煤气至用气设备前温度不应小于 350℃，其灰尘含量应小于 300mg/m³。

4.3.16 采用无烟煤或焦炭作原料的气化炉，煤气系统中的电气滤清器应设有冲洗装置或能连续形成水膜的湿式装置。

4.3.17 煤气的冷却宜采用直接冷却。

冷却用水和洗涤用水应采用封闭循环系统。

冷循环水进口温度不宜大于 28℃，热循环水进口温度不宜小于 55℃。

4.3.18 废热锅炉和生产蒸汽的水夹套，其给水水质应符合现行的国家标准《工业锅炉水质标准》GB 1576 中关于锅壳锅炉水质标准的规定。

4.3.19 当水夹套中水温小于或等于 100℃时，给水水质应符合现行的国家标准《工业锅炉水质标准》GB 1576 中关于热水锅炉水质标准的规定。

4.3.20 煤气净化设备、废热锅炉及管道应设放散管和吹扫管接头，其位置应能使设备内的介质吹净；当净化设备相联处无隔断装置时，可仅在较高的设备上装设放散管。

设备和煤气管道放散管的接管上，应设取样嘴。

4.3.21 放散管管口高度应符合下列要求：

1 高出管道和设备及其走台 4m，并距地面高度不小于 10m；

2 厂房内或距厂房 10m 以内的煤气管道和设备上的放散管管口，应高出厂房顶 4m。

4.3.22 煤气系统中应设置可靠的隔断煤气装置，并应设置相应的操作平台。

4.3.23 在电气滤清器上必须装有爆破阀。洗涤塔上宜设有爆破阀，其装设位置应符合下列要求：

1 装在设备薄弱处或易受爆破气浪直接冲击的位置；

2 离操作面的净空高度小于 2m 时，应设有防护措施；

3 爆破阀的泄压口不应正对建筑物的门或窗。

4.3.24 厂区煤气管道与空气管道应架空敷设。热煤气管道上应设有清灰装置。

4.3.25 空气总管末端应设有爆破膜。煤气排送机前的低压煤气总管上，应设爆破阀或泄压水封。

4.3.26 煤气设备水封的高度，不应小于表 4.3.26 的规定。

表 4.3.26 煤气设备水封有效高度

最大工作压力（Pa）	水封的有效高度（mm）
<3000	最大工作压力（以 Pa 表示）×0.1+150，但不得小于 250
3000～10000	最大工作压力（以 Pa 表示）×0.1×1.5
>10000	最大工作压力（以 Pa 表示）×0.1+500

注：发生炉煤气钟罩阀的放散水封的有效高度应等于煤气发生炉出口最大工作压力（以 Pa 表示）乘 0.1 加 50mm。

4.3.27 生产系统的仪表和自动控制装置的设置应符合下列规定：

1 宜设置空气、蒸汽、给水和煤气等介质的计量装置；

2 宜设置气化炉进口空气压力检测仪表；

3 宜设置循环气化炉鼓风机的压力、温度测量仪表；

4 宜设置连续气化炉进口饱和空气温度及其自动调节；

5 宜设置气化炉进口蒸汽和出口煤气的温度及压力检测仪表；

6 宜设置两段炉上段出口煤气温度自动调节；

7 应设置汽包水位自动调节；

8 应设置循环气化炉的缓冲气罐的高、低位限位器分别与自动控制机和煤气排送机连锁装置，并应设报警装置；

9 应设置循环气化炉的高压水罐压力与自动控制机连锁装置，并应设报警装置；

10 应设置连续气化炉的煤气排送机（或热煤气直接用户如直立炉的引风机）与空气总管压力或空气鼓风机连锁装置，并应设报警装置；

11 应设置当煤气中含氧量大于 1%（体积）或电气滤清器的绝缘箱温度低于规定值、或电气滤清器出口煤气压力下降到规定值时，能立即切断高压电源装置，并应设报警装置；

12 应设置连续气化炉的低压煤气总管压力与煤气排送机连锁装置，并应设报警装置；

13 应设置气化炉的加煤的自动控制、除灰加煤的相互连锁及报警装置；

14 循环气化系统应设置自动程序控制装置。

4.4 重油低压间歇循环催化裂解制气

4.4.1 重油制气用原料油的质量，宜符合下列要求：

碳氢比 （C/H）<7.5；
残炭 <12%；
开口闪点 >120℃；
密度 900～970kg/m³。

4.4.2 原料重油的储存量，宜按 15～20d 的用油量计算，原料重油的储罐数量不应少于 2 个。

4.4.3 重油低压间歇循环制气应采用催化裂解工艺，其炉型宜采用三筒炉。

4.4.4 重油低压间歇循环催化裂解制气工艺主要设计参数宜符合下列要求：

1 反应器液体空间速度：0.60～0.65m³/（m³·h）；

2 反应器内催化剂层高度：0.6～0.7m；

3 燃烧室热强度：5000～7000MJ/（m³·h）；

4 加热油用量占总用油量比例：小于 16%；

5 过程蒸汽量与制油量之比值：1.0～1.2（质量比）；

6 循环时间：8min；

7 每吨重油的催化裂解产品率可按下列指标采用：

煤气：1100～1200m³（低热值按 21MJ/m³ 计）；
粗苯：6%～8%；
焦油：15% 左右；

8 选用含镍量为 3%～7% 的镍系催化剂。

4.4.5 重油间歇循环催化裂解装置的烟气系统应设置废热回收和除尘设备。

4.4.6 重油间歇循环催化裂解装置的蒸汽系统应设置蒸汽蓄能器。

4.4.7 每 2 台重油制气炉应编为 1 组，合用 1 套冷却系统和鼓风设备。

冷却系统和鼓风设备的能力应按 1 台炉的瞬时流量计算。

4.4.8 煤气冷却宜采用间接式冷却设备或直接—间接—直接三段冷却流程。冷却后的燃气温度不应大于 35℃，冷却水应循环使用。

4.4.9 空气鼓风机的选择，应符合下列要求：

1 风量应按空气瞬时最大用量确定；

2 风压应按制气炉加热期的空气废气系统阻力和废气出口压力之和确定；

3 每 1～2 组炉应设置 1 台备用的空气鼓风机；

4 空气鼓风机应有减振和消声措施。

4.4.10 油泵的选择，应符合下列要求：

1 流量应按瞬时最大用量确定；

2 压力应按输油系统的阻力和喷嘴的要求压力之和确定；

3 每 1～3 台油泵应另设 1 台备用。

4.4.11 输油系统应设置中间油罐，其容量宜按 1d 的用油量确定。

4.4.12 煤气系统应设置缓冲罐，其容量宜按 0.5～1.0h 的产气量确定。缓冲气罐的水槽，应设置集油、排油装置。

4.4.13 在炉体与空气系统连接管上应采取防止炉内燃气窜入空气管道的措施，并应设防爆装置。

4.4.14 油制气炉宜露天布置。主烟囱和副烟囱高出油制气炉炉顶高度不应小于 4m。

4.4.15 控制室不应与空气鼓风机室布置在同一建筑物内。控制室应布置在油制气厂夏季最大频率风向的上风侧。

4.4.16 油水分离池应布置在油制气厂夏季最小频率风向的上风侧。对油水分离池及焦油沟，应采取减少挥发性气体散发的措施。

4.4.17 重油制气厂应设污水处理装置，污水排放应符合现行国家标准《污水综合排放标准》GB 8978 的规定。

4.4.18 自动控制装置的程序控制系统设计，应符合下列要求：

1 能手动和自动切换操作；

2 能调节循环周期和阶段百分比；

3 设置循环中各阶段比例和阀门动作的指示信号；

4 主要阀门应设置检查和连锁装置，在发生故障时应有显示和报警信号，并能恢复到安全状态。

4.4.19 自动控制装置的传动系统设计，应符合下列要求：

1 传动系统的形式应根据程序控制系统的形式和本地区具体条件确定；

2 应设置储能设备；

3 传动系统的控制阀、自动阀和其他附件的选用或设计，应能适应工艺生产的特点。

4.5 轻油低压间歇循环催化裂解制气

4.5.1 轻油制气用的原料为轻质石脑油，质量宜符合下列要求：

1 相对密度（20℃）0.65～0.69；

2 初馏点＞30℃；终馏点＜130℃；

3 直链烷烃＞80％（体积分数），芳香烃＜5％（体积分数），烯烃＜1％（体积分数）；

4 总硫含量 1×10^{-4}（质量分数），铅含量 1×10^{-7}（质量分数）；

5 碳氢比（质量）5～5.4；

6 高热值 47.3～48.1MJ/kg。

4.5.2 原料石脑油储存应采用内浮顶式油罐，储罐数量不应少于 2 个，原料油的储存量宜按 15～20d 的用油量计算。

4.5.3 轻油低压间歇循环催化裂解制气装置宜采用双筒炉和顺流式流程。加热室宜设置两个主火焰监视器，燃烧室应采取防止爆燃的措施。

4.5.4 轻油低压间歇循环催化裂解制气工艺主要设计参数宜符合下列要求：

1 反应器液体空间速度：0.6～0.9m³/（m³·h）；

2 反应器内催化剂高度：0.8～1.0m；

3 加热油用量与制气用油量比例，小于 29/100；

4 过程蒸汽量与制气油量之比值为 1.5～1.6（质量比）；有 CO 变换时比值增加为 1.8～2.2（质量比）；

5 循环时间：2～5min；

6 每吨轻油的催化裂解煤气产率：2400～2500m³（低热值按 15.32～14.70MJ/m³ 计）；

7 催化剂采用镍系催化剂。

4.5.5 制气工艺宜采用 CO 变换方案，两台制气炉合用一台变换设备。

4.5.6 轻油制气增热流程宜采用轻质石脑油热增热方案，增热程度宜限制在比燃气烃露点低 5℃。

4.5.7 轻油制气炉应设置废热回收设备，进行 CO 变换时应另设置废热回收设备。

4.5.8 轻油制气炉应设置蒸汽蓄能器，不宜设置生产用汽锅炉。

4.5.9 每 2 台轻油制气炉应编为一组，合用一套冷却系统和鼓风设备。

冷却系统和鼓风设备的能力应按瞬时最大流量计算。

4.5.10 煤气冷却宜采用直接式冷却设备。冷却后的燃气温度不宜大于 35℃，冷却水应循环使用。

4.5.11 空气鼓风机的选择，应符合本规范第 4.4.9 条的要求，宜选用自产蒸汽来驱动透平风机，空气鼓风机入口宜设空气过滤装置。

4.5.12 原料泵的选择，应符合本规范第 4.4.10 条的要求，宜设置断流保护装置及连锁。

4.5.13 轻油制气炉宜设置防爆装置，在炉体与空气系统连接管上应采用防止炉内燃气窜入空气管道的措施，并应设防爆装置。

4.5.14 轻油制气炉应露天布置。

烟囱高出制气炉炉顶高度不应小于 4m。

4.5.15 控制室不应与空气鼓风机布置在同一建筑物内。

4.5.16 轻油制气厂可不设工业废水处理装置。

4.5.17 自动控制装置的程序控制系统设计，应符合本规范第 4.4.18 条的要求，宜采用全冗余，且宜设置手动紧急停车装置。

4.5.18 自动控制装置的传动系统设计，应符合本规范第 4.4.19 条的要求。

4.6 液化石油气低压间歇循环催化裂解制气

4.6.1 液化石油气制气用的原料，宜符合本规范第 3.2.2 条第 2 款的规定，其中不饱和烃含量应小于 15％（体积分数）。

4.6.2 原料液化石油气储存宜采用高压球罐，球罐数量不应小于 2 个，储存量宜按 15～20d 的用气量计算。

4.6.3 液化石油气低压间歇循环催化裂解制气工艺主要设计参数宜符合下列要求：

1 反应器液体空间速度：0.6～0.9m³/（m³·h）；

2 反应器内催化剂高度：0.8～1.0m；

3 加热油用量与制气用油量比例：小于 29/100；

4 过程蒸汽量与制气油量之比为 1.5～1.6（质量比），有 CO 变换时比值增加为 1.8～2.2（质量比）；

5 循环时间：2～5min；

6 每吨液化石油气的催化裂解煤气产率：2400～2500m³（低热值按 15.32～14.70MJ/m³ 计算）；

7 催化剂采用镍系催化剂。

4.6.4 液化石油气宜采用液态进料，开关阀宜设置在喷枪前端。

4.6.5 制气工艺中 CO 变换工艺的设计应符合本规范第 4.5.5 条的要求。

4.6.6 制气炉后应设置废热回收设备，选择 CO 变换时，在制气后和变换后均应设置废热回收设备。

4.6.7 液化石油气制气炉应设置蒸汽蓄能器，不宜设置生产用汽锅炉。

4.6.8 冷却系统和鼓风设备的设计应符合本规范第 4.5.9 条的要求。

煤气冷却设备的设计应符合本规范第 4.5.10 条的要求。

空气鼓风机的选择，应符合本规范第 4.5.11 条的要求。

4.6.9 原料泵的选择，应符合本规范第 4.5.12 条的要求。

4.6.10 炉子系统防爆设施的设计，应符合本规范第 4.5.13 条的要求。

4.6.11 制气炉的露天布置应符合本规范第 4.5.14 条的要求。

4.6.12 控制室不应与空气鼓风机室布置在同一建筑物内。

4.6.13 液化石油气催化裂解制气厂可不设工业废水处理装置。

4.6.14 自动控制装置的程序控制系统设计，应符合本规范第 4.4.18 条的要求。

4.6.15 自动控制装置的传动系统设计应符合本规范第 4.4.19 条的要求。

4.7 天然气低压间歇循环催化改制制气

4.7.1 天然气改制制气用的天然气质量，应符合现行国家标准《天然气》GB 17820 二类气的技术指标。

4.7.2 在各个循环操作阶段，天然气进炉总管压力的波动值宜小于 0.01MPa。

4.7.3 天然气低压间歇循环催化改制制气装置宜采用双筒炉和顺流式流程。

4.7.4 天然气低压间歇循环催化改制制气工艺主要设计参数宜符合下列要求：

1 反应器内改制用天然气空间速度：500～600m³/（m³·h）；

2 反应器内催化剂高度：0.8～1.2m；

3 加热用天然气用量与制气用天然气用量比例：小于 29/100；

4 过程蒸汽量与改制用天然气量之比值：1.5～1.6（质量比）；

5 循环时间：2～5min；

6 每千立方米天然气的催化改制煤气产率：改制炉出口煤气：2650～2540m³（高热值按 12.56～13.06MJ/m³ 计）。

4.7.5 天然气改制煤气增热流程宜采用天然气掺混方案，增热程度应根据煤气热值、华白指数和燃烧势的要求确定。

4.7.6 天然气改制炉应设置废热回收设备。

4.7.7 天然气改制炉应设置蒸汽蓄热器，不宜设置生产用汽锅炉。

4.7.8 冷却系统和鼓风设备的设计应符合本规范第 4.5.9 条的要求。

天然气改制流程中的冷却设备的设计应符合本规范第 4.5.10 条的要求。

空气鼓风机的选择，应符合本规范第 4.5.11 条的要求。

4.7.9 天然气改制炉宜设置防爆装置，并应符合本规范第 4.5.13 条的要求。

4.7.10 天然气改制炉的露天布置应符合本规范第4.5.14条的要求。

4.7.11 控制室不应与空气鼓风机布置在同一建筑物内。

4.7.12 天然气改制厂可不设工业废水处理装置。

4.7.13 自动控制装置的程序控制系统设计应符合本规范第4.4.18条的要求。

4.7.14 自动控制装置的传动系统设计，应符合本规范第4.4.19条的要求。

4.8 调　峰

4.8.1 气源厂应具有调峰能力，调峰气量应与外部调峰能力相配合，并应根据燃气输配要求确定。

在选定主气源炉型时，应留有一定余量的产气能力以满足用气高峰负荷需要。

4.8.2 调峰装置必须具有快开、快停能力，调度灵活，投产后质量稳定。

4.8.3 气源厂的原料和产品的储量应满足用气高峰负荷的需要。

4.8.4 气源厂设计时，各类管线的口径应考虑用气高峰时的处理量和通过量。混合前、后的出厂煤气，均应设置煤气计量装置。

4.8.5 气源厂应设置调度室。

4.8.6 季节性调峰出厂燃气组分宜符合现行国家标准《城市燃气分类》GB/T 13611的规定。

5 净　化

5.1 一般规定

5.1.1 本章适用于煤干馏制气的净化工艺设计。煤炭气化制气及重油裂解制气的净化工艺设计可参照采用。

5.1.2 煤气净化工艺的选择，应根据煤气的种类、用途、处理量和煤气中杂质的含量，并结合当地条件和煤气掺混情况等因素，经技术经济方案比较后确定。

煤气净化主要有煤气冷凝冷却、煤气排送、焦油雾脱除、氨脱除、粗苯吸收、萘最终脱除、硫化氢及氰化氢脱除、一氧化碳变换及煤气脱水等工艺。各工段的排列顺序根据不同的工艺需要确定。

5.1.3 煤气净化设备的能力，应按小时最大煤气处理量和其相应的杂质含量确定。

5.1.4 煤气净化装置的设计，应做到当净化设备检修和清洗时，出厂煤气中杂质含量仍能符合现行的国家标准《人工煤气》GB 13612的规定。

5.1.5 煤气净化工艺设计，应与化工产品回收设计相结合。

5.1.6 煤气净化车间主要生产场所爆炸和火灾危险区域等级应符合本规范附录B的规定。

5.1.7 煤气净化工艺的设计应充分考虑废水、废气、废渣及噪声的处理，符合国家现行有关标准的规定，并应防止对环境造成二次污染。

5.1.8 煤气净化车间应提高计算机自动监测控制系统水平，降低劳动强度。

5.2 煤气的冷凝冷却

5.2.1 煤气的冷凝冷却宜采用间接式冷凝冷却工艺。也可采用先间接式冷凝冷却，后直接式冷凝冷却工艺。

5.2.2 间接式冷凝冷却工艺的设计，宜符合下列要求：

1 煤气经冷凝冷却后的温度，当采用半直接法回收氨以制取硫铵时，宜低于35℃；当采用洗涤法回收氨时，宜低于25℃；

2 冷却水宜循环使用，对水质宜进行稳定处理；

3 初冷器台数的设置原则，当其中1台检修时，其余各台仍能满足煤气冷凝冷却的要求；

4 采用轻质焦油除去管壁上的萘。

5.2.3 直接式冷凝冷却工艺的设计，宜符合下列要求：

1 煤气经冷却后的温度，低于35℃；

2 开始生产及补充用冷却水的总硬度，小于0.02mmol/L；

3 洗涤水循环使用。

5.2.4 焦油氨水分离系统的工艺设计，应符合下列要求：

1 煤气的冷凝冷却为直接式冷凝冷却工艺时，初冷器排出的焦油氨水和荒煤气管排出的焦油氨水，宜采用分别澄清分离系统；

2 煤气的冷凝冷却为间接式冷凝冷却工艺时，初冷器排出的焦油氨水和荒煤气管排出的焦油氨水的处理：当脱氨为硫酸吸收法时，可采用混合澄清分离系统；当脱氨为水洗涤法时，可采用分别澄清分离系统；

3 剩余氨水应除油后再进行溶剂萃取脱酚和蒸氨；

4 焦油氨水分离系统的排放气应设置处理装置。

5.3 煤气排送

5.3.1 煤气鼓风机的选择，应符合下列要求：

1 风量应按小时最大煤气处理量确定；

2 风压应按煤气系统的最大阻力和煤气罐的最高压力的总和确定；

3 煤气鼓风机的并联工作台数不宜超过3台。每1~3台，宜另设1台备用。

5.3.2 离心式鼓风机宜设置调速装置。

5.3.3 煤气循环管的设置，应符合下列要求：

1 当采用离心式鼓风机时，必须在鼓风机的出口煤气总管至初冷器前的煤气总管间设置大循环管。数台风机并联时，宜在鼓风机的进出口煤气总管间，设置小循环管；

> 注：当设有调速装置，且风机转速的变化能适应输气量的变化时可不设小循环管。

2 当采用容积式鼓风机时，每台鼓风机进出口的煤气管道上，必须设置旁通管。数台风机并联时，应在风机出口的煤气总管至初冷器前的煤气总管间设置大循环管，并应在风机的进出口煤气总管间设置小循环管。

5.3.4 用电动机带动的煤气鼓风机，其供电系统应符合现行的国家标准《供配电系统设计规范》GB 50052的"二级负荷"设计的规定；电动机应采取防爆措施。

5.3.5 离心式鼓风机应设有必要的连锁和信号装置。

5.3.6 鼓风机的布置，应符合下列要求：

1 鼓风机房安装高度，应能保证进口煤气管道内冷凝液排出通畅。当采用离心式鼓风机时，鼓风机进口煤气的冷凝液排出口与水封槽满流口中心高差不应小于2.5m（以水柱表示）。

2 鼓风机机组之间和鼓风机与墙之间的通道宽度，应根据鼓风机的型号、操作和检修的需要等因素确定。

3 鼓风机机组的安装位置，应能使鼓风机前阻力最小，并使各台初冷器阻力均匀。

4 鼓风机房宜设置起重设备。

5 鼓风机应设置单独的仪表操作间；仪表操作间可毗邻鼓风机房的外墙设置，但应用耐火极限不低于3h的非燃烧体实墙隔开，并应设置能观察鼓风机运转的隔声耐火玻璃窗。

6 离心鼓风机用的油站宜布置在底层，楼板面上留出检修孔或安装孔。油站的安装高度应满足鼓风机主油泵的吸油高度。鼓风机应设置事故供油装置。

7 鼓风机房应设煤气泄漏报警及事故通风设备。

8 鼓风机房应做不发火花地面。

5.4 焦油雾的脱除

5.4.1 煤气中焦油雾的脱除设备，宜采用电捕焦油器。电捕焦油器不得少于2台，并应并联设置。

5.4.2 电捕焦油器设计，应符合下列要求：

1 电捕焦油器应设置泄爆装置、放散管和蒸汽管，负压回收流程可不设泄爆装置；

2 电捕焦油器宜设有煤气含氧量的自动测量仪；

3 当干馏煤气中含氧量大于1%（体积分数）时应进行自动报警，当含氧量达到2%或电捕焦油器的绝缘箱温度低于规定值时，应有能立即切断电源的措施。

5.5 硫酸吸收法氨的脱除

5.5.1 采用硫酸吸收进行氨的脱除和回收时，宜采用半直接法。当采用饱和器时，其设计应符合下列要求：

1 煤气预热器的煤气出口温度，宜为60~80℃；

2 煤气在饱和器环形断面内的流速，应为0.7~0.9m/s；

3 饱和器出口煤气中含氨量应小于30mg/m³；

4 循环母液的小时流量，不应小于饱和器内母液容积的3倍；

5 氨水中的酚宜回收。酚的回收可在蒸氨工艺之前进行；蒸氨后的废氨水中含氨量，应小于300mg/L。

5.5.2 硫铵工段布置应符合下列要求：

1 硫铵工段可由硫铵、吡啶、蒸氨和酸碱储槽等组成，其布置应考虑运输方便；

2 硫铵工段应设置现场分析台；

3 吡啶操作室应与硫铵操作室分开布置，可用楼梯间隔开；

4 蒸氨设备宜露天布置并布置在吡啶装置一侧。

5.5.3 饱和器机组布置宜符合下列要求：

1 饱和器中心与主厂房外墙的距离，应根据饱和器直径确定，并宜符合表5.5.3-1的规定；

2 饱和器中心间的最小距离，应根据饱和器直径确定，并宜符合表5.5.3-2的规定；

表 5.5.3-1 饱和器中心与主厂房外墙的距离

饱和器直径（mm）	6250	5500	4500	3000	2000
饱和器中心与主厂房外墙距离（m）	>12	>10		7~10	

表 5.5.3-2 饱和器中心间的最小距离

饱和器直径（mm）	6250	5500	4500	3000
饱和器中心距（m）	12	10	9	7

3 饱和器锥形底与防腐地坪的垂直距离应大于400mm；

4 泵宜露天布置。

5.5.4 离心干燥系统设备的布置宜符合下列要求。

1 硫铵操作室的楼层标高，应满足下列要求：

　　1）由结晶槽至离心机母液能顺利自流；

　　2）离心机分离出母液能自流入饱和器。

2 2台连续式离心机的中心距不宜小于4m。

5.5.5 蒸氨和吡啶系统的设计应符合下列要求：

1 吡啶生产应负压操作；

2 各溶液的流向应保证自流。

5.5.6 硫铵系统设备的选用和设置应符合下列要求：

1 饱和器机组必须设置备品，其备品率为50%~100%；

2 硫铵系统宜设置2个母液储槽；

3 硫铵结晶的分离应采用耐腐蚀的连续离心机，并应设置备品；

4 硫铵系统必须设置粉尘捕集器。

5.5.7 设备和管道中硫酸浓度小于75%时，应采取防腐蚀措施。

5.5.8 离心机室的墙裙、各操作室的地面、饱和器机组母液储槽的周围地坪和可能接触腐蚀性介质的地方，均应采取防腐蚀措施。

5.5.9 对酸焦油、废酸液等应分别处理。

5.6 水洗涤法氨的脱除

5.6.1 煤气进入洗氨塔前，应脱除焦油雾和萘。进入洗氨塔的煤气含萘量应小于500mg/m³。

5.6.2 洗氨塔出口煤气含氨量，应小于100mg/m³。

5.6.3 洗氨塔出口煤气温度，宜为25~27℃。

5.6.4 新洗涤水的温度应低于25℃；总硬度不宜大于0.02mmol/L。

5.6.5 水洗涤法脱氨的设计宜符合下列要求：

1 洗涤塔不得少于2台，并应串联设置；

2 两相邻塔间净距不宜小于2.5m；当塔径超过5m时，塔间净距宜取塔径的一半；当采用多段循环洗涤塔时，塔间净距不宜小于4m；

3 洗涤泵房与塔群间净距不宜小于5m；

4 蒸氨和黄血盐系统除泵、离心机和碱、铁刨花、黄血盐等储存库外，其余均宜露天布置；

5 当采用废氨水洗氨时，废氨水冷却器宜设置在洗涤部分。

5.6.6 富氨水必须妥善处理，不得造成二次污染。

5.7 煤气最终冷却

5.7.1 煤气最终冷却宜采用间接式冷却。

5.7.2 煤气经最终冷却后，其温度宜低于27℃。

5.7.3 当煤气最终冷却采用横管式间接式冷却时，其设计应符合下列要求：

1 煤气在管间宜自上向下流动，冷却水在管内宜自下向上流动。在煤气侧宜有清除管壁上萘的设施；

2 横管内冷却水可分为两段，其下段水入口温度，宜低于20℃；

3 冷却器煤气出口处宜设捕雾装置。

5.8 粗苯的吸收

5.8.1 煤气中粗苯的吸收，宜采用溶剂常压吸收法。

5.8.2 吸收粗苯用的洗油，宜采用焦油洗油。

5.8.3 洗油循环量，应按煤气中粗苯含量和洗油的种类等因素确定。循环洗油中含萘量宜小于5%。

5.8.4 采用不同类型的洗苯塔时，应符合下列要求：

1 当采用木格填料塔时，不应少于2台，并应串联设置；

2 当采用钢板网填料塔或塑料填料塔时，宜采用2台并宜串联设置；

3 当煤气流量比较稳定时，可采用筛板塔。

5.8.5 洗苯塔的设计参数，应符合下列要求：

1 木格填料塔：煤气在木格间有效截面的流速，宜取1.6~1.8m/s；吸收面积宜按1.0~1.1m²/（m³·h）（煤气）计算；

2 钢板网填料塔：煤气的空塔流速，宜取0.9~1.1m/s；吸收面积宜按0.6~0.7m²/（m³·h）（煤气）计算；

3 筛板塔：煤气的空塔流速，宜取1.2~2.5m/s。每块湿板的阻力，宜取200Pa。

5.8.6 系统必须设置相应的粗苯蒸馏装置。

5.8.7 所有粗苯储槽的放散管皆应装设呼吸阀。

5.9 萘的最终脱除

5.9.1 萘的最终脱除，宜采用溶剂常压吸收法。

5.9.2 洗萘用的溶剂宜采用直馏轻柴油或低萘焦油洗油。

5.9.3 最终洗萘塔，宜采用填料塔，可不设备用。

5.9.4 最终洗萘塔，宜分为两段。第一段可采用循环溶剂喷淋；第二段应采用新鲜溶剂喷淋，并设定时定量控制装置。

5.9.5 当进入最终洗萘塔的煤气中含萘量小于 400mg/m³ 和温度低于 30℃ 时，最终洗萘塔的设计参数宜符合下列要求：

　1　煤气的空塔流速 0.65～0.75m/s；

　2　吸收面积按大于 0.35m²/（m³·h）（煤气）计算。

5.10 湿法脱硫

5.10.1 以煤或重油为原料所产生的人工煤气的脱硫脱氰宜采用氧化再生法。

5.10.2 氧化再生法的脱硫液，应选用硫容量大、副反应小、再生性能好、无毒和原料来源比较方便的脱硫液。

5.10.3 当采用氧化再生法脱硫时，煤气进入脱硫装置前，应脱除油雾。

当采用氨型的氧化再生法脱硫时，脱硫装置应设在氨的脱除装置之前。

5.10.4 当采用蒽醌二磺酸钠法常压脱硫时，其吸收部分的设计应符合下列要求：

　1　脱硫液的硫容量，应根据煤气中硫化氢的含量，并按照相似条件下的运行经验或试验资料确定；

　注：当无资料时，可取 0.2～0.25kg（硫）/m³（溶液）。

　2　脱硫塔宜采用木格填料塔或塑料填料塔；

　3　煤气在木格填料塔内空塔流速，宜取 0.5m/s；

　4　脱硫液在反应槽内停留时间，宜取 8～10min；

　5　脱硫塔台数的设置原则，应在操作塔检修时，出厂煤气中硫化氢含量仍能符合现行的国家标准《人工煤气》GB 13612 的规定。

5.10.5 蒽醌二磺酸钠法常压脱硫再生设备，宜采用高塔式或喷射再生槽式。

　1　当采用高塔式再生设备时，其设计应符合下列要求：

　　1）再生塔吹风强度宜取 100～130m³/（m²·h）。空气耗量可按 9～13m³/kg（硫）计算；

　　2）脱硫液在再生塔内停留时间，宜取 25～30min；

　　3）再生塔液位调节器的升降控制器，宜设在硫泡沫槽处；

　　4）宜设置专用的空气压缩机。入塔的空气应除油。

　2　当采用喷射再生设备时，其设计宜符合下列要求：

　　1）再生槽吹风强度，宜取 80～145m³/（m²·h）；空气耗量可按 3.5～4m³/m³（溶液）计算；

　　2）脱硫液在再生槽内停留时间，宜取 6～10min。

5.10.6 脱硫液加热器的设置位置，应符合下列要求：

　1　当采用高塔式再生时，加热器宜位于富液泵与再生塔之间。

　2　当采用喷射再生槽时，加热器宜位于贫液泵与脱硫塔之间。

5.10.7 蒽醌二磺酸钠法常压脱硫中硫磺回收部分的设计，应符合下列要求：

　1　硫泡沫槽不应少于 2 台，并轮流使用。硫泡沫槽内应设有搅拌装置和蒸汽加热装置；

　2　硫磺成品种类的选择，应根据煤气种类、硫磺产量并结合当地条件确定；

　3　当生产熔融硫时，可采用硫膏在熔硫釜中脱水工艺。熔硫釜宜采用夹套罐式蒸汽加热。

硫渣和废液应分别回收集中处理，并应设废气净化装置。

5.10.8 事故槽的容量，应按系统中存液量大的单台设备容量

设计。

5.10.9 煤气脱硫脱氰溶液系统中副产品回收设备的设置，应按煤气种类及脱硫副反应的特点进行设计。

5.11 常压氧化铁法脱硫

5.11.1 脱硫剂可选择成型脱硫剂、也可选用藻铁矿、钢厂赤泥、铸铁屑或与铸铁屑有同样性能的铁屑。

藻铁矿脱硫剂中活性氧化铁含量宜大于 15%。当采用铸铁屑或铁屑时，必须经氧化处理。

配制脱硫剂用的疏松剂宜采用木屑。

5.11.2 常压氧化铁法脱硫设备可采用箱式或塔式。

5.11.3 当采用箱式常压氧化铁法时，其设计应符合下列要求：

　1　当煤气通过脱硫设备时，流速宜取 7～11mm/s；当进口煤气中硫化氢含量小于 1.0g/m³ 时，其流速可适当提高；

　2　煤气与脱硫剂的接触时间，宜取 130～200s；

　3　每层脱硫剂的厚度，宜取 0.3～0.8m；

　4　氧化铁法脱硫剂需用量不应小于下式的计算值：

$$V = \frac{1637\sqrt{C_s}}{f \cdot \rho} \qquad (5.11.3)$$

式中　V——每小时 1000m³ 煤气所需脱硫剂的容积（m³）；

　　　　C_s——煤气中硫化氢含量（体积分数）；

　　　　f——新脱硫剂中活性氧化铁含量，可取 15%～18%；

　　　　ρ——新脱硫剂密度（t/m³）。当采用藻铁矿或铸铁屑脱硫剂时，可取 0.8～0.9。

　5　常压氧化铁法脱硫设备的操作设计温度，可取 25～35℃。每个脱硫设备应设置蒸汽注入装置。寒冷地区的脱硫设备，应有保温措施；

　6　每组脱硫箱（或塔），宜设一个备用。连通每个脱硫箱间的煤气管道的布置，应能依次向后轮循输气。

5.11.4 脱硫箱宜采用高架式。

5.11.5 箱式和塔式脱硫装置，其脱硫剂的装卸，应采用机械设备。

5.11.6 常压氧化铁法脱硫设备，应设有煤气安全泄压装置。

5.11.7 常压氧化铁法脱硫工段应设有配制和堆放脱硫剂的场地；场地应采用混凝土地坪。

5.11.8 脱硫剂采用箱内再生时，掺空气后煤气中含氧量应由煤气中硫化氢含量确定。但出箱时煤气中含氧量应小于 2%（体积分数）。

5.12 一氧化碳的变换

5.12.1 本节适用于城镇煤气制气厂中对两段炉煤气、水煤气、半水煤气、发生炉煤气及其混合气体等人工煤气降低煤气中一氧化碳含量的工艺设计。

5.12.2 煤气一氧化碳变换可根据气质情况选择全部变换或部分变换工艺。

5.12.3 煤气的一氧化碳变换工艺宜采用常压变换工艺流程，根据煤气工艺生产情况也可采用加压变换工艺流程。

5.12.4 用于进行一氧化碳变换的煤气应为经过净化处理后的煤气。

5.12.5 用于进行一氧化碳变换的煤气，应进行煤气含氧量监测，煤气中含氧量（体积分数）不应大于 0.5%。当煤气中含氧量达 0.5%～1.0% 时应减量生产，当含氧量大于 1% 时应停车置换。

5.12.6 变换炉的设计应力求做到触媒能得到最有效的利用，结构简单、阻力小、热损失小、蒸汽耗量低。

5.12.7 一氧化碳变换反应宜采用中温变换，中温变换反应温度宜为 380～520℃。

5.12.8 一氧化碳变换工艺的主要设计参数宜符合下列要求：

　1　饱和塔入塔热水与出塔煤气的温度差宜为：3～5℃；

　2　出饱和塔煤气的饱和度宜为：70%～90%；

3 饱和塔进、出水温度宜为：85～65℃；

4 热水塔进、出水温度宜为：65～80℃；

5 触媒层温度宜为：350～500℃；

6 进变换炉蒸汽与煤气比宜为：0.8～1.1（体积分数）；

7 变换炉进口煤气温度宜为：320～400℃；

8 进变换炉煤气中氧气含量应≤0.5%；

9 饱和塔、热水塔循环水杂质含量应≤5×10⁻⁴；

10 一氧化碳变换系统总阻力宜≤0.02MPa；

11 一氧化碳变换率宜为：85%～95%。

5.12.9 常压变换系统中热水塔应叠放在饱和塔之上。

5.12.10 一氧化碳变换工艺所用热水应采用封闭循环系统。

5.12.11 一氧化碳变换系统宜设预腐蚀器除酸。

5.12.12 循环水量应保证完成最大限度地传递热量，应满足喷淋密度的要求，并应使设备结构和运行费用经济合理。

5.12.13 一氧化碳变换炉、热水循环泵及冷却水泵宜设置为一开一备。

5.12.14 变换炉内触媒宜分为三段装填。

5.12.15 一氧化碳变换工艺过程中所产生的热量应进行回收。

5.12.16 一氧化碳工艺生产过程应设置必要的自动监控系统。

5.12.17 一氧化碳变换炉应设置超温报警及连锁控制。

5.13 煤气脱水

5.13.1 煤气脱水宜采用冷冻法进行脱水。

5.13.2 煤气脱水工段宜设在压送工段后。

5.13.3 煤气脱水宜采用间接换热工艺。

5.13.4 工艺过程中的冷量应进行充分回收。

5.13.5 煤气脱水后的露点温度应低于最冷月地面下 1m 处平均地温 3～5℃。

5.13.6 换热器的结构设计应易于清理内部杂质。

5.13.7 制冷机组应选用变频机组。

5.13.8 煤气冷凝水应集中处理。

5.14 放散和液封

5.14.1 严禁在厂房内放散煤气和有害气体。

5.14.2 设备和管道上的放散管管口高度应符合下列要求：

1 当放散管直径大于 150mm 时，放散管管口应高出厂房顶面、煤气管道、设备和走台 4m 以上。

2 当放散管直径小于或等于 150mm 时，放散管管口应高出厂房顶面、煤气管道、设备和走台 2.5m 以上。

5.14.3 煤气系统中液封槽液封高度应符合下列要求：

1 煤气鼓风机出口处，应为鼓风机全压（以 Pa 表示）乘 0.1 加 500mm；

2 硫铵工段满流槽内的液封高度和水封槽内液封高度应满足煤气鼓风机全压（以 Pa 表示）乘 0.1 要求；

3 其余处均应为最大操作压力（以 Pa 表示）乘 0.1 加 500mm。

5.14.4 煤气系统液封槽的补水口严禁与供水管道直接相接。

6 燃气输配系统

6.1 一般规定

6.1.1 本章适用于压力不大于 4.0MPa（表压）的城镇燃气（不包括液态燃气）室外输配工程的设计。

6.1.2 城镇燃气输配系统一般由门站、燃气管网、储气设施、调压设施、管理设施、监控系统等组成。城镇燃气输配系统设计，应符合城镇燃气总体规划。在可行性研究的基础上，做到远、近期结合，以近期为主，并经技术经济比较后确定合理的方案。

6.1.3 城镇燃气输配系统压力级制的选择，以及门站、储配站、调压站、燃气干管的布置，应根据燃气供应来源、用户的用气量及其分布、地形地貌、管材设备供应条件、施工和运行等因素，经过多方案比较，择优选取技术经济合理、安全可靠的方案。

城镇燃气干管的布置，应根据用户用量及其分布，全面规划，并宜按逐步形成环状管网供气进行设计。

6.1.4 采用天然气作气源时，城镇燃气逐月、逐日的用气不均匀性的平衡，应由气源方（即供气方）统筹调度解决。

需气方对城镇燃气用户应做好用气量的预测，在各类用户全年的综合用气负荷资料的基础上，制定逐月、逐日用气量计划。

6.1.5 在平衡城镇燃气逐月、逐日的用气不均匀性基础上，平衡城镇燃气逐小时的用气不均匀性，城镇燃气输配系统尚应具有合理的调峰供气措施，并应符合下列要求：

1 城镇燃气输配系统的调峰气总容量，应根据计算月平均日用气总量、气源的可调量大小、供气和用气不均匀情况和运行经验等因素综合确定。

2 确定城镇燃气输配系统的调峰气总容量时，应充分利用气源的可调量（如主气源的可调节供气能力和输气干线的调峰能力等）。采用天然气做气源时，平衡小时的用气不均所需调峰气量宜由供气方解决，不足时由城镇燃气输配系统解决。

3 储气方式的选择应因地制宜，经方案比较，择优选取技术经济合理、安全可靠的方案。对来气压力较高的天然气输配系统宜采用管道储气的方式。

6.1.6 城镇燃气管道的设计压力（P）分为 7 级，并应符合表 6.1.6 的要求。

表 6.1.6　城镇燃气管道设计压力（表压）分级

名称		压力（MPa）
高压燃气管道	A	2.5<P≤4.0
	B	1.6<P≤2.5
次高压燃气管道	A	0.8<P≤1.6
	B	0.4<P≤0.8
中压燃气管道	A	0.2<P≤0.4
	B	0.01<P≤0.2
低压燃气管道		P<0.01

6.1.7 燃气输配系统各种压力级别的燃气管道之间应通过调压装置相连。当有可能超过最大允许工作压力时，应设置防止管道超压的安全保护设备。

6.2 燃气管道计算流量和水力计算

6.2.1 城镇燃气管道的计算流量，应按计算月的小时最大用气量计算。该小时最大用气量应根据所有用户燃气用气量的变化叠加后确定。

独立居民小区和庭院燃气支管的计算流量宜按本规范第 10.2.9 条规定执行。

6.2.2 居民生活和商业用户燃气小时计算流量（0℃ 和 101.325kPa），宜按下式计算：

$$Q_h = \frac{1}{n} Q_a \qquad (6.2.2-1)$$

$$n = \frac{365 \times 24}{K_m K_d K_h} \qquad (6.2.2-2)$$

式中 Q_h——燃气小时计算流量（m³/h）；

Q_a——年燃气用量（m³/a）；

n——年燃气最大负荷利用小时数（h）；

K_m——月高峰系数，计算月的日平均用气量和年的日平均用气量之比；

K_d——日高峰系数，计算月中的日最大用气量和该月日平均用气量之比；

K_h——小时高峰系数，计算月中最大用气量日的小时最大用气量和该日小时平均用气量之比。

6.2.3 居民生活和商业用户用气的高峰系数，应根据该城镇各类用户燃气用量（或燃料用量）的变化情况，编制成月、日、小时用气负荷资料，经分析研究确定。

工业企业和燃气汽车用户燃气小时计算流量，宜按每个独立用户生产的特点和燃气用量（或燃料用量）的变化情况，编制成月、日、小时用气负荷资料确定。

6.2.4 采暖通风和空调所需燃气小时计算流量，可按国家现行的标准《城市热力网设计规范》CJJ 34 有关热负荷规定并考虑燃气采暖通风和空调的热效率折算确定。

6.2.5 低压燃气管道单位长度的摩擦阻力损失应按下式计算：

$$\frac{\Delta P}{l} = 6.26 \times 10^7 \lambda \frac{Q^2}{d^5} \rho \frac{T}{T_0} \qquad (6.2.5)$$

式中 ΔP——燃气管道摩擦阻力损失（Pa）；

λ——燃气管道摩擦阻力系数，宜按式（6.2.6-2）和附录C第C.0.1条第1、2款计算；

l——燃气管道的计算长度（m）；

Q——燃气管道的计算流量（m³/h）；

d——管道内径（mm）；

ρ——燃气的密度（kg/m³）；

T——设计中所采用的燃气温度（K）；

T_0——273.15（K）。

6.2.6 高压、次高压和中压燃气管道的单位长度摩擦阻力损失，应按式（6.2.6-1）计算：

$$\frac{P_1^2 - P_2^2}{L} = 1.27 \times 10^{10} \lambda \frac{Q^2}{d^5} \rho \frac{T}{T_0} Z \qquad (6.2.6-1)$$

$$\frac{1}{\sqrt{\lambda}} = -2\lg\left[\frac{K}{3.7d} + \frac{2.51}{Re\sqrt{\lambda}}\right] \qquad (6.2.6-2)$$

式中 P_1——燃气管道起点的压力（绝对压力，kPa）；

P_2——燃气管道终点的压力（绝对压力，kPa）；

Z——压缩因子，当燃气压力小于1.2MPa（表压）时，Z 取1；

L——燃气管道的计算长度（km）；

λ——燃气管道摩擦阻力系数，宜按式（6.2.6-2）计算；

K——管壁内表面的当量绝对粗糙度（mm）；

Re——雷诺数（无量纲）。

注：当燃气管道的摩擦阻力系数采用手算时，宜采用附录C公式。

6.2.7 室外燃气管道的局部阻力损失可按燃气管道摩擦阻力损失的5%～10%进行计算。

6.2.8 城镇燃气低压管道从调压站到最远燃具管道允许阻力损失，可按下式计算：

$$\Delta P_d = 0.75 P_n + 150 \qquad (6.2.8)$$

式中 ΔP_d——从调压站到最远燃具的管道允许阻力损失（Pa）；

P_n——低压燃具的额定压力（Pa）。

注：ΔP_d 含室内燃气管道允许阻力损失，室内燃气管道允许阻力损失应按本规范第10.2.11条确定。

6.3 压力不大于1.6MPa的室外燃气管道

6.3.1 中压和低压燃气管道宜采用聚乙烯管、机械接口球墨铸铁管、钢管或钢骨架聚乙烯塑料复合管，并应符合下列要求：

1 聚乙烯燃气管道应符合现行的国家标准《燃气用埋地聚乙烯管材》GB 15558.1 和《燃气用埋地聚乙烯管件》GB 15558.2的规定；

2 机械接口球墨铸铁管道应符合现行的国家标准《水及燃气管道用球墨铸铁管、管件和附件》GB/T 13295 的规定；

3 钢管采用焊接钢管、镀锌钢管或无缝钢管时，应分别符合现行的国家标准《低压流体输送用焊接钢管》GB/T 3091、《输送流体用无缝钢管》GB/T 8163 的规定；

4 钢骨架聚乙烯塑料复合管道应符合国家现行标准《燃气用钢骨架聚乙烯塑料复合管》CJ/T 125 和《燃气用钢骨架聚乙烯塑料复合管件》CJ/T 126 的规定。

6.3.2 次高压燃气管道应采用钢管。其管材和附件应符合本规范第6.4.4条的要求。地下次高压B燃气管道也可采用钢号Q235B焊接钢管，并应符合现行的国家标准《低压流体输送用焊接钢管》GB/T 3091 的规定。

次高压钢质燃气管道直管段计算壁厚应按式（6.4.6）计算确定。最小公称壁厚不应小于表6.3.2的规定。

表6.3.2 钢质燃气管道最小公称壁厚

钢管公称直径 DN（mm）	公称壁厚（mm）
DN100～150	4.0
DN200～300	4.8
DN350～450	5.2
DN500～550	6.4
DN600～700	7.1
DN750～900	7.9
DN950～1000	8.7
DN1050	9.5

6.3.3 地下燃气管道不得从建筑物和大型构筑物（不包括架空的建筑物和大型构筑物）的下面穿越。

地下燃气管道与建筑物、构筑物或相邻管道之间的水平和垂直净距，不应小于表6.3.3-1和表6.3.3-2的规定。

表6.3.3-1 地下燃气管道与建筑物、构筑物或相邻管道之间的水平净距（m）

项 目		地下燃气管道压力（MPa）				
		低压 <0.01	中压 B ≤0.2	中压 A ≤0.4	次高压 B 0.8	次高压 A 1.6
建筑物	基 础	0.7	1.0	1.5	—	—
	外墙面（出地面处）	—	—	—	5.0	13.5
给水管		0.5	0.5	0.5	1.0	1.5
污水、雨水排水管		1.0	1.2	1.2	1.5	2.0
电力电缆（含电车电缆）	直埋	0.5	0.5	0.5	1.0	1.5
	在导管内	1.0	1.0	1.0	1.0	1.5
通信电缆	直埋	0.5	0.5	0.5	1.0	1.5
	在导管内	1.0	1.0	1.0	1.0	1.5
其他燃气管道	DN≤300mm	0.4	0.4	0.4	0.4	0.4
	DN>300mm	0.5	0.5	0.5	0.5	0.5
热力管	直埋	1.0	1.0	1.0	1.5	2.0
	在管沟内（至外壁）	1.0	1.5	1.5	2.0	4.0
电杆（塔）的基础	≤35kV	1.0	1.0	1.0	1.0	1.0
	>35kV	2.0	2.0	2.0	5.0	5.0
通信照明电杆（至电杆中心）		1.0	1.0	1.0	1.0	1.0
铁路路堤坡脚		5.0	5.0	5.0	5.0	5.0
有轨电车钢轨		2.0	2.0	2.0	2.0	2.0
街树（至树中心）		0.75	0.75	0.75	1.2	1.2

表6.3.3-2　地下燃气管道与构筑物或相邻管道之间垂直净距（m）

项　目		地下燃气管道（当有套管时，以套管计）
给水管、排水管或其他燃气管道		0.15
热力管、热力管的管沟底（或顶）		0.15
电缆	直埋	0.50
	在导管内	0.15
铁路（轨底）		1.20
有轨电车（轨底）		1.00

注：1　当次高压燃气管道压力与表中数不相同时，可采用直线方程内插法确定水平净距。

2　如受地形限制不能满足于表6.3.3-1和表6.3.3-2时，经与有关部门协商，采取有效的安全防护措施后，表6.3.3-1和表6.3.3-2规定的净距，均可适当缩小，但低压管道不应影响建（构）筑物和相邻管道基础的稳固性，中压管道距建筑物基础不应小于0.5m且距建筑物外墙面不应小于1m，次高压燃气管道距建筑物外墙面不应小于3.0m。其中当对次高压A燃气管道采取有效的安全防护措施或当管道壁厚不小于9.5mm时，管道距建筑物外墙面不应小于6.5m；当管壁厚度不小于11.9mm时，管道距建筑物外墙面不应小于3.0m。

3　表6.3.3-1和表6.3.3-2规定除地下燃气管道与热力管的净距不适于聚乙烯燃气管道和钢骨架聚乙烯塑料复合管外，其他规定均适用于聚乙烯燃气管道和钢骨架聚乙烯塑料复合管道。聚乙烯燃气管道与热力管道的净距应按国家现行标准《聚乙烯燃气管道工程技术规程》CJJ 63执行。

4　地下燃气管道与电杆（塔）基础之间的水平净距，还应满足本规范表6.7.5地下燃气管道与交流电力线接地体的净距规定。

6.3.4　地下燃气管道埋设的最小覆土厚度（路面至管顶）应符合下列要求：

1　埋设在机动车道下时，不得小于0.9m；

2　埋设在非机动车道（含人行道）下时，不得小于0.6m；

3　埋设在机动车不可能到达的地方时，不得小于0.3m；

4　埋设在水田下时，不得小于0.8m。

注：当不能满足上述规定时，应采取有效的安全防护措施。

6.3.5　输送湿燃气的燃气管道，应埋设在土壤冰冻线以下。

燃气管道坡向凝水缸的坡度不宜小于0.003。

6.3.6　地下燃气管道的基础宜为原土层。凡可能引起管道不均匀沉降的地段，其基础应进行处理。

6.3.7　地下燃气管道不得在堆积易燃、易爆材料和具有腐蚀性液体的场地下面穿越，并不宜与其他管道或电缆同沟敷设。当需要同沟敷设时，必须采取有效的安全防护措施。

6.3.8　地下燃气管道从排水管（沟）、热力管沟、隧道及其他各种用途沟槽内穿过时，应将燃气管道敷设于套管内。套管伸出构筑物外壁不应小于表6.3.3-1中燃气管道与该构筑物的水平净距。套管两端应采用柔性的防腐、防水材料密封。

6.3.9　燃气管道穿越铁路、高速公路、电车轨道或城镇主要干道时应符合下列要求：

1　穿越铁路或高速公路的燃气管道，应加套管。

注：当燃气管道采用定向钻穿越并取得铁路或高速公路部门同意时，可不加套管。

2　穿越铁路的燃气管道的套管，应符合下列要求：

1）套管埋设的深度：铁路轨底至套管顶不应小于1.20m，并应符合铁路管理部门的要求；

2）套管宜采用钢管或钢筋混凝土管；

3）套管内径应比燃气管道外径大100mm以上；

4）套管两端与燃气管的间隙应采用柔性的防腐、防水材料密封，其一端应安装检漏管；

5）套管端部距路堤坡脚外的距离不应小于2.0m。

3　燃气管道穿越电车轨道或城镇主要干道时宜敷设在套管或管沟内；穿越高速公路的燃气管道的套管、穿越电车轨道或城镇主要干道的燃气管道的套管或管沟，应符合下列要求：

1）套管内径应比燃气管道外径大100mm以上，套管或管沟两端应密封，在重要地段的套管或管沟端部宜安装检漏管；

2）套管或管沟端部距电车道边轨不应小于2.0m；距道

路边缘不应小于1.0m。

4　燃气管道宜垂直穿越铁路、高速公路、电车轨道或城镇主要干道。

6.3.10　燃气管道通过河流时，可采用穿越河底或采用管桥跨越的形式。当条件许可时，可利用道路桥梁跨越河流，并应符合下列要求：

1　随桥梁跨越河流的燃气管道，其管道的输送压力不应大于0.4MPa。

2　当燃气管道随桥梁敷设或采用管桥跨越河流时，必须采取安全防护措施。

3　燃气管道随桥梁敷设，宜采取下列安全防护措施：

1）敷设于桥梁上的燃气管道应采用加厚的无缝钢管或焊接钢管，尽量减少焊缝，对焊缝进行100%无损探伤；

2）跨越通航河流的燃气管道管底标高，应符合通航净空的要求，管架外侧应设置护桩；

3）在确定管道位置时，与随桥敷设的其他管道的间距应符合现行国家标准《工业企业煤气安全规程》GB 6222支架敷管的有关规定；

4）管道应设置必要的补偿和减振措施；

5）对管道应做较高等级的防腐保护；
对于采用阴极保护的埋地钢管与随桥管道之间应设置绝缘装置；

6）跨越河流的燃气管道的支座（架）应采用不燃烧材料制作。

6.3.11　燃气管道穿越河底时，应符合下列要求：

1　燃气管道宜采用钢管；

2　燃气管道至河床的覆土厚度，应根据水流冲刷条件及规划河床确定。对不通航河流不应小于0.5m；对通航的河流不应小于1.0m，还应考虑疏浚和投锚深度；

3　稳管措施应根据计算确定；

4　在埋设燃气管道位置的河流两岸上、下游应设立标志。

6.3.12　穿越或跨越重要河流的燃气管道，在河流两岸均应设置阀门。

6.3.13　在次高压、中压燃气干管上，应设置分段阀门，并应在阀门两侧设置放散管。在燃气支管的起点处，应设置阀门。

6.3.14　地下燃气管道上的检测管、凝水缸的排水管、水封阀和阀门，均应设置罩或护井。

6.3.15　室外架空的燃气管道，可沿建筑物外墙或支柱敷设，并应符合下列要求：

1　中压和低压燃气管道，可沿建筑耐火等级不低于二级的住宅或公共建筑的外墙敷设；

次高压B、中压和低压燃气管道，可沿建筑耐火等级不低于二级的丁、戊类生产厂房的外墙敷设。

2　沿建筑物外墙的燃气管道距住宅或公共建筑物中不应敷设燃气管道的房间门、窗洞口的净距：中压管道不应小于0.5m，低压管道不应小于0.3m。燃气管道距生产厂房建筑物门、窗洞口的净距不限。

3　架空燃气管道与铁路、道路、其他管线交叉时的垂直净距不应小于表6.3.15的规定。

表6.3.15　架空燃气管道与铁路、道路、其他管线交叉时的垂直净距

建筑物和管线名称	最小垂直净距（m）	
	燃气管道下	燃气管道上
铁路轨顶	6.0	—
城市道路路面	5.5	—
厂区道路路面	5.0	—
人行道路路面	2.2	—

续表 6.3.15

建筑物和管线名称		最小垂直净距（m）	
		燃气管道下	燃气管道上
架空电力线，电压	3kV 以下	—	1.5
	3～10kV	—	3.0
	35～66kV	—	4.0
其他管道，管径	≤300mm	同管道直径，但不小于 0.10	同左
	>300mm	0.30	0.30

注：1 厂区内部的燃气管道，在保证安全的情况下，管底至道路路面的垂直净距可取 4.5m；管底至铁路轨顶的垂直净距，可取 5.5m。在车辆和人行道以外的地区，可在从地面到管底高度不小于 0.35m 的低支柱上敷设燃气管道。
2 电气机车铁路除外。
3 架空电力线与燃气管道的交叉垂直净距尚应考虑导线的最大垂度。

4 输送湿燃气的管道应采取排水措施，在寒冷地区还应采取保温措施。燃气管道坡向凝水缸的坡度不宜小于 0.003。

5 工业企业内燃气管道沿支柱敷设时，尚应符合现行的国家标准《工业企业煤气安全规程》GB 6222 的规定。

6.4 压力大于 1.6MPa 的室外燃气管道

6.4.1 本节适用于压力大于 1.6MPa（表压）但不大于 4.0MPa（表压）的城镇燃气（不包括液态燃气）室外管道工程的设计。

6.4.2 城镇燃气管道通过的地区，应按沿线建筑物的密集程度划分为四个管道地区等级，并依据管道地区等级作出相应的管道设计。

6.4.3 城镇燃气管道地区等级的划分应符合下列规定：

1 沿管道中心线两侧各 200m 范围内，任意划分为 1.6km 长并能包括最多供人居住的独立建筑物数量的地段，作为地区分级单元。

注：在多单元住宅建筑物内，每个独立住宅单元按一个供人居住的独立建筑物计算。

2 管道地区等级应根据地区分级单元内建筑物的密集程度划分，并应符合下列规定：

1）一级地区：有 12 个或 12 个以下供人居住的独立建筑物。

2）二级地区：有 12 个以上，80 个以下供人居住的独立建筑物。

3）三级地区：介于二级和四级之间的中间地区。有 80 个或 80 个以上供人居住的独立建筑物但不够四级地区条件的地区、工业区或距人员聚集的室外场所 90m 内铺设管线的区域。

4）四级地区：4 层或 4 层以上建筑物（不计地下室层数）普遍且占多数、交通频繁、地下设施多的城市中心城区（或镇的中心区域等）。

3 二、三、四级地区的长度应按下列规定调整：

1）四级地区垂直于管道的边界线距最近地上 4 层或 4 层以上建筑物不应小于 200m。

2）二、三级地区垂直于管道的边界线距该级地区最近建筑物不应小于 200m。

4 确定城镇燃气管道地区等级，宜按城市规划为该地区的今后发展留有余地。

6.4.4 高压燃气管道采用的钢管和管道附件材料应符合下列要求：

1 燃气管道所用钢管、管道附件材料的选择，应根据管道的使用条件（设计压力、温度、介质特性、使用地区等）、材料的焊接性能等因素，经技术经济比较后确定。

2 燃气管道选用的钢管，应符合现行国家标准《石油天然气工业 输送钢管交货技术条件 第 1 部分：A 级钢管》GB/T 9711.1（L175 级钢管除外）、《石油天然气工业 输送钢管交货

技术条件 第 2 部分：B 级钢管》GB/T 9711.2 和《输送流体用无缝钢管》GB/T 8163 的规定，或符合不低于上述三项标准相应技术要求的其他钢管标准。三级和四级地区高压燃气管道材料钢级不应低于 L245。

3 燃气管道所采用的钢管和管道附件应根据选用的材料、管径、壁厚、介质特性、使用温度及施工环境温度等因素，对材料提出冲击试验和（或）落锤撕裂试验要求。

4 当管道附件与管道采用焊接连接时，两者材质应相同或相近。

5 管道附件中所用的锻件，应符合国家现行标准《压力容器用碳素钢和低合金钢锻件》JB 4726、《低温压力容器用低合金钢锻件》JB 4727 的有关规定。

6 管道附件不得采用螺旋焊缝钢管制作，严禁采用铸铁制作。

6.4.5 燃气管道强度设计应根据管段所处地区等级和运行条件，按可能同时出现的永久荷载和可变荷载的组合进行设计。当管道位于地震设防烈度 7 度及 7 度以上地区时，应考虑管道所承受的地震荷载。

6.4.6 钢质燃气管道直管段计算壁厚应按式（6.4.6）计算，计算所得到的厚度应按钢管标准规格向上选取钢管的公称壁厚。最小公称壁厚不应小于表 6.3.2 的规定。

$$\delta = \frac{PD}{2\sigma_s \phi F} \quad (6.4.6)$$

式中 δ——钢管计算壁厚（mm）；
P——设计压力（MPa）；
D——钢管外径（mm）；
σ_s——钢管的最低屈服强度（MPa）；
F——强度设计系数，按表 6.4.8 和表 6.4.9 选取；
ϕ——焊缝系数。当采用符合第 6.4.4 条第 2 款规定的钢管标准时取 1.0。

6.4.7 对于采用经冷加工后又经加热处理的钢管，当加热温度高于 320℃（焊接除外）或采用经过冷加工或热处理的钢管煨弯成弯管时，则在计算该钢管或弯管壁厚时，其屈服强度应取该管材最低屈服强度（σ_s）的 75%。

6.4.8 城镇燃气管道的强度设计系数（F）应符合表 6.4.8 的规定。

表 6.4.8 城镇燃气管道的强度设计系数

地区等级	强度设计系数（F）
一级地区	0.72
二级地区	0.60
三级地区	0.40
四级地区	0.30

6.4.9 穿越铁路、公路和人员聚集场所的管道以及门站、储配站、调压站内管道的强度设计系数，应符合表 6.4.9 的规定。

表 6.4.9 穿越铁路、公路和人员聚集场所的管道以及门站、储配站、调压站内管道的强度设计系数（F）

管道及管段	地区等级			
	一	二	三	四
有套管穿越Ⅲ、Ⅳ级公路的管道	0.72	0.6		
无套管穿越Ⅲ、Ⅳ级公路的管道	0.6	0.5		
有套管穿越Ⅰ、Ⅱ级公路、高速公路、铁路的管道	0.6	0.6		
门站、储配站、调压站内管道及其上、下游各 200m 管道，截断阀室管道及其上、下游各 50m 管道（其距离从站和阀室边界线起算）	0.5	0.5	0.4	0.3
人员聚集场所的管道	0.4	0.4		

6.4.10 下列计算或要求应符合现行国家标准《输气管道工程设计规范》GB 50251 的相应规定：

1 受约束的埋地直管段轴向应力计算和轴向应力与环向应力组合的当量应力校核；

2 受内压和温差共同作用下弯头的组合应力计算；

3 管道附件与没有轴向约束的直管段连接时的热膨胀强度校核；

4 弯头和弯管的管壁厚度计算；

5 燃气管道径向稳定校核。

6.4.11 一级或二级地区地下燃气管道与建筑物之间的水平净距不应小于表 6.4.11 的规定。

表 6.4.11 一级或二级地区地下燃气管道
与建筑物之间的水平净距（m）

燃气管道公称直径 DN (mm)	地下燃气管道压力（MPa）		
	1.61	2.50	4.00
900＜DN≤1050	53	60	70
750＜DN≤900	40	47	57
600＜DN≤750	31	37	45
450＜DN≤600	24	28	35
300＜DN≤450	19	23	28
150＜DN≤300	14	18	22
DN≤150	11	13	15

注：1 当燃气管道强度设计系数不大于 0.4 时，一级或二级地区地下燃气管道与建筑物之间的水平净距可按表 6.4.12 确定。

2 水平净距是指管道外壁到建筑物出地面处外墙面的距离。建筑物是指平常有人的建筑物。

3 当燃气管道压力与表中数不相同时，可采用直线方程内插法确定水平净距。

6.4.12 三级地区地下燃气管道与建筑物之间的水平净距不应小于表 6.4.12 的规定。

表 6.4.12 三级地区地下燃气管道与建筑物之间的水平净距（m）

燃气管道公称直径和壁厚 δ (mm)		地下燃气管道压力（MPa）		
		1.61	2.50	4.00
A	所有管径 δ＜9.5	13.5	15.0	17.0
B	所有管径 9.5≤δ＜11.9	6.5	7.5	9.0
C	所有管径 δ≥11.9	3.0	5.0	8.0

注：1 当对燃气管道采取有效的保护措施时，δ＜9.5mm 的燃气管道也可采用表中 B 行的水平净距。

2 水平净距是指管道外壁到建筑物出地面处外墙面的距离。建筑物是指平常有人的建筑物。

3 当燃气管道压力与表中数不相同时，可采用直线方程内插法确定水平净距。

6.4.13 高压地下燃气管道与构筑物或相邻管道之间的水平和垂直净距，不应小于表 6.3.3-1 和 6.3.3-2 次高压 A 的规定。但高压 A 和高压 B 地下燃气管道与铁路路堤坡脚的水平净距分别不应小于 **8m** 和 **6m**；与有轨电车钢轨的水平净距分别不应小于 **4m** 和 **3m**。

注：当达不到本条净距要求时，采取有效的防护措施后，净距可适当缩小。

6.4.14 四级地区地下燃气管道输配压力不宜大于 1.6MPa（表压）。其设计应遵守本规范 6.3 节的有关规定。

四级地区地下燃气管道输配压力不应大于 4.0MPa（表压）。

6.4.15 高压燃气管道的布置应符合下列要求：

1 高压燃气管道不宜进入四级地区；当受条件限制需要进入或通过四级地区时，应遵守下列规定：

1）高压 A 地下燃气管道与建筑物外墙面之间的水平净距不应小于 30m（当管壁厚度 δ≥9.5mm 或对燃气管道采取有效的保护措施时，不应小于 15m）；

2）高压 B 地下燃气管道与建筑物外墙面之间的水平净距不应小于 16m（当管壁厚度 δ≥9.5mm 或对燃气管道采取有效的保护措施时，不应小于 10m）；

3）管道分段阀门应采用遥控或自动控制。

2 高压燃气管道不应通过军事设施、易燃易爆仓库、国家重点文物保护单位的安全保护区、飞机场、火车站、海（河）港码头。当受条件限制管道必须在本款所列区域内通过时，必须采取安全防护措施。

3 高压燃气管道宜采用埋地方式敷设。当个别地段需要采用架空敷设时，必须采取安全防护措施。

6.4.16 当管道安全评估中危险性分析证明，可能发生事故的次数和结果合理时，可采用与表 6.4.11、表 6.4.12 和 6.4.15 条不同的净距和采用与表 6.4.8、表 6.4.9 不同的强度设计系数（F）。

6.4.17 焊接支管连接口的补强应符合下列规定：

1 补强的结构形式可采用增加主管道或支管道壁厚或同时增加主、支管道壁厚、或三通、或拔制扳边式接口的整体补强形式，也可采用补强圈补强的局部补强形式。

2 当支管道公称直径大于或等于 1/2 主管道公称直径时，应采用三通。

3 支管道的公称直径小于或等于 50mm 时，可不作补强计算。

4 开孔削弱部分按等面积补强，其结构和数值计算应符合现行国家标准《输气管道工程设计规范》GB 50251 的相应规定。其焊接结构还应符合下述规定：

1）主管道和支管道的连接焊缝应保证全焊透，其角焊缝腰高应大于或等于 1/3 的支管道壁厚，且不小于 6mm；

2）补强圈的形状应与主管道相符，并与主管道紧密贴合。焊接和热处理时补强圈上应开一排气孔，管道使用期间应将排气孔堵死，补强圈宜按国家现行标准《补强圈》JB/T 4736 选用。

6.4.18 燃气管道附件的设计和选用应符合下列规定：

1 管件的设计和选用应符合国家现行标准《钢制对焊无缝管件》GB 12459、《钢板制对焊管件》GB/T 13401、《钢制法兰管件》GB/T 17185、《钢制对焊管件》SY/T 0510 和《钢制弯管》SY/T 5257 等有关标准的规定。

2 管法兰的选用应符合国家现行标准《钢制管法兰》GB/T 9112～GB/T 9124、《大直径碳钢法兰》GB/T 13402 或《钢制法兰、垫片、紧固件》HG 20592～HG 20635 的规定。法兰、垫片和紧固件应考虑介质特性配套选用。

3 绝缘法兰、绝缘接头的设计应符合国家现行标准《绝缘法兰设计技术规定》SY/T 0516 的规定。

4 非标钢制异径接头、凸形封头和平封头的设计，可参照现行国家标准《钢制压力容器》GB 150 的有关规定。

5 除对焊管件之外的焊接预制单体（如集气管、清管器接收筒等），若其所用材料、焊缝及检验不同于本规范所列要求时，可参照现行国家标准《钢制压力容器》GB 150 进行设计、制造和检验。

6 管道与管件的管端焊接接头形式宜符合现行国家标准《输气管道工程设计规范》GB 50251 的有关规定。

7 用于改变管道走向的弯头、弯管应符合现行国家标准《输气管道工程设计规范》GB 50251 的有关规定，且弯曲后的弯管其外侧减薄处厚度应不小于按式（6.4.6）计算得到的计算厚度。

6.4.19 燃气管道阀门的设置应符合下列要求：

1 在高压燃气干管上，应设置分段阀门；分段阀门的最大间距：以四级地区为主的管段不应大于 8km；以三级地区为主的管段不应大于 13km；以二级地区为主的管段不应大于 24km；以一级地区为主的管段不应大于 32km。

2 在高压燃气支管的起点处，应设置阀门。

3 燃气管道阀门的选用应符合国家现行有关标准，并应选择适用于燃气介质的阀门。

4 在防火区内关键部位使用的阀门，应具有耐火性能。需要通过清管器或电子检管器的阀门，应选用全通径阀门。

6.4.20 高压燃气管道及管件设计应考虑日后清管或电子检管的需要，并宜预留安装电子检管器收发装置的位置。

6.4.21 埋地管线的锚固件应符合下列要求：

1 埋地管线上弯管或迂回管处产生的纵向力，必须由弯管处的锚固件、土壤摩阻或管子中的纵向应力加以抵消。

2 若弯管处不用锚固件，则靠近推力起源点处的管子接头处应设计成能承受纵向拉力。若接头未采取此种措施，则应加装适用的拉杆或拉条。

6.4.22 高压燃气管道的地基、埋设的最小覆土厚度、穿越铁路和电车轨道、穿越高速公路和城镇主要干道、通过河流的形式和要求等应符合本规范 6.3 节的有关规定。

6.4.23 市区外地下高压燃气管道沿线应设置里程桩、转角桩、交叉和警示牌等永久性标志。

市区内地下高压燃气管道应设立管位警示标志。在距管顶不小于 500mm 处应埋设警示带。

6.5 门站和储配站

6.5.1 本节适用于城镇燃气输配系统中，接受气源来气并进行净化、加臭、储存、控制供气压力、气量分配、计量和气质检测的门站和储配站的工程设计。

6.5.2 门站和储配站站址选择应符合下列要求：

1 站址应符合城镇总体规划的要求；

2 站址应具有适宜的地形、工程地质、供电、给水排水和通信等条件；

3 门站和储配站应少占农田、节约用地并注意与城镇景观等协调；

4 门站站址应结合长输管线位置确定；

5 根据输配系统具体情况，储配站与门站可合建；

6 储配站内的储气罐与站外的建、构筑物的防火间距应符合现行国家标准《建筑设计防火规范》GB 50016 的有关规定。站内露天燃气工艺装置与站外建、构筑物的防火间距应符合甲类生产厂房与厂外建、构筑物的防火间距的要求。

6.5.3 储配站内的储气罐与站内的建、构筑物的防火间距应符合表 6.5.3 的规定。

表 6.5.3 储气罐与站内的建、构筑物的防火间距（m）

储气罐总容积（m³）	≤1000	>1000~ ≤10000	>10000~ ≤50000	>50000~ ≤200000	>200000
明火、散发火花地点	20	25	30	35	40
调压室、压缩机室、计量室	10	12	15	20	25
控制室、变配电室、汽车库等辅助建筑	12	15	20	25	30
机修间、燃气锅炉房	15	20	25	30	35
办公、生活建筑	18	20	25	30	35
消防泵房、消防水池取水口	20				
站内道路（路边）	10	10	10	10	10
围墙	15	15	15	15	18

注：1 低压湿式储气罐与站内的建、构筑物的防火间距，应按本表确定；

2 低压干式储气罐与站内的建、构筑物的防火间距，当可燃气体的密度比空气大时，应按本表增加 25%；比空气小或等时，可按本表确定；

3 固定容积储气罐与站内的建、构筑物的防火间距应按本表的规定执行。总容积按其几何容积（m³）和设计压力（绝对压力，10² kPa）的乘积计算；

4 低压湿式或干式储气罐的水封室、油泵房和电梯间等附属设施与该储气罐的间距按工艺要求确定；

5 露天燃气工艺装置与储气罐的间距按工艺要求确定。

6.5.4 储气罐或罐之间的防火间距，应符合下列要求：

1 湿式储气罐之间、干式储气罐之间、湿式储气罐与干式

储气罐之间的防火间距，不应小于相邻较大罐的半径；

2 固定容积储气罐之间的防火间距，不应小于相邻较大罐直径的 2/3；

3 固定容积储气罐与低压湿式或干式储气罐之间的防火间距，不应小于相邻较大罐的半径；

4 数个固定容积储气罐的总容积大于 200000m³ 时，应分组布置。组与组之间的防火间距：卧式储罐，不应小于相邻较大罐长度的一半；球形储罐，不应小于相邻较大罐的直径，且不应小于 20.0m；

5 储气罐与液化石油气罐之间防火间距应符合现行国家标准《建筑设计防火规范》GB 50016 的有关规定。

6.5.5 门站和储配站总平面布置应符合下列要求：

1 总平面应分区布置，即分为生产区（包括储罐区、调压计量区、加压区等）和辅助区。

2 站内的各建构筑物之间以及与站外建构筑物之间的防火间距应符合现行国家标准《建筑设计防火规范》GB 50016 的有关规定。站内建筑物的耐火等级不应低于现行国家标准《建筑设计防火规范》GB 50016 "二级" 的规定。

3 站内露天工艺装置区边缘距明火或散发火花地点不应小于 20m，距办公、生活建筑不应小于 18m，距围墙不应小于 10m。与站内生产建筑的间距按工艺要求确定。

4 储配站生产区应设置环形消防车通道，消防车通道宽度不应小于 3.5m。

6.5.6 当燃气无臭味或臭味不足时，门站或储配站内应设置加臭装置。加臭量应符合本规范第 3.2.3 条的有关规定。

6.5.7 门站和储配站的工艺设计应符合下列要求：

1 功能应满足输配系统输气调度和调峰的要求；

2 站内应根据输配系统调度要求分组设置计量和调压装置，装置前应设过滤器；门站进站总管上宜设置分离器；

3 调压装置应根据燃气流量、压力降等工艺条件确定设置加热装置；

4 站内计量调压装置和加压设备应根据工作环境要求露天或在厂房内布置，在寒冷或风沙地区宜采用全封闭式厂房；

5 进出站管线应设置切断阀门和绝缘法兰；

6 储配站内进罐管线上宜设置控制进罐压力和流量的调节装置；

7 当长输管道采用清管工艺时，其清管器的接收装置宜设置在门站内；

8 站内管道上应根据系统要求设置安全保护及放散装置；

9 站内设备、仪表、管道等安装的水平间距和标高均应便于观察、操作和维修。

6.5.8 站内宜设置自动化控制系统，并宜作为输配系统的数据采集监控系统的远端站。

6.5.9 站内燃气计量和气质的检验应符合下列要求：

1 站内设置的计量仪表应符合表 6.5.9 的规定；

2 宜设置测定燃气组分、发热量、密度、湿度和各项有害杂质含量的仪表。

表 6.5.9 站内设置的计量仪表

进、出站参数	功能		
	指示	记录	累计
流量	+	+	+
压力	+	+	
温度	+	+	

注：表中 "+" 表示应设置。

6.5.10 燃气储存设施的设计应符合下列要求：

1 储配站所建储罐容积应根据输配系统所需储气总容量、管网系统的调度平衡和气体混合要求确定；

2 储配站的储气方式及储罐形式应根据燃气进站压力、供气规模、输配管网压力等因素，经技术经济比较后确定；

3 确定储罐单体或单组容积时，应考虑储罐检修期间供气系统的调度平衡；

4 储罐区宜设有排水设施。

6.5.11 低压储气罐的工艺设计，应符合下列要求：

1 低压储气罐宜分别设置燃气进、出气管，各管应设置关闭性能良好的切断装置，并宜设置水封阀，水封阀的有效高度应取设计工作压力（以 Pa 表示）乘 0.1 加 500mm。燃气进、出气管的设计应能适应气罐地基沉降引起的变形；

2 低压储气罐应设储气量指示器。储气量指示器应具有显示储气量及可调节的高低限位声、光报警装置；

3 储气罐高度超越当地有关的规定时应设高度障碍标志；

4 湿式储气罐的水封高度应经过计算后确定；

5 寒冷地区湿式储气罐的水封应设有防冻措施；

6 干式储气罐密封系统，必须能够可靠地连续运行；

7 干式储气罐应设置紧急放散装置；

8 干式储气罐应配有检修通道。稀油密封干式储气罐外部应设置检修电梯。

6.5.12 高压储气罐工艺设计，应符合下列要求：

1 高压储气罐宜分别设置燃气进、出气管，不需要起混气作用的高压储气罐，其进、出气管也可合为一条；燃气进、出气管的设计宜进行柔性计算；

2 高压储气罐应分别设置安全阀、放散管和排污管；

3 高压储气罐应设置压力检测装置；

4 高压储气罐宜减少接管开孔数量；

5 高压储气罐宜设置检修排空装置；

6 当高压储气罐罐区设置检修用集中放散装置时，集中放散装置的放散管与站外建、构筑物的防火间距不应小于表6.5.12-1 的规定；集中放散装置的放散管与站内建、构筑物的防火间距不应小于表 6.5.12-2 的规定；放散管管口高度应高出距其 25m 内的建构筑物 2m 以上，且不得小于 10m；

7 集中放散装置宜设置在站内全年最小频率风向的上风侧。

表6.5.12-1 集中放散装置的放散管与站外建、构筑物的防火间距

项 目		防火间距 (m)
明火、散发火花地点		30
民用建筑		25
甲、乙类液体储罐，易燃材料堆场		25
室外变、配电站		30
甲、乙类物品库房，甲、乙类生产厂房		25
其他厂房		20
铁路（中心线）		40
公路、道路（路边）	高速、Ⅰ、Ⅱ级，城市快速	15
	其他	10
架空电力线（中心线）	>380V	2.0 倍杆高
	≤380V	1.5 倍杆高
架空通信线（中心线）	国家Ⅰ、Ⅱ级	1.5 倍杆高
	其他	1.5 倍杆高

表 6.5.12-2 集中放散装置的放散管与站内建、构筑物的防火间距

项 目	防火间距 (m)
明火、散发火花地点	30
办公、生活建筑	25
可燃气体储罐	20
室外变、配电站	30
调压室、压缩机室、计量室及工艺装置区	20
控制室、配电室、汽车库、机修间和其他辅助建筑	25
燃气锅炉房	25
消防泵房、消防水池取水口	20
站内道路（路边）	2
围墙	2

6.5.13 站内工艺管道应采用钢管。燃气管道设计压力大于 0.4MPa 时，其管材性能应分别符合现行国家标准《石油天然气工业输送钢管交货技术条件》GB/T 9711、《输送流体用无缝钢管》GB/T 8163 的规定；设计压力不大于 0.4MPa 时，其管材性能应符合现行国家标准《低压流体输送用焊接钢管》GB/T 3091 的规定。

阀门等管道附件的压力级别不应小于管道设计压力。

6.5.14 燃气加压设备的选型应符合下列要求：

1 储配站燃气加压设备应结合输配系统总体设计采用的工艺流程、设计负荷、排气压力及调度要求确定；

2 加压设备应根据吸排气压力、排气量选择机型。所选用的设备应便于操作维护、安全可靠，并符合节能、高效、低振和低噪声的要求；

3 加压设备的排气能力应按厂方提供的实测值为依据。站内加压设备的形式应一致，加压设备的规格应满足运行调度要求，并不宜多于两种。

储配站内装机总台数不宜过多。每 1～5 台压缩机宜另设 1 台备用。

6.5.15 压缩机室的工艺设计应符合下列要求：

1 压缩机宜按独立机组配置进、出气管及阀门、旁通、冷却器、安全放散、供油和供水等各项辅助设施；

2 压缩机的进、出气管道宜采用地下直埋或管沟敷设，并宜采取减振降噪措施；

3 管道设计应设有能满足投产置换，正常生产维修和安全保护所必需的附属设备；

4 压缩机及其附属设备的布置应符合下列要求：

1）压缩机宜采用单排布置；

2）压缩机之间及压缩机与墙壁之间的净距不宜小于 1.5m；

3）重要通道的宽度不宜小于 2m；

4）机组的联轴器及皮带传动装置应采取安全防护措施；

5）高出地面 2m 以上的检修部位应设置移动或可拆卸式的维修平台或扶梯；

6）维修平台及地坑周围应设防护栏杆；

5 压缩机室宜根据设备情况设置检修用起吊设备；

6 当压缩机采用燃气为动力时，其设计应符合现行国家标准《输气管道工程设计规范》GB 50251 和《石油天然气工程设计防火规范》GB 50183 的有关规定；

7 压缩机组前必须设有紧急停车按钮。

6.5.16 压缩机的控制室宜设在主厂房一侧的中部或主厂房的一端。控制室与压缩机室之间应设有能观察各台设备运转的隔声耐火玻璃窗。

6.5.17 储配站控制室内的二次检测仪表及操作调节装置宜按表 6.5.17 规定设置。

表 6.5.17 储配站控制室内二次检测仪表及调节装置

参数名称		现场显示	控制室		
			显示	记录或累计	报警连锁
压缩机室进气管压力		—	+	—	+
压缩机室出气管压力		—	+	—	—
机组	吸气压力	+	—	—	—
	吸气温度	+	—	—	—
	排气压力	+	+	—	+
	排气温度	+	+	—	—
压缩机室	供电电压	—	+	—	—
	电 流	—	+	—	—
	功率因数	—	+	—	—
	功 率	—	+	+	—
机组	电 压	+	—	—	—
	电 流	+	—	—	—
	功率因数	+	—	—	—
	功 率	+	—	—	—
压缩机室	供水温度	—	+	—	—
	供水压力	—	+	—	+
机组	供水温度	+	—	—	—
	回水温度	+	—	—	—
	水流状态	+	—	—	+
润滑油	供油压力	+	—	—	+
	供油温度	+	—	—	—
	回油温度	+	—	—	—
电机防爆通风系统排风压力		—	+	—	+

注：表中"+"表示应设置。

6.5.18 压缩机室、调压计量室等具有爆炸危险的生产用房应符合现行国家标准《建筑设计防火规范》GB 50016 的"甲类生产厂房"设计的规定。

6.5.19 门站和储配站内的消防设施设计应符合现行国家标准《建筑设计防火规范》GB 50016 的规定，并符合下列要求：

1 储配站在同一时间内的火灾次数应按一次考虑。储罐区的消防用水量不应小于表 6.5.19 的规定。

表 6.5.19 储罐区的消防用水量

储罐容积（m³）	>500~≤10000	>10000~≤50000	>50000~≤100000	>100000~≤200000	>200000
消防用水量（L/s）	15	20	25	30	35

注：固定容积的可燃气体储罐以组为单位，总容积按其几何容积（m³）和设计压力（绝对压力，10²kPa）的乘积计算。

2 当设置消防水池时，消防水池的容量应按火灾延续时间 3h 计算确定。当火灾情况下能保证连续向消防水池补水时，其容量可减去火灾延续时间内的补水量。

3 储配站内消防给水管网应采用环形管网，其给水干管不应少于 2 条。当其中一条发生故障时，其余的进水管应能满足消防用水总量的供给要求。

4 站内室外消火栓宜选用地上式消火栓。

5 门站的工艺装置区可不设消防给水系统。

6 门站和储配站内建筑物灭火器的配置应符合现行国家标准《建筑灭火器配置设计规范》GB 50140 的有关规定。储配站内储罐区应配置干粉灭火器，配置数量按储罐台数每台设置 2 个；每组相对独立的调压计量等工艺装置区应配置干粉灭火器，数量不少于 2 个。

注：1 干粉灭火器指 8kg 手提式干粉灭火器。
2 根据场所危险程度可设置部分 35kg 手推式干粉灭火器。

6.5.20 门站和储配站供电系统设计应符合现行国家标准《供配电系统设计规范》GB 50052 的"二级负荷"的规定。

6.5.21 门站和储配站电气防爆设计符合下列要求：

1 站内爆炸危险场所的电力装置设计应符合现行国家标准《爆炸和火灾危险环境电力装置设计规范》GB 50058 的规定。

2 其爆炸危险区域等级和范围的划分宜符合本规范附录 D 的规定。

3 站内爆炸危险厂房和装置区内应装设燃气浓度检测报警装置。

6.5.22 储气罐和压缩机室、调压计量室等具有爆炸危险的生产用房应有防雷接地设施，其设计应符合现行国家标准《建筑物防雷设计规范》GB 50057 的"第二类防雷建筑物"的规定。

6.5.23 门站和储配站的静电接地设计应符合国家现行标准《化工企业静电接地设计规程》HGJ 28 的规定。

6.5.24 门站和储配站边界的噪声应符合现行国家标准《工业企业厂界噪声标准》GB 12348 的规定。

6.6 调压站与调压装置

6.6.1 本节适用于城镇燃气输配系统中不同压力级别管道之间连接的调压站、调压箱（或柜）和调压装置的设计。

6.6.2 调压装置的设置应符合下列要求：

1 自然条件和周围环境许可时，宜设置在露天，但应设置围墙、护栏或车挡；

2 设置在地上单独的调压箱（悬挂式）内时，对居民和商业用户燃气进口压力不应大于 0.4MPa；对工业用户（包括锅炉房）燃气进口压力不应大于 0.8MPa；

3 设置在地上单独的调压柜（落地式）内时，对居民、商业用户和工业用户（包括锅炉房）燃气进口压力不宜大于 1.6MPa；

4 设置在地上单独的建筑物内时，应符合本规范第 6.6.12 条的要求；

5 当受到地上条件限制，且调压装置进口压力不大于 0.4MPa 时，可设置在地下单独的建筑物内或地下单独的箱体内，并应分别符合本规范第 6.6.14 条和第 6.6.5 条的要求；

6 液化石油气和相对密度大于 0.75 燃气的调压装置不得设于地下室、半地下室内和地下单独的箱体内。

6.6.3 调压站（含调压柜）与其他建筑物、构筑物的水平净距应符合表 6.6.3 的规定。

表 6.6.3 调压站（含调压柜）与其他建筑物、构筑物水平净距（m）

设置形式	调压装置入口燃气压力级制	建筑物外墙面	重要公共建筑、一类高层民用建筑	铁路（中心线）	城镇道路	公共电力变配电柜
地上单独建筑	高压（A）	18.0	30.0	25.0	5.0	6.0
	高压（B）	13.0	25.0	20.0	4.0	6.0
	次高压（A）	9.0	18.0	15.0	3.0	4.0
	次高压（B）	6.0	12.0	10.0	3.0	4.0
	中压（A）	6.0	12.0	10.0	2.0	4.0
	中压（B）	6.0	12.0	10.0	2.0	4.0
调压柜	次高压（A）	7.0	14.0	12.0	3.0	4.0
	次高压（B）	4.0	8.0	8.0	2.0	4.0
	中压（A）	4.0	8.0	6.0	1.0	4.0
	中压（B）	4.0	8.0	6.0	1.0	4.0
地下单独建筑	中压（A）	3.0	6.0	6.0	—	3.0
	中压（B）	3.0	6.0	6.0	—	3.0
地下调压箱	中压（A）	3.0	6.0	6.0	—	3.0
	中压（B）	3.0	6.0	6.0	—	3.0

注：1 当调压装置露天设置时，则指距离装置的边缘；
2 当建筑物（含重要公共建筑）的某外墙为无门、窗洞口的实体墙，且建筑物耐火等级不低于二级时，燃气进口压力级别为中压 A 或中压 B 的调压柜一侧或两侧（非平行），可贴靠上述外墙设置；
3 当达不到上表净距要求时，采取有效措施，可适当缩小净距。

6.6.4 地上调压箱和调压柜的设置应符合下列要求：

1 调压箱（悬挂式）

1）调压箱的箱底距地坪的高度宜为 1.0~1.2m，可安装在用气建筑物的外墙壁上或悬挂于专用的支架上；当安装在用气建筑物的外墙上时，调压器进出口管径不宜大于 DN50；

2）调压箱到建筑物的门、窗或其他通向室内的孔槽的水平净距符合下列规定：
当调压器进口燃气压力不大于 0.4MPa 时，不应小于 1.5m；
当调压器进口燃气压力大于 0.4MPa 时，不应小于 3.0m；
调压箱不应安装在建筑物的窗下和阳台下的墙上；不应安装在室内通风机进风口墙上；

3）安装调压箱的墙体应为永久性的实体墙，其建筑物耐火等级不应低于二级；

4）调压箱上应有自然通风孔。

2 调压柜（落地式）

1）调压柜应单独设置在牢固的基础上，柜底距地坪高度宜为 0.30m；

2）距其他建筑物、构筑物的水平净距应符合表 6.6.3 的规定；

3）体积大于 1.5m³ 的调压柜应有爆炸泄压口，爆炸泄压口不应小于上盖或最大柜壁面积的 50%（以较大者为准）；爆炸泄压口宜设在上盖上；通风口面积可包括在计算爆炸泄压口面积内；

4）调压柜上应有自然通风口，其设置应符合下列要求：
当燃气相对密度大于 0.75 时，应在柜体上、下各设 1% 柜底面积通风口；调压柜四周应设护栏；
当燃气相对密度不大于 0.75 时，可仅在柜体上部设 4% 柜底面积通风口;调压柜四周宜设护栏。

 3 调压箱(或柜)的安装位置应能满足调压器安全装置的安装要求。

 4 调压箱(或柜)的安装位置应使调压箱(或柜)不被碰撞,在开箱(或柜)作业时不影响交通。

6.6.5 地下调压箱的设置应符合下列要求:

 1 地下调压箱不宜设置在城镇道路下,距其他建筑物、构筑物的水平净距应符合本规范表6.6.3的规定;

 2 地下调压箱上应有自然通风口,其设置应符合本规范第6.6.4条第2款4)项规定;

 3 安装地下调压箱的位置应能满足调压器安全装置的安装要求;

 4 地下调压箱设计应方便检修;

 5 地下调压箱应有防腐保护。

6.6.6 单独用户的专用调压装置除按本规范第6.6.2和6.6.3条设置外,尚可按下列形式设置,但应符合下列要求:

 1 当商业用户调压装置进口压力不大于0.4MPa,或工业用户(包括锅炉)调压装置进口压力不大于0.8MPa时,可设置在用气建筑物专用单层毗连建筑物内:

  1) 该建筑物与相邻建筑应用无门窗和洞口的防火墙隔开,与其他建筑物、构筑物水平净距应符合本规范表6.6.3的规定;

  2) 该建筑物耐火等级不应低于二级,并应具有轻型结构屋顶爆炸泄压口及向外开启的门窗;

  3) 地面应采用撞击时不会产生火花的材料;

  4) 室内通风换气次数每小时不应小于2次;

  5) 室内电气、照明装置应符合现行的国家标准《爆炸和火灾危险环境电力装置设计规范》GB 50058的"1区"设计的规定。

 2 当调压装置进口压力不大于0.2MPa时,可设置在公共建筑的顶层房间内:

  1) 房间应靠建筑外墙,不应布置在人员密集房间的上面或贴邻,并满足本条第1款2)、3)、5)项要求;

  2) 房间内应设有连续通风装置,并能保证通风换气次数每小时不小于3次;

  3) 房间内应设置燃气浓度检测监控仪表及声、光报警装置。该装置应与通风设施和紧急切断阀连锁,并将信号引入该建筑物监控室;

  4) 调压装置应设有超压自动切断保护装置;

  5) 室外进口管道应设有阀门,并能在地面操作;

  6) 调压装置和燃气管道应采用钢管焊接和法兰连接。

 3 当调压装置进口压力不大于0.4MPa,且调压器进出口管径不大于DN100时,可设置在用气建筑物的平屋顶上,但应符合下列条件:

  1) 应在屋顶承重结构受力允许的条件下,且该建筑物耐火等级不应低于二级;

  2) 建筑物应有通向屋顶的楼梯;

  3) 调压箱、柜(或露天调压装置)与建筑物烟囱的水平净距不应小于5m。

 4 当调压装置进口压力不大于0.4MPa时,可设置在生产车间、锅炉房和其他工业生产用气房间内,或当调压装置进口压力不大于0.8MPa时,可设置在独立、单层建筑的生产车间或锅炉房内,但应符合下列条件:

  1) 应满足本条第1款2)、4)项要求;

  2) 调压器进出口管径不应大于DN80;

  3) 调压装置宜设不燃烧体护栏;

  4) 调压装置除在室内设进口阀门外,还应在室外引入管上设置阀门。

  注:当调压器进出口管径大于DN80时,应将调压装置设置在用气建筑物的专用单层房间内,其设计应符合本条第1款的规定。

6.6.7 调压箱(柜)或调压站的噪声应符合现行国家标准《城市区域环境噪声标准》GB 3096的规定。

6.6.8 设置调压器场所的环境温度应符合下列要求:

 1 当输送干燃气时,无采暖的调压器的环境温度应能保证调压器的活动部件正常工作;

 2 当输送湿燃气时,无防冻措施的调压器的环境温度应大于0℃;当输送液化石油气时,其环境温度应大于液化石油气的露点。

6.6.9 调压器的选择应符合下列要求:

 1 调压器应能满足进口燃气的最高、最低压力的要求;

 2 调压器的压力差,应根据调压器前燃气管道的最低设计压力与调压器后燃气管道的设计压力之差值确定;

 3 调压器的计算流量,应按该调压器所承担的管网小时最大输送量的1.2倍确定。

6.6.10 调压站(或调压箱或调压柜)的工艺设计应符合下列要求:

 1 连接未成环低压管网的区域调压站和供连续生产使用的用户调压装置宜设置备用调压器,其他情况下的调压器可不设备用。

 调压器的燃气进、出口管道之间应设旁通管,用户调压箱(悬挂式)可不设旁通管。

 2 **高压和次高压燃气调压站室外进、出口管道上必须设置阀门;**

 中压燃气调压站室外进口管道上,应设置阀门。

 3 调压站室外进、出口管道上阀门距调压站的距离:

 当为地上单独建筑时,不宜小于10m,当为毗连建筑物时,不宜小于5m;

 当为调压柜时,不宜小于5m;

 当为露天调压装置时,不宜小于10m;

 当通向调压站的支管阀门距调压站小于100m时,室外支管阀门与调压站进口阀门可合为一个。

 4 在调压器燃气入口处应安装过滤器。

 5 **在调压器燃气入口(或出口)处,应设防止燃气出口压力过高的安全保护装置(当调压器本身带有安全保护装置时可不设)。**

 6 调压器的安全保护装置宜选用人工复位型。安全保护(放散或切断)装置必须设定启动压力值并具有足够的能力。启动压力应根据工艺要求确定,当工艺无特殊要求时应符合下列要求:

  1) 当调压器出口为低压时,启动压力应使与低压管道直接相连的燃气用具处于安全工作压力以内;

  2) 当调压器出口压力小于0.08MPa时,启动压力不应超过出口工作压力上限的50%;

  3) 当调压器出口压力等于或大于0.08MPa,但不大于0.4MPa时,启动压力不应超过出口工作压力上限0.04MPa;

  4) 当调压器出口压力大于0.4MPa时,启动压力不应超过出口工作压力上限的10%。

 7 **调压站放散管管口应高出其屋檐1.0m以上。**

 调压柜的安全放散管管口距地面的高度不应小于4m;设置在建筑物墙上的调压箱的安全放散管管口应高出该建筑物屋檐1.0m;

 地下调压站和地下调压箱的安全放散管管口也应按地上调压柜安全放散管管口的规定设置。

  注:清洗管道吹扫用的放散管、指挥器的放散管与安全水封放散管属于同一工作压力时,允许将它们连接在同一放散管上。

 8 调压站内调压器及过滤器前后均应设置指示式压力表,调压器后应设置自动记录式压力仪表。

6.6.11 地上调压站内调压器的布置应符合下列要求:

 1 调压器的水平安装高度应便于维护检修;

2 平行布置 2 台以上调压器时，相邻调压器外缘净距、调压器与墙面之间的净距和室内主要通道的宽度均宜大于 0.8m。

6.6.12 地上调压站的建筑物设计应符合下列要求：

1 建筑物耐火等级不应低于二级；

2 调压室与毗连房间之间应用实体隔墙隔开，其设计应符合下列要求：

  1） 隔墙厚度不应小于 24cm，且应两面抹灰；

  2） 隔墙内不得设置烟道和通风设备，调压室的其他墙壁也不得设有烟道；

  3） 隔墙有管道通过时，应采用填料密封或将墙洞用混凝土等材料填实；

3 调压室及其他有漏气危险的房间，应采取自然通风措施，换气次数每小时不应小于 2 次；

4 城镇无人值守的燃气调压室电气防爆等级应符合现行国家标准《爆炸和火灾危险环境电力装置设计规范》GB 50058 "1 区"设计的规定（见附录图 D-7）；

5 调压室内的地面应采用撞击时不会产生火花的材料；

6 调压室应有泄压措施，并应符合现行国家标准《建筑设计防火规范》GB 50016 的有关规定；

7 调压室的门、窗应向外开启，窗应设防护栏和防护网；

8 重要调压站宜设保护围墙；

9 设于空旷地带的调压站或采用高架遥测天线的调压站应单独设置避雷装置，其接地电阻值应小于 10Ω。

6.6.13 燃气调压站采暖应根据气象条件、燃气性质、控制测量仪表结构和人员工作的需要等因素确定。当需要采暖时严禁在调压室内用明火采暖，但可采用集中供热或在调压站内设置燃气、电气采暖系统，其设计应符合下列要求：

1 燃气采暖锅炉可设在与调压器室毗连的房间内；

调压器室的门、窗与锅炉室的门、窗不应设置在建筑的同一侧；

2 采暖系统宜采用热水循环式；

采暖锅炉烟囱排烟温度严禁大于 300℃；烟囱出口与燃气安全放散管出口的水平距离应大于 5m；

3 燃气采暖锅炉应有熄火保护装置或设专人值班管理；

4 采用防爆式电气采暖装置时，可对调压器室或单体设备用电加热采暖。电采暖设备的外壳温度不得大于 115℃。电采暖设备应与调压设备绝缘。

6.6.14 地下调压站的建筑物设计应符合下列要求：

1 室内净高不应低于 2m；

2 宜采用混凝土整体浇筑结构；

3 必须采取防水措施；在寒冷地区应采取防寒措施；

4 调压室顶盖上必须设置两个呈对角位置的人孔，孔盖应能防止地表水浸入；

5 室内地面应采用撞击时不产生火花的材料，并应在一侧人孔下的地坪设置集水坑；

6 调压室顶盖应采用混凝土整体浇筑。

6.6.15 当调压站内、外燃气管道为绝缘连接时，调压器及其附属设备必须接地，接地电阻应小于 100Ω。

6.7 钢质燃气管道和储罐的防腐

6.7.1 钢质燃气管道和储罐必须进行外防腐。其防腐设计应符合国家现行标准《城镇燃气埋地钢质管道腐蚀控制技术规程》CJJ 95 和《钢质管道及储罐腐蚀控制工程设计规范》SY 0007 的有关规定。

6.7.2 地下燃气管道腐蚀设计，必须考虑土壤电阻率。对高、中压输气干管宜沿燃气管道途经地段选点测定其土壤电阻率。应根据土壤的腐蚀性、管道的重要程度及所经地段的地质、环境条件确定其防腐等级。

6.7.3 地下燃气管道的外防腐涂层的种类，根据工程的具体情况，可选用石油沥青、聚乙烯防腐胶带、环氧煤沥青、聚乙烯防腐层、氯磺化聚乙烯、环氧粉末喷涂等。当选用上述涂层时，应符合国家现行有关标准的规定。

6.7.4 采用涂层保护埋地敷设的钢质燃气干管应同时采用阴极保护。

市区外埋地敷设的燃气干管，当采用阴极保护时，宜采用强制电流方式，并应符合国家现行标准《埋地钢质管道强制电流阴极保护设计规范》SY/T 0036 的有关规定。

市区内埋地敷设的燃气干管，当采用阴极保护时，宜采用牺牲阳极法，并应符合国家现行标准《埋地钢质管道牺牲阳极阴极保护设计规范》SY/T 0019 的有关规定。

6.7.5 地下燃气管道与交流电力线接地体的净距不应小于表 6.7.5 的规定。

表 6.7.5 地下燃气管道与交流电力线接地体的净距（m）

电压等级（kV）	10	35	110	220
铁塔或电杆接地体	1	3	5	10
电站或变电所接地体	5	10	15	30

6.8 监控及数据采集

6.8.1 城市燃气输配系统，宜设置监控及数据采集系统。

6.8.2 监控及数据采集系统应采用电子计算机系统为基础的装备和技术。

6.8.3 监控及数据采集系统应采用分级结构。

6.8.4 监控及数据采集系统应设主站、远端站。主站应设在燃气企业调度服务部门，并宜与城市公用数据库连接。远端站宜设置在区域调压站、专用调压站、管网压力监测点、储配站、门站和气源厂等。

6.8.5 根据监控及数据采集系统拓扑结构设计的需求，在等级系统中可在主站与远端站之间设置通信或其他功能的分级站。

6.8.6 监控及数据采集系统的信息传输介质及方式应根据当地通信系统条件、系统规模和特点、地理环境，经全面的技术经济比较后确定。信息传输宜采用城市公共数据通信网络。

6.8.7 监控及数据采集系统所选用的设备、器件、材料和仪表应选用通用性产品。

6.8.8 监控及数据采集系统的布线和接口设计应符合国家现行有关标准的规定，并具有通用性、兼容性和可扩性。

6.8.9 监控及数据采集系统的硬件和软件应有较高可靠性，并应设置系统自身诊断功能，关键设备应采用冗余技术。

6.8.10 监控及数据采集系统宜配备实时瞬态模拟软件，软件应满足系统进行调度优化、泄漏检测定位、工况预测、存量分析、负荷预测及调度员培训等功能。

6.8.11 监控及数据采集系统远端站应具有数据采集和通信功能，并对需要进行控制或调节的对象点，应有对选定的参数或操作进行控制或调节功能。

6.8.12 主站系统设计应具有良好的人机对话功能，宜满足及时调整参数或处理紧急情况的需要。

6.8.13 远端站数据采集等工作信息的类型和数量应按实际需要予以合理地确定。

6.8.14 设置监控和数据采集设备的建筑应符合现行国家标准《计算机场地技术要求》GB 2887 和《电子计算机机房设计规范》GB 50174 以及《计算机机房用活动地板技术条件》GB 6550 的有关规定。

6.8.15 监控及数据采集系统的主站机房，应设置可靠性较高的不间断电源设备及其备用设备。

6.8.16 远端站的防爆、防护应符合所在地点防爆、防护的相关要求。

7 压缩天然气供应

7.1 一般规定

7.1.1 本章适用于下列工作压力不大于 25.0MPa（表压）的城镇压缩天然气供应工程设计：

1 压缩天然气加气站；

2 压缩天然气储配站；

3 压缩天然气瓶组供气站。

7.1.2 压缩天然气的质量应符合现行国家标准《车用压缩天然气》GB 18047 的规定。

7.1.3 压缩天然气可采用汽车载运气瓶组或气瓶车运输，也可采用船载运输。

7.2 压缩天然气加气站

7.2.1 压缩天然气加气站站址选择应符合下列要求：

1 压缩天然气加气站宜靠近气源，并应具有适宜的交通、供电、给水排水、通信及工程地质条件；

2 在城镇区域内建设的压缩天然气加气站站址应符合城镇总体规划的要求。

7.2.2 压缩天然气加气站与天然气储配站合建时，站内的天然气储罐与气瓶车固定车位的防火间距不应小于表 7.2.2 的规定。

7.2.3 压缩天然气加气站与天然气储配站的合建站，当天然气储罐区设置检修用集中放散装置时，集中放散装置的放散管与站内、外建、构筑物的防火间距不应小于本规范第 6.5.12 条的规定。集中放散装置的放散管与气瓶车固定车位的防火间距不应小于 20m。

表 7.2.2 天然气储罐与气瓶车固定车位的防火间距（m）

储罐总容积（m³）		≤50000	>50000
气瓶车固定车位最大储气容积（m³）	≤10000	12.0	15.0
	>10000~30000	15.0	20.0

注：1 储罐总容积按本规范表 6.5.3 注 3 计算；
2 气瓶车在固定车位最大储气总容积（m³）为在固定车位储气的各气瓶车几何容积（m³）与其最高储气压力（绝对压力 10^2kPa）乘积之和，并除以压缩因子。
3 天然气储罐与气瓶车固定车位的防火间距，除符合本表规定外，还应不小于较大罐直径。

7.2.4 气瓶车固定车位与站外建、构筑物的防火间距不应小于表 7.2.4 的规定。

表 7.2.4 气瓶车固定车位与站外建、构筑物的防火间距（m）

项 目		气瓶车在固定车位最大储气总容积（m³）>4500~≤10000	>10000~≤30000
明火、散发火花地点，室外变、配电站		25.0	30.0
重要公共建筑		50.0	60.0
民用建筑		25.0	30.0
甲、乙、丙类液体储罐，易燃材料堆场，甲类物品库房		25.0	30.0
其他建筑 耐火等级	一、二级	15.0	20.0
	三级	20.0	25.0
	四级	25.0	30.0
铁路（中心线）		40.0	
公路、道路（路边）	高速、I、II级、城市快速	20.0	
	其他	15.0	
架空电力线（中心线）		1.5 倍杆高	
架空通信线（中心线）	I、II级	20.0	
	其他	1.5 倍杆高	

注：1 气瓶车在固定车位最大储气总容积按本规范表 7.2.2 注 2 计算；
2 气瓶车在固定车位储气总几何容积不大于 18m³，且最大储气总容积不大于 4500m³ 时，应符合现行国家标准《汽车加油加气站设计与施工规范》GB 50156 的规定。

7.2.5 气瓶车固定车位与站内建、构筑物的防火间距不应小于表 7.2.5 的规定。

表 7.2.5 气瓶车固定车位与站内建、构筑物的防火间距（m）

名 称	气瓶车在固定车位最大储气总容积（m³）>4500~≤10000	>10000~≤30000
明火、散发火花地点	25.0	30.0
压缩机室、调压室、计量室	10.0	12.0
变、配电室、仪表室、燃气热水炉室、值班室、门卫	15.0	20.0
办公、生活建筑	20.0	25.0
消防泵房、消防水池取水口	20.0	
站内道路（路边） 主 要	10.0	
次 要	5.0	
围 墙	6.0	10.0

注：1 气瓶车在固定车位最大储气总容积按本规范表 7.2.2 注 2 计算。
2 变、配电室、仪表室、燃气热水炉室、值班室、门卫等用房的建筑耐火等级不应低于现行国家标准《建筑设计防火规范》GB 50016 中"二级"规定。
3 露天的燃气工艺装置与气瓶车固定车位的间距可按工艺要求确定。
4 气瓶车在固定车位储气总几何容积不大于 18m³，且最大储气总容积不大于 4500m³ 时，应符合现行国家标准《汽车加油加气站设计与施工规范》GB 50156 的规定。

7.2.6 站内应设置气瓶车固定车位，每个气瓶车的固定车位宽度不应小于 4.5m，长度宜为气瓶车长度，在固定车位场地上应标有各车位明显的边界线，每台车位宜对应 1 个加气嘴，在固定车位前应留有足够的回车场地。

7.2.7 气瓶车应停靠在固定车位处，并应采取固定措施，在充气作业中严禁移动。

7.2.8 气瓶车在固定车位最大储气总容积不应大于 30000m³。

7.2.9 加气柱宜设在固定车位附近，距固定车位 2~3m。加气柱距站内天然气储罐不应小于 12m，距围墙不应小于 6m，距压缩机室、调压室、计量室不应小于 6m，距燃气热水炉室不应小于 12m。

7.2.10 压缩天然气加气站的设计规模应根据用户的需求量与天然气气源的稳定供气能力确定。

7.2.11 当进站天然气硫化氢含量超过本规范第 7.1.2 条的规定时，应进行脱硫。当进站天然气水量超过本规范第 7.1.2 条规定时，应进行脱水。

天然气脱硫和脱水装置设计应符合现行国家标准《汽车加油加气站设计与施工规范》GB 50156 的有关规定。

7.2.12 进入压缩机的天然气含尘量不应大于 5mg/m³，微尘直径应小于 10μm；当天然气含尘量和微尘直径超过规定值时，应进行除尘净化。进入压缩机的天然气质量还应符合选用的压缩机的有关要求。

7.2.13 在压缩机前应设置缓冲罐，天然气在缓冲罐内停留的时间不宜小于 10s。

7.2.14 压缩天然气加气站总平面应分区布置，即分为生产区和辅助区。压缩天然气加气站宜设 2 个对外出入口。

7.2.15 进压缩天然气加气站的天然气管道上应设切断阀；当气源为城市高、中压输配管道时，还应在切断阀后设安全阀。切断阀和安全阀应符合下列要求：

1 切断阀应设置在事故情况下便于操作的安全地点；

2 安全阀应为全启封闭式弹簧安全阀，其开启压力应为站外天然气输配管道最高工作压力；

3 安全阀采用集中放散时，应符合本规范第 6.5.12 条第 6 款的规定。

7.2.16 压缩天然气系统的设计压力应根据工艺条件确定，且不应小于该系统最高工作压力的 1.1 倍。

向压缩天然气储配站和压缩天然气瓶组供气站运送压缩天然气的气瓶车和气瓶组，在充装温度为 20℃时，充装压力不应大于20.0MPa（表压）。

7.2.17 天然气压缩机应根据进站天然气压力、脱水工艺及设计规模进行选型，型号宜选择一致，并应有备用机组。压缩机排气压力不应大于25.0MPa（表压）；多台并联运行的压缩机单台排气量，应按公称容积流量的80%～85%进行计算。

7.2.18 压缩机动力宜选用电动机，也可选用天然气发动机。

7.2.19 天然气压缩机应根据环境和气候条件露天设置或设置于单层建筑物内，也可采用橇装设备。压缩机宜单排布置，压缩机室主要通道宽度不宜小于1.5m。

7.2.20 压缩机前总管中天然气流速不宜大于15m/s。

7.2.21 压缩机进口管道上应设置手动和电动（或气动）控制阀门。压缩机出口管道上应设置安全阀、止回阀和手动切断阀。出口安全阀的泄放能力不应小于压缩机的安全泄放量；安全阀放散管管口应高出建筑物2m以上，且距地面不应小于5m。

7.2.22 从压缩机轴承等处泄漏的天然气，应汇总后由管道引至室外放散，放散管管口的设置应符合本规范第7.2.21条的规定。

7.2.23 压缩机组的运行管理宜采用计算机控制装置。

7.2.24 压缩机应设有自动和手动停车装置，各级排气温度大于限定值时，应报警并人工停车。在发生下列情况之一时，应报警并自动停车：

  1 各级吸、排气压力不符合规定值；

  2 冷却水（或风冷鼓风机）压力和温度不符合规定值；

  3 润滑油压力、温度和油箱液位不符合规定值；

  4 压缩机电机过载。

7.2.25 压缩机卸载排气宜通过缓冲罐回收，并引入进站天然气管道内。

7.2.26 从压缩机排出的冷凝液处理应符合如下规定：

  1 严禁直接排入下水道。

  2 采用压缩机前脱水工艺时，应在每台压缩机前排出冷凝液的管路上设置压力平衡阀和止回阀。冷凝液汇入总管后，应引至室外储罐，储罐的设计压力应为冷凝系统最高工作压力的1.2倍。

  3 采用压缩机后脱水或中段脱水工艺时，应设置在压缩机运行中能自动排出冷凝液的设施。冷凝液汇总后应引至室外密闭水封塔，释放气放散管管口的设置应符合本规范第7.2.21条的规定；塔底冷凝水应集中处理。

7.2.27 从冷却器、分离器等排出的冷凝液，应按本章第7.2.26条第3款的要求处理。

7.2.28 压缩天然气加气站检测和控制调节装置宜按表7.2.28规定设置。

表7.2.28 压缩天然气加气站检测和控制调节装置

参 数 名 称		现场显示	控 制 室		
			显 示	记录或累计	报警连锁
天然气进站压力		+	+	+	—
天然气进站流量		—	+	+	—
压缩机室	调压器出口压力	+	+	+	—
	过滤器出口压力	+	+	+	—
	压缩机吸气总管压力	+	+	—	—
	压缩机排气总管压力	+	+	—	—
	冷却水：供水压力	+	+	—	+
	供水温度	+	+	—	+
	回水温度	+	+	+	+
	润滑油：供油压力	+	+	—	+
	供油温度	+	+	—	+
	回油温度	+	+	—	+
	供电：电压	+	+	—	—
	电流	+	+	—	—
	功率因数	—	+	—	—
	功率	—	+	—	—

续表7.2.28

参 数 名 称		现场显示	控 制 室		
			显 示	记录或累计	报警连锁
压缩机组	压缩机各级：吸、排气压力	+	+	—	+
	排气温度	+	+	—	+（手动）
	冷却水：供水压力	+	+	—	+
	供水温度	+	+	—	+
	回水温度	+	+	—	+
	润滑油：供油压力	+	+	—	+
	供油温度	+	+	—	+
	回油温度	+	+	—	+
脱水装置	出口总管压力	+	+	+	—
	加热用气：压力	+	+	—	—
	温度	—	+	+	—
	排气温度	+	+	—	—

注：表中"+"表示应设置。

7.2.29 压缩天然气加气站天然气系统的设计，应符合本规范第6.5节的有关规定。

7.3 压缩天然气储配站

7.3.1 压缩天然气储配站站址选择应符合下列要求：

  1 符合城镇总体规划的要求；

  2 应具有适宜的地形、工程地质、交通、供电、给水排水及通信条件；

  3 少占农田、节约用地并注意与城市景观协调。

7.3.2 压缩天然气储配站的设计规模应根据城镇各类天然气用户的总用气量和供应本站的压缩天然气加气站供气能力及气瓶车运输条件等确定。

7.3.3 压缩天然气储配站的天然气总储气量应根据气源、运输和气候等条件确定，但不应小于本站计算月平均日供气量的1.5倍。

压缩天然气储配站的天然气总储气量包括停靠在站内固定车位的压缩天然气气瓶车的总储气量。当储配站天然气总储气量大于30000m³时，除采用气瓶车储气外应建天然气储罐等其他储气设施。

注：有补充或替代气源时，可按工艺条件确定。

7.3.4 压缩天然气储配站内天然气储罐与站外建、构筑物的防火间距应符合现行国家标准《建筑设计防火规范》GB 50016的规定。站内露天天然气工艺装置与站外建、构筑物的防火间距按甲类生产厂房与厂外建、构筑物的防火间距执行。

7.3.5 压缩天然气储配站内天然气储罐与站内建、构筑物的防火间距应符合本规范第6.5.3条的规定。

7.3.6 天然气储罐或罐区之间的防火间距应符合本规范第6.5.4条的规定。

7.3.7 当天然气储罐区设置检修用集中放散装置时，集中放散装置的放散管与站内、外建、构筑物的防火间距应符合本规范第7.2.3条的规定。

7.3.8 气瓶车固定车位与站外建、构筑物的防火间距应符合本规范第7.2.4条的规定。

7.3.9 气瓶车固定车位与站内建、构筑物的防火间距应符合本规范第7.2.5条的规定。

7.3.10 气瓶车固定车位的设置和气瓶车的停靠应符合7.2.6条和7.2.7条的规定。卸气柱的设置应符合本规范第7.2.9条有关加气柱的规定。

7.3.11 压缩天然气储配站总平面应分区布置，即分为生产区和辅助区。压缩天然气储配站宜设2个对外出入口。

7.3.12 当压缩天然气储配站与液化石油气混气站合建时，站内天然气储罐及固定车位与液化石油气储罐的防火间距应符合现行国家标准《建筑设计防火规范》GB 50016的规定。

7.3.13 压缩天然气系统的设计压力应符合本章第7.2.16条的规定。

7.3.14 压缩天然气应根据工艺要求分级调压，并应符合下列要求：

1 在一级调压器进口管道上应设置快速切断阀。

2 调压系统应根据工艺要求设置自动切断和安全放散装置。

3 在压缩天然气调压过程中，应根据工艺条件确定对调压器前压缩天然气进行加热，加热量应能保证设备、管道及附件正常运行。加热介质管道或设备应设超压泄放装置。

4 在一级调压器进口管道上宜设置过滤器。

5 各级调压器系统安全阀的安全放散宜汇总至集中放散管，集中放散管管口的设置应符合本规范第7.2.21条的规定。

7.3.15 通过城市天然气输配管道向各类用户供应的天然气无臭味或臭味不足时，应在压缩天然气储配站内进行加臭，加臭量应符合本规范第3.2.3条的规定。

7.3.16 压缩天然气储配站的天然气系统，应符合本规范第6.5节的有关规定。

7.4 压缩天然气瓶组供气站

7.4.1 瓶组供气站的规模应符合下列要求：

1 气瓶组最大储气总容积不应大于1000m³，气瓶组总几何容积不应大于4m³。

2 气瓶组储气总容积应按1.5倍计算月平均日供气量确定。

注：气瓶组最大储气总容积为各气瓶组总几何容积（m³）与其最高储气压力（绝对压力10²kPa）乘积之和，并除以压缩因子。

7.4.2 压缩天然气瓶组供气站宜设置在供气小区边缘，供气规模不宜大于1000户。

7.4.3 气瓶组应在站内固定地点设置。气瓶组及天然气放散管管口、调压装置至明火散发火花的地点和建、构筑物的防火间距不应小于表7.4.3的规定。

表7.4.3 气瓶组及天然气放散管管口、调压装置至明火散发火花的地点和建、构筑物的防火间距（m）

项 目	名 称	气瓶组	天然气放散管管口	调压装置
明火、散发火花地点		25	25	25
民用建筑、燃气热水炉间		18	18	12
重要公共建筑、一类高层民用建筑		30	30	24
道路（路边）	主 要	10	10	10
	次 要	5	5	5

注：本表以外的其他建、构筑物的防火间距应符合国家现行标准《汽车用燃气加气站技术规范》CJJ 84中天然气加气站三级站的规定。

7.4.4 气瓶组可与调压计量装置设置在一起。

7.4.5 气瓶组的气瓶应符合国家有关现行标准的规定。

7.4.6 气瓶组供气站的调压应符合本规范第7.3节的规定。

7.5 管道及附件

7.5.1 压缩天然气管道应采用高压无缝钢管，其技术性能应符合现行国家标准《高压锅炉用无缝钢管》GB 5310、流体输送用《不锈钢无缝钢管》GB/T 14976或《化肥设备用高压无缝钢管》GB 6479的规定。

7.5.2 钢管外径大于28mm时压缩天然气管道宜采用焊接连接，管道与设备、阀门的连接宜采用法兰连接；小于或等于28mm的压缩天然气管道及其与设备、阀门的连接可采用双卡套接头、法兰或锥管螺纹连接。双卡套接头应符合现行国家标准《卡套管接头技术条件》GB 3765的规定。管接头的复合密封材料和垫片应适应天然气的要求。

7.5.3 压缩天然气系统的管道、管件、设备与阀门的设计压力或压力级别不应小于系统的设计压力，其材质应与天然气介质相适应。

7.5.4 压缩天然气加气柱和卸气柱的加气、卸气软管应采用耐

天然气腐蚀的气体承压软管；软管的长度不应大于6.0m，有效作用半径不应小于2.5m。

7.5.5 室外压缩天然气管道宜采用埋地敷设，其管顶距地面的埋深不应小于0.6m，冰冻地区应敷设在冰冻线以下。当管道采用支架敷设时，应符合本规范第6.3.15条的规定。埋地管道防腐设计应符合本规范第6.7节的规定。

7.5.6 室内压缩天然气管道宜采用管沟敷设。管底与管沟底的净距不应小于0.2m。管沟应用干砂填充，并应设活动门与通风口。室外管沟盖板应按通行重载汽车负荷设计。

7.5.7 站内天然气管道的设计，应符合本规范第6.5.13条的有关规定。

7.6 建筑物和生产辅助设施

7.6.1 压缩天然气加气站、压缩天然气储配站和压缩天然气瓶组供气站的生产厂房及其他附属建筑物的耐火等级不应低于二级。

7.6.2 在地震烈度为7度或7度以上地区建设的压缩天然气加气站、压缩天然气储配站和压缩天然气瓶组供气站的建、构筑物抗震设计，应符合现行国家标准《构筑物抗震设计规范》GB 50191和《建筑物抗震设计规范》GB 50011的有关规定。

7.6.3 站内具有爆炸危险的封闭式建筑应采取良好的通风措施；在非采暖地区宜采用敞开式或半敞开式建筑。

7.6.4 压缩天然气加气站、压缩天然气储配站在同一时间内的火灾次数按一次考虑，消防用水量按储罐区及气瓶车固定车位（总储气容积按储罐区储气总容积与气瓶车在固定车位最大储气容积之和计算）的一次消防用水量确定。

7.6.5 压缩天然气加气站、压缩天然气储配站内的消防设施设计应符合现行国家标准《建筑设计防火规范》GB 50016的规定，并应符合本规范第6.5.19条第1、2、3、6款的要求。

7.6.6 压缩天然气加气站、压缩天然气储配站的废油水、洗罐水等应回收集中处理。

7.6.7 压缩天然气加气站的供电系统设计应符合现行国家标准《供配电系统设计规范》GB 50052"三级负荷"的规定。但站内消防水泵用电应为"二级负荷"。

7.6.8 压缩天然气储配站的供电系统设计应符合现行国家标准《供配电系统设计规范》GB 50052"二级负荷"的规定。

7.6.9 压缩天然气加气站、压缩天然气储配站和压缩天然气瓶组供气站站内爆炸危险场所和生产用房的电气防爆、防雷和静电接地设计及站边界的噪声控制应符合本规范第6.5.21条至第6.5.24条的规定。

7.6.10 压缩天然气加气站、压缩天然气储配站和压缩天然气瓶组供气站应设置燃气浓度检测报警系统。

燃气浓度检测报警器的报警浓度应取天然气爆炸下限的20%（体积分数）。

燃气浓度检测报警器及其报警装置的选用和安装，应符合国家现行标准《石油化工企业可燃气体和有毒气体检测报警设计规范》SH 3063的规定。

8 液化石油气供应

8.1 一般规定

8.1.1 本章适用于下列液化石油气供应工程设计：

1 液态液化石油气运输工程；

2 液化石油气供应基地（包括：储存站、储配站和灌装站）；

3 液化石油气气化站、混气站、瓶组气化站；

4 瓶装液化石油气供应站；

5 液化石油气用户。

8.1.2 本章不适用于下列液化石油气工程和装置设计：

1 炼油厂、石油化工厂、油气田、天然气气体处理装置的液化石油气加工、储存、灌装和运输工程；

2 液化石油气全冷冻式储存、灌装和运输工程（液化石油气供应基地的全冷冻式储罐与基地外建、构筑物的防火间距除外）；

3 海洋和内河的液化石油气运输；

4 轮船、铁路车辆和汽车上使用的液化石油气装置。

8.2 液态液化石油气运输

8.2.1 液态液化石油气由生产厂或供应基地至接收站可采用管道、铁路槽车、汽车槽车或槽船运输。运输方式的选择应经技术经济比较后确定。条件接近时，宜优先采用管道输送。

8.2.2 液态液化石油气输送管道应按设计压力（P）分为3级，并应符合表8.2.2的规定。

8.2.3 输送液态液化石油气管道的设计压力应高于管道系统起点的最高工作压力。管道系统起点最高工作压力可按下式计算：

表 8.2.2 液态液化石油气输送管道设计压力（表压）分级

管道级别	设计压力（MPa）
Ⅰ 级	$P > 4.0$
Ⅱ 级	$1.6 < P \leqslant 4.0$
Ⅲ 级	$P \leqslant 1.6$

$$P_q = H + P_s \qquad (8.2.3)$$

式中　P_q——管道系统起点最高工作压力（MPa）；

　　　H——所需泵的扬程（MPa）；

　　　P_s——始端储罐最高工作温度下的液化石油气饱和蒸气压力（MPa）。

8.2.4 液态液化石油气采用管道输送时，泵的扬程应大于公式（8.2.4）的计算值。

$$H_j = \Delta P_Z + \Delta P_Y + \Delta H \qquad (8.2.4)$$

式中　H_j——泵的计算扬程（MPa）；

　　　ΔP_Z——管道总阻力损失，可取 1.05～1.10 倍管道摩擦阻力损失（MPa）；

　　　ΔP_Y——管道终点进罐余压，可取 0.2～0.3（MPa）；

　　　ΔH——管道终、起点高程差引起的附加压力（MPa）。

注：液态液化石油气在管道输送过程中，沿途任何一点的压力都必须高于其输送温度下的饱和蒸气压力。

8.2.5 液态液化石油气管道摩擦阻力损失，应按下式计算：

$$\Delta P = 10^{-6} \lambda \frac{L u^2 \rho}{2d} \qquad (8.2.5)$$

式中　ΔP——管道摩擦阻力损失（MPa）；

　　　L——管道计算长度（m）；

　　　u——液态液化石油气在管道中的平均流速（m/s）；

　　　d——管道内径（m）；

　　　ρ——平均输送温度下的液态液化石油气密度（kg/m³）；

　　　λ——管道的摩擦阻力系数，宜按本规范第 6.2.6 条中公式（6.2.6-2）计算。

注：平均输送温度可取管道中心埋深处，最冷月的平均地温。

8.2.6 液态液化石油气在管道内的平均流速，应经技术经济比较后确定，可取 0.8～1.4m/s，最大不应超过 3m/s。

8.2.7 液态液化石油气输送管线不得穿越居住区、村镇和公共建筑群等人员集聚的地区。

8.2.8 液态液化石油气管道宜采用埋地敷设，其埋设深度应在土壤冰冻线以下，并应符合本规范第 6.3.4 条的有关规定。

8.2.9 地下液态液化石油气管道与建、构筑物或相邻管道之间的水平净距和垂直净距不应小于表 8.2.9-1 和表 8.2.9-2 的规定。

表 8.2.9-1 地下液态液化石油气管道与建、构筑物或相邻管道之间的水平净距（m）

项目		管道级别 Ⅰ级	Ⅱ级	Ⅲ级
特殊建、构筑物（军事设施、易燃易爆物品仓库、国家重点文物保护单位、飞机场、火车站和码头等）		100		
居民区、村镇、重要公共建筑		50	40	25
一般建、构筑物		25	15	10
给水管		1.5	1.5	1.5
污水、雨水排水管		2	2	2
热力管	直埋	2	2	2
	在管沟内（至外壁）	4	4	4
其他燃料管道		2	2	2
埋地电缆	电力线（中心线）	2	2	2
	通信线（中心线）	2	2	2
电杆（塔）的基础	≤35kV	2	2	2
	>35kV	5	5	5
通信照明电杆（至电杆中心）		2	2	2
公路、道路（路边）	高速，Ⅰ、Ⅱ级，城市快速	10	10	10
	其他	5	5	5
铁路（中心线）	国家线	25	25	25
	企业专用线	10	10	10
树木（至树中心）		2	2	2

注：1 当因客观条件达不到本表规定时，可按本规范第 6.4 节的有关规定降低管道强度设计系数，增加管道壁厚和采取有效的安全保护措施后，水平净距可适当减小；

2 特殊建、构筑物的水平净距应从其划定的边界线算起；

3 当地下液态液化石油气管道或相邻地下管道的防腐采用外加电流阴极保护时，两相邻地下管道（缆线）之间的水平净距尚应符合国家现行标准《钢质管道及储罐腐蚀控制工程设计规范》SY 0007 的有关规定。

表 8.2.9-2 地下液态液化石油气管道与构筑物或地下管道之间的垂直净距（m）

项目		地下液态液化石油气管道（当有套管时，以套管计）
给水管，污水、雨水排水管（沟）		0.20
热力管、热力管的管沟底（或顶）		0.20
其他燃料管道		0.20
通信线、电力线	直埋	0.50
	在导管内	0.25
铁路（轨底）		1.20
有轨电车（轨底）		1.00
公路、道路（路面）		0.90

注：1 地下液态液化石油气管道与排水管（沟）或其他有沟的管道交叉时，交叉处应加套管；

2 地下液态液化石油气管道与铁路、高速公路、Ⅰ级或Ⅱ级公路交叉时，尚应符合本规范第 6.3.9 条的有关规定。

8.2.10 液态液化石油气输送管道通过的地区，应按其沿线建筑密集程度划分为 4 个地区等级，地区等级的划分和管道强度设计系数选取、管道及其附件的设计应符合本规范第 6.4 节的有关规定。

8.2.11 在下列地点液态液化石油气输送管道应设置阀门：

1 起、终点和分支点；

2 穿越铁路国家线、高速公路、Ⅰ级或Ⅱ级公路、城市快速路和大型河流两侧；

3 管道沿线每隔约 5000m 处。

注：管道分段阀门之间应设置放散阀，其放散管管口距地面不应小于 2.5m。

8.2.12 液态液化石油气管道上的阀门不宜设置在地下阀门井内。如确需设置，井内应填满干砂。

8.2.13 液态液化石油气输送管道采用地上敷设时，除应符合本节管道埋地敷设的有关规定外，尚应采取有效的安全措施。地上管道两端应设置阀门。两阀门之间应设置管道安全阀，其放散管管口距地面不应小于 2.5m。

8.2.14 地下液态液化石油气管道的防腐应符合本规范第 6.7 节的有关规定。

8.2.15 液态液化石油气输送管线沿途应设置里程桩、转角桩、交叉桩和警示牌等永久性标志。

8.2.16 液化石油气铁路槽车和汽车槽车应符合国家现行标准《液化气体铁路槽车技术条件》GB 10478 和《液化石油气汽车槽车技术条件》HG/T 3143 的规定。

8.3 液化石油气供应基地

8.3.1 液化石油气供应基地按其功能可分为储存站、储配站和灌装站。

8.3.2 液化石油气供应基地的规模应以城镇燃气专业规划为依据，按其供应用户类别、户数和用气量指标等因素确定。

8.3.3 液化石油气供应基地的储罐设计总容量宜根据其规模、气源情况、运输方式和运距等因素确定。

8.3.4 液化石油气供应基地储罐设计总容量超过 3000m³ 时，宜将储罐分别设置在储存站和灌装站。灌装站的储罐设计容量宜取 1 周左右的计算月平均日供应量，其余为储存站的储罐设计容量。

储罐设计总容量小于 3000m³ 时，可将储罐全部设置在储配站。

8.3.5 液化石油气供应基地的布局应符合城市总体规划的要求，且应远离城市居住区、村镇、学校、影剧院、体育馆等人员集聚的场所。

8.3.6 液化石油气供应基地的站址宜选择在所在地区全年最小频率风向的上风侧，且应是地势平坦、开阔、不易积存液化石油气的地段。同时，应避开地震带、地基沉陷和废弃矿井等地段。

8.3.7 液化石油气供应基地的全压力式储罐与基地外建、构筑物、堆场的防火间距不应小于表 8.3.7 的规定。

半冷冻式储罐与基地外建、构筑物的防火间距可按表 8.3.7 的规定执行。

表 8.3.7 液化石油气供应基地的全压力式储罐与基地外建、构筑物、堆场的防火间距（m）

单罐容积(m³) / 总容积(m³) 项目	≤50 / ≤20	>50~≤200 / ≤50	>200~≤500 / ≤100	>500~≤1000 / ≤200	>1000~≤2500 / ≤400	>2500~≤5000 / ≤1000	>5000 / —
居住区、村镇和学校、影剧院、体育馆等重要公共建筑（最外侧建、构筑物外墙）	45	50	70	90	110	130	150
工业企业（最外侧建、构筑物外墙）	27	30	35	40	50	60	75

续表 8.3.7

单罐容积(m³) / 总容积(m³) 项目	≤50 / ≤20	>50~≤200 / ≤50	>200~≤500 / ≤100	>500~≤1000 / ≤200	>1000~≤2500 / ≤400	>2500~≤5000 / ≤1000	>5000 / —
明火、散发火花地点和室外变、配电站	45	50	55	60	70	80	120
民用建筑，甲、乙类液体储罐，甲、乙类生产厂房，甲、乙类物品仓库，稻草等易燃材料堆场	40	45	50	55	65	75	100
丙类液体储罐，可燃气体储罐，丙、丁类生产厂房，丙、丁类物品仓库	32	35	40	45	55	65	80
助燃气体储罐、木材等可燃材料堆场	27	30	35	40	50	60	75
其他建筑 耐火等级 一、二级	18	20	22	25	30	40	50
其他建筑 耐火等级 三级	22	25	27	30	40	50	60
其他建筑 耐火等级 四级	27	30	35	40	50	60	75
铁路（中心线） 国家线	60	70		80		100	
铁路（中心线） 企业专用线	25	30		35		40	
公路、道路（路边） 高速，Ⅰ、Ⅱ级，城市快速	20	25				30	
公路、道路（路边） 其他	15	20				25	
架空电力线（中心线）	1.5 倍杆高				1.5 倍杆高，但 35kV 以上架空电力线不应小于 40		
架空通信线（中心线） Ⅰ、Ⅱ级	30	40					
架空通信线（中心线） 其他	1.5 倍杆高						

注：1 防火间距应按本表储罐总容积或单罐容积较大者确定，间距的计算应以储罐外壁为准；

2 居住区、村镇系指 1000 人或 300 户以上者，以下者按本表民用建筑执行；

3 当地下储罐单罐容积小于或等于 50m³，且总容积小于或等于 400m³ 时，其防火间距可按本表减少 50%；

4 与本表规定以外的其他建、构筑物的防火间距，应按现行国家标准《建筑设计防火规范》GB 50016 执行。

8.3.8 液化石油气供应基地的全冷冻式储罐与基地外建、构筑物、堆场的防火间距不应小于表 8.3.8 的规定。

表 8.3.8 液化石油气供应基地的全冷冻式储罐与基地外建、构筑物、堆场的防火间距（m）

项　目	间　距
明火、散发火花地点和室外变配电站	120
居住区、村镇和学校、影剧院、体育场等重要公共建筑（最外侧建、构筑物外墙）	150
工业企业（最外侧建、构筑物外墙）	75
甲、乙类液体储罐，甲、乙类生产厂房，甲、乙类物品仓库，稻草等易燃材料堆场	100
丙类液体储罐，可燃气体储罐，丙、丁类生产厂房，丙、丁类物品仓库	80
助燃气体储罐、可燃材料堆场	75
民用建筑	100

续表 8.3.8

项 目		间 距
其他建筑 耐火等级	一级、二级	50
	三级	60
	四级	75
铁路（中心线）	国家线	100
	企业专用线	40
公路、道路（路边）	高速、Ⅰ、Ⅱ级，城市快速	30
	其他	25
架空电力线（中心线）		1.5倍杆高，但35kV以上架空电力线应大于40
架空通信线（中心线）	Ⅰ、Ⅱ级	
	其他	1.5倍杆高

注：1 本表所指的储罐为单罐容积大于5000m³，且设有防液堤的全冷冻式液化石油气储罐。当单罐容积等于或小于5000m³时，其防火距离可按本规范表8.3.7条中总容积相对应的全压力式液化石油气储罐的规定执行；

2 居住区、村镇系指1000人或300户以上者，以下者按本表居民用建筑执行；

3 与本表规定以外的其他建、构筑物的防火间距，应按现行国家标准《建筑设计防火规范》GB50016执行；

4 间距的计算应以储罐外壁为准。

8.3.9 液化石油气供应基地的储罐与基地内建、构筑物的防火间应符合下列规定：

1 全压力式储罐的防火距离不应小于表8.3.9的规定；

2 半冷冻式储罐的防火距离可按表8.3.9的规定执行；

3 全冷冻式储罐与基地内道路和围墙的防火间距可按表8.3.9的规定执行。

表8.3.9 液化石油气供应基地的全压力式储罐与
基地内建、构筑物的防火间距（m）

项目 ＼ 单罐容积(m³) ＼ 总容积(m³)	≤50 (≤20)	>50~≤200 (≤50)	>200~≤500 (≤100)	>500~≤1000 (≤200)	>1000~≤2500 (≤400)	>2500~≤5000 (≤1000)	>5000 (—)
明火、散发火花地点	45	50	55	60	70	80	120
办公、生活建筑	25	30	35	40	50	60	75
灌瓶间、瓶库、压缩机室、仪表间、值班室	18	20	22	25	30	35	40
汽车槽库库、汽车槽车装卸台柱(装卸口)、汽车衡及其计量室、门卫	18	20	22	25	30		40
铁路槽车装卸线（中心线）				20			30
空压机室、变配电室、柴油发电机房、新瓶库、真空泵房、库房	18	20	22	25	30	35	40
汽车库、机修间	25	30		35		40	50
消防泵房、消防水池(罐)取水口			40			50	60
站内道路（路边） 主要	10		15				20
次要	5		10				15
围墙	15		20				25

注：1 防火间距应按本表总容积或单罐容积较大者确定；间距的计算应以储罐外壁为准；

2 地下储罐单罐容积小于或等于50m³，且总容积小于或等于400m³时，其防火间距可按本表减少50%；

3 与本表规定以外的其他建、构筑物的防火间距按现行国家标准《建筑设计防火规范》GB 50016执行。

8.3.10 全冷冻式液化石油气储罐与全压力式液化石油气储罐不得设置在同一罐区内，两类储罐之间的防火间距不应小于相邻较

大储罐的直径，且不应小于**35m**。

8.3.11 液化石油气供应基地总平面必须分区布置，即分为生产区（包括储罐区和灌装区）和辅助区；

生产区宜布置在站区全年最小频率风向的上风侧或上侧风侧；

灌瓶间的气瓶装卸平台前应有较宽敞的汽车回车场地。

8.3.12 液化石油气供应基地的生产区应设置高度不低于**2m**的不燃烧体实体围墙。辅助区可设置不燃烧体非实体围墙。

8.3.13 液化石油气供应基地的生产区应设置环形消防车道。消防车道宽度不应小于**4m**。当储罐总容积小于**500m³**时，可设置尽头式消防车道和面积不应小于**12m×12m**的回车场。

8.3.14 液化石油气供应基地的生产区和辅助区至少应各设置1个对外出入口。当液化石油气储罐总容积超过**1000m³**时，生产区应设置2个对外出入口，其间距不应小于**50m**。

对外出入口宽度不应小于**4m**。

8.3.15 液化石油气供应基地的生产区内严禁设置地下和半地下建、构筑物（寒冷地区的地下式消火栓和储罐区的排水管、沟除外）。

生产区内的地下管（缆）沟必须填满干砂。

8.3.16 基地内铁路引入线和铁路槽车装卸线的设计应符合现行国家标准《工业企业标准轨距铁路设计规范》GBJ 12 的有关规定。

供应基地内的铁路槽车装卸线应设计成直线，其终点距铁路槽车端部不应小于**20m**，并应设置具有明显标志的车档。

8.3.17 铁路槽车装卸栈桥应采用不燃烧材料建造，其长度可取铁路槽车装卸车位数与车身长度的乘积，宽度不宜小于**1.2m**，两端应设置宽度不小于**0.8m**的斜梯。

8.3.18 铁路槽车装卸栈桥上的液化石油气装卸鹤管应设置便于操作的机械吊装设施。

8.3.19 全压力式液化石油气储罐不应少于**2**台，其储罐区的布置应符合下列要求：

1 地上储罐之间的净距不应小于相邻较大罐的直径；

2 数个储罐的总容积超过**3000m³**时，应分组布置。组与组之间相邻储罐的净距不应小于**20m**；

3 组内储罐宜采用单排布置；

4 储罐组四周应设置高度为**1m**的不燃烧体实体防护墙；

5 储罐与防护墙的净距：球形储罐不宜小于其半径，卧式储罐不宜小于其直径，操作侧不宜小于**3.0m**；

6 防护墙内储罐超过**4**台时，至少应设置**2**个过梯，且应分开布置。

8.3.20 地上储罐应设置钢梯平台，其设计宜符合下列要求：

1 卧式储罐组宜设置联合钢梯平台。当组内储罐超过**4**台时，宜设置**2**个斜梯；

2 球形储罐组宜设置联合钢梯平台。

8.3.21 地下储罐宜设置在钢筋混凝土槽内，槽内应填充干砂。储罐罐顶与槽盖内壁净距不宜小于**0.4m**；各储罐之间宜设置隔墙，储罐与隔墙和槽壁之间的净距不宜小于**0.9m**。

8.3.22 液化石油气储罐与所属泵房的间距不应小于**15m**。当泵房面向储罐一侧的外墙采用无门窗洞口的防火墙时，其间距可减少至**6m**。液化石油气泵露天设置在储罐区内时，泵与储罐之间的距离不限。

8.3.23 液态液化石油气泵的安装高度应保证不使其发生气蚀，并采取防止振动的措施。

8.3.24 液态液化石油气泵进、出口管段上阀门及附件的设置应符合下列要求：

1 泵进、出口应设置操作阀和放气阀；

2 泵进口管应设置过滤器；

3 泵出口管应设置止回阀，并宜设置液相安全回流阀。

8.3.25 灌瓶间和瓶库与站外建、构筑物之间的防火间距，应按现行国家标准《建筑设计防火规范》GB 50016 中甲类储存物品

仓库的规定执行。

8.3.26 灌瓶间和瓶库与站内建、构筑物的防火间距不应小于表 8.3.26 的规定。

表 8.3.26 灌瓶间和瓶库与站内建、构筑物的防火间距 (m)

项 目 \ 总存瓶量 (t)	≤10	>10~≤30	>30
明火、散发火花地点	25	30	40
办公、生活建筑	20	25	30
铁路槽车装卸线 (中心线)	20	25	30
汽车槽车库、汽车槽车装卸台柱 (装卸口)、汽车衡及其计量室、门卫	15	18	20
压缩机室、仪表间、值班室	12	15	18
空压机室、变配电室、柴油发电机房	15	18	20
机修间、汽车库	25	30	40
新瓶库、真空泵房、备件库等非明火建筑	12	15	18
消防泵房、消防水池 (罐) 取水口	25	30	
站内道路 (路边) 主 要*	10		
站内道路 (路边) 次 要	5		
围墙	10	15	

注: 1 总存瓶量应按实瓶存放个数和单瓶充装质量的乘积计算;

2 瓶库与灌瓶间之间的距离不限;

3 计算月平均日灌瓶量小于 700 瓶的灌瓶站,其压缩机室与灌瓶间可合建成一幢建筑物,但其间应采用无门、窗洞口的防火墙隔开;

4 当计算月平均日灌瓶量小于 700 瓶时,汽车槽车装卸台柱可附设在灌瓶间或压缩机室山墙的一侧,山墙应为无门、窗洞口的防火墙。

8.3.27 灌瓶间内气瓶存放量宜取 1~2d 的计算月平均日供应量。当总存瓶量 (实瓶) 超过 3000 瓶时,宜另外设置瓶库。

灌瓶间和瓶库内的气瓶应按实瓶区、空瓶区分组布置。

8.3.28 采用自动化、半自动化灌装和机械化运瓶的灌瓶作业线上应设置灌瓶质量复检装置,且应设置检漏装置或采取检漏措施。

采用手动灌瓶作业时,应设置检斤秤,并应采取检漏措施。

8.3.29 储配站和灌装站应设置残液倒空和回收装置。

8.3.30 供应基地内液化石油气压缩机设置台数不宜少于 2 台。

8.3.31 液化石油气压缩机进、出口管道上阀门及附件的设置应符合下列要求:

1 进、出口应设置阀门;

2 进口应设置过滤器;

3 出口应设置止回阀和安全阀;

4 进、出口管之间应设置旁通管及旁通阀。

8.3.32 液化石油气压缩机室的布置宜符合下列要求:

1 压缩机机组间的净距不宜小于 1.5m;

2 机组操作侧与内墙的净距不宜小于 2.0m;其余各侧与内墙的净距不宜小于 1.2m;

3 气相阀门组宜设置在与储罐、设备及管道连接方便和便于操作的地点。

8.3.33 液化石油气汽车槽车库与汽车槽车装卸台柱之间的距离不应小于 6m。

当邻向装卸台柱一侧的汽车槽车库山墙采用无门、窗洞口的防火墙时,其间距不限。

8.3.34 汽车槽车装卸台柱的装卸接头应采用与汽车槽车配套的快装接头,其接头与装卸管之间应设置阀门。装卸管上宜设置拉断阀。

8.3.35 液化石油气储配站和灌装站宜配置备用气瓶,其数量可取总供应户数的 2% 左右。

8.3.36 新瓶库和真空泵房应设置在辅助区。新瓶和检修后的气瓶首次灌瓶前应将其抽至 80kPa 真空度以上。

8.3.37 使用液化石油气或残液做燃料的锅炉房,其附属储罐设计总容积不大于 10m³ 时,可设置在独立的储罐室内,并应符合下列规定:

1 储罐室与锅炉房之间的防火间距不应小于 12m,且面向锅炉房一侧的外墙应采用无门、窗洞口的防火墙。

2 储罐室与站内其他建、构筑物之间的防火间距不应小于 15m。

3 储罐室内储罐的布置可按本规范第 8.4.10 条第 1 款的规定执行。

8.3.38 设置非直火式气化器的气化间可与储罐室毗连,但其间应采用无门、窗洞口的防火墙。

8.4 气化站和混气站

8.4.1 液化石油气气化站和混气站的储罐设计总容量应符合下列要求:

1 由液化石油气生产厂供气时,其储罐设计总容量宜根据供气规模、气源情况、运输方式和运距等因素确定;

2 由液化石油气供应基地供气时,其储罐设计总容量可按计算月平均日 3d 左右的用气量计算确定。

8.4.2 气化站和混气站站址的选择宜按本规范第 8.3.6 条的规定执行。

8.4.3 气化站和混气站的液化石油气储罐与站外建、构筑物的防火间距应符合下列要求:

1 总容积等于或小于 50m³ 且单罐容积等于或小于 20m³ 的储罐与站外建、构筑物的防火间距不应小于表 8.4.3 的规定。

2 总容积大于 50m³ 或单罐容积大于 20m³ 的储罐与站外建、构筑物的防火间距不应小于本规范第 8.3.7 条的规定。

表 8.4.3 气化站和混气站的液化石油气储罐与站外建、构筑物的防火间距 (m)

项目 \ 总容积 (m³)	≤10	>10~≤30	>30~≤50
\ 单罐容积 (m³)	—	—	≤20
居民区、村镇和学校、影剧院、体育馆等重要公共建筑,一类高层民用建筑 (最外侧建、构筑物外墙)	30	35	45
工业企业 (最外侧建、构筑物外墙)	22	25	27
明火、散发火花地点和室外变配电站	30	35	45
民用建筑,甲、乙类液体储罐,甲、乙类生产厂房,甲、乙类物品库房,稻草等易燃材料堆场	27	32	40
丙类液体储罐,可燃气体储罐,丙、丁类生产厂房,丙、丁类物品库房	25	27	32
助燃气体储罐、木材等可燃材料堆场	22	25	27
其他建筑 耐火等级 一、二级	12	15	18
其他建筑 耐火等级 三级	18	20	22
其他建筑 耐火等级 四级	22	25	27
铁路 (中心线) 国家线	40	50	60
铁路 (中心线) 企业专用线	25		
公路、道路 (路边) 高速,Ⅰ、Ⅱ级,城市快速	20		
公路、道路 (路边) 其他	15		
架空电力线 (中心线)	1.5 倍杆高		
架空通信线 (中心线)	1.5 倍杆高		

注:1 防火间距应按本表总容积或单罐容积较大者确定;间距的计算应以储罐外壁为准;

2 居住区、村镇系指 1000 人或 300 户以上者,以下者按本表民用建筑执行;

3 当采用地下储罐时,其防火间距可按本表减少 50%;

4 与本表规定以外的其他建、构筑物的防火间距应按现行国家标准《建筑设计防火规范》GB 50016 执行;

5 气化装置气化能力不大于 150kg/h 的瓶组气化混气站的瓶组间、气化混气间与建、构筑物的防火间距可按本规范第 8.5.3 条执行。

8.4.4 气化站和混气站的液化石油气储罐与站内建、构筑物的防火间距不应小于表 8.4.4 的规定。

表 8.4.4 气化站和混气站的液化石油气储罐与
站内建、构筑物的防火间距(m)

总容积(m³) 单罐容积(m³) 项目	≤10 —	>10 ~ ≤30 —	>30 ~ ≤50 ≤20	>50 ~ ≤200 ≤50	>200 ≤500 ≤100	>500 ~ ≤1000 ≤200	>1000 —
明火、散发火花地点	30	35	45	50	55	60	70
办公、生活建筑	18	20	25	30	35	40	50
气化间、混气间、压缩机室、仪表间、值班室	12	15	18	20	22	25	30
汽车槽车库、汽车槽车装卸台柱(装卸口)、汽车衡及其计量室、门卫		15	18	20	22	25	30
铁路槽车装卸线(中心线)				—			20
燃气热水炉间、空压机室、变配电室、柴油发电机房、库房		15	18	20	22	25	30
汽车库、机修间		25		30		35	40
消防泵房、消防水池(罐)取水口		30		40			50
站内道路(路边)	主要		10			15	
	次要		5			10	
围墙		15			20		

注:1 防火间距应按本表总容积或单罐容积较大者确定,间距的计算应以储罐外壁为准;
　　2 地下储罐单罐容积小于或等于 50m³,且总容积小于或等于 400m³ 时,其防火间距可按本表减少 50%;
　　3 与本表规定以外的其他建、构筑物的防火间距应按现行国家标准《建筑设计防火规范》GB 50016 执行;
　　4 燃气热水炉间是指室内设置微正压室燃式燃气热水炉的建筑。当设置其他燃烧方式的燃气热水炉时,其防火间距不应小于 30m;
　　5 与空温式气化器的防火间距,从地上储罐区的防护墙或地下储罐室外侧算起不应小于 4m。

8.4.5 液化石油气气化站和混气站总平面应按功能分区进行布置,即分为生产区(储罐区、气化、混气区)和辅助区。

生产区宜布置在站区全年最小频率风向的上风侧或上侧风侧。

8.4.6 液化石油气气化站和混气站的生产区应设置高度不低于 2m 的不燃烧体实体围墙。

辅助区可设置不燃烧体非实体围墙。

储罐总容积等于或小于 50m³ 的气化站和混气站,其生产区与辅助区之间可不设置分区隔墙。

8.4.7 液化石油气气化站和混气站内消防车道、对外出入口的设置应符合本规范第 8.3.13 条和第 8.3.14 条的规定。

8.4.8 液化石油气气化站和混气站内铁路引入线、铁路槽车卸车线和铁路槽车装卸栈桥的设计应符合本规范第 8.3.16~8.3.18 条的规定。

8.4.9 气化站和混气站的液化石油气储罐不应少于 2 台。液化石油气储罐和储罐区的布置应符合本规范第 8.3.19~8.3.21 条的规定。

8.4.10 工业企业内液化石油气气化站的储罐总容积不大于 10m³ 时,可设置在独立建筑物内,并应符合下列要求:

　1 储罐之间及储罐与外墙的净距,均不应小于相邻较大罐的半径,且不应小于 1m;

　2 储罐室与相邻厂房之间的防火间距不应小于表 8.4.10 的规定;

　3 储罐室与相邻厂房的室外设备之间的防火间距不应小于 12m;

　4 设置非直火式气化器的气化间可与储罐室毗连,但应采用无门、窗洞口的防火墙隔开。

表 8.4.10　总容积不大于 10m³ 的储罐室与相邻厂房之间的防火间距

相邻厂房的耐火等级	一、二级	三级	四级
防火间距(m)	12	14	16

8.4.11 气化间、混气间与站外建、构筑物之间的防火间距应符合现行国家标准《建筑设计防火规范》GB 50016 中甲类厂房的规定。

8.4.12 气化间、混气间与站内建、构筑物的防火间距不应小于表 8.4.12 的规定。

表 8.4.12　气化间、混气间与站内建、构筑物的防火间距

项　　目	防火间距(m)
明火、散发火花地点	25
办公、生活建筑	18
铁路槽车装卸线(中心线)	20
汽车槽车库、汽车槽车装卸台柱(装卸口)、汽车衡及其计量室、门卫	15
压缩机室、仪表间、值班室	12
空压机室、燃气热水炉间、变配电室、柴油发电机房、库房	15
汽车库、机修间	20
消防泵房、消防水池(罐)取水口	25
站内道路(路边)	主　要	10
	次　要	5
围墙	10

注:1 空温式气化器的防火间距可按本表规定执行;
　　2 压缩机室可与气化间、混气间合建成一幢建筑物,但其间应采用无门、窗洞口的防火墙隔开;
　　3 燃气热水炉间的门不得面向气化间、混气间。柴油发电机伸向室外的排烟管管口不得面向具有火灾爆炸危险的建、构筑物一侧;
　　4 燃气热水炉间是指室内设置微正压室燃式燃气热水炉的建筑。当采用其他燃烧方式的热水炉时,其防火间距不应小于 25m。

8.4.13 液化石油气储罐总容积等于或小于 100m³ 的气化站、混气站,其汽车槽车装卸柱可设置在压缩机室山墙一侧,其山墙应是无门、窗洞口的防火墙。

8.4.14 液化石油气汽车槽车库和汽车槽车装卸台柱之间的防火间距可按本规范第 8.3.33 条执行。

8.4.15 燃气热水炉间与压缩机室、汽车槽车库和汽车槽车装卸台柱之间的防火间距不应小于 15m。

8.4.16 气化、混气装置的总供气能力应根据高峰小时用气量确定。

当设有足够的储气设施时,其总供气能力可根据计算月最大日平均小时用气量确定。

8.4.17 气化、混气装置配置台数不应少于 2 台,且至少应有 1 台备用。

8.4.18 气化间、混气间可合建成一幢建筑物。气化、混气装置亦可设置在同一房间内。

　1 气化间的布置宜符合下列要求:

　　1)气化器之间的净距不宜小于 0.8m;

　　2)气化器操作侧与内墙之间的净距不宜小于 1.2m;

　　3)气化器其余各侧与内墙的净距不宜小于 0.8m。

　2 混气间的布置宜符合下列要求:

　　1)混合器之间的净距不宜小于 0.8m;

　　2)混合器操作侧与内墙之间的净距不宜小于 1.2m;

　　3)混合器其余各侧与内墙的净距不宜小于 0.8m。

　3 调压、计量装置可设置在气化间或混气间内。

8.4.19 液化石油气可与空气或其他可燃气体混合配制成所需的混合气。混气系统的工艺设计应符合下列要求:

　1 液化石油气与空气的混合气体中,液化石油气的体积百分含量必须高于其爆炸上限的 2 倍。

　2 混合气作为城镇燃气主气源时,燃气质量应符合本规范第 3.2 节的规定;作为调峰气源、补充气源和代用其他气源时,应与主气源或代用气源具有良好的燃烧互换性。

3 混气系统中应设置当参与混合的任何一种气体突然中断或液化石油气体积百分含量接近爆炸上限的 2 倍时，能自动报警并切断气源的安全连锁装置。

4 混气装置的出口总管上应设置检测混合气热值的取样管。其热值仪宜与混气装置连锁，并能实时调节其混气比例。

8.4.20 热值仪应靠近取样点设置在混气间内的专用隔间或附属房间内，并应符合下列要求：

1 热值仪间应设有直接通向室外的门，且与混气间之间的隔墙应是无门、窗洞口的防火墙；

2 采取可靠的通风措施，使其室内可燃气体浓度低于其爆炸下限的 20%；

3 热值仪间与混气间门、窗之间的距离不应小于 6m；

4 热值仪间的室内地面应比室外地面高出 0.6m。

8.4.21 采用管道供应气态液化石油气或液化石油气与其他气体的混合气时，其露点应比管道外壁温度低 5℃以上。

8.5 瓶组气化站

8.5.1 瓶组气化站气瓶的配置数量宜符合下列要求：

1 采用强制气化方式供气时，瓶组气瓶的配置数量可按 1～2d 的计算月最大日用气量确定。

2 采用自然气化方式供气时，瓶组宜使用瓶组和备用瓶组组成。使用瓶组的气瓶配置数量应根据高峰用气时间内平均小时用气量、高峰用气持续时间和高峰用气时间内单瓶小时自然气化能力计算确定。

备用瓶组的气瓶配置数量宜与使用瓶组的气瓶配置数量相同。当供气户数较少时，备用瓶组可采用临时供气瓶组代替。

8.5.2 当采用自然气化方式供气，且瓶组气化站配置气瓶的总容积小于 1m³ 时，瓶组间可设置在与建筑物（住宅、重要公共建筑和高层民用建筑除外）外墙毗连的单层专用房间内，并应符合下列要求：

1 建筑物耐火等级不应低于二级；

2 应通风良好，并设有直通室外的门；

3 与其他房间相邻的墙应为无门、窗洞口的防火墙；

4 应配置燃气浓度检测报警器；

5 室温不应高于 45℃，且不应低于 0℃。

注：当瓶组间独立设置，且面向相邻建筑的外墙为无门、窗洞口的防火墙时，其防火间距不限。

8.5.3 当瓶组气化站配置气瓶的总容积超过 1m³ 时，应将其设置在高度不低于 2.2m 的独立瓶组间内。

独立瓶组间与建、构筑物的防火间距不应小于表 8.5.3 的规定。

表 8.5.3 独立瓶组间与建、构筑物的防火间距（m）

项 目 \ 气瓶总容积（m³）	≤2	>2～≤4
明火、散发火花地点	25	30
民用建筑	8	10
重要公共建筑、一类高层民用建筑	15	20
道路（路边） 主 要	10	
道路（路边） 次 要	5	

注：1 气瓶总容积应按配置气瓶个数与单瓶几何容积的乘积计算。

2 当瓶组间的气瓶总容积大于 4m³ 时，宜采用储罐，其防火间距按本规范第 8.4.3 和第 8.4.4 条的有关规定执行。

3 瓶组间、气化间与值班室的防火间距不限。当两者毗连时，应采用无门、窗洞口的防火墙隔开。

8.5.4 瓶组气化站的瓶组间不得设置在地下室和半地下室内。

8.5.5 瓶组气化站的气化间宜与瓶组间合建一幢建筑，两者间的隔墙不得开门窗洞口，且隔墙耐火极限不应低于 3h。瓶组间、气化

间与建、构筑物的防火间距应按本规范第 8.5.3 条的规定执行。

8.5.6 设置在露天的空温式气化器与瓶组间的防火间距不限，与明火、散发火花地点和其他建、构筑物的防火间距可按本规范第 8.5.3 条气瓶总容积小于或等于 2m³ 一档的规定执行。

8.5.7 瓶组气化站的四周宜设置非实体围墙，其底部实体部分高度不应低于 0.6m。围墙应采用不燃烧材料。

8.5.8 气化装置的总供气能力应根据高峰小时用气量确定。气化装置的配置台数不应少于 2 台，且应有 1 台备用。

8.6 瓶装液化石油气供应站

8.6.1 瓶装液化石油气供应站应按其气瓶总容积 V 分为三级，并应符合表 8.6.1 的规定。

表 8.6.1 瓶装液化石油气供应站的分级

名 称	气瓶总容积（m³）
Ⅰ级站	6＜V≤20
Ⅱ级站	1＜V≤6
Ⅲ级站	V≤1

注：气瓶总容积按实瓶个数和单瓶几何容积的乘积计算。

8.6.2 Ⅰ、Ⅱ级液化石油气瓶装供应站的瓶库宜采用敞开或半敞开式建筑。瓶库内的气瓶应分区存放，即分为实瓶区和空瓶区。

8.6.3 Ⅰ级瓶装供应站出入口一侧的围墙可设置高度不低于 2m 的不燃烧体非实体围墙，其底部实体部分高度不应低于 0.6m，其余各侧应设置高度不低于 2m 的不燃烧体实体围墙。

Ⅱ级瓶装液化石油气供应站的四周宜设置非实体围墙，其底部实体部分高度不应低于 0.6m。围墙应采用不燃烧材料。

8.6.4 Ⅰ、Ⅱ级瓶装供应站的瓶库与站外建、构筑物的防火间距不应小于表 8.6.4 的规定。

表 8.6.4 Ⅰ、Ⅱ级瓶装供应站的瓶库与站外建、构筑物的防火间距（m）

项 目 \ 名称 气瓶总容积（m³）	Ⅰ级站 >10～≤20	Ⅰ级站 >6～≤10	Ⅱ级站 >3～≤6	Ⅱ级站 >1～≤3
明火、散发火花地点	35	30	25	20
民用建筑	15	10	8	6
重要公共建筑、一类高层民用建筑	25	20	15	12
道路（路边） 主 要	10		8	
道路（路边） 次 要	5		5	

注：气瓶总容积按实瓶个数与单瓶几何容积的乘积计算。

8.6.5 Ⅰ级瓶装液化石油气供应站的瓶库与修理间或生活、办公用房的防火间距不应小于 10m。

管理室可与瓶库的空瓶区侧毗连，但应采用无门、窗洞口的防火墙隔开。

8.6.6 Ⅱ级瓶装液化石油气供应站由瓶库和营业室组成。两者宜合建成一幢建筑，其间应采用无门、窗洞口的防火墙隔开。

8.6.7 Ⅲ级瓶装液化石油气供应站可将瓶库设置在与建筑物（住宅、重要公共建筑和高层民用建筑除外）外墙毗连的单层专用房间，并应符合下列要求：

1 房间的设置应符合本规范第 8.5.2 条的规定；

2 室内地面的面层应是撞击时不发生火花的面层；

3 相邻房间应是非明火、散发火花地点；

4 照明灯具和开关应采用防爆型；

5 配置燃气浓度检测报警器；

6 至少应配置 8kg 干粉灭火器 2 具；

7 与道路的防火间距符合本规范第 8.6.4 条中Ⅱ级瓶装供应站的规定；

8 非营业时间瓶库内存有液化石油气气瓶时，应有人值班。

8.7 用　户

8.7.1 居民用户使用的液化石油气气瓶应设置在符合本规范第10.4节规定的非居住房间内，且室温不应高于45℃。

8.7.2 居民用户室内液化石油气气瓶的布置应符合下列要求：

1　气瓶不得设置在地下室、半地下室或通风不良的场所；

2　气瓶与燃具的净距不应小于0.5m；

3　气瓶与散热器的净距不应小于1m，当散热器设置隔热板时，可减少到0.5m。

8.7.3 单户居民用户使用的气瓶设置在室外时，宜设置在贴邻建筑物外墙的专用小室内。

8.7.4 商业用户使用的气瓶组严禁与燃气燃烧器具布置在同一房间内。瓶组间的设置应符合本规范第8.5节的有关规定。

8.8　管道及附件、储罐、容器和检测仪表

8.8.1 液态液化石油气管道和设计压力大于0.4MPa的气态液化石油气管道应采用钢号10、20的无缝钢管，并应符合现行国家标准《输送流体用无缝钢管》GB/T 8163的规定，或符合不低于上述标准相应技术要求的其他钢管标准的规定。

设计压力不大于0.4MPa的气态液化石油气、气态液化石油气与其他气体的混合气管道可采用钢号Q235B的焊接钢管，并应符合现行国家标准《低压流体输送用焊接钢管》GB/T 3091的规定。

8.8.2 液化石油气站内管道宜采用焊接连接。管道与储罐、容器、设备及阀门可采用法兰或螺纹连接。

8.8.3 液态液化石油气输送管道和站内液化石油气储罐、容器、设备、管道上配置的阀门及附件的公称压力（等级）应高于其设计压力。

8.8.4 液化石油气储罐、容器、设备和管道上严禁采用灰口铸铁阀门及附件，在寒冷地区应采用钢质阀门及附件。

注：1　设计压力不大于0.4MPa的气态液化石油气、气态液化石油气与其他气体的混合气管道上设置的阀门和附件除外。

2　寒冷地区系指最冷月平均最低气温小于或等于−10℃的地区。

8.8.5 液化石油气管道系统上采用耐油胶管时，最高允许工作压力不应小于6.4MPa。

8.8.6 站内室外液化石油气管道宜采用单排低支架敷设，其管底与地面的净距宜为0.3m。

跨越道路采用支架敷设时，其管底与地面的净距不应小于4.5m。

管道埋地敷设时，应符合本规范第8.2.8条的规定。

8.8.7 液化石油气储罐、容器及附件材料的选择和设计应符合现行国家标准《钢制压力容器》GB150、《钢制球形容器》GB 12337和国家现行《压力容器安全技术监察规程》的规定。

8.8.8 液化石油气储罐的设计压力和设计温度应符合国家现行《压力容器安全技术监察规程》的规定。

8.8.9 液化石油气储罐最大设计允许充装质量应按下式计算：

$$G = 0.9 \rho V_h \qquad (8.8.9)$$

式中　G——最大设计允许充装质量（kg）；

　　　ρ——40℃时液态液化石油气密度（kg/m³）；

　　　V_h——储罐的几何容积（m³）。

注：采用地下储罐时，液化石油气密度可按当地最高地温计算。

8.8.10 液化石油气储罐第一道管法兰、垫片和紧固件的配置应符合国家现行《压力容器安全技术监察规程》的规定。

8.8.11 液化石油气储罐接管上安全阀件的配置应符合下列要求：

1　必须设置安全阀和检修用的放散管；

2　液相进口管必须设置止回阀；

3　储罐容积大于或等于50m³时，其液相出口管和气相管必须设置紧急切断阀；储罐容积大于20m³，但小于50m³时，

宜设置紧急切断阀；

4　排污管应设置两道阀门，其间应采用短管连接。并应采取防冻措施。

8.8.12 液化石油气储罐安全阀的设置应符合下列要求：

1　必须选用弹簧封闭全启式，其开启压力不应大于储罐设计压力。安全阀的最小排气截面积的计算应符合国家现行《压力容器安全技术监察规程》的规定。

2　容积为100m³或100m³以上的储罐应设置2个或2个以上安全阀。

3　安全阀应设置放散管，其管径不应小于安全阀的出口管径；

地上储罐安全阀放散管管口应高出储罐操作平台2m以上，且应高出地面5m以上；

地下储罐安全阀放散管管口应高出地面2.5m以上。

4　安全阀与储罐之间应装设阀门，且阀口应全开，并应铅封或锁定。

注：当储罐设置2个或2个以上安全阀时，其中1个安全阀的开启压力应按本条第1款的规定执行，其余安全阀的开启压力可适当提高，但不得超过储罐设计压力的1.05倍。

8.8.13 储罐检修用放散管的管口高度应符合本规范第8.8.12条第3款的规定。

8.8.14 液化石油气气液分离器、缓冲罐和气化器可设置弹簧封闭式安全阀。

安全阀应设置放散管。当上述容器设置在露天时，其管口高度应符合本规范第8.8.12条第3款的规定。设置在室内时，其管口应高出屋面2m以上。

8.8.15 液化石油气储罐仪表的设置应符合下列要求：

1　必须设置就地指示的液位计、压力表；

2　就地指示液位计宜采用能直接观测储罐全液位的液位计；

3　容积大于100m³的储罐，应设置远传显示的液位计和压力表，且应设置液位上、下限报警装置和压力上限报警装置；

4　宜设置温度计。

8.8.16 液化石油气气液分离器和容积式气化器等应设置直观式液位计和压力表。

8.8.17 液化石油气泵、压缩机、气化、混气和调压、计量装置的进、出口应设置压力表。

8.8.18 爆炸危险场所应设置燃气浓度检测报警器，报警器应设在值班室或仪表间等有值班人员的场所。检测报警系统的设计应符合国家现行标准《石油化工企业可燃气体和有毒气体检测报警设计规范》SH 3063的有关规定。

瓶组气化站和瓶装液化石油气供应站可采用手提式燃气浓度检测报警器。

报警器的报警浓度值应取其可燃气体爆炸下限的20%。

8.8.19 地下液化石油气储罐外壁除采用防腐层保护外，尚应采用牺牲阳极保护。地下液化石油气储罐牺牲阳极保护设计应符合国家现行标准《埋地钢质管道牺牲阳极阴极保护设计规范》SY/T 0019的规定。

8.9　建、构筑物的防火、防爆和抗震

8.9.1 具有爆炸危险的建、构筑物的防火、防爆设计应符合下列要求：

1　建筑物耐火等级不应低于二级；

2　门、窗应向外开；

3　封闭式建筑应采取泄压措施，其设计应符合现行国家标准《建筑设计防火规范》GB 50016的有关规定；

4　地面面层应采用撞击时不产生火花的材料，其技术要求应符合现行国家标准《建筑地面工程施工质量验收规范》GB 50209的规定。

8.9.2 具有爆炸危险的封闭式建筑应采取良好的通风措施。事故通风量每小时换气不应少于12次。

当采用自然通风时，其通风口总面积按每平方米房屋地面面积不应少于300cm²计算确定。通风口不应少于2个，并应靠近地面设置。

8.9.3 非采暖地区的灌瓶间及附属瓶库、汽车槽车库、瓶装供应站的瓶库等宜采用敞开或半敞开式建筑。

8.9.4 具有爆炸危险的建筑，其承重结构应采用钢筋混凝土或钢框架、排架结构。钢框架和钢排架应采用防火保护层。

8.9.5 液化石油气储罐应牢固地设置在基础上。

卧式储罐的支座应采用钢筋混凝土支座。球形储罐的钢支柱应采用不燃隔热材料保护层，其耐火极限不应低于2h。

8.9.6 在地震烈度为7度和7度以上的地区建设液化石油气站时，其建、构筑物的抗震设计应符合现行国家标准《建筑抗震设计规范》GB 50011和《构筑物抗震设计规范》GB 50191的规定。

8.10 消防给水、排水和灭火器材

8.10.1 液化石油气供应基地、气化站和混气站在同一时间内的火灾次数应按一次考虑，其消防用水量应按储罐区一次最大小时消防用水量确定。

8.10.2 液化石油气储罐区消防用水量应按其储罐固定喷水冷却装置和水枪用水量之和计算，并应符合下列要求：

1 储罐总容积大于50m³或单罐容积大于20m³的液化石油气储罐、储罐区和设置在储罐室内的小型储罐应设置固定喷水冷却装置。固定喷水冷却装置的用水量应按储罐的保护面积与冷却水供水强度的乘积计算确定。着火储罐的保护面积按其全表面积计算；距着火储罐直径（卧式储罐按其直径和长度之和的一半）1.5倍范围内（范围的计算应以储罐的最外侧为准）的储罐按其全表面积的一半计算；

冷却水供水强度不应小于0.15L/（s·m²）。

2 水枪用水量不应小于表8.10.2的规定。

3 地下液化石油气储罐可不设置固定喷水冷却装置，其消防用水量应按水枪用水量确定。

表8.10.2 水枪用水量

总容积（m³）	≤500	>500～≤2500	>2500
单罐容积（m³）	≤100	≤400	>400
水枪用水量（L/s）	20	30	45

注：1 水枪用水量应按本表储罐总容积或单罐容积较大者确定。
　　2 储罐总容积小于或等于50m³，且单罐容积小于或等于20m³的储罐或储罐区，可单独设置固定喷水冷却装置或移动式水枪，其消防用水量应按水枪用水量确定。

8.10.3 液化石油气供应基地、气化站和混气站的消防给水系统应包括：消防水池（罐或其他水源）、消防水泵房、给水管网、地上式消火栓和储罐固定喷水冷却装置等。

消防给水管网应布置成环状，向环状管网供水的干管不应少于两根。当其中一根发生故障时，其余干管仍能供给消防总用水量。

8.10.4 消防水池的容量应按火灾连续时间6h所需最大消防用水量计算确定。当储罐总容积小于或等于220m³，且单罐容积小于或等于50m³的储罐或储罐区，其消防水池的容量可按火灾连续时间3h所需最大消防用水量计算确定。当火灾情况下能保证连续向消防水池补水时，其容量可减去火灾连续时间内的补水量。

8.10.5 消防水泵房的设计应符合现行国家标准《建筑设计防火规范》GB 50016的有关规定。

8.10.6 液化石油气球形储罐固定喷水冷却装置宜采用喷雾头。卧式储罐固定喷水冷却装置宜采用喷淋管。储罐固定喷水冷却装置的喷雾头或喷淋管的管孔布置，应保证喷水冷却时将储罐表面全覆盖（含液位计、阀门等重要部位）。

液化石油气储罐固定喷水冷却装置的设计和喷雾头的布置应符合现行国家标准《水喷雾灭火系统设计规范》GB 50219的

规定。

8.10.7 储罐固定喷水冷却装置出口的供水压力不应小于0.2MPa。水枪出口的供水压力：对球形储罐不应小于0.35MPa，对卧式储罐不应小于0.25MPa。

8.10.8 液化石油气供应基地、气化站和混气站生产区的排水系统应采取防止液化石油气排入其他地下管道或低洼部位的措施。

8.10.9 液化石油气站内干粉灭火器的配置除应符合表8.10.9的规定外，还应符合现行国家标准《建筑灭火器配置规范》GB 50140的规定。

表8.10.9 干粉灭火器的配置数量

场　所	配　置　数　量
铁路槽车装卸栈桥	按槽车车位数，每车位设置8kg、2具，每个设置点不宜超过5具
储罐区、地下储罐组	按储罐台数，每台设置8kg、2具，每个设置点不宜超过5具
储罐室	按储罐台数，每台设置8kg、2具
汽车槽车装卸台柱（装卸口）	8kg不应少于2具
灌瓶间及附属瓶库、压缩机室、烃泵房、汽车槽车库、气化间、混气间、调压计量间、瓶组间和瓶装供应站的瓶库等爆炸危险性建筑	按建筑面积，每50m²设置8kg、1具，且每个房间不应少于2具，每个设置点不宜超过5具
其他建筑（变配电室、仪表间等）	按建筑面积，每80m²设置8kg、1具，且每个房间不应少于2具

注：1 表中8kg指手提式干粉型灭火器的药剂充装量。
　　2 根据场所具体情况可设置部分35kg手推式干粉灭火器。

8.11 电　气

8.11.1 液化石油气供应基地内消防水泵和液化石油气气化站、混气站的供电系统设计应符合现行国家标准《供配电系统设计规范》GB 50052"二级负荷"的规定。

8.11.2 液化石油气供应基地、气化站、混气站、瓶装供应站等爆炸危险场所的电力装置设计应符合现行国家标准《爆炸和火灾危险环境电力装置设计规范》GB 50058的规定，其用电场所爆炸危险区域等级和范围的划分宜符合本规范附录E的规定。

8.11.3 液化石油气供应基地、气化站、混气站、瓶装供应站等具有爆炸危险的建、构筑物的防雷设计应符合现行国家标准《建筑物防雷设计规范》GB 50057中"第二类防雷建筑物"的有关规定。

8.11.4 液化石油气供应基地、气化站、混气站、瓶装供应站等静电接地设计应符合国家现行标准《化工企业静电接地设计规程》HGJ 28的规定。

8.12 通　信和绿化

8.12.1 液化石油气供应基地、气化站、混气站内至少应设置1台直通外线的电话。

年供应量大于10000t的液化石油气供应基地和供应居民50000户以上的气化站、混气站内宜设置电话机组。

8.12.2 在具有爆炸危险场所使用的电话应采用防爆型。

8.12.3 液化石油气供应基地、气化站、混气站内的绿化应符合下列要求：

1 生产区内严禁种植易造成液化石油气积存的植物；

2 生产区四周和局部地区可种植不易造成液化石油气积存的植物；

3 生产区围墙2m以外可种植乔木；

4 辅助区可种植各类植物。

9 液化天然气供应

9.1 一般规定

9.1.1 本章适用于液化天然气总储存容积不大于 2000m³ 的城镇液化天然气供应站工程设计。

9.1.2 本章不适用于下列液化天然气工程和装置设计：

1 液化天然气终端接收基地；

2 油气田的液化天然气供气站和天然气液化工厂（站）；

3 轮船、铁路车辆和汽车等运输工具上的液化天然气装置。

9.2 液化天然气气化站

9.2.1 液化天然气气化站的规模应符合城镇总体规划的要求，根据供应用户类别、数量和用气量指标等因素确定。

9.2.2 液化天然气气化站的储罐设计总容积应根据其规模、气源情况、运输方式和运距等因素确定。

9.2.3 液化天然气气化站站址选择应符合下列要求：

1 站址应符合城镇总体规划的要求。

2 站址应避开地震带、地基沉陷、废弃矿井等地段。

9.2.4 液化天然气气化站的液化天然气储罐、集中放散装置的天然气放散总管与站外建、构筑物的防火间距不应小于表 9.2.4 的规定。

9.2.5 液化天然气气化站的液化天然气储罐、集中放散装置的天然气放散总管与站内建、构筑物的防火间距不应小于表 9.2.5 的规定。

表 9.2.4 液化天然气气化站的液化天然气储罐、天然气放散总管与站外建、构筑物的防火间距（m）

名称 项目	储罐总容积(m³)							集中放散装置的天然气放散总管
	≤10	>10 ~ ≤30	>30 ~ ≤50	>50 ~ ≤200	>200 ~ ≤500	>500 ~ ≤1000	>1000 ~ ≤2000	
居住区、村镇和影剧院、体育馆、学校等重要公共建筑(最外侧建、构筑物外墙)	30	35	45	50	70	90	110	45
工业企业(最外侧建、构筑物外墙)	22	25	27	30	35	40	50	20
明火、散发火花地点和室外变、配电站	30	35	45	50	55	60	70	30
民用建筑，甲、乙类液体储罐，甲、乙类生产厂房，甲、乙类物品仓库，稻草等易燃材料堆场	27	32	40	45	50	55	65	25
丙类液体储罐，可燃气体储罐，丙、丁类生产厂房，丙、丁类物品仓库	25	27	32	35	40	45	55	20
铁路(中心线) 国家线	40	50	60	70		80		40
铁路(中心线) 企业专用线	25			30		35		30
公路、道路(路边) 高速、Ⅰ、Ⅱ级、城市快速	20			25				15
公路、道路(路边) 其他	15			20				10
架空电力线(中心线)	1.5倍杆高						1.5倍杆高，但上35kV以上架空电力线不应小于40m	2.0倍杆高
架空通信线(中心线) Ⅰ、Ⅱ级	1.5倍杆高		30		40			1.5倍杆高
架空通信线(中心线) 其他	1.5倍杆高							

注：1 居住区、村镇系指 1000 人或 300 户以上者，以下者按本表民用建筑执行；
2 与本表规定以外的其他建、构筑物的防火间距按现行国家标准《建筑设计防火规范》GB 50016 执行。
3 间距的计算应以储罐的最外侧为准。

表 9.2.5 液化天然气气化站的液化天然气储罐、天然气放散总管与站内建、构筑物的防火间距（m）

名称 项目	储罐总容积(m³)							集中放散装置的天然气放散总管
	≤10	>10 ~ ≤30	>30 ~ ≤50	>50 ~ ≤200	>200 ~ ≤500	>500 ~ ≤1000	>1000 ~ ≤2000	
明火、散发火花地点	30	35	45	50	55	60	70	30
办公、生活建筑	18	20	25	30	35	40	50	25
变配电室、仪表间、值班室、汽车槽车库、汽车衡及其计量室、空压机室、汽车槽车装卸台柱(装卸口)、钢瓶灌装台	15		18	20	22	25	30	25
汽车库、机修间、燃气热水炉间	25			30		35	40	25
天然气(气态)储罐	20	24	26	28	30	31	32	20
液化石油气全压力式储罐	24	28	32	34	36	38	40	25
消防泵房、消防水池取水口	30			40			50	20
站内道路(路边) 主要	10			15				2
站内道路(路边) 次要	5			10				2
围墙	15			20		25		2
集中放散装置的天然气放散总管	25							—

注：1 自然蒸发气的储罐(BOG 罐)与液化天然气储罐的间距按工艺要求确定；
2 与本表规定以外的其他建、构筑物的防火间距应按现行国家标准《建筑设计防火规范》GB 50016 执行。
3 间距的计算应以储罐的最外侧为准。

9.2.6 站内兼有灌装液化天然气钢瓶功能时，站区内设置储存液化天然气钢瓶（实瓶）的总容积不应大于 2m³。

9.2.7 液化天然气气化站内总平面应分区布置，即分为生产区（包括储罐区、气化及调压等装置区）和辅助区。

生产区宜布置在站区全年最小频率风向的上风侧或上侧风侧。

液化天然气气化站应设置高度不低于 2m 的不燃烧体实体围墙。

9.2.8 液化天然气气化站生产区应设置消防车道，车道宽度不应小于 3.5m。当储罐总容积小于 500m³ 时，可设置尽头式消防车道和面积不应小于 12m×12m 的回车场。

9.2.9 液化天然气气化站的生产区和辅助区至少应各设 1 个对外出入口。当液化天然气储罐总容积超过 1000m³ 时，生产区应设置 2 个对外出入口，其间距不应小于 30m。

9.2.10 液化天然气储罐和储罐区的布置应符合下列要求：

1 储罐之间的净距不应小于相邻储罐直径之和的 1/4，且不应小于 1.5m；储罐组内的储罐不应超过两排；

2 储罐组四周必须设置周边封闭的不燃烧体实体防护墙，防护墙的设计应保证在接触液化天然气时不应被破坏；

3 防护墙内的有效容积（V）应符合下列规定：

   1）对因低温或因防护墙内一储罐泄漏着火而可能引起防护墙内其他储罐泄漏，当储罐采取了防止措施时，V 不应小于防护墙内最大储罐的容积；

   2）当储罐未采取防止措施时，V 不应小于防护墙内所有储罐的总容积；

4 防护墙内不应设置其他可燃液体储罐；

5 严禁在储罐区防护墙内设置液化天然气钢瓶灌装口；

6 容积大于 0.15m³ 的液化天然气储罐（或容器）不应设置在建筑物内。任何容积的液化天然气容器均不应永久地安装在建筑物内。

9.2.11 气化器、低温泵设置应符合下列要求：

1 环境气化器和热流媒体为不燃烧体的远程间接加热气化器、天然气气体加热器可设置在储罐区内，与站外建、构筑物的防火间距符合现行国家标准《建筑设计防火规范》GB 50016 中甲类厂房的规定。

2 气化器的布置应满足操作维修的要求。

3 对于输送液体温度低于-29℃的泵，设计中应有预冷措施。

9.2.12 液化天然气集中放散装置的汇集总管，应经加热将放散物加热成比空气轻的气体后方可排入放散总管；放散总管管口高度应高出距其25m内的建、构筑物2m以上，且距地面不得小于10m。

9.2.13 液化天然气气化后向城镇管网供应的天然气应进行加臭，加臭量应符合本规范第3.2.3条的规定。

9.3 液化天然气瓶组气化站

9.3.1 液化天然气瓶组气化站采用气瓶组作为储存及供气设施，应符合下列要求：

1 气瓶组总容积不应大于4m³。

2 单个气瓶容积宜采用175L钢瓶，最大容积不应大于410L，灌装量不应大于其容积的90%。

3 气瓶组储气容积宜按1.5倍计算月最大日供气量确定。

9.3.2 气瓶组应在站内固定地点露天（可设置罩棚）设置。气瓶组与建、构筑物的防火间距不应小于表9.3.2的规定。

表9.3.2 气瓶组与建、构筑物的防火间距（m）

项 目	气瓶总容积（m³）	
	≤2	>2~≤4
明火、散发火花地点	25	30
民用建筑	12	15
重要公共建筑、一类高层民用建筑	24	30
道路（路边） 主要	10	10
道路（路边） 次要	5	5

注：气瓶总容积应按配置气瓶个数与单瓶几何容积的乘积计算。单个气瓶容积不应大于410L。

9.3.3 设置在露天（或罩棚下）的空温式气化器与气瓶组的间距应满足操作的要求，与明火、散发火花地点或其他建、构筑物的防火间距符合本规范第9.3.2条气瓶总容积小于或等于2m³一档的规定。

9.3.4 气化装置的总供气能力应根据高峰小时用气量确定。气化装置的配置台数不应少于2台，且应有1台备用。

9.3.5 瓶组气化站的四周宜设置高度不低于2m的不燃烧体实体围墙。

9.4 管道及附件、储罐、容器、气化器、气体加热器和检测仪表

9.4.1 液化天然气储罐、设备的设计温度应按-168℃计算，当采用液氮等低温介质进行置换时，应按置换介质的最低温度计算。

9.4.2 对于使用温度低于-20℃的管道应采用奥氏体不锈钢无缝钢管，其技术性能应符合现行的国家标准《流体输送用不锈钢无缝钢管》GB/T 14976的规定。

9.4.3 管道宜采用焊接连接。公称直径不大于50mm的管道与储罐、容器、设备及阀门可采用法兰、螺纹连接；公称直径大于50mm的管道与储罐、容器、设备及阀门连接应采用法兰或焊接连接；法兰连接采用的螺栓、弹性垫片等紧固件应确保连接的紧密性。阀门应能适用于液化天然气介质，液相管道应采用加长阀杆和能在线检修结构的阀门（液化天然气钢瓶自带的阀门除外），连接宜采用焊接。

9.4.4 管道应根据设计条件进行柔性计算，柔性计算的范围和方法应符合现行国家标准《工业金属管道设计规范》GB 50316的规定。

9.4.5 管道宜采用自然补偿的方式，不宜采用补偿器进行补偿。

9.4.6 管道的保温材料应采用不燃烧材料，该材料应具有良好的防潮性和耐候性。

9.4.7 液态天然气管道上的两个切断阀之间必须设置安全阀，放散气体宜集中放散。

9.4.8 液化天然气卸车口的进液管道应设置止回阀。液化天然气卸车软管应采用奥氏体不锈钢波纹软管，其设计爆裂压力不应小于系统最高工作压力的5倍。

9.4.9 液化天然气储罐和容器本体及附件的材料选择和设计应符合现行国家标准《钢制压力容器》GB 150、《低温绝热压力容器》GB 18442和国家现行《压力容器安全技术监察规程》的规定。

9.4.10 液化天然气储罐必须设置安全阀，安全阀的开启压力及阀口总通过面积应符合国家现行《压力容器安全技术监察规程》的规定。

9.4.11 液化天然气储罐安全阀的设置应符合下列要求：

1 必须选用奥氏体不锈钢弹簧封闭全启式；

2 单罐容积为100m³或100m³以上的储罐应设置2个或2个以上安全阀；

3 安全阀应设置放散管，其管径不应小于安全阀出口的管径。放散管宜集中放散；

4 安全阀与储罐之间应设置切断阀。

9.4.12 储罐应设置放散管，其设置要求应符合本规范第9.2.12条的规定。

9.4.13 储罐进出液管必须设置紧急切断阀，并与储罐液位控制连锁。

9.4.14 液化天然气储罐仪表的设置，应符合下列要求：

1 应设置两个液位计，并应设置液位上、下限报警和连锁装置。

注：容积小于3.8m³的储罐和容器，可设置一个液位计（或固定长度液位管）。

2 应设置压力表，并应在有值班人员的场所设置高压报警显示器，取压点应位于储罐最高液位以上。

3 采用真空绝热的储罐，真空层应设置真空表接口。

9.4.15 液化天然气气化器的液体进口管道上宜设置紧急切断阀，该阀门应与天然气出口的测温装置连锁。

9.4.16 液化天然气气化器或其出口管道上必须设置安全阀，安全阀的泄放能力应满足下列要求：

1 环境气化器的安全阀泄放能力必须满足在1.1倍的设计压力下，泄放量不小于气化器设计额定流量的1.5倍。

2 加热气化器的安全阀泄放能力必须满足在1.1倍的设计压力下，泄放量不小于气化器设计额定流量的1.1倍。

9.4.17 液化天然气气化器和天然气气体加热器的天然气出口应设置测温装置并应与相关阀门连锁；热媒的进口应设置能遥控和就地控制的阀门。

9.4.18 对于有可能受到土壤冻结或冻胀影响的储罐基础和设备基础，必须设置温度监测系统并应采取有效保护措施。

9.4.19 储罐区、气化装置区域或有可能发生液化天然气泄漏的区域内应设置低温检测报警装置和相关的连锁装置，报警显示器应设置在值班室或仪表室等有值班人员的场所。

9.4.20 爆炸危险场所应设置燃气浓度检测报警器。报警浓度应取爆炸下限的20%，报警显示器应设置在值班室或仪表室等有值班人员的场所。

9.4.21 液化天然气气化站内应设置事故切断系统，事故发生时，应切断或关闭液化天然气或可燃气体来源，还应关闭正在运行可能使事故扩大的设备。

液化天然气气化站内设置的事故切断系统应具有手动、自动或手动自动同时启动的性能，手动启动器应设置在事故时方便到达的地方，并与所保护设备的间距不小于15m。手动启动器应具有明显的功能标志。

9.5 消防给水、排水和灭火器材

9.5.1 液化天然气气化站在同一时间内的火灾次数应按一次考虑，其消防水量应按储罐区一次消防用水量确定。

液化天然气储罐消防用水量应按其储罐固定喷淋装置和水枪用水量之和计算，其设计应符合下列要求：

1 总容积超过 50m³ 或单罐容积超过 20m³ 的液化天然气储罐或储罐区应设置固定喷淋装置。喷淋装置的供水强度不应小于 0.15L/（s•m²）。着火储罐的保护面积按其全表面积计算，距着火储罐直径（卧式储罐按其直径和长度之和的一半）1.5 倍范围内（范围的计算应以储罐的最外侧为准）的储罐按其表面积的一半计算。

2 水枪宜采用带架水枪。水枪用水量不应小于表 9.5.1 的规定。

表 9.5.1 水枪用水量

总容积（m³）	≤200	>200
单罐容积（m³）	≤50	>50
水枪用水量（L/s）	20	30

注：1 水枪用水量应按本表总容积和单罐容积较大者确定。
　　2 总容积小于 50m³ 且单罐容积小于等于 20m³ 的液化天然气储罐或储罐区，可单独设置固定喷淋装置或移动水枪，其消防水量应按水枪用水量计算。

9.5.2 液化天然气立式储罐固定喷淋装置应在罐体上部和罐顶均匀分布。

9.5.3 消防水池的容量应按火灾连续时间 6h 计算确定。但总容积小于 220m³ 且单罐容积小于或等于 50m³ 的储罐或储罐区，消防水池的容量应按火灾连续时间 3h 计算确定。当火灾情况下能保证连续向消防水池补水时，其容量可减去火灾连续时间内的补水量。

9.5.4 液化天然气气化站的消防给水系统中的消防泵房，给水管网和供水压力要求等设计应符合本规范第 8.10 节的有关规定。

9.5.5 液化天然气气化站生产区防护墙内的排水系统应采取防止液化天然气流入下水道或其他以顶盖密封的沟渠中的措施。

9.5.6 站内具有火灾和爆炸危险的建、构筑物、液化天然气储罐和工艺装置区应设置小型干粉灭火器，其设置数量除应符合表 9.5.6 的规定外，还应符合现行国家标准《建筑灭火器配置设计规范》GB 50140 的规定。

表 9.5.6 干粉灭火器的配置数量

场　　所	配　置　数　量
储罐区	按储罐台数，每台储罐设置 8kg 和 35kg 各 1 具
汽车槽车装卸台（柱、装卸口）	按槽车车位数，每个车位设置 8kg、2 具
气瓶灌装台	设置 8kg 不少于 2 具
气瓶组（≤4m³）	设置 8kg 不少于 2 具
工艺装置区	按区域面积，每 50m² 设置 8kg、1 具，且每个区域不少于 2 具

注：8kg 和 35kg 分别指手提式和手推式干粉型灭火器的药剂充装量。

9.6 土建和生产辅助设施

9.6.1 液化天然气气化站建、构筑物的防火、防爆和抗震设计，应符合本规范第 8.9 节的有关规定。

9.6.2 设有液化天然气工艺设备的建、构筑物应有良好的通风措施。通风量按房屋全部容积每小时换气次数不应小于 6 次。在蒸发气体比空气重的地方，应在蒸发气体聚集最低部位设置通风口。

9.6.3 液化天然气气化站的供电系统设计应符合现行国家标准《供配电系统设计规范》GB 50052 "二级负荷" 的规定。

9.6.4 液化天然气气化站爆炸危险场所的电力装置设计应符合现行国家标准《爆炸和火灾危险环境电力装置设计规范》GB 50058 的有关规定。

9.6.5 液化天然气气化站的防雷和静电接地设计，应符合本规范第 8.11 节的有关规定。

10 燃气的应用

10.1 一般规定

10.1.1 本章适用于城镇居民、商业和工业企业用户内部的燃气系统设计。

10.1.2 燃气调压器、燃气表、燃烧器具等，应根据使用燃气类别及其特性、安装条件、工作压力和用户要求等因素选择。

10.1.3 燃气应用设备铭牌上规定的燃气必须与当地供应的燃气相一致。

10.2 室内燃气管道

10.2.1 用户室内燃气管道的最高压力不应大于表 10.2.1 的规定。

表 10.2.1 用户室内燃气管道的最高压力（表压 MPa）

燃　气　用　户		最　高　压　力
工业用户	独立、单层建筑	0.8
	其他	0.4
商业用户		0.4
居民用户（中压进户）		0.2
居民用户（低压进户）		<0.01

注：1 液化石油气管道的最高压力不应大于 0.14MPa；
　　2 管道井内的燃气管道的最高压力不应大于 0.2MPa；
　　3 室内燃气管道压力大于 0.8MPa 的特殊用户设计应按有关专业规范执行。

10.2.2 燃气供应压力应根据用户设备燃烧器的额定压力及其允许的压力波动范围确定。

民用低压用气设备的燃烧器的额定压力宜按表 10.2.2 采用。

表 10.2.2　民用低压用气设备燃烧器的额定压力（表压 kPa）

燃气 燃烧器	人工煤气	天然气		液化石油气
		矿井气	天然气、油田伴生气、液化石油气混空气	
民用燃具	1.0	1.0	2.0	2.8 或 5.0

10.2.3　室内燃气管道宜选用钢管，也可选用铜管、不锈钢管、铝塑复合管和连接用软管，并应分别符合第 10.2.4～10.2.8 条的规定。

10.2.4　室内燃气管道选用钢管时应符合下列规定：

1　钢管的选用应符合下列规定：

1）低压燃气管道应选用热镀锌钢管（热浸镀锌），其质量应符合现行国家标准《低压流体输送用焊接钢管》GB/T 3091 的规定；

2）中压和次高压燃气管道宜选用无缝钢管，其质量应符合现行国家标准《输送流体用无缝钢管》GB/T 8163 的规定；燃气管道的压力小于或等于 0.4MPa 时，可选用本款第 1）项规定的焊接钢管。

2　钢管的壁厚应符合下列规定：

1）选用符合 GB/T 3091 标准的焊接钢管时，低压宜采用普通管，中压应采用加厚管；

2）选用无缝钢管时，其壁厚不得小于 3mm，用于引入管时不得小于 3.5mm；

3）当屋面上的燃气管道和高层建筑沿外墙架设的燃气管道，在避雷保护范围以外时，采用焊接钢管或无缝钢管其管道壁厚均不得小于 4mm。

3　钢管螺纹连接时应符合下列规定：

1）室内低压燃气管道（地下室、半地下室等部位除外）、室外压力小于或等于 0.2MPa 的燃气管道，可采用螺纹连接；

管道公称直径大于 DN100 时不宜选用螺纹连接。

2）管件选择应符合下列要求：

管道公称压力 PN≤0.01MPa 时，可选用可锻铸铁螺纹管件；

管道公称压力 PN≤0.2MPa 时，应选用钢或铜合金螺纹管件；

3）管道公称压力 PN≤0.2MPa 时，应采用现行国家标准《55°密封螺纹第 2 部分：圆锥内螺纹与圆锥外螺纹》GB/T 7306.2 规定的螺纹（锥/锥）连接。

4）密封填料，宜采用聚四氟乙烯生料带、尼龙密封绳等性能良好的填料。

4　钢管焊接或法兰连接可用于中低压燃气管道（阀门、仪表处除外），并应符合有关标准的规定。

10.2.5　室内燃气管道选用铜管时应符合下列规定：

1　铜管的质量应符合现行国家标准《无缝铜水管和铜气管》GB/T 18033 的规定。

2　铜管道应采用硬钎焊连接，宜采用不低于 1.8% 的银（铜-磷基）焊料（低银铜磷钎料）。铜管接头和焊接工艺可按现行国家标准《铜管接头》GB/T 11618 的规定执行。

铜管道不得采用对焊、螺纹或软钎焊（熔点小于 500℃）连接。

3　埋入建筑物地板和墙中的铜管应是覆塑铜管或带有专用涂层的铜管，其质量应符合有关标准的规定。

4　燃气中硫化氢含量小于或等于 7mg/m³ 时，中低压燃气管道可采用现行国家标准《无缝铜水管和铜气管》GB/T 18033 中表 3-1 规定的 A 型管或 B 型管。

5　燃气中硫化氢含量大于 7mg/m³ 而小于 20mg/m³ 时，中压燃气管道应选用带耐腐蚀内衬的铜管；无耐腐蚀内衬的铜管只允许在室内的低压燃气管道中采用；铜管类型可按本条第 4 款的规定执行。

6　铜管必须有防外部损坏的保护措施。

10.2.6　室内燃气管道选用不锈钢管时应符合下列规定：

1　薄壁不锈钢管：

1）薄壁不锈钢管的壁厚不得小于 0.6mm（DN15 及以上），其质量应符合现行国家标准《流体输送用不锈钢焊接钢管》GB/T 12771 的规定；

2）薄壁不锈钢管的连接方式，应采用承插氩弧焊式管件连接或卡套式管件机械连接，并宜优先选用承插氩弧焊式管件连接。承插氩弧焊式管件和卡套式管件应符合有关标准的规定。

2　不锈钢波纹管：

1）不锈钢波纹管的壁厚不得小于 0.2mm，其质量应符合国家现行标准《燃气用不锈钢波纹软管》CJ/T 197 的规定；

2）不锈钢波纹管应采用卡套式管件机械连接，卡套式管件应符合有关标准的规定。

3　薄壁不锈钢管和不锈钢波纹管必须有防外部损坏的保护措施。

10.2.7　室内燃气管道选用铝塑复合管时应符合下列规定：

1　铝塑复合管的质量应符合现行国家标准《铝塑复合压力管　第 1 部分：铝管搭接焊式铝塑管》GB/T 18997.1 或《铝塑复合压力管　第 2 部分：铝管对接焊式铝塑管》GB/T 18997.2 的规定。

2　铝塑复合管应采用卡套式管件或承插式管件机械连接，承插式管件应符合国家现行标准《承插式管接头》CJ/T 110 的规定，卡套式管件应符合国家现行标准《卡套式管接头》CJ/T 111 和《铝塑复合管用卡压式管件》CJ/T 190 的规定。

3　铝塑复合管安装时必须对铝塑复合管材进行防机械损伤、防紫外线（UV）伤害及防热保护，并应符合下列规定：

1）环境温度不应高于 60℃；

2）工作压力应小于 10kPa；

3）在户内的计量装置（燃气表）后安装。

10.2.8　室内燃气管道采用软管时，应符合下列规定：

1　燃气用具连接部位、实验室用具或移动式用具等处可采用软管连接。

2　中压燃气管道上应采用符合现行国家标准《波纹金属软管通用技术条件》GB/T 14525、《液化石油气（LPG）用橡胶软管和软管组合件　散装运输用》GB/T 10546 或同等性能以上的软管。

3　低压燃气管道上应采用符合国家现行标准《家用煤气软管》HG 2486 或国家现行标准《燃气用不锈钢波纹软管》CJ/T 197 规定的软管。

4　软管最高允许工作压力不应小于管道设计压力的 4 倍。

5　软管与家用燃具连接时，其长度不应超过 2m，并不得有接口。

6　软管与移动式的工业燃具连接时，其长度不应超过 30m，接口不应超过 2 个。

7　软管与管道、燃具的连接处应采用压紧螺帽（锁母）或管卡（喉箍）固定。在软管的上游与硬管的连接处应设阀门。

8　橡胶软管不得穿墙、顶棚、地面、窗和门。

10.2.9　室内燃气管道的计算流量应按下列要求确定：

1　居民生活用燃气计算流量可按下式计算：

$$Q_h = \sum kNQ_n \qquad (10.2.9)$$

式中　Q_h——燃气管道的计算流量（m³/h）；

　　　k——燃具同时工作系数，居民生活用燃具可按附录 F 确定；

　　　N——同种燃具或成组燃具的数目；

　　　Q_n——燃具的额定流量（m³/h）。

2　商业用和工业企业生产用燃气计算流量应按所有用气设

备的额定流量并根据设备的实际使用情况确定。

10.2.10 商业和工业用户调压装置及居民楼栋调压装置的设置形式应符合本规范第6.6.2条和第6.6.6条的规定。

10.2.11 当由调压站供应低压燃气时,室内低压燃气管道允许的阻力损失,应根据建筑物和室外管道等情况,经技术经济比较后确定。

10.2.12 室内燃气管道的阻力损失,可按本规范第6.2.5条和第6.2.6条的规定计算。

室内燃气管道的局部阻力损失宜按实际情况计算。

10.2.13 计算低压燃气管道阻力损失时,对地形高差大或高层建筑立管应考虑因高程差而引起的燃气附加压力。燃气的附加压力可按下式计算:

$$\Delta H = 9.8 \times (\rho_k - \rho_m) \times h \qquad (10.2.13)$$

式中 ΔH——燃气的附加压力(Pa);

ρ_k——空气的密度(kg/m³);

ρ_m——燃气的密度(kg/m³);

h——燃气管道终、起点的高程差(m)。

10.2.14 燃气引入管敷设位置应符合下列规定:

1 燃气引入管不得敷设在卧室、卫生间、易燃或易爆品的仓库、有腐蚀性介质的房间、发电间、配电间、变电室、不使用燃气的空调机房、通风机房、计算机房、电缆沟、暖气沟、烟道和进风道、垃圾道等地方。

2 住宅燃气引入管宜设在厨房、外走廊、与厨房相连的阳台内(寒冷地区输送湿燃气时阳台应封闭)等便于检修的非居住房间内。当确有困难,可从楼梯间引入(高层建筑除外),但应采用金属管道且引入管阀门宜设在室外。

3 商业和工业企业的燃气引入管宜设在使用燃气的房间或燃气表间内。

4 燃气引入管宜沿外墙地面上穿墙引入。室外露明管段的上端弯曲处应加不小于DN15清扫用三通和丝堵,并做防腐处理。寒冷地区输送湿燃气时应保温。

引入管可埋地穿过建筑物外墙或基础引入室内。当引入管穿过墙或基础进入建筑物后应在短距离内出室内地面,不得在室内地面下水平敷设。

10.2.15 燃气引入管穿墙与其他管道的平行净距应满足安装和维修的需要,当与地下管沟或下水道距离较近时,应采取有效的防护措施。

10.2.16 燃气引入管穿过建筑物基础、墙或管沟时,均应设置在套管中,并应考虑沉降的影响,必要时应采取补偿措施。

套管与基础、墙或管沟等之间的间隙应填实,其厚度应为被穿过结构的整个厚度。

套管与燃气引入管之间的间隙应采用柔性防腐、防水材料密封。

10.2.17 建筑物设计沉降量大于50mm时,可对燃气引入管采取如下补偿措施:

1 加大引入管穿墙处的预留洞尺寸。

2 引入管穿墙前水平或垂直弯曲2次以上。

3 引入管穿墙前设置金属柔性管或波纹补偿器。

10.2.18 燃气引入管的最小公称直径应符合下列要求:

1 输送人工煤气和矿井气不应小于25mm;

2 输送天然气不应小于20mm;

3 输送气态液化石油气不应小于15mm。

10.2.19 燃气引入管阀门宜设在建筑物内,对重要用户还应在室外另设阀门。

10.2.20 输送湿燃气的引入管,埋设深度应在土壤冰冻线以下,并宜有不小于0.01坡向室外管道的坡度。

10.2.21 地下室、半地下室、设备层和地上密闭房间敷设燃气管道时,应符合下列要求:

1 净高不宜小于2.2m。

2 **应有良好的通风设施,房间换气次数不得小于3次/h;**

并应有独立的事故机械通风设施,其换气次数不应小于6次/h。

3 应有固定的防爆照明设备。

4 **应采用非燃烧体实体墙与电话间、变配电室、修理间、储藏室、卧室、休息室隔开。**

5 应按本规范第10.8节规定设置燃气监控设施。

6 燃气管道应符合本规范第10.2.23条要求。

7 当燃气管道与其他管道平行敷设时,应敷设在其他管道的外侧。

8 地下室内燃气管道末端应设放散管,并应引出地上。放散管的出口位置应保证吹扫放散时的安全和卫生要求。

注:地上密闭房间包括地上无窗或窗仅用作采光的密闭房间等。

10.2.22 液化石油气管道和烹调用液化石油气燃烧设备不应设置在地下室、半地下室内。当确需要设置在地下一层、半地下室时,应针对具体条件采取有效的安全措施,并进行专题技术论证。

10.2.23 敷设在地下室、半地下室、设备层和地上密闭房间以及竖井、住宅汽车库(不使用燃气,并能设置钢套管的除外)的燃气管道应符合下列要求:

1 管材、管件及阀门、阀件的公称压力应按提高一个压力等级进行设计;

2 管道应采用钢号为10、20的无缝钢管或具有同等及同等以上性能的其他金属管材;

3 除阀门、仪表等部位和采用加厚管的低压管道外,均应焊接和法兰连接;应尽量减少焊缝数量,钢管道的固定焊口应进行100%射线照相检验,活动焊口应进行10%射线照相检验,其质量不得低于现行国家标准《现场设备、工业管道焊接工程施工及验收规范》GB 50236-98中的Ⅲ级;其他金属管材的焊接质量应符合相关标准的规定。

10.2.24 燃气水平干管和立管不得穿过易燃易爆品仓库、配电间、变电室、电缆沟、烟道、进风道和电梯井等。

10.2.25 燃气水平干管宜明设,当建筑设计有特殊美观要求时可敷设在能安全操作、通风良好和检修方便的吊顶内,管道应符合本规范第10.2.23条的要求;当吊顶内设有可能产生明火的电气设备或空调回风管时,燃气干管宜设在与吊顶底平的独立密封∩型管槽内,管槽底宜采用可卸式活动百叶或带孔板。

燃气水平干管不宜穿过建筑物的沉降缝。

10.2.26 燃气立管不得敷设在卧室或卫生间内。立管穿过通风不良的吊顶时应设在套管内。

10.2.27 燃气立管宜明设,当设在便于安装和检修的管道竖井内时,应符合下列要求:

1 燃气立管可与空气、惰性气体、上下水、热力管道等设在一个公用竖井内,但不得与电线、电气设备或氧气管、进风管、回风管、排气管、排烟管、垃圾道共用一个竖井;

2 竖井内的燃气管道应符合本规范第10.2.23条的要求,并尽量不设或少设阀门等附件。竖井内的燃气管道的最高压力不得大于0.2MPa;燃气管道应涂黄色防腐识别漆;

3 竖井应每隔2~3层做相当于楼板耐火极限的不燃烧体进行防火分隔,且应设法保证平时竖井内自然通风和火灾时防止产生"烟囱"作用的措施;

4 每隔4~5层设一燃气浓度检测报警器,上、下两个报警器的高度差不应大于20m;

5 管道竖井的墙体应为耐火极限不低于1.0h的不燃烧体,井壁上的检查门应采用丙级防火门。

10.2.28 高层建筑的燃气立管应有承受自重和热伸缩推力的固定支架和活动支架。

10.2.29 燃气水平干管和高层建筑立管应考虑工作环境温度下的极限变形,当自然补偿不能满足要求时,应设置补偿器;补偿器宜采用Ⅱ形或波纹管形,不得采用填料型。补偿量计算温差可按下列条件选取:

1 有空气调节的建筑物内取20℃;

2 无空气调节的建筑物内取 40℃；

3 沿外墙和屋面敷设时可取 70℃。

10.2.30 燃气支管宜明设。燃气支管不宜穿过起居室（厅）。敷设在起居室（厅）、走道内的燃气管道不宜有接头。

当穿过卫生间、阁楼或壁柜时，燃气管道应采用焊接连接（金属软管不得有接头），并应设在钢套管内。

10.2.31 住宅内暗埋的燃气支管应符合下列要求：

1 暗埋部分不宜有接头，且不应有机械接头。暗埋部分宜有涂层或覆塑等防腐蚀措施。

2 暗埋的管道应与其他金属管道或部件绝缘，暗埋的柔性管道宜采用钢盖板保护。

3 暗埋管道必须在气密性试验合格后覆盖。

4 覆盖层厚度不应小于 10mm。

5 覆盖层面上应有明显标志，标明管道位置，或采取其他安全保护措施。

10.2.32 住宅内暗封的燃气支管应符合下列要求：

1 暗封管道应设在不受外力冲击和暖气烘烤的部位。

2 暗封部位应可拆卸，检修方便，并应通风良好。

10.2.33 商业和工业企业室内暗设燃气支管应符合下列要求：

1 可暗埋在楼层地板内；

2 可暗封在管沟内，管沟应设活动盖板，并填充干砂；

3 燃气管道不得暗封在可以渗入腐蚀性介质的管沟中；

4 当暗封燃气管道的管沟与其他管沟相交时，管沟之间应密封，燃气管道应设套管。

10.2.34 民用建筑室内燃气水平干管，不得暗埋在地下土层或地面混凝土层内。

工业和实验室的室内燃气管道可暗埋在混凝土地面中，其燃气管道的引入和引出处应设钢套管。钢套管应伸出地面 5～10cm。钢套管两端应采用柔性的防水材料密封；管道应有防腐绝缘层。

10.2.35 燃气管道不应敷设在潮湿或有腐蚀性介质的房间内。当确需敷设时，必须采取防腐蚀措施。

输送湿燃气的燃气管道敷设在气温低于 0℃的房间或输送气相液化石油气管道处的环境温度低于其露点温度时，其管道应采取保温措施。

10.2.36 室内燃气管道与电气设备、相邻管道之间的净距不应小于表 10.2.36 的规定。

表 10.2.36 室内燃气管道与电气设备、相邻管道之间的净距

管道和设备		与燃气管道的净距（cm）	
		平行敷设	交叉敷设
电气设备	明装的绝缘电线或电缆	25	10（注）
	暗装或管内绝缘电线	5（从所做的槽或管子的边缘算起）	1
	电压小于 1000V 的裸露电线	100	100
	配电盘或配电箱、电表	30	不允许
	电插座、电源开关	15	不允许
相邻管道		保证燃气管道、相邻管道的安装和维修	2

注：1 当明装电线加绝缘套管且套管的两端各伸出燃气管道 10cm 时，套管与燃气管道的交叉净距可降至 1cm。

2 当布置确有困难，在采取有效措施后，可适当减小净距。

10.2.37 沿墙、柱、楼板和加热设备构件上明设的燃气管道应采用管支架、管卡或吊卡固定。

管支架、管卡、吊卡等固定件的安装不应妨碍管道的自由膨胀和收缩。

10.2.38 室内燃气管道穿过承重墙、地板或楼板时必须加钢套管，套管内管道不得有接头，套管与承重墙、地板或楼板之间的间隙应填实，套管与燃气管道之间的间隙应采用柔性防腐、防水材料密封。

10.2.39 工业企业用气车间、锅炉房以及大中型用气设备的燃气管道上应设放散管，放散管管口应高出屋脊（或平屋顶）1m以上或设置在地面上安全处，并应采取防止雨雪进入管道和放散物进入房间的措施。

当建筑物位于防雷区之外时，放散管的引线应接地，接地电阻应小于 10Ω。

10.2.40 室内燃气管道的下列部位应设置阀门：

1 燃气引入管；

2 调压器前和燃气表前；

3 燃气用具前；

4 测压计前；

5 放散管起点。

10.2.41 室内燃气管道阀门宜采用球阀。

10.2.42 输送干燃气的室内燃气管道可不设置坡度。输送湿燃气（包括气相液化石油气）的管道，其敷设坡度不宜小于 0.003。

燃气表前后的湿燃气水平支管应分别坡向立管和燃具。

10.3 燃气计量

10.3.1 燃气用户应单独设置燃气表。

燃气表应根据燃气的工作压力、温度、流量和允许的压力降（阻力损失）等条件选择。

10.3.2 用户燃气表的安装位置，应符合下列要求：

1 宜安装在不燃或难燃结构的室内通风良好和便于查表、检修的地方。

2 严禁安装在下列场所：

1) 卧室、卫生间及更衣室内；

2) 有电源、电器开关及其他电器设备的管道井内，或有可能滞留泄漏燃气的隐蔽场所；

3) 环境温度高于 45℃ 的地方；

4) 经常潮湿的地方；

5) 堆放易燃易爆、易腐蚀或有放射性物质等危险的地方；

6) 有变、配电等电器设备的地方；

7) 有明显振动影响的地方；

8) 高层建筑中的避难层及安全疏散楼梯间内。

3 燃气表的环境温度，当使用人工煤气和天然气时，应高于 0℃；当使用液化石油气时，应高于其露点 5℃ 以上。

4 住宅内燃气表可安装在厨房内，当有条件时也可设置在户门外。

住宅内高位安装燃气表时，表底距地面不宜小于 1.4m；当燃气表装在燃气灶具上方时，燃气表与燃气灶的水平净距不得小于 30cm；低位安装时，表底距地面不得小于 10cm。

5 商业和工业企业的燃气表宜集中布置在单独房间内，当设有专用调压室时可与调压器同室布置。

10.3.3 燃气表保护装置的设置应符合下列要求：

1 当输送燃气过程中可能产生尘粒时，宜在燃气表前设置过滤器；

2 当使用加氧的富氧燃烧器或使用鼓风机向燃烧器供给空气时，应在燃气表后设置止回阀或泄压装置。

10.4 居民生活用气

10.4.1 居民生活的各类用气设备应采用低压燃气，用气设备前（灶前）的燃气压力应在 $0.75\sim1.5P_n$ 的范围内（P_n 为燃具的额定压力）。

10.4.2 居民生活用气设备严禁设置在卧室内。

10.4.3 住宅厨房内宜设置排气装置和燃气浓度检测报警器。

10.4.4 家用燃气灶的设置应符合下列要求：

1 燃气灶应安装在有自然通风和自然采光的厨房内。利用卧室的套间（厅）或利用与卧室连接的走廊作厨房时，厨房应设

门并与卧室隔开。

 2 安装燃气灶的房间净高不宜低于 2.2m。

 3 燃气灶与墙面的净距不得小于 10cm。当墙面为可燃或难燃材料时，应加防火隔热板。

 燃气灶的灶面边缘和烤箱的侧壁距木质家具的净距不得小于 20cm，当达不到时，应加防火隔热板。

 4 放置燃气灶的灶台应采用不燃烧材料，当采用难燃材料时，应加防火隔热板。

 5 厨房为地上暗房（无直通室外的门或窗）时，应选用带有自动熄火保护装置的燃气灶，并应设置燃气浓度检测报警器、自动切断阀和机械通风设施，燃气浓度检测报警器应与自动切断阀和机械通风设施连锁。

10.4.5 家用燃气热水器的设置应符合下列要求：

 1 燃气热水器应安装在通风良好的非居住房间、过道或阳台内；

 2 有外墙的卫生间内，可安装密闭式热水器，但不得安装其他类型热水器；

 3 装有半密闭式热水器的房间，房间门或墙的下部应设有效截面积不小于 0.02m² 的格栅，或在门与地面之间留有不小于 30mm 的间隙；

 4 房间净高宜大于 2.4m；

 5 可燃或难燃烧的墙壁和地板上安装热水器时，应采取有效的防火隔热措施；

 6 热水器的给排气筒宜采用金属管道连接。

10.4.6 单户住宅采暖和制冷系统采用燃气时，应符合下列要求：

 1 应有熄火保护装置和排烟设施；

 2 应设置在通风良好的走廊、阳台或其他非居住房间内；

 3 设置在可燃或难燃烧的地板和墙壁上时，应采取有效的防火隔热措施。

10.4.7 居民生活用燃具的安装应符合国家现行标准《家用燃气燃烧器具安装及验收规程》CJJ12 的规定。

10.4.8 居民生活用燃具在选用时，应符合现行国家标准《燃气燃烧器具安全技术条件》GB16914 的规定。

10.5 商业用气

10.5.1 商业用气设备宜采用低压燃气设备。

10.5.2 商业用气设备应安装在通风良好的专用房间；商业用气设备不得安装在易燃易爆物品的堆存处，亦不应设置在兼做卧室的警卫室、值班室、人防工程等处。

10.5.3 商业用气设备设置在地下室、半地下室（液化石油气除外）或地上密闭房间内时，应符合下列要求：

 1 燃气引入管应设手动快速切断阀和紧急自动切断阀；停电时紧急自动切断阀必须处于关闭状态；

 2 用气设备应有熄火保护装置；

 3 用气房间应设置燃气浓度检测报警器，并由管理室集中监视和控制；

 4 宜设烟气一氧化碳浓度检测报警器；

 5 应设置独立的机械送排风系统；通风量应满足下列要求：

  1）正常工作时，换气次数不应小于 6 次/h；事故通风时，换气次数不应小于 12 次/h；不工作时换气次数不应小于 3 次/h；

  2）当燃烧所需的空气由室内吸取时，应满足燃烧所需的空气量；

  3）应满足排除房间热力设备散失的多余热量所需的空气量。

10.5.4 商业用气设备的布置应符合下列要求：

 1 用气设备之间及用气设备与对面墙之间的净距应满足操作和检修的要求；

 2 用气设备与可燃或难燃的墙壁、地板和家具之间应采取

有效的防火隔热措施。

10.5.5 商业用气设备的安装应符合下列要求：

 1 大锅灶和中餐炒菜灶应有排烟设施，大锅灶的炉膛或烟道处应设爆破门；

 2 大型用气设备的泄爆装置，应符合本规范第 10.6.6 条的规定。

10.5.6 商业用户中燃气锅炉和燃气直燃型吸收式冷（温）水机组的设置应符合下列要求：

 1 宜设置在独立的专用房间内；

 2 设置在建筑物内时，燃气锅炉房宜布置在建筑物的首层，不应布置在地下二层及二层以下；燃气常压锅炉和燃气直燃机可设置在地下二层；

 3 燃气锅炉房和燃气直燃机不应设置在人员密集场所的上一层、下一层或贴邻的房间内及主要疏散口的两旁；不应与锅炉和燃气直燃机无关的甲、乙类及使用可燃液体的丙类危险建筑贴邻；

 4 燃气相对密度（空气等于 1）大于或等于 0.75 的燃气锅炉和燃气直燃机，不得设置在建筑物地下室和半地下室；

 5 宜设置专用调压站或调压装置，燃气经调压后供应机组使用。

10.5.7 商业用户中燃气锅炉和燃气直燃型吸收式冷（温）水机组的安全技术措施应符合下列要求：

 1 燃烧器应是具有多种安全保护自动控制功能的机电一体化的燃具；

 2 应有可靠的排烟设施和通风设施；

 3 应设置火灾自动报警系统和自动灭火系统；

 4 设置在地下室、半地下室或地上密闭房间时应符合本规范第 10.5.3 条和 10.2.21 条的规定。

10.5.8 当需要将燃气应用设备设置在靠近车辆的通道处时，应设置护栏或车挡。

10.5.9 屋顶上设置燃气设备时符合下列要求：

 1 燃气设备应能适用当地气候条件。设备连接件、螺栓、螺母等应耐腐蚀；

 2 屋顶应能承受设备的的荷载；

 3 操作面应有 1.8m 宽的操作距离和 1.1m 高的护栏；

 4 应有防雷和静电接地措施。

10.6 工业企业生产用气

10.6.1 工业企业生产用气设备的燃气用量，应按下列原则确定：

 1 定型燃气加热设备，应根据设备铭牌标定的用气量或标定热负荷，采用经当地燃气热值折算的用气量；

 2 非定型燃气加热设备应根据热平衡计算确定；或参照同类型用气设备的用气量确定；

 3 使用其他燃料的加热设备需要改用燃气时，可根据原燃料实际消耗量计算确定。

10.6.2 当城镇供气管道压力不能满足用气设备要求，需要安装加压设备时，应符合下列要求：

 1 在城镇低压和中压 B 供气管道上严禁直接安装加压设备。

 2 在城镇低压和中压 B 供气管道上间接安装加压设备时应符合下列规定：

  1）加压设备前必须设低压储气罐。其容积应保证加压时不影响地区管网的压力工况；储气罐容积应按生产量较大者确定；

  2）储气罐的起升压力应小于城镇供气管道的最低压力；

  3）储气罐进出口管道上应设切断阀，加压设备应设旁通阀和出口止回阀；由城镇低压管道供气时，储罐进口处的管道上应设止回阀；

  4）储气罐应设上、下限位的报警装置和储量下限位与

加压设备停机和自动切断阀连锁。

3 当城镇供气管道压力为中压A时，应有进口压力过低保护装置。

10.6.3 工业企业生产用气设备的燃烧器选择，应根据加热工艺要求、用气设备类型、燃气供给压力及附属设施的条件等因素，经技术经济比较后确定。

10.6.4 工业企业生产用气设备的烟气余热宜加以利用。

10.6.5 工业企业生产用气设备应有下列装置：

1 每台用气设备应有观察孔或火焰监测装置，并宜设置自动点火装置和熄火保护装置；

2 用气设备上应有热工检测仪表，加热工艺需要和条件允许时，应设置燃烧过程的自动调节装置。

10.6.6 工业企业生产用气设备燃烧装置的安全设施应符合下列要求：

1 燃气管道上应安装低压和超压报警以及紧急自动切断阀；

2 烟道和封闭式炉膛，均应设置泄爆装置，泄爆装置的泄压口应设在安全处；

3 鼓风机和空气管道应设静电接地装置。接地电阻不应大于100Ω；

4 用气设备的燃气总阀门与燃烧器阀门之间，应设置放散管。

10.6.7 燃气燃烧需要带压空气和氧气时，应有防止空气和氧气回到燃气管路和回火的安全措施，并应符合下列要求：

1 燃气管路上应设背压式调压器，空气和氧气管路上应设泄压阀。

2 在燃气、空气或氧气的混气管路与燃烧器之间应设阻火器；混气管路的最高压力不应大于0.07MPa。

3 使用氧气时，其安装应符合有关标准的规定。

10.6.8 阀门设置应符合下列规定：

1 各用气车间的进口和燃气设备前的燃气管道上均应单独设置阀门，阀门安装高度不宜超过1.7m；燃气管道阀门与用气设备阀门之间应设放散管；

2 每个燃烧器的燃气接管上，必须单独设置有启闭标记的燃气阀门；

3 每个机械鼓风的燃烧器，在风管上必须设置有启闭标记的阀门；

4 大型或并联装置的鼓风机，其出口必须设置阀门；

5 放散管、取样管、测压管前必须设置阀门。

10.6.9 工业企业生产用气设备应安装在通风良好的专用房间内。当特殊情况需要设置在地下室、半地下室或通风不良的场所时，应符合本规范第10.2.21条和第10.5.3条的规定。

10.7 燃烧烟气的排除

10.7.1 燃气燃烧所产生的烟气必须排出室外。设有直排式燃具的室内容积热负荷指标超过207W/m³时，必须设置有效的排气装置将烟气排至室外。

> 注：有直通洞口（哑口）的毗邻房间的容积也可一并作为室内容积计算。

10.7.2 家用燃具排气装置的选择应符合下列要求：

1 灶具和热水器（或采暖炉）应分别采用竖向烟道进行排气。

2 住宅采用自然换气时，排气装置应按国家现行标准《家用燃气燃烧器具安装及验收规程》CJJ 12-99中A.0.1的规定选择。

3 住宅采用机械换气时，排气装置应按国家现行标准《家用燃气燃烧器具安装及验收规程》CJJ 12-99中A.0.3的规定选择。

10.7.3 浴室用燃气热水器的给排气口应直接通向室外，其排气系统与浴室必须有防止烟气泄漏的措施。

10.7.4 商业用户厨房中的燃具上方应设排气扇或排气罩。

10.7.5 燃气用气设备的排烟设施应符合下列要求：

1 不得与使用固体燃料的设备共用一套排烟设施；

2 每台用气设备宜采用单独烟道；当多台设备合用一个总烟道时，应保证排烟时互不影响；

3 在容易积聚烟气的地方，应设置泄爆装置；

4 应设有防止倒风的装置；

5 从设备顶部排烟或设置排烟罩排烟时，其上部应有不小于0.3m的垂直烟道方可接水平烟道；

6 有防倒风排烟罩的用气设备不得设置烟道闸板；无防倒风排烟罩的用气设备，在至总烟道的每个支管上应设置闸板，闸板上应有直径大于15mm的孔；

7 安装在低于0℃房间的金属烟道应做保温。

10.7.6 水平烟道的设置应符合下列要求：

1 水平烟道不得通过卧室；

2 居民用气设备的水平烟道长度不宜超过5m，弯头不宜超过4个（强制排烟式除外）；

商业用户用气设备的水平烟道长度不宜超过6m；

工业企业生产用气设备的水平烟道长度，应根据现场情况和烟囱抽力确定；

3 水平烟道应有大于或等于0.01坡向用气设备的坡度；

4 多台设备合用一个水平烟道时，应顺烟气流动方向设置导向装置；

5 用气设备的烟道距难燃或不燃顶棚或墙的净距不应小于5cm；距燃烧材料的顶棚或墙的净距不应小于25cm。

> 注：当有防火保护时，其距离可适当减小。

10.7.7 烟囱的设置应符合下列要求：

1 住宅建筑的各层烟气排出可合用一个烟囱，但应有防止串烟的措施；多台燃具共用烟囱的烟气进口处，在燃具停用时的静压值应小于或等于零；

2 当用气设备的烟囱伸出室外时，其高度应符合下列要求：

　1） 当烟囱离屋脊小于1.5m时（水平距离），应高出屋脊0.6m；

　2） 当烟囱离屋脊1.5~3.0m时（水平距离），烟囱可与屋脊等高；

　3） 当烟囱离屋脊的距离大于3.0m时（水平距离），烟囱应在屋脊水平线下10°的直线上；

　4） 在任何情况下，烟囱应高出屋面0.6m；

　5） 当烟囱的位置临近高层建筑时，烟囱应高出沿高层建筑物45°的阴影线；

3 烟囱出口的排烟温度应高于烟气露点15℃以上；

4 烟囱出口应有防止雨雪进入和防倒风的装置。

10.7.8 用气设备排烟设施的烟道抽力（余压）应符合下列要求：

1 热负荷30kW以下的用气设备，烟道的抽力（余压）不应小于3Pa；

2 热负荷30kW以上的用气设备，烟道的抽力（余压）不应小于10Pa；

3 工业企业生产用气工业炉窑的烟道抽力，不应小于烟气系统总阻力的1.2倍。

10.7.9 排气装置的出口位置应符合下列规定：

1 建筑物内半密闭自然排气式燃具的竖向烟囱出口应符合本规范第10.7.7条第2款的规定。

2 建筑物外墙的密闭式燃具的给排气口距上部窗口和下部地面的距离不得小于0.3m。

3 建筑物外墙的半密闭强制排气式燃具的排气口距门窗洞口和地面的距离应符合下列要求：

　1） 排气口在窗的下部和门的侧部时，距相邻卧室的窗和门的距离不得小于1.2m，距地面的距离不得小于0.3m。

　2） 排气口在相邻卧室的窗的上部时，距窗的距离不得小于 0.3m。

　　3）排气口在机械（强制）进风口的上部，且水平距离小于 3.0m 时，距机械进风口的垂直距离不得小于 0.9m。

10.7.10 高海拔地区安装的排气系统的最大排气能力，应按在海平面使用时的额定热负荷确定，高海拔地区安装的排气系统的最小排气能力，应按实际热负荷（海拔的减小额定值）确定。

10.8　燃气的监控设施及防雷、防静电

10.8.1 在下列场所应设置燃气浓度检测报警器：
　　1　建筑物内专用的封闭式燃气调压、计量间；
　　2　地下室、半地下室和地上密闭的用气房间；
　　3　燃气管道竖井；
　　4　地下室、半地下室引入管穿墙处；
　　5　有燃气管道的管道层。

10.8.2 燃气浓度检测报警器的设置应符合下列要求：
　　1　当检测比空气轻的燃气时，检测报警器与燃具或阀门的水平距离不得大于 8m，安装高度应距顶棚 0.3m 以内，且不得设在燃具上方。
　　2　当检测比空气重的燃气时，检测报警器与燃具或阀门的水平距离不得大于 4m，安装高度应距地面 0.3m 以内。
　　3　燃气浓度检测报警器的报警浓度应按国家现行标准《家用燃气泄漏报警器》CJ 3057 的规定确定。
　　4　燃气浓度检测报警器宜与排风扇等排气设备连锁。
　　5　燃气浓度检测报警器宜集中管理监视。
　　6　报警器系统应有备用电源。

10.8.3 在下列场所宜设置燃气紧急自动切断阀：
　　1　地下室、半地下室和地上密闭的用气房间；
　　2　一类高层民用建筑；
　　3　燃气用量大、人员密集、流动人口多的商业建筑；
　　4　重要的公共建筑；
　　5　有燃气管道的管道层。

10.8.4 燃气紧急自动切断阀的设置应符合下列要求：
　　1　紧急自动切断阀应设在用气场所的燃气入口管、干管或总管上；
　　2　紧急自动切断阀宜设在室外；
　　3　紧急自动切断阀前应设手动切断阀；
　　4　紧急自动切断阀宜采用自动关闭、现场人工开启型。

10.8.5 燃气管道及设备的防雷、防静电设计应符合下列要求：
　　1　进出建筑物的燃气管道的进出口处，室外的屋面管、立管、放散管、引入管和燃气设备等处均应有防雷、防静电接地设施；
　　2　防雷接地设施的设计应符合现行国家标准《建筑物防雷设计规范》GB 50057 的规定；
　　3　防静电接地设施的设计应符合国家现行标准《化工企业静电接地设计规程》HGJ 28 的规定。

10.8.6 燃气应用设备的电气系统应符合下列规定：
　　1　燃气应用设备和建筑物电线、包括地线之间的电气连接应符合有关国家电气规范的规定。
　　2　电点火、燃烧器控制器和电气通风装置的设计，在电源中断情况下或电源重新恢复时，不应使燃气应用设备出现不安全工作状况。
　　3　自动操作的主燃气控制阀、自动点火器、室温恒温器、极限控制器或其他电气装置（这些都是和燃气应用设备一起使用的）使用的电路应符合随设备供给的接线图的规定。
　　4　使用电气控制器的所有燃气应用设备，应当让控制器连接到永久带电的电路上，不得使用照明开关控制的电路。

附录 A　制气车间主要生产场所爆炸和火灾危险区域等级

表 A　制气车间主要生产场所爆炸和火灾危险区域等级

项目及名称	场所及装置	生产类别	耐火等级	易燃或可燃物质释放源、级别	等级室内	等级室外	说　明
备煤及焦处理	受煤、煤场（棚）	丙	二	固体状可燃物	22区	23区	
	破碎机、粉碎机室	乙	二	煤尘	22区		
	配煤室、煤库、焦炉煤塔顶	丙	二	煤尘	22区		
	胶带通廊、转运站（煤、焦）、水煤气独立煤斗室	丙	二	煤尘、焦尘	22区		
	煤、焦试样室、焦台	丙	二	焦尘、固状可燃物	22区	23区	
	筛焦楼、储焦仓	丙	二	焦尘	22区		
制气主厂房储煤层	封闭建筑且有煤气漏入	乙	二	煤气、二级	2区		包括直立炉、水煤气、发生炉等顶上的储煤层
	敞开、半敞开建筑或无煤气漏入	乙	二	煤尘	22区		
焦炉	焦炉地下室、煤气水封室、封闭煤气预热器室	甲	二	煤气、二级	1区		通风不好
	焦炉分烟道走廊、炉端台底层	甲	二	煤气、二级	无		通风良好，可使煤气浓度不超过爆炸的10%下限值
	煤塔底层计器室	甲	二	煤气、二级	1区		变送器在室内
	炉间台底层	甲	二	煤气、二级	2区		
直立炉	直立炉顶部操作层	甲	二	煤气、二级	1区		
	其他空间及其他操作层	甲	二	煤气、二级	2区		
水煤气炉、两段水煤气炉、流化床水煤气炉	煤气生产厂房	甲	二	煤气、二级	1区		
	煤气排送机间	甲	二	煤气、二级	2区		
	煤气管道排水器间	甲	二	煤气、二级	1区		
	煤气计量器室	甲	二	煤气、二级	1区		
	室外设备	甲	二	煤气、二级		2区	
发生炉、两段发生炉	煤气生产厂房	乙	二	煤气、二级	无		
	煤气排送机间	乙	二	煤气、二级	2区		
	煤气管道排水器间	乙	二	煤气、二级	2区		
	煤气计量器室	乙	二	煤气、二级	2区		
	室外设备			煤气、二级		2区	
重油制气	重油煤气排送机房	甲	二	煤气、二级	2区		
	重油泵房	丙	二	重油	21区		
	重油制气室外设备			煤气、二级		2区	
轻油制气	轻油制气排送机房	甲	二	煤气、二级	2区		天然气改制，可参照执行。当采用LPG为原料时，还必须执行本规范第8章中相应的安全条文
	轻油泵房、轻油中间储罐	甲	二	轻油蒸气、二级	1区	2区	
	轻油制气室外设备			煤气、二级		2区	

续表 A

项目及名称	场所及装置	生产类别	耐火等级	易燃或可燃物质释放源、级别	等级 室内	等级 室外	说 明
缓冲气罐	地上罐体			煤气、二级		2区	
	煤气进出口阀门室				1区		

注：1 发生炉煤气相对密度大于 0.75,其他煤气相对密度均小于 0.75。

2 焦炉为一利用可燃气体加热的高温设备,其辅助土建部分的建筑物可化为单元,对其爆炸和火灾危险等级进行划分。

3 直立炉、水煤气炉等建筑物高度满足不了甲类要求,仍按工艺要求设计。

4 从释放源向周围辐射爆炸危险区域的界限应按现行国家标准《爆炸和火灾危险环境电力装置设计规范》GB 50058 执行。

续表 B-2

生产场所或装置名称	区域等级
稀氨水（<8%）储槽、稀氨水泵房、硫铵厂房、硫铵包装设施及仓库、酸碱泵房、磷溶液泵房	非危险区

注：1 所有室外区域不应整体划分某级危险区,应按现行国家标准《爆炸和火灾危险环境电力装置设计规范》GB 50058,以释放源和释放半径划分爆炸危险区域。本表中所列室外区域的危险区域等级均指释放半径内的爆炸危险区域等级,未被划入的区域则均为非危险区。

2 当本表中所列 21 区和非危险区被划入 2 区的释放源释放半径内时,则此区应划为 2 区。

附录 B 煤气净化车间主要生产场所爆炸和火灾危险区域等级

表 B-1 煤气净化车间主要生产场所生产类别

生产场所或装置名称	生产类别
煤气鼓风机室室内、粗苯（轻苯）泵房、溶剂脱酚的溶剂泵房、吡啶装置室内	甲
1 初冷器、电捕焦油器、硫铵饱和器、终冷、洗氨、洗苯、脱硫、终脱萘、脱水、一氧化碳变换等室外煤气区； 2 粗苯蒸馏装置、吡啶装置、溶剂脱酚装置等的室外区域； 3 冷鼓泵房、洗苯洗萘泵房； 4 无水氨（液氨）泵房、无水氨装置的室外区域； 5 硫磺的熔融、结片、包装区及仓库	乙
化验室和鼓风机冷凝的焦油罐区	丙

表 B-2 煤气净化车间主要生产场所爆炸和火灾危险区域等级

生产场所或装置名称	区域等级
煤气鼓风机室室内、粗苯（轻苯）泵房、溶剂脱酚的溶剂泵房、吡啶装置室内、干法脱硫箱室内	1区
1 初冷器、电捕焦油器、硫铵饱和器、终冷、洗氨、洗苯、脱硫、终脱萘、脱水、一氧化碳变换等室外煤气区； 2 粗苯蒸馏装置、吡啶装置、溶剂脱酚装置等的室外区域； 3 无水氨（液氨）泵房、无水氨装置的室外区域； 4 浓氨水（≥8%）泵房、浓氨水生产装置的室外区域； 5 粗苯储槽、轻苯储槽	2区
脱硫剂再生装置	10区
硫磺仓库	11区
焦油氨水分离装置及焦油储槽、焦油洗油泵房、洗苯洗萘泵房、洗油储槽、轻柴油储槽、化验室	21区

附录 C 燃气管道摩擦阻力计算

C.0.1 低压燃气管道：

根据燃气在管道中不同的运动状态,其单位长度的摩擦阻力损失采用下列各式计算：

1 层流状态：$Re \leqslant 2100$ $\lambda = 64/Re$

$$\frac{\Delta P}{l} = 1.13 \times 10^{10} \frac{Q}{d^4} \nu\rho \frac{T}{T_0} \qquad (C.0.1-1)$$

2 临界状态：$Re = 2100 \sim 3500$

$$\lambda = 0.03 + \frac{Re - 2100}{65Re - 10^5}$$

$$\frac{\Delta P}{l} = 1.9 \times 10^6 \left(1 + \frac{11.8Q - 7 \times 10^4 d\nu}{23Q - 10^5 d\nu}\right) \frac{Q^2}{d^5} \rho \frac{T}{T_0}$$

$$\qquad (C.0.1-2)$$

3 湍流状态：$Re > 3500$

1）钢管：

$$\lambda = 0.11 \left(\frac{K}{d} + \frac{68}{Re}\right)^{0.25}$$

$$\frac{\Delta P}{l} = 6.9 \times 10^6 \left(\frac{K}{d} + 192.2 \frac{d\nu}{Q}\right)^{0.25} \frac{Q^2}{d^5} \rho \frac{T}{T_0}$$

$$\qquad (C.0.1-3)$$

2）铸铁管：

$$\lambda = 0.102236 \left(\frac{1}{d} + 5158 \frac{d\nu}{Q}\right)^{0.284}$$

$$\frac{\Delta P}{l} = 6.4 \times 10^6 \left(\frac{1}{d} + 5158 \frac{d\nu}{Q}\right)^{0.284} \frac{Q^2}{d^5} \rho \frac{T}{T_0}$$

$$\qquad (C.0.1-4)$$

式中 Re——雷诺数；

ΔP——燃气管道摩擦阻力损失（Pa）；

λ——燃气管道的摩擦阻力系数；

l——燃气管道的计算长度（m）；

Q——燃气管道的计算流量（m^3/h）；

d——管道内径（mm）；

ρ——燃气的密度（kg/m^3）；

T——设计中所采用的燃气温度（K）；

T_0——273.15（K）；

ν——0℃和101.325kPa时燃气的运动黏度（m^2/s）；

K——管壁内表面的当量绝对粗糙度，对钢管：输送天然气和气态液化石油气时取0.1mm；输送人工煤气时取0.15mm。

C.0.2 次高压和中压燃气管道：

根据燃气管道不同材质，其单位长度摩擦阻力损失采用下列各式计算：

1 钢管：

$$\lambda = 0.11\left(\frac{K}{d} + \frac{68}{Re}\right)^{0.25}$$

$$\frac{P_1^2 - P_2^2}{L} = 1.4 \times 10^9 \left(\frac{K}{d} + 192.2\frac{d\nu}{Q}\right)^{0.25} \frac{Q^2}{d^5}\rho\frac{T}{T_0}$$

（C.0.2-1）

2 铸铁管：

$$\lambda = 0.102236\left(\frac{1}{d} + 5158\frac{d\nu}{Q}\right)^{0.284}$$

$$\frac{P_1^2 - P_2^2}{L} = 1.3 \times 10^9 \left(\frac{1}{d} + 5158\frac{d\nu}{Q}\right)^{0.284} \frac{Q^2}{d^5}\rho\frac{T}{T_0}$$

（C.0.2-2）

式中 L——燃气管道的计算长度（km）。

C.0.3 高压燃气管道的单位长度摩擦阻力损失，宜按现行的国家标准《输气管道工程设计规范》GB 50251有关规定计算。

注：除附录C所列公式外，其他计算燃气管道摩擦阻力系数（λ）的公式，当其计算结果接近本规范式（6.2.6-2）时，也可采用。

附录D 燃气输配系统生产区域用电场所的爆炸危险区域等级和范围划分

D.0.1 本附录适用于运行介质相对密度小于或等于0.75的燃气。相对密度大于0.75的燃气爆炸危险区域等级和范围的划分宜符合本规范附录E的有关规定。

D.0.2 燃气输配系统生产区域用电场所的爆炸危险区域等级和范围划分应符合下列规定：

1 燃气输配系统生产区域所有场所的释放源属第二级释放源。存在第二级释放源的场所可划为2区，少数通风不良的场所可划为1区。其区域的划分宜符合以下典型示例的规定：

1）露天设置的固定容积储气罐的爆炸危险区域等级和范围划分见图D-1。

以储罐安全放散阀放散管管口为中心，当管口高度h

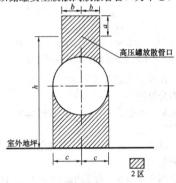

图D-1 露天设置的固定容积储气罐的爆炸危险区域等级和范围划分

距地坪大于4.5m时，半径b为3m，顶部距管口a为5m（当管口高度h距地坪小于等于4.5m时，半径b为5m，顶部距管口a为7.5m）以及管口到地坪以上的范围为2区。

储罐底部至地坪以上的范围（半径c不小于4.5m）为2区。

2）露天设置的低压储气罐的爆炸危险区域等级和范围划分见图D-2（a）和D-2（b）。

干式储气罐内部活塞或橡胶密封膜以上的空间为1区。

储气罐外部罐壁外4.5m内，罐顶（以放散管管口计）以上7.5m内的范围为2区。

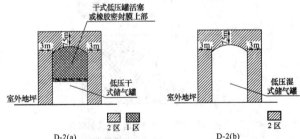

图D-2 露天设置的低压储气罐的爆炸危险区域等级和范围划分

3）低压储气罐进出气管阀门间的爆炸危险区域等级和范围划分见图D-3。

阀门间内部的空间为1区。

阀门间外壁4.5m内，屋顶（以放散管管口计）7.5m内的范围为2区。

4）通风良好的压缩机室、调压室、计量室等生产用房的爆炸危险区域等级和范围划分见图D-4。

建筑物内部及建筑物外壁4.5m内，屋顶（以放散管管口计）以上7.5m内的范围为2区。

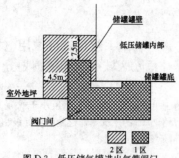

图 D-3　低压储气罐进出气管阀门
间的爆炸危险区域等级和范围划分

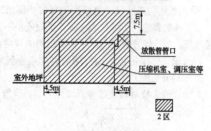

图 D-4　通风良好的压缩机室、调压室、计量室等
生产用房的爆炸危险区域等级和范围划分

　　5）露天设置的工艺装置区的爆炸危险区域等级和范围
　　　　的划分见图 D-5。
　　　　工艺装置区边缘外 4.5m 内，放散管管口（或最高的
　　　　装置）以上 7.5m 内范围为 2 区。
　　6）地下调压室和地下阀室的爆炸危险区域等级和范围
　　　　划分见图 D-6。
　　　　地下调压室和地下阀室内部的空间为 1 区。
　　7）城镇无人值守的燃气调压室的爆炸危险区域等级和
　　　　范围划分见图 D-7。

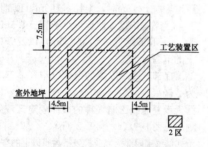

图 D-5　露天设置的工艺装置区的爆炸
危险区域等级和范围划分

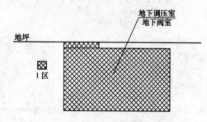

图 D-6　地下调压室和地下阀室的爆炸
危险区域等级和范围划分

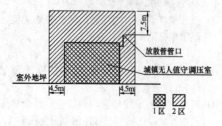

图 D-7　城镇无人值守的燃气调压室的
爆炸危险区域等级和范围划分

　　调压室内部的空间为 1 区。调压室建筑物外壁 4.5m 内，屋
顶（以放散管管口计）以上 7.5m 内的范围为 2 区。
　　2　下列用电场所可划分为非爆炸危险区域：
　　　　1）没有释放源，且不可能有可燃气体侵入的区域；
　　　　2）可燃气体可能出现的最高浓度不超过爆炸下限的
　　　　　　10%的区域；
　　　　3）在生产过程中使用明火的设备的附近区域，如燃气
　　　　　　锅炉房等；
　　　　4）站内露天设置的地上管道区域。但设阀门处应按具
　　　　　　体情况确定。

附录 E　液化石油气站用电场所爆炸
危险区域等级和范围划分

E.0.1　液化石油气站生产区用电场所的爆炸危险区域等级和范
围划分宜符合下列规定：
　　1　液化石油气站内灌瓶间的气瓶灌装嘴、铁路槽车和汽车
槽车装卸口的释放源属第一级释放源，其余爆炸危险场所的释放
源属第二级释放源。
　　2　液化石油气站生产区各用电场所爆炸危险区域的等级，
宜根据释放源级别和通风等条件划分。
　　　　1）根据释放源的级别划分区域等级。存在第一级释放
　　　　　　源的区域可划为 1 区，存在第二级释放源的区域可
　　　　　　划为 2 区。
　　　　2）根据通风等条件调整区域等级。当通风条件良好时，
　　　　　　可降低爆炸危险区域等级；当通风不良时，宜提高
　　　　　　爆炸危险区域等级。有障碍物、凹坑和死角处，宜
　　　　　　局部提高爆炸危险区域等级。
　　3　液化石油气站用电场所爆炸危险区域等级和范围划分宜
符合第 E.0.2 条～第 E.0.6 条典型示例的规定。
　　注：爆炸危险性建筑的通风，其空气流量能使可燃气体很快稀释到爆
　　　　炸下限的 20% 以下时，可定为通风良好。

E.0.2　通风良好的液化石油气灌瓶间、实瓶库、压缩机室、烃
泵房、气化间、混气间等生产性建筑的爆炸危险区域等级和范围
划分见图 E.0.2，并宜符合下列规定：
　　1　以释放源为中心，半径为 15m，地面以上高度 7.5m 和
半径为 7.5m，顶部与释放源距离为 7.5m 的范围划为 2 区；
　　2　在 2 区范围内，地面以下的沟、坑等低洼处划为 1 区。

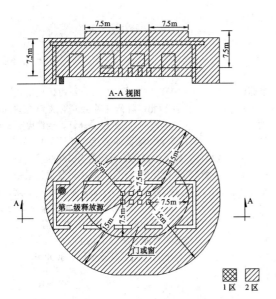

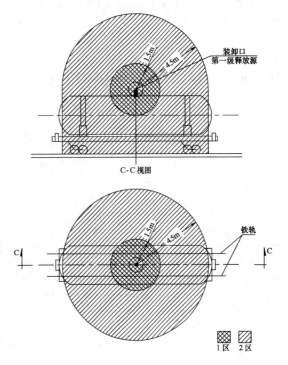

图 E.0.4 槽车装卸口处爆炸危险
区域等级和范围划分

释放源建筑，其门、窗位于爆炸危险区域内时划为2区；

3 门、窗位于爆炸危险区域以外时划为非爆炸危险区。

E.0.6 下列用电场所可划为非爆炸危险区域：

1 没有释放源，且不可能有液化石油气或液化石油气和其他气体的混合气侵入的区域；

2 液化石油气或液化石油气和其他气体的混合气可能出现

图 E.0.2 通风良好的生产性建筑
爆炸危险区域等级和范围划分

E.0.3 露天设置的地上液化石油气储罐或储罐区的爆炸危险区域等级和范围的划分见图 E.0.3，并宜符合下列规定：

1 以储罐安全阀放散管管口为中心，半径为 4.5m，以及至地面以上的范围内和储罐区防护墙以内，防护墙顶部以下的空间划为2区；

2 在2区范围内，地面以下的沟、坑等低洼处划为1区；

3 当烃泵露天设置在储罐区时，以烃泵为中心，半径为4.5m 以及至地面以上范围内划为2区。

注：地下储罐组的爆炸危险区域等级和范围可参照本条规定划分。

E.0.4 铁路槽车和汽车槽车装卸口处爆炸危险区域等级和范围

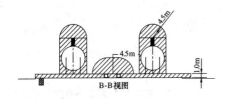

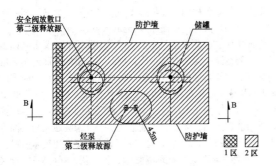

图 E.0.3 地上液化石油气储罐
区爆炸危险区域等级和范围划分

划分见图 E.0.4，并宜符合下列规定：

1 以装卸口为中心，半径为 1.5m 的空间和爆炸危险区域以内地面以下的沟、坑等低洼处划为1区；

2 以装卸口为中心，半径为 4.5m，1区以外以及地面以上的范围内划分为2区。

E.0.5 无释放源的建筑与有第二级释放源的建筑相邻，并采用不燃烧体实体墙隔开时，其爆炸危险区域和范围划分见图 E.0.5，宜符合下列规定：

1 以释放源为中心，按本附录第 E.0.2 条规定的范围内划分为2区；

2 与爆炸危险建筑相邻，并采用不燃烧体实体墙隔开的无

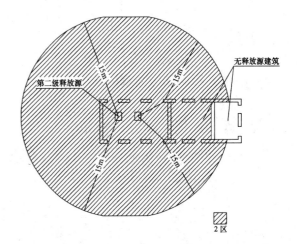

图 E.0.5 与具有第二级释放源的建筑物相邻，并采用不燃烧体实体墙隔开时，其爆炸危险区域和范围划分

的最高浓度不超过其爆炸下限10%的区域；

3 在生产过程中使用明火的设备或炽热表面温度超过区域内可燃气体着火温度的设备附近区域。如锅炉房、热水炉间等；

4 液化石油气站生产区以外露天设置的液化石油气和液化石油气与其他气体的混合气管道，但其阀门处视具体情况确定。

附录 F　居民生活用燃具的同时工作系数 K

表 F　居民生活用燃具的同时工作系数 K

同类型燃具数目 N	燃气双眼灶	燃气双眼灶和快速热水器	同类型燃具数目 N	燃气双眼灶	燃气双眼灶和快速热水器
1	1.000	1.000	40	0.390	0.180
2	1.000	0.560	50	0.380	0.178
3	0.850	0.440	60	0.370	0.176
4	0.750	0.380	70	0.360	0.174
5	0.680	0.350	80	0.350	0.172
6	0.64	0.310	90	0.345	0.171
7	0.600	0.290	100	0.340	0.170
8	0.580	0.270	200	0.310	0.160
9	0.560	0.260	300	0.300	0.150
10	0.540	0.250	400	0.290	0.140
15	0.480	0.220	500	0.280	0.138
20	0.450	0.210	700	0.260	0.134
25	0.430	0.200	1000	0.250	0.130
30	0.400	0.190	2000	0.240	0.120

注：1　表中"燃气双眼灶"是指一户居民装设一个双眼灶的同时工作系数；当每一户居民装设两个单眼灶时，也可参照本表计算。

2　表中"燃气双眼灶和快速热水器"是指一户居民装设一个双眼灶和一个快速热水器的同时工作系数。

3　分散采暖系统的采暖装置的同时工作系数可参照国家现行标准《家用燃气燃烧器具安装及验收规程》CJJ 12-99 中表 3.3.6-2 的规定确定。

中华人民共和国国家标准

城镇燃气设计规范

GB 50028 - 2006

条文说明

前　　言

根据建设部建标［2001］87 号文的要求，由建设部负责主编，具体由中国市政工程华北设计研究院会同有关单位共同对《城镇燃气设计规范》GB 50028-93 进行了修订，经建设部 2006 年 7 月 12 日以中华人民共和国建设部公告第 451 号批准发布。

为便于广大设计、施工、科研、学校等有关单位人员在使用本规范时能正确理解和执行条文规定，《城镇燃气设计规范》编制组根据建设部关于编制工程标准、条文说明的统一规定，按《城镇燃气设计规范》的章、节、条的顺序，编制了本条文说明，供本规范使用者参考。在使用中如发现本条文说明有欠妥之处，请将意见函寄：天津市气象台路，中国市政工程华北设计研究院城镇燃气设计规范国家标准管理组（邮政编码：300074）。

1　总　　则

1.0.1　提出使城镇燃气工程设计符合安全生产、保证供应、经济合理、保护环境的要求，这是结合城镇燃气特点提出的。

由于燃气是公用的，它具有压力，又具有易燃易爆和有毒等特性，所以强调安全生产是非常必要的。

保证供应这个要求是与安全生产密切联系的。要求城镇燃气在质量上要达到一定的质量指标，同时，在量的方面要能满足任何情况下的需要，做到持续、稳定的供气，满足用户的要求。

1.0.2　本规范适用范围明确为"城镇燃气工程"。所谓城镇燃气，是指城市、乡镇或居民点中，从地区性的气源点，通过输配系统供给居民生活、商业、工业企业生产、采暖通风和空调等各类用户公用性质的，且符合本规范燃气质量要求的气体燃料。

1.0.3　积极采用行之有效的新技术、新工艺、新材料和新设备，早日改变城镇燃气落后面貌，把我国建设成为社会主义的现代化强国，需要在设计方面加以强调，故作此项规定。

1.0.4　城镇燃气工程牵涉到城市能源、环保、消防等的全面布局，城镇燃气管道、设备建设后，也不应轻易更换，应有一个经过全面系统考虑过的城镇燃气规划作指导，使当前建设不致于盲目进行，避免今后的不合理或浪费。因而提出应遵循能源政策，根据城镇总体规划进行设计，并应与城镇能源规划、环保规划、消防规划等相结合。

2 术 语

本章所列术语，其定义及范围，仅适用于本规范。

3 用气量和燃气质量

3.1 用 气 量

3.1.1 供气原则是一项与很多重大设计原则有关联的复杂问题，它不仅涉及到国家的能源政策，而且和当地具体情况、条件密切有关。从我国已有煤气供应的城市来看，例如在供给工业和民用用气的比例上就有很大的不同。工业和民用用气的比例是受城市发展包括燃料资源分配、环境保护和市场经济等多因素影响形成的，不能简单作出统一的规定。故本规范对供气原则不作硬性规定。在确定气量分配时，一般应优先发展民用用气，同时也要发展一部分工业用气，两者要兼顾，这样做有利于提高气源厂的效益、减少储气容积，减轻高峰负荷，增加售气收费，有利于节假日负荷的调度平衡等。那种把城镇燃气单纯地看成是民用用气是片面的。

采暖通风和空调用气量，在气源充足的条件下，可酌情纳入。燃气汽车用气量仅指以天然气和液化石油气为气源时才考虑纳入。

其他气量中主要包括了两部分内容：一部分是管网的漏损量；另一部分是因发展过程中出现没有预见到的新情况而超出了原计算的设计供气量。其他气量中的前一部分是有规律可循的，可以从调查统计资料中得出参考性的指标数据；后一部分则当前还难掌握其规律，暂不能作出规定。

3.1.3 居民生活和商业的用气量指标，应根据当地居民生活和商业用气量的统计数据分析确定。这样做更加切合当地的实际情况，由于燃气已普及，故一般均具备了统计的条件。对居民用户调查时：

1 要区分用户有无集中采暖设备。有集中采暖设备的用户一般比无集中采暖设备用户的用气量要高一些，这是因为无集中采暖设备的用户在采暖期采用煤火炉采暖兼烧水、做饭，因而减少了燃气用量。一般每年差10％～20％，这种差别在采暖期比较长的城市表现得尤为明显；

2 一般瓶装液化石油气居民用户比管道供燃气的居民用户用气量指标要低10％～15％；

3 根据调研表明，居民用户用气量指标增加是非常缓慢的，个别还有下降的情况，平均每年的增长率小于1％，因而在取用气量指标时，不必对今后发展考虑过多而加大用气量指标。

3.2 燃 气 质 量

3.2.1 城镇燃气是供给城镇居民生活、商业、工业企业生产、采暖通风和空调等做燃料用的，在燃气的输配、储存和应用的过程中，为了保证城镇燃气系统和用户的安全，减少腐蚀、堵塞和损失，减少对环境的污染和保障系统的经济合理性，要求城镇燃气具有一定的质量指标并保持其质量的相对稳定是非常重要的基础条件。

为保证燃气用具在其允许的适应范围内工作，并提高燃气的标准化水平，便于用户对各种不同燃具的选用和维修，便于燃气用具产品的国内外流通等，各地供应的城镇燃气（应按基准气分类）的发热量和组分应相对稳定，偏离基准气的波动范围不应超过燃气用具适应性的允许范围，也就是要符合城镇燃气互换的要求。具体波动范围，根据燃气类别宜按现行的国家标准《城市燃气分类》GB/T 13611 的规定采用并应适当留有余地。

现行的国家标准《城市燃气分类》GB/T 13611，详见表1（华白数按燃气高发热量计算）。

以常见的天然气 10T 和 12T 为例（相当于国际联盟标准的 L 类和 H 类），其成分主要由甲烷和少量惰性气体组成，燃烧特性比较类似，一般可用单一参数（华白数）判定其互换性。表1中所列华白数的范围是指 GB/T 13611 - 92 规定的最大允许波动范围，但作为商品天然气供给作城镇燃气时，应适当留有余地，参考英国规定，是留有3％～5％的余量，则 10T 和 12T 作城镇燃气商品气时华白数波动范围如表2，可作为确定商品气波动范围的参考。

表 1 GB/T 13611 - 92 城市燃气的分类（干，0℃，101.3kPa）

类别		华白数 W，MJ/m³（kcal/m³）		燃烧势 CP	
		标准	范围	标准	范围
人工煤气	5R	22.7（5430）	21.1（5050）～24.3（5810）	94	55～96
	6R	27.1（6470）	25.2（6017）～29.0（6923）	108	63～110
	7R	32.7（7800）	30.4（7254）～34.9（8346）	121	72～128
天然气	4T	18.0（4300）	16.7（3999）～19.3（4601）	25	22～57
	6T	26.4（6300）	24.5（5859）～28.2（6741）	29	25～65
	10T	43.8（10451）	41.2（9832）～47.3（11291）	33	31～34
	12T	53.5（12768）	48.1（11495）～57.8（13796）	40	36～88
	13T	56.5（13500）	54.3（12960）～58.8（14040）	41	40～94
液化石油气	19Y	81.2（19387）	76.9（18379）～92.7（22152）	48	42～49
	20Y	84.2（20113）	76.9（18379）～92.7（22152）	46	42～49
	22Y	92.7（22152）	76.9（18379）～92.7（22152）	42	42～49

注：6T 为液化石油气混空气，燃烧特性接近天然气。

表 2 10T 和 12T 天然气华白数波动范围（MJ/m³）

类别	标准（基准气）	GB/T 13611 - 92 范围	城镇燃气商品气范围
10T	43.8	41.2～47.3 −5.94％～+8％	42.49～45.99 −3％～+5％
12T	53.5	48.1～57.8 −10.1％～+8％	50.83～56.18 −5％～+5％

3.2.2 本条对作为城镇燃气且已有产品标准的燃气引用了现行的国家标准，并根据城镇燃气要求作了适当补充；对目前尚无产品标准的燃气提出了质量安全指标要求。

1 天然气的质量技术指标国家现行标准《天然气》

GB 17820-1999的一类气或二类气的规定，详见表3。

表3　天然气的技术指标

项　目	一类	二类	三类	试验方法
高位发热量，MJ/m^3		>31.4		GB/T 11062
总硫（以硫计），mg/m^3	≤100	≤200	≤460	GB/T 11061
硫化氢，mg/m^3	≤6	≤20	≤460	GB/T 11060.1
二氧化碳，%（体积分数）		≤3.0		GB/T 13610
水露点，℃		在天然气交接点的压力和温度条件下，天然气的水露点应比最低环境温度低5℃		GB/T 17283

注：1　标准中气体体积的标准参比条件是101.325kPa，20℃；

　　2　取样方法按GB/T 13609。

本规范历史上对燃气中硫化氢的要求为小于或等于20mg/m³，因而符合二类气的要求是允许的；但考虑到今后户内燃气管的暗装等要求，进一步降低H₂S含量以减少腐蚀，也是适宜的。故在此提出应符合一类或二类气的规定；应补充说明的是：一类或二类天然气对二氧化碳的要求为小于或等于3%（体积分数），作为燃料用的城镇燃气对这一指标要求是不高的，其含量应根据天然气的类别而定，例如对10T天然气，二氧化碳加氮等惰性气体之和不应大于14%，故本款对惰性气体含量未作硬性规定。对于含惰性气体较多、发热量较低的天然气，供需双方可在协议中另行规定。

3　人工煤气的质量技术指标中关于通过电捕焦油器时氧含量指标和规模较小的人工煤气工程煤气发热量等需要适当放宽的问题，于正在进行修订中的《人工煤气》GB 13621标准中表达，故本规范在此采用引用该标准。

4　采用液化石油气与空气的混合气做主气源时，液化石油气的体积分数应高于其爆炸上限的2倍（例如液化石油气爆炸上限如按10%计，则液化石油气与空气的混合气做主气源时，液化石油气的体积分数应高于20%），以保证安全，这是根据原苏联建筑法规的规定制定的。

3.2.3　本条规定了燃气具有臭味的必要及其标准。

1　关于空气—燃气中臭味"应能察觉"的含义

"应能察觉"与空气中的臭味强度和人的嗅觉能力有关。臭味的强度等级国际上燃气行业一般采用Sales等级，是按嗅觉的下列浓度分级的：

0级——没有臭味；

0.5级——极微小的臭味（可感点的开端）；

1级——弱臭味；

2级——臭味一般，可由一个身体健康状况正常且嗅觉能力一般的人识别，相当于报警或安全浓度；

3级——臭味强；

4级——臭味非常强；

5级——最强烈的臭味，是感觉的最高极限。超过这一级，嗅觉上臭味不再有增强的感觉。

"应能察觉"的含义是指嗅觉能力一般的正常人，在空气—燃气混合物臭味强度达到2级时，应能察觉空气中存在燃气。

2　对无毒燃气加臭剂的最小用量标准

美国和西欧等国，对无毒燃气（如天然气、气态液化石油气）的加臭剂用量，均规定在无毒燃气泄漏到空气中，达到爆炸下限的20%时，应能察觉。故本规范也采用这个规定。在确定加臭剂用量时，还应结合当地燃气的具体情况和采用加臭剂种类等因素，有条件时，宜通过试验确定。

据国外资料介绍，空气中的四氢噻吩（THT）为0.08mg/m³时，可达到臭味强度2级的报警浓度。以爆炸下限为5%的天然气为例，则5%×20%＝1%，相当于在天然气中应加THT 8mg/m³，这是一个理论值。实际加入量应考虑管道长度、材质、腐蚀情况和天然气成分等因素，取理论值的2～3倍。以下是国外几个国家天然气加臭剂量的有关规定：

1）比利时　加臭剂为四氢噻吩（THT）　　18～20mg/m³

2）法国　　加臭剂为四氢噻吩（THT）

　　低热值天然气　　　　　　　　20mg/m³

　　高热值天然气　　　　　　　　25mg/m³

当燃气中硫醇总量大于5mg/m³时，可以不加臭。

3）德国　　加臭剂为四氢噻吩（THT）　　17.5mg/m³

　　　　　加臭剂为硫醇（TBH）　　　4～9mg/m³

4）荷兰　　加臭剂为四氢噻吩（THT）　　18mg/m³

据资料介绍，北京市天然气公司、齐齐哈尔市天然气公司也采用四氢噻吩（THT）作为加臭剂，加入量北京为18mg/m³，齐齐哈尔为16～20mg/m³。

根据上述国内外加臭剂用量情况，对于爆炸下限为5%的天然气，取加臭剂用量不宜小于20mg/m³。并以此作为推论，当不具备试验条件时，对于几种常见的无毒燃气，在空气中达到爆炸下限的20%时应能察觉的加臭用量，不宜小于表4的规定，可做确定加臭剂用量的参考。

表4　几种常见的无毒燃气的加臭剂用量

燃气种类	加臭剂用量（mg/m³）
天然气（天然气在空气中的爆炸下限为5%）	20
液化石油气（C₃和C₄各占一半）	50
液化石油气与空气的混合气（液化石油气：空气=50：50；液化石油气成分为C₃和C₄各占一半）	25

注：1　本表加臭剂按四氢噻吩计。

　　2　当燃气成分与本表比例不同时，可根据燃气在空气中的爆炸下限，对比爆炸下限为5%的天然气的加臭剂用量，按反比计算出燃气所需加臭剂用量。

3　对有毒燃气加臭剂的最少用量标准

有毒燃气一般指含CO的可燃气体。CO对人体毒性极大，一旦漏入空气中，尚未达到爆炸下限20%时，人体早就中毒，故对有毒燃气，应按在空气中达到对人体允许的有害浓度之时应能察觉来确定加臭剂用量。关于人体允许的有害浓度的含义，根据"一氧化碳对人体影响"的研究，其影响取决于空气中CO含量、吸气持续时间和呼吸的强度。为了防止中毒死亡，必须采取措施保证在人体血液中决不能使碳氧血红蛋白浓度达到65%，因此，在相当长的时间内吸入的空气中CO浓度不能达到0.1%。当然这个标准是一个极限程度，空气中CO浓度也不应升高到足以使人产生严重症状才发现，因而空气中CO报警标准的选取应比0.1%低很多，以确保留有安全余量。

含有CO的燃气漏入室内，室内空气中CO浓度的增长是逐步累计的，但其增长开始时快而后逐步变缓，最后室内空气中CO浓度趋向于一个最大值X，并可用下式表示：

$$X = \frac{V \cdot K}{I}\%\qquad(1)$$

式中　V——漏出的燃气体积（m³/h）；

　　　K——燃气中CO含量（%）（体积分数）；

　　　I——房间的容积（m³）。

此式是在时间$t\to\infty$，自然换气次数$n=1$的条件下导出的。

对应于每一个最大值X，有一个人体血液中碳氧血红蛋白浓度值，其关系详见表5。

表5　空气中不同的CO含量与血液中最大的碳氧血红蛋白浓度的关系

空气中CO含量X（%）（体积分数）	血液中最大的碳氧血红蛋白浓度（%）	对人影响
0.100	67	致命界限
0.050	50	严重症状
0.025	33	较重症状
0.018	25	中等症状
0.010	17	轻度症状

德、法和英等发达国家，对有毒燃气的加臭剂用量，均规定为在空气中一氧化碳含量达到 0.025%（体积分数）时，臭味强度应达到 2 级，以便嗅觉能力一般的正常人能察觉空气中存在燃气。

从表 5 可以看到，采用空气中 CO 含量 0.025% 为标准，达到平衡时人体血液中碳氧血红蛋白最高只能到 33%，对人一般只能产生头痛、视力模糊、恶心等，不会产生严重症状。据此可理解为，空气中 CO 含量 0.025% 作为燃气加臭理论的"允许的有害浓度"标准，在实际操作运行中，还应留有安全余量，本规范推荐采用 0.02%。

一般含有 CO 的人工煤气未经深度净化时，本身就有臭味，是否应补充加臭，有条件时，宜通过试验确定。

3.2.4 本条 1～4 款对加臭剂的要求是按美国联邦法规第 49 号 192 部分和美国联邦标准 ANSI/ASME B31.8 规定等效采用的。其中"加臭剂不对人体有害"是指按本规范第 3.2.3 条要求加入微量加臭剂到燃气中后不应对人体有害。

4 制 气

4.1 一般规定

4.1.1 本章节内容属人工制气气源，其工艺是成熟的，运行安全可靠，所采用的炉型有焦炉、直立炉、煤气发生炉、两段煤气发生炉、水煤气发生炉、两段水煤气发生炉、流化床水煤气炉与三筒式重油裂解炉、二筒式轻油裂解炉等。国内外虽还有新的工艺、新的炉型，但由于在国内城镇燃气方面尚未普遍应用，因此未在本规范中编写此类内容。

4.1.2 本条文规定了炉型选择原则。

目前我国人工制气厂有大、中、小规模 70 余家，大都由上述某单一炉型或多种炉型互相配合组成。其中小气源厂制气规模为 $10 \times 10^4 \sim 5 \times 10^5 \, m^3/d$，有的大型气源厂制气规模达到 $5 \times 10^5 \sim 10 \times 10^5 \, m^3/d$ 以上。

各制气炉型的选择，主要应根据制气原料的品种：如取得合格的炼焦煤，且冶金焦有销路，则选择焦炉作制气炉型；当取得气煤或肥气煤时，则采用直立炉作为制气炉型，副产焦炭，一般作为煤气发生炉、水煤气发生炉的原料生产低热值煤气供直立炉加热和调峰用；其他炉型选择条件，可详见本章有关条文。

焦炉及煤气发生炉的工艺设计，除本章内结合城镇燃气设计特点重点列出的条文以外，还可参照《炼焦工艺设计技术规定》YB 9069-96 及《发生炉煤气站设计规范》GB 50195-94。

4.1.3 附录 A 是根据《建筑设计防火规范》GBJ 16-97、《爆炸和火灾危险环境电力装置设计规范》GB 50058-92 和制气生产工艺特殊要求编制的。

4.2 煤的干馏制气

4.2.1 本条提出了煤干馏炉煤的质量要求。

1 直立炉装炉煤的坩埚膨胀序数，葛金指数等指标规定的理由：

因直立炉是连续干馏制气炉型，它的装炉要求与焦炉有所不同。装炉煤的粘结性和结焦性的化验指标习惯上均采用国际上通用的指标。在坩埚膨胀序数和葛金指数方面，从我国各直立炉煤气厂几十年的生产经验来看，装炉煤的坩埚膨胀序数以在 "$1\frac{1}{2} \sim 4$" 之间为好，特别是 "$3 \sim 4$" 时更适用于直立炉的生产。此时煤斤行速正常、操作顺利，生产的焦炭块度大小适当。其中块度为 25～50mm 的焦炭较多。但煤的粘结性和结焦性所表达的内容还有所不同，故还必须得到煤的葛金指数。葛金指数中 A、B、C 型表明是不粘结或粘结性差的，所产焦块松碎。这种煤装入炉内将使生产操作不正常，容易脱煤，甚至造成煤子爆炸的恶性事故。某煤气厂就因此发生过事故，死伤多人。其主要原因就是煤不合要求（当时使用的主要煤种是阜新煤，其坩埚膨胀序数为 $1\frac{1}{2}$，葛金指数为 B，颗粒小于 10mm 的煤占重量的 80% 以上）。因此，对连续式直立炉的装炉煤的质量指标作本条规定。葛金指数必须在 $F \sim G_1$ 的范围，以保证直立炉的安全生产。

经过十余年的运行管理与科学研究，通过排焦机械装置的改进，可以扩大直立炉使用的煤种，生产焦炭新品种。鞍山热能研究所与大连煤气公司、大同矿务局与杨树浦煤气厂在不同时间，不同地点相继对弱粘结性的大同煤块在直立炉中作了多次成功的试验，炼制出合格的高质量铁合金焦。因此对炼制铁合金焦时的直立炉装炉煤安全指标在注中明确煤种可选用弱粘结煤，但煤的粒度应为 15～50mm 块煤。灰分含量应小于 10%，并具有热稳定性大于 60% 的煤种。目前大同矿务局连续直立式炭化炉，采用大同煤块炼制优质铁合金焦，运行良好。

直立炉的装炉煤粒度定为小于 50mm，是防止过大的煤块堵塞辅助煤箱上的煤阀进口。

2 焦炉装炉煤的各项主要指标是由其中各单种煤的性质及配比决定的。目前我国炼焦工业的配煤大多数立足本省、本区域的煤炭资源，在满足生产工艺要求的范围内，要求充分利用我国储量较多，具有一定粘结性的高挥发量煤（如肥气煤）进行配煤，因此冶金工业中炼焦煤的挥发分（干基）已达到了 24%～31%，胶质层指数（Y）在 14～20mm。（详见：《炼焦工艺设计技术规定》YB 9069）。

对于城市煤气厂，为了不与冶金炼焦争原料，装炉煤的气、肥气煤种的配入量要多一些，一般到 70%～80%。很多炼焦制气厂装炉煤挥发分高达 32%～34%，而胶质层指数（Y）甚至低到 13mm。

结合上述因素，在制定本条文时，考虑到冶金，城建等各方面的炼焦工业，对装炉煤挥发分规定为 "24%～32%" 及胶质层指数（Y）规定为 13～20mm。

配煤粘结指数（G）的提出，是由于单用胶质层指数（Y）这项指标有其局限性，即对瘦煤和肥煤的试验条件不易掌握，因此就必须采用我国煤炭学会正式选定的烟煤粘结指数 G 与 Y 值共同决定炼焦用煤的粘结性。焦炉用煤的灰分、硫分、粒度等指标均是为了保证焦炭的质量。

灰分指标对冶金工业和煤气厂（站）都很重要，炼焦原煤灰分越高，焦炭的灰分越大，则高炉焦比增加，致使高炉利用系数和生产效率降低。焦炭的灰分过高，焦炭的强度也会下降，耐磨性变坏，关系到高炉生产能力，所以规定装炉煤的灰分含量小于或等于 11%（对 1000～4000m³ 高炉应为 9%～10%，对大于 4000m³ 高炉应小于或等于 9%）。用于水煤气、发生炉作气化原料的焦炭，由于所产焦为气焦，原料煤中的灰分可放宽至 16%。

原料煤中 60%～70% 的硫残留在焦炭中，焦炭硫含量高，在高炉炼铁时，易使生铁变脆，降低生铁质量。所以规定煤中硫含量应小于 1％（对 1000～4000m³ 高炉应为 0.6％～0.8％，对大于 4000m³ 高炉应小于 0.6％）。原料煤的粒度，决定装炉煤的堆积密度，装炉煤的堆积密度越大，焦炭的质量越好，但原料煤粉碎得过细或过粗都会使煤的堆积密度变化。因此本条文根据实际生产经验总结规定炼焦装炉煤粒度小于 3mm 的含量为 75％～80％。各级别高炉对焦炭质量要求见表 6（重庆钢铁设计院编制的"炼铁工艺设计技术规定"）。

表 6　各级别高炉对焦炭质量要求

焦炭质量	炉容级别（m³）	300	750	1200	2000	2500～3000	>4000
焦炭强度							
M40（％）		≥74	≥75	≥76	≥78	≥80	≥82
M10（％）		≤9	≤9	≤8.5	≤8	≤8	≤7
焦炭灰分（％）		≤14	≤13	≤13	≤13	≤13	≤12
焦炭硫分（％）		≤0.7	≤0.7	≤0.7	≤0.7	≤0.7	≤0.6
焦炭粒度（mm）		75～15	75～15	75～20	75～20	75～20	75～25
>75mm（％）		≤10	≤10	≤10	≤10	≤10	≤10

装炉煤的各质量指标的测定应按国家煤炭试验标准方法进行（见表 7）。

表 7　装炉煤质量指标的测定方法

序号	质量指标	国家煤炭试验标准	标准号
1	水分、灰分、挥发分	煤的工业分析方法	GB 212
2	坩埚膨胀序数（F、S、I）	烟煤自由膨胀序数（亦称坩埚膨胀）测定方法	GB 5448
3	葛金指数	煤的葛金低温干馏试验方法	GB 1341
4	胶质层指数（Y）焦块最终收缩度（X）	烟煤胶质层指数测定方法	GB 479
5	粘结指数（G）	烟煤粘结指数测定方法	GB 5447

续表 7

序号	质量指标	国家煤炭试验标准	标准号
6	全硫（St. d）	煤中全硫的测定方法	GB 214
7	热稳定性（TS+6）	煤的热稳定性测定方法	GB 1573
8	抗碎强度（>25mm）	煤的抗碎强度测定方法	GB 15459
9	灰熔点（ST）	煤灰熔融性的测定方法	GB 219
10	罗加指数（RI）	烟煤罗加指数测定方法	GB 5449
11	煤的化学反应性（a）	煤对二氧化碳化学反应性的测定方法	GB 220
12	粒度分级	煤炭粒度分级	GB 189

4.2.2 直立炉对所使用装炉煤的粒度大小及其级配含量有一定要求，目的在于保证生产。直立炉使用煤粒度最低标准为：粒度小于 50mm，粒度小于 10mm 的含量小于 75％。所以在煤准备流程中应设破碎装置。

直立炉一般采用单种煤干馏制气，当煤种供应不稳定时，不得不采用一些粘结性差的煤，为了安全生产，必须配以强粘结性的煤种；有时为适应高峰供气的需要，也可适当增加一定配比的挥发物含量大于 30％的煤种。因此直立炉车间应设置配煤装置。例：葛金指数为 0 的统煤，可配以 1：1G₃ 的煤种或配以 1：2G₂ 的煤种，使混配后的混合煤葛金指数接近 F～G₁。

对焦炉制气用煤的准备，工艺流程基本上有两种，其根本区别在于是先配煤后粉碎（混合粉碎），还是先粉碎后配煤（分级粉碎），就相互比较而言各有特点。先配后粉碎工艺流程是我国目前普遍采用的一种流程，具有过程简单、布置紧凑、使用设备少、操作方便、劳动定员少，投资和操作费用低等优点。但不能根据不同煤种进行不同的粉碎细度处理，因此这种流程只适用于煤质较好，且均匀的煤种。当煤料粘结性较差，且煤质不均时宜采用先粉碎后配煤的工艺流程，也就是将组成炼焦煤料各单种煤先根据其性质（不同硬度）进行不同细度的分别粉碎，再按规定

的比例配合、混匀，这对提高配煤的准确度、多配弱粘结性煤和改善焦炭质量有好处。因此目前国内有些焦化厂采用了这种流程。但该流程较复杂，基建投资也较多，配煤成本高。对于城市煤气厂，目前大量使用的是气煤，所得焦炭一般符合气化焦的质量指标，生产的煤气的质量不会因配煤工艺不同而异，因此煤准备宜采用先配煤后粉碎的流程。由于炼焦进厂煤料为洗精煤，粒度较小，无需设置破碎煤的装置。

4.2.3 原料煤的卸卸和倒运作业量很大，如果不实行机械化作业，势必占用大量的劳动力并带来经营费用高、占地面积大、煤料损失多、积压车辆等问题。因此，无论大、中、小煤气厂原料煤受煤、卸煤、储存、倒运均应采用机械化设备，使机械化程序达到 80％～90％以上。机械化程度可按下式评定：

$$\theta = \left(1 - \frac{n_1}{n_2}\right) \times 100\% \tag{2}$$

式中　θ——机械化程度（％）；

　　　n_1——采用某种机械化设备后，作业实需定员（人）；

　　　n_2——全部人工作业时需要的定员（人）。

4.2.4 本条文规定了储煤场场地确定原则。

1 影响储煤量大小的因素是很多的，与工厂的性质和规模，距供煤基地的远近、运输情况，使用的煤种数等因素都有关系。其中以运输方式为主要因素。因此储煤场操作容量：当由铁路来煤时，宜采用 10～20d 的用煤量；当由水路来煤时，宜采用 15～30d 的用煤量；当采用公路来煤时，宜采用 30～40d 的用煤量。

2 煤堆高度的确定，直接影响储煤场地的大小，应根据机械设备工作高度确定，目前煤场各种机械设备一般堆煤高度如下：

推煤机　　　　　　　　　　　　7～9m
履带抓斗、起重机　　　　　　　7m
扒煤机　　　　　　　　　　　　7～9m
桥式抓斗起重机　　　　　一般 7～9m
门式抓斗起重机　　　　　一般 7～9m
装卸桥　　　　　　　　　　　　9m
斗轮堆取料机　　　　　　　　　10～12m

由于机械设备在不断革新，设计时应按厂家提供的堆煤高度技术参数为准。

3 储煤场操作容量系数

储煤场操作容量系数即储煤场的操作容量（即有效容量）和总容量之比。储煤场的机械装备水平直接影响其操作容量系数的大小。根据某些机械化储煤场，来煤供应比较及时的情况下的实际生产数据分析，储煤场操作容量系数一般可按 0.65～0.7 进行选用。

根据操作容量、堆煤高度和操作容量系数可以大致确定煤场的储煤面积和总面积：

$$F_H = \frac{W}{K H_m r_0} \tag{3}$$

式中　F_H——煤场的储煤面积（m²）；

　　　W——操作容量（t）；

　　　H_m——实际可能的最大堆煤高度（m）；

　　　K——与堆煤形状有关的系数：梯形断面的煤堆 $K=0.75～0.8$；三角形断面的煤堆 $K=0.45$；

　　　r_0——煤的堆积密度（t/m³）。

煤场的总面积 F（m²）可按下式计算

$$F = \frac{F_H}{0.65～0.7} \tag{4}$$

4.2.5 本条规定了关于配煤槽和粉碎机室的设计要求。

1 配煤槽设计容量的正确合理，对于稳定生产和提高配煤质量都有很大的好处。如容量过小，就使得配煤前的机械设备的允许检修时间过短，适应不了生产上的需要，甚至影响正常生产，所以应根据煤气厂具体条件来确定。

2 配煤槽个数如果少了就不能适应生产上的需要，也不能保证配煤的合理和准确。如果个数太多并无必要且增加投资和土建工程量。因此，各厂应根据本身具体条件按照所用的煤种数目、配煤比以及清扫倒换等因素来决定配煤槽个数。

3 煤料中常混有或大或小的铁器，如铁块、铁棒、钢丝之类，这类东西如不除去，影响粉碎机的操作，熔蚀炉墙，损害炉体，故必须设置电磁分离器。

4 粉碎机运转时粉尘大，从安全和工业卫生要求必须有除尘装置。

5 粉碎机运转时噪声较大，从职工卫生和环境的要求，必须采取综合控制噪声的措施，按《工业企业噪声控制设计规范》GBJ 87 要求设计。

4.2.6 煤准备系统中各工段生产过程的连续性是很强的，全部设备的启动或停止都必须按一定的顺序和方向来操作。在生产中各机械设备均有出现故障或损坏的可能。当某一设备发生故障时就破坏了整个工艺生产的连续性，进而损坏设备，故作本条规定以防这一恶性事故的发生。应设置带有模拟操作盘的连锁集中控制装置。

4.2.7 直立炉的储煤仓位于炉体的顶层，其形状受到工艺条件的限制及相互布置上的约束而设计为方形。这就造成了下煤时出现"死角"现象，实际下煤的数量只有全仓容量的 1/2～2/3（现也有在煤仓底部的中间增加锥形的改进设计）。直立炉的上煤设备检修时间一般为 8h。综合以上两项因素，储煤仓总容量按 36h 用量设计一般均能满足了。某地新建直立炉储煤仓按 32h 设计，一般情况下操作正常，但当原煤中水分较大不易下煤时操作就较为紧张。所以在本条中推荐储煤仓总容量按 36h 用煤量计算。

规定辅助煤箱的总容量按 2h 用煤量计算。这就是说，每生产 1h 只用去箱内存煤量的一半，保证还余下一半煤量可起密封作用，用以在炉顶微正压的条件下防止炉内煤气外窜，并保证直立炉的安全正常操作。

直立炉正常操作中每日需轮换两门炭化室停产烧空炉，以便烧去炉内石墨（俗称烧煤垢），保证下料通畅。烧垢后需先加焦，然后才能加煤投入连续生产。另外，在直立炉的全年生产过程中，往往在供气量减少时安排停产检修，在这种情况下，为了适应开工投产的需要，故规定"储焦仓总容量按一次加满四门炭化室的装焦量计算"。

对于焦炉储煤塔总容量的设计规定，基本上是依据鞍山焦耐院多年来从设计到生产实践的经验总结。炭化室有效容积大于 20m³ 焦炉总容量一般都是按 16h 用煤量计算的，有的按 12h 用煤量计算。焦炉储煤塔容量的大小与备煤系统的机械化水平有很大的关系，因此规定储煤塔的容量均按 12～16h 用量计算，主要是为了保证备煤系统中的设备有足够的允许检修时间。

4.2.8 煤干馏制气产品产率的影响因素很多，有条件时应作煤种配煤试验来确定。但在考虑设计方案而缺乏实测数据时可采用条文中的规定。

因为煤气厂要求的主要产品是煤气，气煤配入量一般较多，配煤中挥发分也相应增加，因而单位煤气发生量一般比焦化厂要大。根据多年操作实践证明，配煤挥发分与煤气发生量之间有如下关系：

根据一些焦化厂的生产统计数据证明：当配煤挥发分在"28%～30%"时，煤气发生量平均值为"345m³/t"。但南方一些煤气厂和焦化厂操作条件有所不同，即使在配煤情况相近时，煤气发生量也不相同，因此只能规定其波动范围（见表8）。

表8 焦炉煤气的产率

挥发分（V_f，%）	27	28	29	30
煤气生产量（m³/t）	324	326	348	360

全焦产率随配煤挥发分增加相应要减少，焦炭中剩余挥发分的多少也影响全焦率的大小。在正常情况下，全焦率的波动范围

较小，实际全焦率大于理论全焦率，其差值称为校正系数"a"。煤料的初次产物（荒煤气）遇到灼热的焦炭裂解时会生成石墨沉积于焦炭表面；挥发分越高，其裂解机会越多，"a"值也就越大。

全焦率计算公式：

$$B_焦 = \frac{100 - V_{干煤}}{100 - V_{干焦}} \times 100 + a \tag{5}$$

$$a = 47.1 - 0.58 \frac{100 - V_{干煤}}{100 - V_{干焦}} \times 100 \tag{6}$$

式中 $B_焦$——全焦率（%）；

$V_{干煤}$——配煤的挥发分（干基）（%）；

$V_{干焦}$——焦炭中的挥发分（干基）（%）。

本规范所定全焦率指标就是根据此公式计算的。

此公式经焦化厂验证，实际全焦率与理论计算值是比较接近的。生产统计所得校正系数"a"相差不超过 1%。

直立炉所产的煤气及气焦的产率与挥发分、水分、灰分、煤的粒度及操作条件有关，条文中所规定各项指标也都是根据历年生产统计资料制定的。

4.2.9 焦炉的结构有单热式和复热式两种。焦炉的加热煤气耗用量一般要达到自身产气量的 45%～60%。如果利用其他热值较低的煤气来代替供加热用的优质回炉煤气，不但能提高出厂焦炉气的产量达 1 倍左右，而且也有利于焦炉的调火操作。各地煤气公司就是采用这种办法。此外，城市煤气的供应在 1 年中是不均衡的。在南方地区一般是寒季半年里供气量较大。此时焦炉可用热值低的煤气加热；而在暑季的半年里供气量较小，此时又可用回炉煤气加热。所以针对煤气厂的条件来看以采用复热式的炉型较为合适。

4.2.10 本条规定了加热煤气耗热量指标。

当采用热值较低的煤气作为煤干馏炉的加热煤气以顶替回炉煤气时，以使用机械发生炉（含两段机械发生炉或高炉）煤气最为相宜，因为它具有燃烧火焰长，可用自产的中小块气焦（弱粘结烟煤）来生产等项优点。上海、长春、昆明、天津、北京、南京等煤气公司加热煤气都是采用机械发生炉（或两段机械发生炉）煤气。

煤干馏炉的加热煤气的耗热量指标是一项综合性的指标。焦炉的耗热量指标是按鞍山焦耐院多年来的经验总结资料制定的。对炭化室有效容积大于 20m³ 的焦炉。用焦炉煤气加热时规定耗热量指标为 2340kJ/kg；而根据实测数据，当焦炉的均匀系数和安定系数均在 0.95 以上时，3 个月平均耗热量为 2260kJ/kg；当全年的均匀系数和安定系数均在 0.90 以上时，耗热量为 2350kJ/kg。这说明本条规定的指标是符合实际情况的。

根据国务院国办 [2003] 10 号文件及国家经贸委第 14 号令的精神：今后所建焦炉炭化室高度应在 4m 以上（折合容积大于 20m³）。因此炭化室容积约为 10m³ 和小于 6m³ 的焦炉耗热量指标不再编入本条正文。故在此条文说明中保留，以供现有焦炉生产、改建时参考（见表9）。

表9 焦炉耗热量指标 [kJ/kg（煤）]

加热煤气种类	炭化室有效容积（m³）		适用范围
	约 10	<6	
焦炉煤气	2600	2930	作为计算生产消耗用
发生炉煤气	2930	3260	作为计算生产消耗用
焦炉煤气	2850	3180	作为计算加热系统设备用
发生炉煤气	3140	3470	作为计算加热系统设备用

直立炉的加热使用机械发生炉热煤气，由于热煤气难于测定煤气流量，在制定本条规定时只能根据生产上使用发生炉所耗的原料量的实际数据（每吨煤经干馏需要耗用 180～210kg 的焦），经换算耗热量为 2590～3010kJ/kg。考虑影响耗热量的因素较多，故指标按上限值规定为 3010kJ/kg。

上面所提到的耗热量是作为计算生产消耗时使用的指标。在

设计加热系统时,还需稍留余地,应考虑增加一定的富裕量。根据鞍山焦耐院的总结资料,作为生产消耗指标与作为加热系统计算指标的耗热量之间相差为210~250kJ/kg。本条规定的加热系统计算用的耗热量指标就是根据这一数据制定的。

4.2.11 本条规定了加热煤气管道的设计要求。

1 要求发生炉煤气加热的管道上设置混入回炉煤气的装置,其目的是稳定加热煤气的热值,防止炉温波动。在回炉煤气加热总管上装设预热器,其目的是以防止煤气中的焦油、萘冷凝下来堵塞管件,并使入炉煤气温度稳定。

2 在加热煤气系统中设压力自动调节装置是为了保证煤气压力的稳定,从而使进入炉内的煤气流量维持不变,以满足加热的要求。

3 整个加热管道中必须经常保持正压状态,避免由于出现负压而窜入空气,引起爆炸事故。因此必须规定在加热煤气管道上设煤气的低压报警信号装置,并在管道末端设置爆破膜,以减少爆破时损坏程度。

5 加热煤气管道一般都是采用架空方式,这主要是考虑到便于排出冷凝物和清扫管道。

4.2.12 直立炉、焦炉桥管设置低压氨水喷洒,主要是使氨水蒸发,吸收荒煤气显热,大幅度降低煤气温度。

直立炉荒煤气或焦炉集气管上设置煤气放散管是由于直立炉与焦炉均为砖砌结构,不能承受较高的煤气压力,炉顶压力要求基本上为±0大气压,防止砖墙由于炉内煤气压力过高而受到破坏,导致泄漏而缩短炉体寿命并影响煤气产率和质量。制气厂的生产工艺过程极为复杂,各种因素也较多,如偶尔遇电气故障、设备事故、管道堵塞时,干馏生产的煤气无法确保安全畅通地送出,而制气设备仍在连续不断地生产;同时,产气量无法瞬时压缩减产,因此必须采取紧急放散以策安全。放散出来的煤气为防止污染环境,必须燃烧后排出。放散管出口应设点火装置。

4.2.13 本条规定了干馏炉顶荒煤气管的设计要求。

1 荒煤气管上设压力自动调节装置的主要理由如下:

1) 煤干馏炉的荒煤气的导出流量是不均匀的,其中焦炉的气量波动更大,需要设该项装置以稳定压力;否则将影响焦炉及净化回收设备的正常生产。

2) 正常操作时要求炭化室始终保持微正压,同时还要求尽量降低炉顶空间的压力,使荒煤气尽快导出。这样才能达到减轻煤气二次裂解,减少石墨沉积,提高煤气质量和增加化工产品的产量和质量等目的,因此需要设置压力调节装置。

3) 为了维持炉体的严密性也需要设置压力调节装置以保持炉内的一定压力。否则空气窜入炉内,造成炉体漏损严重、裂纹增加,将大大降低炉体寿命。

2 因为煤气中含有大量焦油,为了保证调节蝶阀动作灵活就要防止阀门上粘结焦油,因此必须采用氨水喷洒措施。

3 由于煤气产量不够稳定,煤气总管蝶阀或调节阀的自动控制调节是很重要的安全措施。尤其是当排送机室、鼓风机室或调节阀失常时,必须加强联系并密切注意,相互配合。当调节阀用人工控制调节时,更应加强信号联系。

4.2.14 捣炉与放焦的时间,在同一碳化炉上应绝对错开。捣炉或放焦时,炉顶或炉底的压力必须保持正常。任何一操作都会影响炉顶或炉底的压力,当炉顶与炉底压力不正常,偶尔空气渗入时,煤气与空气混合成爆炸性混合气遇火源发生爆炸,从而使操作人员受到伤害。因此捣炉与放焦之间应有联系信号,应避免在一个炉子上同时操作。

焦炉的推焦车、拦焦车、熄焦车在出焦过程中有密切的配合关系,因此在该设备中设计有连锁、控制装置,以防发生误操作。

4.2.15 设置隔热装置是为了减少上升管散发出来的热量,便于操作工人的测温和扑火。

首钢、鞍钢为了改善焦炉的生产环境污染和节约能源,从

1981年开始使用以高压氨水代替高压蒸汽进行消烟装煤生产以来,各地焦炉相继采用这项技术,已有20多年的历史了,对减少焦炉冒烟,降低初冷的负荷和冷凝酚水量取得了行之有效的结果,并经受了长时间的考验。

4.2.16 焦炉氨水耗量指标,多年来经过实践是适用的。总结各类焦炉生产情况该指标为6~8m³/t(煤),焦炉当采用双集气管时取大值,单集气管时取小值。

直立炉的氨水耗量主要是总结了实际生产数据。指标定为"4m³/t(煤)"比焦炉低,这是因为直立炉系中温干馏,荒煤气出口温度较低的原因。

高压氨水的耗量一般为低压氨水总耗量的1/30(即3.4%~3.6%)左右。这个数据是一个生产消耗定额,是以一个炭化室每吨干煤所需要的量。当选择高压氨水泵的小时流量时应考虑氨水喷嘴的孔径及焦炉加煤和平煤所需的时间。高压氨水压力应随焦炉炭化室容积不同而不同,这次规范修改是根据1999年焦化行业协会,与会专家一致认为4.3m以下焦炉高压氨水压力1.8~2.5MPa,6m以下焦炉高压氨水压力为1.8~2.7MPa,完全可以满足焦炉的无烟装置操作,结合焦耐设计院近几年设计高压氨水多采用2.2MPa,压力过高影响焦油、氨水质量(煤粉含量高)的意见,因此对高压氨水压力调整为1.5~2.7MPa。每个工程设计在决定高压氨水泵压力时还应考虑焦炉氨水喷嘴安装位置的几何标高。氨水喷嘴的构造形式以及管线阻力等因素。

该条文中所规定的高压氨水的压力和流量指标均以当前几种常用的喷嘴为依据。如果喷嘴形式有较大变化,若设计时将高、低压氨水合用一个喷嘴,那么喷嘴的设计性能既要满足高压氨水喷射消烟除尘要求,又要保证低压氨水喷洒冷却的效果。

低压氨水应事故用水,其理由是一旦氨水供应出问题,不致影响桥管中荒煤气的降温。事故用水一般是由生产所要求设置的清水管来供应,为了避免氨水倒流进清水管系统腐蚀管件,该两管不应直接连接。

直立炉氨水总管以环网形连通安装,可避免管道末端氨水压力降得太多而使流量减少。

4.2.17 废热锅炉的设置地点与锅炉的出力有很大关系。同样形式的两台废热锅炉由于安装高度不一样,结果在产气量上有明显差别(见表10)。

表10 废热锅炉产气量的比较

放置地点	废气进口温度、产气量		蒸汽压力 (MPa)	引风机功率 (kW)
	℃	t/h		
+14m 标高处	900	6~7	0.637	23
±0m 标高处	800	5~6	0.558	55

注:废气总管标高为+8.5m处。

废热锅炉有卧式、立式、水管式与火管式、高压与低压等种类。采用火管式废热锅炉时,应留有足够的周围场地与清灰的措施,有利于清灰。

在定期检修或抢修期间,检修动力机械设备、各种类型的泵、调换火管等工作要求周围必须留有富裕的场地,便于吊装,有利于改善工作环境,并缩短检修周期。一般每一台废热锅炉的安全运行期为6个月,82英寸30门直立炉附属废热锅炉的每小时蒸汽产量可达6t左右。

采用钢结构时,结构必须牢固,在运行中不应有振动,防止机械设备损坏,影响使用寿命或造成环境噪声。

4.2.18 本条规定了直立炉熄焦系统的设计要求。

1 本款规定主要是保证熄焦水能够连续(排焦是连续的)均衡供应。从三废处理角度出发,熄焦水中含酚水应循环使用,以减少外排的含酚污水量。

2 排焦传动装置采用调速电机控制,可达到无级变速,有利于准确地控制煤斤行速。

3 当焦炭运输设备一旦发生故障而停止运转进行抢修1~2h时,还能保持直立炉的生产正常进行。因此,排焦箱容量须

按4h排焦量计算。

采用弱粘结性块煤时，为防止炉底排焦轴失控，造成脱煤、行速不均匀甚至造成爆炸的事故，炉底排焦箱内必须设置排焦控制器。现国内外已在W-D连续直立炉的排焦箱内推广应用。

4 为了减轻劳动强度、减少定员，人工放焦应改成液压机械排焦。为此，本款规定排焦门的启闭宜采用机械化设备，这是必要和可能的。

5 熄焦过程是在排焦箱内不断地利用循环水进行喷淋，每2h放焦一次，焦内含水量一般在15%左右。当焦中含水分过高、含屑过多时，筛焦设备在分筛统焦过程中就会遇到困难，不易按级别分筛完善，不利于气化生产的原料要求与保证出售商品焦的质量。因此，不论采取什么运输方式，在运输过程中应有一段沥水的过程，以便逐步减少统焦中的水分，一般应考虑80s的沥水时间，从而有利于分筛。80s系某厂三组炭化炉自放焦、吊焦至筛焦的实测沥水时间的平均值。

4.2.19 湿法熄焦是目前焦化工业普遍采用的方法。载有赤热焦炭的熄焦车开进熄焦塔内，熄焦水泵自动（靠电机车压合极限开关或采用无触点的接近开关）喷水熄焦。并能按熄焦时间自动停止。熄焦时散发出含尘蒸汽是污染源，因此熄焦塔内应设置捕尘装置，效果尚好。熄焦用水量与熄焦时间是长期实践总结出的生产指标，可作为熄焦水泵选择的依据。

熄焦后的水经过沉淀池将粉焦沉淀下来，澄清后的水继续循环使用。因此沉淀池的长、宽尺寸应能满足粉焦的完全沉降，以及考虑粉焦抓斗在池内操作，以降低工人体力劳动强度。

提出大型焦化厂应采用干法熄焦。由于大型焦炉产量高，如100万t/a规模的焦化厂每小时出焦量114t，并根据宝钢干熄焦生产经验，1t红焦可产生压力4.6MPa，温度为450℃的中压蒸汽0.45t，是节能、改善焦炭质量和环境保护的有效措施；但由于基建投资高，资金回收期长，所以只有大型焦化厂采用。

4.2.20 在熄焦过程中蒸发的水量为0.4m³/t干煤，最好是由清水进行补充，但为了减少生产污水的外排量，可以使用生化处理后符合指标要求的生化尾水补充。

4.2.21 焦台设计各项数据是根据鞍山焦耐院对放焦过程的研究资料，以及该院对各厂的生产实践归纳出来的经验和数据而做出的。经测定及生产经验得知，运焦皮带能承受的温度一般是70~80℃，因此要求焦炭在焦台上须停留30min以上，以保证焦炭温度由100~130℃降至70~80℃。

4.2.22 熄焦后的焦炭是多级粒度的混合焦，根据用户的需要须设筛焦楼，将混合焦粒度分级。综合冶金、化工、机械等行业的需要，焦炭筛分的设施按直接筛分后焦炭粒度大于40mm、40~25mm、25~10mm和小于10mm，共4级设计。为满足铁合金的需要，有些焦化厂还将小于10mm级的焦炭筛分为10~5mm和小于5mm两级，前者可用于铁合金。也有焦化厂为了供铸造使用，将大于60~80mm筛出。（详见《冶金焦炭质量标准》GB 1996，《铸造焦炭质量标准》GB 8729）。有利于经济效益和综合利用。

城市煤气厂生产的焦炭必须要有储存场地以保证正常的生产。对于采用直立炉的制气厂，厂内一般都设置配套的水煤气炉和发生炉设施。故中、小块以及大块焦都直接本厂自用，经常存放在储焦场地上的仅为低谷生产任务时的大块焦和一部分中、小块焦。因此储焦场地的容量为"按3~4d"产焦量计算就够了。

采用炭化室有效容积大于20m³焦炉的制气厂焦炭总产量中很大部分是供给某一固定钢铁企业用户的。一般是按计划定期定量地采用铁路运输方式由制气厂向钢铁企业直接输送焦炭。

筛分设备在运行时，振动扬尘很大，从安全和工业卫生要求必须有除尘通风设施。

4.2.23 在筛焦楼内设有储焦仓，对于直立炉的储焦仓容量规定按10~12h产焦量确定。这是根据目前生产厂的生产实践经验提出的。80门直立炉二座筛焦楼，其储焦仓容量约为11h产焦量，

从历年生产情况看已能满足要求。

焦炉的储焦仓容量按6~8h产焦量的规定，基本上是按照鞍山焦耐院历年来对各厂的生产总结资料确定的。生产实践证明不会影响焦炉的正常操作。

4.2.24 储焦场地应平整光洁，对倒运焦炭有利。

4.2.25 独立炼焦制气厂在铁路或公路运输周转不开的情况下，才需要将必须落地的焦炭存放在储焦场内。储焦场的操作容量，当铁路运输时，宜采用15d产焦量；当采用公路运输时，宜采用20d产焦量。

4.2.26 直立炉的气焦用于制气时一般可采用两种工艺：一为生产发生炉煤气，二为生产水煤气。发生炉的原料要求使用中、小块气焦，既有利于加焦，又有利于气化，另外成本也较低，因此将自产气焦制作发生炉煤气是较为合理的。水煤气的原料要求一般是大块焦。用它生产的水煤气成本高，作为城市煤气的主气源是不经济和不安全的。所以规定这部分生产的水煤气只供作为调峰掺混气，以适应不经常的短期高峰用气的要求。

注：大块焦为40~60mm，中、小块焦为25~40mm和25~10mm。

4.3 煤的气化制气

4.3.1 煤的气化制气的炉型，本次规范修编由原有煤气发生炉、水煤气发生炉2种炉型基础上，又增加了两段煤气发生炉、两段水煤气发生炉和流化床水煤气炉等3种炉型，共5种炉型。

1 两段煤气发生炉和两段水煤气发生炉的特点是在煤气发生炉或水煤气发生炉的上部。增设了一个干馏段，这就可以广泛使用弱粘性烟煤，所产煤气，不但比常规的发生炉煤气、水煤气的发热量高，而且可以回收煤中的焦油。1980年以来两段煤气发生炉，在我国的机械、建材、冶金、轻工、城建等行业作为工业加热能源广泛地被采用。粗略的统计有近千台套，两段水煤气发生炉已被采用作为城镇燃气的主气源（如：秦皇岛市、阜新市、威海市、保定市、白银市、汉阳市、安亭县等），但该煤气供居民用CO指标不合格，应采取有效措施降低CO含量。

这两种炉型，国内开始采用时，是从波兰、意大利、法国、奥地利等国引进技术，（国外属20世纪40年代技术）后通过中国市政工程华北设计研究院、机械部设计总院、北京轻工设计院等单位消化吸收，按照中国的国情设计出整套设备和工艺图纸，一些设备厂也成功地按图制造出合格的产品，满足了国内市场的需要。取得了各种生产数据，达到预想的结果。所以该工艺在技术上是成熟的，在运行时是安全可靠的。

2 流化床水煤气炉，是我国自行研制的一种炉型，是由江苏理工大学（江苏大学）研究发明：1985年承担国家计委节能局"沸腾床粉煤制气技术研究"课题（节科8507号）建立φ500mm小型试验装置，1989年通过机电部组织的部级鉴定（机械委（88）教民005号）；1989年又提出流化床间歇制气工艺，并通过φ200mm实验装置的小试，1990年在镇江市灯头厂建立φ400mm的流化床水煤气试验示范站，日产气3000m³，为工业化提供了可靠的技术数据及放大经验，并获国家发明专利（专利号ZL90105680.4）。1996年郑州永泰能源新设备有限公司从江苏理工大学购置粉煤流化床水煤气炉发明专利的实施权，经过开发1998年完成φ1.6m气化炉的工业装置成套设备，并建成郑州金城煤气站3×φ1.6m炉，日供煤气量48000m³，向金城房地产公司居民小区供气，经过生产运行，气化炉的各技术指标达到设计要求。同年由国家经贸委托河南省经贸委组织中国工程院院士岑可法教授等12位专家对"常压流化床水煤气炉"进行了新产品（新技术）鉴定（鉴定验收证号、豫经贸科字1999/039）；河南省南阳市建设5×φ1.6m气化炉煤制气厂，日产煤气10万m³（采用沼气、LPG增热），1999年9月向市区供气。该产品被国家经贸委、国经贸技术（1999）759号文列为1999年度国家重点新产品。

郑州永泰能源新设备有限公司，在此基础上又进行多项改进，并放大成φ2.5m炉，逐步推广到工业用气领域。

近年来上海沃和拓新科技有限公司购买了该技术实施权从事流化床水煤气站工程建设。目前采用该技术的厂家有：文登开润曲轴有限公司、南阳市沼气公司、鲁西化工；正在兴建的有高平铸管厂、二汽襄樊基地第二动力分厂、贵州毕节市、新余恒新化工、兴义市等。

总的说来该炉型号以粉煤作原料，采用鼓泡型流化床技术，根据水煤气制气工艺原理，制取中热值煤气，工艺流程短、产品单一。经过开发、制造、建设、运行、取得了可靠成熟的经验，可作为我国利用粉煤制气的城市（或工业）煤气气源。

2002 年国家科学技术部批准江苏大学为《国家科技成果重点推广计划》项目"常压循环流化床水煤气炉"的技术依托单位[项目编号 2002EC000198]。

4.3.2 煤的气化制气，所产煤气一般是热值较低，煤气组分中一氧化碳含量较高，如要作为城市煤气主气源，前者涉及煤气输配的经济性，后者与煤气使用安全强制性要求指标（CO 含量应小于 20%）相抵触，因此提出必须采取有效措施使气质达到现行国家标准《人工煤气》GB 13612 的要求。

4.3.3 气化用煤的主要质量指标的要求是根据《煤炭粒度分级》GB 189、《发生炉煤气站设计规范》GB 50195、《常压固定床煤气发生炉用煤质量标准》GB 9143 以及现有煤气站实际生产数据总结而编写的。

1 根据气化原理，要求气化炉内料层的透气性均匀，为此选用的粒度应相差不太悬殊，所以在条文中发生炉煤气燃料粒度不得超过两级。

当发生炉、水煤气作为煤气厂辅助气源时，从煤气厂整体经济利益考虑并结合两种气化炉对粒度的实际要求，粒度 25mm 以上的焦炭用于水煤气炉，而不用于发生炉。当煤气厂自身所产焦炭或气焦，其粒度能平衡时发生炉也可使用大于 25mm 的焦炭或气焦。其粒度的上、下限可放宽选用相邻两级。

煤的质量指标：

灰分：《固定床煤气发生炉用煤质量标准》GB 9143 规定，发生炉用煤中含灰分的要求小于 24%。由于煤气厂采用直立炉作气源时，要求煤中含灰分小于 25%，制成半焦后，其灰分上升至 33%。从煤气厂总体经济利益出发，这种高灰分半焦应由厂内自身平衡，做水煤气炉和发生炉的原料。由于中块以上的焦供水煤气炉，小块焦供发生炉，条文中规定水煤气炉用焦含灰分小于 33%；发生炉用焦含灰分小于 35%。

灰熔点（ST）：在煤气厂中，发生炉热煤气的主要用途是作直立炉的加热燃料气，加热火道中的调节砖温度约 1200℃，热煤气中含尘量较高，当灰熔点低于 1250℃，灰渣在调节砖上熔融，造成操作困难。所以在条文中规定，当发生炉生产热煤气时，灰熔点（ST）应大于 1250℃。

2 两段煤气（水煤气）发生炉如果炉内煤块大小相差悬殊，会使大块中挥发分干馏不透，影响了干馏和气化效果，因此条文中规定用煤粒度限使用其中的一级。所使用的煤种主要是弱粘结性烟煤，为了提高煤气热值，并扩大煤源，条文中规定干基挥发分大于、等于 20%。煤中干基灰分定为小于、等于 25%，其理由是两段炉干馏段内半焦产率约为 75%～80%，则进入气化段的半焦灰分不致高于 33%。

煤的自由膨胀序数（F.S.I）和罗加指标（R.I）代表烟煤的粘结性指标（GB 5447，GB 5449），两个指标起互补作用。本条文规定的指标数值对保证炉子的安全生产有很大的意义，如果指标过高，煤熔融的粘结性（膨胀量）超过干馏段的锥度，则煤层与炉壁粘附导致不能均匀下降，此时必须采取打钎操作，这样不但造成煤层不规则的大幅度下降，而且钎头多次打击炉壁，而使炉膛损坏。我国两段炉大都使用大同煤、阜新煤、神府煤等（F.S.I）均小于 2，（R.I）小于 20。

两段炉使用弱粘结性烟煤，其热稳定性优于无烟煤，因此仍采用一段炉对煤种热稳定性指标大于 60%。

两段炉加煤时，煤的落差较一段炉小，但两段炉标高较高，

煤提升高度大，因此对用煤抗碎强度的规定不应低于一般炉的 60% 的要求。

根据我国煤资源情况提出煤灰熔融性软化温度大于、等于 1250℃，是能达到的，满足了两段炉生产的要求，不会产生结渣现象。

3 流化床水煤气炉对煤的粒度要求，最好是采用粒度（1～13mm）均匀的煤。目前实际供应的末煤小于 13mm 或小于 25mm 的较多，为了防止煤气的带出物过多，使灰渣含碳量降低，对 1mm 以下，大于 13mm 以上煤分别规定为小于 10% 和小于 15% 的要求。当使用烟煤作原料时，要求罗加指数小于 45，以防流化床气化时产生煤干馏粘结。流化床气化，气化速度比固定床煤气化反应时间短，速度要高得多，故提出要求煤的化学反应性（a）大于 30%。

4 各气化用煤的含硫量均控制在 1% 以内，是当前我国的环境保护政策的要求，高硫煤不准使用。

5 气化用煤的各质量指标的测定应按国家煤炭试验标准方法进行（详见表 7）。

4.3.5 本条文是按气化炉为三班连续运行规定的，否则，煤斗中有效储量相应减少。

按《发生炉煤气站设计规范》GB 50195 规定，运煤系统为一班制工作时，储煤斗的有效储量为气化炉 18～20h 耗煤量；运煤系统为两班制工作时，储煤斗的有效储量为气化炉 12～14h 耗煤量；而本条文的有效储煤量的上、下限分别增加 2h。因为在煤气厂中干馏炉、气化炉和锅炉等四大炉的上煤系统基本是共用的，在运煤系统前端运输带出故障修复后，四大炉需要依次供煤，排在最后供煤系统的气化炉，煤斗容量应适当增大。

备煤系统不宜按三班工作的理由是为了留有设备的充裕的检修时间。

4.3.7 各种煤气化炉煤气低热值指标的规定与炉型，工艺特点，煤的质量（气化用煤主要质量指标表 4.3.3）操作条件都有关。本条文提出的指标在正常操作条件下，一般是可以达到的，如果用户有较高的要求，可采用热值增富方法（如富氧气化或掺入 LPG 等）。

4.3.8 气化炉吨煤产气率指标与选用的炉型有关，如 W-G 型炉比 D 型炉产气量要高，煤的质量与气化率也有密切的关系，如大同煤的气化率较高。煤的粒度大小与均匀性也直接影响气化炉的产气率。所以，本条文写明要把各种因素综合加以考虑。对已用于煤气站气化的煤种，应采用平均产气率指标（指在正常、稳定生产条件下所达到的指标）。对未曾用于气化的煤种，要根据气化试验报告的产气率确定。本条文提出的产气率指标是在缺乏上述条件时，供设计人员参考。表 4.3.8 中的数据，由中国市政工程华北设计研究院、中元国际工程设计研究院、郑州永泰能源新设备有限公司等单位提供。

4.3.9 本条文规定气化炉每 1～4 台以下宜另设一台备用，主要是城市煤气厂供气不允许间断，设备的完好率要求高。根据城市煤气厂（设有煤干馏炉、水煤气、发生炉）气化炉的检修率一般在 25% 左右，对于流化床水煤气炉，该设备无转动机械部件，检修、开停方便，其设备备用率，目前尚无实践总结资料，故本条文暂按固定床气化炉情况确定。

4.3.10 对水煤气发生炉、两段水煤气发生炉，以 3 台编为一组再备用 1 台最佳，因为鼓风阶段约占 1/3 时间。3 台炉共用 1 台鼓风机比较合理。而流化床水煤气的鼓风（或制气）阶段约为 1/2 时间，因此建议 2 台编为一组。由于这些气化炉均属于间歇式制气采用上述编制方法，可以保持气量均衡，这样可以合用一套煤气冷却和废气处理及鼓风设备，对于节约投资、方便管理，都有好处，实践证明是经济合理的。

目前流化床水煤气炉鼓风废气温度较高，在高温阀门国内尚未解决前，其废热锅炉与气化炉应按一对一布置，便于生产切换。

4.3.12 一般循环制气炉的缓冲气罐，由于气量变化频繁，罐的上下位置移动大，若采用小型螺旋气罐易于卡轨，很多煤气厂均

有反映，不得不改为直立式低压储气罐。该罐的容积定为 0.5～1 倍煤气小时产气量，完全满足需要。

4.3.13 循环制炉因系间歇制气，作为气化剂的蒸汽也是间歇供应的，但锅炉是连续生产的。而气化炉使用蒸汽是间歇的，故应设置蒸汽蓄能器，作为蒸汽的缓冲容器。由于蒸汽蓄能器不设备用，其系统中配套装置与仪表一旦破坏，就无法向煤气炉供应蒸汽。因此，煤气站宜另设一套备用的蒸汽系统，以保证正常生产。

4.3.14 由于并联工作台数过多，其不稳定因素增加，且造成阻力损失，本条文规定并联工作台数不宜超过 3 台。

4.3.15 在煤气厂中，水煤气一般作为掺混气，掺混量约 1/3。与干馏气掺混后经过脱硫才能供居民使用，而干法脱硫的最佳操作温度为 25～30℃，极限温度为 45℃。在煤气厂内干馏煤气在干法脱硫箱前将煤气冷却至 25℃ 左右，与 35℃ 的水煤气混合后的温度约 28.3℃，仍在脱硫最佳操作温度的范围内。

在煤气厂中发生炉冷煤气除作干馏气的掺混气外，主要作焦炉的加热气。如果发生炉煤气的温度增高，将影响煤气排送机的输送能力和煤气热量的利用，最终将影响焦炉加热火道的温度，造成燃料的浪费，故规定冷煤气温度不宜超过 35℃。

热煤气在煤气厂中用作直立炉的加热气，发生炉燃料多采用直立炉的半焦，焦油含量少，故规定热煤气不低于 350℃（近年来，煤气厂发生炉煤气站多选用 W-G 型炉，其出口温度约 300～400℃）。

煤气厂中发生炉冷煤气作为焦炉加热，并通过焦炉的蓄热室进行预热，为防止蓄热室被堵塞，故该煤气中的灰尘和焦油雾，应小于 20mg/m³。

煤气厂的热煤气一般供直立炉加热，而热煤气目前只能作到一级除尘（旋风除尘器除尘），所以煤气含尘量仍很高，约 300mg/m³。因此，在设计煤气管道时沿管道应设置灰斗和清灰口，以便清除灰尘。

4.3.16 煤气厂中的发生炉煤气站一般采用无烟煤或本厂所产焦炭、半焦作原料，所得焦油流动性极差。当煤气通过电气滤清器时，焦油与灰尘沉降在沉淀极上结成岩石状物，不易流动，很难清理。所以本条文规定发生炉煤气站中电气滤清器应采用有冲洗装置或能连续形成水膜的湿式装置。如上海浦东煤气厂的气化炉以焦炭为原料，采用这种形式的电气滤清器已运转多年，电气滤清器本身无焦油灰尘沉淀积块，管道无堵塞现象。

4.3.17 煤气厂中，煤气站基本采用焦炭和半焦为原料，所产焦油流动性极差，如用间接冷却器冷却，焦油和灰尘沉积在间冷器的管壁上，使冷却效果大大降低，且这种沉积物坚如岩石，很难清除，故本条规定煤气的冷却与洗涤宜采用直接式。

按本规范第 4.3.15 规定冷煤气温度不应高于 35℃。因此，作为煤气站最终冷却的冷循环水，其进口温度不宜高于 28℃，这个条件对煤气厂来说是做得到的，因为煤气厂主气源的冷却系统基本设有制冷设备，适当增加制冷设备容量在夏季煤气站的冷循环水进口水温即可满足不高于 28℃ 的要求。

热循环水主要供竖管净化冷却煤气用，水温高时，水的蒸发系数大，热水在煤气中蒸发，吸热达到降温作用，再有水中焦油黏度小，水系统堵塞的机会少，而且其表面张力小，较易润湿灰尘，便于除尘。故规定热循环水温度不应低于 55℃。热循环水系统除了由冷循环水补充的部分冷水及自然冷却降温外，没有冷却设备，在正常情况下，热平衡的温度均不小于 55℃。

4.3.21 放散管管口的高度应考虑放散时排出的煤气对放散操作的工人及周围人员影响，防止中毒事故的发生。因此，规定必须高出煤气管道和设备及走台 4m，并离地面不小于 10m。

本条文还规定厂房内或距离厂房 10m 以内的煤气管道和设备上的放散管管口必须高出厂房顶部 4m，这也是考虑在煤气放散时，屋面上的人员不致因排出的煤气中毒，煤气也不会从建筑物天窗、侧窗侵入室内。

4.3.22 为适应煤气净化设备和煤气排送机检修的需要，应在系统中设置可靠的隔断煤气措施，以防止煤气漏入检修设备而发生

中毒事故，所以在条文中作出了这方面的规定。

4.3.23 电气滤清器内易产生火花、操作上稍有不慎即有爆炸危险，根据《发生炉煤气设计规范》GB 50195 编制组所调查的 65 个电气滤清器均设有爆破阀，生产工厂也确认电气滤清器的爆破阀在爆炸时起到了保护设备或减轻设备损伤的作用。所以本条文规定电气滤清器必须装设爆破阀。《发生炉煤气设计规范》GB 50195 编制组调查中，多数工厂单级洗涤塔设有爆破阀，但在某些工厂发生了几起由于误操作或动火时不按规定造成严重爆炸事件，故条文中规定"宜设有爆破阀"以防止误操作时发生爆炸事故。

4.3.24 本条文规定厂区煤气管道与空气管道应架空敷设，其理由如下：

1 水煤气与发生炉煤气一氧化碳含量很高，前者高达 37%，后者约 23%～27%，毒性大且地下敷设漏气不易察觉，容易引起中毒事故。

2 水煤气与发生炉煤气中杂质含量较高，冷煤气的凝结水量较大，地下敷设不便于清理、试压和维修，容易引起管道堵塞，影响生产。

3 地下敷设基本费用较高，而维护检修的费用更高。

因此，厂区煤气管道和空气管道采用架空敷设既安全又经济，在技术上完全能够做到。

由于热煤气除采用旋风除尘器外，无其他更有效的除尘设备，而旋风除尘器的效率约 70%。当产量降低时，除尘器的效率更低，因此旋风除尘器后的热煤气管道沿线应设有清灰装置，以便定时清除沿线积灰，保证管道畅通。

4.3.25 爆破膜作为空气管道爆炸时泄压之用，其安装位置应在空气流动方向管道末端，因为管末端是薄弱环节，爆破时所受冲击力较大。

关于煤气排送机前的低压煤气总管是否要设置爆破阀或泄压水封的问题，根据《发生炉煤气设计规范》GB 50195 编制组调查：因停电或停制气时，易有空气渗漏至低压煤气管内形成爆炸性混合气体，故本条文提出应设爆破阀和泄压水封。

4.3.26 根据我国煤气站几十年的经验，本条文规定的水封高度是能达到安全生产要求的。

热煤气站使用的湿式盘阀水封高度有低于本规范表 4.3.26 中第一项的规定，这种盘阀之所以允许采用，有下列几种原因：

1 由于大量的热煤气经过湿式盘阀，要考虑清理焦油渣的方便；为了经常掏除数量较多的渣，水封不能太高；

2 热煤气站煤气的压力比较稳定，一般不产生负压，水封安全高度低一些，也不致进入空气引起爆炸；

3 湿式盘阀只能装在室外，不允许装在室内，以防止炉出口压力过高时水封被突破，大量煤气逸出引起事故。

这种盘阀的有效水封高度不受表 4.3.26 的限制，但应等于最大工作压力（以 Pa 表示）乘 0.1 加 50mm 水柱。由于这种盘阀只能在室外安装，允许降低其水封高度，并限于在热煤气系统中使用，所以在本条文中加注。

4.3.27 本条规定了设置仪表和自动控制的要求。

1 设置空气、蒸汽、给水和煤气等介质计量装置，是经济运行和核算成本所必须的。

4 饱和空气温度是发生炉气化的重要参数，采用自动调节，可以保证饱和空气温度的稳定，使其能控制在 ±0.5℃ 范围内，从而保证了煤气的质量。特别是在煤气负荷变化较大时，有利于炉子的正常运行。

6 两段炉上段出口煤气温度，一般控制在 120℃ 左右。控制方式是调节两段炉下段出口煤气量。

7 汽包水位自动调节，是防止汽包满水和缺水的事故发生。

8 气化炉缓冲柜位于气化装置与煤气排送机之间，缓冲柜到高限位时，如不停止自动控制机运转将有顶翻缓冲柜的危险。所以本条文规定煤气缓冲柜的高位限位器应与自动控制机连锁。当煤气缓冲柜下降到低限位时，如果不停止煤气排送机的运转将

发生抽空缓冲柜的事故。因此规定循环气化炉缓冲柜的低位限位器与煤气排送机连锁。

9 循环制气煤气站高压水泵出口设有高压水罐，目的是保持稳定的压力，供自动控制机正常工作，但当压力下降到规定值时，便无法开启和关闭有关水压阀门，将导致危险事故发生。因此规定高压水罐的压力应与自动控制机连锁。

10 空气总管压力过低或空气鼓风机停车，必须自动停止煤气排送机，以保证煤气站内整个气体系统正压安全运行。所以两者之间设计连锁装置。

11 电气滤清器内易产生火花，操作上稍有不慎即有爆炸危险，因此为防止在电气滤清器内形成负压从外面吸入空气引起爆炸事故，特规定该设备出口煤气压力下降至规定值（小于50Pa）、或化煤气含氧量达到1%时即能自动立即切断电源；对于设备绝缘箱温度值的限制是因为煤气温度达到露点时，会析出水分，附着在瓷瓶表面，致使瓷瓶耐压性能降低、易发生击穿事故。所以一般规定绝缘保护箱的温度不应低于煤气入口温度加25℃（《工业企业煤气安全规程》GB 6222），否则立即切断电源。

12 低压煤气总管压力过低，必须自动停止煤气排送机，以保证煤气系统正压安全运行，压力的设计值和允许值应根据工艺系统的具体要求确定。

13 气化炉自动加煤一般依据炉内煤位高度、炉出口煤气温度及炉内火层情况，设置自动加煤机构，保持炉内的煤层稳定。气化炉出灰都是自动的，但在某一质量的煤种的条件下，在正常生产时煤、灰量之比是一定的。因此自动加煤机构和自动出灰机构一定要互相协调连锁。

14 本条是为循环制气的要求而编制的。循环气化炉（水煤气发生炉、两段水煤气发生炉、流化床水煤气炉）的生产过程：水煤气炉是"吹风—吹净—制气—吹净"（每个循环约420s），流化床水煤气是"吹风—制气—吹风"（每个循环约150s）周而复始进行，在各阶段中有几十个阀门都要循环动作，这就需要设置程序控制器指挥自动控制机的传动系统按预先所规定的次序自动操作运行。

4.4 重油低压间歇循环催化裂解制气

4.4.1 本条规定了重油的质量要求。

我国虽然规定了商品重油的各种牌号及质量标准，但实际供应的重油质量不稳定，有时甚至是几种不同油品的混合物。为了满足工艺生产的要求，本条文中针对作为裂解原料的重油规定了几项必要的质量指标要求。

对条文的规定分别说明如下：

1 碳氢比（C/H）指标：绝大多数厂所用重油的C/H指标都在7.5以下，C/H越低，产气率越高，越适合作为制气原料。根据上述情况，作出"C/H宜小于7.5"的规定。

2 残炭指标：残炭量的大小决定积炭量的多少，如果积炭量多就会降低催化剂的效果，并提高焦油产品中游离碳的含量，造成处理上的困难。一般说来残碳值比较低的重油适宜于造气。故对残炭的上限值有所限制，规定了"小于12%"的指标要求。

4.4.2 确定原料油储存量的因素较多，总的来说要根据原料油的供应情况、运输方式、运距以及用油的不均衡性等条件进行综合分析后确定。

炼油厂的检修期一般为15d左右，在这一期间制气厂的原料用油只能由自己的储存能力来解决。储存能力的大小既要考虑满足生产需要，又要考虑占地与基建投资的节约。综合以上因素，确定为："一般按15～20d的用油量计算"。

4.4.3 本条规定了工艺和炉型的选择要求。

重油催化裂解制气工艺所生产的油制气组分与煤干馏制取的城市燃气组分较为接近，可适应目前使用的煤干馏气灶。且由于催化裂解制气的产气量较大，粗苯质量较好，所以经济效果也是比较好的。另外，副产焦油含水较低，这对综合利用提供了有利条件。因此用于城市燃气的生产应采用催化裂解制气工艺。

采用催化裂解制气工艺时，要求催化剂床温度均匀，上下层温度差应在±100℃范围内，不宜再大；同时要求催化剂表面尽量少积炭，以防止局部温度升高；也不允许温度低的蒸汽直接与催化剂接触。以上这些要求是一般单、双筒炉难以达到的，而三筒炉则容易满足。

4.4.4 本条规定了重油低压间歇循环催化裂解制气工艺主要设计参数。

1 反应器的液体空间速度。

反应器液体空间速度的选取对确定炉体的大小有着直接关系。催化裂解炉实际液体空间速度与工艺计算选用的液体空间速度一般相差不大，根据国内几个厂的实际液体空间速度的数据，规定催化裂解制气的液体空间速度为$0.6～0.65m^3/(m \cdot h)$。

4 关于加热油用量占总用油量的比例。加热油量占总用油量的比例与炉子大小有关，也与操作管理水平有关。现有厂的加热油量占总用油量的实际比例在15%～16%。

5 过程蒸汽量与制气油量之比值。

重油裂解主要产物为燃气和焦油，它受到裂解温度、液体空间速度和过程蒸汽量等较多条件和因素的综合影响，如处理不好就会增加积炭。因此不能孤立地确定水蒸气与油量之比值，它要受裂解温度、液体空间速度和催化床厚度等具体条件的约束，应综合考虑燃气热值和产气率的相互关系，随着过程蒸汽量与油量之比值的增加将会提高裂解炉的得热，同时对煤气的组成也有很大的影响。采用过程蒸汽的目的是促进炉内产生水煤气反应，同时要控制油在炉内停留时间以保证正常生产。

据国外资料报道：日本北港厂建的13.2万$m^3/(d \cdot 台)$蓄热式裂解炉，从平衡含氢物质的计算中推算出过程蒸汽中水蒸气分解率仅为23%，可说明在一般情况下，过程蒸汽在炉内之作用和控制在炉内停留时间二者间的数量关系；根据日本冈崎建树所作的"油催化裂解实验的曲线"中可看出随着水蒸气和油比例的增加而气化率直线增加，热值直线下降，而总热量则以缓慢的二次曲线的坡度增加。其中：H_2增加最明显；CO的增加极少；CO_2几乎不变；CH_4和重烃类的组分有降低。说明了水蒸气和碳反应生成的H_2和CO都不多，主要是热分解促进了H_2的生成。所以过多的水蒸气对炉内温度、油的停留时间都不利。一般蒸汽与油的比值应为1.0～1.2范围，实际多取1.1～1.2较为适宜。

7 关于每吨重油催化裂解产品产率。煤气产率要根据产品气的热值确定。产品气的热值高，煤气产率低，相反，产品气的热值低，煤气产率就高，一般煤气低热值按$21MJ/m^3$时，煤气产率约$1100～1200m^3$。

8 我国有催化剂的专业性生产厂，其含镍可根据重油裂解制气工艺要求而不同。目前使用的催化剂含镍量为3%～7%。

4.4.5 重油制气炉在加热期产生的燃烧废气温度较高，对余热应加以利用。对于1台10万m^3/d的油制气装置，废气温度如按550℃计，每小时大约可生产2.3t蒸汽（饱和蒸汽压力为0.4MPa）。鼓风期产生的燃烧废气中含有的热量大约相当于燃烧时所用加热油热量的80%。如2台油制气炉设1台废热锅炉，则其产生的蒸汽可满足过程蒸汽需要量的一半，因此这部分相当可观的热量应该予以回收和利用。

因重油制气炉生产过程中会散出大量的尘粒（炭粒）污染周围环境，根据环境保护的要求应设置除尘装置。重油制气装置在不同操作阶段排放出不同性质的废气。在一加热、二加热和烧炭阶段中，烟囱排出的是燃烧废气，其中除了有二氧化碳外，还夹带着大量的烟尘炭粒。通过旋风除尘和水膜除尘设备或其他有效的除尘设备后，使含尘量小于$1g/m^3$；再通过30m以上的烟囱排放以符合环保要求。

4.4.6 重油循环催化裂解装置生产是间歇的，生产过程中蒸汽的需要也是间歇的，而且瞬时用汽量较大，而锅炉则是连续生产的，因此应设蒸汽蓄能器作为蒸汽的缓冲容器。

4.4.7 油制气炉的生产系间歇式制气，为了保持产气均衡、节约投资、管理方便，所以规定每2台炉编为一组，合用一套煤气冷却系统和动力设备，这种布置已经在实践中证明是经济合理的。

4.4.8 重油制气的冷却在开发初期一直选用煤气直接式冷却的方法。直接式冷却对焦油和萘的洗涤、冷凝都是有利的，可以洗下大量焦油和萘，减少净化系统的负荷及管道堵塞现象。考虑到污染的防治，设计中改用了间接冷却方法，效果较好，减少了大量的污水，同时也消除了水冷却过程中的二次污染现象，至于采用间冷工艺后管道堵塞问题，可以采取措施解决。如北京751厂的运行经验，在设备上加热循环水喷淋，冬季进行定期的蒸汽吹扫，没有发生因堵塞而停止运行。如上海吴淞制气厂在1992年60万m³/d重油制气工程中，兼顾了直冷和间冷的优点，采用了直冷—间冷—直冷流程，取得了很好的效果。

4.4.9 本条规定了空气鼓风机的选择。

空气鼓风机的风压应按空气、燃烧废气通过反应器、蒸汽蓄热器、废热锅炉等设备的阻力损失和炉子出口压力之和来确定。也就是应按加热期系统的全部阻力确定。

4.4.11 本条规定是根据现有各厂的实际情况确定的。一般规模的厂原料油系统除设置总的储油罐外，均设中间油罐。原料油经中间油罐升温至80℃，再经预热器进入炉内，这样既保证了入炉前油温符合要求，也节省了加热用的蒸汽量。对于规模小的输油系统也有个别不设中间油罐，而直接从总储油罐处将重油加热到入炉要求的温度。

4.4.12 设置缓冲气罐的主要目的是为了保证煤气排送机安全正常运转，起到稳定煤气压力的作用，有利于整个生产系统的操作。缓冲气罐的容积各厂不一，其容量相当于20min到1h产气量的范围。根据各地调查，从历年生产经验来看，该罐不是用作储存煤气，而是仅作缓冲用的，因此容量不应太大。一般按0.5～1.0h产气量计算已能满足生产要求。

据沈阳、上海等厂的实际生产情况，都发现进入缓冲气罐的煤气杂质较多，有大量的油（包括轻、重油）沉积在气罐底部，故应设集油、排油装置。

4.4.14 油制气炉的操作人员经常都在仪表控制室内进行工作，很少在炉体部分直接操作，因此没有必要将炉体设备安设在厂房内。采取露天设置后的主要问题是解决自控传送介质的防冻问题，例如在严寒地区若采用水压控制系统时，就必须同时考虑水的防冻措施（如加入防冻剂等）。

国内现有的油制气炉一般都布置在露天，根据近年来的生产实践均感到在厂房内的操作条件较差，尤其是夏季，厂房很热，焦油蒸气的气味很大，同时还增加了不少投资。因此除有特殊要求外，炉体设备不建厂房，所以本条规定："宜露天布置"。

4.4.15 本条规定"控制室不应与空气鼓风机室布置在同一建筑物内"。这是由于空气鼓风机的振动和噪声很大，对仪表的正常运行及使用寿命都有影响，对操作人员的身体健康也有影响。有的厂空气鼓风机室设在控制室的楼下，振动和噪声的影响很大。上海吴淞煤气制气公司、北京751厂的空气鼓风机室是单独设置的，与控制室不在同一建筑物内，就减少了这种影响，效果较好。

条文中规定了"控制室应布置在油制气区夏季最大频率风向的上风侧"，主要是防止油制气炉生产时排出的烟尘、焦油蒸气等影响控制室的仪表和控制装置。

4.4.16 焦油分离池经常散发焦油蒸气，气味很大，而且在分离池附近还进行外运焦油、掏焦油渣作业，使周围环境很脏。故规定"应布置在油制气区夏季最小频率风向的上风侧"，以尽量减少对相邻设置的污染和影响。

4.4.17 重油制气污水主要来自制气生产过程中燃气洗涤、冷却设备中冷凝下来的污水和燃气冷却系统循环水经补充后的排放污水，每台10万m³/d制气炉的污水排放量估计在30～35t/h，其水质为：pH：7.5，COD 1000～2000mg/L，BOD 200～500mg/L，油类250～600mg/L，挥发酚10～65mg/L，CN 10～40mg/L，硫化物5～40mg/L，NH₃ 40mg/L，可见重油制气厂应设污水处理装置，污水经处理达到国家现行标准《污水综合排放标准》GB 8978的规定。

4.4.18 本条规定了自动控制装置程序控制系统设计的技术要求

各种程序控制系统具有不同的特点，各地的具体条件也互不相同，不宜于统一规定采用程序控制系统的形式，因此本条仅规定工艺对程序控制系统的基本技术要求。

1 油制气炉生产过程是"加热—吹扫—制气—吹扫—加热……"周而复始进行的，在各阶段中许多阀门都要循环动作，就需要设置程序控制器自动操作运行。又因在生产过程中有时需要单独进入某一操作阶段（如升温、烧炭等），故程序控制器还应能手动操作。

2 生产操作上要求能够根据运行条件灵活调节每一循环时间和每阶段百分比分配。例如催化裂解制气的每一循环时间可在6～8min内调节；每循环中各阶段时间的分配可在一定范围内调节。

3 重油制气工艺过程在按照预定的程序自动或手动连续进行操作，为保证生产过程的安全，还需要对操作完成的正确性进行检查。故规定了"应设置循环中各阶段比例和阀门动作的指示信号"。

4 主要阀门如空气阀、油阀、煤气阀等应设置"检查和连锁装置"，以达到防止因阀门误动作而造成爆炸和其他意外事故，在控制系统的设计上还规定了"在发生故障时应有显示和报警信号，并能恢复到安全状态"，使操作人员能及时处理故障。

4.4.19 本条规定了设计自控装置的传动系统设计技术要求。

1 国内现采用的传动系统有气压、水压、油压式几种，各有其优缺点，在设计前应考虑所建的地区、炉子大小、厂地条件、程序控制器形式等综合条件合理选择。

2 在传动系统中设置储能设备，既是安全上的技术措施，又是节省动能的手段。储能设备是传送介质管理系统的缓冲机构，其中储备一部分能量以适应在启闭大容量装置的阀门时压力急剧变化的需要，满足大负荷容量，减少传动泵功率。当传动泵发生故障或停电时，储能设备还可起到应急的动力能源作用，使油制气炉处于安全状态。

3 由于重油制气炉是间歇循环生产的，生产过程中的流量瞬时变化大、阀门换向频繁，因此传动系统中采用的控制阀、工作缸、自动阀和附件等应和这种特点相适应，使生产过程能顺利进行。

4.5 轻油低压间歇循环催化裂解制气

4.5.1 生产煤气所用的石脑油随装置和催化剂而异，一般性质为相对密度0.65～0.69，含硫量小于10⁻⁴，终馏点低于130℃，石蜡烃含量高于80%，芳香烃含量低于5%，采用这种性质的原料，其目的在于气化后：①燃气中含硫少，不需要净化装置；②不会生成焦油等副产品，所以不需要处理设备；③无烟尘及污水公害，不需要设置污水处理装置；④气化效率高。

原料油中石蜡烃高，产物中焦油和炭生成量就少，气体生成量就多，而且生成气中烃类多而氢少，一般热值也高，当原料油中环状化合物多时，产物中焦油和炭生成量就多，气体生成量就少，而气体含氢量多，烃类少，热值就低。原料中烯烃、芳香烃的增加会形成积炭，这些都可能导致催化剂失活。

根据国内外生产实践，本规范推荐如条文所列的对轻质石脑油的各种要求。从目前国外进口的轻质石脑油看，一般能满足上述要求，国产石脑油目前没有能满足此要求的品牌油，一般终馏点高于130℃，但在140℃以内尚能顺利操作，超过140℃时要谨慎操作。

4.5.2 内浮顶罐是在固定顶油罐和浮顶罐的基础上发展起来的。为了减少油品损耗和保持油品的性质，内浮顶罐的顶部采用拱顶与浮顶的结合，外部为拱顶，内部为浮顶。内部浮顶可减少油品的蒸发损耗，使蒸发损失很小。而外部拱顶又可避免雨水、尘土等异物从环形空间进入罐内污染储油品。轻油制气原料油终馏点小于130℃的轻质石脑油，属易挥发烃类，故选用内浮顶罐储存轻油。

确定原料油储存量的因素较多，总的来说要根据原料油的供应情况、运输方式、运距以及用油的不均衡性等条件进行分析后确定。如采用国外进口油，要根据来船大小和来船周期考虑，采用国产油则要考虑运距大小、运输方式和炼油厂的检修周期，经综合分析，一般认为按15～20d的用油量储存，南京轻油制气厂设计考虑采用国外油时按20d储存量。

4.5.3 轻油间歇循环催化裂解制气装置是顺流式反应装置，它不同于重油逆流反应装置，当使用重质原料时，由于制气阶段沉积在催化剂层的炭多，利用这些炭可以补充热量，相比之下，采用石脑油为原料因沉积在催化剂层的炭很少，气体中也无液态产物，故对保持蓄热式装置的反应温度反而不利，因此采用能对吸热量最大的催化剂层进行直接加热的顺流式装置。同时裂化石脑油时，相对重油裂解而言，需要热量较少，生产能力和蒸汽用量就会大，高温气流的显热很大，鼓风阶段的空气相对用量却不多，用大量的高温气流显热去预热少量空气是不经济的，所以不设空气蓄热器，只需两筒炉，有的甚至采用单筒炉。

南京和大连进口装置的加热室均为一个火焰监视器，投产后发现其监视范围窄，后增加了一个火焰监视器，使操作可靠性增加。

4.5.4 本条文规定了轻油间歇循环催化裂解制气工艺主要设计参数：

1 反应器液体空间速度

推荐的液体空间速度为 $0.6～0.9m^3/(m^3 \cdot h)$。这个数据和炉型、催化剂、循环时间均有关，一般说 UGI-CCR 炉直径较小，循环时间短，其液体空间速度可取高值，而 Onia-Gagi 炉直径较大，循环时间长，其液体空间速度可取低值。

3 关于加热油用量与制气油用量的比例

由于用于加热的轻油在燃烧时和重油制气中燃烧的重油相比，燃烧热量和效率相差不大，而用于气化的轻油却比重油制气中的气化原料重油的可用量却大得多，因而加热用油量与制气用油量的比值要比重油制气的这个参数高一些，根据国外介绍的材料和南京投产后的实际情况，推荐设计值为29/100。

4 过程蒸汽量与制气油量比值

由于原料质量好，轻油制气比重油制气可用碳量大，因而过程蒸汽量与制气油量之比值要大于重油制气的比值1.1～1.2。一般过程蒸汽和轻油的重量比应高于1.5，低于1.5时会析出炭并吸附在催化剂气孔上，造成氧化铝载体碎裂，当炭和氧化铝的膨胀系数相差10%即会产生这种现象。根据南京轻油制气厂实际数据，提出此比值宜取1.5～1.6。

5 循环时间

循环时间2～5min是针对不同的轻油制气炉型操作的一个范围，对于 UGI-C.C.R 炉炉子直径较小，采用的循环时间短，一般在2～3min之间调节，南京轻油制气厂采用这种炉型，其循环时间为2min，它的特点是炉温波动较小，生成的燃气组成比较均匀。而 Onia-Gagi 炉，炉子设计直径较大，采用的循环时间较长，一般在4～5min之间调节，香港马头角轻油制气厂采用 Onia-Gagi 炉，其循环时间为5min，一个周期内炉温波动较大，产生的气体组成前后差别较大，但完全能满足燃料气质量要求，使阀门等设备的机械磨损可以降低。

4.5.5 石油系原料的气化装置，不管是连续式还是间歇式，生成的气体中均含有15%～20%的一氧化碳，根据我国城市燃气对人工制气质量的规定，要求气体中 CO 含量宜小于10%，对于 CO 含量多的燃气发生装置，要求设立 CO 变换装置，我国大连煤气厂采用的 LPG 改质装置上设置了 CO 变换装置，使出口燃气中 CO 含量小于5%。

CO 变换设备设置时，应考虑 CO 变换器能维持正常化学反应工况，如果炉子为调峰操作，时开时停，则 CO 变换效果不会太理想。

4.5.6 本条文对轻油制气采用石脑油增热时推荐的增热方式以及对燃气烃露点的限制。

所谓烃露点就是将饱和蒸汽加压或降低温度时发生液化并开始产生液滴的温度。用石脑油增热后的气体，将这种气体冷却或置于较低外界气温，在达到某温度时，气体中的一部分石脑油就液化，这个温度就称为露点。

城市燃气管道一般埋地铺设，并铺于冰冻线以下，为此规定石脑油增热程度限制在比燃气烃露点温度低5℃，使燃气在管道中不致发生结露。

4.5.7 轻油制气炉采用顺流式流程，由制气炉出来的700～750℃高温烟气或燃气均通过同一台废热锅炉回收余热，在加热期，将烟气温度降至250℃，烟气通过30m高烟囱排至大气，在制气期，将燃气温度也降至250℃后进入后冷却系统。以1台25万 m^3/d 的轻油制气装置为例，每小时可生产8.5t蒸汽（压力以1.6MPa表压计），它可以经过蒸汽过热器过热至320℃后进入蒸汽透平，驱动空气鼓风机后汇入低压蒸汽缓冲罐，作制气炉制气用汽或吹扫用汽，也可以不经蒸汽透平，产生较低压力的蒸汽汇入低压蒸汽缓冲罐后使用。

如果采用 CO 变换流程，其余热回收要分成两部分，需要设置2个废热锅炉，一个在 CO 变换器前，称为主废热锅炉，用于全部烟气和部分燃气的余热回收；另一个在 CO 变换器后，用于全部燃气的余热回收，经燃气部分旁通进入 CO 变换器的温度为330℃，由于 CO 变换为放热反应，燃气离开 CO 变换器进入变换废热锅炉的温度为420℃，经二次余热回收后以1台17.5万 m^3/d 的装置为例，每小时可生产6t蒸汽。

4.5.8 轻油制气装置的生产属间歇循环性质，生产过程中使用蒸汽也是间歇的，而且瞬时用汽量较大，故需要设置蒸汽蓄能器作为缓冲储能以保持输出的蒸汽压力比较稳定。

轻油制气流程中烟气和燃气均通过同一台废热锅炉回收余热，产汽基本连续，蒸汽完全可能自给，除满足自给的蒸汽需要量外还可以有少量外供，因此轻油制气厂可以不设置生产用汽锅炉房。开工时的蒸汽可以采用外来蒸汽供应方式，也可以先加热废热锅炉自产供给。

4.5.9 本条文关于2台炉子编组的说明参照重油低压间歇循环催化裂解4.4.7条文说明。

4.5.10 轻油制气不同于重油制气，轻油制气所得到的为洁净燃气，燃气中无炭黑、无焦油、无萘，因而燃气的冷却宜采用直接式冷却设备，一是效果好，二是对环保有利，洗涤后的废水可以直接排放，三是投资省，冷却设备可以采用空塔或填料塔。

4.5.14 轻油制气炉的操作人员经常都在仪表控制室内进行工作，很少在炉体部分直接操作，因此没有必要将炉体设备安设在厂房内。由于以轻油为原料，其属易燃易爆物质，构成甲类火灾危险性区域，为此本条文规定"轻油制气炉应露天布置"。

4.5.15 本条文控制室与鼓风机布置关系的说明参照重油低压间歇循环催化裂解制气4.4.15条文中关于"控制室不应与空气鼓风机布置在同一建筑物内"的说明。

4.5.16 轻油制气炉出来的气体经余热回收后进入水封式洗涤塔中，采用循环水冷却。根据工业循环水加入部分新鲜水起调节作用的要求，以50万 m^3/d 产气量为例，经水量平衡后，每天约需排放多余的水500t，其排放水的水质根据国内外资料其数据如下：pH6～8，BOD 20mg/L，COD 10～100mg/L，重金属：无，颜色：清，油脂：无，悬浮物小于30mg/L，硫化物1mg/L，从上述可见，直接排放的废水已基本上达到我国污水排放一级标准，可见，轻油制气厂可不设污水处理装置。我国南京轻油制气厂、大连 LPG 改质厂均没有设置工业废水处理装置，香港马头角轻油制气厂也没有设置工业废水处理装置。

4.6 液化石油气低压间歇循环催化裂解制气

4.6.1 本条规定了制气用液化石油气的质量要求。

液化石油气制气用原料的不饱和烃含量要求小于15%是基于不饱和烃量的增加会形成积炭，将会导致催化剂失活。理想的液化石油气原料是C_3和C_4烷烃，不饱和烃含量15%是根据大连实际操作经验的上限。

4.6.3 本条规定了液化石油气低压间歇循环催化裂解制气工艺主要设计参数。

4 轻油或液化石油气间歇循环催化裂解制气工艺流程中若采用CO变换方案时，根据反应平衡的要求，提高水蒸气量，CO变换率上升。为此，过程蒸汽量与制气油量的比例将从1.5～1.6（重量比）上升为1.8～2.2，过量的增加没有必要，不但浪费蒸汽，还将增加后系统的冷却负荷。

4.7 天然气低压间歇循环催化改制制气

4.7.2 本条文主要对天然气进炉压力的波动作出规定，进炉压力一般为0.15MPa，其波动值应小于7%，以维持炉子的稳定操作，可采用增加炉前天然气的管道的直径和管道长度的方法，也可以采用储罐稳压的方法，但一般以前者方法可取。

4.7.4 本条文规定了天然气低压间歇循环催化改制制气工艺主要设计参数。

1 反应器改制用天然气催化床空间速度，其推荐值为500～600$m^3/(m^3 \cdot h)$，这个数据和炉型、催化剂、循环时间均有关，UGI-CCR炉炉子直径小，循环时间短，其气体空间速度可取高值，而Onia-Gagi炉炉子直径较大，循环时间长，其气体空间速度可取低值。

4 过程蒸汽量与改制用天然气量之比值

由于天然气为洁净原料，可用碳量大，因而过程蒸汽量与改制用天然气量之比值和轻油制气类似，一般过程蒸汽和改制用天然气的重量比应高于1.5，低于1.5时会析出碳，并吸附在催化剂气孔上，使催化剂能力降低甚至破坏催化剂。根据上海吴淞煤气制气有限公司的实际操作，提出此比值取1.5～1.6。

5 净 化

5.1 一般规定

5.1.1 本章内容是为了满足本规范第3.2.2条规定的人工煤气质量要求，所需进行的净化工艺设计内容而作出的相应规定，并不包括天然气或液化石油气等属于外部气源的净化工艺设计内容。

5.1.2 本章增加了一氧化碳变换及煤气脱水工艺，考虑到一氧化碳变换过程的主要目的是降低煤气中的有毒气体一氧化碳的含量，而煤气脱水的主要目的是为除去煤气中的水分，都属于净化煤气的工艺过程，因此将一氧化碳变换及煤气脱水工艺加入到煤气净化工艺中。

5.1.4 本章对煤气初冷器、电捕焦油器、硫铵饱和器等主要设备的有关备用设计问题都已分别作了具体规定。但是对于泵、机及槽等一般设备则没有一一作出有关备用的规定，以避免过于繁琐。净化设备的类型繁多，并且各种设备都需有清洗、检修等问题，所以本规定要求"应"指的是在设计中对净化设备的能力和台数要本着经济合理的原则适当考虑"留有余地"，也允许必要时可以利用另一台的短时间超负荷、强化操作来做到出厂煤气的杂质含量仍能符合《人工煤气》GB 13612的规定要求。

5.1.5 煤气的净化是将煤气中的焦油雾、氨、萘、硫化氢等主要杂质脱除至允许含量以下，以保证外供煤气的质量符合指标要求，在此同时还生成一些化工产品，这些产品的生成是与煤气净化相辅相成的，所以煤气净化有时也通称为"净化与回收"。

事实上，在有些净化工艺过程中，往往因未考虑回收副反应所生成的化工产品而使正常的运行难以维持，因此煤气净化设计必须与化工产品回收设计相结合。这里所指的化工产品实质上包括两种：一种是净化过程中直接生成的化工产品如硫铵、焦油等；另一种是由于副反应所生成的化工产品如硫代硫酸钠、硫氰酸钠等。

5.1.6 本条所列之爆炸和火灾区域等级是根据《爆炸和火灾危险环境电力装置设计规范》GB 50058并按该篇原则结合煤气净化各部分情况确定。

附录表B-1中鼓风机室室内、粗苯（轻苯）泵房、溶剂脱酚的溶剂泵房、吡啶装置室内应划为甲类生产场所，详见《建筑设计防火规范》GBJ 16附录三。初冷器、电捕焦油器、硫铵饱和器、终冷、洗氨、洗苯、脱硫、终脱萘等煤气区和粗苯蒸馏装置、吡啶装置、溶剂脱酚装置的室外区域均为敞开的建构筑物，通风良好，虽然处理的介质为易燃易爆介质，但塔器、管道等密封性好，不易泄漏。按照《建筑设计防火规范》GBJ 16生产的火灾危险性分类注①，应划为乙类生产场所。

附录表B-2煤气净化车间主要生产场所爆炸和火灾危险区域等级。

当粗苯洗涤泵房、氨水泵房未被划入以煤气为释放源划分为2区内时，应划为非危险区；当粗苯洗涤泵房、氨水泵房被划入以煤气为释放源划分的2区内时，则应划为2区。

理由：洗苯富油的闪点为45～60℃，洗苯的操作温度低于30℃；氨气的爆炸极限为15.7%～27.4%，与氨水相平衡的气相中氨气的浓度达不到此爆炸极限，都不符合《爆炸和火灾危险环境电力装置设计规范》GB 50058中第2.1.1条中的条件，所以富油和氨水都不应作为释放源划分危险区，因此当粗苯洗涤泵房、氨水泵房未被划入以煤气为释放源划分的2区内时，应划为非危险区。当粗苯洗涤泵房、氨水泵房被划入以煤气为释放源划分的2区内时，则应划为2区。此外，根据《爆炸和火灾危险环境电力装置设计规范》GB 50058，所有室外区域不应整体划为某类危险区，应以释放源和释放半径划分危险区，这是比较科学准确的，且与国际接轨。

《焦化安全规程》GB 12710 是在《爆炸和火灾危险环境电力装置设计规范》GB 50058 之前根据老规范制定的，此时仅以区域划分爆炸和火灾危险类别，没有释放源的划分概念。在 GB 50058 制定后，GB 12710 中的爆炸和火灾危险区域的划分有些内容不符合 GB 50058 中的规定，因此《焦化安全规程》中的有些内容未被引用到本规范中。

5.1.7 一些老的，简单的净化工艺往往只考虑以煤气净化达标为目的，对于那些从煤气中回收下来的废水、废渣和在煤气净化过程中所产生的废水、废渣、废气及噪声往往没有进行进一步的处理，因而对环境造成二次污染。随着我国对环境保护要求的提高，在净化工艺设计中应对煤气净化生产工艺过程产生的三废及噪声进行防治处理，并满足现行国家有关的环境保护的规范、标准的要求。

5.1.8 目前工业自动化水平已发展得越来越快，提高煤气净化工艺的自动化监控水平，是提高生产效率，改善劳动条件，降低成本，保障安全生产的重要措施。

5.2 煤气的冷凝冷却

5.2.1 煤干馏气的冷凝冷却工艺形式，在我国少数制气厂、焦化厂（如镇江焦化厂、南沙河焦化厂、上海吴淞炼焦制气厂等）曾经采用直接冷凝冷却工艺。这些工厂处理的煤气量一般较少（多为 5000m³/h），故煤气中氨的脱除采用水洗涤法。

水洗涤法直接冷却煤气工艺的优点是，洗涤水在冷却煤气的同时，还起到冲刷煤气中萘的作用，其缺点是，制取的浓氨水销售不畅，增加了废气和废水的处理负荷。所以，煤干馏气的冷凝冷却一般推荐间接冷凝冷却工艺。

高于 50℃ 的粗煤气宜采用间接冷却，此阶段放出的热量主要是为水蒸汽冷凝放热，传热效率高，萘不会凝结造成设备堵塞。当粗煤气低于 50℃ 时，水汽量减少，间冷传热效率低，萘易凝结，此阶段宜采用直接冷却。日本川铁千叶工场首创了"间-直混冷工艺"；1979 年石家庄焦化厂建成了间直混冷的试验装置。上海宝山钢铁厂焦化分厂的焦炉煤气就依照上述原理采用间冷和直冷相结合的初冷工艺。煤气进入横管式间接冷却器被冷却到 50～55℃，再进入直冷空喷塔冷却到 25～35℃。在直冷空喷塔内向上流动的煤气与分两段喷洒下来的氨水焦油混合液密切接触而得到冷却。循环液经沉淀析出除去固体杂质后，并用螺旋板换热器冷却到 25℃ 左右，再送到直冷空喷塔上、中两段喷洒。由于采用闭路液流系统，故减少了环境的污染。

5.2.2 为了保证煤气净化设备的正常操作和减轻煤气鼓风机的负荷，要求在冷却煤气时尽可能多地把萘、焦油等杂质冷凝下来并从系统中排出。为了达到这一目的就需对初冷器后煤气温度有一定的限制，一般控制在 20～25℃ 为好。如石家庄东风焦化厂因为采取了严格控制初冷器出口温度为（20±2）℃ 范围之内的措施，进入各净化设备之前煤气中萘含量就很少，保证了净化设备的正常运行，见表 11。

表 11　某焦化厂各净化设备后煤气中萘含量

取样点	萘含量（mg/m³）	温度（℃）	备　注
鼓风机后	1088	>25（煤气）	
2 洗氨塔后	651		
终冷塔后	353	18～21	终冷水上温度（15℃）

1 冷却后煤气的温度。当氨的脱除是采用硫酸吸收法时，一般来说煤气处理量往往较大（大于或等于 10000m³/h）。在这种情况下，若要求初冷器出口煤气温度太低（25℃），则需要大量低温水（23～24t/1000m³ 干煤气），这是十分困难的（尤其对南方地区）。再则煤气在进入饱和器之前还需通过预热器把煤气加热到 70～80℃。故在工艺允许范围内初冷器出口煤气温度可适当提高。

当氨的脱除是采用水洗涤法时，一般来说煤气处理量往往较少（一般为 5000m³/h），需要的冷却水量不太多，故欲得相应量

的低温水而把煤气冷却到 25℃ 是有可能的。再如若初冷时不把煤气冷却到 25℃，则当洗氨时也仍须把煤气冷却到 25℃ 左右，而这样做是十分不合理的（因煤气中萘和焦油会将洗氨塔堵塞）。故要求初冷器出口煤气温度应小于 25℃。

初冷器的冷却水出口温度。为了防止初冷器内水垢生成，又要照顾到对冷却水的暂时硬度不宜要求过分严格（否则导致水的软化处理投资过高），因此需要控制初冷器出口水的温度。排水温度与水的硬度有关。见表 12。

表 12　排水温度与水硬度关系

碳酸盐硬度（mmol/L（me/L）	排水温度（℃）
≤2.5（5）	45
3（6）	40
3.5（7）	35
5（10）	30

在实际操作中一般控制小于 50℃。在设计时应权衡冷却水的暂时硬度大小及通过水量这两项因素，选取一经济合理的参数，而不宜做硬性的规定。

2 本款制定原则是根据节约用水角度出发的。我国许多制气厂、焦化厂的初冷器冷却水是采用循环使用的。例如大连煤气公司、鞍钢化工总厂、南京梅山焦化厂等采用凉水架降温，循环使用皆有一定效果。但我国地域广大，各地气象条件不一，尤其南方气温高，湿度大，凉水架降温作用较差。

在冷却水循环使用过程中，由于蒸发浓缩水中可溶解性的钙盐、镁盐等盐类和悬浮物的浓度会逐渐增大，容易导致换热设备和管路的内壁结垢或腐蚀，甚至菌藻类生物的生长。为了消除换热设备和管路内壁结垢堵塞或减弱腐蚀被损坏，延长设备使用寿命，提高水的循环利用率，国内外大多在循环水中投加药剂进行水质的稳定处理。

不同地区的水质不尽相同，因此在循环水中投加的药剂品种和数量亦不相同，可选用的阻垢缓蚀的药剂举例如下：

1）有机磷酸盐：如氨基三甲叉磷酸盐（ATMP），羟基乙叉磷酸盐（HEDP），能与成垢离子 Ca^{2+}、Mg^{2+} 等形成稳定的化合物或络合物，这样提高了钙、镁离子在水中的溶解度，促使产生一些易被水冲掉的非结晶颗粒，抑制 $CaCO_3$、$MgCO_3$ 等晶格的生长，从而阻止了垢物的生成；

2）聚磷酸盐：如六偏磷酸钠，添入循环水中，既有阻垢作用也有缓蚀作用；

3）聚羧酸类：如聚丙烯酸钠（TS-604）添入循环水中也有阻垢作用和缓蚀作用。

循环水中投加阻垢缓蚀的药剂，一般是复合配制的。

在设计中，如初冷器的循环冷却水系统中，一般有加药装置，配好的药剂由泵送入冷却器的出水管中，加药后的冷却水再流入吸水池内，再用循环水泵抽送入初冷器中循环使用。

循环冷却水中添加适宜的药剂，都有良好的阻垢和缓腐蚀作用。例如平顶山焦化厂对初冷器循环水的稳定处理进行了标定总结：循环水量 1050m³/h，加药运行阶段用的药剂为羟基乙叉磷酸盐（HEDP）、聚丙烯酸钠（TS-604）及六偏磷酸钠等，运行取得了良好的效果，阻垢率达 99%，腐蚀速度小于 0.01mm/年，循环水利用率为 97%，达到国内外同类循环水处理技术的先进水平。又如，上海宝钢焦化厂循环冷却水采用了水质稳定的处理技术，投产数年后，初冷器水管内壁几乎光亮如初，获得了显著的阻垢和缓蚀效果。

5.2.3 本条规定了直接冷凝冷却工艺的设计要求。

1 冷却后煤气的温度。洗涤水与煤气直接接触过程中，除起冷却煤气的作用外，还同时能起到洗萘与洗焦油雾的作用。如果把煤气冷却到同一温度时，直接式冷凝冷却工艺的洗萘、洗焦油雾的效果比间接式冷凝冷却工艺的效果好。如在脱氨工艺都是水洗涤法时，在基本保证煤气净化设备的正常操作前提下，可以

允许直接式初冷塔出口煤气温度比间接式初冷器出口煤气温度高10℃左右，间冷和直冷在初冷后煤气中萘含量基本相当。

2 含有氨的煤气在直接与水接触过程中，氨会促使水中的碳酸盐发生反应，加速水垢的生成而容易堵塞初冷塔。故对水的硬度应加以规定，但又不宜要求太高。所以本条规定的洗涤水的硬度指标采用了锅炉水的标准，即《工业锅炉水质标准》GB 1576规定的不大于 0.03mmol/L。

3 本款是执行现行国家标准《室外给水设计规范》和《室外排水设计规范》的有关规定。

5.2.4 本条规定了焦油氨水分离系统的设计要求。

1、2 当采用水洗涤法脱氨时，为了保证剩余氨水中氨的浓度，不论初冷方式采用直接式或间接式冷凝冷却工艺，对初冷器排出的焦油氨水均应单独进行处理，而不宜与从荒煤气管排出的焦油氨水合并在一起处理，其原因有二：

1) 当初冷工艺为间接式时，其冷凝液中氨浓度为 6～7g/L，而当与荒煤气管排出的焦油氨水混合后则氨的浓度降为 1.5～2.5g/L（本溪钢铁公司焦化厂分析数据）。

2) 当初冷工艺为直接式时，出初冷塔的洗涤水温度小于 60℃，为了保证集气管喷淋氨水温度大于 75℃，则两者也不宜掺混。所以规定宜"分别澄清分离"。

采用硫酸吸收法脱氨时，初冷工艺一般采用间接式冷凝冷却工艺，则初冷器排出的焦油氨水与荒煤气管排出的焦油氨水可采用先混合后分离系统。其原因是，间接式初冷器排出的焦油氨水冷凝液较少，且含有 $(NH_4)_2S$、NH_4CN、$(NH_4)_2CO_3$ 等挥发氨盐，而荒煤气管排出的焦油氨水冷凝液中含有 NH_4Cl、NH_4CNS、$(NH_4)_2S_2O_3$ 等固定氨盐，其浓度为 30～40g/L。若将两者分别分离则焦油中固定氨盐浓度较大，必将引起焦油在进一步加工时严重腐蚀设备。如将两者先混合后分离，则可以保持焦油中固定氨盐浓度为 2～5g/L 左右，在焦油进一步加工时，对设备内腐蚀程度可以大大减轻。

3 含油剩余氨水进行溶剂萃取脱酚容易乳化溶剂，增加萃取脱酚的溶剂消耗。含油剩余氨水进入蒸氨塔蒸氨，容易堵塞蒸氨塔内的塔板或填料。剩余氨水除油的方法，一般为澄清分离法或过滤法。剩余氨水澄清分离法除油需要较长的停留时间，需要建造大容积澄清槽，投资额和占地面积都较大，而且氨水中的轻油和乳化油也不能用澄清法除去。许多煤气厂都采用焦炭过滤器过滤剩余氨水，除油效果较好但至少需半年调换一次焦炭，此项工作既脏又累。

4 焦油氨水分离系统的澄清槽、分离槽、储槽等都会散发有害气体（如氰化氢、硫化氢、轻质吡啶等等）而污染大气、妨碍职工身体健康。为此，应将焦油氨水分离系统的槽体封闭，把所有的放散管集中，使放散气进入洗涤塔处理，洗涤塔后用引风机使之负压操作，洗涤水掺入工业污水进行生化处理。上海宝钢焦化厂的焦油氨水分离系统的排放气处理装置的运行状况良好。

5.3 煤气排送

5.3.1 本条规定了煤气鼓风机的选择原则。

1 当若干台鼓风机并联运行时，其风量因受并联影响而有所减少，在实际操作中，两台容积式鼓风机并联时的流量损失约为 10%，两台离心式鼓风机并联时的流量损失则大于 10%。

鼓风机并联时流量损失值取决于下列三个因素：

1) 管路系统阻力（管路特性曲线）；

2) 鼓风机本身特性（风机特性曲线）；

3) 并联风机台数。

所以在设计时应从经济角度出发，一般将流量损失控制在 20% 内较为合理。

3 关于备用鼓风机的设置。大型焦化厂中，煤气的排送一般采用离心式鼓风机，每 2 台鼓风机组成一输气系统，其中 1 台备用。煤制气厂采用容积式鼓风机，往往是每 2～4 台组成一输

气系统（内设 1 台备用）。考虑到各厂规模大小不同，对煤气鼓风机备用要求也不同，故本条规定台数的幅度较大。

5.3.2 本条规定了离心式鼓风机宜设置调速装置的要求。

上海市浦东煤气厂和大连市第二煤气厂的冷凝鼓风工段，在离心式鼓风机上配置了调速装置。生产实践表明，不仅能使风机便于启动、噪声低、运转稳定可靠，而且不用"煤气小循环管"即能适应煤气产量的变化，节约大量的电能。调速装置的应用可延长鼓风机的检修周期，又便于煤气生产的调度，因此有明显的综合效益。

调速装置一般可采用液力偶合器。

5.3.3 本条规定了煤气循环管的设置要求。由于输送的煤气种类不同，鼓风机构造不同，所要求设置循环管的形式也不相同。

1 离心式鼓风机在其转速一定的情况下，煤气的输送量与其总压头有关。对应于鼓风机的最高运行压力，煤气输送量有一临界值，输送量大于临界值，则鼓风机的运行处于稳定操作范围；输送量小于临界值，则鼓风机操作将出现"喘振"现象。

另外，为了保证煤干馏制气炉顶吸气管内压力稳定，可以采用鼓风机煤气进口管阀门的开度调节，也可用鼓风机进出口总管之间的循环管（小循器）来调节，但此法只适宜在循环量少时使用。

目前大连煤气公司选用D250-42 离心式鼓风机，配置了调速装置，调速范围1～5，所以本条注规定只有在风机转速变化能适应流量变化时，才可不设小循环管。

当煤干馏制气炉刚开工投产或者因故需要延长结焦时间时的煤气发生量较少，为了保证鼓风机操作的稳定，同时又不使煤气温上升过高，通常采用煤气"大循环"的方法调节，即将鼓风机压出的一部分煤气返回送至初冷器前的煤气总管道中。虽然这种调节方法将增加鼓风机能量的无效消耗，还会增加初冷器处理负荷和冷却水用量，但是能保证循环煤气温度保持在鼓风机允许的温度范围之内，各厂（例如南京煤气厂、青岛煤气厂等）的实际经验说明了这个"大循环管道"设置的必要性。

2 当冷凝鼓风工段的煤气处理量较小时，一般可选用容积式鼓风机。

5.3.4 本规范将"用电动机带动的煤气鼓风机的供电系统设计"由"一级负荷"调整为"二级负荷"，主要考虑按一级负荷设计实施起来难度往往很大，而且按照《供配电系统设计规范》GB 50052关于电力负荷分级规定，用电动机带动的煤气鼓风机其供电系统对供电可靠性要求程度及中断供电后可能会造成的影响进行分级，其供电负荷等级应确定为二级负荷。

二级负荷的供电系统要求应满足《供配电系统设计规范》GB 50052 的有关规定。

人工煤气厂中除发生炉煤气工段之外，皆属"甲类生产"，所以带动鼓风机的电动机应采取防爆措施。如鼓风机的排送煤气量大，无防爆电机可配备时，国内目前采用主电机配置通风系统来解决。

5.3.5 离心式鼓风机机组运行要求的电气连锁及信号系统如下：

1 鼓风机的主电机与电动油泵连锁。当电动油泵启动，油压达到正常稳定后，主电机才能开始合闸启动；当主电机达到额定转数主油泵正常工作后，电动油泵停车；主电机停车时，电动油泵自启运转；

2 机组的轴承温度达到 65℃ 时，发出声、光预告信号；轴承温度达到 75℃ 时，发出声光紧急信号，鼓风机主电机自动停车；

3 轴承润滑系统主进油管油压低于 0.06MPa 时，发出声光预告信号，电动油泵自启运转；当主进油管油压降至鼓风机机组润滑系统规定的最低允许油压时，发出声、光紧急信号，鼓风机的主电机自动停车。鼓风机转子的轴向位移达到规定允许的低限值时，发出声、光预告信号；当达到规定允许的高限值时，发出声光紧急信号，鼓风机主电机自动停车；

4 润滑油油箱中的油位下降到比低位线高 100mm 时，发

出声、光信号；

5 鼓风机的主电机与其通风机连锁。当通风机正常运转后，进风压力达到规定值时，主电机再合闸启动；

6 鼓风机主电机通风系统。当进口风压降至400Pa或出口风压降至200Pa时发出声、光信号。

5.3.6 本条规定了鼓风机房的布置要求。

1 规定对鼓风机机组安装高度要求，是对鼓风机正常运转的必要措施。如果冷凝液不能畅通外排时，会引起机内液量增多，从而会破坏鼓风机的正常操作，产生严重事故。《煤气设计手册》规定，当采用离心鼓风机时，煤气管底部标高在3m以上，机前煤气吸入管阀门后的冷凝液排出口与水封槽满流口中心高差应大于2.5m，就是考虑到鼓风机的最大吸力，防止水封液被吸入煤气管和鼓风机内所需要的高度差；

2 鼓风机机组之间和鼓风机与墙之间的距离，应根据操作和检查的需要确定，一般设计尺寸见表13。

表13　鼓风机之间距离

鼓风机型号	D1250-22	D750-23	D250-23	D60×4.8-120/3500
机组中心距（m）	12	8	8	6
厂房跨距（m）	15	12	12	9

5 规定"应设置单独的仪表操作间"是为了改善工人操作条件和保持一个比较安静的生产操作环境，便于与外界联系工作。在以往设计中，凡仪表间与鼓风机房设在同一房间内且无隔墙分开的，鼓风机运转时，其噪声大大超过人的听力保护标准及语言干扰标准，长期在这样的环境中操作对工人健康和工作均不利。

按照《建筑设计防火规范》要求，压缩机室与控制室之间应设耐火极限不低于3h的非燃烧墙。但是为了便于观察设备运转应设有生产必需的隔声玻璃窗。本条文与《工业企业煤气安全规程》GB 6222第5.2.1条要求是一致的。

5.4　焦油雾的脱除

5.4.1 煤气中的焦油雾在冷凝冷却过程中，除大部进入冷凝液中外，尚有一部分焦油雾以焦油气泡或粒径1～7μm的焦油滴悬浮于煤气气流中。为保证后续净化系统的正常运行，在冷凝鼓风工段设计中，应选用电捕焦油器清除煤气中的焦油雾。

电捕焦油器按沉淀极的结构形式分为管式、同心圆（环板）式和板式三种。我国通常采用的是前两种电捕焦油器。

虽然可以采用机捕焦油器脱除煤气中的焦油雾，但效率不甚理想，目前国内新建煤气厂中已不采用。

本条文规定"电捕焦油器不得少于2台"，是为了当其中1台检修时仍能保证有效地脱除焦油雾的要求。

各厂实践证明，设有3台及3台以上并联的电捕焦油器时，在实际操作中可以不设置备品。电捕焦油器具有操作弹性较大的特点。例如，煤气在板式电捕焦油器内流速为0.4～1m/s，停留时间为3～6s；煤气在板式电捕焦油器内流速为1～1.5m/s，停留时间为2～4s；故只要在设计时充分运用这一特点，虽然不设备品仍能维持正常生产。

5.4.2 不同煤气的爆炸极限各不相同，我们通常所说的爆炸极限是指煤气在空气中的体积百分比，而煤气中的含氧量是指氧气在煤气中的体积百分比。由于煤气中的氧气主要是由于煤气生产操作过程中吸入或掺入了空气造成的，因此可考虑把煤气中的氧含量理解为是掺入了一定量的空气，这样就可计算出煤气中氧的体积百分比或空气的体积百分比为多少时达到爆炸极限。各种人工煤气的爆炸极限范围见表14。

由表14可看出，各种燃气的爆炸上限最大为70%，这时空气所占比例即为30%，则氧含量大于6%，这样越过置换终止点的20%的安全系数时，此时氧含量可达4.8%，因此生产中要求氧含量指标小于1%是有点过于保守的。

表14　各种人工煤气爆炸极限表（体积百分比）

序号	名称	煤气空气混合物中煤气（体积百分比）		煤气空气混合物中空气（体积百分比）		煤气空气混合物中氧气（体积百分比）	
		上限	下限	上限	下限	上限	下限
1	焦炉煤气	35.8	4.5	64.2	95.5	13.5	20.1
2	直立炉煤气	40.9	4.9	59.1	95.1	12.4	20.0
3	发生炉煤气	67.5	21.5	32.5	79.5	6.8	16.5
4	水煤气	70.4	6.2	29.6	93.8	6.2	19.7
5	油制气	42.9	4.7	57.1	95.3	12.0	20.0

从表14可看出：正常生产情况下，煤气中的空气量不可能达到如此高浓度，没有必要控制煤气中氧含量一定要低于1%。实际生产过程中由于控制煤气中含氧量小于1%很难进行操作，许多企业采用含氧量小于或等于1%切断电源的控制，经常发生断电停车，影响后续工段的正常生产。国内大部分企业都反映很难将电捕焦油器含氧量控制在小于或等于1%，一般控制在2%～4%，同时国内国际经过几十年的实际生产运行，没有发生电捕焦油器爆炸的情况。国外一些国家将煤气中含氧量设定为4%，个别企业甚至达到6%。因此采用控制煤气中含氧量小于或等于2%（体积分数）并经上海吴淞煤气厂实践证明是很安全的，从爆炸极限角度分析是完全可行的。

5.5　硫酸吸收法氨的脱除

5.5.1 塔式硫酸吸收法脱除煤气中的氨，这种装置在我国已有多家工厂在运行。如上海宝山钢铁总厂焦化分厂、天津第二煤气厂等。不过，半直接法采用饱和器生产硫酸铵已是我国各煤气厂、焦化厂普遍采用的成熟工艺，这不仅回收煤气中的氨，而且也能回收煤气冷凝水中的氨，所以本规范目前仍推荐这一工艺。

1 确定进入饱和器前的煤气温度的指标为"60～80℃"。这是根据饱和器内水平衡的要求，总结了各厂实践经验而确定的。《煤气设计手册》及《焦化设计参考资料》的数据均为"60～70℃"。这一指标与蒸氨塔气分缩器出气温度的控制有关。

3 凡采用硫酸铵工艺的，饱和器出口煤气含氨量都能达到小于30mg/m³的要求，例如沈阳煤气二厂、上海杨树浦煤气厂、鞍钢化工总厂等。

4 母液循环量是影响饱和器内母液搅拌的一个重要因素，特别是当气量不稳定时尤其突出。在以往设计中采用的小时母液循环量一般为饱和器内母液量的2倍，实践证明这是不能满足生产要求的，会引起饱和器内酸度不均、硫铵颗粒小、饱和器底部结晶、结块等现象，故目前各厂在生产实践中逐步增大了母液循环量，例如上海杨树浦煤气厂将母液循环量由2倍改为3倍，丹东煤气公司为5倍，均取得良好效果。但随着母液循环量的增大，动力消耗也相应增大，所以应在满足生产基础上选择一个适当值，一般来说规定循环量为饱和器内母液量3倍已能满足生产的要求。

5 煤气厂一般对含酚浓度高的废水多采取溶剂萃取法回收酚，效果较为理想。故条文规定"氨水中的酚宜回收"。

先回收酚后蒸氨的生产流程有下列优点：

1）可避免在蒸氨过程中挥发酚的损失，减少氨类产品受酚的污染；

2）氨水中轻质焦油进入脱酚溶剂中，能减轻轻质焦油对蒸氨塔的堵塞。但也有认为这项工艺的蒸汽消耗量稍大；氨水用于提取吡啶对吡啶质量有影响。因此条文规定"酚的回收宜在蒸氨之前进行"。

废氨水中含氨量的规定是按照既要尽可能多回收氨，又要合理使用蒸汽，而且还应能达到此项指标的要求等项原则而制定的。表15列举各厂蒸氨后的废氨水中含氨量。

5.5.2 本条规定了硫铵工段的工艺布置要求。

3 吡啶生产虽然属于硫铵工段的一个组成部分，但不宜由硫铵的泵工和卸料工来兼任，宜由专职的吡啶生产工人进行操作，并切实加强防毒、防泄漏、防火工作，设单独操作室为宜。

表15　废氨水中含氨量

脱氨工艺	厂　名	蒸氨塔塔型	原料氨水含氨（%）	废氨水含氨（%）
硫铵	北京焦化厂	泡罩	0.08～0.09	0.02
	上海杨树浦煤气厂	瓷环	0.3	0.03
	上海焦化厂	浮阀	0.1～0.15	<0.01
	梅山焦化厂	瓷环	0.18	0.005
	鞍钢化工厂二回收	泡罩	0.126～0.1398	0.01～0.012
	鞍钢化工厂三回收	泡罩	0.21～0.238	0.008～0.01
	鞍钢化工厂四回收	泡罩	0.086～0.156	0.019～0.014
水洗氨	桥西焦化厂	泡罩	0.82	0.03
	东风焦化厂一回收	栅板	0.5	0.007
	东风焦化厂二回收	栅板	0.3	0.0435
	东风焦化厂一回收	泡罩	0.795	0.0097

4　蒸氨塔的位置应尽量靠近吡啶装置，方便吡啶生产操作。

5.5.3　本条规定了饱和器机组的布置。

1、2　规定饱和器与主厂房的距离和饱和器中心距之间的距离，考虑到检修设备应留有一定的回转余地。

3　规定锥形底与防腐地坪的垂直距离，以便于饱和器底部敷设保温层。冲洗地坪时，尽可能避免溅湿饱和器底部。

4　为防止硫酸和硫铵母液的输送泵在故障或检修时，流散或溅出的液体腐蚀建筑物或构筑物，故硫铵工段的泵类宜集中布置在露天。对于寒冷地区则可将泵机组设置在泵房内。

5.5.4　本条规定了离心干燥系统设备的布置要求。

2　规定2台连续式离心机的中心距是考虑到结晶槽的安装距离，并能使结晶料浆直接通畅地进入离心机，同时也保证了设备的检修和安装所需的空间。

5.5.5　吡啶蒸气有毒，含硫化氢、氰化氢等有毒气体，故吡啶系统皆应在负压下进行操作。中和器内吸力保持500～2000Pa为宜。其方法可将轻吡啶设备的放散管集中在一起接到鼓风机前的负压煤气管道上，即可达到轻吡啶设备的负压状态。

5.5.6　本条规定了硫铵系统的设备要求。

1　饱和器机组包括饱和器、满流槽、除酸器、母液循环泵、结晶液泵、硫酸泵、结晶槽、离心分离机等。由于皆易损坏，为在检修时能维持正常生产，故都需要设置备品。以各厂的实践经验来看，二组中一组生产一组备用，或三组中二组生产一组备用是可行的。而结晶液泵和母液循环泵的管线设计安装中，也可互为通用。

2　硫铵工段设置的两个母液储槽，一个是为满流槽溢流接受母液用的；另一个是必须能容纳一个饱和器机组的全部母液，作为待抢修饱和器抽出母液储存用。

3　规定了硫铵结晶的分离方法。

4　国内已普遍采用沸腾床干燥硫酸铵结晶，效果良好，上海市杨树浦煤气厂、上海市浦东煤气厂和上海焦化厂都建有这种装置。

硫铵工段的沸腾干燥系统都配备有结晶粉尘的收集和热风洗涤装置，运行效果都较好。

5.5.7　从上海市杨树浦煤气厂和上海焦化厂的生产实践来看，紫铜管、防酸玻璃钢制成的满流槽、中央管、泡沸伞和结晶槽的耐腐蚀效果较好；用普通不锈钢的泵管和连续式离心机的筛网，损坏较快。92%以上的浓硫酸用硅钢翼片泵和碳钢管其使用寿命较长。

5.5.8　上海杨树浦煤气厂硫铵厂房改造时，以花岗岩石块用耐酸胶泥勾缝做成室内外地坪，防腐涂料做成室内墙面，防腐蚀效果良好。

5.5.9　硫铵工段的酸焦油尚无妥善处理方法，一般当燃料使用。包钢焦化厂硫铵工段的酸焦油，曾经配入精苯工段的酸焦油中，作为橡胶的胶粘剂。

废酸液是指饱和器机组周围的漏失酸液和洗刷设备、地坪的含酸废水，流经地沟汇总在地下槽里，作为补充循环母液的水分而重复使用。在国外某些炼油制气厂里，连雨水也汇总经过沉淀处理除去杂质，如有害物质的含量超过排放标准，则也要掺入有害物质浓度较高的废水中去活性污泥处理。因此硫铵工段的含氨并呈酸性的废水不能任意排放。

5.6　水洗涤法氨的脱除

5.6.1　煤气中焦油雾和萘是使洗氨塔堵塞的主要因素。例如石家庄东风焦化厂、首钢焦化厂等洗氨塔木格填料曾经被焦油等杂质堵塞，每年都需清扫一次，而且清扫不易彻底。而长春煤气公司在洗氨塔前设置了电捕焦油器，故木格填料连续操作两年多还未发生堵塞现象。为了保证木格塔的洗氨除萘效果，故规定"煤气进入洗氨塔前，应脱除焦油雾和萘"。

按本规范规定脱除焦油雾最好是采用电捕焦油器，但也有不采用电捕焦油器脱焦油的。例如唐山焦化厂和石家庄原桥西焦化厂等厂未设置电捕焦油器时期，是利用低温水使冷凝器出口煤气温度降低到25℃以下，使大量焦油和萘在初冷器中被冲洗下来，再通过机械脱焦油器脱焦油，这样处理也能保证正常操作。脱除萘是指水洗萘或油洗萘。一般规模小的生产厂均采用水洗萘，这样可与洗氨水合在一起，减少一个油洗系统。水中的萘还需人工捞出，但操作环境很差，对环境污染较大；规模较大的生产厂一般采用油洗萘流程，在这方面莱芜焦化厂、攀钢焦化厂等均有成功的经验，油洗萘后煤气中萘含量均能达到本条要求的"小于500mg/m³"的指标。还需说明的是：当采用洗萘时应在终冷洗氨塔中同时洗萘和洗氨，以达到小于500mg/m³的指标。

5.6.2　这是因为煤气中的氨在洗苯塔会少量地溶入洗油中，容易使洗油老化。当溶解有氨的富油升温蒸馏时，氨将析出腐蚀粗苯蒸馏设备。所以要求尽量减少进入洗苯塔煤气中的含氨量，以保证最大程度地减轻氨对粗苯蒸馏设备的腐蚀和洗油的老化。为此，在洗氨塔的最后一段设置净化段，用软水进一步洗涤粗煤气中的氨。

5.6.3　本条规定"洗氨塔出口煤气温度，宜为25～27℃"的根据如下：

1　与煤气初冷器煤气出口温度相适应，从而避免大量萘的析出而堵塞木格填料；

2　便于煤气中氨能充分地被洗涤水吸收下来。塔后煤气温度若高于27℃，则会使煤气中含氨量增加，以使粗苯吸收工段的蒸馏部分设备腐蚀。

5.6.4　本条规定了洗涤水的水质要求。

在一定的洗涤水量条件下水温低些对氨吸收有利，这是早经理论与实践证实的一条经验。从上海吴淞炼焦制气厂的生产实践表明：随着水温从21℃上升到33～35℃则洗氨塔后煤气中含氨量从"50～120mg/m³上升为250～500mg/m³"。详见表16。

表16　洗涤水温度与塔后煤气中含氨量关系

冷却水种类	冷却后废水温度（℃）	2号终冷洗氨塔后煤气温度（℃）	煤气中含氨量（g/m³）		
			1号终冷洗氨塔前	1号终冷洗氨塔后	2号终冷洗氨塔后
深井水（21℃）	21～23	23～25	1～2	0.15～0.5	0.05～0.12
制冷水（23～25℃）	25～28	28～30	2.5～5	0.3～0.7	0.2～0.4
黄浦江水（33～35℃）	35～38	38～40	2.5～5	0.45～1.5	0.25～0.5

临汾钢铁厂的《氨洗涤工艺总结》中指出，"只有控制洗涤水温度在25℃左右时，才能依靠调节水量来保证塔后煤气中含氨量小于30mg/m³，从降温水获得的可能性来说也是以25℃为宜，否则成本太高"。

过去对洗涤水中硬度指标无明确规定，但从实践中了解到，含氨煤气会促使洗涤水生成水垢，堵塞管道和塔填料，故有些工厂（例如临汾钢铁厂）采用软化水作为洗涤水，经过长期运转未发现有水垢堵塞现象，确定水的软化程度需从技术和经济两个方面来考虑，目前很难得出确切的结论。因为洗涤水是循环使用的，所以补充水量不大，故对小型煤气厂来说，为了节约软化设备投资，采取从锅炉房中获得如此少量的软化水是可能的。因此本条规定对软化水指标即按锅炉用水最低一级标准，即《工业锅炉水质标准》GB 1576 中水总硬度不大于 0.03mmol/L。

5.6.5 本条规定了水洗法脱氨的设计要求。

1 规定了洗氨塔的设置不得少于 2 台，并应串联设置，这是为了当其中一台清扫时，其余各台仍能起洗氨作用，从而保证了后面工序能顺利进行。

5.6.6 当采用水洗涤法回收煤气中的氨时，有的厂将全部洗涤水进行蒸馏（如莱芜焦化厂、上海吴淞煤气厂等）。这种流程中原料富氨水中含氨量可达 5g/L 左右。也有的厂将部分洗涤水蒸馏回收氨，而将净化段之洗涤水直接排放（如以前的桥西焦化厂、攀钢焦化厂等），这种流程中原料富氨水中含氨量可达 8～10g/L，也有少数煤气厂由于氨产量少没有加工成化肥（如以前的北京 751 厂、大连煤气一厂等），曾将洗氨水直接排放。煤气的洗氨水中，含有大量的氨、氰、硫、酚和 COD 等成分，严重污染环境，故必须经过处理，达到排放标准后才能外排。

在洗氨的同时，煤气中的氰化物也同时被洗下来，如上海吴淞煤气厂的洗氨水中含氰化物 250～400mg/L；石家庄东风焦化厂一回收工段的洗氨水含氰化物约 300mg/L，二回收工段的洗氨水含氰化物 200～600mg/L，鉴于目前从氨水中回收黄血盐的工艺已经成熟，故在本条中明确规定"不得造成二次污染"。

5.7 煤气最终冷却

5.7.1 由于采用直接式冷却煤气的工艺进行煤气的最终冷却将产生一定量的废水、废气，特别是在用水直接冷却煤气时，水会将煤气中的氰化氢等有毒气体洗涤下来，而在水循环换热的过程中这些有毒气体将挥发出来散布到空气中造成二次污染，这种煤气最终冷却工艺已逐步淘汰，目前国内新建的项目已不考虑采用直接式冷却工艺，许多已建的直接式冷却工艺也逐步改为间接式冷却工艺，因此本规范不再采用直接式冷却工艺。

5.7.2 终冷器出口煤气温度的高低，是决定煤气中萘在终冷器内净化和粗苯在洗涤塔内被吸收的效果的极重要因素。苯的脱除与煤气出终冷器的温度有关。其温度越低，终冷后煤气中萘含量就越少。而对粗苯而言，煤气温度越高，吸收效率越差。由于吸苯洗油温度与煤气温度差是一定值，在表 17 洗油温度与吸苯效率关系中反映了终冷后煤气温度高低对吸苯效率的影响。

表 17　洗油温度与吸苯效率的关系

洗油温度（℃）	20	25	30	35	40	45
吸苯效率 η（%）	96.4	95.15	93.96	87.7	83.7	69.6

当然终冷后温度太低（如低于 15℃）也会导致洗油性质变化，而使吸苯效率降低，且温度低会影响横管冷却器内喷洒的轻质焦油冷凝液的流动性。

现在规定的"宜低于 27℃"是参照上海吴淞炼焦制气厂在出塔煤气温度为 25～27℃时洗苯塔运行良好，塔后煤气中萘含量小于 400mg/m³ 而定的。

5.7.3 本条规定了煤气最终冷却采用横管式间接冷却的设计要求。

1 采用煤气自上而下流动使煤气与冷凝液同向流动便于冷凝液排出，条文中所列"在煤气侧宜有清除管壁上萘的设施"。目前国内设计及使用的有轻质焦油喷洒来脱除管壁上萘，但考虑喷洒焦油后会有焦油雾进入洗苯工段，故也可采用喷富油来脱除管壁上萘的措施。

2 冷却水可分两段，上段可用凉水架冷却水，下段需用低温水目的是减少低温水的消耗量。

3 冷却器煤气出口设捕雾装置可将喷洒液的雾状液滴及随煤气冷却后在煤气中未被冲刷下去的杂质捕集，一些厂选用旋流板捕雾器效果较好。

5.8 粗苯的吸收

5.8.1 对于煤气中粗苯的吸收，国内外有固体吸附法、溶剂常压吸收法及溶剂压力吸收法。

溶剂压力吸收法吸收效率较高、设备较小，但是国内的煤气净化系统一般均为常压，若再为提高效率增加压力在经济上就不合理了。固体吸附国内有活性炭法，此法适用于小规模而且脱除苯后净化度较高的单位，此法成本较高。

5.8.2 洗苯用洗油目前可以采用焦油洗油和石油洗油两种。我国绝大多数煤气厂、焦化厂是采用焦油洗油，该法十分成熟；有少数厂使用石油洗油。例如北京 751 厂，但洗苯不理想而且再生困难。过去我国煤气厂大量发展仅依赖于焦化厂生产的洗油，出现了洗油供不应求的状况。故在本条中用"宜"表示对没有焦油洗油来源的厂留有余地。

5.8.3 本条规定了洗油循环量和其质量要求。

在相同的吸收温度条件下，影响循环洗油量的主要因素有以下两项：一是煤气中粗苯含量，其二是洗油种类。循环洗油量大小与上述两方面的因素有关。一般情况下对煤干馏气焦油洗油循环量取为 1.6～1.8L/m³（煤气），石油洗油 2.1～2.2L/m³（煤气），油制气（催化裂解）为 2L/m³（煤气）。

"循环洗油中含萘量宜小于 5%"是为了使洗苯塔后煤气含萘量可以达到"小于 400mg/m³"的指标要求，从而减少了最终除萘塔轻柴油的喷淋量。

从平衡关系资料可知，当操作温度为 30℃、洗油中含萘为 5% 时，焦油洗油洗萘则与之相平衡的煤气含萘量为 150～200mg/m³，石油洗油则为 200～250mg/m³。当然实际操作与平衡状态是有一定差距的，但 400mg/m³ 还是能达到。国内各厂中已采用循环洗油含萘小于 5% 者均能使煤气含萘量小于 400mg/m³。

5.8.4 本条规定了洗苯塔形式的选择。

1 木格填料塔是吸苯的传统设备，它操作稳定，弹性大，因而为我国大多数制气厂、焦化厂所采用。但木格填料塔设备庞大，需要消耗大量的木材，多年来有一些工厂先后采用筛板塔、钢板网塔、塑料填料塔成功地代替了木格填料塔。木格填料塔的木格清洗、检修时间较长，一般应设置不小于 2 台并且应串联设置。

2 钢板网填料塔在国内一些厂经过一段时间使用有了一定的经验。塑料填料塔以聚丙烯花形填料为主的填料塔，近年来逐渐得到广泛的应用。该两种填料塔都具有操作稳定、设备小、节约木材之优点。但该设备要求进塔煤气中焦油雾的含量少，否则会造成填料塔堵塞，需要经常清扫。为考虑 1 台检修时能继续洗苯宜设 2 台串联使用。当 1 台检修时另 1 台可强化操作。

3 筛板塔比木格填料塔及钢板网填料塔有节约木材、钢材之优点。清刮容易，检修方便，但要求煤气流量比较稳定，而且塔的阻力大（约为 4000Pa），在煤气鼓风机压头计算时应予以考虑。

5.8.5 本条规定了洗苯塔的设计参数要求。

1 所列木格填料塔的各项设计参数是长期操作经验积累数据所得，比较可靠。

2 钢板网填料塔设计参数是经"吸苯用钢板网填料塔经验交流座谈会"上，9 个使用工厂和设计单位共同确定的。

3 本条所列数据是近年来筛板塔设计及实践操作经验的总结，一般认为是合适的。各厂筛板塔的空塔流速见表 18。

表 18　各厂筛板塔的煤气空塔流速表

厂　名	空塔流速（m/s）
大连煤气公司一厂	1
吉林电石厂	2～2.5
沈阳煤气公司二厂	1.3
本规范推荐值	1.2～2.5

5.8.6 粗苯蒸馏装置是获得符合质量要求的循环洗油和回收粗苯必不可少的装置，它与吸苯装置有机结成一体不可分割。因此本系统必须设置相应的粗苯蒸馏装置，其具体设计参数应遵守有关专业设计规范的规定。

5.9 萘的最终脱除

5.9.1 萘的最终脱除方法，一般采用的是溶剂常压吸收法。此外也可用低温冷却法，即使煤气温度降低脱除其中的萘，低温冷却法由于生产费用较高，国内尚未推广。

5.9.2 最终洗涤用油在实际应用中以直馏轻柴油为好。一般新鲜的直馏轻柴油无萘，吸收效果较好。而且在使用过程中不易聚合生成胶状物质防止堵塞设备及管道。近年来有些直立炉干馏气厂考虑直馏轻柴油的货源以及价格问题，经比较效益较差。因此也有用直立炉的焦油蒸馏截取低萘洗油作为最终洗萘用油。此法脱萘效果较无萘直馏轻柴油差，但也可以使用，故本规范规定，宜用直馏轻柴油或低萘焦油洗油。

直馏轻柴油之型号视使用厂所在地区之寒冷程度，一般选用0号或－10号直馏轻柴油。

5.9.3 最终除萘塔可不设备品，因为进入最终除萘塔时的煤气其杂质已很少，一般不易堵塔，而且在操作制度上，每年冬季当洗苯塔操作良好时，可以允许最终除萘塔暂时停止生产，进行清扫而不影响煤气净化效果。当最终除萘为独立工段时，一般将单塔改为双塔，此时，最终除萘可一塔检修另外一塔操作。

5.9.4 轻柴油喷淋方式在国外采用塔中部循环，塔顶定时、定量喷淋，国内有的厂仅有塔顶定时喷淋不设中部循环，也有的厂设有中部循环，顶部定时、定量喷淋甚至将洗萘塔变换为两个串联的塔，前塔用轻柴油循环喷淋，后塔用塔顶定时、定量喷淋。

塔顶定时、定量喷淋是在洗油喷淋量较少，又能保证填料湿润均匀而采取的措施。一般电器对泵启动采取定时控制装置。

5.9.5 本条规定了最终除萘塔设计参数和指标要求。

上海吴淞炼焦制气厂控制进入最终除萘塔煤气中含萘量（即出洗苯塔煤气中含萘量）小于400mg/m³，以便在可能条件下达到降低轻柴油耗量的目的，上海焦化厂也采用类似的做法。因为目前吸萘后的轻柴油出路尚未很好解决，而以低价出售做燃料之用，经济亏损较大。日本一般是把吸萘后的轻柴油做裂化原料，而我国尚未应用。所以当吸萘后的轻柴油尚无良好出路之前，设计时应贯彻尽可能降低进入最终除萘塔前煤气中的含萘量的原则。

最终除萘塔的设计参数是按上海吴淞炼焦制气厂实践操作经验总结得出的。

5.10 湿法脱硫

5.10.1 常用的湿法脱硫有直接氧化法、化学吸收法和物理吸收法。由于煤或重油为原料的制气厂一般操作压力为常压，而化学吸收法和物理吸收法在压力下操作适宜，因此本规范规定宜采用氧化再生脱硫工艺。当采用鲁奇炉等压力下制气工艺时可采用物理或化学吸收法脱硫工艺。

5.10.2 目前国内直接氧化法脱硫方法较多，因此本规范作了一般原则性规定，希望脱硫液容量大、副反应小、再生性能好、原料来源方便以及脱硫液无毒等。

目前国内使用较多的直接氧化法有改良蒽醌（改良A.D.A）法、栲胶法、苦味酸法及萘醌法等在一些厂也有较广泛的应用。

5.10.3 焦油雾的带入会使脱硫液及产品受污染并且使填料表面积降低，因此无论哪一种脱硫方法都希望将焦油雾除去。

直接氧化法有氨型和钠型两种，当采用氨型（如氨型的苦味酸法及萘醌法）时必须充分利用煤气中的氨，因此必须设在氨脱除之前。

原规范本条规定采用蒽醌二磺酸钠法常压脱硫时煤气进入脱硫装置前应脱除苯类，本条不用明确规定。由于仅仅是油煤气未经脱苯进入蒽醌法脱硫装置内含有部分轻油带入脱硫液中使脱硫液产生恶臭。但大多数的煤气厂该现象不明显，所以国内有一些厂已将蒽醌二磺酸钠法常压脱硫放在吸苯之前。

5.10.4 本条规定了蒽醌二磺酸钠法常压脱硫吸收部分的设计要求：

1 硫容量是设计脱硫液循环量的主要依据。影响硫容量的因素不仅是硫化氢的浓度、脱硫效率、还有脱硫液的成分和操作控制条件等。

上海及四川几个厂的不同煤气及不同气量的硫容量数据约为0.17～0.26kg/m³（溶液）。设计过程中如有条件在设计前根据运行情况进行试验，则应按试验资料确定硫容量进行计算选型。如果没有条件进行试验则应从实际出发，其硫容量可根据煤气中硫化氢含量按照相似条件下的运行经验数据，在0.2～0.25kg/m³（溶液）中选取。

2 国内蒽醌法脱硫的脱硫塔普遍采用木格填料塔，个别厂采用旋流板塔、喷射塔以及空塔等。木格填料塔具有操作稳定、弹性大之优点，但需要消耗大量木材。为此有些厂采用竹格以及其他材料来代替木格。在上海宝山钢铁厂和天津第二煤气厂所采用的萘醌法和苦味酸法脱硫中脱硫塔填料均采用了塑料填料，因此本条文只提"宜采用填料塔"，这就不排除今后新型塔的选用。

3 空塔速度采用0.5m/s，经实践证明是合理指标。

4 反应槽内停留时间的长短是影响到脱硫液中氢硫化物的含量能否全部转化为硫的一个关键。国内各制气厂均认为槽内停留时间不宜太短。表19是各厂蒽醌法脱硫液在反应槽内的停留时间。

表19 脱硫液在反应槽内停留时间

厂 名	上海杨树浦煤气厂	上海吴淞炼焦制气厂	四川化工厂	衢州化工厂	上海焦化厂
停留时间（min）	8	10～12	3.9～11	6～10	10

按国外资料报道，对于不同硫容量和反应时间消耗氢硫化物的百分比见图1。

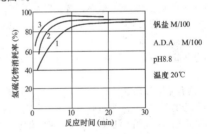

图1 不同硫容量和反应时间消耗氢硫化物的百分比图
硫容量：1—0.33kg/m³；2—0.25kg/m³；3—0.20kg/m³

因此规定采用"在反应槽内的停留时间一般取8～10min"。

5 原规范中考虑木格清洗时间较长，规定宜设置1台备用塔，本条中没写此项。考虑常压木格填料塔都比较庞大，木材用量也大，因此基建投资费用较高，平时闲置1台备品的必要性应在设计中予以考虑。是设置1台备用塔还是设计中做成2塔同时生产，在检修时一个塔加大喷淋强化操作，由设计统一考虑。因此本条文中未加规定。

5.10.5 喷射再生槽在国内已有大量使用。但高塔式再生在国内使用时间较长，为较成熟可靠之设备。故本规范对两者均加以肯定。

1 条文中规定采用9～13m³/kg（硫）的空气用量指标，来源于目前国内几个设计院所采用的经验数据。

空气在再生塔内的吹风强度定为100～130m³/（m²·h）是参考"南京化工公司化工研究院合成氨气体净化调查组"在总结对鲁南、安阳、宣化、盘锦、本溪等地化肥厂的蒽醌法脱硫实地调查后所确定的。

由表20可见"再生塔内的停留时间，一般取25～30min"

是可行的。

表20　脱硫液在再生塔内的停留时间统计表

厂　名	上海杨树浦煤气厂	上海吴淞炼焦制气厂	四川化工厂	衢州化工厂	上海焦化厂
停留时间（min）	24	25～30	36	29～42	32

"宜设置专用的空气压缩机"是根据大多数煤气厂和焦化厂的操作经验制定的。湿法脱硫工段如果没有专用的空气压缩机而与其他工段合用时，则容易出现空气压力的波动，引起再生塔内液面不稳定现象，因而硫泡沫可能进入脱硫塔内。例如南化公司合成氨气体净化组有下列报告记载："安阳、宣化等化肥厂其压缩空气要供仪表、变换、触媒等部门使用，因此进入再生塔的空气很不稳定，再生的硫不能及时排出，大量沉积于循环槽及脱硫塔内造成堵塔"。在编制规范的普查中，很多煤气厂都反映发生过类似情况。

规定"入塔的空气应除油"的理由在于避免油质带入脱硫液与硫粘合后堵塞脱硫塔内的木质填料，所以一般都设有除油器。如采用无油润滑的空气压缩机就没有设置除油装置的必要了。

2　蒽醌二磺酸法常压脱硫再生部分的设计中对喷射再生设备的选用已逐渐增多，本条所列举数据是根据广西大学以及广西、浙江的化肥厂使用经验汇总的。喷射再生槽在制气厂、焦化厂已被普遍采用，经实际使用效果良好。

5.10.6　脱硫液的加热器除与脱硫系统的反应温度有关以外还取决于系统中水平衡的需要。

在以往采用高塔再生时该加热器宜设于富液泵与再生塔之间。而再生塔与脱硫塔之间的溶液靠液体之高差，由再生塔自流入脱硫塔，若在此间设加热器，一则设置的位置不好放置（在较高的平台上），二则由于自流速度较小使其传热效率较低。

当采用喷射再生槽时该加热器可以设于贫脱硫液泵与脱硫塔之间或富液泵与喷射再生槽之间，由于喷射再生槽目前大多是自吸空气型，则要求泵出口压力比脱硫液泵出口压力高。在富液泵后设加热器还应增加泵的扬程，故不经济。另外加热器设于富液管道系统较设于贫液管道上容易堵塞加热器，因此加热器宜设于贫脱硫液泵与脱硫塔之间。

5.10.7　本条规定了蒽醌二磺酸钠法常压脱硫回收部分的设计要求。

1　设置两台硫泡沫槽的目的是可以轮流使用，即使在硫泡沫槽中修、大修的时候，也不致影响蒽醌脱硫正常运行；

2　煤干馏气、水煤气、油煤气等硫化氢含量各不相同，处理气量也有多有少，所以不宜对生产粉硫或融熔硫作硬性规定。在气量少且硫化氢含量低的地方以及如机械发生炉煤气中所含焦油在前工序较难脱除，因此不宜生产融熔硫；

3　多年来上海焦化厂等厂采用了取消真空过滤器而硫膏的脱水工作在熔硫釜中进行，先脱水后将水在压力下排放并半连续加料最后再熔硫，这样在不增加能耗情况下可简化一个工序，提高设备利用率。

由于对废液硫渣的处理方法很多，因此在本条中仅规定"硫渣和废液应分别回收并应设废气净化装置"。

5.10.9　各种煤气含氰化氢、氧等杂质浓度不同，并且操作温度也不相同，所以副反应的生成速度不同。有的必须设置回收硫代硫酸钠、硫氰酸钠等副产品的设备，以保持脱硫液中杂质含量不致过高而影响脱硫效果和正常操作。有的副反应速度缓慢，则可不设置回收副产品的装置。

在设置中对硫代硫酸钠，硫氰酸钠等副产品的加工深度应是以保护煤气厂或焦化厂的脱硫液为主，一般加工到粗制产品即可，至于进一步的加工或精制品应随市场情况因地制宜确定。

5.11　常压氧化铁法脱硫

5.11.1　常压氧化铁法脱硫（下简称干法脱硫）常用的脱硫剂有

藻铁矿（来自伊春、蓟县、怀柔等地）、氧化铸铁屑、钢厂赤泥等等。

天然矿如藻铁矿由于不同地区及矿井，其活性氧化铁的含量是有差异的，脱硫效果不同，钢厂赤泥也随着不同的钢厂其活性也有差异，再则脱硫工场与矿或钢厂地理位置不同，有交通运输等各种问题。因此干法脱硫剂的选择强调要根据当地条件，因地制宜选用。

氧化铸铁屑是较常用的脱硫剂，有的厂认为氧化后的钢屑也有较好的脱硫性能。氧化后的铸铁屑一般控制在 Fe_2O_3/FeO 大于1.5作为氧化合格的指标。条文只原则的提出"当采用铸铁屑或铁屑时，必须经过氧化处理"。

由于不同的脱硫剂或即使相同品种的脱硫剂产地不同，脱硫剂的品位也会有较大的差异。因此本条只原则规定脱硫剂中活性氧化铁重量含量应大于15％。

疏松剂可用木屑，小木块、稻糠等等，由于考虑表面积的大小以及吸水性能，本条规定为"宜采用木屑"。

关于其他新型高效脱硫剂暂不列入规范。

5.11.2　常压氧化铁法脱硫设备目前大多采用箱式脱硫设备。而箱式脱硫设备中又以铸铁箱比钢板箱使用得多。目前国内个别厂使用塔式脱硫设备，该设备在装、卸脱硫剂时机械化程度较高脱硫效率较高，随着新型、高效脱硫剂的使用，塔式脱硫设备正逐渐得到推广。因此本条定为"可采用箱式和塔式两种"。

5.11.3　本条规定了采用箱式常压氧化铁法的设计要求。

1　煤气通过干法脱硫箱的气速，本条规定宜取7～11mm/s，参考了美国的数据 $u=7～16mm/s$，英国的数据 $u=7mm/s$，日本的数据 $u=6.6mm/s$ 而定的。

当处理的煤气中硫化氢含量低于 $1g/m^3$ 时，如仍采用7～11mm/s就过于保守了，事实上无论国内与国外的实践证明，当硫化氢含量较低时可以适当提高流速而不影响脱硫效率，如日本的4个煤气厂箱内流速分别为 16.2mm/s、28.6mm/s、37.7mm/s、47.4mm/s，上海杨树浦煤气厂箱内流速为 20.5mm/s（见表21）。

表21　几个进箱硫化氢含量低的生产实况表

厂名 干箱	甲煤气厂	乙煤气厂	日本（1）厂	日本（2）厂	日本（3）厂	日本（4）厂
长×宽（m²） 高（m）	148.8 2.13	2.5×3.5 3.0	13.0×8.0 4.0	15.0×11.0 4.1	15.0×11.0 4.1	6.0×7.0 4.0
使用箱数	二组分8箱	3（一箱备用）	2	3	2	4
气流方式	每组串联	串联	串联	并联	串联	串联
每箱内脱硫剂（m³）	208	17.55	208	330	396	100
每箱脱硫剂层数	2	5	2	2	4	8
每层脱硫剂厚度（mm）	700	400	1000	1000	600	300
处理煤气种类	直立炉煤气水煤气油煤气	立箱炉气	发生炉煤气	发生炉煤气及油煤气	煤煤气	发生炉煤气
处理量（m³/h）	22000	2400	14100	22000及7000	17000	7170
煤气在箱内流速（mm/s）	20.5	76.5	37.7	16.2	28.6	47.4
接触时间（s）	272	79	106	123	168	200
进口 H₂S（g/m³）	0.3～0.5	0.8～1.4	0.147	0.509	0.5	0.13
出口 H₂S（g/m³）	<0.008	<0.02	<0.02	<0.02	<0.04	0.0

2 煤气与脱硫剂的接触时间，本规定为宜取 130～200s，这是参考了国内外一些厂的数据综合的。如原苏联为 130～200s，日本四个厂为 106～200s，国内一些厂最小的为 45.5s，最多的为 382s，一般为 130～200s 之间的脱硫效率都较高（见表 22）。

表 22 脱硫箱内气速和接触时间实况表

厂　名	进口 H₂S（g/m³）	出口 H₂S（g/m³）	箱内气速（mm/s）	接触时间（s）
上海吴淞炼焦制气厂	0.02～1.0	<0.008	13	115
上海焦化厂	0.3	0.01	7.4	324
北京 751 厂①	0.8～1.4	<0.02	76.5	79
大连煤气二厂②	2.0～4.0	0.02	8.6	210
鞍山煤气公司化工厂	4.0	0.02	6.3	382
沈阳煤气二厂	2.2	0.008～0.48	9.8	1.33
鞍山煤气公司铁西厂	4.0	0.2～0.3	62.5	103
大连煤气厂②	0.4～1.0	0.2～0.8	13.1	92.5

注：① 使用天然活性铁泥。
　② 使用颜料厂的下脚铁泥。其余各厂都使用人工氧化铁脱硫剂。

3 每层脱硫剂厚度

日本《都市煤气工业》介绍脱硫剂厚度为 0.3～1.0m，但根据北京、鞍山、沈阳、大连、丹东、上海等煤气公司的实况，多数使用脱硫剂高度在 0.4～0.7m 之间，所以将这一指标制定为"0.3～0.8m"之间。

4 干法脱硫剂量的计算公式

干法脱硫剂量的计算公式较多，可供参考的有如下四个公式：

1) 米特公式：

一组四个脱硫箱，每箱内脱硫剂 $3'6''$～$4'$，每个箱最小截面积是：

当 H₂S 量 500～700 格令/100 立方英尺时为
0.5 平方英尺/（1000 立方英尺·d）

当 H₂S 量小于 200 格令/100 立方英尺时为
0.4 平方英尺/（1000 立方英尺·d）

注：1 格令/100 立方英尺=22.9mg/m³。

2) 爱佛里公式

$$R = \frac{每小时煤气通过量（立方英尺）}{一个干箱内的氧化铁脱硫剂量（立方英尺）} \quad (7)$$

$R=25\sim30$（箱式）
$R>30$（塔式）

3) 斯蒂尔公式：

$$A = \frac{GS}{3000(D+C)} \quad (8)$$

式中　A——煤气经过一组串联箱中任一箱内截面积（平方英尺）；

G——需要脱硫的最大煤气量（标准立方英尺/时）；

S——进口煤气中 H₂S 含量的校正系数；

当煤气中 H₂S 含量为 4.5～23g/m³ 时 S 值为 480～720；

D——气体通过干箱组的氧化铁脱硫剂总深度（英尺）；

C——系数，对 2、3、4 个箱时分别为 4、8、10。

4) 密尔本公式：

$$V = \frac{1673\sqrt{C_s}}{f\rho} \quad (9)$$

式中　V——每小时处理 1000m³ 煤气所需脱硫剂（m³）；

C_s——煤气中 H₂S 含量（体积%）；

f——新脱硫剂中活性三氧化二铁重量含量（%）；

ρ——新脱硫剂的密度（t/m³）。

以上四个公式比较，米特和爱佛里公式较粗糙，而且不考虑煤气中 H₂S 含量的变化，故不宜推荐。斯蒂尔公式虽在 S 校正系数中考虑了 H₂S 的变化，但 S 值仅是 H₂S 在 4.5～23g/m³ 间

才适用，对干法脱硫箱常用的低 H₂S 值时就不能适用了，经过一系列公式演算和实际情况对照认为密尔本公式较为适宜。

按《焦炉气及其他可燃气体的脱硫》一书说明，密尔本公式只适用于 H₂S 含量小于 0.8% 体积比（相当于 12g/m³ 左右），这符合一般人工煤气的范围。

5 脱硫箱的设计温度。根据一般资料介绍，干箱的煤气出口温度宜在 28～30℃，温度过低时将使硫化反应速度缓慢，煤气中的水分大量冷凝造成脱硫剂过湿，煤气与氧化铁接触不良，脱硫效率明显下降。这里规定了"25～35℃"的操作温度，即说明在设计时对于寒冷地区的干箱需要考虑保温。至于应采取哪些保温措施则视具体情况决定，不作硬性规定。

规定"每个干箱宜设计蒸汽注入装置"是在必要时可以增加脱硫剂的水分和保持脱硫反应温度，有利于提高和保持脱硫效率。

6 规定每组干法脱硫设备宜设置一个备用箱是从实际出发的，考虑到我国幅员辽阔，生产条件各不相同。干法脱硫剂的配制、再生的时间也各不相同，为保证顺利生产，应设置备用箱，以做换箱时替代用。

条文中规定了连接每个脱硫箱间的煤气管道的布置应能依次向后轮换输气。向后轮换输气是指Ⅰ、Ⅱ、Ⅲ、Ⅳ→Ⅳ、Ⅰ、Ⅱ、Ⅲ→Ⅲ、Ⅳ、Ⅰ、Ⅱ→Ⅱ、Ⅲ、Ⅳ、Ⅰ（Ⅰ、Ⅱ、Ⅲ、Ⅳ代表干箱之号）。

煤气换箱依次向后轮换输气之优点：

1) 保证在第Ⅰ、Ⅱ箱内保持足够的反应条件；

2) 煤气将渐渐冷却，由于后面箱中氧仍能发挥作用使硫化铁能良好再生；

3) 可有效避免脱硫剂着火的危险。

上海杨树浦煤气厂、北京 751 厂等均是向后轮换输气的，操作情况良好。

当采用赤泥时，虽然赤泥干法脱硫剂具有含活性氧化铁量较藻铁矿高，通过脱硫剂的气速可以较藻铁矿大，与脱硫剂的接触时间可以缩短以及通过脱硫剂的阻力降比藻铁矿的小等优点，但由于该脱硫剂在国内使用的不少厂仅仅停留在能较好替换原藻铁矿等，而该脱硫剂对一些生产参数尚需做进一步的工作。本规定赤泥脱硫剂仍可按公式（5.11.3）设计。但由于其密度为 0.3～0.5t/m³ 会造成计算后需用脱硫剂体积增加，这与实际情况有差异，因此在设计中可取脱硫剂厚度的上限、停留时间的下限从而提高箱内气速。

5.11.4 干法脱硫箱有高架式、半地下式及地下式等形式。高架式便于脱硫剂的卸料也可用机械设备较半地下式及地下式均优越。本条规定宜采用高架式。

5.11.5 塔式的干法脱硫设备同样宜用机械设备装卸，从而减少劳动强度和改善工人劳动环境。

5.11.6 为安全生产，干法脱硫箱应有安全泄压装置，其安装位置为：

1 在箱前或箱后的煤气管道上安装水封筒；

2 在箱的顶盖上设泄压安全阀。

5.11.7 干法脱硫工段应有配制、堆放脱硫剂的场地。除此之外该场地还应考虑脱硫剂再生时翻晒用的场地。一般场地宜为干箱总面积的 2～3 倍。

5.11.8 当采用脱硫剂箱内再生时，根据煤气中硫化氢的含量来确定煤气中氧的增加量，但从安全角度出发，一般出箱煤气中含氧量不应大于 2%（体积分数）。

5.12　一氧化碳的变换

5.12.1 一氧化碳与水蒸气在催化剂的作用下发生变换反应生成氢和二氧化碳的过程很早就用于合成氨工业，以后并用于制氢。在合成甲醇等生产中用来调整水煤气中一氧化碳和氢的比例，以满足工艺上的要求。多年来各国为了降低城市煤气中的一氧化碳的含量，也采用了一氧化碳变换装置，在降低城市煤气的毒性方

面得到了广泛的应用，并取得了良好的效果。煤气中一氧化碳与水蒸气的变换反应可用下式表示：

$$CO + H_2O = CO_2 + H_2 + 热量$$

5.12.2 全部变换工艺是指将全部煤气引入一氧化碳变换工段进行处理，而部分变换工艺是指将一部分煤气引入一氧化碳变换工段进行一氧化碳变换处理，选择全部变换或部分变换工艺主要根据煤气中一氧化碳的含量确定，无论采用哪种工艺，其目的都是为降低煤气中一氧化碳的含量，使其达到规范规定的浓度标准。根据不同的催化剂的工艺条件，煤气中的一氧化碳含量可以降低至2%～4%或0.2%～0.4%。由于一氧化碳变换工艺是一个耗能降热值的工艺过程，因此可以选择将一部分煤气进行一氧化碳变换后与未进行一氧化碳变换的人工煤气进行掺混，使煤气中一氧化碳含量达到标准要求，采取部分变换工艺的主要目的是为了减少能耗，降低成本，减少煤气热值的降低。

5.12.3 一氧化碳变换工艺有常压和加压两种工艺流程，选择何种工艺流程主要是根据煤气生产工艺来确定，当制气工艺为常压生产工艺时，一氧化碳变换工艺宜采用常压变换流程，当制气工艺为加压气化工艺时宜考虑采用加压变换流程。

5.12.4 人工煤气中各种杂质较多，如不进行脱除硫化氢、焦油等净化处理，将会造成变换炉中的触媒污染和中毒，影响变换效果。触媒是一氧化碳变换反应的催化剂，它对硫化氢较为敏感，如果煤气中硫化氢含量过高将会造成触媒中毒；如果煤气中焦油含量高，将会污染触媒的表面，从而降低反应效率。

5.12.5 由于一氧化碳变换的反应温度较高，最高可达520℃以上，接近或高于煤气的理论着火温度（例如氢的着火温度为400℃，一氧化碳的着火温度为605℃，甲烷的着火温度为540℃），因此在有氧的情况下就会首先引起煤气中的氢气发生燃烧，进而引燃煤气，如果局部达到爆炸极限还会引起爆炸。严格控制氧含量的目的主要是为安全生产考虑。

5.12.9 一氧化碳常压变换工艺流程中，热水塔通常都被叠装在饱和塔之上，热水靠自身位差经水加热器进入饱和塔，饱和塔的出水由水泵压回热水塔。

而在一氧化碳加压变换的工艺流程中，饱和塔叠装于热水塔之上，饱和塔出水自流入热水塔，加热后的热水用泵压入水加热器后再进入饱和塔。

5.12.10 一氧化碳变换工段热水用量较大，设计时应充分考虑节水、节能及环境保护的需要，采用封闭循环系统减少用水量，节省动力消耗，减少污水排放。

5.12.12 变换系统中设置了饱和热水塔，利用水为媒介将变换气的余热传递给煤气。因此在饱和塔与热水塔之间循环使用的水量必须保证能最大限度地传递热量。若水量太小则不能保证将变换气的热量最大限度地吸收下来，或最大限度地把热量传给煤气。在满足喷淋密度的情况下还要控制循环水量不能过大，水量偏大时，饱和塔推动力大，对饱和塔有利，而热水塔推动力小，对热水塔不利。同样水量偏小时，饱和塔推动力小对饱和塔不利，热水塔推动力大对热水塔有利，但两种情况都不利于生产，因此必须选择一合适水量，使饱和塔和热水塔都在合理范围之内。

对于填料塔，每1000m³煤气约需循环水量15m³，对于穿流式波纹，常压变换操作下循环热水流量是气体重量的13～15倍。在加压变换操作下每1000m³煤气需循环水量10m³。

5.12.14 一氧化碳变换反应是放热反应，随着反应的进行，变换气的温度不断升高，它将使反应温度偏离最适宜的反应温度，甚至损坏催化剂，因此在设计中应采用分段变换的方法，在反应中间移走部分热量，使反应尽可能在接近最适宜的温度下进行。变换炉中的催化剂一般可设置2～3层，故通常称之为两段变换或三段变换。在变换炉上部的第一段一般是在较高的温度下进行近乎绝热的变换反应，然后对一段变换气进行中间冷却，再进入第二、三段，在较低温度下进行变换反应。这样既提高了反应速度也提高了催化剂的利用率。

5.13 煤气脱水

5.13.1 煤气脱水可以采用冷冻法、吸附法、化学反应等方法进行，目前国内外在人工煤气生产领域中，普遍采用冷冻法脱除煤气中的水分。采用吸附法脱水需要增加相当多的吸附剂；采用化学方法脱水需要增加化学反应剂。冷冻法脱水有工艺流程简单、成本低、无污染、处理量大等特点。

5.13.2 煤气脱水工段一般情况下应设在压送工段后，主要有三个方面原因：一是考虑脱水工段的换热设备多，因此系统阻力损失较大，放在压送工段后可以满足系统阻力要求；二是脱水效果好，煤气压力提高后其所含水分的饱和蒸汽分压相应提高，有利于冷冻脱水；三是煤气加压后体积变小，使煤气脱水设备的体积都相应的减小。

5.13.5 煤气脱水的技术指标主要是控制煤气的露点温度，脱水的目的是为了降低煤气的露点温度，当环境温度高于煤气的露点温度时，煤气不会有水析出。当环境温度低于煤气的露点温度时煤气中的水分就会全部冷凝出来。由于煤气输配过程中，用于输送煤气的中、低压管网的平均覆土深度一般为地下1m左右，根据多年的生产运行情况看，在环境温度比煤气露点温度高3～5℃时，煤气中的水分不会析出，因此将煤气的露点温度控制在低于最冷月地下平均地温3℃以上时就能保证煤气在输送过程中管道中不会有水析出。

5.13.6 由于煤气中的焦油、灰尘、萘等杂质在生产操作过程中会析出，粘结在换热设备的内壁上，从而影响换热效率，特别是冷却煤气的换热器。由于是采用冷水间接冷却煤气的工艺，当煤气中的萘遇冷时会在换热器的管壁析出，煤焦油及灰尘也会在管壁上逐渐地粘结，影响换热效果，因此需要定期清理这些换热器。国内现有清洗换热器的方法是用蒸汽吹扫，同时也采用人工清理的方式将换热器内的污垢除去。所以在进行换热器的结构设计时应考虑其内部结构便于清理及拆装。

5.13.7 冷冻法煤气脱水工段的主要动力消耗是制冷机组的电力消耗，由于城镇煤气供应量具有高、低峰值，选用变频制冷机组可以适应这种高低峰变化要求，并大大节省动力消耗，降低生产成本。

5.14 放散和液封

5.14.2 设备和管道上的放散管管口高度应考虑放散出有害气体对操作人员有危害及对环境有污染。《工业企业煤气安全规程》GB 6222中第4.3.1.2条中规定放散管管口高度必须高出煤气管道、设备和走台4m并且离地面不小于10m。本规定考虑对一些小管径的放散管高出4m后其稳定性较差，因此本规定中按管径给予分类，公称直径大于150mm的放散管定为高出4m，不大于150mm的放散管按惯例设计定为2.5m而GB 6222规定离地不小于10m，所以在本规定中就不作硬性规定，应视现场具体情况而定，原则是考虑人员及环境的安全。

5.14.3 煤气系统中液封槽高度在《工业企业煤气安全规程》GB 6222中第4.2.2.1条规定水封的有效高度为煤气计算压力加500mm。本规定中根据气源厂内各工段情况做出的具体规定，其中第2款硫铵工段由于满流槽中是酸液，其密度大，液封高度相应较小，而且酸液漏出会造成腐蚀。因此该液封高度按习惯做法定为鼓风机的全压。

5.14.4 煤气系统液封槽、溶解槽等需补水的容器，在设计时都应注意其补水口严禁与供水管道直接相连，防止在操作失误、设备失灵或特殊情况下造成倒流，污染供水系统。

煤气厂供水系统被污染在国内已经发生过。由于煤气厂内许多化学物质皆为有毒物质，一旦发生水质污染，极易造成严重后果。

6 燃气输配系统

6.1 一般规定

6.1.1 城镇燃气管道压力范围是根据长输高压天然气的到来和参考国外城市燃气经验制定的。

据西气东输长输管道压力工况，压缩机出口压力为10.0MPa，压缩机进口压力为8.0MPa，这样从输气干线引支线到城市门站，在门站前能达到6.0MPa左右，为城镇提供了压力高的气源。提高输配管道压力，对节约管材，减少能量损失有好处；但从分配和使用的角度看，降低管道压力有利于安全。为了适应天然气用气量显著增长和节约投资、减少能量损失的需要，提高城市输配干管压力是必然趋势；但面对人口密集的城市过多提高压力也不适宜，适当地提高压力以适应输配燃气的要求，又能从安全上得到保障，使二者能很好地结合起来应是要点。参考和借鉴发达国家和地区的经验是一途径。一些发达国家和地区的城市有关长输管道和城市燃气输配管道压力情况如表23。

表23 燃气输配管道压力（MPa）

城市名称	长输管道	地区或外环高压管道	市区次高压管道	中压管道	低压管道
洛杉矶	5.93～7.17	3.17	1.38	0.138～0.41	0.0020
温哥华	6.62	3.45	1.20	0.41	0.0028 或 0.0069 或 0.0138
多伦多	9.65	1.90～4.48	1.20	0.41	0.0017
香 港		3.50	A.0.40～0.70 B.0.24～0.40	0.0075～0.24	0.0075 0.0020

续表23

城市名称	长输管道	地区或外环高压管道	市区次高压管道	中压管道	低压管道
悉 尼	4.50～6.35	3.45	1.05	0.21	0.0075
纽 约	5.50～7.00	2.80		0.10～0.40	0.0020
巴 黎	6.80（一环以外整个法兰西岛地区）	4.00（巴黎城区向外10～15km的一环）	0.4～1.9	A.≤0.40 B.≤0.04（老区）	0.0020
莫斯科	5.5	2.0	0.3～1.2	A.0.1～0.3 B.0.005～0.1	≤0.0050
东 京	7.0	4.0	1.0～2.0	A.0.3～1.0 B.0.01～0.3	<0.0100

从上述九个特大城市看，门站后高压输气管道一般成环状或支状分布在市区外围，其压力为2.0～4.48MPa不等，一般不需敷设压力大于4.0MPa的管道，由此可见，门站后城市高压输气管道的压力为4.0MPa已能满足特大城市的供气要求，故本规范把门站后燃气管道压力适用范围定为不大于4.0MPa。

但不是说城镇中不允许敷设压力大于4.0MPa的管道。对于大城市如经论证在工艺上确实需要且在技术、设备和管理上有保证，在门站后也可敷设压力大于4.0MPa的管道，另外门站前肯定会需要和敷设压力大于4.0MPa的管道。城镇敷设压力大于4.0MPa的管道设计宜按《输气管道工程设计规范》GB 50251并参照本规范高压A（4.0MPa）管道的有关规定执行。

6.1.3 "城镇燃气干管的布置，宜按逐步形成环状管网供气进行设计"，这是为保证可靠供应的要求，否则在管道检修和新用户接管安装时，影响用户用气的面就太大了。城镇燃气都是逐步发展的，故在条文中只提"逐步形成"，而不是要求每一期工程都必须完成环状管网；但是要求每一期工程设计都宜在一项最后"形成干线环状管网"的总体规划指导下进行，以便最后形成干

线环状管网。

6.1.4、6.1.5 城镇各类用户的用气量是不均匀的，随月、日、小时而变化，平衡这种变化，需要有调峰措施（调度供气措施）。以往城镇燃气公司一般统管气源、输配和应用，平衡用气的不均匀性由当地燃气公司统筹调度解决。在天然气来到之后，城镇燃气属于整个天然气系统的下游（需气方），长输管道为中游，天然气开采净化为上游（中游和上游可合称为城镇燃气的供气方）。上、中、下游有着密切的联系，应作为一个系统工程对待，调峰问题作为整个系统中的问题，需从全局来解决，以求得天然气系统的优化，达到经济合理的目的。

6.1.4条所述逐月、逐日的用气不均匀性，主要表现在采暖和节假日等日用气量的大幅度增长，其日用量可为平常的2～3倍，平衡这样大的变化，除了改变天然气田采气量外，国外一般采用天然气地下储气库和液化天然气储库。液化天然气受经济规模限制，我国一般在沿海液化天然气进口地附近才有可能采用；而天然气地下库受地质条件限制也不可能在每个城市兴建，由于受用气城市分布和地质条件因素影响，本条规定应由供气方统筹调度解决（在天然气地下库规划分区基础上）。

为了做好对逐月、逐日的用气量不均匀性的平衡，城镇燃气部门（需气方），应经调查研究和资料积累，在完成各类用户全年综合用气负荷资料（含计划中缓冲用户安排）的基础上，制定逐月、逐日用气量计划并应提前与供气方签订合同，据国外经验这个合同在实施中可根据近期变化进行调整，地下储气库和天然气气井可以用来平衡逐日用气量的变化，如果地下储气库距离城市近，还可以用来平衡逐小时用气量的变化，这些做法经国外的实践表明是可行的。

6.1.5条所述平衡逐小时的用气量不均匀性，采用天然气做气源时，一般要考虑利用长距离输气干管的储气条件和地下储气库的利用条件、输气干管向城镇小时供气量的允许调节幅度和安排等，本规范规定宜由供气方解决，在发挥长距离输气干管和地下储气库等设施的调节作用基础上，不足时由城镇燃气部门解决。

储气方式多种多样，本条强调应因地制宜，经方案比较确定。高压罐的储气方式在很多发达国家（包括以前采用高压罐较多的原苏联）已不再建于天然气工程，应引起我们的重视。

6.1.6 本条规定了城镇燃气管道按设计压力的分级

1 根据现行的国家标准《管道和管路附件的公称压力和试验压力》GB 1048，将高压管道分为$2.5<P\leqslant4.0$MPa；和$1.6<P\leqslant2.5$MPa两档，以便于设计选用。

2 把低压管道的压力由小于或等于0.005MPa提高到小于0.01MPa。这是考虑为今后提高低压管道供气系统的经济性和为高层建筑低压管道供气解决高程差的附加压头问题提供方便。

低压管道压力提高到小于0.01MPa在发达国家和地区是成熟技术，发达国家和地区低压燃气管道采用小于0.01MPa的有：比利时、加拿大、丹麦、西德、匈牙利、瑞典、日本等；采用0.0070～0.0075MPa有英国、澳大利亚、中国香港等。由于管道压力比原先低压管道压力提高不多，故仍可在室内采用钢管丝扣连接；此系统需要在用户燃气表前设置低—低压调压器，用户燃具前压力被稳定在较佳压力下，也有利于提高热效率和减少污染。

3 城镇燃气输配系统压力级制选择应在本条所规定的范围内进行，这里应说明的是：

1） 不是必须全部用上述压力级制，例如：

一种压力的单级低压系统；

二种压力的：中压B—低压两级系统；中压A—低压两级系统；

三种压力的：次高压B—中压A—低压系统；次高压A—中压A—低压系统；

四种或四种以上压力的多级系统等都是可以采用的。

各种不同的系统有其各自的适用对象，我们不能笼

统地说哪种系统好或坏，而只能说针对某一具体城镇，选用哪种系统更好一些。

    2）也不是说在设计中所确定的压力上限值必须等于本条所规定的上限值。一般在某一个压力级范围内还应做进一步的分析与比较。例如中压 B 的取值可以在 0.010~0.2MPa 中选择，这应根据当地情况做技术经济比较后才能确定。

6.2 燃气管道计算流量和水力计算

6.2.1 为了满足用户小时最大用气量的需要，城镇燃气管道的计算流量，应按计算月的小时最大用气量计算。即对居民生活和商业用户宜按第 6.2.2 条计算，对工业用户和燃气汽车用户宜按第 6.2.3 条计算。

对庭院燃气支管和独立的居民点，由于所接用具的种类和数量一般为已知，此时燃气管道的计算流量宜按本规范第 10.2.9 条规定计算，这样更加符合实际情况。

6.2.4 燃气作为建筑物采暖通风和空调的能源时，其热负荷与采用热水（或蒸汽）供热的热负荷是基本一致的，故可采用《城市热力网设计规范》CJJ 34 中有关热负荷的规定，但生活热水的热负荷不计在内，因为生活热水的热负荷在燃气供应中已计入用户的用气量指标中。

6.2.5、6.2.6 本条以柯列勃洛克公式替代原来的阿里特苏里公式。柯氏公式是至今为世界各国在众多专业领域中广泛采用的一个经典公式，它是普朗特半经验理论发展到工程应用阶段的产物，有较扎实的理论和实验基础，在规范的正文中作这样的改变，符合中国加入 WTO 以后技术上和国际接轨的需要，符合今后广泛开展国际合作的需要。

柯列勃洛克公式是个隐函数公式，其计算上产生的困难，在计算机技术得到广泛应用的今天已经不难解决，但考虑到使用部门的实际情况，给出一些形式简单便于计算的显函数公式仍是需要的，在附录 C 中列出了原规范中的阿里特苏里公式，阿氏公式和柯式公式比较偏差值在 5％ 以内，可认为其计算结果是基本一致的。

公式中的当量粗糙度 K，反映管道材质、制管工艺、施工焊接、输送气体的质量、管材存放年限和条件等诸多因素使摩阻系数值增大的影响，因此采用旧钢管的 K 值。

对于我国使用的焊接钢管，其新钢管当量粗糙度多数国家认定为 $K=0.045mm$ 左右，1990 年的燃气设计规范专题报告中，引用了二组新钢管实测数据，计算结果与 $K=0.045mm$ 十分接近。在实际工程设计中参照其他国家规范对天然气管道采用当量粗糙度的情况，取 $K=0.1mm$ 较合适。取 $K=0.1mm$ 比新钢管取 $K=0.045mm$，其 λ 值平均增大 10.24％。

考虑到人工煤气气质条件，比天然气容易造成污塞和腐蚀，根据 1990 年的燃气设计规范专题报告中的二组旧钢管实测数据，反推当量粗糙度 K 为 0.14~0.18mm。

本规范对人工煤气使用钢管时取 $K=0.15mm$，它比新钢管 $K=0.045mm$，λ 值平均增大 18.58％。

6.2.8 本条所述的低压燃气管道是指和用户燃具直接相接的低压燃气管道（其中间不经调压器）。我国目前大多采用区域调压站，出口燃气压力保持不变，由低压分配管网供应到户就是这种情况。

    1 国内几个有代表性城市低压燃气管道计算压力降的情况见表 24。燃具额定压力 P_n 为 800Pa 时，燃具前的最低压力为 600Pa，约为 P_n 的 600/800＝75％。低压管道总压力降取值：北京较低、沈阳较高、上海居中。这有种种原因，如北京为 1958 年开始建设的，对今后的发展留有较大余地；又如沈阳是沿用旧的管网，由于用户在不断的增加，要求不断提高输气能力，不得不把调压站出口压力向上提，这是迫不得已采取的一种措施；上海市的情况界于上述两城市之间，其压力降为 900Pa，约为 P_n 的 1.0 倍。

表 24　几个城市低压管道压力降（Pa）

城市 项目	北京 （人工煤气）	上海 （人工煤气）	沈阳 （人工煤气）	天津 （天然气）
燃具的额定压力 P_n	800	900	800	2000
调压站出口压力	1100~1200	1500	1800~2000	3150
燃具前最低压力	600	600	600	1500
低压管道总压力降 ΔP	550	900	1300	1650
其中：干管	150	500	1000	1100
支管	200	200	200	300
户内管	100	80	80	100
煤气表	100	120	120	150

    2 原苏联建筑法规《燃气供应、室内外燃气设备设计规范》对低压燃气管道的计算压力降规定如表 25，其总压力降约为燃具额定压力的 90％。

表 25　低压燃气管道的计算压力降（Pa）

所用燃气种类及燃具额定压力	从调压站到最远燃具的总压力降	管道中包括	
		街区	庭院和室内
天然气、油田气、液化石油气与空气的混合气以及其他低热值为 33.5~41.8MJ/m³ 的燃气，民用燃气燃具前额定压力为 2000Pa 时	1800	1200	600
同上述燃气民用燃气燃具前额定压力为 1300Pa 时	1150	800	350
低热值为 14.65~18.8MJ/m³ 的人工煤气与混合气，民用燃气燃具前额定压力为 1300Pa 时	1150	800	350

    3 从我国有关部门对居民用的人工煤气、天然气、液化石油气燃具所做的测定表明，当燃具前压力波动为 $0.5P_n$~$1.5P_n$ 时，燃烧器的性能达到燃具质量标准的要求，燃具的这种性能，在我国的《家用燃气灶具标准》GB 16410 中已有明确规定。

但不少代表提出，在实际使用中不宜把燃具长期置于 $0.5P_n$ 下工作，因为这样不合乎中国人炒菜的要求，且使做饭时间加长，参照表 24 的情况，可见取 $0.75P_n$ 是可行的。这样一个压力相当于燃气灶热负荷比额定热负荷仅仅降低了 13.4％，是能基本满足用户使用要求的，而且这只是对距调压站最远用户而言，在一年中也仅仅是在计算月的高峰时出现，对广大用户不会产生影响。

综上所述燃气灶具前的实际压力允许波动范围取为 $0.75P_n$~$1.5P_n$ 是比较合适的。

    4 因低压燃气管道的计算压力降必须根据民用燃气灶具压力允许的波动范围来确定，则 $1.5P_n-0.75P_n=0.75P_n$。

按最不利情况即当用气量最小时，靠近调压站的最近用户处有可能达到压力的最大值，但由调压站到此用户之间最小仍有约 150Pa 的阻力（包括煤气表阻力和干、支管阻力），故低压燃气管道（包括室内和室外）总的计算压力降最少还可加大 150Pa，故 $\Delta P_d=0.75P_n+150$

    5 根据本条规定，低压管道压力情况如表 26。

表 26　低压燃气管道压力数值表（Pa）

燃气种类	人工煤气		天然气
燃气灶额定压力 P_n	800	1000	2000
燃气灶前最大压力 P_{max}	1200	1500	3000
燃气灶前最小压力 P_{min}	600	750	1500
调压站出口最大压力	1350	1650	3150
低压燃气管道总的计算压力降（包括室内和室外）	750	900	1650

    6 应当补充说明的是，本条所给出的只是低压燃气管道的总压力降，至于其在街区干管、庭院管和室内管中的分配，还应根据情况进行技术经济分析比较后确定。作为参考，现将原苏联建筑法规推荐的数值列如表 27。

表27 《原苏联建筑法规》规定的低压燃气管道压力降分配表（Pa）

燃气种类及燃具额定压力	总压力降 ΔP	街区	单层建筑 庭院	单层建筑 室内	多层建筑 庭院	多层建筑 室内
人工煤气1300	1150	800	200	150	100	250
天然气2000	1800	1200	350	250	250	350

对我国的一般情况参照原苏联建筑法规，列出的数值如表28可供参考。

表28 低压燃气管道压力降分配参考表（Pa）

燃气种类及燃具额定压力	总压力降 ΔP	街区	单层建筑 庭院	单层建筑 室内	多层建筑 庭院	多层建筑 室内
人工煤气1000	900	500	200	200	100	300
天然气2000	1650	1050	300	300	200	400

6.3 压力不大于1.6MPa的室外燃气管道

6.3.1 中、低压燃气管道因内压较低，其可选用的管材比较广泛，其中聚乙烯管由于质轻、施工方便、使用寿命长而被广泛使用在天然气输送上。机械接口球墨铸铁管是近年来开发而得到广泛应用的一种管材，它替代了灰口铸铁管，这种管材由于在铸铁熔炼时在铁水中加入少量球化剂，使铸铁中石墨球化，使其比灰口铸铁管具有较高的抗拉、抗压强度，其冲击性能为灰口铸铁管10倍以上。钢骨架聚乙烯塑料复合管是近年我国新开发的一种新型管材，其结构为内外两层聚乙烯层，中间夹以钢丝缠绕的骨架，其刚度较纯聚乙烯管好，但开孔接新管比较麻烦，故只作输气干管使用。根据目前产品标准的压力适应范围和工程实践，本规范将上述三种管材均列于中、低压燃气管道之列。

6.3.2 次高压燃气管道一般在城镇中心城区或其附近地区埋设，此类地区人口密度相对较大，房屋建筑密集，而次高压燃气管道输送的是易燃、易爆气体且管道中积聚了大量的弹性压缩能，一旦发生破裂，材料的裂纹扩展速度极快，且不易止裂，其断裂长度也很长，后果严重。因此必须采用具有良好的抗脆性破坏能力和良好的焊接性能的钢管，以保证输气管道的安全。

对次高压燃气管道的管材和管件，应符合本规范第6.4.4条的要求（即高压燃气管材和管件的要求）。但对于埋入地下的次高压B燃气管道，其环境温度在0℃以上，据了解在竣工和运行的城镇燃气管道中，有不少地下次高压燃气管道（设计压力0.4～1.6MPa）采用了钢号Q235B的《低压流体输送用焊接钢管》，并已有多年使用的历史。考虑到城镇燃气管道位于人口密度较大的地区，为保障安全在设计中对压力不大于0.8MPa的地下次高压B燃气管道采用钢号Q235B的《低压流体输送用焊接钢管》也是适宜的。（经对钢管制造厂调研，Q235A材料成分不稳定，故不宜采用）。

最小公称壁厚是考虑满足管道在搬运和挖沟过程中所需的刚度和强度要求，这是参照钢管标准和有关国内外标准确定的，并且该厚度能满足在输送压力0.8MPa，强度系数不大于0.3时的计算厚度要求。例如在设计压力为0.8MPa，选用L245级钢管时，对应DN100～1050最小公称壁厚的强度设计系数为0.05～0.19。详见表29。

表29 L245级钢管、设计压力P为0.8MPa、1.6MPa对应的强度设计系数F

DN (D)	δ_{min}	$F\left(=\dfrac{PD}{2\sigma_s\delta_{min}}\right)$ P=0.8MPa	P=1.6MPa
100 (114.3)	4.0	0.05	0.10
150 (168.3)	4.0	0.07	0.14
200 (219.1)	4.8	0.07	0.14
300 (323.9)	4.8	0.11	0.22
350 (355.6)	5.2	0.11	0.22
400 (406.4)	5.2	0.13	0.26
450 (457)	5.2	0.14	0.28

续表29

DN (D)	δ_{min}	$F\left(=\dfrac{PD}{2\sigma_s\delta_{min}}\right)$ P=0.8MPa	P=1.6MPa
500 (508)	6.4	0.13	0.26
550 (559)	6.4	0.14	0.28
600 (610)	7.1	0.14	0.28
700 (711)	7.1	0.16	0.32
750 (762)	7.9	0.16	0.32
900 (914)	7.9	0.19	0.38
950 (965)	8.7	0.18	0.36
1000 (1016)	8.7	0.19	0.38
1050 (1067)	9.5	0.18	0.36

注：如果选用L210级钢管，强度设计系数F为表中F值乘1.167。

6.3.3 本条规定了敷设地下燃气管道的净距要求。

地下燃气管道在城市道路中的敷设位置是根据当地远、近期规划综合确定的，厂区内煤气管道的敷设也应按照类似的原则，按工厂的规划和其他工种管线布置确定。另外，敷设地下燃气管道还受许多因素限制，例如：施工、检修条件、原有道路宽度与路面的种类、周围已建和拟建的各类地下管线设施情况、所用管材、管接口形式以及所输送的燃气压力等。在敷设燃气管道时需要综合考虑，正确处理以上所提供的要求和条件。本条规定的水平净距和垂直净距是在参考各地燃气公司和有关其他地下管线规范以及实践经验后，在保证施工和检修时互不影响及适当考虑燃气输送压力影响的情况下而确定的，基本沿用原规范数据，现补充说明如下：

1 与建筑物及地下构筑物的净距

长期实践经验与燃气管道漏气中毒事故的统计资料表明，压力不高的燃气管道漏气中毒事故的发生在一定范围内并不与燃气管道与建筑物的净距有必然关系，采用加大管道与房屋的净距的办法并不能完全避免事故的发生，相反会增加设计时管位选择的困难或使工程费用增加（如迁移其他管道或绕道等方法来达到规定的要求）。实践经验证明，地下燃气管道的安全运行与提高工程施工质量、加强管理密切相关。考虑到中、低压管道是市区中敷设最多的管道，故本次修订中将原规定的中压管道与建筑物净距予以适当减小，在吸收了香港的经验并采取有效的防护措施后，把次高、中、低压管道与建筑物外墙面净距，分别降至应不小于3m、1m（距建筑物基础0.5m）和不影响基础的稳固性。有效的防护措施是指：

1）增加管壁厚度，钢管可按表6.3.2酌情增加，但次高压A管道与建筑物外墙面为3m时，管壁厚度不应小于11.9mm；对于聚乙烯管、球墨铸铁管和钢骨架聚乙烯塑料复合管可不采取增加厚度的办法；

2）提高防腐等级；

3）减少接口数量；

4）加强检验（100％无损探伤）等。

以上措施根据管材种类不同可酌情采用。

本条原规范是指到建筑物基础的净距，考虑到基础在管道设计时不便掌握，且次高压管道与建筑物净距要求较大，不会碰到建筑物基础，为方便管道布置，故改为到建筑物外墙面；中、低压管道净距要求较小，有可能碰到建筑物的基础，故规定仍指到建筑物基础的净距。

应该说明的是，本规范规定的至建筑物净距综合了南北各地情况，低压取至建筑物基础的净距为0.7m，对于北方地区，考虑到在开挖管沟时不至于对建筑物基础产生影响，应根据管道埋深适当加大与建筑物基础的净距。并不是要求一律按表6.3.3-1水平净距进行设计，在条件许可时（如在比较宽敞的道路上敷设燃气管道）宜加大管道到建筑物基础的净距。

2 地下燃气管道与相邻构筑物或管道之间的水平净距与垂直净距

02

2—73

1）水平净距：基本上是采用原规范规定，与现行的国家标准《城市工程管线综合规划规范》GB 50289-98基本相同。

2）垂直净距：与现行的国家标准《城市工程管线综合规划规范》GB 50289-98完全一致。

6.3.4 对埋深的规定是为了避免因埋设过浅使管道受到过大的集中轮压作用，造成设计浪费或出现超出管道负荷能力而损坏。

按我国铸铁管的技术标准进行验算，条文中所规定的覆土深度，对于一般管径的铸铁管，其强度都是能适应的。如上海地区在车行道下最小覆土深度为0.8m的铸铁管，经长期的实践运行考验，情况良好。此次修编中将埋在车行道下的最小覆土深度由0.8m改为0.9m，主要是考虑到今后车行道上的荷载将会有所增加。对埋设在庭院内地下燃气管道的深度同埋设在非车行道下的燃气管道深度早先的规定是均不能小于0.6m。但在我国土壤冰冻线较浅的南方地区，埋设在街坊内泥土上的小口径管道（指口径50mm以下的）的覆土厚度一般为0.30m，这个深度同时也满足砌筑排水明沟的要求，参照中南地区、上海市煤气公司与四川省城市煤气设计施工规程，在修订中增加了对埋设在机动车不可能到达地方的地下燃气管道覆土厚度为0.3m的规定，以节约工程投资。"机动车道"或"非机动车道"分别是指机动车能或不能通行的道路，这对于城市道路是容易区分的，对于居民住宅区内道路，按如下区分掌握：如果是机动车以正常行驶速度通行的主要道路则属于机动车道；住宅区内由上述主要道路到住宅楼门之间的次要道路，机动车只是缓行进入或停放的，可视为非机动车道。目前国内外有关燃气管道埋设深度的规定如表30所示。

6.3.5 规定燃气管道敷设于冻土层以下，是防止燃气中冷凝液被冻结堵塞管道，影响正常供应。但在燃气中有些是干气，如长输的天然气等，故只限于湿气时才须敷设在冻土层以下。但管道敷设在地下水位高于输气管道敷设高度的地区时，无论是对湿气

表30　国内外燃气管道的埋设深度（至管顶）（m）

地点	条件	埋设深度	最大冻土深度	备注
北京	主干道　干线 支线 非车行道	≥1.20 ≥1.00 ≥0.80	0.85	北京市《地下煤气管道设计施工验收技术规定》
上海	机动车道 车行道 人行道 街坊 引入管	1.00 0.80 0.60 0.60 0.30	0.06	上海市标准《城市煤气、天然气管道工程技术规程》DGJ 08-10
大连		≥1.00	0.93	《煤气管道安全技术操作规程》
鞍山		1.40	1.08	
沈阳	DN250mm以下 DN250mm以上	≥1.20 ≥1.00		
长春		1.80	1.69	
哈尔滨	向阳面 向阴面	1.80 2.30	1.97	
中南地区	车行道 非车行道 水田下 街坊泥土路	≥0.80 ≥0.60 ≥0.60 ≥0.40		《城市煤气管道工程设计、施工、验收规程》（城市煤气协会中南分会）
四川省	车行道　直埋 　　　　套管 非车行道 郊区旱地 郊区水田 庭院	0.80 0.60 0.60 0.60 0.80 0.40		《城市煤气输配及应用工程设计、安装、验收技术规程》

续表30

地点	条件	埋设深度	最大冻土深度	备注
美国	一级地区 二、三、四级地区 （正常土质/岩石）	0.762/0.457 0.914/0.610		美国联邦法规49-192《气体管输最低安全标准》
日本	干管 特殊情况 供气管： 车行道 非车行道	1.20 0.60 ≥0.60 ≥0.30		道路施行法第12条及本支管指针（设计篇）；供给管、内管指针（设计篇）
原苏联	高级路面 非高级路面 运输车辆不通行之地	≥0.80 ≥0.90 0.60		《燃气供应建筑法规》CH_{n}ⅡⅡ-37
原东德	一般 采取特别防护措施	0.8~1.0 0.6		DINZ 470

还是干气，都应考虑地下水从管道不严密处或施工时灌入的可能，故为防止地下水在管内积聚也应敷设有坡度，使水容易排除。

为了排除管内燃气冷凝水，要求管道保持一定的坡度。国内外有关燃气管道坡度的规定如表31，地下燃气管道的坡度国内外一般所采用的数值大部分都不小于0.003。但在很多旧城市中的地下管一般都比较密集，往往有时无法按规定坡度敷设，在这种情况下允许局部管段坡度采用小于0.003的数值，故本条规范用词为"不宜"。

表31　国内外室外地下燃气管道的坡度

地点	管别	坡度	备注
北京	干管、支管 干管、支管 （特殊情况下）	>0.0030 >0.0015	北京市《地下煤气管道设计施工验收技术规定》

续表31

地点	管别	坡度	备注
上海	中压管 低压管 引入管	≥0.003 ≥0.005 ≥0.010	上海市标准《城市煤气、天然气管道工程技术规程》DGJ 08-10
沈阳	干管、支管	0.003~0.005	
长春	干管	>0.003	
大连	干管、支管： 逆气流方向 顺气流方向 引入管	>0.003 >0.002 >0.010	《煤气管道安全技术操作规程》
天津		≥0.003	天津市《煤气化工程管道安装技术规定》
中南地区		≥0.003	《城市煤气管道工程设计、施工、验收规程》（城市煤气协会中南分会）
四川省		≥0.003	《城市煤气输配及应用工程设计、安装、验收技术规程》
英国	配气干管 支管	0.003 0.005	《配气干管规程》IGE/TD/3 《煤气支管规程》IGE/TD/4
日本		0.001~0.003	本支管指针（设计篇）
原苏联	室外地下燃气管道	≥0.002	《燃气供应建筑法规》CHⅡ2.04.08

6.3.7 地下燃气管道在堆积易燃、易爆材料和具有腐蚀性液体的场地下面通过时，不但增加管道负荷和容易遭受侵蚀，而且当发生事故时相互影响，易引起次生灾害。

燃气管道与其他管道或电缆同沟敷设时，如燃气管道漏气易引起燃烧或爆炸，此时将影响同沟敷设的其他管道或电缆使其受到损坏；又如电缆漏电时，使燃气管道带电，易产生人身安全事

故。故对燃气管道说来不宜采取和其他管道或电缆同沟敷设；而把同沟敷设的做法视为特殊情况，必须提出充足的理由并采取良好的通风和防爆等防护措施才允许采用。

6.3.8 地下燃气管道不宜穿过地下构筑物，以免相互产生不利影响。当需要穿过时，穿过构筑物内的地下燃气管应敷设在套管内，并将套管两端密封，其一是为了防止燃气管被损坏或腐蚀而造成泄漏的气体沿沟槽向四周扩散，影响周围安全；其二若周围泥土流入安装后的套管内后，不但会导致路面沉陷，而且燃气管的防腐绝缘层也会受到损伤。

关于套管伸出构筑物外壁的长度原规范规定为不小于0.1m，考虑到套管与构筑物的交接处形成薄弱环节，并且由于伸出构筑物外壁长度较短，构筑物在维修或改建时容易影响燃气管道的安全，且对套管与构筑物之间采取防水渗漏措施的操作较困难，故修订时将套管伸出构筑物外壁的长度由原来的0.1m改为表6.3.3-1燃气管道与该构筑物的水平净距，其目的是为了更好地保护套管内的燃气管道和避免相互影响。

6.3.9 本条规定了燃气管道穿越铁路、高速公路、电车轨道或城镇主要干道时敷设要求。

套管内径裕量的确定应考虑所穿入的燃气管根数及其防腐层的防护带或导轮的外径、管道的坡度、可能出现的偏弯以及套管材料与顶管方法等因素。套管内径比燃气管道外径大100mm以上的规定系参照：①加拿大燃气管线系统规程中套管口径的规定：燃气管外径小于168.3mm时，套管内径应大于燃气管外径50mm以上；燃气管外径大于或等于168.3mm时，套管内径应大于燃气管外径75mm以上；②原苏联建筑法规关于套管直径应比燃气管道直径大100mm以上的规定；③我国西南地区的《城市煤气输配及应用工程设计、安装、验收技术规定》中关于套管内径应大于输气管外径100mm的规定等，是结合施工经验而定的。

燃气管道不应在高速公路下平行敷设，但横穿高速公路是允许的，应将燃气管道敷设在套管中，这在国外也常采用。

套管端部距铁路堤坡脚的距离要求是结合各地经验并参照"石油天然气管道保护条例第五章第二节第4条"的规定编制。

6.3.10 燃气管道通过河流时，目前采用的有穿越河底、敷设在桥梁上或采用管桥跨越等三种形式。一般情况下，北方地区由于气温较低，采用穿越河底者较多，其优点是不需保温与经常维修，缺点是施工费用高，损坏时修理困难。南方地区则采用敷设在桥梁上或采用管桥跨越形式者较多，例如上海市煤气和天然气管道通过河流采用敷设于桥梁上的方式很多。南京、广州、湘潭和四川亦有很多燃气管道采用敷设于桥梁上，其输气压力为0.1～1.6MPa。上述敷设于桥梁上的燃气管道在长期（有的已达百年）的运行过程中没有出现什么问题。利用桥梁敷设形式的优点是工程费用低，便于检查和维修。

上述敷设在桥梁上通过河流的方式实践表明有着较大的优点，但与《城市桥梁设计准则》原规定燃气管道不得敷设于桥梁上有矛盾。为此2001年6月5日由建设部标准定额研究所召开有建设部城市建设研究院、《城镇燃气设计规范》主编单位中国市政工程华北设计研究院和《城市桥梁设计准则》主编单位上海市政工程设计研究院，以及北京市政工程设计研究院、部分城市煤气公司、市政工程设计和管理部门等参加的协调会，与会专家经过讨论达成如下共识，一致认为"两个标准的局部修订协调应遵循以下三个原则：①安全适用、技术先进、经济合理；②必须符合国家有关法律、法规的规定；③必须采取具体的安全防护措施。确定条文改为：当条件许可，允许利用道路桥梁跨越河流时，必须采取安全防护措施。并限定燃气管道输送压力不应大于0.4MPa"。

本条文是按上述协调会结论和会后协调修订的，并补充了安全防护措施规定。

6.3.11 原规范规定燃气管道穿越河底时，燃气管道至规划河底的覆土深度只提出应根据水流冲刷条件确定并不小于0.5m，但

水流冲刷条件的提法不具体又很难界定，此次修订增加了对通航河流及不通航河流分别规定了不同的覆土深度，目的是不使管道裸露于河床上。另外根据有关河、港监督部门的意见，以往有些过河管道埋于河底，因未满足疏浚和投锚深度要求，往往受到破坏，故规定"对通航的河流还应考虑疏浚和投锚深度"。

6.3.12 对于穿越和跨越重要河流的燃气管道，从船舶运行与水流冲刷的条件看，要预计到它受到损坏的可能性，且损坏之后修复时间较长，而重要河流必然担负着运输等项重大任务，不能允许受到燃气管道破坏时的影响，为了当一旦燃气管道破坏时便于采取紧急措施，故规定在河流两侧均应设置阀门。

6.3.13 本条规定了阀门的布置要求。

在次高压、中压燃气干管上设置分段阀门，是为了便于在维修或接新管操作或事故时切断气源，其位置应根据具体情况而定，一般要掌握当两个相邻阀门关闭后受它影响而停气的用户数不应太多。

将阀门设置在支管上的起点处，当切断该支管供应气时，不致影响干管停气；当新支管与干管连接时，在新支管上的起点处所设置的阀门，也可起到减少干管停气时间的作用。

在低压燃气管道上，切断燃气可以采用橡胶球阻塞等临时措施，故装设阀门的作用不大，且装设阀门增加投资、增加产生漏气的机会和日常维修工作。故对低压管道是否设置阀门不作硬性规定。

6.3.14 地下管道的检测管、凝水缸的排水管均设在燃气管道上方，且在车行道部分的燃气管经常遭受车辆的重压，由于检测和排水管口径较小，如不进行有效保护，容易受损，因此应在其上方设置护罩。并且管口在护罩内也便于检测和排水时的操作。

水封阀和阀门由于在检修和更换时人员往往要到地下操作，设置护井可方便维修人员操作。

6.3.15 燃气管道沿建筑物外墙敷设的规定，是参照苏联建筑法规《燃气供应》CH.Ⅱ2.04.08-87确定。其中"不应敷设燃气管道的房间"见本规范第10.2.14条。

与铁路、道路和其他管线交叉时的最小垂直净距是按《工业企业煤气安全规程》GB 6222和上海市的规定而定；与架空电力线最小垂直净距是按《66kV及以下架空电力线路设计规范》GB 50061-97的规定而定。

6.4 压力大于1.6MPa的室外燃气管道

6.4.2、6.4.3 我国城镇燃气管道的输送压力均不高，本规范原规定的压力范围为小于或等于1.6MPa，保证管道安全除对管道强度、严密性有一定要求外，主要是控制管道与周围建筑物的距离，在实践中管道选线有时遇到困难。随着长输天然气的到来，输气压力必然提高，如果单纯保证距离则难以实施。在规范的修订中，吸收和引用了国外发达国家和我国GB 50251规范的成果，采取以控制管道自身的安全性主动预防事故的发生为主，但考虑到城市人员密集，交通频繁，地下设施多等特殊环境以及我国的实际情况，规定了适当控制管道与周围建筑物的距离（详见本规范第6.4.11和6.4.12条说明），一旦发生事故时使恶性事故减少或将损失控制在较小的范围内。

控制管道自身的安全性，如美国联邦法规49号192部分《气体管输最低安全标准》、美国国家标准ANSI/ASME B31.8和英国气体工程师学会标准IGE/TD/1等，采用控制管道及构件的强度和严密性，从管材设备选用、管道设计、施工、生产、维护到更新改造的全过程都要保障好，是一个质量保障体系的系统工程。其中保障管道自身安全的最重要设计方法，是在确定管壁厚度时按管道所在地区不同级别，采用不同的强度设计系数（计算采用的许用应力值取钢管最小屈服强度的系数）。因此，管道位置的地区等级如何划分，各级地区采用多大的强度设计系数，就是问题要点。

管道地区等级的划分方法英国、美国有所不同，但大同小异。美国联邦法规和美国国家标准ANSI/ASME B31.8是按不

同的独立建筑物（居民户）密度将输气管道沿线划分为四个地区等级，其划分方法是以管道中心线两侧各220码（约200m）范围内，任意划分为1英里（约1.6km）长并能包括最多供人居住独立建筑物（居民户）数量的地段，以此计算出该地段的独立建筑物（居民户）密度，据此确定管道地区等级；我国国家标准《输气管道工程设计规范》GB 50251的划分方法与美国法规和ANSI/ASME B31.8标准相同，但分段长度为2km；英国气体工程师学会标准IGE/TD/1是按不同的居民人数密度将输气管道沿线划分为三个地区等级，其划分方法是以管道中心线两侧各4倍管道距建筑物的水平净距（根据压力和管径查图）范围内，任意划分为1英里（约1.6km）长并能包括最多数量居民的地段，以此计算出该地段每公顷面积上的居民密度，并据此确定管道地区等级。从以上划分方法看，美国法规和标准划分合理，简单清晰，容易操作，故本规范管道地区等级的划分方法采用美国法规规定。

几个国家和地区管道地区分级标准和强度设计系数 F 详见表32。

表32 管道地区分级标准和强度设计系数 F

标准及使用地	一级地区	二级地区	三级地区	四级地区
美国联邦法规49-192和标准ANSI/ASME B31.8	户数≤10 $F=0.72$	10<户数≤46 $F=0.6$	户数≥46 $F=0.5$	4层或4层以上建筑占多数的地区 $F=0.4$
英国气体工程师学会IGE/TD/I标准（第四版）	户数<54［注］ $F≤0.72$		中间地区 $F=0.3$	人口密度大，多层建筑多，交通频繁和地下设施多的城市或镇的中心区域 管道压力≤1.6MPa

续表32

标准及使用地	一级地区	二级地区	三级地区	四级地区
法国燃料气管线安全规程	户数<4 $F=0.73$	4<户数<40 $F=0.6$	户数≥40 $F=0.4$	
我国《输气管道工程设计规范》GB 50251	户数≤12［注］ $F=0.72$	12<户数<80［注］	户数≥80［注］ $F=0.5$	4层或4层以上建筑普遍集中、交通频繁、地下设施多的地区 $F=0.4$
香港中华煤气公司	户数<54［注］ $F≤0.72$		中间地区 $F=0.3$	本岛S管道压力≤0.7MPa
多伦多燃气公司			多伦多市市区 $F=0.3$	
洛杉矶南加州燃气公司	没有人住的地区 $F=0.72$	低层建筑（≤3层）为主的地区 $F=0.5$	多层建筑为主的地区 $F=0.4$	
本规范采用值	户数≤12 $F=0.72$	12<户数<80 $F=0.6$	户数≥80的中间地区 $F=0.4$	4层或4层以上建筑普遍且占多数、交通频繁、地下设施多的城市中心城区（或镇的中心区域等）。$F=0.3$

注：为了便于对比，我们均按美国标准要求计算，即折算为沿管道两边各200m，长1600m面积内（64×10⁴m²）的户数计算（多单元住宅中，每一个独立单元按1户计算，每1户按3人计算）。表中的"户数"在各标准中表达略有不同，有"居民户数"、"居住建筑物数"和"供人居住的独立建筑物数"等。

从表32可知，各标准对各级地区范围密度指数和描述是不尽相同的。在第6.4.3条第2款地区等级的划分中：

1、2 项从美国、英国、法国和我国GB 50251标准看，一级和二级地区的范围密度指数相差不大，（其中GB 50251的二

级地区密度指数相比国外标准差别稍大一些，这是编制该规范时根据我国农村实际情况确定的）。本规范根据上述情况，对一级和二级地区的范围密度指数取与GB 50251相同。

3 三级地区是介于二级和四级之间的中间地区。指供人居住的建筑物户数在80或80以上，但又不够划分为四级地区的任一地区分级单元。

另外，根据美国标准ANSI/ASME B31.8，工业区应划为三级地区；根据美国联邦法规49-192，对距人员聚集的室外场所100码（约91m）范围内也应定为三级地区；本规范均等效采用（取为90m），人员聚集的室外场所是指运动场、娱乐场、室外剧场或其他公共聚集场所等。

4 根据英国标准IGE/TD/1（第四版）对燃气管道的T级地区（相当于本规范的四级地区）规定为"人口密度大，多层建筑多，交通频繁和地下服务设施多的城市或镇的中心区域"。并规定燃气管道的压力不大于1.6MPa，强度设计系数 F 一般不大于0.3等，更加符合城镇的实际情况和有利于安全，因而本规范对四级地区的规定采用英国标准。其中"多层建筑多"的含义明确为4层或4层以上建筑物（不计地下室层数）普遍且占多数；"城市或镇的中心区域"的含义明确为"城市中心城区（或镇的中心区域等）"。从而将4层或4层以上建筑物普遍且占多数的地区分为：城市的中心城区（或镇的中心区域等）和城市管辖的（或镇管辖的）其他地区两种情况，区别对待。在此需要进一步说明的是：

1）管道经过城市的中心城区（或镇的中心区域等）且4层或4层以上建筑物普遍且占多数同时具备才被划入管道的四级地区。

2）此处除指明包括镇的中心区域在内外，凡是与镇相同或比镇大的新城区、卫星城的中心区域等是否属于管道的四级地区，也应根据四级地区的地区等级划分原则确定。

3）对于城市的非中心城区（或镇的非中心区域等）地上4层或4层以上建筑物普遍且占多数的燃气管道地区，应划入管道的三级地区，其强度设计系数 $F=0.4$，这与《输气管道设计规范》GB 50251中的燃气管道四级地区强度系数 F 是相同的。

4）城市的中心城区（不包括郊区）的范围宜按城市规划并应由当地城市规划部门确定。据了解：例如：上海市的中心城区规划在外环道路以内（不包括外环道路红线内）。又如：杭州市的中心城区规划在距外环道路内侧最少100m以内。

5）"4层或4层以上建筑物普遍且占多数"可按任一地区分级单元中燃气管道任一单侧4层或4层以上建筑物普遍且占多数，即够此项条件掌握。建筑物层数的计算除不计地下室层数外，顶层为平常没有人的美观装饰观赏间、水箱间等时可不计算在建筑物层数内。

第6.4.3条第4款，关于今后发展留有余地问题，其中心含义是在确定地区等级划分时，应适当考虑地区今后发展的可能性，如果在设计一条新管道时，看到这种将来的发展足以改变该地区的等级，则这种可能性应在设计时予以考虑。至于这种将来的发展考虑多远，是远期、中期或近期规划，应根据具体项目和条件确定，不作统一规定。

6.4.4 本条款是对高压燃气管道的材料提出的要求。

2 钢管标准《石油天然气工业输送钢管交货技术条件第1部分：A级钢管》GB/T 9711.1中L175级钢管有三种与相应制造工艺对应的钢管：无缝钢管、连续炉焊钢管和电阻焊钢管。其中连续炉焊钢管因其焊缝不进行无损检测，其焊缝系数仅为0.6，并考虑到175级钢管强度较低，不适用于高压燃气管道，因此规定高压燃气管道材料不应选用GB/T 9711.1标准中的L175级钢管。为便于管材的设计选用，将该条款规定的标准钢

管的最低屈服强度列于表33。

表33 钢管的最低屈服强度

钢级或钢号				最低屈服强度[①]
GB/T 9711.1	GB/T 9711.2	ANSI/API5L[②]	GB/T 8163	$\sigma_s (R_{t0.5})$，(MPa)
L210		A		210
L245	L245…	B		245
L290	L290…	X42		290
L320		X46		320
L360	L360…	X52		360
L390		X56		390
L415	L415…	X60		415
L450	L450…	X65		450
L485	L485…	X70		485
L555	L555…	X80		555
			10	205
			20	245
			Q295	295(S>16时,285)[③]
			Q345	325(S>16时,315)

注：①GB/T9711.1、GB/T9711.2标准中，最低屈服强度即为规定总伸长应力 $R_{t0.5}$。

②在此列出与GB/T9711.1、GB/T9711.2对应的ANSI/API5L类似钢级，引自标准GB/T9711.1、GB/T9711.2标准的附录。

③S为钢管的公称壁厚。

3 材料的冲击试验和落锤撕裂试验是检验材料韧性的试验。冲击试验和落锤撕裂试验可按照《石油天然气工业输送钢管交货技术条件第1部分：A级钢管》GB/T9711.1标准中的附录D补充要求SR3和SR4或《石油天然气工业输送钢管交货技术条件第2部分：B级钢管》GB/T9711.2标准中的相应要求进行。GB/T9711.2标准将韧性试验作为规定性要求，GB/T9711.1将其作为补充要求（由订货协议确定），GB/T8163未提这方面要求。试验温度应考虑管道使用时和压力试验（如果用气体）时预测的最低金属温度，如果该温度低于标准中的试验温度（GB/T9711.1为10℃，GB/T9711.2为0℃），则试验温度应取该较低温度。

6.4.5 管道的抗震计算可参照国家现行标准《输油（气）钢质管道抗震设计规范》SY/T0450。

6.4.6 直管段的计算壁厚公式与《输气和配气管线系统》ASMEB31.8、《输气管道工程设计规范》GB50251等规范中的壁厚计算式是一致的。该公式是采用弹性失效准则，以最大剪应力理论推导得出的壁厚计算公式。因城镇燃气温度范围对管材强度没有影响，故不考虑温度折减系数。在确定管道公称壁厚时，一般不必考虑壁厚附加量。对于钢管标准允许的壁厚负公差，在确定强度设计系数时给予了适当考虑并加了裕量；对于腐蚀裕量，因本规范中对外壁防腐设计提出了要求，因此对外壁腐蚀裕量不必考虑，对于内壁腐蚀裕量可视介质含水分多少和燃气质量酌情考虑。

6.4.7 经冷加工的管子又经热处理加热到一定温度后，将丧失其应变强化性能，按国内外有关规范和资料，其屈服强度降低约25%，因此在进行该类管道壁厚计算或允许最高压力计算时应予以考虑。条文中冷加工是指为使管子符合标准规定的最低屈服强度而采取的冷加工（如冷扩径等），即指利用了冷加工过程所提高强度的情况。管子撅弯的加热温度一般为800～1000℃，对于热处理状态管子，热弯过程会使其强度有不同程度的损失，根据ASME B31.8及一些热弯管机械性能数据，强度降低比例按25%考虑。

6.4.8 强度设计系数F，根据管道所在地区等级不同而不同。并根据各国国情（如地理环境、人口等）其取值也有所不同。几个国家管道地区分级标准和强度设计系数F的取值情况详见表32。

1 从美国、英国、法国和我国GB50251标准看，对一级

和二级地区的强度设计系数的取值基本相同，本规范也取为0.72和0.60，与上述标准相同。

2 对三级地区，英国标准比法国、美国和我国GB50251标准控制严，其强度设计系数依次分别为0.3、0.4、0.5、0.5。考虑到对于城市的非中心城区（或镇的非中心区域等）地上4层或4层以上建筑物普遍且占多数的燃气管道地区，已划入管道的三级地区；对于城市的中心城区（或镇的中心区域等）三级和四级地区的分界线主要是以4层或4层以上建筑是否普遍且占多数为标准，而我国每户平均住房面积比发达国家要低很多，同样建筑面积的一幢4层楼房，我国的住户数应比发达国家多，而其他小于或等于3层的低层建筑，在发达国家大多是独门独户，我国则属多单元住宅居多，因而当我国采用发达国家这一分界线标准时，不少划入三级地区的地段实际户数已相当于进入发达国家四级地区规定的户数范围（地区分级主要与户数有关，但为了统计和判断方便又常以住宅单元建筑物数为尺度）；参考英国、法国、美国标准和多伦多、香港等地的规定，本规范对三级地区强度设计系数取为0.4。

3 对四级地区英国标准比法国、美国和我国GB50251标准控制更严，这是由于英国标准提出四级地区是指城市或镇的中心区域且多层建筑多的地区（本规范已采用），同时又规定燃气管道压力不应超过1.6MPa（最近该标准第四版已由0.7MPa改为1.6MPa）。由于管道敷设有最小壁厚的规定，按L245级钢管和设计压力1.6MPa时反算强度设计系数约为0.10～0.38，一般比其他标准0.4低很多。香港采用英国标准，多伦多燃气公司市区燃气管道强度设计系数采用0.3。我国是一个人口众多的大国，城市人口（特别是四级地区）普遍比较密集，多层和高层建筑较多，交通频繁，地下设施多，高压燃气管道一旦破坏，对周围危害很大，为了提高安全度，保障安全，故要适当降低强度设计系数，参考英国标准和多伦多燃气公司规定，本规范对四级地区取为0.3。

6.4.9 本条根据美国联邦法规49-192和我国GB50251标准并结合第6.4.8条规定确定。

6.4.11、6.4.12 关于地下燃气管道到建筑物的水平净距。

控制管道自身安全是从积极的方面预防事故的发生，在系统各个环节都按要求做到的条件下可以保障管道的安全。但实际上管道难以做到绝对不会出现事故，从国内和国外的实践看也是如此，造成事故的主要原因是：外力作用下的损坏，管材、设备及焊接缺陷，管道腐蚀，操作失误及其他原因。外力作用下的损坏常常和法制不健全、管理不严有关，解决尚难到位；管材、设备和施工中的缺陷以及操作中的失误应该避免，但也很难杜绝；管道长期埋于地下，目前城镇燃气行业对管内、外的腐蚀情况缺乏有效的检测手段和先进设备，管道在使用后的质量得不到有效及时的监控，时间一长就会给安全带来隐患；而城市又是人群集聚之地，交通频繁、地下设施复杂，燃气管道压力越来越高，一旦破坏、危害甚大。因此，适当控制高压燃气管道与建筑物的距离，是当发生事故时将损失控制在较小范围，减少人员伤亡的一种有效手段。在条件允许时要积极去实施，在条件不允许时也可采取增加安全措施适当减少距离，为了处理好这一问题，结合国情，在本规范第6.4.11条、6.4.12条等效采用了英国气体工程师学会IGE/TD/1《高压燃气输送钢管》标准的成果。

1 从表6.4.11可见，由于高压燃气管道的弹性压缩能量主要与压力和管径有关，因而管道到建筑物的水平净距根据压力和管径确定。

2 三级地区房屋建筑密度逐渐变大，采用表6.4.11的水平净距有困难，此时强度设计系数应取0.4（IGE/TD/1标准取0.3），即可采用表6.4.12（此时在一、二区也可采用）。其中：

　　1) 采取行之有效的保护措施，表6.4.12中A行管壁厚度小于9.5mm的燃气管道可采用B行的水平净距。据IGE/TD/1标准介绍，"行之有效的保护措施"是指沿燃气管道的上方设置加强钢筋混凝土板（板

应有足够宽度以防侧面侵入）或增加管壁厚度等措施，可以减少管道被破坏，或当管壁厚度达到9.5mm以上后可取得同样效果。因此在这种条件下，可缩小高压燃气管道到建筑物的水平净距。对于采用B行的水平净距有困难的局部地段，可将管壁厚度进一步加厚至不小于11.9mm后可采用C行的水平净距。

2）据英国气体工程师学会人员介绍：经实验证明，在三级地区允许采用的挖土机，不会对强度设计系数不大于0.3（本规范取为0.4）管壁厚度不小于11.9mm的钢管造成破坏，因此采用强度设计系数不大于0.3（本规范为0.4）管壁厚度不小于11.9mm的钢管（管道材料钢级不低于L245），基本上不需要安全距离，高压燃气管道到建筑物3m的最小要求，是考虑挖土机的操作规定和日常维修管道的需要以及避免以后建筑物拆建对管道的影响。如果采用更高强度的钢管，原则上可以减少管壁的厚度（采用比11.9mm小），但采用前，应反复对它防御挖土机破坏管道的能力作出验证。

6.4.14、6.4.15 这两条对不同压力级别燃气管道的宏观布局作了规定，以便创造条件减少事故及危害。规定四级地区地下燃气管道输配压力不宜大于1.6MPa，高压燃气管道不宜进入四级地区，不应从军事设施、易燃易爆仓库、国家重点文物保证区、机场、火车站、码头通过等，都是从有利于安全上着眼。但以上要求在受到条件限制时也难以实施（例如有要求燃气压力为高压A的用户就在四级地区，不得不从此通过，否则就不能供气或非常不合理等）。故本规范对管道位置布局只是提倡但不作硬性限制，对这些个别情况应从管道的设计、施工、检验、运行管理上加强安全防护措施，例如采用优质钢管、强度设计系数不大于0.3、防腐等级提高、分段阀门采用遥控或自动控制、管道到建筑物的距离予以适当控制、严格施工检验、管道投产后对管道的运行状况和质量监控检查相对多一些等。

"四级地区地下燃气管道输配压力不应大于4.0MPa（表压）"这一规定，在一般情况下应予以控制，但对于大城市，如经论证在工艺上确实需要且在技术、设备和管理上有保证，并经城市建设主管部门批准，压力大于4.0MPa的燃气管道也可进入四级地区，其设计宜按《输气管道工程设计规范》GB 50251并参照本规范4.0MPa燃气管道的有关规定执行（有关规定主要指：管道强度设计系数、管道距建筑物的距离等）。

第6.4.15条中高压A燃气管道到建筑物的水平净距30m是参考温哥华、多伦多市的规定确定的。几个城市高压燃气管道到建筑物的净距见表34。

表34 几个城市高压燃气管道到建筑物的水平净距

城 市	管道压力、管径与到建筑物的水平净距	备 注
温哥华	管道输气压力3.45MPa至建筑物净距约为30m（100英尺）	经过市区
多伦多	管道输气压力小于或等于4.48MPa至建筑物净距约为30m（100英尺）	经过市区
洛杉矶	管道输气压力小于或等于3.17MPa至建筑物净距约为6～9m（20～30英尺）	洛杉矶市区90%以上为三级地区（估计）
香港	管道输气压力3.5MPa，采用AP15LX42钢材，管径DN700，壁厚12.7mm。至建筑物净距最小为3m	在三级或三级以下地区敷设，不进入居民点和四级地区

本条中所述"对燃气管道采取行之有效的保护措施"，是指沿燃气管道的上方设置加强钢筋混凝土板（板应有足够宽度以防侧面侵入）或增加管壁厚度等措施。

6.4.16 在特殊情况下突破规范的设计今后可能会遇到，本条等效采用英国IGE/TD/1标准，对安全评估予以提倡，以利于我国在这方面制度和机构的建设。承担机构应具有高压燃气管道评

估的资质、并由国家有关部门授权。

6.4.18 管道附件的国家标准目前还不全，为便于设计选用，列入了有关行业标准。

6.4.19 本条对高压燃气管道阀门的设置提出了要求。

1 分段阀门的最大间距是等效采用美国联邦法规49-192的规定。

6.4.20 对于管道清管装置工程设计中已普遍采用。而电子检管目前国内很少见。电子检管现在发达国家已日益普遍，已被证实为一有效的管道状况检查方法，且无需挖掘或中断燃气供应。对暂不装设电子检管装置的高压燃气管道，宜预留安装电子检管器收发装置的位置。

6.5 门站和储配站

6.5.1 本节规定了门站和储配站的设计要求。

在城镇配送系统中，门站和储配站根据燃气性质、供气压力、系统要求等因素，一般具有接收气源来气，控制供气压力、气量分配、计量等功能。当接收长输管线来气并控制供气压力、计量时，称之为门站。当具有储存燃气功能并控制供气压力时，称之为储配站。两者在设计上有许多共同的相似之处，为使规范简洁起见，本次修改将原规范第5.4节和5.5节合并。

站内若设有除尘、脱萘、脱硫、脱水等净化装置，液化石油气储存，增热等设施时，应符合本规范其他章节相应的规定。

6.5.2 门站和储配站站址的选择应征得规划部门的同意并批准。在选址时，如果对站址的工程地质条件以及与邻近地区景观协调等问题注意不够，往往增大了工程投资又破坏了城市的景观。

6 国家标准《建筑设计防火规范》GB 50016规定了有关要求。

6.5.3 为了使本规范的适用性和针对性更强，制定了表6.5.3。此表的规定与《建筑设计防火规范》的规定是基本一致的。表中的储罐容积是指公称容积。

6.5.4 本条的规定与《建筑设计防火规范》的规定是一致的。

5 《建筑设计防火规范》GB 50016规定了有关要求。

6.5.5 本条规定了站区总图布置的相关要求。

6.5.7 本条规定了门站和储配站的工艺设计要求。

3 调压装置流量和压差较大时，由于节流吸热效应，导致气体温度降低较多，常常引起管壁外结露或结冰，严重时冻坏装置，故规定应考虑是否设置加热装置。

7 本条系指门站作为长输管道的末站时，将清管的接收装置与门站相结合时布置紧凑，有利于集中管理，是比较合理的，故予以推荐。但如果在长输管道到城镇的边上，由长输管道部门在城镇边上又设有调压计量站时，则清管器的接收装置就应设在长输管道部门的调压计量站，而不应设在城镇的门站。

8 当放散点较多且放散量较大时，可设置集中放散装置。

6.5.10 本条规定了燃气储存设施的设计要求。

2 鉴于储罐造价较高而各型储罐造价差异也较大，因此在确定储气方式及储罐型式时应进行技术经济比较。

3 各种储罐的技术指标随单体容积增加而显著改善。在确定各期工程建罐的单体容积时，应考虑储罐停止运行（检修）时供气系统的调度平衡，以防止片面追求增加储罐单体容积。

4 罐区排水设施是指储罐地基下沉后应能防止罐区积水。

6.5.11 本条规定了低压储气罐的工艺设计要求。

2 为预防出现低压储气罐顶部塌陷而提出此要求。

4 湿式储气罐水封高度一般规定应大于最大工作压力（以Pa表示）的1.5倍，但实际证明这一数值不能满足运行要求，故本规范提出应经计算确定。

7 干式储气罐由于无法在罐顶直接放散，故要求另设紧急放散装置。

8 为方便干式储气罐检修，规定了此条要求。

6.5.12 本条规定了高压储气罐的工艺设计要求。

1 由于进、出气管受温度、储罐沉降、地震影响较大，故

规定宜进行柔性计算。

4 高压储气罐开孔影响罐体整体性能。

5 高压储罐检修时，由于工艺所限，罐内余气较多，故规定本条要求。可采用引射器等设备尽量排空罐内余气。

6 大型球罐（3000m³以上）检修时罐内余气较多，为排除罐内余气，可设置集中放散装置。表6.5.12-1中的"路边"对公路是指用地界，对城市道路是指道路红线。

6.5.14 本条规定了燃气加压设备选型的要求。

3 规定压缩机组设置备用是为了保证安全和正常供气。"每1～5台燃气压缩机组宜另设1台备用"。这是根据北京、上海、天津与沈阳等地的备用机组的设置情况而规定。如北京东郊储配站第一压缩车间的8台压缩机组中有2台为备用；天津千米桥储配站设计的14台压缩机组中有3台备用；上海水电路储配站的6台压缩机中有1台为备用等。从多年实际运行经验来看，上述各地备用数量是能适应生产要求的。

6.5.15 本条规定了压缩机室的工艺设计要求。

1、3 系针对工艺管道施工设计时有时缺少投产置换及停产维修时必需的管口及管件而作出此规定。

4 规定"压缩机宜采取单排布置"，这样机组之间相互干扰少，管理维修方便，通风也较好。但考虑新建、扩建时压缩机室的用地条件不尽相同，故规定"宜"。

6.5.16 按照《建筑设计防火规范》GB 50016要求，压缩机室与控制室之间应设耐火极限不低于3h的非燃烧墙。但是为了便于观察设备运转应设有生产必需的隔声玻璃窗。本条文与《工业企业煤气安全规程》GB 6222-86第5.2.1条要求是一致的。

6.5.19 1 此款与《建筑设计防火规范》GB 50016的规定是一致的。

储配站内设置的燃气气体储罐类型一般按压力分为两大类，即常压罐（压力小于10kPa）和压力罐（压力通常为0.5～1.6MPa）。常压罐按密封形式可分为湿式和干式储气罐，其储气几何容积是变化的，储气压力变化很小。压力罐的储气容积是固定的，其储气量随储气压力变化而变化。

从燃气介质的性质来看，与液态液化石油气有较大的差别。气体储罐为单相介质储存，过程无相变。火灾时，着火部位对储罐内的介质影响较小，其温度、压力不会有较大的变化。从实际使用情况看，气体储罐无大事故发生。因此，气体储罐可以不设置固定水喷淋冷却装置。

由于储罐的类型和规格较多，消防保护范围也不尽相同，表6.5.19的消防用水量，系指消火栓给水系统的用水量，是基本安全的用水量。

6.5.20 原规范规定门站储配站为"一级负荷"主要是为了提高供气的安全可靠性。实际操作中，要达到"一级负荷"（应由两个电源供电，当一个电源发生故障时，另一个电源不应同时受到损坏）的电源要求十分困难，投资很大。"二级负荷"（由两回线路供电）的电源要求从供电可靠性上完全满足燃气供气安全的需要，当采用两回线路供电有困难时，可另设燃气或燃油发电机等自备电源，且可以大大节省投资，可操作性强。

6.5.21 本条是在《爆炸和火灾危险环境电力装置设计规范》GB 50058的基础上，结合燃气输配工程的特点和工程实践编制的。根据GB 50058的有关内容，本次修订将原规范部分爆炸危险环境属"1区"的区域改为"2区"。由于爆炸危险环境区域的确定影响因素很多，设计时应根据具体情况加以分析确定。

6.6 调压站与调压装置

6.6.2 调压装置的设置形式多种式样，设计时应根据当地具体情况，因地制宜地选择采用，本条对调压装置的设置形式（不包括单独用户的专用调压装置设置形式）及其条件作了一般规定。调压装置宜设在地上，以利于安全和运行、维护。其中：

1 在自然条件和周围环境条件许可时，宜设在露天。这是较安全和经济的形式。对于大、中型站其优点较多。

2、3 在环境条件较差时，设在箱子内是一种较经济适用的形式。分为调压箱（悬挂式）和调压柜（落地式）两种。对于中、小型站优点较多。具体做法见第6.6.4条。

4 设在地上单独的建筑物内是我国以往用得较多的一种形式（与采用人工煤气需防冻有关）。

5、6 当受到地上条件限制燃气相对密度不大于0.75，且压力不高时才可设置在地下，这是一种迫不得已才采用的形式。但相对密度大于0.75时，泄漏的燃气易集聚，故不得设于地下室、半地下室和地下箱内。

6.6.3 本条调压站（含调压柜）与其他建、构筑物水平净距的规定，是参考了荷兰天然气调压站建设经验和规定，并结合我国实践，对原规范进行了补充和调整。表6.6.3中所列净距适用于按规范建设与改造的城镇，对于无法达到该表要求又必须建设的调压站（含调压柜），本规范留有余地，提出采取有效措施，可适当缩小净距。有效措施是指：有效的通风，换气次数每小时不小于3次；加设燃气泄漏报警器；有足够的防爆泄压面积（泄爆方向有必要时还应加设隔墙）；严格控制火源等。各地可根据具体情况与有关部门协调解决。表6.6.3中的"一类高层民用建筑"详见现行国家标准《高层民用建筑设计防火规范》GB 50045-95第3.0.1条（2005年版）。

6.6.4 本条是调压箱和调压柜的设置要求。其中体积大于1.5m³调压柜爆炸泄压口的面积要求，是等效采用英国气体工程师学会标准IGE/TD/10和香港中华煤气公司的规定，当爆炸时能使柜内压力不超过3.5kPa，并不会对柜内任何部分（含仪表）造成损坏。

调压柜自然通风口的面积要求，是等效采用荷兰天然气调压站（含调压柜）的建设经验和规定。

6.6.6 "单独用户的专用调压装置"系指该调压装置主要供给一个专用用气点（如一个锅炉房、一个食堂或一个车间等），并由该用气点兼管调压装置，经常有人照看，且一般用气量较小，可以设置在用气建筑物的毗连建筑物内或设置在生产车间、锅炉房及其他生产用气厂房内。对于公共建筑也可设在建筑物的顶层内，这些做法在国内外都有成熟的经验，修订时根据国内的实践经验，补充了设在用气建筑物的平屋顶上的形式。

6.6.8 我国最早使用调压器（箱）的省份都在南方，其环境温度影响较小。北方省份使用调压箱时，则环境温度的影响是不可低估的。对于输送干燃气应主要考虑环境温度，介质温度对调压器皮膜及活动部件的影响；而对于输送湿燃气，应防止冷凝水的结冻；对于输送气态液化石油气，应防止液化石油气的冷凝。

6.6.10 本条规定了调压站（或调压箱或调压柜）的工艺设计要求。

1 调压站的工艺设计主要应考虑该调压站在确保安全的条件下能保证对用户的供气。有些城市的区域调压站不分情况均设置备用调压器，这就加大了一次性建设投资。而有些城市低压管网不成环，其调压器也不设旁通管，一旦发生故障只能停止供气，更是不可取的。对于低压管网不成环的区域调压站和连续生产使用的用户调压装置宜设置备用调压器，比之旁通管更安全、可靠。

2、3 调压器的附属设备较多，其中较重要的是阀门，各地对于调压站外设不设阀门有所争议。本条根据多数意见并参考国外规范，对高压和次高压室外燃气管道使用"必须"用语，而对中压室外进口燃气管道使用"应"的用语给予强调。并对阀门设置距离提出要求，以便在出现事故时能在室外安全操作阀门。

6 调压站的超压保护装置种类很多，目前国内主要采用安全水封阀，适用于放散少的情况，一旦放散量较多时对环境的污染及周围建筑的火灾危险性是不容忽视的，一些管理部门反映，在超压放散的同时，低压管道压力仍然有可能超过5000Pa，造成一些燃气表损坏漏气事故，说明放散法并不绝对安全，设计宜考虑使用能快速切断的安全阀门或其他防止超压的设备。调压的安全保护装置提倡选用人工复位型，在人工复位后应对调压器后的管道设备进行检查，防止发生意外事故。

本款对安全保护装置（切断或放散）的启动压力规定，是等效采用美国联邦法规 49-192《气体管输最低安全标准》的规定。

6.6.12 本条规定了地上式调压站的建筑物设计要求。

3 关于地上式调压站的通风换气次数，曾有过不同规定。北京最初定为每小时 6 次，但冬季感到通风面积太大，操作人员自动将进风孔堵上；后改为 3 次，但仍然认为偏大。上海地上调压站室内通风换气次数为 2 次，他们认为是能够满足运行要求的，冬季最冷的时候，调压器皮膜虽稍感有些僵硬，但未影响使用。《原苏联建筑法规》对地上调压站室内通风换气定为每小时 3 次。

原上海市煤气公司曾用"臭敏检漏仪"对调压站室内煤气（人工煤气）浓度进行测定，在正常情况下（通风换气为每小时 2 次），地上调压站室内空气中的煤气含量是极少的，详见表 35。

综上所述，对地上式调压站室内通风换气次数规定为每小时不应小于 2 次。

表 35 上海市部分调压站室内煤气浓度的测定记录（体积分数）

调压站地址 \ 时间 煤气浓度	刚打开时	5min 后	10min 后	15min 后	调压站形式
宜川四村	0	0	0	0	地上式
大陆机器厂光复西路	0	0	0	0	地上式
横滨路、四川北路	0.2/1000	0	0	0	地上式
常熟路、淮海中路	80/1000	18/1000	12/1000	4/1000	地下式
江西中路、武昌路	2.4/1000	2/1000	2/1000	1.4/1000	地下式

6.6.13 我国北方城镇燃气调压站采暖问题不易解决，所以本条规定了使用燃气锅炉进行自给燃气式的采暖要求，以期在无法采用集中供热时用此办法解决实际问题，对于中、低调压站，宜采用中压燃烧器作自给燃气式采暖锅炉的燃烧器，可以防止调压器故障引起停止供热事故。

调压器室与锅炉室门、窗开口不应设置在建筑物的同一侧；烟囱出口与燃气安全放散管出口的水平距离应大于 5m；这些都是防止发生事故的措施，应予以保证。

6.6.14 本条给出地下式调压站的建筑要求。设计中还应提出调压器进、出口管道与建筑本身之间的密封要求，以防地下水渗漏事故。

6.6.15 当调压站内外燃气管道为绝缘连接时，室内静电无法排除，极易产生火花引起事故，因此必须妥善接地。

6.7 钢质燃气管道和储罐的防腐

6.7.1 金属的腐蚀是一种普遍存在的自然现象，它给人类造成的损失和危害是十分巨大的。据国家科委腐蚀科学学科组对 200 多个企业的调查表明，腐蚀损失平均值占总产值的 3.97%。某市一条 φ325 输气干管，输送混合气（天然气与发生炉煤气），使用仅 4 年曾 3 次爆管，从爆管的部位查看，管内壁下部严重腐蚀，腐蚀麻坑直径 5～14mm，深度达 2mm，严重的腐蚀是引起爆管的直接原因。

设法减缓和防止腐蚀的发生是保证安全生产的根本措施之一，对于城镇燃气输配系统的管线、储罐、场站设备等都需要采用优质的防腐材料和先进的防腐技术加以保护。对于内壁腐蚀防治的根本措施是将燃气净化或选择耐腐蚀的材料以及在气体中加入缓蚀剂；对于净化后的燃气，则主要考虑外壁腐蚀的防护。本条明确规定了对钢质燃气管道和储罐必须进行外防腐，其防腐设计应符合《城镇燃气埋地钢质管道腐蚀控制技术规程》CJJ 95 和《钢质管道及储罐腐蚀控制工程设计规范》SY 0007 的规定。

6.7.2 关于土壤的腐蚀性，我国还没有一种统一的方法和标准来划分。目前国内外对土壤的研究和统计指出，土壤电阻率、透气性、湿度、酸度、盐分、氧化还原电位等是影响土壤腐蚀性

的因素，而这些因素又是相互联系和互相影响的，但又很难找出它们之间直接的、定量的相关性。所以，目前许多国家和我国也基本上采用土壤电阻率来对土壤的腐蚀性进行分级，表 36 列出的分级标准可供参考。

表 36 土壤腐蚀等级划分参考表

国别 \ 电阻率（Ω/m） 等级	极强	强	中	弱	极弱
美国	<20	20～45	45～60	60～100	
原苏联	<5	5～10	10～20	20～100	>100
中国		<20	20～50	>50	

注：中国数据摘自 SY 0007 规范。

土壤电阻率和土壤的地质、有机质含量、含水量、含盐量等有密切关系，它是表示土壤导电能力大小的重要指标。测定土壤电阻率从而确定土壤腐蚀性等级，这为选择防腐蚀涂层的种类和结构提供了依据。

6.7.3 随着科学技术的发展，地下金属管道防腐材料已从初期单一的沥青材料发展成以有机高分子聚合物为基础的多品种、多规格的材料系列，各种防腐蚀涂层都具有自身的特点及使用条件，各类新型材料也具有很大的竞争力。条文中提出的外防腐涂层的种类，在国内应用较普遍。因它们具有技术成熟，性能较稳定，材料来源广，施工方便，防腐效果好等优点，设计人员可视工程具体情况选用。另外也可采用其他行之有效的防腐措施。

6.7.4 地下燃气管道的外防腐涂层一般采用绝缘层防腐，但防腐层难免由于不同的原因而造成局部损坏，对于防腐层已被损坏了的管道，防止电化学腐蚀则显得更为重要。美国、日本等国都明确规定了采用绝缘防腐涂层的同时必须采用阴极保护。石油、天然气长输管道也规定了同时采用阴极保护。实践证明，采取这一措施都取得了较好的防护效果。阴极保护法已被推广使用。

阴极保护的选择受多种因素的制约，外加电流阴极保护和牺牲阳极保护各自又具有不同的特性和使用条件。从我国当前的实际情况考虑，长输管道采用外加电流阴极保护技术上是比较成熟的，也积累了不少的实践经验；而对于城镇燃气管道系统，由于地下管道密集，外加电流阴极保护对其他金属管道构筑物干扰大、互相影响，技术处理较难，易造成自身受益，他家受害的局面。而牺牲阳极保护法的主要优点在于此管道与其他不需要保护的金属管道或构筑物之间没有通电性，互相影响小，因此提出城市市区内埋地敷设的燃气干管宜选用牺牲阳极保护。

6.7.5 接地体是埋入地中并直接与大地接触的金属导体。它是电力装置接地设计主要内容之一，是电力装置安全措施之一。其埋地位置和深度、形式不仅关系到电力装置本身的安全问题，而且对地下金属构筑物都有较大的影响，地下钢质管道必将受其影响，交流输电线路正常运行时，对与它平行敷设的管道将产生干扰电压。据资料介绍，对管道的每 10V 交流干扰电压引起的腐蚀，相当于 0.5V 的直流电造成的腐蚀。在高压配电系统中，甚至可产生高达几十伏的干扰电压。另外，交流电力线发生故障时，对附近地下金属管道也可产生高压感应电压，虽是瞬间发生，也会威胁人身安全，也可击穿管道的防腐涂层，故对此作了这一规定。

6.8 监控及数据采集

6.8.1 城市燃气输配系统的自动化控制水平，已成为城市燃气现代化的主要标志。为了实现城市燃气输配系统的自动化运行，提高管理水平，城市燃气输配系统有必要建设先进的控制系统。

6.8.2 电子计算机的技术发展很快。作为城市燃气输配系统的自动化控制系统，必须跟上技术进步的步伐，与同期的电子技术水平同步。

6.8.4 监控及数据采集（SCADA）系统一般由主站（MTU）和远端站（RTU）组成，远端站一般由微处理机（单板机或单片机）加上必要的存储器和输入/输出接口等外围设备构成，完

成数据采集或控制调节功能，有数据通信能力。所以，远端站是一种前端功能单元，应该按照气源点、储配站、调压站及管网监测点的不同参数测、控或调节需要确定其硬件和软件设计。主站一般由微型计算机（主机）系统为基础构成，特别对图像显示部分的功能应有新扩展，以使主站适合于管理监视的要求。在一些情况下，主机配有专用键盘更便于操作和控制。主站还需有打印机设备输出定时记录报表、事件记录和键盘操作命令记录，提供完善的管理信息。

6.8.5 SCADA 系统的构成（拓扑结构）与系统规模、城镇地理特征、系统功能要求、通信条件有很密切的关系，同时也与软件的设计互相关联。SCADA 系统中的 MTU 与 RTU 结点的联系可看成计算机网络，但是其特点是在 RTU 之间可以不需要互相通信，只要求各 RTU 能与 MTU 进行通信联系。在某些情况下，尤其是系统规模很大时在 MTU 与 RTU 之间增设中间层次的分级站，减少 MTU 的连接通道，节省通信线路投资。

6.8.6 信息传输是监控和数据采集系统的重要组成部分。信息传输可以采用有线及无线通信方式。由于国内城市公用数据网络的建设发展很快，且租用价格呈下降趋势，所以充分利用已有资源来建设监控和数据采集系统是可取的。

6.8.8 达到标准化的要求有利于通用性和兼容性，也是质量的一个重要方面。标准化的要求指对印刷电路板、接插件、总线标准、输入/输出信号、通信协议、变送器仪表等等逻辑或物理的技术特性，凡属有标准可循的都要做到标准化。

6.8.9 SCADA 是一种连续运转的管理技术系统。借助于它，城镇燃气供应企业的调度部门和运行管理人员得以了解整个输配系统的工艺。因此，可靠性是第一位的要求，这要求 SCADA 系统从设计、设备器件、安装、调试各环节都达到高质量，提高系统的可靠性。从设计环节看，提高可靠性要从硬件设计和软件设计两方面都采取相应措施。硬件设计的可靠性可以通过对关键部件设备（如主机、通信系统、CRT 操作接口、调节或控制单元、各极电源）采取双重化（一台运转一台备用），故障自诊断，自动备用方式（通过监视单元 Watch Dog Unit）控制等实现。此外，提高系统的抗干扰能力也属于提高系统可靠性的范畴。在设计中应该分析干扰的种类、来源和传播途径，采取多种办法降低计算机系统所处环境的干扰电屏。如采用隔离、屏蔽、改善接地方式和地点等，改进通信电缆的敷设方法等。在软件设计方面也要采取措施提高程序的可靠性。在软件中增加数字滤波也有利于提高计算机控制系统的抗干扰能力。

6.8.10 系统的应用软件水平是系统功能水平高低的主要标志。采用实时瞬态模拟软件可以实时反映系统运行工况，进行调度优化，并根据分析和预测结果对系统采取相应的调度控制措施。

6.8.11 SCADA 系统中每一个 RTU 的最基本功能要求是数据采集和与主站之间的通信。对某些端点应根据工艺和管理的需要增加其他功能，如对调压站可以增设在远端站建立对调压器的调节和控制回路，对压缩车间运行进行监视或设置由远端站进行的控制和调节。

随着 SCADA 技术应用的推广及设计、运行经验的积累，SCADA 的功能设计可以逐渐丰富和完善。

从参数方面看，对燃气输配系统最重要的是压力与流量。在某些场合需要考虑温度、浓度以及火灾或人员侵入报警信号。具体哪些参数列入 SCADA 的范围，要因工程而异。

6.8.12 一般的 SCADA 系统都应有通过键盘 CRT 进行人机对话的功能。在需经由主站控制键盘对远端的调节控制单元组态或参数设置或紧急情况进行处理和人工干预时，系统应从硬件及软件设计上满足这些功能要求。

7 压缩天然气供应

7.1 一般规定

7.1.1 本条规定了压缩天然气供应工程设计的适用范围。

压缩天然气供应是城镇天然气供应的一种方式。目前我国天然气输气干线密度较小，许多城市还不具备由输气干线供给天然气的条件，对于一些距气源（气田或天然气输气干线等）不太远（一般在 200km 以内），用气量较少的城镇，可以采用气瓶车（气瓶组）运输天然气到城镇供给居民生活、商业、工业及采暖通风和空调等各类用户作燃料使用，并在城镇区域内建设城镇天然气输配管道或工业企业供气管道。在选择压缩天然气供应方式时，应与城市其他燃气供应方式进行技术经济比较后确定。

1 本条提出的工作压力限值（25.0MPa）是指天然气压缩后系统、气瓶车（气瓶组）加气系统及卸气系统（至一级调压器前）的压力限值。

2 压缩天然气加气站的主要供应对象是城镇的压缩天然气储配站和压缩天然气瓶组供气站；与汽车用天然气加气母站不同，它可以远离城市而且供气规模较大，可以同时供应数个城镇的用气。压缩天然气加气站也可兼有向汽车用天然气加气子站供气的能力。

对每次只向 1 辆气瓶车加气，在加气完毕后气瓶车即离站外运的压缩天然气加气站，可按现行国家标准《汽车加油加气站设计与施工规范》GB 50156 执行。

7.1.2 压缩天然气采用气瓶车（气瓶组）运输，必须考虑硫化物在高压下对钢瓶的应力腐蚀，则应严格控制天然气中硫化氢和水分含量。压缩天然气需在储配站中下调为城镇天然气管道的输送压力（一般为中低压系统），调压过程是节流降压吸热过程，为防止温度过低影响设备、设施及管道和附件的使用，保证安全运行，则应对天然气进行加热，也应控制天然气中不饱和烃类含量。所以规定了压缩天然气的质量应符合《车用压缩天然气》GB 18047 的规定。

7.2 压缩天然气加气站

7.2.1 本条规定对压缩天然气加气站站址的基本要求：

1 必须有稳定、可靠的气源条件，宜尽量靠近气源。

交通、供电、给水排水及工程地质等条件不仅影响建设投资，而且对运行管理和供气成本也有较大影响，是选择站址应考虑的条件，与用户（各城镇的压缩天然气储配站和压缩天然气瓶组供气站等）间的交通条件尤为重要。

2 压缩天然气加气站多与油气田集气处理站、天然气输气干线的分输站和城市天然气门站、储配站毗邻。在城镇区域内建设压缩天然气加气站应符合城市总体规划的要求，并应经城市规划主管部门批准。

7.2.2 气瓶车固定车位应在场地上标志明显的边界线；在总平面布置中确定气瓶车固定车位的位置时，天然气储罐与气瓶车固定车位防火间距应从气瓶车固定车位外边界线计算。

7.2.4 气瓶车在压缩天然气加气站内加气用时较长，以及因运输调度的需要，实车（已加完气的气瓶车）可能在站内较长时间停留，从全站安全管理考虑，应将停靠在固定车位的实车在安全防火方面视同储罐对待。气瓶车固定车位与站内外建、构筑物的防火间距，应从固定车位外边界线计算。为保证安全运行和管理，气瓶车在固定车位的最大储气总容积不应大于 30000m³。

气瓶车固定车位储气总几何容积不大于 18m³（最大储气总容积不大于 4500m³）符合国家标准《汽车加油加气站设计与施工规范》GB 50156 中压缩天然气储气设施总容积小于等于 18m³ 的规定，应执行其有关规定。

7.2.6 为保证停靠在固定车位的气瓶车之间有足够的间距，各固定车位的宽度不应小于4.5m。为操作方便和控制加气软管的长度，每个固定车位对应设置1个加气嘴是适宜的。

气瓶车进站后需要在固定车位前的回车场地上进行调整，需倒车进入其固定车位，要求在固定车位前有较宽敞的回车场地。

7.2.7 气瓶车在固定车位停靠对中后，可采用车带固定支柱等设施进行固定，固定设施必须牢固可靠，在充装作业中严禁移动以确保充装安全。

7.2.8 控制气瓶车在固定车位的最大储气总容积，即控制气瓶车在充装完毕后的实车停靠数量（气瓶车一般充装量为4500m³/辆），是安全管理的需要。

7.2.9 加气软管的长度不大于6m，根据气瓶车加气操作要求，气瓶车与加气柱间距2～3m为宜。

7.2.10 天然气压缩站的供应对象是周边的城镇用户，确定其设计规模应进行用户用气量的调查。

7.2.11 进站天然气含硫超过标准则应在进入压缩机前进行脱硫，可以保护压缩机。进站天然气中含有游离水应脱除。

天然气脱硫、脱水装置的设计在国家现行标准《汽车加油加气站设计与施工规范》GB 50156作了规定。

7.2.12 控制进入压缩机天然气的含尘量、微尘直径是保护压缩机，减少对活塞、缸体等磨损的措施。

7.2.13 为保证压缩机的平稳运行在压缩机前设置缓冲罐，并应保证天然气在缓冲罐内有足够的停留时间。

7.2.14 压缩天然气系统运行压力高，气瓶数量多、接头多，其发生天然气泄漏的概率较高，为便于运行管理和安全管理，在压缩站采用生产区和辅助区分区布置是必要的。压缩站宜设2个对外出入口可便于车辆运行、消防和安全疏散。

7.2.15 在进站天然气管道上设置切断阀，并且对于以城市高、中压输配管道为气源时，还应在切断阀后设安全阀；是在事故状态下的一种保护措施，避免事故扩大。

1 切断阀的安全地点应在事故情况便于操作，又要离开事故多发区，并且能快速切断气源。

2 安全阀的开启压力应不大于来气的城市高、中压输配管道的最高工作压力，以避免天然气压缩系统高压的天然气进入城市高中压输配管道后，造成管道压力升高而危及附近用户的使用安全。

7.2.16 压缩天然气系统包括系统中所有的设备、管道、阀门及附件的设计压力不应小于系统设计压力。系统中设有的安全阀开启压力不应大于系统的设计压力。这是与国内外有关标准的规定相一致的。

在压缩天然气储配站及瓶组供气站内停靠的气瓶车或气瓶组，具备运输、储存和供气功能，在站内停留时间较长，在炎热季节气瓶车或瓶组受日晒或环境温度影响，将导致气瓶内压缩天然气压力升高。为控制储存、供气系统压缩天然气的工作压力小于25.0MPa，则应控制气瓶车或气瓶组的充装压力。一般地区在充装温度为20℃时，充装压力不应大于20.0MPa。对高温地区或充装压力较高的情况，应考虑在固定车位或气瓶组停放区加罩棚等措施。

7.2.17 本条规定了压缩机的选型要求。选用型号相同的压缩机便于运行管理和维护及检修。根据运行经验，多台并联压缩机的总排气量为各单机台称排气量总和的80%～85%。设置备用机组是保证不间断供气的措施。

7.2.18 有供电条件的压缩天然气加气站，压缩机动力选择电动机可以节省投资，运行操作及维护都比较方便；对没有供电条件的压缩站也可选用天然气发动机。

7.2.20 控制压缩机进口管道中天然气的流速是保证压缩机平稳工作、减少振动的措施。

7.2.21 本条规定了压缩机进、出口管道设置阀门等保护措施要求。

1 进口管道设置手动阀和电动控制阀门（电磁阀），控制阀门可以与压缩机的电气开关连锁。

2 在出口管道上设置止回阀可以避免邻机运行干扰，设置安全阀对压缩机实施超压保护。

3 安全阀放散管口的设置必须符合要求，应避免天然气窜入压缩机室和邻近建筑物。

7.2.22 由压缩机轴承等处泄漏的天然气量很少，不宜引到压缩机入口等处，以保证运行的安全。

7.2.23 压缩机组采用计算机集中控制，可以提高机组运行的安全可靠程度及运行管理水平。

7.2.24 本条规定了压缩机的控制及保护措施。

1 受运行和环境温度的影响而发生排气温度大于限定值（冷却水温度达不到规定值）时，压缩机应报警并人工停车，操作及管理人员应根据实际发生的情况进行处理。

2 如果发生各级吸、排气压力不符合规定值、冷却水（或风冷鼓风机）压力或温度不符合规定值、润滑油的压力和温度及油箱液位不符合规定值、电动机过载等情况应视为紧急情况，应报警及自动停车，以便采取紧急措施。

7.2.25 压缩机停车后卸载，然后方可启动。压缩卸载排气量较多，为使卸载天然气安全回收，天然气应通过缓冲罐等处理后，再引入压缩机进口管道。

7.2.26 本条规定了对压缩机排出的冷凝液处理要求。

1 压缩机排出的冷凝液中含有压缩后易液化的天然气中的C_3、C_4等组分，若直接排入下水道会造成危害。

2 采用压缩机前脱水时，压缩机排出的冷凝液中可能含有较多的C_3、C_4等组分，应引至室外储罐进行分离回收。

3 采用压缩机后脱水或中段脱水时，压缩机排出的冷凝液中含有的C_3、C_4等组分较少，应引至室外密封水塔，经露天储槽放掉冷凝液中溶解的可燃气体（释放气）后，方可集中处理。

7.2.27 从冷却器、分离器等排出的冷凝液，溶解少量的可燃气体，可引至室外密封水塔，经露天储槽放掉溶解的可燃气体后，方可排放冷凝液。

7.2.28 为防止误操作，预防事故发生，本条规定了天然气压缩站检测和控制装置的要求。一些重要参数除设置就地显示外，宜在控制室设置二次仪表和自动、手动控制开关。

7.3 压缩天然气储配站

7.3.1 压缩天然气储配站选址时应符合城镇总体规划的要求，并应经当地规划主管部门批准。为了靠近用户，储配站一般离城镇中心区域较近，选址应考虑环保及城镇景观的要求。

7.3.2 压缩天然气储配站首先应落实气源（压缩天然气加气站）的供气能力，对气瓶车的运输道路应作实地考察、调研（可以用其他车辆运输作参考），并在对用户用气情况的调研基础上，进行技术经济分析确定设计规模。

7.3.3 压缩天然气储配站应有必要的天然气储备量，以保证在特殊的气候和交通条件（如：洪水、暴雨、冰雪、道路及气源距离等）下造成气瓶车运输中断的紧急情况时，可以连续稳定的向用户供气。一般地区的储配站至少应备有相当于其计算月平均日供气量的1.5倍储气量。对有补充、替代气源（如：液化石油气混空气等）及气候与交通条件特殊的情况，应按实际情况确定储气能力。

压缩天然气储配站通常是由停靠在站内固定车位的气瓶车供气，气瓶车经卸气、调压等工艺将天然气通过城镇天然气输配管道供给各类用户。气瓶车在站内是一种转换型的供气设施，一车气用完后转由另一车供气。未供气的气瓶车则起储存作用。因此压缩天然气储配站的天然气总储气量包括停靠在站内固定车位气瓶车压缩天然气的储量和站内天然气储罐的储量。气瓶车在站内应采取转换式的供气、储气方式，避免气瓶车在站内储气时间（停靠时间）过长，应转换使用（运输、供气、储存按管理顺序转换）。气瓶车是一种活动式的储气设施，储气量过大，停靠在固定车位的气瓶车数量过多会给安全管理、运行管理带来不便，增加事故发生概率；根据我国已投产和在建的压缩天然气储配站实际情况调研，确定气瓶车在固定车位的最大储气能力不大于 30000m³ 是比较适宜的。

当储配站天然气总储量大于 30000m³ 时，除可采用气瓶车储气外，应设置天然气储罐等其他储气设施。

7.3.4 现行国家标准《建筑设计防火规范》GB 50016 规定了有关要求。

7.3.11 压缩天然气储配站有高压运行的压缩天然气系统，气瓶车运输频繁，其总平面布置应分为生产区和辅助区，宜设 2 个对外出入口。

7.3.12 一些规模较大的压缩天然气储配站选用液化石油气混空气设置作为替代气源，以减少天然气储气量，也有的压缩天然气储配站是在原液化石油气混气站、储配站站址内扩建的，这种合建站内天然气储罐（包括气瓶车固定车位）与液化石油气储罐的防火间距应符合现行国家标准《建筑设计防火规范》GB 50016 的有关规定。

7.3.14 本条规定了压缩天然气调压工艺要求。

1 在一级调压器进口管道上设置快速切断阀，是在事故状态下快速切断气源（气瓶车）的保护措施，其安装地点应便于操作。

2 为保证调压系统安全、稳定运行，保护设备、管道及附件，必须严格控制各级调压器的出口压力，在出现调压器出口压力异常，并达到规定值（切断压力值）时，紧急切断阀应切断调压器进口。调压器出口压力过低时，也应有切断措施。

各级调压器后管道上设置的安全放散阀是对调压器出口压力异常的紧急状况的第二级保护设备。安全放散阀是在调压出口压力达到紧急切断压力值后，紧急切断阀的切断功能失效而出口压力继续升高时，达到安全阀开启力值，安全放散天然气，以保护调压系统。所以安全放散阀的开启压力高于该级调压器紧急切断压力。

3 对压差较大，流量较大的压缩天然气调压过程，吸热量需求很大，会造成系统运行温度过低，危及设备、管道、阀门及附件，所以必须加热天然气。在加热介质管道或设备设超压泄放装置是为了在发生压缩天然气泄漏时，保护加热介质管道和设备。

7.4 压缩天然气瓶组供气站

7.4.1 压缩天然气瓶组供气站一般设置在用气用户附近，为保证安全管理和安全运行，应限制其储气量和供应规模。

7.4.4 压缩天然气瓶组供气站的气瓶组储气量小，且调压、计量、加臭装置为气瓶组的附属设施，可设置在一起。

天然气放散管为气瓶组及调压设施的附属装置，应设置在气瓶组及调压装置处。

7.5 管道及附件

7.5.1 压缩天然气管道的材质是由压缩天然气系统的压力和环境温度确定的，必须按规定选用。

7.5.2 本条规定是根据压缩天然气系统的最高工作力可达 25.0MPa，其设计压力不应小于 25.0MPa，根据卡套式锥管螺纹管接头的使用范围，对公称压力为 40.0MPa 时为 DN28；公称压力为 25.0MPa 时为 DN42，在本规范中考虑压缩天然气的性质以及压缩天然气系统在本章中的设计压力规定范围，所以限定外径小于或等于 28mm 的钢管采用卡套连接是比较安全的、可靠的。

7.5.4 本条对充气、卸气软管的选用作了规定，是安全使用的需要。

7.5.6 本条规定了采用双卡套接头连接和室内的压缩天然气管道宜采用管沟敷设，是为了便于维护、检修。

7.6 建筑物和生产辅助设施

7.6.1 压缩天然气加气站、压缩天然气储配站和压缩天然气瓶

组供气站站内建筑物的耐火等级均不应低于现行国家标准《建筑设计防火规范》GB 50016 中"二级"的规定，是由于站内生产介质天然气的性质确定的，可以在事故状态下降低火灾的危害性和次生灾害。

7.6.3 敞开式、半敞开式厂房有利于天然气的扩散、消防及人员的撤离。

7.6.4 本条与现行国家标准《建筑设计防火规范》GB 50016 的有关规定是一致的，气瓶车在加气站、储配站起储存天然气作用，在计算消防用水量时应按天然气储罐对待。在站内气瓶车及储罐均储存的是气体燃料，气体储罐可以不设固定水喷淋装置。对每次只向 1 辆气瓶车加气，在加气完毕后气瓶车即离站外运的压缩天然气加气站，可执行现行国家标准《汽车加油加气站设计与施工规范》GB 50156 的规定。

7.6.6 废油水、洗罐水应回收集中处理，是环保和安全的要求，集中处理可以节省投资。

7.6.7 压缩天然气加气站的生产用电可以暂时中断，依靠其用户——各城镇的压缩天然气储配站或瓶组供气站的储气量保证稳定和不间断供应，因此其用电负荷属于现行国家标准《供配电系统设计规范》GB 50052 "三级"负荷。但该站消防水泵用电负荷为"二级"负荷，应采用两回线路供电，有困难时可自备燃气或燃油发电机等，既满足要求，又可节约投资。

7.6.8 压缩天然气储配站不能间断供应，生产用电负荷及消防水泵用电负荷均属现行国家标准《供配电系统设计规范》GB 50052 "二级"负荷。

7.6.10 设置可燃气体检测及报警装置，可以及时发现非正常的超量泄漏，以便操作和管理人员及时处理。

8 液化石油气供应

8.1 一般规定

8.1.1 规定了本章的适用范围。这里要说明的是新建工程应严格执行本章规定，扩建和改建工程执行本章规定确有困难时，可采取有效的安全措施，并与当地有关主管部门协商后，可适当降低要求。

8.1.2 规定了本章不适用的液化石油气工程和装置设计，其原因是：

1 炼油厂、石油化工厂、油气田、天然气气体处理装置的液化石油气加工、储存、灌装和运输是指这些企业内部的工艺过程，应遵循有关专业规范。

2 世界各发达国家对液化石油气常温压力储存和低温常压储存分别称全压力式储存和全冷冻式储存，故本次规范修订采用国际通用命名。

液化石油气全冷冻式储存在国外早就使用，且有成熟的设计、施工和管理经验。我国虽在深圳、太仓、张家港和汕头等地已建成液化石油气全冷冻式储存基地，但尚缺乏设计经验，故暂未列入本规范。由于各地有关部门对全冷冻式储罐与基地外建、构筑物之间的防火间距希望作明确规定，故仅将这部分的规定纳入本规范。

3 目前在广州、珠海、深圳等东南部沿海和长江中下游等地区，采用全压力式槽船运输液化石油气，并积累一定运行经验，但属水上运输和码头装卸作业，其设计应执行有关专业规范。

4 在轮船、铁路车辆和汽车上使用的液化石油气装置设计，应执行有关专业规范。

8.2 液态液化石油气运输

8.2.1 液化石油气由生产厂或供应基地至接收站（指储存站、储配站、灌装站、气化站和混气站）可采用管道、铁路槽车、汽车槽车和槽船运输。在进行液化石油气接收站方案设计和初步设计时，运输方式的选择是首要解决的问题之一。运输方式主要根据接收站的规模、运距、交通条件等因素，经过基建投资和常年运行管理费用等方面的技术经济比较择优确定。当条件接近时，宜优先采用管道输送。

1 管道输送：这种运输方式一次投资较大，管材用量多（金属耗量大），但运行安全、管理简单、运行费用低。适用于运输量大的液化石油气接收站，也适用于虽运输量不大，但靠近气源的接收站。

2 铁路槽车运输：这种运输方式的运输能力较大、费用较低。当接收站距铁路线较近、具有较好接轨条件时，可选用。而当距铁路线较远、接轨投资较大、运距较远、编组次数多，加之铁路槽车检修频繁、费用高，则应慎重选用。

3 汽车槽车运输：这种运输方式虽然运量小，常年费用较高，但灵活性较大，便于调度，通常广泛用于各类中、小型液化石油气站。同时也可作为大中型液化石油气供应基地的辅助运输工具。

在实际工程中液化石油气供应基地通常采用两种运输方式，即以一种运输方式为主，另一种运输方式为辅。中小型液化石油气灌装站和气化站、混气站采用汽车槽车运输为宜。

8.2.2 液态液化石油气管道按设计压力 P（表压）分为：小于或等于 1.6MPa、大于 1.6~4.0MPa 和大于 4.0MPa 三级，其根据有二：

1 符合目前我国各类管道压力级别划分；

2 符合目前我国液化石油气输送管道设计压力级别的现状。

8.2.3 原规定输送液态液化石油气管道的设计压力应按管道系统起点最高工作压力确定不妥。在设计时应按公式（8.2.3）计算管道系统起点最高工作压力后，再圆整成相应压力作为管道设计压力，故改为管道设计压力应高于管道系统起点的最高工作压力。

8.2.4 液态液化石油气采用管道输送时，泵的扬程应大于按公式（8.2.4）的计算扬程。关于该公式说明如下：

1 管道总阻力损失包括摩擦阻力损失和局部阻力损失。在实际工作中可不详细计算每个阀门及附件的局部阻力损失，而根据设计经验取 5%~10% 的摩擦阻力损失。当管道较长时取较小值，管道较短时取较大值。

2 管道终点进罐余压是指液态液化石油气进入接收站储罐前的剩余压力（高于罐内饱和蒸气压力的差值）。为保证一定的进罐速度，根据运行经验取 0.2~0.3MPa。

3 计算管道终、起点高程差引起的附加压头是为了保证液态液化石油气进罐压力。

"注"中规定管道沿线任何一点压力都必须高于其输送温度下的饱和蒸气压力，是为了防止液态液化石油气在输送过程发生气化而降低管道输送能力。

8.2.5 液态液化石油气管道摩擦阻力损失计算公式中的摩擦阻力系数 λ 值宜按本规范第 6.2.6 条中公式（6.2.6-2）计算。手算时，可按本规范附录 C 中第 C.0.2 条给定的 λ 公式计算。

8.2.6 液态液化石油气在管道中的平均流速取 0.8~1.4m/s，是经济流速。

管道内最大流速不应超过 3m/s 是安全流速，以确保液态液化石油气在管道内流动过程中所产生的静电有足够的时间导出，防止静电电荷集聚和电位增高。

国内外有关规范规定的烃类液体在管道内的最大流速如下：

美国《烃类气体和液体的管道设计》规定为 2.3~2.4m/s；

原苏联建筑法规《煤气供应、室内外燃气设备设计规范》规定最大流速不应超过 3m/s。

《输油管道工程设计规范》GB 50253 中规定与本规范相同。

《石油化工厂生产中静电危害及其预防止》规定油品管道最大允许流速为 3.5~4m/s。

据此，本规范规定液态液化石油气在管道中的最大允许流速不应超过 3m/s。

8.2.7 液态液化石油气输送管道不得穿越居住区、村镇和公共建筑群等人员集聚的地区，主要考虑公共安全问题。因为液态液化石油气输送管道工作压力较高，一旦发生断裂引起大量液化石油气泄漏，其危险性较一般燃气管道危险性和破坏性大得多。因此在国内外这类管线都不得穿越居住区、村镇和公共建筑群等人员集聚的地区。

8.2.8 本条推荐液态液化石油气输送管道采用埋地敷设，且应埋设在冰冻线以下。

因为管道沿线环境情况比较复杂，埋地敷设相对安全。同时，液态液化石油气能溶解少量水分，在输送过程中，当温度降低时其溶解水将析出，为防止析出水结冻而堵塞管道，应将其埋设在冰冻线以下。此外，还要考虑防止外部动载破坏管道，故应符合本规范第 6.3.4 条规定的管道最小覆土深度。

8.2.9 本条表 8.2.9-1 和 8.2.9-2 按不同压力级别，分三个档次分别规定了地下液态液化石油气管道与建、构筑物和相邻管道之间的水平和垂直净距，其依据如下：

1 关于地下液态液化石油气管道与建、构筑物或相邻管道之间的水平净距。

1）国内现状。我国一些城市敷设的地下液态液化石油气管道与建、构筑物的水平净距见表 37。

表 37 我国一些城市地下液态液化石油气管道与建、构筑物的水平净距（m）

城市 名称	北京	天津	南京	武汉	宁波
一般建、构筑物	15	15	25	15	25

续表 37

城市 名称	北京	天津	南京	武汉	宁波
铁路干线	15	25	25	25	10
铁路支线	10	20	10	10	10
公路	10	10	10	10	10
高压架空电力线	1~1.5倍杆高	10	10	10	10
低压架空电力线	2	2		1	2
埋地电缆	2	2.5		1	2
其他管线	2	1		2.5	2
树木	2	1.5		1.5	2

2）现行国家标准《输油管道工程设计规范》GB 50253 的规定见表 38。

表 38 液态液化石油气管道与建、构筑物的间距

项 目		间 距（m）
军工厂、军事设施、易燃易爆仓库、国家重点文物保护单位		200
城镇居民点、公共建筑		75
架空电力线		1倍杆高，且≥10
国家铁路线（中心线）	干线	25
	支线（单线）	10
公路	高速、Ⅰ、Ⅱ级	10
	Ⅲ、Ⅳ级	5

3）在美国和英国等发达国家敷设输气管道时，按建筑物密度划分地区等级，以此确定管道结构和试压方法。计算管道壁厚时，则按地区等级采取不同强度设计系数（F）求出所需的壁厚以此保证安全。美国

标准对管道安全间距无明确规定。

4）考虑管道断裂后大量液化石油气泄漏到大气中，遇到点火源发生爆炸并引起火灾时，其辐射热对人的影响。火焰热辐射对人的影响主要与泄漏量、地形、风向和风速等因素有关。一般情况下，火焰辐射热强度可视为半球形分布，随距离的增加其强度减弱。当辐射热强度为 22000kJ/(h·m²) 时，人在 3s 后感觉到灼痛。为了安全不应使人受到大于 16000kJ/(h·m²) 的辐射热强度，故应让人有足够的时间跑到安全地点。计算表明，当安全距离为 15m 时，相当于每小时有 1.5t 液态液化石油气从管道泄漏，全部气化而着火，这是相当大的事故。因此，液态液化石油气管道与居住区、村镇、重要公共建筑之间的防火间距规定要大些，而与人活动的一般建、构筑物的防火间距规定的小些。

5）与给水排水、热力及其他燃料管道的水平净距不小于 1.5m 和 2m（根据《热力网设计规范》CJJ 34 设在管沟内时为 4m），主要考虑施工和检修时互不干扰和防止液化石油气进入管沟的危害，同时也考虑设置阀门井的需要。

6）与埋地电力线之间的水平净距主要考虑施工和检修时互不干扰。

对架空电力线主要考虑不影响电杆（塔）的基础，故与小于或等于 35kV 和大于 35kV 的电杆基础分别不小于 2m 和 5m。

7）与公路和铁路线的水平间距是参照《中华人民共和国公路管理条例》和国家现行标准《铁路工程设计防火规范》TB 10063 等有关规范确定的。

8）与树木的水平净距主要考虑管道施工时尽可能不伤及树木根系，因液化石油气管道直径较小，故规定不应小于 2m。

表 8.2.9-1 注 1 采取行之有效的保护措施见本规范第 6.4.12 条条文说明。

注 3 考虑两相邻地下管道中有采用外加电流阴极保护时，为避免对其相邻管道的影响，故两者的水平和垂直净距尚应符合国家现行标准《钢质管道及储罐腐蚀控制工程设计规范》SY 0007 的有关规定。

2 地下液态液化石油气管道与构筑物或相邻管道之间的垂直净距。

1）与给水排水、热力及其他燃料管道交叉时的垂直净距不小于 0.2m，主要考虑管道沉降的影响。

2）与电力线、通信线交叉时的垂直净距均规定不小于 0.5m 和 0.25m（在导管内）是参照国家现行标准《城市电力规划规范》GB 50293 的有关规定确定的。

3）与铁路交叉时，管道距轨底垂直净距不小于 1.2m 是考虑避免列车动荷载的影响。

4）与公路交叉时，管道与路面的垂直净距不小于 0.9m 是考虑避免汽车动荷载的影响。

8.2.10 本条是新增加的，主要参照本规范第 6.4 节和现行国家标准《输油管道工程设计规范》GB 50253 的有关规定，以保证管道自身安全性为基本出发点确定的。

8.2.11 液态液化石油气输送管道阀门设置数量不宜过多。阀门的设置主要根据管段长度、各管段位置的重要性和检修的需要，并考虑发生事故时能及时将有关管段切断。

管路沿线每隔 5000m 左右设置一个阀门，是根据国内现状确定的。

8.2.12 液态液化石油气管道上的阀门不宜设置在地下阀门井内，是为了防止发生泄漏时，窝存液化石油气。若设置在阀门井内时，井内应填满石砂。

8.2.13 液态液化石油气输送管道采用地上敷设较地下敷设危险

性大些，一般情况下不推荐采用地上敷设。当采用地上敷设时，除应符合本规范第 8.2 节管道地下敷设时的有关规定外，尚应采取行之有效的安全措施。如：采用较高级的管道材料，提高焊缝无损探伤的抽查率、加强日常检查和维护等。同时规定了两端应设置阀门。

两阀门之间设置管道安全阀是为了防止因太阳辐射热使其压力升高造成管道破裂。管道安全阀应从管顶接出。

8.2.15 增加本条的规定是为了便于日常巡线和维护管理。

8.2.16 本条规定设计时选用的铁路槽车和汽车槽车性能应符合条文中相应技术条件的要求，以保证槽车的安全运行。

8.3 液化石油气供应基地

8.3.1 使用液化石油气供应基地这一用语，其目的为便于本节条文编写。

液化石油气供应基地按其功能可分为储存站、储配站和灌装站。各站功能如下：

储存站即液化石油气储存基地，其主要功能是储存液化石油气，同时进行灌装槽车作业，并将其转输给灌装站、气化站和混气站。

灌装站 即液化石油气灌瓶基地，其主要功能是进行灌瓶作业，并将其送至瓶装供应站或用户。同时，也可灌装汽车槽车，并将其送至气化站和混气站。

储配站 兼有储存站和灌装站的全部功能，是储存站和灌装站的统称。

8.3.2 对液化石油气供应基地规模的确定做了原则性规定。其中居民用户液化石油气用气量指标应根据当地居民用气量指标统计资料确定。当缺乏这方面资料时，可根据当地居民生活水平、生活习惯、气候条件、燃料价格等因素并参考类似城市居民用气量指标确定。

我国一些城市居民用户液化石油气实际用气量指标见表 39。

表 39 我国一些城市居民用户液化石油气实际用气量指标

城市名称	北京	天津	上海	沈阳	长春	桂林	青岛	南京	济南	杭州
每户用气量指标 kg/(户·月)	9.6～10.76	9.65～10.8	13～14	10.5～11	10.4～11.5	10.23～10.3	10.0	15～17	10.5	10.0
每人用气量指标 kg/(人·月)	2.4～2.69	2.4～2.69	3.25～3.5	2.6～2.75	2.6～3.25	2.55～3.07	2.50	3.75～4.25	2.6	2.50

根据上表并考虑生活水平逐渐提高的趋势，北方地区可取 15kg/(月·户)，南方地区可取 20kg/(月·户)。

8.3.3 关于液化石油气供应基地储罐设计总容量仅作了原则性的规定。主要考虑如下：

1 20 世纪 80 年代以来，我国各大、中城市建成的液化石油气储配站储罐容积多为 35～60d 的用气量。

近年来我国液化石油气供销已实现市场经济模式运作，因此，其供应基地的储罐设计总容量不宜过大，应根据建站所在地区的具体情况确定。

2 2000 年我国液化石油气年产量为 870 万 t，进口液化石油气约 570 万 t，年总消耗量达 1440 万 t，基本满足市场需要。

3 目前我国已建成一批液化石油气全冷冻式储存基地（一级站）、在我国东南沿海、长江中下游和内地等地区已有大型全压力式储存站（二级站）近百座。总储存能力可满足国内市场需要。

8.3.4 液化石油气供应基地储罐设计总容量分配问题

本条规定了液化石油气供应基地储罐设计总容量超过 3000m³ 时，宜将储罐分别设置在储存站和灌装站，主要是考虑城市安全问题。

灌装站的储罐设计总容量宜取一周左右计算月平均日供应量，其余为储存站的储罐设计总容量，主要依据如下：

1 国内外液化石油气火灾和爆炸事故实例表明，其单罐容积和总容积越大，发生事故时所殃及的范围和造成的损失越大。

2 世界各液化石油气发达国家，如：美国、日本、原苏联、法国、西班牙等国的液化石油气分为三级储存，即一、二、三级储存基地。一级储存基地是国家或地区级的储存基地，通常采用全冷冻式储罐或地下储库储存，其储存量达数万吨级以上。二级储存量基地其储存量次之，通常采用全压力式储存，单罐容积和总容积较大。三级储存基地即灌装站，其储存量和单罐容积较小，储罐总容量一般为1～3d的计算月平均日供应量。

3 我国一些大城市，如：北京、天津、南京、杭州、武汉、济南、石家庄等地采用两级储存，即分为储存站和灌装站两级储存。

一些城市液化石油气储存量及分储情况见表40。

表40　一些城市液化石油气储存量及分储情况表

城　市		北京	天津	南京	杭州	济南	石家庄
总计	储罐总容量（m³）	17680	9992	7680	2398	约4000	5020
	总储存天数（d）	21.8	52.4	36.4	70	43.9	77
储存站	储罐总容量（m³）	15600	7600	5600	2000	3200	4000
	储存天数（d）	17.3	37.2	24.4	59	36	56
灌装站	储罐总容量（m³）	2080	2392	2080	398	约800	1020
	储存天数（d）	4.5	15.2	12	11	约7.9	11

注：本表为1987年统计资料。

从上表可见，灌装站储罐设计容量定为计算月平均日供气量的一周左右是符合我国国情的。

8.3.5 因为液化石油气供应基地是城市公用设施重要组成部分之一，故其布局应符合城市总体规划的要求。

液化石油气供应基地的站址应远离居住区、村镇、学校、影剧院、体育馆等人员集中的地区是为了保证公共安全，以防止万一发生像墨西哥和我国吉林那样的恶性事故给人们带来巨大的生命财产损失和长期精神上的恐惧。

8.3.6 本条规定了液化石油气供应基地选址的基本原则

1 站址推荐选择在所在地区全年最小频率风向的上风侧，主要考虑站内储罐或设备泄漏而发生事故时，避免和减少对保护对象的危害；

2 站址应是地势平坦、开阔、不易积存液化石油气的地带，而不应选择在地势低洼，地形复杂，易积存液化石油气的地带，以防止一旦液化石油气泄漏，因积存而造成事故隐患。同时也考虑减少土石方工程量，节省投资；

3 避开地震带、地基沉陷和废弃矿井等地段是为防止万一发生自然灾害而造成巨大损失。

8.3.7 本条规定了液化石油气供应基地全压力式储罐与站外建、构筑物的防火间距。

条文中表8.3.7按储罐总容积和单罐容积大小分为七个档次，分别规定不同的防火间距要求。

第一、二档指小型灌装站；

第三、四档指中型灌装站；

第五、六档指大型储存站、灌装站和储配站；

第七档指特大型储存站。

表8.3.7规定的防火间距主要依据如下：

1 根据国内外液化石油气爆炸和火灾事故实例。当储罐、容器或管道破裂引起大量液化石油气泄漏与空气混合遇到点火源发生爆炸和火灾时，殃及范围和造成的损失与单罐容积、总容积、破坏程度、泄漏量大小、地理位置、气温、风向、风速等条件，以及安全消防设施和扑救等因素有关。

当储罐容积较大，且发生破裂时，其爆炸和火灾事故的殃及范围通常在100～300m甚至更远（根据资料记载最远可达1500m）。

当储罐容积较小，泄漏量不大时，其爆炸和火灾事故的殃及范围近者为20～30m，远者可达50～60m。

在此应说明，像我国吉林和墨西哥那样的恶性事故不作为本条编制依据，因为这类事故仅靠防火间距确保安全既不经济，也不可行。

2 国内有关规范

1） 本规范在修订过程中曾与现行国家标准《建筑设计防火规范》GB 50016 国家标准管理组多次协调。两规范规定的储罐与站外建、构筑物之间的防火间距协调一致。

2） 国内其他有关规范规定的液化石油气储罐与站外建、构筑物之间的防火间距见表41。

表41　国内有关规范规定的储罐与站外建、构筑物的防火间距（m）

规范名称 储罐容积 项目	《石油化工企业设计防火规范》GB 50160	《原油和天然气工程设计防火规范》GB 50183				
	液化烃罐组	液化石油气和天然气凝液厂、站、库（m³）				
		≤200	201～1000	1001～2500	2501～5000	>5000
居住区、公共福利设施、村庄	120	50	60	80	100	120
相邻工厂（围墙）	120	50	60	80	100	120
国家铁路线（中心线）	55	40	50	50		60
厂外企业铁路线（中心线）	45	35	40	45		55
国家或工业区铁路编组站（铁路中心线或建筑物）	55					
厂外公路（路边）	25	20	25	25	30	30
变配电站（围墙）	80	50	60	70		80
架空电力线（中心线） 35kV以下	1.5倍杆高	1.5倍杆高				
架空电力线（中心线） 35kV以上		1.5倍杆高，且≥30			40	

续表41

规范名称 储罐容积 项目	《石油化工企业设计防火规范》GB 50160	《原油和天然气工程设计防火规范》GB 50183				
	液化烃罐组	液化石油气和天然气凝液厂、站、库（m³）				
		≤200	201～1000	1001～2500	2501～5000	>5000
架空通信线（中心线） Ⅰ、Ⅱ级	50	40				
架空通信线（中心线） 其他	—	1.5倍杆高				
通航江、河、海岸边	25	—				

注：1　居住区、公共福利设施和村庄在GB 50183中指100人以上。
　　2　变配电站一栏GB 50183指35kV及以上的变电所，且单台变压器在10000kV·A及以上者，单台变压器容量小于10000kV·A者可减少25%。

3 国外有关规范

1） 美国有关规范的规定

美国国家消防协会《液化石油气规范》NFPA58（1998年版）规定的储罐（单罐容积）与重要建筑、建筑群的防火间距见表42。

美国消防协会《液化石油气规范》NFPA58
表42　（1998年版）规定的全压力式储罐与重要公共建筑、建筑群的防火间距

间距 英尺（m） 安装形式 每个储罐的水容积 加仑（m³）	覆土储罐或地下储罐	地上储罐
<125（0.5）	—	—
125～250（>0.5～1.0）	10（3）	10（3）
251～500（>1.0～1.9）	10（3）	10（3）
501～2000（>1.9～7.6）	10（3）	25（7.6）
2001～30000（>7.6～114）	50（15）	50（15）
30001～70000（>114～265）	50（15）	75（23）

续表42

间距 英尺（m） 安装形式 每个储罐的水容积 加仑（m³）	覆土储罐或地下储罐	地上储罐
70001~90000（>265~341）	50（15）	100（30）
90001~120000（>341~454）	50（15）	125（38）
120001~200000（>454~757）	50（15）	200（61）
200001~1000000（>757~3785）	50（15）	300（91）
>1000000（>3785）	50（15）	400（122）

美国国家消防协会《公用供气站内液化石油气储存和装卸标准》NFPA59（1998年版）规定的全压力式储罐与液化石油气站无关的重要建筑、建筑群或可以用于建设的相邻地产之间的距离与NFPA58的规定基本相同，故不另列表。

美国石油协会《LPG设备的设计与制造》API2510（1995年版）规定的全压力式储罐（单罐容积）与建、构筑物的防火间距见表43。

表43 美国石油协会《LPG设备设计和制造》API 2510（1995年版）规定的全压力式储罐与建、构筑物的防火间距

每个储罐的水容量 加仑（m³）	与可能开发的相邻地界线 英尺（m）
2000~30000（7.6~114）	50（15）
30000~70000（>114~265）	75（23）
70001~90000（>265~341）	100（30）
90001~120000（>341~454）	125（38）
>120001（>454）	200（61）

注：1 与储罐无关建筑的水平间距100英尺（30m）。
    2 与火炬或其他外露明焰装置的水平间距100英尺（30m）。
    3 与架空电力线和变电站的水平间距50英尺（15m）。
    4 与船运水路、码头和桥礅的水平间距100英尺（30m）。

美国以上三个标准中的储罐均指单罐，当其水容积在12000加仑（45.4m³）或以上时，规定一组储罐台数不应超过6台，组间距不应小于50英尺（15m）。当设置固定水炮时，可减至25英尺（7.6m）。当设置水喷雾系统或绝热屏障时，一组储罐不应超过9台，组间距不应小于25英尺（7.6m）。

2）澳大利亚标准《LPG-储存和装卸》AS1596-1989规定的地上储罐与建、构筑物的防火间距见表44。

表44 澳大利亚标准《LPG-储存和装卸》AS 1596-1989规定的地上储罐与建、构筑物的防火间距

储罐储存能力 （m³）	与公共场所或铁路线的最小距离 （m）	与保护场所的最小间距 （m）
20	9	15
50	10	18
100	11	20
200	12	25
500	22	45
750	30	60
1000	40	75
2000	50	100
3000	60	120
4000及以上	65	130

注：1 保护场所包括以下任何一种场所：
    住宅、礼拜堂、公共建筑、学校、医院、剧院以及人们习惯聚集的任何建筑物；
    工厂、办公楼、商店、库房以及雇员工作的建筑物；
    可燃物存放地，其类型和数量足以在发生火灾时产生巨大的辐射热而危及液化石油气储罐；位于固定泊锚设施的船舶。
    2 公共场所指不属于私人财产的任何为公众开放的场所，包括街道和公路。

3）《日本液化石油气安全规则》和《JLPA001一般标准》（1992年）规定。

第一类居住区（指居民稠密区）严禁设置液化石油气储罐，其他区域对储罐容量作了如表45的规定。

表45 液化石油气储罐设置容量的限制表

所在区域	一般居住区	商业区	准工业区	工业区或工业专用用地
储罐容量（t）	3.5	7.0	35	不限

液化石油气储罐与站外一级保护对象或二级保护对象之间的防火间距分别按公式（10）、（11）计算确定。

$$L_1 = 0.12\sqrt{x+10000} \quad\quad (10)$$

$$L_4 = 0.08\sqrt{x+10000} \quad\quad (11)$$

式中 L_1——储罐与一级保护对象的防火间距（m）；当按此式计算结果超过30m时，取不小于30m；

L_4——储罐与二级保护对象的防火间距（m）；当按此式计算结果超过20m时，取不小于20m；

x——储罐总容量（kg）。

注：1 一级保护对象指居民区、学校、医院、影剧院、托幼保育院、残疾人康复中心、博物院、车站、机场、商店等公共建筑及设施。
    2 二级保护对象指一级保护对象以外的供居住用建筑物。

当储罐与保护对象不能满足上述公式计算得出的防火间距时，可按《JLPA001一般标准》中的规定，采用埋地、防火墙或水喷雾装置加防火墙等安全措施后，按该标准中规定的相应的公式计算确定。

此外，当单罐容量超过20t时，与保护对象的防火间距不应小于50m，且不应小于按公式 $x = 0.480 \cdot \sqrt[3]{328 \times 10^3 \times W}$ [式中：W 为储存能力（t）的平方根]计算得出的间距值。例如：当储存能力为1000t时，其防火间距不应小于104m。可见日本对单罐容积超过20t时，其防火间距要求较大，主要是考虑公共安全。

4 原规范执行情况和局部修订情况

原规范（1993年版）规定的全压力式液化石油气储罐与基地外建、构筑物之间的防火间距是根据20世纪80年代国内情况制订的。原规范1993年颁布以来大都反映表6.3.7中第一、二项规定的防火间距偏大，选址比较困难。据此本规范国家标准管理组根据当时我国液化石油气行业水平，参考国外有关规范，会同有关部门认真讨论，在1998年进行了局部修订，将储罐与居住区、村镇和学校、影剧院、体育馆等重要公共建筑的防火间距，按罐容大小改定为60~200m；将储罐与工业区的防火间距改定为50~180m。并于1998年10月1日起局部修订（1998年版）颁布实施。

5 本次修订情况

20世纪90年代以来在我国东南沿海和长江中下游地区先后建成数十座大型液化石油气全压力式储存基地。这些基地的建成带动了我国液化石油气行业的发展，其技术和装备、施工安装、运行管理和员工素质等均有较大提高。有些方面接近或达到世界先进水平。据此，本次修订本着逐步与先进国家同类规范接轨的原则，在1998年局部修订的基础上对原规范第6.3.7条作了修订：

1）与居住区、村镇和学校、影剧院、体育馆等重要公共建筑的防火间距，按储罐总容积和单罐容积大小由60~200m减少至45~150m。
    本项中，学校、影剧院和体育馆（场）人员流动量大，且集中，故其防火间距应从围墙算起。

2）将工业区改为工业企业，其防火间距由50~180m减少至27~75m。必须注意，当液化石油气储罐与相邻的建、构筑物不属于本表所列建、构筑物时，方按工业企业的防火间距执行。

3）本表第3项至第7项是新增加的。根据各项建、构筑物危险性大小和万一发生事故时，与液化石油气储罐之间的相互影响程度，其防火间距与现行国家标准《建筑设计防火规范》GB 50016 的规定协调一致。

4）架空电力线的防火间距做了调整后，与《建筑设计防火规范》的规定一致。

5）与Ⅰ、Ⅱ级架空通信线的防火间距不变，增加了与其他级架空通信线的防火间距不应小于 1.5 倍杆高的规定。

表 8.3.7 中注 2　居住区和村镇指 1000 人或 300 户以上者是参照现行国家标准《城市居住区规划设计规范》GB 50180 规定的居住区分级控制规模中组团一级为 1000～3000 人和 300～700 户的下限确定的。

注 3　地下液化石油气储罐因其罐温比较稳定，故罐内液化石油气饱和蒸气压力较地上储罐稳定，且较低，相对安全些。参照美国、日本和原苏联等国家有关规范，并与公安部七局和《建筑设计防火规范》国家管理组多次协商，规定其单罐容积小于或等于 50m³，且总容积小于或等于 400m³ 时，防火间距可按表 8.3.7 减少 50%。

8.3.8　规定了液化石油气供应基地全冷冻式储罐与基地外建、构筑物的防火间距。主要依据如下。

1　国外有关规范

1）美国、日本和德国等国家标准规定的液化石油气储罐与站外建、构筑物的防火间距与储存规模、单罐容积、安装形式等因素有关，而与储存方式无关，故全冷冻式或全压力式储罐与建、构筑物的防火间距规定相同。

2）美国消防协会标准 NFPA58-1998、NFPA59-1998 均规定，按单罐容积大小分档提出不同的防火间距要求。例如：单罐容积大于 1000000 加仑（3785m³）时，不论采用哪种储存方式，与重要建筑物、可燃易燃液体储罐和可以进行建设的相邻地产界线的距离均不小于 122m。

美国石油协会标准 API2510-1995 规定单罐容积大于 454m³ 时，其防火间距不应小于 61m。如果相邻地界有住宅、公共建筑、集会广场或工业用地时，应采用较大距离或增加安全防护措施。

3）日本《石油密集区域灾害防止法》规定，大型综合油气基地与人口密集区域（学校、医院、剧场、影院、重要文化遗产建筑、日流动人口 2 万以上车站、建筑面积 2000m² 以上的商店、酒店等）的安全距离不小于 150m；与上述区域以外的居民居住建筑的安全距离不小于 80m。

《日本液化石油气安全规则》规定大于或等于 990t 的全冷冻式储罐与第一种保护对象的防火间距不应小于 120m，与第二种保护对象不应小于 80m。

4）德国 TRB810 规定有防液堤的全冷冻式液化石油气单罐容积大于 3785m³ 时与建筑物距离不小于 60m。

2　国内情况

近年来为适应我国液化石油气市场需要先后在深圳、太仓、汕头和张家港等地区已建成一批大型全冷冻式液化石油气储存基地。这些基地的建设大都引进国外技术，与基地外建、构筑物之间的防火间距是参照国外有关规范和《建筑设计防火规范》，并结合当地情况与安全主管部门协商确定的。

3　全冷冻式液化石油气储罐是借助罐壁保冷、可靠的制冷系统和自动化安全保护措施保证安全运行。这种储存方式是比较安全的，目前未曾发生重大事故。

我国已建成的全冷冻式液化石油气供应基地虽然积累了一定的设计、施工和运行管理经验，但根据我国国情表 8.3.8 中第 1～3 项的防火间距取与本规范第 8.3.7 条罐容大于 5000m³ 一档规定相同，略大于国外有关规范的规定。

表 8.3.8 中第 4 项以后的各项的防火间距主要是参照本规范第 8.3.7 条罐容大于 5000m³ 一档和《建筑设计防火规范》中的有关规定确定的。

表 8.3.8 注 1　本表所指的储罐为单罐容积大于 5000m³ 的全冷冻式储罐。根据有关部门的统计资料，目前我国每年进口液化石油气约 600 万 t，预测以后逐年将以 10% 的速度增加。从技术、安全和经济等方面考虑，这种储存基地的建设应以大型为主，故对单罐容积大于 5000m³ 储罐与站外建、构筑物的防火间距作了具体规定。当单罐容积小于或等于 5000m³ 时，其防火间距按本规范表 8.3.7 中总容积相对应档的全压力式液化石油气储罐的规定执行。

注 2　说明同 8.3.7 条注 2。

8.3.9　本条规定的液化石油气供应基地全压力式储罐与站内建、构筑物的防火间距主要依据与本规范第 8.3.7 条类同，并本着内外有别的原则确定其防火间距，即与站内建、构筑物的间距较与站外小些。本条规定自颁布以来，工程建设实践证明基本是可行的。在本条修订过程中与《建筑设计防火规范》国家标准管理组进行了认真协调。同时对原规范按建、构筑物功能和危险类别进行排序，并对防火间距做了适当调整。

8.3.10　全冷冻式和全压力式液化石油气储罐不得设置在同一储罐区内，主要防止其中一种形式储罐发生事故时殃及另一种形式储罐。特别是当全压力式储罐发生火灾时导致全冷冻式储罐的保冷绝热层遭到破坏，是十分危险的。各国有关规范均如此规定。

关于两者防火间距　美国石油协会标准 API2510-95 规定不应小于相邻较大储罐直径的 3/4，且不应小于 30m。《日本石油密集区域灾害防止法》规定不应小于 35m。据此，本条规定取较大值，即两者间距不应小于相邻较大罐的直径，且不应小于 35m。

8.3.11　本条规定了液化石油气供应基地的总平面布置基本要求。

1　液化石油气供应基地必须分区布置。首先将其分为生产区和辅助区，其次按功能和工艺路线分小区布置。主要考虑：有利按本规范规定的防火间距大小顺序进行总图布置，节约用地；便于安全管理和生产管理；储罐区布置在边侧有利发展等。

2　生产区宜布置在站区全年最小频率风向上风侧或上侧风侧，主要考虑液化石油气泄漏和发生事故时减少对辅助区的影响，故有条件时推荐按本款规定执行。

3　灌瓶间的气瓶装卸台前应留有较宽敞的汽车回车场地是为了便于运瓶汽车回车的需要。场地宽度根据日灌瓶量和运瓶车往返的频繁程度确定，一般不宜小于 30m。大型灌瓶站应宽敞一些，小型灌站可窄一些。

8.3.12　液化石油气供应基地的生产区和生产区与辅助区之间应设置高度不低于 2m 的不燃烧体实体围墙，主要是考虑安全防范的需要。

辅助区的其他各侧围墙改为可设置不燃烧体非实体墙，因为辅助区没有爆炸危险性建、构筑物，同时有利辅助区进行绿化和美化。

8.3.13　关于消防车道设置的规定是根据液化石油气储罐总容量大小区分的。储罐总容积大于 500m³ 时，生产区应设置环形消防车道。小于 500m³ 时，可设置尽头式消防车道和面积不小于 12m×12m 的回车场，这是消防扑救的基本要求。

8.3.14　液化石油气供应基地出入口设置的规定，除生产需要外还考虑发生火灾时保证消防车畅通。

8.3.15　因为气态液化石油气密度约为空气的 2 倍，故生产区内严禁设置地下、半地下建、构筑物，以防积存液化石油气酿成事故隐患。

同时，规定生产区内设置地下管沟时，必须填满干砂。

8.3.18　铁路槽车装卸栈桥上的液化石油气装卸鹤管应设置便于操作的机械吊装设施，主要考虑防止进行装卸作业时由于鹤管回弹而打伤操作人员和减轻劳动强度。

8.3.19 全压力式液化石油气储罐不应少于 2 台的规定是新增加的，主要考虑储罐检修时不影响供气，及发生事故时，适应倒罐的要求。

本条同时规定了地上液化石油气储罐和储罐区的布置要求。

1 储罐之间的净距主要是考虑施工安装、检修和运行管理的需要，故规定不应小于相邻较大罐的直径。

2 数个储罐总容积超过 3000m³ 时应分组布置。

国外有关规范对一组储罐的台数作了规定。如美国 NFPA58 - 1998、NFPA59 - 1998 和 API2510 - 1995 规定单罐容积大于或等于 12000 加仑（45.4m³）时，一组储罐不应多于 6 台，增加安全消防措施后可设置 9 台，主要考虑组内储罐台数太多事故概率大，且管路系统复杂，维修管理麻烦，也不经济。本条虽对组内储罐台数未作规定，但设计时一组储罐台数不宜过多。

组与组之间的距离不应小于 20m，主要考虑发生事故时便于扑救和减少对相邻储罐组的殃及。

3 组内储罐宜采用单排布置，主要防止储罐一旦破裂时对邻排储罐造成严重威胁，乃至破坏而造成二次事故。

国外有关规范不允许储罐轴向面对建、构筑物布置，值得我们设计时借鉴。

4 储罐组四周应设置高度为 1m 的不燃烧体实体防护墙是防止储罐或管道发生破坏时，液态液化石油气外溢而造成更大的事故。吉林事故的实例证明了设置防护墙的必要性。此外，防护墙高度为 1m 不会使储罐区因通风不良而窝气。

8.3.21 地下储罐设置方式有：直埋式、储槽式（填砂、充水或机械通风）和覆盖式（采用混凝土或其他材料将储罐覆盖）等。在我国多采用储槽式，即将地下储罐置于钢筋混凝土槽内，并填充干砂，比较安全、切实可行，故推荐这种设置方式。

储罐顶与槽盖内壁间距不宜小于 0.4m，主要考虑使其液温（罐内压力）比较稳定。

储罐与隔墙或槽壁之间的净距不宜小于 0.9m 主要是考虑安装和检修的需要。

此外，尚应注意在进行钢筋混凝土槽设计和施工时，应采取防水和防漂浮的措施。

8.3.22 本条规定与《建筑设计防火规范》一致。

当液化石油气泵设置在泵房时，应能防止不发生气蚀，保证正常运行。

当液化石油气泵露天设置在储罐区内时，宜采用屏蔽泵。

8.3.23 正确地确定液化石油气泵安装高度（以储罐最低液位为准，其安装高度为负值）是防止泵运行时发生汽蚀，保证其正常运行的基本条件，故设计时应予以重视。

1 为便于设计时参考，给出离心式烃泵安装高度计算公式。

$$H_b \geqslant \frac{102 \times 10^3}{\rho} \sum \Delta P + \Delta h + \frac{u^2}{2g} \qquad (12)$$

式中 H_b ——储罐最低液面与泵中心线的高程差（m）；

$\sum \Delta P$ ——储罐出口至泵入口管段的总阻力损失（MPa）；

Δh ——泵的允许气蚀余量（m）；

u ——液态液化石油气在泵入口管道中的平均流速，可取小于 1.2（m/s）；

g ——重力加速度（m/s²）；

ρ ——液态液化石油气的密度（kg/m³）。

2 容积式泵（滑片泵）的安装要求根据产品样本确定。当样本未给出安装要求时，储罐最低液位与泵中心线的高程差可取不小于 0.6m，烃泵吸入管段的水平长度可取不大于 3.6m，且应尽量减少阀门和管件数量，并尽量避免管道采用向上竖向弯曲。

8.3.26 本条防火间距的编制依据与第 8.3.9 条类同。

因为灌瓶间和瓶库内储存一定数量实瓶，参照《建筑设计防火规范》中甲类库房和厂房与建筑物防火间距的规定，按其总存瓶量分为 ≤10t、>10~≤30t 和 >30t（分别相当于储存 15kg 实瓶为 ≤700 瓶、>700 瓶~≤2100 瓶和 >2100 瓶）三个档次分别

提出不同的防火间距要求。同时，对原规范按建、构筑物功能、危险类别调整排序，并对防火间距进行了局部调整后列于表 8.3.26。

1 因为生活、办公用房与明火、散发火花地点不属同类性质场所，故将其单列在第 2 项，其防火间距为 20~30m，比原规定减少 5~10m。

2 汽车槽车库、汽车槽车装卸台（柱）、汽车衡及其计量室关系密切均列入第 4 项，其防火间距改为 15~20m。

3 空压机室、变配电室列于第 6 项，并增加了柴油发电机房，其防火间距调整为 15~20m。

4 因机修间、汽车库有时有明火作业列于第 7 项，其防火间距规定同本表第 1 项。

5 其余各项不变。

表 8.3.26 中注 2 瓶库系灌瓶间的附属建筑，考虑便于配置机械化运输设施和瓶车装卸气瓶作业，故其间距不限。

注 3 为减少占地面积和投资，计算月平均日灌瓶量小于 700 瓶的中、小型灌装站的压缩机室可与灌瓶间合建成一幢建筑物，为保证安全，防止和减少发生事故时相互影响，两者之间应采用防火墙隔开。

注 4 计算月平均日灌瓶量小于 700 瓶的中、小型灌装站（供应量小于 3000t/a，供应居民小于 10000 户），1~2d 一辆汽车槽车送液化石油气即可满足供气需要。为减少占地面积和节约投资可将汽车槽车装卸柱附设在灌瓶间或压缩机室山墙的一侧。为保证安全，其山墙应是无门、窗洞口的防火墙。

8.3.27 灌瓶间内气瓶存放量（实瓶）是根据各地燃气公司实际运行情况确定的。一些灌装站的实际气瓶存放情况见表 46。

从上表可以看出，存瓶量取 1~2d 的计算月平均日灌瓶量是可以保证连续供气的。

灌瓶间和瓶库内气瓶应按实瓶区和空瓶区分组布置，主要考虑便于有序管理和充分利用其有效的建筑面积。

表 46 一些灌装站气瓶实际储存情况

站名	津二灌瓶站	宁第一灌瓶厂	沪国权路灌瓶站	沈灌瓶站	汉灌瓶站	长春站
平均日灌瓶量（个/d）	约 3000	7000~8000	1300~1400	1500	1500~1600	1500
储存瓶数（个）	3000~4000	8000	6000~7000	1000	4000	4500
储存天数（d）	>1	约 1	约 4	0.67	2.7	约 3

8.3.28 本条规定是为了保证液化石油气的灌瓶质量，即灌装量应保证在允许误差范围内和瓶体各部位不应漏气。

8.3.33 液化石油气汽车槽车车库和汽车槽车装卸台（柱）属同一性质的建、构筑物，且两者关系密切，故规定其间距不应小于 6m。当邻向装卸台（柱）一侧的汽车槽车库外墙采用无门、窗洞口的防火墙时，其间距不限，可节约用地。

8.3.34 汽车槽车装卸台（柱）的快装接头与装卸管之间应设置阀门是为了减少装卸车完毕后液化石油气排放量。

推荐在汽车槽车装卸柱的装卸管上设置拉断阀是防止万一发生误操作将其管道拉断而引起大量液化石油气泄漏。

8.3.35 液化石油气储配站、灌装站备用新瓶数量可取总供应户数的 2% 左右，是根据各站实际运行经验确定的。

8.3.36 新瓶和检修后的气瓶首次灌装前将其抽至 80.0kPa 真空度以上，可保证灌装完毕后，其瓶内气相空间的氧气含量控制在 4% 以下，以防燃气用具首次点火时发生爆鸣声。

8.3.37 本条规定主要考虑有 3 点：

1 限制储罐总容积不大于 10m³，为减少发生事故时造成损失。

2 设置在储罐室内以减少液化石油气泄漏时向锅炉房一侧扩散。

3 储罐室与锅炉房的防火间距不应小于 12m，是根据《建筑设计防火规范》中甲类厂房的防火间距确定的。面向锅炉房一侧的储罐室外墙应采用无门、窗洞口的防火墙是安全防火措施。

8.3.38 设置非直火式气化器的气化间可与储罐室毗连，可减少送至锅炉房的气态液化石油气管道长度，防止再液化。为保证安全，还规定气化间与储罐室之间采用无门、窗洞口的防火墙隔开。

8.4 气化站和混气站

8.4.1 气化站和混气站储罐设计总容量根据液化石油气来源的不同做了原则性规定。

为保证安全供气和节约投资。由生产厂供应时，其储存时间长些，储罐容积较大；由供应基地供气时其储存时间短些，储罐容积较小。

8.4.2 气化站和混气站站址选择原则宜按本规范第 8.3.6 条执行。这是选址的基本要求。

8.4.3 本条是新增加的。因为近年来随着我国城市现代化建设发展的需要，气化站和混气站建站数量渐多，规模也有所增大，有些站的供气规模已达供应居民（10～20）万户，同时还供应商业和小型工业用户等。本条编制依据与第 8.3.7 条类同。

1 表 8.4.3 将储罐总容积小于或等于 $20m^3$ 的储罐共分三档，分别提出不同的防火间距要求。这类气化站和混气站属小型站，相当于供应居民 10000 户以下，为节约投资和便于生产管理宜靠近供气负荷区选址建站。

2 储罐总容积大于 $50m^3$ 或单罐容积大于 $20m^3$ 的储罐，与站外建、构筑物之间的防火间距按本规范第 8.3.7 条的规定执行，根据储罐确定是合理的。

8.4.4 本条是在原规范的基础上按储罐总容积和单罐容积扩展后分七档，分别提出不同的防火间距要求。

第一至三档指小型气化站和混气站，相当于供应居民 10000 户以下；

第四、五档指中型气化站和混气站，相当于供应居民 10000～50000 户；

第六、七档指大型气化站和混气站相当于供应居民 50000 户以上；

本条表 8.4.4 规定的防火间距与第 8.3.9 条基本类同，其编制依据亦类同。

表 8.4.4 注 4 中燃气热水炉是指微正压室燃式燃气热水炉。这种燃气热水炉燃烧所需空气完全由鼓风机送入燃烧室，其燃烧过程是全封闭的，在微正压下燃烧无外露火焰，其燃烧过程实现自动化，并配有安全连锁装置，故该燃气热水炉间可不视为明火、散发火花地点，其防火间距按储罐容不同分别规定为 15～30m。当采用其他燃烧方式的燃气热水炉时，该建筑视为明火、散发火花地点，其防火间距不应小于 30m。

注 5 是新增加的。空温式气化器通常露天就近储罐区（组）设置，两者的距离主要考虑安装和检修需要，并参考国外有关规范确定的。

8.4.5 本条规定与第 8.3.11 条的规定基本一致。

8.4.6 本条规定与第 8.3.12 条的规定基本一致，但对储罐总容积等于或小于 $50m^3$ 的小型气化站和混气站，为节约用地，其生产区和辅助区之间可不设置分区隔墙。

8.4.10 工业企业内液化石油气气化站的储罐总容积不大于 $10m^3$ 时，可将其设置在独立建筑物内是为了保证安全，并节约用地。同时，对室内储罐布置和与其他建筑物的防火间距作了具体规定。

1 室内储罐布置主要考虑安装、运行和检修的需要。

2、3 储罐室与相邻厂房和相邻厂房室外设备之间的防火间距分别不应小于表 8.4.10 和 12m 的规定是按《建筑设计防火规范》中甲类厂房的防火间距规定确定的。

4 气化间可与储罐室毗连是考虑工艺要求和节省投资。但设置直火式气化器的气化间不得与储罐室毗连是防止一旦储罐泄漏而发生事故。

8.4.11 本条是新增加的。主要考虑执行本规范时的可操作性。

8.4.12 本条是在原规范基础上修订的。具体内容和防火间距的规定与表 8.4.4 中储罐总容积小于或等于 $10m^3$ 一档的规定基本相同，个别项目低于前表的规定。

注 1 空温式气化器气化方式属降压强制气化，其气化压力较低，虽设置在露天，其防火间距按表 8.4.12 的规定执行是可行的。

注 2 压缩机室与气化间和混气间属同一性质建筑，将其合建可节省投资、节约用地和便于管理。

注 3 燃气热水炉间的门不得面向气化间、混气间是从安全角度考虑，以防止气化间、混气间有可燃气体泄漏时，窜入燃气热水炉间。柴油发电机伸向室外的排气管管口不得面向具有爆炸危险性建筑物一侧，是为了防止排放的废气带火花时对其构成威胁。

注 4 见本规范表 8.4.4 注 4 说明。

8.4.13 储罐总容积小于或等于 $100m^3$ 的气化站和混气站，日用气量较小，一般 2～3d 来一次汽车槽车向站内卸液化石油气，故允许将其卸车柱设置在压缩机室的山墙一侧。山墙采用无门、窗洞口的防火墙是为保证安全运行。

8.4.15 本条是新增加的。燃气热水炉间与压缩机室、汽车槽车库和装卸台（柱）的防火间距规定不应小于 15m，与本规范表 8.4.12 气化间和混气间与燃气热水炉间的防火间距规定相同。

8.4.16 本条是在原规范的基础上修订的。

1 气化、混气装置的总供气能力应根据高峰小时用气量确定，并合理地配置气化、混气装置台数和单台装置供气能力，以适应用气负荷变化需要。

2 当设有足够的储气设施时，可根据计算月最大日平均小时用气量确定总供气能力以减少装置配置台数和单台装置供气能力。

8.4.18 气化间和混气间关系密切将其合建成一幢建筑，节省投资和用地，且便于工艺布置和运行管理。

8.4.19 本条是对液化石油气混气系统工艺设计提出的基本要求。

1 液化石油气与空气的混合气体中，液化石油气的体积百分含量必须高于其爆炸上限的 2.0 倍，是安全性指标，这是根据原苏联建筑法规的规定确定的。

2 混合气作为调峰气源、补充气源和代用其他气源时，应与主气源或代用气源具有良好的燃烧互换性是为了保证燃气用具具有良好的燃烧性能和卫生要求。

3 本款规定是保证混气系统安全运行的重要安全措施。

4 本款是新增加的。规定在混气装置出口总管上设置混合气热值取样管，并推荐采用热值仪与混气装置连锁，实时调节混气比和热值，以保证燃器具稳定燃烧。

8.4.20 本条是新增加的。

热值仪应靠近取样点设置在混气间内的专用隔间或附属房间内是根据运行经验和仪表性能要求确定的，以减少信号滞后。此外，因为热值仪带有常明小火，为保证安全运行对热值仪间的安全防火设计要求作了具体规定。

8.4.21 本条规定是为了防止液态液化石油气和液化石油气与其他气体的混合气在管内输送过程中产生再液化而堵塞管道或发生事故。

8.5 瓶组气化站

8.5.1 本条是在原规范基础上修订的。修订后分别对两种气化方式的瓶组气化站气瓶的配置数量作了相应的规定。

1 采用强制气化方式时，主要考虑自气瓶组向气化器供气只是部分气瓶运行，其余气瓶备用。根据运行经验，气瓶数量按 1~2d 的计算月最大日用气量配置可以保证连续向用户供气。

2 采用自然气化方式时，在用气时间内使用瓶组的气瓶，吸收环境大气热量而自然气化向用户供气。使用瓶组气瓶通常是同时运行的。为保证连续向用户供气，故推荐备用瓶组的气瓶配置数量与使用瓶相同。当供气户数较少时，根据具体情况可采用临时供气瓶组代替备用瓶组，以保证在更换气瓶时正常向用户供气。

采用自然气化方式时，其使用瓶组、备用瓶组（或临时供气瓶组）气瓶配置数量参照日本有关资料和我国实际情况给出下列计算方法，供设计时参考。

1）使用瓶组的气瓶配置数量可按公式（13）计算确定。

$$N_s = \frac{Q_f}{\omega} + N_y \tag{13}$$

式中　N_s——使用瓶组的气瓶配置数量（个）；

Q_f——高峰用气时间内平均小时用气量。可参照本规范第 10.2.9 条公式计算或根据统计资料得出高峰月高峰日小时用气量变化表，确定高峰用气持续时间和高峰用气时间内平均小时用气量（kg/h）；

ω——高峰用气持续时间内单瓶小时自然气化能力。此值与液化石油气组分，环境温度和高峰用气持续时间等因素有关。不带和带有自动切换装置的 50kg 气瓶组单瓶自然气化能力可参照表 47 和 48 确定（kg/h）；

N_y——相当于 1d 左右计算月平均日用气量所需气瓶数量（个）。

2）备用瓶组气瓶配置数量 N_b 和使用瓶组气瓶配置数量 N_s 相同，即：

$$N_b = N_s \tag{14}$$

表 47　不带自动切换装置的 50kg 气瓶组单瓶自然气化能力

高峰用气持续时间（h）	1		2		3		4	
气温（℃）	5	0	5	0	5	0	5	0
高峰小时单瓶气化能力（kg/h）	1.14	0.45	0.79	0.39	0.67	0.34	0.62	0.32
非高峰小时单瓶气化能力（kg/h）	0.26	0.26	0.26	0.26	0.26	0.26	0.26	0.26

表 48　带有自动切换装置的 50kg 气瓶组单瓶自然气化能力

高峰用气持续时间（h）	1		2		3		4	
气温（℃）	5	0	5	0	5	0	5	0
高峰小时单瓶气化能力（kg/h）	2.29	1.37	1.50	0.99	1.30	0.88	1.18	0.79
非高峰小时单瓶气化能力（kg/h）	0.41	0.41	0.41	0.41	0.41	0.41	0.41	0.41

3）当采用临时瓶组代替备用瓶组供气时，其气瓶配置数量可根据更换使用瓶组所需要的时间、高峰用气时间内平均小时用气量和临时供气时间内单瓶自然气化能力计算确定。

临时供气瓶组的气瓶配置数量可按公式（15）计算确定。

$$N_L = \frac{Q_f}{\omega_L} \tag{15}$$

式中　N_L——临时供气瓶组的气瓶配置数量（个）；

Q_f——同公式（13）；

ω_L——更换气瓶时，临时供气瓶组的单瓶自然气化能力，可参照表 49 确定（kg/h）。

4）总气瓶配置数量

①瓶组供应系统的总气瓶配置数量按公式（16）计算。

$$N_Z = N_s + N_b = 2N_s \tag{16}$$

式中　N_Z——总气瓶配置数量（个）；

其余符号同前。

②采用临时供气瓶组代替备用瓶组时，其瓶组供应系统总气瓶配置数量按公式（17）计算。

$$N_Z = N_s + N_L \tag{17}$$

式中　N_Z——总气瓶配置数量（个）；

N_L——临时供气瓶组的气瓶配置数量（个）；

其余符号同前。

表 49　临时供气的 50kg 气瓶组单瓶自然气化能力（kg/h）

更换气瓶时间	2d			1d			1h			30min		
气温（℃）	5	0	-5	5	0	-5	5	0	-5	5	0	-5
高峰用气持续时间 4h	1.8	1.0	0.2	2.5	1.7	0.9	—	—	—	—	—	—
高峰用气持续时间 3h	2.3	1.3	0.3	3.0	2.0	1.0	8.0	6.8	4.8	14.8	11.8	8.7
高峰用气持续时间 2h	3.3	2.1	1.0	4.1	2.9	1.7	—	—	—	—	—	—
高峰用气持续时间 1h	6.4	4.4	2.5	7.1	5.1	4.2	—	—	—	—	—	—

8.5.2 采用自然气化方式供气，且瓶组气化站的气瓶总容积不超过 1m³（相当于 8 个 50kg 气瓶）时，允许将其设置在与建筑物（重要公共建筑和高层民用建筑除外）外墙毗连的单层专用房间内。为了保证安全运行，同时提出相应的安全防火设计要求。

本条"注"是新增加的。根据工程实践，当瓶组间独立设置，且面向相邻建筑物的外墙采用无门、窗洞口的防火墙时，其防火间距不限，是合理的。

8.5.3 当瓶组气化站的气瓶总容积超过 1m³ 时，对瓶组间的设置提出了较高的要求，即应将其设置在独立房间内。同时，规定其房间高度不应低于 2.2m。

表 8.5.3 对瓶组间与建、构筑物的防火间距分两档提出不同要求，其依据与本规范第 8.6.4 条的依据类同，但较其同档瓶库的防火间距的规定略大些。

注 2　当瓶组间的气瓶总容积大于 4m³ 时，气瓶数量较多，其连接支管和管件过多，漏气概率大，操作管理也不方便，故超过此容积时，推荐采用储罐。

注 3　瓶组间和气化间与值班室的间距不限，可节省投资、节约用地和便于管理。但当两者毗连时，应采用无门、窗洞口的防火墙隔开，且值班室内的用电设备应采用防爆型。

8.5.4 本条是新加的。明确规定瓶组气化站的气瓶不得设置在地下和半地下室内，以防因泄漏、窝气而发生事故。

8.5.5 瓶组气化站采用强制气化方式供气时，其气化间和瓶组间属同一性质的建筑，考虑接管方便，利于管理和节省投资，故推荐两者合建成一幢建筑物，但其间应设置不开门、窗洞口的隔墙。隔墙的耐火极限不应低于 3h，是按《建筑设计防火规范》GB 50016 确定。

8.5.6 本条是新增加的。目前有些地区采用空温式气化器，并将其设置在室外，为接管方便，宜靠近瓶组间。参照国外规范的有关规定，两者防火间距不限。空温式气化器的气化温度和气化压力均较低，故与明火、散发火花地点和建、构筑物的防火间距可按本规范第 8.5.3 条气瓶总容积小于或等于 2m³ 一档的规定执行。

8.5.7 对瓶组气化站，考虑安全防护和管理需要，并兼顾与小区景观协调，故推荐其四周设置非实体围墙，但其底部实体部分高度不应低于 0.6m。围墙应采用不燃烧材料砌筑，上部可采用不燃烧体装饰墙或金属栅栏。

8.6　瓶装液化石油气供应站

8.6.1 本条原规定的瓶装液化石油气供应站的供应范围（规模）和服务半径较大，用户换气不够方便，与站外建、构筑物的防火间距要求较大，建设用地多，站址选择比较困难。新建瓶装供应站选址只有纳入城市总体规划或居住区详规，才能得以实现。近年来随着市场经济的发展，这种服务半径较大的供应方式已不能满足市场需要。因此，在全国各城镇，特别是东南沿海和经济发达地区纷纷涌现了存瓶量较小和设施简陋的各种形式售瓶商店（代客充气服务站、分销店、代销店等）。这类商店在一些大中城市已达数百家之多。例如：在广东省除广州市原有 5 座瓶装供应站外，其余各城市多采用售瓶商店的方式向客户供气。长沙市有各类售瓶商店达 500 多家，天津市有 200 多家。这类售瓶商店虽然对活跃市场、方便用户起到积极作用，但因无序发展，环境比较复杂，设施比较简陋，规范经营者较少，不同程度上存在事故隐患，威胁自身和环境安全。为了规范市场，有序管理，更好地为客户服务，一些城市燃气行业管理部门多次提出，为解决瓶装液化石油气供应站选址困难，为适应市场需要，建议采用多元化的供应方式，瓶装液化石油气采用物流配送方式供应各类客户用气。物流配送供应方式是以电话、电脑等工作交易平台，由配送中心、配送站、分销（代销）点、流动配送车辆等组成配送服务网络，实行现代化经营，可安全优质地为客户服务。并对原规范进行修订。

考虑燃气行业管理部门的上述意见，为适应市场经济发展的需要和体现规范可操作性的原则，故将瓶装液化石油气供应站按其供应范围（规模）和气瓶总容积分为：Ⅰ、Ⅱ、Ⅲ级站。

1 Ⅰ级站相当于原规范的瓶装供应站，其供应范围（规模）一般为5000～7000 户，少数为 10000 户左右。这类供应站大都设置在城市居民区附近，考虑经营管理、气瓶和燃器具维修、方便客户换气和环境安全等，其供应范围不宜过大，以 5000～10000 户较合适，气瓶总容积不宜超过 20m³（相当于 15kg 气瓶 560 瓶左右）。

2 Ⅱ级站供应范围宜为 1000～5000 户，相当于现行国家标准《城市居住区规划设计规范》GB 50180 规定的 1～2 个组团的范围。该站可向Ⅲ级站分发气瓶，也可直接供应客户。气瓶总容积不宜超过 6m³（相当于 15kg 气瓶 170 瓶左右）。

3 Ⅲ级站供应范围不宜超过 1000 户，因为这类站数量多，所处环境复杂，故限制气瓶总容积不得超过 1m³（相当于 15kg 气瓶 28 瓶）。

8.6.2 液化石油气气瓶严禁露天存放，是为防止因受太阳辐射热致使其压力升高而发生气瓶爆炸事故。

Ⅰ、Ⅱ级瓶装供应站的瓶库推荐采用敞开和半敞开式建筑，主要考虑利于通风和有足够的防爆泄压面积。

8.6.3 Ⅰ级瓶装供应站的瓶库一般面向出入口一侧居住区的建筑相对远一些，考虑与周围环境协调，故面向出入口一侧可设置高度不低于 2m 的不燃烧体非实体围墙，且其底部实体部分高度不应低于 0.6m，其余各侧应设置高度不低于 2m 的不燃烧体实体围墙。

Ⅱ级瓶装供应站瓶库内的存瓶较少，故其四周设置非实体围墙即可，但其底部实体部分高度不应低于 0.6m。围墙应采用不燃烧材料。主要考虑与居住区景观协调。

8.6.4 Ⅰ、Ⅱ级瓶装供应站的瓶库与站外建、构筑物之间的防火间距按其级别和气瓶总容积分为四档，提出不同的防火间距要求。

Ⅰ级瓶装供应瓶库内气瓶的危险性较同容积的储罐危险性小些，故其防火间距按本规范第 8.4.3 条和第 8.4.4 条气化站、混气站中第一、二档储罐规定的防火间距小些。

同理，Ⅱ级瓶装供应站瓶库的防火间距按本规范第 8.5.3 条同容积瓶组间规定的防火间距小些。

8.6.5 Ⅰ级瓶装供应站内一般配置修理间，以便进行气瓶和燃器具等简单维修作业，生活、办公建筑的室内有炊事用火，故瓶库与两者的间距不应小于 10m。

营业室可与瓶库的空瓶区一侧毗连以便于管理，其间采用防火墙隔开是考虑安全问题。

8.6.6 Ⅱ级瓶装供应站由瓶库和营业室组成。站内不宜进行气瓶和燃器具维修作业。推荐两者连成一幢建筑，有利选址，节省

用地和投资。

8.6.7 Ⅲ级瓶装供应站俗称售瓶点或售瓶商店。这种站随市场需要，其数量较多，为规范管理，保证安全供气，故采用积极引导的思路，对其设置条件和应采取的安全措施给予明确规定。

8.7 用 户

8.7.1 居民使用的瓶装液化石油气供应系统由气瓶、调压器、管道及燃器具等组成。

设置气瓶的非居住房间室温不应超过 45℃，主要是为保证安全用气，以防止因气瓶内液化石油气饱和蒸气压升高时，超过调压器进口最高允许工作压力而发生事故。

8.7.2 居民使用的气瓶设置在室内时，对其布置提出的要求主要考虑保证安全用气。

8.7.3 单户居民使用的气瓶设置在室外时，推荐设置在贴邻建筑物外墙的专用小室内，主要是针对别墅规定的。小室应采用不燃烧材料建造。

8.7.4 商业用户使用的 50kg 液化石油气气瓶组，严禁与燃烧器具布置在同一房间内是防止事故发生的基本措施。同时，规定了根据气瓶组的气瓶总容积大小按本规范第 8.5 节的有关规定进行瓶组间的设置。

8.8 管道及附件、储罐、容器和检测仪表

8.8.1 本条规定了液化石油气管道材料应根据输送介质状态和设计压力选择，其技术性能应符合相应的现行国家标准和其他有关标准的规定。

8.8.3 液态液化石油气输送管道和站内液化石油气储罐、容器、设备、管道上配置的阀门和附件的公称压力（等级）应高于其设计压力是根据《压力容器安全技术监察规程》和《工业金属管道设计规范》GB 50316 的有关规定，以及液化石油气行业多年的工程实践经验确定的。

8.8.4 根据各地运行经验，参照《压力容器安全技术监察规程》和国外有关规范，本条规定液化石油气储罐、容器、设备和管道上严禁采用灰口铸铁阀门及附件。在寒冷地区应采用钢质阀门及附件，主要是防止因低温脆断引起液化石油气泄漏而酿成爆炸和火灾事故。

8.8.5 本条规定用于液化石油气管道系统上采用耐油胶管时，其公称工作压力不应小于 6.4MPa 是参照国外有关规范和国内实践确定的。

8.8.6 本条对站区室外液化石油气管道敷设的方式提出基本要求。

站区室外管道推荐采用单排低支架敷设，其管底与地面净距取 0.3m 左右。这种敷设方式主要是便于管道施工安装、检修和运行管理，同时也节省投资。

管道跨越道路采用支架敷设时，其管底与地面净距不应小于 4.5m，是根据消防车的高度确定的。

8.8.9 液化石油气储罐最大允许充装质量是保证其安全运行的最重要参数。参照国家现行《压力容器安全技术监察规程》、美国国家消防协会标准 NFPA58-1998、NFPA59-1998 和《日本 JLPA001 一般标准》等有关规范的规定，并根据我国液化石油气站的运行经验，本条采用《日本 JLPA001 一般标准》相同的规定。

液化石油气储罐最大允许充装质量应按公式 $G=0.9\rho V_h$ 计算确定。

式中：系数 0.9 的含义是指液温为 40℃时，储罐最大允许体积充装率为 90%。液化石油气储罐在此规定值下运行，可保证罐内留有足够的剩余空间（气相空间），以防过量灌装。同时，按本规范第 8.8.12 条规定确定的安全阀开启压力值，可保证其放散前，罐内尚有 3%～5% 的气相空间。0.9 是保证储罐正常运行的重要安全系数。

ρ 是指 40℃时液态液化石油气的密度。该密度应按其组分计

算确定。当组分不清时，按丙烷计算。组分变化时，按最不利组分计算。

8.8.10 根据国家现行《压力容器安全技术监察规程》第 37 条的规定，设计盛装液化石油气的储存容器，应参照行业标准 HG20592～20635 的规定，选取压力等级高于设计压力的管法兰、垫片和紧固件。液化石油气储罐接管使用法兰连接的第一个法兰密封面，应采用高颈对焊法兰，金属缠绕垫片（带外环）和高强度螺栓组合。

8.8.11 本条对液化石油气储罐接管上安全阀件的配置作了具体规定，以保证储罐安全运行。

容积大于或等于 50m³ 储罐液相出口管和气相管上必须设置紧急切断阀，同时还应设置能手动切断的装置。

排污管阀门处应防水冻结，并应严格遵守排污操作规程，防止因关不住排污阀门而产生事故。

8.8.12 本条规定了液化石油气储罐安全阀的设置要求。

1 安全阀的结构形式必须选用弹簧封闭全启式。选用封闭式，可防止气体向周围低空排放。选用全启式，其排放量较大。安全阀的开启压力不应高于储罐设计压力是根据《压力容器安全技术监察规程》的规定确定的。

2 容积为 100m³ 和 100m³ 以上的储罐容积较大，故规定设置 2 个或 2 个以上安全阀。此时，其中一个安全阀的开启压力按本条第 1 款的规定取值，其余可略高些，但不得超过设计压力的 1.05 倍。

3 为保证安全阀放散时气流畅通，规定其放散管管径不应小于安全阀的出口直径。地上储罐放散管管口应高出操作平台 2m 和地面 5m 以上，地下储罐应高出地面 2.5m 以上，是为了防止气体排放时，操作人员受到伤害。

4 美国标准 NFPA58 规定液化石油气储罐与安全阀之间不允许安装阀门，国家现行标准《压力容器安全技术监察规程》规定不宜设置阀门，但考虑目前国产安全阀开启后回座有时不能保证全关闭，且规定安全阀每年至少进行一次校验，故本款规定储罐与安全阀之间应设置阀门。同时规定储罐运行期间该阀门应全开，且应采用铅封或锁定（或拆除手柄）。

8.8.15 本条规定了液化石油气储罐上仪表的设置要求。

在液化石油气储罐测量参数中，首要的是液位，其次是压力，再次是液温。因此其仪表设置根据储罐容积的大小作了相应的规定。

储罐不分容积大小均必须设置就地指示的液位计、压力表。

单罐容积大于 100m³ 的储罐除设置前述的就地指示仪表外，尚应设置远传显示液位计、压力表和相应的报警装置。

同时，推荐就地指示液位计采用能直接观测储罐全液位的液位计。因为这种液位计最直观，比较可靠，适于我国国情。

8.8.18 液化石油气站内具有爆炸危险的场所应设置可燃气体浓度检测报警器。检测器设置在现场，报警器应设置在有值班人员的场所。报警器的报警浓度应取液化石油气爆炸下限的 20%。此值是参考国内外有关规范确定的。"20%"是安全警戒值，以警告操作人员迅速采取排险措施。瓶供应站和瓶组气化站等小型液化石油气站危险性小些，也可采用手提式可燃气体浓度检测报警器。

8.9 建、构筑物的防火、防爆和抗震

8.9.1 为防止和减少具有爆炸危险的建、构筑物发生火灾和爆炸事故时造成重大损失，本条对其耐火等级、泄压措施、门窗和地面做法等防火、防爆设计提出了基本要求。

8.9.2 具有爆炸危险的封闭式建筑物应采取良好的通风措施。设计可根据建筑物具体情况确定通风方式。采用强制通风时，事故通风能力是按现行国家标准《采暖通风和空气调节设计规范》GB 50019 的有关规定确定的。采用自然通风时，通风口的面积和布置是参照日本规范确定的，其通风次数相当于 3 次/h。

8.9.3 本条所列建筑物在非采暖地区推荐采用敞开式或半敞开

式建筑，主要是考虑利于通风。同时也加大了建筑物的泄压比。

8.9.4 对具有爆炸危险的建筑，其承重结构形式的规定是参照现行国家标准《建筑设计防火规范》GB 50016 有关规定确定的，以防止发生事故时建筑倒塌。

8.9.5 根据调查资料，有的液化石油气站将储罐置于砖砌或枕木等制作的支座上，没有良好的紧固措施，一旦发生地震或其他灾害十分危险，故本条规定储罐应牢固地设置在基础上。

对卧式储罐应采用钢筋混凝土支座。

球形储罐的钢支柱应采用不燃烧隔热材料保护层，其耐火极限不应低于 2h，以防止储罐直接受火过早失去支撑能力而倒塌。耐火极限不低于 2h 是参照美国规范 NFPA58 - 98 的规定确定的。

8.10 消防给水、排水和灭火器材

8.10.1 本条是根据现行国家标准《建筑设计防火规范》中有关规定确定的。

8.10.2 液化石油气储罐和储罐区是站内最危险的设备和区域，一旦发生事故其后果不堪设想。液化石油气储罐区一旦发生火灾时，最有效的办法之一是向着火和相邻储罐喷水冷却，使其温度、压力不致升高。具体办法是利用固定喷水冷却装置对着火储罐和相邻储罐喷水将其全覆盖进行降温保护，同时利用水枪进行辅助灭火和保护，故其总用水量应按储罐固定喷水冷却装置和水枪用水量之和计算，具体说明如下。

1 本款规定的液化石油气储罐固定喷水冷却装置的设置范围及其用水量的计算方法，（保护面积和冷却水供水强度）与《建筑设计防火规范》GB 50016 的规定一致。

液化石油气储罐区的消防用水量具体计算方法如下。

$$Q = Q_1 + Q_2 \tag{18}$$

式中　Q——储罐区消防用水量（m³/h）；

Q_1——储罐固定喷水冷却装置用水量（m³/h），按公式（19）计算；

Q_2——水枪用水量（m³/h）。

$$Q_1 = 3.6F \cdot q + 1.8 \sum_{i=1}^{n} F_i \cdot q \tag{19}$$

式中　F——着火罐的全表面积（m²）；

F_i——距着火罐直径（卧式罐按直径和长度之和的一半）1.5 倍范围内各储罐中任一储罐全表面积（m²）；

q——储罐固定喷水冷却装置的供水强度，取 0.15L/(s·m²)。

2 水枪用水量按不同罐容分档规定，与《建筑设计防火规范》的规定一致。

本款注 2 储罐总容积小于或等于 50m³，且单罐容积小于或等于 20m³ 的储罐或储罐区，其危险性小些，故可设置固定喷水冷却装置或移动式水枪，其消防水量按表 8.10.2 规定的水枪用水量计算。

3 本款是新增加的。因为地下储罐发生火灾时，其罐体不会直接受火，故可不设置固定水喷淋装置，其消防水量按水枪用水量确定。

8.10.4 消防水池（罐）容量的确定与《建筑设计防火规范》的规定一致。

8.10.6 因为固定喷水冷却装置采用喷雾头，对其储罐冷却效果较好，故对球形储罐推荐采用。卧式储罐的喷水冷却装置可采用喷淋管。

储罐固定喷水冷却装置的喷雾头或喷淋管孔的布置应保证喷水冷却时，将其储罐表面全覆盖，这是对其设计的基本要求。同时，对储罐液位计、阀门等重要部位也应采取喷水保护。

8.10.7 储罐固定喷水冷却装置出口的供水压力不应小于 0.2MPa 是根据现行国家标准《水喷雾灭火系统设计规范》

GB 50219 规定确定的。水枪供水压力是根据国内外有关规范确定的。

8.10.9 液化石油气站内具有火灾和爆炸危险的建、构筑物应设置干粉灭火器,其配置数量和规格根据场所的危险情况和现行国家标准《建筑灭火器配置设计规范》GB 50140 的有关规定确定。因为液化石油气火灾爆炸危险性大,初期发生火灾如不及时扑救,将使火势扩大而造成巨大损失。故本条规定的干粉灭火器的配置数量和规格较《建筑灭火器配置设计规范》的规定大一些。

8.11 电 气

8.11.1 本条规定了液化石油气供应基地、气化站和混气站的用电负荷等级。

液化石油气供应基地停电时,不会影响供气区域内用户正常用气,其供电系统用电负荷等级为"三级"即可。但消防水泵用电,应为"二级"负荷,以保证火灾时正常运行。

液化石油气气化站和混气站是采用管道向各类用户供气,为保证用户安全用气,不允许停电,并应保证消防用电需要,故规定其用电负荷等级为"二级"。

8.11.2 本条中的附录 E 是根据现行国家标准《爆炸和火灾环境电力装置设计规范》GB 50058,并考虑液化石油气站内运行介质特性、工艺过程特征、运行经验和释放源情况等因素进行释放源等级划分。在划定释放源等级后,根据其级别和通风等条件再进行爆炸危险区域等级和范围的划分。

爆炸危险区域范围的划分与诸多因素有关,如:可燃气体的泄放量、释放速度、浓度、爆炸下限、闪点、相对密度、通风情况、有无障碍物等。因此,具体爆炸危险区域范围划分的规定在世界各国还是一个长期没有得到妥善解决的问题。目前美国电工委员会(IEC)对爆炸危险区域范围的划分仅做原则性规定。GB 50058 规定的具体尺寸是推荐性的等效采用了国际上广泛采用的美国石油学会 API-RP-500 和美国国家消防协会(NFPA)的有关规定。本规范在此也作了推荐性的规定。具体设计时,需要结合液化石油气站用电场所的实际情况妥善地进行爆炸危险区域范围的划分和相应的设计才能保证安全,切忌生搬硬套。

9 液化天然气供应

9.1 一般规定

9.1.1 本条规定了本章适用范围。

液化天然气(LNG)气化站(又称 LNG 卫星站),是城镇液化天然气供应的主要站场,是一种小型 LNG 的接收、储存、气化站,LNG 来自天然气液化工厂或 LNG 终端接收基地或 LNG 储配站,一般通过专用汽车槽车或专用气瓶运来,在气化站内设有储罐(或气瓶)、装卸装置、泵、气化器、加臭装置等,气化后的天然气可用做中小城镇或小区、或大型工业、商业用户的主气源,也可用做城镇调节用气不均匀的调峰气源。

规定液化天然气总储存量不大于 2000m³,主要考虑国内目前液化天然气生产基地数量和地理位置的实际情况以及安全性,现有的液化天然气气化站的储存天数较长(一般在 7d 内)等因素而确定的,该总储存量可以满足一般中小城镇的需要。

9.1.2 由于本章不适用的工程和装置设计,在规模上和使用环境、性质上均与本规范有较大差异,因此应遵守其他有关的相应规范。

9.2 液化天然气气化站

9.2.4 本条规定了液化天然气气化站的液化天然气储罐、天然气放散总管与站外建、构筑物的防火间距。

1 液化天然气是以甲烷为主要组分的烃类混合物,从液化石油气(LPG)与液化天然气的主要特性对比(见表 50)中可见,LNG 的自燃点、爆炸极限均比 LPG 高;当高于 -112℃时,LNG 蒸气比空气轻,易于向高处扩散;而 LPG 蒸气比空气重,易于在低处集聚而引发事故;以上特点使 LNG 在运输、储存和使用上比 LPG 要安全些。

从燃烧发出的热量大小看,可以反映出对周围辐射热影响的大小。同样 1m³ 的 LNG 或 LPG(以商品丙烷为例)变化为气体后,燃烧所产生的热量 LNG 比 LPG 要小一些,对周围辐射热影响也小些,采用表 50 数据经计算燃烧所产生的热量如下:

液化天然气 $35900 \times 600 = 2154 \times 10^4$ kJ

商品丙烷气 $93244 \times 271 = 2527 \times 10^4$ kJ

表 50 液化石油气与液化天然气的主要特性对比

项　　目	液化石油气(商品丙烷)	液化天然气
在 1 大气压力下初始沸腾点(℃)	-42	-162
15.6℃时,每立方米液体变成蒸气后的体积(m³)	271	约 600
蒸气在空气中的爆炸极限(%)	2.15～9.60	5.00～15.00
自燃点(℃)	493	650
蒸气的低发热值(kJ/m³)	93244	约 35900
蒸气的相对密度(空气为 1)	15.6℃时为 1.50	纯甲烷在高于 -112℃时比 15.6℃时的空气轻
蒸气压力(表压 kPa)	37.8℃时不大于 1430	在常温下放置,液态储罐的蒸气压力将不断增加
15.6℃时,每立方米液体的质量(kg/m³)	504	430～470

2 综上所述,在防火间距和消防设施上对于小型 LNG 气化站的要求可比 LPG 气化站降低一些,但考虑到 LNG 气化站在我国尚处于初期发展阶段,采用与 LPG 气化站基本相同的防火间距和消防设施也是适宜的。

表 9.2.4 中 LNG 储罐与站外建、构筑物的防火间距,是参

考我国 LPG 气化站的实践经验和本规范 LPG 气化站的有关规定编制的。

3 表 9.2.4 中集中放散装置的天然气放散总管与站外建、构筑物的防火间距，是参照本规范天然气门站、储配站的集中放散装置放散管的有关规定编制的。

9.2.5 本条规定了液化天然气气化站的液化天然气储罐、天然气放散总管与站内建、构筑物的防火间距。

1 本条的编制依据与第 9.2.4 条类同。

美国消防协会《液化天然气生产、储存和装卸标准》NF-PA59A（2001 年版）规定的液化天然气储罐拦蓄区与建筑物和建筑红线的间距见表 51。

表 51 拦蓄区到建筑物和建筑红线的间距

储罐水容量 (m³)	从拦蓄区或储罐排水系统边缘到建筑物和建筑红线最小距离 (m)	储罐之间最小距离 (m)
<0.5	0	0
0.5~1.9	3	1
1.9~7.6	4.6	1.5
7.6~56.8	7.6	1.5
56.8~114	15	1.5
114~265	23	相邻罐直径之和的 1/4 但不小于 1.5m
>265	0.7 倍罐直径，但不小于 30m	

表 9.2.5 中 LNG 储罐与站内建、构筑物的防火间距，是参考我国 LPG 气化站的实践经验、本规范 LPG 气化站的有关规定和 NFPA59A 的有关规定编制的。

2 表 9.2.5 中集中放散装置的天然气放散总管与站内建、构筑物的防火间距，是参照本规范天然气门站、储配站的集中放散装置放散管的有关规定编制的。

9.2.10 本条规定了液化天然气储罐和储罐区的布置要求。

1 储罐之间的净距要求是参照 NFPA59A（见表 51）编制的。

2~4 款是参照 NFPA59A（2001 年版）编制的，其中第 3 款的"防护墙内的有效容积"是指防护墙内的容积减去积雪、其他储罐和设备等占有的容积和裕量。

5 是保障储罐区安全的需要。

6 是参照 NFPA57《液化天然气车（船）载燃料系统规范》（1999 年版）的规定编制的。容器容积太大，遇有紧急情况时，在建筑物内不便于搬运。而长期放置在建筑物内的装有液化天然气的容器，将会使容器压力不断上升或经安全阀排放天然气，造成事故或浪费能源、污染环境。

9.2.11 本条规定了气化器、低温泵的设置要求。

1 参照 NFPA59A 标准，气化器分为加热、环境和工艺等三类。

1）加热气化器是指从燃料的燃烧、电能或废热取热的气化器。又分为整体加热气化器（热源与气化换热器为一体）和远程加热气化器（热源与气化换热器分离，通过中间热媒流体作传热介质）两种。

2）环境气化器是指从天然热源（如大气、海水或地热水）取热的气化器。本规范中将从大气取热的气化器称为空温式气化器。

3）工艺气化器是指从另一个热力或化学过程取热，或储备或利用 LNG 冷量的气化器。

2 环境气化器、远程加热气化器（当采用的热媒流体为不燃烧流体时），可设置在储罐区内，是参照 NFPA57（1999 年版）的规定编制的。

设在储罐区的天然气气体加热器也应具备上述环境式或远程加热气化器（当采用的热媒流体为不燃烧流体时）的结构条件。

9.2.12 液化天然气集中放散装置的汇集总管，应经加热将放散物天然气加热成比空气轻的气体后方可放散，是使天然气易于向

上空扩散的安全措施，放散总管距其 25m 内的建、构筑物的高度要求是参照本规范天然气门站、储配站的放散总管的高度规定编制的。

天然气的放散是迫不得已采取的措施，对于储罐经常出现的 LNG 自然蒸发气（BOG 气）应经储罐收集后接到向外供应天然气的管道上，供用户使用。

9.3 液化天然气瓶组气化站

9.3.1 液化天然气瓶组气化站供应规模的确定主要依据如下：

液化天然气瓶组气化站主要供应城镇小区，气瓶组总容积 4m³ 可以满足 2000~2500 户居民的使用要求，同时从安全角度考虑供应规模不宜过大。

为便于装卸、运输、搬运和安装，单个气瓶容积宜采用 175L，最大不应大于 410L，是根据实践和国内产品规格编制的。

9.3.2 本条编制依据与第 9.2.4 条类同。

LNG 气瓶组与建、构筑物的防火间距是参考本规范中液化石油气瓶组至建、构筑物的防火间距编制的，但考虑到液化石油气的最大气瓶为 50kg（容积 118L），而 LNG 气瓶最大为 410L，因而对气瓶组至民用建筑或重要公共建筑的防火间距规定，LNG 气瓶组比液化石油气气瓶组要大一些。

关于液化天然气气瓶上的安全阀是否要汇集后集中放散的问题，目前存在不同做法，只要是能保证系统的安全运行，可由设计人员根据实际情况确定，本规范不作硬性统一的规定。当需要设放散管时，放散口应引到安全地点。

9.4 管道及附件、储罐、容器、气化器、气体加热器和检测仪表

9.4.1 本条规定了液化天然气储罐和设备的设计温度，是参照 NFPA59A 标准编制的。

9.4.3 本条规定了液化天然气管道连接和附件的设计要求，是参照 NFPA59A 标准编制的。

9.4.7 液态天然气管道上两个切断阀之间设置安全阀是为了防止因受热使其压力升高而造成管道破裂。

9.4.8 本条规定了液化天然气卸车软管和附件的设计要求，是参照 NFPA59A 标准编制的。

9.4.14 本条规定了液化天然气储罐仪表设置的设计要求，是参照 NFPA59A 标准编制的。

9.4.15 本条规定了气化器的液体进口紧急切断阀的设计要求，是参照 NFPA59A 标准编制的。

9.4.16 本条规定了气化器安全阀的设计要求，是参照 NF-PA59A 标准编制的。安全阀可以设在气化器上，也可设在紧接气化器的出口管道上。

9.4.17~9.4.19 此三条规定是参照 NFPA59A 标准编制的。

9.4.21 本条规定了液化天然气气化站紧急关闭系统的设计要求，是参照 NFPA59A 标准编制的。

9.5 消防给水、排水和灭火器材

9.5.1~9.5.4 此四条规定了液化天然气气化站消防给水的设计要求。

1 根据欧洲标准《液化天然气设施与设备 陆上设施的设计》BSEN1473-1997 的有关说明，在液化天然气气化站内消防水有着与其他消防系统不同的用途，水既不能控制也不能熄灭液化天然气液池火灾，水在液化天然气中会加速液化天然气的气化，进而增加其燃烧速度，对火灾的控制只会产生相反的结果。在液化天然气气化站内消防水大量用于冷却受到火灾热辐射的储罐和设备或可能以其他方式加剧液化天然气火灾的任何被火灾吞灭的结构，以减少火灾升级和降低设备的危险。

2 条文制定的原则是根据 NFPA58 和 NFPA59A 中有关消防系统的制订原则而确定的。根据 NFPA58 和 NFPA59A 的有关液化石油气和液化天然气站区的消防系统设计要求是基本一致

的情况，因此编制的液化天然气气化站的消防系统设计的要求和本规范中的液化石油气供应的消防系统设计有关要求基本一致。

9.5.5 本条规定是参照 NFPA59A 标准编制的。

9.5.6 液化天然气气化站内具有火灾和爆炸危险的建、构筑物、液化天然气储罐和工艺装置设置小型干粉灭火器，对初期扑灭失火避免火势扩大，具有重要作用，故应设置。根据《建筑灭火器配置设计规范》GB 50140 的规定，站内液化天然气储罐或工艺装置区应按严重危险级配置灭火器材。

9.6 土建和生产辅助设施

9.6.2 本条规定了液化天然气工艺设备的建、构筑物的通风设计要求，是参照 NFPA59A 标准编制的。

9.6.3 液化天然气气化站承担向城镇或小区大量用户或大型用户等供气的重要任务，电力的保证是气化站正常运行的必备条件，其用电负荷及其配电系统设计应符合《供配电系统设计规范》GB 50052 "二级" 负荷的有关规定。

10 燃气的应用

10.1 一般规定

10.1.1 燃气系统设计指的是工艺设计。对于土建、公用设备等项设计还应按其他标准、规范执行。

10.2 室内燃气管道

10.2.1 本条规定了室内燃气管道的最高压力，主要参照原苏联和美国的规范编制的。

1 原苏联《燃气供应标准》（1991 年版）5.29 条规定：安装在厂房内或住宅及非生产性公共建筑外墙上的组合式调压器的燃气进口压力不应超过下列规定：

住宅和非生产性公共建筑——0.3MPa；

工业（包括锅炉房）和农业企业——1.2MPa。

2 美国规范 ASME B31.8 输气和配气系统第 845.243 条对送给家庭、小商业和小工业用户的燃气压力做了如下限定：

用户调压器的进口压力应小于或等于 60 磅/平方英寸（0.41MPa），如超压时应自动关闭并人工复位；

用户调压器的进口压力小于或等于 125 磅/平方英寸（0.86MPa）时，除调压器外还应设置一个超压向室外放空的泄压阀，或在上游设置辅助调压器，使通到用户的燃气压力不超过最大安全值。

3 我国燃气中压进户的情况。

四川、北京、天津等有高、中压燃气供应的城市中，有一部分锅炉房和工业车间内燃气的供应压力已达到 0.4MPa，然后由专用调压器调至 0.1MPa 以下供用气设备使用；

北京、成都、深圳等市早已开展了中压进户的工作，详见

表 52。

表 52 我国部分城市中压进户的使用情况表

地 点	燃气种类	厨房内调压器入口压力（MPa）	使用时间（年）
北京	人工煤气	0.1	20 以上
成都	天然气	0.2	20 以上
深圳	液化石油气	0.07	20 以上

4 国外中压进户表前调压的入户压力在第十五届世界煤气会议上曾有过报导，其入户的允许压力值详见表 53。

表 53 国外中压进户的燃气压力值

国 别	户内表前最高允许压力（MPa）	国 别	户内表前最高允许压力（MPa）
美国	0.05	法国	0.4
英国	0.2	比利时	0.5

5 中压进厨房的限定压力为 0.2MPa，主要是根据我国深圳等地多年运行经验和参照国外情况制定的，为保证运行安全，故将进厨房的燃气压力限定为 0.2MPa。

6 本条的表注 1 为等同美国国家燃气规范 ANSIZ 223.1-1999 规定。

10.2.2 本条规定了用气设备燃烧器的燃气额定压力。

1 燃气额定压力是燃烧器设计的重要参数。为了逐步实现设备的标准化、系列化，首先应对燃气额定压力进行规定。

2 一个城市低压管网压力是一定的，它同时供应几种燃烧方式的燃烧器（如引射式、机械鼓风的混合式、扩散式等），当低压管网的压力能满足引射式燃烧器的要求时，则更能满足另外两种燃烧器的要求（另外两种燃烧器对压力要求不太严格），故对所有低压燃烧器的额定压力以满足引射式燃烧器为准而作了统一的规定，这样就为低压管网压力确定创造了有利条件。

3 国内低压燃气燃烧器的额定压力值如下：

人工煤气：1.0kPa；天然气：2.0kPa；液化石油气：2.8kPa（工业和商业可取 5.0kPa）。

4 国外民用低压燃气燃烧器的额定压力值如下：

1）人工煤气：日本 1.0kPa（煤气用具检验标准）；原苏联 1.3kPa（《建筑法规》-1977）；美国 1.5kPa（ASAZ21.1.1-1964）。

2）天然气：法国 2.0kPa（法国气体燃料用具的鉴定）；原苏联 2.0kPa（《建筑法规》-1977）；美国 1.75kPa（ASAZ21.1.1-1964）。

3）液化石油气：原苏联 3.0kPa（《建筑法规》-1977）；日本 2.8kPa（日本 JIS）；美国 2.75kPa（ASAZ21.1.1）。

10.2.3 本条将原规范应采用镀锌钢管，改为宜采用钢管。对规范规定的其他管材，在有限制条件下可采用。

10.2.4 对钢管螺纹连接的规定的依据如下：

1 管道螺纹连接适用压力上限定为 0.2MPa 是参照澳大利亚标准，但澳大利亚在此压力下，一般用于室外调压器之前，我国螺纹标准编制说明中也指出，采用圆锥内螺纹与圆锥外螺纹（锥/锥）连接时，可适用更高的介质压力。但考虑到室内管量大、面广、管件质量难保证、缺乏经常性维护、与用户安全关系密切等，故本规范对压力小于或等于 0.2MPa 时只限在室外采用，室内螺纹连接只用于低压。

2 美国国家燃气规范 ANSIZ223.1-1999，对室内燃气管螺纹规定采用（锥/锥）连接，最高压力可用于 0.034MPa。

我国国产螺纹管件一般为锥管螺纹。故本规范对室内燃气管螺纹规定采用（锥/锥）连接。

10.2.5 本条规定了铜管用做燃气管的使用条件。

1 城镇燃气中硫化氢含量的限定：

GB 17820-1999《天然气》标准附录 A 规定，金属材料无腐蚀的含量为小于或等于 $6mg/m^3$（湿燃气）。

美国《燃气规范》ANSIZ 223.1-1999 规定，对铜材允许的

含量为小于或等于7mg/m³（湿燃气）。

原苏联《燃气规范》和我国《天然气》标准规定，对钢材允许的含量为小于或等于20mg/m³（湿燃气）。

本规范对铜管采用的是小于或等于7mg/m³的要求。

2 几个国家户内常用的铜管类型和壁厚见表54。据此本规范对燃气用铜管选用为A型或B型。

3 我国已有铜管国家标准，上海、佛山等城市使用铜管用于燃气已有4～5年，明装和暗埋的均有，但以暗埋敷设的为主。

表54 几个国家户内常用的铜管类型及壁厚

通径(mm)	中 国			澳大利亚				美 国
	类型、壁厚（mm）			类型、壁厚（mm）				壁厚(mm)
	A	B	C	A	B	C	D	
5	1.0	0.8	0.6	—	—	—		—
6	1.0	0.8	0.6	0.91	0.71	—		—
8	1.0	0.8	0.6	0.91	0.71	—		—
10	1.2	0.8	0.6	1.02	0.91	0.71		—
15	1.2	1.0	0.7	1.02	0.91	0.71		1.06
—	1.2	1.0	0.8	1.22	1.02	0.91		1.07
20	1.5	1.2	0.9	1.42	1.02	0.91		1.14
25	1.5	1.2	0.9	1.63	1.22	0.91		1.27
32	2.0	1.5	1.2	1.63	1.22	—	0.91	1.40
40	2.0	1.5	1.2	1.63	1.22	—	0.91	1.52

注：1 澳大利亚燃气安装标准 AS5601-2000/AG601-2000，规定燃气用户选用的铜管应为A型或B型。

    2 美国联邦法规 49-192（2000），规定了如上表所列燃气用户铜管的最小壁厚。

    3 我国现行国家标准《天然气》GB17820-1999附录A中规定：燃气中 H_2S ≤6mg/m³时，对金属无腐蚀；H_2S≤20mg/m³时，对钢材无明显腐蚀。

4 根据美国西南研究院（SWRI）和天然气研究院（GRI），关于"天然气成分对铜腐蚀作用的试验评估"（1993年3月）：

    1）试验分析表明，天然气中硫化氢、氧气和水的浓度在规定范围内（水：112mg/m³，硫化氢：5.72～22.88mg/m³，总硫：229～458mg/m³，二氧化碳2.0%～3.0%，氧气：0.5%～1.0%），铜管20年的最大的穿透值为0.23mm，一般铜管的壁厚为0.90mm以上，所以铜管不会因腐蚀而穿透。

    2）试验表明，天然气中硫化氢、氧气和水的浓度在规定范围内，腐蚀产物可能在铜管内形成，并可能脱落阻塞下游设备的喷嘴；可通过设过滤器除去腐蚀产物的碎片，以减少设备的堵塞；也可选用内壁衬锡的铜管，以防止铜管的内腐蚀。

10.2.6 对不锈钢管规定的根据如下：

1 薄壁不锈钢管的壁厚不得小于0.6mm（DN15及以上），按GB/T 12771标准，一般DN15及以上（外径≥13mm）管子的壁厚≥0.6mm，而外径8～12mm管子壁厚为0.3～0.5mm，比波纹管壁厚大。

管道连接方式一般可分以下六大类：螺纹连接、法兰连接、焊接连接、承插连接、粘结连接、机械连接（如胀接、压接、卡压、卡套等）。螺纹连接等前四种属传统的应用面较普遍的连接方式。粘结连接具有局限性。机械连接一般指较灵活的、现场可组装的，即安装较简便的连接方式。

薄壁不锈钢管采用承插氩弧焊式管件属无泄漏接头连接，与卡压、卡套等机械连接相比较具有明显优点，故推荐选用。

2 不锈钢波纹管的壁厚不得小于0.2mm，是目前国内产品的一般要求。

3 薄壁不锈钢管和不锈钢波纹管必须有防外部损坏的保护措施，是参照美国、荷兰和欧洲燃气规范编制的。

10.2.7 本条规定了铝塑复合管用做燃气管的使用条件。

1 目前国外用于燃气的铝塑复合管的国家有荷兰（NPR3378-10，2001）和澳大利亚（AS5601-2004等，本条规定的根据主要来源于澳大利亚燃气安装标准（2004年版），该标准规定有铝塑管不允许暴露在60℃以上的温度下，最高使用压

力为70kPa等要求。

2 防阳光直射（防紫外线），防机械损伤等是对聚乙烯管的一般要求，由于铝塑复合管的内、外均为聚乙烯，因而也应有此要求。欧洲（BSEN1775-1998）、美国法规49-192（2000）、荷兰（NPR3378-10，2001）等国外《燃气规范》对室内用的PE和PE/Al/PE等塑料管材均有上述规定要求。

3 铝塑复合管我国已有国家标准，长春、福州等城市使用铝塑复合管用于燃气已有7～8年，主要采用明装且限于住宅单元内的燃气表后。考虑到铝塑复合管不耐火和塑料老化问题，故本规范限制只允许在户内燃气表后采用。

10.2.9 关于居民生活使用的燃具同时工作系数（简称"系数"），是由上海煤气公司综合了上海、北京、沈阳、成都等地区的测定资料，经过整理、计算、验证后推荐的数据，详见附录F。由于"系数"的测定验证仅限于四个城市，就我国广大地区而言，尚有一定的局限性，故条文用词采用"可"。

10.2.11 低压燃气管道的计算总压力降可按本规范第6.2.8条确定，至于其在街区干管、庭院管和室内管中的分配，应根据建筑物等情况经技术经济比较后确定。当调压站供应压力不大于5kPa的低压燃气时，对我国一般情况，参照原苏联《建筑法规》并作适当调整，推荐表55作为室内低压燃气管道压力损失控制值，可供设计时参考。

表55 室内低压燃气管道允许的阻力损失参考表

燃气种类	从建筑物引入管至管道末端阻力损失(Pa)	
	单 层	多 层
人工煤气、矿井气	200	300
天然气、油田伴生气、液化石油气混空气	300	400
液化石油气	400	500

注：1 阻力损失包括计量装置的损失。

    2 当由楼幢调压箱供应低压燃气时，室内低压燃气管道允许的阻力损失，也可按本规范第6.2.8条计算确定。

推荐表55中室内燃气管道允许的阻力损失的参考值理由如下：

1 原苏联的住宅中一般不设置燃气计量装置。

    1）原苏联《室内燃气设备设计标准》（建筑法规Ⅱ）-62规定：当有使用气体燃料的采暖用具（炉子、小型采暖炉、壁炉）时，居住建筑的住宅中才设燃气表。

    2）原苏联《建筑法规》-77规定，室内压降的分配没提到燃气表的压力降。

    3）原苏联《建筑法规》-77规定：为了计量供给工业企业、公用生活企业和锅炉房的燃气流量应规定设置流量计（注：住宅计量没有规定）。

2 家用膜式燃气表的阻力损失。

    1）在原TJ 28-78《城市煤气设计规范》规定：低压计量装置的压力损失：当流量等于或小于3m³/h时，不应大于120Pa；当流量大于3m³/h，等于或小于100m³/h时，不应大于200Pa；当流量大于100m³/h时，应根据所选的表型确定。

    2）在GB/T 6968-1997《膜式煤气表》的表5中规定：煤气表的最大流量值 Q_{max} 为1～10m³/h时，总压力损失最大值为200Pa。

    3）综上所述，家用燃气表的阻力损失一般为：流量小于或等于3m³/h时，阻力损失可取120Pa；大于3m³/h而小于或等于10m³/h，或在1.5倍额定流量下使用时，阻力损失可取200Pa。

3 室内燃气管道阻力损失的参考值。

因原苏联住宅厨房内不设置煤气表，故供气系统的阻力损失值不能等同采用原苏联《建筑法规》中的数值（详见本规范条文说明表27），故作适当调整（见表55和表28）。

10.2.14 本条规定的目的是为了保证用气的安全和便于维修

管理。

1 人工煤气引入管管段内，往往容易被萘、焦油和管道内腐蚀铁锈所堵塞，检修时要在引入管阀门处进行人工疏通管道的工作，需要带气作业。此外阀门本身也需要经常维修保养。因此，凡是检修人员不便进入的房间和处所都不能敷设燃气引入管。

2 规定燃气引入管应设在厨房或走廊等便于检修的非居住房间内的根据是：

原苏联1977年《建筑法规》第8.21条规定：住房内燃气立管规定设在厨房、楼梯间或走廊内；

我国的实际情况也是将燃气引入管设在厨房、楼梯间或走廊内。

10.2.16 规定燃气引入管"穿过建筑物基础、墙或管沟时，应设置在套管中"，前者是防止当房屋沉降时压坏燃气管道，以及在管道大修时便于抽换管道；后者是防止燃气管道漏气时沿管沟扩散而发生事故。

对于高层建筑等沉降量较大的地方，仅采取将燃气管道设在套管中的措施是不够的，还应采取补偿措施，例如，在穿过基础的地方采用柔性接管或波纹补偿器等更有效的措施，用以防止燃气管道损坏。

10.2.18 燃气引入管的最小公称直径规定理由如下：

1 当输送人工煤气或矿井气时，我国多数燃气公司根据多年生产实践经验，规定最小公称直径为$DN25$。国外有关资料如英国、美国、法国等国家也规定了最小公称直径为$DN25$。为了防止造成浪费，又要防止管道堵塞，根据国内外情况，将输送人工煤气或矿井气的引入管最小公称直径定为$DN25$。

2 当输送天然气或液化石油气时，因这类燃气中杂质较少，管道不易堵塞，且燃气热值高，因此引入管的管径不需过大。故将引入管的最小公称直径规定为：天然气$DN20$，液化石油气$DN15$。

10.2.19 本条规定了引入管阀门布置的要求。

规定"对重要用户应在室外另设置阀门"。这是为了万一在用气房间发生事故时，能在室外比较安全地带迅速切断燃气，有利于保证用户的安全。重要用户一般系指：国家重要机关、宾馆、大会堂、大型火车站和其他重要建筑物等，具体设计时还应听取当地主管部门的意见予以确定。

10.2.21 本条规定了地下室、半地下室、设备层和地上密闭房间敷设燃气管道时应具备的安全条件。

10.2.22 地下室和半地下室一般通风较差，比空气重的液化石油气泄漏后容易集聚达到爆炸极限并发生事故，故规定上述地点不应设置液化石油气管道和设备。当确需设置在上述地点时，参考美国、日本和我国深圳市的经验，建议采取下述安全措施，经专题技术论证并经建设、消防主管部门批准后方可实施。

1 只限地下一层靠外墙部位使用的厨房烹调设备采用，其装机热负荷不应大于0.75MW（58.6kg/h的液化石油气）；

2 应使用低压管道液化石油气，引入管上应设紧急自动切断阀，停电时应处于关闭状态；

3 应有防止燃气向厨房相邻房间泄漏的措施；

4 应设置独立的机械送排风系统，通风换气次数：正常工作不应小于6次/h，事故通风时不应小于12次/h；

5 厨房及液化石油气管道经过的场所应设置燃气浓度检测报警器，并由管理室集中监视；

6 厨房靠外墙处应有外窗并经过竖井直通室外，外窗应为轻质泄压型；

7 电气设备应采用防爆型；

8 燃气管道敷设应符合本规范第10.2.21、10.2.23条规定等。

10.2.23 本条规定了在地下室、管道井等危险部位敷设燃气管道时的具体安全措施。

1 管道提高一个压力等级的含义是指：低压提高到0.1MPa；中压B提高到0.4MPa；中压A提高到0.6MPa。

3 管道焊缝射线照相检验，主要是根据现行国家标准《工业金属管道工程施工及验收规范》GB 50235－1997中7.4.3.1条的规定和我国燃气管道焊接的实际情况确定的。

10.2.25 室内燃气管道一般均应明设，这是为了便于检修、检漏并保证使用安全；同时明设作法也较节约。在特殊情况下（例如考虑美观要求而不允许设置明管或明管有可能受特殊环境影响而遭受损坏时）允许暗设，但必须便于安装和检修，并达到通风良好的条件（通风换气次数大于2次/h），例如装在具有百页盖板的管槽内等。

燃气管道暗设在建筑物的吊顶或密封的Ⅱ形管槽内，为上海市推荐做法及规定。

室内水平干管尽量不穿建筑物的沉降缝，但有时不可避免，故规定为不宜。穿过时应采取防护措施。

10.2.27 本条规定了燃气管道井的安全措施。燃气管道与下水管等设在同一竖井内为国内、以及澳大利亚住宅管道井的普遍做法，多年运行没发生什么问题。管道井防火、通风措施是根据国内管道井的普遍做法。主要是根据国家《建筑设计防火规范》、美国《燃气规范》和国内实际做法规定的。

10.2.28 高层建筑立管的自重和热胀冷缩产生的推力，在管道固定支架和活动支架设计、管道补偿等设计上是必须要考虑的，否则燃气管道可能出现变形、折断等安全问题。

10.2.29 室内燃气管道在设计时必须考虑工作环境温度下的极限变形，否则会使管道热胀冷缩造成扭曲、断裂，一般可以用室内管道的安装条件做自然补偿，当自然条件不能调节时，必须采用补偿器补偿；室内管道宜采用波纹补偿器；因波纹补偿器安装方便，调节安装误差的幅度大，造型也轻巧美观。

补偿量计算温度为国内设计计算时的推荐数据。

10.2.31 本条规定了住宅内暗埋燃气管道的安全要求，为澳大利亚、荷兰等国外标准规定和我国上海等地的习惯做法。

机械接头指胀接、压接、卡压、卡套等连接方式用的接头，管螺纹连接未列入机械连接中。

10.2.32 住宅内暗封的燃气管道指隐蔽在柜橱、吊顶、管沟等部位的燃气管道。

10.2.33 为了使商业和工业企业室内暗设的燃气管便于安装和检修，并能延长使用年限达到安全可靠的目的，条文提出了敷设方式及措施。

10.2.34 民用建筑室内水平干管不应埋设在地下和地面混凝土层内主要为防腐蚀和便于检修。工业和实验室用的燃气管道可埋设在混凝土地面中为参照原苏联《建筑法规》的规定。

10.2.36 本条规定电表、电插座、电源开关与燃气管道的净距为我国上海、香港等地的实践经验，其他为原苏联《建筑法规》的规定。

10.2.38 为了防止当房屋沉降时损坏燃气管道及管道大修时便于抽换管道，以及因室内温度变化燃气管道随温度变化而有伸缩的情况，条文规定燃气管道穿过承重墙、地板或楼板时"必须"安装在套管中。

10.2.39 设置放散管的目的是为工业企业车间、锅炉房以及大中型用气设备首次使用或长时间不用又再次使用时，用来吹扫积存的燃气管道中的空气、杂质。当停炉时，如果总阀门关闭不严，漏到管道中的燃气可以通过放散管放散出去，以免燃气进入炉膛和烟道发生事故。

原苏联《建筑法规》规定：放散管应当服务于从离开引入地点最远的燃气管段开始引至最后一个阀门（按燃气流动方向）前面的每一机组的支管为止。具有相同的燃气压力的燃气管道的放散管可以连接起来。放散管的直径不应小于20mm。放散管应设有为了能够确定放散程度而用的带有转心门或旋塞的取样管。

放散管要高出屋脊1m以上或地面上安全处设置是为了防止由放散管放散出的燃气进入屋内。使燃气能尽快飘散在大气中。

为了防止雨水进入放散管，管口要加防雨帽或将管道撇一个向下的弯。对于设在屋脊为不耐火材料，周围建筑物密集、容易窝风地区的放散管，管口距屋脊应更高，以便燃气尽快扩散于大气中。

因为放散管是建筑物的最高点，若处在防雷区之外时，容易遭到雷击而引起火灾或燃气爆炸。所以放散管必须设接地引线。根据《中华人民共和国爆炸危险场所电气安全规程》的规定，确定引线接地电阻应小于10Ω。

10.2.40 燃气阀门是重要的安全切断装置，燃气设备停用或检修时必须关断阀门，本条规定的部位应设置阀门是目前国内外的普遍做法。

10.2.41 选用能快速切断的球阀做室内燃气管道的切断装置是目前国内的普遍做法，安全性较好。

10.3 燃气计量

10.3.1 为减少浪费，合理使用燃气，搞好成本核算，各类用户按户计量是不可缺少的措施。目前，已充分认识到这一点，改变了过去按人收费和一表多户按户收费等不正常现象。

燃气表应按燃气的最大工作压力和允许的压力降（阻力损失）等条件选择为参照美国《燃气规范》的规定。

10.3.2 本条规定了用户燃气表安装设计要求。

1 "通风良好"是燃气表的保养和用气安全所需的条件，各地煤气公司对要求"通风良好"均作了规定。如果使用差压式流量计则仅对二次仪表有通风良好的要求。

2 禁止安装燃气表的房间、处所的规定是根据上海市煤气公司的实践经验和规定提出的，这主要是为了安全。因为燃气表安装在卫生间内，外壳容易受环境腐蚀影响；安装在卧室则当表内发生故障时既不便于检修，又极易发生事故；在危险品和易燃物品堆存处安装煤气表，一旦出现漏气时更增加了易燃、易爆品的危险性，万一发生事故时必然加剧事故的灾情，故规定为"严禁安装"。

3 目前输配管道内燃气一般都含有水分。燃气经过燃气表时还有散热降温作用。如环境温度低于燃气露点温度或低于0℃时，燃气表内会出现冷凝或冻结现象，从而影响计量装置的正常运转，故各地燃气公司对环境温度均有规定。

4 煤气表一般装在灶具的上方，煤气表与灶具、热水器等燃烧设备的水平净距应大于30cm是参照北京、上海等地标准的规定制定的。

规定当有条件时燃气表也可设置在户门外，设置在门外楼梯间等部位应考虑漏气、着火后对消防疏散的影响，要有安全措施，如设表前切断阀、对燃气表的保护和加强自然通风等。

5 商业和工业企业用气的计量装置，目前多数用户都是安装在毗邻的或隔开的调压站内或单独的房间内，并设有测压、旁通等设施，计量装置本身体积也较大，故占地较大，为了管理方便，宜布置在单独房间内。

10.3.3 本条规定设置计量保护装置的技术条件。

1 输送过程中产生的尘埃来自没有保护层的钢管遇到燃气中的氧、水分、硫化氢等杂质而分别形成的氧化铁或硫化铁。四川省成都市和重庆市的天然气站或计量装置前安装过滤器来除去硫化铁及其他固体尘粒取得了实际效果。天津市因所用石油伴生气中杂质较少，其计量装置前没有装设过滤器。东北各地则普遍发现黑铁管内壁和计量装置内均有严重积垢和腐蚀现象，但没有定性定量分析资料，从外表观察积垢实物，估计是焦油、萘、硫化铁、氧化铁的混合物。

原苏联ГОСТ5364《家用燃气表技术要求》规定"表内应有护网防杂质进入机构"；英国标准没有规定；我国各地生产的燃气表也不附带过滤器。

我们认为并非所有的计量装置都需要安装过滤器，不必把它作为计量装置的固定附件，而应根据输送燃气的具体情况和当地实践经验来决定是否需要安装。

2 对于机械鼓风助燃的用气设备，当燃气或空气因故突然降低压力和或者误操作时，均会出现燃气、空气窜混现象，导致燃烧器回火产生爆炸事故，造成燃气表、调压器、鼓风机等设备损坏。设置泄压装置是为了防止一旦发生爆炸时，不至于损坏设备。

上海彭浦机器厂曾发生过加热炉爆炸事故，由于设了止回阀而保护了阀前的调压器。沈阳压力开关厂和华光灯泡厂原来在计量装置后未装防爆膜，曾发生过因回火爆炸而损坏燃气表的事故；在增加防爆膜后，当再次回火发生爆炸时则未造成损失。燃气压力较高时宜设止回阀，压力较低时宜设防爆膜。

10.4 居民生活用气

10.4.1 目前国内的居民生活用气设备，如燃气灶、热水器、采暖器等都使用5kPa以下的低压燃气，主要是为了安全，即使中压进户（中压燃气进入厨房）也是通过调压器降至低压后再进入计量装置和用气设备的。

10.4.2 居民生活用气设备严禁安装在卧室内的理由：

1 原苏联《建筑法规》规定：居住建筑物内的燃气灶具应装在厨房内。采暖用容积式热水器和小型燃气采暖锅炉必须装在非居住房间内；

2 燃气红外线采暖器和火道（炕、墙）式燃气采暖装置在我国一些地区的卧室使用后，都曾发生过多起人身中毒和爆炸事故。

根据国内、国外情况，故规定燃气用具严禁在卧室内安装。

10.4.3 为保证室内的卫生条件，当设置在室内的直排式燃具，其容积热负荷指标不超过本规范第10.7.1条规定的207W/m³时，也宜设置排气扇、吸油烟机等机械排烟设施；为保证室内的用气安全，非密闭的一般用气房间也宜设置可燃气体浓度检测报警器。

10.4.4 燃气灶安装位置的规定理由如下：

1 在通风良好的厨房中安装燃气灶是普遍的安装形式，当条件不具备时，也可安装在其他单独的房间内，如卧室的套间、走廊等处，为了安全和卫生，故规定要有门与卧室隔开。

2 一般新住宅的净高为2.4~2.8m，为了照顾已有建筑并考虑到燃烧产生的废气层能够略高于成年人头部，以减少对人的危害，故规定燃气灶安装间的净高不宜低于2.2m；当低于2.2m时，应限制室内燃气灶眼数量，并应采取措施保证室内较好的通风条件。

3 燃气灶或烤箱灶侧壁距木质家具的净距不小于20cm，比原苏联标准大5cm，主要是因我国灶具的热负荷比原苏联大，烤箱的温度（$t=280℃$）也比国外高，有可能造成烤箱外壁温度较高。另外，我国使用的锅型也较大，考虑到安全和使用的方便而作了上述规定。

10.4.5 燃气热水器安装位置的规定理由如下：

1 通风良好条件一般应采用机械换气的措施来解决，设置在阳台时应有防冻、防风雨的措施。

2 规定除密闭式热水器外其他类型热水器严禁安装在卫生间内，主要是防止因倒烟和缺氧而产生事故，国内外均有这方面的安全事故，故作此规定。

密闭式热水器燃烧需要的空气来自室外，燃烧后的烟气排至室外，在使用过程中不影响室内的卫生条件，故可以安装在卫生间内。

3 安装半密闭式热水器的房间的门或墙的下部设有不小于0.02m²的格栅或在门与地面之间留有不小于30mm的间隙，是参照原苏联规范的规定，目的在于增加房间的通风，以保证燃烧所需空气的供给。

4 房间净高宜大于2.4m是8L/min以上大型快速热水器在墙上安装时的需要高度。

5 大量使用的快速热水器都安装在墙上，不耐火的墙壁应采取有效的隔热措施。容积式热水器安装时也有同样的要求。

10.4.6 住宅单户分散采暖系统，由于使用时间长，通风换气条件一般较差，故规定应具备熄火保护和排烟设施等条件。

10.5 商业用气

10.5.1 商业用气设备宜采用低压燃气设备。对于在地下室、半地下室等危险部位使用时，应尽量选用低压燃气设备，否则应经有关部门批准方可选用中压燃气设备。

10.5.2 本条规定的通风良好的专用房间主要是考虑安全而规定的。

10.5.3 本条对地下室等危险部位使用燃气时的安全技术要求进行了规定，主要依据我国上海、深圳等城市的经验。

10.5.5 大锅灶热负荷较大，所以都设有炉膛和烟道，为保证安全，在这些容易聚集燃气的部位应设爆破门。

10.5.6、10.5.7 对商业用户中燃气锅炉和燃气直燃型吸收式冷（温）水机组的设置作了规定，主要依据《建筑设计防火规范》GB 50016、《高层民用建筑设计防火规范》GB 50045 和我国上海等地的实际运行经验。

10.6 工业企业生产用气

10.6.1 用气设备的燃气用量是燃气应用设计的重要资料，由于影响工业燃气用量的因素很多，现在所掌握的统计分析资料还达不到提出指标数据的程度，故本条只作出定性规定。

非定型用气设备的燃气用量，应由设计单位收集资料，通过分析确定计算依据，然后通过详细的热平衡计算确定。当资料数据不全，进行热平衡计算有困难时，可参照同类型用气设备的用气指标确定。

在实际生产中，影响炉子（用气设备）用气量的因素很多，如炉子的生产量、燃气及其助燃用空气的预热温度、燃烧过剩空气系数及燃烧效果的好坏、烟气的排放温度等。燃气用量指标是在一定的设备和生产条件下总结的经验数据，因此在选择运用各类经验耗热指标时，要注意分析对比，条件不同时要加以修正。

原有加热设备使用"其他燃料"，主要指的是使用固体和液体燃料的加热设备改烧气体燃料（城市燃气）的问题。在确定燃气用量时，不但要考虑不同热值因素的折算，还要考虑不同热效率因素的折算。

10.6.2 关于在供气管网上直接安装升压装置的情况在实际已存在，由于安装升压装置的用户用气量大，影响了供气管网的稳定，尤其是对低压和中压 B 管网影响较大，造成其他用户燃气压力波动范围加大，降低了灶具燃烧的稳定性，增加了不安全因素。因此，条文规定"严禁"在低压和中压 B 供气管道上"直接"安装加压设备，并主要根据上海等地的经验规定了当用户用气压力需要升压时必须采取的相应措施，以确保供气管网安全稳定供气。

10.6.4 为了提高加热设备的燃烧温度、改善燃烧性能、节约燃气用量、提高炉子热效率，其有效的办法之一是搞好余热利用。

废热中余热的利用形式主要是预热助燃用的空气，当加热温度要求在 1400℃以上时，助燃用空气必须预热，否则不能达到所要求的温度。如有些高温焙烧窑，当把助燃用的空气预热到 1200℃时窑温可达到 1800℃。

根据上海的经验和一些资料介绍，采用余热利用装置后，一般可节省燃气 10%～40%。当不便于预热助燃用空气时，也宜设置废热锅炉来回收废热。

10.6.5 规定了工业用气设备的一般工艺要求。

1 用气设备应有观察孔或火焰监测装置，并宜设置自动点火装置和熄火保护装置是对用气设备的一般技术要求。

由于工业用气设备用气量大、燃烧器的数量多，且因受安装条件的限制，使人工点火和观火比较困难；通过调查不少用气设备由于在点火阶段的误操作而发生爆炸事故。当用气设备装有自动点火和熄火保护装置后，对设备的点火和熄火起到安全监测作用，从而保证了设备的安全、正常运转。

2 用气设备的热工检测仪表是加热工艺应有的，不论是手

动控制的还是自动控制的用气设备都应有热工检测仪表，包括有检测下述各方面的仪表：

1）燃气、空气（或氧气）的压力、温度、流量直观式仪表；
2）炉膛（燃烧室）的温度、压力直观式仪表；
3）燃烧产物成分检测仪表（测定烟气中 CO、CO_2、O_2 含量）；
4）排放烟气的温度、压力直观式仪表；
5）被加热对象的温度、压力直观式仪表。

上述五个方面的热工检测仪表并不要求全部安装、而应根据不同加热工艺的具体要求确定；但对其中检测燃气、空气的压力和炉膛（燃烧室）温度、排烟温度等两个方面应有直观的指示仪表。

用气设备是否设燃烧过程的自动调节，应根据加热工艺需要和条件的可能确定。燃烧过程的自动调节主要是指对燃烧温度和燃烧气氛的调节。当加热工艺要求要有稳定的加热温度和燃烧气氛，只允许有很小的波动范围，而靠手动控制不能满足要求时，应设燃烧过程的自动调节。当加热工艺对燃烧后的炉气压力有要求时，还可设置炉气压力的自动调节装置。

10.6.6 规定了工业生产用气设备应设置的安全设施。

1 使用机械鼓风助燃的用气设备，在燃气总管上应设置紧急自动切断阀，一般是一台或几台设备装一个紧急自动切断阀，其目的是防止当燃气或空气压力降低（如突然停电）时，燃气和空气窜混而发生回火事故。

2 用气设备的防爆设施主要是根据各单位的实践经验而制定的。从调查中，各单位均认为用气设备的水平烟道应设置爆破门或起防爆作用的检查人孔。过去有些单位没有设置或设置了之后泄压面积不够，曾出现过炸坏烟道、烟囱的事故。

锅炉、间接式加热等封闭式的用气设备，其炉膛应设置爆破门，而非封闭式的用气设备，如果炉门和进出料口能满足防爆要求时则可不另设爆破门。

关于爆破门的泄压面积按什么标准确定，现在还缺乏这方面的充分依据。例如北京、上海等地习惯作法，均按每 1m³ 烟道或炉膛的体积其泄压面积不小于 250cm² 设计。又如原苏联某《安全规程》中规定："每个锅炉，燃烧室、烟道及水平烟道都应设爆破门"。"设计单位改装采暖锅炉时，一般采用爆破门的总面积是每 1m³ 的燃烧室、主烟道或水平烟道的体积不小于 250cm²"。

根据以上情况，本条规定用气设备的烟道和封闭式炉膛应设爆破门，爆破门的泄压面积指标，暂不作规定。

3 鼓风机和空气管道静电接地主要是防止当燃气泄漏窜入鼓风机和空气管道后静电引起的爆炸事故。

4 设置放散管的目的是在用气设备首次使用或长时间不用再次使用时，用来吹扫积存在燃气管道中的空气。另外，当停炉时，总阀门关闭不严漏出的燃气可利用放散管放出，以免进入炉膛和烟道而引发事故。

10.6.7 本条参照美国《燃气规范》的规定，根据有关技术资料说明如下：

1 背压式调压器（例如我国上海劳动阀门二厂等生产的GQT 型大气压调压器）其工作原理如下：

在大气压调压器结构中，膜片、阀杆、阀瓣系统的自重为调压弹簧的反作用力所平衡，阀门通常保持"闭"的状态。即使当进口侧有气体压力输入时，阀门仍不致开启，出口侧压力保持零的状态。

当外部压力由控制孔进入上部隔膜室，致使压力升高时，或当下游气路中混合器动作抽吸管路中气体，下部隔膜室压力形成负压时，由于主隔膜存在上下压差，阀门向下开启，燃气由出口侧输出。并可使燃气与空气保持恒定的混合比。

此种调压器结构合理，灵敏度高，可在气路中组成吸气式、均压式、溢流式等多种用途，是自动控制出口压力、气体流量的机械式自动控制器，对提高燃气热效率、节约能源、简化燃烧装

置的操作管理均有很好作用。其安装要求参见该产品说明书。

  2 混气管路中的阻火器及其压力的限制：

    1） 防回火的阻火器，其阻火网的孔径必须在回火的临界孔径之内。

    2） 混合管路中的压力不得大于 0.07MPa，其目的主要是当发生回火时，降低破坏力；另外，混气压力大于一般喷嘴的临界压力（0.08MPa 左右）已无使用意义。

10.7 燃烧烟气的排除

10.7.1 本条规定的室内容积热负荷指标是参照美国《燃气规范》ANSI 223.1 - 1999 的规定。

  有效的排气装置一般指排气扇、排油烟机等机械排烟设施。

10.7.2 规定住宅内排气装置的选择原则。

  1 烟气应尽量通过住宅的竖向烟道排至室外；20m 以下高度的住宅可选用自然排气的独立烟道或共用烟道，灶具和热水器（或采暖炉）的烟道应分开设置；20m 以上的高层住宅可选用机械抽气（屋顶风机）的负压共用烟道，但不均匀抽气问题还有待解决。

  2 排烟设施应符合《家用燃气燃烧器具安装及验收规程》CJJ 12 - 99 的规定。

10.7.5 为保证燃烧设备安全、正常使用而对排烟设备作了具体规定。

  1 使用固体燃料时，加热设备的排烟设施一般没有防爆装置，停止使用时也可能有明火存在，所以它和用气设备不得共用一套排烟设施，以免相互影响发生事故。

  2 多台设备合用一个烟道时，为防止排烟时的互相影响，一般都设置单独的闸板（带防倒风排烟罩者除外），不用时关闭。另外，每台设备的分烟道与总烟道连接位置，以及它们之间的水平和垂直距离都将影响排烟，这是设计时一定要考虑的。

  3 防倒风排烟罩：在现行国家标准《家用燃气快速热水器》GB 6932 - 2001 中 3.22 中的名称为"防倒风排气罩"，其定义为：装在热水器烟气出口处，用于减少倒风对燃器燃烧性能影响的装置。

10.7.6～10.7.8 根据原苏联《建筑法规》、《燃气在城乡中的应用》等标准和资料确定的。

10.7.9 参照美国《燃气规范》ANSIZ 223.1 - 1999 和我国香港《住宅式气体热水炉装置规定》2001 年的规定编制。

10.7.10 参照美国《燃气规范》ANSIZ 223.1 - 1999 的规定编制。

10.8 燃气的监控设施及防雷、防静电

10.8.1 本条规定了在地上密闭房间、地下室、燃气管道竖井等通风不良场所应设置燃气浓度检测报警器，以策安全。

10.8.2 规定了燃气浓度检测报警器的安装要求，是参照《燃气燃烧器具安全技术通则》GB 16914 - 97 和日本《燃具安装标准》的规定。

10.8.3 本条规定用燃气的危险部位和重要部位宜设紧急自动切断阀。

  国内目前使用紧急自动切断阀的经验表明，该产品易出现误动作或不动作，国内深圳市已有将其拆除或停用的情况，故不作强行设置的规定。

10.8.5 本条规定了燃气管道和设备的防雷、防静电要求。目前高层建筑的室外立管、屋面管、以及燃气引入管等部位均要求有防雷、防静电接地，工业企业用的燃气、空气（氧气）混气设备也要求有静电接地。故规定燃气应用设计时要考虑防雷、防静电的安全接地问题，其工艺设计应严格按照防雷、防静电的有关规范执行。

10.8.6 本条是参照美国《燃气规范》ANSIZ 223.1 - 1999 的规定。

中华人民共和国国家标准

锅 炉 房 设 计 规 范

Code for design of boiler plant

GB 50041 - 2008

主编部门：中国机械工业联合会
批准部门：中华人民共和国建设部
施行日期：2008 年 8 月 1 日

中华人民共和国建设部公告

第 803 号

建设部关于发布国家标准
《锅炉房设计规范》的公告

现批准《锅炉房设计规范》为国家标准，编号为 GB 50041—2008，自 2008 年 8 月 1 日起实施。其中，第 3.0.3(3)、3.0.4、4.1.3、4.3.7、6.1.5、6.1.7、6.1.9、6.1.14、7.0.3、7.0.5、11.1.1、13.2.21、13.3.15、15.1.1、15.1.2、15.1.3、15.2.2、15.3.7、16.1.1、16.2.1、16.3.1、18.2.6、18.3.12 条(款)为强制性条文，必须严格执行。原《锅炉房设计规范》GB 50041—92 同时废止。

本规范由建设部标准定额研究所组织中国计划出版社出版发行。

中华人民共和国建设部
二○○八年二月三日

前　言

本规范是根据建设部建标〔2002〕85号文《关于印发"2001～2002年度工程建设国家标准制订、修订计划"的通知》要求，由中国联合工程公司会同有关设计研究单位共同修订完成的。

在修订过程中，修订组在研究了原规范内容后，以节能与环保为重点，特别对锅炉房设置在其他建筑物内的情况进行了广泛的调查与研究，并与有关部门协调，广泛征求全国各有关单位意见，经过征求意见稿、送审稿、报批稿等阶段，最后经有关部门审查定稿。

修订后的规范共分18章和1个附录，修订的主要内容有：

1. 蒸汽锅炉的单台额定蒸发量由原来的1～65t/h扩大为1～75t/h；热水锅炉的单台额定热功率由原来的0.7～58MW扩大为0.7～70MW；

2. 对设在其他建筑物内的锅炉房，对燃料、位置选择与布置、燃油燃气系统与管道、消防与自动控制、土建与公用设施及噪声与振动等特殊要求，在本规范中作了明确而严格的规定；

3. 调整并加强了节能与环保的条款；

4. 增设了"消防"篇章及调整了章节的编排。

本规范以黑体字标志的条文为强制性条文，必须严格执行。

本规范由建设部负责管理和对强制性条文的解释，中国机械工业联合会负责日常管理，中国联合工程公司负责具体技术内容的解释。

为不断完善本规范，使其适应经济与技术的发展，敬请各单位在执行本规范过程中，注意总结经验，积累资料，并及时将意见和有关资料寄往中国联合工程公司（地址：浙江省杭州市石桥路338号，邮编：310022，电子信箱：zhangzm@chinacuc.com或shihg@chinacuc.com)，以供今后修订时参考。

本规范组织单位、主编单位、参编单位和主要起草人：

组织单位：中国机械工业勘察设计协会

主编单位：中国联合工程公司

参编单位：中国中元兴华工程公司

中国新时代国际工程公司

中机国际工程设计研究院

中船公司第九设计研究院

上海市机电设计研究院有限公司

北京新元瑞普科技发展公司

主要起草人：史华光　章增明　舒世安　何晓平　李　磊

戴蓁文　张泉根　王建中　熊维熔　叶全乐

王天龙　张秋耀　徐　辉　姜燮奇　柴　磊

孔祥伟　陈济良　穆聚生　徐佩玺

目　次

03

1 总　　则

1.0.1 为使锅炉房设计贯彻执行国家的有关法律、法规和规定，达到节约能源、保护环境、安全生产、技术先进、经济合理和确保质量的要求，制定本规范。

1.0.2 本规范适用于下列范围内的工业、民用、区域锅炉房及其室外热力管道设计：

　　1 以水为介质的蒸汽锅炉锅炉房，其单台锅炉额定蒸发量为 1～75t/h、额定出口蒸汽压力为 0.10～3.82MPa（表压）、额定出口蒸汽温度小于等于 450℃；

　　2 热水锅炉锅炉房，其单台锅炉额定热功率为 0.7～70MW、额定出口水压为 0.10～2.50MPa（表压）、额定出口水温小于等于 180℃；

　　3 符合本条第 1、2 款参数的室外蒸汽管道、凝结水管道和闭式循环热水系统。

1.0.3 本规范不适用于余热锅炉、垃圾焚烧锅炉和其他特殊类型锅炉的锅炉房和城市热力网设计。

1.0.4 锅炉房设计除应符合本规范外，尚应符合国家现行的有关强制性标准的规定。

2 术　　语

2.0.1 锅炉房　boiler plant

锅炉以及保证锅炉正常运行的辅助设备和设施的综合体。

2.0.2 工业锅炉房　industrial boiler plant

指企业所附属的自备锅炉房。它的任务是满足本企业供热（蒸汽、热水）需要。

2.0.3 民用锅炉房　living boiler plant

指用于供应人们生活用热（汽）的锅炉房。

2.0.4 区域锅炉房　regional boiler plant

指为某个区域服务的锅炉房。在这个区域内，可以有数个企业、数个民用建筑和公共建筑等建筑设施。

2.0.5 独立锅炉房　independent boiler plant

四周与其他建筑没有任何结构联系的锅炉房。

2.0.6 非独立锅炉房　dependent boiler plant

与其他建筑物毗邻或设在其他建筑物内的锅炉房。

2.0.7 地下锅炉房　underground boiler plant

设置在地面以下的锅炉房。

2.0.8 半地下锅炉房　semi-underground boiler plant

设置在地面以下的高度超过锅炉间净高 1/3，且不超过锅炉间高度的锅炉房。

2.0.9 地下室锅炉房　basement boiler plant

设置在其他建筑物内，锅炉间地面低于室外地面的高度超过锅炉间净高 1/2 的锅炉房。

2.0.10 半地下室锅炉房　semi-basement boiler plant

设置在其他建筑物内，锅炉间地面低于室外地面的高度超过锅炉间净高 1/3，且不超过 1/2 的锅炉房。

2.0.11 室外热力（含蒸汽、凝结水及热水，下同）管道　outdoor thermal piping

系指企业（含机关、团体、学校等，下同）所属锅炉房，在企业范围内的室外热力管道，以及区域锅炉房其界线范围内的室外热力管道。

2.0.12 大气式燃烧器　atmosfheric burner

空气由高速喷射的燃气吸入的燃烧器。

2.0.13 管道　piping

由管道组成件、管道支承架等组成，用以输送、分配、混合、分离、排放、计量或控制流体流动。

2.0.14 管道系统　piping system

按流体与设计条件划分的多根管道连接成的一组管道。

2.0.15 管道支座　pipe support

直接支承管道并承受管道作用力的管路附件。

2.0.16 固定支座　fixing support

不允许管道和支承结构有相对位移的管道支座。

2.0.17 活动支座　movable support

允许管道和支承结构有相对位移的管道支座。

2.0.18 滑动支座　sliding support

管托在支承结构上作相对滑动的管道活动支座。

2.0.19 滚动支座　roller support

管托在支承结构上作相对滚动的管道活动支座。

2.0.20 管道支吊架　pipeline trestle and hanging hook

将管道或支座所承受的作用力传到建筑结构或地面的管道构件。

2.0.21 高支架　high trestle

地上敷设管道保温结构底净高大于等于 4m 以上的管道支架。

2.0.22 中支架　wedium-height trestle

地上敷设管道保温结构底净高大于等于 2m，小于 4m 的管道支架。

2.0.23 低支架　low trestle

地上敷设管道保温结构底净高大于等于 0.3m、小于 2m 的管道支架。

2.0.24 固定支架　fixing trestle

不允许管道与其有相对位移的管道支架。

2.0.25 活动支架　movable trestle

允许管道与其有相对位移的管道支架。

2.0.26 滑动支架　sliding trestle

允许管道与其有相对滑动的管道支架。

2.0.27 悬臂支架　cantilever trestle

采用悬臂式结构支承管道的支架。

2.0.28 导向支架　guiding trestle

允许管道轴向位移的活动支架。

2.0.29 滚动支架　roller trestle

管托在支承结构上作滚动的管道活动支架。

2.0.30 桁架式支架　trussed trestle

支架之间用沿管轴纵向桁架联成整体的管道支架。

2.0.31 常年不间断供汽（热）　year-round steam(heat) supply

指锅炉房向热用户的供汽（热）全年不能中断，当中断供汽（热）时将导致其人员的生命危险或重大的经济损失。

2.0.32 人员密集场所　people close-packed area

指会议室、观众厅、教室、公共浴室、餐厅、医院、商场、托儿所和候车室等。

2.0.33 重要部门　important area

指机要档案室、通信站和贵宾室等。

2.0.34 锅炉间　boiler room

指安装锅炉本体的场所。

2.0.35 辅助间 auxiliary room

指除锅炉间以外的所有安装辅机、辅助设备及生产操作的场所，如水处理间、风机间、水泵间、机修间、化验室、仪表控制室等。

2.0.36 生活间 service room

指供职工生活或办公的场所，如值班更衣室、休息室、办公室、自用浴室、厕所等。

2.0.37 值班更衣室 duty room

指供工人上下班更衣、存衣的场所（非指浴室存衣）。

2.0.38 休息室 rest room

指在二、三班制的锅炉房，供工人倒班休息的场所。

2.0.39 常用给水泵 operation feed water pump

指锅炉在运行中正常使用的给水泵。

2.0.40 工作备用给水泵 standby feed water pump

指当常用给水泵发生故障时，向锅炉给水的泵。

2.0.41 事故备用给水泵 emergency feed water pump

指停电时电动给水泵停止运行，为防止锅炉发生缺水事故的给水泵，一般为汽动给水泵。

2.0.42 间隙机械化 interval mechanical

指装卸与运煤作业为间断性的。这些设备较为简易、实用和可靠，一般需辅以一定的人力，效率较低，如铲车、移动式皮带机等。

2.0.43 连续机械化 continuous mechanical

指装卸与运煤作业为连续性的。设备之间互相衔接，煤自煤场装卸，直至运到锅炉房煤斗，连接成一条不间断的输送流水线，如抓斗吊车、门式螺旋卸料机、皮带输送机、多斗提升机和埋刮板输送机。

2.0.44 净距 net distance

指两个物体最突出相邻部位外缘之间的距离。

2.0.45 相对密度 relative density

气体密度与空气密度的比值。

3 基本规定

3.0.1 锅炉房设计应根据批准的城市（地区）或企业总体规划和供热规划进行，做到远近结合，以近期为主，并宜留有扩建余地。对扩建和改建锅炉房，应取得原有工艺设备和管道的原始资料，并应合理利用原有建筑物、构筑物、设备和管道，同时应与原有生产系统、设备和管道的布置，建筑物和构筑物形式相协调。

3.0.2 锅炉房设计应取得热负荷、燃料和水质资料，并应取得当地的气象、地质、水文、电力和供水等有关基础资料。

3.0.3 锅炉房燃料的选用，应做到合理利用能源和节约能源，并与安全生产、经济效益和环境保护相协调，选用的燃料应有其产地、元素成分分析等资料和相应的燃料供应协议，并应符合下列规定：

    1 设在其他建筑物内的锅炉房，应选用燃油或燃气燃料；

    2 选用燃油作燃料时，不宜选用重油或渣油；

    3 地下、半地下、地下室和半地下室锅炉房，严禁选用液化石油气或相对密度大于或等于 0.75 的气体燃料；

    4 燃气锅炉房的备用燃料，应根据供热系统的安全性、重要性、供气部门的保证程度和备用燃料的可能性等因素确定。

3.0.4 锅炉房设计必须采取减轻废气、废水、固体废渣和噪声对环境影响的有效措施，排出的有害物和噪声应符合国家现行有关标准、规范的规定。

3.0.5 企业所需热负荷的供应，应根据所在区域的供热规划确定。当企业热负荷不能由区域热电站、区域锅炉房或其他企业的锅炉房供应，且不具备热电联产的条件时，宜自设锅炉房。

3.0.6 区域所需热负荷的供应，应根据所在城市（地区）的供热规划确定。当符合下列条件之一时，可设置区域锅炉房：

    1 居住区和公共建筑设施的采暖和生活热负荷，不属于热电站供应范围的；

    2 用户的生产、采暖通风和生活热负荷较小，负荷不稳定，年使用时数较低，或由于场地、资金等原因，不具备热电联产条件的；

    3 根据城市供热规划和用户先期用热的要求，需要过渡性供热，以后可作为热电站的调峰或备用热源的。

3.0.7 锅炉房的容量应根据设计热负荷确定。设计热负荷宜在绘制出热负荷曲线或热平衡系统图，并计入各项热损失、锅炉房自用热量和可供利用的余热量后进行计算确定。

    当缺少热负荷曲线或热平衡系统图时，设计热负荷可根据生产、采暖通风和空调、生活小时最大耗热量，并分别计入各项热损失、余热利用量和同时使用系数后确定。

3.0.8 当热用户的热负荷变化较大且较频繁，或为周期性变化时，在经济合理的原则下，宜设置蒸汽蓄热器。设有蒸汽蓄热器的锅炉房，其设计容量应按平衡后的热负荷进行计算确定。

3.0.9 锅炉供热介质的选择，应符合下列要求：

    1 供采暖、通风、空气调节和生活用热的锅炉房，宜采用热水作为供热介质；

    2 以生产用汽为主的锅炉房，应采用蒸汽作为供热介质；

    3 同时供生产用汽及采暖、通风、空调和生活用热的锅炉房，经技术经济比较后，可选用蒸汽或蒸汽和热水作为供热介质。

3.0.10 锅炉供热介质参数的选择，应符合下列要求：

    1 供生产用蒸汽压力和温度的选择，应满足生产工艺的要求；

    2 热水热力网设计供水温度、回水温度，应根据工程具体条件，并综合锅炉房、管网、热力站、热用户二次供热系统等因素，进行技术经济比较后确定。

3.0.11 锅炉的选择除应符合本规范 3.0.9 条和 3.0.10 条的规

定外,尚应符合下列要求:

1 应能有效地燃烧所采用的燃料,有较高热效率和能适应热负荷变化;

2 应有利于保护环境;

3 应能降低基建投资和减少运行管理费用;

4 应选用机械化、自动化程度较高的锅炉;

5 宜选用容量和燃烧设备相同的锅炉,当选用不同容量和不同类型的锅炉时,其容量和类型均不宜超过2种;

6 其结构应与该地区抗震设防烈度相适应;

7 对燃油、燃气锅炉,除应符合本条上述规定外,并应符合全自动运行要求和具有可靠的燃烧安全保护装置。

3.0.12 锅炉台数和容量的确定,应符合下列要求:

1 锅炉台数和容量应按所有运行锅炉在额定蒸发量或热功率时,能满足锅炉房最大计算热负荷;

2 应保证锅炉房在较高或较低热负荷运行工况下能安全运行,并应使锅炉台数、额定蒸发量或热功率和其他运行性能均能有效地适应热负荷变化,且应考虑全年热负荷低峰期锅炉机组的运行工况;

3 锅炉房的锅炉台数不宜少于2台,但当选用1台锅炉能满足热负荷和检修需要时,可只设置1台;

4 锅炉房的锅炉总台数,对新建锅炉房不宜超过5台;扩建和改建时,总台数不宜超过7台;非独立锅炉房,不宜超过4台;

5 锅炉房有多台锅炉时,当其中1台额定蒸发量或热功率最大的锅炉检修时,其余锅炉应能满足下列要求:

1)连续生产用热所需的最低热负荷;

2)采暖通风、空调和生活用热所需的最低热负荷。

3.0.13 在抗震设防烈度为6度至9度地区建设锅炉房时,其建筑物、构筑物和管道设计,均应采取符合该地区抗震设防标准的措施。

3.0.14 锅炉房宜设置必要的修理、运输和生活设施,当可与所属企业或邻近的企业协作时,可不单独设置。

4 锅炉房的布置

4.1 位置的选择

4.1.1 锅炉房位置的选择,应根据下列因素分析后确定:

1 应靠近热负荷比较集中的地区,并应使引出热力管道和室外管网的布置在技术、经济上合理;

2 应便于燃料贮运和灰渣的排送,并宜使人流和燃料、灰渣运输的物流分开;

3 扩建端宜留有扩建余地;

4 应有利于自然通风和采光;

5 应位于地质条件较好的地区;

6 应有利于减少烟尘、有害气体、噪声和灰渣对居民区和主要环境保护区的影响,全年运行的锅炉房应设置于总体最小频率风向的上风侧,季节性运行的锅炉房应设置于该季节最大频率风向的下风侧,并应符合环境影响评价报告提出的各项要求;

7 燃煤锅炉房和煤气发生站宜布置在同一区域内;

8 应有利于凝结水的回收;

9 区域锅炉房尚应符合城市总体规划、区域供热规划的要求;

10 易燃、易爆物品生产企业锅炉房的位置,除应满足本条上述要求外,还应符合有关专业规范的规定。

4.1.2 锅炉房宜为独立的建筑物。

4.1.3 当锅炉房和其他建筑物相连或设置在其内部时,严禁设置在人员密集场所和重要部门的上一层、下一层、贴邻位置以及主要通道、疏散口的两旁,并应设置在首层或地下室一层靠建筑物外墙部位。

4.1.4 住宅建筑物内,不宜设置锅炉房。

4.1.5 采用煤粉锅炉的锅炉房,不应设置在居民区、风景名胜区和其他主要环境保护区内。

4.1.6 采用循环流化床锅炉的锅炉房,不宜设置在居民区。

4.2 建筑物、构筑物和场地的布置

4.2.1 独立锅炉房区域内的各建筑物、构筑物的平面布置和空间组合,应紧凑合理、功能分区明确、建筑简洁协调、满足工艺流程顺畅、安全运行、方便运输、有利安装和检修的要求。

4.2.2 新建区域锅炉房的厂前区规划,应与所在区域规划相协调。锅炉房的主体建筑和附属建筑,宜采用整体布置。锅炉房区域内的建筑物主立面,宜面向主要道路,且整体布局应合理、美观。

4.2.3 工业锅炉房的建筑形式和布局,应与所在企业的建筑风格相协调;民用锅炉房、区域锅炉房的建筑形式和布局,应与所在城市(区域)的建筑风格相协调。

4.2.4 锅炉房区域内的各建筑物、构筑物与场地的布置,应充分利用地形,使挖方和填方量最小,排水顺畅,且应防止水流入地下室和管沟。

4.2.5 锅炉间、煤场、灰渣场、贮油罐、燃气调压站之间以及和其他建筑物、构筑物之间的间距,应符合现行国家标准《建筑设计防火规范》GB 50016、《城镇燃气设计规范》GB 50028 及有关标准规定,并满足安装、运行和检修的要求。

4.2.6 运煤系统的布置应利用地形,使提升高度小、运输距离短。煤场、灰渣场宜位于主要建筑物的全年最小频率风向的上风侧。

4.2.7 锅炉房建筑物室内底层标高和构筑物基础顶面标高,应高出室外地坪或周围地坪 0.15m 及以上。锅炉间和同层的辅助间地面标高应一致。

4.3 锅炉间、辅助间和生活间的布置

4.3.1 单台蒸汽锅炉额定蒸发量为 1~20t/h 或单台热水锅炉额

定热功率为 0.7～14MW 的锅炉房,其辅助间和生活间宜贴邻锅炉间固定端一侧布置。单台蒸汽锅炉额定蒸发量为 35～75t/h 或单台热水锅炉额定热功率为 29～70MW 的锅炉房,其辅助间和生活间根据其具体情况,可贴邻锅炉间布置,或单独布置。

4.3.2 锅炉房集中仪表控制室,应符合下列要求:

    1 应与锅炉间运行层同层布置;

    2 宜布置在便于司炉人员观察和操作的炉前适中地段;

    3 室内光线应柔和;

    4 朝锅炉操作面方向应采用隔声玻璃大观察窗;

    5 控制室应采用隔声门;

    6 布置在热力除氧器和给水箱下面及水泵间上面时,应采取有效的防振和防水措施。

4.3.3 容量大的水处理系统、热交换系统、运煤系统和油泵房,宜分别设置各系统的就地机柜室。

4.3.4 锅炉房宜设置修理间、仪表校验间、化验室等生产辅助间,并宜设置值班室、更衣室、浴室、厕所等生活间。当就近有生活间可利用时,可不设置。二、三班制的锅炉房可设置休息室或与值班更衣室合并设置。锅炉房按车间、工段设置时,可设置办公室。

4.3.5 化验室应布置在采光较好、噪声和振动影响较小处,并使取样方便。

4.3.6 锅炉房运煤系统的布置宜使煤自固定端运入锅炉炉前。

4.3.7 锅炉房出入口的设置,必须符合下列规定:

    1 出入口不应少于 2 个。但对独立锅炉房,当炉前走道总长度小于 12m,且总建筑面积小于 200m² 时,其出入口可设 1 个;

    2 非独立锅炉房,其人员出入口必须有 1 个直通室外;

    3 锅炉房为多层布置时,其各层的人员出入口不应少于 2 个。楼层上的人员出入口,应有直接通向地面的安全楼梯。

4.3.8 锅炉房通向室外的门应向室外开启,锅炉房内的工作间或生活间直通锅炉间的门应向锅炉间内开启。

4.4 工艺布置

4.4.1 锅炉房工艺布置应确保设备安装、操作运行、维护检修的安全和方便,并应使各种管线流程短、结构简单,使锅炉房面积和空间使用合理、紧凑。

4.4.2 建筑气候年日平均气温大于等于 25℃ 的日数在 80d 以上、雨水相对较少的地区,锅炉可采用露天或半露天布置。当锅炉采用露天或半露天布置时,除应符合本规范第 4.4.1 条的规定外,尚应符合下列要求:

    1 应选择适合露天布置的锅炉本体及其附属设备;

    2 管道、阀门、仪表附件等应有防雨、防风、防冻、防腐和减少热损失的措施;

    3 应将锅炉水位、锅炉压力等测量控制仪表,集中设置在控制室内。

4.4.3 风机、水箱、除氧装置、加热装置、除尘装置、蓄热器、水处理装置等辅助设备和测量仪表露天布置时,应有防雨、防风、防冻、防腐和防噪声等措施。

    居民区内锅炉房的风机不应露天布置。

4.4.4 锅炉之间的操作平台宜连通。锅炉房内所有高位布置的辅助设备及监测、控制装置和管道阀门等需操作和维修的场所,应设置方便操作的安全平台和扶梯。阀门可设置传动装置引至楼(地)面进行操作。

4.4.5 锅炉操作地点和通道的净空高度不应小于 2m,并应符合起吊设备操作高度的要求。在锅筒、省煤器及其他发热部位的上方,当不需操作和通行时,其净空高度可为 0.7m。

4.4.6 锅炉与建筑物的净距,不应小于表 4.4.6 的规定,并应符合下列规定:

    1 当需在炉前更换炉管时,炉前净距应能满足操作要求。大于 6t/h 的蒸汽锅炉或大于 4.2MW 的热水锅炉,当炉前设置仪表

控制室时,锅炉前端到仪表控制室的净距可减为 3m;

    2 当锅炉需吹灰、拨火、除渣、安装或检修螺旋除渣机时,通道净距应能满足操作的要求;装有快装锅炉的锅炉房,应有更新整装锅炉时能顺利通过的通道;锅炉后部通道的距离应根据后烟箱能否旋转开启确定。

表 4.4.6 锅炉与建筑物的净距

单台锅炉容量		炉前(m)		锅炉两侧和后部通道(m)
蒸汽锅炉(t/h)	热水锅炉(MW)	燃煤锅炉	燃气(油)锅炉	
1～4	0.7～2.8	3.00	2.50	0.80
6～20	4.2～14	4.00	3.00	1.50
≥35	≥29	5.00	4.00	1.80

5 燃煤系统

5.1 燃煤设施

5.1.1 锅炉的燃烧设备应与所采用的煤种相适应,并应符合下列要求:

    1 方便调节,能较好地适应热负荷变化;

    2 应较好地节约能源;

    3 有利于环境保护。

5.1.2 选用层式燃烧设备时,宜采用链条炉排;当采用结焦性强的煤种及碎焦时,其燃烧设备不应采用链条炉排。

5.1.3 当原煤块度不能符合锅炉燃烧要求时,应设置煤块破碎装置,在破碎装置之前宜设置煤的磁选和筛选设备。当锅炉给煤装置、煤粉制备设施和燃烧设备有要求时,尚宜设置煤的二次破碎和二次磁选装置。

5.1.4 经破碎筛选后的煤块粒度,应满足不同型式锅炉或磨煤机的要求,并应符合下列规定:

    1 煤粉炉、抛煤炉不宜大于 30mm;

    2 链条炉不宜大于 50mm;

    3 循环流化床炉不宜大于 13mm。

5.1.5 煤粉锅炉磨煤机型式的选择,应符合下列要求:

    1 燃用无烟煤、低挥发分贫煤、磨损性很强的煤或煤种、煤质难固定时,宜选用钢球磨煤机;

    2 燃用磨损性不强、水分较高、灰分较低及挥发分较高的褐煤时,宜选用风扇磨煤机;

    3 煤质适宜时,宜选用中速磨煤机。

5.1.6 给煤机应按下列要求确定:

1 循环流化床锅炉给煤机的台数不宜少于 2 台，当 1 台给煤机发生故障时，其余给煤机的总出力，应能满足锅炉额定蒸发量100%的给煤量；

2 制粉系统给煤机的型式，应根据设备的布置、给煤机的调节性能和运行的可靠性等要求进行选择，并应与磨煤机型式匹配；

3 制粉系统给煤机的台数，应与磨煤机的台数相同。其计算出力，埋刮板式、刮板式、胶带式给煤机不应小于磨煤机计算出力的 110%，振动式给煤机不应小于磨煤机计算出力的 120%。

5.1.7 煤粉锅炉给粉机的台数和最大出力，宜符合下列要求：

1 给粉机的台数应与锅炉燃烧器一次风口的接口数相同；

2 每台给粉机最大出力不宜小于与其连接的燃烧器最大出力的 130%。

5.1.8 原煤仓、煤粉仓、落煤管的设计，应根据煤的水分和颗粒组成等条件确定，并应符合下列要求：

1 原煤仓和煤粉仓的内壁应光滑、耐磨，壁面倾角不宜小于 60°；斗的相邻两壁的交线与水平面的夹角不应小于 55°；相邻壁交角的内侧应做成圆弧形，圆弧半径不应小于 200mm；

2 原煤仓出口的截面，不应小于 500mm×500mm，其下部宜设置圆形双曲线或锥形金属小煤斗；

3 落煤管宜垂直布置，且应为圆形；倾斜布置时，其与水平面的倾角不宜小于 60°；当条件受限制时，应根据煤的水分、颗粒组成、黏结性等因素，采用消堵措施，此时落煤管的倾斜角也不应小于 55°；可设置监视煤流装置和单台锅炉燃煤计量装置；

4 煤粉仓及其顶盖应坚固严密和有测量煤位的设施。煤粉仓应防止受热和受潮。在严寒地区，金属煤粉仓应保温。每个煤粉仓上设置的防爆门不应少于 2 个。防爆门的面积，应按煤粉仓几何容积 0.0025m²/m³ 计算，且总面积不得小于 0.50m²。

5.1.9 圆形双曲线或圆锥形金属小煤斗下部，宜设置振动式给煤机 1 台，其计算出力应符合本规范 5.1.6 条第 3 款的要求。

5.1.10 2 台相邻锅炉之间的煤粉仓应采用可逆式螺旋输粉机连通。螺旋输粉机的出力，应与磨煤机的计算出力相同。

5.1.11 制粉系统，除燃料全部为无烟煤外，必须设置防爆设施。

5.1.12 制粉系统排粉机的选择，应符合下列要求：

1 台数应与磨煤机台数相同；

2 风量裕量宜为 5%～10%；

3 风压裕量宜为 10%～20%。

5.2 煤、灰渣和石灰石的贮运

5.2.1 锅炉房煤场卸煤及转堆设备的设置，应根据锅炉房的耗煤量和来煤运输方式确定，并应符合下列要求：

1 火车运煤时，应采用机械化方式卸煤；

2 船舶运煤时，应采用机械抓取设备卸煤，卸煤机械总额定出力宜为锅炉房总耗煤量的 300%，卸煤机械台数不应少于 2 台；

3 汽车运煤时，应利用社会运力，当无条件时，应设置自备汽车及卸煤的辅助设施。

5.2.2 火车运煤时，一次进煤的车皮数量和卸车时间，应与铁路部门协商确定。车皮数量宜为 5～8 节，卸车时间不宜超过 3h。

5.2.3 煤场设计应贯彻节约用地和环境保护的原则，其贮煤量应根据煤源远近、供应的均衡性和交通运输方式等因素确定，并宜符合下列要求：

1 火车和船舶运煤，宜为 10～25d 的锅炉房最大计算耗煤量；

2 汽车运煤，宜为 5～10d 的锅炉房最大计算耗煤量。

5.2.4 在建筑气候经常性连续降雨地区，对露天设置的煤场，宜将其一部分设为干煤棚，其贮煤量宜为 4～8d 的锅炉房最大计算耗煤量。对环境要求高的燃煤锅炉房应设置闭式贮煤仓。

5.2.5 有自燃性的煤堆，应有压实、洒水或其他防止自燃的措施。

5.2.6 煤场的地面应根据装卸方式进行处理，并应有排水坡度和

排水措施。受煤沟应有防水和排水措施。

5.2.7 锅炉房燃用多种煤并需混煤时，应设置混煤设施。

5.2.8 运煤系统小时运煤量的计算，应根据锅炉房昼夜最大计算耗煤量、扩建时增加的煤量、运煤系统昼夜的作业时间和 1.1～1.2 不平衡系数等因素确定。

5.2.9 运煤系统宜按一班或两班运煤工作制运行。运煤系统昼夜的作业时间，宜符合下列要求：

1 一班运煤工作制，不宜大于 6h；

2 两班运煤工作制，不宜大于 11h；

3 三班运煤工作制，不宜大于 16h。

5.2.10 从煤场到锅炉房和锅炉房内部的运煤，宜采用下列方式：

1 总耗煤量小于等于 1t/h 时，采用人工装卸和手推车运煤；

2 总耗煤量大于 1t/h，且小于等于 6t/h 时，采用间歇机械化设备装卸和间歇或连续机械化设备运煤；

3 总耗煤量大于 6t/h，且小于等于 15t/h 时，采用连续机械化设备装卸和运煤；

4 总耗煤量大于 15t/h，且小于等于 60t/h 时，宜采用单路带式输送机运煤；

5 总耗煤量大于 60t/h 时，可采用双路带式输送机运煤。

注：当采用单路带式输送机运煤时，其驱动装置宜有备用。

5.2.11 锅炉炉前煤（粉）仓的贮量，宜符合下列要求：

1 一班运煤工作制为 16～20h 的锅炉额定耗煤量；

2 二班运煤工作制为 10～12h 的锅炉额定耗煤量；

3 三班运煤工作制为 1～6h 的锅炉额定耗煤量。

5.2.12 在锅炉房外设置集中煤仓时，其贮量宜符合下列要求：

1 一班运煤工作制为 16～18h 的锅炉房额定耗煤量；

2 二班运煤工作制为 8～10h 的锅炉房额定耗煤量。

5.2.13 采用带式输送机运煤，应符合下列要求：

1 胶带的宽度不宜小于 500mm；

2 采用普通胶带的带式输送机的倾角，运送破碎前的原煤时，不应大于 16°，运送破碎后的细煤时，不应大于 18°；

3 在倾斜胶带上卸料时，其倾角不宜大于 12°；

4 卸料段长度超过 30m 时，应设置人行过桥。

5.2.14 带式输送机栈桥的设置，在寒冷或风沙地区应采用封闭式，其他地区可采用敞开式、半封闭式或轻型封闭式，并应符合下列要求：

1 敞开式栈桥的运煤胶带上应设置防雨罩；

2 在寒冷地区的封闭式栈桥内，应有采暖设施；

3 封闭式栈桥和地下栈道的净高不应小于 2.5m，运行通道的净宽不应小于 1m，检修通道的净宽不应小于 0.7m；

4 倾斜栈桥上的人行通道应有防滑措施，倾角超过 12°的通道应做成踏步；

5 输送机钢结构栈桥应封底。

5.2.15 采用多斗提升机运煤，应有不小于连续 8h 的检修时间。当不能满足其检修时间时，应设置备用设备。

5.2.16 从受煤斗卸料到带式输送机、多斗提升机或埋刮板输送机之间，宜设置均匀给料装置。

5.2.17 运煤系统的地下构筑物应防水，地坑内应有排除积水的措施。

5.2.18 除灰渣系统的选择，应根据锅炉除渣机和除尘器型式、灰渣量及其特性、输送距离、工程所在地区的地势、气象条件、运输条件以及环境保护、综合利用等因素确定。循环流化床锅炉排出的高温渣，应经冷渣机冷却到 200℃ 以下后排除，并宜采用机械或气力干式方式输送。

5.2.19 灰渣场的贮量，宜为 3～5d 锅炉房最大计算排灰渣量。

5.2.20 采用集中灰渣斗时，不宜设置灰渣场。灰渣斗的设计应符合下列要求：

1 灰渣斗的总容量，宜为 1～2d 锅炉房最大计算排灰渣量；

2 灰渣斗的出口尺寸,不应小于 0.6m×0.6m;

3 严寒地区的灰渣斗,应有排水和防冻措施;

4 灰渣斗的内壁面应光滑、耐磨,壁面倾角不宜小于 60°;灰渣斗相邻两壁的交线与水平面的夹角不应小于 55°;相邻壁交角的内侧应做成圆弧形,圆弧半径不应小于 200mm;

5 灰渣斗排出口与地面的净高,汽车运灰渣不应小于 2.3m;火车运灰渣不应小于 5.3m,当机车不通过灰渣斗下部时,其净高可为 3.5m;

6 干式除灰渣系统的灰渣斗底部宜设置库底汽化装置。

5.2.21 除灰渣系统小时排灰渣量的计算,应根据锅炉房昼夜的最大计算灰渣量、扩建时增加的灰渣量、除灰渣系统昼夜的作业时间和 1.1～1.2 不平衡系数等因素确定。

5.2.22 锅炉房最大计算灰渣量大于等于 1t/h 时,宜采用机械、气力除灰渣系统或水力除灰渣系统。

5.2.23 锅炉采用水力除渣方式时,除尘器收集下来的灰,可利用锅炉除灰渣系统排除。循环流化床锅炉除灰系统,宜采用气力输送方式。

5.2.24 水力除灰渣系统的设计,应符合下列要求:

1 灰渣池的有效容积,宜根据 1～2d 锅炉房最大计算排灰渣量设计;

2 灰渣池应有机械抓取装置;

3 灰渣泵应有备用;

4 灰渣沟设置激流喷嘴时,灰渣沟坡度不应小于 1%;锅炉固态排渣时,渣沟坡度不应小于 1.5%;锅炉液态排渣时,渣沟坡度不应小于 2%;输送高浓度灰浆或不设激流喷嘴的灰渣沟,沟底宜采用铸石镶板或用耐磨材料衬砌;

5 冲灰渣水应循环使用;

6 灰渣沟的布置,应力求短而直,其布置走向和标高,不应影响扩建。

5.2.25 用于循环流化床锅炉炉内脱硫的石灰石粉,宜采用符合锅炉性能和粒度分布的成品。

5.2.26 石灰石粉中间仓的容量,应按锅炉房所有运行锅炉在额定工况下 3d 石灰石消耗量计算确定;石灰石粉日用仓的容量,应按锅炉房所有运行锅炉在额定工况下 12h 石灰石消耗量计算确定。

5.2.27 循环流化床锅炉采用的石灰石粉,其输送应采用气力方式。

6 燃油系统

6.1 燃油设施

6.1.1 燃油锅炉所配置的燃烧器,应与燃油的性质和燃烧室的型式相适应,并应符合下列要求:

1 油的雾化性能好;

2 能较好地适应负荷变化;

3 火焰形状与炉膛结构相适应;

4 对大气污染少;

5 噪声较低。

6.1.2 燃用重油的锅炉房,当冷炉启动点火缺少蒸汽加热重油时,应采用重油电加热器或设置轻油、燃气的辅助燃料系统。

6.1.3 燃油锅炉房采用电热式油加热器时,应限于启动点火或临时加热,不宜作为经常加热燃油的设备。

6.1.4 集中设置的供油泵,应符合下列要求:

1 供油泵的台数不应少于 2 台。当其中任何 1 台停止运行时,其余的总容量,不应少于锅炉房最大计算耗油量和回油量之和;

2 供油泵的扬程,不应小于下列各项的代数和:

1)供油系统的压力降;

2)供油系统的油位差;

3)燃烧器前所需的油压;

4)本款上述 3 项和的 10%～20% 富裕量。

6.1.5 不带安全阀的容积式供油泵,在其出口的阀门前靠近油泵处的管段上,必须装设安全阀。

6.1.6 集中设置的重油加热器,应符合下列要求:

1 加热面应根据锅炉房要求加热的油量和油温计算确定,并有 10% 的富裕量;

2 加热面组宜能进行调节;

3 应装设旁通管;

4 常年不间断供热的锅炉房,应设置备用油加热器。

6.1.7 燃油锅炉房室内油箱的总容量,重油不应超过 5m³,轻柴油不应超过 1m³。室内油箱应安装在单独的房间内。当锅炉房总蒸发量大于等于 30t/h,或总热功率大于等于 21MW 时,室内油箱应采用连续进油的自动控制装置。当锅炉房发生火灾事故时,室内油箱应自动停止进油。

6.1.8 设置在锅炉房外的中间油箱,其总容量不宜超过锅炉房 1d 的计算耗油量。

6.1.9 室内油箱应采用闭式油箱。油箱上应装设直通室外的通气管,通气管上应设置阻火器和防雨设施。油箱上不应采用玻璃管式油位表。

6.1.10 油箱的布置高度,宜使供油泵有足够的灌注头。

6.1.11 室内油箱应装设将油排放到室外贮油罐或事故贮油罐的紧急排放管。排放管上应并列装设手动和自动紧急排油阀。排放管上的阀门应装设在安全和便于操作的地点。对地下(室)锅炉房,室内油箱直接排油有困难时,应设事故排油泵。

非独立锅炉房,自动紧急排油阀应有就地启动、集中控制室遥控启动或消防防灾中心遥控启动的功能。

6.1.12 室外事故贮油罐的容积应大于等于室内油箱的容积,且宜埋地安装。

6.1.13 室内重油的油加热后的温度,不应超过 90℃。

6.1.14 燃油锅炉房点火用的液化气罐,不应存放在锅炉间,应存放在专用房间内。气罐的总容积应小于 1m³。

6.1.15 燃用重油的锅炉尾部受热面和烟道,宜设置蒸汽吹灰和蒸汽灭火装置。

6.1.16 煤粉锅炉和循环流化床锅炉的点火及助燃采用轻油时,

油罐宜采用直接埋地布置的卧式油罐。油罐的数量及容量宜符合下列要求：

　　1 当单台锅炉容量小于等于 35t/h 时,宜设置 1 个 20m³ 油罐;

　　2 当单台锅炉容量大于 35t/h 时,宜设置 2 个大于等于 20m³ 油罐。

6.1.17 煤粉锅炉和循环流化床锅炉点火油系统供油泵的出力和台数,宜符合下列要求:

　　1 供油泵的出力,宜按容量最大 1 台锅炉在额定蒸发量时所需燃油量的 20%～30% 确定;

　　2 供油泵的台数,宜为 2 台,其中 1 台备用。

6.2 燃油的贮运

6.2.1 锅炉房贮油罐的总容量,宜符合下列要求:

　　1 火车或船舶运输,为 20～30d 的锅炉房最大计算耗油量;

　　2 汽车油槽车运输,为 3～7d 的锅炉房最大计算耗油量;

　　3 油管输送,为 3～5d 的锅炉房最大计算耗油量。

6.2.2 当企业设有总油库时,锅炉房燃用的重油或轻柴油,应由总油库统一贮存。

6.2.3 油库内重油贮油罐不应少于 2 个,轻油贮油罐不宜少于 2 个。

6.2.4 重油贮油罐内油被加热后的温度,应低于当地大气压力下水沸点 5℃,且应低于罐内油闪点 10℃,并应按两者中的较低值确定。

6.2.5 地下、半地下贮油罐或贮油罐组区,应设置防火堤。防火堤的设计应符合现行国家标准《建筑设计防火规范》GB 50016 的规定。

　　轻油贮油罐与重油贮油罐不应布置在同一个防火堤内。

6.2.6 设置轻油罐的场所,宜设有防止轻油流失的设施。

6.2.7 从锅炉房贮油罐输油到室内油箱的输油泵,不应少于 2 台,其中 1 台应为备用。输油泵的容量不应小于锅炉房小时最大计算耗油量的 110%。

6.2.8 在输油泵进口母管上应设置油过滤器 2 台,其中 1 台应为备用。油过滤器的滤网网孔宜为 8～12 目/cm,滤网流通截面积宜为其进口管截面积的 8～10 倍。

6.2.9 油泵房至贮油罐之间的管道宜采用地上敷设。当采用地沟敷设时,地沟与建筑物外墙连接处应填砂或用耐火材料隔断。

6.2.10 接入锅炉房的室外油管道,宜采用地上敷设。当采用地沟敷设时,地沟与建筑物的外墙连接处应填砂或用耐火材料隔断。

7 燃 气 系 统

7.0.1 燃烧器的选择应适应气体燃料特性,并应符合下列要求:

　　1 能适应燃气成分在一定范围内的改变;

　　2 能较好地适应负荷变化;

　　3 具有微正压燃烧特性;

　　4 火焰形状与炉膛结构相适应;

　　5 噪声较低。

7.0.2 设有备用燃料的锅炉房,其锅炉燃烧器的选用应能适应燃用相应的备用燃料。

7.0.3 燃用液化石油气的锅炉间和有液化石油气管道穿越的室内地面处,严禁设有能通向室外的管沟(井)或地道等设施。

7.0.4 锅炉房燃气质量、贮配、净化、调压站、调压装置和计量装置设计,应符合现行国家标准《城镇燃气设计规范》GB 50028 的有关规定。

　　当燃气质量不符合燃烧要求时,应在调压装置前或在燃气母管的总关闭阀前设置除尘器、油水分离器和排水管。

7.0.5 燃气调压装置应设置在有围护的露天场地上或地上独立的建、构筑物内,不应设置在地下建、构筑物内。

8 锅炉烟风系统

8.0.1 锅炉的鼓风机、引风机宜单炉配置。当需要集中配置时,每台锅炉的风道、烟道与总风道、总烟道的连接处,应设置密封性好的风道、烟道门。

8.0.2 锅炉风机的配置和选择,应符合下列要求:

　　1 应选用高效、节能和低噪声风机;

　　2 风机的计算风量和风压,应根据锅炉额定蒸发量或额定热功率、燃料品种、燃烧方式和通风系统的阻力计算确定,并按当地气压及空气、烟气的温度和密度对风机特性进行修正;

　　3 炉排锅炉和循环流化床锅炉的风机,宜按 1 台炉配置 1 台鼓风机和 1 台引风机,其风量的富裕量,不宜小于计算风量的 10%,风压的富裕量不宜小于计算风压的 20%。煤粉锅炉风量和风压的富裕量应符合现行国家标准《小型火力发电厂设计规范》GB 50049 的规定;

　　4 单台额定蒸发量大于等于 35t/h 的蒸汽锅炉或单台额定热功率大于等于 29MW 的热水锅炉,其鼓风机和引风机的电机宜具有调速功能;

　　5 满足风机在正常运行条件下处于较高的效率范围。

8.0.3 循环流化床锅炉的返料风机配置,除应符合本规范 8.0.2 条的要求外,尚宜按 1 台炉配置 2 台,其中 1 台返料风机宜为备用。

8.0.4 锅炉风道、烟道系统的设计,应符合下列要求:

　　1 应使风道、烟道短捷、平直且气密性好,附件少和阻力小;

　　2 单台锅炉配置两侧风道或 2 条烟道时,宜对称布置,且使每侧风道或每条烟道的阻力均衡;

　　3 当多台锅炉共用 1 座烟囱时,每台锅炉宜采用单独烟道接

入烟囱,每个烟道应安装密封可靠的烟道门;

4 当多台锅炉合用1条总烟道时,应保证每台锅炉排烟时互不影响,并宜使每台锅炉的通风力均衡。每台锅炉支烟道出口应安装密封可靠的烟道门;

5 宜采用地上烟道,并应在其适当位置设置清扫人孔;

6 对烟道和热风道的热膨胀应采取补偿措施。当采用补偿器进行热补偿时,宜选用非金属补偿器;

7 应在适当位置设置必要的热工和环保等测点。

8.0.5 燃油、燃气和煤粉锅炉烟道和烟囱的设计,除应符合8.0.4条的规定外,尚应符合下列要求:

1 燃油、燃气锅炉烟囱,宜单台炉配置。当多台锅炉共用1座烟囱时,除每台锅炉宜采用单独烟道接入烟囱外,每条烟道尚应安装密封可靠的烟道门;

2 在烟气容易集聚的地方,以及当多台锅炉共用1座烟囱或1条总烟道时,每台锅炉烟道出口处应装设防爆装置,其位置应有利于泄压。当爆炸气体有可能危及操作人员的安全时,防爆装置上应装设泄压导向管;

3 燃油、燃气锅炉烟囱和烟道应采用钢制或钢筋混凝土构筑。燃气锅炉的烟道和烟囱最低点,应设置水封式冷凝水排水管道;

4 燃油、燃气锅炉不得与使用固体燃料的设备共用烟道和烟囱;

5 水平烟道长度,应根据现场情况和烟囱抽力确定,且应使燃油、燃气锅炉能维持微正压燃烧的要求;

6 水平烟道宜有1%坡向锅炉或排水点的坡度;

7 钢制烟囱出口的排烟温度宜高于烟气露点,且宜高于15℃。

8.0.6 锅炉房烟囱高度应符合现行国家标准《锅炉大气污染物排放标准》GB 13271和所在地的相关规定。

锅炉房在机场附近时,烟囱高度应符合航空净空的要求。

9 锅炉给水设备和水处理

9.1 锅炉给水设备

9.1.1 给水泵台数的选择,应能适应锅炉房全年热负荷变化的要求,并应设置备用。

9.1.2 当流量最大的1台给水泵停止运行时,其余给水泵的总流量,应能满足所有运行锅炉在额定蒸发量时所需给水量的110%;当锅炉房设有减温装置或蓄热器时,给水泵的总流量尚应计入其用水量。

9.1.3 当给水泵的特性允许并联运行时,可采用同一给水母管;当给水泵的特性不能并联运行时,应采用不同的给水母管。

9.1.4 采用非一级电力负荷的锅炉房,在停电后可能会造成锅炉事故时,应采用汽动给水泵为事故备用泵。事故备用泵的流量,应能满足所有运行锅炉在额定蒸发量时所需给水量的20%~40%。

9.1.5 给水泵的扬程,不应小于下列各项的代数和:

1 锅炉锅筒在实际的使用压力下安全阀的开启压力;

2 省煤器和给水系统的压力损失;

3 给水系统的水位差;

4 本条上述3项和的10%富裕量。

9.1.6 锅炉房宜设置1个给水箱或1个匹配有除氧器的除氧水箱。常年不间断供热的锅炉房应设置2个给水箱或2个匹配除氧器的除氧水箱。给水箱或除氧水箱的总有效容量,宜为所有运行锅炉在额定蒸发量工况条件下所需20~60min的给水量。

9.1.7 锅炉给水箱或除氧水箱的布置高度,应使锅炉给水泵有足够的灌注头,并不应小于下列各项的代数和:

1 给水泵进水口处水的汽化压力和给水箱的工作压力之差;

2 给水泵的汽蚀余量;

3 给水泵进水管的压力损失;

4 附加3~5kPa的富裕量。

9.1.8 采用特殊锅炉给水泵或加装增压泵时,热力除氧水箱宜低位布置,其高度应按设备要求确定。

9.1.9 当单台蒸汽锅炉额定蒸发量大于等于35t/h、额定出口蒸汽压力大于等于2.5MPa(表压)、热负荷较为连续而稳定,且给水泵的排汽可以利用时,宜采用工业汽轮机驱动的给水泵作为工作用给水泵,电动给水泵作为工作备用泵。

9.2 水 处 理

9.2.1 水处理设计,应符合锅炉安全和经济运行的要求。

水处理方法的选择,应根据原水水质、对锅炉给水和锅水的质量要求、补给水量、锅炉排污率和水处理设备的设计出力等因素确定。

经处理后的锅炉给水,不应使锅炉的蒸汽对生产和生活造成有害的影响。

9.2.2 额定出口压力小于等于2.5MPa(表压)的蒸汽锅炉和热水锅炉的水质,应符合现行国家标准《工业锅炉水质》GB 1576的规定。

额定出口压力大于2.5MPa(表压)的蒸汽锅炉汽水质量,除应符合锅炉产品和用户对汽水质量要求外,尚应符合现行国家标准《火力发电机组及蒸汽动力设备汽水质量》GB/T 12145的有关规定。

9.2.3 原水悬浮物的处理,应符合下列要求:

1 悬浮物的含量大于5mg/L的原水,在进入顺流再生固定床离子交换器前,应过滤;

2 悬浮物的含量大于2mg/L的原水,在进入逆流再生固定床或浮动床离子交换器前,应过滤;

3 悬浮物的含量大于20mg/L的原水或经石灰水处理后的水,应经混凝、澄清和过滤。

9.2.4 用于过滤原水的压力式机械过滤器,宜符合下列要求:

1 不宜少于2台,其中1台备用;

2 每台每昼夜反洗次数可按1次或2次设计;

3 可采用反洗水箱的水进行反洗或采用压缩空气和水进行混合反洗;

4 原水经混凝、澄清后,可用石英砂或无烟煤作单层过滤滤料,或用无烟煤和石英砂作双层过滤滤料;原水经石灰水处理后,可用无烟煤或大理石等作单层过滤滤料。

9.2.5 当原水水压不能满足水处理工艺要求时,应设置原水加压设施。

9.2.6 蒸汽锅炉、汽水两用锅炉的给水和热水锅炉的补给水,应采用锅外化学水处理。符合下列情况之一的锅炉可采用锅内加药处理:

1 单台额定蒸发量小于等于2t/h,且额定蒸汽压力小于等于1.0MPa(表压)的对汽、水品质无特殊要求的蒸汽锅炉和汽水两用锅炉;

2 单台额定热功率小于等于4.2MW非架式热水锅炉。

9.2.7 采用锅内加药水处理时,应符合下列要求:

1 给水悬浮物含量不应大于20mg/L;

2 蒸汽锅炉给水总硬度不应大于4mmol/L,热水锅炉给水总硬度不应大于6mmol/L;

3 应设置自动加药设施;

4 应设有锅炉排泥渣和清洗的设施。

9.2.8 采用锅外化学水处理时,蒸汽锅炉的排污率应符合下列要求:

1 蒸汽压力小于等于2.5MPa(表压)时,排污率不宜大于10%;

2 蒸汽压力大于 2.5MPa（表压）时，排污率不宜大于 5%；

3 锅炉产生的蒸汽供供热式汽轮发电机组使用，且采用化学软化水为补给水时，排污率不宜大于 5%；采用化学除盐水为补给水时，排污率不宜大于 2%。

9.2.9 蒸汽锅炉连续排污水的热量应合理利用，且宜根据锅炉房总连续排污量设置连续排污膨胀器和排污水换热器。

9.2.10 化学水处理设备的出力，应按下列各项损失和消耗量计算：

 1 蒸汽用户的凝结水损失；

 2 锅炉房自用蒸汽的凝结水损失；

 3 锅炉排污水损失；

 4 室外蒸汽管道和凝结水管道的漏损；

 5 采暖热水系统的补给水；

 6 水处理系统的自用化学水；

 7 其他用途的化学水。

9.2.11 化学软化水处理设备的型式，可按下列要求选择：

 1 原水总硬度小于等于 6.5mmol/L 时，宜采用固定床逆流再生离子交换器；原水总硬度小于 2mmol/L 时，可采用固定床顺流再生离子交换器；

 2 原水总硬度小于 4mmol/L，水质稳定、软化水消耗量变化不大且设备能连续不间断运行时，可采用浮动床、流动床或移动床离子交换器。

9.2.12 固定床离子交换器的设置不宜少于 2 台，其中 1 台为再生备用，每台再生周期宜按 12～24h 设计。当软化水的消耗量较小时，可设置 1 台，但其设计出力应满足离子交换器运行和再生时的软化水消耗量的需要。

 出力小于 10t/h 的固定床离子交换器，宜选用全自动软水装置，其再生周期宜为 6～8h。

9.2.13 原水总硬度大于 6.5mmol/L，当一级钠离子交换器出水达不到水质标准时，可采用两级串联的钠离子交换系统。

9.2.14 原水碳酸盐硬度较高，且允许软化水残留碱度为 1.0～1.4mmol/L 时，可采用钠离子交换后加酸处理。加酸处理后的软化水应经除二氧化碳器脱气，软化水的 pH 值应能进行连续监测。

9.2.15 原水碳酸盐硬度较高，且允许软化水残留碱度为 0.35～0.5mmol/L 时，可采用弱酸性阳离子交换树脂或不足量酸再生氢离子交换剂的氢-钠离子串联系统处理。氢离子交换器应采用固定床顺流再生；氢离子交换器出水应经除二氧化碳器脱气。氢离子交换器及其出水、排水管道应防腐。

9.2.16 除二氧化碳器的填料层高度，应根据填料品种和尺寸、进出水中二氧化碳含量、水温和所选定淋水密度下的实际解析系数等确定。

 除二氧化碳器风机的通风量，可按每立方米水耗用 15～20m³ 空气计算。

9.2.17 当化学软化水处理不能满足锅炉给水水质要求时，应采用离子交换、反渗透或电渗析等方式的除盐水处理系统。

 除盐水处理系统排出的清洗水宜回收利用；酸、碱废水应经中和处理达标后排放。

9.2.18 锅炉的锅筒与锅炉管束为胀接时，化学水处理系统应能维持蒸汽锅炉锅水的相对碱度小于 20%，当不能达到这一要求时，应设置向锅水中加入缓蚀剂的设施。

9.2.19 锅炉给水的除氧宜采用大气式喷雾热力除氧。除氧水箱下部宜装设再沸腾用的蒸汽管。

9.2.20 当要求除氧后的水温不高于 60℃时，可采用真空除氧、解析除氧或其他低温除氧系统。

9.2.21 热水系统补给水的除氧，可采用真空除氧、解析除氧或化学除氧。当采用亚硫酸钠加药除氧时，应监测锅水中亚硫酸根的含量。

9.2.22 磷酸盐溶液的制备设施，宜采用溶解器和溶液箱。溶解器应设置搅拌和过滤装置，溶液箱的有效容量不宜小于锅炉房 1d 的药液消耗量。磷酸盐可采用干法贮存。磷酸盐溶液制备用水应采用软化水或除盐水。

9.2.23 磷酸盐加药设备宜采用计量泵。每台锅炉宜设置 1 台计量泵；当有数台锅炉时，尚宜设置 1 台备用计量泵。磷酸盐加药设备宜布置在锅炉间运转层。

9.2.24 凝结水箱、软化或除盐水箱和中间水箱的设置和有效容量，应符合下列要求：

 1 凝结水箱宜设 1 个；当锅炉房常年不间断供热时，宜设 2 个或 1 个中间带隔板分为 2 格的凝结水箱。水箱的总有效容量宜按 20～40min 的凝结水回收量确定；

 2 软化或除盐水箱的总有效容量，应根据水处理设备的设计出力和运行方式确定。当设有再生备用设备时，软化或除盐水箱的总有效容量应按 30～60min 的软化或除盐水消耗量确定；

 3 中间水箱总有效容量宜按水处理设备设计出力 15～30min 的水量确定。中间水箱的内壁应采取防腐蚀措施。

9.2.25 凝结水泵、软化或除盐水泵以及中间水泵的选择，应符合下列要求：

 1 应有 1 台备用，当其中 1 台停止运行时，其余的总流量应满足系统水量要求；

 2 有条件时，凝结水泵和软化或除盐水泵可合用 1 台备用泵；

 3 中间水泵应选用耐腐蚀泵。

9.2.26 钠离子交换再生用的食盐可采用干法或湿法贮存，其贮量应根据运输条件确定。当采用湿法贮存时，应符合下列要求：

 1 浓盐液池和稀盐液池宜各设 1 个，且宜采用混凝土建造，内壁贴防腐材料内衬；

 2 浓盐液池的有效容积宜为 5～10d 食盐消耗量，其底部应设置慢滤层或设置过滤器；

 3 稀盐液池的有效容积不应小于最大 1 台钠离子交换器 1 次再生盐液的消耗量；

 4 宜设装卸平台和起吊设备。

9.2.27 酸、碱再生系统的设计，应符合下列要求：

 1 酸、碱槽的贮量应按酸、碱液每昼夜的消耗量、交通运输条件和供应情况等因素确定，宜按贮存 15～30d 的消耗量设计；

 2 酸、碱计量箱的有效容积，不应小于最大 1 台离子交换器 1 次再生酸、碱液的消耗量；

 3 输酸、碱泵宜各设 1 台，并应选用耐酸、碱腐蚀泵。卸酸、碱宜利用自流或采用输酸、碱泵抽吸；

 4 输送并稀释再生用酸、碱液宜采用酸、碱喷射器；

 5 贮存和输送酸、碱液的设备、管道、阀门及其附件，应采用防腐和防护措施；

 6 酸、碱贮存设备布置应靠近水处理间。贮存罐地上布置时，其周围应设有能容纳最大贮存罐 110% 容积的防护堰，当围堰有排放设施时，其容积可适当减小；

 7 酸贮存罐和计量箱应采用液面密封设施，排气应接入酸雾吸收器；

 8 酸、碱贮存区内应设操作人员安全冲洗设施。

9.2.28 氨溶液制备和输送的设备、管道、阀门及其附件，不应采用铜质材料制品。

9.2.29 汽水系统中应装设必要的取样点。汽水取样冷却器宜相对集中布置。汽水取样头的型式、引出点和管材，应满足样品具有代表性和不受污染的要求。汽水样品的温度宜小于 30℃。

9.2.30 水处理设备的布置，应根据工艺流程和同类设备宜集中的原则确定，并应便于操作、维修和减少主操作区的噪声。

9.2.31 水处理间主要操作通道的净距不应小于 1.5m，辅助设备操作通道的净距不宜小于 0.8m，其他通道均应适应检修的需要。

10 供热热水制备

10.1 热水锅炉及附属设施

10.1.1 热水锅炉的出口水压,不应小于锅炉最高供水温度加20℃相应的饱和压力。

注:用锅炉自生蒸汽定压的热水系统除外。

10.1.2 热水锅炉应有防止或减轻因热水系统的循环水泵突然停运后造成锅水汽化和水击的措施。

10.1.3 在热水系统循环水泵的进、出口母管之间,应装设带止回阀的旁通管,旁通管截面积不宜小于母管的1/2;在进口母管上,应装设除污器和安全阀,安全阀宜安装在除污器出水一侧;当采用气体加压膨胀水箱时,其连通管宜接在循环水泵进口母管上;在循环水泵进口母管上,宜装设高于系统静压的泄压放气管。

10.1.4 热水热力网采用集中质调时,循环水泵的选择应符合下列要求:

1 循环水泵的流量应根据锅炉进、出水的设计温差、各用户的耗热量和管网损失等因素确定。在锅炉出口母管与循环水泵进口母管之间装设旁通管时,尚应计入流经旁通管的循环水量;

2 循环水泵的扬程,不应小于下列各项之和:
1)热水锅炉房或热交换站中设备及其管道的压力降;
2)热网供、回水干管的压力降;
3)最不利的用户内部系统的压力降。

3 循环水泵台数不应少于2台,当其中1台停止运行时,其余水泵的总流量应满足最大循环水量的需要;

4 并联循环水泵的特性曲线宜平缓、相同或近似;

5 循环水泵的承压、耐温性能应满足热力网设计参数的要求。

10.1.5 热水热力网采用分阶段改变流量调节时,循环水泵不宜少于3台,可不设备用,其流量、扬程不宜相同。

10.1.6 热水热力网采用改变流量的中央质-量调节时,宜选用调速水泵。调速水泵的特性应满足不同工况下流量和扬程的要求。

10.1.7 补给水泵的选择,应符合下列要求:

1 补给水泵的流量,应根据热水系统的正常补给水量和事故补给水量确定,并宜为正常补给水量的4~5倍;

2 补给水泵的扬程,不应小于补水点压力加30~50kPa的富裕量;

3 补给水泵的台数不宜少于2台,其中1台备用;

4 补给水泵宜带有变频调速措施。

10.1.8 热水系统的小时泄漏量,应根据系统的规模和供水温度等条件确定,宜为系统循环水量的1%。

10.1.9 采用氮气或蒸汽加压膨胀水箱作恒压装置的热水系统,应符合下列要求:

1 恒压点设在循环水泵进口端,循环水泵运行时,应使系统内水不汽化;循环水泵停止运行时,宜使系统内水不汽化;

2 恒压点设在循环水泵出口端,循环水泵运行时,应使系统内水不汽化。

10.1.10 热水系统恒压点设在循环水泵进口端时,补水点位置宜设在循环水泵进口侧。

10.1.11 采用补给水泵作恒压装置的热水系统,应符合下列要求:

1 除突然停电的情况外,应符合本规范第10.1.9条的要求;

2 当引入锅炉房的给水压力高于热水系统静压线,在循环水泵停止运行时,宜采用给水保持热水系统静压;

3 采用间歇补水的热水系统,在补给水泵停止运行期间,热水系统压力降低时,不应使系统内水汽化;

4 系统中应设置泄压装置,泄压排水宜排入补给水箱。

10.1.12 采用高位膨胀水箱作恒压装置时,应符合下列要求:

1 高位膨胀水箱与热水系统连接的位置,宜设置在循环水泵进口母管上;

2 高位膨胀水箱的最低水位,应高于热水系统最高点1m以上,并宜使循环水泵停止运行时系统内水不汽化;

3 设置在露天的高位膨胀水箱及其管道应采取防冻措施;

4 高位膨胀水箱与热水系统的连接管上,不应装设阀门。

10.1.13 热水系统内水的总容量小于或等于500m³时,可采用隔膜式气压水罐作为定压补水装置。定压补水点宜设在循环水泵进水母管上。补给水泵的选择应符合本规范第10.1.7条的要求,设定的启动压力,应使系统内水不汽化。隔膜式气压水罐不宜超过2台。

10.2 热水制备设施

10.2.1 换热器的容量,应根据生产、采暖通风和生活热负荷确定,换热器可不设备用。采用2台或2台以上换热器时,当其中1台停止运行,其余换热器的容量宜满足75%总计算热负荷的需要。

10.2.2 换热器间,应符合下列要求:

1 应有检修和抽出换热排管的场地;

2 与换热器连接的阀门应便于操作和拆卸;

3 换热器间的高度应满足设备安装、运行和检修时起吊搬运的要求;

4 通道的宽度不宜小于0.7m。

10.2.3 加热介质为蒸汽的换热系统,应符合下列要求:

1 宜采用排出的凝结水温度不超过80℃的过冷式汽水换热器;

2 当一级汽水换热器排出的凝结水温度高于80℃时,换热系统宜为汽水换热器和水水换热器两级串联,且宜使水水换热器排出的凝结水温度不超过80℃。水水换热器接至凝结水箱的管道应装设防止倒空的上反管段。

10.2.4 加热介质为蒸汽且热负荷较小时,热水系统可采用下列汽水直接加热设备:

1 蒸汽喷射加热器;

2 汽水混合加热器。

热水系统的溢流水应回收。

10.2.5 设有蒸汽喷射加热器的热水系统,应符合下列要求:

1 蒸汽压力宜保持稳定;

2 设备宜集中布置;

3 设备并联运行时,应在每个喷射器的出、入口装设闸阀,并在出口装设止回阀;

4 热水系统的静压,宜采用连接在回水管上的膨胀水箱进行控制。

10.2.6 全自动组合式换热机组选择时,应结合热力网系统的情况,对机组的换热量、热力网系统的水力工况、循环水泵和补给水泵的流量、扬程进行校核计算。

11 监测和控制

11.1 监 测

11.1.1 蒸汽锅炉必须装设指示仪表监测下列安全运行参数：

　　1 锅筒蒸汽压力；

　　2 锅筒水位；

　　3 锅筒进口给水压力；

　　4 过热器出口蒸汽压力和温度；

　　5 省煤器进、出口水温和水压。

　　6 单台额定蒸发量大于等于 20t/h 的蒸汽锅炉，除应装设本条 1、2、4 款参数的指示仪表外，尚应装设记录仪表。

　　注：1 采用的水位计时，应用双色水位计或电接点水位计中的 1 种；
　　　　2 锅炉有省煤器时，可不监测给水压力。

11.1.2 每台蒸汽锅炉应按表 11.1.2 的规定装设监测经济运行参数的仪表。

表 11.1.2　蒸汽锅炉装设监测经济运行参数的仪表

监测项目	单台锅炉额定蒸发量(t/h)						
	≤4		>4～<20		≥20		
	指示	积算	指示	积算	指示	积算	记录
燃料量(煤、油、燃气)	—	√	—	√	—	√	—
蒸汽流量	√	—	√	√	—	√	—
给水流量	—	—	√	—	√	—	—
排烟温度	√	—	√	—	√	—	—
排烟含 O_2 或含 CO_2 量	—	—	—	—	√	—	√
排烟烟气流速	—	—	—	—	√	—	√
排烟烟尘浓度	—	—	—	—	√	—	√
排烟 SO_2 浓度	—	—	—	—	√	—	√

续表 11.1.2

监测项目	单台锅炉额定蒸发量(t/h)						
	≤4		>4～<20		≥20		
	指示	积算	指示	积算	指示	积算	记录
炉膛出口烟气温度	—	—	√	—	√	—	—
对流受热面进、出口烟气温度	—	—	√	—	√	—	—
省煤器出口烟气温度	—	—	√	—	√	—	—
湿式除尘器出口烟气温度	—	—	√	—	√	—	—
空气预热器出口热风温度	—	—	√	—	√	—	—
炉膛烟气压力	—	—	√	—	√	—	—
对流受热面进、出口烟气压力	—	—	√	—	√	—	—
省煤器出口烟气压力	—	—	√	—	√	—	—
空气预热器出口烟气压力	—	—	√	—	√	—	—
除尘器出口烟气压力	—	—	√	—	√	—	—
一次风压及风室风压	—	—	√	—	√	—	—
二次风压	—	—	√	—	√	—	—
给水调节阀开度	—	—	√	—	√	—	—
给煤(粉)机转速	—	—	√	—	√	—	—
鼓、引风机进口挡板开度或调速风机转速	—	—	√	—	√	—	—
鼓、引风机负荷电流	—	—	√	—	√	—	—

注：1 表中符号：“√”为需装设，“—”为可不装设。
　　2 大于 4t/h 至小于 20t/h 火管锅炉或水火管组合锅炉，当不便装设烟风系统参数测点时，可不装设。
　　3 带空气预热器时，排烟温度是指空气预热器出口烟气温度。
　　4 大于 4t/h 至小于 20t/h 锅炉无条件时，可不装设检测排烟含氧量的仪表。

11.1.3 热水锅炉应装设指示仪表监测下列安全及经济运行参数：

　　1 锅炉进、出口水温和水压；

　　2 锅炉循环水流量；

　　3 风、烟系统各段压力、温度和排烟污染物浓度；

　　4 应装设煤量、油量或燃气量积算仪表；

　　5 单台额定热功率大于或等于 14MW 的热水锅炉，出口水温和循环水流量仪表应选用记录式仪表；

　　6 风、烟系统的压力和温度仪表，可按本规范表 11.1.2 的规定设置。

11.1.4 循环流化床锅炉、煤粉锅炉、燃油和燃气锅炉，除应符合本规范第 11.1.1 条、第 11.1.2 条和第 11.1.3 条规定外，尚应装设指示仪表监测下列参数：

　　1 循环流化床锅炉：

　　　　1)炉床密相区和稀相区温度；

　　　　2)料层压差；

　　　　3)分离器出口烟气温度；

　　　　4)返料器温度；

　　　　5)一次风量；

　　　　6)二次风量；

　　　　7)石灰石给料量。

　　2 煤粉锅炉的制粉设备出口处气、粉混合物的温度。

　　3 燃油锅炉：

　　　　1)燃烧器前的油温和油压；

　　　　2)带中间回油燃烧器的回油油压；

　　　　3)蒸汽雾化燃烧器前的蒸汽压力或空气雾化燃烧器前的空气压力；

　　　　4)锅炉后或锅炉尾部受热面后的烟气温度。

　　4 燃气锅炉：

　　　　1)燃烧器前的燃气压力；

　　　　2)锅炉后或锅炉尾部受热面后的烟气温度。

11.1.5 锅炉房各辅助部分装设监测参数的仪表，应符合表 11.1.5 的规定。

表 11.1.5　锅炉房辅助部分装设监测参数仪表

辅助部分	监测项目	监测仪表		
		指示	积算	记录
水泵油泵	水泵、油泵出口压力	√	—	—
	循环水泵进、出口水压	√	—	—
	汽动水泵进汽压力	√	—	—
	水泵、油泵负荷电流	√	—	—
热力除氧器	除氧器工作压力	√	—	—
	除氧水箱水位	√	—	—
	除氧水箱水温	√	—	—
	除氧器进水温度	√	—	—
	蒸汽压力调节器前、后蒸汽压力	√	—	—
真空除氧器	除氧器进水温度	√	—	—
	除氧器真空度	√	—	—
	除氧水箱水位	√	—	—
	除氧水箱水温	√	—	—
	射水抽气器进口水压	√	—	—
解析除氧器	喷射器进口水压	√	—	—
	解析器水温	√	—	—
离子交换水处理	离子交换器进、出口水压	√	—	—
	离子交换器进水温度	√	—	—
	软化或除盐水流量	√	√	—
	再生液流量	√	√	—
	阴离子交换器出口水的 SiO_2 和 pH 值	—	—	√
	出水电导率	—	—	√
反渗透水处理	进、出口水压力	√	—	—
	进、出口水流量	√	√	—
	进口水温度	√	—	—
	进、出口水 pH 值	—	—	√
	进、出口水电导率	—	—	√
减温减压器	高压、低压侧蒸汽压力和温度	√	—	—
	减温水压力、温度和水量	√	√	—
	高压侧蒸汽流量	—	√	—
	低压侧蒸汽流量	√	√	—

续表 11.1.5

辅助部分	监测项目	监测仪表		
		指示	积算	记录
热交换器	被加热介质进、出口总管流量	√	√	√
	被加热介质进、出口总管压力、温度	√	—	—
	加热介质进、出口总管压力、温度	√	—	—
	加热蒸汽压力和温度	√	—	—
	每台换热器加热介质进、出口压力和温度	√	—	—
	每台换热器被加热介质进、出口压力和温度	√	—	—
蒸汽蓄热器	蓄热器工作压力	√	—	—
	蓄热器水位	√	—	—
	蓄热器水温	√	—	—
蒸汽凝结水	凝结水水质电导率	√	—	—
	凝结水 pH 值	√	—	—
	凝结水流量	√	√	√
	凝结水温度	√	—	—
燃煤系统	磨煤机热风进风温度	√	—	—
	煤粉仓中煤粉温度	√	—	—
	气、粉混合物温度	√	—	—
	煤斗、煤(粉)仓料位	√	—	—
石灰石制备	石灰石输送量	√	—	—
	石灰石仓料位	√	—	—
其他	水箱、油箱液位和温度	√	—	—
	酸、碱贮罐液位	√	—	—
	连续排污膨胀器工作压力和液位	√	—	—
	热水系统加压膨胀箱压力和液位	√	—	—
	热水系统供、回水总管压力和温度	√	—	√
	燃油加热器前后油压和油温	√	—	—

注：1 表中符号：" √ "为需装设，" — "为可不装设。
2 水泵和油泵电流负荷仪表，在无集中仪表箱及功率小于20kW时，可不装设。
3 除氧器工作压力、除氧器真空度和除氧水箱水位的监测仪表信号，宜在水处理控制室或锅炉控制室显示。

11.1.6 锅炉房应装设供经济核算用的下列计量仪表：

1 蒸汽量指示和积算；
2 过热蒸汽温度记录；
3 供热量积算；
4 煤、油、燃气和石灰石总耗量；
5 原水总耗量；
6 凝结水回收量；
7 热水系统补给水量；
8 总电耗量指示和积算。

11.1.7 锅炉房的报警信号，必须按表11.1.7的规定装设。

表 11.1.7 锅炉房装设报警信号表

报警项目名称	报警信号		
	设备故障停运	参数过高	参数过低
锅筒水位	—	√	√
锅筒出口蒸汽压力	—	√	—
省煤器出口水温	—	√	—
热水锅炉出口水温	—	√	—
过热蒸汽温度	—	√	√
连续给水调节系统给水泵	√	—	—
炉排	√	—	—
给煤(粉)系统	√	—	—
循环流化床、煤粉、燃油和燃气的风机	√	—	—
煤粉、燃油和燃气锅炉炉膛熄火	√	—	—
燃油锅炉房贮油罐和中间油箱油位	—	√	√
燃油锅炉房贮油罐和中间油箱油温	—	√	√
燃气锅炉燃烧器前燃气干管压力	—	√	√
煤粉锅炉制粉设备出口气、粉混合物温度	—	√	—
煤粉锅炉炉膛负压	—	√	√

续表 11.1.7

报警项目名称	报警信号		
	设备故障停运	参数过高	参数过低
循环流化床锅炉炉床温度	—	√	√
循环流化床锅炉返料器温度	—	√	—
循环流化床锅炉返料器堵塞	√	—	—
热水系统的循环水泵	√	—	—
热交换器出水温度	—	√	—
热水系统中高位膨胀水箱水位	—	√	√
热水系统中蒸汽、氮气加压膨胀水箱压力和水位	—	√	√
除氧水箱水位	—	√	√
自动保护装置动作	√	—	—
燃气调压间、燃气锅炉间、油泵间的可燃气体浓度	—	√	—

注：表中符号："√"为需装设，"—"为可不装设。

11.1.8 燃气调压间、燃气锅炉间可燃气体浓度报警装置，应与燃气供气母管总切断阀和排风扇联动。设有防灾中心时，应将信号传至防灾中心。

11.1.9 油泵间的可燃气体浓度报警装置应与燃油供油母管总切断阀和排风扇联动。设有防灾中心时，应将信号传至防灾中心。

11.2 控　制

11.2.1 蒸汽锅炉应设置给水自动调节装置，单台额定蒸发量小于等于4t/h的蒸汽锅炉可设置位式给水自动调节装置，大于等于6t/h的蒸汽锅炉宜设置连续给水自动调节装置。

采用给水自动调节时，备用电动给水泵宜装设自动投入装置。

11.2.2 蒸汽锅炉应设置极限低水位保护装置，当单台额定蒸发量大于等于6t/h时，尚应设置蒸汽超压保护装置。

11.2.3 热水锅炉应设置当锅炉的压力降低到热水可能发生汽化、水温升高超过规定值，或循环水泵突然停止运行时的自动切断燃料供应和停止鼓风机、引风机运行的保护装置。

11.2.4 热水系统应设置自动补水装置并宜设置自动排气装置，加压膨胀水箱应设置水位和压力自动调节装置。

11.2.5 热交换站应设置加热介质的流量自动调节装置。

11.2.6 燃用煤粉、油、气体的锅炉和单台额定蒸发量大于等于10t/h蒸汽锅炉或单台额定热功率大于等于7MW的热水锅炉，当热负荷变化幅度在调节装置的可调范围内，且经济上合理时，宜装设燃烧过程自动调节装置。

11.2.7 循环流化床锅炉应设置炉床温度控制装置，并宜设置料层差压控制装置。

11.2.8 锅炉燃烧过程自动调节，宜采用微机控制；锅炉机组的自动控制或者同一锅炉房内多台锅炉综合协调自动控制，宜采用集散控制系统。

11.2.9 热力除氧设备应设置水位自动调节装置和蒸汽压力自动调节装置。

11.2.10 真空除氧设备应设置水位自动调节装置和进水温度自动调节装置。

11.2.11 解析除氧设备应设置喷射器进水压力自动调节装置和进水温度自动调节装置。

11.2.12 燃用煤粉、油或气体的锅炉，应设置点火程序控制和熄火保护装置。

11.2.13 层燃锅炉的引风机、鼓风机和锅炉抛煤机、炉排减速箱等加煤设备之间，应装设电气联锁装置。

11.2.14 燃用煤粉、油或气体的锅炉，应设置下列电气联锁装置：

1 引风机故障时，自动切断鼓风机和燃料供应；
2 鼓风机故障时，自动切断燃料供应；
3 燃油、燃气压力低于规定值时，自动切断燃油、燃气供应；
4 室内空气中可燃气体浓度高于规定值时，自动切断燃气供应和开启事故排气扇。

11.2.15 制粉系统各设备之间,应设置电气联锁装置。

11.2.16 连续机械化运煤系统、除灰渣系统中,各运煤设备之间、除灰渣设备之间,均应设置电气联锁装置,并使在正常工作时能按顺序停车,且其延时时间应能达到空载再启动。

11.2.17 运煤和煤的制备设备应与其局部排风和除尘装置联锁。

11.2.18 喷水式减温的锅炉过热器,宜设置过热蒸汽温度自动调节装置。

11.2.19 减压减温装置宜设置蒸汽压力和温度自动调节装置。

11.2.20 单台蒸汽锅炉额定蒸发量大于等于6t/h或单台热水锅炉额定热功率大于等于4.2MW的锅炉房,当风机布置在司炉不便操作的地点时,宜设置风机进风门的远距离控制装置和风门开度指示。

11.2.21 电动设备、阀门和烟、风道门,宜设置远距离控制装置。

11.2.22 单台蒸汽锅炉额定蒸发量大于等于10t/h或单台热水锅炉额定热功率大于等于7MW的锅炉房,宜设集中控制系统。

11.2.23 控制系统的供电,应设置不间断电源供电方式,并应留有裕量。

12 化验和检修

12.1 化 验

12.1.1 锅炉房宜设置化验室,化验锅炉运行中需经常检测的项目,对不需经常化验的项目,宜通过协作解决。

锅炉房符合下列条件时,可只设化验场地,进行硬度、碱度、pH值和溶解氧等简单的水质分析:

　　1 单台蒸汽锅炉额定蒸发量小于6t/h或总蒸发量小于10t/h的锅炉房及单台热水锅炉额定热功率小于4.2MW或总热功率小于7MW的锅炉房;

　　2 本企业有中心试验室或其他化验部门,可为锅炉房配置水质分析用的化学试剂,并可化验锅炉房需经常检测的其他项目。

12.1.2 锅炉房化验室化验水、汽项目的能力,应符合下列要求:

　　1 蒸汽锅炉房的化验室应具备对悬浮物、总硬度、总碱度、pH值、溶解氧、溶解固形物、硫酸根和氯化物等项目的化验能力;采用磷酸盐锅内水处理时,应有化验磷酸根含量的能力;额定出口蒸汽压力大于2.5MPa(表压),且供汽轮机用汽时,宜能测定二氧化硅及电导率;

　　2 热水锅炉房的化验室应具备对悬浮物、总硬度和pH值的化验能力;采用锅外化学水处理时,应能化验溶解氧。

12.1.3 总蒸发量大于20t/h或总热功率大于14MW的锅炉房,其化验室除应符合本规范第12.1.2条的规定外,尚宜具备下列分析化验能力:

　　1 煤为燃料时,宜能对燃煤进行工业分析及发热量测定,对飞灰和炉渣进行可燃物含量的测定;煤粉为燃料时,尚宜能分析煤的可磨性和煤粉细度;

　　2 油为燃料时,宜能测定其黏度和闪点。

12.1.4 总蒸发量大于等于60t/h或总热功率大于等于42MW的锅炉房,其化验室除应符合本规范第12.1.3条规定外,尚宜能进行燃料元素分析。

12.1.5 锅炉房化验室,除应符合本规范第12.1.2条、第12.1.3条和第12.1.4条的要求外,尚应能测定烟气含氧量或二氧化碳和一氧化碳含量;燃油、燃气锅炉房宜能测定烟气中氢、碳氢化合物等可燃物的含量。

12.2 检 修

12.2.1 锅炉房宜设置对锅炉、辅助设备、管道、阀门及附件进行维护、保养和小修的检修间。

单台蒸汽锅炉额定蒸发量小于等于6t/h或单台热水锅炉额定热功率小于等于4.2MW的锅炉房,可只设置检修场地和工具室。

锅炉的中修、大修,宜协作解决。

12.2.2 锅炉房检修间可配备钳工桌、砂轮机、台钻、洗管器、手动试压泵和焊、割等设备或工具。

单台蒸汽锅炉额定蒸发量大于等于35t/h或单台热水锅炉额定热功率大于等于29MW的锅炉房检修间,根据检修需要可配置必要的机床等机修设备,亦可协作解决。

12.2.3 总蒸发量大于等于60t/h或总热功率大于等于42MW的锅炉房,宜设置电气保养室。当所在企业有集中的电工值班室时,可不单独设置。

电气的检修宜由所在企业统一安排或地区协作解决。

12.2.4 单台蒸汽锅炉额定蒸发量大于等于10t/h或单台热水锅炉额定热功率大于等于7MW的锅炉房,宜设置仪表保养室。当所在企业有集中的维修条件时,可不单独设置。

仪表的检修宜由所在企业统一安排或地区协作解决。

12.2.5 双层布置的锅炉房和单台蒸汽锅炉额定蒸发量大于等于10t/h或单台热水锅炉额定热功率大于等于7MW的单层布置锅炉房,在其锅炉上方应设置可将物件从底层地面提升至锅炉顶部的吊装设施。需穿越楼板时,应开设吊装孔。

12.2.6 单台蒸汽锅炉额定蒸发量大于4t/h或单台热水锅炉额定热功率大于2.8MW的锅炉房,鼓风机、引风机、给水泵、磨煤机和煤处理设备的上方,宜设置起吊装置或吊装措施。

热力除氧器、换热器和带有简体法兰的离子交换器等大型辅助设备的上方,宜有吊装检修措施。

13　锅炉房管道

13.1　汽水管道

13.1.1　汽水管道设计应根据热力系统和锅炉房工艺布置进行，并应符合下列要求：

1　应便于安装、操作和检修；

2　管道宜沿墙和柱敷设；

3　管道敷设在通道上方时，管道（包括保温层或支架）最低点与通道地面的净高不应小于2m；

4　管道不应妨碍门、窗的启闭与影响室内采光；

5　应满足装设仪表的要求；

6　管道布置宜短捷、整齐。

13.1.2　采用多管供汽（热）的锅炉房，宜设置分汽（分水）缸。分汽（分水）缸的设置，应根据用汽（热）需要和管理方便的原则确定。

13.1.3　供汽系统中的蒸汽蓄热器，符合下列要求：

1　应设置蓄热器的旁路阀门；

2　并联运行的蒸汽蓄热器蒸汽进、出口管上应装设止回阀，串联运行的蒸汽蓄热器进汽管上宜装设止回阀；

3　蒸汽蓄热器进水管上，应装设止回阀；

4　锅炉额定工作压力大于蒸汽蓄热器额定工作压力时，蓄热器上应装设安全阀；

5　蒸汽蓄热器运行时的充水应采用锅炉给水，利用锅炉给水泵补水；

6　蒸汽蓄热器运行放水管，应接至锅炉给水箱和除氧水箱。

13.1.4　锅炉房内连接相同参数锅炉的蒸汽（热水）管，宜采用单母管；对常年不间断供汽（热）的锅炉房，宜采用双母管。

13.1.5　每台蒸汽（热水）锅炉与蒸汽（热水）母管或分汽（分水）缸之间的锅炉主蒸汽（供水）管上，均应装设2个阀门，其中1个应紧靠锅炉汽包或过热器（供水集箱）出口，另1个宜装在靠近蒸汽（供水）母管处或分汽（分水）缸上。

13.1.6　蒸汽锅炉房的锅炉给水母管应采用单母管；对常年不间断供汽的锅炉房和给水泵不能并联运行的锅炉房，锅炉给水母管宜采用双母管或采用单元制锅炉给水系统。

13.1.7　锅炉给水泵进水母管或除氧水箱出水母管，宜采用不分段的单母管；对常年不间断供汽，且除氧水箱台数大于等于2台时，宜采用分段的单母管。

13.1.8　锅炉房除氧器的台数大于等于2台时，除氧器加热用蒸汽管宜采用母管制系统。

13.1.9　热水锅炉房内与热水锅炉、水加热装置和循环水泵相连接的供水和回水母管应采用单母管，对需要保证连续供热的热水锅炉房，宜采用双母管。

13.1.10　每台热水锅炉与热水供、回水母管连接时，在锅炉的进水管和出水管上，应装设切断阀；在进水管的切断阀前，宜装止回阀。

13.1.11　每台锅炉宜采用独立的定期排污管道，并分别接至排污膨胀器或排污降温池；当几台锅炉合用排污母管时，在每台锅炉接至排污母管的干管上必须装设切断阀，在切断阀前尚宜装设止回阀。

13.1.12　每台蒸汽锅炉的连续排污管道，应分别接至连续排污膨胀器。在锅炉出口的连续排污管道上，应装设节流阀。在锅炉出口和连续排污膨胀器进口处，应各设1个切断阀。

2～4台锅炉宜合设1台连续排污膨胀器。连续排污膨胀器上应装设安全阀。

13.1.13　锅炉的排污阀及其管道不应采用螺纹连接。锅炉排污管道应减少弯头，保证排污畅通。

13.1.14　蒸汽锅炉给水管上的手动给水调节装置及热水锅炉手动控制补水装置，宜设置在便于司炉操作的地点。

13.1.15　锅炉本体、除氧器和减压减温器上的放汽管、安全阀的排汽管应接至室外安全处，2个独立安全阀的排汽管不应相连。

13.1.16　热力管道热膨胀的补偿，应充分利用管道的自然补偿，当自然补偿不能满足热膨胀的要求时，应设置补偿器。

13.1.17　汽水管道的支、吊架设计，应计入管道、阀门与附件、管内水、保温结构等的重量以及管道热膨胀而作用在支、吊架上的力。

对于采用弹簧支、吊架的蒸汽管道，不应计入管内水的重量，但进行水压试验时，对公称直径大于等于250mm的管道应有临时支撑措施。

13.1.18　汽水管道的低点和可能积水处，应装设疏、放水阀。放水阀的公称直径不应小于20mm。

汽水管道的高点应装设放气阀，放气阀公称直径可取15～20mm。

13.2　燃油管道

13.2.1　锅炉房的供油管道宜采用单母管；常年不间断供热时，宜采用双母管。回油管道宜采用单母管。

采用双母管时，每一母管的流量宜按锅炉房最大计算耗油量和回油量之和的75%计算。

13.2.2　重油供油系统，宜采用经锅炉燃烧器的单管循环系统。

13.2.3　重油供油管道应保温。当重油在输送过程中，由于温度降低不能满足生产要求时，尚应伴热。在重油回油管道可能引起烫伤人员或凝固的部位，应采取隔热或保温措施。

13.2.4　通过油加热器及其后管道内油的流速，不应小于0.7m/s。

13.2.5　油管道宜采用顺坡敷设，但接入燃烧器的重油管道不宜坡向燃烧器。轻柴油管道的坡度不应小于0.3%，重油管道的坡度不应小于0.4%。

13.2.6　采用单机组配套的全自动燃油锅炉，应保持其燃烧自控的独立性，并按其要求配置燃油管道系统。

13.2.7　在重油供油系统的设备和管道上，应装吹扫口。吹扫口位置应能够吹净设备和管道内的重油。

吹扫介质宜采用蒸汽，亦可采用轻油置换，吹扫用蒸汽压力宜为0.6～1MPa（表压）。

13.2.8　固定连接的蒸汽吹扫口，应有防止重油倒灌的措施。

13.2.9　每台锅炉的供油干管上，应装设关闭阀和快速切断阀。每个燃烧器前的燃油支管上，应装设关闭阀。当设置2台或2台以上锅炉时，尚应在每台锅炉的回油总管上装止回阀。

13.2.10　在供油泵进口油管上，应设置油过滤器2台，其中1台备用。滤网流通面积宜为其进口管截面积的8～10倍。油过滤器的滤网网孔，宜符合下列要求：

1　离心泵、蒸汽往复泵为8～12目/cm；

2　螺杆泵、齿轮泵为16～32目/cm。

13.2.11　采用机械雾化燃烧器（不包括转杯式）时，在油加热器和燃烧器之间的管段上，应设置油过滤器。

油过滤器滤网的网孔，不宜小于20目/cm。滤网的流通面积，不宜小于其进口管截面积的2倍。

13.2.12　燃油管道应采用输送流体的无缝钢管，并应符合现行国家标准《流体输送用无缝钢管》GB/T 8163的有关规定；燃油管道除与设备、阀门附件等处可用法兰连接外，其余宜采用氩弧焊打底的焊接连接。

13.2.13　室内油泵间至锅炉燃烧器的供油管和回油管宜采用地沟敷设，地沟内宜填砂，地沟上面采用非燃材料封盖。

13.2.14　燃油管道垂直穿越建筑物楼层时，应设置在管道井内，并宜靠外墙敷设；管道井的检查门应采用丙级防火门；燃油管道穿越每层楼板处，应设置相当于楼板耐火极限的防火隔断；管道井底部,应设深度为300mm填砂集油坑。

13.2.15 油箱(罐)的进油管和回油管,应从油箱(罐)体顶部插入,管口应位于油液面下,并应距离箱(罐)底200mm。

13.2.16 当室内油箱与贮油罐的油位有高差时,应有防止虹吸的设施。

13.2.17 燃油管道穿越楼板、隔墙时应敷设在套管内,套管的内径与油管的外径四周间隙不应小于20mm。套管内管段不得有接头,管道与套管之间的空隙应用麻丝填实,并应用不燃材料封口。管道穿越楼板的套管,上端应高出楼板60～80mm,套管下端与楼板底面(吊顶底面)平齐。

13.2.18 燃油管道与蒸汽管道上下平行布置时,燃油管道应位于蒸汽管道的下方。

13.2.19 燃油管道采用法兰连接时,宜设有防止漏油事故的集油措施。

13.2.20 煤粉锅炉和循环流化床锅炉点火供油系统的管道设计,宜符合本规范13.2.1条和13.2.9条的规定。

13.2.21 燃油系统附件严禁采用能被燃油腐蚀或溶解的材料。

13.3 燃气管道

13.3.1 锅炉房燃气管道宜采用单母管,常年不间断供热时,宜采用从不同燃气调压箱接来的2路供气的双母管。

13.3.2 在引入锅炉房的室外燃气母管上,在安全和便于操作的地点,应装设与锅炉房燃气浓度报警装置联动的总切断阀,阀后应装设气体压力表。

13.3.3 锅炉房燃气管道宜架空敷设。输送相对密度小于0.75的燃气管道,应设在空气流通的高处;输送相对密度大于0.75的燃气管道,宜装设在锅炉房外墙和便于检测的位置。

13.3.4 燃气管道上应装设放散管、取样口和吹扫口,其位置应能满足将管道与附件内的燃气或空气吹净的要求。

放散管可汇合成总管引至室外,其排出口应高出锅炉房屋脊2m以上,并使放出的气体不致窜入邻近的建筑物和被通风装置吸入。

密度比空气大的燃气放散,应采用高空或火炬排放,并满足最小频率上风侧区域的安全和环境保护要求。当工厂有火炬放空系统时,宜将放散气体排入该系统中。

13.3.5 燃气放散管管径,应根据吹扫段的容积和吹扫时间确定。吹扫量可按吹扫段容积的10～20倍计算,吹扫时间可采用15～20min。吹扫气体可采用氮气或其他惰性气体。

13.3.6 锅炉房内燃气管道不应穿越易燃或易爆品仓库、值班室、配变电室、电缆沟(井)、通风沟、风道、烟道和具有腐蚀性质的场所;当必需穿越防火墙时,其穿孔间隙应采用非燃烧物填实。

13.3.7 每台锅炉燃气干管上,应配套性能可靠的燃气阀组,阀组前燃气供气压力和阀组规格应满足燃烧器最大负荷需要。阀组基本组成和顺序应为:切断阀、压力表、过滤器、稳压阀、波纹接管、2级或组合式检漏电磁阀、阀前后压力开关和流量调节蝶阀。点火用的燃气管道,宜从燃烧器前燃气干管上的2级或组合式检漏电磁阀前引出,且应在其上装设切断阀和2级电磁阀。

13.3.8 锅炉燃气阀组切断阀前的燃气供气压力应根据燃烧器要求确定,并宜设定在5～20kPa之间,燃气阀组供气质量流量应能使锅炉在额定负荷运行时,燃烧器稳定燃烧。

13.3.9 锅炉房燃气宜从城市中压供气主管上铺设专用管道供给,并应经过滤、调压后使用。单台调压装置低压侧供气流量不宜大于3000m³/h(标态);撬装式调压装置低压侧单台供气量宜为5000m³/h(标态)。

13.3.10 锅炉房内燃气管道设计,应符合现行国家标准《城镇燃气设计规范》GB 50028和《工业金属管道设计规范》GB 50316的有关规定。

13.3.11 燃气管道应采用输送流体的无缝钢管,并应符合现行国

家标准《流体输送用无缝钢管》GB/T 8163的有关规定;燃气管道的连接,除与设备、阀门附件等处可用法兰连接外,其余宜采用氩弧焊打底的焊接连接。

13.3.12 燃气管道穿越楼板或隔墙时,应符合本规范第13.2.17条的规定。

13.3.13 燃气管道垂直穿越建筑物楼层时,应设置在独立的管道井内,并应靠外墙敷设;穿越建筑物楼层的管道井每隔2层或3层,应设置相当于楼板耐火极限的防火隔断;相邻2个防火隔断的下部,应设置丙级防火检修门;建筑物底层管道井防火检修门的下部,应设置带有电动防火阀的进风百叶;管道井顶部应设置通大气的百叶窗;管道井应采用自然通风。

13.3.14 管道井内的燃气立管上,不应设置阀门。

13.3.15 燃气管道与附件严禁使用铸铁件。在防火区内使用的阀门,应具有耐火性能。

14 保温和防腐蚀

14.1 保 温

14.1.1 下列情况的热力设备、热力管道、阀门及附件均应保温:

 1 外表面温度高于50℃时;

 2 外表面温度低于等于50℃,需要回收热能时。

14.1.2 保温层厚度应根据现行国家标准《设备和管道保温技术通则》GB/T 4272和《设备及管道保温设计导则》GB/T 8175中的经济厚度计算方法确定。当散热损失超过规定值时,可根据最大允许散热损失计算方法复核确定。

14.1.3 不需保温或要求散热,且外表面温度高于60℃的裸露设备及管道,在下列范围内应采取防烫伤的隔热措施:

 1 距地面或操作平台的高度小于2m时;

 2 距操作平台周边水平距离小于等于0.75m时。

注:本条中的管道系排汽管、放空管,以及燃油、燃气锅炉烟道防爆门的泄压导向管等。

14.1.4 保温材料的选择,应符合下列要求:

 1 宜采用成型制品;

 2 保温材料及其制品的允许使用温度,应高于正常操作时设备和管道内介质的最高温度;

 3 宜选用导热系数低、吸湿性小、密度低、强度高、耐用、价格低、便于施工和维护的保温材料及其制品。

14.1.5 保温层外的保护层应具有阻燃性能。当热力设备和架空热力管道布置在室外时,其保护层应具有防水、防晒和防锈性能。

14.1.6 采用复合保温材料及其制品时,应选用耐高温且导热系数较低的材料作内保温层,其厚度可按表面温度法确定。内层保

温材料及其制品的外表面温度应小于等于外层保温材料及其制品的允许最高使用温度的 0.9 倍。

14.1.7 采用软质或半硬质保温材料时,应按施工压缩后的密度选取导热系数。保温层的厚度,应为施工压缩后的保温层厚度。

14.1.8 阀门及附件和其他需要经常维修的设备和管道,宜采用便于拆装的成型保温结构。

14.1.9 立式热力设备和热力立管的高度超过 3m 时,应按管径大小和保温层重量,设置保温材料的支撑圈或其他支撑设施。

注:本条中的热力立管,包括与水平夹角大于 45° 的热力管道。

14.1.10 室外直埋敷设管道的保温,宜符合国家现行标准《城镇直埋供热管道工程技术规程》CJJ/T 81 和《城镇供热直埋蒸汽管道技术规程》CJJ 104 的有关规定。

14.2 防腐蚀

14.2.1 敷设保温层前,设备和管道的表面应清除干净,并刷防锈漆或防腐涂料,其耐温性能应满足介质设计温度的要求。

14.2.2 介质温度低于 120℃ 时,设备和管道的表面应刷防锈漆。介质温度高于 120℃ 时,设备和管道的表面宜刷高温防锈漆。凝结水箱、给水箱、中间水箱和除盐水箱等设备的内壁应刷防腐涂料,涂料性质应满足贮存介质品质的要求。

14.2.3 室外布置的热力设备和架空敷设的热力管道,采用玻璃布或不耐腐蚀的材料作保护层时,其表面应刷油漆或防腐涂料。采用薄铝板或镀锌薄钢板作保护层时,其表面可不刷油漆或防腐涂料。

14.2.4 埋地设备和管道的外表面应做防腐处理,防腐层材料和防腐层层数应根据设备和管道的防腐要求及土壤的腐蚀性确定。对不便检修的设备和管道,可增加阴极保护措施。

14.2.5 锅炉房设备和管道的表面或保温保护层表面的涂色和标志应符合现行国家标准《工业管路的基本识别色和识别符号》GB 7231 和有关标准的规定。

15 土建、电气、采暖通风和给水排水

15.1 土 建

15.1.1 锅炉房的火灾危险性分类和耐火等级应符合下列要求:

1 锅炉间应属于丁类生产厂房,单台蒸汽锅炉额定蒸发量大于 4t/h 或单台热水锅炉额定热功率大于 2.8MW 时,锅炉间建筑不应低于二级耐火等级;单台蒸汽锅炉额定蒸发量小于等于 4t/h 或单台热水锅炉额定热功率小于等于 2.8MW 时,锅炉间建筑不应低于三级耐火等级。

设在其他建筑物内的锅炉房,锅炉间的耐火等级,均不应低于二级耐火等级;

2 重油油箱间、油泵间及油加热器及轻柴油的油箱间和油泵间属于丙类生产厂房,其建筑均不应低于二级耐火等级,上述房间布置在锅炉房辅助间内时,应设置防火墙与其他房间隔开;

3 燃气调压间应属于甲类生产厂房,其建筑不应低于二级耐火等级,与锅炉房贴邻的调压间应设置防火墙与锅炉房隔开,其门应向外开启并不应直接通向锅炉房,地面应采用不产生火花地坪。

15.1.2 锅炉房的外墙、楼地面或屋面,应有相应的防爆措施,并应有相当于锅炉间占地面积 10% 的泄压面积,泄压方向不得朝向人员聚集的场所、房间和人行通道,泄压处也不得与这些地方相邻。地下锅炉房采用竖井泄爆方式时,竖井的净横断面积,应满足泄压面积的要求。

当泄压面积不能满足上述要求时,可采用在锅炉房的内墙和顶部(顶棚)敷设金属爆炸减压板作补充。

注:泄压面积可将玻璃窗、天窗、质量小于等于 120kg/m² 的轻质屋顶和薄弱墙等面积包括在内。

15.1.3 燃油、燃气锅炉房锅炉间与相邻的辅助间之间的隔墙,应为防火墙;隔墙上开设的门应为甲级防火门;朝锅炉操作面方向开设的玻璃大观察窗,应采用具有抗爆能力的固定窗。

15.1.4 锅炉房为多层布置时,锅炉基础与楼地面接缝处应采取适应沉降的措施。

15.1.5 锅炉房应预留能通过设备最大搬运件的安装洞,安装洞可结合门窗洞或非承重墙处设置。

15.1.6 钢筋混凝土烟囱和砖烟道的混凝土底板等内表面,其设计计算温度高于 100℃ 的部位应有隔热措施。

15.1.7 锅炉房的柱距、跨度和室内地坪至柱顶的高度,在满足工艺要求的前提下,宜符合现行国家标准《厂房建筑模数协调标准》GB 50006 的规定。

15.1.8 需要扩建的锅炉房,土建应留有扩建的措施。

15.1.9 锅炉房内装有磨煤机、鼓风机、水泵等振动较大的设备时,应采取隔振措施。

15.1.10 钢筋混凝土煤仓壁的内表面应光滑耐磨,壁交角处应做成圆弧形,并应设置有盖人孔和爬梯。

15.1.11 设备吊装孔、灰渣池及高位平台周围,应设置防护栏杆。

15.1.12 烟囱和烟道连接处,应设置沉降缝。

15.1.13 锅炉间外墙的开窗面积,除应满足泄压要求外,还应满足通风和采光的要求。

15.1.14 锅炉房和其他建筑物相邻时,其相邻的墙应为防火墙。

15.1.15 油泵房的地面应有防油措施。对有酸、碱侵蚀的水处理间地面、地沟、混凝土水箱和水池等建、构筑物的设计,应符合现行国家标准《工业建筑防腐蚀设计规范》GB 50046 的规定。

15.1.16 化验室的地面和化验台的防腐蚀设计,应符合现行国家标准《工业建筑防腐蚀设计规范》GB 50046 的规定,其地面应有防滑措施。

化验室的墙面应为白色、不反光,窗户宜防尘,化验台应有洗涤设施,化验场地应做防尘、防噪处理。

15.1.17 锅炉房生活间的卫生设施设计,应符合国家现行职业卫生标准《工业企业设计卫生标准》GBZ 1 的有关规定。

15.1.18 平台和扶梯应选用不燃烧的防滑材料。操作平台宽度不应小于 800mm,扶梯宽度不应小于 600mm。平台和扶梯上净高不应小于 2m。经常使用的钢梯坡度不宜大于 45°。

15.1.19 干煤棚挡煤墙上部敞开部分,应有防雨措施,但不应妨碍桥式起重机通过。

15.1.20 锅炉房楼面、地面和屋面的活荷载,应根据工艺设备安装和检修的荷载要求确定,亦可按表 15.1.20 的规定确定。

表 15.1.20 楼面、地面和屋面的活荷载

名 称	活荷载(kN/m²)
锅炉间楼面	6~12
辅助间楼面	4~8
运煤层楼面	4
除氧层楼面	4
锅炉间及辅助间屋面	0.5~1
锅炉间地面	10

注:1 表中未列的其他荷载应按现行国家标准《建筑结构荷载设计规范》GB 50009 的规定选用。

2 表中不包括设备的集中荷载。

3 运煤层楼面有皮带头部装置的部分应由工艺提供荷载或可按 10kN/m² 计算。

4 锅炉间地面设有运输通道时,通道部分的地坪和地沟盖板可按 20kN/m² 计算。

15.2 电 气

15.2.1 锅炉房的供电负荷级别和供电方式,应根据工艺要求、锅炉容量、热负荷的重要性和环境特征等因素,按现行国家标准《供配电系统设计规范》GB 50052 的有关规定确定。

15.2.2 电动机、启动控制设备、灯具和导线型式的选择，应与锅炉房各个不同的建筑物和构筑物的环境分类相适应。

燃油、燃气锅炉房的锅炉间、燃气调压间、燃油泵房、煤粉制备间、碎煤机间和运煤走廊等有爆炸和火灾危险场所的等级划分，必须符合现行国家标准《爆炸和火灾危险环境电力装置设计规范》GB 50058 的有关规定。

15.2.3 单台蒸汽锅炉额定蒸发量大于等于 6t/h 或单台热水锅炉额定热功率大于等于 4.2MW 的锅炉房，宜设置低压配电室。当有 6kV 或 10kV 高压用电设备时，尚宜设置高压配电室。

15.2.4 锅炉房的配电宜采用放射式为主的方式。当有数台锅炉机组时，宜按锅炉机组为单元分组配电。

15.2.5 单台蒸汽锅炉额定蒸发量小于等于 4t/h 或单台热水锅炉额定热功率小于等于 2.8MW，锅炉的控制屏或控制箱宜采用与锅炉成套的设备，并宜装设在炉前或便于操作的地方。

15.2.6 锅炉机组采用集中控制时，在远离操作屏的电动机旁，宜设置事故停机按钮。

当需要在不能观察电动机或机械的地点进行控制时，应在控制点装设指示电动机工作状态的灯光信号或仪表。电动机的测量仪表应符合现行国家标准《电力装置的电气测量仪表装置设计规范》GB 50063 的规定。

自动控制或联锁的电动机，应有手动控制和解除自动控制或联锁控制的措施；远程控制的电动机，应有就地控制和解除远程控制的措施；当突然启动可能危及周围人员安全时，应在机械旁装设启动预告信号和应急断电开关或自锁按钮。

15.2.7 电气线路宜采用穿金属管或电缆布线，并不应沿锅炉热风道、烟道、热水箱和其他载热体表面敷设。当需要沿载热体表面敷设时，应采取隔热措施。

在煤场下及构筑物内不宜有电缆通过。

15.2.8 控制室、变压器室和高、低压配电室，不应设在潮湿的生产房间、淋浴室、卫生间、用热水加热空气的通风室和输送有腐蚀性介质管道的下面。

15.2.9 锅炉房各房间及构筑物地面上人工照明标准照度值、显示指数及功率密度值，应符合现行国家标准《建筑照明设计标准》GB 50034 的规定。

15.2.10 锅炉水位表、锅炉压力表、仪表屏和其他照度要求较高的部位，应设置局部照明。

15.2.11 在装设锅炉水位表、锅炉压力表、给水泵以及其他主要操作的地点和通道，宜设置事故照明。事故照明的电源选择，应按锅炉房的容量、生产用汽的重要性和锅炉房附近供电设施的设置情况等因素确定。

15.2.12 照明装置电源的电压，应符合下列要求：

1 地下凝结水箱间、出灰渣地点和安装热水箱、锅炉本体、金属平台等设备和构件处的灯具，当距地面和平台工作面小于 2.5m 时，应有防止触电的措施或采用不超过 36V 的电压。

2 手提行灯的电压不应超过 36V。在本条第 1 款中所述场所的狭窄地点和接触良好的金属面上工作时，所用手提行灯的电压不应超过 12V。

15.2.13 烟囱顶端上装设的飞行标志障碍灯，应根据锅炉房所在地航空部门的要求确定。障碍灯应采用红色，且不应少于 2 盏。

15.2.14 砖砌或钢筋混凝土烟囱应设置接闪（避雷）针或接闪带，可利用烟囱爬梯作为其引下线，但必须有可靠的连接。

15.2.15 燃气放散管的防雷设施，应符合现行国家标准《建筑物防雷设计规范》GB 50057 的规定。

15.2.16 燃油锅炉房贮存重油和轻柴油的金属油罐，当其顶板厚度不小于 4mm 时，可不装设接闪针，但必须接地，接地点不应少于 2 处。

当油罐装有呼吸阀和放散管时，其防雷设施应符合现行国家标准《石油库设计规范》GB 50074 的规定。

覆土在 0.5m 以上的地下油罐，可不设防雷设施。但当有通气管引出地面时，在通气管处应做局部防雷处理。

15.2.17 气体和液体燃料管道应有静电接地装置。当其管道为金属材料，且与防雷或电气系统接地保护线相连时，可不设静电接地装置。

15.2.18 锅炉房应设置通信设施。

15.3 采暖通风

15.3.1 锅炉房内工作地点的夏季空气温度，应根据设备散热量的大小，按国家现行职业卫生标准《工业企业设计卫生标准》GBZ 1 的有关规定确定。

15.3.2 锅炉间、凝结水箱间、水泵间和油泵间等房间的余热，宜采用有组织的自然通风排除。当自然通风不能满足要求时，应设置机械通风。

15.3.3 锅炉间锅炉操作区等经常有人工作的地点，在热辐射照度大于等于 350W/m² 的地点，应设置局部送风。

15.3.4 夏季运行的地下、半地下、地下室和半地下室锅炉房控制室，应设有空气调节装置，其他锅炉房的控制室、化验室的仪器分析间，宜设空气调节装置。

15.3.5 设置集中采暖的锅炉房，各生产房间生产时间的冬季室内计算温度，宜符合表 15.3.5 的规定。在非生产时间的冬季室内计算温度宜为 5℃。

表 15.3.5 各生产房间生产时间的冬季室内计算温度

房间名称		温度(℃)
燃煤、燃油、燃气锅炉间	经常有人操作时	12
	设有控制室，经常无操作人员时	5
控制室、化验室、办公室		16～18
水处理间、值班室		15

续表 15.3.5

房间名称		温度(℃)
燃气调压间、油泵房、化学品库、出渣间、风机间、水箱间、运煤走廊		5
水泵房	在单独房间内经常有人操作时	15
	在单独房间内经常无操作人员时	5
碎煤间及单独的煤粉制备装置间		12
更衣室		23
浴室		25～27

15.3.6 在有设备散热的房间内，应对工作地点的温度进行热平衡计算，当其散热量不能保证本规范规定工作地点的采暖温度时，应设置采暖设备。

15.3.7 设在其他建筑物内的燃油、燃气锅炉房的锅炉间，应设置独立的送排风系统，其通风装置应防爆，新风量必须符合下列要求：

1 锅炉房设置在首层时，对采用燃油作燃料的，其正常换气次数每小时不应少于 3 次，事故换气次数每小时不应少于 6 次；对采用燃气作燃料的，其正常换气次数每小时不应少于 6 次，事故换气次数每小时不应少于 12 次；

2 锅炉房设置在半地下或半地下室时，其正常换气次数每小时不应少于 6 次，事故换气次数每小时不应少于 12 次；

3 锅炉房设置在地下或地下室时，其换气次数每小时不应少于 12 次；

4 送入锅炉房的新风总量，必须大于锅炉房 3 次的换气量；

5 送入控制室的新风量，应按最大班操作人员计算。

注：换气量中不包括锅炉燃烧所需空气量。

15.3.8 燃气调压间等有爆炸危险的房间，应有每小时不少于 3 次的换气量。当自然通风不能满足要求时，应设置机械通风装置，并应设每小时换气不少于 12 次的事故通风装置。通风装置应防爆。

15.3.9 燃油泵房和贮存闪点小于等于45℃的易燃油品的地下油库，除采用自然通风外，燃油泵房应有每小时换气12次的机械通风装置，油库应有每小时换气6次的机械通风装置。

计算换气量时，房间高度可按4m计算。

设置在地面上的易燃油泵房，当建筑物外墙下部设有百叶窗、花格墙等对外常开孔口时，可不设置机械通风装置。

易燃油泵房和易燃油库的通风装置应防爆。

15.3.10 机械通风房间内吸风口的位置，应根据油气和燃气的密度大小，按现行国家标准《采暖通风与空气调节设计规范》GB 50019中的有关规定确定。

15.4 给水排水

15.4.1 锅炉房的给水宜采用1根进水管。当中断给水造成停炉会引起生产上的重大损失时，应采用2根从室外环网的不同管段或不同水源分别接入的进水管。

当采用1根进水管时，应设置为排除故障期间用水的水箱或水池。其总容量应包括原水箱、软化或除盐水箱、除氧水箱和中间水箱等的容量，并不应小于2h锅炉房的计算用水量。

15.4.2 煤场和灰渣场，应设有防止粉尘飞扬的洒水设施和防止煤屑和灰渣被冲走以及积水的设施。煤场尚应设置消除煤堆自燃用的给水点。

15.4.3 化学水处理的贮存酸、碱设备处，应有人身和地面沾溅后简易的冲洗措施。

15.4.4 锅炉及辅机冷却水，宜利用作为锅炉除渣机用水及冲灰渣补充水。

15.4.5 锅炉房冷却用水量大于等于8m³/h时，应循环使用。

15.4.6 锅炉房操作层、出灰层和水泵间等地面宜有排水措施。

16 环境保护

16.1 大气污染物防治

16.1.1 锅炉房排放的大气污染物，应符合现行国家标准《锅炉大气污染物排放标准》GB 13271、《大气污染物综合排放标准》GB 16297和所在地有关大气污染物排放标准的规定。

16.1.2 除尘器的选择，应根据锅炉在额定蒸发量或额定热功率下的出口烟尘初始排放浓度、燃料成分、烟尘性质和除尘器对负荷适应性等技术经济因素确定。

16.1.3 除尘及其附属设施，应符合下列要求：

1 应有防腐蚀和防磨损的措施；

2 应设置可靠的密封排灰装置；

3 应设置密闭输送和密闭存放灰尘的设施，收集的灰尘宜综合利用。

16.1.4 单台额定蒸发量小于等于6t/h或单台额定热功率小于等于4.2MW的层式燃煤锅炉，宜采用干式除尘器。

16.1.5 燃煤锅炉在采用干式旋风除尘器达不到烟尘排放标准时，应采用湿式、静电或袋式除尘装置。

16.1.6 有碱性工业废水可利用的企业或采用水力冲灰渣的燃煤锅炉房，宜采用除尘和脱硫功能一体化的除尘脱硫装置。一体化除尘脱硫装置，应符合下列要求：

1 应有防腐措施；

2 应采用闭式循环系统，并设置灰水分离设施，外排废液应经无害化处理；

3 应采取防止烟气带水和在后部烟道及引风机结露的措施；

4 严寒地区的装置和系统应有防冻措施；

5 应有pH值、液气比和SO₂出口浓度的检测和自控装置。

16.1.7 循环流化床锅炉，应采用炉内脱硫。

16.1.8 锅炉烟气排放中氮氧化物浓度超过标准时，应采取治理措施。

16.1.9 锅炉房烟气排放系统中采样孔、监测孔的设置，应符合现行国家标准《锅炉大气污染物排放标准》GB 13271的规定，并宜设置工作平台。单台额定蒸发量大于等于20t/h或单台额定热功率大于等于14MW的燃煤锅炉和燃油锅炉，必须安装固定的连续监测烟气中烟尘、SO₂排放浓度的仪器。

16.1.10 运煤系统的转运处、破碎筛选处和锅炉干式机械除灰处等产生粉尘的设备和地点，应有防止粉尘扩散的封闭措施和设置局部通风除尘装置。

16.2 噪声与振动的防治

16.2.1 位于城市的锅炉房，其噪声控制应符合现行国家标准《城市区域环境噪声标准》GB 3096的规定。

锅炉房噪声对厂界的影响，应符合现行国家标准《工业企业厂界噪声标准》GB 12348的规定。

16.2.2 锅炉房内各工作场所噪声声级的卫生限值，应符合国家现行职业卫生标准《工业企业设计卫生标准》GBZ 1的规定。锅炉房操作层和水处理间操作地点的噪声，不应大于85dB(A)；仪表控制室和化验室的噪声，不应大于70dB(A)。

16.2.3 锅炉房的风机、多级水泵、燃油、燃气燃烧器和煤的破碎、制粉、筛选装置等设备，应选用低噪声产品，并应采取降噪和减振措施。

16.2.4 锅炉房的球磨机宜布置在隔声室内，隔声室应按防爆要求设置通风设施。

16.2.5 锅炉鼓风机的吸风口、各设备隔声室和隔声罩的进风口宜设置消声器。

16.2.6 额定出口压力为1.27~3.82MPa(表压)的蒸汽锅炉本体和减温减压装置的放汽管上，宜设置消声器。

16.2.7 非独立锅炉房及宾馆、医院和精密仪器车间附近的锅炉房，其风机、多级水泵等设备与其基础之间应设置隔振器，设备与管道连接应采用柔性接头连接，管道支承宜采用弹性吊架。

16.2.8 非独立锅炉房的墙、楼板、隔声门窗的隔声量，不应小于35dB(A)。

16.3 废水治理

16.3.1 锅炉房排放的各类废水，应符合现行国家标准《污水综合排放标准》GB 8978和《地表水环境质量标准》GB 3838的规定，并应符合受纳水系的接纳要求。

16.3.2 锅炉房排放的各类废水，应按水质、水量分类进行处理，合理回收，重复利用。

16.3.3 湿式除尘脱硫装置、水力除灰渣系统和锅炉清洗产生的废水应经过沉淀、中和处理达标后排放；锅炉排污水应降温至小于40℃后排放；化学水处理的酸、碱废水应经过中和处理达标后排放。

16.3.4 油罐清洗废水和液化石油气残液严禁直接排放；油罐区应设置汇水明沟和隔油池；液化石油气残液应委托国家认可的专业部门处理。

16.3.5 煤场和灰渣场应设置防止煤屑和灰渣冲走和积水的设施，积水处理排放应符合本规范第16.3.1条的要求，同时应设有防治煤灰水渗漏对地下水、饮用水源污染的措施。

16.4 固体废弃物治理

16.4.1 燃煤锅炉房的灰渣应综合利用，烟气脱硫装置的脱硫副产品宜综合利用。

16.4.2 化学水处理系统的固体废弃物，应按危险废弃物分类要求处理。

16.5 绿　化

16.5.1 锅炉房区域的场地应进行绿化。区域锅炉房的绿地率宜为20%，非区域锅炉房的绿化面积应在总体设计时统一规划。

16.5.2 锅炉房干煤棚和露天煤场及灰渣场周围,宜设置绿化隔离带。

17　消　防

17.0.1 锅炉房的消防设计,应符合现行国家标准《建筑设计防火规范》GB 50016和《高层民用建筑设计防火规范》GB 50045的有关规定。

17.0.2 锅炉房内灭火器的配置,应符合现行国家标准《建筑灭火器配置设计规范》GB 50140的规定。

17.0.3 燃油泵房、燃油罐室宜采用泡沫灭火,其系统设计应符合现行国家标准《低倍数泡沫灭火系统设计规范》GB 50151的有关规定。

17.0.4 燃油及燃气的非独立锅炉房的灭火系统,当建筑物设有防灾中心时,该系统应由防灾中心集中监控。

17.0.5 非独立锅炉房和单台蒸汽锅炉额定蒸发量大于等于10t/h或总额定蒸发量大于等于40t/h及单台热水锅炉额定热功率大于等于7MW或总额定热功率大于等于28MW的独立锅炉房,应设置火灾探测器和自动报警装置。火灾探测器的选择及其设置的位置,火灾自动报警系统的设计和消防控制设备及其功能,应符合现行国家标准《火灾自动报警系统设计规范》GB 50116的有关规定。

17.0.6 消防集中控制盘,宜设在仪表控制室内。

17.0.7 锅炉房、运煤栈桥、转运站、碎煤机室等处,宜设置室内消防给水点,其相连接处并宜设置水幕防火隔离设施。

18　室外热力管道

18.1　管道的设计参数

18.1.1 热力管道的设计流量,应根据热负荷的计算确定。热负荷应包括近期发展的需要量。

18.1.2 热水管网的设计流量,应按下列规定计算:

　　1 应按用户的采暖通风小时最大耗热量计算,不宜考虑同时使用系数和管网热损失;

　　2 当采用中央质调节时,闭式热水管网干管和支管的设计流量,应按采暖通风小时最大耗热量计算;

　　3 当热水管网兼供生活热水时,干管的设计流量,应计入按生活热水小时平均耗热量计算的设计流量。支管的设计流量,当生活热水用户有贮水箱时,可按生活热水小时平均耗热量计算;当生活热水用户无贮水箱时,可按其小时最大耗热量计算。

18.1.3 蒸汽管网的设计流量,应按生产、采暖通风和生活小时最大耗热量,并计入同时使用系数和管网热损失计算。

18.1.4 凝结水管网的设计流量,应按蒸汽管网的设计流量减去不回收的凝结水量计算。

18.1.5 蒸汽管道起始蒸汽参数的确定,可按用户的蒸汽最大工作参数和热源至用户的管网压力损失及温度降进行计算。

18.2　管道系统

18.2.1 当用汽参数相差不大,蒸汽干管宜采用单管系统。当用汽有特殊要求或用汽参数相差较大时,蒸汽干管宜采用双管或多管系统。

18.2.2 蒸汽管网宜采用枝状管道系统。当用汽量较小且管网较短,为满足生产用汽的不同要求和便于控制,可采用由热源直接通往各用户的辐射状管道系统。

18.2.3 双管热水系统宜采用异程式(逆流式),供水管与回水管的相应管段宜采用相同的管径;通向热用户的供、回水支管宜为同一出入口。

18.2.4 采用闭式双管高温热水系统,应符合下列要求:

　　1 系统静压线的压力值,宜为直接连接用户系统中的最高充水高度及设计供水温度下相应的汽化压力之和,并应有10～30kPa的富裕量;

　　2 系统运行时,系统任一处的压力应高于该处相应的汽化压力;

　　3 系统回水压力,在任何情况下不应超过用户设备的工作压力,且任一点的压力不应低于50kPa;

　　4 用户入口处的分布压头大于该用户系统的总阻力时,应采用孔板、小口径管段、球阀、节流阀等消除剩余压头的可靠措施。

18.2.5 热水系统设计宜在水力计算的基础上绘制水压图,以确定与用户的连接方式和用户入口装置处供、回水管的减压值。

18.2.6 蒸汽供热系统的凝结水应回收利用,但加热有强腐蚀性物质的凝结水不应回收利用。加热油槽和有毒物质的凝结水,严禁回收利用,并应在处理达标后排放。

18.2.7 高温凝结水宜利用或利用其二次蒸汽。不予回收的凝结水宜利用其热量。

18.2.8 回收的凝结水应符合本规范第9.2.2条中对锅炉给水水质标准的要求。对可能被污染的凝结水,应装设水质监测仪器和净化装置,经处理合格后予以回收。

18.2.9 凝结水的回收系统宜采用闭式系统。当输送距离较远或架空敷设利用余压难以使凝结水返回时,宜采用加压凝结水回收系统。

18.2.10 采用闭式满管系统回收凝结水时,应进行水力计算和绘制水压图,以确定二次蒸发箱的高度和二次蒸汽的压力,并使所有用户的凝结水能返回锅炉房。

18.2.11 采用余压系统回收凝结水时,凝结水管的管径应按汽水混合状态进行计算。

18.2.12 采用加压系统回收凝结水时,应符合下列要求:

1 凝结水泵站的位置应按全厂用户分布状况确定;

2 当1个凝结水系统有几个凝结水泵站时,凝结水泵的选择应符合并联运行的要求;

3 每个凝结水泵站内的水泵宜设置2台,其中1台备用。每台凝结水泵的流量应满足每小时最大凝结水回收量,其扬程应按凝结水系统的压力损失、泵站至凝结水箱的提升高度和凝结水箱的压力进行计算;

4 凝结水泵应设置自动启动和停止运行的装置;

5 每个凝结水泵站中的凝结水箱宜设置1个,常年不间断运行的系统宜设置2个,凝结水有被污染的可能时应设置2个,其总有效容积宜为15～20min的小时最大凝结水回收量。

18.2.13 采用疏水加压器作为加压泵时,在各用汽设备的凝结水管道上应装设疏水阀,当疏水加压器兼有疏水阀和加压泵两种作用时,其装设位置应接近用汽设备,并使其上部水箱低于系统的最低点。

18.3 管道布置和敷设

18.3.1 热力管道的布置,应根据建、构筑物布置的方向与位置、热负荷分布情况、总平面布置要求和与其他管道的关系等因素确定,并应符合下列要求:

1 热力管道主干线应通过热负荷集中的区域,其走向宜与干道或建筑物平行;

2 热力管道不应穿越由于汽、水泄漏将引起事故的场所,应少穿越厂区主要干道,并不宜穿越建筑扩建地和物料堆场;

3 山区热力管道,应因地制宜地布置,并应避开地质灾害和山洪的影响。

18.3.2 热力管道的敷设方式,应根据气象、水文、地质、地形等条件和施工、运行、维修方便等因素确定。居住区的热力管道,宜采用地沟敷设或直埋敷设。符合下列情况之一时,宜采用架空敷设:

1 地下水位高或年降雨量大;

2 土壤具有较强的腐蚀性;

3 地下管线密集;

4 地形复杂或有河沟、岩层、溶洞等特殊障碍。

18.3.3 室外热力管道、管沟与建筑物、构筑物、道路、铁路和其他管线之间的最小净距,宜符合本规范附录A的规定。

18.3.4 架空热力管道沿原有建、构筑物敷设时,应核对原有建、构筑物对管道负载的支承能力。

18.3.5 架空热力管道与输送强腐蚀性介质的管道和易燃、易爆介质管道共架时,应有避免其相互产生安全影响的措施。

18.3.6 当室外有架空的工艺和其他动力等管道时,热力管道宜与之共架敷设,其排列方式和布置尺寸应使所有管道便于安装和维修,并使管架负载分布合理。

18.3.7 架空热力管道在不妨碍交通的地段宜采用低支架敷设,在人行通道地段宜采用中支架敷设,在车辆通行地段应采用高支架敷设。管道(包括保温层、支座和桁架式支架)最低点与地面的净距,应符合下列规定:

1 低支架敷设,不宜小于0.5m;

2 中支架敷设,不宜小于2.5m;

3 高支架敷设,与道路、铁路的交叉净距,应符合本规范附录A的有关规定。

18.3.8 地沟的敷设方式,宜符合下列要求:

1 管道数量少且管径小时,宜采用不通行地沟,地沟内管道宜采用单排布置;

2 管道通过不允许经常开挖的地段或管道数量较多,采用不通行地沟敷设的沟宽受到限制时,宜采用半通行地沟;

3 管道通过不允许经常开挖的地段或管道数量多,且任一侧管道的排列高度(包括保温层在内)大于等于1.5m时,可采用通行地沟。

18.3.9 半通行地沟的净高宜为1.2～1.4m,通道净宽宜为0.5～0.6m;通行地沟的净高不宜小于1.8m,通道净宽不宜小于0.7m。

18.3.10 地沟内管道保温表面与沟壁、沟底和沟顶的净距,宜符合下列要求:

1 与沟壁宜为100～200mm;

2 与沟底宜为150～200mm;

3 与沟顶:不通行地沟宜为50～200mm;

半通行和通行地沟宜为200～300mm。

管道(包括保温层)间的净距应根据管道安装和维修的需要确定。

18.3.11 热力管道可与重油管、润滑油管、压力小于等于1.6MPa(表压)的压缩空气管、给水管敷设在同一地沟内。给水管敷设在热力管道地沟内时,应单排布置或安装在热力管道下方。

18.3.12 热力管道严禁与输送易挥发、易爆、有害、有腐蚀性介质的管道和输送易燃液体、可燃气体、惰性气体的管道敷设在同一地沟内。

18.3.13 直埋热力管道应符合国家现行标准《城镇直埋供热管道工程技术规程》CJJ/T 81和《城镇供热直埋蒸汽管道技术规程》CJJ 104的规定,并应符合下列要求:

1 管道底部高于最高地下水位高度0.5m;当布置在地下水位以下时,管道应有可靠的防水性能,并应进行抗浮计算;

2 对有可能产生电化学腐蚀的管道,可采取牺牲阳极的阴极保护防腐措施。

18.3.14 热力管道地沟和直埋敷设管道在地面和路面下的埋设深度,应符合下列要求:

1 地沟盖板顶部埋深不宜小于0.3m;

2 检查井顶部埋深不宜小于0.3m;

3 直埋管道外壳顶部埋深应符合国家现行标准《城镇直埋供热管道工程技术规程》CJJ/T 81和《城镇供热直埋蒸汽管道技术规程》CJJ 104的有关规定。当直埋管道穿道路时,宜加套管或采用管沟进行防护,管沟上应设设钢筋混凝土盖板。

18.3.15 地下敷设热力管道的分支点装有阀门、仪表、放气、排水、疏水等附件时,应设置检查井,并应符合下列要求:

1 检查井的大小、井内管道和附件的布置,应满足安装、操作和维修的要求,其净高不应小于1.8m;

2 检查井面积大于等于4m² 时,人孔不应少于2个,其直径不应小于0.7m,人孔口高出地面不应小于0.15m;

3 检查井内应设置积水坑,其尺寸不宜小于0.4m×0.4m×0.3m,并宜设置在人孔之下。

18.3.16 通行地沟的人孔间距不宜大于200m,装有蒸汽管道时,不宜大于100m;半通行地沟的人孔间距不宜大于100m,装有蒸汽管道时,不宜大于60m。人孔口高出地面不应小于0.15m。

18.3.17 地沟的设计除应符合本规范第18.3.8条～第18.3.12条及第18.3.14条～第18.3.16条的规定外,尚应符合下列要求:

1 宜将地沟设置在最高地下水位以上,并应采取措施防止地面水渗入沟内,地沟盖上面宜覆土;

2 地沟沟底宜有顺地面坡向的纵向坡度;

3 通行地沟内的照明电压不应大于36V;

4 半通行地沟和通行地沟应有较好的自然通风。

18.3.18 直埋热力管道的沟槽尺寸,宜符合下列要求:

1 管道与管道之间(包括保温、外保护层)净距200～250mm;

2 管道(包括保温、外保护层)与沟槽壁之间净距100～150mm;

3 管道(包括保温、外保护层)与沟槽底之间净距150mm。

18.3.19 地下敷设的热力管道穿越铁路或公路时,宜采用垂直交叉。斜交叉时,交叉角不宜小于45°,交叉处宜采用通行地沟、半通行地沟或套管,其长度应伸出路基每边不小于1m。

18.3.20 采用中、高支架敷设的管道,在管道上装有阀门和附件处应设置操作平台,平台尺寸应保证操作方便。对于只装疏水、放水、放气等附件处,可不设操作平台,将附件装于地面上可以操作的位置,其引下管应保温。

18.3.21 架空敷设管道与地沟敷设管道连接处,地沟的连接口应高出地面不小于0.3m,并应有防止雨水进入地沟的措施。直埋管道伸出地面处应设竖井,并应有防止雨水进入竖井的措施,竖井的断面尺寸应满足管道横向位移的要求。

18.4 管道和附件

18.4.1 管道材料的选用,应符合下列要求:

1 压力大于1.0MPa(表压)和温度大于200℃蒸汽管道、压力大于1.6MPa(表压)和温度小于等于180℃的热水管道,应采用无缝钢管;压力小于1.6MPa(表压)和温度小于200℃的蒸汽管道、压力小于等于1.6MPa(表压)和温度小于等于180℃的热水和凝结水管道,可用无缝钢管或焊接钢管;

2 热力管道当采用不通行地沟或直接埋地敷设时,应采用无缝钢管。当采用架空、半通行或通行地沟敷设时,可采用无缝钢管或焊接钢管,并应符合本条第1款的规定。

18.4.2 室外热力管道的公称直径不应小于25mm。

18.4.3 热水、蒸汽和凝结水管道通向每一用户的支管上均应装设阀门。当支管的长度小于20m时可不装设。

18.4.4 热水、蒸汽和凝结水管道的高点和低点,应分别装设放气阀和放水阀。

18.4.5 蒸汽管道的直线管段,顺坡时每隔400～500m,逆坡时每隔200～300m,均应设启动疏水装置。在蒸汽管道的低点和垂直升高之前,应设置经常疏水装置。

18.4.6 蒸汽管道的经常疏水,在有条件时,应排入凝结水管道。

18.4.7 装设疏水阀处应装有检查疏水阀用的检查阀,或其他检查附件。在不带过滤器装置的疏水阀前应设置过滤器。

18.4.8 室外采暖计算温度小于-5℃的地区,架空敷设的不连续运行的管道上,以及室外采暖计算温度小于-10℃的地区,架空敷设的管道上,均不应装设灰铸铁的设备和附件。室外采暖计算温度小于等于-30℃的地区,架空敷设的管道上,装设的阀门和附件应为钢制。

18.5 管道热补偿和管道支架

18.5.1 管道的热膨胀补偿,应符合下列要求:

1 管道公称直径小于300mm时,宜利用自然补偿。当自然补偿不能满足要求时,应采用补偿器补偿;

2 管道公称直径大于等于300mm时,宜采用补偿器补偿。

18.5.2 热力管道补偿器在补偿管道轴向热位移时,宜采用约束型补偿器。但地沟敷设的热力管道,当无足够的横向位移空间时,不宜采用约束型补偿器。

18.5.3 管道热伸长量的计算温差,应为热介质的工作温度和管道安装温度之差。室外管道的安装温度,可按室外采暖计算温度取用。

18.5.4 采用弯管补偿器时,应预拉伸管道。预拉伸量宜取管道热伸长量的50%。当输送热介质温度大于380℃时,预拉伸量宜取管道热伸长量的70%。

18.5.5 套管补偿器应设置在固定支架一侧的平直管段上,并应在其活动侧装设导向支架。

18.5.6 当采用波形补偿器时,应计算安装温度下的补偿器安装长度,根据安装温度进行预拉伸。采用非约束型波形补偿器时,应在补偿器两侧的管道上装设导向支架。

18.5.7 采用球形补偿器时,宜装设在便于检修的地方。当水平装设大直径的球形补偿器时,两个球形补偿器下应装设滚动支架,或采用低摩擦系数材料的滑动支架,在直管段上应设置导向支架。

18.5.8 管道的转角可采用弯曲半径不小于1倍管径的热压弯头,或采用煨制弯曲半径不小于4倍管径的弯管,介质压力小于于1.6MPa表压的管道可采用焊接弯头。

18.5.9 管道的活动支座宜采用滑动支座。当敷设在高支架、悬臂支架或通行地沟内的管道,其公称直径大于等于300mm时,宜采用滚动(滚轮、滚架、滚柱)支座或采用低摩擦系数材料的滑动支座。

18.5.10 不通行地沟内每根热力管道的滑动支座及其混凝土支墩应错开布置。

18.5.11 当管道直接敷设在另一管道上时,在计算管道的支座尺寸和补偿器的补偿能力时,应计入上、下管道产生的位移量所造成的影响。

18.5.12 计算共架敷设管道的推力时,应计入牵制系数。

附录A 室外热力管道、管沟与建筑物、构筑物、道路、铁路和其他管线之间的净距

A.0.1 架空热力管道与建筑物、构筑物、道路、铁路和架空导线之间的最小净距,宜符合表A.0.1的规定。

表A.0.1 架空热力管道与建筑物、构筑物、道路、铁路和架空导线之间的最小净距(m)

名 称			水平净距	交叉净距
一、二级耐火等级的建筑物			允许沿外墙	—
铁路钢轨			外侧边缘3.0	跨铁路钢轨面5.5①
道路路面边缘、排水沟边缘或路堤坡脚			1.0	距路面5.0②
人行道路边			0.5	距路面2.5
架空导线(导线在热力管道上方)	电压等级(kV)	<1	外侧边缘1.5	1.5
		1～10	外侧边缘2.0	1.0
		35～110	外侧边缘4.0	3.0

注:1 跨越电气化铁路的交叉净距,应符合有关规范的规定。当有困难时,在保证安全的前提下,可减至4.5m。

2 道路交叉净距,应从路拱面算起。

A.0.2 埋地热力管道、热力管沟外壁与建筑物、构筑物的最小净距,宜符合表A.0.2的规定。

表A.0.2 埋地热力管道、热力管沟外壁与建筑物、构筑物的最小净距(m)

名 称	水平净距
建筑物基础边	1.5
铁路钢轨外侧边缘	3.0
道路路面边缘	0.8
铁路、道路的边坡或单独的雨水明沟边	0.8

续表 A.0.2

名　　称	水平净距
照明、通信电杆中心	1.0
架空管架基础边缘	0.8
围墙篱栅基础边缘	1.0
乔木或灌木丛中心	2.0

注：1　当管线埋深大于邻近建筑物、构筑物基础深度时，应用土壤内摩擦角校正表中数值。

　　2　管线与铁路、道路间的水平净距除应符合表中规定外，当管线埋深大于1.5m时，管线外壁至路基坡脚净距不应小于管线埋深。

　　3　本表不适用于湿陷性黄土地区。

A.0.3　埋地热力管道、热力管沟外壁与其他各种地下管线之间的最小净距，宜符合表 A.0.3 的规定。

表 A.0.3　埋地热力管道、热力管沟外壁与其他
各种地下管线之间的最小净距(m)

名　　称			水平净距	交叉净距
给水管			1.5	0.15
排水管			1.5	0.15
燃气管道	压力 (kPa)	≤400	1.0	0.15
		400＜～≤800	1.5	0.15
		800＜～≤1600	2.0	0.15
乙炔、氧气管			1.5	0.25
压缩空气或二氧化碳管			1.0	0.15
电力电缆			2.0	0.50
电力电缆	直埋电缆		1.0	0.50
	电缆管道		1.0	0.25
排水暗渠			1.5	0.50
铁路轨面			—	1.20
道路路面			—	0.50

注：1　热力管道与电力电缆间不能保持2.0m水平净距时，应采取隔热措施。

　　2　表中数值为1m而相邻两管线间埋设标高差大于0.5m以及表中数值为1.5m而相邻两管线间埋设标高差大于1m时，表中数值应适当增加。

　　3　当压缩空气管道平行敷设在热力管沟基础上时，其净距可减小至0.15m。

中华人民共和国国家标准

锅 炉 房 设 计 规 范

GB 50041 - 2008

条 文 说 明

1　总　　则

1.0.1　本条是原规范第1.0.1条的修订条文。

本条文阐明制定本规范的宗旨。其内容与原《锅炉房设计规范》GB 50041—92(以下简称"原规范")第1.0.1条相同，仅将"贯彻执行国家的方针政策，符合安全规定"改写为"贯彻执行国家有关法律、法规和规定"。

1.0.2　本条是原规范第1.0.2条的修订条文。

本条主要叙述本规范适用范围，对原规范第1.0.2条的适用范围，按照国家最新锅炉产品参数系列予以调整：

　　1　以水为介质的蒸汽锅炉的锅炉房，其单台锅炉的额定蒸发量由原来1～65t/h，改为1～75t/h，压力及温度不变。

　　2　热水锅炉的锅炉房，其单台锅炉的额定热功率由原来0.7～58MW，改为0.7～70MW，其他参数不变。

　　3　符合本条第1、2款参数的室外蒸汽管道、凝结水管道和闭式循环热水系统。

1.0.3　本条是原规范第1.0.3条的修订条文。

本规范不适用余热锅炉、垃圾焚烧锅炉和其他特殊类型锅炉(如电热锅炉、导热油炉、直燃机炉等)的锅炉房和城市热力管道设计，特别要指出的是垃圾焚烧锅炉的锅炉房设计问题，近年来虽然垃圾焚烧锅炉的设计与应用发展较快，但因垃圾焚烧锅炉的锅炉房设计有其特殊要求，本规范难以适用，故不包括在内。

城市热力管道设计可按国家现行标准《城市热力网设计规范》CJJ 34 的规定进行。

1.0.4　本条是原规范第1.0.4条的条文。

本条指出锅炉房设计，除应遵守本规范外，尚应符合国家现行的有关标准、规范的规定。主要内容有：

　　1　《城市热力网设计规范》CJJ 34—2002；

　　2　《建筑设计防火规范》GBJ 16；

　　3　《高层民用建筑设计防火规范》GB 50045；

　　4　《锅炉大气污染物排放标准》GB 13271；

　　5　《工业企业设计卫生标准》GBZ 1；

　　6　《湿陷性黄土地区建筑规范》GBJ 25；

　　7　《建筑抗震设计规范》GB 50011 等。

3 基本规定

3.0.1 本条是原规范第2.0.2条第一部分的修订条文。

锅炉房设计首先应从城市(地区)或企业的总体规划和热力规划着手,以确定锅炉房供热范围、规模大小、发展容量及锅炉房位置等设计原则。本条为设计锅炉房的主要原则问题,所以列入基本规定第一条。

对于扩建和改建的锅炉房设计,需要收集的有关设计资料内容较多,本条文强调了应取得原有工艺设备和管道的原始资料,包括设备和管道的布置、原有建筑物和构筑物的土建及公用系统专业的设计图纸等有关资料。这样做可以使改、扩建的锅炉房设计既能充分利用原有工艺设施,又可与原有锅炉房协调一致和节约投资。

3.0.2 本条是原规范2.0.1条的修订条文。

锅炉房设计应该取得的设计基础资料与原规范条文一致,包括热负荷、燃料、水质资料和当地气象、地质、水文、电力和供水等有关基础资料。

3.0.3 本条是原规范第2.0.3条的修订条文。

原规范第2.0.3条条文内容限于当时形势,锅炉房燃料只能以煤为主。随着我国改革开放政策的不断深入,我国对环境保护政策的重视和不断加强环保执法力度,原条文已不适应当前形势发展的要求,锅炉房燃料选用要按新的环保要求和技术要求考虑。现在国内不少大、中城市对所属区域内使用的锅炉燃料作出许多限制,如不准使用燃煤作燃料等。随着我国"西气东输"政策的实施,以燃气、燃油作锅炉燃料得到快速发展。所以本条文对锅炉的燃料选用规定作了较大修改。同时本条文去除了"锅炉房设计应以煤为燃料,应落实煤的供应"等内容。

当燃气锅炉燃用密度比空气大的燃气时,由于燃气密度大,不利扩散,且随地势往下流动,安全性差,故不应设置在地下和半地下建、构筑物内。根据现行国家标准《城镇燃气设计规范》GB 50028规定气体燃料相对密度大于等于0.75时就不得设在地下、半地下或地下室,故本规范也采用此数据,以保证锅炉房安全运行。

对于燃气锅炉房的备用燃料选择,亦应按上述原则进行确定,并应根据供热系统的安全性、重要性、供气部门的保证程度和备用燃料的可能性等因素确定。

3.0.4 本条是原规范第2.0.4条的修订条文。

环境保护是我国的基本国策。锅炉房既是一个一次能源消耗大户,又是一个有害物排放、环境污染的源头。因此,锅炉房设计中对环境治理要求较高。锅炉房有害物除烟气中含有的烟尘、二氧化硫、氧化氮等有害气体外,尚有废水、排气(汽)、废渣和噪声等对环境造成的影响,必须对其进行积极的治理,以减少对周围环境的影响。同时对污染物的排放量也应加以治理,使其最终排放量符合国家和当地有关环境保护、劳动安全和工业企业卫生等方面的标准、规范的规定。

防治污染的工程还应贯彻和主体工程同时设计的要求。

3.0.5 本条是原规范第2.0.5条的修订条文。

本条为设置锅炉房的基本条件,条文内容与原规范相比没有变化,仅对原条文"热电合产"一词改为"热电联产"。

热用户所需热负荷的供应,应根据当地的供热规划确定。首先应考虑由区域热电站、区域锅炉房或其他单位的锅炉房协作供应,在不具备上述条件之一时,才应考虑设置锅炉房。

3.0.6 本条是原规范第2.0.6条的修订条文。

采用集中供热时,究竟是建设热电站,还是区域性锅炉房,牵涉到各方面的因素,需要根据国家热电政策、城市供热规划和通过

技术经济比较后确定。本条文为设置区域锅炉房的基本条件,与原规范条文没有太大变化,仅作个别词句上的改动。在一般情况下,建设区域锅炉房的条件为:

1 对居住区和公用建筑设施所需的采暖和生活负荷的供热,如其市区内无大型热电站或热用户离热电站较远,不属热电站的供热范围时,一般以建设区域锅炉房为宜。鉴于我国的地理环境状况,除东北、西北地区外,采暖期均较短,采用热电联产,以热定电方式集中供热,显然很不经济;即使在东北、西北寒冷地区,采暖时间虽然较长,但如采用热电联产,一般也难以发挥机组的效益。故在此情况下,以建设区域锅炉房进行供热为宜。

2 供各用户生产、采暖通风和生活用热,如本期热负荷不够大、负荷不稳定或年利用时数较低,则以建设区域锅炉房为宜。如果采用热电联产方式进行供热,将会导致发电困难,且经济性差。国务院4部委文件 急计基建(2000)1268号文 关于印发《关于发展热电联产的规定》的通知中规定:"供热锅炉单台容量20t/h及以上者,热负荷年利用大于4000h,经技术经济论证具有明显经济效益的,应改造为热电联产"。根据这一规定精神,应该对本地区热负荷情况进行技术经济分析后再作确定。

3 根据城市供热规划,某些区域的企业(单位)虽属热电站的供热范围,但因热电站的建设有时与企业(单位)的建设不能同步进行,而用户又急需用热,在热电站建成前,必须先建锅炉房以满足该企业(单位)用热要求,当热电站建成后将改由热电站供热,所建锅炉房可作为热电站的调峰或备用的供热热源。

3.0.7 本条是原规范第2.0.7条的修订条文。

按照锅炉房设计程序,在设计外部条件确定后,即进行锅炉房总的容量和单台锅炉容量的确定、锅炉及附属设备的选型和工艺设计。而锅炉房总的容量和单台锅炉容量、锅炉选型和工艺设计的基础是设计热负荷,所以应高度重视设计热负荷的落实工作。实践证明,热负荷的正确与否,会直接影响到锅炉房今后运行的经济性和安全性,而热负荷的核实工作设计单位应负有主要责任。

为正确确定锅炉房的设计热负荷,应取得热用户的热负荷曲线和热平衡系统图,并计入各项热损失、锅炉房自用热量和可供利用的余热后来确定设计热负荷。

当缺少热负荷曲线或热平衡系统图时,热负荷可根据生产、采暖通风和空调、生活小时最大耗热量,并分别计入各项热损失和同时使用系数后,再加上锅炉房自用热量和可供利用的余热量确定。

3.0.8 本条是原规范第2.0.8条的修订条文。

本条为锅炉房设置蓄热器的基本条件,锅炉房设置蓄热器是一项节能措施,在国内外运行的锅炉房中设置蓄热器的数量较多,它具有使锅炉负荷平稳,改善运行状态,提高锅炉运行的经济性与安全性。蓄热器用以平衡不均匀负荷时,外界热负荷低时可蓄热,热负荷高时可放热。所以,当热用户的热负荷变化较大且较频繁,或为周期性变化时,经技术经济比较后,在可能条件下,应首先考虑调整生产班次或错开热用户的用热时间等方法,使热负荷曲线趋于平稳。如在采用以上方法仍无法达到使热负荷平衡情况时,则经热平衡计算后确有需要才设置蒸汽蓄热器。设置蒸汽蓄热器的锅炉房,其设计容量应按平衡后的各项热负荷进行计算确定。

3.0.9 本条是原规范第2.0.9条的条文。

本条文与原规范第2.0.9条的条文相同,仅作个别名词的增改。

条文中规定,专供采暖通风用热的锅炉房,宜选用热水锅炉,以热水作为供热介质,这是就一般情况而言。但对于原有采暖为供汽系统的改扩建工程,或高大厂房的采暖通风以及剧院、娱乐场、学校等公共建筑设施,是否一律改为或采用热水采暖,需视具体情况,经过技术经济比较后确定,不能硬性规定均应改为热水采暖。

供生产用汽的锅炉房,应选用蒸汽锅炉,所生产的蒸汽,直接供生产上应用。

同时供生产用汽及采暖通风和生活用热的锅炉房,是选用蒸汽锅炉、汽水两用锅炉,还是蒸汽、热水两种类型的锅炉,需经技术经济比较后确定。一般的讲,对于主要为生产用汽而少量为热水的负荷,宜选用蒸汽锅炉,所需的少量热水,由换热器制备;主要为热水而少量为蒸汽的负荷,可选用蒸汽、热水锅炉或汽、水两用锅炉。如选用蒸汽锅炉时热水由换热器制备;如选用热水锅炉时,少量蒸汽可由蒸发器产生,但所产生的蒸汽应能满足用户用汽参数的要求;选用汽、水两用锅炉时,同时供应所需的蒸汽和热水。如生产用蒸汽与热水负荷均较大,或所需的两种热介质用一种类型的锅炉无法解决,或虽然解决但却不合理,也可选用蒸汽和热水两种类型的锅炉。

3.0.10 本条是原规范第 2.0.10 条的修订条文。

锅炉房的供热参数,以满足各用户用热参数的要求为原则。但在选择锅炉时,不宜使锅炉的额定出口压力和温度与用户使用的压力和温度相差过大,以免造成投资高、热效率低等情况。同时,在选择锅炉参数时,应视供热系统的情况,做到合理用热。因此在本条文中增加了"供生产用蒸汽压力和温度的选择应以能满足热用户生产工艺的要求为准"。热水热力网最佳设计供、回水温度应根据工程的具体条件,作技术经济比较后确定。

在锅炉房的设计中,当用户所需热负荷波动较大时,应采用蓄热器以平衡不均匀负荷,有条件时尽量做到从高参数到低参数热能的梯级利用,这是合理用能、节约能源的一种有效方法。

3.0.11 本条是原规范第 2.0.11 条的修订条文。

原规范对锅炉选择除上述第 3.0.9 条、第 3.0.10 条的条文规定外,尚应符合下列要求,即:应能有效地燃烧所采用的燃料、有较高的热效率、能适应热负荷变化、有利于环境保护、投资较低、减少运行成本和提高机械化自动化水平等要求。

所谓不同容量与不同类型的锅炉不宜超过 2 种,是指在需要时,锅炉房内可设置同一类型的锅炉而有两种不同的容量,或是选用两种类型的锅炉,但每种类型只能是同一容量。这样的规定是为了尽量减少设备布置和维护管理的复杂性。本条规定是选择锅炉时应注意的问题,以便能满足热负荷、节能、环保和投资的要求。

近年来我国的燃油燃气锅炉制造技术、燃烧设备的配套水平、控制元件和系统设置等,现在都有了显著的进步,有些产品已可以替代进口,这给工程选用带来了方便条件。本条中的关键是全自动运行和可靠的燃烧安全保护。全自动可避免人为误操作,可靠的燃烧安全保护装置指启动、熄火、燃气压力、检漏、热力系统等保护性操作程序和执行的要求,必须准确可靠。

3.0.12 本条是原规范第 2.0.12 条和第 2.0.13 条的修订条文。

锅炉台数和容量的选择,原规范条文比较原则,本次修订时将锅炉台数和容量的选择作了更加明确与详细的规定,便于遵照执行。

本条文规定的锅炉房锅炉总台数:新建锅炉房一般不宜超过 5 台;扩建和改建锅炉房的锅炉总台数一般不宜超过 7 台,与原规范一致仍维持原条文没有变化。锅炉房的锅炉台数决定尚应根据热负荷的调度、锅炉检修和扩建可能性来确定。一般锅炉房的锅炉台数不宜少于 2 台,这里已考虑到备用因素在内。但在特殊情况下,如当 1 台锅炉能满足热负荷要求,同时又能满足检修需要时,尤其是当这台锅炉因停运而对外停止供汽(热)时,如不对生产造成影响,可只设置 1 台锅炉。

本条文增加了对非独立锅炉房锅炉台数的限制,规定不宜超过 4 台。这一方面可以控制锅炉房的面积,另一方面也是为安全的需要,台数越多,对安全措施要求越多。

3.0.13 本条是原规范第 2.0.15 条的条文。

在地震烈度为 6 度到 9 度地区设置锅炉,锅炉及锅炉房均应考虑抗震设防,以减少地震对它的破坏。锅炉本体抗震措施由锅炉制造厂考虑,锅炉房建筑物和构筑物的抗震措施,按现行国家标准《建筑抗震设计规范》GB 50011 执行,在锅炉房管道设计中,

管道支座与管道间应加设管夹等防止管道从管架上脱落措施,同时在管道的连接处应采用橡胶柔性接头等抗震措施。

3.0.14 本条是原规范第 2.0.17 条的修订条文。

锅炉房(包括区域锅炉房)需设置必要的修理、运输和生活设施。锅炉房的规模越大,其必要性也越大,当所属企业或邻近企业有条件可协作时,为避免重复建设,可不单独设置。

4 锅炉房的布置

4.1 位置的选择

4.1.1 本条是原规范第 5.1.1 条、第 5.1.2 条和第 5.1.3 条合并后的修订条文。

原规范条文中锅炉房位置的选择应考虑的要求共 8 款,本次修订后改为 10 款,在内容上也作了修改,各款的主要修改内容如下:

1 为原规范第 5.1.1 条的第一、二款的合并条款,因热负荷及管道布置为一个统一的内容,即锅炉房位置的选择要考虑在热负荷中心,同时这样做可使热力管道的布置短捷,在技术、经济上比较合理。

2 为原规范第 5.1.1 条的第三款,锅炉房应尽可能位于交通便利的地方,以有利于燃料、灰渣的贮运和排送,并宜使人流、车流分开。

3 为原规范第 5.1.2 条的内容,为锅炉房扩建原则。

4 为原规范第 5.1.1 条的第四款内容。

5 为原规范第 5.1.1 条的第五款内容,目的是尽量避免地基做特殊处理,保证锅炉房的安全和节省投资。

6 本款前半段与原规范第 5.1.1 条的第六款一致,去除后半段有关"全年最小频率风向的上风侧和盛行风向的下风侧"内容,改为"全年运行的锅炉房应设置于总体主导风向的下风侧,季节性运行的锅炉房应设置于该季节最大频率风向的下风侧,"以免引起误解。

7、8 与原规范第 5.1.1 条的第七、八款一致。

9 为原规范第 5.1.3 条的内容,为区域锅炉房位置选择的

原则。

10 对易燃、易爆物品的生产企业，为确保安全，其所需建设的锅炉房位置，除应满足本条上述要求外，尚应符合有关专业规范的规定。

4.1.2 本条是原规范第5.1.4条的修订条文之一。

由于锅炉房是具有一定爆炸性危险的建筑，其对周围的危害性极大，因此对新建锅炉房的位置原则上规定宜设置在独立的建筑物内。

4.1.3 本条是原规范第5.1.4条的修订条文之一。

锅炉房作为独立的建筑物布置有困难，需要与其他建筑物相连或设置在其内部时，为确保安全，特规定不应布置在人员密集场所和重要部门（如公共浴室、教室、餐厅、影剧院的观众厅、会议室、候车室、档案室、商店、银行、候诊室）的上一层、下一层、贴邻位置和主要通道、疏散口的两旁。

锅炉房设置在首层、地下一层，对泄爆、安全和消防比较有利。

这里需要说明的是：锅炉房本身高度超过1层楼的高度，设在其他建筑物内时，可能要占2层楼的高度，对这样的锅炉房，只要本身是为1层布置，中间并没有楼板隔成2层，不论它是否深入到该建筑物地下第二层或地面第二层，本规范仍将其作为地下一层或首层。

另外，对锅炉房必须要设置在其他建筑物内部时，本规范还规定了应靠建筑物外墙部位设置的规定，这是考虑到，如锅炉房发生事故，可使危害减少。

4.1.4 本条是原规范第5.1.4条的修订条文之一。

在住宅建筑物内设置锅炉房，不仅存在安全问题，而且还有环保问题，无论从大气污染还是噪声污染等方面看，都不宜将锅炉房设置在住宅建筑物内。

4.1.5 本条是原规范第5.1.6条的修订条文。

煤粉锅炉不适宜使用在居民区、风景名胜区和其他主要环境保护区内，因为这些地区对环保要求较高，煤粉锅炉房难以满足当地环保要求。在这些地区现在使用燃煤锅炉的数量已越来越少，使用煤粉锅炉的几乎没有，它们已逐步被油、气锅炉所代替。为此本规范对煤粉锅炉的使用作出一定的限制，这主要是从保护环境角度考虑。至于沸腾床锅炉目前在这类地区基本上已不再使用，所以在本规范中不再论述。

4.1.6 本条是新增的条文。

循环流化床（CFB）锅炉是近10多年发展起来的一种环保节能型锅炉，它采用低温燃烧，有利于炉内脱硫脱硝；由于该类型的锅炉燃烧完善和具有燃烧劣质煤的功能，因此能起到节约能源的作用。但是这种锅炉排烟含尘量高，对城市环境卫生带来一定影响。这种锅炉型虽然可以使用各种高效除尘设施，如静电除尘器或布袋除尘器等来进行除尘，使烟气排放的污染物浓度达到国家规定的要求，但这些设备价格较高。因此在本规范条文中规定，既要鼓励采用环保节能型锅炉，同时在使用上又要加以适当限制，规定居民区不宜使用循环流化床锅炉。

4.2 建筑物、构筑物和场地的布置

4.2.1 本条是新增的条文。

根据近年来国内锅炉房总体设计的发展趋势逐渐向简洁及空间组合相协调的方向发展。过去人们对锅炉房的概念，一般都与脏、乱、劳动强度大等联系在一起，在锅炉房的设计中往往会忽视其整洁的一面，把锅炉房选型和场地布置放在一个从属地位，因此以往不少锅炉房建筑造型简陋，场地紧张杂乱，安全运行和安装检修存在较多隐患。随着改革开放的深入，城市的扩大和供热工程的发展，对锅炉房设计提出了更新的理念，因此本条文结合目前国内锅炉房发展要求，增订了对锅炉房总体设计方面的规定。

4.2.2 本条是新增的条文。

新建区域锅炉房厂前区的规划应与所在地区的总体规划相协调，协调内容应包括交通、物料运输和人流、物流的出入口等。

根据国内外城市发展规划要求，锅炉房的辅助厂房与附属建筑物，宜尽量采用联合建筑物，并应注意锅炉房立面和朝向，使整体布局合理、美观，这也是适应城市和小区的发展而新增的条文。

4.2.3 本条是新增的条文。

本条为对锅炉房建筑造型和整体布局方面的要求，对工业锅炉房而言，其建筑造型应与所在企业（单位）的建筑风格相协调；对区域锅炉房而言，应与所在城市（区域）的建筑风格相协调。这也是适应城镇和工业企业的发展而新增的条文。

4.2.4 本条基本上是原规范第5.2.1条的条文，仅作个别文字修改。

本条提出充分利用地形，这可使挖方和填方量最小。在山区布置时，对规模和建筑面积较大的锅炉房，可采用阶梯式布置，以减少挖方和填方量。同时，锅炉房设计应注意排水顺畅，且应防止水流入地下室和管沟。

4.2.5 本条是原规范第5.2.2条的修订条文。

锅炉房、煤场、灰渣场、贮油罐、燃气调压站之间，以及和其他建筑物、构筑物之间的间距，因涉及安全和卫生方面的问题，在锅炉房的总体布置上应予以充分重视。在本条文中除列出主要的现行国家标准规范外，尚应执行当地的有关标准和规定。

4.2.6 本条是原规范第5.2.3条的条文。

对运煤量较大的输煤系统，一般采用皮带输送机居多，如能利用地形的自然高差，将煤场或煤库布置在较高的位置，可减少提升高度、缩短运输走廊和减少占地面积，节约投资。同时，煤场、灰场的布置应注意风向，以减少煤、灰对主要建筑物的影响。

4.2.7 本条是新增的条文。

锅炉房建筑物和构筑物的室内底层标高应高出室外地坪或周围地坪0.15m及以上，这是建筑物防水和排水的需要，可避免大雨时室外雨水向锅炉房内部倾注或浸蚀构筑物，而造成不利影响。锅炉间和同层的辅助间地面标高则要求一致，以使操作行走安全。

4.3 锅炉间、辅助间和生活间的布置

4.3.1 本条是原规范第5.3.1条的修订条文。

锅炉间、辅助间和生活间布置在同一建筑物内或分别单独设置，应根据当地自然条件、锅炉间布置及通风采光要求等来确定，本条规定系根据目前国内锅炉房布置的现状，作推荐性的规定。

对于水处理、水泵间、热力站等设备可布置在锅炉间炉前底层，也可布置在辅助楼（间）底层，这要视工艺管道的布置是否便捷、噪声和振动等的影响来确定。

4.3.2 本条是原规范第5.3.2条的修订条文。

原规范对锅炉房为多层布置时，对仪表控制室的设置位置提出了要求。本次规范修订时，考虑到目前国内技术水平的发展，单层布置的锅炉房也有可能设置仪表控制室，故本次规范修订中不提出以锅炉房为多层布置作为设置仪表室设置的先决条件，而只提出仪表控制室设置中应考虑的问题。

仪表控制室的布置位置应根据锅炉房总的蒸发量（热功率）考虑，原则上宜布置在锅炉间运行层上。此时对仪表控制室的朝向、采光、布置地点及司炉人员的观察、操作有一定的要求。同时，应采取措施避免因振动（机械设备或除氧器等）而造成影响。

4.3.3 本条是原规范第5.3.2条的修订条文之一。

对容量大的水处理系统、热交换系统、运煤系统和油泵房，由于系统的仪表和电气表计和控制柜内容比较多，为保证这些设备的使用运行安全，故提出宜分别设置控制室。

当仪表控制室布置在热力除氧器和给水箱的下面时，应考虑到除氧器荷重和除氧器加热振动而造成对土建的安全性以及对建筑防水措施的影响，确保仪表控制室安全。

4.3.4 本条是原规范第5.3.4条的修订条文。

锅炉房对生产辅助间（修理间、仪表校验间、化验室等）和生活

间(值班室、更衣室、浴室、厕所等)的设置问题,应根据国家现行职业卫生标准《工业企业设计卫生标准》GBZ 1和当地的具体条件,因地制宜地加以设置。根据国内现行锅炉房大量调查统计,各单位的生产辅助间和生活间的设置情况不尽一致,难以统一。因此本内容仅为一般推荐性条文,供锅炉房设计时参考。

4.3.5 本条是原规范第5.3.5条的条文。

采光、噪声和振动对化验室的分析工作有较大影响,因此,在设置锅炉房化验室时,应考虑上述影响。同时,由于锅炉房的取样、化验工作比较频繁,因此,也尽量考虑其便利。

4.3.6 本条是原规范第5.3.3条的修改条文。

锅炉房一般都需考虑扩建,运煤系统应从锅炉房固定端,即设有辅助间的一端接入炉前,以免影响以后锅炉房的扩建。

4.3.7 本条是原规范第5.3.6条的修订条文。

本条的规定是为保证锅炉房工作人员出入的安全,或遇紧急状况时便于工作人员迅速离开现场。

4.3.8 本条是原规范第5.3.7条的条文。

锅炉房通向室外的门应向外开启,这是为了方便锅炉房工作人员的出入,同时当锅炉房发生事故时,便于人员疏散;锅炉房内部隔间门,应向锅炉间开启,这是当锅炉房发生事故时,使门趋向自动关闭,减少其他房间因锅炉爆炸而带来的损害,这也有利于其他房间的人员方便进入锅炉间抢险。

4.4 工艺布置

4.4.1 本条是原规范第5.4.1条的修订条文。

本条文是对锅炉房工艺设计的基本要求,是在锅炉房设计中应贯彻的原则。本条文所叙述的各种管线系包括输送汽、水、风、烟、油、气和灰渣等介质的管线,对这些管线应能合理、紧凑地予以布置。

4.4.2 本条是原规范第5.4.6条的修订条文。

锅炉露天、半露天布置或锅炉室内布置问题,经过多年的实践和大量事实的验证,对平均气温较高,常年雨水不多的地区,可以采用露天或半露天布置,至于露天或半露天布置锅炉房容量的划分,从气象条件来看,认为在建筑气候年日平均气温大于等于25℃的日数在80d以上,雨水相对较少的地区,锅炉可采用露天或半露天布置。从目前国内情况来看,一般以单台锅炉容量在35t/h及以上为宜,尤其在我国南方地区,单台锅炉容量大于等于35t/h的锅炉房采用露天或半露天布置的较多。

当锅炉房采用露天或半露天布置时,要求锅炉制造厂在锅炉产品制造时,应提供适合于露天或半露天布置的设施,如锅炉应设置防护顶盖,有顶盖的锅炉钢架应考虑承受顶盖的承载力和当地台风风力的影响,并要考虑负载对锅炉基础设计的影响。锅炉房的仪表、阀门等附件应有防雨、防冻、防风、防腐等措施,在锅炉房的工艺布置中,仪表控制室置于锅炉间室内操作层便于观察操作的地方。

4.4.3 本条是原规范第5.4.7条的条文。

据调查,在非严寒地区锅炉房的风机、水箱、除氧及加热装置、除尘装置、蓄热器、水处理设备等辅助设施和测量仪表,采用露天或半露天布置的较多,但一般都有较好的防护措施,且操作、检修方便,运行安全可靠。对设在居住区内的风机,因噪声大,为防止噪声对居民休息造成影响,故不应露天布置,一般采取密闭小室或安装隔声罩以减轻噪声对周围的影响。

4.4.4 本条是原规范第5.4.5条的修订条文。

锅炉制造厂一般仅提供单台锅炉的平台和扶梯,而锅炉房往往是由多台同型锅炉组成,有时需要将相邻锅炉的平台加以连接;同样,对锅炉房辅助设施、监测和控制装置、主要阀门等需要操作、维修的场所,亦应设置平台和扶梯。如有可能,对管道阀门的开启亦可设置传动装置引至楼(地)面进行远距离操作。

4.4.5 本条是原规范第5.4.2条的条文。

锅炉操作地点和通道的净空高度,规定不应小于2m,这是为便于操作人员能安全通过。但要注意对于双层布置的锅炉房和单台锅炉容量较大(一般为大于等于10t/h)的锅炉房,需要在锅炉上部设起吊装置者,其净空高度应满足起吊设备操作高度的要求。在锅炉、省煤器及其他发热部位的上方,当不需操作和通行的地方,其净空高度可缩小为0.7m,这个高度已使人低身通过。

4.4.6 本条是原规范第5.4.3条的修订条文。

根据规范总则的要求,本规范的适用范围,蒸汽锅炉的锅炉房,其单台锅炉额定蒸发量为1~75t/h;热水锅炉的锅炉房,其单台锅炉额定热功率为0.7~70MW,适用范围较广,所以需按不同类型的锅炉分档规定;这些数据系经大量调查后选取的,表4.4.6所列数据,都是最小值,采用时应以满足所选锅炉的操作、安装、检修等需要为准,设计者可根据锅炉房工艺特点,适当增加。当锅炉在操作、安装、检修等方面有特殊要求时,其通道净距应以能满足其实际需要为准。

5 燃煤系统

5.1 燃煤设施

5.1.1 本条是原规范第3.1.2条的条文。

节约能源,保护环境是我国的基本国策。锅炉房是主要耗能大户,而锅炉是主要用煤设备。据统计,我国环境污染的80%是来自燃料的燃烧,燃煤对环境的污染尤其严重。为此,本条文针对燃煤锅炉房,提出对锅炉燃烧设备选择的要求,首先应根据燃料的品种来确定,并应根据所选煤种来选择锅炉燃烧设备,使其达到对热负荷的适应性强、热效率高、燃烧完善、烟气污染物排放量少以及辅机耗电量低的目的。

5.1.2 本条是原规范第3.1.3条和第3.1.4条合并后的修订条文。

小型燃煤锅炉的锅炉房,一般选用层式燃烧设备的锅炉。层式燃烧设备锅炉排放的烟气通常较其他燃烧设备锅炉排放的烟气含尘量低,有利于环境保护。层式燃烧设备锅炉又以链条炉排锅炉的烟气含尘量为低,因此宜优先采用链条炉排锅炉。

由于结焦性强的煤会破坏链条炉排锅炉的正常运行,而碎焦末不能在链条炉排上正常燃烧,因此这两种燃料不应在链条炉排锅炉上使用。

5.1.3 本条是原规范第8.1.15条的条文。

燃煤块度不符合燃烧要求时,必须经过破碎,并在破碎之前将煤进行磁选和筛选,否则会使燃烧情况不良和损坏设备。当锅炉给煤装置、煤的制备实施和燃烧设备有要求时(如煤粉锅炉和循环流化床锅炉),宜设置煤的二次破碎和二次磁选装置。

5.1.4 本条为新增的条文。

不同型式的燃用固体燃料的锅炉,对入炉燃料的粒度要求是不一样的。本条列出了几种主要燃用固体燃料的锅炉炉型对入炉燃料粒径的要求。

煤粉炉的煤块粒度是考虑了磨煤机对进入煤块粒度的要求。

循环流化床锅炉对入炉燃料粒度规定是考虑到进入循环流化床锅炉的燃料需要在炉内经过多次循环,并在循环中烧透燃尽,整个燃烧系统,只有通过锅炉本体的精心设计,运行中控制流化速度、循环倍率、物料颗粒合理搭配才可能在总体性能上获得最佳效果。循环流化床锅炉的型式不同,燃料性质不同,所要求的燃料粒度也不相同,一般对入炉煤颗粒要求最大为10～13mm。因此,必须在设计中特别注意制造厂提出的对燃料颗粒的要求,以便合理确定破碎设备的型式。

5.1.5 本条是新增的条文。

磨煤机形式的选择对锅炉房安全运行和经济性影响较大,所以本条规定磨煤机的选型,首先应根据煤种、煤质来确定,同时对具体煤种的选择应符合下列要求:

1 当燃用无烟煤、低挥发分贫煤、磨损性很强的煤、煤种、煤质难固定的煤时,宜选用钢球磨煤机。

2 当燃用磨损性不强,水分较高,灰分较低,挥发分较高的褐煤时,宜选用风扇磨煤机。

3 当燃用较强磨损性以下的中、高挥发分($V_{daf}=27\%\sim40\%$)、高水分($M_{ad}\leqslant15\%$)以下的烟煤或燃烧性能较好的贫煤时,宜采用中速磨煤机。中速磨煤机具有设备紧凑、金属耗量少、噪音较低、调节灵活和运行经济性高的优点,所以在煤质适宜时宜优先选用。

5.1.6 本条是新增的条文。

1 循环流化床锅炉给煤机是保证锅炉正常、安全运行的重要设备。给煤机的出力应能保证1台给煤机故障停运时,其他给煤机的能力应能满足锅炉额定蒸发量的100%的给煤量需要。

2 制粉系统给煤机的形式较多,有振动式、胶带式、埋刮板式和圆盘式等。其中圆盘式给煤机的容量较小,且输送距离小,目前已很少采用。胶带式给煤机在运行中易打滑、跑偏、漏煤和漏风。振动式给煤机在运行中漏煤、漏风较大,调节性能较差,当煤质较黏时易堵塞。埋刮板给煤机调节、密封性能均较好,且有较长的输送距离,故此种形式的给煤机使用较多。在工程设计中应根据制粉系统的形式、布置、调节性能和运行可靠性要求选择给煤机。

给煤机的形式应与磨煤机的形式相匹配。钢球磨煤机中间贮仓式制粉系统,可采用埋刮板式、刮板式、胶带式或振动式给煤机;直吹式制粉系统,要求给煤机有较好的密封和调节性能,以采用埋刮板给煤机为最合适。

3 给煤机的台数应与磨煤机的台数相同。为使给煤机具有一定的调节性能,给煤机出力应有一定的裕量。

5.1.7 本条是原规范第3.1.9条的条文。

运行经验表明,给粉机的台数与锅炉燃烧器一次风口数相同,可提高锅炉运行的可靠性。这样做方便燃烧调节。给粉机的出力贮备(出力130%)主要是考虑不使给粉机经常处于最高转速下运转。

5.1.8 本条是原规范第3.1.7条的修订条文。

本条文参照现行国家标准《小型火力发电厂设计规范》GB 50049—94有关原煤仓、煤粉仓和落煤管的设计方面的条文,结合锅炉房设计特点,作局部补充修改。其中对煤粉仓的防潮问题,根据使用经验可考虑设置防潮管等措施。

5.1.9 本条是原规范第3.1.8条的条文。

在圆形双曲线金属小煤斗下部设置振动式给煤机,可使给煤系统运行正常,不会造成堵塞。该种给煤机结构简单、体积小、耗电省、维修方便。给煤机的计算出力不应小于磨煤机计算出力的120%。

5.1.10 本条是原规范第3.1.10条的条文。

为使锅炉房各单元制粉系统能互相调节使用,增加锅炉运行的灵活性,应设置可逆式螺旋输粉机。由于螺旋输粉机是备用设备,故不考虑富裕出力。

5.1.11 本条是原规范第3.1.11条的修订条文。

本条文在原有条文基础上,根据现行国家标准《小型火力发电厂设计规范》GB 50049—94有关章节要求作了调整。除当锅炉燃用的燃料全部是无烟煤以外,燃用其他煤种时,锅炉的制粉系统及设备都应设置防爆设施。

5.1.12 本条是原规范第3.1.12条的条文。

锅炉房磨煤机和排粉机的台数应是一一对应配置,风量与风压应留有一定的裕量。

5.2 煤、灰渣和石灰石的贮运

5.2.1 本条是原规范第8.1.1条的修订条文。

本条文是按原规范第8.1.1条并结合《小型火力发电厂设计规范》GB 50049—94有关内容的修改条文。锅炉房煤场应有卸煤及转堆的设备,需根据锅炉房的规模和来煤的运输方式并结合当地条件,因地制宜地确定。

对大中型锅炉房的用煤,一般为火车或船舶运煤,其卸煤及转堆操作较为频繁,需采用机械化方式来卸煤、转运和堆高。主要设备有抓斗起重机、装载机和码头上煤机械等设备来完成这些作业。

对中小型锅炉房的用煤,一般由当地煤炭公司或附近煤矿供煤,用汽车运煤,中型锅炉房则采用自卸汽车,小型锅炉房采用人工卸煤。

不同的运煤方式,采用不同的卸煤及转堆设备,采用哪一种卸煤及转堆设备,应与当地运输部门协商确定,同时应根据当地具体条件,因地制宜地来选择卸煤方式。

5.2.2 本条是原规范第8.1.2条的条文。

铁路卸煤线的长度是根据运煤车皮数量而定。大型锅炉房一次进煤的车皮数量不会超过8节,车皮长度一般均小于15m,以此可以决定卸煤线的长度。

铁路部门规定,卸车时间不宜超过3h,如超过规定,则要处以罚款。

5.2.3 本条是原规范第8.1.3条的条文。

本条文基本与原规范条文相同,但对个别地区的煤场规模可结合气象条件和市场煤价影响等情况,适当增加贮煤量。本条文规定的两点系经过大量调查后的统计值,故在条文的用词上采用"宜按",以留一定灵活性。锅炉房煤场贮煤量的大小,固然与运输方式有关,但从现实情况来看,锅炉房煤场贮煤量的大小,还与当地气象条件,如冰雪封路、航道冰冻、黄梅雨季及大风停航等影响有关;同时也与供煤季节(如旺季或淡季)、市场煤价、建设地点的基本条件(如旧城锅炉房改造,受条件所限,无地扩建)等因素有关,所以在条文制订时留有适当的灵活性。

5.2.4 本条是原规范第8.1.4条的修订条文。

锅炉房位于经常性多雨地区时,应根据煤的特性、燃烧系统、煤场设备形式等条件来设置一定贮量的干煤棚,以保证锅炉房正常、安全运行。干煤棚容量的确定,原规范为3～5d的锅炉房最大计算耗煤量,《小型火力发电厂设计规范》GB 50049—94中规定采用4～8d耗煤量,为使两个规范一致,本规范亦改为4～8d总耗煤量。

对环境要求高的燃煤锅炉房可设贮煤仓,如在市区建锅炉房可减少占地面积和防止煤尘飞扬。

5.2.5 本条是原规范第8.1.5条的内容。

为防止煤堆的自燃而造成煤场火险,本条文规定对自燃性的煤堆,应有防止煤堆自燃的措施。其措施可为将贮煤压实、定期洒水或其他防止自燃措施,如留通风孔散热等。

5.2.6 本条是原规范第8.1.6条的内容。

贮煤场地坪应做必要的处理,一般为将地坪进行平整、垫石、压实或做混凝土地坪等处理。煤场应有一定坡度并应设置煤场的排水措施，这样可以避免日后煤场塌陷、积水流淌、贮煤流失而影响周围环境等问题。据调查，国内一些锅炉房较少采用这类措施，以致锅炉房周围的环境很差，给锅炉房用煤的贮存造成一定影响。

5.2.7 本条为原规范第8.1.7条的条文。

一般锅炉房用煤都是根据市场供应情况而变，无固定煤种，燃煤使用前需将几种来煤进行混合，以改善锅炉燃烧状况。所以在设计时需考虑设置混煤装置及必要的混煤场地。

5.2.8 本条是原规范第8.1.8条的内容。

运煤系统小时运煤量的计算应根据锅炉房昼夜最大计算耗煤量（应考虑扩建增加量）、运煤系统的昼夜作业时间和不平衡系数（1.1～1.2）等因素确定，其中运煤系统昼夜作业时间与工作班次有关，不同的工作班次，取用不同的工作时间。

5.2.9 本条是原规范第8.1.9条的修订条文。

原规范两班运煤工作制与三班运煤工作制的昼夜作业时间分别为不宜大于12h和18h。根据现行国家标准《小型火力发电厂设计规范》GB 50049—94的规定，两班运煤工作制与三班运煤工作制的昼夜作业时间分别为不宜大于11h和16h，为取得一致，取用后者，故改为不宜大于11h和16h。

5.2.10 本条是原规范第8.1.10条的修订条文。

本条文为对锅炉房运煤设备选择的原则性规定：

1 总耗煤量小于1t/h时，采用人工装卸和手推车运煤方式。因为小于1t/h耗煤量的锅炉房，一般锅炉容量较小，采用人工方式进入炉前翻斗上煤形式，已能满足锅炉上煤要求。

2 总耗煤量为1～6t/h时，一般为中小型锅炉房（锅炉房总容量小于40t/h），以采用间隙式机械化设备为主（斗式提升机或埋刮板机），亦可采用连续机械化运输设备（如带式输送机），可与用户商定。

3 总耗煤量为6～15t/h时，宜采用连续机械化运输设备（带式输送机）运煤。

4 总耗煤量15～60t/h时，锅炉房容量较大（锅炉房总容量一般大于等于100t/h），宜采用单路带式输送机运煤，驱动装置宜有备用。

5 总耗煤量在60t/h以上时，可采用双路运煤系统，因为这种锅炉房属大型锅炉房，本条文参照现行国家标准《小型火力发电厂设计规范》GB 50049—94的规定确定，以便两个规范取得一致。

5.2.11 本条是原规范第8.1.11条的条文。

锅炉炉前煤仓，通常系指在锅炉本体炉前煤斗的前上方，设在锅炉房建筑物上的煤仓。

本条规定的锅炉炉前煤仓的贮存容量，是通过对各地锅炉房煤仓的贮量和常用运煤机械设备事故检修所需时间的调查和统计而制订出的，其内容与原规范条文一致。在制订炉前煤仓的容量时，已考虑到设备有2～4h的紧急检修时间。对目前使用的1～4t/h快装锅炉，在锅炉房设计时一般为单层建筑，锅炉房不设炉前煤仓，而锅炉本体炉前煤斗的贮量一般较小，考虑到这类锅炉可打开锅炉煤闸门后，用人工加煤，因此，将三班运煤的锅炉炉前煤仓（此处即为锅炉本体炉前煤斗）贮量改为1～6h锅炉额定耗煤量。

5.2.12 本条是原规范第8.1.12条的修订条文。

本条所述的锅炉房集中煤仓，系指对锅炉容量不大的锅炉房，此时锅炉台数也不多，为降低锅炉房建筑高度，节约土建费用，把每台锅炉分散设置的炉前煤仓取消，而在锅炉房外设置集中的锅炉房煤仓，该集中煤仓的贮量应按锅炉房额定耗煤量及运煤班次确定，并配备运煤设施。条文中所推荐的煤仓贮量系参照目前一般常用的数据，与原规范8.1.12条一致。

5.2.13 本条是原规范第8.1.16条的修订条文。

如运煤胶带宽度太窄，煤在运输过程中易溢出，造成安全事故，故规定带宽不宜小于500mm。

带式输送机胶带倾角大于16°时，使用中煤块容易滚落，易造成安全事故，故规定胶带倾角不宜大于16°，但输送破碎后的煤时，其倾角可加大到18°。

胶带倾角大于12°时，在倾角段上不宜卸料，因有一定的带速，用刮板卸料，煤将从旁边溢出，故最好是从水平段上卸料。

5.2.14 本条文为原规范第8.1.17条的修订条文，主要参照《小型火力发电厂设计规范》GB 50049—94中有关条文进行修改和补充，如封闭式栈桥和地下甬道的净高从原来的2.2m改为2.5m；栈桥运行通道由原来的0.8m改为1.0m；检修通道的净宽由原来的0.6m改为0.7m，并增加在寒冷地区的栈桥内应有采暖设施的内容。

5.2.15 本条是原规范第8.1.18条的条文。

由于多斗提升机的链条与斗容易磨损，或因煤中没有清除出来的铁片等杂物卡住链条，造成链条断裂，从而造成设备停车抢修或清理。据调查，采用多斗提升机的锅炉房，都反映发生断链较难处理的问题，同时，链条断裂处理的时间较长，一般需要有1个班次的时间才能修复，如有条件能备用1台最好，故仍维持原条文内容。

5.2.16 本条是原规范第8.1.19条的条文。

从受煤斗卸料到带式输送机、多斗提升机或埋刮板输送机之间，极易发生燃料的卡、堵现象，因此，在受煤斗与输煤机之间需要设置均匀给料装置，以防止卡堵现象的发生。

5.2.17 本条是原规范第8.1.20条的条文。

运煤系统的地下构筑物如未采取防水措施或防水措施不好，或地坑内没有排除积水的措施，都将造成地下构筑物积水和积水无法排除的问题，直接影响运煤设施的正常运行甚至带来无法工作的事故，因此，在运煤系统的地下构筑物必须要有防水和排除积水的措施，尤其在地下水位高和多雨地区。

5.2.18 本条是原规范第8.1.22条的修订条文。

为使锅炉房灰渣系统设计合理，经济效益好，应对灰渣系统有关资料如灰渣数量、灰渣特性、除尘器形式、输送距离、当地的地形地势、气象条件、交通运输、环保及综合利用等多种因素分析研究而定，较难具体划分各种系统的适用范围，故在本条文中仅作原则性的规定。

为使循环流化床锅炉排渣能更好地加以综合利用，一般排渣采用干式除渣，为方便输送此渣，应将该渣冷却到200℃以下。故本条提出"循环流化床锅炉排出的高温渣，应经冷渣机冷却到200℃以下后排除"。实际上循环流化床锅炉除渣系统均设有冷渣设备。

5.2.19 本条是原规范第8.1.23条的条文。

随着国家对环境保护和综合利用政策执法力度的加强，国内大多数锅炉房的灰渣都能得到不同程度的综合利用。据调查，多数锅炉房都留有可以贮存3～5d的灰渣堆场作为周转场地，故本条文仍保留原规范灰渣场的贮量。

5.2.20 本条文与原规范第8.1.24条基本相同，仅作局部修改，主要修改内容如下：

1 早期锅炉房规范对该倾角的规定为不宜小于55°，1993年版规范改为不宜小于60°。灰渣的流通除与灰渣斗壁面倾角有关外，还与诸多因素有关，如灰渣的含水量、灰渣的粒度等。但也不是说倾角越大越好，因为这样会增加建筑高度，造成建筑造价的上升。经调查综合认为仍以维持内壁倾角不宜小于60°为好。同时，要求灰渣斗的内壁应光滑、耐磨，以尽量避免灰渣黏结在侧壁下不来，而造成所谓"搭桥"现象。

2 关于灰渣斗排出口与地面的净空高度问题。原规范为：汽车运灰渣时，灰渣斗排出口与地面的净高不应小于2.1m。这是没有考虑运灰渣汽车驾驶室通过排灰渣口，利用倒车与受灰渣斗，再卸入车中。本次修订中将灰渣斗排出口与地面的净高改为不应小于2.3m。主要原因是，据查核，解放牌国产4t自卸汽车（实际载重量为 3.5t) 的全高（即驾驶室高度）为 2.18m，因此将高度改为 2.3m，这样常用的解放牌国产 4t 自卸汽车可以在灰渣斗下自由装卸。同时，考虑到其他型号车辆（如黄河牌 7t 自卸汽车的车身卸料部分高度为 2.1m)，亦可利用汽车后退来卸运灰渣的灵活性。

5.2.21 本条是原规范第 8.1.25 条的条文。

本条文为按常规小时灰渣量的计算方法，其不平衡系数 1.1～1.2 亦维持原规范不做修改。

5.2.22 本条是原规范第 8.1.26 条的条文。

灰渣量大于等于 1t/h 的锅炉房，其锅炉房总容量约为 2 台额定蒸发量为 4t/h 及以上的锅炉房，为减轻劳动强度，改善环境条件，这类容量的锅炉房宜采用机械、气力除灰渣（如刮板或埋刮板输送机等）或水力除灰渣方式（如配置水磨除尘器及水力冲灰渣等）。这类形式的锅炉房国内较多，从实际运行情况来看，使用效果较好，予以保留。

5.2.23 本条是原规范第 8.1.27 条的条文。

除尘器排出的灰应采用密闭式输送系统，以防止二次污染，也可利用锅炉的水力除灰渣系统一起排除，这样既节约投资，又简化布置，在技术和经济上均较合理。但当除尘器排出的灰可以综合利用时（如制空心砖、加气混凝土等），则亦可分别排除，综合利用。

5.2.24 本条是原规范第 8.1.28 条的修订条文。

根据运行经验，常规装有激流喷嘴并敷设镶板的锅炉房灰渣沟，灰沟坡度不应小于 1%，渣沟不应小于 1.5%，液态排渣沟不应小于 2%，在运行中一般都能满足要求，故本条仍保留原规范这部分内容。对输送高浓度灰渣浆或不设激流喷嘴的灰渣沟，其坡度应适当加大。为了节约用水，冲灰沟的水应循环使用，尤其是从水膜除尘器下来的冲灰水，pH 值较低，未中和处理前不应排放，应循环使用，这也有利于防止污染。

灰渣沟的布置，应力求短直，以节约灰渣沟的投资和减少灰渣沟沿途阻力，使灰渣流动顺畅。同时，在锅炉房设计时，必须要考虑到灰渣沟的布置，不影响锅炉房今后的扩建，尽量布置在锅炉房后面或布置在不影响锅炉房今后扩建的地方。

5.2.25 本条是新增的条文。

用于循环流化床锅炉炉内脱硫的石灰石粉，其化学成分和粒度一般按锅炉制造厂的技术要求从市场采购。

一些工厂的实践表明，厂内自制石灰石粉不仅增加了初投资，且厂内环境粉尘污染大，难以治理，因此，应尽量从市场采购成品粉。目前许多工厂采用了这一方式，证明是可行的。

5.2.26 本条是新增的条文。

循环流化床锅炉石灰石粉添加系统是保证锅炉烟气中 SO_2 排放量达标的一个重要系统，为保证运行中石灰石粉的正常供应，确保烟气脱硫效果，特规定有关石灰石贮仓的容量要求。对于厂内设仓的方法可以根据锅炉房的规模和用户的具体要求确定。一般可以按以下方法考虑。

1 中间仓/日用仓系统。本系统是利用石灰石粉密封罐车自带的风机将石灰石粉卸至全厂公用的中间仓，然后将中间仓内石灰石粉通过仓泵及正压密相气力输送系统送至每台锅炉的炉前日用仓，再通过炉前石灰石粉给料机及石灰石粉输送风机将石灰石粉送进每台锅炉的炉膛。该系统较正规，系统复杂，投资大，较适用于锅炉台数多，单台容量大的场合。

2 中间仓直接进炉系统。该系统没有炉前日用仓系统，利用专用仓泵直接将中间仓的石灰石粉送至每台锅炉的炉膛。该系统相对简单，但由于受仓泵扬程限制，较适合于锅炉台数为 1～2 台的场合。

3 炉前直接与煤混合系统。该系统一般在每台锅炉的炉前煤仓附近设石灰石粉仓，厂外来的石灰石粉打包后由单轨吊卸至炉前石灰石粉仓，然后直接由给料机将石灰石粉随煤一起进入锅炉。该系统最简单，投资最省，但工人劳动强度大，脱硫效果最差，不推荐采用这一系统。

石灰石粉一般采用公路运输，故规定了中间仓为 3d 的容量。

5.2.27 本条是新增的条文。

石灰石粉的厂内输送，采用气力方式，可以保证石灰石粉的质量和防止对环境造成污染。

6 燃油系统

6.1 燃油设施

6.1.1 本条是原规范第 3.2.8 条的修订条文。

燃油锅炉燃烧器的选择应根据燃油特性和燃烧室的结构特点进行，同时要考虑燃烧的雾化性能好和对负荷变化的适应性，要考虑其燃烧烟气对大气污染及噪声对周围环境的影响。

6.1.2 本条是原规范第 3.2.6 条的条文。

重油温度低时，黏度大，用管道输送困难，更不能满足雾化燃烧要求。因此锅炉在冷炉启动点火时，必须把重油加热到满足输送和雾化燃烧所需的温度。当锅炉房缺乏加热汽源时，则需要采用其他加热重油的措施。现在常用电加热或轻油系统、燃气系统置换等作为辅助办法，待锅炉产汽后再切换成蒸汽加热。

6.1.3 本条是原规范第 3.2.15 条的条文。

燃油锅炉房采用蒸汽为热源，加热重油进行雾化燃烧，较为经济合理，适合国情。采用电热式油加热器作为锅炉房冷炉启动点火或临时性加热重油是可取的，但不应作为加热重油的常用设备。

6.1.4 本条是原规范第 3.2.12 条的修订条文。

供油泵是燃油锅炉房的心脏，若供油泵停止运行，锅炉房生产运行便会中断。因此供油泵在台数上应有备用，而且在容量上应有一定的富裕量。原条文扬程富裕量不够具体，此次修订中将扬程的富裕量具体为 10%～20%。

6.1.5 本条是原规范第 3.2.13 条的条文。

燃油锅炉房中常用容积式供油泵和螺杆泵，泵体上一般都带有超压安全阀，但也有部分本体上不带安全阀。为避免因油泵出口阀门关闭而导致油泵超压，必须在出口阀前靠近油泵处的管道上另装设超压安全阀。由于各油泵厂生产的油泵产品结构不一致，为了供油管道系统的安全运行，当采用容积式供油泵时，必须在泵体和出口管段上装设超压安全阀。

6.1.6 本条是原规范第 3.2.14 条的修订条文。

根据以前对 100 多个单位的调查统计，约有 2/3 的燃油锅炉房油加热器不设置备用，仅有 1/3 的燃油锅炉房油加热器设置备用。不设置备用的锅炉房，利用停运和假期进行油加热器的清理和检修，而常年不间断供热的锅炉房没有清理和检修机会，一旦发生故障将会影响生产。为保证正常供热要求，对常年不间断供热的锅炉房，应装设备用油加热器。考虑到原条文加热面富裕量不够具体，此次修订中将加热面适当的富裕量具体为 10%。

6.1.7 本条是原规范第 3.2.22 条的修订条文。本条在原条文的内容上增加了 3 点内容：

1 明确了日用油箱应安装在独立的房间内。

2 当锅炉房总蒸发量大于等于 30t/h 或总热功率大于等于 21MW 时，由于室内油箱容积不够，故应采用连续进油的自动控制装置。

3 当锅炉房发生火灾事故时，室内油箱应自动停止进油。

日用油箱油位，一般采用高低油位位式控制，但当锅炉房容量较大时，日用油箱低油位，贮油量不足锅炉房 20min 耗油量时，应采用油位连续自动控制，30t/h 锅炉房耗油量约为 2000kg/h，20min 耗油量约为 670kg，因此本规范按锅炉房总蒸发量 30t/h 耗油量作为界线。

6.1.8 本条是原规范第 6.2.23 条的条文。

通过调查，燃油锅炉房装设在室外的中间油箱的容量，约有 90% 以上的锅炉房不超过 1d 的耗油量就可满足锅炉房正常运行的要求，而且设计上一般也按此执行，未发现不正常现象。

6.1.9 本条是原规范第 3.2.20 条的修订条文。

锅炉房内的油箱应采用闭式油箱，避免箱内逸出的油气散发到室内。否则，不但影响工人的身体健康，而且油气长期聚存在室内，有可能形成可燃爆炸性气体的危险。闭式油箱上应装设通气管接到室外。通气管的管口位置方向不应靠近有火星散发的部位。通气管上应设置阻火器和防止雨水从管口流入油箱的设施。

6.1.10 本条是原规范第 3.2.18 条的条文。

在布置油箱的时候，宜使油箱的高度高于油泵的吸入口，形成灌注头，使油能自流入油泵，避免油泵空转而不出油。

6.1.11 本条是原规范第 3.2.19 条的条文。

设在室内的油箱应有防火措施，当发生危险事故时，应把油箱内的油迅速排出，放到室外事故油箱或具有安全贮存的地方。

紧急排油管上的阀门，应设在安全的地点，当事故发生，采取紧急排放操作时，不应危急人身的安全。

从安全角度考虑，排油管上明确并列装设手动和自动紧急排油阀，同时结合民用建筑锅炉房的特点，自动紧急排油阀应有就地启动和防灾中心遥控启动的功能。

6.1.12 本条是新增的条文。

室外事故贮油罐的容积大于等于室内油箱的容积，可以保证在室内油箱需要放空时可以放空，保证安全。室外事故贮油罐采用埋地布置，可以使室内日用油箱事故排空方便，本身也安全和有利总图布置。

6.1.13 本条是原规范第 3.2.21 条的条文。

室内重油被加热的温度，按适合沉淀脱水和黏度的需要，60 号重油为 50～74℃；100 号重油为 57～81℃；200 号重油为 65～80℃。如超过 90℃易发生冒顶事故。

6.1.14 本条是原规范第 3.2.24 条的条文。

燃油锅炉房的锅炉点火用的液化气，如用罐装液化气，则贮罐不应设在锅炉房内，因液化气属于易燃易爆气体，应存放在用非燃烧墙隔开的专用房间内。

6.1.15 本条是原规范第 3.2.25 条的条文。

根据用户反映，由于锅炉燃烧器雾化性能不良，未燃尽的油气可能逸至锅炉尾部，凝聚在受热面上成为油垢，当这种油气聚积到一定程度，即可着火燃烧，形成尾部二次燃烧现象。这种情况发生后，往往对装有空气预热器的锅炉，会把空气预热器烧坏；对未装空气预热器的锅炉，当二次燃烧发生时，亦影响锅炉的正常运行。为了解决二次燃烧问题，采用蒸汽吹灰或灭火是比较方便有效的防止措施。

6.1.16 本条是新增的条文。

煤粉锅炉和循环流化床锅炉一般采用燃油点火及助燃。如点火及助燃的总的燃油耗量不大，为简化系统，往往采用轻油点火及助燃。根据了解油罐的数量：当单台锅炉容量小于等于 35t/h 时，设置 1 个 20m³ 油罐即可满足要求；当单台锅炉容量大于 35t/h 时，设置 2 个 20m³ 油罐即可满足要求。

6.1.17 本条是新增的条文。

煤粉锅炉和循环流化床锅炉点火油系统供油泵的出力和台数，参照现行国家标准《小型火力发电厂设计规范》GB 50049—94 规定。

6.2 燃油的贮运

6.2.1 本条是原规范第 8.2.1 条的修订条文。

贮油罐的容量，主要取决于油源供应情况，应根据油源远近以及供油部门对用户贮油量要求等因素考虑，同时应根据不同的运输方式而有所差异。从以前对燃油锅炉房的调研中看，大部分的燃油锅炉房的贮油量符合本条的要求：铁路运输一般为 20～30d 锅炉房的最大计算耗油量；油驳运输考虑到热带风暴和其他停航原因以及装卸因素，最大计算耗油量也是按 20～30d 锅炉房的最大计算耗油量考虑。

汽车油槽车运油，一般距油源供应点较近，运输比较方便，贮油量可以相应减少。但考虑到应有必要的库存及汽车检修和节日等情况，贮油罐考虑一定的贮存量是需要的。根据调查，在条件好的地区，采用 3～5d 的贮油量就可满足要求，而在一些地区则需要 1 个多星期的贮油量。为此，本条以前规定汽车运油一般为 5～10d 的锅炉房最大计算耗油量。但考虑到非独立的民用建筑锅炉房场地紧张的特点，且目前汽车油槽车供油方便，贮油罐从 5～10d 减少到 3～7d。

管道输油比较可靠，但也要考虑到设备和管道的检修要求，一般按 3～5d 的锅炉房最大计算耗油量确定贮油罐的容量。

6.2.2 本条是原规范第 8.2.2 条的条文。

对锅炉房燃用重油或柴油，应考虑在全厂总油库中统一贮存，以节约投资。当由总油库供油在技术、经济上不合理时，方宜设置锅炉房的专用油库。

6.2.3 本条是原规范第 8.2.3 条的修订条文。

燃油锅炉房的重油贮油罐一般均采用不少于 2 个，1 个沉淀脱水，1 个工作供油，互相交替使用，且便于倒换清理。本条在原来的条文上增加了轻油罐不宜少于 2 个的内容，其原因也是如此。

6.2.4 本条是原规范第 8.2.4 条的条文。

为了防止重油罐的冒顶事故，重油被加热后的温度应比当地大气压力下水的沸点温度至少低 5℃；为了保证安全，且规定油温应低于罐内油的闪点 10℃。设计时应取这两者中的较低值作为油加热时应控制的温度指标。

6.2.5 本条是原规范第 8.2.5 条的条文。

防火堤的设计应符合现行国家标准《建筑设计防火规范》GB 50016 的要求。

根据现行国家标准《建筑设计防火规范》GB 50016 第 4.4.8 条的规定，沸溢性与非沸溢性液体贮罐或地下贮罐与地上、半地下贮罐，不应布置在同一防火堤范围内。沸溢性油品系含水率在 0.3%～4.0% 的原油、渣油、重油等的油品。重油的含水率均在 0.3%～4.0% 的范围内，属沸溢性油品；而轻柴油属非沸溢性油品,两者不应布置在同一防火堤内。

6.2.6 本条是原规范第8.2.6条的条文。

在以前调研中看到,有些单位在设置轻油罐的场所没有采取防止轻油滴、漏流失的措施,以致周围地面浸透轻油,房间油气浓厚,很不安全;而有些单位采用油槽或装砂油槽,定期清埋,效果很好。

6.2.7 本条是原规范第8.2.7条的条文。

按经验和常规做法,输油泵均应设置2台或2台以上,其中有1台备用。如果该油泵是总油库的输油泵,则不必设专用输油泵,但必须保证满足室内油箱耗油量的要求。

6.2.8 本条是原规范第8.2.8条的条文。

为了保证输油泵的安全正常运行,泵的吸入口的管段上应装设油过滤器。油过滤器应设置2台,清洗时可相互替换备用。滤网网孔的要求,按油泵的需要考虑,一般采用8~12目/cm。滤网的流通面积,一般为过滤器进口管截面积的8~10倍,便可满足油泵的使用要求。

6.2.9 本条是原规范第8.2.9条的条文。

油泵房至油罐的管道地沟必须隔断,以免油罐发生着火爆炸事故时,油品顺着地沟流至油泵房,造成火灾蔓延至油泵房的危险。以前在燃油锅炉房的运行中,曾出现过油罐爆炸起火,火随着燃油流动蔓延到油泵房,将油泵房也烧掉的实例,因此在地沟中应以非燃烧材料砌筑隔断或填砂隔断。

6.2.10 本条是原规范第8.2.10条的条文。

油管道采用地上敷设,维修管理方便,出现事故时,能及时发现,抢修快。

油管道采用地沟敷设时,在地沟进锅炉房建筑物处应填砂或设置耐火材料密封隔断,以防事故蔓延和发展。

7 燃气系统

7.0.1 本条是原规范第3.3.4条的修订条文之一。

燃烧器型号规格由设计确定时,本条提出选择燃烧器的主要技术要求,同时还应考虑价格因素和环保要求。

7.0.2 本条是原规范第3.3.4条的修订条文之一。

考虑到锅炉房的备用燃料,与正常使用的燃料性质有所不同,为使锅炉燃烧系统在使用备用燃料时也能正常运行,规定对锅炉燃烧器的选用应能适应燃用相应的备用燃料是必要的。

7.0.3 本条是新增的条文。

由于液化石油气密度约是空气密度的2.5倍,为防止可能泄漏的气体随地面流入室外地道、管沟(井)等设施聚积而发生危险,增加此强制性条文规定。

7.0.4 本条是新增的条文。

现行国家标准《城镇燃气设计规范》GB 50028对燃气净化、调压箱(站)和计量装置设计等有明确规定,锅炉房设计遵照该规范进行。

7.0.5 本条是原规范第3.3.8条的修订条文。

调压箱露天布置或设置在通风良好的地上独立建构筑物内,即使系统有泄漏也较安全。东南亚地区小型燃气调压箱设置在建筑物地下室比较普遍,其产品也已进入我国,但由于技术管理水平差异较大,放在地下建、构筑物内仍不适合我国国情。

8 锅炉烟风系统

8.0.1 本条是原规范第6.1.1条的条文。

单炉配置鼓风机、引风机有漏风少、省电、便于操作的优点。目前锅炉厂对单台额定蒸发量(热功率)大于等于1t/h(0.7MPa)的锅炉,都是单炉配置鼓风机、引风机。在某些情况下,也不排斥采用集中配置鼓风机、引风机的可能,但为了防止漏风量过大,在每台锅炉的风道、烟道与总风道、烟道的连接处,应装设严密性好的风道、烟道门。

这里要指出,因在使用循环流化床锅炉时,鼓风机往往由一、二次风机代替,抛煤机链条炉送风部分设有二次风机,对此本规范有关条文所指的鼓风机包含循环流化床锅炉使用的一、二次风机和抛煤机链条炉的二次风机。

8.0.2 本条是原规范第6.1.2条修订条文。

选用高效、节能和低噪声风机是锅炉房设计中体现国家有关节能、环境保护政策的最基本要求。国内新型风机产品的不断涌现,也为设计提供了选用的条件。

风机性能的选用,与所配置的锅炉出力、燃料品种、燃烧方式和烟风系统的阻力等因素有关,应进行设计校核计算确定,同时要计入当地的气压和空气、烟气的温度、密度的变化对所选风机性能的修正。

第3款是原规范第6.1.2条第三款的修订条文,原规范对风机的风量、风压的富裕量的规定是合适的,只是增加了近年来涌现的循环流化床锅炉配置风机的风量、风压富裕量规定,与炉排锅炉等同。

第4款是新增的条文。考虑到单台容量大于等于35t/h或29MW锅炉配置的风机其电机功率较大,采用调速风机可取得好的节电效果。如果技术经济分析的结果合理,小于等于35t/h或29MW锅炉的风机也可采用调速风机。

8.0.3 本条是新增的条文。

循环流化床锅炉的返料运行工况如何,是保证循环流化床锅炉能否维持正常运行的关键。为确保循环流化床锅炉的安全正常运行,对返料风机应配置2台,1台正常使用1台备用。

8.0.4 本条是原规范第6.1.3条的修订条文。

1 这是一般要求,这样可以使风道、烟道阻力小。

2 风道、烟道的阻力均衡可以使燃烧工况好。

3、4 多台锅炉合用1座烟囱或1个总烟道时,烟道设计应使各台锅炉引力均衡,并可防止各台锅炉在不同工况运行时,发生烟气回流和聚集情况。烟道设计应按本条规定进行,以确保安全。

5 地下烟道清灰困难,容易积水。地上烟道有便于施工、易清灰等优点,故推荐采用地上烟道。

6 因烟道和热风道存在热膨胀,故应采取补偿措施。近10多年来非金属补偿器由于耐温性能和隔音性能等诸多优点,发展很快,推荐使用。

7 设计风道、烟道时,应在适当位置设置必要的测点,并满足测试仪表及测点对装设位置的技术要求。

8.0.5 本条是新增的条文。

1 燃油、燃气和煤粉锅炉的锅炉房发生爆炸的事故较多,需要注意防范。对燃油、燃气锅炉的烟道宜单炉配置,以防止数台锅炉共用总烟道时,烟道死角积存的可燃气体爆炸和烟气系统互相影响。为了满足当地对烟囱数量的要求,多根烟囱可采用集束式或组合套筒的方式。为避免单台锅炉烟道爆炸影响到其他锅炉的正常运行故提出本款规定。

当锅炉容量较大、因布置限制或其他原因,几台炉只能集中设置1座烟囱时,必须在锅炉烟气出口处装设密封可靠的烟道门,以防烟气倒入停运的锅炉。烟道门应有可靠的固定装置,确保运行时,处于全开位置并不得自行关闭。

2 燃油、燃气和煤粉锅炉的未燃尽介质,往往会在烟道和烟囱中产生爆炸,为使这类爆炸造成的损失降到最小,故要求在烟气容易集聚的地方装设防爆装置。

3 砖砌烟囱或烟道会吸附一定量烟气,而燃油、燃气锅炉的烟气中往往有可燃气体存在,他们被砖砌烟囱或烟道吸附,在一定条件件下可能会造成爆炸。砖砌烟囱或烟道的承压能力差,所以要求钢制或混凝土构筑。

由于燃气锅炉的烟气中水分含量较高,故提出在烟道和烟囱最低点,设置水封式冷凝水排水管道的要求。

4 使用固体燃料的锅炉,当停止使用时,烟道系统中可能有明火存在,所以它和燃油、燃气锅炉不得共用1个烟囱,以免烟气中夹带的可燃气体遇明火造成爆炸。

5 水平烟道长度过长,将增加烟气的流动阻力,应尽量缩短其长度。

6 烟气中的冷凝水宜排向锅炉,也可在适当位置设排水装置将冷凝水排出。

7 此条是考虑到钢制烟囱的腐蚀问题。

8.0.6 本条是原规范第6.1.4条的修订条文。

锅炉烟囱的高度除应符合现行国家标准《锅炉大气污染物排放标准》GB 13271规定外,还应符合当地政府颁布的锅炉排放地方标准的规定。

对机场附近的锅炉房烟囱高度还应征得航空管理部门和当地市政规划部门的同意。

9 锅炉给水设备和水处理

9.1 锅炉给水设备

9.1.1 本条是原规范第7.1.1条的条文。

锅炉房供汽的特点是负荷变化比较大,在选择电动给水泵时,应按热负荷变化的情况,对给水泵的单台容量和台数进行合理的配置,才能保证给水泵正常、经济地运行。

9.1.2 本条是原规范第7.1.2条的条文。

给水泵应有备用,以便在检修时,启动备用给水泵以保证锅炉房的正常供汽。在同一给水母管系统中,给水泵的总流量,应当在最大1台给水泵停止运行时,仍能满足所有运行锅炉在额定蒸发量时所需给水量的110%。给水量包括蒸发量和排污量。有些锅炉房采用减温装置或蓄热器设备,这些设备的用水量应予考虑,在给水泵的总流量中应计入其量。减温水耗量可根据热平衡计算确定。

9.1.3 本条是原规范第7.1.3条的条文。

对同类型的给水泵且扬程、流量的特性曲线相同或相似时,才允许并联运行,各个泵出水管段宜连接到同一给水母管上。对不同类型的给水泵(如电动给水泵与汽动往复式给水泵)及虽同类型但不同特性的给水泵均不能作并联运行,因此,应按不能并联运行的情况采用不同的给水母管。

9.1.4 本条是原规范第7.1.4条和第7.1.5条合并后的修订条文。

根据多年来锅炉房给水泵备用的实际使用情况,由于汽动给水泵的噪声和振动严重,且日常维护困难,已不再用汽动给水泵作为电动给水泵的工作备用泵,而采用同类型的电动给水泵为工作备用泵。只有当锅炉房为非一级电力负荷、停电后会造成锅炉事

故时,才应采用汽动给水泵为电动给水泵的事故备用泵(一般为自备用),规定汽动给水泵的流量应满足所有运行锅炉在额定蒸发量时所需给水量的20%～40%,是为保证运行锅炉不缺水,不会造成安全事故。

9.1.5 本条是原规范第7.1.7条的修订条文。

条文将原条文中给水泵扬程计算中"适当的富裕量"作了具体的量化。

9.1.6 本条是原规范第7.1.8条的条文。

锅炉房一般设置1个给水箱,对常年不间断供热的锅炉房,应设置2个给水箱或除氧水箱,以便其中1个给水箱进行检修时,还有另1个水箱运行,不致影响锅炉的连续运行。根据以往调研给水箱或除氧水箱的总有效容量宜为所有运行锅炉在额定蒸发量时所需20～60min的给水量是合适的,小容量锅炉房可取上限值。

9.1.7 本条是原规范第7.1.9条的条文。

为防止锅炉给水泵产生汽蚀,必须保证锅炉给水泵有足够的灌注头,使给水泵进水口处的静压力高于此处给水的汽化压力。给水泵进水口处的静压与给水箱水位和给水泵中心标高差的代数和值有关,对于闭式给水系统的热力除氧器,还与给水箱的工作压力、给水泵的汽蚀余量、给水泵进水管段的压力损失有关。因此,灌注头不应小于条文中给出的各项代数和,其中包括3～5kPa的富裕量。

9.1.8 本条是新增的条文。

随着多种新型的低汽蚀余量的给水泵的研制成功,成套的低位布置的热力除氧设备获得应用。其热力除氧水箱的布置高度应符合设备的要求,以保证给水泵运行时进口处不发生汽化。

9.1.9 本条是原规范第7.1.10条的条文。

锅炉房用工业汽轮机驱动代替电力驱动锅炉给水泵,是降低能耗、合理利用热能的一种有效措施。结合我国目前工业汽轮机产品的供应情况,锅炉房的维修管理水平,以及实际的经济效果等因素考虑,对于单台锅炉额定蒸发量大于等于35t/h,额定出口压力为2.5～3.82MPa表压,热负荷连续而稳定,且所采用蒸汽驱动的给水泵其排汽可作为除氧器或原水加热等用途时,一般可考虑采用工业汽轮机驱动的给水泵作为常用给水泵,而用电力给水泵作为备用泵。对于其他情况的锅炉房,是否宜于采用工业汽轮机驱动的给水泵作为常用给水泵,应经技术经济比较确定。

9.2 水 处 理

9.2.1 本条是原规范第7.2.1条的条文。

本条对锅炉房水处理工艺设计提出明确的原则和要求。

9.2.2 本条是原规范第7.2.2条的修订条文。

额定出口压力小于等于2.5MPa(表压)的蒸汽锅炉、热水锅炉的水质,应符合现行国家标准《工业锅炉水质》GB 1576的规定。

额定出口压力大于2.5MPa(表压)、小于等于3.82MPa(表压)的蒸汽锅炉,其水质量标准,国家未作统一规定。本次修订明确对这类锅炉的汽水质量,除应符合锅炉产品和用户对汽水质量的要求外,并应符合现行国家标准《火力发电机组及蒸汽动力设备汽水质量》GB/T 12145的有关规定。

9.2.3 本条是原规范第7.2.3条的条文。

锅炉房原水悬浮物含量如果超过离子交换设备进水指标要求,会造成离子交换器内交换剂的污染,结块严重,致使交换剂失效而使水质恶化,出力降低。为此,条文规定当原水悬浮物含量大于5mg/L时,进入顺流再生固定床离子交换器前,应过滤;当原水悬浮物含量大于2mg/L时,进入逆流再生固定床离子交换器前,应过滤;对于原水悬浮物含量大于20mg/L或经石灰水处理的原水,需先经混凝、澄清,再经过滤处理。

9.2.4 本条是原规范第7.2.4条的条文。

压力式机械过滤器是锅炉房原水过滤的常用设备,选择过滤器的要求是容易做到的。

9.2.5 本条是原规范第 7.2.5 条的条文。

原水水压不能满足水处理工艺系统要求时,应设置原水加压设施,具体做法要根据水处理系统的要求和现场情况确定。

9.2.6 本条是原规范第 7.2.6 条的修订条文。

根据现行国家标准《工业锅炉水质》GB 1576 的规定,对原条文作了相应修改。

除条文根据现行国家标准规定蒸汽锅炉、汽水两用锅炉和热水锅炉的给水应采用锅外化学水处理系统,第 1、2 款规定了可采用锅内加药水处理的蒸汽锅炉和热水锅炉的范围。不属于所述范围的蒸汽锅炉和热水锅炉,不应采用锅内加药水处理。凡采用锅内加药水处理的蒸汽锅炉和热水锅炉,应加强对其锅炉的结垢、腐蚀和水质的监督,做好运行操作工作。

9.2.7 本条是原规范第 7.2.7 条的修订条文。

根据现行国家标准《工业锅炉水质》GB 1576 的规定,采用锅内加药水处理除应符合本规范 9.2.6 条规定的锅炉范围外,还应符合本条规定。

本条第 1、2 款由原条文中的对"原水"悬浮物和总硬度的要求,改为对"给水"悬浮物和总硬度的要求,符合《工业锅炉水质》GB 1576 的要求。其中第 2 款相应改为蒸汽锅炉和热水锅炉的给水总硬度有不同的要求。

本条第 3、4 款是当采用锅内加药水处理时,应从设计上保证有使锅炉不结垢或少结垢的措施。

9.2.8 本条是原规范第 7.2.8 条的修订条文。

采用锅外化学水处理时,锅炉排污率主要是指蒸汽锅炉,而锅内加药水处理和热水锅炉的排污率可不受本条规定限制。

近年来,蒸汽锅炉已由单纯用于供热发展为用于中小型供热电厂。对于单纯供热和用于供热电厂的蒸汽锅炉。无论对汽水品质的标准和经济性的要求都是不同的。结合原规范条文的规定和现行国家标准《小型火力发电厂设计规范》GB 50049 有关条文的规定,将原条文对蒸汽锅炉排污率的规定由 2 款改为 3 款,前 2 款是对单纯供热的蒸汽锅炉,与原条文相同。第 3 款是对供热式汽轮机组的蒸汽锅炉,按不同的水处理方式规定了不同的排污率。

9.2.9 本条是原规范第 7.2.9 条的条文。

本条规定了蒸汽锅炉连续排污水的热量应合理利用,连续排污水的热量利用方法很多,这既能提高热能利用率,又可节省排污水降温的水耗。

9.2.10 本条是原规范第 7.2.10 条的条文。

本条文明确规定了计算化学水处理设备出力时应包括的各项损失和消耗量。

9.2.11 本条是原规范第 7.2.11 条的条文。

本条文将原条文中水硬度单位改为摩尔硬度单位。

本条所述化学软化水处理设备在锅炉房设计中均有选用,根据多年试验和运行总结如下:

固定床逆流再生离子交换器与顺流再生相比,由于再生条件好,效率高,故再生剂耗量和清洗水耗量低,且进水总硬度可以较高(一般为 6.5mmol/L 以下),出水质量好,可以达到标准要求。是当前锅炉房设计中应用的量大面广、可推荐的水处理设备。

固定床顺流再生离子交换器,由于再生条件差,故再生剂耗量和清洗水耗量均较大,且出水质量较差,要保证出水质量达到标准要求,进水的总硬度不宜过高(一般在 2mmol/L 以下),目前小容量锅炉房尚有应用,因此对固定床顺流再生离子交换器应有条件地使用。

浮动床、流动床或移动床离子交换器与固定床逆流再生相比,既具有再生剂、清洗水用量低的优点,又减小了操作阀门多的缺点,一次调整便可连续自动运行。但这类设备的选用条件是:进水总硬度一般不大于 4mmol/L,原水水质稳定,软化水出力变化不大,且连续不间断运行。上述条件中连续不间断、稳定出力运行是关键,符合条件时方可采用。

9.2.12 本条是原规范第 7.2.12 条的修订条文。

目前 10t/h 以下小型全自动软水装置的技术经济较优于一般手动操作的固定床离子交换器,因此本规范中给予推广。本条文对固定床离子交换器设置的台数、再生备用的要求以及再生周期作了规定。

9.2.13 本条是原规范第 7.2.13 条的修订条文。

钠离子交换法是锅炉房软化水处理的常用方法。钠离子交换软化水处理系统有一级(单级)和两级(双级)串联两种系统。本条规定了采用两级串联系统的摩尔硬度的界限。

9.2.14 本条是原规范第 7.2.16 条的修订条文。

本条文仅对原条文中软化水残余碱度单位改为摩尔碱度单位。

对于碳酸盐硬度也高的用水,采用钠离子交换后加酸水处理系统是除硬度降碱度的方法之一。其特点是设备简单、占地少、投资省。但加酸过量对锅炉不安全,为此,宜控制残余碱度为 1.0~1.4mmol/L。

加酸处理后的软化水中会产生二氧化碳,因此软化水应经除二氧化碳设施。

9.2.15 本条是原规范第 7.2.17 条的修订条文。

本条文仅对原条文中软化水残余碱度单位改为摩尔碱度单位。

氢—钠离子交换软化水处理系统也是除硬度降碱度的方法之一。氢—钠水处理有串联、并联、综合、不足量酸再生串联四种系统。理论酸量再生弱酸性阳离子交换树脂或不足量酸再生树脂交换剂的氢—钠串联系统是锅炉房常用的一种系统。该系统是将全部原水通过不足量酸再生氢离子交换器,除去水中的二氧化碳,再进入钠离子交换器。该系统的特点是操作、控制简单,再生废液不呈酸性,可不处理排放,软化水的残余碱度可降至 0.35~0.50 mmol/L。因采用不足量酸再生,故氢离子交换器应用固定床顺流再生。氢离子交换器出水中含有二氧化碳,呈酸性,故出水应经除二氧化碳器,氢离子交换器及出水、排水管道应防腐。

9.2.16 本条是原规范第 7.2.18 条的条文。

本条文明确了选用或设计除二氧化碳器时需考虑的因素。

9.2.17 本条是原规范第 7.2.20 条的修订条文。

对于原水的含盐量较高,采用化学软化(包括软化降碱度)水处理工艺不能满足锅炉水质标准和汽水质量标准的要求时,除可采用原条文的离子交换化学除盐水处理系统外,还可采用电渗析和反渗透等方法除盐。

9.2.18 本条是原规范第 7.2.21 条的修订条文。

根据现行国家标准《工业锅炉水质》GB 1576 的规定,对全焊接结构的锅炉,锅水的相对碱度可不控制,本条文也作了相应的修订;对锅筒与锅炉管束为胀管连接的锅炉,化学水处理系统应能维持蒸汽锅炉锅水相对碱度小于 20%,以防止锅炉的苛性脆化。

9.2.19 本条是原规范第 7.2.22 条的修订条文。

大气式喷雾热力除氧器具有负荷适应性强、进水温度允许低、体积小、金属耗量少、除氧效果好等优点。因此锅炉房设计中,锅炉给水除氧设备大多采用大气式喷雾热力除氧器。现有的大气式喷雾热力除氧器产品中均带有沸腾蒸汽管,供启动和辅助加热,可保证除氧水箱的水温达到除氧温度。

9.2.20 本条是原规范第 7.2.23 条的修订条文。

真空除氧系统是利用蒸汽喷射器、水喷射器或真空泵抽真空,使系统达到除氧的效果。真空除氧系统的特点是除氧温度低,除氧水温一般不高于 60℃。此外,近年来又研制成功新一代解析除氧器和化学除氧装置(包括加药除氧和钢屑除氧),均属低温除氧系统。在锅炉给水需要除氧且给水温度不高于 60℃ 时,可采用这些低温除氧系统。

9.2.21 本条是原规范第 7.2.24 条的修订条文。

根据现行国家标准《工业锅炉水质》GB 1576 的规定,单台锅炉额定热功率大于等于4.2MW的承压热水锅炉给水应除氧,额定热功率小于4.2MW的承压热水锅炉和常压热水锅炉给水应尽量除氧。

热水系统如果没有蒸汽来源,采用热力除氧是不可行的,应采用本规范第9.2.20条的低温除氧系统,可达到除氧要求。当采用亚硫酸钠加药除氧时,应监测锅水中亚硫酸根的含量在规定的10～30mg/L范围内。

9.2.22 本条是原规范第7.2.26条的修订条文。

磷酸盐溶解器和溶液箱是磷酸溶液的制备设备,溶解器应有搅拌和过滤设施。磷酸盐可采用干法贮存。配制磷酸盐溶液应用软化水或除盐水。

9.2.23 本条是原规范第7.2.27条的修订条文。

本条文规定了磷酸盐加药设备的选用和备用配置的原则,为便于运行人员的操作和管理,加药设备宜布置在锅炉间运转层。

9.2.24 本条是原规范第7.2.28条的修订条文。

本条文对凝结水箱、软化或除盐水箱及中间水箱等各类水箱的总有效容量和设置要求作了规定,可保证各类水箱均能安全运行。中间水箱一般贮存氢离子交换器或阳离子交换器的出水,该水呈酸性,有腐蚀性,故中间水箱的内壁应有防腐措施。

9.2.25 本条是原规范第7.2.29条的条文。

凝结水泵、软化或除盐水泵、中间水泵均为系统中间环节的加压水泵,其流量和扬程均应满足系统的要求。水泵容量和台数的配置和备用泵的设置均应保证系统的安全运行。除中间水泵输送的水是阳离子水外,其余水泵输送的水均呈酸性,有腐蚀性,故应选用耐腐蚀泵。

9.2.26 本条是原规范第7.2.30条的修订条文。

食盐是钠离子交换的再生剂,其贮存方式有干法和湿法两种。湿法贮存通常采用混凝土盐池,分为浓盐池和稀盐池。浓盐池是用来贮存食盐和配制饱和溶液的,其有效容积可按汽车运输条件考虑,一般为5～15d食盐消耗量,因食盐中含有泥沙,故盐池下部应设置慢滤层或另设过滤器。稀盐液池的有效容积至少要满足最大1台离子交换器再生1次用的盐液量。由于食盐对混凝土有腐蚀性,故混凝土盐液池内壁应有防腐措施。

9.2.27 本条是原规范第7.2.31条的修订条文。

除盐或氢离子交换化学水处理系统,均应设有酸、碱再生系统。本条对酸、碱再生系统设计的8款规定,前面5款为原规范条文,均为设计中对设备和管道及附件的一般要求;后面3款为新增加的,是考虑职业安全卫生需要。

9.2.28 本条是原规范第7.2.32条的修订条文。

氨对铜和铜合金材料有腐蚀性,故制备氨溶液的设备管道及附件不应使用铜质材料制品。

9.2.29 本条是原规范第7.2.33条的修订条文。

汽水系统应设必要的取样点,取样系统的取样冷却器宜相对集中布置,以便于运行人员操作。为保证汽水样品的代表性,取样管路不宜过长,以免产生样品品质的变化,取样管路及设备应采用耐腐蚀的材质。汽水样品温度宜小于30℃,可保证样品的质量和取样的安全。

9.2.30 本条是原规范第7.2.34条的条文。

本条是水处理设备的布置原则。水处理设备按工艺流程顺序将离子交换器、水泵、贮槽等设备分区集中布置,除安装、操作和维修管理方便及噪声小以外,还具有管线短、减少投资和整齐美观的优点。

9.2.31 本条是原规范第7.2.35条的条文。

本条是水处理设备布置的具体要求。所规定的主操作通道和辅助设备间的最小净距,可满足操作、化验取样、检修管道阀门及更换补充树脂等工作的要求。

10 供热热水制备

10.1 热水锅炉及附属设施

10.1.1 本条是原规范第4.1.1条的条文。

热水锅炉运行时,当锅炉出力与外部热负荷不相适应,或因锅炉本身的热力或水力的不均匀性,都将使锅炉的出水温度或局部受热面中的水温超出设计的出水温度。运行实践证明,温度裕度低于20℃,锅炉就有汽化的危险,为防止汽化的发生,本条规定热水锅炉的温度裕度不应小于20℃。

利用自生蒸汽定压的热水锅炉(如锅筒内蒸汽定压)、汽水两用锅炉,因其炉水的温度始终是和蒸汽压力下的饱和温度相对应的,故不能满足20℃温度裕度的要求,因此本条不适用于锅炉自生蒸汽定压的热水锅炉。

10.1.2 本条是原规范第4.1.2条的条文。

当突然停电时,循环水泵停运,锅炉内的热水循环停止,此时锅内压力下降,锅水沸点降低,而锅水温度因炉膛余热加热而连续上升,将导致锅水产生汽化。对锅炉水容量大的,因突然停电造成锅水汽化,一般不会造成事故,但如处理不当,也会造成暖气片爆裂等情况。对于水容量小的锅炉,突然停电所造成的锅炉汽化情况比较严重。汽化时锅内会发生汽水撞击,锅炉进出水管和炉体剧烈震动,甚至把仪表震坏。

减轻和防止热水锅炉汽化的措施,国内多采用向锅内加自来水,并在锅炉出水管上的放汽管缓慢放汽,使锅水一面流动,一面降温,直至消除炉膛余热为止;此外,有的工厂安装了由内燃机带动的备用循环水泵,当突然停电时,使锅水连续循环;有的工厂设置备用电源或自备发电机组。这些措施各地都有实际运行经验,在设计时可根据具体情况,予以采用。

10.1.3 本条是原规范第4.1.3条的修订条文。

热水系统因停泵水击而被破坏的现象是存在的,循环水量在180t/h以下的低温热水系统基本上不会造成破坏事故;循环水量在500～800t/h的低温热水系统会造成破坏事故;高温热水系统中,即使循环水量不太大的,其停泵水击更具有破坏性。

停泵产生水击,属热水系统的安全问题,应认真对待。现在常用的防止水击破坏的有效措施如下:

1 在循环水泵进、出口母管之间装设带止回阀的旁通管做法。实践证明,当这些旁通管的截面积达到母管截面积的1/2时,可有效防止循环水泵突然停运时产生水击现象。

2 在循环水泵进口母管上装设除污器和安全阀。本条将原规范第11.0.11条关于热水循环水泵进口侧的回水母管上应装设除污器的规定合并在本条内。为防止安全阀启闭时,热水系统中的污物堵在安全阀的阀芯和阀座之间,造成安全阀关闭不严而大量泄漏,因此规定安全阀安装在除污器的出水一侧。

3 当采用气体加压膨胀水箱作恒压装置时,其连通管宜接在循环水泵进口母管上。

4 在循环水泵进口母管上,装设高于系统静压的泄压放气管。

以上措施中前两种一般为应考虑的设施,后两种可根据个别条件选定。

10.1.4 本条是原规范第4.1.4条的修订条文。

1 国内集中质调的供热系统,大多处于小温差、大流量的工况下运行,在经济效益上是不合理的。流量过大的原因很多,但主要是由于设计上造成的。如采暖通风负荷计算偏大,循环水泵的流量是按采暖室外计算温度下用户的耗热量总和确定的,而整个采暖期内,室外气温达到采暖室外计算温度的时间很短,致使在大部分时间内水泵流量偏大。

2 供热系统的水力计算缺乏切合实际的资料，往往计算出的系统阻力偏高，设计时难以选到按计算的扬程流量完全一致的循环水泵，一般都选用大一号的。考虑到上述因素，因此对循环水泵的流量扬程不必另加裕量。

3 对循环水泵的台数规定了不少于2台，且规定了当1台停止运行时，其余循环水泵的总流量应满足最大循环水量。对备用泵未作出明确规定。

4 为使循环水泵的运行效率较高，各并联运行的循环水泵的特性曲线要平缓，而且宜相同或近似。

5 本款是新增的条款。考虑到在某些情况下（例如高层建筑的高温热水系统），由于系统的定压压力会高出循环水泵扬程几倍，因此在选择循环水泵时，必须考虑其承压、耐温性能要与相应的热网系统参数相适应。

10.1.5 本条是原规范第4.1.5条的条文。

采用分阶段改变流量的质调节的运行方式，可大量节约循环水泵的耗电量。把整个采暖期按室外温度的高低分为若干阶段，当室外温度较高时开启小流量的泵；室外温度较低时开启大流量的泵。在每一阶段内维持一定流量不变，并采用热网供水温度的质调节，以满足供热需要。实际上这种运行方式很多单位都使用过，运行效果较好。

在中小型供热系统中，一般采用两种不同规格的循环水泵，如水泵的流量和扬程选择合适，能使循环水泵的运行电耗减少40%。

对大型供热系统，流量变化可分成3个或更多的阶段，不同阶段采用不同流量的泵，这样可使循环水泵的运行耗电量减少50%以上。

这种分阶段改变流量的质调节方式，网络的水力工况产生了等比失调，可采用平衡阀及时调整水力工况，不致影响用户要求。

为了分阶段运行的可靠性和调节方便，循环水泵的台数不宜少于3台。

10.1.6 本条是新增的条文。

随着程序控制的调速水泵的技术日益成熟，采用调速水泵实现连续改变流量的调节可最大限度地节约循环水泵的耗电量，但对热网水力平衡的自控水平要求很高，目前量调在我国基本还是作为辅助调节手段。

10.1.7 本条是原规范第4.1.6条的条文。

1 本条文对热水热力网中补给水泵的流量、扬程和备用补给水泵的设置作了规定。结合我国的实际情况，补给水泵的流量按热水网正常补给水量的4～5倍选择是够用的。

2 补给水泵的扬程应有补水点压力加30～50kPa的富裕量，以保证安全。

3 这是为补给水的安全供应考虑的。

4 补给水泵采用调速的方式，可以节能，也利于调节，保证系统的安全和稳定运行。因其功率一般不大，采用变频调速较好。

10.1.8 本条是原规范第4.1.7条的修订条文。

热水系统的小时泄漏量，与系统规模、供水温度和运行管理有密切关系。据对调查结果的分析，造成补水量大的原因主要是不合理的取水。规范对热水系统的小时泄漏作出规定，对加强热网管理、减小补水量有促进作用。降低补给水量不但有节约意义，而且对热水锅炉及其系统的防腐有重要作用。

将系统的小时泄漏定为小于系统循环水量的1%，实践证明也是可以达到的。

10.1.9 本条是原规范第4.1.8条的条文。

供水温度高于100℃的热水系统，要求恒压装置满足系统停运时不汽化的要求是必要的。其好处是：

1 避免用户最高点汽化冷凝后吸进空气，加剧管道腐蚀。

2 减少再次启动时的放气工作量。

3 避免汽化后因误操作造成暖气片爆破事故。

但是，要求系统在停运时不汽化将产生以下问题：

1 运行时系统各点压力相对较高，容易发生超压事故。

2 铸铁暖气片的使用范围受到限制。

3 采用补给水泵作恒压装置时，如遇突然停电，且没有其他补救措施时，往往无法保证系统停运时不汽化。

因此，硬性规定供水温度高于100℃的热水系统，都要确保停运时不汽化，只能采取其他在停电时能保持热水系统压力的措施，故采用了"宜"的说法。

采用氮气或蒸汽加压膨胀水箱作恒压装置不受停电的影响，在一般情况下均能满足系统停运时不汽化的要求。当此类恒压装置安装在循环水泵出口端时，设计是以系统运行时不汽化为出发点，系统停运时肯定不会汽化，故必须保证运行时不汽化。当此类恒压装置安装在循环水泵进口端时，设计是以系统停运时不汽化为出发点，则系统运行时肯定不会汽化，但对于"降压运行"的热水系统，仍需要求运行时不汽化。

10.1.10 本条是原规范第4.1.10条的条文。

供热系统的定压点和补水点均设在循环水泵的吸水侧，即进口母管上，在实际运行中采用最普遍。其优点是：压力波动较小，当循环水泵停止运行时，整个供热系统将处于较低的压力之下，如用电动水泵保持定压时，扬程较小，所耗电能较经济，如用气体压力箱定压时，则水箱所承受的压力较低。总之定压点设在循环水泵的进口母管上时，补水点亦宜设在循环水泵的同一进口母管上。

10.1.11 本条是原规范第4.1.11条的修订条文。

1 采用补给水泵作恒压装置时，一遇突然停电，就不能向系统补水。而在目前条件下突然停电很难避免，为此本条规定："除突然停电的情况外，应符合本规范第10.1.9条的要求"。

2 为了在有条件时弥补因停电造成的缺陷，当给水（自来水）压力高于系统静压线时，停运时宜给水（自来水）保持静压，以避免系统汽化。

3 补给水泵用间歇补水时，热水系统在运行中的动压线是变化的，其变化范围在补水点最高压力和最低压力之间。间歇补水时，在补给水泵停止补水期间，热水系统出现过汽化现象，这是因为补水点最低压力（补给水泵启动时的补水点压力）定得太低或是电触点压力表灵敏度较差等原因造成的。为避免发生这种情况，本条规定在补给水泵停止运行期间系统的压力下降，不应导致系统汽化，即要求设计确定的补给水泵启动时的补水点压力，必须保证系统不发生汽化。

4 用补给水泵作恒压装置的热水系统，不具备吸收水容积膨胀的能力。因此，必须在系统中装设泄压装置，以防止水容积膨胀引起超压事故。

10.1.12 本条是原规范第4.1.12条的条文。

1 供水温度低于100℃的热水系统，国内多数采用高位膨胀水箱作恒压装置。这种恒压装置简单、可靠、稳定、省电，对低温热水系统比较适合。条件许可时，高温热水系统也可以采用这种装置。

高位膨胀水箱与系统连接的位置是可以选择的，可以在循环水泵的进、出口母管上，也可以在锅炉出口。目前国内基本上是连接在循环水泵进口母管上，这样可以使水箱的安装高度低一些，在经济上是合理的。因此，本条规定，高位膨胀水箱与系统连接的位置，宜设在循环水泵进口母管上。

2 为防止热水系统停运时产生倒空，致使系统吸收空气，加剧管道腐蚀，增加再次启动时的放气工作量，有必要规定高位膨胀水箱的最低水位，必须高于用户系统的最高点。目前国内高位膨胀水箱的安装高度，对供水温度低于100℃的热水系统，一般高于用户系统最高点1m以上。对供水温度高于100℃的热水系统，不仅必须要求水箱的安装高度高于用户系统最高点，而且还需要满足系统停运时最好能不汽化的要求。

3 为防止设置在露天的高位膨胀水箱被冻裂，故规定应有防冻措施。

4 为避免因误操作造成系统超压事故,规定高位膨胀水箱与热水系统的连接管上不应装设阀门。

10.1.13 本条是新增的条文。

隔膜式气压水罐是利用隔膜密闭技术,依靠罐内气体的压缩和膨胀,在补给水泵停运时,仍保持系统压力在允许的波动范围内,使系统不汽化,实现补给水泵间断运行。隔膜式气压水罐可落地布置。受该装置的罐体容积和热水系统补水量的限制,隔膜式气压水罐适用于系统总水容量小于 500m³ 的小型热水系统。

选择隔膜式气压水罐作为热水系统定压补水装置时,仍应符合本规范第 10.1.7 条 1、2 款的要求。为防止占地过大,总台数不宜超过 2 台。

10.2 热水制备设施

10.2.1 本条是原规范第 4.2.1 条的条文。

换热器事故率较低,一般供应采暖及生活用热,有一定的检修时间,为了减少投资,可以不设置备用。根据使用情况,为保证供热的可靠性,可采取几台换热器并联的办法,当其中 1 台停止运行时,其余换热器的换热量能满足 75% 总计算热负荷的需要。

10.2.2 本条是原规范第 4.2.2 条的条文。

管式换热器检修时需抽出管束,另外与换热器本体连接的管道阀门也较多,以及设备较笨重等原因,所以换热器间应有一定的检修场地、建筑高度以及具备吊装条件等,以保证维修的需要。

10.2.3 本条是原规范第 4.2.3 条的条文。

以蒸汽为加热介质的汽水换热系统中,推荐使用"过冷式"汽水换热器,可不串联水水换热器,系统简化。若汽水换热器排出的凝结水温超过 80℃,为减少热损失,宜在汽水换热器之后,串联一级水水换热器,以便把上一级的凝结水温度降低下来之后予以回收。水水换热器后的排水管应有一定的上反管段,以保证热交换介质充满整个容器,充分发挥设备的能力。

10.2.4 本条是原规范第 4.2.5 条的条文。

采用蒸汽喷射加热器和汽水混合加热器的热水系统,可以满足加热介质为蒸汽且热负荷较小的用户。

蒸汽喷射加热器代替了热水采暖系统中热交换器的循环水泵,它本身既能推动热水在采暖系统中的循环流动,同时又能将水加热。但采用蒸汽喷射器加热,必须具备一定的条件,供汽压力不能波动太大,应有一定的范围,否则就会使喷射器不能正常工作。

汽水混合加热器,具有体积小、制造简单、安装方便、调节灵敏和加热温差大等优点,但在系统中需设循环水泵。

以上两种加热设备都是用蒸汽与水直接混合加热的,正常运行时加入系统多少蒸汽量,应从系统中排出多少冷凝水量,这些水具有一定的热量且经过水质处理,故规定应予以回收。

淋水式加热器已基本不使用,因此不再推荐。

10.2.5 本条是原规范第 4.2.6 条的修订条文。

1 蒸汽压力保持稳定是蒸汽喷射加热器低噪声、稳定运行的主要保障条件。

2 蒸汽喷射加热器的开关和调节均需有人管理,设备的集中布置既可减少人员,又有利于系统溢流水的回收利用。

3 并联运行的蒸汽喷射加热器,为便于其中单个设备的启动和停运,防止造成倒灌现象,应在每个喷射器的出、入口装设闸阀,并在出口装设止回阀。

4 采用膨胀水箱控制喷射器入口水压,具有管理方便、压力稳定等优点,故推荐使用。

10.2.6 本条是新增的条文。

近年来小型全自动组合式换热机组已实现工厂化生产的定型产品,是一种集热交换、热水循环、补给水和系统定压于一体的换热装置,可以根据用户热水系统的要求进行多种组合,适用于小型换热站选用,可缩短设计和施工周期,节约投资。但在选用小型全自动组合式换热机组时,应结合用户热力网的具体情况,对换热机组的换热量、热力网系统的水力工况、循环水泵和补给水泵的特性进行校核计算。

11 监测和控制

11.1 监 测

11.1.1 本条是原规范第 9.1.1 条的条文。

根据原规范条文结合目前国内锅炉房监测的现状,并按现行《蒸汽锅炉安全技术监察规程》的有关规定,为保证蒸汽锅炉机组的安全运行,必须装设监测下列主要参数的指示仪表:

1 锅筒蒸汽压力。

2 锅筒水位。

3 锅筒进口给水压力。

4 过热器出口的蒸汽压力和温度。

5 省煤器进、出口的水温和水压。

对于大于等于 20t/h 的蒸汽锅炉,除了应装设上列保证安全运行参数的指示仪表外,尚应装设记录其锅筒蒸汽压力、水位和过热器出口蒸汽压力和温度的仪表。

控制非沸腾式(铸铁)省煤器出口水温可防止汽化,确保省煤器安全运行;对沸腾式省煤器,需控制进口水温,以防止钢管外壁受含硫酸烟气的低温腐蚀。

此外,通过对省煤器进、出口水压的监测,可以及时发现省煤器的堵塞,及时清理,以利于省煤器的安全运行。

11.1.2 本条是原规范第 9.1.2 条的修订条文。

本条是在原条文的基础上,为了保证蒸汽锅炉能经济地运行,使对有关参数检测所需装设的仪表更直观清晰,将原条文按单台锅炉额定蒸发量和监测仪表的功能,予以分档表格化。

实现蒸汽锅炉经济运行对提高锅炉热效率,节约能源,有着重要的意义。近年来锅炉房仪表装设水平已有较大的提高,这给锅炉的经济运行和经济核算提供了可能和方便。

对于单台锅炉额定蒸发量大于 4t/h 而小于 20t/h 的火管锅炉或水火管组合锅炉,当不便装设烟风系统参数测点时,可不监测。

本次修订增加了给水调节阀开度指示和鼓、引风机进口挡板开度指示,以及给煤(粉)机转速和调速风机转速指示,使锅炉运行人员及时了解设备的运行状态并根据机组的负荷进行随机调节,保证锅炉机组处于最佳运行状态。

11.1.3 本条是原规范第 9.1.3 条的修订条文。

根据原规范条文,结合目前国内锅炉房监测的现状,为保证热水锅炉机组的安全、经济运行,必须装设监测锅炉进、出口水温和水压、循环水流量以及风、烟系统的各段的压力和温度参数等的指示仪表。对于单台额定热功率大于等于 14MW 的热水锅炉,尚应增加锅炉出口水温和循环水流量的记录仪表。

热水锅炉的燃料量和风、烟系统的压力和温度仪表,可按本规范表 11.1.2 中容量相应的蒸汽锅炉的监测项目设置。

11.1.4 本条是原规范第 9.1.4 条的修订条文。

本条规定了对不同类型锅炉所装仪表除应遵守本规范第 11.1.1 条、第 11.1.2 条和第 11.1.3 条的规定外,还必须装设监测有关参数的指示仪表。

1 循环流化床锅炉的正常运行,主要是通过对其炉床密相区和稀相区温度及料层差压的控制和调整,以保证燃烧的稳定;通过对炉床温度、分离器烟温和返料器温度的控制和调整,防止发生结渣和结焦;通过一次风量、二次风量、石灰石给料量及炉床温度的控制和调整,实现低氮氧化物和二氧化硫的排放,有利于环境保护。

2 煤粉锅炉为防止制粉系统自燃和爆炸,对制粉设备出口处煤粉和空气混合物的温度应予以控制,控制温度的高低主要与煤种有关。因此为了煤粉锅炉安全运行,必须对此参数进行监测。

3 对燃油锅炉,除了供油系统需监测一些必需的温度压力参数外,为了防止炉膛熄火,保证安全运行,雾化好,燃烧完全,还必须监测燃烧器前的油温和油压,带中间回油燃烧器的回油油压、蒸汽或空气进雾化器前的压力,以及锅炉后或锅炉尾部受热面后的烟气温度。对锅炉或锅炉尾部受热面后的烟气温度的监测,也是为防止含硫烟气对设备的低温腐蚀和发生烟气再燃烧。

4 燃气锅炉运行中,燃烧器前的燃气压力如果过低,可能发生回火,导致燃气管道爆炸;燃气压力如果过高,可能发生脱火或炉膛熄火,导致炉膛爆炸。

11.1.5 本条是原规范第 9.1.5 条的修订条文。

为方便执行,本次修订以表格化形式将原条文按锅炉房辅助部分为泵、除氧(包括热力、真空、解析)、水处理(包括离子交换、反渗透)、减压减温、热交换、蓄热器、凝结水回收、制粉系统、石灰石制备、其他(包括箱罐容器、排污膨胀器、加压膨胀箱、燃油加热器等)分别订出具体的监测项目,所监测项目详细分类(指示、积算和记录)。与原规范相比,增加了解析除氧、反渗透水处理、循环流化床锅炉的石灰石制备等部分的监测项目。

11.1.6 本条是原规范第 9.1.6 条的条文。

实行经济核算是企业管理的一项重要内容,本条所列锅炉房应装设的蒸汽流量、燃料消耗量、原水消耗量、电耗量等计量仪表有利于加强锅炉房经济考核,杜绝浪费,节约成本,提高经济效益。

11.1.7 本条是原规范第 9.1.7 条的修订条文。

为了保证锅炉房的安全运行,必须装设必要的报警信号。本次修订增加了循环流化床锅炉的内容,并将竖井磨煤机竖井出口和风扇磨煤机分离出口改为煤粉锅炉制粉设备出口气、粉混合物温度的报警信号。为了方便执行,本次修改也将锅炉房必须装设的报警信号表格化,分项列出,报警信号分为设备故障停用和参数过高或过低,比较直观清晰。

1 锅筒水位在锅炉安全运行中至关重要,1～75t/h 蒸汽锅

炉均应设置高低水位报警信号。

2 锅筒均设有安全阀作超压保护,增加压力过高报警信号,以便进一步提高安全性。

3 省煤器出口水温信号起到及时提醒运行人员调节省煤器旁路分流水量,以保护省煤器安全,尤其是对非沸腾式省煤器更为重要。

4 热水锅炉出口水温过高会导致锅炉汽化和热水系统汽化,酿成事故,应装设超温报警信号。

5 过热器出口装设温度信号,可及时提醒运行人员进行调整。

6、7 给水泵和炉排停运应提醒运行人员及时处置故障。

8 给煤(粉)系统的故障停运,会造成燃烧中断,甚至熄火,影响锅炉的安全运行,应设报警信号,提醒运行人员采取相应措施。

9 运行中的循环流化床锅炉,燃油、燃气锅炉和煤粉锅炉,当风机的电机事故跳闸或故障停运时,可能导致锅炉事故。装设风机停运信号,可及时提醒运行人员尽早采取安全措施。

10 燃油、燃气锅炉和煤粉锅炉在运行中熄火,可能导致炉膛爆炸,"熄火爆炸"是油、气、煤粉锅炉常见的事故之一。所以该类锅炉熄火时,应立即切断燃料供应。为此需要及时地发现熄火,应该装设火焰监测装置。

11、12 在贮油罐和中间油罐上装设油位、油温信号,可及时提醒运行人员采取措施,尤其当贮油罐和中间油箱油温过高或油位过高可导致油罐(箱)冒顶。

13 燃气锅炉进气压力波动是造成燃烧器回火、炉膛熄火的常见原因,运行中的回火和熄火可能导致燃烧器或炉膛爆炸。在锅炉的燃气进气干管上装设压力信号装置,可以在燃气压力高于或低于允许值时发出警报,以便操作人员及早采取措施,防止炉膛熄火。

14 为防止制粉系统自燃和爆炸,对制粉设备出口处煤粉和空气混合物的温度应予以控制。装设温度过高信号,可以使操作人员及时发现,及时处理,避免煤粉爆炸。

15 煤粉锅炉炉膛负压是反映锅炉燃烧系统通风平衡状况,保持正常运行的重要数据。

16 循环流化床锅炉要保持稳定的运行,关键是控制炉床温度的稳定,炉床温度的过高或过低,会造成结焦或堵塞。装设温度过高和过低信号,可以使操作人员及时采取措施,维护锅炉的稳定燃烧。

17 控制循环流化床锅炉返料器处温度不应过高,这是为了防止锅炉返料口发生结焦,如在此处结焦现象未能得到及时处理,则将会造成返料器的堵塞,最终导致循环流化床锅炉停止运行。

18 循环流化床锅炉返料器如堵塞,则锅炉将要停运。

19 当热水系统的循环水泵因故障停运时,如不及时处理会加重热水锅炉的汽化程度。特别是水容量较小的热水锅炉,更可能造成事故。因此,有必要在循环水泵停运时给司炉发出信号,以便及时处理。

20 热水系统中热交换器出水温度过高,将可能引起热水供水管在运行中产生汽化,造成管网水冲击,必须注意及时调整加热程度,以降低出水温度。

21 当热水系统的高位膨胀水箱水位大幅度降低时,必须及时补水,否则会危及系统运行的安全。当水位过高时,大量的溢流会造成水量和热量的损失。装设水位信号器不仅可以给出水位警报,而且可以通过电气控制回路控制补给水泵自动补水。

22 加压膨胀水箱工作压力过低或由于水位大幅度降低而引起系统压力下降,均可能导致系统汽化,从而危及系统运行的安全。相反,加压膨胀水箱工作压力过高,会使热水系统超压,危及系统安全。水箱水位过高时,将减少或失去吸收系统膨胀的能力。装设压力报警信号,可以保证系统的安全性。装设水位信号器不仅可以给出水位警报,而且可以通过电气控制回路控制补给水泵

自动补水。

23 除氧水箱往往没有专门操作人员，一旦水箱缺水，将危及锅炉安全和影响锅炉房正常供汽；当水箱水位过高又会造成大量溢流，损失软化水和热量。因此，必须装设水位报警信号，以便及时进行处理。

24 自动保护装置动作意味着在设备运行的程序中出现了不适当的动作（例如误操作或有关设备跳闸和故障），或在运行中出现了危及设备及人身安全的条件。此时应发出信号，以表明可能导致事故的原因，并表明设备已经得到安全保护，使运行人员心中有数。

25 燃气调压间、燃气锅炉间和油泵间，由于油气和燃气可能泄漏，与空气混合达到爆炸浓度，遇明火会爆炸，这些房间均是可能发生火灾的场所，因此应装设可燃气体浓度报警装置，以防止火灾的发生。

11.2 控　制

11.2.1 本条是原规范第9.2.1条的条文。

设置给水自动调节装置，是保护蒸汽锅炉机组安全运行、减轻操作人员劳动强度的重要措施之一。4t/h及以下的小容量锅炉可设较为简便的位式给水自动调节装置；大于等于6t/h的锅炉应设调节性能好的连续给水自动调节装置，其信号可视锅炉容量大小采用双冲量或三冲量。

11.2.2 本条是原规范第9.2.2条的条文。

蒸汽锅炉运行压力和锅筒水位是涉及锅炉安全的两个重要参数，设置极限低水位保护和蒸汽超压保护能起到自动停炉的保护作用。水位和压力两个参数中以水位参数更为重要，故对于极限低水位保护不再划分锅炉容量界限。而对于蒸汽超压保护则以单台锅炉额定蒸发量大于等于6t/h的蒸汽锅炉为界限。

11.2.3 本条是原规范第9.2.3条的条文。

热水锅炉在运行中，当出现水温升高、压力降低或循环水泵突然停止运行等情况时，会出现锅水汽化现象。而这种汽化现象将危及锅炉安全，可能造成事故。因此，应设置自动切断燃料供应和自动切断鼓、引风机的保护装置，以防止热水锅炉发生汽化。

11.2.4 本条是原规范第9.2.4条的条文。

热水系统装设自动补水装置可以防止出现倒空和汽化现象，保证安全运行。

加压膨胀水箱的压力偏高，会造成系统超压，压力偏低会引起系统汽化。而水位偏低也会引起系统汽化，水位偏高则失去吸收膨胀的能力，均会危及系统安全运行。因此应装设加压膨胀水箱的压力、水位自动调节装置，保护系统安全运行。

11.2.5 本条是原规范第9.2.5条的修订条文。

热交换站装设加热介质流量自动调节装置，可保证供热介质的参数适应供热系统热负荷的变化，节约能源。调节装置可为电动、气动调节阀或自力式温度调节阀。

11.2.6 本条是原规范第9.2.6条的修订条文。

燃油、燃气锅炉实现燃烧过程自动调节，对于提高锅炉机组热效率、节约燃料和减轻劳动强度有很重要的意义。燃油、燃气锅炉较容易实现燃烧过程自动调节。

近年来随着微机控制在锅炉机组方面的应用日益广泛，更为其他燃烧方式的锅炉实现燃烧过程自动调节开辟了方便的途径。所以将原条文修改为"单台额定蒸发量大于等于10t/h的蒸汽锅炉或单台额定热功率大于等于7MW的热水锅炉，宜设置燃烧过程自动调节装置"。不但锅炉容量限值降低，而且蒸汽锅炉扩大到相应容量的热水锅炉。

11.2.7 本条是新增的条文。

循环流化床锅炉的安全、经济运行，取决于对炉床温度的控制，只有将炉床温度控制在一个合理的范围内，才能稳定燃烧，避免结焦或熄火，也有利于炉内烟气脱硫和烟气的低氮氧化物的排

放。作为另一个反映料层厚度的重要运行参数"料层压差"，可视锅炉采用排渣方式的不同，采用连续调节或间隙调节。

11.2.8 本条是原规范第9.2.7条的修订条文。

计算机控制技术应用日益广泛且价格越来越低，不仅能解决以往的单回路智能调节，也适用于整套锅炉的综合协调控制。特别是随着锅炉容量的增大和数量的增加，采用基于现场总线的集散控制系统，解决多台锅炉的协调、经济运行，是以往的运行模式所无法比拟的。

11.2.9 本条是原规范第9.2.8条的条文。

热力除氧器产品一般都配有水位自动调节阀（浮球自力式），基本上能满足运行要求。但由于浮球波动和破损，容易失误。装设蒸汽压力自动调节器对控制除氧器的工作压力，特别是在负荷波动的情况下，藉以使残余含氧量达到水质标准是很需要的。对大容量、要求高的除氧器亦可采用电动（气动）水位自动调节器。

11.2.10 本条是原规范第9.2.9条的条文。

鉴于真空除氧设备不用蒸汽加热的特点和低位布置真空除氧设备的优点，小型的真空除氧设备的应用日渐增多。除氧水箱水位关系到锅炉安全运行，除氧器进水温度关系到除氧效果，因此，应装设水位和进水温度自动调节装置。

11.2.11 本条是新增的条文。

由于解析除氧设备不需蒸汽加热和可低位布置等优点，小型的解析除氧设备的应用也日渐增多。解析除氧设备的喷射器进水压力和进水温度的控制，直接关系到除氧效果，因此，应装设喷射器进水压力和进水温度的自动调节装置。

11.2.12 本条是原规范第9.2.10条的条文。

熄火保护对用煤粉、油或气体作燃料的锅炉十分重要。实践证明，凡是装了熄火保护装置的锅炉未曾发生过熄火爆炸，凡是未设熄火保护装置的则炉膛爆炸事故较为频繁，损失严重。

熄火保护装置是由火焰监测装置和电磁阀等元件组成的，它的功能是：能够在锅炉运行的全部时间内不断地监视火焰的情况；当火焰熄灭或不稳定时，能够及时给出警报信号并自动快速切断燃料，有效地防止熄火爆炸。因此，对用煤粉、油、气体作燃料的锅炉装设熄火保护装置是必要的。

一个设计合理的点火程序控制系统，最低限度应具备如下的功能：

1 只有当风机完成清扫任务后，炉膛中方能建立点火火焰。

2 只有当点火火焰建立起来（经火焰监测装置证实）并经过预定的时间后，喷燃器的燃料控制阀门才能打开。

3 点火火焰保持预定的时间后才能自动熄灭。

4 当喷燃器未能在预定的时间内被点燃时，喷燃器的燃料控制阀门能够在点火火焰熄灭的同时自动快速关闭。

具备上述功能的点火程序控制系统，基本上可以保证点火的安全。因此，条文规定应装设点火程序控制和熄火保护装置。

点火程序控制系统由熄火保护装置、电气点火装置和程序控制器等元件组成。

11.2.13 本条是原规范第9.2.11条的条文。

层燃锅炉的引风机、鼓风机和抛煤机、炉排减速箱等设备之间应设电气联锁装置，以免操作失误。

层燃锅炉在启动时，应依次开启引风机、鼓风机、炉排减速箱和抛煤机；停炉时应依次关闭抛煤机、炉排减速箱、鼓风机和引风机。

11.2.14 本条是原规范第9.2.12条的修订条文。

1、2 严格地按照预定的程序控制风机的启停和燃料阀门的开关，是保证油、气、煤粉锅炉运行安全的关键。由于未开引风机（或鼓风机）而进行点火造成的爆炸事例很多。考虑到操作人员的疏忽、记忆差错等因素很难完全排除，锅炉运行中风机故障停运也很难完全避免，当锅炉装有控制燃料的自动快速切断阀时，设计应使鼓风机、引风机的电动机和控制燃料的自动快速切断阀之间有

可靠的电气联锁。

3 当燃油压力低于规定值时,会影响雾化效果,甚至造成炉膛熄火;燃气压力低于规定值时,会引起回火事故,所以应装设当燃油、燃气压力低于规定值时自动切断燃油、燃气供应的联锁装置。

4 本条增加了当燃油、燃气压力高于规定值时自动切断燃油、燃气供应的联锁装置,燃油、燃气压力高于规定值时也同样影响燃烧工况和影响安全运行。本款是增加的条文,是防止引起爆炸事故的安全措施。

11.2.15 本条是原规范第9.2.13条的条文。

制粉系统中给煤机、磨煤机、一次风机和排粉机等设备之间,需设置启、停机及事故停机时的顺序联锁,以防止煤在设备内堆积堵塞。

11.2.16 本条是原规范第9.2.15条的条文。

连续机械化运煤系统、除灰渣系统中,各运煤、除灰渣设备之间均应设置设备启、停机的顺序联锁,以防止煤或渣在设备上堆积堵塞;并且设置停机延时联锁,以便在正常情况下,达到再启动时为空载启动,事故停机例外。

11.2.17 本条是原规范第9.2.16条的条文。

运煤和煤的制备设备(包括煤粉制备和煤的破碎、筛分设备)与局部排风和除尘装置设置联锁,启动时先开排风和除尘系统的风机,后启动煤和煤的制备机械,停止时顺序相反,以达到除尘效果,保护操作环境。

11.2.18 本条是原规范第9.2.17条的条文。

过热蒸汽温度为蒸汽锅炉运行时的重要参数之一,带喷水减温的过热器宜装设过热蒸汽温度自动调节装置,通过调节喷水量控制过热蒸汽温度。

11.2.19 本条是原规范第9.2.18条的条文。

经减温减压装置供汽的压力和温度参数随外界负荷而变化,需随时根据外界负荷进行调节。宜设置蒸汽压力和温度自动调节装置,以保证供汽质量。

11.2.20 本条是原规范第9.2.19条的条文。

锅炉的操作值班地点,一般在炉前,主要的监测仪表也集中在这里。司炉根据仪表的指示和燃烧的情况进行操作。当锅炉为楼层布置时,风机一般布置在底层,操作风门不方便;当锅炉单层布置而风机远离炉前时,风门操作也不方便。在上述情况下均宜设置遥控风门,并指示风门的开度。远距离控制装置可以是电动、气动或液动的执行机构。

11.2.21 本条是原规范第9.2.20条的条文。

条文所指的电动设备、阀门和烟、风门,一般配置于单台容量较大的锅炉和总容量较大的锅炉房。此时,根据本规范的规定,这类锅炉或锅炉房均已设置了较完善的供安全运行和经济运行所需要的监测仪表和控制装置,并设置了集中仪表控制室。上述诸参数以外的电动设备、阀门和烟风门可按需采用远距离控制装置,并统一设在有关的仪表控制室内。

11.2.22 本条是新增的条文。

随着我国近年来经济和技术的发展,对锅炉房的控制水平要求也相应提高,对单台蒸汽锅炉额定蒸发量大于等于10t/h或单台热水锅炉额定热功率大于等于7MW的锅炉房宜设置微机集中控制系统,有利于提高锅炉房的经济效益,减轻人员的劳动强度,改善操作环境。而采用微机集中控制系统的投资也与采用常规仪表的投资相当。

11.2.23 本条是新增的条文。

随着锅炉房控制系统大量采用计算机控制系统,为确保控制系统的可靠性,应设置不间断(UPS)电源供电方式,利用UPS的不间断供电特性,保证计算机控制系统在外部供电发生故障时,仍能进行部分操作,并将重要信息进行存贮、传输、打印,以便及时分析处理。

12 化验和检修

12.1 化 验

12.1.1 本条是原规范第10.1.1条的修订条文。

本条第1款是当额定蒸发量为2台4t/h或4台2t/h的蒸汽锅炉、额定热功率为2台2.8MW或4台1.4MW的热水锅炉锅炉房,均只需设置化验场地,而不设化验室。所谓化验场地是指在该处设置简易的化验设施和化验桌,以便进行简单的水质分析。但为了能保证锅炉在运行过程中,满足所需日常检测的其他项目(包括燃煤、灰渣和烟气分析等项目)的化验要求,在第2款中还规定在本单位内需有协作化验及配置试剂的条件。这两点必须同时满足,才可不设置化验室而仅设置化验场地。

12.1.2 本条是原规范第10.1.2条的修订条文。

条文中第1、2款均是根据现行国家标准《工业锅炉水质》GB 1576中第2条所列控制的项目。由于锅炉参数不同,水处理方法不同,所要求的化验项目也不同。

12.1.3 本条是原规范第10.1.3条和第10.1.4条的修订条文之一。

原规范两条条文都是燃料燃烧所需控制的项目,均是现行国家标准《评价企业合理用热技术导则》GB 3486中有关条文规定的分析项目。但导则中未规定锅炉的容量、参数和检测的时间间隔要求。调研资料表明,小型燃煤锅炉房化验室一般都无燃料成分分析和灰渣含碳量分析的条件,大部分由中央实验室或其他单位协作解决。故本条文规定了不同规模的锅炉房,其化验室需具备的测定相应检测项目的能力。

12.1.4 本条是原规范第10.1.3条和第10.1.4条的修订条文之一。

本条是对本规范第12.1.3条条文的补充。对锅炉房总蒸发量大于等于60t/h或总热功率大于等于42MW的锅炉房的燃料分析提出更高的要求,以使锅炉房从设计开始到投入运行都能保证经济、安全可靠。

12.1.5 本条是原规范第10.1.5条的条文。

条文中的检测项目均为国家标准《评价企业合理用热技术导则》GB 3486中第1.2.2条所规定的测定项目。

12.2 检 修

12.2.1 本条是原规范第10.2.1条和第10.2.2条合并后的修订条文。

本条文规定了锅炉房检修间的工作范围和检修间、检修场地的设置原则。我国锅炉产品系列中额定蒸发量小于等于6t/h和额定热功率小于等于4.2MW的锅炉已实现了快装化、零部件标准化,部件通用程度很高,备品备件容易更换。因此将原条文规定的设置检修场地的条件适当放宽。当锅炉房只设置检修场地时,为便于检修工具和备品的管理和存放,仍需要设置工具室。

12.2.2 本条是原规范第10.2.3条的修订条文。

锅炉房检修间配备的基本机床设备包括钳工桌、砂轮机、台钻、洗管器、手动试压泵和焊割器。大型锅炉房检修用的机床设备(包括车床、钻床、刨床和小型移动式空压机等),是采取自行配置或地区协作,宜作技术经济比较确定。

12.2.3 本条是原规范第10.2.4条的条文。

总蒸发量大于等于60t/h或总热功率大于等于42MW的锅炉房,电气设备一般较多,需要有专人负责日常的维修保养,以便设备能正常运行。故条文中规定宜设电气保养室,负责这项工作。但如本单位有集中的电工值班室时,则可不在锅炉房内设置电气保养室。

对电气设备的检修工作,原则上宜由本单位统一安排,或由本地区协作解决,但不排除大型锅炉房自行设置电气修理间,以对锅炉房电气设备进行中、小修工作。

12.2.4 本条是原规范第10.2.5条的条文。

单台蒸汽锅炉额定蒸发量大于等于10t/h或单台热水锅炉额定热功率大于或等于7MW的锅炉房,控制和检测仪表较齐全,且精密度高,应当有专人负责日常的维护保养,故条文规定宜设置仪表保养室。但有些单位设有集中的仪表维修部门,并有巡回仪表保养人员,则可以不在锅炉房设置仪表保养室。

对仪表的检修工作,原则上通过协作解决,但不排除大型锅炉房或区域锅炉房自行设置仪表检修间,以对锅炉房仪表进行中、小修工作。

12.2.5 本条是原规范第10.2.6条的条文。

为便于锅炉房设备和管道阀件的搬运和检修,在双层布置锅炉房和单台蒸汽锅炉额定蒸发量大于等于10t/h、单台热水锅炉额定热功率大于等于7MW的单层布置锅炉房设计时,对吊装条件的考虑至关重要。但吊装方式及起吊荷载,应根据设备大小、起吊件质量、起吊的频繁程度,由设计人员确定。

12.2.6 本条为原规范第10.2.7条的修订条文。

对鼓风机、引风机、给水泵、磨煤机和煤处理设备等锅炉辅机,也需要考虑检修时的吊装条件。吊装方式及起吊荷载应根据设备大小、起吊件质量、起吊的频繁程度,由设计人员确定。如果场地条件允许,也可采取架设临时吊装措施。

13 锅炉房管道

13.1 汽水管道

13.1.1 本条是原规范第11.0.1条的修订条文。

锅炉房热力系统和工艺设备布置是汽水管道设计的依据,设计时据此进行。本条是对锅炉房汽水管道布置提出的一些具体要求,增加了对管道布置应短捷、整齐的要求。

13.1.2 本条是原规范第11.0.2条的条文。

对于多管供汽的锅炉房,各热用户的热负荷或因用汽(热)的季节不同或因一种用汽(热)时间的不同,宜用多管按不同负荷送汽(热),有利于控制和节省能源,因此宜设置分汽(分水)缸,便于接出多种供汽(热)管。对于用热时间相同,不需要分别控制的供热系统,如采暖系统,一般不宜设分汽(分水)缸。

13.1.3 本条是原规范第11.0.3条的条文。

装设蒸汽蓄热器作为一项有效的节能措施,已在负荷波动的供汽系统中推广应用。

1 设置蒸汽蓄热器旁通,是考虑蓄热器出现事故或进行检修时仍能保证锅炉房对外供汽。

2、3 与锅炉并联连接的蒸汽蓄热器,如出口不装设止回阀,会造成蓄热器充热不完善,达不到应有的蓄热效果;如进口不装止回阀,会使蓄热器中热水倒流至供汽管中,造成水击事故。

4 蓄热器工作压力通常与用户的使用压力及送汽管网压力损失之和相适应,但往往低于锅炉的额定工作压力。因此,当锅炉额定工作压力大于蒸汽蓄热器的额定工作压力时,为确保蓄热器安全运行,蓄热器上应装安全阀。

5 蓄热器运行时的充水,其水质应和锅炉给水相同,以保证

供汽的品质和防止蓄热器结垢。其进水可利用锅炉给水系统,用调节阀进行水位调节。

6 饱和蒸汽系统中的蒸汽蓄热器,在运行过程中水位会逐渐增高,故需定期放水。这部分洁净的热水应予回收利用,因此放水应接至锅炉给水箱或除氧水箱。

13.1.4 本条是原规范第11.0.4条的修订条文。

为使系统简单,节省投资,锅炉房内连接相同参数锅炉的蒸汽(热水)母管一般宜采用单母管;但对常年不间断供汽(热)的锅炉房宜采用双母管,以便当某一母管出现事故或进行检修时,另一母管仍可保证供汽。

13.1.5 本条是原规范第11.0.5条的条文。

每台蒸汽(热水)锅炉与蒸汽(热水)母管或分汽(分水)缸之间的各台锅炉主蒸汽(供水)管上应装设2个切断阀,是考虑到锅炉停运检修时,其中1个阀门泄漏,另1个阀门还可关闭,避免母管或分汽(分水)缸中的蒸汽(热水)倒流,以确保安全。

13.1.6 本条是原规范第11.0.6条的条文。

当锅炉房装设的锅炉台数在3台及以下时,锅炉给水应采用单母管,也可采用单元制系统(即1泵对1炉,另加1台公共备用泵),比采用双母管方便。但当锅炉台数大于3台以上时,如仍采用单元制加公用备用泵的给水方式,则给水泵台数过多,故以采用双母管较为合理。对常年不间断供汽的蒸汽锅炉房和给水泵不能并联运行的锅炉房,锅炉给水母管宜采用双母管或采用单元制锅炉给水系统。

13.1.7 本条是原规范第11.0.7条的条文。

锅炉给水泵进水母管一般应采用不分段的单母管;但对常年不间断供汽的锅炉房,且除氧水箱大于等于2台时,则宜采用单母管分段制。当其中一段管道出现事故时,另一段仍可保证正常供水。

13.1.8 本条是原规范第11.0.8条的条文。

为了简化管道、节省投资,当除氧器大于等于2台时,除氧器加热用蒸汽管道推荐采用母管系统。

13.1.9 本条是原规范第11.0.9条的条文。

参照本规范第13.1.4条和第13.1.6条的规定,热水锅炉房内与热水锅炉、水加热装置和循环水泵相连接的供水和回水母管,应采用单母管制,对必须保证连续供热的热水锅炉房宜采用双母管。

13.1.10 本条是原规范第11.0.10条的条文。

本条是保证热水锅炉与热水系统之间的安全连接所必须的。当几台热水锅炉并联运行时,可保证每台锅炉正常安全地切换。

13.1.11 本条是原规范第11.0.12条的条文。

设置独立的定期排污管道,有利于锅炉安全运行。但当几台锅炉合用排污母管时,必须考虑安全措施:在接至排污母管的每台锅炉的排污干管上必须装设切断阀,以备锅炉停运检修时关闭,保证安全;装设止回阀可避免因合用排污母管在锅炉排污时相互干扰。

13.1.12 本条是原规范第11.0.13条的条文。

连续排污膨胀器的工作压力低于锅炉工作压力,为了防止连续排污膨胀器超压发生危险,在锅炉出口的连续排污管道上,必须装设节流减压阀。当数台锅炉合用1台连续排污膨胀器时,为安全起见,应在每台锅炉的连续排污管出口端和连续排污膨胀器进口端,各装设1个切断阀。连续排污膨胀器上必须装设安全阀。

考虑到投资和布置上的合理性,推荐2~4台锅炉合设1台连续排污膨胀器。

13.1.13 本条是原规范第11.0.14条的条文。

螺纹连接的阀门和管道容易产生泄漏,故规定不应采用螺纹连接。排污管道中的弯头,容易造成污物的积聚,导致排污管堵塞,故应减少弯头,保证管道的畅通。

13.1.14 本条是原规范第11.0.15条的条文。

蒸汽锅炉自动给水调节器上设手动控制给水装置,热水锅炉的自动补水装置上设手动控制装置,并设置在司炉便于操作的地点是考虑到运行的安全需要。

13.1.15 本条是原规范第11.0.16条的条文。

锅炉本体、除氧器和减压减温器的放汽管和安全阀的排汽管应独立接至室外安全处,可保证人员的安全,又避免排汽时污染室内环境,影响运行操作。2个独立安全阀的排汽管不应相连,可避免串汽和易于识别超压排汽点。

13.1.16 本条是原规范第11.0.17条的条文。

为了保证安全运行,热力管道必须考虑热膨胀的补偿。从节省投资等角度着眼,应尽量利用管道的自然补偿。当自然补偿不能满足要求时,则应设置合适的补偿器,如方形或波纹管等补偿器。

13.1.17 本条是原规范第11.0.18的修订条文。

管道支吊架荷载计算除应考虑管道自身重量外,还应考虑其他各种荷载,以保证安全。

13.1.18 本条是原规范第11.0.19条的条文。

本条是参考国家现行标准《火力发电厂汽水管道设计技术规定》DL/T 5054制订的,并推荐出放水阀和放汽阀的公称通径。

13.2 燃油管道

13.2.1 本条是原规范第3.2.2条的修订条文。

锅炉房为常年不间断供热时,所采用的双母管当其中一根在检修时,另一根供油管可满足75%锅炉房最大计算耗油量(包括回油量),在一般情况下可满足其负荷要求。根据调研,回油管目前设计有不采用母管制的,因此本次修订中,将"应采用单母管"改成"宜采用单母管"。

13.2.2 本条是原规范第3.2.1条的条文。

经锅炉燃烧器的循环系统,是指重油通过供油泵加压后,经油加热器送到锅炉燃烧器进行雾化燃烧,尚有部分重油通过循环回油管回到油箱的系统。这种系统在燃油锅炉房中被广泛采用,它具有油压稳定、调节方便的特点。在运行中能使整个管道系统保持重油流动通畅,避免因部分锅炉停运或局部管道滞流而发生重油凝固堵塞现象。在锅炉启动前,冷油可以通过循环迅速加热到雾化燃烧所需要的油温,以利于燃烧。

13.2.3 本条是原规范第3.2.3条的条文。

重油凝固点较高,大部分在20~40℃之间,当冬季气温较低时,容易在管道中凝固。为了保证管道内油的正常流动,供油管道应进行保温,如保温后仍不能保证油的正常流动时,尚应用蒸汽管伴热。

在锅炉房的重油回油管道系统中,如不保温则有可能发生烫伤事故。为此要求对可能引起人员烫伤的部位,应采取隔热或保温措施。

13.2.4 本条是原规范第3.2.4条的条文。

根据燃重油的经验,当重油油温较高,而管内流速较低时(0.5~0.7m/s),经长期运行后管道内会产生油垢沉积,使管道的阻力增加,影响油管正常运行。

13.2.5 本条是原规范第3.2.5条的条文。

油管道敷设一般都宜设置一定的坡度,而且多采用顺坡。轻柴油管道采用0.3%和重油管道采用0.4%的坡度是最小的坡度要求。但接入燃烧器的重油管道不宜坡向燃烧器,否则在点火启动前易于发生堵塞想象,或漏油流进锅炉燃烧室。

13.2.6 本条是原规范第3.2.7条的条文。

全自动燃油锅炉采用单机组配套装置,其整体性和独立性比较强。对这类燃油锅炉按其装备特点要求,配置燃油管道系统,便可满足锅炉房燃油的要求,不必调整其配套装置,以免产生不必要的混乱。

13.2.7 本条是原规范第3.2.9条的修订条文。

重油含蜡多,易凝固,当锅炉停运或检修时,需要把管道和设备中的存油吹扫干净,否则重油会在设备和管道中凝固而堵塞管道。

13.2.8 本条是原规范第3.2.10条的条文。

蒸汽吹扫采用固定接法时,吹扫口必须有防止重油倒灌的措施,常用带有支管检查阀的双阀连接装置,并在蒸汽吹扫管上装设止回阀。

13.2.9 本条是原规范第3.2.11条的条文。

燃油锅炉在点火和熄火时引起爆炸的事例颇多,原因是未能及时迅速地切断油源而造成的。如连接阀门采用丝扣阀门,则有可能由于阀门关闭太慢,在关闭了第一个阀门后,第二个阀门还未来得及关闭便爆炸了。为此,规定每台锅炉供油干管上应装设快速切断阀。

2台或2台以上的锅炉,在每台锅炉的回油干管上装设止回阀,可防止回油倒灌至炉膛中,避免事故的发生。

13.2.10 本条是原规范第3.2.16条的条文。

供油泵进口母管上装设油过滤器,对除去油中杂质,防止油泵磨损和堵塞,保证安全正常运行都十分必要。油过滤器应设置2台,其中1台为备用。

离心油泵和蒸汽往复油泵,由于设备结构的特点,对油中杂质的颗粒度大小限制不严,其滤器网孔一般采用8~12目/cm。

齿轮油泵对油中杂质的颗粒度大小限制比较严,但国内生产厂家尚无明确的要求,根据调查,如过滤器网孔采用16~32目/cm即可满足要求。

过滤器网的流通面积,按常用的规定,一般为油过滤器进口管截面积的8~10倍。

13.2.11 本条是原规范第3.2.17条的条文。

机械雾化燃烧器的雾化片槽孔较小,当油在加温后,析出的碳化物和沥青的固体颗粒,对燃烧器会造成堵塞,影响正常燃烧。凡燃油锅炉在机械雾化燃烧器前装设过滤器的,运行中燃烧器不易被堵塞。因此,在机械雾化燃烧器前,宜装设油过滤器。

油过滤器的滤网网孔要求,与燃烧器的结构型式有关。滤网的网孔,普遍采用不少于20目/cm。滤网的流通面积,一般不小于过滤器进口管截面积的2倍。

13.2.12 本条是新增的条文。

燃油管道泄漏易发生火灾,故应采用无缝钢管,并需保证焊接连接质量。

13.2.13 本条是新增的条文。

室内油箱间至锅炉燃烧器的供油管和回油管宜采用地沟敷设,避免操作人员脚碰和保证安全。

13.2.14 本条是新增的条文。

为保证燃油管道垂直穿越建筑物楼层时,对建筑物的防火不带来隐患,故要求建筑物设置管道井,燃油管道在管道井内沿靠外墙敷设,并设置相关的防火设施,这是确保安全所需要的。

13.2.15 本条是新增的条文。

油箱、油罐进油,从液面上进入时,易使液位扰动溅起油滴,从而可能发生火灾。故规定管口应位于油液面下,且应距箱(罐)底200mm。

13.2.16 本条是新增的条文。

日用油箱与贮油罐的油位高差,会导致产生虹吸使日用油箱倒空,故应防止虹吸产生。

13.2.17 本条是新增的条文。

燃油管道穿越楼板、隔墙时,应敷设在保护套管内,这是一种安全措施。

13.2.18 本条是新增的条文。

油滴落在蒸汽管上会引发火灾,故蒸汽管应布置在油管上方。

13.2.19 本条是新增的条文。

当油管采用法兰连接,应在其下方设挡油措施,避免发生火灾。

13.2.20 本条是新增的条文。

本条是考虑到，对煤粉锅炉和循环流化床锅炉的点火供油系统干管与一般的燃油系统干管应有同样的要求，才可以保证系统运行正常，所以提出此要求。

13.2.21 本条是新增的条文。

为保证燃油管道的使用安全和使用寿命，故提出此要求。

13.3 燃气管道

13.3.1 本条是原规范第3.3.3条的修订条文。

通常情况下，宜采用单母管，连续不间断供热的锅炉房可采用双调压箱或源于不同调压箱的双供气母管，以提高供气安全性。

13.3.2 本条是原规范第3.3.12条的修订条文。

进入锅炉房的燃气供气母管上，装设总切断阀是为了在事故状态下，迅速关闭气源而设置的，该切断阀还应与燃气浓度报警装置联动，阀后气体压力表便于就地观察供气压力和了解锅炉房内供气系统的压降。

13.3.3 本条是原规范第3.3.13条的修订条文。

锅炉房燃气管道应明装，按燃气密度大小，有高架和低架的区别，无特殊情况，锅炉房内燃气管道不允许暗设（直埋或在管沟和竖井内），使用燃气密度比空气大的燃气锅炉房还应考虑室内燃气管道泄漏时，避免燃气窜入地下管沟（井）等措施。

13.3.4 本条是原规范第3.3.16条的修订条文。

日常维修和停业时，燃气管道应进行吹扫放散，系统设置以吹净为目的，不留死角。密度比空气大的燃气一定采用火炬排放不实际，因此改为"应采用高空或火炬排放"。

13.3.5 本条是原规范第3.3.17条的条文。

吹扫量和吹扫时间是经验数据，工程实践中确认可以满足要求。

13.3.6 本条是原规范第3.3.11条文的修订条文。

燃气管道一旦发生泄漏有可能造成灾害，所以作了严格规定。

13.3.7 本条是原规范第3.3.14条和第3.3.15条合并后的修订条文。

近年来，燃气管道系统阀组的配置已趋于完善和标准化，阀组规格、性能和燃气压力，应满足燃烧器在锅炉额定热负荷下稳定燃烧的要求。阀组的基本组成，应按本条规定配置，并应配备锅炉点火和熄火保护程序，以满足燃气压力保护、燃气流量自动调节和燃气检漏等功能要求。

13.3.8 本条是原规范第3.3.5条的修订条文。

本条文经技术经济比较后确定，进口燃气阀组与整体式燃烧器标准配置时，阀组接口处燃气供气压力要求在12～15kPa之间，分体式燃烧器要求20kPa，如燃气压力偏低，阀组通径要放大，投资增加较多，2t/h以下小锅炉的燃气供气压力可以低一些，但也不宜低于5kPa。

本条文规定的前提是，燃气供气压力和流量应能满足燃烧器稳定燃烧要求，供气压力稍偏高一些为好，但超过20kPa，泄漏可能性增加，不安全。

13.3.9 本条是新增的条文。

燃气锅炉耗气量折合约80m³/t(蒸汽，标态)。耗气量相对较大，供气压力与民用也有差异，应从城市中压管道上铺设专用管道供给。民用燃气锅炉房大多采用露天布置的调压装置，经降压、稳压、过滤后使用。调压装置的设置和数量应根据锅炉房规模和供气要求确定。但单台调压装置低压侧供气量不宜太大，宜控制在能满足总容量40t/h锅炉房的规模，使供气母管径不致过大。

13.3.10 本条是新增的条文。

现行国家标准《城镇燃气设计规范》GB 50028和《工业金属管道设计规范》GB 50316，对燃气净化、调压箱（站）工艺设计，以及对燃气管道附件的选用和施工验收要求都有明确的规定，锅炉房

设计应遵照相关要求进行。

13.3.11 本条是新增的条文。

锅炉房内的燃气管道必须采用焊接连接，氩弧焊打底是为了确保焊接质量。

13.3.12 本条是新增的条文。

燃气和燃油管道一样，在穿越楼板、隔墙时，应敷设在保护套管内，并应有封堵措施，以防燃气流窜其他区域。

13.3.13 本条是新增的条文。

燃气管道井应有一定量的自然通风条件，同时在火灾发生时，应能阻止管道井的引风作用。

13.3.14 本条是新增的条文。

由于阀门存在严密性问题，为确保管道井内的安全，防止有可燃气体从阀门处泄漏，从而带来事故，故规定在管道井内的燃气立管上，不应设置阀门。

13.3.15 本条是新增的条文。

因铸铁件相对强度较差，为保证管道与附件不致因碎裂造成泄漏，从而带来事故，故严禁燃气管道与附件使用铸铁件。为安全原因，本规范要求在防火区内使用的阀门，应具有耐火性能。

14 保温和防腐蚀

14.1 保 温

14.1.1 本条为原规范的第12.1.1条的修订条文。

凡外表面温度高于50℃，或虽外表面温度低于等于50℃，但需回收热量的锅炉房热力设备及热力管道为节约能源，均应保温。原条文第1款中设备和管道种类不再一一列出。原条文第3款"需要保温的凝结水管道"也属于"需要回收热量"的管道，故将原条文的第2、3款合并。

14.1.2 本条为原规范第12.1.2条的条文。

保温层厚度原则上应按经济厚度计算方法确定。但针对我国现状，能源价格中主要是各地的煤价、热价等波动幅度较大，如采用的热价偏高，计算出的保温层经济厚度就偏厚；如采用的热价偏低，计算出保温层经济厚度就偏薄。故当热损失超过允许值时，可按最大允许散热损失方法复核，当两者计算结果不相等时，取其最小值为保温层设计厚度。

14.1.3 本条为原规范第12.1.3条的条文。

外表面温度大于60℃的锅炉房热力设备及热力管道，如排汽管、放空管、燃油、燃气锅炉和烟道的防爆门泄压导向管等，虽不需保温，但在操作人员可能触及的部分应设有防烫伤的隔热措施，以保护操作人员的安全。

14.1.4 本条为原规范第12.1.4条的修订条文。

鉴于国内保温材料及其制品日益丰富，供货渠道的市场化，采用就近保温材料已不是造成不合理的长途运输和影响保温工程经济性的主要因素，所以将原条文第1款取消。在各种不同的保温材料及其制品中，应优先采用性能良好、允许使用温度高于正常操

作时设备及管道内介质的最高工作温度、价格便宜和施工方便的成型制品，这是使保温结构经久耐用，满足生产要求所必需的。

14.1.5 本条为原规范第12.1.5条的条文。

国内外实际工程中，保温材料的外保护层均是阻燃材料。用金属作外保护层一般采用0.3～0.8mm厚的铝板或镀锌薄钢板；用玻璃布作外保护层一般供室内使用，用玻璃布作外保护层时，在其施工完毕后必须涂刷油漆，并需经常维修。其他如石棉水泥、乳化再生胶等也可做保护层。

凡室外布置的热力设备及室外架空敷设的热力管道的保温层外表面应设防水层，是为了防止下雨时雨水渗入保温层。当保温层被浸湿后，不仅增大保温材料的导热系数，使设备和管道内介质的热损失增加，而且当设备和管道停止运行时，水分通过保温层进入到设备和管道外壁，引起锈蚀，所以室外布置的热力设备和架空敷设的热力管道的保温层外表面的保护层应具有防水性能。

14.1.6 本条为原规范第12.1.6条的修订条文。

当采用复合保温材料时，通常选用耐温高、导热系数低者做内保温层。内外层界面处温度应按外层保温材料最高使用温度的0.9倍计算。

14.1.7 本条为原规范第12.1.7条的条文。

软质或半硬质保温材料在施工捆扎时，由于受到压缩，厚度必然减小，密度增大，故应按压缩后的容重选取保温材料的导热系数，其设计厚度也应当是压缩后的保温材料厚度，这样才较为切合实际。

14.1.8 本条为原规范第12.1.8条的条文。

阀门及附件和经常需维修的设备和管道，宜采用可拆卸的保温结构，以便于维修阀门及附件，并使保温结构可重复使用。

14.1.9 本条为原规范12.1.9条的条文。

对于立式热力设备或夹角大于45°的热力管道，为了保护保温层，维持保温层厚度上下均匀一致，应按保温层质量，每隔一定高度设置支撑圈或其他支撑设施，避免管道使用一定时间后，由于保温材料的自重或其他附加重量引起的坍落，破坏保温结构。

14.1.10 本条为原第12.1.10条的修订条文。

经多年推广应用，供热管道的直埋敷设技术已经成熟，对其保温计算、保温层结构设计、保温材料的选择及敷设要求，都已在《城镇直埋供热管道工程技术规程》CJJ/T 81和《城镇供热直埋蒸汽管道技术规程》CJJ 104中作了规定，可遵照执行。

14.2 防 腐 蚀

14.2.1 本条为原规范第12.2.1条的条文。

设备及管道在敷设保温层前，应将其外表面的脏污、铁锈等清刷干净，然后涂刷红丹防锈漆或其他防腐涂料，以延长管道使用寿命，而且其防锈漆或防腐涂料的耐温性能应能满足介质设计温度的要求，以免失去防锈或防腐性能。这是一种常规而行之有效的做法。

14.2.2 本条为原规范第12.2.2条的修订条文。

介质温度低于120℃时，设备和管道表面所刷的防锈漆一般为红丹防锈漆。如介质温度超过120℃时，红丹防锈漆会被氧化成粉末状，不能再起防锈漆的作用，而应涂高温防锈漆。锅炉房内各种贮存锅炉给水的水箱，均应在其内壁刷防腐涂料，而且防腐涂料不会引起水质的品质变化，以保护水箱免于锈蚀和保证给水水质。

14.2.3 本条为原规范第12.2.3条的条文。

为了保护保护层，增加其耐腐蚀性能和延长使用寿命，当采用玻璃布或其他不耐腐蚀的材料做保护层时，其外表面应涂刷油漆或其他防腐蚀涂料。当采用薄铝板或镀锌薄钢板作保护层时，其外表面可不再涂刷油漆或防腐蚀涂料。

14.2.4 本条为新增的条文。

对锅炉房的埋地设备和管道应根据设备和管道的防腐要求和土壤的腐蚀性等级，进行相应等级的防腐处理，必要时可以对不便检查维修部分的设备和管道增加阴极保护措施。

14.2.5 本条为原规范第12.2.4条的修订条文。

在锅炉房设备和管道的表面或保温保护层的外表面应涂色或色环，并作出箭头标志，以区别内部介质种类和介质的流向，便于操作。涂色和标志应统一按有关国家标准和行业标准的规定执行。

15 土建、电气、采暖通风和给水排水

15.1 土 建

15.1.1 本条是原规范第13.1.1条的条文。

本条是按现行国家标准《建筑设计防火规范》GB 50016和《高层民用建筑设计防火规范》GB 50045的有关规定，结合锅炉房的具体情况，将锅炉房的火灾危险性加以分类，并确定其耐火等级，以便在设计中贯彻执行。

1 本规范燃料可为煤、重油、轻油或天然气、城市煤气等，其锅炉间属于丁类生产厂房。对于非独立的锅炉房，为保护主体建筑不因锅炉房火灾而烧毁，故对其火灾危险性分类和耐火等级比独立的锅炉房的锅炉间提高要求，应均按不低于二级耐火等级设计。

2 用于锅炉燃料的燃油闪点应为60～120℃，它们的油箱间、油泵间和油加热器间属于丙类生产厂房。

3 天然气主要成分是甲烷(CH_4)，其相对密度（与空气密度比值）为0.57，与空气混合的体积爆炸极限为5%，按规定爆炸下限小于10%的可燃气体的生产类别为甲类，故天然气调压间属甲类生产厂房。

15.1.2 本条是原规范第13.1.11条的修订条文。

锅炉房应考虑防爆问题，特别是对非独立锅炉房，要求有足够的泄压面积。泄压面积可利用对外墙、楼地面或屋面采取相应的防爆措施办法来解决，泄压地点也要确保安全。如泄压面积不能满足条文提出的要求时，可考虑在锅炉房的内墙和顶部（顶棚）敷设金属爆炸减压板。

15.1.3 本条是新增的条文。

燃油、燃气锅炉房的锅炉间是可能发生闪爆的场所，用甲级防火门隔开后，辅助间相对安全，可按非防爆环境对待。

考虑到燃油、燃气锅炉房的防火、防爆要求较高，为此对燃油、燃气锅炉房的控制室与锅炉间的隔墙要求应为防火墙，观察窗也应为具有一定防爆能力的固定玻璃窗。

15.1.4 本条是原规范第13.1.2条的条文。

本条主要考虑锅炉基础与锅炉房建筑基础沉降不一致时，避免楼地面产生裂缝。

15.1.5 本条是原规范第13.1.3条的条文。

锅炉房建筑的锅炉间、水处理间和水箱间均应考虑安装在其中的设备最大件的搬入问题，特别是设备最大件大于门窗洞口的情况，应在墙、楼板上预留洞或结合承重墙先安装设备后砌墙。

15.1.6 本条是原规范第13.1.4条的条文。

本条主要考虑对钢筋混凝土烟囱和砖砌烟道的混凝土底板等内表面设计计算温度高于100℃的部位应采取隔热措施，以便减少高温烟气对混凝土和钢筋设计强度的影响，避免混凝土开裂形成混凝土底板漏水。

15.1.7 本条是原规范第13.1.5条的条文。

由于锅炉本体的外形尺寸不同，其四周的操作与通道尺寸有其具体的要求，因此锅炉房建筑设计要满足工艺设计这一前提。但为了使锅炉房的土建设计能够采用预制构件，主要尺寸应统一协调，故锅炉房的柱距、跨度、室内地坪至柱顶高度尚宜符合现行《建筑模数协调统一标准》GB 50006的有关规定。

15.1.8 本条是原规范第13.1.6条的条文。

锅炉房近期的扩建一般是在锅炉间内预留锅炉台位及其基础，远期的扩建则锅炉房建筑宜预留扩建条件。如扩建端不设永久性楼梯和辅助间，生产、办公面积适当放宽；扩建端的墙和挡风柱考虑有拆除的可能性。

15.1.9 本条是原规范第13.1.7条的修订条文。

本条考虑当锅炉房内安装有振动较大的设备（如磨煤机、鼓风机、水泵等）时，其基础应与锅炉房基础脱开，并且在地坪与基础接缝处填砂和浇灌沥青，以减少对锅炉房的振动影响。

15.1.10 本条是原规范第13.1.8条的条文。

本条中钢筋混凝土煤斗壁的内表面应光滑耐磨，壁交角处做成圆弧形，目的是为了保证落煤畅通。设置有盖人孔和爬梯是为了安全和方便检修。

15.1.11 本条是原规范第13.1.9条的条文。

本条是为了保护运行和维修人员的人身安全。

15.1.12 本条是原规范第13.1.10条的条文。

本条主要是为防止烟囱基础和烟道基础沉降不一致时拉裂烟道。

15.1.13 本条是原规范第13.1.11条的条文。

锅炉房的外墙开窗除要符合本规范第15.1.2条的防爆要求外，还应满足通风需要和V级采光等级的需要。

15.1.14 本条是原规范第13.1.12条的修订条文。

锅炉房若必须与其他建筑相邻，为防火安全，应采用防火墙与相邻建筑隔开。

15.1.15 本条是原规范第13.1.13条的条文。

油泵房的地面一般有油腻，设计时应考虑地面防油和防滑措施。采用酸、碱还原的水处理间，其地面、地沟和中和池等均可能受到酸碱的侵蚀，因此应考虑防酸、防碱措施。

15.1.16 本条是新增的条文。

锅炉房的化验室里的化学药品中的酸、碱物质具有一定的腐蚀性，在操作过程中由于泄漏，会给建、构筑物带来腐蚀，为此需要进行相关的防腐蚀设计。防腐蚀设计应按现行国家标准《工业建筑防腐蚀设计规范》GB 50046的规定执行。

另外，为有利于工作人员正常工作和安全、环保起见，故提出化验室的地面应有防滑措施，墙面应为白色、不反光，设洗涤设施、

场地要求做防尘、防噪处理。

15.1.17 本条是新增的条文。

锅炉房的设计应执行国家现行职业卫生标准《工业企业设计卫生标准》GBZ 1。生活间的卫生设施应按该标准中有关规定执行。

15.1.18 本条是原规范第13.1.15条的修订条文。

本条是根据人员在巡视操作和检修时要求的最小宽度和净空高度尺寸而制定的，根据实际使用情况和用户反映，为确保安全，对经常使用的钢梯坡度不宜大于45°。

15.1.19 本条是原规范第13.1.16条的条文。

干煤棚的围护结构设计要求既要开敞又要挡雨，因此围护结构的上部开敞部分应采取挡雨措施，如设置挡雨板，但不应妨碍起吊设备通过。

15.1.20 本条是原规范第13.1.17条的条文。

工艺要求指设备安装、检修的具体要求，经核定可按条文中表列的范围进行选用。荷载超过表列范围时，工艺设计应另行提出。

锅炉间的楼面荷载关键是考虑锅炉砌砖时砖堆积的高度（耐火砖及红砖等）和炉前堆放链条、炉排片的荷重。不同型号的锅炉，其用砖量不同。砖的堆放位置、堆放方法都影响楼板的荷载。因此，对楼板的荷载应区分对待，应由设计人员根据锅炉型号及安装、检修和操作要求来确定，但最低不宜小于6kN/m²，最大不宜超过12kN/m²。

15.2 电　气

15.2.1 本条是原规范第13.2.1条的条文。

锅炉房停电的直接后果是中断供热。因此，在本条中规定锅炉房用电设备的负荷级别，应按停电导致锅炉中断供热对生产造成的损失程度来确定，并相应决定其供电方式。

从以前调研情况分析，冶金、化工、机械、轻工等各部门不同规模的厂，其对供热要求保证程度不同，停止供热造成的损失差异极大，因而各厂对锅炉房电源的处理也不同。如炼油厂一旦中断供汽，将打乱正常的生产秩序，造成大量减产，大量废品，因而对电源作重要负荷处理，设有可靠的二回路电源供电……因此，对锅炉房用电设备的负荷级别不宜统一规定。

15.2.2 本条是原规范第13.2.2条的条文。

燃气中如天然气的主要成分为甲烷，与空气形成5%～15%浓度的混合气体时易着火爆炸。因而天然气调压间属防爆建筑物。

燃油泵房、煤粉制备间、碎煤机间和运煤走廊等均属有火灾危险场所。而燃煤锅炉间则属于多尘环境，水泵房属于潮湿环境。

上述不同环境的建筑物和构筑物内所选用的电机和电气设备，均应与各个不同环境相适应。

15.2.3 本条是原规范第13.2.3条的条文。

由于这类容量的锅炉房，其电气设备容量约达100kW及以上，电机台数近10台，低压配电屏将在2屏以上，而且锅炉台数往往不止1台，如不将低压配电屏设于专门的低压配电室内，而直接安装在锅炉间，则环境条件较差，因此宜设专门的低压配电室。当单台锅炉额定蒸发量或热功率小于上述容量，且锅炉台数较少时，则可不设低压配电室。

当有6kV或10kV高压用电设备时，尚宜设立高压配电室。

15.2.4 本条是原规范第13.2.4条的条文。

按锅炉机组单元分组配电是指配电箱配电回路的布置应尽可能结合工艺要求，按锅炉机组分配，以减少电气线路和设备由于故障或检修对生产带来的影响。

15.2.5 本条是原规范第13.2.5条的条文。

考虑到锅炉厂成套供应电气控制屏的情况较多，对蒸汽锅炉单台额定蒸发量小于4t/h、热水锅炉单台额定热功率小于等于2.8MW的锅炉，配套控制箱较为成熟，成套供应是发展方向，应

予推广,成套供应控制屏既可减少设计工作量,又有利于迅速安装。

15.2.6 本条是原规范第13.2.6条的修订条文。

经过调研,单台蒸汽锅炉额定蒸发量小于等于4t/h单层布置的锅炉房,当锅炉辅机采用集中控制时,就地均不设启动控制按钮,运行人员也无此要求。双层布置的锅炉房有鼓风机、引风机设就地停机按钮。电厂锅炉房典型设计规定就地无启动权,仅设紧急停机按钮。当锅炉辅机采用集中控制时,按操作规程规定,锅炉启动前由运行人员巡视,操作有关阀门,掌握全面情况,然后在操作屏集中控制。因此本条不规定设2套控制按钮。当集中控制辅机的电动机操作层不在同一层,距离较远时,为便于在运行中就地发现故障及时加以排除,在条文中规定,宜在电动机旁设置事故停机按钮。

15.2.7 本条是原规范第13.2.7条的条文。

锅炉房用电设备较少时,宜采用以放射式为主的配电方式;而如果锅炉热力和其他各种管道布置繁多,电力线路则不宜采用裸线或绝缘明敷。现在各厂的锅炉房电力线路基本上是采用穿金属管或电缆布置方式。因锅炉表面、烟道表面、热风道及热水箱等的表面温度在40~50℃或以上,为避免线路绝缘过热而加速绝缘损坏,电力线路应尽量避免沿上述表面敷设;当沿上述热表面敷设线路时,应采用支架使线路与热表面保持一定的距离,或采用其他隔热措施,不宜直接布线。

在煤层下及构筑物内不宜有电缆通过是为了保证用电安全及维护方便。

15.2.8 本条是原规范第13.2.8条的条文。

控制室、变压器室及高低压配电室内均有较为集中的电气设备,为了防止水管或其他有腐蚀性介质管道的泄漏和损坏,从而影响电气设备的正常运行,特作此规定。

15.2.9 本条是原规范第13.2.9条的条文。

这是国家对照明规定的基本要求,应予以执行。

15.2.10 本条是原规范第13.2.10条的条文。

在锅炉房操作地点及水位表、压力表、温度计、流量计等处设置局部照明,有利于锅炉运行人员的监察。锅炉的平台扶梯处,当一般照明不能满足其照度要求时,也应设置局部照明。

15.2.11 本条是原规范第13.2.11条的条文。

当工作照明因故熄灭,为保证锅炉继续运行或操作停炉,必须严密注意水位、压力及操作有关阀门,启动事故备用汽动给水泵,以保持锅炉汽包一定的水位,因此宜设有事故照明。如因电源条件限制,锅炉房也应备有手电筒或其他照明设备作临时光源,以确保停电时对锅炉房的设备进行安全处理。

15.2.12 本条是原规范第13.2.12条的条文。

地下凝结水箱间的温度一般超过40℃,相对湿度超过95%,属高温高潮湿场所;热水箱、锅炉本体附近的温度一般超过40℃,属高温场所;出灰渣地点为高温多灰场所。这些地点的照明灯具如安装高度低于2.5m时,为安全起见,应考虑防触电措施或采用不超过36V的低电压。当在这些地点的狭窄处或在煤粉制备设备和锅炉筒内工作使用手提行灯时,则安全要求更高,照明电压不应超过12V。因此,锅炉房照明装置的电源应使用不同电压等级。

15.2.13 本条是原规范第13.2.13条的条文。

由于锅炉房烟囱往往是工厂或民用建筑中最高的构筑物,因而需与当地航空部门联系,确定是否设置飞行标志障碍灯。如需装设则应为红色,装在烟囱顶端,不应少于2盏,并应使其维修方便。

15.2.14 本条是原规范第13.2.14条的条文。

《建筑物防雷设计规范》GB 50057中,对烟囱的防雷保护明确规定:"雷电活动较强的地区或郊区15m高的烟囱和雷电活动较弱的地区20m高的烟囱,按第Ⅲ类工业建筑物考虑防雷设施",

"高耸的砖砌烟囱、钢筋混凝土烟囱,应采用避雷针或避雷带保护。采用避雷针时,保护范围按有关规定执行,多根避雷针应连接于闭合环上,钢筋混凝土烟囱宜在其顶部和底部与引下线相连,金属烟囱应利用作为接闪器或引下线"。

15.2.15 本条是原规范第13.2.15条的修订条文。

燃气放散管的防雷设施,国家标准《建筑物防雷设计规范》GB 50057有明确规定,应遵照执行。

15.2.16 本条是原规范第13.2.16条的条文。

根据国际电工委员会(IEC)《建筑物防雷标准》规定,用作接闪器的钢铁金属板的最小厚度为4mm,与我国运行经验相同。埋设在地下的油罐,当覆土高于0.5m时,可不考虑防雷设施,当地下油罐有通气管引出地面时,该通气管应做防雷处理。

15.2.17 本条是原规范第13.2.17条的修订条文。

气体和液体燃料流动时产生的静电应有泄放通道,接地点间距应在30m以内,但条文不作规定,由工程设计确定。管道连接处如有绝缘体间隔时应设有导电跨接措施。在管道布置需要时,还应设避雷装置。

15.2.18 本条是原规范第13.2.18条的修订条文。

锅炉房一般均应有电话分机,以便与本单位各部门通信联系。

有些大型企业(单位)设有动力中心调度通信系统,则锅炉房也应纳入该调度通信系统,设置调度通信分机;而某些大、中型区域锅炉房有较多供汽用户,为联系方便,则宜设置1台调度通信总机。

锅炉房与其他某些供热用户之间有特殊需要时,可设置对讲电话。以便于锅炉房可以按该用户的特殊情况调度供汽和安排生产。

15.3 采 暖 通 风

15.3.1 本条是原规范第13.3.1条的条文。

锅炉房的锅炉间、凝结水箱间、水泵间和油泵间等房间均有大量的余热。按锅炉房的散热量核算,不论锅炉房容量的大小,均大于23W/m²。因此工作区的空气温度,应根据设备散热量的大小,按国家现行职业卫生标准《工业企业设计卫生标准》GBZ 1确定。

15.3.2 本条是原规范第13.3.2条的条文。

对锅炉间、凝结水箱间、水泵间和油泵间等房间的自然通风,强调了"有组织",以保证有效的排除余热和降低工作区的温度。在受工艺布置和建筑形式的限制,自然通风不能满足要求时,就应采用机械通风。

15.3.3 本条是原规范第13.3.3条的条文。

操作时间较长的工作地点,当其温度达不到卫生要求,或辐射照度大于350W/m²时,应设置局部通风。

15.3.4 本条是新增的条文。

对非独立锅炉房,当锅炉房设置在地下(室)、半地下(室)时,其锅炉房控制室和化验室的仪器分析间通风条件均较差,在夏天工作条件更差,为改善劳动条件,故提出设置空气调节装置的要求。对一般锅炉房的控制室和化验室的仪器分析间,为改善劳动条件,提出宜设空气调节装置。

15.3.5 本条是原规范第13.3.4条的条文。

本条规定了碎煤间及单独的煤粉制备装置间的温度为12℃,控制室、化验室、办公室为16~18℃,化学品库为5℃,更衣室为23℃,浴室为25~27℃等。这是为了满足劳动安全卫生的要求。

15.3.6 本条是原规范第13.3.5条的条文。

在有设备放热的房间,由于设备的放热特性、工艺布置和建筑形式不同,即使设备大量放热,且放热量大于建筑采暖热负荷,但由于空气流动上升,建筑维护结构下部又有从门窗等处渗入的冷空气,以致设备放散到工作区的热量尚不能保证工作区所需的采暖热负荷时,将会使工作区的温度偏低。在一些地区调查时,也有反映冬天炉前操作区的温度偏低的情况,因此规定要根据具体情况,对工作区的温度进行热平衡计算。必要时应在某些部位适当布置散热器。

15.3.7 本条是原规范第13.3.6条的修订条文。

设在其他建筑物内的燃气锅炉房的锅炉间,往往受建筑条件限制,自然通风条件比独立的锅炉房和贴近其他建筑物的锅炉房要差,又难免有燃气自管路系统附件泄漏,通风不良时,易于聚积而产生爆炸危险。故本规范规定换气次数每小时不少于3次。关安全起见,通风装置应考虑防爆。

半地下(室)燃油燃气锅炉房由于进、排风条件比地上的条件差,锅炉房空间内可能存在可燃气体,换气量相应提高。

地下(室)燃油燃气锅炉房由于进、排风条件更差,必须设置强制送排风系统来满足燃烧所需空气量和操作人员正常需要,锅炉房空间内可能存在可燃气体,因此,送排风系统应与建筑物送排风系统分开独立设置,且送风量应略大于排风量,使锅炉房空间维持微正压条件。

15.3.8 本条是原规范第13.3.7条的条文。

燃气调压间内难免有燃气自管道附件泄漏出来,这容易产生爆炸或中毒危险,燃气调压间内气体的泄漏量尚无参考数据,参照现行国家标准《城镇燃气设计规范》GB 50028"对有爆炸危险的房间的换气次数"的有关规定,本规范规定换气次数不少于每小时3次。

调压间室内余热,主要依靠自然通风排除,当限于条件自然通风不能满足要求时,应设置机械通风。

为防止燃气突然大量泄漏造成爆炸危险,应设置事故通风装置。根据现行国家标准《采暖通风与空气调节设计规范》GB 50019的规定,对可能突然产生大量有害气体或爆炸危险气体的生产厂房,应设置事故排风装置。事故排风的风量,应根据工艺设计所提供的资料通过计算确定。当工艺设计不能提供有关计算资料时,应按每小时不小于房间全部容积的12次换气量计算。通风装置应考虑防爆。

15.3.9 本条是原规范第13.3.8条的条文。

我国现行国家标准《石油库设计规范》GB 50074中规定:"易燃油品的泵房和油罐间,除采用自然通风外,尚应设置排风机组进行定期排风,其换气次数不应小于每小时10次。计算换气量按房高4m计算。输送易燃油品的地上泵房,当外墙下部设有百叶窗、花格墙等常开孔口时,可不设置排风机组"。本规范为协调一致,规定燃油泵房每小时换气12次(包括易燃油泵房),易燃油库每小时换气6次。同时采用了计算换气量的房高为4m,以及当地上设置的易燃油泵房、外墙下部有通风用常开孔口时,可不设机械通风的规定。

除35#以上柴油外,各种柴油闪点温度均大于65℃,各种重油闪点温度均大于80℃,他们均属丙类防火等级。一般油泵房内温度不会超出65℃,不致产生爆炸危险,故通风装置可不防爆。但易燃油品的闪点温度小于等于45℃,属乙类防火等级,有爆炸危险,故对输送和贮存易燃油品的泵房和油库,其通风装置应防爆。

15.3.10 本条是原规范第13.3.9条的条文。

燃气中液化石油气的密度较空气大,气体沉积在房间下部。煤气的密度较空气小,浮在房间上部。为有利于泄漏气体的排除,通风吸风口的位置应按照油气的密度大小,按现行国家标准《采暖通风与空气调节设计规范》GB 50019中的规定考虑吸风口的设置位置。

15.4 给水排水

15.4.1 本条是原规范第13.4.1条的条文。

在以前规范编制中调研了许多企业,情况表明:只设1根进水管的企业和设2根进水管的企业基本上一样多。仅有上海××厂曾因进水管故障发生过停水,其余均未发生过问题。据征求意见,认为进水管是1根还是2根不是主要问题,关键是供水的外部管网和水源要有保证。

本条文对采用1根进水管方案,提出应考虑为排除故障期间用水而设立水箱或水池的规定,并规定了有关水箱、水池的总容量。据统计,绝大部分锅炉房的水箱和水池总容量大于2h锅炉房

的计算用水量。

15.4.2 本条是原规范第13.4.3条的条文。

为使煤场煤堆保持一定的湿度,在必要时需要适当加水,在装卸煤时,为防止煤粉飞扬,也宜适当加些水,故要求在煤场设置供洒水用的给水点。至于煤堆自燃问题,北方地区干燥,自燃较易发生;上海等南方地区,由于工业、民用及区域锅炉房一般贮煤量不大,周转快,且气候潮湿,故自燃现象很少。所以本规范规定,对贮煤量不大的锅炉房煤场,只需要设灭火降温的洒水给水点即可,不必要设消火栓。

15.4.3 本条是原规范第13.4.4条的条文。

从调研情况分析,对规模较大的水处理辅助设施常有酸碱贮存设备,而且有些已设有"冲洗"设施,以便发生人身和地面受到沾溅后,用大量水冲走酸碱和稀释酸碱液。为加强劳动保护,故作此规定。

15.4.4 本条是原规范第13.4.5条的条文。

单台蒸汽锅炉额定蒸发为6～75t/h、单台热水锅炉额定热功率为4.2～70MW的引风机及炉排均有冷却水,为节约用水,建议这部分水可以用来作为锅炉除灰渣机用水或冲灰液补充水,实现一水多用。

15.4.5 本条是原规范第13.4.6条的条文。

当单台蒸汽锅炉额定蒸发量大于等于20t/h、单台热水锅炉额定热功率大于等于14MW的锅炉房,多台锅炉工作时,其冷却水量大于等于8m³/h,而8m³/h的玻璃钢冷却塔产品很普遍,为节约用水宜采用循环冷却系统。当为自备水源又是分质供水时,是否循环使用应经技术经济比较确定。

15.4.6 本条是原规范第13.4.10条的条文。

一般单位对锅炉房操作层楼面及出灰层地面多用水冲洗,而锅炉间灰层及水泵间因设备渗漏均易使地坪积水。因此,各层地面需做成坡度,并安装地漏向室外排水。为防止操作层冲洗水从楼层孔洞向下层滴漏,对楼板上的开孔应做成翻口。

16 环境保护

16.1 大气污染物防治

16.1.1 本条是原规范第6.2.1条的修订条文。

锅炉房排放的大气污染物包括燃料燃烧产生的烟尘、二氧化硫和氮氧化物等有害气体及非燃烧产生的工艺粉尘等,对这些污染物均应采取综合治理措施。经处理后的污染物排放量除应符合现行国家标准《环境空气质量标准》GB 3095、《锅炉大气污染物排放标准》GB 13271、《大气污染物综合排放标准》GB 16297和国家现行职业卫生标准《工作场所有害因素职业接触限值》GBZ 2的规定外,尚应符合省、自治区、直辖市等地方政府颁布的地方标准的规定。

16.1.2 本条是原规范第6.2.2条的修订条文。

本条细化了对除尘器选型的具体要求,便于在设计中掌握。各种新增的除尘设备正在不断研制和生产。除旋风除尘器外,尚有布袋、除尘脱硫一体化装置和静电除尘器等可供选用。近年又有多种型号的多管旋风除尘器经过省、部级鉴定通过,投入批量生产。为取得更好的环保效果,设计中应在高效、低阻、低钢耗和价廉等方面进行技术经济比较后择优选用。

16.1.3 本条是原规范第6.2.4条的修订条文。

为了延长使用寿命,除尘器及附属设施应有防止腐蚀和磨损的措施。

密封可靠的排灰机构,是保证除尘器正常运行的必要条件。

对于除尘器收集下的烟尘,应有密封排放,妥善存放和运输的设施,以避免烟尘的二次飞扬,影响环境卫生。除尘器收集的烟尘综合利用的工艺技术已较成熟,宜综合利用。

16.1.4 本条是新增的条文。

随着新型旋风除尘器的研制和开发应用，多管旋风除尘从装置的除尘效率、对负荷的适应性、占地面积、运行管理、投资费用和对环境的影响等方面，对单台蒸汽锅炉额定蒸发量小于等于6t/h或单台热水锅炉额定热功率小于等于4.2MW的层式燃煤锅炉还是适宜的。

16.1.5 本条是新增的条文。

条文对其他容量和燃烧方式的燃煤锅炉，仍优先选用干式旋风除尘器，是基于技术经济上较适宜。当采用干式旋风除尘器仍达不到烟尘排放标准时，才应根据锅炉容量、环保要求、场地情况和投资费用等因素进行技术经济比较后确定采用其他除尘装置。

16.1.6 本条是原规范第6.2.3条的修订条文。

随着现行国家标准《锅炉大气污染物排放标准》GB 13271 中对燃煤锅炉二氧化硫允许排放浓度的标准愈来愈严格，对燃煤锅炉烟气脱硫的要求也日益突出，原有的湿式除尘器已不能满足要求，被具备除尘和脱硫功能的一体化湿式除尘脱硫装置所代替。本条文规定了采用一体化湿式除尘脱硫装置的适用条件，并提出了对该装置的要求，保证装置的使用寿命和正常运行，防止污染物的二次转移，在装置中设置 pH 值，液气比和 SO_2 出口浓度的检测和自控装置可保证一体化湿式除尘脱硫装置的脱硫效果。

16.1.7 本条是新增的条文。

经多年运行研究，在循环流化床锅炉中采用炉内添加石灰石等固硫剂，降低烟气中 SO_2 的排放浓度，使排放烟气达到排放标准的规定，已是一项成熟的技术，应予推广使用。

16.1.8 本条是新增的条文。

近年来随着我国使用燃油，燃气锅炉日益增多，氮氧化物对大气环境质量造成的污染也逐渐引起重视，现行国家标准《锅炉大气污染物排放标准》GB 13271 中对氮氧化物最高允许排放浓度作出了规定。因此，如果锅炉烟气排放中氮氧化物浓度超过标准规定时，应采取治理措施。

当锅炉烟气排放中氮氧化物浓度超过标准规定时，对于燃油、燃气锅炉，减少氮氧化物排放量的最佳途径是从源头上进行控制，其方法有选用低氮燃烧器、选用炉内带有烟气再循环方式进行低氮燃烧的锅炉、采用烟气再循环等，具体可根据锅炉房现状、环保要求及投资费用等因素进行技术经济比较后确定。

16.1.9 本条是新增的条文。

根据现行国家标准《锅炉大气污染物排放标准》GB 13271 的规定，单台锅炉额定蒸发量大于等于 1t/h 或热功率大于等于0.7MW的锅炉应设置便于永久采样监测孔，单台锅炉额定蒸发量大于等于 20t/h 或热功率大于等于 14MW 的锅炉，必须安装固定的连续监测烟气中烟尘、SO_2 排放浓度的仪器。为操作和检修方便，必要时可在采样监测孔处设置工作平台。

16.1.10 本条是原规范第13.3.10条的条文。

运煤系统的转运处、破碎筛选处和锅炉干式机械除灰渣处，在运行中均是严重产生粉尘的地点，应当设置防止粉尘扩散的封闭罩或局部抽风罩，以进行局部除尘。此装置与运煤系统应按本规范第11.2.16条要求实现联锁自动开停。

16.2 噪声与振动的防治

16.2.1 本条是原规范第6.3.1条的修订条文。

现行国家标准《城市区域环境噪声标准》GB 3096 规定的城市各类环境噪声标准值列于表1。

表1 城市各类区域环境噪声标准值[dB(A)]

类 别	昼 间	夜 间
0	50	40
1	55	45

续表1

类 别	昼 间	夜 间
2	60	50
3	65	55
4	70	55

注：0类标准适用于疗养区、高级别墅区、高级宾馆区等特别需要安静的区域。位于城郊和乡村的这一类区域分别按0类标准50dB执行。1类标准适用于以居住、文教机关为主的区域。乡村居住环境可参照执行该类标准。2类标准适用于居住、商业、工业混杂区。3类标准适用工业区。4类标准适用于城市中的道路交通干线、道路两侧区域，穿越城区的内河航道两侧区域，穿越城区的铁路主、次干线两侧区域的背景噪声（指不通过列车时的噪声水平）限值也执行该类标准。

本条在原文基础上增加了锅炉房噪声对厂界的影响应符合现行国家标准《工业企业厂界噪声标准》GB 12348 规定的锅炉房所处的工作单位界外1m处的厂界噪声标准，见表2。该标准适用于工厂及其可能造成噪声污染的企事业单位的边界。

表2 厂界噪声标准限值[dB(A)]

类 别	昼 间	夜 间
I	55	45
II	60	50
III	65	55
IV	70	55

注：I类标准适用于居住、文教机关为主的区域；II类标准适用于居住、商业、工业混杂区及商业中心区；III类标准适用于工业区；IV类标准适用于交通干线道路两侧区域。

夜间频繁突发的噪声[如排气噪声，其峰值不准超过标准值10dB(A)]，夜间偶然发出的噪声（如短促鸣笛声），其峰值不准超过标准值15dB(A)。

16.2.2 本条是原规范第6.3.2条的修订条文。

在锅炉房设计时，为了防止工作场所的噪声对人员的损伤，改善劳动条件以保障职工的身体健康，应遵照国家现行职业卫生标准《工业企业设计卫生标准》GBZ 1 的规定，对生产过程中的噪声采取综合预防、治理措施，使设计符合标准的规定。

《工业企业设计卫生标准》GBZ 1 的5.2.3.5条规定：工作场所操作人员每天连续接触噪声 8h，噪声声级卫生限值为 85dB(A)。对于操作人员每天接触噪声不足 8h 的场所，可根据实际接触噪声的时间，按接触时间减半，噪声声级卫生限值增加 3dB(A)的原则，确定其噪声声级限值。但最高限值不得超过 115dB(A)。锅炉房操作层和水处理间操作地点属工作场所，应按此条规定执行。锅炉房的噪声由风机、水泵、电机等噪声源组成，要合理布置这些设备，并对噪声源采取一定的隔声、消声和隔振措施，锅炉房噪声就能得以有效地控制。从实际情况看，多数锅炉房能达到标准的规定，为此，条文中仍规定锅炉房操作层和水处理间操作地点的噪声不应大于85dB(A)。

《工业企业设计卫生标准》GBZ 1 的5.2.3.6条规定：生产性噪声传播至非噪声作业地点的噪声声级的卫生限制不得超过表3的规定：

表3 非噪声工作地点噪声声级的卫生限值[dB(A)]

地点名称	卫生限值
噪声车间办公室	75
非噪声车间办公室	60
会议室	60
计算机室、精密加工室	70

锅炉房仪表控制室和化验室的室内环境与表3中的计算机室、精密度加工室相似，也与原条文所依据的《工业企业噪声控制设计规范》第2.0.1规定中的高噪声车间设置的值班室、观察室、休息室相似，所以条文仍规定锅炉房仪表控制室和化验室的噪声不应大于70dB(A)。

16.2.3 本条是原规范第6.3.3条和第6.3.4条合并后的修订

条文。

对于生产较强烈噪声的设备,采用一定措施以降低噪声,这对于改善锅炉房的工作环境,保证操作人员的身体健康,有着重大的意义。国内锅炉房常用的降低噪声的技术措施有:将噪声量大的设备布置在单独房间内或用转墙间隔的同一房间内;采用专门制作的设备隔声罩。隔声室和隔声罩均有较好的隔声效果,在锅炉房设计时,可根据具体情况采用。隔声罩可向生产厂订购或自行制作,隔声罩以便于设备的操作维修和通风散热。

降低噪声的技术措施中也包括采取设备的减振,可减少固体声传播,同样可以降低噪声,设计人员可根据实际情况采用。

16.2.4 本条是原规范第 6.3.5 条的修订条文。

锅炉房的球磨煤机是一种噪声大、体积大、工作温度高、粉尘多的设备,严重影响周围工作环境,为此,宜将磨煤机房建为隔声室。

由于球磨机隔声室内气温高、粉尘浓度大,应按防爆要求设置通风设施,以便散热,并在隔声室的进排气口上装置消声器,以保证隔声室的隔声效果。

16.2.5 本条是原规范第 6.3.6 条的修订条文。

为降低不设在隔声室或隔声罩内的鼓风机吸风口的气流噪声,应在其吸风口装设消声器。同时,在各设备的隔声室或隔声罩的通风口上,应设置消声器,以防止噪声自通风口处向外传出。

消声器的额定风量应等于或稍大于风机的实际风量。通过消声器的气流速度应小于等于设计速度,以防止产生较高的再生噪声。消声器的消声量以 20dB(A)为宜。消声器的实际阻力应小于等于设备的允许阻力。

16.2.6 本条是原规范第 6.3.7 条的修订条文。

锅炉排汽噪声与排汽压力有关。压力越高,排汽时产生的噪声越大,影响的范围也越大。实测表明,当锅炉额定蒸汽压力为 3.82MPa(表压)时,未设排汽消声器,在距排汽口 8m 处噪声级高达 130dB(A);当锅炉额定蒸汽压力为 1.27MPa(表压)时,未设排汽消声器,在距排汽口 10m 处噪声级也高达 121dB(A)。为减少对周围环境噪声的影响,将排汽消声器设置的压力等级扩大到 1.27~3.82MPa(表压)是必要的,考虑到蒸汽锅炉的启动排汽发生概率较高,且启动排汽时间也较长,将条文改为启动排汽管应设置消声器是适宜的。而安全阀排汽只是偶发事故,概率较低,且一旦发生也会很快采取措施,故条文仍维持原有的安全阀排汽管宜设置消声器。

16.2.7 本条是原规范第 6.3.8 条的修订条文。

原条文仅要求邻近宾馆、医院和精密仪器车间等处的锅炉房内宜设置设备隔振器、管道连接采用柔性接头和管道支承采用弹性支吊架。随着隔振器、柔性接头和弹性支吊架的应用日益普及,周围环境对降低锅炉房噪声的要求提高,扩大设备隔振器、管道柔性接头和弹性支吊架的使用范围是适宜的。

16.2.8 本条是新增的条文。

非独立锅炉房,其周围环境对噪声特别敏感。锅炉房内操作地点的噪声声级卫生限值为 85dB(A),如果锅炉房的墙、楼板、隔声门窗的隔声量不小于 35dB(A),锅炉房外界噪声可控制在 50dB(A)以内,可使锅炉房所处的楼宇夜间噪声达到《城市区域环境噪声标准》GB 3096 中规定的 2 类标准。如要达到 0 类或 1 类标准,还需详细计算锅炉房内部的噪声声级和隔声量。

对墙、楼板、隔声门窗的隔声效果,墙和楼板比较容易达到本条所提出的隔声量要求,而隔声门窗略有困难,故楼内设置的锅炉房设计时应减少门窗的使用。

16.3 废 水 治 理

16.3.1 本条是新增的条文。

锅炉排放的各类废水应符合现行国家标准《污水综合排放标准》GB 8978 和《地表水环境质量标准》GB 3838 的规定,还要符合

锅炉房所在地受纳水系的接纳要求。受纳水系可以是天然的江、河、湖、海水系,也可以是城市污水处理厂等。

16.3.2 本条是新增的条文。

水资源的合理开发、循环利用,减少污水排放,保护环境是必须遵循的设计原则。

16.3.3 本条是原规范第 13.4.7 条和第 13.4.9 条合并后的修订条文。

本条是指锅炉房水环境影响的主要废水污染源及其治理原则。

湿式除尘脱硫、水力冲灰渣和锅炉情况产生的废水中的污染因子有固体悬浮物和 pH 值,应经过沉淀、中和处理后排放;锅炉排污水会造成热污染,应降温后排放;化学水处理的废水污染因子是 pH 值,应采取中和处理后排放。

在一般情况下需将锅炉房的排水温度降至 40℃以下,但企业锅炉房如在所属企业范围内的排水上游且排水管材料及接口材质无温度要求时,可以略高于 40℃,这样更符合使用情况。

16.3.4 本条是原规范第 13.4.9 条的修订条文。

油罐清洗的含油废水直接排放会造成严重的污染;液化石油气残液的直接排放会造成火灾危险,均严禁直接排放。为防止含油废水的排放造成的污染,油罐区应设置汇水阴沟和隔油池。液化石油气残液处理的难度很大,不应自行处理,必须委托有资质的专业企业处理。

16.3.5 本条是原规范第 13.4.8 条的修订条文。

煤作为一种能源需要节约和因环保要求防止水体对周围的污染,故在坡地煤场和较大煤场的周围要求设置"防止煤屑冲走"的设施,如在四周设渗漏沟排水及沉煤屑池,将煤屑截留后,再对废水加以处理达标后排放。

当煤场、灰渣场位于饮用水源保护区范围附近时,应有防止贮灰场灰水渗漏时地下水饮用水源污染的措施。

16.4 固体废弃物治理

16.4.1 本条是新增的条文。

我国对燃煤锅炉的灰渣综合利用已有成熟的技术和办法。灰渣被大量用于制作建筑材料和铺筑道路,各地都建立了灰渣的综合利用工厂。

烟气脱硫装置在建设时,应同时考虑其副产品的回收和综合利用,减少废弃物的产生量和排放量。脱硫副产品的利用不得产生有害影响。对不能回收利用的脱硫副产品应集中进行安全填埋处理,并达到相应的填埋污染控制标准。

16.4.2 本条是新增的条文。

根据《国家危险废物名录》,废树脂属危险废弃物。

16.5 绿 化

16.5.1 本条是原规范第 2.0.18 条的修订条文。

绿化是保护环境的一项重要措施,它有滤尘、吸收有害气体和调节局部小气候的作用,改善生产和生活条件,因此锅炉房周围的绿化应受到足够的重视。锅炉房地区的绿化程度要区别对待,对相对独立的区域锅炉房,其绿化系数应根据当地规划,一般宜为 20%;对非区域锅炉房,其绿化面积应在总体设计时统一规划。

16.5.2 本条是新增的条文。

在锅炉房区域内,对环境条件较差的干煤棚和露天煤、渣场周围,应进行重点绿化,建立隔离缓冲带,以减少扬尘对周围环境的影响。

17 消 防

17.0.1 本条是新增的条文。

本条是消防政策,必须遵照执行。

17.0.2 本条是新增的条文。

目前在实践中,锅炉房的建筑物、构筑物和设备的灭火设施采用移动式灭火器及消火栓,是完全可行的。锅炉房内灭火器的配置,应按现行国家标准《建筑灭火器配置设计规范》GB 50140 执行。

17.0.3 本条是新增的条文。

本条是考虑到燃油泵房、燃油罐区的燃料特点而提出的消防措施,泡沫灭火系统的设计应符合现行国家标准《低倍数泡沫灭火系统设计规范》GB 50151 的有关规定。

17.0.4 本条是新增的条文。

燃油及燃气的非独立锅炉房,因其是设置在其他建筑物内,为保证锅炉房及其他建筑物的安全,在有条件时,锅炉房的灭火系统应受建筑物的防灾中心集中监控。

17.0.5 本条是新增的条文。

非独立锅炉房,单台蒸汽锅炉额定蒸发量大于等于 10t/h 或总额定蒸发量大于等于 40t/h 及单台热水锅炉热功率大于等于 7MW 或总热功率大于等于 28MW 时,应在火灾易发生部位设置火灾探测和自动报警装置。火灾探测器的选择及设置位置,应符合现行国家标准《火灾自动报警系统设计规范》GB 50116 的有关规定。

17.0.6 本条是新增的条文。

锅炉房的操作指挥系统一般设在仪表控制室内,为方便管理,故要求消防集中控制盘也设在仪表控制室内。

17.0.7 本条是新增的条文。

由于防火的要求,对容量较大锅炉房需要采用栈桥输送燃料时,对锅炉房、运煤栈桥、转运站、碎煤机室相连接处,宜设置水幕防火隔离设施,这对防止火焰蔓延是很重要的。

18 室外热力管道

18.1 管道的设计参数

18.1.1 本条是原规范第 14.2.1 条的条文。

热力管道建成后,将运行数十年。在这期间,对于每一个企业来说,所需热负荷一般都在逐步地发展,因此,在热力管道设计时,除按当时的设计热负荷进行外,对于近期已明确的发展热负荷,包括其种类、数量、位置等,在设计中也应予以考虑。

18.1.2 本条是原规范第 14.2.2 条的修订条文。

在计算热水管网的设计流量时,应按采暖、通风负荷的小时最大耗热量计算。闭式热水管网,当采用中央质调节时,通风负荷的设计流量与采暖负荷一样,按其小时最大耗热量换算,因为通风机运行与否,热水工况是一样的,所以不考虑同时使用系数。由于计算中常有富裕量,此富裕量足以补偿管道热损失,因此支管和干管的设计流量不考虑同时使用系数和热损失,是较为简便和合理的。即使在只有采暖负荷的情况下也不必考虑热损失,因为中央质调节时供求温度是根据室外气温调节的。为考虑管道热损失,运行中适当提高供水温度就可以了。这样做,可不增加设计流量和由此而增加循环水泵的能耗,是符合节能原则的。

兼供生活热水干管的设计流量,其中生活热水负荷可按其小时平均耗热量计算。其理由:一是生活热水用户数量多,最大热负荷同时出现的可能性小;二是目前生活热水负荷占总热负荷的比例较小。而支管情况则不同,故支管设计流量应根据生活热水用户有无贮水箱,按实际可能出现的小时最大耗热量进行计算。

18.1.3 本条是原规范第 14.2.3 条的条文。

蒸汽管网的设计流量,干管是按各用户各种热负荷小时最大耗热量,分别乘以同时使用系数和管网热损失进行计算;支管则按用户的各种热负荷小时最大耗热量计算。

18.1.4 本条是原规范第 14.2.4 条的条文。

凝结水管道的设计流量,即为相应的蒸汽管道设计流量减去不回收的凝结水量。

18.1.5 本条是原规范第 14.1.4 条的条文。

锅炉的运行压力一般是按照热用户的蒸汽最大工作参数(压力、温度),再考虑管网压力损失和温度降而确定的,以这样来确定蒸汽管网的蒸汽起始参数是切合实际的。这样做,管道的直径可能会大一些,初次投资要大一些,但从长远看,可以适应较大热负荷的增长,从实际运行来说,一般情况下,可以满足用户的压力和温度要求,是较为节能的运行方式。

18.2 管 道 系 统

18.2.1 本条是原规范第 14.3.1 条的修订条文。

生产、采暖、通风和生活多种用汽参数相差不大,或生产用汽无特殊要求时,采用单管系统可以节约投资,减少管网热损失。当生产用汽有特殊要求时,采用双管系统能确保供汽的可靠性。如多种用汽参数相差较大时,采用多管系统有利于用汽的分别控制和设备的安全,同时可做到合理用能。

18.2.2 本条是原规范第 14.3.2 条的条文。

蒸汽管网一般采用枝状系统。对于用汽点较少且管网较短、用汽量不大的企业,为满足生产用汽的不同要求(例如一些用汽用户要求汽压不同或生产工艺加热次序有先有后等情况)和为了便于控制,可采用由锅炉房直接通往各用户的辐射状管道系统。

18.2.3 本条是原规范第 14.3.3 条的条文。

以往国内一些高温热水系统运行不正常,大流量小温差的运行较普遍,水力工况失调。其原因之一是用户入口没有可靠、准确的减压措施,以致各用户的流量没有按设计应有的流量分配。于是有些单位采取了干管同程布置,取得了一定效果。这是由于各用户的供、回水温差大体上是相等的。但这样做并不能完全消除水力失调,因为支管和支干管的压力损失以及每个用户内部的压力损失并不都是相等的。要完全解决水力失调,必须从各用户入口处采取减压措施。如采用同程布置方式,将相应增加管网投资,所以应采用正常的异程(逆流)式系统。

在双管热水系统的设计中,有的是为了将室内的采暖系统采取同程式系统,有的是为了将室内采暖系统的回水就近通向室外热水管网,甚至几路回水分别通向室外热水管网,以致供水管与回水管完全不对应。这不仅搞乱了正常的热水系统,也给热水系统的调试和运行管理带来很大的困难。例如室内采暖系统的入口装置上、供水和回水管上,均有压力表、温度计,这对了解运行工况和调试是方便的。如果供水管从用户一边进,而回水管却从用户另一边出,这样供、回水管上压力表和温度计将分设两处,给了解系统运行情况和调试增加了困难。因此本条文作了规定:通向热用户的供、回水支管宜为同一出入口。对于大的厂房,为避免室内采暖系统管线太长,可以分为几个系统,每个系统的供、回水管各为同一出入口。

18.2.4 本条是原规范第14.3.4条的条文。

1 当热水系统的循环水泵停止运行时,应有维持系统静压的措施。其静压线的确定一般为直接连接用户系统中的最高充水高度与供水温度相应的汽化压力之和,并应有 10~30kPa 的富裕量,以保证用户系统最高点的过热水不致汽化。如因条件所限或为了降低高度适应较低用户的设备所能承受的压力,也可将静压线定在不低于系统的最高充水高度,但将因此造成系统再次投入运行时的充水和放气工作量。

2 循环水泵运行时,系统中任何一处的压力不应低于该处水温下的汽化压力,以保证系统运行时不致产生汽化。

3 热水回水管的最大运行压力,以及循环水泵停运时所保持的静压,均不应超过用户设备的允许压力。回水管上任何一处的压力不应低于50kPa,是为了当回水管内水的压力波动时,不致产生负压而造成汽化。

4 供、回水管之间的压差应满足系统的正常运行,当用户入口处的分布压头大于用户系统的总阻力时,应采取消除剩余压头的可靠措施。如采用孔板、小口径管段、球阀、节流阀等。

18.2.5 本条是原规范第14.3.5条的条文。

在热力系统设计中,水压图能形象直观地反映水力工况。为了合理地确定与用户的连接方式(特别是在地形复杂的条件下),以及准确地确定用户入口装置供、回水管的减压值,宜在水力计算基础上绘制水压图。

18.2.6 本条是原规范第14.3.6条的修订条文。

要求蒸汽间接加热的凝结水应予以回收是节约能源和有效利用水资源的重要措施。也是国家相关法律、法规的基本要求。

加热有强腐蚀性物质的凝结水,可能会因渗漏使凝结水含有强腐蚀性物质,该水进入锅炉会使锅炉腐蚀,故不应回收。加热油槽和有毒物质的凝结水,也会对锅炉不利,即使锅炉不供生活汽,不危及人身安全,出于安全的综合考虑,也不应回收。当锅炉供生活汽时,为避免发生人身中毒事故,则加热有毒物质的凝结水严禁回收。

18.2.7 本条是原规范第14.3.7条的条文。

高温凝结水从用汽设备中经疏水阀排出时,压力会降低,和产生的二次汽混在凝结水中,从而增大凝结水管的阻力。二次汽最后又排入大气,造成热量损失。所以采取利用饱和凝结水或将二次汽引出利用,不仅直接利用了这部分热量,还有利于凝结水回收。

18.2.8 本条是原规范第14.3.8条的条文。

为提高凝结水回收率,对可能被污染的凝结水,应设置水质监督仪器和净化设备,当回收的凝结水不符合锅炉给水水质标准时,

需进行处理合格后才能作为锅炉给水使用。

18.2.9 本条是原规范第14.3.9条的条文。

凝结水回收系统现在绝大多数为开式系统,且运行不正常,二次汽和漏汽大量排放,热量和凝结水损失很大,并由于空气进入管道内,引起凝结水管内腐蚀,因此宜改为闭式系统,以有利于二次汽的利用,节约能源,也有利于延长凝结水管道的寿命。当输送距离较远或管道架空敷设时,因阻力较大,靠余压难以使凝结水返回时,则宜采用加压凝结水回收系统,借蒸汽或水泵为凝结水压回。

18.2.10 本条是原规范第14.3.10条的条文。

当采用闭式满管系统回收凝结水时,为使所有用户的凝结水能返回锅炉房,在进行凝结水管水力计算的基础上绘制水压图是必要的,以便根据各用户的室内地面标高、管道的阻力、锅炉房凝结水箱的标高及其中的汽压等因素,通过水压图以合理确定二次蒸发箱的安装高度及二次汽的压力等。

18.2.11 本条是原规范第14.3.11条的条文。

在余压凝结水系统的凝结水管内,饱和凝结水在流动过程中不断降低压力而产生二次汽,还有少量经疏水阀漏入的蒸汽。虽然因凝结水管的热损失而减少了一些蒸汽,但凝结水管仍为水、汽两相流动,所以应按汽、水混合物计算。但两相流动有多种不同的流动状态,现尚无科学的计算方法。目前通用的方法是把汽水混合物假定为乳状混合物进行计算。至于含汽率大小因各种情况不同而不同,难以确定。

18.2.12 本条是原规范第14.3.12条的条文。

选择加压凝结水系统时,应首先根据用户分布的情况,分片合理地布置凝结水泵站。条文中是按自动启闭水泵的运行方式考虑水箱容积的。为避免水泵频繁的启闭,凝结水泵的流量不宜过大。根据目前凝结水回收率的水平,凝结水泵的流量按每小时最大凝结水量计算。当泵站并联运行时,凝结水泵的选择应符合并联运行的要求。

每一个凝结水泵站中,一般设置2台凝结水泵,其中1台备用,其扬程应能克服系统的阻力、泵出口至回收水箱的标高差以及回收水箱的压力。凝结水泵应能自动开停。每一个凝结水泵站,一般设置1个凝结水箱,但常年不间断供热的系统和凝结水有可能被污染的系统,则应设置2个凝结水箱,以便轮换检修和监测处理。

18.2.13 本条是原规范第14.3.13条的条文。

疏水加压器构造简单,不用电动机作动力,自动启停,运行可靠,使用方便,有较好的节能效果。

当采用疏水加压器作为加压泵时,如该疏水加压器不具备阻汽作用时,则各用汽设备的凝结水管道在接入疏水泵加压器之前应分别安装疏水阀。如当疏水加压器兼有疏水阀和加压泵两种作用时,则用汽设备的凝结水管道上可不另安装疏水阀,但疏水加压器的设置位置应靠近用汽设备,并应使疏水加压器的上部水箱低于凝结水系统,以利用汽设备的凝结水顺畅地流入该疏水加压器的集水箱。

18.3 管道布置和敷设

18.3.1 本条是原规范第14.4.1条的条文。

热力管道的布置和敷设有着密切的关系。不同的敷设方式对布置的要求也不同。选择管道的敷设方式,应根据当地的气象、水文、地质和地形等因素考虑。管道的布置,应按用户分布情况、建筑物和构筑物的密集程度、用户对供热的要求,结合区域总平面布置等因素综合考虑。管道及其附件布置的不合理,对施工、生产、操作和维修都有影响,在设计中应予以注意。

1 主干管的布置,应使其既满足生产要求,又节约管材。

2 当采用架空敷设时,为减少支吊架数量和尽量减少其热损失,可穿越建筑物,但不应穿越配、变电所和危险品仓库等建筑物。这是由于介质散热和可能的泄漏,会使电气裸线短路,或使电石遇

水产生乙炔气，以致发生爆炸事故。管道穿越建筑扩建地和永久性物料堆场会导致日后返工浪费或难于维修，一旦管道发生故障，将影响有关用户正常供热，故亦不宜穿越这些场地。此外，还应少穿越厂区主要干道，因为如架空敷设将影响美观，且因干道宽，布管的跨度大，造成支吊困难；如地下敷设，则因不宜开挖主干道而难于维修。

3 在山区敷设管道，应依山就势、因地制宜地布置管线。当管道通过山脚时，应考虑到地质滑坡的隐患；当跨越沟谷时，应考虑山洪对管架基础的冲击。

18.3.2 本条是原规范第 14.4.2 条的修订条文。

根据以前的调研，一些热力管道过去都采用地沟敷设，后因地沟泡水，管道受潮后腐蚀严重，现已全部改为架空敷设。

因此本规范建议在下列地区采用架空敷设：

1 对地下水位高或年降雨量大的地区。

2 土壤带有腐蚀性时。如采用地下敷设，则地下管线易受腐蚀。

3 在地下管线密集的地区。这可以避免管沟之间的相互交叉，尤其是改建和扩建的项目，如原有地下管线布置很复杂时，热力管道采用地下敷设更有困难。

4 地形复杂的地区。采用地下敷设难度大，投资也大。

架空敷设具有维修方便、造价低等优点，适宜于敷设热力管线。

本条有关管道敷设方式的建议是从困难一个方面考虑的。但在设计中也要考虑到现在直埋管道技术的发展现状，对地下水位高或年降雨量大以及土壤具有较强的腐蚀性地区的管道，如采取一定的措施，也是可以采用地沟和直埋敷设的。为此本条要求，在居民区等对环境美观的要求越来越高地点，在人员密集的地点，同时也出于安全的考虑，宜采用地沟或直埋敷设方式。

18.3.3 本条是原规范第 14.4.3 条的条文。

本规范附录 A 的规定，是参照设计中普遍采用的规定编写的。其数据与压缩空气站、氧气站等设计规范是一致的，并与现行国家标准《工厂企业总平面设计规范》GB 50182 的规定相协调。

18.3.4 本条是原规范第 14.4.4 条的条文。

当管道沿建筑物和构筑物敷设时，加在其上的荷载（包括垂直荷重及热膨胀推力）应提出资料，由土建专业予以计算和校核，以确保建筑物或构筑物的安全。

18.3.5 本条是原规范第 14.4.5 条的修订条文。

架空热力管道与输送强腐蚀性介质的管道和易燃、易爆介质管道共架时，宜布置在腐蚀性介质管道和易燃、易爆介质管道的上方，或宜水平布置在腐蚀性介质管道和易燃、易爆介质管道的内（里）侧。这样能够保证腐蚀性介质和易燃、易爆介质不会滴漏到热力管道上，从而避免引起热力管道的腐蚀和发生火灾的危险，同时也可避免热力管道的散热量对其他管道的安全影响。热力管道与腐蚀性介质管道和易燃、易爆介质管道水平布置时，将腐蚀性介质管道和易燃、易爆介质管道布置在外侧是为了让最危险的管道更方便进行检修和维护。

18.3.6 本条是原规范第 14.4.6 条的条文。

多管共架敷设，当支架两侧的荷载不均衡时，将会引起支架荷载重心发生偏移，故设计时应考虑管架两侧荷载的均衡。热力管道宜与室外架空的工艺或动力管道共架敷设，这是为了节省管架投资和便于总图布置等。

18.3.7 本条是原规范第 14.4.7 条的条文。

在不妨碍交通的地段采用低支架敷设，可节约支架费用，又便于管理维修。对保温层与地面净空距离定为 0.5m，这不仅是为了避免雨季时地面积水有可能使管道保温层泡湿，且方便在管道底部安装放水阀，还可避免支架低，行人在管道上行走，踩坏保温层。

中支架敷设时，管道保温层距地面净空距离不宜小于 2.5m，是为了便于人的通行。

高支架敷设的高度要求是为了保证车辆的通行。

18.3.8 本条是原规范第 14.4.8 条的条文。

地沟内部管道采用单排（行）布置是考虑检修方便。地沟型式应考虑经济合理及运行维修方便等因素。不通行地沟内部管道如发生事故时，必须挖开地面后方可进行检修。因此，在管道通过铁路线或主要交通要道等地面不允许开挖的地段处，即使管道的数量不多，管径也很小，也不宜采用不通行地沟敷设。对于仅在采暖期使用的低压、低温管道，当管道数量较多时，也可以采用半通行地沟敷设，这主要是考虑在非采暖期可以进行管道的检查和保温层的维修。

18.3.9 本条是原规范第 14.4.9 条的条文。

对半通行地沟及通行地沟的净空高度及通道宽度的规定，是根据工厂的实际使用情况和安装单位的建议，以及参考原苏联 1967 年编制的"热网工艺设计标准"中有关规定等制定的。

考虑到企业（单位）地下管线较多，避让困难，并从建造地沟的经济方面着眼，条文规定：半通行地沟的净空高宜为 1.2～1.4m，通道净宽宜为 0.5～0.6m；通行地沟的净高不宜小于 1.8m，通道净宽不宜小于 0.7m。

18.3.10 本条是原规范第 14.4.10 条的条文。

对通行及半通行地沟，自管道保温层外表面至地沟顶部距离，根据安装公司方便安装的意见、实际使用情况和大多数设计院的设计经验，本规范规定采用 50～300mm。

18.3.11 本条是原规范第 14.4.11 条的条文。

重油管、润滑油管、压缩空气管和上水管都不是易挥发、易爆、易燃、有腐蚀性介质的管道，为了节约占地和投资，可以与热力管道共同敷设在同一地沟内。在地沟内，将给水管安排在热力管的下方，是为了避免因给水管在湿热的沟内空气中管外结露，使水滴在热力管道保温层上从而破坏保温。

18.3.12 本条是原规范第 14.4.12 条的条文。

为确保安全，热力管道不允许与易挥发、易爆、易燃、有害、有腐蚀性介质的管道共同敷设在同一地沟内。也不能与惰性气体敷设在同一地沟内，是为了避免造成检修人员窒息。

18.3.13 本条是新增的条文。

管道直埋技术在我国发展较快，目前基本可归纳为无补偿敷设方式和有补偿敷设方式。采用以弹性分析理论为基础的无补偿方式，按管道预热方式的不同又可分为敞开式和覆盖式，敞开式不设固定点，没有补偿器，投资较低；覆盖式需安装一次性管道补偿器。当热力管道的介质温度较高，或安装时无热源预热，可采用有补偿方式。有补偿方式中可分为有固定点方式和无固定点方式，无固定点方式计算要求高，但占地小，运行相对可靠，投资小而优于有固定点方式。根据国内外理论和实践的经验表明，无补偿方式优于有补偿方式，无补偿方式中敞开式优于覆盖式。

直埋管道品种较多，特别是外保护层的结构大不相同，采用玻璃钢等强度和抗老化性能较差的材料作外保护层时，管道（包括保温层）底外壁高于最高地下水位高度 0.5m 是较安全可靠的；采用高密度聚乙烯管和钢套管等作外保护层时允许在地下水位以下敷设，但将管道泡在水里会降低管道的安全性和经济性。

直埋管道的查漏是一个需高度重视的问题，如何及时准确地查找泄漏部位，防止盲目开挖，设计时考虑设置泄漏报警系统是可行的，也是必要的。

考虑阀门等可能暴露在外，在强电流地区，管道会引起电化学腐蚀，因此宜采取一定的措施。

18.3.14 本条是原规范第 14.4.13 条的修订条文。

直埋敷设管道外壳顶部埋深应在冰冻线以下，这是对直埋管道敷设的基本要求。直埋管道纵向稳定最小覆土深度在《城镇直埋供热管道工程技术规程》CJJ/T 81 和《城镇供热直埋蒸汽管道技术规程》CJJ 104 有详细规定，应遵照执行。为确保安全起见，直埋管道穿行车道时，应有必要的保护措施，若管道有足够的埋深距离,足以保证安全,可以不考虑防护措施,所以本规范规定"宜加套管或采用管沟进行防护,管沟上应设钢筋混凝土盖板"。

18.3.15 本条是原规范第14.4.14条的条文。

检查井的尺寸和技术要求是从便于操作和保证人员安全考虑的。检查井的净空高度不应小于1.8m,是保证操作人员能不碰到头部。设置2个人孔是为了采光、通风和人员安全的需要。检查井的人孔口高出地面0.15m,是为了防止地面水进入。要求积水坑设置在人孔之下,是为了打开人孔盖即可直接从人孔口抽除井内积水。

18.3.16 本条是原规范第14.4.15条的条文。

原苏联《热力网设计规范》规定,通行地沟上的人孔间距在有蒸汽管道的情况下为100m,在无蒸汽管道的情况下不大于200m;半通行地沟人孔间距在有蒸汽管道的情况下为60m,在无蒸汽管道的情况下不大于100m。人孔口高出地面不应小于0.15m是为了防止地面水流入地沟。

18.3.17 本条是原规范第14.4.16条的条文。

由于热力管道散热,地沟内的温度一般比较高。在保温层损坏或阀门等附件有泄漏时,温度会更高。如地沟渗水,在较高温度下,水分蒸发,造成地沟内湿度增大,易使保温层损坏,甚至腐蚀管道和附件。因此,在设计地沟时,应尽可能防止地下水和地面水的渗入,并应考虑地沟有排水的坡度。如地面有高差,地沟坡度宜顺地面坡度,使地沟覆土均匀。

由于地沟内热力管道散热量较大,如不考虑通风,则其散发出的热量将会使地沟内的温度升高。对于通行和半通行地沟,如不考虑通风,在管网运行期间操作维修人员根本无法进入地沟内工作。根据使用单位的经验,在地沟或检查井上装设自然通风装置是降温的一个可靠措施,并可驱除沟内潮气,减少沟内管道及附件的锈蚀。

18.3.18 本条是新增的条文。

直埋管道敷设应开挖梯形沟槽,在沟槽内管道的四周应填满距管道外壁不小于200mm厚的细沙,以保证管道四周具有良好的透水层,同时也可减少管道与土壤的摩擦力,并使管道与土壤的摩擦力均匀分布。

18.3.19 本条是原规范第14.4.18条的条文。

为了尽量减少地下敷设热力管道与铁路或公路交叉管道的长度,以减少施工和日常维护的困难,其交叉角不宜小于45°。单管或小口径管与之交叉时,宜采用套管;多管或大口径管与之交叉时,则按具体情况可采用半通行或通行地沟。

18.3.20 本条是原规范第14.4.19条的条文。

中、高支架敷设的管道在干管和分支管上装有阀门和附件时,需要操作、维修,故应设置操作平台及栏杆。在只装疏水、放水和放气(汽)等附件时,可将这些附件降低安装,省去操作平台以节约投资。其引下管中积水,在寒冷地区应保温,以防管道因内部积水冻结而破坏。

18.3.21 本条是原规范第14.4.20条的修订条文。

为防止雨水和地面水进入地沟,避免地沟内湿度增高,甚至管道和保温层泡水,从而保证热力管道正常运行、维修和延长使用寿命。因此,在架空敷设管道与地沟敷设管道连接处,即管道穿入地沟的洞口应有防止雨水进入的措施,如使洞口高出地面0.3m,在管道进入洞口处设防雨罩等。直埋管道伸出地面处设竖井,是为了保护伸出地面垂直管道部分,同时也是要留有水平管道自由端热位移的空间。

18.4 管道和附件

18.4.1 本条是原规范第14.5.1条的修订条文。

根据热介质的参数、无缝钢管的生产供应情况以及热力管道不同敷设方式提出的选用原则。

18.4.2 本条是原规范第14.5.2条的条文。

管径太小的管道,运行时易为管内脏物堵塞,不易清理。设计中采用管道的最小公称直径一般为25mm。

18.4.3 本条是原规范第14.5.3条的条文。

在热力管道通向每一个用户的支管上,原则上均应装设关闭阀门。考虑到有些支管比较短(小于20m),发生破损事故的可能性比较小,故在这种较短的支管上,可不设关闭阀门。

18.4.4 本条是原规范第14.5.4条的条文。

热水、蒸汽和凝结水管道的最高点装设放气阀,用以排放管道中的空气。此放气阀在管道安装时可作为水压试验放气用;而在投运后此放气阀放气是为了保证正常运行及维修。热水、蒸汽和凝结水管道的最低点装设放水阀,用以放水和排污,以保证正常运行和维修,或作为事故排水用。

18.4.5 本条是原规范第14.5.5条的条文。

蒸汽管道开始启动暖管时,会产生大量的凝结水,为了防止水击应及时疏水。在直线管段上,顺坡时蒸汽与凝结水流向相同,每隔400~500m应设启动疏水,逆坡时蒸汽与凝结水流向相反,每隔200~300m应设启动疏水。当蒸汽管道启动时,将启动疏水阀开启,启动结束后将此阀关闭。在蒸汽管道的低点和垂直升高之前,启动及正常运行时均有凝结水集结,为避免水击,需要连续地、及时地将凝结水排走,故应装设经常疏水附件。

18.4.6 本条是原规范第14.5.6条的条文。

本条主要考虑减少凝结水损失,以降低化学补充水的消耗量。

18.4.7 本条是原规范第14.5.7条的条文。

为了能检查疏水阀的正常工作情况,在疏水阀后安装检查阀是简单有效的办法,否则难于检查疏水阀是否运行正常。为保证疏水阀的正常运行,在不具备过滤装置的疏水阀前安装过滤器是必要的。

18.4.8 本条是原规范第14.5.8条的条文。

根据调研,在连续运行的条件下,在室外采暖计算温度为-10℃以下的地区架空敷设的灰铸铁阀门易发生冻裂事故,而室外采暖计算温度在-9℃及以上的地区未发现架空敷设的灰铸铁阀门冻裂的情况。但如不是连续运行情况,则室外采暖计算温度在-9℃及以上的地区也会发生灰铸铁阀门冻裂的情况,故对间断运行露天敷设管道灰铸铁放水阀的禁用界限划在室外采暖计算温度在-5℃以下地区。

18.5 管道热补偿和管道支架

18.5.1 本条是原规范第14.6.1条的修订条文。

自然补偿是最可靠的热补偿方式,但当管径较大时(一般指公称直径大于等于300mm),虽然采用自然补偿也能满足要求,但与采用补偿器补偿比较就可能不经济了。国内目前在补偿器的制造质量上已有较高的水平,补偿器的可靠性和使用寿命都大大提高,对大管径热力管道的布置推荐采用补偿器,可节约投资,占地小,同时也美观,敷设方便。

18.5.2 本条是新增的条文。

热力管道补偿器一般是管道系统中最薄弱环节之一,约束型补偿器结构简单、造价低,同时对管系不产生盲板推力。对架空敷设的管道而言,因有足够的横向位移空间,根据管道的自然走向或关系结构,优先采用约束型补偿器是合理的。当采用约束型补偿器不能满足要求时,可考虑局部采用非约束型补偿器。地沟敷设的管道因没有足够的横向位移空间,不宜采用约束型补偿器,但在设计中有条件的话,建议仍优先采用约束型补偿器。

18.5.3 本条是原规范第14.6.2条的条文。

在工程设计阶段,一般不知道其管道的安装温度,此时可以将室外计算温度作为管道的安装温度,虽然其实际安装温度较此为高,但即使安装温度与介质工作温度之差加大,也可以使热补偿留有富裕量。

18.5.4 本条是原规范第14.6.3条的条文。

本规范的适用范围,热介质温度小于等于450℃。室外热力管道一般在非蠕变条件下工作(碳钢380℃以下),管道的预拉伸一般按热伸长的50%计算。当输送热介质的温度大于380℃而小于450℃时预拉伸量取管道热伸长量的70%。

18.5.5 本条是原规范第14.6.4条的修订条文。

套管补偿器运行时对两端管子的同心度有一定要求,如果偏移量超过一定范围,热胀冷缩时补偿器容易被卡住,并且还会泄漏。因此本条规定,应在套管补偿器的活动侧装设导向支架。

18.5.6 本条是原规范第14.6.5条的修订条文。

波形补偿器因其强度较差,补偿能力小,轴向推力大,因而在热力管道上不常使用。为了补偿管道径向、轴向的热伸长,可采用不同的布置方式。并根据波形补偿器的布置情况,在两侧装设导向支架。采用波形补偿器时,应计算其工作时的热补偿量,并应规定安装时的预拉伸量。

18.5.7 本条是原规范第14.6.6条的条文。

球形补偿器补偿能力大,由于直线管段长,为了降低管道对固定支座的推力,宜采用滚动支座或低摩擦系数材料的滑动支座,并应在补偿器处和管段中间设置导向支座,防止管道纵向失稳。

18.5.8 本条是原规范第14.6.7条的条文。

热压弯头质量有保证,造价便宜,而正常煨制的弯管,特别是大管径的管子,煨制工作量大,质量不容易保证。因此,在有条件的情况下应优先采用热压弯头。

18.5.9 本条是原规范第14.6.8条的条文。

管道的活动支座一般情况下宜采用滑动支座因为它制作简单,造价较低。在敷设于高支架、悬臂支架或通行地沟内的公称直径大于等于300mm的管道上,宜采用滚动(滚轮、滚架、滚柱)支座,或用低摩擦系数材料的滑动支座,这是为了减少摩擦力,从而减少对固定支架的推力,以利于减小支架土建结构的断面,从而降低造价。这对于高支架敷设的柱子尤为重要。

18.5.10 本条是原规范第14.6.9条的条文。

为了使热力管道的渗漏水以及外部进入地沟的水能够较通畅地顺地沟的坡向流至检查井,管子滑动支架的混凝土支墩应错开布置。

18.5.11 本条是原规范第14.6.10条的条文。

这种将管道敷设在另一管道上的敷设方式可节省投资和用地,但在计算管道支座尺寸和补偿器补偿能力时,应考虑上、下管道的位移所造成的影响,以免发生上面管道滑落的事故。

18.5.12 本条是原规范第14.6.11条的条文。

多管共架敷设时,由于管道数量、重量、布置方式和输送介质参数不同,以及投入运行的先后次序不一等原因,将使支架的实际受力情况受到一定程度的制约。因此,在计算作用于支架上的摩擦推力时,应充分考虑这些相互牵制的因素。牵制系数的采用,可通过分析计算或参照有关资料和手册的规定。

中华人民共和国国家标准

供配电系统设计规范

Code for design electric power supply systems

GB 50052 - 2009

主编部门：中 国 机 械 工 业 联 合 会
批准部门：中华人民共和国住房和城乡建设部
施行日期：2 0 1 0 年 7 月 1 日

中华人民共和国住房和城乡建设部公告

第 437 号

关于发布国家标准《供配电系统
设计规范》的公告

现批准《供配电系统设计规范》为国家标准，编号为
GB 50052—2009，自 2010 年 7 月 1 日起实施。其中，第 3.0.1、
3.0.2、3.0.3、3.0.9、4.0.2 条为强制性条文，必须严格执行。原
《供配电系统设计规范》GB 50052—95 同时废止。

本规范由我部标准定额研究所组织中国计划出版社出版发行。

中华人民共和国住房和城乡建设部
二〇〇九年十一月十一日

前　言

本规范是根据原建设部《关于印发〈二〇〇一～二〇〇二年度工程建设国家标准制订、修订计划〉的通知》（建标〔2002〕85号）要求，由中国联合工程公司会同有关设计研究单位共同修订完成的。

在修订过程中，规范修订组在研究了原规范内容后，经广泛调查研究、认真总结实践经验，并参考了有关国际标准和国外先进标准，先后完成了初稿、征求意见稿、送审稿和报批稿等阶段，最后经有关部门审查定稿。

本规范共分7章，主要内容包括：总则，术语，负荷分级及供电要求，电源及供电系统，电压选择和电能质量，无功补偿，低压配电等。

修订的主要内容有：

1. 对原规范的适用范围作了调整；

2. 增加了"有设置分布式电源的条件，能源利用效率高、经济合理时"作为设置自备电源的条件之一；"当有特殊要求，应急电源向正常电源转换需短暂并列运行时，应采取安全运行的措施"；660V等级的低压配电电压首次列入本规范；

3. 对保留的各章所涉及的主要技术内容也进行了补充、完善和必要的修改。

本规范中以黑体字标志的条文为强制性条文，必须严格执行。

本规范由住房和城乡建设部负责管理和对强制性条文的解释，中国机械工业联合会负责日常管理工作，中国联合工程公司负责具体技术内容的解释。本规范在执行过程中，请各单位注意总结经验，积累资料，随时将有关意见和有关资料寄送至中国联合工程公司（地址：浙江省杭州市石桥路338号，邮政编码：310022，E-mail：

lusx@chinacuc.com 或 chenjl@chinacuc.com），以供今后修订时参考。

本规范组织单位、主编单位、参编单位、主要起草人和主要审查人员名单：

组织单位：中国机械工业勘察设计协会

主编单位：中国联合工程公司

参编单位：中国寰球工程公司
　　　　　中国航空工业规划设计研究院
　　　　　中国电力工程顾问集团西北电力设计院
　　　　　中建国际（深圳）设计顾问有限公司

主要起草人：吕适翔　陈文良　陈济良　熊　延　高凤荣
　　　　　　陈有福　钱丽辉　丁　杰　弓普站　徐　辉

主要审查人员：田有连　杜克俭　钟景华　王素英　陈众励
　　　　　　　李道本　曾　涛　张文才　高小平　杨　彤
　　　　　　　李　平

目　次

1 总 则

1.0.1 为使供配电系统设计贯彻执行国家的技术经济政策,做到保障人身安全、供电可靠、技术先进和经济合理,制定本规范。

1.0.2 本规范适用于新建、扩建和改建工程的用户端供配电系统的设计。

1.0.3 供配电系统设计应按照负荷性质、用电容量、工程特点和地区供电条件,统筹兼顾,合理确定设计方案。

1.0.4 供配电系统设计应根据工程特点、规模和发展规划,做到远近期结合,在满足近期使用要求的同时,兼顾未来发展的需要。

1.0.5 供配电系统设计应采用符合国家现行有关标准的高效节能、环保、安全、性能先进的电气产品。

1.0.6 本规范规定了供配电系统设计的基本技术要求。当本规范与国家法律、行政法规的规定相抵触时,应按国家法律、行政法规的规定执行。

1.0.7 供配电系统设计除应遵守本规范外,尚应符合国家现行有关标准的规定。

2 术 语

2.0.1 一级负荷中特别重要的负荷　vital load in first grade load

中断供电将发生中毒、爆炸和火灾等情况的负荷,以及特别重要场所的不允许中断供电的负荷。

2.0.2 双重电源　duplicate supply

一个负荷的电源是由两个电路提供的,这两个电路就安全供电而言被认为是互相独立的。

2.0.3 应急供电系统(安全设施供电系统)　electric supply systems for safety services

用来维持电气设备和电气装置运行的供电系统,主要是:为了人体和家畜的健康和安全,和/或为避免对环境或其他设备造成损失以符合国家规范要求。

　注:供电系统包括电源和连接到电气设备端子的电气回路。在某些场合,它也可以包括设备。

2.0.4 应急电源(安全设施电源)　electric source for safety services

用作应急供电系统组成部分的电源。

2.0.5 备用电源　stand-by electric source

当正常电源断电时,由于非安全原因用来维持电气装置或其某些部分所需的电源。

2.0.6 分布式电源　distributed generation

分布式电源主要是指布置在电力负荷附近,能源利用效率高并与环境兼容,可提供电、热(冷)的发电装置,如微型燃气轮机、太阳能光伏发电、燃料电池、风力发电和生物质能发电等。

2.0.7 逆调压方式　inverse voltage regulation mode

逆调压方式就是负荷大时电网电压向高调,负荷小时电网电压向低调,以补偿电网的电压损失。

2.0.8 基本无功功率　basic reactive power

当用电设备投入运行时所需的最小无功功率。如该用电设备有空载运行的可能,则基本无功功率即为其空载无功功率。如其最小运行方式为轻负荷运行,则基本无功功率为在此轻负荷情况下的无功功率。

2.0.9 隔离电器　isolator

在执行工作、维修、故障测定或更换设备之前,为人提供安全的电器设备。

2.0.10 TN 系统　TN system

电力系统有一点直接接地,电气装置的外露可导电部分通过保护线与该接地点相连接。根据中性导体(N)和保护导体(PE)的配置方式,TN 系统可分为如下三类:

　1　TN-C 系统,整个系统的 N、PE 线是合一的。

　2　TN-C-S 系统,系统中有一部分线路的 N、PE 线是合一的。

　3　TN-S 系统,整个系统的 N、PE 线是分开的。

2.0.11 TT 系统　TT system

电力系统有一点直接接地,电气装置的外露可导电部分通过保护线接至与电力系统接地点无关的接地极。

2.0.12 IT 系统　IT system

电力系统与大地间不直接连接,电气装置的外露可导电部分通过保护接地线与接地极连接。

3 负荷分级及供电要求

3.0.1 电力负荷应根据对供电可靠性的要求及中断供电在对人身安全、经济损失上所造成的影响程度进行分级,并应符合下列规定:

　1　符合下列情况之一时,应视为一级负荷。

　　1)中断供电将造成人身伤害时。

　　2)中断供电将在经济上造成重大损失时。

　　3)中断供电将影响重要用电单位的正常工作。

　2　在一级负荷中,当中断供电将造成人员伤亡或重大设备损坏或发生中毒、爆炸和火灾等情况的负荷,以及特别重要场所的不允许中断供电的负荷,应视为一级负荷中特别重要的负荷。

　3　符合下列情况之一时,应视为二级负荷。

　　1)中断供电将在经济上造成较大损失时。

　　2)中断供电将影响较重要用电单位的正常工作。

　4　不属于一级和二级负荷者应为三级负荷。

3.0.2 一级负荷应由双重电源供电,当一电源发生故障时,另一电源不应同时受到损坏。

3.0.3 一级负荷中特别重要的负荷供电,应符合下列要求:

　1　除应由双重电源供电外,尚应增设应急电源,并严禁将其他负荷接入应急供电系统。

　2　设备的供电电源的切换时间,应满足设备允许中断供电的要求。

3.0.4 下列电源可作为应急电源:

　1　独立于正常电源的发电机组。

　2　供电网络中独立于正常电源的专用的馈电线路。

　3　蓄电池。

4 干电池。

3.0.5 应急电源应根据允许中断供电的时间选择，并应符合下列规定：

1 允许中断供电时间为 15s 以上的供电，可选用快速自启动的发电机组。

2 自投装置的动作时间能满足允许中断供电时间的，可选用带有自动投入装置的独立于正常电源之外的专用馈电线路。

3 允许中断供电时间为毫秒级的供电，可选用蓄电池静止型不间断供电装置或柴油机不间断供电装置。

3.0.6 应急电源的供电时间，应按生产技术上要求的允许停车过程时间确定。

3.0.7 二级负荷的供电系统，宜由两回线路供电。在负荷较小或地区供电条件困难时，二级负荷可由一回 6kV 及以上专用的架空线路供电。

3.0.8 各级负荷的备用电源设置可根据用电需要确定。

3.0.9 备用电源的负荷严禁接入应急供电系统。

4 电源及供电系统

4.0.1 符合下列条件之一时，用户宜设置自备电源：

1 需要设置自备电源作为一级负荷中的特别重要负荷的应急电源时或第二电源不能满足一级负荷的条件时。

2 设置自备电源比从电力系统取得第二电源经济合理时。

3 有常年稳定余热、压差、废弃物可供发电，技术可靠、经济合理时。

4 所在地区偏僻，远离电力系统，设置自备电源经济合理时。

5 有设置分布式电源的条件，能源利用效率高、经济合理时。

4.0.2 应急电源与正常电源之间，应采取防止并列运行的措施。当有特殊要求，应急电源向正常电源转换需短暂并列运行时，应采取安全运行的措施。

4.0.3 供配电系统的设计，除一级负荷中的特别重要负荷外，不应按一个电源系统检修或故障的同时另一电源又发生故障进行设计。

4.0.4 需要两回电源线路的用户，宜采用同级电压供电。但根据各级负荷的不同需要及地区供电条件，亦可采用不同电压供电。

4.0.5 同时供电的两回及以上供配电线路中，当有一回路中断供电时，其余线路应能满足全部一级负荷及二级负荷。

4.0.6 供配电系统应简单可靠，同一电压等级的配电级数高压不宜多于两级；低压不宜多于三级。

4.0.7 高压配电系统宜采用放射式。根据变压器的容量、分布及地理环境等情况，亦可采用树干式或环式。

4.0.8 根据负荷的容量和分布，配变电所应靠近负荷中心。当配电电压为 35kV 时，亦可采用直降至低压配电电压。

4.0.9 在用户内部邻近的变电所之间，宜设置低压联络线。

4.0.10 小负荷的用户，宜接入地区低压电网。

5 电压选择和电能质量

5.0.1 用户的供电电压应根据用电容量、用电设备特性、供电距离、供电线路的回路数、当地公共电网现状及其发展规划等因素，经技术经济比较确定。

5.0.2 供电电压大于等于 35kV 时，用户的一级配电电压宜采用 10kV；当 6kV 用电设备的总容量较大，选用 6kV 经济合理时，宜采用 6kV；低压配电电压宜采用 220V/380V，工矿企业亦可采用 660V；当安全需要时，应采用小于 50V 电压。

5.0.3 供电电压大于等于 35kV，当能减少配变电级数、简化结线及技术经济合理时，配电电压宜采用 35kV 或相应等级电压。

5.0.4 正常运行情况下，用电设备端子处电压偏差允许值宜符合下列要求：

1 电动机为 ±5% 额定电压。

2 照明：在一般工作场所为 ±5% 额定电压；对于远离变电所的小面积一般工作场所，难以满足上述要求时，可为 +5%、−10% 额定电压；应急照明、道路照明和警卫照明等为 +5%、−10% 额定电压。

3 其他用电设备当无特殊规定时为 ±5% 额定电压。

5.0.5 计算电压偏差时，应计入采取下列措施后的调压效果：

1 自动或手动调整并联补偿电容器、并联电抗器的接入容量。

2 自动或手动调整同步电动机的励磁电流。

3 改变供配电系统运行方式。

5.0.6 符合下列情况之一的变电所中的变压器，应采用有载调压变压器：

1 大于 35kV 电压的变电所中的降压变压器，直接向 35kV、10kV、6kV 电网送电时。

2 35kV 降压变电所的主变压器，在电压偏差不能满足要求时。

5.0.7 10、6kV 配电变压器不宜采用有载调压变压器；但在当地 10、6kV 电源电压偏差不能满足要求，且用户有对电压要求严格的设备，单独设置调压装置技术经济不合理时，亦可采用 10、6kV 有载调压变压器。

5.0.8 电压偏差应符合用电设备端电压的要求，大于等于 35kV 电网的有载调压宜实行逆调压方式。逆调压的范围为额定电压的 0～+5%。

5.0.9 供配电系统的设计为减小电压偏差，应符合下列要求：

1 应正确选择变压器的变压比和电压分接头。

2 应降低系统阻抗。

3 应采取补偿无功功率措施。

4 宜使三相负荷平衡。

5.0.10 配电系统中的波动负荷产生的电压变动和闪变在电网公共连接点的限值，应符合现行国家标准《电能质量 电压波动和闪变》GB 12326 的规定。

5.0.11 对波动负荷的供电，除电动机启动时允许的电压下降情况外，当需要降低波动负荷引起的电网电压波动和电压闪变时，宜采取下列措施：

1 采用专线供电。

2 与其他负荷共用配电线路时，降低配电线路阻抗。

3 较大功率的波动负荷或波动负荷群与对电压波动、闪变敏感的负荷，分别由不同的变压器供电。

4 对于大功率电弧炉的炉用变压器，由短路容量较大的电网供电。

5 采用动态无功补偿装置或动态电压调节装置。

5.0.12 配电系统中的谐波电压和在公共连接点注入的谐波电流允许限值，宜符合现行国家标准《电能质量 公用电网谐波》GB/T 14549 的规定。

5.0.13 控制各类非线性用电设备所产生的谐波引起的电网电压正弦波形畸变率，宜采取下列措施：

1 各类大功率非线性用电设备变压器，由短路容量较大的电网供电。

2 对大功率静止整流器，采用增加整流变压器二次侧的相数和整流器的整流脉冲数，或采用多台相数相同的整流装置，并使整流变压器的二次侧有适当的相角差，或按谐波次数装设分流滤波器。

3 选用 D，yn11 接线组别的三相配电变压器。

5.0.14 供配电系统中在公共连接点的三相电压不平衡度允许限值，宜符合现行国家标准《电能质量 三相电压允许不平衡度》GB/T 15543 的规定。

5.0.15 设计低压配电系统时，宜采取下列措施，降低三相低压配电系统的不对称度：

1 220V 或 380V 单相用电设备接入 220V/380V 三相系统时，宜使三相平衡。

2 由地区公共低压电网供电的 220V 负荷，线路电流小于等于 60A 时，可采用 220V 单相供电；大于 60A 时，宜采用 220V/380V 三相四线制供电。

6 无功补偿

6.0.1 供配电系统设计中应正确选择电动机、变压器的容量，并应降低线路感抗。当工艺条件允许时，宜采用同步电动机或选用带空载切除的间歇工作制设备。

6.0.2 当采用提高自然功率因数措施后，仍达不到电网合理运行要求时，应采用并联电力电容器作为无功补偿装置。

6.0.3 用户端的功率因数值，应符合国家现行标准的有关规定。

6.0.4 采用并联电力电容器作为无功补偿装置时，宜就地平衡补偿，并符合下列要求：

1 低压部分的无功功率，应由低压电容器补偿。

2 高压部分的无功功率，宜由高压电容器补偿。

3 容量较大，负荷平稳且经常使用的用电设备的无功功率，宜单独就地补偿。

4 补偿基本无功功率的电容器组，应在配变电所内集中补偿。

5 在环境正常的建筑物内，低压电容器宜分散设置。

6.0.5 无功补偿容量，宜按无功功率曲线或按以下公式确定：

$$Q_C = P(\tan\Phi_1 - \tan\Phi_2) \tag{6.0.5}$$

式中：Q_C——无功补偿容量（kvar）；

P——用电设备的计算有功功率（kW）；

$\tan\Phi_1$——补偿前用电设备自然功率因数的正切值；

$\tan\Phi_2$——补偿后用电设备功率因数的正切值，取 $\cos\Phi_2$ 不小于 0.9 值。

6.0.6 基本无功补偿容量，应符合以下表达式的要求：

$$Q_{Cmin} < P_{min}\tan\Phi_{1min} \tag{6.0.6}$$

式中：Q_{Cmin}——基本无功补偿容量（kvar）；

P_{min}——用电设备最小负荷时的有功功率（kW）；

$\tan\Phi_{1min}$——用电设备在最小负荷下，补偿前功率因数的正切值。

6.0.7 无功补偿装置的投切方式，具有下列情况之一时，宜采用手动投切的无功补偿装置：

1 补偿低压基本无功功率的电容器组。

2 常年稳定的无功功率。

3 经常投入运行的变压器或每天投切次数少于三次的高压电动机及高压电容器组。

6.0.8 无功补偿装置的投切方式，具有下列情况之一时，宜装设无功自动补偿装置：

1 避免过补偿，装设无功自动补偿装置在经济上合理时。

2 避免在轻载时电压过高，造成某些用电设备损坏，而装设无功自动补偿装置在经济上合理时。

3 只有装设无功自动补偿装置才能满足在各种运行负荷的情况下的电压偏差允许值时。

6.0.9 当采用高、低压自动补偿装置效果相同时，宜采用低压自动补偿装置。

6.0.10 无功自动补偿的调节方式，宜根据下列要求确定：

1 以节能为主进行补偿时，宜采用无功功率参数调节；当三相负荷平衡时，亦可采用功率因数参数调节。

2 提供维持电网电压水平所必要的无功功率及以减少电压偏差为主进行补偿时，应按电压参数调节，但已采用变压器自动调压者除外。

3 无功功率随时间稳定变化时，宜按时间参数调节。

6.0.11 电容器分组时，应满足下列要求：

1 分组电容器投切时，不应产生谐振。

2 应适当减少分组组数和加大分组容量。

　　3 应与配套设备的技术参数相适应。

　　4 应符合满足电压偏差的允许范围。

6.0.12 接在电动机控制设备侧电容器的额定电流,不应超过电动机励磁电流的0.9倍;过电流保护装置的整定值,应按电动机-电容器组的电流确定。

6.0.13 高压电容器组宜根据预期的涌流采取相应的限流措施。低压电容器组宜加大投切容量且采用专用投切器件。在受谐波量较大的用电设备影响的线路上装设电容器组时,宜串联电抗器。

---

7 低 压 配 电

7.0.1 带电导体系统的型式,宜采用单相二线制、两相三线制、三相三线制和三相四线制。

　　低压配电系统接地型式,可采用 TN 系统、TT 系统和 IT 系统。

7.0.2 在正常环境的建筑物内,当大部分用电设备为中小容量,且无特殊要求时,宜采用树干式配电。

7.0.3 当用电设备为大容量或负荷性质重要,或在有特殊要求的建筑物内,宜采用放射式配电。

7.0.4 当部分用电设备距供电点较远,而彼此相距很近、容量很小的次要用电设备,可采用链式配电,但每一回路环链设备不宜超过5台,其总容量不宜超过10kW。容量较小用电设备的插座,采用链式配电时,每一条环链回路的设备数量可适当增加。

7.0.5 在多层建筑物内,由总配电箱至楼层配电箱宜采用树干式配电或分区树干式配电。对于容量较大的集中负荷或重要用电设备,应从配电室以放射式配电;楼层配电箱至用户配电箱应采用放射式配电。

　　在高层建筑物内,向楼层各配电点供电时,宜采用分区树干式配电;由楼层配电间或竖井内配电箱至用户配电箱的配电,应采取放射式配电;对部分容量较大的集中负荷或重要用电设备,应从变电所低压配电室以放射式配电。

7.0.6 平行的生产流水线或互为备用的生产机组,应根据生产要求,宜由不同的回路配电;同一生产流水线的各用电设备,宜由同一回路配电。

7.0.7 在低压电网中,宜选用 D,yn11 接线组别的三相变压器作为配电变压器。

7.0.8 在系统接地型式为 TN 及 TT 的低压电网中,当选用 Y,yn0接线组别的三相变压器时,其由单相不平衡负荷引起的中性线电流不得超过低压绕组额定电流的25%,且其一相的电流在满载时不得超过额定电流值。

7.0.9 当采用220V/380V的 TN 及 TT 系统接地型式的低压电网时,照明和电力设备宜由同一台变压器供电,必要时亦可单独设置照明变压器供电。

7.0.10 由建筑物外引入的配电线路,应在室内分界点便于操作维护的地方装设隔离电器。

中华人民共和国国家标准

供配电系统设计规范

GB 50052 - 2009

条 文 说 明

修订说明

根据建设部建标〔2002〕85号文的要求,由中国联合工程公司主编,与中国寰球工程公司等有关设计研究单位共同修订完成的《供配电系统设计规范》GB 50052—2009经住房和城乡建设部2009年11月11日以437号公告批准、发布。

本规范修订遵循的主要原则:1)贯彻现行国家法律、法规;2)涉及人身及生产安全的使用强制性条文;3)采用行之有效的新技术,做到技术先进、经济合理、安全实用;4)积极采用国际标准和国外先进标准,并且符合中国国情;5)广泛征求意见,通过充分协商,共同确定;6)执行现行国家关于工程建设标准编制规定,确保可操作性;7)按"统一、协调、简化、优选"的原则严格把关,并注意与国家有关工程建设标准内容之间的协调。

本规范修订开展的主要工作:1)筹建《供配电系统设计规范》修订编制组,制定《供配电系统设计规范》修订工作大纲;2)编制《供配电系统设计规范》初稿和专题调研报告大纲;3)编制《供配电系统设计规范》征求意见稿,并经历了起草、汇总、互审、专题技术会议讨论定稿,以及征求意见稿征求意见的整理、汇总、分析等程序;4)编制《供配电系统设计规范》送审稿,以及完成送审稿专家审查意见的修改;5)完成《供配电系统设计规范》报批稿。

本规范修订,与上次规范比较在内容方面变化的主要情况及原规范编制单位、主要起草人名单:1)引入了"双重电源"术语;2)对本规范的适用范围进行了修改;3)取消了原规范第3.0.5条;4)增加了分布式能源作为自备电源的条文;5)修改了应急电源与正常电源之间并列运行、配电级数、低压配电电压、由地区公共低压电网供电的220V负荷的容量等内容;6)原规范主编单位:机械工业部第二设计研究院;原规范参加单位:上海市电力工业局、化工部中国环球化工工程公司、中国航空工业规划设计研究院;原规范主要起草人:瞿元龙、章长东、郑祖煌、陈乐珊、徐永根、王厚余、陈文良、黄幼珍、刘汉云、包伟民。

为便于广大设计、施工、科研、学校等单位的有关人员在使用本标准时能正确理解和执行条文规定,《供配电系统设计规范》修订组按章、条顺序编制了本规范的条文说明,供使用者参考。

1 总 则

1.0.2 由于工业用电负荷增大,有些企业内部设有110kV电压等级的变电所,甚至有些企业(如石化、钢铁行业)已建220kV电压等级用户终端变电所。本规范原规定其适用范围为110kV及以下的供配电系统,与目前适用状况已显示出一定的局限性,且在现有的标准中也没有任何关于强制要求公用供电部门保证安全供电的条文,公用供电部门为实现和用户签订的合同中可靠供电,自然会按实际需要考虑到用哪一级的供电电压。为此,本规范修订为:适用于新建、扩建和改建工程的用户端供配电系统的设计。

民用建筑供电电压大多采用35kV、10kV、220V/380V电压等级。

针对新建、扩建和改建工程应与相关电气专业强制性规范相协调。

1.0.3 一个地区的供配电系统如果没有一个全面的规划,往往造成资金浪费、能耗增加等不合理现象。因此,在供配电系统设计中,应由供电部门与用户全面规划,从国家整体利益出发,判别供配电系统合理性。

1.0.5 2005年10月原建设部、科技部颁发的"绿色建筑技术导则"在前言中明确指出:推进绿色建设是发展节能、节地型住宅和公共建筑的具体实践。党的十六大报告指出:我国要实现"可持续发展能力不断增强,生态环境得到改善,资源利用效率显著提高,促进人与自然的和谐,推动整个社会走上生产发展,生活富裕、生态良好的文明发展道路。"采用符合国家现行有关标准的高效节能、性能先进、环保、安全可靠的电气产品,也是电气供配电系统设计可持续发展的要求。

时下健康环保、绿色空间成为人们越来越关注的焦点,"人与自然"是永恒的主题。2005年8月13日欧盟各国完成了两项关于电子垃圾的立法,并于2006年7月1日正式启动。这两项指令分别为"关于报废电子、电器设备指令"(WEEE)和"关于在电子、电器设备中禁止使用某些有害物质指令"(ROHS),涉及的产品包括十大类近20万种,几乎涉及所有的电子信息产品,"两指令"实际上是一个非常典型的"绿色环保壁垒"。

因此,对企业应不断加大力度研究新工艺,开发新产品,本条规定采用环保安全的电气产品,也是符合社会发展的需求。

供配电系统设计时所选用的设备,必须经国家主管部门认定的鉴定机构鉴定合格的产品,积极采用成熟的新技术、新设备,严禁采用国家已公布的淘汰产品。

3 负荷分级及供电要求

3.0.1 用电负荷分级的意义,在于正确地反映它对供电可靠性要求的界限,以便恰当地选择符合实际水平的供电方式,提高投资的经济效益,保护人员生命安全。负荷分级主要是从安全和经济损失两个方面来确定。安全包括了人身生命安全和生产过程、生产装备的安全。

确定负荷特性的目的是为了确定其供电方案。在目前市场经济的大环境下,政府应该只对涉及人身和生产安全的问题采取强制性的规定,而对于停电造成的经济损失的评价主要应该取决于用户所能接受的能力。规范中对特别重要负荷及一、二、三级负荷的供电要求是最低要求,工程设计中用户可以根据其本身的特点确定其供电方案。由于各个行业的负荷特性不一样,本规范只能对负荷的分级作原则性规定,各行业可以依据本规范的分级规定,确定用电设备或用户的负荷级别。

停电一般分为计划检修停电和事故停电,由于计划检修停电事先通知用电部门,故可采取措施避免损失或将损失减少至最低限度。条文中是按事故停电的损失来确定负荷的特性。

政治影响程度难以衡量。个别特殊的用户有特别的要求,故不在条文中表述。

1 对于中断供电将会产生人身伤亡及危及生产安全的用电负荷视为特别重要负荷,在生产连续性较高行业,当生产装置工作电源突然中断时,为确保安全停车,避免引起爆炸、火灾、中毒、人员伤亡,而必须保证的负荷,为特别重要负荷,例如中压及以上的锅炉给水泵,大型压缩机的润滑油泵等;或者事故一旦发生能够及时处理,防止事故扩大,保证工作人员的抢救和撤离,而必须保证的用电负荷,亦为特别重要负荷。在工业生产中,如正常电源中断时处理安全停产所必须的应急照明、通信系统;保证安全停产的自动控制装置等。民用建筑中,如大型金融中心的关键电子计算机系统和防盗报警系统;大型国际比赛场馆的记分系统以及监控系统等。

2 对于中断供电将会在经济上产生重大损失的用电负荷视为一级负荷。例如:使生产过程或生产装备处于不安全状态、重大产品报废、用重要原料生产的产品大量报废、生产企业的连续生产过程被打乱需要长时间才能恢复等将在经济上造成重大损失,则其负荷特性为一级负荷。大型银行营业厅的照明、一般银行的防盗系统;大型博物馆、展览馆的防盗信号电源、珍贵展品室的照明电源,一旦中断供电可能会造成珍贵文物和珍贵展品被盗,因此其负荷特性为一级负荷。在民用建筑中,重要的交通枢纽、重要的通信枢纽、重要宾馆、大型体育场馆,以及经常用于重要活动的大量人员集中的公共场所等,由于电源突然中断造成正常秩序严重混乱的用电负荷为一级负荷。

3 中断供电使得主要设备损坏、大量产品报废、连续生产过程被打乱需较长时间才能恢复、重点企业大量减产等将在经济上造成较大损失,则其负荷特性为二级负荷。中断供电将影响较重要用电单位的正常工作,例如:交通枢纽、通信枢纽等用电单位中的重要电力负荷,以及中断供电将造成大型影剧院、大型商场等较多人员集中的重要的公共场所秩序混乱,因此其负荷特性为二级负荷。

4 在一个区域内,当用电负荷中一级负荷占大多数时,本区域的负荷作为一个整体可以认为是一级负荷;在一个区域内,当用电负荷中一级负荷所占的数量和容量都较少时,而二级负荷所占的数量和容量较大时,本区域的负荷作为一个整体可以认为是二级负荷。在确定一个区域的负荷特性时,应分别统计特别重要负荷,一、二、三级负荷的数量和容量,并研究在电源出现故障时需向该区域保证供电的程度。

在工程设计中,特别是对大型的工矿企业,有时对某个区域的负荷定性比确定单个的负荷特性更具有可操作性。按照用电负荷在生产使用过程中的特性,对一个区域的用电负荷在整体上进行确定,其目的是确定整个区域的供电方案以及作为向外申请用电的依据。如在一个生产装置中只有少量的用电设备生产连续性要求高,不允许中断供电,其负荷为一级负荷,而其他的用电设备可以断电,其性质为三级负荷,则整个生产装置的用电负荷可以确定为三级负荷;如果生产装置区的大部分用电设备生产的连续性都要求很高,停产将会造成重大的经济损失,则可以确定本装置的负荷特性为一级负荷。如果区域负荷的特性为一级负荷,则应该按照一级负荷的供电要求对整个区域供电;如果区域负荷特性是二级负荷,则对整个区域按照二级负荷的供电要求进行供电,对其中少量的特别重要负荷按照规定供电。

3.0.2 条文采用的"双重电源"一词引用了《国际电工词汇》IEC 60050.601—1985 第 601 章中的术语第 601-02-19 条"duplicate supply"。因地区大电力网在主网电压上部是并网的,用电部门无论从电网取几回电源进线,也无法得到严格意义上的两个独立电源。所以这里指的双重电源可以是分别来自不同电网的电源,或者来自同一电网但在运行时电路互相之间联系很弱,或者来自同一个电网但其间的电气距离较远,一个电源系统任意一处出现异常运行时或发生短路故障时,另一个电源仍能不中断供电,这样的电源都可视为双重电源。

一级负荷的供电应由双重电源供电,而且不能同时损坏,只有必须满足这两个基本条件,才可能维持其中一个电源继续供电。双重电源可一用一备,亦可同时工作,各供一部分负荷。

3.0.3 一级负荷中特别重要的负荷的供电除由双重电源供电外,尚需增加应急电源。由于在实际中很难得到两个真正独立的电源,电网的各种故障都可能引起全部电源进线同时失去电源,造成停电事故。对特别重要负荷要由与电网不并列的、独立的应急电源供电。

工程设计中,对于其他专业提出的特别重要负荷,应仔细研究,凡能采取非电气保安措施者,应尽可能减少特别重要负荷的负荷量。

3.0.4 多年来实际运行经验表明,电气故障是无法限制在某个范围内部的,电力部门从未保证过供电不中断,即使供电中断也不罚款。因此,应急电源应是与电网在电气上独立的各式电源,例如:蓄电池、柴油发电机等。供电网络中有效地独立于正常电源的专用的馈电线路即是指保证两个供电线路不大可能同时中断供电的线路。

正常与电网并联运行的自备电站不宜作为应急电源使用。

3.0.5 应急电源类型的选择,应根据特别重要负荷的容量、允许中断供电的时间,以及要求的电源为交流或直流等条件来进行。由于蓄电池装置供电稳定、可靠、无切换时间、投资较少,故凡允许停电时间为毫秒级,且容量不大的特别重要负荷,可采用直流电源的,应由蓄电池装置作为应急电源。若特别重要负荷要求交流电源供电,允许停电时间为毫秒级,且容量不大,可采用静止型不间断供电装置。若有需要驱动的电动机负荷,且负荷不大,可以采用静止型应急电源,负荷较大,允许停电时间为 15s 以上的可采用快速启动的发电机组,这是考虑快速启动的发电机组一般启动时间在 10s 以内。

大型企业中,往往同时使用几种应急电源,为了使各种应急电源设备密切配合,充分发挥作用,应急电源接线示例见图 1(以蓄电池、不间断供电装置、柴油发电机同时使用为例)。

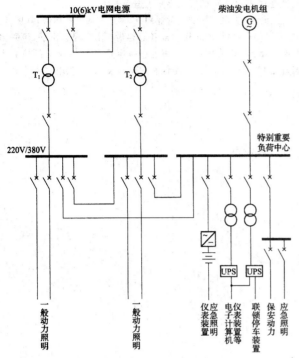

图1 应急电源接线示例

3.0.7 由于二级负荷停电造成的损失较大,且二级负荷包括的范围也比一级负荷广,其供电方式的确定,如能根据供电费用及供配电系统停电几率所带来的停电损失等综合比较来确定是合理的。目前条文中对二级负荷的供电要求是根据本规范的负荷分级原则和当前供电情况确定的。

对二级负荷的供电方式,因其停电影响还是比较大的,故应由两回线路供电。两回线路与双重电源略有不同,二者都要求线路有两个独立部分,而后者还强调电源的相对独立。

只有当负荷较小或地区供电条件困难时,才允许由一回6kV及以上的专用架空线供电。这点主要考虑电缆发生故障后有时检查故障点和修复需时较长,而一般架空线修复方便(此点和电缆的故障率无关)。当线路自配电所引出采用电缆线路时,应采用两回线路。

3.0.9 备用电源与应急电源是两个完全不同用途的电源。备用电源是当正常电源断电时,由于非安全原因用来维持电气装置或其某些部分所需的电源;而应急电源,又称安全设施电源,是用作应急供电系统组成部分的电源,是为了人体和家畜的健康和安全,以及避免对环境或其他设备造成损失的电源。本条文从安全角度考虑,其目的是为了防止其他负荷接入应急供电系统,与第3.0.3条1款相一致。

4 电源及供电系统

4.0.1 电力系统所属大型电厂单位容量的投资少,发电成本低,而用户一般的自备中小型电厂则相反。分布式电源与一般意义上的中小型电厂有本质的区别,除了供电之外,还同时供热供冷,是多联产系统,实现对能源的梯级利用,能够提高能源的综合利用效率,环境负面影响小,经济效益好。故在原规范条文第1款至第4款的基础上增加了第5款条文,在条文各款规定的情况下,用户宜设置自备电源。

第1款对一级负荷中特别重要负荷的供电,是本规范第3.0.3条第1款"尚应增设应急电源"的要求因而需要设置自备电源。为了保证一级负荷的供电条件也有需要设置自备电源的。

第2款、第4款设置自备电源需要经过技术经济比较后才定。

第3款设置自备电源的型式是一项挖掘工厂企业潜力、解决电力供需矛盾的技术措施。但各企业是否建自备电站,需经过全面技术经济比较确定。利用常年稳定的余热、压差、废弃物进行发电,技术经济指标优越,并能充分利用能源,还可减少温室气体和其他污染物的排放。废弃物是指可以综合利用的废弃资源,如煤矸石、煤泥、煤层气、焦化煤气等。

第5款设置自备电源的型式是未来大型电网的有力补充和有效支撑。分布式电源的一次能源包括风能、太阳能、水力、海洋能、地热和生物质能等可再生能源,也包括天然气等不可再生的清洁能源;二次能源为分布在用户端的热电冷联产,实现以直接满足用户多种需求的能源梯级利用。当今技术比较成熟、世界上应用较广的最主要方式是燃气热电冷联产,它利用十分先进的燃气轮机或燃气内燃机燃烧洁净的天然气发电,对做功后的余热进一步回收,用来制冷、供暖和供生活热水。从而实现对能源的梯级利用,提高能源的综合利用效率。这种系统尤其适用于宾馆、饭店、高档写字楼、高级公寓、学校、机关、医院以及电力品质和安全系数要求较高且电力供应不足的用户。

分布式电源所发电力应以就近消化为主,原则上不允许向电网反送功率,但利用可再生能源发电的分布式电源除外。用户大部分用电可以自己解决,不足部分由大电网补充,可以显著降低对大电网的依赖性,提高供电可靠性。分布式电源一般产生电、热、冷或热电联产,热力和电力不外销,与外购电和外购热相比具有经济性。

4.0.2 应急电源与正常电源之间应采取可靠措施防止并列运行,目的在于保证应急电源的专用性,防止正常电源系统故障时应急电源向正常电源系统负荷送电而失去作用,例如应急电源原动机的启动命令必须由正常电源主开关的辅助接点发出,而不是由继电器的接点发出,因为继电器有可能误动而造成与正常电源误并网。有个别用户在应急电源向正常电源转换时,为了减少电源转换对应急设备的影响,将应急电源与正常电源短暂并列运行,并列完成后立即将应急电源断开。当需要并列操作时,应符合下列条件:①应取得供电部门的同意;②应急电源需设置频率、相位和电压的自动同步系统;③正常电源应设置逆功率保护;④并列及不并列运行时故障情况的短路保护、电击保护都应得到保证。

具有应急电源蓄电池组的静止不间断电源装置,其正常电源是经整流环节变为直流才与蓄电池组并列运行的,在对蓄电池组进行浮充储能的同时经逆变环节提供交流电源,当正常电源系统故障时,利用蓄电池组直流储能放电而自动经逆变环节不间断地提供交流电源,但由于整流环节的存在因而蓄电池组不会向正常电源进线侧反馈,也就保证了应急电源的专用性。

国际标准IEC 60364-5-551;第551.7条 发电设备可能与公用电网并列运行时,对电气装置的附加要求,也有相关的规定。

4.0.3 多年运行经验证明，变压器和线路都是可靠的供电元件，用户在一个电源检修或事故的同时另一电源又发生事故的情况是极少的，而且这种事故往往都是由于误操作造成，在加强维护管理，健全必要的规章制度后是可以避免的，如果不提高维修水平，只在供配电系统上层层保险，过多地建设电源线路和变电所，不但造成大量浪费而且事故也终难避免。

4.0.4 两回电源线路采用同级电压可以互相备用，提高设备利用率，如能满足一级和二级负荷用电要求时，亦可采用不同电压供电。

4.0.5 一级和二级负荷在突然停电后将造成不同程度的严重损失，因此在做供配电系统设计时，当确定线路通过容量时，应考虑事故情况下一回路中断供电时，其余线路应能满足本规范第3.0.2条、第3.0.3条和第3.0.7条规定的一级负荷和二级负荷用电的要求。

4.0.6 如果供配电系统接线复杂，配电层次过多，不仅管理不便、操作频繁，而且由于串联元件过多，因元件故障和操作错误而产生事故的可能性也随之增加。所以复杂的供配电系统导致可靠性下降，不受运行和维修人员的欢迎；配电级数过多，继电保护整定时限的级数也随之增多，而电力系统容许继电保护的时限级数对10kV来说正常也只限于两级；如配电级数出现三级，则中间一级势必要与下一级或上一级之间无选择性。

高压配电系统同一电压的配电级数为两级，例如由低压侧为10kV的总变电所或地区变电所配电至10kV配电所，再从该配电所以10kV配电给配电变压器，则认为10kV配电级数为两级。

低压配电系统的配电级数为三级，例如从低压侧为380V的变电所低压配电屏至配电室分配电屏，由分配电屏至动力配电箱，由动力配电箱至终端用电设备，则认为380V配电级数为三级。

4.0.7 配电系统采用放射式则供电可靠性高，便于管理，但线路和高压开关柜数量多，而如对辅助生产区，多属三级负荷，供电可靠性要求较低，可用树干式；线路数量少，投资也少。负荷较大的高层建筑，多属二级和一级负荷，可用分区树干式或环式，减少配电电缆线路和高压开关柜数量，从而相应少占电缆竖井和高压配电室的面积。住宅区多属三级负荷，也有高层二级和一级负荷，因此以环式或树干式为主，但根据线路径等情况也可用放射式。

4.0.8 将总变电所、配电所、变电所建在靠近负荷中心位置，可以节省线材、降低电能损耗，提高电压质量，这是供配电系统设计的一条重要原则。至于对负荷较大的大型建筑和高层建筑分散设置变电所，这也是将变电所建在靠近各自低压负荷中心位置的一种形式。郊区小化肥厂等用电单位，如用电负荷均为低压又较集中，当供电电压为35kV时可用35kV直降至低压配电电压，这样既简化供配电系统，又节省投资和电能，提高电压质量。又如铁路、轨道交通的供电特点是用电点的负荷均为低压，小而集中，但用电点多而又远离，当高压配电电压为35kV时，各变电所亦可采用35kV直降至低压配电系统。

4.0.9 一般动力和照明负荷是由同一台变压器供电，在节假日或周期性、季节性轻负荷时，将变压器退出运行并把所带负荷切换到其他变压器上，可以减少变压器的空载损耗。当变压器定期检修或故障时，可利用低压联络线来保证该变电所的检修照明及其所供的一部分负荷继续供电，从而提高了供电可靠性。

4.0.10 当小负荷在低压供电合理的情况下，其用电应由供电部门统一规划，尽量由公共的220V/380V低压网络供电，使地区配电变压器和线路得到充分利用。各地供电部门对低压供电的容量有不同的要求。根据原电力工业部令第8号《供电营业规则》第二章第八条规定："用户单相用电设备总容量不足10kW的可采用低压220V供电。"第二章第九条规定："用户用电设备容量在100kW以下或需用变压器容量在50kV·A及以下者，可采用低压三相四线制供电，特殊情况亦可采用高压供电。"用电负荷密度较高的地区，经过技术经济比较，采用低压供电的技术经济性明显优于高

压供电时，低压供电的容量界限可适当提高。"

上海市电力公司《供电营业细则》第二章第九条第(2)款规定："非居民用户：用户单相用电设备总容量10kW及以下的，可采用低压单相220V供电。用户用电设备容量在350kW以下或最大需量在150kW以下的，采用低压三相四线380V供电。"

5 电压选择和电能质量

5.0.1 用户需要的功率大，供电电压应相应提高，这是一般规律。

选择供电电压和输送距离有关，也和供电线路的回路数有关。输送距离长，为降低线路电压损失，宜提高供电电压等级。供电线路的回路多，则每回路的送电容量相应减少，可以降低供电电压等级。用电设备特性，例如波动负荷大，宜由容量大的电网供电，也就是要提高供电电压的等级。还要看用户所在地点的电网提供什么电压方便和经济。所以，供电电压的选择，不易找出统一的规律，只能定原则。

5.0.2 目前我国公用电力系统除农村和一些偏远地区还有采用3kV和6kV外，已基本采用10kV，特别是城市公用配电系统，更是全部采用10kV。因此，采用10kV有利于互相支援，有利于将来的发展。故当供电电压为35kV及以上时，企业内部的配电电压宜采用10kV；并且采用10kV配电电压可以节约有色金属，减少电能损耗和电压损失等，显然是合理的。

当企业有6kV用电设备时，如采用10kV配电，则其6kV用电设备一般经10kV/6kV中间变压器供电。例如在大、中型化工厂，6kV高压电动机负荷较大，则10kV方案中所需的中间变压器容量及损耗就较大，开关设备和投资也增多，采用10kV配电电压反而不经济，而采用6kV是合理的。

由于各类企业的性质、规模及用电情况不一，6kV用电负荷究竟占多大比重时宜采用6kV，很难得出一个统一的规律。因此，条文中没有规定此百分数，有关部门可视各类企业的特点，根据技术经济比较，企业发展远景及积累的成熟经验确定。

当企业有3kV电动机时，应配用10kV/3kV、6kV/3kV专用变压器，但不推荐3kV作为配电电压。

在供电电压为220kV或110kV的大型企业内，例如重型机

器厂,可采用三绕组主变压器,以 35kV 专供大型电热设备,以 10kV 作为动力和照明配电电压。

660V 电压目前在国内煤矿、钢铁等行业已有应用,国内开关、电机等配套设备制造技术也已逐渐成熟。660V 电压与传统的 380V 电压相比绝缘水平相差不大,两者电机设备费用也大体相当。从工业生产方面看,采用 660V 电压,可将原采用 10kV、6kV 供电的部分设备改用 660V 供电,从而降低工程设备投资,同时,将低压供电电压由 380V 提高到 660V,又可改善供电质量。但从安全方面讲,电压越低,使用越安全。由于目前国内大多数行业仍习惯于 380V/220V 电压,因此,本标准提出对工矿企业也可采用 660V 电压。

在内科诊疗术室、手术室等特殊医疗场所和对电磁干扰有特殊要求的精密电子设备室等场所,为防止误触及电气系统部件而造成人身伤害,或因电磁干扰较大引起控制功能丧失或混乱从而造成重大设备损毁或人身伤亡,可采用安全电压进行配电。安全电压通常可采用 42、36、24、12、6V。

5.0.3 随着经济的发展,企业的规模在不断变大,在一些特大型的化工、钢铁等企业,企业内车间用电负荷非常大,采用 10kV 电压已难以满足用电负荷对电压降的要求,而采用 35kV 或以上电压作为一级配电电压既能满足企业的用电要求,也比采用较低电压能减少配变级数、简化接线。因此,采用 35kV 或以上电压作为配电电压对这类用户更为合理。对这类用户,可采用若干个 35kV 或相应供电电压等级的降压变电所分别设在车间旁的负荷中心位置,并以 35kV 或相应供电电压等级的电压线路直接在厂区配电,而不采用设置大容量总降压变电所以较低的电压配电。这样可以大大缩短低压线路,降低有色金属和电能消耗量。

又如某些企业其负荷不大但较集中,均为低压用电负荷,因工厂位于郊区取得 10、6kV 电源困难,当采用 35kV 供电,并经 35kV/0.38kV 降压变压器对低压负荷配电,这样可以减少变电级数,从而可以节省电能和投资,并可以提高电能质量,此时,宜采用 35kV 电压作为配电电压。

当然,35kV 以上电压作为企业内直配电压,投资高、占地多,而且还受到设备、线路走廊、环境条件的影响,因此宜慎重确定。

5.0.4 电压偏差问题是普遍关系到全国工业和生活用户利益的问题,并非仅关系某一部门。从政策角度来看,则是贯彻节能方针和逐步实现技术现代化的问题。为使用电设备正常运行并具有合理的使用寿命,设计供配电系统时应验算用电设备对电压偏差的要求。

在各用户和用户设备的受电端都存在一定的电压偏差范围。同时,由于用户和用户本身负荷的变化,此一偏差范围往往会增大。因此,在供配电系统设计中,应了解电源电压和本单位负荷变化的情况,进行本单位电动机、照明等用电设备电压偏差的计算。

条文中的电压偏差允许值,电动机系根据现行国家标准《旋转电机 定额和性能》GB 755 的有关规定确定的;照明系根据现行国家标准《建筑照明设计标准》GB 50034 中的有关规定确定的。

对于其他用电设备,其允许电压偏差的要求应符合用电设备制造标准的规定;当无特殊规定时,根据一般运行经验及考虑与电动机、照明对允许电压偏差基本一致,故条文规定为±5%额定电压。

用电设备,尤其是用的最多的异步电动机,端子电压如偏离现行国家标准《旋转电机 定额和性能》GB 755 规定的允许电压偏差范围,将导致它们的性能变劣,寿命降低,及在不合理运行下增加运行费用,故要求验端端电压。

对于少数距电源较远的电动机,如电动机端电压低于额定值的 95% 时,仍能保证电动机温升符合现行国家标准《旋转电机 定额和性能》GB 755 的规定,且堵转转矩、最小转矩、最大转矩均能满足传动要求时,则电动机的端电压可低于 95%,但不得低于 90%,即电动机的额定功率适当选择大些,使其经常处于轻载状态,这时电动机的效率比满载时低,但要增加电网的无功负荷。

下面列举国外这方面的数据以供比较:

美国标准——美国电动机的标准(NEMA 标准)规定电动机允许电

压偏差范围为±10%,美国供电标准也为±10%,参见第 5.0.6 条说明。

英国标准 BS4999 第 31 部分规定:电动机在电压为 95%～105% 额定电压范围内应能提供额定功率;在英国本土(UK)使用的电动机,按供电规范的要求,其范围应为 94%～106%(供电规范中规定±6%)。

澳大利亚标准与英国基本一样,为±6%。

在我国,根据现行国家标准《电能质量 供电电压允许偏差》GB/T 12325,各级电压的供电电压允许偏差也有一定规定,这些数值是指供电部门电网对用户供电处的数值,也是根据我国电网目前水平所制定的标准,当然与设备制造标准有差异、有矛盾。因而在上述标准内也增加了第(4)条内容,即"对供电电压允许偏差有特殊要求的用户,由供用电双方协议确定"。

5.0.5 产生电压偏差的主要因素是系统滞后的无功负荷所引起的系统电压损失。因此,当负荷变化时,相应调整电容器的接入容量就可以改变系统中的电压损失,从而在一定程度上缩小电压偏差的范围。调整无功功率后,电压损失的变化可按下式计算:

对于线路: $$\Delta U_1' = \Delta Q_C \frac{X_1}{10U_k^2}\% \tag{1}$$

对于变压器: $$\Delta U_T' = \Delta Q_C \frac{E_k}{S_T}\% \tag{2}$$

式中: ΔQ_C——增加或减少的电容器容量(kvar);

X_1——线路电抗(Ω);

E_k——变压器短路电压(%);

U_k——线路电压(kV);

S_T——变压器容量(kV·A)。

并联电抗器的投入量可以看作是并联电容器的切除量。计算式同上。

并联电抗器在 35kV 以上区域变电所或大型企业的变电所内有时装设,用于补偿各级电压上并联电容器过多投入和电缆电容等形成的超前电流,抑制轻负荷时电压过高效果也很好,中小型企业的变电所无此装置。

同样,与调整电容器和电抗器容量的原理相同,如调整同步电动机的励磁电流,使同步电动机超前或滞后运行,籍以改变同步电动机产生或消耗的无功功率,也同样可以达到电压调整的目的。

一班制、二班制或以二班制为主的工厂,白天高峰负荷时电压偏低,因此将变压器抽头调在"-5%"位置上,但到夜间负荷轻时电压就过高,这时如切断部分负载的变压器,改用低压联络线供电,增加变压器和线路中的电压损耗,就可以降低用电设备的过高电压。在调查中不乏这样的实例。他们在轻载时切断部分变压器,既降低了变压器的空载损耗,又起到电压调整的作用。

5.0.6 图 2 表示供电端按逆调压、稳压(顺调压)和不调压三种运行方式用电设备端电压的比较。

图上设定逆调压和不调压时 35kV 母线电压变动范围为额定电压的 0～+5%;各用户的重负荷和轻负荷出现的时间大体上一致;最大负荷为最小负荷的 4 倍,与此相应供电元件的电压损失近似地取为 4 倍;35kV、10kV 和 380V 线路在重负荷时电压损失分别为 4%、2% 和 5%;35kV/10kV 及 10kV/0.38kV 变压器分接头各提升电压 2.5% 及 5%。

由图可知,用电设备上的电压偏差在逆调压方式下可控制在 +3.2%～-4.9%,在稳压方式下为 +3.2%～-9.9%,不调压时则为 +8.2%～-9.9%。根据此分析,在电力系统合理设计和用户负荷曲线大体一致的条件下,只在 110kV 区域变电所实行逆调压,大部分用户的电压质量要求就可满足。因此条文规定了"大于 35kV 电压的变电所中的降压变压器,直接向 35、10、6kV 电网送电时"应采用有载调压变压器,变电所一般是公用的区域变电所,也有大企业的总变电所。反之,如果中小企业都装置有载调压变压器,不仅增加投资和维护工作量,还将影响供电可靠性,从国家整体利益看,是很不合理的。

少数用户可能因其负荷曲线特殊,或距区域变电所过远等原因，在采用地区集中调压方式后，还不能满足电压质量要求，此时，可在35kV变电所也采用有载变压器。

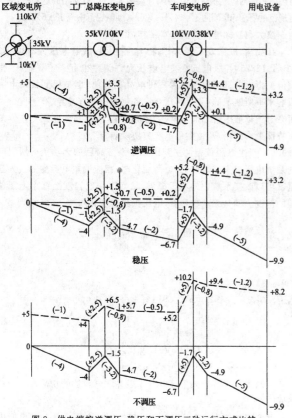

图2 供电端按逆调压、稳压和不调压三种运行方式比较

注：实线表示重负荷时的情况，虚线表示轻负荷时的情况；括号内数字为供电元件的电压损失，无括号数字为电压偏差。

以下列出美国标准处理调压问题的资料，以供借鉴。但应注意美国电动机标准是±10%，不是±5%。从美国标准中也可以看出，他们也是从整体上考虑调压，而不是"各自为政"。

美国电压标准（ANSI C84-1a-1980）的规定：

1 供电系统设计要按"范围A"进行，出现"范围B"的电压偏差范围应是极少见的，出现后应即采取措施设法达到"范围A"的要求。

2 "范围A"的要求：

115V～120V系统：

有照明时：用电设备处 110V～125V；
供电点 114V～126V。

无照明时：用电设备处 108V～125V；
供电点 114V～126V。

460V～480V系统（包括480V/277V三相四线制系统）：

有照明时：用电设备处 440V～500V；
供电点 456V～504V。

无照明时：用电设备处 432V～500V；
供电点 456V～504V。

13200V系统：供电点 12870V～13860V。

3 电动机额定电压：115、230、460V等。

照明额定电压：120、240V等。

从美国电压标准中计算出的电压偏差百分数：

对电动机：用电设备处（电机端子）无照明时+8.7%、-6%；有照明时+8.7%、-4.4%；

供电点+9.6%、-0.9%。

对照明：用电设备处+4.2%、-8.3%；

供电点+5%、-5%。

对高压电源（额定电压按13200V）：照明+5%、-2.5%；电动机+9.6%、-1.7%。

5.0.7 基于第5.0.6条所述原因，10、6kV变电所的变压器不必有载调压。条文中指出，在符合更严格的条件时，10、6kV变电所才可有载调压。

5.0.8 在区域变电所实行逆调压方式可使用电设备的受电电压偏差得到改善，详见本规范第5.0.6条说明。但只采用有载调压变压器和逆调压是不够的，同时应在有载调压后的电网中装设足够的可调整的无功电源（电力电容器、调相机等）。因为当变电所调高输送电压后，线路中原来的有功负荷和无功负荷都相应增加，尤其是因网路的电抗相当大，网路中的变压器电压损失和线路电压损失的增加量均与无功负荷增加量成正比，可以抵消变压器调高电压的效果，所以在回路中应设置无功电源以减小无功负荷，并应可调，方能达到预期的调压效果。计算电压损失变化的公式见本规范第5.0.5条说明。

逆调压的范围规定为0～+5%，本规范第5.0.6条文说明图中证明用电设备端子上已能达到电压偏差为±5%的要求。我国现行的变压器有载调压分接头，220、110、63kV均为±8×1.25%，35kV为±3×2.5%，10、6kV为±4×2.5%。

5.0.9 在供配电系统设计中，正确选择供电元件和系统结构，就可以在一定程度上减少电压偏差。

由于电网各点的电压水平高低不一，合理选择变压器的变比和电压分接头，即可将供配电系统的电压调整在合理的水平上。但这只能改变电压水平而不能缩小偏差范围。

供电元件的电压损失与其阻抗成正比，在技术经济合理时，减少变压级数，增加线路截面，采用电缆供电，或改变系统运行方式，可以减少电压损失，从而缩小电压偏差范围。

合理补偿无功功率可以缩小电压偏差范围，见本规范5.0.5说明。若因过补偿而多支出费用，也是不合理的。

在三相四线制中，如三相负荷分布不均（相线对中性线），将产生零序电压，使零点移位，一相电压降低，另一相电压升高，增大了电压偏差，如图3所示。由于Y，yn0接线变压器零序阻抗较大，不对称情况较严重，因此应尽量使三相负荷分布均匀。

同样，线间负荷不平衡，则引起线间电压不平衡，增大了电压偏差。

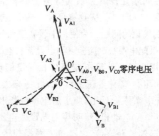

图3 不对称电压向量图

5.0.11 电弧炉等波动负荷引起的电压波动和闪变对其他用电设备影响甚大，如照明闪烁，显像管图像变形，电动机转速不均，电子设备、自控设备或某些仪器工作不正常，从而影响正常生产，因而应积极采取措施加以限制。

1、2 这两款是考虑线路阻抗的作用。

3 本款是考虑变压器阻抗的作用。波动负荷以弧焊机为例，机器制造厂焊接车间或工段的弧焊机群总容量很大时，宜由专用配电变压器供电。当然，对电压波动和闪变比较敏感的负荷也可以采用第5款的措施。

4 有关炼钢电弧炉引起电压波动的标准，在我国，现行国家标准《电热设备电力装置设计规范》GB 50056 对电弧炉工作短路引起的供电母线的电压波动值作了限制的规定。本款规定"对于大功率电弧炉的炉用变压器，由短路容量较大的电网供电"，一般就是由更高电压等级的电网供电。但在电压波动能满足限制要求时，应选用一次电压较低的变压器，有利于保证断路器的频繁操作性能。当然也可以采取其他措施，例如：

1）采用电抗器，限制工作短路电流不大于电炉变压器额定电流的 3.5 倍（将降低钢产量）。

2）采用静止补偿装置。静止补偿装置对大功率电弧炉或其他大功率波动性负荷引起的电压波动和闪变以及产生的谐波有很好的补偿作用，但它的价格昂贵，故在条文中不直接推荐。

5 采用动态补偿或调节装置，直接对波动电压和电压闪变进行动态补偿或调解，以达到快速改善电压的目的。

为使人们了解静止补偿装置（SVC，static var compensator）、动态无功补偿装置和动态电压调节装置，现将其使用状况作简要介绍。

1 静止补偿装置（SVC）。

国际上在 20 世纪 60 年代就采用 SVC，近几年发展很快，在输电工程和工业上都有应用。SVC 的类型有：

PC/TCR（固定电容器/晶闸管控制电抗器）型；

TSC（晶闸管投切电容器）型；

TSC/TCR 型；

SR（自饱和电抗器）型。

其中 PC/TCR 型是用的较多的一种。

TCR 和 TSC 本身产生谐波，都附有消除设施。

自饱和电抗器型 SVC 的特点有：

1）可靠性高。第四届国际交流与直流输出会议于 1985 年 9 月在伦敦英国电机工程师学会（IEE）召开，SVC 是会议的三个中心议题之一。会议上专家介绍，自饱和电抗器式与晶闸管式 SVC 的事故率之比为 1∶7。

2）反映速度更快。

3）维护方便，维护费用低。

4）过载能力强。会议上专家又介绍实例，容量为 192Mvar 的 SVC，可过载到 800Mvar（大于 4 倍），持续 0.5s 而无问题。如晶闸管式 SVC 要达到这样大的过载能力，需大大放大阀片的尺寸，从而大幅度提高了成本。

5）自饱和电抗器有其独特的结构特点，例如：三相的用 9 个芯柱，线圈的连接也比较特殊，目的是自身平衡 5 次、7 次等高次谐波，还采用一个小型的 3 柱网形电抗器（Mesh Reactor）来减少更高次谐波的影响。但其制造工艺和电力变压器是相同的，所以一般电力变压器厂的生产设备、制造工艺和试验设备都有条件制造这种自饱和电抗器。

6）自饱和电抗器的噪音水平约为 80dB，需要装在隔音室内。

7）成套的 SVC 没有一定的标准，但组成 SVC 的各项部件则有各自的标准，如自饱和电抗器的标准大部分和电力变压器相同，只是饱和曲线的斜率、谐波和噪声水平等的规定有所不同。

由于自饱和电抗器的可靠性高、电子元件少、维护方便，同时我国有一定条件的电力变压器厂都能制造，所以我国应迅速发展自饱和电抗器式的 SVC。

我国原能源部电力科学研究院研制成功的两套自饱和电抗器式 SVC 已用于轧机波动负荷的补偿。

2 动态无功补偿装置。

动态无功补偿装置是在原静止无功补偿装置的基础上，采用成熟、可靠的晶闸管控制电抗器和固定电容器组，即 TCR＋FC 的典型结构，准确迅速地跟踪电网或负荷的动态波动，对变化的无功功率进行动态补偿。动态无功补偿装置克服了传统的静态无功补偿装置响应速度慢及机械触点经常烧损等缺点，动态响应速度小于 20ms，控制灵活，能进行连续、分相和近似线性的无功功率调节，具有提高功率因数、降低损耗、稳定负载电压、增加变压器带载能力及抑制谐波等功能。

3 动态电压调节装置。

动态电压调节装置（DVR，dynamic voltage regulator），也称作动态电压恢复装置（dynamic voltage restorer），是一种基于柔性交流输电技术（Flexible AC Transmission System，简称 FACTS）原理的新型电能质量调节装置，主要用于补偿供电网产生的电压跌落、闪变和谐波等，有效抑制电网电压波动对敏感负载的影响，从而保证电网的供电质量。

串联型动态电压调节器是配电网络电能质量控制调节设备中的代表。DVR 装置串联在系统与敏感负载之间，当供电电压波形发生畸变时，DVR 装置迅速输出补偿电压，使合成的电压动态维持恒定，保证敏感负载感受不到系统电压波动，确保对敏感负载的供电质量。

与以往的无功补偿装置如自动投切电容器组装置和 SVC 相比具有如下特点：

1）响应时间更快。以往的无功补偿装置响应时间为几百毫秒至数秒，而 DVR 为毫秒级。

2）抑制电压闪变或跌落，对畸变输入电压有很强的抑制作用。

3）抑制电网产生的谐波。

4）控制灵活简便，电压控制精准，补偿效果好。

5）具有自适应功能，既可以断续调节，也可以连续调节被控系统的参数，从而实现了动态补偿。

国外对 DVR 技术的研究开展得较早，形成了一系列的产品并得到广泛应用。西屋（Westinghouse）公司于 1996 年 8 月为美国电科院（EPRI）研制了世界上第一台 DVR 装置并成功投入工业应用；随后 ABB、西门子等公司也相继推出了自己的产品，由 ABB 公司为以色列一家半导体制造厂生产的容量为 2×22.5MV·A、世界上最大的 DVR 于 2000 年投入运行。

我国在近几年也开展了对 DVR 技术的研究工作，并相继推出了不少产品，但目前产品还主要集中于低压配电网络，高压供电网络中的产品还较少。

5.0.12 谐波对电力系统的危害一般有：

1 交流发电机、变压器、电动机、线路等增加损耗；

2 电容器、电缆绝缘损坏；

3 电子计算机失控、电子设备误触发、电子元件测试无法进行；

4 继电保护误动作或误动；

5 感应型电度表计量不准确；

6 电力系统干扰通信线路。

关于电力系统的谐波限制，各工业化国家由于考虑问题不同，所采取的指标类型、限值有很大的差别。如谐波次数、低次一般取 2 次，最高次则取 19、25、40、50 次不等。有些国家不作限制，而德国只取 5、7、11、13 次。在所用指标上，有的只规定一个指标，如前苏联只规定了总的电压畸变值不大于 5%，而美国就不同电压等级和供电系统分别规定了电压畸变值，英国则规定三级限制标准等。近期各国正在对谐波的限制不断制订更完善和严格的要求，但还没有国际公认的推荐标准。

我国对谐波的限值标准已经制定。现行国家标准《电能质量 公用电网谐波》GB/T 14549，对交流额定频率为 50Hz，标称电压 110kV 及以下的公用电网谐波的允许值已给出了明确的限制要求。

国外一些国家的谐波限值的具体规定如下：

1 英国电气委员会工程技术导则 G5/3。

第一级规定：按表 1 规定，供电部门可不必考虑谐波电流的产生情况。

第二级规定：设备容量如超过第一级规定，但满足下列规定时，允许接入电力系统。

1）用户全部设备在安装处任何相上所产生的谐波电流都不超过表 2 中所列的数值；

2）新负荷接入系统之前在公共点的谐波电压不超过表 3 值的

75%；

　　3)短路容量不是太小。

　　第三级规定：接上新负载后的电压畸变不应超过表3的规定。

　　2 美国国家标准 ANSI/IEEE Std 519 静止换流器谐波控制和无功补偿导则，其电力系统电压畸变限值见表4及表5。

　　3 日本电力会社的规定。其高次谐波电压限值见表6。

　　4 德国 VDEN 标准。其电压畸变限值见表7。

表 1　第一级规定中换流器和交流调压器最大容量

供电电压 （kV）	三相换流器（kV·A）			三相交流调压器（kV·A）	
	3 脉冲	6 脉冲	12 脉冲	6 组可控硅	3组可控硅 3组二极管
0.415	8	12	—	14	10
6.6 和 11	85	130	250	15	100

表 2　第二级规定的用户接入系统处谐波电流允许值

供电电压 （kV）	谐波电流次数及限值（有效值 A）																	
	2	3	4	5	6	7	8	9	10	11	12	13	14	15	16	17	18	19
0.415	48	34	22	59	11	40	8	7	19	6	16	5	5	5	6	4	6
6.6 和 11	13	8	6	10	4	7	3	3	7	2	6	2	2	2	2	2	1	1
33	11	7	5	9	4	6	3	2	6	2	5	1	1	1	1	1	1	1
132	5	4	2	4	2	3	1	1	3	1	2	1	1	1	1	1	1	1

表 3　供电系统任何点的谐波电压最大允许值

供电电压 （kV）	谐波电压总值 （%）	单独的谐波电压值（%）	
		奇次	偶次
0.415	5	4	2
6.6 和 11	4	3	1.75
33	3	2	1
132	1.5	1	0.5

表 4　中压和高压电力系统谐波电压畸变限值

供电电压（kV）	专线系统（%）	一般系统（%）
2.4～69	8	5
115 及以上	1.5	1.5

表 5　460V 低压系统的谐波电压畸变限值

系统类别	ρ	$A_N(V\mu_s)$	电压畸变（%）
特殊场合	10	16400	3
一般系统	5	22800	5
专线系统	2	36500	10

注：1　ρ 为总阻抗/整流器支路的阻抗。

　　2　A_N 为整流槽降面积。

　　3　特殊场合指静止整流器从一相到另一相时出现的槽降电压变化速度会引起误触发事故的场合。一般系统指静止整流器与一般用电设备合用的电力系统。专线系统指专供静止整流器与对电压波形畸变不敏感负荷的电力系统。

表 6　高次谐波电压限值

电压等级（kV）	各高次谐波电压（%）	总畸变电压（%）
66 及以下	1	2
154 及以上	0.5	1

表 7　电压畸变限值

谐波次数 电压畸变限值	5	7	11	13
中压线路	5次+7次=5%		11次+13次=3%	
中压线路上的变换装置	3%	3%	2%	2%

5.0.13 条文提出对降低电网电压正弦波形畸变率的措施，说明如下：

　　1 由短路容量较大的电网供电，一般指由电压等级高的电网

供电和由主变压器大的电网供电。电网短路容量大，则承受非线性负荷的能力高。

　　2 ①整流变压器的相数多，整流脉冲数也随之增多。也可由安排整流变压器二次侧的接线方式来增加整流脉冲数。例如有一台整流变压器，二次侧有△和 Y 三相线圈各一组，各接三相桥式整流器，把这两个整流器的直流输出串联或并联（加平衡电抗）接到直流负荷，即可得到十二脉冲整流电路。整流脉冲数越高，次数低的谐波被削去，变压器一次谐波含量越小。②例如有两台 Y/△·Y 整流变压器，若将其中一台加移相线圈，使两台变压器的一次侧主线圈有 15°相角差，两台的综合效应在理论上可大大改善向电力系统注入谐波。③因静止整流器的直流负荷一般不经常波动，谐波的次数和含量不经常变更，故应按谐波次数装设分流滤波器。滤波器由 L-C-R 电路组成，系列用串联谐振原理，各调谐在谐振频率为需要消除的谐波的次数。有的还装有一组高通滤波器，以消除更高次数的谐波。这种方法设备费用和占地面积较多，设计时应注意。

　　3 参看本规范第 7.0.7 条说明。

5.0.15

　　1 本款是一般设计原则。

　　2 本款是向设计人员提供具体的准则，设计由公共电网供电的 220V 负荷时，在什么情况下可以用单相供电。

　　根据供电部门对每个民用用户分户计量的原则，每个民用用户单独作为一个进线点。随着人民物质生活水平的提高，家庭用电设备逐渐增多，引起民用用户的用电负荷逐渐增大。根据建设部民用小康住宅设计规范，推荐民用住宅每户按 4kW～8kW 设计（根据不同住房面积进行负荷功率配置）；根据各省市建设规划部门推荐的民用住宅电气设计要求，上海市每户约 9kW，江苏省每户约 8kW，陕西省每户约 6kW～8kW，福建省每户约 4kW～10kW，其中 200m² 以上别墅类民用住宅民用每户甚至达到约 12kW。

　　随着技术的发展，配电变压器和配电终端产品的质量有了很大提高，能够承受一定程度的三相负荷不平衡。因此，作为一个前瞻性的设计规范，本规范将 60A 作为低压负荷单相、三相供电的分界，负荷线路电流小于等于 60A 时，可采用 220V 单相供电，负荷线路电流大于 60A 时，宜以 220V/380V 三相四线制供电。

6 无功补偿

6.0.1 在用电单位中，大量的用电设备是异步电动机、电力变压器、电阻炉、电弧炉、照明等，前两项用电设备在电网中的滞后无功功率的比重最大，有的可达全厂负荷的80%，甚至更大。因此在设计中正确选用电动机、变压器等容量，可以提高负荷率，对提高自然功率因数具有重要意义。

用电设备中的电弧炉、矿热炉、电渣重熔炉等短网流过的电流很大，而且容易产生很大的涡流损失，因此在布置和安装上采取适当措施减少电抗，可提高自然功率因数。在一般工业企业与民用建筑中，线路的感抗也占一定的比重，设法降低线路损耗，也是提高自然功率因数的一个重要环节。

此外，在工艺条件允许时，采用同步电动机超前运行，选用带有自动空载切除装置的电焊机和其他间隙工作制的生产设备，均可提高用电单位的自然功率因数。从节能和提高自然功率因数的条件出发，对于间歇制工作的生产设备应大量生产内藏式空载切除装置，并大力推广使用。

6.0.2 当采取6.0.1条的各种措施进行提高自然功率因数后，尚不能达到电网合理运行的要求时，应采用人工补偿无功功率。

人工补偿无功功率，经常采用两种方法，一种是同步电动机超前运行，一种是采用电容器补偿。同步电动机价格贵，操作控制复杂，本身损耗也较大，不仅采用小容量同步电动机不经济，即使容量较大而且长期连续运行的同步电动机也正为异步电动机加电容器补偿所代替，同时操作工人往往担心同步电动机超前运行会增加维修工作量，经常将设计中的超前运行同步电动机作滞后运行，丧失了采用同步电动机的优点。因此，除上述工艺条件适当者外，不宜选用同步电动机。当然，通过技术经济比较，当采用同步电动机作为无功补偿装置确实合理时，也可采用同步电动机作为无功补偿装置。

工业与民用建筑中所用的并联电容器价格便宜，便于安装，维修工作量、损耗都比较小，可以制成各种容量，分组容易，扩建方便，既能满足目前运行要求，又能避免由于考虑将来的发展使目前装设的容量过大，因此应采用并联电力电容器作为人工补偿的主要设备。

6.0.3 根据《全国供用电规则》和《电力系统电压和无功电力技术导则》，均要求电力用户的功率因数应达到下列规定：高压供电的工业用户和高压供电装有带负荷调整电压装置的电力用户，其用户交接点处的功率因数为0.9以上；其他100kV·A(kW)及以上电力用户和大、中型电力排灌站，其用户交接点处的功率因数为0.85以上。而《国家电网公司电力系统无功补偿配置技术原则》中则规定：100kV·A及以上高压供电的电力用户，在用户高峰时变压器高压侧功率因数不宜低于0.95；其他电力用户，功率因数不宜低于0.90。

根据现行国家标准《并联电容器装置设计规范》GB 50227—2008中第3.0.2条的要求，变电站的电容器安装容量，应根据本地区电网无功规划和国家现行标准中有关规定经计算后确定，也可根据有关规定按变压器容量进行估算。当不具备设计计算条件时，电容器安装容量可按变压器容量的10%～30%确定。

据有关资料介绍，全国各地区220kV的变电所中电容器安装容量均在10%～30%之间，因此，如没有进行调相调压计算，一般情况下，电容器安装容量可按上述数据确定，这与《电力系统电压和无功电力技术导则》中的规定也是一致的。

6.0.4 为了尽量减少线损和电压降，宜采用就地平衡无功功率的原则来装设电容器。目前国内生产的自愈式低压并联电容器，体积小、重量轻、功耗低、容量稳定；配有电感线圈和放电电阻，断电

后3min内端电压下降到50V以下，抗涌流能力强；装有专门设计的过压力保护和熔丝保护装置，使电容器能在电流过大或内部压力超常时，把电容器单元从电路中断开；独特的结构设计使使电容器的每个元件都具有良好的通风散热条件，因而电容器能在较高的环境温度50℃下运行；允许300倍额定电流的涌流1000次。因此在低压侧完全由低压电容器补偿是比较合理的。

为了防止低压部分过补偿产生的不良效果，因此高压部分应由高压电容器补偿。

无功功率单独地补偿就是将电容器安装在电气设备的附近，可以最大限度地减少线损和释放系统容量，在某些情况下还可以缩小馈电线路的截面积，减少有色金属消耗。但电容器的利用率往往不高，初次投资及维护费用增加。从提高电容器的利用率和避免遭致损坏的观点出发，宜用于以下范围：

选择长期运行的电气设备，为其配置单独补偿电容器。由于电气设备长期运行，电容器的利用率高，在其运行时，电容器正好接在线路上，如压缩机、风机、水泵等。

首先在容量较大的用电设备上装设单独补偿电容器，对于大容量的电气设备，电容器容易获得比较良好的效益，而且相对地减少涌流。

由于每千乏电容器箱的价格随电容器容量的增加而减少，也就是电容器容量小时，其电容器箱的价格相对比较大，因此目前最好只考虑5kvar及以上的电容器进行单独就地补偿，这样可以完全采用干式低压电容器。目前生产的干式低压电容器每个单元内装有限流线圈，可有效地限制涌流；同时每个单元还装有过热保护装置，当电容器温升超过额定值时，能自动地将电容器从线路中切除；此外每个单元内均装有放电电阻，当电容器从电源断开后，可在规定时间内，将电容器的残压降到安全值以内。由于这种电容器有比较多的功能，电容器箱内不需再增加元件，简化了线路，提高了可靠性。

由于基本无功功率相对稳定，为便于维护管理，应在配变电所内集中补偿。

低压电容器分散布置在建筑物内可以补偿线路无功功率，相应地减少电能损耗及电压损失。国内调查结果说明，电容器运行的损耗率只有0.25%，但不适用于环境恶劣的建筑物。因此，在正常环境的建筑物内，在进行就地补偿以后，宜在无功功率不大且相对集中的地方分散布置。在民用公共建筑中，宜按楼层分散布置；住宅小区宜在每幢或每单元底层设置配电小间，在其内考虑设置低压无功补偿装置。

当考虑在上述场所安装就地补偿柜后，管井或配电小间应留有装设这些设备的位置。

6.0.5 对于工业企业中的工厂或车间以及整幢的民用建筑物或其一层需要进行无功补偿时，宜根据负荷运行情况绘制无功功率曲线，根据该曲线及无功补偿要求，决定补偿容量。国内外类似工厂和高层及民用建筑都有负荷运行曲线，可利用这些类似建筑的资料计算无功补偿的容量。

当无法取得无功功率曲线时，可按条文中提供的常用公式计算无功补偿容量。

6.0.7 高压电容器由于专用的断路器和自动投切装置尚未形成系列，虽然也有些产品，但质量还不稳定。鉴于这种情况，凡可不用自动补偿或采用自动补偿效果不大的地方均不宜装设自动无功补偿装置。这条所列的基本无功功率是当用电设备投入运行时所需的最小无功功率，常年稳定的无功功率及在运行期间恒定的无功功率均不需自动补偿。对于投切次数甚少的电容器组，按我国移相电容器机械行业标准《电热电容器 移相电容器》JB 1629—75中A.5.3条规定的次数为每年允许不超过1000次，在这些情况下都宜采用手动投切的无功功率补偿装置。

6.0.8 因为过补偿要罚款，如果无功功率不稳定，且变化较大，采用自动投切可获得合理的经济效果时，宜装设无功自动补偿装置。

装有电容器的电网,对于有些对电压敏感的用电设备,在轻载时由于电容器的作用,线路电压往往升得更高,会造成这种用电设备(如灯泡)的损坏或严重影响寿命及使用效能,当能避免设备损坏,且经过经济比较,认为合理时,宜装设无功自动补偿装置。

为了满足电压偏差允许值的要求,在各种负荷下有不同的无功功率调整值,如果在各种运行状态下都需要不超过电压偏差允许值,只有采用自动补偿才能满足时,就必须采用无功自动补偿装置。当经济条件许可时,宜采用动态无功功率补偿装置。

6.0.9 由于高压无功自动补偿装置对切换元件的要求比较高,且价格较高,检修维护也较困难,因此当补偿效果相同时,宜优先采用低压无功自动补偿装置。

6.0.10 根据我国现有设备情况及运行经验,当采用自动无功补偿装置时,宜根据本条提出的三种方式加以选用。

如果以节能为主,首要的还是节约电费,应以补偿无功功率参数来调节。目前按功率因数补偿的甚多,但根据电网运行经验,功率因数只反应相位,不反应无功功率,而且目前大部分自动补偿装置的信号只取一相参数,这样可能会出现过补偿或负补偿,并且当三相不平衡时,功率因数值就不准确,负荷不平衡度越大,误差也越大,因此只有在三相负荷平衡时才可采用功率因数参数调节。

电网的电压水平与无功功率有着密切的关系,采用调压减少电压偏差,必须有足够的可调整的无功功率,否则将导致电网其他部分电压下降。且在工业企业与民用建筑中造成电容器端子电压升高的原因很多,如电容器装置接入电网后引起的电网电压升高,轻负荷引起的电压升高,系统电压波动所引起的电压升高。近年来,由于采用大容量的整流装置日益增加,高次谐波引起的电网电压升高。根据IEC标准《电力电容器》第15.1条规定:"电容器适用于端子间电压有效值升到不超过1.10倍额定电压值下连续运行"。国内多数制造厂规定:电容器只允许在不超过1.05倍电压下长期运行,只能在1.1倍额定电压(瞬时过电压除外)下短期运行(一昼夜)。当电网电压过高时,将引起电容器内部有功功率损耗显著增加,使电容器介质遭受热力击穿,影响其使用寿命。另外电网电压过高时,除了电容器过载外,还会引起邻近电器的铁芯磁通过饱和,从而产生高次谐波对电容器更不利。有些用电设备,对电压波动很敏感,例如白炽灯,当电压升高5%时,寿命将缩短50%,白炽灯由于电压升高烧毁灯泡的事已屡见不鲜。此外,由于工艺需要,必须减少电压偏差值的,也需要按电压参数调节无功功率。如供电变压器已采用自动电压调节,则不能再采用以电压为主参数的自动无功补偿装置,避免造成振荡。

目前,国内已有厂家开发研制分相无功功率自动补偿控制器,它采集三相电参数,经微处理器运算,判断各相是否需要投切补偿电容器,然后控制接触器,使每相的功率因数均得到最佳补偿,该控制器可根据需要设置中性线电压偏移保护功能,当中性线电压偏移大于50V时,自动使进线断路器跳闸,保护设备和人身安全;具有过电压保护功能,当电网相电压大于250V时,控制器能在30s内将补偿电容自动逐个全部切除。

对于按时间为基准,有一定变化规律的无功功率,可以根据这种变化规律进行调节,线路简单,价格便宜,根据运行经验,效果良好。

6.0.11 在工业企业中,电容器的装置容量有的也比较大,一些大型的冶金化工、机械等行业都装有较多容量的电容器,因此应根据补偿无功和调节电压的需要分组投切。

由于目前工业企业中采用大型整流及变流装置的设备越来越多,民用建筑中采用变频调速的水泵、风机已很普遍,以致造成电网中的高次谐波的百分比很高。高次谐波的允许值必须满足现行国家标准《电能质量 公用电网谐波》GB/T 14549中所列的允许值,当分组投切大容量电容器组时,由于其容抗的变化范围较大,如果系统的谐波感抗与系统的谐波容抗相匹配,就会发生高次谐波谐振,造成过电压和过电流,严重危及系统及设备的安全运行,

所以必须避免。

根据现行国家标准《并联电容器装置设计规范》GB 50227,因电容器参数的分散性,其配套设备的额定电流按大于电容器组额定电流的1.35倍考虑。由于投入电容器时合闸涌流甚大,而且容量愈小,相对的涌流倍数愈大,以1000kV·A变压器低压侧安装的电容器组为例,仅投切一台12kvar电容器则涌流可达其额定电流的56.4倍,如投切一组300kvar电容器,则涌流仅为其额定电流的12.4倍。所以电容器在分组时,应考虑配套设备,如接触器或自动开关在开断电容器时产生重击穿过电压及电弧重击穿现象。

根据目前国内设备制造情况,对于10kV电容器,断路器允许的配置容量为10000kvar,氧化锌避雷器允许的配置容量为8000kvar,这些是防止电容器爆炸的最大允许电容器并联容量,但根据一些设计重工业和大型化工企业设计院的习惯做法,10kV电容器的分组容量一般为2000kvar～3000kvar。为了节约设备、方便操作,宜减少分组,加大分组容量。

根据调查了解,无载调压分接开关的调压范围是额定电压的2.5%或5%,有载调压开关的调压范围为额定电压的1.25%或2.5%,所以当用电容器组的投切来调节母线电压时,调节范围宜限制在额定电压的2.5%以内,但对经常投运而很少切除的电容器组以及从经济性出发考虑的电容器组,可允许超过这个范围,因此本条文仅说明"应符合满足电压偏差的允许范围",未提出具体电压偏差值。

6.0.12 当对电动机进行就地补偿时,应选用长期连续运行且容量较大的电动机配用电容器。电容器额定电流的选择,按照IEC出版物831电容器篇中的安装使用条件:"为了防止电动机在电源切断后继续运行时,由于电容器产生自激可能转为发电状态,以致造成过电压,以不超过电动机励磁电流的90%为宜"。

起重机或电梯等在重物下降时,电动机运行于第四象限,为避免过电压,不宜单独电容器补偿。对于多速电动机,如不停电进行变压及变速,也容易产生过电压,也不宜单独用电容器补偿。如对这些用电设备需要采用电容器单独补偿,应为电容器单独设置控制设备,操作时先停电再进行切换,避免产生过电压。

当电容器装在电动机控制设备的负荷侧时,流过过电流装置的电流小于电动机本身的电流,电流减少的百分数近似值可用下式计算:

$$\Delta I = 100(1 - \cos\phi_1/\cos\phi_2) \qquad (3)$$

式中:ΔI——减少的线路电流百分数(%);

$\cos\phi_1$——安装电容器前的功率因数;

$\cos\phi_2$——安装电容器后的功率因数。

设计时应考虑电动机经常在接近实际负荷下使用,所以保护电器的整定值应按加装电容器的电动机-电容器组的电流来确定,保护电器壳体、馈电线的允许载流量仍按电动机容量来确定。

6.0.13 IEC出版物831电容器篇中电容器投入时涌流的计算公式如下:

$$I_s = I_n \sqrt{\frac{2S}{Q}} \qquad (4)$$

式中:I_s——电容器投入时的涌流(A);

I_n——电容器组额定电流(A);

S——安装电容器处的短路功率(MV·A);

Q——电容器容量(Mvar)。

在高压电容器回路中,S比较大,根据计算,如I_s大于控制开关所容许的投入电流值,则宜采用串联电抗器加以限制。

在低压电容器回路中,首先宜在合理范围内(见6.0.11条)加大投切的电容器容量,如计算而得的I_s尚大于控制电器的投入电流,则宜采用专用电容器投切器件。国内目前生产的有CJR及CJ16型接触器,前者在三相中每相均串有1.5Ω电阻,后者在三相中的两相内串有1.5Ω电阻,两者投入电流均可达额定电流的20

倍,待电容器充电到80%左右容量时,才将电阻短接,电容器才正式投入运行。根据计算和试验,这类接触器能符合投入涌流的要求,并且价格较低,应用较广泛,这种方式对于投切不频繁的地方,只要选用质量较好的接触器,还是可以满足补偿要求的。现在市场上新投放的产品有晶闸管投切方式,该方式采用双向可控硅作投切单元,通过晶闸管过零投切,避免了电容器投入时的"浪涌电流"的产生,无机械动作,补偿快速,特别适用于投切频繁的场所。该投切方式采用的投切器件是晶闸管,价格较高,由于晶闸管在投入及运行时有一定的压降,平均为1V左右,需消耗一定的有功功率,并且发热量较大,需对其实施相应的散热措施,以避免晶闸管损坏。还有一种接触器与晶闸管结合的投切方式,它集以上两种方式的优点,采用由晶闸管投切、接触器运行的投切方式。该方式由于采用晶闸管"过零"投切,因此在电容器投切过程中不会产生"浪涌电流",有效提高了电容器的使用寿命;在电容器运行时,用接触器代替晶闸管作为运行开关,避免了晶闸管在运行时的有功损耗和发热,提高了晶闸管的使用寿命。这种方式是近年来农网改造中普遍应用的方式。

由于电容器回路是一个LC电路,对某些谐波容易产生谐振,造成谐波放大,使电流增加和电压升高,如串联一定感抗值的电抗器可以避免谐振,如以串入电抗器的百分比为K,当电网中5次谐波电压较高,而3次谐波电压不太高时,K宜采用4.5%;如3次谐波电压较高时,K宜采用12%,当电网中谐波电压不大时,K宜采用0.5%。

7　低压配电

7.0.1　根据国际电工委员会IEC标准(出版物60364-3、第二版、1993)配电系统的类型有两个特征,即带电导体系统的类型和系统接地的类型。而带电导体的类型分为交流系统:单相二线制、单相三线制、二相三线制、二相五线制、三相三线制及三相四线制;直流系统:二线制、三线制。本次修订考虑按我国常用方式列入,如图4所示。

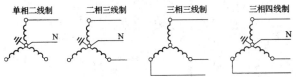

图4　交流系统带电导体类型

低压配电系统接地型式有以下三种:

1　TN系统。

电力系统有一点直接接地,电气装置的外露可导电部分通过保护线与该接地点相连接。根据中性导体(N)和保护导体(PE)的配置方式,TN系统可分为如下三类:

1)TN-C系统。整个系统的N、PE线是合一的。如图5所示。

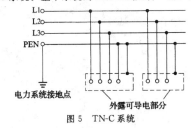

图5　TN-C系统

2)TN-C-S系统。系统中有一部分线路的N、PE线是合一的。如图6所示。

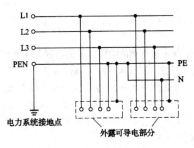

图6　TN-C-S系统

3)TN-S系统。整个系统的N、PE线是分开的。如图7所示。

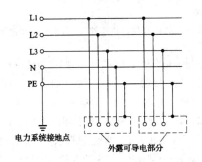

图7　TN-S系统

2　TT系统。

电力系统有一点直接接地,电气设备的外露可导电部分通过保护线接至与电力系统接地点无关的接地极。如图8所示。

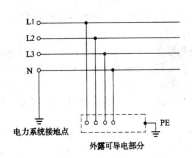

图8　TT系统

3　IT系统。

电力系统与大地间不直接连接,电气装置的外露可导电部分通过保护接地线与接地极连接。如图9所示。

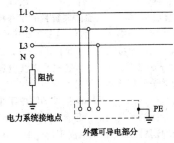

图9　IT系统

对于民用建筑的低压配电系统应采用TT、TN-S或TN-C-S接地型式,并进行等电位连接。为保证民用建筑的用电安全,不宜采用TN-C接地型式;有总等电位连接的TN-S接地型式系统建筑物内的中性线不需要隔离;对TT接地型式系统的电源进线开关应隔离中性线,漏电保护器必须隔离中性线。

7.0.2　树干式配电包括变压器干线式及不附变电所的车间或建筑物内干线式配电。其推荐理由如下:

1 我国各工厂对采用树干式配电已有相当长时间,积累了一定的运行经验。绝大部分车间的运行电工没有对此配电方式提出否定的意见。

2 树干式配电的主要优点是结构简单,节省投资和有色金属用量。

3 目前国内普遍使用的插接式母线和预分支电缆,根本不存在线路的接头不可靠问题,其供电可靠性很高。从调查的用户反映,此配电方式很受用户欢迎,完全能满足生产的要求。

4 干线的维修工作量是不大的,正常的维修工作一般一年仅二三次,大多数工厂均可能在一天内全部完成。如能统一一安排就不需要分批或分段进行维修工作。

综上所述,树干式配电与放射式配电相比较,树干式配电由于结构简单,能节约一定数量的配电设备和线路,可不设专用的低压配电室,这时在其供电可靠性和维护工作上的缺点并不严重。因此,推荐树干式配电,但树干式配电方式并不包括由配电箱接至用电设备的配电。

7.0.3 特殊要求的建筑物是指有潮湿、腐蚀性环境或有爆炸和火灾危险场所等建筑物。

7.0.4 供电给容量较小用电设备的插座,采用链式配电时,其环链数量可适当增加。此规定给出容量较小的用电设备系对携带型的用电设备容量在 1kW 以下,主要考虑到插座供电限制在 1kW 以下时,可以在满负荷情况下经常合闸,用插座供电的设备因容量较小可以不受此条上述数量的限制,其数量可以适当增加。另外插座的配电回路一般都配置了带漏电保护功能的断路器,安全可靠性得以保证。

7.0.5 较大容量的集中负荷和重要用电设备主要是指电梯、消防水泵、加压水泵等负荷。

7.0.6 平行的生产流水线和互为备用的生产机组如由同一回路配电,则当此回路停止供电时,将使数条流水线都停止生产或备用机组不起备用作用。

各类企业的生产流水线和备用机组对不间断供电的要求不一(如一般冶金、化工等企业的水泵既要求机组的备用也要求回路的备用,而某些中小型机械制造厂的水泵只要求机组的备用,不要求回路的备用),故应根据生产要求区别对待,以免造成设备和投资的浪费。

同一生产流水线的各用电设备如由不同的回路配电,则当任一母线或线路检修时,都将影响此流水线的生产,故本条文规定同一生产流水线的各用电设备,宜由同一回路配电。

7.0.7 我国工业与民用建筑中在相当长一段时间内,对 1000kV·A 及以下容量电压为 10kV/(0.4～0.23)kV、6kV/(0.4～0.23)kV 的配电变压器,几乎全部采用 Y,yn0 接线组别,但目前大都采用了 D,yn11 接线组别。

以 D,yn11 接线与 Y,yn0 接线的同容量的变压器相比较,前者空载损耗与负载损耗虽略大于后者,但三次及其整数倍以上的高次谐波激磁电流在原边接成三角形条件下,可在原边环流,与原边接成 Y 形条件下相比较,有利于抑制高次谐波电流,这在当前电网中接用电力电子元件日益广泛的情况下,采用三角形接线是有利的。另外 D,yn11 接线比 Y,yn0 接线的零序阻抗要小得多,有利于单相接地短路故障的切除。还有,当接用单相不平衡负荷时,Y,yn0 接线变压器要求中性线电流不超过低压绕组额定电流的 25%,严重地限制了接用单相负荷的容量,影响了变压器设备能力的充分利用。因而在低压电网中,推荐采用 D,yn11 接线组别的配电变压器。

目前配电变压器的发展趋势呈现如下特点:

铁芯结构——变压器铁芯由插接式铁芯向整条硅钢片环绕,并已开始研究且生产非晶合金节能变压器。

绝缘特性——变压器采用环氧树脂浇铸,向采用性能更好的绝缘材料发展(如美国 NOMEX 绝缘材料),大大提高了变压器安全运行能力,且在变压器运行中无污染,对温度、灰尘不敏感。

体积、重量——体积向更小,重量向不断递减的趋势发展。

1250kV·A 无外壳的变压器外形尺寸及重量比较见表 8。

表 8 1250kV·A 无外壳的变压器外形尺寸及重量比较表

变压器系列	SC(B)9 系列	SC(B)10 系列	SGB 11-R 系列
外形尺寸 $l \times B \times H$(mm)	2350×1500×2150	1610×1270×1700	1480×1270×1565
重量(kg)	3940	3330	3030

变压器性能——采用优质的硅钢片整条环绕的变压器其空载电流(取决于变压器铁芯的磁路结构,硅钢片质量以及变压器容量)、空载损耗(取决于变压器铁芯的磁滞损耗和涡流损耗)及噪声将大为降低。1250kV·A 无外壳变压器空载电流、空载损耗及噪声比较见表 9。

表 9 1250kV·A 无外壳变压器空载电流、空载损耗及噪声比较表

变压器系列	SC(B)9 系列	SC(B)10 系列	SGB 11-R 系列
空载电流(%)	0.8	0.8	0.2
空载损耗(W)	2350	2080	1785
噪声(dB)	55～65	55～65	49

变压器容量——目前生产的变压器容量自 30kV·A ～ 2500kV·A,且有向更大容量发展的趋势。

7.0.8 变压器负荷的不均衡率不得超过其额定容量的 25%,是根据变压器制造标准的要求。

7.0.9 在 TN 及 TT 系统接地形式的 220V/380V 电网中,照明一般都和其他用电设备由同一台变压器供电。当接有较大功率的冲击性负荷引起电网电压波动和闪变,与照明合用变压器时,将对照明产生不良影响,此时,照明可由单独变压器供电。

7.0.10 在室内分界点便于操作维护的地方装设隔离电器,是为了便于检修室内线路或设备时可明显表达电源的切断,有明显表达电源切断状况的断路器也可作为隔离电器。但在具体操作时,应挂警示牌,以策安全。

中华人民共和国国家标准

爆炸危险环境电力装置设计规范

Code for design of electrical installations
in explosive atmospheres

GB 50058 - 2014

主编部门：中国工程建设标准化协会化工分会
批准部门：中华人民共和国住房和城乡建设部
施行日期：2 0 1 4 年 1 0 月 1 日

中华人民共和国住房和城乡建设部公告

第 319 号

住房城乡建设部关于发布国家标准
《爆炸危险环境电力装置设计规范》的公告

现批准《爆炸危险环境电力装置设计规范》为国家标准，编号为 GB 50058—2014，自 2014 年 10 月 1 日起实施。其中，第 5.2.2 (1)、5.5.1 条（款）为强制性条文，必须严格执行。原《爆炸和火灾危险环境电力装置设计规范》GB 50058—92 同时废止。

本规范由我部标准定额研究所组织中国计划出版社出版发行。

中华人民共和国住房和城乡建设部
2014 年 1 月 29 日

前　言

本规范是根据原建设部《关于印发＜2004年工程建设国家标准制订、修订计划＞的通知》(建标〔2004〕67号)的要求,由中国寰球工程公司会同有关单位共同修订而成。

本规范修订的主要内容有:总则、爆炸性气体环境、爆炸性粉尘环境、危险区域的划分,设备的选择等。主要修订下列内容:

1. 规范名称的修订,即将《爆炸和火灾危险环境电力装置设计规范》改为《爆炸危险环境电力装置设计规范》;

2. 将"名词解释"改为"术语",作了部分修订并放入正文;

3. 将原第四章"火灾危险环境"删除;

4. 将例图从原规范正文中删除,改为附录并增加了部分内容;

5. 增加了增安型设备在1区中使用的规定;

6. 爆炸性粉尘危险场所的划分由原来的两种区域"10区、11区"改为三种区域"20区、21区、22区";

7. 增加了爆炸性粉尘的分组:ⅢA、ⅢB和ⅢC组;

8. 将原规范正文中"爆炸性气体环境的电力装置"和"爆炸性粉尘环境的电力装置"合并为第5章"爆炸性环境的电力装置设计";

9. 增加了设备保护级别(EPL)的概念;

10. 增加了光辐射式设备和传输系统防爆结构类型。

在修订过程中,规范组进行了广泛的调查研究,认真总结了规范执行以来的经验,吸取了部分科研成果,借鉴了相关的国际标准及发达工业国家的相关标准,广泛征求了全国有关单位的意见,对其中主要问题进行了多次讨论、协调,最后经审查定稿。本规范删除了原规范中关于火灾危险环境的内容,对于火灾危险环境的电气设计,执行国家其他专门的设计规范。

本规范共分5章和5个附录,主要内容包括总则,术语,爆炸性气体环境,爆炸性粉尘环境,爆炸性环境的电力装置设计等。

本规范以黑体字标志的条文为强制性条文,必须严格执行。

本规范由住房和城乡建设部负责管理和对强制性条文的解释,由中国工程建设标准化协会化工分会负责日常管理,由中国寰球工程公司负责具体技术内容的解释。本规范在执行过程中如发现需要修改或补充之处,请将意见、建议和有关资料寄送中国寰球工程公司(地址:北京市朝阳区樱花园东街7号,邮政编码:100029),以便今后修订时参考。

本规范主编单位、参编单位、主要起草人和主要审查人:

主 编 单 位:中国寰球工程公司

参 编 单 位:五洲工程设计研究院
南阳防爆电气研究所
中国石化工程建设公司
中国昆仑工程公司
华荣科技股份有限公司

主要起草人:周　伟　熊　延　刘汉云　弓普站　郭建军
王财勇　王素英　张　刚　李　江　李道本
于立键

主要审查人:王宗景　曹建勇　杨光义　周　勇　罗志刚
徐　刚　甘家福　范景昌　薛丁法　刘植生

目　次

1 总　则

1.0.1 为了规范爆炸危险环境电力装置的设计，使爆炸危险环境电力装置设计贯彻预防为主的方针，保障人身和财产的安全，因地制宜地采取防范措施，制定本规范。

1.0.2 本规范适用于在生产、加工、处理、转运或贮存过程中出现或可能出现爆炸危险环境的新建、扩建和改建工程的爆炸危险区域划分及电力装置设计。

本规范不适用于下列环境：

1　矿井井下；

2　制造、使用或贮存火药、炸药和起爆药、引信及火工品生产等的环境；

3　利用电能进行生产并与生产工艺过程直接关联的电解、电镀等电力装置区域；

4　使用强氧化剂以及不用外来点火源就能自行起火的物质的环境；

5　水、陆、空交通运输工具及海上和陆地油井平台；

6　以加味天然气作燃料进行采暖、空调、烹饪、洗衣以及类似的管线系统；

7　医疗室内；

8　灾难性事故。

1.0.3 本规范不考虑间接危害对于爆炸危险区域划分及相关电力装置设计的影响。

1.0.4 爆炸危险区域的划分应由负责生产工艺加工介质性能、设备和工艺性能的专业人员和安全、电气专业的工程技术人员共同商议完成。

1.0.5 爆炸危险环境的电力装置设计除应符合本规范外，尚应符合国家现行有关标准的规定。

2 术　语

2.0.1 闪点　flash point

在标准条件下，使液体变成蒸气的数量能够形成可燃性气体或空气混合物的最低液体温度。

2.0.2 引燃温度　ignition temperature

可燃性气体或蒸气与空气形成的混合物，在规定条件下被热表面引燃的最低温度。

2.0.3 环境温度　ambient temperature

指所划区域内历年最热月平均最高温度。

2.0.4 可燃性物质　flammable material

指物质本身是可燃性的，能够产生可燃性气体、蒸气或薄雾。

2.0.5 可燃性气体或蒸气　flammable gas or vapor

以一定比例与空气混合后，将会形成爆炸性气体环境的气体或蒸气。

2.0.6 可燃液体　flammable liquid

在可预见的使用条件下能产生可燃蒸气或薄雾的液体。

2.0.7 可燃薄雾　flammable mist

在空气中挥发能形成爆炸性环境的可燃性液体微滴。

2.0.8 爆炸性气体混合物　explosive gas mixture

在大气条件下，气体、蒸气、薄雾状的可燃物质与空气的混合物，引燃后燃烧将在全范围内传播。

2.0.9 高挥发性液体　highly volatile liquid

高挥发性液体是指在37.8℃的条件下，蒸气绝压超过276kPa的液体，这些液体包括丁烷、乙烷、乙醇、丙烷、丙烯等液体，液化天然气，天然气凝液及它们的混合物。

2.0.10 爆炸性气体环境　explosive gas atmosphere

在大气条件下，气体或蒸气可燃物质与空气的混合物引燃后，能够保持燃烧自行传播的环境。

2.0.11 爆炸极限　explosive limit

1　爆炸下限（LEL）　lower explosive limit

可燃气体、蒸气或薄雾在空气中形成爆炸性气体混合物的最低浓度。空气中的可燃性气体或蒸气的浓度低于该浓度，则气体环境就不能形成爆炸。

2　爆炸上限（UEL）　upper explosive limit

可燃气体、蒸气或薄雾在空气中形成爆炸性气体混合物的最高浓度。空气中的可燃性气体或蒸气的浓度高于该浓度，则气体环境就不能形成爆炸。

2.0.12 爆炸危险区域　hazardous area

爆炸性混合物出现的或预期可能出现的数量达到足以要求对电气设备的结构、安装和使用采取预防措施的区域。

2.0.13 非爆炸危险区域　non-hazardous area

爆炸性混合物出现的数量不足以要求对电气设备的结构、安装和使用采取预防措施的区域。

2.0.14 区　zone

爆炸危险区域的全部或一部分。按照爆炸性混合物出现的频率和持续时间可分为不同危险程度的若干区。

2.0.15 释放源　source of release

可释放出能形成爆炸性混合物的物质所在的部位或地点。

2.0.16 自然通风环境　natural ventilation atmosphere

由于天然风力或温差的作用能使新鲜空气置换原有混合物的区域。

2.0.17 机械通风环境　artificial ventilation atmosphere

用风扇、排风机等装置使新鲜空气置换原有混合物的区域。

2.0.18 正常运行　normal operation

指设备在其设计参数范围内的运行状况。

2.0.19 粉尘 dust

在大气中依其自身重量可沉淀下来,但也可持续悬浮在空气中一段时间的固体微小颗粒,包括纤维和飞絮及现行国家标准《袋式除尘器技术要求》GB/T 6719 中定义的粉尘和细颗粒。

2.0.20 可燃性粉尘 combustible dust

在空气中能燃烧或无焰燃烧并在大气压和正常温度下能与空气形成爆炸性混合物的粉尘、纤维或飞絮。

2.0.21 可燃性飞絮 conductive flyings

标称尺寸大于 $500\mu m$,可悬浮在空气中,也可依靠自身重量沉淀下来的包括纤维在内的固体颗粒。

2.0.22 导电性粉尘 conductive dust

电阻率等于或小于 $1\times10^3\Omega\cdot m$ 的粉尘。

2.0.23 非导电性粉尘 non-conductive dust

电阻率大于 $1\times10^3\Omega\cdot m$ 的粉尘。

2.0.24 爆炸性粉尘环境 explosive dust atmosphere

在大气环境条件下,可燃性粉尘与空气形成的混合物被点燃后,能够保持燃烧自行传播的环境。

2.0.25 重于空气的气体或蒸气 heavier-than-air gases or vapors

相对密度大于 1.2 的气体或蒸气。

2.0.26 轻于空气的气体或蒸气 lighter-than-air gases or vapors

相对密度小于 0.8 的气体或蒸气。

2.0.27 粉尘层的引燃温度 ignition temperature of dust layer

规定厚度的粉尘层在热表面上发生引燃的热表面的最低温度。

2.0.28 粉尘云的引燃温度 ignition temperature of dust cloud

炉内空气中所含粉尘云发生点燃时炉子内壁的最低温度。

2.0.29 爆炸性环境 explosive atmospheres

在大气条件下,气体、蒸气、粉尘、薄雾、纤维或飞絮的形式与空气形成的混合物引燃后,能够保持燃烧自行传播的环境。

2.0.30 设备保护级别(EPL) equipment protection level

根据设备成为引燃源的可能性和爆炸性气体环境及爆炸性粉尘环境所具有的不同特征而对设备规定的保护级别。

3 爆炸性气体环境

3.1 一般规定

3.1.1 在生产、加工、处理、转运或贮存过程中出现或可能出现下列爆炸性气体混合物环境之一时,应进行爆炸性气体环境的电力装置设计:

1 在大气条件下,可燃气体与空气混合形成爆炸性气体混合物;

2 闪点低于或等于环境温度的可燃液体的蒸气或薄雾与空气混合形成爆炸性气体混合物;

3 在物料操作温度高于可燃液体闪点的情况下,当可燃液体有可能泄漏时,可燃液体的蒸气或薄雾与空气混合形成爆炸性气体混合物。

3.1.2 在爆炸性气体环境中发生爆炸应符合下列条件:

1 存在可燃气体、可燃液体的蒸气或薄雾,浓度在爆炸极限以内;

2 存在足以点燃爆炸性气体混合物的火花、电弧或高温。

3.1.3 在爆炸性气体环境中应采取下列防止爆炸的措施:

1 产生爆炸的条件同时出现的可能性应减到最小程度。

2 工艺设计中应采取下列消除或减少可燃物质的释放及积聚的措施:

　　1)工艺流程中宜采取较低的压力和温度,将可燃物质限制在密闭容器内;

　　2)工艺布置应限制和缩小爆炸危险区域的范围,并宜将不同等级的爆炸危险区或爆炸危险区与非爆炸危险区分隔在各自的厂房或界区内;

　　3)在设备内可采用以氮气或其他惰性气体覆盖的措施;

　　4)宜采取安全连锁或发生事故时加入聚合反应阻聚剂等化学药品的措施。

3 防止爆炸性气体混合物的形成或缩短爆炸性气体混合物的滞留时间可采取下列措施:

　　1)工艺装置宜采取露天或开敞式布置;

　　2)设置机械通风装置;

　　3)在爆炸危险环境内设置正压室;

　　4)对区域内易形成和积聚爆炸性气体混合物的地点应设置自动测量仪器装置,当气体或蒸气浓度接近爆炸下限值的 50% 时,应能可靠地发出信号或切断电源。

4 在区域内应采取消除或控制设备线路产生火花、电弧或高温的措施。

3.2 爆炸性气体环境危险区域划分

3.2.1 爆炸性气体环境应根据爆炸性气体混合物出现的频繁程度和持续时间分为 0 区、1 区、2 区,分区应符合下列规定:

1 0 区应为连续出现或长期出现爆炸性气体混合物的环境;

2 1 区应为在正常运行时可能出现爆炸性气体混合物的环境;

3 2 区应为在正常运行时不太可能出现爆炸性气体混合物的环境,或即使出现也仅是短时存在的爆炸性气体混合物的环境。

3.2.2 符合下列条件之一时,可划为非爆炸危险区域:

1 没有释放源且不可能有可燃物质侵入的区域;

2 可燃物质可能出现的最高浓度不超过爆炸下限值的 10%;

3 在生产过程中使用明火的设备附近,或炽热部件的表面温度超过区域内可燃物质引燃温度的设备附近;

4 在生产装置区外,露天或开敞设置的输送可燃物质的架空管道地带,但其阀门处按具体情况确定。

3.2.3 释放源应按可燃物质的释放频繁程度和持续时间长短分

为连续级释放源、一级释放源、二级释放源,释放源分级应符合下列规定:

　　1 连续级释放应为连续释放或预计长期释放的释放源。下列情况可划为连续级释放源:

　　1)没有用惰性气体覆盖的固定顶盖贮罐中的可燃液体的表面;

　　2)油、水分离器等直接与空间接触的可燃液体的表面;

　　3)经常或长期向空间释放可燃气体或可燃液体的蒸气的排气孔和其他孔口。

　　2 一级释放源应为在正常运行时,预计可能周期性或偶尔释放的释放源。下列情况可划为一级释放源:

　　1)在正常运行时,会释放可燃物质的泵、压缩机和阀门等的密封处;

　　2)贮有可燃液体的容器上的排水口处,在正常运行中,当水排掉时,该处可能会向空间释放可燃物质;

　　3)正常运行时,会向空间释放可燃物质的取样点;

　　4)正常运行时,会向空间释放可燃物质的泄压阀、排气口和其他孔口。

　　3 二级释放源应为在正常运行时,预计不可能释放,当出现释放时,仅是偶尔和短期释放的释放源。下列情况可划为二级释放源:

　　1)正常运行时,不能出现释放可燃物质的泵、压缩机和阀门的密封处;

　　2)正常运行时,不能释放可燃物质的法兰、连接件和管道接头;

　　3)正常运行时,不能向空间释放可燃物质的安全阀、排气孔和其他孔口处;

　　4)正常运行时,不能向空间释放可燃物质的取样点。

3.2.4 当爆炸危险区域内通风的空气流量能使可燃物质很快稀释到爆炸下限值的25％以下时,可定为通风良好,并应符合下列规定:

　　1 下列场所可定为通风良好场所:

　　1)露天场所;

　　2)敞开式建筑物,在建筑物的壁、屋顶开口,其尺寸和位置保证建筑物内部通风效果等效于露天场所;

　　3)非敞开建筑物,建有永久性的开口,使其具有自然通风的条件;

　　4)对于封闭区域,每平方米地板面积每分钟至少提供0.3m³的空气或至少1h换气6次。

　　2 当采用机械通风时,下列情况可不计机械通风故障的影响:

　　1)封闭式或半封闭式的建筑物设置备用的独立通风系统;

　　2)当通风设备发生故障时,设置自动报警或停止工艺流程等确保能阻止可燃物质释放的预防措施,或使设备断电的预防措施。

3.2.5 爆炸危险区域的划分应按释放源级别和通风条件确定,存在连续级释放源的区域可划为0区,存在一级释放源的区域可划为1区,存在二级释放源的区域可划为2区,并应根据通风条件按下列规定调整区域划分:

　　1 当通风良好时,可降低爆炸危险区域等级;当通风不良时,应提高爆炸危险区域等级。

　　2 局部机械通风在降低爆炸性气体混合物浓度方面比自然通风和一般机械通风更为有效时,可采用局部机械通风降低爆炸危险区域等级。

　　3 在障碍物、凹坑和死角处,应局部提高爆炸危险区域等级。

　　4 利用堤或墙等障碍物,限制比空气重的爆炸性气体混合物的扩散,可缩小爆炸危险区域的范围。

3.2.6 使用于特殊环境中的设备和系统可不按照爆炸危险性环境考虑,但应符合下列相应的条件之一:

　　1 采取措施确保不形成爆炸危险性环境。

　　2 确保设备在出现爆炸性危险环境时断电,此时应防止热元件引起点燃。

　　3 采取措施确保人和环境不受试验燃烧或爆炸带来的危害。

　　4 应由具备下述条件的人员书面写出所采取的措施:

　　1)熟悉所采取措施的要求和国家现行有关标准以及危险环境用电气设备和系统的使用要求;

　　2)熟悉进行评估所需的资料。

3.3 爆炸性气体环境危险区域范围

3.3.1 爆炸性气体环境危险区域范围应按下列要求确定:

　　1 爆炸危险区域的范围应根据释放源的级别和位置、可燃物质的性质、通风条件、障碍物及生产条件、运行经验,经技术经济比较综合确定。

　　2 建筑物内部宜以厂房为单位划定爆炸危险区域的范围。当厂房内空间大时,应根据生产的具体情况划分,释放源释放的可燃物质量少时,可将厂房内部按空间划定爆炸危险的区域范围,并应符合下列规定:

　　1)当厂房内具有比空气重的可燃物质时,厂房内通风换气次数不应少于每小时两次,且换气不受阻碍,厂房地面上高度1m以内容积的空气与释放至厂房内的可燃物质所形成的爆炸性气体混合浓度应小于爆炸下限;

　　2)当厂房内具有比空气轻的可燃物质时,厂房平屋顶平面以下1m高度内,或圆顶、斜顶的最高点以下2m高度内的容积的空气与释放至厂房内的可燃物质所形成的爆炸性气体混合物的浓度应小于爆炸下限;

　　3)释放至厂房内的可燃物质的最大量应按一小时释放量的三倍计算,但不包括由于灾难性事故引起破裂时的释放量。

　　3 当高挥发性液体可能大量释放并扩散到15m以外时,爆炸危险区域的范围应划分为附加2区。

　　4 当可燃液体闪点高于或等于60℃时,在物料操作温度高于可燃液体闪点的情况下,可燃液体可能泄漏时,其爆炸危险区域的范围宜适当缩小,但不宜小于4.5m。

3.3.2 爆炸危险区域的等级和范围可按本规范附录A的规定,并根据可燃物质的释放量、释放速率、沸点、温度、闪点、相对密度、爆炸下限、障碍等条件,结合实践经验确定。

3.3.3 爆炸性气体环境内的车间采用正压或连续通风稀释措施后,不能形成爆炸性气体环境时,车间可降为非爆炸危险环境。通风引人的气源应安全可靠,且无可燃物质、腐蚀介质及机械杂质,进气口应设在高出所划爆炸性危险区域范围的1.5m以上处。

3.3.4 爆炸性气体环境电力装置设计应有爆炸危险区域划分图,对于简单或小型厂房,可采用文字说明表达。

　　爆炸性气体环境危险区域范围典型示例图应符合本规范附录B的规定。

3.4 爆炸性气体混合物的分级、分组

3.4.1 爆炸性气体混合物应按其最大试验安全间隙(MESG)或最小点燃电流比(MICR)分级。爆炸性气体混合物分级应符合表3.4.1的规定。

表 3.4.1　爆炸性气体混合物分级

级别	最大试验安全间隙(MESG)(mm)	最小点燃电流比(MICR)
ⅡA	≥0.9	>0.8
ⅡB	0.5<MESG<0.9	0.45≤MICR≤0.8
ⅡC	≤0.5	<0.45

注:1 分级的级别应符合现行国家标准《爆炸性环境 第12部分:气体或蒸气混合物按照其最大试验安全间隙和最小点燃电流的分级》GB 3836.12 的有关规定。

　　2 最小点燃电流比(MICR)为各种可燃物质的最小点燃电流值与实验室甲烷的最小点燃电流值之比。

3.4.2 爆炸性气体混合物应按引燃温度分组,引燃温度分组应符合表3.4.2的规定。

表3.4.2 引燃温度分组

组 别	引燃温度 t(℃)
T1	$450<t$
T2	$300<t\leqslant450$
T3	$200<t\leqslant300$
T4	$135<t\leqslant200$
T5	$100<t\leqslant135$
T6	$85<t\leqslant100$

注:可燃性气体或蒸气爆炸性混合物分级、分组可按本规范附录C采用。

4 爆炸性粉尘环境

4.1 一般规定

4.1.1 当在生产、加工、处理、转运或贮存过程中出现或可能出现可燃性粉尘与空气形成的爆炸性粉尘混合物环境时,应进行爆炸性粉尘环境的电力装置设计。

4.1.2 在爆炸性粉尘环境中粉尘可分为下列三级:

1 ⅢA级为可燃性飞絮;

2 ⅢB级为非导电性粉尘;

3 ⅢC级为导电性粉尘。

4.1.3 在爆炸性粉尘环境中,产生爆炸应符合下列条件:

1 存在爆炸性粉尘混合物,其浓度在爆炸极限以内;

2 存在足以点燃爆炸性粉尘混合物的火花、电弧、高温、静电放电或能量辐射。

4.1.4 在爆炸性粉尘环境中应采取下列防止爆炸的措施:

1 防止产生爆炸的基本措施,应是使产生爆炸的条件同时出现的可能性减小到最小程度。

2 防止爆炸危险,应按照爆炸性粉尘混合物的特征采取相应的措施。

3 在工程设计中应先采取下列消除或减少爆炸性粉尘混合物产生和积聚的措施:

1)工艺设备宜将危险物料密封在防止粉尘泄漏的容器内。

2)宜采用露天或开敞式布置,或采用机械除尘措施。

3)宜限制和缩小爆炸危险区域的范围,并将可能释放爆炸性粉尘的设备单独集中布置。

4)提高自动化水平,可采用必要的安全联锁。

5)爆炸危险区域应设有两个以上出入口,其中至少有一个通向非爆炸危险区域,其出入口的门应向爆炸危险性较小的区域侧开启。

6)应对沉积的粉尘进行有效地清除。

7)应限制产生危险温度及火花,特别是由电气设备或线路产生的过热及火花。应防止粉尘进入产生电火花或高温部件的外壳内。应选用粉尘防爆类型的电气设备及线路。

8)可适当增加物料的湿度,降低空气中粉尘的悬浮量。

4.2 爆炸性粉尘环境危险区域划分

4.2.1 粉尘释放源应按爆炸性粉尘释放频繁程度和持续时间长短分为连续级释放源、一级释放源、二级释放源,释放源应符合下列规定:

1 连续级释放源应为粉尘云持续存在或预计长期或短期经常出现的部位。

2 一级释放源应为在正常运行时预计可能周期性的或偶尔释放的释放源。

3 二级释放源应为在正常运行时,预计不可能释放,如果释放也仅是不经常地并且是短期地释放。

4 下列三项不应被视为释放源:

1)压力容器外壳主体结构及其封闭的管口和人孔;

2)全部焊接的输送管和溜槽;

3)在设计和结构方面对防粉尘泄露进行了适当考虑的阀门压盖和法兰接合面。

4.2.2 爆炸危险区域应根据爆炸性粉尘环境出现的频繁程度和持续时间分为20区、21区、22区,分区应符合下列规定:

1 20区应为空气中的可燃性粉尘云持续地或长期地或频繁地出现于爆炸性环境中的区域;

2 21区应为在正常运行时,空气中的可燃性粉尘云很可能偶尔出现于爆炸性环境中的区域;

3 22区应为在正常运行时,空气中的可燃粉尘云一般不可能出现于爆炸性粉尘环境中的区域,即使出现,持续时间也是短暂的。

4.2.3 爆炸危险区域的划分应按爆炸性粉尘的量、爆炸极限和通风条件确定。

4.2.4 符合下列条件之一时,可划为非爆炸危险区域:

1 装有良好除尘效果的除尘装置,当该除尘装置停车时,工艺机组能联锁停车;

2 设有为爆炸性粉尘环境服务,并用墙隔绝的送风机室,其通向爆炸性粉尘环境的风道设有能防止爆炸性粉尘混合物侵入的安全装置。

3 区域内使用爆炸性粉尘的量不大,且在排风柜内或风罩下进行操作。

4.2.5 为爆炸性粉尘环境服务的排风机室,应与被排风区域的爆炸危险区域等级相同。

4.3 爆炸性粉尘环境危险区域范围

4.3.1 一般情况下,区域的范围应通过评价涉及该环境的释放源的级别引起爆炸性粉尘环境的可能来规定。

4.3.2 20区范围主要包括粉尘云连续生成的管道、生产和处理设备的内部区域。当粉尘容器外部持续存在爆炸性粉尘环境时,可划分为20区。

4.3.3 21区的范围应与一级释放源相关联,并应按下列规定确定:

1 含有一级释放源的粉尘处理设备的内部可划分为21区。

2 由一级释放源形成的设备外部场所,其区域的范围应受到粉尘量、释放速率、颗粒大小和物料湿度等粉尘参数的限制,并应考虑引起释放的条件。对于受气候影响的建筑物外部场所可减小21区范围。21区的范围应按照释放源周围1m的距离确定。

3 当粉尘的扩散受到实体结构的限制时,实体结构的表面可作为该区域的边界。

4 一个位于内部不受实体结构限制的21区应被一个22区包围。

5 可结合同类企业相似厂房的实践经验和实际因素将整个厂房划为21区。

4.3.4 22区的范围应按下列规定确定:

1 由二级释放源形成的场所,其区域的范围应受到粉尘量、释放速率、颗粒大小和物料湿度等粉尘参数的限制,并应考虑引起释放的条件。对于受气候影响的建筑物外部场所可减小22区范围。22区的范围应按超出21区3m及二级释放源周围3m的距离确定。

2 当粉尘的扩散受到实体结构的限制时,实体结构的表面可作为该区域的边界。

3 可结合同类企业相似厂房的实践经验和实际的因素将整个厂房划为22区。

4.3.5 爆炸性粉尘环境危险区域范围典型示例图应符合本规范附录D的规定。

4.3.6 可燃性粉尘举例应符合本规范附录E的规定。

5 爆炸性环境的电力装置设计

5.1 一般规定

5.1.1 爆炸性环境的电力装置设计应符合下列规定:

1 爆炸性环境的电力装置设计宜将设备和线路,特别是正常运行时能发生火花的设备布置在爆炸性环境以外。当需设在爆炸性环境内时,应布置在爆炸危险性较小的地点。

2 在满足工艺生产及安全的前提下,应减少防爆电气设备的数量。

3 爆炸性环境内的电气设备和线路应符合周围环境内化学、机械、热、霉菌以及风沙等不同环境条件对电气设备的要求。

4 在爆炸性粉尘环境内,不宜采用携带式电气设备。

5 爆炸性粉尘环境内的事故排风用电动机应在生产发生事故的情况下,在便于操作的地方设置事故启动按钮等控制设备。

6 在爆炸性粉尘环境内,应尽量减少插座和局部照明灯具的数量。如需采用时,插座宜布置在爆炸性粉尘不易积聚的地点,局部照明灯宜布置在事故时气流不易冲击的位置。

粉尘环境中安装的插座开口的一面应朝下,且与垂直面的角度不应大于60°。

7 爆炸性环境内设置的防爆电气设备应符合现行国家标准《爆炸性环境 第1部分:设备 通用要求》GB 3836.1的有关规定。

5.2 爆炸性环境电气设备的选择

5.2.1 在爆炸性环境内,电气设备应根据下列因素进行选择:

1 爆炸危险区域的分区;

2 可燃性物质和可燃性粉尘的分级;

3 可燃性物质的引燃温度;

4 可燃性粉尘云、可燃性粉尘层的最低引燃温度。

5.2.2 危险区域划分与电气设备保护级别的关系应符合下列规定:

1 爆炸性环境内电气设备保护级别的选择应符合表5.2.2-1的规定。

表5.2.2-1 爆炸性环境内电气设备保护级别的选择

危 险 区 域	设备保护级别(EPL)
0 区	Ga
1 区	Ga 或 Gb
2 区	Ga、Gb 或 Gc
20 区	Da
21 区	Da 或 Db
22 区	Da、Db 或 Dc

2 电气设备保护级别(EPL)与电气设备防爆结构的关系应符合表5.2.2-2的规定。

表5.2.2-2 电气设备保护级别(EPL)与电气设备防爆结构的关系

设备保护级别(EPL)	电气设备防爆结构	防爆形式
Ga	本质安全型	"ia"
	浇封型	"ma"
	由两种独立的防爆类型组成的设备,每一种类型达到保护级别"Gb"的要求	—
	光辐射式设备和传输系统的保护	"op is"
Gb	隔爆型	"d"
	增安型	"e"①
	本质安全型	"ib"
	浇封型	"mb"
	油浸型	"o"
	正压型	"px"、"py"
	充砂型	"q"
	本质安全现场总线概念(FISCO)	—
	光辐射式设备和传输系统的保护	"op pr"
Gc	本质安全型	"ic"
	浇封型	"mc"
	无火花	"n"、"nA"
	限制呼吸	"nR"
	限能	"nL"
	火花保护	"nC"
	正压型	"pz"
	非可燃现场总线概念(FNICO)	—
	光辐射式设备和传输系统的保护	"op sh"
Da	本质安全型	"iD"
	浇封型	"mD"
	外壳保护型	"tD"
Db	本质安全型	"iD"
	浇封型	"mD"
	外壳保护型	"tD"
	正压型	"pD"

续表 5.2.2-2

设备保护级别 (EPL)	电气设备防爆结构	防爆形式
Dc	本质安全型	"iD"
	浇封型	"mD"
	外壳保护型	"tD"
	正压型	"pD"

注：①在1区中使用的增安型"e"电气设备仅限于下列电气设备；在正常运行中不产生火花、电弧和危险温度的接线盒和接线箱，包括主体为"d"或"m"型，接线部分为"e"型的电气产品；按现行国家标准《爆炸性环境 第3部分：由增安型"e"保护的设备》GB 3836.3—2010附录D配置的合适热保护装置的"e"型低压异步电动机，启动频繁和环境条件恶劣者除外；"e"型荧光灯、"e"型测量仪表和仪表用电流互感器。

5.2.3 防爆电气设备的级别和组别不应低于该爆炸性气体环境内爆炸性气体混合物的级别和组别，并应符合下列规定：

1 气体、蒸气或粉尘分级与电气设备类别的关系应符合表5.2.3-1的规定。当存在有两种以上可燃性物质形成的爆炸性混合物时，应按照混合后的爆炸性混合物的级别和组别选用防爆设备，无据可查又不可能进行试验时，可按危险程度较高的级别和组别选用防爆电气设备。

对于标有适用于特定的气体、蒸气的环境的防爆设备，没有经过鉴定，不得使用于其他的气体环境内。

表 5.2.3-1 气体、蒸气或粉尘分级与电气设备类别的关系

气体、蒸气或粉尘分级	设备类别
ⅡA	ⅡA、ⅡB或ⅡC
ⅡB	ⅡB或ⅡC
ⅡC	ⅡC
ⅢA	ⅢA、ⅢB或ⅢC
ⅢB	ⅢB或ⅢC
ⅢC	ⅢC

2 Ⅱ类电气设备的温度组别、最高表面温度和气体、蒸气引燃温度之间的关系符合表5.2.3-2的规定。

表 5.2.3-2 Ⅱ类电气设备的温度组别、最高表面温度和气体、蒸气引燃温度之间的关系

电气设备温度组别	电气设备允许最高表面温度（℃）	气体/蒸气的引燃温度（℃）	适用的设备温度级别
T1	450	>450	T1～T6
T2	300	>300	T2～T6
T3	200	>200	T3～T6
T4	135	>135	T4～T6
T5	100	>100	T5～T6
T6	85	>85	T6

3 安装在爆炸性粉尘环境中的电气设备应采取措施防止热表面点可燃性粉尘层引起的火灾危险。Ⅲ类电气设备的最高表面温度应按国家现行有关标准的规定进行选择。电气设备结构应满足电气设备在规定的运行条件下不降低防爆性能的要求。

5.2.4 当选用正压型电气设备及通风系统时，应符合下列规定：

1 通风系统应采用非燃烧材料制成，其结构应坚固，连接应严密，并不得有产生气体滞留的死角。

2 电气设备应与通风系统联锁。运行前应先通风，并应在通风量大于电气设备及其通风系统管道容积的5倍时，接通设备的主电源。

3 在运行中，进入电气设备及其通风系统内的气体不应含有可燃物质或其他有害物质。

4 在电气设备及其通风系统运行中，对于px、py或pD型设备，其风压不应低于50Pa；对于pz型设备，其风压不应低于25Pa。当风压低于上述值时，应自动断开设备的主电源或发出信号。

5 通风过程排出的气体不宜排入爆炸危险环境；当采取有效地防止火花和炽热颗粒从设备及其通风系统吹出的措施时，可排入2区空间。

6 对闭路通风的正压型设备及其通风系统应供给清洁气体。

7 电气设备外壳及通风系统的门或盖子应采取联锁装置或加警告标志等安全措施。

5.3 爆炸性环境电气设备的安装

5.3.1 油浸型设备应在没有振动、不倾斜和固定安装的条件下采用。

5.3.2 在采用非防爆型设备作隔墙机械传动时，应符合下列规定：

1 安装电气设备的房间应用非燃烧体的实体墙与爆炸危险区域隔开；

2 传动轴传动通过隔墙处，应采用填料函密封或有同等效果的密封措施；

3 安装电气设备房间的出口应通向非爆炸危险区域的环境；当安装设备的房间必须与爆炸性环境相通时，应对爆炸性环境保持相对的正压。

5.3.3 除本质安全电路外，爆炸性环境的电气线路和设备应装设过载、短路和接地保护，不可能产生过载的电气设备可不装设过载保护。爆炸性环境的电动机除按国家现行有关标准的要求装设必要的保护之外，均应装设断相保护。如果电气设备的自动断电可能引起比引燃危险造成的危险更大时，应采用报警装置代替自动断电装置。

5.3.4 紧急情况下，在危险场所外合适的地点或位置应采取一种或多种措施对危险场所设备断电。连续运行的设备不应包括在紧急断电回路中，而应安装在单独的回路上，防止附加危险产生。

5.3.5 变电所、配电所和控制室的设计应符合下列规定：

1 变电所、配电所（包括配电室，下同）和控制室应布置在爆炸性环境以外，当为正压室时，可布置在1区、2区内。

2 对于可燃物质比空气重的爆炸性气体环境，位于爆炸危险区附加2区的变电所、配电所和控制室的电气和仪表的设备层地面应高出室外地面0.6m。

5.4 爆炸性环境电气线路的设计

5.4.1 爆炸性环境电缆和导线的选择应符合下列规定：

1 在爆炸性环境内，低压电力、照明线路采用的绝缘导线和电缆的额定电压应高于或等于工作电压，且 U_0/U 不低于工作电压。中性线的额定电压应与相线电压相等，并应在同一护套或保护管内敷设。

2 在爆炸危险区内，除配电盘、接线箱或采用金属导管配线系统内，无护套的电线不应作为供配电线路。

3 在1区内应采用铜芯电缆；除本质安全电路外，在2区内宜采用铜芯电缆，当采用铝芯电缆时，其截面不得小于16mm²，且与电气设备的连接应采用铜-铝过渡接头。敷设在爆炸性粉尘环境20区、21区以及在22区内有剧烈振动区域的回路，均应采用铜芯绝缘导线或电缆。

4 除本质安全系统的电路外，爆炸性环境电缆配线的技术要求应符合表5.4.1-1的规定。

表 5.4.1-1 爆炸性环境电缆配线的技术要求

爆炸危险区域 \ 项目 技术要求	电缆明设或在沟内敷设时的最小截面			移动电缆
	电力	照明	控制	
1区、20区、21区	铜芯 2.5mm² 及以上	铜芯 2.5mm² 及以上	铜芯 1.0mm² 及以上	重型
2区、22区	铜芯 1.5mm² 及以上，铝芯 16mm² 及以上	铜芯 1.5mm² 及以上	铜芯 1.0mm² 及以上	中型

5 除本质安全系统的电路外,在爆炸性环境内电压为1000V以下的钢管配线的技术要求应符合表5.4.1-2的规定。

表5.4.1-2 爆炸性环境内电压为1000V以下的钢管配线的技术要求

爆炸危险区域＼技术要求项目	钢管配线用绝缘导线的最小截面			管子连接要求
	电力	照明	控制	
1区、20、21区	铜芯2.5mm²及以上	铜芯2.5mm²及以上	铜芯2.5mm²及以上	钢管螺纹旋合不应少于5扣
2区、22区	铜芯2.5mm²及以上	铜芯1.5mm²及以上	铜芯1.5mm²及以上	钢管螺纹旋合不应少于5扣

6 在爆炸性环境内,绝缘导线和电缆截面的选择除应满足表5.4.1-1和5.4.1-2的规定外,还应符合下列规定:

1)导体允许载流量不应小于熔断器熔体额定电流的1.25倍及断路器长延时过电流脱扣器整定电流的1.25倍,本款第2项的情况除外;

2)引向电压为1000V以下鼠笼型感应电动机支线的长期允许载流量不应小于电动机额定电流的1.25倍。

7 在架空、桥架敷设时电缆宜采用阻燃电缆。当敷设方式采用能防止机械损伤的桥架方式时,塑料护套电缆可采用非铠装电缆。当不存在会受鼠、虫等损害情形时,在2区、22区电缆沟内敷设的电缆可采用非铠装电缆。

5.4.2 爆炸性环境线路的保护应符合下列规定:

1 在1区内单相网络中的相线及中性线均应装设短路保护,并采取适当开关同时断开相线和中性线。

2 对3kV～10kV电缆线路宜装设零序电流保护,在1区、21区内保护装置宜动作于跳闸。

5.4.3 爆炸性环境电气线路的安装应符合下列规定:

1 电气线路宜在爆炸危险性较小的环境或远离释放源的地方敷设,并应符合下列规定:

1)当可燃物质比空气重时,电气线路宜在较高处敷设或直接埋地;架空敷设时宜采用电缆桥架;电缆沟敷设时沟内应充砂,并宜设置排水措施。

2)电气线路宜在有爆炸危险的建筑物、构筑物的墙外敷设。

3)在爆炸粉尘环境,电缆应沿粉尘不易堆积并且易于粉尘清除的位置敷设。

2 敷设电气线路的沟道、电缆桥架或导管,所穿过的不同区域之间墙或楼板处的孔洞应采用非燃性材料严密堵塞。

3 敷设电气线路时宜避开可能受到机械损伤、振动、腐蚀、紫外线照射以及可能受热的地方,不能避开时,应采取预防措施。

4 钢管配线可采用无护套的绝缘单芯或多芯导线。当钢管中含有三根或多根导线时,导线包括绝缘层的总截面不宜超过钢管截面的40%。钢管应采用低压流体输送用镀锌焊接钢管。钢管连接的螺纹部分应涂以铅油或磷化膏。在可能凝结冷凝水的地方,管线上应装设排除冷凝水的密封接头。

5 在爆炸性气体环境内钢管配线的电气线路应做好隔离密封,且应符合下列规定:

1)在正常运行时,所有点燃源外壳的450mm范围内应做隔离密封。

2)直径50mm以上钢管距引入的接线箱450mm以内处应做隔离密封。

3)相邻的爆炸性环境之间以及爆炸性环境与相邻的其他危险环境或非危险环境之间应进行隔离密封。进行密封时,密封内部应用纤维作填充层的底层或隔层,填充层的有效厚度不应小于钢管的内径,且不得小于16mm。

4)供隔离密封用的连接部件,不应作为导线的连接或分线用。

6 在1区内电缆线路严禁有中间接头,在2区、20区、21区内不应有中间接头。

7 当电缆或导线的终端连接时,电缆内部的导线如果为绞线,其终端应采用定型端子或接线鼻子进行连接。

铝芯绝缘导线或电缆的连接与封端应采用压接、熔焊或钎焊,当与设备(照明灯具除外)连接时,应采用铜-铝过渡接头。

8 架空电力线路不得跨越爆炸性气体环境,架空线路与爆炸性气体环境的水平距离不应小于杆塔高度的1.5倍。在特殊情况下,采取有效措施后,可适当减少距离。

5.5 爆炸性环境接地设计

5.5.1 当爆炸性环境电力系统接地设计时,1000V交流/1500V直流以下的电源系统的接地应符合下列规定:

1 爆炸性环境中的TN系统应采用TN-S型;

2 危险区中的TT型电源系统应采用剩余电流动作的保护电器;

3 爆炸性环境中的IT型电源系统应设置绝缘监测装置。

5.5.2 爆炸性气体环境中应设置等电位联结,所有裸露的装置外部可导电部件应接入等电位系统。本质安全型设备的金属外壳可不与等电位系统连接,制造厂有特殊要求的除外。具有阴极保护的设备不应与等电位系统连接,专门为阴极保护设计的接地系统除外。

5.5.3 爆炸性环境内设备的保护接地应符合下列规定:

1 按照现行国家标准《交流电气装置的接地设计规范》GB/T 50065的有关规定,下列不需要接地的部分,在爆炸性环境内仍应进行接地:

1)在不良导电地面处,交流额定电压为1000V以下和直流额定电压为1500V及以下的设备正常不带电的金属外壳;

2)在干燥环境,交流额定电压为127V及以下,直流电压为110V及以下的设备正常不带电的金属外壳;

3)安装在已接地的金属结构上的设备。

2 在爆炸危险环境内,设备的外露可导电部分应可靠接地。爆炸性环境1区、20区、21区内的所有设备以及爆炸性环境2区、22区内除照明灯具以外的其他设备应采用专用的接地线。该接地线若与相线敷设在同一保护管内时,应具有与相线相等的绝缘。爆炸性环境2区、22区内的照明灯具,可利用有可靠电气连接的金属管线系统作为接地线,但不得利用输送可燃物质的管道。

3 在爆炸危险区域不同方向,接地干线应不少于两处与接地体连接。

5.5.4 设备的接地装置与防止直接雷击的独立避雷针的接地装置应分开设置,与装设在建筑物上防止直接雷击的避雷针的接地装置可合并设置,与防雷电感应的接地装置亦可合并设置。接地电阻值应取其中最低值。

5.5.5 0区、20区场所的金属部件不宜采用阴极保护,当采用阴极保护时,应采取特殊的设计。阴极保护所要求的绝缘元件应安装在爆炸性环境之外。

附录 A 爆炸危险区域划分示例图及爆炸危险区域划分条件

A.0.1 爆炸危险区域划分应按图 A.0.1 划分。

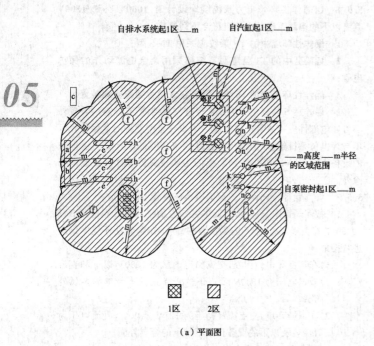

（a）平面图

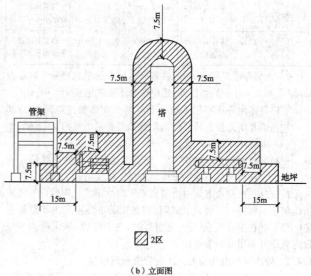

（b）立面图

图 A.0.1 爆炸危险区域划分示例图

a—正压控制室；b—正压配电室；c—车间；e—容器；f—蒸馏塔；
g—分析室（正压或吹净）；h—泵（正常运行时不可能释放的密封）；
j—泵（正常运行时有可能释放的密封）；k—泵（正常运行时有可能释放的密封）；
l—往复式压缩机；m—压缩机房（开敞式建筑）；n—放空口（高处或低处）

A.0.2 爆炸危险区域划分条件应符合表 A.0.2 的规定。

表 A.0.2 爆炸危险区域划分条件

工艺设备项目			易燃物质	工艺温度和压力	易燃物质容器的说明	通风	释放源		水平距离从释放源至*			根据	备注
编号	种类	地点					说明	级别	0区的界限	1区的界限	2区的界限		
E52	氢容器	户外	氢	30℃ 2500 kPa	具有阀门和向外放空阀的密闭系统	自然（开敞式）	法兰和阀密封（见备注栏）	二级	—	—	—m	—	由于法兰密封垫或阀门密封故障引起的释放（不正常）
J29	二甲苯泵	户外	二甲苯	60℃ 300kPa	具有阀门和排水设备的密闭系统，机械密封盒节流阀	自然（开敞式）	法兰和阀密封（见备注栏）	二级	—	—m	—m		由于法兰密封垫或阀门密封故障引起的释放（不正常）
							机械密封（见备注栏）	一级/二级（多级别）	—	—m	—m		正常运行时少量的释放，密封故障造成较大的释放（不正常）

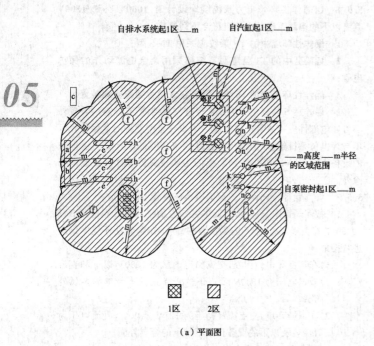

工艺设备项目			易燃物质	工艺温度和压力	易燃物质容器的说明	通风	释放源		水平距离从释放源至*			根据	备注
编号	种类	地点					说明	级别	0区的界限	1区的界限	2区的界限		
J94	乙烯压缩机(往复式)	开敞式建筑物	乙烯	70℃ 2000kPa	具有密封压盖的放空口和冷却排水点的密闭系统	自然(相当于开敞式)	法兰、密封压盖和阀密封(见备注栏)	二级	—	—	_m	××规定第×条	由于法兰密封垫、密封压盖或阀门密封故障造成的释放(不正常)
							放空口和排水点(见备注栏)	一级/二级(多级别)	—	_m	_m		正常运行时少量的释放,由于不正确操作可能出现的大量释放(不正常)
132	固定顶盖罐	户外	汽油	周围环境	除用于真空压力阀外的密闭系统	自然(开敞式)	罐的放空口(见备注栏)	连续级/一级/二级(多级别)	在蒸气空间内为0区	_m	_m		正常加料时放空的蒸气,可能在不正常情况下加过物料

注: * 指垂直距离也应记录。

附录 B 爆炸性气体环境危险区域范围典型示例图

B.0.1 在结合具体情况,充分分析影响区域的等级和范围的各项因素包括可燃物质的释放量、释放速度、沸点、温度、闪点、相对密度、爆炸下限、障碍等及生产条件,运用实践经验加以分析判断时,可使用下列示例来确定范围,图中释放源除注明外均为第二级释放源。

1 可燃物质重于空气、通风良好且为第二级释放源的主要生产装置区(图 B.0.1-1 和图 B.0.1-2),爆炸危险区域的范围划分宜符合下列规定:

　　1)在爆炸危险区域内,地坪下的坑、沟可划为1区;

　　2)与释放源的距离为7.5m的范围内可划为2区;

　　3)以释放源为中心,总半径为30m,地坪上的高度为0.6m,且在2区以外的范围内可划为附加2区。

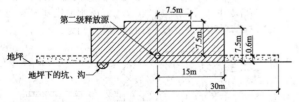

⬚1区　⬜2区　附加2区(建议用于可能释放大量高挥发性产品的地点)

图 B.0.1-1　释放源接近地坪时可燃物质重于空气、通风良好的生产装置区

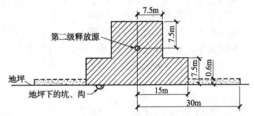

⬚1区　⬜2区　附加2区(建议用于可能释放大量高挥发性产品的地点)

图 B.0.1-2　释放源在地坪以上时可燃物质重于空气、通风良好的生产装置区

2 可燃物质重于空气,释放源在封闭建筑物内,通风不良且为第二级释放源的主要生产装置区(图 B.0.1-3),爆炸危险区域的范围划分宜符合下列规定:

　　1)封闭建筑物内和在爆炸危险区域内地坪下的坑、沟可划为1区;

　　2)以释放源为中心,半径为15m,高度为7.5m的范围内可划为2区,但封闭建筑物的外墙和顶部距2区的界限不得小于3m,如为无孔洞实体墙,则墙外为非危险区;

　　3)以释放源为中心,总半径为30m,地坪上的高度为0.6m,且在2区以外的范围内可划为附加2区。

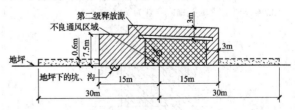

⬚1区　⬜2区　附加2区(建议用于可能释放大量高挥发性产品的地点)

图 B.0.1-3　可燃物质重于空气、释放源在封闭建筑物内通风不良的生产装置区

注:用于距释放源在水平方向15m的距离,或在建筑物周边3m范围,取两者中较大者。

3 对于可燃物质重于空气的贮罐(图 B.0.1-4 和图 B.0.1-5)，爆炸危险区域的范围划分宜符合下列规定：

1) 固定式贮罐，在罐体内部未充惰性气体的液体表面以上的空间可划为 0 区，浮顶式贮罐在浮顶移动范围内的空间可划为 1 区；

2) 以放空口为中心，半径为 1.5m 的空间和爆炸危险区域内地坪下的坑、沟可划为 1 区；

3) 距离贮罐的外壁和顶部 3m 的范围内可划为 2 区；

4) 当贮罐周围设围堤时，贮罐外壁至围堤，其高度为堤顶高度的范围内可划为 2 区。

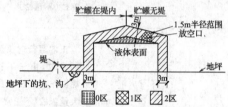

图 B.0.1-4　可燃物质重于空气、设在户外地坪上的固定式贮罐

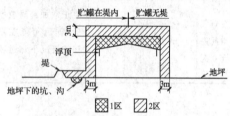

图 B.0.1-5　可燃物质重于空气、设在户外地坪上的浮顶式贮罐

4 可燃液体、液化气、压缩气体、低温度液体装载槽车及槽车注送口处(图 B.0.1-6)，爆炸危险区域的范围划分宜符合下列规定：

1) 以槽车密闭式注送口为中心，半径为 1.5m 的空间或以非密闭式注送口为中心，半径为 3m 的空间和爆炸危险区域内地坪下的坑、沟可划为 1 区；

2) 以槽车密闭式注送口为中心，半径为 4.5m 的空间或以非密闭式注送口为中心，半径为 7.5m 的空间以及至地坪以上的范围内可划为 2 区。

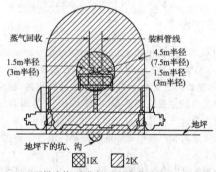

图 B.0.1-6　可燃液体、液化气、压缩气体等密闭注送系统的槽车
注：可燃液体为非密闭注送时采用括号内数值。

5 对于可燃物质轻于空气，通风良好且为第二级释放源的主要生产装置区(图 B.0.1-7)，当释放源距地坪的高度不超过 4.5m 时，以释放源为中心，半径为 4.5m，顶部与释放源的距离为 4.5m，及释放源至地坪以上的范围内可划为 2 区。

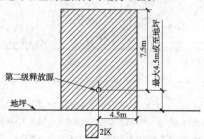

图 B.0.1-7　可燃物质轻于空气、通风良好的生产装置区
注：释放源距地坪的高度超过 4.5m 时，应根据实践经验确定。

6 对于可燃物质轻于空气，下部无侧墙，通风良好且为第二级释放源的压缩机厂房(图 B.0.1-8)，爆炸危险区域的范围划分宜符合下列规定：

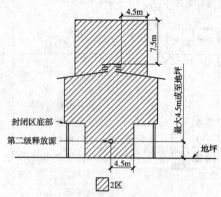

图 B.0.1-8　可燃物质轻于空气、通风良好的压缩机厂房
注：释放源距地坪的高度超过 4.5m 时，应根据实践经验确定。

1) 当释放源距地坪的高度不超过 4.5m 时，以释放源为中心，半径为 4.5m，地坪以上至封闭区底部的空间和封闭区内部的范围内可划为 2 区；

2) 屋顶上方百叶窗边界外，半径为 4.5m，百叶窗顶部以上高度为 7.5m 的范围内可划为 2 区。

7 对于可燃物质轻于空气，通风不良且为第二级释放源的压缩机厂房(图 B.0.1-9)，爆炸危险区域的范围划分宜符合下列规定：

1) 封闭区内部可划为 1 区；

2) 以释放源为中心，半径为 4.5m，地坪以上至封闭区底部的空间和距封闭区外壁 3m，顶部的垂直高度为 4.5m 的范围内可划为 2 区。

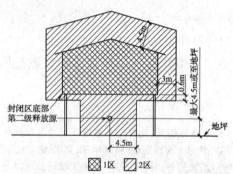

图 B.0.1-9　可燃物质轻于空气、通风不良的压缩机厂房
注：释放源距地坪的高度超过 4.5m 时，应根据实践经验确定。

8 对于开顶贮罐或池的单元分离器、预分离器和分离器(图 B.0.1-10)，当液体表面为连续级释放源时，爆炸危险区域的范围划分宜符合下列规定：

1) 单元分离器和预分离器的池壁外，半径为 7.5m，地坪上高度为 7.5m，及至液体表面以上的范围内可划为 1 区；

2) 分离器的池壁外，半径为 3m，地坪上高度为 3m，及至液体表面以上的范围内可划为 1 区；

3) 1 区外水平距离半径为 3m，垂直上方 3m，水平距离半径为 7.5m，地坪上高度为 3m 以及 1 区外水平距离半径为 22.5m，地坪上高度为 0.6m 的范围内可划为 2 区。

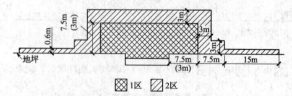

图 B.0.1-10　单元分离器、预分离器和分离器

9 对于开顶贮罐或池的溶解气游离装置(溶气浮选装置)(图 B.0.1-11),当液体表面处为连续级释源时,爆炸危险区域的范围划分宜符合下列规定:

1)液体表面至地坪的范围可划为 1 区;
2)1 区外及池壁外水平距离半径为 3m,地坪上高度为 3m 的范围内可划为 2 区。

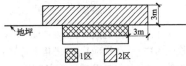

图 B.0.1-11 溶解气游离装置(溶气浮选装置)(DAF)

10 对于开顶贮罐或池的生物氧化装置(图 B.0.1-12),当液体表面处为连续级释放源时,开顶贮罐或池壁外水平距离半径为 3m,液体表面上方至地坪上高度为 3m 的范围内宜划为 2 区。

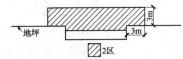

图 B.0.1-12 生物氧化装置(BIOX)

11 对于在通风良好区域内的带有通风管的盖封地下油槽或油水分离器(图 B.0.1-13),当液体表面为连续释放源时,爆炸危险区域范围划分宜符合下列规定:

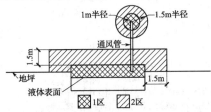

图 B.0.1-13 在通风良好区域内的带有通风管的盖封地下油槽或油水分离器

1)液体表面至盖底及以通风管管口为中心,半径为 1m 的范围可划为 1 区;
2)槽壁外水平距离 1.5m,盖子上部高度为 1.5m,及以通风管管口为中心,半径为 1.5m 的范围可划为 2 区。

12 对于处理生产装置用冷却水的机械通风冷却塔(图 B.0.1-14),当划分为爆炸危险区域时,以回水管顶部烃放空管管口为中心,半径为 1.5m 和冷却塔及其上方高度 3m 的范围可划分为 2 区,地坪下的泵坑的范围宜划为 1 区。

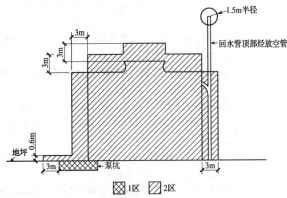

图 B.0.1-14 处理生产用冷却水的机械通风冷却塔

13 无释放源的生产装置区与通风不良的,且有第二级释放源的爆炸性气体环境相邻(图 B.0.1-15),并用非燃烧体的实体墙隔开,其爆炸危险区域的范围划分宜符合下列规定:

1)通风不良的,有第二级释放源的房间范围内可划为 1 区;
2)当可燃物质重于空气时,以释放源为中心,半径为 15m 的范围内可划为 2 区;
3)当可燃物质轻于空气时,以释放源为中心,半径为 4.5m 的范围内可划为 2 区。

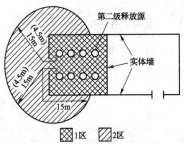

图 B.0.1-15 与通风不良的房间相邻

14 无释放源的生产装置区与有顶无墙建筑物且有第二级释放源的爆炸性气体环境相邻(图 B.0.1-16),并用非燃烧体的实体墙隔开,其爆炸危险区域的范围划分宜符合下列规定:

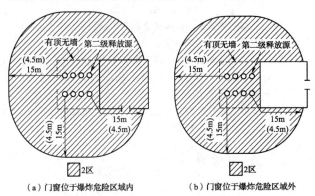

(a)门窗位于爆炸危险区域内　　　(b)门窗位于爆炸危险区域外

图 B.0.1-16 与有顶无墙建筑物相邻

1)当可燃物质重于空气时,以释放源为中心,半径为 15m 的范围内可划为 2 区;
2)当可燃物质轻于空气时,以释放源为中心,半径为 4.5m 的范围内可划为 2 区;
3)与爆炸危险区域相邻,用非燃烧体的实体墙隔开的无释放源的生产装置区,门窗位于爆炸危险区域内时可划为 2 区,门窗位于爆炸危险区域外时可划为非危险区。

15 无释放源的生产装置区与通风不良的且有第一级释放源的爆炸性气体环境相邻(图 B.0.1-17),并用非燃烧体的实体墙隔开,其爆炸危险区域的范围划分宜符合下列规定:

1)第一级释放源上方排风罩内的范围可划为 1 区;
2)当可燃物质重于空气时,1 区外半径为 15m 的范围内可划为 2 区;
3)当可燃物质轻于空气时,1 区外半径为 4.5m 的范围内可划为 2 区。

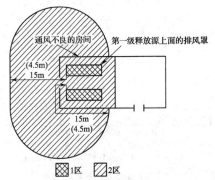

图 B.0.1-17 释放源上面有排风罩时的爆炸危险区域范围

16 可燃性液体紧急集液池、油水分离池(图 B.0.1-18)的危险区域的范围划分宜符合下列规定:

1)集液池或分离池内液面至池顶部或地坪部分的区域可划为 1 区;
2)池壁水平方向半径为 4.5m 的范围内可划为 2 区。

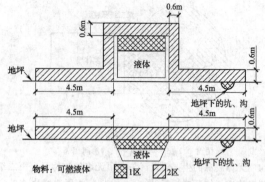

物料：可燃液体　▨1区　▨2区

图 B.0.1-18　可燃性液体紧急集液池、油水分离池

注：本图不适用于敞开的坑或容器，如正常情况下装有可燃液体的浸式罐或敞开的混合罐。

17 液氢储存装置位于通风良好的户内或户外（图 B.0.1-19）的危险区域划分宜符合下列规定：

　　1）释放源高于地面 7.5m 以上时以释放源为中心，半径为 1m 的范围内可划为 1 区，以释放源为中心，半径为 7.5m 的范围内可划为 2 区；

　　2）释放源与地坪的距离小于 7.5m 时，以释放源为中心，半径为 7.5m 的范围内可划为 2 区。

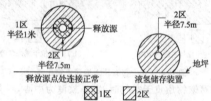

图 B.0.1-19　通风良好的户内或户外液氢储存装置

18 气态氢气储存装置位于通风良好的户内或户外（图 B.0.1-20）的危险区域划分符合下列规定：

　　1）户外情况时，以释放源为中心，半径为 7.5m 的范围内可划为 2 区。

　　2）户内情况时，以释放源为中心，半径为 1.5m 的范围内可划为 2 区。

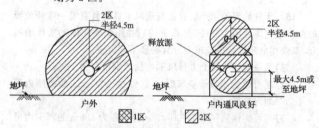

B.0.1-20　通风良好的户内或户外气态氢气储存装置

19 低温液化气体贮罐的危险区域划分宜符合下列规定（图 B.0.1-21）：

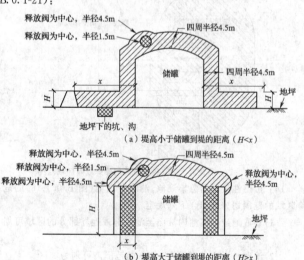

（a）堤高小于储罐到堤的距离（H<x）

（b）堤高大于储罐到堤的距离（H>x）

物料：液化天然气或其他低温易燃液体　▨1区　▨2区

（c）地下储罐

图 B.0.1-21　低温液化气体贮罐

　　1）以释放阀为中心，半径为 1.5m 的范围可划分为 1 区；

　　2）储罐外壁 4.5m 半径的范围可划为 2 区。

20 码头或水域处理可燃性液体的区域（图 B.0.1-22），危险区域划分宜符合下列规定：

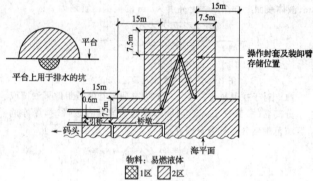

物料：易燃液体　▨1区　▨2区

图 B.0.1-22　码头或水域处理可燃性液体的区域

注：1　释放源为操作封套及装卸臂与软管与船外法兰连接的存储位置处。

　　2　油船及载油仓的交界区域按如下可划为 2 区：

　　　　1）从载油仓的船体部分到桥墩之垂直 7.5m 内范围；

　　　　2）从海平面到载油仓最高点 7.5m 内的范围。

　　3　其余位置的划分可按其他易燃液体释放是否存在、海防要求或其他规定来确定。

　　1）从载油舱的那部分船体算起，在码头一侧，沿水平各方向 7.5m 的范围可划为 2 区；

　　2）从水面至装油舱最高点算起 7.5m 的范围可划为 2 区。

21 对工艺设备容积不大于 95m³、压力不大于 3.5MPa、流量不大于 38L/s 的生产装置，且为第二级释放源，按照生产的实践经验，爆炸危险区域的范围划分以释放源为中心，半径为 4.5m 的范围内可划为 2 区。

22 阀门危险区域的划分宜符合下列规定：

　　1）位于通风良好而未封闭的区域内的截断阀和止回阀周围的区域可不分类；

　　2）位于通风良好的封闭区域内的截断阀和止回阀周围的区域，在封闭的范围内可划为 2 区；

　　3）位于通风不良的封闭区域内的截断阀和止回阀周围的区域，在封闭的范围内可划为 1 区；

　　4）位于通风良好而未封闭的区域内的工艺程序控制阀周围的区域，在阀杆密封或类似密封周围的 0.5m 的范围内可划为 2 区；

　　5）位于通风良好的封闭区域内的工艺程序控制阀周围的区域，在封闭的范围内可划为 2 区；

　　6）位于通风不良的封闭区域内的工艺程序控制阀周围的区域，在封闭的范围内可划为 2 区。

23 蓄电池的危险区域的划分应符合下列规定：

　　1）蓄电池应属于 IIC 级的分类。

　　2）当含有可充电镍-镉或镍-氢蓄电池的封闭区域具备蓄电池无通气口，其总体积小于该封闭区域容积的 1%，并在 1 小时放电率下蓄电池的容量小于 1.5A·h 等条件时，可按照非危险区域考虑；

　　3）当含有除本款第 2 项之外的其他蓄电池的封闭区域具备蓄电池无通气口，其总体积小于该封闭区域容积的 1%

或蓄电池的充电系统的额定输出小于或等于200W并采取了防止不适当过充电的措施等条件时,可按照非危险区域考虑;

4) 含有可充电蓄电池的非封闭区域,通风良好,该区域可划为非危险区域;

5) 当所有的蓄电池都能直接或者间接地向封闭区域的外部排气,该区域可划为非危险区域考虑;

6) 当配有蓄电池、通风较差的封闭区域具备至少能保证该区域的通风情况不低于满足通风良好条件的25%及蓄电池的充电系统有防止过充电的设计时,可划为2区;当不满足此条件时,可划为1区。

附录C 可燃性气体或蒸气爆炸性混合物分级、分组

表C 可燃性气体或蒸气爆炸性混合物分级、分组

序号	物质名称	分子式	级别	引燃温度组别	引燃温度(℃)	闪点(℃)	爆炸极限V%下限	爆炸极限V%上限	相对密度
ⅡA级　一、烃类									
	链烷类								
1	甲烷	CH_4	ⅡA	T1	537	气态	5.00	15.00	0.60
2	乙烷	C_2H_6	ⅡA	T1	472	气态	3.00	12.50	1.00
3	丙烷	C_3H_8	ⅡA	T2	432	气态	2.00	11.10	1.50
4	丁烷	C_4H_{10}	ⅡA	T2	365	−60	1.90	8.50	2.00
5	戊烷	C_5H_{12}	ⅡA	T3	260	<−40	1.50	7.80	2.50
6	己烷	C_6H_{14}	ⅡA	T3	225	−22	1.10	7.50	3.00
7	庚烷	C_7H_{16}	ⅡA	T3	204	−4	1.05	6.70	3.50
8	辛烷	C_8H_{18}	ⅡA	T3	206	13	1.00	6.50	3.90
9	壬烷	C_9H_{20}	ⅡA	T3	205	31	0.80	2.90	4.40
10	癸烷	$C_{10}H_{22}$	ⅡA	T3	210	46	0.80	5.40	4.90
11	环丁烷	$CH_2(CH_2)_2CH_2$	ⅡA	—	—	气态	1.80	—	1.90
12	环戊烷	$CH_2(CH_2)_3CH_2$	ⅡA	T2	380	<−7	1.50	—	2.40
13	环己烷	$CH_2(CH_2)_4CH_2$	ⅡA	T3	245	−20	1.30	8.00	2.90
14	环庚烷	$CH_2(CH_2)_5CH_2$	ⅡA	—	—	<21	1.10	6.70	3.39
15	甲基环丁烷	$CH_3CH(CH_2)_2CH_2$	ⅡA	—	—	—	—	—	—
16	甲基环戊烷	$CH_3CH(CH_2)_3CH_2$	ⅡA	T3	258	<−10	1.00	8.35	2.90
17	甲基环己烷	$CH_3CH(CH_2)_4CH_2$	ⅡA	T3	250	−4	1.20	6.70	3.40
18	乙基环丁烷	$C_2H_5CH(CH_2)_2CH_2$	ⅡA	T3	210	<−16	1.20	7.70	2.90
19	乙基环戊烷	$C_2H_5CH(CH_2)_3CH_2$	ⅡA	T3	260	<−21	1.10	6.70	3.40
20	乙基环己烷	$C_2H_5CH(CH_2)_4CH_2$	ⅡA	T3	238	35	0.90	6.60	3.90
21	萘烷(十氢化萘)	$CH_2(CH_2)_3CHCH(CH_2)_3CH_2$	ⅡA	T3	250	54	0.70	4.90	4.80

序号	物质名称	分子式	级别	引燃温度组别	引燃温度(℃)	闪点(℃)	爆炸极限 V% 下限	爆炸极限 V% 上限	相对密度
	链烯类								
22	丙烯	$CH_2=CHCH_3$	ⅡA	T2	455	气态	2.00	11.10	1.50
	芳烃类								
23	苯乙烯	$C_6H_5CH=CH_2$	ⅡA	T1	490	31	0.90	6.80	3.60
24	异丙烯基苯（甲基苯乙烯）	$C_6H_5C(CH_3)=CH_2$	ⅡA	T2	424	36	0.90	6.50	4.10
	苯类								
25	苯	C_6H_6	ⅡA	T1	498	−11	1.20	7.80	2.80
26	甲苯	$C_6H_5CH_3$	ⅡA	T1	480	4	1.10	7.10	3.10
27	二甲苯	$C_6H_4(CH_3)_2$	ⅡA	T1	464	30	1.10	6.40	3.66
28	乙苯	$C_6H_5C_2H_5$	ⅡA	T2	432	21	0.80	6.70	3.70
29	三甲苯	$C_6H_3(CH_3)_3$	ⅡA	T1	—	—	—	—	—
30	萘	$C_{10}H_8$	ⅡA	T1	526	79	0.90	5.90	4.40
31	异丙苯（异丙基苯）	$C_6H_5CH(CH_3)_2$	ⅡA	T2	424	36	0.90	6.50	4.10
32	异丙基甲苯	$(CH_3)_2CHC_6H_4CH_3$	ⅡA	T2	436	47	0.70	5.60	4.60
	混合烃类								
33	甲烷（工业用）*	CH_4	ⅡA	T1	537	—	5.00	15.00	0.55
34	松节油		ⅡA	T3	253	35	0.80	—	<1
35	石脑油		ⅡA	T3	288	<−18	1.10	5.90	2.50
36	煤焦油石脑油		ⅡA	T3	272	—	—	—	—
37	石油（包括车用汽油）		ⅡA	T3	288	<−18	1.10	5.90	2.50
38	洗涤汽油		ⅡA	T3	288	<−18	1.10	5.90	2.50
39	燃料油		ⅡA	T3	220~300	>55	0.70	50.00	<1.00
40	煤油		ⅡA	T3	210	38	0.60	6.50	4.50
41	柴油		ⅡA	T3	220	43~87	0.60	6.50	7.00
42	动力苯		ⅡA	T1	>450	<0	1.50	80.00	3.00
二、含氧化合物									
	醇类和酚类								
43	甲醇	CH_3OH	ⅡA	T2	385	11	6.00	36.00	1.10
44	乙醇	C_2H_5OH	ⅡA	T2	363	13	3.30	19.00	1.60

序号	物质名称	分子式	级别	引燃温度组别	引燃温度(℃)	闪点(℃)	爆炸极限V% 下限	爆炸极限V% 上限	相对密度
45	丙醇	C_3H_7OH	ⅡA	T2	412	23	2.20	13.70	2.10
46	丁醇	C_4H_9OH	ⅡA	T2	343	37	1.40	11.20	2.6
47	戊醇	$C_5H_{11}OH$	ⅡA	T3	300	34	1.10	10.50	3.04
48	己醇	$C_6H_{13}OH$	ⅡA	T3	293	63	1.20	—	3.50
49	庚醇	$C_7H_{15}OH$	ⅡA	—	—	60	—	—	4.03
50	辛醇	$C_8H_{17}OH$	ⅡA	—	270	81	1.10	7.40	4.50
51	壬醇	$C_9H_{19}OH$	ⅡA	—	—	75	0.80	6.10	4.97
52	环己醇	$CH_2(CH_2)_4CHOH$	ⅡA	T3	300	68	1.20	—	3.50
53	甲基环己醇	$C_7H_{13}OH$	ⅡA	T3	295	68	—	—	3.93
54	苯酚	C_6H_5OH	ⅡA	T1	715	79	1.80	8.6	3.2
55	甲酚	$CH_3C_6H_4OH$	ⅡA	T1	599	81	1.40	—	3.70
56	4-羟基-4-甲基戊酮(双丙酮醇)	$(CH_3)_2C(OH)CH_2COCH_3$	ⅡA	T1	603	64	1.80	6.90	4.00
	醛类		ⅡA						
57	乙醛	CH_3CHO	ⅡA	T4	175	−39	4.00	60.00	1.50
58	聚乙醛	$(CH_3CHO)_n$	ⅡA	—	—	36	—	—	6.10
	酮类		ⅡA						
59	丙酮	$(CH_3)_2CO$	ⅡA	T1	465	−20	2.50	12.80	2.00
60	2-丁酮(乙基甲基酮)	$C_2H_5COCH_3$	ⅡA	T2	404	−9	1.90	10.00	2.50
61	2-戊酮(甲基·丙基甲酮)	$C_3H_7COCH_3$	ⅡA	T1	452	7	1.50	8.20	3.00
62	2-己酮(甲基·丁基甲酮)	$C_4H_9COCH_3$	ⅡA	T1	457	16	1.20	8.00	3.45
63	戊基甲基甲酮	$C_5H_{11}COCH_3$	ⅡA	—	—	—	—	—	—
64	戊间二酮(乙酰丙酮)	$CH_3COCH_2COCH_3$	ⅡA	T2	340	34	1.80	6.90	4.00
65	环己酮	$CH_2(CH_2)_4CO$	ⅡA	T2	419	43	1.10	9.40	3.38
	酯类								
66	甲酸甲酯	$HCOOCH_3$	ⅡA	T2	449	−19	4.50	23.00	2.10
67	甲酸乙酯	$HCOOC_2H_5$	ⅡA	T2	455	−20	2.80	16.00	2.60

序号	物质名称	分子式	级别	引燃温度组别	引燃温度(℃)	闪点(℃)	爆炸极限V%		相对密度
							下限	上限	
68	醋酸甲酯	CH_3COOCH_3	ⅡA	T1	454	-10	3.10	16.00	2.80
69	醋酸乙酯	$CH_3COOC_2H_5$	ⅡA	T2	426	-4	2.00	11.50	3.00
70	醋酸丙酯	$CH_3COOC_3H_7$	ⅡA	T2	450	13	1.70	8.00	3.50
71	醋酸丁酯	$CH_3COOC_4H_9$	ⅡA	T2	—	31	1.70	9.80	4.00
72	醋酸戊酯	$CH_3COOC_5H_{11}$	ⅡA	T2	360	25	1.00	7.10	4.48
73	甲基丙稀酸甲酯(异丁烯酸甲酯)	$CH_3=CCH_3COOCH_3$	ⅡA	T2	421	10	1.70	8.20	3.45
74	甲基丙稀酸乙酯(异丁烯酸乙酯)	$CH_3=CCH_3COOC_2H_5$	ⅡA	—	—	20	1.80	—	3.9
75	醋酸乙烯酯	$CH_3COOCH=CH_2$	ⅡA	T2	402	-8	2.60	13.40	3.00
76	乙酰基醋酸乙酯	$CH_3COCH_2COOC_2H_5$	ⅡA	T3	295	57	1.40	9.50	4.50
	酸类								
77	醋酸	CH_3COOH	ⅡA	T1	464	40	5.40	17.00	2.07
三、含卤化合物									
	无氧化合物								
78	氯甲烷	CH_3Cl	ⅡA	T1	632	-50	8.10	17.40	1.80
79	氯乙烷	C_2H_5Cl	ⅡA	T1	519	-50	3.80	15.40	2.20
80	溴乙烷	C_2H_5Br	ⅡA	T1	511	—	6.80	8.00	3.80
81	氯丙烷	C_3H_7Cl	ⅡA	T1	520	-32	2.40	11.10	2.70
82	氯丁烷	C_4H_9Cl	ⅡA	T1	250	-9	1.80	10.00	3.20
83	溴丁烷	C_4H_9Br	ⅡA	T1	265	18	2.50	6.60	4.72
84	二氯乙烷	$C_2H_4Cl_2$	ⅡA	T2	412	-6	5.60	15.00	3.42
85	二氯丙烷	$C_3H_6Cl_2$	ⅡA	T1	557	15	3.40	14.5	3.9
86	氯苯	C_6H_5Cl	ⅡA	T1	593	28	1.30	9.60	3.90
87	苄基苯	$C_6H_5CH_2Cl$	ⅡA	T1	585	60	1.20	—	4.36
88	二氯苯	$C_6H_4Cl_2$	ⅡA	T1	648	66	2.20	9.20	5.07
89	烯丙基氯	$CH_2=CHCH_2Cl$	ⅡA	T1	485	-32	2.90	11.10	2.60
90	二氯乙烯	$CHCl=CHCl$	ⅡA	T1	460	-10	9.70	12.80	3.34
91	氯乙烯	$CH_2=CHCl$	ⅡA	T2	413	-78	3.60	33.00	2.20
92	三氟甲苯	$C_6H_5CF_3$	ⅡA	T1	620	12	—	—	5.00

序号	物质名称	分子式	级别	引燃温度组别	引燃温度(℃)	闪点(℃)	爆炸极限 V% 下限	爆炸极限 V% 上限	相对密度
	含氧化合物								
93	二氯甲烷（甲叉二氯）	CH_2Cl_2	ⅡA	T1	556	—	13.00	23.00	2.90
94	乙酰氯	CH_3COCl	ⅡA	T2	390	4	—	—	2.70
95	氯乙醇	CH_2ClCH_2OH	ⅡA	T2	425	60	4.90	15.90	2.80
	四、含硫化合物								
96	乙硫醇	C_2H_5SH	ⅡA	T3	300	<−18	2.80	18.00	2.10
97	丙硫醇-1	—	ⅡA	—	—	—	—	—	—
98	噻吩	$\overline{CH=CHCH=CHS}$	ⅡA	T2	395	−1	1.50	12.50	2.90
99	四氢噻吩	$\overline{CH_2(CH_2)_2CH_2S}$	ⅡA	T3	—	—	—	—	—
	五、含氮化合物								
100	氨	NH_3	ⅡA	T1	651	气态	15.00	28.00	0.60
101	乙腈	CH_3CN	ⅡA	T1	524	6	3.00	16.00	1.40
102	亚硝酸乙酯	CH_3CH_2ONO	ⅡA	T6	90	−35	4.00	50.00	2.60
103	硝基甲烷	CH_3NO_2	ⅡA	T2	418	35	7.30	—	2.10
104	硝基乙烷	$C_2H_5NO_2$	ⅡA	T2	414	28	3.40	—	2.60
	胺类								
105	甲胺	CH_3NH_2	ⅡA	T2	430	气态	4.90	20.70	1.00
106	二甲胺	$(CH_3)_2NH$	ⅡA	T2	400	气态	2.80	14.40	1.60
107	三甲胺	$(CH_3)_3N$	ⅡA	T4	190	气态	2.00	11.60	2.00
108	二乙胺	$(C_2H_5)_2NH$	ⅡA	T2	312	−23	1.80	10.10	2.50
109	三乙胺	$(C_2H_5)_3N$	ⅡA	T3	249	−7	1.20	8.00	3.50
110	正丙胺	$C_3H_7NH_2$	ⅡA	T2	318	−37	2.00	10.40	2.04
111	正丁胺	$C_4H_9NH_2$	ⅡA	T2	312	−12	1.70	9.80	2.50
112	环己胺	$\overline{CH_2(CH_2)_4CHNH_2}$	ⅡA	T3	293	32	1.60	9.40	3.42
113	2-乙醇胺	$NH_2CH_2CH_2OH$	ⅡA	T2	410	90	—	—	2.10
114	2-二甲胺基乙醇	$(CH_3)_2NC_2H_4OH$	ⅡA	T3	220	39	—	—	3.03
115	二氨基乙烷	$NH_2CH_2CH_2NH_2$	ⅡA	T2	385	34	2.70	16.50	2.07
116	苯胺	$C_6H_5NH_2$	ⅡA	T1	615	75	1.20	8.30	3.22
117	NN-二甲基苯胺	$C_6H_5N(CH_3)_2$	ⅡA	T2	370	96	1.20	7.00	4.17

续表 C

序号	物质名称	分子式	级别	引燃温度组别	引燃温度(℃)	闪点(℃)	爆炸极限 V% 下限	爆炸极限 V% 上限	相对密度
118	苯胺基丙烷	$C_6H_5CH_2CH(NH_2)CH_2$	ⅡA	—	—	<100	—	—	4.67
119	甲苯胺	$CH_3C_6H_4NH_2$	ⅡA	T1	482	85	—	—	3.70
120	吡啶	C_5H_5N	ⅡA	T1	482	20	1.80	12.40	2.70
			ⅡB级 一、烃类						
121	丙炔	$CH_3C≡CH$	ⅡB	T1	—	气态	1.70	—	1.40
122	乙烯	C_2H_4	ⅡB	T2	450	气态	2.70	36.00	1.00
123	环丙烷	$\overline{CH_2CH_2CH_2}$	ⅡB	T1	498	气态	2.40	10.40	1.50
124	1,3-丁二烯	$CH_2=CHCH=CH_2$	ⅡB	T2	420	气态	2.00	12.00	1.90
			二、含氮化合物						
125	丙烯腈	$CH_2=CHCN$	ⅡB	T1	481	0	3.00	17.00	1.80
126	异硝酸丙酯	$(CH_3)_2CHONO_2$	ⅡB	T4	175	11	2.00	100.00	—
127	氰化氢	HCN	ⅡB	T1	538	−18	5.60	40.00	0.90
			三、含氧化合物						
128	一氧化碳 **	CO	ⅡA	T1	—	气态	12.50	74.00	1.00
129	二甲醚	$(CH_3)_2O$	ⅡB	T3	240	气态	3.40	27.00	1.60
130	乙基甲基醚	$CH_3OC_2H_5$	ⅡB	T4	190	—	2.00	10.10	2.10
131	二乙醚	$(C_2H_5)_2O$	ⅡB	T4	180	−45	1.90	36.00	2.60
132	二丙醚	$(C_3H_7)_2O$	ⅡA	T4	188	21	1.30	7.00	3.53
133	二丁醚	$(C_4H_9)_2O$	ⅡB	T4	194	25	1.50	7.60	4.50
134	环氧乙烷	$\overline{CH_2CH_2O}$	ⅡB	T2	429	<−18	3.50	100.00	1.52
135	1,2-环氧丙烷	$\overline{CH_3CHCH_2O}$	ⅡB	T2	430	−37	2.80	37.00	2.00
136	1,3-二恶戊烷	$\overline{CH_2CH_2OCH_2O}$	ⅡB	—	—	2.0	—	—	2.55
137	1,4-二恶烷	$\overline{CH_2CH_2OCH_2CH_2O}$	ⅡB	T2	379	11	2.00	22.00	3.03
138	1,3,5-三恶烷	$\overline{CH_2OCH_2OCH_2O}$	ⅡB	T2	410	45	3.20	29.00	3.11
139	羧基醋酸丁酯	$HOCH_2COOC_4H_9$	ⅡB		—	61	—	—	3.52
140	四氢糠醇	$\overline{CH_2CH_2CH_2OCHCH_2OH}$	ⅡB	T3	218	70	1.50	9.70	3.52
141	丙烯酸甲酯	$CH_2=CHCOOCH_3$	ⅡB	T1	468	−3	2.80	25.00	3.00

续表C

序号	物质名称	分子式	级别	引燃温度组别	引燃温度(℃)	闪点(℃)	爆炸极限V% 下限	爆炸极限V% 上限	相对密度
142	丙烯酸乙酯	CH₂=CHCOOC₂H₅	ⅡB	T2	372	10	1.40	14.00	3.50
143	呋喃	CH=CHCH=CHO	ⅡB	T2	390	<−20	2.30	14.30	2.30
144	丁烯醛(巴豆醛)	CH₃CH=CHCHO	ⅡB	T3	280	13	2.10	16.00	2.41
145	丙稀醛	CH₂=CHCHO	ⅡB	T3	220	−26	2.80	31.00	1.90
146	四氢呋喃	CH₂(CH₂)₂CH₂O	ⅡB	T3	321	−14	2.00	11.80	2.50
四、混合气									
147	焦炉煤气		ⅡB	T1	560	—	4.00	40.00	0.40~0.50
五、含卤化合物									
148	四氟乙烯	C₂F₄	ⅡB	T4	200	气态	10.00	50.00	3.87
149	1氯-2,3-环氧丙烷	OCH₂CHCH₂Cl	ⅡB	T2	411	32	3.80	21.00	3.30
150	硫化氢	H₂S	ⅡB	T3	260	气态	4.00	44.00	1.20
ⅡC级									
151	氢	H₂	ⅡC	T1	500	气态	4.00	75.00	0.10
152	乙炔	C₂H₂	ⅡC	T2	305	气态	2.50	100.00	0.90
153	二硫化碳	CS₂	ⅡC	T5	102	−30	1.30	50.00	2.64
154	硝酸乙酯	C₂H₅ONO₂	ⅡC	T6	85	10	4.00	—	3.14
155	水煤气	—	ⅡC	T1	—	1	—	—	—
其他物质									
156	醋酸酐	(CH₃CO)₂O	ⅡA	T2	334	49	2.70	10.00	3.52
157	苯甲醛	C₆H₅CHO	ⅡA	T4	192	64	1.40	—	3.66
158	异丁醇	(CH₃)₂CHCH₂OH	ⅡA	T2	—	28	1.70	9.80	2.55
159	丁烯-1	CH₂=CHCH₂CH₃	ⅡA	T2	385	−80	1.60	10.00	1.95
160	丁醛	CH₃CH₂CH₂CHO	ⅡA	T3	230	<−5	2.50	12.50	2.48
161	异氯丙烷	(CH₃)₂CHCl	ⅡA	T1	529	−18	2.80	10.70	2.70
162	枯烯	C₆H₅CH(CH₃)₂	ⅡA	T2	424	36	0.88	6.50	4.13
163	环己烯	CH₂(CH₂)₃CH=CH	ⅡA	T3	244	<−20	1.20	—	2.83
164	二乙酰醇	CH₃COCH₂C(CH₃)₂OH	ⅡA	T1	680	58	1.80	6.90	4.00
165	二戊醚	(C₅H₁₁)₂O	ⅡA	T4	171	57	—	—	5.45
166	二异丙醚	[(CH₃)₂CH]₂O	ⅡA	T2	443	−28	1.40	7.90	3.25
167	二异丁烯	C₂H₅CHCH₃CHCH₃C₂H₅	ⅡA	T2	420	−5	0.80	4.80	3.87

序号	物质名称	分子式	级别	引燃温度组别	引燃温度(℃)	闪点(℃)	爆炸极限 V% 下限	爆炸极限 V% 上限	相对密度
168	二戊烯	$C_{10}H_{16}$	ⅡA	T3	237	42	0.75	6.10	4.66
169	乙氧基乙酸乙酯	$CH_3COCCH_2CH_2OC_2H_5$	ⅡA	T2	380	47	1.70	12.70	4.60
170	二甲基甲酰胺	$HCON(CH_3)_2$	ⅡA	T2	440	58	1.80	14.00	2.51
171	甲酸	$HCOOH$	ⅡA	T1	540	68	18.00	57.00	1.60
172	甲基戊基醚	$CH_3CO(CH_2)_4CH_3$	ⅡA	T1	533	39	1.10	7.90	3.94
173	甲基戊基甲酮	$CH_3CO(CH_2)_3CH_3$	ⅡA	T1	533	23	1.20	8.00	3.46
174	吗啉	$OCH_2CH_2NHCH_2CH_2$	ⅡA	T2	310	38	2.00	11.20	3.00
175	硝基苯	$C_6H_5NO_2$	ⅡA	T1	480	88	1.80	40.00	4.25
176	异辛烷	$(CH_3)_2CHCH_2(CH_3)$	ⅡA	T1	411	4	1.00	6.00	3.90
177	仲(乙)醛	$(CH_3CHO)_3$	ⅡA	T3	235	36	1.30	—	4.56
178	异戊烷	$(CH_3)_2CHCH_2CH_3$	ⅡA	T2	420	<−51	1.40	8.00	2.50
179	异丙醇	$(CH_3)_2CHOH$	ⅡA	T2	399	12	2.00	12.70	2.07
180	三乙苯	$C_6H_3(CH_3)_3$	ⅡA	T1	550	—	—	—	4.15
181	二乙醇胺	$(HOCH_2CH_2)_2NH$	ⅡA	T1	622	146	—	—	3.62
182	三乙醇胺	$(HOCH_2CH_2)_3N$	ⅡA	T1	—	190	—	—	5.14
183	25# 变压器油	—	ⅡA	T2	350	135	—	—	—
184	重柴油	—	ⅡA	T3	300	>120	0.50	5.00	—
185	溶剂油	—	ⅡA	T2	385	33	1.10	7.20	—
186	1-硝基丙烷	$C_3H_7NO_2$	ⅡB	T1	420	36	2.20	—	3.10
187	甲氧基乙醇	$CH_3OCH_2CH_2OH$	ⅡB	T3	285	39	2.50	19.80	2.63
188	石蜡	$poly(CH_2O)$	ⅡB	T3	300	70	7.00	73.00	—
189	甲醛	$HCHO$	ⅡB	T2	425	—	7.00	73.00	1.03
190	2-乙氧基乙醇	$C_2H_5OCH_2CH_2OH$	ⅡB	T3	135	43	1.80	15.70	3.10
191	二叔丁过氧化物	$(CH_3)_3COOC(CH_3)_3$	ⅡB	T4	170	18	—	—	5.00
192	二丙醚	$(C_3H_7)_2O$	ⅡB	T3	215	21	—	—	3.53
193	烯丙醛	$CH_2=CHCH_2OH$	ⅡB	T2	378	21	2.50	18.00	2.00
194	甲基叔丁基醚(MTBE)	$C_5H_{12}O$	ⅡB	T1	460	−28			3.04
195	糠醛	C_4H_3OCHO	ⅡB	T2	392	60	2.10	19.30	3.31
196	N-甲基二乙醇胺(MDEA)	$CH_3N(CH_2CH_2OH)_2$ 或 $C_5H_{13}NO_2$	ⅡB	T3	260				4.10
197	乙二醇	$HOCH_2CH_2OH$	ⅡB	T2	413	116	32.00	53.00	3.10
198	二甲基二硫醚(DMDS)	CH_3SSCH_3	ⅡB	T3	—	7	1.10	16.10	—
199	环丁砜	$C_4H_8SO_2$	—	—	—	166	—	—	4.14

注: * 指包括含 15% 以下(按体积计)氢气的甲烷混合气。

　　** 指一氧化碳在异常环境温度下可以含有使它与空气混合物饱和的水分。

附录 D 爆炸性粉尘环境危险区域范围典型示例图

D.0.1 分区示例:

1 20区:

可能产生20区的场所示例:

粉尘容器内部场所;

贮料槽、筒仓等,旋风集尘器和过滤器;

粉料传送系统等,但不包括皮带和链式输送机的某些部分;

搅拌机,研磨机,干燥机和包装设备等。

2 21区:

可能产生21区的场所示例:

当粉尘容器内部出现爆炸性粉尘环境,为了操作而需频繁移出或打开盖/隔膜阀时,粉尘容器外部靠近盖/隔膜阀周围的场所;

当未采取防止爆炸性粉尘环境形成的措施时,在粉尘容器装料和卸料点附近的外部场所、送料皮带、取样点、卡车卸载站、皮带卸载点等场所;

如果粉尘堆积且由于工艺操作,粉尘层可能被扰动而形成爆炸性粉尘环境时,粉尘容器外部场所;

可能出现爆炸性粉尘云,但既非持续,也不长期,又不经常时,粉尘容器的内部场所,如自清扫间隔长的料仓(如果仅偶尔装料和/或出料)和过滤器污秽的一侧。

3 22区:

可能产生22区的场所示例:

袋式过滤器通风孔的排气口,一旦出现故障,可能逸散出爆炸性混合物;

非频繁打开的设备附近,或凭经验粉尘被吹出而易形成泄漏的设备附近,如气动设备或可能被破坏的挠性连接等;

袋装粉料的存储间。在操作期间,包装袋可能破损,引起粉尘扩散;

通常被划分为21区的场所,当采取措施时,包括排气通风,防止爆炸性粉尘环境形成时,可以降为22区场所。这些措施应该在下列点附近执行:装料和倒空点、送料皮带、取样点、卡车卸载站、皮带卸载点等;

能形成可控的粉尘层且很可能被扰动而产生爆炸性粉尘环境的场所。仅当危险粉尘环境形成之前,粉尘层被清理的时候,该区域才可被定为非危险场所。这是良好现场清理的主要目的。

D.0.2 建筑物内无抽气通风设施的倒袋站(图 D.0.2):

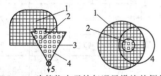

图 D.0.2 建筑物内无抽气通风设施的倒袋站

1—21区,通常为1m半径,见正文4.3.3条;2—20区,见正文4.3.2条;
3—地板;4—袋子排料斗;5—到后续处理

注:1 相关尺寸只用于图例说明。实际中可能要求其他一些距离尺寸。

2 附加措施,像泄爆或隔爆等可能是必要的,但超出了本规范范围,因此未列出。

在本示例中,袋子经常性地用手工排空到料中,从该料斗靠气动把排出的物料输送到工厂的其他部分。料斗部分总是装满物料。

20区:料斗内部,因为爆炸性粉尘/空气混合物经常性地存在乃至持续存在。

21区:敞开的入孔是一级释放源。因此,在入孔周围规定为21区,范围从入孔边缘延伸一段距离并且向下延伸到地板上。

注:如果粉尘堆积,则考虑了粉尘层的范围以及扰动该粉尘层产生粉尘云的情况和现场的清理水平(见附录D)后,可以要求进一步的细分类。如果在粉尘袋子空期间因空气的流动可能偶尔携带粉尘云超出了21区范围,则划为22区。

D.0.3 建筑物内配置抽气通风设施的倒袋站(图 D.0.3):

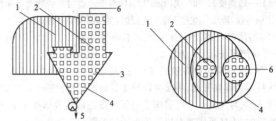

图 D.0.3 建筑物内配置抽气通风设施的倒袋站

1—22区,通常为3m半径,见本规范第4.3.4条;
2—20区,见本规范第4.3.2条;3—地板;4—袋子排料斗;
5—到后续处理;6—在容器内抽吸

注:1 相关尺寸只用于图例说明。实际中可能要求其他一些距离尺寸。

2 附加措施,像泄爆或隔爆等可能是必需的,但超出了本规范范围,因此未列出。

本条给出了与第D.0.2条相似的示例,但是在这种情况下,该系统有抽气通风。用这种方法粉尘尽可能被限制在该系统内。

20区:料斗内,因为爆炸性粉尘/空气混合物经常性地存在乃至持续存在。

22区:敞口人孔是2级释放源。在正常情况下,因为抽吸系统的作用没有粉尘泄漏。在设计良好的抽吸系统中,释放的任何粉尘将被吸入内部。因此,在该人孔周围仅规定为22区,范围从人孔的边缘延伸一段距离并且延伸到地板上。准确的22区范围需要以工艺和粉尘特性为基础来确定。

D.0.4 建筑物外的旋风分离器和过滤器(图 D.0.4):

本例中的旋风分离器和过滤器是抽吸系统的一部分,被抽吸的产品通过连续运行的旋转阀门落入密封料箱内,粉料量很小,因此自清理的时间间隔很长。鉴于这个理由,在正常运行时,内部仅偶尔有一些可燃性粉尘云。位于过滤器单元上的抽风机将抽吸的空气吹向外面。

20区:旋风分离器内部,因爆炸性粉尘环境频繁甚至连续地出现。

21区:如果只有少量粉尘在旋风分离器正常工作时未被收集起来时,在过滤器的污秽侧为21区,否则为20区。

22区:如果过滤器元件出现故障,过滤器的洁净侧可以含有可燃性粉尘云,这适用于过滤器的内部、过滤件和抽吸管的下游及抽吸管出口周围。22区的范围自导管出口延伸一段距离,并向下延伸至地面(图D.0.4中未表示)。准确的22区范围需要以工艺和粉尘特性为基础来确定。

注:如果粉尘聚集在工厂设备外面,在考虑了粉尘层的范围和粉尘层受扰产生粉尘云的情况后,可要求进一步的分类。此外,还要考虑外部条件的影响,如风、雨或潮湿可能阻止可燃性粉尘层的堆积。

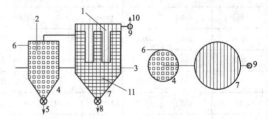

图 D.0.4 建筑物外的旋风分离器和过滤器

1—22区,通常为3m半径,见本规范第4.3.4条;
2—20区,见本规范第4.3.2条;3—地面;4—旋风分离器;
5—到产品筒仓;6—入口;7—过滤器;8—至粉末箱;9—排风扇;
10—至出口;11—21区,见本规范第4.3.3条

注:1 相关尺寸只用于图例说明。实际中可能要求其他一些距离尺寸。

2 附加措施,像泄爆或隔爆等可能是必需的,但超出了本规范范围,因此未列出。

D.0.5 建筑物内的无抽气排风设施的圆筒翻斗装置(图 D.0.5):

在本例中,200L圆筒内粉料被倒入料斗并通过螺旋输送机运至相邻车间。一个装满粉料的圆筒被置于平台上,打开筒盖,并用液压气缸将圆筒与一个关闭的隔膜阀夹紧。打开料斗盖,圆筒搬运器将圆筒翻转使隔膜阀位于料斗顶部。然后打开隔膜阀,螺旋

05

输送机将粉料运走，经过一段时间后，直至圆筒排空。

当又一圆筒要卸料时，关闭隔膜阀，圆筒搬运器将其翻转至原来位置，关闭料斗盖，液压气缸放下原来的圆筒，更换圆筒盖后移走原圆筒。

20区：圆筒内部，料斗和螺旋形传送装置经常性地含有粉尘云，并且时间很长，因此划为20区。

21区：当筒盖和料斗盖被打开，并且当隔膜阀被放在料斗顶部或从料斗顶部移开时，将发生以粉尘云的形式释放粉尘。因此，该圆筒顶部、料斗顶部和隔膜阀等周围一段距离的区域被定为21区。准确的21区范围需要以工艺和粉尘特性为基础来确定。

22区：因可能偶尔泄漏和扰动大量粉尘，整个房间的其余部分划为22区。

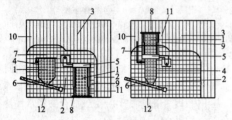

图 D.0.5 建筑物内的无抽气排风设施的圆筒翻斗装置

1—20区，见本规范第4.3.2条；
2—21区，通常为1m半径，见本规范第4.3.3条；
3—22区，通常为3m半径，见本规范第4.3.4条；4—料斗；
5—隔膜阀；6—螺旋输送装置；7—料斗盖；8—圆筒平台；9—液压汽缸；
10—墙壁；11—圆筒；12—地面

注：1 相关尺寸只用于图例说明。实际中可能要求其他一些距离尺寸。
2 附加措施，像泄爆或隔爆等可能是必需的，但超出了本规范范围，因此未列出。

附录 E 可燃性粉尘特性举例

表 E 可燃性粉尘特性举例

粉尘种类	粉尘名称	高温表面堆积粉尘层(5mm)的引燃温度(℃)	粉尘云的引燃温度(℃)	爆炸下限浓度(g/m³)	粉尘平均粒径(μm)	危险性质	粉尘分级
金属	铝(表面处理)	320	590	37~50	10~15	导	ⅢC
	铝(含脂)	230	400	37~50	10~20	导	ⅢC
	铁	240	430	153~204	100~150	导	ⅢC
	镁	340	470	44~59	5~10	导	ⅢC
	红磷	305	360	48~64	30~50	非	ⅢB
	炭黑	535	>600	36~45	10~20	导	ⅢC
	钛	290	375			导	ⅢC
	锌	430	530	212~284	10~15	导	ⅢC
	电石	325	555		<200	非	ⅢB
	钙硅铝合金(8%钙,30%硅,55%铝)	290	465			导	ⅢC
	硅铁合金(45%硅)	>450	640			导	ⅢC
	黄铁矿	445	555		<90	导	ⅢC
	锆石	305	360	92~123	5~10	导	ⅢC

续表 E

粉尘种类	粉尘名称	高温表面堆积粉尘层(5mm)的引燃温度(℃)	粉尘云的引燃温度(℃)	爆炸下限浓度(g/m³)	粉尘平均粒径(μm)	危险性质	粉尘分级
化学药品	硬脂酸锌	熔融	315	—	8~15	非	ⅢB
	萘	熔融	575	28~38	30~100	非	ⅢB
	蒽	熔融升华	505	29~39	40~50	非	ⅢB
	己二酸	熔融	580	65~90		非	ⅢB
	苯二(甲)酸	熔融	650	61~83	80~100	非	ⅢB
	无水苯二(甲)酸(粗制品)	熔融	605	52~71		非	ⅢB
	苯二甲酸腈	熔融	>700	37~50		非	ⅢB
	无水马来酸(粗制品)	熔融	500	82~113		非	ⅢB
	醋酸钠酯	熔融	520	51~70	5~8	非	ⅢB
	结晶紫	熔融	475	46~70	15~30	非	ⅢB
	四硝基咪唑	熔融	395	92~123		非	ⅢB
	二硝基甲酚	熔融	340		40~60	非	ⅢB
	阿司匹林	熔融	405	31~41	60	非	ⅢB
	肥皂粉	熔融	575	—	80~100	非	ⅢB
	青色燃料	350	465		300~500	非	ⅢB
	萘酚燃料	395	415	133~184	—	非	ⅢB
合成树脂	聚乙烯	熔融	410	26~35	30~50	非	ⅢB
	聚丙烯	熔融	430	25~35		非	ⅢB
	聚苯乙烯	熔融	475	27~37	40~60	非	ⅢB
	苯乙烯(70%)与丁二烯(30%)粉状聚合物	熔融	420	27~37		非	ⅢB
	聚乙烯醇	熔融	450	42~55	5~10	非	ⅢB
	聚丙烯腈	熔融炭化	505	35~55	5~7	非	ⅢB
	聚氨酯(类)	熔融	425	46~63	50~100	非	ⅢB
	聚乙烯四肽	熔融	480	52~71	<200	非	ⅢB
	聚乙烯氮戊环酮	熔融	465	42~58	10~15	非	ⅢB
	聚氯乙烯	熔融炭化	595	63~86	4~5	非	ⅢB
	氯乙烯(70%)与苯乙烯(30%)粉状聚合物	熔融炭化	520	44~60	30~40	非	ⅢB
	酚醛树脂(酚醛清漆)	熔融炭化	520	36~40	10~20	非	ⅢB
	有机玻璃粉	熔融炭化	485			非	ⅢB
天然树脂	骨胶(虫胶)	沸腾	475	—	20~50	非	ⅢB
	硬质橡胶	沸腾	360	36~49	20~30	非	ⅢB
	软质橡胶	沸腾	425		80~100	非	ⅢB
	天然树脂	熔融	370	38~52	20~30	非	ⅢB
	钴钯树脂	熔融	330	30~41	20~50	非	ⅢB
	松香	熔融	325		50~80	非	ⅢB

粉尘种类	粉尘名称	高温表面堆积粉尘层(5mm)的引燃温度(℃)	粉尘云的引燃温度(℃)	爆炸下限浓度(g/m³)	粉尘平均粒径(μm)	危险性质	粉尘分级
沥青蜡类	硬蜡	熔融	400	26~36	80~50	非	ⅢB
	绕组沥青	熔融	620	—	50~80	非	ⅢB
	硬沥青	熔融	620	—	50~150	非	ⅢB
	煤焦油沥青	熔融	580	—	—	非	ⅢB
农产品	裸麦粉	325	415	67~93	30~50	非	ⅢB
	裸麦谷物粉(未处理)	305	430	—	50~100	非	ⅢB
	裸麦筛落粉(粉碎品)	305	415	—	30~40	非	ⅢB
	小麦粉	炭化	410	—	20~40	非	ⅢB
	小麦谷物粉	290	420	—	15~30	非	ⅢB
	小麦筛落粉(粉碎品)	290	410	—	3~5	非	ⅢB
	乌麦、大麦谷物粉	270	440	—	50~150	非	ⅢB
	筛米糠	270	420	—	50~100	非	ⅢB
	玉米淀粉	炭化	410	—	2~30	非	ⅢB
	马铃薯淀粉	炭化	430	—	60~80	非	ⅢB
	布丁粉	炭化	395	—	10~20	非	ⅢB
	糊精粉		400	71~99	20~30	非	
	砂糖粉	熔融	360	77~107	20~40	非	ⅢB
	乳糖	熔融	450	83~115	—	非	ⅢB
纤维鱼粉	可可子粉(脱脂品)	245	460	—	30~40	非	ⅢB
	咖啡粉(精制品)	收缩	600	—	40~80	非	ⅢB
	啤酒麦芽粉	285	405	—	100~500	非	ⅢB
	紫芷蓿	280	480	—	200~500	非	ⅢB
	亚麻粕粉	285	470	—	—	非	ⅢB
	菜种渣粉	炭化	465	—	400~600	非	ⅢB
	鱼粉	炭化	485	—	80~100	非	ⅢB
	烟草纤维	290	485	—	50~100	非	ⅢA
	木棉纤维	385	—	—	—	非	ⅢA
	人造短纤维	305	—	—	—	非	ⅢA
	亚硫酸盐纤维	380	—	—	—	非	ⅢA
	木质纤维	250	445	—	40~80	非	ⅢA
	纸纤维	360	—	—	—	非	ⅢA
	椰子粉	280	450	—	100~200	非	ⅢB
	软木粉	325	460	44~59	30~40	非	ⅢB
	针叶树(松)粉	325	440	—	70~150	非	ⅢB
	硬木(丁钠橡胶)粉	315	420	—	70~100	非	ⅢB

粉尘种类	粉尘名称	高温表面堆积粉尘层(5mm)的引燃温度(℃)	粉尘云的引燃温度(℃)	爆炸下限浓度(g/m³)	粉尘平均粒径(μm)	危险性质	粉尘分级
燃料	泥煤粉(堆积)	260	450	—	60~90	导	ⅢC
	褐煤粉(生褐煤)	260	450	49~68	2~3	非	ⅢB
	褐煤粉	230	185	—	3~7	导	ⅢC
	有烟煤粉	235	595	41~57	5~11	导	ⅢC
	瓦斯煤粉	225	580	35~48	5~10	导	ⅢC
	焦炭用煤粉	280	610	33~45	5~10	导	ⅢC
	贫煤粉	285	680	34~45	5~7	导	ⅢC
	无烟煤粉	>430	>600	—	100~130	导	ⅢC
	木炭粉(硬质)	340	595	39~52	1~2	导	ⅢC
	泥煤焦炭粉	360	615	40~54	1~2	导	ⅢC
	褐煤焦炭粉	235	—	—	4~5	导	ⅢC
	煤焦炭粉	430	>750	37~50	4~5	导	ⅢC

注:危险性质栏中,用"导"表示导电性粉尘,用"非"表示非导电性粉尘。

05

中华人民共和国国家标准

爆炸危险环境电力装置设计规范

GB 50058-2014

条文说明

1 总 则

1.0.2 本规范不适用的环境是指非本规范规定的原因,而是由于其他原因构成危险的环境。

专用性强并有专用规程规定的,或在本规范的区域划分及采取措施中难以满足要求的特殊情况,如电解生产装置中电解槽母线及跳槽开关等,建议另行制订专用规程。

对于水、陆、空、交通运输工具及海上油井平台,如车、船、飞机、海上油井平台等均为特殊条件的环境,故危险区域的划分、范围等不可能满足本规范的要求。

本规范中取消了原规范中不适用的蓄电池室环境。蓄电池室的危险区域划分在实际工程中经常遇到,本规范在附录B中根据《石油设施电气设备安装一级0区、1区和2区划分的推荐方法》API RP505—2002的相关条文增加了相应的划分建议。

同时,本规范在不适用环境中增加了以加味天然气作燃料进行采暖、空调、烹饪、洗衣以及类似的管线系统和医疗室等环境。

本规范特别说明不考虑灾难性事故。灾难性事故如加工容器破碎或管线破裂等。

在执行本规范时,还应执行国家和部委颁发的专业标准和规范的有关规定。但本规范中某些规定严于或满足其他国家标准最低要求的,不视为"有矛盾"。

2 术 语

本规范中增加了以下术语的定义:

高挥发性液体、正常运行、粉尘、可燃性粉尘、可燃性飞絮、导电性粉尘、非导电性粉尘、重于空气的气体或蒸气、轻于空气的气体或蒸气、粉尘层的引燃温度、粉尘云的引燃温度、爆炸性环境和设备保护级别(EPL)。

2.0.11 尽管混合物浓度超过爆炸上限(UEL)不是爆炸性气体环境,但在某些情况下,就场所分类来说,把它作为爆炸性气体环境考虑被认为是合理的。

2.0.15 在确定释放源时,不应考虑工艺容器、大型管道或贮罐等的毁坏事故,如炸裂等。

2.0.21 飞絮的实例包括人造纤维、棉花(包括棉绒纤维、棉纱头)、剑麻、黄麻、麻屑、可可纤维、麻絮、废打包木丝绵。

2.0.26 本条说明如下:

(1)对于相对密度在0.8至1.2之间的气体或蒸气应酌情考虑。

(2)经验表明,氨很难点燃,而且在户外释放的气体将会迅速扩散,因此爆炸性气体环境的范围将被忽略。

3 爆炸性气体环境

3.1 一 般 规 定

3.1.1 环境温度可选用最热月平均最高温度,亦可利用采暖通风专业的"工作地带温度"或根据相似地区同类型的生产环境的实测数据加以确定。除特殊情况外,一般可取45℃。

3.1.3 在防止产生气体、蒸气爆炸条件的措施中,在采取电气预防之前首先提出了诸如工艺流程及布置等措施,即称之为"第一次预防措施"。

3.2 爆炸性气体环境危险区域划分

3.2.1 本条规定了气体或蒸气爆炸性混合物的危险区域的划分。危险区域是根据爆炸性混合物出现的频繁程度和持续时间,划分为0区、1区、2区,等效采用了国际电工委员会的规定。

除了封闭的空间,如密闭的容器、储油罐等内部气体空间,很少存在0区。

虽然高于爆炸上限的混合物不会形成爆炸性环境,但是没有可能进入空气而使其达到爆炸极限的环境,仍应划分为0区。如固定顶盖的可燃性物质贮罐,当液面以上空间未充惰性气体时应划分为0区。

在生产中0区是极个别的,大多数情况属于2区。在设计时应采取合理措施尽量减少1区。

正常运行是指正常的开车、运转、停车,可燃物质产品的装卸,密闭容器盖的开闭,安全阀、排放阀以及所有工厂设备都在其设计参数范围内工作的状态。

以往的区域划分中,对于爆炸性混合物出现的频率没有较为明确的定义和解释,实际工作中较难掌握。参考《石油设施电气设备安装一级0区、1区和2区划分的推荐方法》API RP505—2002中关于区域划分和爆炸性混合物出现频率的关系,给出了可以根据爆炸性混合物出现频率来确定区域等级的一种方法(见表1)。

表1 区域划分和爆炸性混合物出现频率的典型关系

区 域	爆炸性混合物出现频率
0 区	1000h/a 及以上;10%
1 区	大于 10h/a,且小于 1000h/a;0.1%~10%
2 区	大于 1h/a,且小于 10h/a;0.01%~0.1%
非危险区	小于 1h/a;0.01%

注:表中的百分数为爆炸性混合物出现时间的近似百分比(一年8760h,按10000h计算)。

3.2.2 本条说明如下:

3 一般情况下,明火设备如锅炉采用平衡通风,即引风机抽吸烟气的量略大于送风机的风和煤燃烧所产生的烟气量,这样就能保持锅炉炉膛负压,可燃性物质不能扩散至设备附近与空气形成爆炸性混合物。因此明火设备附近按照非危险区考虑,包括锅炉本身所含有的仪表等设施。

现行国家标准《建筑设计防火规范》GB 50016和《锅炉房设计规范》GB 50041中都明确规定,燃油、燃气锅炉房应有良好的自然通风或机械通风设施。燃气锅炉房应选用防爆型的事故排风机。当设置机械通风设施时,该机械通风设施应设置导除静电的接地装置,通风量应符合下列规定:

燃油锅炉房的正常通风量按换气次数不少于3次/h确定;

燃气锅炉房的正常通风量按换气次数不少于6次/h确定;

燃气锅炉房的事故通风量按换气次数不少于12次/h确定。

根据以上规定,锅炉房应该可以认为是通风良好的场所。因此本规范建议与锅炉设备相连接的管线上的阀门等可能有可燃性物质存在处按照独立的释放源考虑危险区域,并可根据通风良好的场所适当降低危险区域的等级。

3.2.3 对释放源的分级,等效采用了国际电工委员会《爆炸性环境 第10—1部分:区域分类 爆炸性气体环境》IEC 60079—10—1—2008 的规定。在该文件中,对重于空气的爆炸性气体或蒸气的各种释放源周围爆炸危险区域的划分,及轻于空气的爆炸性气体或蒸气的各种释放源周围爆炸危险区域的划分分别用图示例说明。如图1、图2所示。

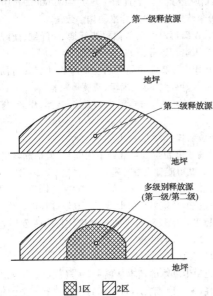

图1 重于空气的爆炸性气体或蒸气的各种释放源周围
爆炸危险区域划分示例
注:1 图中表示的区域为:露天环境,释放源接近地坪;
　　2 该区域的形状和尺寸取决于很多因素(见本规范第3.3节)。

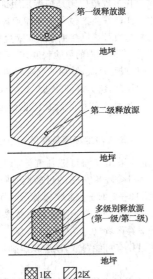

图2 轻于空气的爆炸性气体或蒸气的各种释放源周围爆炸
危险区域划分示例
注:1 图中表示的区域为:露天环境,释放源在地坪以上;
　　2 该区域的形状和尺寸取决于很多因素(见本规范第3.3节)。

本规范给出了通孔对不同释放等级影响的一种判定方法,见表2。但下面的示例不作为强制使用,可按需要做一些变动以适合具体的情况。

表2 通孔对不同释放等级的影响

通孔上游气流的区域	通孔形式	作为释放源的通孔释放等级
0区	A	连续级
	B	(连续)/1级
	C	2级
	D	2级

续表2

通孔上游气流的区域	通孔形式	作为释放源的通孔释放等级
1区	A	1级
	B	(1级)/2级
	C	(2级)/无释放
	D	无释放
2区	A	2级
	B	(2级)/无释放
	C	无释放
	D	无释放

作为可能的释放源的通孔:

场所之间的通孔应视为可能的释放源。释放源的等级与邻近场所的区域类型,孔开启的频率和持续时间,密封或连接的有效性,涉及的场所之间的压差有关。

通孔按下列特性分为A、B、C和D型。

(1)A型:通孔不符合B、C或D型规定的特性。如穿越或使用的通孔(如穿越墙、天花板和地板的导管、管道),经常打开的通孔,房屋、建筑物内的固定通风口和类似B、C及D型的经常或长时间打开的通孔。

(2)B型:正常情况下关闭(如自动封闭),不经常打开,而且关闭紧密的通孔。

(3)C型:正常情况下通孔封闭(如自动关闭),不经常打开并配有密封装置(如密封垫),符合B型要求,并沿着整个周边还安装有密封装置(如密封点)或有两个串联的B型通孔,而且具有单独自动封闭装置。

(4)D型:经常封闭、符合C型要求的通孔,只能用专用工具或在紧急情况下才能打开。

D型通孔是有效密封的使用通道(如导管、管道)或是靠近危险场所的C型通孔和B型通孔的串联组合。

3.2.4 原规范中对于通风良好的定义在实际工作中比较难确定,本次修订增加了对于通风良好场所的定义。

对于户外场所,一般情况下,评定通风应假设最小风速为0.5m/s,且实际上连续地存在。风速经常会超过2m/s。但在特殊情况下,可能低于0.5m/s(如在最接近地面的位置)。

3.2.6 本条中特殊环境中的设备和系统通常是指在研究、开发、小规模试验性装置和其他新项目工作中,相关设备仅在限制期内使用,并由经过专门培训的人监督,则相应的设备和系统按照非爆炸危险环境考虑。

3.3 爆炸性气体环境危险区域范围

3.3.1 本条说明如下:

1 爆炸危险区域的范围主要取决于下列各种参数:

易燃物质的泄出量:随着释放量的增大,其范围可能增大。

释放速度:当释放量恒定不变,释放速度增高到引起湍流的速度时,将使释放的易燃物质在空气中的浓度进一步稀释,因此其范围将缩小。

释放的爆炸性气体混合物的浓度:随着释放处易燃物质浓度的增加,爆炸危险区域的范围可能扩大。

可燃性物质的沸点:可燃性物质释放的蒸气浓度与对应的最高液体温度下的蒸气压力有关。为了比较,此浓度可以用可燃性物质的沸点来表示。沸点越低,爆炸危险区域的范围越大。

爆炸下限:爆炸下限越低,爆炸危险区域的范围就越大。

闪点:如果闪点明显高于可燃性物质的最高操作温度,就不会形成爆炸性气体混合物。闪点越低,爆炸危险区域的范围可能越大。虽然某些液体(如卤代碳氢化合物)能形成爆炸性气体混合物,却没有闪点。在这种情况下,应对应于爆炸下限的饱和浓度时的平衡液体温度代替闪点与相应的液体最高温度进行比较。

相对密度:相对密度(以空气为1)大,爆炸危险区域的水平范围也将增大。为了划分范围,本规范将相对密度大于1.2的气体或蒸气视为比空气重的物质;将相对密度小于0.8的气体或蒸气视为比空气轻的物质。对于相对密度在0.8～1.2之间的气体或蒸气,如一氧化碳、乙烯、甲醇、甲胺、乙烷、乙炔等,在工程设计中视为相对密度比空气重的物质。

通风量:通风量增加,爆炸危险区域的范围就缩小;爆炸危险区域的范围也可通过改善通风系统的布置而缩小。

障碍:障碍物能阻碍通风,因此有可能扩大爆炸危险区域的范围;阻碍物也可能限制爆炸性气体混合物的扩散,因此也有可能缩小爆炸危险区域的范围。

液体温度:若温度在闪点以上,所加工的液体的温度上升会使爆炸危险区域的范围扩大。但应考虑由于环境温度或其他因素(如热表面),释放的液体或蒸气的温度有可能下降。

至于更具体的爆炸危险区域范围的规定,这是一个长期没有得到改善和解决的问题。上述所列影响范围大小的参数,是采用了国际电工委员会(IEC)的规定,但由于该规定迄今只是原则性规定,所以无具体尺寸可遵循。本规范内的具体尺寸,是等效采用国际上广泛采用的美国石油学会《石油设施电气设备安装一级0区、1区和2区划分的推荐方法》API RP505—2002的规定及美国国家防火协会(NFPA)的有关规定及例图。

过去化工系统从国外引进的装置已普遍采用《石油设施电气设备安装一级一类和二类区域划分的推荐方法》API RP500—1997的规定,实践证明比较稳妥,更适合于大中型生产装置。至于中小型生产装置则采用了美国国家防火协会《易燃液体、气体或蒸气的分类和化工生产区电气装置设计》NFPA 497—2004的规定。由于实际生产装置的工艺、设备、仪表、通风、布置等条件各不相同,在具体设计中均需结合实际情况妥善选择才能确保安全。因此,正像国际电工委员会及各国规程中的规定一样,在使用这些图例前应与实际经验相结合,避免生搬硬套。

关于爆炸性气体环境与变、配电所的距离、区域范围划定后,不再另作规定,原因是危险区域范围的规定是按释放源级别结合通风情况来确定的,以防止电气设备或线路故障引起事故,与建筑防火距离不是同一概念。

3 本款特别对于附加2区的定义进行了解释。特指高挥发性可燃性物质,如丁烷、乙烷、乙烯、丙烷、丙烯、液化天然气、天然气凝液及它们的混合物等,有可能大量释放并扩散到15m以外时,相应的爆炸危险区域范围可划为附加2区。

3.3.4 爆炸性气体环境危险区域范围典型示例图从原规范正文移至附录B中。

在原规范的示例基础上,本次修订增加了部分常用的划分示例。主要增加了紧急集液池(图B.0.1-18)、液氢储存装置和气态氢气储存装置(图B.0.1-19和图B.0.1-20)、低温液化气体贮罐(图B.0.1-21)、码头装卸设施(图B.0.1-22),同时增加了关于阀门、蓄电池室的划分建议。

3.4 爆炸性气体混合物的分级、分组

3.4.1、3.4.2 我国防爆电气设备制造检验用的国家标准为《爆炸性环境用防爆电气设备》GB 3836—2010,该标准采用IEC使用的按最大实验安全隙(MESG)及最小点燃电流比(MICR)分级及按引燃温度分组。

4 爆炸性粉尘环境

4.1 一般规定

4.1.2 本条中可燃性粉尘的分级采用了《爆炸性气体环境 第10—2部分:区域分类 可燃性粉尘环境》IEC 60079—10—2中的方法,也与粉尘防爆设备制造标准协调一致。

常见的ⅢA级可燃性飞絮如棉花纤维、麻纤维、丝纤维、毛纤维、木质纤维、人造纤维等。

常见的ⅢB级可燃性非导电粉尘如聚乙烯、苯酚树脂、小麦、玉米、砂糖、染料、可可、木质、米糠、硫黄等粉尘。

常见的ⅢC级可燃性导电粉尘如石墨、炭黑、焦炭、煤、铁、锌、钛等粉尘。

4.1.3 本条说明如下:

1 虽然高浓度粉尘云可能是不爆炸的,但是危险仍然存在,如果浓度下降,就可能进入爆炸范围。

4.1.4 本条说明如下:

2 一般说来,导电粉尘的危险程度高于非导电粉尘。爆炸性粉尘混合物的爆炸下限随粉尘的分散度、湿度、挥发性物质的含量、灰分的含量、火源的性质和温度等而变化。

3 本款说明如下:

2)在防止粉尘爆炸的基本措施中,本规范提到了采用机械通风措施的内容,这一措施在不同国家的规程中有不同的提法。如澳大利亚规程《危险区域的分级》第2部分"粉尘"(AS2430第2部分,1986)中提到:"……粉尘不同于气体,过量的通风不一定是合适的,即加速通风可能导致形成悬浮状粉尘和因此造成更大而不是更小的危险条件。"在本规范中则是强调采用机械通风措施,防止形成悬浮状粉尘。亦即在生产过程中采用通风措施,将容器或设备中泄漏出来的粉尘通过通风装置抽送到除尘器中。既节省物料的损耗,又降低了生产环境中的危险程度,而不是简单地加速通风,致使粉尘飞扬而形成悬浮状,增加了危险因素。

6)强调了有效的清理,认为清理的效果比清理的频率更重要。

7)强调了提高设备外壳防护等级是防止粉尘引爆的重要手段。

4.2 爆炸性粉尘环境危险区域划分

4.2.1、4.2.2 本规范采用了与可燃性气体和蒸气相似的场所分类原理,对爆炸性粉尘环境出现的可能性进行评价,采用《爆炸性气体环境 第10—2部分:区域分类 可燃性粉尘环境》IEC 60079—10—2的方法,引进了释放源的概念,粉尘危险场所的分类也由原来的2类区域改为3类区域。

如果已知工艺过程有可能释放,就应该鉴别每一释放源并且确定其释放等级。

1级释放,如毗邻敞口袋灌包或倒包的位置周围。

2级释放,如需要偶尔打开并且打开时间非常短的人孔,或者是存在粉尘沉淀地方的粉尘处理设备。

4.2.4 见本规范第4.1.4条的条文说明。

4.3 爆炸性粉尘环境危险区域范围

4.3.1 爆炸性粉尘环境危险区域的范围通常与释放源级别相关联,当具备条件或有类似工程的经验时,还应考虑粉尘参数,引起释放的条件及气候等因素的影响。

4.3.2、4.3.3 原规范对建筑物外部场所(露天)的爆炸性粉尘危险区域的范围没有具体的规定。本规范中21区为"一级释放源周围1m的距离",及22区为"二级释放源周围3m的距离"是《爆炸性气体环境 第10—2部分:区域分类 可燃性粉尘环境》

IEC 60079—10—2 推荐的。另外,在本规范中采取了主要以厂房为单位划定范围的方法。特别是厂房内多个释放源相距大于 2m,其间的设备选择按非危险区设防其经济性不大时,释放源之间的区域一般也延伸相连起来。这种方法结合了我国工业划分粉尘爆炸危险区域的习惯做法,即也多是以建筑物隔开来防止爆炸危险范围扩大的。不经常开启的门窗,可认为具有限制粉尘扩散的功能。

对电气装置来说,也是以厂房为单位进行设防。

5 爆炸性环境的电力装置设计

本章改变了原规范的模式,将气体/蒸气爆炸性环境与粉尘爆炸性环境的电气设备的安装合为一节来编写,一是两种危险区内电气设备的安装有很多相同的要求,避免不必要的重复,二是为了与《爆炸性环境 第 14 部分:电气装置设计、选择和安装》IEC 60079—14—2007 相匹配。

5.1 一般规定

5.1.1 粉尘环境内应尽量减少携带式电气设备的使用,粉尘很容易堆积在插座上或插座内,当插头插入插座内时,会产生火花,引起爆炸。因此要求尽量在粉尘环境内减少携带式设备的使用。如果必须要使用,一定要保证在插座上没有粉尘堆积。同时,为了避免插座内、外粉尘的堆积,要求插座安装与垂直面的角度不大于 60°。

5.2 爆炸性环境电气设备的选择

5.2.2 本条为强制性条文。

1 设备的保护级别 EPL(Equipment Protection Levels)是《爆炸性环境 第 14 部分:电气装置设计、选择和安装》IEC 60079—14—2007 新引入的一个概念,同时现行国家标准《爆炸性环境》GB 3836 也已经引入了 EPL 的概念。气体/蒸气环境中设备的保护级别为 Ga、Gb、Gc,粉尘环境中设备的保护级别要达到 Da、Db、Dc。

"EPL Ga"爆炸性气体环境用设备,具有"很高"的保护等级,在正常运行过程中、在预期的故障条件下或者在罕见的故障条件下不会成为点燃源。

"EPL Gb"爆炸性气体环境用设备,具有"高"的保护等级,在正常运行过程中、在预期的故障条件下不会成为点燃源。

"EPL Gc"爆炸性气体环境用设备,具有"加强"的保护等级,在正常运行过程中不会成为点燃源,也可采取附加保护,保证在点燃源有规律预期出现的情况下(如灯具的故障)不会点燃。

"EPL Da"爆炸性粉尘环境用设备,具有"很高"的保护等级,在正常运行过程中、在预期的故障条件下或者在罕见的故障条件下不会成为点燃源。

"EPL Db"爆炸性粉尘环境用设备,具有"高"的保护等级,在正常运行过程中、在预期的故障条件下不会成为点燃源。

"EPL Dc"爆炸性粉尘环境用设备,具有"加强"的保护等级,在正常运行过程中不会成为点燃源,也可采取附加保护,保证在点燃源有规律预期出现的情况下(如灯具的故障)不会点燃。

电气设备分为三类。

Ⅰ类电气设备用于煤矿瓦斯气体环境。

Ⅱ类电气设备用于除煤矿甲烷气体之外的其他爆炸性气体环境。

Ⅱ类电气设备按照其拟使用的爆炸性环境的种类可进一步再分类:

ⅡA 类:代表性气体是丙烷;

ⅡB 类:代表性气体是乙烯;

ⅡC 类:代表性气体是氢气。

Ⅲ类电气设备用于除煤矿以外的爆炸性粉尘环境。

Ⅲ类电气设备按照其拟使用的爆炸性粉尘环境的特性可进一步再分类。

Ⅲ类电气设备的再分类:

ⅢA 类:可燃性飞絮;

ⅢB 类:非导电性粉尘;

ⅢC 类:导电性粉尘。

2 本次修订改变了原规范按照设备类型对防爆电气设备在不同区域进行选择的规定,而是按照不同的防爆设备的类型确定其应用的场所,这一点也是与 IEC 标准相匹配的。

爆炸性气体环境电气设备的选择是按危险区域的划分和爆炸性物质的组别作出的规定。

根据《爆炸性环境 第 14 部分:电气装置设计、选择和安装》IEC 60079—14—2007 的规定,在 1 区可以采用"e"类电气设备,但是考虑到增安型电气设备为正常情况下没有电弧、火花、危险温度,而不正常情况下有引爆的可能,故对 1 区使用的"e"类电气设备进行了限制。

增安型电动机保护的热保护装置的目的是防止增安型电机突然发生堵转、短路、断相而造成定子、转子温度迅速升高引燃周围的爆炸性混合物。增安型电动机的热保护装置要求在电动机发生故障时能够在规定的时间(t_E)内切断电动机电源,使电机停止运转,使其温升达不到极限温度。随着电子工业的发展,新型的电子型综合保护器已大量投放市场,其工作误差和稳定性能够满足增安型电动机的保护要求,为增安型电动机的应用提供了必要条件。

无火花型电动机比较经济,但安全性不如增安型。选用该类型产品时,使用部门应有完善的维修制度,并严格贯彻执行。

由于我国目前普通工业用电动机在结构上、质量上不完全与国外等同,为了保证安全,本规范未在 2 区内规定采用一般工业型电动机。

在 2 区内不允许采用一般工业电动机的规定,是与国际电工委员会 IEC 标准等效的。

各种防爆类型标志如下:

"d":隔爆型(对于 EPL Gb);

"e":增安型(对于 EPL Gb);

"ia":本质安全型(对于 EPL Ga);

"ib":本质安全型(对于 EPL Gb);

"ic"：本质安全型(对于 EPL Gc)；

"ma"：浇封型(对于 EPL Ga)；

"mb"：浇封型(对于 EPL Gb)；

"mc"：浇封型(对于 EPL Gc)；

"nA"：无火花(对于 EPL Gc)；

"nC"火花保护(对于 EPL Gc,正常工作时产生火花的设备)；

"nR"：限制呼吸(对于 EPL Gc)；

"nL"：限能(对于 EPL Gc)；

"o"：油浸型(对于 EPL Gb)；

"px"：正压型(对于 EPL Gb)；

"py"：正压型"py"等级(对于 EPL Gb)；

"pz"：正压型"pz"等级(对于 EPL Gc)；

"q"：充砂型(对于 EPL Gb)。

5.2.3 对只允许使用一种爆炸性气体或蒸气环境中的电气设备,其标志可用该气体或蒸气的化学分子式或名称表示,这时可不必注明级别与温度组别。例如,Ⅱ类用于氨气环境的隔爆型：Ex d Ⅱ (NH3)Gb 或 Ex db Ⅱ (NH3)。

对于Ⅱ类电气设备的标志,可以标温度组别,也可以标最高表面温度,或两者都标出,例如,最高表面温度为125℃的工厂用增安型电气设备：Ex e Ⅱ T5 Gb 或 Ex e Ⅱ (125℃)Gb 或 Ex e Ⅱ (125℃)T5 Gb。

应用于爆炸性粉尘环境的电气设备,将直接标出设备的最高表面温度,不再划分温度组别,因此本规范删除了爆炸性粉尘环境电气设备的温度组别。例如,用于具有导电性粉尘的爆炸性粉尘环境ⅢC等级"ia"(EPL Da)电气设备,最高表面温度低于120℃的表示方法为 Ex ia ⅢC T120℃ Da 或 Ex ia ⅢC T120℃ IP20。

对于爆炸性粉尘环境的电气设备,本规范与现行国家标准《可燃性粉尘环境用电气设备 第2部分：选型和安装》GB 12476.2—2010 的对应关系见表3。

表3 本规范与 GB 12476.2—2010 的对应关系

危险区域		本规范	GB 12476.2—2010
20区		"iD"	iaD
		"mD"	maD
		"tD"	tD A20
			tD B20
21区		"iD"	iaD 或 ibD
		"mD"	maD 或 mbD
		"tD"	tD A20 或 tD A21
			tD B20,tD B21 或 tD B21
		"pD"	pD
22区	非导电性粉尘	"iD"	iaD 或 ibD
		"mD"	maD 或 mbD
		"tD"	tD A20,tD A21 或 tD A22
			tD B20,tD B21 或 tD B22
		"pD"	pD
	导电性粉尘	"iD"	iaD 或 ibD
		"mD"	maD 或 mbD
		"tD"	tD A20 或 tD A21 或 tD A22
			IP6X
			tD B20 或 tD B21
		"pD"	pD

本规范此次增加了复合型防爆电气设备的应用。所谓复合型防爆电器设备是指由几种相同的防爆形式或不同种类的防爆形式的防爆电气单元组合在一起的防爆电气设备。构成复合型电气设备的每个单元的防爆形式应满足本规范表 5.2.3-1 的要求,其整体的表面温度和最小点燃电流应满足所在危险区中存在的可燃性气体或蒸气的温度组别和所在级别的要求。例如,一个电气设备所在危险场所存在的可燃性气体是硫化氢,则组成复合型电气设备的每个单元只能选择 T3、T4、T5 以及 B 或 C 级的防爆电气设备。

爆炸性粉尘环境电气设备选择：

Ⅲ类电气设备的最高允许表面温度的选择应按照相关的国家规范(《可燃性粉尘环境用电气设备》GB 12476 系列)执行。在相应的标准中,Ⅲ类电气设备的最高允许表面温度是由相关粉尘的最低点燃温度减去安全裕度确定的,当按照现行国家标准《可燃性粉尘环境用电气设备 第8部分：试验方法 确定粉尘最低点燃温度的方法》GB 12476.8 规定的方法对粉尘云和厚度不大于5mm的粉尘层中的"tD"防爆形式进行试验时,采用 A 型,对其他所有防爆形式和 12.5mm 厚度中的"tD"防爆形式采用 B 型。

当装置的粉尘层厚度大于上述给出值时,应根据粉尘层厚度和使用物料的所有特性确定其最高表面温度。

(1)存在粉尘云情况下的极限温度：

设备的最高表面温度不应超过相关粉尘/空气混合物最低点燃温度的 2/3,$T_{max} \leq 2/3T_{CL}$(单位：℃),其中 T_{CL} 为粉尘云的最低点燃温度。

(2)存在粉尘层情况下的极限温度：

A 型和其他粉尘层用设备外壳：

厚度不大于5mm：

用《可燃性粉尘环境用电气设备 第0部分：一般要求》IEC 61241—0—2004 中第 23.4.4.1 条规定的无尘试验方法试验的最高表面温度不应超过5mm厚度粉尘层最低点燃温度减75℃：$T_{max} = T_{5mm} - 75℃$(T_{5mm} 是5mm厚度粉尘层的最低点燃温度)。

5mm 至 50mm 厚度：

当在 A 型的设备上有可能形成超过5mm的粉尘层时,最高允许表面温度应降低。图3是设备最高允许表面温度在最低点燃温度超过250℃的5mm粉尘层不断加厚情况下的降低示例,作为指南。

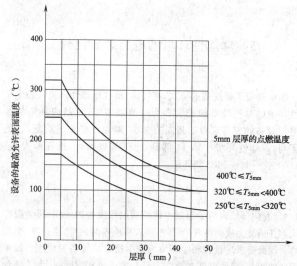

图3 粉尘层厚度增加时标记在设备上的允许最高表面温度的降低

对粉尘层厚度超过50mm的 A 型外壳和所有其他设备,或仅对粉尘层厚度为 12.5mm 的 B 型外壳,其设备最高表面温度可用最高表面温度 T_L 来标志,作为粉尘层允许厚度的参照。当设备以粉尘层 T_L 标志时,应使用粉尘层 L 上的可燃粉尘的点燃温度代替 T_{5mm}。粉尘层 L 上设备的最高表面温度 T_L 应从可燃性粉尘的点燃温度中减去75℃。

当设备按照现行国家标准《可燃性粉尘环境用电气设备 第5部分：外壳保护型"tD"》GB 12476.5—2013 中第 8.2.2.2 条的规定试验时,对于 12.5mm 粉尘层厚度来说,设备最高表面温度不应超过粉尘层最低点燃温度减25℃：$T_{max} = T_{12.5mm} - 25℃$($T_{12.5mm}$ 是 12.5mm 厚度粉尘层的最低点燃温度)。

在人工制气的混合物中,如果气体含有超过30%(体积)的氢,可将混合物划分为ⅡC级。

复合型电气设备的整机以及组成复合电气设备的每个单元都应该取得防爆检验机构颁发的防爆合格证才能使用。

对于爆炸性气体和粉尘同时存在的区域，其防爆电气设备的选择应该既满足爆炸性气体的防爆要求，又要满足爆炸性粉尘的防爆要求，其防爆标志同时包括气体和粉尘的防爆标识。

对于混合气体的分级，一直以来比较难以确定。根据《石油设施电气设备安装一级 0 区、1 区和 2 区划分的推荐方法》API RP505，《易燃液体、气体或蒸气的分类和化工生产区电气装置设计》NFPA 497—2004，《爆炸性气体环境的电气装置 第 20 部分：可燃性气体或蒸气爆炸性混合物数据》IEC 600079—20—1996 和现行国家标准《爆炸性环境 第 12 部分：气体或蒸气混合物按照其最大试验安全间隙和最小点燃电流的分级》GB 3836.12 的相关规定，本规范提出一种多组分爆炸性气体或蒸气混合物的最大试验安全间隙（MESG）的计算方法，并利用此计算结果判断多组分爆炸性气体的分级原则，进一步应用于工程实践中指导用电设备的选型问题。

（3）计算基础：

最大试验安全间隙（MESG）：在标准规定试验条件下，壳内所有浓度的被试验气体或蒸气与空气的混合物点燃后，通过 25mm 长的接合面均不能点燃壳外爆炸性气体混合物的外壳空腔两部分之间的最大间隙。

ⅡA：包含丙酮、氨气、乙醇、汽油、甲烷、丙烷的气体，或可燃气体、可燃性物质蒸气，或可燃性物质蒸气与空气混合引起燃烧或爆炸，其最大试验安全间隙值大于 0.90mm 或最小点燃电流比大于 0.8。

ⅡB：包含乙醛、乙烯的气体，或可燃气体、可燃性物质蒸气，或可燃性物质蒸气与空气混合引起燃烧或爆炸，其最大试验安全间隙值大于 0.50mm 且小于或等于 0.90mm，或最小点燃电流比大于 0.45 且小于或等于 0.8。

ⅡC：包含乙炔、氢气的气体，或可燃气体、可燃性物质蒸气，或可燃性物质蒸气与空气混合引起燃烧或爆炸，其最大试验安全间隙值小于或等于 0.50mm，或最小点燃电流比小于 0.45。

气体和蒸气的分级原则见表 4。

表 4　气体和蒸气的分级原则

级　别	最大试验安全间隙 （MESG）（mm）	最小点燃电流比 （MICR）
ⅡA	MESG>0.9	MICR>0.8
ⅡB	0.5<MESG≤0.9	0.45<MICR≤0.8
ⅡC	MESG≤0.5	MICR<0.45

注：本表中的数据源自《石油设施电气设备安装一级 0 区、1 区和 2 区划分的推荐方法》API RP 505 及《易燃液体、气体或蒸气的分类和化工生产区电气装置设计》NFPA 497—2004，ⅡA、ⅡB、ⅡC 的分级原则等同于《爆炸性环境 第 10—1 部分：区域分类 爆炸性气体环境》IEC 60079—10—1。

（4）单组分气体和蒸气的分级：

根据电气设备适用于某种气体或蒸气环境的要求，将该气体或蒸气进行分级，使隔爆型电气设备或本质安全型电气设备按此级别制造，以便保证设备相应的防爆安全性能。

单组分气体和蒸气的分级原则是：

符合表 4 条件时，只需按测定的最大试验安全间隙（MESG）或最小点燃电流比（MICR）进行分级。大多数气体和蒸气可以按此原则分级。

在《爆炸性气体环境的电气装置 第 20 部分：可燃性气体或蒸气爆炸性混合物数据》IEC 60079—20—1996 和《石油设施电气设备安装一级 0 区、1 区和 2 区划分的推荐方法》API RP505—2002 中给出了若干种易燃易爆介质的可燃性数据。但其所列的气体和蒸气的种类是不完全的。其中某些气体并没有给定其最大试验安全间隙（MESG）或最小点燃电流比（MICR）。对于上述情况，这种混合物的分级结果可参照这种混合物的同分异构体的分

级（见现行国家标准《爆炸性环境 第 12 部分：气体或蒸气混合物按照其最大试验安全间隙和最小点燃电流的分级》GB 3836.12）。

（5）多组分气体和蒸气混合物的分级：

对于多组分气体混合物，一般应通过试验专门测定其最大试验安全间隙（MESG）或最小点燃电流比（MICR），才能确定其级别。

在工程设计过程中，每台化工设备、容器或反应器中所含的各种爆炸危险介质的组成成分不同，各成分间的配比也不同，不可能通过对每台设备中的气体样品进行专门试验。所以需要一种估算方法来解决多组分气体的分级问题。

《易燃液体、气体或蒸气的分类和化工生产区电气装置设计》NFPA 497—2008 的附件 B 中专门介绍了一种用于确定混合气体分级的估算方法［注：原文是对应于美国 NEC（National Electrical Code）标准中的气体组别］。

混合气体的 MESG 可以用下式估算：

$$MESG_{mix} = \frac{1}{\sum_i \left(\dfrac{X_i}{MESG_i}\right)}$$

式中：$MESG_{mix}$——混合气体的最大试验安全间隙（mm）；

$MESG_i$——混合气体中各组分的最大试验安全间隙（mm），具体数值应查找《爆炸性气体环境的电气装置 第 20 部分：可燃性气体或蒸气爆炸性混合物数据》IEC 60079—20—1996；

1——可燃性数据，可查找《石油设施电气设备安装一级 0 区、1 区和 2 区划分的推荐方法》API RP505—2002；

X_i——混合气体中各组分的体积百分含量（%）。此数据由工艺专业给出，要根据设备中混合介质在气态时最大工况的情况下，各组分所占的体积百分比。根据此公式计算出混合气体的 MESG，由于 MESG 值是气体的物理特性，它并不受控于 NEC 规范。因此利用上述公式计算的结果比照表 4，就可以将混合气体按 IEC 和《石油设施电气设备安装一级 0 区、1 区和 2 区划分的推荐方法》API RP505 中规定的级别进行归类。

（6）举例：

示例源自《易燃液体、气体或蒸气的分类和化工生产区电气装置设计》NFPA 497—2008。某种气体所含组分为：

乙烯：45%，丙烷：12%，氮气：20%，甲烷：3%，异丙醚：17.5%，二乙醚：2.5%。

各组分的 MESG 值见表 5。

表 5　组分及其 MESG 值

组分	摩尔质量	爆炸体积 百分比 下限（%）	爆炸体积 百分比 上限（%）	引燃温度 （℃）	蒸气压强 （25℃ 下 mmHg）	闪点 （℃）	NEC 组别	MESG （mm）	MICR
乙烯	28.05	2.7	36	450	52320	−104	C	0.65	0.53
丙烷	44.09	2.1	9.5	450	7150	−42	D	0.97	0.82
甲烷	16.04	5.0	15	600	463800	−162	D	1.12	1.0
异丙醚	102.17	1.4	21	443	148.7	69		0.94	
二乙醚	74.12	1.9	36	150	38.2	34.5	C	0.83	0.88

将各组分的 MESG 值和体积百分比分别代入下式：

$$MESG_{mix} = \frac{1}{\sum_i \left(\dfrac{X_i}{MESG_i}\right)}$$

对于含有像氮气这样的惰性组分的混合气体，如果氮气的体积小于 5%，则氮气 MESG 值取无穷大；如果氮气的体积大于或等于 5%，则氮气 MESG 值取 2。根据以上信息可算出结果：

$$MESG_{mix} = \frac{1}{\dfrac{0.45}{0.65} + \dfrac{0.12}{0.97} + \dfrac{0.20}{2} + \dfrac{0.03}{1.12} + \dfrac{0.175}{0.94} + \dfrac{0.025}{0.83}} = 0.86$$

即混合气体的 MESG 值为 0.86。对照表 4,此混合气体按 IEC 和《石油设施电气设备安装一级 0 区、1 区和 2 区划分的推荐方法》API RP505 的分级归为ⅡB 类。

5.2.4 本条对正压通风型电气设备及通风系统作出规定。

电气设备接通电源之前应该使设备内部和相连管道内各个部位的可燃气体或蒸汽浓度在爆炸下限的 25% 以下,一般来说,换气所需的保护气体至少应该为电气设备内部(或正压房间或建筑物)和其连接的通风管道容积的 5 倍。通风量是根据正压风机的运行时间来确定的,即风机的运行时间决定了通风量的大小,同时在考虑通风量时不仅要考虑电气设备内部(或正压房间或建筑物),还需要考虑通风管道的容积。通风量的大小可用通风管道的容积除以风机最低流量条件下风机每小时通风量,再乘以 5 计算,满足这个时间的换气量即可认为达到了整个系统换气量的 5 倍。

5.3 爆炸性环境电气设备的安装

5.3.4 本条对紧急断电措施作出规定

在爆炸危险环境区域,一旦发生火灾或爆炸,很容易会产生一系列的爆炸和更大的火灾,这时候救护人员将无法进入现场进行操作,必须要求有在危险场所之外的停车按钮能够将危险区内的电源停掉,防止危害扩大。但是根据工艺要求连续运转的电气设备,如果立即切断电源可能会引起爆炸、火灾,造成更大的损失,这类用电设备的紧急停车按钮应与上述用电设备的紧急停车按钮分开设置。

5.3.5 在附加 2 区的配电室和控制室的设备层地面应该高出室外地面 0.6m,是因为附加 2 区 0.6m 以内的区域还会有危险气体存在,地面抬高 0.6m 是为了避免危险气体进入配电室和控制室而采取的措施。这里特别指出的是要求抬高的是配电室或控制室的设备层,对于没有电气设备安装的电缆室可以认为不是设备层,其地面可以不用抬高。

5.4 爆炸性环境电气线路的设计

5.4.1 本条说明如下:

1～3 这几项对爆炸危险环境配线,采用铜芯及铝芯导线或电缆作出规定。根据调查,从安全观点看,铝线的机械强度差,易于折断,需要过渡连接而加大接线盒,另外在连接技术上也难以控制,难以保证质量。铝线在 60A 以上的电弧引爆时,其传爆间隙又接近制造规程中的允许间隙上限,电流再大时很不安全,因此铝线比铜线危险得多,同时铝导体容易被腐蚀,因此各国规范对铝芯电缆的使用都有一些限制。《爆炸性环境 第 14 部分:电气装置设计、选型和安装》IEC—60079—14—2007 规定,电力线路可以选用 16mm² 及以上多股铝芯导线,《石油设施电气设备安装及区域划分》API RP540—2004 建议中、高压电缆可以采用铝芯电缆,其截面大于 25mm²。

电缆沟敷设时,沟内应充砂及采取排水设施。可根据各地区经验做成有电缆沟底的或无电缆沟底的,对于地下水位不是很高的区域,无底充砂的电缆沟不仅可以节省费用,同时也能起到很好的渗水作用,是值得推荐的方法。

没有护套的电线绝缘层容易破损而存在产生火花的危险性,因此如果不是钢管配线,任何爆炸危险性场所不允许其作为配电线路。

6 本款中的允许载流量是指在敷设处的环境温度下(未考虑敷设方式所引起的修正量)的载流量。建议按照敷设方式修正后的电缆载流量不小于电动机的额定电流即可。

7 在国际电工委员会 IEC 规程中规定采用阻燃型电缆。由于我国阻燃型电缆的价格较贵,考虑到若严格等效采用国际电工委员会的规定,将使建设投资增加,故本规范中用了"宜",视各工程的具体条件确定。

本款对电缆截面的规定主要是考虑到其机械强度的要求。对于导体为绞线,特别是细的绞合导线,为了防止绞线分散,不能单独采用锡焊固定的方法进行连接,应该采用接线鼻子与用电设备进行连接。

5.4.3 本条说明如下:

4、5 条文中的钢管配线不是通常的保护钢管,而是从配电箱一直到用电设备采用的是钢管配线。保护用钢管不受本条款限制。

为将爆炸性气体或火焰隔离切断,防止传播到管子的其他部位,故钢管配线需设置隔离密封。

6 对于爆炸危险区内的中间接头,若将该接头置于符合相应区域等级规定的防爆类型的接线盒中时,则是符合要求的。本规范内的严禁在 1 区和不应在 2 区、20 区、21 区内设置中间接头,是指一般的没有特殊防护的中间接头。

8 在确保如发生倒杆时架空线路不进入爆炸危险区的范围内,根据实际情况,在采取必要的措施后,可适当减少架空线路与爆炸性气体环境的水平距离。

5.5 爆炸性环境接地设计

5.5.1 本条为强制性条文。爆炸性环境中的 TN 系统应采用 TN-S 型是指在危险场所中,中性线与保护线不应连在一起或合并成一根导线,从 TN-C 到 TN-S 型转换的任何部位,保护线应在非危险场所与等电位联结系统相连接。

如果在爆炸性环境中引入 TN-C 系统,正常运行情况下,中性线存在电流,可能会产生火花引起爆炸,因此在爆炸危险区中只允许采用 TN-S 系统。

对于 TT 型系统,由于单相接地时阻抗较大,过流、速断保护的灵敏度难以保证,所以应采用剩余电流动作的保护电器。

对于 IT 型系统,通常首次接地故障时,保护装置不直接动作于跳闸,但应设置故障报警,及时消除隐患,否则如果发生异相接地,就很可能导致短路,使事故扩大。

中华人民共和国国家标准

冷 库 设 计 规 范

Code for design of cold store

GB 50072 - 2010

主编部门：中 华 人 民 共 和 国 商 务 部
批准部门：中华人民共和国住房和城乡建设部
施行日期：2 0 1 0 年 7 月 1 日

中华人民共和国住房和城乡建设部公告

第 489 号

关于发布国家标准
《冷库设计规范》的公告

现批准《冷库设计规范》为国家标准，编号为 GB 50072—
2010,自 2010 年 7 月 1 日起实施。其中，第 4.1.8、4.1.9、4.2.2、
4.2.3、4.2.10、4.2.12、4.2.17、4.5.4、5.2.1、5.3.1、5.3.2、
6.2.7、7.3.8、8.1.2、8.2.3、8.2.9、8.3.6、9.0.1(1)、9.0.2 条
(款)为强制性条文，必须严格执行。原《冷库设计规范》GB 50072—
2001 同时废止。

本规范由我部标准定额研究所组织中国计划出版社出版发行。

中华人民共和国住房和城乡建设部
二〇一〇年一月十八日

前　言

本规范是根据原建设部《关于印发〈2007年工程建设标准规范制定、修订计划(第二批)〉的通知》(建标〔2007〕126号),在商务部市场体系建设司的组织下,由国内贸易工程设计研究院会同有关单位在原国家标准《冷库设计规范》GB 50072—2001的基础上修订而成的。

在修订过程中,遵照国家基本建设的有关方针、政策,对近几年国内新建和改建的冷库进行了重点调研,并在9个省市召开了有教学、科研、工程设计、设备制造、建筑安装等部门专业人员参加的座谈会,广泛听取了对国家标准《冷库设计规范》GB 50072—2001(以下简称"原规范")的修订意见,查阅了国际上相关技术资料,在广泛征求意见的基础上,通过反复修改和完善,最后经专家审查定稿。

本次修订的主要内容如下:

1. 将原规范的适用范围扩大,涵盖了各种建设规模的冷库,除氨制冷系统外,还涵盖了使用氢氟烃类制冷工质的系统。

2. 在满足消防要求的前提下,对冷库占地、防火分区面积作了调整;对冷库外围护结构的总热阻作了调整;删去了原规范中使用黏土砖的相关规定。

3. 删去原规范中有关制冷设备校核计算的各种公式,增加了冷库制冷系统工业金属管道设计压力、设计温度及管道和管件材料的选取规定。

4. 增加了对制冷机房制冷剂泄漏的安全监测措施;调整了制冷机房事故排风量。

5. 增加了对冷库生产、生活用水的水质、水量的具体规定;新增了"消防给水与安全防护"一节。

本规范共分9章和1个附录。其主要内容有:总则、术语、基本规定、建筑、结构、制冷、电气、给水和排水、采暖通风和地面防冻,并将采暖地区机械通风地面防冻加热负荷和机械通风送风量计算列入附录A中。

本规范中以黑体字标志的条文为强制性条文,必须严格执行。

本规范由住房和城乡建设部负责管理和对强制性条文的解释,商务部市场体系建设司负责日常管理,国内贸易工程设计研究院负责具体技术内容的解释。在执行本规范过程中,如发现需要修改或补充之处,或有需要解释的具体技术内容请将意见及有关资料寄交国内贸易工程设计研究院(地址:北京市右安门外大街99号,邮政编码:100069),以便今后修订时参考。

本规范主编单位、参编单位、主要起草人和主要审查人员:

主 编 单 位:国内贸易工程设计研究院

参 编 单 位:中国制冷学会
公安部天津消防研究所
天津商业大学
上海海洋大学
哈尔滨商业大学

主 要 起 草 人:徐　维　于　伟　徐庆磊　史纪纯　邓建平
陈锦远　杨一凡　王宗存　刘　斌　谈向东
宋立倬

主 要 审 查 人 员:王立忠　倪照鹏　谢　晶　李娥飞　张建一
刘志伟　赵育川　青长刚　赵霄龙　唐俊杰
杨万华

目　次

1 总　则

1.0.1 为使冷库设计满足食品冷藏技术和卫生要求,制定本规范。

1.0.2 本规范适用于采用氨、氢氟烃及其混合物为制冷剂的蒸汽压缩式制冷系统(以下简称为氨或氟制冷系统),以钢筋混凝土或砌体结构为主体结构的新建、改建、扩建的冷库,不适用于山洞冷库、装配式冷库、气调库。

1.0.3 冷库设计应做到技术先进、保护环境、经济合理、安全适用。

1.0.4 本规范规定了冷库设计的基本技术要求。当本规范与国家法律、行政法规的规定相抵触时,应按国家法律、行政法规的规定执行。

1.0.5 冷库设计除应符合本规范的规定外,尚应符合国家现行有关标准的要求。

2 术　语

2.0.1 冷库　cold store

采用人工制冷降温并具有保冷功能的仓储建筑群,包括制冷机房、变配电间等。

2.0.2 库房　storehouse

指冷库建筑物主体及为其服务的楼梯间、电梯、穿堂等附属房间。

2.0.3 穿堂　anteroom

为冷却间、冻结间、冷藏间进出货物而设置的通道,其室温分常温或某一特定温度。

2.0.4 冷间　cold room

冷库中采用人工制冷降温房间的统称,包括冷却间、冻结间、冷藏间、冰库、低温穿堂等。

2.0.5 冷却间　chilling room

对产品进行冷却加工的房间。

2.0.6 冻结间　freezing room

对产品进行冻结加工的房间。

2.0.7 冷藏间　cold storage room

用于贮存冷加工产品的冷间,其中用于贮存冷却加工产品的冷间称为冷却物冷藏间;用于贮存冻结加工产品的冷间称为冻结物冷藏间。

2.0.8 冰库　ice storage room

用于贮存冰的房间。

2.0.9 制冷机房　refrigerating machine room

制冷机器间和设备间的总称。

2.0.10 机器间　machine room

安装制冷压缩机的房间。

2.0.11 设备间　equipment room

安装制冷辅助设备的房间。

2.0.12 冷却设备负荷　cooling equipment load

为维持冷间在某一温度,需从该冷间移走的热流量值。

2.0.13 机械负荷　mechanical load

为维持制冷系统正常运转,制冷压缩机负载所带走的热流量值。

2.0.14 制冷系统　refrigerating system

通过管道将制冷机器和设备以及相关元件相互连接起来,组成一个封闭的制冷回路,制冷剂就在这个回路里循环吸热和放热。

2.0.15 保冷　keep to the cooling

为防止低温设备、管道外表面凝露,以减少其冷损失而采取的技术措施。

3 基本规定

3.0.1 冷库的设计规模以冷藏间或冰库的公称容积为计算标准。公称容积大于20000m³ 为大型冷库;20000m³～5000m³ 为中型冷库;小于5000m³ 为小型冷库。

公称容积应按冷藏间或冰库的室内净面积(不扣除柱、门斗和制冷设备所占的面积)乘以房间净高确定。

3.0.2 冷库或冰库的计算吨位可按下式计算:

$$G = \frac{\sum V_1 \rho_s \eta}{1000} \tag{3.0.2}$$

式中:G——冷库或冰库的计算吨位(t);

　　　V_1——冷藏间或冰库的公称容积(m³);

　　　η——冷藏间或冰库的容积利用系数;

　　　ρ_s——食品的计算密度(kg/m³)。

3.0.3 冷藏间容积利用系数不应小于表3.0.3的规定值。

表 3.0.3　冷藏间容积利用系数

公称容积(m³)	容积利用系数 η
500～1000	0.40
1001～2000	0.50
2001～10000	0.55
10001～15000	0.60
>15000	0.62

注:1　对于仅储存冻结加工食品或冷却加工食品的冷库,表内公称容积应为全部冷藏间公称容积之和;对于同时储存冻结加工食品和冷却加工食品的冷库,表内公称容积应分别为冻结物冷藏间或冷却物冷藏间各自的公称容积之和。

　　2　蔬菜冷库的容积利用系数应按表3.0.3中的数值乘以0.8的修正系数。

3.0.4 采用货架或特殊使用要求时,冷藏间的容积利用系数可根据具体情况确定。

3.0.5 贮藏块冰冰库的容积利用系数不应小于表3.0.5的规定值。

表3.0.5 贮藏块冰冰库的容积利用系数

冰库净高(m)	容积利用系数 η
≤4.20	0.40
4.21~5.00	0.50
5.01~6.00	0.60
>6.00	0.65

3.0.6 食品计算密度应按表3.0.6的规定采用。

表3.0.6 食品计算密度

序号	食品类别	密度(kg/m³)
1	冻肉	400
2	冻分割肉	650
3	冻鱼	470
4	篓装、箱装鲜蛋	260
5	鲜蔬菜	230
6	篓装、箱装鲜水果	350
7	冰蛋	700
8	机制冰	750
9	其他	按实际密度采用

注:同一冷库如同时存放猪、牛、羊肉(包括禽兔)时,密度可按400kg/m³确定;当只存冻羊腔时,密度应按250kg/m³确定;只存冻牛、羊肉时密度应按330kg/m³确定。

3.0.7 冷库设计的室外气象参数,除应符合现行国家标准《采暖通风与空气调节设计规范》GB 50019的规定外,尚应符合下列规定:

1 计算冷间围护结构热流量时,室外计算温度应采用夏季空气调节室外计算日平均温度。

2 计算冷间围护结构最小总热阻时,室外计算相对湿度应采用最热月的平均相对湿度。

3 计算开门热流量和冷间通风换气流量时,室外计算温度应采用夏季通风室外计算温度,室外相对湿度应采用夏季通风室外计算相对湿度。

3.0.8 冷间的设计温度和相对湿度应根据各类食品的冷藏工艺要求确定,也可按表3.0.8的规定选用。

表3.0.8 冷间的设计温度和相对湿度

序号	冷间名称		室温(℃)	相对湿度(%)	适用食品范围
1	冷却间		0~4	—	肉、蛋等
2	冻结间		−18~−23	—	肉、禽、兔、冰蛋、蔬菜等
			−23~−30	—	鱼、虾等
3	冷却物冷藏间		0	85~90	冷却后的肉、禽
			−2~0	80~85	鲜蛋
			−1~+1	90~95	冰鲜鱼
			0~+2	85~90	苹果、鸭梨等
			−1~+1	90~95	大白菜、蒜薹、葱头、菠菜、香菜、胡萝卜、甘蓝、芹菜、莴苣等
			+2~+4	85~90	土豆、橘子、荔枝等
			+7~+13	85~95	柿子椒、菜豆、黄瓜、番茄、菠萝、柑橘等
			+11~+16	85~90	香蕉等
4	冻结物冷藏间		−15~−20	85~90	冻肉、禽、副产品、冰蛋、冻蔬菜、冰棒等
			−18~−25	90~95	冻鱼、虾、冷冻饮品等
5	冰库		−4~−6	—	盐水制冰的冰块

注:冷却物冷藏间设计温度宜取0℃,储藏过程中应按照食品的产地、品种、成熟度和降温时间等调节其温度与相对湿度。

3.0.9 选用产品均应符合国家现行有关标准的规定。

4 建 筑

4.1 库址选择与总平面

4.1.1 冷库库址的选择应符合下列规定:

1 应符合当地总体规划的要求,并应经当地规划部门批准。

2 库址宜选择在城市规划的物流园区中,且应位于周围集中居住区夏季最大频率风向的下风侧。使用氨制冷工质的冷库,与其下风侧居住区的防护距离不宜小于300m,与其他方位居住区的卫生防护距离不宜小于150m。

3 库址周围应有良好的卫生条件,且必须避开和远离有害气体、灰沙、烟雾、粉尘及其他有污染源的地段。

4 应选择在交通运输方便的地方。

5 应具备可靠的水源和电源以及排水条件。

6 宜选在地势较高和工程地质条件良好的地方。

7 肉类、水产等加工厂内的冷库和食品批发市场、食品配送中心等的冷库库址还应综合考虑其特殊要求。

4.1.2 冷库的总平面布置应符合下列规定:

1 应满足生产工艺、运输、管理和设备管线布置合理等综合要求。

2 当设有铁路专用线时,库房应沿铁路专用线布置。

3 当设有水运码头时,库房应靠近水运码头布置。

4 当以公路运输为主时,库房应靠近冷库运输主出入口布置。

5 肉类、水产类等加工厂的冷库应布置在该加工厂洁净区内,并应在其污染区夏季最大频率风向的上风侧。

6 食品批发市场的冷库应布置在该市场仓储区内,并应与交易区分开布置。

7 在库区显著位置应设风向标。

4.1.3 冷库总平面布置应做到近远期结合,以近期为主,对库房占地、铁路专用线、水运码头、设备管线、道路、回车场等资源应统筹规划、合理布置,并应兼顾今后扩建的可能。

4.1.4 冷库总平面竖向设计应符合下列规定:

1 库区内应有良好的雨水排水系统,道路和回车场应有防积水措施。

2 库房周边不应采用明沟排放污水。

4.1.5 库区的主要道路和进入库区的主要道路应铺设适于车辆通行的混凝土或沥青等硬质面。

4.1.6 制冷机房或制冷机组应靠近用冷负荷最大的冷间布置,并应有良好的自然通风条件。

4.1.7 变配电所应靠近制冷机房布置。

4.1.8 两座一、二级耐火等级的库房贴邻布置时,贴邻布置的库房总长度不应大于150m,总占地面积不应大于10000m²。库房应设置环形消防车道。贴邻库房两侧的外墙均应为防火墙,屋顶的耐火极限不应低于1.00h。

4.1.9 库房与制冷机房、变配电所和控制室贴邻布置时,相邻侧的墙体,应至少有一面为防火墙,屋顶耐火极限不应低于1.00h。

4.2 库房的布置

4.2.1 库房布置应符合下列规定:

1 应满足生产工艺流程要求,运输线路宜短,应避免迂回和交叉。

2 冷藏间平面柱网尺寸和层高应根据贮藏食品的主要品种、包装规格、运输堆码方式、托盘规格和堆码高度以及经营管理模式等使用功能确定,并应综合考虑建筑模数及结构选型。

3 当采用氟制冷机组时,可设置于库房穿堂内。

4 冷间应按不同的设计温度分区、分层布置。

5 冷间建筑应尽量减少其隔热围护结构的外表面积。

4.2.2 每座冷库冷藏间耐火等级、层数和面积应符合表 4.2.2 的要求。

表 4.2.2 每座冷库冷藏间耐火等级、层数和面积(m^2)

冷藏间耐火等级	最多允许层数	冷藏间的最大允许占地面积和防火分区的最大允许建筑面积(m^2)			
		单层、多层		高层	
		冷藏间占地	防火分区	冷藏间占地	防火分区
一、二级	不限	7000	3500	5000	2500
三级	3	1200	400	—	—

注:1 当设地下室时,只允许设一层地下室,且地下冷藏间占地面积不应大于地上冷藏间建筑的最大允许占地面积,防火分区不应大于1500m^2。
    2 建筑高度超过24m的冷库为高层冷库。
    3 本表中"—"表示不允许建高层冷库。

4.2.3 冷藏间与穿堂之间的隔墙应为防火隔墙,该防火隔墙的耐火极限不应低于 3.00h,该防火隔墙上的冷藏门可为非防火门。

4.2.4 冷藏间的分间应符合下列规定:
1 应按贮藏食品的特性及冷藏温度等要求分间。
2 有异味或易串味的贮藏食品应设单间。
3 宜按不同经营模式和管理需要分间。

4.2.5 库房应设穿堂,温度应根据工艺需要确定。

4.2.6 库房公路站台应符合下列规定:
1 站台宽度不宜小于5m。
2 站台边缘停车侧面应装设缓冲橡胶条块,并应涂有黄、黑相间防撞警示色带。
3 站台上应设罩棚,靠站台边缘一侧如有结构柱时,柱边距站台边缘净距不宜小于 0.6m;罩棚挑檐挑出站台边缘的部分不应小于 1.00m,净高应与运输车辆的高度相适应,并应设有组织排水。
4 根据需要可设封闭站台,封闭站台应与冷库穿堂合并布置。
5 封闭站台的宽度及其内的温度可根据使用要求确定,其外围护结构应满足相应的保温要求。
6 封闭站台的高度、门洞数量应与货物吞吐量相适应,并应设置相应的冷藏间和连接冷藏车的密闭软门套。
7 在站台的适当位置应布置满足使用需要的上、下站台的台阶和坡道。

4.2.7 库房的铁路站台应符合下列规定:
1 站台宽度不宜小于7m。
2 站台边缘顶面应高出轨顶面1.1m,边缘距铁路中心线的水平距离为1.75m。
3 站台长度应与铁路专用线装卸作业段的长度相同。
4 站台上应设罩棚,罩棚柱边与站台边缘净距不应小于2m,檐高和挑出长度应符合铁路专用线的限界规定。
5 在站台的适当位置应布置满足使用需要的上、下台阶和坡道。

4.2.8 多层、高层库房应设置电梯。电梯轿厢的选择应充分利用电梯的运载能力。

4.2.9 库房设置电梯的数量可按下列规定计算:
1 5t 型电梯运载能力,可按 34t/h 计;3t 型电梯运载能力,可按 20t/h 计;2t 型电梯运载能力可按13t/h 计。
2 以铁路运输为主的冷库及港口中转冷库的电梯数量应按一次进出货吞吐量和装卸允许时间确定。
3 全部为公路运输的冷库电梯数量应按日高峰进出货吞吐量和日低谷进出货吞吐量的平均值确定。
4 在以铁路、水运进出货吞吐量确定电梯数量的情况下,电梯位置可兼顾日常生产和公路进出货使用的需要,不宜再另设电梯。

4.2.10 库房的楼梯间应设在穿堂附近,并应采用不燃材料建造,通向穿堂的门应为乙级防火门;首层楼梯出口应直通室外或距直通室外的出口不大于15m。

4.2.11 带水作业的加工间和温度高、湿度大的房间不应与冷藏间毗连;当生产流程必须毗连时,应具备良好的通风条件。

4.2.12 建筑面积大于 1000m^2 的冷藏间至少设两个冷藏门(含隔墙上的门),面积不大于 1000m^2 的冷藏间可只设一个冷藏门。冷藏间内侧应设有应急内开门锁装置,并应有醒目的标识。

4.2.13 冻结物冷藏间的门洞内侧应设置构造简易、可以更换的回笼门。

4.2.14 冷藏门外侧应设置冷风幕或在其冷藏门内侧设置耐低温的透明塑料门帘。

4.2.15 库房的计量设备应根据进出货操作流程短捷的原则和需要设置。

4.2.16 库房附属的办公室、安保值班室、烘衣室、更衣室、休息室及卫生间等与库房生产、管理直接有关的辅助房间可布置于穿堂附近,多层、高层冷库应设置在首层(卫生间除外),但应至少有一个独立的安全出口,卫生间内应设自动冲洗(或非手动式冲洗)的便器和洗手盆。

4.2.17 在库房内严禁设置与库房生产、管理无直接关系的其他用房。

4.3 库房的隔热

4.3.1 库房的隔热材料应符合下列规定:
1 热导率宜小。
2 不应有散发有害或异味等对食品有污染的物质。
3 宜为难燃或不燃材料,且不易变质。
4 宜选用块状温度变形系数小的块状隔热材料。
5 易于现场施工。
6 正铺贴于地面、楼面的隔热材料,其抗压强度不应小于 0.25MPa。

4.3.2 围护结构隔热材料的厚度应按下式计算:

$$d = \lambda \left[R_0 - \left(\frac{1}{\alpha_w} + \frac{d_1}{\lambda_1} + \frac{d_2}{\lambda_2} + \cdots + \frac{d_n}{\lambda_n} + \frac{1}{\alpha_n} \right) \right] \quad (4.3.2)$$

式中: d——隔热材料的厚度(m);
λ——隔热材料的热导率[W/(m·℃)];
R_0——围护结构总热阻(m^2·℃/W);
α_w——围护结构外表面传热系数[W/(m^2·℃)];
α_n——围护结构内表面传热系数[W/(m^2·℃)];
d_1、$d_2 \cdots d_n$——围护结构除隔热层外各层材料的厚度(m);
λ_1、$\lambda_2 \cdots \lambda_n$——围护结构除隔热层外各层材料的热导率[W/(m·℃)]。

4.3.3 冷库隔热材料设计采用的热导率值应按下式计算确定:

$$\lambda = \lambda' \cdot b \quad (4.3.3)$$

式中: λ——设计采用的热导率[W/(m·℃)];
λ'——正常条件下测定的热导率[W/(m·℃)];
b——热导率的修正系数可按表4.3.3的规定采用。

表 4.3.3 热导率的修正系数

序号	材料名称	b	序号	材料名称	b
1	聚氨酯泡沫塑料	1.4	7	加气混凝土	1.3
2	聚乙烯泡沫塑料	1.3	8	岩棉	1.8
3	聚苯乙烯挤塑板	1.3	9	软木	1.2
4	膨胀珍珠岩	1.7	10	炉渣	1.6
5	沥青膨胀珍珠岩	1.2	11	稻壳	1.7
6	水泥膨胀珍珠岩	1.3			

注:加气混凝土、水泥膨胀珍珠岩的修正系数,应为经过烘干的块状材料并用沥青等不含水黏结材料贴铺、砌筑的数值。

4.3.4 冷间外墙、屋面或顶棚设计采用的室内、外两侧温度差 Δt,应按下式计算确定:

$$\Delta t = \Delta t' \cdot a \quad (4.3.4)$$

式中: Δt——设计采用的室内、外两侧温度差(℃);

$\Delta t'$——夏季空气调节室外计算日平均温度与室内温度差（℃）；

a——围护结构两侧温度差修正系数可按表4.3.4的规定采用。

表4.3.4 围护结构两侧温度差修正系数

序号	围护结构部位	a
1	$D>4$的外墙 冻结间、冻结物冷藏间 冷却间、冷却物冷藏间、冰库	1.05 1.10
2	$D>4$相邻有常温房间的外墙： 冻结间、冻结物冷藏间 冷却间、冷却物冷藏间、冰库	1.00 1.00
3	$D>4$的冷间顶棚，其上为通风阁楼，屋面有隔热层或通风层： 冻结间、冻结物冷藏间 冷却间、冷却物冷藏间、冰库	1.15 1.20
4	$D>4$的冷间顶棚，其上为不通风阁楼，屋面有隔热层或通风层： 冻结间、冻结物冷藏间 冷却间、冷却物冷藏间、冰库	1.20 1.30
5	$D>4$的无阁楼屋面，屋面有通风层： 冻结间、冻结物冷藏间 冷却间、冷却物冷藏间、冰库	1.20 1.30
6	$D\leqslant4$的外墙：冻结物冷藏间	1.30
7	$D\leqslant4$的无阁楼屋面：冻结物冷藏间	1.60
8	半地下室外墙外侧为土壤时	0.20
9	冷间地面下部无通风等加热设备时	0.20
10	冷间地面隔热层下有通风等加热设备时	0.60
11	冷间地面隔热层下为通风架空层时	0.70
12	两侧均为冷间时	1.00

注：1 D值可从相关材料、热工手册中查得选用。
　　2 负温穿堂的a值可按冻结物冷藏间确定。
　　3 表内未列的其他室温等于或高于0℃的冷间可参照各项中冷却间的a值选用。

4.3.5 冷间外墙、屋面或顶棚的总热阻，根据设计采用的室内、外两侧温度差Δt，可按表4.3.5的规定选用。

表4.3.5 冷间外墙、屋面或顶棚的总热阻（m² · ℃/W）

设计采用的室内外温度差Δt（℃）	面积热流量（W/m²）				
	7	8	9	10	11
90	12.86	11.25	10.00	9.00	8.18
80	11.43	10.00	8.89	8.00	7.27
70	10.00	8.75	7.78	7.00	6.36
60	8.57	7.50	6.67	6.00	5.45
50	7.14	6.25	5.56	5.00	4.55
40	5.71	5.00	4.44	4.00	3.64
30	4.29	3.75	3.33	3.00	2.73
20	2.86	2.50	2.22	2.00	1.82

4.3.6 冷间隔墙总热阻应根据隔墙两侧设计室温按表4.3.6的规定选用。

表4.3.6 冷间隔墙总热阻（m² · ℃/W）

隔墙两侧设计室温	面积热流量（W/m²）	
	10	12
冻结间−23℃—冷却间0℃	3.80	3.17
冻结间−23℃—冻结间−23℃	2.80	2.33
冻结间−23℃—穿堂4℃	2.70	2.25
冻结间−23℃—穿堂−10℃	2.00	1.67
冻结物冷藏间−18℃~−20℃—冷却物冷藏间0℃	3.30	2.75
冻结物冷藏间−18℃~−20℃—冰库−4℃	2.80	2.33
冻结物冷藏间−18℃~−20℃—穿堂4℃	2.80	2.33
冷却物冷藏间0℃—冷却物冷藏间0℃	2.00	1.67

注：隔墙总热阻已考虑生产中的温度波动因素。

4.3.7 冷间楼面总热阻可根据楼板上、下冷间设计温度按表4.3.7的规定选用。

表4.3.7 冷间楼面总热阻

楼板上、下冷间设计温度（℃）	冷间楼面总热阻（m² · ℃/W）
35	4.77
23~28	4.08
15~20	3.31
8~12	2.58
5	1.89

注：1 楼板总热阻已考虑生产中温度波动因素。
　　2 当冷却物冷藏间楼板下为冻结物冷藏间时，楼板热阻不宜小于4.08 m² · ℃/W。

4.3.8 冷间直接铺设在土壤上的地面总热阻应根据冷间设计温度按表4.3.8的规定选用。

表4.3.8 直接铺设在土壤上的冷间地面总热阻

冷间设计温度（℃）	冷间地面总热阻（m² · ℃/W）
0~−2	1.72
−5~−10	2.54
−15~−20	3.18
−23~−28	3.91
−35	4.77

注：当地面隔热层采用炉渣时，总热阻按本表数乘以0.8修正系数。

4.3.9 冷间铺设在架空层上的地面总热阻根据冷间设计温度按表4.3.9选用。

表4.3.9 铺设在架空层上的冷间地面总热阻

冷间设计温度（℃）	冷间地面总热阻（m² · ℃/W）
0~−2	2.15
−5~−10	2.71
−15~−20	3.44
−23~−28	4.08
−35	4.77

4.3.10 库房围护结构外表面和内表面传热系数（α_w、α_n）和热阻（R_w、R_n）按表4.3.10的规定选用。

表4.3.10 库房围护结构外表面和内表面传热系数α_w、α_n和热阻R_w、R_n

围护结构部位及环境条件	α_w [W/(m²·℃)]	α_n [W/(m²·℃)]	R_w或R_n (m²·℃/W)
无防风设施的屋面、外墙的外表面	23	—	0.043
顶棚上为阁楼或有房屋和外墙外部紧邻其他建筑物的外表面	12	—	0.083
外墙和顶棚的内表面、内墙和楼板的表面、地面的上表面： 1.冻结间、冷却间设有强力鼓风装置时 2.冷却物冷藏间设有强力鼓风装置时 3.冻结物冷藏间设有鼓风的冷却设备时 4.冷间无机械鼓风装置时	—	29 18 12 8	0.034 0.056 0.083 0.125
地面下为通风架空层	8	—	0.125

注：地面下为通风加热管道及直接铺设于土壤上的地面以及半地下室外墙埋入地下的部位，外表面传热系数均不计。

4.3.11 相邻同温冷间的隔墙及上、下相邻两层为同温冷间之间的楼板可不设隔热层。

4.3.12 当冷库底层冷间设计温度低于0℃时，地面应采取防止冻胀的措施；当地面下为岩层或沙砾层且地下水位较低时，可不做防止冻胀处理。

4.3.13 冷库底层冷间设计温度等于或高于0℃时，地面可不做防止冻胀处理，但应仍设置相应的隔热层。在空气冷却器基座下部及其周边1m范围内的地面总热阻R_0不应小于3.18m² · ℃/W。

4.3.14 冷库屋面及外墙外侧宜涂白色或浅色。

4.4 库房的隔汽和防潮

4.4.1 当围护结构两侧设计温差等于或大于5℃时，应在隔热层温度较高的一侧设置隔汽层。

4.4.2 围护结构蒸汽渗透阻可按下式计算：

$$H_0 \geqslant 1.6 \times (P_{sw} - P_{sn})/w \qquad (4.4.2)$$

式中：H_0——围护结构隔汽层高温侧各层材料（隔热层以外）的蒸汽渗透阻之和（$m^2 \cdot h \cdot Pa/q$）；

w——蒸汽渗透强度（$q/m^2 \cdot h$）；

P_{sw}——围护结构高温侧空气的水蒸气分压力（Pa）；

P_{sn}——围护结构低温侧空气的水蒸气分压力（Pa）。

4.4.3 当围护结构隔热层选用现喷（或灌注）硬质聚氨酯泡沫塑料材料时，隔汽层不应选用热熔性材料。

4.4.4 库房隔汽层和防潮层的构造应符合下列规定：

1 库房外墙的隔汽层应与地面隔热层上、下的防水层和隔汽层搭接。

2 楼面、地面的隔热层上、下、四周应做防水层或隔汽层，且楼面、地面隔热层的防水层或隔汽层应全封闭。

3 隔墙隔热层底部应做防潮层，且应在其热侧上翻铺 0.12m。

4 冷却间或冻结间隔墙的隔热层两侧均应做隔汽层。

4.5 构造要求

4.5.1 在夏热冬暖地区的库房屋面上应设置通风间层。

4.5.2 库房顶层隔热层采用块状隔热材料时，不应再设阁楼层。

4.5.3 用作铺设松散隔热材料的阁楼，设计应符合下列规定：

1 阁楼楼面不应留有缝隙，若采用预制构件时，构件之间的缝隙必须填实。

2 松散隔热材料的设计厚度应取计算厚度的 1.5 倍。

3 阁楼柱应自阁楼楼面起包 1.5m 高度的块状隔热材料，厚度应使热阻不小于 $1.38m^2 \cdot ℃/W$，隔热层外面应设置隔汽层，但不应抹灰。

4.5.4 当外墙与阁楼楼面均采用松散可燃隔热材料时，相交处应设防火带。相交部位防火分隔的耐火极限不应低于楼板的耐火极限。

4.5.5 多层、高层冷库冷藏间的外墙与檐口及各层冷藏间外墙与穿堂连接部位的变形缝应采取防漏水的构造措施。

4.5.6 库房的下列部位，均应采取防冷桥的构造处理：

1 由于承重结构需要连续而使隔热层断开的部位。

2 门洞和设备、供电管线穿越隔热层周围部位。

3 冷藏间、冻结间通往穿堂的门洞外跨越变形缝部位的局部地面和楼面。

4.5.7 装隔热材料不应采用含水黏结材料黏块。

4.5.8 带水作业的冷间应有保护墙面、楼面和地面的防水措施。

4.5.9 库房屋面排水宜设置外天沟和墙外明装雨水管。

4.5.10 冷间建筑的地下室或地面架空层应采用防止地下水和地表水浸入的措施，并应设排水设施。

4.5.11 冷藏间的地面面层应采用耐磨损、不起灰地面。

4.6 制冷机房、变配电所和控制室

4.6.1 氨制冷机房、变配电所和控制室应符合下列规定：

1 氨制冷机房平面开间、进深应符合制冷设备布置要求，净高应根据设备高度和采暖通风的要求确定。

2 氨制冷机房的屋面应设置通风间层及隔热层。

3 氨制冷机房的控制室和操作人员值班室应与机器间隔开，并应设固定密闭观察窗。

4 机器间内的墙裙、地面和设备基座应采用易于清洗的面层。

5 变配电所与氨压缩机房贴邻共用的隔墙必须采用防火墙，该墙上应只穿过与配电室有关的管道、沟道，穿过部位周围应采用不燃材料严密封塞。

6 氨制冷机房和变配电所的门应采用平开门并向外开启。

7 氨制冷机房、配电室和控制室之间连通的门均应为乙级防火门。

4.6.2 氟制冷机房如单独设置时，应根据制冷工艺要求布置其设备、管线，满足制冷工艺要求，并应按照氨制冷机房的相应要求执行。

5 结 构

5.1 一般规定

5.1.1 冷间宜采用钢筋混凝土结构或钢结构，也可采用砌体结构。

5.1.2 冷间结构应考虑所处环境温度变化作用产生的变形及内应力影响，并采取相应措施减少温度变化作用对结构引起的不利影响。

5.1.3 冷间采用钢筋混凝土结构时，伸缩缝的最大间距不宜大于 50m。如有充分依据和可靠措施，伸缩缝最大间距可适当增加。

5.1.4 冷间顶层为阁楼时，阁楼屋面宜采用装配式结构。当采用现浇钢筋混凝土屋面时，伸缩缝最大间距可按表 5.1.4 采用。

表 5.1.4 现浇钢筋混凝土阁楼屋面伸缩缝最大间距（m）

序号	屋 面 做 法	伸缩缝最大间距
1	有隔热层	45
2	无隔热层	35

注：当有充分依据或可靠措施，表中数值可以增加。

5.1.5 当冷间阁楼屋面采用现浇钢筋混凝土楼盖，且相对边柱中心线距离大于或等于 30m 时，边柱柱顶与屋面梁宜采用铰接。

5.1.6 当冷间底层为架空地面时，地面结构宜采用预制梁板。

5.1.7 当冷库外墙采用自承重墙时，外墙与库内承重结构之间每层均应可靠拉结，设置锚系梁。锚系梁间距可为 6m，墙角处不宜设置。墙角砌体应适当配筋且墙角至第一个锚系梁的距离不宜小于 6m。设置的锚系梁应能承受外墙的拉力与压力。抗震设防烈度为 6 度及 6 度以上，外墙应设置钢筋混凝土构造柱及圈梁。

5.1.8 冷间混凝土结构的耐久性应根据表 5.1.8 的环境类别进

行设计。

表 5.1.8　混凝土结构的环境类别

环境类别	名　称	条　件
二 a	0℃及以上温度库房、0℃及以上温度冷加工间、架空式地面防冻层	室内潮湿环境
二 b	0℃以下冷间	低温环境
三	盐水制冰间	轻度盐雾环境

5.1.9　冷间钢筋混凝土板每个方向全截面最小温度配筋率不应小于 0.3%。

5.1.10　零度以下的低温库房承重墙和柱基础的最小埋置深度，自库房室外地坪向下不宜小于 1.5m，且应满足所在地区冬季地基土冻胀和融陷影响对基础埋置深度的要求。

5.1.11　软土地基应考虑库房地面大面积堆载所产生的地基不均匀变形对墙柱基础、库房地面及上部结构的不利影响。

5.1.12　抗震设防烈度 6 度及 6 度以上的板柱-剪力墙结构，柱上板带上部钢筋的 1/2 及全部下部钢筋应纵向连通。

5.2　荷　载

5.2.1　冷库楼面和地面结构均布活荷载标准值及准永久值系数应根据房间用途按表 5.2.1 的规定采用。

表 5.2.1　冷库楼面和地面结构均布活荷载标准值及准永久值系数

序号	房间名称	标准值(kN/m²)	准永久值系数
1	人行楼梯间	3.5	0.3
2	冷却间、冻结间	15.0	0.6
3	运货穿堂、站台、收发货间	15.0	0.4
4	冷却物冷藏间	15.0	0.8
5	冻结物冷藏间	20.0	0.8
6	制冰池	20.0	0.8
7	冰库	9×h	0.8
8	专用于装隔热材料的阁楼	1.5	0.8
9	电梯机房	7.0	0.8

注：1　本表第 2～7 项为等效均布活荷载标准值。

　　2　本表第 2～5 项适用于堆货高度不超过 5m 的库房，并已包括 1000kg 叉车运行荷载在内，贮存冰蛋、桶装油脂及冻分割肉等密度大的货物时，其楼面和地面活荷载应按实际情况确定。

　　3　h 为堆块高度(m)。

5.2.2　单层库房冻结物冷藏间堆货高度达 6m 时，地面均布活荷载标准值可采用 30kN/m²。单层高货架库房可根据货架平面布置和货架层数按实际情况计算取值。

5.2.3　楼板下有吊重时，可按实际情况另加。

5.2.4　冷库吊运轨道结构计算的活荷载标准值及准永久值系数应按表 5.2.4 的规定采用。

表 5.2.4　冷库吊运轨道活荷载标准值及准永久值系数

序号	房间名称	标准值(kN/m)	准永久值系数
1	猪、羊白条肉	4.5	0.6
2	冻鱼(每盘 15kg)	6.0	0.75
3	冻鱼(每盘 20kg)	7.5	0.75
4	牛两分胴体轨道	7.5	0.6
5	牛四分胴体轨道	5.0	0.6

注：本表数值包括滑轮及吊具重量。

5.2.5　当吊运轨道直接吊在楼板下，设计现浇或预制梁板时，应按吊点负荷面积将本表数值折算成集中荷载；设计现浇板柱-剪力墙时，可折算成均布荷载。

5.2.6　四层及四层以上的冷库及穿堂，其梁、柱和基础活荷载的折减系数宜按表 5.2.6 的规定采用。

表 5.2.6　冷库和穿堂梁、柱及基础活荷载折减系数

项　目	结构部位		
	梁	柱	基础
穿堂	0.7	0.7	0.5
库房	1.0	0.8	0.8

5.2.7　制冷机房操作平台无设备区域的操作荷载(包括操作人员及一般检修工具的重量)，可按均布活荷载考虑，采用 2kN/m²。设备按实际荷载确定。

5.2.8　制冷机房设于楼面时，设备荷载应按实际重量考虑，楼面均布活荷载标准值可按 8kN/m²。压缩机等振动设备动力系数取 1.3。

5.3　材　料

5.3.1　冷间内采用的水泥必须符合下列规定：

　　1　应采用普通硅酸盐水泥，或采用矿渣硅酸盐水泥。不得采用火山灰质硅酸盐水泥和粉煤灰硅酸盐水泥。

　　2　不同品种水泥不得混合使用，同一构件不得使用两种以上品种的水泥。

5.3.2　冷间内砖砌体应采用强度等级不低于 MU10 的烧结普通砖，并应用水泥砂浆砌筑和抹面。砌筑用水泥砂浆强度等级不低于 M7.5。

5.3.3　冷间用的混凝土如需提高抗冻融破坏能力时，可掺入适宜的混凝土外加剂。

5.3.4　冷间内钢筋混凝土的受力钢筋宜采用 HRB400 级和 HRB335 级热轧钢筋，也可采用 HPB235 级热轧钢筋。冷间钢结构用钢除应符合本规范外，尚应符合现行国家标准《钢结构设计规范》GB 50017 的规定。

6　制　冷

6.1　冷间冷却设备负荷和机械负荷的计算

6.1.1　冷间冷却设备负荷应按下式计算：

$$Q_s = Q_1 + pQ_2 + Q_3 + Q_4 + Q_5 \qquad (6.1.1)$$

式中：Q_s——冷间冷却设备负荷(W)；

　　　　Q_1——冷间围护结构热流量(W)；

　　　　Q_2——冷间内货物热流量(W)；

　　　　Q_3——冷间通风换气热流量(W)；

　　　　Q_4——冷间内电动机运转热流量(W)；

　　　　Q_5——冷间操作热流量(W)，但对冷却间及冻结间则不计算该热流量；

　　　　p——冷间内货物冷加工负荷系数。冷却间、冻结间和货物不经冷却而直接进入冷却物冷藏间的货物冷加工负荷系数 p 应取 1.3，其他冷间 p 取 1。

6.1.2　冷间机械负荷应分别根据不同蒸发温度按下式计算：

$$Q_j = (n_1 \sum Q_1 + n_2 \sum Q_2 + n_3 \sum Q_3 + n_4 \sum Q_4 + n_5 \sum Q_5)R$$

$$(6.1.2)$$

式中：Q_j——某蒸发温度的机械负荷(W)；

　　　　n_1——冷间围护结构热流量的季节修正系数，一般可根据冷库生产旺季出现的月份按表 6.1.2 的规定采用。当冷库全年生产无明显淡旺季区别时应取 1；

　　　　n_2——冷间货物热流量折减系数；

　　　　n_3——同期换气系数，宜取 0.5～1.0("同时最大换气量与全库每日总换气量的比值"大时取大值)；

　　　　n_4——冷间内电动机同期运转系数；

n_5——冷间同期操作系数;

R——制冷装置和管道等冷损耗补偿系数,一般直接冷却系统宜取1.07,间接冷却系统宜取1.12。

表6.1.2 季节修正系数 n_1

n_1值 纬度 库温(℃) \ 月份	1	2	3	4	5	6	7	8	9	10	11	12
北纬40°以上(含40°) 0	-0.70	-0.50	-0.10	0.40	0.70	0.90	1.00	1.00	0.70	0.30	-0.10	-0.50
-10	-0.25	-0.11	0.19	0.59	0.78	0.92	1.00	1.00	0.78	0.49	0.19	-0.11
-18	-0.02	0.10	0.33	0.64	0.82	0.93	1.00	1.00	0.82	0.58	0.33	0.10
-23	-0.08	0.18	0.40	0.68	0.84	0.94	1.00	1.00	0.84	0.62	0.40	0.18
-30	0.19	0.28	0.47	0.72	0.86	0.95	1.00	1.00	0.86	0.67	0.47	0.28
北纬35°~40°(含35°) 0	-0.30	-0.20	0.10	0.50	0.80	0.90	1.00	1.00	0.70	0.50	0.10	-0.20
-10	0.05	0.14	0.41	0.65	0.86	0.92	1.00	1.00	0.78	0.65	0.35	0.14
-18	0.22	0.29	0.51	0.71	0.89	0.93	1.00	1.00	0.82	0.71	0.38	0.29
-23	0.30	0.36	0.56	0.74	0.90	0.94	1.00	1.00	0.84	0.74	0.40	0.36
-30	0.39	0.44	0.61	0.77	0.91	0.95	1.00	1.00	0.86	0.77	0.47	0.44
北纬30°~35°(含30°) 0	0.10	0.15	0.33	0.53	0.72	0.86	1.00	1.00	0.83	0.62	0.41	0.20
-10	0.31	0.36	0.48	0.65	0.80	0.88	1.00	1.00	0.88	0.71	0.55	0.38
-18	0.42	0.46	0.56	0.70	0.82	0.90	1.00	1.00	0.88	0.76	0.62	0.48
-23	0.47	0.51	0.60	0.73	0.84	0.91	1.00	1.00	0.89	0.78	0.65	0.54
-30	0.53	0.56	0.65	0.76	0.85	0.92	1.00	1.00	0.90	0.81	0.69	0.62
北纬25°~30°(含25°) 0	0.18	0.23	0.42	0.60	0.80	0.88	1.00	1.00	0.87	0.65	0.45	0.20
-10	0.39	0.41	0.56	0.71	0.85	0.90	1.00	1.00	0.90	0.73	0.59	0.41
-18	0.49	0.51	0.63	0.76	0.82	0.92	1.00	1.00	0.92	0.78	0.66	0.53
-23	0.54	0.56	0.67	0.78	0.93	0.93	1.00	1.00	0.92	0.80	0.67	0.57
-30	0.59	0.61	0.70	0.80	0.93	0.93	1.00	1.00	0.93	0.82	0.72	0.62
北纬25°以下 0	0.44	0.48	0.63	0.79	0.94	0.97	1.00	1.00	0.93	0.81	0.65	0.40
-10	0.58	0.60	0.73	0.83	0.94	0.95	1.00	1.00	0.95	0.85	0.75	0.63
-18	0.65	0.67	0.77	0.85	0.95	0.96	1.00	1.00	0.96	0.88	0.79	0.69
-23	0.68	0.70	0.79	0.87	0.95	0.96	1.00	1.00	0.96	0.89	0.81	0.72
-30	0.72	0.73	0.82	0.90	0.97	0.98	1.00	1.00	0.97	0.90	0.83	0.75

6.1.3 冷间货物热流量折减系数 n_2 应根据冷间的性质确定。冷却物冷藏间宜取0.3~0.6;冻结物冷藏间宜取0.5~0.8;冷加工间和其他冷间应取1。

6.1.4 冷间内电动机同期运转系数 n_4 和冷间同期操作系数 n_5,应按表6.1.4规定采用。

表6.1.4 冷间内电动机同期运转系数 n_4 和冷间同期操作系数 n_5

冷间总间数	n_4 或 n_5
1	1
2~4	0.5
≥5	0.4

注:1 冷却间、冷却物冷藏间、冻结间 n_4 取1,其他冷间按本表取值。

　　2 冷间总间数应按同一蒸发温度且用途相同的冷间间数计算。

6.1.5 冷间的每日进货量应按下列规定取值:

1 冷却间或冻结间应按设计冷加工能力计算。

2 存放果蔬的冷却物冷藏间,不应大于该间计算吨位的10%。

3 存放鲜蛋的冷却物冷藏间,不应大于该间计算吨位的5%。

4 无外库调入货物的冷库,其冻结物冷藏间每日进货,宜按该库每日冻结加工量计算。

5 有从外库调入货物的冷库,其冻结物冷藏间每间每日进货量可按该间计算吨位的5%~15%计算。

6 冻结量大的水产冷库,其冻结物冷藏间的每日进货量可按具体情况确定。

6.1.6 货物进入冷间时的温度应按下列规定确定:

1 未经冷却的屠宰鲜肉温度应取39℃,已经冷却的鲜肉温度应取4℃。

2 从外库调入的冻结货物温度应取-10℃~-15℃。

3 无外库调入货物的冷库,进入冻结物冷藏间的货物温度,应按该冷库冻结间终止降温时或产品包装后的货物温度确定。

4 冰鲜鱼、虾整理后的温度应取15℃。

5 鲜鱼虾整理后进入冷加工间的温度,按整理鱼虾用水的水温确定。

6 鲜蛋、水果、蔬菜的进货温度,按冷间生产旺月气温的月平均温度确定。

6.1.7 服务于机关、学校、工厂、宾馆、商场等小型服务性冷库,当其冷间总的公称容积在500m³以下时,冷间冷却设备负荷按下式计算:

$$Q'_s = Q_1 + pQ_2 + Q_4 + Q_{5a} + Q_{5b} \qquad (6.1.7)$$

式中:Q'_s——小型服务性冷库冷间冷却设备负荷(W);

　　Q_1——冷间围护结构热流量(W);

　　Q_2——冷间内货物热流量(W);

　　Q_4——冷间内电动机运转热流量(W);

　　Q_{5a}——冷间内照明热流量(W),对冻结间则不计算该项热流量;

　　Q_{5b}——冷间开门的热流量,对冻结间则不计算该项热流量(W);

　　p——货物冷加工负荷系数,冻结间以及货物不经冷却而直接进入冷却物冷藏间的货物冷加工负荷系数 p 取1.3,其他冷间 p 取1。

6.1.8 小型服务性冷库冷间机械负荷应分别根据不同蒸发温度按下式计算:

$$Q'_j = (\sum Q_1 + n_2 \sum Q_2 + n_4 \sum Q_4 + n_5 \sum Q_{5a} + n_5 \sum Q_{5b})\frac{24}{\tau}R$$

$$(6.1.8)$$

式中:Q'_j——同一蒸发温度的冷间的机械负荷(W);

　　n_2——冷间货物热流量折减系数,冷却物冷藏间宜取0.6,冻结物冷藏间宜取0.5,其他冷间取1;

　　n_4——冷间内电动机同期运转系数,取值见表6.1.4;

　　n_5——冷间同期操作系数,取值见表6.1.4;

　　τ——制冷机组每日工作时间,宜取12h~16h;

　　R——冷库制冷系统和管道等冷损耗补偿系数,直接冷却系统宜取1.07,间接冷却系统宜取1.12。

注:冻结间不计算 Q_{5a} 和 Q_{5b} 这两项热流量。

6.2 库　房

6.2.1 设有吊轨的冷却间和冻结间的冷加工能力可按下式计算:

$$G_d = \frac{lg}{1000} \cdot \frac{24}{\tau} \qquad (6.2.1)$$

式中:G_d——设有吊轨的冷却间、冻结间每日冷加工能力(t);

　　l——冷间内吊轨的有效总长度(m);

　　g——吊轨单位长度净载货量(kg/m);

　　τ——冷间货物冷加工时间(h)。

6.2.2 吊轨单位长度净载货量 g 可按表6.2.2所列取值:

表6.2.2 吊轨单位长度净载货 (kg/m)

货物名称	输送方式	吊轨单位长度净载货量
猪胴体	人工推送	200~265
	机械传送	170~210
牛胴体	人工推送(1/2胴体)	195~400
	人工推送(1/4胴体)	130~265
羊胴体	人工推送	170~240

注:水产品可按照加工企业的习惯装载方式确定。

6.2.3 吊轨的轨距及轨面高度,应按吊挂食品和运载工具的实际尺寸、冷间内通风间距及必要的操作空间确定。

6.2.4 设有搁架式冻结设备的冻结间,其冷加工能力可按下式计算:

$$G_g = \frac{NG'_g}{1000} \cdot \frac{24}{\tau} \qquad (6.2.4)$$

式中：G_g——搁架式冻结间每日的冷加工能力(t)；

$\quad N$——搁架式冻结设备设计摆放冻结食品容器的件数；

$\quad G'_g$——每件食品的净质量(kg)；

$\quad \tau$——货物冷加工时间(h)；

$\quad 24$——每日小时数(h)。

6.2.5 成套食品冷加工设备的加工能力，可根据产品技术文件所提供的数据确定。

6.2.6 冷间冷却设备的选型应根据食品冷加工或冷藏的要求确定，并应符合下列要求：

1 所选用的冷却设备的使用条件，应符合设备制造厂家提出的设备技术条件的要求。

2 冷却间和冷却物冷藏间的冷却设备应采用空气冷却器。

3 包装间的冷却设备宜采用空气冷却器。

4 冻结物冷藏间的冷却设备，宜选用空气冷却器。当食品无良好的包装时，可采用顶排管、墙排管。

5 对食品的冻结加工，应根据不同食品冻结工艺的要求，选用相应的冻结装置。

6.2.7 包装间、分割间、产品整理间等人员较多房间的空调系统严禁采用氨直接蒸发制冷系统。

6.2.8 冷间内排管与墙面的净距离不应小于150mm，与顶板或梁底的净距离不宜大于250mm。落地式空气冷却器水盘底与地面之间架空距离不应小于300mm。

6.2.9 冷间冷却设备的传热面积应通过校核计算确定。

6.2.10 冷间内空气温度与冷却设备中制冷剂蒸发温度的计算温度差，应根据提高制冷机效率，节省能源，减少食品干耗，降低投资等因素，通过技术经济比较确定，并应符合下列规定：

1 顶排管、墙排管和搁架式冻结设备的计算温度差，可按算术平均温度差采用，并不宜大于10℃。

2 空气冷却器的计算温度差，应按对数平均温度差确定，可取7℃～10℃。对冷却物冷藏间使用的空气冷却器也可采用更小的温度差。

6.2.11 冷间冷却设备每一通路的压力降，应控制在制冷剂饱和温度降低1℃的范围内。

6.2.12 根据冷间的用途、空间、空气冷却器的性能、贮存货物的种类和要求的贮存温、湿度条件，可采用无风道或有风道的空气分配系统。

6.2.13 无风道空气分配系统，宜用于装有分区使用的吊顶式空气冷却器或装有集中落地式空气冷却器的冷藏间，空气冷却器应保证有足够的气流射程，并应在冷间货堆的上部留有足够的气流扩展空间。同时应采取技术措施使冷空气较均匀地布满整个冷间。

6.2.14 风道空气分配系统，可用于空气强制循环的冻结间和冷却间，以及冷间狭长，设有集中落地式空气冷却器而货堆上部又缺少足够的气流扩展空间的冷藏间。该空气分配系统，应设置送风风道，并利用货物之间的空间作为回风道。

6.2.15 冷却间、冻结间的气流组织应符合下列要求：

1 悬挂白条肉的冷却间，气流应均匀下吹，肉片间平均风速应为0.5m/s～1.0m/s。采用两段冷却工艺时，第一段风速宜为2m/s，第二段风速宜为1.5m/s。

2 悬挂白条肉的冻结间，气流应均匀下吹，肉片间平均风速宜为1.5m/s～2.0m/s。

3 盘装食品冻结间的气流应均匀横吹，盘间平均风速宜为1.0m/s～3.0m/s。其他类型加工制作的食品，其冻结方式可按合同的相关约定进行设计。

6.2.16 冷却物冷藏间的通风换气应符合下列要求：

1 冷却物冷藏间宜按所贮货物的品种设置通风换气装置，换

气次数每日不宜少于1次。

2 面积大于150m² 或虽小于150m² 但不经常开门及设于地下室（或半地下室）的冷却物冷藏间，宜采用机械通风换气装置。进入冷间的新鲜空气应先经冷却处理。

3 当冷间外新鲜空气的温度低于冷间内空气温度时，送入冷间的新鲜空气应先经预热处理。

4 新鲜空气的进风口应设置便于操作的保温启闭装置。

5 冷间内废气应直接排至库外，出风口应设于距冷间内地坪0.5m处，并应设置便于操作的保温启闭装置。

6 新鲜空气入口和废气排出口不宜设在冷间的同一侧面的墙面上。

6.2.17 设于冷库常温穿堂内的冷间新风换气管道，在其紧靠冷间壁面的管段的外表面，应用隔热材料进行保温，其保温长度不小于2m；对设于冷库穿堂内的库房排气管道应将其外表面全部用隔热材料进行保温。

6.2.18 冷间通风换气的排气管道应坡向冷间外，而进气管道在冷间内的管段应坡向空气冷却器。

6.3 制冷压缩机和辅助设备

6.3.1 冷库所选用的制冷压缩机和辅助设备的使用条件应符合产品制造商要求的技术条件。

6.3.2 制冷压缩机的选择应符合下列要求：

1 应根据各蒸发温度机械负荷的计算值分别选定，不另设备用机。

2 选配制冷压缩机时，各制冷压缩机的制冷量宜大小搭配。

3 制冷压缩机的系列不宜超过两种。如仅有两台制冷压缩机时，应选用同一系列。

4 应根据实际使用工况，对制冷压缩机所需的驱动功率进行核算，并通过其制造厂选配适宜的驱动电机。

6.3.3 冷库制冷系统中采用的中间冷却器、气液分离器、油分离器、冷凝器、贮液器、低压贮液器、低压循环贮液器等，应通过校核计算进行选定，并应与制冷系统中设置的制冷压缩机的制冷量相匹配。对采用氨制冷系统的大、中型冷库，高压贮氨器的选用应不少于两台。

6.3.4 洗涤式油分离器的进液口应低于冷凝器的出液总管250mm～300mm。

6.3.5 冷凝器的选用应符合下列规定：

1 采用水冷式冷凝器时，其冷凝温度不应超过39℃；采用蒸发式冷凝器时，其冷凝温度不应超过36℃。

2 冷凝器冷却水进出口的温度差，对立式壳管式冷凝器宜取1.5℃～3℃；对卧式壳管式冷凝器宜取4℃～6℃。

3 冷凝器的传热系数和热流密度应按产品生产厂家提供的数据采用。

4 对使用氢氟烃及其混合物为制冷剂的中、小型冷库，宜选用风冷冷凝器。

6.3.6 冷库制冷系统中排液桶的体积应按冷库冷间中蒸发器排液量最大的一间确定。排液桶的充满度宜按70%。

6.3.7 输送制冷剂泵应根据其输送的制冷剂体积流量和扬程来确定。其制冷剂的循环倍数：对负荷较稳定、蒸发器组数较少、不易积油的蒸发器，下进上出供液方式的可采用3倍～4倍；对负荷有波动、蒸发器组数较多、容易积油的蒸发器，下进上出供液方式的可采用5倍～6倍，上进下出供液方式的采用7倍～8倍。同时制冷剂泵进液口处压力应有不小于0.5m制冷剂液柱的裕度。

6.3.8 对采用重力供液方式的回气管路系统，当存在下列情况之一时，应在制冷机房内增设气液分离器：

1 服务于两层及两层以上的库房；

2 设有两个或两个以上的制冰池；

3 库房的气液分离器与制冷压缩机房的水平距离大于50m。

6.3.9 冷库制冷系统辅助设备中冷冻油应通过集油器进行排放。

6.3.10 大、中型冷库制冷系统中不凝性气体，应通过不凝性气体分离器进行排放。

6.3.11 制冷机房的布置应符合下列规定：

1 制冷设备布置应符合工艺流程及安全操作规程的要求，并适当考虑设备部件拆卸和检修的空间需要紧凑布置。

2 制冷机房内主要操作通道的宽度应不大于1.3m，制冷压缩机突出部位到其他设备或分配站之间的距离不应小于1m。两台制冷压缩机突出部位之间的距离不应小于1m，并能有抽出机器曲轴的可能，制冷机与墙壁以及非主要通道不小于0.8m。

3 设备间内的主要通道的宽度应为1.2m，非主要通道的宽度不应小于0.8m。

4 水泵和油处理设备不宜布置在机器间或设备间内。

6.4 安全与控制

6.4.1 制冷压缩机安全保护装置除应由制造厂依照相应的行业标准要求进行配置外，尚应设置下列安全部件：

1 活塞式制冷压缩机排出口处应设止逆阀；螺杆式制冷压缩机吸气管处应设止逆阀。

2 制冷压缩机冷却水出水管上应设断水停机保护装置。

3 应设事故紧急停机按钮。

6.4.2 冷凝器应设冷凝压力超压报警装置，水冷冷凝器应设断水报警装置，蒸发式冷凝器应增设压力表、安全阀及风机故障报警装置。

6.4.3 制冷剂泵应设置下列安全保护装置：

1 液泵断液自动停泵装置。

2 泵的排液管上应装设压力表、止逆阀。

3 泵的排液总管上应加设旁通泄压阀。

6.4.4 所有制冷容器、制冷系统加液站集管，以及制冷剂液体、气体分配站集管上和不凝性气体分离器的回气管上，均应设压力表或真空压力表。

6.4.5 制冷系统中采用的压力表或真空压力表均应采用制冷剂专用表，压力表的安装高度距观察者站立的平面不应超过3m。选用精度应符合以下规定：

1 位于制冷系统高压侧的压力表或真空压力表不应低于1.5级。

2 位于制冷系统低压侧的真空压力表不应低于2.5级。

3 压力表或真空压力表的量程不得小于工作压力的1.5倍，不得大于工作压力的3倍。

6.4.6 低压循环贮液器、气液分离器和中间冷却器应设超高液位报警装置，并应设有维持其正常液位的供液装置，不应用同一只仪表同时进行控制和保护。

6.4.7 贮液器、中间冷却器、气液分离器、低压循环贮液器、低压贮液器、排液桶、集油器等均应设液位指示器，其液位指示器两端连接件应有自动关闭装置。

6.4.8 安全阀应设置泄压管。氨制冷系统的安全总泄压管出口应高于周围50m内最高建筑物（冷库除外）的屋脊5m，并应采取防止雷击、防止雨水、杂物落入泄压管内的措施。

6.4.9 制冷系统中气体、液体及融霜热气分配站的集管、中间冷却器冷却盘管的进出口部位，应设测温用的温度计套管或温度传感器套管。

6.4.10 设于室外的冷凝器、油分离器等设备，应有防止非操作人员进入的围栏。设于室外的制冷机组、贮液器，除应设围栏外，还应有通风良好的遮阳设施。

6.4.11 冷库冻结间、冷却间、冷藏间内不宜设置制冷阀门。

6.4.12 冷库间使用的空气冷却器宜设置人工指令自动融霜装置及风机故障报警装置。

6.4.13 冻结间在不进行冻结加工时，宜通过所设置的自动控温装置，使房间温度控制在−8℃±2℃的范围内。

6.4.14 有人值守的制冷压缩机房宜设控制室或操作人员值班室，其室内噪声声级应控制在85dB(A)以下。

6.4.15 对使用氨作制冷剂的冷库制冷系统，宜装设紧急泄氨器，在发生火灾等紧急情况下，将氨液溶于水，排至经当地环境保护主管部门批准的消纳贮缸或水池中。

6.4.16 对使用氨作制冷剂的冷库制冷系统，其氨制冷剂总的充注量不应超过40000kg，具有独立氨制冷系统的相邻冷库之间的安全隔离距离应不小于30m。

6.5 管道与吊架

6.5.1 冷库制冷系统管道的设计，应根据其工作压力、工作温度、输送制冷剂的特性等工艺条件，并结合周围的环境和各种荷载条件进行。

6.5.2 冷库制冷系统管道的设计压力应根据其采用的制冷剂及其工作状况按表6.5.2确定。

表 6.5.2　冷库制冷系统管道设计压力选择表（MPa）

设计压力　　管道部位 制冷剂	高压侧	低压侧
R717	2.0	1.5
R404A	2.5	1.8
R507	2.5	1.8

注：1　高压侧：指自制冷压缩机排气口经冷凝器、贮液器到节流装置的入口这一段制冷管道。

　　2　低压侧：指自系统节流装置出口，经蒸发器到制冷压缩机吸入口这一段制冷管道，双级压缩制冷装置的中间冷却器的中压部分亦属于低压侧。

6.5.3 冷库制冷系统管道的设计温度，可根据表6.5.3分别按高、低压侧设计温度选取。

表 6.5.3　冷库制冷系统管道的设计温度选择表（℃）

制冷剂	高压侧设计温度	低压侧设计温度
R717	150	43
R404A	150	46
R507	150	46

6.5.4 冷库制冷系统低压侧管道的最低工作温度，可依据冷库不同冷间冷加工工艺的不同，按表6.5.4所示确定其管道最低工作温度。

表 6.5.4　冷库不同冷间制冷系统（低压侧）管道的最低工作温度

冷库中不同冷间承担不同冷加工任务的制冷系统的管道	最低工作温度（℃）	相应的工作压力（绝对压力）（MPa）		
		R717	R404A	R507
产品冷却加工、冷却物冷藏、低温穿堂、包装间、暂存间、盐水制冰及冰库	−15	0.236	−15.82℃ 0.36	0.38
用于冷库一般冻结，冻结物冷藏及快速制冰及冰库	−35	0.093	−36.42℃ 0.16	0.175
用于速冻加工，出口企业冻结加工	−48	0.046	−46.75℃ 0.1	0.097

6.5.5 当冷库制冷系统管道按本标准第6.5.2条～第6.5.4条的技术条件进行设计时，对无缝管管道材料的选用应符合表6.5.5的规定。

表 6.5.5　冷库制冷系统高压侧及低压侧管道材料选用表

制冷剂	R717	R404A	R507
管材牌号	10、20	10、20 T_2、TU_1、TU_2 0Cr18Ni9 1Cr18Ni9	10、20 T_2、TU_1、TU_2 0Cr18Ni9 1Cr18Ni9
标准号	GB/T 8163	GB/T 8163 GB/T 17791 GB/T 14976	GB/T 8163 GB/T 17791 GB/T 14976

6.5.6 制冷管道管径的选择应按其允许压力降和允许制冷剂的流速综合考虑确定。制冷回气管允许的压力降相当于制冷剂饱和温度降低 1℃;而制冷排气管允许的压力降,则相当于制冷剂饱和温度升高 0.5℃。

6.5.7 制冷管道的布置应符合下列要求:

1 低压侧制冷管道的直线段超过 100m,高压侧制冷管道直线段超过 50m,应设置一处管道补偿装置,并应在管道的适当位置,设置导向支架和滑动支、吊架。

2 制冷管道穿过建筑物的墙体(除防火墙外)、楼板、屋面时,应加套管,套管与管道间的空隙应密封但制冷压缩机的排气管与套管间的间隙不应密封。低压侧管道套管的直径应大于管道隔热层的外径,并不得影响管道的热位移。套管应超出墙面、楼板、屋面 50mm。管道穿过屋面时应设防雨罩。

3 热气融霜用的热气管,应从制冷压缩机排气管除油装置以后引出,并应在其起端装设截止阀和压力表,热气融霜压力不得超过 0.8MPa(表压)。

4 在设计制冷系统管道时,应考虑能从任何一个设备中将制冷剂抽走。

5 制冷系统管道的布置,对其供液管应避免形成气袋,回气管应避免形成液囊。

6 当水平布置的制冷系统的回气管外径大于 108mm 时,其变径元件应选用偏心异径管接头,并应保证管道底部平齐。

7 制冷系统管道的走向及坡度,对使用氨制冷剂的制冷系统,应方便制冷剂与冷冻油分离;对使用氢氟烃及其混合物为制冷剂的制冷系统,应方便系统的回油。

8 对于跨越厂区道路的管道,在其跨越段上不得装设阀门、金属波纹管补偿器和法兰、螺纹接头等管道组成件,其路面以上距管道的净空高度不应小于 4.5m。

6.5.8 制冷管道所用的弯头、异径管接头、三通、管帽等管件应采用工厂制件,其设计条件应与其连接管道的设计条件相同,其壁厚也应与其连接的管道相同。热弯加工的弯头,其最小弯曲半径应为管子外径的 3.5 倍,冷弯加工的弯头,其最小弯曲半径应为管子外径的 4 倍。

6.5.9 制冷系统中所用的阀门、仪表及测控元件都应选用与其使用的制冷剂相适应的专用元器件。

6.5.10 与制冷管道直接接触的支吊架零部件,其材料应按管道设计温度选用。

6.5.11 水平制冷管道支吊架的最大间距,应依据制冷管道强度和刚度的计算结果确定,并取两者中的较小值作为其支吊架的间距。

6.5.12 当按刚度条件计算管道允许跨距时,由管道自重产生的弯曲挠度不应超过管道跨距的 0.0025。

6.6 制冷管道和设备的保冷、保温与防腐

6.6.1 凡制冷管道和设备能导致冷损失的部位、能产生凝露的部位和易形成冷桥的部位,均应进行保冷。

6.6.2 制冷管道和设备保冷的设计、计算、选材等均应按现行国家标准《设备及管道绝热技术通则》GB/T 4272 及《设备及管道绝热设计导则》GB/T 8175 的有关规定执行。

6.6.3 穿过墙体、楼板等处的保冷管道,应采取不使管道保冷结构中断的技术措施。

6.6.4 融霜用热气管应做保温。

6.6.5 制冷系统管道和设备经排污、严密性试验合格后,均应涂防锈底漆和色漆。冷间制冷光滑排管可仅刷防锈漆。

6.6.6 制冷管道及设备所涂敷色漆的色标应符合表 6.6.6 的规定。

表 6.6.6 制冷管道及设备涂敷色漆的色标

管道或设备名称	颜色(色标)
制冷高、低压液体管	淡黄(Y06)
制冷吸气管	天酞蓝(PB09)
制冷高压气体管、安全管、均压管	大红(R03)
放油管	黄(YR02)
放空气管	乳白(Y11)
油分离器	大红(R03)
冷凝器	银灰(B04)
贮液器	淡黄(Y06)
气液分离器、低压循环贮液器、低压桶、中间冷却器、排液桶	天酞蓝(PB09)
集油器	黄(YR02)
制冷压缩机及机组、空气冷却器	按产品出厂涂色涂装
各种阀体	黑色
截止阀手轮	淡黄(Y06)
节流阀手轮	大红(R03)

6.6.7 制冷管道和设备保冷、保温结构所选用的黏结剂,保冷、保温材料、防锈涂料及色漆的特性应相互匹配,不得有不良的物理、化学反应,并应符合食品卫生的要求。

6.7 制冰和储冰

6.7.1 盐水制冰的冰块重量、外形尺寸应符合现行国家标准《人造冰》GB 4600 的要求。

6.7.2 当盐水制冰池的冷却设备采用 V 型或立管式蒸发器时,宜采用重力式供液制冷循环方式,气液分离器体积不应小于该蒸发器体积的 20%~25%,且分离器内的气体流速不应大于 0.5m/s。

6.7.3 制冰池的四壁和底部应做好隔热层、防水层和隔汽层。冰池四壁的顶部应采取防止生产用水渗入隔热层的措施,冰池底部隔热层下部应有通风设施,制冰池隔热层的总热阻应大于或等于 $3m^2 \cdot ℃/W$。

6.7.4 堆码块冰冰库的冷却设备应符合下列要求:

1 冰库的建筑净高在 6m 以下的可不设墙排管,其顶排管可布满冰库的顶板。

2 冰库的建筑净高在 6m 或高于 6m 时,应设墙排管和顶排管。墙排管的设置高度宜在库内堆冰高度以上。

3 冰库内顶排管或墙排管不得采用翅片管。

6.7.5 盐水制冰的冰库温度可取 -4℃。对贮存片冰、管冰的冰库库温可取 -15℃,其制冷设备宜采用空气冷却器。

7 电 气

7.1 变配电所

7.1.1 大型冷库、高层冷库及有特殊要求的冷库应按二级负荷用户供电,中断供电会导致较大经济损失的中型冷库应按二级负荷用户供电,不会导致较大经济损失的中型冷库及小型冷库可按三级负荷用户供电。

7.1.2 当供电电源不能满足负荷等级的要求时,应设置柴油发电机组备用电源。备用电源的容量应满足冷库保温运行的需要,并应满足消防负荷的需要,应按其中较大者确定。如正常电源停电时要求继续进行生产作业,可按要求选择备用电源的容量。

7.1.3 冷库的电力负荷宜按需要系数法计算,冷库总电力负荷需要系数不宜低于 0.55。

7.1.4 当冷库电力负荷有明显的季节性变化,在保证制冷机组可靠启动时,宜选用 2 台或多台变压器运行。

7.1.5 冷库宜设变配电所,变配电所应靠近或贴邻制冷机房布置。当氟制冷系统不集中设置制冷机房时,变配电所宜靠近库区负荷中心布置。装机容量小的小型冷库,可仅设低压配电室。大型冷库根据全厂负荷分布情况,技术经济合理时,可设分变配电所。各回路低压出线上宜单独设置电能计量仪表。

7.1.6 冷库应在变配电所低压侧采用集中无功补偿。当冷库有高压用电设备时,可在变电所高、低压配电室分别进行无功补偿。当冷库设有分配电室时,也可在分配电室进行无功补偿。

7.1.7 高、低压配电室及柴油发电机房应设置备用照明。高、低压配电室备用照明照度不应低于正常照明的 50%,柴油发电机房备用照明照度应保证正常照明的照度。当采用自带蓄电池的应急照明灯时,备用照明持续时间不应小于 30min。

7.2 制冷机房

7.2.1 氨制冷机房应设置氨气体浓度报警装置,当空气中氨气浓度达到 100ppm 或 150ppm 时,应自动发出报警信号,并应自动开启制冷机房内的事故排风机。氨气浓度传感器应安装在氨制冷机组及贮氨容器上方的机房顶板上。

7.2.2 氨制冷机房应设事故排风机,在控制室排风机控制柜上和制冷机房门外墙上应安装人工启停控制按钮。

7.2.3 大、中型冷库氟制冷机房应设置气体浓度报警装置,当空气中氟气体浓度达到设定值时,应自动发出报警信号,并应自动开启事故排风机。气体浓度传感器应安装在制冷机房内距地面 0.3m 处的墙上。

7.2.4 氟制冷机房应设事故排风机,在机房内排风机控制柜上和制冷机房门外墙上应安装人工启停控制按钮。

7.2.5 事故排风机应按二级负荷供电,当制冷系统因故障被切除供电电源停止运行时,应保证排风机的可靠供电。事故排风机的过载保护应作用于信号报警而不直接停风机。气体浓度报警装置应设备用电源。

7.2.6 氨制冷机房应设控制室,控制室可位于机房一侧。氨制冷压缩机组启动控制柜、冷凝器水泵及风机、机房排风机控制柜、氨气浓度报警装置、制冷机房照明配电箱等宜集中布置在控制室中。

7.2.7 每台氨制冷压缩机组及每台氨泵均应在启动控制柜(箱)上安装电流表,每台氨制冷机组控制台上应安装紧急停车按钮/开关。

7.2.8 氟制冷机房可不单设控制室,各制冷设备控制柜、排风机控制柜等可布置在氟制冷机房内。

7.2.9 各台制冷压缩机组宜由低压配电室按放射式配电。对不设制冷机房分散布置的小型氟制冷压缩机组,也可采用放射式与树干式相结合的配电方式。

7.2.10 制冷压缩机组的动力配线可采用铜芯绝缘电线穿钢管埋地暗敷,也可采用铜芯交联电缆桥架敷设或敷设在电缆沟内。氟制冷机房内的动力配线一般不应敷设在电缆沟内,当确有需要时,可采用充沙电缆沟。

7.2.11 制冷机房照明宜按正常环境设计。照明方式宜为一般照明,设计照度不应低于 150 lx。

7.2.12 制冷机房及控制室应设置备用照明,大、中型冷库制冷机房及控制室备用照明照度不应低于正常照明的 50%,小型冷库制冷机房及控制室备用照明照度不应低于正常照明的 10%。当采用自带蓄电池的应急照明灯具时,应急照明持续时间不应小于 30min。

7.3 库 房

7.3.1 冷间内的动力及照明配电、控制设备宜集中布置在冷间外的穿堂或其他通风干燥场所。当布置在低温潮湿的穿堂内时,应采用防潮密封型配电箱。

7.3.2 冷间内照明灯具应选用符合食品卫生安全要求和冷间环境条件、可快速点亮的节能型照明灯具,一般情况不应采用白炽灯具。冷间照明灯具显色性指数不宜低于 60。

7.3.3 大、中型冷库冷间照明照度不宜低于 50 lx,穿堂照明不宜低于 100 lx。小型冷库冷间照度不宜低于 20 lx,穿堂照度不宜于 50 lx。视觉作业要求高的冷库,应按要求设计。

7.3.4 冷间内照明灯具的布置应避开吊顶式空气冷却器和顶排管,在冷间内通道处应重点布灯,在货位内应均匀布置。

7.3.5 建筑面积大于 100m² 的冷间内,照明灯具宜分成数路单独控制,冷间外宜集中设置照明配电箱,各照明支路应设信号灯。当不集中设置照明配电箱,各冷间照明控制开关分散布置在冷间外穿堂上时,应选用带指示灯的防潮型开关或气密式开关。

7.3.6 库房宜采用 AC220V/380V TN-S 或 TN-C-S 配电系统。冷间内照明支路宜采用 AC220V 单相配电,照明灯具的金属外壳应接专用保护线(PE 线),各照明支路应设置剩余电流保护装置。

7.3.7 冷间内动力、照明、控制线路应根据不同的冷间温度要求,选用适用的耐低温的铜芯电力电缆,并宜明敷。

7.3.8 穿过冷间保温层的电气线路应相对集中敷设,且必须采取可靠的防火和防止产生冷桥的措施。

7.3.9 采用松散保温材料(如稻壳)的冷库阁楼层内不应安装电气设备及敷设电气线路。

7.3.10 冷藏间内宜在门口附近设置呼唤按钮,呼唤信号应传送到制冷机房控制室或有人值班的房间,并应在冷藏间外设有呼唤信号显示。设有呼唤信号按钮的冷藏间,应在冷藏间内门的上方设长明灯。设有专用疏散门的冷藏间,应在冷藏间内疏散门的上方设置长明灯。

7.3.11 库房电梯应由变电所低压配电室或库房分配电室的专用回路供电。高层冷库当消防电梯兼作货梯且两类电梯贴邻布置时,可由一组消防双回路电源供电,末端双回路电源自动切换配电箱应布置在消防电梯间内。

7.3.12 库房消火栓箱信号应传送到制冷机房控制室或有人值班的房间显示和报警。

7.3.13 当库房地坪防冻采用机械通风或电伴热线时,通风机或电伴热线应能根据设定的地坪温度自动运行。

7.3.14 当冷间内空气冷却器下水管防冻用电伴热线、库房地坪防冻用电伴热线及冷库门用电伴热线采用 AC220V 配电时,应采用带有专用接地线(PE 线)的电伴热线,或采用具有双层绝缘的电伴热线,配电线路应设置过载、短路及剩余电流保护装置。

7.3.15 经计算需要进行防雷设计时,库房宜按三类防雷建筑物设防雷设施。

7.3.16 库房的封闭站台、多层冷库的封闭楼梯间内和高层冷库的楼梯间内应设置疏散照明。高层冷库的消防电梯机房间内应设置备用照明,备用照明的照度不应低于正常照明的50%。当采用自带蓄电池的应急照明灯具时,应急照明持续时间不应小于30min。当有特殊要求时冷藏间内可布置应急照明及电话,冷间穿堂可布置广播及保安监视系统。

7.3.17 大、中型冷库、高层冷库公路站台靠近停车位一侧墙上,宜设置供机械冷藏车(制冷系统)使用的三相电源插座。

7.3.18 盐水池制冰间的照明开关及动力配电箱应集中布置在通风、干燥的场所。制冰间照明、动力线路宜穿管暗敷,照明灯具应采用具有防腐(盐雾)功能的密封型节能灯具。

7.3.19 速冻设备加工间内当采用氨直接蒸发的成套快速冻结装置时,在快速冻结装置出口处的上方应安装氨气浓度传感器,在加工间内应布置氨气浓度报警装置。当氨气浓度达到100ppm或150ppm时,应发出报警信号,并应自动开启事故排风机、自动停止成套冻结装置的运行,漏氨信号应同时传送至机房控制室报警。加工间内事故排风机应按二级负荷供电,过载保护应作用于信号报警而不直接停风机。氨气浓度报警装置应有备用电源。加工间内应布置备用照明及疏散照明,备用照明照度不应低于正常照明的10%。当采用自带蓄电池的照明灯具时,应急照明持续时间不应小于30min。

7.3.20 冷间内同一台空气冷却器(冷风机)的数台电动机,可共用一块电流表,共用一组控制电器及短路保护电器,每台电动机应单独设置配电线路、断相保护及过载保护。当空气冷却器电动机绕组中设有温度保护开关时,每台电机可不再设置断相保护及过载保护,同一台空气冷却器的多台电动机可共用配电线路。

7.4 制冷工艺自动控制

7.4.1 氟制冷系统应符合下列规定:

1 当采用单台氟制冷机组分散布置时,冷间温度、空气冷却器除霜应能自动控制,制冷系统全自动运行。

2 当设有集中的制冷机房,采用多机头并联机组时,冷间温度、机组能量调节应能自动控制,制冷系统可人工指令运行,也可全自动运行。当空气冷却器采用电热除霜时,应设有空气冷却器排液管温度超限保护。

7.4.2 氨制冷系统应符合下列规定:

1 小型冷库制冷系统宜手动控制,应实现制冷工艺提出的安全保护要求。低压循环贮液桶及中间冷却器供液及氨泵回路宜实现局部自动控制,宜设计集中报警信号系统。

2 大、中型冷库及有条件的小型冷库宜采用人工指令开停制冷机组、制冷系统自动运行的分布式计算机/可编程控制器控制系统。空气冷却器除霜宜采用人工指令或按累计运行时间编程,除霜过程自动控制。

3 有条件的冷库宜采用制冷系统全自动运行及冷库计算机管理系统。

7.4.3 冷库应设置温度测量、显示及记录系统(装置)。冷间门口宜有冷间温度显示。有特殊要求的冷库,可在冷间门外设置温度记录仪表。

7.4.4 冷藏间内温度传感器不应设置在靠近门口处及空气冷却器或送风道出风口附近,宜设置在靠近外墙处和冷藏间的中部。冻结间和冷却间内温度传感器宜设置在空气冷却器回风口一侧。温度传感器安装高度不宜低于1.8m。建筑面积大于100m²的冷间,温度传感器数量不宜少于2个。

7.4.5 冷间内空气冷却器动力控制箱宜集中布置在电气间内或分散布置在冷间外的穿堂内,不应在空气冷却器现场设置电动机的急停按钮/开关。

8 给水和排水

8.1 给 水

8.1.1 冷库的水源应就近选用城镇自来水或地下水、地表水。

8.1.2 冷库生活用水、制冰原料水和水产品冻结过程中加水的水质应符合现行国家标准《生活饮用水卫生标准》GB 5749的规定。

8.1.3 生产设备的冷却水、冲霜水,其水质应满足被冷却设备的水质要求和卫生要求。

8.1.4 冷库给水应保证有足够的水量、水压,并应符合下列规定:

1 冷库生产设备的冷却水、冲霜水用水量应根据用水设备确定。

2 冷凝器采用直流水冷却时,其用水量应按下式计算:

$$Q = \frac{3.6\phi_1}{1000C\Delta t} \tag{8.1.2}$$

式中:Q——冷却用水量(m³/h);

　　　ϕ_1——冷凝器的热负荷(W);

　　　C——冷却水比热容,C=4.1868kJ/(kg·℃);

　　　Δt——冷凝器冷却水进出水温度差(℃)。

3 制冰用水量应按每吨冰用水1.1m³~1.5m³计算。

4 冷库的生活用水量宜按25L/人·班~35L/人·班,用水时间8h,小时变化系数为2.5~3.0计算。洗浴用水量按40L/人·班~60L/人·班,延续供水时间为1h。

8.1.5 冷库用水的水温应符合下列规定:

1 蒸发式冷凝器除外,冷凝器的冷却水进出口平均温度应比冷凝温度低5℃~7℃。

2 冲霜水的水温不应低于10℃,不宜高于25℃。

3 冷凝器进水温度最高允许值:立式壳管式为32℃,卧式壳管式为29℃,淋浇式为32℃。

8.1.6 冷库冷却水应采用循环供水。循环冷却水系统宜采用敞开式。

8.1.7 冷却塔的选用应符合下列规定:

1 冷却塔热力性能应满足设计对水温、水量及当地气象条件的要求。

2 风机设备应是效率高、噪声小、运转安全可靠、耐腐蚀、符合标准的产品。

3 冷却塔体、填料的制作、安装应符合国家有关产品标准。

4 冷却塔运行噪声应满足环保要求。

8.1.8 计算冷却塔的最高冷却水温的气象条件,宜采用按湿球温度频率统计方法计算的频率为10%的日平均气象条件。气象资料应采用近期连续不少于5年,每年最热时期3个月的日平均值。

8.1.9 冷却塔循环给水的补充水量,宜按冷却塔循环水量的2%~3%计算。蒸发式冷凝器循环冷却水的补充水量,宜按循环水量的3%~5%计算。

8.1.10 循环冷却水系统宜采取除垢、防腐及水质稳定的处理措施。

8.1.11 寒冷和严寒地区的循环给水系统,应采取如下防冻措施:

1 在冷却塔的进水干管上宜设旁路水管,并应能通过全部循环水量。

2 冷却塔的进水管道应设泄空水管或采取其他保温措施。

8.1.12 制冷压缩机冷却水进水宜设过滤器,出水管上应设水流指示器,进水压力不应小于69kPa。

8.1.13 冷库冲霜水系统应符合下列规定:

1 空气冷却器(冷风机)冲霜水宜回收利用。冲霜水量应按产品样本规定。冲霜淋水延续时间按每次15min~20min计算。

2 速冻装置及对卫生有特殊要求冷间的冷风机冲霜水宜采

用一次性用水。

3 空气冷却器(冷风机)冲霜配水装置前的自由水头应满足冷风机要求，但进水压力不应小于49kPa。

4 冷库冲霜水系统调节站宜集中设置，并应设置泄空装置。当环境温度低于0℃时，应采取防冻措施。有自控要求的冲间，冲霜水电动阀前后段应设置泄空装置，并应采取防冻措施。

5 冲霜给水管应有坡度，并坡向空气冷却器。管道上应设泄空装置并应有防结露措施。

8.1.14 当给排水管道穿过冷间及库体保温时，保温墙体内外两侧的管道上应采取保温措施，其管道保温层的长度不应小于1.5m。冷库穿堂内给排水管道明露部分应采取保温或防止结露的措施。

8.1.15 冷库内生产、生活用水应分别设水表计量，并应有可靠的节水、节能措施。

8.2 排 水

8.2.1 冷却间和制冷压缩机房的地面应设地漏，地漏水封高度不应小于50mm。电梯井、地磅坑等易于集水处应有排水及防止水流倒灌设施。

8.2.2 冷库建筑的地下室、地面架空层应设排水措施。

8.2.3 冷风机水盘排水、蒸发式冷凝器排水、贮存食品或饮料的冷藏库房的地面排水不得与污废水管道系统直接连接，应采取间接排水的方式。

8.2.4 多层冷库中各层冲(融)霜水排水，应在排入冲(融)霜排水主立管前设水封装置。

8.2.5 不同温度冷间的冲(融)霜排水管，应在接入冲(融)霜排水干管前设水封装置。

8.2.6 冷风机采用热氨融霜或电融霜时，融霜排水可直接排放。库内融霜排水管道可采用电伴热保温。

8.2.7 冲(融)霜排水管道的坡度和充满度，应符合现行国家标准《建筑给水排水设计规范》GB 50015的规定。

8.2.8 冷却物冷藏间设在地下室时，其冲(融)霜排水的集水井(池)应采取防止冻结和防止水流倒灌的措施。

8.2.9 冲(融)霜排水管道出水口应设置水封或水封井。寒冷地区的水封及水封井应采取防冻措施。

8.3 消防给水与安全防护

8.3.1 冷库应按现行国家标准《建筑设计防火规范》GB 50016及《建筑灭火器配置设计规范》GB 50140设置消防给水和灭火设施。

8.3.2 冷库内的消火栓应设置在穿堂或楼梯间内，当环境温度低于0℃时，室内消火栓系统可采用干式系统，但应在首层入口处设置快速接口和止回阀，管道最高处应设置自动排气阀。

8.3.3 库区及氨压缩机房和设备间(靠近贮氨器处)门外应设室外消火栓。大型冷库的氨压缩机房对外进出口处宜设室内消火栓并配置开花水枪。

8.3.4 大型冷库的氨压缩机房贮氨器上方宜设置水喷淋系统，并选用开式喷头，开式喷头保护面积按贮氨器占地面积确定。开式喷头的水源可由库区消防给水系统供给，操作均可为手动。

8.3.5 大型冷库氨压缩机房贮氨器处稀释漏氨排水及紧急泄氨器排水应单独排出，并在排入库区排水管网前应设有隔断措施，并配备有事故水池，提升水泵。事故水池内稀释漏氨排水及紧急泄氨器排水应经处理达标后排入市政排水管网或沟渠。

8.3.6 大型冷库和高层冷库设计温度高于0℃，且其中一个防火分区建筑面积大于1500m²时，应设置自动喷水灭火系统。当冷藏间内设计温度不低于4℃时，应采用湿式自动喷水灭火系统；当冷藏间内设计温度低于4℃时，应采用干式自动喷水灭火系统或预作用自动喷水灭火系统。

9 采暖通风和地面防冻

9.0.1 制冷机房的采暖设计应符合下列要求：

1 制冷机房内严禁明火采暖。

2 设置集中采暖的制冷机房，室内设计温度不宜低于16℃。

9.0.2 制冷机房的通风设计应符合下列要求：

1 制冷机房日常运行时应保持通风良好，通风量应通过计算确定，通风换气次数不应小于3次/h。当自然通风无法满足要求时应设置日常排风装置。

2 氟制冷机房应设置事故排风装置，排风换气次数不应小于12次/h。氟制冷机房内的事故排风口上沿距室内地坪的距离不应大于1.2m。

3 氨制冷机房应设置事故排风装置，事故排风量应按183m³/(m²·h)进行计算确定，且最小排风量不应小于34000m³/h。氨制冷机房的事故排风机必须选用防爆型，排风口应位于侧墙高处或屋顶。

9.0.3 冷间地面的防冻设计形式应根据库房布置、投资费用、能源消耗和经常操作管理费用等指标经技术经济比较后选定。

9.0.4 采用自然通风的地面防冻设计应符合下列要求：

1 自然通风管两端应直通，并坡向室外。直通管段总长度不宜大于30m，其穿越冷间地面下的长度不宜大于24m。

2 自然通风管管径宜采用内径250mm或300mm的水泥管，管中心距离不宜大于1.2m，管口的管底宜高出室外地面150mm，管口加设网栅。

3 自然通风管的布置宜与当地的夏季最大频率风向平行。

9.0.5 采用机械通风的地面防冻设计应符合下列要求：

1 采用机械通风的支风道管径宜采用内径250mm或300mm的水泥管，管中心距离可按1.5m～2.0m等距布置，管内风速应均匀，一般不宜小于1m/s。

2 机械通风的主风道断面尺寸不宜小于0.8m×1.2m(宽×高)。

3 采暖地区机械通风的送风温度宜取10℃，排风温度宜取5℃。

4 采暖地区机械通风地面防冻加热负荷和机械通风量应按本规范附录A的规定进行计算。

5 地面加热层的温度宜取1℃～2℃，并应在该加热层设温度监控装置。

9.0.6 架空式的地面防冻设计应符合下列要求：

1 架空式地面的进出风口底面高出室外地面不应小于150mm，其进出风口应设格栅。在采暖地区架空式地面的进出风口应增设保温的启闭装置。

2 架空式地面的架空层净高不宜小于1m。

3 架空式地面的进风口宜面向当地夏季最大频率风向。

9.0.7 采用不冻液为热媒的地面防冻设计应符合下列要求：

1 供液温度不应高于20℃，回液温度宜取5℃。

2 管内液体流速不应小于0.25m/s。

3 加热管应设在冷间地面隔热层下的混凝土垫层内，并应采用钢筋网将该加热管固定。

4 采用金属管作为加热管时应采用焊接连接，采用非金属管作为加热管时地面下不应安装可拆卸接头。加热管在垫层混凝土施工前应以0.6MPa(表压)的水压试漏，并经24h不降压为合格。

9.0.8 当地面加热层的热源采用制冷系统的冷凝热时，压缩机同期运行的最小负荷值应能满足地面加热负荷的需要。

9.0.9 当冷间地面面积小于500m²，且经济合理时，也可采用电热法进行地面防冻。

城市名称	3.2m 深处地温(℃)				
	月份	温度值	月份	温度值	平均值
呼和浩特	4	4.6	5	4.6	4.6
兰州	3	8.6	4	8.8	8.7
西宁	3	5.9	4	6.2	6.1
银川	4	6.7	5	7.0	6.9
西安	3	11.9	4	12.0	12.0
太原	3	8.4	4	7.9	8.2
石家庄	3	11.2	4	11.4	11.3
郑州	3	12.3	4	12.5	12.4
乌鲁木齐	3	6.5	4	6.6	6.5
南昌	3	16.0	4	15.7	15.9
武汉	4	15.6	5	15.8	15.7
长沙	3	16.6	4	16.4	16.5
南宁	3	22.0	4	22.0	22.0
广州	3	21.9	4	22.0	22.0
昆明	4	15.1	5	15.1	15.1
拉萨	2	7.6	3	7.6	7.6
成都	3	15.4	4	15.8	15.6
贵阳	3	15.3	4	15.4	15.4
南京	3	14.0	4	13.7	13.9
合肥	4	15.0	5	15.5	15.3
杭州	3	15.6	4	15.2	15.4
济南	3	13.8	4	13.6	13.7
蚌埠	3	14.1	4	14.0	14.1
齐齐哈尔	4	2.7	5	2.5	2.6
海拉尔	6	0.5	7	0.4	0.5

附录 A 采暖地区机械通风地面防冻加热负荷和机械通风送风量计算

A.0.1 采暖地区地面防冻的加热计算,应采用稳定传热计算公式。部分土壤热物理系数宜按表 A.0.1 的规定确定。

表 A.0.1 部分土壤热物理系数

土壤名称	密度 (kg/m³)	导热系数 [W/(m·℃)]	土壤条件	
			质量湿度(%)	温度(℃)
亚黏土	1610	0.84	15	融土
碎石亚黏土	1980	1.17	10	融土
砂土	1975	1.38	28	8.8
砂土	1755	1.50	42	11.7
黏土	1850	1.41	32	9.4
黏土	1970	1.47	29	7.7
黏土	2055	1.38	24	8.8
黏土加砂	1890	1.27	23	9.7
黏土加砂	1920	1.30	27	10.6

A.0.2 采暖地区机械通风地面防冻加热负荷应按下式计算:

$$Q_f = a(Q_r - Q_{tu}) \times \frac{24}{T} \qquad (A.0.2)$$

式中:Q_f——地面加热负荷(W);

　　　a——计算修正值,当室外年平均气温小于 10℃时宜取 1;当室外年平均气温不低于 10℃时,宜取 1.15;

　　　Q_r——地面加热层传入冷间的热量(W);

　　　Q_{tu}——土壤传给地面加热层的热量(W);

　　　T——通风加热装置每日运行的时间,一般不宜小于 4h。

A.0.3 机械通风地面加热层传入冷间的热量 Q_r 应按下式计算:

$$Q_r = F_d(t_r - t_n)K_d \qquad (A.0.3)$$

式中:Q_r——地面加热层传入冷间的热量(W);

　　　F_d——冷间地面面积(m²);

　　　t_r——地面加热层的温度(℃);

　　　t_n——冷间内的空气温度(℃);

　　　K_d——冷间地面的传热系数[W/(m²·℃)]。

A.0.4 土壤传给地面加热层的热量 Q_{tu} 应按下式计算:

$$Q_{tu} = F_d(t_{tu} - t_r)K_{tu} \qquad (A.0.4)$$

式中:Q_{tu}——土壤传给地面加热层的热量(W);

　　　F_d——冷间地面面积(m²);

　　　t_{tu}——土壤温度(℃);

　　　t_r——地面加热层的温度(℃),宜取 1℃~2℃;

　　　K_{tu}——土壤传热系数[W/(m²·℃)]。

A.0.5 土壤温度应取地面下 3.2m 深处历年最低两个月的土壤平均温度。主要城市地面下 3.2m 深处历年最低两个月的土壤平均温度应按表 A.0.5 的规定确定。当缺少该项资料时,可按当地年平均气温减 2℃计算。

表 A.0.5 主要城市地面下 3.2m 深处历年最低两个月的土壤平均温度

城市名称	3.2m 深处地温(℃)				
	月份	温度值	月份	温度值	平均值
北京	3	9.4		9.4	9.4
上海	3	14.8	4	14.5	14.7
天津	3	10.6	4	10.2	10.4
哈尔滨	4	2.4		2.1	2.3
长春	4	3.8		3.4	3.6
沈阳	4	5.4		5.7	5.6
乌兰浩特	3	2.4		2.2	2.3

A.0.6 土壤传热系数 K_{tu} 应按下式进行计算:

$$K_{tu} = \frac{1}{\frac{\delta_{tu}}{\lambda_{tu}} + \sum \frac{\delta_{i-n}}{\lambda_{i-n}}} \qquad (A.0.6)$$

式中:K_{tu}——土壤传热系数[W/(m²·℃)];

　　　δ_{tu}——土壤计算厚度,一般采用 3.2m;

　　　λ_{tu}——土壤的热导率[W/(m·℃)];

　　　δ_{i-n}——加热层至土壤表面各层材料的厚度(m);

　　　λ_{i-n}——加热层至土壤表面各层材料的热导率[W/(m·℃)]。

A.0.7 机械通风送风量应按下式进行计算:

$$V_s = 1.15 \times \frac{3.6Q_f}{C_k \cdot \rho_k(t_s - t_p)} \qquad (A.0.7)$$

式中:V_s——送风量(m³/h);

　　　Q_f——地面加热负荷(W);

　　　C_k——空气比热容[kJ/(kg·℃)];

　　　ρ_k——空气密度(kg/m³);

　　　t_s——送风温度,宜取 10℃;

　　　t_p——排风温度,宜取 5℃。

中华人民共和国国家标准

冷库设计规范

GB 50072-2010

条文说明

对冷间内照明增加了节能型灯具的相关规定;对防止引发火灾和人身安全保护等作了相关规定。

6)给排水部分:对冷库生产、生活用水的水质,水量增加了相应规定;增加了蒸发式冷凝器补充水量和循环冷却水除垢、防腐以及水质稳定措施的规定;增加了节能、节水措施相关技术规定;增加有关消防、安全方面的相关规定。

7)采暖通风部分:增加了氟制冷机房事故排风相关规定;对氨制冷机房安全的通风量和事故排风作了相关规定;增加了电热法地坪防冻相关规定。

修订说明

一、修订依据

根据原建设部《关于印发〈2007年工程建设标准规范制定、修订计划(第二批)〉的通知》(建标〔2007〕126号)和商务部下达的《冷库设计规范》工程建设标准修订任务来开展修订工作的。

二、修订的目的和内容

1 目的:

原规范自2001年6月1日实施以来,曾对全国冷库设计和冷库建设起到了很好的规范和促进作用。但实施10年来,我国市场经济和相关技术已有了很大的发展,原规范已不能适应当今冷库建设发展的需要,为此需进行再次修订。

2 内容:

1)总则部分:在适用范围中,修订为不分冷库规模大小,均应执行本规范;并适用于氨和氟两种制冷系统。

2)建筑部分:适应发展需要,在选址、总平面、库房等相关条文作了修订;对建库规模占地、防火分区等作了修订;贯彻节能减排,对冷库维护结构总热阻的单位面积热流量取值作了调整。

3)结构部分:对冷库冷间结构的耐久性应根据环境类别进行设计作了补充修订;对砌体材料禁用黏土砖作了规定。

4)制冷工艺部分:补充了有关制冷系统一工业管道,设计温度、设计压力及管材和管件的选用规定;对小型冷库制冷机的选用特性作了规定;删去了冷库制冷系统中制冷设备校核计算的各项计算公式。

5)电气部分:规定了氨机房内报警设定值为100ppm~150ppm,并对自动报警和自动开启机房内事故通风机作了规定;

1 总　则

1.0.1 为规范冷库设计,不论规模大小,均应执行或参照执行本规范相关规定。

1.0.2 本条规定了规范的适用范围。

1 按基建性质划分:它适用于新建、改建、扩建的冷库。至于改建维修的冷库,因受原有条件限制,在某些方面不一定能符合本规范要求,但规范中的一些原则,在改建或维修工程时仍可适用,如有特殊情况,应按因地制宜的原则执行。

2 本规范适用于以氨、氟为制冷剂的制冷系统。由于目前在冷库制冷系统中使用的氢氟烃类制冷剂,都不是环保冷媒,而是过渡性替代物质,因此在选用时,需随时关注国家在制冷剂方面的环保政策。

1.0.3 本规范修订中强调了"保护环境、安全适用",以适应我国冷库建设的发展。

1.0.5 根据国家对编制全国通用设计标准规范的规定,凡引用或参见其他设计标准、规范及其他有关规定的内容,除必要的以外,本规范不再另立条文,故在本条中统一作了交代。

06

2 术　语

　　本章给出了本规范中使用的 15 个术语的定义和对应的英语词语，以方便规范使用的理解和交流。

3　基 本 规 定

　　3.0.1　本规范规定冷库的设计规模，应以冷藏间或冰库的公称容积作为计算标准。公称容积为冷藏间或冰库的净面积（不扣除柱、门斗和制冷设备所占的面积）乘以房间净高。过去冷库的设计规模多以冷藏间或冰库的公称贮藏吨位计算。这种计算方法有许多缺点，主要表现在它的计算公式对冷库工程建设不能起到规范的作用。其计算公式为：公称贮藏吨位＝堆装面积×堆装高度×食品计算密度。公式中堆装面积和堆装高度虽有若干规定，但漏洞很多。因此常常出现几个贮藏同一类食品，公称贮藏吨位也相同的冷库，其建筑面积、内净容积和建设投资却相差很大，难于对设计质量进行评比，且国际上久已以"容积"衡量冷库规模的大小。根据中华人民共和国建设部制定的《工程设计资质标准》（2007 年修订本），商物粮行业冷藏库建设项目设计规模划分见表 1：

表 1　商物粮行业冷藏库建设项目设计规模划分

设计规模	大型	中型	小型
公称体积（m³）	＞20000	20000～5000	＜5000

　　使用公称容积有以下优点：

　　1　避免对"堆装面积"等因素解释不一而出现许多矛盾，也便于控制冷库规模和基建投资。

　　2　促使设计人员充分利用冷藏空间，提高容积的利用系数，做出更为经济实用的设计，也便于评定设计的优劣。

　　3　促使使用单位通过改革工艺、改进包装和堆码技术，挖掘冷库贮藏的潜力。

　　3.0.2　由于改用"公称容积"代替我国长期以来使用的"公称吨位"作为衡量冷库规模的标准，在设计和经营、管理等部门必然要

求能有一个简便的将"公称容积"换算成吨位的方法，因此本条给了一个换算公式，并引用了一个"计算吨位"量称。

　　3.0.3　本条规定了有关冷藏间的容积利用系数 η 值的选取。

　　1　原《冷库设计规范》编写组分析了商业、外贸、水产等 33 座不同规模、贮存不同食品的冷库，按原设计贮存量和原设计采用的食品计算密度，换算出堆货容积，它与冷藏间内净容积之比即为容积利用系数。按照冷库规模大小初步提出 4 种容积利用系数 η 值。

　　2　规范编写组又对另外 17 座规模大小不等的冷库进行了验算，第一步按各库原设计的冷藏吨位等求出其容积利用系数 η 值，并将它与初步提出的 4 种 η 值计算的冷藏吨位等进行比较；第二步按原设计图及有关贮藏规定（走道宽度、货物距墙、顶距离，有无门斗等）求出按手推车运货留走道的容积利用系数 η 值和按电瓶车运货留走道的容积利用系数 η 值，同时求出其相应的冷藏吨位。将 η、η_1、η_2、η_3 比较，提出了规范中 5 种不同公称容积的容积利用系数。其间规范编写组还对天津商业、外贸、水产 5 座冷库的容积利用系数作出测定和比较。

　　3　1982 年原规范审查会对规范提出的容积利用系数作了审查，提出公称容积小于 1000m³ 的冷库容积利用系数 0.45 偏大，最好改为 0.40。

　　这次审查会后，规范编写组又到辽宁、山东、北京、上海、浙江调查了 54 座冷库的容积利用情况（见表 2）。其中北京、上海、辽宁 6 座蔬菜冷库的容积利用情况说明，除周水子冷库拱屋面空间浪费大，堆装时留的空地太多，造成容积利用系数太小外，其他蔬菜冷库的容积利用系数均应采用本规范表 3.0.3 规定值乘以 0.8 的修正系数。

　　4　有地方反映贮存水果、鸡蛋的实际容积利用系数与规范值相差较大。为此规范编制组曾于 1983 年 11 月到河南、武汉对鲜蛋、水果冷库进行了测定（表 3 中序号 22～26），证明贮存鲜蛋、鲜水果的实际容积利用系数与本规范值相差上下均不到 5％，本规范值基本可用。

　　5　过去冷库设计没有国家的统一规范，同样的 10000t 冷库，有的设计冷藏间内净容积为 39717m³，有的却达 43265m³，后者大9％。同样 5000t 鲜蛋冷库，有的冷藏间建筑面积为 6849m³，有的却达 11637m³，较前者大 70％；冷藏间净容积前者为 31984m³，后者为 47632m³，较前者大 49％；每吨鲜蛋用同样的木箱，实测其占用建筑面积和冷藏间净容积分别为 1.4m³～1.71m³ 和 6.28m³～7.03m³，相差都不小。因此规范有必要作些统一规定。过去各单位都是按照自己掌握的数据进行设计，各系统冷库因用途不同，包装、运输、堆码方法、形式以及管理等也各不相同。现在本规范按 5 种不同规模的公称容积划分，确定了容积利用系数值，对某些冷库可能还不尽合理，有待在今后试行中积累资料后再进行修订和补充。

　　表 3.0.3 中公称容积是指一座冷库各冷藏间公称容积之和，请注意该表注 1。

　　6　实行新规范就要合理地考虑堆装设备、容器、合理的堆装高度和房间净高等，如果设计不考虑生产实际，盲目提高房间净高，其容积利用系数就可能达不到规范要求，实践中必然浪费资金和能源。

　　3.0.4　冰库的利用系数 η 值，随房间净高而异。从表 4 调查可看出：

　　1　容积利用系数 η 值与面积虽有关系，但当冰库内净面积分别为 246m²、540m²、680m² 时，其 η 值则分别为 0.53、0.57、0.61，互相间仅差 4％。但由表 4 可看出，η 值受净高的影响却比较大。如上述相同面积的冰库，当净高不同时，η 值相差达 13％～22％（即净高越高，容积利用系数越大）。

　　2　从内净容积的大小方面也很难确定 η 值。例如，内净容积相近分别为 2406m²、2432m² 时，其 η 值分别为 0.6、0.43，相差很大；若内净容积接近，如分别为 3243m² 和 3060m² 的两个房间，则 η 值分别为 0.57、0.47，相差也很大。

表2 冷库容积利用系数及食品密度调查表

序号	冷库名称	贮存货物名称	冷藏温度(℃)	冷库公称容积(m³)	F₁净面积(m²)	h₁净高度(m)	V₁净容积(m³)	F₂堆装面积(m²)	h₂堆装高度(m)	V₂堆装容积(m³)	η_1测定的容积利用系数V_2/V_1	本规范规定容积利用系数η	η_1/η	货物名称	存放形式	包装形式	ρ_1测定值(t/m²)	ρ_s本规范值(t/m³)	ρ_1/ρ_s
1	营口食品公司冷库(二期)	牛、羊肉	−15	2240	197.5	4.07	803.0	133.0	3.40	452.0	0.560	0.55	1.010	牛、羊肉	码白条	无	0.409	0.33	1.24
2	上海哈尔滨路冷库	牛肉、羊腔	−17~−18	3965	1160.0	2.85~4.05	3965.0	862.0	2.18~3.46	2412.0	0.608	0.55	1.100	—	—	—	—	—	—
3	大连食品公司冷冻厂	猪肉	−17~−18	21507	587.0	4.58	2688.0	467.0	3.70	1727.0	0.640	0.62	1.036	猪肉	码垛	无	700/1727=0.405	0.40	1.01
4	烟台肉联厂1500t冷库	猪肉	−17~−18	6235	354.0	5.00	1770.0	287.0	4.25	1219.0	0.688	0.55	1.250	猪白条	码垛	无	460/1219=0.377	0.40	0.94
5	青岛肉联厂老库	猪肉	−17~−18	6077	237.0	3.69	877.0	192.0	2.98	571.0	0.650	0.55	1.180	—	—	—	—	—	—
6	青岛肉联厂新库	猪肉	−17~−18	10694	588.0	4.56	2681.0	475.0	3.76	1786.0	0.666	0.60	1.110	猪白条	码垛	无	700/1786=0.391	0.40	0.98
7	北京市西南郊食品冷冻厂	猪肉	−17~−18	64828	572.0	4.54	2596.0	454.0	3.84	1742.0	0.670	0.62	1.080	猪白条	码垛	无	768/1742=0.441	0.40	1.10
8	上海醉家浜冷库	冻肉	−17~−18	55341	12136.0	4.56	55341.0	10233.0	3.75	38375.0	0.690	0.62	1.110	—	—	—	—	—	—
9	上海沪南冷库(二库)	冻肉	−16~−18	11601	—	—	—	—	—	平均 0.603		0.60	1.004	—	—	—	—	—	—
10	杭州罐头食品厂3000t冷库	猪肉、禽	−18	6435	—	—	1251.3	—	—	736.0	0.590	0.55	1.060	—	—	—	—	—	—
11	宁波食品公司500t冷库	猪肉	−18	1829	—	—	1829.0	—	—	941.0	0.514	0.50	1.030	—	—	—	—	—	—
12	营口食品公司150t蛋库	鲜蛋	±0	1006	129.0	3.90	503.0	77.6	3.10	240.0	0.480	0.50	0.960	鲜鸡蛋	箱堆	木箱	75/240=0.312	0.26	1.19

续表2

序号	冷库名称	贮存货物名称	冷藏温度(℃)	冷库公称容积(m³)	F₁净面积(m²)	h₁净高度(m)	V₁净容积(m³)	F₂堆装面积(m²)	h₂堆装高度(m)	V₂堆装容积(m³)	η_1测定的容积利用系数V_2/V_1	本规范规定容积利用系数η	η_1/η	货物名称	存放形式	包装形式	ρ_1测定值(t/m²)	ρ_s本规范值(t/m³)	ρ_1/ρ_s
13	大连食品公司冷冻厂	鲜蛋	±0	13296	351.0	4.00	1404.0	264.0	3.10	818.0	0.580	0.60	0.967	鲜鸡蛋	箱堆	木箱	225/818=0.275	0.26	1.04
14	北京市食品公司肉联厂蛋库	鲜蛋	±0	3328	475.0	3.20	1520.0	392.0	2.62	1009.0	0.660	0.55	1.200	鲜鸡蛋	箱堆	木箱	0.243	0.26	0.93
15	北京市西南郊食品冷冻厂	鲜蛋	±0	6949	432.0	3.70	1600.0	338.0	2.60	878.0	0.548	0.55	0.996	鲜鸡蛋	堆垛	木箱	0.262	0.26	1.01
16	上海禽蛋二厂冷库	鲜蛋	±0	6948	—	—	—	—	—	—	平均 0.603		0.55	1.100	—	—	—	平均 0.190	0.26	0.73
17	上海光复路蛋品批发部	鲜蛋	±0	7113	—	—	—	—	—	—	平均 0.524		0.55	0.950	—	—	—	0.245	0.26	0.94
18	杭州食品公司禽蛋批发部500t蛋库	鲜蛋	+2~−2	3960	264.0	5.00	1320.0	158.0	3.65	574.0	0.430	0.55	0.780	—	堆垛	木箱	0.251	0.26	0.96
19	宁波蛋品批发部100t蛋库	鲜蛋	+2~−2	417.6	87.0	4.80	417.6	69.0	2.50	172.5	0.413	未规定 >0.40	1.030	—	—	—	—	—	—
20	北京市左安门菜站三期库	鲜蛋	—	—	—	—	—	333.0	箱装 3.66	1220.0	0.540	0.60	0.900	鲜蛋	堆垛	木箱	262/1220=0.214	0.26	0.82
21	上海新闸桥新冷库	鲜蛋	0~5	9194	382.5	4.10	1568.0	286.0	3.50	1001.0	0.638	0.55	1.160	—	—	—	—	—	—
22	上海光复路蛋品冷库	冰蛋	−17~−20	1267	—	—	—	—	—	—	0.568	0.50	1.130	—	—	—	—	—	—
23	沈阳和平菜站冷库	蔬菜	±0	10291	302.0	3.40	1029.0	171.0	3.10	530.0	0.510	0.60	0.850	蒜薹	架存	挂、有的装塑料装	70/530=0.132	0.23	0.57

续表2

序号	冷库名称	贮存货物名称	冷藏温度(℃)	冷库公称容积(m³)	容积利用系数（一间或数间冷藏间）									食品密度					
					F_1 净面积(m²)	h_1 净高度(m)	V_1 净容积(m³)	F_2 堆装面积(m²)	h_2 堆装高度(m)	V_2 堆装容积(m³)	η 测定的容积利用系数 V_2/V_1	η 本规范规定容积利用系数	η_1/η	货物名称	存放形式	包装形式	ρ_1 测定值(t/m²)	ρ_s 本规范值(t/m³)	ρ_1/ρ_s
24	大连周水子菜库	蔬菜	±0	18656	212.0	4.40	933.0	—	—	298.0(走道宽)	0.320	0.62	0.530	蒜薹	架存	—	60/298=0.201	0.23	0.87
25	营口蔬菜公司第二菜库(北)	蔬菜	±0	7564	210.0	—	945.0	102.0	—	418.0	0.440	0.55	0.800	蒜薹	架存	挂塑料袋	40/418=0.095	0.23	0.41
26	营口蔬菜公司第二菜库(南)	蔬菜	±0	8187	413.0	4.95	2046.0	189.0	4.60	870.0	0.424	0.55	0.770	蒜薹	架存	挂塑料袋	90/870=0.103	0.23	0.45
27	北京左安门菜站二期库	蔬菜	±0	13512	420.0	5.36	2252.0	307.0	3.84	1181.0	0.520	0.60	0.870	大白菜			140/1181=0.119	0.23	0.52
28	上海国庆路蔬菜库	蔬菜	0~2	5547	1440.0	3.80~4.00	5547.0	859.0	3.00	2578.0	0.465	0.55	0.850						
29	沈阳果品公司沈东批发站	水果	±0	7599	357.0	4.26	1520.0	249.0	3.50	872.0	0.570	0.55	1.036	水果	堆筐7个高	筐装	185/872=0.213	0.23	0.93
30	北京市果品公司四道口5000t冷库	水果	±0	33432	342.0	4.00	1368.0	269.0	3.33	896.0	0.655	0.62	1.050			箱装			
	北京市果品公司四道口5000t冷库	水果	±0						3.22	866.0	0.633	0.62	1.020	水果		筐装	0.235	0.23	1.02
31	上海果品公司冷库	水果	±0	34230	360.3	4.00	1441.0	277.0	3.15	872.5	0.606	0.62	0.980						
32	上海果品公司新闸桥(老库)	水果	0~5	12823	262.0	5.00	1310.0	201.0	3.60	724.0	0.550	0.60	0.910	水果			0.250	0.23	1.08
33	上海果品公司新闸桥(新库)	水果	0~5	32862					3.15	901.0	0.575	0.62	0.930	水果		篓装	0.200	0.23	0.86
34	上海泰康食品厂冷库	苹果	0~2	2158	239.8	4.50	1079.0	180.7	3.15	569.2	0.530	0.55	0.960						

续表2

序号	冷库名称	贮存货物名称	冷藏温度(℃)	冷库公称容积(m³)	容积利用系数（一间或数间冷藏间）									食品密度					
					F_1 净面积(m²)	h_1 净高度(m)	V_1 净容积(m³)	F_2 堆装面积(m²)	h_2 堆装高度(m)	V_2 堆装容积(m³)	η 测定的容积利用系数 V_2/V_1	η 本规范规定容积利用系数	η_1/η	货物名称	存放形式	包装形式	ρ_1 测定值(t/m²)	ρ_s 本规范值(t/m³)	ρ_1/ρ_s
35	上海禽蛋一厂冷库	冻鸡	−21	3348	343.0	4.86	1667.0	248.4	3.62	899.0	0.540	0.55	0.980	冻鸡	—	—	0.500	0.40	1.25
36	上海北宝兴路冷库(新库)	盘冻鸭	−15~−18	5800						平均0.610		0.55	1.110						
37	上海北宝兴路冷库(老库)	鸡、鹅	−15~−18	1321							0.630	0.50	1.260						
38	宁波市家禽500t冷库	禽	−18	1944	432.0	4.50	1944.0	336.0	3.50	1176.0	0.604	0.50	1.210	禽	—	—	0.440	0.40	1.10
39	营口水产公司冷库	水产	−18	3159	187.0	6.50 太高	1215.0	127.4	4.50	开两个门573.0	0.470	0.55	0.850	水产	码垛	无	280/573=0.488	0.47	1.02
40	大连海洋渔业公司10000t库	水产	−18	25914	442.0	3.74	1653.0	358.0	3.24	1160.0	0.700	0.62	1.130	—	托板上13层	—			
41	大连市水产公司制品厂冷库	水产	−20	8162	626.0	4.25	2660.0	564.0	3.20	1804.0	0.670	0.55	1.210	水产	13层纸箱高	无	0.975/1.45=0.672	0.47	1.42
															托板码堆	纸箱	1.56/3.66=0.426	0.47	0.90
42	烟台海洋渔业公司冷冻厂3800t新库	水产	−18	12621	826.0	3.67	3032.0	664.0	2.80	1859.0	0.613	0.60	1.02	水产	—	无	620/1859=0.333	0.47	0.71
																	1/1.54=0.649	0.47	1.38
43	青岛海洋渔业公司中港冷库一期库	水产	−18	21972	246.0	3.38 太低	831.0	209.0	2.40	501.0	0.600	0.62	0.79	水产	堆块	无	224/501=0.447	0.47	0.95
44	北京四路通水产5000t冷库	水产	−18	19679	1371.0	3.98	5456.0	1070.0	3.41	3648.0	0.668	0.62	1.07	—	放1400t时	—	0.380	0.47	0.81
															放1684t时		0.460	0.47	0.98
45	上海水产供销站冷库	水产	−18	24000	1669.0	3.64	6074.0	1454.0	3.12	4536.0	0.750	0.62	1.2	水产	—	—			

续表2

序号	冷库名称	贮存货物名称	冷藏温度(℃)	冷库公称容积(m³)	F₁净面积(m²)	h₁净高度(m)	V₁净容积(m³)	F₂堆装面积(m²)	h₂堆装高度(m)	V₂堆装容积(m³)	η₁测定的容积利用系数V₂/V₁	η本规范规定容积利用系数	η₁/η	货物名称	存放形式	包装形式	ρ₁测定值(t/m²)	ρs本规范值(t/m³)	ρ₁/ρs
46	上海泰康食品厂冷库	马面鱼	−18	7174	239.8	4.00	959.0	—	—	569.0	0.590	0.55	1.07	—	—	—	—	—	—
47	上海海林食品冷库	鱼肉、番茄、土豆	−18	4587	468.0	3.20	1530.0	403.0	2.50	1037.0	0.677	0.55	1.23	—	—	—	—	—	—
48	杭州卖鱼桥水产1000t冷库	水产	−18	4895	1009.3	4.85	4895.0	—	3.00	2612.0	0.533	0.55	0.97	—	—	—	0.430	0.47	0.91
49	宁波3000t中转水产冷库	水产	−18	12972	1435.0	4.52	6486.0	1045.0	—	3135.0	0.483	0.60	0.80	—	—	—	—	—	—
50	舟山海洋渔业公司大干冷库	水产	−18	37990	1681.0	4.52	7598.0	1541.0	—	4623.0	0.608	0.62	0.98	—	—	—	—	—	—
51	烟台海洋渔业公司3000t冷库	冰	−6	5227	378.0	13.83	5227.0	378.0	—	3949.0	0.750	0.65	1.15	—	—	—	—	—	—
52	青岛海洋渔业公司中港一期库	冰	−4	14861	547.0	11.56	6372.0	547.0	—	5117.0	0.800	0.65	1.23	冰	堆块	无	4000/5117=0.782	0.75	1.04
53	宁波冷藏公司冷库	冰棒等	−18	996	83.0	4.00	332.0	46.0	3.00	138.0	0.410	0.40	1.03	—	—	—	—	—	—
54	大连南关岭外贸冷库	虾肉	−18	34658	520.0	6.25	3253.0	371.0	5.06	1877.0	0.577	0.62	0.93	—	—	—	—	—	—
55	北京外贸饮料食品厂700t冷库	冻肉	−20	3566	673.0	5.30	3566.0	479.0	4.47	2141.0	0.600	0.55	1.09	冻肉	托板	纸箱	800/2141=0.373	0.40	0.93
56	上海外贸冷冻三厂10000t冷库	冻肉、分割肉	−18	36502	9156.0	3.50～4.30	36502.0	6505.0	3.24～3.60	21829.0	0.60	0.62	0.97	分割肉	—	—	—	—	—
57	上海外贸冷冻三厂7000t冷库	肉兔、冰蛋等	−18～−20	32862	8365.0	3.80～4.25	32862.0	5907.0	3.24～3.60	19710.0	0.600	0.62	0.97	肉兔、冰蛋	—	纸盒	0.376	0.40	0.94

表3 冷藏间容积利用系数 η 验算情况(序号 1～17 为按图计算,18～27 为现场实例)

序号	设计号或冷库名称	原设计吨位(t)	贮存货物名称	冷藏间总净面积(m²)	冷藏间净高(m)	冷藏间总净容积(m³)	密度(kg/m³)	冷藏量(t)	求得的η值	密度(kg/m³)	η值	冷藏量(t)	与原设计冷藏量比(%)	备注
1	冷90	100	冷却物	39.0	4.00	156	320	26.5	0.530	260	0.40	16.20	−38.0	—
			冻结物	118.7	4.00	474	375	75.0	0.420	400	0.40	75.80	+1.0	
2	冷101	170	冻肉	138.3	5.41	748	375	170.0	0.620	400	0.40	119.00	−30.0	原设计容量偏大、平面尺寸小,净高5.41m,堆高5m无法实现
3	冷88	500	冻肉	470.0	5.00	2350	375	500.0	0.570	400	0.55	517.00	+3.40	原设计房间宽11m减去电瓶车走道货架宽4.3m,堆高4.7m不合理
4	冷55	1000	冻肉	666.0	5.70	3796	375	976.0	0.700	400	0.55	835.00	−14.4	
5	冷109	1900	西红柿	3873.0	4.80	18590	175	1900.0	0.650	230	0.62	2120.00	−11.6	
6	冷117	2300	冻肉	1581.0	7.55	11935	375	2356.0	0.530	400	0.62	2864.00	+21.6	原设计净高7.55m,堆高只有5m,空间浪费
7	冷84	3000	冻肉	2513.0	4.56	11458	375	2860.0	0.670	400	0.62	2750.00	−3.8	
8	冷106	5000	冻肉	4380.0	4.56	19976	375	5140.0	0.690	400	0.62	4954.00	−3.8	
9	冷97	—	牛、羊、猪肉	2105.0	6.64	13977	375	4284.0	0.730	400	0.62	3466.00	—	净高有问题,肉鱼,5.8m高鲜蛋都无法实现,故实际冷藏量达不到规范值
		5000	鱼	659.0	6.64	4375	450	—	—	470	0.62	1275.00	+10.0	
			鲜蛋	942.0	6.64	6253	320	1170.0	0.580	260	0.55	894.00	—	
10	冷113	6500	冻肉	5693.0	4.56	25960	375	6500.0	0.670	400	0.62	6438.00	−1.0	
11	冷111	9000	冻肉	7136.0	4.76	33967	375	8800.0	0.690	400	0.62	8424.00	−4.2	
12	冷105	10000	冻肉	9488.0	4.56	43265	375	10176.0	0.630	400	0.62	10729.00	+5.4	
13	冷110	10000	冻肉	8344.0	4.76	39717	375	10200.0	0.680	400	0.62	9850.00	−4.3	
14	冷87	10000	冻肉	9468.0	4.56	43174	375	10174.0	0.670	400	0.62	10707.00	+5.2	
15	柳州10000t库	10000	冻肉	9109.0	4.46～4.65	41519	375	10701.0	0.680	400	0.62	10296.00	−3.8	
16	冷114	20000	冻肉	17912.0	4.76	85262	375	20855.0	0.650	400	0.62	21145.00	+1.4	
17	龙华果品库	6000	果蔬	8501.0	4.02	34174	(295)	(6000.0)	0.600	230	0.62	4873.00	−18.8	按该库标准间实际堆仓板及木箱计实际η=0.54,上海堆装密度大

序号	设计号或冷库名称	原设计吨位(t)	贮存货物名称	冷藏间总净面积(m²)	冷藏间净高(m)	冷藏间总净容积(m³)	按原设计计算 密度(kg/m³)	冷藏量(t)	求得的η值	按本规范计算 密度(kg/m³)	η值	冷藏量(t)	与原设计冷藏量比(%)	备注
18	天津第一食品厂	1700	鲜蛋	2768.0	4.00	11070	—	(1700.0)	0.590	260	0.60	1726.00	+1.6	
19	天津食品公司第二冷冻厂	7000	冻肉	7460.0	4.00	29840	320	实测6948.0	0.540	400	0.62	7400.00	与实际比+6.5	—
		1200	水果	1865.0	4.00	7459	375	实测1000.0	0.500	230	0.55	943.00	与实际比-5.7	
20	天津水产供销公司冷库	2000	冻鱼	1677.0	6.00	10060	320	2752.0	堆高4.8m 0.608	470	0.62	2836.00	与实际比+3.0	
21	天津外贸食品公司冷冻厂冷库	10000	冻食品	7889.0	3.85	30372	(450)	剔骨肉实存7141.0	0.619	400	0.62	7532.00	与实际比+5.5	原设计面积净高均小
22	武汉第六冷冻厂	5000	鲜蛋	7509.0	底层4.58 一五层4.28 二三四层4.18	32125	320	实测5118.0	0.590	260	0.62	5178.00	+1.2	—
23	郑州市蛋库	5000	鲜蛋	6691.0	4.78	31984	300	5000.0	0.590	260	0.62	5155.00	+3.1	原设计面积偏小
24	郑州果品冷库	5000	水果	6134.0	6.00	36814	(185)	5000.0	0.605	230	0.62	5249.00	+5.0	箱间留孔隙堆装密度小
25	武汉徐家棚水果库	5000	鲜蛋	10402.0	4.58	47641	(233)	实测6768.0	0.610	260	0.62	7680.00	+13.5	原设计面积太大
26	武汉禽蛋加工厂冷库	600	鲜蛋	319.0	4.50	4107	(233)	600.0	0.560	260	0.55	587.00	-2.0	实测箱间留空隙时534t
27	汉口水果库	500	水果	660.0	4.80	3168		实测400.0		230	0.55	401.00	+0.3	原设计面积小达不到500t

3 用吊车吊冰时，因吊车占空间大，故净高要高一些才经济。水产系统冰库趋向于做12m净高，η值可达0.7。例如，冰库内净面积为680m²，净高6m，无吊车时，η=0.61；而有吊车时，房间净高分别为9m、8m、7m时，η值则分别为0.64、0.59、0.52，显然低于9m时就不经济了。

以水产系统两套定型图纸验证：200t冰库内净面积为68.86m²(11m×6.26m)，净高6m，内净容积413m³，值取0.6，以计算密度为750kg/m³，则能储冰186t。又如500t冰库，内净面积为191m²(16.9m×11.35m)，净高6.05m，内净容积1160m³；η值按0.6计，则可储冰522t。

表4 冰库容积利用系数

型式	内净面积(m²)	净高(m)	内净容积(m³)	堆冰面积(m²)	堆冰高度(m)	堆冰容积(m³)	堆冰质量(t)	容积利用系数
单层	246	6.00	1476	204	3.85	785	589	0.53
单层或多层	246	5.00	1232	204	2.75	560	420	0.45
	246	4.45	1094	204	2.20	448	336	0.40
单层	400	6.00	2406	377	3.85	1451	1088	0.60
单层或多层	400	5.00	2000	377	2.75	1036	777	0.52
	400	4.45	1780	377	2.20	829	621	0.46
单层	540	12.00	6480	484	8.80	4259	3194	0.66
单层	540	6.00	3243	484	3.85	1863	1397	0.57
单层或多层	540	5.00	2700	484	2.75	1331	998	0.49
	540	4.50	2432	484	2.20	1064	798	0.43
单层	680	12.00	8160	649	8.80	5711	4283	0.70
单层	680	6.00	4080	649	3.85	2498	1873	0.61
单层或多层	680	4.50	3060	649	2.20	1460	1095	0.47

3.0.6 有关冷库贮藏食品的计算密度值的说明。

1 最初确定食品的计算密度（即实际的堆装密度），系根据当年在河南、陕西、四川、广东、广西、湖北、湖南、江苏和内蒙古九个省、自治区42座冷库中测定的数据加以整理、归纳得出的。第一步整理出8类73种商品的密度，再归纳为25种食品的密度（不包括装载用具的质量），并同1975年原商业部设计院编的《冷藏库制冷设计手册》（以下简称《手册》）的数据作了比较，见表5。在本规范初稿中，编写组提出41种食品的堆装密度，后来在本规范的报审稿中，编写组根据国内食品冷库贮存货物的类别归纳提出8种计算密度，提供审查会审定。这类数值与《手册》规定相比，肉类、鱼类冷库略有增加，分别增加6.6%和4.4%，鲜蛋略有减少，减少6.2%，而水果减少比例较大，为26%。

2 在原规范审查会中，编写组认为牛、羊库的计算密度采用400kg/m³偏大，特别是羊腔达不到此密度。如贵州省1981年10月测定羊腔密度只有207kg/m³～241kg/m³。编写组1981年10月在海拉尔肉联厂测定了几垛牛、羊肉，其密度：带骨牛肉为362.94kg/m³，羊腔216.97kg/m³（这批羊较小），纸箱装剔骨牛、羊块肉为824.3kg/m³。同时在乌鲁木齐肉联厂也作了测定：羊腔为300kg/m³～320kg/m³，劈半羊为375kg/m³～400kg/m³。因此对表3.0.6加了附注，规定冻肉冷库如同时存放猪、牛、羊时，其密度均按400kg/m³计，当只存冻羊腔，其密度按250kg/m³计，只存冻牛、羊肉时，密度按330kg/m³计。这类数值不宜再少，因为今后总会有一部分作剔骨块肉存放。

3 当年审查会还确定食品计算密度中的鲜蛋由300kg/m³降低为260kg/m³较宜；鲜水果由250kg/m³改为230kg/m³。对蔬菜的密度认为250kg/m³也大了一点。

表5 冷藏食品计算密度比较(kg/m³)

序号	名称	密度 1975年《手册》	规范归纳后意见
1	冻猪白条肉	375	400
2	冻牛白条肉	400	330
3	冻羊腔	300	250

序号	名　称	密　度	
		1975年《手册》	规范归纳后意见
4	块状冻剔骨肉或副产品	650	600
5	块状冻鱼	450	470
6	冻猪大油（冻动物油）	540（桶装）630（箱装）	650
7	块状冻冰蛋	—	730
8	听装冰蛋	550	700
9	箱装冻家禽	350	550（盒装）
10	盘冻鸡	—	350
11	冻鸭	—	450
12	冻蛇（盘装）	—	800
13	冻蛇（纸箱）	—	450
14	冻兔（带骨）	—	500
15	冻兔（去骨）	—	650
16	木箱装鲜鸡蛋	320	300
17	篓装鲜鸡蛋	—	230
18	篓装鸭蛋	—	250
19	筐装新鲜水果	—	220（200～230）
20	箱装新鲜水果	340	300（270～330）
21	托板式活动货架存菜	—	250
22	木杆搭固定货架存蔬菜（不包括架间距离）	—	220
23	篓装蔬菜	—	250（170～340）
24	木箱装蔬菜	—	250（170～350）
25	其他食品	300	370

当年审查会后编写组又到54个冷库作了调查，证明审查会提出的意见基本可行，但蔬菜的密度过去国内没有统一规定，《手册》也没有提供数据，从调查中得知存货方法对密度影响很大。目前北方一些蔬菜冷库用搭架子存蒜薹，走道多，架间空隙多，堆装密度也就很小。同样存大白菜，北京左安门菜站有的篓装只有119kg/m³，而上海国庆路菜站用托板式活动货架存大白菜则可达233kg/m³。从北京蔬菜公司提供的表6看，不同品种的蔬菜其密度相差一倍多。编写组调查冷藏间按每平方米净面积计贮菜量；存蒜薹190kg（营口第二菜库）至283kg（大连周子水菜库），存葱头可达800kg（周子水菜库），相差也很大。编写组认为蔬菜库计算密度取值可与水果冷库同，也定为230kg/m³，不宜太低；上海、湖北等有关单位认为这个数字可以。过去一些蔬菜冷库不考虑如何提高容积利用和堆装密度，空间浪费较大。

编写组于1983年11月又到河南、武汉几个鲜蛋、水果冷库作了调查。木箱装鲜蛋堆装密度，四座冷库分别为304kg/m³、233kg/m³、266kg/m³和233kg/m³，平均为259kg/m³。三座冷库的篓装水果的堆装密度分别为195kg/m³、235kg/m³、242kg/m³，平均为224kg/m³。以上调查的有关数字见表2、表6。

表6　北京蔬菜公司提供的不同品种蔬菜的堆装密度表（kg/m³）

蔬菜名称	包装形式	堆装密度
甘蓝（圆白菜）	堆垛	300
大白菜	木箱装	150～170
葱头	木箱装	260
葱头	篓装	340
土豆	木箱装	300～350
柿子椒	篓装	170
蒜薹（蒜苗）	散装	200
大蒜	篓装	260
鲜姜	篓装	260

3.0.7　过去国内冷库设计用的气象参数，没有统一规定，这次确定均采用现行国家标准《采暖通风与空气调节设计规范》GB 50019

中室外空气计算参数。库房外围护结构的传热计算（包括热阻、热流量）。本规范规定其室外温度采用夏季空气调节室外计算日平均温度 t_{wp}。

4　建　筑

4.1　库址选择与总平面

4.1.1　冷库是贮藏冷冻食品的仓库，故库址的选择除应满足一般工程选址的条件外，必须考虑避开对食品有污染的特殊要求，若是附属于肉类联合加工厂、水产加工厂和食品批发市场、食品配送中心等的冷库还必须综合考虑其建设条件。

4.1.2　本条规定了冷库的总平面布置要求。

1～3　同原规范相比，这三款对文字表述作了修改和调整，以使其更确切。

4　因当前高速公路的发展，今后公路运输将成为主要运输途径之一，故增加此款。

5　本款应以"洁净区和污染区"表述更确切，故不具体指明"厂内牲畜、家禽、水产等原料区……"，因为有的原料也不应在污染区。

6，7　这两款对防火、安全及疏散标识上作了规定。

4.1.8　本条是强制性条文。为适应冷库建设的发展及防火要求，经调查已建冷库的实践证明，对一、二级耐火等级的冷库贴邻布置作了相应的规定。

4.1.9　本条为强制性条文。对制冷机房布置作了更明确规定，以利于贯彻执行。

4.2　库房的布置

4.2.1　同原规范相比，本条增加了第3款，以适应氟制冷机组新增适用范围的相关规定。

4.2.2　本条为强制性条文。是本次修订的重点，对此作下重点说明：

1 原规范中库房冷藏间建筑的最大允许占地面积和防火分区面积是总结我国当时 30 年来建库经验得出的，具体是根据 20 世纪 50 年代当时建库需要测算和确定的，从 20 世纪 50 年代至今，特别是我国改革开放以来，国民经济有了飞速的发展，为适应我国对外贸易和国内人民生活对冷冻食品的需要，冷库建设规模日益扩大，近年来在深圳、上海、福州、厦门、杭州等沿海城市相继建设的万吨、几万吨的冷库数不胜数，其冷藏间建筑占地面积、单层已突破 10000m²，多层已突破 7000m²，承重木屋架、木吊顶的三级耐火冷藏间建筑已很少建设。本次修订对一、二级单层冷库最大允许占地面积作了适当增加，即"冷藏间建筑"单层、多层调至 7000m²，并增加了高层 5000m² 的规定。

2 原规范中未明确高层及地下室的耐火等级、层数和面积，只在"最多允许层数"栏内列出一、二级层数不限，为在执行中更确切理解，故本次修订表 4.2.2 增加了高层和地下室规定。

3 对冷库建筑火灾危险性的分析：

1）据现有调查了解的资料看，国内、外冷库建筑的火灾事故大多发生在新建和大修施工中，由于带火作业与可燃的隔热层、防水层等交叉施工，管理不善而引起火灾，在正常生产过程中发生火灾的冷库还没有，这说明经过实践证明冷库火灾的危险性是极小的。

2）冷库中贮存物为冷冻食品，大多以水产、肉类、蔬菜、果品为主，其火灾危险性，在现行国家标准《建筑设计防火规范》GB 50016 中划为"丙类"，这应该理解为是在正常温度和湿度条件下它的火灾危险性，而冷库库房的工况是高湿低温，所贮存物也是高湿低温的，且正常使用中无火源引入的可能，工作人员极少。因此长期实践中冷库正常使用中还未出现过火灾事故。

3）冷库库房内的贮存物一旦与火源接触，由于高湿低温也不易点燃，即使点燃后达到一定火势也是要有较长的延迟时间，此时这种一旦有火源的出现时间必然是在工作时间，由于延迟时间会早被工作人员发现，会及时扑灭，故也不具有火势蔓延成火灾事故的危险性。非工作时间冷间内是没有人的，因此也就不会有火源的引入。

4）历史上曾偶有在投产后发生火灾事故的，其隔热材料为稻壳，火源为穿过隔热层的电线设置不当，短路而引发的。因此，为避免类似的事故的发生，本规范在电气专业的第 7.3.6 条、第 7.3.9 条均作了加强防护的规定。

4 对于一旦发生火灾的消防措施：

1）从安全角度考虑，一定要从突发事故出发，采取有应急的消防措施。对于冷库建筑消防设施设置是否合理，对其设防目的的等级作如下分析：第一，要确保工作人员的安全；第二，要最大限度地减少贮存物品的损失；第三，要对冷库建筑本身最大限度地减少损失；第四，技术上可能，而且技术经济合理。

从上述设置消防设施的目的出发，作如下分析和配置。

第一，冷库内工作人员仅有很少的管理和货物运输人员，一旦出现火情，库房所设置的门和通道均能做到及时撤离和疏散。

第二，对于贮存物内冷藏间如设置火灾自动报警和自动喷淋消防设施，因其冷藏间工况均在 0℃ 以下（或 0℃ 左右），故对于启动的控制温度难以设定，如设定过低，则误启动的可能性很大，反而对贮存物造成不必要的损失，如按正常火情温度设定，则冷藏间内如能达到正常火情温度才启动，则冷藏间火情已达到较为严重的程度，贮存物由解冻、回化到可以燃烧的情况，那火势会相当严重。因此在冷藏间内设置自动报警对冷库的冷藏间而言，意义不大，且工程建设投资和日常维护、管理费用也不小，且不会减少对贮存物的损失，故此措施不可取。

第三，冷库建筑工程中投资最大的部分，主要是隔热层工程部分，该部分最怕水浸受潮，根据对冷藏间内火情发展的过程的分析，一般是最初在局部，且一定是可能带火源的工作时间，在有人的情况下，会及时发现，局部扑救是完全可能的，不致对建筑工程本身造成整体破坏。

综上情况，冷库中设置自动报警不是合理的消防设施，应在冷藏间外附近穿堂处设置固定式室内消火栓和移动式手提消防器材更为合理和适用。

2）为使库房建筑日常做到不产生火源，防止发生火灾隐患对库房、楼梯间的布置作了具体规定，详见本规范第 4.2.10 条、第 4.2.12 条。

4.2.3 本条为强制性条文。对冷藏间与穿堂之间的隔墙应为防火隔墙作了明确规定，但因目前冷藏门在技术上尚不能做到防火门的要求，故也明确规定冷藏门为非防火门。这样做的实效是一旦发生火灾，过火面积只限定在门洞范围，仍减小了火势蔓延的趋势。

4.2.4 对比原规范增加了第 3 款，以适应市场经济发展，对经营、管理上的功能需要作了相应规定。

4.2.6 根据调查了解使用功能上的需要，本条比原规范增加了第 2 款、第 7 款规定。

4.2.9 根据冷库吞吐量的不断加大，本条增加了 5t 型电梯运载能力的规定。

4.2.10 本条为强制性条文。在冷库防火要求上作了相应的规定。

4.2.12 本条为强制性条文。对应急疏散作了规定。

4.2.13、4.2.14 这两条在减少冷藏间入口的冷热交换和节能上作了相应规定。

4.2.17 本条为强制性条文。对库房安全使用，避免火灾等事故隐患作了相应规定。

4.3 库房的隔热

4.3.2～4.3.10 本规范为方便设计使用，把原规范列为附录中的列表加以整理，结合公式计算过程修订于正文中。

为贯彻节能方针，本部分重点对冷间外墙、无阁楼的屋面、有阁楼的顶棚的总热阻 R_0（m²·℃/W）作了修订，面积热流量（W/m²）取值取消了"12W/m²"，增加了"7W/m²"。

4.4 库房的隔汽和防潮

4.4.2 本条对蒸汽渗透阻验算作了规定。

4.4.3 采用现喷（或灌注）硬质聚氨酯泡沫塑料时，其发泡反应为放热过程，会使热熔性隔汽层与基层脱离，所以本条规定这种情况下不应选用热熔性材料。

4.4.4 本条根据调查的实践经验对隔汽层和防潮层的构造作了详细规定。

4.5 构造要求

4.5.1 因通风间层对夏热冬暖地区作用显著，故有此规定。

4.5.2 从实践经验证明，库房顶层隔热层采用块状隔热材料技术可行，使用可靠，可节省投资，故有此规定。

4.5.3 将原"阁楼柱应自阁楼楼面起包 1.2m 高度的块状隔热材料"，调整为"1.5m 高"，是根据调查中发现 1.2m 高度以上仍出现反潮现象。

4.5.4 本条为强制性条文。关于冷库防火和火灾情况，本规范编制组曾做过两次调查。第一次调查了上海、浙江、广东、天津、辽宁、陕西 6 个省市，从 1968～1980 年间发生火灾的 17 个冷库，其中 16 个冷库是在施工中失火，另有一个冷库是在投产后发生的，而且是由于设计不当，将接线盒放在可燃烧的稻壳隔热层内，电线发生短路引起火灾。1982 年又了解了辽宁、烟台、青岛、北京、上海、浙江部分地区的商业（肉类、蔬菜、水果、蛋品等）、外贸、水产、轻工各系统总冷藏量达 513924t 的 227 座冷库的情况。这 227 座冷库，按每座冷库投产使用年限统计为 3175 座年，共发生火灾 21 起，造成损失 163.33 万元。21 起火灾中属于施工中发生的 19

起,造成万元以上损失的计5起,共损失160万元,占21起火灾损失的98%。由此可见:

施工中发生火灾几率$=\dfrac{发生火灾数}{座年}=\dfrac{19}{3175}=0.6$次/100座年。

生产中发生火灾几率$=\dfrac{2}{3175}=0.06$次/100座年。

施工中发生火灾造成损失与227座冷库的原基建投资之比为1:100,生产中发生火灾造成损失与227座冷库的原基建投资之比为1:5000;21起火灾中,由于电焊、电线、电热丝、灯泡等引起的计4起、占19%。因此,我们认为防火重点应放在施工组织预防措施方面。但鉴于我国历史上大多数冷库采用易燃材料稻壳做外墙、层面的隔热层,今后部分地区仍会延用该做法,故不能排除其失火隐患。1984年我们了解到1963年的长春蛋禽厂1200t冷库生产中曾发生火灾,自阁楼稻壳燃烧起,涉及外墙、软木亦大部烧毁,损失近百万元(货物45万元、冷库维修费用达50万元)。为了防止火灾造成损失,除应加强投产后的安全保卫工作外,外墙与阁楼楼面均采用松散可燃隔热材料时,其相交处宜设防火带。本次修订,更明确规定了防火带的耐火等级。

4.5.5 近年来多层冷库冷藏间外墙与檐口及穿堂与冷藏间连接部分的变形缝部位漏雨和漏水的问题常有出现。因此,本次修订规范时增加本条,应在设计中注意。

4.6 制冷机房、变配电所和控制室

4.6.2 本条对氟制冷机房单独设置作了规定。

5 结 构

5.1 一般规定

5.1.1 冷库是特殊的仓储建筑,冻融循环和温度应力对结构有一定的影响,因此,本条对冷库中冷间的结构形式提出建议。

5.1.2 冷间建筑结构在降温以后,由于材料热胀冷缩,引起垂直及水平方向收缩变形,在构件之间相互约束作用下产生温度应力。如果设计不当就会使结构产生较大的裂缝。通过合理的结构设计可以减少温度变化引起的内力及变形,并防止产生大于规范要求的裂缝。

据了解,目前国内对0℃以下环境中混凝土线膨胀系数及弹性模量仍无法提出供计算用的精确数值;另外,钢筋混凝土收缩徐变对温度应力的松弛程度也缺乏定量的研究资料。因此,本规范仍按过去经验做法提出冷间结构设计的一般规定。

冷库是特殊的仓储建筑,在降温过程中会因温度变化作用对结构产生不利影响。因此,冷间逐步降温使建筑及结构构件逐步收缩,减少因激烈降温而产生温度裂缝。逐步降温也有利于建筑及结构构件中的水分逐步得到蒸发。冷库降温步骤可参考国家现行标准《氨制冷系统安装工程施工及验收规范》SBJ 12中的附录A。土建冷库试车降温时必须缓慢地降温,室温2℃以上时每天降温3℃~5℃,室温降至2℃时,应保持3d~5d;室温在2℃以下时,每天允许降温4℃~5℃。

5.1.3 本着与国家现行规范相协调的原则,根据冷库特殊的仓储建筑性质,本条规定了各混凝土结构伸缩缝最大间距。

5.1.4~5.1.7 冷间结构温度应力是客观存在的,经多年调查观测,其最常见发生裂缝的部位在冷间外墙四角及檐口、顶层与底层

柱上下两端。本着改善支承条件、减少内外结构相互影响的原则,若将屋面板适当分块,阁楼屋面采用装配式结构及底层采用预制梁板架空层等措施,可使温度应力显著减少,特别是阁楼层柱顶采用铰接时,可以消除柱端弯矩。屋面采用装配式结构应注意做好屋面防水处理。

5.1.8 本着与国家现行规范相协调的原则,本规范与现行国家标准《混凝土结构设计规范》GB 50010提法一致,仅规定环境类别,混凝土保护层最小厚度、混凝土最低强度等级、最大水灰比、最小水泥用量等不再单列,可直接套用《混凝土结构设计规范》GB 50010。由于《混凝土结构设计规范》GB 50010等民用设计规范不包括冷库这种人工低温环境,只能套用接近的自然环境。

钢筋混凝土构件除应保证结构上的安全使用外,尚应考虑耐久性的要求。在预期使用年限内,不致因受冻融、碳化、风化和化学侵蚀等影响,产生钢筋锈蚀而降低结构的安全度。

5.1.9 考虑冷间温度收缩影响,减少收缩裂缝,本次规范修订保留冷间钢筋混凝土板两个方向全截面温度配筋率皆不应小于0.3%。温度配筋应为板受弯钢筋的一部分。

5.1.10 多次冷库维修情况表明,零度以下低温冷藏间常因使用及管理不当引起冷间地坪发生冻胀,造成冷间上部结构严重损坏,为减少冷间墙柱基础下地基发生冻胀,除设计中设置架空地坪、加热地坪等防冻胀措施外,墙柱基础埋置深度不宜过浅,本次规范修订保留墙柱基础埋深自室外地坪向下不宜小于1.5m,一般冷间室内地坪高于室外地面约1.1m,墙柱基础埋深自冷库室内地坪起不宜小于2.6m。

5.1.11 冷间一层地面长时间堆货,对软土地基易产生较大的不均匀变形,而影响冷间正常使用,本条提出应予考虑。

5.1.12 根据冷库震害调查资料,多层冷库采用原无梁楼盖结构体系具有一定的抗震能力。按国家现行规范已取消无梁楼盖结构体系,地震区采用板柱-剪力墙结构应符合现行国家标准《建筑抗震设计规范》GB 50011的要求。针对冷库结构形式特点,提出冷库板柱-剪力墙结构主要抗震构造的要求。

5.2 荷 载

5.2.1 本条为强制性条文。本次规范修订对库房楼面、地面均布荷载标准值仍采用原规范均布活荷载值。根据《全国民用建筑工程设计技术措施——结构》中第2.8.1条,将部分"活荷载标准值"改为"等效均布荷载"。

冷库贮存品种随市场需要而变化,各种商品的密度不同,为适应这一变化,要求冷库能适应变更用途时应有较大的活荷载。

5.2.6 多层冷库的穿堂主要考虑临时堆货与叉车运行同时作用,其楼板一般为简支板,可能叉车重量由一块板承担,因此考虑活荷载为15kN/m²。但计算梁板基础时,不可能每层都满载。冷库进出货时,同时工作的层数一般只有二层,因此,四层及四层以上穿堂应考虑活荷载的折减,梁柱活荷载宜乘以0.7折减系数,基础活荷载宜乘以0.5折减系数。

库房内仅对某一层楼板而言,其局部或全部都可能满载,故梁板活荷载不能折减。就冷库一般满载的情况而言,减去通道部分,库内地面只有70%~80%的面积上堆货。一般说,一座10000m²的猪肉冷库,满载时只能存10000t冻肉,其楼板计算活荷载虽为20kN/m²,而实际平均活荷载每平方米仅1t。因此,四层及四层以上的库房计算柱及基础时活荷载乘以0.8折减系数。

5.2.8 本条参考《全国民用建筑工程设计技术措施——结构》表2.1.2-5中补充"制冷机房"楼面均布活荷载标准值。当制冷机房设于楼面时,应有减震措施。

5.3 材 料

5.3.1 本条为强制性条文。

5.3.2 本条为强制性条文。根据国家规定将黏土砖改为烧结普

通砖,即符合现行国家标准《烧结普通砖》GB 5101 的各种烧结实心砖。考虑冷库 0℃ 及 0℃ 以下冻融循环对结构的影响,冷间内选用的砖应按现行国家标准《砌墙砖试验方法》GB/T 2542 进行冻融实验。

5.3.3 冷间门口或冻结间等个别部位发生冻融循环要多些,冻坏的可能性大些,但要求大部分结构都满足个别部位的要求是不合理的。除了可以采取措施加强管理,防止个别部位冻坏外,还可以用局部维修手段补救,以保证整个结构的安全使用。

近年来各种混凝土外加剂发展较快,在不增加太多成本的前提下,掺适量外加剂可以大大提高混凝土抗冻融性能。

5.3.4 国家现行规范提倡用 HRB 400 级钢筋作为我国钢筋混凝土结构的主力钢筋。国家标准《钢筋混凝土用钢 第 2 部分:热轧带肋钢筋》GB 1499.2—2007 中 HRB 400 级和 HRB 335 级钢筋技术要求中的化学成分和力学性能基本一致,考虑到新中国成立以来,在冷库建设中从未发生过钢筋混凝土构件冷脆断裂的情况,故本条与现行国家标准《混凝土结构设计规范》GB 50010 提法一致。

6 制 冷

本章修订重点是针对冷库制冷系统的特点,补充了有关制冷压力管道设计的技术要求,明确了目前冷库制冷系统管道及管件的材料选择。对于冷库制冷负荷的计算,制冷系统中各类制冷设备的校核计算方法作了必要的删减,因为这些计算方法都已在大学及职业学院的相应教材中普遍采用,在此不赘述。

6.1 冷间冷却设备负荷和机械负荷的计算

6.1.1~6.1.6 这六条对冷库冷间冷却设备负荷包括哪些,相关系数如何取法,冷间的机械负荷应包括哪些,相关系数如何取法作出了明确规定,为行业中发生的有关冷库工程的经济纠纷排解执法提供了一个科学的界定。其中对冷间货物热流量折减系数 n_2 的取值说明如下:

1 对冷却物冷藏间,按本规范表 3.0.3 中公称容积为大值时取小值;公称容积为小值时,取大值。

2 对冻结物冷藏间,按本规范表 3.0.3 中公称容积为大值时取大值;公称容积为小值时,取小值。

6.1.7、6.1.8 服务于机关、学校、工厂、宾馆、商场的小型服务性冷库,在我国数以万计,量大面广,而使用又有其特点。这类小冷库,每个冷间的公称容积小,冷间内放置的物品品种杂,有的是半成品食品,冷间体积利用系数低,人员出入频繁,但在冷间内逗留的时间不长,每日冷间开门次数多,故不需要专门通风换气;贮存的物品存期不长(大都在数周至 1 个月内),对冷间内温度要求不严,针对这类冷库的使用特点,国内有关部门也曾编制过这类小冷库设计的守则,本次修订补充了这类小冷库热流量负荷的计算

方法。

6.2 库 房

6.2.1~6.2.3 目前在我国冷库中对畜产品、水产品的冷却、冻结加工多采用悬挂输送方式,因此,对这一类冷间的加工能力如何确定,本条给出了具体的计算方法。

6.2.4 在我国一些中小型冷库中,仍然在使用搁架式冻结设备,本条给出了这类冻结设备冷加工能力的计算方法。

6.2.5、6.2.6 随着我国食品行业市场化的发展,各种可供冷库采用的食品冷加工设备层出不穷,规范中无法将它们技术条件一一列出。因此,只能从保证食品冷加工质量、安全和节能几个方面提出一些原则要求。

6.2.7 本条为强制性条文。冷库的分割加工间、包装间、产品整理加工间,是操作工人密集的生产车间,这些人员流动性大,缺少相关的制冷知识,遇到车间内制冷设备制冷剂的泄漏,往往不知所措,极易造成群死群伤,为了保护工人的人身安全,在他们工作的厂所所选用的低温空调设备一定不能使用有一定毒性的制冷剂——氨。

6.2.8、6.2.9 这两条是在总结我国多年冷库建造经验的基础上,对冷间中冷却设备的布置原则作出了规定。对冷却设备传热面积的确定,可按相关教材上的校核计算公式进行校核计算后确定。

6.2.10 本条给出了确定冷间内冷却设备校核计算中,计算温差确定的原则。

6.2.11 考虑到制冷压缩机的能耗,本条规定了制冷剂在通往冷间冷却设备每一通路的压力降的控制范围。

6.2.12~6.2.14 这三条是在总结我国冷库中使用空气冷却器的经验的基础上,提出了当冷间采用空气冷却器时,其布置及空气分配系统的设计原则。

6.2.15 本条是在参考了国外冷库冷却间、冻结间内气流组织的实验资料,又结合了我国冷库现场实测的技术数据而提出的。

6.2.16 本条对冷却物冷藏间通风换气设施提出具体的设计要求,通过调研,从降低能耗考虑将冷却物冷藏间的每日换气次数减为 1 次。

6.2.17、6.2.18 这两条是为防止冷间的通风换气管道,因室内外温差的存在而引起风道表面结露凝水,污染库房而作出的规定。

6.3 制冷压缩机和辅助设备

6.3.1、6.3.2 这两条对服务于冷库的制冷压缩机和辅助制冷设备的选配原则提出了具体的要求,特别是对所选用的制冷压缩机,按实际使用工况,对其所需的驱动功率进行核算尤为重要。

6.3.3 本次修订将制冷系统中,中间冷却器、气液分离器等制冷设备选择校核计算的相应公式删去,一则可压缩本规范的篇幅,二则这些公式在高等教育和职业教育的教材中都很容易找到,而且越来越多的制冷机器与设备的选型软件,在工程设计单位得到了广泛的应用,因此规范就不再重复引述。

6.3.4 现实中有些冷库采用洗涤式油分离器,由于进液管口的位置设置的不好,则影响到洗涤式油分离器的使用效果,因此本条作出了具体规定。

6.3.5 本条对冷库制冷系统中,冷凝器的选配原则作出了规定,其中冷凝温度不可定得过高,主要是考虑增加投资不多,但节能效果显著。

6.3.6 本条规定了排液桶体积的确定方法,这也是多年实践经验的总结。

6.3.7 本条规定了选定制冷剂输送泵的原则方法,在参照国外相关资料的基础上,结合了我国冷库工程建设的实践提出来的。

6.3.8 本条是在总结国内冷库重力供液方式实践经验的基础上提出来的,主要为防止产生液击增加制冷系统工作的安全性。

6.3.9、6.3.10 对冷库制冷系统中的冷冻油和不凝性气体,从操

作安全考虑作出了应该通过专用设备进行处理的规定。

6.3.11 本条对冷库制冷压缩机间和设备间中的制冷机器与设备的布置原则作出了规定,适当地缩小设备之间的间距,减小了制冷机房的占用地面积。为了减小制冷机房内的噪声和减少油污,保持机房的洁净,一般不将水泵和油处理设备布置在制冷机房内。

6.4 安全与控制

6.4.1 除制冷压缩机产品出厂时已配备的安全保护仪表外,在工程设计中应增设的安全防护设施本条中都有明确的规定。

6.4.2 本条对各种常用的冷凝器在工程设计中应增设的安全保护装置作出了明确的规定。

6.4.3 本条是对制冷剂泵安全保护装置的具体要求。

6.4.4、6.4.5 压力表或真空压力表是我们操作人员眼睛的延伸,随时了解制冷系统中设备、管道中压力变化,是操作人员安全值守的必要条件,对制冷系统中所有应监测压力的地方装设压力表和真空压力表(对可能产生真空、负压的部位),都是必需的,因此这两条作出了明确的规定,同时也必须对其安装位置、精度等级等作出相应规定。

6.4.6、6.4.7 这两条都是从保证冷库制冷系统安全运转的角度提出的要求。

6.4.8 由于氨气的容重比空气轻,将氨制冷系统、安全泄压总管的出口置于比周围建筑物高的位置,有利于氨气的向上扩散,减轻对库区周围环境的污染。

6.4.9 在制冷系统的这些部位设置测温用的温度计套管,是为了及时掌握制冷系统中制冷剂的温度状况,为制冷系统的运行状况的经济性分析,提供相关参数。

6.4.10 现在的冷库面向社会开放,不少冷库就建在物流中心,进出冷库厂区人员嘈杂,为了确保冷库制冷系统运转的安全,不被干扰作出了本条规定。

6.4.11 制冷阀门在日常使用中,如果维护的不周全,极易造成泄漏,冷库内冻结间、冷却间、冷藏间都是一个封闭的空间,将易产生渗漏的制冷阀门置于此是非常不安全的。

6.4.12 冷库冷间使用的空气冷却器融霜工作比较频繁,为减轻操作人员的频繁劳作,在有条件的冷库可设置人工指令自动融霜装置。冷间风机的故障如不及时处理,往往易引发火灾,故本条提出增设风机故障报警装置的要求。

6.4.13 冷库冻结间的使用,往往有淡旺季,特别在一些生产性冷库,在冻结加工淡季,冻结间有一个短暂的停产时间,为了减少冻结间冻融循环对其围护结构的破坏,要求在冻结间停产期间冷间也维持−8℃左右,如果能通过自动控温装置实现这个过程,就更方便用户了。

6.4.14 本条是根据国家现行职业卫生标准《工业企业设计卫生标准》GBZ 1的要求提出来的。

6.4.15 本条是为了加强冷库氨制冷系统的安全防护措施,条文中吸纳了北京市安监局对北京地区涉氨单位、安全用氨的要求。

6.4.16 本条是从加强冷库安全生产管理着眼,参照了有关标准的规定,并结合当前及今后若干年国内建设大型冷库的实际需要而作出的规定。

6.5 管道与吊架

本节是本次规范修订的重点,在修订过程中,我们参照了国家质量监督检验检疫总局颁发的TSG特种设备安全技术规范《压力容器压力管道设计许可规则》TSGR 1001,同时在具体条文的描述中,一方面加强了同现行国家标准《工业金属管道设计规范》GB 50316和《压力管道规范》GB/T 20801.1~GB/T 20801.6的协调,另一方面在总结我国食品冷藏行业50年以来在负温下长期使用国产优质碳素无缝钢管的实践经验,突出了食品冷藏行业中制冷压力管道的特点,有的还经过应力分析验算,做到符合国

情、安全可靠、节约资源。

6.5.2 由于目前国内冷库制冷系统绝大部分采用蒸汽压缩式制冷系统,结合国内冷库制冷系统实际工作状况,考虑到极端最不利的情况,本条提出了冷库制冷系统管道当处于冷凝压力状态下和处于蒸发压力状态下,采用不同制冷剂时的设计压力值。

6.5.3 本条就冷库制冷系统管道,规定了处于冷凝压力状态下和处于蒸发压力状态下的不同制冷剂管道的设计温度。

6.5.4 本条结合目前国内冷库贮存不同食品时,食品冷加工工艺的要求不同,从而使冷间的空气温度不同,但从总体上按照实际操作中可能遇到的最苛刻的压力和温度组合工况的温度,可归并为三种最低工作温度,这就从标准化的角度,将冷库制冷系统管道的最低工作温度加以明确(不管使用何种制冷剂)。

6.5.5 冷库制冷系统低压侧管道依据第6.5.2~6.5.4条的技术条件进行设计,但在制冷系统实际常年运行时处于低温低应力状况,故可按本条表6.5.5中所示的管材材质选用,而这些管材在我们冷库制冷系统中应用已经接受了考验,证明是安全可靠的。

6.5.6 本条是对冷库制冷系统管道管径选择应遵守的原则。

6.5.7 本条是对冷库制冷管道的布置原则提出的具体要求,而这些原则又是多年冷库设计建造经验的总结。

6.5.8 本条对制冷管道的弯管(弯头)的设计条件作出了明确规定,弯管在压力管道中是受力最为薄弱的地方,也是易形成应力集中的地方,为了减缓弯管所承受的应力,减小制冷剂在其流动的阻力损失,因此对弯管的最小弯曲半径作出了规定,目前这类弯曲半径的弯管,在有执照的压力管道元件生产厂家是可以事先订制的。

6.5.9 由于制冷剂的特性,不同种类的制冷剂与金属材料的相容性是不同的,如氨对铜就有腐蚀性,因此制冷系统中所选用的阀门、仪表及测控元件都应选用同系统中使用的制冷剂相容的专用元器件。

6.5.10 本条是制冷管道支吊架零部件制造材料选定应遵循的原则。

6.5.11 本条是确定水平制冷管道支吊架最大间距的原则。

6.5.12 本条的规定一方面是为了制冷管道运行的安全,另一方面也保证了制冷剂在系统中循环工作的顺畅,不产生积液。

6.6 制冷管道和设备的保冷、保温与防腐

6.6.1 本条对冷库制冷系统管道和设备进行保冷的部位作出了原则规定。

6.6.2 本条给出了制冷管道和设备保冷设计需遵循的标准。

6.6.3 目前有的冷库在保冷管道穿墙穿楼板处,保冷层中断造成局部冷桥,滴水跑冷严重,致使该部分制冷管道锈蚀严重,危及到制冷管道的安全。本条特别加以提醒。

6.6.4 本条是为融霜用的热气通过管道输送到融霜设备处仍能保持有一定温度,保证热气融霜的效果而作出的规定。

6.6.5 本条对制冷管道和设备如何进行防腐处理,针对冷库低温高湿这种特种环境作出了明确规定。

6.6.6 冷库制冷系统的涂装,主要是为了操作人员,从管道和设备的涂色上得到提示,方便日常的操作管理。

6.6.7 通过调研,发现有的冷库其制冷管道和设备保冷结构所选的黏结剂或防锈涂料,在性能上不相容,时间一久易产生物理化学反应,削弱或破坏了保冷结构,缩短了使用寿命,因此本条在这方面加以提醒。

6.7 制冰和储冰

6.7.1 本条是从标准化角度提出的要求。

6.7.2 目前设备制造厂所提供的盐水制冰设备,都是采用重力供液制冷循环方式,这是与盐水蒸发器采用特定的V型或立管型有关,国外的实验证明,这种供液方式能最大限度地发挥这两种型式蒸发器的传热效率,如改为制冷剂泵供液,则使其传热效率下降影

响到整个冰池的日产冰量,因此本条特别加以提醒。

6.7.3 目前有些冷库中的盐水制冰设备使用一段时间后毁损严重,多与盐水池的保冷结构做的不理想有关,因此本条作了必要的提示。从节约能源角度考虑,本次修订将制冰池隔热层的总热阻提高到 $3m^2 \cdot ℃/W$。

6.7.4 本条是对堆存块冰的冰库提出了具体的要求。

6.7.5 在人造冰方面,目前除了应用广泛的盐水制冰以外,还有管冰及片冰等制冰设备,本条对这些新型的制冰设备配套使用的冰库贮冰温度作出了规定。

7 电 气

7.1 变配电所

7.1.1 根据原建设部制定的《工程设计资质标准》(2007年修订本),商物粮行业冷藏库建设项目设计规模划分见表7。

表7 商物粮行业冷藏库建设项目设计规模划分

设计规模	大型	中型	小型
公称体积(m³)	>20000	20000~5000	<5000

参照现行国家标准《建筑设计防火规范》GB 50016 的有关规定,高层冷库是指建筑高度超过24m的多层冷库。有特殊要求的冷库是指规模不大但对供电可靠性要求高的小型冷库。

原规范中本条要求"冷库应按二级负荷供电,在负荷较小或地区供电条件困难时可采用一回路专用线供电",通过调研,普遍反映该要求偏高,供电部门一般不会同意提供一路专用线供电,如要求实现二回路供电,投资会增加很多。近年来,国内各地电网供电情况有所好转,如需临时停电会提前通知,业主表示通过采取必要的应对措施(如提前出货、强制降低库温,停电时禁止进出冷库库房等),短时停电不会造成较大的经济损失。因此在本次修订中,本条要求予以适当放宽,设计时应与建设方及当地供电部门协商确定冷库负荷等级及电源供电方案。

应说明的是,本条中的负荷等级是针对制冷系统主要用电设备(如制冷机组、氨泵、冷凝器、空气冷却器、水泵等)确定的,至于冷库中的消防用电设备(如消防水泵、消防电梯等)的负荷等级应根据现行国家标准《建筑设计防火规范》GB 50016 有关内容确定。

7.1.2 柴油发电机组备用电源的容量是按正常电源停电时,冷库保温运行的需要确定的,不考虑保温负荷与消防负荷同时运行,因此柴油发电机组容量应按二者中数值大的选择。冷库如设有柴油发电机组备用电源,会提高企业的生存能力和竞争力,如果建设方对备用电源的容量另有要求,可按合同要求设计。

7.1.3 冷库中主要用电负荷是制冷系统及辅助系统用电设备,多年运行实践表明,采用全库总电力负荷需要系数法进行负荷计算是合适的。原规范本条规定总需要系数可取 0.55~0.70,通过调研发现,近年来我国食品加工及冷冻、冷藏行业发展极快,冷库投资主体、生产规模、贮存加工物品种类、经营管理模式等均发生了很大的变化,特别是在实行峰谷电价分段计费的地区,建设方为了减少运行费用,冷库/肉联厂多集中在夜间谷价电费时段集中制冷降温及加工作业,白天峰价时段不开机或少开机,运行负荷相对集中,有些单位反映 0.70 的需要系数上限感到偏紧。另外,本次修订,适用范围扩展到公称体积 500m³ 以下的小冷库,这些小冷库制冷机组多在 1 台~3 台之间,0.70 的需要系数上限已不适用。因此,本次修订仅提出了需要系数下限值,对上限值不作统一规定,在进行工程设计时,建议与建设方协商,根据建设方的要求及使用经验确定需要系数取值。

7.1.4 当冷库/肉联厂运行负荷有明显的季节性变化时,为了调节负荷,实现经济运行,达到节能的目的,宜选用 2 台或多台变压器运行。

7.1.5 冷库的用电负荷大多集中布置在制冷机房,因此变配电所应靠近制冷机房设置。对氟制冷系统,当不集中设制冷机房时,应根据用电负荷在总图上的分布情况,变配电所宜布置在负荷中心附近。对大型冷库/肉联厂,由于占地面积大,用电设备多且布置分散,此时仅靠近制冷机房布置变配电所已不完善,可考虑设分变配电所。

7.1.6 冷库用电负荷多集中在制冷机房,因此当有高压用电设备时,应在制冷机房变配电所高、低压配电室集中设置无功功率补偿。对远离制冷机房变配电所,用电负荷又相对集中的屠宰与分割车间、熟食加工车间等场所,当设有分配电室时,为了减少供电线路上的电能损失,提高无功补偿效果,也可在分配电室设置无功功率补偿装置。

7.1.7 原规范本条文为宜设应急照明,本次修订综合了现行国家标准《建筑设计防火规范》GB 50016 及《建筑照明设计标准》GB 50034 的有关规定,并考虑到冷库的特点作此调整。

7.2 制冷机房

7.2.1 氨属有毒物质,有强烈的刺激气味,因此为了工作人员及设备运行的安全,氨制冷机房均应设氨气浓度报警装置。当氨气浓度达到设定值时,应自动发出报警信号,并自动启动事故排风机。由于氨气比空气轻,因此氨气传感器应安装在机房顶板上。

氨气浓度设定值,我国目前尚无统一规定,查国外有关资料,也未见到统一规定。本条提出的 100ppm 或 150ppm 的报警设定值是参照(美国)国际氨制冷学会第 111 号公告中"氨制冷机房的通风"有关内容确定的(详见美国工业制冷标准 ANSI/ASHRAE 标准 15/94 第 13 章安全中第 13.8 节机房的通风)。由于氨有强烈的刺激气味,少量的泄漏,机房工人就会及时发觉,并会采取必要的处理措施。自动报警及启动事故排风机的氨气浓度设定值设定太低,如小于 50ppm,则会报警频繁,并会出现误报警。如设定值过高,则会增加机房工人受伤害的风险。

7.2.2 当出现氨气泄漏时,本条为保证及时开启排风机作此规定。

7.2.3 氟是有害气体,无色无味且比空气重,如出现大量的制冷剂泄漏,会存在使机房工人产生窒息的潜在性危险,本条为保护制冷机房操作工人的安全而作此规定。氟气体浓度设定值可根据各地卫生部门的要求确定。

7.2.4 当出现氟气泄漏时,本条为保证及时开启事故排风机作此规定。

7.2.5 制冷机房排风机是保证运行安全和人身安全的重要用电设备，因此应按二级负荷供电。根据现行国家标准《制冷和供热用机械制冷系统安全要求》GB 9237的有关规定，制冷剂泄漏报警系统应安装独立的应急系统电源（如电池）。

7.2.6 原规范为进一步提高氨制冷机房的运行安全，要求不应将氨制冷机组启动控制柜等布置在氨制冷机房内。通过调研有的地区反映，氨制冷机组启动柜集中布置在控制室中，在现场手动启动制冷机组时，不能观察到主机电流的变化，因此要求恢复以前的做法，将制冷机组启动柜布置在制冷机组附近。本次规范修订，因氨制冷机房在发生漏氨事故时空气中的氨气浓度远不会达到爆炸下限（详见第7.2.11条条文说明），机房是安全的，因此考虑到一些地区的工人操作习惯，对本条规定予以放宽。

修订组认为在氨制冷机房发生漏氨事故时，为便于控制室值班人员及时、安全的停止制冷系统运行、紧急处理漏氨事故，一般情况下氨制冷机组启动控制柜、冷凝器控制柜、机房排风机控制柜等集中布置在控制室中为宜。

7.2.7 安装电流表有助于观察电机和制冷系统的运行情况。氨制冷机组在运行中如出现意外情况（如机械故障等），应紧急停车进行处理，以免事故扩大，因此要求在机组控制台上安装紧急停车按钮。

7.2.8、7.2.9 这两条是根据氟制冷系统的特点制定的。

7.2.10 氟无色无味且比空气重，当有氟气泄漏时，会大量积聚在电缆沟内，对进行维修作业的电气人员的身体健康造成损害，因此氟制冷机房内电气线路一般不应采用电缆沟敷设，当确有需要时，可在电缆沟内充沙。

7.2.11 原规范要求氨制冷机房照明应选用防爆型灯具，本次规范修订，根据（美国）国际氨制冷学会第111号公告的建议，在氨制冷机房设有事故通风机及氨浓度报警装置，并执行本规范中第7.2.1条控制要求，当出现氨气意外泄漏时，能保证制冷机房氨浓度控制在4%以下，远远达不到氨气的爆炸下限（16%），因此氨制冷机房是安全的。此外根据新中国成立以来我国制冷行业的运行经验，尚未发生过氨制冷机房当出现漏氨时因电气火花引发爆炸事故的先例，所以机房照明可按正常环境设计。

7.2.12 突然停电时，制冷机房及控制室值班人员为了安全要进行必要的操作，因此应设有备用照明。

7.3 库 房

7.3.1 冷间内属低温、潮湿场所，电气设备易受潮损坏，且低温环境下检修困难，因此一般情况下配电及控制设备不应布置在冷间内。

7.3.2 冷间内使用的照明灯具应符合现行国家标准《肉类加工厂卫生规范》GB 12694对灯具的要求，要有较高显色性，要能快速点亮。原规范限于当时的历史条件和技术水平，推荐采用"防潮型白炽灯具"。白炽灯的优点是显色性好，即开即亮、价格便宜，缺点是光效低、能耗大、寿命短。近年来随着科技的进步，新的灯具产品不断推出，已有多种新光源和节能型灯具适用于冷间照明，如低温环保型日光灯，紧凑型节能灯、快速启动金卤灯、高显色性钠灯、高频无极灯及大功率白光LED灯等，与白炽灯相比具有光效高、节能、寿命长等优点，虽然目前价格要远高于白炽灯，但节能效果显著。

通过调研发现，虽然目前冷库大多仍采用白炽灯，但已有一些冷库采用了金卤灯、低温环保型日光灯，也有个别冷库采用了高频无极灯和LED灯，农村的一些小冷库（高温库）多采用紧凑型节能灯，多元化趋势日益明显。为贯彻执行节能减排的方针，本次修订要求一般情况下不再采用白炽灯具，设计人员在工程设计时应与建设方协商，合理确定灯型，优先选用环保、节能型灯具。

7.3.3 原条文规定"冷间照度不宜低于20 lx"，通过调研发现，不同地区、不同类型的冷库对照度的要求是不同的，因此，本次修订

不再硬性规定一个统一的标准，工程设计时具体照度取值可根据建设方的需要确定。

7.3.4 本条是根据冷库特点制定的。

7.3.5 本条是为提高冷间照明的可靠性制定的。

7.3.6 本条是为了提高冷间用电的安全性制定的。根据现行国家标准《建筑照明设计标准》GB 50034的有关规定，对冷间内固定安装的灯具，不再要求"应采用安全电压供电"。

7.3.7 原规范条文规定冷间内应采用橡皮绝缘电力电缆，但普遍反映XV型橡皮绝缘聚氯乙烯护套电力电缆已不生产，订货困难。目前随着我国的科技进步，新的电缆品种不断推出，已有多种电缆适用于低温环境下使用，如硅橡胶电力电缆，使用温度-60℃；丁腈电力电缆，使用温度-60℃；乙丙橡胶绝缘电力电缆（EPR电缆），使用温度-50℃；本次修订不再规定应采用的电缆型号，而由设计人员根据冷间的温度要求选用适用的电缆。

应当指出，我国目前尚未有专门用于低温环境而使用的电缆，上述几种电缆均为特种电缆，高温特性、低温特性均好，但造价较高。规范编制组已与上海电缆研究所联系，希望组织制订并生产专用于低温环境下的电缆，造价会降低，届时如有产品推出，可供设计选用。

7.3.8 本条为强制性条文。电气线路穿过冷间保温墙处如处理不当，不仅会出现冰霜，造成冷量损失，导致保温层局部失效，同时是潜在的引起电气火灾的隐患，因此必须采取可靠的保温密封处理措施。

7.3.9 本次修订保留了冷库阁楼层的设计做法，当阁楼层内采用松散保温材料（如稻壳）时，为了避免发生火灾，冷库阁楼层内不应敷设电气设备。

7.3.10 当人员被误关在冷藏间内时，为保障人身安全而作出本条规定。

7.3.11 库房电梯属冷库的重要用电负荷，供电应予保证，不应与其他负荷共用一路电源。本条参照现行国家标准《建筑设计防火规范》GB 50016的有关规定，并结合冷库的特点，对高层冷库消防电梯的供电作此规定。

7.3.12 当冷库发生火情用消火栓启动消防水泵进行灭火时，应将该消火栓箱动作信号传送到有人值班的房间进行报警。

7.3.13 本条是为了保证冷库地坪不被冻胀制定的措施。

7.3.14 为防止因电伴热线安装使用不当导致发生间接电击制定本条规定。

7.3.15 三类防雷建筑物的设计要求见现行国家标准《建筑物防雷设计规范》GB 50057的有关规定。

7.3.16 本条是参照现行国家标准《建筑设计防火规范》GB 50016及《高层民用建筑设计防火规范》GB 50045的有关内容，并结合冷库的特点制定的。当建设方有特殊要求时，可按合同内容设计。

7.3.17 为保证机械冷藏车的制冷系统在公路站台装卸货物时可靠运行作此规定。

7.3.18 盐水制冰间空气中含有盐雾，有较强的腐蚀性，本条为了延长电气产品的使用寿命作此规定。

7.3.19 速冻设备加工间多为人工采光、通风的密闭空间，是人员密集型操作场所，为了防止快速冻结装置意外发生氨气泄漏，对操作工人造成伤害而作此规定。

7.3.20 冷间内使用的空气冷却器电动机工作条件相同，同时启停运行，单台电动机容量一般不大于3kW。考虑到冷库的特点，降温运行时，现场无人值守，冷间为低温潮湿场所，电器设备易受潮损坏，维修困难，因此制定本条规定，要求空气冷却器电动机设置观测仪表及采取必要的保护措施，以提高其运行的安全性。

电机绕组中内置温度保护开关，是目前防止电机过载损坏甚至引起火灾危险的最可靠措施，国外进口的空气冷却器多具备此功能，而国产的空气冷却器尚未见到具有此种功能的产品（国产大

型电动机有内置温度开关的产品）。

7.4 制冷工艺自动控制

7.4.1 对氟制冷系统提出了自动运行的控制要求，为防止空气冷却器电热除霜时由于意外失控，以致温升过高造成冷量损失，要求设排液管温度超限保护。

7.4.2 对氨制冷系统的自动控制，通过调研发现，外商独资或合资的企业，自动化程度较高，制冷机组、自控元件、控制系统均为国外进口设备。有的企业甚至可做到制冷机房无人值守，制冷系统运行参数或故障信号可通过无线传输方式发送到值班经理的手机或电脑上。而国内企业对制冷系统自动控制态度不一，有的要求高一些，大多数要求不高，个别企业甚至已停止使用运行多年的自控系统，又回到全部手动操作的传统模式。究其原因，主要是国产自控元件质量不可靠，故障率高；自控系统投资大，运行成本高，对维护操作的工人技术水平要求高；目前中、小型冷库多为私人企业，业主希望尽量减少运行成本。

针对国内现状，提出了不同的自动控制程度要求：

1 小型冷库以手动操作为主，安全生产是必要的，因此，配合制冷工艺设计实现各种安全保护功能及集中报警信号系统是基本要求。

2 分布式（DCS）控制系统集合了现代先进的科技成果，如计算机技术、可编程控制技术、工业总线技术、网络和信息传输技术等，系统构成简单、操作方便、运行稳定可靠，因此，在制冷系统自动控制中应推广采用。

3 采用制冷系统全自动运行及计算机管理系统，必将全面提升企业的管理水平和综合竞争能力。

7.4.3、7.4.4 冷库应设置温度测量、显示及记录系统（装置）是基本要求。调研中发现，温度传感器在有些冷库中安装随意，不尽合理，为此作了明确规定。

7.4.5 现行国家标准《通用用电设备配电设计规范》GB 50055—93 第 2.6.4 条规定"自动控制或联锁控制的电动机，应有手动控制和解除自动控制或联锁控制的措施；远方控制的电动机，应有就地控制和解除远方控制的措施……"，该条条文解释是"保证人身和设备安全的最基本规定。设计中尚应根据具体情况，采取各种必要的措施"。

冷库电气设计图纸在进行施工图外部审查时，有些外审单位根据该条规定提出冷间空气冷却器电机应就地设急停按钮/开关。冷库不是公共建筑，只有装卸工人和制冷机房值班人员才可进入冷间。在冻结间、冷却间降温运行时，不会有工人进去作业。冷藏间降温时会有装卸工人进去作业，但冷藏间多采用吊顶式空气冷却器，一般不会影响到装卸工人的安全，装卸工人也不允许对制冷设备和电气设备进行操作。冷藏间自动或手动降温运行时，不会有机房值班人员在现场，当空气冷却器电机出现故障时，很难做到第一时间在现场及时发现。冷间内均属低温、潮湿场所，一般情况下电气设备不应在冷间内安装，易受潮损坏，且维修困难。根据冷库的这些特点，在本次修订中，特意增加了在空气冷却器现场不应设置急停按钮/开关的规定。

8 给水和排水

8.1 给 水

8.1.2 本条为强制性条文。是根据《中华人民共和国食品卫生法》对食品加工用水水质的要求制定的。

8.1.3 对生产设备的冷却水、冲霜水水质未作硬性规定，可根据各冷却设备对水质的要求确定。如速冻装置；存放的食品对卫生有特殊要求冷间的冷风机冲霜水水质应符合现行国家标准《生活饮用水卫生标准》GB 5749 的规定。对其他用水设备的补充水，有条件可采用城市杂用水或中水作为水源，其水质应符合现行国家标准《城市污水再生利用 城市杂用水水质》GB/T 18920 的规定。

8.1.4 本条对冷库给水系统的设计用水量提出了总的要求。冷库生活用水及洗浴用水量是参照现行国家标准《建筑给水排水设计规范》GB 50015 工业企业建筑相关用水定额制定的。

8.1.5 本条对冷凝器进出水温差未作规定。由于冷凝器设备的选用、温差的要求等均属制冷专业范围，因此由制冷专业提供设计数据。

冲霜水水温只作下限的规定，根据对集宁肉联厂冷库上、水下管道的测定资料，当水温不低于 10℃，冷库管道长度在 40m 内流动的水不会产生冰冻现象。考虑到目前国内情况及今后发展趋势，有条件时，可适当提高水温，以缩短冲霜时间和减少冲霜水量，但水温不宜过高，如超过 25℃时，容易产生水雾。

8.1.6 从节能、节水角度考虑应提倡循环用水，但南方地区靠近江河的冷库，若水源充足，水质满足要求，可直接使用。

8.1.7 本条提出了对冷却塔的选用原则。设计选用时，应根据具体工程实际选用，特别是在节能、节水及噪声控制方面，应重点加以注意。

8.1.8 本条规定按湿球温度频率统计方法计算的频率为 10% 的日平均气象条件，在冷库工程设计中是恰当的。如《火力发电厂设计技术规程》（1985 年版）规定：冷却水的最高计算温度宜按历年最炎热时期（一般以 3 个月计）频率为 10% 的日平均气象条件计算。

在冷库工程设计中采用近期连续不少于 5 年，每年最热 3 个月频率为 10% 时的空气干球温度及相应的相对湿度作为计算依据，可以满足工艺对水温的要求。

8.1.9 冷却塔的水量损失包括蒸发损失、风吹损失、渗漏损失、排污损失。

蒸发损失：根据现行国家标准《工业循环水冷却设计规范》GB/T 50102 中冷却塔蒸发损失水量公式计算，当气温 30℃，冷却塔进出水温差 2℃时，蒸发损失率为 0.3%。

风吹损失：现行国家标准《工业循环水冷却设计规范》GB/T 50102 中规定，机械通风冷却塔（有除水器）的风吹损失率为 0.2%～0.3%，有的资料规定为 0.2%～0.5%，对于冷库设计中常用的中小型机械通风冷却塔一般均未装除水器，尚无风吹损失水量资料。考虑到无除水器水量损失会增加，其风吹损失率按大于 1%计。

渗漏损失：具有防水层护面的冷却塔的集水池中的渗漏，一般可忽略不计。

排污损失：损失水量占循环水量的 0.5%～1.0%或更大。

根据冷库设计多年的实践和各项损失累计，本条规定补充水量为冷却塔循环水量的 2%～3%。蒸发式冷凝器的补充水量损失主要包括蒸发损失、渗漏损失，未考虑排污水量。如考虑排污水量，蒸发式冷凝器补充水量为循环水量的 3%～5%。

8.1.10 有的地区水的硬度较高，冷凝器结垢较严重。特别是目前多数冷库冷却设备采用了蒸发式冷凝器。蒸发式冷凝器是以水和空气作冷却介质,利用部分冷却水的蒸发带走气体制冷剂冷凝过程所放出的热量。当水蒸发时,原来存在的杂质还在水中,水中溶解的固体的浓度也会不断提高,如果这些杂质和污物不能有效控制,会引起结垢、腐蚀和污泥积聚,从而降低传热效率,不节能,并会影响设备的寿命和正常的运行。因而需采取除垢、防腐及水质稳定处理措施。但由于地域不同,水质各异,可根据各地具体情况确定,本条未作硬性规定,至于选择哪种处理方法应考虑便于操作管理并通过技术经济比较确定,目前蒸发式冷凝器除垢一般推荐采用物理法进行处理,主要是避免采用化学方法时产生对设备腐蚀的情况发生。

8.1.11 作为防冻措施,在冷却塔进水干管上设旁路水管,能通过全部循环水量,使循环水不经过冷却塔布水系统及填料,直接进入冷却塔水盘或集水池,冬季冷却效果能满足要求。这项措施已在我国及美、英等国作为成熟经验普遍实施。

循环水泵至冷却塔的循环水管道一般为明敷,在管道上应安装泄空管,当冬季冷却塔停止运转时,可将管道内水放空,以免结冰。

8.1.12 本条是对水冷式制冷压缩机冷却水设施提出的基本要求。

8.1.13 本条是对冷库冲霜水系统提出的基本要求。目前空气冷却器除霜型式很多,有用水冲霜、热氨融霜、电融霜等,规范规定采用水冲霜的称为"冲霜水",其他型式除霜的称为"融霜水"。

8.1.14 冷库是一低温高湿的场所,给排水管道极易结露滴水,故本条提出了相应的防结露措施。

8.1.15 本条是为了对冷库用水进行科学计量考核制定的。

8.2 排 水

8.2.1 冷库的冷却间、制冷压缩机房以及电梯井、地磅坑等处,都易积水。设置地漏,有组织的排水,是防止这些地方积水的有效方法。冷库穿堂部分是否设置地漏排水,应根据穿堂使用实际要求确定。

8.2.2 目前有些冷库的地下室作为车库或人防工程使用,冷库地面架空层内由于湿度大,不通风也极易积水。因此这些部分都应有排水措施。

8.2.3 本条为强制性条文。主要是从食品安全卫生方面考虑。间接排水是指冷却设备及容器与排水管道不直接连接,以防止排水管道中有毒气体进入设备或容器。

8.2.4、8.2.5 这两条主要是考虑目前冷库实际,当设置不同楼层、不同温度冷间时,冲(融)霜排水管不宜直接连接,防止互相串通、跑冷、跑味。特别是温度相差较大的冷间还会引起管道冻裂。

8.2.6、8.2.7 这两条所采取的措施都是为了防止冷间内冲(融)霜排水管道冻冰及使其排水畅通。

8.2.9 本条为强制性条文。设置水封(井)主要是防止跑冷和防止室外排水管道中有毒气体通过管道进入冷间内,污染冷间内环境卫生。

8.3 消防给水与安全防护

8.3.1 本条对冷库中一般防火做法及灭火器配置的原则给出了应遵循的相关规范。

8.3.2 我们在调研中了解到多数冷库即使在穿堂或楼梯间设了消火栓,在冷库使用中几乎未出现库内用消火栓扑救过火灾的情况。但考虑冷库内大部分隔热材料和包装材料为可燃物,因此,根据现行国家标准《建筑设计防火规范》GB 50016及《建筑灭火器配置设计规范》GB 50140的规定在穿堂或楼梯间设置消火栓及灭火器。这样,一旦发生火灾,就能迅速扑救,及时阻止火势蔓延。由于冷库冷间为高湿低温场所,冷间内可不布置消火栓。

8.3.3 本条规定冷库的氨压缩机房和设备间门外设室外消火栓

一是为救火,二是当机房大量漏氨时,可作为水幕保护抢救人员进入室内关闭阀门等操作。

8.3.4 本条规定主要是为了控制和消除液氨泄漏,以稀释事故漏氨。目前国家对使用氨作为制冷剂的安全问题十分重视,从安全防护、环境保护等方面提出了相关要求。条文中吸纳了北京市安监局对北京地区涉氨单位安全用氨的要求。

水喷淋系统可与库区消防给水系统连接,水量分别计算,喷水时间按0.5h计。当储氨器布置在室外时,同样可设置开式喷头,并应有相应的排水措施。

8.3.5 在控制和消除液氨泄漏事故中,会引发环境污染危害,为最大限度地减少损失和保护人身安全,提出了相关要求。当漏氨或紧急泄氨时,用水来扑救和防护,会产生生产大量氨液混合水(每1kg/min的氨需提供8L/min～17L/min的水),为防止氨液混合水直接排入市政排水管网,先进行截流至事故池并进行处理,处理后的废水需经当地环保部门同意后排入市政排水管网或沟渠。

8.3.6 本条为强制性条文。大型冷库、高层冷库由于体量大,人员疏散较困难,一旦着火,很难扑救。自动喷水灭火系统经实践证明是最为有效的自救灭火设施。当大型冷库、高层冷库的库房设计温度高于0℃,且每个防火分区建筑面积大于1500m²时,设置自动喷水灭火系统是可行的。

9 采暖通风和地面防冻

9.0.1 本条第1款为强制性条款。当氨蒸气在空气中的含量达到一定的比例时,就与空气构成爆炸性气体,这种混合气体遇到明火时会发生爆炸。一些氟利昂制冷剂气体接触明火时会分解成有毒气体——光气,对人有害。因此规定制冷机房内严禁明火采暖。

9.0.2 本条为强制性条文。是对制冷机房的通风设计提出的具体要求。

1 制冷机房日常运行时,为了防止制冷剂的浓度过大,必须保证通风良好。另一方面,在夏季良好的通风可以排除制冷机房内电机和其他电气设备散发的热量,以降低制冷机房内温度,改善操作人员的工作环境。日常通风的风量,以消除夏季制冷机房内余热、取机房内温度与夏季通风室外计算温度之差不大于10℃来计算。

2 事故通风是保障安全生产和保障工人生命安全的必要措施。对在事故发生过程中可能突然散发有害气体的制冷机房,在设计中应设置事故通风系统。氟制冷机房事故通风的换气次数与现行国家标准《采暖通风与空气调节设计规范》GB 50019中的规定相一致。

3 氨制冷机房,在事故发生时如果突然散发大量的氨制冷剂,其危险性更大。国外相关资料推荐氨制冷机房每平方米的紧急通风量是50.8L/s,紧急通风量最低值是9440L/s。9440L/s是基于假定某根管断裂,而使机房内氨浓度保持在4%以下的最小排风量,事故排风量183m³/(m²·h)是据此确定的。

制冷机房的通风考虑了两方面的要求:一方面是正常工作状态下保证制冷机房内的空气品质,改善操作人员的工作环境;另一方面是事故状态下排除突然散发的大量制冷剂气体,保障安全生产和工人生命安全。具体设计中,可以设置多台(或2台)事故排风机,在制冷机房正常工作状态下,采用部分事故排风机兼做日常排风的作用,在事故状态下所有事故排风机全部开启。

9.0.4 本条对自然通风的地面防冻设计提出了基本要求。

1 根据已建成冷库的实践经验,体积在2250m³(500t)以下的冷库大多采用自然通风管地面防冻的方法。穿越冷间的通风管长度为24m,加上站台宽6m,每根通风管总长度为30m。使用情况表明,只要管路畅通,此种直通管自然通风地面防冻的方法是安全可靠的。

2 对-30℃和-20℃的冷间,地面温度取-27℃和-17℃,地面保温层厚度为200mm和150mm,保温材料导热系数取0.047W/(m·℃),通风管间距取2m,通风管管壁温度取2℃,地面下3.2m深处历年最低两个月的土壤平均温度取9.4℃(以北京市为例),建立如图1所示的物理模型,计算结果见图2。计算结果显示,当通风管间距大于1.2m时,通风层(即600mm厚填砂层)上表面会出现温度低于0℃的部位。

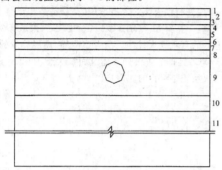

图1 物理模型

1—面层;2—120厚C30混凝土;3—20厚1:3水泥砂浆保护层;
4—0.1厚聚乙烯塑料薄膜;5—保温层;6—1.2厚聚氨酯隔汽层;
7—20厚1:2.5水泥砂浆找平层;8—150厚C15混凝土垫层;
9—600厚中砂内配φ250通风管;10—200厚碎石垫层;11—素土夯实

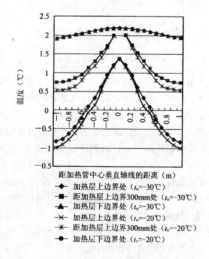

图2 地面通风层沿水平方向的温度分布(一)

当冷间地面温度取-30℃和-20℃,地面保温层厚度为200mm和150mm,保温材料导热系数取0.028W/(m·℃),其他条件同上,计算结果见图3。计算结果显示,由于提高了保温层的保温性能,通风层(即600mm厚填砂层)上表面温度均大于0℃。

3 自然通风的地面防冻方式,主要在室外中小型冷库中使用,一次性投资低,不需要运行费用,其防冻的安全性主要与冷间温度、保温材料性能及其厚度、通风管直径及其间距、通风口朝向和室外风速有关。我国地域辽阔,室外气象参数差异很大,限定每根通风管总长度不大于30m,是根据已建冷库的实践经验而定的。

4 地面采用自然通风的方式防冻,应保证通风管通畅,避免被杂物堵塞,否则会造成地面局部冻鼓。因此,在进出风口处应设置网栅,并应经常清理,以防污物堵塞。

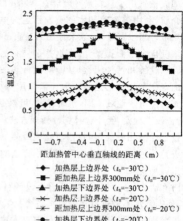

图3 地面通风加热层沿水平方向的温度分布(二)

9.0.5 本条是对机械通风的地面防冻设计提出的具体要求。

1 对于没有自然通风条件或自然通风条件较差和冷间面积较大、通风管长度大于30m时采用机械通风地面防冻措施虽然运行费用稍高,但运行安全可靠。

为了保证传热效果,本规范规定支管风速不宜小于1m/s,以避免因风速减小致使表面传热系数下降过多,从而导致传热效果变差。总风道尺寸定为不宜小于0.8m×1.2m,目的是便于进人调整和检查,有利于保证各支风道布风均匀。

2 采暖地区的机械通风地面防冻设施强调设置空气加热装置,在整个采暖季节甚至过渡季都要每天定时运转。

9.0.6 架空地面自然通风防冻方法具有效果好、维护简单等优点,普遍受到各类冷库建设单位的欢迎,尤其是多层冷库。经调查,该方法在东北地区的冷库中也大量采用,冬季用保温门将进出风口关(堵)好。在东北的某些寒冷气候条件下,只要能不使架空层内土壤冻结到基础埋深以下,等到来年气温升高的季节开启进出风口的保温门后,能使已冻结的土壤融化解冻,即不会发生由于土壤冻结过深造成柱基础暴鼓、结构破坏的现象。但在某些特别严寒和寒冷季节时间很长的地方,则要另行考虑。调查发现,冷库架空层内湿度很大,尤其是夏季,混凝土楼板产生结露。有的冷库架空层楼板的保护层剥落,甚至产生钢筋暴露锈蚀的现象。因此应重视架空层内的通风问题。如果冷库架空地面下架空高度过小,进风口面积小,通风不畅,无排水沟,内存积水,会严重影响使用效果。执行本条款时,应结合本规范的第4.5.10条和第8.2.2条同时考虑。

9.0.7 加热地面防冻设施的不冻液可采用乙二醇溶液。液体加热设备布置较灵活,运行和管理也方便。

由于加热管浇筑在混凝土板内,不便维护和检查,因此施工时必须严格要求,做好清污、除锈、试压、试漏工作,并在施工过程中严加管理,确保施工质量。

9.0.8 当地面加热层的热源采用制冷系统的冷凝热时,应以压缩机的最小运行负荷为计算依据,否则地面加热系统就会出现加热量不足的可能性,影响使用。

9.0.9 国内冷库工程中早在20世纪50~60年代就使用过电热法地面防冻方式。该方法施工简单,初次投资相对较低,运行管理方便,但运行费用较高。根据国外资料介绍,采用电热法进行地面防冻,冷间面积小于1500m²时是比较经济的。考虑到我国的能源状况和冷库地坪防冻采用电热法还缺乏足够的实践经验,因此本条规定冷间面积小于500m²,且经济合理时可采用电热法进行地面防冻。

中华人民共和国国家标准

石 油 库 设 计 规 范

Code for design of oil depot

GB 50074 - 2014

主编部门：中 国 石 油 化 工 集 团 公 司
批准部门：中华人民共和国住房和城乡建设部
施行日期：2 0 1 5 年 5 月 1 日

中华人民共和国住房和城乡建设部公告

第 492 号

住房城乡建设部关于发布国家标准
《石油库设计规范》的公告

现批准《石油库设计规范》为国家标准，编号为GB 50074—
2014，自2015年5月1日起实施。其中，第4.0.3、4.0.4、
4.0.10、4.0.11、4.0.12、4.0.15、5.1.3、5.1.7、5.1.8、
6.1.1、6.1.15、6.2.2、6.4.7、6.4.9、8.1.2、8.1.9、8.2.8、
8.3.3、8.3.4、8.3.5、8.3.6、12.1.5（1）、12.2.6、12.2.8、
12.2.15、12.4.1、14.2.1、14.3.14条（款）为强制性条文，
必须严格执行。原国家标准《石油库设计规范》GB 50074—
2002同时废止。

本规范由我部标准定额研究所组织中国计划出版社出版发行。

中华人民共和国住房和城乡建设部
2014 年 7 月 13 日

前　言

本规范是根据原建设部《关于印发〈2007 年工程建设标准制订、修订计划(第二批)〉的通知》(建标〔2007〕126 号)的要求,对原国家标准《石油库设计规范》GB 50074—2002 进行修订而成。

本规范在修订过程中,规范编制组进行了广泛的调查研究,总结了我国石油库几十年来的设计、建设、管理经验,借鉴了发达工业国家的相关标准,广泛征求了有关设计、施工、科研、管理等方面的意见,对其中主要问题进行了多次讨论、反复修改,最后经审查定稿。

本规范修订后共有 16 章和 2 个附录,主要内容包括:总则、术语、基本规定、库址选择、库区布置、储罐区、易燃和可燃液体泵站、易燃和可燃液体装卸设施、工艺及热力管道、易燃和可燃液体灌桶设施、车间供油站、消防设施、给水排水及污水处理、电气、自动控制和电信、采暖通风等。

与原国家标准《石油库设计规范》GB 50074—2002 相比,本次修订主要内容是:

1. 扩大了适用范围,将液体化工品纳入到本规范适用范围之中,解决了以往液体化工品库没有适用规范的问题。

2. 在石油库的等级划分上,对石油库的储罐总容量,按储存不同火灾危险性的液体给出了相应的计算系数。

3. 限制一级石油库储罐计算总容量,增加了特级石油库的内容。

4. 增加了有关库外管道的规定。

5. 增加了有关自动控制和电信系统的规定。

6. 取消了有关人工洞库的内容。

7. 提高了石油库安全防护标准。

本规范以黑体字标志的条文为强制性条文,必须严格执行。

本规范由住房城乡建设部负责管理和对强制性条文的解释,由中国石油化工集团公司负责日常管理,由中国石化工程建设有限公司负责具体技术内容的解释。请各单位在本规范实施过程中,结合工程实践,认真总结经验,注意积累资料,如发现需要修改或补充之处,请将意见寄交中国石化工程建设有限公司(地址:北京市朝阳区安慧北里安园 21 号;邮政编码:100101),以供今后修订时参考。

本规范主编单位、参编单位、参加单位、主要起草人和主要审查人:

主 编 单 位:中国石化工程建设有限公司

参 编 单 位:解放军总后勤部建筑工程规划设计研究院

　　　　　　　铁道第三勘察设计院

　　　　　　　解放军总装备部工程设计研究总院

　　　　　　　中国石油天然气管道工程有限公司

参 加 单 位:中国航空油料集团公司

主要起草人:韩　钧　周家祥　马庚宇　吴文革　张建民

　　　　　　　武铜柱　许文忠　杨进峰　江　建　陈世清

　　　　　　　张东明　于晓颖　王道庆　周东兴　余晓花

主要审查人:何龙辉　路世昌　张　唐　潘海涛　葛春玉

　　　　　　　张晓鹏　王铭坤　赵广明　叶向东　段　瑞

　　　　　　　张晋武　徐斌华　何跃生　张付卿　张海山

　　　　　　　周红儿　杨莉娜　王军防　许淳涛

目　次

07

07

1 总 则

1.0.1 为在石油库设计中贯彻执行国家有关方针政策,统一技术要求,做到安全适用、技术先进、经济合理,制定本规范。

1.0.2 本规范适用于新建、扩建和改建石油库的设计。

本规范不适用于下列易燃和可燃液体储运设施:

    1 石油化工企业厂区内的易燃和可燃液体储运设施;

    2 油气田的油品站场(库);

    3 附属于输油管道的输油站场;

    4 地下水封石洞油库、地下盐穴石油库、自然洞石油库、人工开挖的储油洞库;

    5 独立的液化烃储存库(包括常温液化石油气储存库、低温液化烃储存库);

    6 液化天然气储存库;

    7 储罐总容量大于或等于 $1200000m^3$,仅储存原油的石油储备库。

1.0.3 石油库设计除应执行本规范外,尚应符合国家现行有关标准的规定。

2 术 语

2.0.1 石油库 oil depot

收发、储存原油、成品油及其他易燃和可燃液体化学品的独立设施。

2.0.2 特级石油库 super oil depot

既储存原油,也储存非原油类易燃和可燃液体,且储罐计算总容量大于或等于 $1200000m^3$ 的石油库。

2.0.3 企业附属石油库 oil depot attached to an enterprise

设置在非石油化工企业界区内并为本企业生产或运行服务的石油库。

2.0.4 储罐 tank

储存易燃和可燃液体的设备。

2.0.5 固定顶储罐 fixed roof tank

罐顶周边与罐壁顶部固定连接的储罐。

2.0.6 外浮顶储罐 external floating roof tank

顶盖漂浮在液面上的储罐。

2.0.7 内浮顶储罐 internal floating roof tank

在固定顶储罐内装有浮盘的储罐。

2.0.8 立式储罐 vertical tank

固定顶储罐、外浮顶储罐和内浮顶储罐的统称。

2.0.9 地上储罐 above ground tank

在地面以上,露天建设的立式储罐和卧式储罐的统称。

2.0.10 埋地卧式储罐 underground storage oil tank

采用直接覆土或罐池充沙(细土)方式埋设在地下,且罐内最高液面低于罐外4m范围内地面的最低标高0.2m的卧式储罐。

2.0.11 覆土立式油罐 buried vertical oil tank

独立设置在用土掩埋的罐室或护体内的立式油品储罐。

2.0.12 覆土卧式油罐 buried horizontal oil tank

采用直接覆土或埋地方式设置的卧式油罐,包括埋地卧式油罐。

2.0.13 覆土油罐 buried oil tank

覆土立式油罐和覆土卧式油罐的统称。

2.0.14 浅盘式内浮顶储罐 pan internal floating roof tank

浮顶无隔舱、浮筒或其他浮子,仅靠盆形浮顶直接与液体接触的内浮顶储罐。

2.0.15 敞口隔舱式内浮顶 open-top bulk-headed internal floating roof

浮顶周圈设置环形敞口隔舱,中间仅为单层盘板的内浮顶。

2.0.16 压力储罐 pressurized tank

设计压力大于或等于 0.1MPa(罐顶表压)的储罐。

2.0.17 低压储罐 low-pressure tank

设计压力大于 6.0kPa 且小于 0.1MPa(罐顶表压)的储罐。

2.0.18 单盘式浮顶 single-deck floating roof

浮顶周圈设环形密封舱,中间仅为单层盘板的浮顶。

2.0.19 双盘式浮顶 double-deck floating roof

整个浮顶均由隔舱构成的浮顶。

2.0.20 罐组 a group of tanks

布置在同一个防火堤内的一组地上储罐。

2.0.21 储罐区 tank farm

由一个或多个罐组或覆土储罐构成的区域。

2.0.22 防火堤 dike

用于储罐发生泄漏时,防止易燃、可燃液体漫流和火灾蔓延的构筑物。

2.0.23 隔堤 dividing dike

用于防火堤内储罐发生少量泄漏事故时,为了减少易燃、可燃液体漫流的影响范围,而将一个储罐组分隔成多个区域的构筑物。

2.0.24 储罐容量 nominal volume of tank

经计算并圆整后的储罐公称容量。

2.0.25 储罐计算总容量 calculate nominal volume of tank

按照储存液体火灾危险性的不同,将储罐容量乘以一定系数折算后的储罐总容量。

2.0.26 储罐操作间 operating room for tank

覆土油罐进出口阀门经常操作的地点。

2.0.27 易燃液体 flammable liquid

闪点低于45℃的液体。

2.0.28 可燃液体 combustible liquid

闪点高于等于45℃的液体。

2.0.29 液化烃 liquefied hydrocarbon

在15℃时,蒸气压大于0.1MPa的烃类液体及其他类似的液体,包括液化石油气。

2.0.30 沸溢性液体 boil-over liquid

因具有热波特性,在燃烧时会发生沸溢现象的含水黏性油品(如原油、重油、渣油等)。

2.0.31 工艺管道 process pipeline

输送易燃液体、可燃液体、可燃气体和液化烃的管道。

2.0.32 操作温度 operating temperature

易燃和可燃液体在正常储存或输送时的温度。

2.0.33 铁路罐车装卸线 railway for oil loading and unloading

用于易燃和可燃液体装卸作业的铁路线段。

2.0.34 油气回收装置 vapor recovery device

通过吸附、吸收、冷凝、膜分离、焚烧等方法,将收集的可燃气体进行回收处理至达标浓度排放的装置。

2.0.35 明火地点 open flame site

室内外有外露火焰或赤热表面的固定地点(民用建筑内的灶具、电磁炉等除外)。

2.0.36 散发火花地点 sparking site

有飞火的烟囱或室外的砂轮、电焊、气焊(割)等的固定地点。

2.0.37 库外管道 external pipeline

敷设在石油库围墙外,在同一个石油库的不同区域的储罐区之间、储罐区与易燃和可燃液体装卸区之间的管道,以及两个毗邻石油库之间的管道。

2.0.38 有毒液体 toxic liquid

按现行国家标准《职业性接触毒物危害程度分级》GBZ 230 的规定,毒性程度划分为极度危害(Ⅰ级)、高度危害(Ⅱ级)、中度危害(Ⅲ级)和轻度危害(Ⅳ级)的液体。

3 基 本 规 定

3.0.1 石油库的等级划分应符合表 3.0.1 的规定。

表 3.0.1　石油库的等级划分

等　　级	石油库储罐计算总容量 $TV(m^3)$
特级	$1200000 \leqslant TV \leqslant 3600000$
一级	$100000 \leqslant TV < 1200000$
二级	$30000 \leqslant TV < 100000$
三级	$10000 \leqslant TV < 30000$
四级	$1000 \leqslant TV < 10000$
五级	$TV < 1000$

注:1　表中 TV 不包括零位罐、中继罐和放空罐的容量。
　2　甲 A 类液体储罐容量、Ⅰ级和Ⅱ级毒性液体储罐容量应乘以系数 2 计入储罐计算总容量,丙 A 类液体储罐容量可乘以系数 0.5 计入储罐计算总容量,丙 B 类液体储罐容量可乘以系数 0.25 计入储罐计算总容量。

3.0.2 特级石油库的设计应符合下列规定:

1　非原油类易燃和可燃液体的储罐计算总容量应小于 $1200000m^3$,其设施的设计应符合本规范一级石油库的有关规定。非原油类易燃和可燃液体设施与库外居住区、公共建筑物、工矿企业、交通线的安全距离,应符合本规范第 4.0.10 条注 5 的规定。

2　原油设施的设计应符合现行国家标准《石油储备库设计规范》GB 50737 的有关规定。

3　原油与非原油类易燃和可燃液体共用设施或其他共用部分的设计,应执行本规范与现行国家标准《石油储备库设计规范》GB 50737 要求较高者的规定。

4　特级石油库的储罐计算总容量大于或等于 $2400000m^3$ 时,应按消防设置要求最高的一个原油储罐和消防设置要求最高的一个非原油储罐同时发生火灾的情况进行消防系统设计。

3.0.3 石油库储存液化烃、易燃和可燃液体的火灾危险性分类,应符合表 3.0.3 的规定。

表 3.0.3　石油库储存液化烃、易燃和可燃液体的火灾危险性分类

类　别		特征或液体闪点 $F_t(℃)$
甲	A	15℃时的蒸气压力大于 0.1MPa 的烃类液体及其他类似的液体
	B	甲 A 类以外,$F_t < 28$
乙	A	$28 \leqslant F_t < 45$
	B	$45 \leqslant F_t < 60$
丙	A	$60 \leqslant F_t \leqslant 120$
	B	$F_t > 120$

3.0.4 石油库储存易燃和可燃液体的火灾危险性分类除应符合本规范表 3.0.3 的规定外,尚应符合下列规定:

1　操作温度超过其闪点的乙类液体应视为甲 B 类液体;

2　操作温度超过其闪点的丙 A 类液体应视为乙 A 类液体;

3　操作温度超过其沸点的丙 B 类液体应视为乙 A 类液体;

4　操作温度超过其闪点的丙 B 类液体应视为乙 B 类液体;

5　闪点低于 60℃ 但不低于 55℃ 的轻柴油,其储运设施的操作温度低于或等于 40℃ 时,可视为丙 A 类液体。

3.0.5 石油库内生产性建(构)筑物的最低耐火等级应符合表 3.0.5 的规定。建(构)筑物构件的燃烧性能和耐火极限应符合现行国家标准《建筑设计防火规范》GB 50016 的有关规定;三级耐火等级建(构)筑物的构件不得采用可燃材料;敞棚顶承重构件及顶面的耐火极限可不限,但不得采用可燃材料。

表 3.0.5　石油库内生产性建(构)筑物的最低耐火等级

序号	建(构)筑物	液体类别	耐火等级
1	易燃和可燃液体泵房、阀门室、灌油间(亭)、铁路液体装卸暖库、消防泵房	—	二级
2	桶装液体库房及敞棚	甲、乙	二级
		丙	三级
3	化验室、计量间、控制室、机柜间、锅炉房、变配电间、修洗桶间、润滑油再生间、柴油发电机间、空气压缩机间、储罐支座(架)	—	二级
4	机修间、器材库、水泵房、铁路罐车装卸栈桥及罩棚、汽车罐车装卸站台及罩棚、液体码头栈桥、泵棚、阀门棚	—	三级

3.0.6 石油库内液化烃等甲 A 类易燃液体设施的防火设计,应按现行国家标准《石油化工企业设计防火规范》GB 50160 的有关规定执行。

3.0.7 除本规范条文中另有规定外,建(构)筑物、设备、设施计算间距的起讫点,应符合本规范附录 A 的规定。

3.0.8 石油库易燃液体设备、设施的爆炸危险区域划分,应符合本规范附录 B 的规定。

4 库址选择

4.0.1 石油库的库址选择应根据建设规模、地域环境、油库各区的功能及作业性质、重要程度,以及可能与邻近建(构)筑物、设施之间的相互影响等,综合考虑库址的具体位置,并应符合城镇规划、环境保护、防火安全和职业卫生的要求,且交通运输应方便。

4.0.2 企业附属石油库的库址,应结合该企业主体建(构)筑物及设备、设施统一考虑,并应符合城镇或工业区规划、环境保护和防火安全的要求。

4.0.3 石油库的库址应具备良好的地质条件,不得选择在有土崩、断层、滑坡、沼泽、流沙及泥石流的地区和地下矿藏开采后有可能塌陷的地区。

4.0.4 一、二、三级石油库的库址,不得选在抗震设防烈度为9度及以上的地区。

4.0.5 一级石油库不宜建在抗震设防烈度为8度的Ⅳ类场地地区。

4.0.6 覆土立式油罐区宜在山区或建成后能与周围地形环境相协调的地带选址。

4.0.7 石油库应选在不受洪水、潮水或内涝威胁的地带;当不可避免时,应采取可靠的防洪、排涝措施。

4.0.8 一级石油库防洪标准应按重现期不小于100年设计;二、三级石油库防洪标准应按重现期不小于50年设计;四、五级石油库防洪标准应按重现期不小于25年设计。

4.0.9 石油库的库址应具备满足生产、消防、生活所需的水源和电源的条件,还应具备污水排放的条件。

4.0.10 石油库与库外居住区、公共建筑物、工矿企业、交通线的安全距离,不得小于表4.0.10的规定。

表4.0.10 石油库与库外居住区、公共建筑物、工矿企业、交通线的安全距离(m)

序号	石油库设施名称	石油库等级	库外建(构)筑物和设施名称 居住区和公共建筑物	工矿企业	国家铁路线	工业企业铁路线	道路
1	甲B、乙类液体地上罐组;甲B、乙类覆土立式油罐;无油气回收设施的甲B、乙A类液体装卸码头	一	100(75)	60	60	35	25
		二	90(45)	50	55	30	20
		三	80(40)	40	50	25	15
		四	70(35)	35	25	25	15
		五	50(35)	30	25	25	15
2	丙类液体地上罐组;丙类覆土立式油罐;乙B、丙类和采用油气回收设施的甲B、乙A类液体装卸码头;无油气回收设施的甲B、乙A类液体铁路或公路罐车装车设施;其他甲B、乙类液体设施	一	75(50)	45	45	26	20
		二	68(45)	38	40	23	15
		三	60(40)	30	38	20	15
		四	53(35)	26	38	20	15
		五	38(35)	23	38	20	15

序号	石油库设施名称	石油库等级	库外建(构)筑物和设施名称 居住区和公共建筑物	工矿企业	国家铁路线	工业企业铁路线	道路
3	覆土卧式油罐;乙B、丙类和采用油气回收设施的甲B、乙A类液体铁路或公路罐车装车设施;仅有卸车作业的铁路或公路罐车卸车设施;其他丙类液体设施	一	50(50)	30	30	18	18
		二	45(45)	25	28	15	15
		三	40(40)	20	25	15	15
		四	35(35)	18	25	15	15
		五	25(25)	15	25	15	15

注:1 表中的工矿企业指除石油化工企业、石油库、油气田的油品站场和长距离输油管道的站场以外的企业。其他设施指油气回收设施、泵站、灌桶设施等设置有易燃可燃液体、气体设备的设施。

2 表中的安全距离,库内设施有防火堤的储罐区应从防火堤中心线算起,无防火堤的覆土立式油罐应从罐室出入口等孔口算起,无防火堤的覆土卧式油罐应从储罐外壁算起;装卸设施应从装卸车(船)时鹤管口的位置算起;其他设备布置在房间内的,应从房间外墙轴线算起;设备露天布置的(包括设在棚内),应从设备外缘算起。

3 表中括号内数字为石油库与少于100人或30户居住区的安全距离。居住区包括石油库的生活区。

4 Ⅰ、Ⅱ级毒性液体的储罐等设施与库外居住区、公共建筑物、工矿企业、交通线的最小安全距离,应按相应火灾危险性类别和所在石油库的等级在本表规定的基础上增加30%。

5 特级石油库中,非原油类易燃和可燃液体的储罐等设施与库外居住区、公共建筑物、工矿企业、交通线的最小安全距离,应在本表规定的基础上增加20%。

6 铁路附属石油库与国家铁路线及工业企业铁路线的距离,应按本规范表5.1.3铁路机车走行线的规定执行。

4.0.11 石油库的储罐区、水运装卸码头与架空通信线路(或通信发射塔)、架空电力线路的安全距离,不应小于1.5倍杆(塔)高;石油库的铁路罐车和汽车罐车装卸设施、其他易燃可燃液体设施与架空通信线路(或通信发射塔)、架空电力线路的安全距离,不应小于1.0倍杆(塔)高;以上各设施与电压不小于35kV的架空电力线路的安全距离不应小于30m。

注:以上石油库各设施的起算点与本规范表4.0.10注2相同。

4.0.12 石油库的围墙与爆破作业场地(如采石场)的安全距离,不应小于300m。

4.0.13 非石油库用的库外埋地电缆与石油库围墙的距离不应小于3m。

4.0.14 石油库与石油化工企业之间的距离,应符合现行国家标准《石油化工企业设计防火规范》GB 50160的有关规定;石油库与石油储备库之间的距离,应符合现行国家标准《石油储备库设计规范》GB 50737的有关规定;石油库与石油天然气站场、长距离输油管道站场之间的距离,应符合现行国家标准《石油天然气工程设计防火规范》GB 50183的有关规定。

4.0.15 相邻两个石油库之间的安全距离应符合下列规定:

1 当两个石油库的相邻储罐中较大罐直径大于53m时,两个石油库的相邻储罐之间的安全距离不应小于相邻储罐中较大罐直径,且不应小于80m。

2 当两个石油库的相邻储罐直径小于或等于53m时,两个石油库的任意两个储罐之间的安全距离不应小于其中较大罐直径的1.5倍,对覆土罐且不应小于60m,对储存Ⅰ、Ⅱ级毒性液体的储罐且不应小于50m,对储存其他易燃和可燃液体的储罐且不应小于30m。

3 两个石油库除储罐之外的建(构)筑物、设施之间的安全距离应按本规范表5.1.3的规定增加50%。

4.0.16 企业附属石油库与本企业建(构)筑物、交通线等的安全距离,不得小于表 4.0.16 的规定。

表 4.0.16　企业附属石油库与本企业建(构)筑物、交通线等的安全距离(m)

库内建(构)筑物和设施	液体类别	甲类生产厂房	甲类物品库房	乙、丙、丁、戊类生产厂房及物品库房耐火等级 一、二	三	四	明火或散发火花的地点	厂内铁路	厂内道路 主要	次要
储罐(TV为罐区总容量,m³) TV≤50	甲B、乙	25	25	12	15	20	25	25	15	10
50<TV≤200	甲B、乙	25	25	15	20	25	30	25	15	10
200<TV≤1000	甲B、乙	25	25	20	25	30	35	25	15	10
1000<TV≤5000	甲B、乙	30	30	25	30	40	40	25	15	10
TV≤250	丙	15	15	12	15	20	20	20	15	5
250<TV≤1000	丙	20	20	15	20	25	25	20	15	5
1000<TV≤5000	丙	25	25	20	25	30	30	20	15	10
5000<TV≤25000	丙	30	30	25	30	40	40	25	15	10
油泵房、灌油间	甲B、乙	12	15	12	14	16	30	20	15	5
	丙	12	12	10	12	14	15	12	8	5
桶装液体库房	甲B、乙	15	20	15	20	25	30	30	15	5
	丙	12	15	10	12	15	20	15	10	5

续表 4.0.16

库内建(构)筑物和设施	液体类别	甲类生产厂房	甲类物品库房	乙、丙、丁、戊类生产厂房及物品库房耐火等级 一、二	三	四	明火或散发火花的地点	厂内铁路	厂内道路 主要	次要
汽车罐车装卸设施	甲B、乙	14	14	15	16	18	30	20	15	15
	丙	10	10	10	12	14	20	15	8	5
其他生产性建筑物	甲B、乙	12	12	10	12	14	25	10	3	3
	丙	9	9	8	9	12	15	8	3	3

注:1　当甲B、乙类易燃和可燃液体与丙类可燃液体混存时,丙A类可燃液体可按其容量的 50% 折算计入储罐区总容量,丙B类可燃液体可按其容量的 25% 折算计入储罐区总容量。
　　2　对于埋地卧式储罐和储存丙B类可燃液体的储罐,本距离(与厂内次要道路的距离除外)可减少 50%,但不得小于 10m。
　　3　表中未注明的企业建(构)筑物与库内建(构)筑物的安全距离,应按现行国家标准《建筑设计防火规范》GB 50016 规定的防火距离执行。
　　4　企业附属石油库的甲B、乙类易燃和可燃液体储罐总容量大于 5000m³,丙A类可燃液体储罐总容量大于 25000m³ 时,企业附属石油库与本企业建(构)筑物、交通线的安全距离,应符合本规范第 4.0.10 条的规定。
　　5　企业附属石油库仅储存丙B类可燃液体时,可不受本表限制。

4.0.17　当重要物品仓库(或堆场)、军事设施、飞机场等,对与石油库的安全距离有特殊要求时,应按有关规定执行或协商解决。

5　库区布置

5.1　总平面布置

5.1.1　石油库的总平面布置,宜按储罐、易燃和可燃液体装卸区、辅助作业和行政管理区分区布置。石油库各区内的主要建(构)筑物或设施,宜按表 5.1.1 的规定布置。

表 5.1.1　石油库各区内的主要建(构)筑物或设施

序号	分区		区内主要建(构)筑物或设施
1	储罐区		储罐组、易燃和可燃液体泵站、变配电间、现场机柜间等
2	易燃和可燃液体装卸区	铁路装卸区	铁路罐车装卸栈桥、易燃和可燃液体泵站、桶装易燃和可燃液体库房、零位罐、变配电间、油气回收处理装置等
		水运装卸区	易燃和可燃液体装卸码头、易燃和可燃液体泵站、灌桶间、桶装液体库房、变配电间、油气回收处理装置等
		公路装卸区	灌桶间、易燃和可燃液体泵站、变配电间、汽车罐车装卸设施、桶装液体库房、控制室、油气回收处理装置等
3	辅助作业区		修洗桶间、消防泵房、消防器材库、变配电间、机修间、器材库、锅炉房、化验室、污水处理设施、计量室、柴油发电机间、空气压缩机间、车库等
4	行政管理区		办公用房、控制室、传达室、汽车库、警卫及消防人员宿舍、倒班宿舍、浴室、食堂等

注:企业附属石油库的分区,尚宜结合该企业的总体布置统一考虑。

5.1.2　行政管理区和辅助作业区内,使用性质相近的建(构)筑物,在符合生产使用和安全防火要求的前提下,可合并建设。

5.1.3　石油库内建(构)筑物、设施之间的防火距离(储罐与储罐之间的距离除外),不应小于表 5.1.3 的规定。

5.1.4　储罐应集中布置。当储罐区地面高于邻近居民点、工业企业或铁路线时,应加强防止事故状态下库内易燃和可燃液体外流的安全防护措施。

5.1.5　石油库的储罐应地上露天设置。山区和丘陵地区或有特殊要求的可采用覆土等非露天方式设置,但储存甲B类和乙类液体的卧式储罐不得采用罐室方式设置。地上储罐、覆土储罐应分别设置储罐区。

5.1.6　储存Ⅰ、Ⅱ级毒性液体的储罐应单独设置储罐区。储罐计算总容量大于 600000m³ 的石油库,应设置两个或多个储罐区,每个储罐区的储罐计算总容量不应大于 600000m³。特级石油库中,原油储罐与非原油储罐应分别集中设在不同的储罐区内。

5.1.7　相邻储罐区储罐之间的防火距离,应符合下列规定:

　　1　地上储罐区与覆土立式油罐相邻储罐之间的防火距离不应小于 60m;

　　2　储存Ⅰ、Ⅱ级毒性液体的储罐与其他储罐区相邻储罐之间的防火距离,不应小于相邻储罐中较大罐直径的 1.5 倍,且不应小于 50m;

　　3　其他易燃、可燃液体储罐区相邻储罐之间的防火距离,不应小于相邻储罐中较大罐直径的 1.0 倍,且不应小于 30m。

5.1.8　同一个地上储罐区内,相邻罐组储罐之间的防火距离,应符合下列规定:

　　1　储存甲B、乙类液体的固定顶储罐和浮顶采用易熔材料制作的内浮顶储罐与其他罐组相邻储罐之间的防火距离,不应小于相邻储罐中较大罐直径的 1.0 倍;

　　2　外浮顶储罐、采用钢制浮顶的内浮顶储罐、储存丙类液体的固定顶储罐与其他罐组储罐之间的防火距离,不应小于相邻储罐中较大罐直径的 0.8 倍。

注:储存不同液体的储罐、不同型式的储罐之间的防火距离,应采用上述计算值的较大值。

表 5.1.3 石油库内建(构)筑物、设施之间的防火距离(m)

序号	建(构)筑物和设施名称		易燃和可燃液体泵房 甲B、乙类液体	丙类液体	灌桶间 甲B、乙类液体	丙类液体	汽车罐车装卸设施 甲B、乙类液体	丙类液体	铁路罐车装卸设施 甲B、乙类液体	丙类液体	液体装卸码头 甲B、乙类液体	丙类液体	桶装液体库房 甲B、乙类液体	丙类液体	隔油池 150m³及以下	150m³以上	消防车库、消防泵房	露天变配电所变压器、柴油发电机间 10kV及以下	10kV以上	独立变配电间	办公用房、中心控制室、宿舍、食堂等人员集中场所	铁路机车走行线	有明火及散发火花的建(构)筑物及地点	油罐车库	库区围墙	其他建(构)筑物	河(海)岸边
			10	11	12	13	14	15	16	17	18	19	20	21	22	23	24	25	26	27	28	29	30	31	32	33	34
1	外浮顶储罐、内浮顶储罐、覆土式油罐、储存丙类液体的立式固	V≥50000	20	15	30	25	30/23	23	30/23	23	50	35	30	25	25	30	40	40	50	40	60	35	35	28	25	25	30
2		5000<V<50000	15	11	19	15	20/15	15	20/15	15	35	25	20	15	19	23	25	30	25	25	38	19	26	23	11	19	30
3		1000<V≤5000	11	9	15	11	15/11	11	15/11	11	30	23	15	11	15	19	23	19	23	19	26	15	26	15	7.5	15	30
4	定顶储罐 V≤1000		9	7.5	11	9	11/9	9	11	9	26	23	11	9	15	19	23	11	23	19	26	15	26	15	6	15	20
5	储存甲B、乙类液体的立式固	V>5000	20	15	25	20	25/20	20	25/20	20	50	35	25	20	30	35	32	39	32	32		25	35	30	15	25	30
6		1000<V≤5000	20	15	25	20	25/20	20	25/20	20	50	35	25	20	30	35	32	39	32	32		19	35	30	15	25	30
7	定顶储罐 V≤1000		12	10	15	11	15/11	11	15/11	11	35	30	15	11	15	19	23	11	23	19	26	15	35	15	6	15	20
8	甲B、乙类液体地上卧式储罐		9	7.5	11	8	11/8	8	11/8	8	26	23	11	8	15	19	23	11	23	19	26	15	26	15	6	15	20
9	覆土卧式油罐、丙类液体地上卧式储罐		7	6	8	8	8/6	8	8/6	8	8	8	8	8	8	18	8	18	8	18	15	26	11	4.5	8	20
10	易燃和可燃液体泵房	甲B、乙类液体	12	12	12	12	15/11	11	12	11	15	11	12	12	15/7.5	20/10	30			30	20	30	15	12	5	10	10
11		丙类液体	12	12	12	12	8/6	8	12	11	11	11	12	12	10/5	15/7.5	20			20	20	20	15	12	5	10	10
12	灌桶间	甲B、乙类液体	12	12	12	12	15/11	11	12	11	12	11	12	12	20/10	25/12.5	30			40	20	40	15	12	5	10	10
13		丙类液体	12	12	12	12	8	8	12	11	12	11	12	12	15/7.5	20/10	20			20	20	20	15	12	5	10	10
14	汽车罐车装卸设施	甲B、乙类液体	15/15	15/11	15/11	15/11	—	—	15/11	15/11	15	15/11	15/11	20/15	25/19	15/15	20/15	30/23	15/11	30/23	20/15	30/23	20	15/11	15/11	10
15		丙类液体	11	8	11	8	—	—	15/11	8	11	11	8	15/7.5	20/10	12	10	20		20	20	20	15	5	10	10

续表 5.1.3

序号	建(构)筑物和设施名称		易燃和可燃液体泵房 甲B、乙类液体	丙类液体	灌桶间 甲B、乙类液体	丙类液体	汽车罐车装卸设施 甲B、乙类液体	丙类液体	铁路罐车装卸设施 甲B、乙类液体	丙类液体	液体装卸码头 甲B、乙类液体	丙类液体	桶装液体库房 甲B、乙类液体	丙类液体	隔油池 150m³及以下	150m³以上	消防车库、消防泵房	露天变配电所变压器、柴油发电机间 10kV及以下	10kV以上	独立变配电间	办公用房、中心控制室、宿舍、食堂等人员集中场所	铁路机车走行线	有明火及散发火花的建(构)筑物及地点	油罐车库	库区围墙	其他建(构)筑物	河(海)岸边
			10	11	12	13	14	15	16	17	18	19	20	21	22	23	24	25	26	27	28	29	30	31	32	33	34
16	铁路罐车装卸设施	甲B、乙类液体	8/8	8/6	15/11	15/11	15/11	15/11	见本规范第8.1节		20/20	20/15	8/8	8/8	25/19	30/23	15/15	20/15	30/23	15/11	30/23	20/15	30/23	20	15/11	15/11	10
17		丙类液体	6	6	11	11	15/11	11			20	15	8	8	20/10	25/12.5	12	10	20		20	20	20	15	5	10	10
18	液体装卸码头	甲B、乙类液体	15	15	15	15	15	15	20/20	20	见本规范第8.3节		15	15	25/19	30/23	25	20	45		40	20	—	15	—
19		丙类液体	15	15	15	15	15	15	20/15	15			11	8	20/10	25/12.5	12	10	20		20	20	—	12	10
20	桶装液体库房	甲B、乙类液体	12	12	12	12	15/11	15	8	8	15	15	12	12	15/7.5	20/10	15	10	12		40	15	30	20	5	12	10
21		丙类液体	12	9	12	10	15/11	8	8/8	8	15	15	12	12	10/5	15/7.5	15	10	20		20	15	5	10
22	隔油池	150m³及以下	15/7.5	10/5	20/10	15/7.5	20/15	15/7.5	25/19	20/10	25/19	20/10	15/7.5	10/5	—	—	20/15	15/11	20/15	15/11	30/23	15/7.5	30/23	15/11	10/5	15/7.5	10
23		150m³以上	20/10	15/7.5	25/12.5	20/10	25/19	20/10	30/23	25/12.5	30/23	25/12.5	20/10	15/7.5	—	25/19	20/15	30/23	20/15	40/30	20/10	40/30	20/10	15	10/5	15/7.5	10

注：1 表中 V 指储罐单罐容量，单位为 m³。

2 序号 14 中，分子数字为未采用油气回收设施的汽车罐车装卸设施与建(构)筑物或设施的防火距离，分母数字为采用油气回收设施的汽车罐车装卸设施与建(构)筑物或设施的防火距离。

3 序号 16 中，分子数字为用于装车作业的铁路线与建(构)筑物或设施的防火距离，分母数字为采用油气回收设施的铁路罐车装卸设施或仅用于卸车作业的铁路线与建(构)筑物的防火距离。

4 序号 14 与序号 16 相交数字的分母，仅适用于相邻装车设施均采用油气回收设施的情况。

5 序号 22、23 中的隔油池，系指设置在罐组防火堤外的隔油池。其中分母数字为有盖板的密闭式隔油池与建(构)筑物或设施的防火距离，分子数字为无盖板的隔油池与建(构)筑物或设施的防火距离。

6 罐组专用变配电间和机柜间与石油库内各建(构)筑物或设施的防火距离，应与易燃和可燃液体泵房相同，但变配电间和机柜间的门窗应位于易燃液体设备的爆炸危险区域之外。

7 焚烧式可燃气体回收装置应按有明火及散发火花的建(构)筑物及地点执行，其他形式的可燃气体回收处理装置应按甲、乙类液体泵房执行。

8 Ⅰ、Ⅱ级毒性液体的储存、设备和设施与石油库内其他建(构)筑物、设施之间的防火距离，应按相应火灾危险性类别在本表规定的基础上增加30%。

9 "—"表示没有防火距离要求。

5.1.9 同一储罐区内,火灾危险性类别相同或相近的储罐宜相对集中布置。储存Ⅰ、Ⅱ级毒性液体的储罐罐组宜远离人员集中的场所布置。

5.1.10 铁路装卸区宜布置在石油库的边缘地带,铁路线不宜与石油库出入口的道路相交叉。

5.1.11 公路装卸区应布置在石油库临近库外道路的一侧,并宜设围墙与其他各区隔开。

5.1.12 消防车库、办公室、控制室等场所,宜布置在储罐区全年最小频率风向的下风侧。

5.1.13 储罐区泡沫站应布置在罐组防火堤外的非防爆区,与储罐的防火间距不应小于20m。

5.1.14 储罐区易燃和可燃液体泵站的布置,应符合下列规定:

　　1 甲、乙、丙A类液体泵站应布置在地上立式储罐的防火堤外;

　　2 丙B类液体泵、抽底油泵、卧式储罐输送泵和储罐油品检测用泵,可与储罐露天布置在同一防火堤内;

　　3 当易燃和可燃液体泵站采用棚式或露天式时,其与储罐的间距可不受限制,与其他建(构)筑物或设施的间距,应以泵外缘按本规范表5.1.3中易燃和可燃液体泵房与其他建(构)筑物、设施的间距确定。

5.1.15 与储罐区无关的管道、埋地输电线不得穿越防火堤。

5.2 库区道路

5.2.1 石油库储罐区应设环行消防车道。位于山区或丘陵地带设置环形消防车道有困难的下列罐区或罐组,可设尽头式消防车道:

　　1 覆土油罐区;

　　2 储罐单排布置,且储罐单罐容量不大于5000m³的地上罐组;

　　3 四、五级石油库储罐区。

5.2.2 地上储罐组消防车道的设置,应符合下列规定:

　　1 储罐总容量大于或等于120000m³的单个罐组应设环行消防车道。

　　2 多个罐组共用1个环行消防车道时,环行消防车道内的罐组储罐总容量不应大于120000m³。

　　3 同一个环行消防车道内相邻罐组防火堤外堤脚线之间应留有宽度不小于7m的消防空地。

　　4 总容量大于或等于120000m³的罐组,至少应有2个路口能使消防车辆进入环形消防车道,并宜设在不同的方位上。

5.2.3 除丙B类液体储罐和单罐容量小于或等于100m³的储罐外,储罐至少应与1条消防车道相邻。储罐中心至少与2条消防车道的距离均不应大于120m;条件受限时,储罐中心与最近一条消防车道之间的距离不应大于80m。

5.2.4 铁路装卸区应设消防车道,并应平行于铁路装卸线,且宜与库内道路构成环行道路。消防车道与铁路罐车装卸线的距离不应大于80m。

5.2.5 汽车罐车装卸设施和灌桶设施,应设置能保证消防车辆顺利接近火灾场地的消防车道。

5.2.6 储罐组周边的消防车道路面标高,宜高于防火堤外侧地面的设计标高0.5m及以上。位于地势较高处的消防车道的路堤高度可适当降低,但不宜小于0.3m。

5.2.7 消防车道与防火堤外堤脚线之间的距离,不应小于3m。

5.2.8 一级石油库的储罐区和装卸区消防车道的宽度不应小于9m,其中路面宽度不应小于7m;覆土立式油罐和其他级别石油库的储罐区、装卸区消防车道的宽度不应小于6m,其中路面宽度不应小于4m;单罐容积大于或等于100000m³的储罐区消防车道的宽度应按现行国家标准《石油储备库设计规范》GB 50737的有关规定执行。

5.2.9 消防车道的净空高度不应小于5.0m,转弯半径不宜小于12m。

5.2.10 尽头式消防车道应设置回车场。两个路口间的消防车道长度大于300m时,应在该消防车道的中段设置回车场。

5.2.11 石油库通向公路的库外道路和车辆出入口的设计,应符合下列规定:

　　1 石油库应设与公路连接的库外道路,其路面宽度不应小于相应级别石油库储罐区的消防车道。

　　2 石油库通向库外道路的车辆出入口不应少于2处,且宜位于不同的方位。受地域、地形等条件限制时,覆土油罐区和四、五级石油库可只设1处车辆出入口。

　　3 储罐区的车辆出入口不应少于2处,且应位于不同的方位。受地域、地形等条件限制时,覆土油罐区和四、五级石油库的储罐区可只设1处车辆出入口。储罐区的车辆出入口宜直接通向库外道路,也可通向行政管理区或公路装卸区。

　　4 行政管理区、公路装卸区应设直接通往库外道路的车辆出入口。

5.2.12 运输易燃、可燃液体等危险品的道路,其纵坡不应大于6%。其他道路纵坡设计应符合现行国家标准《厂矿道路设计规范》GBJ 22的有关规定。

5.3 竖向布置及其他

5.3.1 石油库场地设计标高,应符合下列规定:

　　1 库区场地应避免洪水、潮水及内涝水的淹没。

　　2 对于受洪水、潮水及内涝水威胁的场地,当靠近江河、湖泊等地段时,库区场地的最低设计标高,应比设计频率计算水位高0.5m及以上;当在海岛、沿海地段或潮汐作用明显的河口段时,库区场地的最低设计标高,应比设计频率计算水位高1m及以上。当有波浪侵袭或壅水现象时,尚应加上最大波浪或壅水高度。

　　3 当有可靠的防洪排涝措施,且技术经济合理时,库区场地也可低于计算水位。

5.3.2 行政管理区、消防泵房、专用消防站、总变电所宜位于地势相对较高的场地处,或有防止事故状况下流淌火流向该场地的措施。

5.3.3 石油库的围墙设置,应符合下列规定:

　　1 石油库四周应设高度不低于2.5m的实体围墙。企业附属石油库与本企业毗邻一侧的围墙高度可不低于1.8m。

　　2 山区或丘陵地带的石油库,当四周均设实体围墙有困难时,可只在漏油可能流经的低洼处设实体围墙,在地势较高处可设置镀锌铁丝网等非实体围墙。

　　3 石油库临海、邻水侧的围墙,其1m高度以上可为铁栅栏围墙。

　　4 行政管理区与储罐区、易燃和可燃液体装卸区之间应设围墙。当采用非实体围墙时,围墙下部0.5m高度以下范围内应为实体墙。

　　5 围墙不得采用燃烧材料建造。围墙实体部分的下部不应留有孔洞(集中排水口除外)。

5.3.4 石油库的绿化应符合下列规定:

　　1 防火堤内不应植树;

　　2 消防车道与防火堤之间不宜植树;

　　3 绿化不应妨碍消防作业。

6 储罐区

6.1 地上储罐

6.1.1 地上储罐应采用钢制储罐。

6.1.2 储存沸点低于45℃或37.8℃的饱和蒸气压大于88kPa的甲B类液体,应采用压力储罐、低压储罐或低温常压储罐,并应符合下列规定:

 1 选用压力储罐或低压储罐时,应采取防止空气进入罐内的措施,并应密闭回收处理罐内排出的气体。

 2 选用低温常压储罐时,应采取下列措施之一:

  1)选用内浮顶储罐,应设置氮气密封保护系统,并应控制储存温度使液体蒸气压不大于88kPa;

  2)选用固定顶储罐,应设置氮气密封保护系统,并应控制储存温度低于液体闪点5℃及以下。

6.1.3 储存沸点不低于45℃或在37.8℃时的饱和蒸气压不大于88kPa的甲B、乙A类液体化工品和轻石脑油,应采用外浮顶储罐或内浮顶储罐。有特殊储存需要时,可采用容量小于或等于10000m³的固定顶储罐、低压储罐或容量不大于100m³的卧式储罐,但应采取下列措施之一:

 1 应设置氮气密封保护系统,并应密闭回收处理罐内排出的气体;

 2 应设置氮气密封保护系统,并应控制储存温度低于液体闪点5℃及以下。

6.1.4 储存甲B、乙A类原油和成品油,应采用外浮顶储罐、内浮顶储罐和卧式储罐。3号喷气燃料的最高储存温度低于油品闪点5℃及以下时,可采用容量小于或等于10000m³的固定顶储罐。当采用卧式储罐储存甲B、乙A类油品时,储存甲B类油品卧式储罐的单罐容量不应大于100m³,储存乙A类油品卧式储罐的单罐容量不应大于200m³。

6.1.5 储存乙B类和丙类液体,可采用固定顶储罐和卧式储罐。

6.1.6 外浮顶储罐应采用钢制单盘式或钢制双盘式浮顶。

6.1.7 内浮顶储罐的内浮顶选用,应符合下列规定:

 1 内浮顶应采用金属内浮顶,且不得采用浅盘式或敞口隔舱式内浮顶。

 2 储存Ⅰ、Ⅱ级毒性液体的内浮顶储罐和直径大于40m的储存甲B、乙A类液体的内浮顶储罐,不得采用用易熔材料制作的内浮顶。

 3 直径大于48m的内浮顶储罐,应选用钢制单盘式或双盘式内浮顶。

 4 新结构内浮顶的采用应通过安全性评估。

6.1.8 储存Ⅰ、Ⅱ级毒性的甲B、乙A类液体储罐的单罐容量不应大于5000m³,且应设置氮封保护系统。

6.1.9 固定顶储罐的直径不应大于48m。

6.1.10 地上储罐应按下列规定成组布置:

 1 甲B、乙和丙A类液体储罐可布置在同一罐组内;丙B类液体储罐宜独立设置罐组。

 2 沸溢性液体储罐不应与非沸溢性液体储罐同组布置。

 3 立式储罐不宜与卧式储罐布置在同一个储罐组内。

 4 储存Ⅰ、Ⅱ级毒性液体的储罐不应与其他易燃和可燃液体储罐布置在同一个罐组内。

6.1.11 同一个罐组内储罐的总容量应符合下列规定:

 1 固定顶储罐组及固定顶储罐和外浮顶、内浮顶储罐的混合罐组的容量不应大于120000m³,其中浮顶用钢质材料制作的外浮顶储罐、内浮顶储罐的容量可按50%计入混合罐组的总容量。

 2 浮顶用钢质材料制作的内浮顶储罐组的容量不应大于360000m³;浮顶用易熔材料制作的内浮顶储罐组的容量不应大于240000m³。

 3 外浮顶储罐组的容量不应大于600000m³。

6.1.12 同一个罐组内的储罐数量应符合下列规定:

 1 当最大单罐容量大于或等于10000m³时,储罐数量不应多于12座。

 2 当最大单罐容量大于或等于1000m³时,储罐数量不应多于16座。

 3 单罐容量小于1000m³或仅储存丙B类液体的罐组,可不限储罐数量。

6.1.13 地上储罐组内,单罐容量小于1000m³的储存丙B类液体的储罐不应超过4排;其他储罐不应超过2排。

6.1.14 地上立式储罐的基础面标高,应高于储罐周围设计地坪0.5m及以上。

6.1.15 地上储罐组内相邻储罐之间的防火距离不应小于表6.1.15的规定。

表6.1.15 地上储罐组内相邻储罐之间的防火距离

储存液体类别	单罐容量不大于300m³,且总容量不大于1500m³的立式储罐组	固定顶储罐(单罐容量)			外浮顶、内浮顶储罐	卧式储罐
		≤1000m³	>1000m³	≥5000m³		
甲B、乙类	2m	0.75D	0.6D		0.4D	0.8m
丙A类	2m	0.4D			0.4D	0.8m
丙B类	2m	2m	5m	0.4D	0.4D与15m的较小值	0.8m

注:1 表中D为相邻储罐中较大储罐的直径。
   2 储存不同类别液体的储罐、不同型式的储罐之间的防火距离,应采用较大值。

6.2 覆土立式油罐

6.2.1 覆土立式油罐应采用固定顶储罐,其设计应根据储罐的容量及地形条件等合理地确定其直径和高度,使覆土立式油罐建成后与周围地形和环境相协调。

6.2.2 覆土立式油罐应采用独立的罐室及出入通道。与管沟连接处必须设置防火、防渗密闭隔离墙。

6.2.3 覆土立式油罐之间的防火距离,应符合下列规定:

 1 甲B、乙、丙A类油品覆土立式油罐之间的防火距离,不应小于相邻两罐罐室直径之和的1/2。当按相邻两罐室直径之和的1/2计算超过30m时,可取30m。

 2 丙B类油品覆土立式油罐之间的防火距离,不应小于相邻较大罐室直径的0.4倍。

 3 当丙B类油品覆土立式油罐与甲B、乙、丙A类油品覆土立式油罐相邻时,两者之间的防火距离应按本条第1款执行。

6.2.4 覆土立式油罐的基础应设在稳定的岩石层或满足地基承载力的均匀土层上。

6.2.5 覆土立式油罐的罐室设计应符合下列规定:

 1 罐室应采用圆筒形直墙与钢筋混凝土球壳顶的结构形式。罐室及出入通道的墙体,应采用密实性材料构筑,并应保证在油罐出现泄漏事故时不泄漏。

 2 罐室球壳顶内表面与金属油罐顶的距离不应小于1.2m,罐室壁与金属罐壁之间的环形走道宽度不应小于0.8m。

 3 罐室顶部周边应均布设置采光通风孔。直径小于或等于12m的罐室,采光通风孔不应少于2个;直径大于12m的罐室,至少应设4个采光通风孔。采光通风孔的直径或任意边长不应小于0.6m,其口部高出覆土面层不宜小于0.3m,并应装设带锁的孔盖。

 4 罐室出入通道宽度不宜小于1.5m,高度不宜小于2.2m。

5 储存甲B、乙、丙A类油品的覆土立式油罐,其罐室通道出入口高于罐室地坪不应小于2.0m。

6 罐室的出入通道口,应设向外开启的并满足口部紧急时刻封堵强度要求的防火密闭门,其耐火极限不得低于1.5h。通道口部的设计,应有利于在紧急时刻采取封堵措施。

7 罐室及出入通道应有防水措施。阀门操作间应设积水坑。

6.2.6 覆土立式油罐应按下列要求设置事故外输管道:

1 事故外输管道的公称直径,宜与油罐进出油管道一致,且不得小于100mm。

2 事故外输管道应由罐室阀门操作间处的积水坑处引出罐室外,并宜满足在事故时能与输油干管相连通。

3 事故外输管道应设控制阀门和隔离装置。控制阀门和隔离装置不应设在罐室内和事故时容易危及的部位。

6.2.7 覆土立式油罐的基本附件和通气管的设置,应符合本规范第6.4节的有关规定。

6.2.8 罐室顶部的覆土厚度不应小于0.5m,周围覆土坡度应满足回填土的稳固要求。

6.2.9 储存甲B类、乙类和丙A类液体的覆土立式油罐区,应按不小于区内储罐可能发生油品泄漏事故时,油品漫出罐室部分最多一个油罐的泄漏油品设置区域导流沟及事故存油坑(池)。

6.2.10 覆土立式油罐与罐区主管道连接的支管道敷设深度大于2.5m时,可采用非充沙封闭管沟方式敷设。

6.3 覆土卧式油罐

6.3.1 覆土卧式油罐的设计应满足其设置条件下的强度要求,当采用钢制油罐时,其罐壁所用钢板的公称厚度应满足下列要求:

1 直径小于或等于2500mm的油罐,其壁厚不得小于6mm。

2 直径为2501mm~3000mm的油罐,其壁厚不得小于7mm。

3 直径大于3000mm的油罐,其壁厚不得小于8mm。

6.3.2 储存对水和土壤有污染的液体的覆土卧式油罐,应按国家有关环境保护标准或政府有关环境保护法令、法规要求采取防渗漏措施,并应具备检漏功能。

6.3.3 有防渗漏要求的覆土卧式油罐,油罐应采用双层油罐或单层钢油罐设置防渗罐池的方式;单罐容量大于100m³的覆土卧式油罐和既有单层覆土卧式油罐的防渗,可采用油罐内衬防渗层的方式。

6.3.4 采用双层油罐时,双层油罐的结构及检漏要求,应符合现行国家标准《汽车加油加气站设计与施工规范》GB 50156的有关规定。

6.3.5 采用单层油罐设置防渗罐池时,应符合下列规定:

1 防渗罐池应采用防渗钢筋混凝土整体浇注,池底表面及低于储罐直径2/3以下的内墙面应做防渗处理。

2 埋地油罐的防渗罐池设计,应符合现行国家标准《汽车加油加气站设计与施工规范》GB 50156有关规定。

3 罐顶高于周围地坪的油罐,防渗罐池的池顶应高于周围地坪0.2m以上。

4 罐底低于周围地坪的油罐,应按现行国家标准《汽车加油加气站设计与施工规范》GB 50156的有关规定设置检漏立管。检漏立管宜沿油罐纵向合理布置,每罐至少应设2根检漏立管。相邻油罐可共用检漏立管。

5 罐底高于周围地坪的油罐可设检漏横管。检漏横管的直径不得小于50mm,每罐至少应设1根检漏横管,且防渗罐池的池底或油罐基础应有不小于5‰的坡度坡向检漏横管。

6 油罐基础和罐体周围的回填料,应保证储罐任何部位的渗漏均能在检漏管处发现。

7 防渗罐池以上的覆土,应有防止雨水、地表水渗入池内的措施。

6.3.6 采用单层钢罐内衬防渗层时,内衬层应采用短纤维喷射技术做玻璃纤维增强塑料防渗层,其厚度不应小于0.8mm,并应通过相应电压等级的电火花检测合格。

6.3.7 卧式油罐应设带有高液位报警功能的液位监测系统。单层油罐的液位检测系统尚应具备渗漏检测功能。

6.3.8 覆土卧式油罐的间距不应小于0.5m,覆土厚度不应小于0.5m。

6.3.9 当埋地油罐受地下水或雨水作用有上浮的可能时,应对油罐采取抗浮措施。

6.3.10 与土壤接触的钢制油罐外表面,其防腐设计应符合现行行业标准《石油化工设备和管道涂料防腐蚀设计规范》SH/T 3022的有关规定,且防腐等级不应低于加强级。覆土不应损坏防腐层。

6.4 储罐附件

6.4.1 立式储罐应设上罐的梯子、平台和栏杆。高度大于5m的立式储罐,应采用盘梯。覆土立式油罐高于罐室环形通道地面2.2m以下的高度应采用活动斜梯,并应有防止磕碰发生火花的措施。

6.4.2 储罐罐顶上经常走人的地方,应设防滑踏步和护栏;测量孔处应设测量平台。

6.4.3 立式储罐的量油孔、罐壁人孔、排污孔(或清扫孔)及放水管等的设置,宜按现行行业标准《石油化工储运系统罐区设计规范》SH/T 3007的有关规定执行。覆土立式油罐应有一个罐壁人孔朝向阀门操作间。

6.4.4 下列储罐通向大气的通气管管口应装设呼吸阀:

1 储存甲B、乙类液体的固定顶储罐和地上卧式储罐;

2 储存甲B类液体的覆土卧式油罐;

3 采用氮气密封保护系统的储罐。

6.4.5 呼吸阀的排气压力应小于储罐的设计正压力,呼吸阀的进气压力应大于储罐的设计负压力。当呼吸阀所处的环境温度可能小于或等于0℃时,应选用全天候式呼吸阀。

6.4.6 采用氮气密封保护系统的储罐应设事故泄压设备,并应符合下列规定:

1 事故泄压设备的开启压力应大于呼吸阀的排气压力,并应小于或等于储罐的设计正压力。

2 事故泄压设备的吸气压力应小于呼吸阀的进气压力,并应大于或等于储罐的设计负压力。

3 事故泄压设备应满足氮气管道系统和呼吸阀出现故障时保障储罐安全通气的需要。

4 事故泄压设备可直接通向大气。

5 事故泄压设备宜选用公称直径不小于500mm的呼吸人孔。如储罐设置有备用呼吸阀,事故泄压设备也可选用公称直径不小于500mm的紧急放空人孔盖。

6.4.7 下列储罐的通气管上必须装设阻火器:

1 储存甲B类、乙类、丙A类液体的固定顶储罐和地上卧式储罐;

2 储存甲B类和乙类液体的覆土卧式油罐;

3 储存甲B类、乙类、丙A类液体并采用氮气密封保护系统的内浮顶储罐。

6.4.8 覆土立式油罐的通气管管口应引出罐室外,管口宜高出覆土面1.0m~1.5m。

6.4.9 储罐进液不得采用喷溅方式。甲B、乙、丙A类液体储罐的进液管从储罐上部接入时,进液管应延伸到储罐的底部。

6.4.10 有脱水操作要求的储罐宜装设自动脱水器。

6.4.11 储存Ⅰ、Ⅱ级毒性液体的储罐,应采用密闭采样器。储罐的凝液或残液应密闭排入专用收集系统或设备。

6.4.12 常压卧式储罐的基本附件设置,应符合下列规定:

1 卧式储罐的人孔公称直径不应小于600mm。筒体长度大于6m的卧式储罐,至少设2个人孔。

2 卧式储罐的接合管及人孔盖应采用钢质材料。

3 液位测量装置和测量孔的检尺槽,应位于储罐正顶部的纵向轴线上,并宜设在人孔盖上。

4 储罐排水管的公称直径不应小于40mm。排水管上的阀门应采用钢制闸阀或球阀。

6.4.13 常压卧式储罐的通气管设置,应符合下列规定:

1 卧式储罐通气管的公称直径应按储罐的最大进出流量确定,但不应小于50mm;当同种液体的多个储罐共用一根通气干管时,其通气干管的公称直径不应小于80mm。

2 通气管横管应坡向储罐,坡度应大于或等于5‰。

3 通气管管口的最小设置高度,应符合表6.4.13的规定。

表6.4.13 卧式储罐通气管管口的最小设置高度

储罐设置形式	通气管管口最小设置高度	
	甲、乙类液体	丙类液体
地上露天式	高于储罐周围地面4m,且高于罐顶1.5m	高于罐顶0.5m
覆土式	高于储罐周围地面4m,且高于覆土面层1.5m	高于覆土面层1.5m

6.5 防火堤

6.5.1 地上储罐组应设防火堤。防火堤内的有效容量,不应小于罐组内一个最大储罐的容量。

6.5.2 地上立式储罐的罐壁至防火堤内堤脚线的距离,不应小于罐壁高度的一半。卧式储罐的罐壁至防火堤内堤脚线的距离,不应小于3m。依山建设的储罐,可利用山体兼作防火堤,储罐的罐壁至山体的距离最小可为1.5m。

6.5.3 地上储罐组的防火堤实高应高于计算高度0.2m,防火堤高于堤内设计地坪不应小于1.0m,高于堤外设计地坪或消防车道路面(按较低者计)不应大于3.2m。地上卧式储罐的防火堤应高于堤内设计地坪不小于0.5m。

6.5.4 防火堤宜采用土筑防火堤,其堤顶宽度不应小于0.5m。不具备采用土筑防火堤条件的地区,可选用其他结构形式的防火堤。

6.5.5 防火堤应能承受在计算高度范围内所容纳液体的静压力且不应泄漏;防火堤的耐火极限不应低于5.5h。

6.5.6 管道穿越防火堤处应采用不燃烧材料严密填实。在雨水沟(管)穿越防火堤处,应采取排水控制措施。

6.5.7 防火堤每一个隔堤区域内均应设置对外人行台阶或坡道,相邻台阶或坡道之间的距离不宜大于60m。

6.5.8 立式储罐组内应按下列规定设置隔堤:

1 多品种的罐组内下列储罐之间应设置隔堤:

1)甲B、乙A类液体储罐与其他类可燃液体储罐之间;

2)水溶性可燃液体储罐与非水溶性可燃液体储罐之间;

3)相互接触能引起化学反应的可燃液体储罐之间;

4)助燃剂、强氧化剂及具有腐蚀性液体储罐与可燃液体储罐之间。

2 非沸溢性甲B、乙、丙A类储罐组隔堤内的储罐数量,不应超过表6.5.8的规定。

表6.5.8 非沸溢性甲B、乙、丙A类储罐组隔堤内的储罐数量

单罐公称容量V(m³)	一个隔堤内的储罐数量(座)
V<5000	6
5000≤V<20000	4
20000≤V<50000	2
V≥50000	1

注:当隔堤内的储罐公称容量不等时,隔堤内的储罐数量按其中一个较大储罐公称容量计。

3 隔堤内沸溢性液体储罐的数量不应多于2座。

4 非沸溢性的丙B类液体储罐之间,可不设置隔堤。

5 隔堤应是采用不燃烧材料建造的实体墙,隔堤高度宜为0.5m~0.8m。

7 易燃和可燃液体泵站

7.0.1 易燃和可燃液体泵站宜采用地上式。其建筑形式应根据输送介质的特点、运行工况及当地气象条件等综合考虑确定,可采用房间式(泵房)、棚式(泵棚)或露天式。

7.0.2 易燃和可燃液体泵站的建筑设计,应符合下列规定:

1 泵房或泵棚的净空应满足设备安装、检修和操作的要求,且不应低于3.5m。

2 泵房的门应向外开,且不应少于2个,其中一个应能满足泵房内最大设备的进出需要。建筑面积小于100m²时可只设1个外开门。

3 泵房(间)的门、窗采光面积,不宜小于其建筑面积的15%。

4 泵棚或露天泵站的设备平台,应高于其周围地坪不少于0.15m。

5 与甲B、乙类液体泵房(间)相毗邻建设的变配电间的设置,应符合本规范第14.1.4条的规定。

6 腐蚀性介质泵站的地面、泵基础等其他可能接触到腐蚀性液体的部位,应采取防腐措施。

7 输送液化石油气等甲A类液体的泵站,应采用不发生火花的地面。

7.0.3 输送Ⅰ、Ⅱ级毒性液体的泵,宜独立设置泵站。

7.0.4 输送加热液体的泵,不应与输送闪点低于45℃液体的泵设在同一个房间内。

7.0.5 输送液化烃等甲A类液体的泵,不应与输送其他易燃和可燃液体的泵设在同一个房间内。

7.0.6 Ⅰ、Ⅱ级毒性液体的输送泵应采用屏蔽泵或磁力泵。

7.0.7 易燃和可燃液体输送泵的设置,应符合下列规定:

1 输送有特殊要求的液体,应设专用泵和备用泵。

2 连续输送同一种液体的泵,当同时操作的泵不多于3台时,宜设1台备用泵;当同时操作的泵多于3台时,备用泵不宜多于2台。

3 经常操作但不连续运转的泵不宜单独设置备用泵,可与输送性质相近液体的泵互为备用或共设一台备用泵。

4 不经常操作的泵,不宜设置备用油泵。

7.0.8 泵的布置应满足操作、安装及检修的要求,并应排列有序。

7.0.9 离心泵水平进口管需要变径时,应采用异径偏心接头。异径偏心接头应靠近泵入口安装,当泵的进口管道内的液体从下向上或水平进泵时,应采用顶平安装;当泵的进口管道内的液体从上向下进泵时,应采用底平安装。

7.0.10 输送在操作温度下容易处于泡点(或平衡)状态下的液体,泵的进口管道宜步步低的坡向机泵。

7.0.11 泵的进口管道上应设过滤器。磁力泵进口管道应设磁性复合过滤器。过滤器的选用应符合现行行业标准《石油化工泵用过滤器选用、检验及验收》SH/T 3411的规定。过滤器应安装在泵进口管道的阀门与泵入口法兰之间的管段上。

7.0.12 泵的出口管道宜设止回阀,止回阀应安装在泵出口管道的阀门与泵出口法兰之间的管段上。

7.0.13 液化石油气进泵管道宜采用隔热措施。

7.0.14 在泵进出口之间的管道上宜设高点排气阀。当输送液化烃、液氨、有毒液体时,排气阀出口应接至密闭放空系统。

7.0.15 易燃和可燃气体排放管口的设置,应符合下列规定:

1 排放管口应设在泵房(棚)外,并应高出周围地坪4m及以上。

2 排放管口设在泵房(棚)顶面上方时,应高出泵房(棚)顶面1.5m及以上。

3 排放管口与泵房门、窗等孔洞的水平路径不应小于3.5m;与配电间门、窗及非防爆电气设备的水平路径不应小于5m。

4 排放管口应装设阻火器。

7.0.16 当选用容积泵作为离心泵灌泵和抽吸油罐车底油的泵时,该泵的排出口应就近接至相应的管道放空设施。

7.0.17 无内置安全阀的容积泵的出口管道上应设安全阀。

7.0.18 易燃和可燃液体装卸区不设集中泵站时,泵可设置于铁路罐车装卸栈桥或汽车罐车装卸站台之下,但应满足自然通风条件,且泵基础顶面应高于周围地坪和可能出现的最大积水高度。

8 易燃和可燃液体装卸设施

8.1 铁路罐车装卸设施

8.1.1 铁路罐车装卸线设置,应符合下列规定:

1 铁路罐车装卸线的车位数,应按液体运输量确定。

2 铁路罐车装卸线应为尽头式。

3 铁路罐车装卸线应为平直线,股道直线段的始端至装卸栈桥第一鹤管的距离,不应小于进库罐车长度的1/2。装卸线设在平直线上确有困难时,可设在半径不小于600m的曲线上。

4 装卸线上罐车车列的始端车位车钩中心线至前方铁路道岔警冲标的安全距离,不应小于31m;终端车位车钩中心线至装卸线车挡的安全距离不应小于20m。

8.1.2 罐车装卸中心线至石油库内非罐车铁路装卸线中心线的安全距离,应符合下列规定:

1 装甲B、乙类液体的不应小于20m。

2 卸甲B、乙类液体的不应小于15m。

3 装卸丙类液体的不应小于10m。

8.1.3 下列易燃和可燃液体宜单独设置铁路罐车装卸线:

1 甲A类液体;

2 甲B类液体、乙类液体、丙A类液体;

3 丙B类液体。

当以上液体合用一条装卸线,且同时作业时,两类液体鹤管之间的距离,不应小于24m;不同时作业时,鹤管间距可不限制。

8.1.4 桶装液体装卸车与罐车装卸车合用一条装卸线时,桶装液体车位至相邻罐车车位的净距,不应小于10m。不同时作业时不限制。

8.1.5 罐车装卸线中心线与无装卸栈桥一侧其他建(构)筑物的距离,在露天场所不应小于3.5m,在非露天场所不应小于2.44m。

8.1.6 铁路中心线至石油库铁路大门边缘的距离,有附挂调车作业时,不应小于3.2m;无附挂调车作业时不应小于2.44m。

8.1.7 铁路中心线至装卸暖库大门边缘的距离,不应小于2m。暖库大门的净空高度(自轨面算起)不应小于5m。

8.1.8 桶装液体装卸站台的顶面应高于轨面,其高差不应小于1.1m。站台边缘至装卸线中心线的距离应符合下列规定:

1 当装卸站台的顶面距轨面高差等于1.1m时,不应小于1.75m;

2 当装卸站台的顶面距轨面高差大于1.1m时,不应小于1.85m。

8.1.9 从下部接卸铁路罐车的卸油系统,应采用密闭管道系统。从上部向铁路罐车灌装甲B、乙、丙A类液体时,应采用插到罐车底部的鹤管。鹤管内的液体流速,在鹤管浸没于液体之前不应大于1m/s,浸没于液体之后不应大于4.5m/s。

8.1.10 不应在同一装卸线的两侧同时设置罐车装卸栈桥。铁路装卸线为单股道时,装卸栈桥宜与装卸泵站同侧布置。

8.1.11 罐车装卸栈桥的桥面,宜高于轨面3.5m。栈桥上应设安全栏杆。在栈桥的两端和沿栈桥每60m~80m处,应设上下栈桥的梯子。

8.1.12 罐车装卸栈桥边缘与罐车装卸线中心线的距离,应符合下列规定:

1 自轨面算起3m及以下,其距离不应小于2m;

2 自轨面算起3m以上,其距离不应小于1.85m。

8.1.13 罐车装卸鹤管至石油库围墙的铁路大门的距离,不应小于20m。

8.1.14 相邻两座罐车装卸栈桥的相邻两条罐车装卸线中心线的

距离,应符合下列规定:

    1 当二者或其中之一用于装卸甲 B、乙类液体时,其距离不应小于 10m。

    2 当二者都用于装卸丙类液体时,其距离不应小于 6m。

8.1.15 在保证装卸液体质量的情况下,性质相近的液体可共享鹤管,但航空油料的鹤管应专管专用。

8.1.16 向铁路罐车灌装甲 B、乙 A 类液体和Ⅰ、Ⅱ级毒性液体应采用密闭装车方式,并应按现行国家标准《油品装卸系统油气回收设施设计规范》GB 50759 的有关规定设置油气回收设施。

8.2 汽车罐车装卸设施

8.2.1 向汽车罐车灌装甲 B、乙、丙 A 类液体宜在装车棚(亭)内进行。甲 B、乙、丙 A 类液体可共用一个装车棚(亭)。

8.2.2 汽车灌装棚的建筑设计,应符合下列规定:

    1 灌装棚应为单层建筑,并宜采用通过式。

    2 灌装棚的耐火等级,应符合本规范第 3.0.5 条的规定。

    3 灌装棚罩棚至地面的净空高度,应满足罐车灌装作业要求,且不得低于 5.0m。

    4 灌装棚内的灌装通道宽度,应满足灌装作业要求,其地面应高于周围地面。

    5 当灌装设备设置在灌装台时,台下的空间不得封闭。

8.2.3 汽车罐车的液体灌装宜采用泵送装车方式。有地形高差可供利用时,宜采用储罐直接自流装车方式。采用泵送灌装时,灌装泵可设置在灌装台下,并宜按一泵供一鹤位设置。

8.2.4 汽车罐车的液体装卸应有计量措施,计量精度应符合国家有关规定。

8.2.5 汽车罐车的液体灌装宜采用定量装车控制方式。

8.2.6 汽车罐车向卧式储罐卸甲 B、乙、丙 A 类液体时,应采用密闭管道系统。

8.2.7 灌装汽车罐车宜采用底部装车方式。

8.2.8 当采用上装鹤管向汽车罐车灌装甲 B、乙、丙 A 类液体时,应采用能插到罐车底部的装车鹤管。鹤管内的液体流速,在鹤管口浸没于液体之前不应大于 1m/s,浸没于液体之后不应大于 4.5m/s。

8.2.9 向汽车罐车灌装甲 B、乙 A 类液体和Ⅰ、Ⅱ级毒性液体应采用密闭装车方式,并应按现行国家标准《油品装卸系统油气回收设施设计规范》GB 50759 的有关规定设置油气回收设施。

8.3 易燃和可燃液体装卸码头

8.3.1 易燃和可燃液体装卸码头宜布置在港口的边缘地区和下游。

8.3.2 易燃和可燃液体装卸码头宜独立设置。

8.3.3 易燃和可燃液体装卸码头与公路桥梁、铁路桥梁等的安全距离,不应小于表 8.3.3 的规定。

表 8.3.3 易燃和可燃液体装卸码头与公路桥梁、铁路桥梁等的安全距离

易燃和可燃液体装卸码头位置	液体类别	安全距离(m)
公路桥梁、铁路桥梁的下游	甲 B、乙	150(75)
	丙	100(50)
公路桥梁、铁路桥梁的上游	甲 B、乙	300(150)
	丙	200(100)
内河大型船队锚地、固定停泊所、城市水源取水口的上游	甲 B、乙、丙	1000(500)

注:表中括号内数字为停靠小于 500t 船舶码头的安全距离。

8.3.4 易燃和可燃液体装卸码头之间或易燃和可燃液体码头相邻两泊位的船舶安全距离,不应小于表 8.3.4 的规定。

表 8.3.4 易燃和可燃液体装卸码头之间或易燃和可燃液体码头相邻两泊位的船舶安全距离

停靠船舶吨级	船长 L(m)	安全距离(m)
>1000t 级	L≤110	25
	110<L≤150	35
	150<L≤182	40
	182<L≤235	50
	L>235	55
≤1000t 级	L	0.3L

注:1 船舶安全距离系指相邻液体泊位设计船型首尾间的净距。

    2 当相邻泊位设计船型不同时,其间距应按吨级较大者计算。

    3 当突堤或栈桥码头两侧靠船时,对于装卸甲类液体泊位,船舷之间的安全距离不应小于 25m。

8.3.5 易燃和可燃液体装卸码头与相邻货运码头的安全距离,不应小于表 8.3.5 的规定。

表 8.3.5 易燃和可燃液体装卸码头与相邻货运码头的安全距离

液体装卸码头位置	液体类别	安全距离(m)
内河货运码头下游	甲 B、乙	75
	丙	50
沿海、河口内河货运码头上游	甲 B、乙	150
	丙	100

注:表中安全距离系指相邻两码头所停靠设计船型首尾间的净距。

8.3.6 易燃和可燃液体装卸码头与相邻港口客运站码头的安全距离不应小于表 8.3.6 的规定。

表 8.3.6 易燃和可燃液体装卸码头与相邻港口客运站码头的安全距离

液体装卸码头位置	客运站级别	液体类别	安全距离(m)
沿海	一、二、三、四	甲 B、乙	300(150)
		丙	200(100)
内河客运站码头的下游	一、二	甲 B、乙	300(150)
		丙	200(100)

续表 8.3.6

液体装卸码头位置	客运站级别	液体类别	安全距离(m)
内河客运站码头的下游	三、四	甲 B、乙	150(75)
		丙	100(50)
内河客运站码头的上游	一	甲 B、乙	3000(1500)
		丙	2000(1000)
	二	甲 B、乙	2000(1000)
		丙	1500(750)
	三、四	甲 B、乙	1000(500)
		丙	700(350)

注:1 易燃和可燃液体装卸码头与相邻客运站码头的安全距离,系指相邻两码头所停靠设计船型首尾间的净距。

    2 括号内数据为停靠小于 500t 级船舶码头的安全距离。

    3 客运站级别划分见现行国家标准《河港工程设计规范》GB 50192。

8.3.7 装卸甲 B、乙、丙 A 类液体和Ⅰ、Ⅱ级毒性液体的船舶应采用密闭接口形式。

8.3.8 停靠需要排放压舱水或洗舱水船舶的码头,应设置接受压舱水或洗舱水的设施。

8.3.9 易燃和可燃液体装卸码头的建造材料,应采用不燃材料(护舷设施除外)。

8.3.10 在易燃和可燃液体管道位于岸边的适当位置,应设用于紧急状况下的切断阀。

8.3.11 易燃液体码头敷设管道的引桥宜独立设置。

8.3.12 向船舶灌装甲 B、乙 A 类液体和Ⅰ、Ⅱ级毒性液体,宜按现行国家标准《油品装卸系统油气回收设施设计规范》GB 50759 的有关规定设置油气回收设施。

9 工艺及热力管道

9.1 库内管道

9.1.1 石油库内工艺及热力管道宜地上敷设或采用敞口管沟敷设;根据需要局部地段可埋地敷设或采用充沙封闭管沟敷设。

9.1.2 地上管道不应环绕罐组布置,并不应妨碍消防车的通行。设置在防火堤与消防车道之间的管道不应妨碍消防人员通行及作业。

9.1.3 Ⅰ、Ⅱ级毒性液体管道不应埋地敷设,并应有明显区别于其他管道的标志;必须埋地敷设时应设防护套管,并应具备检漏条件。

9.1.4 地上工艺管道不宜靠近消防泵房、专用消防站、变电所和独立变配电间、办公室、控制室以及宿舍、食堂等人员集中场所敷设。当地上工艺管道与这些建筑物之间的距离小于15m时,朝向工艺管道一侧的外墙应采用无门窗的不燃烧体实体墙。

9.1.5 管道穿越铁路和道路时,应符合下列规定:
1 管道穿越铁路和道路的交角不宜小于60°,穿越管段应敷设在涵洞或套管内,或采取其他防护措施。管道桥涵应充沙(土)填实。
2 套管端部应超出坡脚或路基至少0.6m,穿越排水沟的,应超出排水沟边缘至少0.9m。
3 液化烃管道套管顶低于铁路轨面不应小于1.4m,低于道路路面不应小于1.0m;其他管道套管顶低于铁路轨面不应小于0.8m,低于道路路面不应小于0.6m。套管应满足承压强度要求。

9.1.6 管道跨越道路和铁路时,应符合下列规定:
1 管道跨越电气化铁路时,轨面以上的净空高度不应小于6.6m;
2 管道跨越非电气化铁路时,轨面以上的净空高度不应小于5.5m;
3 管道跨越消防车道时,路面以上的净空高度不应小于5m;
4 管道跨越其他车行道路时,路面以上的净空高度不应小于4.5m;
5 管架立柱边缘距铁路不应小于3.5m,距道路不应小于1m;
6 管道在跨越铁路、道路上方的管段上不得装设阀门、法兰、螺纹接头、波纹管及带有填料的补偿器等可能出现渗漏的组成件。

9.1.7 地上管道与铁路平行布置时,其与铁路的距离不应小于3.8m(铁路罐车装卸栈桥下面的管道除外)。

9.1.8 地上管道沿道路平行布置时,与路边的距离不应小于1m。埋地管道沿道路平行布置时,不得敷设在路面之下。

9.1.9 金属工艺管道连接应符合下列规定:
1 管道之间及管道与管件之间应采用焊接连接。
2 管道与设备、阀门、仪表之间宜采用法兰连接,采用螺纹连接时应确保连接强度和严密性。

9.1.10 与储罐等设备连接的管道,应使其管系具有足够的柔性,并应满足设备管口的允许受力要求。

9.1.11 在输送腐蚀性液体和Ⅰ、Ⅱ级毒性液体管道上,不宜设放空和排空装置。如必须设放空和排空装置时,应有密闭收集凝液的措施。

9.1.12 工艺管道上的阀门,应选用钢制阀门。选用的电动阀门或气动阀门应具有手动操作功能。公称直径小于或等于600mm的阀门,手动关闭阀门的时间不宜超过15min;公称直径大于600mm的阀门,手动关闭阀门的时间不宜超过20min。

9.1.13 管道的防护应符合下列规定:
1 钢管及其附件的外表面,应涂刷防腐涂层,埋地钢管尚应采取防腐绝缘或其他防护措施。
2 管道内液体压力有超过管道设计压力可能的工艺管道,应在适当位置设置泄压装置。
3 输送易凝液体或易自聚液体的管道,应分别采取防凝或防自聚措施。

9.1.14 输送有特殊要求的液体,应设专用管道。

9.1.15 热力管道不得与甲、乙、丙A类液体管道敷设在同一条管沟内。

9.1.16 埋地敷设的热力管道与埋地敷设的甲、乙类工艺管道平行敷设时,两者之间的净距不应小于1m;与埋地敷设的甲、乙类工艺管道交叉敷设时,两者之间的净距不应小于0.25m,且工艺管道宜在其他管道和沟渠的下方。

9.1.17 管道宜沿库区道路布置。工艺管道不得穿越或跨越与其无关的易燃和可燃液体的储罐组、装卸设施及泵站等建(构)筑物。

9.1.18 自采样及管道低点排出的有毒液体应密闭排入专用收集系统或其他收集设施,不得就地排放或直接排入排水系统。

9.1.19 有毒液体管道上的阀门,其阀杆方向不应朝下或向下倾斜。

9.1.20 酚或其他少量与皮肤接触即会产生严重生理反应或致命危险的液体,其管道和设备的法兰垫片周围宜设置安全防护罩。

9.1.21 对储存和输送酚等腐蚀性液体和有毒液体的设备和阀门,在人工操作区域内,应在人员容易接近的地方设置淋浴喷头和洗眼器等急救设施。

9.1.22 当管道采用管沟方式敷设时,管沟与泵房、灌桶间、罐组防火堤、覆土卧罐室的结合处,应设置密闭隔离墙。

9.1.23 当管道采用充沙封闭管沟或非充沙封闭管沟方式敷设时,除应符合本规范第9.1.22条规定外,尚应符合下列规定:
1 热力管道、加温输送的工艺管道,不得与输送甲、乙类液体的工艺管道敷设在同一条管沟内。
2 管沟内的管道布置应方便检修及更换管道组成件。
3 非充沙封闭管沟的净空高度不宜小于1.8m。沟内检修通道净宽不宜小于0.7m。
4 非充沙封闭管沟应设安全出入口,每隔100m宜设满足人员进出的人孔或通风口。

9.1.24 当管道采用埋地方式敷设时,应符合下列规定:
1 管道的埋设深度宜位于最大冻土深度以下。埋设在冻土层时,应有防冻胀措施。
2 管顶距地面不应小于0.5m;在室内或室外有混凝土地面的区域,管顶埋深应低于混凝土结构层不小于0.3m;穿越铁路和道路时,应符合本规范第9.1.5条的规定。
3 输送易燃和可燃介质的埋地管道不宜穿越电缆沟,如不可避免时应设防护套管;当管道液体温度超过60℃时,在套管内应充填隔热材料,使套管外壁温度不超过60℃。
4 埋地管道不得平行重叠敷设。
5 埋地管道不应布置在邻近建(构)筑物的基础压力影响范围内,并应避免其施工和检修开挖影响邻近设备及建(构)筑物基础的稳固性。

9.2 库外管道

9.2.1 库外管道宜沿库外道路敷设。库外工艺管道不应穿过村庄、居民区、公共设施,并宜远离人员集中的建筑物和明火设施。

9.2.2 库外管道应避开滑坡、崩塌、沉陷、泥石流等不良的工程地质区。当受条件限制必须通过时,应选择合适的位置,缩小通过距离,并应加强防护措施。

9.2.3 库外管道与相邻建(构)筑物或设施之间的距离不应小于表9.2.3的规定。

表 9.2.3 库外管道与相邻建(构)筑物或设施之间的距离(m)

序号	相邻建(构)筑物		液化烃等甲 A 类液体管道		其他易燃和可燃液体管道	
			埋地敷设	地上架空	埋地敷设	地上架空
1	城镇居民点或独立的人群密集的房屋、工矿企业人员集中场所		30	40	15	25
2	工矿企业厂内生产设施		20	30	10	15
3	库外铁路线	国家铁路线	15	25	10	15
		企业铁路线	10	15	10	10
4	库外公路	高速公路、一级公路	7.5	12	5	7.5
		其他公路	5	7.5	5	7.5
5	工业园区内道路	主要道路	5	5	5	5
		一般道路	3	3	3	3
6	架空电力、通信线路		5	1 倍杆高,且不小于 5m	5	1 倍杆高,且不小于 5m

注:1 对于城镇居民点或独立的人群密集的房屋、工矿企业人员集中场所,由边缘建(构)筑物的外墙算起;对于学校、医院、工矿企业厂内生产设施等,由区域边界线算起。

2 表中库外管道与库外铁路线、库外公路、工业园区内道路之间的距离系指两者平行敷设时的间距。

3 当情况特殊或受地形及其他条件限制时,在采取加强安全保护措施后,序号 1 和 2 的距离可减少 50%。对处于地形特殊困难地段与公路平行的局部管段,在采取加强安全保护措施后,可埋设在公路路肩边线以外的公路用地范围以内。

4 库外管道尚应位于铁路用地范围边线和公路用地范围边线外。

5 库外管道尚不应穿越与其无关的工矿企业,确有困难需要穿越时,应进行安全评估。

9.2.4 库外管道采用埋地敷设方式时,在地面上应设置明显的永久标志,管道的敷设设计应符合现行国家标准《输油管道工程设计规范》GB 50253 的有关规定。

9.2.5 易燃、可燃、有毒液体库外管道沿江、河、湖、海敷设时,应有预防管道泄漏污染水域的措施。

9.2.6 架空敷设的库外管道经过人员密集区域时,宜设防止人员进入的防护栏。

9.2.7 沿库外公路架空敷设的厂际管道距库外公路路边的距离小于 10m 时,宜沿库外公路边设防撞设施。

9.2.8 埋地敷设的库外工艺管道不宜与市政管道、暗沟(渠)交叉或相邻布置,如确需交叉或相邻布置,应符合下列规定:

1 与市政管道、暗沟(渠)交叉时,库外工艺管道应位于市政管道、暗沟(渠)的下方,库外工艺管道的管顶与市政管道的管底、暗沟(渠)的沟底的垂直净距不应小于 0.5m。

2 沿道路布置时,不宜与市政管道、暗沟(渠)相邻布置在道路的相同侧。

3 工艺管道与市政管道、暗沟(渠)平行敷设时,两者之间的净距不应小于 1m,且工艺管道应位于市政热力管道热力影响范围外。

4 应进行安全风险分析,根据具体情况,采取有效可行措施,防止泄漏的易燃和可燃液体、气体进入市政管道、暗沟(渠)。

9.2.9 库外管道穿越工程的设计,应符合现行国家标准《油气输送管道穿越工程设计规范》GB 50423 的有关规定。

9.2.10 库外管道跨越工程的设计,应符合现行国家标准《油气输送管道跨越工程设计规范》GB 50459 的有关规定。

9.2.11 库外管道应在进出储罐区和库外装卸区的便于操作处设置截断阀门。

9.2.12 库外埋地管道与电气化铁路平行敷设时,应采取防止交流电干扰的措施。

9.2.13 当重要物品仓库(或堆场)、军事设施、飞机场等,对与库外管道的安全距离有特殊要求时,应按有关规定执行或协商解决。

9.2.14 库外管道的设计除应符合本节上述规定外,尚应符合本规范第 9.1.3 条、第 9.1.9 条和第 9.1.11 条~第 9.1.13 条的规定。

10 易燃和可燃液体灌桶设施

10.1 灌桶设施组成和平面布置

10.1.1 灌桶设施可由灌装储罐、灌装泵房、灌桶间、计量室、空桶堆放场、重桶库房(棚)、装卸车站台以及必要的辅助生产设施和行政、生活设施组成,设计可根据需要设置。

10.1.2 灌桶设施的平面布置,应符合下列规定:

1 空桶堆放场、重桶库房(棚)的布置,应避免运桶作业交叉进行和往返运输。

2 灌装储罐、灌桶场地、收发桶场地等应分区布置,且应方便操作、互不干扰。

10.1.3 灌装泵房、灌桶间、重桶库房可合设在同一建筑物内。

10.1.4 甲 B、乙类液体的灌桶泵与灌桶栓之间应设防火墙。甲 B、乙类液体的灌桶间与重桶库房合建时,两者之间应设无门、窗、孔洞的防火墙。

10.1.5 灌桶设施的辅助生产和行政、生活设施,可与邻近车间联合设置。

10.2 灌桶场所

10.2.1 灌桶宜采用泵送灌装方式。有地形高差可供利用时,宜采用储罐直接自流灌装方式。

10.2.2 灌桶场所的设计,应符合下列规定:

1 甲 B、乙、丙 A 类液体宜在棚(亭)内灌装,并可在同一座棚(亭)内灌装。

2 润滑油等丙 B 类液体宜在室内灌装,其灌桶间宜单独设置。

10.2.3 灌油枪出口流速不得大于 4.5m/s。

10.2.4 有毒液体灌桶应采用密闭灌装方式。

10.3 桶装液体库房

10.3.1 空、重桶的堆放，应满足灌装作业及空、重桶收发作业的要求。空桶的堆放量宜为 1d 的灌装量，重桶的堆放量宜为 3d 的灌装量。

10.3.2 空桶可露天堆放。

10.3.3 重桶应堆放在库房（棚）内。桶装液体库房（棚）的设计，应符合下列规定：

　　1　甲 B、乙类液体重桶与丙类液体重桶储存在同一栋库房内时，两者之间宜设防火墙。

　　2　Ⅰ、Ⅱ级毒性液体重桶与其他液体重桶储存在同一栋库房内时，两者之间应设防火墙。

　　3　甲 B、乙类液体的桶装液体库房，不得建地下或半地下式。

　　4　桶装液体库房应为单层建筑。当丙类液体的桶装液体库房采用一、二级耐火等级时，可为两层建筑。

　　5　桶装液体库房应设外开门。丙类液体桶装液体库房，可在墙外侧设推拉门。建筑面积大于或等于 100m² 的重桶堆放间，门的数量不应少于 2 个，门宽不应小于 2m。桶装液体库房应设置斜坡式门槛，门槛应选用非燃烧材料，且应高出室内地坪 0.15m。

　　6　桶装液体库房的单栋建筑面积不应大于表 10.3.3 的规定。

表 10.3.3 桶装液体库房的单栋建筑面积

液体类别	耐火等级	建筑面积(m²)	防火墙隔间面积(m²)
甲 B	一、二级	750	250
乙	一、二级	2000	500
丙	一、二级	4000	1000
	三级	1200	400

10.3.4 桶的堆码应符合下列规定：

　　1　空桶宜卧式堆码。堆码层数宜为 3 层，但不得超过 6 层。

　　2　重桶应立式堆码。机械堆码时，甲 B 类液体和有毒液体不得超过 2 层，乙类和丙 A 类液体不得超过 3 层，丙 B 类液体不得超过 4 层。人工堆码时，各类液体的重桶均不得超过 2 层。

　　3　运输桶的主要通道宽度，不应小于 1.8m。桶垛之间的辅助通道宽度，不应小于 1.0m。桶垛与墙柱之间的距离不宜小于 0.25m。

　　4　单层的桶装液体库房净空高度不得小于 3.5m。桶多层堆码时，最上层桶与屋顶构件的净距不得小于 1m。

11 车间供油站

11.0.1 设置在企业厂房内的车间供油站，应符合下列规定：

　　1　甲 B、乙类油品的储存量，不应大于车间两昼夜的需用量，且不应大于 2m³。

　　2　丙类油品的储存量不宜大于 10m³。

　　3　车间供油站应靠厂房外墙布置，并应设耐火极限不低于 3h 的非燃烧体墙和耐火极限不低于 1.5h 的非燃烧体屋顶。

　　4　储存甲 B、乙类油品的车间供油站，应为单层建筑，并应设有直接向外的出入口和防止液体流散的设施。

　　5　存油量不大于 5m³ 的丙类油品储罐（箱），可直接设置在丁、戊类生产厂房内。

　　6　储罐（箱）的通气管管口应设在室外，甲 B、乙类油品储罐（箱）的通气管管口，应高出屋面 1.5m，与厂房门、窗之间的距离不应小于 4m。

　　7　储罐（箱）与油泵的距离可不受限制。

11.0.2 设置在企业厂房外的车间供油站，应符合下列规定：

　　1　车间供油站与本企业建（构）物、交通线等的安全距离，应符合本规范第 4.0.16 条的规定；站内布置应符合本规范第 5.1.3 条的规定。

　　2　甲 B、乙类油品储罐的总容量不大于 20m³ 且储罐为埋地卧式储罐或丙类油品储罐的总容量不大于 100m³ 时，站内储罐、油泵站与本车间厂房、厂内道路等的防火距离以及站内储罐、油泵站之间的防火距离可适当减小，但应符合下列规定：

　　　　1）站内储罐、油泵站与本车间厂房、厂内道路等的防火距离，不应小于表 11.0.2 的规定；

表 11.0.2 站内储罐、油泵站与本车间厂房、厂内道路等的防火距离(m)

名称		液体类别	一、二级耐火等级的厂房	厂房内明火或散发火花地点	站区围墙	厂内道路
储罐	埋地卧式	甲 B、乙	3	18.5	3	5
		丙	3	8		
	地上式	丙	6	17.5		
油泵站		甲 B、乙	3	15		
		丙	3	8		

　　　　2）油泵房与地上储罐的防火距离不应小于 5m；

　　　　3）油泵房与埋地卧式储罐的防火距离不应小于 3m；

　　　　4）布置在露天或棚内的油泵与储罐的距离可不受限制。

　　3　车间供油站应设高度不低于 1.6m 的站区围墙。当厂房外墙兼作站区围墙时，厂房外墙地坪以上 6m 高度范围内，不应有门、窗、孔洞。工厂围墙兼作站区围墙时，储罐、油泵站与工厂围墙的距离应符合本规范第 5.1.3 条的规定。

　　4　当油泵房与厂房毗邻建设时，油泵房应采用耐火极限不低于 3h 的非燃烧体墙和不低于 1.5h 非燃烧体屋顶。对于甲 B、乙类油品的泵房，尚应设有直接向外的出入口。

　　5　埋地卧式储罐的设置，应符合本规范第 6.3 节和第 6.4 节的有关规定。

12 消 防 设 施

12.1 一 般 规 定

12.1.1 石油库应设消防设施。石油库的消防设施设置,应根据石油库等级、储罐型式、液体火灾危险性及与邻近单位的消防协作条件等因素综合考虑确定。

12.1.2 石油库的易燃和可燃液体储罐灭火设施的设置,应符合下列规定:

1 覆土卧式油罐和储存丙B类油品的覆土立式油罐,可不设泡沫灭火系统,但应按本规范第12.4.2条的规定配置灭火器材。

2 设置泡沫灭火系统有困难,且无消防协作条件的四、五级石油库,当立式储罐不多于5座,甲B类和乙A类液体储罐单罐容量不大于700m³,乙B和丙类液体储罐单罐容量不大于2000m³时,可采用烟雾灭火方式;当甲B类和乙A类液体储罐单罐容量不大于500m³,乙B类和丙类液体储罐单罐容量不大于1000m³时,也可采用超细干粉等灭火方式。

3 其他易燃和可燃液体储罐应设置泡沫灭火系统。

12.1.3 储罐泡沫灭火系统的设置类型,应符合下列规定:

1 地上固定顶储罐、内浮顶储罐和地上卧式储罐应设低倍数泡沫灭火系统或中倍数泡沫灭火系统。

2 外浮顶储罐、储存甲B、乙和丙A类油品的覆土立式油罐,应设低倍数泡沫灭火系统。

12.1.4 储罐的泡沫灭火系统设置方式,应符合下列规定:

1 容量大于500m³的水溶性液体地上立式储罐和容量大于1000m³的其他甲B、乙、丙A类易燃、可燃液体地上立式储罐,应采用固定式泡沫灭火系统。

2 容量小于或等于500m³的水溶性液体地上立式储罐和容量小于或等于1000m³的其他易燃、可燃液体地上立式储罐,可采用半固定式泡沫灭火系统。

3 地上卧式储罐、覆土立式油罐、丙B类液体立式储罐和容量不大于200m³的地上储罐,可采用移动式泡沫灭火系统。

12.1.5 储罐应设消防冷却水系统。消防冷却水系统的设置应符合下列规定:

1 容量大于或等于3000m³或罐壁高度大于或等于15m的地上立式储罐,应设固定式消防冷却水系统。

2 容量小于3000m³且罐壁高度小于15m的地上立式储罐以及其他储罐,可设移动式消防冷却水系统。

3 五级石油库的立式储罐采用烟雾灭火或超细干粉等灭火设施时,可不设消防给水系统。

12.1.6 火灾时需要操作的消防阀门不应设在防火堤内。消防阀门与对应的着火储罐罐壁的距离不应小于15m,如果有可靠的接近消防阀门的保护措施,可不受此限制。

12.2 消 防 给 水

12.2.1 一、二、三、四级石油库应设独立消防给水系统。

12.2.2 五级石油库的消防给水可与生产、生活给水系统合并设置。

12.2.3 当石油库采用高压消防给水系统时,给水压力不应小于在达到设计消防水量时最不利点灭火所需要的压力;当石油库采用低压消防给水系统时,应保证每个消火栓出口处在达到设计消防水量时,给水压力不应小于0.15MPa。

12.2.4 消防给水系统应保持充水状态。严寒地区的消防给水管道,冬季可不充水。

12.2.5 一、二、三级石油库地上储罐区的消防给水管道应环状敷

设;覆土油罐区和四、五级石油库储罐区的消防给水管道可枝状敷设;山区石油库的单罐容量小于或等于5000m³且储罐单排布置的储罐区,其消防给水管道可枝状敷设。一、二、三级石油库地上储罐区的消防水环形管道的进水管道不应少于2条,每条管道应能通过全部消防用水量。

12.2.6 特级石油库的储罐计算总容量大于或等于2400000m³时,其消防用水量应为同时扑救消防设置要求最高的一个原油储罐和扑救消防设置要求最高的一个非原油储罐火灾所需配置泡沫用水量和冷却储罐最大用水量的总和。其他级别石油库储罐区的消防用水量,应为扑救消防设置要求最高的一个储罐火灾配置泡沫用水量和冷却储罐所需最大用水量的总和。

12.2.7 储罐的消防冷却水供应范围,应符合下列规定:

1 着火的地上固定顶储罐以及距该储罐罐壁不大于1.5D(D为着火储罐直径)范围内相邻的地上储罐,均应冷却。当相邻的地上储罐超过3座时,可按其中较大的3座相邻储罐计算冷却水量。

2 着火的外浮顶、内浮顶储罐应冷却,其相邻储罐可不冷却。当着火的内浮顶储罐浮盘用易熔材料制作时,其相邻储罐也应冷却。

3 着火的地上卧式储罐应冷却,距着火罐直径与长度之和1/2范围内的相邻罐也应冷却。

4 着火的覆土储罐及其相邻的覆土储罐可不冷却,但应考虑灭火时的保护用水量(指人身掩护和冷却地面及储罐附件的水量)。

12.2.8 储罐的消防冷却水供水范围和供给强度应符合下列规定:

1 地上立式储罐消防冷却水供水范围和供给强度,不应小于表12.2.8的规定。

表12.2.8 地上立式储罐消防冷却水供水范围和供给强度

储罐及消防冷却型式		供水范围	供给强度	附 注
移动式水枪冷却	着火罐 固定顶罐	罐周全长	0.6(0.8)L/(s·m)	—
	着火罐 外浮顶罐 内浮顶罐	罐壁全长	0.45(0.6)L/(s·m)	浮顶用易熔材料制作的内浮顶罐按固定顶罐计算
	相邻罐 不保温	罐周半长	0.35(0.5)L/(s·m)	—
	相邻罐 保温		0.2L/(s·m)	
固定式冷却	着火罐 固定顶罐	罐壁外表面积	2.5L/(min·m²)	—
	着火罐 外浮顶罐 内浮顶罐	罐壁外表面积	2.0L/(min·m²)	浮顶用易熔材料制作的内浮顶罐按固定顶罐计算
	相邻罐	罐壁外表面积的1/2	2.0L/(min·m²)	按实际冷却面积计算,但不得小于罐壁表面积的1/2

注:1 移动式水枪冷却栏中,供给强度是按使用φ16mm口径水枪确定的,括号内数据为使用φ19mm口径水枪时的数据。

2 着火罐单支水枪保护范围:φ16mm口径为8m～10m,φ19mm口径为9m～11m;邻近罐单支水枪保护范围:φ16mm口径为14m～20m,φ19mm口径为15m～25m。

2 覆土立式油罐的保护用水供给强度不应小于0.3L/(s·m²),用水量计算长度应为最大储罐的周长。当计算用水量小于15L/s时,应按不小于15L/s计。

3 着火的地上卧式储罐的消防冷却水供给强度不应小于6L/(min·m²),其相邻储罐的消防冷却水供给强度不应小于3L/(min·m²)。冷却面积应按储罐投影面积计算。

4 覆土卧式油罐的保护用水供给强度,应按同时使用不少于2支移动水枪计,且不应小于15L/s。

5 储罐的消防冷却水供给强度应根据设计所选用的设备进行校核。

12.2.9 单股道铁路罐车装卸设施的消防水量不应小于 30L/s；双股道铁路罐车装卸设施的消防水量不应小于 60L/s。汽车罐车装卸设施的消防水量不应小于 30L/s；当汽车装卸车位不超过 2 个时，消防水量可按 15L/s 设计。

12.2.10 地上立式储罐采用固定消防冷却方式时，其冷却水管的安装应符合下列规定：

1 储罐抗风圈或加强圈不具备冷却水导流功能时，其下面应设冷却喷水环管。

2 冷却喷水环管上应设置水幕式喷头，喷头布置间距不宜大于 2m，喷头的出水压力不应小于 0.1MPa。

3 储罐冷却水的进水立管下端应设清扫口。清扫口下端应高于储罐基础顶面不小于 0.3m。

4 消防冷却水管道上应设控制阀和放空阀。消防冷却水以地面水为水源时，消防冷却水管道上宜设置过滤器。

12.2.11 消防冷却水最小供给时间应符合下列规定：

1 直径大于 20m 的地上固定顶储罐和直径大于 20m 的浮盘用易熔材料制作的内浮顶储罐不应少于 9h，其他地上立式储罐不应少于 6h。

2 覆土立式油罐不应少于 4h。

3 卧式储罐、铁路罐车和汽车罐车装卸设施不应少于 2h。

12.2.12 石油库消防水泵的设置，应符合下列规定：

1 一级石油库的消防冷却水泵和泡沫消防水泵应至少各设置 1 台备用泵。二、三级石油库的消防冷却水泵和泡沫消防水泵应设置备用泵，当两者的压力、流量接近时，可共用 1 台备用泵。四、五级石油库的消防冷却水泵和泡沫消防水泵可不设备用泵。备用泵的流量、扬程不应小于最大主泵的工作能力。

2 当一、二、三级石油库的消防水泵有 2 个独立电源供电时，主泵应采用电动泵，备用泵可采用电动泵，也可采用柴油机泵；只有 1 个电源供电时，消防水泵应采用下列方式之一：

　1）主泵和备用泵全部采用柴油机泵；

　2）主泵采用电动泵，配备规格（流量、扬程）和数量不小于主泵的柴油机泵作备用泵；

　3）主泵采用柴油机泵，备用泵采用电动泵。

3 消防水泵应采用正压启动或自吸启动。当采用自吸启动时，自吸时间不宜大于 45s。

12.2.13 当多台消防水泵的吸水管共用 1 根泵前主管道时，该管道应有 2 条支管接入消防水池（罐），且每条支管道应能通过全部用水量。

12.2.14 石油库设有消防水池（罐）时，其补水时间不应超过 96h。需要储存的消防总水量大于 1000m³ 时，应设 2 个消防水池（罐），2 个消防水池（罐）应用带阀门的连通管连通。消防水池（罐）应设供消防车取水用的取水口。

12.2.15 消防冷却水系统应设置消火栓，消火栓的设置应符合下列规定：

1 移动式消防冷却水系统的消火栓设置数量，应按储罐冷却灭火所需消防水量及消火栓保护半径确定。消火栓的保护半径不应大于 120m，且距着火罐罐壁 15m 内的消火栓不应计算在内。

2 储罐固定式消防冷却水系统所设置的消火栓间距不应大于 60m。

3 寒冷地区消防水管道上设置的消火栓应有防冻、放空措施。

12.2.16 石油库的消防给水主管道宜与临近同类企业的消防给水主管道连通。

12.3 储罐泡沫灭火系统

12.3.1 储罐的泡沫灭火系统设计，除应执行本规范规定外，尚应符合现行国家标准《泡沫灭火系统设计规范》GB 50151 的有关规定。

12.3.2 泡沫混合装置宜采用平衡比例泡沫混合或压力比例泡沫混合等流程。

12.3.3 容量大于或等于 50000m³ 的外浮顶储罐的泡沫灭火系统，应采用自动控制方式。

12.3.4 储存甲 B、乙和丙 A 类油品的覆土立式油罐，应配备带泡沫枪的泡沫灭火系统，并应符合下列规定：

1 油罐直径小于或等于 20m 的覆土立式油罐，同时使用的泡沫枪数不应少于 3 支。

2 油罐直径大于 20m 的覆土立式油罐，同时使用的泡沫枪数不应少于 4 支。

3 每支泡沫枪的泡沫混合液流量不应小于 240L/min，连续供给时间不应小于 1h。

12.3.5 固定式泡沫灭火系统泡沫液的选择、泡沫混合液流量、压力应满足泡沫站服务范围内所有储罐的灭火要求。

12.3.6 当储罐采用固定式泡沫灭火系统时，尚应配置泡沫钩管、泡沫枪和消防水带等移动泡沫灭火用具。

12.3.7 泡沫液储备量应在计算的基础上增加不少于 100% 的富余量。

12.4 灭火器材配置

12.4.1 石油库应配置灭火器材。

12.4.2 灭火器材配置应符合现行国家标准《建筑灭火器配置设计规范》GB 50140 的有关规定，并应符合下列规定：

1 储罐组按防火堤内面积每 400m² 应配置 1 具 8kg 手提式干粉灭火器，当计算数量超过 6 具时，可按 6 具配置。

2 铁路装车台每间隔 12m 应配置 2 具 8kg 干粉灭火器；每个公路装车台应配置 2 具 8kg 干粉灭火器。

3 石油库主要场所灭火毯、灭火沙配置数量不应少于表 12.4.2 的规定。

表 12.4.2　石油库主要场所灭火毯、灭火沙配置数量

场 所	灭火毯（块）		灭火沙（m³）
	四级及以上石油库	五级石油库	
罐组	4~6	2	2
覆土储罐出入口	2~4	2~4	1
桶装液体库房	4~6	2	1
易燃和可燃液体泵站	—	—	2
灌油间	4~6	3	1
铁路罐车易燃和可燃液体装卸栈桥	4~6	2	—
汽车罐车易燃和可燃液体装卸场地	4~6	2	—
易燃和可燃液体装卸码头	4~6	2	2
消防泵房			2
变配电间			2
管道桥涵			2
雨水支沟接主沟处			2

注：埋地卧式储罐可不配置灭火沙。

12.5 消防车配备

12.5.1 当采用水罐消防车对储罐进行冷却时，水罐消防车的台数应按储罐最大需要水量进行配备。

12.5.2 当采用泡沫消防车对储罐进行灭火时，泡沫消防车的台数应按一个最大着火储罐所需的泡沫液量进行配备。

12.5.3 设有固定式消防系统的石油库，其消防车配备应符合下列规定：

1 特级石油库应配备 3 辆泡沫消防车；当特级石油库中储罐

单罐容量大于或等于 100000m³ 时，还应配备 1 辆举高喷射消防车。

2 一级石油库中，当固定顶罐、浮盘用易熔材料制作的内浮顶储罐单罐容量不小于 10000m³ 或外浮顶储罐、浮盘用钢质材料制作的内浮顶储罐单罐容量不小于 20000m³ 时，应配备 2 辆泡沫消防车；当一级石油库中储罐单罐容量大于或等于 100000m³ 时，还应配备 1 辆举高喷射消防车。

3 储罐总容量大于或等于 50000m³ 的二级石油库，当固定顶罐、浮盘用易熔材料制作的内浮顶储罐单罐容量不小于 10000m³ 或外浮顶储罐、浮盘用钢质材料制作的内浮顶储罐单罐容量不小于 20000m³ 时，应配备 1 辆泡沫消防车。

12.5.4 石油库应与邻近企业或城镇消防站协商组成联防。联防企业或城镇消防站的消防车辆符合下列要求时，可作为油库的消防车辆：

1 在接到火灾报警后 5min 内能对着火罐进行冷却的消防车辆；

2 在接到火灾报警后 10min 内能对相邻储罐进行冷却的消防车辆；

3 在接到火灾报警后 20min 内能对着火储罐提供泡沫的消防车辆。

12.5.5 消防车库的位置，应满足接到火灾报警后，消防车到达最远着火的地上储罐的时间不超过 5min；到达最远着火覆土油罐的时间不宜超过 10min。

12.6 其 他

12.6.1 石油库内应设消防值班室。消防值班室内应设专用受警录音电话。

12.6.2 一、二、三级石油库的消防值班室应与消防泵房控制室或消防车库合并设置，四、五级石油库的消防值班室可与油库值班室合并设置。消防值班室与油库值班调度室、城镇消防站之间应设直通电话。储罐总容量大于或等于 50000m³ 的石油库的报警信号应在消防值班室显示。

12.6.3 储罐区、装卸区和辅助作业区的值班室内，应设火灾报警电话。

12.6.4 储罐区和装卸区内，宜在四周道路设置户外手动报警设施，其间距不宜大于 100m。容量大于或等于 50000m³ 的外浮顶储罐应设置火灾自动报警系统。

12.6.5 储存甲 B 类和乙 A 类液体且容量大于或等于 50000m³ 的外浮顶罐，应在储罐上设置火灾自动探测装置，并应根据消防灭火系统联动控制要求划分火灾探测器的探测区域。当采用光纤型感温探测器时，探测器应设置在储罐浮盘二次密封圈的上面。当采用光纤光栅感温探测器时，光栅探测器的间距不应大于 3m。

12.6.6 石油库火灾自动报警系统设计，应符合现行国家标准《火灾自动报警系统设计规范》GB 50116 的规定。

12.6.7 采用烟雾或超细干粉灭火设施的四、五级石油库，其烟雾或超细干粉灭火设施的设置应符合下列规定：

1 当 1 座储罐安装多个发烟器或超细干粉喷射口时，发烟器、超细干粉喷射口应联动，且宜对称布置。

2 烟雾灭火的药剂强度及安装方式，应符合有关产品的使用要求和规定。

3 药剂及超细干粉的损失系数宜为 1.1～1.2。

12.6.8 石油库内的集中控制室、变配电间、电缆夹层等场所采用气溶胶灭火装置时，气溶胶喷放出口温度不得大于 80℃。

---

13 给排水及污水处理

13.1 给 水

13.1.1 石油库的水源应就近选用地下水、地表水或城镇自来水。水源的水质应分别符合生活用水、生产用水和消防用水的水质标准。企业附属石油库的给水，应由该企业统一考虑。石油库选用城镇自来水做水源时，水管进入石油库处的压力不应低于 0.12MPa。

13.1.2 石油库的生产和生活用水水源，宜合并建设。合并建设在技术经济上不合理时，亦可分别设置。

13.1.3 石油库水源工程供水量的确定，应符合下列规定：

1 石油库的生产用水量和生活用水量应按最大小时用水量计算。

2 石油库的生产用水量应根据生产过程和用水设备确定。

3 石油库的生活用水宜按 25L/人·班～35L/人·班、用水时间为 8h，时间变化系数为 2.5～3.0 计算。洗浴用水宜按 40L/人·班～60L/人·班、用水时间为 1h 计算。由石油库供水的附属居民区的生活用水量，宜按当地用水定额计算。

4 消防、生产及生活用水采用同一水源时，水源工程的供水量应按最大消防用水量的 1.2 倍计算确定。当采用消防水池（罐）时，应按消防水池（罐）的补充水量、生产用水量及生活用水量总和的 1.2 倍计算确定。

5 当消防与生产采用同一水源，生活用水采用另一水源时，消防与生产用水的水源工程的供水量应按最大消防用水量的 1.2 倍计算确定。采用消防水池（罐）时，应按消防水池（罐）的补充水量与生产用水量总和的 1.2 倍计算确定。生活用水水源工程的供水量应按生活用水量的 1.2 倍计算确定。

6 当消防用水采用单独水源，生产与生活用水合用另一水源时，消防用水水源工程的供水量，应按最大消防用水量的 1.2 倍计算确定。设消防水池（罐）时，应按消防水池补充水量的 1.2 倍计算确定。生产与生活用水水源工程的供水量，应按生产用水量与生活用水量之和的 1.2 倍计算确定。

13.1.4 石油库附近有江、河、湖、海等合适的地面水源时，地面水源宜设置为石油库的应急消防水源。

13.2 排 水

13.2.1 石油库的含油与不含油污水，应采用分流制排放。含油污水应采用管道排放。未被易燃和可燃液体污染的地面雨水和生产废水可采用明沟排放，并宜在石油库围墙处集中设置排放口。

13.2.2 储罐区防火堤内的含油污水管道引出防火堤时，应在堤外采取防止泄漏的易燃和可燃液体流出罐区的切断措施。

13.2.3 含油污水管道应在储罐组防火堤处、其他建（构）筑物的排水管出口处、支管与干管连接处、干管每隔 300m 处设置水封井。

13.2.4 石油库通向库外的排水管道和明沟，应在石油库围墙里侧设置水封井和截断装置。水封井与围墙之间的排水通道应采用暗沟或暗管。

13.2.5 水封井的水封高度不应小于 0.25m。水封井应设沉泥段，沉泥段自最低的管底算起，其深度不应小于 0.25m。

13.3 污 水 处 理

13.3.1 石油库的含油污水和化工污水（包括接受油船上的压舱水和洗舱水），应经过处理，达到现行的国家排放标准后才能排放。

13.3.2 处理含油污水和化工污水的构筑物或设备，宜采用密闭式或加设盖板。

13.3.3 含油污水和化工污水处理，应根据污水的水质和水量，选用相应的调节、隔油过滤等设施。对于间断排放的含油污水和化工污水，宜设调节池。调节、隔油等设施宜结合总平面及地形条件集中布置。

13.3.4 有毒液体设备和管道排放的有毒化工污水，应设置专用收集设施。

13.3.5 含Ⅰ、Ⅱ级毒性液体的污水处理宜依托有相应处理能力的污水处理厂进行处理。

13.3.6 石油库需自建有毒污水处理设施时，应符合现行国家标准《石油化工污水处理设计规范》GB 50747 的有关规定。

13.3.7 在石油库污水排放处，应设置取样点或检测水质和测量水量的设施。

13.3.8 某个罐组的专用隔油池需要布置在该罐组防火堤内，其容量不应大于 150m³，与储罐的距离可不受限制。

13.4 漏油及事故污水收集

13.4.1 库区内应设置漏油及事故污水收集系统。收集系统可由罐组防火堤、罐组周围路堤式消防车道与防火堤之间的低洼地带、雨水收集系统、漏油及事故污水收集池组成。

13.4.2 一、二、三、四级石油库的漏油及事故污水收集池容量，分别不应小于 1000m³、750m³、500m³、300m³；五级石油库可不设漏油及事故污水收集池。漏油及事故污水收集池宜布置在库区地势较低处。漏油及事故污水收集池应采取隔油措施。

13.4.3 在防火堤外有易燃和可燃液体管道的地方，地面应就近坡向雨水收集系统。当雨水收集系统干道采用暗管时，暗管宜采用金属管道。

13.4.4 雨水暗管或雨水沟支线进入雨水主管或主沟处，应设水封井。

14 电 气

14.1 供配电

14.1.1 石油库生产作业的供电负荷等级宜为三级，不能中断生产作业的石油库供电负荷等级应为二级。一、二、三级石油库应设置供信息系统使用的应急电源。设置有电动阀门（易燃和可燃液体定量装车控制阀除外）的一、二级石油库宜配置可移动式应急动力电源装置。应急动力电源装置的专用切换电源装置宜设置在配电间处或罐组防火堤外。

14.1.2 石油库的供电宜采用外接电源。当采用外接电源有困难或不经济时，可采用自备电源。

14.1.3 一、二、三级石油库的消防泵站和泡沫站应设应急照明，应急照明可采用蓄电池作为备用电源，其连续供电时间不应少于6h。

14.1.4 10kV 以上的变配电装置应独立设置。10kV 及以下的变配电装置的变配电间与易燃液体泵房（棚）相毗邻时，应符合下列规定：

　　1 隔墙应为不燃材料建造的实体墙。与变配电间无关的管道，不得穿过隔墙。所有穿墙的孔洞，应用不燃材料严密填实。

　　2 变配电间的门窗应向外开，其门应设在泵房的爆炸危险区域以外。变配电间的窗宜设在泵房的爆炸危险区域以外；如窗设在爆炸危险区以内，应设密闭固定窗和警示标志。

　　3 变配电间的地坪应高于油泵房室外地坪至少 0.6m。

14.1.5 石油库主要生产作业场所的配电电缆采用铜芯电缆，并应采用直埋或电缆沟充砂敷设，局部地段需在地面敷设的电缆应采用阻燃电缆。

14.1.6 电缆不得与易燃和可燃液体管道、热力管道同沟敷设。

14.1.7 石油库内易燃液体设备、设施爆炸危险区域的等级及电气设备选型，应按现行国家标准《爆炸和火灾危险环境电力装置设计规范》GB 50058 执行，其爆炸危险区域划分应符合本规范附录B 的规定。

14.1.8 石油库的低压配电系统接地型式应采用 TN—S 系统，道路照明可采用 TT 系统。

14.2 防 雷

14.2.1 钢储罐必须做防雷接地，接地点不应少于 2 处。

14.2.2 钢储罐接地点沿储罐周长的间距，不宜大于 30m，接地电阻不宜大于 10Ω。

14.2.3 储存易燃液体的储罐防雷设计，应符合下列规定：

　　1 装有阻火器的地上卧式储罐的壁厚和地上固定顶钢储罐的顶板厚度大于或等于 4mm 时，不应装设接闪杆（网）。铝顶储罐和顶板厚度小于 4mm 的钢储罐，应装设接闪杆（网），接闪杆（网）应保护整个储罐。

　　2 外浮顶储罐或内浮顶储罐不应装设接闪杆（网），但应采用两根导线将浮顶与罐体做电气连接。外浮顶储罐的连接导线应选用截面积不小于 50mm² 的扁平镀锡软铜复绞线或绝缘阻燃护套软铜复绞线；内浮顶储罐的连接导线应选用直径不小于 5mm 的不锈钢钢丝绳。

　　3 外浮顶储罐应利用浮顶排水管将罐体与浮顶做电气连接，每条排水管的跨接导线应采用一根横截面不小于 50mm² 扁平镀锡软铜复绞线。

　　4 外浮顶储罐的转动浮梯两侧，应分别与罐体和浮顶各做两处电气连接。

　　5 覆土储罐的呼吸阀、量油孔等法兰连接处，应做电气连接并接地，接地电阻不宜大于 10Ω。

14.2.4 储存可燃液体的钢储罐，不应装设接闪杆（网），但应做防雷接地。

14.2.5 装于地上钢储罐上的仪表及控制系统的配线电缆应采用屏蔽电缆，并应穿镀锌钢管保护管，保护管两端应与罐体做电气连接。

14.2.6 石油库内的信号电缆宜埋地敷设，并宜采用屏蔽电缆。当采用铠装电缆时，电缆的首末端铠装金属应接地。当电缆采用穿钢管敷设时，钢管在进入建筑物处应接地。

14.2.7 储罐上安装的信号远传仪表，其金属外壳应与储罐体做电气连接。

14.2.8 电气和信息系统的防雷击电磁脉冲应符合现行国家标准《建筑物防雷设计规范》GB 50057 的相关规定。

14.2.9 易燃液体泵房（棚）的防雷应按第二类防雷建筑物设防。

14.2.10 在平均雷暴日大于 40d/a 的地区，可燃液体泵房（棚）的防雷应按第三类防雷建筑物设防。

14.2.11 装卸易燃液体的鹤管和液体装卸栈桥（站台）的防雷，应符合下列规定：

　　1 露天进行装卸易燃液体作业的，可不装设接闪杆（网）。

　　2 在棚内进行装卸易燃液体作业的，应采用接闪网保护。棚顶的接闪网不能有效保护爆炸危险 1 区时，应加装接闪杆。当罩棚采用双层金属屋面，且其顶面金属层厚度大于 0.5mm，搭接长度大于 100mm 时，宜利用金属屋面作为接闪器，可不采用接闪网保护。

　　3 进入液体装卸区的易燃液体输送管道在进入点应接地，接地电阻不应大于 20Ω。

14.2.12 在爆炸危险区域内的工艺管道，应采取下列防雷措施：

　　1 工艺管道的金属法兰连接处应跨接。当不少于 5 根螺栓连接时，在非腐蚀环境下可不跨接。

　　2 平行敷设于地上或非充沙管沟内的金属管道，其净距小于

100mm 时,应用金属线跨接,跨接点的间距不应大于 30m。管道交叉点净距小于 100mm 时,其交叉点应用金属线跨接。

14.2.13 接闪杆(网、带)的接地电阻,不宜大于 10Ω。

14.3 防 静 电

14.3.1 储存甲、乙和丙 A 类液体的钢储罐,应采取防静电措施。

14.3.2 钢储罐的防雷接地装置可兼作防静电接地装置。

14.3.3 外浮顶储罐按下列规定采取防静电措施:

　　1 外浮顶储罐的自动通气阀、呼吸阀、阻火器和浮顶量油口应与浮顶做电气连接。

　　2 外浮顶储罐采用钢滑板式机械密封时,钢滑板与浮顶之间应做电气连接,沿圆周的间距不宜大于 3m。

　　3 二次密封采用 I 型橡胶刮板时,每个导电片均应与浮顶做电气连接。

　　4 电气连接的导线应选用横截面不小于 10mm² 镀锡软铜复绞线。

　　5 外浮顶储罐浮顶上取样口的两侧 1.5m 之外应各设一组消除人体静电的装置,并应与罐体做电气连接。该消除人体静电的装置可兼作人工检尺时取样绳索、检测尺等工具的电气连接体。

14.3.4 铁路罐车装卸栈桥的首、末端及中间处,应与钢轨、工艺管道、鹤管等相互做电气连接并接地。

14.3.5 石油库专用铁路线与电气化铁路接轨时,电气化铁路高压电接触网不宜进入石油库装卸区。

14.3.6 当石油库专用铁路线与电气化铁路接轨,铁路高压接触网不进入石油库专用铁路线时,应符合下列规定:

　　1 在石油库专用铁路线上,应设置 2 组绝缘轨缝。第一组应设在专用铁路线起始点 15m 以内,第二组应设在进入装卸区前。2 组绝缘轨缝的距离,应大于取送车列的总长度。

　　2 在每组绝缘轨缝的电气化铁路侧,应设 1 组向电气化铁路所在方向延伸的接地装置,接地电阻不应大于 10Ω。

　　3 铁路罐车装卸设施的钢轨、工艺管道、鹤管、钢栈桥等应做等电位跨接并接地,两组跨接点间距不应大于 20m,每组接地电阻不应大于 10Ω。

14.3.7 当石油库专用铁路与电气化铁路接轨,且铁路高压接触网进入石油库专用铁路线时,应符合下列规定:

　　1 进入石油库的专用电气化铁路线高压电接触网应设 2 组隔离开关。第一组应设在与专用铁路线起始点 15m 以内,第二组应设在专用铁路线进入铁路罐车装卸线前,且与第一个鹤管的距离不应小于 30m。隔离开关的入库端应装设避雷器保护。专用线的高压接触网终端距第一个装卸油鹤管,不小于 15m。

　　2 在石油库专用铁路线上,应设置 2 组绝缘轨缝及相应的回流开关装置。第一组应设在专用铁路线起始点 15m 以内,第二组应设在进入铁路罐车装卸线前。

　　3 在每组绝缘轨缝的电气化铁路侧,应设 1 组向电气化铁路所在方向延伸的接地装置,接地电阻不应大于 10Ω。

　　4 专用电气化铁路线第二组隔离开关后的高压接触网,应置供搭接的接地装置。

　　5 铁路罐车装卸设施的钢轨、工艺管道、鹤管、钢栈桥等应做等电位跨接并接地,两组跨接点的间距不应大于 20m,每组接地电阻不应大于 10Ω。

14.3.8 甲、乙和丙 A 类液体的汽车罐车或灌桶设施,应设置与罐车或桶跨接的防静电接地装置。

14.3.9 易燃和可燃液体装卸码头,应与船舶跨接的防静电接地装置。此接地装置应与码头上的液体装卸设备的静电接地装置合用。

14.3.10 地上或非充沙管沟敷设的工艺管道的始端、末端、分支处以及直线段每隔 200m～300m 处,应设置防静电和防雷击电磁脉冲的接地装置。

14.3.11 地上或非充沙管沟敷设的工艺管道的防静电接地装置可与防雷击电磁脉冲接地装置合用,接地电阻不宜大于 30Ω,接地点宜设在固定管墩(架)处。

14.3.12 用于易燃和可燃液体装卸场所跨接的防静电接地装置,宜采用能检测接地状况的防静电接地仪器。

14.3.13 移动式的接地连接线,宜采用带绝缘护套的软导线,通过防爆开关,将接地装置与液体装卸设施相连。

14.3.14 下列甲、乙和丙 A 类液体作业场所应设消除人体静电装置:

　　1 泵房的门外;

　　2 储罐的上罐扶梯入口处;

　　3 装卸作业区内操作平台的扶梯入口处;

　　4 码头上下船的出入口处。

14.3.15 当输送甲、乙类液体的管道上装有精密过滤器时,液体自过滤器出口流至装料容器入口应有 30s 的缓和时间。

14.3.16 防静电接地装置的接地电阻,不宜大于 100Ω。

14.3.17 石油库内防雷接地、防静电接地、电气设备的工作接地、保护接地及信息系统的接地等,宜共用接地装置,其接地电阻应按其中要求最小的接地电阻值确定。当石油库设有阴极保护时,共用接地装置的接地材料不应使用腐蚀电位比钢材正的材料。

14.3.18 防雷防静电接地电阻检测断接接头、消除人体静电装置,以及汽车罐车装卸场地的固定接地装置,不得设在爆炸危险 1 区。

15 自动控制和电信

15.1 自动控制系统及仪表

15.1.1 容量大于 100m³ 的储罐应设液位测量远传仪表,并应符合下列规定:

　　1 液位连续测量信号应采用模拟信号或通信方式接入自动控制系统。

　　2 应在自动控制系统中设高、低液位报警。

　　3 储罐高液位报警的设定高度应符合现行行业标准《石油化工储运系统罐区设计规范》SH/T 3007 的有关规定。

　　4 储罐低液位报警的设定高度应满足泵不发生汽蚀的要求,外浮顶储罐和内浮顶储罐的低液位报警设定高度(距罐底板)宜高于浮顶落底高度 0.2m 及以上。

15.1.2 下列储罐应设高高液位报警及联锁,高高液位报警应能同时联锁关闭储罐进口管道控制阀:

　　1 年周转次数大于 6 次,且容量大于或等于 10000m³ 的甲 B、乙类液体储罐;

　　2 年周转次数小于或等于 6 次,容量大于 20000m³ 的甲 B、乙类液体储罐;

　　3 储存 I、II 级毒性液体的储罐。

15.1.3 容量大于或等于 50000m³ 的外浮顶储罐和内浮顶储罐应设低低液位报警。低低液位报警设定高度(距罐底板)不应低于浮顶落底高度,低低液位报警应能同时联锁停泵。

15.1.4 用于储罐高高、低低液位报警信号的液位测量仪表应采用单独的液位连续测量仪表或液位开关,并应在自动控制系统中设置报警及联锁。

15.1.5 需要控制和监测储存温度的储罐应设温度测量仪表,并应将温度测量信号远传到控制室。

15.1.6 容量大于或等于 50000m³ 的外浮顶储罐,其泡沫灭火系统应采用由人工确认的自动控制方式。

15.1.7 一级石油库的重要工艺机泵、消防泵、储罐搅拌器等电动设备和控制阀门除应能在现场操作外,尚应能在控制室进行控制和显示状态。二级石油库的重要工艺机泵、消防泵、储罐搅拌器等电动设备和控制阀门除应能在现场操作外,尚宜能在控制室进行控制和显示状态。

15.1.8 易燃和可燃液体输送泵出口管道应设压力测量仪表,压力测量仪表应能就地显示,一级石油库尚应将压力测量信号远传至控制室。

15.1.9 有毒气体和可燃气体检测器设置,应符合下列规定:

1 有毒液体的泵站、装卸车站、计量站、储罐的阀门集中处和排水井处等可能发生有毒气体泄漏和积聚的区域,应设置有毒气体检测器。

2 设有甲、乙 A 类易燃液体设备的房间内,应设置可燃气体浓度自动检测报警装置。

3 一级石油库的甲、乙 A 类液体的泵站、装卸车站、计量站、地上储罐的阀门集中处和排水井处等可能发生可燃气体泄漏、积聚的露天场所,应设置可燃气体检测器;覆土罐组和其他级别石油库的露天场所可配置便携式可燃气体检测器。

4 一级石油库的可燃气体和有毒气体检测报警系统设计,应符合现行国家标准《石油化工可燃气体和有毒气体检测报警设计规范》GB 50493 的有关规定。

15.1.10 一级石油库消防部分的监测、顺序控制等操作应采用以下两种方式之一:

1 采用专用监控系统,并经通信接口与石油库的自动控制系统通信;

2 在石油库的自动控制系统中设置单独的 I/O 卡件和单独的显示操作站。

15.1.11 一级石油库消防泵的启停、消防水管道及泡沫液管道上控制阀的开关均应在消防控制室实现远程启停控制,总控制台应显示泵运行状态和控制阀的阀位信号。

15.1.12 仪表及计算机监控管理系统应采用 UPS 不间断电源供电,UPS 的后备电池组应在外部电源中断后提供不少于 30min 的交流供电时间。

15.1.13 自动控制系统的室外仪表电缆敷设,应符合下列规定:

1 在生产区敷设的仪表电缆宜采用电缆沟、电缆保护管、直埋等地下敷设方式。采用电缆沟时,电缆沟应充沙填实。

2 生产区局部地段确需在地面敷设的电缆,应采用镀锌钢保护管或带盖板的全封闭金属电缆槽等方式敷设。

3 非生产区的仪表电缆可采用带盖板的全封闭金属电缆槽在地面以上敷设。

15.2 电 信

15.2.1 石油库应设置火灾报警电话、行政电话系统、无线通信系统、电视监视系统。一级石油库尚应设置计算机局域网络、入侵报警系统和出入口控制系统。根据需要可设置调度电话系统、巡更系统。

15.2.2 电信设备供电应采用 220VAC/380VAC 作为主电源,当采用直流供电方式时,应配备直流备用电源;当采用交流供电方式时,应采用 UPS 电源。小容量交流用电设备,也可采用直流逆变器作为保障供电的措施。

15.2.3 室内电信线路,非防爆场所宜暗敷设,防爆场所应明敷设。

15.2.4 室外电信线路敷设应符合下列规定:

1 在生产区敷设的电信线路宜采用电缆沟、电缆管道埋地、直埋等地下敷设方式。采用电缆沟时,电缆沟应充沙填实。

2 生产区局部地段确需在地面以上敷设的电缆,应采用保护管或带盖板的电缆桥架等方式敷设。

15.2.5 石油库流动作业的岗位,应配置无线电通信设备,并宜采用无线对讲系统或集群通信系统。无线通信手持机应采用防爆型。

15.2.6 电视监视系统的监视范围应覆盖储罐区、易燃和可燃液体泵站、易燃和可燃液体装卸设施、易燃和可燃液体灌桶设施和主要设施出入口等处。电视监控操作站宜分别设在生产控制室、消防控制室、消防站值班室和保卫值班室等地点。当设置火灾自动报警系统时,宜与电视监视系统联动控制。

15.2.7 入侵报警系统宜沿石油库围墙布设,报警主机宜设在门卫值班室或保卫办公室内。入侵报警系统宜与电视监视系统联动形成安防报警平台。

15.2.8 计算机局域网络应满足石油库数据通信和信息管理系统建设的要求。信息插座宜设在石油库办公楼、控制室、化验室等场所。

16 采暖通风

16.1 采 暖

16.1.1 集中采暖的热媒,宜采用热水。采用热水不便时,可采用低压蒸汽。

16.1.2 石油库设计集中采暖时,房间的采暖室内计算温度,宜符合表 16.1.2 的规定。

表 16.1.2 房间的采暖室内计算温度

序号	房间名称	采暖室内计算温度(℃)
1	易燃和可燃液体泵房、水泵房、消防泵房、柴油发电机间、汽车库、空气压缩机间	5
2	铁路罐车装卸暖库	12
3	灌桶间、修洗桶间、机修间	14
4	计量室、仪表间、化验室、办公室、值班室、休息室	18
5	盥洗室	14
5	厕所	12
6	浴室、更衣间	25
7	更衣室	23

注:易凝、易燃和可燃液体泵房,可根据实际需要确定采暖室内计算温度。

16.2 通 风

16.2.1 易燃和有毒液体泵房、灌桶间及其他有易燃和有毒液体设备的房间,应设置机械通风系统和事故排风装置。机械通风系统换气次数宜为 5 次/h～6 次/h,事故排风换气次数不应小于 12 次/h。

16.2.2 在集中散发有害物质的操作地点(如修洗桶间、化验室通风柜等），宜采取局部机械通风措施。

16.2.3 通风口的设置应避免在通风区域内产生空气流动死角。

16.2.4 在爆炸危险区域内，风机、电机等所有活动部件应选择防爆型，其构造应能防止产生电火花。机械通风系统应采用不燃烧材料制作。风机应采用直接传动或联轴器传动。风管、风机及其安装方式均应采取防静电措施。

16.2.5 在布置有甲、乙A类易燃液体设备的房间内，所设置的机械通风设备应与可燃气体浓度自动检测报警系统联动，并应设有就地和远程手动开启装置。

16.2.6 石油库生产性建筑物的通风设计除应执行本节的规定外，尚应符合现行行业标准《石油化工采暖通风与空气调节设计规范》SH/T 3004的有关规定。

附录A　计算间距的起讫点

表A　计算间距的起讫点

序号	建（构）筑物、设施和设备	计算间距的起讫点
1	道路	路边
2	铁路	铁路中心线
3	管道	管子中心（指明者除外）
4	地上立式储罐、地上和覆土卧式油罐	罐外壁
5	覆土立式油罐	罐室内墙壁及其出入口
6	设在露天（包括棚下）的各种设备	最突出的外缘
7	架空电力和通信线路	线路中心
8	埋地电力和通信电缆	电缆中心
9	建筑物或构筑物	外墙轴线
10	铁路罐车装卸设施	铁路罐车装卸线中心线，端部罐车的装卸口中心
11	汽车罐车装卸设施	汽车罐车装卸作业时鹤管或软管管口中心
12	液体装卸码头	前沿线（靠船的边缘）
13	工矿企业、居住区	建筑物或构筑物外墙轴线
14	医院、学校、养老院等公共设施	围墙轴线；无围墙者为建（构）筑物外墙轴线
15	架空电力线杆（塔）高、通信线杆（塔）高	电线杆（塔）和通信线杆（塔）所在地面至杆（塔）顶的高度

注：本规范中的安全距离和防火距离未特殊说明的，均指平面投影距离。

附录B　石油库内易燃液体设备、设施的爆炸危险区域划分

B.0.1 爆炸危险区域的等级定义应符合现行国家标准《爆炸和火灾危险环境电力装置设计规范》GB 50058的规定。

B.0.2 易燃液体设施的爆炸危险区域内地坪以下的坑和沟应划为1区。

B.0.3 储存易燃液体的地上固定顶储罐爆炸危险区域划分（图B.0.3），应符合下列规定：

1 罐内未充惰性气体的液体表面以上空间应划为0区。

2 以通气口为中心、半径为1.5m的球形空间应划为1区。

3 距储罐外壁和顶部3m范围内及防火堤至罐外壁，其高度为堤顶高的范围应划为2区。

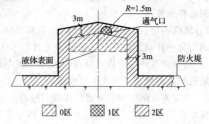

图B.0.3　储存易燃液体的地上固定顶储罐爆炸危险区域划分

B.0.4 储存易燃液体的内浮顶储罐爆炸危险区域划分（图B.0.4），应符合下列规定：

1 浮盘上部空间及以通气口为中心、半径为1.5m范围内的球形空间应划为1区。

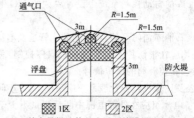

图B.0.4　储存易燃液体的内浮顶储罐爆炸危险区域划分

2 距储罐外壁和顶部3m范围内及防火堤至储罐外壁，其高度为堤顶高的范围应划为2区。

B.0.5 储存易燃液体的外浮顶储罐爆炸危险区域划分（图B.0.5），应符合下列规定：

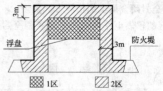

图B.0.5　储存易燃液体的外浮顶储罐爆炸危险区域划分

1 浮盘上部至罐壁顶部空间应划为1区。

2 距储罐外壁和顶部3m范围内及防火堤至罐外壁，其高度为堤顶高的范围内划为2区。

B.0.6 储存易燃液体的地上卧式储罐爆炸危险区域划分（图B.0.6），应符合下列规定：

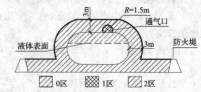

图B.0.6　储存易燃液体的地上卧式储罐爆炸危险区域划分

1 罐内未充惰性气体的液体表面以上的空间应划为 0 区。

2 以通气口为中心、半径为 1.5m 的球形空间应划为 1 区。

3 距罐外壁和顶部 3m 范围内及罐外壁至防火堤，其高度为堤顶高的范围应划为 2 区。

B.0.7 储存易燃液体的覆土卧式油罐爆炸危险区域划分（图 B.0.7），符合下列规定：

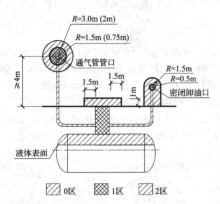

图 B.0.7 储存易燃液体的覆土卧式油罐爆炸危险区域划分

1 罐内部液体表面以上的空间应划分为 0 区。

2 人孔（阀）井内部空间，以通气管管口为中心、半径为 1.5m（0.75m）的球形空间和以密闭卸油口为中心、半径为 0.5m 的球形空间，应划分为 1 区。

3 距人孔（阀）井外边缘 1.5m 以内、自地面算起 1m 高的圆柱形空间，以通气管管口为中心、半径为 3m（2m）的球形空间和以密闭卸油口为中心、半径为 1.5m 的球形并延至地面的空间，应划分为 2 区。

注：采用油气回收系统的储罐通气管管口爆炸危险区域用括号内数字。

B.0.8 易燃液体泵房、阀室的爆炸危险区域划分（图 B.0.8），应符合下列规定：

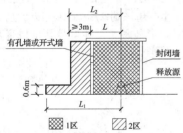

图 B.0.8 易燃液体泵房、阀室爆炸危险区域划分

1 易燃液体泵房和阀室内部空间应划为 1 区。

2 有孔墙或开式墙外与墙等高、L_2 范围以内且不小于 3m 的空间及距地坪 0.6m 高、L_1 范围以内的空间应划为 2 区。

3 危险区边界与释放源的距离应符合表 B.0.8 的规定。

表 B.0.8 危险区边界与释放源的距离

释放源名称		距 离（m）	
		L_1	L_2
易燃液体输送泵	工作压力≤1.6MPa	$L+3$	$L+3$
	工作压力＞1.6MPa	15	$L+3$，且不小于 7.5
易燃液体法兰、阀门		$L+3$	$L+3$

注：L 表示释放源至泵房外墙的距离。

B.0.9 易燃液体泵棚、露天泵站的泵和配管的阀门、法兰等为释放源的爆炸危险区域划分（图 B.0.9），应符合下列规定：

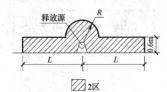

图 B.0.9 易燃液体泵棚、露天泵站的泵和配管的阀门、法兰等为释放源的爆炸危险区域划分

1 以释放源为中心、半径为 R 的球形空间和自地面算起高为 0.6m、半径为 L 的圆柱体的范围应划为 2 区。

2 危险区边界与释放源的距离应符合表 B.0.9 的规定。

表 B.0.9 危险区边界与释放源的距离

释放源名称		距 离（m）	
		L	R
易燃液体输送泵	工作压力≤1.6MPa	3	1
	工作压力＞1.6MPa	15	7.5
易燃液体法兰、阀门		3	1

B.0.10 易燃液体灌桶间爆炸危险区域划分（图 B.0.10），应符合下列规定：

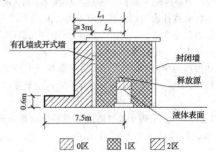

$L_2≤1.5$m 时，$L_1=4.5$m；$L_2＞1.5$m 时，$L_1=L_2+3$m。

图 B.0.10 易燃液体灌桶间爆炸危险区域划分

1 桶内液体表面以上的空间应划为 0 区。

2 灌桶间内空间应划为 1 区。

3 有孔墙或开式墙外距释放源 L_1 距离以内、与墙等高的室外空间和自地面算起 0.6m 高、距释放源 7.5m 以内的室外空间应划为 2 区。

B.0.11 易燃液体灌桶棚或露天灌桶场所的爆炸危险区域划分（图 B.0.11），应符合下列规定：

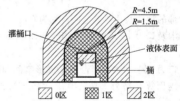

图 B.0.11 易燃液体灌桶棚或露天灌桶场所爆炸危险区域划分

1 桶内液体表面以上空间应划为 0 区。

2 以灌桶口为中心、半径为 1.5m 的球形并延至地面的空间应划为 1 区。

3 以灌桶口为中心、半径为 4.5m 的球形并延至地面的空间应划为 2 区。

B.0.12 易燃液体重桶库房的爆炸危险区域划分（图 B.0.12），其建筑物内空间及有孔或开式墙外 1m 与建筑物等高的范围内的空间，应划为 2 区。

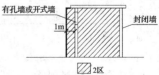

图 B.0.12 易燃液体重桶库房爆炸危险区域划分

B.0.13 易燃液体汽车罐车棚、易燃液体重桶堆放棚的爆炸危险区域划分（图 B.0.13），其棚的内部空间应划为 2 区。

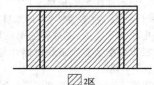

图 B.0.13 易燃液体汽车罐车棚、易燃液体重桶堆放棚爆炸危险区域划分

B.0.14 铁路罐车、汽车罐车卸易燃液体时爆炸危险区域划分（图B.0.14），应符合下列规定：

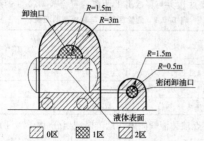

图 B.0.14　铁路罐车、汽车罐车卸易燃液体时爆炸危险区域划分

1　罐车内的液体表面以上空间应划为0区。

2　以卸油口为中心、半径为1.5m的球形空间和以密闭卸油口为中心、半径为0.5m的球形空间，应划为1区。

3　以卸油口为中心、半径为3m的球形并延至地面的空间，以密闭卸油口为中心、半径为1.5m的球形并延至地面的空间，应划为2区。

B.0.15　铁路罐车、汽车罐车敞口灌装易燃液体时爆炸危险区域划分（图B.0.15），应符合下列规定：

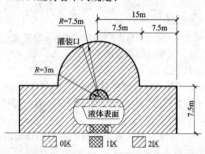

图 B.0.15　铁路罐车、汽车罐车敞口灌装易燃液体时爆炸危险区域划分

1　罐车内部的液体表面以上空间应划为0区。

2　以罐车灌装口为中心、半径为3m的球形并延至地面的空间应划为1区。

3　以灌装口为中心、半径为7.5m的球形空间和以灌装口轴线为中心线、自地面算起高为7.5m、半径为15m的圆柱形空间，应划为2区。

B.0.16　铁路罐车、汽车罐车密闭灌装易燃液体时爆炸危险区域划分（图B.0.16），应符合下列规定：

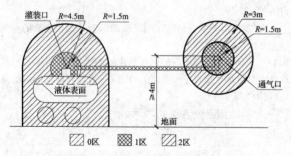

图 B.0.16　铁路罐车、汽车罐车密闭灌装易燃
液体时爆炸危险区域划分

1　罐车内部的液体表面以上空间应划为0区。

2　以罐车灌装口为中心、半径为1.5m的球形空间和以通气口为中心、半径为1.5m的球形空间，应划为1区。

3　以罐车灌装口为中心、半径为4.5m的球形并延至地面的空间和以通气口为中心、半径为3m的球形空间，应划为2区。

B.0.17　油船、油驳敞口灌装易燃液体时爆炸危险区域划分（图B.0.17），应符合下列规定：

1　油船、油驳内的液体表面以上空间应划为0区。

2　以油船、油驳的灌装口为中心、半径为3m的球形并延至水面的空间应划为1区。

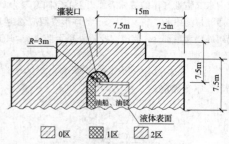

图 B.0.17　油船、油驳敞口灌装易燃液体时爆炸危险区域划分

3　以油船、油驳的灌装口为中心，半径为7.5m而高于灌装口7.5m的圆柱形空间和自水面算起7.5m高，以灌装口轴线为中心线，半径为15m的圆柱形空间应划为2区。

B.0.18　油船、油驳密闭灌装易燃液体时爆炸危险区域划分（图B.0.18），应符合下列规定：

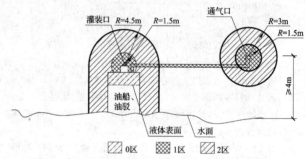

图 B.0.18　油船、油驳密闭灌装易燃液体时爆炸危险区域划分

1　油船、油驳内的液体表面以上空间应划为0区。

2　以灌装口为中心、半径为1.5m的球形空间及以通气口为中心半径为1.5m球形空间应划为1区。

3　以灌装口为中心、半径为4.5m的球形并延至水面的空间和以通气口为中心、半径为3m的球形空间，应划为2区。

B.0.19　油船、油驳卸易燃液体时爆炸危险区域划分（图B.0.19），应符合下列规定：

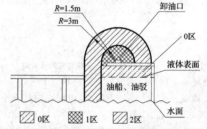

图 B.0.19　油船、油驳卸易燃液体时爆炸危险区域划分

1　油船、油驳内部的液体表面以上空间应划为0区。

2　以卸油口为中心、半径为1.5m的球形空间应划为1区。

3　以卸油口为中心、半径为3m的球形并延至水面的空间应划为2区。

B.0.20　易燃液体的隔油池、漏油及事故污水收集池爆炸危险区域划分（图B.0.20），应符合下列规定：

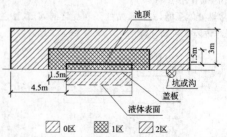

图 B.0.20　易燃液体的隔油池、漏油及事故污水收集池
爆炸危险区域划分

1 有盖板的,池内液体表面以上的空间应划为0区。

2 无盖板的,池内液体表面以上空间和距隔油池内壁1.5m、出池顶1.5m至地坪范围内的空间应划为1区。

3 距池内壁4.5m、高出池顶3m至地坪范围内的空间应划2区。

B.0.21 含易燃液体的污水浮选罐爆炸危险区域划分(图B.0.21),应符合下列规定:

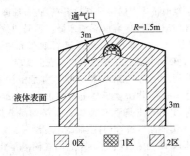

图 B.0.21 含易燃液体的污水浮选罐爆炸危险区域划分

1 罐内液体表面以上空间应划为0区。

2 以通气口为中心、半径为1.5m的球形空间应划为1区。

3 距罐外壁和顶部3m以内范围应划为2区。

B.0.22 储存易燃油品的覆土式立油罐的爆炸危险区域划分(图B.0.22),应符合下列规定:

1 油罐内液体表面以上空间应划为0区。

2 以通气管口为中心、半径为1.5m的球形空间,油罐外壁与罐室护体之间的空间,通道口门以内的空间,应划为1区。

3 以通气管口为中心、半径为4.5m的球形空间,以采光通风口为中心、半径为3m的球形空间,通道口周围3m范围以内的空间及以通气管口为中心、半径为15m,高0.6m的圆柱形空间,应划为2区。

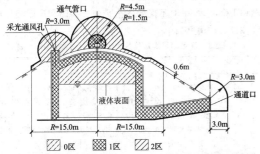

图 B.0.22 储存易燃油品的覆土式油罐的爆炸危险区域划分

B.0.23 易燃液体阀门井的爆炸危险区域划分(图B.0.23),应符合下列规定:

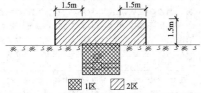

图 B.0.23 易燃液体阀门井爆炸危险区域划分

1 阀门井内部空间应划为1区。

2 距阀门井内壁1.5m、高1.5m的柱形空间应划为2区。

B.0.24 易燃液体管沟爆炸危险区域划分(图B.0.24),应符合下列规定:

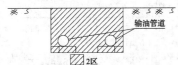

图 B.0.24 易燃液体管沟爆炸危险区域划分

1 有盖板的管沟内部空间应划为1区。

2 无盖板的管沟内部空间应划为2区。

中华人民共和国国家标准

石 油 库 设 计 规 范

GB 50074-2014

条 文 说 明

1 总 则

1.0.1 本条规定了设计石油库应遵循的原则要求。

石油库属于爆炸和火灾危险性设施,所以安全措施是本规范的重要内容。技术先进是安全的有效保证,在保证安全的前提下也要兼顾经济效益。本条提出的各项要求是对石油库设计提出的原则要求,设计单位和具体设计人员在设计石油库时,还要严格执行本规范的具体规定,采取各种有效措施,达到条文中提出的要求。

1.0.2 本条规定了本规范的适用范围和不适用范围。

本规范是指导石油库设计的标准,规定"本规范适用于新建、扩建和改建石油库的设计",意即本规范最新版本原则上对按本规范以前版本设计、审批、建设及验收的石油库工程没有约束力。在对按本规范以前版本建设的现存石油库进行安全评审等工作时,完全以本规范最新版本为依据是不合适的。规范是需要根据技术进步、经济发展水平和社会需求不断改进的,以此来促进石油库建设水平的逐步提高。为了与国家现阶段的社会发展水平相适应,本规范本次修订相比原规范提高了石油库的安全防护要求,但这并不意味着按原规范建设的石油库就不安全了。提高安全防护要求的目的是提高安全度,对按原规范建设的石油库,可以借其更新改建或扩建的机会逐步提高其安全度。需要特别说明的是,对现有石油库的扩建和改建工程的设计,只有扩建和改建部分的设计应执行规范最新版本,对已有部分可以不按新规范要求进行整改。

根据住房城乡建设部2008年出台的《工程建设标准编写规定》的要求,本规范的适用范围应与其他标准的适用范围划清界限,不应相互交叉或重叠。故本条规定的目的是为了使本规范与其他相关规范之间有一个清晰的执行范围界限,避免石油储运设施工程设计时采用标准出现混乱现象。

本条列出的不适用范围,国家或行业都有专项的标准规范,如《石油化工企业设计防火规范》GB 50160、《石油天然气工程设计防火规范》GB 50183、《地下水封石洞油库设计规范》GB 50455、《石油储备库设计规范》GB 50737、《输油管道工程设计规范》GB 50253等。

1.0.3 这一条的规定有两方面的含义:

其一,本规范是专业性技术规范,其适用范围和规定的技术内容,就是针对石油库设计而制订的,因此设计石油库应该执行本规范的规定。在设计石油库时,如遇到其他标准与本规范在同一问题上规定不一致的,应执行本规范的规定。

其二,石油库设计涉及专业较多,接触面也广,本规范只能规定石油库特有的问题。对于其他专业性较强且已有国家或行业标准作出规定的问题,本规范不便再作规定,以免产生矛盾,造成混乱。本规范明确规定者,按本规范执行;本规范未作规定者,可按国家现行有关标准的规定执行。

2 术 语

2.0.1 本条将"石油库"的定义修改为"收发、储存原油、成品油及其他易燃和可燃液体化学品的独立设施",相比本规范2002年版扩大了适用范围,将液体化工品纳入到本规范适用范围之中,解决了以往液体化工品库没有适用规范的问题。

3 基 本 规 定

3.0.1 关于石油库的等级划分,本次修订增加了特级石油库,限制一级石油库的库容小于1200000m³,对其他级别石油库的规模未做调整。本条根据石油库储罐计算总容量,将石油库划分为六个等级,是为了便于对不同库容的石油库提出不同的技术和安全要求。例如,本规范对特级石油库、一级石油库和单罐容量在50000m³及以上的石油库提出了更为严格的安全要求。

相对于甲B类和乙A类液体,甲A类液体危险性大得多,丙A类液体危险性小一些,丙B类液体危险性很小。根据石油库火灾事故统计资料,80%以上是甲B类和乙A类油品事故,剩下的是乙B类和丙A类油品事故,丙B类油品基本没有发生过火灾事故。因此,对不同危险性的易燃和可燃液体,在储罐容量方面区别对待是合理的。

3.0.2 特级石油库有两个特征:一是原油与非原油类易燃和可燃液体共存于同一个石油库;二是储罐计算总容量大于或等于1200000m³。特级石油库一般都是商业石油库,商业石油库往往需要成品油(燃料类易燃和可燃液体)、液体化工品(非燃料类易燃和可燃液体)和原油多品种经营,且这样的混存石油库规模往往比较大,发生火灾的概率和同时发生火灾的概率也比较大,需要采取更严格的安全措施,故对于混存石油库储罐计算总容量大于或等于2400000m³时,需要按两处储罐同时发生火灾设置消防系统。

3.0.3 本次修订参照现行国家标准《石油化工企业设计防火规范》GB 50160—2008的规定,对石油库储存的易燃和可燃液体的火灾危险性进行了新的分类,分类的目的是针对不同火灾危险性的易燃和可燃液体,采取不同的安全措施。易燃和可燃液体的火灾危险性分类举例见表1。

表1 易燃和可燃液体的火灾危险性分类举例

类别		名 称
甲	A	液化氯甲烷,液化顺式-2丁烯,液化乙烯,液化乙烷,液化反式-2丁烯,液化环丙烷,液化丙烯,液化丙烷,液化环丁烷,液化新戊烷,液化丁烯,液化丁烷,液化氯乙烯,液化环氧乙烷,液化丁二烯,液化异丁烷,液化异丁烯,液化石油气,二甲胺,三甲胺,二甲基二硫,液化甲醚(二甲醚)
	B	原油,石脑油,汽油,戊烷,异戊烷,异戊二烯,己烷,异己烷,环己烷,庚烷,异庚烷,辛烷,异辛烷,苯,甲苯,乙苯,邻二甲苯,间、对二甲苯,甲醇,乙醇,丙醇,异丙醇,异丁醇,石油醚,乙醚,乙醛,环氧丙烷,二氯乙烷,乙胺,二乙胺,丙酮,丁醛,三乙胺,醋酸乙烯,二氯乙烯,甲乙酮,丙烯腈,甲酸甲酯,醋酸乙酯,醋酸异丙酯,醋酸异丁酯,甲酸丁酯,醋酸丁酯,醋酸异戊酯,甲酸戊酯,丙烯酸甲酯,甲基叔丁基醚,吡啶,液态有机过氧化物,二硫化碳
乙	A	煤油,喷气燃料,丙苯,异丙苯,环氧氯丙烷,苯乙烯,丁醇,戊醇,异戊醇,氯苯,乙二胺,环己酮,冰醋酸,液氨
	B	轻柴油,环戊烷,硅酸乙酯,氯乙醇,氯丙醇,二甲基甲酰胺,二乙基苯,液硫
丙	A	重柴油,20号重油,苯胺,锭子油,酚,甲酚,甲醛,糠醛,苯甲醛,环己醇,甲基丙烯酸,甲酸,乙二醇丁醚,糠醇,乙二醇,丙二醇,辛醇,单乙醇胺,二甲基乙酰胺
	B	蜡油,100号重油,渣油,变压器油,润滑油,液体沥青,二乙二醇醚,三乙二醇醚,邻苯二甲酸二丁酯,甘油,联苯-联苯醚混合物,二氯甲烷,二乙醇胺,三乙醇胺,乙二醇,三乙二醇

注:1 本表摘自现行国家标准《石油化工企业设计防火规范》GB 50160—2008。
2 闪点小于60℃且大于或等于55℃的轻柴油,如果储罐操作温度小于或等于40℃,根据本规范第3.0.4条的规定,其火灾危险性划为丙A类。

3.0.5 铁路罐车装卸设施的栈桥和汽车罐车装卸设施灌装棚等采用钢结构轻便美观,易于制作,但达不到二级耐火等级的要求,另外液体装卸栈桥(或站台)发生火灾造成严重损失的情况很少,故这一类建筑的耐火等级为三级是合理的。

3.0.6 在现行国家标准《石油化工企业设计防火规范》GB 50160中,对储存液化烃等甲 A 类易燃液体的设施的防火要求有详细规定,且适用于石油库储存甲 A 类液体这种情况,故本规范要求按该标准执行。

4 库址选择

4.0.1 本条原则性规定了石油库库址选择的要求。

由于有的石油库是位于或靠近城镇,所以石油库建设应符合当地城镇的总体规划,包括地区交通运输规划及公用工程设施的规划等要求。

考虑到石油库的易燃和可燃液体在储运及装卸作业中对大气的环境污染以及可能产生渗漏、污水排放等对地下水源的污染,所以本条规定了石油库库址应符合环境保护的要求。

4.0.2 由于过去有些企业未经城市规划的同意,在企业内部任意扩大库容或新建油库,因不注意防火,发生重大火灾,不但损失严重,而且危及相邻企业和居住区的安全。为此本条规定了企业附属石油库,应结合该企业主体工程统一考虑,并应符合城镇或工业规划、环境保护与防火安全的要求。

4.0.3 本条从地质条件方面规定了不适合石油库选址的地区,主要是考虑在这类地质不良、条件不好的地区建库发生地质灾害的可能性大,对油库的安全威胁大,应避免。

4.0.4 在地震烈度 9 度及以上的地区不得建造一、二、三级石油库的规定,主要是考虑在这类地区建库如发生强烈地震,储罐破裂的可能性大,对附近工矿企业的安全威胁大,经济损失严重。

4.0.8 现行国家标准《防洪标准》GB 50201—1994 中第 4.0.1条,关于工矿企业的等级和防洪标准是这样规定的:大型规模工矿企业的防洪标准(重现期)为 50 年~100 年,中型规模工矿企业的防洪标准(重现期)为 20 年~50 年,小型规模的工矿企业的防洪标准(重现期)为 10 年~20 年。因此,本条规定一级石油库防洪标准应按重现期不小于 100 年设计,二、三级石油库防洪标准应按

重现期不小于 50 年设计,四、五级石油库防洪标准应按重现期不小于 25 年设计。

4.0.10 为了减少石油库与库外居住区、公共建筑物、工矿企业、交通线在火灾事故中的相互影响,防止油气扩散损害人身健康,节约用地等,本条对石油库与库外居住区、公共建筑物、工矿企业、交通线的安全距离作了规定。表 4.0.10 中所列安全距离与本规范2002 年版的相关规定基本相同。多年的石油库建设与运营实践经验表明,本规范制订的石油库与库外居住区、公共建筑物、工矿企业、交通线的安全距离能够满足安全需要。对表 4.0.10 说明如下:

(1)不同的火灾危险类别和不同的储存规模,其风险也会有所不同。因此,表 4.0.10 对不同性质和规模的设施予以区别对待。其中,序号 1 所列设施火灾风险最大,故对其安全距离要求也最大;序号 3 所列设施火灾风险最小,故对其安全距离要求也最小。

(2)居住区的规模有大有小,当居住区规模小到一定程度,其与石油库的相互影响就很有限了,所以制订了各级石油库与小规模居住区之间的安全距离可以折减的规定。

(3)石油库与工矿企业的安全距离,因各企业生产特点和火灾危险性千差万别,不可能分别规定。本条所作规定,与同级国家标准对比协调,大致相同或相近。

(4)采用油气回收装置的液体装卸区,装车(船)作业时基本没有油气排放,相对无油气回收装置的液体装卸区安全性得到改善,安全距离有所减少是合理可行的。

4.0.11 对于石油库与架空通信线路和架空电力线路的安全距离,主要是考虑倒杆事故影响。据 15 次倒杆事故统计,倒杆后偏移距离在 1m 以内的 6 起,偏移距离在 2m~3m 的 4 起,偏移距离为半杆高的 2 起,偏移距离为一杆高的 2 起,偏移距离大于一倍半杆高的 1 起。故规定石油库与架空通信线路的安全距离不应小于"1.5 倍杆(塔)高"。

4.0.12 对于石油库与爆破作业场地安全距离,主要考虑因素是爆破石块飞行的距离。

4.0.15 对本条各款说明如下:

1 本款是按照一级石油库的甲 B、乙类液体地上罐组与工矿企业的安全距离,确定两个石油库的相邻大型储罐最小间距的。

2 因为两个相邻石油库储存、输送的油品均为易燃或可燃液体,性质相同或相近,且各自均有独立的消防系统,经过专门的消防培训,故当两个石油库相邻建设时,它们之间的安全距离可比石油库与工矿企业的安全距离适当减小。"两个石油库其他相邻储罐之间的安全距离不应小于相邻储罐中较大罐直径的 1.5 倍"的规定,是根据本规范第 12.2.7 条第 1 款的规定制订的。

3 "两个石油库除储罐之外的建(构)筑物、设施之间的安全距离应按本规范表 5.1.3 的规定增加 50%"是可行的。这样做可减少不必要的占地,为石油库选址提供有利条件。

4.0.16 本条部分参考了现行国家标准《建筑设计防火规范》GB 50016—2006 及原来小型石油库设计规范,并作了适当补充。

5 库区布置

5.1 总平面布置

5.1.1 石油库内各种建(构)筑物和设施的火灾危险程度、散发油气量的多少、生产操作的方式等差别较大,有必要按生产操作、火灾危险程度、经营管理等特点进行分区布置。把特殊的区域加以隔离,限制一定人员的出入,有利于安全管理,并便于采取有效的消防措施。

5.1.2 石油库建(构)筑物的面积都不大,在符合生产使用和安全条件下,将石油库行政管理区和辅助作业区内使用性质相近的建(构)筑物合并建造,既可减少油库用地、节约投资,又便于生产操作和管理,这是石油库总图设计的一个主要原则。

5.1.3 石油库内各建(构)筑物、设施之间防火距离的确定,主要是考虑到发生火灾时,它们之间的相互影响及所造成的损失大小。石油库内经常散发有害气体的储罐和铁路、公路、水运等易燃、可燃液体装卸设施同其他建(构)筑物之间的距离应该大些。

(1)储罐与其他建(构)筑物、设施之间的防火距离的确定:

1)确定防火距离的原则:

①避免或减少发生火灾的可能性。火灾的发生必须具备可燃物质、空气和火源等三个条件。因此,散发可燃气体的储罐与明火的距离应大于在正常生产情况下可燃气体扩散所能达到的最大距离。

②尽量减少火灾可能造成的影响和损失。对于散发可燃气体、容易着火、一经着火即不易扑灭且影响油库生产的建(构)筑物,其与储罐的距离应大些,其他的可以小些。

③按储罐容量及易燃和可燃危险性的大小规定不同的防火距离。

④在相互不影响的情况下,尽量缩小建(构)筑物、设施之间的防火距离。

⑤在确定防火距离时,应考虑操作安全和管理方便。

2)储罐火灾情况:

根据调查材料统计,大部分火灾是由明火引起的,而以外来明火引起的较多。如易燃和可燃液体经排水沟流至库外水沟,库外点火,火势回窜引起火灾。这种情况以商业库为多,其他原因则有雷击、静电等引发的火灾。

3)储罐散发可燃气体的扩散距离:

①清洗储罐时可燃气体扩散的水平距离,一般为18m~30m。

②储罐进油时排放的油气扩散范围:水平距离约11m;垂直距离约1.3m。

4)储罐的火灾特点:

①储罐火灾概率低;

②起火原因多为操作、管理不当;

③如有防火堤,其影响范围可以控制。

5)储罐与各建(构)筑物的防火距离:

决定易燃和可燃液体储罐与各建(构)筑物、设施的防火距离,首先应考虑储罐扩散的可燃气体不被明火引燃,以及储罐失火后不致影响其他建(构)筑物和设施。英国石油学会《销售安全规范》规定,易燃、可燃液体与明火和散发火花的建(构)筑物距离为15m。日本丸善石油公司的油库管理手册,是以储罐内油品的静止状态和使用状态分别规定储罐区内动火的安全距离,其最大距离为20m。储罐着火后对附近建(构)筑物和设施的影响,扑灭火灾的难易,随罐容的大小,储罐的型式及所储液体性质的不同而有所区别。为了适应新的安全需要,更好体现以人为本的原则,本次修订相对2002年版适当增加了储罐与办公用房、中心控制室、宿舍、食堂等人员集中场所和露天变配电所变压器、柴油发电机间、

消防车库、消防泵房等重要设施的防火间距。

①储罐与易燃和可燃液体泵房(泵)的距离。储罐与易燃和可燃液体泵房(泵)的距离,主要考虑储罐着火时对易燃和可燃液体泵房(泵)的影响,防止泵损坏,影响生产。泵房内没有明火,对储罐影响很小。从泵的操作需要考虑,应减少泵吸入管道的摩阻损失,保证两者之间的距离尽可能小。

②储罐与灌桶间、汽车罐车装卸设施、铁路罐车装卸设施的距离。三者任一处发生火灾,火势都较易控制,对储罐的影响不大,但应考虑储罐着火后对它们的影响,故其距离较储罐与易燃和可燃液体泵房(泵)之间的距离要适当增大些。

③储罐与液体装卸码头的距离。储罐或油船着火后,彼此之间影响较大,油船着火后往往更难以扑灭,影响范围更大。油码头所临水域,来往船只较多,明火不易控制,故储罐与码头的距离应适当加大。

④储罐与桶装液体库房、隔油池的距离。桶装油品库房着火概率较小,但库房或油桶一经着火难以扑灭,影响范围也很大,故应与灌桶间等同对待。隔油池(特别是无盖的隔油池)着火概率较桶装液体库房要大,隔油池的容量越大,着火后的火焰影响范围越大,故大于150m³的隔油池与储罐的距离应较桶装液体库房与储罐的距离要大。

⑤储罐与消防泵房、消防车库的距离。消防泵房和消防车库为石油库中的主要消防设施,一旦储罐发生火灾,消防泵和消防车应立即发挥作用且不受火灾威胁。它们与储罐的距离应保证储罐发生火灾时不影响其运转和出车,且储罐散发的油气不致蔓延到消防泵房和消防车库。

⑥储罐与有明火或散发火花的地点的距离。主要考虑油气不致蔓延到有明火或散发火花的地点引起爆炸或燃烧,也考虑明火设施产生的飞火,不致落到储罐附近。

(2)其他各种建(筑)物、设施之间的防火距离的确定:

1)油气扩散的情况。

①据英国有关资料介绍,装车时的油气扩散范围不大,在7.6m以外可安装非防爆电气设备。

②向油船装汽油,当泵流量为250m³/h,在人孔下风侧6.1m处测得油气。

2)从上述情况看,装车、装船和灌桶作业时,油气扩散的范围不大,考虑到建(构)筑物之间车辆运行、操作要求,以及建(构)筑物着火时相互之间的影响,灭火操作的要求等因素,相互间应有适当的距离。

(3)Ⅰ、Ⅱ级毒性液体与库内其他设施的距离的确定:

Ⅰ、Ⅱ级毒性液体通常不仅是易燃、可燃液体,也是具有极度或高度毒性的液体,在防护上不但要有防火要求,也要有安全卫生防护要求,而卫生防护距离一般要比防火距离大,故规定"Ⅰ、Ⅱ级毒性液体的储罐、设备和设施与石油库内其他建(构)筑物、设施之间的防火距离,应按相应火灾危险性类别在本表规定的基础上增加30%"。

(4)表中的宿舍包括员工宿舍、消防人员宿舍、武警营房等。

5.1.5 储罐地上露天设置具有施工速度快、施工方便、土方工程量小的特点,因而可以降低工程造价。另外,与之相配套的管道、泵站等也便于建成地上式,从而也降低了配套建设费,管理也较方便。但由于地上储罐目标暴露、防护能力差,受温度影响的呼吸损耗大,故允许位于山区和丘陵地区或有战略储备等特殊要求的油库储罐采用覆土等非露天方式设置。对于采用罐室方式设置的甲B和乙类液体的卧式储罐,因其过去发生的着火爆炸事故较多,故予以限制。

5.1.6 本条限制储罐区的储罐总容量,这样规定是为了避免储罐过于密集布置,适当降低储罐区火灾事故风险。

5.1.7 本条加大了相邻储罐区储罐之间的防火距离,这样规定是为了避免储罐过于密集布置,适当降低储罐区火灾事故风险。

5.1.8 本条加大了相邻罐组储罐之间的防火距离,这样规定是为了避免储罐过于密集布置,适当降低储罐区火灾事故风险。

5.1.10 铁路装卸区布置在石油库的边缘地带,不致因铁路罐车进出而影响其他各区的操作管理,也减少铁路与库区道路的交叉,有利于安全和消防。

铁路线如与石油库出入口处的道路相交叉,常因铁路调车作业影响石油库正常车辆出入,平时也易发生事故,尤其在发生火灾时,还可能妨碍外来救援车辆的顺利通过。

5.1.11 石油库的公路装卸区是外来人员和车辆往来较多的区域,将该区布置在面向公路的一侧,设单独的出入口,方便出入。若设置围墙与其他各区隔开,可避免外来人员和车辆进入其他各区,更有利于油库安全管理。

5.2 库区道路

5.2.1 石油库内的储罐区是火灾危险性最大的场所,储罐区设环行消防车道,有利于消防作业。有回车场的尽头式道路,车辆行驶及调动均不如环行道路灵活,且尽头式道路只有一个对外路口,不方便消防车进出,一般不宜采用。在山区的储罐区和小型石油库的储罐区火灾风险相对较小,因地形或面积的限制,建环行消防车道确有困难时,允许设置有回车场的尽头式消防车道是可行的。

5.2.3 "储罐至少应与1条消防车道相邻"是指,在储罐与消防车道之间无其他储罐。

5.2.4 铁路装卸区着火的概率虽小,着火后也较易扑灭,但仍需要及时扑救,故规定应设消防车道,并宜与库内道路相连形成环行道路,以利于消防车的通行和调动。考虑到有些石油库受地形或面积的限制,故本条规定也隐含着允许设有回车场的尽头式消防车道。

5.2.11 石油库的出入口如只有1个,在发生事故或进行维护时就可能阻碍交通。尤其是当库内发生火灾时,外界支援的消防车、救护车、消防器材及人员的进出较多,设置2个出入口就比较方便。石油库通向库外道路的车辆出入口,包括行政管理区和公路装卸区直接对外的车辆出入口。

5.3 竖向布置及其他

5.3.1 本条规定了沿海等地段石油库库区场地最低设计标准。我国沿海各港因潮型和潮差特点不同,南方港口遭受台风壅水程度差异较大,南方港口特别是汕头、珠江、湛江和海南岛地区直接遭受台风,壅水增高显著,壅水高度在设计水位以上约1.5m~2.0m,而北方沿海港口受台风风力影响较弱,壅水高度较弱。一般壅水高度在设计水位以上1.0m左右,不超过1.3m。因此,库区场地的最低设计标高要结合当地情况,综合考虑防洪、防潮、防浪及防内涝等因素来确定。

可靠的防洪排涝措施,指设置了满足防洪标准设防要求的防洪堤、防浪堤、截(排)洪沟、强排设施等。

5.3.2 行政管理区、消防泵房、专用消防站、总变电所是保证石油库安全运转的重要设施,规定其位于地势相对较高的场地处,是为了保证储罐等储存易燃、可燃液体的设施发生火灾时能够自保并具备扑救的能力和条件,避免可能发生的流淌火灾的威胁。

5.3.3 对本条各款说明如下:

1 石油库应尽可能与一般火种隔绝,禁止无关人员进入库内,建造一定高度的围墙有利于安全管理,特别是实体围墙对防火更有好处。根据多年的实际经验,石油库的界区围墙高度不低于2.5m比较合理。企业附属石油库与本企业毗邻的一侧的安全问题能够受本企业自身的管理与控制,故允许其毗邻一侧的围墙高度不低于1.8m。

2 由于建在山区的石油库占地面积较大,地形复杂,四周都要求建实体围墙的难度较大,且无必要,故允许"可只在漏油可能流经处的低洼处设置实体围墙,在地势较高处可设镀锌铁丝网等

非实体围墙"。但对于装卸区、行政管理区等有条件的部位最好还是设置实体围墙,以尽可能地有利于安全与管理。

4 本款规定"行政管理区与储罐区、易燃和可燃液体装卸区之间应设置围墙",主要目的是防止和减少外来人员进入或通过生产作业区,以有利于安全和管理。规定其"围墙下部0.5m高度以下范围内应为实体墙"是为了阻止漏油漫延到行政管理区。

5 要求"围墙实体部分的下部不应留有孔洞"是阻止漏油流出库区的最后一道措施。

5.3.4 石油库内进行绿化,可以美化和改善库内环境。油性大的树种易燃烧,与易燃和可燃液体设备需保持一定距离。防火堤内如植树,万一着火对储罐威胁较大,也不利于消防,故规定不应植树。

6 储罐区

6.1 地上储罐

6.1.1 钢制储罐与非金属储罐比较具有防火性能好、造价低、施工快、防渗防漏好、检修容易等优点,故要求地上储罐采用钢制储罐。

6.1.2 沸点低于45℃或在37.8℃时的饱和蒸气压大于88kPa的甲B类液体在常温常压下极易挥发,所以需要采用压力储罐、低压储罐或低温常压储罐来抑制其挥发。对本条第1款、第2款具体要求说明如下:

1 用压力储罐或低压储罐储存甲B类液体,罐内易燃气体浓度较高,要求"防止空气进入罐"是为了消除储罐爆炸危险,常见的措施是向储罐内充氮,保持储罐在一定正压范围内;要求"密闭回收处理罐内排出的气体"是为了避免有害气体污染大气环境。

2 对沸点小于45℃或在37.8℃时的饱和蒸气压大于88kPa的甲B类液体,采取低温储存方式也是一种可以抑制其挥发的有效措施。"控制储存温度使液体蒸气压不大于88kPa"可避免沸腾性挥发,但仍有较强的挥发性,所以要求"选用内浮顶储罐"来抑制其挥发。"控制储存温度低于液体闪点5℃及以下",气体挥发量就很少了,基本处于安全区域。要求"设置氮封保护系统",是为了防止控制措施不到位或失效的安全保护措施。

6.1.3 对本条规定说明如下:

储存沸点大于或等于45℃或在37.8℃时的饱和蒸气压不大于88kPa的甲B、乙A类液体可以常温常压下储存,但仍有较强的挥发性,所以规定"应选用外浮顶储罐或内浮顶储罐"来抑制其挥发。采用外浮顶或内浮顶储罐储存甲B类和乙A类易燃液体

可以减少易燃液体蒸发损耗90%以上，从而减少烃类气体对空气的污染，还减少了空气对物料的氧化，保证物料质量，此外对保证安全也非常有利。

有些甲B、乙A类液体化工品有防聚合等特殊储存需要，不适宜采用内浮顶储罐。因此，本条规定允许这些甲B、乙A类液体化工品选用固定顶储罐、低压储罐和容量小于或等于50m³的卧式储罐，但应采取氮封、密闭回收处理罐内排出的气体、控制储存温度低于液体闪点5℃及以下等必要的安全保护措施。

6.1.4 甲B类和乙A类油品是易挥发性液体，选用外浮顶储罐或内浮顶储罐可以抑制其挥发。本条的"成品油"不包括在37.8℃时的饱和蒸气压大于或等于88kPa的轻石脑油。

为保证3号喷气燃料的质量，机场油库3号喷气燃料储罐内需安装浮动发油装置，从油位上部发油，安装了浮动发油装置的3号喷气燃料储罐采用内浮顶罐有诸多不便。根据中国航空油料集团提供的实测数据，全国绝大多数民用机场油库3号喷气燃料储罐最高储存温度低于油品闪点5℃以下，罐内油气浓度达不到爆炸下限（1.1%V），基本处于安全状态，在这种情况下，3号喷气燃料采用固定顶储罐是可行的。机场油库如采用固定顶储罐，则在采购3号喷气燃料时，应要求闪点指标高于机场所在地油品的最高储存温度5℃及以上。由于全国各地机场气温差异较大，如不能保证最高储存温度低于油品闪点5℃及以下，为了安全，还应采用内浮顶罐。

6.1.5 乙B类和丙类液体危险性较低，可以根据实际需要任意选用外浮顶储罐、内浮顶储罐、固定顶储罐和卧式储罐。

6.1.6 钢制单盘式或双盘式浮顶结构强度高、密封效果好、耐火性能强，外浮顶储罐一般都是大型储罐，因此，为安全起见，本条规定"外浮顶储罐应选用钢制单盘式或双盘式浮顶"。

6.1.7 对本条各款规定说明如下：

1 非金属内浮顶，浅盘式或敞口隔舱式内浮顶安全性能差，故限制其使用。

2 甲B、乙A类液体火灾危险性较大，所发生的储罐火灾事故绝大多数也是这类液体储罐，加强其安全可靠性是必要的；目前广泛采用的组装式铝质内浮顶属于"用易熔材料制作的内浮顶"，其安全性相对钢质内浮顶要差，储罐一旦发生火灾，容易形成储罐全截面积着火，且直径越大越难以扑救，造成的火灾损失也越大，所以本款对直径大于40m的储存甲B、乙A类液体的内浮顶储罐，限制其使用"用易熔材料制作的内浮顶"是必要的。储存Ⅰ、Ⅱ级毒性的液体的储罐一旦发生火灾事故，将造成比油品储罐火灾更严重的危害，故对储存Ⅰ级和Ⅱ级毒性的甲B、乙A类液体储罐应有更高的要求。

3 根据现行国家标准《泡沫灭火系统设计规范》GB 50151—2010第4.4.1条的规定，采用钢制单盘式或双盘式的内浮顶储罐，泡沫的保护面积应按罐壁与泡沫堰板间的环形面积确定；其他内浮顶储罐应按固定顶储罐对待（即泡沫需要覆盖全部液面）。安装在储罐罐壁上的泡沫发生器发生的泡沫最大流淌长度为25m，为保证泡沫能有效覆盖保护面积，故规定"直径大于48m的内浮顶储罐，应选用钢制单盘式或双盘式内浮顶"。

4 "新结构内浮顶"是指国家或行业标准没有对其进行技术要求的内浮顶。

6.1.8 限制储存Ⅰ、Ⅱ级毒性的甲B、乙A类液体储罐容量是为了降低其事故危害性，氮封保护系统可有效防止储罐发生爆炸起火事故，进一步加强有毒液体储罐的安全可靠性。常见易燃和可燃有毒液体毒性程度举例见表2。

表2 常见易燃和可燃有毒液体毒性程度举例

序号	名称	英文名称	分子式	毒性程度	闪点（℃）
1	乙撑亚胺（乙烯胺）	Ethylenimine	NHCH₂CH₂	极（Ⅰ）	−11.11
2	氯乙烯	Vinyl chloride	CH₂CHCl	极（Ⅰ）	−78 沸点−13.4

续表2

序号	名称	英文名称	分子式	毒性程度	闪点（℃）
3	羰基镍	Nickel carbonyl	Ni(CO)₄	极（Ⅰ）	−18
4	四乙基铅	Tetraethyl lead	Pb(C₂H₅)₄	极（Ⅰ）	80
5	氰化氢（氢氰酸）	Hydrogen cyanide	HCN	极（Ⅰ）	−17.78 沸点25.7
6	苯	Benzene	C₆H₆	高（Ⅱ）	−11
7	丙烯腈	Acrylonitrile	CH₂＝CH—CN	高（Ⅱ）	−1.11
8	丙烯醛	Acrolein	CH₂＝CHCHO	高（Ⅱ）	−26
9	甲醛	Formaldehyde	HCHO	高（Ⅱ）	沸点−19.44
10	甲酸（蚁酸）	Formic acid	HCOOH	高（Ⅱ）	68.89
11	苯胺	Aniline	C₆H₅NH₂	高（Ⅱ）	70
12	环氧乙烷	Ethylene oxide	H₂C—CH₂（O）	高（Ⅱ）	<−17.78
13	环氧氯丙烷	Epichlorohydrin	H₂C—CHCH₂Cl（O）	高（Ⅱ）	32.22
14	氯乙醇	Ehtylene chlorohydrine	CH₂ClCH₂OH	高（Ⅱ）	60
15	丙烯醇	Allylalcohol	CH₂＝CHCH₂OH	中（Ⅲ）	21.11
16	乙胺	Ethylamine	C₂H₅NH₂	中（Ⅲ）	<−17.78
17	乙硫醇	Ethyl mercaptan	CH₃CH₂SH	中（Ⅲ）	<−26.67
18	乙腈（甲基腈）	Acetonitrile	CH₃CN	中（Ⅲ）	<6

续表2

序号	名称	英文名称	分子式	毒性程度	闪点（℃）
19	乙酸（醋酸）	Ethanoic acid	CH₃COOH	中（Ⅲ）	42.78
20	2.6-二乙基苯胺	2.6-Diethylaniline	C₆H₅N(C₂H₅)₂	中（Ⅲ）	<−17.78
21	1,1-二氯乙烯	1,1-Dichloroethylene	CH₂CCl₂	中（Ⅲ）	−15
22	1,2-二氯乙烷	1,2-Dichloroethane	(CH₂Cl)₂	中（Ⅲ）	13
23	丁胺	Buthylamine	C₄H₉NH₂	中（Ⅲ）	−12.22
24	丁烯醛	Crotonaldehyde	CH₃CHCHCHO	中（Ⅲ）	12.78
25	1,1,2-三氯乙烷	Trichloroethane	CH₂ClCHCl₂	中（Ⅲ）	沸点114
26	1,1,2-三氯乙烯	Trichloroethylene	CHClCCl₂	中（Ⅲ）	沸点87.1
27	甲硫醇	Methyl mercaptan	CH₃SH	中（Ⅲ）	−17.78
28	甲醇	Methanol	CH₃OH	中（Ⅲ）	7
29	苯酚	Phenol	C₆H₅OH	中（Ⅲ）	79.5
30	苯醛	Benzaldehyde	C₆H₅CHO	中（Ⅲ）	64.44
31	苯乙烯	Styrene	C₆H₅CH＝CH₂	中（Ⅲ）	31.1
32	硝基苯	Nitrobenzene	C₆H₅NO₂	中（Ⅲ）	87.8
33	丁烯醛	Crotonaldehyde	CH₃CHCHCHO	中（Ⅲ）	12.78
34	氨	Ammonia	NH₃	中（Ⅲ）	沸点−33
35	甲苯	Toluene	CH₃C₆H₅	中（Ⅲ）	4.44

续表2

序号	名称	英文名称	分子式	毒性程度	闪点(℃)
36	对二甲苯	p-Xylene	$1,4-C_6H_4(CH_3)_2$	中(Ⅲ)	25
37	邻二甲苯	o-Xylene	$1,2-C_6H_4(CH_3)_2$	中(Ⅲ)	17
38	间二甲苯	m-Xylene	$1,3-C_6H_4(CH_3)_2$	中(Ⅲ)	25
39	丙酮	Acetone	C_3H_6O	低(Ⅳ)	-20
40	溶剂汽油	solvent gasolines	$C_5H_{12}\sim C_{12}H_{26}$	低(Ⅳ)	-50

注:序号1~34摘自现行行业标准《压力容器中化学介质毒性危害和爆炸危险程度分类》HG 20660—2000,序号35~40摘自现行行业标准《石油化工有毒、可燃介质钢制管道工程施工及验收规范》SH 3501—2011。

6.1.10 对本条各款说明如下:

1 甲B类、乙类和丙A类液体储罐布置在同一个防火堤内,有利于储罐之间相互调配和统一考虑消防设施,既可节省输油管道和消防管道,也便于管理。而丙B类液体基本都是燃料油和润滑油,相对于甲B类、乙类和丙A类液体黏度较大,火灾危险性较小,在消防要求上也不同(见本规范第12.1.4条、第12.1.5条),故不宜布置在一个储罐组内。

2 沸溢性油品在发生火灾等事故时容易从储罐中溢出,导致火灾流散,影响非沸溢性油品安全,故规定沸溢性油品储罐不应与非沸溢性油品储罐布置在同一储罐组内。

3 地上储罐与卧式储罐的罐底标高、管道标高等各不相同,消防要求也不相同,布置在同一储罐组内对操作、管理、设计和施工等均有不便。故地上储罐不宜与卧式储罐布置在同一储罐组内。

4 本款规定目的是降低其他储罐火灾事故时,对Ⅰ、Ⅱ级毒性的易燃和可燃液体储罐的影响。

6.1.12 一个储罐组内储罐数量越多,发生火灾事故的机会就越多,单体储罐容量越大,火灾损失及危害就越大,为了控制一定的火灾范围和火灾损失,故根据储罐容量大小规定了最多储罐数量。由于丙B类油品储罐不易发生火灾,而储罐容量小于1000m³时,发生火灾容易扑救,故对这两种情况不加限制。

6.1.13 储罐布置不允许超过两排,主要是考虑储罐失火时便于扑救。如果布置超过两排,当中间一排储罐发生火灾时,因四周都有储罐会给扑救工作带来一些困难,也可能会导致火灾的扩大。

储存丙B类油品的储罐(尤其是储存润滑油的储罐),发生火灾事故的概率极小,至今没有发生过着火事故。所以规定这种储罐可以布置成四排,这样有利于节约用地和投资。

6.1.15 储罐间距是关于储罐区安全的一个重要因素,也是影响油库占地面积的一个重要因素。节约用地是我国的基本国策之一,因此在保证操作方便和生产安全的前提下应尽量减少储罐间距,以达到减少占地和减少工程投资的目的。本条关于储罐间距的规定,是参照国外标准,并根据火灾模拟计算和实践经验制订的。具体说明如下:

(1)国外相关标准的规定:

1)美国国家防火协会安全防火标准《易燃和可燃液体规范》(NFPA30 2003版)规定:直径大于150英尺(45m)的浮顶储罐间距取相邻罐径之和的1/4(对同规格储罐即为0.5D)。浮顶罐一般不需采取保护措施(指固定式消防冷却保护系统和固定泡沫灭火系统)。

2)英国石油学会《石油工业安全操作标准规范》第二部分《销售安全规范》(第三版)关于储存闪点低于21℃的油品和储存温度高于油品闪点的浮顶储罐的间距是这样规定的:对直径小于或等于45m的罐,建议罐间距为10m;对直径大于45m的罐,建议罐间距为15m。该规范要求,浮顶储罐灭火采用移动式泡沫灭火系统和移动式消防冷却水系统。

3)法国石油企业安全委员会编制的石油库管理规则关于储存闪点低于55℃的油品浮顶储罐的间距是这样规定的:两座浮顶储罐中,其中一座的直径大于40m时,最小间距可为20m。

4)日本东京消防厅1976年颁布的消防法规,关于闪点低于70℃的危险品储罐的间距是这样规定的:取最大直径和最大高度中的较大值。储罐可不设固定式消防冷却水系统。

与国外大多数规范比较,我们规定的储罐间距是适中的。

(2)火灾模拟计算:

为了解着火储罐火焰辐射热对邻近罐的影响,我们运用国际上比较权威的DNV Technical公司的安全计算软件(PHAST Professional 5.2版),对储罐火灾辐射热影响做模拟计算,计算结果见下表3。

表3 储罐不同距离处辐射热计算表

序号	罐容积 V(m³)	罐径 D(m)	罐高 H(m)	L=0.4D L(m)	L=0.4D R(kW/m²)	L=0.6D L(m)	L=0.6D R(kW/m²)	L=0.75D L(m)	L=0.75D R(kW/m²)	L=1.0D L(m)	L=1.0D R(kW/m²)	L=20m L(m)	L=20m R(kW/m²)
1	100000	80	20	32	6.05	48	5.51	60	3.64	80	2.57	20	7.685
2	50000	60	20	24	6.38	36	4.85	45	3.97	60	2.33	20	7.044
3	10000	28	17	11.2	8.72	16.8	6.74	21	5.70	28	4.28	20	5.944
4	5000	20	16	8	11.76	12	9.26	15	7.45	20	5.94	20	5.308
5	5000	—	—	—	—	—	—	—	—	—	—	22.86*	4.92*
6	1000	10	12	4.4	20.25	6.6	17.25	8.25	14.23	11	11.69	20	4.751
7	100			10	39.68		31.74	3.75	20.47			20	7.363
8	100									5.42*	12.8*		

注:1 表中的火灾辐射热强度是按储罐发生全面积火灾计算出来的。
2 带*号数据为天津消防科研所的火灾试验实测数据。
3 L为储罐间距。

根据国外资料,易燃和可燃液体储罐可以长时间承受的火焰辐射热强度是24kW/m²。表3中的绝大多数储罐,即使发生全液面火灾,其0.4D远处的火焰辐射热强度也小于24kW/m²;表3中的罐容积3000m³及以上储罐,如果是固定顶罐或浮盘用易熔材料制作的内浮顶罐,着火罐的邻近罐需采取冷却措施。因此,本条关于储罐之间防火距离的规定是合理的。

(3)实践经验:

总结国内炼油厂和油库发生过的储罐火灾事故(非流淌火事故)案例可以发现,有固定顶储罐着火引燃临近固定顶储罐的案例(都是甲B、乙A类易燃液体),但没有外浮顶储罐和内浮顶储罐引燃临近浮顶罐和内浮顶罐的案例,也没有乙B类和丙类可燃液体储罐被邻近着火罐引燃的案例。这是因为外浮顶储罐和内浮顶储罐的浮盘直接浮在油面上,抑制了油气挥发,很少发生火灾,也不易被邻近的着火罐引燃;外浮顶储罐即使发生火灾,基本上只在浮盘周围密封圈处燃烧,比较易于扑灭,也不需冷却相邻储罐;乙B类和丙类可燃液体闪点较高,且一般远高于其储存温度,不易被引燃。因此,外浮顶罐和内浮顶罐可以比固定顶罐的罐间距小一些,丙类可燃液体储罐可以比甲B、乙类易燃液体储罐的罐间距小一些。

6.2 覆土立式油罐

6.2.2 覆土立式油罐多建于山区,交通不便,远离城市,借助外部消防力量较难,一旦着火爆炸扑救难度大。本条规定意在使覆土立式油罐相互隔离,目的是尽量避免一座储罐着火牵连相邻储罐。

6.2.3 本条第1款规定"当按相邻两罐罐室直径之和的1/2计算超过30m时,可取30m",是参照多数规范对易燃、可燃液体设备设施与有明火地点的防火距离一般为30m而规定的。

6.2.5 本条各款说明如下:

1 "采用密实性材料构筑"主要是指用现浇混凝土浇筑或混

凝土预制块砌筑。用这些材料构筑不仅墙体规整美观，而且能够达到良好的防水效果。

2 本款规定是为满足储罐制造、安装、使用和维修的基本空间要求。

5、6 此两款规定的目的是尽量利用罐室自身拦油，当储罐发生跑油或着火事故时，防备油品或流淌火灾很快漫出罐室，为紧急时刻采取口部封堵和外输等抢救措施留有一定的时间余地。这也是我国近十几年来在油库改、扩建中摸索出来的实践经验。不过，通道的口部也不是越高越好，设置高一点，固然对利用罐室自身拦油有利，但同时也带来了通道两侧墙体的加高加厚、土方量加大、外观比例失调，以及罐室自然通风困难和人员进出作业不便等问题。特别是部分地带建罐还要受到地形等条件的限制，实际操作很困难，势必还会造成外部道路等辅助工程投资的相对增高。因此，设计上不仅要满足规范的基本要求，还要根据地形等实际情况，经济合理地综合考虑其口部的设置高度。

6.2.6 设置事故外输管道的目的是在覆土立式油罐出现跑油事故时，能够及时将跑在罐室的油品外输，以避免油品自罐室出入通道口漫出或发生流淌火灾。

6.2.10 对于覆土立式油罐，为了预防油罐发生泄漏事故，罐室要有一定的封围作用，为紧急时刻采取口部封堵和外输等抢救措施留有一定的时间余地，本规范第6.2.5条规定了"罐室通道出入口高于罐室地坪不应小于2.0m"，还有的部门还规定罐室要满足半拦油或全拦油要求，这样由罐室引出的局部管道往往都敷设较深，有的甚至达到十几米。如果采用直埋方式，管线安全无保障，一旦出现渗漏或断裂，检修就会连同局部通道"开肠破肚"，不仅检修代价很高，而且动火更是难免的，不小心还会引发油罐火灾。因此，覆土立式油罐与罐区主管道连接的支管道敷设深度大于2.5m时，可采用非充沙封闭管沟方式敷设。

6.3 覆土卧式油罐

6.3.1 本条是参照国家现行行业标准《钢制常压储罐 第一部分：储存对水有污染的易燃和不易燃液体的埋地卧式圆筒形单层和双层储罐》AQ 3020制订的。

6.3.3 双层储罐从罐体材料上分，主要有双层钢罐、内钢外玻璃纤维增强塑料双层储罐和双层玻璃纤维增强塑料储罐。玻璃纤维增强塑料通常也称为玻璃钢。由于双层储罐有两层罐壁，在防止储罐渗（泄）漏方面具有双保险作用，无论是内层罐发生渗漏还是外层罐发生渗漏，都能从贯通间隙内发现渗漏，如果设置渗漏在线监测系统，还能及时发现渗漏，从而可有效地防止渗漏液体进入环境。因此，采用双层储罐是最理想的防渗措施，已成为各国加油站等地下储罐的主推产品。由于双层储罐一般都在工厂制作，受运输条件限制，单罐容量很难做到超过50m³，故本规范允许单罐容量大于50m³的覆土卧式油罐采用单层钢储罐设置防渗罐池方式，单罐容量大于100m³的和既有单层覆土卧式油罐的防渗采用储罐内衬防渗层的方式。

6.4 储罐附件

6.4.4 储罐通向大气的通气管上装设呼吸阀是为了减少储罐排气量，进而减少油气损耗。储存丙类液体的储罐因呼吸耗损很小，故可以不设呼吸阀。

6.4.7 本条所列储罐，其气相空间有可能存在爆炸性气体，所以规定这些储罐"通气管上必须装设阻火器"。

6.4.8 覆土立式油罐引出罐室外的通气管管口太低会影响油气扩散，太高容易引发雷击，根据多年的实践经验，管口高出覆土面1.0m～1.5m比较合适。

6.4.9 甲B类、乙、丙类液体的进液管从储罐上部进入储罐，如不采取有效措施，就会使液体喷溅，这样除增加液体大呼吸损耗外，同

时还增加了液体因摩擦产生大量静电，达到一定电位，就会在气相空间放电而引发爆炸的危险。当工艺安装需要从上部接入时，就应将其延伸到储罐下部，使出油口浸没在液面以下。丙B类液体采取沿罐壁导流进罐的方式，也是一种可选择的非喷溅方式。

6.4.11 本条要求采取的措施可以改善工作环境，避免有毒气体损害操作人员健康。

6.5 防火堤

6.5.1 地上储罐进料时冒罐或储罐发生爆炸破裂事故，液体会流出储罐外，如果没有防火堤，液体就会到处流淌，如果发生火灾还会形成大面积流淌火。为避免此类事故，特规定地上储罐应设防火堤。对防火堤内有效容量的规定，主要考虑下述各种类型储罐发生泄漏的可能性：

（1）装满半罐以上油品的固定顶储罐如果发生爆炸，大部分只是炸开罐顶。如1981年上海某厂一个固定顶储罐在满罐时爆炸，只把罐顶炸开2m长的一个裂口；1978年大连某厂一个固定顶储罐爆炸，也是罐顶被炸开，油品未流出储罐。

（2）固定顶储罐低液位时发生爆炸，有的将罐底炸裂，如2008年内蒙某煤液化厂一个污油储罐发生爆炸起火事故，事故时罐内油位不到2m，爆炸把罐底撕开两个200mm～300mm的裂口。

（3）火灾案例显示，内浮顶储罐如果发生爆炸，无论液位高低均只是炸开罐顶。如2009年上海某厂一个5000m³内浮顶罐发生爆炸时，罐内液位只有5m～6m，爆炸把罐顶掀开约1/4，罐底未破裂。2007年镇海某厂一个5000m³内浮顶罐爆炸，当时罐内液位在2/3高度处，也是罐顶被炸开，罐底未破裂。

（4）对于外浮顶储罐，因为是敞口形式，不易发生整体爆炸。即使爆炸，也只是发生在密封圈局部处，不会炸破储罐下部，所以油品流出储罐的可能性很小。

（5）储罐冒罐或漏失的液体量都不会大于一个罐的容量。

为防范储罐在特殊情况下破裂，造成满罐液体全部流出这种极端事故，参照国外标准，本条规定防火堤内有效容量不应小于最大储罐的容量。

6.5.3 防火堤内有效容积对应的防火堤高度刚好容易使油品漫溢，故防火堤实际高度应高出计算高度0.2m；规定"防火堤高于堤内设计地坪不应小于1.0m"，主要是防止防火堤内油品着火时用泡沫枪灭火易冲击造成喷洒。本次修订将防火堤的堤外高度提高至不超过3.2m，主要是针对受地形、场地等条件限制或标准限制，而堤内储罐数量少，单罐容量又很大的情况提出的，目的是在满足消防车辆实施灭火的前提下，尽量节约用地。最低高度限制主要是为了防范泡沫喷洒，故从防火堤内侧设计地坪起算；最高高度限制主要是为了方便消防操作，故从防火堤外侧地坪或消防道路路面起算。

6.5.5 本条规定的防火堤耐火极限是考虑了火灾持续时间和设计方便等因素确定的，根据现行国家标准《建筑设计防火规范》GB 50016—2006的有关规定，结构厚度为240mm的普通黏土砖、钢筋混凝土等实体墙的耐火极限即可达到5.5h。只要防火堤自身结构能满足此要求，不需要再采取在堤内侧培土或喷涂隔热防火涂料等保护措施。

6.5.6 管道穿越防火堤需要保证严密，以防事故状态下易燃和可燃液体到处散流。防火堤内雨水可以排出堤外，但事故溢出的易燃和可燃液体不可以排走，故要采取排水控制措施。可以采用安装有切断阀的排水井，也可采用自动排水阻油装置。

6.5.7 防火堤内人行台阶和坡道供工作人员和检修车辆进出防火堤之用。考虑平时工作方便和事故时及时逃生，故规定每一个隔堤区域内均应设置对外人行台阶或坡道，相邻台阶或坡道之间的距离不宜大于60m。

6.5.8 储罐在使用过程中冒罐、漏油等事故时有发生。为了把储罐事故控制在最小范围内，把一定数量的储罐用隔堤分开是非常

必要的。为了防止泄漏的水溶性液体、相互接触能起化学反应的液体或腐蚀性液体流入其他储罐附近而发生意外事故，故要求设置隔堤。沸溢性油品储罐在着火时容易溢出泡沫状的油品，为了限制其影响范围，不管储罐容量大小，规定其两个罐一隔。非沸溢性的丙B类液体储罐，着火的概率很小，即使着火也不易出现沸溢现象，故可不设隔堤。

7.0.7 对本条各款规定说明如下：

1 为保证特殊油品(如航空喷气燃料等)的质量，规定了专泵专用，且专设备用泵，不得与其他油品油泵共用。

2 连续输送同一种液体的泵是指生产装置或工厂开工周期内不能停用的泵，如长距离输油管道的输油泵，发电厂锅炉的供油泵等。这些油泵在发生故障时，如没有备用泵，则无法保证连续供油，必然造成各种事故或较大的经济损失。因此，规定连续输送同一种液体的泵宜设备用泵。

3 经常操作但不连续运转的泵，根据生产需要时开时停，作业时间长短不一，石油库的输油泵大多属于此类，如油品装卸和输转等作业所用的泵。这些油泵发生故障时，一般不致造成重大的损失，客观上也有一定检修时间，各种类型的油泵采用互为备用或共设一台备用油泵是可以满足生产需要的。

4 不经常操作的泵是指平时操作次数很少且不属于关键性生产的泵，如油泵房的排污泵，抽罐底残油的泵等。这种泵停运的时间比较长，有足够的时间进行检修，即使在运行时损坏，对生产影响也不大。

7.0.18 泵站可实行集中布置，但由于集中泵站造成管道多、阀门多、吸入阻力大等问题，许多油品装卸区将铁路罐车装卸栈桥或汽车罐车装卸站台当作泵棚，直接将泵分散布置在栈桥或站台下，以节省建站费用，同时减小了泵吸程，实践证明某些情况下是可行的。规定"泵基础顶面应高于周围地坪和可能出现的最大积水高度"，主要是为了防止下雨等积水浸泡装卸泵，增强安全可靠性。需要注意的是，设置在栈桥或站台下的泵要满足防爆、防雨和铁路装卸区安全限界的要求。

7 易燃和可燃液体泵站

7.0.1 20世纪80年代以前，对于铁路卸油由于没有其他方法解决卸车泵的吸上高度问题，在设计上往往都采用地下式或半地下式泵房，这样不仅增加了土方工程量，而且还要解决泵房地下部分的防排水问题，给建筑施工、设备安装、操作使用，特别是安全管理带来很多不便，同时也容易积聚油气，国内还曾发生过多起地下式或半地下式泵房的油气爆炸事故。近十几年来，随着带潜液泵式鹤管等技术的出现与应用，卸车泵的吸上高度问题已得到了解决，完全可以不建半地下式或地下式泵房，因此，推荐采用地上式泵站。从建筑形式看，地上泵房虽有利于设备安装、保养和操作，但相对于地上露天泵站或泵棚仍存在着建房、通风等方面的投资较高和油气容易积聚等不利问题；露天泵站造价低、设备简单、油气不容易积聚，但设备和操作人员易受环境气候影响；泵棚则介于泵房与露天泵站之间，应当说是一种较好的泵站形式。因此，建何种形式的泵站，要根据输送介质的特点、运行工况、当地气象条件以及管理等因素综合考虑确定。

7.0.2 对本条1、2款规定说明如下：

1 泵房和泵棚净空不应低于3.5m，主要考虑设备竖向布置和有利于有害气体扩散。

2 规定油泵房设2个向外开的门，主要是考虑发生火灾、爆炸事故时便于操作人员安全疏散。小于100m²的泵房，因面积较小，泵的台数少，发生事故的机会也少，进出路线较短，发生事故易于逃离，故允许只设1个外开门。

7.0.6 屏蔽泵和磁力泵均属于无泄漏泵，可有效防止有毒液体泄露。

8 易燃和可燃液体装卸设施

8.1 铁路罐车装卸设施

8.1.1 对本条各款规定说明如下：

1 按照运输量确定装卸线的车位数，是为了使装卸设施的能力与石油库的周转、储存能力相匹配，从而提高装卸设施的利用率，发挥其效益。

2 由于易燃和可燃液体装卸区属于爆炸和火灾危险场所，为了安全防火，送取罐车的机车采取推车进库、拉车出库的作业方式，即机车一般不需进入装卸区内。因此，无须将装卸线建成贯通式。

在调查中发现，有部分石油库将油品装卸线建成贯通式。虽然采取了安全防范措施，增加了严格的油品装卸安全规定和操作规程。但是，装卸设施工程和送取机车走行距离的增加，使石油库的建设资金和日常运营费用均有所增加。而且，油品装卸操作的复杂化，也增加了不安全因素。

3 罐车装卸线为平直线，既便于装卸栈桥的修建和工艺管道的敷设与维修，又便于罐车的安全停靠，防止溜车事故的发生，同时也有利于对罐车内的液体准确计量和装满卸空。

装卸线设在平直线上确有困难时，设在半径不小于600m的曲线上也能进行作业。但这样设置，由于车辆距栈桥的空隙较大，装卸作业不方便，同时，罐车列相邻的车钩中心线相互错开，车辆的摘挂作业也较困难。而且，也不便于装卸栈桥的修建和输油管道的敷设与维修。因此，只有万不得已的情况下，才允许设在曲线上。

如果装卸线直线段始端至栈桥第一鹤位的距离小于采用储罐

车长度的1/2时，由于第一鹤位的储罐车部分停在曲线上，不利于此储罐车的对位和插取鹤管操作。

4 每条油品装卸线的有效长度可按下式计算：

$$L = L_1 + L_2 + L_3 + L_4 \qquad (1)$$

式中：L——装卸线有效长度(m)；

L_1——机车至警冲标的距离(m)，取 $L_1 = 9m$；

L_2——机车长度(m)，取常用大型调车机车长度值为22m；

L_3——储罐车列的总长度(m)；

L_4——装卸线终端安全距离(m)，取 $L_4 = 20m$。

对于有一条以上装卸线的油库装卸区，机车在送取、摘挂罐车后，其前端至前方警冲标应留有供机车司机向前方及邻线瞭望的9m距离，以保证机车安全地退出。

终端车位钩中心线至装卸线车挡间20m的安全距离，是考虑在装卸过程中发生罐车着火时，为规避火罐车，将其后部的罐车后移所必需的安全距离。同时有此段缓冲距离，也利于罐车列的调车对位，以及避免发生罐车冲出车挡的事故。

8.1.2 对本条各款规定说明如下：

1 装甲B、乙A类油品的股道中心线两侧各15m范围内为爆炸危险区域2区，一切可能产生火花的操作均不得侵入该区域。因此，规定其距非罐车装卸线中心线不应小于20m。

2 卸甲B、乙A类油品的股道中心线两侧各3m范围内为爆炸和火灾危险区域2区，小于装甲B、乙A类油品的股道两侧的爆炸危险区域，因此，适当减小距离，其与非罐车装卸线中心线最小间距为15m。

3 丙类油品的火灾危险性等级较低，而且在常温下无爆炸危险，规定其装卸线中心线距非罐车装卸线中心线只要为安全调车和消防留有一定的间距即可。因此，规定其与非罐车装卸线中心线最小间距为10m。

8.1.8 本条的规定是与现行国家标准《铁路车站及枢纽设计规范》GB 50091—2006相协调的。该规范规定：普通货物站台应高出轨面1.10m，其边缘至线路中心线的距离应为1.75m；高出轨面距离大于1.10m且小于或等于4.80m的货物高站台，其边缘至线路中心线的距离应为1.85m。

8.1.9 规定从下部接卸铁路罐车的卸油系统应采用密闭管道系统，既防止接卸过程中的油品泄漏，污染环境，又防止油品蒸发气体的外泄，确保接卸操作安全。

规定装卸车流速不应大于4.5m/s，是为了防止静电危害，便于装车量的控制，减少油气挥发，减少管道振动和减小管道水击力。

国外有关标准对易燃和可燃液体灌装流速也有严格限制。例如，美国API标准规定，不论管径如何，流速限值为4.5m/s～6.0m/s；美国Mobil公司标准规定，DN100鹤管最大装车流量不应大于125m³/h，折算流速为4.4m/s。

8.1.10 "不应在同一装卸线的两侧同时设置罐车装卸栈桥"，是指两座栈桥不能共用一条铁路罐车装卸线，否则会给调车和装卸作业带来很多不安全问题，而且更不利用消防。铁路装卸线为单股道时，装卸栈桥设在与装卸泵站的相邻侧，可减少管道穿越铁路，便于栈桥与泵站之间的指挥与联系。

8.1.11 规定"在栈桥的两端和沿栈桥每隔60m～80m处，应设上、下栈桥的梯子"，是为了在罐车一旦发生着火事故时，栈桥上的作业人员能够就近逃离。

8.1.12 对本条规定说明如下：

对罐车装卸栈桥边缘与铁路罐车装卸线的中心线的距离，本规范84年版是这样规定的：自轨面算起3m以下不应小于2m，3m以上不应小于1.75m。此规定与铁路的标准和规程(如现行国家标准《标准轨距铁路机车车辆限界》GB 146.1—83、《标准轨距铁路建筑限界》GB 146.2—83、《铁路车站及枢纽设计规范》GB 50091—2006，以及《中华人民共和国铁路技术管理规程》)的

有关规定有所不同，在实际执行中铁路部门往往要求执行上述铁路标准和规程的规定，这样会给建设单位造成不必要的麻烦。为避免在执行标准上的矛盾，2002年版修订时我们就此问题与原铁道部建设与管理司进行了协调，"罐车装卸栈桥边缘与罐车装卸线的中心线的距离，自轨面算起3m及以下不应小于2m，3m以上不应小于1.85m。"的规定是协调的结果。这样修改对铁路罐车装卸车作业影响不大，且能解决与铁路部门的矛盾。经多年来的实际检验，证明这样的规定是可行的，因此本次修订对此未作改动。

8.2 汽车罐车装卸设施

8.2.1 甲B、乙、丙A类液体在室内灌装容易积聚有害气体，有形成爆炸气体的危险，在露天场地灌装又受雨雪和日晒的影响，故宜在装车棚(亭)内灌装。装车棚(亭)具备半露天条件，灌装作业时有通风良好、油气不易积聚的优点，比较安全，故允许甲B、乙、丙A液体在同一座装车棚(亭)内灌装。

8.2.3 石油库的易燃和可燃液体装车利用自然地形高差从储罐中直接自流灌装作业，可以节省能耗。采用泵送装车方式，可省去高架罐这一中间环节，这样既可节省建设高架罐的用地和费用、简化工艺流程和操作工序，便于安全管理，又可消除通过高架罐灌装时的大呼吸损耗。灌装泵按一泵供一鹤位设置便于自动控制。

8.2.5 "定量装车控制方式"是一种先进的装车工艺，对防止装车溢流，保障装车安全大有好处，故推荐采用这种装车控制方式。

8.2.6 由于卧式储罐没有内浮盘，罐车向其卸甲B、乙、丙A类液体时会挥发出大量有害气体，如果采用敞口方式卸车，有害气体将从进油口向周围扩散，这样既损害操作人员的健康，又不利于安全，特别是甲B类液体危害更大，不小心还会发生火灾爆炸事故。因此，规定"汽车罐车向卧式容器卸甲B、乙、丙A类液体时，应采用密闭管道系统"。采用密闭管道系统的作用是，将油气等有害气体引至安全地点集中排放或回收再利用。

8.2.7 "底部装车"是一种密闭装车方式，罐车的进液口装设在罐车底部，通过快速接头与装车鹤管密闭连接，也称为下装方式。底部装车可减少静电产生和放电，并有利于减少油气挥发，便于油气回收。

8.2.8 据实际检测，采用将鹤管插到储罐车底部的浸没式灌装方式，与采用喷溅式灌装方式灌装轻质油品相比，可减少油气损失50%以上。此外，采用喷溅灌装方式鹤管出口处易于积聚静电，一旦静电放电，则极易引发火灾事故。将灌装鹤管插到储罐车底部，既可减少油气损失，还可防止静电危害。

8.3 易燃和可燃液体装卸码头

8.3.1 从安全角度考虑，易燃和可燃液体码头需远离其他码头和建筑物，最好在同一城市其他码头的下游。

8.3.2 易燃和可燃液体装卸码头和作业区独立设置，可避免与其他货物装卸船在同一码头和作业区混杂作业，有利于安全管理。

8.3.3 公路桥梁和铁路桥梁是关系国计民生的重要构筑物，石油码头与公路桥梁、铁路桥梁的安全距离应该比石油库与一般公共建筑物的安全距离大。为减小油船失火时流淌油对桥梁的影响，增加了油品码头位于公路桥梁和铁路桥梁上游时的安全距离。

内河大型船队锚地、固定停泊所、城市水源取水口是河道中的重要场所，石油码头位于这些场所上游时，需远离这些场所。

500吨位以下的油船绝大多数为中、高速柴油机船，船身小，操纵比较灵活，所载油品数量不多，其危险性相对较小，故其与桥梁等的安全距离可以适当减少。

本条延续了2002年版《石油库设计规范》的规定。实践证明，这一规定是安全的、合理的。

8.3.4 本条规定与现行行业标准《装卸油品码头防火设计规范》JTJ 237—99的有关规定一致。

8.3.5 本条规定是参照现行行业标准《装卸油品码头防火设计规

范》JTJ 237—99 的有关内容制订的。

8.3.6 随着社会的进步,人身安全越来越受到重视,本着以人为本的原则,本次修订加大了易燃和可燃液体装卸码头与客运码头的安全距离。现行国家标准《河港工程设计规范》GB 50192—1993 将国内港口客运站按规模划分四个等级,如表 4 所示。

表 4　客运站等级划分

等级划分	设计旅客聚集量(人)
一级站	≥2500
二级站	1500～2499
三级站	500～1499
四级站	100～499

客运站级别不同,说明其重要性不同,易燃和可燃液体装卸码头与各级客运站的安全距离也应有所不同。据调查,内河港口客运站一般设在城市中心区,而易燃和可燃液体装卸码头一般布置于城区之外,且大多数位于客运码头下游。表 5 列举了我们调查的一些内河城市港口客运码头与石油公司油品码头相对关系的情况:

表 5　内河城市港口客运码头与石油公司油品码头相对关系

城市	油品码头	油品码头位置	两者之间距离(km)
重庆	黄花园水上加油站(停靠小于 100t 油船)	客运码头上游	2
	伏牛溪油库码头	客运码头上游	>10
涪陵	石油公司码头	客运码头下游	8～10
万州	石油公司码头	客运码头下游	5～6
宜昌	石油公司码头	客运码头下游	>3
武汉	石油公司码头 1	客运码头下游	8～9
	石油公司码头 2	客运码头上游	>10
巴东	石油公司码头	客运码头下游	3

续表 5

城市	油品码头	油品码头位置	两者之间距离(km)
九江	石油公司码头	客运码头下游	>3
安庆	石油公司码头	客运码头下游	1～2
铜陵	石油公司码头	客运码头上游	2～3
芜湖	石油公司码头	客运码头下游	2～3
南京	石油公司码头	客运码头下游	>3
镇江	石油公司码头	客运码头下游	>3
上海	石油公司码头	客运码头下游	>3
南昌	石油公司码头	客运码头下游	5

由于油船发生火灾事故往往形成流淌火,为保证客运码头的安全,本规范鼓励易燃和可燃液体装卸码头建于客运码头下游,对油品码头建于客运码头上游的情况则大幅度提高了安全距离限制。根据实际调查,本条规定是不难实现的。

8.3.8 根据国家有关环保法规,达不到国家污水排放标准的污水不能对外排放。因此,含有易燃和可燃液体的压舱水和洗舱水需上岸处理。

8.3.10 规定易燃和可燃液体管道在岸边适当位置设紧急切断阀,是为了及时制止管道可能出现的渗漏和爆管泄漏事故,避免事故扩大。

8.3.11 易燃和可燃液体为火灾危险品,为保证安全,易燃和可燃液体引桥与其他引桥分开设置是必要的。

9　工艺及热力管道

9.1　库内管道

9.1.1 相对于埋地敷设方式,输油管道地上敷设或采用敞口管沟敷设方式有不易腐蚀、便于检查维修、施工简便、有利于安全生产等优点。管道埋地敷设易于腐蚀,不便维修;输油管道如果采用封闭管沟敷设,管沟内易积聚油气,安全性差,是发生爆炸着火和人员中毒事故的隐患之一,且造价较高。石油库建设应重点考虑安全和便于维护,因此,本条推荐石油库库区内的输油管道采用地上敷设或敞口管沟敷设方式。"局部地段可埋地敷设或采用充沙封闭管沟敷设",主要是针对穿越道路、铁路等有特殊要求的地段。

9.1.6 对本条各款规定说明如下:

1　"管道跨越电气化铁路时,轨面以上的净空高度不应小于 6.6m"的规定,是根据现行国家标准《工业金属管道设计规范》GB 50316—2000 的有关规定制订的。

2　"管道跨越非电气化铁路时,轨面以上的净空高度不应小于 5.5m"的规定,是根据现行国家标准《标准轨距铁路建筑限界》GB 146.2—83 的有关规定制订的。

3　考虑到现在的大型消防车高度已超过 4m,故规定"管道跨越消防道时,路面以上的净空高度不应小于 5m"。

4　"管道跨越其他车行道路时,路面以上的净空高度不应小于 4.5m",是参照现行国家标准《厂矿道路设计规范》GBJ 22—87 制订的。

5　"管架立柱边缘距铁路不应小于 3.5m"的规定,是参照现行国家标准《工业企业标准轨距铁路设计规范》GBJ 12—87 制订的;管架立柱边缘"距道路不应小于 1m",是为了充分利用路肩,节约用地。

6　要求管道穿、跨越段上,不得安装阀门和其他附件,既是为了避免这些附件渗漏而影响铁路或道路的正常使用,也是为了便于检修和维护这些附件。

9.1.7 管道与铁路平行布置时,距离大了,要多占地;距离小了,不利于安全生产。考虑到管道与铁路和道路平行布置时是线接触,因而互相影响的机会更多一些,所以比本规范第 9.1.6 条第 5 款规定的距离适当大些。

9.1.9 易燃、可燃液体管道采取焊接方式可节省材料,严密性好,而采用法兰等活动部件连接则费用较高,容易出现渗漏,多一对法兰,就多一处渗漏点,多一处安全隐患,而且维护费用也较高,如果是埋地管道出现渗漏还会污染土壤和地下水,故"管道之间及管道与管件之间应采用焊接连接"。

9.1.10 管道与储罐等设备的连接采用柔性连接,对预防地震和不均匀沉降等所带来的不安全问题有好处,对动力设备还有减少振动和降低噪音的作用。对于储罐来说,在地震作用下,罐壁发生翘曲、倾斜,罐基础不均匀沉降,使储罐和配管连接处遭到破坏是常见的震害。例如,1989 年 10 月 17 日美国加州 Loma Prieta 地震,位于地震区域的炼油厂所有遭到破坏的储罐的破坏原因都与罐壁的翘离有关。此外,由于罐基础处理不当,有一些储罐在投入使用后其基础仍会发生较大幅度的沉降,致使管道和罐壁遭到破坏。为防止上述破坏情况的发生,采取增加储罐配管的柔性(如设金属软管)来消除相对位移的影响是必要的,而且也有利于罐前阀门的安装与拆卸和消除局部管道的热应力。

9.1.12 钢阀的抗拉强度、韧性等性能均优于铸铁阀。采用钢阀在防止阀门冻裂、拉裂、水击及其他外来机械损伤等方面比采用铸铁阀安全得多。为保证安全,目前在石油化工行业,易燃和可燃液体管道已普遍采用钢阀。在价格上,钢阀并不比铸铁阀贵很多。有鉴于此，本条规定"工艺管道上的阀门，应选用钢制阀门"。2010年发生的某油库火灾事故教训之一是，供电系统被毁坏后，储罐进出油管道上设置的电动阀不能快速人工关闭，致使事故规模扩大，本条对手动关闭阀门的时间规定意在避免类似情况发生。

9.1.13 对本条2、3款规定说明如下：

2 规定采取泄压措施，是为了地上不放空、不保温的管道中的液体受热膨胀后能及时泄压，不致使管子或配件因油品受热膨胀，压力升高而破裂，发生跑油事故。

3 所谓防凝措施，指保温、伴热、扫线和自流放空等，设计时可根据实际情况采取一种或几种措施。

9.1.14 "有特殊要求的液体"是指必须保证质量和应用安全，而绝对不能与其他液体混输、储存、收发或接触的液体（如喷气燃料），因此，输送这样的液体应专管专用。

9.1.20 本条要求"酚和其他少量与皮肤接触即会产生严重生理反应或致命危险的液体，其管道和设备的法兰垫片周围宜设置安全防护罩"，是为了防止介质泄漏时伤人。

9.1.24 管道的埋设深度应根据管材的强度、外部负荷、土壤的冰冻深度以及地下水位等情况，并结合当地埋管经验确定。在生产方面有特殊要求的地方，还要从技术经济方面确定合理的埋深。由于情况比较复杂，本条规定仅从防止管道遭受地面上机械破坏所需要的最小埋深考虑。国内有关规范对管道埋地最小深度的规定，分不同情况，一般都在0.5m～1.0m之间。

9.2 库外管道

9.2.3 本条是参照现行国家标准《石油天然气工程设计防火规范》GB 50183—2004、《城镇燃气设计规范》GB 50028—2006的有关规定制订的。表9.2.3注3中的"加强安全保护措施"主要是提高局部管道的设计强度等的措施。

9.2.8 埋地敷设的库外工艺管道通过公共区域时，与市政管道、暗沟（渠）相邻平行或交叉敷设的情况有时难以避免，有可能面临的风险是，泄漏的易燃和可燃液体流入市政自流管道、暗沟（渠），并在其内部空间形成爆炸性气体，一旦遇到点火源即会发生爆炸。对这种风险需要特别注意，并严加防范，故作此条规定。

10 易燃和可燃液体灌桶设施

10.1 灌桶设施组成和平面布置

10.1.4 甲B类和乙A类液体属易挥发性液体，且甲、乙类液体又同属轻质液体，在设计上常将这两类液体作为一个灌桶场所。而对于灌桶间和灌桶泵间，前者是操作频繁、油气挥发较大，后者是电器控制设备较多，将两者之间用防火墙隔开，有利于防止火灾发生。灌桶间操作较为频繁，灌桶时会挥发油气，为保证重桶安全，在重桶库房与灌桶间之间有必要设置无门、窗、孔洞的隔墙。

10.2 灌桶场所

10.2.2 对本条两款说明如下：

1 条文说明与8.2.1相同。

2 润滑油属于不易蒸发、不易着火的油品，其灌桶场所的电气设备不需防爆，故允许在室内灌装。在室内灌装对保证润滑油品质量，防止风沙、雨、雪等杂物污染油品也有利。为避免其与甲、乙类液体在一起灌装处于爆炸危险环境，故宜单独设置灌桶间。

10.2.3 控制灌油枪出口流速不得大于4.5m/s，主要是为了防静电。

10.3 桶装液体库房

10.3.1 空桶可以随时来随时灌装，其堆放量为1d的灌装量较适宜。根据实际调查，为便于及时向用户供油，重桶堆放量宜为3d的灌装量。

10.3.3 为防止重桶遭受人为损坏，以及防止因日晒而升温，重桶需堆放在室内或棚内。

1 甲、乙类液体重桶如与丙类液体重桶储存在同一栋库房内，整个库房都得采取防爆措施，从安全和经济两方面考虑，有必要用防火隔墙将两者隔开。

2 Ⅰ、Ⅱ级毒性液体在防护上，不仅要考虑可能发生的火灾问题，还要考虑毒性对人员的危害问题，故与其他液体重桶储存在同一栋库房内时，两者之间应设防火墙。

3 甲B、乙类液体重桶库房若建成地下或半地下式，重桶密闭不严或一旦渗漏，房间内容易积存可燃气体，存在发生火灾、爆炸的不安全因素。

4 甲、乙类液体安全防火要求严格，为避免摔、撞甲、乙类液体重桶，其重桶库房需单层建造。丙类液体火灾危险性较小，为节省占地，其重桶库房可为两层建筑，但需满足二级耐火等级要求。

5 重桶库房设外开门，有利于发生火灾事故时人员和重桶疏散。根据现行国家标准《建筑设计防火规范》GB 50016的要求，规定"建筑面积大于或等于100m²的重桶堆放间，门的数量不应少于2个，门宽要求不应小于2m"，是为了满足用叉车搬运或堆放重桶的要求；对重桶堆放间要求设置高于室内地坪0.15m的非燃烧材料建造的斜坡式门槛，主要是为了在重桶堆放间发生液体流淌或着火、爆炸事故时，尽量使液体或流淌火灾控制在门以里，缩小事故波及范围。斜坡式门槛也不宜过高，过高将给平时作业造成不便。

6 本款重桶库房的单栋建筑面积的规定，与现行国家标准《建筑设计防火规范》GB 50016的相关规定是一致的。

10.3.4 为方便对桶的检查、取样、搬运和堆码安全，根据空桶、重桶和火灾危险性类别，本条规定了堆码层数和有关通道宽度。这一规定是在调查研究的基础上给出的。

11 车间供油站

11.0.1 对本条各款说明如下:

1、2 此两款是参照现行国家标准《建筑设计防火规范》GB 50016—2006 等标准并结合国内大、中、小型企业厂房内车间供油站的具体现状制订的。在建筑物内存放油品是有一定风险的,因此,在满足基本生产要求的基础上,按不同油品的火灾危险性,对车间供油站储存油品的体积加以限制是必要的,以免发生火灾事故时造成大的损失。

3 本款规定是参照现行国家标准《建筑设计防火规范》GB 50016—2006 的有关规定制订的,是为了预防车间供油站在一旦发生着火或爆炸事故时,尽量缩小对厂房其他生产部分的破坏范围,减少人员伤亡。

4 本款的规定,主要是考虑桶或罐装油操作时如发生跑、冒、滴、漏或起火爆炸时,要防止油品流散到站外,以控制火势蔓延,便于火灾扑救和人员疏散,减少损失。可考虑在门口设置高于供油站地坪的斜坡式门槛来防止油品流散。

5 与甲、乙类油品相比,丙类油品的危险性要小得多,故允许不大于 5m³ 的丙类油品储罐(箱)直接设置在丁、戊类生产厂房内。

6 出于符合工业卫生标准的要求,房间内的储罐(箱)通气管管口都需引出室外。特别对容易挥发的甲B、乙类油品,如果其储罐(箱)内的油气直接排到室内,还会存在发生爆炸和火灾的危险。据调查,曾经就有不少单位由此而引发了这样的火灾事故和人员中毒事故。因此,规定"储罐(箱)的通气管管口应设在室外",并与厂房屋面和门、窗之间要有一定的距离,以免油气返流室内。规定"甲B、乙类油品储罐(箱)的通气管管口,应高出屋面 1.5m,与厂房门、窗之间的距离不应小于 4m",是按照爆炸危险场所的划分范围给出的。

7 厂房内车间供油站的设备简单,储罐(箱)容量较小,油泵功率也不大,数量一般仅有一两台,为了便于操作,集中管理,尽量减少占用面积,故允许储罐(箱)与油泵设在一起,不受距离限制。

11.0.2 有些企业的厂房距离本企业油库较远,或本企业无油库。当设置在厂房内的供油站的储油量和设施不满足生产要求时,本规范允许在厂房外设置车间供油站。对本条各款说明如下:

1 本款规定是由于设置在厂房外的车间供油站,其性质等同于企业附属油库。

2 车间供油站与燃油设备或零星用油点有密切的关系,在满足防火距离要求的前提下,总图布置需尽量靠近厂房,以使系统简单,操作管理方便。因此,本款对企业厂房外的车间供油站,当甲B、乙类油品的储存量不大于 20m³ 且储罐为埋地卧式储罐或丙类油品的储存量不大于 100m³ 时,其储罐、油泵站与本车间厂房、厂房内明火或散发火花地点、站区围墙、厂内道路等的距离,放宽了要求。

4 厂房外的车间供油站,与厂房的关系十分密切,其油泵房在厂房外布置受到限制时,可以与厂房毗邻建设。但由于油泵房属火灾危险场所,故对油泵房的建筑构造提出了一定的耐火极限要求,以免发出火灾事故时破坏厂房主体建筑。特别是甲B、乙类油品的油泵房,还存在爆炸危险性,规定其出入口直接向外,有利于泵房内的操作人员在事故时及时逃离。

12 消防设施

12.1 一般规定

12.1.1 石油库储存的是易燃和可燃液体,有可能发生较严重的爆炸和火灾。因此,石油库设消防设施是必要的。

12.1.2 对本条各款规定说明如下:

1 覆土卧式油罐和储存丙B类油品的覆土立式油罐不易着火,即使着火规模也不大,用灭火毯和灭火沙即可扑灭,故规定可不设泡沫灭火系统。

2 烟雾灭火技术也称气溶胶灭火技术,是我国自己研制发展起来的新型灭火技术。它适用于储罐的初期火灾,但不能用于流淌火灾,且不能阻止火灾的复燃。这项技术在我国已有二十余年的实践经验,在石油公司、金属机械加工厂、列车机务段等单位得到推广应用。安装烟雾装置的轻柴储罐容量最大到 5000m³,汽储罐容量最大到 1000m³,并已有四次自动扑灭储罐初期火灾的成功案例。由于它有不能抗复燃的致命弱点,故本规范只允许其在设置泡沫灭火系统有困难,且无消防协作条件的四、五级石油库的储罐上使用。当油库储罐的数量较多,水源方便时,使用烟雾灭火装置,在安全和经济上都是不合算的。超细干粉灭火技术目前只适用于容量不大于 1000m³ 的储罐。

3 对易燃和可燃液体储罐火灾,最有效的灭火手段是用泡沫液产生空气泡沫进行灭火,空气泡沫可扑救各种形式的油品火灾。

12.1.3 目前,我国有蛋白型和合成型两种型式泡沫液,蛋白型泡沫液和合成型泡沫液各有自身的优势和不足。蛋白型泡沫液售价低,泡沫的抗烧性强,但泡沫液易变质,储存时间短;合成型泡沫液泡沫的流动性好,泡沫抗氧化性能强,储存时间较长,但泡沫的抗烧性欠佳,泡沫液的售价较贵。蛋白型泡沫液有中倍数、低倍数泡沫液两种类型;合成型泡沫液有高倍数、中倍数、低倍数泡沫液三种类型。所以灭火系统也相应有高倍数、中倍数、低倍数泡沫灭火系统。

高倍数泡沫灭火系统是能产生 200 倍以上泡沫的发泡灭火系统,这种灭火系统一般用于扑救密闭空间的火灾,如电缆沟、管沟等建(构)筑物内的火灾。

中倍数泡沫灭火系统是能产生 21 倍～200 倍泡沫的发泡灭火系统,这种灭火系统分为两种情况,50 倍以下(30 倍～40 倍最好)的中倍数泡沫适用于地上储罐的液上灭火;50 倍以上的中倍数泡沫适用于流淌火灾的扑救,如建(构)筑物内的泡沫喷淋。

低倍数泡沫灭火系统是能产生 20 倍以下的泡沫的发泡灭火系统,这种灭火系统适用于开放性的火灾灭火。

中倍数泡沫灭火系统和低倍数泡沫灭火系统由于自身的特性,各有自己的优点和缺点:

低倍数泡沫灭火系统是常用的泡沫灭火系统,使用范围广,泡沫可以远距离喷射,抗风干扰比中倍数泡沫强,在浮顶储罐的液上泡沫喷放中,由于比重大,具有较大的优越性,在扑救浮顶储罐的实际火灾中,已有很多成功案例。

中倍数泡沫灭火系统是我国 20 世纪 70 年代研究开发的用于储罐液上喷放的新型灭火系统,由于蛋白型中倍数泡沫液性能的改进和中倍数泡沫质量比低倍数泡沫质量轻,在储罐的液上喷放灭火时,比低倍数泡沫灭火系统有一定的优势,表现为油面上流动速度快,可直接喷放在油面上,受油品污染少,抗烧性好,所以灭火速度快,这已经被实验室研究和现场灭火试验所证实。据《低倍数泡沫灭火系统设计规范》专题报告汇编(1989 年 9 月编制)和 1992 年 10 月原商业部设计院编制的中倍数泡沫灭火系统资料介绍:

低倍数泡沫混合液供给强度为 5L/(min·m²)～7L/(min·m²)、混合液中泡沫液占比为 3%～6%、预燃时间 60s～120s 的情况下,灭火时间为3min~5min;中倍数泡沫混合液供给强度为4L/(min·m²)~4.4L/(min·m²)、混合液中泡沫液占比为8%、预燃时间为60s~90s的情况下,灭火时间为1min~2min。在供给强度同为4L/(min·m²)时,中倍数蛋白泡沫混合液灭火时间为124s;低倍数蛋白泡沫混合液灭火时间为459s;低倍数氟蛋白泡沫混合液灭火时间为270s。

12.1.4 对本条各款说明如下:

1、2 石油库的储罐一般比较集中,消防管道数量不多,采用固定式灭火方式,整个系统可常处于战备状态,启动快、操作简单、节省人力。由于大于500m³的水溶性液体地上储罐和大于1000m³的其他易燃、可燃液体地上立式储罐,着火时采用移动式或半固定式泡沫灭火系统难以扑灭或不能及时扑灭,故规定应采用固定式泡沫灭火系统。对于不大于上述容量的地上储罐,由于储罐较小,着火时造成的损失也相对较小,采用半固定式泡沫灭火系统也能扑灭,可节省消防设备投资,还允许采用半固定式泡沫灭火系统。

3 移动式泡沫灭火系统,具有机动灵活、维护管理方便、不需在储罐上安装泡沫发生器等设备的特点。

卧式储罐和离壁式覆土立式油罐,安装空气泡沫发生器比较困难。卧式储罐的着火一般只发生在面积很小的人孔处,容易处理,采用移动式泡沫灭火系统较好。

覆土立式油罐即使在罐壁上设置空气泡沫发生器,储罐着火时也可能被烧坏;储罐或储室发生爆炸时,上部混凝土壳顶崩塌还可能砸毁泡沫发生器或使油罐发生流淌火灾。因此,覆土立式油罐只能采用移动式泡沫灭火系统。

丙B类可燃液体储罐火灾概率很小,且储罐容量不很大,没有必要在消防设备上大量投资,发生火灾时,可依靠泡沫钩管或泡沫泡车扑救,初期火灾采用灭火毯、灭火器也能扑救。

单罐容量不大于200m³的地上储罐,罐壁高度低,燃烧面积小,灭火需要的泡沫量少,用泡沫钩管等移动设备就可扑救。

12.1.5 消防冷却水在扑救储罐火灾中,占有特别重要的地位。水的供应能否充足和及时,决定着灭火的成败,这已为大量的火灾案例所证实。因此,保证充足的水源是灭火成功的关键。

1 单罐容量的大于或等于3000m³的储罐若采用移动式冷却水系统,所需要的水枪和人员很多。对于罐壁高度不小于15m的储罐冷却,移动水枪要满足灭火充实水柱的要求,水枪后坐力很大,操作人员不易控制,故应采用固定式冷却水系统。

2 容量小于3000m³且罐壁高度小于15m的储罐以及其他储罐,使用移动冷却水枪数量相对较少,所需人员也较少,操作水枪较为容易。与用固定冷却水系统相比,采用移动式冷却水系统可节省工程投资。

12.1.6 本条规定是为了在储罐着火时,人员能够安全接近和开启着火罐上的消防控制阀门。其中"消防阀门与对应的着火储罐壁的距离不应小于15m"是按照现行国家标准《建筑设计防火规范》GB 50016—2005和本规范第12.2.15条有关消火栓与储罐的距离制订的;本条中"接近消防阀门的保护措施",是指储罐着火时人员可以利用防火堤等墙体做掩护接近控制阀门的情况。

12.2 消防给水

12.2.1 要求一、二、三、四级石油库的消防给水系统与生产、生活给水系统分开设置的理由如下:

(1)一、二、三、四级石油库的储罐多为地上立式储罐,消防用水量较大且不常使用,消防与生产、生活给水合用一条管道,平时只供生产、生活用水,会造成大管道输送很小的流量,水质易变坏。

(2)石油库的消防给水对水质无特殊要求,一般的江、河、池塘水都能满足要求,而生活给水对水质要求严格,用量较少,两者合用势必要按生活水质要求选择水源,很多地方很难具备这样的水质、水量条件。

(3)石油库的消防给水要求压力较大,而生产、生活给水压力较低,两者合用一条管道,对生产、生活给水来说,不仅需要采取降压措施,而且合用部分的管道尚需按满足消防管道的压力进行设计,很不经济。

12.2.2 五级石油库的储罐等设备设施都很小,储罐也多为卧式储罐或小型立式储罐,消防用水量较小,水压要求不高,一般情况较容易找到满足其合用要求的水源,靠近城镇还可利用城镇给水管网,故允许消防给水与生产、生活给水系统合并设置。

12.2.3 关于消防给水系统压力的规定,说明如下:

石油库高压消防给水系统的压力是根据最不利点的保护对象及消防给水设备的类型等因素确定的。当采用移动式水枪冷却储罐时,则消防给水管道最不利点的压力是根据系统达到设计消防水量时,由储罐高度、水枪喷嘴处所要求的压力及水带压力损失综合确定的。

石油库低压消防给水系统主要用于为消防车供水。消防车从消火栓取水有两种方式,一种是用水带从消火栓向消防车的水罐里注水,另一种是消防车的水泵吸水管直接接在消火栓上吸水(包括手抬机动泵从管网上取水)。前一种取水方式较为普遍,消火栓出水量最少为10L/s。直径为65mm、长度为20m的帆布水带,在流量为10L/s时的压力损失为8.6m,1984年版规范规定消火栓最低压力为0.1MPa,消防车实际操作供水不畅,故2002年版修订改为应保证每个消火栓的给水压力不小于0.15MPa。

12.2.4 消防给水系统应保持充水状态,是为了减少消防水到火场的时间。油库消防给水系统最好维持在低压状态,以便发生小规模火灾时能随时取水,将消防给水系统与生产、生活给水系统连通可较方便地做到这一点。

处于严寒地区的消防给水管道,由于受地质和经济等条件的限制,一般较难做到将消防给水管道埋设到极端冻土深度以下,故允许其冬季可不充水。

12.2.5 储罐区的消防给水管道应采用环状敷设,主要考虑储罐区是油库的防火重点,环状管网可以从两侧向用水点供水,较为可靠。

覆土立式油罐最大单罐容量不超过10000m³,油罐间距要求较大,用水量较小,即使着火一般也不会影响周边储罐,加上这种类型的储罐多数处于山区,管线难以做到环状布置,故允许其罐区的消防管线枝状敷设。

四、五级石油库储罐容量较小,油库区面积不大,发生火灾时影响范围亦较小,消防用水量也有限,故其消防给水管道可枝状敷设。

建在山区或丘陵地带的石油库,地形复杂,环状敷设管网比较困难,因此本规范规定:山区石油库的单罐容量小于或等于5000m³且储罐单排布置的储罐区,其消防给水管道可枝状敷设。

12.2.6 本条说明同本规范第3.0.2条说明。值得注意的是:油库的消防水量除了满足储罐的喷淋和配置泡沫混合液用水之外,还需适当考虑移动式冷却的需要,即储罐着火时到现场的消防车的用水需求。由于油库的消防水储备是一定的,油库火灾时消防水的使用应严格控制,不能随意从消防水管网上取消防水,以防止油库的消防水储备被提早用完。储罐的喷淋应利用罐上的固定式系统,局部位置可以使用移动式冷却。消防车应主要用于扑灭小规模的流散火灾以及作为泡沫灭火部分的补充。

12.2.7 储罐冷却范围规定的理由如下:

1 地上固定顶着火储罐的罐壁直接接触火焰,需要在短时间内加以冷却。为了保护罐体,控制火灾蔓延,减少辐射热影响,保障邻近罐的安全,地上固定顶着火储罐需进行冷却。

关于固定顶储罐着火时,相邻储罐冷却范围的规定依据是:

1)天津消防研究所1974年对5000m³汽储罐低液面敞口储罐着火后的辐射热进行了测定。在距着火储罐罐壁1.5D(D为着火储罐直径)处,当测点高度等于着火储罐罐壁高时,辐射热强度平均值为 7817kJ/（m²·h），四个方向平均最大值为 8637kJ/（m²·h），绝对最大值为 16010kJ/（m²·h）。

1976 年 5000m³ 汽储罐氟蛋白泡沫液下喷射灭火试验中，当液面高为 11.3m，在距着火储罐罐壁 1.5D 处，测点高度等于着火储罐罐壁高时，辐射热强度四个方向平均最大值为 17794kJ/（m²·h），绝对最大值为 20934kJ/（m²·h）。

由上述试验可知，在距着火储罐罐壁 1.5D 范围内，火焰辐射热强度是比较大的。为确保相邻储罐的安全，应对距着火储罐罐壁 1.5D 范围内的相邻储罐予以冷却。

2）在火场上，着火储罐下风向的相邻储罐接受辐射热最大，其次是侧风向，上风向最小，所以本条规定当冷却范围内的储罐超过 3 座时，按 3 座较大相邻储罐计算冷却水量。

2 采用钢制浮盘的外浮顶储罐、内浮顶储罐着火时，基本上只在浮盘周边燃烧，火势较小，容易扑灭，故着火的浮顶储罐、内浮顶储罐的相邻储罐可不冷却。浮盘用易熔材料制作的内浮顶，由于其浮盘材料熔点较低（如铝制浮盘），容易发生储罐全截面积着火，故其相邻罐也需冷却。

3 卧式罐是圆筒形结构常压罐，结构稳定性好，发生火灾一般在罐人孔口燃烧，根据调查资料，火灾容易扑救。一般用石棉被就能扑灭发生的火灾，在有流淌火灾时，仍需考虑着火罐和邻近罐的冷却水量。

4 覆土储罐都是地下隐蔽罐，覆土厚度至少有 0.5m，着火的和相邻的覆土储罐均可不冷却。但火灾时，辐射热较强，四周地面温度较高，消防人员必须在喷雾（开花）水枪掩护下进行灭火。故应考虑灭火时的人身掩护和冷却四周地面及储罐附件的用水量。

12.2.8 储罐消防冷却水和保护用水的供给强度规定的依据如下：

（1）移动冷却方式

移动冷却方式采用直流水枪冷却，受风向、消防队员操作水平影响，冷却水不可能完全喷淋到罐壁上。故移动式冷却水供给强度比固定冷却方式大。

1）固定顶储罐着火时，水枪冷却水供给强度的依据为：

1962 年公安部、石油部、商业部在天津消防研究所进行泡沫灭火试验时，曾对 400m³ 固定顶储罐进行了冷却水量的测定。第一次试验结果为罐壁周长耗水量为 0.635L/（s·m），未发现罐壁有冷却不到的空白点；第二次试验结果为罐壁周长耗水量为 0.478L/（s·m），发现罐壁有冷却不到的空白点，感到水量不足。

试验组根据两次测定，建议用 φ16mm 水枪冷却时，冷却水供给强度不应小于 0.6L/（s·m）；用 φ19mm 水枪冷却时，冷却水供给强度不应小于 0.8L/（s·m）。

2）浮顶储罐、内浮顶储罐着火时，火势不大，且不是罐壁四周都着火，冷却水供给强度可小些。故规定用 φ16mm 水枪冷却时，冷却水供给强度不应小于 0.45L/（s·m）；用 φ19mm 水枪冷却时，冷却水供给强度不应小于 0.6L/（s·m）。

3）着火储罐的相邻不保温储罐水枪冷却水供给强度的依据为：

据《5000m³ 汽储罐氟蛋白泡沫液下喷射灭火系统试验报告》介绍，距着火储罐壁 0.5 倍着火储罐直径处辐射热强度绝对最大值为 85829kJ/（m²·h）。在这种辐射热强度下，相邻的储罐会挥发出来大量油气，有可能被引燃。因此，相邻储罐需要冷却罐壁和呼吸阀、量油孔所在的罐顶部位。相邻储罐的冷却水供给强度，没有做过试验，是根据测定的辐射热强度进行推算确定的：

条件为实测辐射热强度 85829kJ/（m²·h），用 20℃ 水冷却时，水的汽化率按 50% 计算（考虑储罐在着火储罐辐射热影响下，有会超过 100℃ 也有不超过 100℃ 的）；20℃ 的水 50% 汽化时吸收的热量为 1465kJ/L。

按此条件计算，冷却水供给强度为：$q = 20500 \div 350 \div 60 \approx 0.98$ L/（min·m²）。按罐壁周长计算的冷却水供给强度为

0.177L/（s·m）。考虑各种不利因素和富余量，故推荐冷却水供给强度：φ16mm 水枪不小于 0.35L/（s·m）；φ19mm 水枪不小于 0.5L/（s·m）。

4）着火储罐的相邻储罐如为保温储罐，保温层有隔热作用，冷却水供给强度可适当减小。

5）地上卧式储罐的冷却水供给强度是和相关规范协调后制订的。

（2）固定冷却方式

固定冷却方式冷却水供给强度是根据过去天津消防科研所在 5000m³ 固定顶储罐所做灭火试验得出的数据反算推出的。试验中冷却水供给强度以周长计算为 0.5L/（s·m），此时单位罐壁表面积的冷却水供给强度为 2.3L/（min·m²），条文中取 2.5L/（min·m²）。试验表明这一冷却水供给强度可以保证罐壁在火灾中不变形。对相邻储罐计算出来的冷却水供给强度为 0.92L/（min·m²），由于冷却水喷头的工作压力不能低于 0.1MPa，按此压力计算出来的冷却水供给强度接近 2.0L/（min·m²），故本规范规定邻近罐冷却水供给强度为 2.0L/（min·m²）。

在设计时，为节省水量，可将固定冷却环管分成 2 个圆弧形管或 4 个圆弧形管。着火时由阀门控制罐的冷却范围，对着火储罐整圈圆形喷淋管全开，而相邻储罐仅靠近着火储罐的 1 个圆弧形喷水管或 2 个圆弧形喷水管，这样虽增加阀门，但设计用水量可大大减少。

3 移动式冷却选用水枪要注意的问题

本条规定的移动式冷却水供给强度是根据试验数据和理论计算再附加一个安全系数得出的。设计时，还要根据我国当前可供使用的消防设备（按水枪、水喷淋头的实际数量和水量）加以复核。

表 12.2.8 注中的水枪保护范围是按水枪压力为 0.35MPa 确定的，在此压力下 φ16mm 水枪的流量为 5.3L/s，φ19mm 水枪的流量为 7.5L/s。若实际设计水枪压力与 0.35MPa 相差较大，水枪保护范围需做适当调整。计算水枪数量时，不保温相邻储罐水枪保护范围用低值，保温相邻储罐水枪保护范围用高值，并与规定的冷却水强度计算的水量进行比较，复核水枪数量。

12.2.10 对本条各款规定说明如下：

1 储罐抗风圈或加强圈若没有设置导流设施，冷却水便不能均匀地覆盖整个罐壁，所以要求储罐抗风圈或加强圈不具备冷却水导流功能时，其下面应设冷却喷水管。

2 国内的固定喷淋方式的罐上环管，以前都是采用穿孔管，穿孔管易锈蚀堵塞，达不到应有的效果。水幕式喷头一般是用耐腐蚀材料制作的，喷射均匀，且能方便地拆下检修，所以本规范推荐采用水幕式喷头。

3、4 设置锈渣清扫口、控制阀、放空阀，是为了清扫管道和定期检查。在用地面水作为水源时，因水质变化较大，管道最好加设过滤器，以免杂质堵塞喷头。

12.2.11 关于冷却水供给时间的确定，说明如下：

1 储罐冷却水供给时间系指从储罐着火开始进行冷却，直至储罐火焰被扑灭，并使储罐罐壁的温度下降到不致引起复燃为止的一段时间。一般来说，储罐直径越小，火场组织简单，扑灭时间短，相应的冷却时间也短。冷却水供给时间与燃烧时间有直接关系，从 11 个地上钢储罐火灾扑救记录分析，燃烧时间最长的一般为 4.5h，见表 6。

表 6 部分地上钢储罐火灾扑救记录

序号	容量（m³）	油品	扑救时间（min）	燃烧时间（min）	扑救手段	备　注
1	200	汽油	8	9	水和灭火器	某石化厂外部明火引燃，罐未破坏
2	200	原油	30	40	黄河炮车	某石化厂外部明火引燃，顶盖掀掉
3	400	汽油	1	5	泡沫钩管	某厂外部明火引燃，周边炸开 1/6

序号	容量(m³)	油品	扑救时间(min)	燃烧时间(min)	扑救手段	备注
4	100	原油	—	25	泡沫	某油田雷击引燃，罐未破坏
5	5000	渣油	10	30	蒸汽	某石化厂超温自燃，罐炸裂1/6
6	5000	轻柴油	—	270	烧光	某石化厂装仪表发生火花，罐炸开
7	400	原油	15	25	泡沫	某石化厂罐顶全开
8	1000	汽油	1	5	泡沫枪	某石化厂取样口静电，罐未破坏
9	500	污油	—	30	泡沫	某石化厂焊保温灯，3个通风孔着火，罐底裂开
10	5000	渣油	3	8	泡沫	某石化厂超温自燃罐顶裂开1/3，泡沫管道完好
11	1000	0#柴油	3	101	黄河泡沫车	某县公司雷击，掀顶着火

根据火场实际经验并参考有关规范，本规范 2002 年版规定了直径大于 20m 的地上固定顶储罐（包括直径大于 20m 的浮盘为浅盘和浮舱用易熔材料制作的内浮顶储罐）冷却水供给时间应为 6h。鉴于实际火灾扑救案例中，消防水往往被无序使用，浪费现象比较严重，为保证扑救火灾时有充足的消防水，本次修订根据公安消防部门的意见，在本规范 2002 年版规定的基础上，对地上储罐的消防冷却水最小供给时间增加了 50%，也相当于冷却水储存量增加了 50%。

2 部分覆土立式油罐火灾扑救记录分析见表 7。一般燃烧时间在 1h～2h，个别长达 85h。时间长的原因，多是本身不具有控制火灾的基本消防力量；个别油库虽有控制火灾的基本消防力量，但储罐破裂，火灾蔓延，致使时间延长。本次修订对覆土立式储罐不仅在安全间距方面，还是在储罐自身防护上都提高了标准（见本规范 6.2节），故仍规定其供水最小时间为 4h，并与相关标准规定相一致。

表 7 覆土立式油罐火灾扑救记录表

序号	容量(m³)	油品	扑救时间(min)	燃烧时间(min)	扑救手段	备注
1	15000	原油	20	63	泡沫钩管	某炼厂雷击引燃，罐顶全部塌入
2	3000	原油	20	60	泡沫	某厂外部明火引燃，罐顶全部塌入
3	3000	原油	15	120	泡沫	某厂外部明火引燃，罐顶全部塌入
4	4000	原油	—	2200	泡沫	某电厂外部明火引燃，罐顶全部塌入，罐壁破裂
5	2100	汽油	—	5100	泡沫	某油库雷击，罐顶全塌，罐壁破裂
6	15000	原油	40	300	泡沫	某炼厂雷击，罐顶全塌，罐壁破裂
7	5000	原油	80	360	化学泡沫	某炼厂电焊切割着火
8	4000	原油	—	960	泡沫	某机械厂打火机看液面着火，罐顶全部塌入，蔓延其他储罐
9	600	原油	5	60	蒸汽、泡沫	某石化厂检修动火，油罐着火，罐顶全部塌入
10	200	原油	15	25	泡沫	某石化厂 1961 年火灾，罐顶塌入

3 卧式储罐、铁路罐车和汽车罐车装卸设施，所应对的灭火同属卧式类储罐，着火多在储罐人孔处或罐车口处燃烧，储罐本体不易发生爆炸，扑救较容易，灭火用水较少，所以只要求有不小于 2h 的供水时间。

12.2.12 对本条各款规定说明如下：

1 设置备用泵是为了在某台消防水泵出现故障时，仍能保证消防水供水能力。一级油库的规模较大，泡沫消防水泵和消防冷却水泵在流量、扬程方面有较大的差别，冷却水泵和泡沫消防水泵分别设置备用泵较好。二、三级石油库的泡沫消防水泵和消防冷却水泵在流量、扬程方面可能比较接近，可以考虑共用备用泵，以节省 1 台水泵。四、五级石油库容量较小，火灾危害性较低，其冷却水泵和泡沫消防水泵的扬程与流量基本都能接近，加上这些油库一般距城镇较近，社会力量支援方便，故对这类油库的消防泵适当放宽了要求，可不设备用泵。

2 本款规定是要求消防水泵组具有 2 个动力源，以保证消防水泵供水能力可靠。当电源条件符合 2 个独立电源的要求时，消防水泵可以全部采用电动泵，即使一路电源出现问题，还有另一路电源可用；当然，在这种情况下备用泵采用柴油机泵也是可行的。当电源条件只是一路电源时，为了保证在停电时消防水泵还能提供足够的水量，消防水泵全部采用柴油机泵是合适的选择；如果考虑柴油机泵的使用保养维护不如电泵方便，采用了电动泵作为消防主泵，则需采用同等能力的柴油机泵作为备用泵，以保证在供电系统出现故障的情况下，柴油机泵仍能提供配置泡沫混合液和冷却储罐所需的消防水。

3 本款要求的自吸启动，系指消防水泵本身具有自吸的功能。利用外置的真空泵灌泵的设计，不属于自吸启动。外置的真空泵的方式可靠度太低。

12.2.13 多台消防水泵共用 1 条泵前吸水主管时，如只用 1 条支管道通入水池，则消防水管网供水的可靠性不高，所以作出本条规定。

12.2.14 石油库着火概率小，发生一次火灾后，会特别注意安全防火，一般不会在 4d 内（96h）又发生火灾，实际情况也是如此。参照现行国家标准《建筑设计防火规范》GB 50016，本规范规定消防水池（罐）的补水时间不应超过 96h。

当水池容量超过 1000m³ 时，由于其容量大，检修和清扫一次时间长，在此期间，为了保证消防用水安全，所以规定将池子分隔成 2 个，以便一个水池检修时，另一个水池能保存必要的应急用水。

12.2.15 消火栓在固定冷却和移动冷却水系统中都需要设置。

1 移动冷却水系统中，消火栓设置总数根据消防水的计算用水量计算确定，一定要保证设计水枪数量有足够出水量。

2 固定冷却水系统中，按 60m 间距布置消火栓，可保证消防时的人员掩护、消防车的补水、移动消防设施的供水。

3 寒冷地区的消火栓需考虑冬天容易冻坏问题，可采取放空措施或采用防冻消火栓。

12.3 储罐泡沫灭火系统

12.3.2 我国 20 世纪 90 年代以前设计的石油库，对泡沫灭火系统常采用环泵式泡沫比例混合流程，它本身具有一些缺点，如系统要求严格、不容易实现自动化，最大的问题是由于管网的压力、流量变化、取水水池的水位变化，使需要的混合比难以得到保证。而平衡比例混合和压力比例混合流程可以适应几何高差、压力、流量的变化，输送混合液的混合比较稳定。所以本规范推荐采用平衡比例混合或压力比例混合流程。

压力比例泡沫混合装置具有操作简单，泵可以采用高位自灌启动，泵发生事故不能运转时，也可靠外来消防车送入消防水为泡沫混合装置提供水源产生合格的泡沫混合液，提高了泡沫系统消防的可靠性。

12.4 灭火器材配置

12.4.1 灭火器材对于油库的零星火灾和卧式储罐等某些设备、设施的初期火灾扑救是很有效的,所以本条要求"石油库应配置灭火器材"。

12.4.2 灭火毯和灭火沙使用方便,取材容易,价格便宜。根据不同的场所,配置一定数量的灭火器材,有利于保障油库的安全。

12.5 消防车配备

12.5.3 设有固定消防系统时,机动消防力量只是固定系统的补充,对于库容大的一级石油库,配备一定数量的泡沫消防车或机动泡沫设备,加强消防力量是非常必要的。

12.5.4 消防车的数量可考虑协作单位可供使用的车辆。关于协作单位可供使用的消防车辆,是指能够适用于冷却和扑灭储罐火灾的消防车辆。具备协作条件的单位,首先要保证本单位应有最基本的消防力量,援外车辆具体能出多少消防车,需协商解决。

为了有效利用协作条件,对于协作单位可供使用的车辆到达火场的时间分不同情况作出规定的理由如下:

(1)协作单位的消防车辆在接到火灾报警后 5min 内到达着火储罐现场,就可及时对着火储罐进行冷却,保证着火储罐不会由于燃烧时间过长而发生严重变形或破裂,或对邻近储罐造成威胁;

(2)协作单位的消防车辆在接到火灾报警后 10min 内到达相邻储罐现场,对相邻储罐进行冷却,可以保证相邻储罐不被着火储罐烘烤时间过长而也发生爆炸和着火事故;

(3)着火储罐和相邻储罐的冷却得到保证时,就可以控制火势,协作单位的泡沫消防车辆在接到火灾报警后 20min 内到达火场进行灭火是合适的。

12.5.5 消防车的主要消防对象是储罐区。因为储罐一旦着火,蔓延很快,扑救困难,辐射热对邻近储罐的威胁大,地上钢储罐被火烧 5min 就可使罐壁温度升到 500℃,钢板强度降低一半;10min 可使罐壁温度升到 700℃,钢板强度降低 80% 以上,此时储罐将严重变形乃至破坏。所以储罐一旦发生火灾,必须在短时间内进行冷却和灭火。为此,规定了消防车至储罐区的行车时间不得超过 5min,以保证消防车辆到达火场扑救火灾。

据调查,消防车在油库内的行车速度一般为 30km/h,这样在 5min 内,其最远点可达 2.5km。实际上石油库内消防车至储罐区的行车距离大都可以满足 5min 到达火场的要求。

对于覆土油罐,消防车主要用于扑救油罐可能发生的流淌火灾及对救火人员的辅助掩护。基于本规范第 6.2.5 条对覆土立式油罐的建筑要求,考虑到流淌火灾不会马上流出罐室外,加上覆土立式油罐大多都建于山区,消防车很难在 5min 内到达火场,故规定其"到达最远着火覆土油罐的时间不宜超过 10min"。

12.6 其 他

12.6.1、12.6.2 此两条规定是为了及时将火警传达给有关部门,以便迅速组织灭火行动。

12.6.3、12.6.4 石油库的火灾报警如果采用库区集中的警笛和电话报警,这对于油库的安全是很不够的,油库内的安全巡回检查不能做到随时发现火情随时报警,所以本条规定在储罐区、装卸区、辅助生产区的值班室内应设火灾报警电话;在储油区、装卸区的四周道路设手动报警设施(手动按钮),以增加报警速度,减少火灾损失。

12.6.5 浮顶储罐初期火灾不大,尤其是低液面时难以及时发现,所以要求储存甲 B 类和乙 A 类易燃液体的浮顶罐,应在储罐上应设置火灾自动探测装置,以便能尽快探知火情。国内工程中,大型储罐大部分采用光纤感温探测器,其中又以采用光纤光栅型感温探测器居多。光纤感温探测器是一种无电检测技术,与其他类型

探测装置相比,在安全性、可靠性和精确性等方面,具有明显的技术优势。

12.6.7 对本条各款规定说明如下:

1 多个发烟器或超细干粉喷射口安装在 1 座储罐上时,如不同时工作,直接影响灭火效果,所以规定必须联动,保证同时启动。

2 烟雾灭火的设备选用、安装方式,建议在生产厂家推荐的基础上进行。长沙消防器材厂和天津消防研究所在进行多次烟雾灭火试验的基础上,结合全国的烟雾灭火装置应用情况推荐了下面的可供参考的药剂供应强度:

(1)当发烟器安装在罐外时,汽油储罐不小于 0.95kg/m²,柴油储罐不小于 0.70kg/m²;

(2)当发烟器安装在罐内时,汽油储罐不小于 0.75kg/m²,柴油储罐不小于 0.55kg/m²;

3 药剂损失系数是考虑工程使用和试验之间的差距,根据一般气体灭火所用系数规定的。

12.6.8 气溶胶是一种液体或固体微粒悬浮于气体介质中所组成的稳定或准稳定物质系统,目前是替代卤代烷的理想产品,使用中可以自动喷放,也可人工控制喷放,在气体灭火的场所比二氧化碳便宜得多,其喷放方式比二氧化碳装置也安全简单得多。气溶胶装置生产厂家很多,在选用时一定要了解产品性能,有的产品由于喷放温度高,误喷后发生过烧死人的事故,所以本条规定气溶胶喷放出口温度不得大于 80℃。

13 给排水及污水处理

13.1 给 水

13.1.2 石油库的生产用水量不大,一般石油库的生活用水量也不大,两者合建可以节约建设资金,也便于操作和管理。

特殊情况也可以分别建设,例如沿海地区,用量很大的消防用水可采用海水做水源。

13.1.3 在石油库的各项用水量中,消防用水量远大于生产用水量和生活用水量,所以当消防用水与生产生活用水使用同一水源时,按 1.2 倍消防用水量作为水源工程的供水量是可行的。

13.1.4 在有条件的情况下,利用储备库附近的江、河、湖、海等作为储备库的应急消防水源,可满足在发生极端火灾事故时对大量消防水的需求。

13.2 排 水

13.2.1 为了防止污染,保护环境,石油库排水有必要清、污分流,这样可以减少含油污水的处理量。

含油污水若明渠排放时,一处发生火灾,很可能蔓延全系统,因此规定含油污水应采用管道排放。未被油品污染的雨水和生产废水采用明渠排放,可减少基建费用。

13.2.3 本条规定设置水封井的位置,是考虑一旦发生火灾时,相互间予以隔绝,使火灾不致蔓延。

13.2.4 为防止事故时油气外逸或库外火源蔓延到墙内,在围墙处设水封井、暗沟或暗管是必要的。

13.3 污水处理

13.3.2 本条的规定是为了安全防火,减少大气污染,保护工人健康,减少气温和雨雪的影响,提高处理效果。

13.3.3 石油库的含油污水情况比较复杂。有的油库由于有压舱水需要处理,含油污水处理的流程较长,从隔油、粗粒化、浮选一直到生化,直至污水处理合格后排放;有的油库含油污水极少,甚至有的油库除了储罐清洗时有一些污泥外,平时就没有含油污水的产生,这样的污水处理仅隔油、沉淀之后就可以达标排放。储罐的切水情况也是各不相同,有的油库的储罐需要经常切水,以保证油品的质量、有的油库,特别是一些成品油储备库,几年也不会切一次水。因此,对于石油库的含油污水处理,只能原则性规定达到排放标准后再排放的要求,至于如何处理,应根据具体情况,具体进行设计。

当油库经常有少量含油污水排放时,可采用连续的隔油、浮选等处理方法进行处理;也可以设一个池子集中一段时间的污水进行间断地处理。当油库的污水排放不均匀,如压舱水的处理,可设置调节池(罐),污水处理的设计流量可以降低,以达到较好地处理效果。

当油库的污水排放量极少,甚至可以集中起来送至相关的污水处理场进行处理,油库本身可不设污水处理设施。

处理含油污水的池子或设备应有盖或采用密闭式,以减少油气的散发。现在用于油库含油污水处理的设备较多,在条件许可时可优先选用。使用含油污水处理设备可以减少污水处理的占地面积,也可以改善污水处理的环境。

13.3.4 有毒污水与含油污水处理要求不同,所以应设置专用收集设施。

13.3.5 含Ⅰ级和Ⅱ级毒性液体的污水处理要求很高,石油库自建污水处理设施往往是不经济的,最好依托有相应处理能力的污水处理厂进行处理。

13.3.7 处理后的污水在排出库外处设置取样点和计量设施,是为了有利于油库自己检测与环保部门的检测。

13.4 漏油及事故污水收集

13.4.1 本条规定是为了将事故漏油、被污染的雨水和火灾时消防用过的冷却水收集起来,防止漏油及含油污水四处漫延,避免漏油及含油污水流到库外。当漏油及含油污水量比较大,收集池容纳不下时,需要排放部分消防水,要求收集池采取隔油措施可以防止油品流出收集池。

13.4.2 漏油及事故污水收集池主要收集出现在防火堤外的少量漏油及含油污水,经测算,规定"一、二、三、四级石油库的漏油及事故污水收集池容量,分别不应小于1000m³、750m³、500m³、300m³"可以满足需求。

规定"漏油及事故污水收集池宜布置在库区地势较低处",是为了便于漏油及事故污水能自流进入池内。

万一发生小概率的极端漏油事故,在收集池容纳不下大量漏油及含油污水时,需要排放部分污水,如果收集池设有隔油结构,可以做到让水先流出收集池,尽可能多地把油留在收集池内。

13.4.3 利用雨水收集系统收集漏油是简便易行的方式。要求雨水收集系统主干道采用金属暗管,是为了使雨水收集系统主干道具有一定强度的抗爆性能。

13.4.4 水封隔断设施可阻断火焰传播路径,本条规定是为了避免火情蔓延。

14 电 气

14.1 供配电

14.1.1 石油库的电力负荷多为装卸油作业用电,中断供电,一般不会造成较大经济损失,根据电力负荷分类标准,定为三级负荷。不能中断生产作业的石油库(如兼作长输管道首、末站或中转库的石油库),是指中断供电会造成较大经济损失的石油库,故这样的石油库其供电负荷定为二级负荷。

目前国内石油库自动化水平越来越高,火灾自动报警、温度和液位自动检测等信息系统,在一、二、三级石油库应用较为广泛,若油库突然停电,这些系统就不能正常工作,还可能会损坏系统或丢失信息。因此,信息系统供电应设应急电源。

石油库发生火灾事故时,供电设备可能被毁坏,配置可移动式应急动力电源装置,在紧急情况下,能保证必要的电力供应。一、二级石油库是比较大的油库,所以对其要求高一些。可移动式应急动力电源装置主要是为电动阀门提供应急动力,可以采用可移动式应急动力蓄电池,也可以采用车载柴油发电机组。

14.1.2 石油库采用外接电源供电,具有建设投资少、经营费用低、维护管理方便等优点,故最好采用外接电源。但有些石油库位于偏僻的山区,距外电源太远,采用外接电源在技术和经济方面均不合理,在此情况下,采用自备电源也是合理可行的。

14.1.3 一、二、三级石油库的消防泵站和泡沫站是比较重要的场所,如不设应急照明电源,若照明电源突然停电,会给消防泵的操作带来困难。

14.1.4 10kV以上的变配电装置一般均露天设置,独立设置较为安全。机泵是石油库的主要用电设备,电压为10kV及以下的变配装置的变配电间与易燃液体泵房(棚)相毗邻布置于机泵配电较为方便、经济。由于变配电间的电器设备是非防爆型,操作时容易产生电弧,而易燃液体泵房又属于爆炸和火灾危险场所,故它们相毗邻时,应符合一定的安全要求。

1 本款规定是为了防止易燃液体泵房(棚)的油气通过隔墙孔洞、沟道窜入变配电间而发生爆炸火灾事故,且当油泵发生火灾时,也可防止其蔓延到变配电间。

2 本款规定变配电间的门窗应向外开,是为了当发生事故时便于工作人员撤离现场。要求变配电间的门窗设在爆炸危险区以外或在爆炸危险区以内采用密闭固定窗,是为了防止易燃液体泵房的可燃气体通过门窗进入变配电间。

3 石油库的可燃气体一般比空气重,易于在低洼处流动和积聚,按照可燃气体在室外地面的迂回范围和高度,故规定变配电间的地坪应高于油泵房的室外地坪至少0.6m。

14.1.5 本条要求"石油库主要生产作业场所的配电电缆应埋地敷设",是为了保护电缆在火灾事故中免受损坏。要求地面敷设的电缆采用阻燃电缆,是为了使电缆具有一定的耐火性,尽量保证在发生火灾事故时不被烧毁。

14.1.6 电缆若与热力管道同沟敷设,会受到热力管道的温度影响,对电缆散热不利,会使电缆温度升高,缩短电缆的使用寿命。易燃、可燃液体管道管沟容易积聚可燃气体或泄漏的液体,电缆若敷设在里面,一旦电缆破坏,产生短路电弧火花,就可能引起爆炸。故规定电缆不得与输油管道、热力管道敷设在同一管沟内。

14.1.7 现行国家标准《爆炸和火灾危险环境电力装置设计规范》GB 50058—92中第2.3.2条明确指出,该规范不包含石油库的爆炸危险区域范围的确定。本规范附录B给出的"石油库内易燃液体设备、设施的爆炸危险区域划分",是参照现行国家标准《爆炸和火灾危险环境电力装置设计规范》GB 50058等国内外标准,并结合石油库内各场所易燃液体蒸发与可燃气体排放的特点制订的。

14.2 防 雷

14.2.1 在钢储罐的防雷措施中,储罐良好接地很重要,它可以降低雷击点的电位、反击电位和跨步电压。规定"接地点不应少于2处"主要是为了保证接地的可靠性。

14.2.2 规定储罐的防雷接地装置的接地电阻不宜大于10Ω,是根据国内各部规程的推荐值给出的。经调查,多年来这样的接地电阻运行情况良好。

14.2.3 对本条各款规定说明如下:

1 装有阻火器的固定顶钢储罐在导电性能上是连续的,当罐顶钢板厚度大于或等于4mm时,自身对雷电有保护能力,不需要装设接闪杆(网)保护。当钢板厚度小于4mm时,为防止直接雷电击穿储罐钢板引起事故,故需要装设接闪杆(网)保护整个储罐。

本规范编制组曾于1980年8月和1981年3月,与中国科学院电工研究所合作,进行了石油储罐雷击模拟试验。模拟雷电流的幅值为146.6kA~220kA(能量为133.4J~201.8J),钢板熔化深度为0.076mm~0.352mm。考虑到实际上的各种不利因素(如材料的不均匀性,使用后的钢板腐蚀等)及富余量,我们认为,厚度大于或等于4mm的钢板,对防雷是足够安全的。

实践经验表明,钢板厚度不小于4mm的钢储罐,装有阻火器,做好接地,完全可以不装设接闪杆(网)保护。

2 由于外浮顶储罐和内浮顶储罐的浮顶上面的可燃气体浓度较低,一般都达不到爆炸下限,故不需要装设接闪杆(网)。

外浮顶储罐采用2根横截面不小于50mm²的软铜复绞线将金属浮顶与罐体进行的电气连接,是为了导走浮盘上的感应雷电荷和液体传到金属浮盘上的静电荷。

对于内浮顶储罐,浮顶上没有感应雷电荷,只需导走液体传到金属浮盘上的静电荷,因此,内浮顶储罐连接导线用直径不小于5mm的不锈钢钢丝绳就可以了;要求用不锈钢丝绳,主要是为了防止接触点发生电化学腐蚀,影响接触效果,造成火花隐患。

3 本款是参考国外相关研究资料制订的,其目的是为了加强浮顶和罐壁的等电位连接。

4 本款是参考国外标准(*Standard for the Installation of Lightning Protection Systems NFPA 780*)制订的,其目的是为了让浮梯与罐体和浮顶等电位。

5 对于覆土储罐,国内外不少资料都表明"凡覆土厚度在0.5m以上者,可以不考虑防雷措施"。特别是德国规范,经过几次修改,还是规定覆土储罐不需要进行任何的专门防雷。这是因为储罐埋在土里或设在覆土的罐室内,受到土壤的屏蔽作用。当雷击储罐顶部的土层时,土层可将雷电流疏散导走,起到保护作用,故可不再装设接闪杆(网)。但其呼吸阀、阻火器、量油孔、采光孔等,一般都没有覆土层,故应做好的电气连接并接地。

14.2.4 储存可燃液体的储罐的气体空间,可燃气体浓度一般都达不到爆炸极限下限,加之可燃液体闪点高,雷电作用的时间很短(一般在几十μs以内),雷电火花不能点燃可燃液体而造成火灾事故。故储存可燃液体的金属储罐不需装设接闪杆(网)。

14.2.5 本条规定是为了使钢管对电缆产生电磁封锁,减少雷电波沿配线电缆传输到控制室,将信息系统装置击坏。

14.2.6 本条要求"石油库内的信号电缆宜埋地敷设",是为了保护电缆在火灾事故中免受损坏。要求"当电缆采用穿钢管敷设时,钢管在进入建筑物处应接地",是为了尽可能减少雷电波的侵入,避免建筑物内发生雷电火花,发生火灾事故。

14.2.7 本条规定是为了信息系统仪表与储罐罐体做等电位连接,防止信息仪表被雷电过电压损坏。

14.2.11 装卸易燃液体的鹤管和装卸栈桥的防雷:

1 露天进行装卸作业,雷雨天不应也不能进行装卸作业。不进行装卸作业,爆炸危险区域不存在,因此,可以不装设接闪杆(网)防止击雷。

2 当在棚内进行装卸作业时,雷雨天可能要进行装卸作业,这样就存在爆炸危险区,所以要安装接闪杆(网)防止雷击。雷击中棚是有概率的,爆炸危险区域内存在爆炸危险混合物也是有概率的。1区存在的概率相对2区存在的概率要高些,所以接闪杆(网)只保护1区。

3 装卸易燃液体的作业区属爆炸危险场所,进入装卸作业区的输送管道在进入点接地,可将沿管道传输过来的雷电流泄入地中,减少作业区雷电流的浸入,防止反击雷电火花。

14.2.12 对本条各款规定说明如下:

1 根据有关规范规定,法兰盘做跨接主要是防止在法兰连接处产生雷击火花。

2 本款规定是防止在管道之间产生雷电反击火花,将其跨接后,使管道之间形成等电位,反击火花就不会产生了。

14.3 防 静 电

14.3.1 输送甲、乙和丙A类易燃和可燃液体时,由于液体与管道及过滤器的摩擦会产生大量静电荷,若不通过接地装置把电荷导走就会聚集在储罐上,形成很高的电位,当此电位达到某一间隙放电电位时,可能产生放电火花,引起爆炸着火事故。因此本条规定,储存甲、乙和丙A类液体的储罐要做防静电接地。

14.3.4 为使鹤管和罐车形成等电位,避免鹤管与罐车之间产生电火花,故"铁路罐车装卸栈桥的首、末端及中间处,应与钢轨、工艺管道、鹤管等相互做电气连接并接地",构成等电位。

14.3.5 石油库专用铁路线与电气化铁路接轨时,铁路高压接触网电压高(27.5kV),会对石油库的装卸作业产生危险影响,在设计时应首先考虑电气化铁路的高压接触网不进入石油库装卸作业区。当确有困难必须进入时,应采取相应的安全措施。

14.3.6 石油库专用铁路线与电气化铁路接轨,铁路高压接触网不进入石油库专用铁路线时,铁路信号及铁路高压接触网仍会对石油库产生一定危险影响。本条的3款规定,是为了消除这种危险影响。

1 在石油库专用铁路线上,设置两组绝缘轨缝,是为了防止铁路信号及铁路高压接触网的回流电流进入石油库装卸作业区。要求两组绝缘轨缝的距离要大于取送列车的总长度,是为了防止在装卸作业时,列车短接绝缘轨缝,使绝缘轨缝失去隔离作用。

2 在每组绝缘轨缝的电气化铁路侧,装设一组向电气化铁路所在方向延伸的接地装置,是为了将铁路高压接触网的回流电流引回电气化铁路,减少或消除回流电流进入石油库装卸作业区,确保石油库装卸作业的安全。

3 跨接是使钢轨、输油管道、鹤管、钢栈桥等形成等电位,防止相互之间存在电位差而产生火花放电,危及石油库装卸的安全。

14.3.7 石油库专用铁路线与电气化铁路接轨,铁路高压接触网进入石油库专用铁路线时,铁路信号及铁路高压接触网会威胁石油库的安全。本规范不赞成这样设置,当不得不这样做时,一定要采取本条第5款规定的防范措施。

1 设2组隔离开关的主要作用,是保证装卸作业时,石油库内高压接触网不带电。距作业区近的一组开关除调车作业外,均处于常开状态,避雷器是保护开关用的。距作业区远的一组(与铁路起始点15m以内),除装卸作业外,一般处于常闭状态。

2 石油库专用铁路线上,设2组绝缘轨缝与回流开关,是为了保证在调车作业时,高压接触网电流畅通;在装卸作业时,装卸作业区不受高压接触网影响。使铁路信号电、感应电通过绝缘轨缝隔离,不至于浸入装卸作业区,确保装卸作业安全。

3 绝缘轨缝的铁路侧安装向电气化铁路所在方向延伸的接地装置,主要是为了将铁路信号及高压接触网的回流电流引回铁路专用线,确保装卸作业区安全。

4 在第二组隔离开关断开的情况下,石油库内的高压接触网上,由于铁路高压接触网的电磁感应关系,仍会带上较高的电压。

设置供搭接的接地装置,可消除接触网的感应电压,确保人身安全。

5　本款规定的目的是防止因电位差而发生雷电或杂散电流闪击火花。

14.3.8　本条的规定,是为了导走汽车罐车和桶上的静电。

14.3.9　为消除船舶在装卸过程中产生的静电积聚,需在液体装卸码头上设置与船舶跨接的防静电接地装置。此接地装置与码头上的液体装卸设备的静电接地装置合用,可避免装卸设备连接时产生火花。

14.3.10　地上或管沟(指非充沙管沟)敷设的工艺管道,由于其不与土壤直接接触,管道输送产生的静电荷或雷击产生的感应电压不易被导走,容易在管道的始端、末端、分支处积聚电荷和升高电压,而且随管道的长度增加而增加。因此在这些部位要设置接地装置。

14.3.11　地上或管沟敷设的工艺管道,其静电接地装置与防雷击电磁脉冲接地装置合用时,接地电阻不宜大于30Ω是按防感应雷的接地装置设置的。接地点设在固定管墩(架)处,是为了防止机械或外力对接地装置的损害。

14.3.12　易燃和可燃液体装卸设施供罐车装卸时跨接用的静电接地装置,是防止静电事故很重要的措施。防静电接地仪器,具有辨别接地线和接地装置是否完好、接地装置的接地电阻值是否符合规范要求、装卸时跨接线是否已连通和牢固等功能。将其纳入控制系统,还可以实现智能控制装卸泵或电动阀门的电源。因此,采用防静电接地仪可有效地防止静电事故。

14.3.13　移动式的接地连接线,在与易燃和可燃液体装卸设施相连的瞬间,若油品装卸设施上积聚有静电荷,就会发生静电火花。若通过防爆开关连接,火花在防爆开关内形成,就可以避免或消除由此而产生的静电事故。

14.3.14　消除人体静电装置是指用金属管做成的扶手,设置该装置是为了人员在进入这些场所之前按规定触摸此扶手,以消除人体所带的静电荷,避免进入爆炸危险环境发生放电,导致爆炸事故。

14.3.15　甲、乙类液体经过输送管道上的精密过滤器时,由于液体与精密过滤器的摩擦会产生大量静电积聚,有可能出现危险的高电位,试验证明,油品经精密过滤器时产生的静电高电位需有30s时间才能消除,故制订本条规定。

14.3.16　对防静电接地装置的接地电阻值的规定是参照现行国家标准《液体石油产品静电安全规程》GB 13348—2009中第3.1.2条中规定"专用的静电接地体的接地电阻不宜大于100Ω,在山区等土壤电阻率较高的地区,其接地电阻值不应大于1000Ω",国外也有些标准要求不大于1000Ω。本规范为尽量保证安全,只规定了"不宜大于100Ω"。

14.3.17　在土壤中金属腐蚀电位高低与金属活泼性是有规律可循的,通常电位较负的金属活泼性比较大,电位较正的金属活泼性较小。电位较负的金属在电化学腐蚀的过程中通常作为阳极,而电位较正的金属通常作为阴极,作为阳极的金属就会因腐蚀而受到破坏,而阴极却没有太大的破坏。腐蚀电位比钢材正的其他材料主要指铜、铜包钢等。

15　自动控制和电信

15.1　自动控制系统及仪表

15.1.1　相对于本规范2002版,本次修订提高了石油库的自动化监控水平,这是与我国现阶段经济实力、技术水平、安全和环保需求相适应的。液位是储罐需要监控的最重要参数,故本条要求"储罐应设液位测量远传仪表"。对1、4款说明如下:

1　为防止储罐满溢引起火灾、爆炸,在储罐上最好设液位计和高液位报警器。只要有信号远传仪表,就可以很方便地设置报警。储罐都有测量远传仪表,这样就充分利用了仪表资源。

4　本款规定,是为了提醒操作人员,使用过程中需避免泵发生汽蚀和浮顶落底。外浮顶罐和内浮顶罐的浮顶一般情况下漂浮在液面上,直接与液面接触,可以有效抑制液体挥发,且除密封圈处外没有气相空间,极大地消除了爆炸环境。浮顶一旦落底,就会在液面与浮顶之间出现气相空间,对于易燃液体来说,有气相空间就会有爆炸性气体,就大大增加了火灾危险性。2010年发生的北方某大型油库火灾事故中,有多个100000m³储罐在10余米的近距离受到火焰的烘烤,但只有103号罐被引燃并最终被烧毁,主要原因是该罐当时浮顶已落底,罐内有少量存油,在火焰的烘烤下,存在于气相空间的油气很容易被引爆起火了。

15.1.2　高高液位联锁关闭进口阀可防止储罐进油时溢油,对本条所列三种情况需采取更严格的安全保护措施。

15.1.3　低液位开关的设置是为了避免浮顶支腿降落到罐底。由于大型储罐一旦发生事故危害性也大,所以对大于或等于50000m³的储罐的要求更高些。

15.1.4　"单独的液位连续测量仪表或液位开关"是指,除了"应设液位测量远传仪表"外,还需设置一套专门用于储罐高高、低低液位报警及联锁的液位测量仪表。

15.1.5　温度也是储罐的重要参数,需要对储罐内液体温度实时监测。

15.1.7　这样规定可以实时监测电动设备状态,及时处理异常情况。

15.1.8　易燃和可燃液体输送泵的出口压力是反映输油泵和管道是否正常运转的重要参数,对泵出口压力进行实时监测有利于安全管理。

15.1.10　本条规定是为了方便对消防系统进行监控管理,并保证其可靠性。

15.1.11　本条规定是为了保证快速启动消防系统,及时对火灾实施扑救。

15.1.12　本条是参照相关规范制订的,意在发生停电事故时,计算机监控管理系统仍有供电保证,以便采取紧急处理措施。

15.1.13　本条规定是为了保护仪表电缆在火灾事故中免受损坏。"生产区局部地段确需在地面敷设的电缆",主要指仪表、阀门、设备电缆接头处以及其他不便采取地面下敷设的电缆。电缆槽比桥架的保护功能好,如果采用桥架,电缆就要采用铠装,大大增加成本。为减少雷击影响,规定应采用金属电缆槽。不能采用合成材料。

15.2　电　信

15.2.1　石油库设置电信系统的作用在于为生产和管理提供电信支持,为石油库提供防火、防盗、防破坏等安全方面的保障。本条规定了石油库电信系统一般应包括的内容,这些电信设施是保证石油库通信可靠畅通、保障石油库安全的有效手段。

15.2.2　本条要求配置备用电源是参照相关规范制订的,意在发生停电事故时,电信设备仍有供电保证,以便采取紧急处理措施。

15.2.4 本条规定是为了保护电信线路在火灾事故中免受损坏。"生产区局部地段确需在地面以上敷设的电缆",主要指与设备电缆接头处以及其他不便采取地面下敷设的电缆。

15.2.5 石油库一般占地面积较大,为现场操作和巡检人员配备无线电通信设备,是提高管理水平的必要措施。

15.2.6 本条规定的电视监视系统的监视范围,是为了监视到石油库主要生产区域和重要场所。

16 采暖通风

16.1 采 暖

16.1.2 本条规定是参照现行国家标准《采暖通风与空气调节设计规范》GB 50019—2003 的相关规定制订的。

16.2 通 风

16.2.1 本规范给出了事故排风的换气次数为不小于 12 次/h,这个换气次数不是指在正常通风 5 次/h～6 次/h 的基础上再附加 12 次/h,而是指在发生事故时,应能保证不少于 12 次/h 的通风量。

07

中华人民共和国国家标准

自动喷水灭火系统设计规范

Code of design for sprinkler systems

GB 50084 - 2001

（2005 年版）

主编部门：中华人民共和国公安部
批准部门：中华人民共和国建设部
施行日期：2 0 0 1 年 7 月 1 日

中华人民共和国建设部公告

第 360 号

建设部关于发布国家标准《自动喷水灭火
系统设计规范》局部修订的公告

　　现批准《自动喷水灭火系统设计规范》GB 50084—2001 局部
修订的条文，自 2005 年 10 月 1 日起实施。其中，第 5.0.1、
5.0.1A、5.0.5、5.0.6、5.0.7、6.2.7、6.5.1、7.1.3、
8.0.2、10.3.2、12.0.1、12.0.2、12.0.3 条为强制性条文，必须
严格执行。经此次修改的原条文同时废止。
　　局部修订的条文及具体内容，将在近期出版的《工程建设标准
化》刊物上登载。

中华人民共和国建设部
二○○五年七月十五日

关于发布国家标准《自动喷水灭火系统
设计规范》的通知

建标 [2001] 68 号

根据我部《关于印发 1995～1996 年工程建设国家标准制订修订计划的通知》(建标[1996]4 号)的要求,由公安部会同有关部门共同修订的《自动喷水灭火系统设计规范》,经有关部门会审,批准为国家标准,编号为 GB 50084—2001,自 2001 年 7 月 1 日起施行。其中,3.0.1、3.0.2、4.1.2、4.2.1、4.2.2、4.2.5、4.2.6、4.2.9(1、3、4 款)、4.2.10、5.0.1、5.0.2、5.0.3、5.0.4(1 款)、5.0.5、5.0.6、5.0.7、5.0.8、5.0.9、5.0.10、5.0.11、6.1.1、6.1.3、6.2.1、6.2.5、6.2.7、6.2.8、6.3.1、6.3.2、6.3.3、6.5.1、6.5.2、7.1.1、7.1.2、7.1.3、7.1.4、7.1.5、7.1.6、7.1.8、7.1.9、7.1.10、7.1.11、7.1.12、7.1.13、7.1.14、7.1.15、8.0.1、8.0.2、8.0.3、8.0.6、8.0.7、8.0.8、8.0.9、9.1.3、9.1.4、9.1.5、9.1.6、9.1.7、9.1.8、10.1.1、10.1.2、10.1.3、10.2.1、10.2.3、10.2.4、10.3.1、10.3.3、10.4.1、10.4.2、11.0.1、11.0.2、11.0.3、11.0.4、11.0.5 为强制性条文,必须执行。原国家标准《自动喷水灭火系统设计规范》(GBJ 84—85)同时废止。

本规范由公安部负责管理,公安部天津消防科学研究所负责具体解释工作,建设部标准定额研究所组织中国计划出版社出版发行。

中华人民共和国建设部
二○○一年四月五日

前　言

根据建设部《关于印发 1995～1996 年工程建设国家标准制订修订计划的通知》(建标[1996]4 号)的要求,本规范由公安部天津消防科学研究所会同北京市消防局、上海市消防局、四川省消防局、公安部四川消防科学研究所、大连市消防局、深圳市消防局、建设部建筑设计院、天津市建筑设计院、化工部第一设计院、天津大学、深圳市捷星消防工程公司等单位共同修订。

本规范的修订,遵照国家有关基本建设的方针,和"预防为主、防消结合"的消防工作方针,在总结我国自动喷水灭火系统的科研成果、设计和使用现状的基础上,广泛征求了国内有关科研、设计、生产、消防监督、高校等部门的意见,同时参考了国际标准化组织和美国、英国等发达国家的相关标准,最后经有关部门共同审查定稿。

本规范修订本,共分十一章和四个附录。内容包括:总则、术语符号、设置场所火灾危险等级、系统选型、设计基本参数、系统组件、喷头布置、管道、水力计算、供水、操作与控制等。

此次修订的主要内容包括:

1. 按设计系统的工作步骤重新编排了章节顺序;

2. 充实了设置场所火灾危险等级、系统与组件选型、设计基本参数、喷头布置、管道及供水设施的配置等相关章节的技术内容;

3. 补充了新型系统和新型洒水喷头及各类仓库设置该系统的技术要求;

4. 特别强调合理的系统选型和配置,对保证自动喷水灭火系统整体性能的重要作用。

本规范具体解释工作由公安部天津消防科学研究所负责(地址:天津市南开区卫津南路 110 号　邮政编码 300381)。

本规范的主编单位、参编单位和主要起草人名单:

主编单位:公安部天津消防科学研究所

参编单位:北京市消防局
上海市消防局
四川省消防局
公安部四川消防科学研究所
大连市消防局
深圳市消防局
建设部建筑设计院
天津市建筑设计院
化工部第一设计院
天津大学
深圳市捷星消防工程公司

主要起草人:韩占先　何以申　王万钢　韩磊　马恒
赵克伟　曾杰　陈正昌　刘淑金　张兴权
刘跃红　刘国祝　章崇伦　黄建跃　于志成
万雪松　孔祥微

目　次

08

1 总　则

1.0.1　为了正确、合理地设计自动喷水灭火系统，保护人身和财产安全，制订本规范。

1.0.2　本规范适用于新建、扩建、改建的民用与工业建筑中自动喷水灭火系统的设计。

本规范不适用于火药、炸药、弹药、火工品工厂、核电站及飞机库等特殊功能建筑中自动喷水灭火系统的设计。

1.0.3　自动喷水灭火系统的设计，应密切结合保护对象的功能和火灾特点，积极采用新技术、新设备、新材料，做到安全可靠、技术先进、经济合理。

1.0.4　设计采用的系统组件，必须符合国家现行的相关标准，并经国家固定灭火系统质量监督检验测试中心检测合格。

1.0.5　当设置自动喷水灭火系统的建筑变更用途时，应校核原有系统的适用性。当不适应时，应按本规范重新设计。

1.0.6　自动喷水灭火系统的设计，除执行本规范外，尚应符合国家现行的相关强制性标准。

2　术语和符号

2.1　术　语

2.1.1　自动喷水灭火系统　sprinkler systems

由洒水喷头、报警阀组、水流报警装置（水流指示器或压力开关）等组件，以及管道、供水设施组成，并能在发生火灾时喷水的自动灭火系统。

2.1.2　闭式系统　close-type sprinkler system

采用闭式洒水喷头的自动喷水灭火系统。

1　湿式系统　wet pipe system

准工作状态时管道内充满用于启动系统的有压水的闭式系统。

2　干式系统　dry pipe system

准工作状态时配水管道内充满用于启动系统的有压气体的闭式系统。

3　预作用系统　preaction system

准工作状态时配水管道内不充水，由火灾自动报警系统自动开启雨淋报警阀后，转换为湿式系统的闭式系统。

4　重复启闭预作用系统　recycling preaction system

能在扑灭火灾后自动关阀，复燃时再次开阀喷水的预作用系统。

2.1.3　雨淋系统　deluge system

由火灾自动报警系统或传动管控制，自动开启雨淋报警阀和启动供水泵后，向开式洒水喷头供水的自动喷水灭火系统。亦称开式系统。

2.1.4　水幕系统　drencher systems

由开式洒水喷头或水幕喷头、雨淋报警阀组或感温雨淋阀，以及水流报警装置（水流指示器或压力开关）等组成，用于挡烟阻火和冷却分隔物的喷水系统。

1　防火分隔水幕　water curtain for fire compartment

密集喷洒形成水墙或水帘的水幕。

2　防护冷却水幕　drencher for cooling protection

冷却防火卷帘等分隔物的水幕。

2.1.5　自动喷水—泡沫联用系统　combined sprinkler-foam system

配置供给泡沫混合液的设备后，组成既可喷水又可喷泡沫的自动喷水灭火系统。

2.1.6　作用面积　area of sprinklers operation

一次火灾中系统按喷水强度保护的最大面积。

2.1.7　标准喷头　standard sprinkler

流量系数 $K=80$ 的洒水喷头。

2.1.8　响应时间指数（RTI）　response time index

闭式喷头的热敏性能指标。

2.1.9　快速响应喷头　fast response sprinkler

响应时间指数 $RTI \leqslant 50(\mathrm{m \cdot s})^{0.5}$ 的闭式洒水喷头。

2.1.10　边墙型扩展覆盖喷头　extended coverage sidewall sprinkler

流量系数 $K=115$ 的边墙型快速响应喷头。

2.1.11　早期抑制快速响应喷头　early suppression fast response sprinkler（ESFR）

响应时间指数 $RTI \leqslant 28 \pm 8(\mathrm{m \cdot s})^{0.5}$，用于保护高堆垛与高货架仓库的大流量特种洒水喷头。

2.1.12　一只喷头的保护面积　area of one sprinkler operation

同一根配水支管上相邻喷头的距离与相邻配水支管之间距离的乘积。

2.1.13　配水干管　feed mains

报警阀后向配水管供水的管道。

2.1.14　配水管　cross mains

向配水支管供水的管道。

2.1.15　配水支管　branch lines

直接或通过短立管向喷头供水的管道。

2.1.16　配水管道　system pipes

配水干管、配水管及配水支管的总称。

2.1.17　短立管　sprig-up

连接喷头与配水支管的立管。

2.1.18　信号阀　signal valve

具有输出启闭状态信号功能的阀门。

2.2　符　号

a——喷头与障碍物的水平间距

b——喷头溅水盘与障碍物底面的垂直间距

c——障碍物横截面的一个边长

d——管道外径

d_g——节流管的计算内径

d_j——管道的计算内径

d_k——减压孔板的孔口直径

e——障碍物横截面的另一个边长

f——喷头溅水盘与不到顶隔墙顶面的垂直间距

g——重力加速度

h——系统管道沿程和局部的水头损失

H——水泵扬程或系统入口的供水压力

H_g——节流管的水头损失

H_k——减压孔板的水头损失

i——每米管道的水头损失

K——喷头流量系数

L——节流管的长度

n——最不利点处作用面积内的喷头数

P——喷头工作压力

P_0——最不利点处喷头的工作压力

q——喷头流量

q_i——最不利点处作用面积内各喷头节点的流量

Q_s——系统设计流量

V——管道内水的平均流速

V_g——节流管内水的平均流速

V_k——减压孔板后管道内水的平均流速

Z——最不利点处喷头与消防水池最低水位或系统入口管水平中心线之间的高程差

ζ——节流管中渐缩管与渐扩管的局部阻力系数之和

ξ——减压孔板的局部阻力系数

3 设置场所火灾危险等级

3.0.1 设置场所火灾危险等级的划分,应符合下列规定:

　　1 轻危险级

　　2 中危险级

　　　Ⅰ级

　　　Ⅱ级

　　3 严重危险级

　　　Ⅰ级

　　　Ⅱ级

　　4 仓库危险级

　　　Ⅰ级

　　　Ⅱ级

　　　Ⅲ级

3.0.2 设置场所的火灾危险等级,应根据其用途、容纳物品的火灾荷载及室内空间条件等因素,在分析火灾特点和热气流驱动喷头开放及喷水到位的难易程度后确定。举例见本规范附录A。

3.0.3 当建筑物内各场所的火灾危险性及灭火难度存在较大差异时,宜按各场所的实际情况确定系统选型与火灾危险等级。

4 系统选型

4.1 一般规定

4.1.1 自动喷水灭火系统应在人员密集、不易疏散、外部增援灭火与救生较困难的性质重要或火灾危险性较大的场所中设置。

4.1.2 自动喷水灭火系统不适用于存在较多下列物品的场所:

　　1 遇水发生爆炸或加速燃烧的物品;

　　2 遇水发生剧烈化学反应或产生有毒有害物质的物品;

　　3 洒水将导致喷溅或沸溢的液体。

4.1.3 自动喷水灭火系统的系统选型,应根据设置场所的火灾特点或环境条件确定,露天场所不宜采用闭式系统。

4.1.4 自动喷水灭火系统的设计原则应符合下列规定:

　　1 闭式喷头或启动系统的火灾探测器,应能有效探测初期火灾;

　　2 湿式系统、干式系统应在开放一只喷头后自动启动,预作用系统、雨淋系统应在火灾自动报警系统报警后自动启动;

　　3 作用面积内开放的喷头,应在规定时间内按设计选定的强度持续喷水;

　　4 喷头洒水时,应均匀分布,且不应受阻挡。

4.2 系统选型

4.2.1 环境温度不低于4℃,且不高于70℃的场所应采用湿式系统。

4.2.2 环境温度低于4℃,或高于70℃的场所应采用干式系统。

4.2.3 具有下列要求之一的场所应采用预作用系统:

　　1 系统处于准工作状态时,严禁管道漏水;

　　2 严禁系统误喷;

　　3 替代干式系统。

4.2.4 灭火后必须及时停止喷水的场所,应采用重复启闭预作用系统。

4.2.5 具有下列条件之一的场所,应采用雨淋系统:

　　1 火灾的水平蔓延速度快、闭式喷头的开放不能及时使喷水有效覆盖着火区域;

　　2 室内净空高度超过本规范6.1.1条的规定,且必须迅速扑救初期火灾;

　　3 严重危险级Ⅱ级。

4.2.6 符合本规范5.0.6条规定条件的仓库,当设置自动喷水灭火系统时,宜采用早期抑制快速响应喷头,并宜采用湿式系统。

4.2.7 存在较多易燃液体的场所,宜按下列方式之一采用自动喷水—泡沫联用系统:

　　1 采用泡沫灭火剂强化闭式系统性能;

　　2 雨淋系统前期喷水控火,后期喷泡沫强化灭火效能;

　　3 雨淋系统前期喷泡沫灭火,后期喷水冷却防止复燃。

　　系统中泡沫灭火剂的选型、储存及相关设备的配置,应符合现行国家标准《低倍数泡沫灭火系统设计规范》GB 50151—92 的规定。

4.2.8 建筑物中保护局部场所的干式系统、预作用系统、雨淋系统、自动喷水—泡沫联用系统,可串联接入同一建筑物内湿式系统,并应与其配水干管连接。

4.2.9 自动喷水灭火系统应有下列组件、配件和设施:

　　1 应设有洒水喷头、水流指示器、报警阀组、压力开关等组件和末端试水装置,以及管道、供水设施;

　　2 控制管道静压的区段宜分区供水或设减压阀,控制管道动压的区段宜设减压孔板或节流管;

　　3 应设有泄水阀(或泄水口)、排气阀(或排气口)和排污口;

4 干式系统和预作用系统的配水管道应设快速排气阀。有压充气管道的快速排气阀入口前应设电动阀。

4.2.10 防护冷却水幕应直接将水喷向被保护对象；防火分隔水幕不宜用于尺寸超过15m（宽）×8m（高）的开口（舞台口除外）。

5 设计基本参数

5.0.1 民用建筑和工业厂房的系统设计参数不应低于表5.0.1的规定。

表5.0.1 民用建筑和工业厂房的系统设计参数

火灾危险等级		净空高度（m）	喷水强度（L/min·m²）	作用面积（m²）
轻危险级			4	
中危险级	Ⅰ级	≤8	6	160
	Ⅱ级		8	
严重危险级	Ⅰ级		12	260
	Ⅱ级		16	

注：系统最不利点处喷头的工作压力不应低于0.05MPa。

5.0.1A 非仓库类高大净空场所设置自动喷水灭火系统时，湿式系统的设计基本参数不应低于表5.0.1A的规定。

表5.0.1A 非仓库类高大净空场所的系统设计基本参数

适用场所	净空高度（m）	喷水强度（L/min·m²）	作用面积（m²）	喷头选型	喷头最大间距（m）
中庭、影剧院、音乐厅、单一功能体育馆等	8~12	6	260	K=80	3
会展中心、多功能体育馆、自选商场等	8~12	12	300	K=115	

注：1 喷头溅水盘与顶板的距离应符合7.1.3条的规定。
2 最大储物高度超过3.5m的自选商场应按16L/min·m²确定喷水强度。
3 表中"~"两侧的数据，左侧为"大于"，右侧为"不大于"。

5.0.2 仅在走道设置单排喷头的闭式系统，其作用面积应按最大疏散距离所对应的走道面积确定。

5.0.3 装设网格、栅板类通透性吊顶的场所，系统的喷水强度应按本规范表5.0.1规定值的1.3倍确定。

5.0.4 干式系统与雨淋系统的作用面积应符合下列规定：

1 干式系统的作用面积应按本规范表5.0.1规定值的1.3倍确定。

2 雨淋系统中每个雨淋阀控制的喷水面积不宜大于本规范表5.0.1中的作用面积。

5.0.5 设置自动喷水灭火系统的仓库，系统设计基本参数应符合下列规定：

1 堆垛储物仓库不应低于表5.0.5-1、表5.0.5-2的规定；

2 货架储物仓库不应低于表5.0.5-3～表5.0.5-5的规定；

3 当Ⅰ级、Ⅱ级仓库中混杂储存Ⅲ级仓库的货品时，不应低于表5.0.5-6的规定。

4 货架储物仓库应采用钢制货架，并应采用通透层板，层板中通透部分的面积不应小于层板总面积的50%。

5 采用木制货架及采用封闭层板货架的仓库，应按堆垛储物仓库设计。

表5.0.5-1 堆垛储物仓库的系统设计基本参数

火灾危险等级	储物高度（m）	喷水强度（L/min·m²）	作用面积（m²）	持续喷水时间（h）
仓库危险级Ⅰ级	3.0~3.5	8	160	1.0
	3.5~4.5	8	200	1.5
	4.5~6.0	10		
	6.0~7.5	14		
仓库危险级Ⅱ级	3.0~3.5	10	200	2.0
	3.5~4.5	12		
	4.5~6.0	16		
	6.0~7.5	22		

注：本表及表5.0.5-3、表5.0.5-4适用于室内最大净空高度不超过9.0m的仓库。

表5.0.5-2 分类堆垛储物的Ⅲ级仓库的系统设计基本参数

最大储物高度（m）	最大净空高度（m）	喷水强度（L/min·m²）			
		A	B	C	D
1.5	7.5	8.0			
3.5	4.5	16.0	16.0	12.0	12.0
	6.0	24.5	22.0	20.5	16.5
	9.5	32.5	28.5	24.5	18.5
4.5	6.0	20.5	18.5	16.5	12.0
	7.5	32.5	28.5	24.5	18.5
6.0	7.5	24.5	22.5	18.5	14.5
	9.0	36.5	34.5	28.5	22.5
7.5	9.0	30.5	28.5	22.5	18.5

注：1 A—袋装与无包装的发泡塑料橡胶；B—箱装的发泡塑料橡胶；
C—箱装与袋装的不发泡塑料橡胶；D—无包装的不发泡塑料橡胶。
2 作用面积不应小于240m²。

表5.0.5-3 单、双排货架储物仓库的系统设计基本参数

火灾危险等级	储物高度（m）	喷水强度（L/min·m²）	作用面积（m²）	持续喷水时间（h）
仓库危险级Ⅰ级	3.0~3.5	8	200	1.5
	3.5~4.5	12		
	4.5~6.0	18		
仓库危险级Ⅱ级	3.0~3.5	12	240	1.5
	3.5~4.5	15	280	2.0

表5.0.5-4 多排货架储物仓库的系统设计基本参数

火灾危险等级	储物高度（m）	喷水强度（L/min·m²）	作用面积（m²）	持续喷水时间（h）
仓库危险级Ⅰ级	3.5~4.5	12	200	1.5
	4.5~6.0	18		
	6.0~7.5	12+1J		

火灾危险等级	储物高度 (m)	喷水强度 (L/min·m²)	作用面积 (m²)	持续喷水时间 (h)
仓库危险级 Ⅱ级	3.0~3.5	12	200	1.5
	3.5~4.5	18		
	4.5~6.0	12+1J		2.0
	6.0~7.5	12+2J		

表 5.0.5-5 货架储物Ⅲ级仓库的系统设计基本参数

序号	室内最大净高度 (m)	货架类型	储物高度 (m)	货架上方净空 (m)	顶板下喷头喷水强度 (L/min·m²)	货架内置喷头 层数	高度 (m)	流量系数
1	—	单、双排	3.0~6.0	<1.5	24.5	—	—	—
2	≤6.5	单、双排	3.0~4.5	—	18.0	—	—	—
3	—	单、双、多排	3.0	<1.5	12.0	—	—	—
4	—	单、双、多排	3.0	1.5~3.0	18.0	—	—	—
5	—	单、双、多排	3.0~4.5	1.5~3.0	12.0	1	3.0	80
6	—	单、双排	4.5~6.0	<1.5	24.5	—	—	—
7	≤8.0	单、双排	4.5~6.0	—	24.5	—	—	—
8	—	单、双排	4.5~6.0	1.5~3.0	18.0	1	3.0	80
9	—	单、双、多排	6.0~7.5	<1.5	18.5	1	4.5	115
10	≤9.0	单、双、多排	6.0~7.5	—	32.5	—	—	—

注：1 持续喷水时间不应低于 2h，作用面积不应小于 200m²。

2 序号 5 与序号 8：货架内设置一排货架内置喷头时，喷头的间距不应大于 3.0m；设置两排或多排货架内置喷头时，喷头的间距不应大于 3.0×2.4(m)。

3 序号 9：货架内设置一排货架内置喷头时，喷头的间距不应大于 2.4m；设置两排或多排货架内置喷头时，喷头的间距不应大于 2.4×2.4(m)。

4 设置两排和多排货架内置喷头时，喷头应交错布置。

5 货架内置喷头的最低工作压力不应低于 0.1MPa。

6 表中字母"J"表示货架内喷头，"J"前的数字表示货架内喷头的层数。

表 5.0.5-6 混杂储物仓库的系统设计基本参数

货品类别	储存方式	储物高度 (m)	最大净空高度 (m)	喷水强度 (L/min·m²)	作用面积 (m²)	持续喷水时间 (h)
储物中包括沥青制品或箱装A组塑料橡胶	堆垛与货架	≤1.5	9.0	8	160	1.5
		1.5~3.0	4.5	12	240	2.0
		1.5~3.0	6.0	16	240	2.0
		3.0~3.5	5.0	16	240	2.0
	堆垛	3.0~3.5	8.0	16	240	2.0
	货架	1.5~3.5	9.0	8+1J	160	2.0
储物中包括袋装A组塑料橡胶	堆垛与货架	≤1.5	9.0	8	160	1.5
		1.5~3.0	4.5	16	240	2.0
		3.0~3.5	5.0			
	堆垛	1.5~2.5			240	2.0
储物中包括袋装不发泡A组塑料橡胶	堆垛与货架	1.5~3.0	6.0	16	240	2.0
储物中包括袋装发泡A组塑料橡胶	货架	1.5~3.0		8+1J	160	2.0
储物中包括轮胎或纸卷	堆垛与货架	1.5~3.0	9.0	12	240	2.0

注：1 无包装的塑料橡胶视同纸袋、塑料袋包装。

2 货架内置喷头应采用与顶板下喷头相同的喷水强度，用水量应按开放 6 只喷头确定。

5.0.6 仓库采用早期抑制快速响应喷头的系统设计基本参数不应低于表 5.0.6 的规定。

表 5.0.6 仓库采用早期抑制快速响应喷头的系统设计基本参数

储物类别	最大净空高度 (m)	最大储物高度 (m)	喷头流量系数 K	喷头最大间距 (m)	作用面积内开放的喷头数 (只)	喷头最低工作压力 (MPa)
Ⅰ级、Ⅱ级、沥青制品、箱装不发泡塑料	9.0	7.5	200	3.7	12	0.35
			360			0.10
	10.5	9.0	200	3.0	12	0.50
			360			0.15
	12.0	10.5	200		12	0.50
			360			0.20
	13.5	12.0	360		12	0.30
袋装不发泡塑料	9.0	7.5	200	3.7	12	0.35
			240			0.25
	9.5	7.5	200		12	0.40
			240			0.30
	12.0	10.5	200	3.0	12	0.50
			240			0.35
箱装发泡塑料	9.0	7.5	200	3.7	12	0.35
	9.5	7.5	200		12	0.40
			240			0.30

注：快速响应早期抑制喷头在保护最大高度范围内，如有货架应为通透性层板。

5.0.7 货架储物仓库的最大净空高度或最大储物高度超过本规范表 5.0.5-1～表 5.0.5-6、表 5.0.6 的规定时，应设货架内置喷头。宜在自地面起每 4m 高度处设置一层货架内置喷头。当喷头流量系数 K=80 时，工作压力不应小于 0.20MPa；当 K=115 时，工作压力不应小于 0.10MPa。喷头间距不应大于 3m，也不宜小于 2m。计算喷头数量不应小于表 5.0.7 的规定。货架内置喷头上方的层间隔板应为实层板。

表 5.0.7 货架内开放喷头数

仓库危险级	货架内置喷头的层数		
	1	2	>2
Ⅰ	6	12	14
Ⅱ	8	14	
Ⅲ	10		

5.0.7A 仓库内设有自动喷水灭火系统时，宜设消防排水设施。

5.0.8 闭式自动喷水—泡沫联用系统的设计基本参数，除执行本规范表 5.0.1 的规定外，尚应符合下列规定：

1 湿式系统自喷水至喷泡沫的转换时间，按 4L/s 流量计算，不应大于 3min；

2 泡沫比例混合器应在流量等于和大于 4L/s 时符合水与泡沫灭火剂的混合比规定；

3 持续喷泡沫的时间不应小于 10min。

5.0.9 雨淋自动喷水—泡沫联用系统应符合下列规定：

1 前期喷水后期喷泡沫的系统，喷水强度与喷泡沫强度均不应低于本规范表 5.0.1、表 5.0.5-1～表 5.0.5-6 的规定；

2 前期喷泡沫后期喷水的系统，喷泡沫强度与喷水强度均应执行现行国家标准《低倍数泡沫灭火系统设计规范》GB 50151—92 的规定；

3 持续喷泡沫时间不应小于 10min。

5.0.10 水幕系统的设计基本参数应符合表 5.0.10 的规定：

表 5.0.10 水幕系统的设计基本参数

水幕类别	喷水点高度 (m)	喷水强度 (L/s·m)	喷头工作压力 (MPa)
防火分隔水幕	≤12	2	0.1
防护冷却水幕	≤4	0.5	

注：防护冷却水幕的喷水点高度每增加 1m，喷水强度应增加 0.1L/s·m，但超过 9m 时喷水强度仍采用 1.0L/s·m。

08

5.0.11 除本规范另有规定外,自动喷水灭火系统的持续喷水时间,应按火灾延续时间不小于1h确定。

5.0.12 利用有压气体作为系统启动介质的干式系统、预作用系统,其配水管道内的气压值,应根据报警阀的技术性能确定;利用有压气体检测管道是否严密的预作用系统,配水管道内的气压值不宜小于0.03MPa,且不宜大于0.05MPa。

6 系统组件

6.1 喷 头

6.1.1 采用闭式系统场所的最大净空高度不应大于表6.1.1的规定,仅用于保护室内钢屋架等建筑构件和设置货架内置喷头的闭式系统,不受此表规定的限制。

表6.1.1 采用闭式系统场所的最大净空高度(m)

设置场所	采用闭式系统场所的最大净空高度
民用建筑和工业厂房	8
仓库	9
采用早期抑制快速响应喷头的仓库	13.5
非仓库类高大净空场所	12

6.1.2 闭式系统的喷头,其公称动作温度宜高于环境最高温度30℃。

6.1.3 湿式系统的喷头选型应符合下列规定:

1 不做吊顶的场所,当配水支管布置在梁下时,应采用直立型喷头;

2 吊顶下布置的喷头,应采用下垂型喷头或吊顶型喷头;

3 顶板为水平面的轻危险级、中危险级Ⅰ级居室和办公室,可采用边墙型喷头;

4 自动喷水—泡沫联用系统应采用洒水喷头;

5 易受碰撞的部位,应采用带保护罩的喷头或吊顶型喷头。

6.1.4 干式系统、预作用系统应采用直立型喷头或干式下垂型喷头。

6.1.5 水幕系统的喷头选型应符合下列规定:

1 防火分隔水幕应采用开式洒水喷头或水幕喷头;

2 防护冷却水幕应采用水幕喷头。

6.1.6 下列场所宜采用快速响应喷头:

1 公共娱乐场所、中庭环廊;

2 医院、疗养院的病房及治疗区域,老年、少儿、残疾人的集体活动场所;

3 超出水泵接合器供水高度的楼层;

4 地下的商业及仓储用房。

6.1.7 同一隔间内应采用相同热敏性能的喷头。

6.1.8 雨淋系统的防护区内应采用相同的喷头。

6.1.9 自动喷水灭火系统应有备用喷头,其数量不应少于总数的1%,且每种型号均不得少于10只。

6.2 报警阀组

6.2.1 自动喷水灭火系统应设报警阀组。保护室内钢屋架等建筑构件的闭式系统,应设独立的报警阀组。水幕系统应设独立的报警阀组或感温雨淋阀。

6.2.2 串联接入湿式系统配水干管的其他自动喷水灭火系统,应分别设置独立的报警阀组,其控制的喷头数计入湿式阀组控制的喷头总数。

6.2.3 一个报警阀组控制的喷头数应符合下列规定:

1 湿式系统、预作用系统不宜超过800只;干式系统不宜超过500只。

2 当配水支管同时安装保护吊顶下方和上方空间的喷头时,应只将数量较多一侧的喷头计入报警阀组控制的喷头总数。

6.2.4 每个报警阀组供水的最高与最低位置喷头,其高程差不宜大于50m。

6.2.5 雨淋阀组的电磁阀,其入口应设过滤器。并联设置雨淋阀组的雨淋系统,其雨淋阀控制腔的入口应设止回阀。

6.2.6 报警阀组宜设在安全及易于操作的地点,报警阀距地面的高度宜为1.2m。安装报警阀的部位应设有排水设施。

6.2.7 连接报警阀进出口的控制阀应采用信号阀。当不采用信号阀时,控制阀应设锁定阀位的锁具。

6.2.8 水力警铃的工作压力不应小于0.05MPa,并应符合下列规定:

1 应设在有人值班的地点附近;

2 与报警阀连接的管道,其管径应为20mm,总长不宜大于20m。

6.3 水流指示器

6.3.1 除报警阀组控制的喷头只保护不超过防火分区面积的同层场所外,每个防火分区、每个楼层均应设水流指示器。

6.3.2 仓库内顶板下喷头与货架内喷头应分别设置水流指示器。

6.3.3 当水流指示器入口前设置控制阀时,应采用信号阀。

6.4 压力开关

6.4.1 雨淋系统和防火分隔水幕,其水流报警装置宜采用压力开关。

6.4.2 应采用压力开关控制稳压泵,并应能调节启停压力。

6.5 末端试水装置

6.5.1 每个报警阀组控制的最不利点喷头处,应设末端试水装置,其他防火分区、楼层均应设直径为25mm的试水阀。末端试水装置和试水阀应便于操作,且应有足够排水能力的排水设施。

6.5.2 末端试水装置应由试水阀、压力表以及试水接头组成。试水接头出水口的流量系数,应等同于同楼层或防火分区内的最小流量系数喷头。末端试水装置的出水,应采取孔口出流的方式排入排水管道。

7 喷头布置

7.1 一般规定

7.1.1 喷头应布置在顶板或吊顶下易于接触到火灾热气流并有利于均匀布水的位置。当喷头附近有障碍物时，应符合本规范7.2节的规定或增设补偿喷水强度的喷头。

7.1.2 直立型、下垂型喷头的布置，包括同一根配水支管上喷头的间距和相邻配水支管的间距，应根据系统的喷水强度、喷头的流量系数和工作压力确定，并不应大于表7.1.2的规定，且不宜小于2.4m。

表 7.1.2　同一根配水支管上喷头的间距及相邻配水支管的间距

喷水强度 (L/min·m²)	正方形布置的边长 (m)	矩形或平行四边形布置的长边边长 (m)	一只喷头的最大保护面积 (m²)	喷头与端墙的最大距离 (m)
4	4.4	4.5	20.0	2.2
6	3.6	4.0	12.5	1.8
8	3.4	3.6	11.5	1.7
≥12	3.0	3.6	9.0	1.5

注：1　仅在走道设置单排喷头的闭式系统，其喷头间距应按走道地面不留漏喷空白点确定。

　　2　喷水强度大于8L/min·m²时，宜采用流量系数K＞80的喷头。

　　3　货架内置喷头的间距均不应小于2m，并不应大于3m。

7.1.3 除吊顶型喷头及吊顶下安装的喷头外，直立型、下垂型标准喷头，其溅水盘与顶板的距离，不应小于75mm，不应大于150mm。

　　1 当在梁或其他障碍物底面下方的平面上布置喷头时，溅水盘与顶板的距离不应大于300mm，同时溅水盘与梁等障碍物底面的垂直距离不应小于25mm，不应大于100mm。

　　2 当在梁间布置喷头时，应符合本规范7.2.1条的规定。确有困难时，溅水盘与顶板的距离不应大于550mm。

　　梁间布置的喷头，喷头溅水盘与顶板距离达到550mm仍不能符合7.2.1条规定时，应在梁底面的下方增设喷头。

　　3 密肋梁板下方的喷头，溅水盘与密肋梁板底面的垂直距离，不应小于25mm，不应大于100mm。

　　4 净空高度不超过8m的场所中，间距不超过4×4(m)布置的十字梁，可在梁间布置1只喷头，但喷水强度仍应符合表5.0.1的规定。

7.1.4 早期抑制快速响应喷头的溅水盘与顶板的距离，应符合表7.1.4的规定：

表 7.1.4　早期抑制快速响应喷头的溅水盘与顶板的距离(mm)

喷头安装方式	直立型		下垂型	
	不应小于	不应大于	不应小于	不应大于
溅水盘与顶板的距离	100	150	150	360

7.1.5 图书馆、档案馆、商场、仓库中的通道上方宜设有喷头。喷头与被保护对象的水平距离，不应小于0.3m；喷头溅水盘与保护对象的最小垂直距离不应小于表7.1.5的规定：

表 7.1.5　喷头溅水盘与保护对象的最小垂直距离(m)

喷头类型	最小垂直距离
标准喷头	0.45
其他喷头	0.90

7.1.6 货架内置喷头宜与顶板下喷头交错布置，其溅水盘与上方层板的距离，应符合本规范7.1.3条的规定，与其下方货品顶面的垂直距离不应小于150mm。

7.1.7 货架内喷头上方的货架层板，应为封闭层板。货架内喷头上方如有孔洞、缝隙，应在喷头的上方设置集热挡水板。集热挡水板应为正方形或圆形金属板，其平面面积不宜小于0.12m²，周围弯边的下沿，宜与喷头的溅水盘平齐。

7.1.8 净空高度大于800mm的闷顶和技术夹层内有可燃物时，应设置喷头。

7.1.9 当局部场所设置自动喷水灭火系统时，与相邻不设自动喷水灭火系统场所连通的走道或连通门窗的外侧，应设喷头。

7.1.10 装设通透性吊顶的场所，喷头应布置在顶板下。

7.1.11 顶板或吊顶为斜面时，喷头应垂直于斜面，并应按斜面距离确定喷头间距。

　　尖屋顶的屋脊处应设一排喷头。喷头溅水盘至屋脊的垂直距离，屋顶坡度≥1/3时，不应大于0.8m；屋顶坡度＜1/3时，不应大于0.6m。

7.1.12 边墙型标准喷头的最大保护跨度与间距，应符合表7.1.12的规定：

表 7.1.12　边墙型标准喷头的最大保护跨度与间距(m)

设置场所火灾危险等级	轻危险级	中危险级Ⅰ级
配水支管上喷头的最大间距	3.6	3.0
单排喷头的最大保护跨度	3.6	3.0
两排相对喷头的最大保护跨度	7.2	6.0

注：1　两排相对喷头应交错布置。

　　2　室内跨度大于两排相对喷头的最大保护跨度时，应在两排相对喷头中间增设一排喷头。

7.1.13 边墙型扩展覆盖喷头的最大保护跨度、配水支管上的喷头间距、喷头与两侧端墙的距离，应按喷头工作压力下能够喷湿对面墙和邻近端墙距溅水盘1.2m高度以下的墙面确定，且保护面积内的喷水强度应符合本规范表5.0.1的规定。

7.1.14 直立式边墙型喷头，其溅水盘与顶板的距离不应小于100mm，且不宜大于150mm，与背墙的距离不应小于50mm，并不应大于100mm。

　　水平式边墙型喷头溅水盘与顶板的距离不应小于150mm，且不应大于300mm。

7.1.15 防火分隔水幕的喷头布置，应保证水幕的宽度不小于6m。采用水幕喷头时，喷头不应少于3排；采用开式洒水喷头时，喷头不应少于2排。防护冷却水幕的喷头宜布置成单排。

7.2 喷头与障碍物的距离

7.2.1 直立型、下垂型喷头与梁、通风管道的距离宜符合表7.2.1的规定(见图7.2.1)。

表 7.2.1　喷头与梁、通风管道的距离(m)

喷头溅水盘与梁或通风管道的底面的最大垂直距离 b		喷头与梁、通风管道的水平距离 a
标准喷头	其他喷头	
0	0	a＜0.3
0.06	0.04	0.3≤a＜0.6
0.14	0.14	0.6≤a＜0.9
0.24	0.25	0.9≤a＜1.2
0.35	0.38	1.2≤a＜1.5
0.45	0.55	1.5≤a＜1.8
＞0.45	＞0.55	a＝1.8

08

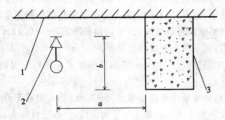

图 7.2.1 喷头与梁、通风管道的距离
1—顶板;2—直立型喷头;3—梁(或通风管道)

7.2.2 直立型、下垂型标准喷头的溅水盘以下 0.45m,其他直立型、下垂型喷头的溅水盘以下 0.9m 范围内,如有屋架等间断障碍物或管道时,喷头与邻近障碍物的最小水平距离宜符合表 7.2.2 的规定(见图 7.2.2)。

表 7.2.2 喷头与邻近障碍物的最小水平距离(m)

喷头与邻近障碍物的最小水平距离 a	
c、e 或 $d\leqslant0.2$	c、e 或 $d>0.2$
$3c$ 或 $3e$(c 与 e 取大值)或 $3d$	0.6

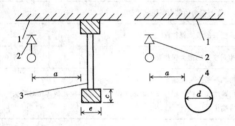

图 7.2.2 喷头与邻近障碍物的最小水平距离
1—顶板;2—直立型喷头;3—屋架等间断障碍物;4—管道

7.2.3 当梁、通风管道、成排布置的管道、桥架等障碍物的宽度大于 1.2m 时,其下方应增设喷头(见图 7.2.3)。增设喷头的上方如有缝隙时应设集热板。

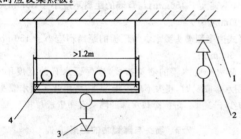

图 7.2.3 障碍物下方增设喷头
1—顶板;2—直立型喷头;3—下垂型喷头;
4—排管(或梁、通风管道、桥架等)

7.2.4 直立型、下垂型喷头与不到顶隔墙的水平距离,不得大于喷头溅水盘与不到顶隔墙顶面垂直距离的 2 倍(见图 7.2.4)。

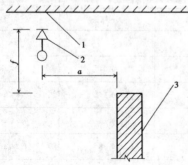

图 7.2.4 喷头与不到顶隔墙的水平距离
1—顶板;2—直立型喷头;3—不到顶隔墙

· **7.2.5** 直立型、下垂型喷头与靠墙障碍物的距离,应符合下列规

定(见图 7.2.5):

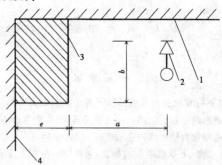

图 7.2.5 喷头与靠墙障碍物的距离
1—顶板;2—直立型喷头;3—靠墙障碍物;4—墙面

1 障碍物横截面边长小于 750mm 时,喷头与障碍物的距离,应按公式 7.2.5 确定:

$$a\geqslant(e-200)+b \qquad (7.2.5)$$

式中 a——喷头与障碍物的水平距离(mm);

b——喷头溅水盘与障碍物底面的垂直距离(mm);

e——障碍物横截面的边长(mm),$e<750$。

2 障碍物横截面边长等于或大于 750mm 或 a 的计算值大于本规范表 7.1.2 中喷头与端墙距离的规定时,应在靠墙障碍物下增设喷头。

7.2.6 边墙型喷头的两侧 1m 及正前方 2m 范围内,顶板或吊顶下不应有阻挡喷水的障碍物。

8 管 道

8.0.1 配水管道的工作压力不应大于 1.20MPa,并不应设置其他用水设施。

8.0.2 配水管道应采用内外壁热镀锌钢管或符合现行国家或行业标准,并同时符合本规范 1.0.4 条规定的涂覆其他防腐材料的钢管,以及铜管、不锈钢管。当报警阀入口前管道采用不防腐的钢管时,应在该段管道的末端设过滤器。

8.0.3 镀锌钢管应采用沟槽式连接件(卡箍)、丝扣或法兰连接。报警阀前采用内壁不防腐钢管时,可焊接连接。

铜管、不锈钢管应采用配套的支架、吊架。

除镀锌钢管外,其他管道的水头损失取值应按检测或生产厂提供的数据确定。

8.0.4 系统中直径等于或大于 100mm 的管道,应分段采用法兰或沟槽式连接件(卡箍)连接。水平管道上法兰间的管道长度不宜大于 20m;立管上法兰间的距离,不应跨越 3 个及以上楼层。净空高度大于 8m 的场所内,立管上应有法兰。

8.0.5 管道的直径应经水力计算确定。配水管道的布置,应使配水管入口的压力均衡。轻危险级、中危险级场所中配水管入口的压力均不宜大于 0.40MPa。

8.0.6 配水管两侧每根配水支管控制的标准喷头数,轻危险级、中危险级场所不应超过 8 只,同时在吊顶上下安装喷头的配水支管,上下侧均不应超过 8 只。严重危险级及仓库危险级场所均不应超过 6 只。

8.0.7 轻危险级、中危险级场所中配水支管、配水管控制的标准喷头数,不应超过表 8.0.7 的规定。

表 8.0.7 轻危险级、中危险级场所中配水支管、
配水管控制的标准喷头数

公称管径(mm)	控制的标准喷头数(只)	
	轻危险级	中危险级
25	1	1
32	3	3
40	5	4
50	10	8
65	18	12
80	48	32
100	—	64

8.0.8 短立管及末端试水装置的连接管,其管径不应小于25mm。

8.0.9 干式系统的配水管道充水时间,不宜大于1min;预作用系统与雨淋系统的配水管道充水时间,不宜大于2min。

8.0.10 干式系统、预作用系统的供气管道,采用钢管时,管径不宜小于15mm;采用铜管时,管径不宜小于10mm。

8.0.11 水平安装的管道宜有坡度,并应坡向泄水阀。充水管道的坡度不宜小于2‰,准工作状态不充水管道的坡度不宜小于4‰。

9 水力计算

9.1 系统的设计流量

9.1.1 喷头的流量应按下式计算:

$$q = K\sqrt{10P} \qquad (9.1.1)$$

式中 q——喷头流量(L/min);

P——喷头工作压力(MPa);

K——喷头流量系数。

系统最不利点处喷头的工作压力应计算确定。

9.1.2 水力计算选定的最不利点处作用面积宜为矩形,其长边应平行于配水支管,其长度不宜小于作用面积平方根的1.2倍。

9.1.3 系统的设计流量,应按最不利点处作用面积内喷头同时喷水的总流量确定:

$$Q_s = \frac{1}{60}\sum_{i=1}^{n} q_i \qquad (9.1.3)$$

式中 Q_s——系统设计流量(L/s);

q_i——最不利点处作用面积内各喷头节点的流量(L/min);

n——最不利点处作用面积内的喷头数。

9.1.4 系统设计流量的计算,应保证任意作用面积内的平均喷水强度不低于本规范表5.0.1和表5.0.5-1~表5.0.5-6的规定值。最不利点处作用面积内任意4只喷头围合范围内的平均喷水强度,轻危险级、中危险级不应低于本规范表5.0.1规定值的85%;严重危险级和仓库危险级不应低于本规范表5.0.1和表5.0.5-1~表5.0.5-6的规定值。

9.1.5 设置货架内置喷头的仓库,顶板下喷头与货架内喷头应分

别计算设计流量,并应按其设计流量之和确定系统的设计流量。

9.1.6 建筑内设有不同类型的系统或有不同危险等级的场所时,系统的设计流量,应按其设计流量的最大值确定。

9.1.7 当建筑物内同时设有自动喷水灭火系统和水幕系统时,系统的设计流量,应按同时启用的自动喷水灭火系统和水幕系统的用水量计算,并取二者之中的最大值确定。

9.1.8 雨淋系统和水幕系统的设计流量,应按雨淋阀控制的喷头的流量之和确定。多个雨淋阀并联的雨淋系统,其系统设计流量,应按同时启用雨淋阀的流量之和的最大值确定。

9.1.9 当原有系统延伸管道、扩展保护范围时,应对增设喷头后的系统重新进行水力计算。

9.2 管道水力计算

9.2.1 管道内的水流速度宜采用经济流速,必要时可超过5m/s,但不应大于10m/s。

9.2.2 每米管道的水头损失应按下式计算:

$$i = 0.0000107 \cdot \frac{V^2}{d_j^{1.3}} \qquad (9.2.2)$$

式中 i——每米管道的水头损失(MPa/m);

V——管道内水的平均流速(m/s);

d_j——管道的计算内径(m),取值应按管道的内径减1mm确定。

9.2.3 管道的局部水头损失,宜采用当量长度法计算。当量长度表见本规范附录C。

9.2.4 水泵扬程或系统入口的供水压力应按下式计算:

$$H = \sum h + P_0 + Z \qquad (9.2.4)$$

式中 H——水泵扬程或系统入口的供水压力(MPa);

$\sum h$——管道沿程和局部水头损失的累计值(MPa),湿式报警阀取值0.04MPa或按检测数据确定、水流指示器取值0.02MPa,雨淋阀取值0.07MPa;

P_0——最不利点处喷头的工作压力(MPa);

Z——最不利点处喷头与消防水池的最低水位或系统入口管水平中心线之间的高程差,当系统入口或消防水池最低水位高于最不利点处喷头时,Z应取负值(MPa)。

9.3 减压措施

9.3.1 减压孔板应符合下列规定:

1 应设在直径不小于50mm的水平直管段上,前后管段的长度均不宜小于该管段直径的5倍;

2 孔口直径不应小于设置管段直径的30%,且不应小于20mm;

3 应采用不锈钢板材制作。

9.3.2 节流管应符合下列规定:

1 直径宜按上游管段直径的1/2确定;

2 长度不宜小于1m;

3 节流管内水的平均流速不应大于20m/s。

9.3.3 减压孔板的水头损失,应按下式计算:

$$H_k = \xi\frac{V_k^2}{2g} \qquad (9.3.3)$$

式中 H_k——减压孔板的水头损失(10^{-2}MPa);

V_k——减压孔板后管道内水的平均流速(m/s);

ξ——减压孔板的局部阻力系数,取值应按本规范附录D确定。

9.3.4 节流管的水头损失,应按下式计算:

$$H_g = \zeta\frac{V_g^2}{2g} + 0.00107L\frac{V_g^2}{d_g^{1.3}} \qquad (9.3.4)$$

式中 H_g——节流管的水头损失(10^{-2}MPa);

ζ——节流管中渐缩管与渐扩管的局部阻力系数之和，取值0.7；

V_g——节流管内水的平均流速(m/s)；

d_g——节流管的计算内径(m)，取值应按节流管内径减1mm确定；

L——节流管的长度(m)。

9.3.5 减压阀应符合下列规定：

1 应设在报警阀组入口前；

2 入口前应设过滤器；

3 当连接两个及以上报警阀组时，应设置备用减压阀；

4 垂直安装的减压阀，水流方向宜向下。

10 供 水

10.1 一般规定

10.1.1 系统用水应无污染、无腐蚀、无悬浮物。可由市政或企业的生产、消防给水管道供给，也可由消防水池或天然水源供给，并应确保持续喷水时间内的用水量。

10.1.2 与生活用水合用的消防水箱和消防水池，其储水的水质，应符合饮用水标准。

10.1.3 严寒与寒冷地区，对系统中遭受冰冻影响的部分，应采取防冻措施。

10.1.4 当自动喷水灭火系统中设有2个及以上报警阀组时，报警阀组前宜设环状供水管道。

10.2 水 泵

10.2.1 系统应设独立的供水泵，并应按一运一备或二运一备比例设置备用泵。

10.2.2 按二级负荷供电的建筑，宜采用柴油机泵作备用泵。

10.2.3 系统的供水泵、稳压泵，应采用自灌式吸水方式。采用天然水源时，水泵的吸水口应采取防止杂物堵塞的措施。

10.2.4 每组供水泵的吸水管不应少于2根。报警阀入口前设置环状管道的系统，每组供水泵的出水管不应少于2根。供水泵的吸水管应设控制阀；出水管应设控制阀、止回阀、压力表和直径不小于65mm的试水阀。必要时，应采取控制供水泵出口压力的措施。

10.3 消防水箱

10.3.1 采用临时高压给水系统的自动喷水灭火系统，应设高位

消防水箱，其储水量应符合现行有关国家标准的规定。消防水箱的供水，应满足系统最不利点处喷头的最低工作压力和喷水强度。

10.3.2 不设高位消防水箱的建筑，系统应设气压供水设备。气压供水设备的有效水容积，应按系统最不利处4只喷头在最低工作压力下的10min用水量确定。

干式系统、预作用系统设置的气压供水设备，应同时满足配水管道的充水要求。

10.3.3 消防水箱的出水管，应符合下列规定：

1 应设止回阀，并应与报警阀入口前管道连接；

2 轻危险级、中危险级场所的系统，管径不应小于80mm，严重危险级和仓库危险级不应小于100mm。

10.4 水泵接合器

10.4.1 系统应设水泵接合器，其数量应按系统的设计流量确定，每个水泵接合器的流量宜按10～15L/s计算。

10.4.2 当水泵接合器的供水能力不能满足最不利点处作用面积的流量和压力要求时，应采取增压措施。

11 操作与控制

11.0.1 湿式系统、干式系统的喷头动作后，应由压力开关直接连锁自动启动供水泵。

预作用系统、雨淋系统及自动控制的水幕系统，应在火灾报警系统报警后，立即自动向配水管道供水。

11.0.2 预作用系统、雨淋系统和自动控制的水幕系统，应同时具备下列三种启动供水泵和开启雨淋阀的控制方式：

1 自动控制；

2 消防控制室(盘)手动远控；

3 水泵房现场应急操作。

11.0.3 雨淋阀的自动控制方式，可采用电动、液(水)动或气动。

当雨淋阀采用充液(水)传动管自动控制时，闭式喷头与雨淋阀之间的高程差，应根据雨淋阀的性能确定。

11.0.4 快速排气阀入口前的电动阀，应在启动供水泵的同时开启。

11.0.5 消防控制室(盘)应能显示水流指示器、压力开关、信号阀、水泵、消防水池及水箱水位、有压气体管道气压，以及电源和备用动力等是否处于正常状态的反馈信号，并应能控制水泵、电磁阀、电动阀等的操作。

12 局部应用系统

12.0.1 局部应用系统适用于室内最大净空高度不超过 8m 的民用建筑中，局部设置且保护区域总建筑面积不超过 1000m² 的湿式系统。

除本章规定外，局部应用系统尚应符合本规范其他章节的有关规定。

12.0.2 局部应用系统应采用快速响应喷头，喷水强度不应低于 6L/min·m²，持续喷水时间不应低于 0.5h。

12.0.3 局部应用系统保护区域内的房间和走道均应布置喷头。喷头的选型、布置和按开放喷头数确定的作用面积，应符合下列规定：

1 采用流量系数 $K=80$ 快速响应喷头的系统，喷头的布置应符合中危险级 I 级场所的有关规定，作用面积应符合表 12.0.3 的规定。

表 12.0.3 局部应用系统采用流量系数 $K=80$
快速响应喷头时的作用面积

保护区域总建筑面积和最大厅室建筑面积		开放喷头数
保护区域总建筑面积超过 300m² 或最大厅室建筑面积超过 200m²		10
保护区域总建筑面积不超过 300m²	最大厅室建筑面积不超过 200m²	8
	最大厅室内喷头少于 6 只	大于最大厅室内喷头数 2 只
	最大厅室内喷头少于 3 只	5

2 采用 $K=115$ 快速响应扩展覆盖喷头的系统，同一配水支管上喷头的最大间距和相邻配水支管的最大间距，正方形布置时不应大于 4.4m，矩形布置时长边不应大于 4.6m，喷头至墙的距离不应大于 2.2m，作用面积应按开放喷头数不少于 6 只确定。

12.0.4 当室内消火栓水量能满足局部应用系统用水量时，局部应用系统可与室内消火栓合用室内消防用水、稳压设施、消防水泵及供水管道等。当不满足时应按本规范 12.0.7 条执行。

12.0.5 采用 $K=80$ 喷头且喷头总数不超过 20 只，或采用 $K=115$ 喷头且喷头总数不超过 12 只的局部应用系统，可不设报警阀组。

不设报警阀组的局部应用系统，配水管可与室内消防竖管连接，其配水管的入口处应过过滤器和带有锁定装置的控制阀。

12.0.6 局部应用系统应设报警控制装置。报警控制装置应具有显示水流指示器、压力开关及水泵、信号阀等组件状态和输出启动水泵控制信号的功能。

不设报警阀组或采用消防加压水泵直接从城市供水管吸水的局部应用系统，应采取压力开关联动消防水泵的控制方式。不设报警阀组的系统可采用电动警铃报警。

12.0.7 无室内消火栓的建筑或室内消火栓系统设计供水量不能满足局部应用系统要求时，局部应用系统的供水应符合下列规定：

1 城市供水能够同时保证最大生活用水量和系统的流量与压力时，城市供水管可直接向系统供水；

2 城市供水不能同时保证最大生活用水量和系统的流量与压力，但允许水泵从城市供水管直接吸水时，系统可设直接从城市供水管吸水的消防加压水泵；

3 城市供水不能同时保证最大生活用水量和系统的流量与压力，也不允许从城市供水管直接吸水时，系统应设储水池（罐）和消防水泵，储水池（罐）的有效容积应按系统用水量确定，并可扣除系统持续喷水时间内仍能连续补水的补水量；

4 可按三级负荷供电，且可不设备用泵；

5 应采取防止污染生活用水的措施。

附录 A 设置场所火灾危险等级举例

表 A 设置场所火灾危险等级举例

火灾危险等级		设置场所举例
轻危险级		建筑高度为 24m 及以下的旅馆、办公楼；仅在走道设置闭式系统的建筑等
中危险级	I 级	1）高层民用建筑：旅馆、办公楼、综合楼、邮政楼、金融电信楼、指挥调度楼、广播电视楼（塔）等 2）公共建筑（含单多层）：医院、疗养院；图书馆（书库除外）、档案馆、展览馆（厅）；影剧院、音乐厅及礼堂（舞台除外）及其他娱乐场所；火车站和飞机场及码头的建筑；总建筑面积小于 5000m² 的商场、总建筑面积小于 1000m² 的地下商场等 3）文化遗产建筑：木结构古建筑、国家文物保护单位等 4）工业建筑：食品、家用电器、玻璃制品等工厂的备料与生产车间；冷藏库、钢屋架等建筑构件
	II 级	1）民用建筑：书库、舞台（葡萄架除外）、汽车停车场、总建筑面积 5000m² 及以上的商场、总建筑面积 1000m² 及以上的地下商场，净空高度不超过 8m、物品高度不超过 3.5m 的自选商场等 2）工业建筑：棉毛麻丝及化纤的纺织、织物及制品、木材木器及胶合板、谷物加工、烟草及制品、饮用酒（啤酒除外）、皮革及制品、造纸及纸制品、制药等工厂的备料与生产车间
严重危险级	I 级	印刷厂、酒精制品、可燃液体制品等工厂的备料与车间、净空高度不超过 8m、物品高度超过 3.5m 的自选商场等
	II 级	易燃液体喷雾操作区域、固体易燃物品、可燃的气溶胶制品、溶剂清洗、喷涂、油漆、沥青制品等工厂的备料及生产车间、摄影棚、舞台葡萄架下部

续表 A

火灾危险等级		设置场所举例
仓库危险级	I 级	食品、烟酒；木箱、纸箱包装的不燃难燃物品等
	II 级	木材、纸、皮革、谷物及制品、棉毛麻丝化纤及制品、家用电器、电缆、B 组塑料与橡胶及其制品、钢塑混合材料制品、各种塑料瓶盒包装的不燃物品及各类物品混杂储存的仓库等
	III 级	A 组塑料与橡胶及其制品、沥青制品等

注：表中的 A 组、B 组塑料橡胶的举例见本规范附录 B。

附录 B　塑料、橡胶的分类举例

A 组:丙烯腈-丁二烯-苯乙烯共聚物(ABS)、缩醛(聚甲醛)、聚甲基丙烯酸甲酯、玻璃纤维增强聚酯(FRP)、热塑性聚酯(PET)、聚丁二烯、聚碳酸酯、聚乙烯、聚丙烯、聚苯乙烯、聚氨基甲酸酯、高增塑聚氯乙烯(PVC,如人造革、胶片等)、苯乙烯-丙烯腈(SAN)等。

丁基橡胶、乙丙橡胶(EPDM)、发泡类天然橡胶、腈橡胶(丁腈橡胶)、聚酯合成橡胶、丁苯橡胶(SBR)等。

B 组:醋酸纤维素、醋酸丁酸纤维素、乙基纤维素、氟塑料、锦纶(锦纶 6、锦纶 66)、三聚氰胺甲醛、酚醛塑料、硬聚氯乙烯(PVC,如管道、管件等)、聚偏二氯乙烯(PVDC)、聚偏氟乙烯(PVDF)、聚氟乙烯(PVF)、脲甲醛等。

氯丁橡胶、不发泡类天然橡胶、硅橡胶等。

粉末、颗粒、压片状的 A 组塑料。

附录 C　当量长度表

表 C　当量长度表(m)

管件名称	管件直径(mm)								
	25	32	40	50	70	80	100	125	150
45°弯头	0.3	0.3	0.6	0.6	0.9	0.9	1.2	1.5	2.1
90°弯头	0.6	0.9	1.2	1.5	1.8	2.1	3.1	3.7	4.3
三通或四通	1.5	1.8	2.4	3.1	3.7	4.6	6.1	7.6	9.2
蝶阀				1.8	2.1	3.1	3.7	2.7	3.1
闸阀				0.3	0.3	0.3	0.6	0.6	0.9
止回阀	1.5	2.1	2.7	3.4	4.3	4.9	6.7	8.3	9.8
异径接头	32/25	40/32	50/40	70/50	80/70	100/80	125/100	150/125	200/150
	0.2	0.3	0.3	0.5	0.6	0.8	1.1	1.3	1.6

注:1　过滤器当量长度的取值,由生产厂提供。

　　2　当异径接头的出口直径不变而入口直径提高 1 级时,其当量长度应增大 0.5倍;提高 2 级或 2 级以上时,其当量长度应增大 1.0 倍。

附录 D　减压孔板的局部阻力系数

减压孔板的局部阻力系数,取值应按下式计算或按表 D 确定:

$$\xi = \left[1.75 \frac{d_j^2}{d_k^2} \cdot \frac{1.1 - \dfrac{d_k^2}{d_j^2}}{1.175 - \dfrac{d_k^2}{d_j^2}} - 1 \right]^2$$

式中　d_k——减压孔板的孔口直径(m)。

表 D　减压孔板的局部阻力系数

d_k/d_j	0.3	0.4	0.5	0.6	0.7	0.8
ξ	292	83.3	29.5	11.7	4.75	1.83

中华人民共和国国家标准

自动喷水灭火系统设计规范

GB 50084-2001

条文说明

1 总 则

1.0.1 本条是对原《自动喷水灭火系统设计规范》(GBJ 84—85，以下简称原规范)第1.0.1条的部分修改。本条主要说明制订本规范的意义和目的：为了正确合理地设计自动喷水灭火系统，使之充分发挥保护人身和财产安全的作用。

自动喷水灭火系统，是当今世界上公认的最为有效的自救灭火设施，是应用最广泛、用量最大的自动灭火系统。国内外应用实践证明：该系统具有安全可靠、经济实用、灭火成功率高等优点。

国外应用自动喷水灭火系统已有一百多年的历史。在这长达一个多世纪的时间内，一些经济发达的国家，从研究到应用，从局部应用到普遍推广使用，有过许许多多成功和失败的教训。在总结经验的基础上，制订了本国的自动喷水灭火系统设计安装规范或标准，而且进行了一次又一次的修订(如英国的《自动喷水灭火系统安装规则》、美国《自动喷水灭火系统安装标准》)等。自动喷水灭火系统不仅已经在高层建筑、公共建筑、工业厂房和仓库中推广应用，而且发达国家已在住宅建筑中开始安装使用。

在建筑防火设计中推广应用自动喷水灭火系统，获得了巨大的社会与经济效益。表1为美国1965年统计资料，数据表明：早在技术远不如目前发达的1925～1964年间，在安装喷淋灭火系统的建筑物中，共发生火灾75290次，灭控火的成功率高达96.2%，其中工业厂房和仓库占有的比例高达87.46%。

表1 自动喷水灭火系统灭火成功率统计表

成功次数、概率 建筑类型	灭火成功		灭火不成功		累计数	
	次数	%	次数	%	次数	%
学校	204	91.9	18	8.1	222	0.3
公共建筑	259	95.6	12	4.4	271	0.36
办公建筑	403	97.1	12	2.9	415	0.6
住宅	943	95.5	43	4.4	986	1.3
公共集会场所	1321	96.6	47	3.4	1368	1.8
仓库	2957	89.9	334	10.1	3291	4.4
百货小卖市场	5642	97.1	167	2.9	5809	7.7
工业厂房	60383	95.6	2156	3.4	62539	83.0
其他	307	78.9	82	21.1	389	0.51
合计	72419	96.2	2871	3.8	75290	100.0

注：本表根据NFPA"Fire Journal"VOL 59. No.4—July 1965编制。

美国纽约对1969～1978年10年中1648起高层建筑喷淋灭火案例的统计表明，灭控火成功率为高层办公楼98.4%，其他高层建筑97.7%。又如澳大利亚和新西兰，从1886年到1968年的几十年中，安装这一灭火系统的建筑物，共发生火灾5734次，灭火成功率达99.8%。有些国家和地区，近几年安装这一灭火系统的，有的灭火成功率达100%。

国外安装自动喷水灭火系统的建筑物，将在投保时享受一定的优惠条件，一般在该系统安装后的几年时间内，因优惠而少缴的保险费就够安装系统的费用了。一般在一年半到三年的时间内，就可以抵消建设资金。

推广应用自动喷水灭火系统，不仅可从减少火灾损失中受益，而且可减少消防总开支。如美国加利福尼亚州的费雷斯诺城，在市区制定的建筑条例中，要求在非居住区安装自动喷水灭火系统，结果使这个城市的火灾损失大大减小，从1955年到1975年的20年间，非居住区火灾损失从占该市火灾总损失的61.6%，降低到43.5%。

20世纪30年代我国开始应用自动喷水灭火系统，至今已有70年的历史。首先在外国人开办的纺织厂、烟厂以及高层民用建筑中应用。如上海第十七毛纺厂，是1926年由英国人所建，在厂房、库房和办公室装设了自动喷水灭火系统。1979年，该厂从日本和联邦德国引进生产设备，在新建的厂房也设计安装了国产的湿式系统。又如上海国际饭店是1934年建成投入使用的。该建筑中所有客房、厨房、餐厅、走道、电梯间等部位均装设了喷头，并扑灭过数起初期火灾。50年代，苏联援建的一些纺织厂和我国自行设计的一些工厂中，也装设了自动喷水灭火系统。1956年兴建的上海乒乓球厂，我国自行设计安装了自动喷水灭火系统，并于1978年10月成功地扑救了由于赛璐珞丝缠绕马达引起的火灾。又如1958年建的厦门纺织厂，至80年代曾四次发生火灾，均成功地将火扑灭。时至今日，该系统已经成为国际上公认的最为有效的自动扑救室内火灾的消防设施，在我国的应用范围和使用量也在不断扩展与增长。

原规范自1985年颁布执行以来，对指导系统的设计，发挥了积极、良好的作用。十几年来，国民经济持续快速发展，新技术不断涌现，使该规范面临着不断适应新情况、解决新问题、推广新技术的社会需求。此次修订该规范的目的，是为了总结十几年来自动喷水灭火系统技术发展和工程设计积累的宝贵经验，推广科技成果，借鉴发达国家先进技术，使之更加充实与完善。

1.0.2 本条是对原规范第1.0.3条的修改，规定了本规范的适用与不适用范围。新建、扩建及改建的民用与工业建筑，当设置自动喷水灭火系统时，均要求按本规范的规定设计，但火药、炸药、弹药、火工品工厂，以及核电站、飞机库等性质上超出常规的特殊建筑，属于本规范的不适用范围。上述各类性质特殊的建筑设计自动喷水灭火系统时，按其所属行业的规范设计。

1.0.3 要求按本规范设计自动喷水灭火系统时，必须同时遵循国家基本建设和消防工作的有关法律法规、方针政策，并在设计中密切结合保护对象的使用功能、内部物品燃烧时的发热发烟规律，以及建筑物内部空间条件对火灾热烟气流流动规律的影响，做到使系统的设计，既能为保证安全而可靠地启动操作，又要力求技术上的先进性和经济上的合理性。

自动喷水灭火系统的类型较多，基本类型包括湿式、干式、预作用及雨淋自动喷水灭火系统和水幕系统等。用量最多的是湿式系统。在已安装的自动喷水灭火系统中，有70%以上为湿式系统。

湿式系统由闭式洒水喷头、水流指示器、湿式报警阀组，以及管道和供水设施等组成，并且管道内始终充满有压水。湿式系统必须安装在全年不结冰及不会出现过热危险的场所内，该系统在喷头动作后立即喷水，其灭火成功率高于干式系统。

干式自动喷水灭火系统，处于戒备状态时配水管道内充有压气体，因此使用场所不受环境温度的限制。与湿式系统的区别在于：采用干式报警阀组，并设置保持配水管道内气压的充气设施。该系统适用于有冰冻危险与环境温度有可能超过70℃，使管道内的充水汽化升压的场所。

干式系统的缺点是：发生火灾时，配水管道必须经过排气充水过程，因此推迟了开始喷水的时间，对于可能发生蔓延速度较快火灾的场所，不适合采用此种系统。

预作用系统采用预作用报警阀组，并由火灾自动报警系统启动。系统的配水管道内平时不充水，发生火灾时，由比闭式喷头更灵敏的火灾报警系统联动雨淋阀和供水泵，在闭式喷头开放前完成管道充水过程，转换为湿式系统，使喷头能在开放后立即喷水。预作用系统既兼有湿式、干式系统的优点，又避免了湿式、干式系统的缺点，在不允许出现误喷或管道漏水的重要场所，可替代湿式系统使用；在低温或高温场所中替代干式系统使用，可避免喷头开启后延迟喷水的缺点。

雨淋系统的特点,是采用开式洒水喷头和雨淋报警阀组,并由火灾报警系统或传动管联动雨淋阀和供水泵,使与雨淋阀连接的开式喷头同时喷水。雨淋系统应安装在发生火灾时火势发展迅猛、蔓延迅速的场所,如舞台等。

水幕系统用于挡烟阻火和冷却分隔物。系统组成的特点是采用开式洒水喷头或水幕喷头,控制供水通断的阀门,可根据防火需要采用雨淋报警阀组或人工操作的通用阀门,小型水幕可用感温雨淋阀控制。水幕系统包括防火分隔水幕和防护冷却水幕两种类型。利用密集喷洒形成的水墙或水帘阻火挡烟、起防火分隔作用的,为防火分隔水幕;防护冷却水幕则利用水的冷却作用,配合防火卷帘等分隔物进行防火分隔。

自动喷水灭火系统的一百多年历史,一直在不断研究开发新技术、新设备与新材料,并获得持续发展和水平的不断提高。改革开放以来,我国建筑业迅速发展,兴建了一大批高层建筑、大空间建筑及地下建筑等内部空间条件复杂和功能多样的建筑物,使系统的设计不断遇到新情况、新问题。只有积极合理地吸收新技术、新设备与新材料,才能使系统的设计技术适应社会进步与发展的需求。系统采用的新技术、新设备与新材料,不仅要具备足够的成熟程度,同时还要符合可靠适用、经济合理,并与系统相配套、与规范合理衔接等条件,以避免出现偏差或错误。

表 2　英、美、日、苏、德等国常用的系统类型

国家	常用的系统类型
英国	湿式系统、干式系统、干湿式系统、尾端干湿式或尾端干式系统、预作用系统、雨淋系统等
美国	湿式系统、干式系统、预作用系统、干—预作用联合系统、闭路循环系统(与非消防用水设施连接,平时利用共用管道供给采暖或冷却用水,水不排出,循环使用)、防冻系统(用防冻液充满系统管网,火灾时,防冻液喷出后,随即喷水)、雨淋系统等
日本	湿式系统、干式系统、预作用系统、干—预作用联合系统、雨淋系统、限量供水系统(由高压水罐供水的湿式系统)等
德国	湿式系统、干式系统、干湿式系统、预作用系统等
原苏联	湿式系统、干式系统、干湿式系统、雨淋系统、水幕系统等

1.0.4 本条对自动喷水灭火系统采用的组件提出了要求。系统组件属消防专用产品,质量把关至关重要,因此要求设计中采用符合现行的国家或行业标准,并经过国家固定灭火系统质量监督检验测试中心检测合格的产品。未经检测或检测不合格的不能采用。

1.0.5 经过改建后变更使用功能的建筑,当其重要性、房间的空间条件、内部纳容物品的性质或数量及人员密集程度发生较大变化时,要求根据改造后建筑的功能和条件,按本规范对原来已有的系统进行校核。当发现原有系统已经不再适用改造后建筑时,要求按本规范和改造后建筑的条件重新设计。

1.0.6 本规范属强制性国家标准。本规范的制订,将针对建筑物的具体条件和防火要求,提出合理设计自动喷水灭火系统的有关规定。另外,设置自动喷水灭火系统的场所,还要求同时执行现行国家标准《建筑设计防火规范》GBJ 16—87(1997 年版)、《高层民用建筑设计防火规范》GB 50045—95、《汽车库、修车库、停车场设计防火规范》GB 50067—97、《人民防空工程设计防火规范》GBJ 98—87 等规范的相关规定。

3　设置场所火灾危险等级

3.0.1、3.0.2 由强制性条文改为非强制性条文。根据火灾荷载(由可燃物的性质、数量及分布状况决定)、室内空间条件(面积、高度)、人员密集程度、采用自动喷水灭火系统扑救初期火灾的难易程度,以及疏散及外部增援条件等因素,划分设置场所的火灾危险等级。

建筑物内存在物品的性质、数量以及其结构的疏密、包装和分布状况,将决定火灾荷载及发生火灾时的燃烧速度与放热量,是划分自动喷水灭火系统设置场所火灾危险等级的重要依据。

1 可燃物性质对燃烧速度的影响因素,包括制造材料的燃烧性能、制造结构的疏密程度以及堆积摆放的形式等。不同性质的可燃物,火灾时表现的燃烧性能及扑救难度不同,例如纸制品和发泡塑料制品,就具有不同的燃烧性能,造纸及纸制品厂被划归中危险级,发泡塑料及制品按固体易燃物品被划归严重危险级。火灾荷载大,燃烧时蔓延速度快、放热量大、有害气体生成量大的保护对象,需要设置反应速度快、喷水强度大以及作用面积大的系统。火灾荷载的大小,对确定设置场所火灾危险等级是十分重要的依据。表 3 给出了不同火灾荷载密度情况下的火灾放热量数据。火灾荷载密度,是指单位面积占有的可燃物相当于木材的数量,是衡量可燃物密度的指标。

2 物品的摆放形式,包括密集程度及堆积高度,是划分设置场所火灾危险等级的另一个重要依据。松散摆放的可燃物,因与空气的接触面积大,燃烧时的供氧条件比紧密堆放要好,所以燃烧速度快,放热速率高,因此需求的灭火能力强。可燃物的堆积高度大,火焰的竖向蔓延速度快,另外由于高堆物品的遮挡作用,使喷水不易直接送达位于可燃物底部的起火部位,导致灭火的难度增大,容易使火灾得以水平蔓延。为了避免这种情况的发生,要求以较大的喷水强度或具有较强穿透力的喷水,以及开放较多喷头、形成较大的喷水面积控制火势。

表 3　火灾载荷密度与燃烧特性

可燃物数量 (1b/ft²)(kg/m²)	热量 (MJ/m²)	燃烧时间——相当标准 温度曲线的时间(h)
5　(24)	454	0.5
10　(49)	909	1.0
15　(73)	1363	1.5
20　(98)	1819	2.0
30　(147)	2727	3.0
40　(195)	3636	4.5
50　(244)	4545	7.0
60　(288)	5454	8.0
70　(342)	6363	9.0

3 建筑物的室内空间条件,也将影响闭式喷头受热开放时间和喷水灭火效果。小面积场所,火灾烟气流因受墙壁阻挡而很快在顶板或吊顶下积聚并淹没喷头,而使喷头热敏元件迅速升温动作;而大面积场所,火灾烟气流则可在顶板或吊顶下不受阻挡的自由流散,喷头热敏元件只受对流传热的影响,升温较慢,动作较迟钝。室内净空高度的增大,使火灾烟气流在上升过程中,与被卷吸的空气混合而逐渐降低温度和流速的作用增大,流经喷头热气流温度与速度的降低将造成喷头推迟动作。喷头开放时间的推迟,将为火灾继续蔓延提供时间,喷头开放时将面临放热速率更大,更难扑救的火势,使系统喷水控灭的难度增大。对于喷头的洒水,则因与上升热烟气流接触的时间和距离的加大,使被热气流吹离布水轨迹和汽化的水量增大,导致送达到位的灭火水量减少,同样

会加大灭火的难度。有些建筑构造,还会影响喷头的布置和均匀布水。上述影响喷头开放和喷水送达灭火的因素,由于影响系统控灭火的效果,将导致设置场所火灾危险等级的改变。

各国规范将自动喷水灭火系统的设置场所划分为三个或四个火灾危险等级。如英国将设置场所划分为三个危险等级,即轻、中、严重(其中又分为生产工艺级和贮存级)危险级。德国分为Ⅰ、Ⅱ、Ⅲ、Ⅳ级,分别为轻、中、严重(其中又分为生产级和堆积级)危险级。美国和日本则划分为轻、中、严重危险级。

本规范参考了发达国家规范,结合我国目前实际情况,在增加仓库危险级的基础上,将设置场所划分为四级,分别为轻、中(其中又分为Ⅰ级和Ⅱ级)严重(其中又分为Ⅰ级和Ⅱ级)及仓库(其中又分为Ⅰ级、Ⅱ级和Ⅲ级)危险级。

轻危险级,一般是指上述情况的设置场所,即可燃物品较少、可燃性低和火灾发热量较低,外部增援和疏散人员较容易。

中危险级,一般是指下列情况的设置场所,即内部可燃物数量为中等,可燃性也为中等,火灾初期不会引起剧烈燃烧的场所。大部分民用建筑和工业厂房划归中危险级。根据此类场所种类多、范围广的特点,划分中Ⅰ级和中Ⅱ级,并在本规范附录A中举例予以说明。商场内物品密集、人员密集,发生火灾的频率较高,容易酿成大火造成群死群伤和高额财产损失的严重后果,因此将大规模商场列入中Ⅱ级。

严重危险级,一般是指火灾危险性大,且可燃物品数量多,火灾时容易引起猛烈燃烧并可能迅速蔓延的场所。除摄影棚、舞台葡萄架下部外,包括存在较多数量易燃固体、液体物品工厂的备料和生产车间。

仓库火灾危险等级的划分,参考了美国的《一般储存仓库标准》NFPA—231(1995年版)和《货架式储存仓库标准》NFPA—231C(1995年版)。将上述标准中的1、2、3、4类和塑料橡胶类储存货品,结合我国国情,综合归纳并简化为Ⅰ、Ⅱ、Ⅲ级仓库。由于仓库自动喷水灭火系统涉及面广,较为复杂,美国标准 NFPA—13(1996年版)没有针对货品堆高超过3.7m(12ft)的仓库提出规定,而是由《一般储存仓库标准》NFPA—231(1995年版)和《货架储存仓库标准》NFPA—231C(1995年版)提出具体规定。此次修订,规定三个仓库危险级,即Ⅰ级、Ⅱ级、Ⅲ级。仓库危险级Ⅰ级与美国标准 NFPA—231(1995年版)的1、2类货品一致,仓库危险级Ⅱ级与3、4类货品一致,仓库危险级Ⅲ级为A组塑料、橡胶制品等。

上述两个美国标准中的储存物品分类:

1类货品 指纸箱包装的不燃货品,例如:

不燃食品和饮料;不燃容器包装的食品;冷冻食品、肉类;非塑料制托盘或容器盛装的新鲜水果和疏菜;无涂蜡层或塑料覆膜的纸容器包装牛奶;不燃容器盛装,但容器外有纸箱包装的酒精含量≤20%的啤酒或葡萄酒;玻璃制品。

金属制品:包括塑料覆面或装饰的桌椅;金属外壳家电;电动机、干电池、空铁罐、金属柜。

其他:包括变压器、袋装水泥、电子绝缘材料、石膏板、惰性颜料、固体农药。

2类货品 包括木箱及多层纸箱或类似可燃材料包装的1类货品,例如:

纸箱包装的漆包线线圈,日光灯泡,木桶包装的酒精含量不超过20%的啤酒和葡萄酒。

3类货品 木材、纸张、天然纤维纺织品或C组塑料及制品,含有限量A组或B组塑料的制品,例如:

皮革制品:鞋、皮衣、手套、旅行袋等。

纸制品:书报杂志、有塑料覆膜的纸制容器等。

纺织品:天然与合成纤维及制品,不含发泡类塑料橡胶的床垫。

木制品:门窗及家具、可燃纤维板等。

其他:纸箱包装的烟草制品及可燃食品,塑料容器包装的不燃

液体。

4类货品 纸箱包装的含有一定量A组塑料的1、2、3类货品,小包装采用A组塑料、大包装采用纸箱包装的1、2、3类货品,B组塑料和粉状、颗粒状A组塑料,例如:照相机、电话、塑料家具,含发泡类塑料填充物的床垫,含有一定量塑料的建材、电缆,塑料容器包装的物品。

塑料橡胶类 分为A组、B组和C组。

A组:ABS(丙烯腈-丁二烯-苯乙烯共聚物)、缩醛(聚甲醛)、丙烯酸类(聚甲基丙烯酸甲酯)、丁基橡胶、EPDM(乙丙橡胶)、FRP(玻璃纤维增强聚酯)、发泡类天然橡胶、腈橡胶(丁腈橡胶)、PET(热塑性聚酯)、聚碳酸酯、聚酯合成橡胶、聚乙烯、聚丙烯、聚苯乙烯、聚氨基甲酸酯、PVC(高增塑聚氯乙烯,如人造革、胶片等)、SAN(苯乙烯-丙烯腈)、SBR(丁苯橡胶)。

B组:纤维素类(醋酸纤维素、醋酸丁酸纤维素、乙基纤维素)、氯丁橡胶、氟塑料(ECTFE——乙烯-三氟氯乙烯共聚物、ETFE——乙烯-四氟乙烯共聚物、FEP——四氟乙烯-六氟丙烯共聚物)、不发泡类天然橡胶、锦纶(锦纶6、锦纶66)、硅橡胶。

C组:氟塑料(PCTFE——聚三氟氯乙烯、PTFE——聚四氟乙烯)、三聚氰胺(三聚氰胺甲醛)、酚醛类、PVC(硬聚氯乙烯,如:管道、管件)、PVDC(聚偏二氯乙烯)、PVDF(聚偏氟乙烯)、PVF(聚氟乙烯)、尿素(脲甲醛)。

本规范附录A的举例参考了国内外相关规范标准的有关规定。由于建筑物的使用功能、内部容纳物品和空间条件千差万别,不可能全部列举,设计时可根据设置场所的具体情况类比判断。现将美、英、日、德等国规范的火灾危险等级举例列出(见表4、表5、表6),供有关设计人员、公安消防监督人员参考。

3.0.3 当建筑物内各场所的使用功能、火灾危险性或灭火难度存在较大差异时,要求遵循"实事求是"和"有的放矢"的原则,按各自的实际情况选择适宜的系统和确定其火灾危险等级。

表4 轻危险级

国家	举例
德国	办公室,教育机构,旅馆(无食堂),幼儿园,托儿所,医院,监狱,住宅等
美国	教室,俱乐部,学校,医院,图书馆(大型书库除外),博物馆,疗养院,办公楼,住宅,饭店的餐厅,剧院及礼堂(舞台及前后台口除外),不住人的阁楼等
日本	办事处,医院,住宅,旅馆,图书馆,体育馆,公共集会场所等
英国	医院,旅馆,社会福利机构,图书馆,博物馆,托儿所,办公楼,监狱,学校等

表5 中危险级

国家	举例
德国	废油加工厂,废纸加工厂,铝材厂,制药厂,石棉制品厂,汽车车辆装配厂,汽车厂,烧制食品厂,酒吧间,白铁制品加工厂,酿酒厂,书刊装订厂,书库,数据处理室,舞厅,拉丝厂,印刷厂,宝石加工厂,无线电仪器厂,电机厂,电子元件厂,酿醋厂,印染厂,自行车厂,门窗厂(包括铝结构、木结构、合成材料结构),胶片保管处,光学试验室,照相器材厂,胶合板厂,汽车库,气体制品厂,橡胶制品厂,木材加工厂,电缆厂,咖啡加工厂,可可加工厂,纸板厂,陶瓷厂,电影院,教室,服装厂,罐头食品厂,音乐厅,家用冷却器厂,化肥厂,塑料制品厂,干菜食品厂,皮革厂,轻金属制品厂,机床厂,橡胶气垫厂(无泡沫塑料),交易大厅,奶粉厂,家具厂,摩托车厂,面粉厂,造纸厂,皮革加工厂,衬垫厂(无多孔橡胶),瓷器厂,信封厂,饭馆,唱片厂,屠宰场,首饰厂(无合成材料),巧克力制造厂,制鞋厂,丝绸厂(天然和合成丝绸),肥皂厂,苏打厂,木屑板制造厂,纺织厂,加压浇铸厂(合成材料),洗衣机厂,钢制家具厂,烟草厂,面包厂,地毯厂(无橡胶和泡沫塑料),毛巾厂,变压器制造厂,钟表厂,绷带材料厂,制醋厂,洗染厂,洗衣房,武器制造厂,车厢制造厂,百货商店,洗涤剂厂,砖瓦厂,制糖厂等
美国	面粉房,饮料生产厂,罐头厂,奶制品厂,电子设备厂,玻璃及制品厂,洗衣房,饭店服务区,谷物加工厂,一般危险的化学品加工厂,机加工车间,皮革制品厂,糖果厂,酿酒厂,图书馆大型书库区,商店,印刷及出版社,纺织厂,烟草制品厂,木材及制品厂,饲料厂,造纸及纸制品加工厂,码头及栈桥,机动车停车房与修理车间,轮胎生产厂,舞台等

08

国家	举 例
日本	饮食店,公共游艺场,百货商店(超级市场),酒吧间,电影电视制片厂,电影院,剧场,停车场,仓库(严重级的除外),发电所,锅炉房,金属机械器具制造厂(包括油漆部分),面粉厂,造纸厂,纺织厂(包括棉、毛、丝、化纤),织布厂,染色整理工厂,化纤厂(纺纱以后的工序),橡胶制品厂,合成树脂厂(普通的),普通化厂,木材加工厂(在湿润状态下加工的工厂)
英国	砂轮及粉磨制造厂,屠宰场,酿酒厂,水泥厂,奶制品厂,宝石加工厂,饭馆及咖啡馆,面包房,饼干厂,一般危险的化学品工厂,食品厂,机械加工厂(包括轻金属加工厂),洗染房,汽车库,机动车制造及修理厂,陶瓷厂,零售商店,调料、腌菜及罐头食品厂,小五金制造厂,烟草厂,飞机制造厂(不包括飞机库),印染厂,制鞋厂,播音室及发射台,制酯厂,制毯厂,谷物、面粉及饲料加工厂,纺织厂(不包括准备工序),玻璃厂,针织厂,花边厂,造纸及纸制品厂,塑料及制品厂(不包括泡沫塑料),印刷及有关行业,橡胶及制品厂(不包括泡沫塑料),木材及制品厂,服装厂,肥皂厂,蜡烛厂,糖厂,制革厂,壁纸厂,毛料及毛线厂,剧院,电影电视制片厂

表 6 严重危险级

国家	举 例
德国	酒精蒸馏厂,棉纱厂,沥青加工厂,陶瓷窑炉,赛璐珞厂,沥青油纸厂,颜料厂,油漆厂,电视摄影棚,亚麻加工厂,饲料厂,木刨花板厂,麻加工厂,炼焦厂,合成橡胶厂,露酒厂,漆布厂,橡胶气垫厂(有泡沫塑料),粮食、饲料、油料加工厂,衬垫厂(有多孔塑料),化学净化剂厂,米制品加工厂,泡沫橡胶厂,多孔塑料制品厂,绳索厂,茶叶加工厂,地毯厂(有橡胶和泡沫塑料),鞋油厂,火柴厂
美国	可燃液体使用区,压铸成型及热挤压作业区,胶合板及木屑板生产车间,印刷车间(油墨闪点低于 37.9℃),橡胶的再生、混合、干燥、破碎、硫化车间,锯木厂,纺织厂中棉花、合成纤维、再生花纤维、麻等的粗选、松解、配料、梳理前纤维回收、梳理及并纱等车间(工段),泡沫塑料制品装修的场所,沥青制品加工区,低闪点易燃液体的喷雾作业区,浇淋涂层作业区,拖车住房或预制构件房屋的组装区,清漆及油漆浸涂作业区,塑料加工区

国家	举 例
日本	木材加工厂,胶合板厂,赛璐珞厂,海绵橡胶厂,合成树脂厂(使用或制造普通产品的除外),合成树脂成型加工厂(使用普通产品的除外),化学工厂(使用或制造普通产品的除外),仓库(贮存赛璐珞、海绵橡胶及其他类似物品的仓库)
英国	刨花板加工厂,焰火制造厂,发泡塑料与橡胶及其制品厂,地毯及油毡厂,油漆、颜料及清漆厂,树脂、油墨及松节油厂,橡胶代用品厂,焦油蒸馏厂,硝酸纤维加工厂,火工品厂,仓库(贮存以下物品的仓库:地毯、布匹、电气设备、纤维板、玻璃器皿及陶瓷(纸箱装)、食品、金属制品(纸箱装)、纺织品、纸张与成卷纸张,软木、纸箱包装的听装及瓶装的酒精、纸箱包装的听装油漆、木屑板、毛毡制品、涂沥青或蜡的纸张、发泡塑料与橡胶及其制品、橡胶制品、木材堆、木板等

注:德国将生产和贮存类场所(或堆场)列入Ⅲ级和Ⅳ级火灾危险级,本表将其一并列入严重危险级场所举例中,英国的严重危险级分为生产工艺和贮存两组,本表也将其一并列入严重危险级场所举例中。

4 系 统 选 型

4.1 一 般 规 定

4.1.1 自动喷水灭火系统具有自动探火报警和自动喷水控灭火的优良性能,是当今国际上应用范围最广、用量最多,且造价低廉的自动灭火系统,在我国消防界及建筑防火设计领域中的可信赖程度不断提高。尽管如此,该系统在我国的应用范围,仍与发达国家存在明显差距。

是否需要设置自动喷水灭火系统,决定性的判定因素,是火灾危险性和自动扑救初期火灾的必要性,而不是建筑规模。因此,大力提倡和推广应用自动喷水灭火系统,是很有必要的。

4.1.2 由强制性条文改为非强制性条文。规定了自动喷水灭火系统不适用的范围。凡发生火灾时可以用水灭火的场所,均可采用自动喷水灭火系统。而不能用水灭火的场所,包括遇水产生可燃气体或氧气,并导致加剧燃烧或引起爆炸后果的对象,以及遇水产生有毒有害物质的对象,例如存在较多金属钾、钠、锂、钙、锶、氯化锂、氧化钠、氧化钙、碳化钙、磷化钙等的场所,则不适用。再如存放一定量原油、渣油、重油等的敞口容器(罐、槽、池),洒水将导致喷溅或沸溢事故。

4.1.3 设置场所的火灾特点和环境条件,是合理选择系统类型和确定火灾危险等级的依据,例如:环境温度是确定选择湿式或干式系统的依据;综合考虑火灾蔓延速度、人员密集程度及疏散条件是确定是否采用快速系统的因素等。室外环境难以使闭式喷头及时感温动作,势必难以保证灭火和控火效果,所以露天场所不适合采用闭式系统。

4.1.4 提出了对设计系统的原则性要求。设置自动喷水灭火系统的目的,无疑是为了有效扑救初期火灾。大量的应用和试验证明,为了保证和提高自动喷水灭火系统的可靠性,离不开四个方面的因素:首先,闭式系统中的喷头,或与预作用和雨淋系统配套使用的火灾自动报警系统,要能有效地探测初期火灾;二是要求湿式、干式系统在开放一只喷头后,预作用和雨淋系统在火灾报警后立即启动系统;三是整个灭火进程中,要保证喷水范围不超出作用面积,以及按设计确定的喷水强度持续喷水;四是要求开放喷头的出水均匀喷洒、覆盖起火范围,并不受严重阻挡。以上四个方面的因素缺一不可,系统的设计只有满足了这四个方面的技术要求,才能确保系统的可靠性。

4.2 系 统 选 型

4.2.1 由强制性条文改为非强制性条文。湿式系统,由闭式洒水喷头、水流指示器、湿式报警阀组,以及管道和供水设施等组成,而且管道内始终充满水并保持一定压力(见图1)。

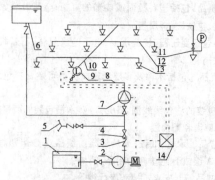

图 1 湿式系统示意图
1—水池;2—水泵;3—止回阀;4—闸阀;5—水泵接合器;
6—消防水箱;7—湿式报警阀组;8—配水干管;9—水流指示器;
10—配水管;11—末端试水装置;12—配水支管;13—闭式洒水喷头;
14—报警控制器;P—压力表;M—驱动电机;L—水流指示器

湿式系统具有以下特点与功能：

1 与其他自动喷水灭火系统相比较，结构相对简单，处于警戒状态时，由消防水箱或稳压泵、气压给水设备等稳压设施维持管道内充水的压力。发生火灾时，由闭式喷头探测火灾，水流指示器报告起火区域，报警阀组或稳压泵的压力开关输出启动供水泵信号，完成系统的启动。系统启动后，由供水泵向开放的喷头供水，开放的喷头将供水按不低于设计规定的喷水强度均匀喷洒，实施灭火。为了保证扑救初期火灾的效果，喷头开放后，要求在持续喷水时间内连续喷水。

2 湿式系统适合在温度不低于4℃并不高于70℃的环境中使用，因此绝大多数的常温场所采用此类系统。经常低于4℃的场所有使管内充水冰冻的危险。高于70℃的场所管内充水汽化的加剧有破坏管道的危险。

4.2.2 由强制性条文改为非强制性条文。环境温度不适合采用湿式系统的场所，可以采用能够避免充水结冰和高温加剧汽化的干式或预作用系统。

干式系统与湿式系统的区别，在于采用干式报警阀组，警戒状态下配水管道内充压缩空气等有压气体。为保持气压，需要配套设置补气设施（见图2）。

干式系统配水管道中维持的气压，根据干式报警阀入口前管道需要维持的水压、结合干式报警阀的工作性能确定。

闭式喷头开放后，配水管道有一个排气充水过程。系统开始喷水的时间，将因排气充水过程而产生滞后，因此削弱了系统的灭火能力，这一点是干式系统的固有缺陷。

4.2.3 对适合采用预作用系统的场所提出了规定：在严禁因管道泄漏或误喷造成水渍污染的场所替代湿式系统；为了消除干式系统滞后喷水现象，用于替代干式系统。

预作用系统采用预作用报警阀组，并由配套使用的火灾自动报警系统启动。处于戒备状态时，配水管道为不充水的空管。

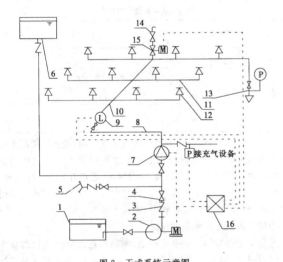

图2　干式系统示意图
1—水池；2—水泵；3—止回阀；4—闸阀；5—水泵接合器；
6—消防水箱；7—干式报警阀组；8—配水干管；9—水流指示器；
10—配水管；11—配水支管；12—闭式喷头；13—末端试水装置；
14—快速排气阀；15—电动阀；16—报警控制器

利用火灾探测器的热敏性能优于闭式喷头的特点，由火灾报警系统开启雨淋阀后转为管道充水，使系统在闭式喷头动作前转换为湿式系统（见图3）。

戒备状态时配水管道内如果维持一定气压，将有助于监测管道的严密性和寻找泄漏点。

4.2.4 提出了一项自动喷水灭火系统新技术——重复启闭预作用系统。该系统能在扑灭火灾后自动关闭报警阀，发生复燃时又能再次开启报警阀恢复喷水，适用于灭火后必须及时停止喷水，要求减少不必要水渍损失的场所。为了防止误动作，该系统与常规预作用系统的不同之处，则是采用了一种即可输出火警信号，又可

在环境恢复常温时输出灭火信号的感温探测器。当其感应到环境温度超出预定值时，报警并启动供水泵和打开具有复位功能的雨淋阀，为配水管道充水，并在喷头动作后喷水灭火。喷水过程中，当火场温度恢复至常温时，探测器发出关停系统的信号，在按设定条件延迟喷水一段时间后，关闭雨淋阀停止喷水。若火灾复燃、温度再次升高时，系统则再次启动，直至彻底灭火。

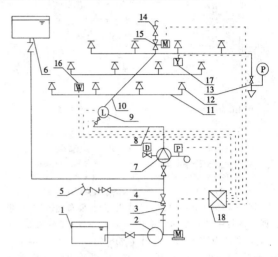

图3　预作用系统示意图
1—水池；2—水泵；3—止回阀；4—闸阀；5—水泵接合器；6—消防水箱；
7—预作用报警阀组；8—配水干管；9—水流指示器；10—配水管；
11—配水支管；12—闭式喷头；13—末端排水装置；14—快速排气阀；
15—电动阀；16—感温探测器；17—感烟探测器；18—报警控制器

我国目前尚无此种系统的产品，将其纳入本规范，将有利于促进自动喷水灭火系统新技术和新产品的发展和应用。

4.2.5 由强制性条文改为非强制性条文。对适合采用雨淋系统的场所作了规定。包括：火灾水平蔓延速度快的场所和室内净空高度超过本规范6.1.1条规定、不适合采用闭式系统的场所。室内物品顶面与顶板或吊顶的距离加大，将使闭式喷头在火场中的开放时间推迟，喷头动作时间的滞后使火灾得以继续蔓延，而使开放喷头的喷水难以有效覆盖火灾范围。上述情况使闭式系统的控火能力下降，而采用雨淋系统则可消除上述不利影响。雨淋系统启动后立即大面积喷水，遏制和扑救火灾的效果更好，但水渍损失大于闭式系统。适用场所包括舞台葡萄架下部、电影摄影棚等。

雨淋系统采用开式洒水喷头、雨淋报警阀组，由配套使用的火灾自动报警系统或传动管联动雨淋阀，由雨淋阀控制其配水管道上的全部开式喷头同时喷水（见图4、图5。注：可以作冷喷试验的雨淋系统，应设末端试水装置）。

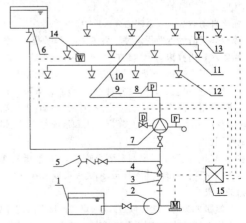

图4　电动启动雨淋系统示意图
1—水池；2—水泵；3—止回阀；4—闸阀；5—水泵接合器；6—消防水箱；
7—雨淋报警阀组；8—压力开关；9—配水干管；10—配水管；11—配水支管；
12—开式洒水喷头；13—感烟探测器；14—感温探测器；15—报警控制器

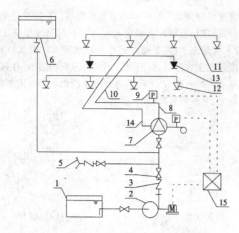

图 5 充液(水)传动管启动雨淋系统示意图
1—水池;2—水泵;3—止回阀;4—闸阀;5—水泵接合器;
6—消防水箱;7—雨淋报警阀组;8—配水干管;9—压力开关;
10—配水管;11—配水支管;12—开式洒水喷头;
13—闭式喷头;14—传动管;15—报警控制器

中国建筑西南设计院 1981 年模拟"舞台幕布燃烧试验"报告指出:四个试验用开式洒水喷头呈正方形布置,间距为 2.5m×2.5m,安装高度为 22m;幕布尺寸为 3m×12m,幕布下端距地约 2m,幕布由地面上的木垛火引燃(木垛的火灾负荷密度为 50kg/m²)。幕布引燃后,开始时火焰上升速度约为 0.1～0.2 m/s,当幕布燃烧到约 1/4 高度,火焰急剧向上及左右蔓延扩大,不到 10s 时间幕布几乎全部烧完,但顶部正中安装的闭式喷头没有开放;手动开启雨淋系统时,当喷头处压力为 0.1～0.2MPa 时,仅 10s 就扑灭了幕布火灾,又历时 1min30s～1min50s 扑灭木垛火。试验证实了雨淋系统的灭火效果。

4.2.6 根据发达国家标准不断发展,我国仓库的形式、规模日趋多样化、复杂化以及对系统设计不断提出新的需求等情况,调整本条规定的内容。

自动喷水灭火系统经过长期的实践和不断的改进与创新,其灭火效能已为许多统计资料所证实。但是,也逐渐暴露出常规类型的系统不能有效扑救高堆垛仓库火灾的难点问题。自 70 年代中期开始,美国工厂联合保险研究所(FMRC)为扑灭和控制高堆垛仓库火灾作了大量的试验和研究工作。从理论上确定了"快速响应、早期抑制"火灾的三要素:一是喷头感应火灾的灵敏程度,二是喷头动作时燃烧物表面需要的灭火喷水强度,三是实际送达燃烧物表面的喷水强度。根据采用早期抑制快速响应喷头自动喷水灭火系统的特点,在条件许可的前提下,应采用湿式系统;如果条件不许可,可采用干式系统或预作用系统,但系统充水时间应符合干式系统或预作用系统的设计要求。

4.2.7 规定此条的目的:

1 强化自动喷水灭火系统的灭火能力。

2 减少系统的运行费用。对于某些对象,如某些水溶性液体火灾,采用喷水和喷泡沫均可达到控灭目的,但单纯喷水时,虽控火效果好,但灭火时间长,火灾与水渍损失较大;单纯喷泡沫时,系统的运行维护费用较高。另一些对象,如金属设备和构件周围发生的火灾,采用泡沫灭火后,仍需进一步防护冷却,防止泡沫消泡后因金属件的温度高而使火灾复燃。水和泡沫结合,可起到优势互补的作用。

早在 50 年代,国际上已研制出既可喷水,又可喷蛋白泡沫混合液的自动喷水灭火系统,用于扑救 A 类火灾或 B 类火灾,以及二者共存的火灾。

蛋白和氟蛋白类泡沫混合液,形成一定发泡倍数的泡沫后,在燃烧表面形成粘稠的连续泡沫层后,在隔绝空气并封闭挥发性可燃蒸气的作用下实现灭火。水成膜泡沫液可在燃料表面形成可以抑制燃料蒸发的水成膜,同时隔绝空气而实现灭火。

洒水喷头属于非吸气型喷头,所以供给泡沫混合液发泡的空

气不足,使喷洒的泡沫混合液与洒水极为相似,虽然没有形成一定倍数的泡沫,但仍具有良好的灭火性能。泡沫灭火剂的选用,按现行国家标准《低倍数泡沫灭火系统设计规范》GB 50151—92 的规定执行。

4.2.8 参考美国 NFPA—13(1996 年版)标准补充的规定。当建筑物内设置多种类型的系统时,按此条规定设计,允许其他系统串联接入湿式系统的配水干管。使各个其他系统从属于湿式系统,既不相互干扰,又简化系统的构成、减少投资(见图 6)。

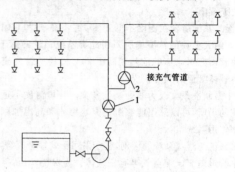

图 6 其他系统接入湿式系统示意图
1—湿式报警阀组;2—其他系统报警阀组

4.2.9 由强制性条文改为非强制性条文。规定了系统中包括的组件和必要的配件。

1 提出了自动喷水灭火系统的基本组成。

2 提出了设置减压孔板、节流管降低水流动压,分区供水或采用减压阀降低管道静压等控制管道压力的规定。

3 设置排气阀,是为了使系统的管道充水时不存留空气。设置泄水阀,是为了便于检修。排气阀设在其负责区段管道的最高点,泄水阀设在其负责区段管道的最低点。泄水阀及其连接管的管径可参考表 7。

表 7 泄水管管径(mm)

供水干管管径	泄水管管径
≥100	≤50
70～80	≤40
<70	25

4 干式系统与预作用系统设置快速排气阀,是为了使配水管道尽快排气充水。干式系统与配水管道充压缩空气的预作用系统,为快速排气阀设置的电动阀,平时常闭,系统开始充水时打开。

4.2.10 由强制性条文改为非强制性条文。本条提出了限制民用建筑中防火分隔水幕规模的规定,意在不推荐采用防火分隔水幕,作民用建筑防火分区的分隔设施。

近年各地在新建大型会展中心、商品市场及条件类似的高大空间建筑时,经常采用防火分隔水幕替代防火墙,作为防火分区的分隔设施,以解决单层或连通层面积超出防火分区规定的问题。为了达到上述目的,防火分隔水幕长度将达几十米,甚至上百米,造成防火分隔水幕系统的用水量很大,室内消防用水量猛增。

此外,储存的大量消防水,不用于主动灭火,而用于被动防火的做法,不符合火灾中应积极主动灭火的原则,也是一种浪费。

5 设计基本参数

5.0.1 系统的喷水强度、作用面积、喷头工作压力是相互关联的，原表 5.0.1 中对喷头工作压力不应低于 0.10MPa 的规定容易造成误解，实际上系统中喷头的工作压力应经计算确定。

本条规定为依据美国《自动喷水灭火系统安装标准》NFPA—13(1996 年版)的有关规定，对原规范第 2.0.2 条和第7.1.1条的修改。图 7 为美国 NFPA—13(1996 年版)标准中规定的自动喷水灭火系统设计数据表。根据"大强度喷水有利于迅速控灭火，有利于缩小喷水作用面积"的试验与经验的总结，选取该曲线中喷水强度的上限数据，并适当加大作用面积后确定为本规范的设计基本参数。这样的技术处理，既便于设计人员操作，又提高了规范的应变能力和系统的经济性能。因此，对设计安装质量提出了更高的要求。既符合我国经济技术水平已较首次制定本规范时有显著提高的国情及我国消防技术规范的编写习惯，同时又能保证系统可靠地发挥作用。

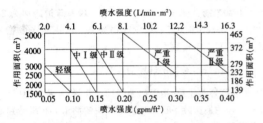

图 7　美国 NFPA—13(1996 年版)标准中的
自动喷水灭火系统设计数据表

表 8 为本规范原版本与修订版本中民用建筑和工业厂房自动喷水灭火系统设计基本数据的对照表。不难看出，修订版给出的数据有所增加，增大了设计人员的选择余地。从整体上强化了喷水强度这一体现系统灭火能力的重要参数，因此加强了系统迅速扑救初期火灾的能力。

表 8　本规范原版本与修订版本民用建筑和工业厂房的系统设计基本数据对照表

设置场所危险等级		修订版规范		原规范	
		喷水强度 (L/min·m²)	系统作用面积 (m²)	喷水强度 (L/min·m²)	系统作用面积 (m²)
轻危险级		4	160	3	180
中危险级	Ⅰ级	6	160	6	200
	Ⅱ级	8			
严重危险级	Ⅰ级	12	260	10(生产建筑物)	300
	Ⅱ级	16	260	15(储存建筑物)	300

表 9 为英国、美国、德国、日本等国的设计基本数据。

本规范表 5.0.1 中"注"，参照美国标准，提出了系统中最不利点处喷头的最低工作压力，允许按不低于 0.05MPa 确定的规定。当发生火灾时，供水泵启动之前，允许由消防水箱或其他辅助供水设施供给系统启动初期的用水量和水压。目前国内采用较多的是高位消防水箱，这样就产生了一个矛盾：如果顶层最不利点处喷头的水压要求为 0.1MPa，则屋顶水箱必须比顶层的喷头高出 10m 以上，将会给建筑造型和结构处理上带来很大困难。根据上述情况和参考国外有关规范，将最不利点处喷头的工作压力确定为 0.05MPa。降低最不利点处喷头最低工作压力而产生的问题，通过其他途径解决。英国、德国、美国等国的规范，最不利点处喷头的最低工作压力也采用 0.05MPa。

表 9　国外自动喷水灭火系统基本设计数据

国家	危险等级		设置场所	喷水强度 (L/min·m²)	作用面积 (m²)	动作喷头数 (个)	每只喷头保护面积 (m²)	最不利点处喷头压力 (MPa)
美国	轻级		俱乐部、教堂、博物馆、医院、餐厅、办公室、住宅、疗养院	2.8~4.1	279~139	—	20.9	0.05
	中级	Ⅰ类	面包房、电子设备工厂、洗衣房、饮料加工、餐厅服务区	4.1~6.1	372~139	—	12.1	0.05
		Ⅱ类	谷物加工、一般危险的化学品工厂、糖酒厂、酿酒厂、机加工车间、大型图书库	6.1~8.1	372~139	—	12.1	0.05
	严重级	Ⅰ类	可燃液体使用与制造的制造与灌装场所、泡沫塑料加工、印刷厂、锯木厂、易燃液体喷雾作业	8.1~12.2	465~232	—	9.3	0.05
		Ⅱ类	沥青浸渍加工、肥皂蜡烛加工、塑料厂	12.2~16.3	465~232	—	9.3	0.05
英国	轻级		医院、旅馆、图书馆、博物馆、托儿所、办公室、大专院校、监狱	2.25	84	4	21	0.05
	中级	Ⅰ组	饭馆、宝石加工	5.0	72	6	12	0.05
		Ⅱ组	一般危险的化学品加工	5.0	144	12	12	0.05
		Ⅲ组	玻璃加工、百货商店	5.0	216	18	12	0.05
		Ⅲ组特型	剧院、电影电视制造厂	5.0	360	30	12	0.05

续表 9

国家	危险等级		设置场所	喷水强度 (L/min·m²)	作用面积 (m²)	动作喷头数 (个)	每只喷头保护面积 (m²)	最不利点处喷头压力 (MPa)
英国	生产		刨花板加工厂、橡胶加工	7.5	260	—	9	0.05
			发泡塑料、橡胶及其制品厂、焦油	7.5	260	—	9	0.05
			蒸馏厂	7.5	260	—	9	0.05
			硝酸纤维加工	7.5	260	—	9	0.05
			火工厂	7.5	260	—	9	0.05
	贮存 Ⅰ类		地毯、布匹、胶合板、敷木打包、电器、设备	7.5~12.5	260	—	9	0.05
	贮存 Ⅱ类		毛皮制品、纸品、纤维板、纺织品、纸、纸板可燃包装的所有易燃品	7.5~17.5	260	—	9	0.05
	贮存 Ⅲ类		硝酸纤维、泡沫塑料和泡沫橡胶制品、可燃物包装的发泡塑料与橡胶制品	7.5~27.5	260~300	—	9	0.05
	贮存 Ⅳ类		散装物包成卷的发泡塑料与橡胶及制品	7.5~30.0	260~300	7~8	21	0.05
德国	轻级	1组	办公室、住宅、托儿所、医院、学校、旅馆	2.5	150	12~13	12	0.05
	中级	2组	汽车库、酒吧、烟厂、电影院、音乐厅、剧院礼堂	5.0	150		12	0.05
		3组	百货商店、服装厂、胶合板厂、交易会大厅	5.0	260		12	0.05
			印刷厂、木材加工厂、纺织品	5.0	375		12	0.05

工作压力		持续时间	作用面积	喷水强度	场所	危险级（分组）	国别
>0.05	9.0	29~30	260	7.5	摄影棚、亚麻加工、刨花板厂、火柴厂	生产1组	国
>0.05	9.0	30	260	10.0	泡沫橡胶厂	生产2组	国
>0.05	9.0	30	260	12.5	赛璐珞厂	生产3组	国
—	9.0	—	260	7.5~17.5		贮存1~3组	国
0.1	15	10	150	5.0	办公室、医院、体育馆、博物馆、学校	轻级	日本
0.1	12	20	240	6.5	礼堂、剧院、电影院、电视演播室、旅馆	中 I级	日本
0.1	12	30	360	6.5	商店、摄影室、印刷车间、一般仓库	中 II级	日本
0.1	9.0	40	360	10	赛璐珞制品加工车间、合成板制造车间、发泡塑料与橡胶制品	生产 I类	日本
0.1	6.5	40	260	15	纤维制品、木制品、橡胶制品	贮存 I类	日本
0.1	6.5	46	300	25	发泡塑料、橡胶制品及制品	II类	日本

5.0.1A 本条参考国外试验数据提出。

1 国外模拟试验的意义，在于解决"以往没有闭式系统保护非仓库类高大净空场所的设计准则，少数未经试验、缺乏足够认识的保护方案被广泛应用"的问题。说明了此类问题具有普遍意义和试验的必要性。

2 通过美国 FM 试验证明：净空高度18m非仓库类场所内，2m左右高度的可燃物品，不论紧密布置，还是间隔1.5m布置2m宽物品，闭式系统均能有效"控火"。根据我国目前试验情况，将自动喷水灭火系统保护的非仓库类高大净空场所的最大净空高度暂定为12m。

3 当现场火灾荷载小于试验火灾荷载时，存在闭式喷头开放时间滞后于火灾水平蔓延的可能性。

4 本条适用于净空高度8~12m非仓库类场所湿式系统。当确定采用湿式系统后，应严格按本条规定确定系统设计参数。

《商店建筑设计规范》JGJ 48—88 对商店的分类，包括：百货商店、专业商店、菜市场类、自选商店、联营商店和步行商业街。对自选商场的解释：向顾客开放，可直接挑选商品，按标价付款的（超级市场）营业场所。

内贸部对零售商店的分类：百货店、专业店、专卖店、便利店、超级市场、大型综合超市及仓储式商场。

本条规定中的自选商场，包括超级市场、大型综合超市及仓储式商场。

表中"喷头最大间距"指"同一根配水支管上喷头的间距与相邻配水支管的间距"。

5.0.2 由强制性条文改为非强制性条文。仅在走道安装闭式系统时，系统的作用主要是防止火灾蔓延和保护疏散通道。对此类系统的作用面积，本条提出了按各楼层走道中最大疏散距离所对应的走道面积确定。

美国 NFPA 规范规定，走道内布置一排喷头时，动作喷头数

最大按5只计算。当走廊出口未作保护时，动作喷头数应包括走廊内全部喷头，但最多不应超过7只。

当走道的宽度为1.4m、长度为15m，喷水覆盖全部走道面积时的喷头布置及开放喷头数（见图8）。

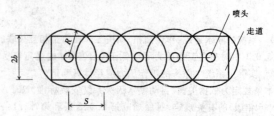

图 8 仅在走廊布置喷头的示意图
R—喷头有效保护半径

例1：当喷头最低工作压力为0.05MPa时，喷水量为56.57 L/min。为达到6.0L/min·m² 平均喷水强度时，圆形保护面积为9.43m²，故 $R=1.73$m。则喷头间距（S）为：

$$S=2\sqrt{R^2-b^2}=2\sqrt{1.73^2-0.7^2}=3.16(\text{m})$$

袋形走道内布置并开放的喷头数为：$\dfrac{15}{3.16}=4.8$，确定为5只。

例2：当袋形疏散走道按《建规》规定的最长疏散距离为 $22\times1.25=27.5$(m) 确定时，若走道宽度仍为1.4m，则喷水覆盖全部走道面积时的开放喷头数为：

$$\dfrac{27.5}{3.16}=8.7$$，按本条规定确定为9只。

5.0.3 商场等公共建筑，由于内装修的需要，往往装设网格状、条栅状等不挡烟的通透性吊顶。顶板下喷头的洒水分布将受到通透性吊顶的阻挡，影响灭火效果。因此本条提出适当增大喷水强度的规定。若将喷头埋设在通透性吊顶的网格或条栅中间，则喷头将因吊顶不挡烟，且距顶板距离过大而不能保证可靠动作。喷头不能及时动作，系统将形同虚设。

5.0.4 干式系统的配水管道内平时维持一定气压，因此系统启动后将滞后喷水，而滞后喷水无疑将增大灭火难度，等于相对削弱了系统的灭火能力。所以，本规范参照发达国家相关规范，对干式系统作出增大作用面积的规定，用扩大作用面积的办法，补偿滞后喷水对灭火能力的影响。

雨淋系统由雨淋阀控制其连接的开式洒水喷头同时喷水，有利于扑救水平蔓延速度快的火灾。但是，如果一个雨淋阀控制的面积过大，将会使系统的流量过大，总用水量过大，并带来较大的水渍损失，影响系统的经济性能。本规范出于适当控制系统流量与总用水量的考虑，提出了雨淋系统中一个雨淋阀控制的喷水面积按不大于本规范表 5.0.1 规定的作用面积为宜。对大面积场所，可设多台雨淋阀组合控制一次灭火的保护范围。

5.0.5 本条是对国外标准中仓库的系统设计基本参数进行分类、归纳、合并后，充实我国规范对仓库的系统设计基本参数的规定。设计时应按喷水强度与保护面积选用喷头。从国外有关标准提供的数据分析，影响仓库设计参数的因素很多，包括货品的性质、堆放形式、堆积高度及室内净空高度等。各因素的变化，均影响设计参数的改变。例如：货品堆高增大，火灾竖向蔓延速度迅速增长的规律，不仅使灭火难度增大，而且使喷水因货品的阻挡而难以直接送达燃烧面，只能沿货品表面流淌后最终到达燃烧面。其结果，造成送达到位直接灭火的水量锐减。因此，货品堆高增大时，相应提高喷水强度，以保证系统灭火能力的措施是必要的。

随着我国经济的迅速发展，面对不同火灾危险性的各种仓库，仅向设计人员提供一组设计参数显然不够。参照美国《自动喷水灭火系统安装标准》NFPA—13（2002 年版）、《一般储物仓库标准》NFPA—231（1995 年版）、《货架储物仓库标准》NFPA—231C（1995 年版）及工厂联合保险系统标准，在归纳简化的基础上，提出了一组仓库危险级场所的系统设计基本参数。既借鉴了美、英

等发达国家标准的先进技术，又使我国规范中保护仓库的系统设计参数得到了充实，符合我国现阶段的具体国情。

每排货架之间均保持 1.2～2.4m 距离的属于单排货架，靠拢放置的两个单排货架属于双排货架，间距小于 1.2m 的单排、双排货架按多排货架设计。

通透性层板是指水或烟气能穿透或通过的货架层板，如网格或格栅型层板。

5.0.6 仓库火灾蔓延迅速、不易扑救，容易造成重大财产损失，因此是自动喷水灭火系统的重要应用对象。而扑救高堆垛、高货架仓库火灾，又一直是自动喷水灭火系统的技术难点。美国耗巨资试验研究，成功开发出"大水滴喷头"、"快速响应早期抑制喷头"等可有效扑救高堆垛、高货架仓库火灾的新技术。本条规定参考美国《自动喷水灭火系统安装标准》NFPA—13(2002 年版)、《一般储物仓库标准》NFPA—231(1995 年版)和《货架储物仓库标准》NFPA—231C(1995 年版)的数据，并经归纳简化后，提出了采用早期抑制快速响应喷头仓库的系统设计参数。

5.0.7 本条为本次修订条文。本条参考美国《货架储物仓库标准》NFPA—231C(1995 年版)、美国工厂联合保险系统标准等国外相关标准，针对我国现状，充实了高货架仓库中采用货架内喷头的条件，以及喷水强度、作用面积等有关规定。

对最大净空高度或最大储物高度超过本规范表 5.0.5-1～表 5.0.5-6 和表 5.0.6 规定的高货架仓库，仅在顶板下设置喷头，将不能满足有效灭控火的需要，而在货架内增设喷头，是对顶板喷头灭火能力的补充，补偿超出顶板下喷头保护范围部位的灭火能力。

5.0.7A 新增条文。仓库内系统的喷水强度大，持续喷水时间长，为避免不必要的水渍损失和增加建筑荷载，系统喷水强度大的仓库，有必要设置消防排水。

5.0.8 由强制性条文改为非强制性条文。提出了闭式自动喷水—泡沫联用系统的设计基本参数。

以湿式系统为例，处于戒备状态时，管道内充满有压水。喷头动作后，开放喷头开始喷出的是水，只有当开放喷头与泡沫比例混合器之间管道内的充水被置换成泡沫混合液后，才能转换为喷泡沫。因此，开始喷泡沫时间取决于开放喷头与泡沫比例混合器之间的管道长度。

设置场所发生火灾时，湿式系统首批开放的喷头数一般不超过 3 只，其流量按标准喷头计算，约为 4L/s。以此为基础，规定了喷水转换喷泡沫的时间和泡沫比例混合器有效工作的最小流量。利用湿式系统喷洒泡沫混合液的目的，是为了强化灭火能力，所以持续喷水和喷泡沫时间的总和，仍执行本规范 5.0.11 条的规定。持续喷泡沫时间，则依据美国《闭式喷水—泡沫联用灭火系统安装标准》NFPA—16A(2002 年版)，规定按我国现行国家标准《低倍数泡沫灭火系统设计规范》GB 50151—92 执行。

5.0.9 由强制性条文改为非强制性条文。参考了美国《雨淋自动喷水—泡沫联用灭火系统安装标准》NFPA—16(2002 年版)的规定。

前期喷水后期喷泡沫的系统，用于喷水控火效果好，而灭火时间长的火灾。前期喷水的目的，是依靠喷水控火，后期喷洒泡沫混合液，是为了强化系统的灭火能力，缩短灭火时间。喷水—泡沫的强度，仍采用本规范表 5.0.1、表 5.0.5-1 的数据。前期喷泡沫后期喷水的系统，分别发挥泡沫灭火和水冷却的优势，既可有效灭火，又可防止火灾复燃。既可省泡沫混合液，又可保证可靠性。喷水—泡沫的强度，执行我国现行国家标准《低倍数泡沫灭火系统设计规范》GB 50151—92。此项技术既可充分发挥水和泡沫各自的优点，又可提高系统的经济性能，但设计上有一定难度，要兼顾本规范与《低倍数泡沫灭火系统设计规范》GB 50151—92 的有关规定。

5.0.10 由强制性条文改为非强制性条文。防护冷却水幕用于配合防火卷帘等分隔物使用，以保证防火卷帘等分隔物的完整性与隔热性。某厂曾于 1995 年在"国家固定灭火系统和耐火构件质量监督检验测试中心"进行过洒水防火卷帘抽检测试，90min 耐火试验后，得出"未失去完整性和隔热性"的结论。本条"喷水高度为 4m，喷水强度为 0.5L/s·m"的规定，折算成对卷帘面积的平均喷水强度为 7.5L/min·m²，可以形成水膜并有效保护钢结构不受火灾损害。喷水点的提高，将使卷帘面积的平均喷水强度下降，致使防护冷却的能力下降。所以，提出了喷水点高度每提高 1m，喷水强度相应增加 0.1L/s·m 的规定，以补充冷却水沿分隔物下淌时受热汽化的水量损失，但喷水点高度超过 9m 时喷水强度仍按1.0 L/s·m 执行。尺寸不超过 15m×8m 的开口，防火分隔水幕的喷水强度仍按原规范规定的2L/s·m 确定。

5.0.11 从自动喷水灭火系统的灭火作用看，一般 1h 即能解决问题。从原规范的执行情况，证明按此条规定确定的系统用水量，能够满足控灭火实际需要。

5.0.12 本条是对原规范第 6.3.2 条的修订。干式系统配水管道内充入有压气体的目的，一是将有压气体作为传递火警信号的介质，二是防止干式报警阀误动作。由于不同生产厂出品的干式报警阀的结构不尽相同，所以，不受报警阀入口水压波动影响、防止误动作的气压值有所不同，因此本条提出了根据报警阀的技术性能确定气压取值范围的规定。

常规的预作用系统，其配水管道维持一定气压的目的，不同于干式系统，是将有压气体作为监测管道严密性的介质。为了便于控制，本规范将规定的气压值调整为 0.03～0.05MPa。

国外近年推出的新型预作用系统，利用"配套报警系统动作"和"闭式喷头动作"的"与门"或"或门"关系，作为启动系统的条件。分别为：1 报警系统"与"闭式喷头动作后启动系统，以防止系统不必要的误启动；2 报警系统"或"闭式喷头动作即启动系统，以保证系统启动的可靠性。此类预作用系统有别于常规类型的预作用系统，同时具备预作用系统和干式系统的特点，管道内充入的有压气体，将成为传递火警信号的媒介，所以当采用此种预作用系统时，配水管道内维持的气压值与干式系统相同。报警阀的选型，则要求同时具备雨淋阀和干式阀的特点。相应的系统设计参数，要同时符合预作用系统和干式系统的相关规定。

6 系统组件

6.1 喷　头

6.1.1 闭式喷头的安装高度,要求满足"使喷头及时受热开放,并使开放喷头的洒水有效覆盖起火范围"的条件。超过上述高度,喷头将不能及时受热开放,而且喷头开放后的洒水可能达不到覆盖起火范围的预期目的,出现火灾在喷水范围之外蔓延的现象,使系统不能有效发挥控灭火的作用。本条参考日本《消防法》"对影剧院观众厅安装闭式系统时喷头至地面的距离不得超过8m"的规定和我国现行国家标准《火灾自动报警系统设计规范》GB 50116—98的有关规定,以及国外相关标准对仓库中闭式喷头最大安装高度的规定,分别规定了民用建筑、工业厂房及仓库采用闭式系统的最大净空高度,同时根据表5.0.1A规定了非仓库类高大净空场所采用闭式系统的最大净空高度。并提出了用于保护钢屋架等建筑构件的闭式系统和设有货架内喷头的仓库闭式系统,不受室内净空高度限制的规定。

6.1.3 由强制性条文改为非强制性条文。本条提出了不同使用条件下对喷头选型的规定。实际工程中,由于喷头的选型不当而造成失误的现象比较突出。不同用途和型号的喷头,分别具有不同的使用条件和安装方式。喷头的选型、安装方式、方位合理与否,将直接影响喷头的动作时间和布水效果。当设置场所不设吊顶,且配水管道沿梁下布置时,火灾热气流将在上升到顶板后水平蔓延。此时只有向上安装直立型喷头,才能使热气流尽早接触和加热喷头热敏元件。室内设有吊顶时,喷头将紧贴在吊顶下布置,或埋设在吊顶内,因此适合采用下垂或吊顶型喷头,否则吊顶将阻挡洒水分布。吊顶型喷头作为一种类型,在国家标准《自动喷水灭火系统洒水喷头的技术要求和试验方法》GB 5135—93中有明确规定,即为"隐蔽安装在吊顶内,分为平齐型、半隐蔽型和隐蔽型三种型式。"不同安装方式的喷头,其洒水分布不同,选型时要予以充分重视。为此,本规范不推荐在吊顶下使用"普通型喷头",原因是在吊顶下安装此种喷头时,洒水严重受阻,喷水强度将下降约40%,严重削弱系统的灭火能力。

边墙型扩展覆盖喷头的配水管道易于布置,颇受国内设计、施工及使用单位欢迎。但国外对采用边墙型喷头有严格规定:

保护场所应为轻危险级,中危险级系统采用时须经特许;

顶板必须为水平面,喷头附近不得有阻挡喷水的障碍物;

洒水应喷湿一定范围墙面等。

本条根据国内需求,按本规范对设置场所火灾危险等级的分类,以及边墙型喷头性能特点等实际情况,提出了既允许使用此种喷头,又严格使用条件的规定。

6.1.4 为便于系统在灭火或维修后恢复戒备状态之前排尽管道中的积水,同时有利于在系统启动时排气,要求干式、预作用系统的喷头采用直立型喷头或干式下垂型喷头。

6.1.5 提出了水幕系统的喷头选型要求。防火分隔水幕的作用,是阻断烟和火的蔓延。当使水幕形成密集喷洒的水墙时,要求采用洒水喷头;当使水幕形成密集喷洒的水帘时,要求采用开口向下的水幕喷头。防火分隔水幕也可以同时采用上述两种喷头并分排布置。防护冷却水幕则要求采用将水喷向保护对象的水幕喷头。

6.1.6 提出了快速响应喷头的使用条件。大量装饰材料、家电等现代化日用品和办公用品的使用,使火灾出现蔓延速度快、有害气体生成量大、财产损失的价值增长等新特点,对自动喷水灭火系统的工作效能提出了更高的要求。国外于80年代开始生产并推广使用快速响应喷头。快速响应喷头的优势在于:热敏性能明显高于标准响应喷头,可在火场中提前动作,在初起小火阶段开始喷水,使灭火的难度降低,可以做到灭火迅速、灭火用水量少,可最大

限度地减少人员伤亡和火灾烧损与水渍污染造成的经济损失。国际标准 ISO 6182 规定 $RTI \leqslant 50(m \cdot s)^{0.5}$ 的喷头为快速响应喷头,喷头的 RTI 通过标准"插入实验"判定。在"插入实验"给定的标准热环境中,快速响应喷头的动作时间,较 8mm 玻璃泡标准响应喷头快 5 倍。为此,提出了在中庭环廊、人员密集的公共娱乐场所,老人、少儿及残疾人集中活动的场所,以及高层建筑中外部增援困难的部位、地下的商业与仓储用房等,推荐采用快速响应喷头的规定。

6.1.7 同一隔间内采用热敏性能、规格及安装方式一致的喷头,是为了防止混装不同喷头对系统的启动与操作造成不良影响。曾经发现某一面积达几千平方米的大型餐厅内混装 $d=8mm$ 和 $d=5mm$ 玻璃泡喷头。某些高层建筑同一场所内混装下垂型、普通型喷头等错误做法。

6.1.9 设计自动喷水灭火系统时,要求在设计资料中提出喷头备品的数量,以便在系统投入使用后,因火灾或其他原因损伤喷头时能够及时更换,缩短系统恢复戒备状态的时间。当在一个建筑工程的设计中采用了不同型号的喷头时,除了对备用喷头总量的要求外,不同型号的喷头要有各自的备品。各国规范对喷头备品的规定不尽一致,例如美国 NFPA 标准的规定:喷头总数不超过 300只时,备品数为 6 只,总数为 300～1000 个时,备品数不少于 12只,超过 1000 只时不少于 24 只;英国 BS 5306—Part2 的规定见表 10。

表 10　英国 BS 5306—Part2 规定的喷头备品数

	轻危险级	中危险级	严重危险级
1 或 2 个报警阀	6	24	36
2 个报警阀以上	9	36	54

6.2 报 警 阀 组

6.2.1 由强制性条文改为非强制性条文。报警阀在自动喷水灭火系统中有下列作用:

1 湿式与干式报警阀:接通或关断报警水流,喷头动作后报警水流将驱动水力警铃和压力开关报警;防止水倒流。

2 雨淋报警阀:接通或关断向配水管道的供水。

报警阀组中的试验阀,用于检验报警阀、水力警铃和压力开关的可靠性。由于报警阀和水力警铃及压力开关均采用水力驱动的工作原理,因此具有良好的可靠性和稳定性。

为钢屋架等建筑构件建立的闭式系统,功能与用于扑救地面火灾的闭式系统不同,为便于分别管理,规定单独设置报警阀组。水幕系统与上述情况类似,也规定单独设置报警阀组或感温雨淋阀。

6.2.2 根据本规范 4.2.8 条的规定,串联接入湿式系统的干式、预作用、雨淋等其他系统,本条规定单独设置报警阀组,以便虽共用配水干管,但独立报警。

串联接入湿式系统的其他系统,其供水将通过湿式报警阀。湿式系统检修时,将影响串联接入的其他系统,因此规定其他系统所控制的喷头数,计入湿式报警阀组控制喷头的总数内。

6.2.3 第一款规定了一个报警阀组控制的喷头数。一是为了保证维修时,系统的关停部分不致过大;二是为了提高系统的可靠性。为了达到上述目的,美国规范还规定了建筑物中同一层面内一个报警阀组控制的最大喷头数。为此,本条仍维持原规范第5.2.5 条规定。

美国消防协会的统计资料表明,同样的灭火成功率,干式系统的喷头动作要大于湿式系统,即前者的控火、灭火率要低一些,其原因主要是喷水滞后造成的。鉴于本规范已提出"干式系统配水管道应设快速排气阀"的规定,故干式报警阀组控制的喷头总数,规定为"不宜超过 500 只"。

当配水支管同时安装保护吊顶下方空间和吊顶上方空间的喷头时,由于吊顶材料的耐火性能要求执行相关规范的规定,因此吊顶一侧发生火灾时,在系统的保护下火势将不会蔓延到吊顶的另

一侧。因此,对同时安装保护吊顶两侧空间喷头的共用配水支管,规定只将数量较多一侧的喷头计入报警阀组控制的喷头总数。

6.2.4　参考英国标准,规定了每个报警阀组供水的最高与最低位置喷头之间的最大位差。规定本条的目的,是为了控制高、低位置喷头间的工作压力,防止其压差过大。当满足最不利点处喷头的工作压力时,同一报警阀组向较低有利位置的喷头供水时,系统流量将因喷头的工作压力上升而增大。限制同一报警阀组供水的高、低位置喷头之间的位差,是均衡流量的措施。

6.2.5　由强制性条文改为非强制性条文。雨淋阀配置的电磁阀,其流道的通径很小。在电磁阀入口设置过滤器,是为了防止其流道被堵塞,保证电磁阀的可靠性。

并联设置雨淋阀组的系统启动时,将根据火情开启一部分雨淋阀。当开阀供水时,雨淋阀的入口水压将产生波动,有可能引起其他雨淋阀的误动作。为了稳定控制腔的压力,保证雨淋阀的可靠性,本条规定:并联设置雨淋阀组的雨淋系统,雨淋阀控制腔的入口要求设有止回阀。

6.2.6　规定报警阀的安装高度,是为了方便施工、测试与维修工作。系统启动和功能试验时,报警阀组将排放出一定量的水,故要求在设计时相应设置足够能力的排水设施。

6.2.7　为防止误操作,本条对报警阀进出口设置的控制阀,规定应采用信号阀或配置能够锁定阀板位置的锁具。

6.2.8　由强制性条文改为非强制性条文。规定水力警铃工作压力、安装位置和与报警阀组连接管的直径及长度,目的是为了保证水力警铃发出警报的位置和声强。

6.3　水流指示器

6.3.1　由强制性条文改为非强制性条文。水流指示器的功能,是及时报告发生火灾的部位。本条对系统中要求设置水流指示器的部位提出了规定,即每个防火分区和每个楼层均要求设有水流指示器。同时规定当一个湿式报警阀组仅控制一个防火分区或一个层面的喷头时,由于报警阀组的水力警铃和压力开关已能发挥报告火灾部位的作用,故此种情况允许不设水流指示器。

6.3.2　由强制性条文改为非强制性条文。设置货架内喷头的仓库,顶板下喷头与货架内喷头分别设置水流指示器,有利于判断喷头的状况,故规定此条。

6.3.3　为使系统维修时关停的范围不致过大而在水流指示器入口前设置阀门时,要求该阀门采用信号阀,以便显示阀门的状态,其目的是为了防止因误操作而造成配水管道断水的故障。

6.4　压力开关

6.4.1　雨淋系统和水幕系统采用开式喷头,平时报警阀出口后的管道内没有水,系统启动后的管道充水阶段,管内水的流速较快,容易损伤水流指示器,因此采用压力开关较好。

6.4.2　稳压泵的启停,要求可靠地自动控制,因此规定采用消防压力开关,并要求其能够根据最不利点处喷头的工作压力,调节稳压泵的启停压力。

6.5　末端试水装置

6.5.1　提出了设置末端试水装置的规定。为了检验系统的可靠性,测试系统能否在开放一只喷头的最不利条件下可靠报警并正常启动,要求在每个报警阀的供水最不利点处设置末端试水装置。末端试水装置测试的内容,包括水流指示器、报警阀、压力开关、水力警铃的动作是否正常,配水管道是否畅通,以及最不利点处的喷头工作压力等。其他的防火分区与楼层,则要求在供水最不利点处装设直径25mm的试水阀,以便在必要时连接末端试水装置。

6.5.2　由强制性条文改为非强制性条文。规定了末端试水装置的组成、试水接头出水口的流量系数,以及其出水的排放方式(见图9)。为了使末端试水装置能够模拟实际情况,进行开放1只喷

头启动系统等试验,其试水接头出水口的流量系数,要求与同楼层或所在防火分区内采用的最小流量系数的喷头一致。例如:某酒店在客房中安装边墙型扩展覆盖喷头,走廊安装下垂型标准喷头,其所在楼层如设置末端试水装置,试水接头出水口的流量系数,要求为 $K = 80$。当末端试水装置的出水口直接与管道或软管连接时,将改变试水接头出水口的水力状态,影响测试结果。所以,本条对末端试水装置的出水,提出采取孔口出流的方式排入排水管道的要求。

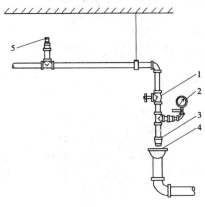

图9　末端试水装置示意图
1—截止阀;2—压力表;3—试水接头;4—排水漏斗;5—最不利点处喷头

7　喷头布置

7.1　一般规定

7.1.1　由强制性条文改为非强制性条文。闭式喷头是自动喷水灭火系统的关键组件,受火灾热气流加热开放后喷水并启动系统。能否合理地布置喷头,将决定喷头能否及时动作和按规定强度喷水。本条规定了布置喷头所应遵循的原则。

1　将喷头布置在顶板或吊顶下易于接触到火灾热气流的部位,有利于喷头热敏元件的及时受热;

2　使喷头的洒水能够均匀分布。当喷头附近有不可避免的障碍物时,要求按本规范7.2节喷头与障碍物的距离的要求布置喷头,或者增设喷头,补偿因喷头的洒水受阻而不能到位灭火的水量。

7.1.2　本条参考美国NFPA—13(2002年版)标准的做法,提出同一根配水支管上喷头间和配水支管间最大距离的规定,和一只喷头最大保护面积的规定。同一根配水支管上喷头间的距离及相邻配水支管间的距离,需要根据设计选定的喷水强度、喷头的流量系数和工作压力确定。由于该参数将影响火场中的喷头开放时间,因此提出最大值限制。目的是使喷头既能适时开放,又能按规定的强度喷水。

以喷头 A、B、C、D 为顶点的围合范围为正方形(见图10),每只喷头的25%水量喷洒在正方形 $ABCD$ 内。根据喷头的流量系数、工作压力以及喷水强度,可以求出正方形 $ABCD$ 的面积和喷头之间的距离。

例如中危险级Ⅰ级场所,当选定喷水强度为 $6L/min \cdot m^2$,喷头工作压力为0.1MPa时,每只 $K = 80$ 喷头的出水量为:

$$q = K\sqrt{10P} = 80\text{L/min}$$

$$\therefore \text{面积 } ABCD = \frac{80}{6} = 13.33(\text{m}^2)$$

正方形的边长为：

$$AB = \sqrt{13.33} = 3.65(\text{m})$$

依此类推，当喷头工作压力不同时，喷头的出水量不同，因而间距也不同，例如：

若喷头工作压力为 0.05MPa，喷头的出水量 q 为：

$$q = 56.57\text{L/min}$$

此时正方形保护面积为：

$$\text{面积 } ABCD = \frac{56.57}{6} = 9.43(\text{m}^2)$$

边长为：$AB = \sqrt{9.43} = 3.07(\text{m})$

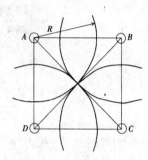

图 10　正方形布置喷头示意图

为了控制喷头与起火点之间的距离，保证喷头开放时间，本规范规定：中危险级Ⅰ级场所采用 $K=80$ 标准喷头时，一只喷头的最大保护面积为 12.5m²，配水支管上喷头间和配水支管间的最大距离，正方形布置时为 3.6m，矩形或平行四边形布置时的长边边长为 4.0m。

规定喷头与端墙最大距离的目的，是为了使喷头的洒水能够喷湿墙根地面并不留漏喷的空白点，而且能够喷湿一定范围的墙面，防止火灾沿墙面的可燃物蔓延。

本规范表 7.1.2 中的"注 1"，对仅在走道布置喷头的闭式系统，提出确定喷头间距的规定；"注 2"说明喷水强度较大的系统，采用较大流量系数的喷头，有利于降低系统的供水压力。"注 3"则对货架内喷头的布置提出了要求。疏散走道内确定喷头间距的举例见本规范条文说明图 8。

7.1.3 本条参考美国标准 NFPA—13(2002 年版)和英国消防协会 BS 5306—Part2 标准，提出了相应的规定。规定直立、下垂型标准喷头溅水盘与顶板的距离，目的是使喷头热敏元件处于"易于接触热气流"的最佳位置。溅水盘距顶板太近不易安装维护，且洒水易受影响；太远则升温较慢，甚至不能接触到热烟气流，使喷头不能及时开放。吊顶型喷头和吊顶下安装的喷头，其安装位置不存在远离热烟气流的现象，故不受此项规定的限制(见图 11、图 12)。

梁的高度大或间距小，使顶板下布置喷头的困难增大。然而，由于梁同时具有挡烟蓄热作用，有利于位于梁间的喷头受热，为此对复杂情况提出布置喷头的补充规定。

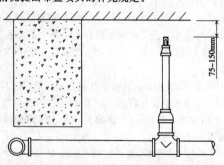

图 11　直立或下垂型标准喷头溅水盘与顶板的距离

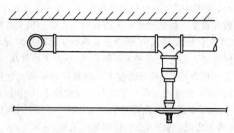

图 12　吊顶下喷头安装示意图

执行第 2 款时，喷头溅水盘不能低于梁的底面。

第 4 款是指允许在间距不超过 4.0×4.0(m)十字梁的梁间布置 1 只喷头，但喷头保护面积内的喷水强度仍要求符合表 5.0.1 的规定。

7.1.4 本条参照美国标准，提出了直立和下垂安装的快速响应早期抑制喷头，喷头溅水盘与顶板距离的规定。

7.1.5 由强制性条文改为非强制性条文。此条规定的适用对象由仓库扩展到包括图书馆、档案馆、商场等堆物较高的场所；由 $K=80$ 的标准喷头扩展到包括其他大口径非标准喷头(见图 13)。

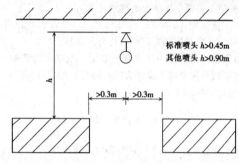

图 13　堆物较高场所内通道上方喷头的设置

7.1.6 由强制性条文改为非强制性条文。货架内布置的喷头，如果其溅水盘与货品顶面的间距太小，喷头的洒水将因货品的阻挡而不能达到均匀分布的目的。本条参考美国《货架储物仓库标准》NFPA—231C(1995 年版)和美国工厂联合保险系统标准，提出要求溅水盘与其上方层板的距离符合本规范 7.1.3 条的规定，与其下方货品顶面的垂直距离不小于 150mm 的规定。

7.1.7 规定将货架内置喷头设在能够挡烟的封闭分层隔板下方，如果恰好在喷头的上方有孔洞、缝隙，则要求在喷头的上方安装既能挡烟集热、又能挡水的集热挡水板。对集热挡水板的具体规定是：要求采用金属板制作，形状为圆形或正方形，其平面面积不小于 0.12m²。为有利于集热，要求焦热挡水板的周边向下弯边，弯边的高度要与喷头溅水盘平齐(见图 14)。

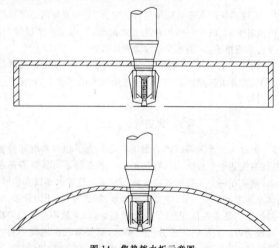

图 14　集热挡水板示意图

7.1.8 由强制性条文改为非强制性条文。当吊顶上方闷顶或技术夹层的净空高度超过 800mm，且其内部有可燃物时，要求设置喷头。如闷顶、技术夹层内部无可燃物，且顶板与吊顶均为非燃烧体时,可不设置喷头。

1983年冬某宾馆礼堂火灾,就是因为吊顶内电线故障起火,引燃吊顶内的可燃物,致使钢屋架很快坍塌。造成很大损失。又如1980年,美国拉斯维加斯市米高梅大饭店(20层2000个床位)的底层游乐场,由于吊顶内电气线路超负荷运转,开始是阴燃,约三四个小时后火焰冒出吊顶外,长140多米的大厅在15min内成为一片火海。当时在场数千人四处奔跑。事后州消防局长感叹地说:这样的蔓延速度,即使当时有几百名消防队员在场,也是无能为力的。据介绍该建筑在设计时,大厅的上下楼层均装有自动喷水灭火系统,只有游乐大厅未装。设计人员的理由是该厅全天24h不断人,如发生火灾能及时扑救。由于起火部位在吊顶上方,而闷顶内又未设喷头,结果未能及时扑救,造成了超过1亿美元的火灾损失。

7.1.9 由强制性条文改为非强制性条文。强调了当在建筑物的局部场所设置喷头时,其门、窗、孔洞等开口的外侧及与相邻不设喷头场所连通的走道,要求设置防止火灾从开口处蔓延的喷头。

此种做法可起很大作用。例如1976年5月上海第一百货公司八层的火灾:同在八层的服装厂与手工艺制品厂植绒车间仅一墙之隔,服装厂装有闭式系统,而植绒车间则未装。植绒车间发生火灾后,火势经隔墙上的连通窗口向服装厂蔓延。服装厂内喷头受热动作后,阻断了火灾向服装厂的扩展(见图15)。

7.1.10 规定装设通透性不挡烟吊顶的场所,其设置的闭式喷头,要求布置在顶板下,以便易于接触火灾热气流。

7.1.11 由强制性条文改为非强制性条文。本条参考美国NFPA—13(2002年版)标准。要求在倾斜的屋面板、吊顶下布置的喷头,垂直于斜面安装,喷头的间距按斜面的距离确定。当房间为尖屋顶时,要求屋脊处布置一排喷头。为利于系统尽快启动和便于安装,按屋顶坡度规定了喷头溅水盘至屋脊的垂直距离:屋顶坡度≥1/3时,不应大于0.8m;<1/3时,不应大于0.6m(见图16)。

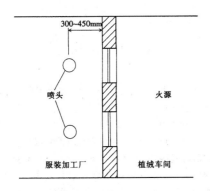

图15 植绒车间开口外侧设置喷头示意图

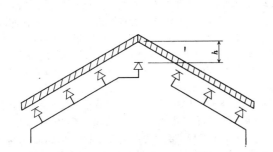

图16 屋脊处设置喷头示意图

7.1.12 由强制性条文改为非强制性条文。本条参考美国NFPA—13(2002年版)标准,并根据边墙型喷头与室内最不利点处火源的距离远、喷头受热条件较差等实际情况,调整了配水支管上喷头间的最大距离和侧喷水量跨越空间的最大保护距离数据。

美国NFPA—13(2002年版)标准规定:边墙型喷头仅能在轻危险级场所中使用,只有在经过特别认证后,才允许在中危险级场所按经过特别认证的条件使用。本规范表7.1.12中的规定,按边墙型喷头的前喷水量占流量的70%~80%,喷向背墙的水量占20%~30%流量的原则作了调整。中危险级Ⅰ级场所,喷头在配水支管上的最大间距确定为3m,单排布置边墙型喷头时,喷头至对面墙的最大距离为3m,1只喷头保护的最大地面面积为9m²,并要求符合喷水强度要求。

7.1.13 根据本规范7.1.12条条文说明中提出的要求,规定了布置边墙型扩展覆盖喷头时的技术要求。此种喷头的优点是保护面积大,安装简便;其缺点与边墙型标准喷头相同,即喷头与室内最不利处起火点的最大距离更远,影响喷头的受热和灭火效果,所以国外规范对此种喷头的使用条件要求很严。鉴于目前国内对使用边墙型扩展覆盖喷头的呼声很高,而此种喷头又尚未纳入国家标准《自动喷水灭火系统洒水喷头性能要求和试验方法》GB 5135—95的规定内容之中,因此设计中采用此种喷头时,要求按本条规定并根据生产厂提供的喷头流量特性、洒水分布和喷湿墙面范围等资料,确定喷水强度和喷头的布置。图17为边墙型扩展覆盖喷头布水及喷湿墙面示意图。

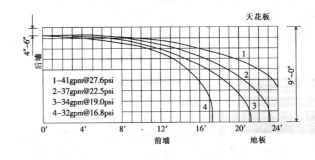

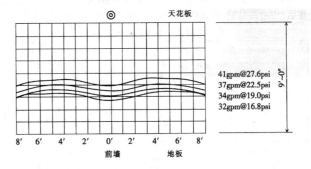

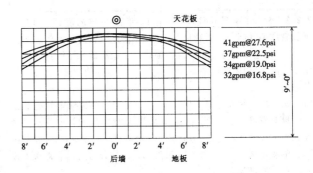

图17 边墙型扩展覆盖喷头布水及喷湿墙面示意图

注:图中英制单位换算:

1gpm=0.0758L/s

1psi=0.0069MPa

7.1.14 直立式边墙喷头安装示意图(图18)。

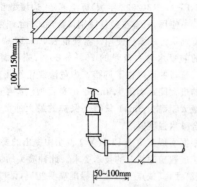

100~150mm
50~100mm

图18 直立式边墙型喷头的安装示意图

7.1.15 由强制性条文改为非强制性条文。本条按防火分隔水幕和防护冷却水幕,分别规定了布置喷头的排数及排间距。

水幕的喷头布置,应当符合喷水强度和均匀布水的要求。本规范规定水幕的喷水强度,按直线分布衡量,并不能出现空白点。

1 防护冷却水幕与防火卷帘或防火幕等分隔物配套使用时,要求喷头单排布置,并将水喷向防火卷帘或防火幕等保护对象。

2 防火分隔水幕采用开式洒水喷头时按不少于2排布置,采用水幕喷头时不少于3排布置。多排布置喷头的目的,是为了形成具有一定厚度的水墙或多层水帘。

7.2 喷头与障碍物的距离

7.2.1 参考了美国 NFPA—13(1996年版)标准有关规定,提出了当顶板下有梁、通风管道或类似障碍物,且在其附近布置喷头时,避免梁、通风管道等障碍物影响喷头布水的规定(见本规范图7.2.1)。喷头的定位,应当同时满足本规范 7.1 节中喷头溅水盘与顶板距离的规定,以及喷头与障碍物的水平间距不小于本规范表7.2.1的规定。如有困难,则要求增设喷头。

表11为美国《自动喷水灭火系统安装标准》NFPA—13(1996年版)中喷头与梁、通风管道等障碍物的间距规定。

表11 喷头与梁、通风管道的距离

喷头溅水盘与梁、通风管道底面的最大垂直距离 b(m)		喷头与梁、通风管道的水平距离 a(m)
标准喷头	其他喷头	
0	0	a<0.3
0.06	0.04	0.3≤a<0.6
0.14	0.14	0.6≤a<0.9
0.24	0.25	0.9≤a<1.2
0.35	0.38	1.2≤a<1.5
0.45	0.55	1.5≤a<1.8
>0.45	>0.55	a=1.8

7.2.2 参考了美国 NFPA—13(1996年版)标准的规定。喷头附近如有屋架等间断障碍物或管道时,为使障碍物对洒水的影响降至最小,规定喷头与上述障碍物保持一个最小的水平距离。这一水平距离,是由障碍物的最大截面尺寸或管道直径决定的(见本规范图7.2.2)。

7.2.3 本条参考美国 NFPA—13(2002年版)标准中的有关规定。针对宽度大于1.2m的通风管道、成排布置的管道等水平障碍物对喷头洒水的遮挡作用,提出了增设喷头的规定,以补偿受阻部位的喷水强度(见本规范图7.2.3)。本次修订针对集热板的设置进行了明确规定。

7.2.4 喷头附近的不到顶隔墙,将可能阻挡喷头的洒水。为了保证喷头的洒水能到达隔墙的另一侧,提出了按喷头溅水盘与不到顶隔墙顶面的垂直距离,确定二者间最大水平间距的规定,参见表12(见本规范图7.2.4)。

7.2.5 顶板下靠墙处有障碍物时,将可能影响其邻近喷头的洒水。参照美国 NFPA—13(1996年版)标准的相关规定,提出了保

证洒水免受阻挡的规定(见本规范图7.2.5)。

7.2.6 参考了美国《自动喷水灭火系统安装标准》NFPA—13(1996年版)的有关规定(表12)。规定本条的目的,是为了防止障碍物影响边墙型喷头的洒水分布。

表12 美国《自动喷水灭火系统安装标准》NFPA—13(1996年版)中
对喷头与不到顶隔墙间距离的规定

喷头溅水盘与不到顶隔墙顶面的最小垂直距离 b(mm)	喷头与不到顶隔墙的水平距离 a(mm)
75(3in)	a≤150(6in)
100(4in)	150<a≤225(6~9in)
150(6in)	225<a≤300(9~12in)
200(8in)	300<a≤375(12~15in)
237.5(9½in)	375<a≤450(15~18in)
312.5(12½in)	450<a≤600(18~24in)
387.5(15½in)	600<a≤750(24~30in)
450(18in)	a>750(30in)

本节中各种障碍物对喷水形成的阻挡,将削弱系统的灭火能力。根据喷头洒水不留空白点的要求,要求对因遮挡而形成空白点的部位增设喷头。

8 管　道

8.0.1 由强制性条文改为非强制性条文。为了保证系统的用水量,报警阀出口后的管道上不能设置其他用水设施。

8.0.2 为保证配水管道的质量,避免不必要的检修,要求报警阀出口后的管道采用热镀锌钢管或符合现行国家或行业标准及本规范1.0.4条规定的涂覆其他防腐材料的钢管。报警阀入口前的管道,当采用内壁未经防腐涂覆处理的钢管时,要求在这段管道的末端、即报警阀的入口前,设置过滤器,过滤器的规格应符合国家有关标准规范的规定。

8.0.3 本条对镀锌钢管的连接方式作出了规定。要求报警阀出口后的热镀锌钢管,采用沟槽式管道连接件(卡箍)、丝扣或法兰连接,不允许管段之间焊接。对于"沟槽式管道连接件(卡箍)、丝扣或法兰连接"方式,本规范并列推荐,无先后之分。报警阀入口前的管道,因没有强制规定采用镀锌钢管,故管道的连接允许焊接。

8.0.4 为了便于检修,本条提出了要求管道分段采用法兰连接的规定,并对水平、垂直管道中法兰间的管段长度,提出了要求。

8.0.5 本条强调了要求经水力计算确定管径,管道布置力求均衡配水管入口压力的规定。只有经过水力计算确定的管径,才能做到既合理、又经济。在此基础上,提出了在保证喷头工作压力的前提下,限制轻、中危险级场所系统配水管入口压力不宜超过0.40MPa的规定。

8.0.6 由强制性条文改为非强制性条文。控制系统中配水管两侧每根配水支管设置的喷头数,目的是为了控制配水支管的长度,避免水头损失过大。

08

8.0.7 由强制性条文改为非强制性条文。本规范表8.0.7限制各种直径管道控制的标准喷头数，是为了保证系统的可靠性和尽量均衡系统管道的水力性能。各国规范均有类似规定（见表13）。

8.0.8 由强制性条文改为非强制性条文。为控制小管径管道的水头损失和防止杂物堵塞管道，提出短立管及末端试水装置的连接管的最小管径，不小于25mm的规定。

8.0.9 由强制性条文改为非强制性条文。本条参考美国NFPA—13(2002年版)标准的有关规定，对干式、预作用及雨淋系统报警阀出口后配水管道的充水时间提出了新的要求：干式系统不宜超过1min，预作用和雨淋系统不宜超过2min。其目的，是为了达到系统启动后立即喷水的要求。

8.0.11 自动喷水灭火系统的管道要求有坡度，并坡向泄水管。按本条规定，充水管道坡度不宜小于2‰；准工作状态不充水的管道，坡度不宜小于4‰。规定此条的目的在于：充水时易于排气；维修时易于排尽管内积水。

9 水 力 计 算

9.1 系统的设计流量

9.1.1 喷头流量的计算公式：

$$q = K\sqrt{\frac{P}{9.8 \times 10^4}} \qquad (1)$$

此公式国际通用，当 P 采用 MPa 时约为：

$$q = K\sqrt{10P} \qquad (2)$$

式中 P——喷头工作压力[公式(1)取 Pa、公式(2)取 MPa]；

　　　K——喷头流量系数；

　　　q——喷头流量(L/min)。

喷头最不利点处最小工作压力本规范已作出明确规定，设计中应按本公式计算最不利点处作用面积内各个喷头的流量，使系统设计符合本规范要求。

9.1.2 参照国外标准，提出了确定作用面积的方法。

1 英国《自动喷水灭火系统安装规则》BS 5306—Part2—1990 规定的计算方法为：应由水力计算确定系统最不利点处作用面积的位置。此作用面积的形状应尽可能接近矩形，并以一根配水支管为长边，其长度应大于或等于作用面积平方根的1.2倍。

2 美国《自动喷水灭火系统安装标准》NFPA—13(2002年版)规定：对于所有按水力计算要求确定的设计面积应是矩形面积，其长边应平行于配水支管，边长等于或大于作用面积平方根的1.2倍，喷头数若有小数就进位成整数。当配水支管的实际长度小于边长的计算值，即：实际边长<$1.2\sqrt{A}$时，作用面积要扩展到该配水管邻近配水支管上的喷头。

举例（见图19）：

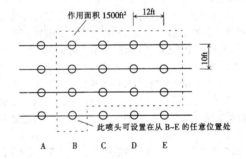

图19　美国NFPA—13(1996年版)标准中作用面积的举例

已知：作用面积 1500ft²

每个喷头保护面积 $10 \times 12 = 120(\text{ft}^2)$

求得：喷头数 $n = \dfrac{1500}{120} = 12.5 \approx 13$

矩形面积的长边尺寸 $L = 1.2\sqrt{1500} = 46.48(\text{ft})$

每根配水支管的动作喷头数

$$n' = \frac{46.48}{12} = 3.87 \approx 4(\text{只})$$

注：1ft²=0.0929m²；1ft=0.3048m。

3 德国《喷水装置规范》(1980年版)规定：首先确定作用面积的位置，要求出作用面积内的喷头数。要求每单独喷头的保护面积与作用面积内所有喷头的平均保护面积的误差不超过20%。

注：相邻四个喷头之间的围合范围为一个喷头的保护面积。

举例：当300m²的作用面积内有40个喷头时，其平均保护面积为300/40=7.5m²。当布置喷头时(见图20)，一只喷头的最大保护面积为8.75m²，其误差为17%小于20%，因此允许喷头的间距不做调整。

表13　各国管道估算值汇总

名称	英国(BS5306)《自动喷水灭火系统安装规则》			美国(NFPA)《自动喷水灭火系统安装标准》			日本《损保协会》《自动消防灭火设备规则》				原苏联《自动消防设计规范》
计算公式	海澄—威廉公式			$\Delta P=\dfrac{6.05\times Q^{1.85}\times 10^5}{C^{1.85}\times d^{4.87}}$(mbar/m) $c=120$							满宁公式 $i=0.001029\times\dfrac{Q^2}{d^{5.33}}$ (mH₂O/m)
建筑物危险等级	轻级	中级	严重级	轻级	中级	严重级	轻级	中级	严重级	15~25	
喷水强度(L/min·m²)	2.25	5.0	7.5~30	2.8~4.1	4.1~8.1	8.1~16.3	5	6.5	10		
作用面积(m²)	84	72~360	260~300	279~139	372~139	465~232	150	240~360	360	260~300 300	
最不利点处喷头压力(MPa)	0.05			0.1			0.1				0.05
管道直径 控制喷头数	控制喷头数			控制喷头数		全部按水力计算	控制喷头数				控制喷头数
20	1			2	2		2	2	1		2
25	3			3	3		2	2	2		3
32	2或3			5	5		3	3	4		5
40	4或6			10	10		7	6	8		10
50	8或9			30	20		10	12	12		20
70	16或18			60	40		20	18	16		36
80	48			100	100		32	24	48		75
100	—			275	275		>32	48	>48		140
150	—			—	—		—	>48	—		—
200	—			—	—		—	>48	—		—

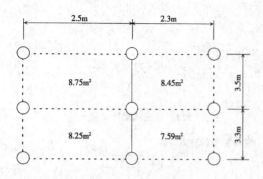

图 20　德国规范中作用面积的举例

9.1.3 本条规定提出了系统的设计流量，按最不利点处作用面积内的喷头全部开放喷水时，所有喷头的流量之和确定，并按本规范公式(9.1.3)表述上述含义。

英国标准的规定：应保证最不利点处作用面积内的最小喷水强度符合规定。当喷头按正方形、长方形或平行四边形布置时，喷水强度的计算，取上述四边形顶点上四个喷头的总喷水量并除以4，再除以四边形的面积求得。

美国标准的规定：作用面积内每只喷头在工作压力下的流量，应能保证不小于最小喷水强度与一个喷头保护面积的乘积。水力计算应从最不利点处喷头开始，每个喷头开放时的工作压力不应小于该点的计算压力。

9.1.4 由强制性条文改为非强制性条文。本条规定对任意作用面积内的平均喷水强度，最不利点处作用面积内任意4只喷头围合范围内的平均喷水强度，提出了要求。

9.1.5 由强制性条文改为非强制性条文。规定了设有货架内喷头闭式系统的设计流量计算方法。对设有货架内喷头的仓库，要求分别计算顶板下开放喷头和货架内开放喷头的设计流量后，再取二者之和，确定为系统的设计流量。上述方法是参考美国《货架储物仓库标准》NFPA—231C(1995年版)和美国工厂联合保险系统标准的有关规定确定的。

9.1.6 由强制性条文改为非强制性条文。本条是针对建筑物内设有多种类型系统，或按不同危险等级场所分别选取设计基本参数的系统，提出了出现此种复杂情况时确定系统设计流量的方法。

9.1.7 由强制性条文改为非强制性条文。当建筑物内同时设置自动喷水灭火系统和水幕时，与喷淋系统作用面积交叉或连接的水幕，将可能在火灾中同时工作，因此系统的设计流量，要求按包括与喷淋系统同时工作的水幕的用水量计算，并取二者之和中的最大值确定。

9.1.8 由强制性条文改为非强制性条文。采用多台雨淋阀，并分区逻辑组合控制保护面积的系统，其设计流量的确定，要求首先分别计算每台雨淋阀的流量，然后将需要同时开启的各雨淋阀的流量迭加，计算总流量，并选取不同条件下计算获得的各总流量中的最大值，确定为系统的设计流量。

9.1.9 本条提出了建筑物因扩建、改建或改变使用功能等原因，需要对原有的自动喷水灭火系统延伸管道、扩展保护范围或增设喷头时，要求重新进行水力计算的规定，以便保证系统变化后的水力特性符合本规范的规定。

9.2 管道水力计算

9.2.1 采用经济流速是给水系统设计的基础要素，本条在原规范第7.1.3条基础上调整为宜采用经济流速，必要时可采用较高流速的规定。采用较高的管道流速，不利于均衡系统管道的水力特性并加大能耗；为降低管道摩阻而放大管径、采用低流速的后果，将导致管道重量的增加，使设计的经济性能降低。

原规范中关于"管道内水流速度可以超过5m/s，但不应大于10m/s"的规定，是参考下述资料提出的：

我国《给排水设计手册》(第三册)建议，管内水的平均流速，钢管允许不大于5m/s；铸铁管为3m/s；

原苏联规范中规定，管径超过40mm的管内水流速度，在钢管中不应超过10m/s，在铸铁管中不应超过3~5m/s；

德国规范规定，必须保证在报警阀与喷头之间的管道内，水流速度不超过10m/s，在组件配件内不超过5m/s。

9.2.2 自动喷水灭火系统管道沿程水头损失的计算，国内外采用的公式有以下几种：

我国现行国家标准《自动喷水灭火系统设计规范》GB 50084—2001采用原《建筑给水排水设计规范》GBJ 15—88的公式：

$$i = 0.00107 \frac{V^2}{d_j^{1.3}} \quad (3)$$

或

$$i = 0.001736 \frac{Q^2}{d_j^{5.3}} \quad (4)$$

式中　d_j——管道计算内径(m)。

该公式的管道摩阻系数按旧钢管计算，并要求管道内水的平均流速，符合 $V \geqslant 1.2\text{m/s}$ 的条件。

我国原兵器工业部五院对计算雨淋系统管道水头损失采用的公式：

$$i = 10.293n \frac{Q^2}{d^{5.33}} \quad (5)$$

上式中的粗糙系数 n 值，考虑平时管道内没有水流，采用 $n=0.0106$(生活给水管的 n 值采用 0.012)。

公式(5)可换算成：

$$i = 0.001157 \frac{Q^2}{d^{5.33}} \quad (6)$$

原苏联《自动喷水系统规范》采用公式(5)，但 n 值采用0.010，可换算成：

$$i = 0.001029 \frac{Q^2}{d^{5.33}} \quad (7)$$

英、美、日、德等国的自动喷水灭火系统规范，采用 Hazen-Williams(海登—威廉)公式：

$$\Delta P = \frac{6.05 \times Q^{1.85} \times 10^8}{C^{1.85} \times d^{4.87}} (\text{mbar/m}) \quad (8)$$

式中　C——管道材质系数，铸铁管 $C=100$，钢管 $C=120$。

美国工业防火手册规定：当自动喷水灭火系统的管道采用钢管或镀锌钢管时，管径为 2in 或以下时 $C=100$；大于 2in 时 $C=120$。

日本资料介绍：

当管径大于 50mm，管道内平均流速大于 1.5m/s 时采用 Hazen-Williams 公式。其中 C 值：干式系统的钢管 $C=100$；湿式系统的钢管 $C=120$，铸铁管 $C=100$。

对管径为 50mm 及以下者，水头损失按 Weston 公式计算：

$$\Delta h = \left(0.0126 + \frac{0.01739 - 0.1087d}{\sqrt{V}}\right) \times \frac{V^2}{2gd} \quad (9)$$

上式适用于铜管等相当光滑管道，旧钢管的水头损失按上式增加 30%。

选择上述公式计算的水头损失值见表 14。

式中　i——每米管道水头损失(mH$_2$O/m)；

　　　Q——流量(L/min)；

　　　V——流速(m/s)；

　　　g——重力加速度；

　　　d——管道内径。

表 14　各公式计算水头损失值比较表

喷头 (个)	流量 Q (L/min)	管径 D (mm)	水头损失 i(mH$_2$O/m)			
			公式 (4)	公式 (6)	公式 (7)	公式 (8)
1	80	25	0.776	0.577	0.513	0.292

喷头 （个）	流量 Q （L/min）	管径 D （mm）	水头损失 i（mH₂O/m）			
			公式 （4）	公式 （6）	公式 （7）	公式 （8）
2	160	32	0.667	0.492	0.438	2.274
5	400	50	0.492	0.359	0.319	0.225
10	800	70	0.514	0.372	0.331	0.230
15	1200	80	0.467	0.336	0.299	0.222
20	1600	100	0.190	0.136	0.121	0.104
30	2400	150	0.054	0.0383	0.0340	0.0328

从上表可见，由于各公式本身的局限性或某些缺陷，使计算结果相差较大。其中按我国采用公式计算出的水头损失最高。

考虑下述因素，仍沿用原规范采用的计算公式。

1 自动喷水灭火系统与室内给水系统管道水力计算公式的一致性；

2 目前我国尚无自动喷水灭火系统管道水头损失实测资料；

3 据《美国工业防火手册》介绍："经过实测，自动喷水系统管道在使用 20～25 年后，其水头损失接近设计值"。

9.2.3 局部水头损失的计算，英、美、日、德等国规范均采用当量长度法。原规范规定：自动喷水系统管道的局部水头损失，可按沿程水头损失的 20% 计算。为与国际惯例保持一致，本规范此次修订改为规定采用当量长度法计算。由于我国缺乏实验数据，故仍采用原规范条文说明中推荐的数据。

美国标准的规定见表15。

日本、德国规范的当量长度表与表14相同。表14中的数据是按管道材质系数 C＝120 计算，当 C＝100 时，需乘以修正系数 0.713。

表15 美国规范当量长度表（m）

管件名称		45° 弯管	90° 弯管	90°长 弯管	三通或 四通管	蝶阀	闸阀
管件直径 （mm）	25	0.3	0.6	0.3	1.5	—	—
	32	0.3	0.9	0.3	1.8	—	—
	40	0.6	1.2	0.6	2.4	—	—
	50	0.6	1.5	0.9	3.1	1.8	0.3
	70	0.9	1.8	1.2	3.7	2.1	0.3
	80	0.9	2.1	1.5	4.6	3.1	0.3
	100	1.2	3.1	1.8	6.1	3.7	0.6
	125	1.5	3.7	2.4	7.6	2.7	0.6
	150	2.1	4.3	2.7	9.2	3.1	0.9
	200	2.7	5.5	4.0	10.7	3.7	1.2
	250	3.3	6.7	4.9	15.3	5.8	1.5

9.2.4 本条规定了水泵扬程或系统入口供水压力的计算方法。计算中对报警阀、水流指示器局部水头损失的取值，按照相关的现行标准作了规定。其中湿式报警阀局部水头损失的取值，随产品标准修订后的要求进行了修改。要求生产厂在产品样本中说明此项指标是否符合现行标准的规定，当不符合时，要求提出相应的数据。

9.3 减压措施

9.3.1 本条规定了对设置减压孔板管段的要求。要求减压孔板采用不锈钢板制作，按常规确定的孔板厚度：φ50～80mm 时，δ＝3mm；φ100～150mm 时，δ＝6mm；φ200mm 时，δ＝9mm。减压孔板的结构示意图见图21。

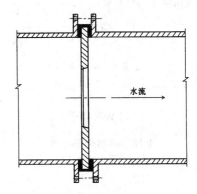

图21 减压孔板结构示意图

9.3.2 节流管的结构示意图见图22。

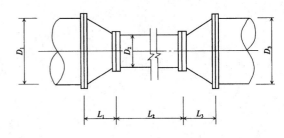

图22 节流管结构示意图

技术要求：$L_1 = D_1$，$L_3 = D_3$

9.3.3 规定了减压孔板水头损失的计算公式，标准孔板水头损失的计算，有各种不同的计算公式。经过反复比较，本规范选用 1985 年版《给水排水设计手册》第二册中介绍的公式，此公式与《工程流体力学》（东北工学院李诗久主编）《流体力学及流体机械》（东北工学院李富成主编）、《供暖通风设计手册》及 1985 年版《给水排水设计手册》中介绍的公式计算结果相近。原规范条文说明中介绍的公式，用于规定的孔口直径时有一定局限性，理由是当孔板孔口直径较小时，计算结果误差较大。

9.3.4 规定了节流管水头损失的计算公式。节流管的水头损失包括渐缩管、中间管段与渐扩管的水头损失。即：

$$H_j = H_{j1} + H_{j2} \tag{10}$$

式中 H_j——节流管的水头损失（10^{-2}MPa）；

H_{j1}——渐缩管与渐扩管水头损失之和（10^{-2}MPa）；

H_{j2}——中间管段水头损失（10^{-2}MPa）。

渐缩管与渐扩管水头损失之和的计算公式为：

$$H_{j1} = \zeta \cdot \frac{V_j^2}{2g} \tag{11}$$

中间管段水头损失的计算公式为：

$$H_{j2} = 0.00107 \cdot L \cdot \frac{V_j^2}{d_j^{1.3}} \tag{12}$$

式中 V_j——节流管中间管段内水的平均流速（m/s）；

ζ——渐缩管与渐扩管的局部阻力系数之和；

d_j——节流管中间管段的计算内径（m）；

L——节流管中间管段的长度（m）。

节流管管径为系统配水管道管径的 1/2，渐缩角与渐扩角取 $\alpha = 30°$。由《建筑给水排水设计手册》（1992 年版）查得引出渐缩管与渐扩管的局部阻力系数分别为 0.24 和 0.46。取二者之和 $\zeta = 0.7$。

9.3.5 提出了系统中设置减压阀的规定。近年来，在设计中采用减压阀作为减压措施的已经较为普遍。本条规定：

1 为了防止堵塞，要求减压阀入口前设过滤器；

2 为有利于减压阀稳定正常的工作，当垂直安装时，要求按水流方向向下安装；

3 与并联安装的报警阀连接的减压阀，为检修时不关停系统,要求设有备用的减压阀(见图23)。

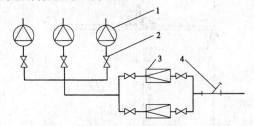

图23 减压阀安装示意图
1—报警阀;2—闸阀;3—减压阀;4—过滤器

表16 自动喷水灭火系统不成功案例的统计表

行业\原因	学校	公共建筑	办事机构	住宅	公共会场	仓库	百货店小卖部	工厂	其他	合计件数		
										件数	百分率(%)	累计(%)
供水中断	4	3	4	13	23	122	83	791	67	1110	35.4	35.5
作业危险	0	1	1	1	0	38	12	366	5	424	13.6	48.9
供水量不足	1	2	1	5	3	43	4	259	0	311	9.9	58.8
喷水故障	1	0	1	2	4	40	4	207	.3	262	8.4	67.2
保护面积不当	0	0	0	3	1	57	11	183	1	256	8.1	75.3
设备不完善	8	3	2	9	10	24	11	187	0	254	8.1	83.4
结构不合防火标准	5	3	2	11	9	10	35	112	1	187	6.0	89.4
装置陈旧	1	1	0	2	1	3	1	56	0	65	2.1	91.5
干式阀不合格	0	0	0	0	6	0	4	45	1	56	1.8	93.3
动作滞后	0	0	0	1	0	38	5	36	0	53	1.7	95.0
火灾蔓延	0	0	0	1	0	11	0	32	3	52	1.7	96.7
管道装置冻结	0	0	0	1	0	5	4	32	2	44	1.4	98.1
其他	0	0	0	1	1	7	7	46	3	60	1.9	100
合计	20	12	13	48	52	375	176	2351	87	3134	100	100

注:上表摘自"NFPA"Fire Journal VOL 64 NO. 4 —July 1970。

10 供 水

10.1 一般规定

10.1.1 由强制性条文改为非强制性条文。本条在相关规范规定的基础上,对水源提出了"无污染、无腐蚀、无悬浮物"的水质要求,以及保证持续供水时间内用水量的补充规定。

目前我国对自动喷水灭火系统采用的水源及其供水方式有:由给水管网供水;采用消防水池;采用天然水源。

国外自动喷水灭火系统规范中也有类似的规定,例如:原苏联《自动消防设计规范》中自动喷水灭火系统的供水可以是:能够经常保证供给系统所需用水量的区域供水管、城市给水管和工业供水管道;河流、湖泊和池塘;井和自流井。

上面所列举水源水量不足时,必须设消防水池。

英国《自动喷水灭火系统安装规则》规定可采用的水源有:城市给水干管、高位专用水池、重力水箱、自动水泵、压力水罐。

除上述规定外,还要求系统的用水中不能含有可堵塞管道的纤维物或其他悬浮物。

10.1.2 由强制性条文改为非强制性条文。对与生活用水合用的消防水池和消防水箱,要求其储水的水质符合饮用水标准,以防止污染生活用水。

10.1.3 由强制性条文改为非强制性条文。为保证供水可靠性,本条提出了在严寒和寒冷地区,要求采取必要的防冻措施,避免因冰冻而造成供水不足或供水中断的现象发生。

我国近年的火灾案例中,仍存在因缺水或供水中断,而使系统失效,造成严重事故的现象,因此要高度重视供水的可靠性。

国外同样存在因缺水或供水中断,而使系统不能成功灭火的现象(见表16)。

10.1.4 自动喷水灭火系统是有效的自救灭火设施,将在无人操纵的条件下自动启动喷水灭火,扑救初期火灾的功效优于消火栓系统。由于该系统的灭火成功率与供水的可靠性密切相关,因此要求供水的可靠性不低于消火栓系统。出于上述考虑,对于设置两个及以上报警阀组的系统,按室内消火栓供水管道的设置标准,提出"报警阀组前宜设环状供水管道"的规定(见图24)。

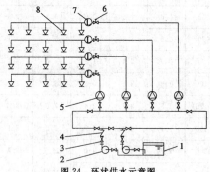

图24 环状供水示意图
1—水池;2—水泵;3—闸阀;4—止回阀;5—报警阀组;
6—信号阀;7—水流指示器;8—闭式喷头

10.2 水 泵

10.2.1 由强制性条文改为非强制性条文。提出了自动喷水灭火系统独立设置供水泵的规定。规定此条的目的,是为了保证系统供水的可靠性与防止干扰。

按一运一备或二运一备的要求设置备用泵,比例较合理而且便于管理。

10.2.2 可靠的动力保障,也是保证可靠供水的重要措施。因此,提出了按二级负荷供电的系统,要求采用柴油机泵组做备用泵的规定。

10.2.3 由强制性条文改为非强制性条文。在本规范中重申了

"系统的供水泵、稳压泵,应采用自灌式吸水方式",及水泵吸水口要求采取防止杂物堵塞措施的规定。

10.2.4 由强制性条文改为非强制性条文。对系统供水泵进出口管道及其阀门等附件的配置,提出了要求。对有必要控制水泵出口压力的系统,提出了要求采取相应措施的规定。

10.3 消防水箱

10.3.1 本条规定了采用临时高压给水系统的自动喷水灭火系统,要求按现行国家标准《建筑设计防火规范》GBJ 16—87(1997年版)、《高层民用建筑设计防火规范》GB 50045—95(1997年版)等相关规范设置高位消防水箱。设置消防水箱的目的在于:

　　1 利用位差为系统提供准工作状态下所需要的水压,达到使管道内的充水保持一定压力的目的;

　　2 提供系统启动初期的用水量和水压,在供水泵出现故障的紧急情况下应急供水,确保喷头开放后立即喷水,控制初期火灾和为外援灭火争取时间。

　　由于位差的限制,消防水箱向建筑物的顶层或距离较远部位供水时会出现水压不足现象,使在消防水箱供水期间,系统的喷水强度不足,因此将削弱系统的控灭火能力。为此,要求消防水箱满足供水不利楼层和部位喷头的最低工作压力和喷水强度。

10.3.2 设置自动喷水灭火系统的建筑,属于相关规范可允许不设高位消防水箱时,执行本条规定。

10.3.3 由强制性条文改为非强制性条文。对消防水箱的出水管提出了要求。要求出水管设有止回阀,是为了防止水泵的供水倒流入水箱;要求在报警阀前接入系统管道,是为了保证及时报警;规定采用较大直径的管道,是为了减少水头损失。

10.4 水泵接合器

10.4.1 由强制性条文改为非强制性条文。提出了设置水泵接合器的规定。水泵接合器是用于外部增援供水的措施,当系统供水泵不能正常供水时,由消防车连接水泵接合器向系统的管道供水。美国巴格斯城的K商业中心仓库1981年6月21日发生火灾,由于没有设置水泵接合器,在缺水和过早断电的情况下,消防车无法向自动喷水灭火系统供水。上述案例说明了设置水泵接合器的必要性。水泵接合器的设置数量,要求按系统的流量与水泵接合器的选型确定。

10.4.2 由强制性条文改为非强制性条文。受消防车供水压力的限制,超过一定高度的建筑,通过水泵接合器由消防车向建筑物的较高部位供水,将难以实现一步到位。为解决这个问题,根据某些省市消防局的经验,规定在当地消防车供水能力接近极限的部位,设置接力供水设施。接力供水设施由接力水箱和固定的电力泵或柴油机泵、手抬泵等接力泵,以及水泵结合器或其他形式的接口组成。

　　接力供水设施示意图见图25。

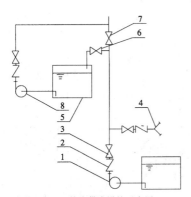

图25 接力供水设施示意图
1—供水泵;2—止回阀;3—闸阀;4—水泵接合器;5—接力水箱;
6—闸阀(常闭);7—闸阀(常开);8—接力水泵(固定或移动)

11 操作与控制

11.0.1 对湿式与干式系统,规定采用压力开关信号并直接连锁的方式,在喷头动作后立即自动启动供水泵。

　　对预作用与雨淋系统及自动控制的水幕系统,则要求在火灾报警系统报警后,立即自动向配水管道供水,并要求符合本规范8.0.9条的规定。

　　采用消防水箱为系统管道稳压的,应由报警阀组的压力开关信号联动供水泵;采用气压给水设备时,应由报警阀组或稳压泵的压力开关信号联动供水泵。

11.0.2 由强制性条文改为非强制性条文。对预作用与雨淋系统及自动控制的水幕系统,提出了要求具有自动、手动远控和现场应急操作三种启动供水泵和开启雨淋阀控制方式的规定。

11.0.3 由强制性条文改为非强制性条文。提出了雨淋系统和自动控制的水幕系统中开启雨淋阀的控制方式,允许采用电动、液(水)动或气动控制。

　　控制充液(水)传动管上闭式喷头与雨淋阀之间的高程差,是为了控制与雨淋阀连接的充液(水)传动管内的静压,保证传动管上闭式喷头动作后可靠地开启雨淋阀。

11.0.4 由强制性条文改为非强制性条文。规定了与快速排气阀连接的电动阀的控制要求,是保证干式、预作用系统有压充气管道迅速排气的措施之一。

11.0.5 由强制性条文改为非强制性条文。系统灭火失败的教训,很多是由于维护不当和误操作等原因造成的。加强对系统状态的监视与控制,能有效消除事故隐患。

　　对系统的监视与控制要求,包括:

　　1 监视电源及备用动力的状态;

　　2 监视系统的水源、水箱(罐)及信号阀的状态;

　　3 可靠控制水泵的启动并显示反馈信号;

　　4 可靠控制雨淋阀、电磁阀、电动阀的开启并显示反馈信号

　　5 监视水流指示器、压力开关的动作和复位状态。

　　6 可靠控制补气装置,并显示气压。

08

12 局部应用系统

12.0.1 2001年《建设部工程建设标准局部修订公告》第27、28、30号中，国家标准《建筑设计防火规范》、《高层民用建筑设计防火规范》和《人民防空工程设计防火规范》的局部修订，规定"应设自动喷水灭火系统的歌舞、娱乐、放映、游艺场所"，符合本条规定时可执行本章规定。本章同时适用于《建筑设计防火规范》、《高层民用建筑设计防火规范》和《人民防空工程设计防火规范》等规范规定"应设自动喷水灭火系统部位"范围以外的民用建筑。

我国娱乐场所发生火灾次数多，且此类场所大多未设置自动喷水灭火系统，若按标准配置追加设置自动喷水灭火系统较为困难，考虑到国家实际情况，补充本章规定。但是，局部系统的应用范围应严格限制在本章所列的场所。

12.0.2 娱乐性场所内陈设、装修装饰及悬挂的物品较多，而且多数为木材、塑料、纺织品、皮革等易燃材料制作，点燃时容易酿成火灾；

除可燃物品较多外，此类场所内用电设施较多，因此发生火灾的可能性较大；

发生在此类场所的火灾，蔓延速度较快、放热速率的增长较快；

现场的合成材料多，使火灾的烟气量及毒性较大；

属于人员密集场所，火灾时极易造成拥挤现象。

综上所述，娱乐性公众聚集场所属于火灾危险性较高的民用建筑，当不设自动喷水灭火系统时，由于不具备自救灭火能力，发生火灾时对人的安全威胁大，并且容易很快形成猛烈燃烧状态。

从火灾危险性和扑救难度分析，此类场所符合设置自动喷水灭火系统的条件。虽然有的建筑物仅是局部区域设有此类场所，并仅在此类场所占有的局部区域设置自动喷水灭火系统，但系统的设置仍应遵循现行《自动喷水灭火系统设计规范》的基本要求。

建筑物中局部设置自动喷水灭火系统时，按现行规范原规定条文设置供水设施往往比较困难，为此参照国内外相关规范的最低限度要求，按"保证足够喷水强度，在消防队投入增援灭火之前保证足够喷水面积和持续喷水时间"的原则，提出设计局部应用系统的具体指标，包括：喷水强度按中危险级Ⅰ级确定，适当缩小作用面积以及持续喷水时间不得低于0.5h等。

12.0.3 本规范5.0.1条规定的中危险级Ⅰ级场所的系统设计参数，依据国外相关标准提出的喷水强度与作用面积曲线（见条文说明5.0.1条图7)确定，本章根据"在消防队投入增援灭火之前保证足够喷水面积和持续喷水时间"的原则，确定局部应用系统的作用面积和持续喷水时间。由于局部应用系统的作用面积小于本规范5.0.1条的规定值，所以按本章规定设计的系统，控制火灾的能力偏低于按本规范5.0.1条规定数据设计的系统。

局部应用系统保护区域内的最大厅室，指由符合相关规范规定的隔墙围护的区域。

采用快速响应喷头，是为了控制系统投入喷水、开始灭火的时间，有利于保护现场人员疏散、控制火灾及弥补作用面积的不足。

采用$K=80$喷头可减少洒水受阻的可能性。

采用快速响应扩展覆盖喷头时，要求严格执行本规范1.0.4条的规定。任何不符合现行国家标准的其他喷头，本规范不允许使用。

NFPABD中规定作用面积按100m²。当小于100m²时，按房间实际面积计算；当采用快速响应扩展覆盖喷头时，计算喷头数不应小于4只；当采用$K=80$喷头时，计算喷头数不小于5只。面积较小房间布置的喷头较少，应将房间外2只喷头计入作用面积，此要求在NFPA中是必须的、基本的要求。

12.0.4 允许局部应用系统与室内消火栓合用消防用水量和稳压设施、消防水泵及供水管道，有利于降低造价，便于推广。

举例说明：按室内消防用水量10L/s、火灾延续时间2h确定室内消防用水量的建筑物，其消防水池除了供给10只开放喷头的用水量外，尚可供2支水枪工作约1.25h。

按室内消防用水量5L/s、火灾延续时间2h确定室内消防用水量的建筑物，其消防水池除了供给10只开放喷头的流量外，尚可供1支水枪工作约0.5h。

12.0.5 本条参考美国标准NFPA13中"喷头数量少于20只的系统可不设报警阀组"的规定，提出小规模系统可省略报警阀组、简化系统构成的规定。

中华人民共和国国家标准

火灾自动报警系统设计规范

Code for design of automatic fire alarm system

GB 50116 - 2013

主编部门：中 华 人 民 共 和 国 公 安 部
批准部门：中华人民共和国住房和城乡建设部
施行日期：2 0 1 4 年 5 月 1 日

中华人民共和国住房和城乡建设部公告

第 149 号

住房城乡建设部关于发布国家标准
《火灾自动报警系统设计规范》的公告

现批准《火灾自动报警系统设计规范》为国家标准，编号为
GB 50116—2013，自 2014 年 5 月 1 日起实施。其中，第 3.1.6、
3.1.7、3.4.1、3.4.4、3.4.6、4.1.1、4.1.3、4.1.4、4.1.6、4.8.1、
4.8.4、4.8.5、4.8.7、4.8.12、6.5.2、6.7.1、6.7.5、6.8.2、6.8.3、
10.1.1、11.2.2、11.2.5、12.1.11、12.2.3 条为强制性条文，必须
严格执行。原《火灾自动报警系统设计规范》GB 50116—98 同时
废止。

本规范由我部标准定额研究所组织中国计划出版社出版发行。

中华人民共和国住房和城乡建设部
2013 年 9 月 6 日

09

前　言

本规范是根据原建设部《关于印发〈2006 年工程建设标准规范制订、修订计划（第一批）〉的通知》（建标〔2006〕77 号）的要求，由公安部沈阳消防研究所会同有关单位对原国家标准《火灾自动报警系统设计规范》GB 50116—98 进行全面修订的基础上编制而成。

本规范在修订过程中，修订组遵循国家有关法律、法规和技术标准，进行了广泛深入的调查研究，认真总结了火灾事故教训和我国火灾自动报警系统工程的实践经验，参考了国内外相关标准规范，吸取了先进的科研成果，广泛征求了设计、监理、施工、产品制造、消防监督等各有关单位的意见，最后经审查定稿。

本规范共分 12 章和 7 个附录。主要内容包括：总则、术语、基本规定、消防联动控制设计、火灾探测器的选择、系统设备的设置、住宅建筑火灾自动报警系统、可燃气体探测报警系统、电气火灾监控系统、系统供电、布线、典型场所的火灾自动报警系统等。

本次规范修订是一次全面修订。在维持原规范基本框架、保留合理内容的基础上作了必要的补充和修改，主要体现在以下四个方面：

1. 补充了有关线型火灾探测器、吸气式感烟火灾探测器、可燃气体探测器、区域显示器、消防应急广播、气体灭火控制器、消防控制室图形显示装置、消防专用电话、火灾警报装置，以及模块等设备或部件的工程设计要求，使规范内容更加全面，更加符合实际需要。

2. 增加了电气火灾监控系统、住宅建筑火灾报警系统、可燃气体探测报警系统的工程设计要求。

3. 增加了道路隧道、油罐区、电缆隧道等典型场所使用的火灾自动报警系统的工程设计要求。

4. 细化了消防联动控制的工程设计要求，使规范更具有可操作性。

本规范中以黑体字标志的条文为强制性条文，必须严格执行。

本规范由住房城乡建设部负责管理和对强制性条文的解释，由公安部消防局负责日常管理工作，由公安部沈阳消防研究所负责具体技术内容的解释。在本规范执行过程中，希望各单位结合工程实践认真总结经验，注意积累资料，随时将有关意见和建议反馈给公安部沈阳消防研究所（地址：辽宁省沈阳市皇姑区文大路 218—20 号甲，邮政编码：110034），以供今后修订时参考。

本规范主编单位、参编单位、主要起草人和主要审查人：

主 编 单 位：公安部沈阳消防研究所

参 编 单 位：上海市公安消防总队
广东省公安消防总队
中国建筑东北设计研究院有限公司
华东建筑设计研究院有限公司
北京市建筑设计研究院
中国建筑设计研究院
中国建筑西南设计研究院有限公司
中国航空工业规划设计研究院
西安盛赛尔电子集团有限公司
首安工业消防有限公司
上海松江飞繁电子有限公司
北京利达集团
海湾安全技术有限公司
施耐德万高（天津）电气设备有限公司
中国建筑科学研究院建筑防火研究所

主要起草人：丁宏军　张颖琮　刘　凯　沈　纹　严　洪
王金元　张文才　吕　立　李宏文　孙成群
丁　杰　吴　军　温伯银　李　宁　罗崇嵩
王爱中　刘　敏　胡少英　蔡　钧　傅俊豪

主要审查人：陈　南　郭树林　李国华　杨瑞新　倪照鹏
王　炯　蒋　皓　李炳华　杨德才　陈汉民
王东林　陈建飙　李　忠　张　明　邵民杰

09

目　次

09

1 总　则

1.0.1 为了合理设计火灾自动报警系统,预防和减少火灾危害,保护人身和财产安全,制定本规范。

1.0.2 本规范适用于新建、扩建和改建的建、构筑物中设置的火灾自动报警系统的设计,不适用于生产和贮存火药、炸药、弹药、火工品等场所设置的火灾自动报警系统的设计。

1.0.3 火灾自动报警系统的设计,应遵循国家有关方针、政策,针对保护对象的特点,做到安全可靠、技术先进、经济合理。

1.0.4 火灾自动报警系统的设计,除应符合本规范外,尚应符合国家现行有关标准的规定。

2 术　语

2.0.1 火灾自动报警系统　automatic fire alarm system

探测火灾早期特征、发出火灾报警信号,为人员疏散、防止火灾蔓延和启动自动灭火设备提供控制与指示的消防系统。

2.0.2 报警区域　alarm zone

将火灾自动报警系统的警戒范围按防火分区或楼层等划分的单元。

2.0.3 探测区域　detection zone

将报警区域按探测火灾的部位划分的单元。

2.0.4 保护面积　monitoring area

一只火灾探测器能有效探测的面积。

2.0.5 安装间距　installation spacing

两只相邻火灾探测器中心之间的水平距离。

2.0.6 保护半径　monitoring radius

一只火灾探测器能有效探测的单向最大水平距离。

2.0.7 联动控制信号　control signal to start & stop an automatic equipment

由消防联动控制器发出的用于控制消防设备(设施)工作的信号。

2.0.8 联动反馈信号　feedback signal from automatic equipment

受控消防设备(设施)将其工作状态信息发送给消防联动控制器的信号。

2.0.9 联动触发信号　signal for logical program

消防联动控制器接收的用于逻辑判断的信号。

3 基本规定

3.1 一般规定

3.1.1 火灾自动报警系统可用于人员居住和经常有人滞留的场所、存放重要物资或燃烧后产生严重污染需要及时报警的场所。

3.1.2 火灾自动报警系统应设有自动和手动两种触发装置。

3.1.3 火灾自动报警系统设备应选择符合国家有关标准和有关市场准入制度的产品。

3.1.4 系统中各类设备之间的接口和通信协议的兼容性应符合现行国家标准《火灾自动报警系统组件兼容性要求》GB 22134 的有关规定。

3.1.5 任一台火灾报警控制器所连接的火灾探测器、手动火灾报警按钮和模块等设备总数和地址总数,均不应超过 3200 点,其中每一总线回路连接设备的总数不宜超过 200 点,且应留有不少于额定容量 10% 的余量;任一台消防联动控制器地址总数或火灾报警控制器(联动型)所控制的各类模块总数不应超过 1600 点,每一联动总线回路连接设备的总数不宜超过 100 点,且应留有不少于额定容量 10% 的余量。

3.1.6 系统总线上应设置总线短路隔离器,每只总线短路隔离器保护的火灾探测器、手动火灾报警按钮和模块等消防设备的总数不应超过 32 点;总线穿越防火分区时,应在穿越处设置总线短路隔离器。

3.1.7 高度超过 100m 的建筑中,除消防控制室内设置的控制器外,每台控制器直接控制的火灾探测器、手动报警按钮和模块等设备不应跨越避难层。

3.1.8 水泵控制柜、风机控制柜等消防电气控制装置不应采用变频启动方式。

3.1.9 地铁列车上设置的火灾自动报警系统,应能通过无线网络等方式将列车上发生火灾的部位信息传输给消防控制室。

3.2 系统形式的选择和设计要求

3.2.1 火灾自动报警系统形式的选择,应符合下列规定:

　1 仅需要报警,不需要联动自动消防设备的保护对象宜采用区域报警系统。

　2 不仅需要报警,同时需要联动自动消防设备,且只设置一台具有集中控制功能的火灾报警控制器和消防联动控制器的保护对象,应采用集中报警系统,并应设置一个消防控制室。

　3 设置两个及以上消防控制室的保护对象,或已设置两个及以上集中报警系统的保护对象,应采用控制中心报警系统。

3.2.2 区域报警系统的设计,应符合下列规定:

　1 系统应由火灾探测器、手动火灾报警按钮、火灾声光警报器及火灾报警控制器等组成,系统中可包括消防控制室图形显示装置和指示楼层的区域显示器。

　2 火灾报警控制器应设置在有人值班的场所。

　3 系统设置消防控制室图形显示装置时,该装置应具有传输本规范附录 A 和附录 B 规定的有关信息的功能;系统未设置消防控制室图形显示装置时,应设置火警传输设备。

3.2.3 集中报警系统的设计,应符合下列规定:

　1 系统应由火灾探测器、手动火灾报警按钮、火灾声光警报器、消防应急广播、消防专用电话、消防控制室图形显示装置、火灾报警控制器、消防联动控制器等组成。

　2 系统中的火灾报警控制器、消防联动控制器和消防控制室图形显示装置、消防应急广播的控制装置、消防专用电话总机等起集中控制作用的消防设备,应设置在消防控制室内。

　3 系统设置的消防控制室图形显示装置应具有传输本规范

附录 A 和附录 B 规定的有关信息的功能。

3.2.4 控制中心报警系统的设计,应符合下列规定:

1 有两个及以上消防控制室时,应确定一个主消防控制室。

2 主消防控制室应能显示所有火灾报警信号和联动控制状态信号,并应能控制重要的消防设备;各分消防控制室内消防设备之间可互相传输、显示状态信息,但不应互相控制。

3 系统设置的消防控制室图形显示装置应具有传输本规范附录 A 和附录 B 规定的有关信息的功能。

4 其他设计应符合本规范第 3.2.3 条的规定。

3.3 报警区域和探测区域的划分

3.3.1 报警区域的划分应符合下列规定:

1 报警区域应根据防火分区或楼层划分;可将一个防火分区或一个楼层划分为一个报警区域,也可将发生火灾时需要同时联动消防设备的相邻几个防火分区或楼层划分为一个报警区域。

2 电缆隧道的一个报警区域宜由一个封闭长度区间组成,一个报警区域不应超过相连的 3 个封闭长度区间;道路隧道的报警区域应根据排烟系统或灭火系统的联动需要确定,且不宜超过 150m。

3 甲、乙、丙类液体储罐区的报警区域应由一个储罐区组成,每个 50000m³ 及以上的外浮顶储罐应单独划分为一个报警区域。

4 列车的报警区域应按车厢划分,每节车厢应划分为一个报警区域。

3.3.2 探测区域的划分应符合下列规定:

1 探测区域应按独立房(套)间划分。一个探测区域的面积不宜超过 500m²;从主要入口能看清其内部,且面积不超过 1000m² 的房间,也可划为一个探测区域。

2 红外光束感烟火灾探测器和缆式线型感温火灾探测器的探测区域的长度,不宜超过 100m;空气管差温火灾探测器的探测区域长度宜为 20m～100m。

3.3.3 下列场所应单独划分探测区域:

1 敞开或封闭楼梯间、防烟楼梯间。

2 防烟楼梯间前室、消防电梯前室、消防电梯与防烟楼梯间合用的前室、走道、坡道。

3 电气管道井、通信管道井、电缆隧道。

4 建筑物闷顶、夹层。

3.4 消防控制室

3.4.1 具有消防联动功能的火灾自动报警系统的保护对象中应设置消防控制室。

3.4.2 消防控制室内设置的消防设备应包括火灾报警控制器、消防联动控制器、消防控制室图形显示装置、消防专用电话总机、消防应急广播控制装置、消防应急照明和疏散指示系统控制装置、消防电源监控器等设备或具有相应功能的组合设备。消防控制室内设置的消防控制室图形显示装置应能显示本规范附录 A 规定的建筑物内设置的全部消防系统及相关设备的动态信息和本规范附录 B 规定的消防安全管理信息,并应为远程监控系统预留接口,同时应具有向远程监控系统传输本规范附录 A 和附录 B 规定的有关信息的功能。

3.4.3 消防控制室应设有用于火灾报警的外线电话。

3.4.4 消防控制室应有相应的竣工图纸、各分系统控制逻辑关系说明、设备使用说明书、系统操作规程、应急预案、值班制度、维护保养制度及值班记录等文件资料。

3.4.5 消防控制室送、回风管的穿墙处应设防火阀。

3.4.6 消防控制室内严禁穿过与消防设施无关的电气线路及管路。

3.4.7 消防控制室不应设置在电磁场干扰较强及其他影响消防控制室设备工作的设备用房附近。

3.4.8 消防控制室内设备的布置应符合下列规定:

1 设备面盘前的操作距离,单列布置时不应小于 1.5m;双列布置时不应小于 2m。

2 在值班人员经常工作的一面,设备面盘至墙的距离不应小于 3m。

3 设备面盘后的维修距离不宜小于 1m。

4 设备面盘的排列长度大于 4m 时,其两端应设置宽度不小于 1m 的通道。

5 与建筑其他弱电系统合用的消防控制室内,消防设备应集中设置,并应与其他设备间有明显间隔。

3.4.9 消防控制室的显示与控制,应符合现行国家标准《消防控制室通用技术要求》GB 25506 的有关规定。

3.4.10 消防控制室的信息记录、信息传输,应符合现行国家标准《消防控制室通用技术要求》GB 25506 的有关规定。

4 消防联动控制设计

4.1 一般规定

4.1.1 消防联动控制器应能按设定的控制逻辑向各相关的受控设备发出联动控制信号,并接受相关设备的联动反馈信号。

4.1.2 消防联动控制器的电压控制输出应采用直流 24V,其电源容量应满足受控消防设备同时启动且维持工作的控制容量要求。

4.1.3 各受控设备接口的特性参数应与消防联动控制器发出的联动控制信号相匹配。

4.1.4 消防水泵、防烟和排烟风机的控制设备,除应采用联动控制方式外,还应在消防控制室设置手动直接控制装置。

4.1.5 启动电流较大的消防设备宜分时启动。

4.1.6 需要火灾自动报警系统联动控制的消防设备,其联动触发信号应采用两个独立的报警触发装置报警信号的"与"逻辑组合。

4.2 自动喷水灭火系统的联动控制设计

4.2.1 湿式系统和干式系统的联动控制设计,应符合下列规定:

1 联动控制方式,应由湿式报警阀压力开关的动作信号作为触发信号,直接控制启动喷淋消防泵,联动控制不应受消防联动控制器处于自动或手动状态影响。

2 手动控制方式,应将喷淋消防泵控制箱(柜)的启动、停止按钮用专用线路直接连接至设置在消防控制室内的消防联动控制器的手动控制盘,直接手动控制喷淋消防泵的启动、停止。

3 水流指示器、信号阀、压力开关、喷淋消防泵的启动和停止的动作信号应反馈至消防联动控制器。

4.2.2 预作用系统的联动控制设计,应符合下列规定:

1 联动控制方式,应由同一报警区域内两只及以上独立的感烟火灾探测器或一只感烟火灾探测器与一只手动火灾报警按钮的报警信号,作为预作用阀组开启的联动触发信号。由消防联动控制器控制预作用阀组的开启,使系统转变为湿式系统;当系统设有快速排气装置时,应联动控制排气阀前的电动阀的开启。湿式系统的联动控制设计应符合本规范第4.2.1条的规定。

2 手动控制方式,应将喷淋消防泵控制箱(柜)的启动和停止按钮、预作用阀组和快速排气阀入口前的电动阀的启动和停止按钮,用专用线路直接连接至设置在消防控制室内的消防联动控制器的手动控制盘,直接手动控制喷淋消防泵的启动、停止及预作用阀组和电动阀的开启。

3 水流指示器、信号阀、压力开关、喷淋消防泵的启动和停止的动作信号,有压气体管道气压状态信号和快速排气阀入口前电动阀的动作信号应反馈至消防联动控制器。

4.2.3 雨淋系统的联动控制设计,应符合下列规定:

1 联动控制方式,应由同一报警区域内两只及以上独立的感温火灾探测器或一只感温火灾探测器与一只手动火灾报警按钮的报警信号,作为雨淋阀组开启的联动触发信号。应由消防联动控制器控制雨淋阀组的开启。

2 手动控制方式,应将雨淋消防泵控制箱(柜)的启动和停止按钮、雨淋阀组的启动和停止按钮,用专用线路直接连接至设置在消防控制室内的消防联动控制器的手动控制盘,直接手动控制雨淋消防泵的启动、停止及雨淋阀组的开启。

3 水流指示器、压力开关、雨淋阀组、雨淋消防泵的启动和停止的动作信号应反馈至消防联动控制器。

4.2.4 自动控制的水幕系统的联动控制设计,应符合下列规定:

1 联动控制方式,当自动控制的水幕系统用于防火卷帘的保护时,应由防火卷帘下落至楼板面的动作信号与本报警区域内任一火灾探测器或手动火灾报警按钮的报警信号作为水幕阀组启动的联动触发信号,并应由消防联动控制器联动控制水幕系统相关控制阀组的启动;仅用水幕系统作为防火分隔时,应由该报警区域内两只独立的感温火灾探测器的火灾报警信号作为水幕阀组启动的联动触发信号,并应由消防联动控制器联动控制水幕系统相关控制阀组的启动。

2 手动控制方式,应将水幕系统相关控制阀组和消防泵控制箱(柜)的启动、停止按钮用专用线路直接连接至设置在消防控制室内的消防联动控制器的手动控制盘,并应直接手动控制消防泵的启动、停止及水幕系统相关控制阀组的开启。

3 压力开关、水幕系统相关控制阀组和消防泵的启动、停止的动作信号,应反馈至消防联动控制器。

4.3 消火栓系统的联动控制设计

4.3.1 联动控制方式,应由消火栓系统出水干管上设置的低压压力开关、高位消防水箱出水管上设置的流量开关或报警阀压力开关等信号作为触发信号,直接控制启动消火栓泵,联动控制不应受消防联动控制器处于自动或手动状态影响。当设置消火栓按钮时,消火栓按钮的动作信号应作为报警信号及启动消火栓泵的联动触发信号,由消防联动控制器联动控制消火栓泵的启动。

4.3.2 手动控制方式,应将消火栓泵控制箱(柜)的启动、停止按钮用专用线路直接连接至设置在消防控制室内的消防联动控制器的手动控制盘,并应直接手动控制消火栓泵的启动、停止。

4.3.3 消火栓泵的动作信号应反馈至消防联动控制器。

4.4 气体灭火系统、泡沫灭火系统的联动控制设计

4.4.1 气体灭火系统、泡沫灭火系统应分别由专用的气体灭火控制器、泡沫灭火控制器控制。

4.4.2 气体灭火控制器、泡沫灭火控制器直接连接火灾探测器时,气体灭火系统、泡沫灭火系统的自动控制方式应符合下列规定:

1 应由同一防护区域内两只独立的火灾探测器的报警信号、一只火灾探测器与一只手动火灾报警按钮的报警信号或防护区外的紧急启动信号,作为系统的联动触发信号,探测器的组合宜采用感烟火灾探测器和感温火灾探测器,各类探测器应按本规范第6.2节的规定分别计算保护面积。

2 气体灭火控制器、泡沫灭火控制器在接收到满足联动逻辑关系的首个联动触发信号后,应启动设置在该防护区内的火灾声光警报器,且联动触发信号应为任一防护区域内设置的感烟火灾探测器、其他类型火灾探测器或手动火灾报警按钮的首次报警信号;在接收到第二个联动触发信号后,应发出联动控制信号,且联动触发信号应为同一防护区域内与首次报警的火灾探测器或手动火灾报警按钮相邻的感温火灾探测器、火焰探测器或手动火灾报警按钮的报警信号。

3 联动控制信号应包括下列内容:

1)关闭防护区域的送(排)风机及送(排)风阀门;

2)停止通风和空气调节系统及关闭设置在该防护区域的电动防火阀;

3)联动控制防护区域开口封闭装置的启动,包括关闭防护区域的门、窗;

4)启动气体灭火装置、泡沫灭火装置,气体灭火控制器、泡沫灭火控制器,可设定不大于30s的延迟喷射时间。

4 平时无人工作的防护区,可设置为无延迟的喷射,应在接收到满足联动逻辑关系的首个联动触发信号后按本条第3款规定执行除启动气体灭火装置、泡沫灭火装置外的联动控制;在接收到第二个联动触发信号后,应启动气体灭火装置、泡沫灭火装置。

5 气体灭火防护区出口外上方应设置表示气体喷洒的火灾声光警报器,指示气体释放的声信号应与该保护对象中设置的火灾声警报器的声信号有明显区别;启动气体灭火装置、泡沫灭火装置的同时,应启动设置在防护区入口处表示气体喷洒的火灾声光警报器;组合分配系统应首先开启相应防护区域的选择阀,然后启动气体灭火装置、泡沫灭火装置。

4.4.3 气体灭火控制器、泡沫灭火控制器不直接连接火灾探测器时,气体灭火系统、泡沫灭火系统的自动控制方式应符合下列规定:

1 气体灭火系统、泡沫灭火系统的联动触发信号应由火灾报警控制器或消防联动控制器发出。

2 气体灭火系统、泡沫灭火系统的联动触发信号和联动控制均应符合本规范第4.4.2条的规定。

4.4.4 气体灭火系统、泡沫灭火系统的手动控制方式应符合下列规定:

1 在防护区疏散出口的门外应设置气体灭火装置、泡沫灭火装置的手动启动和停止按钮,手动启动按钮按下时,气体灭火控制器、泡沫灭火控制器应执行符合本规范第4.4.2条第3款和第5款规定的联动操作;手动停止按钮按下时,气体灭火控制器、泡沫灭火控制器应停止正在执行的联动操作。

2 气体灭火控制器、泡沫灭火控制器上应设置对应于不同防护区的手动启动和停止按钮,手动启动按钮按下时,气体灭火控制器、泡沫灭火控制器应执行符合本规范第4.4.2条第3款和第5款规定的联动操作;手动停止按钮按下时,气体灭火控制器、泡沫灭火控制器应停止正在执行的联动操作。

4.4.5 气体灭火装置、泡沫灭火装置启动及喷放各阶段的联动控制及系统的反馈信号,应反馈至消防联动控制器。系统的联动反馈信号应包括下列内容:

1 气体灭火控制器、泡沫灭火控制器直接连接的火灾探测器的报警信号。

2 选择阀的动作信号。

3 压力开关的动作信号。

4.4.6 在防护区域内设有手动与自动控制转换装置的系统，其手动或自动控制方式的工作状态应在防护区内、外的手动和自动控制状态显示装置上显示，该状态信号应反馈至消防联动控制器。

4.5 防烟排烟系统的联动控制设计

4.5.1 防烟系统的联动控制方式应符合下列规定：

1 应由加压送风口所在防火分区内的两只独立的火灾探测器或一只火灾探测器与一只手动火灾报警按钮的报警信号，作为送风口开启和加压送风机启动的联动触发信号，并应由消防联动控制器联动控制相关层前室等需要加压送风场所的加压送风口开启和加压送风机启动。

2 应由同一防烟分区内且位于电动挡烟垂壁附近的两只独立的感烟火灾探测器的报警信号，作为电动挡烟垂壁降落的联动触发信号，并应由消防联动控制器联动控制电动挡烟垂壁的降落。

4.5.2 排烟系统的联动控制方式应符合下列规定：

1 应由同一防烟分区内的两只独立的火灾探测器的报警信号，作为排烟口、排烟窗或排烟阀开启的联动触发信号，并应由消防联动控制器联动控制排烟口、排烟窗或排烟阀的开启，同时停止该防烟分区的空气调节系统。

2 应由排烟口、排烟窗或排烟阀开启的动作信号，作为排烟风机启动的联动触发信号，并应由消防联动控制器联动控制排烟风机的启动。

4.5.3 防烟系统、排烟系统的手动控制方式，应能在消防控制室内的消防联动控制器上手动控制送风口、电动挡烟垂壁、排烟口、排烟窗、排烟阀的开启或关闭及防烟风机、排烟风机等设备的启动或停止，防烟、排烟风机的启动、停止按钮应采用专用线路直接连接至设置在消防控制室内的消防联动控制器的手动控制盘，并应直接手动控制防烟、排烟风机的启动、停止。

4.5.4 送风口、排烟口、排烟窗或排烟阀开启和关闭的动作信号，防烟、排烟风机启动和停止及电动防火阀关闭的动作信号，均应反馈至消防联动控制器。

4.5.5 排烟风机入口处的总管上设置的280℃排烟防火阀在关闭后应直接联动控制风机停止，排烟防火阀及风机的动作信号应反馈至消防联动控制器。

4.6 防火门及防火卷帘系统的联动控制设计

4.6.1 防火门系统的联动控制设计，应符合下列规定：

1 应由常开防火门所在防火分区内的两只独立的火灾探测器或一只火灾探测器与一只手动火灾报警按钮的报警信号，作为常开防火门关闭的联动触发信号，联动触发信号应由火灾报警控制器或消防联动控制器发出，并应由消防联动控制器或防火门监控器联动控制防火门关闭。

2 疏散通道上各防火门的开启、关闭及故障状态信号应反馈至防火门监控器。

4.6.2 防火卷帘的升降应由防火卷帘控制器控制。

4.6.3 疏散通道上设置的防火卷帘的联动控制设计，应符合下列规定：

1 联动控制方式，防火分区内任两只独立的感烟火灾探测器或任一只专门用于联动防火卷帘的感烟火灾探测器的报警信号应联动控制防火卷帘下降至距楼板面1.8m处；任一只专门用于联动防火卷帘的感温火灾探测器的报警信号应联动控制防火卷帘下降到楼板面；在卷帘的任一侧距卷帘纵深0.5m～5m内应设置不少于2只专门用于联动防火卷帘的感温火灾探测器。

2 手动控制方式，应由防火卷帘两侧设置的手动控制按钮控制防火卷帘的升降。

4.6.4 非疏散通道上设置的防火卷帘的联动控制设计，应符合下列规定：

1 联动控制方式，应由防火卷帘所在防火分区内任两只独立的火灾探测器的报警信号，作为防火卷帘下降的联动触发信号，并应联动控制防火卷帘直接下降到楼板面。

2 手动控制方式，应由防火卷帘两侧设置的手动控制按钮控制防火卷帘的升降，并应能在消防控制室内的消防联动控制器上手动控制防火卷帘的降落。

4.6.5 防火卷帘下降至距楼板面1.8m处、下降到楼板面的动作信号和防火卷帘控制器直接连接的感烟、感温火灾探测器的报警信号，应反馈至消防联动控制器。

4.7 电梯的联动控制设计

4.7.1 消防联动控制器应具有发出联动控制信号强制所有电梯停于首层或电梯转换层的功能。

4.7.2 电梯运行状态信息和停于首层或转换层的反馈信号，应传送给消防控制室显示，轿厢内应设置能直接与消防控制室通话的专用电话。

4.8 火灾警报和消防应急广播系统的联动控制设计

4.8.1 火灾自动报警系统应设置火灾声光警报器，并应在确认火灾后启动建筑内的所有火灾声光警报器。

4.8.2 未设置消防联动控制器的火灾自动报警系统，火灾声光警报器应由火灾报警控制器控制；设置消防联动控制器的火灾自动报警系统，火灾声光警报器应由火灾报警控制器或消防联动控制器控制。

4.8.3 公共场所宜设置具有同一种火灾变调声的火灾声警报器；具有多个报警区域的保护对象，宜选用带有语音提示的火灾声警报器；学校、工厂等各类日常使用电铃的场所，不应使用警铃作为火灾声警报器。

4.8.4 火灾声警报器设置带有语音提示功能时，应同时设置语音同步器。

4.8.5 同一建筑内设置多个火灾声警报器时，火灾自动报警系统应能同时启动和停止所有火灾声警报器工作。

4.8.6 火灾声警报器单次发出火灾警报时间宜为8s～20s，同时设有消防应急广播时，火灾声警报应与消防应急广播交替循环播放。

4.8.7 集中报警系统和控制中心报警系统应设置消防应急广播。

4.8.8 消防应急广播系统的联动控制信号应由消防联动控制器发出。当确认火灾后，应同时向全楼进行广播。

4.8.9 消防应急广播的单次语音播放时间宜为10s～30s，应与火灾声警报器分时交替工作，可采取1次火灾声警报器播放、1次或2次消防应急广播播放的交替工作方式循环播放。

4.8.10 在消防控制室应能手动或按预设控制逻辑联动控制选择广播分区、启动或停止应急广播系统，并应能监听消防应急广播。在通过传声器进行应急广播时，应自动对广播内容进行录音。

4.8.11 消防控制室内应能显示消防应急广播的广播分区的工作状态。

4.8.12 消防应急广播与普通广播或背景音乐广播合用时，应具有强制切入消防应急广播的功能。

4.9 消防应急照明和疏散指示系统的联动控制设计

4.9.1 消防应急照明和疏散指示系统的联动控制设计，应符合下列规定：

1 集中控制型消防应急照明和疏散指示系统，应由火灾报警控制器或消防联动控制器启动应急照明控制器实现。

2 集中电源非集中控制型消防应急照明和疏散指示系统，应由消防联动控制器联动应急照明集中电源和应急照明分配电装置实现。

3 自带电源非集中控制型消防应急照明和疏散指示系统，应由消防联动控制器联动消防应急照明配电箱实现。

4.9.2 当确认火灾后,由发生火灾的报警区域开始,顺序启动全楼疏散通道的消防应急照明和疏散指示系统,系统全部投入应急状态的启动时间不应大于 5s。

4.10 相关联动控制设计

4.10.1 消防联动控制器应具有切断火灾区域及相关区域的非消防电源的功能,当需要切断正常照明时,宜在自动喷淋系统、消火栓系统动作前切断。

4.10.2 消防联动控制器应具有自动打开涉及疏散的电动栅杆等的功能,宜开启相关区域安全技术防范系统的摄像机监视火灾现场。

4.10.3 消防联动控制器应具有打开疏散通道上由门禁系统控制的门和庭院电动大门的功能,并应具有打开停车场出入口挡杆的功能。

5 火灾探测器的选择

5.1 一般规定

5.1.1 火灾探测器的选择应符合下列规定:

1 对火灾初期有阴燃阶段,产生大量的烟和少量的热,很少或没有火焰辐射的场所,应选择感烟火灾探测器。

2 对火灾发展迅速,可产生大量热、烟和火焰辐射的场所,可选择感温火灾探测器、感烟火灾探测器、火焰探测器或其组合。

3 对火灾发展迅速,有强烈的火焰辐射和少量烟、热的场所,应选择火焰探测器。

4 对火灾初期有阴燃阶段,且需要早期探测的场所,宜增设一氧化碳火灾探测器。

5 对使用、生产可燃气体或可燃蒸气的场所,应选择可燃气体探测器。

6 应根据保护场所可能发生火灾的部位和燃烧材料的分析,以及火灾探测器的类型、灵敏度和响应时间等选择相应的火灾探测器,对火灾形成特征不可预料的场所,可根据模拟试验的结果选择火灾探测器。

7 同一探测区域内设置多个火灾探测器时,可选择具有复合判断火灾功能的火灾探测器和火灾报警控制器。

5.2 点型火灾探测器的选择

5.2.1 对不同高度的房间,可按表 5.2.1 选择点型火灾探测器。

表 5.2.1 对不同高度的房间点型火灾探测器的选择

房间高度 h （m）	点型感烟火灾探测器	点型感温火灾探测器			火焰探测器
		A1、A2	B	C、D、E、F、G	
12<h≤20	不适合	不适合	不适合	不适合	适合

续表 5.2.1

房间高度 h （m）	点型感烟火灾探测器	点型感温火灾探测器			火焰探测器
		A1、A2	B	C、D、E、F、G	
8<h≤12	适合	不适合	不适合	不适合	适合
6<h≤8	适合	适合	不适合	不适合	适合
4<h≤6	适合	适合	适合	不适合	适合
h≤4	适合	适合	适合	适合	适合

注:表中 A1、A2、B、C、D、E、F、G 为点型感温探测器的不同类别,其具体参数应符合本规范附录 C 的规定。

5.2.2 下列场所宜选择点型感烟火灾探测器:

1 饭店、旅馆、教学楼、办公楼的厅堂、卧室、办公室、商场、列车载客车厢等。

2 计算机房、通信机房、电影或电视放映室等。

3 楼梯、走道、电梯机房、车库等。

4 书库、档案库等。

5.2.3 符合下列条件之一的场所,不宜选择点型离子感烟火灾探测器:

1 相对湿度经常大于 95%。

2 气流速度大于 5m/s。

3 有大量粉尘、水雾滞留。

4 可能产生腐蚀性气体。

5 在正常情况下有烟滞留。

6 产生醇类、醚类、酮类等有机物质。

5.2.4 符合下列条件之一的场所,不宜选择点型光电感烟火灾探测器:

1 有大量粉尘、水雾滞留。

2 可能产生蒸气和油雾。

3 高海拔地区。

4 在正常情况下有烟滞留。

5.2.5 符合下列条件之一的场所,宜选择点型感温火灾探测器;且应根据使用场所的典型应用温度和最高应用温度选择适当类别的感温火灾探测器:

1 相对湿度经常大于 95%。

2 可能发生无烟火灾。

3 有大量粉尘。

4 吸烟室等在正常情况下有烟或蒸气滞留的场所。

5 厨房、锅炉房、发电机房、烘干车间等不宜安装感烟火灾探测器的场所。

6 需要联动熄灭"安全出口"标志灯的安全出口内侧。

7 其他无人滞留且不适合安装感烟火灾探测器,但发生火灾时需要及时报警的场所。

5.2.6 可能产生阴燃火或发生火灾不及时报警将造成重大损失的场所,不宜选择点型感温火灾探测器;温度在 0℃ 以下的场所,不宜选择定温探测器;温度变化较大的场所,不宜选择具有差温特性的探测器。

5.2.7 符合下列条件之一的场所,宜选择点型火焰探测器或图像型火焰探测器:

1 火灾时有强烈的火焰辐射。

2 可能发生液体燃烧等无阴燃阶段的火灾。

3 需要对火焰做出快速反应。

5.2.8 符合下列条件之一的场所,不宜选择点型火焰探测器和图像型火焰探测器:

1 在火焰出现前有浓烟扩散。

2 探测器的镜头易被污染。

3 探测器的"视线"易被油雾、烟雾、水雾和冰雪遮挡。

4 探测区域内的可燃物是金属和无机物。

5 探测器易受阳光、白炽灯等光源直接或间接照射。

5.2.9 探测区域内正常情况下有高温物体的场所,不宜选择单波段红外火焰探测器。

5.2.10 正常情况下有明火作业,探测器易受 X 射线、弧光和闪电等影响的场所,不宜选择紫外火焰探测器。

5.2.11 下列场所宜选择可燃气体探测器:

　　1 使用可燃气体的场所。

　　2 燃气站和燃气表房以及存储液化石油气罐的场所。

　　3 其他散发可燃气体和可燃蒸气的场所。

5.2.12 在火灾初期产生一氧化碳的下列场所可选择点型一氧化碳火灾探测器:

　　1 烟不容易对流或顶棚下方有热屏障的场所。

　　2 在棚顶上无法安装其他点型火灾探测器的场所。

　　3 需要多信号复合报警的场所。

5.2.13 污物较多且必须安装感烟火灾探测器的场所,应选择间断吸气的点型采样吸气式感烟火灾探测器或具有过滤网和管路自清洗功能的管路采样吸气式感烟火灾探测器。

5.3 线型火灾探测器的选择

5.3.1 无遮挡的大空间或有特殊要求的房间,宜选择线型光束感烟火灾探测器。

5.3.2 符合下列条件之一的场所,不宜选择线型光束感烟火灾探测器:

　　1 有大量粉尘、水雾滞留。

　　2 可能产生蒸气和油雾。

　　3 在正常情况下有烟滞留。

　　4 固定探测器的建筑结构由于振动等原因会产生较大位移的场所。

5.3.3 下列场所或部位,宜选择缆式线型感温火灾探测器:

　　1 电缆隧道、电缆竖井、电缆夹层、电缆桥架。

　　2 不易安装点型探测器的夹层、闷顶。

　　3 各种皮带输送装置。

　　4 其他环境恶劣不适合点型探测器安装的场所。

5.3.4 下列场所或部位,宜选择线型光纤感温火灾探测器:

　　1 除液化石油气外的石油储罐。

　　2 需要设置线型感温火灾探测器的易燃易爆场所。

　　3 需要监测环境温度的地下空间等场所宜设置具有实时温度监测功能的线型光纤感温火灾探测器。

　　4 公路隧道、敷设动力电缆的铁路隧道和城市地铁隧道等。

5.3.5 线型定温火灾探测器的选择,应保证其不动作温度符合设置场所的最高环境温度的要求。

5.4 吸气式感烟火灾探测器的选择

5.4.1 下列场所宜选择吸气式感烟火灾探测器:

　　1 具有高速气流的场所。

　　2 点型感烟、感温火灾探测器不适宜的大空间、舞台上方、建筑高度超过 12m 或有特殊要求的场所。

　　3 低温场所。

　　4 需要进行隐蔽探测的场所。

　　5 需要进行火灾早期探测的重要场所。

　　6 人员不宜进入的场所。

5.4.2 灰尘比较大的场所,不应选择没有过滤网和管路自清洗功能的管路采样吸气感烟火灾探测器。

6　系统设备的设置

6.1　火灾报警控制器和消防联动控制器的设置

6.1.1 火灾报警控制器和消防联动控制器,应设置在消防控制室内或有人值班的房间和场所。

6.1.2 火灾报警控制器和消防联动控制器等在消防控制室内的布置,应符合本规范第 3.4.8 条的规定。

6.1.3 火灾报警控制器和消防联动控制器安装在墙上时,其主显示屏高度宜为 1.5m～1.8m,其靠近门轴的侧面距墙不应小于 0.5m,正面操作距离不应小于 1.2m。

6.1.4 集中报警系统和控制中心报警系统中的区域火灾报警控制器在满足下列条件时,可设置在无人值班的场所:

　　1 本区域内无需要手动控制的消防联动设备。

　　2 本火灾报警控制器的所有信息在集中火灾报警控制器上均有显示,且能接收起集中控制功能的火灾报警控制器的联动控制信号,并自动启动相应的消防设备。

　　3 设置的场所只有值班人员可以进入。

6.2　火灾探测器的设置

6.2.1 探测器的具体设置部位应按本规范附录 D 采用。

6.2.2 点型火灾探测器的设置应符合下列规定:

　　1 探测区域的每个房间应至少设置一只火灾探测器。

　　2 感烟火灾探测器和 A1、A2、B 型感温火灾探测器的保护面积和保护半径,应按表 6.2.2 确定;C、D、E、F、G 型感温火灾探测器的保护面积和保护半径,应根据生产企业设计说明书确定,但不应超过表 6.2.2 的规定。

表 6.2.2　感烟火灾探测器和 A1、A2、B 型感温火灾探测器的保护面积和保护半径

火灾探测器的种类	地面面积 $S(m^2)$	房间高度 $h(m)$	一只探测器的保护面积 A 和保护半径 R					
			屋顶坡度 θ					
			$\theta \leqslant 15°$		$15° < \theta \leqslant 30°$		$\theta > 30°$	
			$A(m^2)$	$R(m)$	$A(m^2)$	$R(m)$	$A(m^2)$	$R(m)$
感烟火灾探测器	$S \leqslant 80$	$h \leqslant 12$	80	6.7	80	7.2	80	8.0
	$S > 80$	$6 < h \leqslant 12$	80	6.7	100	8.0	120	9.9
		$h \leqslant 6$	60	5.8	80	7.2	100	9.0
感温火灾探测器	$S \leqslant 30$	$h \leqslant 8$	30	4.4	30	4.9	30	5.5
	$S > 30$	$h \leqslant 8$	20	3.6	30	4.9	40	6.3

注:建筑高度不超过 14m 的封闭探测空间,且火灾初期会产生大量的烟时,可设置点型感烟火灾探测器。

　　3 感烟火灾探测器、感温火灾探测器的安装间距,应根据探测器的保护面积 A 和保护半径 R 确定,并不应超过本规范附录 E 探测器安装间距的极限曲线 $D_1 \sim D_{11}$(含 D_9')规定的范围。

　　4 一个探测区域内所需设置的探测器数量,不应小于公式(6.2.2)的计算值:

$$N = \frac{S}{K \cdot A} \qquad (6.2.2)$$

式中:N——探测器数量(只),N 应取整数;

　　　　S——该探测区域面积(m^2);

　　　　K——修正系数,容纳人数超过 10000 人的公共场所宜取 0.7～0.8,容纳人数为 2000 人～10000 人的公共场所宜取 0.8～0.9,容纳人数为 500 人～2000 人的公共场所宜取 0.9～1.0,其他场所可取 1.0;

A——探测器的保护面积（m²）。

6.2.3 在有梁的顶棚上设置点型感烟火灾探测器、感温火灾探测器时，应符合下列规定：

1 当梁突出顶棚的高度小于 200mm 时，可不计梁对探测器保护面积的影响。

2 当梁突出顶棚的高度为 200mm～600mm 时，应按本规范附录 F、附录 G 确定梁对探测器保护面积的影响和一只探测器能够保护的梁间区域的数量。

3 当梁突出顶棚的高度超过 600mm 时，被梁隔断的每个梁间区域应至少设置一只探测器。

4 当被梁隔断的区域面积超过一只探测器的保护面积时，被隔断的区域应按本规范第 6.2.2 条第 4 款规定计算探测器的设置数量。

5 当梁间净距小于 1m 时，可不计梁对探测器保护面积的影响。

6.2.4 在宽度小于 3m 的内走道顶棚上设置点型探测器时，宜居中布置。感温火灾探测器的安装间距不应超过 10m；感烟火灾探测器的安装间距不应超过 15m；探测器至端墙的距离，不应大于探测器安装间距的 1/2。

6.2.5 点型探测器至墙壁、梁边的水平距离，不应小于 0.5m。

6.2.6 点型探测器周围 0.5m 内，不应有遮挡物。

6.2.7 房间被书架、设备或隔断等分隔，其顶部至顶棚或梁的距离小于房间净高的 5% 时，每个被隔开的部分应至少安装一只点型探测器。

6.2.8 点型探测器至空调送风口边的水平距离不应小于 1.5m，并宜接近回风口安装。探测器至多孔送风顶棚孔口的水平距离不应小于 0.5m。

6.2.9 当屋顶有热屏障时，点型感烟火灾探测器下表面至顶棚或屋顶的距离，应符合表 6.2.9 的规定。

表 6.2.9　点型感烟火灾探测器下表面至顶棚或屋顶的距离

探测器的安装高度 h(m)	点型感烟火灾探测器下表面至顶棚或屋顶的距离 d(mm)					
	顶棚或屋顶坡度 θ					
	θ≤15°		15°<θ≤30°		θ>30°	
	最小	最大	最小	最大	最小	最大
h≤6	30	200	200	300	300	500
6<h≤8	70	250	250	400	400	600
8<h≤10	100	300	300	500	500	700
10<h≤12	150	350	350	600	600	800

6.2.10 锯齿形屋顶和坡度大于 15° 的人字形屋顶，应在每个屋脊处设置一排点型探测器，探测器下表面至屋顶最高处的距离，应符合本规范第 6.2.9 条的规定。

6.2.11 点型探测器宜水平安装。当倾斜安装时，倾斜角不应大于 45°。

6.2.12 在电梯井、升降机井设置点型探测器时，其位置宜在井道上方的机房顶棚上。

6.2.13 一氧化碳火灾探测器可设置在气体能够扩散到的任何部位。

6.2.14 火焰探测器和图像型火灾探测器的设置，应符合下列规定：

1 应计及探测器的探测视角及最大探测距离，可通过选择探测距离长、火灾报警响应时间短的火焰探测器，提高保护面积要求和报警时间要求。

2 探测器的探测视角内不应存在遮挡物。

3 应避免光源直接照射在探测器的探测窗口。

4 单波段的火焰探测器不应设置在平时有阳光、白炽灯等光源直接或间接照射的场所。

6.2.15 线型光束感烟火灾探测器的设置应符合下列规定：

1 探测器的光束轴线至顶棚的垂直距离宜为 0.3m～1.0m，

距地高度不宜超过 20m。

2 相邻两组探测器的水平距离不应大于 14m，探测器至侧墙水平距离不应大于 7m，且不应小于 0.5m，探测器的发射器和接收器之间的距离不宜超过 100m。

3 探测器应设置在固定结构上。

4 探测器的设置应保证其接收端避开日光和人工光源直接照射。

5 选择反射式探测器时，应保证在反射板与探测器间任何部位进行模拟试验时，探测器均能正确响应。

6.2.16 线型感温火灾探测器的设置应符合下列规定：

1 探测器在保护电缆、堆垛等类似保护对象时，应采用接触式布置；在各种皮带输送装置上设置时，宜设置在装置的过热点附近。

2 设置在顶棚下方的线型感温火灾探测器，至顶棚的距离宜为 0.1m。探测器的保护半径应符合点型感温火灾探测器的保护半径要求；探测器至墙壁的距离宜为 1m～1.5m。

3 光栅光纤感温火灾探测器每个光栅的保护面积和保护半径，应符合点型感温火灾探测器的保护面积和保护半径要求。

4 设置线型感温火灾探测器的场所有联动要求时，宜采用两只不同火灾探测器的报警信号组合。

5 与线型感温火灾探测器连接的模块不宜设置在长期潮湿或温度变化较大的场所。

6.2.17 管路采样式吸气感烟火灾探测器的设置，应符合下列规定：

1 非高灵敏型探测器的采样管网安装高度不应超过 16m；高灵敏型探测器的采样管网安装高度可超过 16m；采样管网安装高度超过 16m 时，灵敏度可调的探测器应设置为高灵敏度，且应减小采样管长度和采样孔数量。

2 探测器的每个采样孔的保护面积、保护半径，应符合点型感烟火灾探测器的保护面积、保护半径的要求。

3 一个探测单元的采样管总长不宜超过 200m，单管长度不宜超过 100m，同一根采样管不应穿越防火分区。采样孔总数不宜超过 100 个，单管上的采样孔数量不宜超过 25 个。

4 当采样管道采用毛细管布置方式时，毛细管长度不宜超过 4m。

5 吸气管路和采样孔应有明显的火灾探测器标识。

6 有过梁、空间支架的建筑中，采样管路应固定在过梁、空间支架上。

7 当采样管道布置形式为垂直采样时，每 2℃ 温差间隔或 3m 间隔（取最小者）应设置一个采样孔，采样孔不应背对气流方向。

8 采样管网应按经过确认的设计软件或方法进行设计。

9 探测器的火灾报警信号、故障信号等信息应传给火灾报警控制器，涉及消防联动控制时，探测器的火灾报警信号还应传给消防联动控制器。

6.2.18 感烟火灾探测器在格栅吊顶场所的设置，应符合下列规定：

1 镂空面积与总面积的比例不大于 15% 时，探测器应设置在吊顶下方。

2 镂空面积与总面积的比例大于 30% 时，探测器应设置在吊顶上方。

3 镂空面积与总面积的比例为 15%～30% 时，探测器的设置部位应根据实际试验结果确定。

4 探测器设置在吊顶上方且火警确认灯无法观察时，应在吊顶下方设置火警确认灯。

5 地铁站台等有活塞风影响的场所，镂空面积与总面积的比例为 30%～70% 时，探测器宜同时设置在吊顶上方和下方。

6.2.19 本规范未涉及的其他火灾探测器的设置应按企业提供的

设计手册或使用说明书进行设置,必要时可通过模拟保护对象火灾场景等方式对探测器的设置情况进行验证。

6.3 手动火灾报警按钮的设置

6.3.1 每个防火分区应至少设置一只手动火灾报警按钮。从一个防火分区内的任何位置到最邻近的手动火灾报警按钮的步行距离不应大于30m。手动火灾报警按钮宜设置在疏散通道或出入口处。列车上设置的手动火灾报警按钮,应设置在每节车厢的出入口和中间部位。

6.3.2 手动火灾报警按钮应设置在明显和便于操作的部位。当采用壁挂方式安装时,其底边距地高度宜为1.3m～1.5m,且应有明显的标志。

6.4 区域显示器的设置

6.4.1 每个报警区域宜设置一台区域显示器(火灾显示盘);宾馆、饭店等场所应在每个报警区域设置一台区域显示器。当一个报警区域包括多个楼层时,宜在每个楼层设置一台仅显示本楼层的区域显示器。

6.4.2 区域显示器应设置在出入口等明显和便于操作的部位。当采用壁挂方式安装时,其底边距地高度宜为1.3m～1.5m。

6.5 火灾警报器的设置

6.5.1 火灾光警报器应设置在每个楼层的楼梯口、消防电梯前室、建筑内部拐角等处的明显部位,且不宜与安全出口指示标志灯具设置在同一面墙上。

6.5.2 每个报警区域内应均匀设置火灾警报器,其声压级不应小于60dB;在环境噪声大于60dB的场所,其声压级应高于背景噪声15dB。

6.5.3 当火灾警报器采用壁挂方式安装时,其底边距地面高度应大于2.2m。

6.6 消防应急广播的设置

6.6.1 消防应急广播扬声器的设置,应符合下列规定:

1 民用建筑内扬声器应设置在走道和大厅等公共场所。每个扬声器的额定功率不应小于3W,其数量应能保证从一个防火分区内的任何部位到最近一个扬声器的直线距离不大于25m,走道末端距最近的扬声器距离不应大于12.5m。

2 在环境噪声大于60dB的场所设置的扬声器,在其播放范围内最远点的播放声压级应高于背景噪声15dB。

3 客房设置专用扬声器时,其功率不宜小于1W。

6.6.2 壁挂扬声器的底边距地面高度应大于2.2m。

6.7 消防专用电话的设置

6.7.1 消防专用电话网络应为独立的消防通信系统。

6.7.2 消防控制室应设置消防专用电话总机。

6.7.3 多线制消防专用电话系统中的每个电话分机应与总机单独连接。

6.7.4 电话分机或电话插孔的设置,应符合下列规定:

1 消防水泵房、发电机房、配变电室、计算机网络机房、主要通风和空调机房、防排烟机房、灭火控制系统操作装置处或控制室、企业消防站、消防值班室、总调度室、消防电梯机房及其他与消防联动控制有关的且经常有人值班的机房应设置消防专用电话分机。消防专用电话分机,应固定安装在明显且便于使用的部位,并应有区别于普通电话的标识。

2 设有手动火灾报警按钮或消火栓按钮等处,宜设置电话插孔,并宜选择带有电话插孔的手动火灾报警按钮。

3 各避难层应每隔20m设置一个消防专用电话分机或电话插孔。

4 电话插孔在墙上安装时,其底边距地面高度宜为1.3m～1.5m。

6.7.5 消防控制室、消防值班室或企业消防站等处,应设置可直接报警的外线电话。

6.8 模块的设置

6.8.1 每个报警区域内的模块宜相对集中设置在本报警区域内的金属模块箱中。

6.8.2 模块严禁设置在配电(控制)柜(箱)内。

6.8.3 本报警区域内的模块不应控制其他报警区域的设备。

6.8.4 未集中设置的模块附近应有尺寸不小于100mm×100mm的标识。

6.9 消防控制室图形显示装置的设置

6.9.1 消防控制室图形显示装置应设置在消防控制室内,并应符合火灾报警控制器的安装设置要求。

6.9.2 消防控制室图形显示装置与火灾报警控制器、消防联动控制器、电气火灾监控器、可燃气体报警控制器等消防设备之间,应采用专用线路连接。

6.10 火灾报警传输设备或用户信息传输装置的设置

6.10.1 火灾报警传输设备或用户信息传输装置,应设置在消防控制室内;未设置消防控制室时,应设置在火灾报警控制器附近的明显部位。

6.10.2 火灾报警传输设备或用户信息传输装置与火灾报警控制器、消防联动控制器等设备之间,应采用专用线路连接。

6.10.3 火灾报警传输设备或用户信息传输装置的设置,应保证有足够的操作和检修距离。

6.10.4 火灾报警传输设备或用户信息传输装置的手动报警装置,应设置在便于操作的明显部位。

6.11 防火门监控器的设置

6.11.1 防火门监控器应设置在消防控制室内,未设置消防控制室时,应设置在有人值班的场所。

6.11.2 电动开门器的手动控制按钮应设置在防火门内侧墙面上,距门不宜超过0.5m,底边距地面高度宜为0.9m～1.3m。

6.11.3 防火门监控器的设置应符合火灾报警控制器的安装设置要求。

7 住宅建筑火灾自动报警系统

7.1 一般规定

7.1.1 住宅建筑火灾自动报警系统可根据实际应用过程中保护对象的具体情况按下列分类:

1 A类系统可由火灾报警控制器、手动火灾报警按钮、家用火灾探测器、火灾声警报器、应急广播等设备组成。

2 B类系统可由控制中心监控设备、家用火灾报警控制器、家用火灾探测器、火灾声警报器等设备组成。

3 C类系统可由家用火灾报警控制器、家用火灾探测器、火灾声警报器等设备组成。

4 D类系统可由独立式火灾探测报警器、火灾声警报器等设备组成。

7.1.2 住宅建筑火灾自动报警系统的选择应符合下列规定:

1 有物业集中监控管理且设有需联动控制的消防设施的住宅建筑应选用A类系统。

2 仅有物业集中监控管理的住宅建筑宜选用A类或B类系统。

3 没有物业集中监控管理的住宅建筑宜选用C类系统。

4 别墅式住宅和已投入使用的住宅建筑可选用D类系统。

7.2 系统设计

7.2.1 A类系统的设计应符合下列规定:

1 系统在公共部位的设计应符合本规范第3~6章的规定。

2 住户内设置的家用火灾探测器可接入家用火灾报警控制器,也可直接接入火灾报警控制器。

3 设置的家用火灾报警控制器应将火灾报警信息、故障信息等相关信息传输给相连接的火灾报警控制器。

4 建筑公共部位设置的火灾探测器应直接接入火灾报警控制器。

7.2.2 B类和C类系统的设计应符合下列规定:

1 住户内设置的家用火灾探测器应接入家用火灾报警控制器。

2 家用火灾报警控制器应能启动设置在公共部位的火灾声警报器。

3 B类系统中,设置在每户住宅内的家用火灾报警控制器应连接到控制中心监控设备,控制中心监控设备应能显示发生火灾的住户。

7.2.3 D类系统的设计应符合下列规定:

1 有多个起居室的住户,宜采用互连型独立式火灾探测报警器。

2 宜选择电池供电时间不少于3年的独立式火灾探测报警器。

7.2.4 采用无线方式将独立式火灾探测报警器组成系统时,系统设计应符合A类、B类或C类系统之一的设计要求。

7.3 火灾探测器的设置

7.3.1 每间卧室、起居室内应至少设置一只感烟火灾探测器。

7.3.2 可燃气体探测器在厨房设置时,应符合下列规定:

1 使用天然气的用户应选择甲烷探测器,使用液化气的用户应选择丙烷探测器,使用煤制气的用户应选择一氧化碳探测器。

2 连接燃气灶具的软管及接头在橱柜内部时,探测器宜设置在橱柜内部。

3 甲烷探测器应设置在厨房顶部,丙烷探测器应设置在厨房下部,一氧化碳探测器可设置在厨房下部,也可设置在其他部位。

4 可燃气体探测器不宜设置在灶具正上方。

5 宜采用具有联动关断燃气关断阀功能的可燃气体探测器。

6 探测器联动的燃气关断阀宜为用户可以自己复位的关断阀,并应具有胶管脱落自动保护功能。

7.4 家用火灾报警控制器的设置

7.4.1 家用火灾报警控制器应独立设置在每户内,且应设置在明显和便于操作的部位。当采用壁挂方式安装时,其底边距地高度宜为1.3m~1.5m。

7.4.2 具有可视对讲功能的家用火灾报警控制器宜设置在进户门附近。

7.5 火灾声警报器的设置

7.5.1 住宅建筑公共部位设置的火灾声警报器应具有语音功能,且应能接受联动控制或由手动火灾报警按钮信号直接控制发出警报。

7.5.2 每台警报器覆盖的楼层不应超过3层,且首层明显部位应设置用于直接启动火灾声警报器的手动火灾报警按钮。

7.6 应急广播的设置

7.6.1 住宅建筑内设置的应急广播应能接受联动控制或由手动火灾报警按钮信号直接控制进行广播。

7.6.2 每台扬声器覆盖的楼层不应超过3层。

7.6.3 广播功率放大器应具有消防电话插孔,消防电话插入后应能直接讲话。

7.6.4 广播功率放大器应配有备用电池,电池持续工作不能达到1h时,应能向消防控制室或物业值班室发送报警信息。

7.6.5 广播功率放大器应设置在首层内走道侧面墙上,箱体面板应有防止非专业人员打开的措施。

8 可燃气体探测报警系统

8.1 一般规定

8.1.1 可燃气体探测报警系统应由可燃气体报警控制器、可燃气体探测器和火灾声光警报器等组成。

8.1.2 可燃气体探测报警系统应独立组成,可燃气体探测器不应接入火灾报警控制器的探测器回路;当可燃气体的报警信号需接入火灾自动报警系统时,应由可燃气体报警控制器接入。

8.1.3 石化行业涉及过程控制的可燃气体探测器,可按现行国家标准《石油化工可燃气体和有毒气体检测报警设计规范》GB 50493的有关规定设置,但其报警信号应接入消防控制室。

8.1.4 可燃气体报警控制器的报警信息和故障信息,应在消防控制室图形显示装置或起集中控制功能的火灾报警控制器上显示,但该类信息与火灾报警信息的显示应有区别。

8.1.5 可燃气体报警控制器发出报警信号时,应能启动保护区域的火灾声光警报器。

8.1.6 可燃气体探测报警系统保护区域内有联动和警报要求时,应由可燃气体报警控制器或消防联动控制器联动实现。

8.1.7 可燃气体探测报警系统设置在有防爆要求的场所时,尚应符合有关防爆要求。

8.2 可燃气体探测器的设置

8.2.1 探测气体密度小于空气密度的可燃气体探测器应设置在被保护空间的顶部,探测气体密度大于空气密度的可燃气体探测器应设置在被保护空间的下部,探测气体密度与空气密度相当时,可燃气体探测器可设置在被保护空间的中间部位或顶部。

8.2.2 可燃气体探测器宜设置在可能产生可燃气体部位附近。

8.2.3 点型可燃气体探测器的保护半径,应符合现行国家标准《石油化工可燃气体和有毒气体检测报警设计规范》GB 50493 的有关规定。

8.2.4 线型可燃气体探测器的保护区域长度不宜大于 60m。

8.3 可燃气体报警控制器的设置

8.3.1 当有消防控制室时,可燃气体报警控制器可设置在保护区域附近;当无消防控制室时,可燃气体报警控制器应设置在有人值班的场所。

8.3.2 可燃气体报警控制器的设置应符合火灾报警控制器的安装设置要求。

9 电气火灾监控系统

9.1 一般规定

9.1.1 电气火灾监控系统可用于具有电气火灾危险的场所。

9.1.2 电气火灾监控系统应由下列部分或全部设备组成:

1 电气火灾监控器。

2 剩余电流式电气火灾监控探测器。

3 测温式电气火灾监控探测器。

9.1.3 电气火灾监控系统应根据建筑物的性质及电气火灾危险性设置,并应根据电气线路敷设和用电设备的具体情况,确定电气火灾监控探测器的形式与安装位置。在无消防控制室且电气火灾监控探测器设置数量不超过 8 只时,可采用独立式电气火灾监控探测器。

9.1.4 非独立式电气火灾监控探测器不应接入火灾报警控制器的探测器回路。

9.1.5 在设置消防控制室的场所,电气火灾监控器的报警信息和故障信息应在消防控制室图形显示装置或起集中控制功能的火灾报警控制器上显示,但该类信息与火灾报警信息的显示应有区别。

9.1.6 电气火灾监控系统的设置不应影响供电系统的正常工作,不宜自动切断供电电源。

9.1.7 当线型感温火灾探测器用于电气火灾监控时,可接入电气火灾监控器。

9.2 剩余电流式电气火灾监控探测器的设置

9.2.1 剩余电流式电气火灾监控探测器应以设置在低压配电系统首端为基本原则,宜设置在第一级配电柜(箱)的出线端。

在供电线路泄漏电流大于 500mA 时,宜在其下一级配电柜(箱)设置。

9.2.2 剩余电流式电气火灾监控探测器不宜设置在 IT 系统的配电线路和消防配电线路中。

9.2.3 选择剩余电流式电气火灾监控探测器时,应计及供电系统自然漏流的影响,并应选择参数合适的探测器;探测器报警值宜为 300mA～500mA。

9.2.4 具有探测线路故障电弧功能的电气火灾监控探测器,其保护线路的长度不宜大于 100m。

9.3 测温式电气火灾监控探测器的设置

9.3.1 测温式电气火灾监控探测器应设置在电缆接头、端子、重点发热部件等部位。

9.3.2 保护对象为 1000V 及以下的配电线路,测温式电气火灾监控探测器应采用接触式布置。

9.3.3 保护对象为 1000V 以上的供电线路,测温式电气火灾监控探测器宜选择光栅光纤测温式或红外测温式电气火灾监控探测器,光栅光纤测温式电气火灾监控探测器应直接设置在保护对象的表面。

9.4 独立式电气火灾监控探测器的设置

9.4.1 独立式电气火灾监控探测器的设置应符合本规范第 9.2、9.3 节的规定。

9.4.2 设有火灾自动报警系统时,独立式电气火灾监控探测器的报警信息和故障信息应在消防控制室图形显示装置或集中火灾报警控制器上显示;但该类信息与火灾报警信息的显示应有区别。

9.4.3 未设火灾自动报警系统时,独立式电气火灾监控探测器应将报警信号传至有人值班的场所。

9.5 电气火灾监控器的设置

9.5.1 设有消防控制室时,电气火灾监控器应设置在消防控制室内或保护区域附近;设置在保护区域附近时,应将报警信息和故障信息传入消防控制室。

9.5.2 未设消防控制室时,电气火灾监控器应设置在有人值班的场所。

10 系统供电

10.1 一般规定

10.1.1 火灾自动报警系统应设置交流电源和蓄电池备用电源。

10.1.2 火灾自动报警系统的交流电源应采用消防电源,备用电源可采用火灾报警控制器和消防联动控制器自带的蓄电池电源或消防设备应急电源。当备用电源采用消防设备应急电源时,火灾报警控制器和消防联动控制器应采用单独的供电回路,并应保证在系统处于最大负载状态下不影响火灾报警控制器和消防联动控制器的正常工作。

10.1.3 消防控制室图形显示装置、消防通信设备等的电源,宜由UPS电源装置或消防设备应急电源供电。

10.1.4 火灾自动报警系统主电源不应设置剩余电流动作保护和过负荷保护装置。

10.1.5 消防设备应急电源输出功率应大于火灾自动报警及联动控制系统全负荷功率的120%,蓄电池组的容量应保证火灾自动报警及联动控制系统在火灾状态同时工作负荷条件下连续工作3h以上。

10.1.6 消防用电设备应采用专用的供电回路,其配电设备应设有明显标志。其配电线路和控制回路宜按防火分区划分。

10.2 系统接地

10.2.1 火灾自动报警系统接地装置的接地电阻值应符合下列规定:

1 采用共用接地装置时,接地电阻值不应大于1Ω。

2 采用专用接地装置时,接地电阻值不应大于4Ω。

10.2.2 消防控制室内的电气和电子设备的金属外壳、机柜、机架和金属管、槽等,应采用等电位连接。

10.2.3 由消防控制室接地板引至各消防电子设备的专用接地线应选用铜芯绝缘导线,其线芯截面面积不应小于4mm²。

10.2.4 消防控制室接地板与建筑接地体之间,应采用线芯截面面积不小于25mm²的铜芯绝缘导线连接。

11 布 线

11.1 一般规定

11.1.1 火灾自动报警系统的传输线路和50V以下供电的控制线路,应采用电压等级不低于交流300V/500V的铜芯绝缘导线或铜芯电缆。采用交流220V/380V的供电和控制线路,应采用电压等级不低于交流450V/750V的铜芯绝缘导线或铜芯电缆。

11.1.2 火灾自动报警系统传输线路的线芯截面选择,除应满足自动报警装置技术条件的要求外,还应满足机械强度的要求。铜芯绝缘导线和铜芯电缆线芯的最小截面面积,不应小于表11.1.2的规定。

表 11.1.2 铜芯绝缘导线和铜芯电缆线芯的最小截面面积

序 号	类 别	线芯的最小截面面积(mm²)
1	穿管敷设的绝缘导线	1.00
2	线槽内敷设的绝缘导线	0.75
3	多芯电缆	0.50

11.1.3 火灾自动报警系统的供电线路和传输线路设置在室外时,应埋地敷设。

11.1.4 火灾自动报警系统的供电线路和传输线路设置在地(水)下隧道或湿度大于90%的场所时,线路及接线处应做防水处理。

11.1.5 采用无线通信方式的系统设计,应符合下列规定:

1 无线通信模块的设置间距不应大于额定通信距离的75%。

2 无线通信模块应设置在明显部位,且应有明显标识。

11.2 室内布线

11.2.1 火灾自动报警系统的传输线路应采用金属管、可挠(金属)电气导管、B₁级以上的钢性塑料管或封闭式线槽保护。

11.2.2 火灾自动报警系统的供电线路、消防联动控制线路应采用耐火铜芯电线电缆,报警总线、消防应急广播和消防专用电话等传输线路应采用阻燃或阻燃耐火电线电缆。

11.2.3 线路暗敷设时,应采用金属管、可挠(金属)电气导管或B₁级以上的刚性塑料管保护,并应敷设在不燃烧体的结构层内,且保护层厚度不宜小于30mm;线路明敷设时,应采用金属管、可挠(金属)电气导管或金属封闭线槽保护。矿物绝缘类不燃性电缆可直接明敷。

11.2.4 火灾自动报警系统用的电缆竖井,宜与电力、照明的低压配电线路电缆竖井分别设置。受条件限制必须合用时,应将火灾自动报警系统用的电缆和电力、照明用的低压配电线路电缆分别布置在竖井的两侧。

11.2.5 不同电压等级的线缆不应穿入同一根保护管内,当合用同一线槽时,线槽内应有隔板分隔。

11.2.6 采用穿管水平敷设时,除报警总线外,不同防火分区的线路不应穿入同一根管内。

11.2.7 从接线盒、线槽等处引到探测器底座盒、控制设备盒、扬声器箱的线路,均应加金属保护管保护。

11.2.8 火灾探测器的传输线路,宜选择不同颜色的绝缘导线或电缆。正极"+"线应为红色,负极"-"线应为蓝色或黑色。同一工程中相同用途导线的颜色应一致,接线端子应有标号。

12 典型场所的火灾自动报警系统

12.1 道路隧道

12.1.1 城市道路隧道、特长双向公路隧道和道路中的水底隧道，应同时采用线型光纤感温火灾探测器和点型红外火焰探测器（或图像型火灾探测器）；其他公路隧道应采用线型光纤感温火灾探测器或点型红外火焰探测器。

12.1.2 线型光纤感温火灾探测器应设置在车道顶部距顶棚100mm～200mm，线型光栅光纤感温火灾探测器的光栅间距不应大于10m；每根分布式线型光纤感温火灾探测器和线型光栅光纤感温火灾探测保护车道的数量不应超过2条；点型红外火焰探测器或图像型火灾探测器应设置在行车道侧面墙上距行车道地面高度2.7m～3.5m，并应保证无探测盲区；在行车道两侧设置时，探测器应交错设置。

12.1.3 火灾自动报警系统需联动消防设施时，其报警区域长度不宜大于150m。

12.1.4 隧道出入口以及隧道内每隔200m处应设置报警电话，每隔50m处应设置手动火灾报警按钮和闪烁红光的火灾声光警报器。隧道入口前方50m～250m内应设置指示隧道内发生火灾的声光警报装置。

12.1.5 隧道用电缆通道宜设置线型感温火灾探测器，主要设备用房内的配电线路应设置电气火灾监控探测器。

12.1.6 隧道中设置的火灾自动报警系统宜联动隧道中设置的视频监视系统确认火灾。

12.1.7 火灾自动报警系统应将火灾报警信号传输给隧道中央控制管理设备。

12.1.8 消防应急广播可与隧道内设置的有线广播合用，其设置应符合本规范第6.6节的规定。

12.1.9 消防专用电话可与隧道内设置的紧急电话合用，其设置应符合本规范第6.7节的规定。

12.1.10 消防联动控制器应能手动控制与正常通风合用的排烟风机。

12.1.11 隧道内设置的消防设备的防护等级不应低于IP65。

12.2 油 罐 区

12.2.1 外浮顶油罐宜采用线型光纤感温火灾探测器，且每只线型光纤感温火灾探测器应只能保护一个油罐；并应设置在浮盘的堰板上。

12.2.2 除浮顶和卧式油罐外的其他油罐宜采用火焰探测器。

12.2.3 采用光栅光纤感温火灾探测器保护外浮顶油罐时，两个相邻光栅间距离不应大于3m。

12.2.4 油罐区可在高架杆等高位处设置点型红外火焰探测器或图像型火灾探测器做辅助探测。

12.2.5 火灾报警信号宜联动报警区域内的工业视频装置确认火灾。

12.3 电 缆 隧 道

12.3.1 隧道外的电缆接头、端子等发热部位应设置测温式电气火灾监控探测器，探测器的设置应符合本规范第9章的有关规定；除隧道内所有电缆的燃烧性能均为A级外，隧道内应沿电缆设置线型感温火灾探测器，且在电缆接头、端子等发热部位应保证有效探测长度；隧道内设置的线型感温火灾探测器可接入电气火灾监控器。

12.3.2 无外部火源进入的电缆隧道应在电缆层上表面设置线型感温火灾探测器；有外部火源进入可能的电缆隧道在电缆层上表面和隧道顶部，均应设置线型感温火灾探测器。

12.3.3 线型感温火灾探测器采用"S"形布置或有外部火源进入可能的电缆隧道内，应采用能响应火焰规模不大于100mm的线型感温火灾探测器。

12.3.4 线型感温火灾探测器应采用接触式的敷设方式对隧道内的所有的动力电缆进行探测；缆式线型感温火灾探测器应采用"S"形布置在每层电缆的上表面，线型光纤感温火灾探测器应采用一根感温光缆保护一根动力电缆的方式，并应沿动力电缆敷设。

12.3.5 分布式线型光纤感温火灾探测器在电缆接头、端子等发热部位敷设时，感温光缆的延展长度不应少于探测单元长度的1.5倍；线型光栅光纤感温火灾探测器在电缆接头、端子等发热部位应设置感温光栅。

12.3.6 其他隧道内设置动力电缆时，除隧道顶部可不设置线型感温火灾探测器外，探测器设置均应符合本规范的规定。

12.4 高度大于12m的空间场所

12.4.1 高度大于12m的空间场所宜同时选择两种及以上火灾参数的火灾探测器。

12.4.2 火灾初期产生大量烟的场所，应选择线型光束感烟火灾探测器、管路吸气式感烟火灾探测器或图像型感烟火灾探测器。

12.4.3 线型光束感烟火灾探测器的设置应符合下列要求：

　　1 探测器应设置在建筑顶部。

　　2 探测器宜采用分层组网的探测方式。

　　3 建筑高度不超过16m时，宜在6m～7m增设一层探测器。

　　4 建筑高度超过16m但不超过26m时，宜在6m～7m和11m～12m处各增设一层探测器。

　　5 由开窗或通风空调形成的对流层为7m～13m时，可将增设的一层探测器设置在对流层下面1m处。

　　6 分层设置的探测器保护面积可按常规计算，并宜与下层探测器交错布置。

12.4.4 管路吸气式感烟火灾探测器的设置应符合下列要求：

　　1 探测器的采样管宜采用水平和垂直结合的布管方式，并应保证至少有两个采样孔在16m以下，并宜有2个采样孔设置在开窗或通风空调对流层下面1m处。

　　2 可在回风口处设置起辅助报警作用的采样孔。

12.4.5 火灾初期产生少量烟并产生明显火焰的场所，应选择1级灵敏度的点型红外火焰探测器或图像型火焰探测器，并应降低探测器设置高度。

12.4.6 电气线路应设置电气火灾监控探测器，照明线路上应设置具有探测故障电弧功能的电气火灾监控探测器。

附录 A 火灾报警、建筑消防设施运行状态信息表

表 A 火灾报警、建筑消防设施运行状态信息

设施名称		内　容
	火灾探测报警系统	火灾报警信息、可燃气体探测报警信息、电气火灾监控报警信息、屏蔽信息、故障信息
消防联动控制系统	消防联动控制器	动作状态、屏蔽信息、故障信息
	消火栓系统	消防水泵电源的工作状态,消防水泵的启、停状态和故障状态,消防水箱(池)水位、管网压力报警信息及消火栓按钮的报警信息
	自动喷水灭火系统、水喷雾(细水雾)灭火系统(泵供水方式)	喷淋泵电源工作状态,喷淋泵的启、停状态和故障状态,水流指示器、信号阀、报警阀、压力开关的正常工作状态和动作状态
	气体灭火系统、细水雾灭火系统(压力容器供水方式)	系统的手动、自动工作状态及故障状态,阀驱动装置的正常工作状态和动作状态,防护区域中的防火门(窗)、防火阀、通风空调等设备的正常工作状态和动作状态,系统的启、停信息,紧急停止信号和管网压力信号
	泡沫灭火系统	消防水泵、泡沫液泵电源的工作状态,系统的手动、自动工作状态及故障状态,消防水泵、泡沫液泵的正常工作状态和动作状态
	干粉灭火系统	系统的手动、自动工作状态及故障状态,阀驱动装置的正常工作状态和动作状态,系统的启、停信息,紧急停止信号和管网压力信号
	防烟排烟系统	系统的手动、自动工作状态,防烟排烟风机电源的工作状态,风机、电动防火阀、电动排烟防火阀、常闭送风口、排烟阀(口)、电动排烟窗、电动挡烟垂壁的正常工作状态和动作状态

续表 A

设施名称		内　容
消防联动控制系统	防火门及卷帘系统	防火卷帘控制器、防火门监控器的工作状态和故障状态;卷帘门的工作状态,具有反馈信号的各类防火门、疏散门的工作状态和故障状态等动态信息
	消防电梯	消防电梯的停用和故障状态
	消防应急广播	消防应急广播的启动、停止和故障状态
	消防应急照明和疏散指示系统	消防应急照明和疏散指示系统的故障状态和应急工作状态信息
	消防电源	系统内各消防用电设备的供电电源和备用电源工作状态和欠压报警信息

附录 B 消防安全管理信息表

表 B 消防安全管理信息

序号	名　称		内　容
1	基本情况		单位名称、编号、类别、地址、联系电话、邮政编码、消防控制室电话;单位职工人数、成立时间、上级主管(或管辖)单位名称、占地面积、总建筑面积、单位总平面图(含消防车道、毗邻建筑等);单位法人代表、消防安全责任人、消防安全管理人及专兼职消防管理人的姓名、身份证号码、电话
2	主要建、构筑物等信息	建(构)筑物	建筑物名称、编号、使用性质、耐火等级、结构类型、建筑高度、地上层数及建筑面积、地下层数及建筑面积、隧道高度及长度等、建造日期、主要储存物名称及数量、建筑物内最大容纳人数、建筑立面图及消防设施平面布置图;消防控制室位置、安全出口的数量、位置及形式(指疏散楼梯);毗邻建筑的使用性质、结构类型、建筑高度、与本建筑的间距
		堆场	堆场名称、主要堆放物品名称、总储量、最大堆高、堆场平面图(含消防车道、防火间距)
		储罐	储罐区名称、储罐类型(指地上、地下、立式、卧式、浮顶、固定顶等)、总容积、最大单罐容积及高度、储存物名称、性质和形态、储罐区平面图(含消防车道、防火间距)
		装置	装置区名称、占地面积、最大高度、设计日产量、主要原料、主要产品、装置平面图(含消防车道、防火间距)

续表 B

序号	名　称		内　容
3	单位(场所)内消防安全重点部位信息		重点部位名称、所在位置、使用性质、建筑面积、耐火等级、有无消防设施、责任人姓名、身份证号码及电话
4	室内外消防设施信息	火灾自动报警系统	设置部位、系统形式、维保单位名称、联系电话;控制器(含火灾报警、消防联动、可燃气体报警、电气火灾监控等)、探测器(含火灾探测、可燃气体探测、电气火灾探测等)、手动火灾报警按钮、消防电气控制装置等的类型、型号、数量、制造商;火灾自动报警系统图
		消防水源	市政给水管网形式(指环状、支状)及管径、市政管网向建(构)筑物供水的进水管数量及管径、消防水池位置及容量、屋顶水箱位置及容量、其他水源形式及供水量、消防泵房设置位置及水泵数量、消防给水系统平面布置图
		室外消火栓	室外消火栓管网形式(指环状、支状)及管径、消火栓数量、室外消火栓平面布置图
		室内消火栓系统	室内消火栓管网形式(指环状、支状)及管径、消火栓数量、水泵接合器位置及数量、有无与本系统相连的屋顶消防水箱
		自动喷水灭火系统(含雨淋、水幕)	设置部位、系统形式(指湿式、干式、预作用、开式、闭式等)、报警阀位置及数量、水泵接合器位置及数量、有无与本系统相连的屋顶消防水箱、自动喷水灭火系统图
		水喷雾(细水雾)灭火系统	设置部位、报警阀位置及数量、水喷雾(细水雾)灭火系统图
		气体灭火系统	系统形式(指有管网、无管网,组合分配、独立式,高压、低压等)、系统保护的防护区数量及位置、手动控制装置的位置、钢瓶间位置、灭火剂类型、气体灭火系统图

续表 B

序号	名称		内容
4	室内外消防设施信息	泡沫灭火系统	设置部位、泡沫种类(指低倍、中倍、高倍、抗溶、氟蛋白等)、系统形式(指液上、液下,固定、半固定等)、泡沫灭火系统图
		干粉灭火系统	设置部位、干粉储罐位置、干粉灭火系统图
		防烟排烟系统	设置部位、风机安装位置、风机数量、风机类型、防烟排烟系统图
		防火门及卷帘	设置部位、数量
		消防应急广播	设置部位、数量、消防应急广播系统图
		应急照明及疏散指示系统	设置部位、数量、应急照明及疏散指示系统图
		消防电源	设置部位、消防主电源在配电室是否有独立配电柜供电、备用电源形式(市电、发电机、EPS等)
		灭火器	设置部位、配置类型(指手提式、推车式等)、数量、生产日期、更换药剂日期
5	消防设施定期检查及维护保养信息		检查人姓名、检查日期、检查类别(指日检、月检、季检、年检等)、检查内容(指各类消防设施相关技术规范规定的内容)及处理结果,维护保养日期、内容

续表 B

序号	名称		内容
6	日常防火巡查记录	基本信息	值班人员姓名、每日巡查次数、巡查时间、巡查部位
		用火用电	用火、用电、用气有无违章情况
		疏散通道	安全出口、疏散通道、疏散楼梯是否畅通、是否堆放可燃物;疏散走道、疏散楼梯、顶棚装修材料是否合格
		防火门、防火卷帘	常闭防火门是否处于正常工作状态,是否被锁闭;防火卷帘是否处于正常工作状态,防火卷帘下方是否堆放物品影响使用
		消防设施	疏散指示标志、应急照明是否处于正常完好状态;火灾自动报警系统探测器是否处于正常完好状态;自动喷水灭火系统喷头、末端放(试)水装置、报警阀是否处于正常完好状态;室内、室外消火栓系统是否处于正常完好状态;灭火器是否处于正常完好状态
7	火灾信息		起火时间、起火部位、起火原因、报警方式(指自动、人工等)、灭火方式(指气体、喷水、水喷雾、泡沫、干粉灭火系统、灭火器、消防队等)

附录 C 点型感温火灾探测器分类

表 C 点型感温火灾探测器分类

探测器类别	典型应用温度(℃)	最高应用温度(℃)	动作温度下限值(℃)	动作温度上限值(℃)
A1	25	50	54	65
A2	25	50	54	70
B	40	65	69	85
C	55	80	84	100
D	70	95	99	115
E	85	110	114	130
F	100	125	129	145
G	115	140	144	160

附录 D 火灾探测器的具体设置部位

D.0.1 火灾探测器可设置在下列部位:

1 财贸金融楼的办公室、营业厅、票证库。

2 电信楼、邮政楼的机房和办公室。

3 商业楼、商住楼的营业厅、展览楼的展览厅和办公室。

4 旅馆的客房和公共活动用房。

5 电力调度楼、防灾指挥调度楼等的微波机房、计算机房、控制机房、动力机房和办公室。

6 广播电视楼的演播室、播音室、录音室、办公室、节目播出技术用房、道具布景房。

7 图书馆的书库、阅览室、办公室。

8 档案楼的档案库、阅览室、办公室。

9 办公楼的办公室、会议室、档案室。

10 医院病房楼的病房、办公室、医疗设备室、病历档案室、药品库。

11 科研楼的办公室、资料室、贵重设备室、可燃物较多的和火灾危险性较大的实验室。

12 教学楼的电化教室、理化演示和实验室、贵重设备和仪器室。

13 公寓(宿舍、住宅)的卧房、书房、起居室(前厅)、厨房。

14 甲、乙类生产厂房及其控制室。

15 甲、乙、丙类物品库房。

16 设在地下室的丙、丁类生产车间和物品库房。

17 堆场、堆垛、油罐等。

18 地下铁道的地铁站厅、行人通道和设备间,列车车厢。

09

19 体育馆、影剧院、会堂、礼堂的舞台、化妆室、道具室、放映室、观众厅、休息厅及其附设的一切娱乐场所。

20 陈列室、展览室、营业厅、商业餐厅、观众厅等公共活动用房。

21 消防电梯、防烟楼梯的前室及合用前室、走道、门厅、楼梯间。

22 可燃物品库房、空调机房、配电室(间)、变压器室、自备发电机房、电梯机房。

23 净高超过2.6m且可燃物较多的技术夹层。

24 敷设具有可延燃绝缘层和外护层电缆的电缆竖井、电缆夹层、电缆隧道、电缆配线桥架。

25 贵重设备间和火灾危险性较大的房间。

26 电子计算机的主机房、控制室、纸库、光或磁记录材料库。

27 经常有人停留或可燃物较多的地下室。

28 歌舞娱乐场所中经常有人滞留的房间和可燃物较多的房间。

29 高层汽车库、Ⅰ类汽车库、Ⅰ、Ⅱ类地下汽车库、机械立体汽车库、复式汽车库、采用升降梯作汽车疏散出口的汽车库(敞开车库可不设)。

30 污衣道前室、垃圾道前室、净高超过0.8m的具有可燃物的闷顶、商业用房或公共厨房。

31 以可燃气为燃料的商业和企、事业单位的公共厨房及燃气表房。

32 其他经常有人停留的场所、可燃物较多的场所或燃烧后产生重大污染的场所。

33 需要设置火灾探测器的其他场所。

附录 F 不同高度的房间梁对探测器设置的影响

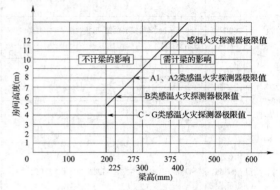

图 F 不同高度的房间梁对探测器设置的影响

附录 E 探测器安装间距的极限曲线

图 E 探测器安装间距的极限曲线

A—探测器的保护面积(m²);a、b—探测器的安装间距(m);

$D_1 \sim D_{11}$(含D_9')—在不同保护面积 A 和保护半径下

确定探测器安装间距 a、b 的极限曲线;

Y、Z—极限曲线的端点(在 Y 和 Z 两点间的曲线范围内,

保护面积可得到充分利用)

附录 G 按梁间区域面积确定一只探测器保护的梁间区域的个数

表 G 按梁间区域面积确定一只探测器保护的梁间区域的个数

探测器的保护面积 A (m²)	梁隔断的梁间区域面积 Q(m²)	一只探测器保护的梁间区域的个数(个)
感温探测器		
20	Q>12	1
	8<Q≤12	2
	6<Q≤8	3
	4<Q≤6	4
	Q≤4	5
30	Q>18	1
	12<Q≤18	2
	9<Q≤12	3
	6<Q≤9	4
	Q≤6	5
感烟探测器		
60	Q>36	1
	24<Q≤36	2
	18<Q≤24	3
	12<Q≤18	4
	Q≤12	5
80	Q>48	1
	32<Q≤48	2
	24<Q≤32	3
	16<Q≤24	4
	Q≤16	5

定的目的、依据以及执行中需要注意的有关事项进行了说明,还着重对强制性条文的强制性理由做了解释。但是,本条文说明不具备与本规范正文同等的法律效力,仅供使用者作为理解和把握规范规定的参考。

中华人民共和国国家标准

火灾自动报警系统设计规范

GB 50116 - 2013

条 文 说 明

修 订 说 明

《火灾自动报警系统设计规范》GB 50116—2013,经住房城乡建设部 2013 年 9 月 6 日以第 149 号公告批准发布,原《火灾自动报警系统设计规范》GB 50116—98 同时废止。

本规范是在《火灾自动报警系统设计规范》GB 50116—98 的基础上修订而成的。上一版规范主编单位是公安部沈阳消防科学研究所,参编单位是北京市消防局、中国建筑西南设计研究院、广东省建筑设计研究院、华东建筑设计研究院、中国核工业总公司国营二六二厂、上海松江电子仪器厂,主要起草人是徐宝林、焦兴国、丁宏军、胡世超、周修华、袁乃超、丁文达、罗崇嵩、骆传武、李涛、冯修远、沈纹。

本规范在修订过程中,编制组遵循国家有关法律、法规和技术标准,进行了广泛深入的调查研究,认真总结了火灾事故教训和我国火灾自动报警系统工程的实践经验,参考了国内外相关标准规范,吸取了先进的科研成果,广泛征求了设计、监理、施工、产品制造、消防监督等各有关单位的意见,通过开展格栅吊顶场所火灾探测设计安装技术研究、公路隧道用火灾探测器工程适用性研究、油罐区场所消防系统设计与验证评估、电缆隧道场所线型感温火灾探测器工程适用性研究、高大空间建筑火灾探测工程应用技术研究等专题研究,取得了格栅吊顶、道路隧道、油罐区、电缆隧道、高度大于 12m 的空间等特殊场所火灾探测器设置的技术参数及系统设计要求,最后经审查定稿。

为便于广大设计、施工、科研、教学等单位有关人员在使用本规范时能正确理解和执行条文规定,《火灾自动报警系统设计规范》编制组按章、节、条的顺序编制了本规范的条文说明,对条文规

1 总 则

1.0.1 本规范是对原国家标准《火灾自动报警系统设计规范》GB 50116—98(以下简称"原规范")的修订。原规范自实施以来,对指导工业与民用建筑内设置的火灾自动报警系统的设计起到了极其重要的作用,而目前组成火灾自动报警系统的几个主要产品的国家标准《点型感烟火灾探测器》GB 4715—2005、《点型感温火灾探测器》GB 4716—2005、《火灾报警控制器》GB 4717—2005、《消防联动控制系统》GB 16806—2006、《线型感温火灾探测器》GB 16280—2005、《电气火灾监控系统》GB 14287—2005 均完成了修订并已发布,且近年来国内市场出现了许多新型火灾探测报警产品,并已经应用在不同的工业和民用建筑中。电气火灾发生率一直在总火灾发生率中占很大的比例,电气火灾预防技术也已成熟,为降低电气火灾发生率有必要增加电气火灾监控系统的设置。世界各国火灾报警系统的设置场所已由公共场所扩展到普通民用住宅,我国的民用住宅火灾发生率居高不下,有必要增加住宅建筑火灾报警系统的设计要求。同时,一些特殊场所由于缺乏火灾自动报警系统设计依据的现状也要求增加典型场所的火灾自动报警系统的设计要求,因此需要对原规范进行修订,以满足对该产品的设计、质量监督和行业管理的需要,降低火灾发生率,提高整个社会的火灾预防能力。

1.0.2 本条规定了本规范的适用范围和不适用范围,规定内容与修订前保持一致。

1.0.3 本条规定了火灾自动报警系统的设计工作必须遵循的基本原则和设计应达到的基本要求,规定内容与修订前保持一致。

1.0.4 本条规定了本规范与其他规范的关系。本规范作为一个

专业技术规范,其内容涉及范围较广。为保证与各相关标准和规范的协调一致性,除本专业范围内的技术要求应执行本规范规定外,其他属于本专业范围以外的涉及其他有关标准和规范的要求,应执行相应的标准和规范。本条规定内容与修订前保持一致。

2 术 语

2.0.1 本条对火灾自动报警系统的定义作出新的解释。

2.0.2、2.0.3 报警区域和探测区域划分的实际意义在于便于系统设计和管理。

2.0.4 本条给出火灾探测器保护面积的一般定义。

2.0.7～2.0.9 消防联动控制信号、消防联动反馈信号和消防联动触发信号是消防联动控制器与受控消防设备(设施)之间互相联系的非常重要的信号,消防联动控制器在接收到消防联动触发信号后,根据预先设定的逻辑进行判断,然后发出消防联动控制信号,受控消防设备(设施)在接收到消防联动控制信号并执行相应的动作后向消防联动控制器发出消防联动反馈信号,从而实现消防联动控制功能;受控的自动消防设备启动后,其工作状态信息应反馈到消防控制室,这样消防控制室才能及时掌握各类设备的工作状态。

3 基本规定

3.1 一般规定

3.1.1 本条对火灾自动报警系统的设置场所作了明确的规定,体现了火灾自动报警系统保护生命安全和财产安全的设计目标。

3.1.2 火灾自动报警系统中设置的火灾探测器,属于自动触发报警装置,而手动火灾报警按钮则属于人工手动触发报警装置。在设计中,两种触发装置均应设置。

3.1.3 本条规定了火灾自动报警系统设计过程中涉及的消防产品的准入要求。

消防产品作为保护人民生命和财产安全的重要产品,其性能和质量至关重要。为了确保消防产品的质量,国家对生产消防产品的企业和法人提出了市场准入要求,凡符合要求的企业和法人方可生产和销售消防产品,就是我们经常所说的市场准入制度。这些制度是选用消防产品的重要依据。

《中华人民共和国消防法》第二十四条规定消防产品必须符合国家标准;没有国家标准的,必须符合行业标准。禁止生产、销售或者使用不合格的消防产品以及国家明令淘汰的消防产品。

依法实行强制性产品认证的消防产品,由具有法定资质的认证机构按照国家标准、行业标准的强制性要求认证合格后,方可生产、销售和使用。实行强制性产品认证的消防产品目录,由国务院产品质量监督部门会同国务院公安部门制定并公布。

新研制的尚未制定国家标准、行业标准的消防产品,应当按照国务院产品质量监督部门会同国务院公安部门规定的办法,经技术鉴定符合消防安全要求的,方可生产、销售和使用。

经强制性产品认证合格或者技术鉴定合格的消防产品的相关信息,在中国消防产品信息网上予以公布。

火灾自动报警设备的质量直接影响系统的稳定性、可靠性指标,所以符合国家有关标准和有关准入制度的要求是保证产品质量一种必要的要求和手段。

3.1.4 本条规定了火灾自动报警系统中的系统设备及与其连接的各类设备之间的接口和通信协议的兼容性应符合现行国家标准《火灾自动报警系统组件兼容性要求》GB 22134等的规定,保证系统兼容性和可靠性。本条是保证火灾自动报警系统运行的基本技术要求。

3.1.5 多年来对各类建筑中设置的火灾自动报警系统的实际运行情况以及火灾报警控制器的检验结果统计分析表明,火灾报警控制器所连接的火灾探测器、控制和信号模块的地址总数量,应控制在总数低于3200点,这样,系统的稳定工作情况及通信效果均能较好地满足系统设计的预计要求,并降低整体风险。

目前,国内外各厂家生产的火灾报警控制器,每台一般均有多个总线回路,对于每个回路所能连接的地址总数,规定为不宜超过200点,是考虑了其工作稳定性。另外要求每一总线回路连接设备的地址总数宜留有不少于其额定容量的10%的余量,主要考虑到在许多建筑中,从初步设计到最终的装修设计,其建筑平面格局经常发生变化,房间隔断改变和增加,需要增加相应的探测器或其他设备,同时留有一定的余量也有利于该回路的稳定与可靠运行。

本条主要考虑保障系统工作的稳定性、可靠性,对消防联动控制器所连接的模块地址数量作出限制,从总数量上限制为不应超过1600点。对于每一个总线回路,限制为不宜超过100点,每一回路应留有不少于其额定容量的10%的余量,除考虑系统工作的稳定、可靠性外,还可灵活应对建筑中相应的变化和修改,而不至于因为局部的变化需要增加总线回路。

3.1.6 本条规定了总线上设置短路隔离器的要求,规定每个短路隔离器保护的现场部件的数量不应超过 32 点,是考虑一旦某个现场部件出现故障,短路隔离器对故障部件进行隔离时,可以最大限度地保障系统的整体功能不受故障部件的影响。

本条是保证火灾自动报警系统整体运行稳定性的基本技术要求,短路隔离器是最大限度地保证系统整体功能不受故障部件影响的关键,所以将本条确定为强制性条文。

3.1.7 对于高度超过 100m 的建筑,为便于火灾条件下消防联动控制的操作,防止受控设备的误动作,在现场设置的火灾报警控制器应分区控制,所连接的火灾探测器、手动报警按钮和模块等设备不应跨越火灾报警控制器所在区域的避难层。

本条根据高度超过 100m 的建筑火灾扑救和人员疏散难度较大的现实情况,对设置的消防设施运行的可靠性提出了更高的要求。由于报警和联动总线线路没有使用耐火线的要求,如果控制器直接控制的火灾探测器、手动报警按钮和模块等设备跨越避难层,一旦发生火灾,将因线路烧断而无法报警和联动,所以将本条确定为强制性条文。

3.1.8 为保证消防水泵、消防排烟风机等消防设备的运行可靠性,水泵控制柜、风机控制柜等消防电气控制装置不应采用变频启动方式。

3.1.9 近几年,国内地铁建设十分迅速,由于地铁中人员密集、疏散难度与救援难度都非常大,因此有必要在地铁列车上设置火灾自动报警系统,及早发现火灾,并采取相应的疏散与救援预案,而地铁列车发生火灾的部位直接影响到疏散救援预案的制定,因此要求将发生火灾的部位传输给消防控制室。由于列车的移动,信号只能通过无线网络传输,这种情况下,通过地铁本身已有的无线网络系统传输无疑是最好的选择。

3.2 系统形式的选择和设计要求

3.2.1 火灾自动报警系统的形式和设计要求与保护对象及消防安全目标的设立直接相关。正确理解火灾发生、发展的过程和阶段,对合理设计火灾自动报警系统有着十分重要的指导意义。

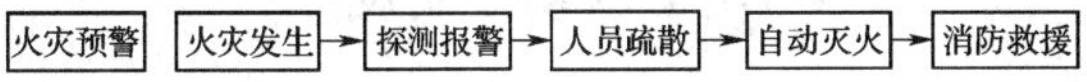

| 火灾预警 | 火灾发生 | 探测报警 | 人员疏散 | 自动灭火 | 消防救援 |

图 1 与火灾相关的消防过程示意

图 1 给出了与火灾相关的几个消防过程。在"以人为本,生命第一"的今天,建筑内设置消防系统的第一任务就是保障人身安全,这是设计消防系统最基本的理念。从这一基本理念出发,就会得出这样的结论:尽早发现火灾、及时报警、启动有关消防设施引导人员疏散,在人员疏散完后,如果火灾发展到需要启动自动灭火设施的程度,就应启动相应的自动灭火设施,扑灭初期火灾,防止火灾蔓延。自动灭火系统启动后,火灾现场中的幸存者,只能依靠消防救援人员帮助逃生了。因为火灾发展到这个阶段时,滞留人员由于毒气、高温等原因已经丧失了自我逃生的能力。这也是图 1 所示的与火灾相关的几个消防过程的基本含义。由图 1 还可以看出,火灾报警与自动灭火之间还有一个人员疏散阶段,这一阶段根据火灾发生的场所、火灾起因、燃烧物等因素不同,有几分钟到几十分钟不等的时间,这是直接关系到人身安全最重要的阶段。因此,在任何需要保护人身安全的场所,设置火灾自动报警系统均具有不可替代的重要意义。只有设置了火灾自动报警系统,才会形成有组织的疏散,也才会有应急预案,确定的火灾发生部位是疏散预案的起点。疏散是指有组织的、按预订方案撤离危险场所的行为,没有组织的离开危险场所的行为只能叫逃生,不能称为疏散。而人员疏散之后,只有火灾发展到一定程度,才需要启动自动灭火系统,自动灭火系统的主要功能是扑灭初期火灾、防止火灾扩散和蔓延,不能直接保护人们生命安全,不可能替代火灾自动报警系统的作用。

在保护财产方面,火灾自动报警系统也有着不可替代的作用。使用功能复杂的高层建筑、超高层建筑及大体量建筑,由于火灾危

险性大,一旦发生火灾会造成重大财产损失;保护对象内存放重要物质,物质燃烧后会产生严重污染及施加灭火剂后导致物质价值丧失,这些场所均应在保护对象内设置火灾预警系统,在火灾发生前,探测可能引起火灾的征兆特征,彻底防止火灾发生或在火势很小尚未成灾时就及时报警。电气火灾监控系统和可燃气体探测报警系统均属火灾预警系统。

因此,设定的安全目标直接关系到火灾自动报警系统形式的选择。区域报警系统,适用于仅需要报警,不需要联动自动消防设备的保护对象;集中报警系统适用于具有联动要求的保护对象;控制中心报警系统一般适用于建筑群或体量很大的保护对象,这些保护对象中可能设置几个消防控制室,也可能由于分期建设而采用了不同企业的产品或同一企业不同系列的产品,或由于系统容量限制而设置了多个起集中作用的火灾报警控制器等情况,这些情况下均应选择控制中心报警系统。

3.2.2 本条规定了区域报警系统的最小组成,系统可以根据需要增加消防控制室图形显示装置或指示楼层的区域显示器。区域报警系统不具有消防联动功能。在区域报警系统里,可以根据需要不设消防控制室,若有消防控制室,火灾报警控制器和消防控制室图形显示装置应设置在消防控制室;若没有消防控制室,则应设置在平时有专人值班的房间或场所。区域报警系统应具有将相关运行状态信息传输到城市消防远程监控中心的功能。

3.2.3 本条对集中报警系统设计作出了规定。

1 本款规定了集中报警系统的最小组成,其中可以选用火灾报警控制器和消防联动控制器组合或火灾报警控制器(联动型)。

2 本款规定了集中报警系统中火灾报警控制器、消防联动控制器和消防控制室图形显示装置、消防应急广播的控制装置、消防专用电话总机等起集中控制作用的消防设备应设置在消防控制室内。

在集中报警系统里,消防控制室图形显示装置是必备设备,因此由该设备实现相关信息的传输功能。

3.2.4 有两个及以上集中报警系统或设置两个及以上消防控制室的保护对象应采用控制中心报警系统。对于设有多个消防控制室的保护对象,应确定一个主消防控制室,对其他消防控制室进行管理。根据建筑的实际使用情况界定消防控制室的级别。

主消防控制室内应能集中显示保护对象内所有的火灾报警部位信号和联动控制状态信号,并能显示设置在各分消防控制室内的消防设备的状态信息。为了便于消防控制室之间的信息沟通和信息共享,各分消防控制室内的消防设备之间可以互相传输、显示状态信息;同时为了防止各个消防控制室的消防设备之间的指令冲突,规定分消防控制室的消防设备之间不应互相控制。一般情况下,整个系统中共同使用的水泵等重要的消防设备可根据消防安全的管理需求及实际情况,由最高级别的消防控制室统一控制。

在控制中心报警系统里,消防控制室图形显示装置是必备设备,因此由该设备实现相关信息的传输功能。

3.3 报警区域和探测区域的划分

3.3.1 本条主要给出报警区域的划分依据。报警区域的划分主要是为了迅速确定报警及火灾发生部位,并解决消防系统的联动设计问题。发生火灾时,涉及发生火灾的防火分区及相邻防火分区的消防设备的联动启动,这些设备需要协调工作,因此需要划分报警区域。

本条第 2~4 款,主要规定了隧道、储罐区及列车等特殊场所报警区域的划分依据。

3.3.2 本条给出了探测区域的划分依据。为了迅速而准确地探测出被保护区内发生火灾的部位,需将被保护区按顺序划分成若干探测区域。

3.3.3 本条对原规范条文中的管道井细化为电气管道井和通信管道井,以便于条文的执行和理解。敞开或封闭楼梯间、防烟楼梯

间、防烟楼梯间前室、消防电梯前室、消防电梯与防烟楼梯间合用的前室、走道、坡道等部位与疏散直接相关;电气管道井、通信管道井、电缆隧道、建筑物闷顶、夹层均属隐蔽部位,因此将这些部位单独划分探测区域。

3.4 消防控制室

3.4.1 本条规定了设置消防控制室的理由与条件。

本条是在现行国家标准《建筑设计防火规范》GB 50016 规定的基础上,对消防控制室的设置条件进行了明确的细化的规定。建筑消防系统的显示、控制等日常管理及火灾状态下应急指挥,以及建筑与城市远程控制中心的对接等均需要在此完成,是重要的设备用房,所以将本条确定为强制性条文。

3.4.2 消防控制室是建筑消防系统的信息中心、控制中心、日常运行管理中心和各自动消防系统运行状态监视中心,也是建筑发生火灾和日常火灾演练时的应急指挥中心;在有城市远程监控系统的地区,消防控制室也是建筑与监控中心的接口,可见其地位是十分重要的。每个建筑使用性质和功能各不相同,其包括的消防控制设备也不尽相同。作为消防控制室,应将建筑内的所有消防设施包括火灾报警和其他联动控制装置的状态信息都能集中控制、显示和管理,并能将状态信息通过网络或电话传输到城市建筑消防设施远程监控中心。附录 A 中规定的内容就是在消防控制室内,消防管理人员通过火灾报警控制器、消防联动控制器、消防控制室图形显示装置或其组合设备对建筑物内的消防设施的运行状态信息进行查询和管理的内容。

3.4.3 消防控制室应设有用于火灾报警的外线电话,以便于确认火灾后及时向消防队报警。

3.4.4 消防控制室应有相应的竣工图纸、各分系统控制逻辑关系说明、设备使用说明书、系统操作规程、应急预案、值班制度、维护保养制度及值班记录等资料,以便于在日常巡查和管理过程中或在火灾条件下采取应急措施提供相应的参考资料。

本条要求消防控制室应有的资料,是消防管理人员对自动报警系统日常管理所依据的基础资料,特别是应急处置的重要依据,所以将本条确定为强制性条文。

3.4.5 为了保证消防控制室的安全,控制室的通风管道上设置防火阀是十分必要的。在火灾发生后,烟、火通过空调系统的送、排风管扩大蔓延的实例很多。为了确保消防控制室在火灾时免受火灾影响,在通风管道上应设置防火阀门。

3.4.6 根据消防控制室的功能要求,火灾自动报警系统、自动灭火系统防排烟等系统的信号传输线、控制线路等均必须进入消防控制室。控制室内(包括吊顶上、地板下)的线路管道已经很多,大型工程更多,为保证消防控制设备安全运行,便于检查维修,其他与消防设施无关的电气线路和管网不得穿过消防控制室,以免互相干扰造成混乱或事故。

本条是保障消防设施运行稳定性和可靠性的基本要求,所以将本条确定为强制性条文。

3.4.7 电磁场干扰对火灾自动报警系统设备的正常工作影响较大。为保证系统设备正常运行,要求控制室周围不布置干扰场强超过消防控制室设备承受能力的其他设备用房。

3.4.8 本条从使用的角度对消防控制室的设备布置作出了原则规定。根据对重点城市、重点工程消防控制室设置情况的调查,不同地区、不同工程消防控制室的规模差别很大,控制室面积有的大到 60m²～80m²,有的小到 10m²,面积大了造成一定的浪费,面积小了又影响消防值班人员的工作。为满足消防控制室值班维修人员工作的需要,便于设计部门各专业协调工作,参照建筑电气设计的有关规程,对建筑内消防控制设备的布置及操作、维修所必需的空间作了原则性规定,以便使建设、设计、规划等有关部门有章可循,使消防控制室的设计既满足工作的需要,又避免浪费。

对消防控制室规模大小,各国都根据各自的国情作了规定。

本条规定是为了满足消防值班人员的实际工作需要,保证消防值班人员具备一个应有的工作场所。在设计中根据实际需要还需考虑到值班人员休息和维修活动的面积。

3.4.9 本条规定了消防控制室的显示与控制要求。

3.4.10 本条规定了消防控制室的信息记录、信息传输要求。

4 消防联动控制设计

4.1 一般规定

4.1.1 本条是对消防联动控制器的基本技术要求。通常在火灾报警后经逻辑确认(或人工确认),联动控制器应在 3s 内按设定的控制逻辑准确发出联动控制信号给相应的消防设备,当消防设备动作后将动作信号反馈给消防控制室并显示。

消防联动控制器是消防联动控制系统的核心设备,消防联动控制器按设定的控制逻辑向各相关受控设备发出准确的联动控制信号,控制现场受控设备按预定的要求动作,是完成消防联动控制的基本功能要求;同时为了保证消防管理人员及时了解现场受控设备的动作情况,受控设备的动作反馈信号应反馈给消防联动控制器,所以将本条确定为强制性条文。

4.1.2 消防联动控制器的电压控制输出采用直流 24V 主要考虑的是设备和人员安全问题,24V 也是火灾自动报警系统中应用最普遍的电压。除容量满足受控消防设备同时启动所需的容量外,还要满足传输线径要求,当线路压降超过 5% 时,其直流 24V 电源应由现场提供。

4.1.3 消防联动控制器与各个受控设备之间的接口参数应能够兼容和匹配,保证系统兼容性和可靠性。

一般情况下,消防联动控制系统设备和现场受控设备的生产厂家不同,各自设备对外接口的特性参数不同,在工程的设计、设备选型等环节细化要求消防联动控制系统设备和现场受控设备接口的特性参数互相匹配,是保证在应急情况下,建筑消防设施的协同、有效动作的基本技术要求,所以将本条确定为强制性条文。

4.1.4 消防水泵、防烟和排烟风机等消防设备的手动直接控制应通过火灾报警控制器（联动型）或消防联动控制器的手动控制盘实现，盘上的启停按钮应与消防水泵、防烟和排烟风机的控制箱（柜）直接用控制线或控制电缆连接。

消防水泵、防烟和排烟风机，是在应急情况下实施初起火灾扑救、保障人员疏散的重要消防设备。考虑到消防联动控制器在联动控制时序失效等极端情况下，可能出现不能按预定要求有效启动上述消防设备的情况，本条要求冗余采用直接手动控制方式对此类设备进行直接控制，该要求是重要消防设备有效动作的重要保障，所以将本条确定为强制性条文。

4.1.5 消防设备启动的过电流将导致消防供电线路和消防电源的过负荷，也就不能保证消防设备的正常工作。因此，应根据消防设备的启动电流参数，结合设计的消防供电线路负荷或消防电源的额定容量，分时启动电流较大的消防设备。

4.1.6 为了保证自动消防设备的可靠启动，其联动触发信号应采用两个独立的报警触发装置报警信号的"与"逻辑组合。任何一种探测器对火灾的探测都有局限性，对于可靠性要求较高的气体、泡沫等自动灭火设备、设施，仅采用单一探测形式探测器的报警信号作为该类设备、设施启动的联动触发信号，不能保证这类设备、设施的可靠启动，从而带来不必要的损失，因此，要求该类设备的联动触发信号必须是两个及以上不同探测形式的报警触发装置报警信号的"与"逻辑组合。

本条是保证自动消防设备（设施）的可靠启动的基本技术要求。设置在建筑中的火灾探测器和手动火灾报警按钮等报警触发装置，可能受产品质量、使用环境及人为损坏等原因而产生误动作，单一的探测器或手动报警按钮的报警信号作为自动消防设备（设施）动作的联动触发信号，有可能会由于个别现场设备的误报警而导致自动消防设备（设施）误动作。在工程实践过程中，上述情况时有发生，因此，为防止气体、泡沫灭火系统出现误喷，本条强制要求采用两个报警触发装置报警信号的"与"逻辑组合作为自动消防设备、设施的联动触发信号。所以将本条确定为强制性条文。

4.2 自动喷水灭火系统的联动控制设计

4.2.1 当发生火灾时，湿式系统和干式系统的喷头的闭锁装置熔化脱落，水自动喷出，安装在管道上的水流指示器报警，报警阀组的压力开关动作报警，并由压力开关直接连锁启动供水泵向管网持续供水。

以前通常使用喷淋消防泵的启动信号作为系统的联动反馈信号，该信号取自供水泵主回路接触器辅助接点，这种设计的缺点是如果供水泵电动机出现故障，供水泵虽未启动，但反馈信号表示已经启动了。而反馈信号取自干管水流指示器，则能真实地反映喷淋消防泵的工作状态。

系统在手动控制方式时，如果发生火灾，可以通过操作设置在消防控制室内消防联动控制器的手动控制盘直接开启供水泵。

4.2.2 预作用系统在正常状态时，配水管道中没有水。火灾自动报警系统自动开启预作用阀组后，预作用系统转为湿式灭火系统。当火灾温度继续升高时，闭式喷头的闭锁装置熔化脱落，喷头自动喷水灭火。

预作用系统在自动控制方式下，要求由同一报警区域内两只及以上独立的感烟火灾探测器或一只感烟火灾探测器及一只手动报警按钮的报警信号（"与"逻辑）作为预作用阀组开启的联动触发信号，主要考虑的是保障系统动作的可靠性。

系统在手动控制方式时，如果发生火灾，可以通过操作设置在消防控制室内的消防联动控制器的手动控制盘直接启动向配水管道供水的阀门和供水泵。

干管水流指示器的动作信号是系统联动的反馈信号，因此，应将信号发送到消防控制室，并在消防联动控制器上显示。

4.2.3 雨淋系统是开式自动喷水灭火系统的一种，本条规定的雨淋系统是指通过火灾自动报警系统实现管网控制的系统。

与预作用系统相同，在自动控制方式下，要求由同一报警区域内两只及以上独立的感温火灾探测器或一只感温火灾探测器及一只手动报警按钮的报警信号（"与"逻辑）作为雨淋阀组开启的联动触发信号，主要考虑的是保障系统动作的可靠性。雨淋阀组启动，压力开关动作，连锁启动雨淋消防泵。

另外，雨淋报警阀动作信号取自雨淋报警阀的辅助接点，可通过输入模块接入总线，并在消防联动控制器上显示。

手动控制方式与雨淋系统的联动反馈信号，可参见本规范第4.2.2条条文说明。

4.2.4 水幕系统由开式洒水喷头或水幕喷头、雨淋报警阀组或感温雨淋阀、水流报警装置（水流指示器或压力开关），以及管道、供水设施等组成。

1 系统在自动控制方式下，作为防火卷帘的保护时，防火卷帘按照本规范第4.6节的规定降落到底，其限位开关动作，限位开关的动作信号用模块接入火灾自动报警系统与本探测区域内的火灾报警信号组成"与"逻辑控制雨淋报警阀开启，雨淋报警阀泄压，压力开关动作，连锁启动水幕消防泵。

2 手动控制方式与水幕系统的联动反馈信号，可参见本规范第4.2.2条条文说明。

4.3 消火栓系统的联动控制设计

4.3.1 消火栓使用时，系统内出水干管上的低压压力开关、高位消防水箱出水管上设置的流量开关，或报警阀压力开关等均有相应的反应，这些信号可以作为触发信号，直接控制启动消火栓泵，可以不受消防联动控制器处于自动或手动状态影响。当建筑物内设有火灾自动报警系统时，消火栓按钮的动作信号作为火灾报警系统和消火栓系统的联动触发信号，由消防联动控制器联动控制消防泵启动，消防泵的动作信号作为系统的联动反馈信号应反馈至消防控制室，并在消防联动控制器上显示。消火栓按钮经联动控制器启动消防泵的优点是减少布线量和线缆使用量，提高整个消火栓系统的可靠性。消火栓按钮与手动火灾报警按钮的使用目的不同，不能互相替代。稳高压系统中，虽然不需要消火栓按钮启动消防泵，但消火栓按钮给出的使用消火栓位置的报警信息是十分必要的，因此稳高压系统中，消火栓按钮也是不能省略的。

当建筑物内无火灾自动报警系统时，消火栓按钮用导线直接引至消防泵控制箱（柜），启动消防泵。

4.3.2 消火栓的手动控制方式，应将消火栓泵控制箱（柜）的启动、停止按钮用专用线路直接连接至设置在消防控制室内的消防联动控制器的手动控制盘，通过手动控制盘直接控制消火栓泵的启动、停止。

4.3.3 消火栓泵应将其动作的反馈信号发送至消防联动控制器进行显示。

4.4 气体灭火系统、泡沫灭火系统的联动控制设计

4.4.1 气体灭火系统、泡沫灭火系统主要由灭火剂储瓶和瓶头阀、驱动钢瓶和瓶头阀、选择阀（组合分配系统）、自锁压力开关、喷嘴以及气体灭火控制器或泡沫灭火控制器、感烟火灾探测器、感温火灾探测器、指示发生火灾的火灾声光报警器、指示灭火剂喷放的火灾声光报警器（带有声警报的气体释放灯）、紧急启停按钮、电动装置等组成。通常气体灭火系统、泡沫灭火系统的上述设备自成系统。由于气体灭火过程中系统应该执行一系列的动作，因此只有专用气体灭火控制器、泡沫灭火控制器才具有这一系列的逻辑编程和执行功能。

4.4.2 本条规定了气体灭火控制器、泡沫灭火控制器直接连接火灾探测器时，气体灭火系统、泡沫灭火系统的自动控制方式的联动控制设计要求。气体灭火系统、泡沫灭火系统防护区域内设置的

火灾探测器报警的可靠性非常重要。因此,电子计算机机房和电子信息系统机房等采用气体灭火系统、泡沫灭火系统防护的场所通常设置两种火灾探测器,即感烟火灾探测器和感温火灾探测器组成"与"逻辑作为系统的联动触发信号,这样设置的目的是提高系统动作的可靠性,将误触发率降低至最小。感烟火灾探测器报警,表示有火灾发生,感温火灾探测器报警,表示火灾已经发展到一定程度了,应该启动气体灭火装置、泡沫灭火装置实施灭火。对于有人确认火灾的场所,也可采用同一区域内的一只火灾探测器及一只手动报警按钮的报警信号组成"与"逻辑作为联动触发信号。

发生火灾时,气体灭火控制器、泡沫灭火控制器接收到第一个火灾报警信号后,启动防护区内的火灾声光警报器,警示处于防护区域内的人员撤离;接收到第二个火灾报警信号后,联动关闭排风机、防火阀、空气调节系统、启动防护区域开口封闭装置,并根据人员安全撤离防护区的需要,延时不大于30s后开启选择阀(组合分配系统)和启动阀,驱动瓶内的气体开启灭火剂储罐瓶头阀,灭火剂喷出实施灭火,同时启动安装在防护区门外的指示灭火剂喷放的火灾声光警报器(带有声警报的气体释放灯);管道上的自锁压力开关动作,动作信号反馈给气体灭火控制器、泡沫灭火控制器。

启动安装在防护区门外指示灭火剂喷放的火灾声光报警器(带有声警报的气体释放灯)是防止气体灭火防护区在气体释放后出现人员误入现象,根据国家标准《气体灭火系统设计规范》GB 50370—2005规定,防护区内应设火灾声报警器(一级报警时动作),防护区的入口处应设火灾声、光报警器(防护区内气体释放后动作),防护区内声报警器动作提醒防护区内人员迅速撤离,防护区入口处火灾声、光报警器提醒人员不要误入,本条特规定指示气体释放的声信号应与同建筑中设置的火灾声警报器的声信号有明显区别,以便有关人员明确现场情况。

设定不大于30s的延时主要是为了防止火灾发展迅速,防护区内的人员尚未疏散,感温火灾探测器已经动作,气体灭火控制器、泡沫灭火控制器按控制逻辑启动了气体灭火装置,影响人员疏散、危及人员生命安全,同时也为人工确认提供一定时间。

4.4.3 本条规定了气体灭火控制器、泡沫灭火控制器不直接连接火灾探测器时,气体灭火系统、泡沫灭火系统的自动控制方式的联动控制设计要求。

4.4.4 本条规定了气体灭火系统、泡沫灭火系统的手动控制方式的联动控制设计要求。当火灾探测器报警后,现场工作人员应进行火灾确认,在确认火灾后,可通过手动控制按钮(具有电气启动和紧急停止功能)发出手动控制信号,经气体灭火控制器、泡沫灭火控制器(延时不大于30s)联动开启选择阀(组合分配系统)和启动阀,驱动瓶内的气体开启灭火剂储罐瓶头阀,灭火剂喷出实施灭火,同时启动安装在防护区门外的指示气体喷洒的火灾声光警报器。

另外,现场工作人员确认火灾探测器报警信号后,也可通过机械应急操作开关开启选择阀和瓶头阀喷放灭火剂实施灭火。

4.4.5 本条规定了气体灭火系统的反馈信号组成及显示要求。

4.4.6 本条规定了在防护区域内设置手动与自动控制转换装置时的显示要求。

4.5 防烟排烟系统的联动控制设计

4.5.1 加压送风口的联动控制在本规范修订之前,并没有明确防火分区内哪个部位的感烟火灾探测器动作联动加压送风口的开启,大多数采用靠近疏散楼梯间的感烟火灾探测器的动作信号联动送风口。而本次修订明确规定,送风口所在防火分区内设置的两只独立的火灾探测器或一只火灾探测器与一只手动火灾报警按钮报警信号的"与"逻辑联动送风口开启并启动加压送风机。通常加压风机的吸气口设有电动风阀,此阀与加压风机联动,加压风机启动,电动风阀开启;加压风机停止,电动风阀关闭。

4.5.2 排烟系统在自动控制方式下,同一防烟分区内两只独立的火灾探测器或一只火灾探测器与一只手动报警按钮报警信号的"与"逻辑联动启动排烟口或排烟阀。通常联动排烟口或排烟阀的电源为直流24V,此电源可由消防控制室的直流电源箱提供,也可由现场设置的消防设备直流电源提供,为了降低线路传输损耗,建议尽量采用现场设置消防设备直流电源的方式供电。串接排烟口的反馈信号应并接,作为启动排烟机的联动触发信号。

4.5.3 本条规定了防排烟系统的手动控制方式的联动控制设计要求。

4.5.4、4.5.5 这两条规定了排烟口、排烟阀和排烟风机入口处的排烟防火阀的开启和关闭的联动反馈信号要求。

4.6 防火门及防火卷帘系统的联动控制设计

4.6.1 疏散通道上的防火门有常闭型和常开型。常闭型防火门有人通过后,闭门器将门关闭,不需要联动。常开型防火门平时开启,防火门任一侧所在防火分区内两只独立的火灾探测器或一只火灾探测器与一只手动报警按钮报警信号的"与"逻辑联动防火门关闭。防火门的故障状态可以包括闭门器故障、门被卡后未完全关闭等。

4.6.2 本条规定了防火卷帘控制器的设置要求。

4.6.3 本条规定了疏散通道上设置的防火卷帘的联动控制设计要求。

设置在疏散通道上的防火卷帘,主要用于防烟、人员疏散和防火分隔,因此需要两步降落方式。防火分区内的任两只感烟探测器或任一只专门用于联动防火卷帘的感烟火灾探测器的报警信号联动控制防火卷帘下降到距楼板面1.8m处,是为保障防火卷帘能及时动作,以起到防烟作用,避免烟雾经此扩散,既起到防烟作用又可保证人员疏散。感温火灾探测器动作表示火已蔓延到该处,此时人员已不可能从此逃生,因此,防火卷帘下降到底,起到防火分隔作用。地下车库车辆通道上设置的防火卷帘也应按疏散通道上设置的防火卷帘的设置要求设置。本条要求在卷帘的任一侧离卷帘纵深0.5m～5m内设置不少于2只专门用于联动防火卷帘的感温火灾探测器,是为了保障防火卷帘在火势蔓延到防火卷帘前及时动作,也是为了防止单只探测器由于偶发故障而不能动作。

联动触发信号可以由火灾报警控制器连接的火灾探测器的报警信号组成,也可以由防火卷帘控制器直接连接的火灾探测器的报警信号组成。防火卷帘控制器直接连接火灾探测器时,防火卷帘可由防火卷帘控制器按本条规定的控制逻辑和时序联动防火卷帘的下降。防火卷帘控制器不直接连接火灾探测器时,应由消防联动控制器按本条规定的控制逻辑和时序向防火卷帘控制器发出联动控制信号,由防火卷帘控制器控制防火卷帘的下降。

4.6.4 本条规定了非疏散通道上设置的防火卷帘的联动控制设计要求。

非疏散通道上设置的防火卷帘大多仅用于建筑的防火分隔作用,建筑共享大厅内廊楼层间等处设置的防火卷帘不具有疏散功能,仅用作防火分隔。因此,设置在防火卷帘所在防火分区内的两只独立的火灾探测器的报警信号即可联动控制防火卷帘一步降到楼板面。

4.6.5 本条规定了防火卷帘系统的联动反馈信号要求。

4.7 电梯的联动控制设计

4.7.1 本条强调了高层建筑在火灾初期电梯的管理问题,对于非消防电梯不能一发生火灾就立即切断电源,如果电梯无自动平层功能,会将电梯里的人关在电梯轿厢内,这是相当危险的,因此规范要求电梯应具备降至首层或电梯转换层的功能,以便有关人员全部撤出电梯。

本规范要求消防联动控制器应具有发出联动控制信号强制所有电梯停于首层或电梯转换层的功能,但并不是一发生火灾就使所有的电梯均回到首层或转换层,设计人员应根据建筑特点,先使发生火灾及相关危险部位的电梯回到首层或转换层,在没有危险部位的电梯,应先保持使用。为防止电梯供电电源被火烧断,电梯宜增加EPS备用电源。

4.7.2 电梯运行状态信息反馈至消防控制室的目的在于使消防救援人员及时掌握电梯的状态,以安排救援。

4.8 火灾警报和消防应急广播系统的联动控制设计

4.8.1 火灾自动报警系统均应设置火灾声光警报器,并在发生火灾时发出警报,其主要目的是在发生火灾时对人员发出警报,警示人员及时疏散。

发生火灾时,火灾自动报警系统能够及时准确地发出警报,对保障人员的安全具有至关重要的作用,所以将本条确定为强制性条文。

4.8.2 系统设备决定火灾声光警报器的控制方式。

4.8.3 具有多个报警区域的保护对象,选用带有语音提示的火灾声警报器,可直观地提醒人们发生了火灾;学校、工厂等各类日常使用电铃的场所,为避免与常用的电铃发生混淆,不应使用警铃作为火灾声警报器。

4.8.4 为避免临近区域出现火灾语音提示声音不一致的现象,带有语音提示的火灾声警报器应同时设置语音同步器。

在火灾发生时,及时、清楚地对建筑内的人员传递火灾信息是火灾自动报警系统的重要功能。当火灾声警报器设置语音提示功能时,设置语音同步器是保证火灾警报信息准确传递的基本技术要求,所以将本条确定为强制性条文。

4.8.5 为保证建筑内人员对火灾报警响应的一致性,有利于人员疏散,建筑内设置的所有火灾声警报器应能同时启动和停止。

建筑内设置多个火灾声警报器时,同时启动同时停止,可以保证火灾警报信息传递的一致性以及人员响应的一致性,同时也便于消防应急广播等指导人员疏散信息向人员传递的有效性。要求对建筑内设置的多个火灾声警报器同时启动和停止,是保证火灾警报信息有效传递的基本技术要求,所以将本条确定为强制性条文。

4.8.6 消防应急广播系统和火灾警报装置,在建筑内同时设置是本次修订的重要内容之一。按修订前的条文,二者可以不同时设置。实践证明,火灾时,先鸣警报装置,高分贝的啸叫会刺激人的神经使人立刻警觉,然后再播放广播通知疏散,如此循环进行效果更好。

4.8.7 采用集中报警系统和控制中心报警系统的保护对象多为高层建筑或大型民用建筑,这些建筑内人员集中又较多,火灾时影响面大,为了便于火灾时统一指挥人员有效疏散,要求在集中报警系统和控制中心报警系统中设置消防应急广播。

对于高层建筑或大型民用建筑这些人员密集场所,多年的灭火救援实践表明,在应急情况下,消防应急广播播放的疏散引导的信息可以有效地指导建筑内的人员有序疏散。为了提高这些复杂建筑在火灾等应急情况下的人员疏散能力,减少人员伤害,所以将本条确定为强制性条文。

4.8.8 火灾发生时,每个人都应在第一时间得知,同时为避免由于错时疏散而导致的在疏散通道和出口处出现人员拥堵现象,要求在确认火灾后同时向整个建筑进行应急广播。

4.8.9 本条规定了消防应急广播单次语音播放时间要求以及与火灾声警报器分时工作的时序要求。

4.8.10 为了有效地指导建筑内各部位的人员疏散,在作为建筑消防系统控制及管理中心的消防控制室内应能手动或自动对各广播分区进行应急广播。与日常广播或背景音乐系统合用的消防应急广播系统,如果广播扩音装置未设置在消防控制室内,不论采用

哪种遥控播音方式,在消防控制室都应能用话筒直接播音和遥控扩音机的开关,自动或手动控制相应分区,播送应急广播。在消防控制室应能监控扩音机的工作状态,监听消防应急广播的内容,同时为了记录现场应急指挥的情况,应对通过传声器广播的内容进行录音。

4.8.11 本条规定了消防应急广播相关信息的显示要求。

4.8.12 火灾时,将日常广播或背景音乐系统扩音机强制转入火灾事故广播状态的控制切换方式一般有两种:

(1)消防应急广播系统仅利用日常广播或背景音乐系统的扬声器和馈电线路,而消防应急广播系统的扩音机等装置是专用的。当火灾发生时,在消防控制室切换输出线路,使消防应急广播系统按照规定播放应急广播。

(2)消防应急广播系统全部利用日常广播或背景音乐系统的扩音机、馈电线路和扬声器等装置,在消防控制室只设紧急播送装置,当发生火灾时可遥控日常广播或背景音乐系统紧急开启,强制投入消防应急广播。

以上两种控制方式,都应该注意使扬声器不管处于关闭还是播放状态时,都应能紧急开启消防应急广播。特别应注意在扬声器设有开关或音量调节器的日常广播或背景音乐系统中的应急广播方式,应将扬声器用继电器强制切换到消防应急广播线路上,且合用广播的各设备应符合消防产品CCCF认证的要求。

在客房内设有床头控制柜音乐广播时,不论床头控制柜内扬声器在火灾时处于何种工作状态(开、关),都应能紧急切换到消防应急广播线路上,播放应急广播。

由于日常工作需要,很多建筑设置了普通广播或背景音乐广播,为了节约建筑成本,可以在设置消防应急广播时共享相关资源,但是在应急状态时,广播系统必须能够无条件的切换至消防应急广播状态,这是保证消防应急广播信息有效传递的基本技术要求,所以将本条确定为强制性条文。

4.9 消防应急照明和疏散指示系统的联动控制设计

4.9.1 消防应急照明和疏散指示系统按控制方式有三种类型:集中控制型、集中电源非集中控制型、自带电源非集中控制型。

1 集中控制型系统主要由应急照明集中控制器、双电源应急照明配电箱、消防应急灯具和配电线路等组成,消防应急灯具可为持续型或非持续型。其特点是所有消防应急灯具的工作状态都受应急照明集中控制器控制。发生火灾时,火灾报警控制器或消防联动控制器向应急照明集中控制器发出相关信号,应急照明集中控制器按照预设程序控制各消防应急灯具的工作状态。

2 集中电源非集中控制型系统主要由应急照明集中电源、应急照明分配电装置、消防应急灯具和配电线路等组成,消防应急灯具可为持续型或非持续型。发生火灾时,消防联动控制器联动控制集中电源和/或应急照明分配电装置的工作状态,进而控制各路消防应急灯具的工作状态。

3 自带电源非集中控制型系统主要由应急照明配电箱、消防应急灯具和配电线路等组成,发生火灾时,消防联动控制器联动控制应急照明配电箱的工作状态,进而控制各路消防应急灯具的工作状态。

4.9.2 本条规定了消防应急照明和疏散指示系统的应急转换时间和应急转换控制的方式。

4.10 相关联动控制设计

4.10.1 关于火灾确认后,火灾自动报警系统应能切断火灾区域及相关区域的非消防电源,在国内是极具争议的问题,各种情况都有,比较复杂,各地区、各设计院的设计差异也很大。理论上讲,只要能确认不是供电线路发生的火灾,都可以先不切断电源,尤其是正常照明电源,如果发生火灾时正常照明正处于点亮状态,则应予以保持,因为正常照明的照度较高,有利于人员的疏散。正常照

明、生活水泵供电等非消防电源只要在水系统动作前切断,就不会引起触电事故及二次灾害;其他在发生火灾时没必要继续工作的电源,或切断后也不会带来损失的非消防电源,可以在确认火灾后立即切断。本规范列出了火灾时,应切断的非消防电源用电设备和不应切断的非消防电源用电设备如下,设计人员可参照执行。

(1)火灾时可立即切断的非消防电源有:普通动力负荷、自动扶梯、排污泵、空调用电、康乐设施、厨房设施等。

(2)火灾时不应立即切掉的非消防电源有:正常照明、生活给水泵、安全防范系统设施、地下室排水泵、客梯和Ⅰ~Ⅲ类汽车库作为车辆疏散口的提升机。

关于切断点的位置,原则上应在变电所切断,比较安全。当用电设备采用封闭母线供电时,可在楼层配电小间切断。

4.10.2 火灾发生后,宜马上打开涉及疏散的电动栅杆,并有必要开启相关层安全技术防范系统的摄像机,监视并记录火灾现场的情况,为进一步的抢险救援提供依据。

4.10.3 火灾发生后,为便于火灾现场及周边人员逃生,有必要打开疏散通道上由门禁系统控制的门和庭院的电动大门,并及时打开停车场出入口的挡杆,以便于人员的疏散、火灾救援人员和装备进出火灾现场。

5 火灾探测器的选择

5.1 一般规定

5.1.1 本条提出了选择火灾探测器种类的基本原则。在选择火灾探测器种类时,要根据探测区域内可能发生的初期火灾的形成和发展特征、房间高度、环境条件以及可能引起误报的原因等因素来决定。本条依据有关国家的火灾自动报警系统设计安装规范,并根据我国设计安装火灾自动报警系统的实际情况和经验教训,以及从初期火灾形成和发展过程产生的物理化学现象,提出对火灾探测器选择的原则性要求。

贮藏室、燃气供暖设备的机房、带有壁炉的客厅、地下停车场、车库、商场、超市等场所,由于其通风状况不佳,一旦发生火灾,在火灾初期极易造成燃烧不充分从而产生一氧化碳气体。可增设一氧化碳火灾探测器实现火灾的早期探测。

另外,由于各场所的功能、构造、气流、可燃物等情况的不同,根据现场实际情况分析早期火灾的特征参数,有助于选择最适用于该场所的火灾探测器。

为了缩短探测器对火灾的响应时间,可在保证系统稳定性的前提下,提高火灾探测器的灵敏度。

目前很多厂家都推出了具有多只探测器复合判断功能的火灾自动报警系统,如在大的平面空间场所中同时设置多个火灾探测器,只要其中几只探测器探测的火灾参数都发生变化,虽然火灾参数还没达到单只探测器报警的程度,但由于多只探测器都已有反应,则可认为发生了火灾等。这种系统是在火灾报警控制器内采用了智能算法,提高了系统的响应时间及报警准确率。

5.2 点型火灾探测器的选择

5.2.1 本条是参考德国(VdS)《火灾自动报警装置设计与安装规范》制定的。在执行中应注意这仅仅是按房间高度对探测器选择的大致划分,具体选择时尚需结合房间的火灾危险性和探测器的类别来进行设计,如果判定不准确时,仍需按本规范第5.1.1条第6款做模拟燃烧试验后最终确定。附录C规定了感温火灾探测器的分类,感温火灾探测器的典型应用温度为探测器安装后在无火灾条件下长期运行所期望的环境温度。根据探测器的使用环境温度和探测器的动作温度将其划分为A1、A2、B、C、D、E、F和G共八类,从附录C中可以看出,每种类别之间,依据类别字母的顺序,其典型应用温度和动作温度范围依次递增。A1类和A2类之间在应用温度方面相同,但A2类的动作温度范围涵盖了A1类的,另外,从响应时间试验要求可以看出,A1类的响应时间范围与A2类的不同。

5.2.2~5.2.4 这几条列出了宜选择点型感烟火灾探测器的场所和不宜选择点型离子感烟火灾探测器或点型光电感烟火灾探测器的场所。事实上,感烟火灾探测器的响应行为基本上是由它的工作原理决定的。不同烟粒径和不同可燃物产生的烟对两种探测器适用性是不一样的。从理论上讲,离子感烟火灾探测器可以探测任何一种烟,对粒子尺寸无特殊限制,只存在响应行为的数值差异,但其探测性能受长期潮湿影响较大,而光电感烟火灾探测器对粒径小于0.4μm的粒子的响应较差。高海拔地区由于空气稀薄,烟粒子也稀薄,因此光电感烟探测器就不容易响应,而离子感烟探测器电离出来的离子本身就会由于空气稀薄而减少,所以其探测灵敏度不会受影响,因此高海拔地区宜选择离子感烟火灾探测器。三种感烟火灾探测器对不同烟粒径的响应特性如图2所示。

图3给出了点型离子感烟火灾探测器和点型散射型光电感烟火灾探测器在标准燃烧实验中,燃烧不同的物质使探测器报警所需的物料消耗。

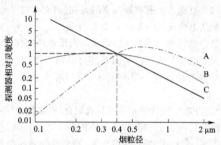

图2 感烟火灾探测器对不同烟粒径的响应
A—散射型光电感烟火灾探测器;B—减光型光电感烟火灾探测器;
C—离子感烟火灾探测器

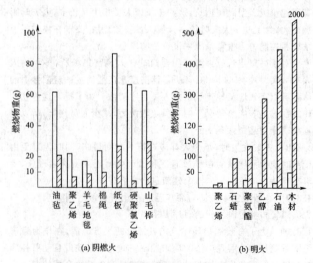

(a)阴燃火　　　　　　　　(b)明火

图3 感烟火灾探测器报警时所耗不同燃烧物质重量
□—离子感烟火灾探测器; ⊠—减光型光电感烟火灾探测器

5.2.5、5.2.6 这两条列出了宜选择和不宜选择点型感温火灾探测器的场所。一般说来，感温火灾探测器对火灾的探测不如感烟火灾探测器灵敏，它们对阴燃火不可能响应，只有当火焰达到一定程度时，感温火灾探测器才能响应。因此感温火灾探测器不适宜保护可能由小火造成不能允许损失的场所；现行的感温火灾探测器产品国家标准根据感温火灾探测器的使用环境温度确定探测器的响应时间，0℃以下场所，不适合使用定温感温火灾探测器；现行国家标准《点型感温火灾探测器》GB 4716 规定具有差温响应性能的感温火灾探测器为 R 型感温火灾探测器，不适合使用在温度变化较大的场所。

我们在绝大多数场所使用的火灾探测器都是普通的点型感烟火灾探测器。这是因为在一般情况下，火灾发生初期均有大量的烟产生，最普遍使用的点型感烟火灾探测器都能及时探测到火灾，报警后，都有足够的疏散时间。虽然有些火灾探测器可能比普通的点型感烟火灾探测器更早发现火灾，但由于点型感烟火灾探测器在一般场所完全能满足及时报警的需求，加上其性能稳定、物美价廉、维护方便等因素，使其理所当然地成为应用最广泛的火灾探测器。一般情况下说的早期火灾探测，都是指感烟火灾探测器对火灾的探测。

感温火灾探测器根据其用法不同，其报警信号的含义也不同。当感温火灾探测器直接用于探测物体温度变化，如堆垛内部温度变化、电缆温度变化等情况时，其报警信号会比感烟火灾探测器早很多，此时的报警信号的含义更多的成分是预警，并不表示已发展到火灾阶段，只是提醒有引发火灾的可能。这种情况下感温火灾探测器的作用与探测由于真正发生火灾后而引起空间温度变化的感温火灾探测器的作用有着本质的区别。在火灾发展过程中的温度参数和火焰参数通常被用于表示火灾发展的程度，就是说火灾发生后，探测空间温度的感温火灾探测器动作表明火灾已经发展到应该启动自动灭火设施的程度了，所以点型感温火灾探测器经常用于确认火灾并联动自动灭火系统。

5.2.7、5.2.8 这两条列出了宜选择和不宜选择点型火焰探测器的场所。火焰探测器只要有火焰的辐射就能响应，对明火的响应也比感温火灾探测器和感烟火灾探测器快得多，所以火焰探测器特别适用于大型油罐储区、石化作业区等易发生明火燃烧的场所或者明火的蔓延可能造成重大危险等场所的火灾探测。

从火焰探测器到被探测区域必须有一个清楚的视野，火灾可能有一个初期阴燃阶段，在此阶段有浓烟扩散时不宜选择火焰探测器。

在空气相对湿度大、空气中悬浮颗粒物多的场所，探测器的镜头易被污染，不宜选择火焰探测器。

光传播的主要抑制因素为油雾或膜、浓烟、碳氢化合物蒸气、水膜或冰。在冷藏库、洗车房、喷漆车间等场所易出现的油雾、烟雾、水雾等能显著降低光信号的强度，这些场所不宜选择火焰探测器。

5.2.9 保护区内能够产生足够热量的电力设备或其他高温物质所产生的热辐射，在达到一定强度后可能导致单波段红外火焰探测器的误动作。双波段红外火焰探测器增加一个额外波段的红外传感器，通过信号处理技术对两个波段信号进行比较，可以有效消除热体辐射的影响。

5.2.10 以下场所产生的紫外线干扰会对紫外火焰探测器正常工作产生影响：

（1）应用焊接或气割的车间能发射出宽频带连续能谱的紫外线。等离子焊接所产生的温度更高，发射出功率很强的紫外线。

（2）印刷工业车间、摄影室、制版室、拍摄电影棚中的高（低）压汞弧灯、高压氙灯、闪光灯、石英卤素灯、荧光灯及灭虫子的黑光灯等，也可发射不同波长的紫外线。

（3）温度在 3000℃ 以上的电极炼钢厂房，常发射波长小于290nm 的紫外线。

5.2.11 本条列出了宜选择可燃气体探测器的场所。

5.2.12 本条列出了可选择一氧化碳火灾探测器的场所，这是由一氧化碳的扩散特性和一氧化碳火灾探测器的产品性能决定的。

5.2.13 在污物较多的场所，普通点型感烟火灾探测器很容易失效，选择间断吸气的点型采样吸气式感烟火灾探测器可以保证在较长的时间内不用清洗；具有过滤网和管路自清洗功能的管路采样吸气式感烟火灾探测器是指在管路上端设置有清洗阀门，可以通过该阀门吹洗管路，这样可以保证探测器在恶劣条件下的正常工作。

5.3　线型火灾探测器的选择

5.3.1 本条列出了宜选择线型光束感烟火灾探测器的场所。大型库房、博物馆、档案馆、飞机库等大多为无遮挡的大空间场所，发电厂、变配电站、古建筑、文物保护建筑的厅堂馆所，有时也适合安装这种类型的探测器。

5.3.2 本条列出的场所会对线型光束感烟火灾探测器的探测性能产生影响，容易使其产生误报现象，因此这些场所不宜选择线型光束感烟火灾探测器。

5.3.3～5.3.5 这三条列出了线型感温火灾探测器的适用场所。线型感温火灾探测器包括缆式线型感温火灾探测器和线型光纤感温火灾探测器。缆式线型感温火灾探测器特别适合于保护厂矿的电缆设施。在这些场所使用时，线型探测器应尽可能贴近可能发热或过热部位，或者安装在危险部位上，使其与可能过热部位接触。线型光纤感温火灾探测器具有高可靠性、高安全性、抗电磁干扰能力强、绝缘性能高等优点，可以工作在高压、大电流、潮湿及爆炸环境中，探测器维护简单，可免清洗，一根光纤可探测数千米范围，但其最小报警长度比缆式线型感温火灾探测器长得多，因此只能适用于比较长的区域同时发热或起火初期燃烧面比较大的场所，不适合使用在局部发热或局部起火就需要快速响应的场所。

5.4　吸气式感烟火灾探测器的选择

5.4.1 本条列出了宜选择吸气式感烟火灾探测器的场所。

具有高速气流的场所，如通信机房、计算机房、无尘室等任何通过空气调节作用而保持正压的场所。在这些场所中，烟雾通常被气流高度稀释，这给点型感烟探测技术的可靠探测带来了困难。而吸气式感烟火灾探测器由于采用主动的吸气式采样方式，并且系统通常具有很高的灵敏度，加之布管灵活，所以成功地解决了气流对于烟雾探测的影响。

一旦发生火灾会造成较大损失的场所，如通信设施、服务器机房、金融数据中心、艺术馆、图书馆、重要资料室等；对空气质量要求较高的场所，如无尘室、精密零件加工场所、电子元器件生产场所等，是需要早期探测火灾的特殊场所，因此应选择高灵敏型吸气式感烟火灾探测器。但这些场所使用的探测器的采样管网的长度和开孔数量均应小于探测器最大设计参数，以保证其灵敏度符合要求，必要时需要实际测量探测器的灵敏度。

5.4.2 虽然管路采样式吸气式感烟火灾探测器可以通过采用具备某些形式的灰尘辨别来实现对灰尘的有效探测，但灰尘比较大的场所将很快导致管路采样式吸气式感烟火灾探测器和管路受到污染，如果没有过滤网和管路自清洗功能，探测器很难在这样恶劣的条件下正常工作。

6 系统设备的设置

6.1 火灾报警控制器和消防联动控制器的设置

6.1.1 区域报警系统的保护对象，若受建筑用房面积的限制，可以不设置消防值班室，火灾报警控制器可设置在有人值班的房间（如保卫部门值班室、配电室、传达室等），但该值班室应昼夜有人值班，并且应由消防、保卫部门直接领导管理。

集中报警系统和控制中心报警系统，火灾报警控制器和消防联动控制器（设备）应在专用的消防控制室或消防值班室内以保证系统可靠运行和有效管理。

6.1.2 本条从使用角度对消防控制室的设备布置作出了原则性规定。根据对重点城市、重点工程消防控制室设置情况的调查，不同地区、不同工程消防控制室的规模差别很大，控制室面积有的大到 60m²～80m²，有的小到 10m²。面积大了造成一定的浪费，面积小了又影响消防值班人员的工作。为满足消防控制室值班、维修人员工作的需要，便于设计部门各专业协调工作，参照建筑电气设计的有关规程，对建筑内消防控制设备的布置及操作、维修所必需的空间作了原则性规定，以便使建设、设计、规划等有关部门有章可循，使消防控制室的设计既满足工作的需要又避免浪费。

对于消防控制室规模大小，各国都是根据自己的国情作出规定。本条规定是为了满足消防工作的实际需要。在设计中根据实际需要还应考虑到值班人员休息和维修活动的面积。

6.1.3 本条对火灾报警控制器和消防联动控制器（设备）采用壁挂式安装时的安装要求作出了相应的规定。

6.1.4 本条考虑到我国的实际情况，规定了集中报警系统和控制中心报警系统中的区域火灾报警控制器可以有条件地设置在无人值班的场所。只有报警功能的区域火灾报警控制器，由于其各类信息均在集中火灾报警控制器上集中显示，发生火灾时也不需要人工操作，因此不需要有专人看管。

6.2 火灾探测器的设置

6.2.1 本条对探测器的具体设置部位作出相应规定。

6.2.2 本条对点型火灾探测器的设置作出了规定。

1 本款规定"探测区域内的每个房间至少应设置一只火灾探测器"。这里提到的"每个房间"是指一个探测区域中可相对独立的房间，包括火车卧铺车厢的封闭空间等类似场所，即使该房间的面积比一只探测器的保护面积小得多，也应设置一只探测器保护。

2 本款规定的点型火灾探测器的保护面积，是在一个特定的实验条件下，通过 4 种典型的试验火试验提供的数据，并参照国外规范制定的，用来作为设计人员确定火灾自动报警系统中采用探测器数量的主要依据。

凡按现行国家标准《点型感烟火灾探测器》GB 4715 和《点型感温火灾探测器》GB 4716 检验合格的产品，其保护面积均符合本规范的规定。

（1）当探测器装于不同坡度的顶棚上时，随着顶棚坡度的增大，烟雾沿斜顶棚和屋脊聚集，使得安装在屋脊或顶棚的探测器进烟或感受热气流的机会增加。因此，探测器的保护半径可相应地增大。

（2）当探测器监视的地面面积 $S > 80m^2$ 时，安装在其顶棚上的感烟探测器受其他环境条件的影响较小。房间越高，火源和顶棚之间的距离越大，则烟均匀扩散的区域越大，对烟的容量也越大，人员疏散时间就越有保证。因此，随着房间高度增加，探测器保护的地面面积也增大。

（3）感烟火灾探测器对各种不同类型火灾的灵敏度有所不同，但考虑到房间越高烟越稀薄的情况，当房间高度增加时，可将探测器的灵敏度相应地调高。

建筑高度不超过 14m 的封闭探测空间，且火灾初期会产生大量的烟时，可设置点型感烟火灾探测器，是根据实际试验结果制定的。

本条第 3 款规定的感烟火灾探测器、感温火灾探测器的安装间距 a、b 是指图 4 中 1# 探测器和 2#～5# 相邻探测器之间的距离，不是 1# 探测器与 6#～9# 探测器之间的距离。

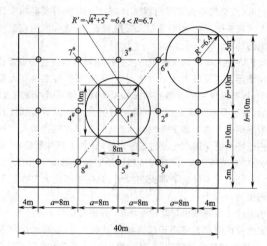

图 4 探测器布置示例

（1）本规范附录 E 由探测器的保护面积 A 和保护半径 R 确定探测器的安装间距 a、b 的极限曲线 $D_1 \sim D_{11}$（含 D'_9）是按照下列方程绘制的，这些极限曲线端点 Y_i 和 Z_i 坐标值（a_i、b_i），即安装间距 a、b 在极限曲线端点的一组数值，如表 1 所示。

$$a \cdot b = A \tag{1}$$
$$a^2 + b^2 = (2R)^2 \tag{2}$$

表 1 极限曲线端点 Y_i 和 Z_i 坐标值（a_i、b_i）

极限曲线	$Y_i(a_i, b_i)$ 点	$Z_i(a_i, b_i)$ 点
D_1	$Y_1(3.1, 6.5)$	$Z_1(6.5, 3.1)$
D_2	$Y_2(3.8, 7.9)$	$Z_2(7.9, 3.8)$
D_3	$Y_3(3.2, 9.2)$	$Z_3(9.2, 3.2)$
D_4	$Y_4(2.8, 10.6)$	$Z_4(10.6, 28)$
D_5	$Y_5(6.1, 9.9)$	$Z_5(9.9, 6.1)$
D_6	$Y_6(3.3, 12.2)$	$Z_6(12.2, 3.3)$
D_7	$Y_7(7.0, 11.4)$	$Z_7(11.4, 7.0)$
D_8	$Y_8(6.1, 13.0)$	$Z_8(13.0, 6.1)$
D_9	$Y_9(5.3, 15.1)$	$Z_9(15.1, 5.3)$
D'_9	$Y'_9(6.9, 14.4)$	$Z'_9(14.4, 6.9)$
D_{10}	$Y_{10}(5.9, 17.0)$	$Z_{10}(17.0, 5.9)$
D_{11}	$Y_{11}(6.4, 18.7)$	$Z_{11}(18.7, 6.4)$

（2）极限曲线 $D_1 \sim D_4$ 和 D_6 适宜于保护面积 A 等于 20、30 和 40m² 及其保护半径 R 等于 3.6、4.4、4.9、5.5、6.3m 的感温火灾探测器；极限曲线 D_5 和 $D_7 \sim D_{11}$（含 D'_9）适宜于保护面积 A 等于 60、80、100 和 120m² 及其保护半径 R 等于 5.8、6.7、7.2、8.0、9.0 和 9.9m 的感烟火灾探测器。

本条第 4 款规定了一个探测器区域内所需设置的探测器数量，按本条规定不应小于 $N = \dfrac{S}{K \cdot A}$ 的计算值。式中给出的修正系数 K，是根据人员数量确定的，人员数量越大，疏散要求越高，就越需要尽早报警，以便尽早疏散。

为说明本规范表 6.2.2、附录 E、图 E 及公式（6.2.2）的工程应用，下面给出一个例子。

例：一个地面面积为 30m×40m 的生产车间，其屋顶坡度为 15°，房间高度为 8m，使用点型感烟火灾探测器保护。试问，应设多少只感烟火灾探测器？应如何布置这些探测器？

解:①确定感烟火灾探测器的保护面积A和保护半径R。查表6.2.2,得感烟火灾探测器保护面积为A=80m²,保护半径R=6.7m。

②计算所需探测器设置数量。

选取K=1.0,按公式(6.2.2)有$N=\dfrac{S}{K\cdot A}=\dfrac{1200}{1.0\times80}=15$(只)。

③确定探测器的安装间距a、b。

由保护半径R,确定保护直径$D=2R=2\times6.7=13.4$(m),由附录E中图E可确定$D_i=D_7$,应利用D_i极限曲线确定a和b值。根据现场实际,选取a=8m(极限曲线两端点值),得b=10m,其布置方式见图4。

④校核。

按安装间距a=8m,b=10m布置后,探测器到最远点水平距离R'是否符合保护半径要求,按公式(3)计算。

$$R'=\sqrt{\left(\frac{a}{2}\right)^2+\left(\frac{b}{2}\right)^2} \qquad (3)$$

即R'=6.4m<R=6.7m,在保护半径之内。

6.2.3 本条主要规定了顶棚有梁时安装探测器的原则。由于梁对烟的蔓延会产生阻碍,因而使探测器的保护面积受到梁的影响。如果梁间区域(指高度在200mm至600mm之间的梁所包围的区域)的面积较小,梁对热气流(或烟气流)形成障碍,并吸收一部分热量,那么探测器的保护面积必然下降。探测器保护面积验证试验表明,梁对热气流(或烟气流)的影响还与房间高度有关。

1 当梁突出顶棚的高度小于200mm时,在顶棚上设置点型感烟、感温火灾探测器,可不计梁对探测器保护面积的影响。

2 当梁突出顶棚的高度在200mm~600mm时,应按附录F、附录G确定梁的影响和一只探测器能够保护的梁间区域的个数。

由附录E可以看出,房间高度在5m以上,梁高大于200mm时,探测器的保护面积受梁高的影响按房间高度与梁高之间的线性关系考虑。还可看出,C、D、E、F、G型感温火灾探测器房高极限值为4m,梁高限度为200mm;B型感温火灾探测器房高极限值为6m,梁高限度为225mm;A1、A2型感温火灾探测器房高极限值为8m,梁高限度为275mm;感烟火灾探测器房高极限值为12m,梁高限度为375mm。若梁高超过上述限度,即线性曲线右边部分,均需计梁的影响。

3 当梁突出顶棚的高度超过600mm时,被梁隔断的每个梁间区域应至少设置一只探测器。

4 当被梁隔断的区域面积超过一只探测器的保护面积时,则应将被隔断的区域视为一个探测区域,并应按本规范第6.2.2条第4款规定计算探测器的设置数量。

5 当梁间净距小于1m时,可视为平顶棚,不计梁对探测器保护面积的影响。

6.2.4 本条规定是参考德国标准制定的。

6.2.5 本条规定是参考德国标准和英国规范制定的。探测器至墙壁、梁边的水平距离,不应小于0.5m是为了保证探测器可靠探测。

6.2.6 本条规定是为了保证探测器可靠探测。

6.2.7 本条提到的这些场所的烟雾扩散特征与独立房间内烟雾扩散特征基本相同。

6.2.8 在设有空调的房间内,探测器不应安装在靠近空调送风口处。这是因为气流影响燃烧粒子扩散,使探测器不能有效探测。此外,通过电离室的气流在某种程度上改变电离电流,可能导致离子感烟火灾探测器误报。

6.2.9 当屋顶有热屏障时,点型感烟火灾探测器下表面至顶棚或屋顶的距离,应符合本规范表6.2.9的规定。由于屋顶受辐射热作用或因其他因素影响,在顶棚附近可能产生空气滞留层,从而形成热屏障。火灾时,该热屏障将在烟雾和气流通向探测器的道路上形成障碍作用,影响探测器探测烟雾。同样,带有金属屋顶的仓库,夏天屋顶下边的空气可能被加热而形成热屏障,使得烟在热屏障下边不能达顶部,而冬天降温作用也会妨碍烟的扩散。这些都将影响探测器的有效探测,而这些影响通常还与顶棚或屋顶形状以及安装高度有关。为此,需按表6.2.9规定的感烟火灾探测器下表面至顶棚或屋顶的必要距离安装探测器,以减少上述影响。

在人字形屋顶和锯齿形屋顶情况下,热屏障的作用特别明显。图5给出探测器在不同形状顶棚或屋顶下,其下表面至顶棚或屋顶的距离d的示意图。

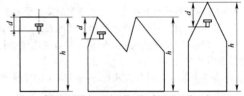

图5 感烟探测器在不同形状顶棚或屋顶下其下表面至顶棚或屋顶的距离d

感温火灾探测器通常受这种热屏障的影响较小,所以感温探测器总是直接安装在顶棚上(吸顶安装)。

6.2.10 在房屋为人字形屋顶的情况下,如果屋顶坡度大于15°,在屋脊(房屋最高部位)的垂直面安装一排探测器有利于烟的探测,因为房屋各处的烟易于集中在屋脊处。在锯齿形屋顶的情况下,按探测器下表面至屋顶或顶棚的距离d(见第6.2.9条)在每个锯齿形屋顶上安装一排探测器。这是因为,在坡度大于15°的锯齿形屋顶情况下,屋顶有几米高,烟不容易从一个屋顶扩散到另一个屋顶,所以对于这种锯齿形厂房,应按分隔间处理。

6.2.11 探测器在顶棚上宜水平安装。当倾斜安装时,倾斜角θ不应大于45°。当倾斜角θ大于45°时,应加木台安装探测器。如图6所示。

6.2.12 本条规定有利于探测器探测井道中发生的火灾,且便于平时检修工作进行。

6.2.13 一氧化碳密度与空气密度相当,在空气中自由扩散,故本条作此规定。

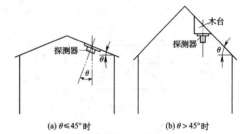

(a) θ≤45°时　　　　(b) θ>45°时

图6 探测器的安装角度

θ—屋顶的法线与垂直方向的交角

6.2.14 本条主要是对火焰探测器和图像型火灾探测器的设置进行了规定,这些规定是由探测器的特征决定的。

6.2.15 本条根据我国工程实践经验制定。

1 一般情况下,当顶棚高度不大于5m时,探测器的红外光束轴线至顶棚的垂直距离为0.3m;当顶棚高度为10m~20m时,光束轴线至顶棚的垂直距离可为1.0m。

2 相邻两组线型光束感烟火灾探测器的水平距离不应大于14m。探测器至侧墙水平距离不应大于7m且不应小于0.5m。超过规定距离探测烟的效果很差。探测器的发射器和接收器之间的距离不宜超过100m,是为了保证探测器灵敏度,也是为了防止建筑位移使探测器产生误报,见图7。

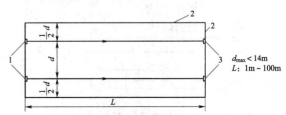

$d_{max}<14m$
L: 1m~100m

图7 线型光束感烟火灾探测器在相对两面墙壁上安装平面示意图

1—发射器;2—墙壁;3—接收器

3 探测器位置的变化将直接影响探测器的正常运行及探测，因此探测器应安装在固定的结构上，同时应考虑钢结构等建筑结构位移对探测器运行的影响。

4 探测器的工作原理决定了日光和人工光源对接收端的直接照射会影响探测器的正常运行甚至导致探测器的误报警。

5 工程实践表明如果反射式探测器的灵敏度或报警设定值设置不合理，在探测器接收端快速出现高浓度烟雾粒子的扩散，可能导致探测器不报火警，而直接作出遮挡故障的判断，从而造成探测器的漏报。因此，在实际工程中发射端和接收端均应进行模拟试验，对探测器的响应进行验证。

6.2.16 本条主要参考国外相关规范，并依据我国工程实践和实体试验结果制定。

1 电缆、堆垛等保护对象火灾的发生通常经历温度升高→蓄热(受热)产生可燃气体→产生烟气→产生明火的过程，这些场所火灾早期探测的关键是在于温度的升高阶段。线性感温火灾探测器在电缆桥架或支架上设置时，应采用接触式敷设方式，即敷设于被保护电缆(表层电缆)外护套上面，如图8所示，图中固定卡具宜选用阻燃塑料卡具。

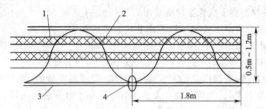

图 8　缆式线型感温火灾探测器在电缆桥架或支架上接触式布置示意图
1—动力电缆；2—探测器热敏电缆；3—电缆桥架；4—固定卡具

在各种皮带输送装置上设置时，在不影响平时运行和维护的情况下，应根据现场情况而定，宜将探测器设置在装置的过热点附近，如图9所示。

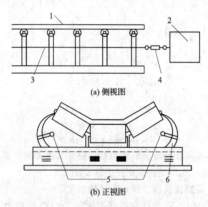

(a) 侧视图

(b) 正视图

图 9　缆式线型感温火灾探测器在皮带输送装置上设置示意图
1—传送带；2—探测器终端；3、5—探测器热敏电缆；
4—拉线螺旋；6—电缆支撑架

2 线型感温火灾探测器在顶棚下方的设置是参考日本规范制定的，如图10所示。

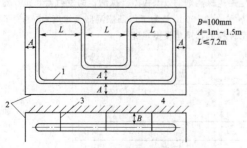

$B=100mm$
$A=1m\sim1.5m$
$L\leqslant7.2m$

图 10　线型感温火灾探测器在顶棚下方设置示意图
1—探测器；2—墙壁；3—固定点；4—顶棚

3 由于光栅光纤感温火灾探测器的每个光栅相当于一个点型感温火灾探测器，因此其保护半径和保护面积的要求应符合点型感温火灾探测器的相关规定。

4 一般情况，当设置线型感温火灾探测器的场所有联动要求时，即该场所要求实现自动报警、自动灭火时，应采用同类型或者不同类型探测器的组合，所以建议采用双回路组合探测。在电缆隧道内，在电缆隧道顶部设置的线型感温火灾探测器的报警信号和该区域内电气火灾监控探测器报警信号的组合，可作为自动灭火设施启动的联动触发信号；在电缆层上表面设置的线型感温火灾探测器的报警信号，大多是由于探测器监测到其保护的动力电缆因发生电气故障造成温度异常所发出的报警信号，这种报警信号应作为一种预警信号，警示管理人员快速查找电气故障原因，不宜作为联动触发信号。

5 长期潮湿的环境对模块内的电子元器件的影响比较大，从而降低模块的性能，导致报警不准确；温度变化较大时可能造成误报。因此连接模块不宜设置在此类场所。

6.2.17 本条主要参考澳大利亚及英国等国规范和我国自己进行的有关试验结果制定。

1 非高灵敏型吸气式感烟火灾探测器灵敏度较低，其采样管网安装高度不应超过16m。

2 由于吸气式感烟火灾探测器的一个采样孔相当于一个点型感烟火灾探测器，所以每个采样孔的保护面积、保护半径应符合点型感烟火灾探测器的保护面积、保护半径的要求。

3 为了便于查找火源，同一根采样管不应穿越防火分区；另外，采样管的材质没有燃烧性能要求，如果穿越防火分区会导致火灾通过采样管扩散。

采样孔的灵敏度基本可以按探测器标称的最小灵敏度乘以实际采样孔数量计算。例如一台探测器标称的最小灵敏度为0.005% obs/m，采样管网上开了100个采样孔，单一采样孔的灵敏度就近似为0.5% obs/m。另外一台探测器标称的最小灵敏度为0.02% obs/m，采样管网上开了20个采样孔，单一采样孔的灵敏度就近似为0.4% obs/m。

从上面的数据可以看出，采样孔越多，相对于每个采样孔的灵敏度就会越低。所以为了保证系统的可靠性和灵敏度，采样管及采样孔特性应与产品检验报告上描述的一致，过多开孔或增加采样管长度将导致每个采样孔的实际灵敏度低于一个常规点型感烟火灾探测器的灵敏度。

4 当采样管道采用毛细管布置方式时，毛细管长度不能过长，否则将影响毛细采样孔的进气量，从而影响系统的探测性能。

5 为便于维护和管理，吸气管路和采样孔应有明显的火灾探测器标识。

6 本款规定是为了保证采样管的有效固定。

7 由于屋顶热屏障等因素的影响，从屋顶至下的空间形成梯度变化的温度场，温度的变化又与空间高度密切相关，而烟雾粒子的上升高度又与上升高度的温度变化密切相关。因此根据相关试验结果并参考国外规范制定本款。

8 通常情况下，采样孔孔径在2mm～5mm之间，各企业的产品特性不同，可以参照产品使用说明书和检验报告设计。必要时，可以采用厂商提供的模拟计算软件来计算出采样孔的孔径大小。

9 通常探测器均安装在现场，因此要求探测器的火灾报警信号、故障信号等信息应传给火灾报警控制器。探测报警型的管路采样式吸气式感烟火灾探测器设置在没有火灾报警控制器的场所时，如果有联动需求，可以直接把火灾报警信号传给消防联动控制器。但在设置了火灾报警控制器的场所，应把火灾报警信号传给火灾报警控制器。

6.2.18 本条规定是根据实际试验结果确定的。

6.2.19 本条规定了本规范未涉及的其他火灾探测器的设置

要求。

6.3 手动火灾报警按钮的设置

6.3.1 本条主要参考英国规范制定,英国规范《建筑火灾探测报警系统》BS 5839 规定:"手动报警按钮的位置,应使场所内任何人去报警均不需走 30m 以上距离"。手动火灾报警按钮设置在出入口处有利于人们在发现火灾时及时按下;在列车车厢中部设置,是考虑到列车上人员可能较多,在中间部位的人员发现火灾后,可以直接按下手动火灾报警按钮。

6.3.2 手动报警按钮应设置在明显的和便于操作的部位,是参考国外规范制定的。当安装在墙上时,其底边距地高度宜为 1.3m～1.5m,且应有明显的标志,以便于识别。

6.4 区域显示器的设置

6.4.1、6.4.2 这两条规定是根据我国工程实践经验制定的。由于目前区域显示器、楼层显示器均为火灾显示盘,产品都属于一类,仅是叫法不统一,从目前市场及工程实际的习惯叫为区域显示器,仅是产品的国家标准为火灾显示盘,因此在规范内将该名称改为区域显示器(火灾显示盘),以便于规范的执行。

6.5 火灾警报器的设置

6.5.1 本条规定了在建筑中设置火灾警报器的要求及各楼层设置光警报器时的安装位置。不宜与安全出口指示标志灯具设置在同一面墙上的规定,是考虑光警报器不能影响疏散设施的有效性。

6.5.2 本条规定了建筑中设置的火灾警报器的声压等级要求。这样便于在各个报警区域内都能听到警报信号声,以满足告知所有人员发生火灾的要求。

本条是保证火灾警报信息有效传递的基本技术要求,所以将本条确定为强制性条文。

6.5.3 本条规定了火灾警报器安装的高度要求。

6.6 消防应急广播的设置

6.6.1 在环境噪声大的场所,如工业建筑内,设置消防应急广播扬声器时,考虑到背景噪声大、环境情况复杂等因素,提出了声压级要求。

客房内如设消防应急广播专用扬声器,一般都装于床头柜后面墙上,距离客人很近,功率无须过大,故规定不宜小于 1W。这一规定也适用于与床头控制柜内客房音响广播合用的扬声器。

6.6.2 本条规定了壁挂扬声器安装的高度要求。

6.7 消防专用电话的设置

6.7.1 消防专用电话线路的可靠性,关系到火灾时消防通信指挥系统是否畅通,故本条规定消防专用电话网络应为独立的消防通信系统,就是说不能利用一般电话线路或综合布线网络(PDS 系统)代替消防专用电话线路,消防专用电话网络应独立布线。

本条是保证消防通信指挥系统运行有效性和可靠性的基本技术要求,所以将本条确定为强制性条文。

6.7.2 本条规定了设置消防专用电话总机的要求。

6.7.3 本条规定是为了确保消防专用电话的可靠性,消防专用电话总机与电话分机或插孔之间的呼叫方式应该是直通的,中间不应有交换或转接程序,宜选用共电式直通电话机或对讲电话机。

6.7.4 本条规定了消防专用电话分机和电话插孔的设置要求。火灾时,条文所列部位是消防作业的主要场所,与这些部位的通信一定要畅通无阻,以确保消防作业的正常进行。

6.7.5 消防控制室、消防值班室或企业消防站等处是消防作业的主要场所,应设置可直接报警的外线电话。

本条是为了保证消防管理人员及时向消防部队传递灭火救援信息,缩短灭火救援时间,所以将本条确定为强制性条文。

6.8 模块的设置

6.8.1 模块安装在金属模块箱内,主要是考虑保障其运行的可靠性和检修的方便。

6.8.2 由于模块工作电压通常为 24V,不应与其他电压等级的设备混装,因此本条规定严禁将模块设置在配电(控制)柜(箱)内。

不同电压等级的模块一旦混装,将可能相互产生影响,导致系统不能可靠动作,所以将本条确定为强制性条文。

6.8.3 本报警区域的模块只能控制本报警区域的消防设备,不应控制其他报警区域的消防设备,以免本报警区域发生火灾后影响其他区域受控设备的动作。

本报警区域的模块一旦同时控制其他区域的消防设备,不仅可能对其他区域造成不必要的损失,同时也将影响本区域的防、灭火效果,是必须避免的,所以将本条确定为强制性条文。

6.8.4 为了检修时方便查找,本条规定未集中设置的模块附近应有尺寸不小于 100mm×100mm 的标识。

6.9 消防控制室图形显示装置的设置

6.9.1 消防控制室图形显示装置可逐层显示区域平面图、设备分布情况,可以对消防信息进行实时反馈、及时处理、长期保存信息,消防控制室内要求 24h 有人值班,将消防控制室图形显示装置设置在消防控制室可更迅速的了解火情,指挥现场处理火情。

6.9.2 本条规定了消防控制室图形显示装置与火灾报警控制器、消防联动控制器、电气火灾监控器、可燃气体报警控制器等消防设备的连接要求。

6.10 火灾报警传输设备或用户信息传输装置的设置

6.10.1～6.10.4 这四条规定了火灾报警传输设备或用户信息传输装置的设置要求。

6.11 防火门监控器的设置

6.11.1 防火门的启闭在人员疏散中起到至关重要的作用,因此防火门监控器应设置在消防控制室内,没有消防控制室时,应设置在有人值班的场所。

6.11.2 电动开门器的手动控制按钮应设置在防火门附近的内侧墙面上,方便疏散人员逃离火灾现场时使用,规定底边距地面高度宜为 0.9m～1.3m 是为便于疏散人员的触摸。

6.11.3 防火门监控器的设置与火灾报警控制器的安装设置要求一致。

09

7 住宅建筑火灾自动报警系统

7.1 一般规定

7.1.1、7.1.2 本着安全可靠、经济适用的原则,本规范针对不同的建筑管理等情况,将住宅建筑火灾自动报警系统分为四种类型。住宅建筑在火灾自动报警系统设计中,应结合建筑管理和消防设施设置情况,根据条文规定,选择合适的系统构成,并按本规范有关要求进行设计。

7.2 系统设计

7.2.1 高层居住建筑中,根据有关规范要求在公共部位设置相应的火灾自动报警系统。这种情况下,只要在居民住宅内设置的家用火灾探测器接入已有的火灾报警控制器,或将这些探测器接入家用火灾报警控制器,再由家用火灾报警控制器接入火灾报警控制器。实现对户内的火灾早期探测与报警。这就是国家标准规定的A类系统。在该类住宅的公共部位设置的火灾探测器,不能接入住宅内部的家用火灾报警系统,应直接接入火灾报警控制器。

7.2.2 在B类系统中,居民住宅应设置家用火灾探测器和家用火灾报警控制器,且住宅物业管理中心应设置控制中心监控设备,对居民住宅的报警信号进行集中管理;当控制中心监控设备接收到居民住宅的火灾报警信号后,应启动设置在公共区域的火灾声警报器,提醒住宅内的其他居民迅速撤离。

在C类系统中,住户内设置的家用火灾探测器应接入家用火灾报警控制器。当住宅内发出火灾报警信号后,应启动设置在住宅公共区域的火灾声警报器,提醒住宅内的其他居民迅速撤离。

7.2.3 在D类系统中,由家用火灾探测器担当火灾探测和火灾报警的功能,因此在有多个起居室的住宅,宜采用互联型独立式火灾探测报警器,当一个起居室发出火灾报警信号时,其他起居室的火灾探测报警器同时发出火灾报警信号,提醒居住在起居室的人员迅速撤离。由于该类火灾探测报警器多选用电池供电,因此宜选用供电时间不少于3年的产品。对于在已投入使用的住宅,可根据实际情况采用有线、无线或两者相结合的方式组建A类、B类或C类系统,这种情况下,系统的设计应符合A类、B类或C类系统设计的相关规定。

7.2.4 对于采用无线通信方式的家用火灾安全系统,其设计应符合A类、B类或C类系统之一的设计要求。

7.3 火灾探测器的设置

7.3.1 一般卧室和起居室内的易燃物起火时均会产生大量的烟气,因此应至少设置一只感烟火灾探测器。

7.3.2 在厨房设置相应气体的可燃气体探测器时,该类探测器的设置与用户选择的燃气有关,因为不同的探测器适用于探测不同的气体;且传感器类型建议选择红外传感器或电化学传感器。

探测器的设置部位也和用户选择的燃气有关,因为不同燃气的密度不一样,有些气体的密度比空气小,比如甲烷,一旦泄漏就会漂浮在住宅的顶部,而丙烷的密度比空气大,一旦泄漏就会下沉到厨房的下部,因此探测器应该根据用户选择的燃气设置在相应的部位。

可燃气体探测器一旦报警,一般情况下应直接联动关断燃气供应的阀门,如果采用用户自己不能复位的阀门,一旦用气时不慎导致报警器报警而联动关断了供气阀门,必须得等专业人员来复位,这样就给人们的生活带来了不便,因此,建议选择用户自己能复位,且安装在燃气表后面的电动阀。胶管脱落自动保护功能就是当燃气胶管突然脱落时会迅速切断燃气供应,防止燃气的大面积泄漏。

7.4 家用火灾报警控制器的设置

7.4.1 家用火灾报警控制器应设置在住宅内比较明显的部位,且

应保证操作的方便。

7.4.2 具有可视对讲功能的家用火灾报警控制器可以与可视对讲系统结合使用,也可以与防盗系统结合使用,设置在门口处时,方便布防和撤防。

7.5 火灾声警报器的设置

7.5.1、7.5.2 住宅建筑在发生火灾时可能会影响到整个建筑内住户的安全,应该有即时的火灾警报或语音信号通知,以便有效引导有关人员及时疏散。要求在住宅建筑的公共部位设置具有语音提示功能的火灾声警报器,是为了使住户都能听到火灾警报和语音提示。本条规定了火灾声警报器的设置要求,即火灾声警报器的最大警报范围应为本层及其相邻的上下层。首层明显部位设置的用于直接启动火灾声警报器的手动按钮,为人员发现火灾后及时启动火灾声警报器提供了技术手段。

7.6 应急广播的设置

7.6.1 设置了应急广播时,应同时设置联动控制启动或手动火灾报警按钮启动方式。

7.6.2 每台扬声器覆盖的楼层不应超过3层,是为了保证每户居民都能听到广播。

7.6.3 插孔式消防电话是标准的消防产品,插入插孔后,即可直接讲话,讲话内容经放大器传给各扬声器。

7.6.4 配备用电池是为了防止发生火灾时,供电中断而导致广播不能工作。

7.6.5 广播功率放大器应设置在首层内走道侧面墙上的要求,是为了保证消防人员到场后,能尽快且方便地使用广播指挥大家疏散。箱体面板应有防止非专业人员打开的措施是为了保护消防设施。

8 可燃气体探测报警系统

8.1 一般规定

8.1.1 可燃气体探测报警系统由可燃气体报警控制器、可燃气体探测器和火灾声警报器组成,能够在保护区域内泄漏可燃气体的浓度低于爆炸下限的条件下提前报警,从而预防由于可燃气体泄漏引发的火灾和爆炸事故的发生。

8.1.2 要求可燃气体探测报警系统作为一个独立的由可燃气体报警控制器和可燃气体探测器组成的子系统,而不能将可燃气体探测器接入火灾探测报警系统总线中,主要有以下四方面的原因:

（1）目前应用的可燃气体探测器功耗都很大,一般在几十毫安,接入总线后对总线的稳定工作十分不利。

（2）现在使用可燃气体探测器的使用寿命一般只有3、4年,到寿命后对同一总线配接的火灾探测器的正常工作也会产生不利影响。

（3）现在使用可燃气体探测器每年都需要标定,标定期间对同一总线配接的火灾探测器的正常工作也会产生影响。

（4）可燃气体报警信号与火灾报警信号的时间与含义均不相同,需要采取的处理方式也不同。

该系统需要有自己的独立电源供电,电源可由系统独立供给,也可根据工程的实际情况就地获取,但就地获取的电源,其供电的可靠性应与该系统一致。

8.1.3 石化行业中涉及过程控制的可燃气体探测报警系统可按本行业规范进行设置,但其报警信号应能接入消防控制室,以保证消防救援时能及时获得相关信息。

8.1.4 本条规定了可燃气体报警控制器接收到的可燃气体探测器的运行状态信息,应该传输给消防控制室的图形显示装置或集

中火灾报警控制器,但其显示应与火灾报警信息有区别。

8.1.5 可燃气体探测器报警表明保护区域内存在超出正常允许浓度的可燃气体泄漏,启动保护区域的火灾声光警报器可以警示相关人员进行必要的处置。

8.1.6 本条规定了可燃气体保护区域内联动控制和警报发出的实现方式。

8.1.7 在一些工业场所设置的电气设备有防爆要求,在该场所设置的可燃气体探测报警系统的产品也应按照相关防爆要求进行设置。

8.2 可燃气体探测器的设置

8.2.1 如果可燃气体的密度小于空气密度,则该气体泄漏后会漂浮在保护空间上方,所以探测器应安装在保护空间上方;如果可燃气体密度大于空气密度,则该气体泄漏后会下沉到保护空间下方,因此探测器应安装在保护空间下部;如果密度相当,探测器可设置在保护空间的中部或顶部。

8.2.2 由于可燃气体探测器是探测可燃气体的泄漏,因此越靠近可能产生可燃气体泄漏的部位,则探测器的灵敏度越高。

8.2.3 可燃气体探测器的保护半径不宜过大,否则由于泄漏可燃气体扩散的不规律性,可能会降低探测器的灵敏度。

8.2.4 线型可燃气体探测器主要用于大空间开放环境泄漏可燃气体的探测,为保证探测器的探测灵敏度,探测区域长度不宜过大。

8.3 可燃气体报警控制器的设置

8.3.1 本条规定了可燃气体报警控制器的设置部位要求。

8.3.2 可燃气体报警控制器的安装和设置应符合火灾报警控制器的设置要求。

9 电气火灾监控系统

9.1 一般规定

9.1.1 根据引发火灾的三个主要原因电气故障、违章作业和用火不慎来看,电气故障原因引发的火灾居于首位。根据我国近几年的火灾统计,电气火灾年均发生次数占火灾年均总发生次数的27%,占重大火灾总发生次数的80%,居各火灾原因之首位,且损失占火灾总损失的53%,而发达国家每年电气火灾发生次数占总火灾发生次数的8%~13%。原因是多方面的,主要包括电缆老化、施工的不规范、电气设备故障等。通过合理设置电气火灾监控系统,可以有效探测供电线路及供电设备故障,以便及时处理,避免电气火灾发生。

电气火灾一般初起于电气柜、电缆隧道等内部,当火蔓延到设备及电缆表面时,已形成较大火势,此时火势往往不容易被控制,扑灭电气火灾的最好时机已经错过了。电气火灾监控系统能在发生电气故障、产生一定电气火灾隐患的条件下发出报警,提醒专业人员排除电气火灾隐患,实现电气火灾的早期预防,避免电气火灾的发生,因此具有很强的电气防火预警功能,尤其适用于变电站、石油石化、冶金等不能中断供电的重要供电场所。

9.1.2 本条规定了电气火灾监控系统的组成。系统中包括了目前广泛使用且已成熟的用于电气保护的电气火灾监控产品,在故障电弧探测器、静电探测器技术成熟后,也将并入该系统。

9.1.3 本条规定了电气火灾监控系统的选择原则。

9.1.4 非独立式电气火灾监控探测器,应接入电气火灾监控器,不应接入火灾报警控制器的探测器回路。

9.1.5 本条规定了设置消防控制室的场所,应将电气火灾监控系

统的工作状态信息传输给消防控制室,在消防控制室图形显示装置或集中火灾报警控制器上显示,但该类信息与火灾报警信息的显示应有区别,这样有利于整个消防系统的管理和应急预案的实施。

9.1.6 本条明确了电气火灾监控系统作为电力供电系统的保障型系统,不能影响正常供电系统的工作。除使用单位确定发生电气故障后可以切断供电电源,否则不能在报警后就切断供电电源。电气火灾监控探测器一旦报警,表示其监视的保护对象发生了异常,产生了一定的电气火灾隐患,容易引发电气火灾,但是并不能表示已经发生了火灾,因此报警后没有必要自动切断保护对象的供电电源,只要提醒维护人员及时查看电气线路和设备,排除电气火灾隐患即可。

9.1.7 线型感温火灾探测器的探测原理与测温式电气火灾监控探测器的探测原理相似,因此工程上经常会有使用线型感温火灾探测器进行电气火灾隐患的探测。在这种情况下,线型感温火灾探测器的报警信号可接入电气火灾监控器。

9.2 剩余电流式电气火灾监控探测器的设置

9.2.1 本条规定了剩余电流式电气火灾监控探测器的设置原则。

9.2.2 剩余电流式电气火灾监控探测器在无地线的供电线路中不能正确探测,不适合使用;而消防供电线路由于其本身要求较高,且平时不用,因此也没必要设置剩余电流式电气火灾监控探测器。

9.2.3 本条规定了剩余电流式电气火灾监控探测器的报警设定值的范围。根据泄漏电流达到300mA就可能会引起火灾的特性,考虑到每个供电系统都存在自然漏流,而且自然泄漏电流根据线路上负载的不同有很大差别,一般可达100mA~200mA,因此规定剩余电流式电气火灾监控探测器报警值宜设置在300mA~500mA 范围内。

9.2.4 探测线路故障电弧功能的电气火灾监控探测器与保护对象的线路长度决定了探测器能否可靠探测到故障电弧,因此做本条规定。

9.3 测温式电气火灾监控探测器的设置

9.3.1~9.3.3 测温式电气火灾监控探测器的探测原理是根据监测保护对象的温度变化,因此探测器应采用接触或贴近保护对象的电缆接头、电缆本体或开关等容易发热的部位的方式设置。对于低压供电系统,宜采用接触式设置。对于高压供电系统,宜采用光纤测温式或红外测温式电气火灾监控探测器。若采用线型感温火灾探测器,为便于统一管理,宜将其报警信号接入电气火灾监控器。

根据对供电线路发生的火灾统计,在供电线路本身发生过载时,接头部位反应最强烈,因此保护供电线路过载时,应重点监控其接头部位的温度变化。

9.4 独立式电气火灾监控探测器的设置

9.4.1~9.4.3 独立式电气火灾监控探测器能够独立完成探测和报警功能,探测器的设置应满足本规范第9.2节和第9.3节的要求。同时该探测器的报警信息与电气火灾监控器的报警信息一样,在有消防控制室的场所,该信息应能在消防控制室内的火灾报警控制器或消防控制室图形显示装置上显示,并与火灾报警等其他报警信息显示有明显区别;在无消防控制室的场所,其报警信号应能传入有人值班的场所。

9.5 电气火灾监控器的设置

9.5.1、9.5.2 电气火灾监控器是发出报警信号并对报警信息进行统一管理的设备,因此该设备应设置在有人值班的场所。一般情况下,可设置在保护区域附近或消防控制室。在有消防控制室的场所,电气火灾监控器发出的报警信息和故障信息应能在消防控制室内的火灾报警控制器或消防控制室图形显示装置上显示,但应与火灾报警信息和可燃气体报警信息有明显区别,这样有利于整个消防系统的管理和应急预案的实施。

10 系统供电

10.1 一般规定

10.1.1 本条规定了火灾自动报警系统的电源要求,蓄电池备用电源主要用于停电条件下保证火灾自动报警系统的正常工作。

本条是保证火灾自动报警系统稳定运行的基本技术要求,所以将本条确定为强制性条文。

10.1.2 火灾自动报警系统的交流电源应接入消防电源,因为普通民用电源可能在火灾条件下被切断;备用电源如采用集中设置的消防设备应急电源时,应进行独立回路供电,防止由于接入其他设备的故障而导致回路供电故障;消防设备应急电源的容量应能保证在系统处于最大负载状态下不影响火灾报警控制器和消防联动控制器的正常工作。本规范所涉及的直流电源均应该是消防设备专用的电源,这些电源均应符合有关国家标准要求和市场准入制度要求。

10.1.3 消防控制室图形显示装置、消防通信设备等设备的电源切换不能影响消防控制室图形显示装置、消防通信设备的正常工作,因此电源装置的切换时间应该非常短,所以建议选择 UPS 电源装置或消防设备应急电源供电。

10.1.4 剩余电流动作保护和过负荷保护装置一旦报警会自动切断电源,因此火灾自动报警系统主电源不应采用剩余电流动作保护和过负荷保护装置保护。

10.1.5 本条规定了消防设备应急电源的容量要求。

10.1.6 本条规定了消防用电设备的供电要求。由于消防用电及配线的重要性,故强调消防用电回路及配线应为专用,不应与其他用电设备合用。另外,消防配电及控制线路要求尽可能按防火分区的范围来配置,可提高消防线路的可靠性。

10.2 系统接地

10.2.1～10.2.4 这四条规定了系统接地装置的接地电阻以及接地线的要求。

11 布 线

11.1 一般规定

11.1.1 本条规定了火灾自动报警系统的各级线路的选型要求。

11.1.2 本条规定了火灾自动报警系统传输线的最小截面积,主要是考虑线路应具有的带载能力和机械强度的要求。

11.1.3 本条规定了火灾自动报警系统的供电线路和传输线路在室外敷设的要求,主要考虑保障系统运行的稳定性。

11.1.4 本条规定了火灾自动报警系统的供电线路和传输线路在地(水)下隧道或湿度大于 90% 的场所的敷设规定,潮湿环境大大降低供电线路和传输线路的绝缘特性,直接影响系统运行的稳定性。

11.1.5 本条规定了当采用无线通信方式构成火灾自动报警系统时,无线通信模块的设置要求,主要考虑保障系统运行可靠。

11.2 室内布线

11.2.1 火灾自动报警系统的传输线路穿线导管与低压配电系统的穿线导管相同,应采用金属管、B₁级以上的刚性塑料管或封闭式线槽等几种,敷设方式为暗敷或明敷。

B₁级以上的刚性塑料管要求符合国家标准《电工电子产品着火危险试验 第 14 部分:试验火焰 1kW 标称预混合型火焰设备、确认试验方法和导则》GB/T 5169.14—2007 规定的燃烧试验要求。

11.2.2 由于火灾自动报警系统的供电线路、消防联动控制线路需要在火灾时继续工作,应具有相应的耐火性能,因此这里规定此类线路应采用耐火类铜芯绝缘导线或电缆。对于其他传输线等要求采用阻燃型或阻燃耐火电线电缆,以避免其在火灾中发生延燃。

本条是保证火灾自动报警系统运行稳定性和可靠性,及对其他建筑消防设施联动控制可靠性的基本技术要求,所以将本条确定为强制性条文。

11.2.3 线路暗敷设时,尽可能敷设在非燃烧体的结构层内,其保护层厚度不宜小于 30mm,因管线在混凝土内可以起保护作用,能防止火灾发生时消防控制、通信和警报、传输线路中断。由于火灾自动报警系统线路的相对重要性,所以这部分的穿线导管选择要求较高,只有在暗敷时才允许采用 B₁级以上的刚性塑料管;线路明敷设时,只能采用金属管或金属线槽。

11.2.4 为防止强电系统对属弱电系统的火灾自动报警设备的干扰,火灾自动报警系统的电缆与电力电缆不宜在同一竖井内敷设。

11.2.5 不同电压等级的线缆如果合用线槽应进行隔板分隔。

本条是保证火灾自动报警系统运行稳定性和可靠性,及对其他建筑消防设施联动控制可靠性的基本技术要求,所以将本条确定为强制性条文。

11.2.6 为便于维护和管理,不同防火分区的传输线路不应穿入同一根管内。

11.2.7 考虑到线路敷设的安全性,不穿管的线路易遭损坏,故作此规定。

11.2.8 本条规定主要是为便于接线和维修。

12 典型场所的火灾自动报警系统

12.1 道 路 隧 道

12.1.1 本条给出了不同类别道路隧道火灾探测器的选型原则。本条中列出的城市道路隧道、特长双向公路隧道和道路中的水底隧道等车流量都比较大，疏散与救援都比较困难，这些场所一旦发生火灾没有及时报警并采取措施，很容易造成大量车辆涌进隧道、无法疏散的局面。因此，采用探测两种及以上火灾参数的探测器，有助于尽早发现火灾。其他类型的道路隧道由于车流量不大，只要在发生火灾时有相应措施警告其他车辆不再继续进入隧道，并能及时通知消防队即可，这样既能达到使用效果，也能节约资金。根据实体试验结果和对隧道火灾成功探测的统计结果，线型光栅光纤感温火灾探测器在隧道中虽然报警时间不是最早，但没有漏报。自从线型光栅光纤感温火灾探测器在隧道中安装使用后，有几条隧道发生了火灾，探测器都及时发出了报警信号。选择点型火焰探测器时，考虑到探测器受污染后响应灵敏度的降低，在设计时，探测器的保护距离宜不大于探测器标称距离的80%，并应在设计文件中标注维护要求。

12.1.2 本条规定的数据都是根据实体试验结果和实际安装并有效报警的使用结果得出的。

12.1.3 本条规定的长度与隧道内设置的消火栓、自动灭火等设施设置的规定一致，有利于自动灭火系统确定其防护范围。

12.1.4 隧道出入口位置及隧道内设置的报警电话和手动火灾报警按钮用于报警，闪烁红光的火灾声光警报器用于警告进入隧道的其他车辆。隧道入口前方50m～250m内设置的闪烁红光的火灾声光警报装置用于提前警告准备进入隧道的车辆不要进入隧道，红光最醒目。

12.1.5 在隧道内的电缆通道内设置线型感温火灾探测器有利于电缆火灾的及时发现。主要设备用房内设置的电气火灾监控探测器中的泄漏电流探测器用于电缆线路老化或破损探测，测温式探测器用于过载而导致电缆接头过热的温度探测。

12.1.6 隧道内一般设置有视频监视系统，当火灾自动报警系统报警后可联动切换视频监视系统的监视画面至报警区域，从而确认现场情况。

12.1.7 隧道运营一般由隧道中央控制室集中管理，火灾自动报警系统在确认火灾后，应将火灾报警信号传输给隧道中央控制管理设施，由中央控制室作出相应的应急处理。

12.1.8 本条规定了隧道内设置的消防应急广播与有线广播合用时的设置要求。

12.1.9 本条规定了隧道内设置的消防专用电话与紧急电话合用时的设置要求。

12.1.10 本条规定了与正常通风合用的排烟风机的控制要求。

12.1.11 隧道内的工作环境比较复杂，如温度、湿度、粉尘、汽车尾气、射流风机产生的高速气流、照明、四季天气变换等因素均会影响隧道内设置的消防设备的稳定运行。为避免湿度、粉尘及汽车尾气等因素对消防设备运行稳定性的影响，对消防设备的保护等级提出相应的要求。

本条是保证隧道场所设置的消防设备运行稳定性的基本技术要求，所以将本条确定为强制性条文。

12.2 油 罐 区

12.2.1 外浮顶油罐建议采用线型光纤感温火灾探测器进行保护，一个油罐可以采用多只探测器保护，但是一只探测器不能同时保护两个及以上的油罐。

12.2.2 这些罐内基本属于封闭空间，火焰探测器可以及时、准确

地探测火灾。

12.2.3 本条规定光栅光纤感温火灾探测器保护外浮顶油罐时的设置要求。

本条是保证光栅光纤感温火灾探测器在外浮顶油罐场所应用时，对初期火灾探测的及时性和准确性的基本技术要求，故将本条确定为强制性条文。

12.2.4 在油罐区可采用点型红外火焰探测器或图像型火灾探测器对油罐火灾做辅助探测，探测器的安装方式一般设置在油罐附近的高杆上。

12.2.5 油罐区内的火灾报警信号宜直接联动保护区域内的工业视频装置，有利于确认火灾。

12.3 电 缆 隧 道

12.3.1 在电缆隧道外的电缆接头和端子等一般都集中设置在配电柜或端子箱中，这些部位都是容易发热的部位，应设置测温式电气火灾监控探测器。根据对电缆火灾的统计、分析和试验，电缆本身引起的火灾主要发生在电缆接头和端子等部位，因此监视这些部位的温度变化是最科学的，也是最经济的；隧道内设置线型感温火灾探测器除用于电缆本身火灾探测外，更主要的是用于外火进入电缆隧道的探测；线型感温火灾探测器都有有效探测长度，保护隧道内的电缆接头和端子等部位时，探测器在这些部位的设置长度应大于其有效探测长度。线型感温火灾探测器在用于电缆火灾探测时，属于电气火灾监控系统中的一种探测器，可直接接入电气火灾监控器。

12.3.2 根据火灾案例统计分析和在电缆隧道中的火灾实体试验，外火进入电缆沟道的地面时，敷设在电缆层上的线型感温火灾探测器并不能及时响应，因此应该在隧道顶部设置线型感温火灾探测器。电缆本身发热或外火直接落在电缆层上时，只有采用接触式设置在电缆层上表面的线型感温火灾探测器才能及时响应。

12.3.3、12.3.4 这两条是在电缆隧道中火灾实体试验基础上作出的规定，只有达到此要求，线型感温火灾探测器才能及时响应。

12.3.5 在电缆接头和端子等部位设置的光缆敷设长度不少于1.5倍的探测单元长度是为了保证可靠探测。

12.3.6 本条规定了在其他隧道内设有电缆时探测器的设置要求。

12.4 高度大于12m的空间场所

12.4.1～12.4.5 这五条是根据在高度大于12m的高大空间场所的火灾实体试验结果作出的规定。

考虑到建筑高度超过12m的高大空间场所建筑结构的特点及在发生火灾时火源位置、类型、功率等因素的不确定性，在设置线型光束感烟火灾探测器时，除按原规范规定设置在建筑顶部外，还应在下部空间增设探测器，采用分层组网的探测方式。火灾实体试验结果表明，对于建筑内初起的阴燃火，在建筑高度不超过16m时，烟气在6m～7m处开始出现分层现象，因此要求在6m～7m处增设探测器以对火灾作出快速响应；在建筑高度超过16m但不超过26m时，烟气在6m～7m处开始出现第一次分层现象，上升至11m～12m处开始出现第二次分层现象；在开窗或通风空调形成对流层时，烟气会在该对流层下1m左右产生横向扩散，因此在设计中应综合考虑烟气分层高度和对流层高度。

建筑高度大于16m的场所，一些阴燃火很难快速上升到屋顶位置，下垂管在16m以下的采样孔会比水平管更快地探测到火灾。开窗或通风空调对流层影响烟雾的向上运动，使其不能上升到屋顶位置，下垂管的采样孔宜有2个采样孔设置在开窗或通风空调对流层下面1m处，在回风口处设置起辅助报警作用的采样孔，有利于火灾的早期探测。

12.4.6 高度大于12m的空间场所最大的火灾隐患就是电气火灾，因此应设置电气火灾监控系统。照明线路故障引起的火灾占

电气火灾的 10％左右，此类建筑的顶部较高，发生火灾不容易被发现，也没法在其上面设置其他探测器，只有设置具有探测故障电弧功能的电气火灾监控探测器，才能保证对照明线路故障引起的火灾的有效探测。

中华人民共和国国家标准

汽车加油加气站设计与施工规范

Code for design and construction of filling station

GB 50156-2012

（2014年版）

主编部门：中国石油化工集团公司
批准部门：中华人民共和国住房和城乡建设部
施行日期：2 0 1 3 年 3 月 1 日

中华人民共和国住房和城乡建设部

公 告

第 498 号

住房城乡建设部关于发布国家标准《汽车加油加气站设计与施工规范》局部修订的公告

现批准《汽车加油加气站设计与施工规范》GB 50156－2012 局部修订的条文，自发布之日起实施。其中，第 4.0.4、4.0.5、4.0.6、4.0.7、4.0.8、4.0.9、5.0.13、6.1.1、7.1.4(1)、11.2.1 条（款）为强制性条文，必须严格执行。经此次修改的原条文同时废止。

局部修订的条文及具体内容，将刊登在我部有关网站和近期出版的《工程建设标准化》刊物上。

中华人民共和国住房和城乡建设部
2014 年 7 月 29 日

10

中华人民共和国住房和城乡建设部公告

第 1435 号

关于发布国家标准《汽车加油
加气站设计与施工规范》的公告

现批准《汽车加油加气站设计与施工规范》为国家标准，编号为GB 50156—2012，自2013年3月1日起实施。其中，第4.0.4、4.0.5、4.0.6、4.0.7、4.0.8、4.0.9、5.0.5、5.0.10、5.0.11、5.0.13、6.1.1、6.2.1、6.3.1、6.3.13、7.1.2(1)、7.1.3(1)、7.1.4(1)、7.1.5、7.2.4、7.3.1、7.3.5、7.4.11、7.5.1、8.1.21(1)、8.2.2、8.3.1、9.1.7、9.3.1、10.1.1、10.2.1、11.1.6、11.2.1、11.2.4、11.4.1、11.4.2、11.5.1、12.2.5、13.7.5条(款)为强制性条文，必须严格执行。原国家标准《汽车加油加气站设计与施工规范》GB 50156—2002(2006年版)同时废止。

本规范由我部标准定额研究所组织中国计划出版社出版发行。

中华人民共和国住房和城乡建设部
二〇一二年六月二十八日

前　言

本规范是根据住房和城乡建设部《关于印发〈2009年工程建设标准规范制订、修订计划〉的通知》(建标〔2009〕88号)的要求，由中国石化工程建设有限公司会同有关单位在对原国家标准《汽车加油加气站设计与施工规范》GB 50156—2002(2006年版)进行修订的基础上编制完成的。

本规范在修订过程中，修订组进行了比较广泛的调查研究，组织了多次国内、国外考察，总结了我国汽车加油加气站多年的设计、施工、建设、运营和管理等实践经验，借鉴了国内已有的行业标准和国外发达国家的相关标准，广泛征求了有关设计、施工、科研和管理等方面的意见，对其中主要问题进行了多次讨论和协调，最后经审查定稿。

本规范共分13章和3个附录，主要内容包括：总则，术语、符号和缩略语，基本规定，站址选择，站内平面布置，加油工艺及设施，LPG加气工艺及设施，CNG加气工艺及设施，LNG和L-CNG加气工艺及设施，消防设施及给排水，电气、报警和紧急切断系统，采暖通风、建(构)筑物、绿化和工程施工等。

与原国家标准《汽车加油加气站设计与施工规范》GB 50156—2002(2006年版)相比，本规范主要有下列变化：

1. 增加了LNG(液化天然气)加气站内容。
2. 增加了自助加油站(区)内容。
3. 增加了电动汽车充电设施内容。
4. 加强了加油站安全和环保措施。
5. 细化了压缩天然气加气母站和子站的内容。
6. 采用了一些新工艺、新技术和新设备。
7. 调整了民用建筑物保护类别划分标准。

本规范中以黑体字标志的条文为强制性条文，必须严格执行。

本规范由住房和城乡建设部负责管理和对强制性条文的解释，由中国石油化工集团公司负责日常管理，由中国石化工程建设有限公司负责具体技术内容的解释。请各单位在本规范实施过程中，结合工程实践，认真总结经验，注意积累资料，随时将意见和有关资料反馈给中国石化工程建设有限公司(地址：北京市朝阳区安慧北里安园21号；邮政编码：100101)，以供今后修订时参考。

本规范主编单位、参编单位、参加单位、主要起草人和主要审查人：

主 编 单 位：中国石化工程建设有限公司

参 编 单 位：中国市政工程华北设计研究总院
中国石油集团工程设计有限责任公司西南分公司
中国人民解放军总后勤部建筑设计研究院
中国石油天然气股份有限公司规划总院
中国石化集团第四建设公司
中国石化销售有限公司
中国石油天然气股份有限公司销售分公司
陕西省燃气设计院
四川川油天然气科技发展有限公司

参 加 单 位：中海石油气电集团有限责任公司

主要起草人：韩　钧　吴洪松　章申远　许文忠　葛春玉
程晓春　杨新和　王铭坤　王长江　郭宗华
陈立峰　杨楚生　计鸿谨　吴文革　张建民
朱晓明　邓　渊　康　智　尹　强　郭庆功
钟道迪　高永和　崔有泉　符一平　蒋荣华
曹宏章　陈运强　何　珺

主要审查人：倪照鹏　何龙辉　周家祥　张晓鹏　朱　红
伍　林　赵新文　杨　庆　王丹晖　罗艾民
谢　伟　朱　磊　陈云玉　李　钢　宋玉银
周红儿　唐　洁　孙秀明　邱　明　杨　炯
张　华

10

目　次

10

1 总　则

1.0.1 为了在汽车加油加气站设计和施工中贯彻国家有关方针政策，统一技术要求，做到安全适用、技术先进、经济合理，制定本规范。

1.0.2 本规范适用于新建、扩建和改建的汽车加油站、加气站和加油加气合建站工程的设计和施工。

1.0.3 汽车加油加气站的设计和施工，除应符合本规范外，尚应符合国家现行有关标准的规定。

2　术语、符号和缩略语

2.1　术　语

2.1.1　加油加气站　filling station
加油站、加气站、加油加气合建站的统称。

2.1.2　加油站　fuel filling station
具有储油设施，使用加油机为机动车加注汽油、柴油等车用燃油并可提供其他便利性服务的场所。

2.1.3　加气站　gas filling station
具有储气设施，使用加气机为机动车加注车用LPG、CNG或LNG等车用燃气并可提供其他便利性服务的场所。

2.1.4　加油加气合建站　fuel and gas combined filling station
具有储油（气）设施，既能为机动车加注车用燃油，又能加注车用燃气，也可提供其他便利性服务的场所。

2.1.5　站房　station house
用于加油加气站管理、经营和提供其他便利性服务的建筑物。

2.1.6　加油加气作业区　operational area
加油加气站内布置油（气）卸车设施、储油（储气）设施、加油机、加气机、加（卸）气柱、通气管（放散管）、可燃液体罐车卸车停车位、车载储气瓶组拖车停车位、LPG（LNG）泵、CNG（LPG）压缩机等设备的区域。该区域的边界线为设备爆炸危险区域边界线加3m，对柴油设备为设备外缘加3m。

2.1.7　辅助服务区　auxiliary service area
加油加气站用地红线范围内加油加气作业区以外的区域。

2.1.8　安全拉断阀　safe-break valve
在一定外力作用下自动断开，断开后的两节均具有自密封功

能的装置。该装置安装在加油或加气机、加（卸）气柱的软管上，是防止软管被拉断而发生泄漏事故的专用保护装置。

2.1.9　管道组成件　piping components
用于连接或装配管道的元件（包括管子、管件、阀门、法兰、垫片、紧固件、接头、耐压软管、过滤器、阻火器等）。

2.1.10　工艺设备　process equipments
设置在加油加气站内的油（气）卸车接口、油罐、LPG储罐、LNG储罐、CNG储气瓶（井）、加油机、加气机、加（卸）气柱、通气管（放散管）、车载储气瓶组拖车、LPG泵、LNG泵、CNG压缩机、LPG压缩机等设备的统称。

2.1.11　电动汽车充电设施　EV charging facilities
为电动汽车提供充电服务的相关电气设备，如低压开关柜、直流充电机、直流充电桩、交流充电桩和电池更换装置等。

2.1.12　卸车点　unloading point
接卸汽车罐车所载油品、LPG、LNG的固定地点。

2.1.13　埋地油罐　buried oil tank
罐顶低于周围4m范围内的地面，并采用直接覆土或罐池充沙方式埋设在地下的卧式油品储罐。

2.1.14　加油岛　fuel filling island
用于安装加油机的平台。

2.1.15　汽油设备　gasoline-filling equipment
为机动车加注汽油而设置的汽油罐（含其通气管）、汽油加油机等固定设备。

2.1.16　柴油设备　diesel-filling equipment
为机动车加注柴油而设置的柴油罐（含其通气管）、柴油加油机等固定设备。

2.1.17　卸油油气回收系统　vapor recovery system for gasoline unloading process
将油罐车向汽油罐卸油时产生的油气密闭回收至油罐车内的系统。

2.1.18　加油油气回收系统　vapor recovery system for filling process
将给汽油车辆加油时产生的油气密闭回收至埋地汽油罐的系统。

2.1.19　橇装式加油装置　portable fuel device
将地面防火防爆储油罐、加油机、自动灭火装置等设备整体装配于一个橇体的地面加油装置。

2.1.20　自助加油站（区）　self-help fuel filling station(area)
具备相应安全防护设施，可由顾客自行完成车辆加注燃油作业的加油站（区）。

2.1.21　LPG加气站　LPG filling station
为LPG汽车储气瓶充装车用LPG，并可提供其他便利性服务的场所。

2.1.22　埋地LPG罐　buried LPG tank
罐顶低于周围4m范围内的地面，并采用直接覆土或罐池充沙方式埋设在地下的卧式LPG储罐。

2.1.23　CNG加气站　CNG filling station
CNG常规加气站、CNG加气母站、CNG加气子站的统称。

2.1.24　CNG常规加气站　CNG conventional filling station
从站外天然气管道取气，经过工艺处理并增压后，通过加气机给汽车CNG储气瓶充装车用CNG，并可提供其他便利性服务的场所。

2.1.25　CNG加气母站　primary CNG filling station
从站外天然气管道取气，经过工艺处理并增压后，通过加气柱给服务于CNG加气子站的CNG车载储气瓶组充装CNG，并可提供其他便利性服务的场所。

2.1.26　CNG加气子站　secondary CNG filling station
用车载储气瓶组拖车运进CNG，通过加气机为汽车CNG储

气瓶充装 CNG，并可提供其他便利性服务的场所。

2.1.27 LNG 加气站 LNG filling station

具有 LNG 储存设施，使用 LNG 加气机为 LNG 汽车储气瓶充装车用 LNG，并可提供其他便利性服务的场所。

2.1.28 L-CNG 加气站 L-CNG filling station

能将 LNG 转化为 CNG，并为 CNG 汽车储气瓶充装车用 CNG，并可提供其他便利性服务的场所。

2.1.29 加气岛 gas filling island

用于安装加气机的平台。

2.1.30 CNG 加（卸）气设备 CNG filling (unload) facility

CNG 加气机、加气柱、卸气柱的统称。

2.1.31 加气机 gas dispenser

用于向燃气汽车储气瓶充装 LPG、CNG 或 LNG，并带有计量、计价装置的专用设备。

2.1.32 CNG 加（卸）气柱 CNG dispensing (bleeding) pole

用于向车载储气瓶组充装（卸出）CNG，并带有计量装置的专用设备。

2.1.33 CNG 储气井 CNG storage well

竖向埋设于地下且井筒与井壁之间采用水泥浆进行全填充封固，并用于储存 CNG 的管状设施，由井底装置、井筒、内置排液管、井口装置等构成。

2.1.34 CNG 储气瓶组 CNG storage bottles group

通过管道将多个 CNG 储气瓶连接成一个整体的 CNG 储气装置。

2.1.35 CNG 固定储气设施 CNG fixed storage facility

安装在固定位置的地上或地下储气瓶（组）和储气井的统称。

2.1.36 CNG 储气设施 CNG storage facility

储气瓶（组）、储气井和车载储气瓶组的统称。

2.1.37 CNG 储气设施的总容积 total volume of CNG storage facility

CNG 固定储气设施与所有处于满载或作业状态的车载 CNG 储气瓶（组）的几何容积之和。

2.1.38 埋地 LNG 储罐 buried LNG tank

罐顶低于周围 4m 范围内的地面，并采用直接覆土或罐池充沙方式埋设在地下的卧式 LNG 储罐。

2.1.39 地下 LNG 储罐 underground LNG tank

罐顶低于周围 4m 范围内地面标高 0.2m，并设置在罐池中的 LNG 储罐。

2.1.40 半地下 LNG 储罐 semi-underground LNG tank

罐体一半以上安装在周围 4m 范围内地面以下，并设置在罐池中的 LNG 储罐。

2.1.41 防护堤 safety dike

用于拦蓄 LPG、LNG 储罐事故时溢出的易燃和可燃液体的构筑物。

2.1.42 LNG 橇装设备 portable equipments

将 LNG 储罐、加气机、放散管、泵、气化器等 LNG 设备全部或部分装配于一个橇体上的设备组合体。

2.2 符 号

A——浸入油品中的金属物表面积之和；

V——油罐、LPG 储罐、LNG 储罐和 CNG 储气设施总容积；

V_t——油品储罐单罐容积。

2.3 缩 略 语

LPG(liquefied petroleum gas) 液化石油气；

CNG(compressed natural gas) 压缩天然气；

LNG(liquefied natural gas) 液化天然气；

L-CNG 由 LNG 转化为 CNG。

3 基 本 规 定

3.0.1 向加油加气站供油供气，可采取罐车运输、车载储气瓶组拖车运输或管道输送的方式。

3.0.2 加油加气站可与电动汽车充电设施联合建站。加油加气站可按本规范第 3.0.12 条～第 3.0.15 条的规定联合建站。下列加油加气站不应联合建站：

   1 CNG 加气母站与加油站；

   2 CNG 加气母站与 LNG 加气站；

   3 LPG 加气站与 CNG 加气站；

   4 LPG 加气站与 LNG 加气站。

3.0.3 橇装式加油装置可用于政府有关部门许可的企业自用、临时或特定场所。采用橇装式加油装置的加油站，其设计与安装应符合现行行业标准《采用橇装式加油装置的加油站技术规范》SH/T 3134 和本规范第 6.4 节的有关规定。

3.0.4 加油站内乙醇汽油设施的设计，除应符合本规范的规定外，尚应符合现行国家标准《车用乙醇汽油储运设计规范》GB/T 50610 的有关规定。

3.0.5 电动汽车充电设施的设计，除应符合本规范的规定外，尚应符合国家现行有关标准的规定。

3.0.6 CNG 加气站、LNG 加气站与城镇天然气储配站、LNG 气化站的合建站，以及 CNG 加气站与城镇天然气接收门站的合建站，其设计与施工除应符合本规范的规定外，尚应符合现行国家标准《城镇燃气设计规范》GB 50028 的有关规定。

3.0.7 CNG 加气站与天然气输气管道场站合建站的设计与施工，除应符合本规范的规定外，尚应符合现行国家标准《石油天然气工程设计防火规范》GB 50183 等的有关规定。

3.0.8 加油加气站可经营国家行政许可的非油品业务，站内可设置柴油尾气处理液加注设施。

3.0.9 加油站的等级划分，应符合表 3.0.9 的规定。

表 3.0.9 加油站的等级划分

级别	油罐容积(m³)	
	总容积	单罐容积
一级	150<V≤210	V≤50
二级	90<V≤150	V≤50
三级	V≤90	汽油罐 V≤30，柴油罐 V≤50

注：柴油罐容积可折半计入油罐总容积。

3.0.10 LPG 加气站的等级划分应符合表 3.0.10 的规定。

表 3.0.10 LPG 加气站的等级划分

级别	LPG 罐容积(m³)	
	总容积	单罐容积
一级	45<V≤60	V≤30
二级	30<V≤45	V≤30
三级	V≤30	V≤30

3.0.11 CNG 加气站储气设施的总容积，应根据设计加气汽车数量、每辆汽车加气时间、母站服务的子站的个数、规模和服务半径等因素综合确定。在城市建成区内，CNG 加气站储气设施的总容积应符合下列规定：

   1 CNG 加气母站储气设施的总容积不应超过 120m³。

   2 CNG 常规加气站储气设施的总容积不应超过 30m³。

   3 CNG 加气子站内设置有固定储气设施时，站内停放的车载储气瓶组拖车不应多于 1 辆。固定储气设施采用储气瓶时，其总容积不应超过 18m³；固定储气设施采用储气井时，其总容积不应超过 24m³。

   4 CNG 加气子站内无固定储气设施时，站内停放的车载储气瓶组拖车不应多于2辆。

5 CNG常规加气站可采用LNG储罐做补充气源,但LNG储罐容积、CNG储气设施的总容积和加气站的等级划分,应符合本规范第3.0.12条的规定。

3.0.12 LNG加气站、L-CNG加气站、LNG和L-CNG加气合建站的等级划分,应符合表3.0.12的规定。

表3.0.12 LNG加气站、L-CNG加气站、LNG和L-CNG加气合建站的等级划分

级别	LNG加气站		L-CNG加气站、LNG和L-CNG加气合建站		
	LNG储罐总容积(m³)	LNG储罐单罐容积(m³)	LNG储罐总容积(m³)	LNG储罐单罐容积(m³)	CNG储气设施总容积(m³)
一级	120<V≤180	≤60	120<V≤180	≤60	V≤12
一级*	—	—	60<V≤120	≤60	V≤24
二级	60<V≤120	≤60	60<V≤120	≤60	V≤9
二级*	—	—	V≤60	≤60	V≤18
三级	V≤60	≤60	V≤60	≤60	V≤9
三级*	—	—	V≤30	≤30	V≤18

注:带"*"的加气站专指CNG常规加气站以LNG储罐做补充气源的建站形式。

3.0.12A LNG加气站与CNG常规加气站或CNG加气子站的合建站的等级划分,应符合表3.0.12A的规定。

表3.0.12A LNG加气站与CNG常规加气站或CNG加气子站的合建站的等级划分

级别	LNG储罐总容积V(m³)	LNG储罐单罐容积(m³)	CNG储气设施总容积(m³)
一级	60<V≤120	≤60	≤24
二级	V≤60	≤60	≤18(24)
三级	V≤30	≤30	≤18(24)

注:表中括号内数字为CNG储气设施采用储气井的总容积。

3.0.13 加油与LPG加气合建站的等级划分,应符合表3.0.13的规定。

表3.0.13 加油与LPG加气合建站的等级划分

合建站等级	LPG储罐总容积(m³)	LPG储罐总容积与油品储罐总容积合计(m³)
一级	V≤45	120<V≤180
二级	V≤30	60<V≤120
三级	V≤20	V≤60

注:1 柴油罐容积可折半计入油罐总容积。
　　2 当油罐总容积大于90m³时,油罐单罐容积不应大于50m³;当油罐总容积小于或等于90m³时,汽油罐单罐容积不应大于30m³,柴油罐单罐容积不应大于50m³。
　　3 LPG储罐单罐容积不应大于30m³。

3.0.14 加油与CNG加气合建站的等级划分,应符合表3.0.14的规定。

表3.0.14 加油与CNG加气合建站的等级划分

级别	油品储罐总容积(m³)	常规CNG加气站储气设施总容积(m³)	加气子站储气设施(m³)
一级	90<V≤120	V≤24	固定储气设施总容积≤12(18),可停放1辆车载储气瓶组拖车;当无固定储气设施时,可停放2辆车载储气瓶组拖车
二级	V≤90	V≤24	
三级	V≤60	V≤12	固定储气设施总容积≤9(18),可停放1辆车载储气瓶组拖车

注:1 柴油罐容积可折半计入油罐总容积。
　　2 当油罐总容积大于90m³时,油罐单罐容积不应大于50m³;当油罐总容积小于或等于90m³时,汽油罐单罐容积不应大于30m³,柴油罐单罐容积不应大于50m³。
　　3 表中括号内数字为CNG储气设施采用储气井的总容积。

3.0.15 加油与LNG加气、L-CNG加气、LNG/L-CNG加气以及加油与LNG加气和CNG加气联合建站的等级划分,应符合表3.0.15的规定。

表3.0.15 加油与LNG加气、L-CNG加气、LNG/L-CNG加气以及加油与LNG加气和CNG加气合建站的等级划分

合建站等级	LNG储罐总容积(m³)	LNG储罐总容积与油品储罐总容积合计(m³)	CNG储气设施总容积(m³)
一级	V≤120	150<V≤210	≤12
	V≤90	150<V≤180	≤24
二级	V≤60	90<V≤150	≤9
	V≤30	90<V≤120	≤24
三级	V≤60	≤90	≤9
	V≤30	≤90	≤24

注:1 柴油罐容积可折半计入油罐总容积。
　　2 当油罐总容积大于90m³时,油罐单罐容积不应大于50m³;当油罐总容积小于或等于90m³时,汽油罐单罐容积不应大于30m³,柴油罐单罐容积不应大于50m³。
　　3 LNG储罐的单罐容积不应大于60m³。

3.0.16 作为站内储气设施使用的CNG车载储气瓶组拖车,其单车储气瓶组的总容积不应大于24m³。

4 站 址 选 择

4.0.1 加油加气站的站址选择,应符合城乡规划、环境保护和防火安全的要求,并应选在交通便利的地方。

4.0.2 在城市建成区不宜建一级加油站、一级加气站、一级加油加气合建站、CNG加气母站。在城市中心区不应建一级加油站、一级加气站、一级加油加气合建站、CNG加气母站。

4.0.3 城市建成区内的加油加气站,宜靠近城市道路,但不宜选在城市干道的交叉路口附近。

4.0.4 加油站、加油加气合建站的汽油设备与站外建(构)筑物的安全间距,不应小于表4.0.4的规定。

表 4.0.4　汽油设备与站外建(构)筑物的安全间距(m)

站外建(构)筑物		站内汽油设备											
		埋地油罐									加油机、通气管管口		
		一级站			二级站			三级站					
		无油气回收系统	有卸油油气回收系统	有卸油和加油油气回收系统	无油气回收系统	有卸油油气回收系统	有卸油和加油油气回收系统	无油气回收系统	有卸油油气回收系统	有卸油和加油油气回收系统	无油气回收系统	有卸油油气回收系统	有卸油和加油油气回收系统
重要公共建筑物		50	40	35	50	40	35	50	40	35	50	40	35
明火地点或散发火花地点		30	24	21	25	20	17.5	18	14.5	12.5	18	14.5	12.5
民用建筑物保护类别	一类保护物	25	20	17.5	20	16	14	16	13	11	16	13	11
	二类保护物	20	16	14	16	13	11	12	9.5	8.5	12	9.5	8.5
	三类保护物	16	13	11	12	9.5	8.5	10	8	7	10	8	7
甲、乙类物品生产厂房、库房和甲、乙类液体储罐		25	20	17.5	22	17.5	15.5	18	14.5	12.5	18	14.5	12.5

续表 4.0.4

站外建(构)筑物		站内汽油设备											
		埋地油罐									加油机、通气管管口		
		一级站			二级站			三级站					
		无油气回收系统	有卸油油气回收系统	有卸油和加油油气回收系统	无油气回收系统	有卸油油气回收系统	有卸油和加油油气回收系统	无油气回收系统	有卸油油气回收系统	有卸油和加油油气回收系统	无油气回收系统	有卸油油气回收系统	有卸油和加油油气回收系统
丙、丁、戊类物品生产厂房、库房和丙类液体储罐以及容积不大于50m³的埋地甲、乙类液体储罐		18	14.5	12.5	16	13	11	15	12	10.5	15	12	10.5
室外变配电站		25	20	17.5	22	18	15.5	18	14.5	12.5	18	14.5	12.5
铁路		22	17.5	15.5	22	17.5	15.5	22	17.5	15.5	22	17.5	15.5
城市道路	快速路、主干路	10	8	7	8	6.5	5.5	8	6.5	5.5	6	5	5
	次干路、支路	8	6.5	5.5	6	5	5	6	5	5	5	5	5

续表 4.0.4

站外建(构)筑物		站内汽油设备											
		埋地油罐									加油机、通气管管口		
		一级站			二级站			三级站					
		无油气回收系统	有卸油油气回收系统	有卸油和加油油气回收系统	无油气回收系统	有卸油油气回收系统	有卸油和加油油气回收系统	无油气回收系统	有卸油油气回收系统	有卸油和加油油气回收系统	无油气回收系统	有卸油油气回收系统	有卸油和加油油气回收系统
架空通信线		1倍杆高，且不应小于5m			5			5			5		
架空电力线路	无绝缘层	1.5倍杆(塔)高，且不应小于6.5m			1倍杆(塔)高，且不应小于6.5m			6.5			6.5		
	有绝缘层	1倍杆(塔)高，且不应小于5m			0.75倍杆(塔)高，且不应小于5m			5			5		

注：1　室外变、配电站指电力系统电压为35kV～500kV，且每台变压器容量在10MV·A以上的室外变、配电站，以及工业企业的变压器总油量大于5t的室外降压变电站。其他规格的室外变、配电站或变压器应按丙类物品生产厂房确定。

2　表中道路系指机动车道路。油罐、加油机和油罐通气管管口与郊区公路的安全间距应按城市道路确定，高速公路、一级和二级公路应按城市快速路、主干路确定；三级和四级公路应按城市次干路、支路确定。

3　与重要公共建筑物的主要出入口(包括铁路、地铁和二级及以上公路的隧道出入口)尚不应小于50m。

4　一、二级耐火等级民用建筑物面向加油站一侧的墙为无门窗洞口的实体墙时，油罐、加油机和通气管管口与该民用建筑物的距离，不应低于本表规定的安全间距的70%，并不得小于6m。

4.0.5 加油站、加油加气合建站的柴油设备与站外建(构)筑物的安全间距，不应小于表4.0.5的规定。

表4.0.5 柴油设备与站外建(构)筑物的安全间距(m)

站外建(构)筑物		站内柴油设备			
		埋地油罐			加油机、通气管管口
		一级站	二级站	三级站	
重要公共建筑物		25	25	25	25
明火地点或散发火花地点		12.5	12.5	10	10
民用建筑物保护类别	一类保护物	6	6	6	6
	二类保护物	6	6	6	6
	三类保护物	6	6	6	6
甲、乙类物品生产厂房、库房和甲、乙类液体储罐		12.5	11	9	9
丙、丁、戊类物品生产厂房、库房和丙类液体储罐，以及单罐容积不大于50m³的埋地甲、乙类液体储罐		9	9	9	9
室外变配电站		15	12.5	12.5	12.5
铁路		15	15	15	15
城市道路	快速路、主干路	3	3	3	3
	次干路、支路	3	3	3	3
架空通信线		0.75倍杆高，且不应小于5m	5	5	5
架空电力线路	无绝缘层	0.75倍杆(塔)高，且不应小于6.5m	0.75倍杆(塔)高，且不应小于6.5m	6.5	6.5
	有绝缘层	0.5倍杆(塔)高，且不应小于5m	0.5倍杆(塔)高，且不应小于5m	5	5

注:1 室外变、配电站指电力系统电压为35kV～500kV，且每台变压器容量在10MV·A以上的室外变、配电站，以及工业企业的变压器总油量大于5t的室外降压变电站。其他规格的室外变、配电站或变压器应按丙类物品生产厂房确定。

2 表中道路指机动车道路。油罐、加油机和油罐通气管管口与郊区公路的安全间距应按城市道路确定，高速公路、一级和二级公路应按城市快速路、主干路确定；三级和四级公路应按城市次干路、支路确定。

4.0.6 LPG加气站、加油加气合建站的LPG储罐与站外建(构)筑物的安全间距，不应小于表4.0.6的规定。

表4.0.6 LPG储罐与站外建(构)筑物的安全间距(m)

站外建(构)筑物		地上LPG储罐			埋地LPG储罐		
		一级站	二级站	三级站	一级站	二级站	三级站
重要公共建筑物		100	100	100	100	100	100
明火地点或散发火花地点		45	38	33	30	25	18
民用建筑物保护类别	一类保护物	45	38	33	25	20	16
	二类保护物	35	28	25	20	16	14
	三类保护物	25	22	18	15	13	11
甲、乙类物品生产厂房、库房和甲、乙类液体储罐		45	45	40	25	22	18
丙、丁、戊类物品生产厂房、库房和丙类液体储罐，以及单罐容积不大于50m³的埋地甲、乙类液体储罐		32	32	28	18	16	15
室外变配电站		45	45	40	25	22	18
铁路		45	45	45	22	22	22
城市道路	快速路、主干路	15	13	11	10	8	8
	次干路、支路	12	11	10	8	6	6

续表4.0.6

站外建(构)筑物		地上LPG储罐			埋地LPG储罐		
		一级站	二级站	三级站	一级站	二级站	三级站
架空通信线		1.5倍杆高	1倍杆高		0.75倍杆高		
架空电力线路	无绝缘层	1.5倍杆(塔)高	1.5倍杆(塔)高		1倍杆(塔)高		
	有绝缘层		1倍杆(塔)高		0.75倍杆(塔)高		

注:1 室外变、配电站指电力系统电压为35kV～500kV，且每台变压器容量在10MV·A以上的室外变、配电站，以及工业企业的变压器总油量大于5t的室外降压变电站。其他规格的室外变、配电站或变压器应按丙类物品生产厂房确定。

2 表中道路指机动车道路。LPG储罐与郊区公路的安全间距应按城市道路确定，高速公路、一级和二级公路应按城市快速路、主干路确定；三级和四级公路应按城市次干路、支路确定。

3 液化石油气罐与站外一、二、三类保护物地下室的出入口、门窗的距离，应按本表一、二、三类保护物的安全间距增加50%。

4 一、二级耐火等级民用建筑物面向加气站一侧的墙为无门窗洞口实体墙时，LPG储罐与该民用建筑物的距离不应低于本表规定的安全间距的70%。

5 容量小于或等于10m³的地上LPG储罐整体装配式的加气站，其罐与站外建(构)筑物的距离，不应低于本表三级站的地上罐安全间距的80%。

6 LPG储罐与站外建筑面积不超过200m²的独立民用建筑物的距离，不应低于本表三类保护物安全间距的80%，并不应小于三级站的安全间距。

4.0.7 LPG加气站、加油加气合建站的LPG卸车点、加气机、放散管管口与站外建(构)筑物的安全间距，不应小于表4.0.7的规定。

表4.0.7 LPG卸车点、加气机、放散管管口与站外建(构)筑物的安全间距(m)

站外建(构)筑物		站内LPG设备		
		LPG卸车点	放散管管口	加气机
重要公共建筑物		100	100	100
明火地点或散发火花地点		25	18	18
民用建筑物保护类别	一类保护物	25	18	18
	二类保护物	16	14	14
	三类保护物	13	11	11
甲、乙类物品生产厂房、库房和甲、乙类液体储罐		22	20	20
丙、丁、戊类物品生产厂房、库房和丙类液体储罐以及单罐容积不大于50m³的埋地甲、乙类液体储罐		16	14	14
室外变配电站		22	20	20
铁路		22	22	22
城市道路	快速路、主干路	8	8	6
	次干路、支路	6	6	5
架空通信线		0.75倍杆高		
架空电力线路	无绝缘层	1倍杆(塔)高		
	有绝缘层	0.75倍杆(塔)高		

注:1 室外变、配电站指电力系统电压为35kV～500kV，且每台变压器容量在10MV·A以上的室外变、配电站，以及工业企业的变压器总油量大于5t的室外降压变电站。其他规格的室外变、配电站或变压器应按丙类物品生产厂房确定。

2 表中道路指机动车道路。站内LPG设备与郊区公路的安全间距应按城市道路确定，高速公路、一级和二级公路应按城市快速路、主干路确定；三级和四级公路应按城市次干路、支路确定。

3 LPG卸车点、加气机、放散管管口与站外一、二、三类保护物地下室的出入口、门窗的距离，应按本表一、二、三类保护物的安全间距增加50%。

4 一、二级耐火等级民用建筑物面向加气站一侧的墙为无门窗洞口实体墙时，站内LPG设备与该民用建筑物的距离不应低于本表规定的安全间距的70%。

5 LPG卸车点、加气机、放散管管口与站外建筑面积不超过200m²独立的民用建筑物的距离，不应低于本表的三类保护物安全间距的80%，并不应小于11m。

10

4.0.8 CNG 加气站和加油加气合建站的压缩天然气工艺设备与站外建(构)筑物的安全间距,不应小于表4.0.8的规定。CNG加气站的橇装设备与站外建(构)筑物的安全间距,应符合表4.0.8的规定。

表4.0.8 CNG工艺设备与站外建(构)筑物的安全间距(m)

站外建(构)筑物		站内CNG工艺设备		
		储气瓶	集中放散管管口	储气井、加(卸)气设备、脱硫脱水设备、压缩机(间)
重要公共建筑物		50	30	30
明火地点或散发火花地点		30	25	20
民用建筑物保护类别	一类保护物	25	20	16
	二类保护物	20	20	14
	三类保护物	18	15	12
甲、乙类物品生产厂房、库房和甲、乙类液体储罐		25	25	18
丙、丁、戊类物品生产厂房、库房和丙类液体储罐以及单罐容积不大于50m³的埋地甲、乙类液体储罐		18	18	13
室外变配电站		25	25	18
铁路		30	30	22

续表4.0.8

站外建(构)筑物		站内CNG工艺设备		
		储气瓶	集中放散管管口	储气井、加(卸)气设备、脱硫脱水设备、压缩机(间)
城市道路	快速路、主干路	12	10	6
	次干路、支路	10	8	5
架空通信线		1倍杆高	0.75倍杆高	0.75倍杆高
架空电力线路	无绝缘层	1.5倍杆(塔)高	1.5倍杆(塔)高	1倍杆(塔)高
	有绝缘层	1倍杆(塔)高	1倍杆(塔)高	

注:1 室外变、配电站指电力系统电压为35kV~500kV,且每台变压器容量在10MV·A以上的室外变、配电站,以及工业企业的变压器总油量大于5t的室外降压变电站。其他规格的室外变、配电站或变压器应按丙类物品生产厂房确定。

2 表中道路指机动车道路。站内CNG工艺设备与郊区公路的安全间距应按城市道路确定,高速公路、一级和二级公路应按城市快速路、主干路确定;三级和四级公路应按城市次干路、支路确定。

3 与重要公共建筑物的主要出入口(包括铁路、地铁和二级及以上公路的隧道出入口)尚不应小于50m。

4 储气瓶拖车固定停车位与站外建(构)筑物的防火间距,应按本表储气瓶的安全间距确定。

5 一、二级耐火等级民用建筑物面向加气站一侧的墙为无门窗洞口实体墙时,站内CNG工艺设备与该民用建筑物的距离,不应低于本表规定的安全间距的70%。

4.0.9 加气站、加油加气合建站的LNG储罐、放散管管口、LNG卸车点、LNG橇装设备与站外建(构)筑物的安全间距,不应小于表4.0.9的规定。LNG加气站的橇装设备与站外建(构)筑物的安全间距,应符合本规范表4.0.9的规定。

表4.0.9 LNG设备与站外建(构)筑物的安全间距(m)

站外建(构)筑物		站内LNG设备				
		地上LNG储罐			放散管管口、加气机	LNG卸车点
		一级站	二级站	三级站		
重要公共建筑物		80	80	80	50	50
明火地点或散发火花地点		35	30	25	25	25
民用建筑保护物类别	一类保护物	25	20	16	16	16
	二类保护物	20	18	14	14	14
	三类保护物	18	16	14	14	14
甲、乙类生产厂房、库房和乙类液体储罐		35	30	25	25	25
丙、丁、戊类物品生产厂房、库房和丙类液体储罐,以及单罐容积不大于50m³的埋地甲、乙类液体储罐		25	22	20	20	20
室外变配电站		40	35	30	30	30
铁路		80	60	50	50	50
城市道路	快速路、主干路	12	10	8	8	8
	次干路、支路	10	8	8	6	6
架空通信线		1倍杆高	0.75倍杆高		0.75倍杆高	

续表4.0.9

站外建(构)筑物		站内LNG设备				
		地上LNG储罐			放散管管口、加气机	LNG卸车点
		一级站	二级站	三级站		
架空电力线	无绝缘层	1.5倍杆(塔)高	1.5倍杆(塔)高		1倍杆(塔)高	
	有绝缘层	1倍杆(塔)高	1倍杆(塔)高		0.75倍杆(塔)高	

注:1 室外变、配电站指电力系统电压为35kV～500kV,且每台变压器容量在10MV·A以上的室外变、配电站,以及工业企业的变压器总油量大于5t的室外降压变电站。其他规格的室外变、配电站或变压器应按丙类物品生产厂房确定。

2 表中道路指机动车道路。站内LNG设备与郊区公路的安全间距应按城市道路确定,高速公路、一级和二级公路应按城市快速路、主干路确定;三级和四级公路应按城市次干路、支路确定。

3 埋地LNG储罐、地下LNG储罐和半地下LNG储罐与站外建(构)筑物的距离,分别不应低于本表地上LNG储罐的安全间距的50%、70%和80%,且最小不应小于6m。

4 一、二级耐火等级民用建筑面向加气站一侧的墙为无门窗洞口实体墙时,站内LNG设备与该民用建筑物的距离,不应低于本表规定的安全间距的70%。

5 LNG储罐、放散管管口、加气机、LNG卸车点与站外建筑面积不超过200m²的独立民用建筑物的距离,不应低于本表的三类保护物的安全间距的80%。

4.0.10 本规范表4.0.4～表4.0.9中,设备或建(构)筑物的计算间距起止点应符合本规范附录A的规定。

4.0.11 本规范表4.0.4～表4.0.9中,重要公共建筑物及民用建筑物保护类别划分应符合本规范附录B的规定。

4.0.12 本规范表4.0.4～表4.0.9中,"明火地点"和"散发火花地点"的定义和"甲、乙、丙、丁、戊类物品"及"甲、乙、丙类液体"划分应符合现行国家标准《建筑设计防火规范》GB 50016的有关规定。

4.0.13 架空电力线路不应跨越加油加气站的加油加气作业区。架空通信线路不应跨越加气站的加气作业区。

4.0.14 CNG加气站的橇装设备与站外建(构)筑物的安全间距,应按本规范表4.0.8的规定确定。LNG加气站的橇装设备与站外建(构)筑物的安全间距,应按本规范表4.0.9的规定确定。

5 站内平面布置

5.0.1 车辆入口和出口应分开设置。

5.0.2 站区内停车位和道路应符合下列规定：

　　1 站内车道或停车位宽度应按车辆类型确定。CNG 加气母站内单车道或单车停车位宽度，不应小于 4.5m，双车道或双车停车位宽度不应小于 9m；其他类型加油加气站的车道或停车位，单车道或单车停车位宽度不应小于 4m，双车道或双车停车位不应小于 6m。

　　2 站内的道路转弯半径应按行驶车型确定，且不宜小于 9m。

　　3 站内停车位应为平坡，道路坡度不应大于 8%，且宜坡向站外。

　　4 加油加气作业区内的停车位和道路路面不应采用沥青路面。

5.0.3 加油加气作业区与辅助服务区之间应有界线标识。

5.0.4 在加油加气合建站内，宜将柴油罐布置在 LPG 储罐或 CNG 储气瓶(组)、LNG 储罐与汽油罐之间。

5.0.5 加油加气作业区内，不得有"明火地点"或"散发火花地点"。

5.0.6 柴油尾气处理液加注设施的布置，应符合下列规定：

　　1 不符合防爆要求的设备，应布置在爆炸危险区域之外，且与爆炸危险区域边界线的距离不应小于 3m。

　　2 符合防爆要求的设备，在进行平面布置时可按加油机对待。

5.0.7 电动汽车充电设施应布置在辅助服务区内。

5.0.8 加油加气站的变配电间或室外变压器应布置在爆炸危险区域之外，且与爆炸危险区域边界线的距离不应小于 3m。变配电间的起算点应为门窗等洞口。

5.0.9 站房可布置在加油加气作业区内，但应符合本规范第 12.2.10 条的规定。

5.0.10 加油加气站内设置的经营性餐饮、汽车服务等非站房所属建筑物或设施，不应布置在加油加气作业区内，其与站内可燃液体或可燃气体设备的防火间距，应符合本规范第 4.0.4 条至第 4.0.9 条有关三类保护物的规定。经营性餐饮、汽车服务等设施内设置明火设备时，则应视为"明火地点"或"散发火花地点"。其中，对加油站内设置的燃煤设备不得按设置有油气回收系统折减距离。

5.0.11 加油加气站内的爆炸危险区域，不应超出站区围墙和可用地界线。

5.0.12 加油加气站的工艺设备与站外建(构)筑物之间，宜设置高度不低于 2.2m 的不燃烧体实体围墙。当加油加气站的工艺设备与站外建(构)筑物之间的距离大于表 4.0.4～表 4.0.9 中安全间距的 1.5 倍，且大于 25m 时，可设置非实体围墙。面向车辆入口和出口道路的一侧可设非实体围墙或不设围墙。

5.0.13 加油加气站内设施之间的防火距离，不应小于表 5.0.13-1 和表 5.0.13-2 的规定。

5.0.14 本规范表 5.0.13-1 和表 5.0.13-2 中，CNG 储气设施、油品卸车点、LPG 泵(房)、LPG 压缩机(间)、天然气压缩机(间)、天然气调压器(间)、天然气脱硫和脱水设备、加油机、LPG 加气机、CNG 加卸气设施、LNG 卸车点、LNG 潜液泵罐、LNG 柱塞泵、地下泵室入口、LNG 加气机、LNG 气化器与站区围墙的防火间距还应符合本规范第 5.0.11 条的规定，设备或建(构)筑物的计算间距起止点应符合本规范附录 A 的规定。

5.0.15 加油加气站内爆炸危险区域的等级和范围划分，应符合本规范附录 C 的规定。

表 5.0.13-1 站内设施的防火间距 (m)

设施名称		汽油罐	柴油罐	汽油通气管管口	柴油通气管管口	LPG 储罐 地上罐 一级站	LPG 储罐 地上罐 二级站	LPG 储罐 地上罐 三级站	LPG 储罐 埋地罐 一级站	LPG 储罐 埋地罐 二级站	LPG 储罐 埋地罐 三级站	CNG 储气设施	CNG 集中放散管管口	油品卸车点	LPG 卸车点	LPG 泵(房)、压缩机(间)	天然气压缩机(间)	天然气调压器(间)	天然气脱硫和脱水设备	加油机	LPG 加气机	CNG 加气机、加气柱和卸气柱	站房	消防泵房和消防水池取水口	自用燃煤锅炉房和燃煤厨房	自用有燃气(油)设备的房间	站区围墙
汽油罐		0.5	0.5	—	—	×	×	×	6	4	3	6	6	—	5	5	6	6	5	—	4	4	4	10	18.5	8	3
柴油罐		0.5	0.5	—	—	×	×	×	4	4	3	4	4	—	3.5	3.5	4	4	3.5	—	3	3	3	7	13	6	2
汽油通气管管口		—	—	—	—	×	×	×	6	4	3	6	6	3	8	8	6	6	8	—	4	4	4	10	18.5	8	3
柴油通气管管口		—	—	—	—	×	×	×	6	4	3	6	6	2	6	6	6	6	6	—	4	3	4	3.5	7	13	6	2
LPG 储罐	地上罐 一级站	×	×	×	×	D	×	×	×	×	×	×	×	12	12/10	12/10	×	×	12/10	12/10	×	12/10	40/30	45	18/14	6
LPG 储罐	地上罐 二级站	×	×	×	×		D	×	×	×	×	×	×	10	10/8	10/8	×	×	10/8	10/8	×	10/8	30/20	38	16/12	5
LPG 储罐	地上罐 三级站	×	×	×	×			D	×	×	×	×	×	8	8/6	8/6	×	×	8/6	8/6	×	8	30/20	33	16/12	5
LPG 储罐	埋地罐 一级站	6	4	6	6	×	×	×	×	×	×	×	×	6	3	3	×	×	3	×	×	6	20	30	10	4
LPG 储罐	埋地罐 二级站	4	3	6	4	×	×	×		2	×	×	×	3	3	3	×	×	3	×	×	6	15	25	8	3
LPG 储罐	埋地罐 三级站	3	3	6	4	×	×	×			2	×	×	3	3	3	×	×	3	×	×	6	12	18	8	3
CNG 储气设施		6	4	8	6	×	×	×	×	×	×	1.5(1)	×	6	×	×	6	6	×	×	6	×	×	25	14	3
CNG 集中放散管管口		6	4	6	6	×	×	×	×	×	×	×	—	6	×	×	6	6	×	×	6	×	×	15	14	3
油品卸车点		—	—	3	2	12	10	8	5	3	3	6	6	—	6	6	6	6	6	—	6	6	6	10	18.5	8	—
LPG 卸车点		5	3.5	8	6	12/10	10/8	8/6	3	3	3	×	×	6	×	×	6	6	×	×	6	×	×	25	12	2
LPG 泵(房)、压缩机(间)		5	3.5	8	4	12/10	10/8	8/6	3	3	3	×	×	6	×	×	6	6	×	×	6	×	×	25	12	2
天然气压缩机(间)		6	4	6	6	×	×	×	×	×	×	6	6	6	6	6		×		5	×	×	25	12	2
天然气调压器(间)		6	4	6	6	×	×	×	×	×	×	6	6	6	6	6		×		5	×	×	25	12	2
天然气脱硫和脱水设备		5	3.5	8	3.5	×	×	×	×	×	×	×	×	6	×	×		×		5	×	×	15	25	12	2
加油机		—	—	—	—	12/10	10/8	8/6	8	6	6	6	6	6	6	6	4	4	4	5	6	4	5	15(10)	8(6)	—

续表 5.0.13-1

设施名称	汽油罐	柴油罐	汽油通气管管口	柴油通气管管口	LPG储罐 地上罐 一级站	二级站	三级站	LPG储罐 埋地罐 一级站	二级站	三级站	CNG储气设施	CNG集中放散管管口	油品卸车点	LPG卸车点	LPG泵(房)压缩机(间)	天然气压缩机(间)	天然气调压器(间)	天然气脱硫和脱水设备	加油机	LPG加气机	CNG加气机、加气柱和卸气柱	站房	消防泵房和消防水池取水口	自用燃煤锅炉房和燃煤厨房	自用有燃气(油)设备的房间	站区围墙
LPG加气机	4	3	8	6	12/10	10/8	8/6	8	6	4	×	4	5	4	4	4	5	4	—		×	5.5	6	18	12	—
CNG加气机、加气柱和卸气柱	4	3	8	6	×	×	×	×	×	×	×	×	4	×	4	—	4	4	4	×		5	6	18	12	—
站房	4	3	4	3.5	12/10	10/8	8	8	6	6	5	5	5	6	6	5	5	5	5	5.5	5		—	—	12	—
消防泵房和消防水池取水口	10	7	10	7	40/30	30/20	30/20	20	15	12			10	8	8	8	8	15	6	6	6			12		
自用燃煤锅炉房和燃煤厨房	18.5	13	18.5	13	45	38	33	30	25	18	25	15	15	25	25	25	25	25	15(10)	18	18		12			
自用有燃气(油)设备的房间	8	6	8	6	18/14	16/12	16/12	10	8	8	14	14	8	12	12	12	12	12	8(6)	12	12			12		
站区围墙	3	2	3	2	6	5	4	4	3	3	3	5		3		2	2	2								

注:1 表中数据分子为LPG储罐无固定喷淋装置的距离,分母为LPG储罐设有固定喷淋装置的距离。D为LPG地上罐相邻较大罐的直径。

2 括号内数值为储气井与储气井、柴油加油机与自用燃煤或燃气(油)设备的房间的距离。

3 橇装式加油装置的油罐与站内设施之间的防火间距应按本表汽油罐、柴油罐增加30%。

4 当卸油采用油气回收系统时,汽油通气管口与站区围墙的距离不应小于2m。

5 LPG储罐放散管口与LPG储罐距离不限,与站内其他设施的防火间距可按相应级别的LPG埋地储罐确定。

6 LPG泵和压缩机、天然气压缩机、调压器和天然气脱硫和脱水设备露天布置或布置在开敞的建筑物内时,起算点应为设备外缘;LPG泵和压缩机、天然气压缩机、天然气调压器设置在非开敞的室内时,起算点应为该类设备所在建筑物的门窗等洞口。

7 容量小于或等于10m³的地上LPG储罐的整体装配式加气站,其储罐与站内其他设施的防火间距,不应低于本表三级站的地上储罐防火间距的80%。

8 CNG加气站的橇装设备与站内其他设施的防火间距,应按本表相应设备的防火间距确定。

9 站房、有燃煤或燃气(油)等明火设备的房间的起算点应为门窗等洞口。站房内设置有变配电间时,变配电间的布置应符合本规范第5.0.8条的规定。

10 表中一、二、三级站包括LPG加气站、加油与LPG加气合建站。

11 表中"—"表示无防火间距要求,"×"表示该类设施不应合建。

表 5.0.13-2　站内设施的防火间距(m)

设施名称	汽油罐、柴油罐	油罐通气管管口	LNG储罐 一级站	二级站	三级站	CNG储气设施	天然气放散管口 CNG系统	LNG系统	油品卸车点	LNG卸车点	天然气压缩机(间)	天然气调压器(间)	天然气脱硫、脱水装置	加油机	CNG加气机	LNG加气机	LNG潜液泵池	LNG柱塞泵	LNG高压气化器	站房	消防泵房和消防水池取水口	自用燃煤锅炉房和燃煤厨房	有燃气(油)设备的房间	站区围墙
汽油罐、柴油罐	*	*	15	12	10	*	*	6	*	6	*	*	*	*	*	4	6	6	5	*	*	18.5	*	*
油罐通气管管口	*	*	12	10	8	8	*	8	8	*	*	*	*	*	*	8	8	8	5	*	*	13	*	*
LNG储罐 一级站	15	12	2			6	5	—	12	5	—	—	—	8	8	8	—	2	6	10	20	35	15	6
LNG储罐 二级站	12	10		2		4	4	—	10	3	—	—	—	4	4	4	—	2	4	9	15	30	12	5
LNG储罐 三级站	10	8			2	4	4	—	8	2	—	—	—	4	4	4	—	2	3	9	15	25	12	4
CNG储气设施	*	8	6	4	4	*		3	6		4		6	6	4			3			25		
天然气放散管口 CNG系统	*		5	4	—	4			6					6	4			5		15		3
天然气放散管口 LNG系统	6	6	6	4	3	—			6	3	—		3	6	6	8			8	12	15	3
油品卸车点	*		12	10	8			6		6	*			6	6	6	6	6	6		15		*
LNG卸车点	6	8	5	3	2		6	6	—				3	6	6	6	6	6	15	25	12	3
天然气压缩机(间)	*		4	4	4	4			6	3			3	6	6	6	6	6	25		*
天然气调压器(间)	*		4	4	4	4			6	3			3	6	6	6	6	6	25		*
天然气脱硫、脱水装置	*		6	4	4	4			6	4	3		3	6	6	6	6	6	25		*
加油机	*		8	8	6			6		6				2	6	6	6	*	15(10)	18	*
CNG加气机	*		8	8	6			6		6				2	6	6	6	*	18	*
LNG加气机	4	8	8	6	6	6			6	6	6	6	6	2	2	6	6	15	18	8	—
LNG潜液泵池	6	8	—	2	2	6			6	6	6	6	6	2	6	6	15	25	8	2
LNG柱塞泵	6	8	2	2	2	6			6	6	6	6	6	2	6	6	15	25	8	2
LNG高压气化器	5	5	6	4	3	6			6	6	6	6	6	2	6	6	15	25	8	2
站房	*	*	10	9	9	3	5	8	4	4	4		2	6	6	6	6	6	—	12	*
消防泵房和消防水池取水口	*	*	20	15	15	*		12	15				15	15	15	15	—	12	*
自用燃煤锅炉房和燃煤厨房	18.5	13	35	30	25	25	15	15	25	25	25	25	15(10)	18	18	25	25	25	12	—	—	25	*
有燃气(油)设备的房间	*	*	15	12	12	3	3	12	12				8	8	8	8	25	12	—	—	*	*
站区围墙	*	*	6	5	4	3	3	3	3	2	2	2	2	2	2	—	—	—	*

注:1 站房、有燃气(油)等明火设备的房间的起算点应为门窗等洞口。

2 表中一、二、三级站包括LNG加气站,LNG与其他加油加气的合建站。

3 表中"—"表示无防火间距要求。括号内数值为柴油加油机与自用有燃煤或燃气(油)设备的房间的距离。

4 "*"表示应符合表5.0.13-1的规定。

6 加油工艺及设施

6.1 油 罐

6.1.1 除橇装式加油装置所配置的防火防爆油罐外,加油站的汽油罐和柴油罐应埋地设置,严禁设在室内或地下室内。

6.1.2 汽车加油站的储油罐,应采用卧式油罐。

6.1.3 埋地油罐需要采用双层油罐时,可采用双层钢制油罐、双层玻璃纤维增强塑料油罐、内钢外玻璃纤维增强塑料双层油罐。既有加油站的埋地单层钢制油罐改造为双层油罐时,可采用玻璃纤维增强塑料等满足强度和防渗要求的材料进行衬里改造。

6.1.4 单层钢制油罐、双层钢制油罐和内钢外玻璃纤维增强塑料双层油罐的内层罐的罐体结构设计,可按现行行业标准《钢制常压储罐 第一部分:储存对水有污染的易燃和不易燃液体的埋地卧式圆筒形单层和双层储罐》AQ 3020 的有关规定执行,并应符合下列规定:

　1 钢制油罐的罐体和封头所用钢板的公称厚度,不应小于表6.1.4的规定。

表 6.1.4 钢制油罐的罐体和封头所用钢板的公称厚度(mm)

油罐公称直径（mm）	单层油罐、双层油罐内层罐罐体和封头公称厚度		双层钢制油罐外层罐罐体和封头公称厚度	
	罐体	封头	罐体	封头
800~1600	5	6	4	5
1601~2500	6	7	5	6
2501~3000	7	8	5	6

　2 钢制油罐的设计内压不应低于 0.08MPa。

6.1.5 双层玻璃纤维增强塑料油罐的内、外层壁厚,以及内钢外玻璃纤维增强塑料双层油罐的外层壁厚,均不应小于4mm。

6.1.6 与罐内油品直接接触的玻璃纤维增强塑料等非金属层,应满足消除油品静电荷的要求,其表面电阻率应小于$10^9\Omega$;当表面电阻率无法满足小于$10^9\Omega$的要求时,应在罐内安装能够消除油品静电电荷的物体。消除油品静电电荷的物体可为浸入油品中的钢板,也可为钢制的进油立管、出油管等金属物,其表面积之和不应小于式(6.1.6)的计算值。安装在罐内的静电消除物体应接地,其接地电阻应符合本规范第11.2节的有关规定:

$$A = 0.04Vt \qquad (6.1.6)$$

式中:A——浸入油品中的金属物表面积之和(m^2);

　　Vt——储罐容积(m^3)。

6.1.6A 安装在罐内的静电消除物体应接地,其接地电阻应符合本规范第11.2节的有关规定。

6.1.7 双层油罐内壁与外壁之间应有满足渗漏检测要求的贯通间隙。

6.1.8 双层钢制油罐、内钢外玻璃纤维增强塑料双层油罐和玻璃纤维增强塑料等非金属防渗衬里的双层油罐,应设渗漏检测立管,并应符合下列规定:

　1 检测立管应采用钢管,直径宜为80mm,壁厚不宜小于4mm。

　2 检测立管应位于油罐顶部的纵向中心线上。

　3 检测立管的底部管口应与油罐内、外壁间隙相连通,顶部管口应装防尘盖。

　4 检测立管应满足人工检测和在线监测的要求,并应保证油罐内、外壁任何部位出现渗漏均能被发现。

6.1.9 油罐应采用钢制人孔盖。

6.1.10 油罐设在非车行道下面时,罐顶的覆土厚度不应小于0.5m;设在车行道下面时,罐顶低于混凝土路面不宜小于0.9m。

钢制油罐的周围应回填中性沙或细土,其厚度不应小于0.3m;外层为玻璃纤维增强塑料材料的油罐,其回填料应符合产品说明书的要求。

6.1.11 当埋地油罐受地下水或雨水作用有上浮的可能时,应采取防止油罐上浮的措施。

6.1.12 埋地油罐的人孔应设操作井。设在行车道下面的人孔井应采用加油站车行道下专用的密闭井盖和井座。

6.1.13 油罐应采取卸油时的防满溢措施。油料达到油罐容量90%时,应能触动高液位报警装置;油料达到油罐容量95%时,应能自动停止油料继续进罐。高液位报警装置应位于工作人员便于觉察的地点。

6.1.14 设有油气回收系统的加油加气站,其站内油罐应设带有高液位报警功能的液位监测系统。单层油罐的液位监测系统尚应具备渗漏检测功能,其渗漏检测分辨率不宜大于0.8L/h。

6.1.15 与土壤接触的钢制油罐外表面,其防腐设计应符合现行行业标准《石油化工设备和管道涂料防腐蚀设计规范》SH/T 3022的有关规定,且防腐等级不应低于加强级。

6.2 加 油 机

6.2.1 加油机不得设置在室内。

6.2.2 加油枪应采用自封式加油枪,汽油加油枪的流量不应大于50L/min。

6.2.3 加油软管上宜设安全拉断阀。

6.2.4 以正压(潜油泵)供油的加油机,其底部的供油管道上应设剪切阀,当加油机被撞或起火时,剪切阀应能自动关闭。

6.2.5 采用一机多油品的加油机时,加油机上的放枪位应有各油品的文字标识,加油枪应有颜色标识。

6.2.6 位于加油岛端部的加油机附近应设防撞柱(栏),其高度不应小于0.5m。

6.3 工艺管道系统

6.3.1 油罐车卸油必须采用密闭卸油方式。

6.3.2 每个油罐应各自设置卸油管道和卸油接口。各卸油接口及油气回收接口,应有明显的标识。

6.3.3 卸油接口应装设快速接头及密封盖。

6.3.4 加油站采用卸油油气回收系统时,其设计应符合下列规定:

　1 汽油罐车向站内油罐卸油应采用平衡式密闭油气回收系统。

　2 各汽油罐可共用一根卸油油气回收主管,回收主管的公称直径不宜小于80mm。

　3 卸油油气回收管道的接口宜采用自闭式快速接头。采用非自闭式快速接头时,应在靠近快速接头的连接管道上装设阀门。

6.3.5 加油站宜采用油罐装设潜油泵一泵供多机(枪)的加油工艺。采用自吸式加油机时,每台加油机应按加油品种单独设置进油管和罐内底阀。

6.3.6 加油站采用加油油气回收系统时,其设计应符合下列规定:

　1 应采用真空辅助式油气回收系统。

　2 汽油加油机与油罐之间应设油气回收管道,多台汽油加油机可共用1根油气回收主管,油气回收主管的公称直径不应小于50mm。

　3 加油油气回收系统应采取防止油气反向流至加油枪的措施。

　4 加油机应具备回收油气功能,其气液比宜设定为1.0~1.2。

　5 在加油机底部与油气回收立管的连接处,应安装一个用于检测液阻和系统密闭性的丝接三通,其旁通短管上应设公称直径为25mm的球阀及丝堵。

6.3.7 油罐的接合管设置应符合下列规定:

1 接合管应为金属材质。

2 接合管应设在油罐的顶部,其中进油接合管、出油接合管或潜油泵安装口,应设在人孔盖上。

3 进油管应伸至罐内距罐底 50mm～100mm 处。进油立管的底端应为 45°斜管口或 T 形管口。进油管管壁上不得有与油罐气相空间相通的开口。

4 罐内潜油泵的入油口或通往自吸式加油机管道的罐内底阀,应高于罐底 150mm～200mm。

5 油罐的量油孔应设带锁的量油帽。量油孔下部的接合管宜向下伸至罐内距罐底 200mm 处,并应有检尺时使接合管内液位与罐内液位相一致的技术措施。

6 油罐人孔井内的管道及设备,应保证油罐人孔盖的可拆装性。

7 人孔盖上的接合管与引出井外管道的连接,宜采用金属软管过渡连接(包括潜油泵出油管)。

6.3.8 汽油罐与柴油罐的通气管应分开设置。通气管管口高出地面的高度不应小于 4m。沿(建)构筑物的墙(柱)向上敷设的通气管,其管口应高出建筑物的顶面 1.5m 及以上。通气管管口应设置阻火器。

6.3.9 通气管的公称直径不应小于 50mm。

6.3.10 当加油站采用油气回收系统时,汽油罐的通气管管口除应装设阻火器外,尚应装设呼吸阀。呼吸阀的工作正压宜为 2kPa～3kPa,工作负压宜为 1.5kPa～2kPa。

6.3.11 加油站工艺管道的选用,应符合下列规定:

1 油罐通气管道和露出地面的管道,应采用符合现行国家标准《输送流体用无缝钢管》GB/T 8163 的无缝钢管。

2 其他管道应采用输送流体用无缝钢管或适于输送油品的热塑性塑料管道。所采用的热塑性塑料管道应有质量证明文件。非烃类车用燃料不得采用不导静电的热塑性塑料管道。

3 无缝钢管的公称壁厚不应小于 4mm,埋地钢管的连接应采用焊接。

4 热塑性塑料管道的主体结构层应为无孔隙聚乙烯材料,壁厚不应小于 4mm。埋地部分的热塑性塑料管道应采用配套的专用连接管件电熔连接。

5 导静电热塑性塑料管道导静电衬层的体电阻率应小于 $10^8\Omega\cdot m$,表面电阻率应小于 $10^{10}\Omega$。

6 不导静电热塑性塑料管道主体结构层的介电击穿强度应大于 100kV。

7 柴油尾气处理液加注设备的管道,应采用奥氏体不锈钢管道或能满足输送柴油尾气处理液的其他管道。

6.3.12 油罐车卸油时用的卸油连通软管、油气回收连通软管,应采用导静电耐油软管,其体电阻率应小于 $10^8\Omega\cdot m$,表面电阻率应小于 $10^{10}\Omega$,或采用内附金属丝(网)的橡胶软管。

6.3.13 加油站内的工艺管道除必须露出地面的以外,均应埋地敷设。当采用管沟敷设时,管沟必须用中性沙子或细土填满、填实。

6.3.14 卸油管道、卸油油气回收管道、加油油气回收管道和油罐通气管横管,应坡向埋地油罐。卸油管道的坡度不应小于 2‰,卸油油气回收管道、加油油气回收管道和油罐通气管横管的坡度,不应小于 1‰。

6.3.15 受地形限制,加油油气回收管道坡向油罐的坡度无法满足本规范第 6.3.14 条的要求时,可在管道靠近油罐的位置设置集液器,且管道坡向集液器的坡度不应小于 1‰。

6.3.16 埋地工艺管道的埋设深度不得小于 0.4m。敷设在混凝土场地或道路下面的管道,管顶低于混凝土层下表面不得小于 0.2m。管道周围应回填不小于 100mm 厚的中性沙子或细土。

6.3.17 工艺管道不应穿过或跨越站房等与其无直接关系的建(构)筑物;与管沟、电缆沟和排水沟相交叉时,应采取相应的防护措施。

6.3.18 不导静电热塑性塑料管道的设计和安装,除应符合本规范第 6.3.1 条至第 6.3.17 条的有关规定外,尚应符合下列规定:

1 管道内油品的流速应小于 2.8m/s。

2 管道在人孔井内、加油机底槽和卸油口处未完全埋地的部分,应在满足管道连接要求的前提下,采用最短的安装长度和最少的接头。

6.3.19 埋地钢质管道外表面的防腐设计,应符合现行国家标准《钢质管道外腐蚀控制规范》GB/T 21447 的有关规定。

6.4 橇装式加油装置

6.4.1 橇装式加油装置的油罐内应安装防爆装置。防爆装置采用阻隔防爆装置时,阻隔防爆装置的选用和安装,应按现行行业标准《阻隔防爆橇装式汽车加油(气)装置技术要求》AQ 3002 的有关规定执行。

6.4.2 橇装式加油装置应采用双层钢制油罐。

6.4.3 橇装式加油装置的汽油设备应采用卸油和加油油气回收系统。

6.4.4 双壁油罐应采用检测仪器或其他设施对内罐与外罐之间的空间进行渗漏监测,并应保证内罐与外罐任何部位出现渗漏时均能被发现。

6.4.5 橇装式加油装置的汽油罐应设防晒罩棚或采取隔热措施。

6.4.6 橇装式加油装置四周应设防护围堰或漏油收集池,防护围堰或漏油收集池的有效容量不应小于储罐总容量的 50%。防护围堰或漏油收集池应采用不燃烧实体材料建造,且不应渗漏。

6.5 防渗措施

6.5.1 加油站应按国家有关环境保护标准或政府有关环境保护法规、法令的要求,采取防止油品渗漏的措施。

6.5.2 采取防止油品渗漏保护措施的加油站,其埋地油罐应采用下列之一的防渗方式:

1 单层油罐设置防渗罐池;

2 采用双层油罐。

6.5.3 防渗罐池的设计应符合下列规定:

1 防渗罐池应采用防渗钢筋混凝土整体浇筑,并应符合现行国家标准《地下工程防水技术规范》GB 50108 的有关规定。

2 防渗罐池应根据油罐的数量设置隔池。一个隔池内的油罐不应多于两座。

3 防渗罐池的池壁顶应高于池内罐顶标高,池底宜低于罐底设计标高 200mm,墙面与罐壁之间的间距不应小于 500mm。

4 防渗罐池的内表面应衬玻璃钢或其他材料防渗层。

5 防渗罐池内的空间,应采用中性沙回填。

6 防渗罐池的上部,应采取防止雨水、地表水和外部泄漏油品渗入池内的措施。

6.5.4 防渗罐池的各隔池内应设检测立管,检测立管的设置应符合下列规定:

1 检测立管应采用耐油、耐腐蚀的管材制作,直径宜为 100mm,壁厚不应小于 4mm。

2 检测立管的下端应置于防渗罐池的最低处,上部管口应高出罐区设计地面 200mm(油罐设置在车道下的除外)。

3 检测立管与池内罐顶标高以下范围应为过滤管段。过滤管段应能允许池内任何层面的渗漏液体(油或水)进入检测管,并应能阻止泥沙侵入。

4 检测立管周围应回填粒径为 10mm～30mm 的砾石。

5 检测口应有防止雨水、油污、杂物侵入的保护盖和标识。

6.5.5 装有潜油泵的油罐人孔操作井、卸油口井、加油机底槽等可能发生油品渗漏的部位,也应采取相应的防渗措施。

6.5.6 采取防渗漏措施的加油站,其埋地加油管道应采用双层管道。双层管道的设计,应符合下列规定:

10

1 双层管道的内层管应符合本规范第6.3节的有关规定。

2 采用双层非金属管道时,外层管应满足耐油、耐腐蚀、耐老化和系统试验压力的要求。

3 采用双层钢质管道时,外层管的壁厚不应小于5mm。

4 双层管道系统的内层管与外层管之间的缝隙应贯通。

5 双层管道系统的最低点应设检漏点。

6 双层管道坡向检漏点的坡度,不应小于5‰,并应保证内层管和外层管任何部位出现渗漏均能在检漏点处被发现。

7 管道系统的渗漏检测宜采用在线监测系统。

6.5.7 双层油罐、防渗罐池的渗漏检测宜采用在线监测系统。采用液体传感器监测时,传感器的检测精度不应大于3.5mm。

6.5.8 既有加油站油罐和管道需要更新改造时,应符合本规范第6.5.1条～第6.5.7条的规定。

6.6 自助加油站(区)

6.6.1 自助加油站(区)应明显标示加油车辆引导线,并应在加油站车辆入口和加油岛处设置醒目的"自助"标识。

6.6.2 在加油岛和加油机附近的明显位置,应标示油品类别、标号以及安全警示。

6.6.3 不宜在同一加油车位上同时设置汽油、柴油两种加油功能。

6.6.4 自助加油机除应符合本规范第6.2节的规定外,尚应符合下列规定:

1 应设置消除人体静电装置。

2 应标示自助加油操作说明。

3 应具备音频提示系统,在提起加油枪后可提示油品品种、标号并进行操作指导。

4 加油枪应设置当跌落时即自动停止加油作业的功能,并应具有无压自封功能。

5 应设置紧急停机开关。

6.6.5 自助加油站应设置视频监视系统,该系统应能覆盖加油区、卸油区、人孔井、收银区、便利店等区域。视频设备不应因车辆遮挡而影响监视。

6.6.6 自助加油站的营业室内应设监控系统,该系统应具备下列监控功能:

1 营业员可通过监控系统确认每台自助加油机的使用情况。

2 可分别控制每台自助加油机的加油和停止状态。

3 发生紧急情况可启动紧急切断开关停止所有加油机运行。

4 可与顾客进行单独对话,指导其操作。

5 对整个加油场地进行广播。

6.6.7 经营汽油的自助加油站,应设置加油油气回收系统。

7 LPG加气工艺及设施

7.1 LPG储罐

7.1.1 加气站内液化石油气储罐的设计,应符合下列规定:

1 储罐设计应符合现行国家标准《钢制压力容器》GB 150、《钢制卧式容器》JB 4731和《固定式压力容器安全技术监察规程》TSGR 0004的有关规定。

2 储罐的设计压力不应小于1.78MPa。

3 储罐的出液管道端口接管高度,应按选择的充装泵要求确定。进液管道和液相回流管道宜接入储罐内的气相空间。

7.1.2 储罐根部关闭阀门的设置应符合下列规定:

1 储罐的进液管、液相回流管和气相回流管上应设置止回阀。

2 出液管和卸车用的气相平衡管上宜设过流阀。

7.1.3 储罐的管路系统和附属设备的设置应符合下列规定:

1 储罐必须设置全启封闭式弹簧安全阀。安全阀与储罐之间的管道上应装设切断阀,切断阀在正常操作时应处于铅封开启状态。地上储罐放散管管口应高出储罐操作平台2m及以上,且应高出地面5m及以上。地下储罐的放散管管口应高出地面5m及以上。放散管管口应垂直向上,底部应设排污管。

2 管路系统的设计压力不应小于2.5MPa。

3 在储罐外的排污管上应设两道切断阀,阀间宜设排污箱。在寒冷和严寒地区,从储罐底部引出的排污管的根部管道应加装伴热或保温装置。

4 对储罐内未设置控制阀门的出液管道和排污管道,应在储罐的第一道法兰处配备堵漏装置。

5 储罐应设置检修用的放散管,其公称直径不应小于40mm,并宜与安全阀接管共用一个开孔。

6 过流阀的关闭流量宜为最大工作流量的1.6倍～1.8倍。

7.1.4 LPG罐测量仪表的设置应符合下列规定:

1 储罐必须设置就地指示的液位计、压力表和温度计,以及液位上、下限报警装置。

2 储罐应设置液位上限位控制和压力上限报警装置。

3 在一、二级LPG加气站或合建站内,储罐液位和压力的测量宜设远程监控系统。

7.1.5 **LPG储罐严禁设置在室内或地下室内。在加油加气合建站和城市建成区内的加气站,LPG储罐应埋地设置,且不应布置在车行道下。**

7.1.6 地上LPG储罐的设置应符合下列规定:

1 储罐应集中单排布置,储罐与储罐之间的净距不应小于相邻较大罐的直径。

2 罐组四周应设置高度为1m的防护堤,防护堤内堤脚线至罐壁净距不应小于2m。

3 储罐的支座应采用钢筋混凝土支座,其耐火极限不应低于5h。

7.1.7 埋地LPG储罐的设置应符合下列规定:

1 储罐之间距离不应小于2m,且应采用防渗混凝土墙隔开。

2 直接覆土埋设在地下的LPG储罐罐顶的覆土厚度,不应小于0.5m;罐周围应回填中性细沙,其厚度不应小于0.5m。

3 LPG储罐应采取抗浮措施。

7.1.8 埋地LPG储罐采用地下罐池时,应符合下列规定:

1 罐池内壁与罐壁之间的净距不应小于1m。

2 罐池底和侧壁应采取防渗漏措施,池内应用中性细沙或沙包填实。

3 罐顶的覆盖厚度(含盖板)不应小于 0.5m,周边填充厚度不应小于 0.9m。

4 池底一侧应设排水沟,池底面坡度宜为 3‰。抽水井内的电气设备应符合防爆要求。

7.1.9 储罐应坡向排污端,坡度应为 3‰~5‰。

7.1.10 埋地 LPG 储罐外表面的防腐设计,应符合现行行业标准《石油化工设备和管道涂料防腐蚀设计规范》SH/T 3022 的有关规定,并应采用最高级别防腐绝缘保护层,同时应采取阴极保护措施。在 LPG 储罐根部阀门后,应安装绝缘法兰。

7.2 泵和压缩机

7.2.1 LPG 卸车宜选用卸车泵;LPG 储罐总容积大于 30m³ 时,卸车可选用 LPG 压缩机;LPG 储罐总容积小于或等于 45m³ 时,可由 LPG 槽车上的卸车泵卸车,槽车上的卸车泵宜由站内供电。

7.2.2 向燃气汽车加气应选用充装泵。充装泵的计算流量应依据其所供应的加气枪数量确定。

7.2.3 加气站内所设的卸车泵流量不宜小于 300L/min。

7.2.4 设置在地面上的泵和压缩机,应设置防晒罩棚或泵房(压缩机间)。

7.2.5 LPG 储罐的出液管设置在罐体底部时,充装泵的管路系统设计应符合下列规定:

1 泵的进、出口宜安装长度不小于 0.3m 挠性管或采取其他防振措施。

2 从储罐引至泵进口的液相管道,应坡向泵的进口,且不得有窝存气体的位置。

3 在泵的出口管路上安装回流阀、止回阀和压力表。

7.2.6 LPG 储罐的出液管设在罐体顶部时,抽吸泵的管路系统设计应符合本规范第 7.2.5 条第 1、3 款的规定。

7.2.7 潜液泵的管路系统设计除应符合本规范第 7.2.5 条第 3 款的规定外,还宜在安装潜液泵的筒体下部设置切断阀和过流阀。切断阀应能在罐顶操作。

7.2.8 潜液泵宜设超温自动停泵保护装置。电机运行温度至 45℃时,应自动切断电源。

7.2.9 LPG 压缩机进、出口管道阀门及附件的设置,应符合下列规定:

1 进口管道应设过滤器。

2 出口管道应设止回阀和安全阀。

3 进口管道和储罐的气相之间应设旁通阀。

7.3 LPG 加气机

7.3.1 加气机不得设置在室内。

7.3.2 加气机数量应根据加气汽车数量确定。每辆汽车加气时间可按 3min~5min 计算。

7.3.3 加气机应具有充装和计量功能,其技术要求应符合下列规定:

1 加气系统的设计压力不应小于 2.5MPa。

2 加气枪的流量不应大于 60L/min。

3 加气软管上应设安全拉断阀,其分离拉力宜为 400N~600N。

4 加气机的计量精度不应低于 1.0 级。

5 加气枪的加气嘴应与汽车车载 LPG 储液瓶受气口配套。加气嘴应配置自密封阀,其卸开连接后的液体泄漏量不应大于 5mL。

7.3.4 加气机的液相管道上宜设事故切断阀或过流阀。事故切断阀和过流阀应符合下列规定:

1 当加气机被撞时,设置的事故切断阀应能自行关闭。

2 过流阀关闭流量宜为最大工作流量的 1.6 倍~1.8 倍。

3 事故切断阀或过流阀与充装泵连接的管道应牢固,当加气机被撞时,该管道系统不得受损坏。

7.3.5 加气机附近应设置防撞柱(栏),其高度不应低于 0.5m。

7.4 LPG 管道系统

7.4.1 LPG 管道应选用 10 号、20 号钢或具有同等性能材料的无缝钢管,其技术性能应符合现行国家标准《输送流体用无缝钢管》GB/T 8163 的有关规定。管件应与管子材质相同。

7.4.2 管道上的阀门及其他金属配件的材质宜为碳素钢。

7.4.3 LPG 管道组成件的设计压力不应小于 2.5MPa。

7.4.4 管子与管子、管子与管件的连接应采用焊接。

7.4.5 管道与储罐、容器、设备及阀门的连接,宜采用法兰连接。

7.4.6 管道系统上的胶管应采用耐 LPG 腐蚀的钢丝缠绕高压胶管,压力等级不应小于 6.4MPa。

7.4.7 LPG 管道宜埋地敷设。当需要管沟敷设时,管沟应采用中性沙子填实。

7.4.8 埋地管道应埋设在土壤冰冻线以下,且覆土厚度(管顶至路面)不得小于 0.8m。穿越车行道处,宜加设套管。

7.4.9 埋地管道防腐设计,应符合现行国家标准《钢质管道外腐蚀控制规范》GB/T 21447 的有关规定。

7.4.10 液态 LPG 在管道中的流速,泵前不宜大于 1.2m/s,泵后不应大于 3m/s;气态 LPG 在管道中的流速不宜大于 12m/s。

7.4.11 液化石油气罐的出液管道和连接槽车的液相管道上,应设置紧急切断阀。

7.5 槽车卸车点

7.5.1 连接 LPG 槽车的液相管道和气相管道上应设置安全拉断阀。

7.5.2 安全拉断阀的分离拉力宜为 400N~600N,关断阀与接头的距离不应大于 0.2m。

7.5.3 在 LPG 储罐或卸车泵的进口管道上应设过滤器。过滤器滤网的流通面积不应小于管道截面积的 5 倍,并应能阻止粒度大于 0.2mm 的固体杂质通过。

10

8 CNG加气工艺及设施

8.1 CNG常规加气站和加气母站工艺设施

8.1.1 天然气进站管道宜采取调压或限压措施。天然气进站管道设置调压器时,调压器应设置在天然气进站管道上的紧急关断阀之后。

8.1.2 天然气进站管道上应设计量装置。计量准确度不应低于1.0级。体积流量计量的基准状态,压力应为101.325kPa,温度应为20℃。

8.1.3 进站天然气硫化氢含量不符合现行国家标准《车用压缩天然气》GB 18047的有关规定时,应在站内进行脱硫处理。脱硫系统的设计应符合下列规定:

1 脱硫应在天然气增压前进行。

2 脱硫设备应设在室外。

3 脱硫系统宜设置备用脱硫塔。

4 脱硫设备宜采用固体脱硫剂。

5 脱硫塔前后的工艺管道上应设置硫化氢含量检测取样口,也可设置硫化氢含量在线检测分析仪。

8.1.4 进站天然气含水量不符合现行国家标准《车用压缩天然气》GB 18047的有关规定时,应在站内进行脱水处理。脱水系统的设计应符合下列规定:

1 脱水系统宜设置备用脱水设备。

2 脱水设备宜采用固体吸附剂。

3 脱水设备的出口管道上应设置露点检测仪。

8.1.5 进入压缩机的天然气不应含游离水,含尘量和微尘直径等质量指标应符合所选用的压缩机的有关规定。

8.1.6 压缩机排气压力不应大于25MPa(表压)。

8.1.7 压缩机组进口前应设分离缓冲罐,机组出口后宜设排气缓冲罐。缓冲罐的设置应符合下列规定:

1 分离缓冲罐应设在进气总管上或每台机组的进口位置处。

2 分离缓冲罐内应有凝液捕集分离结构。

3 机组排气缓冲罐宜设置在机组排气除油过滤器之后。

4 天然气在缓冲罐内的停留时间不宜小于10s。

5 分离缓冲罐及容积大于0.3m³的排气缓冲罐,应设压力指示仪表和液位计,并应有超压安全泄放措施。

8.1.8 设置压缩机组的吸气、排气管道时,应避免振动对管道系统、压缩机和建(构)筑物造成有害影响。

8.1.9 天然气压缩机宜单排布置,压缩机房的主要通道宽度不宜小于2m。

8.1.10 压缩机组的运行管理宜采用计算机集中控制。

8.1.11 压缩机的卸载排气不应对外放散,宜回收至压缩机缓冲罐。

8.1.12 压缩机组排出的冷凝液应集中处理。

8.1.13 固定储气设施的额定工作压力应为25MPa。

8.1.14 CNG加气站内所设置的固定储气设施应选用储气瓶或储气井。

8.1.15 此条删除。

8.1.16 储气瓶(组)应固定在独立支架上,地上储气瓶(组)宜卧式放置。

8.1.17 固定储气设施应有积液收集处理措施。

8.1.18 储气井不宜建在地质滑坡带及溶洞等地质构造上。

8.1.19 储气井本体的设计疲劳次数不应小于2.5×10⁴次。

8.1.20 储气井的工程设计和建造,应符合国家现行有关标准的规定。储气井口应便于开启检测。

8.1.20A 储气井应分段设计,埋地部分井筒应符合现行行业标准《套管柱结构与强度设计》SY/T 5724的有关规定,地上部分应符合现行国家标准《压力容器》GB 150.1~GB 150.3的有关规定。

8.1.21 CNG加(卸)气设备设置应符合下列规定:

1 加(卸)气设施不得设置在室内。

2 加(卸)气设备额定工作压力应为20MPa。

3 加气机流量不应大于0.25m³/min(工作状态)。

4 加(卸)气柱流量不应大于0.5m³/min(工作状态)。

5 加气(卸气)枪软管上应设安全拉断阀。加气机安全拉断阀的分离拉力宜为400N~600N,加气卸气柱安全拉断阀的分离拉力宜为600N~900N。软管的长度不应大于6m。

6 加卸气设施应满足工作温度的要求。

8.1.22 储气瓶(组)的管道接口端不宜朝向办公区、加气岛和临近的站外建筑物。不可避免时,储气瓶(组)的管道接口端与办公区、加气岛和临近的站外建筑物之间应设厚度不小于200mm的钢筋混凝土实体墙隔墙,并应符合下列规定:

1 固定储气瓶(组)的管道接口端与办公区、加气岛和临近的站外建筑物之间设置的隔墙,其高度应高于储气瓶(组)顶部1m及以上,隔墙长度应为储气瓶(组)宽度两端各加2m及以上。

2 车载储气瓶组的管道接口端与办公区、加气岛和临近的站外建筑物之间设置的隔墙,其高度应高于储气瓶组拖车的高度1m及以上,长度不应小于车宽两端各加1m及以上。

3 储气瓶(组)管道接口端与站外建筑物之间设置的隔墙,可作为站区围墙的一部分。

8.1.23 加气设施的计量准确度不应低于1.0级。

8.2 CNG加气子站工艺设施

8.2.1 CNG加气子站可采用压缩机增压或液压设备增压的加气工艺,也可采用储气瓶直接通过加气机给CNG汽车加气的工艺。当采用液压设备增压的加气工艺时,液压油不得影响CNG的质量。

8.2.2 采用液压设备增压工艺的CNG加气子站,其液压设备不应使用甲类或乙类可燃液体,液体的操作温度应低于液体的闪点至少5℃。

8.2.3 CNG加气子站的液压设备应采用防爆电气设备,液压设施与站内其他设施的间距可不限。

8.2.4 CNG加气子站储气设施、压缩机、加气机、卸气柱的设置,应符合本规范第8.1节的有关规定。

8.2.5 储气瓶(组)的管道接口端不宜朝向办公区、加气岛和临近的站外建筑物。不可避免时,应符合本规范第8.1.22条的规定。

8.3 CNG工艺设施的安全保护

8.3.1 天然气进站管道上应设置紧急切断阀。可手动操作的紧急切断阀的位置应便于发生事故时能及时切断气源。

8.3.2 站内天然气调压计量、增压、储存、加气各工段,应分段设置切断气源的切断阀。

8.3.3 储气瓶(组)、储气井与加气机或加气柱之间的总管上应设主切断阀。每个储气瓶(井)出口应设切断阀。

8.3.4 储气瓶(组)、储气井进气总管上应设安全阀及紧急放散管、压力表及超压报警器。车载储气瓶组应有与站内工艺安全设施相匹配的安全保护措施,但可不设超压报警器。

8.3.5 加气站内各级管道和设备的设计压力低于来气可能达到的最高压力时,应设置安全阀。安全阀的设置,应符合现行行业标准《固定式压力容器安全技术监察规程》TSGR 0004的有关规定。安全阀的定压 P_0 应符合现行行业标准《固定式压力容器安全技术监察规程》TSG R0004的有关规定外,尚应符合下列公式的规定:

1 当 $P_w \leqslant 1.8MPa$ 时:

$$P_0 = P_w + 0.18 \tag{8.3.5-1}$$

式中：P_0——安全阀的定压(MPa)。

P_w——设备最大工作压力(MPa)。

2 当 1.8MPa<P_w≤4.0MPa 时：

$$P_0 = 1.1P_w \tag{8.3.5-2}$$

3 当 4.0MPa<P_w≤8.0MPa 时：

$$P_0 = P_w + 0.4 \tag{8.3.5-3}$$

4 当 8.0MPa<P_w≤25.0MPa 时：

$$P_0 = 1.05P_w \tag{8.3.5-4}$$

8.3.6 加气站内的所有设备和管道组成件的设计压力,应高于最大工作压力 10%及以上,且不应低于安全阀的定压。

8.3.7 加气站内的天然气管道和储气瓶(组)应设置泄压放空设施,泄压放空设施应采取防堵塞和防冻措施。泄放气体应符合下列规定：

1 一次泄放量大于 500m³(基准状态)的高压气体,应通过放散管迅速排放。

2 一次泄放量大于 2m³(基准状态),泄放次数平均每小时 2 次～3 次以上的操作排放,应设置专用回收罐。

3 一次泄放量小于 2m³(基准状态)的气体可排入大气。

8.3.8 加气站的天然气放散管设置应符合下列规定：

1 不同压力级别系统的放散管宜分别设置。

2 放散管管口应高出设备平台及以管口为中心半径 12m 范围内的建(构)筑物 2m 及以上,且应高出所在地面 5m 及以上。

3 放散管应垂直向上。

8.3.9 压缩机组运行的安全保护应符合下列规定：

1 压缩机出口与第一个截断阀之间应安设安全阀,安全阀的泄放能力不应小于压缩机的安全泄放量。

2 压缩机进、出口应设高、低压报警和高压越限停机装置。

3 压缩机组的冷却系统应设温度报警及停车装置。

4 压缩机组的润滑油系统应设低压报警及停机装置。

8.3.10 CNG 加气站内的设备及管道,凡经增压、输送、储存、缓冲或有较大阻力损失需显示压力的位置,均应设压力测点,并应供压力表拆卸时高压气体泄压的安全泄气孔。压力表量程范围宜为工作压力的 1.5 倍～2 倍。

8.3.11 CNG 加气站内下列位置应设高度不小于 0.5m 的防撞柱(栏)：

1 固定储气瓶(组)或储气井与站内汽车通道相邻一侧。

2 加气机、加气柱和卸气柱的车辆通过侧。

8.3.12 CNG 加气机、加气柱的进气管道上,宜设置防撞事故自动切断阀。

8.4 CNG 管道及其组成件

8.4.1 天然气管道应选用无缝钢管。设计压力低于 4MPa 的天然气管道,应符合现行国家标准《输送流体用无缝钢管》GB/T 8163 的有关规定；设计压力等于或高于 4MPa 的天然气管道,应符合现行国家标准《流体输送用不锈钢无缝钢管》GB/T 14976 或《高压锅炉用无缝钢管》GB 5310 的有关规定。

8.4.2 加气站内与天然气接触的所有设备和管道组成件的材质,应与天然气介质相适应。

8.4.3 站内高压天然气管道宜采用焊接连接,管道与设备、阀门可采用法兰、卡套、锥管螺纹连接。

8.4.4 天然气管道宜埋地或管沟沙敷设,埋地敷设时其管顶距地面不应小于 0.5m。冰冻地区宜敷设在冰冻线以下。室内管道宜采用管沟敷设,管沟应用中性沙填充。

8.4.5 埋地管道防腐设计,应符合现行国家标准《钢质管道外腐蚀控制规范》GB/T 21447 的有关规定。

9 LNG 和 L-CNG 加气工艺及设施

9.1 LNG 储罐、泵和气化器

9.1.1 加气站、加油加气合建站内 LNG 储罐的设计,应符合下列规定：

1 储罐设计应符合现行国家标准《压力容器》GB 150.1～GB 150.4、《固定式真空绝热深冷压力容器》GB/T 18442 和《固定式压力容器安全技术监察规程》TSG R0004 的有关规定。

2 储罐内筒的设计温度不应高于−196℃,设计压力应符合下列公式的规定：

1)当 P_w<0.9MPa 时：

$$P_d \geqslant P_w + 0.18MPa \tag{9.1.1-1}$$

2)当 P_w≥0.9MPa 时：

$$P_d \geqslant 1.2P_w \tag{9.1.1-2}$$

式中：P_d——设计压力(MPa)；

P_w——设备最大工作压力(MPa)。

3 内罐与外罐之间应设绝热层,绝热层应与 LNG 和天然气相适应,并应为不燃材料。外罐外部着火时,绝热层的绝热性能不应明显降低。

9.1.2 在城市中心区内,各类 LNG 加气站及加油加气合建站,应采用埋地 LNG 储罐、地下 LNG 储罐或半地下 LNG 储罐。

9.1.3 非 LNG 橇装设备的地上 LNG 储罐等设备的设置,应符合下列规定：

1 LNG 储罐之间的净距不应小于相邻较大罐的直径的1/2,且不应小于 2m。

2 LNG 储罐组四周应设防护堤,堤内的有效容量不应小于其中 1 个最大 LNG 储罐的容量。防护堤内地面应至少低于周边地面 0.1m,防护堤顶面应至少高出堤内地面 0.8m,且应至少高出堤外地面 0.4m。防护堤内堤脚线至 LNG 储罐外壁的净距不应小于 2m。防护堤应采用不燃烧实体材料建造,应能承受所容纳液体的静压及温度变化的影响,且不应渗漏。防护堤的雨水排放口应有封堵措施。

3 防护堤内不应设置其他可燃液体储罐、CNG 储气瓶(组)或储气井。非明火气化器和 LNG 泵可设置在防护堤内。

9.1.3A 箱式 LNG 橇装设备的设置,应符合下列规定：

1 LNG 橇装设备的主箱体内侧应设拦蓄池,拦蓄池内的有效容量不应小于 LNG 储罐的容量,且拦蓄池侧板的高度不应小于 1.2m,LNG 储罐外壁至拦蓄池侧板的净距不应小于 0.3m。

2 拦蓄池的底板和侧板应采用耐低温不锈钢材料,并应保证拦蓄池有足够的强度和刚度。

3 LNG 橇装设备主箱体应包覆橇体上的设备。主箱体侧板高出拦蓄池侧板以上的部位和箱顶应设置百叶窗,百叶窗应能有效防止雨水淋入箱体内部。

4 LNG 橇装设备的主箱体应采取通风措施,并应符合本规范第 12.1.4 条的规定。

5 箱体材料应为金属材料,不得采用可燃材料。

9.1.4 地下或半地下 LNG 储罐的设置,应符合下列规定：

1 储罐宜采用卧式储罐。

2 储罐应安装在罐池中。罐池应为不燃烧实体防护结构,应能承受所容纳液体的静压及温度变化的影响,且不应渗漏。

3 储罐的外壁距罐池内壁的距离不应小于 1m,同池内储罐的间距不应小于 1.5m。

4 罐池深度大于或等于 2m 时,池壁顶应至少高出罐池外地面 1m。当池壁顶高出罐池外地面 1.5m 及以上时,池壁可设置用不燃烧材料制作的实体门。

5 半地下 LNG 储罐的池壁顶应至少高出罐顶 0.2m。

6 储罐应采取抗浮措施。

7 罐池上方可设置开敞式的罩棚。

9.1.5 储罐基础的耐火极限不应低于 3h。

9.1.6 LNG 储罐阀门的设置应符合下列规定：

1 储罐应设置全启封闭式安全阀，且不应少于 2 个，其中 1 个应为备用。安全阀的设置应符合现行行业标准《固定式压力容器安全技术监察规程》TSG R0004 的有关规定。

2 安全阀与储罐之间应设切断阀，切断阀在正常操作时应处于铅封开启状态。

3 与 LNG 储罐连接的 LNG 管道应设置可远程操作的紧急切断阀。

4 此款删除。

5 LNG 储罐液相管道根部阀门与储罐的连接应采用焊接，阀体材质应与管子材质相适应。

9.1.7 LNG 储罐的仪表设置应符合下列规定：

1 LNG 储罐应设置液位计和高液位报警器。高液位报警器应与进液管道紧急切断阀连锁。

2 LNG 储罐最高液位以上部位应设置压力表。

3 在内罐与外罐之间应设置检测环形空间绝对压力的仪器或检测接口。

4 液位计、压力表应能就地指示，并应将检测信号传送至控制室集中显示。

9.1.8 充装 LNG 汽车系统使用的潜液泵宜安装在泵池内。潜液泵罐的设计应符合本规范第 9.1.1 条的规定。LNG 潜液泵罐的管路系统和附属设备的设置，应符合下列规定：

1 LNG 储罐的底部（外壁）与潜液泵罐的顶部（外壁）的高差，应满足 LNG 潜液泵的性能要求。

2 潜液泵罐的回气管道宜与 LNG 储罐的气相管道接通。

3 潜液泵罐应设置温度和压力检测仪表。温度和压力检测仪表应能就地指示，并应将检测信号传送至控制室集中显示。

4 在泵出口管道上应设置全启封闭式安全阀和紧急切断阀。泵出口宜设置止回阀。

9.1.9 L-CNG 系统采用柱塞泵输送 LNG 时，柱塞泵的设置应符合下列规定：

1 柱塞泵的设置应满足泵吸入压头要求。

2 泵的进、出口管道应设置防震装置。

3 在泵出口管道上应设置止回阀和全启封闭式安全阀。

4 在泵出口管道上应设置压力检测仪表。压力检测仪表应能就地指示，并应将检测信号传送至控制室集中显示。

5 应采取防噪声措施。

9.1.10 气化器的设置应符合下列规定：

1 气化器的选用应符合当地冬季气温条件下的使用要求。

2 气化器的设计压力不应小于最大工作压力的 1.2 倍。

3 高压气化器出口气体温度不应低于 5℃。

4 高压气化器出口应设置温度和压力检测仪表，并应与柱塞泵连锁。温度和压力检测仪表应能就地指示，并应将检测信号传送至控制室集中显示。

9.2 LNG 卸车

9.2.1 连接槽车的卸液管道上应设置切断阀和止回阀，气相管道上应设置切断阀。

9.2.2 LNG 卸车软管应采用奥氏体不锈钢波纹软管，其公称压力不得小于装卸系统工作压力的 2 倍，其最小爆破压力不应小于公称压力的 4 倍。

9.3 LNG 加气区

9.3.1 加气机不得设置在室内。

9.3.2 LNG 加气机应符合下列规定：

1 加气系统的充装压力不应大于汽车车载瓶的最大工作压力。

2 加气机计量误差不宜大于 1.5%。

3 加气机加气软管应设安全拉断阀，安全拉断阀的脱离拉力宜为 400N～600N。

4 加气机配置的软管应符合本规范第 9.2.2 条的规定，软管的长度不应大于 6m。

9.3.3 在 LNG 加气岛上宜配置氮气或压缩空气管吹扫接头，其最小爆破压力不应小于公称压力的 4 倍。

9.3.4 加气机附近应设置防撞（柱）栏，其高度不应小于 0.5m。

9.4 LNG 管道系统

9.4.1 LNG 管道和低温气相管道的设计，应符合下列规定：

1 管道系统的设计压力不应小于最大工作压力的 1.2 倍，且不应小于所连接设备（或容器）的设计压力与静压头之和。

2 管道的设计温度不应高于 -196℃。

3 管道和管件材质采用低温不锈钢。管道应符合现行国家标准《流体输送用不锈钢无缝钢管》GB/T 14976 的有关规定，管件应符合现行国家标准《钢制对焊无缝管件》GB/T 12459 的有关规定。

9.4.2 阀门的选用应符合现行国家标准《低温阀门技术条件》GB/T 24925 的有关规定。紧急切断阀的选用应符合现行国家标准《低温介质用紧急切断阀》GB/T 24918 的有关规定。

9.4.3 远程控制的阀门均应具有手动操作功能。

9.4.4 低温管道所采用的绝热保冷材料应为防潮性能良好的不燃材料或外层为不燃材料，里层为难燃材料的复合绝热保冷材料。低温管道绝热工程应符合现行国家标准《工业设备及管道绝热工程设计规范》GB 50264 的有关规定。

9.4.5 LNG 管道的两个切断阀之间应设置安全阀或其他泄压装置，泄压排放的气体应接入放散管。

9.4.6 LNG 设备和管道的天然气放散应符合下列规定：

1 加气站内宜设集中放散管。LNG 储罐的放散应接入集中放散管，其他设备和管道的放散管宜接入集中放散管。

2 放散管管口应高出 LNG 储罐及以管口为中心半径 12m 范围内的建（构）筑物 2m 及以上，且距地面不应小于 5m。放散管管口不宜设雨罩等影响放散气流垂直向上的装置。放散管底部应有排污措施。

3 低温天然气系统的放散应经加热器加热后放散，放散天然气的温度不宜低于 -107℃。

9.4.7 当 LNG 管道需要采用封闭管沟敷设时，管沟应采用中性沙子填实。

10 消防设施及给排水

10.1 灭火器材配置

10.1.1 加油加气站工艺设备应配置灭火器材，并应符合下列规定：

1 每2台加气机应配置不少于2具4kg手提式干粉灭火器，加气机不足2台应按2台配置。

2 每2台加油机应配置不少于2具4kg手提式干粉灭火器，或1具4kg手提式干粉灭火器和1具6L泡沫灭火器。加油机不足2台应按2台配置。

3 地上LPG储罐、地上LNG储罐、地下和半地下LNG储罐、CNG储气设施，应配置2台不小于35kg推车式干粉灭火器。当两种介质储罐之间的距离超过15m时，应分别配置。

4 地下储罐应配置1台不小于35kg推车式干粉灭火器。当两种介质储罐之间的距离超过15m时，应分别配置。

5 LPG泵和LNG泵、压缩机操作间(棚)，应按建筑面积每50m²配置不少于2具4kg手提式干粉灭火器。

6 一、二级加油站应配置灭火毯5块、沙子2m³；三级加油站应配置灭火毯不少于2块、沙子2m³。加油加气合建站应按同级别的加油站配置灭火毯和沙子。

10.1.2 其余建筑的灭火器配置，应符合现行国家标准《建筑灭火器配置设计规范》GB 50140的有关规定。

10.2 消防给水

10.2.1 加油加气站的LPG设施应设置消防给水系统。

10.2.2 设置有地上LNG储罐的一、二级LNG加气站和地上LNG储罐总容积大于60m³的合建站应设消防给水系统，但符合下列条件之一时可不设消防给水系统：

1 LNG加气站位于市政消火栓保护半径150m以内，且能满足一级站供水量不小于20L/s或二级站供水量不小于15L/s时。

2 LNG储罐之间的净距不小于4m，且在LNG储罐之间设置耐火极限不低于3h钢筋混凝土防火隔墙。防火隔墙顶部高于LNG储罐顶部，长度至两侧护堤，厚度不小于200mm。

3 LNG加气站位于城市建成区以外，且为严重缺水地区；LNG储罐、放散管、储气瓶(组)、卸车点与站外建(构)筑物的安全间距，不小于本规范表4.0.8和表4.0.9规定的安全间距的2倍；LNG储罐之间的净距不小于4m；灭火器材的配置数量在本规范第10.1节规定的基础上增加1倍。

10.2.3 加油站、CNG加气站、三级LNG加气站和采用埋地、地下和半地下LNG储罐的各级LNG加气站及合建站，可不设消防给水系统。合建站中地上LNG储罐总容积不大于60m³时，可不设消防给水系统。

10.2.4 消防给水宜利用城市或企业已建的消防给水系统。当无消防给水系统可依托时，应自建消防给水系统。

10.2.5 LPG、LNG设施的消防给水管道可与站内的生产、生活给水管道合并设置，消防水量应按固定式冷却水量和移动水量之和计算。

10.2.6 LPG设施的消防给水设计应符合下列规定：

1 LPG储罐采用地上设置的加气站，消火栓消防用水量不应小于20L/s；总容积大于50m³的地上LPG的储罐还应设置固定式消防冷却水系统，其冷却水供给强度不应小于0.15L/m²·s，着火罐的供水范围应按其全部表面积计算，距着火罐直径与长度之和0.75倍范围内的相邻储罐的供水范围，可按相邻储罐表面积的一半计算。

2 采用埋地LPG储罐的加气站，一级站消火栓消防用水量不应小于15L/s；二级站和三级站消火栓消防用水量不应小于10L/s。

3 LPG储罐地上布置时，连续给水时间不应少于3h；LPG储罐埋地敷设时，连续给水时间不应少于1h。

10.2.7 按本规范第10.2.2条规定应设消防给水系统的LNG加气站及加油加气合建站，其消防给水设计应符合下列规定：

1 一级站消火栓消防用水量不应小于20L/s，二级站消火栓消防用水量不应小于15L/s。

2 连续给水时间不应少于2h。

10.2.8 消防水泵宜设2台。当设2台消防水泵时，可不设备用泵。当计算消防用水量超过35L/s时，消防水泵应设双动力源。

10.2.9 LPG设施的消防给水系统利用城市消防给水管道时，室外消火栓与LPG储罐的距离宜为30m～50m。三级站的LPG储罐距市政消火栓不大于80m，且市政消火栓给水压力大于0.2MPa时，站内可不设消火栓。

10.2.10 固定式消防喷淋冷却水的喷头出口处给水压力不应小于0.2MPa。移动式消防水枪出口处给水压力不应小于0.2MPa，并应采用多功能水枪。

10.3 给排水系统

10.3.1 加油加气站设置的水冷式压缩机系统的压缩机冷却水供给，应满足压缩机的水量、水质要求，且宜循环使用。

10.3.2 加油加气站的排水应符合下列规定：

1 站内地面雨水可散流排出站外。当雨水由明沟排到站外时，应在围墙内设置水封装置。

2 加油站、LPG加气站或加油与LPG加气合建站排出建筑物或围墙的污水，在建筑物墙外或围墙内应分别设水封井(独立的生活污水除外)。水封井的水封高度不应小于0.25m；水封井应设沉泥段，沉泥段高度不应小于0.25m。

3 清洗油품的污水应集中收集处理，不应直接进入排水管道。LPG储罐的排污(排水)应采用活动式回收桶集中收集处理，不应直接接入排水管道。

4 排出站外的污水应符合国家现行有关污水排放标准的规定。

5 加油站、LPG加气站，不应采用暗沟排水。

11 电气、报警和紧急切断系统

11.1 供配电

11.1.1 加油加气站的供配电负荷等级可为三级,信息系统应设不间断供电电源。

11.1.2 加油站、LPG 加气站、加油和 LPG 加气合建站的供电电源,宜采用电压为 380/220V 的外接电源;CNG 加气站、LNG 加气站、L－CNG 加气站、加油和 CNG(或 LNG 加气站、L－CNG 加气站)加气合建站的供电电源,宜采用电压为 6/10kV 的外接电源。加油加气站的供电系统应设独立的计量装置。

11.1.3 加油站、加气站及加油加气合建站的消防泵房、罩棚、营业室、LPG 泵房、压缩机间等处,均应设事故照明。

11.1.4 当引用外电源有困难时,加油加气站可设置小型内燃发电机组。内燃机的排烟管口,应安装阻火器。排烟管口至各爆炸危险区域边界的水平距离,应符合下列规定:

 1 排烟口高出地面 4.5m 以下时,不应小于 5m。

 2 排烟口高出地面 4.5m 及以上时,不应小于 3m。

11.1.5 加油加气站的电力线路宜采用电缆并直埋敷设。电缆穿越行车道部分,应穿钢管保护。

11.1.6 当采用电缆沟敷设电缆时,加油加气作业区内的电缆沟内必须充沙填实。电缆不得与油品、LPG、LNG 和 CNG 管道以及热力管道敷设在同一沟内。

11.1.7 爆炸危险区域内的电气设备选型、安装、电力线路敷设等,应符合现行国家标准《爆炸和火灾危险环境电力装置设计规范》GB 50058 的有关规定。

11.1.8 加油加气站内爆炸危险区域以外的照明灯具,可选用非防爆型。罩棚下处于非爆炸危险区域的灯具,应选用防护等级不低于 IP 44 级的照明灯具。

11.2 防雷、防静电

11.2.1 钢制油罐、LPG 储罐、LNG 储罐和 CNG 储气瓶(组)必须进行防雷接地,接地点不应少于两处。CNG 加气母站和 CNG 加气子站的车载 CNG 储气瓶组拖车停放场地,应设两处临时用固定防雷接地装置。

11.2.2 加油加气站的电气接地应符合下列规定:

 1 防雷接地、防静电接地、电气设备的工作接地、保护接地及信息系统的接地等,宜共用接地装置,其接地电阻应按其中接地电阻值要求最小的接地电阻值确定。

 2 当各单独设置接地装置时,油罐、LPG 储罐、LNG 储罐和 CNG 储气瓶(组)的防雷接地装置的接地电阻,配线电缆金属外皮两端和保护钢管两端的接地装置的接地电阻,不应大于 10Ω,电气系统的工作和保护接地电阻不应大于 4Ω,地上油品、LPG、CNG 和 LNG 管道始、末端和分支处的接地装置的接地电阻,不应大于 30Ω。

11.2.3 当 LPG 储罐的阴极防腐符合下列规定时,可不另设防雷和防静电接地装置:

 1 LPG 储罐采用牺牲阳极法进行阴极防腐时,牺牲阳极的接地电阻不应大于 10Ω,阳极与储罐的铜芯连线横截面不应小于 16mm²;

 2 LPG 储罐采用强制电流法进行阴极防腐时,接地电极应采用锌棒或镁锌复合棒,其接地电阻不应大于 10Ω,接地电极与储罐的铜芯连线横截面不应小于 16mm²。

11.2.4 埋地钢制油罐、埋地 LPG 储罐和埋地 LNG 储罐,以及非金属油罐顶部的金属部件和罐内的各金属部件,应与非埋地部分的工艺金属管道相互做电气连接并接地。

11.2.5 加油加气站内油气放散管在接入全站共用接地装置后,可不单独做防雷接地。

11.2.6 当加油加气站内的站房和罩棚等建筑物需要防直击雷时,应采用避雷带(网)保护。当罩棚采用金属屋面时,宜利用屋面作为接闪器,但应符合下列规定:

 1 板间的连接应是持久的电气贯通,可采用铜锌合金焊、熔焊、卷边压接、缝接、螺钉或螺栓连接。

 2 金属板下面不应有易燃物品,热镀锌钢板的厚度不应小于 0.5mm,铝板的厚度不应小于 0.65mm,锌板的厚度不应小于 0.7mm。

 3 金属板应无绝缘被覆层。

 注:薄的油漆保护层或 1mm 厚沥青层或 0.5mm 厚聚氯乙烯层均不属于绝缘被覆层。

11.2.7 加油加气站的信息系统应采用铠装电缆或导线穿钢管配线。配线电缆金属外皮两端、保护钢管两端均应接地。

11.2.8 加油加气站信息系统的配电线路首、末端与电子器件连接时,应装设与电子器件耐压水平相适应的过电压(电涌)保护器。

11.2.9 380/220V 供配电系统宜采用 TN—S 系统,当外供电源为 380V 时,可采用 TN—C—S 系统。供电系统的电缆金属外皮或电缆金属保护管两端均应接地,在供配电系统的电源端应安装与设备耐压水平相适应的过电压(电涌)保护器。

11.2.10 地上或管沟敷设的油品管道、LPG 管道、LNG 管道和 CNG 管道,应设防静电和防感应雷的共用接地装置,其接地电阻不应大于 30Ω。

11.2.11 加油加气站的汽油罐车、LPG 罐车和 LNG 罐车卸车场地,应设卸车或卸气时用的防静电接地装置,并应设置能检测跨接线及监视接地装置状态的静电接地仪。

11.2.12 在爆炸危险区域内工艺管道上的法兰、胶管两端等连接处,应用金属线跨接。当法兰的连接螺栓不少于 5 根时,在非腐蚀环境下可不跨接。

11.2.13 油罐车卸油用的卸油软管、油气回收软管与两端接头,应保证可靠的电气连接。

11.2.14 采用导静电的热塑性塑料管道时,导电内衬应接地;采用不导电的热塑性塑料管道时,不埋地部分的热熔连接件应保证长期可靠的接地,也可采用专用的密封帽将连接管件的电熔插孔密封,管道或接头的其他导电部件也应接地。

11.2.15 防静电接地装置的接地电阻不应大于 100Ω。

11.2.16 油品罐车、LPG 罐车、LNG 罐车卸车场地内用于防静电跨接的固定接地装置,不应设置在爆炸危险 1 区。

11.3 充电设施

11.3.1 户外安装的充电设备的基础应高于所在地坪 200mm。

11.3.2 户外安装的直流充电机、直流充电桩和交流充电桩的防护等级应为 IP 54。

11.3.3 直流充电机、直流或交流充电桩与站内汽车通道(或充电车位)相邻一侧,应设置车挡或防撞(柱)栏,防撞(柱)栏的高度不应小于 0.5m。

11.4 报警系统

11.4.1 加气站、加油加气合建站应设置可燃气体检测报警系统。

11.4.2 加气站、加油加气合建站内设置有 LPG 设备、LNG 设备的场所和设置有 CNG 设备(包括罐、瓶、泵、压缩机等)的房间内、罩棚下,应设置可燃气体检测器。

11.4.3 可燃气体检测器一级报警设定值应小于或等于可燃气体爆炸下限的 25%。

11.4.4 LPG 储罐和 LNG 储罐应设置液位上限、下限报警装置和压力上限报警装置。

11.4.5 报警器宜集中设置在控制室或值班室内。

11.4.6 报警系统应配有不间断电源。

11.4.7 可燃气体检测器和报警器的选用和安装,应符合现行国家标准《石油化工可燃气体和有毒气体检测报警设计规范》GB 50493 的有关规定。

11.4.8 LNG 泵应设超温、超压自动停泵保护装置。

11.5　紧急切断系统

11.5.1 加油加气站应设置紧急切断系统,该系统应能在事故状态下迅速切断加油泵、LPG 泵、LNG 泵、LPG 压缩机、CNG 压缩机的电源和关闭重要的 LPG、CNG、LNG 管道阀门。紧急切断系统应具有失效保护功能。

11.5.2 加油泵、LPG 泵、LNG 泵、LPG 压缩机、CNG 压缩机的电源和加气站管道上的紧急切断阀,应能由手动启动的远程控制切断系统操纵关闭。

11.5.3 紧急切断系统应至少在下列位置设置启动开关:

　　1 距加气站卸车点 5m 以内。

　　2 在加油加气现场工作人员容易接近的位置。

　　3 在控制室或值班室内。

11.5.4 紧急切断系统应只能手动复位。

12　采暖通风、建(构)筑物、绿化

12.1　采暖通风

12.1.1 加油加气站内的各类房间应根据站场环境、生产工艺特点和运行管理需要进行采暖设计。采暖房间的室内计算温度不宜低于表 12.1.1 的规定。

表 12.1.1　采暖房间的室内计算温度

房间名称	室内计算温度(℃)
营业室、仪表控制室、办公室、值班休息室	18
浴室、更衣室	25
卫生间	12
压缩机间、调压间、可燃液体泵房、发电间	12
消防器材间	5

12.1.2 加油加气站的采暖宜利用城市、小区或邻近单位的热源。无利用条件时,可在加油加气站内设置锅炉房。

12.1.3 设置在站房内的热水锅炉房(间),应符合下列规定:

　　1 锅炉宜选用额定供热量不大于 140kW 的小型锅炉。

　　2 当采用燃煤锅炉时,宜选用具有除尘功能的自然通风型锅炉。锅炉烟囱出口应高出屋顶 2m 及以上,且应采取防止火星外逸的有效措施。

　　3 当采用燃气热水器采暖时,热水器应设有排烟系统和熄火保护等安全装置。

12.1.4 加油加气站内,爆炸危险区域内的房间或箱体应采取通风措施,并应符合下列规定:

　　1 采用强制通风时,通风设备的通风能力在工艺设备工作期间应按每小时换气 12 次计算,在工艺设备非工作期间应按每小时

换气 5 次计算。通风设备应防爆,并应与可燃气体浓度报警器联锁。

　　2 采用自然通风时,通风口总面积不应小于 300cm²/m²(地面),通风口不应少于 2 个,且应靠近可燃气体积聚的部位设置。

12.1.5 加油加气站室内外采暖管道宜直埋敷设,当采用管沟敷设时,管沟应充沙填实,进出建筑物处应采取隔断措施。

12.2　建(构)筑物

12.2.1 加油加气作业区内的站房及其他附属建筑物的耐火等级不应低于二级。当罩棚顶棚的承重构件为钢结构时,其耐火极限可为 0.25h。

12.2.2 汽车加油、加气场地宜设罩棚,罩棚的设计应符合下列规定:

　　1 罩棚应采用不燃烧材料建造。

　　2 进站口无限高措施时,罩棚的净空高度不应小于 4.5m;进站口有限高措施时,罩棚的净空高度不应小于限高高度。

　　3 罩棚遮盖加油机、加气机的平面投影距离不宜小于 2m。

　　4 罩棚设计应计算活荷载、雪荷载、风荷载,其设计标准值应符合现行国家标准《建筑结构荷载规范》GB 50009 的有关规定。

　　5 罩棚的抗震设计应按现行国家标准《建筑抗震设计规范》GB 50011 的有关规定执行。

　　6 设置于 CNG 设备和 LNG 设备上方的罩棚,应采用避免天然气积聚的结构形式。

12.2.3 加油岛、加气岛的设计应符合下列规定:

　　1 加油岛、加气岛应高出停车位的地坪 0.15m ～0.2m。

　　2 加油岛、加气岛两端的宽度不应小于 1.2m。

　　3 加油岛、加气岛上的罩棚立柱边缘距岛端部,不应小于 0.6m。

12.2.4 布置有可燃液体或可燃气体设备的建筑物的门窗应向外开启,并应按现行国家标准《建筑设计防火规范》GB 50016 的有关规定采取泄压措施。

12.2.5 布置有 LPG 或 LNG 设备的房间的地坪应采用不发生火花地面。

12.2.6 加气站的 CNG 储气瓶(组)间宜采用开敞式或半开敞式钢筋混凝土结构或钢结构。屋面应用不燃烧轻质材料建造。储气瓶(组)管道接口端朝向的墙为厚度不小于 200mm 的钢筋混凝土实体墙。

12.2.7 加油加气站内的工艺设备,不宜布置在封闭的房间或箱体内;工艺设备(不包括本规范要求埋地设置的油罐和 LPG 储罐)需要布置在封闭的房间或箱体内时,房间或箱体内应设置可燃气体检测报警器和强制通风设备,并应符合本规范第 12.1.4 条的规定。

12.2.8 当压缩机间与值班室、仪表间相邻时,值班室、仪表间的门窗应位于爆炸危险区范围之外,且与压缩机间的中间隔墙应为无门窗洞口的防火墙。

12.2.9 站房可由办公室、值班室、营业室、控制室、变配电间、卫生间和便利店等组成,站房内可设非明火餐厨设备。

12.2.10 站房的一部分位于加油加气作业区内时,该站房的建筑面积不宜超过 300m²,且该站房内不得有明火设备。

12.2.11 辅助服务区内建筑物的面积不应超过本规范附录 B 中三类保护物标准,其消防设计应符合现行国家标准《建筑设计防火规范》GB 50016 的有关规定。

12.2.12 站房可与设置在辅助服务区内的餐厅、汽车服务、锅炉房、厨房、员工宿舍、司机休息室等设施合建,但站房与餐厅、汽车服务、锅炉房、厨房、员工宿舍、司机休息室等设施之间,应设置无门窗洞口且耐火极限不低于 3h 的实体墙。

12.2.13 站房可设在站外民用建筑物内或与站外民用建筑物合建,并应符合下列规定:

1 站房与民用建筑物之间不得有连接通道。

2 站房应单独开设通向加油加气站的出入口。

3 民用建筑物不得有直接通向加油加气站的出入口。

12.2.14 当加油加气站内的锅炉房、厨房等有明火设备的房间与工艺设备之间的距离符合表5.0.13的规定但小于或等于25m时,其朝向加油加气作业区的外墙应为无门窗洞口且耐火极限不低于3h的实体墙。

12.2.15 加油加气站内不应建地下和半地下室。

12.2.16 位于爆炸危险区域内的操作井、排水井,应采取防渗漏和防火花发生的措施。

12.3 绿 化

12.3.1 加油加气站作业区内不得种植油性植物。

12.3.2 LPG加气站作业区内不应种植树木和易造成可燃气体积聚的其他植物。

13 工程施工

13.1 一般规定

13.1.1 承建加油加气站建筑工程的施工单位应具有建筑工程的相应资质。

13.1.2 承建加油加气站安装工程的施工单位应具有安装工程的相应资质。从事锅炉、压力容器及压力管道安装、改造、维修的单位,应取得相应的特种设备许可证。

13.1.3 从事锅炉、压力容器和压力管道焊接的焊工,应按现行行业标准《特种设备焊接操作人员考核细则》TSG Z6002的有关规定,取得与所从事的焊接工作相适应的焊工合格证。

13.1.4 无损检测人员应取得相应的资格。

13.1.5 加油加气站工程施工应按工程设计文件及工艺设备、电气仪表的产品使用说明书进行,需修改设计或材料代用时,应有原设计单位变更设计的书面文件或经原设计单位同意的设计变更书面文件。

13.1.6 施工单位应编制施工方案,并应在施工前进行设计交底和技术交底。施工方案宜包括下列内容:

1 工程概况。

2 施工部署。

3 施工进度计划。

4 资源配置计划。

5 主要施工方法和质量标准。

6 质量保证措施和安全保证措施。

7 施工平面布置。

8 施工记录。

13.1.7 施工用设备、检测设备性能应可靠,计量器具应经过检定,处于合格状态,并应在有效检定期内。

13.1.8 加油加气施工应做好施工记录,其中隐蔽工程施工记录应有建设或监理单位代表确认签字。

13.1.9 当在敷设有地下管道、线缆的地段进行土石方作业时,应采取安全施工措施。

13.1.10 施工中的安全技术和劳动保护,应按现行国家标准《石油化工建设工程施工安全技术规范》GB 50484的有关规定执行。

13.2 材料和设备检验

13.2.1 材料和设备的规格、型号、材质等应符合设计文件的要求。

13.2.2 材料和设备应具有有效的质量证明文件,并应符合下列规定:

1 材料质量证明文件的特性数据应符合相应产品标准的规定。

2 "压力容器产品质量证明书"应符合现行行业标准《固定式压力容器安全技术监察规程》TSG R0004的有关规定,且应有"锅炉压力容器产品安全性能监督检验证书"。

3 气瓶应具有"产品合格证和批量检验质量证明书",且应有"锅炉压力容器产品安全性能监督检验证书"。

4 压力容器应按现行国家标准《压力容器》GB 150.4的有关规定进行检验与验收;LNG储罐还应按现行国家标准《低温绝热压力容器》GB 18442的有关规定进行检验与验收。

5 油罐等常压容器应按设计文件要求和现行行业标准《钢制焊接常压容器》NB/T 47003.1的有关规定进行检验与验收。

6 储气井应取得"压力容器(储气井)产品安全性能监督检验证书"后投入使用。

7 可燃介质阀门应按现行行业标准《石油化工钢制通用阀门选用、检验及验收》SH/T 3064的有关规定进行检验与验收。

8 进口设备尚应有商检部门出具的进口设备商检合格证。

13.2.3 计量仪器应经过检定,处于合格状态,并应在有效检定期内。

13.2.4 设备的开箱检验,应由有关人员参加,并应按装箱清单进行下列检查:

1 应核对设备的名称、型号、规格、包装箱号、箱数,并应检查包装状况。

2 应检查随机技术资料及专用工具。

3 应对主机、附属设备及零、部件进行外观检查,并应核实零、部件的品种、规格、数量等。

4 检验后应提交有签字的检验记录。

13.2.5 可燃介质管道的组成件应有产品标识,并应按现行国家标准《石油化工金属管道工程施工质量验收规范》GB 50517的有关规定进行检验。

13.2.6 油罐在安装前应进行下列检查:

1 钢制油罐应进行压力试验,试验用压力表精度不应低于2.5级,试验介质应为温度不低于5℃的洁净水,试验压力应为0.1MPa。升压至0.1MPa后,应停压10min,然后降至0.08MPa,再停压30min,应以不降压、无泄漏和无变形为合格。压力试验后,应及时清除罐内的积水及焊渣等污物。

2 双层油罐内层与外层之间的间隙,应以35kPa空气静压进行正压或真空度渗漏检测,持压30min,不降压、无泄漏为合格。

3 双层油罐内层与外层的夹层,应以34.5kPa进行水压或气压试验或以 18kPa 进行真空试验。持压 1h，应以不降压、无泄漏为合格。

4 油罐在制造厂已进行压力试验并有压力试验合格报告，并经现场外观检查罐体无损伤，且双层油罐内外层之间的间隙持压符合本条第 2 款的要求时，施工现场可不进行压力试验。

13.2.7 LPG 储罐、LNG 储罐和 CNG 储气瓶(含瓶口阀)安装前，应检查确认内部无水、油和焊渣等污物。

13.2.8 当材料和设备有下列情况之一时，不得使用：

1 质量证明文件特性数据不全或对其数据有异议的。

2 实物标识与质量证明文件标识不符的。

3 要求复验的材料未进行复验或复验后不合格的。

4 不满足设计或国家现行有关产品标准和本规范要求的。

13.2.9 属下列情况之一的储罐，应根据国家现行有关标准和本规范第 6.1 节的规定，进行技术鉴定合格后再使用：

1 旧罐复用及出厂存放时间超过 2 年的。

2 有明显变形、锈蚀或其他缺陷的。

3 对质量有异议的。

13.2.10 埋地油罐的罐体质量检验应在油罐就位前进行，并有记录，质量检验应包括下列内容：

1 油罐直径、壁厚、公称容量。

2 出厂日期和使用记录。

3 腐蚀情况及技术鉴定合格报告。

4 压力试验合格报告。

13.3 土 建 工 程

13.3.1 工程测量应按现行国家标准《工程测量规范》GB 50026 的有关规定进行。施工过程中应对平面控制桩、水准点等测量成果进行检查和复测，并应对水准点和标桩采取保护措施。

13.3.2 进行场地平整和土方开挖回填作业时，应采取防止地表水或地下水流入作业区的措施。排水出口应设置在远离建筑物的低洼地点，并应保证排水畅通。排水暗沟的出水口处应采取防止冻结的措施。临时排水设施应待地下工程土方回填完毕后再拆除。

13.3.3 在地下水位以下开挖土方时，应采取防止周围建(构)筑物产生附加沉降的措施。

13.3.4 当设计文件无要求时，场地平土应以不小于 2‰ 的坡度坡向排水沟。

13.3.5 土方工程应按现行国家标准《建筑地基基础工程施工质量验收规范》GB 50202 的有关规定进行验收。

13.3.6 混凝土设备基础模板、钢筋和混凝土工程施工，除应符合现行行业标准《石油化工设备混凝土基础工程施工及质量验收规范》SH/T 3510 的有关规定外，尚应符合下列规定：

1 拆除模板时基础混凝土达到的强度，不应低于设计强度的 40%。

2 钢筋的混凝土保护层厚度允许偏差应为 ±10mm。

3 设备基础的工程质量应符合下列规定：

  1)基础混凝土不得有裂缝、蜂窝、露筋等缺陷；

  2)基础周围土方应夯实、整平；

  3)螺栓应无损坏、腐蚀，螺栓预留孔和预留洞中的积水、杂物应清理干净；

  4)设备基础应标出轴线和标高，基础的允许偏差应符合表 13.3.6 的规定；

  5)由多个独立基础组成的设备基础，各个基础间的轴线、标高等的允许偏差应按表 13.3.6 的规定检查。

表 13.3.6 块体式设备基础的允许偏差(mm)

项次	项 目		允许偏差
1	轴线位置		20
2	不同平面的标高(不计表面灌浆层厚度)		0 / −20
3	平面外形尺寸		±20
4	凸台上平面外形尺寸		0 / −20
5	凹穴平面尺寸		+20 / 0
6	平面度(包括地坪上需安装设备部分)	每米	5
		全长	10
7	侧面垂直度	每米	5
		全高	10
8	预埋地脚螺栓	标高(顶端)	+10 / 0
		螺栓中心圆直径	±5
		中心距(在根部和顶部两处测量)	±2
9	地脚螺栓预留孔	中心线位置	10
		深度	+20 / 0
		孔中心线铅垂度	10
10	预埋件	标高(平面)	+5 / 0
		中心线位置	10
		水平度	10

4 基础交付设备安装时，混凝土强度不应低于设计强度的 75%。

5 当对设备基础有沉降量要求时，应在找正、找平及底座二次灌浆完成并达到规定强度后，按下列程序进行沉降观测，应以基础均匀沉降且 6d 内累计沉降量不大于 12mm 为合格：

  1)设置观测基准点和液位观测标识；

  2)按设备容积的 1/3 分期注水，每期稳定时间不得少于 12h；

  3)设备充满水后，观测时间不得少于 6d。

13.3.7 站房及其他附属建筑物的基础、构造柱、圈梁、模板、钢筋、混凝土，以及砖石工程等的施工，应符合现行国家标准《建筑地基基础工程施工质量验收规范》GB 50202、《砌体工程施工质量验收规范》GB 50203 和《混凝土结构工程施工质量验收规范》GB 50204 的有关规定。

13.3.8 防渗混凝土的施工应符合现行国家标准《地下工程防水技术规范》GB 50108 的有关规定。防渗罐池施工应符合现行行业标准《石油化工混凝土水池工程施工及验收规范》SH/T 3535 的有关规定。

13.3.9 站房及其他附属建筑物的屋面工程、地面工程和建筑装饰工程的施工，应符合现行国家标准《屋面工程质量验收规范》GB 50207、《建筑地面工程施工质量验收规范》GB 50209 和《建筑装饰装修工程质量验收规范》GB 50210 的有关规定。

13.3.10 钢结构的制作、安装应符合现行国家标准《钢结构工程施工质量验收规范》GB 50205 的有关规定。建筑物和钢结构的防火涂层的施工，应符合设计文件与产品使用说明书的要求。

13.3.11 站区建筑物的采暖和给排水施工，应按现行国家标准《建筑给水排水及采暖工程施工质量验收规范》GB 50242 的有关规定进行验收。

13.3.12 站区混凝土地面施工，应符合国家现行标准《公路路基施工技术规范》JTG F10、《公路路面基层施工技术规范》JTJ 034 和《水泥混凝土路面施工及验收规范》GBJ 97 的有关规定，并应按地基土回填夯实、垫层铺设、面层施工的工序进行控制，上道工序未经检查验收合格，下道工序不得施工。

13.4 设备安装工程

13.4.1 加油加气站工程所用的静设备宜在制造厂整体制造。

13.4.2 静设备的安装应符合现行国家标准《石油化工静设备安装工程施工质量验收规范》GB 50461 的有关规定。安装允许偏差应符合表 13.4.2 的规定。

表 13.4.2　静设备安装允许偏差(mm)

检查项目		偏差值
中心线位置		5
标高		±5
储罐水平度	轴向	L/1000
	径向	2D/1000
塔器垂直度		H/1000
塔器方位(沿底座环圆周测量)		10

注：D 为静设备外径；L 为卧式储罐长度；H 为立式塔器高度。

13.4.3 油罐和液化石油气罐安装就位后，应按本规范第 13.3.6 条第 5 款的规定进行注水沉降。

13.4.4 静设备封孔前应清除内部的泥沙和杂物，并应经建设或监理单位代表检查确认后再封闭。

13.4.5 CNG 储气瓶(组)的安装应符合设计文件的要求。

13.4.6 CNG 储气井的建造除应符合现行行业标准《高压气地下储气井》SY/T 6535 的有关规定外，尚应符合下列规定：

　　1 储气井井筒与地层之间的环形空隙应采用硅酸盐水泥全井段填充，固井水泥浆应返出地面，且填充的水泥浆的体积不应小于空隙的理论计算体积，其密度不应小于 1650kg/m³。

　　2 储气井应根据所处环境条件进行防腐蚀设计及处理。

　　3 储气井组宜在井口装置下端面至地下埋深不小于 1.5m、以井口中心点为中心且半径不小于 1m 的范围内，采用 C30 钢筋混凝土进行加强固定。

　　4 储气井的钻井和固井施工应由具有相应资质的工程监理单位进行过程监理，并应取得“工程质量监理评估报告”。

　　5 储气井地上部分的建造、检验和验收，尚应符合现行国家标准《压力容器》GB 150.4 的有关规定。

13.4.7 LNG 储罐在预冷前罐内应进行干燥处理，干燥后储罐内气体的露点不应高于 −20℃。

13.4.8 加油机、加气机安装应按产品使用说明书的要求进行，并应符合下列规定：

　　1 安装完毕，应按产品使用说明书的规定预通电，并应进行整机的试机工作。在初次上电前应再次检查确认下列事项符合要求：

　　1)电源线已连接好；

　　2)管道上各接口已按设计文件要求连接完毕；

　　3)管道内污物已清除。

　　2 加气枪应进行加气充装泄漏测试，测试压力应按设计压力进行。测试不得少于 3 次。

　　3 试机时不得以水代油(气)试验整机。

13.4.9 机械设备安装应符合现行国家标准《机械设备安装工程施工及验收通用规范》GB 50231 的有关规定。

13.4.10 压缩机与泵的安装应符合现行国家标准《风机、压缩机、泵安装工程施工及验收规范》GB 50275 的有关规定。

13.4.11 压缩机在空气负荷试运转中，应进行下列各项检查和记录：

　　1 润滑油的压力、温度和各部位的供油情况。

　　2 各级吸、排气的温度和压力。

　　3 各级进、排水的温度、压力和冷却水的供应情况。

　　4 各级吸、排气阀的工作应无异常现象。

　　5 运动部件应无异常响声。

　　6 连接部位应无漏气、漏油或漏水现象。

　　7 连接部位应无松动现象。

　　8 气量调节装置应灵敏。

　　9 主轴承、滑道、填函等主要摩擦部位的温度。

　　10 电动机的电流、电压、温升。

　　11 自动控制装置应灵敏、可靠。

13.4.12 压缩机空气负荷试运转后，应清洗油过滤器并更换润滑油。

13.5 管道工程

13.5.1 与储罐连接的管道应在储罐安装就位并经注水或承重沉降试验稳定后进行安装。

13.5.2 热塑性塑料管道安装完后，埋地部分的管道应将管件上电熔连接的通电插孔用专用密封帽或绝缘材料密封。非埋地部分的管道应按本规范第 11.2.14 条的规定执行。

13.5.3 在安装带静电内衬的热塑性塑料管道时，应确保各连接部位电气连通，并应在管道安装完后或覆土前，对非金属管道做电气连通测试。

13.5.4 可燃介质管道焊缝外观应成型良好，与母材圆滑过度，宽度宜为每侧盖过坡口 2mm，焊接接头表面质量应符合下列规定：

　　1 不得有裂纹、未熔合、夹渣、飞溅存在。

　　2 CNG 和 LNG 管道焊缝不得有咬肉，其他管道焊缝咬肉深度不应大于 0.5mm，连续咬肉长度不应大于 100mm，且焊缝两侧咬肉总长不应大于焊缝全长的 10%。

　　3 焊缝表面不得低于管道表面，焊缝余高不应大于 2mm。

13.5.5 可燃介质管道焊接接头无损检测方法应符合设计文件要求，缺陷等级评定应符合现行行业标准《承压设备无损检测》JB/T 4730.1～JB/T 4730.6 的有关规定，并应符合下列规定：

　　1 射线检测时，射线检测技术等级不得低于 AB 级，管道焊接接头的合格标准，应符合下列规定：

　　1)LPG、LNG 和 CNG 管道Ⅱ级应判为合格；

　　2)油品和油气管道Ⅲ级应判为合格。

　　2 超声波检测时，管道焊接接头的合格标准，应符合下列规定：

　　1)LPG、LNG 和 CNG 管道Ⅰ级应判为合格；

　　2)油品和油气管道Ⅱ级应判为合格。

　　3 当射线检测改用超声波检测时，应征得设计单位同意并取得证明文件。

13.5.6 每名焊工施焊焊接接头射线或超声波检测百分率，应符合下列规定：

　　1 油品管道焊接接头，不得低于 10%。

　　2 LPG 管道焊接接头，不得低于 20%。

　　3 CNG 和 LNG 管道焊接接头，应为 100%。

　　4 固定焊的焊接接头不得少于检测数量的 40%，且不应少于 1 个。

13.5.7 可燃介质管道焊接接头抽样检验，有不合格时，应按该焊工的不合格数加倍检验，仍有不合格时应全部检验。同一个不合格焊缝返修次数，碳钢管道不得超过 3 次，其他金属管道不得超过 2 次。

13.5.8 可燃介质管道上流量计孔板上、下游直管的长度，应符合设计文件要求，且设计文件要求的直管长度范围内的焊缝内表面应与管道内表面平齐。

13.5.9 加油站工艺管道系统安装完成后，应进行压力试验，并应符合下列规定：

　　1 压力试验宜以洁净水进行。

2 压力试验的环境温度不得低于5℃。

3 管道的工作压力和试验压力,应按表13.5.9取值。

表13.5.9 加油站工艺管道系统的工作压力和试验压力

管道	材质	工作压力（kPa）	试验压力（kPa）	
			真空	正压
正压加油管道（采用潜油泵加压）	钢管	+350	—	+600±50
	热塑性塑料管道	+350	—	+500±10
负压加油管道（采用自吸式加油机）	钢管	−60	−90±5	+600±50
	热塑性塑料管道	−60	−90±5	+500±10
通气管横管、油气回收管道	钢管	+130	−90±5	+600±50
	热塑性塑料管道	+100	−90±5	+500±10
卸油管道	钢管	100	—	+600±50
	热塑性塑料管道	100	—	+500±10
双层外层管道	钢管	−50～+450	−90±5	+600±50
	热塑性塑料管道	−50～+450	−60±5	+500±10

注:表中压力值为表压。

13.5.10 LPG、CNG、LNG 管道系统安装完成后,应进行压力试验,并应符合下列规定:

1 钢制管道系统的压力试验应以洁净水进行,试验压力应为设计压力的1.5倍。奥氏体不锈钢管道以水作试验介质时,水中的氯离子含量不得超过50mg/L。

2 LNG 管道系统宜采用气压试验,当采用液压试验时,应有将试验液体完全排出管道系统的措施。

3 管道系统采用气压试验时,应经施工单位技术总负责人批准的安全措施,试验压力应为设计压力的1.15倍。

4 压力试验的环境温度不得低于5℃。

13.5.11 压力试验过程中有泄漏时,不得带压处理。缺陷消除后应重新试压。

13.5.12 可燃介质管道系统试压完毕,应及时拆除临时盲板,并应恢复原状。

13.5.13 可燃介质管道系统试压合格后,应用洁净水进行冲洗或用空气进行吹扫,并应符合下列规定:

1 不应安装法兰连接的安全阀、仪表件等,对已焊在管道上的阀门和仪表应采取保护措施。

2 不参与冲洗或吹扫的设备应隔离。

3 CNG、LNG 管道宜采用空气吹扫。吹扫压力不得超过设备和管道系统的设计压力,空气流速不得小于20m/s,应以无游离水为合格。

4 水冲洗流速不得小于1.5m/s。

13.5.14 可燃介质管道系统采用水冲洗时,应目测排出口的水色和透明度,应以出、入口水色和透明度一致为合格。

采用空气吹扫时,应在排出口设白色油漆靶检查,应以5min内靶上无铁锈及其他杂物颗粒为合格。经冲洗或吹扫合格的管道,应及时恢复原状。

13.5.15 可燃介质管道系统应以设计压力进行严密性试验,试验介质应为压缩空气或氮气。

13.5.16 LNG 管道系统在预冷前应进行干燥处理,干燥处理后管道系统内气体的露点不应高于−20℃。

13.5.17 油气回收管道系统安装、试压、吹扫完毕之后和覆土之前,应按现行国家标准《加油站大气污染物排放标准》GB 20952 的有关规定,对管路密闭性和液阻进行自检。

13.5.18 可燃介质管道工程的施工,除应符合本节的规定外,尚应符合现行国家标准《石油化工金属管道工程施工质量验收规范》GB 50517 的有关规定。

13.6 电气仪表安装工程

13.6.1 盘、柜及二次回路结线的安装除应符合现行国家标准《电气装置安装工程盘、柜及二次回路结线施工及验收规范》GB 50171 的有关规定外,尚应符合下列规定:

1 母线搭接面应处理后搪锡,并应均匀涂抹电力复合脂。

2 二次回路接线应紧密、无松动,采用多股软铜线时,线端应采用相应规格的接线耳与接线端子相连。

13.6.2 电缆施工除应符合现行国家标准《电气装置安装工程电缆线路施工及验收规范》GB 50168 的有关规定外,尚应符合下列规定:

1 电缆进入电缆沟和建筑物时应穿管保护。保护管出入电缆沟和建筑物处的空洞应封闭,保护管管口应密封。

2 加油加气作业区内的电缆沟内应充沙填实。

3 有防火要求时,在电缆穿过墙壁、楼板或进入电气盘、柜的孔洞处进行防火和阻燃处理,并应采取隔离密封措施。

13.6.3 照明施工应按现行国家标准《建筑电气工程施工质量验收规范》GB 50303 的有关规定进行验收。

13.6.4 接地装置的施工除应符合现行国家标准《电气装置安装工程接地装置施工及验收规范》GB 50169 的有关规定外,尚应符合下列规定:

1 接地体顶面埋设深度设计文件无规定时,不宜小于0.6m。角钢及钢管接地体应垂直敷设,除接地体外,接地装置焊接部位应作防腐处理。

2 电气装置的接地应以单独的接地线与接地干线相连接,不得采用串接方式。

13.6.5 设备和管道的静电接地应符合设计文件的规定。

13.6.6 所有导电体在安装完成后应进行接地检查,接地电阻值应符合设计要求。

13.6.7 爆炸及火灾危险环境电气装置的施工除应符合现行国家标准《电气装置安装工程爆炸和火灾危险环境电气装置施工及验收规范》GB 50257 的有关规定外,尚应符合下列规定:

1 接线盒、接线箱等的隔爆面上不应有砂眼、机械伤痕。

2 电缆线路穿过不同危险区域时,在交界处的电缆沟内应充砂、填阻火堵料或加设防火隔墙,保护管两端的管口处应将电缆周围用非燃性纤维堵塞严密,再填塞密封胶泥。

3 钢管与钢管、钢管与电气设备、钢管与钢管附件之间的连接,应满足防爆要求。

13.6.8 仪表的安装调试除应符合现行行业标准《石油化工仪表工程施工技术规程》SH/T 3521 的有关规定外,尚应符合下列规定:

1 仪表安装前应进行外观检查,并应经调试校验合格。

2 仪表电缆电线敷设及接线前,应进行导通检查与绝缘试验。

3 内浮筒液面计及浮球液面计采用导向管或其他导向装置时,导向管或导向装置应垂直安装,并应保证导向管内液流畅通。

4 安装浮球液位报警器用的法兰与工艺设备之间连接管的长度,应保证浮球能在全量程范围内自由活动。

5 仪表设备外壳、仪表盘(箱)、接线箱等,当有可能接触到危险电压的裸露金属部件时,应作保护接地。

6 计量仪器安装前应确认在计量鉴定合格有效期内,如计量有效期满,应及时与建设单位或监理单位代表联系。

7 仪表管路工作介质为油品、油气、LPG、LNG、CNG 等可燃介质时,其施工应符合现行国家标准《石油化工金属管道工程施工质量验收规范》GB 50517 的有关规定。

8 仪表安装完成后,应按设计文件及国家现行有关标准的规定进行各项性能试验,并应做书面记录。

9 电缆的屏蔽单端接地宜在控制室一侧接地,电缆现场端的屏蔽层不得露出保护层外,应与相邻金属体保持绝缘,同一线路屏蔽层应有可靠的电气连续性。

13.6.9 信息系统的通信线和电源线在室内敷设时,宜用暗敷方式;无法暗敷时,应使用护套管或线槽沿墙明敷。

13.6.10 信息系统的电源线和通信线不应敷设在同一镀锌钢护套管内,通信线管与电源线管出口间隔宜为300mm。

13.7 防腐绝热工程

13.7.1 加油加气站设备和管道的防腐蚀要求,应符合设计文件的规定。

13.7.2 加油加气站设备的防腐蚀施工,应符合现行行业标准《石油化工设备和管道涂料防腐蚀技术规范》SH 3022 的有关规定。

13.7.3 加油加气站管道的防腐蚀施工,应符合现行国家标准《钢质管道外腐蚀控制规范》GB/T 21447 的有关规定。

13.7.4 当环境温度低于5℃、相对湿度大于80%或在雨、雪环境中,未采取可靠措施,不得进行防腐作业。

13.7.5 进行防腐蚀施工时,严禁在站内距作业点 18.5m 范围内进行有明火或电火花的作业。

13.7.6 已在车间进行防腐蚀处理的埋地金属设备和管道,应在现场对其防腐层进行电火花检测,不合格时,应重新进行防腐蚀处理。

13.7.7 设备和管道的绝热应符合现行国家标准《工业设备及管道绝热工程施工规范》GB 50126 的有关规定。

13.8 交 工 文 件

13.8.1 施工单位按合同规定范围内的工程全部完成后,应及时进行工程交工验收。

13.8.2 工程交工验收时,施工单位应提交下列资料:
　1 综合部分,应包括下列内容:
　　1)交工技术文件说明;
　　2)开工报告;
　　3)工程交工证书;
　　4)设计变更一览表;
　　5)材料和设备质量证明文件及材料复验报告。
　2 建筑工程,应包括下列内容:
　　1)工程定位测量记录;
　　2)地基验槽记录;
　　3)钢筋检验记录;
　　4)混凝土工程施工记录;
　　5)混凝土/砂浆试件试验报告;
　　6)设备基础允许偏差项目检验记录;
　　7)设备基础沉降记录;
　　8)钢结构安装记录;
　　9)钢结构防火层施工记录;
　　10)防水工程试水记录;
　　11)填方土料及填土压实试验记录;
　　12)合格焊工登记表;
　　13)隐蔽工程记录;
　　14)防腐工程施工检查记录。
　3 安装工程,应包括下列内容:
　　1)合格焊工登记表;
　　2)隐蔽工程记录;
　　3)防腐工程施工检查记录;
　　4)防腐绝缘层电火花检测报告;
　　5)设备开箱检验记录;
　　6)设备安装记录;
　　7)设备清理、检查、封孔记录;
　　8)机器安装记录;
　　9)机器单机运行记录;
　　10)阀门试压记录;
　　11)安全阀调试记录;
　　12)管道系统安装检查记录;

　　13)管道系统压力试验和严密性试验记录;
　　14)管道系统吹扫/冲洗记录;
　　15)管道系统静电接地记录;
　　16)电缆敷设和绝缘检查记录;
　　17)报警系统安装检查记录;
　　18)接地极、接地电阻、防雷接地安装测定记录;
　　19)电气照明安装检查记录;
　　20)防爆电气设备安装检查记录;
　　21)仪表调试与回路试验记录;
　　22)隔热工程质量验收记录;
　　23)综合控制系统基本功能检测记录;
　　24)仪表管道耐压/严密性试验记录;
　　25)仪表管道泄漏性/真空度试验条件确认与试验记录;
　　26)控制系统机柜/仪表盘/操作台安装检验记录。
　4 竣工图。

附录A 计算间距的起止点

A.0.1 站址选择、站内平面布置的安全间距和防火间距起止点,应符合下列规定:
　1 道路——路面边缘。
　2 铁路——铁路中心线。
　3 管道——管子中心线。
　4 储罐——罐外壁。
　5 储气瓶——瓶外壁。
　6 储气井——井管中心。
　7 加油机、加气机——中心线。
　8 设备——外缘。
　9 架空电力线、通信线路——线路中心线。
　10 埋地电力、通信电缆——电缆中心线。
　11 建(构)筑物——外墙轴线。
　12 地下建(构)筑物——出入口、通气口、采光窗等对外开口。
　13 卸车点——接卸油(LPG、LNG)罐车的固定接头。
　14 架空电力线杆高、通信线杆高和通信发射塔塔高——电线杆和通信发射塔所在地面至杆顶或塔顶的高度。
　注:本规范中的安全间距和防火间距未特殊说明时,均指平面投影距离。

附录 B 民用建筑物保护类别划分

B.0.1 重要公共建筑物,应包括下列内容:

1 地市级及以上的党政机关办公楼。

2 设计使用人数或座位数超过 1500 人(座)的体育馆、会堂、影剧院、娱乐场所、车站、证券交易所等人员密集的公共室内场所。

3 藏书量超过 50 万册的图书馆;地市级及以上的文物古迹、博物馆、展览馆、档案馆等建筑物。

4 省级及以上的银行等金融机构办公楼,省级及以上的广播电视建筑。

5 设计使用人数超过 5000 人的露天体育场、露天游泳场和其他露天公众聚会娱乐场所。

6 使用人数超过 500 人的中小学校及其他未成年人学校;使用人数超过 200 人的幼儿园、托儿所、残障人员康复设施;150 张床位及以上的养老院、医院的门诊楼和住院楼。这些设施有围墙者,从围墙中心线算起;无围墙者,从最近的建筑物算起。

7 总建筑面积超过 20000m² 的商店(商场)建筑,商业营业场所的建筑面积超过 15000m² 的综合楼。

8 地铁出入口、隧道出入口。

B.0.2 除重要公共建筑物以外的下列建筑物,应划分为一类保护物:

1 县级党政机关办公楼。

2 设计使用人数或座位数超过 800 人(座)的体育馆、会堂、会议中心、电影院、剧场、室内娱乐场所、车站和客运站等公共室内场所。

3 文物古迹、博物馆、展览馆、档案馆和藏书量超过 10 万册的图书馆等建筑物。

4 分行级的银行等金融机构办公楼。

5 设计使用人数超过 2000 人的露天体育场、露天游泳场和其他露天公众聚会娱乐场所。

6 中小学校、幼儿园、托儿所、残障人员康复设施、养老院、医院的门诊楼和住院楼等建筑物。这些设施有围墙者,从围墙中心线算起;无围墙者,从最近的建筑物算起。

7 总建筑面积超过 6000m² 的商店(商场)、商业营业场所的建筑面积超过 4000m² 的综合楼、证券交易所;总建筑面积超过 2000m² 的地下商店(商业街)以及总建筑面积超过 10000m² 的菜市场等商业营业场所。

8 总建筑面积超过 10000m² 的办公楼、写字楼等办公建筑。

9 总建筑面积超过 10000m² 的居住建筑。

10 总建筑面积超过 15000m² 的其他建筑。

B.0.3 除重要公共建筑物和一类保护物以外的下列建筑物,应为二类保护物:

1 体育馆、会堂、电影院、剧场、室内娱乐场所、车站、客运站、体育场、露天游泳场和其他露天娱乐场所等室内外公众聚会场所。

2 地下商店(商业街);总建筑面积超过 3000m² 的商店(商场)、商业营业场所的建筑面积超过 2000m² 的综合楼;总建筑面积超过 3000m² 的菜市场等商业营业场所。

3 支行级的银行等金融机构办公楼。

4 总建筑面积超过 5000m² 的办公楼、写字楼等办公类建筑物。

5 总建筑面积超过 5000m² 的居住建筑。

6 总建筑面积超过 7500m² 的其他建筑物。

7 车位超过 100 个的汽车库和车位超过 200 个的停车场。

8 城市主干道的桥梁、高架路等。

B.0.4 除重要公共建筑物、一类和二类保护物以外的建筑物(包括通信发射塔),应为三类保护物。

注:本规范第 B.0.1 条至第 B.0.4 条所列建筑物无特殊说明时,均指单栋建筑物;本规范第 B.0.1 条至第 B.0.4 条所列建筑物面积不含地下车库和地下设备间面积;与本规范第 B.0.1 条至第 B.0.4 条所列建筑物同样性质或规模的独立地下建筑物等同于第 B.0.1 条至第 B.0.4 条所列各类建筑物。

附录 C 加油加气站内爆炸危险区域的等级和范围划分

C.0.1 爆炸危险区域的等级定义,应符合现行国家标准《爆炸和火灾危险环境电力装置设计规范》GB 50058 的有关规定。

C.0.2 汽油、LPG 和 LNG 设施的爆炸危险区域内地坪以下的坑或沟应划为 1 区。

C.0.3 埋地卧式汽油储罐爆炸危险区域划分(图 C.0.3),应符合下列规定:

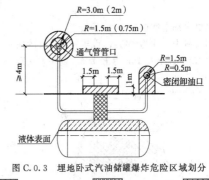

图 C.0.3 埋地卧式汽油储罐爆炸危险区域划分

1 罐内部油品表面以上的空间应划分为 0 区。

2 人孔(阀)井内部空间,以通气管管口为中心,半径为 1.5m(0.75m)的球形空间和以密闭卸油口为中心,半径为 0.5m 的球形空间,应划分为 1 区。

3 距人孔(阀)井外壁边缘 1.5m 以内,自地面算起 1m 高的圆柱形空间、以通气管管口为中心,半径为3m(2m)的球形空间和以密闭卸油口为中心,半径为1.5m的球形并延至地面的空间,应划分为2区。

注:采用卸油油气回收系统的汽油罐通气管管口爆炸危险区域用括号内数字。

C.0.4 汽油的地面油罐、油罐车和密闭卸油口的爆炸危险区域划分(图C.0.4),应符合下列规定:

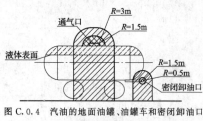

图 C.0.4 汽油的地面油罐、油罐车和密闭卸油口
爆炸危险区域划分

 0区; 1区; 2区

1 地面油罐和油罐车内部的油品表面以上空间应划分为0区。

2 以通气口为中心,半径为1.5m的球形空间和以密闭卸油口为中心,半径为0.5m的球形空间,应划分为1区。

3 以通气口为中心,半径为3m的球形并延至地面的空间和以密闭卸油口为中心,半径为1.5m的球形并延至地面的空间,应划分为2区。

C.0.5 汽油加油机爆炸危险区域划分(图C.0.5),应符合下列规定:

1 加油机壳体内部空间应划分为1区。

2 以加油机中心线为中心线,以半径为4.5m(3m)的地面区域为底面和以加油机顶部以上0.15m半径为3m(1.5m)的平面为顶面的圆台形空间,应划分为2区。

注:采用加油油气回收系统的加油机爆炸危险区域用括号内数字。

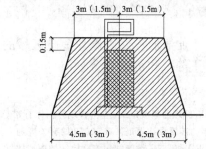

图 C.0.5 汽油加油机爆炸危险区域划分

 0区; 1区; 2区

C.0.6 LPG加气机爆炸危险区域划分(图C.0.6),应符合下列规定:

1 加气机内部空间应划分为1区。

2 以加气机中心线为中心线,以半径为5m的地面区域为底面和以加气机顶部以上0.15m半径为3m的平面为顶面的圆台形空间,应划分为2区。

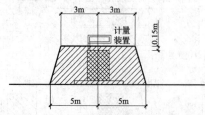

图 C.0.6 LPG加气机的爆炸危险区域划分

 0区; 1区; 2区

C.0.7 埋地LPG储罐爆炸危险区域划分(图C.0.7),应符合下列规定:

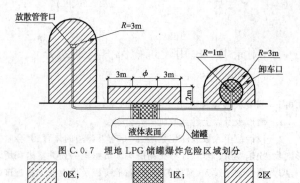

图 C.0.7 埋地LPG储罐爆炸危险区域划分

 0区; 1区; 2区

1 人孔(阀)井内部空间和以卸车口为中心,半径为1m的球形空间,应划分为1区。

2 距人孔(阀)井外边缘3m以内,自地面算起2m高的圆柱形空间、以放散管管口为中心,半径为3m的球形并延至地面的空间和以卸车口为中心,半径为3m的球形并延至地面的空间,应划分为2区。

C.0.8 地上LPG储罐爆炸危险区域划分(图C.0.8),应符合下列规定:

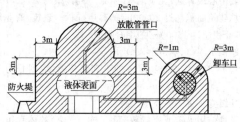

图 C.0.8 地上LPG储罐爆炸危险区域划分

0区; 1区; 2区

1 以卸车口为中心,半径为1m的球形空间,应划分为1区。

2 以放散管管口为中心,半径为3m的球形空间,距储罐外壁3m范围内并延至地面的空间,防护堤内与防护堤等高的空间和以卸车口为中心,半径为3m的球形并延至地面的空间,应划分为2区。

C.0.9 露天或棚内设置的LPG泵、压缩机、阀门、法兰或类似附件的爆炸危险区域划分(图C.0.9),距释放源壳体外缘半径为3m范围内的空间和距释放源壳体外缘6m范围内,自地面算起0.6m高的空间,应划分为2区。

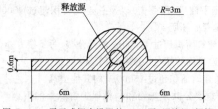

图 C.0.9 露天或棚内设置的LPG泵、压缩机、阀门、
法兰或类似附件的爆炸危险区域划分

 0区; 1区; 2区

C.0.10 LPG压缩机、泵、法兰、阀门或类似附件的房间爆炸危险区域划分(图C.0.10),应符合下列规定:

1 压缩机、泵、法兰、阀门或类似附件的房间内部空间,应划分为1区。

2 房间有孔、洞或开式外墙,距孔、洞或墙体开口边缘3m范围内与房间等高的空间,应划为2区。

3 在1区范围之外,距释放源距离为$R2$,自地面算起0.6m高的空间,应划分为2区。当1区边缘距释放源的距离L大于3m时,$R2$取值为L外加3m,当1区边缘距释放源的距离L小于等于3m时,$R2$取值为6m。

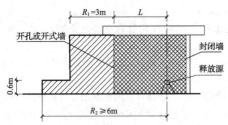

图 C.0.10 LPG 压缩机、泵、法兰、阀门或类似附件的
房间爆炸危险区域划分

 0区; 1区; 2区

C.0.11 室外或棚内 CNG 储气瓶(组)、储气井、车载储气瓶的爆炸危险区域划分(图 C.0.11),以放散管管口为中心,半径为 3m 的球形空间和距储气瓶(组)壳体(储气井)4.5m 以内并延至地面的空间,应划分为 2 区。

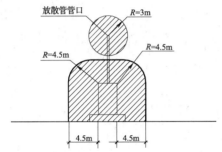

图 C.0.11 室外或棚内储气瓶(组)、储气井、车载储气瓶的
爆炸危险区域划分

 0区; 1区; 2区

C.0.12 CNG 压缩机、阀门、法兰或类似附件的房间爆炸危险区域划分(图 C.0.12),应符合下列规定:

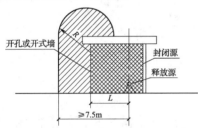

图 C.0.12 CNG 压缩机、阀门、法兰或类似附件的房间爆炸危险区域划分

 0区; 1区; 2区

1 压缩机、阀门、法兰或类似附件的房间的内部空间,应划分为 1 区。

2 房间有孔、洞或开式外墙,距孔、洞或墙体开口边缘为 R 的范围并延至地面的空间,应划分为 2 区。当 1 区边缘距释放源的距离 L 大于或等于 4.5m 时,R 取值为 3m,当 1 区边缘距释放源的距离 L 小于 4.5m 时,R 取值为(7.5-L)m。

C.0.13 露天(棚)设置的 CNG 压缩机、阀门、法兰或类似附件的爆炸危险区域划分(图 C.0.13),距压缩机、阀门、法兰或类似附件壳体水平方向 4.5m 以内并延至地面的空间,距压缩机、阀门、法兰或类似附件壳体顶部 7.5m 以内的空间,应划分为 2 区。

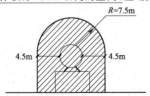

图 C.0.13 露天(棚)设置的 CNG 压缩机组、阀门、法兰或
类似附件的爆炸危险区域划分

 0区; 1区; 2区

C.0.14 存放 CNG 储气瓶(组)的房间爆炸危险区域划分(图 C.0.14),应符合下列规定:

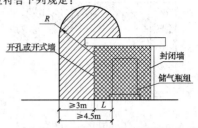

图 C.0.14 存放 CNG 储气瓶(组)的房间爆炸危险区域划分

 0区; 1区; 2区

1 房间内部空间应划分为 1 区。

2 房间有孔、洞或开式外墙,距孔、洞或外墙开口边缘 R 的范围并延至地面的空间,应划分为 2 区。当 1 区边缘距释放源的距离 L 大于或等于 1.5m 时,R 取值为 3m,当 1 区边缘距释放源的距离 L 小于 1.5m 时,R 取值为(4.5-L)m。

C.0.15 CNG 加气机、加气柱、卸气柱和 LNG 加气机的爆炸危险区域的等级和范围划分,应符合下列规定:

1 CNG 加气机、加气柱、卸气柱和 LNG 加气机的内部空间应划分为 1 区。

2 距 CNG 加气机、加气柱、卸气柱和 LNG 加气机的外壁四周 4.5m,自地面高度为 5.5m 的范围内空间应划分 2 区(图 C.0.15-1)。当罩棚底部至地面距离 L 小于 5.5m 时,罩棚上部空间应为非防爆区(图 C.0.15-2)。

C.0.16 LNG 储罐的爆炸危险区域划分(图 C.0.16-1～图 C.0.16-3),应符合下列规定:

1 距 LNG 储罐的外壁和顶部 3m 的范围内应划分为 2 区。

2 储罐区的防护堤至储罐外壁,高度为堤顶高度的范围内应划分为 2 区。

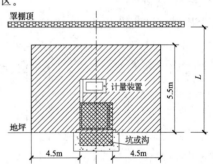

图 C.0.15-1 CNG 加气机、加气柱、卸气柱和 LNG
加气机的爆炸危险区域划分(一)

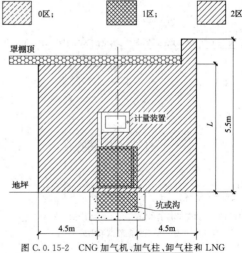

图 C.0.15-2 CNG 加气机、加气柱、卸气柱和 LNG
加气机的爆炸危险区域划分(二)

 0区; 1区; 2区

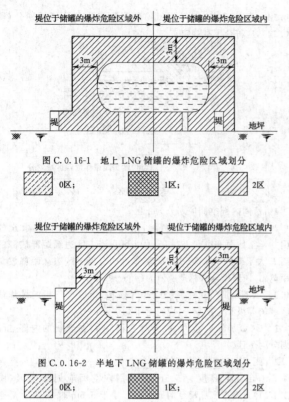

图 C.0.16-1 地上 LNG 储罐的爆炸危险区域划分

▨ 0区；　▨ 1区；　▨ 2区

图 C.0.16-2 半地下 LNG 储罐的爆炸危险区域划分

▨ 0区；　▨ 1区；　▨ 2区

C.0.17 露天设置的 LNG 泵的爆炸危险区域划分(图 C.0.17)，应符合下列规定：

1 距设备或装置的外壁 4.5m，高出顶部 7.5m，地坪以上的范围内，应划分为 2 区。

2 当设置于防护堤内时，设备或装置外壁至防护堤，高度为堤顶高度的范围内，应划分为 2 区。

图 C.0.16-3 地下 LNG 储罐的爆炸危险区域划分

▨ 0区；　▨ 1区；　▨ 2区

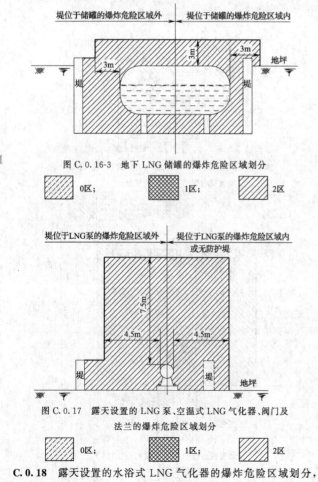

图 C.0.17 露天设置的 LNG 泵、空温式 LNG 气化器、阀门及法兰的爆炸危险区域划分

▨ 0区；　▨ 1区；　▨ 2区

C.0.18 露天设置的水浴式 LNG 气化器的爆炸危险区域划分，

应符合下列规定：

1 距水浴式 LNG 气化器的外壁和顶部 3m 的范围内，应划分为 2 区。

2 当设置于防护堤内时，设备外壁至防护堤，高度为堤顶高度的范围内，应划分为 2 区。

C.0.19 LNG 卸气柱的爆炸危险区域划分，应符合下列规定：

1 以密闭式注送口为中心，半径为 1.5m 的空间，应划分为 1 区。

2 以密闭式注送口为中心，半径为 4.5m 的空间以及至地坪以上的范围内，应划分为 2 区。

中华人民共和国国家标准

汽车加油加气站设计与施工规范

GB 50156-2012

条 文 说 明

1 总 则

1.0.1 汽车加油加气站属危险性设施，又主要建在人员稠密地区，所以必须采取适当的措施保证安全。技术先进是安全的有效保证，在保证安全的前提下也要兼顾经济效益。本条提出的各项要求是对设计提出的原则要求，设计单位和具体设计人员在设计汽车加油加气站时，还要严格执行本规范的具体规定，采取各种有效措施，达到条文中提出的要求。

1.0.2 考虑到在已建加油站内增加加气站的可能性，故本规范适用范围除新建外，还包括加油加气站的扩建和改建工程及加油站和加气站合建的工程设计。

需要说明的是，建设规模不变、布局不变、功能不变、地址不变的设施、设备更新不属改建，而是正常检修维修范围的工作。"扩建和改建工程"仅指加油加气站的扩建和改建部分，不包括已有部分。

本规范是指导汽车加油加气站设计的标准，规定"本规范适用于新建、扩建和改建汽车加油加气站的设计"，意即本规范新版本原则上对按本规范以前版本设计、审批、建设及验收的汽车加油加气站没有追溯力。在对按本规范以前版本建设的现存汽车加油加气站进行安全评审等工作时，完全以本规范新版本为依据是不合适的。规范是需要根据技术进步、经济发展水平和社会需求不断改进的，以此来促进加油加气站建设水平的逐步提高。为了与国家现阶段的社会发展水平相适应，GB 50156—2012 相比以前版本提高了汽车加油加气站的安全防护要求，但这并不意味着按以前版本建设的汽车加油加气站就不安全了。提高安全防护要求的目的是提高安全度，对按以前版本建设的汽车加油加气站，可以借其更新改建或扩建的机会逐步提高其安全度。

1.0.3 加油加气站设计涉及的专业较多，接触的面也广，本规范是综合性技术规范，只能规定加油加气站特有的问题。对于其他专业性较强、且已有专用国家或行业标准作出规定的问题，本规范不便再作规定，以免产生矛盾，造成混乱。本规范明确规定者，按本规范执行；本规范未作规定者执行国家现行有关标准的规定。

3 基 本 规 定

3.0.2 本规范允许加油站与加气（LPG、CNG、LNG）站合建。这样做有利于节省城市用地、有利于经营管理，也有利于燃气汽车的发展。只要采取适当的安全措施，加油站和加气站合建是可以做到安全可靠的。国外燃气汽车发展比较快的国家普遍采用加油站和加气站合建方式。

从对国内外加气站的考察来看，LPG 加气站与 CNG、LNG 加气站联合建站的需求很少，所以本规范没有制定 LPG 加气站与 CNG、LNG 加气站联合建站的规定。

电动汽车是国家政策大力推广的新能源汽车，利用加油站、加气站网点建电动汽车充电设施（包括电池更换设施）是一种便捷的方式。参考国外经验，本条规定加油站、加气站可与电动汽车充电设施联合建站。

为使条文更加清晰、明确，本次局部修订修改了本条表述。

3.0.3 橇装式加油装置固定在一个基座上，安放在地面，具有体积小、占地少、安装简便的优点。为确保安全，这种橇装式加油装置采取了比埋地油罐更为严格的安全措施，如设置有自动灭火装置、紧急泄压装置、防溢流装置、高温自动断油保护阀、防爆装置等埋地油罐一般不采用的装置，安全性有所保证，但毕竟是地上油罐，不适合在普通场合使用。本条规定的"橇装式加油装置可用于政府有关部门许可的企业自用、临时或特定场所"，"企业自用"是指设在企业的橇装式加油装置不对外界车辆提供加油服务；"临时或特定场所"是指抢险救灾临时加油、城市建成区以外专项工程施工等场所。

3.0.8 增加柴油尾气处理液加注业务，是为了适应清洁燃料的发展需要。

3.0.9 加油站内油罐容积一般是依其业务量确定。油罐容积越大，其危险性也越大，对周围建、构筑的影响程度也越高。为区别对待不同油罐容积的加油站，本条按油罐总容积大小，将加油站划分为三个等级，以便分别制定安全规定。

本次修订，将各级加油站的许用容积均增加 30m³，以便适应加油站加油量日益增长的趋势。2001 年全国汽车保有量约为 1800 万辆，2010 年全国汽车保有量超过 8000 万辆，是 9 年前的 4 倍多；2002 年全国汽油和柴油消费量约为 1.1 亿 t，2010 年全国汽油和柴油消费量约为 2.3 亿 t，是 8 年前的 2 倍多；2001 年全国加油站数量约为 9 万座，由于城市加油站建设用地非常紧张和昂贵，10 年来加油站数量增长缓慢，至 2010 年全国加油站数量约有 9.5 万座。由此可见，目前汽车保有量较 10 年前已有大幅度增加，加油站的营业量也随之大幅度提高。在加油站数量不能相应增加的情况下，增加加油站油罐总容积，提高加油站运营效率是必要的。

现在城市加油站销售量超过 5000t/a 的很普遍，地理位置好的甚至超过 20000t/a。加油站油源的供应渠道是否固定、距离远近、道路状况、运输条件等都会影响加油站供油的及时性和保证率，从而影响加油站油罐的容积大小。一般来说，加油站油罐容积宜为 3d～5d 的销售量，照此推算，销售量为 5000t/a 的加油站，油罐总容积需达到 65m³～110m³，故本规范三级加油站的允许油罐总容积为 90m³。在城市建成区内，建、构筑的布置比较密集，加油站建设条件越来越苛刻，许多情况是只能建三级站，销售量超过 20000t/a 的加油站在城市中心区较多，90m³ 的油罐总容积基本可以保证油罐一天进一次油满足需求。加油站如果油罐总容积小，对于销售量大的加油站就需要多次进油，进油次数多，尤其是在白天交通繁忙时进油不利于安全。所以，规定三级加油站油罐的允许总容积为 90m³ 是合适的。

对于加油站来说，油罐总容积越大，其适应市场的能力也越强。建于城市郊区或公路两侧等开阔地带的加油站可以允许其油罐总容积比城市建成区内的加油站油罐总容积大些，本规范将油罐总容积为151m³～210m³的加油站划为一级加油站。二级加油站油罐规模取一、三级加油站的中间值定为91m³～150m³。

油罐容积越大，其危险度也越大，故需对各级加油站的单罐最大容积作出限制。本条规定的单罐容积上限，既考虑了安全因素，又考虑了加油站运营需要。柴油的闪点较高，其危险性远不如汽油，故规定柴油罐容积可折半计入油罐总容积。

与国外加油站油罐规模相比，本规范对油罐规模的控制是比较严格的。美国和加拿大的情况如下：

美国消防协会在《防火规章》NFPA 30A中规定：对于Ⅰ、Ⅱ级易燃可燃液体，单个地下罐的容积最大为12000加仑（45.4m³），汇总容积为48000加仑（181.7m³）；对于使用加油设备加注的Ⅱ、Ⅲ级可燃液体场合，可以扩大到单个20000加仑（75m³）和总容量80000加仑（304m³）。

按照NFPA 30A对易燃和可燃液体的分级规定，LPG、LNG和汽油属于Ⅰ级易燃液体，柴油属于Ⅱ级可燃液体。

加拿大对加油站地下油罐的罐容也没有严格的限制性要求，加拿大《液体燃油处置规范》2007（TSSA 2007 Fuel Handling Code）规定：在一个设施处不得安装容量大于100m³的单隔间地下储油罐。大于500m³的地下总储量仅允许用于油库。

3.0.10 LPG储罐为压力储罐，其危险程度比汽油罐高，控制LPG加气站储罐的容积小于加油站油品储罐的容积是应该的。从需求方面来看，LPG加气站主要建在城市里，而在城市郊区一般皆建有LPG储存站，供气条件较好，LPG加气站储罐的储存天数宜为2d～3d。据了解，国外LPG加气站和国内已建成并投入使用的LPG加气站日加气车次范围为100车次～550车次。根据国内车载LPG瓶使用情况，平均每车次加气量按40L计算，则日加气数量范围为4m³～22m³。对应2d的储存天数，LPG加气站所需储罐容积范围为9m³～52m³；对应3d的储存天数，LPG加气站所需储罐容积范围为14m³～78m³。从目前国内运行的LPG加气站来看，LPG储罐容积都在30m³～60m³之间，基本能满足运营需要。据了解，目前运送LPG加气站的主要车型为10t车。为了能一次卸尽10t液化石油气，LPG加气站的储罐容积最好不小于30m³（包括罐底残留量和0.1倍～0.15倍储罐容积的气相空间）。故本规范规定一级LPG加气站储罐容积的上限为60m³，三级LPG加气站储罐容积的上限为30m³，二级LPG加气站储罐容积范围31m³～45m³是对一级站和三级站储罐容积的折中。对单罐容量的限制，是为了降低LPG加气站的风险度。

3.0.11 对本条各款说明如下：

1 根据调研，目前CNG加气母站一般有5个～7个拖车在固定停车位同时加气，主力拖车储气瓶组几何容积为18m³～20m³。为限制城市建成区内CNG加气母站规模，故规定CNG加气母站储气设施的总容积不应超过120m³。

2 根据调研，目前压缩天然气常规加气站日加气量一般为10000m³～15000m³（基准状态），繁忙的加气站日加气量达到20000m³（基准状态）。根据作业需要，加气时间比较集中的压缩天然气加气站，储气量以日加气量的1/2为宜，加气时间不很集中的压缩天然气加气站，储气量以日加气量的1/3为宜。故本规范规定压缩天然气常规加气站储气设施的总容积在城市建成区内不应超过30m³。

3 CNG车载储气瓶组既可用于运输CNG，也可停放在站内作为CNG储气设施为CNG汽车加气，在CNG加气子站内设置有固定CNG储气设施的情况下，要求"CNG加气子站停放的车载储气瓶组拖车不应多于1辆"是合适的。2012年版规定"固定储气设施的总容积不应超过18m³"是为了满足工艺操作需要。目前，各地交通管理部门出于安全考虑，限制车载储气瓶组拖车白天

在城区行驶，造成CNG加气子站白天供气不足。为了满足日益增长的CNG加气需求，本次局部修订将储气井的总容积由18m³增加到24m³。储气井在CNG加气站应用已有十余年的历史，实践经验证明，储气井有非常好的安全性，适当增加储气井的总容积不会给安全带来明显不利的影响。

4 当采用液压拖车或无需压缩机增压的加气工艺时，站内不需要设置固定储气设施，需要在1台拖车工作时，另外有1台拖车在站内备用，故规定在站内可有2辆车载储气瓶组拖车。

5 在某些地区，天然气是紧缺资源，CNG常规加气站用气高峰时期供气管道常常压力很低，有时严重影响给CNG汽车加气的速度，造成CNG汽车在加气站排长队，在有的以CNG汽车为出租车主力的城市，因为CNG常规加气站管道供气不足，已影响到城市交通的正常运行。CNG常规加气站以LNG储罐做补充气源，是可行的缓解供气不足的措施，但需要控制其规模。

3.0.12 LNG加气站、L-CNG加气站、LNG和L-CNG加气合建站的等级划分，需综合考虑的因素如下：一是加气站设置的规模与周围环境条件的协调；二是依其汽车加气业务量；三是LNG储罐的容积能接受进站槽车的卸量。目前大型LNG槽车的卸量在51m³左右。

加气站LNG储罐容积按1d～3d的销售量进行配置为宜。

1) 本规范制定三级站规模的理由：一是LNG具有温度低（操作温度−162℃）不易被点燃、泄放气体轻于空气的特点，故LNG加气站安全性好于其他燃气加气站，规模可适当加大。二是LNG槽车运距普遍在500km以上，主要使用大容积运输槽车或集装箱，最好在1座加气站内完成卸量。目前加气站的LNG数量主要由供应点的汽车地衡计量，通过加气站的销售量进行复验核实、认定。若由1辆槽车供应2座加气站，难以核查2座加气站的卸气量，易引发计量纠纷。

三级站的总容积规模，是按能接纳1辆槽车的可卸量，并考虑卸车前站内LNG储罐尚有一定的余量。因此，将三级站的容积定为小于或等于60m³较为合理。

2) 各类LNG加气站的单罐容积规模：一是在加气站运行作业中，倒罐装卸较为复杂，并易发生误操作事故；二是在向储罐充装LNG初期产生的BOG量较大。目前的BOG多数采用放空，造成浪费和污染。因此，在加气站内最好由1台储罐来完成接纳1辆槽车的卸量。因此，将单罐容积上限定为60m³，有利于LNG加气站的运行和节能。

3) 一、二级站规模按增加2台和1台60m³ LNG储罐设定，以满足1d～3d的销售量需要。

3.0.12A 本规范3.0.12条允许建设LNG与L-CNG加气合建站，此种合建站以车载LNG为统一气源，既可为汽车充装LNG，也可为汽车充装CNG（需先将LNG转化为CNG）。由于LNG的价格贵于CNG，实际情况是"LNG与CNG常规加气合建站或CNG加气子站合建站"有更多需求，故本次局部修订补充了"LNG与CNG常规加气合建站"、"LNG与CNG加气子站合建站"形式。表3.0.12A规定的LNG储罐总容积和CNG储气设施总容积，兼顾了LNG加气和CNG加气的需求。各级合建站LNG储罐和CNG储气设施总规模，与表3.0.12中"CNG常规加气站以LNG储罐做补充气源的建站形式"的规定相当。

3.0.13 加油站与LPG加气合建站的级别划分，宜与加油站、LPG加气站的级别划分相对应，使某一级别的加油和LPG加气合建站与同级别的加油站、LPG加气站的危险程度基本相当，且能分别满足加油和LPG加气的运营需要。这样划分清晰明了，便于掌握和管理。

3.0.14 加油站与CNG加气合建站的级别划分原则与3.0.13条基本相同。规定一、二级合建站中CNG加气子站固定储气瓶（井）容积为12(18)m³，三级合建站中CNG加气子站固定储气瓶（井）容积为9(18)m³，主要供车载储气瓶组扫线或卸气。目前，各

地交通管理部门出于安全考虑,限制车载储气瓶组拖车白天在城区行驶,造成 CNG 加气子站白天供气不足,故本次局部修订将储气井的总容积由 12m³ 增加到 18m³,以满足车载储气瓶组拖车快速将 CNG 卸入储气井的作业需求。

3.0.15 按本条规定,可充分利用已有的二、三级加油站改扩建成加油和 LNG 加气合建站,有利于节省土地和提高加油加气站效益,有利于加气站的网点布局,促进其发展,实用可行。

鉴于 LNG 设施安全性较好,加油站与 LNG 加气站、L-CNG 加气站、LNG/L-CNG 加气站合建站的级别划分,按同级别加油站规模确定。

为了满足日益增长的 LNG 和 CNG 加气需求,本次局部修订增加了加油与 LNG 和 CNG 加气这三者联合建站的形式,增加了 CNG 储气设施的总容积,但同时减少了 LNG 储罐和油品储罐的总容积。

"CNG 储气设施总容积(m³)≤24"可以完全是车载储气瓶组或固定储气设施,也可以是车载储气瓶组与固定储气设施的组合(如车载储气瓶组 18m³,站用固定储气设施 6m³)。

3.0.16 CNG 车载储气瓶组拖车规格有越来越大的趋势,由于服务于 CNG 加气子站的 CNG 车载储气瓶组拖车经常出入城区,安全起见,有必要对其规格加以限制。

4 站 址 选 择

4.0.1 在进行加油加气站网点布局和选址定点时,首先需要符合当地的整体规划、环境保护和防火安全的要求,同时,需要处理好方便加油加气和不影响交通这样一个关系。

4.0.2 一级加油站、一级加气站、一级加油加气合建站、CNG 加气母站储存设备容积大,加油加气量大,风险性相对较大,为控制风险,所以不允许其建在城市中心区。"城市建成区"和"城市中心区"概念见现行国家标准《城市规划基本术语标准》GB/T 50280—98,其中"城市中心区"包括该标准中的"市中心"和"副中心"。该标准对"城市建成区"表述为:"城市行政区内实际已经成片开发建设、市政公用设施和公共设施基本具备的地区。";对"市中心"表述为:"城市中重要市级公共设施比较集中,人群流动频繁的公共活动区域";对"副中心"表述为"城市中为分散市中心活动强度的、辅助性的次于市中心的市级公共服务中心"。

4.0.3 加油加气站建在交叉路口附近,容易造成车辆堵塞,会减少路口的通行能力,因而作出本条规定。

4.0.4 通观国外发达国家有关标准规范的安全理念,以技术手段确保可燃物料储运设施自身的安全性能,是主要的防火措施,防火间距是辅助措施,我国有关防火设计规范也逐渐采用这一设防原则。加油加气站与站外设施之间的安全间距,有两方面的作用,一是防止站外明火、火花或其他危险行为影响加油加气站安全;二是避免加油加气站发生火灾事故时,对站外设施造成较大危害。对加油加气站而言,设防边界是站区围墙或站区边界线;对站外设施来说,需要根据设施的性质、人员密集程度等条件区别对待。本规范附录 B 将民用建筑物划分为重要公共建筑物、一类保护物、二类保护物

和三类保护物四个保护类别,参照国内外相关标准和实践经验,分别制定了加油加气站与四个类别公共或民用建筑物之间的安全间距。

本规范 6.1.1 条明确规定"加油站的汽油罐和柴油罐应埋地设置"。据我们调查,几起地下油罐着火的事故证明,地下油罐一旦着火,火势较小,容易扑灭,对周围影响较小,比较安全。本条参照现行国家标准《建筑设计防火规范》GB 50016,制定了埋地油罐、加油机与站外建(构)筑物的防火距离,分述如下:

1 站外建筑物分为:重要公共建筑物、民用建筑物及甲、乙类物品的生产厂房。现行国家标准《建筑设计防火规范》GB 50016 对明火或散发火花地点和甲、乙类物品及甲、乙类液体已作定义,本规范不再定义。重要公共建筑物性质重要或人员密集,加油加气站与重要公共建筑物的安全间距应远于其他建筑物。本条规定加油站的埋地油罐和加油机与重要公共建筑物的安全间距在无油气回收系统情况下,不论级别均为 50m,基本上在加油站事故影响范围之外。

现行国家标准《建筑设计防火规范》GB 50016—2006 第 4.2.1 条规定:甲、乙类液体总储量小于 200m³ 的储罐区与一、二、三、四级耐火等级的建筑物的防火间距分别为 15m、20m、25m;对单罐容积小于等于 50m³ 的直埋甲、乙、丙类液体储罐,在此基础上还可减少 50%。

加油站的油品储罐埋地设置,其安全性比地上的油罐好得多,故安全间距可按现行国家标准《建筑设计防火规范》GB 50016—2006 的规定适当减小。考虑到加油站一般位于建(构)筑物和人流较多的地区,本条规定的汽油罐与站外建筑物的安全间距要大于现行国家标准《建筑设计防火规范》GB 50016—2006 的规定。

2 站外甲、乙类物品生产厂房火灾危险性大,加油站与这类设施应有较大的安全间距,本规范三个级别的汽油罐分别定为 25m、22m 和 18m。

3 汽油设备与明火或散发火花地点的距离是参照现行国家标准《建筑设计防火规范》GB 50016—2006 第 4.2.1 条的规定制定的。根据《建筑设计防火规范》GB 50016—2006 对"明火地点"和"散发火花地点"定义,本条的"明火或散发火花地点"指的是工业明火或散发火花地点、独立的锅炉房等,不包括民用建筑物内的灶具等明火。

4 汽油设备与室外变、配电站和铁路的安全间距是参照现行国家标准《建筑设计防火规范》GB 50016—2006 第 4.2.1 条和第 4.2.9 条的规定制定的。现行国家标准《建筑设计防火规范》GB 50016—2006 第 4.2.1 条和第 4.2.9 条规定:甲、乙类液体储罐与室外变、配电站和铁路的安全间距不应小于 35m。考虑到加油站油罐埋地设置,安全性较好,安全间距减小到 25m;对采用油气回收系统的加油站允许安全间距进一步减少 5m 或 7.5m。表 4.0.4 注 1 中的"其他规格的室外变、配电站或变压器应按丙类物品生产厂房对待",是参照现行国家标准《建筑设计防火规范》GB 50016—2006 条文说明表 1"生产的火灾危险分类举例"和现行国家标准《火力发电厂与变电站设计防火规范》GB 50229—2006 第 11.1.1 条的规定确定的。

5 汽油设备与站外道路的安全间距是按现行国家标准《建筑设计防火规范》GB 50016—2006 第 4.2.9 条的规定制定的。现行国家标准《建筑设计防火规范》GB 50016—2006 第 4.2.9 条的规定:甲、乙类液体储罐与厂外道路的防火间距不应小于 20m。考虑到加油站油罐埋地设置,安全性较好,站外铁路、道路与油罐的防火间距适当减小。

6 根据实践经验,架空通信线与一级加油站油罐的安全间距为 1 倍杆高是安全可靠的,与二、三级加油站汽油设备的安全间距可适当减少到 5m。架空电力线的危险性大于架空通信线,根据实践经验,架空电力线与一级加油站油罐的安全间距为 1.5 倍杆高是安全可靠的,与二、三级加油站油罐的安全间距视危险程度的降低而依次减少是合适的。有绝缘层的架空电力线安全性好一些,故允许安全间距适当减少。本次局部修订表 4.0.4 中删除了"通信发射塔",在附录 B 中将"通信发射塔"划归为三类保护物。

7 设有卸油油气回收系统的加油站或加油加气合建站,汽车

油罐车卸油时，油气被控制在密闭系统内，不向外界排放，对环境卫生和防火安全都很有利，为鼓励采用这种先进技术，故允许其安全间距可减少20％；同时设有卸油和加油油气回收系统的加油站，不但汽车油罐车卸油时，基本不向外界排放油气，给汽车加油时也很少向外界排放油气（据国外资料介绍，油气回收率能达到90％以上），安全性更好，为鼓励采用这种先进技术，故允许其安全间距可减少30％。加油站对外安全间距折减30％后，与民用建筑物除个别安全间距最小可为7m外，大多数大于现行国家标准《建筑设计防火规范》GB 50016—2006第4.2.1条规定的甲、乙类液体总储量小于200m³，且单罐容量小于等于50m³的直埋储罐区与一、二耐火等级的建筑物的7.5m防火间距要求。

8 表4.0.4注3的"与重要公共建筑物的主要出入口（包括铁路、地铁和二级及以上公路的隧道出入口）尚不应小于50m。"意思是，汽油设备与重要公共建筑物外墙轴线的距离执行表4.0.4的规定，与重要公共建筑物的主要出入口的距离"不应小于50m"。

9 表4.0.4注4的"一、二级耐火等级民用建筑物面向加油站一侧的墙为无门窗洞口的实体墙时，油罐、加油机和通气管管口与该民用建筑物的距离，不应低于本表规定的安全间距的70％"意思是，油罐、加油机和通气管管口与民用建筑物无门窗洞口的实体墙的距离可以减少30％。

4.0.5 柴油闪点远高于柴油在加油站的储存温度，基本不会发生爆炸和火灾事故，安全性比汽油好得多。故规定加油站柴油设备与站外重要公共建筑物、明火或散发火花地点、民用建筑物、生产厂房（库房）和甲、乙类液体储罐、室外变配电站、铁路的安全间距，小于汽油设备站外建（构）筑物的安全间距；与城市道路的安全间距减小到3m。

4.0.6，4.0.7 加气站及加油加气合建站的LPG储罐与站外建（构）筑物的安全间距是按照储罐设置形式、加气站等级以及站外建（构）筑物的类别，并依据国内外相关规范分别确定的。表1和表2列出了国内外相关规范的安全间距。

表1 各种LPG加气站设计标准安全间距对照（一）(m)

建（构）筑物		石油天然气行业标准			建设部行业标准			澳大利亚标准				
		埋地储罐			埋地储罐			埋地储罐	加气机	卸车点	地上泵	加气机
储罐总容积（m³）		61～150	21～60	≤50	41～60	21～40	≤20	不限				
单罐容积（m³）		一级	二级	三级	一级	二级	三级	≤65				
重要公共建筑物		40	30	20	100	100	100	55	20	放散管 55	55	15
明火或散发火花地点		25	20	15	25	20	18	55	20	25	15	15
民用建筑 保护类别	一类保护物	23		20	20	15	12	15	16	30	10	15
	二类保护物	23		20	18	15	12	12	12			
	三类保护物	25	20	15	22	22	18		20			
站外甲、乙类液体储罐		25			22	22	22		20			
室外变配电站									25			
铁路（中心线）		15	15	15	6	6	6		6		6	
电缆沟、暖气管沟、下水道					5	5	5					
城市道路	快速路、主干路	15	15		10	8	8		10			
	次干路、支路	10	10		8	6	6		5		5	

表2 各种LPG加气站设计标准安全间距对照（二）(m)

建（构）筑物		荷兰标准		上海市地方标准			广东省地方标准				
		卸车点	加气机	埋地储罐			埋地储罐			埋地储罐	
储罐总容积（m³）				41～60	21～40	≤20	51～150	31～50	≤15		
单罐容积（m³）				一级	三级	三级	一级	三级	三级		
重要公共建筑物		60	20	60	60	60	35	25	20		
明火或散发火花地点		30	20	20	10	10					
民用建筑 保护类别	一类保护物	5	7	10	10	10	22.5	12.5	10		
	二类保护物			10	10	10					
	三类保护物			20	20	20					
站外甲、乙类液体储罐				22	18	22	25	20	15		
室外变配电站				22	22	22					
铁路（中心线）				6	5	5	12.5	10	8		
电缆沟、暖气管沟、下水道				11	11	11	10	7.5	5		
城市道路	快速路、主干路			11	11	11	12.5	10			
	次干路、支路			9	9	9	10	7.5			

本规范制定的LPG加气站技术和设备要求，基本上与澳大利亚、荷兰等发达国家相当，并规定了一系列防范各类事故的措施。依据表1和表2及现行国家标准《建筑设计防火规范》GB 50016—2006等现行国家标准，制定了LPG储罐、加气机等与站外建（构）筑物的防火距离，现分述如下：

1 重要公共建筑物性质重要、人员密集、加气站发生火灾可能会对其产生较大影响和损失，因此，不分级别，安全间距均规定为不小于100m，基本上在加气站事故影响区外。民用建筑按照其使用性质、重要程度、人员密集程度分为三个保护类别，并分别确定其防火距离。在参照建设部行业标准《汽车用燃气加气站技术规范》CJJ 84—2000的基础上，对安全间距略有调整。另外，从表1和表2可以看出，本规范的安全间距多数情况大于国外规范的相应安全间距。甲、乙类物品生产厂房与地上LPG储罐的间距与现行国家标准《建筑设计防火规范》GB 50016—2006第4.4.1条基本一致，而地下储罐按地上储罐的50％确定。

2 与明火或散发火花地点、室外变配电站的安全间距参照现行国家标准《建筑设计防火规范》GB 50016—2006第4.4.1条的规定确定。

3 与铁路的安全间距按现行国家标准《建筑设计防火规范》GB 50016—2006有关规定制定，而地下罐按地上储罐的安全间距折减50％。

4 对与快速路、主干路的安全间距参照现行国家标准《建筑设计防火规范》GB 50016—2006有关规定制定，一、二、三级站分别为15m、13m、11m；对埋地LPG储罐减半。与次干路、支路的安全间距相应减少。

5 表4.0.6和表4.0.7注4的"一、二级耐火等级民用建筑物面向加气站一侧的墙为无门窗洞口实体墙时，站内LPG设备与该民用建筑物的距离不应低于本表规定的安全间距的70％。"意思是，LPG 设备与民用建筑物无门窗洞口的实体墙的距离可以减少30%。

4.0.8 CNG 加气站与站外建（构）筑物的安全间距，主要是参照现行国家标准《石油天然气工程设计防火规范》GB 50183—2004 的有关规定编制的。该规范将生产规模小于 $50×10^4 m^3/d$ 的天然气站场定为五级站，其与公共设施的防火间距不小于30m 即可；CNG 常规加气站和加气子站一般日处理量小于 $2.5×10^4 m^3/d$，CNG 加气母站一般日处理量小于 $20×10^4 m^3/d$，本条规定 CNG 加气站与重要公共建筑物的安全间距不小于50m 是妥当的。

目前脱硫塔一般不进行再生处理，所以脱硫脱水塔安全性比较可靠，均按储气井的距离确定是可行的。

储气井由于安装在地下，一旦发生事故，影响范围相对地上储气瓶要小，故允许其与站外建（构）筑物的安全间距小于地上储气瓶。

表4.0.8 注5 的"一、二级耐火等级民用建筑物面向加气站一侧的墙为无门窗洞口实体墙时，站内 CNG 工艺设备与该民用建筑物的距离，不应低于本表规定的安全间距的70％"。意思是，CNG 工艺设备与民用建筑物无门窗洞口的实体墙的距离可以减少30％。

4.0.9 制订 LNG 加气站与站外建（构）筑物及设施的安全间距，主要是参照现行国家标准《城镇燃气设计规范》GB 50028—2006 和《液化天然气（LNG）生产、储存和装运》GB/T 20368—2006（等同采用 NFPA 59A）制订的。对比数据见表3。

LNG 加气站与 LPG 加气站相比，安全性能好得多（见表4），故 LNG 设施与站外建（构）筑物的安全间距可以小于 LPG 与站外建（构）筑物的安全间距。

表3 《城镇燃气设计规范》GB 50028—2006、《液化天然气（LNG）生产、储存和装运》GB/T 20368—2006、《汽车加油加气站设计与施工规范》GB 50156—2012LNG 储罐安全间距对比（以总容量 $120 m^3$ 为例）

项目	《城镇燃气设计规范》GB 50028—2006 的规定	《液化天然气（LNG）生产、储存和装运》GB/T 20368—2006（NFPA 59A）的规定	《汽车加油加气站设计与施工规范》GB 50156—2012 的规定
与重要公共建筑物的距离（m）	50	45	50～80
与其他民用建筑的距离（m）	45	15	16～30

表4 LNG 与 LPG 安全性能比较

项目	LNG	LPG	安全性能比较
工作压力（MPa）	0.6～1.0	0.6～1.0	基本相当
工作温度（℃）	−162	常温	LNG 比 LPG 不易被明火或火花点燃
气体比重	轻于空气	重于空气	LNG 泄漏气化后其气体会迅速向上扩散，安全性好；LPG 泄漏气化后其气体会往低处沉积扩散，安全性差
罐壁结构	双层壁，高真空多层缠绕结构	单层壁	LNG 储罐比 LPG 储罐耐火性能好

LNG 储罐、放散管管口、LNG 卸车点与站外建（构）筑物之间的安全间距说明如下：

1 距重要公共建筑物的安全间距为80m，基本上在重大事故影响范围之外。

以三级站1台 $60 m^3$ LNG 储罐发生全泄漏为例，泄漏天然气

量最大值为 $32400 m^3$，在静风中成倒圆锥体扩散，与空气构成爆炸危险的体积 $648000 m^3$（按爆炸浓度上限值5％计算），发生爆燃的影响范围在60m 以内。在泄漏过程中的实际工况是动态的，在泄漏处浓度急剧上升，不断外扩。在扩延区域内，天然气浓度渐增，并进入爆炸危险区域。堵漏后，浓度逐渐降低，直至区域内的天然气浓度不构成对人体危害，并需消除隐患。在总泄漏时段内，实际构成的爆燃危险区域要小于按总泄漏值计算的爆炸危险距离。

2 民用建筑物视其使用性质、重要程度和人员密集程度，将民用建筑物分为三个保护类别，并分别制定了加气站与各类民用建筑物的安全间距。一类保护物重要程度高，建筑面积大，人员较多，虽然建筑物材料多为一、二级耐火等级，但仍然有必要保持较大的安全间距，所以确定三个级别加气站与一类保护物的安全距离分别为35m、30m、25m，而与二、三类保护物的安全间距依其重要程度的降低分别递减为25m、20m、16m 和18m、16m、14m。

3 三个级别加气站内 LNG 储罐与明火的距离分别为35m、30m、25m，主要考虑发生 LNG 泄漏事故，可控制扩延量或在10min 内能熄灭周围明火的安全间距。

4 站内甲、乙类物品生产厂房火灾危险性大，加气站与这类设施应有较大的安全间距，本条款按三个级别分别定为35m、30m 和25m。

5 由于室外变配电站的重要性，城市的变配电站的规模都比较大。LNG 储罐与室外变配电站的安全间距适当提高是必要的，本条款按三个级别分别定为40m、35m 和30m。

6 考虑到铁路的重要性，本规范规定的 LNG 储罐与站外铁路的安全间距，保证铁路在加气站发生重大危险事故影响区以外。

7 随着 LNG 储罐安装位置的下移，发生泄漏沉积在罐区内的时间相对长，随着气化速度降低，对防护堤外的扩散减慢，危害降低，其安全间距可适当减小。故对地下和半地下 LNG 储罐与站外建（构）筑物的安全间距允许按地上 LNG 储罐减少30％和20％。

8 放散管口、LNG 卸车点与站外建（构）筑物的安全间距基本随三级站要求。

9 表4.0.9 注4 的"一、二级耐火等级民用建筑物面向加气站一侧的墙为无门窗洞口实体墙时，站内 LNG 设备与该民用建筑物的距离，不应低于本表规定的安全间距的70％。"意思是，站内 LNG 设备与民用建筑物无门窗洞口的实体墙的距离可以减少30％。

4.0.5～4.0.9 局部修订说明：

本次局部修订表4.0.5～表4.0.9中删除了"通信发射塔"，在附录 B 中将"通信发射塔"划归为三类保护物。

4.0.13 加油加气作业区是易燃和可燃液体或气体集中的区域，本条的要求意在减少加油加气站遭遇事故的风险。加气站的危险性高于加油站，故两者要区别对待。

4.0.14 CNG 加气站的橇装设备和 LNG 加气站橇装设备是在制造厂完成制造和组装的，相对现场分散施工具有现场安装简便、更能保证质量的优点，在小型 CNG 加气站和 LNG 加气站应用较多。CNG 橇装设备、LNG 橇装设备的性质和功能与现场分散安装的和 CNG 设备、LNG 设备是相同的，为明确 CNG 橇装设备和 LNG 橇装设备与站外建（构）筑物的安全间距，故本次局部修订增加此条规定。

5 站内平面布置

5.0.1 本条规定是为了保证在发生事故时汽车槽车能迅速驶离。在运营管理中还需注意避免加油、加气车辆堵塞汽车槽车驶离车道,以防止事故时阻碍汽车槽车迅速驶离。

5.0.2 本条规定了站区内停车场和道路的布置要求。

1 根据加油、加气业务操作方便和安全管理方面的要求,并通过对全国部分加油加气站的调查,CNG加气母站内单车道或单车位宽度需不小于4.5m,双车道或双车位宽度需不小于9m;其他车辆单车道宽度需不小于4m,双车道宽度需不小于6m。

2 站内道路转弯半径按主流车型确定,不小于9m是合适的。

3 汽车槽车卸车停车位按平坡设计,主要考虑尽量避免溜车。

4 站内停车场和道路路面采用沥青路面,容易受到泄露油品的侵蚀,沥青层易于破坏,此外,发生火灾事故时沥青将发生熔融而影响车辆撤离和消防工作正常进行,故规定不应采用沥青路面。

5.0.5 本条为强制性条文。加油加气作业区内大部分是爆炸危险区域,需要对明火或散发火花地点严加防范。

5.0.7 国家政策在推广电动汽车,根据国外经验,利用加油站网点建电动汽车充电或更换电池设施是一种简便易行的形式。电动汽车充电或电池更换设备一般没有防爆性能,所以要求"电动汽车充电设施应布置在辅助服务区内"。

5.0.8 加油加气站的变配电设备一般不防爆,所以要求其布置在爆炸危险区域之外,并保持不小于3m的附加安全距离。对变配电间来说需要防范的是油气进入室内,所以规定起算点为门窗等洞口。

5.0.10 本条为强制性条文。根据商务部有关文件的精神,加油加气站内可以经营食品、餐饮、汽车洗车及保养、小商品等。对独立设置的经营性餐饮、汽车服务等设施要求按站外建筑物对待,可以满足加油加气作业区的安全需求。

"独立设置的经营性餐饮、汽车服务等设施"系指在站房(包括便利店)之外设置的餐饮服务、汽车洗车及保养等建筑物或房间。

"对加油站内设置的燃煤设备不得按设置有油气回收系统折减距离"的规定,仅适用于在加油站内设置有燃煤设备的情况。

5.0.11 本条为强制性条文。站区围墙和可用地界线之外是加油加气站不可控区域,而在爆炸危险区域内一旦出现明火或火花,则易引发爆炸和火灾事故。为保证加油加气站安全,要求"爆炸危险区域不应超出站区围墙和可用地界线"是必要的。

5.0.12 加油加气的工艺设备与站外建(构)筑物之间的距离小于或等于25m以及小于或等于表4.0.4~表4.0.9中的防火距离的1.5倍时,相邻一侧应设置高度不小于2.2m的非燃烧实体围墙,可隔绝一般火种及禁止无关人员进入,以保障站内安全。加油加气站的工艺设施与站外建(构)筑物之间的距离大于表4.0.4~表4.0.9中的防火距离的1.5倍,且大于25m时,安全性要好得多,相邻一侧应设置隔离墙,主要是禁止无关人员进入,隔离墙为非实体围墙即可。加油加气站面向进、出口的一侧,可建非实体围墙,主要是为了进、出站内的车辆视野开阔,行车安全,方便操作人员对加油、加气车辆进行管理,同时,在城市建站还能满足城市景观美化的要求。

5.0.13 本条为强制性条文。根据加油加气站内各设施的特点和附录C所划分的爆炸危险区域规定了各设施间的防火距离。分述如下:

1 加油站油品储罐与站内建(构)筑物之间的防火距离。加油站使用埋地卧式油罐的安全性好,油罐着火几率小。从调查情况分析,过去曾发生的几次加油站油罐人孔处着火事故多为因敞口卸油产生静电而发生的。只要严格按本规范的规定采用密闭卸油方式卸油,油罐发生火灾的可能性很小。由于油罐埋地敷设,即使油罐着火,也不会发生油品流淌到地面形成流淌火灾,火灾规模会很有限。所以,加油站卧式油罐与站内建(构)筑物的距离可以适当小些。

2 加油机与站房、油品储罐之间的防火距离。本表规定站房与加油机之间的距离为5m,既把站房设在爆炸危险区域之外,又考虑二者之间可停一辆汽车加油,如此规定较合理。加油机与埋地油罐属同一类火灾等级设施,故其距离不限。

3 燃煤锅炉房与油品储罐、加油机、密闭卸油点之间的防火距离。现行国家标准《石油库设计规范》GB 50074规定,石油库内容量小于等于50m³的卧式油罐与明火或散发火花地点的距离为18.5m。依据这一规定,本表规定站内燃煤锅炉房与埋地油罐距离为18.5m是可靠的。

与油罐相比,加油机、密闭卸油点的火灾危险性较小,其爆炸危险区域也较小,因此规定此两处与站内锅炉房距离为15m是合理的。

4 燃气(油)热水炉间与其他设施之间的防火距离。采用燃气(油)热水炉供暖炉子燃料来源容易解决,环保性好,其烟囱发生火花飞溅的几率极低,安全性能是可靠的。故本表规定燃气(油)热水炉间与其他设施的间距小于锅炉房与其他设施的间距是合理的。

5 LPG储罐与站内其他设施之间的防火距离。

1)关于合建站内油品储罐与LPG储罐的防火间距,澳大利亚规范规定两类储罐之间的防火间距为3m,荷兰规范规定两类储罐之间的防火间距为1m。在加油加气合建站内应重点防止LPG气体积聚在汽、柴油储罐及其操作井内。为此,LPG储罐与汽、柴油储罐的距离要较油罐与油罐之间、气罐与气罐之间的距离适当增加。

2)LPG储罐与卸车点、加气机的距离,由于采用了紧急切断阀和拉断阀等安全装置,且在卸车、加气过程中皆有操作人员,一旦发生事故能及时处理。与现行国家标准《城镇燃气设计规范》GB 50028—2006相比,适当减少了防火距离。与荷兰规范要求的5m相比,又适当增加了间距。

3)LPG储罐与站房的防火间距与现行的行业标准《汽车用燃气加气站技术规范》CJJ 84—2000基本一致,比荷兰规范要求的距离略有增加。

4)液化石油气储罐与消防泵房及消防水池取水口的距离主要是参照现行国家标准《城镇燃气设计规范》GB 50028—2006确定的。

5)1台小于或等于10m³的地上LPG储罐整体装配式加气站,具有投资省、占地小、使用方便等特点,目前在日本使用较多。由于采用整体装配,系统简单,事故危险性小,为便于采用,本表规定其相关防火间距可按本表中三级站的地上储罐减少20%。

6 LPG卸车点(车载卸车泵)与站内道路之间的防火距离。规定两者之间的防火距离不小于2m,主要是考虑减少站内行驶车辆对卸车点(车载卸车泵)的干扰。

7 CNG加气站内储气设施与站内其他设施之间的防火距离。在参考美国、新西兰规范的基础上,根据我国使用的天然气质量,分析站内各部位可能会发生的事故及其对周围的影响程度后,适当加大防火距离。

8 CNG加气站、加油加气(CNG)合建站内设施之间的防火距离。CNG加气站内储气设施与站内其他设施之间的防火距离,是在参考美国、新西兰规范的基础上,根据我国使用的天然气质量,分析站内各部位可能会发生的事故及其对周围的影响程度,结合我国CNG加气站的建设和运行经验确定的。

9 LNG加气站、加油加气(LNG)合建站内设施之间的防火距离。LNG 加气站内储气设施与站内其他设施之间的防火距离，是在依据现行国家标准《城镇燃气设计规范》GB 50028—2006、《液化天然气（LNG）生产、储存和装运》GB/T 20368—2006 的基础上，分析站内各部位可能会发生的事故及其对周围的影响程度，结合我国已经建成 LNG 加气站的实际运行经验确定的。表 5.0.13-2 中，对 LNG 设备之间没有间距要求或规定的间距较小，是为了方便建造集约化的橇装设备。橇装设备在制造厂整体建造，相对现场分散施工安装更能保证质量。

10 表 5.0.13-1 注 4 的"当卸油采用油气回收系统时，汽油通气管管口与站区围墙的距离不应小于 2m。"意思是，汽油通气管管口与站区围墙的距离可以减少至 2m。

11 表 5.0.13-1 注 7 的"容量小于或等于 10m³ 的地上 LPG 储罐的整体装配式加气站，其储罐与站内其他设施的防火间距，不应低于本表三级站的地上储罐防火间距的 80%。"意思是，容量小于或等于 10m³ 的地上 LPG 储罐的整体装配式加气站，其储罐与站内其他设施的防火间距，可以按表中三级站的地上储罐减少 20%。

5.0.14 本规范表 5.0.13-1 和表 5.0.13-2 中，CNG 储气设施、油品卸车点、LPG 泵（房）、LPG 压缩机（间）、天然气压缩机（间）、天然气调压器（间）、天然气脱硫和脱水设备、加油机、LPG 加气机、CNG 加气设施、LNG 卸车点、LNG 潜液泵罐、LNG 柱塞泵、地下泵室入口、LNG 加气机、LNG 气化器与站区围墙的最小防火间距小于附录 C 规定的爆炸危险区域的，需要采取措施（如有的设备可以布置在室内，设备间靠近围墙的墙采用无门窗洞口的实体墙；加高围墙至不小于爆炸危险区域的高度），保证爆炸危险区域不超出围墙。

6 加油工艺及设施

6.1 油 罐

6.1.1 本条为强制性条文。加油站的卧式油罐埋地敷设比较安全。从国内外的有关调查资料统计来看，油罐埋地敷设，发生火灾的几率很小，即使油罐着火，也容易扑救。英国石油学会《销售安全规范》讲到，Ⅰ类石油（即汽油类）只要液体储存在埋地罐内，就没有发生火灾的可能性。事实上，国内、国外目前也没有发现加油站有大的埋地罐火灾。

另外，埋地油罐与地上油罐比较，占地面积较小。因为不需要设置防火堤，省去了防火堤的占地面积。必要时还可将油罐埋在加油场地及车道之下，不占或少量占地。加上因埋地罐较安全，与其他建（构）筑物的要求距离也小，也可减少加油站的占地面积。这对于用地紧张的城市建设意义很大。另一方面，也避免了地面罐必须设置冷却水，以及油罐受紫外线照射、气温变化大，带来的油品蒸发和损耗大等不安全问题。

油罐设在室内发生的爆炸火灾事例较多，造成的损失也较大。其主要原因是油罐需要安装一些阀门等附件，它们是产生爆炸危险气体的释放源。泄漏挥发出的油气，由于通风不良而积聚在室内，易于发生爆炸火灾事故。

6.1.3 双层油罐是目前国外加油站防止地下油罐渗（泄）漏普遍采取的一种措施。其过渡历程与趋势为：单层罐——双层钢罐（也称 SS 地下储罐）——内钢外玻璃纤维增强塑料（FRP）双层罐（也称 SF 地下储罐）——双层玻璃纤维增强塑料（FRP）油罐（也称 FF 地下储罐）。对于加油站在用埋地油罐的改造，北美、欧盟等国家采用双层油罐的过渡期，为减少既有加油站

更换双层油罐的损失，允许采用玻璃纤维增强塑料等满足强度和防渗要求的衬里技术改成双层油罐，我国香港也采用了这种改造技术。

双层油罐由于其有两层罐壁，在防止油罐出现渗（泄）漏方面具有双保险作用，再加上国外标准在制造上要求对两层罐壁间隙实施在线监测和人工检测，无论是内层罐发生渗漏还是外层罐发生渗漏，都能在贯通间隙内被发现，从而可有效地避免渗漏油品进入环境，污染土壤和地下水。

内钢外玻璃纤维增强塑料双层油罐，是在单层钢制油罐的基础上外附一层玻璃纤维增强塑料（即：玻璃钢）防渗外套，构成双层罐。这种罐除具有双层罐的共同特点外，还由于其外层玻璃纤维增强塑料罐体抗土壤和化学腐蚀方面远远优于钢制油罐，故其使用寿命比直接接触土壤的钢罐要长。

双层玻璃纤维增强塑料油罐，其内层和外层均属玻璃纤维增强塑料体，在抗内、外腐蚀方面都优于带有金属罐体的油罐。因此，这种罐可能会成为今后各国在加油站地下油罐的主推产品。

6.1.4 对于埋地钢制油罐的结构设计计算问题，我国目前还没有一个很适合的标准，多数设计是凭经验或依据有关教科书。对于双层钢制常压储罐，目前可以执行的标准只有行业标准《钢制常压储罐 第一部分：储存对水有污染的易燃和不易燃液体的埋地卧式圆筒形单层和双层储罐》AQ 3020，该标准等同采用欧洲标准 BS EN 12285-1：2003。对于目前在我国出于环保需求开始使用的内钢外玻璃纤维增强塑料双层油罐和双层玻璃纤维增强塑料油罐，也尚无产品制造标准，部分厂家引进的双层罐技术主要还是依照国外标准进行制作，其构造和质量保证也都是直接受控于国外厂家或监管机构。其中，双层玻璃纤维增强塑料储罐目前主要执行的是美国标准《用于石油产品、乙醇和乙醇汽油混合物的玻璃纤维增强塑料地下储罐》UL 1316。AQ 3020 虽对埋地卧式储罐的构造进行了规定，但对罐体结构计算问题没有规定，对罐体采用的钢板厚度要求也不太适应我国的实际情况。为了保证加油站埋地钢制油罐的质量和使用寿命，根据我国多年来的使用情况和设计经验，在遵守 BS EN 12285-1：2003 有关规定的基础上，本条第 1 款、第 2 款分别对油罐所用钢板的厚度和设计内压给出了基本的要求。

6.1.6 本条是参照欧洲标准《渗漏检测系统 第 7 部分 双层间隙、防渗漏衬里及防渗漏外套的一般要求和试验方法》EN 13160-7：2003 制定的。

6.1.6A 本条规定的目的是为了迅速将积聚在罐内静电消除物体上的静电荷导走。

6.1.7 本条参照国外标准，在制造上要求两壁之间有满足渗（泄）漏检测的贯通间隙，以便于对间隙实施在线监测和人工检测。

6.1.8 设置渗漏检测立管及对其直径的要求，是为了满足人工检测和设置液体检测器检测；要求检测立管的底部管口与油罐内、外壁间隙相连通，是为了能够尽早地发现渗漏。检测立管的位置最好置于人孔井内，以便在线监测仪表共用一个井。

双层玻璃纤维增强塑料罐未作此要求，是因为其不管是罐体耐腐蚀性方面还是罐体结构上，都适宜于采用液体检测法对其双层之间的间隙进行渗漏检测。这种方法既能实施在线监测，又便于人工直接观测。美国及加拿大等国对这种油罐的渗漏监测，也已由最早的干式液体探测器（安在壁间）法逐步向采用液体检（监）测法或真空监测法过渡，而且加拿大 TSSA（安全局）还明确规定只允许采用这两种方法。

6.1.10 规定非车行道下的油罐顶部覆土厚度不小于 0.5m，是为防止活动外荷载直接伤及油罐，也是防止油罐顶部植被根系破坏钢质油罐外防腐层的最小保护厚度。

规定设在车行道下面的油罐顶部低于混凝土路面不宜小于 0.9m，是油罐人孔井置于车行道下时内部设备和管道安装的合适尺寸。

规定油罐的周围应回填厚度不小于 0.3m 的中性沙或细土，主要是为避免采用石块、冻土块等硬物回填造成罐身或防腐层破伤，影响油罐使用寿命。对于钢质油罐外壁还要防止回填含酸碱的废渣，对油罐加剧腐蚀。

6.1.11 当油罐埋在地下水位较高的地带时，在空罐情况下，会有漂浮的危险。有可能将与其连接的管道拉断，造成跑油甚至发生火灾事故。故规定当油罐受地下水或雨水作用有上浮的可能时，应采取防止油罐上浮的措施。

6.1.12 油罐的出油接合管、量油孔、液位计、潜油泵等一般都设在人孔盖上，这些附件需要经常操作和维护，故需设人孔操作井。"专用的密闭井盖和井座"是指加油站专用的防水、防尘和碰撞时不发生火花的产品。

6.1.13 本条参照美国有关标准制定。高液位报警装置指设置在卸油场地附近的声光报警器，用于提醒卸油人员，其罐内探头可以是专用探头（如音叉探头），也可以由液位监测系统设定，油罐容量达到 90% 的液位时触动声光报警器。"油料达到油罐容量 95%时，自动停止油料继续进罐"是防止油罐溢油，目前采用较多的是一种机械装置——防溢流阀，安装在卸油管中，达到设定液位防溢流阀自动关闭，阻止油品继续进罐。

6.1.14 为保证油气回收效果，设有油气回收系统的加油站，汽油罐均需处于密闭状态，平时管理和卸油时均不能打开量油孔，否则会破坏系统的密闭性，因此必须借助液位检测系统来掌握罐内油品的多少。出于全站信息化管理的角度和满足环保要求，只汽油罐设置液位监测系统，显然不太协调，因此也要求柴油罐设置。

利用液位监测系统监测埋地油罐渗漏，是及时发现单壁油罐渗漏的一种方法。我国近几年安装的磁致伸缩液位监测系统，不少都具备此功能，稍加改造或调整就能达到此要求。

监测系统的精度，美国规定：动态监测为 0.2gal/h（0.76L/h），静态监测为 0.1gal/h（0.38L/h）。考虑到我国目前市场上的液位监测产品精度（部分只具备 0.76L/h 的油罐静态渗漏监测）以及改造的难度等问题，故只规定了油罐静态渗漏监测量不大于 0.8L/h。

6.1.15 埋地钢制油罐的防腐好坏，直接影响到钢制油罐的使用寿命，故本条作如此规定。

6.2 加油机

6.2.1 本条为强制性条文。加油机设在室内，容易在室内形成爆炸混合气体积聚，再加上国内外目前生产的加油机顶部的电子显示和程控系统多为非防爆产品，如果将加油机设在室内，则易引发爆炸和火灾事故，故作此条规定。

6.2.2 自封式加油枪是指带防溢功能的加油枪，各国已普遍采用。这种枪的最大好处是能够在油箱加满油时，自动关闭加油枪，避免了因加油操作疏忽造成的油品从油箱口溢出而导致的能源浪费及可能引发的火灾和污染环境等。但这种枪的加油流量不能太快，否则会使油箱内受到加油流速过快的冲击引起油品翻花，产生很多的油沫子，使油箱未加满，加油枪就自动关闭，此外还有可能发生静电火灾问题。因此，国内外目前应用的汽油加油枪的流量基本都控制在 50L/min 以下，而且生产的油气回收泵流量也是与其相匹配的，超出此流量会带来一系列问题。

柴油相对于汽油发生的火灾几率较小，而且加注柴油的多数都是大型车辆，油箱也大，故本条对加注柴油的流量未作规定。

6.2.3 拉断阀一般装在加油软管上或油枪与软管的连接处，是预防向车辆加完油后，忘记将加油枪从油箱口移开就开车，而导致加油软管被拉断或加油机被拉倒，出现泄漏事故的保护器件。拉断阀的分离拉力过小会因加油水击现象等不该拉脱时而被拉脱，拉力过大起不到保护加油机、胶管及连接接头的作用。依据现行国家标准《燃油加油站防爆安全技术 第 2 部分：加油机用安全拉断阀结构和性能的安全要求》GB 22380.2—2010 的规定，安全拉断

阀的分离拉力应为 800N～1500N。

6.2.4 剪切阀是加油机以正压（如潜油泵）供油的可靠油路保护装置，安装在加油机底部与供油立管的连接处。此阀作用有二：一是加油机被意外撞击时，剪切阀的剪切处会首先发生断裂，阀芯自动关闭，防止液体连续泄漏而导致发生火灾事故或污染环境；二是加油机一旦遇到着火事故时，剪切阀附近达到一定温度时，阀也会自动关闭，切断油路，避免引起严重的火灾事故。有关剪切阀的具体性能要求，详见现行国家标准《燃油加油站防爆安全技术 第 3 部分：剪切阀结构和性能的安全要求》GB 22380.3。

6.2.5 此条规定的主要目的是防止误加油品。

6.3 工艺管道系统

6.3.1 本条为强制性条文。以前采用敞口式卸油（即将卸油胶管插入量油孔内）的加油站，油气从卸油口排出，有些油气中还夹带有油珠油雾，极不安全，多次发生着火事故。所以，本条规定必须采用密闭卸油方式十分必要。其含义包括加油站的油罐必须设置专用进油管道，采用快速接头连接进行卸油，避免油气在卸油口沿地面排放。严禁采用敞口卸油方式。

6.3.2 此条规定的目的是防止卸油卸错罐，发生混油事故。

6.3.4 卸油油气回收在国外也通称为"一次回收"或"一阶段回收"。

1 所谓平衡式密闭油气回收系统，是指系统在密闭的状态下，油罐车向地下油罐卸油的同时，使地下油罐排出的油气直接通过管道（即卸油油气回收管道）收回到油罐车内的系统，而不需外加任何动力。这也是各国目前都采用的方法。

2 各汽油罐共用一根卸油油气回收主管，使各汽油罐的气体空间相连通，也是各国普遍采用的一种形式，可以简化工艺，节省管道，避免卸油时接错接口，出现张冠李戴。规定其公称直径为不宜小于 80mm，主要是为减少气路管道阻力，节省卸油时间，并使其与油罐车的 DN100（或 DN100 变 DN80）的油气回收接头及连通软管的直径相匹配。

3 采用非自闭式快速接头（即普通快速接头）时，要求与快速接头前的油气回收管道上设阀门，主要是为使卸油结束后及时关闭此阀门，使罐内气体不外泄，避免污染环境和发生火灾。自闭式快速接头，平时和卸油结束（软管接头脱离）后会自动处于关闭状态，故不需另装阀门，除操作简便外，还避免了普通接头设阀门可能出现的忘关阀门所带来的问题，故美国和西欧等先进国家基本都采用这种接头。

6.3.5 采用油罐装设潜油泵的加油工艺，与采用自吸式加油机相比，其最大特点是：油罐正压出油、技术先进、加油噪音低、工艺简单，一般不受罐位较低和管道较长等条件的限制，是我国加油站的技术发展趋势。

从保证加油工况的角度看，如果几台自吸式加油机共用一根接自油罐的进油管（即油罐的出油管），有时会造成互相影响，流量不均，当一台加油机停泵时，还有抽入空气的可能，影响计量精度，甚至出现断流现象。故规定采用自吸式加油机时，每台加油机应单独设置进油管。设置底阀的目的是为防止加油停歇时出现油品断流，吸入气体，影响加油精度。

6.3.6 加油油气回收在国外也通称为"二次回收"或"二阶段回收"。

1 所谓真空辅助式油气回收系统，是指在加油油气系统回收系统的主管上增设油气回收泵或在每台加油机内分别增设油气回收泵而组成的系统。在主管上增设油气回收泵的，通常称为"集中式"加油油气系统回收系统；在每台加油机内分别增设油气回收泵（一般一泵对一枪），通常称为"分散式"加油油气系统回收系统，是各国目前都采用的方法。增设油气回收泵的主要目的是为了克服油气自加油枪至油罐的阻力，并使加油枪回气口形成负压，使加油时油箱口呼出的油气抽回到油罐内。

2 多台汽油加油机共用一根油气回收主管,可以简化工艺,节省管道,是国外普遍采用的一种形式。通至油罐处可以直接连接到卸油油气回收主管上。规定其直径不小于DN50主要是为保证其有一定的强度和减少气路管道阻力。

3 防止油气反向流的措施一般采用在油气回收泵的出口管上安装一个专用的气体单向阀,用于防止罐内空间压力过高时保护回收泵或不使加油枪在油箱口处增加排放。

4 本款规定的气液比值与现行国家标准《加油站大气污染物排放标准》GB 20952—2007规定一致。

5 设置检测三通是为了方便检测整体油气回收系统的密闭性和加油机至油罐的油气回收管道内的气体流动阻力是否符合规定的限值。系统不严密会使油气外泄;加油过程中产生的油气通过埋地油气回收管道至油罐时,会在管道内形成冷凝液,如果冷凝液在管道中聚集就使返回到油罐的气体受阻(即液阻),轻者影响回收效果,重者会导致系统失去作用。因此,这两个指标是衡量加油油气回收系统是否正常的指标。检测三通安装如图1所示。

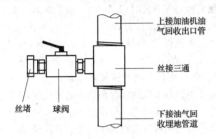

上接加油机油气回收出口管

丝接三通

丝堵　球阀

下接油气回收埋地管道

图1 液阻和系统密闭性检测口示意

6.3.7 本条条文说明如下:

1 "接合管应为金属材质"主要是为了与油罐金属人孔盖接合,并满足导静电要求。

2 规定油罐的各接合管应设在油罐的顶部,既是功能上的常规要求,也是安全上的基本要求,目的是不损伤装油部分的罐身,便于平时的检修与管理,避免现场安装开孔可能出现焊接不良和接管受力大,容易发生断裂而造成的跑油渗油等不安全事故。规定油罐的出油接合管应设在人孔盖上,主要是为了使该接合管上的底阀或潜油泵拆卸检修方便。

3 本款规定主要是为防止油罐车向油罐卸油时在罐内产生油品喷溅,而引发静电着火事故。采用临时管道插入油罐敞口喷溅卸油,曾引起的着火事例很多,例如,北京市和平里加油站、郑州市人民路加油站都在卸油时,进油管未插到罐底,造成油品喷溅,产生静电火花,引起卸油口部起火。

进油立管的底端采用45°斜管口或T形管口,在防止产生静电方面优于其他形式的管口,有利于安全,也是国内和国外通常取的形式。

4 罐内潜油泵的入油口或自吸式加油机吸入管道的罐内底阀入油口,距罐底的距离不能太高也不能太低,太高会有大量的油品不能被抽出,降低了油罐的使用容积,太低会使罐底污物进入加油机而加给汽车油箱。

5 量油帽带锁有利于加油站的防盗和安全管理。其接合管伸至罐内距罐底200mm的高度,在正常情况下,罐内油品中的静电可通过接合管被导走,避免人工量油时发生静电引燃事故。但设计上要保证检尺时使罐内空间为大气压(通常可在罐内最高液位以上的接合管上开对称孔),以使管内液位与罐内实际液位相一致。

6 油罐的人孔是制造和检修的出入口,因此人孔井内的管道及设备,须保证油罐人孔盖的可拆装性。

7 人孔盖上的接合管采用金属软管过渡与引出井外管道的连接,可以减少管道与人孔盖之间的连接力,便于管道与人孔之间的连接和检修时拆装人孔盖,并能保证人孔盖的密闭性。

6.3.8 规定汽油罐与柴油罐的通气管分开设置,主要是为了防止这两种不同种类的油品罐互相连通,避免一旦出现冒罐时,油品经通气管流到另一个罐造成混油事故,使得油品不能应用。对于同类油品(如:汽油90#、93#、97#)储罐的通气管,本条隐含着允许互相连通,共用一根通气立管的意思,可使同类油品储罐气路系统的工艺变得简化,即使出现窜油问题,也不至于油品不能应用。但在设计上应考虑便于以后各罐在洗罐和检修时气路管道的拆装与封堵问题。

对于通气管的管口高度,英国《销售安全规范》规定不小于3.75m,美国规定不小于3.66m,我国的《建筑设计防火规范》等标准规定不小于4m。为与我国相关标准取得一致,故规定通气管的管口应高出地面至少4m。

规定沿建筑物的墙(柱)向上敷设的通气管管口,应高出建筑物的顶面至少1.5m,主要是为了使油气易于扩散,不积聚于屋顶,同时1.5m也是本规范对通气管管口爆炸危险区域划为1区的半径。

规定通气管管口应安装阻火器,是为了防止外部的火源通过通气管引入罐内,引发油罐出现爆炸着火事故。

6.3.10 对于采用油气回收的加油站,规定汽油通气管管口安装机械呼吸阀的目的是为了保证油气回收系统的密闭性,使卸油、加油和平时产生的附加油气不排放或减少排放,达到回收效率的要求。特别是油罐车向加油站油罐卸油过程中,由于两者的液面不断变化,除油品进入油罐呼出的等量气体进入油罐车外,气体的呼出与吸入所造成的扰动,以及环境温度影响等,还会产生一定量的附加蒸发。如果通气管口不设呼吸阀或呼吸阀的控制压力偏小,都会使这部分附加蒸发的油气排入大气,难以达到回收效率的要求,实际也证明了这一点。

规定呼吸阀的工作正压宜为2kPa～3kPa,是依据某单位曾在夏季卸油时对加油站密闭气路系统实测给出的。

规定呼吸阀的工作负压宜为1.5kPa～2kPa,主要是基于以下两方面的考虑:一是油罐在出油的同时,如果机械呼吸阀的负压值定的太小,油罐出现的负压也就太小,不利于将汽车油箱排出的油气通过加油机和回收管道回收到油罐;二是如果负压值定的偏大,就会增加埋地油罐的负荷,而且对采用自吸式加油机在油罐低液位时的吸油也很不利。

6.3.11 部分款说明如下:

2 本款的"非烃类车用燃料"不包括车用乙醇汽油。因为本规范对非金属复合材料管道的技术要求是参照欧洲标准《加油站埋地安装用热塑性塑料管道和挠性金属管道》EN 14125—2004制定的,而EN 14125—2004不适用于输送非烃类车用燃料的非金属管道。

4、6 这两款是参照欧洲标准《加油站埋地安装用热塑性塑料管道和挠性金属管道》EN 14125—2004制定的。

5 本款是依据国家标准《防止静电事故通用导则》GB 12158—2006中第7.2.2条制定的。

7 本款是针对我国柴油公交车、重型车尾气排放实施国Ⅳ标准(国家机动车第四阶段排放标准),采用SCR(选择性催化还原)技术,需要在加油站增设尾气处理液加注设备而提出的。尾气处理液是指尿素溶液(Adblue)。SCR技术是在现有柴油车应用国Ⅲ(欧Ⅲ)柴油的基础上,通过发动机内优化燃烧降低颗粒物后,在排气管内喷入尿素溶液作为还原剂而降低氮氧化物(NOx),使氮氧化物转换成纯净的氮气和水蒸气,而满足环保排放要求的一种技术。柴油车尿素溶液的耗量约为燃油耗量的4%～5%。使用SCR技术还可以使尾气排放提升到欧Ⅴ要求。由于尿素溶液对碳钢具有一定的腐蚀性,不适于用碳素钢管输送,故应采用奥氏体不锈钢等适于输送要求的管道。

6.3.13 本条为强制性条文。加油站内多是道路或加油场地,工艺管道不便地上敷设。采用管沟敷设时要求必须用沙子或细土填满、填实,主要是为避免管沟积聚油气,形成爆炸危险空间。此外,根据欧洲标准和不导静电非金属复合材料管道试验结论,对不导静电非金属复合材料管道来说,只有埋地敷设才能做到不积聚静电荷。

6.3.14 规定"卸油油气回收管道、加油油气回收管道和油罐通气管横管的坡度,不应小于1‰",与现行国家标准《加油站大气污染物排放标准》GB 20952—2007规定相一致,目的是防止管道内积液,保证管道气相畅通。

6.3.17 "与其无直接关系的建(构)筑物",是指除加油场地、道路和油罐维护结构以外的站内建(构)筑物,如站房等房屋式建筑、给排水井等地下构筑物。规定不应穿过或跨越这些建(构)筑物,是为防止管道损伤、渗漏带来的不安全问题。同样,与其他管沟、电缆沟和排水沟相交叉处也应采取相应的防护措施。

6.3.18 本条规定是参照欧洲标准《输送流体用管子的静电危害分析》IEC TR60079—32 DC:2010制定的。

6.4 撬装式加油装置

6.4.2~6.4.6 为满足公众日益提高的安全和环保需求,第6.4.2条~第6.4.6条规定了加强撬装式加油装置安全和环保要求的措施。

6.5 防渗措施

6.5.2 埋地油罐采用双层壁油罐的最大好处是自身具备二次防渗功能,在防渗方面比单壁油罐多了一层防护,并便于实现人工检测和在线监测,可以在第一时间内及时发现渗漏,使渗漏油品不进入环境。特别是双壁玻璃纤维增强塑料(玻璃钢)罐和带有防渗外套的金属油罐,在抗土壤腐蚀方面更远远优于与土壤直接接触的金属油罐,会大大延长油罐的使用寿命。是目前美国和西欧等先进国家推广应用的主流技术。

本规范允许采用单层油罐设置防渗罐池做法,主要是由于我国在采用双层油罐技术方面还属刚起步,相关标准不健全,而且自20世纪90年代初就一直沿用防渗罐池做法。但这种做法只是将渗漏控制在池内范围,仍会污染池内土壤,如果池子做的不严密,还存在着渗漏污染扩散问题,再加上其建设造价并不比采用双层油罐省,油罐相对使用寿命短,因此,这种防渗方式也只是一种过渡期间的措施,终究会被双层油罐技术所代替。

6.5.4 设置检测立管的目的是为了检测或监测防渗罐池内的油罐是否出现渗漏。

6.6 自助加油站(区)

6.6.1 本条的规定,是为了在无人引导的情况下,指引消费者进站、准确地把车辆停靠在加油位上,进行加油操作。

6.6.2 在加油机泵岛及附近标示油品类别、标号及安全警示,可以引导消费者选择适合自己的加油位并注意安全。

6.6.3 不在同一加油车位上同时设置汽油、柴油两个品种服务,可以方便消费者根据油品灯箱的标示选择合适的加油车位,同时避免或减少加错油的现象。

6.6.4 自助加油不同于加油员加油,因此对加油机和加油枪的功能提出了一些特殊要求以保证加油安全。

6.6.5 设置视频监控系统是出于安全和风险管理的考虑,同时通过对顾客的加油行为分析,改善服务。

6.6.6 营业室内设置监控系统,是自助加油站的一个特点,营业员可以通过该系统关注和控制每台加油机的作业情况,并与顾客进行对话沟通,提供服务和指导。在发生紧急情况时,可以启动紧急切断开关停止所有加油机的运行并通过站内广播引导顾客离开危险区域。

6.6.7 由于汽油闪点低,挥发性强,油蒸汽是加油站的主要安全隐患,要求经营汽油的自助加油站设置加油油气回收系统,有助于保证自助加油的安全,并有助于大气环境保护。

7 LPG加气工艺及设施

7.1 LPG储罐

7.1.1 对本条各款说明如下:

1 关于压力容器的设计和制造,国家现行标准《钢制压力容器》GB 150、《钢制卧式容器》JB 4731和国家质量技术监督局颁发的《固定式压力容器安全技术监察规程》TSG R0004已有详细规定和要求,故本规范不再作具体规定。

2 《固定式压力容器安全技术监察规程》TSG R0004第3.9.3条规定:常温储存液化气体压力容器的设计压力应以规定温度下的工作压力为基础确定;常温储存液化石油气50℃的饱和蒸汽压力小于或等于50℃丙烷的饱和蒸汽压力时,容器工作压力等于50℃丙烷的饱和蒸汽压力(为1.600MPa表压)。行业标准《石油化工钢制压力容器》SH/T 3074—2007第6.1.1.5条规定:工作压力 $P_w \leqslant 1.8$MPa时,容器设计压力 $P_d = P_w + 0.18$MPa。根据上述规定,本款规定"储罐的设计压力不应小于1.78MPa"。

3 LPG充装泵有多种形式,储罐出液管必须适应充装泵的要求。进液管道和液相回流管道接入储罐内的气相空间的优点是:一旦管道发生泄漏事故直接泄漏出去的是气体,其质量比直接泄漏出液体小得多,危害性也小得多。

7.1.2 止回阀和过流阀有自动关闭功能。进液管、液相回流管和气相回流管上设止回阀,出液管和卸车用的气相平衡管上设过流阀可有效防止LPG管道发生意外泄漏事故。止回阀和过流阀设在储罐内,增强了储罐首级关闭阀的安全可靠性。

7.1.3 本条说明如下:

1 安全阀是防止LPG储罐因超压而发生爆裂事故的必要设备,《固定式压力容器安全技术监察规程》TSG R0004也规定压力容器必须安装安全阀。规定"安全阀与储罐之间的管道上应装设切断阀",是为了便于安全阀检修和调试。对放散管管口的安装高度的要求,主要是防止液化石油气放散时操作人员受到伤害。

规定"切断阀在正常操作时应处于铅封开启状态。"是为了防止发生误操作事故。在设计文件上需对安全阀与储罐之间的管道上安装的切断阀注明铅封开。

2 因为7.1.1条规定LPG储罐的设计压力不应低于1.78MPa,再考虑泵的提升压力,故规定阀门及附件系统的设计压力不应低于2.5MPa。

3 要求在排污管上设置两道切断阀,是为了确保安全。排污管内可能会有水分,故在寒冷和严寒地区,应对从储罐底部引出的排污管的根部管道加装伴热或保温装置,以防止排污管阀门及其法兰垫片冻裂。

4 储罐内未设置控制阀门的出液管道和排污管道,最危险点在储罐的第一道法兰处。本款的规定,是为了确保安全。

5 储罐设置检修用的放散管,便于检修储罐时将罐内LPG气体放散干净。要求该放散管与安全阀接管共用一个开孔,是为了减少储罐开口。

6 为防止在加气瞬间的过流造成关闭,故要求过流阀的关阀流量宜为最大工作流量的1.6倍~1.8倍。

7.1.4 LPG储罐是一种密闭性容器,准确测量其温度、压力,尤其是液位,对安全操作非常重要,故本条规定了液化石油气储罐测量仪表设置要求。

1 要求LPG储罐设置就地指示的液位计、压力表和温度计,这是因为一次仪表的可靠性高以及便于就地观察罐内情况。要求设置液位上、下限报警装置,是为了能及时发现液位达到极限,防止超装事故发生。

2 要求设置液位上限限位控制和压力上限报警装置,是为了能及时对超压情况采取处理措施。

3 对LPG储罐来说,最重要的参数是液位和压力,故要求在一、二级站内对这两个参数的测量设二次仪表。二次仪表一般设在站房的控制室内,这样便于对储罐进行监测。

7.1.5 本条为强制性条文。由于LPG的气体比重比空气大,LPG储罐设在室内或地下室内,泄漏出来LPG气体易于在室内积聚,形成爆炸危险气体,故规定LPG储罐严禁设在室内或地下室内。LPG储罐埋地设置受外界影响(主要是温度方面的影响)比较小,罐内压力相对比较稳定。一旦某个埋地储罐或其他设施发生火灾,基本上不会对另外的埋地储罐构成严重威胁,比地上设置要安全得多。故本条规定,在加油加气合建站和城市建成区内的加气站,LPG储罐应埋地设置。需要指出的是,根据本条的规定,地上LPG储罐整体装配式的加气站不能建在城市建成区内。

7.1.6 对本条各款说明如下:

1 地上储罐集中单排布置,方便管理,有利于消防。储罐间净距不应小于相邻较大罐的直径,系根据现行国家标准《城镇燃气设计规范》GB 50028—2006而确定的。

2 储罐四周设置高度为1m的防护堤(非燃烧防护墙),以防止发生液化石油气发生泄漏事故,外溢堤外。

7.1.7 地下储罐间应采用防渗混凝土墙隔开,以防止事故时串漏。

7.1.8 建于水源保护地的液化石油气埋地储罐,一般都要求设置罐池。本条对罐池设置提出了具体要求。

1 规定罐与罐池内壁之间的净距不应小于1m,是为了储罐开罐检查时,安装X射线照相设备。

2 填沙的作用与埋地油罐填沙作用相同。

7.1.9 规定"储罐应坡向排污端,坡度应为3‰～5‰",是为了便于清污。

7.1.10 LPG储罐是压力储罐,一旦发生腐蚀穿孔事故,后果将十分严重。所以,为了延长埋地LPG储罐的使用寿命,本条规定要采用严格的防腐措施。

7.2 泵和压缩机

7.2.1 用LPG压缩机卸车,可加快卸车速度。槽车上泵的动力由站内供电比由槽车上的柴油机带动安全,且能减少噪声和油气污染。

7.2.3 加气站内所设卸车泵流量若低于300L/min,则槽车在站内停留时间太长,影响运营。

7.2.4 本条为强制性条文。为地面上的泵和压缩机设置防晒罩棚或泵房(压缩机间),可防止泵和压缩机因日晒而升温升压,这样有利于泵和压缩机的安全运行。

7.2.5 本条规定了一般地面泵的管路系统设计要求。

1 本款措施,是为了避免因泵的振动造成管件等损坏。

2 管路坡向泵进口,可避免泵产生气蚀。

3 泵的出口阀门前的旁通管上设置回流阀,可以确保输出的液化石油气压力稳定,并保护泵在出口阀门未打开时的运行安全。

7.2.7 本条规定在安装潜液泵的筒体下部设置切断阀,便于潜液泵拆卸、更换和维修;安装过流阀是为了能在储罐外系统发生大量泄漏时,自动关闭管路。

7.2.8 本条的规定,是为了防止潜液泵电机超温运行造成损坏和事故。

7.2.9 本条规定了压缩机进、出口管道阀门及附件的设置要求。规定在压缩机的进口和储罐的气相之间设置旁通阀,目的在于降低压缩机的运行温度。

7.3 LPG加气机

7.3.1 本条为强制性条文。加气机设在室内,泄漏的LPG气体不易扩散,易引发爆炸和火灾事故。

7.3.2 根据国外资料以及实践经验,计算加气机数量时,每辆汽车加气时间按3min～5min计算比较合适。

7.3.3 对本条各款说明如下:

1 同第7.1.3条第2款的说明。

2 限制加气枪流量,是为了便于控制加气操作和减少静电危险。

3 加气软管设拉断阀是为了防止加气汽车在加气时因意外启动而拉断加气软管或拉倒加气机,造成液化石油气外泄事故发生。拉断阀在外力作用下分开后,两端能自行密封。分离拉力范围是参照国外标准制定的。

4 本款的规定是为了提高计量精度。

5 加气嘴配置自密封阀,可使加气操作既简便、又安全。

7.3.5 本条为强制性条文。此条规定是为了提醒加气车辆驾驶员小心驾驶,避免撞毁加气机,造成大量液化石油气泄漏。

7.4 LPG管道系统

7.4.1 10#、20#钢是优质碳素钢,LPG管道采用这种管材较为安全。

7.4.3 同第7.1.3条第2款的说明。

7.4.4 与其他连接方式相比,焊接方式防泄漏性能更好,所以本条要求液化石油气管道宜采用焊接连接方式。

7.4.5 为了安装和拆卸检修方便,LPG管道与储罐、容器、设备及阀门的连接,推荐采用法兰连接方式。

7.4.6 一般耐油胶管并不能耐LPG腐蚀,所以本条规定管道系统上的胶管应采用耐LPG腐蚀的钢丝缠绕高压胶管。

7.4.7 LPG管道埋地敷设占地少,美观,且能避免人为损坏和受环境温度影响。规定采用管沟敷设时,应充填中性沙,是为了防止管沟内积聚可燃气体。

7.4.8 本条的规定内容是为了防止管道受冻土变形影响而损坏或被车压坏。

7.4.9 LPG是一种非常危险的介质,一旦泄漏可能引起严重后果。为安全起见,本条要求埋地敷设的LPG管道采用最高等级的防腐绝缘保护层。

7.4.10 限制LPG管道流速,是减少静电危害的重要措施。

7.4.11 本条为强制性条文。LPG储罐的出液管道和连接槽车的液相管道是LPG加气站的重要工艺管道,也是最危险的管道,在这些管道上设紧急切断阀,对保障安全是十分必要的。

7.5 槽车卸车点

7.5.1 本条为强制性条文。设置拉断阀的规定有两个目的,一是为了防止槽车卸车时意外启动或溜车而拉断管道;二是为了一旦站内发生火灾事故槽车能迅速离开。

7.5.3 本条的规定,是为了防止杂质进入储罐影响充装泵的运行。

10

8 CNG 加气工艺及设施

8.1 CNG 常规加气站和加气母站工艺设施

8.1.1 CNG 进站管道设置调压装置以适应压缩机工况变化需要,满足压缩机的吸入压力,平稳供气,并防止超压,保证运行安全。

8.1.3 在进站天然气的硫化氢含量达不到现行国家标准《车用压缩天然气》GB 18047 的硫含量要求时,需要进行脱硫处理。加气站脱硫处理量较小,一般采用固体法脱硫,为环保需要,固体脱硫剂不在站内再生。设置备用塔,可作为在一塔检修或换脱硫剂时的备用。脱硫装置设置在室外是出于安全需要。设置硫含量检测是工艺操作的要求。

8.1.4 CNG 加气站多以输气干线内天然气为气源,其气质可达到现行国家标准《天然气》GB 17820 中的Ⅱ类气质指标,但给汽车加注的天然气须满足现行国家标准《车用压缩天然气》GB 18047 对天然气的水露点的要求。一般情况下来自输气干线内天然气质量达不到《车用压缩天然气》GB 18047 要求的指标,所以还要进行脱水。

因采用固体吸附剂脱水,可能会增加气体中的含尘量对压缩机安全运行有影响,可通过增加过滤器来解决。

8.1.7 压缩机前设置缓冲罐可保证压缩机工作平稳。设置排气缓冲罐是减少为了排气脉冲带来的振动,若振动小,不设置排气缓冲罐也是可行的。

8.1.9 压缩机单排布置主要考虑水、电、气、汽的管路和地沟可在同一方向设置,工艺布置合理。通道留有足够的宽度方便安装、维修、操作和通风。

8.1.11 当压缩机停机后,机内气体需及时泄压掉以待第二次启动。由于泄压的天然气量大、压力高、又在室内,因此需将泄放的天然气回收再用。

8.1.12 压缩机排出的冷凝液中含有凝析油等污物,有一定危险,所以应集中处理,达到排放标准后才能排放。压缩机组包括本机、冷却器和分离器。

8.1.13 我国 CNG 汽车规定统一运行压力为 20MPa,CNG 站的储气瓶压力为 25MPa,以满足 CNG 汽车充气需要。

8.1.14 目前 CNG 加气站固定储气设施主要用储气瓶(组)和储气井。储气瓶(组)有易于制造,维护方便的优点。储气井具有占地面积小、运行费用低、安全可靠、操作维护简便和事故影响范围小等优点,因此被广泛采用。目前已建成并运行的储气井规模为:储气井井筒直径 $\phi177.8mm \sim \phi244.5mm$;最大井深大于 300m;储气井水容积 $1m^3 \sim 10m^3$;最大工作压力 25MPa。

8.1.15 此条删除。

8.1.16 储气瓶(组)采用卧式排列便于布置管道及阀件,方便操作保养,当瓶内有沉积液时易于外排。

8.1.18 在地质滑坡带上建造储气井难于保证井筒稳固,溶洞地质不易钻井施工和固井。

8.1.19 疲劳次数要求是为了保证储气井本体有足够的使用寿命。为保证储气井的安全性能,储气井在使用期间还需定期气密性检查、排液及定期检验。

8.1.20A 《套管柱结构与强度设计》SY/T 5724 适用于几十 MPa 甚至上百 MPa 的天然气井和储气井,该标准考虑了地层对储气井埋地部分的本体(井筒)的反作用力,符合实际工况,能更好地指导储气井埋地部分的井筒的设计,故本次局部修订引用此标准。

8.1.21 本条规定了加气机、加气柱、卸气柱的选用和设置要求:

1 加气机设在室内,泄漏的 CNG 气体不易扩散,易引发爆炸和火灾事故,故此款作为强制性条文规定。

3、4 控制加气速度的规定是参照美国天然气汽车加气标准的限速值和目前 CNG 加气站操作经验制定的。

8.1.22 本条的储气瓶(组)包括固定储气瓶(组)和车载储气瓶组。储气瓶(组)的管道接口端是储气瓶的薄弱点,故采取此项措施加以防范。

8.2 CNG 加气子站工艺设施

8.2.2 本条为强制性条文。本条的要求是为了保证液压设备处于安全状态。

8.2.5 本条的储气瓶(组)包括固定储气瓶(组)和车载储气瓶(组)。

8.3 CNG 工艺设施的安全保护

8.3.1 本条为强制性条文。天然气进站管道上安装切断阀,是为了一旦发生火灾或其他事故,立即切断气源灭火。手动操作可在自控系统失灵时,操作人员仍可以靠近并关闭截断阀,切断气源,防止事故扩大。

8.3.2、8.3.3 要求站内天然气调压计量、增压、储存、加气各工段分段设置切断气源的切断阀,是为了便于维修和发生事故时紧急切断。

8.3.6 本条是参照美国内务部民用消防局技术标准《汽车用天然气加气站》制订的。该标准规定:天然气设备包括所有的管道、截止阀及安全阀,还有组成供气、加气、缓冲及售气网络的设备的设计压力比最大的工作压力高 10%,并且在任何情况下不低于安全阀的起始工作压力。

8.3.7 一次泄放量大于 $500m^3$(基准状态)的高压气体(如储气瓶组事故时紧急排放的气体、火灾或紧急检修设备时排放系统气体),很难予以回收,只能通过放散管迅速排放。压缩机停机卸载的天然气量一般大于 $2m^3$(基准状态),排放到回收罐,防止扩散。仪表或加气作业时泄放的气量减少,就地排入大气筒便易行,且无危险之忧。

8.3.8 本条第 3 款规定"放散管应垂直向上",是为了避免天然气高速放散时,对放散管造成较大冲击。

8.3.10 压力容器与压力表连接短管设泄气孔(一般为 $\phi1.4mm$),是保证拆卸压力表时放散管内余气,确保操作安全。

8.3.11 设安全防撞柱(栏)主要为了防止进站加气汽车控制失误,撞上天然气设备造成事故。

8.4 CNG 管道及其组成件

8.4.4 加气站室内管沟敷设,沟内填充中性沙是为了防止泄漏的天然气聚集形成爆炸危险空间。

9 LNG 和 L-CNG 加气工艺及设施

LNG 橇装设备是在制造厂完成制造和组装的,具有现场安装简便、更能保证质量的优点,在小型 LNG 加气站应用较多。LNG 橇装设备的性质和功能与现场分散安装的 LNG 设备是相同的,本章除专门针对非 LNG 橇装设备的规定不适用于 LNG 橇装设备外,其他规定均适用于 LNG 橇装设备。

9.1 LNG 储罐、泵和气化器

9.1.1 本条规定了 LNG 储罐的设计要求。

1 本款规定了 LNG 储罐设计应执行的有关标准规范,这些标准是保证 LNG 储罐设计质量的必要条件。

2 要求 $P_d \geqslant P_w + 0.18MPa$,是根据行业标准《石油化工钢制压力容器》SH/T 3074—2007 制定的;要求储罐的设计压力不应小于 1.2 倍最大工作压力,略高于现行国家标准《压力容器》GB 150 的要求。LNG 储罐常压下的储存温度约为 −196℃,考虑需留一定余量,故本款要求设计温度不应高于 −196℃。由于 LNG 加气可能设在市区内,本款的规定提高了储罐的安全度(包括外壳),是必要的。

3 本款的规定是参照现行国家标准《液化天然气(LNG)生产、储存和装运》GB/T 20368—2006 制定的。

9.1.2 埋地 LNG 储罐、地下或半地下 LNG 储罐抵御外部火灾的性能好,自身发生事故影响范围小。在城市中心区内,建筑物和人员较为密集,故规定应采用埋地 LNG 储罐、地下或半地下 LNG 储罐。

9.1.3 本条规定了非 LNG 橇装设备的地上 LNG 储罐等设备的布置要求。

2 本款规定的目的是使泄漏的 LNG 在堤区内缓慢气化,且以上升扩散为主,减小气雾沿地面扩散。防护堤与 LNG 储罐在堤区内距离的确定,一是操作与维修的需要,二是储罐及其管路发生泄漏事故,尽量将泄漏的 LNG 控制在堤区内。

规定"防护堤的雨水排放口应有封堵措施",是为了在 LNG 储罐发生泄漏事故时能及时封堵雨水排放口,避免 LNG 流淌至防护堤外。

3 增压气化器、LNG 潜液泵等装置,从工艺操作方面来说需靠近储罐布置。CNG 高压瓶组或储气井发生事故的爆破力较大,不宜布置在防护堤内。

9.1.3A LNG 橇装设备具有现场安装简便、更能保证质量的优点,很受用户欢迎,为规范 LNG 橇装设备的建造,保证安全使用,本次修订增加本条规定。LNG 橇装设备一般由 LNG 储罐、LNG 潜液泵和泵池、LNG 加气机、管道系统和汽化器、安全设施系统、箱体、电气仪表系统等设备或设施组成。这种橇装设备布置紧凑,且在工厂整体制造,不便像分散安装的 LNG 设备那样要求有较大的安装和操作空间,但设置能容纳 LNG 储罐容量的拦蓄池和采取通风措施是必要的安全措施。

9.1.4 本条规定了地下或半地下 LNG 储罐的设置要求。

1 采用卧式储罐可减小罐池深度,降低建造难度。

4 本款的规定,是为了防止人员意外跌落罐池而受伤。当池壁顶高出罐池外地面 1.5m 及以上时允许池壁可设置用不燃烧材料制作的实体门,是为了操作和检修人员进出罐池。

6 罐池内在雨季有可能积水,故需对储罐采取抗浮措施。

9.1.6 本条规定了 LNG 储罐阀门的设置要求,说明如下:

1 设置安全阀是国家现行标准《固定式压力容器安全技术监察规程》TSG R0004 的有关规定。为保证安全阀的安全可靠性和满足检验需要,LNG 储罐设置 2 台或 2 台以上全启封闭式安全阀

是必要的。

2 规定"安全阀与储罐之间应设切断阀",是为了满足安全阀检验需要。

3 规定"与 LNG 储罐连接的 LNG 管道应设置可远程操作的紧急切断阀",是为了能在事故状态下,做到迅速和安全地关闭与 LNG 储罐连接的 LNG 管道阀门,防止泄漏事故的扩大。

4 此款删除。

5 阀门与储罐或管道采用焊接连接相对法兰或螺纹连接严密性好得多,LNG 储罐液相管道首道阀门是最重要的阀门,故本款从严要求,规避在该处接口可能发生的重大泄漏事故,这是 LNG 加气站重要的一项安全措施。

9.1.7 本条为强制性条文。对本条 LNG 储罐的仪表设置要求说明如下:

1 液位是 LNG 储罐重要的安全参数,实时监测液位和高液位报警是必不可少的。要求"高液位报警应与进液管道紧急切断阀连锁",可确保 LNG 储罐不满溢。

2 压力也是 LNG 储罐重要的安全参数,对压力实时监测是必要的。

3 检测内罐与外罐之间环形空间的绝对压力,是观察 LNG 储罐完好性的简便易行的有效手段。

4 本款要求"液位计、压力表应能就地指示,并应将检测信号传送至控制室集中显示",有利于实时监测 LNG 储罐的安全参数。

9.1.8 本条是对 LNG 潜液泵池的管路系统和附属设备的规定。

1 对 LNG 储罐的底与泵罐顶间的高差要求,是为了保证潜液泵的正常运行。

2 潜液泵启动时,泵罐压力骤降会引发 LNG 气化,将气化气引至 LNG 储罐气相空间形成连通,有利于确保泵罐的进液。当利用潜液泵卸车时,与槽车的气相管相接形成连通,也有利于卸车顺利进行。

3 潜液泵罐的温度和压力是防止潜液泵气蚀的重要参数,也是启动潜液泵的重要依据,故要求设置温度和压力检测装置。

4 在泵的出口管道上设置安全阀和紧急切断阀,是安全运行管理需要。

9.1.9 本条规定了柱塞泵的设置要求。

1 目前一些 L-CNG 加气站柱塞泵的运行不稳定,多数是由于储罐与泵的安装高差不足、管路较长、管径较小等设计缺陷造成的。

2 柱塞泵的运行震动较大,在泵的进、出口管道上设柔性、防震装置可以减缓震动。

3 为防止 CNG 储气瓶(井)内天然气倒流,需在泵的出口管道上设置止回阀;要求设全启封闭式安全阀,是为了防止管道超压。

4 在泵的出口管道上设置压力检测装置,便于对泵的运行进行监控。

5 目前一些 L-CNG 加气站所购置的柱塞泵运行噪声太大,严重干扰了周边环境。其原因一是泵的结构型式本身特性造成;二是一些管道连接不当。在泵型未改变前,L-CNG 加气站建在居民区、旅馆、公寓及办公楼等需要安静条件的地区时,柱塞泵需采取有效的防噪声措施。

9.1.10

3 要求"高压气化器出口气体温度不应低于 5℃",是为了保护 CNG 储气瓶(井)、CNG 汽车车用瓶在受气充装时产生的汤姆逊效应温度降低不低于 −5℃。此外,供应 CNG 汽车的温度较低,会产生较大的计量气费差,不利于加气站的运营。

4 要求"高压气化器出口应设置温度和压力检测仪表,并应与柱塞泵连锁",是为了保护下游设备的操作温度和压力不超出设计范围。

9.2 LNG 卸车

9.2.1 本条的要求是为了在出现不正常情况时,能迅速中断作业。

9.2.2 本条规定是依据现行行业标准《固定式压力容器安全技术监察规程》TSG R0004—2009 第 6.13 条制定的。有的站采用固定式装卸臂卸车,也是可行的。

9.3 LNG 加气区

9.3.1 本条为强制性条文。加气机设在室内,泄漏的液化天然气不易扩散,易引发爆炸和火灾事故。

9.3.2 本条是对加气机技术性能的基本要求。

    1 要求"加气系统的充装压力不应大于汽车车载瓶的最大工作压力",是为了防止汽车车用瓶超压。

    3 在加气机的充装软管上设拉断装置,以防止在充装过程中发生汽车启离的恶性事故。

9.3.4 加气机前设置防撞柱(栏),以避免受汽车碰撞引发事故。

9.4 LNG 管道系统

9.4.1 本条规定了 LNG 管道和低温气相管道的设计要求。

    1 管路系统的设计温度要求同 LNG 储罐。设计压力的确定原则也同 LNG 储罐,但管路系统的最大工作压力与 LNG 储罐的最大工作压力是不同的。液相管道的最大工作压力需考虑 LNG 储罐的液位静压和泵流量为零时的压力。

    3 要求管材和管件等应符合相关现行国家标准,是为了保证质量。

9.4.5 为防止管道内 LNG 受热膨胀造成管道爆破,特制定此条。

9.4.6 对 LNG 加气站的天然气放散管的设计规定主要目的如下:

    1 在加气站运行中,常发生 LNG 液相系统安全阀弹簧失效或发生冰卡而不能复位关闭,造成大量 LNG 喷泻,因此 LNG 加气站的各类安全阀放散需集中引至安全区。

    2 本款规定是为了避免放散天然气影响附近建(构)筑物安全。

    3 为保证放散的低温天然气能迅速上浮至高空,故要求经空温式气化器加热。放散的天然气温度为−112℃时,天然气的比重小于空气,本款规定适当提高放散温度,以保证放散的天然气向上飘散。

9.4.7 LNG 管道如果采用封闭管沟敷设,泄漏的可燃气体会在管沟内积聚,进而形成爆炸性气体。管沟采用中性沙子填实,可消除封闭空间,防止泄漏的可燃气体在封闭空间积聚。

10 消防设施及给排水

10.1 灭火器材配置

10.1.1 本条为强制性条文。加油加气站经营的是易燃易爆液体或气体,存在一定的火灾危险性,配置灭火器材是必要的。小型灭火器材是控制初期火灾和扑灭小型火灾的最有效设备,因此规定了小型灭火器的选用型号及数量。其中,使用灭火毯和沙子是扑灭油罐罐口火灾和地面油类火灾最有效的方式,且花费不多。本节规定是参照本规范 2006 年版原有规定和现行国家标准《建筑灭火器配置设计规范》GB 50140—2005 并结合实际情况,经多方征求意见后制定的。

10.2 消防给水

10.2.1 本条为强制性条文。是参照现行国家标准《城镇燃气设计规范》GB 50028—2006 的有关规定编制的。

10.2.2 现行国家标准《石油天然气工程设计防火规范》GB 50183—2004 第 10.4.5 条规定,总容积小于 250m³ 的 LNG 储罐区不需设固定消防水供水系统。本规范规定一级 LNG 加气站 LNG 储罐不大于 180m³,但考虑到 LNG 加气站往往建在建筑物较为稠密的地区,设置有地上 LNG 储罐的一、二级 LNG 加气站,一旦发生事故造成的影响可能会比较大,故要求其设消防给水系统,以加强 LNG 加气站的安全性能。对三种条件下站内可不设消防给水系统说明如下:

    1 现行国家标准《建筑设计防火规范》GB 50016—2006 规定:室外消火栓的保护半径不应大于 150m;在市政消火栓保护半径 150m 以内,如消防用水量不超过 15L/s 时,可不设室外消火栓。LNG 加气站位于市政消火栓有效保护半径 150m 以内情况下,且市政消火栓能满足一级站供水量不小于 20L/s,二级站供水量不小于 15L/s 的需求,故站内不需设消防给水系统。

    2 消防给水系统的主要作用是保护着火罐的临近罐免受火灾威胁,有些地方设置消防给水系统有困难,在 LNG 储罐之间设置钢筋混凝土防火隔墙,可有效降低 LNG 储罐之间的相互影响,不设消防给水系统也是可行的。

    3 位于城市建成区以外、且为严重缺水地区的 LNG 加气站,发生事故造成的影响会比较小,参照现行国家标准《石油天然气工程设计防火规范》GB 50183—2004 第 10.4.5 条规定不要求设固定消防水供水系统。考虑到城市建成区以外建站用地相对较为宽裕,故要求安全间距和灭火器材数量加倍,尽量降低 LNG 加气站事故风险。

10.2.3 加油站的火灾危险主要源于油罐,由于油罐埋地设置,加油站的火灾危险就相当低了,而且,埋地油罐的着火主要在检修人孔处,火灾时用灭火毯覆盖能有效地扑灭火灾;压缩天然气的火灾特点是爆炸后在泄漏点着火,只要关闭相关气阀,就能很快熄灭火灾;地下和半地下 LNG 储罐设置在钢筋混凝土池内,罐池顶部高于 LNG 储罐顶部,故抵御外部火灾的性能好。LNG 储罐一旦发生泄漏事故,泄漏的 LNG 被限制在钢筋混凝土罐池内,且会很快挥发并向上飘散,事故影响范围小。因此,采用地下和半地下 LNG 储罐的各类 LNG 加气站及油气合建站不设消防给水系统是可行的;设置有地上 LNG 储罐的三级 LNG 加气站,LNG 储罐规模较小,且一般只有 1 台 LNG 储罐,不设消防给水系统是可行的。

10.2.6 本条规定了 LPG 设施的消防给水设计,说明如下:

    1 此款内容是参照现行国家标准《城镇燃气设计规范》GB 50028—2006 的有关规定编制的。

    2 液化石油气储罐埋地设置时,罐本身并不需要冷却水,消防水主要用于加气站火灾时对地面上的液化石油气泵、加气设备、管道、阀门等进行冷却。规定一级站消防冷却水不小于15L/s,二级、三级站消防冷却水不小于10L/s可以满足消防时的冷却保护要求。

3 LPG地上罐的消防时间是参照现行国家标准《城镇燃气设计规范》GB 50028—2006规定的。当LPG储罐埋地设置时,加气站消防冷却的主要对象都比较小,规定1h的消防给水时间是合适的。

10.2.8 消防水泵设2台,在其中1台不能使用时,至少还可以有一半的消防水能力,不设备用泵,可以减少投资。当计算消防水量超过35L/s时设2个动力源是按现行国家标准《建筑设计防火规范》GB 50016—2006确定的。2个动力源可以是双回路电源,也可以是1个电源、1个内燃机,也可以2个都是内燃机。

10.2.9 现行国家标准《建筑设计防火规范》GB 50016—2006规定:室外消火栓的保护半径不应大于150m;在市政消火栓保护半径150m以内,如消防用水量不超过15L/s时,可不设室外消火栓。本条的规定更为严格,这样规定是为了提高液化石油气加气站的安全可靠程度。

10.2.10 喷头出水压力太低,喷头喷水效果不好,规定喷头出水最低压力是为了喷头能正常工作;水枪出水压力太低不能保证水枪的充实水柱。采用多功能水枪(即开花-直流水枪),在实际使用中比较方便,既可以远射,也可以喷雾使用。

10.3 给排水系统

10.3.2 水封设施是隔绝油气串通的有效做法。

1 设置水封井是为了防止可能的地面污油和受油品污染的雨水通过排水沟排出站时,站内外积聚在沟中的油气互相串通,引发火灾。

2 此款规定是为了防止可能混入室外污水管道中的油气和室内污水管道相通,或和站外的污水管道中直接气相相通,引发火灾。

3 液化石油气储罐的污水中可能含有一些液化石油气凝液,且挥发性很高,故限制其直接排入下水道,以确保安全。

5 埋地管道漏油容易渗入暗沟,且不易被发现,漏油顺着暗沟流到站外引发火灾事故,故本款规定限制采用暗沟排水。需要说明的是,本款的暗沟不包括埋地敷设的排水管道。

11 电气、报警和紧急切断系统

11.1 供配电

11.1.1 加油加气站的供电负荷,主要是加油机、加气机、压缩机、机泵等用电,突然停电,一般不会造成人员伤亡或大的经济损失。根据电力负荷分类标准,定为三级负荷。目前国内的加油加气站的自动化水平越来越高,如自动温度及液位检测、可燃气体检测报警系统、电脑控制的加油加气机等信息系统,但突然停电,这些系统就不能正常工作,给加油加气站的运营和安全带来危害,故规定信息系统的供电应设置不间断供电电源。

11.1.2 加油站、LPG加气站、加油和LPG加气合建站供电负荷的额定电压一般是380V/220V,用380V/200V的外接电源是最经济合理的。CNG加气站、LNG加气站、L-CNG加气站、加油和CNG(或LNG加气站、L-CNG加气站)加气合建站,其压缩机的供电负荷,额定电压大多用6kV,采用6kV/10kV外接电源是最经济的,故推荐用6kV/10kV外接电源。由于要独立核算、自负盈亏,所以加油加气站的供电系统,需要建立独立的计量装置。

11.1.3 加油站、加气站及加油加气合建站,是人员流动比较频繁的地方,如不设事故照明,照明电源突然停电,会给经营操作或人员撤离危险场所带来困难。因此应在消防泵房、营业室、罩棚、LPG泵房、压缩机间等处设置事故照明电源。

11.1.4 采用外接电源具有投资小、经营费用低、维护管理方便等优点,故应首先考虑选用外接电源。当采用外接电源有困难时,采用小型内燃发电机组解决加油加气站的供电问题,是可行的。

内燃发电机组属非防爆电气设备,其废气排出口安装排气阻火器,可以防止或减少火星排出,避免火星引燃爆炸性混合物,发生爆炸火灾事故。排烟口至各爆炸危险区域边界水平距离具体数值的规定,主要是引用英国石油协会《商业石油库安全规范》的数据并根据国内运行经验确定的。

11.1.5 加油加气站的供电电缆采用直埋敷设是较安全的。穿越行车道部分穿钢管保护,是为了防止汽车压坏电缆。

11.1.6 本条为强制性条文。当加油加气站的配电电缆较多时,采用电缆沟敷设便于检修。为了防止爆炸性气体混合物进入电缆沟,引起爆炸火灾事故,电缆沟有必要充沙填实。电缆保护层有可能破损漏电,可燃介质管道也有可能漏油漏气,这两种情况出现在同一处将酿成火灾事故;热力管道温度较高,靠近电缆敷设对电缆保护层有损坏作用。为了避免电缆与管道相互影响,故规定"电缆不得与油品、LPG、LNG和CNG管道以及热力管道敷设在同一沟内"。

11.1.7 现行国家标准《爆炸和火灾危险环境电力装置设计规范》GB 50058对爆炸危险区域内的电气设备选型、安装、电力线路敷设都作了详细规定,但对加油加气站内的典型设备的防爆区域划分没有具体规定,所以本规范根据加油加气站内的特点,在附录C对加油加气站内的爆炸危险区域划分作出了规定。

11.1.8 爆炸危险区域以外的电气设备允许选非防爆型。考虑到罩棚下的灯,经常处于多尘土、雨水有可能溅淋其上的环境中,因此规定"罩棚下处于非爆炸危险区域的灯具,应选用防护等级不低于IP44级的照明灯具。"

11.2 防雷、防静电

11.2.1 本条为强制性条文。在可燃液体储罐的防雷措施中,储罐的良好接地很重要,它可以降低雷击点的电位、反击电位和跨步电压。规定接地点不少于两处,是为了提高其接地的可靠性。停放在CNG加气母站和CNG加气子站内的CNG车载储气瓶组拖车,有遭遇雷击并造成较大危害的可能性,因此在停放场地设两处固定接地装置供临时接地用是十分必要的，该接地装置同时可兼做卸气时用的防静电接地装置。

11.2.2 加油加气站的面积一般都不大，各类接地共用一个接地装置既经济又安全。当单独设置接地装置时，各接地装置之间要保持一定距离（地下大于 3m），否则是分不开的。当分不开时，只好合并在一起设置，但接地电阻要按其中最小要求值设置。

11.2.3 LPG 储罐采用牺牲阳极法做阴极防腐时，只要牺牲阳极的接地电阻不大于 10Ω，阳极与储罐的铜芯连线横截面不小于 $16mm^2$ 就能满足将雷电流顺利泄入大地，降低反击电位和跨步电压的要求；LPG 储罐采用强制电流法进行阴极防腐时，若储罐的防雷和防静电接地极用钢质材料，必将造成保护电流大量流失。而锌或镁锌复合材料在土壤中的开路电位为 $-1.1V$（相对饱和硫酸铜电极），这一电位与储罐阴极保护所要求的电位基本相等，因此，接地电极采用锌棒或镁锌复合棒，保护电流就不会从这里流失了。锌棒或镁锌复合棒接地极比钢制接地极导电能力还好，只要强制电流法阴极防腐系统的阳极采用锌棒或镁锌复合棒，并使其接地电阻不大于 10Ω，用锌棒或镁锌复合棒兼做防雷和防静电接地极，可以保证储罐有良好的防雷和防静电接地保护，是完全可行的。

11.2.4 本条为强制性条文。由于埋地油品储罐、LPG 储罐埋在土里，受到土层的屏蔽保护，当雷击储罐顶部的土层时，土层可将雷电流疏散导走，起到保护作用，故不需再装设避雷针（线）防雷。但其高出地面的量油孔、通气管、放散管及阻火器等附件，有可能遭受直击雷或感应雷的侵害，故应相互做良好的电气连接并应与储罐的接地共用一个接地装置，给雷电提供一个泄入大地的良好通路，防止雷电反击火花造成雷害事故。

11.2.6 本条是参照《建筑物防雷设计规范》GB 50057—2010 第 5.2.7 条制定的。

金属板下面无易燃物品有两种情况：双层金属屋面板和带吊顶的单层金属屋面板。

对于罩棚采用双层金属屋面板也就是一种夹有非易燃物保温层的双金属板做成的屋面板，只要上层金属板的厚度满足本条第 2 款的要求就可以了，因为雷击只会将上层金属板熔化穿孔，不会击到下层金属板，而且上层金属板的熔化物受到下层金属板的阻挡，不会滴落到下层金属板的下方。

对于罩棚采用带吊顶的单层金属屋面板，当吊顶材料为非易燃物时，只要单层金属板的厚度满足本条第 2 款的要求就可以了，因为雷击只会将上层金属板熔化穿孔，不会击到吊顶，而且上层金属板的熔化物受到吊顶的阻挡，不会滴落到吊顶的下方。

11.2.7 要求加油加气站的信息系统（通信、液位、计算机系统等）采用铠装电缆或导线穿钢管配线，是为了对电缆实施良好的保护。规定配线电缆外皮两端、保护管两端均应接地，是为了产生电磁封锁效应，尽量减少雷电波的侵入，减少或消除雷电事故。

11.2.8 加油加气站信息系统的配电线路首、末端装设过电压（电涌）保护器，主要是为了防止雷电电磁脉冲电压损坏信息系统的电子器件。

11.2.9 加油加气站的 380V/220V 供配电系统，采用 TN-S 系统，即在总配电盘（箱）开始引出的配电线路和分支线路，PE 线与 N 线必须分开设置，使各用电设备形成等电位连接，PE 线正常时不走电流，这在防爆场所是很必要的，对人身和设备安全都有好处。

在供配电系统的电源端，安装过电压（电涌）保护器，是为钳制雷电电磁脉冲产生的过电压，使其过电压限制在设备所能耐受的数值内，避免雷电损坏用电设备。

11.2.10 地上或管沟敷设的油品、LPG、LNG 和 CNG 管道的始端、末端，应设防静电或防感应雷的接地装置，主要是为了将油品、LPG、LNG 和 CNG 在输送过程中产生的静电泄入大地，避免管道上聚集大量的静电荷而发生静电事故。设防感应雷接地，主要是让地上或管沟敷设的输油输气管道的感应雷通过接地装置泄入大地，避免雷害事故的发生。

11.2.11 本条规定"加油加气站的汽油罐车、LPG 罐车和 LNG 罐车卸车场地，应设卸车或卸气时用的防静电接地装置"，是防止静电事故的重要措施。要求"设置能检测跨接线及监视接地装置状态的静电接地仪"，是为了能检测接地线和接地装置是否完好、接地装置接地电阻值是否符合规范要求、跨接线是否连接牢固、静电消除通路是否已经形成等功能。实际操作时上述检查合格后，才允许卸油和卸液化石油气。使用具有以上功能的静电接地仪，就能防止罐车卸车时发生静电事故。

11.2.12 在爆炸危险区域内的油品、LPG、LNG 和 CNG 管道上的法兰及胶管两端连接处应有金属线跨接，主要是为了防止法兰及胶管两端连接处由于连接不良（接触电阻大于 0.03Ω）而发生静电或雷电火花，继而发生爆炸火灾事故。有不少于 5 根螺栓连接的法兰，在非腐蚀环境下，法兰连接处的连接是良好的，故可不做金属线跨接。

11.2.15 防静电接地装置单独设置时，只要接地电阻不大于 100Ω，就可以消除静电荷积聚，防止静电火花。

11.2.16 油品罐车、LPG 罐车、LNG 罐车卸车场地内用于防静电跨接的固定接地装置通常与油品（LPG、LNG）储罐在地下相连接，在罐车卸车时，需用接地卡将罐车与储罐进行等电位连接，在连接的瞬间有可能产生火花，故接地装置需避开爆炸危险 1 区。

11.4 报 警 系 统

11.4.1 本条为强制性条文。本条规定是为了能及时检测到可燃气体非正常超量泄漏，以便工作人员尽快进行泄漏处理，防止或消除爆炸事故隐患。

11.4.2 本条为强制性条文。因为这些区域是可燃气体储存、灌输作业的重点区域，最有可能泄漏并聚集可燃气体，所以要求在这些区域设置可燃气体检测器。

11.4.3 本条规定是根据现行国家标准《石油化工可燃气体和有毒气体检测报警设计规范》GB 50493—2009 的有关规定制定的。

11.4.5 因为值班室或控室内经常有人员在进行营业，报警器设在这里，操作人员能及时得到报警。

11.5 紧急切断系统

11.5.1 本条为强制性条文。设置紧急切断系统，可以在事故（火灾、超压、超温、泄漏等）发生初期，迅速切断加油泵、LPG 泵、LNG 泵、LPG 压缩机、CNG 压缩机的电源和关闭重要的 LPG、CNG、LNG 管道阀门，阻止事态进一步扩大，是一项重要的安全防护措施。

11.5.2 本条的规定，是为了使操作人员能在安全地点进行关闭加油泵、LPG 泵、LNG 泵、LPG 压缩机、CNG 压缩机的电源和紧急切断阀操作。

11.5.3 为了保证在加气站发生意外事故时，工作人员能够迅速启动紧急切断系统，本条规定在三处工作人员经常出现的地点能启动紧急切断系统，即在此三处安装启动按钮或装置。

11.5.4 本条规定是为了防止系统误动作，一般情况是，紧急切断系统启动后，需人工确认设施恢复正常后，才能人工操作使系统恢复正常。

12 采暖通风、建(构)筑物、绿化

12.1 采暖通风

12.1.1 本条是根据现行国家标准《采暖通风与空气调节设计规范》GB 50019—2003 的有关规定制定的。

12.1.3 本条仅对设置在站房内的热水锅炉间,提出具体要求。对本规范表 5.0.13 中有关防火间距已有要求的内容,本条不再赘述。

12.1.4 本条规定了加油加气站内爆炸危险区域内的房间应采取通风措施,以防止发生中毒和爆炸事故。

采用自然通风时,通风口的设置,除满足面积和个数外,还需要考虑通风口的位置。对于可能泄漏液化石油气的建筑物,以下排风为主;对于可能泄漏天然气的建筑物,以上排风为主。排风口布置时,尽可能均匀,不留死角,以便于可燃气体的迅速扩散。

12.1.5 加油加气站室内外采暖管道采用直埋方式有利于美观和安全。对采用管沟敷设提出的要求,是为了避免可燃气体积聚和串入室内,消除爆炸和火灾危险。

12.2 建(构)筑物

12.2.1 本条规定"加油加气作业区内的站房及其他建筑物的耐火等级不应低于二级",是为了降低火灾危险性,降低次生灾害。罩棚四周(或三面)开敞,有利于可燃气体扩散、人员撤离和消防,其安全性优于房间式建筑,因此规定"当罩棚顶棚的承重构件为钢结构时,其耐火极限可为 0.25h。"

12.2.2 加油岛、加气岛及加油、加气场地系机动车辆加油、加气的固定场所,为避免操作人员和加油、加气设备长期处于雨淋和日晒状态,故规定"汽车加油、加气场地宜设罩棚"。

2 对于罩棚高度,主要是考虑能顺利通过各种加油、加气车辆。除少数超大型集装箱车辆外,结合我国实际情况和国家现行的有关标准规范要求,故规定进站口无限高措施时,罩棚有效高度不应小于4.5m。有的加油加气站受条件限制,只能为小型车服务,进站口有限高时,罩棚的有效高度小于限高也是可行的。

4 近几年,由于风雪荷载造成罩棚坍塌的事故发生较多,故本条指出"罩棚设计应计算活荷载、雪荷载、风荷载"。

6 天然气比空气轻,泄漏出来的天然气会向上飘散,如果窝存在罩棚里面,有可能形成爆炸性气体,本条规定旨在防止出现这种隐患。

12.2.3 加油、加气岛为安装加油机、加气机的平台,又称安全岛。为使汽车加油、加气时,加油机、加气机和罩棚柱不受汽车碰撞和确保操作人员人身安全,根据实际需要,对加油、加气岛的高度、宽度及其突出罩棚柱外的距离作了规定。

12.2.4 对加油站、加油加气合建站内建筑物的门、窗向外开的要求,有利于可燃气体扩散、防爆泄压和人员逃生。现行国家标准《建筑设计防火规范》GB 50016 对有爆炸危险的建筑物已有详细的设计规定,所以本规范不再另作规定。

12.2.5 本条为强制性条文。LPG 或 LNG 设备泄漏的气体比空气重,易于在房间的地面处积聚,要求"地坪应采用不发生火花地面"是一项重要的防爆措施。

12.2.6 天然气压缩机房是易燃易爆场所,采用敞开式或半敞开式厂房,有利于可燃气体扩散和通风,并增大建筑物的泄压比。

12.2.7 加油加气站内的可燃液体和可燃气体设备,如果布置在封闭的房间或箱体内,则泄漏的可燃气体不易扩散,故不主张采用;在有些场所有降低噪声和防护等要求,可燃液体和可燃气体设备需要布置在封闭的房间或箱体内,此种情况下,房间或箱体内应设置可燃气体检测报警器和机械通风设备是必要的安全措施。

12.2.8 本条规定,主要是为了保证值班人员的安全和改善操作环境、减少噪声影响。

12.2.9 本条规定了站房的组成内容,其含义是站房可根据需要由办公室、值班室、营业室、控制室、变配电间、卫生间和便利店中的全部或几项组成。

12.2.12 允许站房与锅炉房、厨房等站内建筑物合建,可减少加油站占地。要求站房与锅炉房、厨房之间应设置无门窗洞口且耐火极限不低于 3h 的实体墙,可使相互间的影响降低到最低程度。

12.2.13 站房本身不是危险性建筑物,设在站外民用建筑物内有利于节约用地,只要两者之间没有通道连接就可保证安全。

12.2.15 地下建筑物易积聚油气,为保证安全,在加油加气站内限制建地下建(构)筑物是必要的。

12.2.16 位于爆炸危险区域内的操作井、排水井有可能存在爆炸性气体,故需采取本条规定的防范措施。

12.3 绿　化

12.3.1 因油性植物易引起火灾,故作本条规定。

12.3.2 本条的规定是为了防止 LPG 气体积聚在树木和其他植物中,引发火灾。

13 工程施工

13.1 一般规定

13.1.1~13.1.4 此 4 条是根据国家有关管理部门的规定制定的。这里的承建加油加气站建筑和安装工程的单位包括检维修单位。

13.2 材料和设备检验

13.2.2 对本条说明如下:

1 对于金属管道器材,可执行的国内标准规范有现行国家标准《输送流体用无缝钢管》GB/T 8163、《高压锅炉用无缝钢管》GB 5310、《流体输送用不锈钢无缝钢管》GB/T 14976、《钢制对焊无缝管件》GB/T 12459 等;对非金属输油管道,目前中国还没有相应的产品标准,建议参照欧洲标准《加油站埋地安装用热塑性塑料管道和挠性金属管道》EN 14125—2004 执行。

5 对非金属油罐,目前中国还没有相应的产品标准,建议参照美国标准《用于储存石油产品、乙醇和含醇汽油的玻璃钢地下油罐》UL 1316 执行。

6 "压力容器(储气井)产品安全性能监督检验证书"是指储气井本体由具有相应资质的锅炉压力容器(特种设备)检验机构对所用材料、组装、试验进行监督检验后出具的证书。

13.2.8 本条要求建设单位、监理和施工单位对工程所用材料和设备按相关标准和本节的规定进行质量检验发现的不合格品进行处置,以保证工程质量。

13.3 土建工程

13.3.1~13.3.12 本节中所引用的相关国家、行业标准是加油加

10

气站的土建工程施工应执行的基本要求。此外，根据加油加气站的具体特点和要求，为便于加油加气站施工和检验，提高规范的可操作性，本规范有针对性地制定了一些具体规定。

13.4 设备安装工程

13.4.2 对于 LPG 储罐等有安装倾斜度要求的设备，储罐水平度宜以设计倾斜度为基准。

13.4.6 本条对储气井固井施工提出了要求，对第 2 款～第 4 款说明如下：

2 水泥已具备一定的防腐功能，但在建造过程中若遇到对水泥有强腐蚀作用的地层，则需采取防腐蚀的施工处理。

3 在对现用井的检测中发现，井口至地下 1.5m 内由于地表水的下渗而产生较严重的腐蚀，采用加强固定后，既能避免地表水的渗透和井口腐蚀，同时也克服了储气井在极限条件下的上冲破坏的危险，达到安全使用的目的。

4 储气井的钻井、固井属工程建设范畴，为保证工程质量，故要求由具有工程监理资质的监理单位进行过程监理，并按本条要求对固井质量进行评价。

13.5 管道工程

13.5.1 如果在油罐基础沉降稳定前连接管道，随着油罐使用过程中基础的沉降，管道有被拉断的危险。

13.5.5～13.5.7 加油加气站工艺管道中输送的均为可燃介质，尤其是加气站管道的压力较高，故此 3 条对管道焊接质量方面作出了严格规定。

13.5.9 表中热塑性塑料管道系统的工作压力和试验压力值是参照欧洲标准《加油站埋地安装用热塑性和挠性金属管道》EN 14125—2004 给出的。

13.5.10 由于气压试验具有一定的危险性，所以要求试压前应事

先制定可靠的安全措施并经施工单位技术总负责人批准。在温度降至一定程度时，金属可能会发生冷脆，因此压力试验时环境温度不宜过低，本条对此作了最低温度规定。

13.5.11 压力试验过程中一旦出现问题，如果带压操作极易引起事故，应泄压后才能处理，本条是压力试验中的基本安全规定。

13.6 电气仪表安装工程

13.6.8 电缆的屏蔽单端接地示意见图 2。

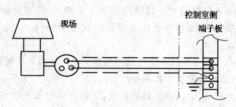

图 2 电缆屏蔽单端接地示意

13.7 防腐绝热工程

13.7.5 本条为强制性条文。防腐涂料一般含有易燃液体，进行防腐蚀施工时需要严格控制明火或电火花。

13.8 交工文件

13.8.1、13.8.2 交工文件是落实建设工程质量终身负责制的需要，是工程质量监理和检测结果的验证资料。

本节条文是对交工文件的一般规定。有关交工文件整理、汇编的具体内容、格式、份数和其他要求，可在开工前由建设、监理和施工单位根据工程内容协商确定。

10

中华人民共和国国家标准

火力发电厂与变电站设计防火规范

Code for design of fire protection for fossil fuel
power plants and substations

GB 50229－2006

主编部门：中华人民共和国公安部
中国电力企业联合会
批准部门：中华人民共和国建设部
施行日期：２００７年４月１日

中华人民共和国建设部公告

第 486 号

建设部关于发布国家标准
《火力发电厂与变电站设计防火规范》的公告

现批准《火力发电厂与变电站设计防火规范》为国家标准，编号为 GB 50229—2006，自 2007 年 4 月 1 日起实施。其中，第 3.0.1、3.0.9、3.0.11、4.0.8、4.0.11、5.1.1、5.1.2、5.2.1、5.2.6、5.3.5、5.3.12、6.2.3、6.3.5、6.3.13、6.4.2、6.6.2、6.6.5、6.7.2、6.7.3、6.7.4、6.7.5、6.7.8、6.7.9、6.7.10、6.7.12、6.7.13、7.1.1、7.1.3、7.1.4、7.1.7、7.1.8、7.1.9、7.1.10、7.1.11、7.2.2、7.3.1、7.3.3、7.5.3、7.6.2、7.6.4、7.6.5、7.6.6、7.10.1、7.12.4、7.12.8、8.1.2、8.1.5、8.5.4、9.1.1、9.1.2、9.1.4、9.1.5、9.2.1、9.2.2、10.1.1、10.2.1、10.2.2、10.3.1、10.6.1、10.6.3、10.6.4、11.1.1、11.1.3、11.1.4、11.1.7、11.2.2、11.4.4、11.5.1、11.5.3、11.5.8、11.5.9、11.5.11、11.5.14、11.5.17、11.5.20、11.5.21、11.6.1、11.7.1条为强制性条文，必须严格执行。原《火力发电厂与变电所设计防火规范》GB 50229—96 同时废止。

本规范由建设部标准定额研究所组织中国计划出版社出版发行。

中华人民共和国建设部
二〇〇六年九月二十六日

11

前　言

本规范是根据建设部《关于印发"2001～2002 年度工程建设国家标准制定、修订计划"的通知》(建标[2002]85 号)要求,由东北电力设计院会同有关单位对原国家标准《火力发电厂与变电所设计防火规范》GB 50229—96 进行修订基础上编制完成的。

在编制过程中,规范编制组遵照国家有关基本建设的方针和"预防为主,防消结合"的消防工作方针,在总结我国电力工业防火设计实践经验,吸收消防科研成果,借鉴国内外有关规范的基础上,广泛征求了有关设计、科研、生产、消防产品制造、消防监督及高等院校等单位的意见,最后经专家审查由有关部门定稿。

本规范共分 11 章,主要内容:总则,术语,燃煤电厂建(构)筑物的火灾危险性分类、耐火等级及防火分区,燃煤电厂厂区总平面布置,燃煤电厂建(构)筑物的安全疏散和建筑构造,燃煤电厂工艺系统,燃煤电厂消防给水、灭火设施及火灾自动报警,燃煤电厂采暖、通风和空气调节,燃煤电厂消防供电及照明,燃机电厂,变电站。

本次修订的主要内容如下:

1. 调整了规范的适用范围,增加了术语一章,协调了本规范与其他相关国家标准和有关行业标准的关系。

2. 对建(构)筑物的火灾危险性及其耐火等级、主厂房内重点部位的防火措施、运煤系统建筑构件的防火性能、脱硫系统的消防措施、建筑物的安全疏散、管道和电缆穿越防火墙的防火要求、煤粉仓的爆炸内压、消防电缆和动力电缆的选型及敷设,各类建筑灭火、探测报警、防排烟、疏散指示标志和应急照明系统的选型、技术参数和选用范围等内容进行了修订完善。

3. 增加了燃机电厂一章。

4. 对变电站建筑物的种类作了调整与补充,增加了地下变电站、无人值守变电站的防火要求和建筑物内消防水量及火灾自动报警系统的设置要求。

本规范以黑体字标志的条文为强制性条文,必须严格执行。

本规范由建设部负责管理和对强制性条文的解释,由公安部消防局和中国电力企业联合会负责日常管理工作,由东北电力设计院负责具体技术内容的解释。在本规范执行中,希望各有关单位结合工程实践和科学技术研究,认真总结经验,注意积累资料,如发现需要修改和补充之处,请将意见、建议和有关资料寄送东北电力设计院(地址:长春市人民大街 4368 号,邮编:130021),以便今后修订时参考。

本规范主编单位、参编单位及主要起草人:

主编单位:中国电力工程顾问集团东北电力设计院

参编单位:华东电力设计院

　　　　　天津消防科学研究所

　　　　　中国电力规划设计总院

　　　　　浙江省消防局

　　　　　广东省消防局

　　　　　首安工业消防股份有限公司

　　　　　Hilti 有限(中国)公司

　　　　　弘安泰消防工程有限公司

主要起草人:李向东　徐文明　龙　建　李　标　郑培钢

　　　　　张焕荣　龙　辉　王立民　孙相军　马　恒

　　　　　沈　纹　倪照鹏　李岩山　王爱东　徐海云

　　　　　余　威　肖裔平　李佩举　丁国锋　徐凯讯

　　　　　王东方

目　次

11

11

1 总　则

1.0.1　为确保火力发电厂和变电站的消防安全,预防火灾或减少火灾危害,保障人身和财产安全,制定本规范。

1.0.2　本规范适用于下列新建、改建和扩建的电厂和变电站:

　　1　3～600MW级机组的燃煤火力发电厂(以下简称"燃煤电厂");

　　2　燃气轮机标准额定出力25～250MW级的简单循环或燃气—蒸汽联合循环电厂(以下简称"燃机电厂");

　　3　电压为35～500kV、单台变压器容量为5000kV·A及以上的变电站。

　　600MW级机组以上的燃煤电厂、燃气轮机标准额定出力25MW级以下及250MW级以上的燃机电厂、500kV以上变电站可参照使用。

1.0.3　火力发电厂和变电站的消防设计应结合工程具体情况,积极采用新技术、新工艺、新材料和新设备,做到安全适用、技术先进、经济合理。

1.0.4　本规范未作规定者,应符合国家现行的有关标准的规定。

2 术　语

2.0.1　主厂房　main power house

　　燃煤电厂的主厂房系由汽机房、集中控制楼(机炉控制室)、除氧间、煤仓间、锅炉房等组成的综合性建筑。

　　燃机电厂的主厂房系由燃气轮机房、汽机房、集中控制室及余热锅炉等组成的综合性建筑。

2.0.2　集中控制楼　central control building

　　由集中控制室、电子设备间、电缆夹层、蓄电池室、交接班室及辅助用房等组成的综合性建筑。

2.0.3　主控制楼　main control building

　　由主控制室、电子设备间、电缆夹层、蓄电池室、交接班室及辅助用房等组成的综合性建筑。

2.0.4　网络控制楼　net control building

　　由网络控制室、电子设备间、电缆夹层、蓄电池室、交接班室及辅助用房等组成的综合性建筑。

2.0.5　特种材料库　special warehouse

　　存放润滑油和氢、氧、乙炔等气瓶的库房。

2.0.6　一般材料库　general warehouse

　　存放精密仪器、钢材、一般器材的库房。

3 燃煤电厂建(构)筑物的火灾危险性分类、耐火等级及防火分区

3.0.1　建(构)筑物的火灾危险性分类及其耐火等级不应低于表3.0.1的规定。

表3.0.1　建(构)筑物的火灾危险性分类及其耐火等级

建(构)筑物名称	火灾危险性分类	耐火等级
主厂房(汽机房、除氧间、集中控制楼、煤仓间、锅炉房)	丁	二级
吸风机室	丁	二级
除尘构筑物	丁	二级
烟囱	丁	二级
脱硫工艺楼	戊	二级
脱硫控制楼	丁	二级
吸收塔	戊	三级
增压风机室	戊	二级
屋内卸煤装置	丙	二级
碎煤机室、转运站及配煤楼	丙	二级
封闭式运煤栈桥、运煤隧道	丙	二级
筒仓、干煤棚、解冻室、室内贮煤场	丙	二级
供、卸油泵房及栈台(柴油、重油、渣油)	丙	二级
油处理室	丙	二级
主控制楼、网络控制楼、微波楼、继电器室	丁	二级
屋内配电装置楼(内有每台充油量＞60kg的设备)	丙	二级
屋内配电装置楼(内有每台充油量≤60kg的设备)	丁	二级

续表3.0.1

建(构)筑物名称	火灾危险性分类	耐火等级
屋外配电装置(内有含油电气设备)	丙	二级
油浸变压器室	丙	一级
岸边水泵房、中央水泵房	戊	二级
灰浆、灰渣泵房	戊	二级
生活、消防水泵房、综合水泵房	戊	二级
稳定剂室、加药设备室	戊	二级
进水建筑物	戊	二级
冷却塔	戊	三级
化学水处理室、循环水处理室	戊	二级
供氢站	甲	二级
启动锅炉房	丁	二级
空气压缩机室(无润滑油或不喷油螺杆式)	戊	二级
空气压缩机室(有润滑油)	丁	二级
热工、电气、金属试验室	丁	二级
天桥	戊	二级
天桥(下面设置电缆夹层时)	丙	二级
变压器检修间	丙	二级
雨水、污(废)水泵房	戊	二级
检修车间	戊	二级
污水处理构筑物	戊	二级
给水处理构筑物	戊	二级
电缆隧道	丙	二级
柴油发电机房	丙	二级
特种材料库	乙	二级
一般材料库	戊	二级
材料棚库	戊	二级

续表 3.0.1

建(构)筑物名称	火灾危险性分类	耐火等级
机车库	丁	二级
推煤机库	丁	二级
消防车库	丁	二级

注：1 除本表规定的建(构)筑物外，其他建(构)筑物的火灾危险性及耐火等级应符合国家现行的有关标准的规定。

2 主控制楼、网络控制楼、微波楼、天桥、继电器室，当未采取防止电缆着火延燃的措施时，火灾危险性应为丙类。

3.0.2 建(构)筑物构件的燃烧性能和耐火极限，应符合现行国家标准《建筑设计防火规范》GB 50016 的有关规定。

3.0.3 主厂房的地上部分，防火分区的允许建筑面积不宜大于 6 台机组的建筑面积；其地下部分不应大于 1 台机组的建筑面积。

3.0.4 当屋内卸煤装置的地下部分与地下转运站或运煤隧道连通时，其防火分区的允许建筑面积不应大于 3000m²。

3.0.5 承重构件为不燃烧体的主厂房及运煤栈桥，其非承重外墙为不燃烧体时，其耐火极限不应小于 0.25h；为难燃烧体时，其耐火极限不应小于 0.5h。

3.0.6 除氧间与煤仓间或锅炉房之间的隔墙应采用不燃烧体。汽机房与合并的除氧煤仓间或锅炉房之间的隔墙应采用不燃烧体。隔墙的耐火极限不应小于 1h。

3.0.7 汽轮机头部主油箱及油管道阀门外缘水平 5m 范围内的钢梁、钢柱应采取防火隔热措施进行全保护，其耐火极限不应小于 1h。

汽轮发电机为岛式布置或主油箱对应的运转层楼板开孔时，应采取防火隔热措施保护其对应的屋面钢结构；采用防火涂料防护屋面钢结构时，主油箱上方楼面开孔水平外缘 5m 范围所对应的屋面钢结构承重构件的耐火极限不应小于 0.5h。

3.0.8 集中控制室、主控制室、网络控制室、汽机控制室、锅炉控制室和计算机房的室内装修应采用不燃烧材料。

3.0.9 主厂房电缆夹层的内墙应采用耐火极限不小于 1h 的不燃烧体。电缆夹层的承重构件，其耐火极限不应小于 1h。

3.0.10 当栈桥、转运站等运煤建筑设置自动喷水灭火系统或水喷雾灭火系统时，其钢结构可不采取防火保护措施。

3.0.11 当干煤棚或室内贮煤场采用钢结构时，堆煤高度范围内的钢结构应采取有效的防火保护措施，其耐火极限不应小于 1h。

3.0.12 其他厂房的层数和防火分区的最大允许建筑面积应符合现行国家标准《建筑设计防火规范》GB 50016 的有关规定。

4 燃煤电厂厂区总平面布置

4.0.1 厂区应划分重点防火区域。重点防火区域的划分及区域内的主要建(构)筑物宜符合表 4.0.1 的规定。

表 4.0.1 重点防火区域及区域内的主要建(构)筑物

重点防火区域	区域内主要建(构)筑物
主厂房区	主厂房、除尘器、吸风机室、烟囱、靠近汽机房的各类油浸变压器及脱硫建筑物(干法)
配电装置区	配电装置的带油电气设备、网络控制楼或继电器室
点火油罐区	卸油铁路、栈台或卸油码头、供卸油泵房、贮油罐、含油污水处理站
贮煤场区	贮煤场、转运站、卸煤装置、运煤隧道、运煤栈桥、筒仓
供氢站区	供氢站、贮氢罐
贮氧罐区	贮氧罐
消防水泵房区	消防水泵房、蓄水池
材料库区	一般材料库、特种材料库、材料棚库

4.0.2 重点防火区域之间的电缆沟(电缆隧道)、运煤栈桥、运煤隧道及油管沟应采取防火分隔措施。

4.0.3 主厂房区、点火油罐区及贮煤场区周围应设置环形消防车道，其他重点防火区域周围宜设置消防车道。消防车道可利用交通道路。当山区燃煤电厂的主厂房区、点火油罐区及贮煤场区周围设置环形消防车道有困难时，可沿边设置尽端式消防车道，并应设回车道或回车场。回车场的面积不应小于 12m×12m；供大型消防车使用时，不应小于 15m×15m。

4.0.4 消防车道的宽度不应小于 4.0m。道路上空遇有管架、栈桥等障碍物时，其净高不应小于 4.0m。

4.0.5 厂区的出入口不应少于 2 个，其位置应便于消防车出入。

4.0.6 厂区围墙内的建(构)筑物与围墙外其他工业或民用建(构)筑物的间距，应符合现行国家标准《建筑设计防火规范》GB 50016 的有关规定。

4.0.7 消防车库的布置应符合下列规定：

1 消防车库宜单独布置；当与汽车库毗连布置时，消防车库的出入口与汽车库的出入口应分设。

2 消防车库的出入口的布置应使消防车驶出时不与主要车流、人流交叉，并便于进入厂区主要干道；消防车库的出入口距道路边沿线不宜小于 10.0m。

4.0.8 油浸变压器与汽机房、屋内配电装置楼、主控楼、集中控制楼及网控楼的间距不应小于 10m；当符合本规范第 5.3.8 条的规定时，其间距可适当减小。

4.0.9 点火油罐区的布置应符合下列规定：

1 应单独布置。

2 点火油罐区四周，应设置 1.8m 高的围栅；当利用厂区围墙作为点火油罐区的围墙时，该段厂区围墙应为 2.5m 高的实体围墙。

3 点火油罐区的设计，应符合现行国家标准《石油库设计规范》GB 50074 的有关规定。

4.0.10 供氢站、贮氧罐的布置，应分别符合现行国家标准《氢氧站设计规范》GB 50177 及《氧气站设计规范》GB 50030 的有关规定。

4.0.11 厂区内建(构)筑物之间的防火间距不应小于表 4.0.11 的规定。

表4.0.11 各建(构)筑物之间的防火间距(m)

建(构)筑物名称		丙、丁、戊类建筑 耐火等级		屋外配电装置	露天卸煤装置或贮煤场	供氢站	贮氢罐	点火油罐区贮油罐	露天油库	办公、生活建筑 耐火等级		铁路中心线		厂外道路(路边)	厂内道路(路边)	
		一、二级	三级							一、二级	三级	厂外	厂内		主要	次要
主变压器或屋外厂用变压器 油量(t/台)	<10	10	12	10	8	12	12	20	12	10	12					
	10~50	12	14	12	10	14	12	25	15	12	14					
	>50	15	20	15		25	注3	25	注4	15	20					
露天卸煤装置或贮煤场		20	25	25	25(褐煤)	25	25	40	30	25	30	30	20	15	10	5
供氢站		12	14	15	8		12			8	10					5
贮氢罐		12	14	25	10	25		15	注4	25	32	30	20	15	10	5
点火油罐区贮油罐		20	25	25	25(褐煤)	25	25	注6	—	15	15	30	20	15	10	5
露天油库		12	15	25	15(褐煤)	15	15	25(褐煤)	注4							

续表4.0.11

建(构)筑物名称		丙、丁、戊类建筑 耐火等级		屋外配电装置	露天卸煤装置或贮煤场	供氢站	贮氢罐	点火油罐区贮油罐	露天油库	办公、生活建筑 耐火等级		铁路中心线		厂外道路(路边)	厂内道路(路边)	
		一、二级	三级							一、二级	三级	厂外	厂内		主要	次要
办公、生活建筑	一、二级	10	12	10	8	12	12	25	15	6	7					
	三级	12	14	12	10	25	25	32	20	7	8					

注:
1 防火间距应按相邻两建(构)筑物外墙的最近距离计算，当外墙有凸出的燃烧构件时，应从其凸出部分外缘算起；建(构)筑物外墙距屋外配电装置网架及主控制楼的防火距离不宜小于1.5m，与其工作间距从工艺确定。

2 表中集中控制楼变压器外轮廓突面同丙、丁、戊类建(构)筑物间距应从主控制楼、网络配电装置楼及其凸出建(构)筑物的防火间距算起，不包括汽车油间距，且可按数个≤1000m³考虑。

3 贮氢罐的总贮量应按相邻较大贮罐计算。

4 一组露天油罐区的总贮量与大贮氢量不大于1000m³时，贮罐总贮量应以贮罐总量计算。当贮氢站总贮量大于1000m³时，应按现行国家标准《石油库设计规范》GB 50177的有关规定执行。

5 贮氢罐与相对压力较大贮罐的防火间距应以贮罐的总水容积(m³)与建筑物的防火间距确定。压力(绝对压力)与大气等于1000m³的比值符合现行国家标准《建筑设计防火规范》GB 50016和《氢氧站设计规范》GB 50177中的有关规定。当氢氧站设计规范《石油库设计规范》GB 50074的规定。

6 点火油罐与贮油罐之间的防火间距应符合现行国家标准《建筑设计防火规范》GB 50016的有关规定。

4.0.12 高层厂房之间及与其他厂房之间的防火间距，应在表4.0.11规定的基础上增加3m。

4.0.13 甲、乙类厂房与重要公共建筑的防火间距不宜小于50m。

4.0.14 当主厂房呈⊔形或⊔形布置时，相邻两翼之间的防火间距，应符合现行国家标准《建筑设计防火规范》GB 50016的有关规定。

5 燃煤电厂建(构)筑物的安全疏散和建筑构造

5.1 主厂房的安全疏散

5.1.1 主厂房各车间(汽机房、除氧间、煤仓间、锅炉房、集中控制楼)的安全出口均不应少于2个。上述安全出口可利用通向相邻车间的门作为第二安全出口，但每个车间地面层至少必须有1个直通室外的出口。主厂房内最远工作地点到外部出口或楼梯的距离不应超过50m。

5.1.2 主厂房的疏散楼梯可为敞开式楼梯间；至少应有1个楼梯通至各层和屋面且能直接通向室外。集中控制楼至少应设置1个通至各层的封闭楼梯间。

5.1.3 主厂房室外疏散楼梯的净宽不应小于0.8m，楼梯坡度不应大于45°，楼梯栏杆高度不应低于1.1m。主厂房室内疏散楼梯净宽不宜小于1.1m，疏散走道的净宽不宜小于1.4m，疏散门的净宽不宜小于0.9m。

5.1.4 集中控制楼内控制室的疏散出口不应少于2个，当建筑面积小于60m²时可设1个。

5.1.5 主厂房的带式输送机层应设置通向汽机房、除氧间屋面或锅炉平台的疏散出口。

5.2 其他建(构)筑物的安全疏散

5.2.1 碎煤机室、转运站及筒仓带式输送机层至少应设置1个安全出口。安全出口可采用敞开式钢楼梯，其净宽不应小于0.8m，坡度不应大于45°。与其相连的运煤栈桥不应作为安全出口，当运煤栈桥长度超过200m时，应加设中间安全出口。

5.2.2 主控制楼、屋内配电装置楼各层及电缆夹层的安全出口不应少于2个,其中1个安全出口可通往室外楼梯。当屋内配电装置楼长度超过60m时,应加设中间安全出口。

5.2.3 电缆隧道两端均应设通往地面的安全出口;当其长度超过100m时,安全出口的间距不应超过75m。

5.2.4 卸煤装置的地下室两端及运煤系统的地下建筑物尽端,应设置通至地面的安全出口。当地下室的长度超过200m时,安全出口的间距不应超过100m。

5.2.5 控制室的疏散出口不应少于2个,当建筑面积小于60m²时可设1个。

5.2.6 配电装置室内最远点到疏散出口的直线距离不应大于15m。

5.3 建筑构造

5.3.1 主厂房的电梯应能供消防使用,须符合下列要求:

　　1 在首层的电梯井外壁上应设置供消防队员专用的操作按钮。电梯轿厢的内装修应采用不燃烧材料,且其内部应设置专用消防对讲电话。

　　2 电梯的载重量不应小于800kg。

　　3 电梯的动力与控制电缆、电线应采取防水措施。

　　4 电梯井和电梯机房的墙应采用不燃烧体。

　　5 电梯的供电应符合本规范第9.1节的有关规定。

　　6 电梯的行驶速度,应按从首层到顶层的运行时间不超过60s计算确定。

　　7 电梯的井底应设置排水设施,排水井的容量不应小于2m³,排水泵的排水量不应小于10L/s。

5.3.2 主厂房及辅助厂房的室外疏散楼梯和每层出口平台,均应采用不燃烧材料制作,其耐火极限不应小于0.25h,在楼梯周围2m范围内的墙面上,除疏散门外,不应开设其他门窗洞口。

5.3.3 变压器室、配电装置室、发电机出线小室、电缆夹层、电缆竖井等室内疏散门应为乙级防火门,但上述房间中间隔墙上的门可为不燃烧材料制作的双向弹簧门。

5.3.4 主厂房各车间隔墙上的门均应采用乙级防火门。

5.3.5 主厂房疏散楼梯间内部不应穿越可燃气体管道、蒸汽管道和甲、乙、丙类液体的管道。

5.3.6 主厂房与天桥连接处的门应采用不燃烧材料制作。

5.3.7 蓄电池室、通风机室、充电机室以及蓄电池室前套间通向走廊的门,均应采用向外开启的乙级防火门。

5.3.8 当汽机房侧墙外5m以内布置有变压器时,在变压器外轮廓投影范围外各3m内的汽机房外墙上不应设置门、窗和通风孔;当汽机房侧墙外5~10m范围内布置有变压器时,在上述外墙上可设甲级防火门。变压器高度以上可设防火窗,其耐火极限不应小于0.90h。

5.3.9 电缆沟及电缆隧道在进入主厂房、主控制楼、配电装置室时,在建筑物外墙处应设置防火墙。电缆隧道的防火墙上应采用甲级防火门。

5.3.10 当管道穿过防火墙时,管道与防火墙之间的缝隙应采用防火材料填塞。当直径大于或等于32mm的可燃或难燃管道穿过防火墙时,除填塞防火材料外,还应采取阻火措施。

5.3.11 当柴油发电机布置在其他建筑物内时,应采用防火墙与其他房间隔开,并应设置单独出口。

5.3.12 特种材料库与一般材料库合并设置时,二者之间应设置防火墙。

5.3.13 发电厂建筑中二级耐火等级的丁、戊类厂(库)房的柱、梁均可采用无保护层的金属结构,但使用甲、乙、丙类液体或可燃气体的部位,应采用防火保护措施。

5.3.14 火力发电厂内各类建筑物的室内装修应按现行国家标准《建筑内部装修设计防火规范》GB 50222执行。

6　燃煤电厂工艺系统

6.1　运煤系统

6.1.1 褐煤、高挥发分烟煤及低质烟煤应分类堆放。相邻煤堆底边之间应留有不小于10m的距离。

6.1.2 贮存褐煤或易自燃的高挥发分煤种的煤场,应符合下列规定:

　　1 煤场机械在选型或布置上宜提高堆取料机的回取率。

　　2 当采用斗轮机时,煤场的布置及煤场机械的选型应为燃煤先进先出提供条件。

　　3 贮煤场应定期翻烧,翻烧周期应根据燃煤的种类及其挥发分来确定,一般应为2~3个月,在炎热季节翻烧周期宜为15d。

　　4 按不同煤种的特性,应采取分层压实、喷水或洒石灰水等方式堆放。

　　5 对于易自燃的煤种,当露天煤堆较高时,可设置高度为1~1.5m的挡煤墙,但不应妨碍堆取料设备及煤场辅助设备的正常工作。

6.1.3 贮存褐煤或易自燃的高挥发分煤种的筒仓宜采用通过式布置,并应采取下列措施:

　　1 设置防爆装置。

　　2 监测温度。

　　3 监测烟气、可燃气体浓度。

　　4 设置喷水装置或降低煤粉及可燃气体浓度。

6.1.4 室内贮煤场应采取下列防火、防爆措施:

　　1 喷水设施。

　　2 通风设施。

　　3 贮存褐煤或易自燃的高挥发分煤种时,应设置烟气及可燃气体浓度监测设施,电气设施应采用防爆型。

6.1.5 卸煤装置以及筒仓煤斗斗形的设计,应符合下列规定:

　　1 斗壁光滑耐磨、交角呈圆角状,避免有凸出或凹陷。

　　2 壁面与水平面的交角不应小于60°,料口部位为等截面收缩或双曲线斗型。

　　3 按煤的流动性确定卸料口直径。必要时设置助流设施。

6.1.6 金属煤斗及落煤管的转运部位,应采取防撒和防积措施。

6.1.7 运煤系统的带式输送机应设置速度信号、输送带跑偏信号、落煤斗堵煤信号和紧急拉绳开关安全防护设施。

6.1.8 燃用褐煤或易自燃的高挥发分煤种的燃煤电厂应采用难燃胶带。导料槽的防尘密封条采用难燃型。卸煤装置、筒仓、混凝土或金属煤斗、落煤管的内衬应采用不燃烧材料。

6.1.9 燃用褐煤或易自燃的高挥发分煤种时,从贮煤设施取煤的第一条胶带机上应设置明火煤监测装置。

6.1.10 运煤系统的消防通信设备宜与运煤系统配置的通信设备共用。

6.2　锅炉煤粉系统

6.2.1 原煤仓和煤粉仓的设计应符合下列规定:

　　1 原煤仓和煤粉仓内表面应平整、光滑、耐磨和不积煤、不堵粉,仓的几何形状和结构应使煤及煤粉能够顺畅自流。

　　2 圆筒形原煤斗出口段截面收缩率不应小于0.7,下口直径不宜小于600mm,原煤斗出口段壁面与水平面的交角不应小于60°。非圆筒形结构的原煤斗,其相邻两壁交线与水平面交角不应小于55°,壁面与水平面的交角不应小于60°;对于黏性大、高挥发分或易燃的烟煤和褐煤,相邻两壁交线与水平面交角不应小于65°,壁面与水平面的交角不应小于70°。相邻两壁交角的内侧应成圆弧形,圆弧的半径不应小于200mm。

3 金属煤粉仓的壁面与水平面的交角不应小于65°，相邻两壁间交线与水平面交角不应小于60°，相邻两壁交角的内侧应成圆弧形，圆弧的半径不应小于200mm。

4 煤粉仓应防止受热和受潮，对金属煤粉仓外壁应采取保温措施，在严寒地区靠近厂房外墙或外露的原煤仓和煤粉仓，应采取防冻保温措施。

5 煤粉仓及其顶盖应具有整体坚固性和严密性，煤粉仓上应设置防爆门，除无烟煤外的其他设计煤种，煤粉仓应按承受40kPa以上的爆炸内压设计。

6 煤粉仓应设置测量煤粉温度、粉位和吸潮、放粉及防爆设施。

6.2.2 在任何锅炉负荷下，送粉系统管道的布置应符合以下规定：

1 送粉管道满足下列流速条件时允许水平布置，否则与水平面的夹角不应小于45°：

1) 热风送粉系统：从一次风箱到燃烧器和从排粉机到乏气燃烧器之间的送粉管道，流速不小于25m/s；

2) 干燥剂送粉系统：从排粉机到燃烧器的送粉管道，流速不小于18m/s；

3) 直吹式制粉系统：从磨煤机到燃烧器的送粉管道，流速不小于18m/s。

2 除必须用法兰与设备和部件连接外，煤粉系统的管道应采用焊接连接。

6.2.3 煤粉系统的设备保温材料、管道保温材料及在煤仓间穿过的汽、水、油管道保温材料均应采用不燃烧材料。

6.2.4 磨制高挥发分煤种的制粉系统不宜设置系统之间的输送煤粉机械；必须设置系统之间的输粉机械时应布置输粉机械的温度测点、吸潮装置。

6.2.5 锅炉及制粉系统的维护平台和扶梯踏步应采用格栅板平台。位于煤粉系统、炉膛及烟道处的防爆门排出口之上及油喷嘴之下的维护平台应采用花纹钢板制作。

6.2.6 煤粉系统的防爆门设置应符合下列规定：

1 煤粉系统设备和其他部件按小于最大爆炸压力设计时，应设置防爆门。

2 磨制无烟煤的煤粉系统以及在惰性气氛下运行的风扇磨煤机煤粉系统，可不设置防爆门。

3 防爆门动作时喷出的气流，不应危及附近的电缆、油气管道和经常有人通行的部位。

6.2.7 磨煤机出口的气粉混合物温度，不应大于表6.2.7的规定。

表6.2.7 磨煤机出口的气粉混合物温度(℃)

类　别		空气干燥		烟气空气混合干燥	
		煤种	温度	煤种	温度
风扇磨煤机直吹式系统(分离器后)		贫煤	150		180
		烟煤	130		
		褐煤、页岩	100		
钢球磨煤机储仓式系统(磨煤机后)		无烟煤	不受限制	褐煤	90
		贫煤	130	烟煤	120
		烟煤、褐煤	70		
双进双出钢球磨煤机直吹式系统(分离器后)		烟煤	70~75		
		褐煤	70		
		V_{daf}<15%的煤	100		
中速磨煤机直吹式系统(分离器后)		当V_{daf}<40%时，$t_{M2}=[(82-V_{daf})5/3±5]$；当$V_{daf}$≥40%时，$t_{M2}$<70			
RP、HP中速磨煤机直吹式系统(分离器后)		高热值烟煤<82，低热值烟煤<77，次烟煤、褐煤<66			

注：t_{M2}指磨煤机出口气粉混合物温度。

6.2.8 磨制混合品种燃料时，磨煤机出口的气粉混合物的温度，应按其中最易爆的煤种确定。

6.2.9 采用热风送粉时，对干燥无灰基挥发分15%及以上的烟煤及贫煤，热风温度的确定，应使燃烧器前的气粉混合物的温度不超过160℃；对无烟煤和干燥无灰基挥发分15%以下的烟煤及贫煤，其热风温度可不受限制。

6.2.10 当制粉系统设置有中间煤粉储仓时，宜设置该系统停止运行后的放粉系统。

6.3 点火及助燃油系统

6.3.1 锅炉点火及助燃用油火灾危险性分类应符合现行国家标准《石油库设计规范》GB 50074的有关规定。

6.3.2 从下部接卸铁路油罐车的卸油系统，应采用密闭式管道系统。

6.3.3 加热燃油的蒸气温度，应低于油品的自燃点，且不应超过250℃。

6.3.4 储存丙类液体的固定顶油罐应设置通气管。

6.3.5 油罐的进、出口管道，在靠近油罐处和防火堤外面应分别设置隔离阀。油罐区的排水管在防火堤外应设置隔离阀。

丙类液体和可燃、助燃气体管道穿越防火墙时，应在防火墙两侧设置隔离阀。

6.3.6 油罐的进油管宜从油罐的下部进入，当工艺布置需要从油罐的顶部接入时，进油管宜延伸到油罐的下部。

6.3.7 管道不宜穿过防火堤。当需要穿过时，管道与防火堤间的缝隙应采用防火堵料紧密填塞，当管道周边有可燃物时，还应在堤体两侧1m范围内的管道上采取绝热措施；当直径大于或等于32mm的可燃或难燃管道穿过防火堤时，除填塞防火堵料外，还应设置阻火圈或阻火带。

6.3.8 容积式油泵安全阀的排出管，应接至油罐与油泵之间的回油管道上，回油管道不应装设阀门。

6.3.9 油管道宜架空敷设。当油管道与热力管道敷设在同一地沟时，油管道应布置在热力管道的下方。

6.3.10 油管道及阀门应采用钢质材料。除必须用法兰与设备和其他部件相连接外，油管道管段应采用焊接连接。严禁采用填函式补偿器。

6.3.11 燃烧器油枪接口与固定油管道之间，宜采用带金属编织网套的波纹管连接。

6.3.12 在每台锅炉的供油总管上，应设置快速关断阀和手动关断阀。

6.3.13 油系统的设备及管道的保温材料，应采用不燃烧材料。

6.3.14 油系统的卸油、贮油及输油的防雷、防静电设施，应符合现行国家标准《石油库设计规范》GB 50074的有关规定。

6.3.15 在装设波纹管补偿器的燃油管道上宜采取防超压的措施。

6.4 汽轮发电机

6.4.1 汽轮机油系统的设计应符合下列规定：

1 汽轮机主油箱应设置排油烟机，排油烟管道应引至厂房外无火源处并避开高压电气设施。

2 汽轮机的主油箱、油泵及冷却器设备，宜集中布置在汽机房零米层机头靠A列柱侧并远离高温管道。

3 在汽机房外，应设密封的事故排油箱(坑)，其布置标高和排油管道的设计，应满足事故发生时排油畅通的需要；事故排油箱(坑)的容积，不应小于1台最大机组系统的油量。

4 压力油管道应采用无缝钢管及钢制阀门，并应按高一级压力选用。除必须用法兰与设备和部件连接外，应采用焊接连接。

5 200MW及以上容量的机组宜采用组合油箱及套装油管，并宜设单元组装式油净化装置。

6 油管道应避开高温蒸汽管道，不能避开时，应将其布置在蒸汽管道的下方。

7 在油管道与汽轮机前轴封箱的法兰连接处，应设置防护槽和将漏油引至安全处的排油管道。

8 油系统管道的阀门、法兰及其他可能漏油处敷设有热管道或其他载热体时，载热体管道外面应包敷严密的保温层，保温层外面应采用镀锌铁皮或铝皮做保护层。

9 油管道法兰接合面应采用质密、耐油和耐热的垫料，不应采用塑料垫、橡皮垫和石棉垫。

10 在油箱的事故排油管上，应设置两个钢制阀门，其操作手轮应在距油箱外缘 5m 以外的地方，并应有两个以上的通道。操作手轮不得加锁，并应设置明显的"禁止操作"标志。

11 油管道及其附件的水压试验压力应符合下列规定：
1）调节油系统试验压力为工作压力的 1.5～2 倍；
2）润滑油系统的试验压力不应低于 0.5MPa；
3）回油系统的试验压力不应低于 0.2MPa。

12 300MW 及以上容量的汽轮机调节油系统，宜采用抗燃油。

6.4.2 发电厂氢系统的设计应符合下列规定：

1 汽机房内的氢管道，应布置在通风良好的区域。

2 发电机的排氢阀和气体控制站（氢置换设施），应布置在能使氢气直接排往厂房外部的安全处。

排氢管必须接至厂房外安全处。排氢管的排氢能力应与汽轮机破坏真空停机的惰走时间相配合。

3 与发电机相接的氢管道，应采用带法兰的短管连接。

4 氢管道应有防静电的接地措施。

6.5 辅助设备

6.5.1 在电气除尘器的进、出口烟道上，应设置烟温测量和超温报警装置。

6.5.2 柴油发电机系统的设计应符合下列规定：

1 柴油发电机的油箱，应设置快速切断阀，油箱不应布置在柴油机的上方。

2 柴油机排气管的室内部分，应采用不燃烧材料保温。

3 柴油机曲轴箱宜采用正压排气或离心排气；当采用负压排气时，连接通风管的导管应设置钢丝网阻火器。

6.6 变压器及其他带油电气设备

6.6.1 屋外油浸变压器及屋外配电装置与各建（构）筑物的防火间距应符合本规范第 4.0.8 条及第 4.0.11 条的规定。

6.6.2 油量为 2500kg 及以上的屋外油浸变压器之间的最小间距应符合表 6.6.2 的规定。

表 6.6.2 屋外油浸变压器之间的最小间距（m）

电压等级	最小间距
35kV 及以下	5
66kV	6
110kV	8
220kV 及以上	10

6.6.3 当油量为 2500kg 及以上的屋外油浸变压器之间的防火间距不能满足表 6.6.2 的要求时，应设置防火墙。

防火墙的高度应高于变压器油枕，其长度不应小于变压器的贮油池两侧各 1m。

6.6.4 油量为 2500kg 及以上的屋外油浸变压器或电抗器与本回路油量为 600kg 以上且 2500kg 以下的带油电气设备之间的防火间距不应小于 5m。

6.6.5 35kV 及以下屋内配电装置当未采用金属封闭开关设备时，其油断路器、油浸电流互感器和电压互感器，应设置在两侧有不燃烧实体墙的间隔内；35kV 以上屋内配电装置应安装在有不燃烧实体墙的间隔内，不燃烧实体墙的高度不应低于配电装置中带油设备的高度。

总油量超过 100kg 的屋内油浸变压器，应设置单独的变压器室。

6.6.6 屋内单台总油量为 100kg 以上的电气设备，应设置贮油或挡油设施。挡油设施的容积宜按油量的 20% 设计，并应设置能将事故油排至安全处的设施。当不能满足上述要求时，应设置能容纳全部油量的贮油设施。

6.6.7 屋外单台油量为 1000kg 以上的电气设备，应设置贮油或挡油设施。挡油设施的容积宜按油量的 20% 设计，并应设置将事故油排至安全处的设施；当不能满足上述要求且变压器未设置水喷雾灭火系统时，应设置能容纳全部油量的贮油设施。

当设置有油水分离措施的总事故贮油池时，其容量宜按最大一个油箱容量的 60% 确定。

贮油或挡油设施应大于变压器外廓每边各 1m。

6.6.8 贮油设施内应铺设卵石层，其厚度不应小于 250mm，卵石直径宜为 50～80mm。

6.7 电缆及电缆敷设

6.7.1 容量为 300MW 及以上机组的主厂房、运煤、燃油及其他易燃易爆场所宜选用 C 类阻燃电缆。

6.7.2 建（构）筑物中电缆引至电气柜、盘或控制屏、台的开孔部位，电缆贯穿隔墙、楼板的空洞应采用电缆防火封堵材料进行封堵，其防火封堵组件的耐火极限不应低于被贯穿物的耐火极限，且不应低于 1h。

6.7.3 在电缆竖井中，每间隔约 7m 宜设置防火封堵。在电缆隧道或电缆沟中的下列部位，应设置防火墙：

1 单机容量为 100MW 及以上的发电厂，对应于厂用母线分段处。

2 单机容量为 100MW 以下的发电厂，对应于全厂一半容量的厂用配电装置划分处。

3 公用主隧道或沟内引接的分支处。

4 电缆沟内每间距 100m 处。

5 通向建筑物的入口处。

6 厂区围墙处。

6.7.4 当电缆采用架空敷设时，应在下列部位设置阻火措施：

1 穿越汽机房、锅炉房和集中控制楼之间的隔墙处。

2 穿越汽机房、锅炉房和集中控制楼外墙处。

3 架空敷设每间距 100m 处。

4 两台机组连接处。

5 电缆桥架分支处。

6.7.5 防火墙上的电缆孔洞应采用电缆防火封堵材料进行封堵，并应采用防止火焰延燃的措施。其防火封堵组件的耐火极限应为 3h。

6.7.6 主厂房到网络控制楼或主控制楼的每条电缆隧道或沟道所容纳的电缆回路，应满足下列规定：

1 单机容量为 200MW 及以上时，不应超过 1 台机组的电缆。

2 单机容量为 100MW 及以上且 200MW 以下时，不宜超过 2 台机组的电缆。

3 单机容量为 100MW 以下时，不宜超过 3 台机组的电缆。

当不能满足上述要求时，应采取防火分隔措施。

6.7.7 对直流电源、应急照明、双重化保护装置、水泵房、化学水处理及运煤系统公用重要回路的双回路电缆，宜将双回路分别布置在两个相互独立或有防火分隔的通道中。当不能满足上述要求时，应对其中一回路采取防火措施。

6.7.8 对主厂房内易受外部火灾影响的汽轮机头部、汽轮机油系统、锅炉防爆门、排渣孔朝向的邻近部位的电缆区段，应采取防火措施。

6.7.9 当电缆明敷时，在电缆中间接头两侧各 2～3m 长的区段

11

以及沿该电缆并行敷设的其他电缆同一长度范围内,应采取防火措施。

6.7.10 靠近带油设备的电缆沟盖板应密封。

6.7.11 对明敷的 35kV 以上的高压电缆,应采取防止着火延燃的措施,并应符合下列规定:

 1 单机容量大于 200MW 时,全部主电源回路的电缆不宜明敷在同一条电缆通道中。当不能满足上述要求时,应对部分主电源回路的电缆采取防火措施。

 2 充油电缆的供油系统,宜设置火灾自动报警和闭锁装置。

6.7.12 在电缆隧道和电缆沟道中,严禁有可燃气、油管路穿越。

6.7.13 在密集敷设电缆的电缆夹层内,不得布置热力管道、油气管以及其他可能引起着火的管道和设备。

6.7.14 架空敷设的电缆与热力管路应保持足够的距离,控制电缆、动力电缆与热力管道平行时,两者距离分别不应小于 0.5m 及 1m;控制电缆、动力电缆与热力管道交叉时,两者距离分别不应小于 0.25m 及 0.5m。当不能满足要求时,应采取有效的防火隔热措施。

7 燃煤电厂消防给水、灭火设施及火灾自动报警

7.1 一般规定

7.1.1 消防给水系统必须与燃煤电厂的设计同时进行。消防用水应与全厂用水统一规划,水源应有可靠的保证。

7.1.2 100MW 机组及以下的燃煤电厂消防给水宜采用与生活用水或生产用水合用的给水系统。125MW 机组及以上的燃煤电厂消防给水应采用独立的消防给水系统。

7.1.3 消防给水系统的设计压力应保证消防用水总量达到最大时,在任何建筑物内最不利点处,水枪的充实水柱不应小于 13m。

> 注:1 在计算水压时,应采用喷嘴口径 19mm 的水枪和直径 65mm,长度 25m 的有衬里消防水带,每支水枪的计算流量不应小于 5L/s。
>
> 　　2 消火栓给水管道设计流速不宜大于 2.5m/s。

7.1.4 厂区内消防给水水量应按同一时间内发生火灾的次数及一次最大灭火用水量计算。建筑物一次灭火用水量应为室外和室内消防用水量之和。

7.1.5 厂区内应设置室内、外消火栓系统。消火栓系统、自动喷水灭火系统、水喷雾灭火系统等消防给水系统可合并设置。

7.1.6 机组容量为 50~135MW 的燃煤电厂,在电缆夹层、控制室、电缆隧道、电缆竖井及屋内配电装置处应设置火灾自动报警系统。

7.1.7 机组容量为 200MW 及以上但小于 300MW 的燃煤电厂应按表 7.1.7 的规定设置火灾自动报警系统。

表 7.1.7　主要建(构)筑物和设备火灾自动报警系统

建(构)筑物和设备	火灾探测器类型
集中控制楼(单元控制室)、网络控制楼	
1. 电缆夹层	感烟或缆式线型感温

续表 7.1.7

建(构)筑物和设备	火灾探测器类型
2. 电子设备间	吸气式感烟或点型感烟
3. 控制室	吸气式感烟或点型感烟
4. 计算机房	吸气式感烟或点型感烟
5. 继电器室	吸气式感烟或点型感烟
6. 配电装置室	感烟
微波楼和通信楼	感烟
脱硫控制楼	
1. 控制室	感烟
2. 配电装置室	感烟
3. 电缆夹层	感烟或缆式线型感温
汽机房	
1. 汽轮机油箱	缆式线型感温或火焰
2. 电液装置	缆式线型感温或火焰
3. 氢密封油装置	缆式线型感温或火焰
4. 汽机轴承	感温或火焰
5. 汽机运转层下及中间层油管道	缆式线型感温
6. 给水泵油箱	缆式线型感温
7. 配电装置室	感烟
锅炉房及煤仓间	
1. 锅炉本体燃烧器区	缆式线型感温
2. 磨煤机润滑油箱	缆式线型感温
运煤系统	
1. 控制室与配电间	感烟
2. 转运站	缆式线型感温
3. 碎煤机室	缆式线型感温
4. 运煤栈桥	缆式线型感温

续表 7.1.7

建(构)筑物和设备	火灾探测器类型
5. 煤仓及煤仓层	缆式线型感温
其他	
1. 柴油发电机室	感烟
2. 点火油罐	缆式线型感温
3. 汽机房架空电缆处	缆式线型感温
4. 锅炉房零米以上架空电缆处	缆式线型感温
5. 汽机房至主控制楼电缆通道	缆式线型感温
6. 电缆交叉、密集及中间接头部位	缆式线型感温
7. 电缆竖井	缆式线型感温或感烟
8. 主厂房内主蒸汽管道与油管道交叉处	缆式线型感温

7.1.8 机组容量为 300MW 及以上的燃煤电厂应按表 7.1.8 的规定设置火灾自动报警系统、固定灭火系统。

表 7.1.8　主要建(构)筑物和设备火灾自动报警系统与固定灭火系统

建(构)筑物和设备	火灾探测器类型	灭火介质及系统型式
集中控制楼、网络控制楼		
1. 电缆夹层	吸气式感烟或缆式线型感温和点型感烟组合	水喷雾、细水雾或气体
2. 电子设备间	吸气式感烟或点型感烟和点型感烟组合	固定式气体或其他介质
3. 控制室	吸气式感烟或点型感烟	—
4. 计算机房	吸气式感烟或点型感烟和点型感烟组合	固定式气体或其他介质
5. 继电器室	吸气式感烟或点型感烟和点型感烟组合	固定式气体或其他介质
6. DCS 工程师室	吸气式感烟或点型感烟和点型感烟组合	固定式气体或其他介质
7. 配电装置室	吸气式感烟或点型感烟和点型感烟组合	固定式气体或其他介质

建(构)筑物和设备	火灾探测器类型	灭火介质及系统型式
微波楼和通信楼	感烟或感温	
汽机房		
1. 汽轮机油箱	缆式线型感温或火焰	水喷雾
2. 电液装置(抗燃油除外)	缆式线型感温或火焰	水喷雾或细水雾
3. 氢密封油装置	缆式线型感温或火焰	水喷雾或细水雾
4. 汽机轴承	感温或火焰	—
5. 汽机运转层下及中间层油管道	缆式线型感温	水喷雾或雨淋
6. 给水泵油箱(抗燃油除外)	缆式线型感温	水喷雾、雨淋或细水雾
7. 配电装置室	感烟	—
8. 电缆夹层	吸气式感烟或缆式线型感温和点型感烟组合	水喷雾、细水雾或气体
9. 汽机贮油箱(主厂房内)	缆式线型感温或火焰	水喷雾或细水雾
10. 电子设备间	吸气式感烟或点型感烟和点型感烟组合	固定式气体或其他介质
11. 汽机房架空电缆处	缆式线型感温	—
锅炉房及煤仓间		
1. 锅炉本体燃烧器	缆式线型感温	雨淋或水喷雾
2. 磨煤机润滑油箱	缆式线型感温	水喷雾或细水雾
3. 回转式空气预热器	感温(设备温度自检)	提供设备内消防水源
4. 原煤仓、煤粉仓(无烟煤除外)	缆式线型感温	惰性气体
5. 锅炉房零米以上架空电缆处	缆式线型感温	—
脱硫系统		
1. 脱硫控制楼控制室	感烟	—

建(构)筑物和设备	火灾探测器类型	灭火介质及系统型式
2. 脱硫控制楼配电装置室	感烟	—
3. 脱硫控制楼电缆夹层	感烟或缆式线型感温	
变压器		
1. 主变压器	感温	水喷雾或其他介质
2. 启动/备用变压器	感温	水喷雾或其他介质
3. 联络变压器	感温	水喷雾或其他介质
4. 高压厂用变压器	感温	水喷雾或其他介质
运煤系统		
1. 控制室	感烟或感温	—
2. 配电装置室	感烟或感温	—
3. 电缆夹层	缆式线型感温或吸气式感烟	—
4. 转运站或筒仓	缆式线型感温	水幕
5. 碎煤机室	缆式线型感温	水幕
6. 封闭式运煤栈桥或运煤隧道(燃用褐煤或易自燃高挥发分煤种)	缆式线型感温	水喷雾或自动喷水
7. 煤仓间带式输送机层	缆式线型感温	水幕及水喷雾或自动喷水
8. 室内贮煤场	可燃气体	
其他		
1. 柴油发电机室及油箱	感烟和感温组合	水喷雾、细水雾或其他介质
2. 油浸变压器室	缆式线型感温	
3. 屋内高压配电装置	感烟	—

建(构)筑物和设备	火灾探测器类型	灭火介质及系统型式
4. 汽机房至主控制楼电缆通道	缆式线型感温	—
5. 电缆竖井、电缆交叉、密集及中间接头部位	缆式线型感温	灭火装置
6. 主厂房内主蒸汽管道与油管道(在蒸汽管道上方)交叉处	感温	灭火装置
7. 电除尘控制室	感烟	—
8. 供氢站	可燃气体	
9. 办公楼[设置有风道(管)的集中空气调节系统且建筑面积大于3000m²]	感烟	自动喷水
10. 点火油罐	缆式线型感温	泡沫灭火或其他介质
11. 油处理室	感温	
12. 电缆隧道	缆式线型感温	水喷雾、细水雾或其他介质
13. 消防水泵房的柴油机驱动消防泵泵间	感温	水喷雾、细水雾或自动喷水

注:对于设置固定灭火系统的场所,宜采用两种同类或不同类的探测器组合探测方式。

7.1.9 50MW 机组容量以上的燃煤电厂,其运煤栈桥及运煤隧道与转运站、筒仓、碎煤机室、主厂房连接处应设水幕。

7.1.10 封闭式运煤系统建筑为钢结构时,应设置自动喷水灭火系统或水喷雾灭火系统。

7.1.11 机组容量为 300MW 以下的燃煤电厂,当油浸变压器容量为 $9×10^4$kV·A 及以上时,应设置火灾探测报警系统、水喷雾灭火系统或其他灭火系统。

7.2 室外消防给水

7.2.1 厂区内同一时间内的火灾次数,应符合现行国家标准《建筑设计防火规范》GB 50016 的有关规定。

7.2.2 室外消防用水量的计算应符合下列规定:

1 建(构)筑物室外消防一次用水量不应小于表 7.2.2 的规定。

表 7.2.2 建(构)筑物室外消防一次用水量

耐火等级	建筑物名称	1501~3000	3001~5000	5001~20000	20000~50000	>50000
二级	主厂房	15	20	25	30	35
	特种材料库	15	25	25	35	—
	其他建筑	15	15	20	25	30
三级	其他厂房或一般材料库	10	15	20	25	35
	其他建筑	15	20	25	30	—

注:1 消防用水量应按消防需水量最大的一座建筑物或防火墙间最大的一段计算,成组布置的建筑物应按消防需水量较大的相邻两座计算。

2 甲、乙类建(构)筑物的消防用水量应符合现行国家标准《建筑设计防火规范》GB 50016 的有关规定。

3 变压器室外消火栓用水量不应小于 10L/s。

4 当建筑物内有自动喷水、水喷雾、消火栓及其他消防用水设备时,一次灭火用水量应为上述室内需要同时使用设备的全部消防水量加上室外消火栓用水量的 50% 计算确定,但不得小于本表的规定。

2 点火油罐区的消防用水量应符合现行国家标准《低倍数泡沫灭火系统设计规范》GB 50151、《高倍数、中倍数泡沫灭火系统设计规范》GB 50196 和《石油库设计规范》GB 50074 的有关规定。

3 贮煤场的消防用水量不应少于 20L/s。

4 消防用水与生活用水合并的给水系统,在生活用水达到最大小时用水时，应确保消防用水量(消防时淋浴用水可按计算淋浴用水量的15%计算)。

5 主厂房、贮煤场(室内贮煤场)、点火油罐区周围的消防给水管网应为环状。

6 点火油罐宜设移动式冷却水系统。

7 室外消防给水管道和消火栓的布置应符合现行国家标准《建筑设计防火规范》GB 50016的有关规定。

8 在道路交叉或转弯处的地上式消火栓附近，宜设置防撞设施。

7.3 室内消火栓与室内消防给水量

7.3.1 下列建筑物或场所应设置室内消火栓：

1 主厂房(包括汽机房和锅炉房的底层、运转层；煤仓间各层；除氧器层；锅炉燃烧器各层平台)。

2 集中控制楼，主控制楼，网络控制楼，微波楼，继电器室，屋内高压配电装置(有充油设备)，脱硫控制楼。

3 屋内卸煤装置，碎煤机室，转运站，筒仓皮带层，室内贮煤场。

4 解冻室，柴油发电机房。

5 生产、行政办公楼，一般材料库，特殊材料库。

6 汽车库。

7.3.2 下列建筑物或场所可不设置室内消火栓：

脱硫工艺楼，增压风机室，吸收塔，吸风机室，屋内高压配电装置(无油)，除尘构筑物，运煤栈桥，运煤隧道，油浸变压器检修间，油浸变压器室，供、卸油泵房，油处理室，岸边水泵房，中央水泵房，灰浆、灰渣泵房，生活消防水泵房，稳定剂室，加药设备室，进水、净水构筑物，冷却塔，化学水处理室，循环水处理室，启动锅炉房，供氢站，推煤机库，消防车库，贮氢罐，空气压缩机室(有润滑油)，热工、电气、金属实验室，天桥，排水、污水泵房，各分场维护间，污水处理构筑物，电缆隧道，材料库棚，机车库，警卫传达室。

7.3.3 室内消火栓的用水量应根据同时使用水枪数量和充实水柱长度由计算确定，但不应小于表7.3.3的规定。

表7.3.3 室内消火栓系统用水量

建筑物名称	高度、层数、体积	消火栓用水量(L/s)	同时使用水枪同时使用水枪数量(支)	每根竖管最小流量(L/s)
主厂房	高度≤24m、体积≤10000m³	5	2	5
	高度≤24m、体积>10000m³	10	2	10
	24m<高度≤50m	15	3	15
	高度>50m	20	4	15
集中控制楼、网控楼、微波楼、电气控制楼、脱硫控制楼、配煤楼	高度≤24m、体积≤10000m³	10	2	10
	高度≤24m、体积>10000m³	15	3	10
办公楼、其他建筑	层数≥5或体积>10000m³	15	3	10
一般材料库、特殊材料库	高度≤24m、体积≤5000m³	5	1	5
	高度≤24m、体积>5000m³	10	2	10

注：消防软管卷盘的消防用水量可不计入室内消防用水量。

7.4 室内消防给水管道、消火栓和消防水箱

7.4.1 室内消防给水管道设计应符合下列要求：

1 室内消火栓超过10个且室外消防用水量大于15L/s时，室内消防给水管道至少应有2条进水管与室外管网连接，并应将室内管道连接成环状管网，与室外管网连接的进水管道，每条均应按满足全部用水量设计。

2 主厂房内应设置水平环状管网；消防竖管应引自水平环状管网成枝状布置。

3 室内消防给水管道应采用阀门分段，对于单层厂房、库房，当某段损坏时，停止使用的消火栓不应超过5个；对于办公楼、其

他厂房、库房，消防给水管道上阀门的布置，当超过3条竖管时，可按关闭2条设计。

4 消防用水与其他用水合并的室内管道，当其他用水达到最大流量时，应仍能供给全部消防用水量。洗刷用水量可不计算在内。合并的管网上应设置水泵接合器，水泵接合器的数量应通过室内消防用水量计算确定。主厂房内独立的消防给水系统可不设水泵接合器。

5 室内消火栓给水管网与自动喷水灭火系统、水喷雾灭火系统的管网应在报警阀或雨淋阀前分开设置。

7.4.2 室内消火栓布置应符合下列要求：

1 消火栓的布置应保证有2支水枪的充实水柱同时到达室内任何部位；建筑高度小于等于24m且体积小于等于5000m³的材料库，可采用1支水枪充实水柱到达室内任何部位。

2 水枪的充实水柱长度应由计算确定。对于主厂房及二层或二层以上且建筑高度超过24m的建筑，充实水柱长度不应小于13m；对于超过4层且建筑高度≤24m的建筑，水枪的充实水柱长度不应小于10m；对于其他建筑，水枪的充实水柱长度不宜小于7m。

3 消防给水系统的静水压力不应超过1.2MPa，当超过1.2MPa时，应采用分区给水系统。当消火栓栓口处的出水压力超过0.5MPa时，应设置减压设施。

4 室内消火栓应设在明显易于取用的地点，栓口距地面高度宜为1.1m，其出水方向宜向下或与设置消火栓的墙面呈90°角。

5 室内消火栓的间距应由计算确定。主厂房内消火栓的间距不应超过30m。

6 应采用同一型号的配有自救式消防水喉的消火栓箱，消火栓水带直径宜为65mm，长度不应超过25m，水枪喷嘴口径不应小于19mm。

7 主厂房的煤仓间最高处应设检验用的压力显示装置。

8 当室内消火栓设在寒冷地区非采暖的建筑物内时，可采用干式消火栓给水系统，但在进水管上应安装快速启闭阀，在室内消防给水管路最高处应设自动排气阀。

9 带电设施附近的消火栓应配备喷雾水枪。

7.4.3 主厂房宜设置消防水箱。消防水箱的设置应符合下列要求：

1 设在主厂房煤仓间最高处，且为重力自流水箱。

2 消防水箱应储存10min的消防用水量。当室内消防用水量不超过25L/s时，经计算消防储水量超过12m³时，可采用12m³；当室内消防用水量超过25L/s时，经计算水箱消防储水量超过18m³时，可采用18m³。

3 消防用水与其他用水合并的水箱，应采取消防用水不作他用的技术措施。

4 火灾发生时由消防水泵供给的消防用水，不应进入消防水箱。

当设置高位消防水箱确有困难时，可设置符合下列要求的临时高压给水系统：

1 系统由消防水泵、稳压装置、压力监测及控制装置等构成。

2 由稳压装置维持系统压力，着火时，压力控制装置自动启动消防泵。

3 稳压泵应设备用泵。稳压泵的工作压力应高于消防泵工作压力，其流量不宜少于5L/s。

7.5 水喷雾与自动喷水灭火系统

7.5.1 水喷雾灭火设施与高压电气设备带电(裸露)部分的最小安全净距应符合国家现行标准的有关规定。

7.5.2 当在寒冷地区设置室外变压器水喷雾灭火系统、油罐固定冷却水系统时，应设置管路放空设施。

7.5.3 设有自动喷水灭火系统的建筑物与设备的火灾危险等级

不应低于表7.5.3的规定。

表7.5.3 建筑物与设备的火灾危险等级

建(构)筑物与设备		火灾危险等级
电缆夹层		中Ⅱ级
汽机运转层下及中间层油管道		中Ⅰ级
锅炉本体燃烧区		中Ⅰ级
运煤栈桥(燃用褐煤或易自燃高挥发分煤)		中Ⅰ级
煤仓间、筒仓带式输送机层		中Ⅰ级
柴油发电机房		中Ⅱ级
生产、行政办公楼(当设置有风道集中空调系统时)	建筑高度小于24m	轻
	建筑高度大于等于24m	中Ⅰ级

7.5.4 运煤系统建筑物设闭式自动喷水灭火系统时,宜采用快速响应喷头。

7.5.5 自动喷水灭火系统、水喷雾灭火系统的设计应符合现行国家标准《自动喷水灭火系统设计规范》GB 50084或《水喷雾灭火系统设计规范》GB 50219的有关规定。细水雾灭火系统的喷水强度、响应时间和供水持续时间宜符合现行国家标准《水喷雾灭火系统设计规范》GB 50219的有关规定。

7.6 消防水泵房与消防水池

7.6.1 消防水泵房应设直通室外的安全出口。

7.6.2 一组消防水泵的吸水管不应少于2条;当其中1条损坏时,其余的吸水管应能满足全部用水量。吸水管上应装设检修用阀门。

7.6.3 消防水泵应采用自灌式引水。

7.6.4 消防水泵房应有不少于2条出水管与环状管网连接,当其中1条出水管检修时,其余的出水管应能满足全部用水量。试验回水管上应设检查用的放水阀门、水锤消除、安全泄压及压力、流量测量装置。

7.6.5 消防水泵应设置备用泵。机组容量为125MW以下燃煤电厂的备用泵的流量和扬程不应小于最大一台消防泵的流量和扬程。

机组容量为125MW及以上燃煤电厂,宜设置柴油驱动消防泵作为消防水泵的备用泵,其性能参数及泵的数量应满足最大消防水量、水压的需要。

7.6.6 燃煤电厂应设消防水池。容积大于500m³的消防水池应分格并设公用吸水设施。消防水池的设计应符合现行国家标准《建筑设计防火规范》GB 50016的有关规定。

7.6.7 当冷却塔数量多于1座且供水有保证时,冷却塔水池可兼作消防水源。

7.6.8 消防水泵房应设置与消防控制室直接联络的通信设备。

7.6.9 消防水泵房的建筑设计应符合现行国家标准《建筑设计防火规范》GB 50016的有关规定。

7.7 消防排水

7.7.1 消防排水、电梯井排水可与生产、生活排水统一设计。

7.7.2 变压器、油系统等设施的消防排水,除应按消防流量设计外,在排水设施上应采取油水分隔措施。

7.8 泡沫灭火系统

7.8.1 点火油罐区宜采用低倍数或中倍数泡沫灭火系统。

7.8.2 点火油罐的泡沫灭火系统的型式,应符合下列规定:

1 单罐容量大于200m³的油罐应采用固定式泡沫灭火系统。

2 单罐容量小于或等于200m³的油罐可采用移动式泡沫灭火系统。

7.8.3 泡沫灭火系统的设计应符合现行国家标准《低倍数泡沫灭火系统设计规范》GB 50151或《高倍数、中倍数泡沫灭火系统设计

规范》GB 50196的有关规定。

7.9 气体灭火系统

7.9.1 气体灭火剂的类型、气体灭火系统型式的选择,应根据被保护对象的特点、重要性、环境要求并结合防护区的布置,经技术经济比较后确定。宜采用组合分配系统。

7.9.2 灭火剂的设计用量应按需要提供保护的最大防护区的体积计算确定。灭火剂宜设100%备用。

7.9.3 采用低压二氧化碳灭火系统时,其贮罐宜布置在零米层。

7.9.4 固定式气体灭火系统的设计应符合国家现行标准的规定。

7.10 灭火器

7.10.1 各建(构)筑物及设备应按表7.10.1确定火灾类别及危险等级并配置灭火器。

表7.10.1 建(构)筑物与设备火灾类别及危险等级

配置场所	火灾类别	危险等级
电缆夹层	E(A)	中
高、低压配电装置室	E(A)	中
电子设备间	E(A)	中
控制室	E(A)	严重
计算机室,DCS工程师室,SIS机房,远动工程师室	E(A)	中
继电器室	E(A)	中
蓄电池室	C(A)	中
汽轮机油箱	B	严重
电液装置	B	中
氢密封油装置	B	中
汽机轴承	B	中
汽机运转层下及中间层油管道	B	严重

续表7.10.1

配置场所	火灾类别	危险等级
给水泵油箱	B	严重
汽机贮油箱	B	严重
主厂房内主蒸汽管道与油管道交叉处	B	严重
汽机房架空电缆处	E(A)	中
电缆交叉、密集及中间接头部位	E(A)	中
汽机发电机运转层	混合(A)	中
锅炉本体燃烧器区	B	中
润滑油箱	B	中
磨煤机	A	严重
回转式空气预热器	A	中
煤仓间带式输送机层	A	中
锅炉房零米以上架空电缆处	E(A)	中
微波楼和通信楼	E(A)	中
屋内配电装置楼(内有充油设备)	E(A)	中
室外变压器	B	中
脱硫工艺楼	A	轻
脱硫控制楼	E(A)	中
增压风机室	A	轻
吸风机室	A	轻
除尘构筑物	A	轻
转运站及筒仓皮带层	A	中
碎煤机室	A	中
运煤隧道	A	中
屋内卸煤装置	A	中
解冻室	A	中
堆取料机、装卸桥	A	轻

配置场所	火灾类别	危险等级
贮煤场、干煤棚	A	中
室内贮煤场	A	中
柴油发电机室及油箱	B	中
点火油罐	B	严重
油处理室	B	中
供(卸)油泵房、栈台	B	中
油浸变压器室	B	中
化学水处理室、循环水处理室	A	轻
启动锅炉房	B	中
供氢站	C(A)	严重
空气压缩机室(有润滑油)	B	中
热工、电气、金属实验室	A	中
油浸变压器检修间	B	中
各分场维护间	A、B	轻
生活、消防水泵房(有柴油发动机)	B	中
生活、消防水泵房(无柴油发动机)及其他水泵房	A	轻
生产、行政办公楼(各层)	A	中
一般材料库	混合(A)	中
特种材料库	混合(A)	严重
机车库	B	中
汽车库、推煤机库	B	中
消防车库	A(B)	中
警卫传达室	A	轻

注：1 柴油发电机房如采用了闪点低于 60℃ 的柴油，则应按严重危险级考虑。

2 严重危险级的场所，宜设推车式灭火器。

7.10.2 点火油罐区防火堤内面积每 400m² 应配置 1 具 8kg 手提式干粉灭火器，当计算数量超过 6 具时，可采用 6 具。

7.10.3 露天设置的灭火器应设置遮阳棚。

7.10.4 控制室、电子设备间、继电器室及高、低压配电装置室可采用卤代烷灭火器。

7.10.5 灭火器的配置设计，应符合现行国家标准《建筑灭火器配置设计规范》GB 50140 的规定。

7.11 消 防 车

7.11.1 消防车的配置应符合下列规定：

1 单机容量为 50MW 及以上机组：

　1)总容量大于 1200MW 时不少于 2 辆；

　2)总容量为 600~1200MW 时为 2 辆；

　3)总容量小于 600MW 时为 1 辆。

2 机组容量为 25MW 及以下的机组，当地消防部门的消防车在 5min 内不能到达火场时为 1 辆。

7.11.2 设有消防车的燃煤电厂，应设置消防车库。

7.12 火灾自动报警与消防设备控制

7.12.1 单机容量为 50~135MW 的燃煤电厂，应设置区域报警系统。

7.12.2 单机容量为 200MW 及以上的燃煤电厂，应设置控制中心报警系统。系统应配有火灾部位显示装置、打印机、火灾警报装置、电话插孔及应急广播系统。

7.12.3 200MW 级机组及以上容量的燃煤电厂，宜按以下原则划分火灾报警区域：

1 每台机组为 1 个火灾报警区域(包括单元控制室、汽机房、锅炉房、煤仓间以及主变压器、启动变压器、联络变压器、厂用变压器、机组柴油发电机、脱硫系统的电控楼、空冷控制楼)。

2 办公楼、网络控制楼、微波楼和通信楼火灾报警区域(包括控制室、计算机房及电缆夹层)。

3 运煤系统火灾报警区域(包括控制室与配电间、转运站、碎煤机室、运煤栈桥及隧道、室内贮煤场或筒仓)。

4 点火油罐火灾报警区域。

7.12.4 消防控制室应与单元控制室或主控制室合并设置。

7.12.5 集中火灾报警控制器应设置在运行值班负责人所在的单元控制室或主控制室内；区域报警控制器应设置在对应的火灾报警区域内。报警控制器的安装位置应便于操作人员监控。

7.12.6 火灾探测器的选择，应符合本规范第 7.1.7 条、第 7.1.8 条的规定。

7.12.7 主厂房内的缆式线型感温探测器宜选用金属层结构型。

7.12.8 点火油罐区的火灾探测器及相关连接件应为防爆型。

7.12.9 运煤系统内的火灾探测器及相关连接件应为防水型。

7.12.10 火灾自动报警系统的警报音响应区别于其他系统的音响。

7.12.11 当火灾确认后，火灾自动报警系统应能将生产广播切换到火灾应急广播。

7.12.12 消防设施的就地启动、停止控制设备应具有明显标志，并应有防误操作保护措施。消防水泵的停运，应为手动控制。

7.12.13 可燃气体探测器的信号应接入火灾自动报警系统。

7.12.14 火灾自动报警系统的设计，应符合现行国家标准《火灾自动报警系统设计规范》GB 50116 的有关规定。

8 燃煤电厂采暖、通风和空气调节

8.1 采 暖

8.1.1 运煤建筑采暖，应选用表面光洁易清扫的散热器；运煤建筑采暖散热器入口处的热媒温度不应超过 160℃。

8.1.2 蓄电池室、供氢站、供(卸)油泵房、油处理室、汽车库及运煤(煤粉)系统建(构)筑物严禁采用明火取暖。

8.1.3 蓄电池室的采暖散热器应采用钢制散热器，管道应采用焊接，室内不应设置法兰、丝扣接头和阀门。采暖管道不宜穿过蓄电池室楼板。

8.1.4 采暖管道不应穿过变压器室、配电装置室等电气设备间。

8.1.5 室内采暖系统的管道、管件及保温材料应采用不燃烧材料。

8.2 空气调节

8.2.1 计算机室、控制室、电子设备间，应设排烟设施；机械排烟系统的排烟量可按房间换气次数每小时不少于 6 次计算。其他空调房间，应按现行国家标准《建筑设计防火规范》GB 50016 的有关规定设置排烟设施。

8.2.2 空气调节系统的送、回风道，在穿越重要房间或火灾危险性大的房间时应设置防火阀。

8.2.3 空气调节风道不宜穿过防火墙和楼板，当必须穿过时，应在穿过处风道内设置防火阀。穿过防火墙两侧各 2m 范围内的风道应采用不燃烧材料保温，穿过处的空隙应采用防火材料封堵。

8.2.4 空气调节系统的送风机、回风机应与消防系统连锁，当出现火警时，应立即停运。

8.2.5 空气调节系统的新风口应远离废气口和其他火灾危险区的烟气排气口。

8.2.6 空气调节系统的电加热器应与送风机连锁,并应设置超温断电保护信号。

8.2.7 空气调节系统的风道及其附件应采用不燃材料制作。

8.2.8 空气调节系统风道的保温材料、冷水管道的保温材料、消声材料及其黏结剂,应采用不燃烧材料或者难燃烧材料。

8.3 电气设备间通风

8.3.1 配电装置室、油断路器室应设置事故排风机,其电源开关应设在发生火灾时能安全方便切断的位置。

8.3.2 当几个屋内配电装置室共设一个通风系统时,应在每个房间的送风支风道上设置防火阀。

8.3.3 变压器室的通风系统应与其他通风系统分开,变压器室之间的通风系统不应合并。凡具有火灾探测器的变压器室,当发生火灾时,应能自动切断通风机的电源。

8.3.4 当蓄电池室采用机械通风时,室内空气不应再循环,室内应保持负压。通风机及其电机应为防爆型,并应直接连接。

8.3.5 蓄电池室送风设备和排风设备不应布置在同一风机室内;当采用新风机组,送风设备在密闭箱体内时,可与排风设备布置在同一个房间。

8.3.6 采用机械通风系统的电缆隧道和电缆夹层,当发生火灾时应立即切断通风机电源。通风系统的风机应与火灾自动报警系统连锁。

8.4 油系统通风

8.4.1 当油系统采用机械通风时,室内空气不应再循环,通风设备应采用防爆型,风机应与电机直接连接。当在送风管道上设置逆止阀时,送风机可采用普通型。

8.4.2 油泵房应设置机械通风系统,其排风道不应设在墙体内,并不宜穿过防火墙;当必须穿过防火墙时,应在穿墙处设置防火阀。

8.4.3 通行和半通行的油管沟应设置通风设施。

8.4.4 含油污水处理站应设置通风设施。

8.4.5 油系统的通风管道及其部件均应采用不燃材料。

8.5 运煤系统通风除尘

8.5.1 运煤建筑采用机械通风时,通风设备的电机应采用防爆型。

8.5.2 运煤系统采用电除尘器时,煤尘的性质应符合相关规程的要求,与电除尘器配套的电机应选用防爆电机。

8.5.3 运煤系统的各转运站、碎煤机室、翻车机室、卸车装置和煤仓间应设通风、除尘装置。当煤质干燥无灰基挥发分等于或大于46%时,不应采用高压静电除尘器。

8.5.4 运煤系统中除尘系统的风道及部件均应采用不燃烧材料制作。

8.5.5 室内除尘设备配套电气设施的外壳防护应达到IP54级。

8.6 其他建筑通风

8.6.1 氢冷式发电机组的汽机房应设置排氢装置;当排氢装置为电动或有电动执行器时,应具有防爆和直联措施。

8.6.2 联氨间、制氢间的电解间及贮氢罐间应设置排风装置。当采用机械排风时,通风设备应采用防爆型,风机应与电机直接连接。

8.6.3 柴油发电机房通风系统的通风机及电机应为防爆型,并应直接连接。

9 燃煤电厂消防供电及照明

9.1 消防供电

9.1.1 自动灭火系统、与消防有关的电动阀门及交流控制负荷,当单台发电机容量为200MW及以上时应按保安负荷供电;当单机容量为200MW以下时应按Ⅰ类负荷供电。

9.1.2 单机容量为25MW以上的发电厂,消防水泵及主厂房电梯应按Ⅰ类负荷供电。单机容量为25MW及以下的发电厂,消防水泵及主厂房电梯按不低于Ⅱ类负荷供电。

9.1.3 发电厂内的火灾自动报警系统,当本身带有不停电电源装置时,应由厂用电源供电。当本身不带有不停电电源装置时,应由厂内不停电电源装置供电。

9.1.4 单机容量为200MW及以上燃煤电厂的单元控制室、网络控制室及柴油发电机房的应急照明,应采用蓄电池直流系统供电。主厂房出入口、通道、楼梯间及远离主厂房的重要工作场所的应急照明,宜采用自带电源的应急灯。

其他场所的应急照明,应按保安负荷供电。

9.1.5 单机容量为200MW以下燃煤电厂的应急照明,应采用蓄电池直流系统供电。应急照明与正常照明可同时运行,正常时由厂用电源供电,事故时应能自动切换到蓄电池直流母线供电;主控制室的应急照明,正常时可不运行。远离主厂房的重要工作场所的应急照明,可采用应急灯。

9.1.6 当消防用电设备采用双电源供电时,应在最末一级配电装置或配电箱处切换。

9.2 照 明

9.2.1 当正常照明因故障熄灭时,应按表9.2.1中所列的工作场所,装设继续工作或人员疏散用的应急照明。

表9.2.1 发电厂装设应急照明的工作场所

工作场所		应急照明	
		继续工作	人员疏散
锅炉房及其辅助车间	锅炉房运转层	√	—
	锅炉房底层的磨煤机、送风机处	√	—
	除灰间	—	√
	引风机室	√	—
	燃油泵房	√	—
	给粉机平台	√	—
	锅炉本体楼梯	√	—
	司水平台	—	√
	回转式空气预热器处	√	—
	燃油控制台	√	—
	给煤机处	√	—
	运煤胶带机层	—	√
	除灰控制室	√	—
汽机房及其辅助车间	汽机房运转层	√	—
	汽机房底层的凝汽器、凝结水泵、给水泵、循环水泵、备用励磁机等处	√	—
	加热器平台	√	—
	发电机出线小室	√	—
	除氧间除氧器层	√	—
	除氧间管道层	√	—
	供氢站	√	—

工作场所		应急照明	
		继续工作	人员疏散
运煤系统	碎煤机室	√	—
	转运站	—	√
	运煤栈桥	—	√
	运煤隧道	—	√
	运煤控制室	√	—
	筒仓	√	—
	室内贮煤场	√	—
	翻车机室	√	—
供水系统	岸边和水泵房、中央水泵房	√	—
	生活、消防水泵房	√	—
化学水处理室	化学水处理控制室	√	—
电气车间	主控制室	√	—
	网络控制室	√	—
	集中控制室	√	—
	单元控制室	√	—
	继电器室及电子设备间	√	—
	屋内配电装置	√	—
	主厂房厂用配电装置(动力中心)	√	—
	蓄电池室	√	—
	计算机主机室	√	—
	通信转接室、交换机室、载波机室、微波机室、特高频室、电源室	√	—
	保安电源、不停电电源、柴油发电机房及其配电室	√	—
	直流配电室	√	—

工作场所		应急照明	
		继续工作	人员疏散
脱硫系统	脱硫控制室	√	—
通道楼梯及其他	控制楼至主厂房天桥	—	√
	生产办公楼至主厂房天桥	—	√
	运行总负责人值班室	√	—
	汽车库、消防车库	√	—
	主要楼梯间	—	√

9.2.2 表 9.2.1 中所列工作场所的通道出入口应装设应急照明。

9.2.3 锅炉汽包水位计、就地热力控制屏、测量仪表屏及除氧器水位计处应装设局部应急照明。

9.2.4 继续工作用的应急照明，其工作面上的最低照度值，不应低于正常照明照度值的 10%。

人员疏散用的应急照明，在主要通道地面上的最低照度值，不应低于 1lx。

9.2.5 当照明灯具表面的高温部位靠近可燃物时，应采取隔热、散热等防火保护措施。

配有卤钨灯和额定功率为 100W 及以上的白炽灯光源的灯具（如吸顶灯、槽灯、嵌入式灯），其引入线应采用瓷管、矿物棉等不燃材料作隔热保护。

9.2.6 超过 60W 的白炽灯、卤钨灯、高压钠灯、金属卤化物灯和荧光高压汞灯（包括电感镇流器）不应直接设置在可燃装修材料或可燃构件上。

可燃物品库房不应设置卤钨灯等高温照明灯具。

9.2.7 建筑内设置的安全出口标志灯和火灾应急照明灯具，除应符合本规范的规定外，还应符合现行国家标准《消防安全标志》GB 13495 和《消防应急灯具》GB 17945 的有关规定。

10 燃机电厂

10.1 建(构)筑物的火灾危险性分类及其耐火等级

10.1.1 建(构)筑物的火灾危险性分类及其耐火等级应符合表 10.1.1 的规定。

表 10.1.1 建(构)筑物的火灾危险性分类及其耐火等级

建(构)筑物名称	火灾危险性分类	耐火等级
主厂房(汽机房、燃机厂房、余热锅炉、集中控制室)	丁	二级
网络控制楼、微波楼、继电器室	丁	二级
屋内配电装置楼(内有每台充油量>60kg 的设备)	丙	二级
屋内配电装置楼(内有每台充油量≤60kg 的设备)	丁	二级
屋内配电装置楼(无油)	丁	二级
屋外配电装置(内有含油设备)	丙	二级
油浸变压器室	丙	二级
柴油发电机房	丙	二级
岸边水泵房、中央水泵房	戊	二级
生活、消防水泵房	戊	二级
冷却塔	戊	三级
稳定剂室、加药设备室	戊	二级
油处理室	丙	二级
化学水处理室、循环水处理室	戊	二级
供氢站	甲	二级
天然气调压站	甲	二级

续表 10.1.1

建(构)筑物名称	火灾危险性分类	耐火等级
空气压缩机室(无润滑油或不喷油螺杆式)	戊	二级
空气压缩机室(有润滑油)	丁	二级
天桥	戊	二级
天桥(下面设置电缆夹层时)	丙	二级
变压器检修间	丙	二级
排水、污水泵房	戊	二级
检修间	戊	二级
进水建筑物	戊	二级
给水处理构筑物	戊	二级
污水处理构筑物	戊	二级
电缆隧道	丙	二级
特种材料库	丙	二级
一般材料库	戊	二级
材料棚库	戊	三级
消防车库	丁	二级

注：1 除本表规定的建(构)筑物外，其他建(构)筑物的火灾危险性及耐火等级应符合现行国家标准《建筑设计防火规范》GB 50016 的有关规定。

2 油处理室，处理重油及柴油时，为丙类；处理原油时，为甲类。

10.1.2 其他厂房的层数和防火分区的允许建筑面积应符合现行国家标准《建筑设计防火规范》GB 50016 的有关规定。

10.2 厂区总平面布置

10.2.1 天然气调压站、燃油处理室及供氢站应与其他辅助建筑分开布置。

10.2.2 燃气轮机或主厂房、余热锅炉、天然气调压站及燃油处理室与其他建(构)筑物之间的防火间距，应符合表 10.2.2 的规定。

表 10.2.2　建(构)筑物之间的防火间距(m)

序号	建(构)筑物名称	耐火等级	丙、丁、戊类建筑 一、二级	丙、丁、戊类建筑 三级	燃气轮机或主厂房	天然气调压站	燃油处理室 原油	燃油处理室 重油	主变压器或屋外厂变压器 油量(t/台) ≤10	>10≤50	>50	屋外配电装置	供氢站	贮氢罐	行政生活福利建筑 一、二级	三级	铁路中心线 厂内	厂外	厂外道路(路边)	厂内道路(路边) 主要	次要
1	燃气轮机或主厂房	一、二级三级	10	12	—	14	30	30	12	15	20	10	12	12	12	14	20	30	15	10	5
2	天然气调压站		12		14	—	12	12	25	25	25	25	12	12	25	25	20	30	15	10	5
3	原油／重油 装油处理室		10	12	30	12	12	12				25	12	12	25	25					

注：燃油燃机电厂的油罐区的防火间距应执行现行国家标准《石油库设计规范》GB 50074 的有关规定。

10.3　主厂房的安全疏散

10.3.1　主厂房的疏散楼梯，不应少于 2 个，其中应有一个楼梯直接通向室外出入口，另一个可为室外楼梯。

10.4　燃料系统

10.4.1　天然气气质应分别符合现行国家标准《输气管道工程设计规范》GB 50251 及燃气轮机制造厂对天然气气质各项指标(包括温度)的规定和要求。

10.4.2　天然气管道设计应符合下列要求：

　　1　厂内天然气管道宜高支架敷设、低支架沿地面敷设或直埋敷设，在跨越道路时应采用套管。

　　2　除必须用法兰与设备和阀门连接外，天然气管道管段应采用焊接连接。

　　3　进厂天然气总管应设置紧急切断阀和手动关断阀，并且在厂内天然气管道上应设置放空管、放空阀及取样管。在两个阀门之间应提供自动放气阀，其设置和布置原则应按现行国家标准《输气管道工程设计规范》GB 50251 的有关规定执行。

　　4　天然气管道试压前需进行吹扫，吹扫介质宜采用不助燃气体。

　　5　天然气管道应以水为介质进行强度试验，强度试验压力应为设计压力的 1.5 倍；强度试验合格后，应以水和空气为介质进行严密性试验，试验压力应为设计压力的 1.05 倍；再以空气为介质进行气密性试验，试验压力为 0.6MPa。

　　6　天然气管道的低点应设置排液管及两道排液阀，排出的液体应排至密闭系统。

10.4.3　燃油系统采用柴油或重油时，应符合本规范第 6.3 节的规定；采用原油时应采取特殊措施。

10.4.4　燃机供油管道应串联两只关断阀或其他类似关断阀门，

10.5　燃气轮机的防火要求

10.5.1　燃气轮机采用的燃料为天然气或其他类型气体燃料时，外壳应装设可燃气体探测器。

10.5.2　当发生熄火时，燃机入口燃料快速关断阀宜在 1s 内关闭。

10.6　消防给水、固定灭火设施及火灾自动报警

10.6.1　消防给水系统必须与燃机电厂的设计同时进行。消防用水应与全厂用水统一规划，水源应有可靠的保证。

10.6.2　本规范第 7.1.2 条～第 7.1.4 条及第 7.1.6 条适用于燃机电厂。

10.6.3　燃机电厂同一时间的火灾次数为一次。厂区内消防给水水量应按发生火灾时一次最大灭火用水量计算。建筑物一次灭火用水量应为室外和室内消防用水量之和。

10.6.4　多轴配置的联合循环燃机电厂，除燃气轮发电机组外，燃机电厂的火灾自动报警装置、固定灭火系统的设置，应按汽轮发电机组容量对应执行本规范第 7.1 节的规定；单轴配置的联合循环燃煤电厂，应按单套机组容量对应执行本规范第 7.1 节的规定。

10.6.5　燃气轮发电机组(包括燃气轮机、齿轮箱、发电机和控制间)，宜采用全淹没气体灭火系统，并应设置火灾自动报警系统。

10.6.6　当燃气轮机整体采用全淹没气体灭火系统时，应遵循以下规定：

　　1　喷放灭火剂前应使燃气轮机停机，关闭箱体门、孔口及自动停止通风机。

　　2　应有保持气体浓度的足够时间。

10.6.7　燃气轮发电机组及其附属设备的灭火及火灾自动报警系统宜随主机设备成套供货，其火灾报警控制器可布置在燃机控制间并应将火灾报警信号上传至集中报警控制器。

10.6.8　室内天然气调压站，燃气轮机与联合循环发电机组厂房应设可燃气体泄漏探测装置，其报警信号应引至集中火灾报警控制器。

10.6.9　燃机电厂的油罐区设计应符合现行国家标准《石油库设计规范》GB 50074 的有关规定。

10.6.10　燃气轮机标准额定出力 50MW 及以上的燃气燃机电厂，消防车的配置应符合以下规定：

　　1　总容量大于 1200MW 时不少于 2 辆。

　　2　总容量为 600～1200MW 时为 2 辆。

　　3　总容量小于 600MW 时为 1 辆。

　　燃气轮机标准额定出力 25MW 及以下的机组，当地消防部门的消防车在 5min 内不能到达火场时为 1 辆。

　　燃油燃机电厂消防车的配备应符合现行国家标准《石油库设计规范》GB 50074 的有关规定。

10.7　其　他

10.7.1　燃机厂房及天然气调压站，应采取通风、防爆措施。

10.7.2　燃机电厂的电缆及电缆敷设设计，应符合下列规定：

　　1　主厂房及输气、输油和其他易燃易爆场所宜选用 C 类阻燃电缆。

　　2　燃机附近的电缆沟盖板应密封。

10.7.3　燃机电厂与燃煤电厂相同部分的设计，应符合本规范燃煤电厂的相关规定。

11 变 电 站

11.1 建(构)筑物火灾危险性分类、耐火等级、防火间距及消防道路

11.1.1 建(构)筑物的火灾危险性分类及其耐火等级应符合表 11.1.1 的规定。

表 11.1.1　建(构)筑物的火灾危险性分类及其耐火等级

建(构)筑物名称		火灾危险性分类	耐火等级
主控通信楼		戊	二级
继电器室		戊	二级
电缆夹层		丙	二级
配电装置楼 (室)	单台设备油量 60kg 以上	丙	二级
	单台设备油量 60kg 及以下	丁	二级
	无含油电气设备	戊	二级
屋外配电装置	单台设备油量 60kg 以上	丙	二级
	单台设备油量 60kg 及以下	丁	二级
	无含油电气设备	戊	二级
油浸变压器室		丙	二级
气体或干式变压器室		丁	二级
电容器室(有可燃介质)		丙	二级
干式电容器室		丁	二级
油浸电抗器室		丙	二级
干式铁芯电抗器室		丁	二级
总事故贮油池		丙	二级
生活、消防水泵房		戊	二级

续表 11.1.1

建(构)筑物名称	火灾危险性分类	耐火等级
雨淋阀室、泡沫设备室	戊	二级
污水、雨水泵房	戊	二级

注：1　主控通信楼当未采取防止电缆着火后延燃的措施时,火灾危险性应为丙类。

　　2　当地下变电站、城市户内变电站不同使用用途的变配电部分布置在一幢建筑或联合建筑物内时,则其建筑物的火灾危险性分类及其耐火等级除另有防火隔离措施外,需按火灾危险性类别高者选用。

　　3　当电缆夹层采用 A 类阻燃电缆时,其火灾危险性可为丁类。

11.1.2 建(构)筑物构件的燃烧性能和耐火极限,应符合现行国家标准《建筑设计防火规范》GB 50016 的有关规定。

11.1.3 变电站内的建(构)筑物与变电站外的民用建(构)筑物及各类厂房、库房、堆场、贮罐之间的防火间距应符合现行国家标准《建筑设计防火规范》GB 50016 的有关规定。

11.1.4 变电站内各建(构)筑物及设备的防火间距不应小于表 11.1.4 的规定。

表 11.1.4　变电站内建(构)筑物及设备的防火间距(m)

建(构)筑物名称			丙、丁、戊类生产建筑		屋外配电装置 每组断路器油量(t)		可燃介质容器(室、棚)	总事故贮油池	生活建筑	
			耐火等级						耐火等级	
			一、二级	三级	<1	≥1			一、二级	三级
丙、丁、戊类生产建筑	耐火等级	一、二级	10	12	10	10	5	10	12
		三级	12	14			10	5	12	14
屋外配电装置	每组断路器油量(t)	<1	—				10	5	10	12
		≥1	10							
油浸变压器(t)	单台设备油量(t)	5~10	10		见第11.1.6条		10	5	15	20
		>10~50							20	25
		>50							25	30

续表 11.1.4

建(构)筑物名称		丙、丁、戊类生产建筑		屋外配电装置 每组断路器油量(t)		可燃介质容器(室、棚)	总事故贮油池	生活建筑	
		耐火等级						耐火等级	
		一、二级	三级	<1	≥1			一、二级	三级
可燃介质电容器(室、棚)		10		10		—	5	15	20
总事故贮油池		5		5		5	—	10	12
生活建筑	耐火等级　一、二级	10	12	10		15	10	6	7
	三级	12	14	12		20	12	7	8

注：1　建(构)筑物防火间距应按相邻两建(构)筑物外墙的最近距离计算,如外墙有凸出的燃烧构件时,则应从其凸出部分外缘算起。

　　2　相邻两座建筑两面的外墙为非燃烧体且无门窗洞口、无外露的燃烧屋檐,其防火间距可按本表减少 25%。

　　3　相邻两座建筑较高一面的外墙如为防火墙时,其防火间距不限,但两座建筑物门窗之间的净距不应小于 5m。

　　4　生产建(构)筑物侧墙外 5m 以内布置油浸变压器或可燃介质容器等电气设备时,该墙在设备总高度加 3m 的水平线以下及设备外廓两侧各 3m 的范围内,不应设有门窗、洞口；建筑物外墙与设备外廓 5~10m 时,在上述范围内的外墙可设甲级防火窗,设备高度以上可设防火窗,其耐火极限不应小于 0.90h。

11.1.5 控制室室内装修应采用不燃材料。

11.1.6 屋外油浸变压器之间的防火间距及变压器与本回路带油电气设备之间的防火间距符合本规范第 6.6 节的有关规定。

11.1.7 设置带油电气设备的建(构)筑物与贴邻或靠近该建(构)筑物的其他建(构)筑物之间应设置防火墙。

11.1.8 当变电站内建筑的火灾危险性为丙类且建筑的占地面积超过 3000m² 时,变电站内的消防车道宜布置成环形；当为尽端式车道时,应设回车场地或回车道。消防车道宽度及回车场的面积应符合现行国家标准《建筑设计防火规范》GB 50016 的有关规定。

11.2 变压器及其他带油电气设备

11.2.1 带油电气设备的防火、防爆、挡油、排油设计,应符合本规范第 6.6 节的有关规定。

11.2.2 地下变电站的变压器应设置能贮存最大一台变压器油量的事故贮油池。

11.3 电缆及电缆敷设

11.3.1 电缆从室外进入室内的入口处、电缆竖井的出入口处、电缆接头处、主控制室与电缆夹层之间以及长度超过 100m 的电缆沟或电缆隧道,均应采取防止电缆火灾蔓延的阻燃或分隔措施,并应根据变电站的规模及重要性采取下列一种或数种措施：

　　1　采用防火隔墙或隔板,并用防火材料封堵电缆通过的孔洞。

　　2　电缆局部涂刷防火涂料或局部采用防火带、防火槽盒。

11.3.2 220kV 及以上变电站,当电力电缆与控制电缆或通信电缆敷设在同一电缆沟或电缆隧道内时,宜采用防火槽盒或防火隔板进行分隔。

11.3.3 地下变电站电缆夹层宜采用 C 类或 C 类以上的阻燃电缆。

11.4 建(构)筑物的安全疏散和建筑构造

11.4.1 变压器室、电容器室、蓄电池室、电缆夹层、配电装置室的门应向疏散方向开启；当门外为公共走道或其他房间时,该门应采用乙级防火门。配电装置室的中间隔墙上的门应采用由不燃材料制作的双向弹簧门。

11.4.2 建筑面积超过 250m² 的主控通信室、配电装置室、电容器室、电缆夹层,其疏散出口不宜少于 2 个,楼层的第二个出口可设在固定楼梯的室外平台处。当配电装置室的长度超过 60m 时,

应增设1个中间疏散出口。

11.4.3 地下变电站每个防火分区的建筑面积不应大于1000m²。设置自动灭火系统的防火分区，其防火分区面积可增大1.0倍；当局部设置自动灭火系统时，增加面积可按该局部面积的1.0倍计算。

11.4.4 地下变电站安全出口数量不应少于2个。地下室与地上层不应共用楼梯间，当必须共用楼梯间时，应在地上首层采用耐火极限不低于2h的不燃烧体隔墙和乙级防火门将地下或半地下部分与地上部分的连通部分完全隔开，并应有明显标志。

11.4.5 地下变电站楼梯间应设乙级防火门，并向疏散方向开启。

11.5 消防给水、灭火设施及火灾自动报警

11.5.1 变电站的规划和设计，应同时设计消防给水系统。消防水源应有可靠的保证。

> 注：变电站内建筑物满足耐火等级不低于二级，体积不超过3000m³，且火灾危险性为戊类时，可不设消防给水。

11.5.2 变电站同一时间内的火灾次数应按一次确定。

11.5.3 变电站建筑室外消防用水量不应小于表11.5.3的规定。

表 11.5.3　室外消火栓用水量(L/s)

建筑物耐火等级	建筑火灾危险性类别	建筑物体积(m³)				
		≤1500	1501~3000	3001~5000	5001~20000	20001~50000
一、二级	丙类	10	15	20	25	30
	丁、戊类	10	10	10	15	15

注：当变压器采用水喷雾灭火系统时，变压器室外消火栓用水量不应小于10L/s。

11.5.4 单台容量为125MV·A及以上的主变压器应设置水喷雾灭火系统、合成型泡沫喷雾系统或其他固定式灭火装置。其他带油电气设备，宜采用干粉灭火器。地下变电站的油浸变压器，宜采用固定式灭火系统。

11.5.5 变电站户外配电装置区域(采用水喷雾的主变压器消火栓除外)可不设消火栓。

11.5.6 变电站建筑室内消防用水量不应小于表11.5.6的规定。

表 11.5.6　室内消火栓用水量

建筑物名称	高度、层数、体积	消火栓用水量(L/s)	同时使用水枪数量(支)	每支水枪最小流量(L/s)	每根竖管最小流量(L/s)
主控通信楼、配电装置楼、继电器室、变压器室、电容器室、电抗器室	高度≤24m 体积≤10000m³	5	2	2.5	5
	高度≤24m 体积>10000m³	10	2	5	10
	高度24~50m	25	5	5	15
其他建筑	高度≥6层或 体积≥10000m³	15	2	5	10

11.5.7 变电站内建筑物满足下列条件时可不设室内消火栓：

1 耐火等级为一、二级且可燃物较少的丁、戊类建筑物。

2 耐火等级为三、四级且建筑体积不超过3000m³的丁类厂房和建筑体积不超过5000m³的戊类厂房。

3 室内没有生产、生活给水管道，室外消防用水取自贮水池且建筑体积不超过5000m³的建筑物。

11.5.8 当室内消防用水总量大于10L/s时，地下变电站外应设置水泵接合器及室外消火栓。水泵接合器和室外消火栓应有永久性的明显标志。

11.5.9 变电站消防给水量应按火灾时一次最大室内和室外消防用水量之和计算。

11.5.10 消防水泵房应设直通室外的安全出口，当消防水泵房设置在地下时，其疏散出口应靠近安全出口。

11.5.11 一组消防水泵的吸水管不应少于2条；当其中1条损坏时，其余的吸水管应能满足全部用水量。吸水管上应装设检修用阀门。

11.5.12 消防水泵宜采用自灌式引水。

11.5.13 消防水泵应有不少于2条出水管与环状管网连接，当其中1条出水管检修时，其余的出水管应能满足全部用水量。出

水管上宜设检查用的放水阀门、安全卸压及压力测量装置。

11.5.14 消防水泵应设置备用泵，备用泵的流量和扬程不应小于最大1台消防泵的流量和扬程。

11.5.15 消防管道、消防水池的设计应符合现行国家标准《建筑设计防火规范》GB 50016的有关规定。

11.5.16 水喷雾灭火系统的设计，应符合现行国家标准《水喷雾灭火系统设计规范》GB 50219的有关规定。

11.5.17 变电站应按表11.5.17的要求设置灭火器。

表 11.5.17　建筑物火灾危险类别及危险等级

建筑物名称	火灾危险类别	危险等级
主控制通信楼(室)	E(A)	严重
屋内配电装置楼(室)	E(A)	中
继电器室	E(A)	中
油浸变压器(室)	混合	中
电抗器(室)	混合	中
电容器(室)	混合	中
蓄电池室	C	中
电缆夹层	E	中
生活、消防水泵房	A	轻

11.5.18 灭火器的设计应符合现行国家标准《建筑灭火器配置设计规范》GB 50140的有关规定。

11.5.19 设有消防给水的地下变电站，必须设置消防排水设施，并应符合本规范第7.7节的有关规定。

11.5.20 下列场所和设备应采用火灾自动报警系统：

1 主控通信室、配电装置室、可燃介质电容器室、继电器室。

2 地下变电站、无人值班的变电站，其主控通信室、配电装置室、可燃介质电容器室、继电器室应设置火灾报警系统，无人值班变电站应将火警信号传至上级有关单位。

3 采用固定灭火系统的油浸变压器。

4 地下变电站的油浸变压器。

5 220kV及以上变电站的电缆夹层及电缆竖井。

6 地下变电站、户内无人值班的变电站的电缆夹层及电缆竖井。

11.5.21 变电站主要设备用房和设备火灾自动报警系统应符合表11.5.21的规定。

表 11.5.21　主要建(构)筑物和设备火灾探测报警系统

建筑物和设备	火灾探测器类型	备注
主控通信室	感烟或吸气式感烟	
电缆层和电缆竖井	线型感温、感烟或吸气式感烟	
继电器室	感烟或吸气式感烟	
电抗器室	感烟或吸气式感烟	如选用含油设备时，采用感温
可燃介质电容器室	感烟或吸气式感烟	
配电装置室	感烟、线型感烟或吸气式感烟	
主变压器	线型感温或吸气式感烟(室内变压器)	

11.5.22 火灾自动报警系统的设计，应符合现行国家标准《火灾自动报警系统设计规范》GB 50116的有关规定。

11.5.23 户内、外变电站的消防控制室应与主控制室合并设置，地下变电站的消防控制室宜与主控制室合并设置。

11.6 采暖、通风和空气调节

11.6.1 地下变电站采暖、通风和空气调节设计应符合下列规定：

1 所有采暖区域严禁采用明火取暖。

2 电气配电装置室应设置机械排烟装置，其他房间的排烟设计应符合现行国家标准《建筑设计防火规范》GB 50016的规定。

3 当火灾发生时，送、排风系统、空调系统应能自动停止运行。当采用气体灭火系统时，穿过防护区的通风或空调风道上的防火阀应能立即自动关闭。

11.6.2 地下变电站的空气调节，地上变电站的采暖、通风和空气调节，应符合本规范第8章的有关规定。

11.7 消防供电及应急照明

11.7.1 变电站的消防供电应符合下列规定：

1 消防水泵、电动阀门、火灾探测报警与灭火系统、火灾应急照明应按Ⅱ类负荷供电。

2 消防用电设备采用双电源或双回路供电时，应在最末一级配电箱处自动切换。

3 应急照明可采用蓄电池作备用电源，其连续供电时间不应少于20min。

4 消防用电设备应采用单独的供电回路，当发生火灾切断生产、生活用电时，仍应保证消防用电，其配电设备应设置明显标志。

5 消防用电设备的配电线路应满足火灾时连续供电的需要，当暗敷时，应穿管并敷设在不燃烧体结构内，其保护层厚度不应小于30mm；当明敷时(包括附设在吊顶内)，应穿金属管或封闭式金属线槽，并采取防火保护措施。当采用阻燃或耐火电缆时，敷设在电缆井、电缆沟内可不采取防火保护措施；当采用矿物绝缘类等具有耐火、抗过载和抗机械破坏性能的不燃性电缆时，可直接明敷。宜与其他配电线路分开敷设，当敷设在同一井、沟内时，宜分别布置在井、沟的两侧。

11.7.2 火灾应急照明和疏散标志应符合下列规定：

1 户内变电站、户外变电站主控通信室、配电装置室、消防水泵房和建筑疏散通道应设置应急照明。

2 地下变电站的主控通信室、配电装置室、变压器室、继电器室、消防水泵房、建筑疏散通道和楼梯间应设置应急照明。

3 地下变电站的疏散通道和安全出口应设发光疏散指示标志。

4 人员疏散用的应急照明的照度不应低于0.5lx，继续工作应急照明不应低于正常照明照度值的10%。

5 应急照明灯宜设置在墙面或顶棚上。

中华人民共和国国家标准

火力发电厂与变电站设计防火规范

GB 50229－2006

条文说明

1 总 则

1.0.1 系原规范第1.0.1条的修改。

我国的发电厂与变电站火灾事故自1969年11月至1985年6月的15年间，在比较大的多起火灾中，发电厂的火灾占87.9%，变电站的火灾占12.1%。发电厂的火灾事故率在整个电力系统中占主要地位。发电厂和变电站发生火灾后，直接损失和间接损失都很大，直接影响了工农业生产和人民生活。因此，为了确保发电厂和变电站的建设和安全运行，防止或减少火灾危害，保障人民生命财产的安全，做好发电厂和变电站的防火设计是十分必要的。在发电厂和变电站的防火设计中，必须贯彻"预防为主，防消结合"的消防工作方针，从全局出发，针对不同机组、不同类型发电厂和不同电压等级及变压器容量的特点，结合实际情况，做好发电厂和变电站的防火设计。

1.0.2 系原规范第1.0.2条的修改。

本条规定了规范的适用范围。发电厂从3MW至600MW机组的范围较大，变电站从35kV至500kV的电压范围也较大，发电厂发生火灾的主要部位是在电气设备、电缆、运煤系统、油系统，变电站发生火灾的主要部位是在变压器等地方，因此，做好以上部位的防火设计对保障发电厂和变电站的安全生产至关重要。对于不同发电机组的发电厂和不同电压等级的变电站需根据其容量大小、所处环境的重要程度和一旦发生火灾所造成的损失等情况综合分析，制定适当的防火设施设计标准。既要做到技术先进，又要经济合理。

近十几年来，燃气-蒸汽联合循环电厂数量与日俱增，相应消防设计也已经积累了丰富的经验。为适应这一形势的发展，本次修订增设独立一章。

随着城市建设规模的扩大，地下变电站的建设呈现了上升的趋势，在总结地下变电站消防设计经验的基础上，本着成熟一条编写一条的原则，本次修订充实了有关地下变电站设计的规定。

目前，600MW机组的燃煤电厂是火力发电的主流，但也有更大型机组在设计、建设、运行中，如800MW机组、900MW机组甚至1000MW机组等。鉴于600MW级机组以上容量的电厂在国内业绩尚少，本着规范的成熟可靠编制原则，现阶段超过600MW机组的，可参照本规范执行。

根据《建筑设计防火规范》的适用范围制定的原则，本规范也作出适用于改建项目的规定。

1.0.3 系原规范第1.0.3条。

本条规定了发电厂和变电站有关消防方面新技术、新工艺、新材料和新设备的采用原则。防火设计涉及法律，在采用新技术、新工艺、新材料和新设备时一定要慎重而积极，必须具备实践总结和科学试验的基础。在发电厂和变电站的防火设计中，要求设计、建设和消防监督部门的人员密切配合，在工程设计中采用先进的防火技术，做到防患于未然，从积极的方面预防火灾的发生和蔓延，这对减少火灾损失、保障人民生命财产的安全具有重大意义。发电厂的防火设计标准应从技术、经济两方面出发，要正确处理好生产和安全、重点和一般的关系，积极采用行之有效的先进防火技术，切实做到既促进生产、保障安全，又方便使用、经济合理。

1.0.4 系原规范第1.0.4条的修改。

本规范属专业标准，针对性很强，本规范在制定和修订中已经与相关国家标准进行了协调，因而在使用中一旦发现同样问题本规范有规定但与其他标准有不一致处时，必须遵循本规范的规定。

考虑到消防技术的飞速发展，工程项目的多变因素，本规范还不能将各类建筑、设备的防火防爆等技术全部内容包括进来，在执行中难免会遇到本规范没有规定的问题，因此，凡本规范未作规定者,应该执行国家现行的有关强制性消防标准的规定(如《建筑设计防火规范》、《城市煤气设计规范》、《氧气站设计规范》、《汽车库、修车库、停车场设计防火规范》等),必要时还应进行深入严密的论证、试验等工作,并经有关部门按照规定程序审批。

2 术 语

2.0.1~2.0.6 新增条文。

3 燃煤电厂建(构)筑物的火灾危险性分类、耐火等级及防火分区

3.0.1 系原规范第2.0.1条的修改。

厂区内各车间的火灾危险性基本上按现行国家标准《建筑设计防火规范》分类。建(构)筑物的最低耐火等级按国内外火力发电厂设计和运行的经验确定。现将发电厂有关车间的火灾危险性说明如下:

主厂房内各车间(汽机房、除氧间、煤仓间、锅炉房或集中控制楼、集中控制室)为一整体,其火灾危险性绝大部分属丁类,仅煤仓间所属运煤带式输送机层的火灾危险性属丙类。带式输送机层均布置在煤仓间的顶层,其宽度与煤仓间宽度相同,一般为13.50m左右,长度与煤仓间相同。带式输送机层的面积不超过主厂房总面积的5%,故将主厂房的火灾危险性定为丁类。

集中控制楼内一般都布置有蓄电池室。近年来,电厂都采用不产生氢气的免维护的蓄电池,且在蓄电池室中都有良好的通风设备,蓄电池室与其他房间之间有防火墙分隔。故不影响集中控制楼的火灾危险性。

脱硫建筑物一般由脱硫工艺楼、脱硫电控楼、吸收塔、增压风机室等组成,根据工艺性质,火灾危险性很小,故确定为戊类。吸收塔没有维护结构,可按设备考虑。

屋内卸煤装置室一般指缝隙式卸煤装置室、卸煤沟、桥抓等运煤建筑。

一般材料库中主要存放钢材、水泥、大型阀门等,故属戊类。

特种材料库中可能存放少量的氢、氧、乙炔气瓶、部分润滑油,故属乙类。

3.0.2 系原规范第2.0.2条。

厂区内建(构)筑物构件的燃烧性能和耐火极限与一般建筑物的性质一样,《建筑设计防火规范》已对这些性能作了明确规定,故按《建筑设计防火规范》执行。

3.0.3 系原规范第2.0.8条。

主厂房面积较大,根据生产工艺要求,常常是将主厂房综合建筑看作一个防火分区,目前大型电厂一期工程机组容量即达4×300MW或2×600MW,其占地面积多达10000m² 以上,由于工艺要求不能再分隔。主厂房高度虽然较高,但一般汽机房只有3层,除氧间、煤仓间也只有5~6层,在正常运行情况下,有些层没有人,运转层也只有十多个人。况且汽机房、锅炉房里各处都有工作梯可供疏散用。建国50多年还没有因主厂房未设防火隔墙而造成火灾蔓延的案例。根据电厂建设的实践经验,全厂一般不超过6台机组。

汽机房往往设地下室,根据工艺要求,一般每台机之间可设置一个防火隔墙。在地下室中有各种管道、电缆和废油箱(闪点大于60℃)等,正常运行情况下地下室无人值班,因此地下室占地面积有所放宽。

3.0.4 系原规范第2.0.9条。

屋内卸煤装置的地下室常常与地下转运站或运煤隧道相连,地下室面积较大,已无法做防火墙分隔,考虑生产工艺的实际情况,地下室正常情况下只有一两个人在工作,所以地下室最大允许占地面积有所放宽。

对东北地区建设的几个发电厂的卸煤装置地上、地下建筑面积的统计见表1。

表1 部分发电厂卸煤装置地上、地下建筑面积(m²)

序号	建筑物	地下建筑面积	地上建筑面积
1	双鸭山电厂卸煤装置	1743	2823
2	双鸭山电厂1号地道	292	

序号	建筑物	地下建筑面积	地上建筑面积
3	哈尔滨第三发电厂卸煤装置	2223	3127
4	铁岭电厂卸煤装置	1899	3167
5	铁岭电厂1号地道	234	
6	铁岭电厂2号地道	510	
7	大庆自备电站卸煤装置	2142	3659
8	大庆自备电站地下转运站	242	

从表1中可以看出，卸煤装置本身，地下部分面积只有2000m²左右，但电厂的卸煤装置往往与1号转运站、1号隧道连接，两者之间又不能设隔墙，为满足生产需要，故提出丙类厂房地下室面积为3000m²。

3.0.5 系原规范第2.0.3条。

近几年来，随着大机组的出现，厂房体积也随之增大，采用金属墙板围护结构日益增多，故提出本条。

3.0.6 系原规范第2.0.11条的修改。

根据发电厂生产工艺要求，一般汽机房与除氧间管道联系较多，看作一个生产区域；锅炉房和煤仓间工艺联系密切，二者又都有较多的灰尘，划为一个生产区域。

考虑近几年的工程实际情况，对于电厂钢结构厂房，除氧间与煤仓间之间的隔墙，汽机房与锅炉房或合并的除氧煤仓间之间的墙无法满足防火墙的要求，故要求除氧间与煤仓间或锅炉房之间的隔墙应采用不燃烧体，汽机房与合并的除氧煤仓间或锅炉房之间的隔墙也应采用不燃烧体，该隔墙的耐火极限不应小于1h，墙内承重柱子的耐火极限不作要求。

3.0.7 系原规范第2.0.4条的修改。

主厂房跨度较大，施工工期紧，钢结构应用越来越普遍，从过去发电厂火灾情况调查中可以看出，汽轮机头部主油箱、油管路火灾较多，但除西北某电厂外，其他电厂火灾直接影响面较小，没有烧到屋架。如某电厂汽轮机头部油系统着火，影响半径为5m左右。目前由于主油箱及油管路布置位置不同，考虑火灾对周边钢结构可能有影响，因此在主油箱及油管道附近的钢结构构件应采取外包敷不燃材料、涂刷防火涂料等防火隔热措施，保护其对应的钢结构屋面的承重构件和外缘5m范围内的钢结构构件，以提高其耐火极限，提供充足时间灭火，减少火灾造成的损失。

在主厂房的夹层往往采用钢柱、钢梁现浇板，为了安全，在上述范围内的钢梁、钢柱应采取保护措施，多年的生产实践证明，没有因火灾造成钢梁、钢柱的破坏，故其耐火极限有所放宽。

与主油箱对应的屋面钢结构，可在主油箱上部采用防火隔断防止火焰蔓延等措施保护对应的钢结构屋面的承重构件。如只对屋面钢结构采取防火保护措施（例如涂刷防火涂料），主油箱对应的楼面开孔水平外缘5m范围内的屋面钢结构承重构件耐火极限可考虑不小于0.5h。

3.0.8 系原规范第2.0.5条。

集中控制室、主控制室、网络控制室、汽机控制室、锅炉控制室及计算机房等是发电厂的核心，是人员比较集中的地方，应限制上述房间的可燃物放烟量，以减少火灾损失。

3.0.9 系原规范第2.0.7条的修改。

调查资料表明，发电厂的火灾事故中，电缆火灾占的比例较大。电缆夹层又是电缆比较集中的地方，因此适当提高了隔墙的耐火极限。

发电厂电缆夹层可能位于控制室下面，又常常采用钢结构，如发生火灾将直接影响控制室地面或钢结构构件。某电厂电缆夹层发生火灾，因钢梁刷了防火涂料，因此钢梁没有破坏，只发生一些变形，修复很快。因此要求对电缆夹层的承重构件进行防火处理，以减少火灾造成的损失。

3.0.10 新增条文。

调查结果表明，钢结构输煤栈桥涂刷的防火涂料由于涂料的老化、脱落、涂刷不均等，问题较多，难以满足防火规范的要求；建国以来，发电厂运煤系统火灾案例很少，自动喷水灭火系统能较好地扑灭运煤系统的火灾。运煤系统普遍采用钢结构形式又是必然的趋势，所以采用主动灭火措施——自动喷水灭火系统，既能提高运煤系统建筑的消防标准，又能解决复杂结构构件的防火保护问题。

3.0.11 新增条文。

干煤棚、室内储煤场多为钢结构形式，考虑其面积大，钢结构构件多，结合多年的工程实践经验，煤场的自燃现象虽然普遍存在，但自燃的火焰高度一般仅为0.5~1.0m，不足以威胁到上部钢结构构件，并且煤场的堆放往往是支座以下200mm作为煤堆的起点。因此，钢结构根部以上5m范围的承重构件应有可靠的防火保护措施以确保结构本身的安全性。

3.0.12 系原规范第2.0.10条。

4 燃煤电厂厂区总平面布置

4.0.1 系原规范第3.0.1条的修改。

电厂厂区的用地面积较大，建（构）筑物的数量较多，而且建（构）筑物的重要程度、生产操作方式、火灾危险性等方面的差别也较大，因此根据上述几方面划分厂区内的重点防火区域。这样就突出了防火重点，做到火灾时能有效控制火灾范围，有效控制易燃、易爆建筑物，保证电厂正常发电的关键部位的建（构）筑物及设备和工作人员的安全，相应减少电厂的综合性损坏。所谓"重点防火区域"是指在设计、建设、生产过程中应特别注意防火问题的区域。提出"重点防火区域"概念的另一目的，也是为了增强总图专业设计人员从厂区整体着眼的防火设计观念，便于厂区防火区域的划分。

美国消防协会标准NFPA850（1990年版）第3章"电厂防火设计"中也对防火区域的划分作了若干规定。

按重要程度划分，主厂房是电厂生产的核心，围绕主厂房划分为一个重点防火区域，鉴于干法脱硫系统靠近主厂房，本次修订将脱硫建筑物纳入此分区。

屋外配电装置区内多为带油电器设备，且母线与隔离开关处时常闪火花。其安全运行是电厂及电网安全运行的重要保证，应划分为一个重点防火区域。

点火油罐区一般贮存可燃油品，包括卸油、贮油、输油和含油污水处理设施，火灾几率较大，应划分为一个重点防火区域。

按生产过程中的火灾危险性划分，供氢站为甲类，其应划分为一个重点防火区域。

据调查，电厂的贮煤场常有自燃现象，尤其是褐煤，自燃现象严重，应划分为一个重点防火区域。

11

消防水泵房是全厂的消防中枢,其重要性不容忽视,应划分为一个重点防火区域。据调查,由于工艺要求,有些电厂将消防水泵房同生活水泵房或循环水泵房布置在一个泵房内,这也是可行的。

电厂的材料库及棚库是贮存物品的场所,同生产车间有所区别,应将其划分为一个重点防火区域。

重点防火区域的区分是由我国现阶段的技术经济政策、设备及工艺的发展水平、生产的管理水平及火灾扑救能力等因素决定的,它不是一成不变的,随着上述各方面的发展,也将产生相应变化。

4.0.2 系原规范第3.0.3条的修改。本次修订强调规定重点防火区域之间的电缆沟(隧道)、运煤栈桥、运煤隧道及油管沟应采取防火分隔措施。

4.0.3 系原规范第3.0.2条与第3.0.5条的修改合并。根据现行《建筑设计防火规范》的规定,细化了回车场面积要求。重点防火区之间设置消防车道或消防通道,便于消防车通过或停靠,且发生火灾时能够有效地控制火灾区域。

火力发电厂多年的设计实践是在主厂房、贮煤场和点火油罐区周围设置环形道路或消防车道。当山区发电厂的主厂房、点火油罐和贮煤场设环形道路确有困难时,其四周应设置尽端式道路或通道,并应增加设回车道或回车场。

现行国家标准《建筑设计防火规范》及《石油库设计规范》中对环形消防车道设置也作了规定,综合上述情况,作此条规定。

4.0.4 新增条文。根据现行国家标准《建筑设计防火规范》编制。

4.0.5 系原规范第3.0.4条。

厂区内一旦着火,则邻近城镇、企业的消防车必前来支援、营救。那时出入厂的车辆、人员较多,如厂区只有1个出入口,则显紧张,可能延长营救时间,增加损失。

当厂区的2个出入口均与铁路平交时,可执行《建筑设计防火规范》中的规定:"消防车道应尽量短捷,并宜避免与铁路平交。如必须平交,应设备用道路,两车道之间的间距不应小于一列火车的长度。"

4.0.6 系原规范第3.0.7条。

4.0.7 系原规范第3.0.8条。

本条是根据火力发电厂多年的设计实践编制的。企业所属的消防车库与为城市服务的公共消防站是有区别的。因此不能照搬消防站的有关规定。

4.0.8 系原规范第3.0.9条的修改。

汽机房、屋内配电装置楼、集中控制楼及网络控制楼同油浸变压器有着紧密的工艺联系,这是发电厂的特点。如果拉大上述建筑同油浸变压器的间距,势必增加投资,增加用地及电能损失。根据发电行业多年的设计实践经验,将油浸变压器与汽机房、屋内配电装置楼、集中控制楼及网络控制楼的间距,同油浸变压器与其他的火灾危险性为丙、丁、戊类建筑的间距要求(条文中表4.0.11)区别对待。因此,作此条规定。

4.0.9 系原规范第3.0.10条。本条规定基于以下原因:

1 点火油罐区贮存的油品多为渣油和重油,属可燃油品,该油品有流动性,着火后容易扩大蔓延。

2 围在油罐区围栅(或围墙)内的建(构)筑物应有卸油铁路、栈台、供卸油泵房、贮油罐;含油污水处理站可在其内,也可在其外。围栅及围墙同建(构)筑物的间距,一般为5m左右。

3 《石油库设计规范》术语一章中对"石油库"的定义是"收发和储存原油、汽油、煤油、柴油、喷气燃料、溶剂油、润滑油和重油等整装、散装油品的独立或企业附属的仓库或设施"。

4 《建筑设计防火规范》第4.4.9条、第4.4.5条及第4.4.2条的注中都写有"……防火间距,可按《石油库设计规范》有关规定执行"。

因此发电厂点火油罐区的设计,应执行现行国家标准《石油库设计规范》的有关规定。

4.0.10 系原规范第3.0.11条。文字略有调整。

4.0.11 系原规范第3.0.12条的修改。本条是根据《建筑设计防火规范》的原则规定,结合发电厂设计的实践经验,依照发电行业设计人员已应用多年的表格形式编制的。

条文中的发电厂各建(构)筑物之间的防火间距表是基本防火间距,现行的国家标准《建筑设计防火规范》中关于在某些特定条件下防火间距可以减小的规定对本表同样有效。本表中未规定的有关防火间距,应符合现行国家标准《建筑设计防火规范》的有关规定。现行的行业标准《火力发电厂设计技术规程》规定了发电厂各建(构)筑物之间的最小间距,为防火间距、安全、卫生间距之综合。最小间距包容防火间距,防火间距不包容最小间距。

4.0.12 系原规范第3.0.13条。

4.0.13 系原规范第3.0.14条。

4.0.14 新增条文。依据现行国家标准《建筑设计防火规范》制定。

集控楼通常布置在两台锅炉之间,除非集控楼的两侧外墙与锅炉房外墙紧靠,否则,两者的间距应该符合规范的要求。

5 燃煤电厂建(构)筑物的安全疏散和建筑构造

5.1 主厂房的安全疏散

5.1.1 系原规范第4.1.1条与第4.1.3条的合并。

主厂房按汽机房、除氧间、集中控制楼、锅炉房、煤仓间分,每个车间面积都很大,为保证人员的安全疏散,要求每个车间不应少于2个安全出口。在某些情况下,特别是地下室可能有一定困难,所以提出2个出口可有1个通至相邻车间。从运行人员工作地点到安全出口的距离,其长短将直接影响疏散所需时间,为了满足允许疏散时间的要求,所以应计算求得由工作地点到安全出口允许的最大距离。

根据资料统计,在人员不太密集的情况下,人员的行动速度按60m/min,下楼的速度按15m/min计。300MW和600MW机组的司水平台标高约为60m,在正常运行情况下,运行人员到这里巡视,从司水平台下到底层,梯段长度约为60m,所需时间大约为4min。如果允许疏散时间按6min计,则在平面上的允许疏散时间还有2min,考虑从工作地点到楼梯口以及从底层楼梯口到室外出口两段距离,每段按一半计算,则从工作地点到楼梯的距离应为60m左右。为此,我们认为从工作地点到楼梯口的距离定为50m比较合理。在正常运行情况下,主厂房内的运行人员多数都在运转层的集中控制室内,从运转层下到底层最多需要1min,集中控制室的人员疏散到室外,共需2.5min左右,完全能满足安全疏散要求。

5.1.2 系原规范第4.1.5条与第4.1.6条的合并。

主厂房虽然较高,但一般也只有5~6层。在正常运行情况下人员很少,厂房内可燃的装修材料很少,厂房内除疏散楼梯外,还有很多工作梯，多年来都习惯做敞开式楼梯。在扩建端都布置有室外钢梯。为保证人员的安全疏散和消防人员扑救火灾，要求至少应有1个楼梯间通至各层和屋面。

5.1.3 系原规范第4.1.4条与第4.3.3条的合并。

主厂房中人员较少，如按人流计算，门和走道都很窄。根据门窗标准图规定的模数，规定门和走道的净宽分别不宜小于0.9m和1.4m。主厂房室外楼梯是供疏散和消防人员从室外直接到达建筑物起火层扑救火灾而设置的。为防止楼梯坡度过大、楼梯宽度过窄或栏杆高度不够而影响安全，作此规定。

5.1.4 系原规范第4.1.2条的修改。

主厂房单元控制室是电厂的生产运行指挥中心，又是人员比较集中的地方，为保证人员安全疏散，故要求有2个疏散出口；但考虑近几年一些项目控制室建筑面积小于60m²，如果强调2个出口，对设备布置和生产运行都将带来不便，故对此类控制室的出口数量作了适当放宽。

5.1.5 系原规范第4.1.7条。

主厂房的带式输送机层较长，一般在固定端和扩建端都有楼梯，中间楼梯往往不易通到带式输送机层，因此要求有通至锅炉房或除氧间、汽机房屋面的出口，以保证人员安全疏散。

5.2 其他建(构)筑物的安全疏散

5.2.1 系原规范第4.2.1条的修改。

碎煤机室和转运站每层面积都不大，过去工程中均设置0.8m宽敞开式钢梯。在正常运行情况下，也只有一两个人值班，况且还有运煤栈桥也可以作为安全出口利用。所以设一个净宽不小于0.8m的钢梯是可以的。

5.2.2 系原规范第4.2.2条的修改。文字稍作调整。

当配电装置楼室内装有每台充油量大于60kg的设备时，其火灾危险性属于丙类，按《建筑设计防火规范》的要求，对一、二级建筑安全疏散距离应为60m，故提出安全出口的间距不应大于60m。

5.2.3 系原规范第4.2.3条。

电缆隧道火灾危险性属于丙类，安全疏散距离应为80m，但考虑隧道中疏散不便，所以提出间距不超过75m。

5.2.4 系原规范第4.2.5条与第4.2.6条的合并。

卸煤装置和翻车机室地下室的火灾危险性属丙类，在正常运行情况下只有一两个人，为安全起见，提出2个安全出口通至地面。运煤系统中地下构筑物一端与地道相通，为保证人员安全疏散，所以要求在尽端设一通至地面的安全出口。

5.2.5 系新增条文。关于集控室除外的各类控制室疏散出口的规定。

5.2.6 系原规范第4.2.4条的修改。根据配电装置室安全疏散的需要，作此规定，增强条文的可操作性。

5.3 建筑构造

5.3.1 系原规范第4.3.1条的修改。

考虑到发电厂厂房的特殊性，由于主厂房内人员较少，大量采用钢结构所带来的困难，如完全按消防电梯考虑，前室布置和电梯围护墙体耐火要求等难以满足消防要求，故提出当发生火灾时，电梯的消防控制系统、消防专用电话、基坑排水设施应满足消防电梯的设计要求。

5.3.2 系原规范第4.3.2条的修改。

因主厂房比较高大，锅炉房很高，上部有天窗排热气，还有室内吸风口在吸风，因此主厂房总是处于负压状态，即使发生火灾，火焰也不会从门内窜出。所以对休息平台未作特殊要求。根据燃煤电厂的运行经验，辅助厂房火灾危险性很小，故对休息平台亦未作特殊要求。

5.3.3 系原规范第4.3.4条与第4.3.5条的合并修改。

变压器室、屋内配电装置室、发电机出线小室的火灾危险性属丙类，火灾危险性较大，因此要求用乙级防火门。为避免发生火灾时，由于人员惊慌拥挤而使内开门无法开启而造成不应有的伤亡，因此要求门向疏散方向开启。考虑采用双向开启的防火门有困难，故作了放宽。电缆夹层、电缆竖井火灾危险性属丙类，且火灾危险性较大，里面又经常无人，为防止火灾蔓延，也要求用乙级防火门。

5.3.4 系原规范第4.3.4条的修改。

主厂房各车间的隔墙不完全是防火墙，为安全起见，要求用乙级防火门。

5.3.5 新增条文。

近几年工程中常有可燃气体管道或甲、乙、丙类液体的管道穿越楼梯间，为保证疏散楼梯的作用，作此规定。

5.3.6 系原规范第4.3.6条。

主厂房与控制楼、生产办公楼间常常有天桥联结，为防止火灾蔓延，需要设门，可以为钢门或铝合金门。

5.3.7 系原规范第4.3.7条。

蓄电池室、通风机室及蓄电池室前套间均有残存氢气的可能，火灾危险性较大，应采用向外开启的防火门。

5.3.8 系原规范第4.3.8条。

厂区中主变压器火灾较多，变压器本身又装有大量可燃油，有爆炸的可能，一旦发生火灾，火势又很大，所以，当变压器与主厂房较近时，汽机房外墙上不应设门窗，以免火灾蔓延到主厂房内。当变压器距主厂房较远时，火灾影响的可能性小些，可以设置防火门、防火窗，以减少火灾对主厂房的影响。

5.3.9 系原规范第4.3.9条。

主厂房、控制楼等主要建筑物内的电缆隧道或电缆沟与厂区电缆沟相通。为防止火灾蔓延，在与外墙交叉处设防火墙及相应的防火门。实践证明这是防止火灾蔓延的有效措施。

5.3.10 系原规范第4.3.10条的修改。

厂房内隔墙为防火墙且可能有管道穿越，管道安装后孔洞往往不封或封堵不好，易使火灾通过孔洞蔓延，造成不应有的损失。因此规定当管道穿过防火墙时，管道与防火墙之间的缝隙应采用不燃烧材料将缝隙填塞，当可燃或难燃管道公称直径大于32mm时，应采用阻火圈或阻火带并辅以如防火泥或防火密封胶的有机堵料等封堵。

5.3.11 系原规范第4.3.11条。

柴油发电机房火灾危险性属丙类，且往往有油箱与其放在一个房间内，火灾危险性较大，为防止火灾蔓延，要求做防火墙与其他车间隔开。

5.3.12 系原规范第4.3.13条的修改。

材料库中的特种材料主要指润滑油、易燃易爆气体等，其存放量较少，若与一般材料同置一库中，为保证材料库的安全，应用防火墙分隔开。

5.3.13、5.3.14 新增条文。

6 燃煤电厂工艺系统

6.1 运煤系统

6.1.1 系原规范第5.1.2条的修改。

根据《电力网和火力发电厂煤节电工作条例》总结的经验，化学性质不同的煤种应分别堆放，在贮煤场容量计算上，应按分堆堆放的条件确定贮煤场的面积。

6.1.2 系原规范第5.1.2条的修改。

由于电厂燃用煤种不同，本条重点列出了对于燃用褐煤或高挥发分煤种堆放所应采取的措施，对于燃用其他非自燃性的煤种可参照进行。

高挥发分易自燃煤种，按国家煤炭分类，干燥无灰基挥发分大于37%的长烟煤属高挥发分易自燃煤种。对于干燥无灰基挥发分为28%～37%的烟煤，在实际使用中因其具有自燃性亦应视作高挥发分易自燃煤种。

贮煤场在设计上应采取下列措施，以降低火灾发生的概率：

1 对于燃用褐煤或高挥发分易自燃的煤种，由于其总贮量水平低（通常为10～15d的锅炉耗煤量），翻烧的频率较高，为利于自燃煤的处理，推荐采用较高的回取率，以不低于70%为宜。

2 根据燃用褐煤或高挥发分煤的部分电厂的实际运行经验，煤场的煤难以先进先出，往往是先进后出，导致煤堆自燃严重，在贮煤场容量计算上，应按先进先出的条件确定贮煤场的面积。

3 为尽可能防止煤的自燃，大型贮煤场应定期翻烧，翻烧周期应根据燃煤的种类及其挥发分来确定，根据电厂的实际运行经验，一般为2～3个月，在炎热的夏秋季一般为15d。在煤场设备的选择上，应考虑定期翻烧的条件。

4 为减缓煤堆的氧化速度，应视不同的煤种采用最有效的延迟氧化速度的建堆方式，可采用分层压实、喷水、洒石灰水等方式。

5 由于煤堆底部一般为块状煤，通风条件较好，当贮存易自燃煤种且煤堆高于10m时，为减少或抑制煤堆的烟囱现象，减少自燃的概率，可设置挡煤墙，挡煤墙的高度可根据煤场底部大块煤的厚度确定。

6.1.3 系原规范第5.1.13条的修改。

由于环境保护条件的提高，近年来筒仓贮煤的方案在发电厂建设中已占有相当的比重。单仓贮量由初期的500t发展成30000t级的大型筒仓。对于贮存褐煤或高挥发分易自燃煤种的筒仓，应对仓内温度、可燃气体、烟气进行必要的监测并采取相应的措施，以利安全运行。国内已有筒仓爆燃的先例，充分说明制定相关安全措施是十分必要的。防爆装置是防止筒仓遭到爆炸破坏的最后防线，其防爆总面积应以不低于筒仓实际体积数值的1‰为宜。喷水设施的主要目的是为了降低煤的温度，应以手动喷水为宜；降低煤粉尘、可燃气体浓度可采用向仓内或煤层内喷注惰性气体（如氮气、二氧化碳气体及烟气）的方法，二者可视具体情况选取其一。

6.1.4 新增条文。

由于环境保护条件的提高，近年来大型室内贮煤场已有较多应用，比如：封闭式干煤棚和封闭式圆形贮煤场等。封闭式室内贮煤除应满足露天煤场的相关要求外，还应设置强制通风和手动喷水设施。当贮易自燃煤种时，其内的电气设施应能防爆。

6.1.5 系原规范第5.1.3条的修改。本次修订将主厂房原煤斗的规定移出至第6.2节。

本条是对运煤系统承担煤流转运功能的各种型式煤斗的设计要求，为使其活化率达到100%，避免煤的长期积存引起自燃而作出的规定。

6.1.6 系原规范第5.1.4条。

运煤系统运输机落煤管转运部位，为减少燃煤撒落和积存，可采取的措施有：

1 增大头部漏斗的包容范围。

2 采用双级高效清扫器。

3 落煤管底部加装料流调节器或导流挡板，增加物料的对中性。

4 与导煤槽连接的落煤管采用矩形断面。

5 采用拱形导料槽增大其内空间，利于粉尘的沉降。

6 承载托辊间距加密并可采用45°槽角。

7 设置适当的助流设施。

在转运点的设计时，尤其对于燃用易自燃煤种，应避免撒料、积料现象。若煤粉沉积在运输机尾部，而且长时间得不到清理，就会形成自燃，这是造成发电厂多起烧毁输送带重大火灾事故的主要原因。为杜绝此类事故的发生，制定重点反事故措施非常必要。

6.1.7 系原规范第5.1.9条的修改。

自身摩擦升温的设备是导致运煤系统发生火灾的隐患。近年来发电厂运煤系统的火灾事故中，不少是由于输送带改向滚筒被拉断，输送带与栈桥钢结构直接摩擦发热而升温，引起堆积煤粉的燃烧，酿成烧毁输送带及栈桥塌落的重大事故。鉴于此，对带式输送机安全防护设施作了规定。

6.1.8 系原规范第5.1.10条的修改。易自燃煤种的界定见第6.1.2条说明。

6.1.9 新增条文。

由于易自燃煤经过一段时间的堆放会产生自燃，从贮煤设施取煤的带式输送机上应设置明火监测装置，发现明火后应紧急停机并采取措施灭火，以防止着火的煤进入运煤系统。

6.1.10 系原规范第5.1.12条。

目前运煤系统配置的通信设备具有呼叫、对讲、传呼及会议功能。当发生火灾警报时，可用本系统报警及时下达处置命令，因此可不必单独设置消防通信系统。

6.2 锅炉煤粉系统

6.2.1 系原规范第5.2.1条的修改。

本次修改主要根据《火力发电厂设计技术规程》第6.4.5节第1条，对原煤仓及煤粉仓的形状及结构提出要求。向磨煤机内不间断而可控制地供煤，是减少煤粉系统着火和爆炸的重要措施。本条对原煤仓和煤粉仓设计提出要求主要目的是为避免由于设计的不合理致使运行中发生堵煤、积粉而引起爆炸起火。电力行业标准《火力发电厂采暖通风与空气调节设计技术规程》DL/T 5035—2004附录L名词解释对严寒地区进行了定义，严寒地区是指累年最冷月平均温度（即冬季通风室外计算温度）不高于−10℃的地区。

当煤粉仓设置防爆门时，防爆门上方还应注意避开电缆，以免出现着火现象。

本次修订煤粉仓按承受40kPa以上的爆炸内压设计，主要依据：

1 前苏联在1990年版防爆规程已经将防爆设计压力提高到40kPa。

2 如果按照美国、德国等标准计算防爆门，防爆门面积将很大，并且仍会出现局部爆炸问题。

3 东北电力设计院主编的《火力发电厂煤和制粉系统防爆设计技术规程》DL/T 5203—2005明确规定"煤粉仓装设防爆门时，煤粉仓按减压后的最大爆炸压力不小于40kPa设计，防爆门额定动作压力按1～10kPa设计，对煤粉云爆炸烈度指数高的煤种，减低后的最大爆炸压力和防爆门额定动作压力应通过计算确定。

6.2.2 系原规范第5.2.2条的修改。

前苏联1990年版《防爆规程》规定：对于直吹式制粉系统，送粉管道水平布置时防沉积的极限流速在锅炉任何负荷下均不应小于 18m/s。对于热风送粉系统，该规程规定，在锅炉任何负荷下要求不小于 25m/s。对于干燥剂送粉系统，其气粉混合物的温度与直吹式制粉系统取相同的下限流速，即不小于 18m/s。

因此此次修改要求煤粉管道的流速应不小于输送煤粉所要求的最低流速，以防止由于沉积煤粉的自燃而引起煤粉系统内的爆炸而酿成的火灾。

6.2.3 系原规范第 5.2.3 条的修改。将原条文细化，以便理解。原文中煤粉间称谓不够准确，故本次将其改为煤仓间。

6.2.4 系原规范第 5.2.4 条的修改。原条文不够完整，本次增加了"必须设置系统之间的输粉机械时应布置输粉机械的温度测点、吸潮装置"的要求。

6.2.5 系原规范第 5.2.5 条的修改。原规范中网眼平台现已不采用。设置花纹钢板平台的目的是为了防止防爆门爆破时排出物伤人或烧坏设备及抽出燃油枪时，油滴到其下方的人员或设备上造成损害。

6.2.6 系原规范第 5.2.6 条。文字略加修整。

煤粉系统爆炸而引起的火灾是燃煤电厂运行中常发生且具有很大危害的事故。为防止或限制爆炸性破坏可以从如下方面采取措施：

1 煤粉系统设备、元件的强度按小于最大爆炸压力进行设计的煤粉系统设置防爆门。

2 煤粉系统按惰性气体设计，使其含氧量降到爆炸浓度之下。

3 煤粉系统设备、元件的强度按承受最大爆炸压力设计，系统不设置防爆门。关于防爆门的装设要求及煤粉系统抗爆设计强度计算的标准各国有所差异。前苏联较多利用防爆门来降低爆炸对设备和系统的破坏，1990 年出版的《燃料输送、粉状燃料制备和燃烧设备的防爆规程》中，对防爆门装设的位置、数量以及面积选择原则等都有详细的规定。而美国、德国则多采用提高设备和部件的设计强度来防止爆炸产生的设备损坏，仅在个别系统的某些设备上才允许装设防爆门。国内电力系统正准备颁布有关制煤粉系统防爆方面的设计规程。

6.2.7 系原规范第 5.2.8 条的修改。对于表中内容予以充实。

煤中的挥发分含量是区分煤的类别的主要指标。挥发分对制粉系统爆炸又起着决定因素。当干燥无灰基挥发分 $V_{daf} \geqslant 19\%$ 时，就有可能引起煤粉系统的爆炸。而挥发分的析出与温度有关，温度愈高挥发分愈容易被析出，煤粉着火时间越短，越能引起煤粉混合物的爆炸。为此，本条根据磨煤机所磨制的不同煤种，参考了行业标准《火力发电厂制粉系统设计计算技术规定》DL/T 5145—2002 等有关资料，根据电厂实践，规定了磨煤机出口气粉混合物的温度值，并且增加了双进双出钢球磨煤机直吹式制粉系统、中速磨煤机直吹式制粉系统分离器后气粉混合物的温度要求。

6.2.8 系原规范第 5.2.9 条的保留条文。

6.2.9 系原规范第 5.2.10 条的保留条文。

6.2.10 新增条文。

为防止制粉系统停用时煤粉仓爆炸，宜设置放粉系统。

6.3 点火及助燃油系统

6.3.1 系原规范第 5.3.1 条。

6.3.2 系原规范第 5.3.2 条。

6.3.3 系原规范第 5.3.3 条。

该条所指的加热燃油系统，主要指重油加热系统，为铁路油罐车（或水运油船）的卸油加热、储油罐的保温加热以及锅炉油烧器的供油加热等三部分用的加热蒸气。重油在空气中的自燃着火点为 250℃。而含硫石油与铁接触生成硫化铁，黏附在油罐壁或其他管壁上，在高温作用下会加速其氧化以致发生自燃。此外，加热燃油的加热器，一旦由于超压爆管，或者焊（胀）口渗漏，油品喷

遇有保温破损处的温度较高的蒸气管上容易引发火灾。

6.3.4 系原规范第 5.3.5 条的保留条文。

油罐运行中罐内的气体空间压力是变化的，若罐顶不设置通向大气的通气管，当供油泵向罐内注油或从油罐中抽油时，罐内的气体空间会被压缩或扩张，罐内压力也就随之变大或变小。如果罐内压力急剧下降，罐内形成真空，油罐壁就会被压瘪变形；若罐内压力急剧增大超过油罐结构所能承受的压力时，油罐就会爆裂，油品外泄易引发火灾。如果油罐的顶部设有与大气相通的通气管，来平衡罐内外的压力，就会避免上述事故的发生。

6.3.5 系原规范第 5.3.6 条的修改。

油罐区排水有时带油，为彻底隔离可能出现的着火外延，故设置隔离阀门。

6.3.6 系原规范第 5.3.7 条。

为了供给电厂锅炉点火和助燃油品的安全和减少油品损耗，参照《石油库设计规范》的有关规定制定本条。这样，除会增加油品的呼吸损耗外，由于油流与空气的摩擦，会产生大量静电，当达到一定电位时就会放电而引起爆炸着火。根据《石油库设计规范》的条文说明介绍，1977 年和 1978 年上海和大连某厂从上部进油的柴油罐，都因油罐在低油位、高落差的情况下进油而先后发生爆炸起火事故，故制定本条规定。

6.3.7 系原规范第 5.3.8 条的修改。

国家标准《建筑防火设计规范》和协会标准《建筑防火封堵应用技术规程》《建筑聚氯乙烯排水管道阻火圈》等相关标准中，都对管道贯穿物进行了分类，分为钢管、铁管等（熔点大于 1000℃ 的）不燃烧材质管道和 PE、PVC 等难燃烧或可燃烧材质管道。这两类管道在遇火后的性能完全不同，可燃或难燃在遇火后会软化甚至燃烧，普通防火堵料无法将墙体上的孔洞完全密闭，需要加设阻火圈或阻火带。加设绝热材料主要是满足耐火极限中的绝热性要求，防止引起背火面可燃物的自燃。对于可燃烧或难燃烧材质管道中管径 32mm 的划分是国际通用的。

6.3.8 系原规范第 5.3.9 条的修改。

根据美国 ASME B31.1 动力管道中第 122.6.2 条，要求溢流回油管不应带阀门，以防误操作。

6.3.9 系原规范第 5.3.10 条。

沿地面敷设的油管道，容易被碰撞而损坏发生爆管，造成油品外泄事故，不但影响机组的安全运行，而且通明火还易发生火灾。为此，要求厂区燃油管道宜架空敷设。对采用地沟内敷设油管道提出了附加条件。

6.3.10 系原规范第 5.3.11 条。

本条规定的"油管道及阀门应采用钢质材料……"，其中包括储油罐的进、出口油管上工作压力较低的阀门。主要从两方面考虑，一是考虑地处北方严寒地区的电厂储油罐的进出口阀门，在周围空气温度较低时，如发生保温结构不合理或保温层脱落破损，阀门体外露，会使阀门冻坏。此外，当油管停运需要蒸汽吹扫时，一般吹扫用蒸汽温度都在 200℃ 以上。在此吹扫温度下，一般铸铁阀门难以承受。在高温蒸汽的作用下，铸铁阀门很容易被损坏。特别是在紧靠油罐外壁处的阀门，当其罐内油位较高时，阀门一旦发生破损漏油，难以对其进行修复。为此，油罐出入管上的阀门也应是钢质的。

6.3.11 系原规范第 5.3.12 条。

6.3.12 系原规范第 5.3.13 条。

在每台锅炉的进油总管上装设快速关断阀的主要目的是，当该炉发生火灾事故时，可以迅速的切断油源，防止炉内发生爆炸事故。手动关断阀的作用是，当速断阀失灵出现故障时，以手动关断阀来切断油源。

6.3.13 系原规范第 5.3.14 条。

6.3.14 系原规范第 5.3.15 条。

6.3.15 新增条文。

在南方夏季烈日曝晒的情况下,管道中的油品有可能产生油气,使管道中的压力升高,导致波纹管补偿器破坏,造成事故。

6.4 汽轮发电机

6.4.1 系原规范第5.4.1条的修改。

1 增加了汽轮机主油箱排油烟管道应避开高压电气设施的要求。

2 与《火力发电厂设计技术规程》DL 5000—2000中第6.6.4条强制性条款要求相对应。对大容量汽轮机纵向布置的汽机房而言,因为在纵向布置的汽机房零米靠A列柱处,油系统的主油箱、油泵及冷油器等设备距汽轮机本体高温管道区较远,对防止火灾有利。

3 原规范中"布置高程"不准确,本次修改改成"布置标高",并与《火力发电厂设计技术规程》DL 5000—2000中第6.6.4条强制性条款要求相对应。

4 汽轮机机头的前轴封箱处,是高温蒸汽管道与汽机油管道布置较为集中的区域,也是最容易发生因漏油而引起火灾的地方。因此应设置防护槽,并应设置排油管道,将漏油引至安全处。

5 原条文只提到镀锌铁皮做保温,此次增加镀锌铁皮、铝皮,二者均可做保温的保护层。

6 根据国家有关标准要求,垫料已不允许使用石棉垫。管道的法兰结合面若采用塑料或橡胶垫料,遇火垫料会迅速烧毁,造成喷油酿成大火。同时,塑料或橡胶垫长期使用后还会发生老化碎裂、收缩,亦会发生上述事故。

7 事故排油阀的安装位置,直接关系到汽轮机油系统火灾处理的速度,据发生过汽轮机油系统火灾事故的电厂反映,如果排油阀的位置设置不当,一旦油系统发生火灾,排油阀被火焰包围,运行人员无法靠近操作,致使火灾蔓延。根据原国家电力公司制定的"防止电力生产重大事故的二十五项重点要求"(国电发[2000]589号)的第1.2.8条及《电力建设施工及验收技术规范(汽轮机机组篇)》第4.6.21条要求,本次修订对油箱事故排油管道阀门设置作进一步明确。

8 本次修改根据反馈意见,将润滑油系统的试验压力改为不应低于0.5MPa,回油系统的试验压力改为不应低于0.2MPa,明确了可按汽机厂设计的润滑及回油系统实际压力要求进行水压试验,但不应低于0.2MPa。

9 为防止汽轮机油系统火灾发生,提高机组运行的安全性,早在很多年前,国外大型汽轮机的调节油系统就广泛使用了抗燃油品,并积累了丰富的运行实践经验。从20世纪70年代开始,我国陆续投产以及正在设计和施工的(包括国产和引进的)300MW以上容量的汽轮机调速系统,大部分也都采用了抗燃油。

抗燃油品与以往使用的普通矿物质透平油相比,其最突出的优点是:油的闪点和自燃点较高,闪点一般大于235℃,自燃点大于530℃(热板试验大于700℃),而透平油的自燃点只有300℃左右。同时,抗燃油的挥发性低,仅为同黏度透平油的1/10～1/5,所以抗燃油的防火性能大大优于透平油,成为今后发展方向。为此,本条规定,300MW及以上容量的汽轮机调节油系统,宜采用抗燃油品。

6.4.2 系原规范第5.4.2条。

对发电机的氢系统提出了有关要求:

1 室内不准排放氢气是防止形成爆炸性气体混合物的重要措施之一。同时为了防止氢气爆炸,排氢管应远离明火作业点并高出附近地面、设备以及距屋顶有一定的距离。

2 与发电机氢气管接口处加装法兰短管,以备发电机进行检修或进行电火焊时,用来隔绝氢气源,以防止发生氢气爆炸事故。

6.5 辅助设备

6.5.1 系原规范第5.5.1条。

锅炉在启动、低负荷、变负荷或从燃油转到燃煤的过渡燃烧过程中,以及在正常运行中的不稳定燃烧时,均会有固态和液态的未燃尽的可燃物,这些未燃烧产物会随烟气被带入电气除尘器并聚积在极板表面上而被静电除尘器内电弧引燃起火损坏设备。为及时发现和扑灭火灾防止事态扩大,规定在电气除尘器的进、出口烟道上装设烟温测量和超温报警装置。

6.5.2 系原规范第5.5.2条的保留条文。对柴油发电机系统提出了有关要求:

1 设置快速切断阀是为防止油系统漏油或柴油机发生火灾事故时能快速切断油源。

日用油箱不应设置在柴油机上方,以防止油品漏到机体或排气管上而发生火灾。

2 柴油机排气管的表面温度高达500～800℃,燃油、润滑油若喷滴在排气管上或其他可燃物贴在排气管上,就会引起火灾,因此排气管上应用不燃烧材料进行保温。

3 四冲程柴油机曲轴箱内的油受热蒸发,易形成爆炸性气体,为了避免发生爆炸危险,一般采用正压排气或离心排气。但也有用负压排气的,即用一根金属导管,一头接曲轴箱,另一头接在进气管的头部,利用进风的抽力将曲轴箱里的油气抽出,但连接风管一头的导管应装设铜丝网阻火器,以防止回火发生爆燃。

6.6 变压器及其他带油电气设备

6.6.1 系原规范第5.6.1条。

6.6.2 系原规范第5.6.2条。

油浸变压器内部贮有大量绝缘油,其闪点在135～150℃,与丙类液体贮罐相似,按照《建筑设计防火规范》的规定,丙类液体贮罐之间的防火间距不应小于0.4D(D为两相邻贮罐中较大罐的直径)。可设想变压器的长度为丙类液体罐的直径,通过对不同电压、不同容量的变压器之间的防火间距按0.4D计算得出:电压等级为220kV,容量为90～400MV·A的变压器之间的防火间距在6.0～7.8m范围内;电压为110kV,容量为31.5～150MV·A的变压器之间的防火间距在4.00～5.80m范围内;电压为35kV及以下,容量为5.6～31.5MV·A的变压器之间的防火间距在2.00～3.80m范围内。

因为油浸变压器的火灾危险性比丙类液体贮罐大,而且是发电厂的核心设备,其重要性远大于丙类液体贮罐,所以变压器之间的防火间距就大于0.4D的计算数值。

根据变压器着火后,其四周对人的影响情况来看,当其着火后对地面最大辐射强度是在与地面大致成45°的夹角范围内,要避开最大辐射温度,变压器之间的水平间距必须大于变压器的高度。

因此,将变压器之间的防火间距按电压等级分为10m、8m、6m及5m是适宜的。

日本"变电站防火措施导则"规定油浸设备间的防火间距标准如表2所示。

表2 油浸设备间的防火间距

标称电压(kV)	防火距离(m)	
	小型油浸设备	大型油浸设备
187	3.5	10.5
220、275	5.0	12.5
500	6.0	15.0

表中所列防火距离是指从受灾设备的中心到保护设备外侧的水平距离。经计算,间距与本条所规定的距离是比较接近的。

至于单相变压器之间的防火间距,因目前一般只有330～759kV变压器采用单相,虽然有些国家对单相及三相变压器之间防火间距采取不同数值,如加拿大某些水电局规定,单相之间的防火间距可较三相之间的防火间距减少1/3,但单相之间不得小于12.1m,考虑到变压器的重要性,为防止事故蔓延,单相之间的防火间距仍宜与三相之间距离一致。

高压并联电抗器亦属大型油浸设备,所以也应采用本条规定的防火间距。

6.6.3 系原规范第5.6.3条的修改。

变压器之间当防火间距不够时,要设置防火墙,防火墙除有足够的高度及长度外,还应有一定的耐火极限。根据几次变压器火灾事故的情况,防火墙的耐火极限不宜低于3h(与《建筑设计防火规范》中防火墙的耐火极限取得一致)。

由于变压器事故中,不少是高压套管爆炸喷油燃烧,一般火焰都是垂直上升,故防火墙不宜太低。日本"变电站防火措施导则"规定,在单相变压器组之间及变压器之间设置的防火墙,以变压器的最高部分的高度为准,对没有引出套管的变压器,比变压器的高度再加0.5m;德国则规定防火墙的上缘需要超过变压器蓄油容器。考虑到目前500kV变压器高压套管离地约10m左右,而国内500kV工程的变压器防火墙高度一般均低于高压套管顶部,但略高于油枕高度,所以规定防火墙高度不应低于油枕顶端高度。对电压较低、容量较小的变压器,套管离地高度不太高时,防火墙高度宜尽量与套管顶部取齐。

考虑到贮油池比变压器两侧各长1m,为了防止贮油池中的热气流影响,防火墙长度应大于贮油池两侧各1m,也就是比变压器外廓每侧大2m。日本的防火规程也是这样规定的。

设置防火墙将影响变压器的通风及散热,考虑到变压器散热、运行维修方便及事故时灭火的需要,防火墙离变压器外廓距离以不小于2m为宜。

6.6.4 系原规范第5.6.4条的修改。

为了保证变压器的安全运行,对油量超过600kg的消弧线圈及其他带油电气设备的布置间距,作了本条的规定。当电厂接入330kV和500kV电力系统时,主变压器中性点有时设置电抗器,在这种情况下,主变压器和电抗器之间的布置间距和防火墙的设置应符合本规范第6.6.2条和第6.6.3条的规定。

6.6.5 系原规范第5.6.6条的修改。

对于油断路器、油浸电流互感器和电压互感器等带油电气设备,按电压等级来划分设防标准,既在一定程度上考虑到油量的多少,又比较直观,使用方便,能满足运行安全的要求。例如20kV及以下的少油断路器油量均在60kg以下,绝大部分只有5~10kg,虽然火灾爆炸事故较多,爆炸时的破坏力也不小(能使房屋建筑受到一定损伤,两侧用隔隔板炸碎或变形,门窗炸出,危及操作人员安全等),但爆炸时向上扩展的较多,事故损害基本局限在间隔范围内。因此,两侧的隔板只要采用不燃烧材料的实体隔板或墙,从结构上进行加强处理(通常采用厚度2~3mm钢板、砖墙、混凝土墙可均,但不宜采用石棉水泥板等易碎材料),是可以防止此类事故的。

根据调查,35kV油断路器,目前国内生产的屋内型,油量只有15kg,一般工程安装于有不燃烧实体墙(板)的间隔内,运行情况良好。至于35kV手车式成套开关柜,则因其两侧均有钢板隔离,不必再采取其他措施。

目前110kV屋内配电装置一般装SF6断路器,但有少量工程装设少油断路器,其总油量均在600kg以下,根据对全国40多个110kV屋内配电装置的调查,装在有不燃烧实体墙的间隔内的油断路器未发生过火灾爆炸事故。

220kV屋内配电装置投入运行的较少,且一般装SF6断路器,但有少量工程装设少油断路器,其油量约800kg,已投运的工程,其断路器均装在有不燃烧实体墙的间隔内,运行巡视较方便,能满足安全运行要求。至于油浸电流互感器和电压互感器,应与相同电压等级的断路器一样,安装在同等设防标准的间隔内。

发电厂的低压厂用变压器当采用油浸变压器时多数设置在厂房或配电装置室内,根据国内近年来几次变压器火灾事故教训及变压器的重要性,安装在单独的防火小间内是合适的。这样,配电装置的火灾事故不会影响变压器,变压器的火灾也不会影响其他

设备。所以,本条规定油量超过100kg的变压器一般安装在单独的防火小间内(35kV变压器和10kV、80kV·A及以上的变压器油量均超过100kg)。

6.6.6 系原规范第5.6.7条。

目前投运及设计的屋内35kV少油断路器及电压互感器,其油量分别为100kg及95kg,均未设置贮油或挡油设施,事故油外流的现象很少。所以将贮、挡油设施的界限提高到100kg以上(油断路器、互感器为三相含油量,变压器为单台含油量)。同时提出,设置挡油设施时,不论门是向建筑物内开或外开,都应将事故油排到安全处,以限制事故范围的扩大。

6.6.7 系原规范第5.6.8条的修改。

当变压器不需要设置水喷雾灭火系统时,变压器事故排油如果设置就地贮油池,则贮油池只需考虑贮存变压器的全部油量即可。然而,通常变压器的事故排油是集中排至总事故贮油池。根据调查,主变压器发生火灾爆炸等事故后,真正流到总事故贮油池内的油量一般只为变压器总油量的10%~30%,只有某一电厂曾发生31.5MV·A变压器事故后,流入总事故贮油池的油量超过50%一个例外。根据上述的调查总结,并参考国外的有关规定(如日本规定总事故贮油池容量按最大一个油罐的50%油量考虑),本规范按最大一个油箱的60%油量确定。

6.6.8 系原规范第5.6.9条。

贮油池内铺设卵石,可起隔火降温作用,防止绝缘油燃烧扩散。卵石直径,根据国内的实践及参考国外规程可为50~80mm,若当地无卵石,也可采用无孔碎石。

6.7 电缆及电缆敷设

6.7.1 新增条文。

据调查,近年新建电厂,特别是容量为300MW及以上机组的主厂房、输煤、燃油及其他易燃易爆场所均选用C类阻燃电缆。

6.7.2 系原规范第5.7.1条的修改。

采用电缆防火封堵材料对通向控制室、继电保护室和配电装置室墙洞及楼板开孔进行严密封堵,可以隔离或限制燃烧的范围,防止火势蔓延。否则,会使事故范围扩大造成严重后果。例如某发电厂1台125MW的汽轮发电机组,因油系统漏油着火,大火沿着汽轮机平台下面的电缆,迅速向集中控制室蔓延,不到半小时,控制室内已烟雾弥漫,对面不见人,整个控制室被大火烧毁。

电缆防火封堵材料分为有机堵料、无机堵料、防火板材、阻火包等,有机堵料一般具有遇火膨胀、防火、防烟和隔热性能。无机堵料一般具有防火、防烟、防水、隔热和抗机械冲击的性能。

6.7.3 系原规范第5.7.2条的修改。本条是防止火灾蔓延,缩小事故损失的基本措施。

6.7.4 新增条文。据调查,近年新建电厂,特别是容量为300MW及以上机组电缆采用架空敷设较多,故增加此条款。

6.7.5 系原规范第5.7.3条的修改。

在电厂中,防火分隔构件包括防火区域划分的防火墙及电缆通道中的防火墙等,其防火封堵组件的耐火极限应不低于相应的防火墙耐火极限。

通道中的防火墙可用砖砌成,也可采用防火封堵材料(如阻火包等)构成,电缆穿墙孔应采用防火封堵材料(如有机堵料等)进行封堵,如果存在小的孔隙,电缆着火时,火就会透过封堵层,破坏封堵作用。采用防火封堵材料构成的防火墙,不致损伤电缆,还具有方便可拆性,其中某些材料如选用、施工得当,在满足有效阻火前提下,还不致引起穿墙孔内电缆局部温升过高。

6.7.6 系原规范第5.7.4条。

6.7.7 系原规范第5.7.5条。

公用重要回路或有保安要求回路的电缆着火后,不再维持通电,所造成极大的事故及损失已屡见不鲜,本条是基于事故教训所制定的对策。防火措施可以是耐火防护或选用耐火电缆等。

6.7.8 系原规范第5.7.6条的修改。

按自1960年以来全国电力系统统计到的发生电缆火灾事故分析,由于外界火源引起电缆着火延燃的占总数70%以上。外界因素大致可分为以下几个方面:

1 汽轮机油系统漏油,喷到高温热管道上起火,而将其附近的电缆引燃。

2 制粉系统防爆门爆破,喷出火焰,冲到附近电缆层上,而使电缆着火。

3 电缆上积煤粉,靠近高温管道引起煤粉自燃而使电缆着火。

4 油浸电气设备故障喷油起火,油流入电缆隧道内而引起电缆着火。

5 电缆沟盖板不严,电焊渣火花落入沟道内而使电缆着火。

6 锅炉的热灰渣喷出,遇到附近电缆引燃着火。

因此,在发电厂主厂房内易受外部着火影响的区段,应重点防护,对电缆实施防火或阻止延燃的措施。防火措施可采取在电缆上施加防火涂料、防火包袋或防火槽盒等措施。

6.7.9 系原规范第5.7.7条的修改。

电缆本身故障引起火灾主要有绝缘老化、受潮以及接头爆炸等原因,其中电缆中间接头由于制作不良、接触不良等原因故障率较高。本条规定是针对性措施,以尽量少的投资来防范火灾几率高的关键部位,以避免大多数情况的电缆火灾事故。为了预防电缆中间接头爆破和防止电缆火灾事故扩大,电缆中间接头也可用耐火防爆槽将其封闭,加装电缆中间接头温度在线监测系统,对电缆中间接头温度实施在线监测。防火措施可采用防火涂料或防火包带等。

6.7.10 系原规范第5.7.8条。

含油设备因受潮等原因发生爆炸溢油,流入电缆沟引起火灾事故扩大的例子,已有多起,因此作本条规定。

6.7.11 系原规范第5.7.9条。

本条对高压电缆敷设的要求与本规范第6.7.6条是一致的,其目的也是为了限制电缆着火延燃范围,减少事故损失。

充油电缆的漏油故障,国内外都曾发生过,有些属于外部原因难以避免,另一方面由于运行水平等因素,油压整定实际上可能与设计有较大出入,故对油压过低或过高的越限报警应实施监察。明敷充油电缆的火灾事故扩大,主要在于电缆内的油,在压力油箱作用下会喷涌出,不断提供燃烧质。为此,宜设置能反映喷油状态的火灾自动报警和闭锁装置。

6.7.12 系原规范第5.7.10条的修改。本条是基于事故教训所制定的对策。

6.7.13、6.7.14 新增条文。是基于事故教训所制定的对策。

7 燃煤电厂消防给水、灭火设施及火灾自动报警

7.1 一般规定

7.1.1 系原规范第6.1.1条的规定。

灭火剂有水、泡沫、气体和干粉等。用水灭火,使用方便,器材简单,价格便宜,灭火效果好。因此,水是目前国内外主要的灭火剂。

为了保障发电厂的安全生产和保护发电厂工作人员的人身安全及财产免受损失或少受损失,在进行发电厂规划和设计时,必须同时设计消防给水。

消防用水的水源可由给水管道或其他水源供给(如发电厂的冷却塔集水池或循环水管沟)。

发电厂的天然水源其枯水期保证率一般都在97%以上。

7.1.2 系原规范第6.1.2条的修改。

我国20世纪60年代以前建成的发电厂的消防系统大多数是生活、消防给水合并系统。由于那时的单机容量较小,主厂房的最高处在40m以下,因此,生活、消防给水合并系统既能满足生活用水又能保证消防用水。20世纪70年代之后,大容量机组相继出现,消防水压逐渐升高,如元宝山电厂一期锅炉房高达90m,消防水压达117.6×10⁴Pa(120mH₂O)。另一方面,我国所生产的卫生器具部件承压能力在58.8×10⁴Pa(60mH₂O)静水压力时就会遭受不同程度的损坏或漏水,如某发电厂,水泵压力达到70.56×10⁴Pa(72mH₂O)左右时,给水龙头因压力过高而脱落。因此,根据我国国情,当消防给水计算压力超过68.6×10⁴Pa(70mH₂O)时,宜设独立的消防给水系统。在设计发电厂消防系统时可参考表3的主厂房各层高度,确定是生活、消防合并给水系统还是独立的高压消防给水系统。

表3 主厂房各层高度(参考数值)

机组(MW)	汽机房屋顶(m)	锅炉房屋顶(m)	煤仓间屋顶(m)	运行层(m)	除氧层(m)	运煤皮带层(m)
50	19	37	<30	8	20	23
100	22～24	45	30	8	20～23	32
200	30～34	55～64	43	10	20～23	32
300	33～39	57～80	56	12	23	40
600	36～39	80～89	58	14	36	45

7.1.3 系原规范第6.1.3条的修改。

根据建规,高层工业建筑的高压或临时高压给水系统的压力,应满足室内最不利危险点消火栓设备的压力要求,本次修订规定了消防水量达到最大,在电厂内的任何建筑物内的最不利点处,水枪的充实水柱不应小于13m。在计算消防给水压力时,消火栓的水带长度应为25m。通常,主厂房为电厂的最高建筑,系统设计压力的确定应尤其关注主厂房内的消火栓的布置,合理选取最不利点。

7.1.4 系原规范第6.1.4条的修改。

从目前情况看,燃煤电厂的机组数量、机组容量及占地面积将在不远的将来超过一次火灾所限定的条件。因此,电厂消防用水量应该按火灾的次数加上一次火灾最大用水量综合考虑。一次灭火水量应为建筑物室外和室内用水量之和,系指建筑物而言,不适用于露天布置的设备。

7.1.5 系原规范第5.8.1条的修改。

消火栓灭火系统是工业企业中最基本的灭火系统,也是一种常规的、传统型的系统。无论机组容量大小,消火栓系统应该作为火力发电厂的基础性首选消防设施配备。

根据我国50年来小机组发电厂的运行经验、对小型机组火力发电厂消防设计技术的设计总结及对火灾案例的分析,50MW机

组及以下的小机组电厂,可以消火栓灭火系统为主要灭火手段,不必配置固定自动灭火系统。而大型火力发电厂,既要设置消火栓给水系统,又要配备其他固定灭火系统。

针对火力发电厂,消火栓系统与自动喷水系统分开设置,将给厂区管路布置,厂房内布置带来很大困难,投资也将大幅增加,按600MW级机组计算,大约要增加近200万元投资。国内电厂多年来是按照二者合并设置设计的,至今没有出现过由此引发的消防事故,考虑到火力发电厂自身的特点,水源、动力有可靠保证,消火栓系统与自动喷水灭火系统、水喷雾灭火系统管网合并设置并共用消防泵,符合我国国情,技术上是可行的,经济上也是合理的。因此允许两个消防管网合并设置。

需要说明的是,本条如此规定,并不排斥二者分开设置,如果电厂条件允许,也可以将二者分开设置。

7.1.6 系原规范第5.8.2条的修改。

所谓的机组容量,系指单台机组容量。原规定50～125MW机组的若干场所宜设置火灾自动报警系统。近些年,135MW机组电厂上马不少,其与125MW机组容量接近,属于一个档次。故将原范围略加扩大,避免了125MW与200MW机组之间规定的空白。除此之外,随着我国国力的上升,小机组电厂的消防水平有了明显的提高,主要表现在自动报警系统的普遍设置及标准的提高。强制要求这个范围的电厂设置自动报警系统,符合国情及消防方针,增加投资不多,在当前经济发展的形势下,已经具备了提高标准的条件,也是电厂自身安全所需要的。

7.1.7 系原规范第5.8.5条的修改。

总结我国电力系统多年来的设计经验,根据我国的技术、经济状况,作了本条的规定。随着国民经济的发展,国家综合实力的提高,在200MW机组级的电厂,适当提高报警系统的水平,符合消防方针的要求。为此,在控制室等重要场所增加了极早期报警系统。高灵敏度吸气感烟探测器相对于传统的点式探测器具有更灵敏、发现火情早的优点。我国已在制定针对吸气式感烟探测器的国家标准(GB 4717.5)。

根据运煤系统建筑的环境特点,本规范规定了采用缆式感温探测器。根据近年来的火灾实例、消防实践及试验,缆式模拟量感温探测器在反应速度上要优于缆式开关量感温探测器,有条件时,应尽量选用缆式模拟量感温探测器,并采取悬挂式布设,以及早发现火灾并方便电缆的安装维护。

7.1.8 系原规范第5.8.6条的修改。

表7.1.8中,给出了一种或多种固定灭火系统的形式,可从中任选一种。鉴于发电厂单机容量的不断增大,火灾危险因素增加,1985年开始,电力系统便积极探索我国大机组发电厂的主要建筑物和设备的火灾探测报警与灭火系统的模式。我国发电厂的消防技术在1985年之前同发达国家相比,差距很大。其原因,一是我国是发展中国家,在设计现代化消防设施时不能不考虑经济因素,二是电力系统的设计人员对现代消防还不太熟悉,三是我国的火灾探测报警产品还满足不了大型发电厂特殊环境的需要。因此,从1986年开始,电力系统的设计部门进行了较长时间标准制定的准备工作,包括编制有关技术规定。东北电力设计院结合东北某电厂、华北电力设计院结合华北某电厂进行了2×200MW机组主厂房及电力变压器水消防通用设计工作。该通用设计总结了我国大机组发电厂的消防设计经验,对我国引进的美国、日本、英国及前苏联等国家的发电厂消防设计技术进行了消化。结合我国国情,使我国发电厂的消防设计上了一个新台阶。进入21世纪后,国内外消防产业的发展有了长足的进步,新技术、新产品层出不穷。已经有很多国内外的产品、技术在我国火电厂中得以应用。在近十年的实践中,电力行业消防应用技术已经积累了大量成熟丰富的经验。

1 原条文中规定电子设备间等处采用卤代烷灭火设施,主要是指"1211"、"1301"灭火设施。众所周知,1971年美国科学家提

出氯氟烃类释放后进入大气层,由于它的化学稳定性,会从对流层浮升进入平流层(距地球表面25～50km区),并在平流层中破坏对地球起屏蔽紫外线辐射作用的臭氧层。1987年9月联合国环境规划署在蒙特利尔会议上制定了限制对环境有害的五种氯氟烃类物质和三种卤代烷生产的《蒙特利尔议定书》。根据《蒙特利尔议定书》修正案,技术发达国家到公元2000年将完全停止生产和使用氟利昂、卤代烷和氯氟烃类,人均消耗量低于0.3kg的发展中国家,这一限期可延迟至2010年。我国的人均消耗低于0.3kg。因此,卤代烷灭火系统可以使用至2010年。出现这一情况后,国内设计人员不失时机地进行了替代气体的应用探索与设计实践,目前,卤代烷已经基本停止应用。鉴于目前工程实际应用的情况并依据公安部《关于进一步加强哈龙替代品及其替代技术管理的通知》,本条文规定,在电子设备间等场所,使用固定式气体灭火系统。这些气体的种类较多,如IG541、七氟丙烷、二氧化碳(高、低压)、三氟甲烷及氮气等。可以根据工程的具体情况,酌情选择。目前,在国内应用比较普遍的是IG541、七氟丙烷及二氧化碳。

2 近年来,控制室的设置,已经随着科学技术的发展,发生了很大的变化。在控制室内,基本上已经淘汰了传统的盘柜,取而代之的是大屏幕监视装置以及计算机终端,可燃物大为减少。考虑到控制室是24小时有人值班,所以,在控制室有条件取消也没有必要设置固定气体灭火系统。配备灭火器即能应对极少可能发生的零星火灾。

3 多年的实践表明,水喷淋在电缆夹层的应用存在较多问题,如排水、系统布置困难等。面临当前诸多灭火手段,不能局限于自动喷水的方式。细水雾是近几年国际上以及国内备受关注的技术,其突出特点是用水量少,便于布置,灭火效率较高。在国内冶金行业的电缆夹层、电缆隧道已经取得多项业绩。本次修订针对电缆夹层增加了水喷雾、细水雾等灭火形式。其他灭火方式,如气溶胶(SDE)、超细干粉灭火装置亦有应用实例。

4 汽机贮油箱的布置有室内和室外两种形式。当其布置在室内时,其火灾危险性与汽轮机油箱相类同,因此,应为其配备相应的消防设施。

5 据了解,国内相当多的电厂的原煤仓设有消防设施,形式多样,以二氧化碳居多。美国NFPA850,建议采用泡沫和惰性气体(如二氧化碳及氮气),而不推荐采用水蒸气。考虑到布置的方便及操作的安全,本规范规定采用惰性气体。

6 目前,随着生活水平的提高,一些电厂(尤其是南方)办公楼的内部设施相当完善,具有集中空调的屡见不鲜。按照《建筑设计防火规范》,规定了设置有风道的集中空调系统且建筑面积大于3000m²的办公楼,应设自动喷水系统。

7 就电厂整体而言,消防的重点在主厂房,而主厂房的要害部位为电子设备间、继电器室等。大机组电厂的这些场所应配置固定灭火系统,根据我国国情,以组合分配气体灭火系统为宜。对于主厂房比较分散的场所,如高低压配电间、电缆桥架交叉密集处、主厂房以外的运煤系统电缆夹层及配电间等,可以采取灵活多样的灭火手段,如悬挂式超细干粉灭火装置、火探管式自动探火灭火装置及气溶胶灭火装置等。

火探管式自动探火灭火装置是一种新型的灭火设备,可由传统的气体灭火系统对较大封闭空间的房间保护改为直接对各种较小封闭空间的保护,特别适宜于扑救相对密闭、体积较小的空间或设备火灾,在这类场所,火探管式自动探火灭火装置与传统固定式组合分配式气体灭火系统相比,有如下优点:

1)灭火的针对性、有效性强。火探管式自动探火灭火装置是将火探管直接设置在易发生火灾的电子、电气设备内,并将其直接作为火灾探测元件,特别是直接式火探管式自动探火灭火装置还将火探管作为灭火剂喷放元件,利用火探管对温度的敏感性,在160℃的温度环境下几秒至十几秒钟内,靠管内压力的作用,火探

管自动爆破形成喷射孔洞,将灭火剂直接喷射到火源部位灭火。它反应快速、准确,灭火剂释放更及时,灭火的针对性和有效性更强,将火灾控制在很小的范围内,是一种早期灭火系统。而传统的固定式气体灭火系统需要等到火势已经很大才能对整个房间或大空间进行灭火。

2)系统简单、成本低。火探管式自动探火灭火装置不需要设置专门的储瓶间,占地面积小。系统只依靠一条火探管及一套灭火剂瓶、阀,利用自身储压就能将火灾扑灭在最初期阶段。无需电源和复杂的电控设备及管线。系统大大简化,施工简单,节约了建筑面积,可降低工程造价。

3)灭火剂用量小。传统固定式气体灭火系统把较大封闭空间的房间作为防护区,而火探管式自动探火灭火装置只将较大封闭空间的房间里体积较小的变配电柜、通信机柜、电缆槽盒等被保护的电子、电器设备作为防护区。灭火剂的用量大为减少,降低了一次灭火的费用。

4)安全、环保。由于这种灭火装置是将灭火剂释放在有封闭外壳的机柜里,无论选用规范允许的哪一种灭火剂,即使稍有毒性,对现场人员的影响较小,危害减至最低,无需人员紧急疏散;同时,由于灭火剂用量大大减少,减小了对环境的污染。

目前,这种装置在山西的一些大机组电厂的电子设备间、配电间、电缆竖井等场所已经有应用。山西省已经为此编制了有关地方标准。

8 吸气式感烟探测器虽然具有早期报警的优点,但对于环境具有湿度的要求,具体工程中应结合产品要求及场所的实际情况决定如何采用。

9 据统计,各个行业电缆火灾均占较大比重,发电厂厂房内外电缆密布,火灾频发,损失较大。电缆的结构型式多为塑料外层,火灾具有发展迅速、扑救困难的特点,具有相当大的火灾危险性。针对电缆火灾危险区域应当选择适应性强的消防报警设施。火灾初期,有大量烟雾发生。因此,规定在电缆夹层应该优先选用感烟探测器。根据现行国家标准《火灾自动报警系统设计规范》的相关规定和以往的使用经验,缆式线型感温探测器是电缆架设场所一种适宜、可靠的探测报警系统,该规范规定"缆式线型定温探测器在电缆桥架或支架上设置时,宜采用接触式敷设"。目前随着消防技术的发展,缆式线型感温探测器已发展出模拟量型差温、差定温等特性,由于这些产品具有反映温升速率、早期发现火灾等特点,用于非接触式敷设的场所,有效性更高,可突破传统的接触式布设的局限,架空布置,为电缆的维护提供了方便条件。另外,由于缆式线型差定温探测器属复合型探测器,用于设置自动灭火系统的场所,可直接提供灭火设施启动联动信号。

根据国内一些单位的模拟试验,固体火灾采用开关量缆式线型感温电缆在吊挂安装时响应时间很长,反之模拟量缆式线型感温探测器(定温或差温)则具有灵敏的响应,尤其适用于运动中的运煤皮带火灾监测。

10 原规范运煤栈桥的灭火设施规定,燃烧褐煤或高挥发分煤且栈桥长度超过200m者,需要设置自动喷水灭火系统。近年来的工程实践表明,大机组的燃煤电厂多超出原规范的限制,即无论栈桥长度多少,只要符合煤种条件便配置自动喷水或水喷雾灭火系统,考虑到我国目前的经济实力,运煤系统的重要性,本次修订取消了栈桥长度方面的限制。

11 据调查,我国火电厂1965年到1979年间的1000多台变压器(大部分容量在31.5MV·A以上),变压器的线圈短路事故率为0.117次/(年·台),其中发展成火灾事故的仅占总数的4.45%,即火灾事故率约为0.0005次/(年·台)。又根据水电部的资料,从20世纪50年代初到1986年底,水电部所属的35kV及以上的变电站在此期间调查到的变压器火灾事故共几十起,按这些数据来计算,火灾事故率为0.0002~0.0004次/(年·台)。这说明,我国电力部门的主变压器火灾事故率低于

0.005次/(年·台)。另据调查,20世纪末,我国220kV及以上变压器,每年投产在200~300台。发生火灾的台数5年间为8台,火灾事故率较低。若今后按每5年全国投运变压器1500台计算,则这期间至多有8台变压器发生火灾,设备的损失费(按修复费用每台30万元计)将为240万元。至于间接损失,实际上当变压器发生火灾之后变压器遭到损坏,其不能继续运行,采用消防保护和不保护其损失是一样的,采用消防保护的最终结果是防止火灾蔓延。基于此,考虑到火电厂水消防系统的常规设置,火电厂变压器的灭火设施应以水喷雾灭火系统为主。近年来,国内在引进消化国外产品的基础上,有多家企业研制了变压器排油注氮灭火装置,深圳的华香龙公司则推出了具有防爆防火、快速灭火多项功能为一体的新一代产品,获得了许多用户的青睐,我国大型变压器已开始使用(经国家固定灭火系统和耐火构件质量监督检验测试中心检测,其灭火时间小于2min,注氮时间为30min)。变压器防爆防火灭火装置的突出特点是可以有效防止火灾的发生,避免重大损失。这种装置在国际上已经广泛采用,单是法国的瑟吉公司就已在20多个国家安装了"排油注氮"灭火设备5000多台。目前,这项技术已经趋于成熟,相应的标准也在制定中。当业主需要或因其他特殊原因需要时,可以采用这种装置,但要经当地消防部门认可。据调查,需要注意的是,变压器火灾后大部分有箱体开裂现象,一旦火灾发生油从箱体开裂处喷出,在变压器外部燃烧,该装置将不能对其发挥作用,需要采取其他手段防止火灾的蔓延。应用时要注意把握产品的质量,必须使用经国家检测通过且有良好应用业绩的产品。变压器的灭火系统采用水喷雾灭火系统还是其他灭火系统,应经过技术经济比较后确定。

12 回转式空气预热器往往由设备生产厂自行配套温度检测和内部水灭火设施,因此,在设计时要注意设计与制造的联系配合,根据制造厂的水量要求提供消防水管路的接口。

13 为将传统的烟感探测器区别于吸气式感烟探测装置,在表中将各种点型烟感探测器统称为"点型烟感";此外表中不加限制条件的"感烟"和"感温"是广义的探测形式,可自行选择。

14 针对电缆竖井等处采用的"灭火装置",系指各种可用的小型灭火装置,其中包括悬挂式超细干粉灭火装置。

7.1.9 新增条文。

《火力发电厂设计规程》规定,与运煤栈桥连接的建筑物应设水幕,为此,本条文作了相应的规定。

7.1.10 新增条文。

运煤系统是燃煤电厂中相对重要的系统。其建筑物为钢结构者愈来愈多。针对钢结构的传统做法是涂刷防火涂料,这样的结果是造价甚高,大机组电厂将达数百万,而且使用效果并不理想。从电厂全局出发,为降低防火措施的造价,采取主动灭火措施(如自动喷水或水喷雾的系统)是必要的,因此根据火电厂消防设计的实践,取消了原规范第4.3.12条,提高了灭火设施的标准。本条规定适用于各种容量的电厂,凡采用钢结构的运煤系统各类建筑,如栈桥、转运站、碎煤机室等消防设计均应执行本条规定。

7.1.11 系原规范第5.8.7条的修改。

机组容量小于300MW的火电厂,其变压器容量可能超过90MV·A,因此这些变压器也要设置火灾自动报警系统、水喷雾或其他灭火系统。

7.2 室外消防给水

7.2.1 系原规范第6.2.1条的修改。

我国发电厂的厂区面积一般都小于1.0km²,电厂所属居民区的人口都在1.5万人以下,而且电厂以燃煤为主。建国以来电厂的火灾案例表明,一般在同一时间内的火灾次数为一次。然而,近年来,国内大容量电厂逐渐增多,黑龙江鹤岗电厂三期建成后全厂总占地面积可达127ha,将超出《建筑设计防火规范》限定的100ha。这种情况下,同一时间的火灾次数如果仍限定在1次,显

然是不合理的。一旦全厂同一时间火灾次数达到2次，室外消防用水量将增大，为避免投资过大，消防设施的规模与系统的布置型式，消防给水系统按机组台数分开设置还是合并设置，应该经技术经济比较确定。

电厂的建设一般分期进行，厂区占地面积也是逐渐扩大的，新厂建设时同时考虑远期规划并配置消防给水系统是不现实的，电厂初建时占地面积小，同一时间火灾次数可为1次，随着电厂规模的逐渐扩大，达到一定程度时同一时间火灾次数极可能升为2次，于是，扩建厂的消防给水系统往往需要在老厂已有消防设施的基础上增容新建消防给水系统。最终全厂的总消防供水能力应能满足电厂两座最大建筑（包括设备）同时着火需要的室内外用水量之和。为充分利用电厂已有设施，新老厂的消防系统间宜设置联结。

7.2.2 系原规范第6.2.2条的修改。

电厂的主厂房体积较大，一般都超过50000m³，其火灾的危险性基本属于丁、戊类。

据公安部对我国百余次火灾灭火用水统计，有效扑灭火灾的室外消防用水量的起点流量为10L/s，平均流量为39.15L/s。为了保证安全和节省投资，以10L/s为基数，45L/s为上限，每支水枪平均用水量5L/s为递增单位，来确定电厂各类建筑物室外消火栓用水量是符合国情的。汽机房外露天布置的变压器，周围通常布置有防火墙，达到一定容量者，将设有固定灭火设施，为其考虑消火栓水量，旨在用于扑救流淌火焰，按照两支水枪计算，一般在10L/s。

火电厂中，主厂房、煤场、点火油罐区的火灾危险性较大，灭火的主要介质也是水，因此，有必要在这些区域周围布置环状管网，增加供水的可靠性。

根据《石油库设计规范》GB 50074，单罐容量小于5000m³且罐壁高度小于17m的油罐，可设移动式消防冷却水系统。火力发电厂点火油罐最大不超过2000m³，所以作此规定。

据了解，燃煤电厂煤场的总贮量基本都在5000t以上，所以统一规定贮煤场的消防水量为20L/s。

7.3 室内消火栓与室内消防给水量

7.3.1 系原规范第6.3.1条的修改。

火力发电厂为工业建筑，为了便于操作，根据各建筑的内部情况和火灾危险性，明确了设置室内消火栓的建筑物和场所。见表4。在电气控制楼等带电设备区，应配置喷雾水枪，增强消防人员的安全性。

集中控制楼内，消火栓布置往往受到建筑物平面布置的限制，为了保证两股水柱同时到达着火点，允许在封闭楼梯间同一楼层设置两个消火栓或双阀双出口消火栓。

主厂房电梯一般设于锅炉房，因而规定在燃烧器以下各层平台（包括燃烧器各层）应设置室内消火栓。

表4 建（构）筑物室内消火栓设置

建（构）筑物名称	耐火等级	可燃物数量	火灾危险性	室内消火栓	备注
主厂房（包括汽机房和锅炉房的底层、运煤层；煤仓间各层；除氧层；燃烧器及以下各层平台和集中控制楼楼梯间）	二级	多	丁	设置	
脱硫控制楼	二级	多	戊	设置	
脱硫工艺楼	二级	少	戊	不设置	
吸收塔	二级	少	戊	不设置	
增压风机室	二级	少	戊	不设置	
吸风机室	二级	少	丁	不设置	
除尘构筑物	二级	少	戊	不设置	
烟囱	二级			不设置	
屋内卸煤装置、翻车机室	二级	多	丙	设置	
碎煤机室，转运站及配煤楼	二级	多	丙	设置	

续表4

建（构）筑物名称	耐火等级	可燃物数量	火灾危险性	室内消火栓	备注
筒仓皮带层，室内贮煤场	二级	多	丙	设置	
封闭式运煤栈桥，运煤隧道	二级	多	丙	不设置	特殊环境，无法操作
解冻室	二级	多	丙	设置	
卸油泵房	二级	多	丙	设置	
集中控制楼（主控制楼、网络控制楼）、微波楼、继电器室	二级	多	戊	设置（配雾状水枪）	
屋内高压配电装置（内有充油设备）	二级	多	丙	设置（配雾状水枪）	
油浸变压器室	一级	多	丙	不设置	无法操作，设置在油浸变压器室外
岸边水泵房、中央水泵房	二级	少	戊	不设置	
灰浆、灰渣泵房	二级	少	戊	不设置	
生活消防水泵房	二级	少	戊	不设置	
稳定剂室、加药设备室	二级	少	戊	不设置	
进水、净水建（构）筑物	二级	少	戊	不设置	
自然通风冷却塔	三级	少	戊	不设置	
化学水处理室、循环水处理室	二级	少	戊	不设置	
启动锅炉房	二级	少	丁	不设置	
油处理室	二级	多	丙	设置	
供氢站，贮氢罐	二级	多	甲	不设置	不适合用水
空气压缩机室（有润滑油）	二级	少	戊	不设置	
柴油发电机房	二级	多	丙	设置	
热工、电气、金属实验室	二级	少	丁	不设置	
天桥	二级	无		不设置	
油浸变压器检修间	二级	少	丙	设置	
排水、污水泵房	二级	少	戊	不设置	

续表4

建（构）筑物名称	耐火等级	可燃物数量	火灾危险性	室内消火栓	备注
各分场维护间	二级	少	戊	不设置	
污水处理构筑物	二级	少	戊	不设置	
生产、行政办公楼（各层）	二级	少	戊	设置	
一般材料库	二级	少	戊	设置	
特殊材料库	二级	多	乙	设置	
材料库棚	二级	少	戊	不设置	
机车库	二级	少	丁	设置	
汽车库、推煤机库	二级	少	丁	设置	
消防车库	二级	少	丁	设置	
电缆隧道	二级	多	丙	不设置	无法使用
警卫传达室	二级	少	戊	不设置	
自行车棚	二级	无		不设置	

7.3.2 新增条文。规定了不设置室内消火栓的建筑物和场所。

7.3.3 系原规范第6.3.2条的修改。根据现行国家标准《建筑设计防火规范》，控制楼等建筑比照科研楼考虑，当控制楼与其他行政、生产建筑合建时，亦应按控制楼设计消防水量。

7.4 室内消防给水管道、消火栓和消防水箱

7.4.1 系原规范第6.4.1条的修改。

火电厂主厂房属高层工业厂房，其建筑高度参差不齐，布置竖向环管很困难。为了保证消防供水的安全可靠，规定在厂房内应形成水平环状管网，各消防竖管可以从该环状管网上引接成枝状。

消防水与生活水合并的管网，消防水量可能受生活水的影响，为此，二者合并的，应设水泵结合器。一般而言，水泵结合器的作用是当室内消防水泵出现故障时，通过水泵结合器由室外向室内

供水,另一个主要作用,当室内消防水量不足时,由其向室内增加消防水量,前提是消防车从附近的室外消火栓或消防水池吸水(建规对于水泵结合器与室外消火栓的距离有要求)。火电厂的消防,基本上立足于自救,消防水泵房独立于主厂房之外,双电源或双动力,泵有100%的备用,因此,几乎不存在因建筑物室内火灾导致消防泵瘫痪的可能。其次,室外消火栓的消防水,来自于电厂厂区独立的消防给水管网,消防泵的压力按最不利条件设置,系统流量按最大要求计算,只要消防水泵不出故障,系统压力与流量就有保证,不需要采用消防车加压补水,即便消防车从室外消火栓上吸水加压,仍然是从系统上取水再引回系统,没有必要。一旦消防水泵全部故障,室外消火栓也将无水可取,水泵结合器将为虚设。因此,根据火力发电厂的实际情况,主厂房的消防水系统若为独立系统,可不设水泵结合器。

本条第5款,系针对消火栓管网与自动喷水系统合并设置而作出的规定。

7.4.2 系原规范第6.4.2条的修改。

消火栓是我国当前基本的室内灭火设备。因此,应考虑在任何情况下均可使用室内消火栓进行灭火。当相邻一个消火栓受到火灾威胁不能使用时,另一个消火栓仍能保护任何部位,故每个消火栓应按一支水枪计算。为保证建筑物的安全,要求在布置消火栓时,保证相邻消火栓的水枪充实水柱同时到达室内任何部位。600MW机组,主厂房最危险点的高度,大约在50~60m。考虑消防设备的压力及各种损失,消防泵的出口压力可近1.0MPa。如果竖向分区,那么将使系统复杂化,实施难度大。美国NFPA14规定,当每个消火栓出口安装了控制水枪的压力装置时,分区高度可以达到122m,根据我国消防器材、管件、阀门的额定压力情况,自喷报警阀、雨淋阀的工作压力一般为1.2MPa,而普通闸阀、蝶阀、球阀及室内消火栓均能承受1.6MPa的压力。国内的减压阀,也能承受1.6MPa的入口压力。《自动喷水灭火系统设计规范》规定,配水管路的工作压力不超过1.2MPa。国内其他行业也有消防给水管网压力为1.2MPa的标准规定。综上,将压力分区提高到1.2MPa是可行的。这样既可简化系统,减少不安全因素,又可合理降低工程造价。当然,在消防管网上的适当位置需要采取减压措施,使得消火栓入口的动压小于0.5MPa。在低区的一定标高处设置减压阀,是国内一些工程普遍采取的手段。原规范限定的0.8MPa与0.5MPa是两个概念,前者目的是预防消防设施因水压过大造成损坏,后者是防止水压过大,消防队员操作困难。消火栓静水压力提高到1.2MPa后,系统设计的关键是防止消火栓栓口压力过高,可采用减压孔板、减压阀或减压稳压消火栓。当采用减压阀减压时,应设备用阀,以备检修用。

主厂房内带电设备很多,直流水枪灭火将给消防人员人身安全带来威胁。美国NFPA850规定,在带电设备附近的水龙带上应装设可关闭的且注册用于电气设备上的水喷雾水枪。我们国内已有经国家权威部门检测过的喷雾水枪,这种水枪多为直流、喷雾两用,可自由切换,机械原理可分为离心式、机械撞击式、簧片式,其工作压力在0.5MPa左右。

本条还根据建规增加了水枪充实水柱的规定。

考虑到火电厂多远离城市,运行人员对于消火栓的使用能力有限,而消防软管易于操作,故本次修订强调消火栓箱应配备消防软管卷盘,这对于控制初期火灾将具有积极而重要的意义。

7.4.3 系原规范第6.4.3条的修改。

消防水箱设置的目的,源于火灾初期由于某种原因消防管网不能正常供水。根据《建筑设计防火规范》,为安全起见,有条件情况下,宜设消防水箱。

管网能否供水,除管路能正常通流外,主要取决于消防水泵能否正常运行。火电厂在动力的提供保障上相对其他行业具有得天独厚的优势。它既能提供双回路电源,又能配备柴油发动机。按照国际上的通行做法,设置了电动泵及柴油发动机驱动的,再有

双格蓄水池者,可视为双水源;设置了双水源,即可不设置高位水箱。国内近十几年绝大多数电厂设置了俗称为稳高压的消防给水系统(不设高位水箱),运行实践表明该系统在火电厂是适用的。事实上,在火电厂设置高位水箱由于各种原因存在很大难度。鉴于此,当设置高位水箱确有困难时,可以取消,但是,消防给水系统必须符合规范规定的各项要求。这些要求归结起来,很重要的一点是配备稳压泵。考虑到安全贮备,稳压泵应设备用。正常情况下,稳压泵用于弥补管网的漏失水量,因此,稳压泵的出力应通过漏失水量计算确定。但是,对于新建厂,影响漏失量的因素很多,很难计算确定,至少应按不低于满足1支消防水枪的能力选择泵。国内已经投运的部分电厂的经验表明,消防管网漏失量较大,配备更大流量的稳压泵也是可能的,设计时可酌情确定。根据国内消防业的大量实践,稳压泵的额定压力往往高于消防泵的额定压力,约为1.05倍。

煤仓间的运煤皮带头部,通常设有水幕。这里将是主厂房消防设施的最高点。因此,如果设置了高位消防水箱就必须保证该处的消防水压,因此需要设置在煤仓间转运站的上方,才能满足各消防设施的水压要求。

7.5 水喷雾与自动喷水灭火系统

7.5.1 新增条文。

变压器的水喷雾安装,要特别注意灭火系统的喷头、管道与变压器带电部分(包括防雷设施)的安全距离。

7.5.2 新增条文。

寒冷地区,为了防止变压器灭火后水喷雾管管内水结冰,必须迅速放空管路,确保水喷雾系统保持空管状态。其放空阀设置在室内、外可根据管路的敷设形式确定。此外,系统还可利用放空管进行排污。

7.5.3 新增条文。

自动喷水设置场所的火灾危险等级的确定,涉及因素较多,如火灾荷载、空间条件、人员密集程度、灭火的难易以及疏散及增援条件等。

火电厂建筑物内,具有火灾危险性的物质以电缆、润滑油及煤为主。对应于主厂房内自动喷水灭火系统的设置,主要是柴油、润滑油、煤粉、煤及电缆等。

根据近年原国家电力公司的统计,比较大的火灾多属电缆火灾。据统计,1台600MW机组的电缆总长度可达1000km,可见电缆防火的重要性。电厂电缆的防火,历来为电厂运行部门所重视。原国家电力公司曾经专门制定过《防止电力生产重大事故的二十五项重点要求》,其中电缆防火列于首位。目前,普遍采用阻燃电缆,个别地方可能采用耐火电缆,因此电缆的火灾危险性已经有所降低。

在主厂房中,主要的生产用油为汽轮机油(透平油),属润滑油。其闪点(开口)不低于105℃,折合闭杯闪点也在70℃以上,高于国家规定的61℃,属于高闪点油品,不易燃烧,不属于易燃液体。对照国家标准《自动喷水灭火系统设计规范》,它既不属于可燃液体制品,也不属于易燃液体喷雾区。锅炉燃烧器处,虽然可能采用较低闪点的油品,但是往往是少量漏油,构不成严重危险。

运煤系统建筑的火灾危险性为丙类,煤可界定为可燃固体。其中无烟煤的自燃点达280℃以上,褐煤的自燃点为250~450℃。

日本将发电厂定为中危险级。

美国消防协会标准NFPA850建议的自动喷水系统设置场所与喷水强度见表5。

表5 自动喷水系统设置场所与喷水强度[L/(min·m²)]

自喷设置场所	喷水强度值
电缆夹层	12
汽机房油管道	12
锅炉燃烧器	10.2

自喷设置场所	喷水强度值
运煤栈桥	10.2
运煤皮带层	10.2
柴油发电机	10.2

从表5所列数值可看出，美国标准NFPA850略高于我国《自动喷水灭火系统设计规范》。

如何确定自喷设置场所的危险等级，国内没有针对性很强的标准，量化很困难。据调查，国内火电厂的自动喷水设计，绝大部分按照中危险级计算喷水强度。参照《自动喷水灭火系统设计规范》的规定，综合以上因素，确定主厂房内自喷最高危险等级为中Ⅱ级。

7.5.4 新增条文。

运煤栈桥的皮带，行进速度达2m/s以上。一旦发生火灾，在烟囱效应的作用下，蔓延的速度将很快。所以，闭式喷头能否及早动作喷水，对于栈桥的灭火举足轻重。快速响应喷头可以早期探测到火灾并及早动作，有利于火灾的快速扑灭，避免更大损失。国内外均有性能先进的快速响应喷头产品可供选用。

7.5.5 系原规范第6.5.2条的修改。

细水雾灭火系统，具有很好的应用空间。然而，截至目前，尚无细水雾灭火系统设计的国家标准。已经正式颁布执行的地方标准，对于系统的关键性能参数规定不一，多强调要结合工程实际确定具体的性能设计参数。为安全起见，要求细水雾灭火系统的灭火强度和持续时间宜符合现行国家标准《水喷雾灭火系统设计规范》的有关规定。

7.6 消防水泵房与消防水池

7.6.1 系原规范第6.6.1条。

消防水泵房是消防给水系统的核心，在火灾情况下应能保证正常工作。为了在火灾情况下操作人员能坚持工作并利于安全疏散，消防水泵房应设直通室外的出口。

7.6.2 系原规范第6.6.2条的修改。

为了保证消防水泵不间断供水，一组消防工作水泵（两台或两台以上，通常为一台工作泵，一台备用泵）至少应有两条吸水管。当其中一条吸水管发生破坏或检修时，另一条吸水管应仍能通过100%的用水总量。

独立消防给水系统的消防水泵、生活消防合并的给水系统的消防水泵均有独立的吸水管从消防水池直接取水，保证灭火用水。当消防蓄水池分格设置时，如有一格水池需要清洗时，应能保证消防水泵的正常引水，可设公用吸水井、大口径公用吸水管等。

7.6.3 系原规范第6.6.3条。

为使消防水泵能及时启动，消防水泵泵腔内应经常充满水，因此消防水泵应设计成自灌式引水方式。如果采用自灌式引水方式有困难而改用高位布置时，必须具有迅速可靠的引水装置，但要特别注意水泵的快速出水。国内沈阳耐蚀合金泵厂的同步排吸泵能保证1s内出水，这样既可节约占地又能节省投资，重要的是，还能做到水池任意水位均能启动出水。

7.6.4 系原规范第6.6.4条的修改。

本条规定了消防水泵房应有两条以上的出水管与环状管网直接连接，旨在使环状管网有可靠的水源保证。当采用两条出水管时，每条出水管均应能供应全部用水量。泵房出水管与环状管网连接时，应与环状管网的不同管段连接，以确保安全供水。

为了方便消防泵的检查维护，规定了在出水管上设置放水阀门、压力及流量测量装置。为防水锤对系统的破坏，在出水管上，推荐设置水锤消除装置。近年来国内很多工程（包括市政系统）在泵站设置了多功能控制阀。为了防止系统的超压，本条还规定系统应设置安全泄压装置（如安全阀、卸压阀等）。

7.6.5 系原规范第6.6.5条的修改。

为了保证不间断地向火场供水，消防泵应设有备用泵。当备用泵为电力电源且工作泵为多台时，备用泵的流量和扬程不应小于最大一台消防泵的流量和扬程。

根据电力行业有关规定及火电厂的实际情况，火电厂能够满足双电源或双回路向消防水泵供电的要求。但是，客观上，无论火电厂的机组容量多大，机组数量多少，均存在全厂停电的可能性。火电厂多远离市区，借助城市消防能力极为困难。为了在全厂停电并发生火灾时消防供水不致中断，考虑我国小于125MW机组的电厂严格限制建设的实际，规定125MW机组以上的火电厂宜配备柴油机驱动消防泵，而且其能力应为最大消防供水能力。通常柴油机消防泵的数量为1台。

7.6.6 系原规范第6.2.5条的修改。

《建筑设计防火规范》规定消防水池大于500m³应分格。燃煤电厂消防水池的容积至少为500m³。目前，600MW机组消防水池容量可达1000m³。考虑电厂消防给水供水的重要性，规定容量大于500m³的消防水池应分格，便于水池的清洗维护，增强水池的供水可靠性。为在任何情况下能保证水池的供水，规定两格水池宜设公用吸水设施，使得水池清洗时不间断供水。

7.6.7 新增条文。

据了解，利用冷却塔作为消防水源已有实例。冷却塔内水池容量很大，水质也较好，有条件作为消防蓄水池。但必须保证冷却塔检修放空不间断消防供水。因此，强调当利用冷却塔作为水源时，其数量应至少为两座，并均有管（沟）引向消防水泵吸水井。

7.6.8 系原规范第6.6.6条的修改。文字略有调整。

7.6.9 新增条文。对于消防水泵房的建筑设计要求。

7.7 消防排水

7.7.1 系原规范第6.8.1条。消防排水、电梯井排水与生产、生活排水应统一设计。

消防排水是指消火栓灭火时的排水，可进入生产或生活排水管网。

7.7.2 系原规范第6.8.2条。

关于变压器、油系统等设施消防排水的规定。变压器、油系统的消防给水流量很大，而且消防排水中含有油污，造成污染；此外变压器、油系统发生火灾时有燃油溢（喷）出，油火在水面上燃烧，因此，这种消防排水应单独排放。为了不使火灾蔓延，排水设施上还要加设水封分隔装置。

7.8 泡沫灭火系统

7.8.1 新增条文。

燃煤火电厂点火用油均为非水溶性油。按《低倍数泡沫灭火系统设计规范》及《高倍数、中倍数泡沫灭火系统设计规范》，低倍数泡沫、中倍数泡沫灭火系统均适用于点火油罐的灭火。目前，国内电厂的油罐灭火以低倍数泡沫灭火系统居多。其他灭火方式，如烟雾灭火，也适用于油罐，但在电力系统中应用较少，使用时需慎重考虑。

7.8.2 新增条文。根据《石油库设计规范》的要求，结合燃煤电厂的工程实践规定了泡沫灭火系统的型式及适用条件。

7.8.3 新增条文。规定了泡沫灭火系统的计算、布置原则。

7.9 气体灭火系统

7.9.1 新增条文。

虽然火电厂原设置1301系统的场所未被列为非必要场所，但是，近年来，1301气体灭火系统在电厂的应用已经趋于终止。随着卤代烷在中国停止生产的日期的临近，其替代产品及技术不断涌现，国内电力工程建设也有了大量的实践。公安部2001年"关于进一步加强哈龙替代品及其替代技术管理的通知"列出的哈龙替代品的介质很多，如IG-541、七氟丙烷、二氧化碳、细水雾、气溶胶、三氟甲烷及其他惰性气体等。国内电力行业使用 IG-541、七氟丙烷及二氧化碳为最多。这些替代品，各有千秋。七氟丙烷不导电，不破坏臭氧层，灭火后无残留物，可以扑救 A（表面火）、B、C 类和电气火灾，可用于保护经常有人的场所，但其系统管路长度不宜太长。IG-541 为氩气、氮气、二氧化碳三种气体的混合物，不破坏臭氧层，不导电，灭火后不留痕迹，可以扑救 A（表面火）、B、C 类和电气火灾，可以用于保护经常有人的场所，为很多用户青睐，但该系统为高压系统，对制造、安装要求非常严格。二氧化碳分为高压、低压两种系统，近年来，低压系统应用相对普遍。二氧化碳灭火系统，可以扑救 A（表面火）、B、C 类和电气火灾，不能用于经常有人的场所。低压系统的制冷及安全阀是关键部件，对其可靠性的要求极高。在二氧化碳的释放中，由于干冰的存在，会使防护区的温度急剧下降，可能对设备产生影响。对释放管路的计算和布置、喷嘴的选型也有严格要求，一旦出现设计施工不合理，会因干冰阻塞管道或喷嘴，造成事故。

气溶胶灭火后有残留物，属于非洁净灭火剂。可用于扑救 A（表面火）、部分 B 类、电气火灾。不能用于经常有人、易燃易爆的场所。使用中要特别注意残留物对于设备的影响。火电厂的电子设备间、继电器室等，属于电气火灾，设备也是昂贵的，因此，灭火介质以气体为首选。各种哈龙替代物系统的灭火性能不同，造价也有较大差别，设计单位、使用单位应该结合工程的实际，经技术经济比较综合确定气体灭火系统的型式。

7.9.2 新增条文。

目前，针对哈龙替代气体的国家标准已经颁布（如《气体灭火系统设计规范》）。过去，气体的备用量如何考虑，各个使用单位很多是参照已有的国家标准比照设定。针对 IG-541、七氟丙烷，广东省的地方标准规定，用于需不间断保护的，超过 8 个防护区的组合分配系统，应设置 100% 备用量。针对三氟甲烷，北京地方标准（报批稿）规定，用于需不间断保护防护区灭火系统和超过 8 个防护区组成的组合分系统，应设 100% 备用量。陕西省地方标准，《洁净气体 IG-541 灭火系统设计、施工、验收规范》，原则与前述一样。上海市《惰性气体 IG-541 灭火系统技术规程》规定，当防护区为不间断保护的重要场所，或者在 48 小时内补充灭火剂有困难者，应设置备用量，备用量应为 100% 灭火剂设计用量。上述地方标准一致处，均要求有不间断保护需要的，应设备用，多数标准，当保护区数量超过 8 小时，需设备用。《气体灭火系统设计规范》规定，灭火系统的灭火剂储存装置 72 小时内不能重新充装恢复工作的，应按原储存量的 100% 设置备用量。电厂往往远离市区，交通不便，电厂设置气体灭火系统的场所多为电厂控制中枢，在电厂生产安全运行中占有极为重要的位置，没有理由中断保护，考虑灭火气体的备用量具有重要意义，根据我国目前经济实力及一些工程的实践（国内有电厂如定州电厂、沁北电厂采用烟烙尽气体，设置了百分之百的备用量），本规范作出了灭火介质宜考虑 100% 备用的规定，工程中可根据有关国家和地方消防法规、标准和建设单位的要求综合论证确定。

7.9.3 新增条文。

气体灭火系统多为高压系统，为了在尽可能短的时间内将药剂输送到保护区内，以保证喷头的出口压力和流量，要求瓶组间尽量靠近防护区。

低压二氧化碳贮存罐体较大，高位布置可能给安装、充灌带来不便，实践中，曾有过贮罐设于二层运行平台发生事故的先例，因此推荐将整套贮存装置设置在靠近保护区的零米层以利于安装、维护及灌装。另一方面，该系统允许管路长度范围较大，也为低位安装创造了条件。

7.9.4 新增条文。目前，二氧化碳灭火系统具有国家标准，其他如 IG-541、七氟丙烷等常用气体的国家标准也已颁布执行。

7.10 灭 火 器

7.10.1 新增条文。

按《建筑设计防火规范》的要求，建筑物应配置灭火器。本条结合火电厂的建筑物的特点，规定了需要配置灭火器的场所，火灾类别和危险程度。

国家标准《建筑灭火器配置设计规范》对于使用灭火器的场所，划分为 6 类，火灾危险程度划分为三种，分别为严重、中、轻。

根据《建筑灭火器配置设计规范》，工业建筑灭火器配置的场所的危险等级，应根据其生产、使用、贮存物品的火灾危险性、可燃物数量、火灾蔓延速度以及扑救难易程度，划分为三类，即严重危险级、中危险级、轻危险级。就火电厂总体而言，根据上述原则，将大部分建筑及设备归为中危险级，是适宜的。参照该规范的火灾种类的定义，结合国内电厂消防设计实际，火电厂的大多数场所，定为中危险级。但是，由于火电厂各建筑设备种类繁多，仍有一些场所，不能简单地定为中危险级。

各类控制室，是生产指挥的中心，地位重要，一旦发生火灾，将严重影响电厂的生产运行，将其定为严重危险级，符合《建筑灭火器配置设计规范》的要求。此外，《建筑灭火器配置设计规范》中明确定为严重危险级的还有供氢站。考虑到主厂房内的一些贮存油的装置，一旦发生火灾，后果的严重性，将其定为严重危险级。磨煤机为煤粉碾磨设备，列为严重危险级。消防水泵房内的柴油发动机消防泵组，配备有柴油油箱，又是水消防系统的关键，所以应予特别重视，故将其定为严重危险级。

7.10.2 新增条文。本条基于《石油库设计规范》中的有关规定制定。

7.10.3 新增条文。

鉴于灭火器有环境温度的限制条件，考虑地域差异，南方地区室外气温可能很高，煤场、油区等处的灭火器将考虑设置遮阳设施，保证灭火剂有效使用。

7.10.4 新增条文。

现行国家标准《建筑灭火器配置设计规范》仍将哈龙灭火器作为有条件使用的灭火器。电厂的控制室、电子设备间、继电器室等不属于非必要场所。事实上，二氧化碳灭火器对于 A 类火不能发挥效用，所以，在这些场所，哈龙灭火器仍然是可以采用的最佳灭火设施。

7.10.5 新增条文。关于灭火器配置的具体要求。

7.11 消 防 车

7.11.1 系原规范第 6.7.1 条。

关于电厂设置消防车的原则规定。20 世纪 90 年代以来，我国许多大型电厂由于水源、环境、交通运输以及占地等因素而建在远离城镇的地区，并且形成一个居民点及福利设施区域，这样，消防问题便较为突出。由于各地公安部门对电厂区域的消防提出要求，所以有些大厂设置了消防车和消防站。应当指出，我国火力发电厂的消防设计原则一直是以发生火灾时立足自救为基点的。发电厂均有完善的消防供水系统，实践也证明只有依靠发电厂本身的消防系统才可控制和扑灭火灾。我国的消防车绝大多数是解放牌汽车的动力，其水泵流量和扬程很难满足发电厂主厂房发生火灾时的需要，加上没有相应的登高设备，所以，在发电厂主厂房发生火灾时，消防车不起作用。但考虑到发电厂厂区的其他建筑物和电厂区域内居民建筑的火灾防范，制定了本条的规定。本条文解释与电力工业部、公安部联合文件电规(1994)486 号文中"消防站设置方式与管理"的说明和本条文中设置消防车库是一致的。

7.11.2 系原规范第 6.7.2 条。

7.12 火灾自动报警与消防设备控制

7.12.1 新增条文。

规定了 50～135MW 机组火电厂的火灾探测报警系统的型式。根据《火灾自动报警系统设计规范》，火灾自动报警系统可以划分为三种，最为简单的是区域报警系统。对于小机组，侧重于预防,可以将其界定为区域报警系统。该系统最为显著的特征,是以火灾探测报警为主要功能,没有火灾联动设备。

7.12.2 新增条文。

按照消防工作"以防为主,防消结合"方针,200MW 机组电厂规模较大,其火灾探测报警系统的重要性不容忽视。在工程实践中,随着消防科学技术的进展,200MW 机组级别的火电厂的火灾自动报警系统的水平已经有了很大提高。一些辅助监测、报告手段,得以普遍应用,而且投资增加甚微,功能增强。本条规定了报警系统应配有打印机、火灾警报装置、电话插孔等辅助装置。根据当前报警系统技术与产品的应用情况,推荐采用总线制,减少布线提高系统的可靠性。

7.12.3 系原规范第 5.8.3 条的修改。

从近年的工程实践看,火灾报警区域的划分具有一定灵活性。由于电厂建筑布置的不确定性(如脱硫区域可能距主厂房稍远),不宜对火灾报警区域的划分作硬性规定。

7.12.4 新增条文。

火电厂的单元控制室或主控制室,24 小时有人值班,是全厂生产调度的中心。100MW 以下机组,一般设主控室(电气为主),另设机炉控制室;125MW 以上机组,设单元控制室,机、炉、电按单元集中控制;若为两机一控,两个单元控制室集中设置为集中控制室,中间可能设玻璃墙分隔。一旦电厂发生火灾,不单纯是投入力量实施灭火,还要有一系列的生产运行方面的控制,只有消防控制与生产调度指挥有机结合,值班人员有条件及时了解掌握火灾情况,才能有效灭火并使损失降到最小。要求消防控制与生产控制合为一体,符合火电厂的实际,也是国际上的普遍做法。

7.12.5 系原规范第 8.3.1 条与第 8.3.2 条的合并。

当发电厂采用单元控制室控制方式时,火灾自动报警及灭火设备的监测也将按单元制设置。为了及时正确地处理火灾引发的问题,要求各种报警信号、消防设备状态等在运行值长所在控制室反映,使得运行值长能及时了解火灾发生情况,调度指挥各类人员进行相关处理。

7.12.6 系原规范第 5.8.4 条的修改。

对于火灾探测器的选型,在本规范表 7.1.7 和表 7.1.8 中有具体规定,应该按其执行。

7.12.7 新增条文。

具有金属结构层的感温电缆具有一定抗机械损伤能力,可有效防止误报。

7.2.8 新增条文。

点火油罐区是易燃易爆区,设置在油区内的探测器,尤应注意选择防爆类型的探测器,以避免引起意外损失。

7.12.9 新增条文。

运煤栈桥及转运站等建筑经常采用水力冲洗室内地面。在运行中,探测器的分线盒等进水导致故障的现象时有发生。在设计时,应注意提出防水保护要求。

7.12.10 系原规范第 8.3.3 条。

由于火灾事故在发电厂中具有危害性大、不易控制且必须及时正确处理的特殊性,要求运行人员能正确判断火灾事故,消除麻痹思想,特规定消防报警的音响应区别于所在处的其他音响。

7.12.11 系原规范第 8.3.4 条。

7.12.12 系原规范第 8.3.5 条的修改。

消防供水灭火过程中,管网的压力可能比较稳定地维持在工作压力状态,甚至更高。灭火过程中,管网压力升高到额定值不一定代表已经完全灭掉火灾,应该由现场人员根据实际情况判定。所以,消防水泵应该由人工停运。美国规范 NFPA850 也有这样规定。

7.12.13 新增条文。

可燃气体在电厂中大量存在,一旦发生爆炸,后果严重。因此,应该将其危险信号纳入火灾报警系统。

7.12.14 系原规范第 8.3.6 条。

8 燃煤电厂采暖、通风和空气调节

8.1 采 暖

8.1.1 系原规范第 7.1.1 条的修改。

火力发电厂的运煤系统在原煤的输送、转运、破碎过程中会产生不同程度的煤粉粉尘,这些粉尘在沉降过程中会逐渐积落在地面、设备和管道外表面上。煤尘积聚到一定程度会引起火灾,所以,运煤系统建(构)筑物地面,设备、管道外表面都要经常进行清扫,采暖系统的散热器更应保持清洁,因此应选用表面光洁易清扫的散热器。限定运煤建筑采暖散热器入口处的热媒温度不应超过 160℃的理由如下:

1 受系统形式的制约,运煤系统的建筑围护结构必须采用轻型结构,其传热系数大,冷风渗透严重,围护结构的保温性能差。对于严寒地区来说,如果热媒温度太低,不仅满足不了采暖热负荷的要求,而且容易发生采暖系统冻结的重大事故。从我国几十年来积累的运行经验来看,运煤系统采暖热媒采用压力为 0.4～0.5 MPa,温度在 160℃以下的饱和蒸汽是适宜的。

2 在《建筑设计防火规范》中,输煤廊的采暖系统热媒温度被限定在 130℃以下,依据是运行的安全性。但从我国和其他寒带国家(如俄罗斯)的运行实践看,采用 160℃以下采暖热媒,没有发生过由采暖散热器表面温度过高而引起的火灾或爆炸事故,这也是编写该条文的重要依据。

3 与其他发达国家的相关防火规范对比,该条文也是适宜的,比如,美国防火规范中规定运煤系统散热器表面温度不超过 165℃。

4 界定散热器入口处热媒最高温度主要是考虑使用该规范时的可操作性。

8.1.2 系原规范第 7.1.2 条的修改。

8.1.3 系原规范第 7.1.3 条的修改。

蓄电池室如果采用散热器采暖系统,从散热器的选型到系统安装,都必须考虑防漏水措施,不能采用承压能力差的铸铁散热器,管道与散热器的连接以及管道、管件间的连接必须采用焊接。

8.1.4 系原规范第 7.1.4 条的修改。

采暖管道不应穿过变压器室、配电装置等电气设备间。这些电气设备间装有各种电气设备、仪器、仪表和高压带电的各种电缆,所以在这些房间不允许管道漏水,也不允许采暖管道加热这些设备和电缆,因此,作了本条规定。

8.1.5 系原规范第 7.1.5 条的修改。

8.2 空气调节

8.2.1 系原规范第 7.2.1 条的修改。

电子计算机室、电子设备间、集中控制室(包括机炉控制室、单元控制室)等,是电厂正常运行的指挥中心,其建筑物耐火等级属二级,室内都安装有贵重的仪器、仪表,因此当发生火灾时必须尽快扑灭,并彻底排除火灾后的烟气和毒气,让运行人员及时进入室内处理事故,以便尽早恢复生产,因此本节将上述房间的排烟设计界定为以恢复生产为目的。其他空调房间系指以舒适性为目的的空调房间,应按国家标准《建筑设计防火规范》的有关规定设置排烟设施。

8.2.2 系原规范第 7.2.2 条的修改。

简化了与《建筑设计防火规范》重复的内容,执行过程中可参照《建筑设计防火规范》执行。对于火力发电厂而言,重要房间和火灾危险性大的房间主要指集中控制室(单元控制室、机炉控制室)、电子设备间、计算机室等。

8.2.3 系原规范第 7.2.4 条的修改。

通风管道是火灾蔓延的通道,不应穿过防火墙和非燃烧体等防火分隔物,以免火灾蔓延和扩大。

11

在某些情况下,通风管道需要穿过防火墙和非燃烧体楼板时,则应在穿过防火分隔物处设置防火阀,当火灾烟雾穿过防火分隔物处时,该防火阀应能立即关闭。

8.2.4 系原规范第7.2.5条的修改。

当发生火灾时,空气调节系统应立即停运,以免火灾蔓延,因此,空气调节的自动控制应与消防系统连锁。

8.2.5 系原规范第7.2.7条。

8.2.6 系原规范第7.2.8条。

要求电加热器与送风机连锁,是一种保护控制措施。为了防止通风机已停而电加热器继续加热引起过热而起火,必须做到欠风、超温时的断电保护,即风机一旦停止,电加热器的电源即应自动切断。近年来发生多次空调设备因电加热器过热而失火,主要原因是未设置保护控制。

设置工作状态信号是从安全角度提出来的,如果由于控制失灵,风机未启动,先开了电加热器,会造成火灾危险。设显示信号,可以协助管理人员进行监督,以便采取必要的措施。

8.2.7 系原规范第7.2.9条。

8.2.8 系原规范第7.2.10条的修改。

空调系统的风管是连接空调机和空调房间的媒介,因此也是火灾的传播媒介。为了防止火灾通过风管在不同区域间的传播,要求风管的保温材料、空调设备的保温材料、消声材料和黏接剂均采用不燃烧材料,只有通过综合技术经济比较后认为采用难燃保温材料更经济合理时,才允许使用B1级的难燃保温材料。

8.3 电气设备间通风

8.3.1 系原规范第7.3.1条的修改。

当屋内配电装置发生火灾时,通风系统应立即停运,以免火灾蔓延,因此应考虑切断电源的安全性和可操作性。

8.3.2 系原规范第7.3.2条的修改。

当几个屋内配电装置室共设一个送风系统时,为了防止一个房间发生火灾时,火灾蔓延到另外一个房间,应在每个房间的送风支道上设置防火阀。

8.3.3 系原规范第7.3.3条的修改。

变压器室的耐火等级为一级,因此变压器室通风系统不能与其他通风系统合并,各变压器室的通风系统也不应合并。

考虑到实际应用中的可操作性,本条规定了具有火灾自动报警系统的油浸变压器室发生火灾时,通风系统应立即停运,以免火灾蔓延。

8.3.4 系原规范第7.3.4条的修改,使该条文具有更强的可操作性。

8.3.5 系原规范第7.3.5条。

《建筑设计防火规范》规定:甲、乙类厂房用的送风设备和排风设备不应布置在同一通风机房内,且排风设备不应与其他房间的送、排风设备布置在同一通风机房内。蓄电池室的火灾危险性属于甲级,所以送、排风设备不应布置在同一通风机房内,但送风设备采用新风机组并设置在密闭箱体内时,可以看作另外一个房间,其可与排风设备布置在同一个房间内。

8.3.6 系原规范第7.3.7条的修改。

电缆隧道采用机械通风时,火灾时应能立即切断通风机的电源,通风系统应立即停运,以免火灾蔓延,因此,通风系统的风机应与火灾自动报警系统连锁。

8.4 油系统通风

8.4.1 系原规范第7.4.1条。

油泵房属于甲、乙类厂房,根据《建筑设计防火规范》的规定,室内空气不应循环使用,通风设备应采用防爆式。

8.4.2 系原规范第7.4.2条。

8.4.3 系原规范第7.4.3条。

8.4.4 系原规范第7.4.4条。

8.4.5 系原规范第7.4.5条。

8.5 运煤系统通风除尘

8.5.1 新增条文。

运煤建筑设置机械通风系统的目的是排除含有煤尘的污浊空气,保持室内一定的空气环境。由于排除的空气中含有遇火花可爆炸的煤尘,因此通风设备应采用防爆电机。

8.5.2 新增条文。

运煤系统采用电除尘方式已经很普遍,最近又有大量应用的趋势。从电除尘的机理分析,并非所有运煤系统都适合采用电除尘方式,而是应当根据煤尘的性质来确定,目前可参照《火力发电厂运煤系统煤尘防治设计规程》执行。

8.5.3 系原规范第5.1.7条。

8.5.4 系原规范第5.1.8条。

8.5.5 系原规范第5.1.6条的修改。

在转运站和碎煤机室设置的除尘设备,其电气设备主要指配电盘和操作箱,其外壳防护等级应符合现行的国家标准。本次修订进一步明确了室内除尘配套电机外壳所应达到的防护等级。

8.6 其他建筑通风

8.6.1 系原规范第7.5.1条的修改。

氢冷式发电机组的汽机房,发电机组上方应设置排氢风帽,以免泄漏的氢气聚集在汽机房屋顶,发生爆炸事故,因此制定本条文。当排氢装置用通风装置替代,比如双坡屋面的汽机房设计了屋顶自然通风器时,就不再设计专门的排氢装置,而屋顶通风器常常采用电动驱动装置。如果氢冷发电机出现大量泄漏或汽机房屋面下积聚一定浓度的氢气时,遇火花便可能发生爆炸,所以要求电动装置采用直联方式和防爆措施。

8.6.2 系原规范第7.5.2条。

8.6.3 系原规范第7.5.3条的修改。

9 燃煤电厂消防供电及照明

9.1 消防供电

9.1.1 系原规范第8.1.1条的修改。

电厂内部发生火灾时,必须靠电厂自身的消防设施指示人员安全疏散、扑救火灾和排烟等。据调查,多数火灾造成机组停机甚至厂用电消失,而消防控制装置、阀门及电梯等消防设备都离不开用电。火灾案例表明,如无可靠的电源,发生火灾时,上述消防设施由于断电将不能发挥作用,即不能及时报警、有效地排除烟气和扑救火灾,进而造成重大设备损失或人身伤亡。本条所指自动灭火系统系指除消防水泵以外的其他用电负荷,消防水泵的供电见第9.1.2条。保安负荷供电是为保证电厂安全运行和不发生重大人身伤亡事故的供电。

9.1.2 系原规范第8.1.2条的修改。

消防水泵是全厂消防水系统的核心,如果消防水泵因供电中断不能启动,对火灾扑救十分不利。因此本条提出了消防水泵、主厂房电梯的供电要求。电力系统供电负荷等级用罗马字母表述,如Ⅰ、Ⅱ类负荷,基本等同于《建筑设计防火规范》中一、二级负荷。消防水泵泵组的设置见第7.6.5条。

9.1.3 系原规范第8.1.3条。

因消防自动报警系统内有微机,对供电质量要求较高,且报警控制器等火灾自动报警设备,一般都布置在单元控制室内可与热工控制装置联合供电,故作此规定。辅助车间的自动报警装置本身宜带有不停电电源装置。

9.1.4 系原规范第8.1.4条。

造成许多火灾重大伤亡事故的原因虽然是多方面的,但与有无应急照明有着密切关系,这是因为火灾时为防止电气线路和设备损失扩大,并为扑救火灾创造安全条件,常常需要立即切断电源,如果未设置应急照明或者由于断电使应急照明不能发挥作用,在夜间发生火灾时往往是一片漆黑,加上大量烟气充塞,很容易引起混乱造成重大损失。因此,应急照明供电应绝对安全可靠。国外许多规程规范强调采用蓄电池作火灾应急照明的电源。考虑到目前我国电厂的实际情况,一律要求采用蓄电池供电有一定困难,而且也不尽经济合理。单机容量为200MW及以上的发电厂,由于有交流事故保安电源,因此当发生交流厂用电停电事故时,除有蓄电池组对照明负荷供电外,还有条件利用交流事故保安电源供电。为了尽量减少事故照明回路对直流系统的影响,保证大机组的控制、保护、自动装置等回路安全可靠的运行,因此,对200MW及以上机组的应急照明,根据生产场所的重要性和供电的经济合理性,规定了不同的供电方式。

因蓄电池组一般都设置在主厂房或网控楼内,远离主厂房重要场所的应急照明若由主厂房的蓄电池组供电,不仅供电电压质量得不到保证而且增加了电缆费用,同时也增加了直流系统的故障几率。因此,规定其他场所的应急照明由保安段供电。

9.1.5 系原规范第8.1.5条。

单机容量为200MW以下的发电厂,一般不设保安电源,当发生全厂停电事故时,只有蓄电池组可继续对照明负荷供电。因此,规定应急照明宜由蓄电池组供电。

应急灯是一种自带蓄电池的照明灯具,平时蓄电池处于长期浮充状态,当正常照明电源消失时,由蓄电池继续供电保持一段时间的照明。因此,推荐远离主厂房重要车间的应急照明采用应急灯方式。

9.1.6 系原规范第8.1.6条的修改。

由于电厂厂用电系统供电可靠性较高,因此,当消防用电设备采用双电源供电时,可以在厂用配电装置或末级配电箱处进行切换。

9.2　照　　明

9.2.1 系原规范第8.2.1条的修改。

在正常照明因故障熄灭后,供事故情况下暂时继续工作或消防安全疏散用的照明装置为应急照明,本条规定了发电厂应装设应急照明的场所。

9.2.2 系原规范第8.2.2条。

9.2.3 系原规范第8.2.3条。

事故发生时,锅炉汽包水位计、就地热力控制屏、测量仪表屏、(如发电机氢冷装置、给水、热力网、循环水系统等)及除氧器水位计等处仍需监视或操作。因此,需装设局部应急照明。

9.2.4 系原规范第8.2.4条的修改。

火灾发生时,由于控制室、配电间、消防泵房、自备发电机房等场所不能停电也不能离人,还必须坚持工作,因此,应急照明的照度应能满足运行人员操作要求。

消防安全疏散应急照明是为了使人员能够较清楚地看出疏散路线,避免相互碰撞,在主要通道上的照度应尽量大一些,一般不低于1lx。

9.2.5 系原规范第8.2.5条的修改。

本条规定了照明器表面的高温部位,靠近可燃物时,应采取防火保护措施,其原因是:

1 由于照明器设计、安装位置不当而引起过许多事故。

2 卤灯的石英玻璃表面温度很高部位,如1000W的灯管温度高达500~800℃,当纸、布、干木构件靠近时,很容易被烤燃引起火灾。鉴于配有功率在100W及以上的白炽灯光源的灯具(如:吸顶灯、槽灯、嵌入式灯)使用时间较长时,温度也会上升到100℃甚至更高的温度,规定上述两类灯具的引入线应采用瓷管、矿物棉等不燃烧材料进行隔热保护。

9.2.6 系原规范第8.2.6条的修改。

因为超过60W的白炽灯、卤钨灯、荧光高压汞灯等灯具表面温度高,如安装在木吊顶龙骨、木吊顶板、木墙裙以及其他木构件上,会造成这些可燃装修物起火。一些电气火灾实例说明,由于安装不符合要求,火灾事故多有发生,为防止和减少这类事故,作了本条规定。

9.2.7 新增条文。本条强调了建筑物内设置的安全出口标志灯和火灾应急照明灯具应遵循有关标准设计。

10　燃机电厂

10.1　建(构)筑物的火灾危险性分类及其耐火等级

10.1.1 新增条文。

厂区内各车间的火灾危险性基本上按现行的国家标准《建筑设计防火规范》第3.1.1条分类。建(构)筑物的最低耐火等级按国内外火力发电厂设计和运行的经验确定。汽机房、燃机厂房、余热锅炉房和集中控制室基本布置在主厂房构成一个整体,其火灾危险性绝大部分属丁类。

10.1.2 新增条文。

10.2　厂区总平面布置

10.2.1 新增条文。与电力行业标准《燃气-蒸汽联合循环电厂设计规定》有关条文协调确定。

10.2.2 新增条文。与电力行业标准《燃气-蒸汽联合循环电厂设计规定》有关条文协调确定。

10.3　主厂房的安全疏散

10.3.1 新增条文。

燃机厂房高度一般不超过24m,也只有2~3层。在正常运行情况下人员很少,厂房内可燃的装修材料很少,厂房内除疏散楼梯外,还有很多工作梯,多年来都习惯作敞开式楼梯。在扩建端都布置有室外钢梯。为保证人员的安全疏散和消防人员扑救,要求至少应有一个楼梯间通至各层。

10.4　燃料系统

10.4.1 新增条文。

国家标准《输气管道工程设计规范》GB 50251 中第 3.1.2 条规定："进入输气管道的气体必须清除机械杂质；水露点应比输送条件下最低环境温度低 5℃；烃露点应低于或等于最低环境温度；气体中硫化氢含量不应大于 20mg/m³。当被输送的气体不符合上述要求时，必须采取相应的保护措施。"该标准的规定主要考虑了管输气体的防止电化学腐蚀、其他形式的腐蚀以及防止气体中凝析出液态烃，以保证天然气管道的安全。同时还增加了燃气轮机制造厂对天然气气质的要求。

10.4.2 新增条文。

1 厂内天然气管道敷设方式常根据工程具体情况而定，国内、外运行电厂有架空、地面布置和地下敷设三种形式。但不应采用管沟敷设，避免气体泄漏在管沟中聚集引起火灾。

2 除需检修拆卸的部位外，天然气管道应采用焊接连接，以防止泄漏。

3 参照国家标准《输气管道工程设计规范》GB 50251 第 3.4.2 条和美国国家标准 ANSI B31.8《输气和配气管线系统》846.21 条(c)的规定。设置放空管是为了输送系统停运时排除管道内剩余气体。

4 规定了厂内天然气管道吹扫的具体要求。

5 规定了天然气管道应以水作强度试验的具体要求和对天然气管道严密性试验的具体要求，并在严密性试验合格之后进行气密性试验，还规定气密性试验压力为 0.6MPa。

6 规定了天然气管道的低点设两道排液阀，第一道（靠近管道侧）阀门为常开阀，第二道阀门为经常操作阀，当发现第二道阀门泄漏时，关闭第一道阀门，更换第二道阀门。

10.4.3 新增条文。

联合循环机组燃油系统采用 0# 柴油、重油时建（构）筑物（如油处理室等）及油罐火灾危险性按丙类防火要求是和火电厂燃油系统的防火要求一致的。但采用原油时，原油中含有大量的可燃气体和挥发性气体，其闪点小于 280℃，故其所涉及的建（构）筑物（如油处理室等）及油罐等应特殊考虑防火要求，火灾危险性按甲类考虑。《火力发电厂劳动安全和工业卫生设计规程》DL 5053 第 4.0.9.4 条强制性条文要求：贮存闪点低于 600℃燃油的油罐，必须设置安全阀、呼吸阀和阻火器，故原油罐设计时可参照该标准执行。

10.4.4 新增条文。

本条根据美国国家防火协会标准 NFPA8506《余热锅炉标准》(1998 年版)第 5.2.1.1 节要求制定，以防在停机时燃油泄漏进燃机。

10.5 燃气轮机的防火要求

10.5.1 新增条文。

本条根据美国国家防火协会标准 850《电厂及高压直流变流站消防推荐标准》(2000 版)的 6.5.2.1 节要求制定。安装火焰探测器，旨在探测火焰熄灭或启动时点火失败，如果火焰熄灭，需要迅速切断燃料，以防止气体的快速聚集。

10.5.2 新增条文。

本条根据美国国家标准 850《电厂及高压直流交流站消防推荐标准》的 6.5.2.1 节要求制定。该标准指出，当燃料未能在 3s 内被隔离时，系统中曾发生过火灾及爆炸。

10.6 消防给水、固定灭火设施及火灾自动报警

10.6.1 新增条文。

燃机电厂与燃煤电厂有很多相似之处。因此，燃煤电厂的一些规定尤其是系统方面的要求适用于燃机电厂。据调查，国内很多燃气-蒸汽联合循环电站的消防给水系统是独立的。燃气-蒸汽联合循环电站多燃烧油品，消防给水量很大，在条件合适的情况下，应尽可能采用独立的消防给水系统。

10.6.2 新增条文。

10.6.3 新增条文。

我国燃气-蒸汽联合循环电站厂区占地面积一般小于 1km²，而且其燃料与燃煤电厂不同，占地更加紧凑。因而规定为同一时间火灾次数为一次。这里的燃气-蒸汽联合循环电站，也包含单循环燃机电站。

10.6.4 新增条文。基于国内的燃机电厂工程实践制定。

燃煤电厂与燃机电厂的区别主要在于燃料不同，前者工艺系统复杂，建筑物多且庞大，危险点不集中；后者占地少，系统简单，建（构）筑物相对较少，危险集中于燃机及油罐，主厂房往往不是消防的关注重点。燃气轮机组的布置有两种形式，其一为独立布置，与汽轮发电机组脱开，常为露天布置，往往对应于多轴配置；其二为联合布置，燃机与汽轮发电机组同轴，置于一个厂房内，也称之为单轴布置。由此，燃机电厂的消防设施便因总体布置的不同而有差别，宜根据对象更为合理地配置消防系统。对于多轴配置，以燃机发电为主，燃机电厂的消防重在油库、燃机本体；主厂房内是汽轮发电机组，与燃煤电厂主厂房内的布置类似，可以以汽轮发电机组容量为基准，对应执行燃煤电厂等同机组容量的消防配置要求，例如，汽轮发电机组容量为 200MW，那么就执行本规范第 7.1.8 条的规定。当燃机电厂为单轴布置时，应以整套机组容量与燃煤电厂机组容量比对执行。例如，单套机组容量（燃机容量与汽轮发电机组容量之和）为 350MW，那么就应该执行本规范第 7.1.9 条的规定。

10.6.5 新增条文。

燃气轮机是广义的称谓，它通常包括燃气轮机、发电机、控制小室等。燃气轮机整体是燃机电厂的核心，也是消防的重点保护对象。根据国内外的实际做法，燃气轮机无论机组容量的大小，基本上都采用气体灭火系统。据调查，近年来多应用二氧化碳灭火系统。

10.6.6 新增条文。

燃气轮机通常具有金属外罩，因而具备了应用全淹没气体灭火系统的可能性。着火时应注意在喷放气体灭火剂之前，关闭燃气轮机内部的门、通风挡板、风机及其他孔口，以使外罩泄漏量最少。关于气体保持时间的原则性规定乃基于美国 NFPA850 的有关规定。

10.6.7 新增条文。

根据调查，国内燃机电厂之燃气轮机的报警系统与固定灭火系统，均为设备制造厂的成套配备。这样有利于外壳内的消防设施的布置。在技术谈判中尤应注意。燃气轮机通常有独立的控制小间，其内配备有报警装置。燃机配备的火灾自动报警系统及灭火联动信号宜传送至集中控制室，以便全厂的调度指挥。

全厂火灾自动报警系统的消防报警控制器应布置在集中控制室。

10.6.8 新增条文。

对于以气体为燃料的燃机电厂，露天布置的燃机本体内及布置有燃机的主厂房内的气体浓度的测定，是消防安全中的重要一环，有必要强调设置气体泄漏报警装置。

10.6.9 新增条文。

10.6.10 新增条文。

对于以可燃气体为燃料的电厂，其消防车的配备和消防车库设置参照燃煤电厂是适宜的。但是对于以燃油为燃料的电厂，油区消防是突出重要的，消防车的配备应该遵循石油库设计的有关规定。

10.7 其 他

10.7.1 新增条文。关于燃机电厂厂房和天然气调压站通风防爆的规定。

10.7.2 新增条文。关于燃机电厂电缆设计的规定。

10.7.3 新增条文。燃机电厂与燃煤电厂有很多相同之处。本章仅对二者不同之处，即具有自身特点者作出规定。相同处应对应执行本规范燃煤电厂各章的有关规定。

11 变电站

11.1 建(构)筑物火灾危险性分类、耐火等级、防火间距及消防道路

11.1.1 系原规范第9.1.1条的修改。

表11.1.1是根据现行的国家标准《建筑设计防火规范》的规定,结合变电站内建筑物的特性确定的,根据当前变电站工程的实际布置,对原规范的部分建筑进行增减,删除了一些不常用的建筑,增加了气体式或干式变压器室、干式电容器室、干式电抗器室等建筑。气体式或干式变压器、干式电容器、干式电抗器等电气设备属无油设备,可燃物大大减少,火灾危险性降低,因此建筑火灾危险性分类确定为丁类。主控通信楼的火灾危险性为戊类,是按照电缆采取了防止火灾蔓延的措施确定的,可以采用下列措施:用防火堵料封堵电缆孔洞,采用防火隔板分隔,电缆局部涂防火涂料,局部用防火带包扎等。如果未采取电缆防止火灾蔓延的措施,主控通信楼的火灾危险性为丙类。

按国家标准《电缆在火焰条件下的燃烧试验第三部分:成束电线和电缆的燃烧试验方法》GB/T 18380.3,A类阻燃电缆的燃烧特性为,成束电缆每米长度非金属材料含量7L,供火时间40min,自熄时间小于等于60min。因此当电缆夹层采用A类阻燃电缆时,火灾危险性降低,火灾危险性分类可为丁类。

11.1.2 系原规范第9.1.2条。

11.1.3 系原规范第9.1.3条。

11.1.4 系原规范第9.1.4条的修改。

对于表11.1.4注3,两座建筑相邻较高一面的外墙如为防火墙时,其防火间距不限。但是当建筑物侧面设置有门窗时,如果门窗之间距离太近,火灾时浓烟和火焰可能通过门窗洞口蔓延扩散,因此规定距离要求。

11.1.5 新增条文。

主控制室是变电站的核心,是人员比较集中的地方,有必要限制其可燃物放烟量,以减少火灾损失。

11.1.6 系原规范第9.1.5条。

11.1.7 系原规范第9.1.10条的修改。

11.1.8 系原规范第9.1.11条的修改。参照《建筑设计防火规范》GB 50016有关消防车道的规定确定。

11.2 变压器及其他带油电气设备

11.2.1 系原规范第9.2.3条。

11.2.2 新增条文。

地下变电站有其自身特点,因其常位于城市市区,相对于地上变电站其危险性更大。变压器事故贮油池的容量系参照燃煤发电厂部分制定,考虑到地下变电站的特殊性,容量要求从严,要求为100%的最大一台变压器的容量。鉴于该油池应该具有排水设施,兼有油水分离功能,所以不另考虑消防水的容积。

11.3 电缆及电缆敷设

11.3.1 系原规范第9.3.1条。

电缆的火灾事故率在变电站较低,考虑到电缆分布较广,如在变电站内设置固定的灭火装置,则投资太高不现实,又鉴于电缆火灾的蔓延速度很快,仅仅靠灭火器不一定能及时防止火灾蔓延,为了尽量缩小事故范围,缩短修复时间并节约投资,本规范规定在变电站应采用分隔和阻燃作为应对电缆火灾的主要措施。

11.3.2 系原规范第9.3.2条的修改。

11.3.3 新增条文。

地下变电站电缆夹层内敷设的电缆数量多,发生火灾时人员

进入开展灭火比较困难,火灾蔓延造成的损失大,阻燃电缆能够减少火灾扩大可能性,降低电缆夹层的火灾危险性,且阻燃电缆应用逐渐增多,比普通电缆费用增加量不大,对地下变电站宜采用阻燃电缆。

11.4 建(构)筑物的安全疏散和建筑构造

11.4.1 系原规范第9.4.3条的修改。

11.4.2 系原规范第9.4.4条的修改。

11.4.3 新增条文。

《建筑设计防火规范》GB 50016对厂房地下室的火灾危险性为丙类的防火分区面积为500m²,丁、戊类的防火分区面积为1000m²。地下变电站内一些房间,如变压器室、蓄电池室、电缆夹层等房间,在本规范中已经要求设置防火墙,使得地下变电站的危险房间对于其他房间的威胁减小,从而提高了整体建筑的安全性。如果将防火分区面积设置较小,那么为了满足疏散的要求,势必将为此设置很多通向地面的竖直通道,这在实际工程中难以实现,况且,地下变电站内值班人员很少,且通常工作在控制室内,设置大量通向地面的出口也无必要。所以,防火分区的大小,既要考虑限制火灾的蔓延,又要结合变电站生产工艺布置的特点和要求。考虑近年来国内地下变电站实践,加之地下变电站的火灾探测报警和灭火设施比较完善,规定防火分区的最大面积为1000m²。

11.4.4 新增条文。

地下变电站因为不能直接采光、通风,火灾时排烟困难,为保证人员安全,要求至少应设置2个出口。地下变电站出口一般应直通地面室外,如果变电站出口上部有多层建筑,地下层和地上层没有有效分隔,容易造成火灾蔓延到地上层,因此规定分隔要求。

11.4.5 新增条文。

地下变电站疏散楼梯是人员逃生的唯一通道,为了保证楼梯间抵御火灾的能力,保障人员疏散的安全,规定楼梯采用乙级防火门。

11.5 消防给水、灭火设施及火灾自动报警

11.5.1 系原规范第9.5.1条的修改。

根据现行国家标准《建筑设计防火规范》GB 50016,确定变电站消防给水、灭火设施及火灾自动报警系统设计的基本原则。

11.5.2 新增条文。

变电站人员少、占地面积小,根据现行国家标准《建筑设计防火规范》GB 50016,确定其同一时间内的火灾次数为一次。

11.5.3 新增条文。

当变压器采用户外布置时,变压器不属于一般的建筑物,因此不能按建筑物体积确定室外消防水量。对不设固定灭火系统的中、小型变压器,可以采用灭火器灭火。对于按规定设置水喷雾灭火系统的变压器,为了防止火灾扩大,作为一种辅助灭火和保护的措施,考虑不小于10L/s的消火栓水量。

11.5.4 系原规范第9.2.1条的修改。

变压器是变电站内最重要的设备,油浸变压器的油具有良好的绝缘性和导热性,变压器油的闪点一般为130℃,是可燃液体。当变压器内部故障发生电弧闪络,油受热分解产生蒸气形成火灾。变压器灭火试验和应用实践证明水喷雾灭火系统是有效的。但是我国幅员辽阔,各地气候条件差异很大,变压器一般安装在室外,经过几十年的运行实践,在缺水、寒冷、风沙大、运行条件恶劣的地区,水喷雾灭火的使用效果可能不佳。对于中、小型变电站,水喷雾灭火系统费用相对较高,因此中小型变电站的变压器宜采用费用较低的化学灭火器。对于容量125MV·A以上的大型变压器,考虑其重要性,应设置火灾探测报警系统和固定灭火系统。对于地下变电站,火灾的危险性较大,人工灭火比较困难,也应设置火灾探测报警系统和固定灭火系统。固定灭火系统除了可采用水喷雾灭火系统外,排油注氮灭火装置和合成泡沫喷淋灭火系统在变

电站中的应用也逐渐增加,这两种灭火方式各有千秋,且均通过了消防检测机构的检测,因此也可作为变压器的消防灭火措施。对于地下和户内等封闭空间内的变压器也可采用气体灭火系统。

11.5.5 新增条文。

11.5.6 新增条文。根据《建筑设计防火规范》GB 50016确定。

11.5.7 新增条文。

11.5.8 新增条文。

地下变电站一般采用水消防。当需要采用消防车向室内消防供水时,为了缩短敷设消防水带的时间,应设置水泵接合器。

11.5.9 系原规范第9.5.4条。

11.5.10 系原规范第9.5.2条的修改。

消防水泵房是消防给水系统的核心,在火灾情况下应能保证正常工作。为了在火灾情况下操作人员能坚持工作并利于安全疏散,消防水泵房应直通室外的出口,地下变电站的消防水泵房如果需要与变电站合并布置时,其疏散出口应靠近安全出口。

11.5.11 系原规范第9.5.2条的修改。

为了保证消防水泵不间断供水,一组消防工作水泵(两台或两台以上,通常为一台工作泵,一台备用泵)至少应有两条吸水管。当其中一条吸水管发生破坏或检修时,另一条吸水管应仍能通过100%的用水总量。

11.5.12 系原规范第9.5.2条的修改。

消防水泵应能及时启动,确保火场消防用水。因此消防水泵应经常充满水,以保证消防水泵及时启动供水。消防水泵应设计成自灌式引水方式,如果采用自灌式引水方式有困难,应设有可靠迅速的充水设备,也可考虑采用强自吸消防水泵,但要特别注意水泵的快速出水。

11.5.13 系原规范第9.5.2条的修改。

本条规定了消防水泵房应有2条以上的出水管与环状管网直接连接,旨在使环状管网有可靠的水源保证。

为了方便消防泵的检查维护,规定了在出水管上设置放水阀门、压力测量装置。为了防止系统的超压,还规定了设置安全泄压装置,如安全阀、卸压阀等。

11.5.14 新增条文。

为了保证不间断地向火场供水,消防泵应设有备用泵。当备用泵为电力电源且工作泵为多台时,备用泵的流量和扬程不应小于最大一台消防泵的流量和扬程。

11.5.15 系原规范第9.5.2条的修改。

11.5.16 系原规范第9.5.3条。

11.5.17 新增条文。

根据现行国家标准《建筑灭火器配置设计规范》,结合变电站的实际情况,规定了主要建筑物火灾危险类别和危险等级。

11.5.18 新增条文。

11.5.19 新增条文。

地下变电站采用水消防时,大量的消防水进入变电站,排水系统如果不能满足消防排水的要求,将造成水淹、电气设备故障使损失扩大。因此地下变电站应设置消防排水系统。

11.5.20 新增条文。

根据《建筑设计防火规范》GB 50016和变电站的实际情况,规定火灾探测报警系统设置范围。根据变电站的火灾危险性、人员疏散和扑救难度,地下变电站、户内无人值班变电站对火灾探测报警系统设置要求应高于一般变电站。

变压器布置于室内时,具有更大火灾危险性,必须为所设置的固定灭火系统配备自动报警系统,以及早发现火灾,适时启动灭火系统。

根据近年来的工程实践,提出了220kV及以上变电站的电缆夹层及电缆竖井应设置火灾自动报警装置的要求。

变电站中,除变压器外,电缆夹层与电缆竖井相对火灾危险性更大。显而易见,处于地下变电站或无人值班的变电站中的上述场所,其防护等级较地上或有人值班变电站应该提高。

11.5.21 新增条文。根据多年来变电站的实践总结制定。

11.5.22 新增条文。

11.5.23 新增条文。

变电站运行值班人员很少,但在主控室有值班人员24小时值班,因此消防报警盘设置在主控室,能够保证火灾报警信号的监控并方便变电站的调度指挥。

11.6 采暖、通风和空气调节

11.6.1 新增条文。地下变电站是一个比较特殊的场所,设计中要充分考虑安全、卫生和维护检修方面的要求。

1 地下变电站很多是无人值守的变电站,同时存在疏散困难等问题,因此所有采暖区域严禁采用明火取暖,防止火灾事故发生。

2 地下变电站的电气配电装置室一般都设计消防系统,一旦发生火灾事故,灭火后需尽快进行排烟,因此应设置机械排烟装置。其他房间可根据其使用功能及房间布置格局而设计自然或机械排烟设施。

3 地下变电站的消防系统设计要比地上变电站严格,因此,送、排风系统、空调系统应具有与消防报警系统连锁的功能。当消防系统采用气体灭火系统时,通风或空调风道上应设置与消防系统相配套的防火阀和隔离阀,以保证灭火系统运行。

11.6.2 新增条文。

常规的地上变电站,其采暖、通风和空气调节系统的设计有多种方式,不同地区都不尽相同。但由于缺少相关规范规定作支持,因此本次修订中可参照本规范第8章的有关规定执行。

11.7 消防供电及应急照明

11.7.1 系原规范第9.6.1条的修改。

消防电源采用双电源或双回路供电,为了避免一路电源或一路母线故障造成消防电源失去,延误消防灭火的时机,保证消防供电的安全性和消防系统的正常运行,规定两路电源供电至末级配电箱进行自动切换。但是在设置自动切换设备时,要有防止由于消防设备本身故障且开关拒动时造成的全站站用电停电的保护措施,因此应配置必要的控制回路和备用设备,保证可靠的切换。

11.7.2 系原规范第9.6.2条的修改。

变电站主控通信室、配电装置室、消防水泵房在发生火灾时应能维持正常工作,疏散通道是人员逃生的途径,应设置火灾事故照明。地下变电站全部靠人工照明,对事故照明的要求更高,因此规定主要的电气设备间、消防水泵房、疏散通道和楼梯间应设置事故照明,同时规定地下变电站的疏散通道和安全出口应设疏散指示标志。

11

中华人民共和国国家标准

粮食钢板筒仓设计规范

Code for design of grain steel silos

GB 50322-2011

主编部门：国 家 粮 食 局
批准部门：中华人民共和国住房和城乡建设部
施行日期：２０１２ 年 ６ 月 １ 日

中华人民共和国住房和城乡建设部公告

第 1097 号

关于发布国家标准
《粮食钢板筒仓设计规范》的公告

　　现批准《粮食钢板筒仓设计规范》为国家标准，编号为
GB 50322—2011，自 2012 年 6 月 1 日起实施。其中，第 4.1.1、
4.2.3、5.1.2、5.5.3(3)、6.4.2、8.1.2、8.6.1 条(款)为强制性
条文，必须严格执行。原《粮食钢板筒仓设计规范》GB 50322—
2001 同时废止。

　　本规范由我部标准定额研究所组织中国计划出版社出版发
行。

中华人民共和国住房和城乡建设部
二〇一一年七月二十六日

12

前　言

本规范是根据住房和城乡建设部《关于印发〈2009 年工程建设标准规范制订、修订计划〉的通知》(建标〔2009〕88 号)的要求，由郑州粮食食品工程建筑设计院和郑州市第一建筑工程集团有限公司会同有关单位在原《粮食钢板筒仓设计规范》GB 50322—2001 的基础上修订而成的。

本规范在编制过程中，编制组经广泛调查研究，认真总结实践经验，参考有关标准，并在广泛征求意见的基础上，最后经审查定稿。

本规范共分 9 章和 6 个附录，主要技术内容包括：总则、术语和符号、基本规定、荷载与荷载效应组合、结构设计、构造、工艺设计、电气、消防。

本规范修订的主要技术内容是：增加了肋型粮食钢板筒仓、保温粮食钢板筒仓两种仓型；修订了粮食荷载与仓壁稳定计算的相关参数，完善了筒仓荷载计算方法的相关规定；增加了新材料、新构造的规定；修订了仓体工艺电气设备配置要求等内容。

本规范中以黑体字标志的条文为强制性条文，必须严格执行。

本规范由住房和城乡建设部负责管理和对强制性条文的解释，由国家粮食局负责日常管理，由郑州粮油食品工程建筑设计院负责具体技术内容的解释。本条文在执行过程中如有意见或建议，请寄送郑州粮油食品工程建筑设计院(地址：郑州高新技术产业开发区莲花街，邮政编码：450001)。

本规范主编单位、参编单位、主要起草人和主要审查人：

主 编 单 位：郑州粮油食品工程建筑设计院
郑州市第一建筑工程集团有限公司

参 编 单 位：河南工业大学
国贸工程设计院
中煤国际工程集团北京华宇工程有限公司
中冶长天国际工程有限责任公司
江苏正昌粮机股份有限公司
江苏牧羊集团有限公司
哈尔滨北仓粮食仓储工程设备有限公司

主要起草人：袁海龙　郭呈周　雷　霆　李　遐　侯业茂
马志强　李江华　梁彩虹　刘海燕　郭金勇
吴　强　肖玉银　汪红卫　郝卫红　陈华定
郑　捷　光迪和　郝　波　刘廷瑜　高晓青
朱贤平　钱杭松　何　宇

主要审查人：崔元瑞　张振镕　赵锡强　朱同顺　刘继辉
朱文宇　张义才　徐玉斌　刘勇献　丁保华

目　　次

1 总　则

1.0.1 为总结我国粮食钢板筒仓建设经验,使粮食钢板筒仓设计做到安全可靠、技术先进、经济合理,制定本规范。

1.0.2 本规范适用于平面形状为圆形,中心装、卸料的粮食钢板筒仓的设计。

1.0.3 粮食钢板筒仓的设计使用年限不应少于 25 年。

1.0.4 粮食钢板筒仓结构的安全等级应为二级,抗震设防类别应为丙类,耐火等级可为二级。

1.0.5 粮食钢板筒仓应由具有相关设计资质的单位进行设计。

1.0.6 粮食钢板筒仓设计除应符合本规范外,尚应符合国家现行有关标准的规定。

2 术语和符号

2.1 术　语

2.1.1 粮食钢板筒仓　grain steel silo

储存粮食散料的钢结构直立容器,平面以圆形为主。主要形式有焊接钢板、螺旋卷边钢板、螺栓装配波纹钢板、螺栓装配肋型钢板、螺栓装配肋型双壁及装配钢结构框架式等。

2.1.2 粮食散料　grain granular material

小麦、玉米、稻谷、豆类以及物理特性参数与之相近的谷物散料。

2.1.3 仓体　bulk solids

钢板筒仓容纳粮食散料的部分。

2.1.4 仓顶　top of silo

封闭仓体顶面的结构。

2.1.5 仓上建筑　building above top of silo

按工艺要求建在仓顶上的建筑。

2.1.6 仓壁　wall of silo

与粮食散料直接接触且承受粮食散料侧压力的仓体竖壁。

2.1.7 筒壁　supporting wall

支撑仓体的竖壁。

2.1.8 仓下支承结构　supporting structure of silo bottom

基础以上,仓体以下的支承结构,包括筒壁、柱、扶壁柱等。

2.1.9 漏斗　hopper

筒仓下部卸出粮食散料的结构容器。

2.1.10 深仓　deep bin

储粮计算高度 h_n 与仓内径 d_n 比值大于或等于 1.5 的筒仓。

2.1.11 浅仓　shallow bin

储粮计算高度 h_n 与仓内径 d_n 比值小于 1.5 的筒仓。

2.1.12 单仓　single silo

不与其他建(构)筑物联成整体的单体筒仓。

2.1.13 仓群　group silos

多个且成组布置的筒仓群。

2.1.14 填料　filler

仓底构成卸料坡的填充材料。

2.1.15 整体流动　mass flow

卸粮过程中,仓内粮食散料的水平截面呈平面状态向下的流动。

2.1.16 管状流动　funnel flow

卸粮过程中,仓内粮食散料的表面呈漏斗状向下的流动。

2.1.17 中心卸粮　concentric discharge

卸粮过程中,仓内粮食散料沿仓体几何中心对称向下的流动。

2.1.18 偏心卸粮　eccentric discharge

卸粮过程中,仓内粮食散料沿仓体几何中心不对称向下的流动。

2.1.19 工作塔　work tower

进行粮食输送、计量、清理等工作的场所。

2.1.20 地道　underpass

连接筒仓与筒仓、筒仓与工作塔之间的地下通道。

2.2 符　号

2.2.1 几何参数

h ——地面至仓壁顶的高度;

h_n ——储粮的计算高度;

h_h ——漏斗顶面至计算截面的高度;

S ——计算深度,由仓顶或储粮锥体重心至计算截面的距离;

d_n ——筒仓内径;

R ——筒仓半径;

t ——筒仓仓壁厚度或仓壁计算厚度,钢板厚度;

e ——自然对数的底;

α ——漏斗壁与水平面的夹角。

2.2.2 计算系数

k ——储粮侧压力系数;

k_p ——仓壁竖向受压稳定系数;

ρ ——筒仓水平净截面水力半径;

C_h ——深仓储粮动态水平压力修正系数;

C_v ——深仓储粮动态竖向压力修正系数;

C_f ——深仓储粮动态摩擦力修正系数。

2.2.3 粮食散料的物理特性参数

γ ——重力密度;

ρ_0 ——粮食的质量密度;

μ ——储粮对仓壁的摩擦系数;

ϕ ——储粮的内摩擦角。

2.2.4 钢材性能及抗力

E ——钢材的弹性模量;

f ——钢材抗拉、抗压强度设计值;

f_t^w ——对接焊缝抗拉强度设计值;

f_c^w ——对接焊缝抗压强度设计值;

f_f^w ——角焊缝抗拉、抗压和抗剪强度设计值;

σ_{cr} ——受压构件临界应力。

2.2.5 作用和作用效应

P_{hk} ——储粮作用于仓壁单位面积上的水平压力标准值;

P_{vk} ——储粮作用于单位水平面积上的竖向压力标准值;

P_{fk} ——储粮作用于仓壁单位面积上的竖向摩擦力标准值;

P_{nk} ——储粮作用于漏斗斜面单位面积上的法向压力标准值;

12

P_{tk}——储粮作用于漏斗斜面单位面积上的切向压力标准值；

M——弯矩设计值，有下标者，见应用处说明；

N——拉力或压力设计值，有下标者，见应用处说明；

σ——拉应力或压应力，有下标者，见应用处说明。

时，相对水平位移值可按下式确定：

$$\Delta\mu \geqslant \frac{h}{400} \tag{3.1.4}$$

式中：$\Delta\mu$——相对水平位移值；

h——室外地面至仓壁顶的高度。

3.1.5 粮食钢板筒仓施工图设计文件中，应对首次装卸粮、沉降观测、水准基点及沉降观测点设置要求等予以说明，并应符合本规范附录A的规定。

3.2 结 构 选 型

3.2.1 粮食钢板筒仓结构(图3.2.1)可分为仓上建筑、仓顶、仓壁、仓底、仓下支承结构及基础六个基本部分。

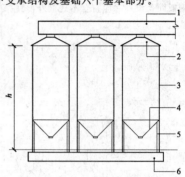

图3.2.1 钢板筒仓结构组成示意
1—仓上建筑；2—仓顶；3—仓壁；
4—仓底；5—支承结构；6—基础

3.2.2 仓上设置的工艺输送设备通道及操作检修平台宜采用敞开式钢结构。当有特殊使用要求时，也可采用封闭式。

3.2.3 粮食钢板筒仓仓顶宜采用带上、下环梁的正截锥仓顶，其结构型式应根据计算确定。

3.2.4 粮食钢板筒仓仓壁为波纹板、螺旋卷边板、肋型钢板时，应采用热镀锌或合金钢板。

3.2.5 粮食钢板筒仓可采用钢或钢筋混凝土仓底及仓下支承结构。直径12m以下时，宜采用由柱或筒壁支承的架空式仓下支承结构及漏斗仓底；直径15m及以上时，宜采用落地式平底仓，地道式出料通道(图3.2.5)。

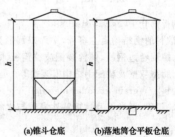

(a)锥斗仓底　　　(b)落地筒仓平板仓底

图3.2.5 钢板筒仓仓底示意

3 基 本 规 定

3.1 布 置 原 则

3.1.1 粮食钢板筒仓的平面及竖向布置应根据工艺、地形、工程地质及施工条件等，经技术经济比较后确定。

3.1.2 仓群宜选用单排或多排行列式平面布置(图3.1.2)。

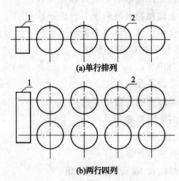

(a)单行排列

(b)两行四列

图3.1.2 仓群平面布置示意图
1—工作塔；2—筒仓

筒仓净间距应按以下原则确定：

1 不应小于500mm；

2 当采用独立基础时，还应满足基础设计的要求；

3 落地式平底仓，应根据清仓设备所需距离确定。

3.1.3 筒仓与筒仓、筒仓与工作塔之间的地道应设置沉降缝。

3.1.4 筒仓与筒仓、筒仓与工作塔之间的栈桥，应考虑相邻构筑物由于地基变形引起的相对位移。当满足本规范第5.5.3条要求

4 荷载与荷载效应组合

4.1 基本规定

4.1.1 粮食钢板筒仓的结构设计,应计算以下荷载:

1 永久荷载:结构自重、固定设备重、仓内吊挂电缆自重等;

2 可变荷载:仓顶及仓上建筑活荷载、雪荷载、风荷载等;

3 储粮荷载:储粮对筒仓的作用,储粮对仓内吊挂电缆的作用等;

4 地震作用。

4.1.2 各种荷载的取值,除本规范规定外,均应按现行国家标准《建筑结构荷载规范(2006版)》GB 50009 的有关规定执行。

4.1.3 储粮的物理特性参数,应由工艺专业通过试验分析确定。当无试验资料时,可按本规范附录C所列数据确定。

4.1.4 计算储粮荷载时,应采用对结构产生最不利作用的储粮品种的参数。计算储粮对波纹钢板仓壁的摩擦作用时,应取储粮的内摩擦角。计算储粮对肋型钢板仓壁的摩擦作用时,可分段取储粮的内摩擦角和储粮对钢板的外摩擦角。

4.1.5 储粮计算高度 h_n 与水平净截面水力半径 ρ,应按下列规定确定:

1 水力半径 ρ 按下式计算:

$$\rho = \frac{d_n}{4} \tag{4.1.5}$$

式中:h_n——储粮计算高度;

ρ——筒仓净截面的水力半径;

d_n——筒仓内径。

2 储粮计算高度 h_n 按下列规定确定:

1)上端:储粮顶面为水平时,取至储粮顶面;储粮顶面为斜面时,取至储粮锥体的重心;

2)下端:仓底为锥形漏斗时,取至漏斗顶面;仓底为平底时,取至仓底顶面;仓底为填料填成漏斗时,取至填料表面与仓壁内表面交线的最低点。

4.1.6 粮食钢板筒仓的风载体型系数按下列规定取值:

1 仓壁稳定计算时:取 1.0;

2 筒仓整体计算时:对单独筒仓,取 0.8;对仓群,取 1.3。

4.2 储粮荷载

4.2.1 计算粮食对筒仓的作用时,应包括以下4种力:

1 作用于筒仓仓壁的水平压力;

2 作用于筒仓仓壁的竖向摩擦力;

3 作用于筒仓仓底的竖向压力;

4 作用于筒仓仓顶的吊挂电缆拉力。

4.2.2 深仓储粮静态压力(图4.2.2)的标准值,应按下列公式计算。

1 计算深度 S 处,储粮作用于仓壁单位面积上的水平压力标准值 P_{hk} 按下式计算:

$$P_{hk} = \frac{\gamma \cdot \rho}{\mu}(1 - e^{-\mu k s / \rho}) \tag{4.2.2-1}$$

2 计算深度 S 处,储粮作用于单位水平面积上的竖向压力标准值 P_{vk} 按下式计算:

$$P_{vk} = \frac{\gamma \cdot \rho}{\mu \cdot k}(1 - e^{-\mu k s / \rho}) \tag{4.2.2-2}$$

3 计算深度 S 处,储粮作用于仓壁单位面积上的竖向摩擦力标准值 P_{fk} 按下式计算:

$$P_{fk} = \mu \cdot P_{hk} \tag{4.2.2-3}$$

4 计算深度 S 处,储粮作用于仓壁单位周长上的总竖向摩擦力标准值 q_{fk} 按下式计算:

$$q_{fk} = \rho \cdot (\gamma \cdot S - P_{vk}) \tag{4.2.2-4}$$

式中:P_{hk}——储粮作用于仓壁单位面积上的水平压力标准值;

γ——储粮的重力密度;

ρ——筒仓净截面的水力半径;

μ——储粮对仓壁的摩擦系数;

e——自然对数的底;

k——储粮侧压力系数,按附录D表D.1取值;

S——储粮顶面或储粮锥体重心至所计算截面的距离;

P_{vk}——储粮作用于单位水平面积上的竖向压力标准值;

P_{fk}——储粮作用于仓壁单位面积上的竖向摩擦力标准值;

q_{fk}——储粮作用于仓壁单位周长上的总竖向摩擦力标准值。

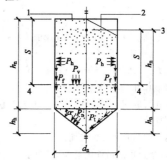

图 4.2.2 深仓储粮压力示意图
1—储料顶为平面;2—储料顶为斜面;
3—储料锥体重心;4—计算截面

4.2.3 在深仓卸粮过程中,储粮作用于筒仓仓壁的动态压力标准值,应以其静态压力标准值乘以动态压力修正系数。深仓储粮动态压力修正系数应按表4.2.3取值。

表 4.2.3 深仓储粮动态压力修正系数

深仓部位	系数名称	动态压力修正系数值	
仓壁	水平压力修正系数 C_h	$S \leqslant h_n/3$	$1 + 3 \cdot S/h_n$
		$S > h_n/3$	2.0
	摩擦压力修正系数 C_f	—	1.1
仓底	竖向压力修正系数 C_v	钢漏斗	1.3
		混凝土漏斗	1.0
		平板	1.0

注:$h_n/d_n \geqslant 3$ 时,表中 C_h 值应乘以 1.1。

4.2.4 浅仓储粮压力(图4.2.4)的标准值应按下列公式计算:

1 计算深度 S 处,作用于仓壁单位面积上的水平压力标准值 P_{hk} 按式(4.2.4-1)计算,当储粮计算高度 h_n 大于或等于15m,且筒仓内径 d_n 大于或等于10m时,储粮作用于仓壁的水平压力除按上式计算外,尚应按式(4.2.2-1)计算,二者计算结果取大值。

$$P_{hk} = k \cdot \gamma \cdot S \tag{4.2.4-1}$$

2 计算深度 S 处,作用于单位水平面积上的竖向压力标准值 P_{vk} 按下式计算:

$$P_{vk} = \gamma \cdot S \tag{4.2.4-2}$$

3 计算深度 S 处,储粮作用于仓壁单位面积上的竖向摩擦力标准值 P_{fk} 按下式计算:

$$P_{fk} = \mu \cdot k \cdot \gamma \cdot S \tag{4.2.4-3}$$

4 计算深度 S 处,储粮作用于仓壁单位周长上的总竖向摩擦力标准值 q_{fk} 按下式计算:

$$q_{fk} = \frac{1}{2} \cdot k \cdot \mu \cdot \gamma \cdot S^2 \tag{4.2.4-4}$$

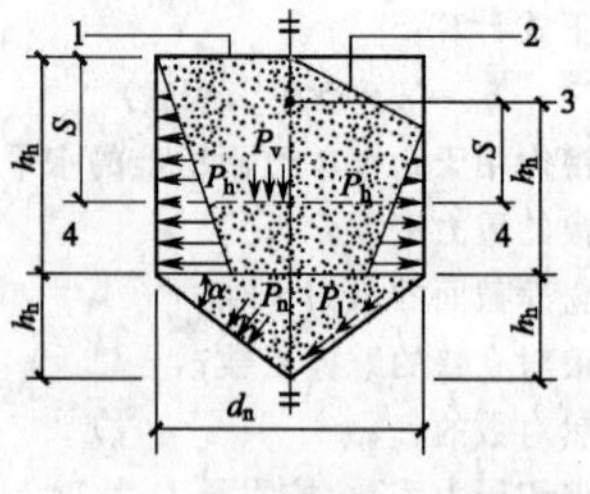

图 4.2.4 浅仓储粮压力示意图

1—储料顶为平面；2—储料顶为斜面；
3—储料锥体重心；4—计算截面

4.2.5 作用于圆形漏斗壁上的储粮压力标准值按下列公式计算：

1 漏斗壁单位面积上的法向压力标准值 P_{nk} 为：

深仓： $P_{nk} = C_v \cdot P_{vk} \cdot (\cos^2\alpha + k\sin^2\alpha)$ (4.2.5-1)

浅仓： $P_{nk} = P_{vk} \cdot (\cos^2\alpha + k\sin^2\alpha)$ (4.2.5-2)

2 漏斗壁单位面积上的切向压力标准值 P_{tk} 为：

深仓： $P_{tk} = C_v \cdot P_{vk}(1-k)\sin\alpha \cdot \cos\alpha$ (4.2.5-3)

浅仓： $P_{tk} = P_{vk}(1-k)\sin\alpha \cdot \cos\alpha$ (4.2.5-4)

式中：P_{vk}——储粮作用于单位水平面积上的竖向压力标准值。深仓可取漏斗顶面值，浅仓可取漏斗顶面与底面的平均值；

α ——漏斗壁与水平面的夹角。

4.2.6 作用于筒仓仓顶的吊挂电缆拉力，包括电缆自重、储粮对电缆的摩擦力及电缆突出物对储粮阻滞而产生的作用力。当电缆为圆截面，且直径无变化，表面无突出物时，储粮对电缆的摩擦力标准值，应按下列公式计算：

深仓： $N_k = k_d \cdot \pi \cdot d \cdot \rho \cdot \dfrac{\mu_0}{\mu} \cdot (\gamma \cdot h_d - P_{vk})$ (4.2.6-1)

浅仓： $N_k = \dfrac{\pi}{2} \cdot k_d \cdot d \cdot \mu_0 \cdot k \cdot \gamma \cdot h_d^2$ (4.2.6-2)

式中：N_k——储粮对电缆的摩擦力标准值；

k_d——计算系数 1.5～2.0；浅仓取小值，深仓取大值；

d ——电缆直径；

h_d——电缆在储粮中的长度；

μ_0——储粮对电缆表面的摩擦系数；

P_{vk}——电缆最下端处，储粮作用于单位水平面积上的竖向压力标准值。

4.3 地震作用

4.3.1 粮食钢板筒仓可按单仓计算地震作用，并应符合下列规定：

1 可不考虑粮食对于仓壁的局部作用；

2 落地式平底粮食钢板筒仓可不考虑竖向地震作用。

4.3.2 在计算粮食钢板筒仓的水平地震作用时，重力荷载代表值应取储粮总重的80%，重心应取储粮总重的重心。

4.3.3 粮食钢板筒仓的水平地震作用，可采用底部剪力法或振型分解反应谱法进行计算。

4.3.4 柱子支承的粮食钢板筒仓，采用底部剪力法计算水平地震作用时可采用单质点体系模型，并符合下列规定：

1 单质点位置可设于柱顶；

2 仓下支承结构的自重按30%采用；

3 水平地震作用的作用点，位于仓体和储料的质心处；

4 仓上建筑的水平地震作用，可按刚性地面上的单质点或多质点体系模型计算，计算结果应乘以增大系数3，但增大的地震作用效应不应向下部结构传递。

4.3.5 落地式平底粮食钢板筒仓的水平地震作用，可采用振型分解反应谱法，也可采用下述简化方法进行计算：

1 筒仓底部的水平地震作用标准值可按下式计算：

$$F_{Ek} = \alpha_{max} \cdot (G_{sk} + G_{mk})$$ (4.3.5-1)

2 水平地震作用对筒仓底部产生的弯矩标准值可按下式计算：

$$M_{Ek} = \alpha_{max} \cdot (G_{sk} \cdot h_s + G_{mk} \cdot h_m)$$ (4.3.5-2)

3 沿筒仓高度第 i 质点分配的水平地震作用标准值可按下式计算：

$$F_{ik} = F_{Ek} \cdot \dfrac{G_{ik} \cdot h_i}{\sum\limits_{i=1}^{n} G_{ik} \cdot h_i}$$ (4.3.5-3)

式中：F_{Ek}——筒仓底部的水平地震作用标准值；

α_{max}——水平地震影响系数最大值，按现行国家标准《建筑抗震设计规范》GB 50011 的有关规定进行取值；

G_{sk}——筒仓自重（包括仓上建筑）的重力荷载代表值；

G_{mk}——储粮的重力荷载代表值；

M_{Ek}——水平地震作用对筒仓底部产生的弯矩标准值；

h_s——筒仓自重（包括仓上建筑）的重心高度；

h_m——储粮总重的重心高度；

F_{ik}——沿筒仓高度第 i 质点分配的水平地震作用标准值；

G_{ik}——集中于第 i 质点的重力荷载代表值；

h_i——第 i 质点的重心高度。

4.3.6 抗震设防烈度为8度和9度时，仓下漏斗与仓壁的连接焊缝或螺栓，应进行竖向地震作用计算，竖向地震作用系数可分别采用0.1和0.2。

4.3.7 粮食钢板筒仓仓体可不进行抗震验算，但应采取抗震构造措施。

4.3.8 抗震烈度为7度及以下时，仓下支承结构与仓上建筑，可不进行抗震验算，但应满足抗震构造措施要求。

4.4 荷载效应组合

4.4.1 粮食钢板筒仓结构设计应根据使用过程中在结构上可能出现的荷载，按承载能力极限状态和正常使用极限状态分别进行荷载效应组合，并取各自的最不利组合进行设计。

4.4.2 粮食钢板筒仓按承载能力极限状态设计时，应采用荷载效应的基本组合，荷载分项系数应按下列规定取值：

1 永久荷载分项系数：对结构不利时，取1.2；对结构有利时，取1.0；筒仓抗倾覆计算，取0.9；

2 储粮荷载分项系数，取1.3；

3 地震作用分项系数，取1.3；

4 其他可变荷载分项系数，取1.4。

4.4.3 粮食钢板筒仓按正常使用极限状态设计时，应采用荷载效应短期组合，荷载分项系数均取1.0。

4.4.4 粮食钢板筒仓按承载能力极限状态设计时，荷载组合系数应按下列规定取用：

1 无风荷载参与组合时：取1.0。

2 有风荷载参与组合时：

1）储粮荷载，取1.0；

2）风荷载，取1.0；

3）其他可变荷载，取0.6；

4）地震作用不计。

3 有地震作用参与组合时：

1）储粮荷载，取0.9；

2）地震作用，取1.0；

3）雪荷载，取0.5；

4）风荷载不计；

5）其他可变荷载：按实际情况考虑时，取1.0；按等效均布荷载时，取0.6。

5 结构设计

5.1 基本规定

5.1.1 粮食钢板筒仓结构应分别按承载能力极限状态和正常使用极限状态进行设计。

5.1.2 粮食钢板筒仓结构按承载能力极限状态进行设计时,计算内容应包括:

    1 所有结构构件及连接的强度、稳定性计算;

    2 筒仓整体抗倾覆计算;

    3 筒仓与基础的锚固计算。

5.1.3 粮食钢板筒仓结构按正常使用极限状态进行设计时,应根据使用要求对结构构件进行变形验算。

5.1.4 粮食钢板筒仓结构及连接材料的选用及设计指标,应按现行国家标准《钢结构设计规范》GB 50017 和《冷弯薄壁型钢结构技术规范》GB 50018 有关规定执行。

5.2 仓 顶

5.2.1 正截锥壳钢板仓顶,可按薄壁结构进行强度及稳定计算。

5.2.2 由斜梁,上、下环梁及钢板组成的正截锥壳仓顶(图 5.2.2),不计钢板的蒙皮作用,应设置支撑或采取其他措施,保证仓顶结构的空间稳定性。仓顶构件内力可按空间杆系计算。在对称竖向荷载作用下,仓顶构件内力可按下述简化方法计算:

    1 斜梁按简支计算,其支座反力分别由上、下环梁承担,上、下环梁按第 5.2.3 条计算;

    2 作用于上环梁的竖向荷载由斜梁平均承担;

    3 作用于斜梁的测温电缆吊挂荷载,由直接吊挂电缆的斜梁承担。

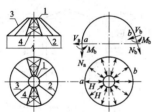

图 5.2.2 正截锥壳仓顶及环梁内力示意图
1—上环梁;2—下环梁;3—斜梁;4—支撑构件

5.2.3 正截锥壳仓顶的上、下环梁应按以下规定计算:

    1 上环梁应按压、弯、扭构件进行强度和稳定计算。在径向水平推力作用下,上环梁稳定计算可按本规范第 5.4.4 条第 1 款规定执行。

    2 下环梁应按拉、弯、扭构件进行强度计算。

    3 下环梁计算可不考虑与其相连的仓壁共同工作。

5.2.4 斜梁传给下环梁的竖向力,由下环梁均匀传给下部结构。

5.3 仓 壁

5.3.1 深仓仓壁按承载能力极限状态设计时,应计算以下荷载组合:

    1 作用于仓壁单位面积上的水平压力的基本组合(设计值):

$$P_h = 1.3 \cdot C_h \cdot P_{hk} \quad (5.3.1-1)$$

    2 作用于仓壁单位周长上的竖向压力的基本组合(设计值):

无风荷载参与组合时:

$$q_v = 1.2 \cdot q_{gk} + 1.3 \cdot C_f \cdot q_{fk} + 1.4 \cdot \sum \psi_i \cdot q_{Qik} \quad (5.3.1-2)$$

有风荷载参与组合时:

$$q_v = 1.2 \cdot q_{gk} + 1.3 \cdot C_f \cdot q_{fk} + 1.4 \times 0.6 \cdot \sum (q_{wk} + q_{Qik}) \quad (5.3.1-3)$$

有地震作用参与组合时:

$$q_v = 1.2 \cdot q_{gk} + 1.3 \times 0.8 \cdot C_f \cdot q_{fk} + 1.3 \cdot q_{Ek} + 1.4 \cdot \sum \psi_i \cdot q_{Qik} \quad (5.3.1-4)$$

式中:P_h——作用于仓壁单位面积上的水平压力的基本组合(设计值);

    q_v——作用于仓壁单位周长上的竖向压力的基本组合(设计值);

    q_{gk}——仓顶及仓上建筑永久荷载作用于仓壁单位周长上的竖向压力标准值;

    q_{fk}——储粮作用于仓壁单位周长上总竖向摩擦标准值;

    q_{wk}——风荷载作用于仓壁单位周长上的竖向压力标准值;

    q_{Ek}——地震作用于仓壁单位周长上的竖向压力标准值;

    q_{Qik}——仓顶及仓上建筑可变荷载作用于仓壁单位周长上的竖向压力标准值;

    ψ_i——可变荷载的组合系数,按本规范第 4.4.4 条规定取值。

5.3.2 浅仓仓壁按承载能力极限状态设计时,荷载组合可按本规范第 5.3.1 条规定执行,C_f 取 1.0。

5.3.3 粮食钢板筒仓仓壁无加劲肋时,可按薄膜理论计算其内力,旋转壳体在对称荷载下的薄膜内力参见附录 E;有加劲肋时,可选择下述方法之一进行计算:

    1 按带肋壳壁结构,采用有限元方法进行计算;

    2 加劲肋间距不大于 1.2m 时,采用折算厚度按薄膜理论进行计算;

    3 按本规范第 5.3.5 条规定的简化方法进行计算。

5.3.4 焊接粮食钢板筒仓、螺旋卷边粮食钢板筒仓与肋型双壁粮食钢板筒仓,不设加劲肋时,仓壁可按以下规定进行强度计算:

    1 在储粮水平压力作用下,按轴心受拉构件进行计算:

$$\sigma_t = \frac{P_h \cdot d_n}{2 \cdot t} \leqslant f \quad (5.3.4-1)$$

    2 在竖向压力作用下,按轴心受压构件进行计算:

$$\sigma_c = \frac{q_v}{t} \leqslant f \quad (5.3.4-2)$$

式中:σ_t——仓壁环向拉应力设计值;

    σ_c——仓壁竖向压应力设计值;

    t——被连接钢板的较小厚度;

    f——钢材抗拉或抗压强度设计值。

    3 在水平压力及竖向压力共同作用下,按下式进行折算应力计算:

$$\sigma_{zs} = \sqrt{\sigma_t^2 + \sigma_c^2 - \sigma_t \sigma_c} \leqslant f \quad (5.3.4-3)$$

式中:σ_{zs}——仓壁折算应力设计值。

    σ_c 与 σ_t 取拉应力为正值,压应力为负值。

    4 仓壁钢板采用对接焊缝拼接时,对焊缝按下式进行计算:

$$\sigma = \frac{N}{L_w \cdot t} \leqslant f_t^w \text{ 或 } f_c^w \quad (5.3.4-4)$$

式中:N——垂直于焊缝长度方向的拉力或压力设计值;

    L_w——对接焊缝的计算长度;

    t——被连接仓壁的较小厚度;

    f_t^w——对接焊缝抗拉强度设计值;

    f_c^w——对接焊缝抗压强度设计值。

5.3.5 粮食钢板筒仓设置加劲肋时,可按下述简化方法进行强度计算:

    1 仓壁或钢结构框架式筒仓的钢带水平方向抗拉强度按本规范(5.3.4-1)式计算。

    2 仓壁为波纹钢板、肋型钢板和钢结构框架式筒仓的保温壁板时,不计算仓壁承担的竖向压力,全部竖向压力由加劲肋或 T 形立柱承担;仓壁为焊接平钢板或螺旋卷边钢板时,取宽为 $2b_e$ 的仓壁与加劲肋构成组合构件(图 5.3.5),承担竖向压力。

  3 加劲肋或加劲肋与仓壁构成的组合构件,按下列公式进行截面强度计算:

$$N = q_v \cdot b \qquad (5.3.5\text{-}1)$$

$$\sigma = \frac{N}{A_n} \pm \frac{M}{W_n} \leqslant f \qquad (5.3.5\text{-}2)$$

式中:N ——加劲肋或组合构件承担的压力设计值;

  q_v ——仓壁单位周长上的竖向压力;

  b ——加劲肋中距(弧长);

  σ ——加劲肋或组合构件截面拉、压应力设计值;

  A_n ——加劲肋或组合构件折算面积;

  M ——竖向压力 N 对加劲肋或组合构件截面形心的弯矩设计值;

  W_n ——加劲肋或组合构件折算弹性抵抗矩;

  f ——钢材抗拉、抗压强度设计值。

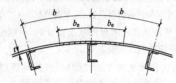

图 5.3.5 组合构件截面示意

$b_e \leqslant 15t$ 且 $b_e \leqslant b/2$

5.3.6 加劲肋与仓壁的连接,应按以下规定进行强度计算:

  1 单位高度仓壁传给加劲肋的竖向力设计值按下式计算:

$$V = [1.2 \cdot P_{gk} + 1.3 \cdot C_f \cdot P_{fk} +$$
$$(1.2 \cdot q_{gk} + 1.4 \cdot \sum q_{Qik})/h_i] \cdot b \qquad (5.3.6\text{-}1)$$

式中:V ——单位高度仓壁传给加劲肋的竖向力设计值;

  P_{gk} ——仓壁单位面积重力标准值;

  q_{gk} ——仓顶与仓上建筑永久荷载作用于仓壁单位周长上的竖向压力标准值;

  h_i ——计算区段仓壁的高度。

  2 当采用角焊缝连接时,按下式计算:

$$\tau_f = \frac{V}{h_e \cdot L_w} \leqslant f_f^w \qquad (5.3.6\text{-}2)$$

式中:τ_f ——按焊缝有效截面计算,沿焊缝长度方向的平均剪应力;

  h_e ——角焊缝有效厚度;

  L_w ——仓壁单位高度内,角焊缝的计算长度;

  f_f^w ——角焊缝抗拉、抗压或抗剪强度设计值。

  3 当采用普通螺栓或高强螺栓连接时,按现行国家标准《钢结构设计规范》GB 50017 的有关规定进行计算。

5.3.7 粮食钢板筒仓和肋型双壁筒仓在竖向荷载作用下,仓壁或大波纹内壁应按薄壳弹性稳定理论或下述方法进行稳定计算。

  1 在竖向轴压力作用下,按下列公式计算:

$$\sigma_c \leqslant \sigma_{cr} = k_p \frac{E \cdot t}{R} \qquad (5.3.7\text{-}1)$$

$$k_p = \frac{1}{2 \cdot \pi} \cdot \left(\frac{100 \cdot t}{R}\right)^{\frac{3}{8}} \qquad (5.3.7\text{-}2)$$

式中:$\sigma_c(\sigma)$ ——仓壁压应力设计值;

  σ_{cr} ——受压仓壁的临界应力;

  E ——钢材的弹性模量,取 $2.06 \times 10^5 N/mm^2$;

  t ——仓壁的计算厚度,有加劲肋且间距不大于 1.2m 时,可取仓壁的折算厚度,其他情况取仓壁厚度;

  R ——筒仓半径;

  k_p ——仓壁竖向受压稳定系数。

  2 在竖向压力及储粮水平压力共同作用下,按下列公式计算:

$$\sigma_c \leqslant \sigma_{cr} = k_p' \cdot \frac{E \cdot t}{R} \qquad (5.3.7\text{-}3)$$

$$k_p' = k_p + 0.265 \cdot \frac{R}{t} \cdot \sqrt{\frac{P_{hk}}{E}} \qquad (5.3.7\text{-}4)$$

式中:k_p' ——有内压时仓壁的稳定系数,当 k_p' 大于 0.5 时,取 $k_p' = 0.5$。

  3 仓壁局部受竖向集中力时,应在集中力作用处设置加劲肋,集中力的扩散角可取 30°(图 5.3.7),并按下式验算仓壁的局部稳定:

$$\sigma_c \leqslant \sigma_{cr} = k_p \frac{E \cdot t}{R} \qquad (5.3.7\text{-}5)$$

式中:σ_c ——仓壁压应力设计值。

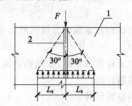

图 5.3.7 仓壁集中力示意图

1—仓壁;2—加劲肋

5.3.8 无加劲肋的仓壁或仓壁区段(图 5.3.8),在水平风荷载的作用下,可按下列公式验算空仓仓壁的稳定性:

$$P_{w1} \leqslant p_{cr} = 0.368 \cdot \eta \cdot E \cdot \left(\frac{t}{R}\right)^{\frac{3}{2}} \cdot \frac{t}{h_w} \qquad (5.3.8\text{-}1)$$

$$\eta = \frac{2 \cdot P_{w1}}{P_{w1} + P_{w2}} \qquad (5.3.8\text{-}2)$$

式中:P_{w1} ——所验算仓壁或仓壁区段内的最大风压设计值;

  P_{w2} ——所验算仓壁或仓壁区段内的最小风压设计值;

  h_w ——所验算仓壁或仓壁区段高度;

  t ——仓壁厚度,当所验算仓壁或仓壁区段范围内仓壁厚度变化时,应取最小值;

  p_{cr} ——筒仓临界压力值;

  E ——钢材的弹性模量;

  η ——计算系数。

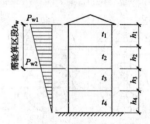

图 5.3.8 风载下仓壁稳定计算示意

注:$t_1 \sim t_4$ 为所验算仓壁或仓壁区段内仓壁厚度;$h_1 \sim h_4$ 为所验算仓壁或仓壁区段高度。

5.3.9 无加劲肋的螺旋卷边粮食钢板筒仓,仓壁弯卷(图 5.3.9)处可按下式进行抗弯强度计算:

$$\sigma = 6a(q_w - q_g)/t \leqslant f \qquad (5.3.9)$$

式中:q_w ——水平风荷载作用于仓壁单位周长上的竖向拉力设计值;

  q_g ——永久荷载作用于仓壁单位周长上的竖向压力设计值,分项系数取 1.0;

  a ——卷边的外伸长度;

  t ——仓壁厚度。

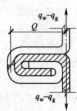

图 5.3.9 仓壁弯卷图

5.3.10 仓壁洞口应进行强度计算,洞口应力可采用有限元法计算,或按下述方法简化计算。

1 焊接粮食钢板筒仓仓壁洞口在拉、压力作用下,正方形、矩形洞口应力可参考附录B给出的数据;

2 装配式粮食钢板筒仓仓壁洞口加强框在拉、压力作用下,可简化成闭合框架进行内力分析。

5.3.11 焊接粮食钢板筒仓仓壁洞口除应计算洞口边缘的应力外还必须验算矩形洞口角点的集中应力,无特殊载荷时,集中应力可近似取洞口边缘应力的3倍~4倍。

5.4 仓 底

5.4.1 圆锥漏斗仓底可按以下规定进行强度计算(图5.4.1)。

1 计算截面I—I处,漏斗壁单位周长的经向拉力设计值:

$$N_m = 1.3 \cdot \left(\frac{C_v \cdot P_{vk} \cdot d_0}{4\sin\alpha} + \frac{W_{mk}}{\pi \cdot d_0 \sin\alpha} \right) + \frac{1.2 \cdot W_{gk}}{\pi \cdot d_0 \sin\alpha} \quad (5.4.1-1)$$

式中:P_{vk}——计算截面处储粮竖向压力标准值;

W_{mk}——计算截面以下漏斗内储粮重力标准值;

W_{gk}——计算截面以下漏斗壁重力标准值;

d_0——计算截面处,漏斗的水平直径;

α ——漏斗壁与水平面的夹角;

C_v——深仓储粮动态竖向压力修正系数;

N_m——漏斗壁经向拉力设计值。

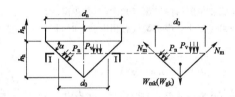

图 5.4.1 圆锥漏斗内力计算示意图

2 计算截面I—I处,漏斗壁单位宽度内的环向拉力设计值应按下式进行计算。

$$N_t = \frac{1.3 \cdot P_{nk} \cdot d_0}{2\sin\alpha} \quad (5.4.1-2)$$

式中:P_{nk}——储粮作用于漏斗壁单位面积上的法向压力标准值;

N_t——漏斗壁环向拉力设计值。

3 漏斗壁应按下列公式进行强度计算:

1)单向抗拉强度:

经向 $\qquad \sigma_m = \dfrac{N_m}{t} \leqslant f \qquad (5.4.1-3)$

环向 $\qquad \sigma_t = \dfrac{N_t}{t} \leqslant f \qquad (5.4.1-4)$

2)折算应力:

$$\sigma_{zs} = \sqrt{\sigma_t^2 + \sigma_m^2 - \sigma_t \sigma_m} \leqslant f \quad (5.4.1-5)$$

式中:σ_{zs}——折算应力;

σ_t——漏斗壁环向拉应力;

σ_m——漏斗壁经向拉应力;

t ——漏斗壁钢板厚度。

5.4.2 圆锥漏斗仓底与仓壁相交处,应设置环梁(图5.4.2)。环梁与仓壁及漏斗壁的连接应符合下列规定:

1 可采用焊接或螺栓连接;

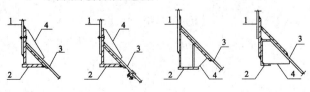

图 5.4.2 漏斗环梁示意图

1—仓壁;2—环梁;3—斗壁;4—加劲肋

2 当环梁与仓壁及漏斗壁采用螺栓连接时,环梁计算不考虑

与之相连的仓壁及漏斗壁参与工作;

3 当环梁与仓壁及漏斗壁采用焊接连接时,环梁计算可考虑与之相连的部分壁板参与工作,共同工作的壁板范围按下列规定取值。

1)共同工作的仓壁范围,取 $0.5\sqrt{r_c \cdot t_c}$,但不大于 $15t_c$;

2)共同工作的漏斗范围,取 $0.5\sqrt{r_h \cdot t_h}$,但不大于 $15t_h$;

其中:t_c、r_c——分别为仓壁与环梁相连处的厚度和曲率半径;

t_h、r_h——分别为漏斗壁与环梁相连处的厚度和曲率半径。

5.4.3 环梁上的荷载(图5.4.3),可按下列规定确定:

1 由仓壁传来的竖向压力 q_v 及其偏心产生的扭矩 $q_v \cdot e_v$;

2 由漏斗壁传来的经向拉力 N_m 及其偏心产生的扭矩 $N_m \cdot e_m$(N_m 按本规范第5.4.1条确定)。N_m 可分解为水平分量 $N_m \cdot \cos\alpha$ 及垂直分量 $N_m \cdot \sin\alpha$(图5.4.3b);

3 在环梁高度范围内作用的储粮水平压力 P_h 可忽略不计。

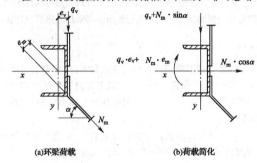

(a)环梁荷载　　　　　　(b)荷载简化

图 5.4.3 环梁荷载及简化图

5.4.4 环梁按承载能力极限状态设计时,可按以下规定进行计算:

1 在水平荷载 $N_m \cdot \cos\alpha$ 作用下环梁的稳定计算:

$$N_m \cdot \cos\alpha \leqslant N_{cr} \quad (5.4.4-1)$$

$$N_{cr} = 0.6 \frac{E \cdot I_y}{r^3} \quad (5.4.4-2)$$

式中:I_y——环梁截面惯性矩;

r ——环梁的半径;

N_{cr}——单位长度环梁的临界经向压力值;

N_m——漏斗壁单位周长的经向拉力设计值;

α ——漏斗壁倾角;

E ——钢材的弹性模量。

2 环梁截面的抗弯、抗扭及抗剪强度计算。

3 环梁与仓壁及漏斗壁的连接强度计算。

5.5 支承结构与基础

5.5.1 仓下支承结构为钢柱时,柱与环梁应按空间框架进行分析。

5.5.2 仓壁应锚固在下部构件上。采用锚栓锚固时,间距可取1m~2m,锚栓的拉力应按下式计算:

$$T = \frac{6M}{n \cdot d} - \frac{W}{n} \quad (5.5.2)$$

式中:T ——每个锚栓的拉力设计值;

M ——风荷载或地震荷载作用于下部构件顶面的弯矩设计值;

d ——筒仓直径;

W ——筒仓竖向永久荷载设计值,分项系数0.9;

n ——锚栓总数,不应少于6。

5.5.3 基础计算应符合下列规定:

1 仓群下的整体基础,应确定空仓、满仓的最不利组合;

2 基础边缘处的地基应力不应出现拉应力;

3 **基础倾斜率不应大于 0.002,平均沉降量不应大于 200mm**。

6 构　造

6.1 仓　顶

6.1.1 仓上建筑的支点宜在仓壁处,不得在斜梁上。若荷载对称,支点也可在仓顶圆锥台上。较重的仓上建筑或重型设备,宜采用落地支架。

6.1.2 仓顶坡度宜为1:5~1:2,不应小于1:10;仓顶四周应设围栏,设备廊道、操作平台栏杆高度不应小于1200mm。

6.1.3 测温电缆应吊挂于钢梁上,不得直接吊挂于仓顶板上。仓顶吊挂施设宜对称布置。

6.1.4 仓顶出檐不得小于100mm,且应垂直滴水,其高度不应小于50mm。仓檐处顶板与仓壁间应设密封条。有台风影响地区,应采取措施防止雨水倒灌。仓顶板与檩条不得采用外露螺栓连接。

6.2 仓　壁

6.2.1 仓壁为波纹钢板、肋型钢板、焊接钢板时,相邻上下两层壁板的竖向接缝应错开布置。焊接钢板错缝距离不应小于250mm。

6.2.2 波纹钢板和肋型钢板仓壁的搭接缝及连接螺栓孔,均应设密封条、密封圈。

6.2.3 筒仓仓壁设计除满足结构计算要求外,尚应考虑外部环境对钢板的腐蚀及储粮对仓壁的磨损,并采取相应措施。

6.2.4 竖向加劲肋接头应采用等强度连接。相邻两加劲肋的接头不宜在同一水平高度上。通至仓顶的加劲肋数量不应少于总数的25%。

6.2.5 竖向加劲肋与仓壁的连接应符合下列规定:

　　1 波纹钢板仓和肋型钢板仓宜采用镀锌螺栓连接;

　　2 螺旋卷边仓宜采用高频焊接螺栓连接;

　　3 螺栓直径与数量应经计算确定,直径不宜小于8mm,间距不宜大于200mm;

　　4 焊接连接时,焊缝高度取被焊仓壁较薄钢板的厚度;螺旋卷边仓咬口上下焊缝长度均不应小于50mm。施焊仓壁外表面的焊痕必须进行防腐处理。

6.2.6 螺旋卷边仓壁的竖向加劲肋应放在仓壁内侧,其他仓壁的竖向加劲肋宜放在仓壁外侧。加劲肋下部与仓底预埋件应可靠连接。

6.2.7 仓壁内不应设水平支撑、爬梯等附壁装置。

6.2.8 仓壁下部人孔(图6.2.8)宜设在同一块壁板上,洞口尺寸不宜小于600mm。人孔门应设内、外两层,分别向仓内、外开启。门框应做成整体式,截面应计算确定。门框与仓壁、门扇的连接,均应采取密封措施。

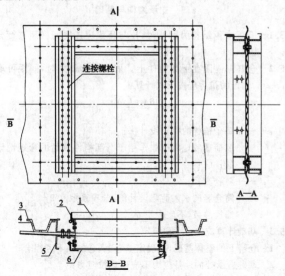

图 6.2.8　人孔构造示意

1—内门;2—内门框;3—仓壁加劲肋;4—竖向加劲肋;5—外门框;6—外门

6.2.9 仓壁下部与仓底(或基础)应可靠锚固,锚固点之间的距离不宜大于2m。

6.3 仓　底

6.3.1 圆锥漏斗仓底(图6.3.1)由环梁和斗壁组成。

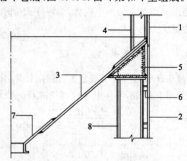

图 6.3.1　圆锥漏斗仓底示意图

1—仓壁;2—筒壁;3—斗壁;4—加劲肋;
5—环梁;6—缀板;7—斗口;8—支承柱

6.3.2 斗壁可由径向划分的梯形板块组成,每块板在漏斗上口处的长度宜为1.0m。

6.3.3 斗口宜设计为焊接整体结构,其上口直径不宜大于2.0m;下口尺寸应满足工艺要求。

6.3.4 仓底在装配后内表面应光滑,不得滞留存粮。

6.3.5 当采用流化仓底出粮或选用平底仓时,其仓底应按工艺要求设计。

6.4 支承结构

6.4.1 仓下钢支柱截面及间距应由计算确定。支柱与筒壁宜采用缀板连接(图6.3.1);缀板间距不宜大于1.0m。

6.4.2 钢支柱应设柱间支撑,每个筒仓下不应少于三道且应均匀间隔布置。当柱间支撑上下两段设置时,应设柱间水平系杆。

6.4.3 仓壁与基础顶面接触应设泛水板或泛水坡,防止雨水进入仓内(图6.4.3)。

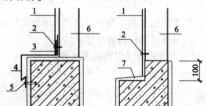

图 6.4.3　泛水示意图

1—仓壁钢板;2—自攻螺钉;3—防水胶垫;4—泛水板;
5—膨胀螺栓;6—竖向加劲肋;7—砂浆抹坡

6.5 抗震构造措施

6.5.1 当粮食钢板筒仓处于抗震设防地区时,柱间支撑开间的钢柱柱脚,应设置抗剪钢板。

6.5.2 地脚螺栓宜采用有刚性锚板或锚梁的双帽螺栓,受拉、受剪螺栓锚固长度应满足现行国家标准《混凝土结构设计规范》GB 50010的有关规定。

7 工艺设计

7.1 一般规定

7.1.1 工艺设计方案应根据储存粮食的特性、使用功能、作业要求、粮食钢板筒仓总容量等条件，经技术经济比较后确定。

7.1.2 粮食钢板筒仓工艺设计内容应包括粮食接收与发放、安全储粮、环境保护与安全生产等。

7.1.3 粮食钢板筒仓数量较多且作业复杂时应设置工作塔，粮食钢板筒仓数量少且作业简单时，可不设工作塔，采用提升塔架。

7.1.4 工艺设备应具备安全适用、高效低耗、操作方便、密闭、低破碎、对粮食无污染等性能。

7.1.5 工艺设备布置应满足安装、操作及维修空间要求。

7.1.6 粮食钢板筒仓底部或仓壁宜开进人孔。

7.1.7 粮食钢板筒仓单仓容量按下式进行计算：

$$G=V\rho_0 \qquad (7.1.7)$$

式中：G——粮食钢板筒仓单仓容量；

V——单仓有效装粮体积；

ρ_0——粮食的质量密度，应按本规范附录C进行取值。

7.2 粮食接收与发放

7.2.1 粮食接收与发放工艺宜包括以下内容：

1 粮食接收包括接卸、输送、磁选、初清、取样、计量、入仓等；

2 粮食发放包括出仓、取样、计量、输送等。

7.2.2 主要设备应根据作业要求选择配置输送设备、防分级和降破碎设备、清仓设备、密闭设备、出仓流量控制设备等。

7.2.3 粮食钢板筒仓进出粮设备的生产能力应根据作业量、作业时间等因素计算确定。

7.2.4 设备选用宜符合额定生产能力模数，额定模数由50、100、200、300、400、600、800、1000、1200、1600、2000t/h等组成（按粮食质量密度0.75t/m³计）。

7.2.5 溜管设计应满足下列要求：

1 溜管材料宜采用3mm～4mm钢板；

2 溜管内壁与物料接触面宜设可拆换的耐磨衬板；

3 每节溜管长度不宜超过2m，溜管垂直段长度超过4m时宜设缓冲装置；

4 溜管的有效截面尺寸，应根据流量计算确定。常用溜管可按照表7.2.5选用；

表7.2.5 溜管有效截面尺寸选用表

流量/(t/h)	50	100	200	300	400	600
截面尺寸(mm×mm)	200×200	250×250	350×350	400×400	450×450	500×500
流量/(t/h)	800	1000	1200	1600	2000	
截面尺寸(mm×mm)	600×600	700×700	800×800	900×900	1000×1000	

注：1 截面尺寸为管内净尺寸；圆截面溜管可按相等截面积参照使用。

2 溜管内粮食质量密度按0.75t/m³计。

5 溜管倾角应符合下列规定：

1）小麦、大豆、玉米，不小于36°；

2）稻谷，不小于45°；

3）杂质、灰尘，不小于60°。

7.2.6 仓底出粮口设计应符合下列规定：

1 出粮孔尺寸应根据出仓流量等因素计算确定；

2 出粮孔采用气动或电动闸门时，同时设手动闸门。

7.2.7 平底粮食钢板筒仓应配置清仓设备。进出仓作业频繁时，清仓设备宜为固定式。

7.2.8 直径12m以下粮食钢板筒仓宜采用自流出粮方式。储粮

为小麦、大豆、玉米时，仓底倾角不宜小于40°；储粮为稻谷时，仓底倾角不应小于45°。

7.3 安全储粮

7.3.1 根据使用功能，粮食钢板筒仓可设机械通风。

7.3.2 机械通风系统应包括仓顶、仓底通风机、通风口、通风道等构成。

7.3.3 机械通风系统应满足下列要求：

1 仓顶通风机宜选轴流风机，应配置防雨、防雀、防空气回流装置；

2 仓下通风机宜采用移动式通风机；

3 通风系统的排风能力不小于进风能力；

4 仓内风道应布置合理，空气途径比小于1.3；

5 空气分配器孔板开孔率宜取25%～35%。孔形状及尺寸应防止粮食颗粒漏入风道；

6 仓内通风道（空气分配器）等要能承受粮食或机械设备荷载。

7.3.4 通风系统主要技术参数可按下列要求确定：

1 单仓通风量可按下式计算：

$$Q_z=V\rho_0 q \qquad (7.3.4-1)$$

式中：Q_z——单仓通风量（m³/h）；

q——每小时每吨粮食的通风体积量简称单位通风量，可取4m³/h·t～10m³/h·t；

V——粮堆体积；

ρ_0——粮堆质量密度。

2 风道风速按下式计算：

$$v_F=\frac{Q_F}{3600F_F} \qquad (7.3.4-2)$$

式中：v_F——风道风速（m/s）；主风道风速宜为7m/s～15m/s，支风道风速宜为4m/s～9m/s；

Q_F——风道通风量（m³/s）；

F_F——风道的横截面积（m²）。

3 空气分配器的表观风速按下式计算：

$$v_b=\frac{Q_b}{3600F_b} \qquad (7.3.4-3)$$

式中：v_b——表观风速（m/s）；建议控制在0.2m/s～0.5m/s范围；

Q_b——通过空气分配器的风量（m³/h）；

F_b——空气分配器开孔面的表面积（m²）。

4 通风机的风量按下式计算：

$$Q_T=K_1\frac{Q_z}{n} \qquad (7.3.4-4)$$

式中：Q_T——通风机通风量（m³/h）；

K_1——风量系数，取1.10～1.16；

n——单个筒仓内风机数量。

5 通风机的阻力按下式计算：

$$H_F=K_2(H_1+H_2) \qquad (7.3.4-5)$$

式中：H_F——通风系统总阻力；

K_2——风压系数，取1.10～1.20；

H_1——气流穿过粮层时的阻力；

H_2——除粮层阻力外，整个通风系统的其他阻力。

7.3.5 粮食钢板筒仓设置熏蒸系统时应满足下列要求：

1 熏蒸系统宜采用环流形式；

2 采用磷化氢熏蒸时，熏蒸系统应符合现行行业标准《磷化氢环流熏蒸技术规程》LS/T 1201的有关要求；

3 粮食钢板筒仓仓体、进出粮口、通风口等应采取密封措施；

4 仓体气密性满足仓内气压从500Pa降至250Pa使用时间不少于40s。

7.3.6 粮食钢板筒仓需设谷物冷却系统时,应作好保温、隔热、防潮、密闭处理。冷却系统设计应满足现行行业标准《谷物冷却机低温储粮技术规程》LS/T 1204 的有关规定。

7.4 环境保护与安全生产

7.4.1 粮食钢板筒仓环境保护设计为粉尘控制、噪声控制、有害气体控制。安全生产设计为防粉尘爆炸、作业场所安全等内容。

7.4.2 粉尘控制设计应满足下列要求:

1 粉尘控制宜采用集中风网和单点除尘设备结合形式;

2 应按照使用功能、作业要求进行风网合理组合,风网应进行详细计算;

3 输送机的进料口、抛料口等易扬尘的部位均应设吸风口,需要调节风量及平衡系统压力的吸风口处应设置蝶阀;

4 吸风口风速宜取 3m/s～5m/s,风管内风速宜取 14m/s～18m/s;

5 较长水平风管应分段设置观察孔及清灰孔,末端装补风门,清灰孔的孔盖应易启闭;

6 风管弯头的曲率半径宜为风管直径的 1 倍～2 倍,大管径取小值,小管径取大值;

7 风管宜采用机加工制品,风管连接处应加密封垫,直径大于 200mm 的风管宜采用法兰连接;

8 风网散风口应设防风雨、防雀装置;

9 粉尘控制系统应与相关设备联锁,作业设备启动前,粉尘控制系统提前 5min 启动;作业设备停机后,粉尘控制系统延迟 10min 停机;

10 清除地面、设备和管道上的集尘,可设置真空清扫系统。

7.4.3 振动及噪声较大的设备宜集中布置,并采取减震、隔音、消声措施。

7.4.4 粮食钢板筒仓安全生产设计应符合下列规定:

1 粮食接收流程前端应设置磁选设备;

2 输送设备宜设置跑偏、堵料、失速等检测报警装置;

3 全封闭设备应设置泄压口;

4 设备上外露的传动件,应加设安全防护罩;

5 粮食钢板筒仓进出粮作业时,仓顶通风口应开启,保持仓内外气压平衡;

6 粮食钢板筒仓气密试验应采用仓内正压作业模式;

7 作业场所、安全通道的设置,应符合现行行业标准《粮食仓库安全操作规程》LS 1206 的有关规定;

8 粮食钢板筒仓设计文件中,应对安全生产、技术管理等相关内容作必要说明。

8 电 气

8.1 一般规定

8.1.1 粮食钢板筒仓电力负荷宜为三级负荷。对于中转任务繁重的港口库和重要的中转库,可按二级负荷设计。

8.1.2 粮食钢板筒仓粉尘爆炸性危险区域划分、电气设备选择、配电线路防护要求均应符合现行国家标准《爆炸和火灾危险环境电力装置设计规范》GB 50058 和《粮食加工、储运系统粉尘防爆安全规程》GB 17440 的有关规定。

8.1.3 电气设备、配电线路宜在非爆炸危险区或爆炸危险性较小的环境设置和敷设,且应采取防尘、防鼠害及安全防护等措施。

8.1.4 粮食钢板筒仓设置熏蒸系统时,仓内电气设备应采取防熏蒸腐蚀措施。

8.2 配电线路

8.2.1 配电线路的选择应符合下列规定:

1 配电线路应选用铜芯绝缘导线或铜芯电缆,其额定电压不应低于线路的工作电压,且导线不应低于 0.45/0.75kV,电缆不应低于 0.6/1kV;

2 非粉尘爆炸性危险区域内配电线路最小截面:电力、照明线路不应小于 1.5mm²,控制线路不应小于 1.0mm²;

3 粉尘爆炸性危险区域内配电线路的选择应符合现行国家标准《爆炸和火灾危险环境电力装置设计规范》GB 50058 的有关规定;

4 采用电缆桥架敷设时宜采用阻燃电缆,移动式电气设备线路应采用 YC 或 YCW 橡套电缆。

8.2.2 配电线路的保护应符合下列规定:

1 应根据具体工程要求装设短路保护、过负荷保护、接地故障保护、过电压及欠电压保护,用于切断供电电源或发出报警信号;

2 上下级保护电器的动作应具有选择性,各级之间应能协调配合;

3 对电动机、电梯等用电设备配电线路的保护,除应符合本章要求外,尚应符合现行国家标准《通用用电设备配电设计规范》GB 50055 的规定。

8.2.3 配电线路应采用下列敷设方式:

1 电缆宜采用电缆桥架敷设;

2 穿管敷设时,保护管应采用低压流体输送用焊接钢管;

3 电气线路在穿越不同防爆或防火分区之间的墙体及楼板时,应采用非可燃性填料严密堵塞。

8.3 照明系统

8.3.1 粮食钢板筒仓的照明设计应符合现行国家标准《建筑照明设计标准》GB 50034 的有关规定。照度推荐值应符合本规范附录F的规定。

8.3.2 粮食钢板筒仓照明应采用高效、节能光源和高效灯具。粉尘爆炸性危险区域应采用粉尘防爆照明灯具。

8.3.3 粮食钢板筒仓应急照明的设置应符合现行国家标准《建筑设计防火规范》GB 50016 的有关规定。

8.3.4 工作塔各层、仓上、仓下等照明宜分别采用集中控制方式,并按使用条件和天然采光状况采取分区、分组控制措施。

8.4 电气控制系统

8.4.1 粮食钢板筒仓可根据需要设电气控制系统。

8.4.2 电气控制系统应满足工艺作业要求,根据作业特点确定技术方案及设备选型。

8.4.3 电气控制系统应具备以下功能：

　　1 对用电设备提供安全保护；

　　2 用电设备及生产作业线的联锁；

　　3 紧急停止和故障报警；

　　4 现场手动操作；

　　5 显示工艺流程状况、设备运行状态及运行参数。

8.4.4 粮食钢板筒仓应设料位传感器，工艺设备应设安全检测传感器件。

8.5　粮情测控系统

8.5.1 粮食钢板筒仓可根据储粮需要设置粮情测控系统。粮情测控系统应符合现行行业标准《粮情测控系统》LS/T 1203 的有关规定。

8.5.2 粮情测控系统应符合下列要求：

　　1 测温范围：−40℃～60℃；测温精度：±1℃；

　　2 测湿范围：10%RH～99%RH；测湿精度：±3%RH；

　　3 自动巡回检测、手动定仓定点检测、超限报警等，且能自动控制通风及相关设备；

　　4 具备中文打印、制表功能；

　　5 防水、防尘、仓内装置防磷化氢腐蚀；

　　6 有效的防雷击措施。

8.5.3 测温电缆宜对称布置，测温电缆水平间距不宜大于5.0m；测温点宜垂直方向等距布置，间距宜为1.5m～3.0m；测温电缆与仓内壁间距 0.3m～0.5m。

8.5.4 仓内吊装的电缆及吊挂装置应能承受出仓时粮食流动所产生的拉力。

8.6　防雷及接地

8.6.1 粮食钢板筒仓防雷设计应符合现行国家标准《建筑物防雷设计规范》GB 50057 中第二类防雷建筑物的防雷要求。

8.6.2 粮食钢板筒仓宜利用仓顶金属围栏与仓上通廊作接闪器。不在接闪器保护范围内的仓顶工艺设备应设置避雷针保护，且设备外露金属部分应与仓顶防雷装置电气连接。

8.6.3 粮食钢板筒仓可采用镀锌圆钢或扁钢专设引下线。圆钢直径不应小于8mm。扁钢截面不应小于48mm²，厚度不应小于4mm。每个筒仓引下线不应少于2根，间距不应大于18m，且应对称布置。

8.6.4 粮食钢板筒仓宜利用基础钢筋为接地装置。

8.6.5 所有进入建筑物的外来导电物应在防雷界面处做等电位连接。电气系统和电子信息系统由室外引来的电缆线路宜设置适配的电涌保护器。

8.6.6 建筑物内电气装置外露可导电部分应分别做保护接地。粉尘爆炸危险区域内设备、金属构架、管道应做防静电接地。

8.6.7 防直击雷接地宜和防雷电感应、防静电、电气设备、信息系统等接地共用接地装置，其接地电阻应满足其中最小值的要求。

9　消　防

9.0.1 粮食钢板筒仓仓内、仓上栈桥、仓下地道内不宜设消防灭火设施。

9.0.2 封闭工作塔各层应设室内消火栓，消防给水宜采用临时高压给水系统，室内消防用水量可按10L/s计。

9.0.3 粮食钢板筒仓工作塔各层、筒下层应现行国家标准《建筑灭火器配置设计规范》GB 50140 的有关规定配置灭火器。

9.0.4 严寒地区的室内消防给水系统可采用干式系统，系统最高点应设自动排气装置，并应有快速启动消防设备的措施。

9.0.5 粮食钢板筒仓的消防设计除应符合本规范的规定外，尚应符合现行国家标准《建筑设计防火规范》GB 50016 的有关规定。

附录A　筒仓沉降观测及试装粮压仓

A.1　沉降观测

A.1.1 粮食钢板筒仓是具有巨大可变荷载的构筑物，在施工及使用过程中，必须进行沉降观测，严格控制其沉降量。筒仓的沉降观测应按下述要求进行：

　　1 设置水准基点：在筒仓周围 20m 以外选择地基可靠（不是回填土、不靠近树木或新建建筑物、不受车辆扰动）透视良好的地点，按图A.1.1所示做水准基点。若库区内有固定的市政建设测量水准点，可只设一个水准基点，否则应设三个水准基点，自成体系，以便校核。

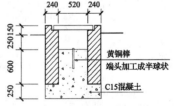

图 A.1.1　水准基点示意图

　　2 设置沉降观测点：观测点可用 ϕ16 钢筋头，在勒脚部位焊接于钢柱或筒壁上，观测点的数量及平面布置，应能够全面反映筒仓的沉降情况。

A.1.2 施工阶段沉降观测：在所有沉降观测点安设牢固后，即应进行第一次沉降观测并记录，施工完成后进行第二次观测记录。所有沉降观测记录资料必须妥善保存。

A.2　试　装　粮

A.2.1 粮食钢板筒仓设计，应根据筒仓装粮高度及地基基础情

况,提出合理的试装粮要求。筒仓的试装粮可参照下列要求进行:

1 试装粮顺序:试装粮可分为四或三个阶段进行,每阶段应按均匀对称的原则各仓依次装粮,见图 A.2.1。各仓全部装载完毕为完成一阶段装粮。

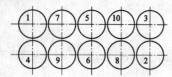

图 A.2.1 试装粮顺序示意图

2 试装粮数量:试装粮分四个阶段装满时,各阶段装粮数量宜依次为 50%、20%、20% 及 10%。试装粮分三个阶段装满时,各阶段装粮数量宜依次为 60%、30% 及 10%。

3 装粮静置时间:每阶段装粮完成后,应静置一定时间,前两个阶段装粮后静置时间不少于 1 个月,最后一阶段装粮后静置时间不少于 2 个月。

4 沉降观测:在试装粮前,首先应将各沉降观测点全部观测一次并记录。在每阶段装粮前,也应将各沉降观测点全部观测一次,装粮完成后,再观测一次。在静置期间,每 5 天进行一次沉降观测,当观测结果符合下列要求时,方可进行下一阶段操作。

1)最后 10d 沉降量不大于 3mm,否则应延长静置时间至满足要求为止。

2)沿构筑物长、宽两个方向由于不均匀沉降所产生的倾斜度不大于 2‰,否则应用控制荷载的方法加以纠正。

3)观察简库的敏感部位(简上层、简下层、门窗洞口、连接节点等)有无出现不允许的变形等异常情况,应有专人负责观测并记录。

5 试装粮装满并满足本条第 3 款和第 4 款的要求后,可进行出粮卸载,出粮应按与装粮相反步骤进行。

6 试装粮满后,应将全部观测记录资料提交给设计单位,以确认可否正式投产。

A.3 筒仓正式投产后注意事项

A.3.1 简库正式投产后,原则上应对称、平衡,均匀装卸粮,避免长期单侧满载。在开始使用两年内,应每隔三至六个月进行一次沉降观测。

A.3.2 沉降观测记录列表格式可按表 A.3.2 进行填写。

表 A.3.2 沉降观测记录表

日期	观测点编号	原始标高	前期标高	本期标高	本期沉降	累计沉降	与前期相距天数	装卸粮变化记录	观测人签名

附录 B 焊接粮食钢板筒仓仓壁洞口应力计算

B.0.1 焊接粮食钢板筒仓仓壁洞口形状为正方形或矩形,正方形、矩形洞口周边在拉、压力作用下应力参数(图 B.0.1)应符合表 B.0.1-1~表 B.0.1-3 的规定。

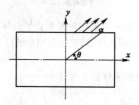

图 B.0.1 洞口应力参数示意图

α ——作用力 p 与洞口中心水平轴的夹角;

θ ——洞口周边各点与洞口中心水平轴的夹角;

σ_θ ——与洞口周边法线正交的洞边应力。

表 B.0.1-1 当 $\alpha=\pi/2$ 时正方形洞口的 σ_θ/p 值

θ	σ_θ/p	θ	σ_θ/p
0	1.616	50	0.265
15	1.802	60	−0.702
30	1.932	75	−0.901
40	4.230	90	−0.871
45	5.763		

表 B.0.1-2 在边比 $a/b=5$ 的矩形洞口条件下 σ_θ/p 值

θ	$\alpha=0$	$\alpha=90°$	θ	$\alpha=0$	$\alpha=90°$
0	−0.768	2.420	90	1.192	−0.940
20	−0.152	8.050	140	1.558	−0.644
25	2.692	7.030	150	2.812	1.344
30	2.812	1.344	160	−0.152	8.050
40	1.558	−0.644	180	−0.768	2.420

表 B.0.1-3 在边比 $a/b \geqq 3.2$ 的矩形洞口条件下 σ_θ/p 值

θ	$\alpha=0$	$\alpha=90°$	θ	$\alpha=0$	$\alpha=90°$
0	−0.770	2.152	30	2.610	5.512
10	−0.807	2.520	35	3.181	
20	−0.686	4.257	40	2.892	−0.198
25		6.204	90	1.342	−0.980

注:该表适用于仓径大于 15m 的仓壁落地的筒仓仓壁上的洞口。

附录 C 主要粮食散料的物理特性参数

表 C 主要粮食散料的物理特性参数

散料名称	重力密度 γ (kN/m³)	质量密度 ρ_0 (kg/m³)	内摩擦角 ϕ (°)	摩擦系数 μ 对混凝土板	摩擦系数 μ 对钢板
稻谷	6.0	550	35	0.50	0.35
大米	8.5	790	30	0.42	0.30
玉米	7.8	730	28	0.42	0.32
小麦	8.0	750	25	0.40	0.30
大豆	7.5	710	25	0.40	0.30
面粉	6.0	600	40	0.40	0.30
葵花籽	5.5	—	30	0.40	0.30
大麦	6.5	—	27	0.40	0.40
麸皮	4.0	—	40	0.30	0.30

注：质量密度用于仓容计算。

附录 D 储粮荷载计算系数

D.0.1 储粮荷载计算系数 $\zeta = \cos^2\alpha + k\sin^2\alpha$、$k = \tan^2(45° - \phi/2)$ 和 $\lambda = (1 - e^{-\mu ks/\rho})$ 取值表 D.0.1-1~D.0.1-2。

表 D.0.1-1 $\zeta = \cos^2\alpha + k\sin^2\alpha$, $k = \tan^2(45° - \phi/2)$ 值表

α (°)	ϕ 值 (°) 20	25	30	35	40	45	50
	$k = \tan^2(45° - \phi/2)$ 的值						
	0.490	0.406	0.333	0.271	0.217	0.172	0.132
25	0.909	0.893	0.881	0.869	0.850	0.852	0.845
30	0.872	0.852	0.833	0.818	0.804	0.793	0.783
35	0.832	0.805	0.781	0.760	0.742	0.727	0.715
40	0.789	0.755	0.725	0.699	0.677	0.657	0.642
42	0.772	0.734	0.701	0.673	0.650	0.629	0.612
44	0.754	0.713	0.678	0.648	0.622	0.600	0.581
45	0.745	0.703	0.667	0.636	0.609	0.586	0.566
46	0.736	0.698	0.655	0.623	0.595	0.571	0.551
48	0.719	0.672	0.632	0.598	0.568	0.543	0.521
50	0.701	0.651	0.608	0.572	0.540	0.513	0.491
52	0.684	0.631	0.586	0.547	0.514	0.486	0.461
54	0.666	0.611	0.563	0.523	0.487	0.457	0.432
55	0.658	0.601	0.552	0.511	0.475	0.444	0.418
56	0.649	0.592	0.542	0.499	0.462	0.430	0.404
58	0.633	0.573	0.520	0.476	0.437	0.404	0.376
60	0.617	0.555	0.500	0.453	0.413	0.378	0.349
62	0.602	0.537	0.480	0.431	0.389	0.354	0.324
64	0.588	0.520	0.461	0.411	0.367	0.380	0.299
65	0.581	0.512	0.452	0.401	0.357	0.320	0.287
66	0.574	0.504	0.443	0.391	0.346	0.308	0.276
68	0.561	0.490	0.426	0.373	0.327	0.287	0.254
70	0.550	0.476	0.412	0.356	0.309	0.268	0.234

表 D.0.1-2 $\lambda = (1 - e^{-\mu ks/\rho})$ 值表

$\mu ks/\rho$	λ	$\mu ks/\rho$	λ	$\mu ks/\rho$	λ	$\mu ks/\rho$	λ
0.01	0.010	0.36	0.302	0.71	0.508	1.12	0.674
0.02	0.020	0.37	0.399	0.72	0.513	1.14	0.680
0.03	0.030	0.38	0.316	0.73	0.518	1.16	0.687
0.04	0.039	0.39	0.323	0.74	0.523	1.18	0.693
0.05	0.049	0.40	0.330	0.75	0.528	1.20	0.699
0.06	0.053	0.41	0.336	0.76	0.532	1.22	0.705
0.07	0.063	0.42	0.343	0.77	0.537	1.24	0.711
0.08	0.077	0.43	0.349	0.78	0.542	1.26	0.716
0.09	0.086	0.44	0.356	0.79	0.546	1.28	0.722
0.10	0.095	0.45	0.362	0.80	0.551	1.30	0.727
0.11	0.104	0.46	0.369	0.81	0.555	1.32	0.733
0.12	0.113	0.47	0.375	0.82	0.559	1.34	0.738
0.13	0.122	0.48	0.381	0.83	0.561	1.36	0.743
0.14	0.131	0.49	0.387	0.84	0.568	1.38	0.748
0.15	0.139	0.50	0.393	0.85	0.573	1.40	0.753
0.16	0.148	0.51	0.399	0.86	0.577	1.42	0.758
0.17	0.156	0.52	0.405	0.87	0.581	1.44	0.763
0.18	0.165	0.53	0.411	0.88	0.585	1.46	0.768
0.19	0.173	0.54	0.417	0.89	0.589	1.48	0.772
0.20	0.181	0.55	0.423	0.90	0.593	1.50	0.777
0.21	0.189	0.56	0.429	0.91	0.597	1.52	0.781
0.22	0.197	0.57	0.434	0.92	0.601	1.54	0.786
0.23	0.205	0.58	0.440	0.93	0.605	1.56	0.790
0.24	0.213	0.59	0.446	0.94	0.699	1.58	0.794
0.25	0.221	0.60	0.451	0.95	0.613	1.60	0.798
0.26	0.229	0.61	0.457	0.96	0.617	1.62	0.802
0.27	0.237	0.62	0.462	0.97	0.621	1.64	0.806
0.28	0.244	0.63	0.467	0.98	0.625	1.66	0.810
0.29	0.252	0.64	0.473	0.99	0.628	1.68	0.814
0.30	0.259	0.65	0.478	1.00	0.632	1.70	0.817
0.31	0.267	0.65	0.483	1.02	0.639	1.72	0.821
0.32	0.274	0.67	0.488	1.04	0.647	1.74	0.824
0.33	0.281	0.68	0.498	1.06	0.654	1.76	0.828
0.34	0.288	0.69	0.498	1.08	0.660	1.78	0.831
0.35	0.295	0.70	0.593	1.10	0.667	1.80	0.835

续表 D.0.1-2

$\mu ks/\rho$	λ	$\mu ks/\rho$	λ	$\mu ks/\rho$	λ	$\mu ks/\rho$	λ
1.82	0.838	2.20	0.889	2.85	0.942	4.00	0.982
1.84	0.841	2.25	0.895	2.90	0.945	5.00	0.993
1.86	0.844	2.30	0.900	2.95	0.948	6.00	0.998
1.88	0.847	2.35	0.905	3.00	0.950	7.00	0.999
1.90	0.850	2.40	0.909	3.10	0.955	8.00	1.000
1.92	0.853	2.45	0.914	3.20	0.959		
1.94	0.856	2.50	0.918	3.30	0.963		
1.96	0.859	2.55	0.922	3.40	0.967		
1.98	0.862	2.60	0.926	3.50	0.970		
2.00	0.865	2.65	0.929	3.60	0.973		
2.05	0.871	2.70	0.933	3.70	0.975		
2.10	0.878	2.75	0.939	3.80	0.978		
2.15	0.884	2.80	0.942	3.90	0.980		

附录 E　旋转壳体在对称荷载下的薄膜内力

表 E　旋转壳体在对称荷载下的薄膜内力

荷载类型	环向力 N_p（受拉为正）	经向力 N_m（受拉为正）
自重	$qR\left(\dfrac{\cos\beta_0-\cos\beta}{\sin^2\beta}-\cos\beta\right)$	$-qR\left(\dfrac{\cos\beta_0-\cos\beta}{\sin^2\beta}\right)$
雪荷载	$\dfrac{qR}{2}\left(1-\dfrac{\sin\beta_0}{\sin^2\beta}-2\cos^2\beta\right)$	$-\dfrac{qR}{2}\left(1-\dfrac{\sin\beta_0}{\sin^2\beta}\right)$
线荷载	$q\,\dfrac{\sin\beta_0}{\sin^2\beta}$	$-q\,\dfrac{\sin\beta_0}{\sin^2\beta}$
自重	$-q\cdot l\cdot\cos\alpha\,\mathrm{ctg}\alpha$	$-\dfrac{ql}{2\sin\alpha}\left(1-\dfrac{l_1^2}{l^2}\right)$
雪荷载	$-q_s/\cos^2\alpha\,\mathrm{ctg}\alpha$	$-\dfrac{1}{2}q_s l\left(1-\dfrac{l_1^2}{l^2}\right)\mathrm{ctg}\alpha$

续表 E

荷载类型	环向力 N_p（受拉为正）	经向力 N_m（受拉为正）
线荷载	0	$-\dfrac{ql_1}{l}$
浅仓储料荷载	$p_h R$	$-q-\gamma_c s t$
深仓储料荷载	$p_h R$	$-q-p_i-\gamma_c s t$
自重荷载	$ql\cos\alpha\cdot\mathrm{ctg}\alpha$	$\dfrac{ql}{2\sin\alpha}\left(1-\dfrac{l_1^2}{l^2}\right)$
储料压力	$\dfrac{\xi\cdot\mathrm{ctg}\alpha}{1-n}$ $\left[(p_{v2}-p_{v1})\dfrac{l^2}{l_2}+(p_{v1}-np_{v2})l\right]$	$\dfrac{l\cdot\mathrm{ctg}\alpha}{2}$ $\left[\dfrac{l_2(p_{v1}-np_{v1})-l(p_{v1}-p_{v2})}{l_2-l_1}\right]$ $+\dfrac{l\cdot\mathrm{ctg}\alpha}{2}\cdot\dfrac{\gamma\sin\alpha}{3}\left(1-\dfrac{l_1^3}{l^2}\right)$
自重	$ql\cos\alpha\cdot\mathrm{ctg}\alpha$	$\dfrac{ql}{2\sin\alpha}\left(1-\dfrac{l_2^2}{l^2}\right)$

续表 E

荷载类型	环向力 N_p（受拉为正）	经向力 N_m（受拉为正）
储料压力	$\dfrac{\xi\cdot\mathrm{ctg}\alpha}{1-n}\left[(p_{v2}-p_{v1})\dfrac{l^2}{l_2}+\right.$ $\left.(p_{v1}-np_{v2})l\right]$	$\dfrac{\mathrm{ctg}\alpha}{2}\left[p_{v1}\dfrac{l\cdot l_2-l^2}{(1-n)l_2}-\right.$ $\left.p_{v2}\left(\dfrac{l_2^2}{l}-\dfrac{l^2-n\cdot l\cdot l_2}{(1-n)l_2}\right)\right]$ $-\dfrac{\mathrm{ctg}\alpha}{2}\cdot\dfrac{\gamma}{3}\cdot\left(\dfrac{l_2^3}{l}-l^2\right)\cdot\sin\alpha$

注：1　γ_c 为仓壁材料重力密度；ξ 为系数，$\xi=\cos^2\alpha+k\sin^2\alpha$；$n$ 为系数，$n=l_1/l_2$；p_{v1}、p_{v2} 分别为储粮作用与漏斗底部及顶部单位面积上的竖向压力；t 为旋转壳的厚度。

　　2　各项荷载均以图示方向为正。

附录 F　照度推荐值

表 F　照度推荐值

场所名称	参考平面及其高度	照度（lx）	备　注
封闭式仓上建筑	地面	30～75	
开敞式仓上建筑	地面	5～15	
筒下层	地面	30～75	
工作塔	地面	30～75	
楼梯间	地面	30	
控制室	0.75m 水平面	300～500	
配电室	0.75m 水平面	200	

过对国内不同地区的 99 个粮食钢板筒仓的调研；③对国外一些粮食钢板筒仓的调查资料分析统计后得出的。我国在 1982 年间建造的一批装配式波纹粮食钢板筒仓，从目前的使用状况分析，其使用寿命不止 25 年，本条提出的年限是应该达到的。

在现行国家标准《建筑结构可靠度设计统一标准》GB 50068 中，对普通房屋建筑和构筑物规定结构的设计工作寿命为 50 年。目前我国粮食钢板筒仓使用时间最长的还不到 30 年，为节省一次性投资，这种薄壁钢板一般未增加防腐蚀和摩擦损耗厚度（螺旋卷边机可成型的最大钢板厚度为 4mm），其工作寿命不能贸然定为 50 年。粮食钢板筒仓可局部拆换和补焊，因此提出粮食钢板筒仓工作寿命不少于 25 年，符合现行国家标准《建筑结构可靠度设计统一标准》GB 50068 中"易于替换的结构构件的设计工作寿命为 25 年"的规定。

1.0.4 粮食钢板筒仓结构的安全等级、抗震设防类别、耐火等级是根据现行国家标准《建筑结构可靠度设计统一标准》GB 50068、《建筑工程抗震设防分类标准》GB 50223 和《建筑设计防火规范》GB 50016 确定的。

1.0.5 粮食钢板筒仓虽然可在工厂制作构件，现场组装，但不同地点建设的粮食钢板筒仓具有明显个别差异特征，是构筑物，也是建设工程，不是工业产品（各产品具有统一品质特征）。目前存在一些无相关设计资质的企业既设计又制作、安装的现象，不符合我国基本建设程序规定，也为粮食钢板筒仓工程留下安全隐患。

中华人民共和国国家标准

粮食钢板筒仓设计规范

GB 50322-2011

条文说明

1 总 则

1.0.1 在我国用薄钢板装配或卷制而成的粮食钢板筒仓，是近二十多年引进、发展起来的新技术。粮食钢板筒仓具有自重轻、建设工期短、便于机械化生产等优点，在粮食、食品、饲料、轻工等行业已广泛使用。

2000 年首次编制了《粮食钢板筒仓设计规范》GB 50322—2001，在使用过程中，发生过粮食钢板筒仓变形、开裂、倒塌等事故。为使粮食钢板筒仓技术健康发展，做到安全可靠、技术先进、经济合理，在总结十多年粮食钢板筒仓的建仓实践和建设经验，参考国外有关标准、规范和技术资料，在原规范基础上特修订本规范。

1.0.2 本条说明本规范的适用范围，适用于平面形状为圆形且中心装、卸料的粮食钢板筒仓设计，包括粮食钢板筒仓的建筑、结构设计、粮食进出仓工艺、储粮工艺、电气及粮情测控等相关专业的设计。

粮食钢板筒仓为薄壁结构，径厚比大，稳定性差，在工程实践中已经发生过由于偏心卸粮，在粮食流动过程中，产生偏心荷载，造成仓体失稳倒塌事故。偏心卸料对筒仓的偏心荷载，目前还没有比较成熟的计算方法。工艺要求必须设置多点进、出料口时，应特别注意对称、等流量布置，并采取措施防止有的料口畅通、有的料口堵塞，形成偏心进、出料，致使仓壁偏心受载。

1.0.3 影响粮食钢板筒仓使用寿命的因素很多。为了对粮食钢板筒仓的设计、制作和使用有一个基本质量要求，在项目可研阶段，对粮食钢板筒仓进行评估、经济分析时有所依据，本条提出的正常维护条件下，粮食钢板筒仓的工作寿命不少于 25 年。理由如下：①根据美国金属学会《金属手册》所提供的资料进行计算；②经

3 基本规定

3.1 布置原则

3.1.2 无论哪种方法制作的粮食钢板筒仓，在施工时都需有施工机具及操作必需的工作面，因此钢板群仓的单仓之间应留有间距，一般为 500mm 左右，另外钢板群仓的单仓之间要满足使用过程中维修通道要求，不应小于 500mm。

当筒仓采用独立基础时，间距应满足基础宽度要求。如受场地限制，基础设计也可采取措施，压缩仓间间距。

落地式平底仓，一般由中部地道自流出粮，沿地道出粮口与仓壁间积存粮食，需要用大型机械清仓设备入仓作业。清仓设备入仓时需要足够的间隙或转弯半径。地下出粮输送设备产量较大，工艺设计常采用装载机入仓进行清仓作业，此时要求沿地道方向间距 7m。当场地受限制，沿地道方向的两个门不能同时满足设备进仓作业时，必须保证一个门前有足够的距离。根据使用情况的调查，业主认为装载机不宜入仓作业，应选用可拆卸的旋转刮板机、绞龙或其他清仓设备。不同的设备入仓所需的距离不同，仓间净距应满足所采用的清仓设备操作要求。

3.1.3、3.1.4 粮食钢板筒仓的自重相对较轻，粮食荷载占主导地位。由于粮食的空、满仓荷载变化将引起地基变形，导致各单体构筑物的相对位移。因此设计各单体构筑物之间连接栈桥、连廊、输送地道时，应考虑因地基变形引起各单体构筑物之间的相对位移。输送地道应设置沉降缝；连接单体构筑物的架空栈桥、连廊的支承处，还应考虑相对水平位移。相对水平位移值 $\Delta\mu$ 定为不小于单体构筑物高度的四百分之一，是与基础倾斜率不大于 0.002 相协调的。

3.1.5 由于粮食荷载自重很大，除建在基岩上的粮食钢板筒仓

外,地基都会因装、卸粮食产生变形,为避免首次装粮时地基产生过大的压缩变形,在设计文件中应根据简仓容量和地基条件提出首次装卸粮的要求,如分次装粮,每次装粮后的允许沉降量、下次装粮条件等。控制每次地基沉降量,确保使用安全。总结简仓首次装粮过程中所发生的事故,往往是在装粮最后阶段出现。这主要因为在最后阶段地基接近满载时,可能出现较大的变形所致。因此"简仓沉降观测及试装粮压仓"中强调了最后阶段装粮应控制在10%;特别是软弱土质地区更应密切观察,以免发生事故。为了缩短试粮时间,可根据简仓装粮高度及地基基础情况,减少装粮次数,这时可增加第一次装粮数量;但是应当注意,就在这一阶段内装粮,各个简仓也应按顺序逐步循环装粮,以免一个仓一次受载过大。

3.2 结构选型

3.2.2 粮食钢板简仓为薄壁结构,尽可能减少仓上建筑作用于简仓的各种荷载。仓上设备及操作检修平台应优先考虑采用敞开的轻钢结构,以减少仓上结构自重及风荷载。

3.2.3 直径不大于6m的简仓仓顶,无较大荷载时,可直接采用钢板支承于仓顶的上下环梁上,形成正截锥壳仓顶。直径大于6m的简仓仓顶,荷载较大,若采用正截锥壳仓顶,会使钢板增厚而不经济,故宜设置斜梁支承于仓顶的上下环梁上,形成正截锥空间杆系仓顶结构。

3.2.4 简仓仓壁为波纹钢板、螺旋卷边钢板、肋型钢板时,涂漆困难,应采用热镀锌钢板或合金钢板,以保证简仓的工作寿命。根据目前我国粮食钢板简仓的实际建设及钢板生产供应情况,当有可靠技术参数时,也可采用其他类型钢板。

3.2.5 直径12m以下的粮食钢板简仓,采用架空的平底填坡或锥斗仓底,有利于出粮的机械化操作;直径15m以上的粮食钢板简仓,采用落地式平底仓,利用地基承担大部分粮食自重,更经济合理。12m~15m之间,可按实际情况由设计人员自行比较确定。

4 荷载与荷载效应组合

4.1 基本规定

4.1.1 粮食钢板简仓为特种结构,使用过程中除承受永久荷载、可变荷载、地震作用等荷载作用外,还要承受储粮对简仓的作用。储粮对简仓的作用效果较大,作用时间长,且随时间变化,是影响简仓结构安全度的主要因素。所以,本条为强制性条文,将粮食荷载单列以引起重视。

4.1.3 粮食散料的物理特性参数(重力密度、内摩擦角、与仓壁之间的摩擦系数等)的取值,对储料荷载的计算结果有很大的影响,影响粮食散料物理特性参数的因素很多,不同的物料状态(颗粒形状、含水量)、含杂粮、装卸条件、外界温度、储存时间等都会使散料的物理特性参数发生变化,因此设计中选用各种参数时必须慎重。

粮食散料的物理特性参数一般应通过试验,并综合考虑各种变化因素。附录C所列粮食散料的物理特性参数,是我国粮食简仓设计的经验数据,采用时应根据实际粮食散料的来源、品种等进行选择。

4.1.4 波纹粮食钢板简仓卸料时,粮食与仓壁间的相对滑移并不完全是沿波纹钢板表面,位于钢板外凸波内的粮食与仓内流动区内的粮食之间也发生相对滑移,故在考虑粮食对仓壁的摩擦作用时,偏于安全的取粮食的内摩擦角取代粮食对平钢板的外摩擦角。

4.1.5 储粮计算高度的取值,对储料压力的计算结果有很大影响。特别是对于大直径简仓储料顶面为斜面时,确定其计算高度,应考虑储料斜面可能会超出仓壁高度形成的上部锥体或储料斜面可能会低于仓壁高度产生的无效仓容,故计算高度上端至储料

锥体的重心,否则会产生较大误差。简仓下部为填料时,由于填料有一定的强度,能够承受储料压力,故应考虑填料的有利影响,将计算高度算至填料的表面。

4.1.6 在对简仓仓壁进行风压下的稳定验算时,一般由局部承压稳定起控制作用,应考虑仓壁局部表面承受的最大风压值,参照现行国家标准《建筑结构荷载规范(2006版)》GB 50009对圆形构筑物风载体型系数的有关规定,按局部计算考虑取值为1.0。简仓整体计算时,对单独简仓,风载体型系数取0.8,对仓间距较小的群仓,近似按矩形建筑物风载体型系数,取1.3。

4.2 储粮荷载

4.2.2 简仓储粮对仓壁的压力,国内外已进行了长期和大量的研究,提出有不同的计算方法,但多数是以杨森(Janssen)公式作为计算简仓储粮静态压力的基础。尽管该公式本身有一定的缺陷,但其计算结果基本能符合粮食静态压力的实际情况,误差不大。故本规范仍采用杨森(Janssen)公式作为计算简仓储粮静态压力的基本公式。

4.2.3 本条为强制性条文。深仓卸料时储粮的动态压力涉及因素比较多,对粮食动态压力的机理、分布及定量分析尚无较一致的认识,属尚未彻底解决的研究课题,但简仓内储料处于流动状态时对仓壁压力增大且沿仓壁高度与水平截面圆周呈不均匀分布的事实,已被大家所公认。目前国外简仓设计规范对储料动态压力的计算亦各不相同,有采用单一的修正系数,有按不同储料品种及简仓的几何尺寸给出不同的计算参数,也有按卸料时不同的储料流动状态分别计算。

本规范中选用的深仓储料动压力修正系数主要依据我国多年来的简仓设计实践并参考了国外有关国家(德国、美国、法国、澳大利亚等)的简仓设计规范。储料的水平与竖向动态压力修正系数 C_h、C_v 与现行国家标准《钢筋混凝土简仓设计规范》GB 50077取值相同,另外考虑到粮食钢板简仓的径厚比较大,稳定性较差,粮食钢板简仓工程事故多是由于卸料时仓壁屈曲而引起。参考国外有关国家简仓设计规范,对储料作用于仓壁的竖向摩擦力也引入了动力修正系数 C_f。

4.2.4 浅仓储粮对仓壁的水平压力,是按库仑理论作为计算的基本公式。但对装粮高度较大的大直径浅仓,粮食对仓壁也会产生较大摩擦力,所以对 $h_n \geqslant 15m$ 且 $d_n \geqslant 10m$ 的浅仓,仍要求按深仓计算储粮对仓壁的水平压力,同时还应考虑储料摩擦荷载,以保证仓壁的安全可靠。

4.2.6 粮食对电缆的总摩擦力计算公式(4.2.6)是按杨森(Janssen)理论推导并考虑了动态压力修正系数,适用于圆截面且直径无变化的电缆等类吊挂构件。对于深仓,动态压力修正系数为2,与实测值能较好的吻合;对于浅仓,由于卸料时仓内粮食多为漏斗状流动,此时在吊挂电缆长度范围内只有部分储粮处于流动状态,其动态压力修正系数可适当减小,但不应小于1.5。

4.3 地震作用

4.3.1 钢板群仓,由于施工、维修等操作要求,简与简之间需留一定间隙,故地震作用可按单仓来计算。

地震时仓内储粮并非完全作为荷载作用于仓壁,而是在一定程度上衰减地震能量并能对仓壁起一定的支承作用。但储粮与仓壁之间的相互作用机理目前还不清楚。参照现行国家标准《构筑物抗震设计规范》GB 50191的相关规定,可不考虑地震时储粮对仓壁的局部作用。

落地式平底粮食钢板简仓,储粮竖向压力完全由仓内地面承担,不必计算竖向地震作用。

4.3.2 由于粮食为散粒体,地震时,散体颗粒与颗粒之间的相互运动摩擦会引起地震能量的衰减,但目前还不能得出定量的分析方法。为设计使用上的方便,参考现行国家标准《钢筋混凝土简仓

设计规范》GB 50077 和《构筑物抗震设计规范》GB 50191 的有关规定,取满仓粮食总重量的 80% 作为其计算地震作用时的重力荷载代表值。

4.3.3 落地式平底粮食钢板筒仓,相当于下端固定于地面,沿高度质量基本均匀分布的悬臂构件。由于粮食钢板筒仓高径比一般不大,故按整体考虑时,具有较大的抗侧刚度,且筒仓装满粮食后,其实际刚度要比仅考虑筒仓壁计算的刚度大得多。因此在地震过程中可以把落地式平底粮食钢板筒仓近似看作一刚性柱体,而随地面一起振动。实际设计时,为简化计算,在采用底部剪力法计算落地式平底粮食钢板筒仓的水平地震作用时,地震影响系数偏于安全地按现行国家标准《建筑抗震设计规范》GB 50011 规定的最大值直接取用。

柱子支承或柱与筒壁共同支承的筒仓装满粮食时,仓体部分可以看作为支承于柱顶(筒壁)的刚性整体。若无仓上建筑或仓上建筑重力荷载很小,则可按单质点模型分析;若仓上建筑重力荷载较大,则应按多质点模型分析。

仓上建筑的抗侧移刚度远小于下部粮食钢板筒仓的抗侧移刚度,在地震作用下会产生较大的鞭鞘作用,参照现行国家标准《构筑物抗震设计规范》GB 50191 的有关规定,取仓上建筑的水平地震作用增大系数为 3。

4.4 荷载效应组合

4.4.2 粮食钢板筒仓是以粮食荷载为主的特种结构,粮食荷载同一般的可变荷载相比,数值较大,但变异系数一般较小,特别是长期储粮时,其荷载性质更接近于永久荷载,故其分项系数为 1.3。其他可变荷载的分项系数,是按现行国家标准《建筑结构荷载规范(2006 版)》GB 50009 和《建筑抗震设计规范》GB 50011 的有关规定取用。

4.4.3 根据钢材的力学性能特点,钢结构在长期荷载作用下其力学性能并不发生较大变化,并参照现行国家标准《钢结构设计规范》GB 50017 及《冷弯薄壁型钢结构技术规范》GB 50018 的有关规定,钢结构按正常使用极限状态设计时,可只考虑荷载效应的短期组合。

4.4.4 粮食钢板筒仓设计进行荷载组合时,若有风荷载参与组合,可认为粮食荷载是效应最大的一项可变荷载,根据现行国家标准《建筑结构荷载规范(2006 版)》GB 50009 中荷载组合的要求,取其组合系数为 1.0,其他可变荷载,按荷载组合的原则取组合系数为 0.6。

当地震作用参与组合时,考虑筒仓未必满载,故取储料荷载组合系数为 0.9。其他可变荷载组合系数,按现行国家标准《建筑抗震设计规范》GB 50011 规定取用。

5 结 构 设 计

5.1 基 本 规 定

5.1.1、5.1.2 根据现行国家标准《建筑结构可靠度设计统一标准》GB 50068 的要求,粮食钢板筒仓结构设计应采用以概率理论为基础的极限状态设计方法。

承载能力极限状态是指结构或构件发挥允许的最大承载能力的状态。结构或构件由于塑性变形而使其几何形状发生显著改变,虽未达到最大承载能力,但已彻底不能使用,也属达到承载能力极限状态。

正常使用极限状态可理解为结构或构件达到使用功能上所允许的某个限值的状态。例如,某些构件必须控制其变形,因变形过大会影响正常使用,也会使人们的心理上产生不安全的感觉。

5.1.3 所有的结构构件及连接都必须按承载能力极限状态进行设计,包括强度、稳定、倾覆、锚固等计算。本规范中有规定的,按本规范进行计算;本规范中未规定的,按国家其他相应规范进行计算。

5.2 仓 顶

5.2.1 由上下环梁及钢板组成的正截锥壳仓顶,按薄壳结构进行分析计算时,考虑到仓顶一般是用扇形板块在现场拼装而成,不可避免会有较大缺陷,此缺陷会使锥壳的稳定性较大幅度下降,当缺陷达到超出薄壳厚度时,下降幅度可能会达到 50%。

5.2.2 由斜梁、上下环梁及钢板组成的正截锥壳仓顶结构,在实际工程中很难保证斜梁与仓顶钢板(特别是薄钢板)连接的可靠传力,故设计时不考虑仓顶钢板的蒙皮效应,此时仓顶空间杆系成为一个空间瞬变体系,必须设支撑杆件或采取其他措施保证仓顶空间稳定性。

当仓顶设有可靠支撑时,本条提出的仓顶空间杆系结构,在竖向对称荷载作用下的内力简化分析方法,能够满足工程要求。

5.2.3 上环梁承受斜梁传来的径向水平压力,若与斜梁偏心连接,径向水平压力会对上环梁产生扭转作用,故应按压、弯、扭构件进行计算。下环梁承受斜梁传来的径向水平拉力,若与斜梁偏心连接,径向水平拉力会对下环梁产生扭转作用,故应按拉、弯、扭构件进行计算。与下环梁相连的仓壁一般较薄,在平面外刚度很小,故下环梁截面计算时,不再考虑仓壁与下环梁的共同工作。

5.2.4 由于粮食钢板筒仓仓顶多为轻钢结构,故斜梁传给下环梁的竖向荷载较小,而下环梁在竖向一般具有较大的抗弯刚度,下部又与仓壁整体相连,斜梁传给下环梁的竖向力,可认为由下环梁均匀传给下部结构。

5.3 仓 壁

5.3.1 本条分别给出了深仓仓壁在水平及竖直方向上,应考虑的荷载基本组合,设计中应从中选取相应最不利的组合,进行仓壁的强度、稳定及连接的计算。

5.3.2 浅仓仓壁在水平及竖直方向上,应考虑的荷载基本组合与深仓基本一致,但组合时不再计取储粮动态压力修正系数。

5.3.3 加劲肋间距不大于 1.2m 的粮食钢板筒仓,将加劲肋折算成所加强方向的壳壁截面,可按"等效强度"或"等效刚度"的原则进行,折算后的壳壁厚度按下列规定取值:

1 按抗拉强度相等原则折算时:

折算厚度: $$t_s = t + \frac{A_s}{b} \tag{1}$$

2 按抗弯刚度相等原则折算时:

折算厚度: $$t_s = \sqrt[3]{12}\left(\frac{I_s}{b} + \frac{A_s t e_s^2}{bt + A_s} + \frac{t^3}{12}\right)^{1/3} \tag{2}$$

式中：t_s——折算厚度；

$\quad\quad t$——仓壁厚度；

$\quad\quad A_s$——加劲肋的横截面面积；

$\quad\quad b$——加劲肋间距（弧长）；

$\quad\quad I_s$——加劲肋截面对平行于仓壁的本身截面形心轴的惯性矩；

$\quad\quad e_s$——加劲肋截面形心距仓壁中心线的距离。

折算后的壳壁，在加劲肋加强方向上进行壳壁的抗拉、抗压强度计算时，应采用按抗拉强度相等的原则确定折算厚度；抗弯和稳定验算时，应采用按抗弯刚度相等的原则确定折算厚度。

5.3.4 计算折算应力的公式(5.3.4-3)，是根据能量强度理论，保证钢材在复杂应力状态下处于弹性状态的条件。由于粮食钢板筒仓属于薄壁结构，在仓壁厚度方向上应力一般较小，故按双向应力状态进行计算。其余计算公式是根据现行国家标准《钢结构设计规范》GB 50017 的有关规定。

5.3.5 有加劲肋的粮食钢板筒仓按简化方法进行强度计算时，加劲肋与仓壁的组合构件，在竖向荷载作用下截面实际受力较为复杂，且卸料时还有动载影响，宜完全按弹性进行强度计算，不允许截面有塑性开展。加劲肋为薄壁型时，其截面尺寸取值尚应符合现行国家标准《冷弯薄壁型钢结构技术规范》GB 50018 的有关规定。

5.3.6 筒仓仓壁为波纹钢板时，仓壁的竖向荷载将全部经连接传给加劲肋；仓壁为平钢板或螺旋卷边钢板时，仓壁的竖向荷载仅有部分经连接传给加劲肋。为简化计算，在设计仓壁与加劲肋的连接时，不分仓壁钢板类型，偏于安全地按仓壁的竖向荷载全部经连接传给加劲肋来考虑。连接强度计算公式是根据现行国家标准《钢结构设计规范》GB 50017 的有关规定给出的。

5.3.7 筒仓仓壁在竖向荷载作用下的稳定计算，包括空仓时仅竖向荷载作用下、满仓时竖向荷载与粮食水平压力共同作用下及局部集中荷载作用下仓壁的稳定计算：

1 按弹性稳定理论分析，理想中长圆筒壳在轴压下的稳定临界应力为 $\sigma_{cr} = 0.605E \cdot \dfrac{t}{R}$，但大量的试验证明，实际圆筒壳的临界应力比理想圆筒壳的理论计算值要少 $1/2 \sim 2/3$，失稳破坏时的稳定系数仅为 $0.15 \sim 0.30$，而不是 0.605。圆筒壳的轴压临界应力在很大程度上取决于初始形状缺陷，随着初始形状缺陷的增大，临界应力明显下降，下降幅度可能会达到 50% 之多。经过对国内外有关试验资料及分析资料相比较，同时考虑设计计算的方便，采用了苏联 B.T. 利律等提出的稳定系数表达式 $k_p = \dfrac{1}{\pi} \cdot \left(\dfrac{100t}{R}\right)^{\frac{3}{8}}$ 作为在空仓时验算仓壁的稳定系数。当仓壁半径与厚度之比 R/t 在 1500 以下时，此式计算结果和大量的试验结果能很好地相符合，当 R/t 在 2000～2500 时，按此式计算结果比试验分析结果略大（约 10%）。另考虑到粮食钢板筒仓一般为现场组装，与试验条件会有较大的差异，取初始形状缺陷影响系数 0.5，则得到空仓时验算仓壁的稳定系数计算公式(5.3.7-2)。

筒仓在竖向荷载作用下进行稳定验算时，仓壁的竖向压应力应参照本规范第 5.3.1 条、第 5.3.2 条规定，按可能出现的最不利荷载组合进行计算。

2 粮食钢板筒仓在满仓时，仓壁受到竖向压力及内部水平压力的共同作用，内压的存在，可以减少筒壳初始缺陷的影响而使稳定临界应力有所提高。衡量内压影响的大小，参考国外有关资料，采用无量纲参数 $\overline{P} = \dfrac{P}{E} \cdot \left(\dfrac{R}{t}\right)^2$。在内压 P 作用下，筒壳稳定临界力的提高程度与参数 $\overline{P}$ 有关。经对美国、苏联等国外有关试验结果及经验公式的对比计算，采用了苏联 B.T. 利律等提出的算式，即：$k_p' = k_p + 0.265\sqrt{\overline{P}}$。由于筒仓在卸料时，粮食压力可能会不均匀分布，在计算参数 $\overline{P}$ 时不考虑粮食压力动力修正系数，同时因内压 P 对仓壁整体稳定起有利作用，取其分项系数为 1.0，

故取粮食对仓壁的静态水平压力标准值来计算参数 P。经整理即为筒仓在满仓时仓壁的稳定系数计算公式(5.3.7-4)。

3 仓上建筑支承于筒仓壁顶端时，仓壁将局部承受竖向集中荷载，为防止仓壁局部应力过大而导致局部失稳，应在局部竖向集中荷载作用处设置加劲肋。假定竖向集中荷载经加劲肋向仓壁传递的扩散角为 $30°$，并且考虑到筒仓顶端区段内压较小，在公式(5.3.7-3)中，仓壁临界应力的计算不再考虑内压的影响，总体来讲是偏于安全的。

5.3.8 风荷载对仓壁表面产生不均匀的经向压力，使仓壁整体弯曲而产生的竖向压应力、仓壁整体剪切产生水平剪应力，都可能引起筒仓仓壁失稳破坏。

风荷载使仓壁整体弯曲而产生的竖向压应力，应与可能同时出现的其他荷载产生的竖向压应力进行组合，并按第 5.3.7 条进行竖向荷载下仓壁的稳定验算。在常用的筒仓高度范围（35m 以下），风荷载使仓壁整体剪切而产生水平剪应力，对仓壁稳定一般不起控制作用。

风荷载对仓壁表面产生不均匀的经向压力，假定在筒仓的整个高度上均匀分布而沿周向不均匀分布的压力，按有关理论分析研究，中长筒壳（$h \geqslant 25\sqrt{Rt}$）在筒壁失稳时的临界荷载相当于轴对称加载时的临界荷载，相应计算公式可写为 $p_{cr} = 0.92k \cdot E \cdot \left(\dfrac{t}{R}\right)^{\frac{3}{2}} \cdot \dfrac{t}{h}$。式中 k 为筒壳的初始形状缺陷影响系数，其值随 R/t 增大而减小。参考苏联 B.T. 利律等的试验分析结果，取初始形状缺陷影响系数 $k = 0.4$，则筒仓的临界荷载为：$p_{cr} = 0.368k \cdot E \cdot \left(\dfrac{t}{R}\right)^{\frac{3}{2}} \cdot \dfrac{t}{h}$。

实际风载沿筒仓高度是三角形分布，其临界荷载要高于上式计算结果，参考有关资料引入增大系数 η，即公式(5.3.8-1)。

上述分析没有考虑仓内压力影响，故公式(5.3.8-1)只作为空仓时仓壁在风载下的稳定验算公式。

5.4 仓 底

5.4.1 由于在圆锥漏斗仓底与仓壁的连接处设置有环梁，漏斗壁的计算不必再考虑连接处，由于曲率的变化而引起附加内力的影响，漏斗壁的经向、环向均按轴向受力进行强度计算。

5.4.2 仓底环梁与仓壁及漏斗采用连续焊接连接时，则成为一个整体，可考虑部分壁板与环梁共同工作。

不同曲率的壳体相连处，曲率剧烈变化，由于壳壁经向力的作用将在壳体相连处产生附加环向力，能够有效的承受这种附加环向力的壳体宽度范围，按理论分析为 $k\sqrt{r \cdot t}$（r 为曲率半径）。而圆筒壳与锥壳相连，当锥壳倾角为 $30°\sim60°$ 时，$k = 0.6$。所以本条规定与环梁共同工作的壁板有效范围采用 $0.5\sqrt{r \cdot t}$，同时考虑此范围若过大，会由于壁板中应力的不均匀而使此范围壁板不能充分发挥作用，参照现行国家标准《钢结构设计规范》GB 50017，受压板件宽厚比限值的有关规定，限制此范围亦不能大于 $15t$。

5.4.3 仓底环梁的荷载，应考虑仓壁传来的竖向力、漏斗壁传来的斜向拉力及荷载偏心引起的扭矩。在环梁高度范围内的粮食水平压力，由于数据较小且对环梁的经向受压稳定起有利作用，故偏于安全的不计其影响。

5.4.4 仓底环梁是分段制作、安装，环梁段在经向压力作用下的稳定计算可按圆弧拱进行分析，其平面内与平面外的临界荷载的计算公式均可用 $N_{cr} = k\dfrac{E \cdot I}{r^3}$ 来表示，且随圆弧角度的增大，平面内、外的稳定系数 k 值均减小，当圆弧角度为 2π 时，稳定系数最小值 $k = 0.6$，即公式(5.4.4-1)。

5.5 支承结构与基础

5.5.1 当仓下采用钢柱支撑时，由于围护筒壁较薄且与钢柱多为构造连接，不能保证可靠传力。故不再考虑钢柱与围护筒壁共同

工作,柱与环梁按空间框架进行分析计算。

5.5.2 为防止在水平荷载下筒仓的倾覆,筒仓仓壁与下部构件必须有可靠锚固。在倾覆力矩 M 作用下,锚栓张力按梁理论求得为 $4M/nd$(M 为筒仓承受的倾覆力矩,n 为锚栓数量,d 为筒仓直径),考虑到锚栓同时受剪及梁理论与实际锚栓群受力的误差,如栓群转动轴可能不是筒仓中心线。故将按梁理论计算的结果乘以 1.5 系数予以修正。由于筒仓竖向永久荷载对抗倾覆起有利作用,其分项系数应为 0.9。

5.5.3 粮食钢板筒仓仓壁是薄壁结构,直接承受储粮的各种荷载。基础的倾斜变形过大,使筒仓在粮食荷载下偏心受压,会大大减低筒仓仓壁的稳定性能,同时也会使仓上建筑发生较大水平位移而影响正常使用。我国以往粮食钢板筒仓设计,多是参照现行国家标准《钢筋混凝土筒仓设计规范》GB 50077 的相应规定,基础的倾斜率控制在 0.004 以内;基础的平均沉降量控制在 400mm 内,同时规定了严格的试装粮压仓程序。考虑到试装粮压仓需要较长的时间,会影响筒仓的及时投入正式使用,不能满足现在经济建设的要求,故参考法国等国家的有关规范,本条第 3 款作为强制性条款限制筒仓基础的倾斜率不超出 0.002,同时对试装粮压仓程序也作了适当简化。

由于试装粮压仓程序简化,每阶段装粮比例增大,间隔时间缩短,可能会在前一阶段装粮后,地基沉降还未稳定即进入下一阶段装粮。群仓在各仓依次装粮时不易观察控制基础的倾斜。所以本条第 3 款作为强制性条款要求将基础平均沉降量控制在 200mm 以内。同时也防止筒仓下通廊室内地面不会下沉至室外地面以下,保证筒仓的正常使用。

6 构 造

6.1 仓 顶

6.1.1 最常见的仓上建筑为输送廊道,用于安装输送设备并有操作荷载。本条强调仓上建筑的支架要支搁在下张力环或上张力环上,使仓顶结构整体承受仓上部建筑的荷载,并应注意防止仓顶结构偏心受力。对于装有清理、计量等设备的仓上建筑,需用落地支架,独立承担仓上建筑的荷载。

6.1.2 仓顶、廊道和操作平台距地面高度较大,故取其栏杆高度不小于 1200mm,给操作人员足够的安全感。

6.1.3 仓顶板为薄钢板,难以承担吊挂荷载。测温电缆可吊挂在加强的斜梁上,或做成吊挂支架,支架固定于两相邻的斜梁上。考虑到卸料时粮食对吊挂设施的作用力对仓顶的影响比较大,因此要求仓顶吊挂设施尽量对称布置。

6.1.4 根据对粮食钢板筒仓使用情况调查,仓顶板与斜梁采用外露螺栓连接时,极易在连接处出现锈蚀和渗水而影响筒仓安全储粮。

6.2 仓 壁

6.2.4、6.2.5 卸料时,粮食与仓壁的摩擦产生的竖向压力,使仓壁受竖向压应力,此时仓壁与竖向加劲肋共同工作。因此,竖向加劲肋的长度与仓壁的连接对仓壁稳定、安全使用至关重要。根据对一些发生事故的粮食钢板筒仓的调查分析,有些焊接连接的加劲肋与仓壁未焊实或焊缝长度不够;螺栓连接的螺栓脱落或剪断,致使筒仓破坏。因此这两条提出加劲肋与仓壁的连接必须可靠,保证仓壁与加劲肋共同受力;加劲肋接长采用等强度连接。除根据计算设置加劲肋外,其接头错开布置,以保证内力均匀传递。

6.2.7 根据试验表明,卸料流动时,突出筒仓内壁的附壁设施受到的竖向压力会成倍增长,同时,在一些工程实践中,曾经发生粮食钢板筒仓在卸料时,由于粮食流动产生的竖向力,将加劲肋间的支撑、系杆或钢爬梯拉断、脱落堵塞出料口的事故。因此,强调粮食钢板筒仓内不应设置阻碍粮食流动的构件,保证卸料畅通。

6.2.9 仓壁下部与仓底(或基础)的可靠锚固对粮食钢板筒仓的整体稳定也起着至关重要的作用,因此,这条给出了锚固点之间的限制距离。

6.3 仓 底

粮食钢板筒仓的仓底可用不同材料制作,有不同的构造形式。为与钢板筒体用材一致,本节着重规定了圆形钢锥斗和锥斗环梁的构造。其他材料建造的仓底,可参照相应的规范设计。

6.4 支 承 结 构

仓下支承结构有钢、钢筋混凝土和砌体结构等多种形式。目前常用的有钢、钢筋混凝土支承结构。本节主要对钢结构仓下支承结构的构造提出要求,其他支承结构可按相应规范规定处理。

6.4.2 本条为强制性条文。钢柱一般断面较小,考虑到仓下支承结构体系的整体稳定,提出仓下支承钢柱应设柱间支撑。这是常规钢结构除设计计算外保证结构整体稳定的有效构造措施。

6.5 抗 震 构 造 措 施

6.5.1 处于抗震设防地区时,考虑到粮食钢板筒仓的上刚下柔体系在地震荷载作用下柱底产生的较大剪力,仅仅依靠地脚螺栓来抵抗剪力不够安全;增设抗剪钢板是成熟有效的措施。

6.5.2 考虑到在风荷载及地震荷载下,钢柱下的地脚螺栓可能会处于既受拉又受剪的状态,因此,地脚螺栓的锚固长度应符合现行国家标准《混凝土结构设计规范》GB 50010 对地脚螺栓的规定。

7 工 艺 设 计

7.1 一 般 规 定

7.1.1 工艺设计是系统设计,在整体工程设计中尤为重要。设计时,应充分了解粮食的流动特性、质量密度、使用功能、作业要求等条件,进行工艺流程、设备布置、设备选型等设计;应充分利用粮食自流,减少粮食平运及提升次数,提高工艺灵活性和设备利用率。

7.1.3 设备较少的粮食钢板筒仓,一般不设工作塔,可设置简易的钢架或罩棚。敞开式工作塔内的部分设备(如自动秤)应考虑必要的挡雨设施。对筒仓数量较少时,可采用提升机塔架,利用溜管直接入仓形式。

7.2 粮 食 接 收 与 发 放

7.2.1 本条仅列出粮食进出钢板筒仓工艺流程中应具有的必须工序。具体工艺流程中工序位置的设置应根据作业的接卸方式、功能要求、工艺设备布置等因素确定。

7.2.2 本条文仅列出与粮食钢板筒仓进出仓直接相连接的设备。整个工艺流程中其他设备,可根据工艺作业要求进行配置。

在粮食钢板筒仓进出仓设备选择配置时,根据使用原料特性、使用功能作业要求等进行具体配置。

7.2.3 系统设备的生产能力是根据系统全年作业量、接收发放设施的集中作业量、作业时间、仓容量及运输工具等因素确定。

单个粮食钢板筒仓进出仓设备能力还与工艺流程设计相关,一般宜采用与系统相同的设备能力。如采用多条作业线同时进或出仓时,其多条作业线的综合生产能力应大于系统的生产能力。

7.2.4 设备的额定生产能力按照粮食的质量密度($0.75t/m^3$)标

准确定,当输送其他品种粮食时按其质量密度换算。输送设备的能力宜选用模数系列。非模数设备应根据条件进行计算确定。

7.2.8 根据目前国内设计粮食钢板筒仓的使用状况,直径小于12m粮食钢板筒仓采用锥底技术非常普遍,故将原规范10m修订为12m。

7.3 安全储粮

7.3.1 粮食钢板筒仓多用于粮食中转和粮油饲料加工原粮储存,配备通风系统,可提高粮食钢板筒仓使用的灵活性。对加工厂车间粮食钢板筒仓可不设机械通风系统。

7.3.3 通风机采用移动式投资少,工人工作量大。设计时可根据具体项目功能要求,投资等因素确定。如港口库为保证生产安全,提高作业效率,提高管理水平,减少人为影响可采用固定式;用于长期储备的内陆库可采用移动风机。

粮食钢板筒仓上通风口包括仓顶轴流风机和自然通风口,其排风能力大于仓底通风进风的能力,可减少通风系统的阻力,排风气流顺畅。

当仓顶通风机用于仓空间通风换气时,其通风量以不小于仓内空间体积的3倍考虑为宜。

7.3.5 根据储备要求,用于储备的粮食钢板筒仓,应配置熏蒸系统。由于我国地域辽阔,储备条件差异大,各地区采用熏蒸措施方法不同。可根据实际情况,配置相应的通风、熏蒸等设施。

熏蒸用的粮食钢板筒仓应进行密闭处理。熏蒸前,粮食钢板筒仓应进行气密测试。

根据国内粮食钢板筒仓使用情况,参照现行行业标准《磷化氢环流熏蒸技术规程》LS/T 1201中第5.3.2条的气密指标,确定熏蒸粮食钢板筒仓气密指标中的使用时间为不少于40s。

7.3.6 为保证谷物冷却系统使用效果,防止作业过程中粮食结露,保证储粮安全,粮食钢板筒仓应进行保温、隔热、密闭处理,并满足谷物冷却系统使用要求。

7.4 环境保护与安全生产

7.4.1 粮食钢板筒仓的有害气体控制主要指熏蒸杀虫过程产生的有害气体。其排放满足现行国家标准《大气污染物综合排放标准》GB 16297的要求。

7.4.2 粮食钢板筒仓粉尘控制主要对接卸设施、物料输送过程的连接、作业设备内部、仓体内等产生粉尘的位置进行粉尘控制,防止灰尘外溢。

风网应按系统工艺流程路线、除尘系统灰尘处理方式、粉尘控制点布置及作业管理等相关条件进行组合设计。一般采用集中风网控制,对于独立单点或不宜组合的风尘控制点宜采用单机除尘控制。

对中转粮食钢板筒仓粉尘控制系统的粉尘一般采用回流处理。储备粮食钢板筒仓一般采用集中收集和回流处理模式。

在系统设计时,应进行系统阻力平衡计算,确定管道直径、除尘设备及除尘通风机的选择。

7.4.3 系统设计时,振动和噪声较大的通风机应进行减震、降噪处理,管道和风机的连接宜采用软连,有条件时集中布置。对空压机采用消声、隔音、减震的综合措施。空压机房设计符合现行国家标准《压缩空气站设计规范》GB 50029的规定。

7.4.4 为保证粮食进出仓顺畅,以及粮食钢板筒仓的安全特规定本条。

8 电 气

8.1 一般规定

本章内容只涉及有关粮食钢板筒仓电气设计中主要内容。对于诸如:负荷计算、高低压配电系统、变配电所平面布置、通信等本规范没有涉及的内容,请参照国家现行有关规范执行。

8.1.1 粮食钢板筒仓仓群供电负荷等级与其重要性和使用要求有关,一般为三级。对于中转任务繁重的港口库和重要的中转库和储备库,可按二级负荷设计,以保证生产、紧急调运,以减少压船、压港时间。

8.1.2 本条为强制性条文。按现行国家标准《爆炸和火灾危险环境电力装置设计规范》GB 50058和《粮食加工、储运系统粉尘防爆安全规程》GB 17440的要求,除筒仓、料仓、封闭式设备内部等属20区外,其余均属21和22区或非危险区。配电线路的设计、电气设备选择,要根据具体情况考虑粉尘防爆要求,并按相应的施工规范施工。

8.1.3 配电箱、开关等电气设备及线路应尽量在非粉尘爆炸危险区设置和敷设,有困难时,对设置在粉尘爆炸危险区电气设备及线路应根据所在区域的危险等级来选型。粮食钢板筒仓属多尘环境,且粮仓易发生鼠害。电气设备及线路应有防尘、防鼠害的保护措施。

8.1.4 目前粮食仓库主要采用磷化氢气体熏蒸来杀虫,但磷化氢气体对铜有较强的腐蚀作用,故仓内电气设备应采取防磷化氢腐蚀措施。

8.2 配电线路

8.2.1 对粉尘爆炸危险区域的电气线路来说,选用铜芯导线或电缆,在机械强度上比铝芯高,不易造成断线,减少产生火花的可能性;在电火花的点燃能力上铜芯较铝芯低。故从安全角度出发,在爆炸性粉尘环境内的电气线路采用铜芯导线或电缆是合适的。另外,从可靠方面来讲,也是必要的。

根据现行国家标准《爆炸和火灾危险环境电力装置设计规范》GB 50058、《粮食加工、储运系统粉尘防爆安全规程》GB 17440的规定,室内铜芯导线及电缆的最小截面可为1.5mm²,但对于粉尘爆炸危险20区,电缆和绝缘导线的截面不应小于2.5mm²。

8.2.2 配电线路采用的上下级保护电器应具有选择性动作。随着我国保护电器的性能不断提高,实现保护电器的上下级动作配合已具备一定条件。

供给电动机、电梯等用电设备线路,除符合一般要求外,尚有用电设备的特殊保护要求,应符合现行国家标准《通用用电设备配电设计规范》GB 50055的规定。

8.2.3 照明线路和动力线路敷设特别是动力线路,推荐采用电缆桥架敷设及明敷,方便施工和检修,便于管理和维护,并要求短捷、顺畅、美观,尽量减少重叠交叉。

8.3 照明系统

8.3.1 根据现行国家标准《建筑照明设计标准》GB 50034规定,人们随着社会发展和物质条件的改善,对照度的要求相应也要提高,所以照度推荐值比以往粮库照明设计中照度值有所提高,供选择时参考。

8.3.2 常用灯具的最低效率值按照现行国家标准《建筑照明设计标准》GB 50034确定。粉尘防爆照明灯具防护等级应按照现行国家标准《粮食加工、储运系统粉尘防爆安全规程》GB 17440确定。

8.3.3 应急照明是在正常照明因故障熄灭后,为了避免发生意外事故,而需要对人员进行安全疏散时,在出口和通道设置的指示出口位置及方向的疏散标志灯和照亮疏散通道而设置的照明。设置消防应急照明的部位应参照现行国家标准《建筑设计防火规范》GB 50016 的规定。

8.3.4 在白天自然光较强，或在深夜人员很少时，可以方便地用手动或自动方式关闭一部分或大部分照明，有利于节电。分组控制的目的，是为了将天然采光充足或不充足的场所分别开关。

8.4 电气控制系统

8.4.1、8.4.2 自动控制系统的具体组成要根据粮食钢板筒仓的使用性质、规模、投资、技术要求等因素综合考虑确定。中转量大或较大规模的粮食钢板筒仓，应设自动控制系统，自动控制系统一般由 PLC 和上位机组成。粮食钢板筒仓中转量或规模较少时，应以实用性和可靠性设计控制系统，可采用集中手动控制方式，满足主要输送设备间连锁的基本控制要求。

8.4.4 筒仓料位器设置可参考表 1，对于重要工艺设备的安全检测传感器的设置，可参考表 2 选择。

表 1 筒仓料位器设置表

名称	数量	安装位置	备注
上料位器	1	进料口附近	
下料位器	1	出料口附近	

表 2 重要工艺设备安全检测传感器配置一览表

设备名称	跑偏开关	失速开关	拉绳开关	防堵开关	断链开关
斗式提升机	√	√	—	—	—
埋刮板输送机	—	—	√	√	√
气垫、带式输送机	√	√	√	√	—
备注	—	—	40m 以上	出料口	—

8.5 粮情测控系统

8.5.1 粮食钢板筒仓是否设粮情测控系统，应根据其使用要求及储粮时间长短确定。

8.5.2 测温电缆长期埋在粮堆中，除有防霉的要求外，还应有防磷化氢等药物熏蒸的能力，且分支器等仓内器件也应满足密闭防腐。

8.5.3 粮食测温只是粮食安全保管的手段之一。由于粮食热传导性能差，所以在测温电缆的布置方面，没有一个成熟并行之有效的计算方法。根据粮食行业使用情况和多年来设计部门积累的经验，对于筒仓(含粮食钢板筒仓、钢筋混凝土筒仓、浅圆仓)测温电缆布置方式可参考表 3 及图 1。

表 3 粮食钢板筒仓测温电缆布置数量及布置方式

粮仓直径(m)	测温电缆总数(根)	位于仓中心根数(根)	位于半径 A 上根数			位于半径 B 上根数		
			自中心矩	根数	夹角	自中心矩	根数	夹角
8	5	0	3.5	5	72°	—	—	—
10	7	1	4.5	6	60°	—	—	—
12	9	1	3.5	4	90°	5.5	4	90°
14	9	1	4	4	90°	5.5	4	90°
16	11	1	4.5	4	90°	7.5	6	90°
18	11	1	5	4	90°	8.5	6	90°

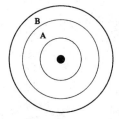

图 1 测温电缆布置半径示意图

8.5.4 粮食钢板筒仓在出粮时，通过测温电缆对仓顶所产生的拉力不容忽视。为此，除测温电缆及吊挂装置必须满足拉力要求外，

其下端应该用重锤或采取其他措施相对固定其应有位置，以防进粮时料流将其冲离原有位置。但下端固定不能太牢固，以免拉断电缆及仓顶受力增大。

8.6 防雷及接地

8.6.1 本条为强制性条文。粮食钢板筒仓部分区域属粉尘爆炸危险场所，根据现行国家标准《建筑物防雷设计规范》GB 50057 应为第二类防雷建筑物。

8.6.2 粮食钢板筒仓顶利用金属围栏及仓上通廊作接闪器时，金属围栏和通廊金属屋面板的要求应符合现行国家标准《建筑物防雷设计规范》GB 50057 的规定。斗式提升机筒、刮板机、皮带机等封闭散粮输送设备内部为粉尘爆炸危险场所 20 区，当其露天设置高出屋顶不在接闪器保护范围之内时，其本身机架不得作为接闪器，需在仓顶局部另立避雷针保护，避雷针高度用滚球法确定。

8.6.3 粮食钢板筒仓仓壁钢板的厚度和连接方式，一般不能满足避雷引下线的要求，故要求另加镀锌扁钢作为避雷引下线；当粮食钢板筒仓的加劲肋截面及厚度不小于本条规定的扁钢参数，且加劲肋上下电气贯通并到达仓顶上环梁时，也可利用加劲肋作为避雷引下线。

8.6.4 接地装置利用基础钢筋时一般能满足其对接地电阻值的要求。基础纵横钢筋需焊接成闭合电气通路。有桩基础时，桩基础主钢筋也应与接地装置连接，以增大接地面积，减少接地电阻。上述做法如不能满足其对接地电阻值的要求，需另作人工接地极。

8.6.5 等电位连接的目的在于减小需要防雷的空间内各金属物与各系统之间的电位差。线路安装电涌保护器的性能应符合传输线路的性质和要求。

8.6.6 建筑物内每层均应预留有与引下线相连的等电位联结端子或联结箱，供工艺设备接地用。建筑物内各设备应分别与接地体或者接地母线相连，以保证能防雷。

8.6.7 粮食钢板筒仓电气工程中的接地系统类型较多，且比较集中，分别设置接地系统比较困难，其间距不易保证，因此宜将各接地系统共用接地装置。

中华人民共和国国家标准

木骨架组合墙体技术规范

Technical code for partitions with timber framework

GB/T 50361 - 2005

主编部门：中 国 建 材 工 业 协 会
批准部门：中华人民共和国建设部
施行日期：２０ ０ ６ 年 ３ 月 １ 日

中华人民共和国建设部公告

第 384 号

建设部关于发布国家标准
《木骨架组合墙体技术规范》的公告

现批准《木骨架组合墙体技术规范》为国家标准，编号为
GB/T 50361—2005，自 2006 年 3 月 1 日起实施。
本规范由建设部标准定额研究所组织中国计划出版社出版发
行。

中华人民共和国建设部
二○○五年十一月三十日

13

前　言

根据建设部建标[2000]44号文件要求,标准编制组经过调查研究,参考有关国际标准和国外先进经验,结合我国的具体情况,编制本规范。

本规范的主要技术内容有:1.总则;2.术语和符号;3.基本规定;4.材料;5.墙体设计;6.施工和生产;7.质量和验收;8.维护管理。

本规范由建设部负责管理,由国家建筑材料工业局标准定额中心站负责具体技术内容的解释。

本规范在执行过程中,请各单位注意总结经验,积累资料,随时将有关意见和建议反馈给国家建筑材料工业局标准定额中心站

(北京市西城区西直门内北顺城街11号,邮政编码:100035),以供今后修订时参考。

本规范主编单位、参编单位和主要起草人:

主 编 单 位:国家建筑材料工业局标准定额中心站
　　　　　　中国建筑西南设计研究院

参 编 单 位:四川省建筑科学研究院
　　　　　　公安部天津消防研究所

主要起草人:吴佐民　龙卫国　郝德泉　王永维　杨学兵
　　　　　　冯　雅　倪照鹏　邱培芳　张红娜

目　次

13

1 总 则

1.0.1 为使木骨架组合墙体的应用做到技术先进、保证安全适用和人体健康、确保质量,制定本规范。

1.0.2 本规范适用于住宅建筑、办公楼和《建筑设计防火规范》GBJ 16 规定的丁、戊类工业建筑的非承重墙体的设计、施工、验收和维护管理。

1.0.3 按本规范设计时,荷载应按现行国家标准《建筑结构荷载规范》GB 50009 的规定执行。

1.0.4 木骨架组合墙体的应用设计及安装施工,除应符合本规范的规定外,尚应符合国家现行有关标准的规定。

2 术语和符号

2.1 术 语

2.1.1 规格材 dimension lumber
木材截面的宽度和高度按规定尺寸生产加工的规格化的木材。

2.1.2 板材 plank
宽度为厚度 3 倍或 3 倍以上的矩形锯材。

2.1.3 木骨架 timber studs
墙体中按一定间距布置的非承重的规格材骨架构件。

2.1.4 墙面板 boards
用于墙体表面的墙面板材。

2.1.5 木骨架组合墙 partitions with timber framework
在由规格材制作的木骨架外部覆盖墙面板,并可在木骨架构件之间的空隙内填充保温隔热及隔声材料而构成的非承重墙体。

2.1.6 直钉连接 vertical nailing
钉子钉入方向垂直于两构件间连接面的钉连接。

2.1.7 斜钉连接 diagonal nailing
钉子钉入方向与两构件间连接面成一定斜角的钉连接。

2.2 符 号

2.2.1 材料力学性能
E——材料弹性模量;
f——材料强度设计值;

2.2.2 作用和作用效应
S——作用效应组合的设计值;

R——构件截面承载力设计值;
S_E——地震作用效应和其他荷载效应按基本组合的设计值;
q_{EK}——垂直于墙平面的均布水平地震作用标准值;
P_{EK}——平行于墙体平面的集中水平地震作用标准值;
G_K——木骨架组合墙体重力荷载标准值。

2.2.3 几何参数
A——墙面面积。

2.2.4 系数
γ_0——结构构件重要性系数;
γ_{RE}——结构构件承载力抗震调整系数;
β_E——动力放大系数;
α_{max}——水平地震影响系数最大值。

2.2.5 其他
C——根据结构构件正常使用要求规定的变形限值。

3 基 本 规 定

3.1 结 构 组 成

3.1.1 木骨架组合墙体的类型按下列规定采用:

1 根据墙体的功能和用途分为外墙、分户墙和房间隔墙。

2 根据设计要求分为单排木骨架墙体、木骨架加防声横条墙体和双排木骨架墙体(图 3.1.1)。

(a)单排木骨架　　　　　　(b)双排木骨架

图 3.1.1 墙体结构形式

3.1.2 木骨架组合墙体的结构组成有以下几种(图 3.1.2):

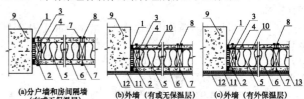

(a)分户墙和房间隔墙　　(b)外墙(有或无保温层)　(c)外墙(有外保温层)
(有或无保温层)

图 3.1.2 木骨架组合墙体构成示意图
1—密封胶;2—密封条;3—木骨架;4—连接螺栓;5—保温材料;
6—墙面板;7—面板固定螺钉;8—墙面板连接缝及密封材料;
9—钢筋混凝土主体结构;10—隔汽层;11—防潮层;
12—外墙面保护层及装饰层;13—外保温层

1 分户墙和房间隔墙的构造主要由木骨架、墙面材料、密封材料和连接件组成。当按设计要求需要时，也包括保温材料、隔声材料和防护材料。

2 外墙的构造主要由木骨架、外墙面材料、保温材料、隔声材料、内墙面材料、外墙面挡风防潮材料、防护材料、密封材料和连接件组成。

3.1.3 木骨架应采用符合设计要求的规格材制作。同一墙体木骨架的边框和立柱应采用截面尺寸相同的规格材。

3.1.4 木骨架宜竖立布置(图 3.1.4)，木骨架的立柱间距 s_0 宜为 600mm、400mm 或 450mm。木骨架构件的布置应满足下列要求：

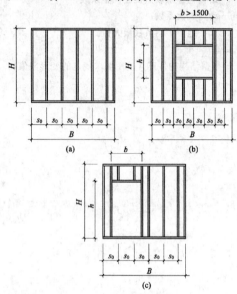

图 3.1.4　木骨架布置示意图

1 按间距 s_0 的尺寸等分墙体；

2 在等分点上布置立柱，木骨架墙体周边均应设置边框；

3 墙体上有洞口时，当洞口边缘不在等分点上时，应在洞口边缘布置立柱；当洞口宽度大于 1.50m 时，洞口两侧均宜设双根立柱。

3.2　设计基本规定

3.2.1 本规范采用以概率理论为基础的极限状态设计法。

3.2.2 木骨架组合墙体的安全等级采用二级，其所有木构件的安全等级亦采用二级。

3.2.3 木骨架组合墙体除自重外，不承受竖向荷载，也无任何支撑功能。木骨架组合墙体用作外墙时，还应承受风荷载，墙面板应具有足够强度将风荷载传递到木骨架。

3.2.4 木骨架组合墙体应具有足够的承载能力、刚度和稳定性，并与结构主体可靠连接。

3.2.5 木骨架组合墙体及其与结构主体的连接，应进行抗震设计。

3.2.6 对于承载能力极限状态，木骨架构件的设计表达式应符合下列要求：

1 非抗震设计时，应按荷载效应的基本组合，采用下列设计表达式：

$$\gamma_0 S \leqslant R \qquad (3.2.6-1)$$

式中　γ_0——结构构件重要性系数，$\gamma_0 \geqslant 1$；

　　　S——承载能力极限状态的荷载效应的设计值，按现行国家标准《建筑结构荷载规范》GB 50009 的规定进行计算；

　　　R——结构构件的承载力设计值。

2 抗震设计时，考虑地震作用效应组合，采用下列设计表达式：

$$S_E \leqslant R/\gamma_{RE} \qquad (3.2.6-2)$$

式中　S_E——地震作用效应和其他荷载效应按基本组合的设计值；

　　　γ_{RE}——结构构件承载力抗震调整系数，一般情况下取 1.0。

3.2.7 对正常使用极限状态，结构构件应按荷载效应的标准组合，采用下列设计表达式：

$$S \leqslant C \qquad (3.2.7)$$

式中　S——正常使用极限状态的荷载效应的组合值；

　　　C——根据结构构件正常使用要求规定的变形限值。

3.2.8 木材的设计指标和构件的变形限值，按现行国家标准《木结构设计规范》GB 50005 的规定采用。

3.3　施工基本规定

3.3.1 木骨架组合墙的施工必须保证安全，消防设施应齐全。

3.3.2 施工工地现场必须整洁，应建立清洁、安静的施工环境。施工中产生的废弃物应分类堆放，严禁乱扔、乱放。有害物质应分类封闭包装，并及时处理，严禁造成二次环境污染。

3.3.3 施工中应严格控制噪声、粉尘和废气对周围环境的影响。

3.3.4 施工必须按设计图纸进行，严禁不按设计要求随意施工。

3.3.5 施工所用的各种材料必须具有产品质量合格证书。

3.3.6 施工必须按程序进行，每项施工完成后应进行自检并做好检测记录，自检合格后才能交由下一个工序继续施工。

3.3.7 施工应有工程监理单位负责监督、检查(检测)施工质量。

4　材　料

4.1　木　材

4.1.1 用于木骨架组合墙体的木材，宜优先选用针叶材树种。

4.1.2 当使用规格材制作木骨架时，可采用任何等级的规格材，规格材的材质等级见现行国家标准《木结构设计规范》GB 50005。

当现场利用板材加工木骨架时，其材质等级宜采用 Ⅱ 级。

4.1.3 木骨架采用规格材制作时，规格材含水率不应大于 20%。当现场采用板材制作木骨架时，板材含水率不应大于 18%。

4.1.4 当使用马尾松、云南松、湿地松、桦木以及新利用树种和速生树种中易遭虫蛀和易腐朽的木材时，木骨架应按设计要求进行防虫、防腐处理。常用的药剂配方及处理方法，可按现行国家标准《木结构工程施工质量验收规范》GB 50206 的规定采用。

4.2　连　接　件

4.2.1 木骨架组合墙体与主体结构的连接应采用连接件进行连接。连接件应符合现行国家标准的有关规定及设计要求。尚无相应标准的连接件应符合设计要求，并应有产品质量出厂合格证书。

4.2.2 当墙体的连接件采用钢材时，宜采用 Q235 钢，其质量应符合现行国家标准《碳素结构钢》GB/T 700 的规定。当采用其他牌号的钢材时，尚应符合有关标准的规定和要求。连接件所用钢材的强度设计值应按现行国家标准《钢结构设计规范》GB 50017 的规定采用。

4.2.3 墙体连接采用的钢材，除不锈钢及耐候钢外，其他钢材应进行表面热浸镀锌处理、无机富锌涂料处理或采取其他有效的防腐、防锈措施。当采用表面热浸镀锌处理时，锌膜厚度应符合现行国家标准《金属覆盖层 钢铁制件热浸镀锌层技术要求及试验方法》GB/T 13912 的规定。

4.2.4 墙体连接件采用的钢材和强度设计值尚应符合下列要求：

1 普通螺栓应符合现行国家标准《六角头螺栓 C级》GB/T 5780 和《六角头螺栓》GB/T 5782 的规定。

2 木螺钉应符合现行国家标准《十字槽沉头木螺钉》GB/T 951 和《开槽沉头木螺钉》GB/T 100 的规定。

3 自钻自攻螺钉应符合现行国家标准《十字槽盘头自钻自攻螺钉》GB/T 15856.1 和《十字槽沉头自钻自攻螺钉》GB/T 15856.2 的规定。

4 墙体其他连接件应符合下列现行国家标准的规定：

《紧固件 螺栓和螺钉通孔》GB/T 5277；

《紧固件机械性能 螺栓、螺钉和螺柱》GB/T 3098.1；

《紧固件机械性能 螺母 粗牙螺纹》GB/T 3098.2；

《紧固件机械性能 螺母 细牙螺纹》GB/T 3098.4；

《紧固件机械性能 自攻螺钉》GB/T 3098.5；

《紧固件机械性能 自钻自攻螺钉》GB/T 3098.11。

4.3 保温隔热材料

4.3.1 木骨架组合墙体保温隔热材料宜采用岩棉、矿棉和玻璃棉。

4.3.2 用岩棉、矿棉、玻璃棉做墙体内部保温隔热材料，宜采用刚性、半刚性成型材料，填充应固定在木骨架上，不得松动，以确保需填充的厚度内被满填，不得采用松散的保温隔热材料松填墙体。

4.3.3 岩棉、矿棉作为墙体保温隔热材料时，物理性能指标应符合现行国家标准《绝热用岩棉、矿渣棉及其制品》GB/T 11835 的规定。

4.3.4 玻璃棉作为墙体保温隔热材料时，物理性能指标应符合现行国家标准《绝热用玻璃棉及其制品》GB/T 13350 的规定。

4.4 隔声吸声材料

4.4.1 木骨架组合墙体隔声吸声材料宜采用岩棉、矿棉、玻璃棉和纸面石膏板，或其他适合的板材。

4.4.2 其他板材作为墙体隔声材料时，单层板的平均隔声量不应小于 22dB。

4.5 材料的防火性能

4.5.1 木骨架组合墙体所采用的各种防火材料应为国家认可检测机构检验合格的产品。

4.5.2 木骨架组合墙体的墙面材料宜采用纸面石膏板，如采用其他材料，其燃烧性能应符合现行国家标准《建筑材料燃烧性能分级方法》GB 8624 关于 A 级材料的要求。四级耐火等级建筑物的墙面材料的燃烧性能可为 B₁ 级。

4.5.3 木骨架组合墙体填充材料的燃烧性能应为 A 级。

4.6 墙面材料

4.6.1 分户墙、房间隔墙和外墙内侧的墙面板一般采用纸面石膏板。纸面石膏板应根据墙体的性能要求分为普通型、防火型及防潮型三种。

纸面石膏板的主要技术性能指标应以供货商提供的产品出厂合格证所标注的性能指标为依据，应符合现行国家标准《纸面石膏板》GB/T 9775 的要求，其主要技术性能应符合表 4.6.1 的规定。

表 4.6.1 纸面石膏板产品质量标准

板材厚度 (mm)	纵向断裂荷载 (N)	横向断裂荷载 (N)	遇火物理性能 (稳定时间)
9.5	360	140	
12	500	180	
15	650	220	≥20min
18	800	270	适用于防火型纸面石膏板
21	950	320	
25	1100	370	

4.6.2 外墙外侧墙面材料一般选用防潮型纸面石膏板。防潮型纸面石膏板厚度不应小于 9.5mm。

4.7 防护材料

4.7.1 密封剂和密封条是墙体与主体结构连接缝的密封材料。密封剂应无味、无毒、无有害物质。密封条的厚度应为 4～20mm。

4.7.2 塑料薄膜是用于外墙隔汽和窗台、门槛及底层地面防渗、防潮材料，宜选用不小于 0.2mm 厚的耐用型塑料薄膜。

4.7.3 挡风材料宜选用挡风防潮纸、纤维布、防潮石膏板或其他具有挡风防潮功能的材料。

4.7.4 墙面板连接缝的密封材料及钉头覆盖材料宜选用石膏粉密封膏或弹性密封膏。

4.7.5 墙面板连接缝的密封材料宜选用能透气的弹性纸带、玻璃棉条和纤维布。弹性纸带的厚度为 0.2mm，宽度为 50mm。

4.7.6 防腐剂应无毒、无味、无有害成分。

5 墙体设计

5.1 设计的基本要求

5.1.1 设计木骨架组合墙体时，应满足下列功能要求：

1 用作外墙时：

1）房屋的建筑功能；

2）墙体的承载功能；

3）保温隔热功能；

4）隔声功能；

5）防火功能；

6）防潮功能；

7）防风功能；

8）防雨功能；

9）密封功能。

2 用作分户墙和房间隔墙时：

1）房屋的建筑功能；

2）墙体的承载功能；

3）隔声功能；

4）防火功能；

5）防潮功能；

6）密封功能。

5.1.2 木骨架组合墙体根据保温隔热功能要求分为 4 级，应符合本规范第 5.4 节的规定。

5.1.3 木骨架组合墙体根据隔声功能要求分为 7 级，应符合本规范第 5.5 节的规定。

5.1.4 采用木骨架组合墙体的建筑耐火等级按墙体的耐火极限

分为 4 级,应符合本规范第 5.6 节的规定。

5.1.5 分户墙和房间隔墙设计,应符合下列要求:

    1 根据本规范第 5.1.3 条、第 5.1.4 条规定的要求,选定墙体的隔声级别和防火级别。

    2 根据房屋使用功能要求,确定门窗尺寸和位置。

    3 根据本条前两款要求,确定木骨架尺寸和墙体构造,并按现行国家标准《木结构设计规范》GB 50005 对构件强度和刚度进行验算,对规格材尺寸进行调整。

    4 设计墙体和主体结构的连接方式及连接构造。

    5 根据需要,确定有关防潮、密封等构造措施。

    6 特殊部位结构设计。

5.1.6 外墙设计应符合下列要求:

    1 根据本规范第 5.1.2 条、第 5.1.3 条和第 5.1.4 条规定的要求,选定外墙保温隔热、隔声和防火级别。

    2 根据房屋建筑功能要求,确定门、窗尺寸和位置。

    3 根据本条前两款要求,确定木骨架尺寸和墙体构造,并按现行国家标准《建筑结构荷载规范》GB 50009 和《木结构设计规范》GB 50005 的要求,对构件强度和刚度进行验算,对规格材尺寸进行调整。

    4 进行墙体和主体结构的连接设计。

    5 设计防风、防雨、防潮及密封等构造措施。

    6 特殊部位结构设计。

5.2 木骨架结构设计

5.2.1 木骨架构件应执行本规范第 3.2 节的规定,并按本规范第 5.1.5 条、第 5.1.6 条的规定进行设计。

5.2.2 垂直于墙平面的均布水平地震作用标准值,可按下式计算:

$$q_{EK} = \beta_E \alpha_{max} G_K / A \qquad (5.2.2-1)$$

式中 q_{EK}——垂直于墙平面的均布水平地震作用标准值,kN/m^2;

    β_E——动力放大系数,可取 5.0;

    α_{max}——水平地震影响系数最大值,应按表 5.2.2 采用;

    G_K——木骨架组合墙体重力荷载标准值,kN;

    A——墙面面积,m^2。

表 5.2.2 水平地震影响系数最大值 α_{max}

抗震设防烈度	6 度	7 度	8 度
α_{max}	0.04	0.08(0.12)	0.16(0.24)

注:7、8 度时括号内数值分别用于设计基本地震加速度为 0.15g 和 0.30g 的地区。

平行于墙体平面的集中水平地震作用标准值,可按下式计算:

$$P_{EK} = \beta_E \alpha_{max} G_K \qquad (5.2.2-2)$$

式中 P_{EK}——平行于墙体平面的集中水平地震作用标准值,kN。

5.2.3 木骨架组合墙体中规格材尺寸见表 5.2.3-1。当采用机械分级的速生树种规格材时,截面尺寸见表 5.2.3-2。

表 5.2.3-1 规格材截面尺寸表

截面尺寸 宽(mm)×高(mm)							
40×40	40×65	40×90	40×115	40×140	40×185	40×235	40×285

注:1 表中截面尺寸均为含水率不大于 20% 、由工厂加工的干燥木材尺寸。

    2 进口规格材截面尺寸与表列尺寸相差不超过 2mm 时,可与其相应规格材等同使用,但在计算时,应按进口规格材实际截面进行计算。

    3 不得将不同规格系列的规格材在同一建筑中混合使用。

表 5.2.3-2 速生树种结构规格材截面尺寸表

截面尺寸 宽(mm)×高(mm)					
45×75	45×90	45×140	45×190	45×240	45×290

注:同表 5.2.3-1 注 1 及注 3。

5.2.4 木骨架设计时,规格材宜选用 V_c 级,经过计算亦可选用其他等级木材。

5.2.5 水平构件尺寸宜与木骨架立柱尺寸一致。

5.2.6 当立柱中心间距为 600mm 和 400mm 时,木骨架宜用宽度为 1200mm 的墙面板覆面;当立柱中心间距为 450mm 时,木骨架宜用宽度为 900mm 的墙面板覆面。

5.2.7 当受力需要时,可采用两根或几根截面尺寸相同的立柱加强洞口两侧。

5.3 连 接 设 计

5.3.1 木骨架组合墙体连接设计包括木骨架构件之间的连接设计和木骨架组合墙体与钢筋混凝土主体结构的连接设计。

5.3.2 木骨架组合墙体为分户墙、房间隔墙和高度不大于 3m 的外墙时,与主体结构的连接应采用墙体上下两边连接的方式;木骨架组合墙体为高度大于 3m 的外墙时,与主体结构的连接应采用墙体周围四边连接的方式。

5.3.3 分户墙及房间隔墙的连接设计一般可不进行计算,当需要计算时,可根据所受荷载按外墙的连接计算规定进行计算。

5.3.4 外墙的连接承载力计算,应计入重力荷载、风荷载和地震荷载作用。

5.3.5 分户墙及房间隔墙的木骨架构件之间的连接应采用直钉连接或斜钉连接,钉直径不应小于 3mm。当木骨架之间采用直钉连接时,每个连接节点不得少于 2 颗钉,钉长应大于 80mm,钉入构件的深度(含钉尖)不得小于 12d(d 为钉直径);当采用斜钉连接时,每个连接节点不得少于 3 颗钉,钉长应大于 80mm,钉入构件的深度(含钉尖)不得小于 12d(d 为钉直径),斜钉应与钉入构件成 30°角,从距构件端 1/3 钉长位置钉入(图 5.3.5)。

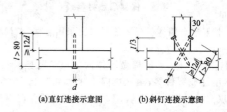

(a)直钉连接示意图   (b)斜钉连接示意图

图 5.3.5 房间隔墙木骨架构件之间连接示意图

5.3.6 木骨架组合墙体与主体结构的连接应采用膨胀螺栓连接(方式一)、自钻自攻螺钉连接(方式二)和销钉连接(方式三)(图 5.3.6)。分户墙及房间隔墙与主体结构连接采用的连接件直径不应小于 6mm,连接件锚入主体结构长度不得小于 5d(d 为连接件的直径),连接点间距不大于 1.2m,每一连接边不少于 4 个连接点。采用销钉连接时,应在混凝土构件上预留孔。连接件应布置在木骨架宽度中心的 1/3 区域内,木骨架上均应预先钻导孔,导孔直径为 0.8d(d 为连接件直径)。

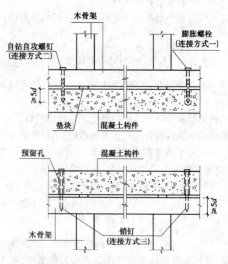

图 5.3.6 墙体与主体结构连接示意图

5.3.7 当房间隔墙尺寸较小时,墙与主体结构的连接可采用射钉连接。射钉直径不应小于 3.7mm,锚入主体结构长度不得小于 7.5d(d 为射钉直径),连接点间距不应大于 600mm。射钉与木骨架末端的距离不应小于 100mm,并应沿木骨架宽度的中心线布置。

5.3.8 外墙承受较大荷载时,木骨架构件之间宜采用角链连接(图5.3.8)。角链所用螺钉直径及数量应根据所承受的内力按现行国家标准《木结构设计规范》GB 50005的相关公式计算确定,螺钉长度应大于30mm。角链尺寸应根据所承受的内力按现行国家标准《钢结构设计规范》GB 50017的相关公式计算确定。

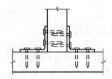

图5.3.8 外墙木骨架构件之间角链连接示意图

5.3.9 外墙与主体结构的连接方式应符合本规范第5.3.6条的规定,并且,连接点的数量和连接件的尺寸应根据连接件所承受的内力按现行国家标准《木结构设计规范》GB 50005的相关公式计算确定。

5.3.10 连接所用螺栓及钉排列的最小间距应符合现行国家标准《木结构设计规范》GB 50005的相关规定。

5.3.11 木骨架组合墙体之间相接时,应满足下列构造要求:

1 两墙体呈直角相接时,相接墙体的木骨架应用直径不小于3mm的螺钉或圆钉牢固连接,连接点间距不大于0.75m,且不少于4个连接点,螺钉或圆钉钉长大于80mm,钉入构件的深度(含钉尖)不得小于12d(d为钉直径)。外直角处可用L 50×50角钢保护,并用直径不小于3mm、长度不小于36mm的螺钉或圆钉将角钢固定在墙角木骨架上,固定点间距不大于0.75m,且不少于4个固定点;或采用胶合方法固定角钢。拐角连接缝应用密封胶封闭[图5.3.11(a)]。

2 两墙体呈T型相接时,相接墙体的木骨架应用直径不小于3mm的螺钉或圆钉牢固连接,连接点间距不大于0.75m,且不少于4个连接点,螺钉或圆钉钉长应大于80mm,钉入构件的深度(含钉尖)不得小于12d(d为钉直径)。拐角连接缝应用密封胶封闭[图5.3.11(b)]。

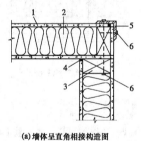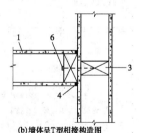

(a)墙体呈直角相接构造图　(b)墙体呈T型相接构造图

图5.3.11 墙体相接构造示意图
1—石膏板;2—矿棉;3—木骨架;4—密封胶;5—角钢;6—钉

5.4 建筑热工与节能设计

5.4.1 木骨架组合墙体用作外墙时,建筑热工与节能设计应按本节规定执行。本节未规定的应按照现行国家标准《民用建筑热工设计规范》GB 50176、《民用建筑节能设计标准(采暖居住建筑部分)》JGJ 26、《夏热冬冷地区居住建筑节能设计标准》JGJ 134和《夏热冬暖地区居住建筑节能设计标准》JGJ 75等的规定执行。

5.4.2 木骨架组合墙体的外墙根据所在地区按表5.4.2-1、5.4.2-2分为5级,填充保温隔热材料厚度应按照第5.4.1条中的相关规范和标准设计。

表5.4.2-1　墙体热工级别

热工级别	传热系数[W/(m²·K)]
I$_t$	≤0.4
II$_t$	≤0.5
III$_t$	≤0.6

续表5.4.2-1

热工级别	传热系数[W/(m²·K)]
IV$_t$	≤1.0
V$_t$	≤1.2

表5.4.2-2　墙体所处地域的热工级别

所处地域	墙体热工级别
严寒地区	I$_t$、II$_t$
寒冷地区	II$_t$、III$_t$
夏热冬冷地区	III$_t$、IV$_t$
夏热冬暖地区	IV$_t$、V$_t$

5.4.3 当不需用保温隔热材料满填整个木骨架空间时,保温隔热材料与空气间层之间宜设允许蒸汽渗透,不允许空气循环的隔空气膜层。

5.4.4 木骨架组合墙体中空气间层应布置在建筑围护结构的低温侧。

5.4.5 在木骨架组合墙体外墙外饰面层宜设防水、透气的挡风防潮纸。

5.4.6 木骨架组合墙体外墙高温侧应设隔汽层,以防止蒸汽渗透,在墙体内部产生凝结,使保温材料或墙体受潮。

5.4.7 穿越墙体的设备管道和固定墙体的金属连接件应采用高效保温隔热材料填实空隙。

5.5 隔声设计

5.5.1 木骨架组合墙体隔声设计应按本节规定执行。本节未规定的应按照现行国家标准《民用建筑隔声设计规范》GBJ 118的规定执行。

5.5.2 木骨架组合墙体根据隔声要求按表5.5.2-1分为7级。根据功能要求,应符合表5.5.2-2的规定。

表5.5.2-1　墙体隔声级别

隔声级别	计权隔声量指标(dB)
I$_n$	≥55
II$_n$	≥50
III$_n$	≥45
IV$_n$	≥40
V$_n$	≥35
VI$_n$	≥30
VII$_n$	≥25

表5.5.2-2　墙体功能要求的隔声级别

功能要求	隔声级别
特殊要求	I$_n$
特殊要求的会议室、办公室隔墙	II$_n$
办公室、教室等隔墙	II$_n$、III$_n$
住宅分户墙、旅馆客房与客房隔墙	III$_n$、IV$_n$
无特殊安静要求的一般房间隔墙	V$_n$、VI$_n$、VII$_n$

5.5.3 设备管道穿越木骨架组合墙体时,对管道穿越空隙以及墙与墙连接部位的接缝间隙应采用隔声密封胶或密封条,隔声标准应大于40dB。

5.5.4 在木骨架组合墙体中布置有设备管道时,设备管道应设有防振、隔噪声措施。

5.6 防火设计

5.6.1 木骨架组合墙体可用作6层及6层以下住宅建筑和办公楼的非承重外墙和房间隔墙,以及房间面积不超过100m²的7~18层普通住宅和高度为50m以下的办公楼的房间隔墙。

5.6.2 木骨架组合墙体的耐火极限不应低于表5.6.2的规定。

13

表 5.6.2　木骨架组合墙体的耐火极限(h)

构件名称	建筑分类			
	一级耐火等级或7~18层一、二级耐火等级的普通住宅	二级耐火等级	三级耐火等级	四级耐火等级
非承重外墙	不适用	1.00	1.00	无要求
户与走廊、楼梯间的墙	不适用	不适用	不适用	0.50
分户墙	不适用	不适用	不适用	0.50
房间隔墙	0.50	0.50	0.50	无要求

注：对于一级耐火等级的工业建筑和办公建筑，其房间隔墙的耐火极限不低于0.75h。

5.6.3　木骨架组合墙体覆面材料的燃烧性能应符合表5.6.3的规定。

表 5.6.3　木骨架组合墙体覆面材料的燃烧性能

构件名称	建筑分类			
	一级耐火等级或7~18层一、二级耐火等级的普通住宅	二级耐火等级	三级耐火等级	四级耐火等级
外墙覆面材料	纸面石膏板和A级耐火材料	纸面石膏板和A级耐火材料	纸面石膏板和A级耐火材料	可燃材料
房间隔墙覆面材料	纸面石膏板和A级耐火材料	纸面石膏板和A级耐火材料	纸面石膏板或难燃材料	可燃材料

5.6.4　墙体内设管道、电气线路或者管道、电气线路穿过墙体时，应对管道和电气线路进行绝缘保护。管道、电气线路与墙体之间的缝隙应采用防火封堵材料将其填塞密实。

5.6.5　锚固件之间、锚固件与覆面材料边缘之间的距离应达到相关标准的要求。锚固件应具有足够的长度，保证墙面材料在规定受热时间内不至于脱落。

5.7　墙面设计

5.7.1　分户墙和房间隔墙的墙面板采用纸面石膏板时，一般墙体两面采用单层板，当隔声量要求较高时，应采用两面双层板。

5.7.2　当要求墙体防潮、防水、挡风时，墙面板(如卫生间、地下室、外墙体的外墙面等)应选择防潮型纸面石膏板。

5.7.3　当耐火等级要求较高时，墙面板应选择防火型纸面石膏板。

5.7.4　木骨架组合墙体的墙面板应采用螺钉或屋面钉固定在木骨架上，钉直径不得小于2.5mm，钉入木骨架的深度不得小于20mm；钉的布置及固定应符合下列规定：

　　1　当墙体采用双面单层墙面板时，两侧墙面板接缝的位置错开一个木骨架间距。

　　2　当墙体采用双层墙面板时，外层墙面板接缝的位置与内层墙面板接缝的位置错开一个木骨架间距。用于固定内层墙面板的钉距不应大于600mm。固定外层墙面板的钉距应符合本条第3款的规定。

　　3　外层墙面板边缘钉钉距：在内墙上不得大于200mm，在外墙上不得大于150mm；外层墙面板中间钉钉距：在内墙上不得大于300mm；在外墙上不得大于200mm。钉头中心距离墙面板边缘：不得小于15mm。

5.8　防护设计

5.8.1　外墙隔汽层和墙体局部防渗防潮宜选用0.2mm厚的耐用型塑料薄膜。

5.8.2　墙体与建筑物四周构件连接缝密封宜选用密封剂和密封条。

5.8.3　墙面板的连接缝密封宜选用石膏粉密封膏或弹性密封膏，然后用弹性纸带、玻璃棉条和纤维布密封。

5.8.4　用于固定石膏板的螺钉头宜用石膏粉密封膏和防锈密封膏覆盖，覆盖面积应大于两倍钉头直径，或采用其他防锈措施。

5.8.5　木骨架组合墙体外墙的边框不允许直接与地面或楼面接触，应采取防潮措施防止墙体受潮。

5.8.6　木骨架组合墙体外墙与建筑四周的间隙应采用密封材料填实，防止空气渗透。

5.9　特殊部位设计

5.9.1　木骨架组合墙体上安装电源插座盒时，插座盒宜采用螺钉固定在木骨架上。墙体有隔声要求时，插座盒与墙面板之间宜采用石膏抹灰进行密封，插座盒周围的石膏覆盖层厚度不小于10mm；或在插座盒两旁立柱之间填充符合隔声要求的岩棉(图5.9.1)。

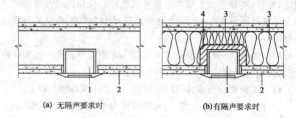

(a) 无隔声要求时　　　(b)有隔声要求时

图 5.9.1　电源插座盒安装示意图
1—插座盒；2—墙面板；3—岩棉；4—石膏抹灰

5.9.2　隔声要求不大于50dB的隔墙允许设备管道穿越。需穿管的墙面板上应预先钻孔，孔洞的直径应比管道直径大15mm，管道与孔洞之间的间隙应采用密封胶进行密封。管道直径较大或重量较重时，应采用铁件将管道固定在木骨架上。当需在墙内敷设电源线时，应将电源线敷于PVC管内，再将PVC管敷设在墙内。当PVC管需穿越木骨架时，可在木骨架构件宽度方向的中间1/3区域内预先钻孔(图5.9.2)。

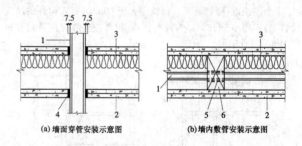

(a)墙面穿管安装示意图　　(b)墙内敷管安装示意图

图 5.9.2　墙面穿管及墙内敷管安装示意图
1—管线；2—墙面板；3—岩棉；4—密封胶；5—留穿线孔；6—木骨架

5.9.3　木骨架组合墙体上悬挂物体时，根据不同悬挂物体重量可采用下列不同方式进行固定，固定点之间的间距应大于200mm：

　　1　悬挂重量小于150N时，可采用直径不小于3mm的膨胀螺钉进行固定[图5.9.3(a)]。

　　2　悬挂重量超过150N但小于300N时，可采用锚固装置加以固定，锚杆直径不小于6mm[图5.9.3(b)]。

　　3　悬挂重量超过300N但小于500N时，可用直径不小于6mm的自攻螺钉将悬挂物固定在木骨架上，自攻螺钉锚入木骨架的深度不得小于30mm[图5.9.3(c)]。

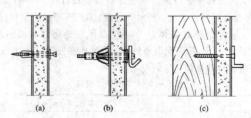

(a)　　　　(b)　　　　(c)

图 5.9.3　墙体上悬挂物体的固定方法示意图

6 施工和生产

6.1 施工准备

6.1.1 施工前应按工程设计文件的技术要求,设计施工方案、施工程序与要求,向施工人员进行技术交底。

6.1.2 施工前应备好符合设计要求的各种材料,所选购的材料必须有产品出厂合格证。

6.2 施工要求

6.2.1 施工作业基面必须清理干净,不得有浮灰和油污;作业基面的平整度、强度和干燥度应符合设计要求;应准确测量作业基面空间的长度和高度,并应做好测量记录,然后确定基准面,画好安装线,以备木骨架制作与安装。

6.2.2 墙体的制作和施工应符合下列要求:

1 在木骨架制作前应检测木材的含水率、虫蛀、裂纹等质量是否符合设计要求。当木材含水率超过本规范第4.1.3条的规定时,应进行烘干处理,施工中木材应注意防水、防潮。

2 木骨架的上、下边框和立柱与墙面板接触的表面应按设计要求的尺寸刨平、刨光。木骨架构件截面尺寸的负偏差不应大于2mm。

3 根据施工条件,木骨架可工厂预制或现场制作组装。

6.2.3 木骨架的安装应符合下列要求:

1 木骨架安装前应按安装线安装好塑料垫,待木骨架安装固定后用密封剂和密封条填严、填满四周连接缝。

2 木骨架安装完成后应按本规范第7.1.3条的规定检测其垂直方向和水平方向的垂直度。两表面应平整、光洁,表面平整度偏差应小于3mm。

6.2.4 当选用岩棉毡时,应按设计要求的厚度将岩棉毡填满立柱之间。当需要时,岩棉毡宜用钉子固定在木骨架上。填充的尺寸应比两立柱间的空间尺寸大5~10mm。材料在存放和安装过程中严禁受潮和接触水。

6.2.5 外墙隔汽层塑料薄膜的安装必须保证完好无损,不得出现破漏,应用钉或粘接剂将其固定在木骨架上。

6.2.6 墙面板的安装固定应符合下列要求:

1 经切割过的纸面石膏板的直角边,安装前应将切割边倒角45°,倒角深度应为板厚的1/3。

2 安装完成后,墙体表面的平整度偏差应小于3mm。纸面石膏板的表面纸层不应破损,螺钉头不应穿入纸层。

3 外墙面板在存放和施工中严禁与水接触或受潮。

6.2.7 墙面板连接缝的密封、钉头覆盖的施工应符合下列要求:

1 墙面板连接缝的密封、钉头的覆盖应用石膏粉密封膏或弹性密封膏填严、填满,并抹平打光。

2 墙体与建筑物四周构件连接缝的密封应用密封剂连续、均匀地填满连接缝并抹平打光。

6.2.8 外墙体局部防渗、防潮保护应符合下列要求:

1 外墙体顶端与建筑物构件之间覆盖一层塑料薄膜,当外墙体施工完毕后,剪去多余的塑料薄膜[图6.2.8(a)]。

2 外墙开窗时,窗台表面应覆盖一层塑料薄膜[图6.2.8(b)]。

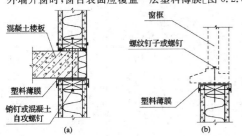

图6.2.8 外墙体防渗、防潮构造示意图

6.2.9 木骨架组合墙体工厂预制与现场安装应符合下列要求:

1 当用销钉固定时,应按设计要求在混凝土楼板或梁上预留孔洞。预留孔位置偏差不应大于10mm。

2 当用自钻自攻螺钉或膨胀螺钉固定时,墙体按设计要求定位后,应将木骨架边框与主体结构构件一起钻孔,再进行固定。

3 预制墙体在吊运过程中,应避免碰坏墙体的边角、墙面或震裂墙面板,应保证每面墙体完好无损。

7 质量和验收

7.1 质量要求

7.1.1 木骨架组合墙体墙面应平整,不应有裂纹、裂缝。墙面不平整度不应大于3mm。

7.1.2 木骨架组合墙体墙面板缝密封应完整、严实,不应开裂。

7.1.3 木骨架组合墙体应垂直,竖向垂直偏差不应大于3mm;水平方向偏差不应大于5mm。

7.1.4 木骨架组合墙体所采用材料的性能指标应符合现行国家标准的规定和设计要求。

7.1.5 木骨架组合墙体的连接固定方式、特殊部位的结构形式、局部安装与保护等应符合设计要求。

7.1.6 木骨架组合墙体的性能指标应符合设计要求。

7.2 质量检验

7.2.1 木骨架组合墙体施工应按设计程序分项检查验收并交接,未经检查验收合格者,不得进行后续施工。

7.2.2 木骨架组合墙体墙面平整度的检测应用2m长直尺检测,尺面与墙面间的最大间隙不应大于5mm,每米长度内不应多于1处。

7.2.3 木骨架组合墙体垂直度的检测应用2m长水平仪检测,竖向的最大偏差不应大于5mm,水平方向的最大偏差不应大于3mm。

7.3 工程验收

7.3.1 木骨架组合墙体施工完成后,应按本规范的相关要求组织验收。

7.3.2 木骨架组合墙体工程验收时，应提交下列技术文件，并应归档：

1　工程设计文件、设计变更通知单、工程承包合同。

2　工程施工组织设计文件、施工方案、技术交底记录。

3　主要材料的产品出厂合格证、材性试验或检测报告。

4　木骨架组合墙施工质量的自检记录和测试报告。

7.3.3 木骨架组合墙体工程验收时，除按本规范规定的程序外，还应遵守现行国家标准《建筑装饰装修工程质量验收规范》GB 50210的有关规定。

8　维护管理

8.1　一般规定

8.1.1 采用木骨架组合墙体的工程竣工验收时，墙体承包商应向业主提供《木骨架组合墙体使用维护说明书》。《木骨架组合墙体使用维护说明书》应包括下列内容：

1　墙体的主要组成材料和基本的组成形式；

2　墙体的主要性能参数；

3　使用注意事项；

4　日常与定期的维护、保养要求；

5　墙面悬挂荷载的注意事项和规定；

6　承包商的保修责任。

8.1.2 墙体交付使用后，业主或物业管理部门应根据《木骨架组合墙体使用维护说明书》的相关要求及注意事项，制定墙体的维修、保养计划及制度。

8.1.3 在墙体交付使用后，业主或物业管理部门根据检查和维修的情况，应对检查结果和维修过程作出详细、准确的记录，并建立检查和维修的技术档案。

8.2　检查与维修

8.2.1 木骨架组合墙体的日常维护和保养应符合下列规定：

1　应避免猛烈地撞击墙体；

2　应避免锐器与墙面接触；

3　应避免纸面石膏板墙面长时间接近超过50℃的高温；

4　墙体应避免水的浸泡；

5　墙体上的悬挂荷载不应超过设计的规定。

8.2.2 木骨架组合墙体的日常检查一般采用以经验判断为主的非破坏性方法，在现场对墙体易损坏部位进行检查。日常检查和维护应符合下列规定：

1　墙体工程竣工使用1年时，应对墙体工程进行一次日常检查，此后，业主或物业管理部门应根据当地气候特点（如雪季、雨季和风季前后），每5年进行一次日常检查。

2　日常检查的项目应包括：

1）内、外墙墙面不应有变形、开裂和损坏；

2）墙体与主体结构的连接不应受潮；

3）墙体面板不应受潮；

4）外墙上门窗边框的密封胶或密封条不应有开裂、脱落、老化等损坏现象；

5）墙体面板的固定螺钉不应松动和脱落。

3　应对本条第2款检查项目中不符合要求的内容，由业主或物业管理部门组织实施一般的维修，主要是封闭裂缝，以及对各种易损零部件进行更换或修复。

8.2.3 当发现木骨架构件有腐蚀和虫害的迹象时，应根据腐蚀的程度、虫害的性质和损坏程度制定处理方案，及时进行补强加固或更换。

中华人民共和国国家标准

木骨架组合墙体技术规范

GB/T 50361-2005

条 文 说 明

1 总 则

1.0.1 本条主要阐明制定本规范的目的,为了与现行国家标准《木结构设计规范》GB 50005 相协调,并考虑到木骨架组合墙体的特点,规范除了规定应做到技术先进、安全适用和确保质量外,还特别提出应保证人体健康。

1.0.2 本条规定了本技术规范的使用范围。考虑到木骨架组合墙体的燃烧性能只能达到难燃级,所以本条将其使用范围限制在普通住宅建筑和火灾荷载与住宅建筑相当的办公楼。另外,考虑到《建筑设计防火规范》GBJ 16 规定的丁、戊类工业建筑主要用来储存、使用和加工难燃烧或非燃烧物质,其火灾危险性相对较低,所以本条允许其使用木骨架组合墙体作为其非承重外墙和房间隔墙。

1.0.3 木骨架组合墙的设计应考虑自重、地震荷载和风荷载,一般情况下,墙体用作外墙时,对墙体起控制作用的是风荷载,墙体中的木骨架及其连接必须具有足够的承载能力,能承受风荷载的作用,荷载取值应按现行国家标准《建筑结构荷载规范》GB 50009 的规定执行。

1.0.4 与木骨架组合墙体材料的选用以及墙体的设计与施工密切相关的还有下列现行国家标准或行业标准:《木结构设计规范》GB 50005、《建筑抗震设计规范》GB 50011、《民用建筑节能设计标准(采暖居住建筑部分)》JGJ 26、《民用建筑热工设计规范》GB 50176、《外墙内保温板质量检验评定标准》DBJ 01—30、《建筑设计防火规范》GBJ 16、《高层民用建筑设计防火规范》GB 50045、《建筑内部装修设计防火规范》GB 50222、《夏热冬暖地区居住建筑节能标准》JGJ 75、《民用建筑隔声设计规范》GBJ 118、《纸面石膏板产品质量标准》GB/T 9775、《绝热用岩棉、矿渣棉及其制品》GB/T 11835、《民用建筑工程室内环境污染控制规范》GB 50325、《建筑材料燃烧性能分级方法》GB 8624 等,其相关的规定也应参照执行。

3 基 本 规 定

3.1 结 构 组 成

3.1.2 木骨架组合墙体的结构组成有以下几种:

1 一般分户墙及房间隔墙的结构组成(图1、图2):

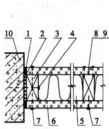

图 1 分户墙及房间隔墙水平剖面图　　图 2 分户墙及房间隔墙竖向剖面图

1)密封胶;
2)聚乙烯密封条;
3)木龙骨;
4)混凝土自钻自攻螺钉或螺栓;
5)岩棉毡(密度≥28kg/m³);
6)墙面板——纸面石膏板;
7)墙面板连接螺钉;
8)墙面板连接缝密封材料——石膏粉密封膏或弹性密封膏;
9)墙面板连接缝密封纸带;
10)建筑物的混凝土柱、楼板。

隔声房间隔墙的结构组成(图3、图4)除同图1、图2相同的1)~10)外,还有:

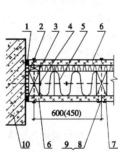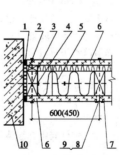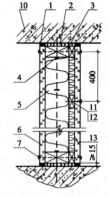

图 3 隔声内墙水平剖面图　　4 隔声内墙竖向剖面图

11)防声弹性木条;
12)螺纹钉子或螺钉;
13)岩棉毡(密度≥28kg/m³)。

2 一般外墙体的结构组成(图5、图6):

1)~3)同图1、图2;
4)岩棉毡,密度≥40kg/m³;
5)外墙面板——防水型纸面石膏板;
6)外挂装饰板:彩色钢板、铝塑板、彩色聚乙烯板等;
7)~10)同图1、图2;
11)销钉φ10×300mm;
12)塑料垫,厚≥10mm;
13)自钻自攻螺钉或螺栓;
14)木骨架定位螺钉;

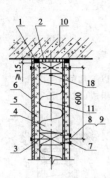

图 5 外墙水平剖面图　　图 6 外墙竖向剖面图

15）塑料薄膜；
16）内墙面板——石膏板；
17）隔汽层——塑料薄膜；
18）混凝土自钻自攻螺钉或螺栓；
19）通风气缝。

3.1.3 用于制作木骨架组合墙体的规格材，在根据设计要求选定其规格和截面尺寸时，应考虑墙体要适应工业化制作，以及便于墙面板的安装，因此，同一块墙体中木骨架边框和中部的骨架构件应采用截面高度相同的规格材。

3.1.4 木骨架竖立布置主要是方便整个墙体的制作和施工。当有特殊要求时，也可采用构件水平布置的木骨架。

由于墙面板采用的板材平面标准尺寸一般为 1200mm×2400mm，因此，木骨架组合墙体中木骨柱的间距允许采用 600mm 或 400mm 两种尺寸；当采用 900mm×2400mm 的纸面石膏板时，立柱的间距应为450mm。这样，墙面板的连接缝正好能位于木骨柱构件的截面中心位置处，能较好地固定和安装墙面板。为了保证墙面板的固定和安装，当墙体上需要开门窗洞口时，规范规定了木骨架构件在墙体中布置的基本要求。当墙体设计要求必须采用其他尺寸的间距时，应尽量减少尺寸的改变对整个墙体的施工和制作带来的不利影响。

3.2 设计基本规定

3.2.1 本规范的基本设计方法应与现行国家标准《木结构设计规范》GB 50005 一致。《木结构设计规范》GB 50005 的设计方法采用现行国家标准《建筑结构可靠度设计标准》GB 50068 统一规定的"以概率理论为基础的极限状态设计法"，故本规范应采用该方法进行设计。

3.2.2 现行国家标准《木结构设计规范》GB 50005 规定，一般建筑物安全等级均定为二级，建筑物中各类结构构件的安全等级，宜与整个结构的安全等级相同，故本规范确定木骨架组合墙体安全等级为二级。建筑物安全等级按一级设计时，木骨架组合墙体的安全等级，亦应定为一级。

3.2.3～3.2.5 木骨架组合墙体虽然是非承重墙体，但应有足够的承载能力。因此，应满足一系列要求——强度、刚度、稳定性、抗震性能等。同时，木骨架组合墙体不管是整块制作后吊装还是现场组装，均应与主体结构有可靠的、正确的连接，才能保证墙体正常、安全地工作。

3.2.6、3.2.7 本条提供木骨架组合墙体承载能力极限状态和正常使用极限状态的基本计算公式，与现行国家标准《木结构设计规范》GB 50005 一致。一般情况时，结构重要性系数 $\gamma_0 \geqslant 1$。

3.2.8 木材设计指标和构件的变形限值等，均应执行现行国家标准《木结构设计规范》GB 50005 的有关规定。如果现行国家标准《木结构设计规范》GB 50005 未予规定，可参照最新版本的《木结构设计手册》的相关内容选用。

4 材　料

4.1 木　材

4.1.1 作为具有一定承载能力的墙体，应优先选用针叶树种，因为针叶树种的树干长直、纹理平顺、材质均匀、木节少、扭纹少、能耐腐朽和虫蛀、易干燥、少开裂和变形，具有较好的力学性能，木质较软而易加工。

4.1.2 国外主要用规格材作为墙体的木骨架，由于是通过设计确定木骨架的尺寸，故本规范不限制使用规格材等级。

国内取材时，相当一段时间还会使用板材在现场加工，此时，明确规定板材的等级宜采用 II 级。

4.1.3 与现行国家标准《木结构设计规范》GB 50005 规定的规格材含水率一致，规格材含水率不应大于 20%。在我国使用墙体时，考虑到我国的现状，经常会采用未经工厂干燥的板材在现场制作木骨架，为保证质量，故对板材的含水率作了更为严格的规定。

4.1.4 鉴于木骨架的使用环境，我国一些易虫蛀和腐朽的木材在使用时不仅要经过干燥处理，还一定要经过药物处理，否则一旦虫蛀、腐朽发生，又不易检查发现，后果会相当严重。

4.2 连　接　件

4.2.1、4.2.2 木骨架组合墙体构件间的连接以及墙体与主体结构的连接，是整个墙体工程中十分重要的组成部分，墙体连接的可靠性决定了墙体是否能满足使用功能的要求，是否能保证墙体的安全使用。因此，要求连接采用的各种材料应有足够的耐久性和可靠性，能保证墙体的连接符合设计要求。在实际工程中，连接材料的品种和规格很多，以及许多连接件的新产品不断进入建筑市场，因此，木骨架组合墙体所采用的连接件和紧固件应符合现行国家标准及符合设计要求。当所采用的连接材料为新产品时，应按国家标准经过性能和强度的检测，达到设计要求后才能在工程中使用。

4.2.3 木骨架组合墙体用于外墙时，经常受自然环境不利因素的影响，如日晒、雨淋、风沙、水汽等作用的侵蚀。因此，要求连接材料应具备防风雨、防日晒、防锈蚀和防撞击等功能。对连接材料，除不锈钢及耐候钢外，其他钢材应采用有效的防腐、防锈处理，以保证连接材料的耐久性。

4.3 保温隔热材料

4.3.1 岩棉、矿棉和玻璃棉是目前世界上最为普通的建筑保温隔热材料，这些材料具有以下优点：

　　1 导热系数小，既隔热又防火，保温隔热性能优良；

　　2 材料有较高的孔隙率和较小的表观密度，一般密度不大于 100kg/m³，有利于减轻墙体的自重；

　　3 具有较低的吸湿性，防潮，热工性能稳定；

　　4 造价低廉，成型和使用方便；

　　5 无腐蚀性，对人体健康不造成直接影响。

因此，采用岩棉、矿棉和玻璃棉作为木骨架组合墙体保温隔热材料。

4.3.2 松散保温隔热材料在墙体内部分布不均匀，将直接影响墙体的保温隔热性和隔声效果。采用刚性、半刚性成型保温隔热材料，解决了松散材料松填墙体所造成的墙体内部分布不均匀的问题，保证了空气间层厚度均匀，能充分发挥不同材料的性能，还具有施工方便等优点。

4.3.3、4.3.4 对影响岩棉、矿棉和玻璃棉的质量以及木骨架组合墙体性能的主要物理性能指标作出了规定，同时要求纸面石膏板，岩棉、矿棉和玻璃棉等材料应符合国家相关的产品技术标准。例如,设计时应控制岩棉、矿棉和玻璃棉的热物理性能指标,需符合表1和表2的规定,这样基本能保证墙体的热工节能性能。

表1 岩棉、矿棉的热物理性能指标

产品类别	导热系数[W/(m·K)],(平均温度20±5℃)	吸湿率
棉	≤0.044	
板	≤0.044	≤5%
毡	≤0.049	

表2 玻璃棉的热物理性能指标

产品类别	导热系数[W/(m·K)],(平均温度20±5℃)	含水率
棉	≤0.042	
板	≤0.046	≤1%
毡	≤0.043	

4.4 隔声吸声材料

4.4.1 纸面石膏板具有质量轻,并具有一定的保温隔热性,石膏板的导热系数约为0.2W/(m·K)。石膏制品的主要成分是二水石膏,含21%的结晶水,遇火时,结晶水释放产生水蒸气,消耗热能,且水蒸气幕不利于火势蔓延,防火效果较好。

石膏制品为中性,不含对人体有害的成分,因石膏对水蒸气的呼吸性能,可调节室内湿度,使人感觉舒适,是国家倡导发展的绿色建材。而且石膏板加工性能好,材料尺寸稳定,装饰美观,可锯、可钉、可粘结,可做各种理想、美观、高贵、豪华的造型;它不受虫害、鼠害,使用寿命长,具有一定的隔声效果,是理想的木骨架组合墙体墙面板。

石膏板、岩棉、矿棉、玻璃棉材料作为隔声、吸声材料是由它的构造特征和吸声机理所决定的,表3、表4和表5是国内有关研究单位对石膏板、岩棉、矿棉、玻璃棉材料的声学测试指标。

表3 纸面石膏板隔声量指标

板材厚度(mm)	面密度(kg/m²)	隔声量(dB)						
		125Hz	250Hz	500Hz	1000Hz	2000Hz	4000Hz	$\bar{R}$
9.5	9.5	11	17	22	28	27	27	22
12.0	12.0	14	21	26	31	30	30	25
15.0	15.0	16	24	28	33	32	32	27
18.0	18.0	17	23	29	33	34	33	28

表4 岩(矿)棉吸声系数

厚度(mm)	表观密度(kg/m³)	吸声系数						
		100Hz	125Hz	250Hz	500Hz	1000Hz	2000Hz	4000Hz
50	120	0.08	0.11	0.30	0.75	0.91	0.89	0.97
50	150	0.08	0.11	0.33	0.73	0.90	0.80	0.96
75	80	0.21	0.30	0.59	0.87	0.83	0.91	0.97
75	150	0.23	0.34	0.62	0.82	0.91	0.84	0.96
100	80	0.27	0.35	0.64	0.89	0.90	0.96	0.98
100	100	0.33	0.38	0.53	0.77	0.78	0.87	0.95
100	120	0.30	0.38	0.62	0.82	0.91	0.91	0.96

表5 玻璃棉吸声系数

材料名称	板材厚度(mm)	密度(kg/m²)	吸声系数					
			125Hz	250Hz	500Hz	1000Hz	2000Hz	4000Hz
超细玻璃棉	5	20	0.15	0.35	0.85	0.85	0.86	0.86
	7	20	0.22	0.55	0.89	0.81	0.93	0.84
	9	20	0.32	0.80	0.73	0.78	0.86	—
	10	20	0.35	0.60	0.85	0.87	0.87	0.85
	15	20	0.50	0.80	0.85	0.85	0.86	0.80
	5	25	0.19	0.29	0.85	0.83	0.87	—
	7	25	0.24	0.67	0.80	0.77	0.86	—
	9	25	0.32	0.85	0.70	0.80	0.80	0.80
	9	30	0.28	0.57	0.54	0.70	0.82	—
玻璃棉毡	5~50	30~40	平均0.65					0.8

在人耳可听的主要频率范围内(常用中心频率从125Hz至4000Hz的6个倍频带所反映出的墙体隔声性能随频率的变化),纸面石膏板、岩棉、矿棉和玻璃棉等材料在宽频带范围内具有吸声系数较高,吸声性能长期稳定、可靠的隔声吸声特性。

4.4.2 为了使设计、施工人员在设计施工中更为方便、简单,鼓励采用新型材料,对其他适合作木骨架组合墙体隔声的板材规定了单层板最低平均隔声量。

4.5 材料的防火性能

4.5.1 本条对与木骨架组合墙体有关的各种材料的质量作出了总体规定,从而保证整个墙体能够达到一定的质量标准。

4.5.2 木骨架组合墙体覆面材料的燃烧性能对整个墙体的燃烧性能有着重要影响。国外比较成熟的此类墙体的覆面材料多数使用纸面石膏板,因此本技术规范推荐使用纸面石膏板。该墙体体系的覆面材料也可以使用其他材料,但其燃烧性能必须符合现行国家标准《建筑材料燃烧性能分级方法》GB 8624关于A级材料的要求,从而保证整个墙体能够达到本规范规定的燃烧性能。《建筑设计防火规范》GBJ 16—87对四级耐火等级建筑物的最高层数和防火分区最大允许建筑面积都作了相关规定,并且其构件的耐火极限要求相对较低,所以本条允许其墙面材料的燃烧性能为B₁级。

4.5.3 为了保证整个墙体体系的防火性能,本技术规范规定其填充材料必须是不燃材料,如岩棉、矿棉。

4.6 墙面材料

4.6.1 纸面石膏板常用的规格有以下几种:
纸面石膏板厚度分为:9.5mm、12mm、15mm、18mm;
纸面石膏板长度分为:1.8m、2.1m、2.4m、2.7m、3.0m、3.3m、3.6m;
纸面石膏板宽度分为:900mm、1200mm。

5 墙体设计

5.1 设计的基本要求

5.1.1 对木骨架组合墙体用作内、外墙时各种功能要求作出规定,设计人员在设计时,应满足这些功能要求。

5.1.2~5.1.4 木骨架组合墙体的功能,除承受荷载外,主要是保温隔热、隔声和防火功能,根据功能的具体要求,分别分为4级、7级和4级,这里是原则的提示,具体要求见后面各节。

5.1.5 对分户墙及房间隔墙的设计步骤,作出明确规定,指导设计人员设计,不致漏项。

5.1.6 对外墙的设计步骤,作出明确规定,指导设计人员设计,不致漏项。

5.2 木骨架结构设计

5.2.1 本条规定的木骨架在静力荷载及风载作用下,设计应遵守的基本原则和步骤,这些规定与现行国家标准《木结构设计规范》GB 50005是一致的。

5.2.2 这是对垂直于墙平面的均匀水平地震作用标准值作出的规定,主要用于外墙,这条基本与现行国家标准《玻璃幕墙工程技术规范》JGJ 102相关规定一致。

5.3 连接设计

5.3.1 木骨架是木骨架组合墙体的主要受力构件,因此木骨架构件之间及木骨架组合墙体与主体结构之间的连接承载能力应满足使用要求。

5.3.2 木骨架布置形式以竖立布置为主,竖立布置的木骨架将所受荷载传递至上、下边框，上、下边框成为主要受力边，因此，墙体与主体结构的连接方式，应以上下边连接方式为主；当外墙高度大于3m时，由于所受风荷载较大，规范规定应采用四边连接方式，即通过侧边木骨架分担部分墙面荷载，以减小上、下边框的受力。

5.3.3 分户墙及房间隔墙一般情况下主要承受重力荷载、地震荷载作用，由于所受荷载较小，通常按构造进行连接设计即可满足要求。

5.3.5 木骨架构件之间的直钉连接通常在墙体预制情况下采用和用于木骨架内部节点；而斜钉连接常用于现场施工连接。

5.3.6 在木骨架上预先钻设导孔，是防止连接件钉入木骨架时造成木材开裂。

5.3.11 有关墙体细部构造是参照北欧有关标准的构造规定而确定的。外墙直角的保护也可采用金属、木材、塑料或其他加强材料。

5.4 建筑热工与节能设计

5.4.1 我国已经编制了北方严寒和寒冷地区、夏热冬冷地区和南方夏热冬暖地区的居住建筑节能设计标准，并已先后发布实施。公共建筑节能设计标准也即将颁布。以上节能标准对建筑围护结构建筑热工指标作了明确的规定，因此，木骨架组合墙体作为一种不同形式的建筑围护结构，也应遵守国家有关建筑节能相关标准的规定。

5.4.2 我国幅员辽阔，地形复杂，各地气候差异很大。为了建筑物适应各地不同的气候条件，在进行建筑的节能设计时，应根据建筑物所处城市的建筑气候分区和5.4.1条中相关标准，确定建筑围护结构合理的热工性能参数，为了使设计人员在设计中更为方便、简单，因而把木骨架组合外墙墙体，按表5.4.2-1、5.4.2-2分为5级，供设计人员选择。

5.4.3 木骨架组合墙体的外墙体保温隔热材料不能满填整个木骨架空间时，在墙体内保温隔热材料与空气间层之间，由于受温度梯度分布影响，将产生空气和蒸汽渗透迁移现象，对保温隔热材料这种比较疏松多孔材料的防潮作用和保温隔热性能有较大的影响。空气间层中的空气在保温隔热材料中渗入渗出，直接带走了热量，在渗入渗出的线路上的空气升温降湿和降温升湿，会使某些部位保温隔热材料受潮甚至产生凝结，使材料的热绝缘性降低。因此，在保温隔热材料与空气间层之间应设允许蒸汽渗透，不允许空气渗透的隔空气膜层，能有效地防止空气的渗透，又可让水蒸气渗透扩散，从而保证了墙体内部保温隔热材料不受潮，保持其热绝缘性。

5.4.4 当建筑围护结构内、外表面出现温差时，建筑围护结构内部的湿度将会重新分布，温度较高的部位有较高的水蒸气压，这个压力梯度会使水蒸气向温度低的方向迁移。同时，在温度较低的区域材料有较大的平衡湿度，在围护结构中将出现平衡湿度的梯度，湿度迁移的方向从低温指向高温，表明液态水将会从低温侧向高温方向迁移，大量的理论和实验研究以及工程实践都表明，这是建筑热工领域中建筑围护结构热湿迁移的基本理论。

在建筑热工工程应用领域，利用在围护结构中出现温度梯度的条件下，湿平衡使高温方向的水蒸气与低温方向的液态水进行反向迁移，使高温方向的水蒸气重湿度和低温方向的液态水重湿度都有减少的趋势这一原理，在建筑围护结构的低温侧设空气间层，切断了保温材料层与其他材料层的联系，也斩断了液态水的通路。相应空气间层的高温侧所形成的相对湿度较低的空气边界环境，可干燥它所接触的保温材料，所以木骨架组合墙体的外墙体空气间层应布置在建筑围护结构的低温侧。

5.4.5 在木骨架组合墙体外墙的外饰面层宜设防水、透气的挡风防潮纸的主要原因是：

1 因外墙面材料主要为纸面石膏板，设挡风防潮纸可防止外墙表面受雨、雪等侵蚀受潮。

2 由于冬季木骨架组合墙体的外墙在室内温度大于室外气温时，墙体内水蒸气将从室内水蒸气分压高的高温侧向室外水蒸气分压低的低温侧迁移，在木骨架组合墙体外墙的外饰面层设透气的挡风防潮纸来允许渗透，使墙体内水蒸气在保温隔热材料层不产生积累，防止结露，从而保证了墙体内保温隔热材料的热绝缘性。

5.4.6 由于木骨架组合外墙内填充的是保温隔热材料，为了防止蒸汽渗透在墙体保温隔热材料内部产生凝结，使保温材料或墙体受潮，因此，高温侧应设隔汽层。

5.4.7 木骨架组合外墙是装配式建筑围护结构，为了防止墙体出现施工所产生的间隙、孔洞，防止室外空气渗透，使墙体保温隔热材料内部产生凝结，墙体受潮，影响墙体的保温隔热性能和质量从而增加建筑能耗，本条对之作出了相关的条文规定。

5.5 隔 声 设 计

5.5.1 木骨架组合墙体是轻质围护结构，这些墙体的面密度较小，根据围护结构隔声质量定律，它们的隔声性能较差，难以满足隔声的要求。为了保证建筑的物理环境质量，隔声设计也就显得很重要，因此，本标准必须考虑建筑的隔声设计。

5.5.2 为了在设计过程中比较方便、简单地选择木骨架组合墙体的隔声性能，使条文具有可操作性，根据木骨架组合墙体不同构造形式的隔声性能，将木骨架组合墙体隔声性能按表5.5.2-1分为7级，从25dB至55dB每5dB为一个级差，基本能满足本规范所适用范围的建筑不同围护结构隔声的要求。表6为几种墙体隔声性能和构造措施参考表，设计时按照现行国家标准《民用建筑隔声设计规范》GBJ 118的规定，根据建筑的不同功能要求，选择围护结构的不同隔声级别。

表6 几种墙体隔声性能和构造措施

隔声级别	计权隔声量指标(dB)	构造措施
I$_n$	≥55	1. M140 双面双层板（填充保温材料140mm）； 2. 双排 M65 墙骨柱（每侧墙骨柱之间填充保温材料65mm，两排墙骨柱间距25mm，双面双层板）
II$_n$	≥50	M115 双面双层板（填充保温材料115mm）
III$_n$	≥45	M115 双面单层板（填充保温材料115mm）
IV$_n$	≥40	M90 双面双层板（填充保温材料90mm）
V$_n$	≥35	1. M65 双面单层板（填充保温材料65mm）； 2. M45 双面双层板（填充保温材料45mm）
VI$_n$	≥30	1. M45 双面单层板（填充保温材料45mm）； 2. M45 双面双层板
VII$_n$	≥25	M45 双面单层板

注：表中 M 表示木骨架立柱高度，单位为 mm。

5.5.3、5.5.4 设备管道穿越墙体或布置有设备管道、安装电源盒、通风换气等设备开孔时，会使墙体出现施工所产生的间隙、孔洞，设备、管道运行所产生的噪声，将直接影响墙体的隔声性能，为了保证建筑的声环境质量，使墙体的隔声指标真正达到国家设计标准的要求，必须对管道穿越空隙以及墙与墙连接部位的接缝间隙进行建筑隔声处理，对设备管道应设有相应的防振、隔噪声措施。

5.6 防 火 设 计

5.6.1 考虑到木骨架组合墙体很难达到国家现行标准《建筑设计防火规范》GBJ 16 规定的不燃烧体，所以本技术规范除了对该墙体的适用范围作了限制外，还对采用该墙体的建筑物层数和高度作了限制。本条的部分内容是依据《高层民用建筑设计防火规范》GB 50045—95 中的有关条款制定的。

5.6.2、5.6.3 第5.6.2条只对木骨架组合墙体的耐火极限作出了规定。因为本墙体最多只能做到难燃烧体，所以在表 5.6.2 和表 5.6.3 中没有重复。根据《建筑设计防火规范》GBJ 16—87（2001 年版）表 2.0.1 的规定，一、二、三级耐火等级建筑物的非承重外墙和一、二级耐火等级建筑物的房间隔墙都必须是不燃烧体，但鉴于本墙体无法达到不燃烧体标准，所以表 5.6.2 中对该墙体的燃烧性能适当放松，但严格限制其适用范围，以保证整个建筑物的安全性。同时，表 5.6.3 还对该类墙体的覆面材料作了更细化的规定。

因为一级耐火等级的工业、办公建筑物对防火的要求相对较高，所以表 5.6.2 的注将该类建筑物内房间隔墙的耐火极限提高了 0.25h，以保证该类建筑物的防火安全。

5.6.4 本条是为了保证整个墙体的防火性能，防止火灾从一个空间穿过管道孔洞或管线传播到其他空间。

5.6.5 本条对石膏板的安装作了详细规定。墙体的防火性能取决于多方面的因素，如石膏板的层数、石膏板的类型、质量和石膏板的安装方法以及填充岩棉的质量和方法等。

5.7 墙面设计

5.7.4 有关墙面板固定的构造要求是研究和吸收北欧相关标准的构造措施后，作出的规定。

5.9 特殊部位设计

5.9.1 电源插座盒与墙面板之间采用石膏抹灰并密封，其目的是为了隔声。

5.9.2 对于隔声要求大于 50dB 的隔墙，如果在墙板上开孔穿管，所形成的间隙即使采用密封胶密封，墙体隔声也难于满足大于 50dB 的要求，因此，对于隔声要求大于 50dB 的隔墙不允许开孔穿过设备管线。

5.9.3 悬挂物固定方式是参照北欧有关标准参数而确定。

6 施工和生产

6.2 施工要求

6.2.6 经切割过的纸面石膏板的直角边，安装前应将切割边倒角并打光，以备密封，如图 7 所示。

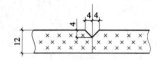

图 7 纸面石膏板的倒角

外墙面板的下端面与建筑物构件表面间应留有 10～20mm 的缝隙，以便外墙体通风、水汽出入，防止墙体内部材料受潮变形。

外墙面板在存放和施工中严禁与水接触或受潮，这一点很重要，必须十分注意。

7 质量和验收

7.1 质量要求

7.1.1 木骨架组合墙体的质量要求都作出了明确的数量指标，以便作为工程质量与验收的依据。

7.1.4 木骨架组合墙体的主要性能指标应在工程施工前所做的样品试验测试时提供可靠的检测报告，以备工程验收时参考。故各地区采用木骨架组合墙体时，必须根据当地的气候条件和建筑要求标准，设计适当的墙体厚度，特别是保温隔热层厚度，选择经济合理的设计方案，以满足建筑节能、隔声和防火要求。

7.3 工程验收

7.3.2 本条款列出的应提交的工程验收资料是木骨架组合墙体工程验收时必不可少的。但在实际操作中，墙体的验收可能与整个建筑工程一起进行，其应提交的技术文件、报告、记录等可一起提交，以备建筑工程统一验收时使用。

8 维护管理

8.1 一般规定

8.1.1 为了使木骨架组合墙体在使用过程中能达到和保持设计要求的预定功能，保证墙体的安全使用，要求墙体承包商向业主提供《木骨架组合墙体使用维护说明书》，其目的的主要是让业主清楚地了解该墙体的有关性能和指标参数，能做到正确使用和进行一般的维护。

8.2 检查与维修

8.2.2 一般情况下，木骨架组合墙体在工程竣工使用一年后，墙体采用的材料和配件的一些缺陷均有不同程度的暴露，这时，应对木骨架组合墙体进行一次全面检查和维护。此后，业主或物业管理部门应根据当地气候特点，在容易对木骨架组合墙体造成破坏的雪季、雨季和风季前后，每 5 年进行一次日常检查。日常检查和维护一般由业主或物业管理部门自行组织实施。

中华人民共和国国家标准

住宅建筑规范

Residential building code

GB 50368-2005

主编部门：中华人民共和国建设部
批准部门：中华人民共和国建设部
施行日期：2 0 0 6 年 3 月 1 日

中华人民共和国建设部
公 告

第 385 号

建设部关于发布国家标准
《住宅建筑规范》的公告

现批准《住宅建筑规范》为国家标准，编号为 GB 50368-2005，自 2006 年 3 月 1 日起实施。本规范全部条文为强制性条文，必须严格执行。

本规范由建设部标准定额研究所组织中国建筑工业出版社出版发行。

中华人民共和国建设部
2005 年 11 月 30 日

前　言

本规范根据建设部建标函〔2005〕84 号（关于印发《2005年工程建设标准规范制订、修订计划（第一批）》的通知）的要求，由中国建筑科学研究院会同有关单位编制而成。

本规范是主要依据现行相关标准，总结近年来我国城镇住宅建设、使用和维护的实践经验和研究成果，参照发达国家通行做法制定的第一部以功能和性能要求为基础的全文强制的标准。

在编制过程中，广泛地征求了有关方面的意见，对主要问题进行了专题论证，对具体内容进行了反复讨论、协调和修改，并经审查定稿。

本规范的主要内容有：总则、术语、基本规定、外部环境、建筑、结构、室内环境、设备、防火与疏散、节能、使用与维护。

本规范由建设部负责管理和解释，由中国建筑科学研究院负责具体技术内容的解释。请各单位在执行过程中，总结实践经验，积累资料，随时将有关意见和建议反馈给中国建筑科学研究院（地址：北京市北三环东路 30 号；邮政编码：100013；E-mail：

buildingcode @vip. sina. com）。

本规范主编单位：中国建筑科学研究院
参　加　单　位：中国建筑设计研究院
　　　　　　　　中国城市规划设计研究院
　　　　　　　　建设部标准定额研究所
　　　　　　　　建设部住宅产业化促进中心
　　　　　　　　公安部消防局
本规范主要起草人：袁振隆　王有为　童悦仲　林建平
　　　　　　　　涂英时　陈国义
　　　　　　　　（以下按姓氏笔画排列）
　　　　　　　　王玮华　刘文利　孙成群　张　播
　　　　　　　　李引擎　李娥飞　沈　纹　林海燕
　　　　　　　　林常青　郎四维　洪泰杓　胡荣国
　　　　　　　　赵文凯　赵　锂　梁　锋　黄小坤
　　　　　　　　曾　捷　程志军

目　次

14

1 总　则

1.0.1 为贯彻执行国家技术经济政策，推进可持续发展，规范住宅的基本功能和性能要求，依据有关法律、法规，制定本规范。

1.0.2 本规范适用于城镇住宅的建设、使用和维护。

1.0.3 住宅建设应因地制宜、节约资源、保护环境，做到适用、经济、美观，符合节能、节地、节水、节材的要求。

1.0.4 本规范的规定为对住宅的基本要求。当与法律、行政法规的规定抵触时，应按法律、行政法规的规定执行。

1.0.5 住宅的建设、使用和维护，尚应符合经国家批准或备案的有关标准的规定。

2 术　语

2.0.1 住宅建筑 residential building
供家庭居住使用的建筑（含与其他功能空间处于同一建筑中的住宅部分），简称住宅。

2.0.2 老年人住宅 house for the aged
供以老年人为核心的家庭居住使用的专用住宅。老年人住宅以套为单位，普通住宅楼栋中可设置若干套老年人住宅。

2.0.3 住宅单元 residential building unit
由多套住宅组成的建筑部分，该部分内的住户可通过共用楼梯和安全出口进行疏散。

2.0.4 套 dwelling space
由使用面积、居住空间组成的基本住宅单位。

2.0.5 无障碍通路 barrier-free passage
住宅外部的道路、绿地与公共服务设施等用地内的适合老年人、体弱者、残疾人、轮椅及童车等通行的交通设施。

2.0.6 绿地 green space
居住用地内公共绿地、宅旁绿地、公共服务设施所属绿地和道路绿地（即道路红线内的绿地）等各种形式绿地的总称，包括满足当地植树绿化覆土要求、方便居民出入的地下或半地下建筑的屋顶绿地，不包括其他屋顶、晒台的绿地及垂直绿化。

2.0.7 公共绿地 public green space
满足规定的日照要求、适合于安排游憩活动设施的、供居民共享的集中绿地。

2.0.8 绿地率 greening rate
居住用地内各类绿地面积的总和与用地面积的比率（%）。

2.0.9 入口平台 entrance platform
在台阶或坡道与建筑入口之间的水平地面。

2.0.10 无障碍住房 barrier-free residence
在住宅建筑中，设有乘轮椅者可进入和使用的住宅套房。

2.0.11 轮椅坡道 ramp for wheelchair
坡度、宽度及地面、扶手、高度等方面符合乘轮椅者通行要求的坡道。

2.0.12 地下室 basement
房间地面低于室外地平面的高度超过该房间净高的1/2者。

2.0.13 半地下室 semi-basement
房间地面低于室外地平面的高度超过该房间净高的1/3，且不超过1/2者。

2.0.14 设计使用年限 design working life
设计规定的结构或结构构件不需进行大修即可按其预定目的使用的时期。

2.0.15 作用 action
引起结构或结构构件产生内力和变形效应的原因。

2.0.16 非结构构件 non-structural element
连接于建筑结构的建筑构件、机电部件及其系统。

3 基本规定

3.1 住宅基本要求

3.1.1 住宅建设应符合城市规划要求，保障居民的基本生活条件和环境，经济、合理、有效地使用土地和空间。

3.1.2 住宅选址时应考虑噪声、有害物质、电磁辐射和工程地质灾害、水文地质灾害等的不利影响。

3.1.3 住宅应具有与其居住人口规模相适应的公共服务设施、道路和公共绿地。

3.1.4 住宅应按套型设计，套内空间和设施应能满足安全、舒适、卫生等生活起居的基本要求。

3.1.5 住宅结构在规定的设计使用年限内必须具有足够的可靠性。

3.1.6 住宅应具有防火安全性能。

3.1.7 住宅应具备在紧急事态时人员从建筑中安全撤出的功能。

3.1.8 住宅应满足人体健康所需的通风、日照、自然采光和隔声要求。

3.1.9 住宅建设的选材应避免造成环境污染。

3.1.10 住宅必须进行节能设计，且住宅及其室内设备应能有效利用能源和水资源。

3.1.11 住宅建设应符合无障碍设计原则。

3.1.12 住宅应采取防止外窗玻璃、外墙装饰及其他附属设施等坠落或坠落伤人的措施。

3.2 许可原则

3.2.1 住宅建设必须采用质量合格并符合要求的材料与设备。

3.2.2 当住宅建设采用不符合工程建设强制性标准的新技术、

新工艺、新材料时，必须经相关程序核准。

3.2.3 未经技术鉴定和设计认可，不得拆改结构构件和进行加层改造。

3.3 既 有 住 宅

3.3.1 既有住宅达到设计使用年限或遭遇重大灾害后，需要继续使用时，应委托具有相应资质的机构鉴定，并根据鉴定结论进行处理。

3.3.2 既有住宅进行改造、改建时，应综合考虑节能、防火、抗震的要求。

4 外 部 环 境

4.1 相 邻 关 系

4.1.1 住宅间距，应以满足日照要求为基础，综合考虑采光、通风、消防、防灾、管线埋设、视觉卫生等要求确定。住宅日照标准应符合表4.1.1的规定；对于特定情况还应符合下列规定：

　　1 老年人住宅不应低于冬至日日照2h的标准；

　　2 旧区改建的项目内新建住宅日照标准可酌情降低，但不应低于大寒日日照1h的标准。

表 4.1.1　住宅建筑日照标准

建筑气候区划	Ⅰ、Ⅱ、Ⅲ、Ⅶ气候区		Ⅳ气候区		Ⅴ、Ⅵ气候区
	大城市	中小城市	大城市	中小城市	
日照标准日	大寒日				冬至日
日照时数（h）	≥2		≥3		≥1
有效日照时间带（h）（当地真太阳时）	8～16				9～15
日照时间计算起点	底层窗台面				

注：底层窗台面是指距室内地坪0.9m高的外墙位置。

4.1.2 住宅至道路边缘的最小距离，应符合表4.1.2的规定。

表 4.1.2　住宅至道路边缘最小距离（m）

路面宽度 与住宅距离		<6m	6～9m	>9m
住宅面向道路	无出入口　高层	2	3	5
	多层	2	3	3
	有出入口	2.5	5	—

续表 4.1.2

路面宽度 与住宅距离		<6m	6～9m	>9m
住宅山墙面向道路	高层	1.5	2	4
	多层	1.5	2	2

注：1　当道路设有人行便道时，其路边缘指便道线；
　　2　表中"—"表示住宅不应向路面宽度大于9m的道路开设出入口。

4.1.3 住宅周边设置的各类管线不应影响住宅的安全，并应防止管线腐蚀、沉陷、振动及受重压。

4.2 公共服务设施

4.2.1 配套公共服务设施（配套公建）应包括：教育、医疗卫生、文化、体育、商业服务、金融邮电、社区服务、市政公用和行政管理等9类设施。

4.2.2 配套公建的项目与规模，必须与居住人口规模相对应，并应与住宅同步规划、同步建设、同期交付。

4.3 道 路 交 通

4.3.1 每个住宅单元至少应有一个出入口可以通达机动车。

4.3.2 道路设置应符合下列规定：

　　1 双车道道路的路面宽度不应小于6m；宅前路的路面宽度不应小于2.5m；

　　2 当尽端式道路的长度大于120m时，应在尽端设置不小于12m×12m的回车场地；

　　3 当主要道路坡度较大时，应设缓冲段与城市道路相接；

　　4 在抗震设防地区，道路交通应考虑减灾、救灾的要求。

4.3.3 无障碍通路应贯通，并应符合下列规定：

　　1 坡道的坡度应符合表4.3.3的规定。

表 4.3.3　坡道的坡度

高度（m）	1.50	1.00	0.75
坡度	≤1:20	≤1:16	≤1:12

　　2 人行道在交叉路口、街坊路口、广场入口处应设缘石坡道，其坡面应平整，且不应光滑。坡度应小于1:20，坡宽应大于1.2m。

　　3 通行轮椅车的坡道宽度不应小于1.5m。

4.3.4 居住用地内应配套设置居民自行车、汽车的停车场地或停车库。

4.4 室 外 环 境

4.4.1 新区的绿地率不应低于30%。

4.4.2 公共绿地总指标不应少于1m²/人。

4.4.3 人工景观水体的补充水严禁使用自来水。无护栏水体的近岸2m范围内及园桥、汀步附近2m范围内，水深不应大于0.5m。

4.4.4 受噪声影响的住宅周边应采取防噪措施。

4.5 竖 向

4.5.1 地面水的排水系统，应根据地形特点设计，地面排水坡度不应小于0.2%。

4.5.2 住宅用地的防护工程设置应符合下列规定：

　　1 台阶式用地的台阶之间应用护坡或挡土墙连接，相邻台地间高差大于1.5m时，应在挡土墙或坡比值大于0.5的护坡顶面加设安全防护设施；

　　2 土质护坡的坡比值不应大于0.5；

　　3 高度大于2m的挡土墙和护坡的上缘与住宅间水平距离不应小于3m，其下缘与住宅间的水平距离不应小于2m。

5 建　筑

5.1 套内空间

5.1.1 每套住宅应设卧室、起居室（厅）、厨房和卫生间等基本空间。

5.1.2 厨房应设置炉灶、洗涤池、案台、排油烟机等设施或预留位置。

5.1.3 卫生间不应直接布置在下层住户的卧室、起居室（厅）、厨房、餐厅的上层。卫生间地面和局部墙面应有防水构造。

5.1.4 卫生间应设置便器、洗浴器、洗面器等设施或预留位置；布置便器的卫生间的门不应直接开在厨房内。

5.1.5 外窗窗台距楼面、地面的净高低于 0.90m 时，应有防护设施。六层及六层以下住宅的阳台栏杆净高不应低于 1.05m，七层及七层以上住宅的阳台栏杆净高不应低于 1.10m。阳台栏杆应有防护措施。防护栏杆的垂直杆件间净距不应大于 0.11m。

5.1.6 卧室、起居室（厅）的室内净高不应低于 2.40m，局部净高不应低于 2.10m，局部净高的面积不应大于室内使用面积的 1/3。利用坡屋顶内空间作卧室、起居室（厅）时，其 1/2 使用面积的室内净高不应低于 2.10m。

5.1.7 阳台地面构造应有排水措施。

5.2 公共部分

5.2.1 走廊和公共部位通道的净宽不应小于 1.20m，局部净高不应低于 2.00m。

5.2.2 外廊、内天井及上人屋面等临空处栏杆净高，六层及六层以下不应低于 1.05m；七层及七层以上不应低于 1.10m。栏杆应防止攀登，垂直杆件间净距不应大于 0.11m。

5.2.3 楼梯梯段净宽不应小于 1.10m。六层及六层以下住宅，一边设有栏杆的梯段净宽不应小于 1.00m。楼梯踏步宽度不应小于 0.26m，踏步高度不应大于 0.175m。扶手高度不应小于 0.90m。楼梯水平段栏杆长度大于 0.50m 时，其扶手高度不应小于 1.05m。楼梯栏杆垂直杆件间净距不应大于 0.11m。楼梯井净宽大于 0.11m 时，必须采取防止儿童攀滑的措施。

5.2.4 住宅与附建公共用房的出入口应分开布置。住宅的公共出入口位于阳台、外廊及开敞楼梯平台的下部时，应采取防止物体坠落伤人的安全措施。

5.2.5 七层以及七层以上的住宅或住户入口层楼面距室外设计地面的高度超过 16m 以上的住宅必须设置电梯。

5.2.6 住宅建筑中设有管理人员室时，应设管理人员使用的卫生间。

5.3 无障碍要求

5.3.1 七层及七层以上的住宅，应对下列部位进行无障碍设计：

1 建筑入口；

2 入口平台；

3 候梯厅；

4 公共走道；

5 无障碍住房。

5.3.2 建筑入口及入口平台的无障碍设计应符合下列规定：

1 建筑入口设台阶时，应设轮椅坡道和扶手；

2 坡道的坡度应符合表 5.3.2 的规定；

表 5.3.2　坡道的坡度

高度（m）	1.00	0.75	0.60	0.35
坡度	≤1∶16	≤1∶12	≤1∶10	≤1∶8

3 供轮椅通行的门净宽不应小于 0.80m；

4 供轮椅通行的推拉门和平开门，在门把手一侧的墙面，应留有不小于 0.50m 的墙面宽度；

5 供轮椅通行的门扇，应安装视线观察玻璃、横执把手和关门拉手，在门扇的下方应安装高 0.35m 的护门板；

6 门槛高度及门内外地面高差不应大于 15mm，并应以斜坡过渡。

5.3.3 七层及七层以上住宅建筑入口平台宽度不应小于 2.00m。

5.3.4 供轮椅通行的走道和通道净宽不应小于 1.20m。

5.4 地下室

5.4.1 住宅的卧室、起居室（厅）、厨房不应布置在地下室。当布置在半地下室时，必须采取采光、通风、日照、防潮、排水及安全防护措施。

5.4.2 住宅地下机动车库应符合下列规定：

1 库内坡道严禁将宽的单车道兼作双车道。

2 库内不应设置修理车位，并不应设置使用或存放易燃、易爆物品的房间。

3 库内车道净高不应低于 2.20m。车位净高不应低于 2.00m。

4 库内直通住宅单元的楼（电）梯间应设门，严禁利用楼（电）梯间进行自然通风。

5.4.3 住宅地下自行车库净高不应低于 2.00m。

5.4.4 住宅地下室应采取有效防水措施。

6 结　构

6.1 一般规定

6.1.1 住宅结构的设计使用年限不应少于 50 年，其安全等级不应低于二级。

6.1.2 抗震设防烈度为 6 度及以上地区的住宅结构必须进行抗震设计，其抗震设防类别不应低于丙类。

6.1.3 住宅结构设计应取得合格的岩土工程勘察文件。对不利地段，应提出避开要求或采取有效措施；严禁在抗震危险地段建造住宅建筑。

6.1.4 住宅结构应能承受在正常建造和正常使用过程中可能发生的各种作用和环境影响。在结构设计使用年限内，住宅结构和结构构件必须满足安全性、适用性和耐久性要求。

6.1.5 住宅结构不应产生影响结构安全的裂缝。

6.1.6 邻近住宅的永久性边坡的设计使用年限，不应低于受其影响的住宅结构的设计使用年限。

6.2 材　料

6.2.1 住宅结构材料应具有规定的物理、力学性能和耐久性能，并应符合节约资源和保护环境的原则。

6.2.2 住宅结构材料的强度标准值应具有不低于 95% 的保证率；抗震设防地区的住宅，其结构用钢材应符合抗震性能要求。

6.2.3 住宅结构用混凝土的强度等级不应低于 C20。

6.2.4 住宅结构用钢材应具有抗拉强度、屈服强度、伸长率和硫、磷含量的合格保证；对焊接钢结构用钢材，尚应具有碳含量、冷弯试验的合格保证。

6.2.5 住宅结构中承重砌体材料的强度应符合下列规定：

14

1 烧结普通砖、烧结多孔砖、蒸压灰砂砖、蒸压粉煤灰砖的强度等级不应低于 MU10；

2 混凝土砌块的强度等级不应低于 MU7.5；

3 砖砌体的砂浆强度等级，抗震设计时不应低于 M5；非抗震设计时，对低于五层的住宅不应低于 M2.5，对不低于五层的住宅不应低于 M5；

4 砌块砌体的砂浆强度等级，抗震设计时不应低于Mb7.5；非抗震设计时不应低于 Mb5。

6.2.6 木结构住宅中，承重木材的强度等级不应低于 TC11（针叶树种）或 TB11（阔叶树种），其设计指标应考虑含水率的不利影响；承重结构用胶的胶合强度不应低于木材顺纹抗剪强度和横纹抗拉强度。

6.3 地基基础

6.3.1 住宅应根据岩土工程勘察文件，综合考虑主体结构类型、地域特点、抗震设防烈度和施工条件等因素，进行地基基础设计。

6.3.2 住宅的地基基础应满足承载力和稳定性要求，地基变形应保证住宅的结构安全和正常使用。

6.3.3 基坑开挖及其支护应保证其自身及其周边环境的安全。

6.3.4 桩基础和经处理后的地基应进行承载力检验。

6.4 上部结构

6.4.1 住宅应避免因局部破坏而导致整个结构丧失承载能力和稳定性。抗震设防地区的住宅不应采用严重不规则的设计方案。

6.4.2 抗震设防地区的住宅，应进行结构、结构构件的抗震验算，并应根据结构材料、结构体系、房屋高度、抗震设防烈度、场地类别等因素，采取可靠的抗震措施。

6.4.3 住宅结构中，刚度和承载力有突变的部位，应采取可靠的加强措施。9 度抗震设防的住宅，不得采用错层结构、连体结构和带转换层的结构。

6.4.4 住宅的砌体结构，应采取有效的措施保证其整体性；在抗震设防地区尚应满足抗震性能要求。

6.4.5 底部框架、上部砌体结构住宅中，结构转换层的托墙梁、楼板以及紧邻转换层的竖向结构构件应采取可靠的加强措施；在抗震设防地区，底部框架不应超过 2 层，并应设置剪力墙。

6.4.6 住宅中的混凝土结构构件，其混凝土保护层厚度和配筋构造应满足受力性能和耐久性要求。

6.4.7 住宅的普通钢结构、轻型钢结构构件及其连接应采取有效的防火、防腐措施。

6.4.8 住宅木结构构件应采取有效的防火、防潮、防腐、防虫措施。

6.4.9 依附于住宅结构的围护结构和非结构构件，应采取与主体结构可靠的连接或锚固措施，并应满足安全性和适用性要求。

7 室内环境

7.1 噪声和隔声

7.1.1 住宅应在平面布置和建筑构造上采取防噪声措施。卧室、起居室在关窗状态下的白天允许噪声级为 50dB（A 声级），夜间允许噪声级为 40dB（A 声级）。

7.1.2 楼板的计权标准化撞击声压级不应大于 75dB。

应采取构造措施提高楼板的撞击声隔声性能。

7.1.3 空气声计权隔声量，楼板不应小于 40dB（分隔住宅和非居住用途空间的楼板不应小于 55dB），分户墙不应小于 40dB，外窗不应小于 30dB，户门不应小于 25dB。

应采取构造措施提高楼板、分户墙、外窗、户门的空气声隔声性能。

7.1.4 水、暖、电、气管线穿过楼板和墙体时，孔洞周边应采取密封隔声措施。

7.1.5 电梯不应与卧室、起居室紧邻布置。受条件限制需要紧邻布置时，必须采取有效的隔声和减振措施。

7.1.6 管道井、水泵房、风机房应采取有效的隔声措施，水泵、风机应采取减振措施。

7.2 日照、采光、照明和自然通风

7.2.1 住宅应充分利用外部环境提供的日照条件，每套住宅至少应有一个居住空间能获得冬季日照。

7.2.2 卧室、起居室（厅）、厨房应设置外窗，窗地面积比不应小于 1/7。

7.2.3 套内空间应能提供与其使用功能相适应的照度水平。套外的门厅、电梯前厅、走廊、楼梯的地面照度应能满足使用功能要求。

7.2.4 住宅应能自然通风，每套住宅的通风开口面积不应小于地面面积的 5%。

7.3 防 潮

7.3.1 住宅的屋面、外墙、外窗应能防止雨水和冰雪融化水侵入室内。

7.3.2 住宅屋面和外墙的内表面在室内温、湿度设计条件下不应出现结露。

7.4 空气污染

7.4.1 住宅室内空气污染物的活度和浓度应符合表 7.4.1 的规定。

表 7.4.1 住宅室内空气污染物限值

污染物名称	活度、浓度限值
氡	≤200Bq/m³
游离甲醛	≤0.08mg/m³
苯	≤0.09mg/m³
氨	≤0.2mg/m³
总挥发性有机化合物（TVOC）	≤0.5mg/m³

8 设 备

8.1 一般规定

8.1.1 住宅应设室内给水排水系统。

8.1.2 严寒地区和寒冷地区的住宅应设采暖设施。

8.1.3 住宅应设照明供电系统。

8.1.4 住宅的给水总立管、雨水立管、消防立管、采暖供回水总立管和电气、电信干线（管），不应布置在套内。公共功能的阀门、电气设备和用于总体调节和检修的部件，应设在共用部位。

8.1.5 住宅的水表、电能表、热量表和燃气表的设置应便于管理。

8.2 给水排水

8.2.1 生活给水系统和生活热水系统的水质、管道直饮水系统的水质和生活杂用水系统的水质均应符合使用要求。

8.2.2 生活给水系统应充分利用城镇给水管网的水压直接供水。

8.2.3 生活饮用水供水设施和管道的设置，应保证二次供水的使用要求。供水管道、阀门和配件应符合耐腐蚀和耐压的要求。

8.2.4 套内分户用水点的给水压力不应小于 0.05MPa，入户管的给水压力不应大于 0.35MPa。

8.2.5 采用集中热水供应系统的住宅，配水点的水温不应低于 45℃。

8.2.6 卫生器具和配件应采用节水型产品，不得使用一次冲水量大于 6L 的坐便器。

8.2.7 住宅厨房和卫生间的排水立管应分别设置。排水管道不得穿越卧室。

8.2.8 设有淋浴器和洗衣机的部位应设置地漏，其水封深度不得小于 50mm。构造内无存水弯的卫生器具与生活排水管道连接时，在排水口以下应设存水弯，其水封深度不得小于 50mm。

8.2.9 地下室、半地下室中卫生器具和地漏的排水管，不应与上部排水管连接。

8.2.10 适合建设中水设施和雨水利用设施的住宅，应按照当地的有关规定配套建设中水设施和雨水利用设施。

8.2.11 设有中水系统的住宅，必须采取确保使用、维修和防止误饮误用的安全措施。

8.3 采暖、通风与空调

8.3.1 集中采暖系统应采取分室（户）温度调节措施，并应设置分户（单元）计量装置或预留安装计量装置的位置。

8.3.2 设置集中采暖系统的住宅，室内采暖计算温度不应低于表 8.3.2 的规定：

表 8.3.2 采暖计算温度

空 间 类 别	采暖计算温度
卧室、起居室（厅）和卫生间	18℃
厨 房	15℃
设采暖的楼梯间和走廊	14℃

8.3.3 集中采暖系统应以热水为热媒，并应有可靠的水质保证措施。

8.3.4 采暖系统应没有冻结危险，并应有热膨胀补偿措施。

8.3.5 除电力充足和供电政策支持外，严寒地区和寒冷地区的住宅内不应采用直接电热采暖。

8.3.6 厨房和无外窗的卫生间应有通风措施，且应预留安装排风机的位置和条件。

8.3.7 当采用竖向通风道时，应采取防止支管回流和竖井泄漏的措施。

8.3.8 当选择水源热泵作为居住区或户用空调（热泵）机组的冷热源时，必须确保水源热泵系统的回灌水不破坏和不污染所使用的水资源。

8.4 燃 气

8.4.1 住宅应使用符合城镇燃气质量标准的可燃气体。

8.4.2 住宅内管道燃气的供气压力不应高于 0.2MPa。

8.4.3 住宅内各类用气设备应使用低压燃气，其入口压力必须控制在设备的允许压力波动范围内。

8.4.4 套内的燃气设备应设置在厨房或与厨房相连的阳台内。

8.4.5 住宅的地下室、半地下室内严禁设置液化石油气用气设备、管道和气瓶。十层及十层以上住宅内不得使用瓶装液化石油气。

8.4.6 住宅的地下室、半地下室内设置人工煤气、天然气用气设备时，必须采取安全措施。

8.4.7 住宅内燃气管道不得敷设在卧室、暖气沟、排烟道、垃圾道和电梯井内。

8.4.8 住宅内设置的燃气设备和管道，应满足与电气设备和相邻管道的净距要求。

8.4.9 住宅内各类用气设备排出的烟气必须排至室外。多台设备合用一个烟道时不得相互干扰。厨房燃具排气罩排出的油烟不得与热水器或采暖炉排烟合用一个烟道。

8.5 电 气

8.5.1 电气线路的选材、配线应与住宅的用电负荷相适应，并应符合安全和防火要求。

8.5.2 住宅供配电应采取措施防止因接地故障等引起的火灾。

8.5.3 当应急照明在采用节能自熄开关控制时，必须采取应急时自动点亮的措施。

8.5.4 每套住宅应设置电源总断路器，总断路器应采用可同时断开相线和中性线的开关电器。

8.5.5 住宅套内的电源插座与照明，应分路配电。安装在 1.8m 及以下的插座均应采用安全型插座。

8.5.6 住宅应根据防雷分类采取相应的防雷措施。

8.5.7 住宅配电系统的接地方式应可靠，并应进行总等电位联结。

8.5.8 防雷接地应与交流工作接地、安全保护接地等共用一组接地装置，接地装置应优先利用住宅建筑的自然接地体，接地装置的接地电阻值必须按接入设备中要求的最小值确定。

9 防火与疏散

9.1 一般规定

9.1.1 住宅建筑的周围环境应为灭火救援提供外部条件。

9.1.2 住宅建筑中相邻套房之间应采取防火分隔措施。

9.1.3 当住宅与其他功能空间处于同一建筑内时，住宅部分与非住宅部分之间应采取防火分隔措施，且住宅部分的安全出口和疏散楼梯应独立设置。

经营、存放和使用火灾危险性为甲、乙类物品的商店、作坊和储藏间，严禁附设在住宅建筑中。

9.1.4 住宅建筑的耐火性能、疏散条件和消防设施的设置应满足防火安全要求。

9.1.5 住宅建筑设备的设置和管线敷设应满足防火安全要求。

9.1.6 住宅建筑的防火与疏散要求应根据建筑层数、建筑面积等因素确定。

> 注：1 当住宅和其他功能空间处于同一建筑内时，应将住宅部分的层数与其他功能空间的层数叠加计算建筑层数。
>
> 2 当建筑中有一层或若干层的层高超过3m时，应对这些层按其高度总和除以3m进行层数折算，余数不足1.5m时，多出部分不计入建筑层数；余数大于或等于1.5m时，多出部分按1层计算。

9.2 耐火等级及其构件耐火极限

9.2.1 住宅建筑的耐火等级应划分为一、二、三、四级，其构件的燃烧性能和耐火极限不应低于表9.2.1的规定。

9.2.2 四级耐火等级的住宅建筑最多允许建造层数为3层，三级耐火等级的住宅建筑最多允许建造层数为9层，二级耐火等级的住宅建筑最多允许建造层数为18层。

表9.2.1 住宅建筑构件的燃烧性能和耐火极限（h）

构件名称		耐火等级			
		一级	二级	三级	四级
墙	防火墙	不燃性 3.00	不燃性 3.00	不燃性 3.00	不燃性 3.00
	非承重外墙、疏散走道两侧的隔墙	不燃性 1.00	不燃性 1.00	不燃性 0.75	难燃性 0.75
	楼梯间的墙、电梯井的墙、住宅单元之间的墙、住宅分户墙、承重墙	不燃性 2.00	不燃性 2.00	不燃性 1.50	难燃性 1.00
	房间隔墙	不燃性 0.75	不燃性 0.50	难燃性 0.50	难燃性 0.25
柱		不燃性 3.00	不燃性 2.50	不燃性 2.00	难燃性 1.00
梁		不燃性 2.00	不燃性 1.50	不燃性 1.00	难燃性 1.00
楼板		不燃性 1.50	不燃性 1.00	不燃性 0.75	难燃性 0.50
屋顶承重构件		不燃性 1.50	不燃性 1.00	难燃性 0.50	难燃性 0.25
疏散楼梯		不燃性 1.50	不燃性 1.00	不燃性 0.75	难燃性 0.50

> 注：表中的外墙指除外保温层外的主体构件。

9.3 防火间距

9.3.1 住宅建筑与相邻建筑、设施之间的防火间距应根据建筑的耐火等级、外墙的防火构造、灭火救援条件及设施的性质等因素确定。

9.3.2 住宅建筑与相邻民用建筑之间的防火间距应符合表

9.3.2的要求。当建筑相邻外墙采取必要的防火措施后，其防火间距可适当减少或贴邻。

表9.3.2 住宅建筑与相邻民用建筑之间的防火间距（m）

建筑类别			10层及10层以上住宅或其他高层民用建筑		10层以下住宅或其他非高层民用建筑		
			高层建筑	裙房	耐火等级		
					一、二级	三级	四级
10层以下住宅	耐火等级	一、二级	9	6	6	7	9
		三级	11	7	7	8	10
		四级	14	9	9	10	12
10层及10层以上住宅			13	9	9	11	14

9.4 防火构造

9.4.1 住宅建筑上下相邻套房开口部位间应设置高度不低于0.8m的窗槛墙或设置耐火极限不低于1.00h的不燃性实体挑檐，其出挑宽度不应小于0.5m，长度不应小于开口宽度。

9.4.2 楼梯间窗口与套房窗口最近边缘之间的水平间距不应小于1.0m。

9.4.3 住宅建筑中竖井的设置应符合下列要求：

1 电梯井应独立设置，井内严禁敷设燃气管道，并不应敷设与电梯无关的电缆、电线等。电梯井井壁上除开设电梯门洞和通气孔洞外，不应开设其他洞口。

2 电缆井、管道井、排烟道、排气道等竖井应分别独立设置，其井壁应采用耐火极限不低于1.00h的不燃性构件。

3 电缆井、管道井应在每层楼板处采用不低于楼板耐火极限的不燃性材料或防火封堵材料封堵；电缆井、管道井与房间、走道等相连通的孔洞，其空隙应采用防火封堵材料封堵。

4 电缆井和管道井设置在防烟楼梯间前室、合用前室时，其井壁上的检查门应采用丙级防火门。

9.4.4 当住宅建筑中的楼梯、电梯直通住宅楼层下部的汽车库时，楼梯、电梯在汽车库出入口部位应采取防火分隔措施。

9.5 安全疏散

9.5.1 住宅建筑应根据建筑的耐火等级、建筑层数、建筑面积、疏散距离等因素设置安全出口，并应符合下列要求：

1 10层以下的住宅建筑，当住宅单元任一层的建筑面积大于650㎡，或任一套房的户门至安全出口的距离大于15m时，该住宅单元每层的安全出口不应少于2个。

2 10层及10层以上但不超过18层的住宅建筑，当住宅单元任一层的建筑面积大于650㎡，或任一套房的户门至安全出口的距离大于10m时，该住宅单元每层的安全出口不应少于2个。

3 19层及19层以上的住宅建筑，每个住宅单元每层的安全出口不应少于2个。

4 安全出口应分散布置，两个安全出口之间的距离不应小于5m。

5 楼梯间及前室的门应向疏散方向开启；安装有门禁系统的住宅，应保证住宅直通室外的门在任何时候能从内部徒手开启。

9.5.2 每层有2个及2个以上安全出口的住宅单元，套房户门至最近安全出口的距离应根据建筑的耐火等级、楼梯间的形式和疏散方式确定。

9.5.3 住宅建筑的楼梯间形式应根据建筑形式、建筑层数、建筑面积以及套房户门的耐火等级等因素确定。在楼梯间的首层应设置直接对外的出口，或将对外出口设置在距离楼梯间不超过15m处。

9.5.4 住宅建筑楼梯间顶棚、墙面和地面均应采用不燃性材料。

表 10.2.2-1　冷水（热泵）机组制冷性能系数

9.6　消防给水与灭火设施

9.6.1　8 层及 8 层以上的住宅建筑应设置室内消防给水设施。

9.6.2　35 层及 35 层以上的住宅建筑应设置自动喷水灭火系统。

9.7　消防电气

9.7.1　10 层及 10 层以上住宅建筑的消防供电不应低于二级负荷要求。

9.7.2　35 层及 35 层以上的住宅建筑应设置火灾自动报警系统。

9.7.3　10 层及 10 层以上住宅建筑的楼梯间、电梯间及其前室应设置应急照明。

9.8　消防救援

9.8.1　10 层及 10 层以上的住宅建筑应设置环形消防车道，或至少沿建筑的一个长边设置消防车道。

9.8.2　供消防车取水的天然水源和消防水池应设置消防车道，并满足消防车的取水要求。

9.8.3　12 层及 12 层以上的住宅应设置消防电梯。

10　节　能

10.1　一般规定

10.1.1　住宅应通过合理选择建筑的体形、朝向和窗墙面积比，增强围护结构的保温、隔热性能，使用能效比高的采暖和空气调节设备和系统，采取室温调控和热量计量措施来降低采暖、空气调节能耗。

10.1.2　节能设计应采用规定性指标，或采用直接计算采暖、空气调节能耗的性能化方法。

10.1.3　住宅围护结构的构造应防止围护结构内部保温材料受潮。

10.1.4　住宅公共部位的照明应采用高效光源、高效灯具和节能控制措施。

10.1.5　住宅内使用的电梯、水泵、风机等设备应采取节电措施。

10.1.6　住宅的设计与建造应与地区气候相适应，充分利用自然通风和太阳能等可再生能源。

10.2　规定性指标

10.2.1　住宅节能设计的规定性指标主要包括：建筑物体形系数、窗墙面积比、各部分围护结构的传热系数、外窗遮阳系数等。各建筑热工设计分区的具体规定性指标应根据节能目标分别确定。

10.2.2　当采用冷水机组和单元式空气调节机作为集中式空气调节系统的冷源设备时，其性能系数、能效比不应低于表 10.2.2-1 和表 10.2.2-2 的规定值。

表 10.2.2-1　冷水（热泵）机组制冷性能系数

类　型		额定制冷量（kW）	性能系数（W/W）
水　冷	活塞式/涡旋式	<528	3.80
		528~1163	4.00
		>1163	4.20
	螺杆式	<528	4.10
		528~1163	4.30
		>1163	4.60
	离心式	<528	4.40
		528~1163	4.70
		>1163	5.10
风冷或蒸发冷却	活塞式/涡旋式	≤50	2.40
		>50	2.60
	螺杆式	≤50	2.60
		>50	2.80

表 10.2.2-2　单元式空气调节机能效比

类　型		能效比（W/W）
风冷式	不接风管	2.60
	接风管	2.30
水冷式	不接风管	3.00
	接风管	2.70

10.3　性能化设计

10.3.1　性能化设计应以采暖、空调能耗指标作为节能控制目标。

10.3.2　各建筑热工设计分区的控制目标限值应根据节能目标分别确定。

10.3.3　性能化设计的控制目标和计算方法应符合下列规定：

　　1　严寒、寒冷地区的住宅应以建筑物耗热量指标为控制目标。

　　建筑物耗热量指标的计算应包含围护结构的传热耗热量、空气渗透耗热量和建筑物内部得热量三个部分，计算所得的建筑物耗热量指标不应超过表 10.3.3-1 的规定。

表 10.3.3-1　建筑物耗热量指标（W/m²）

地名	耗热量指标	地名	耗热量指标	地名	耗热量指标	地名	耗热量指标	地名	耗热量指标
北京市	14.6	博克图	22.2	齐齐哈尔	21.9	新乡	20.1	西宁	20.9
天津市	14.5	二连浩特	21.9	富锦	22.0	洛阳	20.0	玛多	21.5
河北省		多伦	21.8	牡丹江	21.8	商丘	20.1	大柴旦	21.4
石家庄	20.3	白云鄂博	21.6	呼玛	22.7	开封	20.1	共和	21.1
张家口	21.1	辽宁省		佳木斯	21.9	四川省		格尔木	21.1
秦皇岛	20.8	沈阳	21.2	安达	22.0	阿坝	20.8	玉树	20.9
保定	20.5	丹东	20.9	伊春	22.4	甘孜	20.5	宁夏	
邯郸	20.6	大连	20.6	克山	22.3	康定	20.3	银川	21.0
唐山	20.8	阜新	21.6	江苏省		西藏		中宁	20.8
承德	21.0	抚顺	21.4	徐州	20.0	拉萨	20.2	固原	20.9
丰宁	21.2	朝阳	21.1	连云港	20.0	噶尔	21.2	石嘴山	21.0
山西省		本溪	21.2	宿迁	20.0	日喀则	20.4	新疆	
太原	20.8	锦州	21.0	淮阴	20.0	陕西省		乌鲁木齐	21.8
大同	21.1	鞍山	21.1	盐城	20.0	西安	20.2	塔城	21.4
长治	20.8	葫芦岛	21.0	山东省		榆林	21.0	哈密	21.3
阳泉	20.5	吉林省		济南	20.2	延安	20.7	伊宁	21.1
临汾	20.4	长春	21.7	青岛	20.2	宝鸡	20.1	喀什	20.7
晋城	20.4	吉林	21.8	烟台	20.2	甘肃省		富蕴	22.4
运城	20.3	延吉	21.5	德州	20.5	兰州	20.8	克拉玛依	21.8
内蒙古		通化	21.6	淄博	20.4	酒泉	21.0	吐鲁番	21.1
呼和浩特	21.3	双辽	21.6	兖州	20.4	敦煌	21.0	库车	20.9
锡林浩特	22.0	四平	21.6	潍坊	20.4	张掖	21.0	和田	20.7
海拉尔	22.6	白城	21.8	河南省		山丹	21.1		
通辽	21.6	黑龙江		郑州	20.0	平凉	20.6		
赤峰	21.3	哈尔滨	21.9	安阳	20.3	天水	20.3		
满洲里	22.4	嫩江	22.5	濮阳	20.3	青海省			

2 夏热冬冷地区的住宅应以建筑物采暖和空气调节年耗电量之和为控制目标。

建筑物采暖和空气调节年耗电量应采用动态逐时模拟方法在确定的条件下计算。计算条件应包括：

  1）居室室内冬、夏季的计算温度；

  2）典型气象年室外气象参数；

  3）采暖和空气调节的换气次数；

  4）采暖、空气调节设备的能效比；

  5）室内得热强度。

计算所得的采暖和空气调节年耗电量之和，不应超过表10.3.3-2按采暖度日数 HDD18 列出的采暖年耗电量和按空气调节度日数 CDD26 列出的空气调节年耗电量的限值之和。

表10.3.3-2 建筑物采暖年耗电量和空气调节年耗电量的限值

HDD18 (℃·d)	采暖年耗电量 E_h (kWh/m²)	CDD26 (℃·d)	空气调节年耗电量 E_c (kWh/m²)
800	10.1	25	13.7
900	13.4	50	15.6
1000	15.6	75	17.4
1100	17.8	100	19.3
1200	20.1	125	21.2
1300	22.3	150	23.0
1400	24.5	175	24.9
1500	26.7	200	26.8
1600	29.0	225	28.6
1700	31.2	250	30.5
1800	33.4	275	32.4
1900	35.7	300	34.2
2000	37.9		
2100	40.1		
2200	42.4		
2300	44.6		
2400	46.8		
2500	49.0		

3 夏热冬暖地区的住宅应以参照建筑的空气调节和采暖年耗电量为控制目标。

参照建筑和所设计住宅的空气调节和采暖年耗电量应采用动态逐时模拟方法在确定的条件下计算。计算条件应包括：

  1）居室室内冬、夏季的计算温度；

  2）典型气象年室外气象参数；

  3）采暖和空气调节的换气次数；

  4）采暖、空气调节设备的能效比。

参照建筑应按下列原则确定：

  1）参照建筑的建筑形状、大小和朝向均应与所设计住宅完全相同；

  2）参照建筑的开窗面积应与所设计住宅相同，但当所设计住宅的窗面积超过规定性指标时，参照建筑的窗面积应减小到符合规定性指标；

  3）参照建筑的外墙、屋顶和窗户的各项热工性能参数应符合规定性指标。

11 使用与维护

11.0.1 住宅应满足下列条件，方可交付用户使用：

  1 由建设单位组织设计、施工、工程监理等有关单位进行工程竣工验收，确认合格；取得当地规划、消防、人防等有关部门的认可文件或准许使用文件；在当地建设行政主管部门进行备案；

  2 小区道路畅通，已具备接通水、电、燃气、暖气的条件。

11.0.2 住宅应推行社会化、专业化的物业管理模式。建设单位应在住宅交付使用时，将完整的物业档案移交给物业管理企业，内容包括：

  1 竣工总平面图，单体建筑、结构、设备竣工图，配套设施和地下管网工程竣工图，以及相关的其他竣工验收资料；

  2 设施设备的安装、使用和维护保养等技术资料；

  3 工程质量保修文件和物业使用说明文件；

  4 物业管理所必需的其他资料。

物业管理企业在服务合同终止时，应将物业档案移交给业主委员会。

11.0.3 建设单位应在住宅交付用户使用时提供给用户《住宅使用说明书》和《住宅质量保证书》。

《住宅使用说明书》应当对住宅的结构、性能和各部位（部件）的类型、性能、标准等做出说明，提出使用注意事项。《住宅使用说明书》应附有《住宅品质状况表》，其中应注明是否已进行住宅性能认定，并应包括住宅的外部环境、建筑空间、建筑结构、室内环境、建筑设备、建筑防火和节能措施等基本信息和达标情况。

《住宅质量保证书》应当包括住宅在设计使用年限内和正常使用情况下各部位、部件的保修内容和保修期、用户报修的单位，以及答复和处理的时限等。

11.0.4 用户应正确使用住宅内电气、燃气、给水排水等设施，不得在楼面上堆放影响楼盖安全的重物，严禁未经设计确认和有关部门批准擅自改动承重结构、主要使用功能或建筑外观，不得拆改水、暖、电、燃气、通信等配套设施。

11.0.5 对公共门厅、公共走廊、公共楼梯间、外墙面、屋面等住宅的共用部位，用户不得自行拆改或占用。

11.0.6 住宅和居住区内按照规划建设的公共建筑和共用设施，不得擅自改变其用途。

11.0.7 物业管理企业应对住宅和相关场地进行日常保养、维修和管理；对各种共用设备和设施，应进行日常维护、按计划检修，并及时更新，保证正常运行。

11.0.8 必须保持消防设施完好和消防通道畅通。

中华人民共和国国家标准

住 宅 建 筑 规 范

GB 50368－2005

条 文 说 明

1 总 则

1.0.1～1.0.3 阐述制定本规范的目的、适用范围和住宅建设的基本原则。本规范适用于新建住宅的建设、建成之后的使用和维护及既有住宅的使用和维护。本规范重点突出了住宅建筑节能的技术要求。条文规定统筹考虑了维护公众利益、构建和谐社会等方面的要求。

1.0.4 本规范的规定为对住宅建筑的强制性要求。当本规范的规定与法律、行政法规的规定抵触时，应按法律、行政法规的规定执行。

1.0.5 本规范主要依据现行标准制定。本规范条文有些是现行标准的条文，有些是以现行标准条文为基础改写而成的，还有些是根据规范的系统性等需要新增的。本规范未对住宅的建设、使用和维护提出全面的、具体的要求。在住宅的建设、使用和维护过程中，尚应符合相关法律、法规和标准的要求。

3 基 本 规 定

3.1 住宅基本要求

3.1.1～3.1.12 提出了住宅在规划、选址、结构安全、火灾安全、使用安全、室内外环境、建筑节能、节水、无障碍设计等方面的基本要求，体现了以人为本和建设资源节约型、环境友好型社会的政策要求。

3.2 许 可 原 则

3.2.1 《建设工程勘察设计管理条例》（国务院令第293号）第二十七条规定：设计文件中选用的材料、构配件、设备，应当注明其规格、型号、性能等技术指标，其质量要求必须符合国家规定的标准。本条据此对住宅建设采用的材料和设备提出了要求。

3.2.2 依据《建设工程勘察设计管理条例》（国务院令第293号）第二十九条和"三新"核准行政许可，当工程建设采用不符合工程建设强制性标准的新技术、新工艺、新材料时，必须按照《"采用不符合工程建设强制性标准的新技术、新工艺、新材料核准"行政许可实施细则》（建标〔2005〕124号）的规定进行核准。

3.2.3 当需要对住宅建筑拆改结构构件或加层改造时，应经具有相应资质等级的检测、设计单位鉴定、校核后方可实施，以确保结构安全。

3.3 既 有 住 宅

3.3.1 住宅的设计使用年限一般为50年。当住宅达到设计使用年限并需要继续使用时，应对其进行鉴定，并根据鉴定结论作相应处理。重大灾害（如火灾、风灾、地震等）对住宅的结构安全和使用安全造成严重影响或潜在危害。遭遇重大灾害后的住宅需要继续使用时，也应进行鉴定，并做相应处理。

3.3.2 改造、改建既有住宅时，应结合现行建筑节能、防火、抗震方面的标准规定实施，使既有住宅逐步满足节能、火灾安全和抗震要求。

4 外 部 环 境

4.1 相 邻 关 系

4.1.1 本条根据国家标准《城市居住区规划设计规范》GB 50180-93（2002 年版）第 5.0.2 条制定。

住宅间距不但直接影响居住用地的建筑密度、开发强度和住宅室内外环境质量，更与人均建设用地指标及居民的阳光权益等密切相关，备受大众关注，是居住用地规划与建设中的关键性指标。根据国内外成熟经验，并结合我国实际情况，将住宅建筑日照标准（表 4.1.1）作为确定住宅间距的基本指标。相关研究证实，采用此基本指标是可行的。根据我国所处地理位置与气候状况，以及居住规划实践，除少数地区（如低于北纬 25°的地区）由于气候原因，与日照要求相比更侧重于通风和视觉卫生，尚需作补充规定外，大多数地区只要满足本标准要求，其他如通风等要求基本能达到。

由于老年人的生理机能、生活规律及其健康需求决定了其活动范围的局限性和对环境的特殊要求，故规定老年人住宅不应低于冬至日日照 2h 的标准。执行本条规定时不附带任何条件。

"旧区改建的项目内新建住宅日照标准可酌情降低"，系指在旧区改建时确实难以达到规定的标准时才能这样做，且仅适用于新建住宅本身。同时，为保障居民的切身利益，规定降低后的住宅日照标准不得低于大寒日日照 1h。

4.1.2 本条根据国家标准《城市居住区规划设计规范》GB 50180-93（2002 年版）第 8.0.5 制定。

为维护住宅建筑底层住户的私密性，保障过往行人和车辆的安全（不碰头、不被上部坠落物砸伤等），并利于工程管线的铺设，本条规定了住宅建筑至道路边缘应保持的最小距离。宽度大于 9m 的道路一般为城市道路，车流量较大，为此不允许住宅面向道路开设出入口。

4.1.3 本条根据国家标准《城市居住区规划设计规范》GB 50180-93（2002 年版）第 10.0.2 条制定。

管线综合规划是住宅建设中必不可少的组成部分。管线综合的目的就是在符合各种管线技术规范的前提下，解决诸管线之间或与建筑物、道路和绿地之间的矛盾，统筹安排好各自的空间，使之各得其所，并为各管线的设计、施工及管理提供良好条件。如果管线受腐蚀、沉陷、振动或受重压，不但使管线本身受到破坏，也将对住宅建筑的安全（如地基基础）和居住生活质量（如供水、供电）造成极不利的影响。为此，应处理好工程管线与建筑物之间、管线与管线之间的合理关系。

4.2 公共服务设施

4.2.1 本条根据国家标准《城市居住区规划设计规范》GB 50180-93（2002 年版）第 6.0.1 条制定。

居住用地配套公建是构成和提高住宅外部环境质量的重要组成部分。本条将原条文中的"文化体育设施"分列为"文化设施"和"体育设施"，目的是体现"开展大众体育，增强人民体质"的政策要求，适应人民群众日益增长的对相关体育设施的迫切需求。

4.2.2 本条根据国家标准《城市居住区规划设计规范》GB 50180-93（2002 年版）第 6.0.2 条制定。

对居住用地配套公建设置规模提出了"必须与人口规模相对应"的要求；考虑到入住者的生活需求，提出了配套公建"应与住宅同步规划、同步建设"的要求。同时，考虑到配套公建项目类别多样，主管和建设单位各异，要求同时投入使用有一定难度，为此，提出"应与住宅同期交付"的要求。配套公建项目设置方式应结合周边相关的城市设施统筹考虑。

4.3 道 路 交 通

4.3.1 国家标准《城市居住区规划设计规范》GB 50180-93（2002 年版）第 8.0.1 条中规定，小区道路适于消防车、救护车、商店货车和垃圾车等的通行，即要求做到适于机动车通行，但通行范围不够明确。

随着生活水平提高，老年人口增多，购物方式改变及居住密度增大，在实践中出现了很多诸如机动车能进入小区，但无法到达住宅单元的事例，对急救、消防及运输等造成不便，降低了居住的方便性、安全性，也损害了居住者的权益。为此，提出"每个住宅单元至少应有一个出入口可以通达机动车"的要求。执行本条规定时，为保障居民出入安全，应在住宅单元门前设置相应的缓冲地段，以利于各类车辆的临时停放且不影响居民出入。

4.3.2 本条根据国家标准《城市居住区规划设计规范》GB 50180-93（2002 年版）第 8 章的相关规定制定。

为保证各类车辆的顺利通行，规定了双车道和宅前路路面宽度，对尽端式道路、内外道路衔接和抗震设防地区道路设置提出了相应要求。因居住用地内道路往往也是工程管线埋设的通道，为此，道路设置还应满足管线埋设的要求。当宅前路有兼顾大货车、消防车通行的要求时，路面两边还应设置相应宽度的路肩。

4.3.3 本条根据行业标准《城市道路和建筑物无障碍设计规范》JGJ 50-2001 的相关规定制定。

无障碍通路对老年人、残疾人、儿童和体弱者的安全通行极其重要，是住宅功能的外部延伸，故住宅外部无障碍通路应贯通。无障碍坡道、人行道及通行轮椅车的坡道应满足相应要求。

4.3.4 本条根据国家标准《城市居住区规划设计规范》GB 50180-93（2002 年版）第 8.0.6 条制定，增加了自行车停车场地或停车库的要求。

自行车是常用的交通工具，具有轻便、灵活和经济的特点，且数量庞大。为此，本条提出居住用地应配置居民自行车停车场地或停车库的要求。执行本条时，尚应根据各城镇的经济发展水平、居民生活消费水平和居住用地的档次，合理确定机动车停车泊位、自行车停车位及其停车方式。

4.4 室 外 环 境

4.4.1 本条根据国家标准《城市居住区规划设计规范》GB 50180-93（2002 年版）第 7.0.1 条制定。

绿地率既是保证居住用地生态环境的主要指标，也是控制建筑密度的基本要求之一。为此，本条对新区的绿地率提出了要求。

4.4.2 本条根据国家标准《城市居住区规划设计规范》GB 50180-93（2002 年版）第 7.0.5 条制定。

居住用地中的公共绿地总指标，以人均面积表示。本条规定的公共绿地总指标与国家标准《城市居住区规划设计规范》GB 50180-93（2002 年版）中的小区级要求基本对应。

4.4.3 我国水资源总体贫乏，且分布不均衡，人均水资源占有量仅列世界第 88 位。目前，全国年缺水量约 400 亿立方米，用水形势相当严峻。为贯彻节水政策，杜绝不切实际地大量使用自来水作为人工景观水体补充水的不良行为，本条提出了"人工景观水体的补充水严禁使用自来水"的规定。常见的人工景观水体有人造水景的湖、小溪、瀑布及喷泉等，但属体育活动设施的游泳池不在此列。

为保障游人特别是儿童的安全，本条对无护栏的水体提出了相关要求。

4.4.4 噪声严重影响居民生活和环境质量，是目前备受各方关注的问题之一。对受噪声影响的住宅，应采取防噪措施，包括加强住宅窗户和围护结构的隔声性能，在住宅外部集中设置防噪装置等。

4.5 竖 向

4.5.1 本条根据国家标准《城市居住区规划设计规范》GB 50180-93（2002年版）第9.0.4条制定。

居住用地的排水系统如果规划不当，会造成地面积水，既污染环境，又使居民出行困难，还有可能造成地下室渗漏，并危及建筑地基基础的安全。为保证排水畅通，本条对地面排水坡度做出了规定。地面水的排水尚应符合国家标准《民用建筑设计通则》GB 50352-2005的相关规定。

4.5.2 本条根据行业标准《城市用地竖向规划规范》CJJ 83-99第5.0.3条、第9.0.3条制定。

本条提出了住宅用地的防护工程的相应控制指标，以确保建设基地内建筑物、构筑物、人、车以及防护工程自身的安全。

5 建 筑

5.1 套内空间

5.1.1 本条根据国家标准《住宅设计规范》GB 50096-1999（2003年版）第3.1.1条制定。明确要求每套住宅至少应设卧室、起居室（厅）、厨房和卫生间等四个基本空间。具体表现为独立门户，套型界限分明，不允许共用卧室、起居室（厅）、厨房及卫生间。

5.1.2 本条根据国家标准《住宅设计规范》GB 50096-1999（2003年版）第3.3.3条制定。要求厨房应设置相应的设施或预留位置，合理布置厨房空间。对厨房设施的要求各有侧重，如对案台、炉灶侧重于位置和尺寸，对洗涤池侧重于与给排水系统的连接，对排油烟机侧重于位置和通风口。

5.1.3 本条根据国家标准《住宅设计规范》GB 50096-1999（2003年版）第3.4.3条制定，增加了卫生间不应直接布置在下层住户的餐厅上层的要求，增加了局部墙面应有防水构造的要求。在近年房地产开发建设期间，开发单位常常要求设计者进行局部平面调整，此时如果忽视本规定，常会引起住户的不满和投诉。本条要求进一步严格区别套内外的界限。

5.1.4 本条根据国家标准《住宅设计规范》GB 50096-1999（2003年版）第3.4.1条、第3.4.2条制定。要求卫生间应设置相应的设施或预留位置。设置设施或预留位置时，应保证其位置和尺寸准确，并与给排水系统可靠连接。为了保证家庭饮食卫生，要求布置便器的卫生间的门不直接开在厨房内。

5.1.5 本条根据国家标准《住宅设计规范》GB 50096-1999（2003年版）第3.7.2条、第3.7.3条及第3.9.1条制定，集中表述对窗台、阳台栏杆的安全防护要求。

没有邻接阳台或平台的外窗窗台，应有一定高度才能防止坠落事故。我国近期因设置低窗台引起的法律纠纷时有发生。国家标准《住宅设计规范》GB 50096-1999（2003年版）明确规定："窗台的净高或防护栏杆的高度均应从可踏面起算，保证净高0.90m"。有效的防护高度应保证净高0.90m，距离楼（地）面0.45m以下的台面、横栏杆等容易造成无意识攀登的可踏面，不应计入窗台净高。当窗外有阳台或平台时，可不受此限。

根据人体重心稳定和心理要求，阳台栏杆应随建筑高度增高而增高。本条按住宅层数提出了不同的阳台栏杆净高要求。由于封闭阳台不改变人体重心稳定和心理要求，故封闭阳台栏杆也应满足阳台栏杆净高要求。

阳台栏杆设计应防止儿童攀登。根据人体工程学原理，栏杆的垂直杆件间净距不大于0.11m时，才能防止儿童钻出。

5.1.6 本条根据国家标准《住宅设计规范》GB 50096-1999（2003年版）第3.6.2条、第3.6.3条制定。

本条对住宅室内净高、局部净高提出要求，以满足居住活动的空间需求。根据普通住宅层高为2.80m的要求，不管采用何种楼板结构，卧室、起居室（厅）的室内净高不低于2.40m的要求容易达到。对住宅装修吊顶时，不应忽视此净高要求。局部净高是指梁底处的净高、活动空间上部吊柜的柜底与地面距离等。一间房间中低于2.40m的局部净高的使用面积不应大于该房间使用面积的1/3。

居住者在坡屋顶下活动的心理需求比在一般平屋顶下低。利用坡屋顶内空间作卧室、起居室（厅）时，若净高低于2.10m的使用面积超过该房间使用面积的1/2，将造成居住者活动困难。

5.1.7 本条根据国家标准《住宅设计规范》GB 50096-1999（2003年版）第3.7.5条制定。阳台是用水较多的地方，其排水处理好坏，直接影响居民生活。我国新建住宅中因上部阳台排水不当对下部住户造成干扰的事例时有发生，为此，要求阳台地面构造应有排水措施。

5.2 公共部分

5.2.1 本条根据国家标准《住宅设计规范》GB 50096-1999（2003年版）第4.1.4条、第4.2.2条制定。走廊和公共部位通道的净宽不足或局部净高过低将严重影响人员通行及疏散安全。本条根据人体工程学原理提出了通道净宽和局部净高的最低要求。

5.2.2 本条根据国家标准《住宅设计规范》GB 50096-1999（2003年版）第4.2.1条制定。外廊、内天井及上人屋面等处一般都是交通和疏散通道，人流较为集中，故临空处栏杆高度应能保障安全。本条按住宅层数提出了不同的栏杆净高要求。

5.2.3 本条根据国家标准《住宅设计规范》GB 50096-1999（2003年版）第4.1.2条、第4.1.3条、第4.1.5条制定，集中表述对楼梯的相关要求。楼梯梯段净宽系指墙面至扶手中心之间的水平距离。从安全防护的角度出发，本条提出了减缓楼梯坡度、加强栏杆安全性等要求。住宅楼梯梯段净宽不应小于1.10m的规定与国家标准《民用建筑设计通则》GB 50352-2005对楼梯梯段宽度按人流股数确定的一般规定基本一致。同时，考虑到实际情况，对六层及六层以下住宅中一边设有栏杆的梯段净宽要求放宽为不小于1.00m。

5.2.4 本条根据国家标准《住宅设计规范》GB 50096-1999（2003年版）第4.5.4条、第4.2.3条制定，提出住宅建筑出入口的设置及安全措施要求。

为了解决使用功能完全不同的用房在一起时产生的人流交叉干扰的矛盾，保证防火安全疏散，要求住宅与附建公共用房的出入口分开布置。分别设置出入口将造成建筑面积分摊量增加，这是正常情况，应在工程设计前期全面衡量，不可因此降低安全要求。

为防止阳台、外廊及开敞楼梯平台上坠物伤人，要求对其下

14

部的公共出入口采取防护措施，如设置雨罩等。

5.2.5 本条根据国家标准《住宅设计规范》GB 50096－1999（2003年版）第4.1.6条制定。针对当前房地产开发中追求短期经济利益，牺牲居住者利益的现象，为了维护公众利益，保证居住者基本的居住条件，严格规定了住宅须设电梯的层数、高度要求。顶层为两层一套的跃层住宅时，若顶层住户入口层楼面距该住宅建筑室外设计地面的高度不超过16m，可不设电梯。

5.2.6 根据居住实态调查，随着居住生活模式变化，住宅管理人员和各种服务人员大量增加，若住宅建筑中不设相应的卫生间，将造成公共卫生难题。

5.3 无障碍要求

5.3.1 本条根据行业标准《城市道路和建筑物无障碍设计规范》JGJ 50－2001第5.2.1条制定，列出了七层及七层以上的住宅应进行无障碍设计的部位。该标准对高层、中高层住宅要求进行无障碍设计的部位还包括电梯轿厢。由于该规定对住宅强制执行存在现实问题，本条不予列入。对六层及六层以下设置电梯的住宅，也不列为强制执行无障碍设计的对象。

5.3.2 本条根据行业标准《城市道路和建筑物无障碍设计规范》JGJ 50－2001第7章相关规定制定。该规范规定高层、中高层居住建筑入口台阶时，必须设轮椅坡道和扶手。本条规定不受住宅层数限制。本条按不同的坡道高度给出了最大坡度限值，并取消了坡道长度要求。

5.3.3 本条根据行业标准《城市道路和建筑物无障碍设计规范》JGJ 50－2001第7.1.3条制定。为避免轮椅使用者与正常人流的交叉干扰，要求七层及七层以上住宅建筑入口平台宽度不小于2.00m。

5.3.4 本条根据行业标准《城市道路和建筑物无障碍设计规范》JGJ 50－2001第7.3.1条制定，给出了供轮椅通行的走道和通道的最小净宽限值。

5.4 地 下 室

5.4.1 本条根据国家标准《住宅设计规范》GB 50096－1999（2003年版）第4.4.1条制定。住宅建筑中的地下室，由于通风、采光、日照、防潮、排水等条件差，对居住者健康不利，故规定住宅的卧室、起居室（厅）、厨房不应布置在地下室。其他房间如储藏间、卫生间、娱乐室等不受此限。由于半地下室有对外开启的窗户，条件相对较好，若采取采光、通风、日照、防潮、排水及安全防护措施，可布置卧室、起居室（厅）、厨房。

5.4.2 本条根据行业标准《汽车库建筑设计规范》JGJ 100－98的相关规定和住宅地下车库的实际情况制定。

汽车库内的单车道是按一条中心线确定坡度及转弯半径的，如果兼作双车道使用，即使有一定的宽度，汽车在坡道及其转弯处仍然容易发生相撞、刮蹭事故。因此，严禁将宽的单车道兼双车道。

地下车库在通风、采光方面条件差，而集中存放的汽车由于其油箱储存大量汽油，本身是易燃、易爆因素。而且，地下车库发生火灾时扑救难度大。因此，设计时应排除其他可能产生火灾、爆炸事故的因素，不应将修理车位及使用或存放易燃、易爆物品的房间设置在地下车库内。

多项实例检测结果表明，住宅的地下车库中有害气体超标现象十分严重。如果利用楼（电）梯间为地下车库自然通风，将严重污染住宅室内环境，必须加以限制。

5.4.3 住宅的地下自行车库属于公共活动空间，其净高至少应与公共走廊净高相等，故规定其净高不应低于2.00m。

5.4.4 住宅的地下室包括车库、储藏间等，均应采取有效防水措施。

6 结 构

6.1 一般规定

6.1.1 本条根据国家标准《建筑结构可靠度设计统一标准》GB 50068－2001第1.0.5条、第1.0.8条制定。按该标准规定，住宅作为普通房屋，其结构的设计使用年限取为50年，安全等级取为二级。考虑到住宅结构的可靠性与居民的生命财产安全密切相关，且住宅已经成为最为重要的耐用商品之一，故本条规定住宅结构的设计使用年限应取50年或更长时间，其安全等级应取二级或更高。

6.1.2 本条根据国家标准《建筑抗震设计规范》GB 50011－2001第1.0.2条和国家标准《建筑工程抗震设防分类标准》GB 50223－2004第6.0.11条制定。

抗震设防烈度是按国家规定的权限批准作为一个地区抗震设防依据的地震烈度。抗震设防分类是根据建筑遭遇地震破坏后，可能造成人员伤亡、直接和间接经济损失、社会影响的程度及其在抗震救灾中的作用等因素，对建筑物所作的设防类别划分。

住宅建筑量大面广，抗震设计时，应综合考虑安全性、适用性和经济性要求，在保证安全可靠的前提下，节约结构造价、降低成本。本条将住宅建筑的抗震设防类别定为"不应低于丙类"，与国家标准《建筑工程抗震设防分类标准》GB 50223－2004第6.0.11条的规定基本一致，但措辞更严格，意味着住宅建筑的抗震设防类别不允许划为丁类。

6.1.3 本条主要依据国家标准《岩土工程勘察规范》GB 50021－2001、《建筑地基基础设计规范》GB 50007－2002和《建筑抗震设计规范》GB 50011－2001的有关规定制定。

在住宅结构设计和施工之前，必须按基本建设程序进行岩土工程勘察。岩土工程勘察应按工程建设各阶段的要求，正确反映工程地质条件，查明不良地质作用和地质灾害，取得资料完整、评价正确的勘察报告，并依此进行住宅地基基础设计。住宅上部结构的选型和设计应兼顾对地基基础的影响。

住宅应优先选择建造在对结构安全有利的地段。对不利地段，应力求避开；当因客观原因而无法避开时，应仔细分析，并采取保证结构安全的有效措施。禁止在抗震危险地段建造住宅。条文中所指的"不利地段"既包括抗震不利地段，也包括一般意义上的不利地段（如岩溶、滑坡、崩塌、泥石流、地下采空区等）。

6.1.4 本条根据国家标准《建筑结构可靠度设计统一标准》GB 50068－2001的有关规定制定。

住宅结构在建造和使用过程中可能发生的各种作用的取值、组合原则以及安全性、适用性、耐久性的具体设计要求等，根据不同材料结构的特点，应分别符合现行有关国家标准和行业标准的规定。

住宅结构在设计使用年限内应具有足够的安全性、适用性和耐久性，具体体现在：1）在正常施工和正常使用时，能够承受可能出现的各种作用，如重力、风、地震作用以及非荷载效应（温度效应、结构材料的收缩和徐变、环境侵蚀和腐蚀等），即具有足够的承载能力；2）在正常使用时具有良好的工作性能，满足适用性要求，如可接受的变形、挠度和裂缝等；3）在正常维护条件下具有足够的耐久性能，即在规定的工作环境和预定的使用年限内，结构材料性能的恶化不应导致结构出现不可接受的失效概率；4）在设计规定的偶然事件发生时和发生后，结构能保持必要的整体稳定性，即结构可发生局部损坏或失效但不应导致连续倒塌。

6.1.5 本条是第6.1.4条的延伸规定，主要针对当前某些材料结构（如钢筋混凝土结构、砌体结构、钢-混凝土混合结构等）中比较普遍存在的裂缝问题，提出"住宅结构不应产生影响结构安全的裂缝"的要求。钢结构构件在任何情况下均不允许产生裂缝。

对不同材料结构构件，"影响结构安全的裂缝"的表现形态多样，产生原因各异，应根据具体情况进行分析、判断。在设计、施工阶段，均应针对不同材料结构的特点，采取相应的可靠措施，避免产生影响结构安全的裂缝。

6.1.6 本条根据国家标准《建筑边坡工程技术规范》GB 50330－2002第3.3.3条制定，对邻近住宅的永久性边坡的设计使用年限提出要求，以保证相邻住宅的安全使用。所谓"邻近"，应以边坡破坏后是否影响到住宅的安全和正常使用作为判断标准。

6.2 材 料

6.2.1 结构材料性能直接涉及到结构的可靠性。当前，我国住宅结构采用的主要材料有建筑钢材（包括普通钢结构型材、轻型钢结构型材、板材和钢筋等）、混凝土、砌体材料（砖、砌块、砂浆等）、木材、铝型材和板材、结构粘结材料（如结构胶）等。这些材料的物理、力学性能和耐久性能等，应符合国家现行有关标准的规定，并满足设计要求。住宅建设量大面广，需要消耗大量的建筑材料，建筑材料的生产又消耗大量的能源、资源，同时给环境保护带来巨大压力。因此，住宅结构材料的选择应符合节约资源和保护环境的原则。

6.2.2 本条根据国家标准《建筑结构可靠度设计统一标准》GB 50068－2001第5.0.3条和《建筑抗震设计规范》GB 50011－2001第3.9.2条制定。

住宅结构设计采用以概率理论为基础的极限状态设计方法。材料强度标准值应以试验数据为基础，采用随机变量的概率模型进行描述，运用参数估计和概率分布的假设检验方法确定。随着经济、技术水平的提高和结构可靠度水平的提高，要求结构材料强度标准值具有不低于95％的保证率是必需的。

结构用钢材主要指型钢、板材和钢筋。抗震设计的住宅，对结构构件的延性性能有较高要求，以保证结构和结构构件有足够的塑性变形能力和耗能能力。

6.2.3 本条是住宅混凝土结构构件采用混凝土强度的最低要求。住宅用结构混凝土，包括基础、地下室、上部结构的混凝土，均应符合本条规定。

6.2.4 本条根据国家标准《建筑抗震设计规范》GB 50011－2001第3.9.2条和《钢结构设计规范》GB 50017－2003第3.3.3条制定，提出结构用钢材材质和力学性能的基本要求。

抗拉强度、屈服强度和伸长率，是结构用钢材的三项基本性能。硫、磷是钢材中的杂质，其含量多少对钢材力学性能（如塑性、韧性、疲劳、可焊性等）有较大影响。碳素结构钢中，碳含量直接影响钢材强度、塑性、韧性和可焊性等；碳含量增加，钢材强度提高，但塑性、韧性、疲劳强度下降，同时恶化可焊性和抗腐蚀性。因此，应根据住宅结构用钢材的特点，要求钢型材、板材、钢筋等产品中硫、磷、碳元素的含量符合有关标准的规定。

冷弯试验值是检验钢材弯曲能力和塑性性能的指标之一，也是衡量钢材质量的一个综合指标。因此，焊接钢结构所采用的钢材以及混凝土结构用钢筋，均应有冷弯试验的合格保证。

6.2.5 本条根据国家标准《建筑抗震设计规范》GB 50011－2001第3.9.2条和《砌体结构设计规范》GB 50003－2001（2002年局部修订）第3.1.1、6.2.1条制定。

砌体结构是住宅中应用最多的结构形式。砌体由多种块体和砂浆砌筑而成。块体和砂浆的种类、强度等级是砌体结构设计的基本依据，也是达到规定的结构可靠度和耐久性的重要保证。根据新型砌体材料的特点和我国近年来工程应用中出现的一些涉及耐久性、安全或正常使用中比较敏感的裂缝等问题，结合我国对新型墙体材料产业政策的要求，本条明确规定了砌体结构应采用的块体、砂浆类别以及相应的强度等级要求。

其他类型的块体材料（如石材等）的强度等级及其砌筑砂浆

的要求，应符合国家现行有关标准的规定；对住宅地面以下或防潮层以下及潮湿房屋的砌体，其块体和砂浆的要求，应有所提高，并应符合国家现行有关标准的规定。

6.2.6 本条根据国家标准《木结构设计规范》GB 50005－2003的有关规定制定。

木结构住宅设计时，应根据结构构件的用途、部位、受力状态选择相应的材质等级，所选木材的强度等级不应低于TC11（针叶树种）或TB11（阔叶树种）。对胶合木结构，除了胶合材自身的强度要求外，承重结构用胶的性能尤为重要。结构胶缝主要承受拉力、压力和剪力作用，胶缝的抗拉和抗剪能力是关键。因此，为了保证胶缝的可靠性，使可能的破坏发生在木材上，必须要求结构胶的胶合强度不得低于木材顺纹抗剪强度和横纹抗拉强度。

木材含水率过高时，会产生干缩和开裂，对结构构件的抗剪、抗弯能力造成不利影响，也可引起结构的连接松弛或变形增大，从而降低结构的安全度。因此，制作木结构构件时，应严格控制木材的含水率；当木材含水率超过规定值时，在确定木材的有关设计指标（如各种木材的横纹承压强度和弹性模量、落叶松木材的抗弯强度等）时，应考虑含水率的不利影响，并在结构构造设计中采取针对性措施。

6.3 地 基 基 础

6.3.1 地基基础设计是住宅结构设计中十分重要的一个环节。我国幅员辽阔，各地的岩土工程特性、水文地质条件有很大的差异。因此，住宅地基基础的选型和设计要以岩土工程勘察文件为依据和基础，因地制宜，综合考虑住宅主体结构的特点、地域特点、施工条件以及是否抗震设防地区等因素。

6.3.2 住宅建筑地基基础设计应满足承载力、变形和稳定性要求。

过去，多数工程项目只考虑地基承载力设计，很少考虑变形设计。实际上，地基变形造成建筑物开裂、倾斜的事例屡见不鲜。因此，设计原则应当从承载力控制为主转变到重视变形控制。地基变形计算值，应满足住宅结构安全和正常使用要求。地基变形验算包括进行处理后的地基。

目前，由于抗浮设计考虑不周引起的工程事故也很多，应在承载力设计过程中引起重视。

有关地基基础承载力、变形、稳定性设计的原则应符合国家标准《建筑地基基础设计规范》GB 50007－2002第3.0.4条、第3.0.5条的规定；抗震设防地区的地基抗震承载力应取地基承载力特征值与地基抗震承载力调整系数的乘积，并应符合国家标准《建筑抗震设计规范》GB 50011－2001第4.2.3条的规定。

6.3.3 实践表明，在地基基础工程中，与基坑相关的事故最多。因此，本条从安全角度出发予以强调。"周边环境"包括住宅建筑周围的建筑物、构筑物，道路、桥梁，各种市政设施以及其他公共设施。

6.3.4 桩基础在我国很多地区有广泛应用。桩基础的承载力和桩身完整性是基本要求。无论是预制桩还是现浇混凝土或现浇钢筋混凝土桩，由于在地下施工，成桩后的质量和各项性能是否满足设计要求，必须按照规定的数量和方法进行检验。

地基处理是为提高地基承载力、改善其变形性能或渗透性能而采取的人工处理方法。地基处理后，应根据不同的处理方法，选择恰当的检验方法对地基承载力进行检验。

桩基础、地基处理的设计、施工、承载力检验要求和方法，应符合国家现行标准《建筑地基基础设计规范》GB 50007、《建筑桩基技术规范》JGJ 94、《建筑基桩检测技术规范》JGJ 106、《建筑地基处理技术规范》JGJ 79等的有关规定。

6.4 上 部 结 构

6.4.1 本条对住宅结构体系提出基本概念设计要求。住宅结构的规则性要求和概念设计，应在建筑设计、结构设计的方案阶段得到充分重视，并应在结构施工图设计中体现概念设计要求的实施方法和措施。

抗震设计的住宅，对结构的规则性要求更加严格，不应采用严重不规则的建筑、结构设计方案。所谓严重不规则，对不同结构体系、不同结构材料、不同抗震设防烈度的地区，有不同的侧重点，很难细致地量化，但总体上是指：建筑结构体形复杂、多项实质性的控制指标超过有关规定或某一项指标大大超过规定，从而造成严重的抗震薄弱环节和明显的地震安全隐患，可能导致地震破坏的严重后果。

6.4.2 本条是对抗震设防地区住宅结构设计的总体要求。抗震设计的住宅，应首先确定抗震设防类别（不低于丙类），并根据抗震设防类别和抗震设防烈度确定总体抗震设防标准；其次，应根据抗震设防标准的要求，结合不同结构材料和结构体系的特点以及场地类别，确定适宜的房屋高度或层数限制、地震作用计算方法和结构地震效应分析方法、结构和结构构件的承载力与变形验算方法、与抗震设防目标相对应的抗震措施等。

6.4.3 无论是否抗震设计，住宅结构中刚度和承载力有突变的部位，对突变程度应加以控制，并应根据结构材料和结构体系的特点、抗震设防烈度的高低，采取可靠的加强措施，减少薄弱部位结构破坏的可能性。

错层结构、连体结构（立面有大开洞的结构）、带转换层的结构，由于其结构刚度、质量分布、承载力变化等不均匀，属于竖向布置不规则的结构；错层附近的竖向抗侧力构件、连体结构的连接体及其周边构件、带转换层结构的转换构件（如转换梁、框支柱、楼板）等，在地震作用下受力复杂，容易形成多处应力集中，造成抗震薄弱部位。鉴于此类结构的抗震设计理论和方法尚不完善，并且缺乏相应的工程实践经验，故规定 9 度抗震设计的住宅不应采用此类结构。

6.4.4 住宅砌体结构应设计为双向受力体系；无论计算模型是刚性方案、刚弹性方案还是弹性方案，均应采取有效的构造措施，保证结构的承载力和各部分的连接性能，从而保证其整体性，避免局部或整体失稳以致破坏、倒塌；抗震设计时，尚应采取措施保证其抗震承载能力和必要的延性性能，从而达到抗震设防目标要求。目前砌体结构以承载力设计为基础，以构造措施保证其变形能力等正常使用极限状态的要求，因此砌体结构的各项构造措施十分重要。

保证砌体结构整体性和抗震性能的主要措施，包括选择合格的砌体材料、合理的砌筑方法和工艺，限制建筑的体量，控制砌体墙（柱）的高宽比，控制承重墙体（抗震墙）的间距，在必要的部位采取加强措施（如在关键部位的灰缝内增设拉结钢筋，设置钢筋混凝土圈梁、构造柱、芯柱或采用配筋砌体等）。

6.4.5 底部框架、上部砌体结构住宅是我国目前经济条件下特有的一种结构形式，通过将上部部分砌体墙在底部变为框架而形成较大的空间，底部一般作为商业用房，上部仍然用作住宅。由于这种结构形式的变化，造成底部框架结构的侧向刚度比上部砌体结构的刚度小，且在结构转换层要通过转换构件（如托墙梁）将上部砌体墙承受的内力转移至下部的框架柱（框支柱），传力途径不直接。过渡层及其以下的框架结构是这种结构的薄弱部位，必需采取措施予以加强。根据理论分析和地震震害经验，这种结构在地震区应谨慎采用，故限制其底部大空间框架结构的层数不应超过 2 层，并应设置剪力墙。

底部框架-剪力墙、上部砌体结构住宅的设计应符合国家标准《建筑抗震设计规范》GB 50011-2001 第 7.1 节、第 7.2 节和第 7.5 节的有关规定。

6.4.6 混凝土结构构件，都应满足基本的混凝土保护层厚度和配筋构造要求，以保证其基本受力性能和耐久性。

混凝土保护层的作用主要是：对受力钢筋提供可靠的锚固，使其在荷载作用下能够与混凝土共同工作，充分发挥强度；使钢筋在混凝土的碱性环境中免受介质的侵蚀，从而确保在规定的设计使用年限内具有相应的耐久性。

混凝土构件的配筋构造是保证混凝土构件承载力、延性以及控制其破坏形态的基本要求。配筋构造通常包括钢筋的种类和性能要求、配筋形式、最小配筋率和最大配筋率、配筋间距、钢筋连接方式和连接区段（位置）、钢筋搭接和锚固长度、弯钩形式等。

6.4.7 钢结构的防火、防腐措施是保证钢结构住宅安全性、耐久性的基本要求。钢材不是可燃材料，但是在高温下其刚度和承载力会明显下降，导致结构失稳或产生过大变形，甚至倒塌。

住宅钢结构中，除不锈钢构件外，其他钢结构构件均应根据设计使用年限、使用功能、使用环境以及维护计划，采取可靠的防腐措施。

6.4.8 在木结构构件表面包覆（涂敷）防火材料，可达到规定的构件燃烧性能和耐火极限要求。此外，木结构住宅应符合防火间距、房屋层数的要求，并采取有效的消防措施。

调查表明，正常使用条件下，木结构的破坏多数是由于腐朽和虫蛀引起的，因此，木结构的防腐、防虫，在结构设计、施工和使用阶段均应当引起高度重视。防止木结构腐朽，应根据使用条件和环境条件在设计上采取防潮、通风等构造措施。

木结构住宅的防火、防腐、防潮、防虫措施，应符合国家标准《木结构设计规范》GB 50005-2003 的有关规定。

6.4.9 本条对住宅结构的围护结构和非结构构件提出要求。"围护结构"在不同专业领域的含义不同。本条中围护结构主要指直接面向建筑室外的非承重墙体、各类建筑幕墙（包括采光顶）等，相对于主体结构而言实际上属于"非结构构件"。围护结构和非结构构件的安全性和适用性应满足住宅建筑设计要求，并应符合国家现行有关标准的规定。对非结构构件的耐久性问题，由于材料性质、功能要求及更换的难易程度不同，未给出具体要求，但具体设计上应予以重视。

本条中非结构构件包括持久性的建筑非结构构件和附属机电设施。

长期以来，非结构构件的可靠性设计没有引起设计人员的充分重视。对非结构构件，应根据其重要性、破坏后果的严重性及其对建筑结构的影响程度，采取不同的设计要求和构造措施。对抗震设计的住宅，尚应对非结构构件采取抗震措施或进行必要的抗震计算。对不同功能的非结构构件，应满足相应的承载能力、变形能力（刚度和延性）要求，并应具有适应主体结构变形的能力；与主体结构的连接、锚固应牢固、可靠，要求锚固承载力大于连接件的承载力。

各类建筑幕墙的应用应符合国家现行标准《玻璃幕墙工程技术规范》JGJ 102、《金属与石材幕墙工程技术规范》JGJ 133、《建筑玻璃应用技术规程》JGJ 113 等的规定。

14

7 室内环境

7.1 噪声和隔声

7.1.1 住宅应给居住者提供一个安静的室内生活环境，但是在现代城市中大部分住宅的外部环境均比较嘈杂，尤其是邻近主要街道的住宅，交通噪声的影响更为严重。因此，应在住宅的平面布置和建筑构造上采取有效的隔声和防噪声措施，例如尽可能使卧室和起居室远离噪声源，邻街的窗户采用隔声性能好的窗户等。

本条提出的卧室、起居室的允许噪声级是一般水平的要求，采取上述措施后不难达到。

7.1.2 楼板的撞击声隔声性能的优劣直接关系到上层居住者的活动对下层居住者的影响程度；撞击声压级越大，对下层居住者的影响就越大。计权标准化撞击声压级75dB是一个较低的要求，大致相当于现浇钢筋混凝土楼板的撞击声隔声性能。

为避免上层居住者的活动对下层居住者造成影响，应采取有效的构造措施，降低楼板的计权标准化撞击声压级。例如，在楼板的上表面敷设柔性材料，或采用浮筑楼板等。

7.1.3 空气声计权隔声量是衡量构件空气声隔声性能的指标。楼板、分户墙、户门和外窗的空气声计权隔声量的提高，可有效地衰减上下、左右邻室之间，及走廊、楼梯与室内之间的声音传递，并有效地衰减户外传入户内的声音。

本条规定的具体空气声计权隔声量都是较低的要求。为提高空气声隔声性能，应采取有效的构造措施，如采用更高隔声量的户门和外窗等。

外窗通常是隔声的薄弱环节，尤其是沿街住宅的外窗，应予以足够的重视。高隔声量的外窗对住宅满足本规范第7.1.1条的要求至关重要。

7.1.4 各种管线穿过楼板和墙体时，若孔洞周边不密封，声音会通过缝隙传递，大大降低楼板和墙体的隔声性能。对穿线孔洞的周边进行密封，属于施工细节问题，几乎不增加成本，但对提高楼板和墙体的空气声隔声性能很有好处。

7.1.5 电梯运行不可避免地会引起振动，这种振动对相邻房间的影响比较大，因此不应将卧室、起居室紧邻电梯井布置。但在住宅设计时，有时会受平面布局的限制，不得不将卧室、起居室紧邻电梯井布置。在这种情况下，为保证卧室、起居室的安静，应采取一些隔声和减振的技术措施，例如提高电梯井壁的隔声量、在电梯轨道和井壁之间设置减振垫等。

7.1.6 住宅建筑内的水泵房、风机房等都是噪声源、振动源，有时管道井也会成为噪声源。从源头入手是最有效的降低振动和治理噪声的方式。因此，给水泵、风机设置减振装置是降低振动、减弱噪声的有效措施。同时，还应注意水泵房、风机房以及管道井的有效密闭，提高水泵房、风机房和管道井的空气声隔声性能。

7.2 日照、采光、照明和自然通风

7.2.1 日照对居住者的生理和心理健康都非常重要。住宅的日照受地理位置、朝向、外部遮挡等外部条件的限制，常难以达到比较理想的状态。尤其是在冬季，太阳高度角较小，建筑之间的相互遮挡更为严重。

本条规定"每套住宅至少应有一个居住空间能获得冬季日照"，但未提出日照时数要求。

住宅设计时，应注意选择好朝向、建筑平面布置（包括建筑之间的距离、相对位置以及套内空间的平面布置），通过计算，必要时使用日照模拟软件分析计算，创造良好的日照条件。

7.2.2 充足的天然采光有利于居住者的生理和心理健康，同时也有利于降低人工照明能耗。用采光系数评价住宅是否获取了足够的天然采光比较科学，但采光系数需要通过直接测量或复杂的计算才能得到。一般情况下，住宅各房间的采光系数与窗地面积比密切相关，因此本条直接规定了窗地面积比的限值。

7.2.3 住宅套内的各个空间由于使用功能不同，其照度要求各不相同，设计时应区别对待。套外的门厅、电梯前厅、走廊、楼梯等公共空间的地面照度，应满足居住者的通行等需要。

7.2.4 自然通风可以提高居住者的舒适感，有助于健康，同时也有利于缩短夏季空调器的运行时间。住宅能否获得足够的自然通风与通风开口面积的大小密切相关。一般情况下，当通风开口面积与地面面积之比不小于1/20时，房间可获得较好的自然通风。

实际上，自然通风不仅与通风开口面积的大小有关，还与通风开口之间的相对位置密切相关。在住宅设计时，除了满足最小的通风开口面积与地面面积之比外，还应合理布置通风开口的位置和方向，有效组织与室外空气流通顺畅的自然通风。

7.3 防潮

7.3.1 防止渗漏是住宅建筑屋面、外墙、外窗的基本要求。为防止渗漏，在设计、施工、使用阶段均应采取相应措施。

7.3.2 住宅室内表面（屋面和外墙的内表面）长时间的结露会滋生霉菌，对居住者的健康造成有害的影响。

室内表面出现结露最直接的原因是表面温度低于室内空气的露点温度。另外，表面空气的不流通也助长了结露现象的发生。因此，住宅设计时，应核算室内表面可能出现的最低温度是否高于露点温度，并尽量避免通风死角。

但是，要杜绝内表面的结露现象有时非常困难。例如，在我国南方的雨季，空气非常潮湿，空气所含的水蒸气接近饱和，除非紧闭门窗，空气经除湿后再送入室内，否则短时间的结露现象是不可避免的。因此，本条规定在"室内温、湿度设计条件下"（即在正常条件下）不应出现结露。

7.4 空气污染

7.4.1 住宅室内空气中的氡、游离甲醛、苯、氨和总挥发性有机化合物（TVOC）等污染物对人体的健康危害很大，应对其活度、浓度加以控制。

氡的活度与住宅选址有关，其他几种污染物的浓度与建筑材料、装饰装修材料、家具以及住宅的通风条件有关。

8 设 备

8.1 一般规定

8.1.1~8.1.3 给水排水系统、采暖设施及照明供电系统是基本的居住生活条件，并有利于居住者身体健康，改善环境质量。采暖设施主要是指集中采暖系统，也包括单户采暖系统。

8.1.4 为便于给水总管、雨水立管、消防立管、采暖供回水总立管和电气、电信干线（管）的维修和管理，不影响套内空间的使用，本条规定上述管线不应布置在套内。

实践中，公共功能的管道、阀门、设备或部件设在套内，住户在装修时加以隐蔽，给维修和管理带来不便；在其他住户发生事故需要关闭检修阀门时，因设置阀门的住户无人而无法进入，不能正常维修，这样的事例较多。本条据此规定上述设备和部件应设在公共部位。

给水总立管、雨水立管、消防立管、采暖供回水总立管和电气、电信干线（管）应设置在套外的管井内或公共部位。对于分区供水横干管，也应布置在其服务的住宅套内，而不应布置在与其毫无关系的套内；当采用远传水表或IC水表而将供水立管设在套内时，供检修用的阀门应设在公用部位的横管上，而不应设在套内的立管顶部。公共功能管道其他需经常操作的部件，还包括有线电视设备、电话分线箱和网络设备等。

8.1.5 计量仪表的选择和安装方式，应符合安全可靠、便于计量和减少扰民的原则。计量仪表的设置位置，与仪表的种类有关。住宅的分户水表宜相对集中读数，且宜设置在户外；对设置在户内的水表，宜采用远传水表或IC卡水表等智能化水表。其他计量仪表也宜设置在户外；当设置在户内时，应优先采用可靠的电子计量仪表。无论设置在户外还是户内，计量仪表的设置应便于直接读数、维修和管理。

8.2 给水排水

8.2.1 住宅生活给水系统的水源，无论采用市政管网，还是自备水源井，生食品的洗涤、烹饪、盥洗、淋浴、衣物的洗涤、家具的擦洗用水，其水质应符合国家现行标准《生活饮用水卫生标准》GB 5749、《城市供水水质标准》CJ/T 206的要求。当采用二次供水设施来保证住宅正常供水时，二次供水设施的水质卫生标准应符合现行国家标准《二次供水设施卫生规范》GB 17051的要求。生活热水系统的水质要求与生活给水系统的水质相同。管道直饮水具有改善居民饮用水水质，降低直饮水的成本，避免送桶装水引起的干扰，保障住宅小区安全的优点，在发达地区新建的住宅小区中已被普遍采用。其水质应满足行业标准《饮用净水水质标准》CJ 94的要求。生活杂用水指用于便器冲洗、绿化浇洒、室内车库地面和室外地面冲洗的水，在住宅中一般称为中水，其水质应符合国家现行标准《城市污水再生利用 城市杂用水水质》GB/T 18920、《城市污水再生利用 景观环境用水水质》GB/T 18921和《生活杂用水水质标准》CJ/T 48的相关要求。

8.2.2 为节约能源，减少居民生活饮用水水质污染，住宅建筑底部的住户应充分利用市政管网水压直接供水。当设有管道倒流防止器时，应将管道倒流防止器的水头损失考虑在内。

8.2.3 当市政给水管网的水压、水量不足时，应设置二次供水设施：贮水调节和加压装置。二次供水设施的设置应符合现行国家标准《二次供水设施卫生规范》GB 17051的要求。住宅生活给水管道的设置，设有防水质污染的措施。住宅生活给水管道、阀门及配件所涉及的材料必须达到饮用水卫生标准。供水管道（管材、管件）应符合现行产品标准的要求，其工作压力不得大于产品标准标称的允许工作压力。供水管道应选用耐腐蚀和安装连接方便可靠的管材。管道可采用塑料给水管、塑料和金属复合

管、铜管、不锈钢管和球墨铸铁给水管等。阀门和配件的工作压力应大于或等于其所在管段的管道系统的工作压力，材质应耐腐蚀，经久耐用。阀门和配件应根据管径大小和所承受的压力等级及使用温度，采用全铜、全不锈钢、铁壳铜芯和全塑阀门等。

8.2.4 为确保居民正常用水条件，提高使用的舒适性，并节约用水，本条给出了套内分户用水点和入户管的给水压力限值。

国家标准《住宅设计规范》GB 50096-1999（2003年版）第6.1.2条规定：套内分户水表前的给水静水压力不应小于50kPa。但由于国家标准《建筑给水排水设计规范》GB 50015-2003第3.1.14条中已将给水配件所需流出水头改为最低工作压力要求，如洗脸盆由原要求流出水头为0.015MPa改为最低工作压力为0.05MPa，水表前最低工作压力为0.05MPa已满足不了卫生器具的使用要求，故改为对套内分户用水点的给水压力要求。当采用高位水箱或加压水泵和高位水箱供水时，水箱的设置高度应按最高层最不利套内分户用水点的给水压力不小于0.05MPa来考虑；当不能满足此要求时，应设置增压给水设备。当采用变频调速给水加压设备时，水泵的供水压力也应按上述要求来考虑。

卫生器具正常使用的最佳水压为0.20~0.30MPa。从节水、噪声控制和使用舒适考虑，当住宅入户管的水压超过0.35MPa时，应设减压或调压设施。

8.2.5 住宅设置热水供应设施，是提高生活水平的重要措施，也是居住者的普遍要求。由于热源状况和技术经济条件不尽相同，可采用多种热水加热方式和供应系统；如采用集中热水供应系统，应保证配水点的最低水温，满足居住者的使用要求。配水点的水温是指打开热水龙头在15s内得到的水温。

8.2.6 住宅采用节水型卫生器具和配件是节水的重要措施。节水型卫生器具和配件包括：总冲洗用水量不大于6L的坐便器系统，两档式便器水箱及配件，陶瓷片密封水龙头、延时水嘴、红外线节水开关、脚踏阀等。住宅内不得使用明令淘汰的螺旋升降式铸铁水龙头、铸铁截止阀、进水阀低于水面的卫生洁具水箱配件、上导向直落式便器水箱配件等。建设部第218号"关于发布《建设部推广应用和限制禁止使用技术》的公告"中规定：对住宅建筑，推广应用节水型坐便器系统（≤6L），禁止使用冲水量大于等于9L的坐便器。本条对此做了更为严格的规定。

8.2.7 为防止卫生间排水管道内的污浊有害气体串至厨房内，对居住者卫生健康造成影响，当厨房与卫生间相邻布置时，不应共用一根排水立管，而应在厨房内和卫生间内分别设立管。

为避免排水管道漏水、噪声或结露产生凝结水影响居住者卫生健康，损坏财产，排水管道（包括排水立管和横管）均不得穿越卧室。排水立管采用普通塑料排水管时，不应布置在靠近与卧室相邻的内墙；当必须靠近与卧室相邻的内墙时，应采用橡胶密封圈柔性接口机制的排水铸铁管、双壁芯层发泡塑料排水管、内螺旋消音塑料排水管等有消声措施的管材。

8.2.8 住宅内除在淋浴器、洗衣机的部位设置地漏外，卫生间和厨房的地面可不设置地漏。地漏、存水弯的水封深度必须满足一定的要求，这是建筑给水排水设计安全卫生的重要保证。考虑到水封蒸发损失、自虹吸损失以及管道内气压变化等因素，国外规范均规定卫生器具存水弯水封深度为50~100mm。水封深度不得小于50mm，对应于污水、废水、通气的重力流排水管道系统排水时内压波动不致于破坏存水弯水封的要求。在住宅卫生间地面如设置地漏，应采用密闭地漏。洗衣机部位应采用能防止溢流和干涸的专用地漏。

8.2.9 本条的目的是为了确保当室外排水管道满流或发生堵塞时，不造成倒灌，以免污染室内环境，影响住户使用。地下室、半地下室中卫生器具和地漏的排水管低于室外地面，故不应与上部排水管道连接，而应设置集水坑，用污水泵单独排出。

8.2.10 适合建设中水设施的住宅，是指水量较大且集中，就地处理利用并能取得较好的技术经济效益的工程。雨水利用是指针对因建设屋顶、地面铺装等地面硬化导致区域内径流量增加的情

况，而采取的对雨水进行就地收集、入渗、储存、利用等措施。

建设中水设施和雨水利用设施的住宅的具体规模应按所在地的有关规定执行，目前国家无统一的要求。例如，北京市"关于加强中水设施建设管理的通告"中规定：建筑面积 5 万 m² 以上，或可回收水量大于 150m³/d 的居住区必须建设中水设施；"关于加强建设工程用地内雨水资源利用的暂行规定"中规定：凡在本市行政区域内，新建、改建、扩建工程（含各类建筑物、广场、停车场、道路、桥梁和其他构筑物等建设工程设施，以下统称为建设工程）均应进行雨水利用工程设计和建设。

地方政府应结合本地区的特点制定符合实际情况的中水设施和雨水利用工程的实施办法。雨水利用工程的设计和建设，应以建设工程硬化后不增加建设区域内雨水径流量和外排水总量为标准。雨水利用设施应因地制宜，采用就地入渗与储存利用等方式。

8.2.11 为确保住宅中水工程的使用、维修，防止误饮、误用，设计时应采取相应的安全措施。这是中水工程设计中应重点考虑的问题，也是中水在住宅中能否成功应用的关键。

8.3 采暖、通风与空调

8.3.1 本条根据国家标准《采暖通风与空气调节设计规范》GB 50019-2003第4.9.1条制定。集中采暖系统节能除应采用合理的系统制式外，还应使房间温度可调节，即应采取分室（户）温度调节措施。按户进行用热量计量和收费是推进建筑节能工作的重要配套措施之一。本条要求设置分户（单元）计量装置；当目前设置有困难时，应预留安装计量装置的位置。

8.3.2 本条根据国家标准《住宅设计规范》GB 50096-1999（2003年版）第6.2.2条制定，适用于所有设置集中采暖系统的住宅。考虑到居住者夜间衣着较少，卫生间采用与卧室相同的标准。

8.3.3 以热水为采暖热媒，在节能、温度均匀、卫生和安全等方面，均较为合理。

"可靠的水质保证措施"非常重要。长期以来，热水采暖系统的水质没有相关规定，系统中管道、阀门、散热器经常出现被腐蚀、结垢或堵塞的现象，造成暖气不热，影响系统正常运行。

8.3.4 本条根据国家标准《采暖通风与空气调节设计规范》GB 50019-2003第4.3.11条、第4.8.17条制定。当采暖系统设在可能冻结的场所，如不采暖的楼梯间时，应采取防冻结措施。对采暖系统的管道，应考虑由于热媒温度变化而引起的膨胀，采取补偿措施。

8.3.5 合理利用能源，提高能源利用效率，是当前的重要政策要求。用高品位的电能直接用于转换为低品位的热能进行采暖，热效率低，运行费用高，是不合适的。严寒、寒冷地区全年有4～6个月采暖期，时间长，采暖能耗高。近些年来由于空调、采暖用电所占比例逐年上升，致使一些省市冬夏季尖峰负荷迅速增长，电网运行困难，电力紧缺。盲目推广电锅炉、电采暖，将进一步劣化电力负荷特性，影响民众日常用电。因此，应严格限制应用直接电热进行集中采暖，但并不限制居住者选择直接电热方式进行分散形式的采暖。

8.3.6 本条根据国家标准《住宅设计规范》GB 50096-1999（2003年版）第6.4.2条、第6.4.3条制定。厨房和卫生间往往是住宅内的污染源，特别是无外窗的卫生间。本条的目的是为了改善厨房、无外窗的卫生间的空气品质。住宅建筑中设有竖向通风道，利用自然通风的作用排出厨房和卫生间的污染气体。但由于竖向通风道自然通风的作用力，主要依靠室内外空气温差形成的热压，以及排风帽处的风压作用，其排风能力受自然条件制约。为了保证室内卫生要求，需要安装机械排气装置，为此应留有安装排气机械的位置和条件。

8.3.7 目前，厨房中排油烟机的排气管的排气方式有两种：一种是通过外墙直接排至室外，可节省空间并不会产生互相串烟，

但不同风向时可能倒灌，且对周围环境可能有不同程度的污染；另一种方式是排入竖向通风道，在多台排油烟机同时运转的条件下，产生回流和泄漏的现象时有发生。这两种排出方式，都尚有待改进。从运行安全和环境质量等方面考虑，当采用竖向通风道时，应采取防止支管回流和竖井泄漏的措施。

8.3.8 水源热泵（包括地表水、地下水、封闭水环路式水源热泵）用水作为机组的热源（汇），可以采用河水、湖水、海水、地下水或废水、污水等。当水源热泵机组采用地下水为水源时，应采取可靠的回灌措施，回灌水不得对地下水资源造成破坏和污染。

8.4 燃 气

8.4.1 为了保证燃气稳定燃烧，减少管道和设备的腐蚀，防止漏气引起的人员中毒，住宅用燃气应符合城镇燃气质量标准。国家标准《城镇燃气设计规范》GB 50028-93（2002年版）第2.2节中，对燃气的发热量、组分波动、硫化氢含量及加臭剂等都有详细的规定。

应特别注意的是，不应将用于工业的发生炉煤气或水煤气直接引入住宅内使用。因为这类燃气的一氧化碳含量高达30%以上，一旦漏气，容易引起居住者中毒甚至死亡。

8.4.2 为了保证室内燃气管道的供气安全，应限制燃气管道的最高压力。目前，国内住宅的供气有集中调压低压供气和中压供气按户调压两种方式。两者在投资和安全方面各有优缺点。一般来说，低压供气方式比较安全，中压供气则节省投资。当采用中压进户时，燃气管道的最高压力不得高于0.2MPa。

8.4.3 住宅内使用的各类用气设备应使用低压燃气，以保证安全。住宅内常用的燃气设备有燃气灶、热水器、采暖炉等，这些设备使用的都是5kPa以下的低压燃气。即使管道供气压力为中压，也应经过调压，降至低压后方可接入用气设备。低压燃气设备的额定压力是重要的参数，其值随燃气种类而不同。应根据不同燃气设备的额定压力，将燃气的入口压力控制在相应的允许压力波动范围内。

8.4.4 燃气灶应设置在厨房内，热水器、采暖炉等应设置在厨房或与厨房相连的阳台内。这样便于布置燃气管道，统一考虑用气空间的通风、排烟和其他安全措施，便于使用和管理。

8.4.5 液化石油气是住宅内常用的可燃气体之一。由于它比空气重（约为空气重度的1.5～2倍），且爆炸下限比较低（约为2%以下），因此一旦漏气，就会流向低处，若遇上明火或电火花，会导致爆炸或火灾事故。且由于地下室、半地下室内通风条件差，故不应在其内敷设液化石油气管道，当然更不能使用液化石油气用气设备、气瓶。高层住宅内使用可燃气体作燃料时，应采用管道供气，严禁直接使用瓶装液化石油气。

8.4.6 住宅用人工煤气主要指焦炉煤气，不包括发生炉煤气和水煤气。由于人工煤气、天然气比空气轻，一旦漏气将浮上房间顶部，易排出室外。因此，不同于对液化石油气的要求，在地下室、半地下室内可设置、使用这类燃气设备，但应采取相应的安全措施，以满足现行国家标准《城镇燃气设计规范》GB 50028的要求。

8.4.7 本条根据国家标准《城镇燃气设计规范》GB 50028-93（2002年版）第7.2节的相关规定制定。卧室是居住者休息的房间，若燃气漏气会使人中毒甚至死亡；暖气沟、排烟道、垃圾道、电梯井属于潮湿、高温、有腐蚀性介质及产生电火花的部位，若管道被腐蚀而漏气，易发生爆炸或火灾。因此，严禁在上述位置敷设燃气管道。

8.4.8 为了保证燃气设备、电气设备及其管道的检修条件和使用安全，燃气设备和管道应满足与电气设备和相邻管道的净距要求。该净距应综合考虑施工要求、检修条件及使用安全等因素确定。国家标准《城镇燃气设计规范》GB 50028-93（2002年版）第7.2.26条给出了相关要求。

8.4.9 本条根据国家标准《城镇燃气设计规范》GB 50028-93

（2002年版）第7.7节的相关规定制定。为了保证用气设备的稳定燃烧和安全排烟，本条对住宅排烟提出相应要求。烟气必须排至室外，故直排式热水器不应用于住宅内。多台设备合用一个烟道时，不论是竖向还是横向连接，都不允许相互干扰和串烟。烹饪操作时，厨房燃具排气罩排出的烟气中含有油雾，若与热水器或采暖炉排出的高温烟气混合，可能引起火灾或爆炸事故，因此两者不得合用烟道。

8.5 电 气

8.5.1 为保证用电安全，电气线路的选材、配线应与住宅的用电负荷相适应。

8.5.2 为了防止因接地故障等引起的火灾，对住宅供配电应采取相应的安全措施。

8.5.3 出于节能的需要，应急照明可以采用节能自熄开关控制，但必须采取措施，使应急照明在应急状态下可以自动点亮，保证应急照明的使用功能。国家标准《住宅设计规范》GB 50096－1999（2003年版）第6.5.3条规定："住宅的公共部位应设人工照明，除高层住宅的电梯厅和应急照明外，均应采用节能自熄开关。"本条从节能角度对此进行了修改。

8.5.4 为保证安全和便于管理，本条对每套住宅的电源总断路器提出相应要求。

8.5.5 为了避免儿童玩弄插座发生触电危险，安装高度在1.8m及以下的插座应采用安全型插座。

8.5.6 住宅建筑应根据其重要性、使用性质、发生雷电事故的可能性和后果，分为第二类防雷建筑物和第三类防雷建筑物。预计雷击次数大于0.3次/a的住宅建筑应划为第二类防雷建筑物。预计雷击次数大于或等于0.06次/a，且小于或等于0.3次/a的住宅建筑，应划为第三类防雷建筑物。各类防雷建筑物均应采取防直击雷和防雷电波侵入的措施。

8.5.7 住宅建筑配电系统应采用TT、TN-C-S或TN-S接地方式，并进行总等电位联结。等电位联结是指为达到等电位目的而实施的导体联结，目的是当发生触电时，减少电击危险。

8.5.8 本条根据国家标准《建筑物电子信息系统防雷技术规范》GB 50343－2004第5.2.5条、第5.2.6条制定，对建筑防雷接地装置做了相应规定。

9 防火与疏散

9.1 一般规定

9.1.1 本条对住宅建筑周围的外部灭火救援条件做了原则规定。住宅建筑周围设置适当的消防水源、扑救场地以及消防车和救援车辆易达道路等灭火救援条件，有利于住宅建筑火灾的控制和救援，保护生命和财产安全。

9.1.2 本条规定了相邻住户之间的防火分隔要求。考虑到住宅建筑的特点，从被动防火措施上，宜将每个住户作为一个防火单元处理，故本条对住户之间的防火分隔要求做了原则规定。

9.1.3 本条规定了住宅与其他建筑功能空间之间的防火分隔和住宅部分安全出口、疏散楼梯的设置要求，并规定了火灾危险性大的场所禁止附设在住宅建筑中。

当住宅与其他功能空间处在同一建筑内时，采取防火分隔措施可使各个不同使用空间具有相对较高的安全度。经营、存放和使用火灾危险性大的物品，容易发生火灾，引起爆炸，故该类场所不应附设在住宅建筑中。

本条中的其他功能空间指商业经营性场所，以及机房、仓储用房等，不包括直接为住户服务的物业管理办公用房和棋牌室、健身房等活动场所。

9.1.4 本条对住宅建筑的耐火性能、疏散条件以及消防设施的设置做了原则性规定。

9.1.5 本条原则规定了各种建筑设备和管线敷设的防火安全要求。

9.1.6 本条规定了确定住宅建筑防火与疏散要求时应考虑的因素。建筑层数应包括住宅部分的层数和其他功能空间的层数。

住宅建筑的高度和面积直接影响到火灾时建筑内人员疏散的难易程度、外部救援的难易程度以及火灾可能导致财产损失的大小，住宅建筑的防火与疏散要求与建筑高度和面积直接相关联。对不同建筑高度和建筑面积的住宅区别对待，可解决安全性和经济性的矛盾。考虑到与现行相关防火规范的衔接，本规范以层数作为衡量高度的指标，并对层高较大的楼层规定了折算方法。

9.2 耐火等级及其构件耐火极限

9.2.1 本条将住宅建筑的耐火等级划分为四级。经综合考虑各种因素后，对适用于住宅的相关构件耐火等级进行了整合、协调，将构件燃烧性能描述为"不燃性"和"难燃性"，以体现构件的不同性能要求。考虑到目前轻钢结构和木结构等的发展需求，对耐火等级为三级和四级的住宅建筑构件的燃烧性能和耐火极限做了部分调整。

9.2.2 根据住宅建筑的特点，对不同建筑耐火等级要求的住宅的建造层数做了调整，允许四级耐火等级住宅建至3层，三级耐火等级住宅建至9层。考虑到住宅的分隔特点及其火灾特点，本规范强调住宅建筑户与户之间、单元与单元之间的防火分隔要求，不再对防火分区做出规定。

9.3 防火间距

9.3.1 本条规定了确定防火间距时应考虑的主要因素，即应从满足消防扑救需要和防止火势通过"飞火"、"热辐射"和"热对流"等方式向邻近建筑蔓延的要求出发，设置合理的防火间距。在满足防火安全条件的同时，尚应体现节约用地和与现实情况相协调的原则。

9.3.2 本条规定了住宅建筑与相邻民用建筑之间的防火间距要求以及防火间距允许调整的条件。

9.4 防火构造

9.4.1 本条对上下相邻住户间防止火灾竖向蔓延的外墙构造措

施做了规定。适当的窗槛墙或防火挑檐是防止火灾发生竖向蔓延的有效措施。

9.4.2 为防止楼梯间受到住户火灾烟气的影响，本条对楼梯间窗口与套房窗口最近边缘之间的水平间距限值做了规定。楼梯间作为人员疏散的途径，保证其免受住户火灾烟气的影响十分重要。

9.4.3 本条对住宅建筑中电梯井、电缆井、管道井等竖井的设置做了规定。

电梯是重要的垂直交通工具，其井道易成为火灾蔓延的通道。为防止火灾通过电梯井蔓延扩大，规定电梯井应独立设置，且在其内不能敷设燃气管道以及敷设与电梯无关的电缆、电线等，同时规定了电梯井井壁上除开设电梯门和底部及顶部的通气孔外，不应开设其他洞口。

各种竖向管井均是火灾蔓延的途径，为了防止火灾蔓延扩大，要求电缆井、管道井、排烟道、排气道等竖井应单独设置，不应混设。为了防止火灾时将管井烧毁，扩大灾情，规定上述管道井壁应为不燃性构件，其耐火极限不低于 1.00h。本条未对"垃圾道"做出规定，因为住宅中设置垃圾道不是主流做法，从健康、卫生角度出发，住宅不宜设置垃圾道。

为有效阻止火灾通过管井的竖向蔓延，本条对竖向管道井和电缆井层间封堵和孔洞封堵提出了要求。可靠的层间封堵和孔洞封堵是防止管道井和电缆井成为火灾蔓延通道的有效措施。

同样，为防止火灾竖向蔓延，本条还对住宅建筑中设置在防烟楼梯间前室和合用前室的电缆井和管道井井壁上检查门的耐火等级做了规定。

9.4.4 为防止火灾由汽车库竖向蔓延至住宅，本条对楼梯、电梯直通住宅下部汽车库时的防火分隔做了规定。

9.5 安全疏散

9.5.1 本条规定了设置安全出口应考虑的主要因素。考虑到当前住宅建筑形式趋于多样化，本条不具体界定建筑类型，但对各类住宅安全出口做了规定，总体兼顾了住宅的功能需求和安全需要。

本条根据不同的建筑层数，对安全出口设置数量做出规定，兼顾了安全性和经济性的要求。本条规定表明，在一定条件下，对 18 层及以下的住宅，每个住宅单元每层可仅设置一个安全出口。

19 层及 19 层以上的住宅建筑，由于建筑层数多，高度大，人员相对较多，一旦发生火灾，烟和火易发生竖向蔓延且蔓延速度快，而人员疏散路径长，疏散困难。故对此类建筑，规定每个单元每层设置不少于两个安全出口，以利于建筑内人员及时逃离火灾场所。

建筑安全疏散出口应分散布置。在同一建筑中，若两个楼梯出口之间距离太近，会导致疏散人流不均而产生局部拥挤，还可能因出口同时被烟堵住，使人员不能脱离危险而造成重大伤亡事故。

若门的开启方向与疏散人流的方向不一致，当遇有紧急情况时，会使出口堵塞，造成人员伤亡事故。疏散用门具有不需要使用钥匙等任何器具即能迅速开启的功能，是火灾状态下对疏散门的基本安全要求。

9.5.2 本条规定了确定户门至最近安全出口的距离时应考虑的因素，其原则是在保证人员疏散安全的条件下，尽可能满足建筑布局和节约投资的需要。

9.5.3 本条规定了确定楼梯间形式时应考虑的因素及首层对外出口的设置要求。建筑发生火灾时，楼梯间作为人员垂直疏散的惟一通道，应确保安全可靠。楼梯间可分为防烟楼梯间、封闭楼梯间和室外楼梯等，具体形式应根据建筑形式、建筑层数、建筑面积以及套房门的耐火等级等因素确定。

楼梯间在首层设置直通室外的出口，有利于人员在火灾时及时疏散；若没有直通室外的出口，应能保证人员在短时间内通过

不会受到火灾威胁的门厅，但不允许设置需经其他房间再到达室外的出口形式。

9.5.4 本条对住宅建筑楼梯间顶棚、墙面和地面材料做了限制性规定。

9.6 消防给水与灭火设施

9.6.1 本条将设置室内消防给水设施的建筑层数界限统一调整为 8 层。对于建筑层数较高的各类住宅建筑，其火势蔓延较为迅速，扑救难度大，必须设置有效的灭火系统。室内消防给水设施包括消火栓、消防卷盘和干管系统等。水灭火系统具有使用方便、灭火效果好、价格便宜、器材简单等优点，当前采用的主要灭火系统为消火栓给水系统。

9.6.2 自动喷水灭火系统具有良好的控火及灭火效果，已得到许多火灾案例的实践检验。对于建筑层数为 35 层及 35 层以上的住宅建筑，由于建筑高度高，人员疏散困难，火灾危险性大，为保证人员生命和财产安全，规定设置自动喷水灭火系统是必要的。

9.7 消防电气

9.7.1 本条对 10 层及 10 层以上住宅建筑的消防供电做了规定。高层建筑发生火灾时，主要利用建筑物本身的消防设施进行灭火和疏散人员。合理地确定供电负荷等级，对于保障建筑消防用电设备的供电可靠性非常重要。

9.7.2 火灾自动报警系统由触发器件、火灾报警装置及具有其他辅助功能的装置组成，是为及早发现和通报火灾，并采取有效措施控制和扑灭火灾，而设置在建筑物中或其他场所的一种自动消防设施。在发达国家，火灾自动报警系统的设置已较为普及。考虑到现阶段国内的实际条件，规定 35 层及 35 层以上的住宅建筑应设置火灾自动报警系统。

9.7.3 本条对 10 层及 10 层以上住宅建筑的楼梯间、电梯间及其前室的应急照明做了规定。为防止人员触电和防止火势通过电气设备、线路扩大，在火灾时需要及时切断起火部位及相关区域的电源。此时若无应急照明，人员在惊慌之中势必产生混乱，不利于人员的安全疏散。

9.8 消防救援

9.8.1 本条对 10 层及 10 层以上的住宅建筑周围设置消防车道提出了要求，以保证外部救援的实施。

9.8.2 为保证在发生火灾时消防车能迅速开到附近的天然水源（如江、河、湖、海、水库、沟渠等）和消防水池取水灭火，本条规定了供消防车取水的天然水源和消防水池，均应设有消防车道，并便于取水。

9.8.3 为满足消防队员快速灭火救援的需要，综合考虑消防队员的体能状况和现阶段国内的实际条件，规定 12 层及 12 层以上的住宅建筑应设消防电梯。

10 节　能

10.1 一般规定

10.1.1 在住宅建筑能耗中，采暖、空调能耗占有最大比例。降低采暖、空调能耗可以通过提高建筑围护结构的热工性能，提高采暖、空调设备和系统的用能效率来实现。本条列举了住宅建筑中与采暖、空调能耗直接相关的各个因素，指明了住宅设计时应采取的建筑节能措施。

10.1.2 进行住宅节能设计可以采取两种方法：第一种方法是规定性指标法，即对本规范第 10.1.1 条所列出的所有因素均规定一个明确的指标，设计住宅时不得突破任何一个指标；第二种方法是性能化方法，即不对本规范第 10.1.1 条所列出的所有因素都规定明确的指标，但对住宅在某种标准条件下采暖、空调能耗的理论计算值规定一个限值，所设计的住宅计算得到的采暖、空调能耗不得突破这个限值。

10.1.3 围护结构的保温、隔热性能的优劣对住宅采暖、空调能耗的影响很大，而围护结构的保温、隔热主要依靠保温材料来实现，因此必须保证保温材料不受潮。

设计住宅的围护结构时，应进行水蒸气渗透和冷凝计算；根据计算结果，判定在正常情况下围护结构内部保温材料的潮湿程度是否在可接受的范围内；必要时，应在保温材料层的表面设置隔汽层。

10.1.4 在住宅建筑能耗中，照明能耗也占有较大的比例，因此要注重照明节能。考虑到住宅建筑的特殊性，套内空间的照明受居住者的控制，不易干预，因此不对套内空间的照明做出规定。住宅公共场所和部位的照明主要受设计和物业管理的控制，因此本条明确要求采用高效光源和灯具并采取节能控制措施。

住宅建筑的公共场所和部位有许多是有天然采光的，例如大部分住宅的楼梯间都有外窗。在天然采光的区域为照明系统配置定时或光电控制设备，可以合理控制照明系统的开关，在保证使用的前提下同时达到节能的目的。

10.1.5 随着经济的发展，住宅的建造水准越来越高，住宅建筑内配置电梯、水泵、风机等机电设备已较为普遍。在提高居住者生活水平的同时，这些机电设备消耗的电能也很大，因此也应该注重这类机电设备的节电问题。

机电设备的节电潜力很大，技术也成熟，例如电梯的智能控制，水泵、风机的变频控制等都是可以采用的节电措施，并且能收到很好的效果。

10.1.6 建筑节能的目的是降低建筑在使用过程中的能耗，其中最主要的是降低采暖、空调和照明能耗。降低采暖、空调能耗有三条技术途径，一是提高建筑围护结构的热工性能，二是提高采暖、空调设备和系统的用能效率，三是利用可再生能源来替代常规能源。利用可再生能源是一种更高层次的"节能"技术途径。

在住宅建筑中，自然通风和太阳能热利用是最直接、最简单的可再生能源利用方式，因此在住宅建设中，提倡结合当地的气候条件，充分利用自然通风和太阳能。

10.2 规定性指标

10.2.1 本规范第 10.1.2 条规定进行住宅节能设计可以采取"规定性指标法"。建筑方面的规定性指标应包括建筑物的体形系数、窗墙面积比、墙体的传热系数、屋顶的传热系数、外窗的传热系数、外窗遮阳系数等。由于规定这些指标的目的是限制最终的采暖、空调能耗，而采暖、空调能耗又与建筑所处的气候密切相关，因此具体的指标值也应根据不同的建筑热工设计分区和最终允许的采暖、空调能耗来确定。各地的建筑节能设计标准都应依据此原则给出具体的指标。

10.2.2 随着建筑业的持续发展，空调应用进一步普及，中国已

成为空调设备的制造大国。大部分世界级品牌都已在中国成立合资或独资企业，大大提高了机组的质量水平，产品已广泛应用于各类建筑。国家标准《冷水机组能效限定值及能源效率等级》GB 19577-2004、《单元式空气调节机能效限定值及能源效率等级》GB 19576-2004 等将产品根据能源效率划分为 5 个等级，以配合我国能效标识制度的实施。能效等级的含义：1 等级是企业努力的目标；2 等级代表节能型产品的门槛（按最小寿命周期成本确定）；3、4 等级代表我国的平均水平；5 等级产品是未来淘汰的产品。确定能效等级能够为消费者提供明确的信息，帮助其进行选择，并促进高效产品的生产、应用。

表 10.2.2-1 冷水（热泵）机组制冷性能系数（COP）值和表 10.2.2-2 单元式空气调节机能效比（EER）值，是根据国家标准《公共建筑节能设计标准》GB 50189-2005 第 5.4.5 条、第 5.4.8 条规定的能效限值。对于采用集中空调系统的居民小区，或者设计阶段已完成户式中央空调系统设计的住宅，其冷源的能效规定取为与公共建筑相同。具体来说，对照"能效限定值及能源效率等级"标准，冷水（热泵）机组取用标准 GB 19577-2004"表 2 能源效率等级指标"中的规定值：活塞/涡旋式采用第 5 级，水冷离心式采用第 3 级，螺杆机则采用第 4 级；单元式空气调节机取用标准 GB 19576-2004"表 2 能源效率等级指标"中的第 4 级。

10.3 性能化设计

10.3.1 本规范第 10.1.2 条规定进行住宅节能设计可以采取"性能化方法"。所谓性能化方法，就是直接对住宅在某种标准条件下的理论上的采暖、空调能耗规定一个限值，作为节能控制目标。

10.3.2 为了维持住宅室内一定的热舒适条件，建筑物的采暖、空调能耗与建筑所处的气候区密切相关，因此具体的采暖、空调能耗限值也应该根据不同的建筑热工设计分区和最终希望达到的节能程度确定。各地的建筑节能设计标准都应依据此原则给出具体的采暖、空调能耗限值。

10.3.3 住宅节能设计的性能化方法是对住宅在某种标准条件的理论上的采暖、空调能耗规定一个限值，所设计的住宅计算得到的采暖、空调能耗不得突破这个限值。采暖、空调能耗与建筑所处的气候密切相关，因此具体的限值应根据具体的气候条件确定。

目前，住宅节能设计的性能化方法的应用主要考虑三种不同的气候条件：第一种是北方严寒和寒冷地区的气候条件，在这种条件下只需要考虑采暖能耗；第二种是中部夏热冬冷地区的气候条件，在这种条件下不仅要考虑采暖能耗，而且也要考虑空调能耗；第三种是南方夏热冬暖地区的气候条件，在这种条件下主要考虑空调能耗。

性能化方法规定的采暖、空调能耗限值，是某种标准条件下的理论计算值。为了保证性能化方法的公正性和惟一性，应详细地规定标准计算条件。本条分别对在三种不同的气候条件下，计算采暖、空调能耗做了具体规定，并给出了采暖、空调能耗限值。这些规定和限值是进行住宅节能性能化设计时必须遵守的。

11 使 用 与 维 护

11.0.1 住宅竣工验收合格，取得当地规划、消防、人防等有关部门的认可文件或准许使用文件，并满足地方建设行政主管部门规定的备案要求，才能说明住宅已经按要求建成。在此基础上，住宅具备接通水、电、燃气、暖气等条件后，可交付使用。

11.0.2 物业档案是实行物业管理必不可少的重要资料，是物业管理区域内对所有房屋、设备、管线等进行正确使用、维护、保养和修缮的技术依据，因此必须妥为保管。物业档案的所有者是业主委员会。物业档案最初应由建设单位负责形成和建立，在物业交付使用时由建设单位移交给物业管理企业。每个物业管理企业在服务合同终止时，都应将物业档案移交给业主委员会，并保证其完好。

11.0.3 《住宅使用说明书》是指导用户正确使用住宅的技术文件，所附《住宅品质状况表》不仅载明住宅是否已进行性能认定，还包括住宅各方面的基本性能情况，体现了对消费者知情权的尊重。

《住宅质量保证书》是建设单位按照政府统一规定提交给用户的住宅保修证书。在规定的保修期内，一旦出现属于保修范围内的质量问题，用户可以按照《住宅质量保证书》的提示获得保修服务。

11.0.4 用户正确使用住宅设备，不擅自改动住宅主体结构等，是保证正常安全居住的基本要求。鉴于住户擅自改动住宅主体结构、拆改配套设施等情况时有发生，本条对此做了严格限制。

11.0.5 不允许自行拆改或占用共用部位，既是为了维护公众居住权益，也是为了保证人员的生命安全。

11.0.6 住宅和居住区内按照规划建设的公共建筑和共用设施，是为广大用户服务的，若改变其用途，将损害公众权益。

11.0.7 对住宅和相关场地进行日常保养、维修和管理，对各种共用设备和设施进行日常维护、检修、更新，是保证物业正常使用所必需的，也是物业管理公司的重要工作内容。

11.0.8 近年来，居住小区消防设施完好率低和消防通道被挤占的情况比较普遍，尤其是小汽车大量进入家庭以来，停车占用消防通道的现象越来越多，一旦发生火灾，将给扑救工作带来巨大困难。本条据此规定必须保持消防设施完好和消防通道畅通。

14

中华人民共和国国家标准

医用气体工程技术规范

Technical code for medical gases engineering

GB 50751 - 2012

主编部门：中 华 人 民 共 和 国 卫 生 部
批准部门：中华人民共和国住房和城乡建设部
施行日期：2 0 1 2 年 8 月 1 日

中华人民共和国住房和城乡建设部公告

第 1357 号

关于发布国家标准
《医用气体工程技术规范》的公告

现批准《医用气体工程技术规范》为国家标准，编号为
GB 50751—2012，自 2012 年 8 月 1 日起实施。其中，第 4.1.1
(1)、4.1.2（1）、4.1.4（3）、4.1.7、4.1.8、4.1.9（1）、
4.2.8、4.3.5、4.4.1（1、4）、4.4.7、4.5.2、4.6.4（3）、
4.6.7、5.2.1、5.2.5（1）、5.2.9、10.1.4（3）、10.1.5、
10.2.17 条（款）为强制性条文，必须严格执行。

本规范由我部标准定额研究所组织中国计划出版社出版
发行。

中华人民共和国住房和城乡建设部
二○一二年三月三十日

前　言

本规范是根据住房和城乡建设部《关于印发〈2008年工程建设标准规范制订、修订计划(第一批)〉的通知》(建标〔2008〕102号)的要求,由上海市建筑学会会同有关设计、研究、管理、使用单位共同编制完成的。

本规范在编制过程中,编制组对国内外医用气体工程的建设情况进行了广泛的调查研究,总结了国内医用气体工程建设中的设计、施工、验收和运行管理的先进经验,引用了设备与产品制造、质量检测单位的领先成果,吸纳了国际上通用的理论和流程,并充分考虑了国内工程的现状与水平,参考了国内外相关标准,并在广泛征求意见的基础上,通过反复讨论、修改和完善,最后经审查定稿。

本规范共分11章及4个附录,主要内容包括:总则、术语、基本规定、医用气体源与汇、医用气体管道与附件、医用气体供应末端设施、医用气体系统监测报警、医用氧舱气体供应、医用气体系统设计、医用气体工程施工、医用气体系统检验与验收等。

本规范中以黑体字标志的条文为强制性条文,必须严格执行。

本规范由住房和城乡建设部负责管理和对强制性条文的解释,上海市建筑学会负责具体技术内容的解释。为进一步完善本规范,请各单位和个人在执行本规范过程中,认真总结经验,积累资料,如发现需要修改或补充之处,请将意见和有关资料寄至上海市建筑学会《医用气体工程技术规范》编制工作组(地址:上海市静安区新闸路831号丽都新贵24楼E),以供今后修订时参考。

本规范主编单位、参编单位、参加单位、主要起草人和主要审查人名单:

主 编 单 位:上海市建筑学会
参 编 单 位:中国医院协会医院建筑系统研究分会
　　　　　　重庆大学城市建设与环境工程学院
　　　　　　上海现代建筑设计(集团)有限公司
　　　　　　中国人民解放军总医院
　　　　　　上海德尔格医疗器械有限公司
　　　　　　上海必康美得医用气体工程咨询有限公司
　　　　　　上海申康医院发展中心
　　　　　　上海市卫生基建管理中心
　　　　　　国际铜业协会(中国)
　　　　　　上海捷锐净化工程有限公司
　　　　　　浙江华健医用工程有限公司
　　　　　　中国中元国际工程公司
　　　　　　公安部天津消防研究所
参 加 单 位:浙江海亮股份有限公司
　　　　　　林德集团上海金山石化比欧西气体有限公司
　　　　　　上海康普艾压缩机有限公司
　　　　　　上海普旭真空设备技术有限公司
　　　　　　上虞市金来铜业有限公司
　　　　　　北京航天雷特新技术实业公司
　　　　　　上海邦鑫实业有限公司
主要起草人:王宇虹　马琪伟　丁德平　卢　军　钱俏鹏
　　　　　　楼东堡　刘　强　谢思桃
主要审查人:于　冬　诸葛立荣　张建忠　陈霖新　倪照鹏
　　　　　　施振球　何晓平　黄　磊　王祥瑞　贾来全
　　　　　　明汝新　董益波　曹德森　刘光荣　何哈娜
　　　　　　岳相辉

目　次

1 总　则

1.0.1 为规范我国医用气体工程建设，保证建设质量，实现安全可靠、技术先进、经济合理、运行与管理维护方便的目标，制定本规范。

1.0.2 本规范适用于医疗卫生机构中新建、改建或扩建的集中供应医用气体工程的设计、施工及验收。

1.0.3 医疗卫生机构应按医疗科目和流程选择所需的医用气体系统，系统的建设应统一完整。

1.0.4 医用气体工程所使用的设备、材料，应有生产许可证明并通过相关的检验或检测。

1.0.5 医用气体工程的设计、施工及验收，除应执行本规范外，尚应符合国家现行有关标准的规定。

2 术　语

2.0.1 医用气体　medical gas
由医用管道系统集中供应，用于病人治疗、诊断、预防，或驱动外科手术工具的单一或混合成分气体。在应用中也包括医用真空。

2.0.2 医用气体管道系统　medical gas pipeline system
包含气源系统、监测和报警系统，设置有阀门和终端组件等末端设施的完整管道系统，用于供应医用气体。

2.0.3 医用空气　medical purpose air
在医疗卫生机构中用于医疗用途的空气，包括医疗空气、器械空气、医用合成空气、牙科空气等。

2.0.4 医疗空气　medical air
经压缩、净化、限定了污染物浓度的空气，由医用管道系统供应作用于病人。

2.0.5 器械空气　instrument air
经压缩、净化、限定了污染物浓度的空气，由医用管道系统供应为外科工具提供动力。

2.0.6 医用合成空气　synthetic air
由医用氧气、医用氮气按氧含量为 21% 的比例混合而成。由医用管道系统集中供应，作为医用空气的一种使用。

2.0.7 牙科空气　dental air
经压缩、净化、限定了污染物浓度的空气，由医用管道系统供应为牙科工具提供动力。

2.0.8 医用真空　medical vacuum
为排除病人体液、污物和治疗用液体而设置的使用于医疗用途的真空，由管道系统集中提供。

2.0.9 医用氮气　medical nitrogen
主要成分是氮，作为外科工具的动力载体或与其他气体混合用于医疗用途的气体。

2.0.10 医用混合气体　medical mixture gases
由不少于两种医用气体按医疗卫生需求的比例混合而成，作用于病人或医疗器械的混合成分气体。

2.0.11 麻醉废气排放系统　waste anaesthetic gas disposal system(WAGD)
将麻醉废气接收系统呼出的多余麻醉废气排放到建筑物外安全处的系统，由动力提供、管道系统、终端组件和监测报警装置等部分组成。

2.0.12 单一故障状态　single-fault condition
设备内只有一个安全防护措施发生故障，或只出现一种外部异常情况的状态。

2.0.13 生命支持区域　life support area
病人进行创伤性手术或需要通过在线监护治疗的特定区域，该区域内的病人需要一定时间的病情稳定后才能离开。如手术室、复苏室、抢救室、重症监护室、产房等。

2.0.14 区域阀门　zone valve
将指定区域内的医用气体终端或医用气体使用设备与管路的其他部分隔离的阀门，主要用于紧急情况下的隔断、维护等。

2.0.15 终端组件　terminal unit
医用气体供应系统中的输出口或真空吸入口组件，需由操作者连接或断开，并具有特定气体的唯一专用性。

2.0.16 低压软管组件　low-pressure hose assembly
适用于压力为 1.4MPa 以下的医用气体系统，带有永久性输入和输出专用气体接头的软管组合体。

2.0.17 直径限位的安全制式接头(DISS 接头)　diameter-index safety system connector
具有气体专用特性，直径各不相同的、分别与各种气体设施匹配的专用内、外接头组件。

2.0.18 专用螺纹制式接头(NIST 接头)　non-interchangeable screw-threaded connector
具有气体专用特性，直径与旋向各不相同的、分别与各种气体设施匹配的专用内、外螺纹接头组件。

2.0.19 管接头限位的制式接头(SIS 接头)　sleeve-index system connector
具有气体专用特性，插孔各不相同的、分别与各种气体设施匹配的专用内、外管接头组件。

2.0.20 医用供应装置　medical supply unit
配备在医疗服务区域内，可提供医用气体、液体、麻醉或呼吸废气排放、电源、通信等的不可移动装置。

2.0.21 焊接绝热气瓶　welded insulated cylinder
在内胆与外壳之间置有绝热材料，并使其处于真空状态的气瓶。用于储存临界温度小于等于 −50℃ 的低温液化气体。

2.0.22 医用氧舱　medical hyperbaric chamber
在高于环境大气压力下利用医用氧进行治疗的一种载人压力容器设备。

2.0.23 气体汇流排　gas manifold
将数个气体钢瓶分组汇合并减压，通过管道输送气体至使用末端的装置。

2.0.24 真空压力　effective vacuum pressure
指相对真空压力，当地绝对大气压与真空绝对压力的差值。

3 基本规定

3.0.1 部分医用气体的品质应符合下列规定：

1 部分医用空气的品质要求应符合表3.0.1的规定；

表3.0.1 部分医用空气的品质要求

气体种类	油 mg/Nm³	水 mg/Nm³	CO10⁻⁶ (v/v)	CO₂10⁻⁶ (v/v)	NO 和 NO₂ 10⁻⁶(v/v)	SO₂10⁻⁶ (v/v)	颗粒物(GB 13277.1)*	气味
医疗空气	≤0.1	≤575	≤5	≤500	≤2	≤1	2级	无
器械空气	≤0.1	≤50	—	—	—	—	2级	无
牙科空气	≤0.1	≤780	≤5	≤500	≤2	≤1	3级	无

注：*《压缩空气 第1部分：污染物净化等级》GB 13277.1—2008。

2 用于外科工具驱动的医用氮气应符合现行国家标准《纯氮、高纯氮和超纯氮》GB/T 8979中有关纯氮的品质要求。

3.0.2 医用气体终端组件处的参数应符合表3.0.2的规定。

表3.0.2 医用气体终端组件处的参数

医用气体种类	使用场所	额定压力(kPa)	典型使用流量(L/min)	设计流量(L/min)
医疗空气	手术室	400	20	40
	重症病房、新生儿、高护病房	400	60	80
	其他病房床位	400	10	20
器械空气、医用氮气	骨科、神经外科手术室	800	350	350

续表3.0.2

医用气体种类	使用场所	额定压力(kPa)	典型使用流量(L/min)	设计流量(L/min)
医用真空	大手术	40(真空压力)	15～80	80
	小手术、所有病房床位	40(真空压力)	15～40	40
医用氧气	手术室和用氧化亚氮进行麻醉的用点	400	6～10	100
	所有其他病房用点	400	6	10
医用氧化亚氮	手术、产科、所有病房用点	400	6～10	15
医用氧化亚氮/氧气混合气	待产、分娩、恢复、产后、家庭化产房(LDRP)用点	400(350)	10～20	275
	所有其他需要的病房床位	400(350)	6～15	20
医用二氧化碳	手术室、造影室、腹腔检查用点	400	6	20
医用二氧化碳/氧气混合气	重症病房、所有需要的床位	400(350)	6～15	20
医用氮/氧混合气	重症病房	400(350)	40	100
麻醉或呼吸废气排放	手术室、麻醉室、重症监护室(ICU)用点	15(真空压力)	50～80	50～80

注：1 350kPa气体的压力允许最大偏差为350kPa$^{+50}_{-40}$kPa，400kPa气体的压力允许最大偏差为400kPa$^{+100}_{0}$kPa，800kPa气体的压力允许最大偏差为800kPa$^{+100}_{-80}$kPa。

2 在医用气体使用处与医用氧气混合形成混合气体时，配比的医用气体压力应低于该处医用氧气压力50kPa～80kPa，相应的额定压力也应减小为350kPa。

3.0.3 在牙椅处的牙科气体参数应符合表3.0.3的规定。

表3.0.3 在牙椅处的牙科气体参数

医用气体种类	额定压力(kPa)	典型使用流量(L/min)	设计流量(L/min)	备注
牙科空气	550	50	50	气体流量需求视牙椅具体型号的不同有差别
牙科专用真空	15(真空压力)	300	300	
医用氧化亚氮/氧气混合气	400(350)	6～15	20	在使用混合提供气体时额定压力为350kPa
医用氧气	400	5～10	10	—

3.0.4 医用气体终端组件的设置数量和方式应根据医疗工艺需求确定，宜符合本规范附录A的规定。

4 医用气体源与汇

4.1 医用空气供应源

Ⅰ 医疗空气供应源

4.1.1 医疗空气的供应应符合下列规定：

1 医疗空气严禁用于非医用用途；

2 医疗空气可由气瓶或空气压缩机组供应；

3 医疗空气与器械空气共用压缩机组时，其空气含水量应符合本规范表3.0.1有关器械空气的规定。

4.1.2 医疗空气供应源应由进气消音装置、压缩机、后冷却器、储气罐、空气干燥机、空气过滤系统、减压装置、止回阀等组成，并应符合下列规定：

1 医疗空气供应源在单一故障状态时，应能连续供气；

2 供应源应设置备用压缩机，当最大流量的单台压缩机故障时，其余压缩机应仍能满足设计流量；

3 供应源宜采用同一机型的空气压缩机，并宜选用无油润滑的类型；

4 供应源应设置防倒流装置；

5 供应源的后冷却器作为独立部件时应至少配置两台，当最大流量的单台后冷却器故障时，其余后冷却器应仍能满足设计流量；

6 供应源应设置备用空气干燥机，备用空气干燥机应能满足系统设计流量；

7 供应源的储气罐组应使用耐腐蚀材料或进行耐腐蚀处理。

4.1.3 空气压缩机进气装置应符合下列规定：

1 进气口应设置在远离医疗空气限定的污染物散发处的场所；

2 进气口设于室外时，进气口应高于地面5m，且与建筑物的门、窗、进排气口或其他开口的距离不应小于3m，进气口应使用耐腐蚀材料，并应采取进气防护措施；

3 进气口设于室内时，医疗空气供应源不得与医用真空汇、牙科专用真空汇，以及麻醉废气排放系统设置在同一房间内。压缩机进气口不应设置在电机风扇或传送皮带的附近，且室内空气质量应等同或优于室外，并应能连续供应；

4 进气管应采用耐腐蚀材料，并应配备进气过滤器；

5 多台压缩机合用进气管时，每台压缩机进气端应采取隔离措施。

4.1.4 医疗空气过滤系统应符合下列规定：

1 医疗空气过滤器应安装在减压装置的进气侧；

2 应设置不少于两级的空气过滤器，每级过滤器均应设置备用。系统的过滤精度不应低于1μm，且过滤效率应大于99.9%；

3 医疗空气压缩机不是全无油压缩机系统时，应设置活性炭过滤器；

4 过滤系统的末级可设置细菌过滤器，并应符合本规范第5.2节的有关规定；

5 医疗空气过滤器处应设置滤芯性能监视措施。

4.1.5 医疗空气的设备、管道、阀门及附件的设置与连接，应符合下列规定：

1 压缩机、后冷却器、储气罐、干燥机、过滤器等设备之间宜设置阀门。储气罐应设备用或安装旁通管；

2 压缩机进、排气管的连接宜采用柔性连接；

3 储气罐等设备的冷凝水排放应设置自动和手动排水阀门；

4 减压装置应符合本规范第5.2.14条的规定；

5 气源出口应设置气体取样口。

4.1.6 医疗空气供应源控制系统、监测与报警，应符合下列规定：

1 每台压缩机应设置独立的电源开关及控制回路；

2 机组中的每台压缩机应能自动逐台投入运行，断电恢复后压缩机应能自动启动；

3 机组的自动切换控制应使得每台压缩机均匀分配运行时间；

4 机组的控制面板应显示每台压缩机的运行状态，机组内应有每台压缩机运行时间指示；

5 监测与报警的要求应符合本规范第7.1节的规定。

4.1.7 医疗空气供应源应设置应急备用电源。

Ⅱ 器械空气供应源

4.1.8 非独立设置的器械空气系统，器械空气不得用于各类工具的维修或吹扫，以及非医气气动工具或密封门等的驱动用途。

4.1.9 器械空气由空气压缩机系统供应时，应符合下列规定：

1 器械空气供应源在单一故障状态时，应能连续供气；

2 器械空气供应源的设置要求应符合本规范第4.1.2条第2～7款的规定；

3 器械空气同时用于牙科时，不得与医疗空气共用空气压缩机组。

4.1.10 器械空气的过滤系统应符合下列规定：

1 机组使用减压装置时，器械空气过滤系统应安装在减压装置的进气侧；

2 应设有不少于两级的过滤器，每级过滤均应设置备用。系统的过滤精度不应低于0.01μm，且效率应大于98%；

3 器械空气压缩机组不是全无油压缩机系统时，应设置末级活性炭过滤器；

4 器械空气过滤器处应设置滤芯性能监视措施。

4.1.11 器械空气供应源的设备、管道、阀门及附件的设置与连接，应符合本规范第4.1.5条的规定。

4.1.12 器械空气供应源的控制系统、监测与报警，应符合本规范第4.1.6条的规定。

4.1.13 独立设置的器械空气源应设置应急备用电源。

Ⅲ 牙科空气供应源

4.1.14 牙科空气供应源宜设置为独立的系统，且不得与医疗空气供应源共用空气压缩机。

4.1.15 牙科空气供应源应由进气消音装置、压缩机、后冷却器、储气罐、空气干燥机、空气过滤系统、减压装置、止回阀等组成。

4.1.16 牙科空气压缩机的排气压力不得小于0.6MPa。

4.1.17 当牙椅超过5台时，压缩机不宜少于2台，其控制系统、监测与报警应符合本规范第4.1.6条的规定。

4.1.18 牙科空气与器械空气共用系统时，牙科供气总管处应安装止回阀。

4.1.19 压缩机进气装置应符合本规范第4.1.3条第4和5款的规定。

4.1.20 储气罐应符合本规范第4.1.2条第7款的规定。

4.2 氧气供应源

Ⅰ 一般规定

4.2.1 医疗卫生机构应根据医疗需求及医用氧气供应情况，选择、设置医用的氧气供应源，并应供应满足国家规定的用于医疗用途的氧气。

4.2.2 医用氧气供应源应由医用氧气气源、止回阀、过滤器、减压装置，以及高、低压力监视报警装置组成。

4.2.3 医用氧气气源应由主气源、备用气源和应急备用气源组成。备用气源应能自动投入使用，应急备用气源应设置自动或手动切换装置。

4.2.4 医用氧气主气源宜设置或储备能满足一周及以上用氧量，应至少不低于3d用氧量；备用气源应设置或储备24h以上用氧量；应急备用气源应保证生命支持区域4h以上的用氧量。

4.2.5 应急备用气源的医用氧气不得由医用分子筛制氧系统或医用液氧系统供应。

4.2.6 医用氧气供应源的减压装置、阀门等附件，应符合本规范第5.2节的规定，医用氧气供应源过滤器的精度应为100μm。

4.2.7 医用氧气汇流排应采用工厂制成品，并应符合下列规定：

1 医用气体汇流排高、中压段应使用铜或铜合金材料；

2 医用气体汇流排的高、中压段阀门不应采用快开阀门；

3 医用气体汇流排应使用安全低压电源。

4.2.8 医用氧气供应源、医用分子筛制氧机组供应源，必须设置应急备用电源。

4.2.9 医用氧气的排气放散管均应接至室外安全处。

Ⅱ 医用液氧贮罐供应源

4.2.10 医用液氧贮罐供应源应由医用液氧贮罐、汽化器、减压装置等组成。医用液氧贮罐供应源的贮罐不宜少于两个，并应能切换使用。

4.2.11 医用液氧贮罐应同时设置安全阀和防爆膜等安全措施；医用液氧贮罐气源的供应支路应设置防回流措施；当医用液氧输送和供应的管路上两个阀门之间的管段有可能积存液氧时，必须设置超压泄放装置。

4.2.12 汽化器应设置为两组且应能相互切换，每组均应能满足最大供氧流量。

4.2.13 医用液氧贮罐的充灌接口应设置防错接和保护设施，并应设置在安全、方便位置。

4.2.14 医用液氧贮罐、汽化器及减压装置应设置在空气流通场所。

Ⅲ 医用氧焊接绝热气瓶汇流排供应源

4.2.15 医用氧焊接绝热气瓶汇流排供应源的单个气瓶输氧量超过5m³/h时，每组气瓶均应设置汽化器。

4.2.16 医用氧焊接绝热气瓶汇流排供应源的气瓶宜设置为数量相同的两组，并应能自动切换使用。每组医用氧焊接绝热气瓶应满足最大用氧流量，且不得少于2只。

4.2.17 汇流排与医用氧焊接绝热气瓶的连接应采取防错接措施。

Ⅳ 医用氧气钢瓶汇流排供应源

4.2.18 医用氧气钢瓶汇流排气源的汇流排容量，应根据医疗卫生机构最大需氧量及操作人员班次确定。

4.2.19 医用氧气钢瓶汇流排供应源作为主气源时，医用氧气钢瓶宜设置为数量相同的两组，并应能自动切换使用。

4.2.20 汇流排与医用氧气钢瓶的连接应采取防错接措施。

Ⅴ 医用分子筛制氧机供应源

4.2.21 医用分子筛制氧机供应源及其产品气体的品质应满足国家有关管理部门的规定。

4.2.22 医用分子筛制氧机供应源应由医用分子筛制氧机机组、过滤器和调压器等组成，必要时应包括增压机组。医用分子筛制氧机机组宜由空气压缩机、空气储罐、干燥设备、分子筛吸附器、缓冲罐等组成，增压机组由氧气压缩机、氧气储罐组成。

4.2.23 空气压缩机进气装置应符合本规范第4.1.3条的规定。分子筛吸附器的排气口应安装消声器。

4.2.24 医用分子筛制氧机供应源应设置氧浓度及水分、一氧化碳杂质含量实时在线检测设施，检测分析仪的最大测量误差为±0.1%。

4.2.25 医用分子筛制氧机机组应设置设备运行监控和氧浓度及水分、一氧化碳杂质含量监控和报警系统，并应符合本规范第7章的规定。

4.2.26 医用分子筛制氧机供应源的各供应支路应采取防回流措施，供应源出口应设置气体取样口。

4.2.27 医用分子筛制氧机供应源应设置备用机组或采用符合本规范第4.2.10条~第4.2.20条规定的备用气源。医用分子筛制氧机的主供应源、备用或备用组合气源均应能满足医疗卫生机构的用氧峰值量。

4.2.28 医用分子筛制氧机供应源应设置应急备用气源，并应符合本规范第4.2.18条~第4.2.20条的规定。

4.2.29 当机组氧浓度低于规定值或杂质含量超标，以及实时检测设施故障时，应能自动将医用分子筛制氧机隔离并切换到备用或应急备用氧气源。

4.2.30 医疗卫生机构不应设置将医用分子筛制氧机产出气体充入高压气瓶的系统。

4.3 医用氮气、医用二氧化碳、医用氧化亚氮、医用混合气体供应源

4.3.1 医疗卫生机构应根据医疗需求及医用氮气、医用二氧化碳、医用氧化亚氮、医用混合气体的供应情况设置气体的供应源，并宜设置满足一周及以上，且至少不低于3d的用气或储备量。

4.3.2 医用氮气、医用二氧化碳、医用氧化亚氮、医用混合气体的汇流排容量，应根据医疗卫生机构的最大用气量及操作人员班次确定。

4.3.3 医用氮气、医用二氧化碳、医用氧化亚氮、医用混合气体的供应源，应符合下列规定：

　　1 气体汇流排供应源的医用气瓶宜设置为数量相同的两组，并应能自动切换使用。每组气瓶均应满足最大用气流量；

　　2 气体供应源的减压装置、阀门和管道附件等，应符合本规范第5.2节的规定；

　　3 气体供应源过滤器应安装在减压装置之前，过滤精度应为100μm；

　　4 汇流排与医用气体钢瓶的连接应采取防错接措施。

4.3.4 医用气体汇流排应采用工厂制成品。输送氧含量超过

23.5%的汇流排，还应符合本规范第4.2.7条的规定。

4.3.5 各种医用气体汇流排在电力中断或控制电路故障时，应能持续供气。医用二氧化碳、医用氧化亚氮气体供应源汇流排，不得出现气体供应结冰情况。

4.3.6 医用氮气、医用二氧化碳、医用氧化亚氮、医用混合气体供应源，均应设置排气放散管，且应引出至室外安全处。

4.3.7 医用氮气、医用二氧化碳、医用氧化亚氮、医用混合气体供应源，应设置监测报警系统，并应符合本规范第7章的规定。

4.4 真空汇

Ⅰ 医用真空汇

4.4.1 医用真空汇应符合下列规定：

　　1 医用真空不得用于三级、四级生物安全实验室及放射性沾染场所；

　　2 独立传染病科医疗建筑物的医用真空系统宜独立设置；

　　3 实验室真空汇与医用真空汇共用时，真空罐与实验室总汇集管之间应设置独立的阀门及真空除污罐；

　　4 医用真空汇在单一故障状态时，应能连续工作。

4.4.2 医用真空机组宜由真空泵、真空罐、止回阀等组成，并应符合下列规定：

　　1 真空泵宜为同一种类型；

　　2 医用真空汇应设置备用真空泵，当最大流量的单台真空泵故障时，其余真空泵应仍能满足设计流量；

　　3 真空机组应设置防倒流装置。

4.4.3 医用真空汇宜设置细菌过滤器或采取其他灭菌消毒措施。当采用细菌过滤器时，应符合本规范第5.2节的有关规定。

4.4.4 医用真空机组排气应符合下列规定：

　　1 多台真空泵合用排气管时，每台真空泵排气应采取隔离措施；

　　2 排气管口应使用耐腐蚀材料，并应采取排气防护措施，排气管道的最低部位应设置排污阀；

　　3 真空泵的排气应符合医院环境卫生标准要求。排气口应设置有害气体警示标识；

　　4 排气口应位于室外，不应与医用空气进气口位于同一高度，且与建筑物的门窗、其他开口的距离不应少于3m；

　　5 排气口气体的发散不应受季风、附近建筑、地形及其他因素的影响，排出的气体不应转移至其他人员工作或生活区域。

4.4.5 医用真空汇的设备、管道连接、阀门及附件的设置，应符合下列规定：

　　1 每台真空泵、真空罐、过滤器间均应设置阀门或止回阀。真空罐应设置备用或安装旁通管；

　　2 真空罐应设置排污阀，其进气口之前宜设置真空除污罐，并应符合本规范第5.2节的有关规定；

　　3 真空泵与进气、排气管的连接宜采用柔性连接。

4.4.6 医用真空汇的控制系统、监测与报警应符合下列规定：

　　1 每台真空泵应设置独立的电源开关及控制回路；

　　2 每台真空泵应能自动逐台投入运行，断电恢复后真空泵应能自动启动；

　　3 自动切换控制应使得每台真空泵均匀分配运行时间；

　　4 医用真空汇控制面板应设置每台真空泵运行状态指示及运行时间显示；

　　5 监测与报警的要求应符合本规范第7.1节的规定。

4.4.7 医用真空汇应设置应急备用电源。

4.4.8 液环式真空泵的排水应经污水处理合格后排放，且应符合现行国家标准《医疗机构水污染物排放标准》GB 18466的有关规定。

Ⅱ 牙科专用真空汇

4.4.9 牙科专用真空汇应独立设置，并应设置汞合金分离装置。

4.4.10 牙科专用真空汇应符合下列规定:

1 牙科专用真空汇应由真空泵、真空罐、止回阀等组成,也可采用粗真空风机机组型式;

2 牙科专用真空汇使用液环真空泵时,应设置水循环系统;

3 牙科专用真空系统不得对牙科设备的供水造成交叉污染。

4.4.11 牙科过滤系统应符合下列规定:

1 进气口应设置过滤网,应能滤除粒径大于1mm的颗粒;

2 系统设置细菌过滤器时,应符合本规范第5.2节的有关规定。湿式牙科专用真空系统的细菌过滤器应设置在真空泵的排气口。

4.4.12 牙科专用真空汇排气应符合本规范第4.4.4条的规定。

4.4.13 牙科专用真空汇控制系统应符合本规范第4.4.6条的规定。

4.5 麻醉或呼吸废气排放系统

4.5.1 麻醉或呼吸废气排放系统应保证每个末端的设计流量,以及终端组件应用端允许的真空压力损失符合表4.5.1的规定。

表4.5.1 麻醉或呼吸废气排放系统每个末端
设计流量与应用端允许真空压力损失

麻醉或呼吸废气排放系统	设计流量(L/min)	允许真空压力损失(kPa)
高流量排放系统	≤80	1
	≥50	2
低流量排放系统	≤50	1
	≥25	2

4.5.2 麻醉废气排放系统及使用的润滑剂、密封剂,应采用与氧气、氧化亚氮、卤化麻醉剂不发生化学反应的材料。

4.5.3 麻醉或呼吸废气排放机组应符合下列规定:

1 机组在单一故障状态时,系统应能连续工作;

2 机组的真空泵或风机宜为同一种类型;

3 机组应设置备用真空泵或风机,当最大流量的单台真空泵或风机故障时,机组其余部分应仍能满足设计流量;

4 机组应设置防倒流装置。

4.5.4 麻醉或呼吸废气排放机组中设备、管道连接、阀门及附件的设置,应符合下列规定:

1 每台麻醉或呼吸废气排放真空泵应设置阀门或止回阀;

2 麻醉或呼吸废气排放机组的进气管及排气管宜采用柔性连接;

3 麻醉或呼吸废气排放机组进气口应设置阀门。

4.5.5 粗真空风机排放机组中风机的设计运行真空压力宜高于17.3kPa,且机组不应再用作其他用途。

4.5.6 麻醉或呼吸废气真空机组排气应符合本规范第4.4.4条的规定。

4.5.7 大于0.75kW的麻醉或呼吸废气真空泵或风机,宜设置在独立的机房内。

4.5.8 引射式排放系统采用医疗空气驱动引射器时,其流量不得对本区域的其余设备正常使用医疗空气产生干扰。

4.5.9 用于引射式排放的独立压缩空气系统,应设置备用压缩机,当最大流量的单台压缩机故障时,其余压缩机应仍能满足设计流量。

4.5.10 用于引射式排放的独立压缩空气系统,在单一故障状态时应能连续工作。

4.6 建筑及构筑物

4.6.1 医用气体气源站房的布置应在医疗卫生机构总体设计中统一规划,其噪声和排放的废气、废水不应对医疗卫生机构及周边环境造成污染。

4.6.2 医用空气供应源站房、医用真空汇泵房、牙科专用真空汇泵房、麻醉废气排放泵房设计,应符合下列规定:

1 机组四周应留有不小于1m的维修通道;

2 每台压缩机、干燥机、真空泵、真空风机应根据设备或安装位置的要求采取隔震措施,机房及外部噪声应符合现行国家标准《声环境质量标准》GB 3096以及医疗工艺对噪声与震动的规定;

3 站房内应采取通风或空调措施,站房内环境温度不应超过相关设备的允许温度。

4.6.3 医用液氧贮罐站的设计应符合下列规定:

1 贮罐站应设置防火围堰,围堰的有效容积不应小于围堰最大液氧贮罐的容积,且高度不应低于0.9m;

2 医用液氧贮罐和输送设备的液体接口下方周围5m范围内地面应为不燃材料,在机动输送设备下方的不燃材料地面不应小于车辆的全长;

3 氧气储罐及医用液氧贮罐本体应设置标识和警示标志,周围应设置安全标识。

4.6.4 医用液氧贮罐与建筑物、构筑物的防火间距,应符合下列规定:

1 医用液氧贮罐与医疗卫生机构外建筑之间的防火间距,应符合现行国家标准《建筑设计防火规范》GB 50016的有关规定;

2 医疗卫生机构氧气贮罐处的实体围墙高度不应低于2.5m;当围墙外为道路或开阔地时,贮罐与实体围墙的间距不应小于1m;围墙外为建筑物、构筑物时,贮罐与实体围墙的间距不应小于5m;

3 医用液氧贮罐与医疗卫生机构内部建筑物、构筑物之间的防火间距,不应小于表4.6.4的规定。

表4.6.4 医用液氧贮罐与医疗卫生机构内部
建筑物、构筑物之间的防火间距(m)

建筑物、构筑物	防火间距
医院内道路	3.0
一、二级建筑物墙壁或突出部分	10.0

续表4.6.4

建筑物、构筑物	防火间距
三、四级建筑物墙壁或突出部分	15.0
医院变电站	12.0
独立车库、地下车库出入口、排水沟	15.0
公共集会场所、生命支持区域	15.0
燃煤锅炉房	30.0
一般架空电力线	≥1.5倍电杆高度

注:当面向液氧贮罐的建筑外墙为防火墙时,液氧贮罐与一、二级建筑物墙壁或突出部分的防火间距不应小于5.0m,与三、四级建筑物墙壁或突出部分的防火间距不应小于7.5m。

4.6.5 医用分子筛制氧站、医用气体储存库除本规范的规定外,尚应符合现行国家标准《建筑设计防火规范》GB 50016的有关规定,应布置为独立单层建筑物,其耐火等级不应低于二级,建筑围护结构上的门窗应向外开启,并不得采用木质、塑钢等可燃材料制作。与其他建筑毗连时,其毗连的墙应为耐火极限不低于3.0h且无门、窗、洞的防火墙,站房至少设置一个直通室外的门。

4.6.6 医用气体汇流排间不应与医用空气压缩机、真空汇或医用分子筛制氧机设置在同一房间内。输送氧气含量超过23.5%的医用气体汇流排间,当供气量不超过60m³/h时,可设置在耐火等级不低于三级的建筑内,但应靠外墙布置,并应采用耐火极限不低于2.0h的墙和甲级防火门与建筑物的其他部分隔开。

4.6.7 除医用空气供应源、医用真空汇外,医用气体供应源均不应设置在地下空间或半地下空间。

4.6.8 医用气体的储存应设置专用库房,并应符合下列规定:

1 医用气体储存库不应布置在地下空间或半地下空间,储存库内不得有地沟、暗道,库房内应设置良好的通风、干燥措施;

2 库内气瓶应按品种各自分实瓶区、空瓶区布置,并应设置明显的区域标记和防倾倒措施;

3 瓶库内应防止阳光直射,严禁明火。

4.6.9 医用空气供应源、医用真空汇、医用分子筛制氧源,应设置独立的配电柜与电网连接。

4.6.10 氧化性医用气体储存间的电气设计,应符合现行国家标准《爆炸和火灾危险环境电力装置设计规范》GB 50058 的有关规定。

4.6.11 医用气源站内管道应按现行行业标准《民用建筑电气设计规范》JGJ 16 的有关规定进行接地,接地电阻应小于 10Ω。

4.6.12 医用气体站、医用气体储存库的防雷,应符合现行国家标准《建筑物防雷设计规范》GB 50057 的有关规定。医用液氧贮罐站应设置防雷接地,冲击接地电阻值不应大于 30Ω。

4.6.13 输送氧气含量超过 23.5% 的医用气体供应源的给排水、采暖通风、照明、电气的要求,均应符合现行国家标准《氧气站设计规范》GB 50030 的有关规定,并应符合下列规定:

1 汇流排间内气体贮量不宜超过 24h 用气量;

2 汇流排间应防止阳光直射,地坪应平整、耐磨、防滑、受撞击不产生火花,并应有防止瓶倒的设施。

4.6.14 医用气体气源站、医用气体储存库的房间内宜设置相应气体浓度报警装置。房间换气次数不应少于 8 次/h,或平时换气次数不应少于 3 次/h,事故状况时不应少于 12 次/h。

5 医用气体管道与附件

5.1 一般规定

5.1.1 敷设压缩医用气体管道的场所,其环境温度应始终高于管道内气体的露点温度 5℃ 以上,因寒冷气候可能使医用气体析出凝结水的管道部分应采取保温措施。医用真空管道坡度不得小于 0.002。

5.1.2 医用氧气、氮气、二氧化碳、氧化亚氮及其混合气体管道的敷设处应通风良好,且管道不宜穿过医护人员的生活、办公区,必须穿越的部位,管道上不应设置法兰或阀门。

5.1.3 生命支持区域的医用气体管道宜从医用气源处单独接出。

5.1.4 建筑物内的医用气体管道宜敷设在专用管井内,且不应与可燃、腐蚀性的气体或液体、蒸汽、电气、空调风管等共用管井。

5.1.5 室内医用气体管道宜明敷,表面应有保护措施。局部需要暗敷时应设置在专用槽板或沟槽内,沟槽的底部应与医用供应装置或大气相通。

5.1.6 医用气体管道穿墙、楼板以及建筑物基础时,应设套管,穿楼板的套管应高出地板面至少 50mm。且套管内医用气体管道不得有焊缝,套管与医用气体管道之间应采用不燃材料填实。

5.1.7 医疗房间内的医用气体管道应作等电位接地;医用气体的汇流排、切换装置、各减压出口、安全放散口和输送管道,均应作防静电接地;医用气体管道接地间距不应超过 80m,且不应少于一处,室外埋地医用气体管道两端应有接地点;除采用等电位接地外宜为独立接地,其接地电阻不应大于 10Ω。

5.1.8 医用气体输送管道的安装支架应采用不燃烧材料制作并经防腐处理,管道与支吊架的接触处应作绝缘处理。

5.1.9 架空敷设的医用气体管道,水平直管道支吊架的最大间距应符合表 5.1.9 的规定;垂直管道限位移支架的间距应为表 5.1.9 中数据的 1.2 倍～1.5 倍,每层楼板处设置一处。

表 5.1.9 医用气体水平直管道支吊架最大间距

公称直径 DN(mm)	10	15	20	25	32	40	50	65	80	100	125	≥150
铜管最大间距(m)	1.5	1.5	2.0	2.0	2.5	2.5	2.5	3.0	3.0	3.0	3.0	3.0
不锈钢管最大间距(m)	1.7	2.2	2.8	3.3	3.7	4.2	5.0	6.0	6.7	7.7	8.9	10.0

注:表中不锈钢管间距按表 5.2.3 的壁厚规定;DN8 管道水平支架间距小于等于 1.0m。

5.1.10 架空敷设的医用气体管道之间的距离应符合下列规定:

1 医用气体管道之间、管道与附件外缘之间的距离,不应小于 25mm,且应满足维护要求;

2 医用气体管道与其他管道之间的最小间距应符合表 5.1.10 规定。无法满足时应采取适当隔离措施。

表 5.1.10 架空医用气体管道与其他管道之间的最小间距(m)

名　称	与氧气管道净距		与其他医用气体管道净距	
	并行	交叉	并行	交叉
给水、排水管、不燃气体管	0.15	0.10	0.15	0.10
保温热力管	0.25	0.10	0.15	0.10
燃气管、燃油管	0.25	0.25	0.15	0.10
裸导线	1.50	1.00	1.50	1.00
绝缘导线或电缆	0.50	0.30	0.50	0.30
穿有导线的电缆管	0.50	0.10	0.50	0.10

5.1.11 埋地敷设的医用气体管道与建筑物、构筑物等及其地下管线之间的最小间距,均应符合现行国家标准《氧气站设计规范》GB 50030 有关地下敷设氧气管道的间距规定。

5.1.12 埋地或地沟内的医用气体管道不得采用法兰或螺纹连接,并应作加强绝缘防腐处理。

5.1.13 埋地敷设的医用气体管道深度不应小于当地冻土层厚度,且管顶距地面不宜小于 0.7m。当埋地管道穿越道路或其他情况时,应加设防护套管。

5.1.14 医用气体阀门的设置应符合下列规定:

1 生命支持区域的每间手术室、麻醉诱导和复苏室,以及每个重症监护区域外的每种医用气体管道上,应设置区域阀门;

2 医用气体主干管道上不得采用电动或气动阀门,大于 DN25 的医用氧气管道阀门不得采用快开阀门;除区域阀门外的所有阀门,应设置在专门管理区域或采用带锁柄的阀门;

3 医用气体管道系统预留端应设置阀门并封堵管道末端。

5.1.15 医用气体区域阀门的设置应符合下列规定:

1 区域阀门与其控制的医用气体末端设施应在同一楼层,并应有防火墙或防火隔断隔离;

2 区域阀门使用侧宜设置压力表且安装在带保护的阀门箱内,并应能满足紧急情况下操作阀门需要。

5.1.16 医用氧气管道不应使用折皱弯头。

5.1.17 医用真空除污罐应设置在医用真空管段的最低点或缓冲罐入口侧,并应有旁路或备用。

5.1.18 除牙科的湿式系统外,医用气体细菌过滤器不应设置在真空泵排气端。

5.1.19 医用气体管道的设计使用年限不应小于 30 年。

5.2 管材与附件

5.2.1 除设计真空压力低于 27kPa 的真空管道外,医用气体的管材均应采用无缝铜管或无缝不锈钢管。

5.2.2 输送医用气体用无缝铜管材料与规格,应符合现行行业标准《医用气体和真空用无缝铜管》YS/T 650 的有关规定。

5.2.3 输送医用气体用无缝不锈钢管除应符合现行国家标准《流

体输送用不锈钢无缝钢管》GB/T 14976 的有关规定，并应符合下列规定：

    1 材质性能不应低于 0Cr18Ni9 奥氏体，管材规格应符合现行国家标准《无缝钢管尺寸、外形、重量及允许偏差》GB/T 17395 的有关规定；

    2 无缝不锈钢管壁厚应经强度与寿命计算确定，且最小壁厚宜符合表 5.2.3 的规定。

表 5.2.3 医用气体用无缝不锈钢管的最小壁厚(mm)

公称直径 DN	8～10	15～25	32～50	65～125	150～200
管材最小壁厚	1.5	2.0	2.5	3.0	3.5

5.2.4 医用气体系统用铜管件应符合现行国家标准《铜管接头 第1部分:钎焊式管件》GB/T 11618.1 的有关规定;不锈钢管件应符合现行国家标准《钢制对焊无缝管件》GB/T 12459 的有关规定。

5.2.5 医用气体管材及附件的脱脂应符合下列规定：

    1 所有压缩医用气体管材及附件均应严格进行脱脂；

    2 无缝铜管、铜管件脱脂标准与方法，应符合现行行业标准《医用气体和真空用无缝铜管》YS/T 650 的有关规定；

    3 无缝不锈钢管、管件和医用气体低压软管洁净度应达到内表面碳的残留量不超过 $20mg/m^2$，并应无毒性残留；

    4 管材应在交货前完成脱脂清洗及惰性气体吹扫后封堵的工序；

    5 医用真空管材及附件宜进行脱脂处理。

5.2.6 医用气体管材应具有明确的标记，标识应至少包含制造商名称或注册商标、产品类型、规格，以及可溯源的批次号或生产日期。

5.2.7 医用气体管道成品弯头的半径不应小于管道外径，机械弯管或煨弯弯头的半径不应小于管道外径的 3 倍～5 倍。

5.2.8 医用气体管道阀门应使用铜或不锈钢材质的等通径阀门，需要焊接连接的阀门两端应带有预制的连接用短管。

5.2.9 与医用气体接触的阀门、密封元件、过滤器等管道或附件，其材料与相应的气体不得产生有火灾危险、毒性或腐蚀性危害的物质。

5.2.10 医用气体管道法兰应与管道为同类材料。管道法兰垫片宜采用金属材质。

5.2.11 医用气体减压阀应采用经过脱脂处理的铜或不锈钢材质减压阀，并应符合现行国家标准《减压阀 一般要求》GB/T 12244 的有关规定。

5.2.12 医用气体安全阀应采用经过脱脂处理的铜或不锈钢材质的密闭型全启式安全阀，并应符合现行行业标准《安全阀安全技术监察规程》TSG ZF001 的有关规定。

5.2.13 医用气体压力表精度不宜低于 1.5 级，其最大量程宜为最高工作压力的 1.5 倍～2.0 倍。

5.2.14 医用气体减压装置应为包含安全阀的双路型式，每一路均应满足最大流量及安全泄放需要。

5.2.15 医用真空除污罐的设计压力应取 100kPa。除污罐应有液位指示，并应能通过简单操作排除内部积液。

5.2.16 医用气体细菌过滤器应符合下列规定：

    1 过滤精度应为 $0.01\mu m$～$0.2\mu m$，效率应达到 99.995%；

    2 应设置备用细菌过滤器，每组细菌过滤器均应能满足设计流量要求；

    3 医用气体细菌过滤器处应采取滤芯性能监视措施。

5.2.17 压缩医用气体阀门、终端组件等管道附件应经过脱脂处理，医用气体通过的有效内表面洁净度应符合下列规定：

    1 颗粒物的大小不应超过 $50\mu m$；

    2 工作压力不高于 3MPa 的管道附件碳氢化合物含量不应超过 $550mg/m^2$，工作压力高于 3MPa 的管道附件碳氢化合物含量不应超过 $220mg/m^2$。

5.3 颜色和标识

I 一般规定

5.3.1 医用气体管道、终端组件、软管组件、压力指示仪表等附件，均应有耐久、清晰、易识别的标识。

5.3.2 医用气体管道及附件标识的方法应为金属标记、模版印刷、盖印或黏着性标志。

5.3.3 医用气体管道及附件的颜色和标识代号应符合表 5.3.3 的规定。

表 5.3.3 医用气体管道及附件的颜色和标识代号

医用气体名称	代号		颜色规定	颜色编号
	中文	英文		
医疗空气	医疗空气	Med Air	黑色－白色	—
器械空气	器械空气	Air 800	黑色－白色	—
牙科空气	牙科空气	Dent Air	黑色－白色	—
医用合成空气	合成空气	Syn Air	黑色－白色	—
医用真空	医用真空	Vac	黄色	Y07
牙科专用真空	牙科真空	Dent Vac	黄色	Y07
医用氧气	医用氧气	O_2	白色	—
医用氮气	氮气	N_2	黑色	PB11
医用二氧化碳	二氧化碳	CO_2	灰色	B03
医用氧化亚氮	氧化亚氮	N_2O	蓝色	PB06
医用氧气/氧化亚氮混合气体	氧/氧化亚氮	O_2/N_2O	白色－蓝色	－PB06
医用氧气/二氧化碳混合气体	氧/二氧化碳	O_2/CO_2	白色－灰色	－B03
医用氦气/氧气混合气体	氦气/氧气	He/O_2	棕色－白色	YR05
麻醉废气排放	麻醉废气	AGSS	朱紫色	R02
呼吸废气排放	呼吸废气	AGSS	朱紫色	R02

注：表中规定为两种颜色时，系在标识范围内以中部为分隔左右分布。

5.3.4 任何采用颜色标识的圈套、色带圈或夹箍，颜色均应覆盖到其全周长。

II 颜色和标识的设置规定

5.3.5 医用气体管道标识应至少包含气体的中文名称或代号、气体的颜色标记、指示气流方向的箭头。压缩医用气体管道的运行压力不符合本规范表 3.0.2 和表 3.0.3 的规定时，管道上的标识还应包含气体的运行压力。

5.3.6 医用气体管道标识长度不应小于 40mm，标识的设置应符合下列规定：

    1 标识应沿管道的纵向轴以间距不超过 10m 的间隔连续设置；

    2 任一房间内的管道应至少设置一个标识，管道穿越的隔墙或隔断的两侧均应有标识，立管穿越的每一层应至少设置一个标识。

5.3.7 医用气体管道外表面除本规范规定的标识外，不应有其他涂覆层。

5.3.8 医用气体的输入、输出口处标识，应包含气体代号、压力及气流方向的箭头。

5.3.9 阀门的标识应符合下列规定：

    1 应有气体的中文名称或代号、阀门所服务的区域或房间的名称，压缩医用气体管道的运行压力不符合本规范表 3.0.2 和表 3.0.3 的规定时，阀门上的标识还应包含气体运行压力；

    2 应有明确的当前开、闭状态指示以及开关旋向指示；

    3 应标明注意事项及警示语。

5.3.10 医用气体终端组件及气体插头的外表面，应按表 5.3.3 的规定设置耐久和清晰的颜色及中文名称或代号，终端组件上无中文名称或代号时，应在其安装位置附近另行设置中文名称或代号。

5.3.11 除医疗器械内的软管组件外，其他低压软管组件的标识应符合下列规定：

  1 所有管接头/套管和夹箍上应至少标识气体的中文名称或代号；

  2 软管的两端应贴有带颜色标记的条带，使用色带条时，色带应设置在靠近软管的连接处，且色带宽度不应小于25mm；

  3 软管的端口应盖有带颜色标记的封闭端盖。

5.3.12 医用气体报警装置应有明确的监测内容及监测区域的中文标识。

5.3.13 医用气体计量表应有明确的计量区域的中文标识。

5.3.14 医用气体终端组件外部有遮盖物时，应设置明确的文字指示标识。

5.3.15 医用气体标识的中文字高不应小于3.5mm，英文字高不应小于2.5mm。其中管道上的标识文字高度不应小于6mm。

5.3.16 埋地医用气体管道上方0.3m处宜设置开挖警示色带。

6 医用气体供应末端设施

6.0.1 医用气体的终端组件、低压软管组件和供应装置的安全性能，应符合现行行业标准《医用气体管道系统终端 第1部分：用于压缩医用气体和真空的终端》YY 0801.1、《医用气体管道系统终端 第2部分：用于麻醉气体净化系统的终端》YY 0801.2、《医用气体低压软管组件》YY/T 0799，以及本规范附录D的规定，与医用气体接触或可能接触的部分应经脱脂处理，并应符合本规范第5.2节的有关规定。

6.0.2 医用气体的终端组件、低压软管组件和供应装置的颜色与标识，应符合本规范第5.3节的有关规定。

6.0.3 医疗建筑内宜采用同一制式规格的医用气体终端组件。

6.0.4 医用气体终端组件的安装高度距地面应为900mm～1600mm，终端组件中心与侧墙或隔断的距离不应小于200mm。横排布置的终端组件，宜按相邻的中心距为80mm～150mm等距离布置。

6.0.5 医用供应装置的安装应符合下列规定：

  1 装置内不可活动的气体供应部件与医用气体管道的连接宜采用无缝铜管，且不得使用软管及低压软管组件；

  2 装置的外部电气部件不应采用带开关的电源插座，也不应安装能触及的主控开关或熔断器；

  3 装置上的等电位接地端子应通过导线单独连接到病房的辅助等电位接地端子上；

  4 装置安装后不得存在可能造成人员伤害或设备损伤的粗糙表面、尖角或锐边；

  5 条带型式的医用供应装置中心线的安装高度距地面宜为1350mm～1450mm，悬梁型式的医用供应装置底面的安装高度距地面宜为1600mm～2000mm；

  6 医用供应装置或其中的移动部件距地面高度最小时，安装在其中的终端组件高度应符合本规范第6.0.4条的规定；

  7 医用供应装置安装后，应能在环境温度为10℃～40℃、相对湿度为30%～75%、大气压力为70kPa～106kPa、额定电压为220V±10%的条件中正常运行。

6.0.6 横排布置真空终端组件邻近处的真空瓶支架，宜设置在真空终端组件离病人较远一侧。

7 医用气体系统监测报警

7.1 医用气体系统报警

7.1.1 医用气体系统报警应符合下列规定：

  1 除设置在医用气源设备上的就地报警外，每一个监测采样点均应有独立的报警显示，并应持续直至故障解除；

  2 声响报警应无条件启动，1m处的声压级不应低于55dBA，并应有暂时静音功能；

  3 视觉报警应能在距离4m、视角小于30°和100 lx的照度下清楚辨别；

  4 报警器应具有报警指示灯故障测试功能及断电恢复自动功能。报警传感器回路断路时应能报警；

  5 每个报警器均应有标识，并应符合本规范第5.3.12条的规定；

  6 气源报警及区域报警的供电电源应设置应急备用电源。

7.1.2 气源报警应具备下列功能：

  1 医用液体储罐中气体供应量低时应启动报警；

  2 汇流排钢瓶切换时应启动报警；

  3 医用气体供应源或汇切换至应急备用气源时应启动报警；

  4 应急备用气源储量低时应启动报警；

  5 压缩医用气体供气压力超出允许压力上限和额定压力欠压15%时，应启动超、欠压报警；真空汇压力低于48kPa时，应启动欠压报警；

  6 气源报警器应对每一个气源设备至少设置一个故障报警显示，任何一个就地报警启动时，气源报警器上应同时显示相应设备的故障指示。

7.1.3 气源报警的设置应符合下列规定：

1 应设置在可 24h 监控的区域，位于不同区域的气源设备应设置各自独立的气源报警器；

2 同一气源报警的多个报警器均应各自单独连接到监测采样点，其报警信号需要通过继电器连接时，继电器的控制电源不应与气源报警装置共用电源；

3 气源报警采用计算机系统时，系统应有信号接口部件的故障显示功能，计算机应能连续不间断工作，且不得用于其他用途。所有传感器信号均应直接连接至计算机系统。

7.1.4 区域报警用于监测某病人区域医用气体管路系统的压力，应符合下列规定：

1 应设置压缩医用气体工作压力超出额定压力±20%时的超压、欠压报警以及真空系统压力低于 37kPa 时的欠压报警；

2 区域报警器宜设置医用气体压力显示，每间手术室宜设置视觉报警；

3 区域报警应设置在护士站或有其他人员监视的区域。

7.1.5 就地报警应具备下列功能：

1 当医用空气供应源、医用真空汇、麻醉废气排放真空机组中的主供应压缩机、真空泵故障停机时，应启动故障报警；当备用压缩机、真空泵投入运行时，应启动备用运行报警；

2 医疗空气供应源应设置一氧化碳浓度报警，当一氧化碳浓度超标时应启动报警；

3 液环压缩机应具有内部水分离器高水位报警功能。采用液环式或水冷式压缩机的空气系统中，储气罐应设置内部液位高位置报警；

4 当医疗空气常压露点达到−20℃、器械空气常压露点超过−30℃，且牙科空气常压露点超过−18.2℃时，应启动报警；

5 医用分子筛制氧机的空气压缩机、分子筛吸附塔，应分别设置故障停机报警；

6 医用分子筛制氧机应设置一氧化碳浓度超限报警，氧浓度低于规定值时，应启动氧气浓度低限报警及应急备用气源运行报警。

7.2 医用气体计量

7.2.1 医疗卫生机构应根据自身的需求，在必要时设置医用气体系统计量仪表。

7.2.2 医用气体计量仪表应根据医用气体的种类、工作压力、温度、流量和允许压力降等条件进行选择。

7.2.3 医用气体计量仪表应设置在不燃或难燃结构上，且便于巡视、检修的场所，严禁安装在易燃易爆、易腐蚀的位置，或有放射性危险、潮湿和环境温度高于 45℃以及可能泄漏并滞留医用气体的隐蔽部位。

7.2.4 医用氧气源计量仪表应具有实时、累计计量功能，并宜具有数据传输功能。

7.3 医用气体系统集中监测与报警

7.3.1 医用气体系统宜设置集中监测与报警系统。

7.3.2 医用气体系统集中监测与报警的内容，应包括并符合本规范第 7.1.2 条～第 7.1.4 条的规定。

7.3.3 监测系统的电路和接口设计应具有高可靠性、通用性、兼容性和可扩展性。关键部件或设备应有冗余。

7.3.4 监测系统软件应设置系统自身诊断及数据冗余功能。

7.3.5 中央监测管理系统应能与现场测量仪表以相同的精度同步记录各子系统连续运行的参数、设备状态等。

7.3.6 监测系统的应用软件宜配备实时瞬态模拟软件，可进行存量分析和用气量预测等。

7.3.7 集中监测管理系统应有参数超限报警、事故报警及报警记录功能，宜有系统或设备故障诊断功能。

7.3.8 集中监测管理系统应能以不同方式显示各子系统运行参数和设备状态的当前值与历史值，并应能连续记录储存不少于一年的运行参数。中央监测管理系统宜兼有信息管理（MIS）功能。

7.3.9 监测及数据采集系统的主机应设置不间断电源。

7.4 医用气体传感器

7.4.1 医用气体传感器的测量范围和精度应与二次仪表匹配，并应高于工艺要求的控制和测量精度。

7.4.2 医用气体露点传感器精度漂移应小于 1℃/年。一氧化碳传感器在浓度为 10×10^{-6} 时，误差不应超过 2×10^{-6}。

7.4.3 压力或压差传感器的工作范围应大于监测采样点可能出现的最大压力或压差的 1.5 倍，量程宜为该点正常值变化范围的 1.2 倍～1.3 倍。流量传感器的工作范围宜为系统最大工作流量的 1.2 倍～1.3 倍。

7.4.4 气源报警压力传感器应安装在管路总阀门的使用侧。

7.4.5 区域报警传感器应设置维修阀门，区域报警传感器不宜使用电接点压力表。除手术室、麻醉室外，区域报警传感器应设置在区域阀门使用侧的管道上。

7.4.6 独立供电的传感器应设置应急备用电源。

8 医用氧舱气体供应

8.1 一般规定

8.1.1 医用氧舱舱内气体供应参数，应符合现行国家标准《医用氧气加压舱》GB/T 19284 和《医用空气加压氧舱》GB/T 12130 的有关规定。

8.1.2 医用氧舱气体供应系统的管道及其附件均应符合本规范第 5 章的有关规定。

8.2 医用空气供应

8.2.1 医用空气加压氧舱的医用空气品质应符合本规范表 3.0.1 有关医疗空气的规定。

8.2.2 医用空气加压氧舱的医用空气气源与管道系统，均应独立于医疗卫生机构集中供应的医用气体系统。

8.2.3 医用空气加压氧舱的医用空气气源应符合本规范第 4.1.1 条～第 4.1.7 条的规定，但可不设备用压缩机与备用后处理系统。

8.2.4 多人医用空气加压氧舱的空压机配置不应少于 2 台。

8.3 医用氧气供应

8.3.1 供应医用氧舱的氧气应符合医用氧气的品质要求。

8.3.2 医用氧舱与其他医疗用氧共用氧气源时，氧气源应能同时保证医疗用氧的供应参数。

8.3.3 除液氧供应方式外，医用氧气加压舱的医用氧气源应为独立气源，医用空气加压氧舱氧气源宜为独立气源。

8.3.4 医用氧舱氧气源减压装置、供应管道，均应独立于医疗卫生机构集中供应的医用气体系统;医用氧气加压舱与其他医疗用氧共用液氧气源时,应设置专用的汽化器。

8.3.5 医用空气加压氧舱的供氧压力应高于工作舱压力0.4MPa～0.7MPa,当舱内满员且同时吸氧时,供氧压降不应大于0.1MPa。

8.3.6 医用氧舱供氧主管道的医用氧气阀门不应使用快开式阀门。

8.3.7 医用氧舱排氧管道应接至室外,排氧口应高于地面3m以上并远离明火或火花散发处。

表 9.1.5 医用气体管路系统在末端设计压力、流量下的压力损失(kPa)

气体种类	设计流量下的末端压力	气源或中间压力控制装置出口压力	设计允许压力损失
医用氧气、医疗空气、氧化亚氮、二氧化碳	400～500	400～500	50
与医用氧在使用处混合的医用气体	310～390	360～450	50
器械空气、氮气	700～1000	750～1000	50～200
医用真空	40～87（真空压力）	60～87（真空压力）	13～20（真空压力）

注:医用真空汇内真空压力允许超过87kPa。

9.1.6 麻醉或呼吸废气排放系统每个末端的设计流量,以及终端组件应用端允许的真空压力损失,应符合表9.1.6的规定。

表 9.1.6 麻醉或呼吸废气排放系统每个末端
设计流量与应用端允许真空压力损失

麻醉或呼吸废气排放系统	设计流量(L/min)	允许真空压力损失(kPa)
高流量排放系统	≤80	1
	≥50	2
低流量排放系统	≤50	1
	≥25	2

9.2 气体流量计算与规定

9.2.1 医用气体系统气源的计算流量可按下式计算:

$$Q = \sum [Q_a + Q_b(n-1)\eta] \qquad (9.2.1)$$

式中:Q——气源计算流量(L/min);

Q_a——终端处额定流量(L/min),按本规范附录B取值;

Q_b——终端处计算平均流量(L/min),按本规范附录B取值;

n——床位或计算单元的数量;

η——同时使用系数,按本规范附录B取值。

9.2.2 医用空气气源设备、医用真空、麻醉废气排放系统设备选型时,应进行进气及海拔高度修正。

9.2.3 医用氧舱的耗氧量可按表9.2.3的规定计算。

表 9.2.3 医用氧舱的耗氧量

含氧空气与循环	完整治疗所需最长时间(h)	完整治疗时间耗氧量(L)	治疗时间外耗氧量(L/min)
开环系统	2	30000	250
循环系统	2	7250	40
通过呼吸面罩供氧	2	1200	10
通过内置呼吸罩供氧	2	7250	60

9.2.4 医用氧气加压舱的氧气供应系统,应能以30kPa/min的升压速率加压氧舱至最高工作压力连续至少两次。

9.2.5 医用空气加压氧舱的医疗空气供应系统,应满足氧舱各舱室10kPa/min的升压速率需求。

9 医用气体系统设计

9.1 一般规定

9.1.1 医用气体系统的设计,包括末端设施的设置方案,应根据当地气源供应状况、医疗建筑的建设与规划以及医疗需求,经充分调研、论证后确定。

9.1.2 医用气体管道的设计压力,应符合现行国家标准《压力管道规范 工业管道 第3部分:设计和计算》GB/T 20801.3的有关规定。医用真空管道设计压力应为0.1MPa。

9.1.3 医用气体管道的压力分级应符合表9.1.3的规定。

表 9.1.3 医用气体管道的压力分级

级别名称	压力 p(MPa)	使用场所
真空管道	$0<p<0.1$（绝对压力）	医用真空、麻醉或呼吸废气排放管道等
低压管道	$0\leq p\leq1.6$	压缩医用气体管道、医用焊接绝热气瓶汇流排管道等
中压管道	$1.6<p\leq10$	医用氧化亚氮汇流排、医用氧化亚氮/氧汇流排、医用二氧化碳汇流排管道等
高压管道	$p\geq10$	医用氧气汇流排、医用氮气汇流排、医用氮/氧汇流排管道等

9.1.4 医用气体系统末端的设计流量应符合本规范第3.0.2条的规定,并应满足特殊部门及用气设备的峰值用气量需求。

9.1.5 医用气体管路系统在末端设计压力、流量下的压力损失,应符合表9.1.5的规定。

10 医用气体工程施工

10.1 一般规定

10.1.1 医用气体安装工程开工前应具备下列条件：

1 施工企业、施工人员应具备相关资质证明与执业证书；

2 已批准的施工图设计文件；

3 压力管道与设备已按有关要求报建；

4 施工材料及现场水、电、土建设施配合准备齐全。

10.1.2 医用气体器材设备安装前应开箱检查，产品合格证应与设备编号一致，配套附件文件应与装箱清单一致，设备应完整，应无机械损伤、碰伤，表面处理层应完好无锈蚀，保护盖应齐全。

10.1.3 医用气体管材及附件在使用前应按产品标准进行外观检查，并应符合下列规定：

1 所有管材端口密封包装应完好，阀门、附件包装应无破损；

2 管材应无外观制造缺陷，应保持圆滑、平直，不得有局部凹陷、碰伤、压扁等缺陷；高压气体、低温液体管材不应有划伤压痕；

3 阀门密封面应完整，无伤痕、毛刺等缺陷；法兰密封面应平整光洁，不得有毛刺及径向沟槽；

4 非金属垫片应保持质地柔韧，应无老化及分层现象，表面应无折损及皱纹；

5 管材及附件应无锈蚀现象。

10.1.4 焊接医用气体铜管及不锈钢管材时，均应在管材内部使用惰性气体保护，并应符合下列规定：

1 焊接保护气体可使用氮气或氩气，不应使用二氧化碳气体；

2 应在未焊接的管道端口内部供应惰性气体，未焊接的邻近管道不应被加热而氧化；

3 **焊接施工现场应保持空气流通或单独供应呼吸气体；**

4 现场应记录气瓶数量，并应采取防止与医用气体气瓶混淆的措施。

10.1.5 **输送氧气含量超过 23.5% 的管道与设备施工时，严禁使用油膏。**

10.1.6 医用气体报警装置在接入前应先进行报警自测试。

10.2 医用气体管道安装

10.2.1 所有压缩医用气体管材、组成件进入工地前均应已脱脂，不锈钢管材、组成件应经酸洗钝化、清洗干净并封装完毕，并应达到本规范第 5.2 节的规定。未脱脂的管材、附件及组成件应作明确的区分标记，并应采取防止与已脱脂管材混淆的措施。

10.2.2 医用气体管材切割加工应符合下列规定：

1 管材应使用机械方法或等离子切割下料，不应使用冲模扩孔，也不应使用高温火焰切割或打孔；

2 管材的切口应与管轴线垂直，端面倾斜偏差不得大于管道外径的 1%，且不应超过 1mm；切口表面应处理平整，并应无裂纹、毛刺、凸凹、缩口等缺陷；

3 管材的坡口加工宜采用机械方法。坡口及其内外表面应进行清理；

4 管材下料时严禁使用油脂或润滑剂。

10.2.3 医用气体管材现场弯曲加工应符合下列规定：

1 应在冷状态下采用机械方法加工，不应采用加热方式制作；

2 弯管不得有裂纹、折皱、分层等缺陷；弯管任一截面上的最大外径与最小外径差与管材名义外径相比较时，用于高压的弯管不应超过 5%，用于中低压的弯管不应超过 8%；

3 高压管材弯曲半径不应小于管外径 5 倍，其余管材弯曲半

径不应小于管外径 3 倍。

10.2.4 管道组成件的预制应符合现行国家标准《工业金属管道工程施工规范》GB 50235 的有关规定。

10.2.5 医用气体铜管道之间、管道与附件之间的焊接连接均应为硬钎焊，并应符合下列规定：

1 铜钎焊施工前应经过焊接质量工艺评定及人员培训；

2 直管段、分支管道焊接均应使用管件承插焊接；承插深度与间隙应符合现行国家标准《铜管接头 第 1 部分：钎焊式管件》GB 11618.1 的有关规定；

3 铜管焊接使用的钎料应符合现行国家标准《铜基钎料》GB/T 6418 和《银钎料》GB/T 10046 的有关规定，并宜使用含银钎料；

4 现场焊接的铜阀门，其两端应已包含预制连接短管；

5 铜波纹膨胀节安装时，其直管长度不得小于 100mm，允许偏差为 ±10mm。

10.2.6 不锈钢管道及附件的现场焊接应采用氩弧焊或等离子焊，并应符合下列规定：

1 不锈钢管道分支连接时应使用管件焊接。承插焊接时承插深度不应小于管壁厚的 4 倍；

2 管道对接焊口的组对内壁应齐平，错边量不得超过壁厚的 20%。除设计要求的管道预拉伸或压缩焊口外不得强行组对；

3 焊接后的不锈钢管道焊缝外表面应进行酸洗钝化。

10.2.7 不锈钢管道焊缝质量应符合下列规定：

1 不锈钢管焊缝不应有气孔、钨极杂质、夹渣、缩孔、咬边；凹陷不应超过 0.2mm，凸出不应超过 1mm；焊缝反面应允许有少量焊漏，但应保证管道流通面积；

2 不锈钢管对焊焊缝加强高度不应小于 0.1mm，角焊焊缝的焊角尺寸为 3mm～6mm，承插焊接焊缝高度应与外管表面齐平或高出外管 1mm；

3 直径大于 20mm 的管道对接焊缝应焊透，直径不超过 20mm 的管道对接焊缝和角焊缝未焊透深度不得大于材料厚度的 40%。

10.2.8 医用气体管道焊缝位置应符合下列规定：

1 直管段上两条焊缝的中心距离不应小于管材外径的 1.5 倍；

2 焊缝与弯管起点的距离不得小于管材外径，且不宜小于 100mm；

3 环焊缝距支、吊架净距不应小于 50mm；

4 不应在管道焊缝及其边缘上开孔。

10.2.9 医用气体管道与经过防火或缓燃处理的木材接触时，应防止管道腐蚀；当采用非金属材料隔离时，应防止隔离物收缩时脱落。

10.2.10 医用气体管道支吊架的材料应有足够的强度与刚度，现场制作的支架应除锈并涂二道以上防锈漆。医用气体管道与支架间应有绝缘隔离措施。

10.2.11 医用气体阀门安装时应核对型号及介质流向标记。公称直径大于 80mm 的医用气体管道阀门宜设置专用支架。

10.2.12 医用气体管道的接地或跨接导线应与管道相同材料的金属板与管道进行连接过渡。

10.2.13 医用气体管道焊接完成后应采取保护措施，防止脏物污染，并应保持到全系统调试完成。

10.2.14 医用气体管道现场焊接的洁净度检查应符合下列规定：

1 现场焊接接头抽检率应为 0.5%，各系统焊缝抽检数量不应少于 10 条；

2 抽样焊缝应沿纵向切开检查，管道及焊缝内部应清洁，无氧化物、特殊化合物和其他杂质残留。

10.2.15 医用气体管道焊缝的无损检测应符合下列规定：

1 熔化焊焊缝射线照相的质量评定标准，应符合现行国家标准《金属熔化焊焊接接头射线照相》GB/T 3323 的有关规定；

2 高压医用气体管道、中压不锈钢材质氧气、氧化亚氮气体管道和−29℃以下低温管道的焊缝，应进行100%的射线照相检测，其质量不得低于Ⅱ级，角焊缝应为Ⅲ级；

3 中压医用气体管道和低压不锈钢材质医用氧气、医用氧化亚氮、医用二氧化碳、医用氮气管道，以及壁厚不超过2.0mm的不锈钢材质低压医用气体管道，应进行10%的射线照相检测，其质量不得低于Ⅲ级；

4 焊缝射线照相合格率应为100%，每条焊缝补焊不应超过2次。当射线照相合格率低于80%时，除返修不合格焊缝外，还应按原射线照相比例增加检测。

10.2.16 医用气体减压装置应进行减压性能检查，应将减压装置出口压力设定为额定压力，在终端使用流量为零的状态下，应分别检查减压装置每一减压支路的静压特性24h，其出口压力均不得超出设定压力15%，且不得高于额定压力上限。

10.2.17 医用气体管道应分段、分区以及全系统作压力试验及泄漏性试验。

10.2.18 医用气体管道压力试验应符合下列规定：

1 高压、中压医用气体管道应做液压试验，试验压力应为管道设计压力的1.5倍，试验结束后立即吹除管道残余液体；

2 液压试验介质可采用洁净水，不锈钢管道或设备试验用水的氯离子含量不得超过25×10^{-6}；

3 低压医用气体管道、医用真空管道应做气压试验，试验介质应采用洁净的空气或干燥、无油的氮气；

4 低压医用气体管道试验压力应为管道设计压力的1.15倍，医用真空管道试验压力为0.2MPa；

5 医用气体管道压力试验应维持试验压力至少10min，管道应无泄漏、外观无变形为合格。

10.2.19 医用气体管道应进行24h泄漏性试验，并应符合下列规定：

1 压缩医用气体管道试验压力应为管道的设计压力，真空管道试验压力应为真空压力70kPa；

2 小时泄漏率应按下式计算：

$$A = \left[1 - \frac{(273 + t_1)P_2}{(273 + t_2)P_1} \right] \times \frac{100}{24} \qquad (10.2.19)$$

式中：A——小时泄漏率（真空为增压率）（%）；

P_1——试验开始时的绝对压力（MPa）；

P_2——试验终了时的绝对压力（MPa）；

t_1——试验开始时的温度（℃）；

t_2——试验终了时的温度（℃）。

3 医用气体管道在未接入终端组件时的泄漏性试验，小时泄漏率不应超过0.05%；

4 压缩医用气体管道接入供应末端设施后的泄漏性试验，小时泄漏率应符合下列规定：

1）不超过200床位的系统应小于0.5%；

2）800床位以上的系统应小于0.2%；

3）200床位～800床位的系统不应超过按内插法计算得出的数值；

5 医用真空管道接入供应末端设施后的泄漏性试验，小时泄漏率应符合下列规定：

1）不超过200床位的系统应小于1.8%；

2）800床位以上的系统应小于0.5%；

3）200床位～800床位的系统不应超过按内插法计算得出的数值。

10.2.20 医用气体管道在安装终端组件之前应使用干燥、无油的空气或氮气吹扫，在安装终端组件之后除真空管道外应进行颗粒物检测，并应符合下列规定：

1 吹扫或检测的压力不得超过设备和管道的设计压力，应从距离区域阀最近的终端插座开始直至该区域内最远的终端；

2 吹扫效果验证或颗粒物检测时，应在150L/min流量下至少进行15s，并应使用含50μm孔径滤布、直径50mm的开口容器进行检测，不应有残余物。

10.2.21 管道吹扫合格后应由施工单位会同监理、建设单位共同检查，并应进行"管道系统吹扫记录"和"隐蔽工程（封闭）记录"。

10.2.22 医用气体供应末端设施的安装应符合本规范第6章和附录D的规定。医用气体悬吊式供应装置应固定于预埋件上，当装置采用医用空气作动力时，应确认空气参数符合装置要求及本规范的规定。

10.2.23 医用气体供应装置内现场施工的管道，应按本规范第10.2.18条和第10.2.19条规定进行压力试验和泄漏性试验。

10.3 医用气源站安装及调试

10.3.1 空气压缩机、真空泵、氧气压缩机及其附属设备的安装、检验，应按设备说明书要求进行，并应符合现行国家标准《风机、压缩机、泵安装工程施工及验收规范》GB 50275的有关规定。

10.3.2 压缩空气站、医用液氧贮罐站、医用分子筛制氧站、医用气体汇流排间内所有气体连接管道，应符合医用气体管材洁净度要求，各管段应分别吹扫干净后再接入各附属设备。

10.3.3 医用气源站内管道应按本规范第10.2.18条和第10.2.19条的规定分段进行压力试验和泄漏性试验。

10.3.4 空气压缩机、真空泵、氧气压缩机及附属设备，应按设备要求进行调试及联合试运转。

10.3.5 医用真空泵站的安装及调试应符合下列规定：

1 真空泵安装的纵向水平偏差不应大于0.1/1000，横向水平偏差不应大于0.2/1000。有联轴器的真空泵应进行手工盘车检查，电机和泵的转动应轻便灵活、无异常声音；

2 应检查真空管道及阀门等附件，并应保证管道等通径。真空泵排气管道宜短直，管道口径应无局部减小。

10.3.6 医用液氧贮罐站安装及调试应符合下列规定：

1 医用液氧贮罐使用地脚螺栓固定在基础上，不得采用焊接固定；立式医用液氧贮罐罐体倾斜度应小于1/1000；

2 医用液氧贮罐、汽化器与医用液氧管道的法兰联接，应采用低温密封垫、铜或奥氏体不锈钢连接螺栓，应在常温预紧后在低温下再拧紧；

3 在医用液氧贮罐周围7m范围内的所有导线、电缆应设置金属套管，不应裸露；

4 首次加注医用液氧前，应确认已经过氮气吹扫并使用医用液氧进行置换和预冷。初次加注完毕应缓慢增压并在48h内监视贮罐压力的变化。

10.3.7 医用气体汇流排间应按设备说明书安装，并应进行汇流排减压、切换、报警等装置的调试。焊接绝热气瓶汇流排气源还应进行配套的汽化器性能测试。

11 医用气体系统检验与验收

11.1 一般规定

11.1.1 新建医用气体系统应进行各系统的全面检验与验收，系统改建、扩建或维修后应对相应部分进行检验与验收。

11.1.2 施工单位质检人员应按本规范的规定进行检验并记录，隐蔽工程应由相关方共同检验合格后再进行后续工作。

11.1.3 所有验收发现问题和处理结果均应详细记录并归档。验收方确认系统均符合本规范的规定后应签署验收合格证书。

11.1.4 检验与验收用气体应为干燥、无油的氮气或符合本规范规定的医疗空气。

11.2 施工方的检验

11.2.1 医用气体系统中的各个部分应分别检验合格后再接入系统，并应进行系统的整体检验。

11.2.2 医用气体管道施工中应按本规范的有关规定进行管道焊缝洁净度检验、封闭或暗装部分管道的外观和标识检验、管道系统初步吹扫、压力试验和泄漏性试验、管道颗粒物检验、医用气体减压装置性能检验、防止管道交叉错接的检验及标识检查、阀门标识与其控制区域正确性检验。

11.2.3 医用气体各系统应分别进行防止管道交叉错接的检验及标识检查，并应符合下列规定：

1 压缩医用气体管道检验压力应为 0.4MPa，真空应为 0.2MPa。除被检验的气体管道外，其余管道压力应为常压；

2 用各专用气体插头逐一检验终端组件，应是仅被检验的气体终端组件内有气体供应，同时应确认终端组件的标识与所检验气体管道介质一致。

11.2.4 医用气体终端组件在安装前应进行下列检验：

1 连接性能检验应符合现行行业标准《医用气体管道系统终端 第 1 部分：用于压缩医用气体和真空的终端》YY 0801.1 和《医用气体管道系统终端 第 2 部分：用于麻醉气体净化系统的终端》YY 0801.2 的有关规定；

2 气体终端底座与终端插座、终端插座与气体插头之间的专用性检验；

3 终端组件的标识检查，结果应符合本规范第 5.3 节的有关规定。

11.3 医用气体系统的验收

11.3.1 医用气体系统应进行独立验收。验收时应确认设计图纸与修改核定文件、竣工图、施工单位文件与检验记录、监理报告、气源设备与末端设施原理图、使用说明与维护手册、材料证明报告等记录，且所有压力容器、压力管道应已获准使用，压力表、安全阀等应已按要求进行检验并取得合格证。

11.3.2 医用气体系统验收应进行泄漏性试验、防止管道交叉错接的检验及标识检查、所有设备及管道和附件标识的正确性检查、所有阀门标识与控制区域标识正确性检查、减压装置静态特性检查、气体专用性检查。

11.3.3 医用气体系统验收应进行监测与报警系统检验，并应符合下列规定：

1 每个医用气体子系统的气源报警、就地报警、区域报警，应按本规范第 7.1 节的规定对所有报警功能逐一进行检验，计算机系统作为气源报警时应进行相同的报警内容检验；

2 应确认不同医用气体的报警装置之间不存在交叉或错接。报警装置的标识应与检验气体、检验区域一致；

3 医用气体系统已设置集中监测与报警装置时，应确认其功能完好，报警标识应与检验气体、检验区域一致。

11.3.4 医用气体系统验收应按本规范第 10.2.20 条的规定进行气体管道颗粒物检验。压缩医用气体系统的每一主要管道支路，均应分别进行 25% 的终端处抽检，任何一个终端处检验不合格时应检修，并应检验该区域中的所有终端。

11.3.5 医用气体系统验收应对压缩医用气体系统的每一主要管道支路距气源最远的一个末端设施处进行管道洁净度检验。该处被测气体的含水量应达到本规范表 3.0.1 有关医疗空气的含水量规定；与气源处相比较的碳氢化合物、卤代烃含量差值不得超过 5×10^{-6}。

11.3.6 医用气源应进行检验，并应符合下列规定：

1 压缩机以 1/4 额定流量连续运行满 24h 后，检验气源取样口的医疗空气、器械空气质量符合本规范的规定；

2 应进行压缩机、真空泵、自动切换及自动投入运行功能检验；

3 应进行医用液氧贮罐切换、汇流排切换、备用气源、应急备用气源投入运行功能及报警检验；

4 应进行备用气源、应急备用气源储量或压力低于规定值的有关功能与报警检验；

5 应进行本规范与设备或系统集成商要求的其他功能及报警检验。

11.3.7 医用气体系统验收应在子系统功能连接完整、除医用氧气源外使用各气源设备供气体时，进行气体管道运行压力与流量的检测，并应符合下列规定：

1 所有气体终端组件处输出气体流量为零时的压力应在额定压力允许范围内；

2 所有额定压力为 350kPa~400kPa 的气体终端组件处，在输出气体流量为 100L/min 时，压力损失不得超过 35kPa；

3 器械空气或氮气终端组件处的流量为 140L/min 时，压力损失不得超过 35kPa；

4 医用真空终端组件处的真空流量为 85L/min 时，相邻真空终端组件处的真空压力不得降至 40kPa 以下；

5 生命支持区域的医用氧气、医疗空气终端组件处的 3s 内短暂流量，应能达到 170L/min；

6 医疗空气、医用氧气系统的每一主要管道支路中，实现途泄流量为 20% 的终端组件处平均典型使用流量时，系统的压力应符合本规范第 9.1.5 条的规定。

11.3.8 每个医用气体系统的管道应进行专用气体置换，并应进行医用气体系统品质检验，同时应符合下列规定：

1 对于每一种压缩气体，应在气源及主要支路最远末端设施处分别对气体品质进行分析；

2 除器械空气或氮气、牙科空气外，终端组件处气体主要组分的浓度与气源出口处的差值不应超过 1%。

附录 A 医用气体终端组件的设置要求

A.0.1 医用气体终端组件的设置应根据各类医疗卫生机构用途的不同经论证后确定，可按表 A.0.1 的规定设置。

表 A.0.1 医用气体终端组件的设置要求

部门	单元	氧气	真空	医疗空气	氧化亚氮/氧气混合气	氧化亚氮	麻醉或呼吸废气	氮气/器械空气	二氧化碳	氮/氧混合气
手术部	内窥镜/膀胱镜	1	3	1	—	1	1	1	1a	—
	主手术室	2	3	2	—	2	1	1	1a	1a
	副手术室	2	2	1	—	—	—	—	1a	
	骨科/神经科手术室	2	4	1	—	1	1	2	1a	
	麻醉室	1	1	1	—	—	—	—		
	恢复室	2	2	1	—	—	—	—		
	门诊手术室	2	2	1	—	—	—	—		
妇产科	待产室	1	1	1	—	—	—	—		
	分娩室	2	2	1	—	—	—	—		
	产后恢复	1	2	1	—	—	—	—		
	婴儿室	1	1	1	—	—	—	—		
儿科	新生儿重症监护	2	2	2	—	—	—	—		
	儿科重症监护	2	2	2	—	—	—	—		
	育婴室	1	1	1	—	—	—	—		
	儿科病房	1	1	—	—	—	—	—		

续表 A.0.1

部门	单元	氧气	真空	医疗空气	氧化亚氮/氧气混合气	氧化亚氮	麻醉或呼吸废气	氮气/器械空气	二氧化碳	氮/氧混合气
诊断学	脑电图、心电图、肌电图	1	1	—	—	—	—	—	—	—
	数字减影血管造影室(DSA)	2	2	2	—	1a	1a	—	—	—
	MRI	1	1	1	—	—	—	—	—	—
	CAT 室	1	1	1	—	—	—	—	—	—
	眼耳鼻喉科 EENT	—	1	1	—	—	—	—	—	—
	超声波	1	1	—	—	—	—	—	—	—
	内窥镜检查	1	1	1	—	—	—	—	—	—
	尿路造影	1	1	—	—	—	—	—	—	—
	直线加速器	1	1	1	—	—	—	—	—	—
病房及其他	病房	1	1a	1a	—	—	—	—	—	—
	精神病房	—	—	—	—	—	—	—	—	—
	烧伤病房	2	2	2	1a	—	1a	1a	—	—
	ICU	2	2	1	1a	—	—	1a	—	1a
	CCU	2	2	1	1a	—	—	1a	—	—
	抢救室	2	2	1	—	—	—	—	—	—
	透析	1	1	1	—	—	—	—	—	—
	外伤治疗室	1	1	1	—	—	—	—	—	—
	检查/治疗/处置	1	1	1	—	—	—	—	—	—
	石膏室	1	1	1a	—	—	—	—	1a	—
	动物研究	1	2	1	—	1a	1a	1a	—	—
	尸体解剖	1	1	1	—	—	—	—	1a	—
	心导管检查	2	2	2	—	—	—	—	—	—
	消毒室	1	1	×	—	—	—	—	—	—
	普通门诊	1	1	—	—	—	—	—	—	—

注：本表为常规的最少设置方案。其中 a 表示可能需要的设置，× 为禁止使用。

A.0.2 牙科、口腔外科的医用气体供应可按表 A.0.2 的规定设置。

表 A.0.2 牙科、口腔外科医用气体的设置要求

气体种类	牙科空气	牙科专用真空	医用氧气	医用氧化亚氮/氧气混合气
接口或终端组件的数量	1	1	1(视需求)	1(视需求)

附录 B 医用气体气源流量计算

B.0.1 医疗空气、医用真空、医用氧气系统气源的计算流量中的有关参数，可按表 B.0.1 取值。

表 B.0.1 医疗空气、医用真空与医用氧气流量计算参数

使用科室		医疗空气(L/min)			医用真空(L/min)			医用氧气(L/min)		
		Q_a	Q_b	η	Q_a	Q_b	η	Q_a	Q_b	η
手术室	麻醉诱导	40	40	10%	40	30	25%	100	6	25%
	重大手术室、整形、神经外科	40	20	100%	80	40	100%	100	10	75%
	小手术室	60	20	75%	80	40	50%	100	10	50%
	术后恢复、苏醒	60	25	50%	40	30	25%	10	6	100%
重症监护	ICU、CCU	60	30	75%	40	40	75%	10	6	100%
	新生儿 NICU	40	40	75%	40	20	25%	10	4	100%
妇产科	分娩	20	15	100%	40	40	50%	10	6	25%
	待产或(家化)产房	40	25	50%	40	40	50%	10	6	25%
	产后恢复	20	15	25%	40	40	25%	10	6	25%
	新生儿	20	15	50%	40	40	25%	10	3	50%
其他	急诊、抢救室	60	20	20%	40	40	50%	100	6	15%
	普通病房	60	15	5%	40	20	10%	10	6	15%
	呼吸治疗室	40	25	50%	40	20	25%	—	—	—
	创伤室	20	15	25%	60	60	100%	—	—	—
	实验室	40	40	25%	40	40	25%	—	—	—
	增加的呼吸机	80	40	75%	—	—	—	—	—	—
	CPAP 呼吸机	—	—	—	—	—	—	75	75	75%
	门诊	20	15	10%	—	—	—	10	6	15%

注：1 本表按综合性医院应用资料编制。
　　2 表中普通病房、创伤科病房的医疗空气流量系按病人所吸氧气需与医疗空气按比例混合并安装医疗空气终端时的流量。
　　3 氧气不作呼吸机动力气体。
　　4 增加的呼吸机医疗空气流量应以实际数据为准。

B.0.2 氮气或器械空气系统气源的计算流量中的有关参数,可按表 B.0.2 取值。

表 B.0.2 氮气或器械空气流量计算参数

使用科室	Q_a(L/min)	Q_b(L/min)	η
手术室	350	350	50%(<4 间的部分)
			25%(≥4 间的部分)
石膏室、其他科室	350	—	
引射式麻醉废气排放(共用)	20	20	见表 B.0.7
气动门等非医用场所	按实际用量另计		

B.0.3 牙科空气与真空系统气源的计算流量中的有关参数,可按表 B.0.3 取值。

表 B.0.3 牙科空气与真空计算参数

气体种类	Q_a(L/min)	Q_b(L/min)	η	η
牙科空气	50	50	80%(<10 张牙椅的部分)	60%(≥10 张牙椅的部分)
牙科专用真空	300	300		

注:Q_a、Q_b 的数值与牙椅具体型号有关,数值有差别。

B.0.4 医用氧化亚氮系统气源的计算流量中的有关参数,可按表 B.0.4 取值。

表 B.0.4 医用氧化亚氮流量计算参数

使用科室	Q_a(L/min)	Q_b(L/min)	η
抢救室	10	6	25%
手术室	15	6	100%
妇产科	15	6	100%
放射诊断(麻醉室)	10	6	25%
重症监护	10	6	25%
口腔、骨科诊疗室	10	6	25%
其他部门	10	—	—

B.0.5 医用氧化亚氮与医用氧混合气体系统气源的计算流量中的有关参数,可按表 B.0.5 取值。

表 B.0.5 医用氧化亚氮与医用氧混合气体流量计算参数

使用科室	Q_a(L/min)	Q_b(L/min)	η
待产/分娩/恢复/产后(<12 间)	275	6	50%
待产/分娩/恢复/产后(≥12 间)	550	6	50%
其他区域	10	6	25%

B.0.6 医用二氧化碳气体系统气源的计算流量中的有关参数,可按表 B.0.6 取值。

表 B.0.6 医用二氧化碳气体计算参数

使用科室	Q_a(L/min)	Q_b(L/min)	η
终端使用设备	20	6	100%
其他专用设备	另计		

B.0.7 麻醉或呼吸废气排放系统真空汇的计算流量中的有关参数,可按表 B.0.7 取值。

表 B.0.7 麻醉或呼吸废气排放流量计算参数

使用科室	η	Q_a 与 Q_b(L/min)
抢救室	25%	
手术室	100%	
妇产科	100%	80(高流量排放方式)
放射诊断(麻醉室)	25%	50(低流量排放方式)
口腔、骨科诊疗室	25%	
其他麻醉科室	15%	

附录 C 医用气体工程施工主要记录

C.0.1 医用气体施工中的隐蔽工程(封闭)记录可按表 C.0.1 的格式进行。

表 C.0.1 隐蔽工程(封闭)记录

项目:		区域:	工号:	记录编号:
隐蔽				记录日期:
封闭	部位:	图纸编号		
隐蔽				
封闭	前的检查:			
隐蔽				
封闭	方法:			
简图说明:				
结论:				
建设单位:	监理单位:	设计单位:		施工单位:
年 月 日	年 月 日	年 月 日		年 月 日

C.0.2 医用气体施工中管道系统压力试验记录可按表 C.0.2 的格式进行。

C.0.3 医用气体施工中管道系统吹扫/颗粒物检验记录可按表 C.0.3 的格式进行。

表 C.0.2 管道系统压力试验记录

表 C.0.3　管道系统吹扫/颗粒物检验记录

项目:							工号:		日期: 年 月 日	记录编号:
区域:										
管段号	长度(m)	材质	介质	吹扫/检验压力(MPa)	介质	吹扫时间/收集时间	鉴定结果	管线复位与检查(含垫片、盲板等)		
建设单位:		设计单位:		监理单位:		施工单位:				
年 月 日		年 月 日		年 月 日		年 月 日		验收单位: 年 月 日		

附录 D　医用供应装置安全性要求

D.1　医用供应装置

D.1.1　医用供应装置所使用的医用气体终端组件、低压软管组件,应符合现行行业标准《医用气体管道系统终端　第1部分:用于压缩医用气体和真空的终端》YY 0801.1 和《医用气体管道系统终端　第2部分:用于麻醉气体净化系统的终端》YY 0801.2 和《医用气体低压软管组件》YY/T 0799 的有关规定,医用气体管道应符合本规范第5.1节和第5.2节的规定。

D.1.2　医用供应装置所使用液体终端应符合下列规定:

　　1　快速连接的插座和插头均应设置止回阀;

　　2　用于透析浓缩和透析通透的插头应安装在医用供应装置上;

　　3　终端所用材料应在按制造商规定的操作下与所使用液体相兼容;

　　4　透析浓缩的快速连接插头和插座的内径应为4mm,透析通透的快速连接插头和插座的内径为6mm,用于透析浓缩排放的快速插头和插座尺寸应与其他用途的液体不同。

D.1.3　医用供应装置的通用实验要求应符合现行国家标准《医用电气设备　第1部分:安全通用要求》GB 9706.1—2007 第4章的规定。

D.1.4　医用供应装置及其部件的外部标记除应符合本规范和现行国家标准《医用电气设备　第1部分:安全通用要求》GB 9706.1—2007第6.1条的有关规定外,还应符合下列规定:

　　1　由主供电源直接供电的设备及其可拆卸的带电部件,应在设备主要部件外面设置产地、型号或参考型号的标识;

　　2　所有电气和电子接线图应设置在医用供应装置内的连接处。电气接线图应标明电压、相数及电气回路数目,电子接线图应标有接线端子数量及电线的识别;

　　3　专用设备电源插座应设置电源类型、额定电压、额定电流及设备名称标识;

　　4　为重要供电电路提供电源的电源插座应符合国家现行有关的安装规定,无安装规定时,应单独标识;

　　5　医用供应装置应按Ⅰ类、B型设备要求设计制造,设备及其内置的 BF 或 CF 类型部件和输出部件的相关标识符号,应符合现行国家标准《医用电气设备　第1部分:安全通用要求》GB 9706.1—2007附录 D 中表 D2 的规定;

　　6　连接辅助等电位接地的设备应设置符合现行国家标准《医用电气设备　第1部分:安全通用要求》GB 9706.1—2007附录 D 中表 D1 符号9规定的标识符号;

　　7　与用于肌电图、脑电图和心电图的病人监护仪相连接的医用供应装置,应设置肌电图机 EMG,脑电图机 EEG,心电图机 ECG 或 EKG 等特别应用标识。

D.1.5　医用供应装置及其部件的内部标记,除应符合现行国家标准《医用电气设备　第1部分:安全通用要求》GB 9706.1—2007第6.2条的有关规定外,还应符合下列规定:

　　1　医用气体连接点及管道标识、色标应符合本规范5.2节的有关规定;

　　2　中性线接点应设置符合现行国家标准《医用电气设备　第1部分:安全通用要求》GB 9706.1—2007 附录 D 中表 D1 符号8规定的字母 N 及蓝色色标。

D.1.6　医用供应装置液体管道及终端标识应符合表 D.1.6 的规定。

表 D.1.6　液体管道及终端标识

液体名称	
饮用水 冷	Portable water, cold
饮用水 热	Portable water, warm
冷却水	Cooling water
冷却水 回水	Cooling water, feed-back
软化水	De-mineralized water
蒸馏水	Distilled water
透析浓缩	Dialysing concentrate
透析通透	Dialysing permeate

D.1.7　医用供应装置的输入功率应符合现行国家标准《医用电气设备　第1部分:安全通用要求》GB 9706.1—2007第7章的规定。

D.1.8　医用供应装置的环境条件应符合现行国家标准《医用电气设备　第1部分:安全通用要求》GB 9706.1—2007第10章的规定。

D.1.9　医用供应装置对电击危险的防护应符合下列规定:

　　1　在正常或单一故障下使用不得发生电击危险;

　　2　内置或安放于医用供应装置的照明设备,应符合现行国家标准《灯具　第1部分:一般要求与试验》GB 7000.1 的有关规定;

　　3　装置在切断电源后,通过调节孔盖即可触及的电容或电路上的剩余电压不应超过 60V,且剩余能量不应超过 2mJ;

　　4　外壳与防护罩除应符合现行国家标准《医用电气设备　第1部分:安全通用要求》GB 9706.1—2007第16章的规定,且在正常操作下所有外部表面直接接触的防护等级应至少为 IP2X 或 IPXXB;在医用气体、麻醉废气排放或液体管道系统的维护过程中的带电部件的防护等级不应降低；

5 隔离应符合现行国家标准《医用电气设备 第1部分：安全通用要求》GB 9706.1—2007第17章的规定；

6 保护接地、功能接地和电位均衡应符合现行国家标准《医用电气设备 第1部分：安全通用要求》GB 9706.1—2007第18章的规定，医用气体终端不需接地；

7 连续漏电流及病人辅助电流应符合现行国家标准《医用电气设备 第1部分：安全通用要求》GB 9706.1—2007第19章的规定；

8 电介质强度应符合现行国家标准《医用电气设备 第1部分：安全通用要求》GB 9706.1—2007第20章的规定。

D.1.10 医用供应装置机械防护应符合下列规定：

1 机械强度应符合现行国家标准《医用电气设备 第1部分：安全通用要求》GB 9706.1—2007第21章的要求，还应符合下列规定：

　1）医用供应装置在抗撞击试验后带电部分不应外露，且医用气体终端仍应符合现行行业标准《医用气体管道系统终端 第1部分：用于压缩医用气体和真空的终端》YY 0801.1、《医用气体管道系统终端 第2部分：用于麻醉气体净化系统的终端》YY 0801.2的要求；

　2）医用供应装置及其载荷部件在静态载荷试验后不应产生永久性变形，相对于承重表面倾斜度不应超过10°。

2 运动部件要求应符合现行国家标准《医用电气设备 第1部分：安全通用要求》GB 9706.1—2007第22章的规定；

3 正常使用时的稳定性应符合现行国家标准《医用电气设备 第1部分：安全通用要求》GB 9706.1—2007第24章的规定；

4 应采取防飞溅物措施，并应符合现行国家标准《医用电气设备 第1部分：安全通用要求》GB 9706.1—2007第25章的规定；

5 医用供应装置悬挂物的支承有可能磨损、腐蚀或老化时，应采取备用安全措施；

6 医用供应装置每一音频的噪声峰值不应大于35dB(A)；除治疗、诊断或医用供应装置调节产生的噪声外，医用供应装置在额定频率下施加额定电压的1.1倍工作时所产生的噪声不应超过30dB(A)；

7 悬挂物的要求应符合现行国家标准《医用电气设备 第1部分：安全通用要求》GB 9706.1—2007第28章的规定。

D.1.11 医用供应装置对辐射危险的防护应符合下列规定：

1 对X射线辐射要求应符合现行国家标准《医用电气设备 第1部分：安全通用要求》GB 9706.1—2007第29章的规定；

2 对电磁兼容性的要求应符合现行国家标准《医用电气设备 第1部分：安全通用要求》GB 9706.1—2007第36章的规定，且医用供应装置在距离0.75m处产生的磁通量峰—峰值不应超过下列数值：

　1）用于肌电图设备时，0.1×10^{-6} T；

　2）用于脑电图设备时，0.2×10^{-6} T；

　3）用于心电图设备时，0.4×10^{-6} T。

D.1.12 医用供应装置中存在可能泄漏的麻醉混合气体时，其点燃危险的防护应符合现行国家标准《医用电气设备 第1部分：安全通用要求》GB 9706.1—2007第39章~第41章的规定。

D.1.13 医用供应装置对超温和其他安全方面危险的防护，应符合下列规定：

1 超温要求除应符合现行国家标准《医用电气设备 第1部分：安全通用要求》GB 9706.1—2007第42章规定外，灯具及其暴露元件温度不应超过现行国家标准《灯具 第1部分：一般要求与试验》GB 7000.1规定的最高温度；

2 医用供应装置应具有足够的强度与刚度以防止失火危害，且在正常或单一故障状态下，可燃材料温度不得升至其燃点，也不

得产生氧化剂；

3 泄漏、受潮、进液、清洗、消毒和灭菌要求，应符合现行国家标准《医用电气设备 第1部分：安全通用要求》GB 9706.1—2007第44章的规定；

4 生物相容性要求应符合现行国家标准《医用电气设备 第1部分：安全通用要求》GB 9706.1—2007第48章的规定；

5 供电电源的中断要求应符合现行国家标准《医用电气设备 第1部分：安全通用要求》GB 9706.1—2007第49章的规定。

D.1.14 医用供应装置对危险输出的防护要求应符合现行国家标准《医用电气设备 第1部分：安全通用要求》GB 9706.1—2007第51章的规定。

D.1.15 医用供应装置非正常运行和故障状态环境试验要求应符合现行国家标准《医用电气设备 第1部分：安全通用要求》GB 9706.1—2007第九篇的规定。

D.1.16 医用供应装置的结构设计应符合下列规定：

1 医用供应装置外壳的最低部位应设通风开口；

2 金属管道与终端组件连接应采用焊接连接；

3 安装后的医用供应装置中的控制阀门应只能使用专用工具操作；

4 元器件组件要求除应符合现行国家标准《医用电气设备 第1部分：安全通用要求》GB 9706.1—2007第56章的规定外，其等电位接地连接导线连接器应固定。

D.1.17 元器件及布线应符合下列规定：

1 医用供应装置的外部不应安装可触及的主控开关或熔断器，不应使用带开关的电源插座；

2 主电源连接器及设备电源输入要求应符合现行国家标准《医用电气设备 第1部分：安全通用要求》GB 9706.1—2007第57.2条的规定；

3 端子及连接部分的接地保护除应符合现行国家标准《医用电气设备 第1部分：安全通用要求》GB 9706.1—2007第58章的规定外，还应符合下列规定：

　1）固定电源导线的保护接地端子紧固件，不借助工具应不能放松；

　2）保护接地导线的导电能力不应小于横截面2.5mm²铜导线的导电性能，且应各自连接到公共接地；

　3）外部连接设备的等电位接地连接点的导线应采用横截面至少4mm²的铜线，且应能与等电位接地连接导线分离；

　4）电源电路本身所有保护接地导线应连接至医用供应装置中的公共接地，公共接地的导电能力不应小于横截面16mm²铜线的导电性能，医用气体管道不得作为公共接地导体；

　5）无等电位接地的医用供应装置内的公共保护接地本身应设置一个横截面不小于16mm²接地端子，并连接到建筑设施内的等电位接地；

　6）生命支持区域内医用气体供应装置上应提供医疗专用接地，且连接导体的导电能力不应小于横截面16mm²铜的导电性能。

4 医用供应装置内部布线、绝缘除应符合现行国家标准《医用电气设备 第1部分：安全通用要求》GB 9706.1—2007第59.1条的有关规定外，还应符合下列规定：

　1）医用供应装置中电、气应分隔开，强电和弱电宜分隔开；

　2）除普通病房外，每个床位应至少设2个各自从主电源直接供电的电源插座；

　3）通讯线与电源电缆或电线管、气体软管设置在一起时，应满足单一故障下的电气安全性能；

　4）每种管道维护时不应接触到电气系统中的带电部分；

　5）当水平安装时，液体分隔腔应安装在电分隔腔的下方；

　6）过电流及过电压保护除应符合现行国家标准《医用电气

设备 第 1 部分:安全通用要求》GB 9706.1—2007 第
59.3 条的规定外,医用供应装置中脉冲继电器还应符合
现行国家标准《家用和类似用途固定式电气装置的开
关 第 1 部分:通用要求》GB 16915.1 和现行国家标准
《医用电气设备 第 1 部分:安全通用要求》GB
9706.1—2007 第57.10 条的规定。

5 正常和单一故障状态下,可能产生火花的电器元件与氧化
性医用气体和麻醉废气排放终端组件的距离应至少为 200mm。

D.1.18 医用供应装置内医用气体管道的环境温度不得超过
50℃,医用气体软管的环境温度不得超过40℃。

D.1.19 医用供应装置管道泄漏应符合下列规定:

1 压缩医用气体管道内承压为额定压力,且真空管道承压
0.4MPa 时,泄漏率不得超过 0.296mL/min 或 0.03kPa·L/min
乘以连接到该管道的终端数量;

2 麻醉废气排放管道在最大和最小操作压力条件下,泄漏均
不应超过 2.96mL/min(相当于 0.3kPa·L/min)乘以此管道的终
端数量;

3 液体管道内承压为额定压力 1.5 倍的测试气体压力时,泄
漏率不得超过 0.296mL/min 或 0.03kPa·L/min 乘以连接到该
管道的终端数量。

D.1.20 医用气体悬吊供应装置应符合下列规定:

1 医用气体悬吊供应装置中的医用气体低压软管组件应符
合现行行业标准《医用气体低压软管组件》YY/T 0799 的有关
规定;

2 电缆和医用气体的软管安装在一起时,电缆应设置护套,
并应采取绝缘措施或安装在电线软管内。

D.2 医用供应装置机械强度测试方法

D.2.1 抗撞击试验〔D.1.10 1 1)测试〕应符合下列规定:

1 应将一个大约装了一半沙、总重为 200N、0.5m 宽的袋子
悬挂起来,并形成 1m 的摆长,在水平偏移量为 0.5m 的地方将其
释放,撞击根据制造商的指导安装的医用供应装置(图 D.2.1)。
抗撞击试验应在医用供应装置的多个部位重复进行。

2 仅出现模塑破裂的现象不应为试验失败,可继续进行。

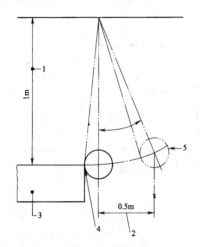

图 D.2.1 抗撞击试验
1—摆长;2—偏移距离;3—已安装的医用供应装置;
4—易损部位(范例);5—重 200N 的沙包

D.2.2 静态载荷试验〔D.1.10 1 2)测试〕时,应根据制造商的
参数说明,在医用供应装置上均衡地分配负载。

中华人民共和国国家标准

医用气体工程技术规范

GB 50751 - 2012

条 文 说 明

1 总 则

1.0.1 本条旨在说明制定本规范的目的。

当前,我国医院建设处于一个快速发展的时期。在国内医用
气体建设中,长期以来对该部分重视程度不够,投资总体偏少,建
设水平与国际通用做法相比有一定差距。为适应我国医院建设的
需要,规范与提高医疗卫生机构集中供应医用气体工程的建设水
平,本规范在考虑了现阶段国内实际状况与水平的情况下,以医用
气体工程系统建设为出发点,重点规范了工程中的原则性技术指
标和要求、设备或产品的主要技术参量,明确了系统建设中的基本
技术问题,但不涉及具体的设备或产品的标准或结构。

医用气体工程的设计、施工、验收等环节应统筹考虑,合理选
择、优化系统,其技术参数与要求均应满足本规范的规定。

1.0.3 本规范规定的医用气体种类与系统对于某一具体的医疗
卫生机构并不一定都是必需的,应根据自身需求确定部分或者全
部建设。在建设过程中,应注意保持系统的统一与完整。如在分
期分段实施时应纳入全系统统一测试检验,系统内的终端组件、医
用器具在具有医用气体专用特性的前提下能够通用等。

1.0.4 医用气体工程所使用的设备、材料应有相关的生产许可、
检验、检测证明。若产品属于医疗器械或产品的,还应有医疗器械
生产许可证和产品的注册证并在有效使用期内。

1.0.5 本条说明本规范与国家工程建设的其他规范、法律法规的
关系。这种关系应遵守协调一致、互相补充的原则。由于医用气
体工程涉及设备与产品制造、工程安装施工以及医疗卫生操作流
程等多行业、多专业、多学科内容,因此除本规范外尚应遵守国家
其他有关建设标准规范,以及医疗卫生行业有关的法律、法规、作
业流程、要求等。

2 术 语

本章所列举的术语理论上只在本规范内有效,列出的目的主要是为了防止错误的理解。尽管在确定和解释术语时,尽可能地考虑了其通用性,但仍应注意在本规范以外使用这些术语时,其含义或范围可能与此处定义不同。

2.0.5 器械空气在有些国家的标准中也称之为外科手术用空气(Surgical air)。

2.0.7 按国际通用的对于生命支持系统的提法,牙科空气不属于生命支持系统的内容。

2.0.8 从用词含义角度来说,牙科使用的真空也包含在医用真空之内。但因其使用的特殊性,加之牙科真空不属于生命支持系统,故牙科使用的真空一般作为一个细分的内容另行建设。

2.0.10 常用的医用混合气体有医用二氧化碳/医用氧气、医用氧化亚氮/医用氧气、医用氦气/医用氧气等混合气体。

2.0.12 单一故障状态即是设备或机组中单个部件发生故障,或者单个支路中的设备与部件发生故障的情况。若一个单一故障状态会不可避免地导致另一个单一故障状态时,则两者被认为是一个单一故障状态。部件维修、系统停水、停电也被视为一个单一故障状态。

2.0.17~2.0.19 此处三种专用接头均有相关的专用标准。

2.0.20 医用供应装置是一个范围较大的统称。其中包含有医用气体供应的可称之为医用气体供应装置。

2.0.21 焊接绝热气瓶即俗称的杜瓦罐(钢瓶),符合现行国家标准《焊接绝热气瓶》GB 24159 的规定。

2.0.23 汇流排根据瓶组切换形式的不同可分为手动切换、气动(半自动)切换和自动切换形式,以及单侧供应的汇流模式。主要用于中小型气体供应站以及其他适用场所。

3 基本规定

3.0.1 本规范规定的医用气体、医用混合气体组分的品质均应符合现行《中华人民共和国药典》的要求。

1 表 3.0.1 中,各杂质含量参数按照 ISO 7396、HTM 02-01 以及 NFPA 99C 标准采用相同的规定,其中医疗空气的露点系按照 NFPA 99C 的指标制定。

这里补充部分参考数据如下:水含量 575mg/Nm³ 相当于常压露点 −23.1℃,50mg/Nm³ 相当于常压露点 −46℃,780mg/Nm³ 相当于常压露点 −20℃。CO_2 含量 $500×10^{-6}$(v/v)相当于 900mg/Nm³。

医用空气颗粒物的含量系采纳 ISO 7396 的规定。为便于对照使用,这里将现行国家标准《压缩空气 第1部分:污染物净化等级》GB/T 13277.1—2008(等同于 ISO 8573-1:2001)中关于颗粒物的规定摘列如下。

7.1 固体颗粒等级

固体颗粒等级见表 2.0 级~5 级的测量方法按照 ISO 8573-4 进行,6 级~7 级的测量按照 ISO 8573-8 进行。

表 2 固体颗粒等级

等级	每立方米中最多颗粒数				颗粒尺寸/μm	浓度/(mg/m³)
	颗粒尺寸 d/μm					
	≤0.10	0.10<d≤0.5	0.5<d≤1.0	1.0<d≤5.0		
0	由设备使用者或制造商制定的比等级 1 更高的严格要求					
1	不规定	100	1	0	不适用	不适用
2	不规定	100000	1000	10		
3	不规定	不规定	10000	500		
4	不规定	不规定	不规定	1000		
5	不规定	不规定	不规定	20000		

续表 2

等级	每立方米中最多颗粒数				颗粒尺寸/μm	浓度/(mg/m³)
	颗粒尺寸 d/μm					
	≤0.10	0.10<d≤0.5	0.5<d≤1.0	1.0<d≤5.0		
6	不适用				≤5	≤5
7	不适用				≤40	≤10

注 1:与固体颗粒等级有关的过滤系数(率)β 是指过滤器前颗粒数与过滤器后颗粒数之比,它可以表示为 $β=1/P$,其中 P 是穿透率,表示过滤后与过滤前颗粒浓度之比,颗粒尺寸等级作为下标。如 $β_{10}=75$,表示颗粒尺寸在 10μm 以上的颗粒数在过滤前比过滤后高 75 倍。

注 2:颗粒浓度是在表 1 状态下的值。

2 氮气除用于驱动医疗工具外,还可以作为混合成分与医用氧气构成医用合成空气,在 HTM 02-01 标准中有规定作为医疗空气的紧急备用气源。但该用途涉及对呼吸用氮气的医药规定,本规范仅进行器械驱动用途方面的规定,不涉及直接作用于病人的氮气成分规定。

3.0.2、3.0.3 表中参数按照 HTM 02-01 取值,并结合 ISO 7396 的规定修改。表中以及本规范所有医用气体压力均为表压,医用真空、麻醉废气排放的压力均为真空压力,特说明。

表 3.0.2 中将部分医用混合气体的压力参数定义得比 400kPa 气体压力低 50kPa 的原因,是考虑到在供应点混合的需求,当使用钢瓶装医用混合气体时,也可使用 400kPa 的额定压力。

3.0.4 每个医疗卫生机构中,医用气体终端组件的设置数量和方式均有可能不同,应根据医疗工艺需求与医疗专业人员共同确定。附录 A 中的两个表系依据 HTM 02-01 的设置要求数据,以及《Guidelines for Design and Construction of Health Care Facilities》2006(FGI AIA),按照国内医院的具体情况进行了修正,可供各科室设置终端组件时参考。

4 医用气体源与汇

4.1 医用空气供应源

Ⅰ 医疗空气供应源

4.1.1 本条规定的理由为：

1 非医用用途的压缩空气如电机修理、喷漆、轮胎充气、液压箱、消毒系统、空调或门的气动控制，流量波动往往较大而且流量无法预计，如由医用空气供应会影响医疗空气的流量和压力，并增加医疗空气系统故障频率，缩短系统使用寿命，甚至把污染物带进系统中形成对病人的危险。所以无论医疗空气由瓶装或空压机系统供应，均严禁用于非医用的用途，本款为强制性条款。

3 医疗器械工具要求水含量更低，以免造成器械损坏或腐蚀。因此当医疗空气与器械空气共用机组时，应满足器械空气的含水量要求。

实际应用中，无油医疗空气系统也不宜与器械空气共用压缩机，因为一般无油压缩机出口压力达到1.0MPa时，压缩机的效率（包括流量）和寿命都会降低。

4.1.2 **1** 作为一种直接作用于病人的重要的医用气体，医疗空气的供应必须有可靠的保障。本规定使得医疗空气供应源在单台压缩机故障或机组任何单一支路上的元件或部件发生故障时，能连续供气并满足设计流量的需求。因此，医疗空气供应源包括控制系统在内的所有元件、部件均有冗余，本款为强制性条款。

3 使用含油压缩机对医疗卫生机构管理提出了更为严格的要求，并带来管理维护费用提高，容易导致管道系统污损、末端设备损坏的各种事故。所以在可能的情况下，建议医疗卫生机构使用无油压缩机。

无油压缩机通常包含以下几种：

1）全无油压缩机：喷水螺杆压缩机及轴承永久性轴封无油压缩机，如无油涡旋压缩机、全无油活塞压缩机等；

2）非全无油活塞压缩机：油腔和压缩腔至少应有两道密封，并且开口与大气相通。开口应能直观的检查连接轴及密封件；

3）带油腔的旋转式压缩机：压缩腔和油腔应至少经过一道密封隔离，密封区每边各有一个通风口，靠近油腔的通风口应能够自然排污到大气中。每个通风口应直接目视检查密封件的状况；

4）液环压缩机：其水封用的水质应符合厂家规定。

NFPA99-2005中5.1.3.5.4.1(1)有规定，压缩腔中任何部位都应无油，HTM 02-01第7.17中也说明了无油压缩机对空气的处理更有优势。

4 如机组未设置防倒流装置，则系统中的压缩空气会回流至不运行的压缩机中，易造成压缩机的损坏，且不运行的压缩机需要维护时，也会因无法与系统隔离而不能实现在线维修。

5 独立的后冷却器热交换效率高，除水效率也更高。但现在一般的螺杆式空压机每台机器会自己配备后冷却器。储气罐因其冷却功能弱、不稳定而不能作为后冷却器使用。

6 干燥机排气露点温度应保证系统任何季节、任何使用状况下满足医疗空气品质要求（其目的是在使用时不会产生冷凝水）。冷冻式干燥机在流量较低，尤其是在额定流量的20%以下时，干燥机水分离器中冷凝水积聚也变得缓慢而无法及时排除，这时水分离器中的空气仍可能含水量饱和，并被带入系统中造成空气压力露点温度快速上升。而吸附式干燥机是根据吸附粒子的范德华原理吸收空气中的水分，其露点温度不会随用气量变化而产生波动，因此是医院首选的干燥方式。

4.1.3 本条对医疗空气的进气进行规定，吸气的洁净是保证医疗空气洁净的前提条件。条文中的数据主要参考了NFPA99C的规定。

有设备厂家在医疗空气压缩机组中使用了一氧化碳转换为二氧化碳的装置，或安装独立的空气过滤系统，此时可视为对进气品质的提升，在能够保证医疗空气品质的前提下是可以适当放宽进气口位置要求的。

1 进气口位置的选择需考虑进气口周围的空气质量，特别是一氧化碳含量。不要将进气口安装在发动机排气口、燃油、燃气、储藏室通风口、医用真空系统及麻醉排气排放系统的排气口附近，空气中不应有颗粒或异味。

3 如果室内空气经过处理后等同于或优于室外空气质量要求，如经过滤的手术室通风系统的空气等，只要空气质量能够持续保证，则可以将医疗空气进气口安装在室内。

医疗空气供应源与医用真空汇、牙科专用真空汇及麻醉废气排放系统放在同一站房内时，若真空泵排气口泄漏或维护时，可能会导致医疗空气机组的进气受到污染，故应避免。

4 非金属材料如PVC，在高温或进气管附近发生火灾时，材料本身可能会产生有毒气体，未经防腐处理的金属管道如钢管可能会因为氧化锈蚀而产生金属碎屑。此类材料用于进气管时，有毒气体和金属碎屑可能进入压缩机及管道系统，从而影响医疗空气的品质或增加运行费用等。

医疗空气进气应防止鸟虫、碎片、雨雪及金属碎屑进入进气管道。国外曾有报道飞鸟进入医疗空气进气管道及压缩机系统后造成医疗空气中异味，达不到医疗空气品质标准的事例。

4.1.4 **1** 空气过滤器安装在减压阀之前系为了防止油污、粉尘等损坏减压阀。

2 本款数据依据NFPA 99中5.1.3.5.8(3)制定。

3 本款为强制性条款。设置活性炭过滤器的目的是为了过滤油蒸汽并消除油异味，可以有效减少对体弱病人的刺激与不利影响，具有非常重要的作用，在系统不使用全无油的压缩机时必须设置。

4 细菌过滤器可有效防止花粉、孢子等致敏源对体弱病人的影响，在有条件时宜考虑设置。

4.1.5 **1** 干燥机、过滤器、减压装置及储气罐维修时，通过阀门或止回阀隔断气体，防止回流至维修管道回路，不至于中断供气。是保证单一故障状态下能不间断供气的必要手段。

3 当储气罐的自动排水阀损坏时再采用手动排水阀排水，此为安全备用措施。

4.1.6 **2** 本款规定系为防止两台或两台以上压缩机同时启动时，启动瞬时电流过大可能会造成供电动力柜故障。

4.1.7 本条为强制性条文。本条规定系为防止主电源发生故障停止供电时，导致机组长时间停止运行影响供气。

医疗空气作为一种重要的医用气体，一般供应生命支持区域作为呼吸机等用途，其供应的间断有可能会导致严重的医疗事故。因此医疗空气供应源的动力供应必须有备用。

Ⅱ 器械空气供应源

4.1.8 本条为强制性条文。非独立设置的器械空气系统在用于工具维修、吹扫、非医疗气动工具、密封门等的驱动用途时，有些情况下流量波动往往较大而且无法预计，从而会影响器械空气的流量和压力，增加系统故障频率，缩短系统使用寿命，甚至把污染物带进系统中，从而影响医疗空气的正常供应。因医疗空气的供应对于病人生命直接相关，故非独立设置的器械空气系统不能用于非医用用途。而且气动医疗器械驱动时，往往对器械空气的流量与压力要求较高，所以非独立设置的器械空气系统也不能用于上述非医用用途。

一般地说来独立设置的器械空气系统允许用于医疗辅助用途，包括手术室用气动工具、横梁式吊架、吊塔等设备的驱动压缩空气等。

4.1.9 **1** 器械空气作为医疗器械的动力用气体，往往用在手术室等重要的生命支持区域,其供应如有中断或不正常有可能会导致严重的医疗事故,因此器械空气的供应必须有可靠的保障。本规定使得器械空气供应源在单台压缩机故障,或机组任何单一支路上的元件或部件发生故障时均能连续供气。因此,器械空气供应源包括控制系统在内的所有元件、部件均应有冗余。

4.1.10 2 本款数据依据NFPA 99中5.1.3.8.7.2(3)制定。

Ⅲ 牙科空气供应源

4.1.14 牙科供气不属于生命支持系统的一部分,所以对压缩机的备用、故障情况的连续供气等要求都较低。而且牙科用气往往供应量较大,尤其带教学功能的牙科医院,因教学牙椅同时使用率高,宜单独配置压缩机组避免对医疗空气的影响。所以对于一般医院来说,建议牙科气体独立成系统。

4.2 氧气供应源

Ⅰ 一般规定

4.2.5 医用氧气气源应根据供应与需求模式的不同合理选择气源,进行组合。使用液氧类气源时,液氧会有蒸发损耗,若长时间不用可能造成储量不足。而医用分子筛供应源需要一定的启动时间,无法满足随时供应的要求,因此只能使用医用氧气钢瓶作为应急备用气源。

4.2.6 本条规定的数据源自ISO 7396-1中5.3.4条及ISO 15001规定。

4.2.7 由于高压氧气快速流过碳钢管材存在着火灾的危险性较大,根据现行国家标准《深度冷冻法生产氧气及相关气体安全技术规程》GB 16912—2008中8.3款规定以及NFPA99C等国外有关标准而制定本条。

4.2.8 本条规定为强制性条文,系为防止主电源因故停止供电时无法连续供应氧气。

医用氧气作为一种重要的医用气体,其间断供应有可能会导致严重的医疗事故。因此医用氧气供应源、分子筛制氧机组的动力供应必须设置备用。

4.2.9 医用氧气为助燃性气体,设计时应考虑其排放对周围环境安全的影响。

Ⅱ 医用液氧贮罐供应源

4.2.11 医用液氧贮罐作为低温储存容器应确保其安全可靠,因此只具备一种安全泄放设施是不够的,一般应设有两种安全泄放方面的措施。

由于医用液氧会吸收环境中热量而迅速汽化,体积大量增加,从而使密闭的管路段中压力升高产生危险,因此两个阀门之间有凹槽、兜弯、上下翻高的地方,以及切断液氧管段的两个阀门间有可能积存液氧,则该管段必须设置安全泄放装置。

4.2.13 由于目前的接口规格与液氮等液体一样,所以存在误接误装的危险,且国内曾出现过此类事故,因此提出此要求。保护设施可避免污物堵塞或污染充灌口。医用液氧贮罐的充装口应设置在安全、方便位置,以防被撞,同时方便槽罐车进行灌注。

4.2.14 由于医用液氧贮罐、汽化及调压装置的法兰等连接部位,有时会出现泄漏的情况,因此要求设在空气流通场所。建议都设置在室外。

Ⅲ 医用氧焊接绝热气瓶汇流排供应源

4.2.17 由于目前的接口规格与液氮等液体一样,存在误接误装的危险。且曾出现过此类事故,因此提出此要求。

Ⅳ 医用氧气钢瓶汇流排供应源

4.2.18 汇流排容量应是每组钢瓶容量均能满足计算流量和运行周期要求。由于医疗卫生机构规模不一样,每班操作人员的人数及更换气瓶的熟练程度也不一样而有所不同。

Ⅴ 医用分子筛制氧机供应源

4.2.21 作为医用气体系统建设方面的标准,本规范对医用分子筛(PSA)制氧在医疗卫生机构内通过医用管道系统集中供应时的

安全措施作出了规定,不涉及PSA制氧设备作为医疗设备注册以及PSA产品气体在医疗用途等方面的要求。

本部分主要依据《Oxygen concentrator supply systems for use with medical gas pipeline systems》ISO 10083:2006标准,结合国内医院具体情况制定。该标准定义PSA产出气体为"富氧空气"(oxygen-enriched air),氧浓度为90%~96%,并说明其在医疗应用的范围及许可与否均由各国或地区自行确定。

我国药典目前尚未收录PSA法产生的氧气条目,现行的管理规定允许PSA制氧机在医院内部使用。医用PSA制氧及其产品在医院的应用应以其最新规定为准。

4.2.23 由于分子筛制氧机的产品气体与空压机进气品质相关,且分子筛有优先吸附水分、油分及麻醉排放废气的特性,吸附这些成分后会引起吸附性能逐渐降低,因此必须对其进气口作相应规定。

4.2.24 医用PSA制氧产品作为在医院现场生产的重要气体,其供应品质宜具有完善的实时监测。设置氧浓度及水分、一氧化碳杂质的在线分析装置,是为了能够及时发现分子筛吸附性能的变化,从而及时采取相应措施。

4.2.27~4.2.29 分子筛制氧机在实际运行中有可能因电源供应、内部故障而影响到气体供应,这几条的规定是保证PSA氧气源及其供气品质稳定的必要保障措施。

4.2.30 医院工作现场一般不具备国家对于气瓶充装规定的安全要求及人员培训、定期检查等条件,为避免医院因气瓶充装带来的危险与危害,同时也减少富氧空气钢瓶与医用氧气钢瓶内残余气体混淆的可能,因此制定本条。

4.3 医用氮气、医用二氧化碳、医用氧化亚氮、 医用混合气体供应源

4.3.1、4.3.2 由于医疗卫生机构的医用氮气、医用二氧化碳、医用氧化亚氮和医用混合气体一般用量不是很大,故一般是采用汇流排形式供应。医用混合气体一般有氮/氧、氦/氧、氧化亚氮/氧、氧/二氧化碳等。

汇流排容量应是每组钢瓶容量均能满足计算流量和运行周期的要求。汇流排容量因医疗卫生机构规模不一样,每班操作人员的人数及更换气瓶的熟练程度也不一样而有所不同。

4.3.3 3 本款规定源自ISO 7396-1中5.3.4条并依据ISO 15001规定。

4 国内现有气瓶的接口规格对于每一种气体不是唯一的,存在着错接的可能。因此应使用专用气瓶,只允许使用与钢印标记一致的介质,不得改装使用。在接口处也有防错接措施以避免事故的发生。

4.3.5 本条为强制性条文。医用气体汇流排所供应的气体对于病人的生命保障非常重要,如果中断可能会造成严重医疗事故直至危及病人生命。因此应该保证在断电或控制系统有问题的情况下,能够持续供应气体。本条是为了保障使用医用气体汇流排的气源能够在意外情况下可靠供气,因此汇流排的结构可能不同于一般用途的产品,在产品设计中应有特殊考虑。

医用二氧化碳、医用氧化亚氮气体供应源汇流排在供气量达到一定程度时会有气体结冰情况出现,如不采取措施会影响气体的正常供应,造成严重后果。所以应充分考虑气体供应量及环境温度的条件,一般应在汇流排机构上进行特殊设计,如安装加热装置等。

4.4 真 空 汇

Ⅰ 医用真空汇

4.4.1 1 本款为强制性条款。因真空汇内气体的流动是一个汇集的过程,随着管路系统内真空度的变化,气体的流动方向具有不确定性。三级、四级生物安全试验室、放射性沾染场所如共用真空

汇极易产生交叉感染或污染，故应禁止这种用法。

3 非三级、四级生物安全试验室与医疗真空汇共用时，教学用真空与医用真空之间各自设独立的阀门及真空除污罐，可在试验教学真空管路出现故障需要停气时不影响医用真空管路的正常供应，反之亦然。

4 本款为强制性条款。医用真空在医疗卫生机构的作用非常重要，如手术中的真空中断有可能会造成严重的医疗事故，因此其应有可靠的供应保障。本规定使得系统在单台真空泵或机组任何单一支路上的元件或部件发生故障时，能连续供应并满足最高计算流量的要求。因此，包括控制系统在内的元件、部件均应有冗余。

4.4.2　3 真空机组设置防倒流装置是为了阻止真空系统内气体回流至不运行的真空泵。

4.4.4　2 为防止鸟虫、碎片、雨雪及金属碎屑可能经排气管道进入真空泵而损坏泵体，应采取保护措施。

4.4.5 每台真空泵设阀门或止回阀，与中央管道系统和其他真空泵隔离开，以便真空泵检修或维修时，机组能连续供应。真空罐应在进、出口侧安装阀门，在储气罐维护时不会影响真空供应。

4.4.7 本条为强制性条文。系为防止医用真空汇主电源因故停止供电时，导致机组长时间停止运行，影响供气。

医用真空在医疗卫生机构中起着重要的作用，尤其手术、ICU 等生命支持区域都需要大流量不间断供应，供应的不善有可能会导致严重的医疗事故。因此医用真空汇的动力供应必须有备用。

4.4.8 目前国内医院使用液环泵较多。液环泵系统耗水量较大，一般需要安装水循环系统，由于部分液环泵的水循环系统易漏水，真空排气中细菌随着水漏出造成站房与环境污染。同时系统中的真空电磁阀、止回阀关闭不严造成密封液体回流等故障现象也较多，真空压力有时不能保证，实际应用中应加以注意。

Ⅱ 牙科专用真空汇

4.4.9 牙科专用真空汇与医用真空汇的要求与配置均不相同，故两者一般不应共用。牙科用汞合金含有 50% 汞，对水及环境会造成严重污染，因此应设置汞合金分离装置。

4.4.10　2 水循环系统既可节水并减少污水处理量，也可在外部供水短暂停止时通过内部水循环系统维持真空系统持续工作，保护水环泵。

4.4.11　1 本条规定数据源自于 HTM 2022 supplement 中图 4.1～图 4.3(Figure 4.1 - Figure 4.3)。

2 细菌过滤器的阻力有可能影响真空泵的流量及效率，如需安装细菌过滤器，应及时对细菌过滤器进行保养(更换滤芯)，以免细菌过滤器阻力过大。

4.5　麻醉或呼吸废气排放系统

4.5.1 麻醉或呼吸废气排放系统的设计有其特殊性，关于流量方面的要求见本规范 9.1.6 条，工程实际中应根据医疗卫生机构麻醉机的使用要求，咨询有经验的医务人员来选择系统的类型、数量、终端位置及安全要求等。

4.5.2 本条为强制性条文。由于麻醉废气中往往含有醚类化合物以及助燃气体氧气，真空泵的润滑油与氧化亚氮及氧气在高温环境下会增加火灾的危险，排放系统的材料若与之发生化学反应会造成不可预料的严重后果。

本条未对一氧化氮废气排放的管材作出要求。一氧化氮性质不稳定，会与空气中的氧气、水发生化学反应后产生硝酸，因此系统应能耐受硝酸的腐蚀。但其用于治疗用途时浓度很低，因而对器材或管道的腐蚀问题不大。当然，使用不锈钢或含氟塑料的材料是更好的选择。

4.5.4　1 每台麻醉或呼吸废气排放真空泵设阀门或止回阀与管道系统和其他真空泵隔离开，是为了便于真空泵检修和维护。

4.5.8 引射式排放如与医疗空气气源共用，设计时应考虑到有可能对医疗空气供应产生的影响，否则应采用惰性压缩气体、器械空气或其他独立压缩空气系统驱动。

4.6　建筑及构筑物

4.6.3 第 2 款依据和综合以下标准制定：

1)现行国家标准《建筑设计防火规范》GB 50016 中 4.3.5 规定："液氧贮罐周围 5m 范围内不应有可燃物和设置沥青路面"。

2)在美国消防标准《便携式和固定式容器装、瓶装及罐装压缩气及低温流体的储存、使用、输送标准》NFPA55 中的有关规定：液氧贮存时，贮罐和供应设备的液体接口下方地面应为不燃材料表面，该不燃表面应在以液氧可能泄漏处为中心至少 1.0m 直径范围内；在机动供应设备下方的不燃表面至少等于车辆全长，并在竖轴方向至少 2.5m 的距离；以上区域若有坡度，应该考虑液氧可能溢流到相邻的燃料处；若地面有膨胀缝，填缝材料应采用不燃材料。

4.6.4 目前国内的医院液氧设置现状中，依照医院规模的大小不同，常用的液氧贮罐容积一般是 3m³、5m³、10m³ 等几种，总容量一般不超过 20m³。本条 1～3 条规定了医疗卫生机构的液氧贮罐与区域外部及围墙直至内部的建筑物的安全间距。

2 本款规定了医疗卫生机构的液氧贮罐与区域围墙的安全间距，规定的外界条件与数值的不同，目的是为了与边界外的建筑物等有一个全局范围内的呼应，从而在总体上符合现行国家标准《建筑设计防火规范》GB 50016 的规定。

3 我国医院多数都设立在人员密集的市区，院内的地域范围往往很有限，而液氧贮罐气源在充罐和泄漏时会在附近区域形成一个富氧区，造成火灾或爆炸危险，因此应对其安全距离制定一个严格的要求。液氧贮罐气源按医疗工艺的需求在一般情况下是医院必备的基础设施。为液氧贮罐制定一个较为详细的安全间距，对于医疗卫生机构满足医疗工艺需求，合理规划医疗环境、高效使用土地有着重要的意义。

医疗卫生机构的用氧属于封闭的、相对安全的使用环境，有别于工厂制氧阶段的储存。本表制定的主要依据为：

1)美国消防标准 2005 年版《便携式和固定式容器装、瓶装及罐装压缩气体及低温流体的储存、使用、输送标准》(Standard for the storage use and handling of compressed gases and cryogenic fluids in portable and stationary containers，cylinders，and tanks) NFPA55 中有关大宗氧气系统的气态或液态氧气系统的最小间距规定。

2)英国压缩气体协会 BCGA 标准 CP19。

3)ISO 7396 - 1:2007。

考虑到国内的具体安装情况及安全管理条件，本表依据上述标准并严格规定了部分条件下安全距离的数值。

4.6.5、4.6.6 本部分是参考现行国家标准《氧气站设计规范》GB 50030—91 中第 2.0.5 条、第 2.0.6 条，现行国家标准《深度冷冻法生产氧气及相关气体安全技术规程》GB 16912—2008 中 4.6.2、4.6.3 而制定的。其中 4.6.6 条是依据 ISO 7396 - 1 5.8 供应系统设置位置的要求，为压缩机或真空泵运行安全而作此规定。

4.6.7 本条为强制性条文。地下室内的通风不易保证，且氧气、医用氧化亚氮、医用二氧化碳、常用医用混合气体的部分组分均比空气重，安装在地下或半地下或医疗建筑内均易因泄漏形成积聚，造成火灾、窒息或毒性危险。医用分子筛制氧机组作为氧气生产设备，在建筑物中也容易因为氧气泄漏积聚而造成火灾危险，故不应与其他建筑功能合用。

4.6.8 由于医用气体储存库会储有不同种医用气体，因此必须按品种放置，并标以明显标志，以免混淆。对一种医用气体，也要分实瓶区、空瓶区放置，并标以明显标志以免给供气带来不利影响。

由于医用气体储存时存在泄漏可能,因此要求应具备良好的通风。气瓶的储存要求避免阳光直射。

4.6.11 国内医用气源站曾多次发生因接地不良引发的事故,尤其高压医用气体汇流排管道及安全放散管道、减压器前后的主管道是医用气体系统发生爆炸最多的地方。多起医用气体系统爆炸事故事后检查发现,通常是没有接地或因年久失修导致接地不良引起,因此医用气体系统应保证接地状况良好。

5 医用气体管道与附件

5.1 一般规定

5.1.3 本条增加了医疗卫生机构重要部门的供气可靠性。

鉴于国内综合性医院普遍床位数较多、规模较大,为了防止普通病房用气对重要部门的干扰,对于重要部门设专用管路可以提高用气安全性,此外从气源单独接管也便于事故状况下供气的应急管理。但当医院规模较小,整个系统的安全使用有良好的保障时,生命支持区域也可以不设单独供应管路。

5.1.10 管道间安全间距无法达到要求时,可用绝缘材料或套管将管道包覆等方法隔离。

5.1.13 这里的其他情况主要指管道埋深不足、地面上载荷较大等情况。

5.1.14 2 医用气体供应主干管道如采用电动或气动阀门,在电气控制或气动控制元件出现故障时可能会产生误动作或无法操作阀门,特别是因误动作关闭阀门时,将会造成停气的危险。

大于DN25的阀门如采用快开阀门,由于氧气流量流速较大易发生事故。

非区域阀门应安装在受控区域(如安装在带锁的房间内)或阀门带锁,便于安全管理。此规定是防止无关人员误操作阀门而影响阀门所控制区域的气体供应。

5.1.15 区域阀门主要用于发生火灾等紧急情况时的隔离及维护使用。关闭区域阀门可阻止或延缓火灾蔓延至附近区域,对需要一定时间处理后才能疏散的危重病人起到保护作用。一些特殊区域是否作为生命支持区域对待可根据医院自身情况确定,如有些医院可能认为膀胱镜或腹腔镜使用区域也需要安装区域阀门。如

果一个重要生命支持区域的区域阀控制的病床数超过10个时,可根据具体情况考虑将该区域分成多个区域。

区域阀门应尽量安装在可控或易管理的区域,如医院员工经常出入的走廊中容易看见的位置,一旦控制区域内发生紧急情况时,医院员工被疏散走出通道的同时可经过区域阀并将其关闭。如果安装在不可控的公共区域,可能会发生人为地恶意或无意操作而引发事故。区域阀门不应安装在上锁区域如上锁的房间、壁橱内壁等;也不应安装在隐蔽的地方如门背后的墙上,否则在开门或关门时会挡住区域阀门,发生紧急状况时不易找到这些阀门。

保护用的阀门箱应设有带可击碎玻璃或可移动的箱门或箱盖,且阀门箱大小应以方便操作箱内阀门为原则。在发生紧急情况需要关闭区域阀门时,可以直接击碎箱门上的玻璃或移动箱门或箱盖操作阀门。

5.2 管材与附件

5.2.1 本条为强制性条文。医用气体供应与病人的生命息息相关,出于管道寿命和卫生洁净度方面的严格要求,特对管材作此规定。

铜作为医用气体管材,是国际公认的安全优质材料,具有施工容易、焊接质量易于保证,焊接检验工作量小,材料抗腐蚀能力强特别是抗菌能力强的优点。因此目前国际上通用的医用气体标准中,包括医用真空在内的医用气体管道均采用铜管。

但在中国国内,业内也有多年使用不锈钢管的经验。不锈钢管与铜管相比强度、刚度性能更好,材料的抗腐蚀能力也较好。但是在使用中有害残留不易清除,尤其医用气体管道通常口径小壁厚薄,焊接难度大,总体质量不易保证,焊接检验工作量也较大。

目前有色金属行业标准《医用气体和真空用无缝铜管》YS/T 650—2007规定了针对医用气体的专用铜管材要求,而国内没有针对医用气体使用的不锈钢管材专用标准。鉴于国内医用气体工程的现状,本规范将铜与不锈钢均作为医用气体允许使用的管道材料,但建议医院使用医用气体专用的成品无缝铜管。

镀锌钢管在国内医院的真空系统中曾大量使用,并经长期运行证明了其易泄漏、寿命短、影响真空度等不可靠性,依据国际通用规范的要求本规范不再采纳。

一氧化氮呼吸废气排放因气体成分的原因宜使用不锈钢管道材料。

国内的医院一般为综合性多床位医院,非金属管材在材质质量、防火等方面的实际可控性差,本规范依据国际通用标准未将非金属管材列为医用真空管路的允许用材料,但允许麻醉废气、牙科真空等设计真空压力低于27kPa的真空管路使用。在工程实际中这部分管材允许使用优质PVC材料等非金属材质。ISO 7396标准在麻醉废气排放管路的材料中也提及了非金属管材,但没有进一步的详细要求。

5.2.5 1 本款为强制性条款。医用气体管道输送的气体可能直接作用于病人,对管材洁净度与毒性残留的要求很高,油脂和有害残留将会对病人产生严重危害,因此医用气体管材与附件应严格脱脂。

工程实际中一般可使用符合国家现行标准《医用气体和真空用无缝铜管》YS/T 650—2007标准的专用成品无缝铜管。对于无缝不锈钢管,因其没有专用管材标准,本规范对清洗脱脂的要求系按照国家现行标准《医用气体和真空用无缝铜管》YS/T 650—2007标准及BS EN 13348中规定的数值等同采用,实际中管材的清洗脱脂方法也可参照使用。

4 规定管材的清洗应在交付用户前完成,是因为在工厂集中进行脱脂可以保证脱脂质量并达到生产过程中的环保要求。其脱脂应在指定区域、指定设备、有生产能力及排放资质的企业或场所进行。

5 真空管道脱脂可以有效杜绝施工时与压缩医用气体脱脂

管材混淆使用的情况出现。

5.2.8 由于阀门与管道可能采用不同材质(如黄铜材质阀门与紫铜管道),阀门与管道的焊接往往需要焊剂,焊接后的阀门需要进行清洗处理。而现场焊接无法满足清洗要求,故需在制造工厂或其他专业焊接厂家的特定场所进行,在阀门两端焊接与气体管道相同材质的连接短管,清洗完成后便于阀门现场焊接使用。

5.2.9 本条为强制性条文。医用气体中的化合物成分如麻醉废气中的醚类化合物、氧气等,如与医用气体管道、附件材料发生化学反应,可能会造成火灾、腐蚀、危害病人等不可预料的严重后果,应避免此类问题出现的可能。

5.2.14 医用气体减压装置上的安全阀按照国内现行有关规定,应定期进行校验,因此有必要将减压装置分为含安全放散的、功能完全相同的双路型式。

5.2.16 1 本条规定数据参考 HTM 2-01 中 7.45 条及 9.29 条制定。

5.2.17 本条数据参考 ISO 15001 参数规定及 ISO 7396-1 制定。真空阀门与附件可以不要求脱脂处理。

5.3 颜色和标识

Ⅰ 一般规定

5.3.1 所有医用气体工程系统中必须有耐久、清晰、可识别的标识,所有标识的内容应保持完整,缺一不可。这些规定是安全、正确地输送、供应、使用、检测、维修医用气体的必要保证。设置后的标识肉眼易观察到,检查、维修不受影响,不易受损于环境和外力因素。

5.3.3 表5.3.3的规定等效于 ISO 5359—2008,稍有改动。

表中颜色编码采用《漆膜颜色标准样卡》GSB 05—1426—2001的规定。因颜色样卡中无黑色、白色的规定编号,使用中按常规黑色、白色作颜色标识。

关于医用分子筛制氧机组的产出气体,由于国内医药管理部门现在还没有明确规定,因此表中未列出。实际应用中,建议依据 ISO 10083—2006 的规定,标识如下:名称:医用富氧空气;中文代号:富氧空气;英文代号:93％O₂;颜色:白色。

标识和颜色规定的耐久性可按照下法试验:在环境温度下,用手不太用力地反复摩擦标识和颜色标记,首先用蒸馏水浸湿的抹布擦拭15s,然后用酒精浸湿后擦拭15s,再用异丙醇浸湿擦拭15s。标记仍应清晰可识别。

Ⅱ 颜色和标识的设置规定

5.3.9 在对阀门标识时,一般应标识在阀门主体部位较大或较平坦的面积体位上。应尽量把标识的内容集中在一个面上。第3款注意事项应标识在此标识内容区域中最明显之处或另设独立标识。

5.3.11 在执行本条过程中,应注意色带是连续的且不易脱落,并视实际情况适当增加色带的条数。

6 医用气体供应末端设施

6.0.4 一般情况下,当气体终端组件横排安装于墙或带式医用气体供应装置上时,便于医用气体系统使用的气体终端组件最佳高度为1.4m左右。如果气体终端组件安装在带式医用气体供应装置上时,供应装置可能安装的照明灯或阅读灯的布置不应妨碍医用气体装置或器材的使用。

出于以人为本的考虑,有时把气体终端组件安装在带有装饰面板(壁画)的墙内,此时最边上的气体终端组件至少应该离两边墙体100mm,离顶部200mm,离墙体底部300mm,墙体内深度不宜小于150mm。墙面上有表明内有医用气体装置的明显标识。

为了使用方便,一些医疗卫生机构可能在医用气体供应装置或病床两侧同时布置气体终端组件。相同气体终端组件应对称布置。

6.0.5 2 当医用气体供应装置向其他医疗设备提供电源时,如果安装开关或保险,误操作时将危及到病人的安全。

6.0.6 真空瓶是用于阻止吸出的液体进入真空管道系统,真空瓶的支架在设计安装中却经常被忽视,由于真空瓶比较重,直接通过与终端二次接头接至终端易损坏气体终端内的阀门部件,极端情况下还可能导致终端插座从安装面板上脱落下来,因此独立支架的作用非常重要。支架布置以便于医护人员操作为原则,一般设在真空气体终端离病人较远一侧。真空瓶支架也可设置在医用供应装置以外的区域,如安装在病床附近、高度为450mm~600mm的墙上。图1、图2表示了这种常用的安装示例。

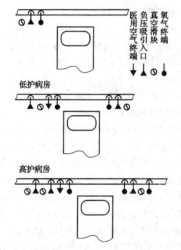

图1 真空瓶支架的常用安装位置示意(一)

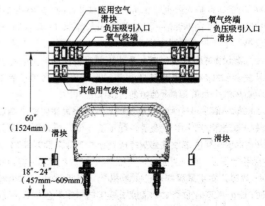

图2 真空瓶支架的常用安装位置示意(二)

15

7 医用气体系统监测报警

7.1 医用气体系统报警

7.1.1 安装医用气体系统监测和报警装置有四个不同的目的。四个目的所对应的分别是临床资料信号、操作警报、紧急操作警报和紧急临床警报。

临床资料信号的目的是显示正常状态;操作报警的目的是通知技术人员在一个供应系统中有一个或多个供应源不能继续使用,需采取必要行动;紧急操作警报显示在管道内有异常压力,并通知技术人员立即作出反应;紧急临床警报显示在管道内存在异常压力,通知技术人员和临床人员立即作出反应。

鉴于报警系统实现的多样性与复杂性以及国内的现状,本规范在参考了 ISO 7396-1 及 CEI/IEC 60601-1-8:2006 和 NF-PA99C:2005 标准的情况下,未进一步对具体的报警声光颜色进行规定。实际实施中可按照上述目的进行监测报警系统的设计与建造。

1 就地报警中有些气源设备的故障报警允许共用一个故障显示,如压缩机发生故障时可只用一个表示压缩机故障的报警显示即可,不必具体显示发生故障的部位。

2 声响报警无条件启动是指当某一报警被静音而又发生其他报警等情况出现时,声响报警应能重启。

4 本款指传感器在连线故障或显示自身故障的时候,应该有相应的报警显示,不会造成医护或维修人员错误判断为管道中气体压力故障。在主电源断电后应急电源自动投入运行前往往会有短暂的停电,报警应该能在来电后自行启动,且不会有误报警,也不需要人工复位。

7.1.2 6 气源报警主要目的是在气源设备出现任何故障时,通过气源报警通知相关负责人到现场处理故障。因此,气源报警可以不要求显示每一个气源设备的具体报警内容。这样既可把每一个本地报警信号分别独立地连接至气源报警器每一个信号点,对每一个本地报警内容重复报警,也可把所有本地报警信号并接到气源报警器的一个信号点,只在气源报警器上显示气源设备发生故障。

7.1.3 1 气源报警用于监测气源设备运行情况及总管的气体压力,为了能 24 小时连续监控气源设备的运行状况,一般气源报警器可在值班室、电话交换室或其他任何 24 小时有人员的地方安装。当气源设备处于以下不同区域时,应将不同区域的气源设备上的本地报警信号分别传送至各自独立的报警模块,便于维修人员判断:1)医院设有多个医疗空气气源、器械空气气源、医用真空汇、麻醉废气排放系统且每套系统位于不同区域;2)气源设备内压缩机或真空泵位于不同区域;3)其他气源设备如汇流排位于不同区域。

2 为了让维护人员也能及时了解气源设备的运行状况,及时处理故障,有时可在负责医用气体维护人员的办公室或机房办公区域设第二个气源报警器。这样也可在一个气源报警器发生故障时保证气源设备能持续被监控。两个气源报警器的信号线不应该通过某一个报警器或接线盒并线后连接至传感器,防止因并线处故障而造成两个报警器都不能正常工作。

有些报警信号可能无法直接连接至气源报警器而需要通过继电器转换后连接,若继电器控制电源与某一个气源报警器控制电源共用时,报警器电源发生故障会影响另一气源报警器的正常报警。

7.1.4 2 和 3 款对重要部门的区域报警设置进行规定。一般说来,重症监护及其他重要生命支持区域的区域报警安装位置可按如下原则选择:1)该区域确保 24 小时有员工值班,如护士站等地方;2)区域报警应安装在易观察,听得到报警信号的位置。不能安装在门后墙上或设备上、其他阻挡物的背后以及办公室内;3)如果不同区域的区域报警器的最佳安装位置在同一个地方,例如,不同科室共用了护士站,这些区域的报警信号可安装在同一报警面板上,并设有监测区域标识。

麻醉室的区域报警安装位置可按如下原则选择:1)区域报警器应靠近麻醉室并 24 小时有员工值班,例如,手术区域的护士站;2)区域报警器应安装在易观察,听得到报警信号的位置。不能安装在门后墙上或设备上、其他阻挡物的背后以及办公室内。

7.1.5 1 当系统所需流量大于正常运行时气源机组的流量,或因设备故障机组输出的流量无法满足系统正常所需流量时,此时备用压缩机、真空泵或麻醉废气泵投入运行,同时启动备用运行报警信号表示没有备用机可使用。真空泵的故障停机报警需要根据真空泵类型的不同区别设定。

3 液环压缩机的高水位报警是为满足压缩机运行要求由厂家设置的报警。对于液环或水冷式压缩机系统,储气罐易积聚液态水,如液态水不及时排除可能会进入后续处理设备(如过滤器、干燥机等),因此需设有液位报警以防止自动排污装置的故障。当液位高于可视玻璃窗口或液位计时,很难辨别储气罐中液位是低于窗口或液位计的最低位置,还是已超过窗口或液位计最高位置。因此可视玻璃窗口或液位计最高位置宜作为液位报警的报警液位。

4 本款规定医疗空气常压露点报警参数源自 NFPA99C,器械空气常压露点报警参数源自 HTM 02-01。

7.2 医用气体计量

7.2.1 制定本条规定的目的,是医用气体系统作为医院生命支持系统,不鼓励以计费为目的在医院内设置气体多级计量装置。

7.3 医用气体系统集中监测与报警

7.3.1 医用气体系统集中监测与报警功能可由医疗卫生机构根据自身建设标准、功能需求等确定是否设置。

7.3.4 软件冗余指采取镜像等技术,将关键数据做备份等方法。

7.3.8 中央监控管理系统兼有 MIS 功能,可为所辖医用气体设备建立档案管理数据,供管理人员使用。

7.4 医用气体传感器

7.4.5 区域报警及其传感器安装位置可按以下情况设置:

因每个手术室、麻醉室都设有一个区域阀门,如果这些房间相对集中,且附近有护士站,则允许在相对集中的手术室或麻醉房间安装一个区域报警器,如脑外科手术室的区域,此时传感器应安装在任何一个区域阀门的气源侧,否则无法监测该区域阀门以外的其他麻醉场所。

如果每个手术室或麻醉室相对分散,每个房间有自己的专职人员且附近没有中心护士站,则每个手术室、麻醉室都需安装独立区域报警器,传感器应安装在每个区域阀门的使用端。

一般推荐每个手术室均安装独立的区域报警器,传感器应安装在每个区域阀门的病人使用侧。其他区域如重症监护室、普通病区等,只需在相对集中区域安装一个区域阀及区域报警即可。

8 医用氧舱气体供应

8.1 一般规定

8.1.1 本规范是为符合现行国家标准《医用氧气加压舱》GB/T 19284 和《医用空气加压氧舱》GB/T 12130 的医用氧舱供应气体进行规定,不包括飞行器、船舶、海洋上作业的载人压力容器等。

医用氧舱气体供应一般是一个独立的系统,且不属于生命支持系统的一部分。除医用空气加压氧舱的氧气供应源或液氧供应源在适当情况下可以与医疗卫生机构医用气体系统共用外,其余所有的部分均独立于集中供应的医用气体系统之外自成体系。考虑到国内一般都把氧舱供气作为医用气体的一部分对待,且氧舱供气也有其独特要求,所以本规范针对目前国内医用氧舱的情况,规定了该类氧舱的气体供应要求。但不涉及氧舱本体及其工艺对相关专业的要求。

9 医用气体系统设计

9.1 一般规定

9.1.6 关于麻醉废气排放流量的有关问题的说明:

按 BS 6834:1987 规定,对于粗真空方式的麻醉废气排放,医生控制使用压降允许 1kPa 时,最大设计流量应能达到 130L/min,压降允许 4kPa 时,最小设计流量应能达到 80L/min。按 ISO 7396-2 规定,对于引射式麻醉废气排放,所需的器械空气医生控制压降允许 1kPa 时,最大设计流量应能达到 80L/min,压降允许 2kPa 时,最小设计流量应能达到 50L/min。

鉴于国内麻醉废气排放系统有关标准均按照 ISO 系列标准规定,因此本规范也按照 ISO 8835-3:2007 进行规定,未采纳英美等国流量更大的数据。但实际使用中应注意到医疗卫生机构自身的麻醉设备对于废气排放的需求,如果尚有大流量的麻醉设备在使用,则在排放系统的设计中要相应加大设计流量。

9.2 气体流量计算与规定

9.2.1 本条公式系采用 HTM 02-01 的计算方法与形式修改而成。附录 B 的数值也是如此,并根据我国医院实际,对国内医院统计数值进行了部分数值的调整。

9.2.3 本表数值源自 HTM 02-01。

9.2.4、9.2.5 这两条规定的数值源自现行国家标准《医用氧气加压舱》GB/T 19284 和《医用空气加压氧舱》GB/T 12130 的规定。

10 医用气体工程施工

10.1 一般规定

10.1.1 医用气体系统是关系到病人生命安全的系统工程,为确保其质量和安全可靠运行,按国家有关部门要求,医用气体施工企业必须具备相关资质,与医疗器械生产经营有关者,还应具备医疗器械行业资质证明。

因为医用气体焊接要求的特殊性,故针对有关焊接能力有具体的要求。如焊工考试应按现行国家标准《现场设备、工业管道焊接工程施工及验收规范》GB 50236 第 5 章规定考试合格,取得有关部门专门证书。

射线照相的检验人员应按现行国家标准《无损检测人员资格鉴定与认证》GB/T 9445 或相关标准进行相应工业门类及级别的培训考核,并持有关考核机构颁发的资格证书。

医用气体工程安装应与土建及各相关专业的施工协调配合。如对有关设备的基础、预埋件、孔径较大的预留孔、沟槽及供水、供电等工程质量,应按设计和相关的施工规范进行检查验收。对与安装工程不协调之处提出修改意见,并通过建设单位与土建施工单位协调解决。

10.1.4 1 用惰性气体(氮气或氩气)保护,可有效消除管道氧化现象,形成清洁的焊缝,并防止管道内氧化颗粒物的生成,确保医用气体供应的安全与洁净。

3 本款为强制性条款。因氮气或氩气等惰性气体的聚集会造成空气含氧量减少,可能造成人员窒息等伤害事故,故现场应保持通风良好,或另行供应专用呼吸气体。

10.1.5 本条为强制性条文。医用氧气或混合气体中的含氧量高时,与油膏反应极易造成火灾危险,故应防止此类事故的发生。

10.2 医用气体管道安装

10.2.3 1 以医用气体铜管加热制作弯管为例,加热温度为 500℃～600℃,制作弯管在工厂进行。其加热温度是可控的,弯管时使用的润滑剂在弯管后能清洗洁净,也可经过热处理消除内应力、提高弯管的强度。而现场管材弯曲则无法控制温度和加热范围,容易造成过热过烧,采用填沙防瘪时又不能用惰性气体保护,容易产生氧化物或生成颗粒,影响医用气体输送的洁净度,使管道内壁粗糙,而且无法进行脱脂处理。所以,医用气体铜管不应在施工现场加热制作弯管。冷弯管材应该使用专用的弯管器弯曲。

不锈钢管工厂加热制作弯管应防止因退火造成晶格结构改变,奥氏体结构改变后会导致材料锈蚀。

10.2.5 采用比母材熔点低的金属材料作钎料,将焊件和钎料加热到高于钎料熔点但低于母材熔化温度,利用液态钎料毛细作用润湿母材,填充接头间隙并与母材相互扩散实现连接焊件的方法称为钎焊。使用熔点高于 450℃ 的钎料进行的钎焊为硬钎焊,与熔点小于 450℃ 的软钎焊相比,硬钎焊具有更高的接头强度。

管道深入管帽或法兰内,连接处形成角焊缝的焊接方式称之为承插焊接。主要用于小口径阀门和管道、管件和管道焊接或者高压管道、管件的焊接。

10.2.13 管段施工完成后,可采用充氮气或洁净空气保护等方法进行保护。

10.2.14 抽样焊缝应纵向切开检查。如果发现焊缝不能用,邻近的接头也要更换。焊接管道应完全插到另一管道或附件的孔肩里。管道及焊缝内部应清洁,无氧化物和特殊化合物,看到一些明显的热磨光痕迹是允许的。本条规定的数值采用了 HTM 02-01 的规定。

10.2.16 检查减压器静压特性的目的,是防止低压管路压力在零

15

流量时压力缓慢升高过多,在使用氧气吸入器时,因超出吸入器强度导致湿化瓶爆裂或其他安全事故。医院曾多次发生出此类事件。

10.2.17 本条为强制性条文。分段、分区测试能确保每段和每个区域管道施工的可靠性,可以保证管道系统以及隐蔽工程的质量,降低了全系统试验的风险,本条对于医用气体管道施工质量非常重要。如不按此执行,则在使用中有可能会出现医用气体泄漏的情况,从而产生浪费、诱发火灾危险甚至中毒事故,故作此规定。

10.2.19 医用气体因使用的要求与气体成本都较高,管道的寿命要求长,氧化亚氮、二氧化氮、氮气等气体泄漏会对人体造成危害。因此在未接入终端状态下应该是不允许漏气的,即要求医用气体系统泄漏性试验平均每小时压降近似为零。

接入终端组件后,管路泄漏率与管路容积、终端组件数量有关。按 ISO 9170-1 要求,终端组件的泄漏不应超过 0.296mL/min(相当于 0.03kPa·L/min)。因此总装后系统泄漏率应为:

$$\Delta p = 1.8n \cdot t/V \qquad (1)$$

式中:Δp——允许压力降;

n——试验系统含终端组件数量;

t——切断气源保持压力时间(h);

V——试验管路所含气体容积(kPa·L)。

本条文为简化规定,对于常见系统进行通用数值计算后得出,并根据当前国内的工程经验进行了调整。对于有条件的单位应该尽量减少泄漏。

10.2.20 原来行业标准推荐用白沙布条靶板检查,在 5min 内靶板上无污物为合格。多年实践证明该方法虽然简单易行,但当有焊渣、焊药等吹出时易伤人,且不易在白纱布条上留下痕迹,无法直接知晓颗粒物的大小。

ISO 7396-1 检测污染物的方法和规定:所有压缩医用气体管路都要进行特殊污染物测试。测试应使用如图 3 的设备,在 150L/min 流量下至少进行 15s。

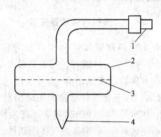

图 3 管路内特殊污染物定性测试设备
1—能更换使用各种专用气体接头的部分;2—可承受 1MPa 压力的过滤网支架;
3—直径 50mm 的滤网,滤网孔径为 50μm;
4—可调节或更换的喷嘴,在吹扫或测试压力下能通过 150L/min 流量的气流

10.3 医用气源站安装及调试

10.3.6 液氧罐装运、吊装、翻转、就位操作时,因重心高、偏心大易滚动,应合理搁置、有效牵动,采取有效的稳固措施防止液氧罐及附件(尤其是底部蒸发器)由于吊装而碰伤损坏。一般液氧罐应充氮气保护运输,在安装管道前放气。放气后应立即密封管口,防止潮湿气体进入罐中。

液氧罐吹扫时应注意各支路、表阀等处的吹扫。预冷中应监视其保温层和真空度,当表面出汗或结霜,真空度下降时,应及时处理,严重时应停止预冷。

11 医用气体系统检验与验收

11.1 一般规定

11.1.1 新建系统的检验与验收包括了系统中的所有设备及其部件,如压缩机组中的压缩机、干燥机、过滤系统、减压装置及管道、管道附件、报警装置等。对于系统的改扩建,相应部分限于拆除、更换、新增或被分离部分的区域,其检验与验收是变更点至使用端的气体供应区域。对未影响管道系统的气源设备或气体报警器更换时,只需要对这些设备或报警器进行功能检验即可。但是当改扩建部分影响到原有系统的整体性能时,还应该对与改扩建相关的部分进行流量、压力方面的测试。

除报警器外,管道上任何连接件的拆除、更新、增加都视为系统改、扩建或维修。气源设备或气体报警器内零配件的拆除、更换或增加视为气源设备或报警器的更换。

11.2 施工方的检验

11.2.3 本检验用于确认不同医用气体管道之间不存在交叉连接或未接通现象,以及终端组件无接错气体的问题存在。交叉错接测试在系统连接终端组件后进行,也可以在连接气源设备后,与气源设备测试同时进行,并测试系统每一个分支管道上连接的终端组件。

11.3 医用气体系统的验收

11.3.3 报警系统的检验可以在管道防交叉错接的检验、标识检测之后进行,在气源设备验证、管道颗粒物检验、运行压力检验、管道流量检验、管道洁净度检验、医用气体浓度检验之前进行。

11.3.7 本条规定的验收参数主要依据 NFPA 99C、HTM 02-01 制定。其中终端的输出流量可以是末端相邻的两个终端组件的数据。

6 医用氧气系统作本测试时,为防止危险应使用医疗空气或氮气进行。本款规定系针对国内医院普遍床位多、同时使用量大而制定,以保证管路系统能够满足实际的需求。

实际测试中可以在系统的每一主要管道支路中,选择管道长度上相对均布的 20% 的终端组件,每一终端均释放表 3.0.2 的平均典型使用流量来实现本测试条件。

11.3.8 检验设备应使用专用分析仪器,如气相色谱分析仪等。

附录 B 医用气体气源流量计算

B.0.1 本附录是供公式 9.2.1 参考使用的数据，系采用 HTM 02-01 的计算方法与型式制作，并按国内医院的特殊情况，根据国内医院统计数值进行了部分数值的调整。有关气体使用量的说明如下：

表 B.0.1 关于氧气流量的有关说明：

1 普通病房氧气流量一般在 5L/min～6L/min。但是如果使用喷雾器或者其他呼吸设备，每台终端设备在 400kPa 条件下应能够提供 10L/min 的流量。

2 手术室流量基于供氧流量 100L/min 的要求。由此手术室和麻醉室每台氧气终端设备应能够通过 100L/min 的流量，但一般不可能几个手术室同时均供氧，流量的增加基于第一个手术室流量 100L/min，另一个手术室流量 10L/min。为得到至每个手术套间的流量，可将手术和麻醉室流量加起来即 110L/min。

3 在恢复中，有可能所有床位被同时占用，因而同时使用系数应为 100%。

4 气动呼吸机：如果能用医疗空气为动力气体，氧气不得被用作其驱动气体。如果必须用氧气作为呼吸机动力气体且呼吸机在 CPAP 模式下运行，设计管线和确定气罐尺寸时要考虑到可能遇到的高流量情况。这些呼吸机要用到更多的氧气，尤其是当调节不当时。如果设置不当可能会超出 120L/min，但是在较低流量下治疗效果更好。为了有一定的灵活性并增加容量，本条考虑了针对 75% 床位采用的变化流量 75L/min。如果 CPAP 通气治疗患者需要大量的床位，应考虑从气源引一条单独的管路。若设计计算有大量 CPAP 机器同时运行，而室内通风故障等原因会导致环境氧气浓度升高的病房应注意，系统安装应考虑氧气浓度高于 23.5% 的报警及处理。

B.0.2 表 B.0.2 关于氮气或器械空气的有关说明：

对于医疗气动工具，如不能知道确切使用量，可以根据每个工具 300L/min～350L/min 的使用量来大约估算，一个工具的使用时间可估算为每周 45min～60min。

B.0.5 表 B.0.5 关于氧化亚氮/氧气混合气的有关说明：

1 所有终端设备应能在很短时间内(正常情况下持续时间为 5s)通过 275L/min 的流量，以提供患者喘息时的吸气，以及 20L/min 的连续流量，正常情况下实际流量不会超过 20L/min。

2 分娩室流量的增加基于第一个床位流量 275L/min，而其余每个床位流量 6L/min，其中 50% 的时间里仅一半产妇在用气(喘息峰值吸气量为 275L/min，而每分钟可呼吸量对应 6L/min 流量，而且，分娩妇女不会连续呼吸止痛混合气)。对于有 12 个或 12 个以上 LDRP 室的较大产科，应考虑两个喘息峰值吸气量。

3 氧化亚氮/氧气混合气可用于其他病区作止痛之用。流量的增加基于第一个治疗处 10L/min 流量，而其余治疗处的 1/4 有 25% 的时间是 6L/min 流量。

附录 D 医用供应装置安全性要求

D.1 医用供应装置

D.1.1 本部分规定涉及对产品与设备的有关要求。按有关部门规定，部分医用气体末端设施在国内并不属于医疗设备监管的范畴。鉴于目前国内尚无本部分产品或设备的具体标准，其与建筑设备的界限划定不够明朗，而且需要在施工时再安装，医用气体工程相关的产品标准也尚未形成系统性的支撑体系，因此本规范从建设角度出发，给出工程中该类装置应满足的安全性要求。

本附录的规定不是对医用气体供应装置或器材的产品生产许可证明方面的要求。

本附录等效采用 ISO 11197—2004 的有关规定。个别条款有变动，与医用气体安全性无关的规定请详见 ISO 1197。

医用供应设施的典型例子有：医用供应装置、吊塔、吊梁、吊杆(booms)、动力柱、终端组件等。

医用供应装置包括安装在墙上的横式或竖式，或安装在地面或天花板上的非伸缩柱式供应设备带，其供应装置内所有气体管道应为非低压软管组件，不可伸缩。

图 4～图 6 是医用供应装置的构造示意图。医用供应装置并没有规定型式，其产品的功能和模块可按实际的需求而增减。

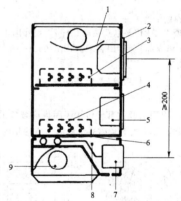

图 4 典型普通病房医用供应装置截面示意
1—照明灯；2—电源插座；3—电源线区域；
4—通信、低压电区域；5—嵌入式设备；6—隔断；
7—气体终端组件；8—气体管路安装区域；9—阅读灯

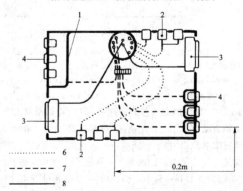

图 5 典型重症监护病房及手术室医用供应装置的截面示意
1—电源插座；2—电源线区域；3—通信、低压电区域；4—嵌入式设备；
5—隔断；6—气体终端组件终端；7—管道安装区域

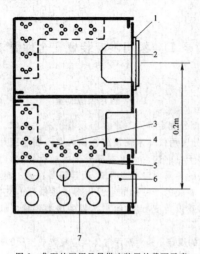

图 6 典型的医用悬吊供应装置的截面示意
1—隔断；2—气体终端组件；
3—嵌入式设备、弱电电子设备、通信及低压区域；
4—电源插座；5—表面测量的中心到中心的安全距离；
6—软管；7—电源线区域

D.1.2 液体终端可由一个带止回阀的节流阀组成，且在阀门输出口插有一个软管，用于饮用水（包括冷水、热水）、冷却水（包括循环冷却水）、软化水、蒸馏水，也可由快速连接插座、插头组成，用于透析浓缩或透析通透。

D.1.4 3 用于专用区域的独立电源回路的多个主电源插座可采相同的数字标识。

4 指对于同一位置但由不同电源提供的各个电源插座应分别有电源的标识。

5 此条文中的"B型（BF、CF）设备"等同于现行国家标准《医用电气设备 第1部分：安全通用要求》GB 9706.1—2007中的"B型（BF、CF）应用部分"。

6 此条文中的"等电位接地"等同于现行国家标准《医用电气设备 第1部分：安全通用要求》GB 9706.1—2007中的术语"电位均衡导线"。

D.1.9 6 为了保护医疗器械，其电源接地与等电位接地均应保证可靠。

D.1.11 2 电磁兼容性部件包括医用供应装置的外围电气部件如护士呼叫器、计算机等。磁通量的测试方法见图7。

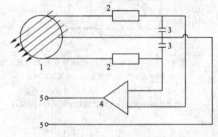

图 7 测量磁通量电路示意
1—测试线圈：线圈绕线数=2×159，线圈有效区域=0.01 m²，
线圈平均直径=113 mm，电线直径=0.28mm，在1μT磁通量及50Hz
频率下输出电压=1 mV；2—电阻 R=10kΩ；3—电容器 C=3.2μ；
4—放大器（放大系数=1000）；5—输出电压（0.1 V相当于1μT）

D.1.13 2 最低燃点可按现行国家标准《可燃液体和气体引燃温度试验方法》GB/T 5332规定，根据正常或单点故障状态下的氧化情况来测定：1）在正常或单一故障状态下，通过对材料的升温来检验是否符合要求。2）如果在正常或单一故障状态下有火花产生，火花能量在材料中分散，此时材料在氧化条件下不应燃烧。根据单一故障最差状态下观察是否发生燃烧来检验是否符合要求。

D.1.16 1 医用供应装置下部的通风用开口，系为防止氧化性医用气体在医用供应装置中积聚。

D.1.17 1 当医用供应装置向其他医疗设备提供电源时，误操作开关或拔去熔断器，都将危及到患者安全，故应禁止。

3 等电位和保护接地设施的防松、防腐措施典型示意图见图8。

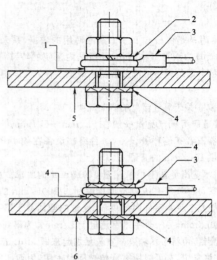

图 8 等电位和接地保护设施防松、防腐措施典型示意
1—铜铝垫圈（上表面为铜）；2—弹簧垫圈；3—导线夹头；
4—锁定垫圈；5—医用供应设备截面（铝材）；
6—医用供应设备截面（铁材）

4）具有等效导电性能的医用供应装置的金属材料可作为公共接地。

5）医用供应装置内保护接地接线方法见图9。

4 通信线与电源电缆布置要求见图4～图6。

5 本规定不适用于无负载电压且短路电流RMS值不超过10kA的元器件，如内部通信、声响、数据、视频元器件。测试距离应从终端中心至电气元器件最近的暴露部分。

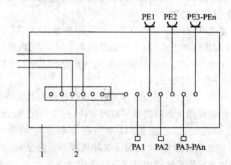

图 9 医用供应设备接线典型示意
1—医用供应设备；2—公共接地端子；
PE—主电源插座、插头连接；PA—等电位插座
注：不得有其余的可拆卸式的等电位电桥。

4、5 对于医疗器械，应防止因电磁感应干扰和由电路火花引起的火灾风险。

D.1.18 照明光设备和变压器等会产生较高的温度，因此，在医用供应装置中，发热元器件不能靠近管道，否则需要采用隔断或隔热措施。

中华人民共和国国家标准

消防给水及消火栓系统技术规范

Technical code for fire protection water supply and
hydrant systems

GB 50974 - 2014

主编部门：中 华 人 民 共 和 国 公 安 部
批准部门：中华人民共和国住房和城乡建设部
施行日期：２ ０ １ ４ 年 １ ０ 月 １ 日

中华人民共和国住房和城乡建设部公告

第 312 号

关于发布国家标准
《消防给水及消火栓系统技术规范》的公告

现批准《消防给水及消火栓系统技术规范》为国家标准，编号
为 GB 50974—2014，自 2014 年 10 月 1 日起实施。其中，第
4.1.5、4.1.6、4.3.4、4.3.8、4.3.9、4.3.11(1)、4.4.4、4.4.5、
4.4.7、5.1.6(1、2、3)、5.1.8(1、2、3、4)、5.1.9(1、2、3)、5.1.12(1、
2)、5.1.13(1、2、3、4)、5.2.4(1)、5.2.5、5.2.6(1、2)、5.3.2(1)、
5.3.3(1)、5.4.1、5.4.2、5.5.9(1)、5.5.12、6.1.9(1)、6.2.5(1)、
7.1.2、7.2.8、7.3.10、7.4.3、8.3.5、9.2.3、9.3.1、11.0.1(1)、
11.0.2、11.0.5、11.0.7(1)、11.0.9、11.0.12、12.1.1、12.4.1(1)、
13.2.1条(款)为强制性条文，必须严格执行。
本规范由我部标准定额研究所组织中国计划出版社出版
发行。

中华人民共和国住房和城乡建设部
2014 年 1 月 29 日

16

前　言

本规范是根据原建设部《关于印发〈2006年工程建设标准规范制订、修订计划(第一批)〉的通知》(建标〔2006〕77号)的要求,由中国中元国际工程公司会同有关单位共同编制完成。

本规范在编制过程中,编制组遵照国家有关基本建设方针和"预防为主、防消结合"的消防工作方针,服务经济社会发展,进行了广泛的调查研究,总结了我国消防给水及消火栓系统研究、制造、设计和维护管理的科研成果及工程实践经验,广泛征求了有关设计、施工、研究、制造、教学、消防监督等部门和单位的意见,参考了国外先进标准,最后经审查定稿。

本规范共分14章和7个附录,主要内容包括:总则、术语和符号、基本参数、消防水源、供水设施、给水形式、消火栓系统、管网、消防排水、水力计算、控制与操作、施工、系统调试与验收、维护管理等。

本规范中以黑体字标志的条文为强制性条文,必须严格执行。

本规范由住房和城乡建设部负责管理和对强制性条文的解释,公安部负责日常管理,中国中元国际工程公司负责具体技术内容的解释。请各单位在执行本规范过程中,注意总结经验、积累资料,并及时将意见和有关资料寄送中国中元国际工程公司《消防给水及消火栓系统技术规范》管理组(地址:北京西三环北路5号;邮政编码:100089),以供今后修订时参考。

本规范主编单位、参编单位、主要起草人和主要审查人:

主 编 单 位: 中国中元国际工程公司

参 编 单 位: 公安部天津消防研究所
　　　　　　　上海市公安消防总队

北京市公安消防总队
辽宁省公安消防总队
山西省公安消防总队
中国建筑设计研究院
四川省建筑设计院
华东建筑设计研究院有限公司
广州市设计院
中国石化工程建设公司
中国建筑西北设计研究院
新疆维吾尔自治区建筑设计研究院
中国建筑东北设计研究院
南华大学
北京利华消防工程公司
广东东方管业有限公司
上海瑞孚管路系统有限公司
北京中科三正电气有限公司
上海上龙阀门厂

主要起草人: 黄晓家　马　恒　曾　杰　孙　巍　王宝伟
　　　　　　张　力　张亦静　谷训龙　关大巍　赵力增
　　　　　　赵世明　朱　勇　郝爱玲　方汝清　赵力军
　　　　　　冯旭东　王　研　张洪洲　刘德军　黄　琦
　　　　　　杨　欣　姜　宁　谢水波　吴　雪　林津强
　　　　　　孙青格　李能平　陶松岳

主要审查人: 张学魁　赵克伟　倪照鹏　黄德祥　徐　凤
　　　　　　戚晓专　刘国祝　李向东　陈云玉　刘新生
　　　　　　高国瑜　涂正纯　周明潭　韩　玲　黄坚毅
　　　　　　刘　方

目　次

16

1 总 则

1.0.1 为了合理设计消防给水及消火栓系统,保障施工质量,规范验收和维护管理,减少火灾危害,保护人身和财产安全,制定本规范。

1.0.2 本规范适用于新建、扩建、改建的工业、民用、市政等建设工程的消防给水及消火栓系统的设计、施工、验收和维护管理。

1.0.3 消防给水及消火栓系统的设计、施工、验收和维护管理应遵循国家的有关方针政策,结合工程特点,采取有效的技术措施,做到安全可靠、技术先进、经济适用、保护环境。

1.0.4 工程中采用的消防给水及消火栓系统的组件和设备等应为符合国家现行有关标准和准入制度要求的产品。

1.0.5 消防给水及消火栓系统的设计、施工、验收和维护管理,除应符合本规范外,尚应符合国家现行有关标准的规定。

2 术语和符号

2.1 术 语

2.1.1 消防水源 fire water

向水灭火设施、车载或手抬等移动消防水泵、固定消防水泵等提供消防用水的水源,包括市政给水、消防水池、高位消防水池和天然水源等。

2.1.2 高压消防给水系统 constant high pressure fire protection water supply system

能始终保持满足水灭火设施所需的工作压力和流量,火灾时无须消防水泵直接加压的供水系统。

2.1.3 临时高压消防给水系统 temporary high pressure fire protection water supply system

平时不能满足水灭火设施所需的工作压力和流量,火灾时能自动启动消防水泵以满足水灭火设施所需的工作压力和流量的供水系统。

2.1.4 低压消防给水系统 low pressure fire protection water supply system

能满足车载或手抬移动消防水泵等取水所需的工作压力和流量的供水系统。

2.1.5 消防水池 fire reservoir

人工建造的供固定或移动消防水泵吸水的储水设施。

2.1.6 高位消防水池 gravity fire reservoir

设置在高处直接向水灭火设施重力供水的储水设施。

2.1.7 高位消防水箱 elevated/gravity fire tank

设置在高处直接向水灭火设施重力供应初期火灾消防用水量

的储水设施。

2.1.8 消火栓系统 hydrant systems/standpipe and hose systems

由供水设施、消火栓、配水管网和阀门等组成的系统。

2.1.9 湿式消火栓系统 wet hydrant system/wet standpipe system

平时配水管网内充满水的消火栓系统。

2.1.10 干式消火栓系统 dry hydrant system/ dry standpipe system

平时配水管网内不充水,火灾时向配水管网充水的消火栓系统。

2.1.11 静水压力 static pressure

消防给水系统管网内水在静止时管道某一点的压力,简称静压。

2.1.12 动水压力 residual/running pressure

消防给水系统管网内水在流动时管道某一点的总压力与速度压力之差,简称动压。

2.2 符 号

A——消防水池进水管断面面积;

B_{max}——最大船宽度;

C——海澄—威廉系数;

C_v——流速系数;

c——水击波的传播速度;

c_0——水中声波的传播速度;

d_g——节流管计算内径;

d_k——减压孔板孔口的计算内径;

d_i——管道计算内径;

E——管道材料的弹性模量;

F——着火油船冷却面积;

f_{max}——最大船的最大舱面积;

g——重力加速度;

H——消防水池最低有效水位至最不利点处水灭火设施的几何高差;

H_g——节流管的水头损失;

H_k——减压孔板的水头损失;

i——单位长度管道沿程水头损失;

K——水的体积弹性模量;

k_1——管件和阀门当量长度换算系数;

k_2——安全系数;

k_3——消防水带弯曲折减系数;

L——管道直线段长度;

L_d——消防水带长度;

L_j——节流管长度;

L_{max}——最大船的最大舱纵向长度;

L_p——管件和阀门等当量长度;

L_s——水枪充实水柱长度在平面上的投影长度;

m——建筑同时作用的室内水灭火系统数量;

n——建筑同时作用的室外水灭火系统数量;

n_e——管道粗糙系数;

P——消防给水泵或消防给水系统所需要的设计扬程或设计压力;

P_0——最不利点处水灭火设施所需的设计压力;

P_f——管道沿程水头损失;

P_n——管道某一点处的压力;

P_p——管件和阀门等局部水头损失;

P_t——管道某一点处的总压力;

P_v——管道速度压力;

Δp——水锤最大压力;

q——管段消防给水设计流量;

q_f——火灾时消防水池的补水流量;

q_{1i}——室外第 i 种水灭火设施的设计流量;

q_{2i}——室内第 i 种水灭火设施的设计流量;

R——管道水力半径;

R_0——消火栓保护半径;

Re——管道雷诺数;

S_k——水枪充实水柱长度;

T——水的温度;

t_{1i}——室外第 i 种水灭火系统的火灾延续时间;

t_{2i}——室内第 i 种水灭火系统的火灾延续时间;

v——管道内水的平均流速;

V——建筑物消防给水一起火灾灭火用水总量;

V_1——室外消防给水一起火灾灭火用水量;

V_2——室内消防给水一起火灾灭火用水量;

V_g——节流管内水的平均流速;

V_k——减压孔板后管道内水的平均流速;

y——系数;

λ——水头损失沿程阻力系数;

ρ——水的密度;

μ——水的动力黏滞系数;

ν——水的运动黏滞系数;

ε——当量粗糙度;

ζ_1——减压孔板的局部阻力系数;

ζ_2——节流管中渐缩管与渐扩管的局部阻力系数之和;

δ——管道壁厚。

3 基 本 参 数

3.1 一 般 规 定

3.1.1 工厂、仓库、堆场、储罐区或民用建筑的室外消防用水量,应按同一时间内的火灾起数和一起火灾灭火所需室外消防用水量确定。同一时间内的火灾起数应符合下列规定:

1 工厂、堆场和储罐区等,当占地面积小于等于 $100hm^2$,且附有居住区人数小于或等于 1.5 万人时,同一时间内的火灾起数应按 1 起确定;当占地面积小于或等于 $100hm^2$,且附有居住区人数大于 1.5 万人时,同一时间内的火灾起数应按 2 起确定,居住区应计 1 起,工厂、堆场或储罐区应计 1 起;

2 工厂、堆场和储罐区等,当占地面积大于 $100hm^2$,同一时间内的火灾起数应按 2 起确定,工厂、堆场和储罐区应按需水量最大的两座建筑(或堆场、储罐)各计 1 起;

3 仓库和民用建筑同一时间内的火灾起数应按 1 起确定。

3.1.2 一起火灾灭火所需消防用水的设计流量应由建筑的室外消火栓系统、室内消火栓系统、自动喷水灭火系统、泡沫灭火系统、水喷雾灭火系统、固定消防炮灭火系统、固定冷却水系统等需要同时作用的各种水灭火系统的设计流量组成,并应符合下列规定:

1 应按需要同时作用的各种水灭火系统最大设计流量之和确定;

2 两座及以上建筑合用消防给水系统时,应按其中一座设计流量最大者确定;

3 当消防给水与生活、生产给水合用时,合用系统的给水设计流量应为消防给水设计流量与生活、生产用水最大小时流量之和。计算生活用水最大小时流量时,淋浴用水量宜按 15% 计,浇

洒及洗刷等火灾时能停用的用水量可不计。

3.1.3 自动喷水灭火系统、泡沫灭火系统、水喷雾灭火系统、固定消防炮灭火系统等水灭火系统的消防给水设计流量,应分别按现行国家标准《自动喷水灭火系统设计规范》GB 50084、《泡沫灭火系统设计规范》GB 50151、《水喷雾灭火系统设计规范》GB 50219 和《固定消防炮灭火系统设计规范》GB 50338 等的有关规定执行。

3.1.4 本规范未规定的建筑室内外消火栓设计流量,应根据其火灾危险性、建筑功能性质、耐火等级和建筑体积等相似建筑确定。

3.2 市政消防给水设计流量

3.2.1 市政消防给水设计流量,应根据当地火灾统计资料、火灾扑救用水量统计资料、灭火用水量保证率、建筑的组成和市政给水管网运行合理性等因素综合分析计算确定。

3.2.2 城镇市政消防给水设计流量,应按同一时间内的火灾起数和一起火灾灭火设计流量经计算确定。同一时间内的火灾起数和一起火灾灭火设计流量不应小于表 3.2.2 的规定。

表 3.2.2 城镇同一时间内的火灾起数和一起火灾灭火设计流量

人数(万人)	同一时间内的火灾起数(起)	一起火灾灭火设计流量(L/s)
$N \leq 1.0$	1	15
$1.0 < N \leq 2.5$		20
$2.5 < N \leq 5.0$		30
$5.0 < N \leq 10.0$		35
$10.0 < N \leq 20.0$	2	45
$20.0 < N \leq 30.0$		60
$30.0 < N \leq 40.0$		75
$40.0 < N \leq 50.0$	3	90
$50.0 < N \leq 70.0$		90
$N > 70.0$		100

3.2.3 工业园区、商务区、居住区等市政消防给水设计流量,宜根据其规划区域的规模和同一时间的火灾起数,以及规划中的各类建筑室内外同时作用的水灭火系统设计流量之和经计算分析确定。

3.3 建筑物室外消火栓设计流量

3.3.1 建筑物室外消火栓设计流量,应根据建筑物的用途功能、体积、耐火等级、火灾危险性等因素综合分析确定。

3.3.2 建筑物室外消火栓设计流量不应小于表 3.3.2 的规定。

表 3.3.2 建筑物室外消火栓设计流量(L/s)

耐火等级	建筑物名称及类别			建筑体积(m^3)				
			$V \leq 1500$	$1500 < V \leq 3000$	$3000 < V \leq 5000$	$5000 < V \leq 20000$	$20000 < V \leq 50000$	$V > 50000$
一、二级	工业建筑	厂房 甲、乙	15	20	25	30	35	
		厂房 丙	15	20	25	30	40	
		厂房 丁、戊	15				20	
		仓库 甲、乙	15	25	—			
		仓库 丙	15	25	35	45		
		仓库 丁、戊	15				20	
	民用建筑	住宅	15					
		公共建筑 单层及多层	15	25	30	40		
		公共建筑 高层	—	25	30	40		
	地下建筑(包括地铁)、平战结合的人防工程		15	20	25	30		
三级	工业建筑	乙、丙	15	20	30	40	45	—
		丁、戊	15			20	25	35
	单层及多层民用建筑		15	20	25	30	—	

16

续表 3.3.2

耐火等级	建筑物名称及类别	建筑体积（m³）					
		V≤1500	1500<V≤3000	3000<V≤5000	5000<V≤20000	20000<V≤50000	V>50000
四级	丁、戊类工业建筑	15	20	25	—		
	单层及多层民用建筑	15	20	25	—		

注：1 成组布置的建筑物应按消火栓设计流量较大的相邻两座建筑物的体积之和确定；

2 火车站、码头和机场的中转库房，其室外消火栓设计流量应按相应耐火等级的丙类物品库房确定；

3 国家级文物保护单位的重点砖木、木结构的建筑物室外消火栓设计流量，按三级耐火等级民用建筑物消火栓设计流量确定；

4 当一座建筑的总建筑面积大于 500000m² 时，建筑物室外消火栓设计流量应按本表规定的最大值增加一倍。

3.3.3 宿舍、公寓等非住宅类居住建筑的室外消火栓设计流量，应按本规范表 3.3.2 中的公共建筑确定。

3.4 构筑物消防给水设计流量

3.4.1 以煤、天然气、石油及其产品等为原料的工艺生产装置的消防给水设计流量，应根据其规模、火灾危险性等因素综合确定，且应为室外消火栓设计流量、泡沫灭火系统和固定冷却水系统等水灭火系统的设计流量之和，并应符合下列规定：

1 石油化工厂工艺生产装置的消防给水设计流量，应符合现行国家标准《石油化工企业设计防火规范》GB 50160 的有关规定；

2 石油天然气工程工艺生产装置的消防给水设计流量，应符合现行国家标准《石油天然气工程设计防火规范》GB 50183 的有关规定。

3.4.2 甲、乙、丙类可燃液体储罐的消防给水设计流量应按最大罐组确定，并应按泡沫灭火系统设计流量、固定冷却水系统设计流量与室外消火栓设计流量之和确定，同时应符合下列规定：

1 泡沫灭火系统设计流量应按系统扑救储罐区一起火灾的固定式、半固定式或移动式泡沫混合液及泡沫液混合比经计算确定，并应符合现行国家标准《泡沫灭火系统设计规范》GB 50151 的有关规定；

2 固定冷却水系统设计流量应按着火罐与邻近罐最大设计流量经计算确定，固定式冷却水系统设计流量应按表 3.4.2-1 或表 3.4.2-2 规定的设计参数经计算确定。

表 3.4.2-1 地上立式储罐冷却水系统的保护范围和喷水强度

项目	储罐型式		保护范围	喷水强度
移动式冷却	着火罐	固定顶罐	罐周全长	0.80L/(s·m)
		浮顶罐、内浮顶罐	罐周全长	0.60L/(s·m)
	邻近罐		罐周半长	0.70L/(s·m)
固定式冷却	着火罐	固定顶罐	罐壁表面积	2.5L/(min·m²)
		浮顶罐、内浮顶罐	罐壁表面积	2.0L/(min·m²)
	邻近罐		不应小于罐壁表面积的1/2	与着火罐相同

注：1 当浮顶、内浮顶罐的浮盘采用易熔材料制作时，内浮顶罐的喷水强度应按固定顶罐计算；

2 当浮顶、内浮顶罐的浮盘为浅盘时，内浮顶罐的喷水强度应按固定顶罐计算；

3 固定冷却水系统邻近罐应按实际冷却面积计算，但不应小于罐壁表面积的1/2；

4 距着火固定顶罐壁1.5着火罐直径范围内的邻近罐应设置冷却水系统，当邻近罐超过3个时，冷却水系统可按3个罐的设计流量计算；

5 除浮盘采用易熔材料制作的储罐外，当着火罐为浮顶、内浮顶罐时，距着火罐壁的净距离大于或等于 0.4D 的邻近罐可不设冷却水系统，D 为着火油罐与相邻油罐两者中较大油罐的直径；距着火罐壁的净距离小于 0.4D 范围内的相邻油罐受火焰辐射热影响比较大的局部应设置冷却水系统，且所有相邻油罐的冷却水系统设计流量之和不应小于45L/s；

6 移动式冷却宜为室外消火栓或消防炮。

表 3.4.2-2 卧式储罐、无覆土地下及半地下立式储罐冷却水系统的保护范围和喷水强度

项目	储罐	保护范围	喷水强度
移动式冷却	着火罐	罐壁表面积	0.10L/(s·m²)
	邻近罐	罐壁表面积的一半	0.10L/(s·m²)
固定式冷却	着火罐	罐壁表面积	6.0L/(min·m²)
	邻近罐	罐壁表面积的一半	6.0L/(min·m²)

注：1 当计算出的着火罐冷却水系统设计流量小于15L/s时，应采用15L/s；

2 着火罐直径与长度之和的一半范围内的邻近卧式罐应进行冷却；着火罐直径1.5倍范围内的邻近地下、半地下立式罐应冷却；

3 当邻近储罐超过4个时，冷却水系统可按4个罐的设计流量计算；

4 当邻近储罐采用不燃材料作绝热层时，其冷却水系统喷水强度可按本表减少50%，但设计流量不应小于7.5L/s；

5 无覆土半地下、地下卧式罐冷却水系统的保护范围和喷水强度应按本表地上卧式罐确定。

3 当储罐采用固定式冷却水系统时室外消火栓设计流量不应小于表 3.4.2-3 的规定，当采用移动式冷却水系统时室外消火栓设计流量应按表 3.4.2-1 或表 3.4.2-2 规定的设计参数经计算确定，且不应小于 15L/s。

表 3.4.2-3 甲、乙、丙类可燃液体地上立式储罐区的室外消火栓设计流量

单罐储存容积（m³）	室外消火栓设计流量（L/s）
W≤5000	15
5000<W≤30000	30
30000<W≤100000	45
W>100000	60

3.4.3 甲、乙、丙类可燃液体地上立式储罐冷却水系统保护范围和喷水强度不应小于本规范表 3.4.2-1 的规定；卧式储罐、无覆土地下及半地下立式储罐冷却水系统保护范围和喷水强度不应小于本规范表 3.4.2-2 的规定；室外消火栓设计流量应按本规范第 3.4.2 条第 3 款的规定确定。

3.4.4 覆土油罐的室外消火栓设计流量应按最大单罐周长和喷水强度计算确定，喷水强度不应小于 0.30L/(s·m)；当计算设计流量小于 15L/s 时，应采用 15L/s。

3.4.5 液化烃罐区的消防给水设计流量应按最大罐组确定，并应按固定冷却水系统设计流量与室外消火栓设计流量之和确定，同时应符合下列规定：

1 固定冷却水系统设计流量应按表 3.4.5-1 规定的设计参数经计算确定；室外消火栓设计流量不应小于表 3.4.5-2 的规定值；

2 当企业设有独立消防站，且单罐容积小于或等于 100m³ 时，可采用室外消火栓等移动式冷却水系统，其罐区消防给水设计流量应按表 3.4.5-1 的规定经计算确定，但不应低于 100L/s。

表 3.4.5-1 液化烃储罐固定冷却水系统设计流量

项目	储罐型式		保护范围	喷水强度[L/(min·m²)]
全冷冻式	着火罐	单防罐外壁为钢制	罐壁表面积	2.5
			罐顶表面积	4.0
		双防罐、全防罐外壁为钢筋混凝土结构	—	—
	邻近罐		罐壁表面积的1/2	2.5
全压力式及半冷冻式	着火罐		罐体表面积	9.0
	邻近罐		罐体表面积1/2	9.0

注：1 固定冷却水系统当采用水喷雾系统冷却时喷水强度应符合本规范要求，且系统设置应符合现行国家标准《水喷雾灭火系统设计规范》GB 50219 的有关规定；

2 全冷冻式液化烃储罐，当双防罐、全防罐外壁为钢筋混凝土结构时，罐顶和罐壁的冷却水量可不计，但管道进出口等局部危险处应设置水喷雾系统冷却，供水强度不应小于 20.0L/(min·m²)；

3 距着火罐壁 1.5 倍着火罐直径范围内的邻近罐应计算冷却水系统，当邻近超过 3 个时，冷却水系统可按 3 个罐的设计流量计算；

4 当储罐采用固定消防水炮作为固定冷却设施时，其设计流量不宜小于水喷雾系统计算流量的 1.3 倍。

表 3.4.5-2 液化烃罐区的室外消火栓设计流量

单罐储存容积(m³)	室外消火栓设计流量(L/s)
W≤100	15
100<W≤400	30
400<W≤650	45
650<W≤1000	60
W>1000	80

注：1 罐区的室外消火栓设计流量应按罐组内最大单罐计；

2 当储罐区四周设固定消防水炮作为辅助冷却设施时，辅助冷却水设计流量不应小于室外消火栓设计流量。

3.4.6 沸点低于45℃甲类液体压力球罐的消防给水设计流量，应按本规范第3.4.5条中全压力式储罐的要求经计算确定。

3.4.7 全压力式、半冷冻式和全冷冻式液氨储罐的消防给水设计流量，应按本规范第3.4.5条中全压力式及半冷冻式储罐的要求经计算确定，但喷水强度应按不小于6.0L/(min·m²)计算，全冷冻式液氨储罐的冷却水系统设计流量应按全冷冻式液化烃储罐外壁为钢制单防罐的要求计算。

3.4.8 空分站，可燃液体、液化烃的火车和汽车装卸栈台，变电站等室外消火栓设计流量不应小于表3.4.8的规定。当室外变压器采用水喷雾灭火系统全保护时，其室外消火栓给水设计流量可按表3.4.8规定值的50%计算，但不应小于15L/s。

表 3.4.8 空分站，可燃液体、液化烃的火车和汽车装卸栈台，变电站室外消火栓设计流量

名　称		室外消火栓设计流量(L/s)
空分站产氧气能力(Nm³/h)	3000<Q≤10000	15
	10000<Q≤30000	30
	30000<Q≤50000	45
	Q>50000	60
专用可燃液体、液化烃的火车和汽车装卸栈台		60
变电站单台油浸变压器含油量(t)	5<W≤10	15
	10<W≤50	20
	W>50	30

注：当室外油浸变压器单台功率小于300MV·A，且周围无其他建筑物和生产生活给水时，可不设置室外消火栓。

3.4.9 装卸油品码头的消防给水设计流量，应按着火油船泡沫灭火设计流量、冷却水系统设计流量、隔离水幕系统设计流量和码头室外消火栓设计流量之和确定，并应符合下列规定：

1 泡沫灭火系统设计流量应按系统扑救着火油船一起火灾的泡沫混合液量及泡沫液混合比经计算确定，泡沫混合液供给强度、保护范围和连续供给时间不应小于表3.4.9-1的规定，并应符合现行国家标准《泡沫灭火系统设计规范》GB 50151的有关规定；

表 3.4.9-1 油船泡沫灭火系统混合液量的供给强度、保护范围和连续供给时间

项　目	船型	保护范围	供给强度[L/(min·m²)]	连续供给时间(min)
甲、乙类可燃液体油品码头	着火油船	设计船型最大油仓面积	8.0	40
丙类可燃液体油品码头				30

2 油船冷却水系统设计流量应按火灾时着火油舱冷却水保护范围内的油舱甲板面冷却用水量计算确定，冷却水系统保护范围、喷水强度和火灾延续时间不应小于表3.4.9-2的规定；

表 3.4.9-2 油船冷却水系统的保护范围、喷水强度和火灾延续时间

项目	船型	保护范围	喷水强度[L/(min·m²)]	火灾延续时间(h)
甲、乙类可燃液体油品一级码头	着火油船	着火油舱冷却范围内的油舱甲板面	2.5	6.0注²
甲、乙类可燃液体油品二、三级码头丙类可燃液体油品码头				4.0

注：1 当油船发生火灾时，陆上消防设备所提供的冷却油舱甲板面的冷却设计流量不应小于全部冷却水用量的50%；

2 当配备水上消防设施进行监护时，陆上消防设备冷却水供给时间可缩短至4h。

3 着火油船冷却范围应按下式计算：

$$F=3L_{max}B_{max}-f_{max} \tag{3.4.9}$$

式中：F——着火油船冷却面积(m²)；

B_{max}——最大船宽(m)；

L_{max}——最大船的最大舱纵向长度(m)；

f_{max}——最大船的最大舱面积(m²)。

4 隔离水幕系统的设计流量应符合下列规定：

1）喷水强度宜为1.0L/(s·m)～2.0L/(s·m)；

2）保护范围宜为装卸设备的两端各延伸5m，水幕喷射高度宜高于被保护对象1.50m；

3）火灾延续时间不应小于1.0h，并应满足现行国家标准《自动喷水灭火系统设计规范》GB 50084的有关规定。

5 油品码头的室外消火栓设计流量不应小于表3.4.9-3的规定。

表 3.4.9-3 油品码头的室外消火栓设计流量

名　称	室外消火栓设计流量(L/s)	火灾延续时间(h)
海港油品码头	45	6.0
河港油品码头	30	4.0
码头装卸区	20	2.0

3.4.10 液化石油气船的消防给水设计流量应按着火罐与距着火罐1.5倍着火罐直径范围内罐组的冷却水系统设计流量与室外消火栓设计流量之和确定；着火罐和邻近罐的冷却面积均应取设计船型最大储罐甲板以上部分的表面积，并不应小于储罐总表面积的1/2，着火罐冷却水喷水强度应为10.0L/(min·m²)，邻近罐冷却水喷水强度应为5.0L/(min·m²)；室外消火栓设计流量不应小于本规范表3.4.9-3的规定。

3.4.11 液化石油气加气站的消防给水设计流量，应按固定冷却水系统设计流量与室外消火栓设计流量之和确定，固定冷却水系统设计流量应按表3.4.11-1规定的设计参数经计算确定，室外消火栓设计流量不应小于表3.4.11-2的规定；当仅采用移动式冷却系统时，室外消火栓的设计流量应按表3.4.11-1规定的设计参数计算，且不应小于15L/s。

表 3.4.11-1 液化石油气加气站地上储罐冷却系统保护范围和喷水强度

项目	储罐	保护范围	喷水强度
移动式冷却	着火罐	罐壁表面积	0.15L/(s·m²)
	邻近罐	罐壁表面积的1/2	0.15L/(s·m²)
固定式冷却	着火罐	罐壁表面积	9.0L/(min·m²)
	邻近罐	罐壁表面积的1/2	9.0L/(min·m²)

注：着火罐的直径与长度之和0.75倍范围内的邻近地上罐进行冷却。

表 3.4.11-2 液化石油气加气站室外消火栓设计流量

名　称	室外消火栓设计流量(L/s)
地上储罐加气站	20
埋地储罐加气站	15
加油和液化石油气加气合建站	

3.4.12 易燃、可燃材料露天、半露天堆场,可燃气体罐区的室外消火栓设计流量,不应小于表3.4.12的规定。

表3.4.12 易燃、可燃材料露天、半露天堆场,可燃气体罐区的室外消火栓设计流量

名　称		总储量或总容量	室外消火栓设计流量(L/s)
粮食(t)	土圆囤	30<W≤500	15
		500<W≤5000	25
		5000<W≤20000	40
		W>20000	45
	席穴囤	30<W≤500	20
		500<W≤5000	35
		5000<W≤20000	50
棉、麻、毛、化纤百货(t)		10<W≤500	20
		500<W≤1000	35
		1000<W≤5000	50
稻草、麦秸、芦苇等易燃材料(t)		50<W≤500	20
		500<W≤5000	35
		5000<W≤10000	50
		W>10000	60
木材等可燃材料(m³)		50<V≤1000	20
		1000<V≤5000	30
		5000<V≤10000	45
		V>10000	55
煤和焦炭(t)	露天或半露天堆放	100<W≤5000	15
		W>5000	20
可燃气体储罐或储罐区(m³)		10000<V≤50000	20
		50000<V≤100000	25
		100000<V≤200000	30
		V>200000	35

注:1 固定容积的可燃气体储罐的总容积按其几何容积(m³)和设计工作压力(绝对压力,10⁵Pa)的乘积计算;

　　2 当稻草、麦秸、芦苇等易燃材料堆垛单垛重量大于5000t或总重量大于50000t、木材等可燃材料堆垛单垛容量大于5000m³或总容量大于50000m³时,室外消火栓设计流量应按本表规定的最大值增加一倍。

3.4.13 城市交通隧道洞口外室外消火栓设计流量不应小于表3.4.13的规定。

表3.4.13 城市交通隧道洞口外室外消火栓设计流量

名称	类别	长度(m)	室外消火栓设计流量(L/s)
可通行危险化学品等机动车	一、二	L>500	30
	三	L≤500	20
仅限通行非危险化学品等机动车	一、二、三	L≥1000	30
	三	L<1000	20

3.5 室内消火栓设计流量

3.5.1 建筑物室内消火栓设计流量,应根据建筑物的用途功能、体积、高度、耐火等级、火灾危险性等因素综合确定。

3.5.2 建筑物室内消火栓设计流量不应小于表3.5.2的规定。

表3.5.2 建筑物室内消火栓设计流量

建筑物名称		高度h(m)、体积V(m³)、座位数n(个)、火灾危险性	消火栓设计流量(L/s)	同时使用消防水枪数(支)	每根竖管最小流量(L/s)
工业建筑	厂房	h≤24 甲、乙、丁、戊	10	2	10
		丙 V≤5000	10	2	10
		丙 V>5000	20	4	15
		24<h≤50 乙、丁、戊	25	5	15
		丙	30	6	15
		h>50 乙、丁、戊	30	6	15
		丙	40	8	15
	仓库	h≤24 甲、乙、丁、戊	10	2	10
		丙 V≤5000	15	3	15
		丙 V>5000	25	5	15
		h>24 丁、戊	30	6	15
		丙	40	8	15

续表3.5.2

建筑物名称		高度h(m)、体积V(m³)、座位数n(个)、火灾危险性	消火栓设计流量(L/s)	同时使用消防水枪数(支)	每根竖管最小流量(L/s)
民用建筑	单层及多层	科研楼、试验楼 V≤10000	10	2	10
		科研楼、试验楼 V>10000	15	3	10
		车站、码头、机场的候车(船、机)楼及展览建筑(包括博物馆)等 5000<V≤25000	10	2	10
		25000<V≤50000	15	3	10
		V>50000	20	4	15
		剧场、电影院、会堂、礼堂、体育馆等 800<n≤1200	10	2	10
		1200<n≤5000	15	3	10
		5000<n≤10000	20	4	15
		n>10000	30	6	15
		旅馆 5000<V≤10000	10	2	10
		10000<V≤25000	15	3	10
		V>25000	20	4	15
		商店、图书馆、档案馆等 5000<V≤10000	15	3	10
		10000<V≤25000	25	5	15
		V>25000	40	8	15
		病房楼、门诊楼等 5000<V≤25000	10	2	10
		V>25000	15	3	10
		办公楼、教学楼、公寓、宿舍等其他建筑 h>15m或V>10000	15	3	10
		住宅 21<h≤27	5	2	5
	高层	住宅 27<h≤54	10	2	10
		h>54	20	4	10
		二类公共建筑 h≤50	20	4	10
		一类公共建筑 h≤50	30	6	15
		h>50	40	8	15

续表3.5.2

建筑物名称		高度h(m)、体积V(m³)、座位数n(个)、火灾危险性	消火栓设计流量(L/s)	同时使用消防水枪数(支)	每根竖管最小流量(L/s)
国家级文物保护单位的重点砖木或木结构的古建筑		V≤10000	20	4	10
		V>10000	25	5	15
人防工程	地下建筑	V≤5000	10	2	10
		5000<V≤10000	20	4	15
		10000<V≤25000	30	6	15
		V>25000	40	8	20
	展览厅、影院、剧场、礼堂、健身体育场所等	V≤1000	5	1	5
		1000<V≤2500	10	2	10
		V>2500	15	3	10
	商场、餐厅、旅馆、医院等	V≤5000	5	1	5
		5000<V≤10000	10	2	10
		10000<V≤25000	15	3	10
		V>25000	20	4	10
	丙、丁、戊类生产车间、自行车库	V≤2500	5	1	5
		V>2500	10	2	10
	丙、丁、戊类物品库房、图书资料档案库	V≤3000	5	1	5
		V>3000	10	2	10

注:1 丁、戊类高层厂房(仓库)室内消火栓的设计流量可按本表减少10L/s,同时使用消防水枪数量可按本表减少2支;

　　2 消防软管卷盘、轻便消防水龙及多层住宅楼梯间中的干式消防竖管,其消火栓设计流量可不计入室内消防给水设计流量;

　　3 当一座多层建筑有多种使用功能时,室内消火栓设计流量应分别按本表中不同功能计算,且应取最大值。

3.5.3 当建筑物室内设有自动喷水灭火系统、水喷雾灭火系统、泡沫灭火系统或固定消防炮灭火系统等一种及以上自动水灭火系统全保护时,高层建筑当高度不超过50m且室内消火栓设计流量超过20L/s时,其室内消火栓设计流量可按本规范表3.5.2减少

16

5L/s;多层建筑室内消火栓设计流量可减少50%,但不应小于10L/s。

3.5.4 宿舍、公寓等非住宅类居住建筑的室内消火栓设计流量,当为多层建筑时,应按本规范表3.5.2中的宿舍、公寓确定,当为高层建筑时,应按本规范表3.5.2中的公共建筑确定。

3.5.5 城市交通隧道内室内消火栓设计流量不应小于表3.5.5的规定。

表 3.5.5 城市交通隧道内室内消火栓设计流量

用途	类别	长度(m)	设计流量(L/s)
可通行危险化学品等机动车	一、二	L>500	20
	三	L≤500	10
仅限通行非危险化学品等机动车	一、二、三	L≥1000	20
	三	L<1000	10

3.5.6 地铁地下车站室内消火栓设计流量不应小于20L/s,区间隧道不应小于10L/s。

3.6 消防用水量

3.6.1 消防给水一起火灾灭火用水量应按需要同时作用的室内外消防给水用水量之和计算,两座及以上建筑合用时,应取最大者,并应按下列公式计算:

$$V = V_1 + V_2 \tag{3.6.1-1}$$

$$V_1 = 3.6 \sum_{i=1}^{i=n} q_{1i} t_{1i} \tag{3.6.1-2}$$

$$V_2 = 3.6 \sum_{i=1}^{i=m} q_{2i} t_{2i} \tag{3.6.1-3}$$

式中:V——建筑消防给水一起火灾灭火用水总量(m^3);

V_1——室外消防给水一起火灾灭火用水量(m^3);

V_2——室内消防给水一起火灾灭火用水量(m^3);

q_{1i}——室外第i种水灭火系统的设计流量(L/s);

t_{1i}——室外第i种水灭火系统的火灾延续时间(h);

n——建筑需要同时作用的室外水灭火系统数量;

q_{2i}——室内第i种水灭火系统的设计流量(L/s);

t_{2i}——室内第i种水灭火系统的火灾延续时间(h);

m——建筑需要同时作用的室内水灭火系统数量。

3.6.2 不同场所消火栓系统和固定冷却水系统的火灾延续时间不应小于表3.6.2的规定。

表 3.6.2 不同场所的火灾延续时间

建筑		场所与火灾危险性	火灾延续时间(h)
工业建筑	仓库	甲、乙、丙类仓库	3.0
		丁、戊类仓库	2.0
	厂房	甲、乙、丙类厂房	3.0
		丁、戊类厂房	2.0
建筑物	民用建筑 公共建筑	高层建筑中的商业楼、展览楼、综合楼,建筑高度大于50m的财贸金融楼、图书馆、书库、重要的档案楼、科研楼和高级宾馆等	3.0
		其他公共建筑	2.0
		住宅	
	人防工程	建筑面积小于3000m^2	1.0
		建筑面积大于或等于3000m^2	2.0
	地下建筑、地铁车站		
构筑物	煤、天然气、石油及其产品的工艺装置		3.0
	甲、乙、丙类可燃液体储罐	直径大于20m的固定顶罐和直径大于20m浮盘用易熔材料制作的内浮顶罐	6.0
		其他储罐	4.0
		覆土油罐	

续表 3.6.2

建筑	场所与火灾危险性	火灾延续时间(h)
构筑物	液化烃储罐、沸点低于45℃甲类液体、液氨储罐	6.0
	空分站,可燃液体、液化烃的火车和汽车装卸栈台	3.0
	变电站	2.0
	装卸油品码头 甲、乙类可燃液体油品一级码头	6.0
	甲、乙类可燃液体油品二、三级码头	4.0
	丙类可燃液体油品码头	
	海港油品码头	6.0
	河港油品码头	4.0
	码头装卸区	2.0
	装卸液化石油气船码头	6.0
	液化石油气加气站 地上储气罐加气站	3.0
	埋地储气罐加气站	1.0
	加油和液化石油气加合建站	
	易燃、可燃材料露天、半露天堆场,可燃气体罐区 粮食土圆囤、席穴囤	6.0
	棉、麻、毛、化纤百货	
	稻草、麦秸、芦苇等	
	木材等	
	露天或半露天堆放煤和焦炭	
	可燃气体储罐	3.0

3.6.3 自动喷水灭火系统、泡沫灭火系统、水喷雾灭火系统、固定消防炮灭火系统、自动跟踪定位射流灭火系统等水灭火系统的火灾延续时间,应分别按现行国家标准《自动喷水灭火系统设计规范》GB 50084、《泡沫灭火系统设计规范》GB 50151、《水喷雾灭火系统设计规范》GB 50219和《固定消防炮灭火系统设计规范》GB 50338的有关规定执行。

3.6.4 建筑内用于防火分隔的防火分隔水幕和防护冷却水幕的火灾延续时间,不应小于防火分隔水幕或防护冷却火幕设置部位墙体的耐火极限。

3.6.5 城市交通隧道的火灾延续时间不应小于表3.6.5的规定,一类城市交通隧道的火灾延续时间应根据火灾危险性分析确定,确有困难时,可按不小于3.0h计。

表 3.6.5 城市交通隧道的火灾延续时间

用途	类别	长度(m)	火灾延续时间(h)
可通行危险化学品等机动车	二	500<L≤1500	3.0
	三	L≤500	2.0
仅限通行非危险化学品等机动车	二	1500<L≤3000	3.0
	三	500<L≤1500	2.0

4 消防水源

4.1 一般规定

4.1.1 在城乡规划区域范围内,市政消防给水应与市政给水管网同步规划、设计与实施。

4.1.2 消防水源水质应满足水灭火设施的功能要求。

4.1.3 消防水源应符合下列规定:

1 市政给水、消防水池、天然水源等可作为消防水源,并宜采用市政给水;

2 雨水清水池、中水清水池、水景和游泳池可作为备用消防水源。

4.1.4 消防给水管道内平时所充水的pH值应为6.0～9.0。

4.1.5 严寒、寒冷等冬季结冰地区的消防水池、水塔和高位消防水池等应采取防冻措施。

4.1.6 雨水清水池、中水清水池、水景和游泳池必须作为消防水源时,应有保证在任何情况下均能满足消防给水系统所需的水量和水质的技术措施。

4.2 市政给水

4.2.1 当市政给水管网连续供水时,消防给水系统可采用市政给水管网直接供水。

4.2.2 用作两路消防供水的市政给水管网应符合下列要求:

1 市政给水厂应至少有两条输水干管向市政给水管网输水;

2 市政给水管网应为环状管网;

3 应至少有两条不同的市政给水干管上不少于两条引入管向消防给水系统供水。

4.3 消防水池

4.3.1 符合下列规定之一时,应设置消防水池:

1 当生产、生活用水量达到最大时,市政给水管网或入户引入管不能满足室内、室外消防给水设计流量;

2 当采用一路消防供水或只有一条入户引入管,且室外消火栓设计流量大于20L/s或建筑高度大于50m;

3 市政消防给水设计流量小于建筑室内外消防给水设计流量。

4.3.2 消防水池有效容积的计算应符合下列规定:

1 当市政给水管网能保证室外消防给水设计流量时,消防水池的有效容积应满足在火灾延续时间内室内消防用水量的要求;

2 当市政给水管网不能保证室外消防给水设计流量时,消防水池的有效容积应满足火灾延续时间内室内消防用水量和室外消防用水量不足部分之和的要求。

4.3.3 消防水池进水管应根据其有效容积和补水时间确定,补水时间不宜大于48h,但当消防水池有效总容积大于2000m³时,不应大于96h。消防水池进水管管径应经计算确定,且不应小于DN100。

4.3.4 当消防水池采用两路消防供水且在火灾情况下连续补水能满足消防要求时,消防水池的有效容积应根据计算确定,但不应小于100m³,当仅设有消火栓系统时不应小于50m³。

4.3.5 火灾时消防水池连续补水应符合下列规定:

1 消防水池应采用两路消防给水;

2 火灾延续时间内的连续补水流量应按消防水池最不利进水管供水量计算,并可按下式计算:

$$q_f = 3600Av \qquad (4.3.5)$$

式中:q_f——火灾时消防水池的补水流量(m^3/h);

A——消防水池进水管断面积(m^2);

v——管道内水的平均流速(m/s)。

3 消防水池进水管管径和流量应根据市政给水管网或其他给水管网的压力、入户引入管管径、消防水池进水管管径,以及火灾时其他用水量等经水力计算确定,当计算条件不具备时,给水管的平均流速不宜大于1.5m/s。

4.3.6 消防水池的总蓄水有效容积大于500m³时,宜设两格能独立使用的消防水池;当大于1000m³时,应设置能独立使用的两座消防水池。每格(或座)消防水池应设置独立的出水管,并应设置满足最低有效水位的连通管,且其管径应能满足消防给水设计流量的要求。

4.3.7 储存室外消防用水的消防水池或供消防车取水的消防水池,应符合下列规定:

1 消防水池应设置取水口(井),且吸水高度不应大于6.0m;

2 取水口(井)与建筑物(水泵房除外)的距离不宜小于15m;

3 取水口(井)与甲、乙、丙类液体储罐等构筑物的距离不宜小于40m;

4 取水口(井)与液化石油气储罐的距离不宜小于60m,当采取防止辐射热保护措施时,可为40m。

4.3.8 消防用水与其他用水共用的水池,应采取确保消防用水量不作他用的技术措施。

4.3.9 消防水池的出水、排水和水位应符合下列规定:

1 消防水池的出水管应保证消防水池的有效容积能被全部利用;

2 消防水池应设置就地水位显示装置,并应在消防控制中心或值班室等地点设置显示消防水池水位的装置,同时应有最高和最低报警水位;

3 消防水池应设置溢流水管和排水设施,并应采用间接排水。

4.3.10 消防水池的通气管和呼吸管等应符合下列规定:

1 消防水池应设置通气管;

2 消防水池通气管、呼吸管和溢流水管等应采取防止虫鼠等进入消防水池的技术措施。

4.3.11 高位消防水池的最低有效水位应能满足其所服务的水灭火设施所需的工作压力和流量,且其有效容积应满足火灾延续时间内所需消防用水量,并应符合下列规定:

1 高位消防水池的有效容积、出水、排水和水位,应符合本规范第4.3.8条和第4.3.9条的规定;

2 高位消防水池的通气管和呼吸管等应符合本规范第4.3.10条的规定;

3 除可一路消防供水的建筑物外,向高位消防水池供水的给水管不应少于两条;

4 当高层民用建筑采用高位消防水池供水的高压消防给水系统时,高位消防水池储存室内消防用水量确有困难,但火灾时补水可靠,其总有效容积不应小于室内消防用水量的50%;

5 高层民用建筑高压消防给水系统的高位消防水池总有效容积大于200m³时,宜设置蓄水有效容积相等且可独立使用的两格;当建筑高度大于100m时应设置独立的两座。每格或座应有一条独立的出水管向消防给水系统供水;

6 高位消防水池设置在建筑物内时,应采用耐火极限不低于2.00h的隔墙和1.50h的楼板与其他部位隔开,并应设甲级防火门;且消防水池及其支承框架与建筑构件应连接牢固。

4.4 天然水源及其他

4.4.1 井水等地下水源可作为消防水源。

4.4.2 井水作为消防水源向消防给水系统直接供水时,其最不利水位应满足水泵吸水要求,其最小出流量和水泵扬程应满足消防要求,且当需要两路消防供水时,水井不应少于两眼,每眼井的深井泵的供电均应采用一级供电负荷。

4.4.3 江、河、湖、海、水库等天然水源的设计枯水流量保证率应根据城乡规模和工业项目的重要性、火灾危险性和经济合理性等综合因素确定,宜为90%～97%。但村镇的室外消防给水水源的设计枯水流量保证率可根据当地水源情况适当降低。

4.4.4 当室外消防水源采用天然水源时,应采取防止冰凌、漂浮物、悬浮物等物质堵塞消防水泵的技术措施,并应采取确保安全取水的措施。

4.4.5 当天然水源等作为消防水源时,应符合下列规定:

1 当地表水作为室外消防水源时,应采取确保消防车、固定和移动消防水泵在枯水位取水的技术措施;当消防车取水时,最大吸水高度不应超过6.0m;

2 当井水作为消防水源时,还应设置探测水井水位的水位测试装置。

4.4.6 天然水源消防车取水口的设置位置和设施,应符合现行国家标准《室外给水设计规范》GB 50013中有关地表水取水的规定,且取水头部宜设置格栅,其栅条间距不宜小于50mm,也可采用过滤管。

4.4.7 设有消防车取水口的天然水源,应设置消防车到达取水口的消防车道和消防车回车场或回车道。

5 供水设施

5.1 消防水泵

5.1.1 消防水泵宜根据可靠性、安装场所、消防水源、消防给水设计流量和扬程等综合因素确定水泵的型式,水泵驱动器宜采用电动机或柴油机直接传动,消防水泵不应采用双电动机或基于柴油机等组成的双动力驱动水泵。

5.1.2 消防水泵机组应由水泵、驱动器和专用控制柜等组成;一组消防水泵可由同一消防给水系统的工作泵和备用泵组成。

5.1.3 消防水泵生产厂商应提供完整的水泵流量扬程性能曲线,并应标示流量、扬程、气蚀余量、功率和效率等参数。

5.1.4 单台消防水泵的最小额定流量不应小于10L/s,最大额定流量不宜大于320L/s。

5.1.5 当消防水泵采用离心泵时,泵的型式宜根据流量、扬程、气蚀余量、功率和效率、转速、噪声,以及安装场所的环境要求等因素综合确定。

5.1.6 消防水泵的选择和应用应符合下列规定:

1 消防水泵的性能应满足消防给水系统所需流量和压力的要求;

2 消防水泵所配驱动器的功率应满足所选水泵流量扬程性能曲线上任何一点运行所需功率的要求;

3 当采用电动机驱动消防水泵时,应选择电动机干式安装的消防水泵;

4 流量扬程性能曲线应为无驼峰、无拐点的光滑曲线,零流量时的压力不应大于设计工作压力的140%,且宜大于设计工作压力的120%;

5 当出流量为设计流量的150%时,其出口压力不应低于设计工作压力的65%;

6 泵轴的密封方式和材料应满足消防水泵在低流量时运转的要求;

7 消防给水同一泵组的消防水泵型号宜一致,且工作泵不宜超过3台;

8 多台消防水泵并联时,应校核流量叠加对消防水泵出口压力的影响。

5.1.7 消防水泵的主要材质应符合下列规定:

1 水泵外壳宜为球墨铸铁;

2 叶轮宜为青铜或不锈钢。

5.1.8 当采用柴油机消防水泵时应符合下列规定:

1 柴油机消防水泵应采用压缩式点火型柴油机;

2 柴油机的额定功率应校核海拔高度和环境温度对柴油机功率的影响;

3 柴油机消防水泵应具备连续工作的性能,试验运行时间不应小于24h;

4 柴油机消防水泵的蓄电池应保证消防水泵随时自动启泵的要求;

5 柴油机消防水泵的供油箱应根据火灾延续时间确定,且油箱最小有效容积应按1.5L/kW配置,柴油机消防水泵油箱内储存的燃料不应小于50%的储量。

5.1.9 轴流深井泵宜安装于水井、消防水池和其他消防水源上,并应符合下列规定:

1 轴流深井泵安装于水井时,其淹没深度应满足其可靠运行的要求,在水泵出流量为150%设计流量时,其最低淹没深度应是第一个水泵叶轮底部水位线以上不少于3.20m,且海拔高度每增加300m,深井泵的最低淹没深度应至少增加0.30m;

2 轴流深井泵安装在消防水池等消防水源上时,其第一个水泵叶轮底部应低于消防水池的最低有效水位线,且淹没深度应根据水力条件经计算确定,并应满足消防水池等消防水源有效储水量或有效水位能全部被利用的要求;当水泵设计流量大于125L/s时,应根据水泵性能确定淹没深度,并应满足水泵气蚀余量的要求;

3 轴流深井泵的出水管与消防给水管网连接应符合本规范第5.1.13条第3款的规定;

4 轴流深井泵出水管的阀门设置应符合本规范第5.1.13条第5款和第6款的规定;

5 当消防水池最低水位低于离心水泵出水管中心线或水源水位不能保证离心水泵吸水时,可采用轴流深井泵,并应采用湿式深坑的安装方式安装于消防水池等消防水源上;

6 当轴流深井泵的电动机露天设置时,应有防雨功能;

7 其他应符合现行国家标准《室外给水设计规范》GB 50013的有关规定。

5.1.10 消防水泵应设置备用泵,其性能应与工作泵性能一致,但下列建筑除外:

1 建筑高度小于54m的住宅和室外消防给水设计流量小于等于25L/s的建筑;

2 室内消防给水设计流量小于等于10L/s的建筑。

5.1.11 一组消防水泵应在消防水泵房内设置流量和压力测试装置,并应符合下列规定:

1 单台消防水泵的流量不大于20L/s、设计工作压力不大于0.50MPa时,泵组宜预留测量用流量计和压力计接口,其他泵组宜设置泵组流量和压力测试装置;

2 消防水泵流量检测装置的计量精度应为0.4级,最大量程的75%应大于最大一台消防水泵设计流量值的175%;

3 消防水泵压力检测装置的计量精度应为0.5级,最大量程的75%应大于最大一台消防水泵设计压力值的165%;

4 每台消防水泵出水管上应设置 DN65 的试水管,并应采取排水措施。

5.1.12 消防水泵吸水应符合下列规定:

1 消防水泵应采取自灌式吸水;

2 消防水泵从市政管网直接抽水时,应在消防水泵出水管上设置有空气隔断的倒流防止器;

3 当吸水口处无吸水井时,吸水口处应设置旋流防止器。

5.1.13 离心式消防水泵吸水管、出水管和阀门等,应符合下列规定:

1 一组消防水泵,吸水管不应少于两条,当其中一条损坏或检修时,其余吸水管应仍能通过全部消防给水设计流量;

2 消防水泵吸水管布置应避免形成气囊;

3 一组消防水泵应设不少于两条的输水干管与消防给水环状管网连接,当其中一条输水管检修时,其余输水管应仍能供应全部消防给水设计流量;

4 消防水泵吸水口的淹没深度应满足消防水泵在最低水位运行安全的要求,吸水管喇叭口在消防水池最低有效水位下的淹没深度应根据吸水管喇叭口的水流速度和水力条件确定,但不应小于 **600mm**,当采用旋流防止器时,淹没深度不应小于 **200mm**;

5 消防水泵的吸水管上应设置明杆闸阀或带自锁装置的蝶阀,但当设置暗杆阀门时应设有开启刻度和标志;当管径超过 DN300 时,宜设置电动阀门;

6 消防水泵的出水管上应设止回阀、明杆闸阀;当采用蝶阀时,应带有自锁装置;当管径大于 DN300 时,宜设置电动阀门;

7 消防水泵吸水管的直径小于 DN250 时,其流速宜为 1.0m/s～1.2m/s;直径大于 DN250 时,宜为 1.2m/s～1.6m/s;

8 消防水泵出水管的直径小于 DN250 时,其流速宜为 1.5m/s～2.0m/s;直径大于 DN250 时,宜为 2.0m/s～2.5m/s;

9 吸水井的布置应满足井内水流顺畅、流速均匀、不产生涡漩的要求,并应便于安装施工;

10 消防水泵的吸水管、出水管道穿越外墙时,应采用防水套管;当穿越墙体和楼板时,应符合本规范第12.3.19条第5款的要求;

11 消防水泵的吸水管穿越消防水池时,应采用柔性套管;采用刚性防水套管时应在水泵吸水管上设置柔性接头,且管径不应大于DN150。

5.1.14 当有两路消防供水且允许消防水泵直接吸水时,应符合下列规定:

1 每一路消防供水应满足消防给水设计流量和火灾时必须保证的其他用水;

2 火灾时室外给水管网的压力从地面算起不应小于 0.10MPa;

3 消防水泵扬程应按室外给水管网的最低水压计算,并应以室外给水的最高水压校核消防水泵的工作工况。

5.1.15 消防水泵吸水管可设置管道过滤器,管道过滤器的过水面积应大于管道过水面积的 4 倍,且孔径不宜小于 3mm。

5.1.16 临时高压消防给水系统应采取防止消防水泵低流量空转过热的技术措施。

5.1.17 消防水泵吸水管和出水管上应设置压力表,并应符合下列规定:

1 消防水泵出水管压力表的最大量程不应低于其设计工作压力的 2 倍,且不应低于 1.60MPa;

2 消防水泵吸水管宜设置真空表、压力表或真空压力表,压力表的最大量程应根据工程具体情况确定,但不应低于 0.70MPa,真空表的最大量程宜为—0.10MPa;

3 压力表的直径不应小于 100mm,应采用直径不小于 6mm 的管道与消防水泵进出口管相接,并应设置关断阀门。

5.2 高位消防水箱

5.2.1 临时高压消防给水系统的高位消防水箱的有效容积应满足初期火灾消防用水量的要求,并应符合下列规定:

1 一类高层公共建筑,不应小于 $36m^3$,但当建筑高度大于 100m 时,不应小于 $50m^3$,当建筑高度大于 150m 时,不应小于 $100m^3$;

2 多层公共建筑、二类高层公共建筑和一类高层住宅,不应小于 $18m^3$,当一类高层住宅建筑高度超过 100m 时,不应小于 $36m^3$;

3 二类高层住宅,不应小于 $12m^3$;

4 建筑高度大于 21m 的多层住宅,不应小于 $6m^3$;

5 工业建筑室内消防给水设计流量当小于或等于 25L/s 时,不应小于 $12m^3$,大于 25L/s 时,不应小于 $18m^3$;

6 总建筑面积大于 $10000m^2$ 且小于 $30000m^2$ 的商店建筑,不应小于 $36m^3$,总建筑面积大于 $30000m^2$ 的商店,不应小于 $50m^3$,当与本条第 1 款规定不一致时应取其较大值。

5.2.2 高位消防水箱的设置位置应高于其所服务的水灭火设施,且最低有效水位应满足水灭火设施最不利点处的静水压力,并应按下列规定确定:

1 一类高层公共建筑,不应低于 0.10MPa,但当建筑高度超过 100m 时,不应低于 0.15MPa;

2 高层住宅、二类高层公共建筑、多层公共建筑,不应低于 0.07MPa,多层住宅不宜低于 0.07MPa;

3 工业建筑不应低于 0.10MPa,当建筑体积小于 $20000m^3$ 时,不宜低于 0.07MPa;

4 自动喷水灭火系统等自动水灭火系统应根据喷头灭火需求压力确定,但最小不应小于 0.10MPa;

5 当高位消防水箱不能满足本条第 1 款～第 4 款的静压要求时,应设稳压泵。

5.2.3 高位消防水箱可采用热浸锌镀锌钢板、钢筋混凝土、不锈钢板等建造。

5.2.4 高位消防水箱的设置应符合下列规定:

1 当高位消防水箱在屋顶露天设置时,水箱的人孔以及进出水管的阀门等应采取锁具或阀门箱等保护措施;

2 严寒、寒冷等冬季冰冻地区的消防水箱应设置在消防水箱间内,其他地区宜设置在室内,当必须在屋顶露天设置时,应采取防冻隔热等安全措施;

3 高位消防水箱与基础应牢固连接。

5.2.5 高位消防水箱间应通风良好,不应结冰,当必须设置在严寒、寒冷等冬季结冰地区的非采暖房间时,应采取防冻措施,环境温度或水温不应低于 5℃。

5.2.6 高位消防水箱应符合下列规定:

1 高位消防水箱的有效容积、出水、排水和水位等,应符合本规范第 4.3.8 条和第 4.3.9 条的规定;

2 高位消防水箱的最低有效水位应根据出水管喇叭口和防止旋流器的淹没深度确定,当采用出水管喇叭口时,应符合本规范第 5.1.13 条第 4 款的规定;当采用防止旋流器时应根据产品确定,且不应小于 150mm 的保护高度;

3 高位消防水箱的通气管、呼吸管等应符合本规范第 4.3.10 条的规定;

4 高位消防水箱外壁与建筑本体结构墙面或其他池壁之间的净距,应满足施工或装配的需要,无管道的侧面,净距不宜小于 0.7m;安装有管道的侧面,净距不宜小于 1.0m,且管道外壁与建筑本体墙面之间的通道宽度不宜小于 0.6m,设有人孔的水箱顶,其顶面与其上面的建筑物本体板底的净空不应小于 0.8m;

5 进水管的管径应满足消防水箱 8h 充满水的要求,但管径不应小于 DN32,进水管宜设置液位阀或浮球阀;

6 进水管应在溢流水位以上接入,进水管口的最低点高出溢流边缘的高度应等于进水管管径,但最小不应小于100mm,最大不应大于150mm;

7 当进水管为淹没出流时,应在进水管上设置防止倒流的措施或在管道上设置虹吸破坏孔和真空破坏器,虹吸破坏孔的孔径不宜小于管径的1/5,且不应小于25mm。但当采用生活给水系统补水时,进水管不应淹没出流;

8 溢流管的直径不应小于进水管直径的2倍,且不应小于DN100,溢流管的喇叭口直径不应小于溢流管直径的1.5倍~2.5倍;

9 高位消防水箱出水管管径应满足消防给水设计流量的出水要求,且不应小于DN100;

10 高位消防水箱出水管应位于高位消防水箱最低水位以下,并应设置防止消防用水进入高位消防水箱的止回阀;

11 高位消防水箱的进、出水管应设置带有指示启闭装置的阀门。

5.3 稳压泵

5.3.1 稳压泵宜采用离心泵,并宜符合下列规定:

1 宜采用单吸单级或单吸多级离心泵;

2 泵外壳和叶轮等主要部件的材质宜采用不锈钢。

5.3.2 稳压泵的设计流量应符合下列规定:

1 稳压泵的设计流量不应小于消防给水系统管网的正常泄漏量和系统自动启动流量;

2 消防给水系统管网的正常泄漏量应根据管道材质、接口形式等确定,当没有管网泄漏量数据时,稳压泵的设计流量宜按消防给水设计流量的1%~3%计,且不宜小于1L/s;

3 消防给水系统所采用报警阀压力开关等自动启动流量应根据产品确定。

5.3.3 稳压泵的设计压力应符合下列要求:

1 稳压泵的设计压力应满足系统自动启动和管网充满水的要求;

2 稳压泵的设计压力应保持系统自动启泵压力设置点处的压力在准工作状态时大于系统设置自动启泵压力值,且增加值宜为0.07MPa~0.10MPa;

3 稳压泵的设计压力应保持系统最不利点处水灭火设施在准工作状态时的静水压力应大于0.15MPa。

5.3.4 设置稳压泵的临时高压消防给水系统应设置防止稳压泵频繁启停的技术措施,当采用气压水罐时,其调节容积应根据稳压泵启泵次数不大于15次/h计算确定,但有效储水容积不宜小于150L。

5.3.5 稳压泵吸水管应设置明杆闸阀,稳压泵出水管应设置消声止回阀和明杆闸阀。

5.3.6 稳压泵应设置备用泵。

5.4 消防水泵接合器

5.4.1 下列场所的室内消火栓给水系统应设置消防水泵接合器:

1 高层民用建筑;

2 设有消防给水的住宅、超过五层的其他多层民用建筑;

3 超过2层或建筑面积大于10000m²的地下或半地下建筑(室)、室内消火栓设计流量大于10L/s平战结合的人防工程;

4 高层工业建筑和超过四层的多层工业建筑;

5 城市交通隧道。

5.4.2 自动喷水灭火系统、水喷雾灭火系统、泡沫灭火系统和固定消防炮灭火系统等水灭火系统,均应设置消防水泵接合器。

5.4.3 消防水泵接合器的给水流量宜按每个10L/s~15L/s计算。每种水灭火系统的消防水泵接合器设置的数量应按系统设计流量经计算确定,但当计算数量超过3个时,可根据供水可靠性适

当减少。

5.4.4 临时高压消防给水系统向多栋建筑供水时,消防水泵接合器应在每座建筑附近就近设置。

5.4.5 消防水泵接合器的供水范围,应根据当地消防车的供水流量和压力确定。

5.4.6 消防给水为竖向分区供水时,在消防车供水压力范围内的分区,应分别设置水泵接合器;当建筑高度超过消防车供水高度时,消防给水应在设备层等方便操作的地点设置手抬泵或移动泵接力供水的吸水和加压接口。

5.4.7 水泵接合器应设在室外便于消防车使用的地点,且距室外消火栓或消防水池的距离不宜小于15m,并不宜大于40m。

5.4.8 墙壁消防水泵接合器的安装高度距地面宜为0.70m;与墙面上的门、窗、孔、洞的净距离不应小于2.0m,且不应安装在玻璃幕墙下方;地下消防水泵接合器的安装,应使进水口与井盖底面的距离不大于0.40m,且不应小于井盖的半径。

5.4.9 水泵接合器处应设置永久性标志铭牌,并应标明供水系统、供水范围和额定压力。

5.5 消防水泵房

5.5.1 消防水泵房应设置起重设施,并应符合下列规定:

1 消防水泵的重量小于0.5t时,宜设置固定吊钩或移动吊架;

2 消防水泵的重量为0.5t~3t时,宜设置手动起重设备;

3 消防水泵的重量大于3t时,应设置电动起重设备。

5.5.2 消防水泵机组的布置应符合下列规定:

1 相邻两个机组及机组至墙壁间的净距,当电机容量小于22kW时,不宜小于0.60m;当电动机容量不小于22kW,且不大于55kW时,不宜小于0.8m;当电动机容量大于55kW且小于255kW时,不宜小于1.2m;当电动机容量大于255kW时,不宜小于1.5m;

2 当消防水泵就地检修时,应至少每个机组一侧设消防水泵机组宽度加0.5m的通道,并应保证消防水泵轴和电动机转子在检修时能拆卸;

3 消防水泵房的主要通道宽度不应小于1.2m。

5.5.3 当采用柴油机消防水泵时,机组间的净距宜按本规范第5.5.2条规定值增加0.2m,但不应小于1.2m。

5.5.4 当消防水泵房内设有集中检修场地时,其面积应根据水泵或电动机外形尺寸确定,并应在周围留有宽度不小于0.7m的通道。地下式泵房宜利用空间设集中检修场地。对于装有深井水泵的湿式竖向泵房,还应堆放泵管的场地。

5.5.5 消防水泵房内的架空水管道,不应阻碍通道和跨越电气设备,当必须跨越时,应采取保证通道畅通和保护电气设备的措施。

5.5.6 独立的消防水泵房地面层的地坪至屋盖或天花板等的突出构件底部间的净高,除应按通风采光等条件确定外,且应符合下列规定:

1 当采用固定吊钩或移动吊架时,其值不应小于3.0m;

2 当采用单轨起重机时,应保持吊起物底部与吊运所越过物体顶部之间有0.50m以上的净距;

3 当采用桁架式起重机时,除应符合本条第2款的规定外,还应另外增加起重机安装和检修空间的高度。

5.5.7 当采用轴流深井水泵时,水泵房净高应按消防水泵吊装和维修的要求确定,当高度过高时,应根据水泵传动轴长度产品规格选择较短规格的产品。

5.5.8 消防水泵房应至少有一个可以搬运最大设备的门。

5.5.9 消防水泵房的设计应根据具体情况设计相应的采暖、通风和排水设施,并应符合下列规定:

1 严寒、寒冷等冬季结冰地区采暖温度不应低于10℃,但无人值守时不应低于5℃;

16

2 消防水泵房的通风宜按 6 次/h 设计;

3 消防水泵房应设置排水设施。

5.5.10 消防水泵不宜设在有防振或有安静要求房间的上一层、下一层和毗邻位置,当必须时,应采取下列降噪减振措施:

1 消防水泵应采用低噪声水泵;

2 消防水泵机组应设隔振装置;

3 消防水泵吸水管和出水管上应设隔振装置;

4 消防水泵房内管道支架和管道穿墙和穿楼板处,应采取防止固体传声的措施;

5 在消防水泵房内墙应采取隔声吸音的技术措施。

5.5.11 消防水泵出水管应进行停泵水锤压力计算,并宜按下列公式计算,当计算所得的水锤压力值超过管道试验压力值时,应采取消除停泵水锤的技术措施。停泵水锤消除装置应装设在消防水泵出水总管上,以及消防给水系统管网其他适当的位置:

$$\Delta p = \rho c v \qquad (5.5.11\text{-}1)$$

$$c = \frac{c_0}{\sqrt{1 + \frac{K}{E} \frac{d_i}{\delta}}} \qquad (5.5.11\text{-}2)$$

式中:Δp——水锤最大压力(Pa);

ρ——水的密度(kg/m³);

c——水击波的传播速度(m/s);

v——管道中水流速度(m/s);

c_0——水中声波的传播速度,宜取 $c_0 = 1435\text{m/s}$(压强 0.10MPa~2.50MPa,水温 10℃);

K——水的体积弹性模量,宜取 $K = 2.1 \times 10^9$ Pa;

E——管道的材料弹性模量,钢管 $E = 20.6 \times 10^{10}$ Pa,铸铁管 $E = 9.8 \times 10^{10}$ Pa,钢丝网骨架塑料(PE)复合管 $E = 6.5 \times 10^{10}$ Pa;

d_i——管道的公称直径(mm);

δ——管道壁厚(mm)。

5.5.12 消防水泵房应符合下列规定:

1 独立建造的消防水泵房耐火等级不应低于二级;

2 附设在建筑物内的消防水泵房,不应设置在地下三层及以下,或室内地面与室外出入口地坪高差大于 10m 的地下楼层;

3 附设在建筑物内的消防水泵房,应采用耐火极限不低于 2.0h 的隔墙和 1.50h 的楼板与其他部位隔开,其疏散门应直通安全出口,且开向疏散走道的门应采用甲级防火门。

5.5.13 当采用柴油机消防水泵时宜设置独立消防水泵房,并应设置满足柴油机运行的通风、排烟和阻火设施。

5.5.14 消防水泵房应采取防水淹没的技术措施。

5.5.15 独立消防水泵房的抗震应满足当地地震要求,且宜按本地区抗震设防烈度提高 1 度采取抗震措施,但不宜做提高 1 度抗震计算,并应符合现行国家标准《室外给水排水和燃气热力工程抗震设计规范》GB 50032 的有关规定。

5.5.16 消防水泵和控制柜应采取安全保护措施。

6 给水形式

6.1 一般规定

6.1.1 消防给水系统应根据建筑的用途功能、体积、高度、耐火等级、火灾危险性、重要性、次生灾害、商务连续性、水源条件等因素综合确定其可靠性和供水方式,并应满足水灭火系统所需流量和压力的要求。

6.1.2 城镇消防给水宜采用城镇市政给水管网供应,并应符合下列规定:

1 城镇市政给水管网及输水干管应符合现行国家标准《室外给水设计规范》GB 50013 的有关规定。

2 工业园区、商务区和居住区宜采用两路消防供水。

3 当采用天然水源作为消防水源时,每个天然水源消防取水口宜按一个市政消火栓计算或根据消防车停放数量确定。

4 当市政给水为间歇供水或供水能力不足时,宜建设市政消防水池,且建筑消防水池宜有作为市政消防给水的技术措施。

5 城市避难场所宜设置独立的城市消防水池,且每座容量不宜小于 200m³。

6.1.3 建筑物室外宜采用低压消防给水系统,当采用市政给水管网供水时,应符合下列规定:

1 应采用两路消防供水,除建筑高度超过 54m 的住宅外,室外消火栓设计流量小于等于 20L/s 时可采用一路消防供水;

2 室外消火栓应由市政给水管网直接供水。

6.1.4 工艺装置区、储罐区、堆场等构筑物室外消防给水,应符合下列规定:

1 工艺装置区、储罐区等场所应采用高压或临时高压消防给水系统,但当无泡沫灭火系统、固定冷却水系统和消防炮,室外消防给水设计流量不大于 30L/s,且在城镇消防站保护范围内时,可采用低压消防给水系统;

2 堆场等场所宜采用低压消防给水系统,但当可燃物堆场规模大、堆垛高、易起火、扑救难度大,应采用高压或临时高压消防给水系统。

6.1.5 市政消火栓或消防车从消防水池吸水向建筑供应室外消防给水时,应符合下列规定:

供消防车吸水的室外消防水池的每个取水口宜按一个室外消火栓计算,且其保护半径不应大于 150m。

距建筑外缘 5m~150m 的市政消火栓可计入建筑室外消火栓的数量,但当为消防水泵接合器供水时,距建筑外缘 5m~40m 的市政消火栓可计入建筑室外消火栓的数量。

当市政给水管网为环状时,符合本条上述内容的室外消火栓出流量宜计入建筑室外消火栓设计流量;但当市政给水管网为枝状时,计入建筑的室外消火栓设计流量不宜超过一个市政消火栓的出流量。

6.1.6 当室外采用高压或临时高压消防给水系统时,宜与室内消防给水系统合用。

6.1.7 独立的室外临时高压消防给水系统宜采用稳压泵维持系统的充水和压力。

6.1.8 室内应采用高压或临时高压消防给水系统,且不应与生产生活给水系统合用;但自动喷水灭火系统局部应用系统和仅设有消防软管卷盘或轻便水龙的室内消防给水系统,可与生产生活给水系统合用。

6.1.9 室内采用临时高压消防给水系统时,高位消防水箱的设置应符合下列规定:

1 高层民用建筑、总建筑面积大于 10000m² 且层数超过 2 层的公共建筑和其他重要建筑,必须设置高位消防水箱;

2 其他建筑应设置高位消防水箱,但当设置高位消防水箱确有困难,且采用安全可靠的消防给水形式时,可不设高位消防水箱,但应设稳压泵。

3 当市政供水管网的供水能力在满足生产、生活最大小时用水量后,仍能满足初期火灾所需的消防流量和压力时,市政直接供水可替代高位消防水箱。

6.1.10 当室内临时高压消防给水系统仅采用稳压泵稳压,且为室外消火栓设计流量大于 20L/s 的建筑和建筑高度大于 54m 的住宅时,消防水泵的供电或备用动力应符合下列要求:

1 消防水泵应按一级负荷要求供电,当不能满足一级负荷要求供电时应采用柴油发电机组作备用动力;

2 工业建筑备用泵宜采用柴油机消防水泵。

6.1.11 建筑群共用临时高压消防给水系统时,应符合下列规定:

1 工矿企业消防供水的最大保护半径不宜超过 1200m,且占地面积不宜大于 200hm²;

2 居住小区消防供水的最大保护建筑面积不宜超过 500000m²;

3 公共建筑宜为同一产权或物业管理单位。

6.1.12 当市政给水管网能满足生产生活和消防给水设计流量,且市政允许消防水泵直接吸水时,临时高压消防给水系统的消防水泵宜直接从市政给水管网吸水,但城镇市政消防给水设计流量宜大于建筑的室内外消防给水设计流量之和。

6.1.13 当建筑物高度超过 100m 时,室内消防给水系统应分析比较多种系统的可靠性,采用安全可靠的消防给水形式;当采用常高压消防给水系统,但高位消防水池无法满足上部楼层所需的压力和流量时,上部楼层采用临时高压消防给水系统,该系统的高位消防水箱的有效容积应按本规范第 5.2.1 条的规定根据该系统供水高度确定,且不应小于 18m³。

6.2 分区供水

6.2.1 符合下列条件时,消防给水系统应分区供水:

1 系统工作压力大于 2.40MPa;

2 消火栓栓口处静压大于 1.0MPa;

3 自动水灭火系统报警阀处的工作压力大于 1.60MPa 或喷头处的工作压力大于 1.20MPa。

6.2.2 分区供水形式应根据系统压力、建筑特征,经技术经济和安全可靠性等综合因素确定,可采用消防水泵并行或串联、减压水箱和减压阀减压的形式,但当系统的工作压力大于 2.40MPa 时,应采用消防水泵串联或减压水箱分区供水形式。

6.2.3 采用消防水泵串联分区供水时,宜采用消防水泵转输水箱串联供水方式,并应符合下列规定:

1 当采用消防水泵转输水箱串联时,转输水箱的有效储水容积不应小于 60m³,转输水箱可作为高位消防水箱;

2 串联转输水箱的溢流管宜连接到消防水池;

3 当采用消防水泵直接串联时,应采取确保供水可靠性的措施,且消防水泵从低区到高区应能依次顺序启动;

4 当采用消防水泵直接串联时,应校核系统供水压力,并应在串联消防水泵出水管上设置减压型倒流防止器。

6.2.4 采用减压阀减压分区供水时应符合下列规定:

1 消防给水所采用的减压阀性能应安全可靠,并应满足消防给水的要求;

2 减压阀应根据消防给水设计流量和压力选择,且设计流量应在减压阀流量压力特性曲线的有效段内,并校核在 150% 设计流量时,减压阀的出口动压不应小于设计值的 65%;

3 每一供水分区应设不少于两组减压阀组,每组减压阀组宜设置备用减压阀;

4 减压阀仅应设置在单向流动的供水管上,不应设置在有双向流动的输水干管上;

5 减压阀宜采用比例式减压阀,当超过 1.20MPa 时,宜采用先导式减压阀;

6 减压阀的阀前阀后压力比值不宜大于 3∶1,当一级减压阀减压不能满足要求时,可采用减压阀串联减压,但串联减压不应大于两级,第二级减压阀宜采用先导式减压阀,阀前后压力差不宜超过 0.40MPa;

7 减压阀后应设置安全阀,安全阀的开启压力应能满足系统安全,且不应影响系统的供水安全性。

6.2.5 采用减压水箱减压分区供水时应符合下列规定:

1 减压水箱的有效容积、出水、排水、水位和设置场所,应符合本规范第 4.3.8 条、第 4.3.9 条、第 5.2.5 条和第 5.2.6 条第 2 款的规定;

2 减压水箱的布置和通气管、呼吸管等,应符合本规范第 5.2.6 条第 3 款～第 11 款的规定;

3 减压水箱的有效容积不应小于 18m³,且宜分为两格;

4 减压水箱应有两条进、出水管,且每条进、出水管应满足消防给水系统所需消防用水量的要求;

5 减压水箱进水管的水位控制应可靠,宜采用水位控制阀;

6 减压水箱进水管应设置防冲击和溢水的技术措施,并宜在进水管上设置紧急关闭阀门,溢流水宜回流到消防水池。

7 消火栓系统

7.1 系统选择

7.1.1 市政消火栓和建筑室外消火栓应采用湿式消火栓系统。

7.1.2 室内环境温度不低于 4℃,且不高于 70℃ 的场所,应采用湿式室内消火栓系统。

7.1.3 室内环境温度低于 4℃ 或高于 70℃ 的场所,宜采用干式消火栓系统。

7.1.4 建筑高度不大于 27m 的多层住宅建筑设置室内湿式消火栓系统确有困难时,可设置干式消防竖管。

7.1.5 严寒、寒冷等冬季结冰地区城市隧道及其他构筑物的消火栓系统,应采取防冻措施,并宜采用干式消火栓系统和干式室外消火栓。

7.1.6 干式消火栓系统的充水时间不应大于 5min,并应符合下列规定:

1 在供水干管上宜设干式报警阀、雨淋阀或电磁阀、电动阀等快速启动装置;当采用电动阀时开启时间不应超过 30s;

2 当采用雨淋阀、电磁阀和电动阀时,在消火栓箱处应设置直接开启快速启闭装置的手动按钮;

3 在系统管道的最高处应设置快速排气阀。

7.2 市政消火栓

7.2.1 市政消火栓宜采用地上式室外消火栓;在严寒、寒冷等冬季结冰地区宜采用干式地上式室外消火栓,严寒地区宜增设消防水鹤。当采用地下式室外消火栓,地下消火栓井的直径不宜小于 1.5m,且当地下式室外消火栓的取水口在冰冻线以上时,应采取保温措施。

7.2.2 市政消火栓宜采用直径 DN150 的室外消火栓,并应符合下列要求：

 1 室外地上式消火栓应有一个直径为 150mm 或 100mm 和两个直径为 65mm 的栓口；

 2 室外地下式消火栓应有直径为 100mm 和 65mm 的栓口各一个。

7.2.3 市政消火栓宜在道路的一侧设置，并宜靠近十字路口，但当市政道路宽度超过 60m 时，应在道路的两侧交叉错落设置市政消火栓。

7.2.4 市政桥桥头和城市交通隧道出入口等市政公用设施处，应设置市政消火栓。

7.2.5 市政消火栓的保护半径不应超过 150m，间距不应大于 120m。

7.2.6 市政消火栓应布置在消防车易于接近的人行道和绿地等地点，且不应妨碍交通，并应符合下列规定：

 1 市政消火栓距路边不宜小于 0.5m，并不应大于 2.0m；

 2 市政消火栓距建筑外墙或外墙边缘不宜小于 5.0m；

 3 市政消火栓应避免设置在机械易撞击的地点，确有困难时，应采取防撞措施。

7.2.7 市政给水管网的阀门设置应便于市政消火栓的使用和维护，并应符合现行国家标准《室外给水设计规范》GB 50013 的有关规定。

7.2.8 当市政给水管网设有市政消火栓时，其平时运行工作压力不应小于 0.14MPa，火灾时水力最不利市政消火栓的出流量不应小于 15L/s，且供水压力从地面算起不应小于 0.10MPa。

7.2.9 严寒地区在城市主要干道上设置消防水鹤的布置间距宜为 1000m，连接消防水鹤的市政给水管的管径不宜小于 DN200。

7.2.10 火灾时消防水鹤的出流量不宜低于 30L/s，且供水压力从地面算起不应小于 0.10MPa。

7.2.11 地下式市政消火栓应有明显的永久性标志。

7.3 室外消火栓

7.3.1 建筑室外消火栓的布置除应符合本节的规定外，还应符合本规范第 7.2 节的有关规定。

7.3.2 建筑室外消火栓的数量应根据室外消火栓设计流量和保护半径经计算确定，保护半径不应大于 150.0m，每个室外消火栓的出流量宜按 10L/s～15L/s 计算。

7.3.3 室外消火栓宜沿建筑周围均匀布置，且不宜集中布置在建筑一侧；建筑消防扑救面一侧的室外消火栓数量不宜少于 2 个。

7.3.4 人防工程、地下工程等建筑应在出入口附近设置室外消火栓，且距出入口的距离不宜小于 5m，并不大于 40m。

7.3.5 停车场的室外消火栓宜沿停车场周边设置，且与最近一排汽车的距离不宜小于 7m，距加油站或油库不宜小于 15m。

7.3.6 甲、乙、丙类液体储罐区和液化烃罐罐区等构筑物的室外消火栓，应设在防火堤或防护墙外，数量应根据每个罐的设计流量经计算确定，但距罐壁 15m 范围内的消火栓，不应计算在该罐可使用的数量内。

7.3.7 工艺装置区等采用高压或临时高压消防给水系统的场所，其周围应设置室外消火栓，数量应根据设计流量经计算确定，且间距不应大于 60.0m。当工艺装置区宽度大于 120.0m 时，宜在该装置区内的路边设置室外消火栓。

7.3.8 当工艺装置区、罐区、堆场、可燃气体和液体码头等构筑物的面积较大或高度较高，室外消火栓的充实水柱无法完全覆盖时，宜在适当部位设置室外固定消防炮。

7.3.9 当工艺装置区、储罐区、堆场等构筑物采用高压或临时高压消防给水系统时，消火栓的设置应符合下列规定：

 1 室外消火栓处宜配置消防水带和消防水枪；

 2 工艺装置休息平台等处需要设置的消火栓的场所应采用室内消火栓，并应符合本规范第 7.4 节的有关规定。

7.3.10 室外消防给水引入管当设有倒流防止器，且火灾时因其水头损失导致室外消火栓不能满足本规范第 7.2.8 条的要求时，应在该倒流防止器前设置一个室外消火栓。

7.4 室内消火栓

7.4.1 室内消火栓的选型应根据使用者、火灾危险性、火灾类型和不同灭火功能等因素综合确定。

7.4.2 室内消火栓的配置应符合下列要求：

 1 应采用 DN65 室内消火栓，并可与消防软管卷盘或轻便水龙设置在同一箱体内；

 2 应配置公称直径 65 有内衬里的消防水带，长度不宜超过 25.0m；消防软管卷盘应配置内径不小于 φ19 的消防软管，其长度宜为 30.0m；轻便水龙应配置公称直径 25 有内衬里的消防水带，长度宜为 30.0m；

 3 宜配置当量喷嘴直径 16mm 或 19mm 的消防水枪，但当消火栓设计流量为 2.5L/s 时宜配置当量喷嘴直径 11mm 或 13mm 的消防水枪；消防软管卷盘和轻便水龙应配置当量喷嘴直径 6mm 的消防水枪。

7.4.3 设置室内消火栓的建筑，包括设备层在内的各层均应设置消火栓。

7.4.4 屋顶设有直升机停机坪的建筑，应在停机坪出入口处或非电器设备机房处设置消火栓，且距停机坪机位边缘的距离不应小于 5.0m。

7.4.5 消防电梯前室应设置室内消火栓，并应计入消火栓使用数量。

7.4.6 室内消火栓的布置应满足同一平面有 2 支消防水枪的 2 股充实水柱同时达到任何部位的要求，但建筑高度小于或等于 24.0m 且体积小于或等于 5000m³ 的多层仓库、建筑高度小于或等于 54m 且每单元设置一部疏散楼梯的住宅，以及本规范表 3.5.2 中规定可采用 1 支消防水枪的场所，可采用 1 支消防水枪的 1 股充实水柱到达室内任何部位。

7.4.7 建筑室内消火栓的设置位置应满足火灾扑救要求，并应符合下列规定：

 1 室内消火栓应设置在楼梯间及其休息平台和前室、走道等明显易于取用，以及便于火灾扑救的位置；

 2 住宅的室内消火栓宜设置在楼梯间及其休息平台；

 3 汽车库内消火栓的设置不应影响汽车的通行和车位的设置，并应确保消火栓的开启；

 4 同一楼梯间及其附近不同层设置的消火栓，其平面位置宜相同；

 5 冷库的室内消火栓应设置在常温穿堂或楼梯间内。

7.4.8 建筑室内消火栓栓口的安装高度应便于消防水龙带的连接和使用，其距地面高度宜为 1.1m；其出水方向应便于消防水带的敷设，并宜与设置消火栓的墙面成 90°角或向下。

7.4.9 设有室内消火栓的建筑应设置带有压力表的试验消火栓，其设置位置应符合下列规定：

 1 多层和高层建筑应在其屋顶设置，严寒、寒冷等冬季结冰地区可设置在顶层出口处或水箱间内等便于操作和防冻的位置；

 2 单层建筑宜设置在水力最不利处，且应靠近出入口。

7.4.10 室内消火栓宜按直线距离计算其布置间距，并应符合下列规定：

 1 消火栓按 2 支消防水枪的 2 股充实水柱布置的建筑物，消火栓的布置间距不应大于 30.0m；

 2 消火栓按 1 支消防水枪的 1 股充实水柱布置的建筑物，消火栓的布置间距不应大于 50.0m。

7.4.11 消防软管卷盘和轻便水龙的用水量可不计入消防用水总量。

7.4.12 室内消火栓栓口压力和消防水枪充实水柱，应符合下列规定：

 1 消火栓栓口动压力不应大于 0.50MPa；当大于 0.70MPa 时必须设置减压装置；

2 高层建筑、厂房、库房和室内净空高度超过 8m 的民用建筑等场所,消火栓栓口动压不应小于 0.35MPa,且消防水枪充实水柱应按 13m 计算;其他场所,消火栓栓口动压不应小于 0.25MPa,消防水枪充实水柱应按 10m 计算。

7.4.13 建筑高度不大于 27m 的住宅,当设置消火栓时,可采用干式消防竖管,并应符合下列规定:

1 干式消防竖管宜设置在楼梯间休息平台,且仅应配置消火栓栓口;

2 干式消防竖管应设置消防车供水接口;

3 消防车供水接口应设置在首层便于消防车接近和安全的地点;

4 竖管顶端应设置自动排气阀。

7.4.14 住宅户内宜在生活给水管道上预留一个接 DN15 消防软管或轻便水龙的接口。

7.4.15 跃层住宅和商业网点的室内消火栓应至少满足一股充实水柱到达室内任何部位,并宜设置在户门附近。

7.4.16 城市交通隧道室内消火栓系统的设置应符合下列规定:

1 隧道内宜设置独立的消防给水系统;

2 管道内的消防供水压力应保证用水量达到最大时,最低压力不应小于 0.30MPa,但当消火栓栓口处的出水压力超过 0.70MPa 时,应设置减压设施;

3 在隧道出入口处应设置消防水泵接合器和室外消火栓;

4 消火栓的间距不应大于 50m,双向同行车道或单行通行但大于 3 车道时,应双面间隔设置;

5 隧道内允许通行危险化学品的机动车,且隧道长度超过 3000m 时,应配置水雾或泡沫消防水枪。

8 管 网

8.1 一般规定

8.1.1 当市政给水管网设有市政消火栓时,应符合下列规定:

1 设有市政消火栓的市政给水管网宜为环状管网,但当城镇人口小于 2.5 万人时,可为枝状管网;

2 接市政消火栓的环状给水管网的管径不应小于 DN150,枝状管网的管径不宜小于 DN200。当城镇人口小于 2.5 万人时,接市政消火栓的给水管网的管径可适当减少,环状管网时不应小于 DN100,枝状管网时不宜小于 DN150;

3 工业园区、商务区和居住区等区域采用两路消防供水,当其中一条引入管发生故障时,其余引入管在保证满足 70%生产生活给水的最大小时设计流量条件下,应仍能满足本规范规定的消防给水设计流量。

8.1.2 下列消防给水应采用环状给水管网:

1 向两栋或两座及以上建筑供水时;

2 向两种及以上水灭火系统供水时;

3 采用设有高位消防水箱的临时高压消防给水系统时;

4 向两个及以上报警阀控制的自动水灭火系统供水时。

8.1.3 向室外、室内环状消防给水管网供水的输水干管不应少于两条,当其中一条发生故障时,其余的输水干管应仍能满足消防给水设计流量。

8.1.4 室外消防给水管网应符合下列规定:

1 室外消防给水采用两路消防供水时应采用环状管网,但当采用一路消防供水时可采用枝状管网;

2 管道的直径应根据流量、流速和压力要求经计算确定,但不应小于 DN100;

3 消防给水管道应采用阀门分成若干独立段,每段内室外消火栓的数量不宜超过 5 个;

4 管道设计的其他要求应符合现行国家标准《室外给水设计规范》GB 50013 的有关规定。

8.1.5 室内消防给水管道应符合下列规定:

1 室内消火栓系统管网应布置成环状,当室外消火栓设计流量不大于 20L/s,且室内消火栓不超过 10 个时,除本规范第 8.1.2 条情况外,可布置成枝状;

2 当由室外生产生活消防合用系统直接供水时,合用系统除应满足室外消防给水设计流量以及生产和生活最大小时设计流量的要求外,还应满足室内消防给水系统的设计流量和压力要求;

3 室内消防给水管道管径应根据系统设计流量、流速和压力要求经计算确定;室内消火栓竖管管径应根据竖管最低流量经计算确定,但不应小于 DN100。

8.1.6 室内消火栓环状给水管道检修时应符合下列规定:

1 室内消火栓竖管应保证检修管道时关闭停用的竖管不超过 1 根,当竖管超过 4 根时,可关闭不相邻的 2 根;

2 每根竖管与供水横干管相接处应设置阀门。

8.1.7 室内消火栓给水管网宜与自动喷水等其他水灭火系统的管网分开设置;当合用消防泵时,供水管路沿水流方向应在报警阀前分开设置。

8.1.8 消防给水管道的设计流速不宜大于 2.5m/s,自动水灭火系统管道设计流速,应符合现行国家标准《自动喷水灭火系统设计规范》GB 50084、《泡沫灭火系统设计规范》GB 50151、《水喷雾灭火系统设计规范》GB 50219 和《固定消防炮灭火系统设计规范》GB 50338 的有关规定,但任何消防管道的给水流速不应大于 7m/s。

8.2 管道设计

8.2.1 消防给水系统中采用的设备、器材、管材管件、阀门和配件等系统组件的产品工作压力等级,应大于消防给水系统的系统工作压力,且应保证系统在可能最大运行压力时安全可靠。

8.2.2 低压消防给水系统的系统工作压力应根据市政给水管网和其他给水管网等的系统工作压力确定,且不应小于 0.60MPa。

8.2.3 高压和临时高压消防给水系统的系统工作压力应根据系统在供水时,可能的最大运行压力确定,并应符合下列规定:

1 高位消防水池、水塔供水的高压消防给水系统的系统工作压力,应为高位消防水池、水塔最大静压;

2 市政给水管网直接供水的高压消防给水系统的系统工作压力,应根据市政给水管网的工作压力确定;

3 采用高位消防水箱稳压的临时高压消防给水系统的系统工作压力,应为消防水泵零流量时的压力与水泵吸水口最大静水压力之和;

4 采用稳压泵稳压的临时高压消防给水系统的系统工作压力,应取消防水泵零流量时的压力、消防水泵吸水口最大静水压二者之和与稳压泵维持系统压力时两者其中的较大值。

8.2.4 埋地管道宜采用球墨铸铁管、钢丝网骨架塑料复合管和加强防腐的钢管等管材,室内外架空管道应采用热浸锌镀锌钢管等金属管材,并应按下列因素对管道的综合影响选择管材和设计管道:

1 系统工作压力;

2 覆土深度;

3 土壤的性质;

4 管道的耐腐蚀能力;

5 可能受到土壤、建筑基础、机动车和铁路等其他附加荷载的影响;

6 管道穿越伸缩缝和沉降缝。

8.2.5 埋地管道当系统工作压力不大于1.20MPa时,宜采用球墨铸铁管或钢丝网骨架塑料复合管给水管道;当系统工作压力大于1.20MPa小于1.60MPa时,宜采用钢丝网骨架塑料复合管、加厚钢管和无缝钢管;当系统工作压力大于1.60MPa时,宜采用无缝钢管。钢管连接宜采用沟槽连接件(卡箍)和法兰,当采用沟槽连接件连接时,公称直径小于等于DN250的沟槽式管接头系统工作压力不应大于2.50MPa,公称直径大于或等于DN300的沟槽式管接头系统工作压力不应大于1.60MPa。

8.2.6 埋地金属管道的管顶覆土应符合下列规定:

1 管道最小管顶覆土应按地面荷载、埋深荷载和冰冻线对管道的综合影响确定;

2 管道最小管顶覆土不应小于0.70m;但当在机动车道下时管道最小管顶覆土应经计算确定,并不宜小于0.90m;

3 管道最小管顶覆土应至少在冰冻线以下0.30m。

8.2.7 埋地管道采用钢丝网骨架塑料复合管时应符合下列规定:

1 钢丝网骨架塑料复合管的聚乙烯(PE)原材料不应低于PE80;

2 钢丝网骨架塑料复合管的内环向应力不应低于8.0MPa;

3 钢丝网骨架塑料复合管的复合层应满足静压稳定性和剥离强度的要求;

4 钢丝网骨架塑料复合管及配套管件的熔体质量流动速率(MFR),应按现行国家标准《热塑性塑料熔体质量流动速率和熔体体积流动速率的测定》GB/T 3682规定的试验方法进行试验时,加工前后MFR变化不应超过±20%;

5 管材与连接管件应采用同一品牌产品,连接方式应采用可靠的电熔连接或机械连接;

6 管材耐静压强度应符合现行行业标准《埋地聚乙烯给水管道工程技术规程》CJJ 101的有关规定和设计要求;

7 钢丝网骨架塑料复合管道最小管顶覆土深度,在人行道下不宜小于0.80m,在轻型车行道下不应小于1.0m,且应在冰冻线下0.30m;重型汽车道路或铁路、高速公路下应设置保护套管,套管与钢丝网骨架塑料复合管的净距不应小于100mm;

8 钢丝网骨架塑料复合管道与热力管道间的距离,应在保证聚乙烯管道表面温度不超过40℃的条件下计算确定,但最小净距不应小于1.50m。

8.2.8 架空管道当系统工作压力小于等于1.20MPa时,可采用热浸锌镀锌钢管;当系统工作压力大于1.20MPa时,应采用热浸镀锌加厚钢管或热浸镀锌无缝钢管;当系统工作压力大于1.60MPa时,应采用热浸镀锌无缝钢管。

8.2.9 架空管道的连接宜采用沟槽连接件(卡箍)、螺纹、法兰、卡压等方式,不宜采用焊接连接。当管径小于或等于DN50时,应采用螺纹和卡压连接,当管径大于DN50时,应采用沟槽连接件连接、法兰连接,当安装空间较小时应采用沟槽连接件连接。

8.2.10 架空充水管道应设置在环境温度不低于5℃的区域,当环境温度低于5℃时,应采取防冻措施;室外架空管道当温差变化较大时应校核管道系统的膨胀和收缩,并应采取相应的技术措施。

8.2.11 埋地管道的地基、基础、垫层、回填土压实密度等的要求,应根据刚性或柔性管材的性质,结合管道埋设处的具体情况,按现行国家标准《给水排水管道工程施工及验收标准》GB 50268和《给水排水工程管道结构设计规范》GB 50332的有关规定执行。当埋地管直径不小于DN100时,应在管道弯头、三通和堵头等位置设置钢筋混凝土支墩。

8.2.12 消防给水管道不宜穿越建筑基础,当必须穿越时,应采取防护套管等保护措施。

8.2.13 埋地钢管和铸铁管,应根据土壤和地下水腐蚀性等因素确定管外壁防腐措施;海边、空气潮湿等空气中含有腐蚀性介质的场所的架空管道外壁,应采取相应的防腐措施。

8.3 阀门及其他

8.3.1 消防给水系统的阀门选择应符合下列规定:

1 埋地管道的阀门宜采用带启闭刻度的暗杆闸阀,当设置在阀门井内时可采用耐腐蚀的明杆闸阀;

2 室内架空管道的阀门宜采用蝶阀、明杆闸阀或带启闭刻度的暗杆闸阀等;

3 室外架空管道宜采用带启闭刻度的暗杆闸阀或耐腐蚀的明杆闸阀;

4 埋地管道的阀门应采用球墨铸铁阀门,室内架空管道的阀门应采用球墨铸铁或不锈钢阀门,室外架空管道的阀门应采用球墨铸铁阀门或不锈钢阀门。

8.3.2 消防给水系统管道的最高点处宜设置自动排气阀。

8.3.3 消防水泵出水管上的止回阀宜采用水锤消除止回阀,当消防水泵供水高度超过24m时,应采用水锤消除器。当消防水泵出水管上设有囊式气压水罐时,可不设水锤消除设施。

8.3.4 减压阀的设置应符合下列规定:

1 减压阀应设置在报警阀组入口前,当连接两个及以上报警阀组时,应设置备用减压阀;

2 减压阀的进口处应设置过滤器,过滤器的孔网直径不宜小于4目/cm²～5目/cm²,过流面积不应小于管道截面面积的4倍;

3 过滤器和减压阀前后应设压力表,压力表的表盘直径不应小于100mm,最大量程宜为设计压力的2倍;

4 过滤器前和减压阀后应设置控制阀门;

5 减压阀后应设置压力试验排水阀;

6 减压阀应设置流量检测测试接口或流量计;

7 垂直安装的减压阀,水流方向宜向下;

8 比例式减压阀宜垂直安装,可调式减压阀宜水平安装;

9 减压阀和控制阀门宜有保护或锁定调节配件的装置;

10 接减压阀的管段不应有气堵、气阻。

8.3.5 室内消防给水系统由生活、生产给水系统管网直接供水时,应在引入管处设置倒流防止器。当消防给水系统采用有空气隔断的倒流防止器时,该倒流防止器应设置在清洁卫生的场所,其排水口应采取防止被水淹没的技术措施。

8.3.6 在寒冷、严寒地区,室外阀门井应采取防冻措施。

8.3.7 消防给水系统的室内外消火栓、阀门等设置位置,应设置永久性固定标识。

9 消防排水

9.1 一般规定

9.1.1 设有消防给水系统的建设工程宜采取消防排水措施。

9.1.2 排水措施应满足财产和消防设施安全,以及系统调试和日常维护管理等安全和功能的需要。

9.2 消防排水

9.2.1 下列建筑物和场所应采取消防排水措施:

1 消防水泵房;

2 设有消防给水系统的地下室;

3 消防电梯的井底;

4 仓库。

9.2.2 室内消防排水应符合下列规定:

1 室内消防排水宜排入室外雨水管道;

2 当存有少量可燃液体时,排水管道应设置水封,并宜间接排入室外污水管道;

3 地下室的消防排水设施宜与地下室其他地面废水排水设施共用。

9.2.3 消防电梯的井底排水设施应符合下列规定:

1 排水泵集水井的有效容量不应小于 **2.00m³**;

2 排水泵的排水量不应小于 **10L/s**。

9.2.4 室内消防排水设施应采取防止倒灌的技术措施。

9.3 测试排水

9.3.1 消防给水系统试验装置处应设置专用排水设施,排水管径应符合下列规定:

1 自动喷水灭火系统等自动水灭火系统末端试水装置处的排水立管管径,应根据末端试水装置的泄流量确定,并不宜小于 DN75;

2 报警阀处的排水立管宜为 DN100;

3 减压阀处的压力试验排水管道直径应根据减压阀流量确定,但不应小于 DN100。

9.3.2 试验排水可回收部分宜排入专用消防水池循环再利用。

10 水力计算

10.1 水力计算

10.1.1 消防给水的设计压力应满足所服务的各种水灭火系统最不利点处水灭火设施的压力要求。

10.1.2 消防给水管道单位长度管道沿程水头损失应根据管材、水力条件等因素选择,可按下列公式计算:

1 消防给水管道或室外塑料管可采用下列公式计算:

$$i = 10^{-6} \frac{\lambda}{d_i} \frac{\rho v^2}{2} \tag{10.1.2-1}$$

$$\frac{1}{\sqrt{\lambda}} = -2.0 \log \left(\frac{2.51}{Re\sqrt{\lambda}} + \frac{\varepsilon}{3.71 d_i} \right) \tag{10.1.2-2}$$

$$Re = \frac{v d_i \rho}{\mu} \tag{10.1.2-3}$$

$$\mu = \rho v \tag{10.1.2-4}$$

$$v = \frac{1.775 \times 10^{-6}}{1 + 0.0337T + 0.000221T^2} \tag{10.1.2-5}$$

式中:i——单位长度管道沿程水头损失(MPa/m);

d_i——管道的内径(m);

v——管道内水的平均流速(m/s);

ρ——水的密度(kg/m³);

λ——沿程损失阻力系数;

ε——当量粗糙度,可按表 10.1.2 取值(m);

Re——雷诺数,无量纲;

μ——水的动力黏滞系数(Pa/s);

v——水的运动黏滞系数(m²/s);

T——水的温度,宜取 10℃。

2 内衬水泥砂浆球墨铸铁管可按下列公式计算:

$$i = 10^{-2} \frac{v^2}{C_v^2 R} \tag{10.1.2-6}$$

$$C_v = \frac{1}{n_\varepsilon} R^y \tag{10.1.2-7}$$

$0.1 \leqslant R \leqslant 3.0$ 且 $0.011 \leqslant n_\varepsilon \leqslant 0.040$ 时,

$$y = 2.5\sqrt{n_\varepsilon} - 0.13 - 0.75\sqrt{R}(\sqrt{n_\varepsilon} - 0.1) \tag{10.1.2-8}$$

式中:R——水力半径(m);

C_v——流速系数;

n_ε——管道粗糙系数,可按表 10.1.2 取值;

y——系数,管道计算时可取 $\frac{1}{6}$。

3 室内外输配水管道可按下式计算:

$$i = 2.9660 \times 10^{-7} \left[\frac{q^{1.852}}{C^{1.852} d_i^{4.87}} \right] \tag{10.1.2-9}$$

式中:C——海澄-威廉系数,可按表 10.1.2 取值;

q——管段消防给水设计流量(L/s)。

表 10.1.2 各种管道水头损失计算参数 ε、n_ε、C

管材名称	当量粗糙度 ε(m)	管道粗糙系数 n_ε	海澄-威廉系数 C
球墨铸铁管(内衬水泥)	0.0001	0.011~0.012	130
钢管(旧)	0.0005~0.001	0.014~0.018	100
镀锌钢管	0.00015	0.014	120
铜管/不锈钢管	0.00001	—	140
钢丝网骨架 PE 塑料管	0.000010~0.00003	—	140

10.1.3 管道速度压力可按下式计算:

$$P_v = 8.11 \times 10^{-10} \frac{q^2}{d_i^4} \tag{10.1.3}$$

式中：P_v——管道速度压力(MPa)。

10.1.4 管道压力可按下式计算：

$$P_n = P_t - P_v \qquad (10.1.4)$$

式中：P_n——管道某一点处压力(MPa)；

　　　P_t——管道某一点处总压力(MPa)。

10.1.5 管道沿程水头损失宜按下式计算：

$$P_f = iL \qquad (10.1.5)$$

式中：P_f——管道沿程水头损失(MPa)；

　　　L——管道直线段的长度(m)。

10.1.6 管道局部水头损失宜按下式计算。当资料不全时，局部水头损失可按管道沿程水头损失的 10%～30% 估算，消防给水干管和室内消火栓可按 10%～20% 计，自动喷水等支管较多时可按 30% 计。

$$P_p = iL_p \qquad (10.1.6)$$

式中：P_p——管件和阀门等局部水头损失(MPa)；

　　　L_p——管件和阀门等当量长度，可按表 10.1.6-1 取值(m)。

表 10.1.6-1　管件和阀门当量长度(m)

管件名称	管件直径 DN(mm)											
	25	32	40	50	70	80	100	125	150	200	250	300
45°弯头	0.3	0.3	0.6	0.6	0.9	0.9	1.2	1.5	2.1	2.7	3.3	4.0
90°弯头	0.6	0.9	1.2	1.5	1.8	2.1	3.1	3.7	4.3	5.5	5.5	8.2
三通四通	1.5	1.8	2.4	3.1	3.7	4.6	6.1	7.6	9.2	10.7	15.3	18.3
蝶阀	—	—	—	1.8	2.1	3.1	3.7	2.7	3.1	3.7	5.8	6.4
闸阀	—	—	—	0.3	0.3	0.3	0.6	0.6	0.9	1.2	1.5	1.8
止回阀	1.5	2.1	2.7	3.4	4.3	4.8	6.7	8.4	9.8	13.7	16.8	19.8
异径弯头	32	40	50	70	80	100	125	150	200	—	—	—
	25	32	40	50	70	80	100	125	150	—	—	—
	0.2	0.3	0.3	0.4	0.6	0.8	1.1	1.3	1.6	—	—	—

续表 10.1.6-1

管件名称	管件直径 DN(mm)											
	25	32	40	50	70	80	100	125	150	200	250	300
U 型过滤器	12.3	15.4	18.5	24.5	30.8	36.8	49	61.2	73.5	98	122.5	—
Y 型过滤器	11.2	14	16.8	22.4	28	33.6	46.2	57.4	68.6	91	113.4	—

注：1　当异径接头的出口直径不变而入口直径提高Ⅰ级时，其当量长度应增大 0.5 倍；提高 2 级或 2 级以上时，其当量长度应增加 1.0 倍。

　　2　表中当量长度是在海澄威廉系数 $C = 120$ 的条件下测得，当选择的管材不同时，当量长度应根据下列系数作调整：$C = 100$，$k_1 = 0.713$；$C = 120$，$k_1 = 1.0$；$C = 130$，$k_1 = 1.16$；$C = 140$，$k_1 = 1.33$；$C = 150$，$k_1 = 1.51$。

　　3　表中没有提供管件和阀门当量长度时，可按表 10.1.6-2 提供的参数经计算确定。

表 10.1.6-2　各种管件和阀门的当量长度折算系数

管件或阀门名称	折算系数（L_p/d_i）
45°弯头	16
90°弯头	30
三通四通	60
蝶阀	30
闸阀	13
止回阀	70～140
异径弯头	10
U 型过滤器	500
Y 型过滤器	410

10.1.7 消防水泵或消防给水所需要的设计扬程或设计压力，宜按下式计算：

$$P = k_2\left(\sum P_t + \sum P_p\right) + 0.01H + P_0 \qquad (10.1.7)$$

式中：P——消防水泵或消防给水系统所需要的设计扬程或设计压力(MPa)；

　　　k_2——安全系数，可取 1.20～1.40；宜根据管道的复杂程度和不可预见发生的管道变更所带来的不确定性；

　　　H——当消防水泵从消防水池吸水时，H 为最低有效水位至最不利水灭火设施的几何高差；当消防水泵从市政给水管网直接吸水时，H 为火灾时市政给水管网在消防水泵入口处的设计压力值的高程至最不利水灭火设施的几何高差(m)；

　　　P_0——最不利点水灭火设施所需的设计压力(MPa)。

10.1.8 市政给水管网直接向消防给水系统供水时，消防给水入户引入管的工作压力应根据市政供水公司确定值进行复核计算。

10.1.9 消火栓系统管网的水力计算应符合下列规定：

　　1　室外消火栓系统的管网在水力计算时不应简化，应根据枝状或事故状态下环状管网进行水力计算；

　　2　室内消火栓系统管网在水力计算时，可简化为枝状管网。室内消火栓系统的竖管流量应按本规范第 8.1.6 条第 1 款规定可关闭竖管数量最大时，剩余一组最不利的竖管确定该组竖管中每根竖管平均分摊室内消火栓设计流量，且不应小于本规范表 3.5.2 规定的竖管流量。

室内消火栓系统供水横干管的流量应为室内消火栓设计流量。

10.2　消　火　栓

10.2.1 室内消火栓的保护半径可按下式计算：

$$R_0 = k_3 L_d + L_s \qquad (10.2.1)$$

式中：R_0——消火栓保护半径(m)；

　　　k_3——消防水带弯曲折减系数，宜根据消防水带转弯数量取 0.8～0.9；

　　　L_d——消防水带长度(m)；

　　　L_s——水枪充实水柱长度在平面上的投影长度。按水枪倾角为 45°时计算，取 $0.71 S_k$(m)；

　　　S_k——水枪充实水柱长度，按本规范第 7.4.12 条第 2 款和第 7.4.16 条第 2 款的规定取值(m)。

10.3　减　压　计　算

10.3.1 减压孔板应符合下列规定：

　　1　应设在直径不小于 50mm 的水平直管段上，前后管段的长度均不宜小于该管段直径的 5 倍；

　　2　孔口直径不应小于设置管段直径的 30%，且不应小于 20mm；

　　3　应采用不锈钢板材制作。

10.3.2 节流管应符合下列规定：

　　1　直径宜按上游管段直径的 1/2 确定；

　　2　长度不宜小于 1m；

　　3　节流管内水的平均流速不应大于 20m/s。

10.3.3 减压孔板的水头损失，应按下列公式计算：

$$H_k = 0.01 \zeta_1 \frac{V_k^2}{2g} \qquad (10.3.3-1)$$

$$\zeta_1 = \left(1.75 \frac{d_i^2}{d_k^2} \cdot \frac{1.1 - \dfrac{d_k^2}{d_i^2}}{1.175 - \dfrac{d_k^2}{d_i^2}} - 1\right)^2 \qquad (10.3.3-2)$$

式中：H_k——减压孔板的水头损失(MPa)；

　　　V_k——减压孔板后管道内水的平均流速(m/s)；

　　　g——重力加速度(m/s²)；

　　　ζ_1——减压孔板的局部阻力系数，也可按表 10.3.3 取值；

　　　d_k——减压孔板孔口的计算内径；取值应按减压孔板孔口直径减 1mm 确定(m)；

d_i——管道的内径(m)。

表 10.3.3 减压孔板局部阻力系数

d_k/d_j	0.3	0.4	0.5	0.6	0.7	0.8
ζ_1	292	83.3	29.5	11.7	4.75	1.83

10.3.4 节流管的水头损失,应按下式计算:

$$H_g = 0.01\zeta_2 \frac{V_g^2}{2g} + 0.0000107 \frac{V_g^2}{d_g^{1.3}} L_j \quad (10.3.4)$$

式中:H_g——节流管的水头损失(MPa);

    ζ_2——节流管中渐缩管与渐扩管的局部阻力系数之和,取值 0.7;

    V_g——节流管内水的平均流速(m/s);

    d_g——节流管的计算内径,取值应按节流管内径减 1mm 确定(m);

    L_j——节流管的长度(m)。

10.3.5 减压阀的水头损失计算应符合下列规定:

    1 应根据产品技术参数确定;当无资料时,减压阀阀前后静压与动压差应按不小于 0.10MPa 计算;

    2 减压阀串联减压时,应计算第一级减压阀的水头损失对第二级减压阀出水动压的影响。

11 控制与操作

11.0.1 消防水泵控制柜应设置在消防水泵房或专用消防水泵控制室内,并应符合下列要求:

    1 消防水泵控制柜在平时应使消防水泵处于自动启泵状态;

    2 当自动水灭火系统为开式系统,且设置自动启动确有困难时,经论证后消防水泵可设置在手动启动状态,并应确保24h有人工值班。

11.0.2 消防水泵不应设置自动停泵的控制功能,停泵应由具有管理权限的工作人员根据火灾扑救情况确定。

11.0.3 消防水泵应确保从接到启泵信号到水泵正常运转的自动启动时间不应大于2min。

11.0.4 消防水泵应由消防水泵出水干管上设置的压力开关、高位消防水箱出水管上的流量开关,或报警阀压力开关等开关信号直接自动启动消防水泵。消防水泵房内的压力开关宜引入消防水泵控制柜内。

11.0.5 消防水泵应能手动启停和自动启动。

11.0.6 稳压泵应由消防给水管网或气压水罐上设置的稳压泵自动启停泵压力开关或压力变送器控制。

11.0.7 消防控制室或值班室,应具有下列控制和显示功能:

    1 消防控制柜或控制盘应设置专用线路连接的手动直接启泵按钮;

    2 消防控制柜或控制盘应能显示消防水泵和稳压泵的运行状态;

    3 消防控制柜或控制盘应能显示消防水池、高位消防水箱等水源的高水位、低水位报警信号,以及正常水位。

11.0.8 消防水泵、稳压泵应设置就地强制启停泵按钮,并应有保护装置。

11.0.9 消防水泵控制柜设置在专用消防水泵控制室时,其防护等级不应低于IP30;与消防水泵设置在同一空间时,其防护等级不应低于IP55。

11.0.10 消防水泵控制柜应采取防止被水淹没的措施。在高温潮湿环境下,消防水泵控制柜内应设置自动防潮除湿的装置。

11.0.11 当消防给水分区供水采用转输消防水泵时,转输泵宜在消防水泵启动后再启动;当消防给水分区供水采用串联消防水泵时,上区消防水泵宜在下区消防水泵启动后再启动。

11.0.12 消防水泵控制柜应设置机械应急启泵功能,并应保证在控制柜内的控制线路发生故障时由有管理权限的人员在紧急时启动消防水泵。机械应急启动时,应确保消防水泵在报警后5.0min内正常工作。

11.0.13 消防水泵控制柜前面板的明显部位应设置紧急时打开柜门的装置。

11.0.14 火灾时消防水泵应工频运行,消防水泵应工频直接启泵;当功率较大时,宜采用星三角和自耦降压变压器启动,不宜采用有源器件启动。

    消防水泵准工作状态的自动巡检应采用变频运行,定期人工巡检应工频满负荷运行并出流。

11.0.15 当工频启动消防水泵时,从接通电路到水泵达到额定转速的时间不宜大于表11.0.15的规定值。

表 11.0.15 工频泵启动时间

配用电机功率(kW)	≤132	>132
消防水泵直接启动时间(s)	<30	<55

11.0.16 电动驱动消防水泵自动巡检时,巡检功能应符合下列规定:

    1 巡检周期不宜大于7d,且应能按需要任意设定;

    2 以低频交流电源逐台驱动消防水泵,使每台消防水泵低速转动的时间不应少于2min;

    3 对消防水泵控制柜一次回路中的主要低压器件宜有巡检功能,并应检查器件的动作状态;

    4 当有启泵信号时,应立即退出巡检,进入工作状态;

    5 发现故障时,应有声光报警,并应有记录和储存功能;

    6 自动巡检时,应设置电源自动切换功能的检查。

11.0.17 消防水泵的双电源切换应符合下列规定:

    1 双路电源自动切换时间不应大于2s;

    2 当一路电源与内燃机动力的切换时间不应大于15s。

11.0.18 消防水泵控制柜应有显示消防水泵工作状态和故障状态的输出端子及远程控制消防水泵启动的输入端子。控制柜应具有自动巡检可调、显示巡检状态和信号等功能,且对话界面应有汉语语言,图标应便于识别和操作。

11.0.19 消火栓按钮不宜作为直接启动消防水泵的开关,但可作为发出报警信号的开关或启动干式消火栓系统的快速启闭装置等。

12 施 工

12.1 一般规定

12.1.1 消防给水及消火栓系统的施工必须由具有相应等级资质的施工队伍承担。

12.1.2 消防给水及消火栓系统分部工程、子分部工程、分项工程,宜按本规范附录 A 划分。

12.1.3 系统施工应按设计要求编制施工方案或施工组织设计。施工现场应具有相应的施工技术标准、施工质量管理体系和工程质量检验制度,并应按本规范附录 B 的要求填写有关记录。

12.1.4 消防给水及消火栓系统施工前应具备下列条件:

1 施工图应经国家相关机构审查审核批准或备案后再施工;

2 平面图、系统图(展开系统原理图)、详图等图纸及说明书、设备表、材料表等技术文件应齐全;

3 设计单位应向施工、建设、监理单位进行技术交底;

4 系统主要设备、组件、管材管件及其他设备、材料,应能保证正常施工;

5 施工现场及施工中使用的水、电、气应满足施工要求。

12.1.5 消防给水及消火栓系统工程的施工,应按批准的工程设计文件和施工技术标准进行施工。

12.1.6 消防给水及消火栓系统工程的施工过程质量控制,应按下列规定进行:

1 应校对审核图纸复核是否同施工现场一致;

2 各工序应按施工技术标准进行质量控制,每道工序完成后,应进行检查,并应检查合格后再进行下道工序;

3 相关各专业工种之间应进行交接检验,并应经监理工程师签证后再进行下道工序;

4 安装工程完工后,施工单位应按相关专业调试规定进行调试;

5 调试完成后,施工单位应向建设单位提供质量控制资料和各类施工过程质量检查记录;

6 施工过程质量检查组织应由监理工程师组织施工单位人员组成;

7 施工过程质量检查记录应按本规范表 C.0.1 的要求填写。

12.1.7 消防给水及消火栓系统质量控制资料应按本规范附录 D 的要求填写。

12.1.8 分部工程质量验收应由建设单位组织施工、监理和设计等单位相关人员进行,并应按本规范附录 E 的要求填写消防给水及消火栓系统工程验收记录。

12.1.9 当建筑物仅设有消防软管卷盘或轻便水龙和 DN25 消火栓时,其施工验收维护管理等应符合现行国家标准《建筑给水排水及采暖工程施工质量验收规范》GB 50242 的有关规定。

12.2 进场检验

12.2.1 消防给水及消火栓系统施工前应对采用的主要设备、系统组件、管材管件及其他设备、材料进行进场检查,并应符合下列要求:

1 主要设备、系统组件、管材管件及其他设备、材料,应符合国家现行相关产品标准的规定,并应具有出厂合格证或质量认证书;

2 消防水泵、消火栓、消防水带、消防水枪、消防软管卷盘或轻便水龙、报警阀组、电动(磁)阀、压力开关、流量开关、消防水泵接合器、沟槽连接件等系统主要设备和组件,应经国家消防产品质量监督检验中心检测合格;

3 稳压泵、气压水罐、消防水箱、自动排气阀、信号阀、止回阀、安全阀、减压阀、倒流防止器、蝶阀、闸阀、流量计、压力表、水位计等,应经相应国家产品质量监督检验中心检测合格;

4 气压水罐、组合式消防水池、屋顶消防水箱、地下水取水和地表水取水设施,以及其附件等,应符合国家现行相关产品标准的规定。

检查数量:全数检查。

检查方法:检查相关资料。

12.2.2 消防水泵和稳压泵的检验应符合下列要求:

1 消防水泵和稳压泵的流量、压力和电机功率应满足设计要求;

2 消防水泵产品质量应符合现行国家标准《消防泵》GB 6245、《离心泵技术条件(Ⅰ类)》GB/T 16907 或《离心泵技术条件(Ⅱ类)》GB/T 5656 的有关规定;

3 稳压泵产品质量应符合现行国家标准《离心泵技术条件(Ⅱ类)》GB/T 5656 的有关规定;

4 消防水泵和稳压泵的电机功率应满足水泵全性能曲线运行的要求;

5 泵及电机的外观表面不应有碰损,轴心不应有偏心。

检查数量:全数检查。

检查方法:直观检查和查验认证文件。

12.2.3 消火栓的现场检验应符合下列要求:

1 室外消火栓应符合现行国家标准《室外消火栓》GB 4452 的性能和质量要求;

2 室内消火栓应符合现行国家标准《室内消火栓》GB 3445 的性能和质量要求;

3 消防水带应符合现行国家标准《消防水带》GB 6246 的性能和质量要求;

4 消防水枪应符合现行国家标准《消防水枪》GB 8181 的性能和质量要求;

5 消火栓、消防水带、消防水枪的商标、制造厂等标志应齐全;

6 消火栓、消防水带、消防水枪的型号、规格等技术参数应符合设计要求;

7 消火栓外观应无加工缺陷和机械损伤,铸件表面应无结疤、毛刺、裂纹和缩孔等缺陷;铸铁阀体外部应涂红色油漆,内表面应涂防锈漆,手轮应涂黑色油漆;外部漆膜应光滑、平整、色泽一致,应无气泡、流痕、皱纹等缺陷,并应无明显碰、划等现象;

8 消火栓螺纹密封面应无伤痕、毛刺、缺丝或断丝现象;

9 消火栓的螺纹出水口和快速连接卡扣应无缺陷和机械损伤,并应能满足使用功能的要求;

10 消火栓阀杆升降或开启应平稳、灵活,不应有卡涩和松动现象;

11 旋转型消火栓其内部构造应合理,转动部件应为铜或不锈钢,并应保证旋转可靠、无卡涩和漏水现象;

12 减压稳压消火栓应保证可靠、无堵塞现象;

13 活动部件应转动灵活,材料应耐腐蚀,不应卡涩或脱扣;

14 消火栓固定接口应进行密封性能试验,应以无渗漏、无损伤为合格。试验数量宜每批中抽查 1%,但不应少于 5 个,应缓慢而均匀地升压 1.6MPa,应保压 2min。当两个及两个以上不合格时,不应使用该批消火栓。当仅有 1 个不合格时,应再抽查 2%,但不应少于 10 个,并应重新进行密封性能试验;当仍有不合格时,亦不应使用该批消火栓;

15 消防水带的织物层应编织得均匀,表面应整洁,应无跳双经、断双经、跳纬及划伤,衬里(或覆盖层)的厚度应均匀,表面应光滑平整、无折皱或其他缺陷;

16 消防水枪的外观质量应符合本条第 4 款的有关规定,消防水枪的进出口口径应满足设计要求;

17 消火栓箱应符合现行国家标准《消火栓箱》GB 14561 的性能和质量要求;

18 消防软管卷盘和轻便水龙应符合现行国家标准《消防软管卷盘》GB 15090 和现行行业标准《轻便消防水龙》GA 180 的性能和质量要求。

外观和一般检查数量:全数检查。

检查方法:直观和尺量检查。

性能检查数量:抽查符合本条第 14 款的规定。

检查方法:直观检查及在专用试验装置上测试,主要测试设备有试压泵、压力表、秒表。

12.2.4 消防炮、洒水喷头、泡沫产生装置、泡沫比例混合装置、泡沫液压力储罐和泡沫喷头等水灭火系统的专用组件的进场检查,应符合现行国家标准《自动喷水灭火系统施工及验收规范》GB 50261、《泡沫灭火系统施工及验收规范》GB 50281 等的有关规定。

12.2.5 管材、管件应进行现场外观检查,并应符合下列要求:

1 镀锌钢管应为内外壁热浸镀锌钢管,钢管内外表面的镀锌层不应有脱落、锈蚀等现象,球墨铸铁管球墨铸铁管内涂水泥层和外涂防腐涂层不应脱落,不应有锈蚀等现象,钢丝网骨架塑料复合管管道壁厚度均匀、内外壁无划痕,各种管材管件应符合表 12.2.5 所列相应标准;

表 12.2.5 消防给水管材及管件标准

序号	国家现行标准	管材及管件
1	《低压流体输送用焊接钢管》GB/T 3091	低压流体输送用镀锌焊接钢管
2	《输送流体用无缝钢管》GB/T 8163	输送流体用无缝钢管
3	《柔性机械接口灰口铸铁管》GB/T 6483	柔性机械接口铸铁管和管件
4	《水及燃气管道用球墨铸铁管、管件和附件》GB/T 13295	离心铸造球墨铸铁管和管件
5	《流体输送用不锈钢无缝钢管》GB/T 14976	流体输送用不锈钢无缝钢管
6	《自动喷水灭火系统 第 11 部分:沟槽式管接件》GB 5135.11	沟槽式管接件
7	《钢丝网骨架塑料(聚乙烯)复合管》CJ/T 189	钢丝网骨架塑料(PE)复合管

2 表面应无裂纹、缩孔、夹渣、折叠和重皮;

3 管材管件不应有妨碍使用的凹凸不平的缺陷,其尺寸公差应符合本规范表 12.2.5 的规定;

4 螺纹密封面应完整、无损伤、无毛刺;

5 非金属密封垫片应质地柔韧、无老化变质或分层现象,表面无折损、皱纹等缺陷;

6 法兰密封面应完整光洁,不应有毛刺及径向沟槽;螺纹法兰的螺纹应完整、无损伤;

7 不圆度应符合本规范表 12.2.5 的规定;

8 球墨铸铁管承口的内工作面和插口的外工作面应光滑、轮廓清晰,不应有影响接口密封性的缺陷;

9 钢丝网骨架塑料(PE)复合管内外壁应光滑、无划痕,钢丝骨料与塑料应黏结牢固等。

检查数量:全数检查。

检查方法:直观和尺量检查。

12.2.6 阀门及其附件的现场检验应符合下列要求:

1 阀门的商标、型号、规格等标志应齐全,阀门的型号、规格应符合设计要求;

2 阀门及其附件应配备齐全,不应有加工缺陷和机械损伤;

3 报警阀和水力警铃的现场检验,应符合现行国家标准《自动喷水灭火系统施工及验收规范》GB 50261 的有关规定;

4 闸阀、截止阀、球阀、蝶阀和信号阀等通用阀门,应符合现行国家标准《通用阀门 压力试验》GB/T 13927 和《自动喷水灭火系统 第 6 部分:通用阀门》GB 5135.6 等的有关规定;

5 消防水泵接合器应符合现行国家标准《消防水泵接合器》GB 3446 的性能和质量要求;

6 自动排气阀、减压阀、泄压阀、止回阀等阀门性能,应符合现行国家标准《通用阀门 压力试验》GB/T 13927、《自动喷水灭火系统 第 6 部分:通用阀门》GB 5135.6、《压力释放装置 性能

试验规范》GB/T 12242、《减压阀 性能试验方法》GB/T 12245、《安全阀 一般要求》GB/T 12241、《阀门的检验与试验》JB/T 9092 等的有关规定;

7 阀门应有清晰的铭牌、安全操作指示标志、产品说明书和水流方向的永久性标志。

检查数量:全数检查。

检查方法:直观检查及在专用试验装置上测试,主要测试设备有试压泵、压力表、秒表。

12.2.7 消防水泵控制柜的检验应符合下列要求:

1 消防水泵控制柜的控制功能应符合本规范第 11 章和设计要求,并应经国家批准的质量监督检验中心检测合格的产品;

2 控制柜体应端正,表面应平整,涂层颜色应均匀一致,应无眩光,并应符合现行国家标准《高度进制为 20mm 的面板、架和柜的基本尺寸系列》GB/T 3047.1 的有关规定,且控制柜外表面不应有明显的磕碰伤痕和变形掉漆;

3 控制柜面板应设有电源电压、电流、水泵(启)停状况、巡检状况、火警及故障的声光报警等显示;

4 控制柜导线的颜色应符合现行国家标准《电工成套装置中的导线颜色》GB/T 2681 的有关规定;

5 面板上的按钮、开关、指示灯应易于操作和观察且有功能标示,并应符合现行国家标准《电工成套装置中的导线颜色》GB/T 2681 和《电工成套装置中的指示灯和按钮的颜色》GB/T 2682 的有关规定;

6 控制柜内的电器元件及材料的选用,应符合现行国家标准《控制用电磁继电器可靠性试验通则》GB/T 15510 等的有关规定,并应安装合理,其工作位置应符合产品使用说明书的规定;

7 控制柜应按现行国家标准《电工电子产品基本环境试验 第 2 部分:试验方法 试验 A:低温》GB/T 2423.1 的有关规定进行低温实验检测,检测结果不应产生影响正常工作的故障;

8 控制柜应按现行国家标准《电工电子产品基本环境试验 第 2 部分:试验方法 试验 B:高温》GB/T 2423.2 的有关规定进行高温试验检测,检测结果不应产生影响正常工作的故障;

9 控制柜应按现行行业标准《固定消防给水设备的性能要求和试验方法 第 2 部分:消防自动恒压给水设备》GA 30.2 的有关规定进行湿热试验检测,检测结果不应产生影响工作的故障;

10 控制柜应按现行行业标准《固定消防给水设备的性能要求和试验方法 第 2 部分:消防自动恒压给水设备》GA 30.2 的有关规定进行振动试验检测,检测结果柜体结构及内部零部件应完好无损,并不应产生影响正常工作的故障;

11 控制柜温升值应按现行国家标准《低压成套开关设备和控制设备 第 1 部分:型式试验和部分型式试验成套设备》GB/T 7251.1 的有关规定进行试验检测,检测结果不应产生影响正常工作的故障;

12 控制柜中各带电回路之间及带电间隙和爬电距离,应按现行行业标准《固定消防给水设备的性能要求和试验方法 第 2 部分:消防自动恒压给水设备》GA 30.2 的有关规定进行试验检测,检测结果不应产生影响正常工作的故障;

13 金属柜体上应有接地点,其标志、线号标记、线径应按现行行业标准《固定消防给水设备的性能要求和试验方法 第 2 部分:消防自动恒压给水设备》GA 30.2 的有关规定检测绝缘电阻;控制柜中带电端子与机壳之间的绝缘电阻应大于 20MΩ,电源接线端子与地之间的绝缘电阻应大于 50MΩ;

14 控制柜的介电强度试验应按现行国家标准《电气控制设备》GB/T 3797 的有关规定进行介电强度测试,测试结果应无击穿、无闪络;

15 在控制柜的明显部位应设置标志牌和控制原理图等;

16 设备型号、规格、数量、标牌、线路图纸及说明书、设备表、材料表等技术文件应齐全,并应符合设计要求。

16

检查数量:全数检查。

检查方法:直观检查和查验认证文件。

12.2.8 压力开关、流量开关、水位显示与控制开关等仪表的进场检验,应符合下列要求:

1 性能规格应满足设计要求;

2 压力开关应符合现行国家标准《自动喷水灭火系统 第10部分:压力开关》GB 5135.10 的性能和质量要求;

3 水位显示与控制开关应符合现行国家标准《水位测量仪器》GB/T 11828 等的有关规定;

4 流量开关应能在管道流速为 0.1m/s～10m/s 时可靠启动,其他性能宜符合现行国家标准《自动喷水灭火系统 第7部分:水流指示器》GB 5135.7 的有关规定;

5 外观完整不应有损伤。

检查数量:全数检查。

检查方法:直观检查和查验认证文件。

12.3 施 工

12.3.1 消防给水及消火栓系统的安装应符合下列要求:

1 消防泵、消防水箱、消防水池、消防气压给水设备、消防水泵接合器等供水设施及其附属管道安装前,应清除其内部污垢和杂物;

2 消防供水设施应采取安全可靠的防护措施,其安装位置应便于日常操作和维护管理;

3 管道的安装应采用符合管材的施工工艺,管道安装中断时,其敞口处应封闭。

12.3.2 消防水泵的安装应符合下列要求:

1 消防水泵安装前应校核产品合格证,以及其规格、型号和性能与设计要求应一致,并应根据安装使用说明书安装;

2 消防水泵安装前应复核水泵基础混凝土强度、隔振装置、坐标、标高、尺寸和螺栓孔位置;

3 消防水泵的安装应符合现行国家标准《机械设备安装工程施工及验收通用规范》GB 50231 和《风机、压缩机、泵安装工程施工及验收规范》GB 50275 的有关规定;

4 消防水泵安装前应复核消防水泵之间,以及消防水泵与墙或其他设备之间的间距,并应满足安装、运行和维护管理的要求;

5 消防水泵吸水管上的控制阀应在消防水泵固定于基础上后再进行安装,其直径不应小于消防水泵吸水口直径,且不应采用没有可靠锁定装置的控制阀,控制阀应采用沟漕式或法兰式阀门;

6 当消防水泵和消防水池位于独立的两个基础上且相互为刚性连接时,吸水管上应加设柔性连接管;

7 吸水管水平管段上不应有气囊和漏气现象。变径连接时,应采用偏心异径管件并应采用管顶平接;

8 消防水泵出水管上应安装消声止回阀、控制阀和压力表;系统的总出水管上还应安装压力表和压力开关;安装压力表时应加设缓冲装置。压力表和缓冲装置之间应安装旋塞;压力表量程在没有设计要求时,应为系统工作压力的 2 倍～2.5 倍;

9 消防水泵的隔振装置、进出水管柔性接头的安装应符合设计要求,并应有产品说明和安装使用说明。

检查数量:全数检查。

检查方法:核实设计图、核对产品的性能检验报告、直观检查。

12.3.3 天然水源取水口、地下水井、消防水池和消防水箱安装施工,应符合下列要求:

1 天然水源取水口、地下水井、消防水池和消防水箱的水位、出水量、有效容积、安装位置,应符合设计要求;

2 天然水源取水口、地下水井、消防水池、消防水箱的施工和安装,应符合现行国家标准《给水排水构筑物工程施工及验收规范》GB 50141、《供水管井技术规范》GB 50296 和《建筑给水排水及采暖工程施工质量验收规范》GB 50242 的有关规定;

3 消防水池和消防水箱出水管或水泵吸水管应满足最低有效水位出水不掺气的技术要求;

4 安装时池外壁与建筑本体结构墙面或其他池壁之间的净距,应满足施工、装配和检修的需要;

5 钢筋混凝土制作的消防水池和消防水箱的进出水等管道应加设防水套管,钢板等制作的消防水池和消防水箱的进出水等管道宜采用法兰连接,对有振动的管道应加设柔性接头。组合式消防水池或消防水箱的进水管、出水管接头宜采用法兰连接,采用其他连接时应做防锈处理;

6 消防水池、消防水箱的溢流管、泄水管不应与生产或生活用水的排水系统直接相连,应采用间接排水方式。

检查数量:全数检查。

检查方法:核实设计图、直观检查。

12.3.4 气压水罐安装应符合下列要求:

1 气压水罐有效容积、气压、水位及设计压力应符合设计要求;

2 气压水罐安装位置和间距、进水管及出水管方向应符合设计要求;出水管上应设止回阀;

3 气压水罐宜有有效水容积指示器。

检查数量:全数检查。

检查方法:核实设计图、核对产品的性能检验报告、直观检查。

12.3.5 稳压泵的安装应符合下列要求:

1 规格、型号、流量和扬程应符合设计要求,并应有产品合格证和安装使用说明书;

2 稳压泵的安装应符合现行国家标准《机械设备安装工程施工及验收通用规范》GB 50231 和《风机、压缩机、泵安装工程施工及验收规范》GB 50275 的有关规定。

检查数量:全数检查。

检查方法:尺量和直观检查。

12.3.6 消防水泵接合器的安装应符合下列规定:

1 消防水泵接合器的安装,应按接口、本体、连接管、止回阀、安全阀、放空管、控制阀的顺序进行,止回阀的安装方向应使消防用水能从消防水泵接合器进入系统,整体式消防水泵接合器的安装,应按其使用安装说明书进行;

2 消防水泵接合器的设置位置应符合设计要求;

3 消防水泵接合器永久性固定标志应能识别其所对应的消防给水系统或水灭火系统,当有分区时应有分区标识;

4 地下消防水泵接合器应采用铸有"消防水泵接合器"标志的铸铁井盖,并应在其附近设置指示其位置的永久性固定标志;

5 墙壁消防水泵接合器的安装应符合设计要求。设计无要求时,其安装高度距地面宜为 0.7m;与墙面上的门、窗、孔、洞的净距离不应小于 2.0m,且不应安装在玻璃幕墙下方;

6 地下消防水泵接合器的安装,应使进水口与井盖底面的距离不大于 0.4m,且不应小于井盖的半径;

7 消火栓水泵接合器与消防通道之间不应设有妨碍消防车加压供水的障碍物;

8 地下消防水泵接合器井的砌筑应有防水和排水措施。

检查数量:全数检查。

检查方法:核实设计图、核对产品的性能检验报告、直观检查。

12.3.7 市政和室外消火栓的安装应符合下列规定:

1 市政和室外消火栓的选型、规格应符合设计要求;

2 管道和阀门的施工和安装,应符合现行国家标准《给水排水管道工程施工及验收规范》GB 50268、《建筑给水排水及采暖工程施工质量验收规范》GB 50242 的有关规定;

3 地下式消火栓顶部进水口或顶部出水口应正对井口。顶部进水口或顶部出水口与消防井盖底面的距离不应大于 0.4m,井内应有足够的操作空间,并应做好防水措施;

4 地下式室外消火栓应设置永久性固定标志;

5 当室外消火栓安装部位火灾时存在可能落物危险时,上方应采取防坠落物撞击的措施;

6 市政和室外消火栓安装位置应符合设计要求,且不应妨碍交通,在易碰撞的地点应设置防撞设施。

检查数量:按数量抽查30%,但不应小于10个。

检查方法:核实设计图、核对产品的性能检验报告、直观检查。

12.3.8 市政消防水鹤的安装应符合下列规定:

1 市政消防水鹤的选型、规格应符合设计要求;

2 管道和阀门的施工和安装,应符合现行国家标准《给水排水管道工程施工及验收规范》GB 50268、《建筑给水排水及采暖工程施工质量验收规范》GB 50242 的有关规定;

3 市政消防水鹤的安装空间应满足使用要求,并不应妨碍市政道路和人行道的畅通。

检查数量:全数检查。

检查方法:核实设计图、核对产品的性能检验报告、直观检查。

12.3.9 室内消火栓及消防软管卷盘或轻便水龙的安装应符合下列规定:

1 室内消火栓及消防软管卷盘和轻便水龙的选型、规格应符合设计要求;

2 同一建筑物内设置的消火栓、消防软管卷盘和轻便水龙应采用统一规格的栓口、消防水枪和水带及配件;

3 试验用消火栓栓口处应设置压力表;

4 当消火栓设置减压装置时,应检查减压装置符合设计要求,且安装时应有防止砂石等杂物进入栓口的措施;

5 室内消火栓及消防软管卷盘和轻便水龙应设置明显的永久性固定标志,当室内消火栓因美观要求需要隐蔽安装时,应有明显的标志,并应便于开启使用;

6 消火栓栓口出水方向宜向下或与设置消火栓的墙面成90°角,栓口不应安装在门轴侧;

7 消火栓栓口中心距地面应为1.1m,特殊地点的高度可特殊对待,允许偏差±20mm。

检查数量:按数量抽查30%,但不应小于10个。

检验方法:核实设计图、核对产品的性能检验报告、直观检查。

12.3.10 消火栓箱的安装应符合下列规定:

1 消火栓的启闭阀门设置位置应便于操作使用,阀门的中心距箱侧面应为140mm,距箱后内表面应为100mm,允许偏差±5mm;

2 室内消火栓箱的安装应平正、牢固,暗装的消火栓箱不应破坏隔墙的耐火性能;

3 箱体安装的垂直度允许偏差为±3mm;

4 消火栓箱门的开启不应小于120°;

5 安装消火栓水龙带,水龙带与消防水枪和快速接头绑扎好后,应根据箱内构造将水龙带放置;

6 双向开门消火栓箱应有耐火等级应符合设计要求,当设计没有要求时应至少满足1h耐火极限的要求;

7 消火栓箱门上应用红色字体注明"消火栓"字样。

检查数量:按数量抽查30%,但不应小于10个。

检验方法:直观和尺量检查。

12.3.11 当管道采用螺纹、法兰、承插、卡压等方式连接时,应符合下列要求:

1 采用螺纹连接时,热浸镀锌钢管的管件宜采用现行国家标准《可锻铸铁管路连接件》GB 3287、《可锻铸铁管路连接件验收规则》GB 3288、《可锻铸铁管路连接件型式尺寸》GB 3289 的有关规定,热浸镀锌无缝钢管的管件宜采用现行国家标准《锻钢制螺纹管件》GB/T 14626 的有关规定;

2 螺纹连接时螺纹应符合现行国家标准《55°密封管螺纹 第2部分:圆锥内螺纹与圆锥外螺纹》GB 7306.2 的有关规定,宜采用密封胶带作为螺纹接口的密封,密封带应在阳螺纹上加;

3 法兰连接时法兰的密封面形式和压力等级应与消防给水系统技术要求相符合;法兰类型宜根据连接形式采用平焊法兰、对焊法兰和螺纹法兰等,法兰选择应符合现行国家标准《钢制管法兰类型与参数》GB 9112、《整体钢制管法兰》GB/T 9113、《钢制对焊无缝管件》GB/T 12459 和《管法兰用聚四氟乙烯包覆垫片》GB/T 13404 的有关规定;

4 当热浸镀锌钢管采用法兰连接时应选用螺纹法兰,当必须焊接连接时,法兰焊接应符合现行国家标准《现场设备、工业管道焊接工程施工规范》GB 50236 和《工业金属管道工程施工规范》GB 50235 的有关规定;

5 球墨铸铁管承插连接时,应符合现行国家标准《给水排水管道工程施工及验收规范》GB 50268 的有关规定;

6 钢丝网骨架塑料复合管施工安装时除应符合本规范的有关规定外,还应符合现行行业标准《埋地聚乙烯给水管道工程技术规程》CJJ101 的有关规定;

7 管径大于DN50的管道不应使用螺纹活接头,在管道变径处应采用单体异径接头。

检查数量:按数量抽查30%,但不应小于10个。

检验方法:直观和尺量检查。

12.3.12 沟槽连接件(卡箍)连接应符合下列规定:

1 沟槽式连接件(管接头)、钢管沟槽深度和钢管壁厚等,应符合现行国家标准《自动喷水灭火系统 第11部分:沟槽式管接件》GB 5135.11 的有关规定;

2 有振动的场所和埋地管道应采用柔性接头,其他场所宜采用刚性接头,当采用刚性接头时,每隔4个~5个刚性接头应设置一个挠性接头,埋地连接时螺栓和螺母应采用不锈钢件;

3 沟槽式管件连接时,其管道连接沟槽和开孔应用专用滚槽机和开孔机加工,并应做防腐处理;连接前应检查沟槽和孔洞尺寸,加工质量应符合技术要求;沟槽、孔洞处不应有毛刺、破损性裂纹和脏物;

4 沟槽式管件的凸边应卡进沟槽后再紧固螺栓,两边应同时紧固,紧固时发现橡胶圈起皱应更换新橡胶圈;

5 机械三通连接时,应检查机械三通与孔洞的间隙,各部位应均匀,然后拧紧固到位;机械三通开孔间距不应小于1m,机械四通开孔间距不应小于2m;机械三通、机械四通连接时支管的直径应满足表12.3.12的规定,当主管与支管连接不符合表12.3.12时应采用沟槽式三通、四通管件连接;

表 12.3.12 机械三通、机械四通连接时支管直径

主管直径DN		65	80	100	125	150	200	250	300
支管直径DN	机械三通	40	40	65	80	100	100	100	100
	机械四通	32	32	50	65	100	100	100	100

6 配水干管(立管)与配水管(水平管)连接,应采用沟槽式管件,不应采用机械三通;

7 埋地的沟槽式管件的螺栓、螺帽应做防腐处理。水泵房内的埋地管道连接应采用挠性接头;

8 采用沟槽连接件连接管道变径和转弯时,宜采用沟槽式异径管件和弯头;当需要采用补芯时,三通上可用一个,四通上不应超过二个;公称直径大于50mm的管道不宜采用活接头;

9 沟槽连接件应采用三元乙丙橡胶(EDPM)C型密封胶圈,弹性应良好,应无破损和变形,安装压紧后C型密封胶圈中间应有空隙。

检查数量:按数量抽查30%,不应少于10件。

检验方法:直观和尺量检查。

12.3.13 钢丝网骨架塑料复合管材、管件以及管道附件的连接,应符合下列要求:

1 钢丝网骨架塑料复合管材、管件以及管道附件,应采用同一品牌的产品;管道连接宜采用同种牌号级别,且压力等级相同的管材、管件以及管道附件。不同牌号的管材以及管道附件之间的

连接,应经过试验,并应判定连接质量能得到保证后再连接;

2 连接应采用电熔连接或机械连接,电熔连接宜采用电熔承插连接和电熔鞍形连接;机械连接宜采用锁紧型和非锁紧型承插式连接、法兰连接、钢塑过渡连接;

3 钢丝网骨架塑料复合管给水管道与金属管道或金属管道附件的连接,应采用法兰或钢塑过渡接头连接,与直径小于或等于DN50的镀锌管道或内衬塑镀锌管的连接,宜采用锁紧型承插式连接;

4 管道各种连接应采用相应的专用连接工具;

5 钢丝网骨架塑料复合管材、管件与金属管、管道附件的连接,当采用钢制喷塑或球墨铸铁过渡管件时,其过渡管件的压力等级不应低于管材公称压力;

6 在−5℃以下或大风环境条件下进行热熔或电熔连接操作时,应采取保护措施,或调整连接机具的工艺参数;

7 管材、管件以及管道附件存放处与施工现场温差较大时,连接前应将钢丝网骨架塑料复合管管材、管件以及管道附件在施工现场放置一段时间,并应使管材的温度与施工现场的温度相当;

8 管道连接时,管材切割采用专用割刀或切管工具,切割断面应平整、光滑、无毛刺,且应垂直于管轴线;

9 管道合拢连接的时间宜为常年平均温度,且宜为第二天上午的8时~10时;

10 管道连接后,应及时检查接头外观质量。

检查数量:按数量抽查30%,不应少于10件。

检验方法:直观检查。

12.3.14 钢丝网骨架塑料复合管材、管件电熔连接,应符合下列要求:

1 电熔连接机具输出电流、电压应稳定,并应符合电熔连接工艺要求;

2 电熔连接机具与电熔管件应正确连通,连接时,通电加热的电压和加热时间应符合电熔连接机具和电熔管件生产企业的规定;

3 电熔连接冷却期间,不应移动连接件或在连接件上施加任何外力;

4 电熔承插连接应符合下列规定:

　1)测量管件承口长度,并在管材插入端标出插入长度标记,用专用工具刮除插入段表皮;

　2)用洁净棉布擦净管材、管件连接面上的污物;

　3)将管材插入管件承口内,直至长度标记位置;

　4)通电前,应校直两对应的待连接件,使其在同一轴线上,用整圆工具保持管材插入端的圆度。

5 电熔鞍形连接应符合下列规定:

　1)电熔鞍形连接应采用机械装置固定干管连接部位的管段,并确保管道的直线度和圆度;

　2)干管连接部位上的污物应使用洁净棉布擦净,并用专用工具刮除干管连接部位表皮;

　3)通电前,应将电熔鞍形连接管件用机械装置固定在干管连接部位。

检查数量:按数量抽查30%,不应少于10件。

检验方法:直观检查。

12.3.15 钢丝网骨架塑料复合管管材、管件法兰连接应符合下列要求:

1 钢丝网骨架塑料复合管管端法兰盘(背压松套法兰)连接,应先将法兰盘(背压松套法兰)套入待连接的聚乙烯法兰连接件(跟形管端)的端部,再将法兰连接件(跟形管端)平口端与管道按本规范第12.3.13条第2款电熔连接的要求进行连接;

2 两法兰盘上螺孔应对中,法兰面应相互平行,螺孔与螺栓直径应配套,螺栓长短应一致,螺帽应在同一侧;紧固法兰盘上螺栓时应按对称顺序分次均匀紧固,螺栓拧紧后宜伸出螺帽1丝

扣~3丝扣;

3 法兰垫片材质应符合现行国家标准《钢制管法兰 类型与参数》GB 9112和《整体钢制管法兰》GB/T 9113的有关规定,松套法兰表面宜采用喷塑防腐处理;

4 法兰盘应采用钢质法兰盘且应采用磷化镀铬防腐处理。

检查数量:按数量抽查30%,不应少于10件。

检验方法:直观检查。

12.3.16 钢丝网骨架塑料复合管道钢塑过渡接头连接应符合下列要求:

1 钢塑过渡接头的钢丝网骨架塑料复合管管端与聚乙烯管道连接,应符合热熔连接或电熔连接的规定;

2 钢塑过渡接头钢管端与金属管道连接应符合相应的钢管焊接、法兰连接或机械连接的规定;

3 钢塑过渡接头钢管端与钢管应采用法兰连接,不得采用焊接连接,当必须焊接时,应采取降温措施;

4 公称外径大于或等于dn110的钢丝网骨架塑料复合管与管径大于或等于DN100的金属管连接时,可采用人字形柔性接口配件,配件两端的密封胶圈应分别与聚乙烯管和金属管相配套;

5 钢丝网骨架塑料复合管和金属管、阀门相连接时,规格尺寸应相互配套。

检查数量:按数量抽查30%,不应少于10件。

检验方法:直观检查。

12.3.17 埋地管道的连接方式和基础支墩应符合下列要求:

1 地震烈度在7度及7度以上时宜采用柔性连接的金属管道或钢丝网骨架塑料复合管等;

2 当采用球墨铸铁时宜采用承插连接;

3 当采用焊接钢管时宜采用法兰和沟槽连接件连接;

4 当采用钢丝网骨架塑料复合管时应采用电熔连接;

5 埋地管道的施工时除符合本规范的有关规定外,还应符合现行国家标准《给水排水管道工程施工及验收规范》GB 50268的有关规定;

6 埋地消防给水管道的基础和支墩应符合设计要求,当设计对支墩没有要求时,应在管道三通或转弯处设置混凝土支墩。

检查数量:全部检查。

检验方法:直观检查。

12.3.18 架空管道应采用热浸镀锌钢管,并宜采用沟槽连接件、螺纹、法兰和卡压等方式连接;架空管道不应安装使用钢丝网骨架塑料复合管等非金属管道。

检查数量:全部检查。

检验方法:直观检查。

12.3.19 架空管道的安装位置应符合设计要求,并应符合下列规定:

1 架空管道的安装不应影响建筑功能的正常使用,不应影响和妨碍通行以及门窗等开启;

2 当设计无要求时,管道的中心线与梁、柱、楼板等的最小距离应符合表12.3.19的规定;

表12.3.19　管道的中心线与梁、柱、楼板等的最小距离

公称直径(mm)	25	32	40	50	70	80	100	125	150	200
距离(mm)	40	40	50	60	70	80	100	125	150	200

3 消防给水管穿过地下室外墙、构筑物墙壁以及屋面等有防水要求处时,应设防水套管;

4 消防给水管穿过建筑物承重墙或基础时,应预留洞口,洞口高度应保证管顶上部净空不小于建筑物的沉降量,不宜小于0.1m,并应填充不透水的弹性材料;

5 消防给水管穿过墙体或楼板时应加设套管,套管长度不应小于墙体厚度,或应高出楼面或地面50mm;套管与管道的间隙应采用不燃材料填塞,管道的接口不应位于套管内;

6 消防给水管必须穿过伸缩缝及沉降缝时,应采用波纹管和

补偿器等技术措施;

7 消防给水管可能发生冰冻时,应采取防冻技术措施;

8 通过及敷设在有腐蚀性气体的房间内时,管外壁应刷防腐漆或缠绕防腐材料。

检查数量:按数量抽查30%,不应少于10件。

检验方法:尺量检查。

12.3.20 架空管道的支吊架应符合下列规定:

1 架空管道支架、吊架、防晃或固定支架的安装应固定牢固,其型式、材质及施工应符合设计要求;

2 设计的吊架在管道的每一支撑点处应能承受5倍于充满水的管重,且管道系统支撑点应支撑整个消防给水系统;

3 管道支架的支撑点宜设在建筑物的结构上,其结构在管道悬吊点应能承受充满水管道重量另加至少114kg的阀门、法兰和接头等附加荷载,充水管道的参考重量可按表12.3.20-1选取;

表12.3.20-1 充水管道的参考重量

公称直径(mm)	25	32	40	50	70	80	100	125	150	200
保温管道(kg/m)	15	18	19	22	27	32	41	54	66	103
不保温管道(kg/m)	5	7	7	9	13	17	22	33	42	73

注:1 计算管重量按10kg化整,不足20kg按20kg计算;

2 表中管重不包括阀门重量。

4 管道支架或吊架的设置间距不应大于表12.3.20-2的要求;

表12.3.20-2 管道支架或吊架的设置间距

管径(mm)	25	32	40	50	70	80
间距(m)	3.5	4.0	4.5	5.0	6.0	6.0
管径(mm)	100	125	150	200	250	300
间距(m)	6.5	7.0	8.0	9.5	11.0	12.0

5 当管道穿梁安装时,穿梁处宜作为一个吊架;

6 下列部位应设置固定支架或防晃支架:

1)配水管宜在中点设一个防晃支架,但当管径小于DN50时可不设;

2)配水干管及配水管,配水支管的长度超过15m,每15m长度内应至少设1个防晃支架,但当管径不大于DN40可不设;

3)管径大于DN50的管道拐弯、三通及四通位置处应设1个防晃支架;

4)防晃支架的强度,应满足管道、配件及管内水的重量再加50%的水平方向推力时不损坏或不产生永久变形;当管道穿梁安装时,管道再用紧固件固定于混凝土结构上,宜可作为1个防晃支架处理。

检查数量:按数量抽查30%,不应少于10件。

检验方法:尺量检查。

12.3.21 架空管道每段管道设置的防晃支架不应少于1个;当管道改变方向时,应增设防晃支架;立管应在其始端和终端设防晃支架或采用管卡固定。

检查数量:按数量抽查30%,不应少于10件。

检验方法:直观检查。

12.3.22 埋地钢管应做防腐处理,防腐层材质和结构应符合设计要求,并应按现行国家标准《给水排水管道工程施工及验收规范》GB 50268的有关规定施工;室外埋地球墨铸铁给水管要求外壁应刷沥青漆防腐;埋地管道连接用的螺栓、螺母以及垫片等附件应采用防腐蚀材料,或涂覆沥青涂层等防腐涂层;埋地钢丝网骨架塑料复合管不应做防腐处理。

检查数量:按数量抽查30%,不应少于10件。

检验方法:放水试验、观察、核对隐蔽工程记录,必要时局部解剖检查。

12.3.23 地震烈度在7度及7度以上时,架空管道保护应符合下列要求:

1 地震区的消防给水管道宜采用沟槽连接件的柔性接头或间隙保护系统的安全可靠性;

2 应用支架将管道牢固地固定在建筑上;

3 管道应有固定部分和活动部分组成;

4 当系统管道穿越连接地面以上部分建筑物的地震接缝时,无论管径大小,均应设带柔性配件的管道地震保护装置;

5 所有穿越墙体、楼板、平台以及基础的管道,包括泄水管,水泵接合器连接管及其他辅助管道的周围应留有间隙;

6 管道周围的间隙,DN25~DN80管径的管道,不应小于25mm,DN100及以上管径的管道,不应小于50mm;间隙内应填充防火柔性材料;

7 竖向支撑应符合下列规定:

1)系统管道应有承受横向和纵向水平载荷的支撑;

2)竖向支撑应牢固且同心,支撑的所有部件和配件应在同一直线上;

3)对供水主管,竖向支撑的间距不应大于24m;

4)立管的顶部应采用四个方向的支撑固定;

5)供水主管上的横向固定支架,其间距不应大于12m。

检查数量:按数量抽查30%,不应少于10件。

检验方法:直观检查。

12.3.24 架空管道外应刷红色油漆或涂红色环圈标志,并应注明管道名称和水流方向标识。红色环圈标志,宽度不应小于20mm,间隔不宜大于4m,在一个独立的单元内环圈不宜少于2处。

检查数量:按数量抽查30%,不应少于10件。

检验方法:直观检查。

12.3.25 消防给水系统阀门的安装应符合下列要求:

1 各类阀门型号、规格及公称压力应符合设计要求;

2 阀门的设置应便于安装维修和操作,且安装空间应能满足阀门完全启闭的要求,并应作出标志;

3 阀门应有明显的启闭标志;

4 消防给水系统干管与水灭火系统连接处应设置独立阀门,并应保证各系统独立使用。

检查数量:全部检查。

检查方法:直观检查。

12.3.26 消防给水系统减压阀的安装应符合下列要求:

1 安装位置处的减压阀的型号、规格、压力、流量应符合设计要求;

2 减压阀安装应在供水管网试压、冲洗合格后进行;

3 减压阀水流方向应与供水管网水流方向一致;

4 减压阀前应有过滤器;

5 减压阀前后应安装压力表;

6 减压阀处应有压力试验用排水设施。

检查数量:全数检查。

检验方法:核实设计图、核对产品的性能检验报告、直观检查。

12.3.27 控制柜的安装应符合下列要求:

1 控制柜的基座其水平度误差不大于±2mm,并应做防腐处理及防水措施;

2 控制柜与基座应采用不小于φ12mm的螺栓固定,每只柜不应少于4只螺栓;

3 做控制柜的上下进出线口时,不应破坏控制柜的防护等级。

检查数量:全部检查。

检验方法:直观检查。

12.4 试压和冲洗

12.4.1 消防给水及消火栓系统试压和冲洗应符合下列要求:

1 管网安装完毕后,应对其进行强度试验、冲洗和严密性

16

试验；

2 强度试验和严密性试验宜用水进行。干式消火栓系统应做水压试验和气压试验；

3 系统试压完成后，应及时拆除所有临时盲板及试验用的管道，并应与记录核对无误，且应按本规范表 C.0.2 的格式填写记录；

4 管网冲洗应在试压合格后分段进行。冲洗顺序应先室外后室内；先地下，后地上；室内部分的冲洗应按供水干管、水平管和立管的顺序进行；

5 系统试压前应具备下列条件：

1）埋地管道的位置及管道基础、支墩等经复查应符合设计要求；

2）试压用的压力表不应少于 2 只；精度不应低于 1.5 级，量程应为试验压力值的 1.5 倍～2 倍；

3）试压冲洗方案已经批准；

4）对不能参与试压的设备、仪表、阀门及附件应加以隔离或拆除；加设的临时盲板应具有突出于法兰的边耳，且应做明显标志，并记录临时盲板的数量。

6 系统试压过程中，当出现泄漏时，应停止试压，并应放空管网中的试验介质，消除缺陷后，应重新再试；

7 管网冲洗宜用水进行。冲洗前，应对系统的仪表采取保护措施；

8 冲洗前，应对管道防晃支架、支吊架等进行检查，必要时应采取加固措施；

9 对不能经受冲洗的设备和冲洗后可能存留脏物、杂物的管段，应进行清理；

10 冲洗管道直径大于 DN100 时，应对其死角和底部进行振动，但不应损伤管道；

11 管网冲洗合格后，应按本规范表 C.0.3 的要求填写记录；

12 水压试验和水冲洗宜采用生活用水进行，不应使用海水或含有腐蚀性化学物质的水。

检查数量：全数检查。

检查方法：直观检查。

12.4.2 压力管道水压强度试验的试验压力应符合表 12.4.2 的规定。

检查数量：全数检查。

检查方法：直观检查。

表 12.4.2 压力管道水压强度试验的试验压力

管材类型	系统工作压力 P（MPa）	试验压力（MPa）
钢管	≤1.0	$1.5P$，且不应小于 1.4
	>1.0	$P+0.4$
球墨铸铁管	≤0.5	$2P$
	>0.5	$P+0.5$
钢丝网骨架塑料管	P	$1.5P$，且不应小于 0.8

12.4.3 水压强度试验的测试点应设在系统管网的最低点。对管网注水时，应将管网内的空气排净，并应缓慢升压，达到试验压力后，稳压 30min 后，管网应无泄漏、无变形，且压力降不应大于 0.05MPa。

检查数量：全数检查。

检查方法：直观检查。

12.4.4 水压严密性试验应在水压强度试验和管网冲洗合格后进行。试验压力应为系统工作压力，稳压 24h，应无泄漏。

检查数量：全数检查。

检查方法：直观检查。

12.4.5 水压试验时环境温度不宜低于 5℃，当低于 5℃时，水压试验应采取防冻措施。

检查数量：全数检查。

检查方法：用温度计检查。

12.4.6 消防给水系统的水源干管、进户管和室内埋地管道应在回填前单独或与系统同时进行水压强度试验和水压严密性试验。

检查数量：全数检查。

检查方法：观察和检查水压强度试验和水压严密性试验记录。

12.4.7 气压严密性试验的介质宜采用空气或氮气，试验压力应为 0.28MPa，且稳压 24h，压力降不应大于 0.01MPa。

检查数量：全数检查。

检查方法：直观检查。

12.4.8 管网冲洗的水流流速、流量不应小于系统设计的水流流速、流量；管网冲洗宜分区、分段进行；水平管冲洗时，其排水管位置应低于冲洗管网。

检查数量：全数检查。

检查方法：使用流量计和直观检查。

12.4.9 管网冲洗的水流方向应与灭火时管网的水流方向一致。

检查数量：全数检查。

检查方法：直观检查。

12.4.10 管网冲洗应连续进行。当出口处水的颜色、透明度与入口处水的颜色、透明度基本一致时，冲洗可结束。

检查数量：全数检查。

检查方法：直观检查。

12.4.11 管网冲洗宜设临时专用排水管道，其排放应畅通和安全。排水管道的截面面积不应小于被冲洗管道截面面积的 60%。

检查数量：全数检查。

检查方法：直观和尺量、试水检查。

12.4.12 管网的地上管道与地下管道连接前，应在管道连接处加设堵头后，对地下管道进行冲洗。

检查数量：全数检查。

检查方法：直观检查。

12.4.13 管网冲洗结束后，应将管网内的水排除干净。

检查数量：全数检查。

检查方法：直观检查。

12.4.14 干式消火栓系统管网冲洗结束，管网内水排除干净后，宜采用压缩空气吹干。

检查数量：全数检查。

检查方法：直观检查。

13 系统调试与验收

13.1 系统调试

13.1.1 消防给水及消火栓系统调试应在系统施工完成后进行，并应具备下列条件：

1 天然水源取水口、地下水井、消防水池、高位消防水池、高位消防水箱等蓄水和供水设施水位、出水量、已储水量等符合设计要求；

2 消防水泵、稳压泵和稳压设施等处于准工作状态；

3 系统供电正常，若柴油机泵油箱应充满油并能正常工作；

4 消防给水系统管网内已经充满水；

5 湿式消火栓系统管网内已充满水，手动干式、干式消火栓系统管网内的气压符合设计要求；

6 系统自动控制处于准工作状态；

7 减压阀和阀门等处于正常工作位置。

13.1.2 系统调试应包括下列内容：

1 水源调试和测试；

2 消防水泵调试；

3 稳压泵或稳压设施调试；

4 减压阀调试；

5 消火栓调试；

6 自动控制探测器调试；

7 干式消火栓系统的报警阀等快速启闭装置调试，并应包含报警阀的附件电动或电磁阀等阀门的调试；

8 排水设施调试；

9 联锁控制试验。

13.1.3 水源调试和测试应符合下列要求：

1 按设计要求核实高位消防水箱、高位消防水池、消防水池的容积，高位消防水池、高位消防水箱设置高度应符合设计要求；消防储水应有不作他用的技术措施。当有江河湖海、水库和水塘等天然水源作为消防水源时应验证其枯水位、洪水位和常水位的流量符合设计要求。地下水井的常水位、出水量等应符合设计要求；

2 消防水泵直接从市政管网吸水时，应测试市政供水的压力和流量能否满足设计要求的流量；

3 应按设计要求核实消防水泵接合器的数量和供水能力，并应通过消防车车载移动泵供水进行试验验证；

4 应核实地下水井的常水位和设计抽升流量时的水位。

检查数量：全数检查。

检查方法：直观检查和进行通水试验。

13.1.4 消防水泵调试应符合下列要求：

1 以自动直接启动或手动直接启动消防水泵时，消防水泵应在 55s 内投入正常运行，且应无不良噪声和振动；

2 以备用电源切换方式或备用泵切换启动消防水泵时，消防水泵应分别在 1min 或 2min 内投入正常运行；

3 消防水泵安装后应进行现场性能测试，其性能应与生产厂商提供的数据相符，并应满足消防给水设计流量和压力的要求；

4 消防水泵零流量时的压力不应超过设计工作压力的 140%；当出流量为设计工作流量的 150% 时，其出口压力不应低于设计工作压力的 65%。

检查数量：全数检查。

检查方法：用秒表检查。

13.1.5 稳压泵应按设计要求进行调试，并应符合下列规定：

1 当达到设计启动压力时，稳压泵应立即启动；当达到系统停泵压力时，稳压泵应自动停止运行；稳压泵启停应达到设计压力要求；

2 能满足系统自动启动要求，且当消防主泵启动时，稳压泵应停止运行；

3 稳压泵在正常工作时每小时的启停次数应符合设计要求，且不应大于 15 次/h；

4 稳压泵启停时系统压力应平稳，且稳压泵不应频繁启停。

检查数量：全数检查。

检查方法：直观检查。

13.1.6 干式消火栓系统快速启闭装置调试应符合下列要求：

1 干式消火栓系统调试时，开启系统试验阀或按下消火栓按钮，干式消火栓系统快速启闭装置的启动时间、系统启动压力、水流到试验装置出口所需时间，均应符合设计要求；

2 快速启闭装置后的管道容积应符合设计要求，并应满足充水时间的要求；

3 干式报警阀在充气压力下降到设定值时应能及时启动；

4 干式报警阀充气系统在设定低压点时应启动，在设定高压点时应停止充气，当压力低于设定低压点时应报警；

5 干式报警阀当设有加速排气器时，应验证其可靠工作。

检查数量：全数检查。

检查方法：使用压力表、秒表、声强计和直观检查。

13.1.7 减压阀调试应符合下列要求：

1 减压阀的阀前阀后动静压力应满足设计要求；

2 减压阀的出流量应满足设计要求，当出流量为设计流量的 150% 时，阀后动压不应小于额定设计工作压力的 65%；

3 减压阀在小流量、设计流量和设计流量的 150% 时不应出现噪声明显增加；

4 测试减压阀的阀后动静压差应符合设计要求。

检查数量：全数检查。

检查方法：使用压力表、流量计、声强计和直观检查。

13.1.8 消火栓的调试和测试应符合下列规定：

1 试验消火栓动作时，应检测消防水泵是否在本规范规定的时间内自动启动；

2 试验消火栓动作时，应测试其出流量、压力和充实水柱的长度；并应根据消防水泵的性能曲线核实消防水泵供水能力；

3 应检查旋转型消火栓的性能能否满足其性能要求；

4 应采用专用检测工具，测试减压稳压型消火栓的阀后动静压是否满足设计要求。

检查数量：全数检查。

检查方法：使用压力表、流量计和直观检查。

13.1.9 调试过程中，系统排出的水应通过排水设施全部排走，并应符合下列规定：

1 消防电梯排水设施的自动控制和排水能力应进行测试；

2 报警阀排水试验管处和末端试水装置处排水设施的排水能力应进行测试，且在地面不应有积水；

3 试验消火栓处的排水能力应满足试验要求；

4 消防水泵房排水设施的排水能力应进行测试，并应符合设计要求。

检查数量：全数检查。

检查方法：使用压力表、流量计、专用测试工具和直观检查。

13.1.10 控制柜调试和测试应符合下列要求：

1 应首先空载调试控制柜的控制功能，并应对各个控制程序进行试验验证；

2 当空载调试合格后，应加负载调试控制柜的控制功能，并应对各个负载电流的状况进行试验检测和验证；

3 应检查显示功能，并应对电压、电流、故障、声光报警等功能进行试验检测和验证；

4 应调试自动巡检功能，并应对各泵的巡检动作、时间、周期、频率和转速等进行试验检测和验证；

5 应试验消防水泵的各种强制启泵功能。

检查数量：全数检查。

检查方法：使用电压表、电流表、秒表等仪表和直观检查。

13.1.11 联锁试验应符合下列要求，并应按本规范表C.0.4的要求进行记录：

1 干式消火栓系统联锁试验，当打开1个消火栓或模拟1个消火栓的排气量排气时，干式报警阀（电动阀/电磁阀）应及时启动，压力开关应发出信号或联锁启动消防防水泵，水力警铃动作应发出机械报警信号；

2 消防给水系统的试验管放水时，管网压力应持续降低，消防水泵出水干管上压力开关应能自动启动消防水泵；消防给水系统的试验管放水或高位消防水箱排水管放水时，高位消防水箱出水管上的流量开关应动作，且应能自动启动消防水泵；

3 自动启动时间应符合设计要求和本规范第11.0.3条的有关规定。

检查数量：全数检查。

检查方法：直观检查。

13.2 系 统 验 收

13.2.1 系统竣工后，必须进行工程验收，验收应由建设单位组织质检、设计、施工、监理参加，验收不合格不应投入使用。

13.2.2 消防给水及消火栓系统工程验收应按本规范附录E的要求填写。

13.2.3 系统验收时，施工单位应提供下列资料：

1 竣工验收申请报告、设计文件、竣工资料；

2 消防给水及消火栓系统的调试报告；

3 工程质量事故处理报告；

4 施工现场质量管理检查记录；

5 消防给水及消火栓系统施工过程质量管理检查记录；

6 消防给水及消火栓系统质量控制检查资料。

13.2.4 水源的检查验收应符合下列要求：

1 应检查室外给水管网的进水管管径及供水能力，并应检查高位消防水箱、高位消防水池和消防水池等的有效容积和水位测量装置等应符合设计要求；

2 当采用地表天然水源作为消防水源时，其水位、水量、水质等应符合设计要求；

3 应根据有效水文资料检查天然水源枯水期最低水位、常水位和洪水位时确保消防用水应符合设计要求；

4 应根据地下水井抽水试验资料确定常水位、最低水位、出水量和水位测量装置等技术参数和装备应符合设计要求。

检查数量：全数检查。

检查方法：对照设计资料直观检查。

13.2.5 消防水泵房的验收应符合下列要求：

1 消防水泵房的建筑防火要求应符合设计要求和现行国家标准《建筑设计防火规范》GB 50016的有关规定；

2 消防水泵房设置的应急照明、安全出口应符合设计要求；

3 消防水泵房的采暖通风、排水和防洪等应符合设计要求；

4 消防水泵房的设备进出和维修安装空间应满足设备要求；

5 消防水泵控制柜的安装位置和防护等级应符合设计要求。

检查数量：全数检查。

检查方法：对照图纸直观检查。

13.2.6 消防水泵验收应符合下列要求：

1 消防水泵运转应平稳，应无不良噪声的振动；

2 工作泵、备用泵、吸水管、出水管及出水管上的泄压阀、水锤消除设施、止回阀、信号阀等的规格、型号、数量，应符合设计要求；吸水管、出水管上的控制阀应锁定在常开位置，并应有明显标记；

3 消防水泵应采用自灌式引水方式，并应保证全部有效储水

被有效利用；

4 分别开启系统中的每一个末端试水装置、试水阀和试验消火栓，水流指示器、压力开关、压力开关（管网）、高位消防水箱流量开关等信号的功能，均应符合设计要求；

5 打开消防水泵出水管上试水阀，当采用主电源启动消防水泵时，消防水泵应启动正常；关掉主电源，主、备电源应能正常切换；备用泵启动和相互切换正常；消防水泵就地和远程启停功能应正常；

6 消防水泵停泵时，水锤消除设施后的压力不应超过水泵出口设计工作压力的1.4倍；

7 消防水泵启动控制应置于自动启动挡；

8 采用固定和移动式流量计和压力表测试消防水泵的性能，水泵性能应满足设计要求。

检查数量：全数检查。

检查方法：直观检查和采用仪表检测。

13.2.7 稳压泵验收应符合下列要求：

1 稳压泵的型号性能等应符合设计要求；

2 稳压泵的控制应符合设计要求，并应有防止稳压泵频繁启动的技术措施；

3 稳压泵在1h内的启停次数应符合设计要求，并不宜大于15次/h；

4 稳压泵供电应正常，自动手动启停正常；关掉主电源，主、备电源应能正常切换；

5 气压水罐的有效容积以及调节容积应符合设计要求，并应满足稳压泵的启停要求。

检查数量：全数检查。

检查方法：直观检查。

13.2.8 减压阀验收应符合下列要求：

1 减压阀的型号、规格、设计压力和设计流量应符合设计要求；

2 减压阀阀前应有过滤器，过滤器的过滤面积和孔径应符合设计要求和本规范第8.3.4条第2款的规定；

3 减压阀前阀后动静压力应符合设计要求；

4 减压阀处应有试验用压力排水管道；

5 减压阀在小流量、设计流量和设计流量的150%时不应出现噪声明显增加或管道出现喘振；

6 减压阀的水头损失应小于设计阀后静压和动压差。

检查数量：全数检查。

检查方法：使用压力表、流量计和直观检查。

13.2.9 消防水池、高位消防水池和高位消防水箱验收应符合下列要求：

1 设置位置应符合设计要求；

2 消防水池、高位消防水池和高位消防水箱的有效容积、水位、报警水位等，应符合设计要求；

3 进出水管、溢流管、排水管等应符合设计要求，且溢流管应采用间接排水；

4 管道、阀门和进水浮球阀等应便于检修，人孔和爬梯位置应合理；

5 消防水池吸水井、吸（出）水管喇叭口等设置位置应符合设计要求。

检查数量：全数检查。

检查方法：直观检查。

13.2.10 气压水罐验收应符合下列要求：

1 气压水罐的有效容积、调节容积和稳压泵启泵次数应符合设计要求；

2 气压水罐气侧压力应符合设计要求。

检查数量：全数检查。

检查方法：直观检查。

13.2.11 干式消火栓系统报警阀组的验收应符合下列要求：

　　1 报警阀组的各组件应符合产品标准要求；

　　2 打开系统流量压力检测装置放水阀,测试的流量、压力应符合设计要求；

　　3 水力警铃的设置位置应正确。测试时,水力警铃喷嘴处压力不应小于 0.05MPa,且距水力警铃 3m 远处警铃声声强不应小于 70dB；

　　4 打开手动试水阀动作应可靠；

　　5 控制阀均应锁定在常开位置；

　　6 与空气压缩机或火灾自动报警系统的联锁控制,应符合设计要求。

　　检查数量：全数检查。

　　检查方法：直观检查。

13.2.12 管网验收应符合下列要求：

　　1 管道的材质、管径、接头、连接方式及采取的防腐、防冻措施,应符合设计要求,管道标识应符合设计要求；

　　2 管网排水坡度及辅助排水设施,应符合设计要求；

　　3 系统中的试验消火栓、自动排气阀应符合设计要求；

　　4 管网不同部位安装的报警阀组、闸阀、止回阀、电磁阀、信号阀、水流指示器、减压孔板、节流管、减压阀、柔性接头、排水管、排气阀、泄压阀等,均应符合设计要求；

　　5 干式消火栓系统允许的最大充水时间不应大于 5min；

　　6 干式消火栓系统报警阀后的管道仅应设置消火栓和有信号显示的阀门；

　　7 架空管道的立管、配水支管、配水管、配水干管设置的支架,应符合本规范第 12.3.19 条～第 12.3.23 条的规定；

　　8 室外埋地管道应符合本规范第 12.3.17 条和第 12.3.22 条等的规定。

　　检查数量：本条第 7 款抽查 20%,且不应少于 5 处；本条第 1 款～第 6 款、第 8 款全数抽查。

　　检查方法：直观和尺量检查、秒表测量。

13.2.13 消火栓验收应符合下列要求：

　　1 消火栓的设置场所、位置、规格、型号应符合设计要求和本规范第 7.2 节～第 7.4 节的有关规定；

　　2 室内消火栓的安装高度应符合设计要求；

　　3 消火栓的设置位置应符合设计要求和本规范第 7 章的有关规定,并应符合消防救援和火灾扑救工艺的要求；

　　4 消火栓的减压装置和活动部件应灵活可靠,栓后压力应符合设计要求。

　　检查数量：抽查消火栓数量 10%,且总数每个供水分区不应少于 10 个,合格率应为 100%。

　　检查方法：对照图纸尺量检查。

13.2.14 消防水泵接合器数量及进水管位置应符合设计要求,消防水泵接合器应采用消防车车载消防水泵进行充水试验,且供水最不利点的压力、流量应符合设计要求；当有分区供水时应确定消防车的最大供水高度和接力泵的设置位置的合理性。

　　检查数量：全数检查。

　　检查方法：使用流量计、压力表和直观检查。

13.2.15 消防给水系统流量、压力的验收,应通过系统流量、压力检测装置和末端试水装置进行放水试验,系统流量、压力和消火栓充实水柱等应符合设计要求。

　　检查数量：全数检查。

　　检查方法：直观检查。

13.2.16 控制柜的验收应符合下列要求：

　　1 控制柜的规格、型号、数量应符合设计要求；

　　2 控制柜的图纸塑封后应牢固粘贴于柜门内侧；

　　3 控制柜的动作应符合设计要求和本规范第 11 章的有关规定；

　　4 控制柜的质量应符合产品标准和本规范第 12.2.7 条的要求；

　　5 主、备用电源自动切换装置的设置应符合设计要求。

　　检查数量：全数检查。

　　检查方法：直观检查。

13.2.17 应进行系统模拟灭火功能试验,且应符合下列要求：

　　1 干式消火栓报警阀动作,水力警铃应鸣响压力开关动作；

　　2 流量开关、压力开关和报警阀压力开关等动作,应能自动启动消防水泵与其联锁的相关设备,并应有反馈信号显示；

　　3 消防水泵启动后,应有反馈信号显示；

　　4 干式消火栓系统的干式报警阀的加速排气器动作后,应有反馈信号显示；

　　5 其他消防联动控制设备启动后,应有反馈信号显示。

　　检查数量：全数检查。

　　检查方法：直观检查。

13.2.18 系统工程质量验收判定条件应符合下列规定：

　　1 系统工程质量缺陷应按本规范附录 F 要求划分；

　　2 系统验收合格判定为 $A=0$,且 $B\leqslant2$,且 $B+C\leqslant6$ 为合格；

　　3 系统验收不符合本条第 2 款要求时,应为不合格。

14 维护管理

14.0.1 消防给水及消火栓系统应有管理、检查检测、维护保养的操作规程；并应保证系统处于准工作状态。维护管理应按本规范附录 G 的要求进行。

14.0.2 维护管理人员应掌握和熟悉消防给水系统的原理、性能和操作规程。

14.0.3 水源的维护管理应符合下列规定：

　　1 每季度应监测市政给水管网的压力和供水能力；

　　2 每年应对天然河湖等地表水消防水源的常水位、枯水位、洪水位,以及枯水位流量或蓄水量等进行一次检测；

　　3 每年应对水井等地下水消防水源的常水位、最低水位、最高水位和出水量等进行一次测定；

　　4 每月应对消防水池、高位消防水池、高位消防水箱等消防水源设施的水位等进行一次检测；消防水池(箱)玻璃水位计两端的角阀在不进行水位观察时应关闭；

　　5 在冬季每天应对消防储水设施进行室内温度和水温检测,当结冰或室内温度低于 5℃时,应采取确保不结冰和室温不低于低于 5℃的措施。

14.0.4 消防水泵和稳压泵等供水设施的维护管理应符合下列规定：

　　1 每月应手动启动消防水泵运转一次,并应检查供电电源的情况；

　　2 每周应模拟消防水泵自动控制的条件自动启动消防水泵运转一次,且应自动记录自动巡检情况,每月应检测记录；

　　3 每日应对稳压泵的停泵启泵压力和启泵次数等进行检查

和记录运行情况;

4 每日应对柴油机消防水泵的启动电池的电量进行检测,每周应检查储油箱的储油量,每月应手动启动柴油机消防水泵运行一次;

5 每季度应对消防水泵的出流量和压力进行一次试验;

6 每月应对气压水罐的压力和有效容积等进行一次检测。

14.0.5 减压阀的维护管理应符合下列规定:

1 每月应对减压阀组进行一次放水试验,并应检测和记录减压阀前后的压力,当不符合设计值时应采取满足系统要求的调试和维修等措施;

2 每年应对减压阀的流量和压力进行一次试验。

14.0.6 阀门的维护管理应符合下列规定:

1 雨淋阀的附属电磁阀应每月检查并应作启动试验,动作失常时应及时更换;

2 每月应对电动阀和电磁阀的供电和启闭性能进行检测;

3 系统上所有的控制阀门均应采用铅封或锁链固定在开启或规定的状态,每月应对铅封、锁链进行一次检查,当有破坏或损坏时应及时修理更换;

4 每季度应对室外阀门井中,进水管上的控制阀门进行一次检查,并应核实其处于全开启状态;

5 每天应对水源控制阀、报警阀组进行外观检查,并应保证系统处于无故障状态;

6 每季度应对系统所有的末端试水阀和报警阀的放水试验阀进行一次放水试验,并应检查系统启动、报警功能以及出水情况是否正常;

7 在市政供水阀门处于完全开启状态时,每月应对倒流防止器的压差进行检测,并应符合国家现行标准《减压型倒流防止器》GB/T 25178、《低阻力倒流防止器》JB/T 11151 和《双止回阀倒流防止器》CJ/T 160 等的有关规定。

14.0.7 每季度应对消火栓进行一次外观和漏水检查,发现有不正常的消火栓应及时更换。

14.0.8 每季度应对消防水泵接合器的接口及附件进行一次检查,并应保证接口完好、无渗漏、闷盖齐全。

14.0.9 每年应对系统过滤器进行至少一次排渣,并应检查过滤器是否处于完好状态,当堵塞或损坏时应及时检修。

14.0.10 每年应检查消防水池、消防水箱等蓄水设施的结构材料是否完好,发现问题时应及时处理。

14.0.11 建筑的使用性质功能或障碍物的改变,影响到消防给水及消火栓系统功能而需要进行修改时,应重新进行设计。

14.0.12 消火栓、消防水泵接合器、消防水泵房、消防水泵、减压阀、报警阀和阀门等,应有明确的标识。

14.0.13 消防给水及消火栓系统应有产权单位负责管理,并应使系统处于随时满足消防的需求和安全状态。

14.0.14 永久性地表水天然水源消防取水口应有防止水生生物繁殖的管理技术措施。

14.0.15 消防给水及消火栓系统发生故障,需停水进行修理前,应向主管值班人员报告,并应取得维护负责人的同意,同时应临场监督,应在采取防范措施后再动工。

附录 A 消防给水及消火栓系统分部、分项工程划分

表 A 消防给水及消火栓系统分部、分项工程划分

分部工程	序号	子分部工程	分项工程
消防给水及消火栓系统	1	消防水源施工与安装	消防水池、高位消防水池等安装和施工,江河湖海水库(塘)作为室外水源时取水设施的安装和施工,市政给水入户管和地下水井等
	2	供水设施安装与施工	消防水泵、高位消防水箱、稳压泵安装和气压水罐安装、消防水泵接合器安装等取水设施的安装
	3	供水管网	管网施工与安装
	4	水灭火系统	市政消火栓
			室外消火栓
			室内消火栓
			自动喷水系统
			水喷雾系统
			泡沫系统
			固定消防炮灭火系统
			其他系统或组件
	5	系统试压和冲洗	水压试验、气压试验、冲洗
	6	系统调试	水源测试(压力和流量,以及水池水箱的水位显示装置等)、消防水泵调试、稳压泵和气压水罐调试、减压阀调试、报警阀组调试、排水装置调试、联锁试验

附录 B 施工现场质量管理检查记录

表 B 施工现场质量管理检查记录

工程名称			
建设单位		监理单位	
设计单位		项目负责人	
施工单位		施工许可证	
序号	项目		内容
1	现场质量管理制度		
2	质量责任制		
3	主要专业工种人员操作上岗证书		
4	施工图审查情况		
5	施工组织设计、施工方案及审批		
6	施工技术标准		
7	工程质量检验制度		
8	现场材料、设备管理		
9	其他		
10			
结论	施工单位项目负责人:(签章)　　年月日	监理工程师:(签章)　　年月日	建设单位项目负责人:(签章)　　年月日

16

附录 C　消防给水及消火栓系统施工过程质量检查记录

C.0.1　消防给水及消火栓系统施工过程质量检查记录应由施工单位质量检查员按表 C.0.1 填写，监理工程师应进行检查，并应做出检查结论。

表 C.0.1　消防给水及消火栓系统施工过程质量检查记录

工程名称		施工单位	
施工执行规范名称及编号		监理单位	
子分部工程名称		分项工程名称	
项目	《规范》章节条款	施工单位检查评定记录	监理单位验收记录
结论	施工单位项目负责人：(签章)　　　　年 月 日		监理工程师(建设单位项目负责人)：(签章)　　　　年 月 日

C.0.2　消防给水及消火栓系统试压记录应由施工单位质量检查员填写，监理工程师(建设单位项目负责人)应组织施工单位项目负责人等进行验收，并应按表 C.0.2 填写。

表 C.0.2　消防给水及消火栓系统试压记录

工程名称				建设单位					
施工单位				监理单位					
管段号	材质	系统工作压力(MPa)	温度(℃)	强度试验				严密性试验	
				介质	压力(MPa)	时间(min)	结论意见	介质	压力(MPa)	时间(min)	结论意见
参加单位	施工单位项目负责人：(签章)　　年 月 日			监理工程师：(签章)　　年 月 日				建设单位项目负责人：(签章)　　年 月 日	

C.0.3　消防给水及消火栓系统管网冲洗记录应由施工单位质量检查员填写，监理工程师(建设单位项目负责人)应组织施工单位项目负责人等进行验收，并应按表 C.0.3 填写。

表 C.0.3　消防给水及消火栓系统管网冲洗记录

工程名称							建设单位	
施工单位							监理单位	
管段号	材质	冲洗					结论意见
		介质	压力(MPa)	流速(m/s)	流量(L/s)	冲洗次数	
参加单位	施工单位(项目)负责人：(签章)　　年 月 日			监理工程师：(签章)　　年 月 日			建设单位(项目)负责人：(签章)　　年 月 日	

C.0.4　消防给水及消火栓系统联锁试验记录应由施工单位质量检查员填写，监理工程师(建设单位项目负责人)应组织施工单位项目负责人等进行验收，并应按表 C.0.4 填写。

表 C.0.4　消防给水及消火栓系统联锁试验记录

工程名称			建设单位		
施工单位			监理单位		
系统类型	启动信号(部位)	联动组件动作			
		名称	是否开启	要求动作时间	实际动作时间
消防给水			/	/	/
湿式消火栓系统	末端试水装置(试验消火栓)	消防水泵			
		压力开关(管网)			
		高位消防水箱流量开关			
		稳压泵			
干式消火栓系统	模拟消火栓动作	干式阀等快速启闭装置			
		水力警铃	/	/	/
		压力开关	/	/	/
		充水时间			
		压力开关(管网)			
		高位消防水箱流量开关			
		消防水泵			
		稳压泵			
自动喷水灭火系统	现行国家标准《自动喷水灭火系统施工及验收规范》GB 50261				

水喷雾系统	现行国家标准《自动喷水灭火系统施工及验收规范》GB 50261
泡沫系统	现行国家标准《泡沫灭火系统施工及验收规范》GB 50281
消防炮系统	

参加单位	施工单位项目负责人：（签章）	监理工程师：（签章）	建设单位项目负责人：（签章）
	年 月 日	年 月 日	年 月 日

附录E 消防给水及消火栓系统工程验收记录

表E 消防给水系统及消火栓系统工程验收记录

工程名称		分部工程名称	
施工单位		项目负责人	
监理单位		监理工程师	

序号	检查项目名称	检查内容记录	检查评定结果
1			
2			
3			
4			
5			

综合验收结论	

验收单位	施工单位：（单位印章）	项目负责人：（签章）
		年 月 日
	监理单位：（单位印章）	总监理工程师：（签章）
		年 月 日
	设计单位：（单位印章）	项目负责人：（签章）
		年 月 日
	建设单位：（单位印章）	项目负责人：（签章）
		年 月 日

附录D 消防给水及消火栓系统工程质量控制资料检查记录

表D 消防给水及消火栓系统工程质量控制资料检查记录

工程名称		施工单位			
分部工程名称	资料名称	数量	核查意见	核查人	
消防给水及消火栓系统	1. 施工图、设计说明书、设计变更通知书和设计审核意见书、竣工图				
	2. 主要设备、组件的国家质量监督检验测试中心的检测报告和产品出厂合格证				
	3. 与系统相关的电源、备用动力、电气设备以及联锁控制设备等验收合格证明				
	4. 施工记录表，系统试压记录表，系统管道冲洗记录表，隐蔽工程验收记录表，系统联锁控制试验记录表，系统调试记录表				
	5. 系统及设备使用说明书				
结论	施工单位项目负责人：（签章）	监理工程师：（签章）		建设单位项目负责人：（签章）	
	年 月 日	年 月 日		年 月 日	

附录F 消防给水及消火栓系统验收缺陷项目划分

表F 消防给水及消火栓系统验收缺陷项目划分

缺陷分类	严重缺陷（A）	重缺陷（B）	轻缺陷（C）
包含条款			本规范第13.2.3条
	本规范第13.2.4条		
		本规范第13.2.5条	
	本规范第13.2.6条第2款和第7款	第13.2.6条第1款、第3款～第6款、第8款	
	本规范第13.2.7条第1款	本规范第13.2.7条除第2款～第5款	
	本规范第13.2.8条第1款和第6款	本规范第13.2.8条除第2款～第5款	
	本规范第13.2.9条第1款～第3款		本规范第13.2.9条第4款、第5款
		本规范第13.2.10条第1款	本规范第13.2.10条第2款
		本规范第13.2.11条第1款～第4款、第6款	本规范第13.2.11条第5款
		本规范第13.2.12条	
	本规范第13.2.13条第1款	本规范第13.2.13条第3款和第4款	本规范第13.2.13条第2款
		本规范第13.2.14条	
	本规范第13.2.15条		
	本规范第13.2.16条		
	本规范第13.2.17条第2款和第3款	本规范第13.2.17条第4款和第5款	本规范第13.2.17条第1款

附录 G 消防给水及消火栓系统维护管理工作检查项目

表 G 消防给水及消火栓系统维护管理工作检查项目

部 位		工作内容	周期
水源	市政给水管网	压力和流量	每季
	河湖等地表水源	枯水位、洪水位、枯水位流量或蓄水量	每年
	水井	常水位、最低水位、出流量	每年
	消防水池(箱)、高位消防水箱	水位	每月
	室外消防水池等	温度	冬季每天
供水设施	电源	接通状态,电压	每日
	消防水泵	自动巡检记录	每周
		手动启动试运转	每月
		流量和压力	每季
	稳压泵	启停泵压力、启停次数	每日
	柴油机消防水泵	启动电池、储油量	每日
	气压水罐	检测气压、水位、有效容积	每月
阀门	减压阀	放水	每月
		测试流量和压力	每年
	雨林阀的附属电磁阀	每月检查开启	每月
	电动阀或电磁阀	供电、启闭性能检测	每月
	系统所有控制阀门	检查铅封、锁链完好状况	每月
	室外阀门井中控制阀门	检查开启状况	每季

续表 G

部 位		工作内容	周期
阀门	水源控制阀、报警阀组	外观检查	每天
	末端试水阀、报警阀的试水阀	放水试验,启动性能	每季
	倒流防止器	压差检测	每月
喷头		检查完好状况、清除异物、备用量	每月
消火栓		外观和漏水检查	每季
水泵接合器		检查完好状况	每月
		通水试验	每年
过滤器		排渣、完好状态	每年
储水设备		检查结构材料	每年
系统联锁试验		消火栓和其他水灭火系统等运行功能	每年
消防水泵房、水箱间、报警阀间、减压阀间等供水设备间		检查室温	(冬季)每天

中华人民共和国国家标准

消防给水及消火栓系统技术规范

GB 50974 - 2014

条 文 说 明

制 订 说 明

《消防给水及消火栓系统技术规范》GB 50974—2014,经住房和城乡建设部 2014 年 1 月 29 日以第 312 号公告批准发布。

为便于设计、施工、验收、维护管理和监督等部门的有关人员在使用本规范时能正确理解和执行条文规定,《消防给水及消火栓系统技术规范》编制组按章、节、条顺序编制了本规范的条文说明,对条文规定的目的、依据及执行中需要注意的有关事项进行了说明,还着重对强制性条文的强制性理由作了解释。但是,本条文说明不具备与规范正文同等的法律效力,仅供使用者作为理解和把握规范规定的参考。

在本规范制订过程中,编制组先后到国内 9 省市调研,取得火灾统计和火灾扑救技术与数据,为本规范的制订提供了技术支持;对在调研中北京、上海、辽宁、河南、吉林、山东、宁夏、甘肃、内蒙古等公安消防总队,以及本溪市、焦作市、沈阳市、大连市、吉林市、辽源市、德州市、济南市、烟台市、青岛市、银川市、兰州市、呼和浩特市、鄂尔多斯市等公安消防支队给予的帮助和支持谨表衷心地感谢。

16

1 总 则

1.0.1 本条规定了本规范的编制目的。

建国 60 年来我国消防给水及消火栓系统设计、施工及验收规范从无到有，至今已建立了完整的体系。特别是改革开放 30 年来，快速的工业化和城市化使我国工程建设有了巨大地发展，消防给水及消火栓系统伴随着工程建设的大规模开展也快速发展，与此同时与国际交流更加频繁，使我们更加认识消防给水及消火栓系统在工程建设中的重要性，以及安全可靠性与经济性的关系，首先是安全可靠性，其次是经济合理性。

水作为火灾扑救过程中的主要灭火剂，其供应量的多少直接影响着灭火的成效。根据统计，成功扑救火灾的案例中，有 93% 的火场消防给水条件较好；而扑救火灾不利的案例中，有 81.5% 的火场缺乏消防用水。例如，1998 年 5 月 5 日，发生在北京市丰台区玉泉营环岛家具城的火灾，就是因为家具城及其周边地区消防水源严重缺乏，市政消防给水严重不足，消防人员不得不从离火场 550m、600m 的地方接力供水，从距离火场 1400m 的地方运水灭火，延误了战机，以至于两万平方米的家具城及其展销家具均被化为一片灰烬，直接经济损失达 2087 余万元。又如 2000 年 1 月 11 日晨，安徽省合肥市城隍庙市场庐阳宫发生特大大火灾，火灾过火面积 10523m²，庐阳宫及四周 126 间门面房内的服装、布料、五金和塑料制品等烧损殆尽，1 人被烧死，619 家经营户受灾，烧毁各类商品损失折款 1763 万元，庐阳宫主体建筑火烧损失 416 万元，两项合计，庐阳宫火灾直接经济损失 2179 万元，这场火灾的主要原因是没有设置室内消防给水设施，以致火灾发生后蔓延迅速，直至造成重大损失。火灾控制和扑救所需的消防用水主要由消防给水系统供应，因此消防给水的供水能力和安全可靠性决定了灭火的成效。同时消防给水的设计要考虑我国经济发展的现状，建筑的特点及现有的技术水平和管理水平，保证其经济合理性。本规范的制订对于减少火灾危害、促进改革开放、保卫我国经济社会建设和公民的生命财产安全是十分必要的。本规范在制订过程中规范组研究了大量文献、发达国家的标准规范，并在全国进行了调研，同时参考了公安部天津消防研究所"十一五"国家科技支撑计划专题"城市消防给水系统设置方法"的研究成果。

消防给水是水灭火系统的心脏，只有心脏安全可靠，水灭火系统才能可靠。消防给水系统平时不用，无法因使用而检测其可靠性，因此必须从设计、施工、日常维护管理等各个方面加强其安全可靠性的管理。

消火栓是消防队员和建筑物内人员进行灭火的重要消防设施，本规范以人为本，更加重视消火栓的设置位置与消防队员扑救火灾的战术和工艺要求相结合，以满足消防部队第一出动灭火的要求。

1.0.2 本条规定了本规范的适用范围。

本规范适用于新建、扩建及改建的工业、民用、市政等建设工程的消防给水及消火栓系统。

新建建筑是指从无到有的全新建筑，扩建是指在原有建筑轮廓基础上的向外扩建，改建是指建筑变更使用功能和用途，或全面改造，如厂房改为餐厅、住宅改为宾馆、办公改为宾馆或办公改为商场等。

1.0.3 本条规定了采用新技术的原则规定。

本条规定根据工程的特点，为满足工程消防需求和技术进步的要求，在安全可靠、技术先进、经济适用、保护环境的情况下选择新工艺、新技术、新设备、新材料，采用四新的原则是促进消防给水及消火栓系统技术进步，使消防给水及消火栓系统走"科学—技术—应用"的工程技术科学的发展道路，使消防给水及消火栓系统更加具有安全可靠性和经济合理性。四新技术的应用应符合国家有关部门的规定。

1.0.4 本条规定了消防给水及消火栓系统的专用组件、材料和设备等产品的质量要求。

消防给水及消火栓系统平时不用，仅在火灾时使用，其特点是系统的好坏很难在日常使用中确保系统的安全可靠性，这是在建设工程中唯一独特的系统，因为其他的机电系统在建筑使用过程中就能鉴别好坏。尽管本规范给出了消防给水及消火栓系统的设计、施工验收和日常维护管理的规定，但系统还是应从产品质量抓起。如美国统计自动喷水灭火系统失败有 3%～5%，英国则有 8% 左右。因此一方面要加强系统维护管理，另一方面要提高产品质量，消防给水及消火栓系统组件的安全可靠性是系统可靠性的基础，所以要求设计中采用符合现行的国家或行业技术标准的产品，这些产品必须经国家认可的专门认证机构认证以确保产品质量，这也是国际惯例。所以专用组件必须具备符合国家市场准入制度要求的有效证件和产品出厂合格证等。

我国 2008 年颁布的《消防法》第二十四条规定：消防产品必须符合国家标准；没有国家标准的，必须符合行业标准。禁止生产、销售或者使用不合格的消防产品以及国家明令淘汰的消防产品。依法实行强制性产品认证的消防产品，由具有法定资质的认证机构按照国家标准、行业标准的强制性要求认证合格后，方可生产、销售、使用。实行强制性产品认证的消防产品目录，由国务院产品质量监督部门会同国务院公安部门制定并公布。新研制的尚未制定国家标准、行业标准的消防产品，应当按照国务院产品质量监督部门会同国务院公安部门规定的办法，经技术鉴定符合消防安全要求的，方可生产、销售、使用。依照本条规定经强制性产品认证合格或者技术鉴定合格的消防产品，国务院公安部门消防机构应当予以公布。

我国《产品质量法》第十四条规定：国家根据国际通用的质量管理标准，推行企业质量体系认证制度。企业根据自愿原则可以向国务院产品质量监督管理部门认可的或者国务院产品质量监督部门授权的部门认可的认证机构申请企业质量体系认证。经认证合格的，由认证机构颁发企业质量体系认证证书。国家参照国际先进的产品标准和技术要求，推行产品质量认证制度。企业根据自愿原则可以向国务院产品质量监督管理部门认可的或者国务院产品质量监督管理部门授权的部门认可的认证机构申请产品质量认证。经认证合格的，由认证机构颁发产品质量认证证书，准许企业在产品或者其包装上使用产品质量认证标志。

消防产品强制性认证产品目录可查询公安部消防产品合格评定中心每年颁布的《强制性认证消防产品目录》。

16

3 基本参数

3.1 一般规定

3.1.1 本条规定了工厂、仓库等工业建筑和民用建筑室外消防给水用水量的计算方法。

本条工厂、堆场和罐区是现行国家标准《建筑防火设计规范》GB 50016—2006第8.2.2条的有关内容。

3.1.2 本条规定了消防给水设计流量的组成和一起火灾灭火消防给水设计流量的计算方法。

本条规定了建筑消防给水设计流量的组成，通常有室外消火栓设计流量、室内消火栓设计流量以及自动喷水系统的设计流量，有时可能还有水喷雾、泡沫、消防炮等，其设计流量是根据每个保护区同时作用的各种系统设计流量的叠加。如一室外油罐区有室外消火栓、固定冷却系统、泡沫灭火系统等3种灭火设施，其消防给水的设计流量为这3种灭火设施的设计流量之和。如一民用建筑，有办公、商场、机械车库，其自动喷水的设计流量应根据办公、商场和机械车库3个不同消防对象分别计算，取其中的最大值作为消防给水设计流量的自动喷水子项的设计流量。

3.2 市政消防给水设计流量

3.2.2 本条给出城镇的市政消防给水设计流量，以及同时火灾起数，以确定市政消防给水设计流量。本条是在现行国家标准《建筑防火设计规范》GB 50016—2006 的基础上制订。

1 同一时间内的火灾起数同国家标准《建筑防火设计规范》GB 50016—2006；

2 一起火灾灭火消防给水设计流量。

城镇的一起火灾灭火消防给水设计流量，按同时使用的水枪数量与每支水枪平均用水量的乘积计算。

我国大多数城市消防队第一出动力量到达火场时，常出2支口径19mm 的水枪扑救建筑火灾，每支水枪的平均出水量为7.5L/s。因此，室外消防用水量的基础设计流量以15L/s 为基准进行调整。

美国、日本和前苏联均按城市人口数的增加而相应增加消防用水量。例如，在美国，人口不超过20 万的城市消防用水量为44L/s～63L/s，人口超过30 万的城市消防用水量为170.3L/s～568L/s；日本也基本如此。本规范根据火场用水量是以水枪数量递增的规律，以2 支水枪的消防用水量（即15L/s）作为下限值，以100L/s 作为消防用水量的上限值，确定了城镇消防用水量。本规范与美国、日本和前苏联的城镇消防用水量比较，见表1。

表1 本规范与美国、日本和前苏联的城市消防给水设计流量

消防用水量 国名 (L/s) 人口数(万人)	美国	日本	前苏联	国家标准 GB 50016 —2006	本规范
≤0.5	44～63	75	10	—	—
≤1.0	44～63	88	15	10	15
≤2.5	44～63	112	15	15	20
≤5.0	44～63	128	25	25	30
≤10.0	44～63	128	35	35	35
≤20.0	44～63	128	40	45	45
≤30.0	3～568	250～325	55	55	60
≤40.0	170.3～568	250～325	70	65	75
≤50.0	170.3～568	250～325	75	75	90
≤60.0	170.3～568	250～325	85	85	90

续表1

消防用水量 国名 (L/s) 人口数(万人)	美国	日本	前苏联	国家标准 GB 50016 —2006	本规范
≤70.0	170.3～568	3～568	90	90	90
≤80.0	170.3～568	170.3～568	95	95	100
≤100.0	170.3～568	170.3～568	100	100	100

根据我国统计数据，城市灭火的平均灭火用水量为89L/s。近10 年特大型火灾消防流量150L/s～450L/s，大型石油化工厂、液化石油气储罐区等的消防水量则更大。若采用管网来保证这些建、构筑物的消防水量有困难时，可采用蓄水池补充或市政给水管网协调供水保证。

3.3 建筑物室外消火栓设计流量

3.3.2 本条规定了工厂、仓库和民用建筑的室外消火栓设计流量。

该条依据国家标准《建筑防火设计规范》GB 50016—2006 和《高层民用建筑防火设计规范》GB 50045—95（2005 年版）等规范的室外消防用水量，根据常用的建筑物室外消防用水量主要依据建筑物的体积、危险类别和耐火等级计算确定，并统一修正。当单座建筑面积大于 500000m² 时，根据火灾实战数据和供水可靠性，室外消火栓设计流量增加1 倍。

3.4 构筑物消防给水设计流量

3.4.1 本条规定石油化工、石油天然气工程和煤化工工程的消防给水设计流量按现行国家标准《石油化工企业设计防火规范》GB 50160和《石油天然气工程设计防火规范》GB 50183 等的规定实施。

3.4.2、3.4.3 规定了甲、乙、丙类液体储罐消防给水设计流量的计算原则，以及固定和移动冷却系统设计参数、室外消火栓设计流量。

移动冷却系统就是室外消火栓系统或消防炮系统，当仅设移动冷却系统其设计流量应根据规范表3.4.2-1 或表3.4.2-2 规定的设计参数经计算确定，但不应小于15L/s。

本条设计参数引用现行国家标准《建筑设计防火规范》GB 50016—2006 第8.2.4 条、《石油化工企业设计防火规范》GB 50160—2008 第8.4.5 条及《石油库设计规范》GB 50074—2002 第12.2.6 条相关内容，对立式储罐强调了室外消火栓用量和移动冷却用水量的区别，统一了名词，同时也符合实际灭火需要，协调相关规范中"甲、乙、丙类可燃液体地上立式储罐的消防用水量"的计算方法，提高本规范的可操作性。

另外为了与现行国家标准《自动喷水灭火系统设计规范》GB 50084和《水喷雾灭火系统设计规范》GB 50219 等统一，把供给范围改为保护范围，供给强度统一改为喷水强度。

着火储罐的罐壁直接受到火焰威胁，对于地上的钢储罐火灾，一般情况下5min 内可以使罐壁温度达到 500℃，使钢板强度降低一半，8min～10min 以后钢板会失去支持能力。为控制火灾蔓延、降低火焰辐射热，保证邻近罐的安全，应对着火罐及邻近罐进行冷却。

浮顶罐着火，火势较小，如某石油化工企业发生的两起浮顶罐火灾，其中 10000m³ 轻柴油浮顶罐着火，15min 后扑灭，而密封圈只着了 3 处，最大处仅为 7m 长，因此不需要考虑对邻近罐冷却。浮盘用易熔材料（铝、玻璃钢等）制作的内浮顶罐消防冷却按固定顶罐考虑。甲、乙、丙类液体储罐火灾危险性较大，火灾的火焰高、辐射热大，还可能出现油品流散。对于原油、重油、渣油、燃料油等，若含水在 0.4%～4% 之间且可产生热波作用时，发生火灾后还易发生沸溢现象。为防止油罐发生火灾，油罐变形、破裂或发生突沸，需要采用大量的水对甲、乙、丙类液体储罐进行冷却，并及时实施扑救工作。

16

现行国家标准《石油化工企业设计防火规范》GB 50160—2008 第8.4.5条、第8.4.6条及《建筑设计防火规范》GB 50016—2006 第8.2.4条、《石油库设计规范》GB 50074—2007 第12.2.8条、第12.2.10条相关内容。现行国家标准《建筑设计防火规范》GB 50016—2006 第8.2.4条中规定的移动式水枪冷却的供水强度适用于单罐容量较小的储罐,近年来大型石油化工企业相继建成投产,工艺装置、储罐也向大型化发展,要求消防用水量加大,引用现行国家标准《石油化工企业设计防火规范》GB 50160 及《石油库设计规范》GB 50074的相关条文符合国情;其二,对于固定式冷却,现行国家标准《建筑设计防火规范》GB 50016 规定的冷却水强度以周长计算为 0.5L/(s·m),此时单位罐壁表面积的冷却水强为:0.5×60÷13=2.3L/(min·m²)也是合适的;对邻罐计算出的冷却水强度为:0.2×60÷13=0.92L/(min·m²),但用此值冷却系统无法操作,故按实际固定式冷却系统进行校核后,现行国家标准《石油化工企业设计防火规范》GB 50160—2008 规定为2L/(min·m²)是合理可行的。甲、乙、丙类可燃液体地上储罐区室外消火栓用水量的提出主要是调研消防部门的实战案例并参照石化企业安全管理经验确定的,增加了规范的操作性。

卧式罐冷却面积采用现行国家标准《石油化工企业设计防火规范》GB 50160—2008,由于卧式罐单罐罐容较小,以 100m³ 罐为例,其表面积小于 900m²,计算水量小于 15L/s,因而卧式罐冷却面积按罐表面积计算是合理的,解决了各规范间的协调性,同时加强了规范的可操作性。

3.4.4 本条引用现行国家标准《石油库设计规范》GB 50074—2007 第12.2.7条、第12.2.8条及《建筑设计防火规范》GB 50016—2006 第8.2.4条相关内容。该水量主要是保护用水量,是指人身掩护和冷却地面及油罐附件的消防用水量。

3.4.5 液化烃在 15℃时,蒸气压大于 0.10MPa 的烃类液体及其他类似的液体,不包括液化天然气。单防罐为带隔热层的单壁储罐或由内罐和外罐组成的储罐,其内罐能适应储存低温冷冻液体的要求,外罐主要是支撑和保护隔热层,并能承受气体吹扫的压力,但不能储存内罐泄漏出的低温冷冻液体;双防罐为由内罐和外罐组成的储罐,其内罐和外罐都能适应储存低温冷冻液体,在正常操作条件下,内罐储存低温冷冻液体,外罐能够储存内罐泄漏出来的冷冻液体,但不能限制内罐泄漏的冷冻液体所产生的气体排放;全防罐为由内罐和外罐组成的储罐,其内罐和外罐都能适应储存低温冷冻液体,内外罐壁之间的间距为 1m～2m,罐顶由外罐支撑,在正常操作条件下内罐储存低温冷冻液体,外罐既能储存冷冻液体,又能限制内罐泄漏液体所产生的气体排放。

本条引用现行国家标准《石油化工企业设计防火规范》GB 50160—2008 第8.4.5条,天然气凝液也称混合轻烃,是指从天然气中回收的且未经稳定处理的液体烃类混合物的总称,一般包括乙烷、液化石油气和稳定轻烃成分;液化石油气专指以 C3、C4 或由其为主所组成的混合物。而本规范所涉及的不仅是天然气凝液、液化石油气,还涉及乙烯、乙烷、丙烯等单组分液化烃类,故统称为"液化烃"。液化烃室外消火栓用水量根据现行国家标准《石油化工企业设计防火规范》GB 50160—2008 第8.10.5条及《石油天然气工程设计防火规范》GB 50183—2004 第8.5.6条确定。

液化烃罐区和天然气凝液罐发生火灾,燃烧猛烈、波及范围广、辐射热大。罐壁受强火焰辐射热影响,罐温升高,使得其内部压力急剧增大,极易造成严重后果。由于此类火灾在灭火时消防人员很难靠近,为及时冷却液化石油气罐,应在罐体上设置固定冷却设备,提高其自身防护能力。此外,在燃烧区周围亦需用水枪加强保护。因此,液化石油气罐应考虑固定冷却用水量和移动式水枪用水量。

液化烃罐区和天然气凝液罐包括全压力式、半冷冻式、全冷冻式储罐。

(1)消防是冷却作用。液化烃储罐火灾的根本灭火措施是切断气源。在气源无法切断时,要维持其稳定燃烧,同时对储罐进行水冷却,确保罐壁温度不致过高,从而使罐壁强度不降低,罐内压力也不升高,可使事故不扩大。

(2)国内对液化烃储罐火灾受热喷水保护试验的结论。

1)储罐火灾喷水冷却,对应喷水强度 5.5L/(min·m²)～10L/(min·m²)湿壁热通量比不喷水降低约 70%～85%。

2)储罐被火焰包围,喷水冷却干壁强度是 6L/(min·m²)时,可以控制壁温不超过 100℃。

3)喷水强度取 10L/(min·m²)较为稳妥可靠。

(3)国外有关标准的规定。

国外液化烃储罐固定消防冷却水的设置情况一般为:冷却水供给强度除法国标准规定较低外,其余均在 6L/(min·m²)～10L/(min·m²)。美国某工程公司规定,有辅助水枪供水,其强度可降低到 4.07L/(min·m²)。

关于连续供水时间。美国规定要持续几小时,日本规定至少 20min,其他无明确规定。日本之所以规定 20min,是考虑 20min 后消防队已到火场,有消防供水可用。对着火邻罐的冷却及冷却范围除法国有所规定外,其他国家多未述及。

(4)单防罐罐顶部的安全阀及进出罐管道易泄漏发生火灾,同时考虑罐顶受到的辐射热较大,参考 API 2510A 标准,冷却水强度取 4L/(min·m²)。罐壁冷却主要是为了保护罐外壁在着火时不被破坏,保护隔热材料,使罐内的介质稳定气化,不至于引起更大的破坏。按照单防罐着火的情形,罐壁的消防冷却水供给强度按一般立式罐考虑。

对于双防罐、全防罐由于外部为混凝土结构,一般不需设置固定消防喷水冷却水系统,只是在易发生火灾的安全阀及沿进出罐管道处设置水喷雾系统进行冷却保护。在罐组周围设置消火栓和消防炮,既可用于加强保护管架及罐顶的阀组,又可根据需要对罐壁进行冷却。

美国《石油化工厂防火手册》曾介绍一例储罐火灾:A 罐装丙烷8000m³,B 罐装丙烷8900m³,C 罐装丁烷4400m³,A 罐超压,顶壁结合处开裂 180°,大量蒸气外溢,5s 后遇火点燃。A 罐烧了35.5h后损坏;B、C 罐顶部阀件烧坏,造成气体泄漏燃烧,B 罐切断阀无法关闭 6 天,C 罐充 N₂ 并抽料,3 天后关闭切断阀灭火。B、C 罐罐壁损坏较小,隔热层损坏大。该案例中仅由消防车供水冷却即控制了火灾,推算供水量小于 200L/s。

本次修订在根据我国工程实践和有关国家现行标准、国外技术等有关数据综合的基础上给出了固定和移动冷却系统设计参数。

3.4.6 本条参考现行国家标准《石油化工企业设计防火规范》GB 50160—2008第8.10.12条的规定沸点低于 45℃甲 B 类液体压力球罐的消防给水设计流量的确定原则同液化烃。

3.4.7 本条参考现行国家标准《石油化工企业设计防火规范》GB 50160—2008第8.10.13条的液氨储罐的消防给水设计流量确定原则。

3.4.8 本条规定了空分站,可燃液体、液化烃的火车和汽车装卸栈台,变电站的室外消火栓设计流量。

(1)空分站。空分站主要是指大型氧气站,随着我国重化工行业的发展,大型氧气站的规模越来越大,最大机组的氧气产量为50000Nm³/h。随着科学技术、生产技术的发展,低温法空分设备的单机容量已达 10 万 Nm³/h～12 万 Nm³/h。我国的低温法空分设备制造厂家已可生产制氧量 60000Nm³/h 的大型空分设备。常温变压吸附空分设备是利用分子筛对氧、氮组分的选择吸附和分子筛的吸附容量随压力变化而变化的特性,实现空气中氧、氮的分离,并已具备 10000Nm³/h 制氧装置的制造能力(包括吸附剂,程控阀和控制系统的设计制造)。常温变压吸附法制取的氧气纯度为 90%～

95%(其余组分主要是氩气),制取的氮气纯度可达99.99%。

在石化和煤化工工程中高压氧气用量较大,火灾危险性大,根据我国工程实践和经验,特别是近几年石化和煤化工工程的实践确定空分站的室外消火栓设计流量。

(2)根据现行国家标准《石油化工企业设计防火规范》GB 50160—2008第8.4.3条确定可燃液体、液化烃的火车和汽车装卸栈台的室外消火栓设计流量。

(3)变压器。关于变压器的室外消火栓设计流量,现行国家标准《火力发电厂与变电站设计防火规范》GB 50229规定单机功率200MW的火电厂其变压器应设置室外消火栓,其设计流量在设有水喷雾保护时为10L/s,美国规范规定设置水喷雾时是31.5L/s。国家标准《建筑设计防火规范》GB 50016—2006第3.4.1条规定了变压器按含油量多少与建筑物的防火距离的3个等级,本规范参考现行国家标准《建筑设计防火规范》GB 50016的等级划分,考虑我国工程实践和实际情况确定了变压器的室外消火栓设计流量,见表2。现行国家标准《火力发电厂与变电站设计防火规范》GB 50229规定不小于300MW发电机组的变压器应设置水喷雾灭火系统,小于300MW发电机组的变压器可不设置水喷雾灭火系统,变压器灭火主要依靠水喷雾系统,室外消火栓只是辅助,因此规定当室外油浸变压器单台功率小于300MV·A时,且周围无其他建筑物和生产生活给水时,可不设置室外消火栓,这样可与现行国家标准《火力发电厂与变电站设计防火规范》GB 50229协调一致。

表2　变电站室外消火栓设计流量

变电站单台油浸变压器含油量(t)	室外消火栓设计流量(L/s)	火灾持续时间(h)
5<W≤10	15	
10<W≤50	20	2
W>50	30	

3.4.9 本条参照交通部行业标准《装卸油品码头防火设计规范》TJT 237—99第6.2.6条、第6.2.7条、第6.2.8条、第6.2.10条及国家标准《石油化工企业设计防火规范》GB 50160—1999第7.10.3条确定。

3.4.10 本条引用交通部行业标准《装卸油品码头防火设计规范》TJT 237—99第6.2.6条、第6.2.7条、第6.2.8条、第6.2.10条。

3.4.11 本条根据国家标准《汽车加油加气站设计与施工规范》GB 50156—2002第9.0.5条进行修改,统一将埋地储罐加气站室外消火栓用水量由10L/s提高至15L/s,是考虑室外消防水枪的出流量为每支7.5L/s,这样符合实际情况。

3.4.12 本条根据国家标准《建筑设计防火规范》GB 50016—2006规定了室外可燃材料堆场和可燃气体储或罐(区)等的室外消火栓设计流量。

据统计,可燃材料堆场火灾的消防用水量一般为50L/s~55L/s,平均用水量为58.7L/s。本条规定其消防用水量以15L/s为基数(最小值),以5L/s为递增单位,以60L/s为最大值,确定可燃材料堆场的消防用水量。

对于可燃气体储罐,由于储罐的类型较多,消防保护范围也不尽相同,本表中规定的消防用水量系指消火栓的用水量。

随着我国循环经济和可再生能源的大力推行,农作物秸秆被用于发电、甲烷制气、造纸,以及废旧纸的回收利用等,易燃材料单堆体积大,堆场总容量大,有的多达35个7000m³的堆垛,一旦起火损失和影响大。近几年山东、河北等地相继发生了易燃材料堆场大火,为此本规范制订了注2的技术规定。

3.4.13 城市隧道消防水量引用国家标准《建筑设计防火规范》GB 50016—2006第12.2.2条的规定值。

3.5　室内消火栓设计流量

3.5.1 本条给出了消防用水量相关的因素。

3.5.2 本条规定了民用和工业、市政等建设工程的室内消火栓设计流量。

根据现行国家标准《建筑设计防火规范》GB 50016—2006和《高层民用建筑设计防火规范》GB 50045—95(2005年版)等有关规范的原设计参数,并根据我国近年火灾统计数据,考虑到商店、丙类厂房和仓库等可燃物多火灾荷载大的场所,实战灭火救援用水量较大,经分析研究适当加大了其室内消火栓设计流量。

3.5.5 现行国家标准《建筑设计防火规范》GB 50016—2006第12.2.2条的规定值。

3.6　消防用水量

3.6.1 规定消防给水一起火灾灭火总用水量的计算方法。当为2次火灾时,应根据本规范第3.1.1条的要求分别计算确定。

一个建筑或构筑物的室外用水同时与室内用水开启使用,消防用水量为二者之和。当一个系统防护多个建筑或构筑物时,需要以各建筑或构筑物为单位分别计算消防用水量,取其中的最大者为消防系统的用水量。注意这不等同于室内最大用水量和室外最大用水量的叠加。

室内一个防护对象或防护区的消防用水量为消火栓用水、自动灭火用水、水幕或冷却分隔用水之和(三者同时开启)。当室内有多个防护对象或防护区时,需要以各防护对象或防护区为单位分别计算消防用水量,取其中的最大者为建筑物的室内消防用水量。注意这不等同于室内消火栓最大用水量、自动灭火最大用水量、防火分隔或冷却最大用水量的叠加。

自动灭火系统包括自动喷水灭火、水喷雾灭火、自动消防水炮灭火等系统,一个防护对象或防护区的自动灭火系统的用水量按其中用水量最大的一个系统确定。

3.6.2 火灾延续时间是水灭火设施达到设计流量的供水时间。以前认为火灾延续时间是为消防车到达火场开始出水时起,至火灾被基本扑灭止的这段时间,这一般是指室外消火栓的火灾延续时间,随着各种水灭火设施的普及,其概念也在发展,主要为设计流量的供水时间。

火灾延续时间是根据火灾统计资料、国民经济水平以及消防力量等情况综合权衡确定的。根据火灾统计,城市、居住区、工厂、丁戊类仓库的火灾延续时间较短,绝大部分在2.0h之内(如在统计数据中,北京市占95.1%;上海市占92.9%;沈阳市占97.2%)。因此,民用建筑、城市、居住区、工厂、丁戊类厂房、仓库的火灾连续时间,本规范采用2h。

甲、乙、丙类仓库内大多储存着易燃易爆物品或大量可燃物品,其火灾燃烧时间一般较长,消防用水量较大,且扑救也较困难。因此,甲、乙、丙类仓库、可燃气体储罐的火灾延续时间采用3.0h;直径小于20m的甲、乙、丙类液体储罐火灾延续时间采用4.0h,而直径大于20m的甲、乙、丙类液体储罐和发生火灾后难以扑救的液化石油气罐的火灾延续时间采用6.0h。易燃、可燃材料的露天堆场起火,有的可延续灭火数天之久。经综合考虑,规定其火灾延续时间为6.0h。自动喷水灭火设备是扑救初期火灾效果很好的灭火设备,考虑到二级建筑物的楼板耐火极限为1.0h,因此灭火延续时间采用1.0h。如果在1.0h内还未扑灭火灾,自动喷水灭火设备将可能因建筑物的倒坍而损坏,失去灭火作用。

据统计,液体储罐发生火灾燃烧时间均较长,长者达数昼夜。显然,按这样长的时间设计消防用水量是不经济的。规范所确定的火灾延续时间主要考虑在灭火组织过程中需要立即投入灭火和冷却的用水量。一般浮顶罐、掩蔽室和半地下固定顶立式罐,其冷却水延续时间按4.0h计算;直径超过20m的地上固定顶立式罐冷却水延续时间按6.0h计算。液化石油气火灾,一般按6.0h计算。设计时,应以这一基本要求为基础,根据各种因素综合考虑确定。相关专项标准也宜在此基础上进一步明确。

3.6.4 等效替代原则是消防性能化设计的基本原则,因此当采用防火分隔水幕和防护冷却水幕保护时,应采用等效替代原则,其火灾延续时间与防火墙或分隔墙耐火极限的时间一致。

3.6.5 城市隧道的火灾延续时间引用现行国家标准《建筑设计防火规范》GB 50016—2006 第12.2.2条的规定值。

4 消 防 水 源

4.1 一 般 规 定

4.1.1 本条规定了市政消防给水应与市政道路同时实施的原则。

本规范编制过程调研时,发现我国较多的城市市政消火栓欠账,比按国家标准《建筑设计防火规范》GB 50016—2006 的规定要少20%～50%,尽管近几年在快速地建设,但仍有一定的差距。目前我国正在快速城市化过程,为保障城市消防供水的安全性,本规范规定市政消防给水要与市政道路同时规划、设计和实施。这源于我国的"三同时"制度。

4.1.2 本条规定了消防水源水质应满足水灭火设施本身,及其灭火、控火、抑制、降温和冷却等功能的要求。室外消防给水其水质可以差一些,如河水、海水、池塘等,并允许一定的颗粒物存在,但室内消防给水如消火栓、自动喷水等对水质要求较严,颗粒物不能堵塞喷头和消火栓水枪等,平时水质不能有腐蚀性,要保护管道。

4.1.3 本条规定了消防水源的来源。消防水源可取自市政给水管网、消防水池、天然水源等,天然水源为河流、海洋、地下水等,也包括游泳池、池塘等,但首先应取之于最方便的市政给水管网。池塘、游泳池等还要其他因素,如季节和维修等的影响,间歇供水的可能性大,为此规定为可作为备用水源。

4.1.5 本条为强制性条文,必须严格执行。我国有很多工程案例水池水箱没有保温而被冻,消防水池、水箱因平时水不流动,且补充水极少,更容易被冻,为防止设备冻坏和水结冰不流动,有些建筑管理者采取放空措施,从而导致国内有火灾案例因水池和高位消防水箱无水导致灭火失败,如东北某汽配城火灾,因此本条强调应采取防冻措施。

防冻措施通常是根据消防水池和水箱、水塔的具体情况,采取保温、采暖或深埋在冰冻线以下等措施,在工业企业有些室外钢结

构水池也有采用蒸汽余热伴热防冻措施。

4.1.6 本条为强制性条文,必须严格执行。本条规定了一些有可能是间歇性或有其他用途的水池当必须作为消防水池时,应保证其可靠性。如雨水清水池一般仅在雨季充满水,而在非雨季可能没有水,水景池、游泳池在检修和清洗期可能无水,而增加了消防给水系统无水的风险,因此有本条的规定,目的是提高消防给水的可靠性。

4.2 市 政 给 水

4.2.1 因火灾发生是随机的,并没有固定的时间,因此要求市政供水是连续的才能直接向消防给水系统供水。

在本规范编制过程调研中发现有的小城镇或工矿企业为节能或节水而采用间歇式定时供水,在这种情况下有可能发生在非供水时间的火灾,其扑救就会因缺水而造成扑救困难,因此强调直接给水灭火系统供水的市政给水应连续供水。

4.3 消 防 水 池

4.3.3 消防水池的补水时间主要考虑第二次火灾扑救需要,以及火灾时潜在的补水能力。

4.3.4 本条为强制性条文,必须严格执行。本条的目的是保证消防给水的安全可靠性。参考发达国家的有关规范,规定了消防水池在火灾时能有效补水的最小有效储水容积,仅设有消火栓系统时不应小于50m³,其他情况消防水池的有效容积不应小于100m³,目的是提高消防给水的靠性。

4.3.6 消防水池容量过大时应分成2个,以便水池检修、清洗时仍能保证消防用水的供给。

4.3.8 本条为强制性条文,必须严格执行。消防用水与生产、生活用水合并时,为防止消防用水被生产、生活用水所占用,因此要求有可靠的技术设施(例如生产、生活用水的出水管设在消防水面之上)保证消防用水不作他用。参见图1。

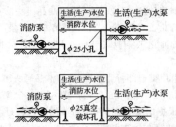

图 1 合用水池保证消防水不被动用的技术措施

4.3.9 本条为强制性条文,必须严格执行。消防水池的技术要求。

1 消防水池出水管的设计能满足有效容积被全部利用是提高消防水池有效利用率,减少死水区,实现节地的要求;

消防水池(箱)的有效水深是设计最高水位至消防水池(箱)最低有效水位之间的距离。消防水池(箱)最低有效水位是消防水泵吸水喇叭口或出水管喇叭口以上0.6m水位,当消防水泵吸水管或消防水箱出水管上设置防止旋流器时,最低有效水位为防止旋流器顶部以上0.20m,见图2。

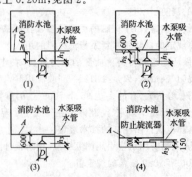

图 2 消防水池最低水位

A—消防水池最低水位线;D—吸水管喇叭口直径;
h_1—喇叭口底到吸水井底的距离;h_3—喇叭口底到池底的距离

2 消防水池设置各种水位的目的是保证消防水池不因放空或各种因素漏水而造成有效灭火水源不足的技术措施;

3 消防水池溢流和排水采用间接排水的目的是防止污水倒灌污染消防水池内的水。

4.3.11 本条第1款为强制性条文,必须严格执行。高位消防水池(塔)是常高压消防给水系统的重要代表形式,本节规定了高位消防水池(塔)的有关可靠性的内容。本条各款的内容都是以安全可靠性为原则。

4.4 天然水源及其他

4.4.4 本条为强制性条文,必须严格执行。因天然水源可能有冰凌、漂浮物、悬浮物等易堵塞取水口,为此要求设置格栅或过滤等措施来保证取水口的可靠性。同时应考虑采取措施可能产生的水头损失等对消防水泵造成的吸水影响。

4.4.5 本条为强制性条文,必须严格执行。本条规定了天然水源作为消防水源的技术要求。

1 本款规定了天然地表水水源作为室外消防水源供消防车、固定泵和移动泵取水的原则性技术要求,目的是确保消防取水的可靠性;

2 水井安装水位检测装置,以便观察水位是否合理。因地下水的水位经常发生变化,为保证消防供水的可靠性,设置地下水水位检测装置,以便能随着地下水水位的下降,适当调整轴流泵第一叶轮的有效淹没深度。水位测试装置可为固定连续检测,也可设置检测孔,定期人工检测。

4.4.7 本条为强制性条文,必须严格执行。本条规定了消防车取水口处要求的停放消防车场地的一般规定,一般消防车的停放场地应根据消防车的类型确定,当无资料时可按下列技术参数设计,单台车停放面积不应小于15.0m×15.0m,使用大型消防车时,不应小于18.0m×18.0m。

5 供水设施

5.1 消防水泵

5.1.6 本条第1款～第3款为强制性条文,必须严格执行。本条规定了消防水泵选择的技术规定。

1 消防水泵的选择应满足消防给水系统的流量和压力需求,是消防水泵选择的最基本规定;

2 消防水泵在运行时可能在曲线上任何一个点,因此要求电机功率能满足流量扬程性能曲线上任何一个点运行要求;

3 电机湿式安装维修时困难,有时要排空消防水池才能维修,造成消防给水的可靠性降低。电机在水中,电缆漏电会给操作人员和系统带来危险,因此从安全可靠性和可维修性来讲本规范规定采用干式电机安装;

4 消防水泵的运行可能在水泵性能曲线的任何一点,因此要求其流量扬程性能曲线应平缓无驼峰,这样可能避免水泵喘振运行。消防水泵零流量时的压力不应超过额定设计压力的140%是防止系统在小流量运行时压力过高,造成系统管网投资过大,或者系统超压过大。零流量时的压力不宜小于额定压力的120%是因为消防给水系统的控制和防止超压等都是通过压力来实现的,如果消防水泵的性能曲线没有一定的坡度,实现压力和水力控制有一定难度,因此规定了消防水泵零流量时压力的上限和下限。

5.1.8 本条第1款～第4款为强制性条文,必须严格执行。本条规定当临时高压消防给水系统采用柴油机泵时的原则性技术规定。

1 规定柴油机消防水泵配备的柴油机应采用压缩点火型的目的是热备,能随时自动启动,确保消防给水的可靠性;

2 海拔高度越高空气中的绝对氧量减少,而造成内燃机出力减少;进入内燃机的温度高将影响内燃机出力,为此本条规定了不同环境条件下柴油机的出力不同,要满足水泵全性能曲线供水时应根据环境条件适当调整柴油机的功率;

3 在工程实践中,有些柴油机泵运行1h～2h就出现喘振等不良现象,造成不能连续工作,致使不能满足消防灭火需求,为此规定柴油机消防泵的可靠性,且应能连续运行24h的要求;

4 柴油机消防泵是由蓄电池自动启动的,本条规定了柴油机泵的蓄电池的可靠性,要求能随时自动启动柴油机泵。

5.1.9 本条第1款～第3款为强制性条文,必须严格执行。本条规定了轴流深井泵应用的技术条件。

轴流深井泵在我国常称为深井泵,是一种电机干式安装的水泵,在国际上称为轴流泵,因其出水管内含有水泵的轴而得名。有电动驱动,也有柴油机驱动两种型式。可在水井和在消防水池上面安装。

1 深井泵安装在水井时的技术规定;

水井在水泵抽水时而产生漏斗效应,为保证消防水泵在150%的额定出流量时,深井泵的第一个叶轮仍然在水面下,规定轴流深井泵安装于水井时,其淹没深度应满足其可靠运行的要求,在水泵出流量为150%额定流量时其最低淹没深度应是第一个水泵叶轮底部水位线以上不少于3.2m。

海拔高度高,水泵的吸上高度就相应减少,水泵发生气蚀的可能增加,为此规定且海拔高度每增加305m,深井泵的最低淹没深度应至少增加0.3m。

2 本条规定了轴流泵湿式深坑安装的技术条件。轴流深井泵吸水口外缘与深坑周边之间断面的水流速度不应大于0.30m/s,当深坑采用引水渠供水时,引水渠的设计流速不应大于0.70m/s。轴流泵吸水口的淹没深度应根据吸水口直径、水泵吸上高度和流速等水力条件经计算确定,但不应小于0.60m;

3 本款规定了采用湿式深坑安装轴流泵的原则性规定,在工程设计当采用离心水泵不能满足自灌式吸水的技术要求,即消防水池最低水位低于离心水泵出水管中心线或水源水位不能被离心水泵吸水时,消防水泵应采用轴流深井泵,湿式深坑安装方式。

5.1.11 本条规定了消防水泵组应设置流量和压力检测装置的原则性规定。

工程中所安装的消防水泵能否满足该工程的消防需要,要通过检测认定。在某地有一五星级酒店工程,消防水泵从生产厂运到工地,工人按照图纸安装到位,消防验收时发现该泵的流量和压力不能满足该工程的需要,追查的结果是该泵是澳门一项目的消防水泵,因运输问题而错误的发送到该项目。另外随着时间的推移,由于动力原因或者是水泵的叶轮磨损、堵塞等原因使水泵的性能降低而不能满足水消防设施所需的压力和流量,因此消防水泵应定期监测其性能。

当水泵流量小或压力不高时可采用消防水泵试验管试验或临时设施试验,但当水泵流量和压力大时不便采用试验管或临时设置测试,因此规定采用固定仪表测试。

5.1.12 本条第1款和第2款为强制性条文,必须严格执行。为保证消防水泵的及时正确启动,本条对消防水泵的吸水、吸水口,以及从市政给水管网直接吸水作了技术规定。

火灾的发生是不定时的,为保证消防水泵随时启动并可靠供水,消防水泵应经常充满水,以保证及时启动供水,所以消防水泵应自灌吸水。

消防水泵从市政管网直接吸水时为防止消防给水系统的水因背压高而倒灌,系统应设置倒流防止器。倒流防止器因构造原因致使水流紊乱,如果安装在水泵吸水管上,其紊乱的水流进入水泵后会增加水泵的气蚀以及局部真空度,对水泵的寿命和性能有极大的影响,为此本规范规定倒流防止器应安装在水泵出水管上。

当消防水泵从消防水箱吸水时,因消防水箱无法设置吸水井,为减少吸水管的保护高度要求吸水管上设置防止旋流器，以提高消防水箱的储水有效量。

5.1.13 本条第1款～第4款为强制性条文，必须严格执行。本条从可靠性出发规定了消防水泵吸水管和出水管的技术要求。

    1 本款是依据可靠性的冗余原则，一组消防水泵吸水管有100%备用；

    2 吸水管若气囊，将导致过流面积减少，减少水的过流量，导致灭火用水量减少；

    3 本款是从可靠性的冗余原则出发，一组消防水泵的出水管应有100%备用；

    4 火灾时水是最宝贵的，为了能使消防水池内的水能最大限度的有效用于灭火，做出了这些规定；

    5 本条的其他款都是对消防水泵能有效可靠工作而做出的相关规定。

5.2 高位消防水箱

5.2.2 本条对高位消防水箱的有效高度或至最不利水灭火设施的静水压力作了技术规定。

    国家标准《建筑设计防火规范》TJ 16—74规定屋顶消防水箱压力不能满足最不利消火栓的压力，应设置固定消防水泵，国家标准《高层民用建筑设计防火规范》GBJ 45—82提出临时高压消防给水系统，屋顶消防水箱应满足最不利消火栓和自动喷水等灭火设备的压力0.1MPa要求；国家标准《高层民用建筑设计防火规范》GB 50045—95规定当建筑高度不超过100m时，高层建筑最不利点消火栓静水压力不应低于0.07MPa；当建筑高度超过100m时，高层建筑最不利点消火栓静水压力不应低于0.15MPa。

    消防水箱的主要作用是供给建筑初期火灾时的消防用水量，并保证相应的水压要求。水箱压力的高低对于扑救建筑物顶层或附近几层的火灾关系也很大，压力低可能出不了水或达不到要求的充实水柱，也不能启动自动喷水系统报警阀压力开关，影响灭火效率，为此高位消防水箱应规定其最低有效压力或者高度。

5.2.4 本条第1款为强制性条文，必须严格执行。本条规定了高位消防水箱的设置位置，对于露天设置的高位消防水箱，因可触及的人员较多，为此提出了阀门和人孔的安全措施，通常应采用阀门箱和人孔锁等安全措施。

5.2.5 本条为强制性条文，必须严格执行。规定了高位消防水箱防冻的要求，在东北某大城市有一汽配城因为高位消防水箱没有采暖，冬季把高位消防水箱内的水给放空，恰在冬季该建筑物起火没有水扑火，自动喷水系统没有水扑灭初期火灾，致使火灾进一步蔓延，建筑物整体被烧毁，因此高位消防水箱一则重要，二则既然设置了就应保证其安全可靠性。

5.2.6 本条第1款和第2款为强制性条文，必须严格执行。

5.3 稳压泵

5.3.1 本条规定稳压泵的型式和主要部件的材质。

5.3.2 本条第1款为强制性条文，必须严格执行。本条规定了稳压泵设计流量的设计原则和技术规定。

    稳压泵的设计流量是根据其功能确定，满足系统维持压力的功能要求，就要使其流量大于系统的泄漏量，否则无法满足。因此规定稳压泵的设计流量应大于系统的管网的漏水量；另外在消防给水系统中，有些报警阀等压力开关等需要一定的流量才能启动，通常稳压泵的流量应大于这一流量。通常室外管网比室内管网漏水量大，大管网比小管网漏水量大，工程中应根据具体情况，经相关计算比较确定，当无数据时，可参考给定值进行初步设计。

5.3.3 本条第1款为强制性条文，必须严格执行。本条规定了稳压泵设计压力的设计原则和技术规定。

    稳压泵要满足其设定功能，就需要一定的压力，压力过大，管网压力等级高带来造价提高，压力过低不能满足其系统充水和

启泵功能的要求，因此第1款作了原则性规定，第2款和3款作了相应的技术规定。

5.4 消防水泵接合器

5.4.1、5.4.2 本条为强制性条文，必须严格执行。室内消防给水系统设置消防水泵接合器的目的是便于消防队员现场扑救火灾能充分利用建筑物内已经建成的水消防设施，一则可以充分利用建筑物内的自动水灭火设施，提高灭火效率，减少不必要的消防队员体力消耗；二则不必敷设水龙带，利用室内消火栓管网输送消火栓灭火用水，可以节省大量的时间，另外还可以减少水力阻力提高输水效率，以提高灭火效率；三则是北方寒冷地区冬季可有效减少消防车供水结冰的可能性。消防水泵接合器是水灭火系统的第三供水水源。

5.4.3 消防车能长期正常运转且能发挥消防车较大效能时的流量一般为10L/s～15L/s。因此，每个水泵接合器的流量亦应按10L/s～15L/s计算确定。当计算消防水泵接合器的数量大于3个时，消防车的停放场地可能存在困难，故可根据具体情况适当减少。

5.4.5 对于高层建筑消防水车的接力供水应根据当地消防车的型号确定，应根据当地消防队提供的资料确定消防水泵接合器接力供水的方案。

5.4.6 本条规定了消防车通过消防水泵接合器供水的接力供水措施是采用手抬泵或移动泵。并要求在设计消防给水系统时应考虑手抬泵或移动泵的吸水口和加压水接口。

5.5 消防水泵房

5.5.1 此条是关于泵房内起重设施操作水平的规定。

    关于消防水泵房内起重设施的操作水平，一般认为在独立消防水泵房内应设施起重设施，目的是方便安装、检修和减轻工人劳动强度，泵房内起重的操作水平宜适当提高，特别是大型消防水泵房。

    目前我国民用建筑内的消防水泵房内设置起重设施的少，但考虑安装和检修宜逐步设置。

5.5.3 柴油机动力驱动的消防水泵因柴油机发热量比较大，在运行期间对人有一定的空间要求，所以在电动泵的基础上加0.2m，并要求不小于1.2m。

5.5.5 此条是消防水泵房内架空水管道布置的规定。

    消防给水及给排水等管道有可能漏水，而导致电气设备的停运，因此考虑安全运行的要求，架空水管道不得跨越电气设备。另外为方便操作，架空管道不得妨碍通道交通。

5.5.8 规定设计消防水泵房门的宽度、高度应满足设备进出的要求，特别是大型消防水泵房和柴油机消防水泵，因其设备大而应考虑设备进出的方式。

5.5.9 本条第1款为强制性条文，必须严格执行。本条给出关于消防水泵房采暖、通风和排水设施的技术规定。在严寒和寒冷泵房采暖是为了防止水被冻，而导致消防水泵无法运行，影响灭火。通常水不结冰的工程设计最低温度是5℃，而经常有人的场所最低温度是10℃；综合考虑节能，给出了本条第1款的消防水泵房的室内温度要求。

5.5.10 本条给出了消防水泵房关于设置位置和降噪减振措施的规定。

5.5.11 本条给出了消防水泵停泵水锤的计算方法，以及停泵水锤消除的原则性技术规定。

5.5.12 本条为强制性条文，必须严格执行。本条对消防水泵在火灾时的可靠性和适用性做了规定。

    独立建造的消防水泵房一般在工业企业内，对于石油化工厂而言，消防水泵房要远离各种易燃液体储罐，并应保证其在火灾和爆炸时消防水泵房的安全，通常应根据火灾的辐射热和爆炸的冲

击波计算其最小间距。工程经验值最小为远离储罐外壁15m。

火灾时为便于消防人员及时到达,规定了消防水泵房不应设置在地下三层及以下,或室内地面与室外出入口地坪高差大于10m的地下楼层。

消防水泵是消防给水系统的心脏。在火灾延续时间内人员和水泵机组都需要坚持工作。因此,独立设置的消防水泵房的耐火等级不应低于二级;设在高层建筑物内的消防水泵房层应用耐火极限不低于2.00h的隔墙和1.50h的楼板与其他部位隔开。

为保证在火灾延续时间内,人员的进出安全,消防水泵的正常运行,对消防水泵房的出口作了规定。

规定消防水泵房当设在首层时,出口宜直通室外;设在楼层和地下室时,宜直通安全出口,以便于火灾时消防队员安全接近。

5.5.15 地震期间往往伴随火灾,其原因是现代城市各种可燃物较多,特别是可燃气体进楼,一般在地震中管道被扭曲而造成可燃气体泄露,在静电或火花的作用下而发生火灾,如果此时没有水火灾将无法扑救,为此要求独立建造的消防水泵房提高1度采取抗震措施,但抗震计算仍按规范规定,一般工业企业采用独立建造消防水泵房,石油化工企业更是如此,为此应加强独立消防水泵房的抗震能力。

6 给水形式

6.1 一般规定

6.1.2 本条规定了市政消防给水。

2008年国家颁布的《防灾减灾法》第四十一条规定:城乡规划应当根据地震应急避难的需要,合理确定应急疏散通道和应急避难场所,统筹安排地震应急避难所必需的交通、供水、供电、排污等基础设施建设。因此本条规定城市避难场所宜设置独立的消防水池,且每座容量不宜小于200m³。

6.1.3 本条规定了建筑物室外消防给水的设置原则。

本条第1款规定了建筑物室外消防给水2路供水和1路供水的条件,其判断条件是建筑物室外消火栓设计流量是否大于20L/s。现行国家标准《建筑设计防火规范》GB 50016—2006第8.2.7条第1款室外消防给水管网应布置成环状,当室外消防用水量小于等于15L/s时,可布置成枝状;现行国家标准《高层民用建筑设计防火规范(2005年版)》GB 50045—95第7.3.1条室外消防给水管道应布置成环状,其进水管不宜少于两条,并宜从两条市政给水管道引入,当其中一条进水管发生故障时,其余进水管应仍能保证全部用水量。

本次修订根据我国城市供水可靠性的提高,把2路供水的标准由原15L/s适当提高到20L/s,我国城市自来水供水可靠性近来已大有提高,调研得出城市供水的保证率大于99%,故适当调整。

但当建筑高度超过50m的住宅室外消火栓设计流量为15L/s,考虑到高层建筑自救原则,为提高供水可靠性,供水还应2路进水。

6.1.4 工艺装置区、储罐区、堆场等构筑物的室外消防给水相当于建筑物的室内消防给水系统,对于火灾蔓延速度快的可燃液体、气体等应采用应高压或临时高压消防给水系统,但当无泡沫灭火系统、固定冷却水系统和消防炮时,储罐区的规模一般比较小,当消防设计流量不大于30L/s,且在城镇消防站保护范围内,其火灾危险性可以控制,因此可采用低压消防给水系统。对于火灾蔓延速度慢的固体可燃物在充分利用城镇消防队扑救时,因此可采用低压消防给水系统,但当可燃物堆垛高、易起火、扑救难度大,且远离城镇消防站时应采用高压或临时高压消防给水系统。

我国火力发电厂的可燃煤在室外堆放,造纸厂的原料、粮库的室外粮食、其他农副产品收购站等有大量的可燃物在室外堆放,码头有大量的物品在室外堆放。造纸厂的原料堆场的可燃秸秆和芦苇等起火次数较多,火电厂可燃煤因着热而自燃。近年我国在推广节能和秸秆发电的生物质能源,各地建设了不少秸秆电厂,其堆垛高度较高,火灾扑救困难。通常堆垛可燃物可采用低压消防给水系统,主要由消防队来灭火。但当易燃、可燃物堆垛高、易起火、扑救难度大,应采用高压或临时高压消防给水系统,在这种情况下主要考虑自救,因此消防给水系统应采用高压或临时高压消防给水系统,水消防设施可采用消防水炮等灭火设施。

6.1.5 本条规定了当建筑物室外消防给水直接采用市政火栓或室外消防水池供水的原则性规定。

1 消防水池要供消防车取水时,根据消防车的保护半径(即一般消防车发挥最大供水能力时的供水距离为150m)规定消防水池的保护半径为150m;

2 当建筑物不设消防水泵接合器时,在建筑物外墙5m～150m市政消火栓保护半径范围内可计入建筑物室外消火栓的数量。当建筑物设有消防水泵接合器时,其建筑物外墙5m～40m范围内的市政消火栓可计入建筑物的室外消火栓内;

消火栓周围应留有消防队员的操作场地,故距建筑外墙不宜小于5.00m。同时,为便于使用,规定了消火栓距被保护建筑物,不宜超过40m,是考虑减少管道水力损失。为节约投资,同时也不影响灭火战斗,规定在上述范围内的市政消火栓可以计入建筑物室外需要设置消火栓的总数内。

3 本条规定了当市政为环状管网时,市政消火栓按实际数量计算,但当市政为枝状管网时仅有1个消火栓计入室外消火栓的数量,主要考虑供水的可靠性。

6.1.8 本条规定了室内消防给水系统的选型,室内消防给水系统,由于水压与生活、生产给水系统有较大区别,消防给水系统中水体长期滞留变质,对生活、生产给水系统也有不利影响,因此要求室内消防给水系统与生活、生产给水系统宜分开设置。但自动喷水局部应用系统和仅设有消防软管卷盘的室内消防给水系统因系统较小,对生产生活给水系统影响小,建设独立的消防给水系统投资大,经济上不合理,故规定可与生产生活给水系统合用,这也是工程原则和国际通用原则。

6.1.9 本条第1款为强制性条文,必须严格执行。本条规定了室内采用临时高压消防给水系统时设置高位消防水箱的原则。

高层民用建筑、总建筑面积大于10000m²且层数超过2层的公共建筑和其他重要建筑因其性质重要,火灾发生将产生巨大的经济和社会影响,近年特大型火灾案例表明屋顶消防水箱的重要作用,为此强调必须设置屋顶消防水箱。高位消防水箱是临时高压消防给水系统消防水池消防水泵以外的另一个不满足一起火灾灭火用水量的重要消防水源,其目的是增加消防供水的可靠性;且是以最小的成本得到最大的消防安全效益。高层民用建筑强调自救,因此必须设置高位消防水箱,实际是消防给水水源的冗余,是消防给水可靠性的重要体现,并且随着建筑高度的增加,屋顶消防水箱的有效容积逐步增加,见本规范第5.2.1条的有关规定。

日本、美国以及FM公司对于高层建筑等都有关于高位消防水箱的设置要求。规范组在调研中获知有几次火灾是由屋顶消防水箱供水灭火的,如2007年济南雨季洪水,某建筑地下室被淹没,消防水泵不能启动,此间发生火灾,屋顶消防水箱供水扑灭火灾等。

6.1.11 在工业厂区、居住区等建筑群采用一套临时高压消防给水系统投向多栋建筑的水灭火系统供水是一种经济合理消防给水方法。工业厂区和同一物业管理的居住小区采用一套临时高压消防给水系统向多栋建筑供应消防水,经济合理,但对于不同物业管理单位的建筑可能出现责任不明等不良现象,导致消防管理出现安全漏洞,因此在工程设计中应考虑消防给水管理的合理性,杜绝安全漏洞。

1 根据我国工业企业最大厂区面积的调研,大多数在100hm²内,仅有极小部分的石油化工、钢铁等重化工企业超过,考虑到我国已经进入重化工阶段,企业规模越来越大,占地面积迅速扩大,本次规范从发展和安全可靠性出发,规范确定了工厂消防供水的最大保护半径不宜超过1200m,占地面积不宜大于200hm²;

2 我国目前同一建筑群采用同一消防给水向多栋建筑物供水的项目逐渐增加,但考虑建筑群的分区和分期建设,以及可靠性,在本规范的制订过程中经规范组研究讨论,规定居住小区的最大保护面积不宜大于500000m²;

3 因建筑管理单位不同可能造成消防给水管理的混乱,给消防给水的可靠性带来麻烦,而且已经有不少的项目出现因管理费用和资金、产权等问题,出现一些不和谐的问题,为此本规范规定,管理单位不同时,建筑宜独立设置消防给水系统。

6.1.13 我国城市高层建筑据统计有22万栋,但高度超过100m的高层民用建筑较少,不完全统计既有约为1700栋,在建1254栋,这些建筑消防车扑救灭火已经无能为力,消防队员登临起火地点的时间比较长,为此高层民用建筑确定高层民用建筑火灾扑救应完全立足于自救,自救主要依靠室内消防给水系统,特别是自动喷水灭火系统,但消防水源的可靠性是核心,没有水,火灾是无法扑救的。为提高这些高层民用建筑物的自救可靠性,本规范规定了建筑高度超过100m的民用建筑应采用可靠的消防给水,消防给水可靠性应经可靠度计算分析比较确定。

6.2 分区供水

6.2.1 本条从产品承压能力、阀门开启、管道承压、施工和系统安全可靠性,以及经济合理性等因素出发规定了消防给水的分区原则,并给出了参数。

6.2.2 本条是消防给水分区方式的原则性规定,分区时应考虑的因素是系统压力、建筑特征,可靠性和技术经济等。

6.2.4 本条规定了减压阀减压分区的技术规定。

减压阀的结构形式导致水中杂质和水质的原因可能会造成故障,如水中杂质堵塞先导式减压阀的针阀和卡瑟活塞式减压阀的阀芯,导致减压阀出现故障,因此减压阀应采用安全可靠的过滤装置。另外减压阀是一个消能装置,其本身的能耗相当大,为保证火灾时能满足消防给水的要求,对减压阀的能耗和出流量做了明确要求。

6.2.5 本条第1款为强制性条文,必须严格执行。本条规定了减压水箱减压分区的技术规定。

减压水箱减压分区在我国20世纪80年代和90年代中期的超高层建筑曾大量采用,其特点是安全、可靠,但占地面积大,对进水阀的安全可靠性要求高等,本条规定了减压水箱的有关技术要求。

7 消火栓系统

7.1 系 统 选 择

7.1.1 湿式消火栓系统管道是充满有压水的系统,高压或临时高压湿式消火栓系统可用来对火场直接灭火,低压系统能够对消防车供水,通过消防车装备对火场进行扑救。湿式消火栓系统同干式系统相比没有充水时间,能够迅速出水,有利于扑灭火灾。在寒冷或严寒地区采用湿式消火栓系统应采取防冻措施,如干式地上式室外消火栓或消防水鹤等。

7.1.2、7.1.3 第7.1.2条为强制性条文,必须严格执行。室内环境温度经常低于4℃的场所会使管内充水出现冰冻的危险,高于70℃的场所会使管内充水汽化加剧,有破坏管道及附件的危险,另外结冰和汽化都会降低管道的供水能力,导致灭火能力的降低或消失,故以此温度作为选择湿式消火栓系统或干式消火栓系统的环境温度条件。

7.1.5 严寒、寒冷等冬季结冰地区城市隧道、桥梁以及其他室外构筑物要求设置消火栓时,在室外极端温度低于4℃时,因系统管道可能结冰,故宜采用干式消火栓系统,当直接接市政给水管道时可采用室外干式消火栓。

7.1.6 干式消火栓系统因为其内充满空气,打开消火栓后先要排气,然后才能出水,因出水滞后而影响灭火,所以本次规范规定了充水时间。现行国家标准《建筑设计防火规范》GB 50016—2006和《高层民用建筑设计防火规范》GB 50045—95等规范对于干式系统没有充水时间的规定,但现行国家标准《建筑设计防火规范》GB 50016—2006第12.2.2条第3款干式系统充水时间不应大于90s,该参数设计过小,致使隧道内的干式系统要分成若干子系统,造成管道系统复杂,投资增加。发达国家的标准有10min和3min的充水规定,本次规范综合考虑确定为5min。

当干式消火栓系统采用干式报警阀时如同干式自动喷水灭火系统,当采用雨淋阀时为半自动系统,采用雨淋阀和干式报警阀的目的是为了接通或切断向消火栓管道系统的供水,并通过压力开关向消防控制室报警。为使干式系统快速充水转换成湿式系统,在系统管道的最高处设置自动快速排气阀。有时干式系统也采用电磁阀和电动阀,电磁阀的启动及时,应采用弹簧非浸泡在水中型式,失电开启型,且应有紧急断电启动按钮;电动阀启动时间长,并与配置电机相关,本条规定启动时间不应超过30s,以提高可靠性。

7.2 市政消火栓

7.2.1 消火栓的设置应方便消防队员使用,地下式消火栓因室外消火栓井口小,特别是冬季消防队员着装较厚,下井操作困难,而且地下消火栓锈蚀严重,要打开很费力,因此本次规范制订推荐采用地上式室外消火栓,在严寒和寒冷地区采用干式地上式室外消火栓。我国严寒地区开发了消防水鹤,目前在黑龙江、辽宁、吉林和内蒙古等省市自治区推广使用,消防水鹤设置在地面上,产品类似于火车加水器,便于操作,供水量大。

消防水鹤是一种快速加水的消防产品,适用于大、中型城市消防使用,能为迅速扑救特大火灾及时提供水源。消防水鹤能在各种天气条件下,尤其在北方寒冷或严寒地区有效地为消防车补水,其设置数量和保护范围可根据需要确定,但只是市政消火栓的补充。

7.2.2 市政消火栓是城乡消防水源的供水点,除提供其保护范围内灭火用的消防水源外,还要担负消防车加压接力供水对其保护范围外的火灾扑救提供水源支持,故规定市政消火栓宜采用DN150的室外消火栓。

设置消防车固定吸水管除符合水泵吸水管一般要求外，还应注意下列几点：

(1)消防车车载水泵带有排气引水、水环引水装置，固定吸水管不设底阀。但应保证天然消防水源处于设计最低水位时，消防车水泵的吸水高度不大于6.0m。

(2)消防车车载水泵带有吸水管，通过它将固定吸水管与消防车车载水泵进水口连接起来，消防车车载水泵车吸水管口径有100mm、125mm和150mm三种，连接型式为螺纹式。固定吸水管直径应根据当地主要消防车车载水泵吸水管口径决定，端部应设置相应的螺纹接口并以螺纹拧盖进行保护，接口距地高度不宜大于450mm。

(3)消防车固定吸水管距路边不宜小于0.5m，也不宜大于2.0m。室外消火栓的出水口(栓口)100mm、150mm为螺纹式连接，是为消防车提供水源，可通过消防车自携的吸水管直接与消防车泵进水口连接，或与消防水罐连接供水。65mm栓口为内扣式连接，是为高压、临时高压系统连接消防水带进行灭火用，或向消防车水罐供水用。

7.2.6 本条规定了市政消火栓的布置原则和技术参数，目的是保护市政消火栓的自身安全，以及使用时的人员安全，且平时不妨碍公共交通等。

为便于消防车从消火栓取水和保证市政消火栓自身和使用时人身安全，规定距路边在0.5m～2m范围内设置，距建筑物外墙不宜小于5m。

地上式市政消火栓被机动车撞坏的事故时有发生，简便易行的防撞措施是在消火栓的两边设置金属防撞桩。

7.2.8 本条为强制性条文，必须严格执行。本条规定了接市政消火栓的给水管网的平时运行压力和火灾时的压力，因火灾时用水量大增，管网水头损失增加，为保证火灾时管网的有效水压，故规定平时管网的运行压力。规范组在调研时获知有的城市水压很低，不能满足火灾时用水的压力要求，为此本次规范修订要求平时管网运行压力为0.14MPa，该压力值也是现行行业标准《城镇供水厂运行、维护及安全技术规程》CJJ 58对自来水公司的基本要求。并规定火灾时压力从地面算起不应低于0.10MPa。

7.2.9 本条规定了消防水鹤的间距和市政给水管道的直径，消防水鹤的布置间距是借鉴吉林省地方规范的有关数据，因消防水鹤的出水量为30L/s，为此规定接消防水鹤的市政给水管道的直径不应小于DN200。

7.2.11 本条规定当采用地下式市政消火栓时应有明显的永久性标志，以便于消防队员查找使用。

7.3 室外消火栓

7.3.2 建筑室外消火栓的布置数量应根据室外消火栓设计流量、保护半径和每个室外消火栓的给水量经计算确定。

室外消火栓是供消防车使用的，其用水量应是每辆消防车的用水量。按一辆消防车出2支喷嘴19mm的水枪考虑，当水枪的充实水柱长度为10m～17m时，每支水枪用水量4.6L/s～7.5L/s，2支水枪的用水量9.2L/s～15L/s。故每个室外消火栓的出流量按10L/s～15L/s计算。

如一建筑物室外消火栓设计流量为40L/s，则该建筑物室外消火栓的数量为40/(10～15)＝3个～4个室外消火栓，此时如果按保护半径150m布置是2个，但设计应按4个进行布置，这时消火栓的间距可能远小于规范规定的120m。

如一工厂有多栋建筑，其建筑物室外消火栓设计流量为15L/s，则该建筑物室外消火栓的数量为15/(10～15)＝1个～1.5个室外消火栓。但该工程占地面积很大，其消火栓布置应仍然要遵循消火栓的保护半径150m和最大间距120m的原则，若按保护半径计算的数量是4个，则应按4个进行布置。

7.3.3 为便于消防车使用室外消火栓供水灭火，同时考虑消防队

火灾扑救作业面展开的工艺要求，规定沿建筑周围均匀布置室外消火栓。因高层建筑裙房的原因，高层部分均设有便于消防车操作的扑救面，为利于消防队火灾扑救，规定扑救面一侧室外消火栓不宜少于2个。

7.3.4 人防工程、地下工程等建筑为便于消防队火灾扑救，规定应在出入口附近设置室外消火栓，且距出入口的距离不宜小于5m，也不宜大于40m。这个室外消火栓相当于建筑物消防电梯前室的消火栓，消防队员来时作为首先进攻、火灾侦查和自我保护用的。

7.3.5 我国汽车普及迅速，室外停车场的规模越来越大，考虑到停车场火灾扑救工艺的要求，消防车到达的方便性和接近性，以及室外消火栓不妨碍停车场的交通等因素，规定室外消火栓宜沿停车场周边设置，且与最近一排汽车的距离不宜小于7m，距加油站或油库不宜小于15m。

7.3.6 甲、乙、丙类液体和液化石油气等罐区发生火灾，火场温度高，人员很难接近，同时还有可能发生泄漏和爆炸。因此，要求室外消火栓设置在防火堤或防护墙外的安全地点。距罐壁15m范围内的室外消火栓火灾发生时因辐射热而难以使用，故不应计算在该罐可使用的数量内。

7.3.8 随着我国进入重化工时代，工艺装置、储罐的规越来越大，目前国内最大的油罐是10万立方米，乙烯工程已经到达80万吨～120万吨，消防水枪已经难以覆盖工艺装置和储罐，为此移动冷却的室外箱式消火栓改为固定消防炮。

7.3.9 本条规定了工艺装置区和储罐区的室外消火栓，相当于建筑物的室内消火栓，当采用高压或临时高压消防给水系统时，工艺装置区和储罐区的室外消火栓为室外箱式消火栓，布置间距根据水带长度和充实水柱有效长度确定。

7.3.10 本条为强制性条文，必须严格执行。倒流防止器的水头损失较大，如减压型倒流防止器在正常设计流量时的水头损失在0.04MPa～0.10MPa之间，火灾时流量大增，水头损失会剧增，可能导致室外消火栓的供水压力不能满足0.10MPa的要求，为此应进行水力计算。为保证消防给水的可靠性，规定从市政给水管网接引的入户引入管在倒流防止器前应设置一个室外消火栓。

7.4 室内消火栓

7.4.1 本条对室内消火栓选型提出性能化的要求。不同火灾危险性、火灾荷载和火灾类型等对消火栓的选择是有影响的。如B类火灾不宜采用直流水枪，火灾荷载大火灾规模可能大，其辐射热大，消火栓充实水柱应长，如室外储罐、堆场等当消火栓水枪充实水柱不能满足时，应采用消防炮等。

7.4.3 本条为强制性条文，必须严格执行。设置消火栓的建筑物应每层均设置。因工程的不确定性，设备层是否有可燃物难以判断，另外设备层设置消火栓对扑救建筑物火灾有利，且增加投资也很有限，故本条规定设备层应设置消火栓。

7.4.4 公共建筑屋顶直升机停机坪目的是消防救援，在直升机停机坪出入口处设置消火栓便于火灾时对于火灾扑救自我保护，考虑到安全因素规定距停机坪距离不小于5m是为了使用安全。

7.4.5 消防电梯前室是消防队员进入室内扑救火灾的进攻桥头堡，为方便消防队员向火场发起进攻或开辟通路，消防电梯前室应设置室内消火栓。消防电梯前室消火栓与室内其他消火栓一样，没有特殊要求，且应作为1股充实水柱与其他室内消火栓一样同等地计入消火栓使用数量。

7.4.6 现行国家标准《建筑设计防火规范》GB 50016—2006条文说明解析根据扑救初期火灾使用水枪数量与灭火效果统计，在火场出1支水枪时的灭火控制率为40%，同时出2支水枪时的灭火控制率可达65%，本次规范制订，规范组最新调查消防部队加强第一出动，第一出动灭火成功率在95%以上，说明我国目前消防部队作战能力有极大的提高，第一出动一般使用水枪数量为2支，

为此规定2股水柱同时到达。并规定了小规模建筑可适当放款的要求。

本规范允许室内DN65消火栓设置在楼梯间或楼梯间休息平台，目的是保护消防队员，火灾时楼梯间是半室外安全空间，消防队员在此接消防水龙带和水枪的时候是安全的，另外在楼梯间设置消火栓的位置不变，便于消防队员在火灾时找到。国际上大部分国家允许室内消火栓设置在楼梯间或楼梯间休息平台，美国等国家SN65的消火栓仅设置在楼梯间内，而且不配置水龙带和水枪，目的是给消防队员使用。

设置在楼梯间及其休息平台等安全区域的消火栓仅应与一层视为同一平面。

7.4.7 本条规定了室内消火栓的设置位置。

室内DN65消火栓的设置位置应根据消防队员火灾扑救工艺确定，一般消防队员在接到火警后10min后到达现场，从大量的统计数据看，此时大部分火灾还被封闭在火灾发生的房间内，这也是为什么消防队员第一出动就能扑救95%以上的火灾的原因。如果此时火灾已经蔓延扩散，就像很多灾害性大火一样，如沈阳汽配城火灾、北京玉泉营家具城城火灾、洛阳大火等，消防队赶到时，火灾已经蔓延，此时能自己疏散的人员已经疏散，不能疏散的要等待消防队救援，消防队到达后首先救人，其次是进行火灾扑救。此时消防队的火灾扑灭工艺是在一个相对较安全的地点设立水枪阵，向火灾发生地喷水灭火，为了便于补给和消防队员的轮换及安全，消火栓应首先设置在楼梯间或其休息平台。其次消火栓可以设置在走道等便于消防队员接近的地点。

7.4.8 规定室内消火栓栓口距地面高度宜为1.1m，是为了连接水龙带时操作以及取用方便。发达国家规范规定的安装高度为0.9m～1.5m。

为了更好地敷设水带，减少局部水头损失，要求消火栓出水方向宜与设置消火栓的墙面成90°角或向下。

7.4.10 室内消火栓不仅给消防队员使用，也给建筑物内的人员使用。因建筑物内的人员没有自备消防水带，所以消防水带宜按行走距离计算，其原因是消防水带在设计水压下转弯半径可观，如65mm的水带转弯半径为1m，转弯角度100°，因此转弯的数量越多，水带的实际到达距离就短，所以本规范规定要按行走距离计算。

7.4.11 本条规定设置DN25（消防卷盘或轻便水龙）是建筑内员工等非职业消防人员利用消防卷盘或轻便水龙扑灭初起小火，避免蔓延发展成为大火。因考虑到DN25等和DN65的消火栓同时使用达到消火栓设计流量的可能性不大，为此规定DN25（消防卷盘或轻便水龙）用水量可以不计入消防用水总量，只要求室内地面任何部位有一股水流能够到达就可以了。

7.4.12 本条规定了消火栓栓口压力技术参数。

1 室内消火栓一般配置直流水枪，水枪反作用力如果超过200N，一名消防队员难以掌握进行扑救。DN65消火栓口水压如大于0.50MPa，水枪反作用力将超过220N，故本款提出消火栓口动压不应大于0.50MPa，如果栓口压力大于0.70MPa，水枪反作用力将大于350N，两名消防队员也难以掌握进行灭火。因此，消火栓栓口水压若大于0.70MPa必须采取减压措施，一般采用减压阀、减压稳压消火栓、减压孔板等。

2 目前国际上大部分国家仅规定消火栓栓口压力，一般不计算充实水柱长度，本规范制订时考虑国际惯例与我国工程实践相结合，给出相关的参数。日本规定1号消火栓（公称直径50相当于我国DN50）栓口压力为0.17MPa～0.70MPa，2号消火栓（公称直径32）栓口压力为0.25MPa～0.70MPa；美国规定65mm消火栓栓口压力为0.70MPa，25mm消火栓栓口压力为0.45MPa；南非规定消火栓的栓口压力为0.25MPa。

消火栓栓口所需水压按下式计算：

$$H_{xh} = H_g + h_d + H_k \qquad (1)$$

式中：H_{xh}——消火栓栓口的压力（MPa）；

H_g——水枪喷嘴处的压力（MPa）；

h_d——水带的水头损失（MPa）；

H_k——消火栓栓口水头损失，可按0.02MPa计算。

高层建筑、高架库房、厂房和室内净空高度超过8m的民用建筑，配置DN65消火栓、65mm衬胶水带25m长、19mm喷嘴水枪充实水柱按13m时，水枪喷嘴流量5.4L/s，H_g为0.185MPa；水带水头损失h_d为0.046MPa；计算得到消火栓栓口压力H_{xh}为0.251MPa，考虑到其他因素规定消火栓栓口动压不得低于0.35MPa。

室内消火栓出水量不应小于5L/s，充实水柱应为11.5m。当配置条件与上款相同时，计算得到消火栓栓口压力H_{xh}为0.21MPa。故规定其他建筑消火栓栓口动压不得低于0.25MPa。

7.4.13 7层～10层的各类住宅可以根据地区气候、水源等情况设置干式消防竖管或湿式室内消火栓给水系统。干式消防竖管平时无水，火灾发生后由消防车通过首层外墙接口向室内干式消防竖管供水，消防队员用自携水带接驳竖管上的消火栓口投入火灾扑救。为尽快供水灭火，干式消防竖管顶端应设自动排气阀。

7.4.14 住宅建筑如果在生活给水管道上预留一个接驳DN15消防软管或轻便水龙的接口，对于住户扑救初起状态火灾减少财产损失是有好处的。

7.4.15 住宅户内跃层或商业网点的一个防火隔间内是两层的建筑均可视为是一层平面。

7.4.16 本条规定了城市交通隧道室内消火栓设置的技术规定。

1 隧道内消防给水应设置独立的高压或临时高压消防给水系统，目的是随时都能取水灭火，因隧道内狭窄，消防车救援困难。如果允许运输石油化工类物品时，应采用水雾或泡沫消防枪，有利于B、C类火灾扑救；

2 规定最低压力不应小于0.30MPa是为保证消防水枪充实水柱不小于13m，消火栓口出水压力超过0.70MPa时水枪反作用力过大不利于消防队员操作，故应设置减压设施；

3 隧道入口处应设水泵接合器，其数量按3.5.2条规定的设计流量计算确定。为了给水泵接合器供水，应在15m～40m范围内设置相应的室外或市政消火栓；

4 为确保两支水枪的两股充实水柱到达隧道任何部位，规定消火栓的间距不应大于50.0m；

5 允许通行运输石油和化学危险品的隧道内发生火灾类型一般为A、B类混合火灾或A、C类混合火灾，隧道长度超过3000m时，应配置水雾或泡沫消防水枪便于有针对性采取扑救措施。

8 管 网

8.1 一般规定

8.1.2 为实现消防给水的可靠性,本条规定了采用环状给水管网的 4 种情况。

8.1.4 本条规定了低压室外消防给水管网的设置要求。

1 为确保消防供水的可靠性,本条规定两路消防供水时应采用环状管网,一路消防供水时可采用枝状管网,本规范 6.1.3 条规定了建筑物室外消防给水采用两路或一路供水;

2 以保证火灾时供应必要的用水量,室外消防给水管道的直径应通过计算决定。当计算出来的管道直径小于 DN100 时,仍应采用 DN100。实践证明,DN100 的管道只能勉强供应一辆消防车用水,因此规定最小管为 DN100。

8.1.5 本条规定了室内消防给水管网的设置要求。

1 室内消防给水管网是室内消防给水系统的主要组成部分,采用环状管网供水可靠性高,当其中某段管道损坏时,仍能通过其他管段供应消防用水。室外消火栓设计流量不大于 20L/s 且室内消火栓不超过 10 个时,表明建筑物的体量不大、火灾危险性相对较低,此时消防给水管网可以布置成支状。建筑高度大于 54m 的住宅,超过 10 层的住宅室内消火栓数量超过 10 个,因高层建筑的自救原因,也应是环状管网;

2 当室内消防给水由室外消防用水与其他用水合用的管道供给时,要求合用系统的流量在其他用水达到最大小时流量时,应仍能保证供应全部室内外消防用水量,消防用水量按最大秒流量计算;

3 室内消防给水管道的直径应通过计算决定。当计算出来的竖管直径小于 100mm 时,仍应采用 100mm。

8.1.6 环状管网上的阀门布置应保证管网检修时,仍有必要的消防用水。

8.2 管道设计

8.2.1 本条要求消防给水系统中管件、配件等的产品工作压力不应小于管网的系统工作压力,以防火灾时这些部位出现渗漏或损坏,影响消防供水的可靠性。

8.2.2 本条规定了低压给水系统的系统工作压力要求。低压给水系统灭火时所需水压和流量要由消防车或其他移动式消防水泵加压提供。一般是生产、生活和消防合用给水系统。阀门的最低产品等级是 0.60MPa 或 1.0MPa,而普通管道的压力等级通常是 1.2MPa,因此规定低压给水系统的系统工作压力不应低于 0.60MPa。

8.2.3 本条规定了高压和临时高压给水系统的系统工作压力要求,并给出了不同情况下系统工作压力的计算方法。

8.2.4 本条规定了消防给水系统的管道材质选择要求。对于埋地管道采用的管材,应具有耐腐蚀和承受相应地面荷载的能力,可采用球墨铸铁管、钢丝网骨架塑料复合管和经可靠防腐处理的钢管等。对于室内外架空管道,应选用耐腐蚀、有一定耐火性能且安装连接方便可靠的管材,可采用热浸镀锌钢管、无缝钢管等。

8.2.5 本条规定了不同系统工作压力下消防给水系统埋地管道的管材和连接方式选择要求。

8.2.6 本条规定了室外金属管道埋地时的管顶覆土深度要求。管顶覆土应考虑埋深荷载以及机动车荷载对管道的影响,在严寒、寒冷地区还应考虑冰冻线的位置,以保证管道防冻。因消防给水管道平时不流动,所以与冰冻线的净距比自来水管线要求大。

8.2.7 本条规定了钢丝网骨架塑料复合管作为埋地消防给水管时的要求,包括对其强度、连接方式、工作压力、覆土深度、与热力管道间距等。钢丝网骨架塑料复合管的复合层应符合以下要求:

静压稳定性:随机取两端长度为 600mm±20mm 的管材,在管端下封口的情况下用电熔管件连接,且在连接组合试样两端距管件端口 150mm 处,沿管材外表面圆周切一宽为 1.5mm±0.5mm,深度至钢丝缠绕层表面的环形槽。试样试验在 20℃,公称压力乘以 1.5,时间为 165h 条件下进行,切割环形槽不破裂、不渗漏。

剥离强度:管材按现行国家标准《胶粘剂 T 剥离强度试验方法 挠性材料对挠性材料》GB/T 2791 规定的试验方法进行试验时,剥离强度值大于或等于 100N/cm。

静液压强度:应符合表 3 和表 4 的规定。80℃静液压强度 165h 试验只考虑脆性破坏;在要求的时间(165h)内发生韧性破坏时,则应按表 4 选择较低的破坏应力和相应的最小破坏时间重新试验。

表 3 管材耐静液压强度

序号	项 目	环向应力(MPa)		要求
		PE80	PE100	
1	20℃静压强度(100h)	9.0	12.4	不破裂、不渗漏
2	80℃静压强度(165h)	4.6	5.5	不破裂、不渗漏
3	80℃静压强度(1000h)	4.0	5.0	不破裂、不渗漏

表 4 80℃时静液压强度(165h)再试验要求

PE80		PE100	
应力(MPa)	最小破坏时间(h)	应用(MPa)	最小破坏时间(h)
4.5	219	5.4	233
4.4	283	5.3	332
4.3	394	5.2	476
4.2	533	5.1	688
4.1	727	5.0	1000
4.0	1000	—	—

8.2.8 本条规定了不同系统工作压力下的室内外架空管道管材的选择要求。

8.2.9 本条规定了室内外架空管道的连接方式,包括沟槽连接、螺纹连接和法兰、卡压连接等。这四种连接方式都不用明火,不会产生施工火灾;且螺纹连接、沟槽连接(卡箍)和卡压占用空间少,法兰连接占用空间大。焊接连接施工要求空间大,不便于维修,且存在产生施工火灾的隐患,为减少施工时火灾,在室内架空管道的连接中不宜使用。

8.2.10 室外架空管道因不同季节和昼夜温差的影响,会发生膨胀和收缩,从而影响室外架空管道的稳定性,因此应校核管道系统的膨胀和收缩长度,并采取相应的安装方式和技术膨胀节等。

8.3 阀门及其他

8.3.2 为了使系统管道充水时不存留空气,保证火灾时消火栓及自动水灭火系统能及时出水,规定在进水管道最高处设置自动排气阀。因管道内的空气阻碍水流量的通过,为提高水流过流能力,应排尽管道内的空气,所以系统要求设置自动排气阀。

8.3.5 本条为强制性条文,必须严格执行。消防给水系统与生产、生活给水系统合用时,在消防给水管网进水管处应设置倒流防止器,以防消防水回流至合用管网,对生产、生活水造成污染。无论是小区、厂区引入管,以及建筑物的引入管当设置有空气隔断的倒流防止器时,因该倒流防止器有开口与大气相通,为保护水源,该倒流防止器应安装在清洁卫生的场所,不应安装在地下阀门井内等能被水淹没的场所。

8.3.6 在调研时发现有不少冬季结冰地区的阀门井内管道冻坏,而消防给水系统因管道内的水平时不流动,更容易冻结,为此规定在结冰地区的阀门井应采用防冻阀门井。

9 消防排水

9.1 一般规定

9.1.1、9.1.2 规定了消防排水的基本原则。

工业、民用及市政等建设工程当设有消防给水系统时，为保护财产和消防设备在火灾时能正常运行等安全需要设置消防排水。因系统调试和日常维护管理的需要应设置消防排水，如实验消火栓处，自动喷水末端试水装置处，报警阀试水装置处等。

9.2 消防排水

9.2.1 本条文规定了火灾时建筑或部位应设置消防排水设施。

仓库火灾除考虑火灾扑灭外，还应考虑储藏物品的水渍损失，另外有些物品具有吸水性，一旦吸收大量的水后，造成荷载增加，对于建筑结构的安全构成威胁，为此从保护物品和减少荷载，仓库地面应考虑排水设施。某市一两层棉花仓库起火后，因无排水设施，造成灭火后因荷载加大，楼板开裂。

9.2.3 本条为强制性条文，必须严格执行。灭火过程中有大量的水流出。以一支水枪流量5L/s计算，10min就有3t水流出。一般灭火过程，大多要用两支水枪同时出水。随着灭火时间增加，水流量不断地增大。在起火楼层要控制水的流量和流向，使梯井不进水是不可能的。这么多的水，使之不进入前室或是由前室内部全部排掉，在技术上也不容易实现。因此，在消防电梯井底设排水口非常必要，对此作了明确规定。将流入梯井底部的水直接排向室外，有两种方法：消防电梯不到地下层，有条件的可将井底的水直接排向室外。为防雨季的倒灌，排水管在外墙位置可设单流阀。不能直接将井底的水排出室外时，参考国外做法，井底下部或旁边设容量不小于2.00m³的水池，排水量不小于10L/s的水泵，将流入水池的水抽向室外。

消防电梯是火灾已发生就自动降到首层，目的是为消防队赶到时提供快速达到着火地点而设置的消防捷运设施，消防队到达以前建筑物能使用的水枪是最大2股水柱，为此消防排水考虑火灾初期的灭火用水量，另外95%的火灾是2股水柱就能扑灭，鉴于上述两种原因，在考虑投资和经济的因素，规定消防电梯井的排水量不应小于10L/s。

9.3 测试排水

9.3.1 本条为强制性条文，必须严格执行。本条规定自动喷水末端试水、报警阀排水、减压阀等试验排水的要求。

消防给水系统减压阀因不经常使用，因为渗漏往往经过一段时间后导致阀前后压力差减少，为保证减压阀前后压差与设计基本一致，减压阀应经常试验排水；另外减压阀为测试其性能而排水，故减压阀应设置排水管道。

10 水力计算

10.1 水力计算

10.1.2 本条文给出了消防给水管道的沿程水头损失的计算公式。

我国在21世纪以前给水系统水力计算通常采用前苏联舍维列夫公式，随着2003年版的国家标准《建筑给水排水设计规范》GB 50015—2003采用欧美常用的海澄威廉公式，2006年版国家标准《室外给水设计规范》GB 50013—2006采用达西等欧美公式后，我国给水排水已经基本不采用前苏联舍维列夫公式，本规范综合我国现行规范，采用达西等水力计算公式。沿程水头损失的计算公式很多，基本是前苏联的舍维列夫公式和欧美公式。

(1) 前苏联舍维列夫公式如下：

1) 当流速≥1.2m/s，

$$i = 0.00107 \frac{v^2}{D^{1.3}} \tag{2}$$

2) 当流速<1.2m/s，

$$i = 0.000912 \frac{v^2}{D^{1.3}} \left(1 + \frac{0.867}{v}\right)^{0.3} \tag{3}$$

式中：i——水力坡度，单位管道的损失(m/m)；

v——流速(m/s)；

D——管道内径(m)。

(2) 欧美公式

1) 达西公式。达西公式计算水力坡度，而阻力系数由柯列布鲁克-怀特公式计算。

达西公式：

$$i = \lambda \frac{1}{D} \frac{v^2}{2g} \tag{4}$$

柯列布鲁克-怀特公式：

$$\frac{1}{\sqrt{\lambda}} = -2.0\log\left(\frac{2.51}{Re\sqrt{\lambda}} + \frac{\varepsilon}{3.71D}\right) \tag{5}$$

式中：i——水力坡度，单位管道的损失(m/m)；

λ——阻力系数；

D——管道内径(m)；

v——流速(m/s)；

g——重力加速度(m/s²)；

$Re = vD/\mu$(雷诺数)；

μ——在一定温度下的液体的运动黏滞系数(m²/s)；

ε——绝对管道粗糙度(m)。

在水力计算时，其他的参数很容易就可以确定，但管道粗糙度k的取值尤为关键。球墨铸铁管采用旋转喷涂的工艺，得到一个光滑的、均匀的水泥砂浆内衬。圣戈班穆松桥进行了一系列的试验，已经得出了内衬的粗糙度k值。其平均值为0.03mm，当和绝对光滑的管道$\varepsilon=0$比较时(计算流速为1m/s)，对应的额外水头损失为5%～7%。不管怎样，管道的相关表面粗糙度不仅依赖于管道表面的均匀性，而且特别依赖于弯头、三通和其他连接形式的数量，如管线纵剖面的不规则性。经验显示$\varepsilon=0.1$对于配水管线来说是一个合理的数值。对于每千米只有几个管件的长距离的管线来说，ε的取值可以稍微地降低(可取系数0.6～0.8)。当然，ε的取值还应当包括其他因素的影响，如水质的不同等。圣戈班穆松桥进行ε值试验时的部分管道数据见表5。

表5 圣戈班穆松桥试验ε值

管径 DN	安装年代	估算年龄(年)	ε值(柯列布鲁克-怀特公式)
150	1941	0	0.025
		12	0.019
		16	0.060

管径 DN	安装年代	估算年龄(年)	ε值(柯列布鲁克-怀特公式)
250	1925	16	0.148
		32	0.135
		39	0.098
300	1928	13	0.160
		29	0.119
		36	0.030
300	1928	13	0.054
		29	0.075
		36	0.075
700	1939	19	0.027
		25	0.046
700	1944	13	0.027
		20	0.046

2)
$$i = 10^{-2} \frac{v^2}{C_z^2 R} \tag{6}$$

该公式是现行国家标准《室外给水设计规范》GB 50013—2006中给出的。

3)海澄-威廉公式:
$$i = 2.9660 \times 10^{-7} \left(\frac{q^{1.852}}{C^{1.852} d_i^{4.87}} \right) \tag{7}$$

10.1.6 本条文给出了管道局部水头损失的计算公式。管道局部水头损失按局部管道当量长度进行计算。

发达国家给出的管道管件和阀门等管道附件的局部管道当量长度,见表6。

表6 阀门和管件的同等管道当量长度表(英尺)

配件与阀门	管件与阀门直径(英寸)														
	3/4	1	1 1/4	1 1/2	2	2 1/2	3	3 1/2	4	5	6	8	10	12
45°管道弯头	1	1	1	2	2	3	3	3	4	5	7	9	11	13
90°标准管道弯头	2	2	3	4	5	6	7	8	10	12	14	18	22	27
90°长转折管道弯头	1	2	2	3	4	5	6	7	8	9	13	16	18
三通管或者四通管(水流转向90°)	3	5	6	8	10	12	15	17	20	25	30	35	50	60
蝶形阀	—	—	—	6	7	10		12	9	10	12	19	21
闸门阀	—	—	—	1	1	1	1	2	2	3	4	5	6
旋启式阀门	—	5	7	9	11	14	16	19	22	27	32	45	55	65
球心阀	—	—	—	46		70							
角阀	—	—	—	20		31							

注:由于旋启式止逆阀在设计方面的差异,需参考表中所给出的管道当量。

表6是基于海澄威廉系数为C=120时测试的数据,当海澄威廉系数变化时,其当量长度适当变化,则有C=100,k_3=0.713;C=120,k_3=1.0;C=130,k_3=1.16;C=140,k_3=1.33;C=150,k_3=1.51,例如直径4英寸的侧向三通在C=150管道的当量长度为20/1.51=13.25英尺。

规范表10.1.6-1中关于U形过滤器和V形过滤器的数据来源《自动喷水灭火系统设计手册》。

表10.1.6-2数据来源于美国出版的《Fluid Flow Handbook》中的有关数据。

10.1.7 本条规定了水泵扬程或系统入口供水压力的计算方法。

本次规范制订考虑水泵扬程有1.20~1.40的安全系数是基于以下几个原因:一是工程施工时管道的折弯可能增加不少,二是工程设计时其他安全因素的考虑,如管道施工某种原因造成的局部截面缩小等。

10.1.8 本条规定了消防给水系统由市政直接供水时的压力确定原则。

10.1.9 本条规定了消防给水水力计算的原则。

我国以前规范和手册中对消火给水系统没有提供有关室内消火栓系统计算原则,规范组根据工程实践总结提出了室内消火栓系统环状管网简化为枝状管网的计算原则,其原因是国内消火栓系统均存在最小立管流量和转输流量的问题,故采用常规的给水管网的计算方法不合适,因此综合简化为枝状管网。

10.2 消火栓

10.2.1 消火栓的计算涉及栓口压力、充实水柱等有关数据计算,基本数据基本固定,所以目前国际上发达国家基本都简化为栓口压力,见本规范第7.4.12条条文说明,因此规范仅提供消火栓保护半径的计算。

65mm直径的水龙带转弯半径为1m,火灾时从消火栓到起火地点,建筑物可能有很多转弯,造成水龙带无法按直线敷设,而是波浪式敷设,于是水龙带的有效敷设距离会降低,转弯越多,造成的降低越多,因此规定宜根据转弯数量来确定系数,规定可取0.8~0.9。

10.3 减压计算

10.3.1 本条规定了对设置减压孔板管道前后直线管段的要求,减压孔板的最小尺寸和孔板的材质等。要求减压孔板采用不锈钢板制作,按常规确定的孔板厚度ϕ50mm~ϕ80mm时δ=3mm;ϕ100mm~ϕ150mm时,δ=6mm;ϕ=200mm时,δ=9mm。

10.3.2 本条规定了节流管的有关技术参数,其结构示意图见图3。

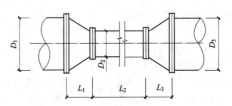

图3 节流管结构示意

技术要求:$L_1=D_1$ $L_3=D_3$

11 控制与操作

11.0.1 本条第1款为强制性条文,必须严格执行。本条规定了临时高压消防给水系统应在消防水泵房内设置控制柜或专用消防水泵控制室,并规定消防水泵控制柜在准工作状态时消防水泵应处于自动启泵状态。在我国大型社会活动工程调研和检查中,往往发现消防水泵处于手动启动状态,消防水泵无法自动启动,特别是对于自动喷水系统等自动水灭火系统,这会造成火灾扑救的延误和失败,为此本规范制订时规定临时高压消防给水系统必须能自动启动消防水泵,控制柜在准工作状态时消防水泵应处于自动启泵状态,目的是提高消防给水的可靠性和灭火的成功率,因此规定消防水泵平时应处于自动启泵状态。

有些自动水灭火系统的开式系统一旦误动作,其经济损失或社会影响很大时,应采用手动控制,但应保证有24h人工值班。如剧院的舞台,演出时灯光和焰火较多,火灾自动报警系统误动作发生的概率高,此时可采用人工值班手动启动。

11.0.2 本条为强制性条文,必须严格执行。在以往的工程实践中发现有的工程往往设置自动停泵控制要求,这样可能造成火灾扑救的失败或挫折,因火场消防水源的供给有很多补水措施,并不是设计1h～6h火灾延续时间的供水后就没有水了,如果突然自动关闭水泵也会给在现场火灾扑救的消防队员造成一定的危险,因此不允许消防自动停泵,只有管理权限的人员根据火灾扑救情况确定消防水泵的停泵。

具有管理权限的概念来自美国等发达国家的规范要求,我国现行国家标准《消防联动控制系统》GB 16806—2006第4.1节提出了消防联动控制分为四级的要求,并由相关人员执行,这一概念与本规范具有管理权限的人员基本一致,只是表述不同。

11.0.3 本条规定了消防水泵的启动时间。国家标准《建筑设计防火规范》GBJ 16—87规定8.2.8条注规定:低压消防给水系统,如不引起生产事故,生产用水可作为消防用水。但生产用水转为消防用水的阀门不应超过两个,开启阀门的时间不应超过5min。这被认为是消防水泵的启泵时间。现行国家标准《建筑设计防火规范》GB 50016—2006第8.6.9条规定消防水泵应保证在火警后30s内启动,这一数据是水泵供电正常的情况下的启动时间。发达国家的规范规定接到火警后5min内启动消防水泵。5min一般指是人工启动,自动启动通常是信号发出到泵达到正常转速后的时间在1min内,这包括最大泵的启动时间55s,但如果工作泵启动到一定转速后因各种原因不能投入,备用泵要启动还需要1min的时间,因此本规范规定自动启泵时间不应大于2min是合理的,因电源的转换时间为2s,因此水泵自动启动的时间应以备用泵的启动时间计。

11.0.4 本条规定了消防水泵自动启动信号的采集原则性技术规定。

国际上发达国家常用的启泵信号是压力和流量,其原因是可靠性高,水流指示器可靠性稍差,误动作概率稍高,我国在工程实践中也经常采用高位消防水箱的水位信号,但因高位消防水箱的水位信号有滞后现象,目前在工程中已经很少采用,但该信号可以作为报警信号。为此本次规范制订时规定采用压力开关和流量开关作为水泵启泵的信号。压力开关一般可采用电接点压力表、压力传感器等。

压力开关通常设置在消防水泵房的主干管道上或报警阀上,流量开关通常设置在高位消防水箱出水管上。

11.0.5 本条为强制性条文,必须严格执行。本条规定了消防水泵应具有手动和自动启动控制的基本功能要求,以确保消防水泵的可靠控制和适应消防水泵灭火和灾后控制,以及维修的要求。

11.0.7 本条第1款为强制性条文,必须严格执行。在消防控制室和值班室设置消防给水的控制和水源信号的目的是提高消防给水的可靠性。

1 为保证消防控制室启泵的可靠性,规定采用硬拉线直接启动消防水泵,以最大可能的减少干扰和风险。而采用弱电信号总线制的方式控制,有可能软件受病毒侵害等危险而导致无法动作;

2 显示消防水泵和稳压泵运行状态是监视其运行,以确保消防给水的可靠性;

3 消防水源是灭火必需的,有些火灾导致成灾主要原因是没有水,如某东北省会城市汽配城屋顶消防水箱没有水而烧毁,北京某家具城消防水池没有水而烧毁,因此规范制订时要求对消防水源的水位进行检测。当水位下降或溢流时能及时采取补水和维修进水阀等。

11.0.8 消防水泵和稳压泵设置就地启停泵按钮是便于维修时控制和应急控制。

11.0.9 本条为强制性条文,必须严格执行。消防水泵房内有压水管道多,一旦因压力过高如水锤等原因而泄漏,当喷泄到消防水泵控制柜时有可能影响控制柜的运行,导致供水可靠性降低,因此要求控制柜的防护等级不应低于IP55,IP55是防尘防射水。当控制柜设置在专用的控制室,根据国家现行标准,控制室不允许有管道穿越,因此消防水泵控制柜的防护等级可适当降低,IP30能满足防尘要求。

11.0.10 消防水泵控制柜在泵房内给水管道漏水或室外雨水等原因而被淹没导致不能启泵供水,降低系统给水可靠性;另外因消防水泵经常不运行,在高温潮湿环境中,空气中的水蒸气在电器元器件上结露,从而影响控制系统的可靠性,因此要求采取防潮的技术措施。

11.0.12 本条为强制性条文,必须严格执行。压力开关、流量开关等弱电信号和硬拉线是通过继电器来自动启动消防泵的,如果弱电信号因故障或继电器等故障不能自动或手动启动消防泵时,应依靠消防泵房设置的机械应急启动装置启动消防泵。

当消防水泵控制柜内的控制线路发生故障而不能使消防水泵自动启动时,若立即进行排除线路故障的修理会受到人员素质、时间上的限制,所以在消防发生的紧急情况下是不可能进行的。为此本条的规定使得消防水泵只要供电正常的条件下,无论控制线路如何都能被强制启动,以保证火灾扑救的及时性。

该机械应急启动装置在操作时必须由被授权的人员来进行,且此时从报警到消防水泵的正常运转的时间不应大于5min,这个时间可包含了管理人员从控制室至消防泵房的时间,以及水泵从启动到正常工作的时间。

11.0.13 消防水泵控制柜出现故障,而管理人员不在将影响火灾扑救,为此规定消防水泵控制柜的前面板的明显部位应设置紧急时打开柜门的钥匙装置,由有管理权限的人员在紧急时使用。

该钥匙装置在柜门的明显位置,且有透明的玻璃能看见钥匙。在紧急情况需要打开柜门时,必须由被授权的人员打碎玻璃,取出钥匙。

11.0.14 消防水泵直接启动可靠,因水泵电机功率大时在平时流量检测等工频运行,启动电流大而影响电网的稳定性,因此要求功率较大的采用星三角或自耦降压变压器启动。有源电器元件可能因电源的原因而增加故障率,因此规定不宜采用。

11.0.15 本条是根据试验数据和工程实践,提出了消防水泵启动时间。

11.0.19 本规范对临时高压消防给水系统的定义是能自动启动消防水泵,因此消火栓箱报警按钮启动消防水泵的必要性降低,另外消火栓箱报警按钮启泵投资大;目前我国居住小区、工厂企业等消防水泵是向多栋建筑给水,消火栓箱报警按钮的报警系统经常因弱电信号的损耗而影响系统的可靠性。因此本条如此规定。

12 施 工

12.1 一 般 规 定

12.1.1 本条为强制性条文,必须严格执行。本条对施工企业的资质要求作出了规定。

改革开放30多年来,消防工程施工企业发展很快,消防工程施工企业由无到有,并专业化发展至今,但我国近年来城市化和重化工的发展,对消防技术要求越来越高,消防工程施工安装必须由专业施工企业施工,并与其施工资质相符合。

施工队伍的素质是确保工程施工质量的关键,强调专业培训、考核合格是资质审查的基本条件,要求从事消防给水和消火栓系统工程施工的技术人员、上岗技术工人必须经过培训,掌握系统的结构、作用原理、关键组件的性能和结构特点、施工程序及施工中应注意的问题等专业知识,以确保系统的安装、调试质量,保证系统正常可靠地运行。

12.1.2 按消防给水系统的特点,对分部、分项工程进行划分。

12.1.3 施工方案和施工组织设计对指导工程施工和提高施工质量,明确质量验收标准很有效,同时监理或建设单位审查利于互相遵守,故提出要求。

按照《建设工程质量管理条例》精神,结合现行国家标准《建筑工程施工质量验收统一标准》GB 50300,抓好施工企业对项目质量的管理,所以施工单位应有技术标准和工程质量检测仪器、设备,实现过程控制。

12.1.4 本条规定了系统施工前应具备的技术、物质条件。

12.1.5 工程质量是由设计、施工、监理和业主等多方面组织管理实施的,施工单位的职责是按图施工,并保证施工质量,为保证工程质量,强调施工单位无权任意修改设计图纸,应按批准的工程设计文件和施工技术标准施工。

12.1.6 本条较具体规定了系统施工过程质量控制要求。

一是校对复核设计图纸是否同施工现场一致;二是按施工技术标准控制每道工序的质量;三是施工单位每道工序完成后除自检、专职质量检查员检查外,还强调了工序交接检查,上道工序还应满足下道工序的施工条件和要求;同样相关专业工序之间也应进行中间交接检验,使各工序和各相关专业之间形成一个有机的整体;四是工程完工后应进行调试,调试应按消防给水及消火栓系统的调试规定进行;五是规定了调试后的质量记录和处理过程;六是施工质量检查的组织原则;七是施工过程的记录要求。

12.1.8 对分部工程质量验收的人员加以明确,便于操作。同时提出了填写工程验收记录要求。

12.1.9 本条规定了仅设置DN25消火栓的施工验收原则。因其系统性差较为简单,为简化程序减少环节规定施工验收,按照现行国家标准《建筑给水排水及采暖工程施工质量验收规范》GB 50242。

12.2 进 场 检 验

12.2.1 本条规定了进场检验的内容,如主要设备、组件、管材管件和材料等。消防给水及消火栓系统的产品涉及消防专用产品、通用产品和市政专用产品3类。为保证产品质量,应有产品合格证和产品认证,且要求产品符合国家有关产品标准的规定。

1 本条第1款规定了施工前应对消防给水系统采用的主要设备、系统组件、管材管件及其他设备、材料等进行现场检查的基本内容。现场应检查其产品是否与设计选用的规格、型号及生产厂家相符,各种技术资料、出厂合格证、产品认证书等是否齐全;

2 消防水泵、消火栓、消防水带、消防水枪、消防软管卷盘、报警阀组、电动(磁)阀、压力开关、流量开关、消防水泵接合器、沟槽连接件等系统主要设备和组件是消防专用产品,应经国家消防产品质量监督检验中心检测合格;

3 稳压泵、气压水罐、消防水箱、自动排气阀、信号阀、止回阀、安全阀、减压阀、倒流防止器、蝶阀、闸阀、流量计、压力表、水位计等是通用产品,应经相应国家产品质量监督检验中心检测合格;

随着我国对消防给水和消火栓系统可靠性的要求提高,有些通用产品会逐步转化为消防专用产品,因此要求经过消防产品质量认证;

4 气压水罐、组合式消防水池、屋顶消防水箱、地下水取水和地表水取水设施,以及其附件等是市政给水专用设施,符合国家相关产品标准。

12.2.2 消防水泵和稳压泵的进场检验除符合现行国家标准《消防泵》GB 6245外,还应符合现行国家标准《离心泵技术条件(Ⅰ类)》GB/T 16907或《离心泵技术条件(Ⅱ类)》GB/T 5656等技术标准。

12.2.3 本条规定了消火栓箱、消火栓、水龙带、水枪和消防软管卷盘的产品质量检验标准和要求。

12.2.4 本条规定了自动喷水喷头、泡沫喷头、消防炮等专用消防产品的检验应符合现行的国家规范的要求。

12.3 施 工

12.3.1 本条主要对消防水泵、水箱、水池、气压给水设备、水泵接合器等几类供水设施的安装作出了具体的要求和规定。

由于施工现场的复杂性,浮土、麻绳、水泥块、铁块、钢丝等杂物非常容易进入管道和设备中。因此消防给水系统的施工要求更高,更应注意清洁施工,杜绝杂物进入系统。例如1985年,某设计研究院曾在某厂做雨淋系统灭火强度试验,试验现场管道发生严重堵塞,使用了150t水冲洗,都冲洗不净。最后只好重新拆装,发现石块、焊渣等物卡在管道拐弯处、变径处,造成水流明显不畅。另一项目发现消防水池充水前根本没有清扫和冲洗,致使消防水泵的吸水口被堵塞。因此本条强调安装中断时敞口处应做临时封闭,以防杂物进入未安装完毕的管道与设备中。

12.3.2 规定了消防水泵的安装技术规则。

1 本条对消防水泵安装前的要求作出了规定。为确保施工单位和建设单位正确选用设计中选用的产品,避免不合格产品进入消防给水系统,设备安装和验收时注意检验产品合格证和安装使用说明书及其产品质量是非常必要的。如某工地安装的水泵是另一工地的配套产品,造成施工返工,延误工期,带来不必要的经济损失;

2 安装前应对基础等技术参数进行校核,避免安装出现问题重新安装;

3 消防水泵是通用机械产品,其安装要求直接采用现行国家标准《机械设备安装工程施工及验收通用规范》GB 50231和《风机、压缩机、泵安装工程施工及验收规范》GB 50275的有关规定;

4 安装前校核设备之间及与墙壁等的间距,为安装运行和维修创造条件;

5 吸水管上安装控制阀是便于消防水泵的维修。先固定消防水泵,然后再安装控制阀门,以避免消防水泵承受应力;

6 当消防水泵和消防水池位于独立基础上时,由于沉降不均匀,可能造成消防水泵吸水管产生内应力,最终应力加在消防水泵上,将会造成消防水泵损坏。最简单的解决方法是加一段柔性连接管;

7 消防水泵吸水管安装若有倒坡现象则会产生气囊,采用大小头与消防水泵吸水口连接,如果是同心大小头,则在吸水管上部有倒坡现象存在。异径管的大小头上部会存留从水中析出的气体,因此应采用偏心异径管,且要求吸水管的上部保持平接见图4;

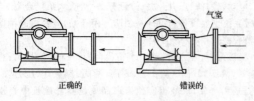

图 4　正确和错误的水泵吸水管安装示意

　　8　压力表的缓冲装置可以是缓冲弯管,或者是微孔缓冲水囊等方式,既可保护压力表,也可使压力表指针稳定;

　　9　对消防水泵隔振和柔性接头提出性能要求。

12.3.3　本条对天然水源取水口、地下水井、消防水池和消防水箱安装施工作了技术规定。

12.3.4、12.3.5　对消防气压水罐和稳压泵的安装要求作了技术规定。

　　气压水罐和稳压泵都是消防给水系统的稳压设施,不是供水设施。

　　稳压泵和气压水罐的安装主要为确保施工单位和建设单位正确选用设计中选用的产品,避免不合格产品进入消防给水系统,设备安装和验收时注意检验产品合格证及安装使用说明书及其产品质量是非常必要的。而且要求稳压泵安装直接采用现行国家标准《机械设备安装工程施工及验收通用规范》GB 50231、《风机、压缩机、泵安装工程施工及验收规范》GB 50275 的有关规定。

12.3.6　本条给出了消防水泵接合器的安装技术要求。

　　消防水泵接合器是除消防水池、高位消防水箱外的第三个向水灭火设施供水的消防水源,是消防队的消防车车载移动泵供水接口。

　　1　本款规定了消防水泵接合器的组成和安装程序;

　　2　规定了消防水泵接合器的位置应符合设计要求;

　　3、4　消防水泵接合器主要是消防队在火灾发生时向系统补充水用的。火灾发生后,十万火急,由于没有明显的类别和区域标志,关键时刻找不到或消防车无法靠近消防水泵接合器,不能及时准确补水,造成不必要的损失,这种实际教训是很多的,失去了设置消防水泵接合器的作用;

　　5　墙壁消防水泵接合器安装位置不宜低于 0.7m 是考虑消防队员将水龙带对接消防水泵接合器口时便于操作提出的,位置过低,不利于紧急情况下的对接。国家标准图集《消防水泵接合器安装》99S203 中,墙壁式消防水泵接合器离地距离为 0.7m,设计中多按此预留孔洞,本次修订将原来规定的 1.1m 改为 0.7m 是为了协调统一;

　　6　为与现行国家标准《建筑设计防火规范》GB 50016 相关条文适应,消防水泵接合器与门、窗、孔、洞保持不小于 2.0m 的距离。主要从两点考虑:一是火灾发生时消防队员能靠近对接,避免火舌从孔洞处燎伤队员;二是避免消防水龙带被烧坏而失去作用;

　　7　规定了消防水泵接合器的可到达性,并应在施工中进一步确认;

　　8　对消防水泵接合器井的排水设施的规定。

12.3.7　本条规定了市政和室外消火栓的安装技术要求。

12.3.8　本条规定了市政消防水鹤的安装技术要求。

12.3.9　本条规定了室内消火栓及消防软管卷盘或轻便水龙的安装技术要求。

　　消火栓栓口的安装高度,国家标准《建筑设计防火规范》GB 50016—2006 第 8.4.3 条规定室内消火栓应设置在位置明显且易于操作的部位。栓口离地面或操作基面高度宜为 1.1m。国家标准《高层民用建筑设计防火规范》GB 50045—95 规定也是如此。美国等最新规范规定消火栓的安装高度,消火栓栓口距地面为 0.9m～1.5m 高。消火栓栓口的安装高度主要是便于火灾时快速连接消防水龙带,这个高度是消防队员站立操作的最佳高度。

12.3.10　本条规定了消火栓箱的安装技术要求。

12.3.11　本条给出了消防给水系统管道连接的方式,和相应的技术规定。

　　法兰连接时,如采用焊接法兰连接,焊接后要求必须重新镀锌或采用其他有效防锈蚀的措施,法兰连接采用螺纹法兰可不要二次镀锌。焊接后应重新镀锌再连接,因焊接时破坏了镀锌钢管的镀锌层,如不再镀锌或采取其他有效防腐措施进行处理,必然会造成加速焊接处的腐蚀进程,影响连接强度和寿命。螺纹法兰连接,要求预测对接位置,是因为螺纹紧固后,工程施工经验证明,一旦改变其紧固状态,其密封处,密封性将受到影响,大都在连接后,因密封性能达不到要求而返工。

12.3.12　本条规定了沟槽连接件连接的技术规定。

　　我国 1998 年成功开发了沟槽式管件,很快在工程中被采用,目前已经在生产、生活给水以及消火栓等系统中广泛应用。沟槽式管件在我国应用已经有十多年的历史,目前是成熟技术,其优点是施工、维修方便,强度密封性能好、占据空间小,美观等。

　　沟槽式管件连接施工时的技术要求,主要是参考生产厂家提供的技术资料和总结工程施工操作中的经验教训的基础上提出的。沟槽式管件连接施工时,管道的沟槽和开孔应用专用的滚槽机、开孔机进行加工,应按生产厂家提供的数据,检查沟槽和孔口尺寸是否符合要求,并清除加工部位的毛刺和异物,以免影响连接后的密封性能,或造成密封圈损伤等隐患。若加工部位出现破损性裂纹,应切掉重新加工沟槽,以确保管道连接质量。加工沟槽发现管内外镀锌层损伤,如开裂、掉皮等现象,这与管道材质、镀锌质量和滚槽速度有关,发现此类现象可采用冷喷锌罐进行喷锌处理。

　　机械三通、机械四通连接时,干管和支管的口径应有限制的规定,如不限制开孔尺寸,会影响干管强度,导致管道弯曲变形或离位。

12.3.17　本条规定了埋地消防给水管道的管材和连接方式,以及基础支墩的技术规定。

　　从日本和我国汶川地震的资料看,灰口铸铁管、混凝土管等抗震性能差,刚性连接的管道抗震性能差,因此强调金属管道采用柔性连接。汶川地震的一些资料表明有一定可伸缩性的塑料管抗震性能良好,因此建议采用钢丝网塑料管。

　　本条规定当无设计要求时管道三通或转弯处应设置混凝土支墩,目的是加强消防给水管道的可靠性,原因是在一些工程中出现管道在三通或转弯处脱开或断裂。

12.3.20　本条对管道的支架、吊架、防晃支架安装作了技术性的规定。

　　本条主要目的是为了确保管网的强度,使其在受外界机械冲撞和自身水力冲击时也不至于损伤。

12.3.23　本条规定了地震烈度在 7 度及 7 度以上时室内管道抗震保护的技术要求。

12.3.24　本条规定了架空消防管道的着色要求。

　　目的是为了便于识别消防给水系统的供水管道,着红色与消防器材色标规定相一致。在安装消防给水系统的场所,往往是各种用途的管道排在一起,且多而复杂,为便于检查、维护,做出易于辨识的规定是必要的。规定红圈的最小间距和环圈宽度是防止个别工地仅做极少的红圈,达不到标识效果。

12.3.26　本条给出了减压阀安装的技术规定。

　　本条对可调式减压阀、比例式减压阀的安装程序和安装技术要求作了具体规定。改革开放以来,我国基本建设发展很快,近年来,各种高层、多功能式的建筑愈来愈多,为满足这些建筑对给排水系统的需求,给排水领域的新产品开发速度很快,尤其是专用阀门,如减压阀,新型泄压阀和止回阀等。这些新产品开发成功后,很快在工程中得到推广应用。在消防给水及消火栓系统工程中也已采用,纳入规范是适应国内技术发展和工程需要。

　　本条规定,减压阀安装应在系统供水管网试压、冲洗合格后进行,主要是为防止冲洗时对减压阀内部结构造成损伤、同时避免管道中杂物堵塞阀门、影响其功能。对减压阀在安装前应做的主要技术准备工作提出了要求。其目的是防止把不符合设计要求和自身存在质量隐患的阀门安装在系统中，避免工程返工，消除隐患。

减压阀的性能要求水流方向是不能变的。比例式减压阀，如果水流方向改变了，则把减压变成了升压；可调式减压阀如果水流方向反了，则不能工作，减压阀变成了止回阀，因此安装时，必须严格按减压阀指示的方向安装。并要求在减压阀进水侧安装过滤网，防止管网中杂物流进减压阀内，堵塞减压阀先导阀通路，或者沉积于减压阀内活动件上，影响其动作，造成减压阀失灵。减压阀前后安装控制阀，主要是便于维修和更换减压阀，在维修、更换减压阀时，减少系统排水时间和停水影响范围。

可调式减压阀的导阀，阀门前后压力表均在阀门阀盖一侧，为便于调试、检修和观察压力情况，安装时阀盖应向上。

比例式减压阀的阀芯是柱体活塞式结构，工作时定位密封是靠阀芯外套的橡胶密封圈与阀体密封的。垂直安装时，阀芯与阀体密封接触面和受力较均匀，有利于确保其工作性能的可靠性和延长使用寿命。如水平安装，其阀芯与阀体由于重力的原因，易造成下部接触较紧，增加摩擦阻力，影响其减压效果和使用寿命。如水平安装时，单呼吸孔应向下，双呼吸孔应成水平，主要是防止外界杂物堵塞呼吸孔，影响其性能。

安装压力表，主要为了调试时能检查减压阀的减压效果，使用中可随时检查供水压力，减压阀减压后的压力是否符合设计要求，即减压阀工作状态是否正常。

12.3.27 本条给出了控制柜安装的技术规定。

12.4 试压和冲洗

12.4.1 本条第1款为强制性条文，必须严格执行。本条给出了消防给水系统和消火栓系统试压和冲洗的一般技术规定。

1 强度试验实际是对系统管网的整体结构、所有接口、管道支吊架、基础支墩等进行的一种超负荷考验。而严密性试验则是对系统管网渗漏程度的测试。实践表明，这两种试验都是必不可少的，也是评定其工程质量和系统功能的重要依据。管网冲洗，是防止系统投入使用后发生堵塞的重要技术措施之一；

2 水压试验简单易行，效果稳定可信。对于干式、干湿式和预作用系统来讲，投入实施运行后，既要长期承受带压气体的作用，火灾期间又要转换成临时高压水系统，由于水与空气或氮气的特性差异很大，所以只做一种介质的试验，不能代表另一种试验的结果；

在冰冻季节期间，对水压试验应慎重处理，这是为了防止水在管网内结冰而引起爆管事故。

3 无遗漏地拆除所有临时盲板，是确保系统能正常投入使用所必须做到的。但当前不少施工单位往往忽视这项工作，结果带来严重后患，故强调必须与原来记录的盲板数量核对无误。按本规范表C.0.2填写消防给水系统试压记录表，这是必须具备的交工验收资料内容之一；

4 系统管网的冲洗工作如能按照此合理的程序进行，即可保证已被冲洗合格的管段，不致因对后面管段的冲洗而再次被弄脏或堵塞。室内部分的冲洗顺序，实际上是使冲洗水流方向与系统灭火时水流方向一致，可确保其冲洗的可靠性；

5 如果在试压合格后又发现埋地管道的坐标、标高、坡度及管道基础、支墩不符合设计要求而需要返工，势必造成返修完成后的再次试验，这是应该避免也是可以避免的。在整个试压过程中，管道的改变方向、分出支管部位和末端处所承受的推力约为其正常工作状况时的1.5倍，故必须达到设计要求才行；

对试压用压力表的精度、量程和数量的要求，系根据现行国家标准《工业金属管道工程施工规范》GB 50235的有关规定而定。

首先编制详细周到、切实可行的试压冲洗方案。并经施工单位技术负责人审批，可以避免试压过程中的盲目性和随意性。试压

应包括分段试验和系统试验，后者应在系统冲洗合格后进行。系统的冲洗应分段进行，事前的准备工作和事后的收尾工作，都必须有条不紊地进行，以防止任何疏忽大意而留下隐患。对不能参与试压的设备、仪表、阀门及附件应加以隔离或拆除，使其免遭损伤。要求在试压前记录下所加设的临时盲板数量，是为了避免在系统复位时，因遗忘而留下少数临时盲板，从而给系统的冲洗带来麻烦，一旦投入使用，其灭火效果更是无法保证。

6 带压进行修理，既无法保证返修质量，又可能造成部件损坏或发生人身安全事故及造成水害，这在任何管道工程的施工中都是绝对禁止的；

7 水冲洗简单易行，费用低、效果好。系统的仪表若参与冲洗，往往会使其密封性遭到破坏或杂物沉积影响其性能；

8 水冲洗时，冲洗水流速度可高达3m/s，对管网改变方向、引出分支管部位、管道末端等处，将会产生较大的推力，若支架、吊架的牢固性欠佳，即会使管道产生较大的位移、变形，甚至断裂；

9 若不对这些设备和管段采取有效的方法清洗，系统复位后，该部分所残存的污物便会污染整个管网，并可能在局部造成堵塞，使系统部分或完全丧失灭火功能；

10 冲洗大直径管道时，对死角和底部应进行敲打，目的是震松死角处和管道底部的杂质及沉淀物，使它们在高速水流的冲刷下呈漂浮状态而被带出管道；

11 这是对系统管网的冲洗质量进行复查，检验评定其工程质量，也是工程交工验收所必须具备资料之一，同时应避免冲洗合格后的管道再造成污染；

12 规定采用符合生活用水标准的水进行冲洗，可以保证被冲洗管道的内壁不致遭受污染和腐蚀。

12.4.3 水压试验的测试点选在系统管网的低点，与系统工作状态的压力一致，可客观地验证其承压能力；若设在系统高点，则无形中提高了试验压力值，这样往往会使系统管网局部受损，造成试压失败。检查判定方法采用目测，简单易行，也是其他国家现行规范常用的方法。

12.4.5 环境温度低于5℃时有可能结冰，如果没有防冻措施，便有可能在试压过程中发生冰冻，试验介质就会因体积膨胀而造成爆管事故，因此低于5℃时试压成本高。

12.4.6 参照发达国家规范相关条文改写而成。系统的水源干管、进户管和室内地下管道，均为系统的重要组成部分，其承压能力、严密性均应与系统的地上管网等同，而此项工作常被忽视或遗忘，故需作出明确规定。

12.4.7 本条参照美国等发达国家规范的相关规定。要求系统经历24h的气压考验，因漏气而出现的压力下降不超过0.01MPa，这样才能使系统为保持正常气压而不需要频繁地启动空气压缩机组。

12.4.8 水冲洗是消防给水系统工程施工中一个重要工序，是防止系统堵塞、确保系统灭火效率的措施之一。本规范制订过程中，对水冲洗的方法和技术条件曾多次组织专题研讨、论证。原国家规范规定的水冲洗的水流流速不宜小于3m/s及相应流量。据调查，在规范实施中，实际工程基本上没有按此要求操作，其主要原因是现场条件不允许，搞专门的冲洗供水系统难度较大；一般工程均按系统设计流量进行冲洗，按此条件冲洗清出杂物合格后的系统，是能确保系统在应用中供水管网畅通，不发生堵塞。

12.4.9 明确水冲洗的水流方向，有利于确保整个系统的冲洗效果和质量，同时对安排被冲洗管段的顺序也较为方便。

12.4.11 从系统中排出的冲洗用水，应该及时而顺畅地进入临时专用排水管道，而不应造成任何水害。临时专用排水管道可以现场临时安装，也可采用消火栓水龙带作为临时专用排水管道。本条还对排放管道的截面面积有一定要求，这种要求与目前我国工业管道冲洗的相应要求是一致的。

12.4.12 规定了埋地管与地上管连接前的冲洗技术规定。

16

3

3

16—53

12.4.13、12.4.14 系统冲洗合格后，及时将存水排净，有利于保护冲洗成果。如系统需经长时间才能投入使用，则应用压缩空气将其管壁吹干，并加以封闭，这样可以避免管内生锈或再次遭受污染。

13 系统调试与验收

13.1 系 统 调 试

13.1.1 只有在系统已按照设计要求全部安装完毕、工序检验合格后，才可能全面、有效地进行各项调试工作。系统调试的基本条件，要求系统的水源、电源、气源、管网、设备等均按设计要求投入运行，这样才能使系统真正进入准工作状态，在此条件下，对系统进行调试所取得的结果，才是真正有代表性和可信度。

13.1.2 系统调试内容是根据系统正常工作条件、关键组件性能、系统性能等来确定的。本条规定系统调试的内容：水源（高位消防水池、消防水池和高位消防水箱，以及水塘、江河湖海等天然水源）的充足可靠与否，直接影响系统灭火功能；消防水泵对临时高压系统来讲，是扑灭火灾时的主要供水设施；稳压泵是维持系统充水和自动启动系统的重要保障措施；减压阀是系统的重要阀门，其可靠性直接影响系统的可靠性；消火栓的减压孔板或减压装置等调试；自动控制的压力开关、流量开关和水位仪开关等探测器的调试；干式消火栓系统的报警阀为系统的关键组成部件，其动作的准确、灵敏与否，直接关系到灭火的成功率应先调试；排水装置是保证系统运行和进行试验时不致产生水害和水渍损失的设施；联动试验实为系统与自控控制探测器的联锁动作试验，它可反映出系统各组成部件之间是否协调和配套。

另外对于天然水源的消防取水口，宜考虑消防车取水的试验和验证。

13.1.3 本条对水源测试要求作了规定。

　　1 高位消防水箱、消防水池和高位消防水池为系统常备供水设施，消防水箱始终保持系统投入灭火初期10min的用水量，消防水池或高位消防水池储存系统总的用水量，三者都是十分关键和重要的。对高位消防水箱、高位消防水池还应考虑到它的容积、高度和保证消防储水量的技术措施等，故应做全面核实；

另外当有水塘、江河湖海等作为消防水源时应验证水源的枯水位和洪水位、常水位的流量，验证的方式是根据水文资料和统计数据，并宜考虑消防车取水的直接验证，并确定是否满足消防要求。

　　2 当消防水泵从市政管网吸水时应测试市政给水管网的供水压力和流量，以便确认是否能满足消防和生产、生活的需要；

　　3 消防水泵接合器是系统在火灾时供水设备发生故障，不能保证供给消防用水时的临时供水设施。特别是在室内消防水泵的电源遭到破坏或被保护建筑物已形成大面积火灾，灭火用水不足时，其作用更显得突出，故必须通过试验来验证消防水泵接合器的供水能力；

　　4 当采用地下水井作为消防水源时应确认常水位和出水量。

13.1.4 消防水泵启动时间是指从电源接通到消防水泵达到额定工况的时间，应为20s～55s之间。通过试验研究，水泵电机功率不大于132kW时启泵时间为30s以内，但通常大于20s，当水泵电机功率大于132kW时启泵时间为55s以内，所以启动消防水泵的时间在20s～55s之间是可行的。而柴油机泵比电动泵延长10s时间。

电源之间的转换时间，国际电工规定的时间为0s、2s和15s等不同的等级，一般涉及生命安全的供电如医院手术和重症护理等要求0s转换，消防也是涉及生命安全，但要求没有那样高，适当降低，为此本规范规定为2s转换，所以消防水泵在备用电源切换的情况下也能在60s内自动启动。

要求测试消防水泵的流量和压力性能主要是确认消防水泵能否满足系统要求，提高系统的可靠性。

13.1.5 稳压泵的功能是使系统能保持准工作状态时的正常水压。稳压泵的额定流量，应当大于系统正常的漏水量，泵的出口压力应当是维护系统所需的压力，故它应随着系统压力变化而自动开启和停车。本条规定是根据稳压泵的启停功能提出的要求，目的是保证系统合理运行，且保护稳压泵。

13.1.6 本条是对干式报警阀调试提出的要求。

干式消火栓系统是采用自动喷水系统干式报警阀或电动阀来实现系统自动控制的，其功能是接通水源、启动水力警铃报警、防止系统管网的水倒流，干式报警阀压力开关直接自动启动消防水泵。按照本条具体规定进行试验，即可有效地验证干式报警阀及其附件的功能是否符合设计和施工规范要求，同时验证干式系统充水时间是否满足本规范规定的5min充水时间。

干式报警阀后管道的容积符合设计要求，并满足充水时间的要求。

干式报警阀是比例阀，其水侧的压力是气侧压力的3倍～5倍，如果系统气侧压力设计不合理可能导致干式报警阀推迟开启，或者打不开，为此调试时应严格验证。

13.1.7 本条规定了减压阀调试的原则性技术要求。

我国已经进入城市化快速车道，为减少占用地面积，高层建筑迅速发展，在高层建筑内为节省空间很多场所采用减压阀，但减压阀特别是消防给水系统所用减压阀长期不用，其可靠性必须验证，为此规定了减压阀的试验验收技术规定。

13.1.8 本条规定了消火栓调试和测试的技术规定。

13.1.9 本条规定了消防排水的验收的技术要求。

调查结果表明，在设计、安装和维护管理上，忽视消防给水系统排水装置的情况较为普遍。已投入使用的系统，有的试水装置被封闭在天棚内，根本未与排水装置接通，有的报警阀处的放水阀也未与排水系统相接，因而根本无法开展对系统的常规试验或放空。现作出明确规定，以引起有关部门充分重视。

在消防系统调试验收、日常维护管理中，消防给水系统的试排水是很重要的,不能因消防系统的试验和调试排水影响建(构)筑物的使用。

13.1.10 本条规定了消防给水系统控制柜的调试和测试技术要求。

13.1.11 本条是对消防给水系统和消火栓系统联动试验的要求。

自动喷水系统的联动试验见现行国家标准《自动喷水灭火系统施工及验收规范》GB 50261 的有关规定。消防炮灭火系统见国家相关的规范,泡沫灭火系统见现行国家标准《泡沫灭火系统施工及验收规范》GB 50281,本规范没有规定的均应见相应的国家规范。

1 干式消火栓系统联动试验时,打开试验消火栓排气,干式报警阀应打开,水力警铃发出报警铃声,压力开关动作,启动消防水泵并向消防控制中心发出火警信号;

2 在消防水泵房打开试验排水管,管网压力降低,消防水泵出水干管上低压压力开关动作,自动启动消防水泵;消防给水系统的试验管放水或高位消防水箱排水管放水,高位消防水箱出水管上的流量开关动作自动启动消防水泵。

高位消防水箱出水管上设置的流量开关的动作流量应大于系统管网的泄流量。

通过上述试验,可验证系统的可靠性是否达到设计要求。

13.2 系统验收

13.2.1 本条为强制性条文,必须严格执行。本条对消防给水系统和消火栓系统工程验收及要求作了原则性规定。

竣工验收是消防给水系统和消火栓系统工程交付使用前的一项重要技术工作。制定统一的验收标准,对促进工程质量,提高我国的消防给水系统施工有着积极的意义。为确保系统功能,把好竣工验收关,强调工程竣工后必须进行竣工验收,验收不合格不得投入使用。切实做到投资建设的系统能充分起到扑灭火灾、保护人身和财产安全的作用。消防水源是水消防设施的心脏,如果存在问题,不能及时采取措施,一旦发生火灾,无水灭火、控火,贻误战机,造成损失。所以必须进行检查试验,验收合格后才能投入使用。

13.2.2 本条对消防给水系统和消火栓系统工程施工及验收所需要的各种表格及其使用作了基本规定。

13.2.3 本条规定的系统竣工验收应提供的文件也是系统投入使用后的存档材料,以便今后对系统进行检修、改造时用,并要求有专人负责维护管理。

13.2.4 本条对系统供水水源进行检查验收的要求作了规定。因为消防给水系统灭火不成功的因素中,水源不足、供水中断是主要因素之一,所以这一条对三种水源情况既提出了要求,又要实际检查是否符合设计和施工验收规范中关于水源的规定,特别是利用天然水源作为系统水源时,除水量应符合设计要求外,水质必须无杂质、无腐蚀性,以防堵塞管道、喷头,腐蚀管道等,即水质应符合工业用水的要求。对于个别地方,用露天水池或河水作临时水源时,为防止杂质进入消防水泵和管网,影响喷头布水,需在水源进入消防水泵前的吸水口处,设有自动除渣功能的固液分离装置,而不能用格栅除渣,因格栅被杂质堵塞后,易造成水源中断。如成都某宾馆的消防水池是露天水池,池中有水草等杂质,消防水泵启动后,因水泵吸水量大,杂质很快将格栅堵死,消防水泵因进水量严重不足,而达不到灭火目的。

13.2.5 在消防给水系统工程竣工验收时,有不少系统消防水泵房设在地下室,且出口不便,又未设放水阀和排水措施,一旦安全阀损坏,泵房有被水淹没的危险。另外,对泵进行启动试验时,有些系统未设放水阀,不便于进行维修和试验,有些将试水阀和出水口均放在地下泵房内,无法进行试验,所以本条规定的主要目的是防止以上情况出现。

13.2.6 本条验收的目的是检验消防水泵的动力和自动控制等可靠程度。即通过系统动作信号装置,如压力开关按键等能否启动消防水泵,主、备电源切换及启动是否安全可靠。

13.2.11 本条提出了干式报警阀的验收技术条款。

报警阀组是干式消火栓系统的关键组件,验收中常见的问题是控制阀安装位置不符合设计要求,不便操作,有些控制阀无试水口和试水排水措施,无法检测报警阀处压力、流量及警铃动作情况。对于使用闸阀又无锁定装置,有些闸阀处于半关闭状态,这是很危险的。所以要求使用闸阀时需有锁定装置,否则应使用信号阀代替闸阀。

警铃设置位置,应靠近报警阀,使人们容易听到铃声。距警铃3m 处,水力警铃喷嘴处压力不小于 0.05MPa 时,其警铃声强度应不小于 70dB。

13.2.12 系统管网检查验收内容,是针对已安装的消防给水系统通常存在的问题而提出的。如有些系统用的管径、接头不合规定,甚至管网未支撑固定等;有的系统处于有腐蚀气体的环境中而无防腐措施;有的系统冬天最低气温低于 4℃ 也无保温防冻措施,有些系统最末端或竖管最上部没有设排气阀,往往在试水时产生强烈晃动甚至拉坏管网支架,充水调试难以达到要求;有些系统的支架、吊架、防晃支架设置不合理、不牢固,试水时易被损坏;有的系统上接消火栓或接洗手水龙头等。这些问题,看起来不是什么严重问题,但会影响系统控火、灭火功能,严重的可能造成系统在关键时不能发挥作用,形同虚设。本条作出的 7 款验收内容,主要是防止以上问题发生,而特别强调要进行逐项验收。

13.2.13 本条规定了消火栓验收的技术要求。

如室外消火栓除考虑保护半径 150m 和间距 120m 外,还应考虑火灾扑救的使用方便,且在平时不妨碍交通,并考虑防撞等措施;如室内消火栓的布置不仅是 2 股或 1 股水柱同时到达任何地点,还应考虑室内火灾扑救的工艺和进攻路线,尽可能地为消防队员提高便利的火灾扑救条件。如有的消火栓布置在死角,消防队员不便使用,另外有的消火栓布置地点影响平时的交通和通行,也是不合理的,因此工程设计时应全面兼顾消防和平时的关系;消火栓最常见的违规问题是布置,特别是进行施工设计时,没有考虑消防作战实际情况,致使不少消火栓在消防作战不能取用,所以验收时必须检查消火栓布置情况。

13.2.14 凡设有消防水泵接合器的地方均应进行充水试验,以防止回阀方向装错。另外,通过试验,检验通过水泵接合器供水的具体技术参数,使末端试水装置测出的流量、压力达到设计要求,以确保系统在发生火灾时,需利用消防水泵接合器供水时,能达到控火、灭火目的。验收时,还应检验消防水泵接合器数量及位置是否正确,使用是否方便。

另外对消防水泵接合器验收时应考虑消防车的最大供水能力,以便在建构筑物的消防应急预案设计时能提供消防救援的合理设计,为预防火灾进一步扩大起着积极的作用。

13.2.15 消防给水系统的流量、压力的验收应采用专用仪表测试流量和压力是否符合要求。

13.2.18 本条是根据我国多年来,消防监督部门、消防工程公司、建设方在实践中总结出的经验,为满足消防监督、消防工程质量验收的需要而制定的。参照建筑工程质量验收标准、产品标准,把工程中不符合相关标准规定的项目,依据对消防给水系统和消火栓系统的主要功能"喷水灭火"影响程度划分为严重缺陷项、重缺陷项、轻缺陷项三类;根据各类缺陷项统计数量,对系统主要功能影响程度,以及国内消防给水系统和消火栓系统施工过程中的实际情况等,综合考虑几方面因素来确定工程合格判定条件。

严重缺陷不合格项不允许出现,重缺陷不合格项允许出现10%,轻缺陷不合格项允许出现 20%,据此得到消防给水系统和消火栓系统合格判定条件。

14 维护管理

14.0.1 维护管理是消防给水系统能否正常发挥作用的关键环节。水灭火设施必须在平时的精心维护管理下才能在火灾时发挥良好的作用。我国已有多起特大火灾事故发生在安装有消防给水系统的建筑物内,由于消防给水系统和水消防设施不符合要求或施工安装完毕投入使用后,没有进行日常维护管理和试验,以致发生火灾时,事故扩大,人员伤亡,损失严重。

14.0.2 维护管理人员掌握和熟悉消防给水系统的原理、性能和操作规程,才能确保消防给水系统的运行安全可靠。

14.0.3 消防水源包括市政给水、消防水池、高位消防水池、高位消防水箱、水塘水库以及江河湖海和地下水等,每种水源的性质不同,检测和保证措施不同。水源的水量、水压有无保证,是消防给水系统能否起到应有作用的关键。

由于市政建设的发展,单位建筑的增加,用水量变化等等,市政供水水源的供水能力也会有变化。因此,每年应对水源的供水能力测定一次,以便不能达到要求时,及时采取必要的补救措施。

地下水井因地下水位的变化而影响供水能力,因此应一定的时期内检测地下水井的水位。

天然水源因气候变化等原因而影响其枯水位、常年水位和洪水位,同时其流量也会变化,为此应定期检测,以便保证消防供水。

14.0.4 消防水泵和稳压泵是供给消防用水的关键设备,必须定期进行试运转,保证发生火灾时启动灵活、不卡壳,电源或内燃机驱动正常,自动启动或电源切换及时无故障。

14.0.5 减压阀为消防给水系统中的重要设施,其可靠性将影响系统的正常运行,因其密封又可能存在慢渗水,时间一长可能造成阀前后压力接近,为此应定期试验。

另外因减压阀的重要性,必须定期进行试验,检验其可靠性。

14.0.6 本条规定了阀门的检查和维护管理规定。

14.0.10 消防水池和水箱的维护结构可能因腐蚀或其他原因而损坏,因此应定期检查发现问题及时维修。

14.0.14 天然水源中有很多生物,如螺蛳等贝类水中生物能附着在管道内,影响过水能力,为此强调应采取措施防止水生物的繁殖。

14.0.15 消防给水系统维修期间必须通知值班人员,加强管理以防止维修期间发生火灾。

中华人民共和国国家标准

门和卷帘的耐火试验方法

Fire resistance tests—Door and shutter assemblies
（ISO 3008：2007，MOD）

GB/T 7633—2008

施行日期：２００９年５月１日

目　　次

17

前　言

本标准修改采用 ISO 3008：2007《耐火试验　门和卷帘总成》（英文版）。

本标准根据 ISO 3008：2007 重新起草。为了方便比较，在资料性附录 A 中列出了本标准章条编号与 ISO 3008：2007 章条编号对照一览表。

考虑到我国国情，本标准在采用 ISO 3008：2007 时进行了修改。有关技术性差异已编入正文中并在它们所涉及条款的页边空白处用垂直单线标识。在资料性附录 B 中给出了这些技术性差异及原因的一览表以供参考。

为便于使用，对于 ISO 3008：2007 本标准还做了下列编辑性修改：

——"本国际标准"一词改为"本标准"；

——用小数点"."代替作为小数点的逗号","；

——删除 ISO 3008：2007 的前言和引言。

本标准代替 GB/T 7633—1987《门和卷帘的耐火试验方法》。

本标准与 GB/T 7633—1987 比较主要变化如下：

——增加了"注意"的内容，提示本标准的使用者应注意的事宜（本版"范围"前）；

——增加了"范围"一章，进一步明确了标准的适用对象（本版第 1 章）；

——增加了"规范性引用文件"（本版第 2 章）；

——增加了"术语与定义"（本版第 3 章）；

——修改了试验设备的要求（1987 版第 1 章；本版第 4 章）；

——修改了试验条件（1987 版第 2 章、第 3 章；本版第 5 章）；

——修改了试件要求，并对相关条款重新进行了编排（1987 版第 4 章；本版第 6 章）；

——增加了"试件设计"（见 6.3）；

——增加了"核查"（见 6.5）；

——修改了试件安装要求，并单独编为一章（1987 版的 4.4；本版第 7 章）；

——将养护要求改为调整，并单独编为一章（1987 版的 4.5；本版第 8 章）；

——增加了"测量仪表的应用"（对 1987 版第 6 章进行了修改，编为本版第 9 章）；

——修改了试验程序（1987 版第 5 章；本版第 10 章）；

——修改了判定条件（1987 版第 7 章；本版第 11 章）；

——修改了试验报告内容要求（1987 版第 8 章；本版第 12 章）；

——增加了"试验结果的直接应用范围"（见第 13 章）；

——增加了资料性附录"本标准章条编号与 ISO 3008：2007 章条编号对照表"（参见附录 A）；

——增加了资料性附录"本标准与 ISO 3008：2007 技术性差异及原因"（参见附录 B）；

——增加了规范性附录"支承结构的养护要求"（见附录 C）；

——增加了资料性附录"利用表面温度和斯蒂芬-玻尔兹曼定律评估辐射热通量"（参见附录 D）。

本标准的附录 C 为规范性附录，附录 A、附录 B、附录 D 为资料性附录。

本标准由中华人民共和国公安部提出。

本标准由全国消防标准化技术委员会第八分技术委员会（SAC/TC 113/SC 8）归口。

本标准负责起草单位：公安部天津消防研究所。

本标准参加起草单位：深圳鹏基龙电安防股份有限公司。

本标准主要起草人：张湘会、白淑英、赵华利、韩伟平、曹文红、黄伟、钱涛、解凤兰、刘晓慧、俞祚福。

本标准所代替标准的历次版本发布情况为：

——GB/T 7633—1987。

门和卷帘的耐火试验方法

注意：组织和参加本项试验的所有人员应注意，耐火试验可能存在危险。因为在耐火试验过程中有可能产生有毒和/或有害的烟尘和烟气；另外，在试件安装、试验过程和试验后残余物的清理过程中，也可能出现机械危害和操作危险。所以，应对所有潜在的危险及对健康的危害进行评估，并作出安全预告。对相关人员进行必要的培训，以确保试验室工作人员按照安全规程操作。

1 范围

本标准规定了安装在垂直分隔构件开口处的门和卷帘总成的耐火试验方法。如：

——铰链门、枢轴门；
——水平滑动门、垂直滑动门，包括链接滑动门和分段门；
——卷帘门；
——其他滑动、折叠门；
——翻板门；
——可在墙中移动的板。

本标准规定的试验方法也可通过类推法用于测定非承重水平门和卷帘的耐火性能，第 13 章中给出的直接应用范围不适用于水平门。

本标准不包括机械适应性方面的要求，例如震动试验或耐久试验，它们包含在相关产品标准中。

2 规范性引用文件

下列文件中的条款通过本标准的引用而成为本标准的条款。凡是注日期的引用文件，其随后所有的修改单（不包括勘误的内容）或修订版均不适用于本标准。然而，鼓励根据本标准达成协议的各方研究是否可使用这些文件的最新版本。凡是不注日期的引用文件，其最新版本适用于本标准。

GB/T 5907 消防基本术语 第一部分[1]
GB/T 9978.1 建筑构件耐火试验方法 第 1 部分：通用要求 (GB/T 9978.1—2008, ISO 834-1：1999, MOD)

3 术语与定义

GB/T 5907、GB/T 9978.1 确立的以及下列术语和定义适用于本标准。

3.1
门总成 door assembly (doorset)
门总成是指整套门，由门框、枢轴/铰链门扇或滑动/分段门扇、侧板、采光板/横楣板、金属附件以及密封件组成。

3.2
卷帘总成 shutter assembly
卷帘总成是指整套卷帘，由卷动、折叠或滑动的帘面、导轨、卷轴、机械传动装置和箱体组成。

3.3
门五金 door hardware
门总成中使用的金属零部件。如：铰链（合页）、把手、锁、紧急推杠、铭牌、许可证牌、踢脚板、滑动传动装置、关闭装置等。

3.4
单向开启 single action
门扇向一个方向开启。

3.5
双向开启 double action
门扇向两个方向开启。

3.6
标准支承结构 standard supporting construction
用于封闭试验炉并支承门或卷帘总成的一种结构。

3.7
辅助支承结构 associated supporting construction

安装门或卷帘总成的特定结构。它用于封闭试验炉并提供与实际使用中相同的约束力及热量传递。

3.8
试件 test specimen
安装在标准或辅助支承结构上用来试验的门或卷帘总成。

3.9
试验结构 test construction
试件和支承结构总成。

3.10
横楣 transom
横跨门扇上部，从一个边框延伸到另一个边框的构件，使门扇上部形成可镶嵌横楣板的开口。

3.11
横楣板 transom panel
门扇上方装在上框、两边框和横楣间的固定板。

3.12
平齐板 flush over panel
在没有横楣的门扇上方，镶嵌在上框、两边框间的固定面板，厚度和外观与门扇相同。

3.13
侧板 side panel
镶嵌在门扇侧面的固定板。

3.14
主门扇 primary leaf
在装有多个门扇的门总成中最大的门扇，或装有把手在平时使用时首先开启的门扇。

注：在装有多个门扇的门总成中，如果每一个门扇的尺寸相同，而且门扇都没有安装把手（或其他诸如推闩等五金件），则此类门总成不存在有主门扇。

3.15
门（卷帘）结构对称 symmetrical structure of the door (shutter)
以门框（导轨）正反两面之间的中心面作为门（卷帘）总成的正中矢面，门（卷帘）总成构造各部分的大小、形状和排列在正中矢面两侧具有一一对应关系。

注：当防火卷帘为双轨双帘时，正中矢面是指两帘面所用导轨之间的中心面。

4 试验设备

4.1 试验设备应符合 GB/T 9978.1 的规定。耐火试验使用的试验炉应与试件方向相适应，垂直试件应使用墙炉，水平试件应使用梁板炉。

4.2 试件背火面热通量测量仪表（热流计）应符合 9.3.2 的规定。

5 试验条件

试验炉内的温度和压力条件应符合 GB/T 9978.1 的规定。

6 试件

6.1 试件尺寸

如果不受试验炉开口尺寸的限制，试件及其所有零部件应以全尺寸（实际尺寸）进行试验。不能以全尺寸试验的门或卷帘总成，应选择可能试验的最大尺寸，全尺寸试件的耐火性能由扩展应用分析得到。支承结构的最小受火区域应满足 7.3.1 的规定。

6.2 试件数量

对于每种规定的辅助结构或支承结构（见 7.3.1）及其约束条件（见 7.3.4），门（卷帘）总成应至少进行 1 次耐火试验。

如果门（卷帘）结构对称，则可用 1 个试件任取其中一面进行

17

---

1) 该标准将在整合修订 GB/T 5907—1986、GB/T 14107—1993 和 GB/T 16283—1996 的基础上，以《消防词汇》为总标题，分为 5 个部分。其中，第 2 部分为 GB/T 5907.2《消防词汇 第 2 部分：火灾安全词汇》，将修改采用 ISO 13943：2000。

耐火试验。如果门（卷帘）结构不对称，则试件数量的确定应符合下述规定：

a) 当要求门（卷帘）的每一面都具有耐火性能，且无法确定薄弱面，则应选取至少 2 个相同的试件，分别对每一面进行耐火试验；

b) 当要求门（卷帘）的每一面都具有耐火性能，且能确定薄弱面，则应选取 1 个试件，仅对该薄弱面进行耐火试验；

c) 当只要求门（卷帘）的某一特定面具有耐火性能，则应选取 1 个试件，仅对该面进行耐火试验。此试验结果仅限于应用在实际状态下特定面受火的情况。

试件数量的确定，应在试验报告中给出具体说明。

6.3 试件设计

6.3.1 为了使试验结果得到最大范围的直接应用，在试件设计和支承结构选择时，应考虑 7.3 的要求。

6.3.2 门或卷帘包含的侧板、横楣板或平齐板无论是否镶嵌玻璃，都应作为试件的一部分。侧板应安装在门锁一侧。

6.3.3 试件应能代表预计在实际中使用的门或卷帘总成，包括组成试件重要部分的表面装饰（面漆）和配件，因为这些可能在试验中影响门或卷帘总成的性能。

6.3.4 委托者应当向试验室提供包括公差在内的设计间隙。

6.4 制作

试件应按 GB/T 9978.1 规定的方法进行制作。试件所用的材料、制作工艺、拼接与安装方法应能代表实际使用中的情况。为了试件能够进行而对安装形式做的修改应对试件无重大影响，并应在试验报告中对修改作详细说明。

6.5 核查

6.5.1 委托者应提供足够详细的试件说明，以便试验室能够在试验前对试件进行详细地检查，确定与委托者提供信息的一致性。GB/T 9978.1 提供了有关试件核查确认的详细指南。

试验前委托者应将试件的所有结构细节、图纸、主要零部件的制造厂/供应商一览表及其试验方案提供给试验室。为了有利于试验室核查试件与委托者提供信息的一致性，只要可能，任何不一致的部分在试验之前应被拆解。

6.5.2 如果对试件结构的检查可能使试件产生不可修复的破坏，或不可能在耐火试验后对结构进行检查，试验室应选择下列方法之一进行一致性核查：

——试验室可在生产线上对提交检验的门或卷帘总成进行检查。

——委托者应根据试验室的要求，提供附加的试件或试件的一部分，如不可能检查的部分（例如一个门扇）；试验室可任意选其中一个试件用于耐火试验，而另一个试件用于结构核查。

7 试件的安装

7.1 总则

7.1.1 试件的安装应能反映实际使用情况。试件应包括所有的门五金和其他可能影响其性能的部件。

7.1.2 试件应安装在预计使用的支承结构中。试件与支承结构之间的连接方法，包括连接用附件和材料应与实际使用的相同，并作为试件的组成部分。

7.1.3 试件以及 7.3.1 要求的支承结构的最小区域应受火。

7.2 支承结构

支承结构的耐火性能应不低于试件的耐火性能，其耐火性能不应在试件试验时确定。

7.3 试验结构

7.3.1 辅助结构和支承结构

试件与框架间的空间应采用以下任一种结构填实：

a) 辅助结构，或

b) 支承结构。

安装在支承结构上的试件的两侧及其上方应有宽 200mm 的最小区域暴露在试验炉中。若试件之间以及试件与试验炉边缘之间有 200mm 的最小间隔，支承结构上可安装一个以上的试件。

7.3.2 辅助结构

如果试件在实际使用时通常安装在特定的、专用的结构中，则应安装在辅助结构中试验。

7.3.3 支承结构

7.3.3.1 如果试件不是安装在特定的结构上，试件与框架间应填充刚性标准支承结构（高密度或低密度）或柔性标准支承结构。

高密度刚性标准支承结构。如砌块墙、砖墙或素混凝土墙，密度应在 800kg/m³～1 600kg/m³ 之间，墙体厚度不应小于 150mm。

低密度刚性标准支承结构。如加气混凝土砌块墙，密度应在 450kg/m³～850kg/m³ 之间，墙体厚度不应小于 70mm。

柔性标准支承结构，如轻质石膏板钢龙骨隔墙，其结构如下：

a) 零部件

1) 沿顶/沿地龙骨：钢质轧制 U 型龙骨，高 65mm～77mm，材料厚 1.5mm。

2) 龙骨：钢质轧制 C 型龙骨，高 65mm～77mm，材料厚 1.5mm。

3) 面板：纸面防火石膏板，龙骨架每侧石膏板的层数和板厚如下：

——试件耐火时间≤30min 时，每侧一层 15mm 板或两层 9.5mm 板；

——30min＜试件耐火时间≤60min 时，每侧两层 12mm 板；

——60min＜试件耐火时间≤90min 时，每侧三层 12 mm 板；

——90min＜试件耐火时间≤120min 时，每侧三层 12mm 板（增强型）。

4) 固定件：自攻螺钉，其使用要求如下：

——第一层 9.5mm 板，固定件为 15mm～25mm 的螺钉；

——第二层 9.5mm 板，固定件为 25mm～36mm 的螺钉；

——第一层 15mm 板，固定件为 20mm～30mm 的螺钉；

——第二层 12mm 板，固定件为 31 mm～41mm 的螺钉；

——第三层 12mm 板，固定件为 45 mm～55mm 的螺钉。

5) 连接处填充物：嵌缝石膏。

6) 隔热材料：无。

b) 结构

1) 固定件中心距：沿顶/沿地龙骨（轨道）固定件中心距≤600mm。

2) 龙骨中心距：400mm～625mm（由试件开口的尺寸和位置决定）。试件之间以及试件与炉边 200mm 的区域内不应设计龙骨。

3) 龙骨固定：插接连接，考虑龙骨膨胀，龙骨连接处允许的最大间隙为 10mm。

4) 石膏板固定中心距：龙骨架两侧石膏板固定件的中心距为 300mm。

5) 垂直接缝的位置：在多层结构中，各层石膏板接缝应该错开。

6) 水平接缝的位置：同一层石膏板的水平接缝应是一致的（在同一高度上）。在多层结构中，各层石膏板接缝应该错开。

注：如果使用在柔性标准支承结构中的石膏板不够高（例如 3m），在板上部有水平接缝。水平连接处需要背板以防止结构过早破坏。一般方法是在外层板的背面连接位置处安装一个宽 100mm、厚 0.5mm 的固定钢带，用螺钉穿过外层板固定钢带，螺钉间距为 300mm。对于各层板，固定带只能在外层板后面。

7.3.3.2 标准支承结构的选择应能反映试件的实际使用情况。第 13 章内容给出了试件安装在选定标准支承结构上进行耐火试验的结果在其他条件下的应用指南。

7.3.3.3 图 1～图 8 表示试件在不同支承结构上的安装情况。

7.3.4 支承结构的约束

7.3.4.1 对于柔性标准支承结构和辅助支承结构，隔墙或墙的砌筑应使结构垂直竖边能够变形。即结构与框架相连的端部为自由边。

7.3.4.2 对于刚性标准支承结构，隔墙或墙的砌筑应使结构不能沿垂直边缘自由变形。即它应像实际使用时那样被固定在试验框架内。

7.3.4.3 如果试件安装在地板上使用，则试验时在试件每侧（向火面和背火面）至少应有 200mm 宽的不燃刚性材料用来模拟开口底部地板的连续性。当试件的底部与试验炉底部在同一水平面上（同高）时，炉底可视为地板的一部分。如果门总成包含地坎，应将它安装在地板内或地板上部。如果试件不是安装在地板上使用，则只要在开口四周有框架，就可以在没有连续部件的情况下，把它简单地装入墙体内进行试验。

如果试件与不燃性地板结合在一起进行耐火试验，此种条件下得到的试验结果不能代表试件安装在木质或地毯等可燃性地板上使用时的耐火性能。

7.4 间隙

7.4.1 调整门或卷帘总成的间隙达到委托者的设计要求。

7.4.2 为了使试验结果能够得到最广泛应用，间隙应在委托者提供的设计间隙的中间值和最大值之间。例如：某一门或卷帘的间隙设计为3mm到8mm，试验时的间隙应调节在5.5mm与8mm之间。间隙的测量示例见图9～图12。

8 试件养护

8.1 含水率（湿度）

试件应按GB/T 9978.1的规定进行养护，支承结构的养护要求见附录C。

8.2 机械性能调节

如果某些产品标准要求在耐火试验前对试件进行机械性能试验，应参照相应的产品标准要求进行。

9 测量仪表的应用

9.1 温度测量

9.1.1 炉内热电偶

炉内热电偶应使用GB/T 9978.1规定的热电偶。它们应均匀地分布在距试验结构最近表面100mm的垂直平面内，见图13。试验结构向火面每1.5m² 至少布置一支热电偶，总数不应少于4支。

9.1.2 背火面热电偶

9.1.2.1 总则

9.1.2.1.1 门和卷帘总成或它们的任何部分不要求按隔热性标准评价时，不应测量背火面温度。

9.1.2.1.2 要求按隔热性标准评价的部分，应使用GB/T 9978.1规定的热电偶测量背火面温度。背火面热电偶的布置见图14～图27。

9.1.2.1.3 支承结构上不应布置热电偶。

9.1.2.1.4 五金件50mm范围内不应布置热电偶。

9.1.2.2 平均温度

9.1.2.2.1 试件背火面布置5支热电偶：一支于门扇或帘面的中心，另4支置于四分之一试件门扇中心（单扇或多扇）。在距任何接头、加强筋或贯通连接件小于50 mm的位置不应布置热电偶，也不应在距门扇或帘面边缘小于100mm的位置布置热电偶。

9.1.2.2.2 试件如有不同的隔热区域，且每种隔热区域的总面积不小于0.1m²，则应将热电偶均匀地布置在这些隔热区域的表面上，每平方米或每个分散区域布置一支热电偶，每种相同隔热区至少要布置2支热电偶。不同隔热区域的平均温度应单独计算。如果试件上不同隔热区域的总面积小于0.1m²，不测定这些区域背火面的平均温度。

9.1.2.3 最高温度

9.1.2.3.1 应由9.1.2.2、9.1.2.3.2、9.1.2.3.3、9.1.2.3.4、9.1.2.3.5、9.1.2.3.6规定的热电偶和移动热电偶确定试件（不包括门框或导轨）的最高温度。

9.1.2.3.2 测量门扇、侧板、横楣板或平齐板上不同隔热区域的最高温度时，其热电偶的布置要求与9.1.2.2.2相同。

9.1.2.3.3 应在门扇或卷帘的下述位置布置热电偶：

a) 高度的中点，距下述竖边100mm处；

b) 宽度的中点，在下述横边往里100mm处；

c) 距下述竖边100mm，横边以下100mm处：

1) 净开口的内边：铰链门或枢轴门向炉内开启，卷帘或推拉门安装在支承结构的向火面一侧；

2) 门扇的可视边：铰链门或枢轴门向炉外开启，卷帘或推拉门安装在支承结构的背火面一侧。

如果门扇或帘面宽度较窄，b) 和c) 规定的热电偶距离小于

500mm，可不布置 b) 规定的热电偶。

如果多扇折叠卷帘每个扇宽度小于200mm，测定背火面的最高温度时可将整个帘面作为一扇。

随门扇宽度减小而减少热电偶布置要求的示例见图21。

热电偶应布置在门扇或帘面上温度预计高于平均温度的位置。热电偶的布置应符合9.1.2.3.4、9.1.2.3.5、9.1.2.3.6的要求。见图14～图20和图22～图27。

9.1.2.3.4 其他区域的温度。用于确定侧板、横楣板、平齐板和门扇范围内有不同隔热效果的面板上的最高温度的热电偶，其布置要求与门扇相同。但是，如果有一个以上同一隔热类型区域，则应当把它们作为一个大区域（就像确定它们的平均温升一样）。在这种情况下，热电偶应布置在远离门扇的框架的一侧，见图26和图27。

9.1.2.3.5 门扇上方的平齐板或横楣板上热电偶布置如下所述：

a) 宽度一半，距水平边缘100mm；

b) 垂直边缘向里100mm，距水平边缘100mm。

见图23和图24。

图22是根据面板尺寸和热电偶之间的距离，在面板上布置热电偶的示例。

9.1.2.3.6 随门扇宽度减小而减少热电偶的布置的规则也适用于横楣板、侧板和平齐板。

9.1.2.4 门框温度

测量门框温度的热电偶应布置在下述位置：

a) 每个边框高度的一半处。

b) 上框宽度的一半；试件有多个门扇时，应在主门扇一侧并距门扇中缝100 mm处；如果设有横楣且其宽度不小于30mm，应在横楣上布置热电偶，布置方法同上框。

c) 上框距门扇开口角部50mm处；如果设有横楣且其宽度不小于30mm，应在横楣上布置热电偶，布置方法同上框。

上述热电偶应尽可能靠近试件与支承结构的连接处布置。例如：可以使热电偶的中心距连接处15mm。无论怎样布置，热电偶距门框内边缘的距离不应大于100mm，见图16。

对于单扇门，如果洞口宽度较窄，b) 和c) 规定的热电偶的距离少于550mm，则可不布置 b) 规定的热电偶，见图21。

9.2 压力测量

9.2.1 炉内压力应采用GB/T 9978.1规定的"T"形或管形压力传感器进行测量。

9.2.2 测量仪表的准确度为±2.0Pa。

9.2.3 炉内压力应每间隔1min记录一次，记录设备准确度为1s。

9.2.4 压力传感器不应置于受到火焰冲击的地方或烟气排放的路径上，其在炉内和穿过炉墙到达炉外时均应在同一水平面上，即炉内和炉外的压力是相对于同一高度的压力。使用"T"形压力传感器时，"T"的支路应水平。

9.2.5 最少应使用3个压力传感器。一个置于理论地面100mm范围内，一个置于门或卷帘高度三分之二处100mm范围内，一个置于门或卷帘顶部100mm范围内。

9.3 热通量测量

9.3.1 总则

本条描述了热通量的测量方法。由热辐射造成的危害通过测量总热通量来进行评价，由于试验中的对流热可以忽略不计，测得的热通量可以认为就是辐射热，但是本标准中仍以热通量表示。测量仪器的接收面应平行于试件背火面，距试件背火面的距离为1.0m。

当试件背火面温度低于300℃时，不必要测量热通量。

9.3.2 仪表

试件背火面热通量的测量仪表应满足下列规定：

a) 接收面：接收面不应被视窗等遮挡，它接收对流及辐射；

b) 量程：0kW/m² ～50 kW/m²；

c) 准确度：量程最大值的±5%；

d) 时间常数（达到目标值64%的时间）：<10s；

e) 视角：180°±5°。

9.3.3 程序

9.3.3.1 通常位置

热通量测量仪表（简称"热流计"）距试件背火面的距离为1.0m。

试验开始时，每台热流计的接收面都应平行于试件背火面（±5°），接收面面向试件背火面。在热流计测量范围之内，除了试件不应有其他辐射源。热流计不应被遮挡或隐蔽。

9.3.3.2 特殊位置

测量位置如下：

a) 朝向试件几何中心，是测量平均热通量的位置。

b) 试件最大热通量可能出现的位置通常由理论推导或根据试件的几何形状计算得到。如果试件是中心对称结构并且是匀质辐射体，则最大热通量的测量位置同a)。如果试件具有不同的隔热区域，预测出现最大热通量的区域比较困难，应遵循以下方法测量最大热通量：

1) 对试件背火面温度超过300℃和面积不小于0.1m²的区域做标记，热流计置于被标记的每个区域的中心位置；

2) 试件的相邻两部分或多部分具有相同的结构并且具有相同的高度或宽度，分隔间距小于0.1m，可视为连接在一起的一个辐射面；

3) 如果预计试件中低于300℃的面积小于整个面积的10%，则将试件作为一个辐射面。

9.3.4 测量

按9.3.3规定的程序进行测量，应记录测量的整个过程，间隔不应超过1min。

注：附录D提供了利用斯蒂芬-玻尔兹曼定律评估试件表面产生辐射能的另一种方法。

9.4 变形

应提供适当的测量仪表，测量在试验过程中试验结构的显著变形（大于3mm）。建议把门扇或帘面相对于门框或导轨的变形看作是可能出现的显著变形区域。

变形的测量虽然没有判定标准，但测量变形是强制性要求。因为试件的部件之间、试件与支承结构之间以及支承结构本身相对变形的资料对确定试验结果的应用范围是重要的。图28～图31表示用于测量变形的位置。

10 试验程序

10.1 耐火试验前检查

10.1.1 间隙的测量

10.1.1.1 耐火试验前应当测量门或卷帘总成的可动部件和固定部件（例如：门扇和门框）之间的间隙。为了使间隙测量充分准确，至少应当沿门扇的两竖边、顶部和底部各进行3次测量，测量位置间隔应不大于750mm，各次测量值偏差相互之间不应大于0.5mm。不能直接测量的间隙，应进行间接测量。图9～图12表示的是门扇、门框间及门扇与门扇间间隙测量的示例。

10.1.1.2 由试验室测量的间隙如果不在7.4规定的范围内，则试验结果直接应用将受到限制。

10.1.2 保持力的测量

10.1.2.1 当闭门装置通过保持试件关闭状态而对试件的耐火性能有利时，应对门扇保持力进行测量；安装闭门装置而需借助机械力开启门扇的所有门总成应当测量保持力。

10.1.2.2 每个门扇都应按10.1.2.3给出的方法测量保持力。对于双向开启的门，应对每一个打开的方向测量力矩；对于折叠门应在打开方向测量力。

10.1.2.3 保持力的测量方法：使试件处于关闭状态，将测力计安装在门把手上，慢慢地拉动测力计使门扇开启100mm，记录测力计的最大读数。对铰链门和枢轴门还应测量出门把手至铰链或枢轴的垂直距离，并计算出力矩。

10.1.3 最终调整

耐火试验前应使门或卷帘总成开启300mm，然后使之回到关闭位置。这个过程应当通过闭门装置来完成。如果总成没有闭门装置或者闭门装置无法安装在试验炉上使用，应当手动关闭，但不应锁闭试件。正常使用中只能锁闭才能使门保持在关闭位置的情况（例如：没有门闩或关闭装置使门保持在关闭位置）除外。不要把钥匙留在锁孔内。

应在正常（大气）压力条件下对安装在试验炉上的试件进行最终调整。

10.2 耐火试验

试验条件以及试验过程中测量耐火隔热性和耐火完整性所使用的设备应符合GB/T 9978.1的规定。

耐火完整性的测量按GB/T 9978.1的规定进行。在测量试件的耐火完整性时不应在地坎间隙处使用6mm的测量探棒。

在测量试件的耐火隔热性时不应在不允许固定热电偶的地方使用移动热电偶。

热通量的测量按9.3的规定进行，并应记录每个测量位置处热通量达到5kW/m²、10kW/m²、15kW/m²、20kW/m²和25kW/m²的时间。

11 判定条件

11.1 耐火完整性

失去耐火完整性的判定条件应符合GB/T 9978.1的规定。

11.2 耐火隔热性

11.2.1 总则

对于包含不同隔热区域的试件，应按失去耐火隔热性判定条件对每个区域单独进行判定。任何一个区域失去耐火隔热性即判定试件失去耐火隔热性。

11.2.2 平均温升

试件背火面平均温升超过试件表面初始平均温度140℃，则判定试件失去耐火隔热性。平均温度应从9.1.2.2规定的热电偶记录的温度中得到。

11.2.3 最高温升

11.2.3.1 试件背火面（除门框外或导轨）最高温升超过试件表面初始平均温度180℃，则判定试件失去耐火隔热性。最高温度应从9.1.2.3和10.2规定的热电偶记录的温度中得到。

11.2.3.2 门和卷帘（隔热）门框或导轨上的最高温升超过其表面初始平均温度360℃，则判定试件失去耐火隔热性。最高温度应从9.1.2.4规定的热电偶记录的温度中得到。

12 试验报告

除GB/T 9978.1的规定外，试验报告中还应包括以下内容：

a) 试验按GB/T 7633进行；

b) 按6.2的要求确定试件数量的有关情况说明；

c) 按6.5的要求对试件核查的细节；

d) 如果需要应说明试验选择的标准支承结构；

e) 如果需要应对辅助支承结构进行说明，并应按检查试件结构细节的同样方法，检查辅助支承结构的结构细节，并给出同样充分的说明；

f) 支承结构按附录C的要求进行养护的情况；

g) 按10.1.1的要求测得的间隙；

h) 按10.1.2的要求测得的保持力；

i) 对试件进行机械调整的有关资料；

j) 试验结果的表述为耐火试验经历的时间，以min计，即从耐火试验开始到试件失去耐火完整性或/和耐火隔热性的时间段；

k) 每个测量位置处热通量达到5kW/m²、10kW/m²、15kW/m²、20kW/m²和25kW/m²的时间；

l) 试验过程中试验结构的显著变形。

13 试验结果的直接应用范围

13.1 总则

13.1.1 试验结果的直接应用范围，只限于经过成功的耐火试验以后对于试件允许的变化。委托者可以自动引用这些变化，不需要另外评估、计算或证明。

13.1.2 在产品尺寸有扩展要求时，为了在相同比例下，模拟部件之间的相互作用，从而最大限度地应用试验结果，试件上某些部件的尺寸可能小于预定要用的尺寸。

13.1.3 除非在下文中另有规定，门或卷帘总成的结构应当和试的结构相同。门扇的数量和开启方式（例如：滑动、旋转、单向动作或双向动作）不应被改变。

13.1.4 在预料漆层不影响耐火试验时，允许用替代漆，并用在毛面的试件——门扇或门框上。当漆层有助于门的耐火试验时（例如：膨胀漆），则不允许变更。

13.1.5 可以把 1.5mm 的装饰板或木质胶合板粘贴在满足隔热标准的铰链门表面（但非边缘）上；超过 1.5mm 的装饰板或胶合板，应作为试件的一部分进行试验。对于所有带装饰板的产品，只有当装饰板或胶合板的类型、材质、厚度与试件相似时，才能允许其他变化（例如：颜色、图案、制造厂）。

13.2 木结构

13.2.1 门扇的厚度不应减小，但可以增加。也可以增大门扇厚度和/或密度，只要总的重量增加不大于 25%。

13.2.2 对于木质纤维板制品（例如：刨花板、大芯板等），其成分（例如树脂类型）不应被改变，要与试验用的相同。其密度也不应减小，但可以增大。

13.2.3 木质门框（包括槽口）的横截面尺寸和/或密度，不应减小但可以增大。

13.3 钢结构

13.3.1 为了适应支承结构厚度的增加，可以增加门框的尺寸。材料的厚度最大可以增加 25%。

13.3.2 对于非隔热门，加强件的数量及面板固定件的数量和尺寸，可以随尺寸的增加成比例地增加，但不应减小。

13.4 镶玻璃结构

13.4.1 玻璃类型和其边缘固定方法，包括周边海米固定件数量和尺寸应与试验时相同而不应被改变。

13.4.2 包括在木质或钢质结构试件中的玻璃窗数量和每个窗格中玻璃尺寸，可以减小但不能增大。

13.4.3 玻璃窗边缘和门扇周边的距离，及玻璃窗之间的距离，不应比试件中的相应距离小。只有在不涉及内部结构变化的情况下，门扇上玻璃的位置才能变更。

　　注：应注意玻璃位置的变化可能使玻璃靠近热流计，从而使测得的热通量增加。

13.5 固定件/五金件

13.5.1 防火门与支承结构间的固定件可以增加，但不应减少；固定件间距可以减小，但不应增大。

13.5.2 允许更换五金件，前提是可替换的五金件在其他相似结构的门中已被使用过。

13.5.3 锁、碰锁和铰链等限制活动的部件能增加，但不能减少。

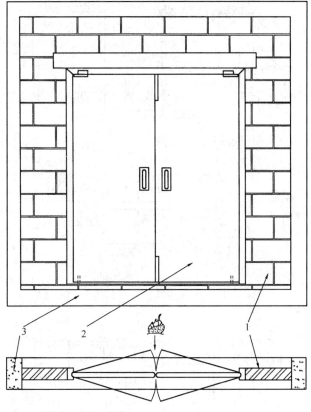

1——标准支承结构（砖墙）；
2——门总成（试件）；
3——试验框架。
注：1+2 构成试验结构。

图 2　刚性支承结构中门总成安装示例

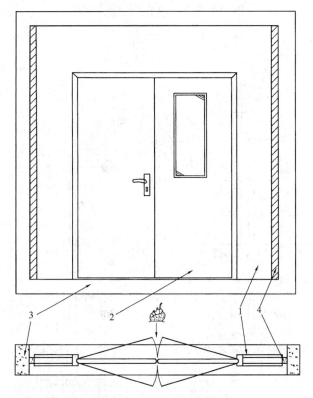

1——柔性标准支承结构或辅助支承结构；
2——门总成（试件）；
3——试验框架；
4——自由隔热层。
注：1+2 构成试验结构。

图 3　柔性标准支承结构或辅助支承结构中门总成安装示例

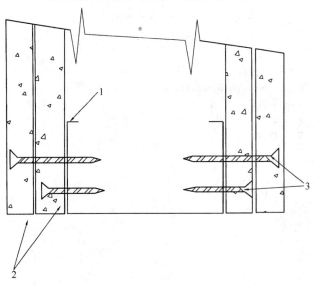

1——"C"形垂直钢质龙骨；
2——12mm 石膏板；
3——螺钉，固定间距为 300mm。

图 1　柔性标准支承结构水平剖面示例

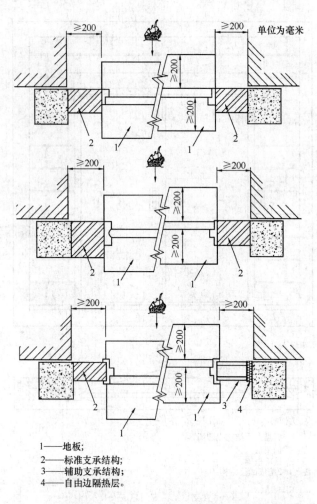

1——地板；
2——标准支承结构；
3——辅助支承结构；
4——自由边隔热层。

图4　铰链门总成安装示例　水平剖面

单位为毫米

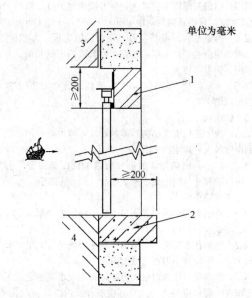

a) 垂直剖面

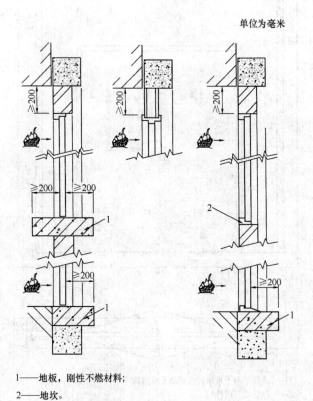

1——地板，刚性不燃材料；
2——地坎。

图5　铰链门安装示例　垂直剖面

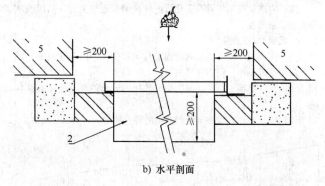

b) 水平剖面

1——支承结构；
2——地板，刚性不燃材料；
3——炉顶；
4——炉底；
5——炉侧壁。

图6　滑动门安装示例

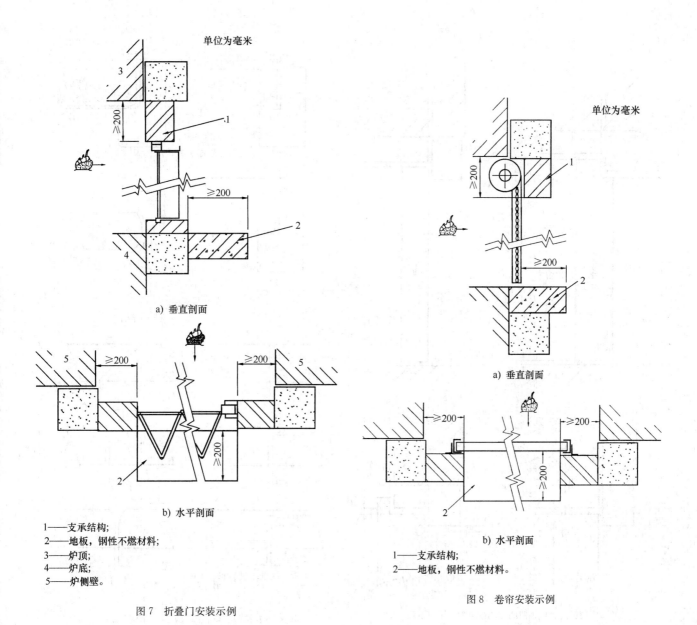

单位为毫米

a) 垂直剖面

b) 水平剖面

1——支承结构;
2——地板,钢性不燃材料;
3——炉顶;
4——炉底;
5——炉侧壁。

图 7　折叠门安装示例

单位为毫米

a) 垂直剖面

b) 水平剖面

1——支承结构;
2——地板,钢性不燃材料。

图 8　卷帘安装示例

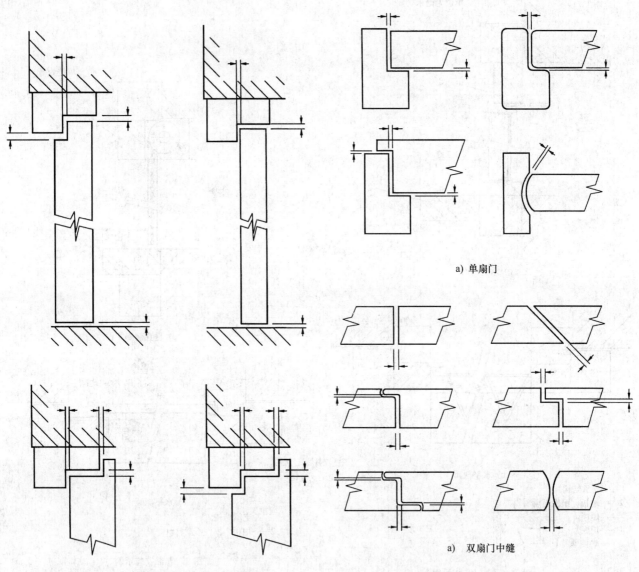

a) 单扇门

a) 双扇门中缝

图 9 铰链门、枢轴门间隙测量示例 垂直剖面   图 10 铰链门、枢轴门间隙测量示例 水平剖面

17

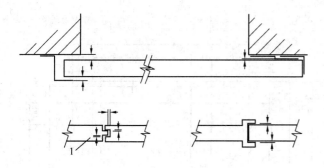

a)滑动门

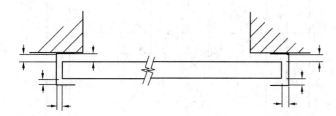

b)卷帘

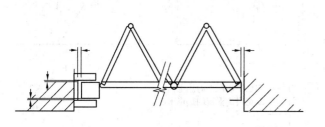

c)滑动/折叠门

1——两扇的连接处。

图 11　间隙测量示例　水平剖面

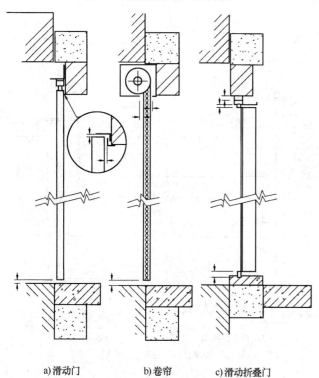

a)滑动门　　b)卷帘　　c)滑动折叠门

图 12　间隙测量示例　垂直剖面

单位为毫米

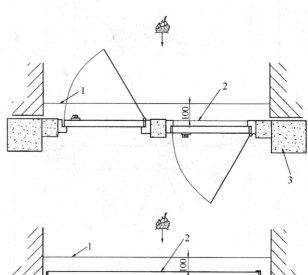

1——炉内热电偶分布的垂直平面；
2——试验结构的最近表面；
3——试验框架。

图 13　炉内热电偶的位置　水平剖面

17

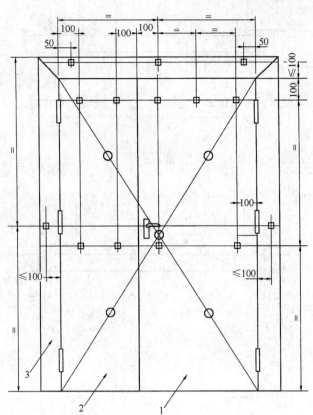

单位为毫米

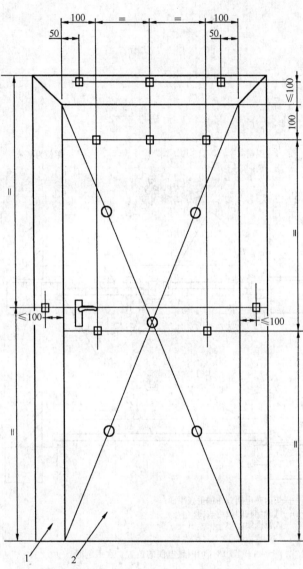

单位为毫米

○——测量平均温度的热电偶；
□——测量最高温度的热电偶；
1——主门扇；
2——副门扇；
3——门框。

图15 双扇门背火面热电偶 一般布置（主门扇宽
1200mm，副门扇宽＜1200mm）

○——测量平均温度的热电偶；
□——测量最高温度的热电偶；
1——门框；
2——门扇。

17

图14 单扇门背火面热电偶 一般布置（扇宽1200mm）

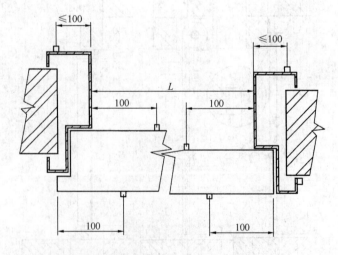

单位为毫米

□——测量最高温度的热电偶；
L——净开口。

注：虽然在门框周边热电偶布置示例中，热电偶被
布置在门两侧，但测试时只应布置在背火面一侧。

图16 铰链门、枢轴门周边背火面热电偶布置示例

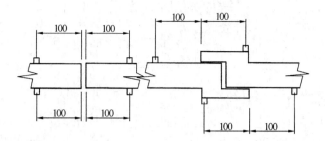

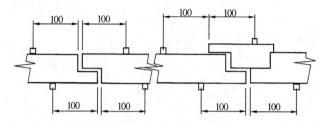

□——测量最高温度的热电偶。

注: 虽然在门框周边热电偶布置示例中, 热电偶被布置在门两侧,
　　但测试时只应布置在背火面一侧。

图17　铰链、枢轴双扇门中缝背火面热电偶布置示例

单位为毫米

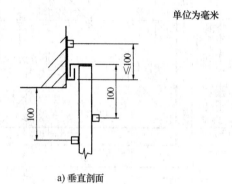

a) 垂直剖面

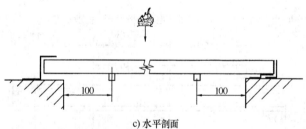

b) 水平剖面

c) 水平剖面

□——测量最高温度的热电偶。

注: 虽然在门框周边热电偶布置示例中, 热电偶被布置在门两侧,
　　但测试时只应布置在背火面一侧。

图19　单扇滑动门背火面热电偶布置示例

单位为毫米

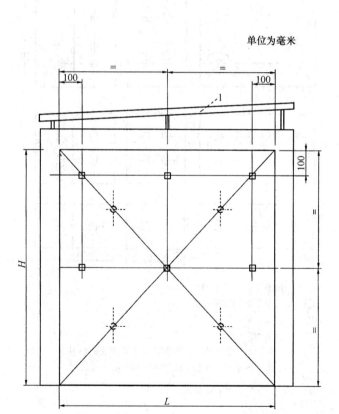

○——测量平均温度的热电偶;
□——测量最高温度的热电偶;
1——轨道;
$L \times H$——净开口。

图18　单扇滑动门背火面热电偶布置示例

17

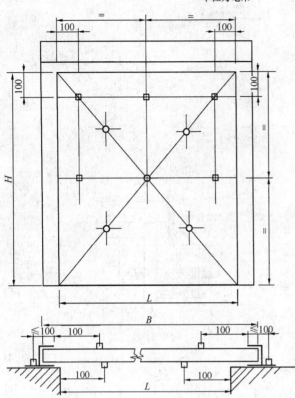

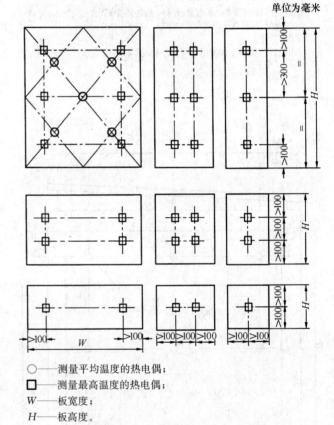

○——测量平均温度的热电偶；
□——测量最高温度的热电偶；
$L×H$——净开口。
B——卷帘帘面宽度。

注：虽然在门框周边热电偶示例中，热电偶被布置在门两侧，
但测试时只应布置在背火面一侧。

图20 卷帘背火面热电偶布置示例 一般布置

□——测量最高温度的热电偶；

○——测量平均温度的热电偶；
□——测量最高温度的热电偶；
W——板宽度；
H——板高度。

图22 分散区域（例如侧板，平齐板或横楣板）
热电偶的布置示例（假定试件每种类型的区域只有一个）

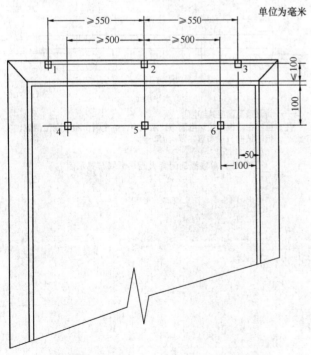

□——测量最高温度的热电偶。

注：无论门扇多宽，均应布置1♯、3♯、4♯、6♯热电偶，若
门扇宽度小于1200mm，则不需要布置2♯和5♯热电偶。

图21 随扇宽度减小而减少背火面热电偶数量

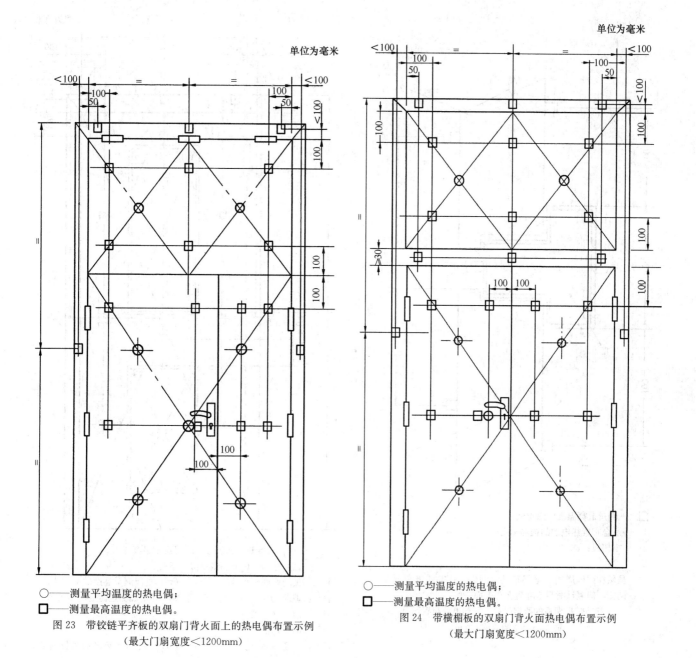

○——测量平均温度的热电偶；

□——测量最高温度的热电偶。

图23 带铰链平齐板的双扇门背火面上的热电偶布置示例

（最大门扇宽度＜1200mm）

○——测量平均温度的热电偶；

□——测量最高温度的热电偶。

图24 带横楣板的双扇门背火面热电偶布置示例

（最大门扇宽度＜1200mm）

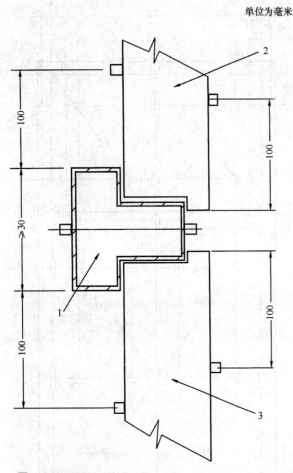

単位为毫米

□——测量最高温度的热电偶;

1——适合布置热电偶的横楣宽度;

2——横楣板;

3——门扇。

注:虽然在门框周边热电偶布置示例中,热电偶被布置在门两侧,但测试时只应布置在背火面一侧。

图25 带横楣板的双扇门背火面热电偶布置示例

(最大门扇宽度<1200mm)

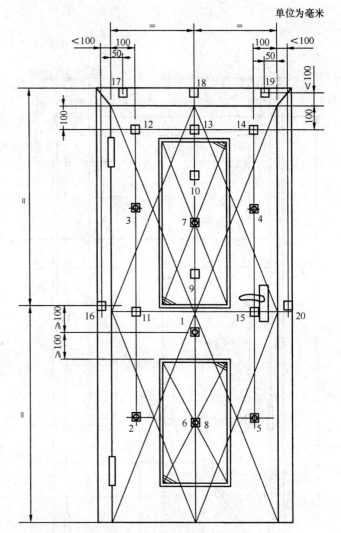

单位为毫米

◎——1#至8#热电偶测量平均温度和最高温度;

□——9#至20#热电偶测量最高温度。

注1:玻璃区的平均温度:6#和7#热电偶测量温度的平均值。

注2:玻璃区的最高温度:6#至10#热电偶测量温度的最大值。

注3:门扇(非玻璃区)的平均温度:1#至5#热电偶测量温度的平均值。

注4:门扇最高温度:1#至5#和11#至15#热电偶测量温度中的最大值。

注5:门框最高温度:16#至20#热电偶测量温度的最大值。

图26 镶玻璃的铰链门背火面热电偶布置示例

(门扇宽度>1200mm)

17

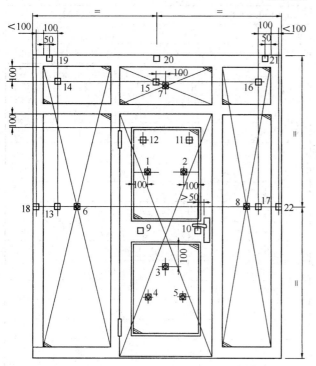

单位为毫米

□◎—1♯至8♯热电偶测量平均温度和最高温度；
□—9♯至20♯热电偶测量最高温度。
注1：门扇的平均温度：1♯至5♯热电偶测量温度的平均值。
注2：门扇的最高温度：1♯至5♯或9♯至12♯热电偶测量温度的最大值。
注3：侧板/横楣板的平均温度：6♯至8♯热电偶测量温度的平均值。
注4：侧板/横楣板的最高温度：6♯至8♯和13♯至17♯热电偶测量温度中的最大值。
注5：门框最高温度：18♯至22♯热电偶测量温度的最大值。

图27 带多个侧板/横楣板的门总成背火面热电偶的布置示例

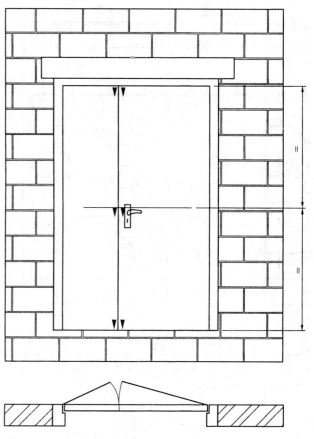

▼—测量变形的建议位置。

图29 双扇门测量变形的建议位置

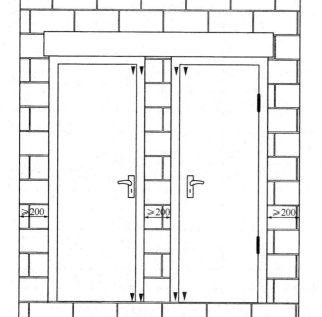

单位为毫米

▼—测量变形的建议位置。

图28 单扇门测量变形的建议位置

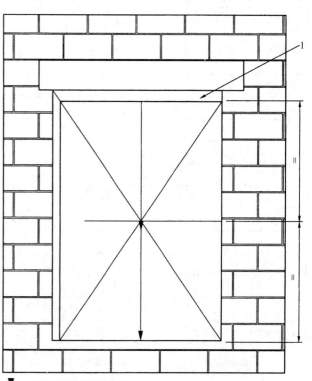

▼—测量变形的建议位置；
1—导轨。

图30 滑动/折叠门测量变形的建议位置

17

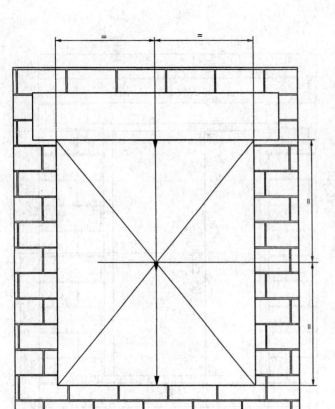

▼——测量变形的建议位置。

图 31 卷帘测量变形的建议位置

附 录 A

（资料性附录）

本标准章条编号与 ISO 3008：2007 章条编号对照

表 A.1 本标准章条编号与 ISO 3008：2007 章条编号对照表

本标准的章条编号	ISO 3008：2007 章条编号
3.1	3.3
3.2	3.11
3.3	3.4
3.4	3.13
3.6	3.15
3.7	3.1
3.8	3.16
3.9	—
3.10	3.18
3.11	3.19
3.12	3.8
3.13	3.12
3.14	3.10
3.15	—
—	3.2、3.6、3.7、3.9、3.14、3.17
6.3.4	—
9.1.2.1	—
9.1.2.1.1	9.1.2.1
9.1.2.1.2	9.1.2.2
9.1.2.1.3	9.1.2.3

表 A.1（续）

本标准的章条编号	ISO 3008：2007 章条编号
9.1.2.1.4	9.1.2.4
9.1.2.2	—
9.1.2.2.1	9.1.2.5
9.1.2.2.2	9.1.2.6、9.1.2.7
9.1.2.3	9.2
9.1.2.3.1	9.2.1
9.1.2.3.2	9.2.2
9.1.2.3.3	9.2.3
9.1.2.3.4	9.2.4
9.1.2.3.5	9.2.5
9.1.2.3.6	9.2.6
9.1.2.4	9.3
9.2	9.4
9.2.1	9.4.1
9.2.2	9.4.2
9.2.3	9.4.3
9.2.4	9.4.4
9.2.5	9.4.5
9.3	9.5
9.3.1	9.5.1
9.3.2	9.5.2
9.3.3	9.5.3
9.3.3.1	9.5.3.1
9.3.3.2	9.5.3.2
9.3.4	9.5.4
9.4	9.6
10.1.3	10.1.3、10.1.3.1、10.1.3.2、10.1.3.3
10.2	10.2、10.3、10.4、10.5
11.2.1	11.2a)
11.2.2	11.2c)
11.2.3	11.2b)
12b)	—
12c)	12b)
12d)	12c)
12e)	12d)
12f)	12e)
12g)	12f)
12h)	12g)
12i)	12h)
12j)	12i)
12k)	—
12l)	—
附录 A（资料性附录）	—
附录 B（资料性附录）	—
附录 C（规范性附录）	附录 A（规范性附录）
附录 D（资料性附录）	附录 B（资料性附录）

注：表中的章条以外的本标准其他章条编号与 ISO 3008：2007（E）其他章条编号均相同且内容相对应。

附　录　B

（资料性附录）

本标准与 ISO 3008：2007 技术性差异及原因

表 B.1　本标准与 ISO 3008：2007 技术性差异及原因

本标准的章条编号	技术性差异	原　因
2	引用 GB/T 9978.1 代替 ISO 834-1：1999，引用 GB/T 5907 代替 ISO 13943，删除引用 ISO 834-8	为了便于标准使用。因为 GB/T 9978.1、GB/T 5907 分别是对应 ISO 834-1 和 ISO 13943 的国家现行标准，标准条文中不再引用 ISO 834-8 的相关内容
3	删除了 ISO 标准中有关"地坎"、"防烟密封"、"防火密封"、"间隙"、"地板"等 5 条术语和定义。增加"门（卷帘）结构对称"的术语和定义	"地坎"、"防烟密封"、"防火密封"、"间隙"、"地板"是常用词。便于理解标准内容
6.3.4	比 ISO 标准增加 6.3.4 内容	便于标准使用
7.3.3.1	删除 ISO 标准原文 7.3.3.1 中"刚性标准支承结构和柔性标准支承结构见 ISO 834-8"的内容，直接给出了刚性标准支承结构和柔性标准支承结构的详细要求内容（该内容与 ISO 3009：2003 和 GB/T 12513：2006 的有关内容相一致）	目前版本的 ISO 834-8 中没有刚性标准支承结构和柔性标准支承结构的细节内容，所以为了便于使用，本标准参照 ISO 3009：2003 和 GB/T 12513：2006 的有关内容，直接给出了刚性标准支承结构和柔性标准支承结构的详细要求
9.1.1	ISO 标准原文"炉内板式热电偶要求见 ISO 834-1。"修改为"炉内热电偶要求见 GB/T 9978.1。"	与 GB/T 9978.1 标准内容协调一致
9.1.2.4	ISO 标准原文 9.3 中要求横楣的宽度大于 30mm 时布置热电偶，本标准修改为横楣的宽度不小于 30mm 时布置热电偶	ISO 标准的图 25 中标注横楣布置热电偶的宽度要求为≥30mm，我们认为这是合理的，所以更正了相应的标准文字内容
9.4	按照我国的试验经验，修改了 ISO 原文中关于变形测量位置和时间的表述内容	便于标准使用
10.1.2.3	ISO 标准原文 10.1.2.3 保持力的测量方法"使试件处于关闭状态，将测力计安装在门把手上，慢慢地拉动测力计使门扇开启 100mm，记录测力计的最大读数。"修改为"使试件处于关闭状态，将测力计安装在门把手上，慢慢地拉动测力计使门扇开启 100mm，记录测力计的最大读数。对于铰链门和枢轴门还应测量出门把手至铰链或枢轴的垂直距离，并计算出力矩。"	对于铰链门和枢轴门所谓的保持力应是力矩，ISO 3008：2007 的 10.1.2.3 中测量的只是力
12b)、12k)、12l)	比 ISO 标准第 12 章内容增加的列项内容	增加试验报告的信息内容，便于试验结果的应用
图 25	ISO 标准图 25 中标注的净开口为横楣的宽度尺寸修改为标注为门扇和横楣板的净开口尺寸	更正 ISO 3008：2007 的标注错误
图 26	ISO 标准图 26 中 17♯、19♯ 热电偶位置标注为距门框外边缘 50mm，修改为 17♯、19♯ 热电偶位置标注为距门扇开口 50mm。ISO 标准图 26 注"4. 门扇最高温度为 1♯ 至 5♯ 热电偶和 11♯ 至 20♯ 热电偶测得温度的最高值，修改为注"4. 门扇最高温度；1♯ 至 5♯ 热电偶和 11♯ 至 15♯ 热电偶测量温度的最大值"；增加注"5. 门框最高温度：16♯ 至 20♯ 热电偶测量温度的最大值。"	更正 ISO 3008：2007 图 26 中热电偶布置的标注位置和热电偶布置的注释内容与标准条款内容要求不一致的错误
图 27	ISO 标准图 27 注"4. 侧板/横楣板最高温度为 6♯ 至 8♯ 热电偶和 13♯ 至 22♯ 热电偶测得温度的最高值，修改为注"4. 侧板/横楣板最高温度：6♯ 至 8♯ 热电偶和 13♯ 至 17♯ 热电偶测量温度的最大值"；增加注"5. 门框最高温度：18♯ 至 22♯ 热电偶测量温度的最大值。"	更正 ISO 3008：2007 图 27 中热电偶布置的注释内容与标准条款内容要求不一致的错误不一致的错误
图 28～图 31	修改了 ISO 标准图 28～图 31 中标注的试件可能产生最大变形的建议测量位置	根据多年的检测经验，本标准保留了试件最有可能出现最大变形的测量位置
附录 C	修改 ISO 标准附录 A 中有关支承结构养护要求应符合 ISO 834-1：1999 要求的有关内容	ISO 834-1：1999 中并没有有关支承结构养护要求的内容，本标准只保留了可行的内容

附　录　C
（规范性附录）
支承结构的养护要求

C.1　总则

应对支承结构进行全面养护，使它的强度和湿度（含水率）与实际使用的条件相当。要使砖石或混凝土支承结构满足这样的要求，可能需要几个月的养护时间，这是不切实际的。

本附录规定了对支承结构的养护要求。鉴于养护（含水率、强度）情况对试验结构耐火性能（完整性和隔热性）的影响，下述要求既考虑了对支承结构进行充分的养护，又考虑了试验室操作的可行性。

这些要求适用于标准支承结构和辅助支承结构。

C.2　要求

C.2.1　混凝土或砖石支承结构

采用水基砂浆的混凝土或砖石支承结构，耐火试验之前应养护28天。

在砌筑墙体时若使用了在短时间内固化的特殊粘结剂，应有足够时间使特殊粘结剂固化，或者养护24小时，取时间较长者。

C.2.2　轻质石膏板隔墙

轻质石膏板隔墙面板接缝处填充材料（嵌峰石膏）的养护时间为24小时。

C.2.3　吸湿性密封材料

用于密封支承结构和门总成间隙（间隙宽度≤10mm）的吸湿性材料，在耐火试验之前应养护7天。

用于密封支承结构和门总成间隙（间隙宽度＞10mm）的吸湿性材料，在耐火试验之前应养护28天。

附　录　D
（资料性附录）
利用表面温度和斯蒂芬-玻尔兹曼定律评估辐射热通量

D.1　引言

从一个表面到另一个表面的辐射能与辐射表面的发射率[2)]、接收表面的发射率、辐射体的面积、方位（角因数）及辐射表面与接收表面绝对温度的4次幂之差成正比。总辐射能 Q_{rad}（单位为瓦）由斯蒂芬-玻尔兹曼定律给出的数学关系见方程（D.1）：

$$Q_{rad} = A\varepsilon_1\varepsilon_2 f\sigma(T_4^2 - T_1^2) \cdots\cdots\cdots\cdots\cdots (D.1)$$

式中：

A——辐射面积，单位为平方米（m^2）；

ε_1——接收表面的发射率；

ε_2——辐射表面的发射率；

f——角因数；

σ——斯蒂芬-玻尔兹曼常数：5.67×10^{-8} W/（$m^2 \cdot K^4$）；

T_1——接收表面的温度，单位为华氏度（K）；

T_2——辐射表面的温度，单位为华氏度（K）。

热流计和光学仪器/红外高温计的设计、应用和校准运用了这一原理。这里，如果已知表面的发射率，通过准确地测量辐射体的表面温度，就能容易并准确地确定辐射能。

D.2　应用

D.2.1　总则

9.3规定了使用辐射计测量辐射能的方法。方法中规定了辐射计的安放位置，其目的就是为了测量试件表面到"黑体"的总辐射能，"黑体"的角因数为1。因此，为了利用公式（D.1）等效地评估辐射能，合适的方法是假设角因数为1、接收表面的发射率为1、接收表面的温度等于试验室环境温度。如果试验室空间足够大，上述假设对计算结果的影响很小。如果在受热试件附近存在一个接收

表面（例如试验室的一个墙面），那么，应将这个接收表面的实际发射率和实测温度带入上述公式中计算辐射能。

D.2.2　试件温度的测量

应在多个位置上测量试件的表面温度，并将其平均值作为试件表面的计算温度。通常热电偶应放置在试件的贯通热桥上以及各非匀质结构的表面上。固定热电偶的方法对准确地测量试件表面温度是重要的。应避免使用隔热垫。对金属材料，推荐使用铜焊或定位焊的方法固定热电偶，或采用铆钉/螺钉将热电偶固定到金属件结合处。对其他材料，热电偶应浅浅地嵌入材料的表面并用高温胶固定。在测量位置热电偶的导线与试件表面应至少有100mm接触以避免热量流失，提高测量温度的准确性。

D.2.3　试件的发射率

大多数材料的发射率可以从参考手册中获得。大多数建筑材料的发射率在$0.85\sim0.90$之间。但是，玻璃和抛光金属这类材料的发射率变化很大。在试件的发射率不能确定的情况下，建议用发射仪测定发射率。然而，应注意某些材料在受热期间由于表面氧化或其他原因，其发射率可能变化很大。

D.3　计算示例

试件表面温度＝540K

房间温度＝293K

试件发射率＝0.90

试件面积＝2.5m^2

$Q_{rad} = 2.5\times0.90\times1\times5.67\times10^{-8}(540^4 - 293^4) = 9907W$

或 3.96kW/m^2

注意：如果面积是单位1，并且结果除以1000，那么由计算得出的辐射能单位为 kW/m^2。

参　考　文　献

[1]　GB/T 12513—2006，镶玻璃构件耐火试验方法[S].

[2]　GB/T 14107—1993，消防基本术语　第二部分[S].

[3]　GB/T 16283—1996，固定式灭火系统基本术语[S].

[4]　ISO 834-8：2002，Fire-resistance tests—Elements of building construction—Part 8：Specific requirements for non-loadbearing veritical separating elements[S].

[5]　ISO 3009：2003，Fire-resistance tests—Elements of building construction—Glazed elements[S].

[6]　ISO 13943：2000，Fire safety—Vocabulary[S].

17

---

2) 发射率：在同一温度下，一表面发射的辐射量与一黑体发射的辐射量的比值。

中华人民共和国国家标准

建筑构件耐火试验方法
第1部分：通用要求

Fire-resistance tests—Elements of buildings construction—
Part1：General requirements
（ISO 834-1：1999，MOD）

GB/T 9978.1—2008

施行日期：２００９年３月１日

目　次

18

前　言

GB/T 9978《建筑构件耐火试验方法》分为如下若干部分：
——第 1 部分：通用要求；
——第 2 部分：耐火试验炉的校准；
——第 3 部分：试验方法和试验数据应用注释；
——第 4 部分：承重垂直分隔构件的特殊要求；
——第 5 部分：承重水平分隔构件的特殊要求；
——第 6 部分：梁的特殊要求；
——第 7 部分：柱的特殊要求；
——第 8 部分：非承重垂直分隔构件的特殊要求；
——第 9 部分：非承重吊顶构件的特殊要求；
　……

本部分为 GB/T 9978 的第 1 部分。

本部分修改采用 ISO 834-1：1999《耐火试验　建筑构件　第 1 部分：通用要求》（英文版）。

本部分根据 ISO 834-1：1999 重新起草。在附录 A 中列出了本部分章条编号与 ISO 834-1：1999 章条编号的对照一览表。

在采用 ISO 834-1：1999 时，本部分做了一些修改。有关技术性差异已编入正文中并在它们所涉及的条款的页边空白处用垂直单线标识。在附录 B 中给出了这些技术性差异及其原因的一览表，以供参考。

对应于 ISO 834-1：1999，本部分还做了下列编辑性修改：

——"ISO 834 的本部分"修改为"GB/T 9978 的本部分"；
——用小数点"."代替作为小数点的逗号"，"；
——删除国际标准的前言和引言。

本部分代替 GB/T 9978—1999《建筑构件耐火试验方法》。

本部分与 GB/T 9978—1999 相比，主要变化如下：
——增加了术语和定义的具体内容；
——修改了热电偶的型式和要求；
——修改了炉内温度偏差的要求；
——修改了炉内压力要求；
——修改了判定准则；
——增加了资料性附录 A（见附录 A）；
——增加了资料性附录 B（见附录 B）。

本部分的附录 A、附录 B 为资料性附录。

本部分由中华人民共和国公安部提出。

本部分由全国消防标准化技术委员会建筑构件耐火性能分技术委员会（SAC/TC 113/SC 8）归口。

本部分起草单位：公安部天津消防研究所。

本部分主要起草人：赵华利、韩伟平、黄伟、董学京、陈映雄、李强、李博、李希全、阮涛、刁晓亮、白淑英。

本部分所代替标准的历次版本发布情况为：
——GB/T 9978—1988、GB/T 9978—1999。

建筑构件耐火试验方法
第1部分：通用要求

1 范围

GB/T 9978 的本部分规定了各种结构构件在标准受火条件下确定其耐火性能的试验方法。

2 规范性引用文件

下列文件中的条款通过 GB/T 9978 的本部分的引用而成为本部分的条款。凡是注日期的引用文件，其随后所有的修改单（不包括勘误的内容）或修订版均不适用于本部分，然而，鼓励根据本部分达成协议的各方研究是否可使用这些文件的最新版本。凡是不注日期的引用文件，其最新版本适用于本部分。

GB/T 5907 消防基本术语 第一部分[1]

GB/T 16839.1 热电偶 第 1 部分：分度表（GB/T 16839.1—1997，idt IEC 60584-1：1995）

3 术语和定义

GB/T 5907 确立的以及下列术语和定义适用于 GB/T 9978 的本部分。

3.1
材料实际性能 actual material properties

根据相关产品标准要求，具有代表性样品通过规定试验所具有的材料性能。

3.2
校准试验 calibration test

通过试验评定试验条件的过程。

3.3
变形 deformation

结构构件由于结构受力和/或受热作用而引起尺寸或形状方面的任何变化。包括构件的挠曲、膨胀或压缩。

3.4
建筑结构构件 element of building construction

建筑结构的各个部件，如墙、隔墙、楼板、屋面、梁或柱。

3.5
隔热性 insulation

在标准耐火试验条件下，建筑构件当某一面受火时，在一定时间内背火面温度不超过规定极限值的能力。

3.6
完整性 integrity

在标准耐火试验条件下，建筑构件当某一面受火时，在一定时间内阻止火焰和热气穿透或在背火面出现火焰的能力。

3.7
承载能力 loadbearing capacity

承重构件承受规定的试验荷载，其变形的大小和速率均未超过标准规定极限值的能力。

3.8
承重构件 loadbearing element

建筑物中用于承受外部荷载的构件，并在受火过程中保持一定的承载能力。

3.9
中性压力平面 neutral pressure plane

炉内外压力相等的理论分界面。

3.10
理论平面 notional floor level

相对于建筑构件在实际使用位置处设立的平面。

3.11

1) 该标准将在整合修订 GB/T 5907—1986、GB/T 14107—1993 和 GB/T 16283—1996 的基础上，以《消防词汇》为总标题，分为 5 个部分。其中，第 2 部分为 GB/T 5907.2《消防词汇 第 2 部分：火灾安全词汇》，将修改采用 ISO 13943：2000。

约束 restraint

试件末端、边缘或支承条件，对试件膨胀、收缩或转动（包括因受热和/或机械作用）产生的限制。

注：例如，不同形式的约束有纵向的、转动的和横向的。

3.12
分隔构件 separating element

在火灾时用于隔离两相邻区域的构件。

3.13
支承结构 supporting construction

被测试件的外形尺寸小于等于试验炉口尺寸时，在耐火试验中不产生热变形，用于封闭试验炉口和固定被测试件的结构，例如安装门时所用的墙。

3.14
试验框架 test construction

紧缚被测构件或支承结构轮廓边界的刚性骨架。

3.15
试件 test specimen

进行耐火性能试验的建筑构配件。

4 符号和缩略语

下列符号和缩略语适用于 GB/T 9978 的本部分：

符号	描述	单位
A	实际炉内平均温度的时间-温度曲线下包含的面积	℃·min
A_s	标准时间-温度曲线下包含的面积	℃·min
C	从加热开始时测量的轴向压缩变形量	mm
$C(t)$	试验过程中 t 时刻的轴向压缩变形量	mm
dC/dt	轴向压缩变形速率，定义为：$$\frac{C(t_1)-C(t_2)}{(t_2-t_1)}$$	mm/min
d	在一个弹性试件截面上抗拉点与抗压点之间的距离	mm
D	从加热开始时测量的变形量	mm
$D(t)$	试验过程中 t 时刻的变形量	mm
dD/dt	变形速率，定义为：$$\frac{D(t_1)-D(t_2)}{(t_2-t_1)}$$	mm/min
h	轴向承重试件的初始高度	mm
L	试件的净跨距	mm
d_e	偏差（见 6.1.2）	%
t	从加热开始的时间	min
T	试验炉内的温度	℃

5 试验装置

5.1 一般要求

试验所使用的试验装置应满足以下要求：

a) 特殊设计的试验炉能满足试件相应条款规定的试验条件；

b) 应能设定并控制炉内温度，使其符合 6.1 的规定；

c) 应能控制和监视炉内热烟气压力，使其符合 6.2 的规定；

d) 安装试件的框架应安装在与试验炉相对应的位置上，能够达到适应加热、压力和支承条件；

e) 应以适当的方式对构件进行加载及约束，并对荷载进行控制与监视；

f) 应有测量炉内温度、试件背火面温度和试件结构内部温度的仪器；

g) 应有相应测量试件变形量的仪器；

h) 应有测定试件完整性是否符合第 10 章中描述的性能判定准则的仪器。

5.2 试验炉

试验炉设计可采用液体或气体燃料，并且应满足以下条件：

a) 对水平或垂直分隔构件能够使其一面受火；

b) 柱子的所有轴向侧面都能够受火；

c) 对不对称墙体能使不同面分别受火；

d) 梁能够根据要求三面或四面受火（除加载部位）。

注：试验炉可设计成能使多个试件同时进行试验，并能够使所有仪器设备满足每一种构件测量的要求。

炉内衬材料采用耐高温的隔热材料，密度应小于 1000kg/m³。炉内衬材料的最小厚度应为 50mm。

5.3 加载装置

加载装置应能够提供根据 6.3 确定的试件荷载。加载可采用液压、机械或重物。

加载装置应能够模拟均布加载、集中加载、轴心加载或偏心加载，根据试件结构的相应要求确定加载方式。在加载期间，加载装置应能够维持试件加载量的恒定（偏差在规定值的±5%以内），并且不改变加载的分布。在耐火试验期间，加载装置应能够跟踪试件的最大变形量和变形速率。

加载装置不应有严重影响热量在试件内传播，不应阻碍热电偶隔热垫的使用并且不应影响表面温度和/或变形的测量，同时不妨碍对背火面的观测。加载装置与试件表面的接触点的面积总和不应超过水平试件表面积的 10%。

如果加热结束后仍需保持加载时，应提前做好准备工作。

5.4 约束和支承框架

根据 6.4 的规定，试件应采用特定支承框架或其他方式提供边界和支承条件的约束。

5.5 仪器

5.5.1 热电偶

5.5.1.1 炉内热电偶

炉内热电偶采用符合 GB/T 16839.1 规定的丝径为 0.75mm～2.30mm 的镍铬-镍硅（K 型）热电偶，外罩耐热不锈钢套管或耐热瓷套管，中间填装耐热材料，其热端伸出套管的长度不少于 25mm，如图 1 所示。测量和记录仪器应能在 5.6 规定的准确度条件下运行。

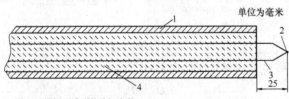

1——不锈钢（或耐热瓷）套管；
2——热电偶的热接点；
3——K 型铠装热电偶丝，丝径为 0.75mm～2.30mm；
4——耐热材料。

图 1 K 型铠装热电偶

试验开始时，热电偶的热端与试件受火面的距离应为（100±10）mm；试验过程中，上述距离应控制在 50mm～150mm 之内。热电偶应保持良好的工作状态，累计使用 20h 后，应对热电偶进行校验检定。试验过程中标准规定的温度、单点温度、平均温度以及实测温度应能随时显示。

5.5.1.2 背火面热电偶

试件背火面的温度应使用如图 2 所示的圆铜片式热电偶进行测量。为了得到良好的热接触，直径为 0.5mm 的热电偶丝应低温焊接或熔焊在厚 0.2mm，直径为 12mm 的圆形铜片上。热电偶可采用符合 GB/T 16839.1 规定的镍铬-镍硅（K 型）热电偶。每个热电偶应覆盖长、宽均为 30mm，厚度为（2.0±0.5）mm 的石棉衬垫或类似材料，除非对特殊构件的标准有特殊的规定。隔热垫的密度应为 900kg/m³±100kg/m³、导热系数应为 0.117W/（m·K）～0.143W/（m·K）。测量和记录仪器应能在 5.6 规定的准确度条件下运行。

石棉衬垫或类似材料应与试件的表面连接，可用耐热胶粘贴在试件表面上，但在试件表面和圆铜片之间或圆铜片与隔热垫之间不应有任何残留胶浆。

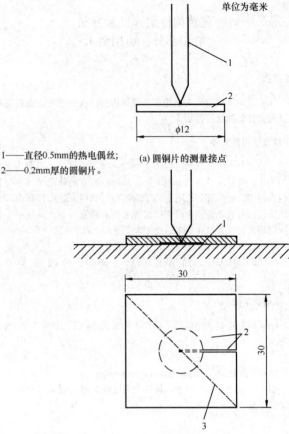

单位为毫米

1——直径 0.5mm 的热电偶丝；
2——0.2mm 厚的圆铜片。

(a) 圆铜片的测量接点

1——圆铜片；
2——隔热垫及隔热垫盖在铜片上的断口；
3——可选的断口位置。

(b) 圆铜片和隔热垫

图 2 背火面热电偶和隔热垫

试验过程中，平均温度、单点温度应能随时显示。

5.5.1.3 移动热电偶

试验过程中当怀疑背火面某位置的温度较高时，可使用一支或多支设计如图 3 所示的移动热电偶，或是使用准确度和响应时间等于或小于图 3 中移动热电偶的其他温度测量仪器（如：红外辐射测温仪）来测量该位置的温度。移动热电偶的测量端采用直径为 1.0mm 的热电偶丝低温焊接或熔焊到直径为 12mm，厚度为 0.5mm 的圆铜片上。热电偶可采用符合 GB/T 16839.1 规定的镍铬-镍硅（K 型）热电偶。移动热电偶的组件应提供手柄，以便在试件的背火面上能够任意移动。

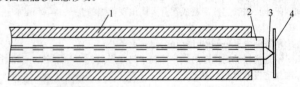

1——耐热钢支承管；
2——双孔陶瓷绝缘管；
3——直径 1.0mm 的热电偶丝（或采用铂电阻测温）；
4——直径 12mm，厚 0.5mm 的圆铜片。

图 3 移动热电偶

5.5.1.4 内部热电偶

当需要获得试件或特殊配件的内部温度时，应使用符合温度范围的、符合试件材料类型特点的热电偶测量。应把热电偶安装在试件内部选定的部位，但不能因此影响试件的性能。热电偶的热端应保证有 50mm 以上的一段处于等温区内。

5.5.1.5 环境温度热电偶

在试验前和试验期间，试验室内试件附近应配一支外径 3mm 不锈钢铠装热电偶或铂电阻显示环境温度。热电偶可采用符合 GB/

18

T 16839.1规定的镍铬-镍硅（K型）热电偶。热电偶或铂电阻的热端应避免受辐射热和通风的影响。

5.5.2　炉内压力测量探头

通过如图4所示的测量探头测量炉内压力，测量和记录仪器应能在5.6规定的准确度条件下运行。

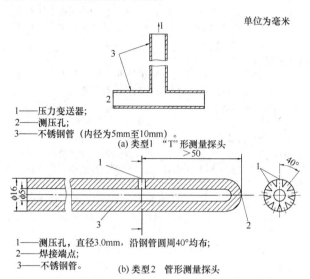

单位为毫米

1——压力变送器；
2——测压孔；
3——不锈钢管（内径为5mm至10mm）。

(a) 类型1　"T"形测量探头

1——测压孔，直径3.0mm，沿钢管圆周40°均布；
2——焊接端点；
3——不锈钢管。

(b) 类型2　管形测量探头

图4　炉内压力测量探头

5.5.3　加载系统

当使用重物时，试验中不需要进一步测量荷载。液压加载系统的荷载应通过压力传感器测量方法进行测量或其他具有同等准确度的相应仪器在相应的位置直接监测荷载。测量和记录仪器应能在5.6规定的准确度条件下运行。

5.5.4　变形测量仪

变形可使用机械、光学或电子技术仪器测量。仪器应与执行标准一致（例如：挠度值的测量或压缩值的测量），且每分钟至少要读取数值并记录一次。应采取各种必要的预防措施以避免测量探头由于受热产生数值漂移。

5.5.5　完整性测量仪

5.5.5.1　棉垫

除非是特殊构件的特殊标准，完整性测量所使用棉垫应由新的、未染色、柔软的脱脂棉纤维构成，不含有其他种类的纤维。棉垫厚20mm，长度和宽度各为100mm，质量约3g～4g。使用前应预先在温度为（100±5）℃的干燥箱内干燥至少30min。干燥后应保存在干燥器内或其他防潮的容器内，以备随时使用。为便于使用，棉垫应安装在如图5所示带有手柄的框架内。

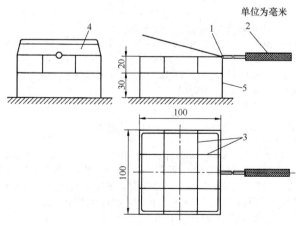

单位为毫米

1——铰链；
2——适当长度手柄；
3——直径0.5mm的支承钢丝；
4——带有插销的铰链连接盖；
5——直径为1.5mm的钢丝框架。

图5　棉垫框架

5.5.5.2　缝隙探棒

图6所示是两种规格的缝隙探棒，用于测量试件的完整性。它们是直径（6±0.1）mm和直径（25±0.2）mm的圆柱形不锈钢棒，并带有一定长度的隔热手柄。

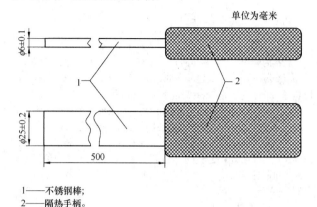

单位为毫米

1——不锈钢棒；
2——隔热手柄。

图6　缝隙探棒

5.6　测量仪器的准确度

进行耐火试验时，测量仪器应满足以下准确度要求：

a) 温度测量：　　炉内　　　±15℃；
　　　　　　　　环境和背火面　±4℃；
　　　　　　　　其他　　　　±10℃；

b) 压力测量：　　　　　±2Pa；

c) 加载测量：　　试验荷载的±2.5%；

d) 轴向压缩或膨胀值测量：　±0.5mm；

e) 其他变形量的测量：　±2mm；

6　试验条件

6.1　炉内温度

6.1.1　升温曲线

按照5.5.1.1规定的热电偶测得炉内平均温度，按以下关系式（见图7）对其进行监测和控制：

$$T = 345\lg(8t+1)+20$$

式中：

T——炉内的平均温度，单位为摄氏度（℃）；

t——时间，单位为分钟（min）。

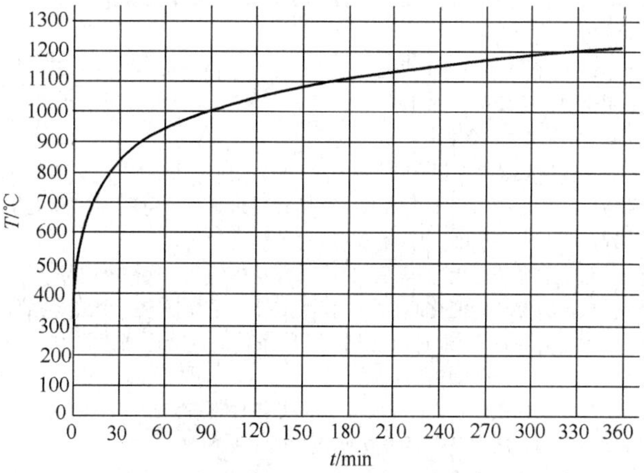

[图表：纵轴 $T/℃$，从0到1300；横轴 t/min，从0到360]

图7　标准时间-温度曲线

6.1.2　炉温偏差

试验期间的炉内实际时间-温度曲线与标准时间-温度曲线的偏差 d_e 用下式表示：

$$d_e = \frac{A-A_s}{A_s} \times 100$$

式中：d_e——偏差，%；

　　　　A——实际炉内时间-平均温度曲线下的面积；

18

A_s——标准时间-温度曲线下的面积；

t——时间，单位为分钟（min）。

d_e 值应控制在以下范围内：

a) $d_e \leqslant 15\%$ 从 $5min < t \leqslant 10min$

b) $d_e \leqslant [15-0.5(t-10)]\%$ 从 $10min < t \leqslant 30min$；

c) $d_e \leqslant [5-0.083(t-30)]\%$ 从 $30min < t \leqslant 60min$

d) $d_e \leqslant 2.5\%$ 从 $t > 60min$

所有的面积应采用相同的方法计算，即合计面积时的时间间隔在 6.1.2 a) 条件下不应超过 1min，在 6.1.2b)、c) 和 d) 条件下不应超过 5min，并且从 0min 开始计算。试验开始见 9.3。

在试验开始 10min 后的任何时间里，由任何一个热电偶测得的炉温与标准时间-温度曲线所对应的标准炉温不能偏差±100℃。

当试件易燃材料含量过多，在试验开始后，试件轰燃，引起炉温升高，导致炉温曲线与标准曲线发生明显偏差，但是这种偏差的时间不应超过 10min。

6.2 炉内压差

6.2.1 一般要求

沿炉内高度方向存在着线性压力梯度，尽管压力梯度随炉内温度的改变会有轻微的变化，仍要保证沿炉内高度处每米的压力梯度值为 8Pa。

炉内指定高度处的压力值应是平均值，不考虑湍流等所引起的压力波动，且与炉外相同高度处的压力相关联。依照 9.4.2 的规定对炉内的平均压力值进行监测，并控制炉内压力的变化，使其在试验开始 5min 后压力值为（15±5）Pa，10min 后压力值为（17±3）Pa。

6.2.2 垂直构件

试验炉运行时，可控制距理论平面 500mm 高度处的炉内压力值为零，但通过适当调整中性压力平面的高度使得在炉内试件顶部的压力值不应超过 20Pa。

6.2.3 水平构件

试验炉运行时，应控制试件底面以下 100mm 处的水平面或者检测梁时在吊顶水平底面以下 100mm 处的炉内压力值为 20Pa。

6.3 加载

试验室应清楚给出试验荷载确定的依据。试验荷载可根据下面的方法确定：

a) 构成试件材料的实际测试性能和国家认可的建筑规范规定的设计方法；

b) 构成试件材料的理论性能和国家认可的建筑规范规定的设计方法；

c) 建筑结构规范依据实际应用确定的或由试验委托者为某一特定用途提供的实际构件荷载。

6.4 约束和边界条件

试件应安装在特殊的支承和约束框架内。在试验中，支承末端和边界的约束应采用不燃的柔性密封材料封堵，尽可能与实际应用一致。

一个边界条件提供膨胀、收缩或转动的约束，另一个边界条件提供试件变形自由变化的空间。检测试件可选择任意一个边界条件分别确定为约束和/或自由变化。边界条件的选择应通过仔细分析其实际应用的条件加以确定。

如果构件试件在实际应用中的边界条件不确定或是变化的，应采用保守的方法在试件两边或两端提供支承。

如果试验过程中应用了约束，应对试件约束部分在受到膨胀力、收缩力或扭矩作用之前的约束状态进行描述。试验过程中，通过约束传导到试件的外部力和力矩应进行记录。

6.5 环境条件

试验炉应安装在具有足够尺寸的试验室内，试验时应记录试验起始的环境温度。

6.6 试验条件偏差

试验期间所达到的炉温、炉压或环境温度条件，如超过试件受火条件偏差上限，该情况下的试件试验应视为有效（见第 11 章试验的有效性）。

7 试件准备

7.1 试件设计

试件结构材料、结构要求和安装方法应能够代表构件的实际使用状况。如果可能，试件的安装应采用建筑中的标准化工艺，例如表面抛光等。独立试件的结构不应被改变（例如不同的连接系统）。将试件安装在特定的支承和约束框架内产生的任何变化不能对试件的性能有较大的影响，并应详细记录在试验报告中。

7.2 试件尺寸

试件通常应采用实际尺寸，如果试件不能按实际尺寸进行试验，试件尺寸应符合相应标准规定的构件试验要求。

7.3 试件数量

对于每种规定支承结构或约束条件的建筑构件，应至少选取 1 个试件进行耐火试验。

对于结构对称的分隔构件，可用 1 个试件任选其中一面进行耐火试验。对于结构不对称的分隔构件，试件数量的确定应符合下述规定：

a) 如果要求构件的每一面都具有耐火性能，且无法确定薄弱面，则应选取不少于 2 个的相同试件，分别代表构件的不同面进行耐火试验；

b) 如果要求构件的每一面都具有耐火性能，且能确定薄弱面，则应选取 1 个试件，只对该薄弱面进行耐火试验；

c) 如果只要求构件的某一特定面具有耐火性能，则应选取 1 个试件仅对该面进行耐火试验。

7.4 试件养护

试验时，可通过自然养护使试件的强度和含水量与预期的实际使用条件相似。如果试件含有水分或易于吸收水分，则应对试件进行干燥处理，直至达到规定要求才能进行试验。干燥的规定要求是试件放置在相对湿度为（50±20）%，温度为（23±5）℃的环境中达到平衡的状态。

一种达到干燥条件的方法是将试件放置在密闭室中（最低温度为 15℃，最大相对湿度为 75%），经过必要的时间达到水分平衡。达到平衡的条件是间隔 24h 测量试件的质量，且两次测量的数值差不超过试件总重的 0.1%。

如果加速养护不会改变材料组分的性能或试件的水分分布（因为这些改变会影响试件的耐火性能），则应采用这种加速养护方法。高温养护的温度应低于材料的临界温度。

如果养护后不能达到规定的含水量，但吸收组分的强度已达到设计强度，试件也可进行耐火试验。

代表性的试样可代试件进行养护确定含水量。代表性试样的构件应具有与试件相似的厚度和受火面，从而能够代表试件的水分损失。试件应养护至其含水量保持不变。

有关含水量的测定，相应构件的标准中可包含有附加的或可选择的规定。

7.5 试件的确认

试验前，委托方应为试验室提供试样样品，其所有结构细节、图纸、主要组分及生产商和供应商列表。在测试开始前，向试验室及时完整地提供以上资料将有助于试验室根据提供的资料信息对试件进行一致性检验，并尽可能在试验开始之前处理好不一致的部分。为了确定组分的描述，特别是它的结构，与试验试件保持一致，试验室可以检验组分的构成或是要求提供一个或多个附加的备用试件。

如在试验前无法检查确认试件结构所有方面的一致性，在试验后也无法获得足够的数据，而必须依靠委托方所提供的信息时，应在试验报告中清楚地说明。试验室在试验报告中仍应全面正确地评定试件的设计，并在试验报告中准确的记录试件的结构细节。试件检验的附加程序将在具体产品的试验方法中规定。

8 仪器使用

8.1 温度测量

8.1.1 炉内热电偶

用于测量炉内温度的热电偶，应均布在试件附近以获得可靠的平均温度。每类构件应按试验方法规定布置热电偶的数量和位置。

热电偶的位置不应受燃烧器火焰的直接冲击，并且距离炉内所有侧墙、底面和顶部不应小于450mm。

固定的方式要确保耐火试验期间热电偶不移动。

试验开始时，炉内热电偶的数量（n）应不少于试验方法中规定的最少数量。如果热电偶损坏，炉内剩$n-1$个电偶时，试验室不需采取任何措施。如果试验时炉内热电偶的数量少于$n-1$，试验室应更换热电偶，确保至少有$n-1$个热电偶在使用。

热电偶由于遭受跌落的碎片冲击及在连续使用中的损耗，仪器的敏感度会随着时间的推移有轻微的降低。因此每次试验前应进行运行检查，确保仪器正常使用。如果仪器存在任何损坏、损耗或不正常运行的迹象，则不应再使用而应进行更换。

热电偶的固定不应嵌入或接触试件，除非测温端对位置有特殊要求。如果测温端的固定已嵌入或接触试件，应通过建立相应的失效判定准则或是添加明确的附加信息将影响的结果降到最低。

8.1.2 背火面热电偶

背火面热电偶的类型应依照5.5.1.2的规定，与试件的背火面相接触，以测量平均温升和最高温升。

测量背火面平均温升的热电偶应布置在试件表面的中心位置，和平均每1/4区域的中心位置。有波纹或筋状物的结构，可以在最厚和最薄的位置适当增加热电偶数量。热电偶的布置应距离热气流、结合点、交叉点和贯通连接紧固件（如螺钉、销钉等），以及会被穿过试件的热烟气直接冲击的位置不应小于50mm。

附加热电偶应贴在背火面可能出现高温的位置，用于测量最高温升。如果在任意直径150mm圆的区域内紧固件所占的总面积小于1%，热电偶不应贴在会产生较高温度类似螺钉、钉子或夹子等紧固件上。热电偶不应贴在表面直径小于12mm非贯通紧固件上，对于表面直径小于12mm贯通紧固件，可使用特殊的测量仪器测温。对于特定构件，其背火面热电偶位置有更多其他要求，将在相应构件的试验方法中规定。

热电偶的隔热垫周围与试件表面应用耐高温胶完全粘结，并且在圆铜片与试件之间及圆铜片与隔热垫之间不应有任何胶，也不应存在空隙，即使有，也十分细小。在无法使用胶粘结时，也可以使用别针、螺钉或回形针，但是它们只能与隔热垫接触，而不能与铜片接触。

8.1.3 移动热电偶

在试验期间任何可疑的高温点均应使用符合5.5.1.3要求的移动热电偶。如果在使用移动热电偶20s内，温度没有达到150℃，则停止使用移动热电偶测温。若达到或超过150℃，则继续测温作为判定依据。使用移动热电偶测量时，应避开如螺钉、钉子或夹子等紧固件所在的位置，因为这些位置可能出现明显的温差；作为额外增加的热电偶，还应避开背火面热电偶的安装位置。

8.1.4 内部热电偶

在使用符合5.5.1.4要求的内部热电偶时，其位置不应影响试件的性能。包括敲击进入试件的钢部件，热接点应采用适当的方法固定在相应的位置上。要尽可能避免热电偶丝的温度高于热接点温度。

注：无论什么条件下，热电偶的热电极应有大于等于50mm与热端处于同一等温区内。

8.1.5 环境温度热电偶

测量环境温度的热电偶（或铂电阻）应安装在距离试件背火面（1.0 ± 0.5）m处，但不应受到来自试件和/或试验炉热辐射的影响。

8.2 压力测量

压力测量探头（见5.5.2）应安装在便于按6.2规定的压力条件测量和监控炉内压力的位置，不应位于受火焰气流直接冲击的位置或排烟管路上。该探头测量管在炉内和穿过炉墙的部分应保持水平，这样炉内和炉外压力将处于相对相同的高度位置。如果使用是"T"形测量探头，"T"形支管应保持水平方向。测量仪器输出炉压端的管道垂直截面应保持在室内环境温度。

8.2.1 垂直构件试验炉的测量探头

一个探头应置于距离中性压力面±500mm范围内。另一个探头

用于提供炉内垂直压力梯度的数据信息，该测量探头置于在炉内距离试件顶部±500mm的范围内。

8.2.2 水平构件试验炉的测量探头

两个压力测量探头安装在同一水平面上相应的不同位置。一个用于测控炉内压力，另一个用于对前一个压力测量探头进行校核。

8.3 变形测量

试件变形测量仪器用于测量耐火试验过程中的试件变形速率和变形总量，或试验后的变形总量。

8.4 完整性观测

试件完整性的测量可采用棉垫或缝隙探棒根据裂缝的位置和状态确定（在炉内负压区域发生的较大缝隙不宜采用棉垫判定完整性，或在不宜使用如图5所示的框架装置），并应符合如下要求。

8.4.1 棉垫

棉垫置于图5所示框架内，在试验进行的过程中发现有可疑的部位时，安放在试件该位置表面并贴近裂缝或窜出火焰的位置，持续30s或直到棉垫点燃（定义为炽烧或燃烧）。棉垫的位置可稍做调整以达到热气点燃棉垫的最佳效果。

如果裂缝附近的试件表面不规则，应注意确定在测量过程中棉垫框架的支承柄与棉垫和试件表面保持一定的空间。

操作者可采用"筛选检验"来判定试件的完整性。所谓"筛选检验"是在可能丧失的位置选择短时间使用棉垫，或是采用单一棉垫在这个区域附近移动。棉垫烧焦表明失效，但应使用未用过的棉垫按规定的方法测定完整性。

在试件或试件局部无需满足隔热性的条件下，当试件背火面裂缝附近的温度超过300℃时，不应使用棉垫测定完整性，应使用缝隙探棒测量完整性。

8.4.2 缝隙探棒

在使用缝隙探棒的位置，试件表面裂缝的尺寸大小应依据试件的明显变形速率间隔一定时间进行测定。两种缝隙探棒轮流使用，且在使用时不应存在不适当的外力。

a) ϕ6mm的缝隙探棒是否能够穿过试件进入炉内，并沿裂缝方向移动150mm的长度；

b) ϕ25mm的缝隙探棒是否能够穿过试件进入炉内。

在缝隙探棒移动路径上的细微阻挡，它们对热烟气穿过裂缝的流动过程产生极小甚至没有影响，可不予考虑使用探棒（例如：穿过施工缝的小紧固件由于变形而产生缝隙）。

9 试验方法

9.1 约束应用

根据设计要求，将试件安装在刚性框架内从而得到相应的约束。这种方法在适当的条件下可应用于隔墙和楼板。在这种情况下，试件边缘和框架之间的缝隙应用刚性材料填充。

约束也可用液压或其他加载系统提供。提供的约束力或力矩会限制膨胀、收缩或转动。这种情况下，这些约束力或力矩数值是重要的数据信息，应在整个试验过程中间隔一定时间进行测量。

9.2 荷载使用

对承载构件，试验荷载应在试验开始前至少15min时加载，并且加载的速率不发生波动。对此产生的相应变形应进行测量记录。如果在一定的试验荷载等级条件下，试件的组成材料发生明显的变形，则在试验前应保持所加的荷载值恒定，直到变形稳定。根据要求，试验期间荷载值应保持恒定，并且当试件发生变形时，加载系统应能够快速作出响应保持荷载的恒定。

如果在加热终止后试件未坍塌，荷载应迅速卸载，除非需要监测试件的持续承载能力。对后一种情况，在报告中应清楚描述该试件的冷却过程，是否是人为冷却、移出试验炉冷却或打开试验炉冷却。

9.3 试验开始

试验开始前5min内，应对所有热电偶的初始温度记录进行一次检查，并进行数据记录。同时应记录试件的初始变形数据和试件初始条件。

试验时，记录试件内部初始平均温度值（如果存在）、试件背火面的初始平均温度值和环境温度值。

当试验炉内接近试件中心的热电偶记录到50℃时，便可将其作为试验开始时间。同时，所有手动和自动的观察测量系统都应开始工作，按照6.1规定的升温条件测量和控制试验炉炉温。

9.4 测量和观测

从试验开始，应进行以下相关的测量和观测。

9.4.1 温度测量

对试验期间的固定热电偶（除移动热电偶外所有热电偶），以时间间隔不超过1min测量并记录温度值1次。

移动热电偶应符合8.1.3的要求。

9.4.2 炉压测量

炉内压力应进行连续测量和记录，或是在控制点时间间隔不超过5min测量记录1次。

9.4.3 变形测量

在试验过程中，试件相应变形量应进行测量和记录。对承重试件，在试件加载前和按要求进行加载后，都应进行尺寸测量，并在耐火试验过程中，间隔1min测量一次形变。变形速率根据测量的变形值进行计算。

a) 对于水平承重试件，在可能发生最大变形量的位置测量（对简支承构件，最大变形通常发生在跨度的中间）。

b) 对垂直承重试件，伸长（试件高度增加）应表示为正值，收缩（试件高度减少）表示为负值。

9.4.4 完整性观测

整个试验过程中应对分隔构件的完整性进行判定，并对以下各项进行观测记录：

a) 棉垫：记录棉垫被点燃的时间（按8.4.1规定的方法测量，棉垫发出炽烧或开始燃烧），同时记录棉垫被点燃的位置（没有发出火光或燃烧的棉垫变焦现象可忽略不计）。

b) 缝隙探棒：按8.4.2规定的方法测量，记录缝隙探棒能通过试件裂缝的时间，同时记录裂缝的位置。

c) 窜火：应记录试件背火面窜出火焰和持续的时间，同时记录窜出火焰的位置。

9.4.5 加载和约束

对承重试件，应记录试件承载能力丧失的时间。为维持其约束条件，力和/或力矩所发生的适当改变应记录。

9.4.6 一般现象

试验期间应对试件的试验现象进行观察，如果试件结构出现变形、开裂、材料熔化或软化、材料剥落或烧焦等相关现象，应记录在报告中。如果背火面冒出大量浓烟气的现象应记录在报告中。

9.5 试验的终止

试验有以下任意一个原因即可终止：

a) 威胁人员安全或可能损坏仪器设备；

b) 达到选定的判定准则；

c) 委托方提出要求。

在b) 条件下试件丧失完整性和隔热性后，委托方提出要求时，试验可继续进行以获得附加数据。

10 判定准则

10.1 一般要求

本条款描述了对不同形式的建筑耐火构件在标准耐火试验条件下的性能判定准则。对特殊类型的建筑耐火构件要在一般的性能判定准则基础上增加部分特殊条款，或是对原条款进行部分修改。

试件应满足的耐火性能，包括承重构件的稳定性和建筑分隔构件完整性和隔热性，其判定准则用时间长短表示。如果试件所代表的建筑构件要同时达到以上几个性能，则应同时从几个方面进行判定。

10.2 判定准则的细则

试件的耐火性能应从以下一个或多个方面进行性能判定。

建筑结构的某些构件，可能需要在相应标准中规定相应的性能判定准则。

10.2.1 承载能力

试件在耐火试验期间能够持续保持其承载能力的时间。判定试件承载能力的参数是变形量和变形速率。试件变形在达到稳定阶段后将会发生相对快速的变形速率，因此依据变形速率的判定应在变形量超过L/30之后才可应用。

对GB/T 9978本部分的结论，试件超过以下任一判定准则限定时，均认为试件丧失承载能力。

a) 抗弯构件

极限弯曲变形量，$D=\dfrac{L^2}{400d}$ mm 和

极限弯曲变形速率，$\dfrac{dD}{dt}=\dfrac{L^2}{9000d}$ mm/min

式中：

L——试件的净跨度，单位为毫米（mm）；

d——试件截面上抗压点与抗拉点之间的距离，单位为毫米（mm）。

b) 轴向承重构件

极限轴向压缩变形量，$C=\dfrac{h}{100}$ mm 和

极限轴向压缩变形速率，$\dfrac{dC}{dt}=\dfrac{3h}{1000}$ mm/min

式中：

h——初始高度，单位为毫米（mm）。

10.2.2 完整性

试件在耐火试验期间能够持续保持耐火隔火性能的时间。试件发生以下任一限定情况均认为试件丧失完整性：

a) 依据8.4.1进行试验，棉垫被点燃；

b) 依据8.4.2的规定，缝隙探棒可以穿过；

c) 背火面出现火焰并持续时间超过10 s。

10.2.3 隔热性

试件在耐火试验期间持续保持耐火隔热性能的时间。试件背火面温度温升发生超过以下任一限定的情况均认为试件丧失隔热性。

a) 平均温度温升超过初始平均温度140℃；

b) 任一点位置的温度温升超过初始温度（包括移动热电偶）180℃（初始温度应是试验开始时背火面的初始平均温度）。

11 试验的有效性

当试验装置、试验条件、试件准备、仪器使用、试验程序等条件均在GB/T 9978本部分规定的限制条件之内时，试验结果有效。

当试验炉内温度、炉内压力和试验环境温度等试件受火条件超出第6章规定的偏差上限时，也可以考虑试验结果的有效性。

12 试验结果表示

12.1 耐火极限

试件的耐火极限是指满足相应耐火性能判定准则的时间。

12.2 判定准则

12.2.1 隔热性和完整性对应承载能力

如果试件的"承载能力"已不符合要求，则将自动认为试件的"隔热性"和"完整性"不符合要求。

12.2.2 隔热性对应完整性

如果试件的"完整性"已不符合要求，则将自动认为试件的"隔热性"不符合要求。

12.3 提前终止试验

在相关的性能判定准则条件下，如果在试件丧失性能判定准则之前终止试验，则应陈述终止试验的原因。在试验结果中应给出确认试验终止的时间。

12.4 结果表示

以下是举例说明承重分隔构件耐火试验结果的表示方法。在该例中隔热性和完整性不符合判定准则的要求，并且在试件垮塌之前委托方要求终止试验。

例如：结果表示为"承载能力≥128min（委托方要求终止试验）；

完整性　　　120min；

隔热性　　　110min"。

注：如果由于背火面温度较高导致不能使用棉垫，此情况应说明。

13 试验报告

试验报告应在显著位置描述以下内容。

"试验报告应提供试件的详细结构资料、试验条件及试件按 GB/T 9978 本部分规定的方法进行试验所获得的试验结果。若试件在尺寸、详细结构资料、荷载、应力、约束或边界条件方面存在较大偏差时，则试验结果无效。"

试验报告应含与试件及耐火试验相关的所有重要信息，包括以下项目和在试件试验标准中规定要求的单独项目：

a) 试验室的名称和地址，唯一的编号和试验日期；

b) 委托方的名称和地址，试件和所有组成部件的产品名称和制造厂，如果缺少该信息应进行说明；

c) 试件的详细结构和组装程序方法，在试件图中含有结构尺寸，如可能可附带照片、使用材料的相关性能；

d) 对试件耐火性能的判定及判定方法有一定影响的信息，例如，试件的含水率及养护期信息；

e) 对承重构件试件的加载量及其计算依据；

f) 使用的支承和约束条件及其选择的理由；

g) 所有热电偶、变形测量和压力测量仪器的安装位置信息和试验时从这些仪器上所测的数据制成的曲线或图表；

h) 试验期间试件发生现象的描述，并且依据第 10 章的判定准则所确定试验的终止；

i) 试件的耐火极限，表示见第 12 章的规定；

j) 对于非对称分隔构件，试件应进行正面和反面两个方向的耐火试验，取极小值确定结果的有效性。除非能确定其薄弱面，只对该面进行耐火试验确定结果的有效性。

附 录 A
(资料性附录)
本部分章条编号与 ISO 834-1：1999 章条编号对照

表 A.1 给出了本部分章条编号与 ISO 834-1：1999 章条编号对照一览表。

表 A.1　本部分章条编号与 ISO 834-1：1999
章条编号对照

本部分章条编号	对应的国际标准章条编号
—	6.7
附录 A	—
附录 B	—

注：表中的章条以外的本部分其他章条编号与 ISO 834-1：1999 其他章条编号均相同且内容相对应。

附 录 B
(资料性附录)
本部分与 ISO 834-1：1999 技术性差异及其原因

表 B.1 给出了本部分与 ISO 834-1：1999 的技术性差异及其原因的一览表。

表 B.1　本部分与 ISO 834-1：1999 的技术性差异及其原因

本部分的章条编号	技术性差异	原　因
1	删除了原标准中的"然后，以试件性能在此试验条件下满足规定要求的持续时间为依据，用获得的试验数据对构件试件分级。"	以适应我国使用现状
2	引用我国标准 GB/T 5907，代替引用 ISO 13943《耐火试验词汇表》 引用我国标准 GB/T 16839.1《热电偶　第 1 部分：分度表》，代替引用 IEC 60584-1：1995《热电偶　第 1 部分：分度表》	以适合我国国情
5.2	修改了对炉内衬材料的要求	以适合我国的国情
5.5.1.1	删除了 ISO 834-1：1999 中有关板式热电偶的规定，在 GB/T 9978：1999 第 5.1.3 条的基础上进行了重新编写。重新绘制图 1。 镍铬/镍铝热电偶改为镍铬/镍硅	板式热电偶在国内没有生产与使用，也无计量检定依据，以适合我国国情和方便使用，删除了有关板式热电偶的规定，改为国内常用的热电偶
5.5.1.2	重新绘制图 2	为了方便使用，将热电偶的热端焊接在圆铜片的中心位置
5.5.1.3	增加了"红外辐射测温仪"。 重新绘制图 3	增加了可选择的测量仪器红外辐射测温仪，方便实际使用。 为了方便使用，图 3 该为将热电偶的热端焊接在圆铜片的中心位置
6.1.2	参考 GB/T 9978—1999 相关部分的内容，对原语句进行了重新编写，调整了个别语句的位置	更符合国内的语言习惯
6.3	删除了 b) 条中"应给出根据实际使用材料性能确定的荷载量和根据典型材料性能确定的荷载量的关系"。 删除了 c) 条中"应提供使用的荷载量与依据试件的期望材料性能和试件的典型材料性能所确定的荷载量的关系，或是通过试验进行确定"	两个"关系"的确定需要以大量的试验为基础，以目前国内的实际情况，无法确定以上两个"关系"
6.4	对于支承末端和边界约束结合我国国情进行了更具体的处理	增加可操作性
6.5	删除了原文中对环境的要求，改为"试验炉应安装在具有足够尺寸的试验室内，试验时记录试验起始的环境温度"	原文中对环境条件的要求过于局限，不适合国内的实际使用情况，因此进行了重新编写
—	删除了原文中 6.7 条"校准"的相关内容	按照标准规定的要求进行试验，其本身就是一个校准的过程，不必赘述
8.1.1	删除了 ISO 834-1：1999 中有关板式热电偶的特殊规定。对于可通用于普通热电偶的相关规定，将原文中的"板式热电偶"一词改为"热电偶"	板式热电偶在国内没有生产与使用，也无计量检定依据，以适合我国国情和方便使用，删除了有关板式热电偶的规定，改为国内常用的热电偶

本部分的章条编号	技术性差异	原 因
8.1.3	增加了"若达到或超过150℃，则继续测温作为判定依据"	补充内容，使其更加完整
8.1.5	比原文增加了一条"环境热电偶"的使用规定	补充内容，使其更加完整
8.4.1	增加了"使用缝隙探棒测量完整性"	补充内容，使其更加完整
9.3	删除了第2段"试验时，试件内部初始平均温度（如果存在）和试件背火面的初始平均温度应在（20±10)℃范围内，应与环境温度的偏差在5℃范围以内（见6.5）"。增加了"试验时，记录试件内部初始平均温度值（如果存在）、试件背火面的初始平均温度值和环境温度值。在试验结束后，应用计算机根据初始温度值对试验数据进行修正"	因为在第6章第6.5条中删除了对环境条件的相关要求，在该条中删除了与环境条件相关的内容。增补了有关初始数据记录与数据修正的内容，提高了试验的可操作性

参 考 文 献

[1] GB/T 14107—1993 消防基本术语 第二部分

[2] GB/T 16283—1996 固定灭火系统基本术语

[3] ISO 13943：2000 Fire safety—Vocabulary

18

中华人民共和国国家标准

防 火 门

Fire resistant doorsets

GB 12955—2008

施行日期：２００９年１月１日

目 次

19

前　言

本标准第 5 章、7.2 为强制性条款，其余为推荐性条款。

本标准代替 GB 12955—1991《钢质防火门通用技术条件》、GB 14101—1993《木质防火门通用技术条件》

本标准与 GB 12955—1991、GB 14101—1993 相比主要变化如下：

——增加了防火门按材质分类的内容（见4.1）；

——对防火门的耐火性能分类进行了修改，由原来按甲、乙和丙分类，改为本版按"隔热防火门（A 类）"、"部分隔热防火门（B类）"和"非隔热防火门（C 类）"分类（GB 12955—1991 的4.3、GB 14101—1993 的4.1；本版的4.4）；

——对防火门用材料的要求更加全面而具体，除金属材料以外的材料，增加了有关材料燃烧性能和材料燃烧烟气毒性的要求（GB 12955—1991 和 GB 14101—1993 的 5.1；本版的 5.2）；

——删去对用作建筑物外门的木质防火门的耐风压变形性能、抗空气渗透性能和抗雨水渗透性能的要求；

——对防火锁的性能要求更为具体（GB 12955—1991 的5.1.3、GB 14101—1993 的 5.1.4；本版的 5.3.1）；

——对防火合页（铰链）的性能要求更为具体（GB 12955—1991 的 5.1.3 和 5.1.4、GB 14101—1993 的 5.1.4；本版的5.3.2）；

——对闭门装置的性能要求更为具体（GB 12955—1991 的5.1.3、GB 14101—1993 的 5.1.4；本版的 5.3.3）；

——对防火玻璃的要求更为具体（GB 12955—1991 的 5.1.3、GB 14101—1993 的 5.1.3；本版的 5.3.8）；

——增加了防火门的门扇质量要求和试验方法（见 5.5、6.6）；

——增加对门扇宽度方向弯曲度的要求和试验方法（见 5.7、6.8.3）；

——增加了门扇与门框贴合面间隙的要求和试验方法（见5.8.2.6、6.9.3）；

——增加了防火门灵活性的要求和试验方法（见 5.9、6.10）；

——增加了防火门可靠性的要求和试验方法（见 5.10、6.11）；

——对防火门的门扇扭曲度试验方法有所改进（GB 14101—1993 的 6.2；本版的 6.8.2）；

——增加了门扇与门框的搭接尺寸测量方法（见 6.9.1）；

——增加了判定准则（见 7.2.4）；

——增加了规范性附录 A（见附录 A）；

——增加了规范性附录 B（见附录 B）；

——增加了规范性附录 C（见附录 C）；

——增加了规范性附录 D（见附录 D）。

本标准的附录 A～附录 D 均为规范性附录。

本标准由中华人民共和国公安部提出。

本标准由全国消防标准化技术委员会第八分技术委员会（SAC/TC 113/SC8）归口。

本标准负责起草单位：公安部天津消防研究所。

本标准参加起草单位：深圳市蓝盾实业有限公司、沈阳强盾防火门有限公司、深圳鹏基龙电安防股份有限公司、重庆美心·麦森门业有限公司、广东金刚玻璃科技股份有限公司、天津名门防火建材实业有限公司、北京光华安富业门窗有限公司、浙江唐门金属结构有限公司。

本标准主要起草人：赵华利、刘晓慧、黄伟、李博、李希全、王鹏翔、张相会、纪祥安、吕滋立、于洋、夏明宪、张明罡、纪春传、唐俊烈。

本标准所代替标准的历次版本发布情况为：

——GB 12955—1991；

——GB 14101—1993。

请注意本标准的一些内容有可能涉及专利。本标准的发布机构不应承担识别这些专利的责任。

防 火 门

1 范围

本标准规定了防火门的分类、代号与标记、要求、试验方法、检验规则、标志、包装、运输和贮存等内容。

本标准适用于平开式木质、钢质、钢木质防火门和其他材质防火门。其他开启方式的防火门，可参照本标准执行。

2 规范性引用文件

下列文件中的条款通过本标准的引用而成为本标准的条款。凡是注日期的引用文件，其随后所有的修改单（不包括勘误的内容）或修订版均不适用于本标准，然而，鼓励根据本标准达成协议的各方研究是否可使用这些文件的最新版本。凡是不注日期的引用文件，其最新版本适用于本标准。

GB/T 708 冷轧钢板和钢带的尺寸、外形、重量及允许偏差

GB/T 709 热轧钢板和钢带的尺寸、外形、重量及允许偏差

GB/T 2828.1 计数抽样检验程序 第1部分：按接收质量限（AQL）检索的逐批检验抽样计划（GB/T 2828.1—2003，ISO 2859-1：1999，IDT）

GB/T 4823—1995 锯材缺陷（eqv ISO 1029：1974）

GB/T 5823—1986 建筑门窗术语

GB/T 5824 建筑门窗洞口尺寸系列

GB/T 5907—1986 消防基本术语 第一部分

GB/T 6388 运输包装收发标志

GB/T 7633 门和卷帘的耐火试验方法

GB 8624—2006 建筑材料及制品燃烧性能分级

GB/T 8625—2005 建筑材料难燃性试验方法

GB 9969.1 工业产品使用说明书 总则

GB/T 13306 标牌

GB/T 14436 工业产品保证文件 总则

GB 15763.1 建筑用安全玻璃 防火玻璃

GB 16807 防火膨胀密封件

GB/T 20285—2006 材料产烟毒性危险分级

GA 93 防火门闭门器

JG/T 122—2000 建筑木门、木窗

QB/T 2474 弹子插芯门锁

3 术语和定义

GB/T 5823—1986 和 GB/T 5907—1986 确立的以及下列术语和定义适用于本标准。

3.1

平开式防火门 fire resistant side hung doorsets

由门框、门扇和防火铰链、防火锁等防火五金配件构成的，以铰链为轴垂直于地面，该轴可以沿顺时针或逆时针单一方向旋转以开启或关闭门扇的防火门。

3.2

木质防火门 fire resistant timber doorsets

用难燃木材或难燃木材制品制作门框、门扇骨架和门扇面板，门扇内若填充材料，则填充对人体无毒无害的防火隔热材料，并配以防火五金配件所组成的具有一定耐火性能的门。

3.3

钢质防火门 fire resistant steel doorsets

用钢质材料制作门框、门扇骨架和门扇面板，门扇内若填充材料，则填充对人体无毒无害的防火隔热材料所组成的具有一定耐火性能的门。

3.4

钢木质防火门 fire resistant timber doorsets with steel structure

用钢质和难燃木材材料或难燃木材制品制作门框、门扇骨架和门扇面板，门扇内若填充材料，则填充对人体无毒无害的防火隔热材料，并配以防火五金配件所组成的具有一定耐火性能的门。

3.5

其他材质防火门 other material fire resistant doorsets

采用除钢质、难燃木材或难燃木材制品之外的无机不燃材料或部分采用钢质、难燃木材、难燃木材制品制作门框、门扇骨架和门扇面板，门扇内若填充材料，则填充对人体无毒无害的防火隔热材料，并配以防火五金配件所组成的具有一定耐火性能的门。

3.6

隔热防火门（A类） fully insulated doorsets

在规定时间内，能同时满足耐火完整性和隔热性要求的防火门。

3.7

部分隔热防火门（B类）partially insulated doorsets

在规定大于等于0.50h内，满足耐火完整性和隔热性要求，在大于0.50h后所规定的时间内，能满足耐火完整性要求的防火门。

3.8

非隔热防火门（C类）no insulated doorsets

在规定时间内，能满足耐火完整性要求的防火门。

4 分类、代号与标记

4.1 按材质分类及代号

4.1.1 木质防火门，代号：MFM。

4.1.2 钢质防火门，代号：GFM。

4.1.3 钢木质防火门，代号：GMFM。

4.1.4 其他材质防火门，代号：＊＊FM。（＊＊代表其他材质的具体表述大写拼音字母）

4.2 按门扇数量分类及代号

4.2.1 单扇防火门，代号为1。

4.2.2 双扇防火门，代号为2。

4.2.3 多扇防火门（含有两个以上门扇的防火门），代号为门扇数量用数字表示。

4.3 按结构形式分类及代号

4.3.1 门扇上带防火玻璃的防火门，代号为b。

4.3.2 防火门门框：门框双槽口代号为s，单槽口代号为d。

4.3.3 带亮窗防火门，代号为l。

4.3.4 带玻璃带亮窗防火门，代号为bl。

4.3.5 无玻璃防火门，代号略。

4.4 按耐火性能分类及代号

防火门按耐火性能的分类及代号见表1。

表1 按耐火性能分类

名 称	耐 火 性 能		代 号
隔热防火门（A类）	耐火隔热性≥0.50h 耐火完整性≥0.50h		A0.50（丙级）
	耐火隔热性≥1.00h 耐火完整性≥1.00h		A1.00（乙级）
	耐火隔热性≥1.50h 耐火完整性≥1.50h		A1.50（甲级）
	耐火隔热性≥2.00h 耐火完整性≥2.00h		A2.00
	耐火隔热性≥3.00h 耐火完整性≥3.00h		A3.00
部分隔热防火门（B类）	耐火隔热性≥0.50h	耐火完整性≥1.00h	B1.00
		耐火完整性≥1.50h	B1.50
		耐火完整性≥2.00h	B2.00
		耐火完整性≥3.00h	B3.00
非隔热防火门（C类）	耐火完整性≥1.00h		C1.00
	耐火完整性≥1.50h		C1.50
	耐火完整性≥2.00h		C2.00
	耐火完整性≥3.00h		C3.00

4.5 其他代号、标记

4.5.1 其他代号

4.5.1.1 下框代号

有下框的防火门代号为 k。

4.5.1.2 平开门门扇关闭方向代号

平开门门扇关闭方向代号见表 2。

注：双扇防火门关闭方向代号，以安装锁的门扇关闭方向表示。

表 2 平开门门扇关闭方向代号

代号	说明	图示	代号	说明	图示
5	门扇顺时针方向关闭	关面 开面	6	门扇逆时针方向关闭	关面 开面

4.5.2 标记

防火门标记为：

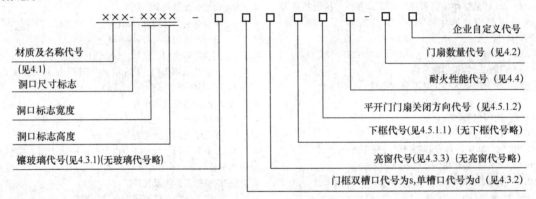

示例 1：GFM-0924-bslk5 A1.50（甲级）-1。表示隔热（A类）钢质防火门，其洞口宽度为 900mm，洞口高度为 2400mm，门扇镶玻璃、门框双槽口、带亮窗、有下框、门扇顺时针方向关闭，耐火完整性和耐火隔热性的时间均不小于 1.50h 的甲级单扇防火门。

示例 2：MFM-1221-d6B1.00-2。表示半隔热（B类）木质防火门，其洞口宽度为 1200mm，洞口高度为 2100mm，门扇无玻璃、门框单槽口、无亮窗、无下框门扇逆时针方向关闭，其耐火完整性的时间不小于 1.00h，耐火隔热性的时间不小于 0.50h 的双扇防火门。

4.5.3 规格

防火门规格用洞口尺寸表示，洞口尺寸应符合 GB/T 5824 的相关规定，特殊洞口尺寸可由生产厂方和使用方按需要协商确定。

5 要求

5.1 一般要求

防火门应符合本标准要求，并按规定程序批准的图样及技术文件制造。

5.2 材料

5.2.1 填充材料

5.2.1.1 防火门的门扇内若填充材料，则应填充对人体无毒无害的防火隔热材料。

5.2.1.2 防火门门扇填充的对人体无毒无害的防火隔热材料，应经国家认可授权检测机构检验达到 GB 8624—2006 规定燃烧性能 A_1 级要求和 GB/T 20285—2006 规定产烟毒性危险分级 ZA_2 级要求。

5.2.2 木材

5.2.2.1 防火门所用木材应符合 JG/T 122—2000 第 5.1.1.1 条中对 Ⅱ（中）级木材的有关材质要求。

5.2.2.2 防火门所用木材应为阻燃木材或采用防火板包裹的复合材，并经国家认可授权检测机构按照 GB/T 8625—2005 检验达到该标准第 7 章难燃性要求。

5.2.2.3 防火门所用木材进行阻燃处理再进行干燥处理后的含水率不应大于 12%；木材在制成防火门后的含水率不应大于当地的平衡含水率。

5.2.3 人造板

5.2.3.1 防火门所用人造板应符合 JG/T 122—2000 第 5.1.2.2 条中对 Ⅱ（中）级人造板的有关材质要求。

5.2.3.2 防火门所用人造板应经国家认可授权检测机构按照 GB/T 8625—2005 检验达到该标准第 7 章难燃性要求。

5.2.3.3 防火门所用人造板进行阻燃处理再进行干燥处理后的含水率不应大于 12%；人造板在制成防火门后的含水率不应大于当地的平衡含水率。

5.2.4 钢材

5.2.4.1 材质

a）防火门框、门扇面板应采用性能不低于冷轧薄钢板的钢质材料，冷轧薄钢板应符合 GB/T 708 的规定。

b）防火门所用加固件可采用性能不低于热轧钢材的钢质材料，热轧钢材应符合 GB/T 709 的规定。

5.2.4.2 材料厚度

防火门所用钢质材料厚度应符合表 3 的规定。

表 3 钢质材料厚度 单位为毫米

部件名称	材料厚度
门扇面板	≥0.8
门框板	≥1.2
铰链板	≥3.0
不带螺孔的加固件	≥1.2
带螺孔的加固件	≥3.0

19

5.2.5 其他材质材料

5.2.5.1 防火门所用其他材质材料应对人体无毒无害，应经国家认可授权检测机构检验达到GB/T 20285—2006规定产烟毒性危险分级ZA₂级要求。

5.2.5.2 防火门所用其他材质材料应经国家认可授权检测机构检验达到GB/T 8625—2005第7章规定难燃性要求或GB 8624—2006规定燃烧性能A₁级要求，其力学性能应达到有关标准的相关规定并满足制作防火门的有关要求。

5.2.6 粘结剂

5.2.6.1 防火门所用粘结剂应是对人体无毒无害的产品。

5.2.6.2 防火门所用粘结剂应经国家认可授权检测机构检验达到GB/T 20285—2006规定产烟毒性危险分级 ZA₂级要求。

5.3 配件

5.3.1 防火锁

5.3.1.1 防火门安装的门锁应是防火锁。

5.3.1.2 在门扇的有锁芯机构处，防火锁均应有执手或推杠机构，不允许用圆形或球形旋钮代替执手（特殊部位使用除外，如管道井门等）。

5.3.1.3 防火锁应经国家认可授权检测机构检验合格，其耐火性能应符合附录A的规定。

5.3.2 防火合页（铰链）

防火门用合页（铰链）板厚应不少于3mm，其耐火性能应符合附录B的规定。

5.3.3 防火闭门装置

5.3.3.1 防火门应安装防火闭门器，或设置让常开防火门在火灾发生时能自动关闭门扇的闭门装置（特殊部位使用除外，如管道井门等）。

5.3.3.2 防火门闭门器应经国家认可授权检测机构检验合格，其性能应符合GA 93的规定。

5.3.3.3 自动关闭门扇的闭门装置，应经国家认可授权检测机构检验合格。

5.3.4 防火顺序器

双扇、多扇防火门设置盖缝板或止口的应安装顺序器（特殊部位使用除外），其耐火性能应符合附录C的规定。

5.3.5 防火插销

采用钢质防火插销，应安装在双扇防火门或多扇防火门的相对固定一侧的门扇上（若有要求时），其耐火性能应符合附录D的规定。

5.3.6 盖缝板

5.3.6.1 平口或止口结构的双扇防火门宜设盖缝板。

5.3.6.2 盖缝板与门扇连接应牢固。

5.3.6.3 盖缝板不应妨碍门扇的正常启闭。

5.3.7 防火密封件

5.3.7.1 防火门框与门扇、门扇与门扇的缝隙处应嵌装防火密封件。

5.3.7.2 防火密封件应经国家认可授权检测机构检验合格，其性能应符合GB 16807的规定。

5.3.8 防火玻璃

5.3.8.1 防火门上镶嵌防火玻璃的类型

5.3.8.1.1 A类防火门若镶嵌防火玻璃，其耐火性能应符合A类防火门的条件。

5.3.8.1.2 B类防火门若镶嵌防火玻璃，其耐火性能应符合B类防火门的条件。

5.3.8.1.3 C类防火门若镶嵌防火玻璃，其耐火性能应符合C类防火门的条件。

5.3.8.2 防火玻璃应经国家认可授权检测机构检验合格，其性能应符合GB 15763.1的规定。

5.4 加工工艺和外观质量

5.4.1 加工工艺质量

使用钢质材料或难燃木材，或难燃人造板材料，或其他材质材料制作防火门的门框、门扇骨架和门扇面板，门扇内若填充材料，则应填充对人体无毒无害的防火隔热材料，与防火五金配件等共同装配成防火门，其加工工艺质量应符合5.5、5.6、5.7的要求。

5.4.2 外观质量

采用不同材质材料制造的防火门，其外观质量应分别符合以下相应规定：

　a) 木质防火门：割角、拼缝应严实平整；胶合板不允许刨透表层单板和戗槎；表面应净光或砂磨，并不得有刨痕、毛刺和锤印；涂层应均匀、平整、光滑，不应有堆漆、气泡、漏涂以及流淌等现象。

　b) 钢质防火门：外观应平整、光洁、无明显凹痕或机械损伤；涂层、镀层应均匀、平整、光滑，不应有堆漆、麻点、气泡、漏涂以及流淌等现象；焊接应牢固、焊点分布均匀，不允许有假焊、烧穿、漏焊、夹渣或疏松等现象，外表面焊接应打磨平整。

　c) 钢木质防火门：外观质量应满足a)、b)项的相关要求。

　d) 其他材质防火门：外观应平整、光洁，无明显凹痕、裂痕等现象，带有木质或钢质部件的部分应分别满足a)、b)项的相关要求。

5.5 门扇质量

门扇质量不应小于门扇的设计质量。

注：指门扇的重量。

5.6 尺寸极限偏差

防火门门扇、门框的尺寸极限偏差应符合表4的规定。

表4 尺寸极限偏差 单位为毫米

名称	项目	极限偏差
门扇	高度　*H*	±2
	宽度　*W*	±2
	厚度　*T*	+2 −1
门框	内裁口高度　*H'*	±3
	内裁口宽度　*W'*	±2
	侧壁宽度　*T'*	±2

5.7 形位公差

门扇、门框形位公差应符合表5的规定。

表5 形位公差

名称	项目	公差
门扇	两对角线长度差 $|L_1-L_2|$	≤3mm
	扭曲度 *D*	≤5mm
	宽度方向弯曲度 B_1	<2‰
	高度方向弯曲度 B_2	<2‰
门框	内裁口两对角线长度差　$|L_1'-L_2'|$	≤3mm

5.8 配合公差

5.8.1 门扇与门框的搭接尺寸（见图14）

门扇与门框的搭接尺寸不应小于12mm。

5.8.2 门扇与门框的配合活动间隙

5.8.2.1 门扇与门框有合页一侧的配合活动间隙不应大于设计图纸规定的尺寸公差。

5.8.2.2 门扇与门框有锁一侧的配合活动间隙不应大于设计图纸规定的尺寸公差。

5.8.2.3 门扇与上框的配合活动间隙不应大于3mm。

5.8.2.4 双扇、多扇门的门扇之间缝隙不应大于3mm。

5.8.2.5 门扇与下框或地面的活动间隙不应大于9mm。

5.8.2.6 门扇与门框贴合面间隙（见图14），门扇与门框有合页一侧、有锁一侧及上框的贴合面间隙均不应大于3mm。

5.8.3 门扇与门框的平面高低差 *R*

防火门开面上门框与门扇的平面高低差不应大于1mm。

5.9 灵活性

19

5.9.1 启闭灵活性

防火门应启闭灵活、无卡阻现象。

5.9.2 门扇开启力

防火门门扇开启力不应大于80N。

注：在特殊场合使用的防火门除外。

5.10 可靠性

在进行500次启闭试验后，防火门不应有松动、脱落、严重变形和启闭卡阻现象。

5.11 耐火性能

防火门的耐火性能应符合表1的规定。

6 试验方法

6.1 试件要求

防火门试件结构和门扇内若填充材料应填充对人体无毒无害的防火隔热材料以及防火五金配件的安装情况等应与实际使用情况相符。

除非有特殊规定，防火门试件应按本标准第5章的要求内容顺序，逐项进行检验。

6.2 仪器设备的准确度

仪器设备名称	准确度
千分尺：	±0.001mm
游标卡尺（带深度尺）：	±0.02mm
钢卷尺：	±1mm
平台：	三级
顶尖：	±1mm
高度尺：	±0.02mm
钢直尺：	±1mm
塞尺：	±0.1mm
磅秤：	±1kg
含水率测定仪：	1%
测力计：	2N
秒表：	1s
计数器：	1次

6.3 材料

6.3.1 填充材料

防火门门扇内填充对人体无毒无害的防火隔热材料，按照GB 8624—2006的规定检验其燃烧性能，按照GB/T 20285—2006的规定检验其产烟毒性危险分级，结果应符合本标准5.2.1.2的要求，或提供国家认可授权检测机构出具有效的相应检验报告。

6.3.2 木材

按照GB/T 4823—1995的规定，检验防火门门框、门扇各零部件使用木材的材质，结果应符合本标准5.2.2.1的要求。

按照GB/T 8625—2005的规定，检验防火门用木材的难燃性，结果应符合本标准5.2.2.2的要求，或提供国家认可授权检测机构出具有效的相应检验报告。

难燃木材的含水率，使用含水率测定仪在防火门同一部件上任意测定三点，计算其平均值，结果应符合本标准5.2.2.3的要求。

6.3.3 人造板

防火门使用的人造板，按照GB/T 8625—2005的规定，检验防火门用人造板的难燃性，结果应符合本标准5.2.3.2的要求，或提供国家认可授权检测机构出具有效的相应检验报告。

难燃人造板的含水率，使用含水率测定仪在防火门同一部件上任意测定三点，计算其平均值，结果应符合本标准5.2.3.3的要求。

6.3.4 钢材

6.3.4.1 防火门门框、门扇和加固件使用钢质材料的性能应有生产厂商提供的合格材质检验报告。

6.3.4.2 钢质材料的厚度采用千分尺测量，在防火门同一部件上任意测定三点，计算其平均值，结果应符合本标准表3的要求。

6.3.5 其他材质材料

防火门使用的其他材质材料，按照GB/T 20285—2006的规定检验产烟毒性危险分级和GB/T 8625—2005的规定检验难燃性或按

照GB 8624—2006的规定检验其燃烧性能，结果应符合本标准5.2.5的相应要求，或提供国家认可授权检测机构出具有效的相应检验报告。

6.3.6 粘结剂

防火门使用的粘结剂，按照GB/T 20285—2006的规定检验产烟毒性危险分级，结果应符合本标准5.2.6.2的要求，或提供国家认可授权检测机构出具有效的相应检验报告。

6.4 配件

6.4.1 防火锁

按附录A的规定进行检验，或提供国家认可授权检测机构出具有效的相应检验报告。

6.4.2 防火合页（铰链）

防火合页（铰链）板厚采用游标卡尺检验，任意测定三点，计算其平均值。

防火合页（铰链）的耐火性能应按附录B的规定进行检验，或提供国家认可授权检测机构出具有效的相应检验报告。

6.4.3 防火闭门装置

防火门用闭门器应按GA 93的规定进行检验，或提供国家认可授权检测机构出具有效的相应检验报告。

防火门用自动闭门装置在接收到火灾报警信号后应能自动关闭门扇，其他性能按相应标准检验，或提供国家认可授权检测机构出具有效的相应检验报告。

6.4.4 防火顺序器

按实际使用状态将防火顺序器装配到防火门上，同时推开各个门扇，然后同时释放门扇，目测防火顺序器能否使防火门扇按顺序要求关闭；防火顺序器的耐火性能应按附录C的规定进行检验，或提供国家认可授权检测机构出具有效的相应检验报告。

6.4.5 防火插销

采用目测及手感相结合的方法检查防火门上安装防火插销的情况，防火插销的耐火性能应按附录D的规定进行检验，或提供国家认可授权检测机构出具有效的相应检验报告。

6.4.6 盖缝板

防火门盖缝板的安装情况，采用目测和手感相结合的方法进行检验。

6.4.7 防火密封件

目测门框与门扇、门扇与门扇的缝隙处是否设有防火密封件，其性能应按GB 16807的规定进行检验，或提供国家认可授权检测机构出具有效的相应检验报告。

6.4.8 防火玻璃

应按GB 15763.1规定进行检验，或提供国家认可授权检测机构出具有效的相应检验报告。

6.5 加工工艺和外观质量

由成型门扇或填充对人体无毒无害防火隔热材料的门扇、门框、防火五金配件等组成防火门，其外观质量以目测方法检验，其加工工艺质量按6.7、6.8、6.9的规定检验。

6.6 门扇质量

采用磅秤对每一门扇进行称重，任一门扇的质量（重量）应符合本标准5.5的要求。

6.7 尺寸公差

6.7.1 门扇高度 H

采用钢卷尺测量，测量位置为距门扇两竖边各50mm处，见图1所示的A-A和A'-A'位置。检测值与产品设计图示门扇高度值相减，结果取其极值。

6.7.2 门扇宽度 W

采用钢卷尺测量，测量位置为距门扇上两横边各50mm处，见图2所示的B-B和B'-B'位置。检测值与产品设计图示门扇宽度值相减，结果取其极值。

6.7.3 门扇厚度 T

采用游标卡尺测量，测量位置见图3中T₁、T₂、T₃……T₈所标定的位置［注：遇锁具、合页（铰链）处相应避开50mm］，检测值与产品设计图示门扇厚度值相减，结果取其极值。

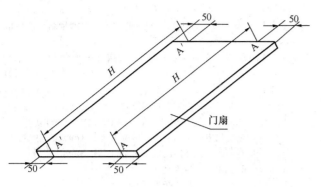

图 1　门扇高度测量位置示意图

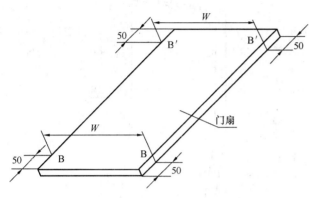

图 2　门扇宽度测量位置示意图

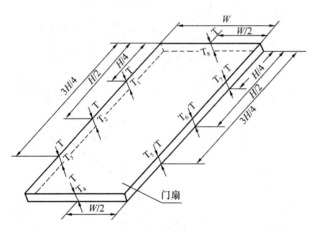

图 3　门扇厚度测量位置示意图

6.7.4　门框内裁口高度 H'

采用钢卷尺测量，分别测量门框内裁口的左竖边和右竖边，见图 4 所示 C-C、C'-C'。检测值与产品设计图示门框内裁口高度值相减，结果取其极值。

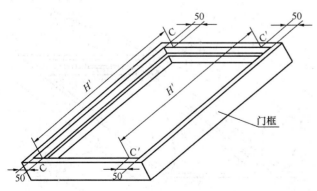

图 4　门框内裁口高度测量位置示意图

6.7.5　门框内裁口宽度 W'

采用钢卷尺测量，测量位置见图 5 所示的 D-D、D'-D'、D''-D''。检测值与产品设计图示门框内裁口宽度值相减，结果取其极值。

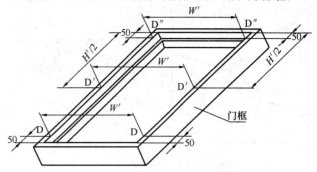

图 5　门框内裁口宽度测量位置示意图

6.7.6　门框侧壁宽度 T'

采用游标卡尺测量，测量位置见图 6 所示的 T'_1、T'_2、T'_3……T'_6。检测值与产品设计图示门框侧壁宽度值相减，结果取其极值。

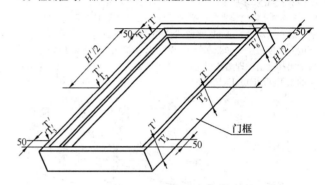

图 6　门框侧壁宽度测量位置示意图

6.8　形位公差

6.8.1　门扇两对角线长度差 $|L_1 - L_2|$（见图 7）

采用钢卷尺测量。

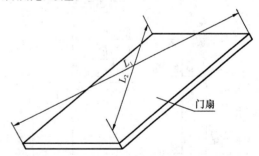

图 7　门扇对角线长度测量位置示意图

6.8.2　门扇扭曲度 D

6.8.2.1　试验设备。

平台、三个顶尖、高度尺。平台的尺寸不应小于 1m×2m。

6.8.2.2　试验步骤

6.8.2.2.1　在门扇正反两面的四个角处分别标出四个测点，如一面为 P_1、P_2、P_3 和 P_4 测点，则另一面为对应的 P'_1、P'_2、P'_3、和 P'_4 测点，每个测点距门扇横边和竖边的距离均为 20mm。三个顶尖分别放在门扇的三个任意测点处（P_1、P_2 和 P_3）将门扇顶起，如图 8 所示。用高度尺测量第四个测点 P_4 与平台的距离 h_1。

6.8.2.2.2　将门扇反转 180°，按 6.8.2.2.1 的位置和方法测定平台至 P'_4 的距离 h_2。

6.8.2.2.3　门扇扭曲度 D 按式（1）计算：

$$D = |h_2 - h_1| / 2 \tag{1}$$

式中：

D ——门扇扭曲度，单位为毫米（mm）；

h_1——平台至测点 P_4 的距离，单位为毫米（mm）；

h_2——平台至测点 P_4' 的距离，单位为毫米（mm）。

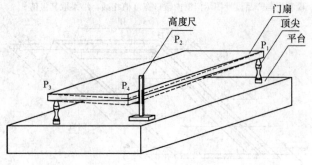

图 8　门扇扭曲度测量示意图

6.8.3　门扇宽度（高度）方向弯曲度 $B_1(B_2)$（见图 11、图 12）

6.8.3.1　试验设备

平台、四个顶尖、游标卡尺、尼龙线、吊线锥。平台的尺寸应不小于 1m×2m。

6.8.3.2　试验步骤

6.8.3.2.1　将门扇平放在平台的四个顶尖上，顶尖距门扇横边和竖边的距离均为 20mm，将两端带有吊线锥的细尼龙线横跨于门扇宽度（高度）上，如图 9 所示。用游标卡尺的深度尺在规定测量位置量出高度值，即为该规定测点的弯曲度值。测量位置见图 10 所示的 E-E（F-F）、E′-E′（F′-F′）和 E″-E″（F″-F″）的中点。

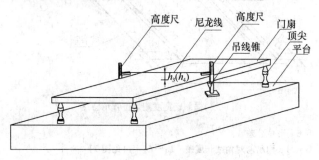

图 9　门扇弯曲度测量示意图

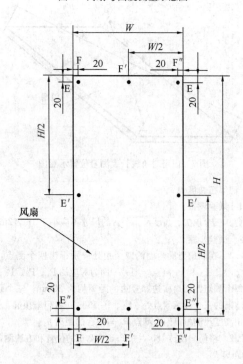

图 10　门扇高度（宽度）方向弯曲度
测量位置示意图

6.8.3.2.2　门扇反转 180°，测定门扇另一面的弯曲度值，测量位

置和测量方法同 6.8.3.2.1。

6.8.3.2.3　门扇宽度（高度）方向弯曲度值，取测量结果的极值 h_3（h_4）。

6.8.3.2.4　门扇宽度（高度）方向弯曲度按式（2）计算：

$$B_1(B_2) = h_3(h_4) / W(H) \times 1000 \qquad (2)$$

式中：

B_1——门扇宽度方向弯曲度，单位为千分之一（‰）；

B_2——门扇高度方向弯曲度，单位为千分之一（‰）；

h_3——门扇宽度方向弯曲度值，单位为毫米（mm）；

h_4——门扇高度方向弯曲度值，单位为毫米（mm）；

W——门扇宽度，单位为毫米（mm）；

H——门扇高度，单位为毫米（mm）。

注：括号内计算门扇高度方向弯曲度。

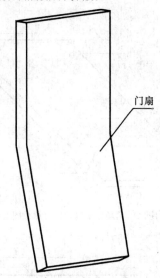

图 11　门扇高度方向弯曲度示意图

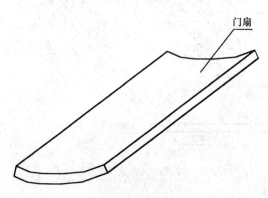

图 12　门扇宽度方向弯曲度示意图

6.8.4　门框内裁口两对角线长度差 $|L_1' - L_2'|$（见图 13）

采用钢卷尺测量。

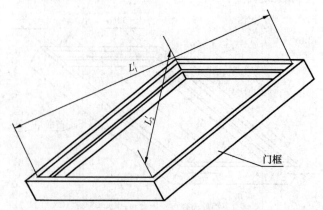

图 13　门框内裁口对角线长度测量位置示意图

6.9 配合公差

6.9.1 门扇与门框的搭接尺寸（见图14）

6.9.1.1 按使用状态，将试件安装在试验框架上，门扇处于关闭状态，用划刀在门扇与门框相交的左边、右边和上边的中部划线作出标记后，用钢板尺测量搭接宽度。

6.9.1.2 门扇与门框的搭接宽度取测量值的最小值。

6.9.2 门扇与门框的配合活动间隙

按使用状态，将试件安装在试验框架上，门扇处于关闭状态，门扇与门框有合页一侧、有锁一侧，以及门扇与上框、下框、双扇、多扇门的门扇之间的活动间隙以塞尺最大插入厚度作为测量值。

6.9.3 门扇与门框的贴合面间隙（见图14）

按使用状态，将试件安装在试验框架上，门扇处于关闭状态，门扇与门框贴合面间隙以塞尺最大插入厚度作为测量值。

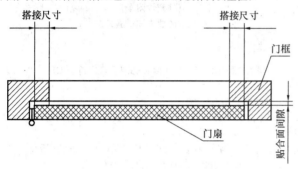

图14 门扇与门框的搭接尺寸和贴合面间隙示意图

6.9.4 门的开面上门框与门扇的平面高低差 R

6.9.4.1 门扇关闭，用游标卡尺测定门框与门扇的平面高低差。测量位置见图15所标定的位置 R_1、R_2、R_3……R_6。

6.9.4.2 门框与门扇的平面高低差 R 取测量值的极值。

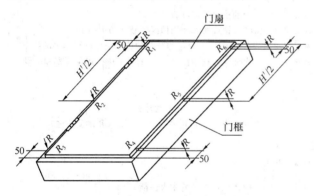

图15 门框与门扇平面高低差测量位置示意图

6.10 灵活性

6.10.1 启闭灵活性

防火门处于使用状态，将试件安装在试验框架上，手感和目测其启闭灵活性。

6.10.2 门扇开启力 F

按使用状态，将试件安装在试验框架上，门扇处于关闭状态，测力计作用于门执手处，并与门扇垂直，将门扇拉开，测量并记录门扇开启力 F。

6.11 可靠性

6.11.1 试验框架

为可调框架，以适合安装不同规格尺寸的防火门，框架应有足够的刚度，以免在试验过程中产生影响试验结果的变形。

6.11.2 试件

包括门框、扇及实际使用中应配备的防火五金配件如防火锁、闭门器和顺序器等所组成的防火门。

6.11.3 试验步骤

6.11.3.1 将试件固定在试验框架上。

6.11.3.2 门扇开启、关闭为运行一次，运行周期为 8s~14s，门

扇开启角度为70°，记录运行次数。试验过程中应记录：防火门的各个配件是否松动、脱落、严重变形、启闭卡阻等现象。

6.12 耐火性能

6.12.1 试验步骤

按使用状态，将试件安装在试验框架上，耐火试验前检查试件，门扇应开启灵活。通过闭门器等闭门装置关闭门扇，使防火锁的斜舌碰上，不应用钥匙锁闭门扇；特殊使用的门（如管道井门），可用钥匙锁闭门扇，钥匙不应留在锁孔内。

按GB/T 7633的规定进行耐火试验。

注：试件应在同一框架、同一状态下进行配合公差、灵活性与耐火性能的检验。

6.12.2 耐火性能判定条件

6.12.2.1 耐火完整性

应按GB/T 7633的规定判定。

6.12.2.2 耐火隔热性

应按GB/T 7633的规定判定。

7 检验规则

7.1 出厂检验

7.1.1 常规出厂检验项目为5.1、5.2.2.3、5.2.3.3、5.2.4.2、5.4.2、5.5、5.6和5.7，应对每一樘防火门的门框、门扇单独进行检验；防火门安装交付使用时的常规检验项目为5.8、5.9和5.3中的配件安装情况，应对每一樘防火门进行检验；5.10为抽样检验项目，产品抽样方法由生产厂根据生产批量，按GB/T 2828.1的有关要求，制订相应的文件规定。

7.1.2 防火门产品必须由生产厂的质量检验部门按出厂检验项目逐项检验合格，签发合格证后方可出厂，并安装验收合格交付使用。

7.2 型式检验

7.2.1 检验项目见表6，按标准要求的顺序逐项进行检验。

7.2.2 防火门的最小检验批量为9樘，在生产单位成品库中抽取。

7.2.3 有下列情况之一时应进行型式检验。

　　a）新产品或老产品转厂生产时的试制定型鉴定；

　　b）结构、材料、生产工艺、关键工序和加工方法等有影响其性能时；

　　c）正常生产，每三年不少于一次；

　　d）停产一年以上恢复生产时；

　　e）出厂检验结果与上次型式检验有较大差异时；

　　f）发生重大质量事故时；

　　g）质量监督机构提出要求时。

7.2.4 判定准则

表6所列检验项目的检验结果不含A类不合格项，B类与C类不合格项之和不大于四项，且B类不合格项不大于一项，判该产品为合格。否则判该产品不合格。

表6 检验项目

序号	检验项目	要求条款	试验方法条款	不合格分类
1	填充材料	5.2.1	6.3.1	A
2	木材	5.2.2	6.3.2	A
3	人造板	5.2.3	6.3.3	A
4	钢材	5.2.4	6.3.4	A
5	其他材质材料	5.2.5	6.3.5	A
6	粘结剂	5.2.6	6.3.6	A
7	防火锁	5.3.1	6.4.1	B
8	防火合页（铰链）	5.3.2	6.4.2	B
9	防火闭门装置	5.3.3	6.4.3	B
10	防火顺序器	5.3.4	6.4.4	B
11	防火插销	5.3.5	6.4.5	C

19

序号	检验项目	要求条款	试验方法条款	不合格分类
12	盖缝板	5.3.6	6.4.6	B
13	防火密封件	5.3.7	6.4.7	A
14	防火玻璃	5.3.8	6.4.8	A
15	加工工艺和外观质量	5.4	6.5	C
16	门扇质量	5.5	6.6	A
17	门扇高度偏差	5.6	6.7.1	C
18	门扇宽度偏差	5.6	6.7.2	C
19	门扇厚度偏差	5.6	6.7.3	B
20	门框内裁口高度偏差	5.6	6.7.4	C
21	门框内裁口宽度偏差	5.6	6.7.5	C
22	门框侧壁宽度偏差	5.6	6.7.6	C
23	门扇两对角线长度差	5.7	6.8.1	C
24	门扇扭曲度	5.7	6.8.2	B
25	门扇宽度方向弯曲度	5.7	6.8.3	B
26	门扇高度方向弯曲度	5.7	6.8.3	B
27	门框内裁口两对角线长度差	5.7	6.8.4	C
28	门扇与门框的搭接尺寸	5.8.1	6.9.1	B
29	门扇与门框的有合页一侧的配合活动间隙	5.8.2.1	6.9.2	C
30	门扇与门框的有锁一侧的配合活动间隙	5.8.2.2	6.9.2	C
31	门扇与上框的配合活动间隙	5.8.2.3	6.9.2	C
32	双扇门中间缝隙	5.8.2.4	6.9.2	C
33	门框与下框或地面间隙	5.8.2.5	6.9.2	C
34	门扇与门框贴合面间隙	5.8.2.6	6.9.3	C
35	门框与门扇的平面高低差	5.8.3	6.9.4	C
36	启闭灵活性	5.9.1	6.10.1	A
37	开启力	5.9.2	6.10.2	B
38	可靠性	5.10	6.11	A
39	耐火性能	5.11	6.12	A

8 标志、包装、运输和贮存

8.1 标志

8.1.1 每樘防火门都应在明显位置固有永久性标牌，标牌应包括以下内容：

 a）产品名称、型号规格及商标（若有）；

 b）制造厂名称或制造厂标记和厂址；

 c）出厂日期及产品生产批号；

 d）执行标准。

8.1.2 产品标牌的制作应符合 GB/T 13306 的规定。

8.2 包装、运输和使用说明书

 产品及其五金配件的包装应安全、可靠，并便于装卸、运输和贮存。包装、运输应符合 GB/T 6388 的规定。

 随产品应提供如下文字资料

 a）产品合格证，其表述应符合 GB/T 14436 的规定；

 b）产品说明书，其表述应符合 GB 9969.1 的规定；

 c）装箱单；

 d）产品安装图；

 e）防火五金配件及附件清单。

 应把上述资料装入防水袋中。

 产品在运输过程中应避免因行车时碰撞损坏包装，装卸时轻抬轻放，严格避免磕、摔、撬等行为，防止机械变形损坏产品，影响安装使用。

8.3 贮存

 产品应贮存在通风、干燥处，要避免和有腐蚀的物质及气体接触，并要采取防潮、防雨、防晒、防腐等措施，产品平放时底部须垫平，门框堆码高度不得超过 1.5m，门扇堆放高度不超过 1.2m；产品竖放时，其倾斜角度不得大于 20°。

附 录 A
（规范性附录）
防火锁的要求和试验方法

A.1 要求

A.1.1 防火锁的牢固度、灵活度和外观质量应符合 QB/T 2474 的规定。

A.1.2 防火锁的耐火性能。

A.1.2.1 防火锁的耐火时间应不小于其安装使用的防火门耐火时间。

A.1.2.2 耐火试验过程中，防火锁应无明显变形和熔融现象。

A.1.2.3 耐火试验过程中，防火锁处应无窜火现象。

A.1.2.4 耐火试验过程中，防火锁应能保证防火门门扇处于关闭状态。

A.2 试验方法

A.2.1 防火锁的牢固度、灵活度和外观质量应按 QB/T 2474 的规定进行试验。

A.2.2 防火锁的耐火性能试验

A.2.2.1 将防火锁按实际使用情况安装在防火门上。

A.2.2.2 按 GB/T 7633 规定的升温和炉压条件进行耐火试验。

A.2.2.3 耐火试验过程中按 A.1.2 的要求进行现象观察和记录。

附 录 B
（规范性附录）
防火铰链（合页）的耐火性能要求和试验方法

B.1 要求

B.1.1 防火铰链（合页）的耐火性能。

B.1.1.1 防火铰链（合页）的耐火时间应不小于其安装使用的防火门耐火时间。

B.1.1.2 耐火试验过程中，防火铰链（合页）应无明显变形。

B.1.1.3 耐火试验过程中，防火铰链（合页）处应无窜火现象。

B.1.1.4 耐火试验过程中，防火铰链（合页）应能保证防火门门扇与铰链（合页）安装处无位移，并处于良好关闭状态。

B.2 试验方法

B.2.1 防火铰链（合页）的耐火性能试验

B.2.1.1 将防火铰链（合页）按实际使用情况安装在防火门上。

B.2.1.2 按 GB/T 7633 规定的升温和炉压条件进行耐火试验。

B.2.1.3 耐火试验过程中按 B.1.1 的要求进行现象观察和记录。

附 录 C
（规范性附录）
防火顺序器的耐火性能要求和试验方法

C.1 要求

C.1.1 防火顺序器的耐火性能。

C.1.1.1 防火顺序器的耐火时间应不小于其安装使用的防火门耐火时间。

C.1.1.2 耐火试验过程中，防火顺序器应无明显变形和熔融现象。

C.2 试验方法

C.2.1 防火顺序器的耐火性能试验

C.2.1.1 将防火顺序器按实际使用情况安装在防火门上。

C.2.1.2 按 GB/T 7633 规定的升温和炉压条件进行耐火试验。

C.2.1.3 耐火试验过程中按 C.1.1 的要求进行现象观察和记录。

附　录　D

（规范性附录）

防火插销的耐火性能要求和试验方法

D.1 要求

D.1.1 防火插销的耐火性能。

D.1.1.1 防火插销的耐火时间应不小于其安装使用的防火门耐火时间。

D.1.1.2 耐火试验过程中，防火插销应无明显变形和熔融现象。

D.1.1.3 耐火试验过程中，防火插销处应无窜火现象。

D.1.1.4 耐火试验过程中，防火插销应能保证防火门门扇与插销安装处无位移，并处于良好关闭状态。

D.2 试验方法

D.2.1 防火插销的耐火性能试验

D.2.1.1 将防火插销按实际使用情况安装在防火门上。

D.2.1.2 按 GB/T 7633 规定的炉温和炉压条件进行耐火试验。

D.2.1.3 耐火试验过程中按 D.1.1 的要求进行现象观察和记录。

中华人民共和国国家标准

防火卷帘

Fire resistant shutter

GB 14102—2005

施行日期：２００５年１２月１日

目　次

20

前　言

本标准第 6 章和第 8 章为强制性内容，其余为推荐性内容。

本标准代替 GB 14102—1993《钢质防火卷帘通用技术条件》，与 GB 14102—1993 相比主要变化如下：

——标准名称《钢质防火卷帘通用技术条件》修订为《防火卷帘》；

——增加了术语和定义（见第 3 章）；

——增加了无机纤维复合防火卷帘和特级防火卷帘的名称、符号（见 4.2）；

——代号中增加了示例（见 4.3）；

——取消了按安装位置和安装型式分类，增加了按帘面数量和启闭方式分类，将耐火时间分类的四个表合为一个表（1993 版的表 2、表 3、表 4、表 5，本版的表 4）；

——增加了对无机纤维复合防火卷帘帘面外观质量的要求（见 6.1.2）；

——将材料与零部件分两条编写，并将帘板、导轨、门楣、座板等归为零部件一条（1993 版 5.4、5.5、5.6、5.7、5.8、5.9、5.10、5.11、5.12，本版的 6.2、6.3）；

——增加了对无机纤维复合防火卷帘帘面的要求（见 6.3.3）；

——取消了对帘板直线度的要求（1993 版 5.6.3）；

——修改了帘板尺寸允许偏差和串接后的摆动角度（1993 版 5.5、5.6.1，本版 6.3.1、6.3.2.1）；

——增加了对侧向防火卷帘导轨的要求（见 6.3.4.3）；

——增加了导轨和门楣防烟装置的示意图（见图 3、图 4）；

——增加了对卷轴的要求（见 6.3.7.3、6.3.7.4）；

——增加了侧向和水平卷帘启闭平均速度的要求（见 6.4.5）；

——修改了垂直卷帘启闭的平均速度和自重下降速度（1993 版 5.10.2，本版 6.4.5）；

——修改了卷门机、电器安装，增加了规范性附录 A：“防火卷帘用卷门机要求和试验方法”和规范性附录 B“防火卷帘用控制箱要求和试验方法”（1993 版 5.11、5.12，本版附录 A、附录 B）；

——修改了噪声、防烟性能、耐火性能的要求，增加了性能要求（1993 版 5.3、5.13、5.15，本版 6.4）；

——取消了钢质防火卷帘与墙体的安装要求（1993 版 5.16）；

——调整了试验方法一章的编排顺序，修改了试验方法的内容（见第 7 章）；

——修改了检验数量及判定规则（1993 版 7.2.2，本版 8.3）。

本标准附录 A、附录 B 都是规范性附录。

本标准由中华人民共和国公安部消防局提出。

本标准由全国消防标准化技术委员会第八分技术委员会归口。

本标准由公安部天津消防研究所负责起草。

本标准参加起草单位：北京英特莱科技有限公司。

本标准主要起草人：解凤兰、张相会、吴海江、韩庆发、刘晓慧、白淑英、张伟。

本标准于 1993 年首次发布。

20

防 火 卷 帘

1 范围

本标准规定了防火卷帘的定义、分类、要求、试验方法、检验规则、标志、包装、运输和贮存。

本标准适用于工业与民用建筑中具有防火、防烟功能的防火卷帘。

本标准规定的无机纤维复合防火卷帘仅适用于室内干燥通风的场所。

2 规范性引用文件

下列文件中的条款通过本标准的引用而成为本标准的条款。凡是注日期的引用文件，其随后所有的修改单（不包括勘误的内容）或修订版均不适用于本标准，然而，鼓励根据本标准达成协议的各方研究是否可使用这些文件的最新版本。凡是不注日期的引用文件，其最新版本适用于本标准。

GB/T 1243 短节距传动用精密滚子链和链轮（GB/T 1243—1997，eqv ISO 606：1994）

GB/T 2828.1 计数抽样检验程序 第1部分：按接收质量限（AQL）检索的逐批抽样检验计划（GB/T 2828.1—2003，ISO 2859-1：1999，IDT）

GB/T 3923.1 纺织品 织物拉伸性能 第1部分：断裂强力和断裂伸长率的测定 条样法（GB/T 3923.1—1997，neq ISO/DIS 13934-1：1994）

GB 4717—1993 火灾报警控制器通用技术条件

GB/T 5454 纺织品 燃烧性能试验 氧指数法（GB/T 5454—1997，neq ISO 4589：1984）

GB/T 5455 纺织品 燃烧性能试验 垂直法

GB/T 5464 建筑材料不燃性试验方法（GB/T 5464—1999，idt ISO 1182：1990）

GB/T 7633 门和卷帘的耐火试验方法（GB/T 7633—1987，eqv ISO 3008：1976）

GB 8624—1997 建筑材料燃烧性能分级方法

GB 9969.1 工业产品使用说明书 总则

GB/T 14436 工业产品保证文件 总则

GB 15930—1995 防火阀试验方法

3 术语和定义

下列术语和定义适用于本标准。

3.1

钢质防火卷帘 steel fire resistant shutter

指用钢质材料做帘板、导轨、座板、门楣、箱体等，并配以卷门机和控制箱所组成的能符合耐火完整性要求的卷帘。

3.2

无机纤维复合防火卷帘 mineal fibre compositus fire resistant shutter

指用无机纤维材料做帘面（内配不锈钢丝或不锈钢丝绳），用钢质材料做夹板、导轨、座板、门楣、箱体等，并配以卷门机和控制箱所组成的能符合耐火完整性要求的卷帘。

3.3

特级防火卷帘 special type fire resistant shutter

指用钢质材料或无机纤维材料做帘面，用钢质材料做导轨、座板、夹板、门楣、箱体等，并配以卷门机和控制箱所组成的能符合耐火完整性、隔热性和防烟性能要求的卷帘。

4 结构示意图、名称符号、代号

4.1 结构示意图

结构示意图及各零部件名称见图1。

注：防火卷帘的结构有多种形式，此图仅是示例。

4.2 名称符号

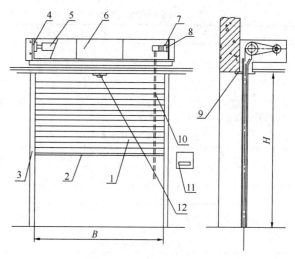

1——帘面；　7——限位器；
2——座板；　8——卷门机；
3——导轨；　9——门楣；
4——支座；　10——手动拉链；
5——卷轴；　11——控制箱（按钮盒）；
6——箱体；　12——感温、感烟探测器。

图1 防火卷帘结构示意图

4.2.1 钢质防火卷帘的名称符号为GFJ。

4.2.2 无机纤维复合防火卷帘的名称符号为WFJ。

4.2.3 特级防火卷帘的名称符号为TFJ。

4.3 代号

防火卷帘的代号表示为

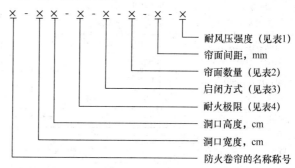

耐风压强度（见表1）
帘面间距，mm
帘面数量（见表2）
启闭方式（见表3）
耐火极限（见表4）
洞口高度，cm
洞口宽度，cm
防火卷帘的名称称号

注1：防火卷帘的帘面数量为一个时，代号中帘面间距无要求。

注2：防火卷帘为无机纤维复合防火卷帘时，代号中耐风压强度无要求。

注3：钢质防火卷帘在室内使用，无抗风压要求时，代号中耐风压强度无要求。

注4：特级防火卷帘在名称符号后加字母G、W、S和Q，表示特级防火卷帘的结构特征。其中G表示帘面由钢质材料制作；W表示帘面由无机纤维材料制作；S表示帘面两侧带有独立的闭式自动喷水保护；Q表示帘面为其他结构型式。

示例1：GFJ-300300-F2-C_z-D-80 表示洞口宽度为300cm，高度为300cm，耐火极限不小于2.00h，启闭方式为垂直卷，帘面数量为一个，耐风压强度为80型的钢质防火卷帘。

示例2：TFJ（W）-300300-TF3-C_z-S-240 表示帘面由无机纤维制造，洞口宽度为300cm，高度为300cm，耐火极限不小于3.00h，启闭方式为垂直卷，帘面数量为两个，帘面间距为240mm的特级防火卷帘。

4.4 防火卷帘规格（洞口尺寸）

防火卷帘规格用洞口尺寸（洞口宽度×洞口高度；单位cm）表示。

5 分类

5.1 按耐风压强度分类见表1。

表1　按耐风压强度分类

代号	耐风压强度/Pa
50	490
80	784
120	1 177

5.2　按帘面数量分类见表2。

表2　按帘面数量分类

代号	帘面数量
D	1个
S	2个

5.3　按启闭方式分类见表3。

表3　按启闭方式分类

代号	启闭方式
C_z	垂直卷
C_x	侧向卷
S_p	水平卷

5.4　按耐火极限分类见表4。

表4　按耐火极限分类

名称	名称符号	代号	耐火极限/h	帘面漏烟量 $m^3/(m^2 \cdot min)$
钢质防火卷帘	GFJ	F2	≥2.00	
		F3	≥3.00	
钢质防火、防烟卷帘	GFYJ	FY2	≥2.00	≤0.2
		FY3	≥3.00	
无机纤维复合防火卷帘	WFJ	F2	≥2.00	
		F3	≥3.00	
无机纤维复合防火、防烟卷帘	WFYJ	FY2	≥2.00	≤0.2
		FY3	≥3.00	
特级防火卷帘	TFJ	TF3	≥3.00	≤0.2

6　要求

6.1　外观质量

6.1.1　防火卷帘金属零部件表面不应有裂纹、压坑及明显的凹凸、锤痕、毛刺、孔洞等缺陷。其表面应做防锈处理，涂层、镀层应均匀，不得有斑剥、流淌现象。

6.1.2　防火卷帘无机纤维复合帘面不应有撕裂、缺角、挖补、破洞、倾斜、跳线、断线、经纬纱密度明显不匀及色差等缺陷；夹板应平直，夹持应牢固，基布的经向应是帘面的受力方向，帘面应美观、平直、整洁。

6.1.3　相对运动件在切割、弯曲、冲钻等加工处不应有毛刺。

6.1.4　各零部件的组装、拼接处不应有错位。焊接处应牢固，外观应平整，不应有夹渣、漏焊、疏松等现象。

6.1.5　所有紧固件应紧牢，不应有松动现象。

6.2　材料

6.2.1　无机纤维复合防火卷帘使用的原材料应符合健康、环保的有关规定，不应使用国家明令禁止使用的材料。

6.2.2　防火卷帘主要零部件使用的各种原材料应符合相应国家标准或行业标准的规定。

6.2.3　防火卷帘主要零部件使用的原材料厚度宜采用表5的规定。

表5　原材料厚度　　单位为毫米

零部件名称	原材料厚度
帘板	普通型帘板厚度≥1.0；复合型帘板中任一帘片厚度≥0.8
夹板	≥3.0
座板	≥3.0
导轨	掩埋型≥1.5；外露型≥3.0
门楣	≥0.8
箱体	≥0.8

注：复合型导轨和座板的厚度可采用叠加法计算。

6.2.4　无机纤维复合防火卷帘帘面的装饰布或基布应能在−20℃的条件下不发生脆裂并应保持一定的弹性；在+50℃条件下不应粘连。

6.2.5　无机纤维复合防火卷帘帘面装饰布的燃烧性能不应低于GB 8624—1997B1级（纺织物）的要求；基布的燃烧性能不应低于GB 8624—1997A级的要求。

6.2.6　无机纤维复合防火卷帘帘面所用各类纺织物常温下的断裂强度经向不应低于600N/5cm，纬向不应低于300N/5cm。

6.3　零部件

6.3.1　**零部件尺寸公差**

防火卷帘主要零部件尺寸公差应符合表6的规定。

表6　主要零部件尺寸公差　　单位为毫米

主要零部件	图示	尺寸公差		
帘板	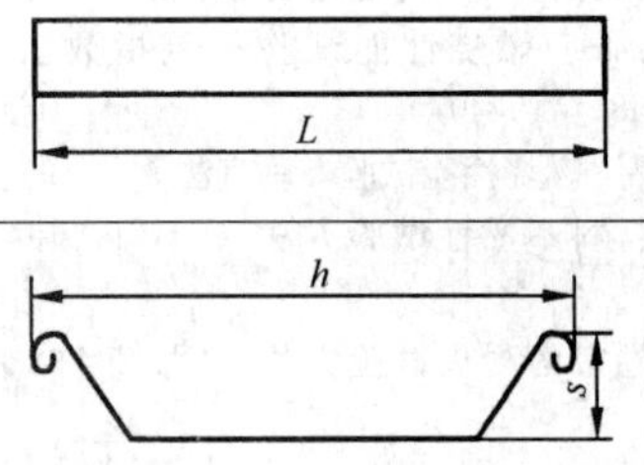	长度	L	±2.0
		宽度	h	±1.0
		厚度	s	±1.0
导轨	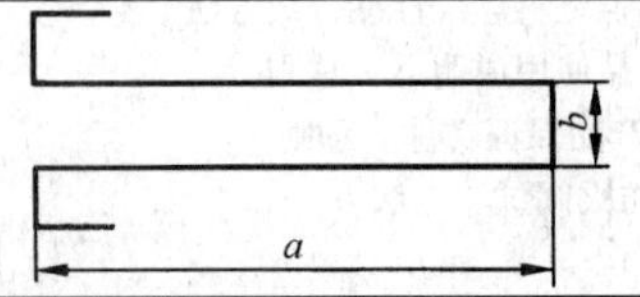	槽深	a	±2.0
		槽宽	b	±2.0

6.3.2　**帘板**

6.3.2.1　钢质防火卷帘相邻帘板串接后应转动灵活，摆动90°不允许脱落，如图2所示。

6.3.2.2　钢质防火卷帘帘板两端挡板或防窜机构应装配牢固，卷帘运行时相邻帘板窜动量不应大于2 mm。

6.3.2.3　钢质防火卷帘的帘板应平直，装配成卷帘后，不允许有孔洞或缝隙存在。

6.3.2.4　钢质防火卷帘复合型帘板的两帘片连接应牢固，填充料填加应充实。

6.3.3　**无机纤维复合帘面**

6.3.3.1　无机纤维复合帘面拼接缝的个数每米内各层累计不应超过3条，且接缝应避免重叠。帘面上的受力缝应采用双线缝制，拼接缝的搭接量不应小于20 mm。非受力缝可采用单线缝制，拼接缝处的搭接量不应小于10 mm。

6.3.3.2　无机纤维复合帘面应沿帘布纬向每隔一定的间距设置耐高温不锈钢丝（绳），以承载帘面的自重；沿帘布经向设置夹板，以保证帘面的整体强度，夹板间距应为300mm～500mm。

6.3.3.3　无机纤维复合帘面上除应装夹板外，两端还应设防风钩。

6.3.3.4　无机纤维复合帘面不应直接连接于卷轴上，应通过固定件与卷轴相连。

6.3.4　**导轨**

6.3.4.1　帘面嵌入导轨的深度应符合表7的规定。导轨间距离超过

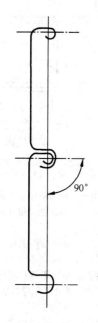

图 2 帘板串接后摆动示意图

表 7 规定，导轨间距离每增加 1 000mm 时，每端嵌入深度应增加 10mm。

6.3.4.2 导轨顶部应成圆弧形，以便于卷帘运行。

6.3.4.3 导轨的滑动面、侧向卷帘供滚轮滚动的导轨表面应光滑、、平直。帘面、滚轮在导轨内运行时应平稳顺畅，不应有碰撞和冲击现象。

表 7 嵌入深度 单位为毫米

导轨间距离 B	每端嵌入深度
B<3 000	>45
3 000≤B<5 000	>50
5 000≤B<9 000	>60

6.3.4.4 单帘面卷帘的两根导轨应互相平行，其平行度误差不应大于 5 mm；双帘面卷帘不同帘面的导轨也应相互平行，其平行度误差不应大于 5mm。

6.3.4.5 防火防烟卷帘的导轨内应设置防烟装置，防烟装置所用材料应为不燃或难燃材料，如图 3 所示，防烟装置与帘面应均匀紧密贴合，其贴合面长度不应小于导轨长度的 80%。

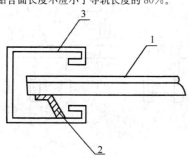

1——帘面；
2——防烟装置；
3——导轨。

图 3 导轨防烟装置示意图

6.3.4.6 导轨现场安装应牢固，预埋钢件的间距为 600mm～1 000mm。垂直卷卷帘的导轨安装后相对于基础面的垂直度误差不应大于 1.5mm/m，全长不应大于 20mm。

6.3.5 门楣

6.3.5.1 防火防烟卷帘的门楣内应设置防烟装置，防烟装置所用的材料应为不燃或难燃材料，如图 4 所示。防烟装置与帘面应均匀紧密贴合，其贴合面长度不应小于门楣长度的 80%，非贴合部位的缝隙不应大于 2 mm。

6.3.5.2 门楣现场安装应牢固，预埋钢件的间距为 600mm～

1 000mm。

6.3.6 座板

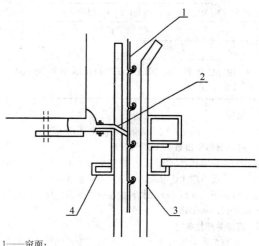

1——帘面；
2——防烟装置；
3——导轨；
4——门楣。

图 4 门楣防烟装置示意图

6.3.6.1 座板与地面应平行、接触应均匀。

6.3.6.2 座板的刚度应大于卷帘帘面的刚度。座板与帘面之间的连接应牢固。

6.3.7 传动装置

6.3.7.1 传动用滚子链和链轮的尺寸、公差及基本参数应符合 GB/T 1243 的规定，链条静强度、选用的许可安全系数应大于 4。

6.3.7.2 传动机构、轴承、链条表面应无锈蚀，并应按要求加适量润滑剂。

6.3.7.3 垂直卷卷帘的卷轴在正常使用时的挠度应小于卷轴长度 1/4000。

6.3.7.4 侧向卷卷帘的卷轴安装时应与基础面垂直。垂直度误差应小于 1.5mm/m。全长应小于 5mm。

6.3.8 卷门机

防火卷帘用卷门机应是经国家消防检测机构检测合格的定型配套产品，其性能应符合附录 A 的规定。

6.3.9 控制箱

防火卷帘用控制箱应是经国家消防检测机构检测合格的定型配套产品，其性能应符合附录 B 的规定。

6.4 性能要求

6.4.1 耐风压性能

6.4.1.1 钢质防火卷帘的帘板应具有一定的耐风压强度。在规定的荷载下，帘板不允许从导轨中脱出，其帘板的挠度应符合表 8 的规定。

6.4.1.2 为防止帘板脱轨，可以在帘面和导轨之间设置防脱轨装置。

6.4.2 防烟性能

6.4.2.1 防火防烟卷帘导轨和门楣的防烟装置应符合 6.3.4.5、6.3.5.1 的规定。

6.4.2.2 防火防烟卷帘帘面两侧差压为 20Pa 时，其在标准状态下 (20℃，101 325 Pa) 的漏烟量不应大于 0.2m³/(m² · min)。

6.4.3 运行平稳性能

防火卷帘装完毕后，帘面在导轨内运行应平稳，不应有脱轨和明显的倾斜现象；双帘面卷帘的两个帘面应同时升降，两个帘面之间的高度差不应大于 50mm。

表 8 帘板挠度

代号	耐风压强度/Pa	挠度/mm					
		B≤2.5 m	B=3 m	B=4 m	B=5 m	B=6 m	B>6 m
50	490	25	30	40	50	60	90

20

代号	耐风压强度/Pa	挠度/mm					
		B≤2.5 m	B=3 m	B=4 m	B=5 m	B=6 m	B>6 m
80	784	37.5	45	60	75	90	135
120	1 177	50	60	80	100	120	180

注：室内使用的钢质防火卷帘及无机纤维复合防火卷帘可以不进行耐风压试验。

6.4.4 噪声

防火卷帘启、闭运行的平均噪声不应大于 85 dB。

6.4.5 电动启闭和自重下降运行速度

垂直卷卷帘电动启、闭的运行速度应为 2 m/min～7.5 m/min。其自重下降速度不应大于 9.5 m/min。侧向卷卷帘电动启、闭的运行速度不应小于 7.5 m/min。水平卷卷帘电动启、闭的运行速度应为 2m/min～7.5m/min。

6.4.6 两步关闭性能

安装在疏散通道处的防火卷帘应具有两步关闭性能。即控制箱接收到报警信号后，控制防火卷帘自动关闭至中位处停止，延时 5s～60s 后继续关闭至全闭；或控制箱接第一次报警信号后，控制防火卷帘自动关闭至中位处停止，接第二次报警信号后继续关闭至全闭。

6.4.7 温控释放性能

防火卷帘应配温控释放装置，当释放装置的感温元件周围温度达到 73℃±0.5℃时，释放装置动作，卷帘应依自重下降关闭。

6.4.8 耐火性能

防火卷帘的耐火极限应符合表 4 的规定。

7 试验方法

7.1 外观质量

防火卷帘的外观质量采用目测及手触摸相结合的方法进行检验。

7.2 材料

7.2.1 防火卷帘使用的主要原材料应具有生产厂方提供的检验单及保质单。原材料厚度采用卡尺测量。

7.2.2 将无机纤维复合防火卷帘帘面中的装饰布或基布正反向折叠 4 次，放入低温试验箱内。调节试验箱内温度至 20℃±2℃，保持 30 min±5 min 后，以不大于 5℃/min（不超过 5 min 的平均值）的降温速率使温度降至－20℃±2℃，在此温度下保持 48h 后，将装饰布或基布从低温箱中取出，观察其是否脆裂，是否仍保持一定的弹性。将无机纤维复合防火卷帘帘面中的装饰布或基布正反向折叠 4 次，放入高温试验箱内。调节试验箱内温度至 20℃±2℃，保持 30 min±5 min 后，以不大于 5℃/min（不超过 5min 的平均值）的升温速率使温度升至＋50℃±2℃，在此温度下保持 48h 后，将装饰布或基布从高温箱中取出，观察其是否粘连。

7.2.3 无机纤维复合防火卷帘帘面中装饰布的燃烧性能按 GB/T 5454、GB/T 5455 进行检验；基布燃烧性能按 GB/T 5464 进行检验。

7.2.4 无机纤维复合防火卷帘帘面所用各类纺织物的断裂强度按 GB/T 3923.1 进行检验。

7.3 零部件

7.3.1 零部件尺寸公差

7.3.1.1 钢质防火卷帘帘板长度（L）采用钢卷尺测量，测量点为 h/2 处。宽度（h）及厚度（s）采用卡尺测量，测量点为距帘面两端部 50mm 处和 L/2 处 3 点，取平均值。如图 5 所示。

7.3.1.2 防火卷帘导轨的槽深（a）和槽宽（b）采用卡尺测量，测量点为每根导轨长度的 1/2 处及距其底部 200mm 处 2 点，取其平均值。

7.3.2 帘板

钢质防火卷帘帘板串接后相邻帘板的摆动量采用直角尺测量；窜动量采用直尺或钢卷尺测量。装配成帘后的性能采用目测检验。

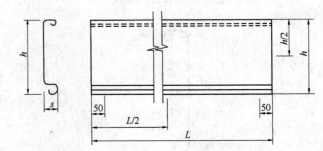

图 5　帘板尺寸公差测量示意图

7.3.3 无机纤维复合帘面

无机纤维复合帘面拼接缝处的搭接量采用直尺测量；夹板的间距采用直尺或钢卷尺测量，其他性能采用目测检验。

7.3.4 导轨

7.3.4.1 防火卷帘帘面嵌入导轨的深度采用直尺测量，测量点为每根导轨距其底部 200 mm 处，取较小值。

7.3.4.2 导轨的平行度误差采用钢卷尺测量。测量点为距导轨顶部 200 mm 处，导轨长度的 1/2 处及距导轨底部 200 mm 处 3 点，取最大值与最小值之差。

7.3.4.3 防火防烟卷帘导轨内防烟装置采用塞尺测量。当卷帘关闭后，用 0.1 mm 的塞尺测量帘板或帘面表面与防烟装置之间的缝隙，若塞尺不能穿透防烟装置，表明帘板或帘面表面与防烟装置紧密贴合。

7.3.4.4 导轨的垂直度误差采用吊线的方法，用直尺或钢卷尺测量。

7.3.4.5 导轨的其他性能采用目测检验。

7.3.5 门楣

防火防烟卷帘门楣内的防烟装置按 7.3.4.3 的规定进行测量。非贴合部分间隙采用 2.0 mm 的塞尺测量。

7.3.6 座板

防火卷帘的座板与地面的平行状态采用目测检验。

7.3.7 传动装置

7.3.7.1 防火卷帘的传动装置采用目测检验。

7.3.7.2 垂直卷卷轴的挠度采用精度为±0.1 mm 的挠度计测量。测量时先将卷轴用夹具固定在测试框架上，再施加均布荷载（荷载值等于卷帘帘片重量）于卷轴上，待稳定 10min 后，测中间挠度值。试验装置如图 6 所示。

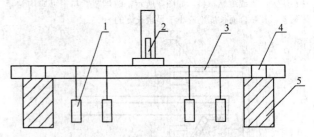

1——重块；
2——挠度计；
3——试件；
4——夹具；
5——可调框架。

图 6　卷轴挠度测量装置示意图

7.3.7.3 侧向卷卷轴的垂直度误差按 7.3.4.4 的规定进行测量。

7.3.8 卷门机

防火卷帘用卷门机的各项性能按附录 A 的规定进行测量。

7.3.9 控制箱

防火卷帘用控制箱的各项性能按附录 B 的规定进行测量。

7.4 性能要求

7.4.1 耐风压性能

7.4.1.1 试验设备

帘板耐风压试验设备示意图如图 7 所示。试验设备包括以下几部分：

　　a）可调支架：支架带有锁紧装置，通过调节支架可以对不同长度的帘板进行耐风压试验。

　　b）砂袋：每个砂袋的质量为3.0kg，内装松散密度为1 500 kg/m³的砂子，用来对试件进行加载。

　　c）挠度计：测量并显示被测试件的挠度。其精度为±1.0mm。

　　d）其他：直尺、钢卷尺、卡尺、磅秤。

7.4.1.2 试件

从生产条件完全相同的帘片中，任意抽取3片，将其横向啮合成卷帘状作为试件。

7.4.1.3 试验步骤

　　a）测量试件质量、尺寸，并计算出面积。

　　b）将试件安装在可调支架的导轨槽内，并使其迎风面向上。

　　c）将表8规定的耐风压值换算成试件应承受的荷载值。

　　d）开启挠度计，按图7所示的放置顺序将砂袋均匀地放置在试件上。

　　e）待10min后，读取挠度计的显示数据。此数据即为试件的跨中挠度。

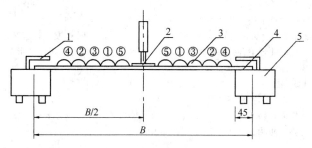

1——导轨槽；
2——挠度计；
3——砂袋；
4——帘板；
5——可调支架。

图7　帘板耐风压试验设备示意图

7.4.2　防烟性能

7.4.2.1　导轨和门楣

防火防烟卷帘导轨和门楣的防烟性能按7.3.4.3和7.3.5的规定进行测量。

7.4.2.2　帘面漏烟量

7.4.2.2.1　试验设备

帘面漏烟量试验设备示意图如图8所示。试验设备包括以下几部分：

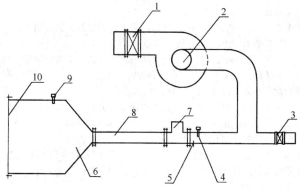

1——进气阀；　　　6——连接管道；
2——引风机；　　　7——体流量计；
3——旁通调节阀；　8——测量管道；
4——压力传感器；　9——压力传感器；
5——温度计；　　　10——试件。

图8　帘面漏烟量试验设备示意图

　　a）连接管道：试件通过连接管道与气体流量计相连，连接管道的截面尺寸为1m×1m，轴向长度为2m。

　　b）测量管道和气体流量计：气体流量可采用标准孔板、旋涡流量计或其他流量测量仪表进行测量。气体流量计的测量精度应不低于±51/min。气体流量计安装在测量管道中。

　　c）压力传感器：测量并显示连接管道和测量管道内的气体压力，其测量精度应不低于±3 Pa。

　　d）温度计：测量并显示测量管道内的气体温度，其测量精度应不低于±1℃。

　　e）引风机系统：包括引风机、进气阀、旁通调节阀和旁通管道。

7.4.2.2.2　试件

试件由帘面和框架组成。帘面有效面积为1 m×1 m，帘面安装在框架中，与框架的接触部分应密封。

7.4.2.2.3　试验步骤

　　a）将试件安装在连接管道上，并用密封材料将试件密封。

　　b）调整各测量仪表，使其进入正常工作状态，启动引风机，调节进气阀和旁通调节阀，使试件前后的气体差压为20 Pa±3 Pa，待稳定后，测量并记录气体流量计的流量和气体流量计处的气体压力及温度。测量并记录此刻的大气压力。此时测得的流量为设备的漏烟量。

　　c）拆去试件的密封，调整进气阀和旁通调节阀，使试件前后的气体差压仍保持20 Pa±3 Pa，待稳定后，测量并记录气体流量计的流量和气体流量计处的气体压力及温度。测量并记录此刻的大气压力。此时测得的流量为总漏烟量。

　　d）试件漏烟量（帘面漏烟量）的计算：

$$Q＝Q_{标1}－Q_{标0} \quad\quad\quad\quad (1)$$

$$Q_{标1}＝Q_1×\frac{293}{273+T_1}×\frac{B_1-P_1}{101\ 325} \quad\quad (2)$$

$$Q_{标0}＝Q_0×\frac{293}{273+T_0}×\frac{B_0-P_0}{101\ 325} \quad\quad (3)$$

式中：

Q——标准状态下试件的漏烟量，立方米每平方米每分钟[m³/(m²·min)]；

$Q_{标1}$——标准状态下总漏烟量，立方米每平方米每分钟[m³/(m²·min)]；

$Q_{标0}$——标准状态下设备漏烟量，立方米每平方米每分钟[m³/(m²·min)]；

Q_1——实测总漏烟量，立方米每平方米每分钟[m³/(m²·min)]；

T_1——测总漏烟量时，测量管道内的气体温度，单位为摄氏度（℃）；

B_1——测总漏烟量时的大气压力，单位为帕（Pa）；

P_1——测总漏烟量时，流量计处的气体压力，单位为帕（Pa）；

Q_0——实测设备漏烟量，[m³/(m²·min)]；

T_0——测设备漏烟量时，测量管道内的气体温度，单位为摄氏度（℃）；

B_0——测设备漏烟量时的大气压力，单位为帕（Pa）；

P_0——测设备漏烟量时，流量计处的气体压力，单位为帕（Pa）。

7.4.3　运行平稳性能

防火卷帘运行平稳性能采用目测进行检验。双帘面卷帘的两个帘面之间的高度差采用钢卷尺测量。

7.4.4　噪声

防火卷帘在运行中的噪声采用声级计测量。声级计距卷帘表面的垂直距离为1 m，距地面的垂直距为1.5m，应水平测量3点，取平均值。

7.4.5　电动启闭及自重下降运行速度

防火卷帘电动启、闭及自重下降的运行速度采用钢卷尺、秒表进行测量。

7.4.6　两步关闭性能

防火卷帘两步关闭性能采用目测进行检验。延时时间采用秒表进行测量。

7.4.7　温控释放性能

7.4.7.1　温控释放装置动作温度

选择3套温控释放装置，按GB 15930—1995中5.1的规定进行试验，温控释放装置动作温度全部合格，判为动作温度合格，否则判为不合格。

注：能提供有效检验报告的，可不做该项试验。

7.4.7.2 温控释放装置联动性能

防火卷帘安装并调试完毕后，开启至上限，切断电源，加热温控释放装置，使其感温元件动作，观察卷帘下降关闭情况。

7.4.8 耐火性能

防火卷帘的耐火极限按 GB/T 7633 的规定进行试验。其中钢质防火卷帘和无机纤维复合防火卷帘的耐火极限按 GB/T 7633 的规定测其耐火完整性；特级防火卷帘的耐火极限按 GB/T 7633 的规定测其耐火完整性和隔热性。

注：若受检方或委托方要求测试卷帘背火面热辐射强度，可按 GB/T 7633 的有关规定或受检方或委托方提供的方法进行检测，其结果不作为卷帘防火性能的判定依据。

8 检验规则

8.1 出厂检验

8.1.1 检验项目为 6.1、6.2.1、6.2.2、6.2.3、6.3.1、6.3.3、6.3.4.2、6.3.7.3。

8.1.2 出厂检验按 GB/T 2828.1 的规定，采用一般检验水平Ⅱ，接收质量限 6.5，一次正常检验抽样方案。

8.1.3 防火卷帘应由生产厂质量检验部门按出厂检验项目逐项检验合格，并签发合格证后方可出厂。

8.2 型式检验

8.2.1 检验项目为本标准要求的全部内容。

8.2.2 有下列情况之一时应进行型式检验：

a) 新产品或老产品转厂生产时的试制定型鉴定。

b) 正式生产后，产品的结构、材料、生产工艺、关键工序的加工方法等有较大改变，可能影响产品的性能时。

c) 产品停产 1 年以上恢复生产时。

d) 出厂检验结果与上次型式检验有较大差异时。

e) 发生重大质量事故时。

f) 质量监督机构提出要求时。

8.3 检验数量及判定规则

在出厂检验合格的同一批产品中任意抽取一樘作为样品检验，如检验项目全部合格，该批产品判为型式检验合格；如表 9 所列检验项目全部合格，其他检验项目中有 4 项（含 4 项）以下不合格，但经修复后合格，该批产品判为型式检验合格；如表 9 所列检验项目全部合格，其他检验项目中有 4 项以上不合格，或表 9 所列检验项目中任一项不合格，该批产品判为型式检验不合格；需重新对该批产品加倍抽样，对不合格项进行复检，如复检全部合格，该批产品除首次检验不合格的样品外，判为型式检验合格，如复检中仍有一项不合格，该批产品判为型式检验不合格。

表 9 检验项目

项目名称	耐火性能	耐风压性能	两步关闭性能	运行平稳性能	帘面漏烟量	温控释放性能
钢质防火卷帘	√	√	√	√		√
钢质防火、防烟卷帘	√	√	√	√	√	√
无机纤维复合防火卷帘	√	√	√	√		√
无机纤维复合防火、防烟卷帘	√	√	√	√	√	√
特级防火卷帘	√	√	√	√		√

注1：当特级防火卷帘由钢质防火卷帘和无机复合防火卷帘组合构成时，其钢质帘板应做耐风压试验。

注2：若声明钢质防火卷帘在室内使用，则不进行耐风压试验。

注3：若声明防火卷帘安装位置不在疏散通道处，则不进行两步关闭性能试验。

9 标志、包装、运输、贮存

9.1 标志

每樘防火卷帘都应在明显位置上安装永久性铭牌，铭牌上应含有以下内容：

a) 产品名称、型号、规格及商标；

b) 制造厂名称；

c) 出厂日期及产品编号或生产批号；

d) 电机功率；

e) 执行标准。

9.2 包装、运输

9.2.1 产品和各种零部件的包装应安全、可靠，便于装卸、运输及储存。

9.2.2 随产品应提供如下文字资料：

a) 产品合格证，其表述应符合 GB/T 14436 的规定；

b) 产品使用说明书，其表述应符合 GB 9969.1 的规定；

c) 装箱单；

d) 产品安装图；

e) 零部件及附件清单。

应把上述资料装入防水袋中。

9.2.3 产品在运输过程中应平稳，避免因行车时碰撞损坏包装，卸装时要轻抬轻放，严格避免磕、摔、撬等行为，防止机械变形损坏产品。

9.3 贮存

产品和各种零部件在厂内或现场存放时，应放置在干燥、通风的地方，要避免和有腐蚀的物质及气体接触，并要有必要的防潮、防雨、防晒、防腐等措施。

附 录 A
（规范性附录）
防火卷帘用卷门机要求和试验方法

A.1 要求

A.1.1 外观及零部件

A.1.1.1 卷门机的外壳应完整，无缺角和明显裂纹、变形。

A.1.1.2 涂覆部位表面应光滑，无明显气泡、皱纹、斑点、流挂等缺陷。

A.1.1.3 卷门机的零部件不应使用易燃和可燃材料制作。

A.1.1.4 卷门机的操纵装置应便于使用人员操纵。

A.1.2 基本性能

A.1.2.1 卷门机的额定输出扭矩应符合设计要求。生产方应提供检验合格证明。

A.1.2.2 卷门机刹车抱闸应可靠，刹车力不应低于额定输出扭矩下配重后的 1.5 倍，滑行位移不应大于 20 mm。

A.1.2.3 卷门机应具有手动操作装置，手动操作装置应灵活、可靠，安装位置应便于操作。使用手动操作装置操纵防火卷帘启、闭运行时，不得出现滑行撞击现象。

A.1.2.4 卷门机应具有电动启闭和依靠防火卷帘自重恒速下降的功能，电动启闭和自重下降速度应符合 6.4.5 的要求，启动防火卷帘自重下降的臂力不应大于 70 N。

A.1.2.5 卷门机应设有自动限位装置，当防火卷帘启、闭至上、下限位时，能自动停止，其重复定位误差应小于 20 mm。

A.1.3 机械寿命

在额定输出扭矩下配重后，卷门机启闭运行循环次数不应低于 2 000 次。

注：卷帘由关闭状态到完全开启，再到完全关闭为一个循环。

A.1.4 噪声

卷门机空载运行的噪声不应大于 65 dB。

A.1.5 电源性能

当交流电网供电电压波动幅度不超过额定电压的 +10%，不低于额定电压的 -15% 时，卷门机应能正常操作。

A.1.6 安全性能
A.1.6.1 绝缘电阻
卷门机的电气绝缘电阻，在正常大气条件下应大于 20 MΩ。
A.1.6.2 耐压性能
卷门机带电部件与机壳之间应能承受 1 760V、50 Hz 的试验电压，历时 1 min 而不发生击穿、表面飞弧、扫掠现象。试验后其性能应符合 A.1.2 的规定。
A.1.7 气候环境下的稳定性
卷门机应能经受住表 A.1 规定的气候环境下的各项试验。试验后其性能应符合 A.1.2 规定。

A.2 试验方法
A.2.1 外观及零部件
采用目测及手触摸相结合的方法进行检验。
A.2.2 基本性能

表 A.1 气候环境下的稳定性试验

试验名称	试验参数	试验条件	工作状态
高温试验	温度	55℃	不通电状态 14 h
	持续时间	16h	正常监视状态 2 h
低温试验	温度	0℃	不通电状态 14 h
	持续时间	16h	正常监视状态 2 h
恒定湿热试验	相对湿度	92%	
	温度	40℃	正常监视状态
	持续时间	96 h	
低温储存试验	温度	−40℃	不通电状态
	持续时间	4h	

A.2.2.1 试验设备
基本性能试验设备如图 A.1 所示。
A.2.2.2 试验步骤
a) 将卷门机按图 A.1 所示安装到试验支架上并按正常使用连接和接线。
b) 根据卷门机生产厂家提供的卷门机输出扭矩计算出需加砝码的重量。

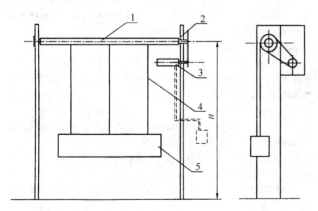

1——卷轴；
2——支架；
3——卷门机；
4——钢丝绳；
5——砝码或重块；
H——设备高度，一般为 3 m～4m。

图 A.1 基本性能试验设备示意图

A.2.2.3 试验项目
A.2.2.3.1 输出扭矩
将砝码与卷轴相连后，启闭卷门机，测量并计算出卷门机的输出扭矩。
A2.2.3.2 刹车力
将砝码的重量增加到卷门机额定输出扭矩下配重的 1.5 倍，启

动卷门机，观察卷门机的运行情况，关闭卷门机，目测卷门机刹车情况，并用直尺测量滑行位移。
A.2.2.3.3 手动操作性能
采用目测的方法检验卷门机的手动操作性能。
A.2.2.3.4 电动启闭及自重下降速度、自重下降臂力
采用卷尺和秒表测其电动启、闭和自重下降速度。采用弹簧测力计或砝码测量其自重下降臂力，弹簧测力计的精度为±2 N。
A.2.2.3.5 重复定位误差
按正常使用情况将卷门机装配到卷帘上后（或利用图 A.1 所示的试验设备），启动卷门机，运行一定时间后，关闭卷门机，采用直尺测量重复定位误差。
A.2.3 机械寿命
利用图 A.1 所示的试验装置，在额定输出扭矩下配重后，启闭卷门机，使门机处于完全开启状态，然后，再将其下降到完全关闭，完成一个循环。卷门机每连续运行 5 min 后停止 25 min，重复上述动作，检验卷门机的机械寿命。若采用人工或机械方法降低卷门机运行温度，也可连续进行试验。
A.2.4 噪声
将卷门机放置在环境噪声不大于 50 dB 的实验室内，接通电源，启动卷门机。待其运行正常后，用声级计测量卷门机空载运行时的噪声。声级计距地面垂直距离为 1 m，距卷门机水平距离为 1 m。
A.2.5 电源性能
将卷门机通过调压设备与电网相连。调节调压设备。使输入卷门机的电压分别为额定工作电压的 110% 和 85%，按 A.2.2 的规定测量卷门机的基本性能。调压器的电压应在 0 V～500 V 之间可调。
A.2.6 安全性能
A.2.6.1 绝缘电阻
卷门机绝缘电阻按 GB 4717—1993 中 5.8.3 的规定进行测量，其试验设备应符合 GB 4717—1993 中 5.8.4 的规定。
A.2.6.2 耐压性能
卷门机的耐压性能按 GB 4717—1993 中 5.9.3 的规定进行试验，其试验设备应符合 GB 4717—1993 中 5.9.4 的规定。试验后按 A.2.2 的规定测量卷门机的基本性能。
A.2.7 气候环境下的稳定性
A.2.7.1 高温试验
卷门机的耐高温试验按 GB 4717—1993 中 5.12.3 的规定进行，其试验设备应符合 GB 4717—1993 中 5.12.4 的规定
A.2.7.2 低温试验
卷门机的耐低温试验按 GB 4717—1993 中 5.13.3 的规定进行，其试验设备应符合 GB 4717—1993 中 5.13.4 的规定。
A.2.7.3 恒定湿热试验
卷门机的耐恒定湿热试验按 GB 4717—1993 中 5.16.3 的规定进行，其试验设备应符合 GB 4717—1993 中 5.16.4 的规定。
A.2.7.4 低温储存试验
卷门机的低温储存试验按 GB 4717—1993 中 5.17.3 的规定进行，其试验设备应符合 GB 4717—1993 中 5.17.4 的规定。
在完成了气候环境下的各项试验后，应按 A.2.2 的规定测量卷门机的基本性能。

附 录 B
（规范性附录）
防火卷帘用控制箱要求和试验方法

B.1 要求
B.1.1 外观
B.1.1.1 控制箱各种元器件安装应牢固，控制机构应灵活、可靠。
B.1.1.2 控制箱内部应清洁、无杂物。箱内走线应整齐、无误。
B.1.2 主要零部件
B.1.2.1 指示灯
a) 控制箱上的指示灯应以颜色标识。红色表示火灾报警信号，

黄色或淡黄色表示故障信号，绿色表示电源工作正常。上述
3 种颜色以外的颜色可用作其他功能。

    b）所有指示灯应被清晰地标注出功能。

    c）在一般环境工作条件下，指示灯在距其 3 m 远处应清晰
可见。

B.1.2.2 接线端子

所有接线端子上应清晰、牢固地标注编号和符号，其含义应
在产品说明书中给出。

B.1.2.3 开关和按键

控制箱的开关和按键应坚固、耐用，并应在其上或附近位置上
清晰地标注出功能。控制箱开关和按钮（盒）的安装应便于操作
人员操纵。

B.1.3 基本性能

B.1.3.1 一般要求

控制箱应设有操作按钮或按钮盒，在正常使用时，通过操纵操
作按钮控制防火卷帘的电动启、闭和停止。

B.1.3.2 火灾报警性能

控制箱直接或间接地接收来自火灾探测器或消防控制中心的
火灾报警信号。当接到火灾报警信号后，控制箱应自动完成以下
动作：

    a）发出声、光报警信号。

    b）控制防火卷帘完成二步关闭。即控制箱接收到报警信号
      后，自动关闭至防火卷帘中位处停止，延时 5 s～60 s 后
      继续关闭至全闭；或控制箱接第一次报警信号后，自动关
      闭至防火卷帘中位处停止，接第二次报警信号后继续关闭
      至全闭。

    c）输出反馈信号，将防火卷帘所处位置的状态信号反馈至消防
      控制中心，实现消防中心联机控制。

B.1.3.3 逃生性能

当火灾发生时，若防火卷帘处在中位以下，手动操作控制箱上
任意一个按钮，防火卷帘应能自动开启至中位，延时 5 s～60 s 后继
续关闭至全闭。

B.1.3.4 故障报警性能

B.1.3.4.1 控制箱应设电源相序保护装置，当电源缺相或相序有
误时，能保护卷帘不发生反转。

B.1.3.4.2 当火灾探测器未接或发生故障时，控制箱能发出声、
光报警信号。

B.1.4 电源性能

当交流电网供电，电压波动幅度不超过额定电压的 +10% 和
−15% 时，控制箱应能正常操作。

B.1.5 安全性能

B.1.5.1 绝缘电阻

控制箱有绝缘要求的外部带电端子与箱壳之间、电源接线端子
与箱壳之间的绝缘电阻，在正常大气条件下应分别大于 20 MΩ 和
50 MΩ。

B.1.5.2 耐压性能

控制箱有绝缘要求的外部带电端子与箱壳之间、电源接线端子
与箱壳之间应根据额定电压耐受表 B.1 中规定的交流电压，历时
1 min 不应发生击穿、表面飞弧、扫掠现象。试验后控制箱的性能应
符合 B.1.3 的规定。

表 B.1 耐压性能试验　单位为伏特

额定电压 U_i	试验电压（有效值）
12≤U_i≤50	500
50<U_i	1 500

B.1.5.3 接地

控制箱的金属件必须有接地点，且接地点应有明显的接地标
志，连接地线的螺钉不应作其他紧固用。

B.1.6 气候环境下的稳定性

控制箱应能经受表 B.2 规定的气候环境下的各项试验。试验
后其性能应符合 B.1.3 规定。

表 B.2 气候环境下的稳定性试验

试验名称	试验参数	试验条件	工作状态
高温试验	温度	55℃	不通电状态 14h
	持续时间	16h	正常监视状态 2h
低温试验	温度	0℃	不通电状态 14h
	持续时间	16h	正常监视状态 2h
恒定湿热试验	相对湿度	92%	正常监视状态
	温度	40℃	
	持续时间	96 h	
低温储存试验	温度	−40℃	不通电状态
	持续时间	4h	

B.1.7 抗机械冲击性能

控制箱应能经受住表 B.3 规定的抗机械冲击试验，试验后其性
能应符合 B.1.3 的规定。

表 B.3 抗机械冲击试验

试验名称	试验参数	试验条件	工作状态
冲击试验	加速度	30 mg	不通电状态
	脉冲持续时间	11 ms	
	冲击次数	6 个面各 3 次	
	波形	半正弦波	

B.2 试验方法

B.2.1 外观

采用目测及手触摸相结合的方法进行检验。

B.2.2 主要零部件

采用目测及手触摸相结合的方法进行检验。

B.2.3 基本性能

B.2.3.1 一般要求

将控制箱按实际使用情况与防火卷帘相连，接通电源，操纵操
作按钮，观察防火卷帘的运行情况。

B.2.3.2 火灾报警性能

使控制箱接收来自火灾探测器的报警信号，目测控制箱的声、
光报警情况及防火卷帘的运行情况。采用秒表和万用表测量防火卷
帘的延时时间及控制箱的报警输出信号。

B.2.3.3 逃生性能

防火卷帘处于关闭状态，使控制箱处于火灾报警状态。手动操
作任一按钮，目测防火卷帘的开启、延时和关闭情况。采用秒表测
量防火卷帘的延时时间。

B.2.3.4 故障报警性能

B.2.3.4.1 任意断开电源一相或对调电源的任意两相，手动操作
控制箱按钮，目测防火卷帘的动作情况及控制箱的报警情况。

B.2.3.4.2 断开火灾探测器，目测控制箱的报警情况。

B.2.4 电源性能

将控制箱与防火卷帘相连，然后通过调压设备与电网相连。调
节调压设备。使输入控制箱的电压分别为额定工作电压的 110% 和
85%，按 B.2.3 的规定测量控制箱的基本性能。调压器的电压应
在 0V～500 V 之间可调。

B.2.5 安全性能

B.2.5.1 绝缘电阻

控制箱的绝缘电阻按 GB 4717—1993 中 5.8.3 的规定进行测量，
其试验设备应符合 GB 4717—1993 中 5.8.4 的规定。

B.2.5.2 耐压性能

控制箱的耐压性能按 GB 4717—1993 中 5.9.3 的规定进行试验，
其试验设备应符合 GB 4717—1993 中 5.9.4 的规定。试验后按
B.2.3 的规定测量控制箱的基本性能。

B.2.6 气候环境下的稳定性

B.2.6.1 高温试验

控制箱耐高温试验按 GB 4717—1993 中 5.12.3 的规定进行，其

试验设备应符合 GB 4717—1993 中 5.12.4 的规定。

B.2.6.2　低温试验

　　控制箱耐低温试验按 GB 4717—1993 中 5.13.3 的规定进行,其试验设备应符合 GB 4717—1993 中 5.13.4 的规定。

B.2.6.3　恒定湿热试验

　　控制箱耐恒定湿热试验按 GB 4717—1993 中 5.16.3 的规定进行,其试验设备应符合 GB 4717—1993 中 5.16.4 的规定。

B.2.6.4　低温储存试验

　　控制箱低温储存试验按 GB 4717—1993 中 5.17.3 的规定进行,其试验设备应符合 GB 4717—1993 中 5.17.4 的规定。

　　控制箱在完成了气候环境下的各项试验后,应按 B.2.3 的规定测量其基本性能。

B.2.7　抗机械冲击性能

　　控制箱抗机械冲击性能按 GB 4717—1993 中 5.15.3 的规定进行试验,试验参数的选择应符合表 B.3 的规定。试验设备应符合 GB 4717—1993 中 5.15.4 的规定。控制箱在完成了抗机械冲击试验后,应按 B.2.3 的规定测量其基本性能。

中华人民共和国国家标准

建筑通风和排烟系统用防火阀门

Fire dampers for building venting and smoke-venting system

GB 15930—2007

施行日期：２００８年１月１日

目　　次

21

前　　言

　　本标准第 6 章（6.7.1、6.7.2 除外）和第 8 章为强制性条款，其余为推荐性条款。

　　本标准代替 GB 15930—1995《防火阀试验方法》和 GB 15931—1995《排烟防火阀试验方法》，纳入并调整了 GB 15930—1995、GB 15931—1995 和 GA 481—2004《排烟阀（口）》中适用的内容。与 GB 15930—1995 相比，本标准主要变化如下：

　　——标准名称修改为《建筑通风和排烟系统用防火阀门》；

　　——将术语修改为术语和定义（见第 3 章）；

　　——增加了分类及标记（见第 4 章）；

　　——增加了材料及零部件（见第 5 章）；

　　——增加了要求（见第 6 章）；

　　——增加了试验方法的项目使其和增加的要求——对应（见第 7 章）；

　　——增加了检验规则（见第 8 章）；

　　——增加了标志、包装、储运和贮存（见第 9 章）；

　　——增加了排烟阀的技术要求。

　　本标准自实施之日起，GA 481—2004《排烟阀（口）》同时废止。

　　本标准由中华人民共和国公安部提出。

　　本标准由全国消防标准化技术委员会第八分技术委员会归口。

　　本标准由公安部天津消防研究所负责起草。

　　本标准参加起草单位：广州市泰昌实业有限公司。

　　本标准主要起草人：解凤兰、赵华利、纪祥安、李希全、张君娜、张丽梅。

　　本标准所代替标准的历次版本发布情况为：

　　GB 15930—1995；

　　GB 15931—1995。

建筑通风和排烟系统用防火阀门

1 范围

本标准规定了建筑通风、空气调节和排烟系统用防火阀、排烟防火阀、排烟阀（以下通称为阀门）的术语和定义、分类及标记、材料及配件、要求、试验方法、检验规则、标志、包装、储运和贮存等。

本标准适用于工业与民用建筑、地下建筑的通风和空气调节系统中设置的防火阀，工业与民用建筑、地下建筑的机械排烟系统中设置的排烟防火阀、排烟阀。

2 规范性引用文件

下列文件中的条款通过本标准的引用而成为本标准的条款。凡是注日期的引用文件，其随后所有的修改单（不包括勘误的内容）或修订版均不适用于本标准，然而，鼓励根据本标准达成协议的各方研究是否可使用这些文件的最新版本。凡是不注日期的引用文件，其最新版本适用于本标准。

GB/T 191　包装储运图示标志（GB/T 191—2000，eqvISO 780：1997）

GB/T 1804—2000　一般公差　未注公差的线性和角度尺寸的公差（eqv ISO 2768-1：1989）

GB/T 2624　流量测量节流装置　用孔板、喷嘴和文丘里管测量充满圆管的流体流量

GB 4717—1993　火灾报警控制器通用技术条件

GB 9969.1　工业产品使用说明书　总则

GB/T 9978—1999　建筑构件耐火试验方法（neq ISO/FDIS 834-1：1997）

GB/T 13306　标牌

GB/T 13384　机电产品包装通用技术条件

GB/T 14436　工业产品保证文件　总则

3 术语和定义

下列术语和定义适用于本标准。

3.1

防火阀　fire damper

安装在通风、空气调节系统的送、回风管道上，平时呈开启状态，火灾时当管道内烟气温度达到70℃时关闭，并在一定时间内能满足漏烟量和耐火完整性要求，起隔烟阻火作用的阀门。

防火阀一般由阀体、叶片、执行机构和温感器等部件组成。

3.2

排烟防火阀　fire damper in smoke-venting system

安装在机械排烟系统的管道上，平时呈开启状态，火灾时当排烟管道内烟气温度达到280℃时关闭，并在一定时间内能满足漏烟量和耐火完整性要求，起隔烟阻火作用的阀门。

排烟防火阀一般由阀体、叶片、执行机构和温感器等部件组成。

3.3

排烟阀　smoke damper

安装在机械排烟系统各支管端部（烟气吸入口）处，平时呈关闭状态并满足漏风量要求，火灾或需要排烟时手动和电动打开，起排烟作用的阀门。带有装饰口或进行过装饰处理的阀门称为排烟口。

排烟阀一般由阀体、叶片、执行机构等部件组成。

4 分类及标记

4.1 按阀门控制方式分类见表1。

表1　按阀门控制方式分类

代号	控制方式
W	温感器控制自动关闭

代号		控制方式
S		手动控制关闭或开启
D	Dc	电控电磁铁关闭或开启
	Dj	电控电机关闭或开启
	Dq	电控气动机构关闭或开启

注：排烟阀没有温感器控制方式。

其中D列为"电动控制关闭或开启"。

4.2 按阀门功能分类见表2。

表2　按阀门功能分类

代号	功能
F	具有风量调节功能
Y	具有远距离复位功能
K	具有阀门关闭或开启后阀门位置信号反馈功能

注：排烟防火阀和排烟阀不要求风量调节功能。

4.3 按外形分类分为矩形阀门和圆形阀门。

4.3.1 圆形阀门常用规格见表3。

表3　圆形阀门常用规格　　单位为毫米

ϕ	120	140	160	180	200	220	250	280	320	360	400
法兰规格	扁钢20×4		扁钢25×4						角钢25×3		

ϕ	450	500	560	630	700	800	900	1000
法兰规格	角钢25×3			角钢30×3				

注：ϕ为阀门公称直径。

4.3.2 矩形阀门常用规格见表4。

表4　矩形阀门常用规格　　单位为毫米

W	H											
	120	160	200	250	320	400	500	630	800	1000	1250	1600	2000
120	√	√	√	√									
160		√	√	√									
200			√	√	√	√							
250				√	√	√	√						
320					√	√	√	√					
400						√	√	√	√				
500							√	√	√	√			
630								√	√	√	√		
800									√	√	√	√	√
1 000										√	√	√	√
1 250											√	√	√
法兰规格	角钢25×3						角钢30×3				角钢40×4		

注：W为阀门公称宽度，H为阀门公称高度。

4.4 标记

4.4.1 防火阀的名称符号为FHF。

4.4.2 排烟防火阀的名称符号为PFHF。

4.4.3 排烟阀的名称符号为PYF。

4.4.4 阀门标记为：

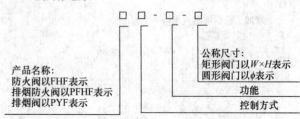

产品名称：
防火阀以FHF表示
排烟防火阀以PFHF表示
排烟阀以PYF表示

控制方式

功能

公称尺寸：
矩形阀门以W×H表示
圆形阀门以ϕ表示

标记示例

示例1：FHF WSDj-F-630×500 表示具有温感器自动关闭、手动关闭、

电控电机关闭方式和风量调节功能，公称尺寸为 630mm×500mm 的防火阀。

示例2：PFHF WSDe-Y-ϕ1 000 表示具有温感器自动关闭、手动关闭、电控电磁铁关闭方式和远距离复位功能，公称直径为1 000mm的排烟防火阀。

示例3：PYFSDc-K-400×400 表示具有手动开启、电控电磁铁开启方式和阀门开启位置信号反馈功能，公称尺寸为 400 mm×400mm 的排烟阀。

5 材料及配件

5.1 材料及零部件

5.1.1 阀体、叶片、挡板、执行机构底板及外壳宜采用冷轧钢板、镀锌钢板、不锈钢板或无机防火板等材料制作。

5.1.2 排烟阀的装饰口宜采用铝合金、钢板等材料制作。

5.1.3 轴承、轴套，执行机构中的棘（凸）轮等重要活动零部件，采用黄铜、青铜、不锈钢等耐腐蚀材料制作。

5.1.4 各类弹簧的制作应符合相应的国家标准要求。

5.2 配件

5.2.1 阀门的执行机构应是经国家认可授权的检测机构检测合格的产品。

5.2.2 防火阀或排烟防火阀执行机构中的温感器元件上应标明其公称动作温度。

6 要求

6.1 外观

6.1.1 阀门上的标牌应牢固，标识应清晰、准确。

6.1.2 阀门各零部件的表面应平整，不允许有裂纹、压坑及明显的凹凸、锤痕、毛刺、孔洞等缺陷。

6.1.3 阀门的焊缝应光滑、平整，不允许有虚焊、气孔、夹渣、疏松等缺陷。

6.1.4 金属阀门各零部件的表面均应作防锈、防腐处理，经处理后的表面应光滑、平整，涂层，镀层应牢固，不应有剥落、镀层开裂以及漏漆或流淌现象。

6.2 公差

阀门的线性尺寸公差应符合 GB/T 1804—2000 中所规定的 c 级公差等级。

6.3 驱动转矩

防火阀或排烟防火阀叶片关闭力在主动轴上所产生的驱动转矩应大于叶片关闭时主动轴上所需转矩的2.5倍。

6.4 复位功能

阀门应具备复位功能，其操作应方便、灵活、可靠。

6.5 温感器控制

6.5.1 基本要求

防火阀或排烟防火阀应具备温感器控制方式，使其自动关闭。

6.5.2 温感器不动作性能

6.5.2.1 防火阀中的温感器在 65℃±0.5℃ 的恒温水浴中 5min 内应不动作。

6.5.2.2 排烟防火阀中的温感器在 250℃±2℃ 的恒温油浴中 5min 内应不动作。

6.5.3 温感器动作性能

6.5.3.1 防火阀中的温感器在 73℃±10.5℃ 的恒温水浴中 1min 内应动作。

6.5.3.2 排烟防火阀中的温感器在 285℃±2℃ 的恒温油浴中 2min 内应动作。

6.6 手动控制

6.6.1 防火阀或排烟防火阀宜具备手动关闭方式；排烟阀应具备手动开启方式。手动操作应方便、灵活、可靠。

6.6.2 手动关闭或开启操作力应不大于 70 N。

6.7 电动控制

6.7.1 防火阀或排烟防火阀宜具备电动关闭方式；排烟阀应具备电动开启方式。具有远距离复位功能的阀门，当通电动作后，应具有显示阀门叶片位置的信号输出。

6.7.2 阀门执行机构中电控电路的工作电压宜采用 DC 24 V 的额定工作电压。其额定工作电流应不大于 0.7 A。

6.7.3 在实际电源电压低于额定工作电压 15% 和高于额定工作

压 10% 时，阀门应能正常进行电控操作。

6.8 绝缘性能

阀门有绝缘要求的外部带电端子与阀体之间的绝缘电阻在常温下应大于 20 MΩ。

6.9 可靠性

6.9.1 关闭可靠性

防火阀或排烟防火阀经过 50 次关开试验后，各零部件应无明显变形、磨损及其他影响其密封性能的损伤，叶片仍能从打开位置灵活可靠地关闭。

6.9.2 开启可靠性

6.9.2.1 排烟阀经过 50 次开关试验后，各零部件应无明显变形、磨损及其他影响其密封性能的损伤，电动和手动操作均应立即开启。

6.9.2.2 排烟阀经过 50 次开关试验后，在其前后气体静压差保持在 1 000 Pa±15 Pa 的条件下，电动和手动操作均应立即开启。

6.10 耐腐蚀性

经过 5 个周期，共 120h 的盐雾腐蚀试验后，阀门应能正常启闭。

6.11 环境温度下的漏风量

6.11.1 在环境温度下，使防火阀或排烟防火阀叶片两侧保持 300 Pa±15 Pa 的气体静压差，其单位面积上的漏风量（标准状态）应不大于 500 m³/(m²·h)。

6.11.2 在环境温度下，使排烟阀叶片两侧保持 1 000 Pa±15 Pa 的气体静压差，其单位面积上的漏风量（标准状态）应不大于 700 m³/(m²·h)。

6.12 耐火性能

6.12.1 耐火试验开始后 1 min 内，防火阀的温感器应动作，阀门关闭。

6.12.2 耐火试验开始后 3 min 内，排烟防火阀的温感器应动作，阀门关闭。

6.12.3 在规定的耐火时间内，使防火阀或排烟防火阀叶片两侧保持 300 Pa±15 Pa 的气体静压差，其单位面积上的漏烟量（标准状态）应不大于 700 m³/(m²·h)。

6.12.4 在规定的耐火时间内，防火阀或排烟防火阀表面不应出现连续 10 s 以上的火焰。

6.12.5 防火阀或排烟防火阀的耐火时间应不小于 1.50 h。

7 试验方法

7.1 基本要求

7.1.1 试件的结构、使用材料及零部件应与实际使用情况相符。

7.1.2 试验应在清洁的试件上进行，试验过程中不允许更换零部件。

7.2 外观

阀门的外观质量采用目测及手触摸相结合的方法进行检验。

7.3 公差

阀门的线性尺寸公差采用钢卷尺进行测量。钢卷尺的准确度为 ±1 mm。

7.4 驱动转矩

7.4.1 试验设备

弹簧测力计或其他测力计，准确度为 2.5 级；钢卷尺或直尺，准确度为 ±1 mm。

7.4.2 试验步骤

7.4.2.1 将防火阀或排烟防火阀按使用状态固定后，卸去产生关闭力的重锤、弹簧、电机或气动件等。用测力计牵引叶片的主叶片轴，使其从全开状态到关闭状态，读出叶片关闭时主叶片轴上所需的最大拉力并测量出力臂，计算出最大转矩。转矩的计算公式为：

$$M = F \cdot h \quad\quad\quad (1)$$

式中：

M——转矩，单位为牛顿·米（N·m）；

F——拉力，单位为牛顿（N）；

h——力臂，单位为米（m）。

7.4.2.2 测量并计算出重锤、弹簧、电机或气动件等实际施加于防火阀或排烟防火阀主叶片轴上的驱动转矩。驱动转矩按公式（1）

计算。

7.4.2.3 计算防火阀或排烟防火阀主叶片轴的驱动转矩与所需转矩之比值。

7.5 复位功能

输入电控信号或手动操作阀门的复位机构，目测阀门的复位情况。

7.6 温感器控制

7.6.1 试验设备

带有加热器和搅拌器的水浴槽或油浴槽以及必要的测控仪表。测量水温的仪表的准确度为±0.5℃。测量油温的仪表的准确度为±2℃。

7.6.2 试验步骤

7.6.2.1 防火阀中的温感器

a）调控加热器将水浴槽中的水加热，同时打开搅拌器，当水温达到65℃±0.5℃并保持恒温时，将温感器感温元件端完全浸入水中5 min，观察温感器的动作情况。

b）取出温感器，自然冷却至常温。调控加热器将水浴槽中的水继续加热，当水温达到73℃±0.5℃并保持恒温时，将温感器感温元件端完全浸入水中1 min，观察温感器的动作情况。

7.6.2.2 排烟防火阀中的温感器

a）调控加热器将油浴槽中的油加热，达到一定温度时，打开搅拌器，当油温达到250℃±2℃并保持恒温时，将温感器感温元件端完全浸入油中5 min，观察温感器的动作情况。

b）取出温感器，自然冷却至常温。调控加热器将油浴槽中的油继续加热，当油温达到285℃±2℃并保持恒温时，将温感器感温元件端完全浸入油中2 min，观察温感器的动作情况。

7.7 手动控制

7.7.1 试验设备

弹簧测力计或其他测力计，测力计的准确度为2.5级。

7.7.2 试验步骤

7.7.2.1 使阀门处于全开或关闭状态，将测力计与手动操作的手柄、拉绳或按钮相连，通过测力计将力施加其上，使阀门关闭或开启。所测得的作用力即为手动关闭或开启操作力。

7.7.2.2 目测阀门手动操作是否方便、灵活、可靠。

7.8 电动控制

7.8.1 叶片位置输出信号

使阀门处于关闭或开启状态，接通执行机构中的复位电路，阀门应开启或关闭，用万用表测量阀门叶片所处位置的输出信号。

7.8.2 额定电流和额定电压

阀门执行机构中电控电路的额定工作电压和额定工作电流采用准确度不低于0.5级、量程不大于实际测量值两倍的电压表和电流表进行测量。

7.8.3 耐电压波动

7.8.3.1 试验设备

直流稳压电源。最大输出电压为30 V。

7.8.3.2 试验步骤

7.8.3.2.1 使阀门处于全开或关闭状态，将直流稳压电源与执行机构中的电控电路相连，调节直流稳压电源的输出电压，使其值比阀门的额定工作电压值低15%，接通控制电路，阀门应动作关闭或开启。

7.8.3.2.2 断开控制电路，将阀门全开或关闭，调节直流稳压电源的输出电压，使其值比阀门的额定工作电压值高10%，接通控制电路，阀门应动作关闭或开启。

7.9 绝缘性能

阀门电器绝缘电阻按GB 4717—1993中5.8.3的规定进行测量，其试验设备应符合GB 4717—1993中5.8.4的规定。

7.10 可靠性

7.10.1 关闭可靠性

将防火阀或排烟防火阀打开，启动执行机构，使其关闭。如此反复操作共50次。

当防火阀或排烟防火阀同时具有几种不同控制方式时，应均衡分配50次操作次数。对于具有调节功能的防火阀应分别在最大、最小开启位置做试验，并均衡分配操作次数。

注：对于温感器控制方式，可根据温感器控制的工作原理进行模拟试验。

7.10.2 开启可靠性

7.10.2.1 试验设备

试验设备应符合7.12.1的规定。

7.10.2.2 试验步骤

7.10.2.2.1 将排烟阀按实际使用情况安装，并处于关闭状态，启动执行机构，使其打开。如此反复操作共50次。其中电动和手动各进行25次操作。

7.10.2.2.2 经50次开关试验后，关闭排烟阀，启动引风机，调整进气阀和调节阀，使排烟阀前后的气体静压差为1 000 Pa±15 Pa，待稳定60 s后，分别电动和手动开启排烟阀，观察其开启情况。

7.11 耐腐蚀性

7.11.1 试验设备

盐雾箱或盐雾室。

盐雾箱（室）内的材料不应影响盐雾的腐蚀性能；盐雾不能直接喷射在阀门上；箱（室）顶部的凝聚盐水液不得滴在阀门上；从四壁流下的盐水液不得重新使用。

盐雾箱（室）内应有空调设备，将盐雾箱（室）内空气温度控制在35℃±2℃范围内，并保持相对湿度大于95%。

盐水溶液由化学纯氯化钠和蒸馏水组成，其质量浓度为(5±0.1)%，pH值控制在6.5～7.2之间。应控制降雾量在1 mL/(h·80cm²)～2mL/(h·80 cm²)之间。

7.11.2 测量仪表的准确度

温度：±0.5℃；

湿度：±2%。

7.11.3 试验步骤

7.11.3.1 试验开始前，应用洗涤剂将阀门表面上所有油脂洗净。将阀门安装在盐雾箱（室）内。其开口向上，并使阀门各叶片的轴线与水平面均成15°～30°角。

7.11.3.2 试验时阀门呈开启状态，以24 h为1周期，先连续喷雾8 h，然后停16 h，共试验5个周期。

7.11.3.3 喷雾时，盐雾箱（室）内保持温度35℃±2℃，相对湿度大于95%；停止喷雾时，不加热，关闭盐雾箱（室），自然冷却。

7.11.3.4 试验结束后，取出阀门，在室温下干燥24 h后，对阀门进行开关试验。

7.12 环境温度下的漏风量

7.12.1 试验设备

7.12.1.1 基本设备

包括气体流量测量系统和压力测量及控制系统两部分。

7.12.1.2 气体流量测量系统

由连接管道、气体流量计和引风机系统组成。

a）连接管道：阀门通过连接管道与气体流量计相连。连接管道选用不小于1.5 mm厚的钢板制造。对于矩形阀门，管道开口的宽度和高度与阀门的出口尺寸相对应，管道的长度为开口对角线的两倍，最长为2 m。对于圆形阀门，管道开口的直径与阀门的出口尺寸相对应，管道的长度为开口直径的两倍，最长为2 m。

b）气体流量计：宜采用标准孔板。孔板的加工、制作、安装均应符合GB/T 2624的规定。在测量管道的前端应装配气体流动调整器。

c）引风机系统：包括引风机、进气阀、调节阀，以及连接气体流量计与引风机的柔性管道。

7.12.1.3 压力测量及控制系统

阀门前、后的压力通过压力传感器测量。压力导出口应在连接管道侧面中心线上，距阀门的距离为管道长度的0.75倍。阀门前、后的静压差通过进气阀和调节阀调节控制。

7.12.2 测量仪表的准确度

温度：±2.5℃；

压力：±3 Pa；

流量：±2.5%。

7.12.3 试验步骤

7.12.3.1 将阀门安装在测试系统的管道上，并处于关闭状态，其入口用不渗漏的板材密封。启动引风机，调整进气阀和调节阀，使阀门前后的气体静压差为 300 Pa±15Pa 或 1 000 Pa±15 Pa，待稳定 60 s 后，测量并记录孔板两侧差压、孔板前气体压力和孔板后测量管道内的气体温度。同时，测量并记录试验时的大气压力。按照 GB/T 2624 中的计算公式计算出该状态下的气体流量。应 1 min 测量一次，连续测量 3 次，取平均值，该值为系统漏风量。如果系统漏风量大于 25 m³/h，应调整各连接处的密封，直到系统漏风量不大于 25 m³/h 时为止。

7.12.3.2 拆去阀门入口处的密封板材，阀门仍处于关闭状态，调整进气阀和调节阀，使阀门前后的气体静压差仍保持在 300 Pa±15 Pa 或 1 000 Pa±15 Pa，待稳定 60 s 后，测量并记录孔板两侧差压、孔板前气体压力和孔板后测量管道内的气体温度。同时，测量并记录试验时的大气压力。按照 GB/T 2624 中的计算公式计算出该状态下的气体流量。

注：防火阀和排烟防火阀选用的气体静压差为 300 Pa±15 Pa，排烟阀选用的气体静压差为 1 000 Pa±15 Pa。

7.12.3.3 环境温度下，阀门漏风量计算公式：

$$Q = \frac{Q_标}{S} \quad\cdots\cdots\cdots\cdots\cdots (2)$$

$$Q_标 = Q_{标2} - Q_{标1} \quad\cdots\cdots\cdots\cdots (3)$$

$$Q_{标2} = Q_2 \times \frac{273}{273 + T_2} \times \frac{B_2 - P_2}{101\ 325} \quad\cdots\cdots (4)$$

$$Q_{标1} = Q_1 \times \frac{273}{273 + T_1} \times \frac{B_1 - P_1}{101\ 325} \quad\cdots\cdots (5)$$

式中：

Q——环境温度下阀门单位面积的漏风量（标准状态），单位为立方米每平方米小时 [m³/（m²·h）]；

$Q_标$——环境温度下阀门的漏风量（标准状态），单位为立方米每小时（m³/h）；

S——阀门开启净面积，单位为平方米（m²）；

$Q_{标2}$——环境温度下阀门与系统漏风量之和（标准状态），单位为立方米每小时（m³/h）；

$Q_{标1}$——环境温度下系统漏风量（标准状态），单位为立方米每小时（m³/h）；

Q_2——按 7.12.3.2 实测漏风量，单位为立方米每小时（m³/h）；

T_2——按 7.12.3.2 实测管道内的气体温度，单位为摄氏度（℃）；

B_2——按 7.12.3.2 实测大气压力，单位为帕斯卡（Pa）；

P_2——按 7.12.3.2 实测孔板前的气体压力，单位为帕斯卡（Pa）；

Q_1——按 7.12.3.1 实测漏风量，单位为立方米每小时（m³/h）；

T_1——按 7.12.3.1 实测管道内的气体温度，单位为摄氏度（℃）；

B_1——按 7.12.3.1 实测大气压力，单位为帕斯卡（Pa）；

P_1——按 7.12.3.1 实测孔板前的气体压力，单位为帕斯卡（Pa）。

7.13 耐火性能

7.13.1 试验设备

7.13.1.1 基本设备

包括耐火试验炉、气体流量测量系统、温度测量系统和压力测量及控制系统四部分。在试验炉与阀门之间有一段用厚度不小于 1.5mm 的钢板制造的连接管道，其开口尺寸与阀门的进口尺寸相对应，长度大于 0.3 m。

7.13.1.2 耐火试验炉

耐火试验炉应达到 GB/T 9978—1999 中 5.1 规定的升温条件和 5.2 规定的压力条件。

7.13.1.3 气体流量测量系统

气体流量测量系统与 7.12.1.2 相同。

7.13.1.4 温度测量系统

炉内温度（试件向火面温度）采用丝径为 0.75 mm～1.00 mm 的热电偶测量。其热端伸出套管长度不少于 25mm。热电偶的数量不得少于 5 个，其中 1 个设在阀门向火面的中心，其余 4 个分设在

阀门四分之一面积的中心。测量点与阀门的距离在试验过程中应控制在 50mm～150 mm 之内。管道内的烟气温度采用丝径为 0.5mm 的热电偶或同等准确度的其他仪表测量。测量点位于孔板后测量管道的中心线上，与孔板的距离为测量管道直径的二倍。

7.13.1.5 压力测量及控制系统

压力测量及控制系统与 7.12.1.3 相同。

7.13.2 测量仪表的准确度

温度：炉温～15℃，其他±2.5℃；

压力：±3 Pa；

流量：±2.5%；

时间：±2 s。

7.13.3 安装

试验时阀门应安装在试验炉的外侧，由前连接管道穿过垂直分隔构件与试验炉相连。

试验用分隔构件应与实际使用时相一致，当其不能确定时，可选用混凝土或砖结构，其厚度不应小于 100 mm。制作分隔构件时，应进行常规养护及干燥处理。

7.13.4 受火条件

耐火试验时的气流方向应与阀门的实际气流方向一致。

7.13.5 试验步骤

7.13.5.1 将阀门安装在测试系统的管道上并使其处于开启状态。调节引风机系统，使气流以 0.15 m/s 的速度通过阀门，并保持气流稳定。

注：0.15 m/s 的速度形成的气体流量为 540 m³/（m²·h）。

7.13.5.2 试验炉点火。当阀门向火面平均温度达到 50℃ 时为试验开始时间。控制向火面升温达到 GB/T 9978—1999 中 5.1 规定的升温条件。

7.13.5.3 记录阀门的关闭时间。当阀门关闭后，调节引风机系统，使其前后的气体静压差保持在 300 Pa±15 Pa 的范围内。

7.13.5.4 控制炉内压力达到 GB/T 9978—1999 中 5.2 规定的压力条件。

7.13.5.5 测量并记录孔板两侧差压、孔板前气体压力和孔板后测量管道内的气体温度。时间间隔不大于 2min。按照 GB/T 2624 中的计算公式计算出各时刻的气体流量。

7.13.5.6 测量并记录试验过程中的大气压力。

7.13.5.7 耐火试验时阀门漏烟量的计算公式：

$$Q = \frac{Q_标}{S} \quad\cdots\cdots\cdots\cdots\cdots (6)$$

$$Q_标 = Q_{标3} - Q_{标1} \quad\cdots\cdots\cdots\cdots (7)$$

$$Q_{标3} = Q_3 \times \frac{273}{273 + T_3} \times \frac{B_3 - P_3}{101\ 325} \quad\cdots\cdots (8)$$

式中：

Q——耐火试验时阀门单位面积的漏烟量（标准状态），单位为立方米每平方米小时 [m³/（m²·h）]；

$Q_标$——耐火试验时阀门的漏烟量（标准状态），单位为立方米每小时（m³/h）；

S——阀门的开口净面积，单位为平方米（m²）；

$Q_{标3}$——耐火试验时阀门与系统漏烟量之和（标准状态），单位为立方米每小时（m³/h）；

$Q_{标1}$——按 7.12.3.3 公式（5）计算的系统漏风量（标准状态），单位为立方米每小时（m³/h）；

Q_3——按 7.13.5.5 实测耐火试验各时刻的漏烟量，单位为立方米每小时（m³/h）；

T_3——按 7.13.5.5 实测耐火试验各时刻管道内的气体温度，单位为摄氏度（℃）；

B_3——耐火试验过程中的大气压力，单位为帕斯卡（Pa）；

P_3——按 7.13.5.5 实测耐火试验各时刻孔板前的气体压力，单位为帕斯卡（Pa）。

8 检验规则

8.1 出厂检验

8.1.1 每台阀门都应由制造厂质量检验部门进行出厂检验，合格

并附有产品质量合格证后方可出厂。

8.1.2 阀门的出厂检验项目见表5。检验项目全部合格后方可出厂。

表5 阀门出厂检验项目

检验项目	外观	公差	复位功能	手动控制	电动控制	绝缘性能
要求条款号	6.1	6.2	6.4	6.6	6.7	6.8
试验方法条款号	7.2	7.3	7.5	7.7	7.8	7.9

8.2 型式检验

8.2.1 有下列情况之一时，应进行型式检验：

　　a) 产品试制定型鉴定时；

　　b) 正式生产后，如结构、材料、工艺改变，影响产品性能时；

　　c) 停产一年以上，恢复生产时；

　　d) 出厂检验结果与上次型式检验有较大差异时；

　　e) 发生重大质量事故或对产品质量有重大争议时；

　　f) 质量监督机构提出要求时；

　　g) 正常批量生产时，每三年进行一次检验。

8.2.2 型式检验项目分别见表6、表7，检验顺序按要求规定的顺序进行。

表6 防火阀、排烟防火阀型式检验项目

检验项目	要求条款号	试验方法条款号
外观	6.1	7.2
公差	6.2	7.3
驱动转矩	6.3	7.4
复位功能	6.4	7.5
温感器控制	6.5	7.6
手动控制	6.6	7.7
电动控制	6.7	7.8
绝缘性能	6.8	7.9
关闭可靠性	6.9.1	7.10.1
耐腐蚀性	6.10	7.11
环境温度下的漏风量	6.11	7.12
耐火性能	6.12	7.13

表7 排烟阀型式检验项目

检验项目	要求条款号	试验方法条款号
外观	6.1	7.2
公差	6.2	7.3
复位功能	6.4	7.5
手动控制	6.6	7.7
电动控制	6.7	7.8
绝缘性能	6.8	7.9
开启可靠性	6.9.2	7.10.2
耐腐蚀性	6.10	7.11
环境温度下的漏风量	6.11	7.12

8.2.3 检验数量及判定规则

8.2.3.1 应在出厂检验合格的产品中抽取3台作为样品，抽样的基数不得少于15台。样品的尺寸应是该批产品中尺寸最大的。试验时任取1台，按要求规定的顺序逐项进行检验。若表8所列检验项目不含A类不合格，B类与C类不合格之和不大于4项，且B类不合格项不大于2项，该批产品判为型式检验合格。否则，该批产品判为型式检验不合格，需用另外两台样品对不合格项进行复检，若复检全部合格，该批产品除首次检验不合格的样品外，判为型式检验合格，如复检中仍有一台不合格，该批产品判为型式检验不合格。

8.2.3.2 对防火阀和排烟防火阀中的温感器，应从同一批产品中进行抽样，样品数量为15件。

　　从15件温感器中任选5件进行温感器不动作和动作温度试验。

对不动作温度试验，若有80%以上的样品不动作，判不动作温度试验合格。否则，需对剩余的10件样品进行复检，复检合格判不动作温度试验合格。否则，判不动作温度试验不合格。

温感器不动作温度试验合格后进行温感器动作温度试验。若全部动作判动作温度试验合格。否则，需对剩余的样品进行复检，若复检合格判动作温度试验合格。否则，判动作温度试验不合格。

温感器不动作和动作温度试验检验流程如下：

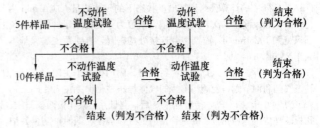

表8 检验项目及不合格分类

检验项目	防火阀	排烟防火阀	排烟阀
外观	C	C	C
公差	C	C	C
驱动转矩	B	B	
位功能	B	B	B
温感器控制	A	A	
手动控制	B	B	A
电动控制	B	B	A
绝缘性能	B	B	B
可靠性	A	A	A
耐腐蚀性	A	A	A
环境温度下的漏风量	A	A	A
耐火性能	A	A	

9 标志、包装、储运和贮存

9.1 标志

9.1.1 应在每台产品的明显位置上固定产品标牌，标牌上应注明：

　　a) 制造厂名称；

　　b) 产品标记；

　　c) 防火阀或排烟防火阀温感器公称动作温度；

　　d) 额定工作电压、电流；

　　e) 气流方向。

9.1.2 产品标牌的制作应符合GB/T 13306的规定，所选标牌的标记统一为J63×100.4-L2。

9.2 包装、储运

9.2.1 产品包装应符合GB/T 13384中防雨、防潮、防振的规定。包装储运图示标志应符合GB/T191的规定，包装箱外标志应有下列内容：

　　a) 制造厂名称；

　　b) 产品名称、型号、规格；

　　c) 出厂编号及年、月、日；

　　d) 包装箱体积（长×宽×高）；

　　e) 毛重；

　　f) 发往地址及收货单位；

　　g) "小心轻放"指示标志。

9.2.2 随产品应提供如下文字资料：

　　a) 产品合格证，其表述应符合GB/T 14436的规定；

　　b) 产品使用说明书，其表述应符合GB 9969.1的规定；

　　c) 装箱单。

　　应把上述资料装入防水袋中。

9.3 贮存

　　产品应存放在干燥通风的仓库内。当库存期超过一年时，应需重新检验入库。

中华人民共和国国家标准

防火窗

Fire resistant windows

GB 16809—2008

施行日期：２００９年１月１日

目　次

22

前　言

本标准的 **7.1.6、7.2.1、7.2.3、7.2.4、9.2 为强制性条款，其余为推荐性条款。**

本标准代替 GB 16809—1997《钢质防火窗》。

本标准与 GB 16809—1997 相比，主要变化如下：

——扩大了标准的适用范围；

——将术语与定义单列一章，给出了本标准涉及到的一些关键术语及其定义，便于更好地理解标准内容（1997 版的 3.1，本版的 3）；

——修改了防火窗耐火性能分类方法，1997 版按甲、乙和丙分类，本版按"隔热性（A 类）"和"非隔热性（C 类）"分类，且增加耐火等级分级方法（1997 版的 4.2，本版的 4.2.2）；

——明确防火窗的型号编制方法（见 5.2）；

——将要求分为防火窗通用要求和活动式防火窗附加要求两部分，便于标准的实施（见 7.1、7.2）；

——增加了防火窗上使用的防火玻璃的质量要求和试验方法（见 7.1.2、8.3）；

——增加了防火窗抗风压性能和气密性能要求和试验方法（见 7.1.4、7.1.5、8.9、8.10）；

——对活动式防火窗活动窗扇的扭曲度提出要求，并增加相应的试验方法（见 7.2.3、8.8）；

——增加了活动式防火窗的热敏感元件静态动作温度、窗扇关闭可靠性、窗扇自动关闭时间要求和试验方法（见 7.2.1、7.2.3、7.2.4、8.4、8.11、8.12）；

——将防火窗的耐火性能试验方法由 GB 7633 修订为 GB/T 12513（1997 版的 7.6，本版的 8.13）；

——修改了防火窗的型式检验抽样方法和判定准则（1997 版的 6.3，本版的 9.2）；

——增加了资料性附录 A、规范性附录 B 和参考文献。

本标准的附录 A 为资料性附录，附录 B 为规范性附录。

本标准由中华人民共和国公安部提出。

本标准由全国消防标准化技术委员会建筑构件耐火性能分技术委员会（SAC/TC 113/SC8）归口。

本标准负责起草单位：公安部天津消防研究所。

本标准参加起草单位：广东金刚玻璃科技股份有限公司、天津名门防火建材实业有限公司。

本标准主要起草人：韩伟平、赵华利、周国平、李博、姜晖、曹顺学、王颖、张明罡。

本标准所替代标准的历次版本发布情况为：

——GB 16809—1997。

请注意本标准的一些内容有可能涉及专利。本标准的发布机构不应承担识别这些专利的责任。

防火窗

1 范围

本标准规定了防火窗的产品命名、分类与代号、规格与型号、要求、试验方法、检验规则、标志、包装、运输和贮存等。

本标准适用于建筑中具有采光功能的钢质防火窗、木质防火窗和钢木复合防火窗，建筑用其他防火窗可参照执行。

2 规范性引用文件

下列文件中的条款通过本标准的引用而成为本标准的条款。凡是注日期的引用文件，其随后所有的修改单（不包括勘误的内容）或修订版均不适用于本标准，然而，鼓励根据本标准达成协议的各方研究是否可使用这些文件的最新版本。凡是不注日期的引用文件，其最新版本适用于本标准。

GB/T 5823—1986 建筑门窗术语

GB/T 5824—1986 建筑门窗洞口尺寸系列

GB/T 7106—2002 建筑外窗抗风压性能分级及检测方法

GB/T 7107—2002 建筑外窗气密性能分级及检测方法

GB/T 12513 镶玻璃构件耐火试验方法（GB/T 12513—2006，ISO 3009：2003，Fire resistance tests—Elements of building construction—Glazed elements，MOD）

GB 15763.1—2001 建筑用安全玻璃 防火玻璃

3 术语和定义

GB/T 5823—1986 和 GB/T 12513 确立的以及下列术语和定义适用于本标准。

3.1

固定式防火窗 fixed style fire window

无可开启窗扇的防火窗。

3.2

活动式防火窗 automatic-closing fire window

有可开启窗扇，且装配有窗扇启闭控制装置（见3.5）的防火窗。

3.3

隔热防火窗（A类） insulated fire window

在规定时间内，能同时满足耐火隔热性和耐火完整性要求的防火窗。

3.4

非隔热防火窗（C类） un-insulated fire window

在规定时间内，能满足耐火完整性要求的防火窗。

3.5

窗扇启闭控制装置 sash closing equipment

活动式防火窗中，控制活动窗扇开启、关闭的装置，该装置具有手动控制启闭窗扇功能，且至少具有易熔合金件或玻璃球等热敏感元件自动控制关闭窗扇的功能。

注：窗扇的启闭控制方式可以附加有电动控制方式，如：电信号控制电磁铁关闭或开启、电信号控制电机关闭或开启、电信号气动机构关闭或开启等。

3.6

窗扇自动关闭时间 automatic-closing time

从活动式防火窗进行耐火性能试验开始计时，至窗扇自动可靠关闭的时间。

4 产品命名、分类与代号

4.1 产品命名

防火窗产品采用其窗框和窗扇框架的主要材料命名，具体名称见表1。

4.2 分类与代号

4.2.1 防火窗按其使用功能的分类与代号见表2。

4.2.2 防火窗按其耐火性能的分类与耐火等级代号见表3。

表1 防火窗产品名称

产品名称	含义	代号
钢质防火窗	窗框和窗扇框架采用钢材制造的防火窗	GFC
木质防火窗	窗框和窗扇框架采用木材制造的防火窗	MFC
钢木复合防火窗	窗框采用钢材、窗扇框架采用木材制造或窗框采用木材、窗扇框架采用钢材制造的防火窗	GMFC

其他材质防火窗的命名和代号表示方法，按照具体材质名称，参照执行。

表2 防火窗的使用功能分类与代号

使用功能分类	代号
固定式防火窗	D
活动式防火窗	H

表3 防火窗的耐火性能分类与耐火等级代号

耐火性能分类	耐火等级代号	耐火性能
隔热防火窗（A类）	A0.50（丙级）	耐火隔热性≥0.50h，且耐火完整性≥0.50h
	A1.00（乙级）	耐火隔热性≥1.00h，且耐火完整性≥1.00h
	A1.50（甲级）	耐火隔热性≥1.50h，且耐火完整性≥1.50h
	A2.00	耐火隔热性≥2.00h，且耐火完整性≥2.00h
	A3.00	耐火隔热性≥3.00h，且耐火完整性≥3.00h
非隔热防火窗（C类）	C0.50	耐火完整性≥0.50h
	C1.00	耐火完整性≥1.00h
	C1.50	耐火完整性≥1.50h
	C2.00	耐火完整性≥2.00h
	C3.00	耐火完整性≥3.00h

5 规格与型号

5.1 规格

防火窗的规格型号表示方法和一般洞口尺寸系列应符合 GB/T 5824—1986 的规定，特殊洞口尺寸由生产单位和顾客按需要协商确定。

5.2 型号编制方法

防火窗的型号编制方法见图1。

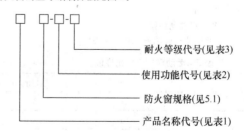

图1 防火窗的型号编制方法

示例1：防火窗的型号为 MFC 0909-D-A1.00（乙级），表示木质防火窗，规格型号为0909（即洞口标志宽度 900mm，标志高度 900mm），使用功能为固定式，耐火等级为A1.00（乙级）（即耐火隔热性≥1.00h，且耐火完整性≥1.00h）。

示例2：防火窗的型号为 GFC 1521-H-C2.00，表示钢质防火窗，规格型号为1521（即洞口标志宽度1500mm，标志高度2100mm），使用功能为活动式，耐火等级为C2.00（即耐火完整性时间不小于2.00h）。

6 材料及配件

6.1 防火窗用材料性能应符合有关标准的规定，参见附录A。

6.2 密封材料应根据具体防火窗产品的使用功能、框架材料与结构、耐火等级等特性来选用。

6.3 五金件、附件、紧固件应满足功能要求，其安装应正确、齐全、牢固，具有足够的强度，启闭灵活，承受反复运动的五金件、附件应便于更换。

7 要求

7.1 防火窗通用要求

7.1.1 外观质量

防火窗各联接处的连接及零部件安装应牢固、可靠，不得有松动现象；表面应平整、光滑，不应有毛刺、裂纹、凹坑及明显的凹凸、孔洞等缺陷；表面涂刷的漆层应厚度均匀，不应有明显的堆漆、漏漆等缺陷。

7.1.2 防火玻璃

7.1.2.1 防火窗上使用的复合防火玻璃的外观质量应符合 GB 15763.1—2001表4的规定，单片防火玻璃的外观质量应符合 GB 15763.1—2001表5的规定。

7.1.2.2 防火窗上使用的复合防火玻璃的厚度允许偏差应符合 GB 15763.1—2001表2的规定，单片防火玻璃的厚度允许偏差应符合 GB 15763.1—2001表3的规定。

7.1.3 尺寸偏差

防火窗的尺寸允许偏差按表4的规定。

表4 防火窗尺寸允许偏差 单位为毫米

项　目	偏差值
窗框高度	±3.0
窗框宽度	±3.0
窗框厚度	±2.0
窗框槽口的两对角线长度差	≤4.0

7.1.4 抗风压性能

采用定级检测压力差为抗风压性能分级指标。防火窗的抗风压性能不应低于GB/T 7106—2002表1规定的4级。

7.1.5 气密性能

采用单位面积空气渗透量作为气密性能分级指标。防火窗的气密性能不应低于GB/T 7107—2002表1规定的3级。

7.1.6 耐火性能

防火窗的耐火性能应符合表3的规定。

7.2 活动式防火窗的附加要求

7.2.1 热敏感元件的静态动作温度

活动式防火窗中窗扇启闭控制装置采用的热敏感元件，在（64±0.5）℃的温度下5.0min内不应动作，在（74±0.5）℃的温度下1.0min内应能动作。

7.2.2 活动窗扇尺寸允许偏差

活动窗扇的尺寸允许偏差按表5的规定。

表5 活动窗扇尺寸允许偏差 单位为毫米

项　目	偏差值
活动窗扇高度	±2.0
活动窗扇宽度	±2.0
活动窗扇框架厚度	±2.0
活动窗扇对角线长度差	≤3.0
活动窗扇扭曲度	≤3.0
活动窗扇与窗框的搭接宽度	+2 −0

7.2.3 窗扇关闭可靠性

手动控制窗扇启闭控制装置，在进行100次的开启/关闭运行试验中，活动窗扇应能灵活开启、并完全关闭，无启闭卡阻现象，各零部件无脱落和损坏现象。

7.2.4 窗扇自动关闭时间

活动式防火窗的窗扇自动关闭时间不应大于60s。

8 试验方法

8.1 一般原则

用于检验的防火窗试件，其结构、材料及配件应与实际使用的同一型号、规格的产品相符。

8.2 外观质量

防火窗的外观质量采用目测及手试相结合的方法进行检验。

8.3 防火玻璃

8.3.1 按GB 15763.1—2001中6.2的规定检验每一块防火玻璃的外观质量。

8.3.2 选防火窗上任意一块防火玻璃作为试样，按GB 15763.1—2001中6.1的规定检验该块防火玻璃厚度值，与图纸标注或图纸技术要求规定的防火玻璃厚度值相减，差值为其厚度偏差。

8.4 热敏感元件的静态动作温度

热敏感元件的静态动作温度试验见附录B。

8.5 防火窗的尺寸偏差

8.5.1 试验设备

钢卷尺：分度值为1mm；游标卡尺：分度值为0.02mm。

8.5.2 试验步骤

8.5.2.1 防火窗窗框高度采用钢卷尺测量，测量位置为距防火窗两边框各不少于100mm处（如图2的A-A位置和A'-A'位置），测量的高度值分别与图纸标注的防火窗高度值相减，取绝对值最大的差值为防火窗窗框高度偏差值。

8.5.2.2 防火窗宽度采用钢卷尺测量，测量位置为距防火窗上框、下框各不少于100mm处（如图2的B-B位置和B'-B'位置），测量的宽度值分别与图纸标注的防火窗宽度值相减，取绝对值最大的差值为防火窗宽度窗框偏差值。

8.5.2.3 防火窗窗框厚度采用游标卡尺测量，测量位置为防火窗两边框、上框、下框的中部（如图2中的圆圈位置），测量的厚度值分别与图纸标注的窗框厚度值相减，取绝对值最大的差值为窗框厚度偏差值。

8.5.2.4 防火窗的两对角线长度采用钢卷尺测量，测量位置为窗框内角，测量值之差的绝对值，即为防火窗对角线长度差。

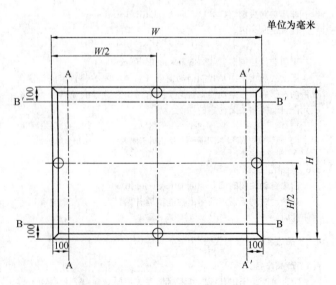

H ——防火窗高度；

W ——防火窗宽度；

○——窗框厚度测量位置。

图2 防火窗外形尺寸测量位置示意图

8.6 活动窗扇的尺寸偏差

8.6.1 试验设备

钢卷尺：分度值为1mm；游标卡尺：分度值为0.02mm。

8.6.2 试验步骤

8.6.2.1 活动窗扇高度采用钢卷尺测量，测量位置为距窗扇两边挺各不少于50mm处（如图3的A_1-A_1位置和A_1'-A_1'位置），测量的高度值分别与图纸标注的窗扇高度值相减，取绝对值最大的差值为活动窗扇高度偏差值。

8.6.2.2 活动窗扇宽度采用钢卷尺测量，测量位置为距窗扇上挺、下挺各不少于50mm处（如图3的B_1-B_1位置和B_1'-B_1'位置），测量的宽度值分别与图纸标注的窗扇宽度值相减，取绝对值最大的差值为活动窗扇宽度偏差值。

8.6.2.3 活动窗扇框架厚度采用游标卡尺测量，测量位置为窗扇两边挺、上挺、下挺的中部（如图3中的圆圈位置），测量的厚度值分别与图纸标注的窗扇框架厚度值相减，取绝对值最大的差值为活动窗扇框架厚度偏差值。

8.6.2.4 活动窗扇的两对角线长度采用钢卷尺测量，测量位置为窗扇外角，两测量值之差的绝对值，即为窗扇对角线长度差。

单位为毫米

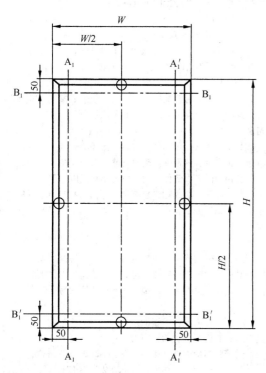

H ——窗扇高度；
W ——窗扇宽度；
○——窗扇框架厚度测量位置。

图3 活动窗扇尺寸测量位置示意图

8.7 活动窗扇与窗框的搭接宽度偏差

8.7.1 将防火窗安装在试验框架上，活动窗扇处于关闭状态。

8.7.2 用划刀在活动窗扇上作搭接宽度测量标记线，标记线位置为活动窗扇与窗框各搭接边缘的中部。

8.7.3 采用深度游标卡尺测量活动窗扇上各标记线与对应窗扇边沿间的距离，测量的搭接宽度值分别与图纸标注的值相减，取绝对值最大的差值为活动窗扇与窗框的搭接宽度偏差值。

8.8 窗扇扭曲度

8.8.1 试验设备

试验平台：试验平台的长、宽尺寸应满足测量需求，其平面度不应低于三级；三个顶尖：高度差不大于0.5mm；高度尺：分度值为0.02mm。

8.8.2 试验步骤

8.8.2.1 任意选定窗扇的三个角为顶尖支撑角，标记为P_1、P_2、P_3角，并在其正反面分别标记出顶尖的顶放位置点，每个点与两角边等

距，且不小于5mm；窗扇剩余一角为测量角，标记为P_4角，见图4。

8.8.2.2 在试验平台上，将三个顶尖分别顶在窗扇P_1、P_2和P_3角正面的三个顶放位置点上，并平稳放置，用高度尺测量试验平台与窗扇P_4角正面间的距离h_1。

8.8.2.3 将窗扇反转，将三个顶尖分别顶在窗扇P_1、P_2和P_3角反面的三个顶放位置点上，并平稳放置，用高度尺测量试验平台与窗扇P_4角反面间的距离h_2。

8.8.3 试验结果

窗扇的扭曲度（D）按下式计算，结果保留小数后一位有效数字：

$$D = |h_2 - h_1| / 2$$

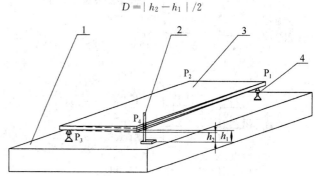

1——试验平台；
2——高度尺；
3——防火窗活动窗扇；
4——顶尖。

图4 扭曲度测量示意图

8.9 抗风压性能

防火窗的抗风压性能按GB/T 7106—2002的规定进行检测。

8.10 气密性能

防火窗的气密性能按GB/T 7107—2002的规定进行检测。

8.11 窗扇关闭可靠性

8.11.1 将防火窗试件安装在试验框架上。

8.11.2 开启窗扇，采用手动控制窗扇关闭装置关闭窗扇，完成1次开启/关闭运行试验。

8.11.3 重复8.11.2规定的试验，使窗扇共进行100次开启/关闭运行试验。

8.11.4 每次试验时，仔细观察窗扇的关闭运行状况。

8.12 窗扇自动关闭时间

活动式防火窗的窗扇自动关闭时间按8.13.2的规定测试。

8.13 耐火性能

8.13.1 防火窗的耐火性能按GB/T 12513的规定进行试验。

8.13.2 活动式防火窗的耐火性能试验，除满足8.13.1的规定外，还应满足下述规定：

　a）开始试验前，活动窗扇处于开启状态；

　b）开始进行耐火试验的同时，采用秒表计时，观察并记录窗扇自动关闭时间；

　c）若窗扇在耐火试验开始60s（含60）内可靠地自动关闭，则继续进行耐火试验，否则耐火试验可以停止。

8.13.3 防火窗的耐火性能判定准则为：

　a）隔热性防火窗的耐火性能按GB/T 12513关于隔热性镶玻璃构件判定准则的规定进行判定。

　b）非隔热性防火窗的耐火性能按GB/T 12513关于非隔热性镶玻璃构件判定准则的规定进行判定。

9 检验规则

9.1 出厂检验

9.1.1 防火窗的出厂检验项目至少应包括7.1.1、7.1.2、7.1.3、7.2.1、7.2.2、7.2.3，出厂检验的抽样方法参见GB/T 2828.1，抽样方案由生产企业自主确定。

9.1.2 防火窗的出厂检验项目中任一项不合格时，允许通过调整、修复后重新检验，直至合格为止。

9.1.3 防火窗必须经生产厂的质量检验部门按出厂检验项目逐项检验合格，并签发合格证后方可出厂。

9.2 型式检验

9.2.1 防火窗的型式检验项目为本标准第7章规定的全部要求内容，防火窗的通用检验项目见表6，活动式防火窗的附加检验项目见表7。

9.2.2 一种型号防火窗进行型式检验时，其抽样基数不应小于6樘，且应是出厂检验合格的产品，抽取样品的数量和检验程序见图5。

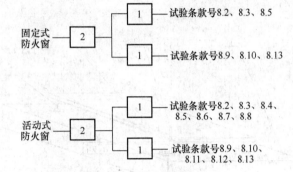

注：方框中数字为样品数量。

图5 防火窗试验程序和样品数量

9.2.3 有下列情况之一时应进行型式检验：

a) 新产品投产或老产品转厂生产时；

b) 正式生产后，产品的结构、材料、生产工艺、关键工序的加工方法等有较大改变，可能影响产品的性能时；

c) 正常生产，每三年不少于一次时；

d) 产品停产一年以上，恢复生产时；

e) 出厂检验结果与上次型式检验结果有较大差异时；

f) 发生重大质量事故时；

g) 质量监督机构依法提出型式检验要求时。

9.2.4 防火窗型式检验的判定准则为：

a) 固定式防火窗按表6所列项目的型式检验结果，不含A类不合格项，B类和C类不合格项之和不大于二项，且B类不合格项不大于一项，判型式检验合格；否则判型式检验不合格。

b) 活动式防火窗按表6和表7所列项目的检验结果，不含A类不合格项，B类和C类不合格项之和不大于四项，且B类不合格项不大于一项，判型式检验合格；否则判型式检验不合格。

表6 防火窗通用检验项目

序号	检验项目	要求条款	试验方法条款	不合格分类
1	外观质量	7.1.1	8.2	C
2	防火玻璃外观质量	7.1.2.1	8.3	C
3	防火玻璃厚度公差	7.1.2.2	8.3	B
4	窗框高度公差	7.1.3	8.5	C
5	窗框宽度公差	7.1.3	8.5	C
6	窗框厚度公差	7.1.3	8.5	C
7	窗框对角线长度差	7.1.3	8.5	C
8	抗风压性能	7.1.4	8.9	B
9	气密性能	7.1.5	8.10	B
10	耐火性能	7.1.6	8.13	A

表7 活动式防火窗附加检验项目

序号	检验项目	要求条款	试验方法条款	不合格分类
1	热敏感元件的静态动作温度	7.2.1	8.4	A
2	活动窗扇高度公差	7.2.2	8.6	C
3	活动窗扇宽度公差	7.2.2	8.6	C
4	活动窗扇框架厚度公差	7.2.2	8.6	C
5	活动窗扇对角线长度差	7.2.2	8.6	C
6	活动窗扇与窗框的搭接宽度偏差	7.2.2	8.7	C
7	活动窗扇扭曲度	7.2.2	8.8	C
8	窗扇关闭可靠性	7.2.3	8.11	A
9	窗扇自动关闭时间	7.2.4	8.12	A

10 标志、包装、运输和贮存

10.1 标志

10.1.1 在产品明显部位应标明下列标志：

a) 制造厂名称与商标（如果有）；

b) 产品名称、型号和规格；

c) 产品贴有标牌，标牌内容参见GB/T 13306的规定；

d) 产品生产日期或生产批号、出厂日期。

10.1.2 产品包装箱的箱面标志要求参见GB/T 6388的规定。

10.1.3 产品包装箱上有明显的"怕湿"、"小心轻放"、"向上"字样和标志，其图形要求参见GB/T 191的规定。

10.2 包装

10.2.1 产品用无腐蚀作用的材料包装。

10.2.2 包装箱有足够的强度，确保运输中不受损坏。

10.2.3 包装箱内的各类部件，避免发生相互碰撞、窜动。

10.2.4 产品装箱后，箱内附有装箱单、产品合格证和安装使用说明书，说明书的编制方法参见GB 9969.1的规定，且宜将此类资料装在防水袋内。

10.3 运输

10.3.1 产品在运输过程中避免包装箱发生相互碰撞。

10.3.2 产品搬运过程中要轻拿、轻放，严禁摔、扔、碰击。

10.3.3 产品运输工具有防雨措施，并保持清洁无污染。

10.4 贮存

10.4.1 产品放置在通风、干燥的地方，避免与酸、碱、盐等腐蚀性介质接触，并有必要的防潮、防雨、防晒、防腐等措施。

10.4.2 产品严禁与地面直接接触，底部垫高大于100mm。

10.4.3 产品堆放时用垫块垫平，水平码放的高度不超过2.0m，立放时的角度不小于70°。

附录A
（资料性附录）
常用材料及配件标准

A.1 材料及表面处理

GB/T 708—2006 冷轧钢板和钢带的尺寸、外形、重量及允许偏差

GB/T 716—1991 碳素结构钢冷轧钢带

GB/T 2518—2004 连续热镀锌薄钢板和钢带

GB/T 3280—2007 不锈钢冷轧钢板和钢带

GB/T 3880.1—2006 一般工业用铝及铝合金板、带材 第1部分：一般要求

GB/T 3880.2—2006 一般工业用铝及铝合金板、带材 第2部分：力学性能

GB/T 3880.3—2006 一般工业用铝及铝合金板、带材 第3部分：尺寸偏差

GB/T 4237—2007 不锈钢热轧钢板和钢带

GB/T 4238—2007 耐热钢钢板和钢带

GB/T 5213—2001 深冲压用冷轧薄钢板及钢带

GB 5237.1—2004 铝合金建筑型材 第1部分：基材

GB 5237.2—2004 铝合金建筑型材 第2部分：阳极氧化、着色型材

GB 5237.3—2004 铝合金建筑型材 第3部分：电泳涂漆型材

GB 5237.4—2004 铝合金建筑型材 第4部分：粉末喷涂型材

GB 5237.5—2004 铝合金建筑型材 第5部分：氟碳漆喷涂型材

GB/T 8814—2004 门、窗用未增塑聚氯乙烯（PVC-U）型材

GB/T 9799—1997 金属覆盖层 钢铁件上的锌电镀层

GB/T 11253—2007 碳素结构钢冷轧薄钢板及钢带

GB/T 15675—1995 连续电镀锌冷轧钢板及钢带

GB/T 17102—1997 不锈复合钢冷轧薄钢板和钢带

JG/T 122—2000 建筑木门、木窗

A.2 配件

GB/T 7276—1987 合页通用技术条件

GB 8624—2006 建筑材料及制品燃烧性能分级

GB/T 13828—1992 多股圆柱螺旋弹簧

GB 16807—1997 防火膨胀密封件

GB 18428—2001 自动灭火系统用玻璃球

GB/T 18983—2003 油淬火 回火弹簧钢丝

YB/T 5318—2006 合金弹簧钢丝

附录B
（规范性附录）
热敏感元件的静态动作温度
试验方法及判定准则

B.1 抽样

热敏感元件的抽样基数不少于100件，任意抽取15件作为试验样品。

B.2 试验设备

恒温水浴设备：试验区域内浴液的温度偏差不得超过0.5℃，其温度测量仪表的最小温度读数值不大于0.1℃；秒表：分度值为0.1s。

B.3 试验方法

B.3.1 从15件热敏感元件试验样品中任意抽取5件，作为热敏感元件的静态动作温度试样。

B.3.2 将恒温水浴的浴液升温至（64±0.5）℃，并保持恒温；把热敏感元件试样置于恒温水浴浴液内并开始计时，观察热敏感元件试样在5.0min内的动作情况。

B.3.3 取出经B.3.2试验的所有热敏感元件试样，自然冷却至室温；同时，将恒温水浴的浴液升温至（74±0.5）℃，并保持恒温，将已冷却至室温的在B.3.2试验中未动作的所有热敏感元件试样置于浴液内并开始计时，观察热敏感元件试样在1.0min内的动作情况。

B.4 判定准则

B.4.1 若5件热敏感元件试样在B.3.2规定的试验中有4件以上（包括4件）不动作，且在B.3.3规定的试验中每个试样均动作，则判定受检的热敏感元件的静态动作温度合格。

B.4.2 若5件热敏感元件试样在B.3.2规定的试验中有4件以上（包括4件）不动作，但在B.3.3规定的试验中有任意试样不动作，则取B.3.1中剩余的10件热敏感元件试验样品作为静态动作温度试样，重新按B.3.2、B.3.3的规定进行复验，并按下述规定进行判定：

   a) 若10件热敏感元件试样在B.3.2规定的试验中有9件以上（包括9件）不动作，且在B.3.3规定的试验中每个试样均动作，则判定受检的热敏感元件的静态动作温度复验合格；

   b) 若10件热敏感元件试样在B.3.2规定的试验中有9件以上（包括9件）不动作，但在B.3.3规定的试验中有任意试样不动作，则判定受检的热敏感元件的静态动作温度复验不合格；

   c) 若10件热敏感元件试样在B.3.2规定的试验中只有8件以下（包括8件）不动作，则可不必继续进行B.3.3规定的试验，直接判定受检的热敏感元件的静态动作温度复验不合格。

B.4.3 若5件热敏感元件试样在B.3.2规定的试验中只有3件以下（包括3件）不动作，则可不必继续进行B.3.3规定的试验，直接取B.3.1中剩余的10件热敏感元件试验样品作为静态动作温度试样，重新按B.3.2、B.3.3的规定进行复验，并按下述规定进行判定：

   a) 若10件热敏感元件试样在B.3.2规定的试验中有9件以上（包括9件）不动作，且在B.3.3规定的试验中每个试样均动作，则判定受检的热敏感元件的静态动作温度复验合格；

   b) 若10件热敏感元件试样在B.3.2规定的试验中有9件以上（包括9件）不动作，但在B.3.3规定的试验中有任意试样不动作，则判定受检的热敏感元件的静态动作温度复验不合格；

   c) 若10件热敏感元件试样在B.3.2规定的试验中只有8件以下（包括8件）不动作，则可不必继续进行B.3.3规定的试验，直接判定受检的热敏感元件的静态动作温度复验不合格。

参 考 文 献

[1] GB/T 191 包装储运图示标志

[2] GB/T 2828.1 计数抽样检验程序 第1部分：按接收质量限（AQL）检索的逐批检验抽样计划

[3] GB/T 6388 运输包装收发货标志

[4] GB 9969.1 工业产品使用说明书 总则

[5] GB/T 13306 标牌

22

中华人民共和国国家标准

消防应急照明和疏散指示系统

Fire emergency lighting and evacuate indicating system

GB 17945—2010

施行日期：２０１１年５月１日

目　次

23

前　言

本标准的第5章、第6章、第7章、第8章、第9章、第10章为强制性的，其余为推荐性的。

本标准代替 GB 17945—2000《消防应急灯具》，与 GB 17945—2000 相比主要变化如下：

——标准名称改为《消防应急照明和疏散指示系统》；

——对系统形式进行了划分，增加了相应的术语和定义（见 3.12、3.13、3.14 和 3.15）；

——增加了防护等级的要求（见 5.1、5.2 和 5.3）；

——增加了自检功能的要求（见 6.2.7）；

——增加了应急照明配电箱性能和应急照明分配电装置性能及结构的要求（见 6.3.5 和 6.3.6）；

——修改了标志灯标志内容的要求（见 6.2.3）；

——增加了电磁兼容要求，选择了适当的严酷等级（见 6.14）。

本标准的附录 B～附录 F 为规范性附录，附录 A 为资料性附录。

本标准由中华人民共和国公安部提出。

本标准由全国消防标准化技术委员会火灾探测与报警分技术委员会（SAC/TC 113/SC 6）归口。

本标准负责起草单位：公安部沈阳消防研究所。

本标准参加起草单位：中国照明学会室内照明委员会、上海宝星灯饰电器有限公司、北京崇正华盛应急设备系统有限公司、浙江台谊消防设备有限公司、广东拿斯特（国际）照明有限公司、福建万友集团、元亨电子资讯（深圳）有限公司、山东淄博迪生电源有限公司、希世比电池科技（广州）有限公司。

本标准主要起草人：丁宏军、张颖琮、赵英然、林强、屈励、康卫东、任元会、严洪、李丁、张伟、蔡钧、江清、李强、汤鲁文、周志平、殷海鸣。

本标准所代替标准的历次版本发布情况为：

——GB 17945—2000。

消防应急照明和疏散指示系统

1 范围

本标准规定了消防应急照明和疏散指示系统的术语和定义、分类、防护等级、一般要求、试验、检验规则、标志、使用说明书。

本标准适用于一般工业与民用建筑中安装使用的消防应急照明和疏散指示系统（以下简称系统）以及其他环境中安装的具有特殊性能的系统（除特殊要求由有关标准另行规定外）。

2 规范性引用文件

下列文件中的条款通过本标准的引用而成为本标准的条款。凡是注日期的引用文件，其随后所有的修改单（不包括勘误的内容）或修订版均不适用于本标准，然而，鼓励根据本标准达成协议的各方研究是否可使用这些文件的最新版本。凡是不注日期的引用文件，其最新版本适用于本标准。

GB 4208—2008 外壳防护等级（1P 代码）（IEC 60529：2001，IDT）

GB 7000.1—2007 灯具 第 1 部分：一般要求与实验（IEC 60598-1：2003，IDT）

GB/T 9969 工业产品使用说明书 总则

GB 12978 消防电子产品检验规则

GB 13495 消防安全标志（GB 13495—1992，neq ISO 6309：1987）

GB 16838 消防电子产品 环境试验方法及严酷等级

GB 50054 低压配电设计规范

3 术语和定义

下列术语和定义适用于本标准。

3.1

消防应急照明和疏散指示系统 fire emergency lighting and evacuate indicating system

为人员疏散、消防作业提供照明和疏散指示的系统，由各类消防应急灯具及相关装置组成。

3.2

消防应急灯具 fire emergency luminaire

为人员疏散、消防作业提供照明和标志的各类灯具，包括消防应急照明灯具和消防应急标志灯具。

3.2.1

消防应急照明灯具 fire emergency lighting luminaire

为人员疏散、消防作业提供照明的消防应急灯具，其中，发光部分为便携式的消防应急照明灯具也称为疏散用手电筒。

3.2.2

消防应急标志灯具 fire emergency indicating luminaire

用图形和/或文字完成下述功能的消防应急灯具：

a) 指示安全出口、楼层和避难层（间）；

b) 指示疏散方向；

c) 指示灭火器材、消火栓箱、消防电梯、残疾人楼梯位置及其方向；

d) 指示禁止入内的通道、场所及危险品存放处。

3.3

消防应急照明标志复合灯具 fire emergency lighting & indicating luminaire

同时具备消防应急照明灯具和消防应急标志灯具功能的消防应急灯具。

3.4

自带电源型消防应急灯具 fire emergency luminaire powered by self contained battery

电池、光源及相关电路装在灯具内部的消防应急灯具。

3.5

消防应急灯具用应急电源盒 emergency power supply cell for fire emergency luminaire

自带电源型消防应急灯具中与光源未在同一灯具内部的电池及相关电路的部件。

3.6

子母型消防应急灯具 son & mother type fire emergency luminaire (s)

子消防应急灯具内无独立的电池而由与之相关的母消防应急灯具供电，其工作状态受母灯具控制的一组消防应急灯具。

3.7

集中电源型消防应急灯具 fire emergency luminaire powered by centralized batteries

灯具内无独立的电池而由应急照明集中电源供电的消防应急灯具。

3.8

应急照明集中电源 centralizing power supply for fire emergency luminaries

火灾发生时，为集中电源型消防应急灯具供电、以蓄电池为能源的电源。

3.9

集中控制型消防应急灯具 fire emergency luminaire controlled by central control panel

工作状态由应急照明控制器控制的消防应急灯具。

3.10

应急照明控制器 central control panel for fire emergency luminaire

控制并显示集中控制型消防应急灯具、应急照明集中电源、应急照明分配电装置及应急照明配电箱及相关附件等工作状态的控制与显示装置。

3.11

持续型消防应急灯具 maintained fire emergency luminaire

光源在主电源和应急电源工作时均处于点亮状态的消防应急灯具。

3.12

非持续型消防应急灯具 non-maintained fire emergency luminaire

光源在主电源工作时不点亮，仅在应急电源工作时处于点亮状态的消防应急灯具。

3.13

自带电源集中控制型系统 central controlled fire emergency lighting system for fire emergency luminaires powered by self contained battery

由自带电源型消防应急灯具、应急照明控制器、应急照明配电箱及相关附件等组成的消防应急照明和疏散指示系统。

3.14

自带电源非集中控制型系统 non-central controlled fire emergency lighting system for fire emergency luminaires powered by self contained battery

由自带电源型消防应急灯具、应急照明配电箱及相关附件等组成的消防应急照明和疏散指示系统。

3.15

集中电源集中控制型系统 central controlled fire emergency lighting system for fire emergency luminaires powered by centralized battery

由集中控制型消防应急灯具、应急照明控制器、应急照明集中电源、应急照明分配电装置及相关附件组成的消防应急照明和疏散指示系统。

3.16

集中电源非集中控制型系统 non-central controlled fire emergency lighting system for fire emergency luminaires powered by centralized battery

由集中电源型消防应急灯具、应急照明集中电源、应急照明分配电装置及相关附件等组成的消防应急照明和疏散指示系统。

3. 17

应急照明配电箱 switch board for fire emergency lighting

为自带电源型消防应急灯具供电的供配电装置。

3. 18

应急照明分配电装置 distribution and switch equipment for fire emergency lighting

为应急照明集中电源应急输出进行分配电的供配电装置。

3. 19

终止电压 exhausted voltage

过放电保护部分启动，消防应急灯具不再起应急作用时电池的端电压。

4 分类

4.1 系统分类

按系统形式可分为：

a) 自带电源集中控制型（系统内可包括子母型消防应急灯具）；

b) 自带电源非集中控制型（系统内可包括子母型消防应急灯具）；

c) 集中电源集中控制型；

d) 集中电源非集中控制型。

4.2 灯具分类

4.2.1 按用途分为：

a) 标志灯具；

b) 照明灯具（含疏散用手电筒）；

c) 照明标志复合灯具。

4.2.2 按工作方式分为：

a) 持续型；

b) 非持续型。

4.2.3 按应急供电形式分为：

a) 自带电源型；

b) 集中电源型；

c) 子母型。

4.2.4 按应急控制方式分为：

a) 集中控制型；

b) 非集中控制型。

5 防护等级

5.1 系统的各个组成部分应有防护等级要求，外壳防护等级不应低于 GB 4208—2008 规定的 IP30 要求；且应符合其标称的防护等级的要求。

5.2 安装在室内地面的消防应急灯具（以下简称灯具）外壳防护等级不应低于 GB 4208—2008 规定的 IP54，安装在室外地面的灯具外壳防护等级应不低于 GB 4208—2008 规定的 IP67，且应符合其标称的防护等级。

5.3 安装在地面的灯具安装面应能耐受外界的机械冲击和研磨。

6 要求

6.1 总则

消防应急照明和疏散指示系统及系统各组成部分若要符合本标准，应首先满足本章要求，然后按第 7 章有关规定进行试验，并满足试验要求。系统及系统组成可参考附录 A 的说明。

6.2 通用要求

6.2.1 主电源应采用 220V（应急照明集中电源可采用 380V）、50Hz 交流电源，主电源降压装置不应采用阻容降压方式；安装在地面的灯具主电源应采用安全电压。

6.2.2 外壳采用非绝缘材料的系统，应设有接地保护，接地端子应符合 GB 7000.1—2007 中 7.2 的要求，并应有明确标识。

6.2.3 消防应急标志灯具的标志应满足附录 B 的有关要求；疏散指示标志灯应使用图 B.1、图 B.2 或图 B.3 为主要标志信息；楼层指示标志灯应使用阿拉伯数字和字母"F"为主要标志信息。

6.2.4 带有逆变输出且输出电压超过 36V 的消防应急灯具在应急工作状态期间，断开光源 5s 后，应能在 20s 内停止电池放电。

6.2.5 使用荧光灯为光源的灯具不应将启辉器接入应急回路，不应使用有内置启辉器的光源。

6.2.6 应急照明集中电源的单相输出最大额定功率不应大于 30kV·A，三相输出最大额定功率不应大于 90kV·A；逆变转换型应急照明分配电装置的单相输出最大额定功率不应大于 10kV·A，三相输出最大额定功率不应大于 30kV·A；输出特性应满足企业产品说明书的规定。

6.2.7 系统应有下列自检功能：

a) 系统持续主电工作 48h 后每隔（30±2）d 应能自动由主电工作状态转入应急工作状态并持续 30s～180s，然后自动恢复到主电工作状态；

b) 系统持续主电工作每隔一年应能自动由主电工作状态转入应急工作状态并持续至放电终止，然后自动恢复到主电工作状态，持续应急工作时间不应少于 30min；

c) 系统应有手动完成 a) 和 b) 的自检功能，手动自检不应影响自动自检计时，如系统断电且应急工作至放电终止后，应在接通电源后重新开始计时；

d) 系统（地面安装或其他场所封闭安装的灯具除外）在不能完成自检功能时，应在 10s 内发出故障声、光信号，并保持至故障排除；故障声信号的声压级（正前方 1m 处）应在 65dB～85dB 之间，故障声信号每分钟至少提示一次，每次持续时间应在 1s～3s 之间；

e) 集中电源型灯具在光源发生故障时应发出故障声、光信号；应急工作时间不能持续 30min 时，应急照明集中电源应发出故障声、光信号，并保持至故障排除；应急照明分配电装置不能完成转入应急工作状态时，应发出故障声、光信号，并保持至故障排除；

f) 集中控制型系统在不能完成自检功能时，应急照明控制器应发出故障声、光信号，并指示系统中不能完成自检功能的自带电源型灯具、集中电源和应急照明分配电装置的部位。

6.2.8 系统的各个组成部分的型号编制方法应符合附录 C 的要求。

6.3 系统与整机性能

6.3.1 一般要求

6.3.1.1 系统的应急转换时间不应大于 5s；高危险区域使用的系统的应急转换时间不应大于 0.25s。

6.3.1.2 系统的应急工作时间不应小于 90min，且不小于灯具本身标称的应急工作时间。

6.3.1.3 消防应急标志灯具的表面亮度应满足下述要求：

a) 仅用绿色或红色图形构成标志的标志灯，其标志表面最小亮度不应小于 50cd/m²，最大亮度不应大于 300cd/m²；

b) 用白色与绿色组合或白色与红色组合构成的图形作为标志的标志灯表面最小亮度不应小于 5cd/m²，最大亮度不应大于 300cd/m²，白色、绿色或红色本身最大亮度与最小亮度比值不应大于 10。白色与相邻绿色或红色交界两边对应点的亮度比不应小于 5 且不大于 15。

6.3.1.4 消防应急照明灯具应急状态光通量不应低于其标称的光通量，且不小于 50lm。疏散用手电筒的发光色温应在 2500K 至 2700K 之间。

6.3.1.5 消防应急照明标志复合灯具应同时满足 6.3.1.3 和 6.3.1.4 的要求。

6.3.1.6 灯具在处于未接入光源、光源不能正常工作或光源规格不符合要求等异常状态时，内部元件表面最高温度不应超过 90℃，且不影响电池的正常充电。光源恢复后，灯具应能正常工作。

6.3.1.7 对于有语音提示的灯具，其语音宜使用"这里是安全（紧急）出口"、"禁止入内"等；其音量调节装置置于设备内部；正前方 1m 处测得声压级应在 70dB～115dB 范围内（A 计权），且清晰可辨。

6.3.1.8 闪亮式标志灯的闪亮频率应为（1±10%）Hz，点亮与非点亮时间比应为 4:1。

6.3.1.9 顺序闪亮并形成导向光流的标志灯的顺序闪亮频率应在 2Hz～32Hz 范围内，但设定后的频率变动不应超过设定值的 ±10%，且其光流指向应与设定的疏散方向相同。

6.3.2 自带电源型和子母型消防应急灯具的性能

6.3.2.1 自带电源型和子母型灯具（地面安装的灯具和集中控制型灯具除外）应设主电、充电、故障状态指示灯。主电状态用绿色、充电状态用红色、故障状态用黄色；集中控制型系统中的自带电源型和子母型灯具的状态指示应集中在应急照明控制器上显示，也可以同时在灯具上设置指示灯。疏散用手电筒的电筒与充电器应可分离，手电筒应采用安全电压。

6.3.2.2 自带电源型和子母型灯具的应急状态不应受其主电供电线路短路、接地的影响。

6.3.2.3 自带电源型和子母型灯具（集中控制型灯具除外）应设模拟主电源供电故障的自复式试验按钮（开关或遥控装置）和控制关断应急工作输出的自复式按钮（开关或遥控装置），不应设影响由主电工作状态自动转入应急工作状态的开关。在模拟主电源供电故障时，主电不得向光源和充电回路供电。

6.3.2.4 消防应急灯具用应急电源盒的状态指示灯、模拟主电故障及控制关断应急工作输出的自复式试验按钮（开关或遥控装置），应设置在与其组合的灯具的外露面，状态指示灯可采用一个三色指示灯，灯具处于主电工作状态时亮绿色，充电状态时亮红色，故障状态或不能完成自检功能时亮黄色。

6.3.2.5 地面安装及其他场所封闭安装的灯具还应满足以下要求：

a) 状态指示灯和控制关断应急工作输出的自复式按钮（开关）应设置在灯具内部，且开盖后清晰可见；非集中控制型灯具应设置远程模拟主电故障的自复式试验按钮（开关）或遥控装置；

b) 非闪亮持续型或导向光流型的标志灯具可不在表面设置状态指示灯，但灯具发生故障或不能完成自检时，光源应闪亮，闪亮频率不应小于 1Hz；导向光流型灯具在故障时的闪亮频率应与正常闪亮频率有明显区别；

c) 照明灯具的状态指示灯应设置在灯具外露或透光面能明显观察到位置，状态指示灯可采用一个三色指示灯，灯具处于充电状态时亮红色，充满电时亮绿色，故障状态或不能完成自检功能时亮黄色。

6.3.2.6 子母型灯具的子母灯具之间连接线的线路压降不应超过母灯具输出端电压的 3%。

6.3.2.7 非持续型的自带电源型和子母型灯具在光源故障的条件下应点亮故障状态指示灯，正常光源接入后应能恢复到正常工作状态。

6.3.2.8 具有遥控装置的消防应急灯具，遥控器与接收装置之间的距离应不小于 3m，且不大于 15m。

6.3.3 集中电源型灯具

集中电源型灯具（地面安装的灯具和集中控制型灯具除外）应设主电和应急电源状态指示灯，主电状态用绿色，应急状态用红色。主电和应急电源共用供电线路的灯具可只用红色指示灯。

6.3.4 应急照明集中电源的性能

6.3.4.1 应急照明集中电源应设主电、充电、故障和应急状态指示灯，主电状态用绿色，故障状态用黄色，充电状态和应急状态用红色。

6.3.4.2 应急照明集中电源应设模拟主电源供电故障的自复式试验按钮（或开关），不应设影响应急功能的开关。

6.3.4.3 应急照明集中电源应显示主电电压、电池电压、输出电压和输出电流。

6.3.4.4 应急照明集中电源主电和备电不应同时输出，并能以手动、自动两种方式转入应急状态，且应设只有专业人员可操作的强制应急启动按钮，该按钮启动后，应急照明集中电源不应受过放电保护的影响。

6.3.4.5 应急照明集中电源每个输出支路均应单独保护，且任一支路故障不应影响其他支路的正常工作。

6.3.4.6 应急照明集中电源应能在空载、满载 10% 和超载 20% 条件下正常工作，输出特性应符合制造商的规定。

6.3.4.7 当串接电池组额定电压大于等于 12V 时，应急照明集中电源应对电池（组）分段保护，每段电池（组）额定电压不应大于 12V，且在电池（组）充满电时，每段电池（组）电压均不应小于

额定电压。当任一段电池电压小于额定电压时，应急照明集中电源应发出故障声、光信号并指示相应的部位。

6.3.4.8 应急照明集中电源在下述情况下应发出故障声、光信号，并指示故障的类型；故障声信号应能手动消除，当有新的故障信号时，故障声信号应再启动；故障光信号在故障排除前应保持。

故障条件如下所述：

a) 充电器与电池之间连接线开路；

b) 应急输出回路开路；

c) 在应急状态下，电池电压低于过放保护电压值。

6.3.5 应急照明配电箱的性能

6.3.5.1 双路输入型的应急照明配电箱在正常供电电源发生故障时应能自动投入到备用供电电源，并在正常供电电源恢复后自动恢复到正常供电电源供电；正常供电电源和备用供电电源不能同时输出，并应设有手动试验转换装置，手动试验转换完毕后应能自动恢复到正常供电电源供电。

6.3.5.2 应急照明配电箱应能接收应急转换联动控制信号，切断供电电源，使连接的灯具转入应急状态，并发出反馈信号。

6.3.5.3 应急照明配电箱每个输出配电回路均应设保护电器，并应符合 GB 50054 的有关要求。

6.3.5.4 应急照明配电箱的每路电源均应设有绿色电源状态指示灯，指示正常供电电源和备用供电电源的供电状态。

6.3.5.5 应急照明配电箱在应急转换时，应保证灯具在 5s 内转入应急工作状态，高危险区域的应急转换时间不大于 0.25s。

6.3.6 应急照明分配电装置的性能

6.3.6.1 应能完成主电工作状态到应急工作状态的转换。

6.3.6.2 在应急工作状态、额定负载条件下，输出电压不应低于额定工作电压的 85%。

6.3.6.3 在应急工作状态、空载条件下输出电压不应高于额定工作电压的 110%。

6.3.6.4 输出特性和输入特性应符合制造商的要求。

6.3.7 应急照明控制器的性能

6.3.7.1 应急照明控制器应能控制并显示与其相连的所有灯具的工作状态，显示应急启动时间。

6.3.7.2 应急照明控制器应能防止非专业人员操作。

6.3.7.3 应急照明控制器在与其相连的灯具之间的连接线开路、短路（短路时灯具转入应急状态除外）时，应发出故障声、光信号，并指示故障部位。故障声信号应能手动消除，当有新的故障时，故障声信号应能再启动；故障光信号在故障排除前应保持。

6.3.7.4 应急照明控制器在与其相连的任一灯具的光源开路、短路、电池开路、短路或主电欠压时，应发出故障声、光信号，并显示、记录故障部位、故障类型和故障发生时间。故障声信号应能手动消除，当有新的故障时，应能再启动；故障光信号在故障排除前应保持。

6.3.7.5 应急照明控制器应有主、备用电源的工作状态指示，并能实现主、备用电源的自动转换。且备用电源应至少能保证应急照明控制器正常工作 3h。

6.3.7.6 应急照明控制器在下述情况下应发出故障声、光信号，并指示故障类型。故障声信号应能手动消除，故障光信号在故障排除前应保持。故障期间，灯具应能转入应急状态。

故障条件如下所述：

a) 应急照明控制器的主电源欠压；

b) 应急照明控制器备用电源的充电器与备用电源之间的连接线开路、短路；

c) 应急照明控制器与为其供电的备用电源之间的连接线开路、短路。

6.3.7.7 应急照明控制器应能对本机及面板上的所有指示灯、显示器、音响器件进行功能检查。

6.3.7.8 应急照明控制器应能以手动、自动两种方式使与其相连的所有灯具转入应急状态；且应设强制使所有灯具转入应急状态的按钮。

6.3.7.9 当某一支路的灯具与应急照明控制器连接线开路、短路或接地时，不应影响其他支路的灯具或应急电源盒的工作。

6.3.7.10 应急照明控制器控制自带电源型灯具时,处于应急工作状态的灯具在其与应急照明控制器连线开路、短路时,应保持应急工作状态。

6.3.7.11 应急照明控制器控制自带电源型灯具时,应能显示应急照明配电箱的工作状态。

6.3.7.12 当应急照明控制器控制应急照明集中电源时,应急照明控制器还应符合下列要求:

    a) 显示每台应急电源的部位、主电工作状态、充电状态、故障状态、电池电压、输出电压和输出电流;

    b) 显示各应急照明分配电装置的工作状态;

    c) 控制每台应急电源转入应急工作状态;

    d) 在与每台应急电源和各应急照明分配电装置之间连接线开路或短路时,发出故障声、光信号,指示故障部位。

6.4 充、放电性能

6.4.1 自带电源型和子母型灯具充、放电性能

6.4.1.1 灯具应有过充电保护和充电回路开路、短路保护,充电回路开路或短路时灯具应点亮故障状态指示灯,其内部元件表面温度不应超过 90℃。重新安装电池后,灯具应能正常工作。灯具的充电时间不应大于 24h,最大连续过充电电流不应超过 $0.05C_5A$(铅酸电池为 $0.05C_{20}A$)。

6.4.1.2 灯具应有过放电保护。电池放电终止电压不应小于额定电压的 80%(使用铅酸电池时,电池放电终止电压不应小于额定电压的 85%),放电终止后,在未重新充电条件下,即使电池电压回复,灯具也不应重新启动,且静态泄放电流不应大于 $10^{-5}C_5A$(铅酸电池为 $10^{-5}C_{20}A$)。

6.4.2 应急照明集中电源充、放电性能

6.4.2.1 应急照明集中电源应有过充电保护和充电回路短路保护,充电回路短路时其内部元件表面温度不应超过 90℃。重新安装电池后,应急照明集中电源应能正常工作。充电时间不应大于 24h,使用免维护铅酸电池时最大充电电流不大于 $0.4C_{20}A$。

6.4.2.2 应急照明集中电源应有过放电保护。使用免维护铅酸电池时,最大放电电流不应大于 $0.6C_{20}A$;每组电池放电终止电压不应小于电池额定电压的 85%,静态泄放电流不应大于 $10^{-5}C_{20}A$。

6.5 电池性能

系统应选用镉镍、镍氢、免维护铅酸电池。镉镍、镍氢电池应符合附录D的要求,免维护铅酸电池应符合附录E的要求;选用其他电池时,在满足附录D要求的基础上,电池本身应具有自动恢复的防短路装置。

6.6 重复转换性能

系统应能连续完成至少 50 次"主电状态 1min→应急状态 20s→主电状态 1min"的工作状态循环。

6.7 电压波动性能

系统在主电电压的 85%~110% 的范围内,不应转入应急状态。

6.8 转换电压性能(集中控制型系统除外)

系统由主电状态转入应急状态时的主电电压应在主电电压 60%~85% 范围内。由应急状态回复到主电状态时的主电电压不应大于主电电压的 85%;系统电压处在主电电压 60%~85% 范围内的任一电压时,不应发生状态指示灯和继电器多次跳动等切换现象,非闪亮式的光源不应发生光源闪烁的状态。

6.9 充、放电耐久性能

系统应完成 10 次"完全充电→放电终止→完全充电"循环的充电、放电过程。末次放电时间不应低于首次放电时间的 85%,并满足 6.3.2 的要求。

6.10 绝缘性能

系统内各设备的主电源输入端与壳体之间的绝缘电阻不应小于 50MΩ,有绝缘要求的外部带电端子与壳体间的绝缘电阻不应小于 20MΩ。

6.11 耐压性能

系统内各设备的主电源输入端与壳体间应能耐受频率为(50±0.5)Hz,电压为(1500±150)V,历时 60s±5s 的试验;外部带电端子(额定电压≤50VDC)与壳体间应能耐受频率为(50+0.5)Hz、电压(500±50)V,历时 60s±5s 的试验。各设备在试验期间,不应发生表面飞弧和击穿现象;试验后,应能正常工作。

6.12 气候环境耐受性能

系统内设备应能耐受住表1所规定的气候条件下的各项试验,并满足下述要求:

    a) 试验期间,系统及系统内各设备应保持主电状态;

    b) 试验后,系统内各设备应无破坏涂覆现象;

    c) 试验后,系统及系统内各设备应能正常工作;灯具的表面亮度和光通量应分别满足 6.3.1.3 和 6.3.1.4 的要求;

    d) 低温试验后,系统的应急工作时间不应小于 90min,且不小于标称的应急工作时间。

表 1 气候条件

试验名称	试验参数	试验条件	工作状态
高温试验	温度 持续时间	55℃±2℃ 16h	主电状态
低温试验	温度 持续时间	0℃±1℃ 24h	主电状态
恒定湿热试验	相对湿度 温度 持续时间	90%~95% 40℃±2℃ 4d	主电状态

6.13 机械环境耐受性能

系统的各组成设备应能耐受住表2中所规定的机械环境条件下的各项试验。试验后,系统及系统内各设备应能正常工作;灯具表面亮度和光通量应分别满足 6.3.1.3 和 6.3.1.4 的要求。

表 2 机械环境条件

试验名称	试验参数	试验条件	工作状态
振动试验	频率循环范围	10Hz~55Hz	非工作状态
	加速幅值	0.5g	
	扫频速率	1 倍频程/min	
	每个轴线循环扫频次数	20	
	振动方向	X、Y、Z	
冲击试验	加速度 g	100−20m	非工作状态
	脉冲持续时间	11ms	
	冲击次数	3 个面, 3 次	
	波形	半正弦波	

注:m 为试样的质量(kg)。

6.14 电磁兼容性能

应急照明集中电源和应急照明控制器应能适应表3所规定条件下的各项试验要求,并满足下述要求:

    a) 试验期间,应急照明集中电源和应急照明控制器应保持正常监视状态;

    b) 试验后,应急照明集中电源性能应满足 6.3.4 的要求;

    c) 试验后,应急照明控制器性能应满足 6.3.7 的要求。

表 3 电磁兼容条件

试验名称	试验参数	试验条件	工作状态
射频电磁场辐射抗扰度试验	场强/(V/m)	10	正常监视状态
	频率范围/MHz	80~1000	
	扫频频率/(10 倍频程每秒)	≤1.5×10⁻³	
	调制幅度	80%(1kHz,正弦)	
射频场感应的传导骚扰抗扰度试验	频率范围/MHz	0.15~80	正常监视状态
	电压/dBμV	140	
	调制幅度	80%(1kHz,正弦)	

试验名称	试验参数	试验条件	工作状态
静电放电抗扰度试验	对应急照明控制器放电电压/kV	8	正常监视状态
	对耦合板放电电压/kV	6	
	放电极性	正、负	
	放电间隔/s	≥1	
	每点放电次数	10	
电快速瞬变脉冲群抗扰度试验	电压峰值/kV	AC电源线 2×(1±0.1)	正常监视状态
		其他连接线 1×(1±0.1)	
	重复频率/kHz	AC电源线 2.5×(1±0.2)	
		其他连接线 5×(1±0.2)	
	极性	正、负	
	时间	每次1min	
浪涌(冲击)抗扰度试验	浪涌(冲击)电压/kV	AC电源线 线—线 1×(1±0.1)	正常监视状态
		AC电源线 线—地 2×(1±0.1)	
		其他连接线 线—地 1×(1±0.1)	
	极性	正、负	
	试验次数	AC电源线5	
		其他连接线20	
电源瞬变试验	电源瞬变方式	通电9s～断电1s	正常监视状态
	试验次数	500	
	施加方式	每分钟6次	
电压暂降、短时中断和电压变化的抗扰度试验	持续时间/ms	20(下滑60%)	正常监视状态
	持续时间/ms	10(下滑100%)	

6.15 结构

6.15.1 系统内各设备的外部软缆和软线通过硬质材料电缆入口应有光滑的圆边，圆边的最小半径应大于0.5mm；电缆入口应适合于导线管（或电缆、软线）的保护套的引入，使芯线完全得到保护，并且当导线管（或电缆、软线）安装完成后，电缆入口的防尘或防水保护应与灯具的防护等级相同。

6.15.2 不使用工具不能将软缆（或软线）推入灯具，引起接线端子处软缆或软线位移；软缆或软线应承受25次拉力，拉力值如表4所示，拉时不能猛拉，每次历时1s。试验期间测量软缆或软线的纵向位移。第一次承受拉力时，在离软线固定架约20mm处的软缆或软线上作标记，25次拉力期间，标记的位移不能超过2mm；软缆或软线应能承受扭力，扭矩值如表4所示。

表4 扭矩值

所有导体总的标称截面积S mm²	拉力 N	扭矩 N·m
S≤1.5	60	0.15
1.5<S≤3	60	0.25
3<S≤5	80	0.35
5<S≤8	120	0.35

6.15.3 消防应急照明和疏散指示系统走线槽应光滑，不应存在可能磨损接线绝缘层的锐边、毛口、毛刺等类似现象。金属定位螺钉之类的零件不能凸伸到线槽内。

6.16 爬电距离和电气间隙

系统内各设备的爬电距离和电气间隙应符合GB 7000.1—2007中第11章的要求。

6.17 主要部件性能

6.17.1 系统的主要部件应采用符合国家有关标准的定型产品。

6.17.2 系统使用电池的充放电性能应满足6.5的要求。

6.17.3 系统应在电池与充、放电回路间及主电输入回路加熔断器或其他保护装置，熔断器的电流值标示应清晰；直流和交流熔断器应分型标示（直流DC、交流AC），标示字体高度应不小于2mm，且清晰可见。

6.17.4 系统内各设备的接地端子应标示清晰。

6.17.5 系统的各类设备外壳应选用不燃材料或难燃材料（氧指数≥28）制造，内部接线和外部接线应符合GB 7000.1—2007中第5章的要求。

6.17.6 环境温度为25℃±3℃条件下系统各设备的内置变压器、镇流器等发热元部件的表面最高温度不应超过90℃。其电池周围（不触及电池）环境温度不超过50℃。

6.17.7 指示灯应标注出功能，在不大于500lx环境光条件下，在正前方22.5°视角范围内指示灯应在3m处清晰可见。

6.17.8 在正常工作条件下，音响器件在其正前方1m处的声压级（A计权）应大于65dB，小于115dB。

7 试验

7.1 总则

7.1.1 试验的大气条件

除在有关条文另有说明外，各项试验均在下述大气条件下进行：
——温度：15℃～35℃；
——湿度：25%RH～75%RH；
——大气压力：86kPa～106kPa。

7.1.2 容差

除在有关条文另有说明外，各项试验数据的容差均为±5%；环境条件参数偏差应符合GB 16838要求。

7.1.3 试验样品（以下可称试样）

试验前，制造商应提供二套组成系统的灯具及其他配件（应急照明配电箱等）。其中，集中控制型系统应提供二台应急照明控制器，每台应急照明控制器至少应接二台灯具；集中电源型系统应提供二台应急照明集中电源，每台应急照明集中电源至少配接二台灯具、满负载10%和超载20%条件的模拟负载，带有分配电装置的系统，还应提供二台分配电装置。并在试验前编号。

7.1.4 试验前检查

7.1.4.1 在试验前进行外观检查，应符合下述要求：

    a) 表面无腐蚀、涂覆层脱落和起泡现象，无明显划伤、裂痕、毛刺等机械损伤；

    b) 紧固部位无松动。

7.1.4.2 试验前应按第5章、6.2、6.15、6.16、6.17和附录B有关要求对试样进行检查，符合要求后方可进行试验。

7.1.5 试验程序

按表5规定的程序进行试验。

表5 试验程序

试验程序		试样编号	
项目编号	试验项目	1	2
7.2	基本功能试验	√	√
7.3	充、放电试验	√	√
7.4	重复转换试验	√	√
7.5	电压波动试验	√	√
7.6	转换电压试验	√	√
7.7	充、放电耐久试验	√	

试验程序		试样编号	
项目编号	试验项目	1	2
7.8	绝缘电阻试验	√	√
7.9	接地电阻试验	√	√
7.10	耐压试验	√	√
7.11	高温试验	√	
7.12	低温试验		√
7.13	恒定湿热试验		√
7.14	振动试验		√
7.15	冲击试验	√	
7.16	静电放电抗扰度试验	√	
7.17	浪涌（冲击）抗扰度试验	√	
7.18	电源瞬变试验	√	
7.19	电压暂降、短时中断和电压变化的抗扰度试验	√	
7.20	射频电磁场辐射抗扰度试验		√
7.21	射频场感应的传导骚扰抗扰度试验		√
7.22	电快速瞬变脉冲群抗扰度试验		√
7.23	外壳防护等级试验	√	√
7.24	表面耐磨性能试验		√
7.25	抗冲击试验	√	

7.2 基本功能试验

7.2.1 目的

检验系统及系统内各设备的基本功能。

7.2.2 消防应急灯具的基本功能试验步骤

7.2.2.1 使带有逆变输出、输出电压超过36V的消防应急灯具在应急工作状态期间断开光源5s，再保持20s，检查其电池供电情况。

7.2.2.2 使充电24h的灯具转入应急状态，检查荧光灯光源的灯具的启辉器启动情况（必要时可将启辉器短路），并记录转换时间，同时开始计时，直到电池达到其终止电压，记录应急工作时间。

7.2.2.3 在主电状态转入应急状态下立即对不同的标志灯（含照明标志灯的标志部分）分别按下述步骤测量其表面亮度；放电80min后立即对不同的标志灯（含照明标志灯的标志部分）分别按下述步骤测量其表面亮度：

　　a) 对于仅用绿色或红色图形、文字构成标志信息的标志灯，在其图形、文字上均匀选取10点进行测量；

　　b) 对于用组合颜色构成图形、文字作为标志信息的标志灯，按附录B的取点方式，在其图形、文字上均匀选取10点进行测量，再在各点相邻的另一颜色上相应选取10点进行测量；

　　c) 对于双面指示的标志灯，应按a) 或b) 分别测量两个面的表面亮度。

7.2.2.4 在主电状态转入应急状态下立即测量照明灯（含照明标志灯的照明部分）的光通量；放电80min后立即测量照明灯（含照明标志灯的照明部分）在应急状态时的光通量和疏散用手电筒发光的色温。

7.2.2.5 切断自带电源型或子母型灯具的主电源，使其处于应急状态，将其主电电源线分别短路、接地，检查灯具的工作情况。

7.2.2.6 启动灯的模拟交流电源供电故障的试验按钮（开关或遥控接收发射装置），检查其工作状态的转换情况；检查主电是否向光源和充电回路供电；检查是否有影响应急功能的开关；在不同的距离试验灯具的遥控功能和遥控距离。

7.2.2.7 使灯处于主电工作状态，检查手动自检功能；再使其灯具处于应急工作状态，检查控制关断应急工作的功能。

7.2.2.8 分别断开自带电源型和子母型灯具的电池、光源，使其处于主电状态，检查指示灯的指示情况。

7.2.2.9 使集中电源型灯具分别处于主电状态和应急状态、检查指示灯的指示情况。

7.2.2.10 分别断开灯具的光源，安装不能正常工作的光源及不同规格的光源。对该应急灯具充电24h，放电80min，期间，连续测量其内部发热元件的表面温度。然后重新安装正常光源，接通主电源，检查该灯具的工作情况。

7.2.2.11 按产品设计要求，将子母型灯具按最长布线连接，分别测量母灯具的输出电压和子灯具的供电电压。

7.2.2.12 使有语音提示的灯具处于应急工作状态，检查其语音播放情况。

7.2.2.13 使闪亮式标志灯处于应急状态，测量其闪亮频率和点亮与非点亮时间比。

7.2.2.14 使顺序闪亮式标志灯处于应急状态，测量其逐次闪亮频率，并观察其指示方向。

7.2.2.15 使疏散用手电筒处于充电状态，测量充电电压。

7.2.3 应急照明集中电源的基本功能试验步骤

7.2.3.1 将应急照明集中电源与消防应急灯具、应急照明分配电箱、等效负载等附件连接，接通电源，分别使其处于主电和应急工作状态，检查其主电电压、电池电压、输出电压和输出电流的显示情况及指示灯颜色。

7.2.3.2 分别以自动、手动方式使应急照明集中电源转入应急工作状态，直至放电终止，检查主电和备电输出情况，记录应急工作时间。

7.2.3.3 分别使应急照明集中电源分别处于主电和应急工作状态，将任一输出支路短路，检查应急照明集中电源另一支路的工作情况。

7.2.3.4 分别使应急照明集中电源处于空载、满载10%、满载和超载20%状态，检查其工作情况。

7.2.3.5 检查电池（组）的额定电压及分段保护情况，然后，在电池（组）充满电的条件下分别测量每段电池（组）的电压。

7.2.3.6 分别使应急照明集中电源的充电器与电池间连接线开路、短路，检查其故障情况。

7.2.3.7 分别使应急照明集中电源的输出分支线路连接线开路，检查其故障情况。

7.2.3.8 分别使应急照明集中电源的充电器与电池之间连接线和应急输出回路开路，检查其故障情况。

7.2.3.9 检查强制应急启动按钮的保护情况，然后启动强制应急启动按钮，使应急照明集中电源转入应急状态，并直至放电终止，检查过放电保护情况和电池电压低于过放保护电压值故障情况。

7.2.4 应急照明控制器的基本功能试验步骤

7.2.4.1 将应急照明控制器与消防应急灯具、应急照明配电箱等附件连接，接通电源，使其处于正常工作状态。

7.2.4.2 操作应急照明控制器的控制机构，分别使受其控制的灯具处于主电状态、应急状态、充电状态和故障状态，观察应急照明控制器的显示情况，同时检查应急照明控制器是否有防止非专业人员操作的措施。

7.2.4.3 使应急照明控制器与任一灯具或应急照明配电箱之间的连接线开路或短路，检查应急照明控制器的故障声、光情况和灯具的工作状态；手动消除故障声信号，再使应急照明控制器与非同一线路中的另一灯具之间的连接线开路或短路，检查应急照明控制器的故障声、光指示情况和灯具的工作状态。

7.2.4.4 切断应急照明控制器的主电源，然后再接通主电源检查应急照明控制器主、备电源的转换和电源状态的指示情况。再使应急照明控制器处于备电供电状态，直至备电不足以保证应急照明控制器正常工作，记录备电工作时间。

7.2.4.5 应急照明控制器的电源试验，调节试验装置，使应急照明控制器的主电源电压降低到其转入备电源工作，检查故障情况；将应急照明控制器的备用电源与其充电器之间的连接线开路、短路，检查应急照明控制器的故障情况；将应急照明控制器与为其供电的备用电源之间的连接线开路、短路，检查应急照明控制器的故障情况。

7.2.4.6 应急照明控制器与应急电源的连接试验，使应急照明控制器控制的集中电源型灯具分别处于主电、充电和故障状态，检查应急照明控制器的显示情况；分别使集中电源型灯具处于主电状态和应急状态，检查充电电流、充电电压、电池电压、输出电压和输出电流在应急照明控制器上的显示情况；使应急照明控制器与应急电源间连接线分别开路、短路，检查应急照明控制器的显示情况。

7.2.4.7 操作应急照明控制器的自检机构，检查其所有指示灯、显示器及音响器的状态。

7.2.4.8 操作应急照明控制器分别自动和手动使其控制的灯具转入应急状态，检查其所控制的灯具的工作情况和应急电源的主电、备电工作情况；启动强制按钮使所有受控的灯具转入应急状态并直至放电终止，检查应急电源的过放电保护情况。

分别使任一支路灯具与应急照明控制器间的连接线开路、短路、接地，检查其他灯具和应急电源的工作情况。

7.2.5 应急照明配电箱的基本功能试验步骤

7.2.5.1 切断双路输入型的应急照明配电箱正常供电电源，再恢复正常供电电源，检查应急照明配电箱电源指示情况、自动投入到备用供电电源的工作情况和自动恢复到正常供电电源供电情况，记录转换时间；然后检查其正常供电电源和备用供电电源的输出情况；手动操作转换装置，检查其手动试验转换功能。

7.2.5.2 给应急照明配电箱输入应急转换联动控制信号，检查其切断供电电源、使连接的灯具转入应急状态情况及发出反馈信号情况。

7.2.5.3 按 GB 50054 的有关要求检查应急照明配电箱每个输出配电回路的保护电器。

7.2.6 应急照明分配电装置的基本功能试验步骤

7.2.6.1 将应急照明分配电装置与应急照明集中电源、消防应急灯具及等效负载连接，接通应急照明集中电源的主电源。

7.2.6.2 分别使应急照明集中电源处于主电和应急工作状态，检查应急照明分配电装置工作状态转换情况，在应急工作状态期间，测量其输出电压及其他输出特性。

7.2.6.3 断开应急照明分配电装置的所有负载，使应急照明集中电源处于应急工作状态，测量应急照明分配电装置的输出电压及其他输出特性。

7.2.7 试验结果

系统及系统内各设备的基本功能应满足 6.2、6.3 的有关要求。

7.3 充、放电试验

7.3.1 目的

检查系统的充、放电性能。

7.3.2 试验步骤

7.3.2.1 将放电终止的试样接通主电源，检查充电指示灯的状态，24h 后测量其充电电流。对使用免维护铅酸电池的应急照明集中电源型灯具，应在充电期间测量电池的充电电流。

7.3.2.2 使试样转入应急状态，直至过放电保护启动，在此瞬间测量电池的端电压，并观察试样是否重新启动，再测量静态泄放电流。对使用免维护铅酸电池的应急照明集中电源型灯具，还应在应急状态下测量电池的放电电流（启动电流除外）。

7.3.2.3 使试样的充电回路短路（不接入电池），接通主电源，检查故障指示灯的状态，24h 后测量其内部元件的表面温度。重新安装电池，检查试样的工作情况。

7.3.3 试验结果

试样的充、放电性能应满足 6.4 的要求。

7.4 重复转换试验

7.4.1 目的

检验系统的重复转换性能。

7.4.2 试验步骤

连续 50 次使试样由主电状态保持 1min，然后转入应急状态保持 20s。

7.4.3 试验结果

试样的重复转换性能应满足 6.6 的要求。

7.5 电压波动试验

7.5.1 目的

检验系统对主电供电电压波动的适应能力。

7.5.2 试验设备

试验设备应满足下述条件：

a）输出电压：100V～250V 内连续可调；

b）交流频率为 50Hz。

7.5.3 试验步骤

调节试验装置分别使试样的主电供电电压为 242V 和 187V，检查其工作状态。

7.5.4 试验结果

试样的主电电压波动性能应满足 6.7 的要求。

7.6 转换电压试验

7.6.1 目的

检验系统由主电状态转入应急状态、由应急状态转入主电状态时的主电电压。

7.6.2 试验设备

试验设备应满足下述条件：

a）输出电压：100V～250V 内连续可调；

b）频率：50Hz。

7.6.3 试验步骤

将试样的主电连接线按接线图接入试验装置，使其处于主电状态，调节试验装置，使输出电压缓慢下降，直至试样转入应急状态，记录输出电压；再使输出电压缓慢上升，直至试样回复到主电状态，记录输出电压；调节灯具的主电压，使其在主电电压 60%～85% 范围内缓慢变化，观察并记录灯具的状态。

7.6.4 试验结果

试样的转换电压应满足 6.8 的要求。

7.7 充、放电耐久试验

7.7.1 目的

检验系统重复多次全充、全放电性能。

7.7.2 试验步骤

连续 10 次使试样进行完全充电后转入应急状态直至过放电保护启动。记录首、末次放电时间。

7.7.3 试验结果

试样重复多次充、放电性能应满足 6.9 的要求。

7.8 绝缘电阻试验

7.8.1 目的

检验系统内各设备绝缘电阻性能。

7.8.2 试验设备

满足下述技术要求的绝缘电阻试验装置（在不具备专用测试装置的条件下，也可用其他仪器）：

a）试验电压：500V+50V，DC；

b）测量范围：0MΩ～500MΩ；

c）记时：60s±5s。

7.8.3 试验步骤

通过绝缘电阻试验装置，分别对试样（包括集中控制型系统的应急照明控制器）有绝缘要求的外部带电端子与壳体之间、主电源输入端与壳体之间（电源插头不接入电网）施加 500V+50V 直流电压，持续 60s+5s，测量其绝缘电阻值。试验时，应保证接触点有可靠的接触，引线间的绝缘电阻应足够大，以保证读数正确。

7.8.4 试验结果

试样的绝缘性能应满足 6.10 的要求。

7.9 接地电阻试验

7.9.1 目的

检验系统及系统内各设备接地性能。

7.9.2 试验设备

试验设备满足下述条件：

a）可调直流电源；

b）空载电压不超过 12V 时至少能产生 10A 的电流。

7.9.3 试验步骤

7.9.3.1 将从空载电压不超过 12V 产生的至少为 10A 的电流分别接在接地端子或接地触点与各可触及金属部件之间，至少保持 1min。

7.9.3.2 测量接地端子或接地触点与可触及金属部件之间的电压降，并由电流的电压降算出电阻。

7.9.4 试验结果

试样的接地电阻性能应满足 6.2.2 的要求。

7.10 耐压试验

7.10.1 目的

检验系统及系统内各设备的耐压性能。

7.10.2 试验设备

满足下述技术要求的耐压试验装置：

a）试验电源：电压 0V～1500V（有效值）连续可调，频率 50Hz，升（降）压速率：（100～500）V/s；

b）记时：60s±5s；

c）击穿电流：20mA。

7.10.3 试验步骤

通过耐压试验装置，以（100～500）V/s 的升压速率，分别对试样（包括集中控制系统的应急照明控制器）施加 50Hz、1500V（额定电压超过 50V），或 50Hz、500V（额定电压不超过 50V 时）的交流电压；持续 60s±5s，观察并记录试验中所发生的现象。试验后，以（100～500）V/s 的降压速率使电压逐渐降低到低于额定电压数值后，方可断电。

施加部位如下所述：

a）有绝缘要求的所有外部带电端子与外壳之间；

b）交流电源输入端与外壳之间（电源插头不接入电网）。

7.10.4 试验结果

试样的耐压性能应满足 6.11 的要求。

7.11 高温试验

7.11.1 目的

检验系统及系统内各设备在高温环境下正常工作的能力。

7.11.2 试验设备

试验设备应符合 GB 16838 的规定。

7.11.3 试验步骤

7.11.3.1 将试样在正常大气条件下放置 2h～4h 后放入高温试验箱中，接通电源，使其处于主电工作状态。

7.11.3.2 以不大于 1℃/min 的平均升温速率升到 55℃±2℃ 保持 16h。

7.11.3.3 按 7.2 的要求进行试验。

7.11.4 试验结果

试样在高温环境下的性能应满足 6.3、6.12 的要求。

7.12 低温试验

7.12.1 目的

检验系统及系统内各设备在低温环境下的正常工作的能力。

7.12.2 试验设备

试验设备应符合 GB 16838 的规定。

7.12.3 试验步骤

7.12.3.1 试样在正常大气条件下放置 2h～4h 后放入低温试验箱中，接通电源使其处于主电工作状态。

7.12.3.2 以不大于 1℃/min 的平均降温速率降到 0℃±1℃ 保持 24h。

7.12.3.3 按 7.2 的要求进行试验。

7.12.4 试验结果

试样在低温环境下的性能应满足 6.3、6.12 的要求。

7.13 恒定湿热试验

7.13.1 目的

检验系统及系统内各设备在恒定湿热环境下正常工作能力。

7.13.2 试验设备

试验设备应符合 GB 16838 的规定。

7.13.3 试验步骤

7.13.3.1 将试样（包括集中控制型系统和应急照明控制器）在正常大气条件下放置 2h～4h 后放入湿热试验箱中，接通电源使其处于主电工作状态。

7.13.3.2 调节试验箱，使温度为 40℃±2℃，温度稳定后，再调节试验箱使相对湿度为 90%～95%，保持 4d。

7.13.3.3 按 7.2 的要求进行试验。

7.13.4 试验结果

试样在恒定湿热环境下的性能应满足 6.3、6.12 的要求。

7.14 振动试验

7.14.1 目的

检验系统内各设备经受振动的适应性及结构的完好性。

7.14.2 试验设备

试验设备（振动台和夹具）应符合 GB 16838 中的规定。

7.14.3 试验步骤

7.14.3.1 将试样（包括集中控制型系统和应急照明控制器）按其正常安装方式固定在振动台上，处于非工作状态。

7.14.3.2 启动振动台，使其在 10Hz～55Hz 频率范围内以 0.5g 的加速度、1 倍频程/min 的速率分别在 X、Y、Z 三个轴线上循环扫频 20 次。

7.14.3.3 检查外观及紧固部位情况。

7.14.3.4 按 7.2 的要求进行试验。

7.14.4 试验结果

试样的抗振动性能应满足 6.3、6.13 的要求。

7.15 冲击试验

7.15.1 目的

检验系统内各设备的抗冲击性能。

7.15.2 试验设备

试验设备应符合 GB 16838 中的规定。

7.15.3 试验步骤

7.15.3.1 将试样（包括集中控制型系统和应急照明控制器）按其正常工作位置紧固在冲击试验台上，处于非工作状态。

7.15.3.2 启动冲击试验台，对质量为 m（kg）的试样，以峰值加速度（$100-20m$）g 脉冲持续时间为 11ms±1ms 的半正弦波脉冲，在三个互相垂直的轴线中的每个方向连续冲击 3 次（共计 9 次）。

7.15.3.3 检查外观及紧固部位情况。

7.15.3.4 按 7.2 的要求进行试验。

7.15.4 试验结果

试样的抗冲击性能应满足 6.3、6.13 的要求。

7.16 静电放电抗扰度试验

7.16.1 目的

检验应急照明集中电源和应急照明控制器对带静电人员、物体接触造成的静电放电的适应性。

7.16.2 试验设备

试验设备应满足 GB 16838 的规定。

7.16.3 试验步骤

7.16.3.1 将试样按 GB 16838 规定进行试验布置，接通电源，使试样处于正常监视状态 20min。

7.16.3.2 按 GB 16838 规定的试验步骤对试样及耦合板施加表 6 所示条件下的干扰试验，期间观察并记录试样状态。试验后，按 7.2 的要求进行试验。

表 6 静电放电抗扰度试验条件

放电电压（kV）	空气放电（外壳为绝缘体）8
	接触放电（外壳为导体）6
放电极性	正、负
放电间隔/s	≥1
每点放电次数	10

7.16.4 试验结果

试验期间，试样应保持正常监视状态；试验后，试样基本功能应与试验前的基本功能保持一致。

7.17 浪涌（冲击）抗扰度试验

7.17.1 目的

检验应急照明集中电源和应急照明控制器对附近闪电或供电系统的电源切换及低电压网络、包括大容性负载切换等产生的电压瞬变（电浪涌）干扰的适应性。

7.17.2 试验设备

试验设备应满足 GB 16838 的规定。

7.17.3 试验步骤

7.17.3.1 将试样按 GB 16838 规定进行试验布置，接通电源，使其处于正常监视状态 20min。

7.17.3.2 按 GB 16838 规定的试验步骤对试样施加表 7 所示条件下的干扰试验，期间观察并记录试样状态。试验后，按 7.2 的要求进行试验。

7.17.4 试验结果

试验期间，试样应保持正常监视状态；试验后，试样基本功能应与试验前的基本功能保持一致。

表 7 浪涌（冲击）抗扰度试验条件

浪涌（冲击）电压/kV	AC 电源线	线—地 1×（1+0.1）
		线—地 2×（1±0.1）
	其他连接线	线—地 1×（1±0.1）
极性		正、负
试验次数		5

7.18 电源瞬变试验

7.18.1 目的

检验应急照明集中电源和应急照明控制器抗电源瞬变干扰的能力。

7.18.2 试验步骤

7.18.2.1 按正常监视状态要求，将试样与等效负载连接，连接试样到电源瞬变试验装置上，使其处于正常监视状态。

7.18.2.2 开启试验装置，使试样主电源按"通电（9s）～断电（1s）"的固定程序连续通断 500 次，试验期间，观察并记录试样的工作状态；试验后，按 7.2 的要求进行试验。

7.18.3 试验结果

试验期间，试样应保持正常监视状态；试验后，试样基本功能应与试验前的基本功能保持一致。

7.19 电压暂降、短时中断和电压变化的抗扰度试验

7.19.1 目的

检验应急照明集中电源和应急照明控制器在电压暂降、短时中断和电压变化（如主配电网络上，由于负载切换和保护元件的动作等）情况下的抗干扰能力。

7.19.2 试验设备

试验设备应满足 GB 16838 的要求

7.19.3 试验步骤

7.19.3.1 按正常监视状态要求，将试样与等效负载连接，连接试样到主电压下滑和中断试验装置上，使其处于正常监视状态。

7.19.3.2 使主电压下滑至 40%，持续 20ms，重复进行 10 次；再将使主电压下滑至 0V，持续 10ms，重复进行 10 次。试验期间，观察并记录试样的工作状态；试验后，按 7.2 的要求进行试验。

7.19.4 试验结果

试验期间，试样应保持正常监视状态；试验后，试样基本功能应与试验前的基本功能保持一致。

7.20 射频电磁场辐射抗扰度试验

7.20.1 目的

检验应急照明控制器在射频电磁场辐射环境下工作的适应性。

7.20.2 试验设备

试验设备应满足 GB 16838 的规定。

7.20.3 试验步骤

7.20.3.1 将试样按 GB 16838 规定进行试验布置，接通电源，使试样处于正常监视状态 20min。

7.20.3.2 按 GB 16838 规定的试验步骤对试样施加表 8 所示条件下的干扰试验，期间观察并记录试样状态。试验后，按 7.2 的要求进行试验。

表 8 射频电磁场辐射抗扰度试验条件

场强/（V/m）	10
频率范围/MHz	80～1000
扫频速率/（10 倍频程每秒）	≤1.5×10⁻³
调制幅度	80%（1kHz，正弦）

7.20.4 试验结果

试验期间，试样应保持正常监视状态；试验后，试样基本功能应与试验前的基本功能保持一致。

7.21 射频场感应的传导骚扰抗扰度试验

7.21.1 目的

检验应急照明控制器对射频场感应的传导骚扰的适应性。

7.21.2 试验设备

试验设备应满足 GB 16838 的规定。

7.21.3 试验步骤

7.21.3.1 将试样按 GB 16838 规定进行试验布置，接通电源，使试样处于正常监视状态 20min。

7.21.3.2 按 GB 16838 规定的试验步骤对试样施加表 9 所示条件下的干扰试验，期间观察并记录试样状态。试验后，按 7.2 的要求进行试验。

表 9 射频场感应传导骚扰抗扰度试验条件

频率范围/MHz	0.15～80
电压/dBμV	140
调制幅度	80%（1kHz，正弦）

7.21.4 试验结果

试验期间，试样应保持正常监视状态；试验后，试样基本功能应与试验前的基本功能保持一致。

7.22 电快速瞬变脉冲群抗扰度试验

7.22.1 目的

检验应急照明集中电源、应急照明控制器抗电快速瞬变脉冲群干扰的能力。

7.22.2 试验设备

试验设备应满足 GB 16838 的规定。

7.22.3 试验步骤

7.22.3.1 将试样按 GB 16838 规定进行试验布置，接通电源，使其处于正常监视状态 20min。

7.22.3.2 按 GB 16838 规定的试验步骤对试样施加表 10 所示条件下的干扰试验，期间观察并记录试样状态。试验后，按 7.2 的要求进行试验。

表 10 电快速瞬变脉冲群抗扰度试验条件

瞬变脉冲电压/kV	AC 电源线 2×（1±0.1）
	其他连接线 1×（1±0.1）
重复频率/kHz	AC 电源线 2.5×（1±0.2）
	其他连接线 5×（1±0.2）
极性	正、负
时间	每次 1min

7.22.4 试验结果

试验期间，试样应保持正常监视状态；试验后，试样基本功能应与试验前的基本功能保持一致。

7.23 外壳防护等级试验

按 GB 4208—2008 的规定进行试验。

7.24 表面耐磨性能试验

7.24.1 目的

检验地面安装灯具的表面耐磨性能。

7.24.2 试验设备

试验设备应符合以下要求：

a) Taber 型或同等的磨耗试验机；

b) 按附录 F 制作的研磨轮。

7.24.3 试验步骤

按附录 F 制作研磨轮，并粘好刚玉粒度为 180 的 3 号砂布后，在温度 20℃±2℃、相对湿度 65%±5% 的环境条件下放置 24h 以上。用脱脂纱布将试样表面擦净，表面向上安装在磨耗试验机上，并将研磨轮安装在支架上，施加 4.9N±0.2N 外力条件下进行研磨 9000 转，研磨轮每磨耗 500 转更换一次。试验后，按 7.2 的要求进行试验。

7.24.4 试验结果

试验后，试样表面玻璃应无破碎现象，基本功能应与试验前的基本功能保持一致。

7.25 抗冲击试验

7.25.1 目的

检验地面安装型灯具表面玻璃的抗冲击性能。

7.25.2 试验步骤

将试样按制造商的规定进行安装，使其处于正常工作位置，表面保持水平。然后用直径为63.5mm（质量约为1040g）表面光滑的钢球放在距离试样表面1000mm的高度，使其自由下落。冲击点应在距试样四角边框25mm范围内，四个角各冲击一次，观察记录试样状态。试验后，按7.2的要求进行试验。

7.25.3 试验结果

试验后，试样表面玻璃应无破碎现象，基本功能应与试验前的基本功能保持一致。

8 检验规则

8.1 出厂检验

企业在产品出厂前应按第5章、6.2、6.15、6.16、6.17和附录B的要求对产品进行检查，并对产品进行下述试验项目的检验：

　　a）基本功能试验；
　　b）充、放电试验；
　　c）绝缘电阻试验；
　　d）耐压试验；
　　e）重复转换试验；
　　f）转换电压试验；
　　g）充放电耐久试验；
　　h）恒定湿热试验。

8.2 型式检验

8.2.1 型式检验项目为第7章规定的全部试验。检验样品在出厂检验合格的产品中抽取。

8.2.2 有下列情况之一时，应进行型式检验：

　　a）新产品或老产品转厂生产时的试制定型鉴定；
　　b）正式生产后，产品的结构、主要部件或元器件、生产工艺等有较大的改变可能影响产品性能或正式投产满四年；
　　c）产品停产一年以上，恢复生产；
　　d）出厂检验结果与上次型式检验结果差异较大；
　　e）发生重大质量事故。

8.2.3 检验结果按GB 12978规定的型式检验结果判定方法进行判定。

9 标志

9.1 一般要求

系统的每台灯具及其他设备应有清晰、耐久的标志，包括产品标志和质量检验标志，标示字体高于2mm，地面安装或其他封闭式安装的灯具的标示可置于灯具内部，开盖后应清晰可见。

9.2 产品标志

产品标志应包括以下内容：

　　a）制造厂名、厂址；
　　b）产品名称；
　　c）产品型号；
　　d）产品主要技术参数（外壳防护等级、额定电源电压、额定工作频率、应急工作时间、应急输出光通量、使用光源名称和参数、输出参数、主电功耗等）；
　　e）商标；
　　f）制造日期及产品编号；
　　g）执行标准；
　　h）适宜于直接安装在普通可燃材料表面的标记 $\boxed{F}$（F—标记）。

9.3 质量检验标志

质量检验标志应包括下列内容：

　　a）检验员；
　　b）合格标志。

10 使用说明书

使用说明书应满足GB/T 9969的有关要求，并包括以下内容：

　　a）电池种类、容量、型号及更换方法、更换时间；
　　b）光源的规格、型号及更换方法；
　　c）如何进行日常维护；
　　d）产品的技术参数（外壳防护等级、应急工作时间、应急光通量、输出参数）。

附　录　A
（资料性附录）
消防应急照明和疏散指示系统组成

A.1 消防应急照明和疏散指示系统组成

系统组成如图A.1所示。

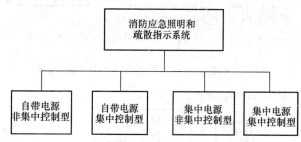

注：子母型灯具没有单独列为系统形式，而是分别包括在自带电源型和集中控制型系统中。

图A.1　消防应急照明和疏散指示系统组成

A.2 自带电源非集中控制型消防应急照明和疏散指示系统组成

系统组成如图A.2所示。

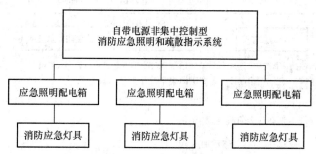

图A.2　自带电源非集中控制型消防应急照明和疏散指示系统组成

A.3 自带电源集中控制型消防应急照明和疏散指示系统组成

系统组成如图A.3所示。

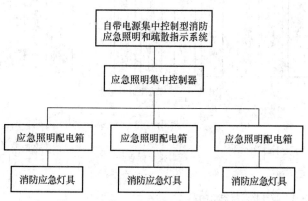

图A.3　自带电源集中控制型消防应急照明和疏散指示系统组成

A.4 集中电源非集中控制型消防应急照明和疏散指示系统组成

系统组成如图 A.4 所示。

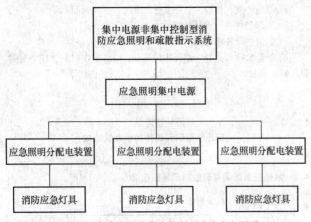

图 A.4 集中电源非集中控制型消防应急照明
和疏散指示系统组成

A.5 集中电源集中控制型消防应急照明和疏散指示系统组成

系统组成如图 A.5 所示。

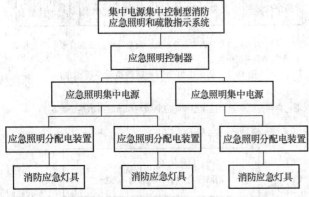

注：该系统中，应急照明集中电源和应急照明控制器可以做成一体机。

图 A.5 集中电源集中控制型消防应急照明
和疏散指示系统组成

A.6 消防应急灯具组成

消防应急灯具组成如图 A.6 所示。

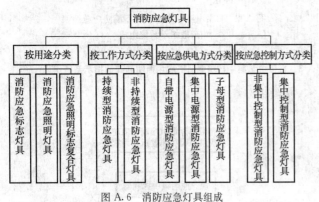

图 A.6 消防应急灯具组成

附 录 B
（规范性附录）
疏散指示标志

B.1 疏散指示标志灯的图形与文字

B.1.1 标志灯的图形应符合 GB13495 的要求，单色标志灯表面的

安全出口指示标志（包括人形、门框，如图 B.1、图 B.2 所示）、疏散方向指示标志（如图 B.3 所示）、楼层显示标志应为绿色发光部分，背景部分不应发光（背景宜选择暗绿色或黑色）；白色与绿色组合标志表面的标志灯，背景颜色应为白色，且应发光。

B.1.2 疏散指示标志灯使用的疏散方向指示标志中的箭头方向可根据实际需要更改为上、下、左上、右上、右、右下等指向；疏散方向指示标志中的箭头方向应与安全出口指示标志方向一致，双向指示标志如图 B.4 所示。

B.1.3 应选用图 B.1、图 B.2、图 B.4、图 B.5 或图 B.6 所示图形作为疏散指示标志灯的主要标志信息，标志宽度和高度不应小于100mm，图形中线条的最小宽度不应小于 10mm，箭头尺寸应符合图 B.5 的要求；中型和大型消防应急标志灯的标志图形高度不应小于灯具面板高度的 80%。可增加辅助文字，但辅助文字高度应不大于标志图形高度的 1/2，且不小于标志图形高度的 1/3。楼层指示标志应由阿拉伯数字和 F 组成，笔画宽度应不小于 10mm，地下层应在相应层号前加"—"（如图 B.6 所示）。

图 B.1 安全出口指示标志　　　图 B.2 安全出口指示标志

图 B.3 疏散方向指示标志

图 B.4 双向指示标志

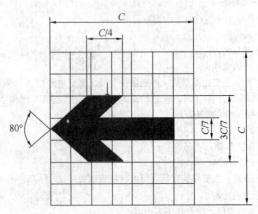

图 B.5 疏散指示箭头

1F	-2F

图 B.6　楼层显示标志

附　录　C
（规范性附录）
产品型号

C.1　产品型号代码

产品型号由企业代码、类别代码、产品代码三部分组成。其中企业代码不应大于两位，类别代码和产品代码位数由制造商规定，类别代码应符合表 C.1 的规定，产品代码应符合表 C.2 的规定。

表 C.1　类别代码

系统类型分类	类别代码	含　义
按用途分类	B	标志灯具
	Z	照明灯具
	ZB	照明标志复合灯具
	D	应急照明集中电源
	C	应急照明控制器
	PD	应急照明配电箱
	FP	应急照明分配电装置
按工作方式分类	L	持续型
	F	非持续型
按应急供电形式分类	Z	自带电源型
	J	集中电源型
	M	子母型
按应急控制方式分类	D	非集中控制型
	C	集中控制型

表 C.2　产品代码

产品代码	含　义
Ⅳ	消防标志灯中面板尺寸 $D > 1000$ mm 的标志灯，属于特大型
Ⅲ	面板尺寸 1000 mm $\geq D > 500$ mm 的标志灯，属于大型
Ⅱ	面板尺寸 500 mm $\geq D > 350$ mm 的标志灯，属于中型
Ⅰ	面板尺寸 350 mm $\geq D$ 的标志灯，属于小型
1	标志灯中单面
2	标志灯中双面
L	标志灯的疏散方向向左
R	标志灯的疏散方向向右
LR	标志灯的疏散方向为双向
O	标志灯无疏散方向
Y	光源类型为荧光灯
B	光源类型为白炽灯
P	光源类型为场致发光屏
E	光源类型为发光二极管
W	灯具的额定功率
KVA	应急照明集中电源输出功率

C.2　型号编制方法

型号编制方法如图 C.1 所示。

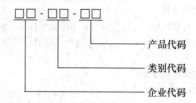

示例：中华应急灯厂生产的自带电源非集中控制持续型标志灯，灯具采用发光二极管为光源，单面小型灯，标志疏散方向向左，额定功率 3W。该产品的型号可为 ZH-BLZD-1LEI3W。

图 C.1　消防应急标志灯具的型号编制方法

附　录　D
（规范性附录）
密封镉镍、氢镍可充蓄电池

D.1　范围

本附录规定了用于系统的密封镉镍、氢镍可充单只蓄电池的要求及试验步骤。

D.2　试验样品及试验程序

D.2.1　试验样品

试验前，制造商应提供每种规格的电池九只作为试验样品，并由检测人员随机编号（1# ～9#）。

D.2.2　试验程序

试验程序见表 D.1。

表 D.1　试验程序

项目编号	试验项目	试样编号	试验组数
D.3.1	外观及结构试验	1# ～9#	9
D.3.2	电池的实际容量试验	1# ～8#	8
D.3.3	过充电性能试验	1# 、2#	2
D.3.4	低温充放电性能试验	3# 、4#	2
D.3.5	高温充放电性能试验	3# 、4#	2
D.3.6	电池循环寿命试验	5# 、6#	2
D.3.7	恢复性能试验	7# 、8#	2

D.3　试验

D.3.1　外观及结构试验

D.3.1.1　目的

检查电池外观、内部结构是否满足要求。

D.3.1.2　试验步骤

D.3.1.2.1　用游标卡尺检测电池外形尺寸是否符合电池的标称尺寸。

D.3.1.2.2　检查电池外观及标识。

D.3.1.3　试验结果

D.3.1.3.1　外形尺寸符合标称规定的要求。

D.3.1.3.2　电池外观应规整，无破损、变形、腐蚀等现象。

D.3.1.3.3　电池标识应清晰，标识应包括制造厂名、种类、型号、额定容量、标称电压、制造年和月。

D.3.2　电池的实际容量试验

D.3.2.1　目的

检查电池容量与标称容量是否一致

D.3.2.2　试验步骤

将编号为 1# ～8# 的八只电池在 20℃ ±5℃ 温度条件下，以 $0.2C_5A$ 恒流放电至标称电压的 80%，然后以 $0.1C_5A$ 恒流充电

16h，静置 1h 后，以 $0.2C_5A$ 的电流恒流放电至标称电压的 80%，检查放电时间。若该试验第一次结果出现放电时间小于 4h 45min，可再连续进行 3 次循环，循环后放电时间应不小于 4h 45min。

D.3.2.3 试验结果

D.3.2.3.1 正常环境下电池实际容量不应低于标称容量的 95%。

D.3.2.3.2 测试过程中，电池应无爬碱、漏液、严重变形、爆裂等现象。

D.3.3 过充电性能试验

D.3.3.1 目的

检测电池在长期浮充电条件下正常工作的能力。

D.3.3.2 试验步骤

取 1#、2# 电池在 20℃±5℃ 温度条件下，以 $0.1C_5A$ 电流恒流充电 28d，以 $0.2C_5A$ 恒流放电至标称电压的 80%，检查放电时间和电池是否有爬碱、漏液、严重变形、爆裂等现象。

D.3.3.3 试验结果

电池放电时间不应小于 4h，且电池无爬碱、漏液、严重变形、爆裂等现象。

D.3.4 低温充放电性能试验

D.3.4.1 目的

检测电池在系统实际使用过程中的低温条件下的充放电性能。

D.3.4.2 试验步骤

取 3#、4# 电池在 0℃±2℃ 条件下搁置 8h，然后在相同条件下以 $0.1C_5A$ 电流恒流充电 14h，以 $0.2C_5A$ 恒流放电至标称电压的 80%，检查电池放电时间和是否有爬碱、漏液、严重变形、爆裂等现象。

D.3.4.3 试验结果

电池放电时间不应小于 4h，且电池无爬碱、漏液、严重变形、爆裂等现象。

D.3.5 高温充放电性能试验

D.3.5.1 目的

检查电池在系统实际使用过程中的高温条件下充放电的充放电性能。

D.3.5.2 试验步骤

3#、4# 电池经过低温充放电性能试验后，先将电池恢复到室温，然后以 $0.2C_5A$ 恒流放电至标称电压的 80%。再按表 D.2 进行七个充放电循环，电池应满足放电时间要求。

表 D.2 高温充放电性能试验

项　目	环境温度	充电条件	放电条件	要求
第一次循环	30℃±2℃	$0.0625C_5A$ 48h	$0.25C_5A$ 放至标称电压的 80%	—
第二次循环	30℃±2℃	$0.0625C_5A$ 24h	$0.25C_5A$ 放标称电压的 80%	≥3h
第三次循环	30℃±2℃	$0.0625C_5A$ 24h	$0.25C_5A$ 至标称电压的 80%	≥3h
第四次循环	40℃±2℃	$0.0625C_5A$ 24h	$0.25C_5A$ 至标称电压的 80%	
第五次循环	30℃±2℃	$0.0625C_5A$ 48h	$0.25C_5A$ 至标称电压的 80%	
第六次循环	30℃±2℃	$0.0625C_5A$ 24h	$0.25C_5A$ 至标称电压的 80%	≥3h
第七次循环	30℃±2℃	$0.0625C_5A$ 24h	$0.25C_5A$ 至标称电压的 80%	≥3h

D.3.6 电池循环寿命试验

D.3.6.1 目的

检验电池在循环使用过程中的工作次数。

D.3.6.2 试验步骤

取 5#、6# 电池按表 D.3 温度在 20℃±5℃ 条件下进行循环寿命试验，在进行循环寿命测试之前，电池应以 $0.2C_5A$ 放电至标称电压的 80%。充放电应按表 D.3 规定的条件下始终以恒定电流进行。测试过程中应采取预防措施，防止电池壳体温度超过 30℃。

表 D.3 电池组循环寿命试验

循环次数	充电	充电态搁置	放电
1	$0.1C_5A$ 充电 16h	无	$0.25C_5A$ 放电 2h 20min
2～48	$0.25C_5A$ 充电 3h 10min	无	$0.25C_5A$ 放电 2h 20min
49	$0.25C_5A$ 充电 3h 10min	无	$0.25C_5A$ 放电至标称电压的 80%
50	$0.1C_5A$ 充电 16h	(1～4) h	$0.2C_5A$ 放电至标称电压的 80%

注：如果电压降至标称电压的 80%，放电停止。

D.3.6.3 试验结果

电池按表 D.3 进行循环充放电试验，经 50 次循环后，放电时间不应小于 3h。

D.3.7 恢复性能试验

D.3.7.1 目的

检查电池放完电后的充电恢复性能及电池的耐存放性能。

D.3.7.2 试验步骤

将编号为 7#～8# 电池温度在 20℃±5℃ 条件下，按表 D.4 进行试验：

表 D.4 试验步骤

试验步骤	试　验　方　法	试验要求
第一步	以 $0.2C_5A$ 恒流放电至标称电压的 80%	
第二步	$0.1C_5A$ 恒流充电 16h，静置 1h 后，以 $0.2C_5A$ 的电流恒流放电至标称电压的 80%	≥4h 45min
第三步	以 $0.1C_5A$ 的电流恒流放电至 0V	
第四步	将 0V 的电池短路 7d	
第五步	$0.1C_5A$ 恒流充电 16h，静置 1h 后，以 $0.2C_5A$ 的电流恒流放电至标称电压的 80%	≥3h

D.3.7.3 试验结果

D.3.7.3.1 电池按表 D.4 进行试验后，第五步放电时间应不小于 3h，若结果第五步出现放电时间小于 3h，可再连续进行 5 次循环，循环后放电时间应不小于 3h。

D.3.7.3.2 试验过程中，电池应无爬碱、漏液、严重变形、爆裂等现象。

附　录　E
（规范性附录）
阀控密封式铅酸蓄电池组

E.1 范围

本附录规定了用于系统的小型、中型、大型阀控密封式铅酸蓄电池组（以下简称电池组）的要求及试验步骤。其中小型阀控密封式铅酸蓄电池（以下称小密电池）通常指容量在 24Ah 以下的铅酸蓄电池，中型阀控密封式铅酸蓄电池（以下称中密电池）通常指容量为 24Ah 及 24Ah 以上的铅酸蓄电池，大型阀控密封式铅酸蓄电池（以下称大密电池）通常指电压固定为 2V 的铅酸蓄电池。

E.2 试验样品及试验程序

E.2.1 试验样品

试验前，制造商应提供每种规格电池六支作为试验样品，并由检测人员随机编号（1#～6#）。

E.2.2 试验程序

试验程序见表 E.1。

表 E.1 试验程序

试 验 程 序		
项目编号	试验项目	试样编号
E.3.1	电池外观及结构试验	1#～6#
E.3.2	电压一致性试验	1#～6#
E.3.3	电池容量试验	1#～3#
E.3.4	冲击放电试验	3#
E.3.5	循环充放电性能试验	4#～6#
E.3.6	过放电性能试验	5#
E.3.7	最大放电电流试验	3#、6#
E.3.8	密闭反应效率试验	1#
E.3.9	防爆性能试验	2#
E.3.10	防沫性能试验	3#
E.3.11	耐冲击性能试验	4#

E.3 试验

E.3.1 电池外观及结构试验

E.3.1.1 目的

检查电池外观、内部结构是否满足要求。

E.3.1.2 试验步骤

E.3.1.2.1 用游标卡尺检测电池外形尺寸、端子外形尺寸是否符合制造商提供的标称尺寸。

E.3.1.2.2 用电压表测量电池两极极性是否与极性标志一致。

E.3.1.2.3 检查电池的外观。

E.3.1.3 试验结果

E.3.1.3.1 电池外形尺寸、端子外形尺寸应符合制造商提供的标称尺寸。

E.3.1.3.2 电池两极极性应与极性标志一致且正负极端子便于用螺栓连接。

E.3.1.3.3 电池外观应规整，不应有裂纹、变形及爬碱、漏液等现象。

E.3.2 电压一致性试验

E.3.2.1 目的

检查电池组完全充电后电池电压的一致性。

E.3.2.2 试验步骤

将编号为 1#～6# 的电池串联成电池组，依据制造商规定的充电条件对电池充电 48h，然后开路并保持 24h。测量每节电池的开路电压。

E.3.2.3 试验结果

电池开路电压的最大与最小电压差值不应大于表 E.2 的规定。

表 E.2 电池开路电压的最大与最小电压差值

单位为伏

标称电压	开路电压的最大与最小电压差值
2	0.03
6	0.04
12	0.06

E.3.3 电池容量试验

E.3.3.1 目的

检查电池在常温条件下和低温条件下的容量与标称容量是否一致。

E.3.3.2 试验步骤

E.3.3.2.1 小密电池

将编号为 1#～3# 的电池，依据制造商规定的充电条件对电池充电 48h，将电池在 25℃±3℃ 的环境下静置 12h，以 0.05 C_{20}A 恒流放电至电池终止电压为 1.75V/单体，测量放电时间，用放电电流乘以放电时间为电池实际容量。循环上述试验三次。将 3# 在 -10℃±3℃ 的环境下静置 24h，以 0.05 C_{20}A 恒流放电至电池终止电压为 1.75V/单体，测量放电时间，用放电电流乘以放电时间为电池实际容量。

E.3.3.2.2 中密、大密电池

将编号为 1#～3# 的电池，依据制造商规定的充电条件对电池充电 48h。将电池在 25℃±3℃ 的环境下静置 12h，以 0.1C_{20}A 恒流放电至电池终止电压为 1.80V/单体，测量放电时间，用放电电流乘以放电时间为电池实际容量。循环上述试验三次。将 3# 在 -10℃±3℃ 的环境下静置 24h，以 0.1C_{20}A 恒流放电至电池终止电压为 1.80V/单体，测量放电时间，用放电电流乘以放电时间为电池实际容量。

E.3.3.3 试验结果

正常环境下电池实际容量不应低于标称容量的 95%，低温条件下电池实际容量不应低于标称容量的 70%。

E.3.4 冲击放电试验

E.3.4.1 目的

检测电池耐冲击放电的性能。

E.3.4.2 试验步骤

将 3# 电池依据制造商规定的充电条件对电池充电 48h，将电池在 25℃±3℃ 的环境下静置 12h，对大密电池组（12V，2V×6 只）以 0.1 C_{20}A 恒流放电 1h，然后在放电电流上叠加 0.8 C_{20}A 冲击放电 0.5s；对中密、小密电池以 0.2C_{20}A 恒流放电 1h，然后在放电电流上叠加 2.2C_{20}A 冲击放电 0.5s。

E.3.4.3 试验结果

大密电池组冲击放电时端电压不应低于 11.65V，中密、小密电池冲击放电时端电压不应低于 1.94V/单体。

E.3.5 循环充放电性能试验

E.3.5.1 目的

检测电池在循环充放电条件下的容量保存性能。

E.3.5.2 试验步骤

取 4#～6# 电池串联为电池组，依据制造商规定的充电条件对电池充电 48h，在大气环境下静置 12h，以 0.5 C_{20}A 恒流放电至电池终止电压 1.8V，测量放电时间，计算电池容量并用 C_1 表示。以 0.1 C_{20}A 恒流充电 48h，在大气环境下静置 12h，以 0.5C_{20}A 恒流放电至电池终止电压 1.8V 测量放电时间，计算电池容量并用 C_2 表示，依次类推循环 10 次。

E.3.5.3 试验结果

其中 C_1～C_{10} 中的最小值不应低于标称容量的 90%。

E.3.6 过放电性能试验

E.3.6.1 目的

检查电池在过放电条件下容量的变化范围。

E.3.6.2 试验步骤

将 5# 电池依据制造商规定的充电条件对电池充电 48h，以 0.5 C_{20}A 恒流放电至电池终止电压为 1.8V，测量放电时间，计算电池容量并用 C_a 表示。继续以 0.02 C_{20}A 恒流放电至电池终止电压为 1V。将电池正负极用 1Ω、200W 的电阻连接并保持 24h，然后以开路状态保持 7d。再以 0.1C_{20}A 恒流充电 48h，以 0.5 C_{20}A 恒流放电至电池终止电压为 1.8V，测量放电时间，计算电池容量并用 C_r 表示。

E.3.6.3 试验结果

容量保存性能 C_r 与 C_a 的比值不应小于 0.9。

E.3.7 最大放电电流试验

E.3.7.1 目的

检验电池承受大电流放电的性能。

E.3.7.2 试验步骤

将编号为 3#、6# 电池依据制造商规定的充电条件对电池充电 48h。将 3# 电池在 25℃±3℃ 的环境下静置 12h，将 6# 电池在 -10℃±3℃ 的环境下静置 12h。分别以 5 C_{20}A 的恒流持续放电

30s。检查电池及极柱外观，测量电池电压。

E.3.7.3　试验结果

E.3.7.3.1　电池外观应无显著变形，极柱无熔断痕迹。

E.3.7.3.2　常温条件下的电池放电后电压不应小于 1.83 V，低温条件下的电池放电后电压不应小于 1.67 V。

E.3.8　密闭反应效率试验

E.3.8.1　目的

　　检验电池的密闭反应效率。

E.3.8.2　试验步骤

E.3.8.2.1　将 1# 电池依据制造商规定的充电条件对电池充电 48h。然后以 0.01 C_{20}A 的恒流充电 96h，安装排放气体收集装置，以 0.005 C_{20}A 的恒流充电 24h，然后保持电池充电并收集 1h 的排放气体。

E.3.8.2.2　按式（E.1）计算气体排放量：

$$V = (p/p_0) \times [298/(t+273)] \times (v/Q) \quad\cdots\cdots\cdots\cdots\cdots (E.1)$$

　　式中：

V——气体排放量，单位为毫升每安培小时 [mL/（A·h）]；

P——当前的大气压，单位为千帕（kPa）；

p_0——标准大气压，单位为千帕（kPa）；

t——当前温度，单位为摄氏度（℃）；

v——收集的气体量，单位为毫升（mL）；

Q——收集气体期间的充电量，单位为安培小时（A·h）。

E.3.8.2.3　按照式（E.2）计算密闭效率。

$$\eta = (1 - V/684) \times 100\% \quad\cdots\cdots\cdots\cdots\cdots (E.2)$$

　　式中：

η——密闭效率；

V——气体排放量，单位为毫升每安培小时 [mL/（A·h）]。

E.3.8.3　试验结果

　　密闭反应效率 η 值不应小于 95%

E.3.9　防爆性能试验

E.3.9.1　目的

　　检验电池的防爆性能。

E.3.9.2　试验步骤

　　将编号为 2# 电池依据制造商规定的充电条件对电池充电 48h。在以 0.05 C_{20}A 的恒流充电 1h，保持充电状态。在电池排气孔上方 2mm 处放置一个 1A 的保险丝，用 24V 直流电源熔断保险丝，重复二次。期间观察电池外观是否有破裂，端子是否有酸化痕迹。

E.3.9.3　试验结果

　　电池不应产生破裂现象，端子无酸化痕迹。

E.3.10　防沫性能试验

E.3.10.1　目的

　　检验电池的防沫性能。

E.3.10.2　试验步骤

　　将编号为 3# 电池依据制造商规定的充电条件对电池充电 48h。在以 0.05 C_{20}A 的恒流充电 4h，保持充电状态。在电池排气孔上方放置一个浸湿的 pH 试纸，观察试纸变化情况。

E.3.10.3　试验结果

　　试纸不应产生酸化反应。

E.3.11　耐冲击性能试验

E.3.11.1　目的

　　检验电池的耐冲击性能。

E.3.11.2　试验步骤

　　将编号为 4# 电池依据制造商规定的充电条件对电池充电 48h，测量电池开路电压和内阻。使电池在 20cm 的高度自由下落三次，观察电池外观变化并测量电池开路电压和内阻。

E.3.11.3　试验结果

　　电池不应产生漏液现象，电池极柱不应有断裂现象；试样开路电压和内阻的变化值不应大于 10%。

附　录　F

（规范性附录）

研磨轮示意图

　　图 F.1 为研磨轮示意图，内圈由纸质或布质层压板制成；厚度为 12.7mm±0.2mm，直径为 38.1mm±0.2mm，中心为一直径为 16.0mm+0.4mm 的孔，外面包一层肖氏硬度 50~55 的橡胶层，宽度为 12.7mm±0.2mm，厚度为 6.3mm，用氯丁橡胶胶粘剂粘于研磨轮内圈上，最外层是宽度为 12.7mm±0.2mm 的 AP180/3 砂布，用聚醋酸乙烯脂乳液或 5%~10% 的聚乙烯醇溶液粘于橡胶轮上。制好的研磨轮的最后外径应为 51.4mm±0.6mm。轮的质量为 27g±2g。胶接时应防止胶液污染砂粒，砂布接头处应既不重叠又不离缝。每只研磨轮只能使用一次，试件调换时应更换新的砂布。当研磨轮的外包橡胶层硬度超过规定范围时，应予调换。

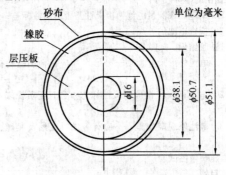

图 F.1　研磨轮示意图

中华人民共和国国家标准

消防控制室通用技术要求

General technical requirements for fire control center

GB 25506—2010

施行日期：２０１１年７月１日

目　次

前　言

本标准的第 4 章、第 5 章、第 6 章和第 7 章为强制性的，其余为推荐性的。

本标准的附录 A 和附录 B 为规范性附录。

本标准由中华人民共和国公安部提出。

本标准由全国消防标准化技术委员会火灾探测与报警分技术委员会（SAC/TC 113/SC 6）归口。

本标准负责起草单位：公安部沈阳消防研究所。

本标准参加起草单位：辽宁省公安消防总队、浙江省公安消防总队、西安盛赛尔电子有限公司、海湾安全技术有限公司、上海市松江电子仪器厂、北京利达华信电子有限公司、北京狮岛消防电子有限公司、河北北大青岛环宇消防设备有限公司、南京消防器材股份有限公司、中国中安消防安全工程有限公司、北京利华消防工程公司。

本标准主要起草人：丁宏军、马恒、潘刚、沈纹、屈励、张颖琮、刘阿芳、赵庆平、马辛、宇平。

消防控制室通用技术要求

1 范围

本标准规定了消防控制室的一般要求、资料和管理要求、控制和显示要求、图形显示装置的信息记录要求、信息传输要求。

本标准适用于 GB 50116 中规定的集中火灾报警系统、控制中心报警系统中的消防控制室或消防控制中心；亦适用于未设置消防控制室但设置本标准涉及的自动消防系统的建筑。

2 规范性引用文件

下列文件中的条款通过本标准的引用而成为本标准的条款。凡是注日期的引用文件，其随后所有的修改单（不包括勘误的内容）或修订版均不适用于本标准，然而，鼓励根据本标准达成协议的各方研究是否可使用这些文件的最新版本。凡是不注日期的引用文件，其最新版本适用于本标准。

GB 25201 建筑消防设施的维护管理
GB 50116 火灾自动报警系统设计规范

3 一般要求

3.1 消防控制室内设置的消防设备应包括火灾报警控制器、消防联动控制器、消防控制室图形显示装置、消防电话总机、消防应急广播控制装置、消防应急照明和疏散指示系统控制装置、消防电源监控器等设备，或具有相应功能的组合设备。

3.2 消防控制室内设置的消防设备应能监控并显示建筑消防设施运行状态信息，并应具有向城市消防远程监控中心（以下简称监控中心）传输这些信息的功能。建筑消防设施运行状态信息见附录 A。

3.3 消防控制室内应保存 4.1 规定的资料和附录 B 规定的消防安全管理信息，并可具有向监控中心传输消防安全管理信息的功能。

3.4 具有两个或两个以上消防控制室时，应确定主消防控制室和分消防控制室。主消防控制室的消防设备应对系统内共用的消防设备进行控制，并显示其状态信息；主消防控制室内的消防设备应能显示各分消防控制室内消防设备的状态信息，并可对分消防控制室内的消防设备及其控制的消防系统和设备进行控制；各分消防控制室之间的消防设备之间可以互相传输、显示状态信息，但不应互相控制。

3.5 消防控制室内设置的消防设备应为符合国家市场准入制度的产品。消防控制室的设计、建设和运行应符合国家现行有关标准的规定。

3.6 消防设备组成系统时，各设备之间应满足系统兼容性要求。

4 资料和管理要求

4.1 消防控制室资料

消防控制室内应保存下列纸质和电子档案资料：

a) 建（构）筑物竣工后的总平面布局图、建筑消防设施平面布置图、建筑消防设施系统图及安全出口布置图、重点部位位置图等；

b) 消防安全管理规章制度、应急灭火预案、应急疏散预案等；

c) 消防安全组织结构图，包括消防安全责任人、管理人、专职、义务消防人员等内容；

d) 消防安全培训记录、灭火和应急疏散预案的演练记录；

e) 值班情况、消防安全检查情况及巡查情况的记录；

f) 消防设施一览表，包括消防设施的类型、数量、状态等内容；

g) 消防系统控制逻辑关系说明、设备使用说明书、系统操作规程、系统和设备维护保养制度等；

h) 设备运行状况、接报警记录、火灾处理情况、设备检修检测报告等资料，这些资料应能定期保存和归档。

4.2 消防控制室管理及应急程序

4.2.1 消防控制室管理应符合下列要求：

a) 应实行每日 24h 专人值班制度，每班不应少于 2 人，值班人员应持有消防控制室操作职业资格证书；

b) 消防设施日常维护管理应符合 GB 25201 的要求；

c) 应确保火灾自动报警系统、灭火系统和其他联动控制设备处于正常工作状态，不得将应处于自动状态的设在手动状态；

d) 应确保高位消防水箱、消防水池、气压水罐等消防储水设施水量充足，确保消防泵出水管阀门、自动喷水灭火系统管道上的阀门常开；确保消防水泵、防排烟风机、防火卷帘等消防用电设备的配电柜启动开关处于自动位置（通电状态）。

4.2.2 消防控制室的值班应急程序应符合下列要求：

a) 接到火灾警报后，值班人员应立即以最快方式确认；

b) 火灾确认后，值班人员应立即确认火灾报警联动控制开关处于自动状态，同时拨打"119"报警，报警时应说明着火单位地点、起火部位、着火物种类、火势大小、报警人姓名和联系电话；

c) 值班人员应立即启动单位内部应急疏散和灭火预案，并同时报告单位负责人。

5 控制和显示要求

5.1 消防控制室图形显示装置

消防控制室图形显示装置应符合下列要求：

a) 应能显示 4.1 规定的资料内容及附录 B 规定的其他相关信息；

b) 应能用同一界面显示建（构）筑物周边消防车道、消防登高车操作场地、消防水源位置，以及相邻建筑的防火间距、建筑面积、建筑高度、使用性质等情况；

c) 应能显示消防系统及设备的名称、位置和 5.2~5.7 规定的动态信息；

d) 当有火灾报警信号、监管报警信号、反馈信号、屏蔽信号、故障信号输入时，应有相应状态的专用总指示，在总平面布局图中应显示输入信号所在的建（构）筑物的位置，在建筑平面图上应显示输入信号所在的位置和名称，并记录时间、信号类别和部位等信息；

e) 应在 10s 内显示输入的火灾报警信号和反馈信号的状态信息，100s 内显示其他输入信号的状态信息；

f) 应采用中文标注和中文界面，界面对角线长度不应小于 430mm；

g) 应能显示可燃气体探测报警系统、电气火灾监控系统的报警信息、故障信息和相关联动反馈信息。

5.2 火灾报警控制器

火灾报警控制器应符合下列要求：

a) 应能显示火灾探测器、火灾显示盘、手动火灾报警按钮的正常工作状态、火灾报警状态、屏蔽状态及故障状态等相关信息；

b) 应能控制火灾声光警报器启动和停止。

5.3 消防联动控制器

5.3.1 应能将 5.3.2~5.3.10 消防系统及设备的状态信息传输到消防控制室图形显示装置。

5.3.2 对自动喷水灭火系统的控制和显示应符合下列要求：

a) 应能显示喷淋泵电源的工作状态；

b) 应能显示喷淋泵（稳压或增压泵）的启、停状态和故障状态，并显示水流指示器、信号阀、报警阀、压力开关等设备的正常工作状态和动作状态、消防水箱（池）最低水位信息和管网最低压力报警信息；

c) 应能手动控制喷淋泵的启、停，并显示其手动启、停和自动启动的动作反馈信号。

5.3.3 对消火栓系统的控制和显示应符合下列要求：

a) 应能显示消防水泵电源的工作状态；

b) 应能显示消防水泵（稳压或增压泵）的启、停状态和故障状态，并显示消火栓按钮的正常工作状态和动作状态及位置等信息、消防水箱（池）最低水位信息和管网最低压力报警信息；
　　c）应能手动和自动控制消防水泵启、停，并显示其动作反馈信号。

5.3.4　对气体灭火系统的控制和显示应符合下列要求：
　　a）应能显示系统的手动、自动工作状态及故障状态；
　　b）应能显示系统的驱动装置的正常工作状态和动作状态，并能显示防护区域中的防火门（窗）、防火阀、通风空调等设备的正常工作状态和动作状态；
　　c）应能手动控制系统的启、停，并显示延时状态信号、紧急停止信号和管网压力信号。

5.3.5　对水喷雾、细水雾灭火系统的控制和显示应符合下列要求：
　　a）水喷雾灭火系统、采用水泵供水的细水雾灭火系统应符合5.3.2的要求；
　　b）采用压力容器供水的细水雾灭火系统应符合5.3.4的要求。

5.3.6　对泡沫灭火系统的控制和显示应符合下列要求：
　　a）应能显示消防水泵、泡沫液泵电源的工作状态；
　　b）应能显示系统的手动、自动工作状态及故障状态；
　　c）应能显示消防水泵、泡沫液泵的启、停状态和故障状态，并显示消防水池（箱）最低水位和泡沫液罐最低液位信息；
　　d）应能手动控制消防水泵和泡沫液泵的启、停，并显示其动作反馈信号。

5.3.7　对干粉灭火系统的控制和显示应符合下列要求：
　　a）应能显示系统的手动、自动工作状态及故障状态；
　　b）应能显示系统的驱动装置的正常工作状态和动作状态，并能显示防护区域中的防火门窗、防火阀、通风空调等设备的正常工作状态和动作状态；
　　c）应能手动控制系统的启动和停止，并显示延时状态信号、紧急停止信号和管网压力信号。

5.3.8　对防烟排烟系统及通风空调系统的控制和显示应符合下列要求：
　　a）应能显示防烟排烟系统风机电源的工作状态；
　　b）应能显示防烟排烟系统的手动、自动工作状态及防烟排烟系统风机的正常工作状态和动作状态；
　　c）应能控制防烟排烟系统及通风空调系统的风机和电动排烟防火阀、电控挡烟垂壁、电动防火阀、常闭送风口、排烟阀（口）、电动排烟窗的动作，并显示其反馈信号。

5.3.9　对防火门及防火卷帘系统的控制和显示应符合下列要求：
　　a）应能显示防火门控制器、防火卷帘控制器的工作状态和故障状态等动态信息；
　　b）应能显示防火卷帘、常开防火门、人员密集场所中因管理需要平时常闭的疏散门及具有信号反馈功能的防火门的工作状态；
　　c）应能关闭防火卷帘和常开防火门，并显示其反馈信号。

5.3.10　对电梯的控制和显示应符合下列要求：
　　a）应能控制所有电梯全部回降首层，非消防电梯应开门停用，消防电梯应开门待用，并显示反馈信号及消防电梯运行时所在楼层；
　　b）应能显示消防电梯的故障状态和停用状态。

5.4　消防电话总机
消防电话总机应符合下列要求：
　　a）应能与各消防电话分机通话，并具有插入通话功能；
　　b）应能接收来自消防电话插孔的呼叫，并能通话；
　　c）应有消防电话通话录音功能；
　　d）应能显示各消防电话的故障状态，并能将故障状态信息传输给消防控制室图形显示装置。

5.5　消防应急广播控制装置
消防应急广播控制装置应符合下列要求：
　　a）应能显示处于应急广播状态的广播分区、预设广播信息；
　　b）应能分别通过手动和按照预设控制逻辑自动控制选择广播分区、启动或停止应急广播，并在扬声器进行应急广播时自动

对广播内容进行录音；
　　c）应能显示应急广播的故障状态，并能将故障状态信息传输给消防控制室图形显示装置。

5.6　消防应急照明和疏散指示系统控制装置
消防应急照明和疏散指示系统控制装置应符合下列要求：
　　a）应能手动控制自带电源型消防应急照明和疏散指示系统的主电工作状态和应急工作状态的转换；
　　b）应能分别通过手动和自动控制集中电源型消防应急照明和疏散指示系统、集中控制型消防应急照明和疏散指示系统从主电工作状态切换到应急工作状态；
　　c）受消防联动控制器控制的系统应能将系统的故障状态和应急工作状态信息传输给消防控制室图形显示装置；
　　d）不受消防联动控制器控制的系统应能将系统的故障状态和应急工作状态信息传输给消防控制室图形显示装置。

5.7　消防电源监控器
消防电源监控器应符合下列要求：
　　a）应能显示消防用电设备的供电电源和备用电源的工作状态和故障报警信息；
　　b）应能将消防用电设备的供电电源和备用电源的工作状态和欠压报警信息传输给消防控制室图形显示装置。

6　消防控制室图形显示装置的信息记录要求

6.1　应记录附录A中规定的建筑消防设施运行状态信息，记录容量不应少于10000条，记录备份后方可被覆盖。

6.2　应具有产品维护保养的内容和时间、系统程序的进入和退出时间、操作人员姓名或代码等内容的记录，存储记录容量不应少于10000条，记录备份后方可被覆盖。

6.3　应记录附录B中规定的消防安全管理信息及系统内各个消防设备（设施）的制造商、产品有效期，记录容量不应少于10000条，记录备份后方可被覆盖。

6.4　应能对历史记录打印归档或刻录存盘归档。

7　信息传输要求

7.1　消防控制室图形显示装置应能在接收到火灾报警信号或联动信号后10s内将相应信息按规定的通讯协议格式传送给监控中心。

7.2　消防控制室图形显示装置应能在接收到建筑消防设施运行状态信息后100s内将相应信息按规定的通讯协议格式传送给监控中心。

7.3　当具有自动向监控中心传输消防安全管理信息功能时，消防控制室图形显示装置应能在发出传输信息指令后100s内将相应信息按规定的通讯协议格式传送给监控中心。

7.4　消防控制室图形显示装置应能接收监控中心的查询指令并按规定的通讯协议格式将附录A、附录B规定的信息传送给监控中心。

7.5　消防控制室图形显示装置应有信息传输指示灯，在处理和传输信息时，该指示灯应闪亮，在得到监控中心的正确接收确认后，该指示灯应常亮并保持直至该状态复位。当信息传送失败时应有声、光指示。

7.6　火灾报警信息应优先于其他信息传输。

7.7　信息传输不应受保护区域内消防系统及设备任何操作的影响。

附　录　A
（规范性附录）
建筑消防设施运行状态信息

建筑消防设施运行状态信息内容应符合表A.1要求。

表A.1　建筑消防设施运行状态信息

设　施　名　称	内　　　容
火灾探测报警系统	火灾报警信息、可燃气体探测报警信息、电气火灾监控报警信息、屏蔽信息、故障信息

设 施 名 称		内　容
	消防联动控制器	动作状态、屏蔽信息、故障信息
消防联动控制系统	消火栓系统	消防水泵电源的工作状态，消防水泵的启、停状态和故障状态，消防水箱（池）水位、管网压力报警信息及消火栓按钮的报警信息
	自动喷水灭火系统、水喷雾（细水雾）灭火系统（泵供水方式）	喷淋泵电源工作状态，喷淋泵的启、停状态和故障状态，水流指示器、信号阀、报警阀、压力开关的正常工作状态和动作状态
	气体灭火系统、细水雾灭火系统（压力容器供水方式）	系统的手动、自动工作状态及故障状态，阀驱动装置的正常工作状态和动作状态，防护区域中的防火门（窗）、防火阀、通风空调等设备的正常工作状态和动作状态，系统的启、停信息，紧急停止信号和管网压力信号
	泡沫灭火系统	消防水泵、泡沫液泵电源的工作状态，系统的手动、自动工作状态及故障状态，消防水泵、泡沫液泵的正常工作状态和动作状态
	干粉灭火系统	系统的手动、自动工作状态及故障状态，阀驱动装置的正常工作状态和动作状态，系统的启、停信息，紧急停止信号和管网压力信号
	防烟排烟系统	系统的手动、自动工作状态，防烟排烟风机电源的工作状态，风机、电动防火阀、电动排烟防火阀、常闭送风口、排烟阀（口）、电动排烟窗、电动挡烟垂壁的正常工作状态和动作状态
	防火门及卷帘系统	防火卷帘控制器、防火门控制器的工作状态和故障状态；卷帘门的工作状态，具有反馈信号的各类防火门、疏散门的工作状态和故障状态等动态信息
	消防电梯	消防电梯的停用和故障状态
	消防应急广播	消防应急广播的启动、停止和故障状态
	消防应急照明和疏散指示系统	消防应急照明和疏散指示系统的故障状态和应急工作状态信息
	消防电源	系统内各消防用电设备的供电电源和备用电源工作状态和欠压报警信息

附　录　B
（规范性附录）
消防安全管理信息

消防安全管理信息内容应符合表 B.1 要求。

表 B.1　消防安全管理信息

序号	名　称		内　容
1	基本情况		单位名称、编号、类别、地址、联系电话、邮政编码、消防控制室电话；单位职工人数、成立时间、上级主管（或管辖）单位名称、占地面积、总建筑面积、单位总平面图（含消防车道、毗邻建筑等）；单位法人代表、消防安全责任人、消防安全管理人及专兼职消防管理人的姓名、身份证号码、电话
2	主要建（构）筑物等信息	建（构）筑	建筑物名称、编号、使用性质、耐火等级、结构类型、建筑高度、地上层数及建筑面积、地下层数及建筑面积、隧道高度及长度等、建造日期、主要储存物名称及数量、建筑物内最大容纳人数、建筑立面图及消防设施平面布置图；消防控制室位置，安全出口的数量、位置及形式（指疏散楼梯）；毗邻建筑的使用性质、结构类型、建筑高度、与本建筑的间距
		堆场	堆场名称、主要堆放物品名称、总储量、最大堆高、堆场平面图（含消防车道、防火间距）
		储罐	储罐区名称、储罐类型（指地上、地下、立式、卧式、浮顶、固定顶等）、总容积、最大单罐容积及高度、储存物名称、性质和形态、储罐区平面图（含消防车道、防火间距）
		装置	装置区名称、占地面积、最大高度、设计日产量、主要原料、主要产品、装置区平面图（含消防车道、防火间距）
3	单位（场所）内消防安全重点部位信息		重点部位名称、所在位置、使用性质、建筑面积、耐火等级、有无消防设施、责任人姓名、身份证号码及电话
4	室内外消防设施信息	火灾自动报警系统	设置部位、系统形式、维保单位名称、联系电话；控制器（含火灾报警、消防联动、可燃气体报警、电气火灾监控等）、探测器（含火灾探测、可燃气体探测、电气火灾探测等）、手动报警按钮、消防电气控制装置等的类型、型号、数量、制造商；火灾自动报警系统图
		消防水源	市政给水管网形式（指环状、支状）及管径、市政管网向建（构）筑物供水的进水管数量及管径、消防水池位置及容积、屋顶水箱位置及容积、其他水源形式及供水量、消防泵房设置位置及水泵数量、消防给水系统平面布置图
		室外消火栓	室外消火栓管网形式（指环状、支状）及管径、消火栓数量、室外消火栓平面布置图
		室内消火栓系统	室内消火栓管网形式（指环状、支状）及管径、消火栓数量、水泵接合器位置及数量、有无与本系统相连的屋顶消防水箱
		自动喷水灭火系统（含雨淋、水幕）	设置部位、系统形式（指湿式、干式、预作用、开式、闭式等）、报警阀位置及数量、水泵接合器位置及数量、有无与本系统相连的屋顶消防水箱、自动喷水灭火系统图
		水喷雾（细水雾）灭火系统	设置部位、报警阀位置及数量、水喷雾（细水雾）灭火系统图

序号	名　称		内　容
4	室内外消防设施信息	气体灭火系统	系统形式（指有管网、无管网，组合分配、独立式，高压、低压等）、系统保护的防护区数量及位置、手动控制装置的位置、钢瓶间位置、灭火剂类型、气体灭火系统图
		泡沫灭火系统	设置部位、泡沫种类（指低倍、中倍、高倍、抗溶、氟蛋白等）、系统形式（指液上、液下、固定、半固定等）、泡沫灭火系统图
		干粉灭火系统	设置部位、干粉储罐位置、干粉灭火系统图
		防烟排烟系统	设置部位、风机安装位置、风机数量、风机类型、防烟排烟系统图
		防火门及卷帘	设置部位、数量
		消防应急广播	设置部位、数量、消防应急广播系统图
		应急照明和疏散指示系统	设置部位、数量、应急照明和疏散指示系统图
		消防电源	设置部位、消防主电源在配电室是否有独立配电柜供电、备用电源形式（市电、发电机、EPS等）
		灭火器	设置部位、配置类型（指手提式、推车式等）、数量、生产日期、更换药剂日期
5	消防设施定期检查及维护保养信息		检查人姓名、检查日期、检查类别（指日检、月检、季检、年检等）、检查内容（指各类消防设施相关技术规范规定的内容）及处理结果，维护保养日期、内容

序号	名　称		内　容
6	日常防火巡查记录	基本信息	值班人员姓名、每日巡查次数、巡查时间、巡查部位
		用火用电	用火、用电、用气有无违章情况
		疏散通道	安全出口、疏散通道、疏散楼梯是否畅通，是否堆放可燃物；疏散走道、疏散楼梯、顶棚装修材料是否合格
		防火门、防火卷帘	常闭防火门是否处于正常工作状态，是否被锁闭；防火卷帘是否处于正常工作状态，防火卷帘下方是否堆放物品影响使用
		消防设施	疏散指示标志、应急照明是否处于正常完好状态；火灾自动报警系统探测器是否处于正常完好状态；自动喷水灭火系统喷头、末端放（试）水装置、报警阀是否处于正常完好状态；室内、室外消火栓系统是否处于正常完好状态；灭火器是否处于正常完好状态
7	火灾信息		起火时间、起火部位、起火原因、报警方式（指自动、人工等）、灭火方式（指气体、喷水、水喷雾、泡沫、干粉灭火系统，灭火器，消防队等）

24

中华人民共和国国家标准

建筑构件耐火试验
可供选择和附加的试验程序

Fire resistance test for elements of building construction—
Alternative and additional procedures

GB/T 26784—2011

施行日期：２０１１年１１月１日

目　次

前　言

本标准按照 GB/T 1.1—2009 给出的规则起草。

本标准参考了 EN 1363-2：1999《耐火试验　第 2 部分：可供选择和附加的试验程序》（英文版）的技术内容。

本标准与 EN 1363-2：1999 相比在结构上有较多调整，附录 A 列出了本标准与 EN 1363-2：1999 的章条编号对照一览表。

本标准与 EN 1363-2：1999 相比存在技术性差异，这些差异涉及的条款已通过在其外侧页边空白位置的垂直单线（ | ）进行了标识，附录 B 给出了相应技术性差异及其原因的一览表。

本标准由中华人民共和国公安部提出。

本标准由全国消防标准化技术委员会建筑构件耐火性能分技术委员会（SAC/TC 113/SC 8）归口。

本标准起草单位：公安部天津消防研究所。

本标准主要起草人：李希全、赵华利、韩伟平、黄伟、董学京、李博、阮涛、刁晓亮、白淑英、王岚。

建筑构件耐火试验
可供选择和附加的试验程序

警告：建筑构件的耐火试验存在潜在的危险，在耐火试验过程中可能产生有毒和/或有害的烟尘和烟气。在试件安装、试验和试验后残余物的清理过程中，也有可能出现机械危害和操作危险。应对所有潜在的危险及对健康的危害进行评估，并作出安全预告。应颁布操作规程，对相关人员进行必要的培训，确保实验室工作人员按操作规程操作。

1 范围

本标准规定了建筑构件在特定火灾环境条件下进行耐火试验时可供选择的火灾升温曲线和其他可附加的试验程序。可供选择的火灾升温曲线包括碳氢（HC）升温曲线、室外火灾升温曲线、缓慢升温曲线、电力火灾升温曲线和隧道火灾 RABT-ZTV 升温曲线，可附加的试验程序包括重物冲击试验程序、喷水冲击试验程序和辐射热测量程序。

本标准适用于需要在特定的火灾升温曲线条件下进行耐火试验和/或需要在耐火试验过程中附加其他试验的建筑构件或建筑配件。

除非对任何一种可供选择的火灾升温曲线有特殊需要，否则耐火试验仍应采用 GB/T 9978.1 规定的标准温度-时间曲线。当有特殊需要时，可根据有关要求选择进行附加的重物冲击试验、喷水冲击试验或辐射热测量。

2 规范性引用文件

下列文件对于本文件的应用是必不可少的。凡是注日期的引用文件，仅注日期的版本适用于本文件。凡是不注日期的引用文件，其最新版本（包括所有的修改单）适用于本文件。

GB/T 5907 消防基本术语 第一部分

GB 6246 有衬里消防水带性能要求和试验方法

GB 8181 消防水枪

GB/T 9978.1 建筑构件耐火试验方法 第 1 部分：通用要求（GB/T 9978.1—2008，ISO 834-1：1999，MOD）

GB/T 9978.4 建筑构件耐火试验方法 第 4 部分：承重垂直分隔构件的特殊要求（GB/T 9978.4—2008，ISO 834-4：2000，MOD）

GB/T 9978.8 建筑构件耐火试验方法 第 8 部分：非承重垂直分隔构件的特殊要求（GB/T 9978.8—2008，ISO 834-8：2002，MOD）

GB 12514.1 消防接口 第 1 部分：消防接口通用技术条件

GB 12514.2 消防接口 第 2 部分：内扣式消防接口型式和基本参数

3 术语和定义

GB/T 5907、GB/T 9978.1 界定的以及下列术语和定义适用于本文件。

3.1

热通量 heat flux

测量仪器接收面上接收到的单位面积热量值，包括对流热和辐射热。

4 可供选择的升温曲线

4.1 碳氢（HC）升温曲线

4.1.1 总则

评价建筑构件在液态碳氢化合物火灾条件下的耐火性能时，可以采用 4.1.2 规定的碳氢（HC）升温曲线进行耐火试验。

4.1.2 温度-时间曲线

对于碳氢（HC）火灾，耐火试验炉内的温度-时间关系用式

（1）表示：

$$T = 1080(1 - 0.325e^{-0.167t} - 0.675e^{-2.5t}) + T_0 \qquad (1)$$

式中：

t——试验进行的时间，单位为分钟（min）；

T——试验进行到时间 t 时试验炉内的平均温度，单位为摄氏度（℃）；

T_0——试验开始前试验炉内的初始平均温度，要求为 5℃～40℃。

当式（1）中的 T_0 取值为 20℃时，碳氢（HC）火灾的标准温度-时间曲线见图 1。该火灾升温曲线的可能应用场景参见附录 C。

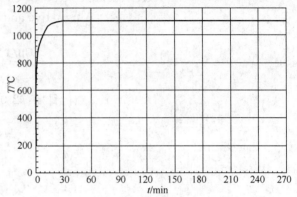

图 1 碳氢（HC）火灾的标准温度-时间曲线

4.1.3 炉温偏差要求

按碳氢（HC）火灾的标准温度-时间曲线进行耐火试验时，耐火试验炉内热电偶测得并记录的炉内实际平均温度-时间曲线下的面积，与标准规定温度-时间曲线下的面积的偏差（d_e）用式（2）表示，d_e 值应控制在以下范围内：

a) $d_e \leqslant 15\%$，当 $5 < t \leqslant 10$ 时；

b) $d_e \leqslant [15 - 0.5(t-10)]\%$，当 $10 < t \leqslant 30$ 时；

c) $d_e \leqslant [5 - 0.083(t-30)]\%$，当 $30 < t \leqslant 60$ 时；

d) $d_e \leqslant 2.5\%$，当 $t > 60$ 时。

$$d_e = \left| \frac{A - A_s}{A_s} \right| \times 100\% \qquad (2)$$

式中：

d_e——面积偏差；

A——耐火试验炉内实际平均温度-时间曲线下的面积；

A_s——标准温度-时间曲线下的面积；

t——试验进行的时间，单位为分钟（min）。

对所有的面积应采用相同的方法进行计算，即计算面积的时间间隔不应超过 1min，并且从试验开始的 0min 开始计算。

在耐火试验开始 10min 后的任何时间里，耐火试验炉内任何一支热电偶测得的炉内温度与标准温度-时间曲线对应温度偏差的绝对值不应大于 100℃。

对于含有大量易燃材料的试件，在试验开始后，可能出现耐火试验炉内实际温度在一段时间内比标准温度-时间曲线对应的温度值高 100℃ 以上的情况，如果能够识别此时耐火试验炉内温度的升高是由试件中大量易燃材料的燃烧放热所引起的，则允许此温度偏差的存在，但持续时间不应大于 10min。

4.2 室外火灾升温曲线

4.2.1 总则

评价建筑分隔构件在室外火灾作用下的耐火性能时，可以采用 4.2.2 规定的室外火灾升温曲线进行耐火试验。评价建筑梁和柱在室外火灾作用下的耐火性能时，应选用其他试验方法。

4.2.2 温度-时间曲线

对于室外火灾，耐火试验炉内的温度-时间关系用式（3）表示：

$$T = 660(1 - 0.687e^{-0.32t} - 0.313e^{-3.8t}) + T_0 \qquad (3)$$

式中：

t——试验进行的时间，单位为分钟（min）；

T——试验进行到时间 t 时耐火试验炉内的平均温度，单位为摄氏度（℃）；

T_0——试验开始前耐火试验炉内的初始平均温度，要求为 5℃～40℃。

当式（3）中的 T_0 取值为 20℃ 时，室外火灾的标准温度-时间曲线见图2。该火灾升温曲线的可能应用场景参见附录C。

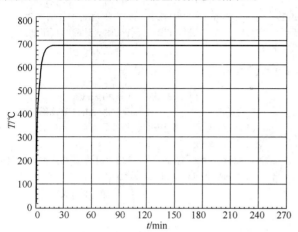

图2　室外火灾的标准温度-时间曲线

4.2.3　炉温偏差要求

按室外火灾的标准温度-时间曲线进行耐火试验时，耐火试验炉内温度偏差的控制要求同4.1.3。

4.3　缓慢升温曲线

4.3.1　总则

评价建筑分隔构件在缓慢升温火灾作用下的耐火性能时，可以采用4.3.2规定的缓慢升温曲线进行耐火试验。

4.3.2　温度-时间曲线

对于缓慢升温火灾，耐火试验炉内的温度-时间关系用式（4）、式（5）表示：

$$T = 154t^{0.25} + T_0，当 0 < t \leq 21 时 \qquad (4)$$

$$T = 345\lg[8(t-20)+1] + T_0，当 t > 21 时 \qquad (5)$$

式中：

t——试验进行的时间，单位为分钟（min）；

T——试验进行到时间 t 时耐火试验炉内的平均温度，单位为摄氏度（℃）；

T_0——试验开始前耐火试验炉内的初始平均温度，要求为 5℃～40℃。

当式（4）、式（5）中的 T_0 取为 20℃ 时，缓慢升温火灾的标准温度-时间曲线见图3。该火灾升温曲线的可能应用场景参见附录C。

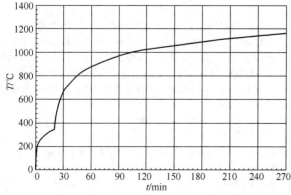

图3　缓慢升温火灾的标准温度-时间曲线

4.3.3　炉温偏差要求

按缓慢升温火灾的标准温度-时间曲线进行耐火试验时，耐火试验炉内温度偏差的控制要求同4.1.3。

4.3.4　性能评价

比较试样采用缓慢升温曲线和采用GB/T 9978.1规定的标准温度-时间曲线进行耐火试验所获得的各自特性，由此评价试样的耐火性能。对于每一种受火条件，试样结构应相同，但不一定是实际构件，试样要求应在试验方法中进行规定。

4.3.5　判定准则

按照GB/T 9978.1规定的判定指标，试样采用本章规定的缓慢升温条件进行耐火试验所获得的耐火时间与采用GB/T 9978.1规定的标准升温条件进行耐火试验所获得耐火时间加上20min后的结果应一致。否则，试样所代表建筑构件的耐火等级应按上述两种升温条件下试验获得的耐火时间较短者进行确定。

4.4　电力火灾升温曲线

4.4.1　总则

评价建筑构件或电缆封堵组件在电力火灾（以有机高聚物材料为主要燃料）作用下的耐火性能时，可以采用4.4.2规定的电力火灾升温曲线进行耐火试验。

4.4.2　温度-时间曲线

对于电力火灾，耐火试验炉内的温度-时间关系用式（6）表示：

$$T = 1030(1 - 0.325e^{-0.167t} - 0.675e^{-2.5t}) + T_0 \qquad (6)$$

式中：

t——试验进行的时间，单位为分钟（min）；

T——试验进行到时间 t 时耐火试验炉内的平均温度，单位为摄氏度（℃）；

T_0——试验开始前耐火试验炉内的初始平均温度，要求为 5℃～40℃。

当式（6）中的 T_0 取值为 20℃ 时，电力火灾的标准温度-时间曲线见图4。该火灾升温曲线的可能应用场景参见附录C。

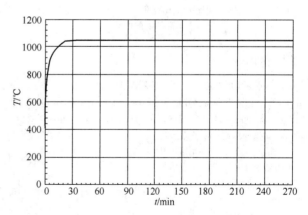

图4　电力火灾的标准温度-时间曲线

4.4.3　炉温偏差要求

按电力火灾的标准温度-时间曲线进行耐火试验时，耐火试验炉内温度偏差的控制要求同4.1.3。

4.5　隧道火灾 RABT-ZTV 升温曲线

4.5.1　总则

需要评价建筑构件或隧道结构在隧道火灾 RABT-ZTV 升温条件下的耐火性能时，可采用4.5.2规定的隧道火灾 RABT-ZTV 升温曲线进行耐火试验。

4.5.2 温度-时间曲线

在隧道火灾 RABT-ZTV 升温条件下，耐火试验炉内的温度-时间关系用式（7）～式（9）表示：

$$T = \frac{1200 - T_0}{5t} + T_0，当 0 < t \leqslant 5 时 \quad (7)$$

$$T = 1200，当 5 < t \leqslant N 时 \quad (8)$$

$$T = 1200 - \frac{1200 - T_0}{110(t - N)}，当 N < t \leqslant N + 110 \quad (9)$$

式中：

t——试验进行的时间，单位为分钟（min）；

T——试验进行到时间 t 时耐火试验炉内的平均温度，单位为摄氏度（℃）；

T_0——试验开始前耐火试验炉内的初始平均温度，要求为 5℃～40℃；

N——升温与恒温阶段的时间和，单位为分钟（min），降温时间规定为 110min。

当式（7）、式（9）中的 T_0 取值为 20℃时，隧道火灾 RABT-ZTV 升温曲线见图 5。该火灾升温曲线的可能应用场景参见附录 C。

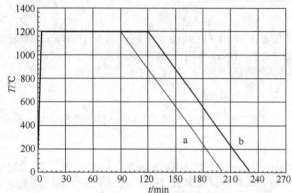

说明：

a——式（8）、式（9）中 N 值取 90 时的隧道火灾 RABT-ZTV 曲线；

b——式（8）、式（9）中 N 值取 120 时的隧道火灾 RABT-ZTV 曲线。

图 5　隧道火灾 RABT-ZTV 升温条件的
标准温度-时间曲线

4.5.3 炉温偏差要求

按本章规定的隧道火灾 RABT-ZTV 升温曲线进行耐火试验时，耐火试验炉内热电偶测得并记录的炉内实际平均温度-时间曲线下的面积，与标准规定温度-时间曲线下的面积的偏差（d_e）用式（2）表示，d_e 值应控制在以下范围内：

a）$d_e \leqslant 15\%$，当 $0 < t \leqslant 5$ 时；

b）$d_e \leqslant 10\%$，当 $5 < t \leqslant N$ 时；

c）$d_e \leqslant 5\%$，当 $N < t \leqslant N + 110$ 时。

式中：

d_e——面积偏差；

t——试验进行的时间，单位为分钟（min）；

N——升温与恒温阶段的时间和，单位为分钟（min），降温时间规定为 110min。

所有的面积应采用相同的方法进行计算，即计算面积的时间间隔不应超过 1min，并且从试验开始的 0min 开始计算。

在耐火试验开始 10min 后的任何时间里，耐火试验炉内任何一支热电偶测得的炉内温度与标准温度-时间曲线对应温度偏差的绝对值不应大于 100℃。

对于含有大量易燃材料的试件，在试验开始后，可能出现耐火试验炉内实际温度在一段时间内比标准温度-时间曲线对应的温度值高 100℃ 以上的情况，如果能够识别此时耐火试验炉内温度的升高是由试件中大量易燃材料的燃烧放热所引起的，则允许此温度偏差

的存在，但持续时间不应大于 10min。

5　附加的试验程序

5.1　重物冲击试验

5.1.1　总则

按照 GB/T 9978.1 规定的耐火试验方法测试得到防火墙、防火隔墙、防火卷帘、防火门等建筑构配件的耐火性能（包括防火分隔功能），在实际建筑火灾中可能会受到火场坍塌物体的冲击影响。如需要测试此影响，在进行建筑构配件的耐火试验时可附加进行重物冲击试验。

5.1.2　试验设备

除 GB/T 9978.1 规定的试验设备和 GB/T 9978.4、GB/T 9978.8 规定的适用试验设备外，附加的重物冲击试验设备应满足：

a）冲击设备应悬挂在刚性支撑或框架结构上，不应影响试件在受火条件下的变形。

b）冲击能量由冲击体（见图 6）的摆动下落获得，冲击体包括一个重物袋和包裹重物袋的钢丝网。

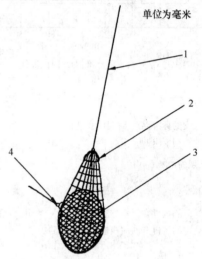

单位为毫米

说明：

1——直径 $\phi 10$ 的钢丝绳；

2——直径 $\phi 5$ 的钢丝绳；

3——装满钢珠的袋子；

4——直径 $\phi 6$ 的钢丝绳。

图 6　冲击体示意图

c）重物袋为一个具有双层薄包布结构的布袋，空布袋的尺寸为 650mm×1200mm，布袋内填充若干个小袋子，每个小袋子装有 10kg 的小钢珠，小钢珠的直径为 2mm～3mm，小袋子用钢带封口。

d）包裹重物袋的钢丝网基本尺寸为 1200mm×1200mm，网格大小为 50mm×50mm，所用钢丝绳的直径为 5mm。

e）对防火墙、防火隔墙等建筑构件进行重物冲击试验时，冲击体总质量为 200kg；对防火卷帘、防火门等建筑配件进行重物冲击试验时，冲击体总质量由相关标准另行规定。

f）冲击体通过自身的吊环与钢丝绳连接后，悬挂在试验设备（见图 7）的定点位置上，以便于冲击体在静止位置时刚好在冲击预定点接触到试件，从定点位置到重物袋中心的距离为（2750±50）mm，冲击预定点应在靠近试件中心的最大面的中心位置。

5.1.3　试验的应用

冲击体通过适当的提升装置，提升到摆动的初始位置。因此，应采用两根直径为 6mm 的钢丝绳紧紧缠绕在重物袋中心周围，并且应为提升装置装配一个吊环，便于提升和释放冲击体。

冲击体从初始位置开始摆动后的下降高度差为（1500±50）

mm, 即冲击体通过提升装置提升到初始位置时, 冲击预定点到重物袋中心水平线的距离为 (1500±50) mm, 冲击能量可以根据冲击体的总质量计算得到, 见图7。如冲击体总质量为200kg时, 则冲击能量为3000N·m。

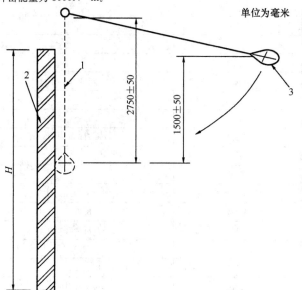

说明:
H——墙体高度;
1——直径 $\phi10$ 的钢丝绳;
2——试件;
3——冲击体 (见图6)。

图 7 重物冲击试验设备

5.1.4 试验程序

试件进行耐火试验达到规定时间后的5min内, 对试件进行3次重物冲击试验。对于承重墙, 应在加载的时候对试件进行前两次冲击, 第三次冲击应在卸载后进行。

在每种情况中, 应在第三次冲击后的2min内进行性能判定方面的观察与测量, 此过程中耐火试验炉持续加热直至观察完成为止。

5.1.5 试验报告

若需要出具重物冲击试验报告, 则报告内容应声明试验依据的标准编号, 报告应包含有关重物冲击试验的结果信息, 包括冲击点的描述, 有关试件损坏和变形结果的测量与观察等。

5.2 喷水冲击试验

5.2.1 总则

建筑分隔构件按照GB/T 9978.1规定的耐火试验方法进行耐火试验时, 可依据需要附加进行喷水冲击试验。喷水冲击试验的应用指南参见附录D。

5.2.2 试验设备

喷水冲击试验设备应满足下列要求:
a) 一条质量符合GB 6246规定的规格为 $\phi65mm$ 的有衬里消防水带, 一支质量符合GB 8181规定的接口公称通径为 $\phi65mm$ 的直流消防水枪;
b) 在水枪底部和水带之间连接一段公称通径为 $\phi65mm$、长150mm的短管 (可用镀锌钢管或不锈钢管), 短管一端与水枪进水口连接, 另一端与消防水带连接;
c) 消防水枪、短管及消防水带之间, 采用符合GB 12514.1和GB 12514.2规定的公称通径为 $\phi65mm$ 的内扣式消防接口进行连接;
d) 在短管上连接一个压力表用于测量消防水枪根部压力, 压力表的取压管应沿短管的法线方向安装, 且不应伸入短管

水流中; 压力表的最小读数范围为 (0~0.6) MPa, 精度不低于1.5级。

5.2.3 试验程序

5.2.3.1 在耐火试验结束后的3min内, 在试件的受火面进行喷水冲击试验。

5.2.3.2 水枪喷嘴方向应为试件的中心法线方向, 且与试件的距离为 (6±0.1) m。若因故无法按此要求设置, 则水枪喷嘴方向与试件中心法线的偏离角度不应大于30°, 此时与试件的距离应小于 (6±0.1) m; 每偏离中心法线10°, 距离减少 (0.3±0.005) m。

5.2.3.3 对不同耐火性能的试件, 进行喷水冲击试验时, 消防水枪根部的水压要求不同, 见表1。

5.2.3.4 试件受火面积的计算方法之一是采用试件的外形尺寸进行计算, 此时的试件包含支撑框架、轨道等, 但不包含安装试件用的墙体。

5.2.3.5 喷水冲击首先作用于试件受火面的底部, 然后作用于所有其他部分, 缓慢改变方向, 使水冲击在试件的外周边内部移动, 不要集中冲击、在试件任一点停止或随意改变方向。在试件外周边310mm内, 可用以下方式改变水冲击方向:
a) 沿着试件的四周冲击, 从试件任一底角开始向上移动。
b) 水流覆盖试件周边后, 使水流沿着垂直方向移动, 间隔距离305mm进行冲击, 直到整个宽度方向被冲击完毕。
c) 随后, 使水流沿着水平方向移动, 间隔距离305mm进行冲击, 直到整个高度方向被覆盖。如果尚未达到规定的冲击时间, 按相反的步骤重复。

5.2.3.6 喷水冲击作用于试件受火面单位面积的时间见表1。

表 1 喷嘴底部水压与喷水冲击时间

试件的耐火性能 (耐火时间) T/h	消防水枪根部水压 P/MPa	单位面积水冲击时间 $t/$ (s/m²)
$T \geqslant 3.00$	0.31	32
$1.50 \leqslant T < 3.00$	0.21	16
$1.00 \leqslant T < 1.50$	0.21	10
$T < 1.00$	0.21	6

5.3 辐射热测量

5.3.1 总则

建筑构件按GB/T 9978.1进行耐火试验时, 可以通过测量热通量值来评估辐射热值。由于耐火试验中试件向测量设备传递的对流热可以忽略不计, 测量的热通量值可以近似等于辐射热值, 所以在本标准中将此热量作为辐射热进行测量并记录。辐射热测量平面平行于试件背火面, 并距离试件背火面1.0m。辐射热包括平均值和最大值两个概念, 平均值在试件中心法线方向测量, 如果试件是非均匀辐射体, 那么最大值将大于或等于平均值。

当试件背火面温度低于300℃时, 不需要测量辐射热。

5.3.2 试验设备

除GB/T 9978.1规定的试验设备外, 应采用符合以下规定的热流计测量辐射热:
a) 接收面: 接收面不应被视窗遮挡, 不受气体排放的影响, 只受辐射热和对流热的影响;
b) 测量范围: 0kW/m²~50kW/m²;
c) 测量准确度: 测量范围中最大值的±5%;
d) 时间常数 (达到目标值64%的时间): <10s;
e) 视场角: 180°±5°。

5.3.3 试验程序

5.3.3.1 测量位置

5.3.3.1.1 每一台热流计应安置在距离试件背火面1.0m处。试验开始时, 每一台热流计的靶心应平行于试件背火面平面 (偏差范围

为±5°），靶心应正对试件背火面。在热流计接收视野范围内，除试件外不应有其他可能影响测量结果的辐射表面。热流计不应被遮挡或掩盖，以免影响其接收视野范围。

5.3.3.1.2　应在以下位置进行测量辐射热：

a) 试件几何中心的正对位置，此位置的测量值一般认为是试件的平均辐射热。

b) 可能出现最大辐射热的位置。通常此位置可通过逻辑推理或从试件的几何学计算得到。如果试件相对于中心对称，并且是均匀的辐射体，则此位置将与 a) 规定的位置一致。如果试件存在不同的隔热区域和/或热传送区域，则很难准确或明确地预测出试件的最大辐射热位置。此时，应采用以下方法：

1) 识别并确定出试件背火面温度可能超过 300℃ 而且面积超过 0.1m² 的所有区域，在每一个区域理论中心的正对位置测量辐射热。

2) 试件上结构相同的两个或两个以上被分隔成高度或宽度相等而且面积都小于 0.1m² 的相邻区域，可以连在一起作为一个辐射表面对待。

3) 如果试件中预计背火面温度维持在 300℃ 以下的某个区域的面积小于总面积的 10%，则该区域可以与其他部分一起作为一个辐射表面对待；同理，在试件的某个区域内，如果预计背火面温度维持在 300℃ 以下的部分在面积上小于该区域总面积的 10%，则该部分区域可以与所在区域的其他部分一起作为一个辐射表面对待，如构件中镶玻璃用的支撑框架部分。

5.3.3.2　测量实施

在试件进行耐火试验的整个过程中，应在 5.3.3.1.2 规定的每个位置测量并记录辐射热，每次记录的时间间隔不超过 1min。

5.3.4　试验结果

对于 5.3.3.1.2 规定的任何一个特定测量位置，应分别记录辐射热超过 5kW/m²、10kW/m²、15kW/m²、20kW/m²、25kW/m² 的时间。

附　录　A
（资料性附录）
本标准与 EN 1363-2：1999 的章条编号对照

表 A.1 给出了本标准与 EN 1363-2：1999 的章条编号对照情况。

表 A.1　本标准与 EN 1363-2：1999
的章条编号对照情况

本标准章条编号	对应的欧盟标准章条编号
4	—
4.1	4
4.1.1	4.1
4.1.2	4.2
4.1.3	4.3
4.2	5
4.2.1	5.1
4.2.2	5.2
4.2.3	5.3
4.3	6
4.3.1	6.1
4.3.2	6.2
4.3.3	6.3
4.3.4	6.4
4.3.5	6.5

续表

本标准章条编号	对应的欧盟标准章条编号
4.4	—
4.5	—
5	
5.1	7
5.1.1	7.1
5.1.2	7.2
5.1.3	7.3
5.1.4	7.4
5.1.5	7.5
5.2	—
5.3	8
5.3.1	8.1
5.3.2	8.2
5.3.3	8.3
5.3.3.1	8.3.1
5.3.3.1.1	8.3.1.1
5.3.3.1.2	8.3.1.2
5.3.3.2	8.3.2
5.3.4	8.4
附录 A	—
附录 B	—
附录 C	—
附录 D	—
注：表中未列出的其他章条内容与 EN 1363-2：1999 相对应。	

附　录　B
（资料性附录）
本标准与 EN 1363-2：1999 的技术性差异及其原因

表 B.1 给出了本标准与 EN 1363-2：1999 的技术性差异及其原因。

表 B.1　本标准与 EN 1363-2：1999
的技术性差异及其原因

本标准的章条编号	技术性差异	原　因
1	修改了范围的内容，采用"可供选择的火灾升温曲线包括碳氢（HC）升温曲线、室外火灾升温曲线、缓慢升温曲线、电力火灾升温曲线和隧道火灾 RABT-ZTV 升温曲线，可附加的试验程序包括重物冲击试验程序、喷水冲击试验程序和辐射热测量程序。"代替原标准内容"可供选择的火灾升温曲线包括碳氢（HC）升温曲线、室外火灾升温曲线和缓慢升温曲线，可附加的试验程序包括重物冲击试验程序和辐射热测量程序。"	由于本标准的技术内容发生变化，从而引起范围中部分内容的适当变化，以保持标准前后内容的一致性

续表

本标准的章条编号	技术性差异	原　因
2	关于规范性引用文件，本标准做了具有技术性差异的调整，调整的情况集中反映在第2章"规范性引用文件"中，具体调整如下： ——用与ISO 13943：2008一致性程度为非等效的GB/T 5907.2代替prEN ISO 13943（见第3章）； ——增加引用了GB 6246和GB 8181（见5.2.2）； ——用修改采用国际标准的GB/T 9978.1代替EN 1361-1（见第3章、4.3.4、5.1.1、5.1.2、5.2.1和5.3.1）； ——用修改采用国际标准的GB/T 9978.4代替EN 1365-1（见5.1.2）； ——用修改采用国际标准的GB/T 9978.8代替EN 1364-1（见5.1.2）	引用相关的我国标准，便于标准使用者的理解，提高标准的可操作性
4.1.2	修改了碳氢火灾温度-时间关系式，将其中的常数20，修改为用T_0表示，同时增加了T_0的说明和炉内温度-时间曲线图	与GB/T 9978.1中的相关内容保持一致，方便标准使用
4.2.2	修改了室外火灾温度-时间关系式，将其中的常数20，修改为用T_0表示，同时增加了T_0的说明和炉内温度-时间曲线图	与GB/T 9978.1中的相关内容保持一致，方便标准使用
4.3.2	修改了缓慢升温火灾温度-时间关系式，将其中的常数20，修改为用T_0表示，同时增加了T_0的说明和炉内温度-时间曲线图	与GB/T 9978.1中的相关内容保持一致，方便标准使用
4.4	增加了电力火灾升温曲线内容	增加耐火试验时火灾升温曲线的一种类型，便于选用
4.5	增加了隧道火灾RABT-ZTV升温曲线内容	增加耐火试验时火灾升温曲线的一种类型，便于选用
5.2	增加了喷水冲击试验内容	增加构件耐火试验后的抗水冲击性能的附加试验程序，便于选用

附　录　C
（资料性附录）
不同火灾升温曲线的可能应用场景指南

C.1　碳氢（HC）升温曲线

GB/T 9978.1给出了纤维类火灾的标准温度-时间曲线，为建筑构件的耐火性能试验规定了标准试验条件。在给定一个耐火试验条件时，试验曲线应与真实火灾相关联；在某些实际情况下，可以识别出真实火灾场景与GB/T 9978.1规定的标准试验条件之间的差异，如在石油化工和海上石油工业等建筑中，存在以液态碳氢化合物为主要燃料的火灾，此类火灾具有温度高、升温速度快的特点。因此，可以采用碳氢升温火灾曲线评价构件的耐火性能。

C.2　室外火灾升温曲线

在某些实际情况下，建筑构件的受火条件不如它们在防火分区内部的受火条件严酷。例如，建筑物四周的墙体，这些墙体可能受到建筑室外火焰或者从窗户出来的火焰的烧灼，因为室外火灾存在大量的热量扩散现象，所以应给出较低水平的受火条件。因此采用室外火灾升温曲线评价构件的耐火性能。

C.3　缓慢升温曲线

对于某些建筑构件，它们在热作用下易发生反应，此类建筑构件在缓慢增长火灾中的实际耐火性能可能明显低于采用GB/T 9978.1规定的标准温度-时间曲线实验确定的耐火性能，因此，可以采用缓慢升温火灾曲线评价此类建筑构件的耐火性能。

C.4　电力火灾升温曲线

在某些实际情况下，如在电站、输配电设施或有机高聚物材料加工与贮存场所中，建筑构件可能经受以有机高聚物材料为主要燃料的火灾，此类火灾可称为电力火灾，其升温条件比GB/T 9978.1规定的标准纤维类火灾更严酷，而比碳氢（HC）火灾要缓和。因此，可以采用电力火灾升温曲线评价构件的耐火性能。

C.5　隧道火灾RABT-ZTV升温曲线

在某些实际情况下，如城市地铁、公路、铁路沿线的全封闭隧道内，结构构件可能经受的火灾有较强的特殊性，火灾初期短时间内急剧升温，然后持续一段时间以后下降至环境温度，此类火灾升温曲线称为隧道火灾RABT-ZTV升温曲线。因此，采用隧道火灾RABT-ZTV升温曲线评价构件的耐火性能更为合理。

附　录　D
（资料性附录）
喷水冲击试验应用指南

D.1　喷水冲击试验应用时机

在实际火场灭火救援时，建筑分隔构件可能会受到消防水龙的喷水冲击作用，从而增加了建筑分隔构件完整性提前破坏的可能性。因此，我们在设计建筑分隔构件时可以考虑其抵抗喷水冲击的能力。建筑分隔构件所涉及的种类有防火墙、防火隔墙、防火门、防火卷帘、防火窗、楼板等。当上述构件在按照GB/T 9978.1规定的耐火试验方法进行耐火试验时，可根据需要附加喷水冲击试验。

D.2　喷水冲击试验结果判定方法

喷水冲击试验结果的判定方法，一般在其他标准（如产品标准）中进行规定，可包括以下内容：

a) 在喷水冲击试验过程中，记录试件出现垮塌、穿透性开口的时间，若此时间未达到规定的时间，喷水冲击试验即可终止，可认为试件的喷水冲击试验不合格；

b) 如果试验过程中未出现上述情况，则喷水冲击试验达到规定的时间结束后，可测量构件的变形以及所安装配件的牢固度情况，以此判定试验结果是否合格。

D.3　喷水冲击试验的试验报告

如需要对喷水冲击试验出具试验报告，则试验报告内容可包括：

a) 试验依据的标准编号；

b) 试件结构细节的描述，包括规格尺寸等；

c) 试件的耐火试验时间；

d) 喷水压力、喷水时间；

e) 喷水冲击试验的结果信息，包括有关试件出现垮塌、穿透性开口的时间和变形结果的测量与观察、安装配件出现脱落的情况等。

中华人民共和国国家标准

电梯层门耐火试验
完整性、隔热性和热通量测定法

Fire resistance test for lift landing doors—Methods of
measuring integrity，thernal insulation and heat flux

GB/T 27903—2011

施行日期：２０１２年４月１日

前　言

本标准按照 GB/T1.1—2009 给出的规则起草。

本标准参考了欧盟标准 EN 81—58：2003《电梯制造与安装安全规范 检查和试验 第 58 部分：层门耐火试验》（英文版）的有关技术内容。

本标准由中华人民共和国公安部提出。

本标准由全国消防标准化技术委员会建筑构件耐火性能分技术委员会（SAC/TC 113/SC 8）归口。

本标准起草单位：公安部天津消防研究所、深圳市龙电科技实业有限公司。

本标准主要起草人：黄伟、赵华利、李博、李希全、董学京、刁晓亮、王金星、王岚、阮涛。

电梯层门耐火试验
完整性、隔热性和热通量测定法

1 范围

本标准规定了电梯层门耐火试验通用方法的术语和定义、耐火性能代号与分级、试验装置、试件条件、试件准备、试验程序、试验结果、试验结果的有效性以及试验报告等。

本标准适用于各种类型的电梯层门。

2 规范性引用文件

下列文件对于本文件的应用是必不可少的。凡是注日期的引用文件，仅注日期的版本适用于本文件。凡是不注日期的引用文件，其最新版本（包括所有的修改单）适用于本文件。

GB/T 5907 消防基本术语 第一部分

GB/T 14107 消防基本术语 第二部分

GB 7588 电梯制造与安装安全规范

GB/T 7633 门和卷帘的耐火试验方法

GB/T 9978.1 建筑构件耐火试验方法 第1部分：通用要求

3 术语和定义

GB/T 5907、GB/T 14107、GB/T 9978.1 界定的以及下列术语和定义适用于本文件。

3.1

电梯层门 lift landing door

安装在电梯竖井每层开口位置，用于人员出入电梯的门。

3.2

隔热型电梯层门 insulated lift landing door

在一定时间内能同时满足耐火完整性和耐火隔热性要求的电梯层门。

3.3

非隔热型电梯层门 un-insulated lift landing door

在一定时间内能满足耐火完整性要求，根据需要还能满足热通量要求的电梯层门。

3.4

支撑结构 supporting construction

耐火性能试验炉前部，用于安装试件的装置。

4 耐火性能代号与分级

4.1 耐火性能代号

电梯层门的耐火性能指标代号如下：

——E：表示完整性；

——I：表示隔热性；

——W：表示热通量。

4.2 耐火性能分级

电梯层门的耐火性能，按耐火时间分为30min、60min、90min、120min四个等级，采用单一指标进行分级的耐火性能等级见表1，采用混合指标进行综合分级的耐火性能等级见表2。耐火性能等级表示的意义如下：

——E tt：按满足完整性指标要求进行分级，耐火时间为tt min；

——I tt：按满足隔热性指标要求进行分级，耐火时间为tt min；

——W tt：按满足热通量指标要求进行分级，耐火时间为tt min；

——EI tt：按同时满足完整性指标和隔热性指标要求进行分级，耐火时间为tt min；

——EW tt：按同时满足完整性指标和热通量指标要求进行分级，耐火时间为tt min。

表1 电梯层门的单一指标耐火性能等级

分级方法	耐火性能等级			
满足完整性指标要求	E 30	E 60	E 90	E 120
满足隔热性指标要求	I 30	I 60	I 90	I 120
满足热通量指标要求	W 30	W 60	W 90	W 120

表2 电梯层门的混合指标耐火性能等级

分级方法	耐火性能等级			
同时满足完整性指标和隔热性指标要求	EI 30	EI 60	EI 90	EI 120
同时满足完整性指标和热通量指标要求	EW 30	EW 60	EW 90	EW 120

5 试验装置

5.1 耐火性能试验炉

耐火性能试验炉应满足试件尺寸、升温条件、压力条件以及便于试件安装与观察的要求，炉口净空尺寸不小于 3000mm × 3000mm。

5.2 测量仪器

5.2.1 炉内温度测量热电偶、试件背火面温度测量热电偶应满足 GB/T 9978.1 的相关规定。

5.2.2 炉内压力测量仪器（测量探头）应满足 GB/T 9978.1 的相关规定。

5.2.3 温度、压力测量仪器的精度及测量公差应满足 GB/T 9978.1 的相关规定。

5.2.4 用于耐火完整性测量的直径 6mm±0.1 mm 和直径 25mm±0.2 mm 的探棒，应符合 GB/T 9978.1 的相关规定。

5.2.5 用于耐火完整性测量的棉垫和装置，应符合 GB/T 9978.1 的相关规定。

5.2.6 测量试件背火面热通量的热流计，应符合以下规定：

——量程：$0kW/m^2 \sim 50kW/m^2$；

——最大允许误差：±5%；

——测量视场角：180°±5°。

5.3 试验框架及支撑结构

试验框架应采用密度为 $1200kg/m^3 \pm 400kg/m^3$ 的砖砌或水泥浇注构造，其厚度不应小于 240mm。支撑结构应具有足够的耐火性能，其厚度不应小于 200mm。

5.4 试件背火面热电偶设置

试件背火面热电偶设置，应符合 GB/T 7633 的相关规定。

注：对于门框隐藏式电梯层门，门框可不布设热电偶。

5.5 热流计设置

测量试件背火面热通量的热流计的接收面应朝向试件的几何中心，并距试件 1m。

6 试验条件

6.1 炉内温度

6.1.1 耐火试验应采用明火加热，使试件受到与实际火灾相似的火焰作用。

6.1.2 试验时，耐火性能试验炉内温度应满足 GB/T 9978.1 的相关规定。

6.1.3 炉温允许偏差应满足 GB/T 9978.1 的相关规定。

6.2 炉内压力

6.2.1 耐火性能试验炉的炉内压力条件，应满足 GB/T 9978.1 的相关规定。

6.2.2 炉压允许偏差，应满足 GB/T 9978.1 的相关规定。

7 试件准备

7.1 材料、结构与安装

试件所用材料、结构与安装方法，应反映试件实际使用情况，并满足 GB 7588 的规定。

7.2 试件数量

受检方应提供 2 樘相同的试件。

7.3 试件要求

试件尺寸、结构应与实际相符。试件的养护，应满足 GB/T 9978.1 的相关规定。

8 试验程序

8.1 耐火试验

8.1.1 试验的开始与结束

当耐火性能试验炉内接近试件中心的热电偶所记录的温度达到 50℃时，即可作为试验的开始时间；同时，所有手动和自动的测量观察系统都应开始工作。

试验期间，当试件已不能满足 8.2.1、8.2.2 和 8.2.3 规定的任何一项耐火性能判定指标时，试验应立即终止；或虽然试件尚能满足 8.2.1、8.2.2 和 8.2.3 规定的耐火性能判定指标，但已达到预期耐火性能等级的时间时，试验也可结束。

8.1.2 测量与观察

试验过程中应进行如下测量与观察：

a）炉内温度测量。试验炉开口每 1.5m² 面积应设置不少于 1 支热电偶，炉内温度由所有炉内热电偶测得温度的算术平均值来确定，热电偶的热端离试件或安装试件的墙壁垂直距离为 100mm，测点应避免直接受火焰的冲击。炉内温度测量，时间间隔不超过 1min 记录 1 次；

b）炉内压力测量，时间间隔不超过 5min 记录 1 次；

c）电梯层门试件背火面温度测量，时间间隔不超过 1min 记录 1 次；

d）观察试件在试验过程中的变化情况，以及试件结构、材料变形、开裂、熔化或软化、剥落或烧焦等现象。如果有大量的烟气从背火面冒出，应进行记录；

e）在试验过程中，观察并记录试件结构、材料变形、开裂所产生的缝隙，以及以下现象：按 GB/T 9978.1 的规定能否使棉垫点燃；能否使直径 6mm±0.1mm 探棒穿过缝隙进入炉内并沿缝隙长度方向移动不小于 150mm；能否使直径 25mm±0.2mm 探棒穿过缝隙进入炉内；

f）在试验过程中，观察并记录试件背火面平均温度热电偶平均温升是否超过 140℃；试件背火面（除门框上的测温热电偶外）最高温度点温升是否超过 180℃；试件背火面门框，最高温度点温升是否超过 360℃；

g）在试验过程中，观察并记录热流计测得的试件背火面热通量是否超过 15kW/m²。

8.2 耐火性能判定

8.2.1 完整性（E）

按 GB/T 9978.1 的规定进行测量，当发生以下情况之一时，则试件失去完整性：

a）棉垫被点燃（非隔热型电梯层门除外）；

b）试件背火面出现持续火焰达 10s 以上；

c）直径 6mm±0.1mm 探棒穿过缝隙进入炉内，并沿缝隙长度方向移动不小于 150mm；

d）直径 25mm±0.2mm 探棒穿过缝隙进入炉内。

8.2.2 隔热性（I）

按 GB/T 7633 的规定进行测量，当发生以下情况之一时，则试件失去隔热性：

a）试件背火面平均温升超过 140℃（门框上的测温热电偶除外），如门扇由不同的隔热区域构成，则不同的隔热区域的平均温升应分别计算；

b）试件背火面单点最高温升超过 180℃（门框上的测温热电偶除外）；

c）试件背火面门框单点最高温升超过 360℃。

8.2.3 热通量（W）

试件背火面热通量超过临界热通量值 15kW/m²。

9 试验结果

9.1 试验结果记录

按照 8.2 的规定，记录试件满足单一耐火性能指标的实际耐火时间：

——完整性（E）：xx min；

——隔热性（I）：yy min；

——热通量（W）：zz min。

9.2 耐火性能等级

如果采用单一耐火性能指标进行分级，则将 9.1 所记录的耐火时间结果向下归入至最接近的耐火性能等级（见表 1）；如果采用混合耐火性能指标进行综合分级，则选用 9.1 所记录的用于综合判定的耐火性能指标最小耐火时间结果向下归入至最接近的耐火性能等级（见表 2）。

示例：

某一电梯层门在耐火性能试验中，35min 时失去隔热性，68min 时热通量超过临界热通量值，98min 时失去完整性，则试验结果记录为：

——完整性（E）：98min；

——隔热性（I）：35min；

——热通量（W）：68min。

该试件单一指标的耐火性能等级为 E 90 和/或 I 30 和/或 W 60，混合指标的耐火性能等级为 EI 30 和/或 EW 60。

10 试验结果的有效性

当试验满足 GB/T 9978.1 对试验结果有效性的相关规定时，试验结果有效。

当某一结构类型和式样的试件通过了耐火试验，该耐火试验结果可直接应用于受检单位与试件的结构相同、式样相似，但高度和宽度小于等于试样的未经耐火试验的电梯层门。

11 试验报告

试验报告应提供试件的详细结构资料、试验条件及试件按本标准规定的方法进行试验所获得的耐火等级。试验报告应至少包括以下内容：

a）试验室的名称和地址，唯一的编号和试验日期；

b）委托方的名称和地址，试件和所有组成部件的产品名称和制造厂；

c）试件的详细结构，在试件图中含有结构尺寸；

d）对试件耐火等级的判定有一定影响的信息，例如试件的含水率及养护期等；

e）试验现象的描述，以及依据第 8 章耐火等级判定所确定的试验终止信息；

f）试件的试验结果，耐火等级的表述见第 9 章的规定。

中华人民共和国国家标准

消防安全标志

Fire safety signs

GB 13495 - 92

批准部门：国家技术监督局

施行日期：1993 年 3 月 1 日

目　　次

本标准参照采用国际标准 ISO 6309—1987《消防——安全标志》。

1 主题内容与适用范围

1.1 本标准规定了与消防有关的安全标志及其标志牌的制作、设置位置。

1.2 本标准的应用领域要尽可能广泛地扩大到需要或者应该的一切场所,以向公众表明下列内容的位置和性质:

 a. 火灾报警和手动控制装置;

 b. 火灾时疏散途径;

 c. 灭火设备;

 d. 具有火灾、爆炸危险的地方或物质。

本标准不适用于 GB 4327—84《消防设施图形符号》所覆盖的设计图或地图上用的图形符号。

2 引用标准

 GB 2893 安全色

3 消防安全标志

消防安全标志由安全色、边框、以图像为主要特征的图形符号或文字构成的标志,用以表达与消防有关的安全信息。消防安全标志的颜色应符合 GB 2893 中的有关规定。

消防安全标志按照主题内容与适用范围的分类,以表格的形式列出。

3.1 火灾报警和手动控制装置的标志

表 1

编号	标 志	名 称	说 明
3.1.1		消防手动启动器 MANUAL ACTIVATING DEVICE	指示火灾报警系统或固定灭火系统等的手动启动器 ISO 6309 No.1
3.1.2		发声警报器 FIRE ALARM	可单独用来指示发声警报器,也可与 3.1.1 条标志一起使用,指示该手动启动装置是启动发声警报器的 ISO 6309 No.2
3.1.3		火警电话 FIRE TELEPHONE	指示在发生火灾时,可用来报警的电话及电话号码 GB 2894—88 No.4—8

3.2 火灾时疏散途径的标志

表 2

编号	标 志	名 称	说 明
3.2.1		紧急出口 EXIT	指示在发生火灾等紧急情况下,可使用的一切出口。在远离紧急出口的地方,应与 3.5.1 标志联用,以指示到达出口的方向 GB 10001—88 No.4
3.2.2		滑动开门 SLIDE	指示装有滑动门的紧急出口。箭头指示该门的开启方向 ISO 6309 No.6

续表 2

编号	标 志	名 称	说 明
3.2.3		推开 PUSH	本标志置于门上,指示门的开启方向 ISO 6309 No.7
3.2.4		拉开 PULL	本标志置于门上,指示门的开启方向 ISO 6309 No.8
3.2.5		击碎板面 BREAK TO OBTAIN ACCESS	指示:a.必须击碎玻璃板才能拿到钥匙或拿到开门工具。b.必须击破板面才能制造一个出口 ISO 6309 No.9

编号	标志	名称	说明
3.2.6		禁止阻塞 NO OBS-TRUCTING	表示阻塞(疏散途径或通向灭火设备的道路等)会导致危险 ISO 6309 No.5
3.2.7		禁止锁闭 NO LOCKING	表示紧急出口、房门等禁止锁闭

3.3 灭火设备的标志

表3

编号	标志	名称	说明
3.3.1		灭火设备 FIRE-FIGHTING EQUIPMENT	指示灭火设备集中存放的位置 ISO 6309 No.10

编号	标志	名称	说明
3.3.2		灭火器 FIRE EXTINGUISHER	指示灭火器存放的位置 ISO 7001 ADD1—014
3.3.3		消防水带 FIRE HOSE	指示消防水带、软管卷盘或消火栓箱的位置 ISO 6309 No.12
3.3.4		地下消火栓 FLUSH FIRE HYDRANT	指示地下消火栓的位置

编号	标志	名称	说明
3.3.5		地上消火栓 POST FIRE HYDRANT	指示地上消火栓的位置
3.3.6		消防水泵接合器 SIAMESE CONNECTION	指示消防水泵接合器的位置
3.3.7		消防梯 FIRE LADDER	指示消防梯的位置 ISO 6309 No.13

3.4 具有火灾、爆炸危险的地方或物质的标志

表4

编号	标志	名称	说明
3.4.1		当心火灾——易燃物质 DANGER OF FIRE—HIGHLY FLAMMABLE MATERALS	警告人们有易燃物质,要当心火灾 ISO 6309 No.14
3.4.2		当心火灾——氧化物 DANGER OF FIRE—OXIDIZING MATERALS	警告人们有易氧化的物质,要当心因氧化而着火 ISO 6309 No.15
3.4.3		当心爆炸——爆炸性物质 DANGER OF EXPLOSION—EXPLOSIVE MATERALS	警告人们有可燃气体、爆炸物或爆炸性混合气体,要当心爆炸

续表4

编号	标 志	名 称	说 明
3.4.4		禁止用水灭火 NO WATERING TO PUT OUT THE FIRE	表示:a.该物质不能用水灭火;b.用水灭火会对灭火者或周围环境产生危险 ISO 6309 No.17
3.4.5		禁止吸烟 NO SMOKING	表示吸烟能引起火灾危险 ISO 6309 No.18
3.4.6		禁止烟火 NO BURNING	表示吸烟或使用明火能引起火灾或爆炸 ISO 6309 No.19

续表4

编号	标 志	名 称	说 明
3.4.7		禁止放易燃物 NO FLAMMABLE MATERALS	表示存放易燃物会引起火灾或爆炸 GB 2894—88 No.1—6
3.4.8		禁止带火种 NO MATCHES	表示存放易燃易爆物质,不得携带火种 GB 2894—88 No.1—3
3.4.9		禁止燃放鞭炮 NO FIREWORKS	表示燃放鞭炮、焰火能引起火灾或爆炸

3.5 方向辅助标志

表5

编号	标 志	名 称	说 明
3.5.1		疏散通道方向	与3.2.1标志联用,指示到紧急出口的方向。该标志亦可制成长方形 ISO 6309 No.20
3.5.2		灭火设备或报警装置的方向	与表1和表3中的标志联用,指示灭火设备或报警装置的位置方向。该标志亦可制成长方形 ISO 6309 No.21

3.5.3 方向辅助标志应该与3.1～3.4中的有关标志联用,指示被联用标志所表示意义的方向。表5只列出左向和左下向的方向辅助标志。根据实际需要,还可以制作指示其他方向的方向辅助标志(见图1、图3c)。

3.5.4 在标志远离指示物时,必须联用方向辅助标志。如果标志与其指示物很近,人们一眼即可看到标志的指示物,方向辅助标志可以省略。

3.5.5 方向辅助标志与3.1～3.4中的图形标志联用时,如系指示左向(包括左下、左上)和下向,则放在图形标志的左方;如系指示右向(包括右下、右上),则放在图形标志的右方(见图1、图3c)。

3.5.6 方向辅助标志的颜色应与联用的图形标志的颜色统一(见图1、图2c)。

图1 方向辅助标志使用举例

3.6 文字辅助标志

3.6.1 将3.1～3.4中图形标志的名称用黑体字写出来加上适当的背底色即构成文字辅助标志。

3.6.2 文字辅助标志应该与图形标志或(和)方向辅助标志联用。当图形标志与其指示物很近,表示意义很明显,人们很容易看懂时,文字辅助标志可以省略。

3.6.3 文字辅助标志有横写和竖写两种形式。横写时,其基本形式是矩形边框,可以放在图形标志的下方,也可以放在左方或右方(见图1、图2);竖写时,则放在标志杆的上部(见图3a、图3b)。

3.6.4 横写的文字辅助标志与三角形标志联用时,字的颜色为黑色,与其他标志联用时,字的颜色为白色(见图1、图2);竖写在标志杆上的文字辅助标志,字的颜色为黑色(见图3)。

3.6.5 文字辅助标志的底色应与联用的图形标志统一(见图1、图2)。

3.6.6 当消防安全标志的联用标志既有方向辅助标志,又有文字辅助标志时,一般将二者同放在图形标志的一侧,文字辅助标志放在方向辅助标志之下(见图1)。当方向辅助标志指示的方向为左下、右下及正下时,则把文字辅助标志放在方向辅助标志之上(见图3c)。

3.6.7 在机场、涉外饭店等国际旅客较多的地方,可以采用中英文两种文字辅助标志(见图2c)。

图 2 横写的文字辅助标志

4 消防安全标志杆

消防安全标志杆的颜色应与标志本身相一致(见图3)。

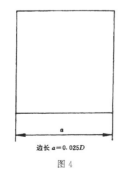

图 3 写在标志杆上的文字辅助标志示意图

5 消防安全标志的几何图形尺寸

消防安全标志的几何图形尺寸以观察距离 D 为基准,计算方法如下:

5.1 正方形

边长 $a=0.025D$

图 4

5.2 三角形

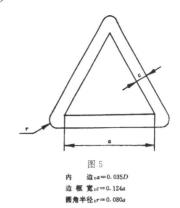

图 5

内　边:$a=0.035D$
边框 宽:$c=0.124a$
圆角半径:$r=0.080a$

5.3 圆环和斜线

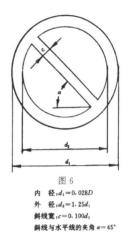

图 6

内　径:$d_1=0.028D$
外　径:$d_2=1.25d_1$
斜线宽:$c=0.100d_1$
斜线与水平线的夹角 $a=45°$

5.4 由图形标志、方向辅助标志和文字辅助标志组成的长方形标志

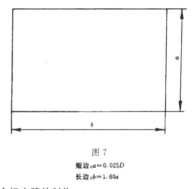

图 7

短边:$a=0.025D$
长边:$b=1.60a$

6 消防安全标志牌的制作

6.1 消防安全标志牌应按本标准的制作图来制作。制作图举例如图8所示。标志和符号的大小、线条粗细应参照本标准所给出的图样成适当比例。

6.2 消防安全标志牌都应自带衬底色。用其边框颜色的对比色将边框周围勾一窄边即为标志的衬底色。没有边框的标志,则用外缘颜色的对比色。除警告标志用黄色勾边外,其他标志用白色。衬底色最窄宽2mm,最多宽10mm(见图2、图3)。

6.3 消防安全标志牌应用坚固耐用的材料制作,如金属板、塑料板、木板等。用于室内的消防安全标志牌可以用粘贴力强的不干胶材料制作。对于照明条件差的场合,标志牌可以用荧光材料制作,还可以加上适当照明。

6.4 消防安全标志牌应无毛刺和孔洞,有触电危险场所的标志牌应当使用绝缘材料制作。

6.5 消防安全标志牌必须由被授权的国家固定灭火系统和耐火构件质量监督检测中心检验合格后方可生产、销售。

7 消防安全标志的设置位置

7.1 消防安全标志设置在醒目、与消防安全有关的地方,并使人们看到后有足够的时间注意它所表示的意义。

7.2 消防安全标志不应设置在本身移动后可能遮盖标志的物体上。同样也不应设置在容易被移动的物体遮盖的地方。

7.3 难以确定消防安全标志的设置位置,应征求地方消防监督机构的意见。

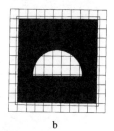

a   b

c

图 8 基本图形(举例)

附录 A
安全标志的尺寸
(参考件)

m

型号	观察距离 D	正方形标志的边长 a 长方形标志的短边 a	圆环标志的内径 d₁	三角形标志的内边 a
1	0<D≤2.5	0.063	0.070	0.088
2	2.5<D≤4.0	0.100	0.110	0.140
3	4.0<D≤6.3	0.160	0.175	0.220
4	6.3<D≤10.0	0.250	0.280	0.350
5	10.0<D≤16.0	0.400	0.450	0.560
6	16.0<D≤25.0	0.630	0.700	0.880
7	25.0<D≤40.0	1.000	1.110	1.400

注:①表中符号参见标准正文 5.1~5.4。

    ②表中尺寸允许有 3%误差。

附加说明:

本标准由中华人民共和国公安部提出。

本标准由全国消防标准化技术委员会归口。

本标准由公安部天津消防科学研究所负责起草。

本标准主要起草人韩占先、刘伶凯、姚松经。